DICTIONNAIRE

ENCYCLOPÉDIQUE & BIOGRAPHIQUE

DE

L'INDUSTRIE & DES ARTS INDUSTRIELS

DICTIONNAIRE

ENCYCLOPÉDIQUE ET BIOGRAPHIQUE

DE

L'INDUSTRIE ET DES ARTS INDUSTRIELS

CONTENANT

1° POUR L'INDUSTRIE :

L'étude historique et descriptive du travail national sous toutes ses formes ; de ses origines, des découvertes et des perfectionnements dont il a été l'objet.
Le matériel et les procédés des industries extractives, des exploitations rurales, des usines agricoles et des industries alimentaires, des industries textiles et de la confection du vêtement, des industries chimiques. Les chemins de fer et les canaux, les constructions navales. Les grandes manufactures. Les écoles professionnelles, etc,

2° POUR LES ARTS APPLIQUÉS A L'INDUSTRIE :

Le dessin ; la gravure ; l'architecture et toutes les industries qui se rattachent à l'art. — L'imprimerie. La photographie. — Les manufactures nationales. — Les écoles et les sociétés d'art.

3° POUR LA STATISTIQUE :

L'état de la production nationale ; les résultats comparés de cette production et de celle de l'étranger pour les industries similaires.

4° POUR LA BIOGRAPHIE :

Les noms des savants, des artistes, fabricants et manufacturiers décédés qui se sont distingués dans toutes les branches de l'industrie et des arts industriels de la France.

5° L'HISTOIRE SOMMAIRE DES ARTS & MÉTIERS :

Depuis les temps les plus reculés jusqu'à nos jours ; les mots techniques ; l'indication des principaux ouvrages se rapportant à l'art et à l'industrie.

PAR

E.-O. LAMI

Officier d'Académie

Ancien attaché au Service historique et des Beaux-Arts de la Ville de Paris

AVEC LA COLLABORATION DES SAVANTS, SPÉCIALISTES ET PRATICIENS LES PLUS ÉMINENTS
DE NÔTRE ÉPOQUE

Ouvrage honoré de la souscription du Ministère du Commerce ;
de la Direction des Poudres et Salpêtres, au Ministère de la Guerre ; d'un grand nombre
de Sociétés savantes, Bibliothèques publiques, Lycées, Collèges, Ecoles, etc

Médaille d'Or à l'Exposition universelle d'Anvers (1885)

TOME VII

PARIS

LIBRAIRIE DES DICTIONNAIRES
7, PASSAGE SAULNIER, 7
—

1887

EXPLICATION

DES

ABRÉVIATIONS & DES SIGNES

Terme d'agriculture.	T. d'agric.
— d'apprêt.	d'appr.
— d'architecture	d'arch.
— d'architecture et de construction	d'arch. et de const.
— d'armurerie ancienne	d'armur. anc.
— d'armurier.	d'arm.
— d'arpentage.	d'arp.
— d'art	d'art.
— d'artificier	d'artif.
— d'artillerie	d'artill.
— d'artillerie et de balistique.	d'artill et de balist.
— d'astronomie et de physique.	d'astr. et de phys.
— d'atelier	d'atel.
— de bijouterie.	de bijout.
— de botanique.	de bot.
— de bourrelier.	de bourr.
— de brochage.	de broch.
— de carrosserie.	de carross.
— de céramique.	de céram.
— de chapellerie.	de chapell.
— de charpenterie	de charp.
— de charronnage	de charron.
— de chauffage industriel.	de chauff. ind.
— de chemin de fer.	de chem. de fer.
— de chimie.	de chim.
— de chimie et de minéralogie.	de chim. et de minér.
— de chimie et de pharmacie	de chim. et de pharm.
— de chimie et de technologie.	de chim. et de techn.
— de confiserie.	de confis.
— de construction.	de constr.
— de construction navale.	de constr. nav.
— de corderie.	de cord.
— de cordonnerie.	de cordon.
— du costume.	du cost.
— du costume ancien	du cost. anc.
— du costume ecclésiastique.	du cost. eccl.
— du costume militaire.	du cost. milit.
— de coutellerie.	de coutell.
— de couverture	de couv.
— de cristallographie	de cristall.
— de décoration	de décor.
— de dessin et d'architecture.	de dess. et d'arch.
— de dessin industriel, de topographie et de fortification.	de dess. indust., de topogr. et de fortif.
— de distillerie.	de distill.
— de dorure.	de dor.
— d'ébénisterie.	d'ébénist.
— d'électricité.	d'électr.
— d'exploitation des mines.	d'exploit. des min.
— de filature.	de filat.
— de fonderie.	de fond.
— de fortification.	de fortif.
— de fortification ancienne	de fort. anc.
— de fumisterie.	de fumist.
— de géologie.	de géolog.
— de géométrie.	de géom.
— de géométrie descriptive	de géom. descript.
— de géométrie et d'astronomie.	de géom. et d'astr.
— de géométrie et de cristallographie.	de géom. et de cristall.
— de géométrie et de dessin graphique.	de géom. et de dess. graph.
— de géométrie et de mécanique.	de géom. et de mécan.
Terme de gravure.	T. de grav.
— d'horlogerie.	d'horlog.
— d'hydraulique.	d'hydraul.
— d'impression sur étoffes.	d'imp. s. ét.
— d'imprimerie.	d'impr.
— de joaillerie.	de joaill.
— de lapidaire.	de lapid.
— de liquoriste.	de liquor.
— de machine.	de mach.
— de maçonnerie.	de maçonn.
— de marine.	de mar.
— de mathématique	de mathém.
— de matières médicales.	de mat. méd.
— de mécanique.	de mécan.
— de menuiserie	de men.
— de menuiserie et de construction.	de men. et de constr.
— de métallurgie.	de métall
— de météorologie.	de météor.
— de métier.	de mét.
— de meunerie.	de meun.
— de mine	de min.
— de minéralogie.	de minér.
— de musique.	de mus.
— de navigation.	de navig.
— d'optique.	d'opt.
— d'orfèvrerie.	d'orfèv.
— d'ornement.	d'ornem.
— de papeterie.	de pap.
— de parfumerie.	de parfum.
— de passementerie	de passem.
— de pavage.	de pav.
— de peaussier.	de peauss.
— de peinture.	de peint.
— de pharmacie	de pharm.
— de photographie.	de photog.
— de physique	de phys.
— de physique et de mécanique.	de phys. et de mécan.
— de physique et d'optique.	de phys. et d'opt.
— de plomberie.	de plomb.
— de ponts et chaussées	de p. et chauss.
— de pyrotechnie.	de pyrotechn.
— de raffinerie de sucre	de raff. de sucre
— de reliure.	de rel.
— de savonnerie.	de savon.
— de sculpture.	de sculpt.
— de sellerie.	de sell.
— de serrurerie.	de serrur.
— de sucrerie.	de sucr.
— de tannerie	de tann.
— de tapisserie.	de tapiss.
— technique.	techn.
— technique et de chirurgie	techn. et de chirurg.
— technique et de pharmacie.	techn. et de pharm.
— de teinturerie.	de teint.
— de télégraphie.	de télégr.
— de théâtre.	de théât.
— de tissage.	de tiss.
— de topographie.	de topogr.
— de typographie.	de typogr.
— de verrerie.	de verr.
Art héraldique.	Art hérald.
Iconographie.	Iconog.
Iconologie.	Iconol.
Instrument d'agriculture et de jardinage.	Inst. d'agr. et de jard.
Instrument d'astronomie.	Inst. d'ast.
Instrument de chirurgie	Inst. de chirurg.
Instrument de musique.	Inst. de mus.
Mythologie.	Myth.
Synonyme.	Syn.

Le signe * indique que le mot qui le porte n'est pas dans le dictionnaire de l'Académie.

LISTE DES AUTEURS

QUI ONT CONTRIBUÉ A LA RÉDACTION DU SEPTIÈME VOLUME

Rédacteur en Chef : E.-O. LAMI.

MM. **BÂCLÉ. B.** — Ancien élève de l'Ecole polytechnique, Ingénieur civil des mines ;
BADOUREAU, A. B. — Ancien élève de l'École polytechnique, Ingénieur des mines ;
BLONDEL (S.), S. B. — Homme de lettres ;
BOULARD (J.), J. B. — Ingénieur civil ;
BOUQUET, L. B. — Chef du bureau de l'Industrie au Ministère du Commerce et de l'Industrie ;
CERFBERR DE MÉDELSHEIM, C. de M. — Homme de lettres ;
CHESNEAU (E.), E. CH. — Critique d'art ;
CLERC (J. C. A.), C. — Ingénieur des Ponts et Chaussées.
CLOÜET (J.), J. C. — Professeur à l'École de médecine et de pharmacie de Rouen ;
COSSMANN, M. C. —Ingénieur des Arts et Manufactures, Inspecteur du mouvement au Chemin de fer du Nord ;
DECHARME, C. D. — Docteur ès sciences, ancien professeur de physique et de chimie ;
DÉPIERRE, J. D. — Chimiste ;
FAVRE, FR. F. — Bibliothécaire du Conservatoire des Arts et Métiers ;
FLAVIEN, FL. — Ingénieur des Arts et Manufactures ;
FOREST, H. F. — Ingénieur des Arts et Manufactures ; Ingénieur du service des études au Chemin de fer du Nord ;
FOUCHÉ, M. F. — Licencié ès sciences, professeur au Lycée Henri IV ;
GAND (EDOUARD), E. G. — Professeur de tissage à la Société industrielle d'Amiens ;
GAUTIER, Dr L. G. — Chimiste ;
GAUTIER, F. G. — Ingénieur civil ;
GERSPACH, G. — Administrateur de la Manufacture nationale des Gobelins ;
GOGUEL, P G. — Ingénieur civil, Professeur à l'Institut industriel du Nord ;
GRANDVOINNET, J.-A. G. — Ingénieur des Arts et Manufactures, professeur à l'Institut national agronomique ;
GUENEZ, E. G. — Chef du laboratoire de la Douane, au Hâvre ;
GUIFFREY, J. G. — Archiviste paléographe ;
JOUANNE, G. J. — Ingénieur des Arts et Manufactures ;
JOULIE, H. J. — Pharmacien en chef de la Maison municipale de santé ;
LAMORT, L. — Ingénieur civil ;
LEPLAY, H. L. — Chimiste ;
MONMORY, F. M. — Architecte ;
MOREAU, A. M. — Ingénieur des Arts et Manufactures ;
RAYNAUD, J. R. — Docteur ès-sciences, professeur à l'École supérieure de télégraphie ;
RÉMONT, ALB. R. — Chimiste ;
RENOUARD, A. R. — Ingénieur civil, Secrétaire général de la Société industrielle du Nord ;
RICHOU, G. R. — Ingénieur des Arts et Manufactures ;
RINGELMANN, M. R. — Ingénieur-Répétiteur de Génie rural à l'École de Grandjouan ;
SAUNIER, C. S. — Directeur de la *Revue chronométrique* ;
TISSERAND (L.-M.), L.-M. T. — Chef du service historique et des Beaux-Arts de la ville de Paris ;
VIDAL, L. V. — Professeur à l'Ecole des Arts décoratifs.

DICTIONNAIRE

ENCYCLOPÉDIQUE ET BIOGRAPHIQUE

DE

L'INDUSTRIE ET DES ARTS INDUSTRIELS

P

*PACCARD (ALEXIS). Architecte, fils de *Jean-Edme* PACCARD, littérateur estimé, né à Paris en 1813, mort en 1867, fut élève de Huyot et d'Hippolyte Lebas ; entré à l'école des Beaux-Arts à l'âge de dix-sept ans, il emporta, en 1841, le grand prix d'architecture et le prix départemental. Son concours : *un palais d'ambassadeur à l'étranger* révélait déjà chez le jeune artiste des études archéologiques rares à son âge, et un goût très prononcé pour l'art antique. Son dernier envoi de Rome : la *Restauration polychrome du Parthénon*, fut très remarqué au salon de 1847 et lui valut, à l'Exposition universelle de 1855, une médaille d'or de deuxième classe. De retour en France, Paccard fut nommé inspecteur des travaux de l'Etat, travailla aux Tuileries avec Visconti et devint, en 1853, architecte du château de Rambouillet où il signala son passage par d'intelligentes restaurations. Peu après, il fut envoyé au même titre à Pau, et de là à Fontainebleau, en remplacement de Lefuel, nommé architecte du Louvre. Les principaux ouvrages qu'il exécuta dans ce château sont la transformation de la galerie de Diane en bibliothèque, la restauration de la chapelle Saint-Saturnin ou de la Trinité, à laquelle il rendit ses belles boiseries Louis XIII qu'on avait reléguées dans des greniers, la création de la galerie des Fastes, la restauration des façades de la cour ovale, la restitution de la galerie des Cerfs, la construction de l'escalier dit de Philippe-Auguste, etc.

On voit que son œuvre, dans l'espace de quelques années, est importante. On lui doit encore la restauration de la tour Gaston Phébus, au palais de Pau, et la chapelle funéraire d'Ajaccio qui sert de sépulture à plusieurs membres de la famille Bonaparte. Paccard était chevalier de la Légion d'honneur depuis 1857 et avait été nommé professeur aux Beaux-Arts en 1863, lors de la réorganisation de l'Ecole.

*PACHOMÈTRE. *T. techn.* Instrument qui permet de s'assurer de l'égale épaisseur des miroirs ou des glaces.

*PACKFONG ou PACKFUND. Alliage de cuivre, de zinc et de nickel, d'un blanc d'argent, prenant un beau poli, très sonore et très malléable.

Voici deux exemples de packfong :

	Cuivre	Nickel	Zinc
Qualité ordinaire..	59	14.6	26.4
Qualité très blanche.	55	20.6	24.4

L'alliage à 20 0/0 de nickel est aussi blanc que l'argent au titre de 750 millièmes.

On donne encore à cet alliage les noms de *argentan* et de *cuivre blanc de Chine*.

*PADELIN. *T. de verr.* Petit creuset dans lequel on met un mélange de matières premières, et qu'on introduit dans un fourneau pour faire l'essai de ces matières.

PAGINATION. *T. d'impr.* Disposition des pages

d'un livre selon l'ordre des feuilles imprimées, de façon que lors de la pliure de chaque feuille, du brochage ou de la reliure du livre, toutes les pages se suivent numériquement. — V. IMPOSITION, IMPRIMERIE TYPOGRAPHIQUE, § *Technologie*.

*PAGODITE. *T. de minér.* Silicate d'alumine et de potasse, avec un peu de chaux et d'oxyde de fer; cette substance que l'on trouve en Chine et qu'on nomme aussi *pierre de lard* est compacte, douce au toucher, facile à rayer, et d'une grande variété de couleur. On a trouvé dans la Charente une pierre rose analogue à la *pagodite*, dont les Chinois font des statuettes et des pagodes, d'où son nom.

PAILLASSE. Outre qu'il désigne un grand coussin rempli de paille sur lequel, dans les classes pauvres, on met le ou les matelas d'un lit, ce mot s'applique à la partie d'un fourneau de cuisine qui supporte les réchauds et que l'on entoure d'une bande de fer plat, pour la maintenir et la sceller dans le mur. ‖ On donne aussi ce nom au massif de maçonnerie d'une forge.

PAILLASSON. Nom donné primitivement aux nattes de paille et étendu aujourd'hui à tous les tissus composés d'écorces d'arbres, joncs, herbes, vieilles cordes, etc. Les paillassons ont des usages multiples : usages de jardinerie, emballage des marchandises lourdes, arrimage des grains et autres produits à bord, couvertures des pavés d'églises et autres bâtiments publics, tapis de pied dans les demeures particulières, etc. Parmi les sortes commerciales les plus répandues, nous signalerons, outre nos paillassons de paille de seigle : ceux de *tilleul* qui, en Russie, servent surtout à envelopper les balles de lin qui nous viennent en France par grandes quantités; ceux de *pandanus* dont on enveloppe les cafés qui arrivent des Antilles ; ceux de *sparte* et d'*alfa*, fabriqués par l'Algérie et l'Espagne; enfin les différentes espèces de *nattes* fabriquées en Chine avec le *lepironia mucronata* et au Japon avec le *scirpus lacustris* (jonc d'eau, appelé *mino-sunge* dans le pays) ou les *cyperus rotondus* et *cyperus enodis* (qui donnent les nattes dites *Liu-kiu omote* ou paillassons des îles Liu-Kiu).

I. PAILLE. Tige qui supporte l'épi des céréales, et par extension, tiges ou fanes sèches de quelques plantes de la famille des légumineuses. Les usages de la paille sont du ressort de l'agriculture proprement dite (confection du fumier ou nourriture du bétail), ou de l'industrie. Nous n'avons à nous occuper ici que de ce dernier cas. Parmi les principaux emplois, il y a lieu de signaler :

1º La couverture des maisons, dans les contrées où l'on ne trouve pas d'ardoises et où manquent l'argile pour fabriquer les tuiles et le bois pour faire des bardeaux. De préférence, on emploie pour cela la paille de seigle. Ce mode de couverture dit *chaume*, est proscrit dans certaines contrées à cause des dangers d'incendie, et tend à disparaître dans les pays où le cultivateur dispose d'un certain capital, mais il offre de réels

avantages, car il n'exige qu'une charpente fort légère, il permet une grande économie de voliges, il dure longtemps, revient à bon marché, enfin permet d'avoir une température uniforme, relativement chaude en hiver et fraîche en été, car la paille est mauvais conducteur de la chaleur. C'est pour ce dernier motif qu'elle est employée dans la construction des glacières ;

2º La confection des *paillasses*, objets de literie qui servent si souvent au coucher du pauvre dans les campagnes ou du soldat dans les casernes. On se sert pour cela dans le Nord de la paille de seigle et dans le midi des feuilles et spathes de maïs desséchées ;

3º La garniture des chaises ; bien souvent alors le siège est ou exclusivement fabriqué en paille, ou fait avec du jonc grossier entouré de paille aplatie ;

4º La fabrication des *paillassons*;

5º La confection des ruches, corbeilles, paniers dits *cabas*, fabriqués dans les prisons, etc. ; on forme, en ce cas, avec la paille des boudins d'une égale grosseur, on les place en spirales et on les coud ;

6º La confection des chapeaux. — V. CHAPELLERIE, § *Chapeaux de paille* ;

7º La fabrication du papier. — V. PAPETERIE;

8º La fabrication des menus objets, tels que étuis, porte-cigares, dits *mosaïque de paille*, etc. — A. R.

II. PAILLE. Défaut que présentent les métaux lorsqu'ils ont une adhérence insuffisante entre leurs molécules ; c'est un défaut grave parce qu'il expose le métal *pailleux* à se rompre tout à coup, lorsqu'on le soumet à un certain effort. ‖ Altération qui se trouve dans une pierrerie, dans un diamant, ce qui en diminue la beauté et la valeur. ‖ *Paille de fer*. Mince copeau de fer qui sert au nettoyage des parquets.

*PAILLÉ, ÉE. *Art hérald.* Se dit des fasces et autres pièces diaprées, bigarrées de diverses couleurs.

*PAILLETEUR. *T. de mét.* Celui qui recueille les paillettes d'or dans le sable de quelques rivières. — V. ORPAILLEUR.

PAILLETTE. *T. techn.* 1º Or en petits grains ou en plaques amincies que l'on trouve dans quelques rivières. ‖ 2º Parcelle d'or, d'argent, de cuivre, d'acier, que l'on dispose sur une étoffe pour la faire scintiller; on emploie aussi pour arriver au même résultat une poudre métallique que l'on répand sur une dissolution de caoutchouc dans la benzine, ce qui donne une extrême adhérence après l'évaporation du liquide. ‖ 3º Petit morceau de soudure prêt à être placé sur l'objet à souder.

PAILLON. *T. techn.* Cuivre battu en feuilles très minces, à l'usage des bijoutiers, pour former un fond scintillant; ou encore pour orner des broderies, des costumes, etc. ‖ Feuille mince d'étain qui sert à l'étamage.

I. PAIN. Nourriture essentielle, fondamentale, habituelle, qui est devenue aujourd'hui la base presque universelle de l'alimentation humaine. Toutes les céréales peuvent servir à faire du pain ; mais le pain par excellence est le pain de froment.

HISTORIQUE. L'art de faire le pain a dû être inventé à différentes époques, dans les divers pays, à mesure que l'homme s'est éloigné de la barbarie. Les Hébreux connaissaient le pain du temps d'Abraham, mais ce n'était encore qu'une simple galette. Le même peuple était beaucoup plus avancé au temps de Moïse, puisqu'il savait faire alors le pain avec ou sans levain, dont il avait sans doute appris la fabrication pendant son séjour en Égypte.

Chez les Grecs, on attribuait l'invention ou plutôt l'importation des procédés de panification à Pan ou à Cérès, la déesse des moissons. On peut voir dans Athénée, pour les différentes sortes de pains en usage chez les Grecs, le passage extrait du *Traité de la boulangerie*, par Chrysippe de Thyane. Il en résulte que les meilleurs pains se faisaient cuire dans des moules ; les autres se cuisaient au four ou dans des fourneaux. *Les boulangers* employaient deux sortes de levains, le levain durci et le mou.

Sous les premiers Romains, chaque famille vivait du produit de son champ, et la matrone romaine cuisait elle-même son pain. C'est pourquoi, dit Pline l'Ancien, dans les collèges d'artisans établis par Numa, on ne trouve point de boulangers. Plus tard, comme nous l'apprend le XXXIII⁰ livre du *Digeste*, il y eut des esclaves boulangers qui fabriquaient le pain dans la maison du maître.

Le pain paraît avoir été introduit en Gaule par la colonie de Phocéens auxquels on doit la fondation de Marseille, et l'on suppose que c'est de ce pays que son usage se répandit peu à peu chez les nations du nord de l'Europe. Ce sont les Gaulois, suivant Pline, qui les premiers ont eu l'idée d'introduire dans la pâte la levure de bière à la place de la levure ordinaire (V. LEVURE). Au reste, quoique tous les peuples anciens connussent parfaitement le moyen de faire lever la pâte, ils n'en conservèrent pas moins une certaine prédilection pour le pain sans levain, et ce goût se maintint jusqu'au moyen âge.

A cette époque, Paris se trouvait déjà cité et envié par les étrangers pour son pain. L'Anonyme de Senlis, qui vivait au commencement du XIV⁰ siècle, en fait ressortir l'excellence au point d'assurer qu'on n'en trouvait nulle part d'aussi bon et d'aussi délicat.

Du temps de Champier, médecin de François Iᵉʳ, les pains de table pour les gens de qualité, à Paris, à la cour et dans toutes les grandes villes du royaume, étaient assez gros pour suffire, pendant le repas, à un homme de bon appétit ; « même on ôtait la croûte, que l'on donnait aux dames, pour tremper dans le bouillon qui leur était servi. » Aussi, ajoute l'auteur, on ne servait qu'un seul pain par personne.

Suivant Olivier de Serres, on ne débitait à Paris, vers la fin du XVI⁰ siècle, que cinq sortes de pains faits dans la capitale : le *pain mollet*, le *pain bourgeois*, le *pain de chapitre*, le *pain bis-blanc* et le *pain bis* ; il en arrivait des villages voisins qui se vendaient dans les marchés publics. Tels étaient, entre autres, le pain de Corbeil et le pain de Gonesse. Ce dernier, remarque de Serres, était blanc, délicat, et ne cédait en rien au pain mollet, mais il n'était bon que frais. C'est le cas de répéter l'axiome tiré de la *Maison rustique*, de Liébault, à propos du pain frais : « Blé d'un an, farine d'un mois, pain d'un jour. »

. Au temps de la Fronde, une des plus vives douleurs des Parisiens, c'était d'être privé du pain de Gonesse, lorsque le prince de Condé les eut affamés en s'emparant des principaux passages qui conduisaient les provisions de la ville. En effet, quand le pain de Gonesse manquait, c'était une calamité publique. On en trouve

des exemples dans les Mémoires du cardinal de Retz et dans le *Journal des guerres civiles de la Fronde*, par Dubuisson-Aubenay. Ce commerce procura à Gonesse une prospérité réelle. Aussi, selon Hurtaut, voyait-on encore, en 1779, dans l'église de Saint-Thomas, à Gonesse, beaucoup d'épitaphes en marbre pour des boulangers de la localité.

Sous le règne de Louis XIV, on commença à faire le pain long, au lieu de rond qu'il était auparavant. Un passage du *Saint-Évremoniana* fait allusion à ce changement. « On trouve à Paris tout ce qu'on peut demander. On vit chèrement ici : le pain est bon, il est blanc, bien fait, et un seul pain est quelquefois si grand qu'il suffit pour rassasier une famille entière pendant plusieurs jours ; ce qui a fait dire à un plaisant que si cette manière de faire des grands pains eût été dans la Judée au temps du Messie, les cinq mille Juifs qui furent rassasiés se seroient plutôt étonnez du four que du miracle. » C'est alors que le pain de Gonesse lui-même trouva un redoutable concurrent dans le *pain mollet*, sorte de pain au lait qui, mis à la mode par Marie de Médicis, avait pris le surnom de *pain à la reine*. Le pain mollet devait sa légèreté à l'emploi de la levure de bière. Ce genre de pain eut un tel succès, qu'on en vit paraître successivement de toutes formes et de toutes qualités : *pain cornu, pain de Gentilly, pain de condition, pain de Ségovie, pain d'esprit, pain à la mode, à la duchesse, à la maréchale et à la Montauron*, du nom de ce financier fameux à qui le grand Corneille a osé dédier *Cinna*. Mais il n'en fut pas de même vers la fin du grand règne, surtout dans les provinces, où la misère était extrême. Tandis que les seigneurs mangeaient de ce beau pain de fleur de froment, jaune en dehors comme l'or et blanc en dedans comme la neige, lit-on dans les *Oisivetés* de Vauban, « tout ce qui s'appelle bas-peuple ne vivait, au contraire, que de pain d'orge et d'avoine meslez, dont ils n'ostent pas mesme le son, ce qui fait qu'il y a tel pain qu'on peut lever par les pailles d'avoine dont il est meslé. »

Depuis cette époque, si la panification a fait quelques progrès, on peut dire que c'est moins dans la manipulation elle-même que dans l'invention de machines destinées à remplacer le pétrissage à bras et à l'adoption de fours d'une forme particulière, qui rendent la cuisson plus régulière, plus salubre et plus économique. — V. PANIFICATION. — S. B.

Bibliographie : NICOLAÏ : *Tractatus singularis de panis natura, usu, affectionibus, operationibus, divisionibus et varietatibus*, Dantzig, 1651, in-4° ; Olivier de SERRES : *Théâtre d'agriculture*, 2 vol. in-4°, Paris, 1804 ; LA BRUYÈRE-CHAMPIER : *De Re Cibaria*, Lyon, 1560, in-8° ; LEGRAND D'AUSSY : *Vie privée des Français*, 1815, t. I ; Nicolas de LA MARE : *Traité de la police*, v⁰ Boulangers, 1707-1738, 4 vol. in-f° ; LA CONDAMINE : *Le pain mollet*, poème, 1768, in-12 ; Louis FIGUIER : *Les merveilles de l'industrie*, ch. *Industrie du pain et des farines*, 1880 ; A. COCHUT : *Le pain à Paris* (Revue des Deux-Mondes, 1863).

Pain à cacheter. Petit rond de pain sans levain dont on se sert pour cacheter les lettres.

— Les pains à cacheter, déjà connus au XVII⁰ siècle, étaient très répandus en Italie à la fin du siècle dernier, l'usage s'en généralisa au début du XIX⁰. Les officiers et les soldats de l'armée d'Italie, conduits par Napoléon Iᵉʳ, trouvant ce moyen si commode de fermer les lettres en usaient largement, ils donnèrent ainsi à quelques industriels parisiens l'idée de fabriquer des pains à cacheter. Depuis cette époque, cette fabrication s'est développée dans des proportions considérables. « Les pains à cacheter sont bien connus à Paris et dans les villes où l'on écrit et cachette beaucoup de lettres, lit-on dans le *Langage vicieux corrigé*, petit livre anonyme, publié au commencement du siècle actuel. Ailleurs ils le sont moins et ont conservé, mal à propos, le nom qu'on avait donné à la feuille de pâte très légère et sans levain dans laquelle on découpe les hosties. Cette pâte s'appelait *pain à chanter la messe*, et par abréviation, *pain à chanter* ; mais *pain à chanter* tout seul est à peine construit (grammaticalement), et il est difficile, si l'on n'est prévenu, d'en comprendre le sens. De prétendus puristes en ont fait *pain enchanté*, qui, s'il n'a pas non plus le sens commun, leur semble du moins construit d'une manière plus correcte. C'est toujours une faute grossière. Il faut dire *pain à cacheter*. »

Suivant le *Dictionnaire de l'industrie manufacturière, commerciale et agricole*, publié en 1833, le pain à cacheter est une pâte de farine délayée, mise dans des moules semblables aux *fers à gaufres* chauds, et que l'on découpe ensuite au moyen d'un emporte-pièce. Les pains à cacheter sont tantôt blancs, tantôt colorés de diverses teintes. « Il est important de ne faire entrer dans leur composition aucune substance vénéneuse, parce que non seulement on les humecte sur la langue, mais fréquemment on les avale entiers ou par fragments. La belle teinte du vert Schwenfurt l'a fait employer depuis quelques années ; mais on ne saurait trop en prohiber l'usage pour ce genre d'application. Des pains d'une espèce particulière attirent en ce moment l'attention ; ils sont transparents. On les obtient au moyen de la gélatine diversement colorée. »

La fabrication des pains à cacheter a sensiblement diminué depuis l'introduction dans la papeterie des enveloppes gommées. — S. B.

Pain d'épice. *T. techn.* Sorte de gâteau à base de miel et de farine de seigle ou de froment.

HISTORIQUE. L'invention du pain d'épice a probablement suivi celle du pain ; elle remonte donc à une époque fort éloignée, et marque l'époque où l'homme a voulu essayer de combiner la farine de différents grains avec des substances qui en amélioraient la saveur, comme le beurre, le miel, le lait, les œufs. L'Asie et l'Egypte ont fabriqué dans la plus haute antiquité les *mélitates*, qu'à décrits Athénée, et qui étaient d'une saveur si agréable, ceux de Rhodes en particulier, qu'on en mangeait avec délices, surtout après les repas. Chez les Romains, le *far cum melle* était offert aux dieux immortels par le pauvre. En France, on connut le pain d'épice après la première croisade, ainsi que diverses recettes pour faire certains gâteaux spéciaux. Agnès Sorel et Marguerite de Navarre l'avaient en grande estime ; sa vogue baissa sous Henri II, parce que l'on prétendait que les Italiens, qui en envoyaient beaucoup en France, y mêlaient du poison ; enfin, il reprit dans la faveur publique, sous Louis XIV, et n'a cessé jusqu'à nos jours d'être employé sous bien des formes, celle de *nonnettes*, par exemple, préparées d'abord par les nonnes de Remiremont, et qui depuis 40 ans environ ont pris de l'extension ; celle de sujets divers, lancée par les fabricants de Dijon, vers 1820 : celle des pavés, créée après à Reims, Lille, Paris, etc. Nous excepterons toutefois Chartres, dont la fabrication est renommée, bien avant 1594, car la foire des Barricades (11 mai), instituée par Henri IV, et qui date de cette époque, fut instituée en reconnaissance du dévouement de certains habitants ; les *pavés* datent de cette époque. Paris fabrique maintenant, depuis 1855, toutes ces sortes de pains d'épice, sans avoir pour cela nui à la fabrication des villes qui se sont fait une renommée particulière.

FABRICATION. Le pain d'épice se prépare avec deux sortes de farines suivant la qualité que l'on veut obtenir ; celle de blé ou de seigle auxquelles en ajoute parties égales de miel blanc. On pétrit le tout pour en faire une pâte que l'on abandonne ensuite dans des pétrins ou coffres en bois, souvent pendant un temps assez long. En effet, cette pâte se prépare surtout pendant la morte-saison, c'est-à-dire pendant les mois d'octobre et de novembre, et se conserve dans l'atelier pendant six mois, et plus dans les grandes fabriques, en la plaçant dans des cadres superposés les uns sur les autres, et pouvant souvent contenir jusqu'à 6 à 700 kilogrammes de pâte. La pâte ainsi faite, alors que le miel est nouveau, et que les fortes chaleurs sont passées, se conserve sans fermenter ; lorsqu'on veut l'employer on en coupe un certain poids, puis on la malaxe dans des pétrins mécaniques en y ajoutant pour 4 kilogrammes de pâte, 30 à 35 grammes de potasse perlasse ; cette pâte ainsi préparée est ensuite divisée et déposée dans des moules en bois ou en tôle, huilés, et de forme particulière à chaque pain d'épice (pavés, nonnettes, cœurs, figurines, etc.), imprimée parfois, puis cuite dans des fours chauffés au degré de chaleur approprié à chaque sorte, toutefois après l'avoir aromatisée avec des essences de néroli, de citron, lorsque cela est nécessaire. Les fours utilisés sont analogues à ceux des boulangers, mais souvent de dimensions plus petites ; on les a longtemps chauffés avec de la paille, mais il est actuellement construit des fours à coke, à houille, ou à air chaud, qui ont 2 ou 3 étages superposés, ce qui permet d'avoir tous les degrés de chaleur voulus pour la cuisson des divers pains d'épice. Le four est suffisamment chaud quand la farine que l'on y jette noircit sur le champ. Lorsque les pains sont cuits, c'est-à-dire après sept à huit minutes, on les défourne, et dès qu'ils sont à moitié refroidis on les brosse et on passe légèrement dessus une éponge trempée dans des jaunes d'œufs battus (parfois dans une solution de colle forte pour les sortes communes) pour en rehausser la couleur. La chaleur qu'ils conservent alors suffit pour chasser toute humidité, mais on la met parfois à profit pour faire adhérer à la pâte les petites dragées, dites *nonpareille*, que l'on y enfonce par une légère pression, ou les amandes ou fruits confits ; ainsi que pour le glacer avec du sucre pulvérisé.

Le pain d'épice de première qualité donne à l'analyse :

Eau	7.25
Azote	3.98
Matières grasses	3.57
Sucre	36.40
Amidon et dextrine	46.63
Cellulose	0.66
Cendres (potasse en grande partie)	1.51
	100.00

Le pain d'épice de qualité inférieure n'est pas fait de la même manière ; on fabrique la pâte avec 75 kilogrammes de mélasse, 25 kilogrammes de sirop de glucose, 25 kilogrammes de miel, 125 kilogrammes de farine de seigle et 1 kilogramme d'alun ; on la pétrit comme la première, et on la met en réserve de la même façon ; lors de l'emploi, on l'additionne de 40 à 50 grammes de potasse par 6 kilogrammes de pâte. L'addition d'alun est faite ici dans le but d'empêcher le produit de prendre de l'humidité.

Le pain d'épice, après 8 ou 10 heures de refroidissement, peut être mis en vente. Celui qui est de bonne qualité se peut conserver plusieurs années, pourvu qu'il ne soit pas placé dans un endroit humide ou trop sec; c'est un aliment légèrement laxatif à cause du miel qu'il contient.

ALTÉRATIONS ET FALSIFICATIONS. Les pains d'épice de qualité inférieure étaient parfois colorés avec de la colle animale ; le Conseil de salubrité a interdit cette pratique et a exigé l'emploi de la dextrine ou de la gomme pour obtenir le même résultat. Dans la décoration du pain d'épice on emploie souvent des sucres colorés; en 1862, on en a signalé qui étaient dorés avec des feuilles minces de cuivre jaune; des saisies ont été opérées en Angleterre, en 1862, portant sur ces qualités inférieures; pendant un certain temps, on y a ajouté du savon et aussi du protochlorure d'étain. Le savon agissait comme levain dans la pâte et le sel d'étain blanchissait la masse faite avec des miels rouges et des mélasses trop cuites. Ces procédés blâmables sont probablement abandonnés, car, à la suite de la publication d'un article sur les pains d'épice, fait dans un journal de Paris (*France*, 4 juin 1884), nous avons en vain recherché dans divers échantillons, l'étain que l'on signalait, et le laboratoire municipal de Paris (2e Rapport, 1885) n'en fait pas mention, non plus, tout en relatant la fraude comme anciennement usitée. — J. C.

II. **PAIN.** On donne ce nom à certaines matières moulées en masse, comme les *pains de sucre*, les *pains de savon*, les *pains de couleur*, etc. || *Pain d'émail*, morceau d'émail ayant la forme d'un petit pain plat. || *Pain de roses*. Marc de roses qui reste au fond de l'alambic lorsqu'on a retiré l'eau et l'huile volatile. || *Pain azyme*. Pain sans levain que les juifs doivent manger pendant le temps que dure la Pâque. || *Pain à chanter*, *pain eucharistique*, *pain sacramentel*. Pain sans levain, oublie, de forme ronde, et portant quelque symbole de Jésus-Christ, que le prêtre consacre, à la messe, pour la communion. || *Pain de liquation*. Masse de cuivre qui reste sur le fourneau de liquation, après que le plomb et l'argent ont été dégagés. || Masse de terre destinée au modelage.

* **PAIRLE.** *Art héraldique*. Pièce honorable ayant la forme d'un Y majuscule; elle est composée de trois branches d'égale longueur dont les deux supérieures aboutissent aux angles du chef.

* **PAISSANT, ANTE.** *Art héraldique*. Se dit des animaux représentés la tête inclinée et semblant paître.

* **PAIX.** *Iconographie*. Une des grandes déesses dans la mythologie païenne. Elle était fille de Jupiter et de Thémis, et, les premiers, les Athéniens lui élevèrent une statue. Son culte était particulièrement honoré à Rome, la ville guerrière par excellence, et un temple superbe commencé par Claude et Agrippine, achevé par Vespasien, lui était consacré sur la voie sacrée près du Capitole. Ce temple dut sa richesse aux dépouilles provenant du pillage de Jérusalem ; les œuvres d'art qu'on y avait

accumulées formaient un véritable musée au milieu duquel avait lieu périodiquement la réunion des peintres, sculpteurs et musiciens. Ce temple fut détruit par un incendie sous le règne de Commode, les ruines en subsistent encore. La Paix était représentée sous les traits d'une femme tenant sur ses genoux ou par la main le dieu Plutus enfant,' parce que la paix est une source de richesses. On lui donne pour attributs l'olivier et des boucliers enflammés ou une torche renversée, emblème des désastres qu'elle évite ou répare ; on lui donne parfois encore la lance, ou la massue d'Hercule, ou le caducée de Mercure, comme symboles de force et de prospérité. D'ailleurs, on a souvent confondu, dans l'antiquité surtout, la Paix avec la Concorde ou même avec la Victoire, dont on lui prête les ailes. La Paix a été un des sujets le plus fréquemment traités par les artistes. On possède plusieurs médailles antiques représentant cette allégorie. Raphaël en a laissé une image charmante plusieurs fois reproduite par la gravure, notamment par Marc Antoine et par Calamatta. Ce même sujet a encore été traité dans l'école italienne par Dosso-Dossi, Carlo Dolci, le Guide, etc. La National Gallery de Londres possède une toile très importante de Rubens, représentant la *Paix et la Guerre*, et qui est plus connue sous le titre de *La Famille de Rubens*, parce que le peintre s'y est placé lui-même avec sa femme et ses enfants. Dans l'école française, nous citerons *Les Fruits de la Paix*, par François Marot; *La Paix ramenant l'Abondance*, par Mme Vigée Lebrun, qui fut son tableau de réception à l'Académie; *La Paix ramenant l'Abondance et consolant les hommes*, par Eugène Delacroix, pour le salon de la Paix à l'ancien hôtel de ville de Paris, et diverses allégories de la Paix, par Paul Flandrin, Louis Boulanger, Emile Lévy, W. Bouguereau, Puvis de Chavannes, Magaud, cette dernière composition exécutée pour le plafond de la grande salle à l'hôtel de la préfecture de Marseille. La sculpture s'est souvent aussi inspirée de ce sujet. Canova a modelé pour le comte de Romanzoff une belle statue de la Paix, haute de six pieds, avec des ailes, qui passe pour un de ses meilleurs ouvrages; enfin, on peut rappeler que cette allégorie a été traitée par Etex, pour l'arc de triomphe de l'Etoile, par Capellaro, par Cavelier et par Dumont, pour différentes parties du palais du Louvre. Louis XIV, le roi belliqueux, encourageait, par antithèse sans doute, les représentations de la Paix. *Gérard Audran* avait gravé pour son frontispice du *Panégyrique de Louis-le-Grand*, par Faure: *La Paix et la Victoire se donnant la main*; et, à la même époque, J. Ganière faisait paraître une estampe allégorique : *La Paix sauvant les peuples*. Nous trouverions dans l'histoire de l'estampe de nombreuses coïncidences semblables entre les figures de la Paix et des guerres longues et sanglantes. Le fait s'explique, car le besoin de la Paix ne se faisait jamais autant sentir qu'à ces époques troublées.

* **PAJOU** (AUGUSTIN). Sculpteur, né à Paris en 1730, mort, en 1809, dans la même ville, était élève de Lemoyne et remporta le grand prix de sculpture, en 1748, à l'âge de dix-sept ans seulement; il savait à peine lire et écrire, mais modelait déjà comme un maître. Pensionnaire du roi, à Rome, il étudia douze ans les chefs-d'œuvre de l'antiquité et, revenu en France dans toute la force de la jeunesse et en pleine possession de son talent, il débuta par une hardiesse qui lui valut à la fois les faveurs du public et une place à l'Académie ; son *Pluton tenant Cerbère enchaîné* rompait, par sa rudesse, sa mâle vigueur et son modelé un peu lourd, avec toutes les traditions de l'école élégante et efféminée qui avait alors les suffrages des amateurs et de la cour. Ce groupe, qui souleva les attaques passionnées, eut un très grand retentissement et peut être considéré comme le point de départ de la statuaire moderne. En quelques années, les commandes affluèrent à tel point chez Pajou, que sa fortune fut faite en même temps que sa réputation. Il se distingua surtout dans l'art décoratif, et produisit plus de deux cents bas-reliefs, statuettes et morceaux divers en marbre, en bronze, en plomb, en pierre, en bois, même en carton. Son œuvre principale dans ces premières années, est le fronton de la cour du Palais-Royal; et on lui doit encore les sculptures de la salle de spectacle du château de Versailles, des hauts-reliefs au Palais Bourbon et à la cathédrale d'Orléans et un beau monument en marbre blanc : l'*Impératrice Elisabeth décorant la princesse de Hesse du cordon de Saint-André*, qui se trouve à l'Académie des Arts de Saint-Pétersbourg. Plus tard, Pajou se consacra uniquement à la statuaire et reçut la commande de plusieurs figures importantes pour la décoration des monuments. Il exposa successivement une statue de Descartes assez médiocre, et celles de Turenne, de Buffon, de Bossuet, de Pascal, beaucoup plus remarquables. Les deux dernières surtout sont considérées comme des chefs-d'œuvre. Il donna ensuite une *Psyché* d'un naturalisme de formes qui lui valut de violentes et justes critiques, et pour le Palais Royal quatre figures en pierre : *Mars*, la *Prudence*, la *Libéralité*, *Apollon*. L'*Amour dominant les éléments*, figure en plomb commandée par la duchesse de Mazarin, marque un retour de l'artiste vers les formes gracieuses de son temps; c'était une conséquence de l'insuccès de sa Psyché. Enfin, la dernière œuvre importante de Pajou, et la plus difficile à coup sûr, est la reconstruction de la fontaine des Innocents, qu'il fallait compléter en ajoutant trois figures aux cinq naïades sculptées par Jean Goujon, voisinage redoutable que Pajou ne craignit pas d'affronter, et avec tant de bonheur, que son ouvrage soutient la comparaison avec les merveilles de la Renaissance. Pajou avait été nommé recteur de l'Académie, en 1792, garde des antiques du roi en 1781, membre de l'Institut dès sa création. Mais la Révolution lui avait fait perdre sa fortune et des infirmités pénibles vinrent attrister la vie du grand artiste. Son fils, JACQUES-AUGUSTIN, élève de Vincent, fut peintre de valeur, et son petit-fils a également envoyé aux salons des œuvres remarquées.

PAL. *Art hérald.* Pièce honorable représentant un pieu, posé perpendiculairement, et qui partage l'écu dans le sens de sa longueur; le *pal flamboyant* est celui qui est terminé par une flamme.

PAL-INJECTEUR. Instrument d'invention relativement récente, employé pour le traitement des vignes phylloxérées. Les moyens en usage pour combattre le phylloxéra, dont les désastres en France remontent à 1865-1866, sont surtout : la submersion, la plantation des cépages résistants et les insecticides, parmi lesquels le sulfure de carbone se place au premier rang. Il n'y a pas dix ans que le comité de Marseille, sous l'ha-

bile direction de M. Marion, indiquait l'emploi pratique du sulfure de carbone; aujourd'hui, il sert à combattre le fléau sur 40,585 hectares de vignes malades (en 1885); le sulfure de carbone peut être considéré comme l'agent le plus efficace de destruction du phylloxéra. Son emploi se fait au moyen de pals-injecteurs ou de charrues sulfureuses appelées à rendre de bons services dans certaines conditions. Les pals-injecteurs manœuvrés à la main jouent le rôle le plus important dans le traitement des vignobles phylloxérés; il n'y a donc pas lieu de s'étonner de la grande quantité de modèles présentés par les inventeurs.

Le pal-injecteur se compose, en principe, d'un récipient contenant le liquide insecticide, d'un pieu destiné à perforer le sol et d'une pompe à injection. Le pal est muni à sa partie supérieure de deux poignées et à sa partie médiane d'une pédale à vis qui permettent à l'ouvrier de l'enfoncer dans le sol à la profondeur voulue. Il s'agit d'envoyer dans l'intérieur du pal la quantité de sulfure de carbone déterminée par avance et variant de 3 à 12 grammes; on arrive à ce but au moyen d'une pompe à dosage, analogue aux seringues Pravaz employées dans la médecine. La tige du piston a sa course limitée par une rondelle à clef que l'on place en face d'une des divisions indiquant la quantité à injecter; le liquide contenu dans le corps de pompe pénètre dans la chambre d'injection et se trouve refoulé par un orifice latéral; puis le piston remonte, poussé par un ressort, et le corps de pompe se remplit de liquide pour l'injection suivante.

On emploie ordinairement un avant-pal en fer aciéré, à deux poignées, pour ouvrir les trous et éviter les accidents [au pal-injecteur. Après le passage de ce dernier, on bouche rapidement le trou à l'aide d'une barre ou d'un arrière-pal. L'emploi du sulfure de carbone présente certains dangers de manipulation que le pal-injecteur supprime en grande partie. La quantité injectée par pied de vigne est très variable; l'insecticide est transporté gratuitement par nos Compagnies de chemins de fer dans le réseau parcourant les régions viticoles. — M. R.

PALAIS. Ce mot répond aujourd'hui à une idée bien nettement définie; il désigne un édifice considérable, somptueusement bâti, richement décoré, et servant soit de résidence à un grand personnage, soit de lieu de réunion à un groupe d'hommes d'État, de littérateurs, de savants, de financiers, soit d'installation à des collections d'objets artistiques et industriels, soit enfin de but à une exposition. Les palais de l'Elysée, Bourbon, du Luxembourg, de l'Institut, de la Bourse, du Louvre, du Trocadéro, de l'Industrie, à Paris, ont ces diverses destinations et constituent autant de types de palais.

— Mais l'antiquité ne donnait ce nom qu'à la demeure du souverain et des grands de l'État; aussi ne trouve-t-on des palais que là où il existait soit un grand pouvoir, soit une puissante aristocratie : à Ninive, à Babylone, à Thèbes, à Memphis, il en a été construit de magnifiques, tandis que les républiques grecques n'en ont point bâti.

A Rome, les patriciens habitaient le mont Palatin, qui était comme le faubourg Saint-Germain de la ville éternelle ; il devait son nom soit au dieu des jardins, Palès, soit à la déesse Pallas. On appelait *palatia* les riches demeures que l'aristocratie romaine s'y était fait construire et *palatini* ceux qui les possédaient. Les uns et les autres ont traversé les âges ; *palatia* et *palatini* ont survécu à l'empire d'Occident et aux barbares ; en Italie, on retrouve au moyen âge, le *palatium* sous le nom de *palazzo*, et le *palatinus* sous celui de doge, ou de podestat.

Charlemagne importa en France le *palatium* ; sa résidence eut ce nom, et les écoles qu'il y établit furent appelées *écoles palatines*. Les Mérovingiens avaient bien habité à Paris des constructions gallo-romaines improprement appelées palais, tels que l'*arx* du poète Fortunat (les Thermes) et l'édifice de la Cité, qui a pris le nom de *palais* par excellence, parce que plusieurs Capétiens en ont fait leur séjour habituel ; mais le monde féodal, rude, batailleur, toujours sur la défensive, préférait le *castel* ou *manoir* avec son donjon, ses tours, créneaux, fossés, herses et pont-levis, au palais tout ouvert, qui ne lui aurait pas offert une sûreté suffisante. Le palais de la Cité lui-même, quoiqu'entouré par la Seine, ne parut pas suffisamment protecteur à la royauté capétienne, puisqu'elle fit construire la forteresse du Louvre.

Ici doit se placer historiquement l'origine d'une acceptation particulière du mot *palais* : lorsque Philippe-le-Bel, dont la politique était servie par les légistes opposant au droit canon le droit romain et la coutume, eut rendu le Parlement *sédentaire*, d'ambulant qu'il était auparavant, il lui assigna pour résidence son palais de la Cité, de façon à l'avoir toujours chez lui et à justifier le vieil axiome : toute justice émane du roi. Depuis lors, et à l'imitation de Paris, les maisons affectées à l'installation des tribunaux, si modestes qu'elles fussent, ont pris et gardé le nom de *palais de justice*.

Les grandes résidences urbaines, telles qu'étaient à Paris les *hôtels de Clisson, de la Trémouille et autres*, où il y avait, dit un descripteur du xvᵉ siècle « autant de fenestres et de chambres que de jours en l'an » auraient pu, ce semble, prendre le nom de *palais* ; elles ne portaient cependant que celui de « ostel », y compris Saint-Paul, le séjour favori de Charles V et de Charles VI, que les anciens historiens de Paris qualifient simplement de « ostel des grans esbatements ».

L'appellation de *palais* nous revint d'Italie, avec les architectes, les peintres et les sculpteurs de la Renaissance, que Charles VIII, Louis XII, François Iᵉʳ et Henri II mandèrent pour embellir leurs résidences de ville et de campagne ; et encore eût-elle quelque peine à remplacer le vieux mot de *castel*, ou *chasteau*. Les Tuileries, construites par l'italienne Catherine de Médicis, ont longtemps gardé la dénomination de *château* : on la leur donnait encore à la cour dans les dernières années du second empire ; il en est de même de Fontainebleau. Le Louvre, complètement transformé par l'art grec et romain ; le Palais-Royal, demeure d'un grand ministre qui avait relevé le pouvoir monarchique et régnait en son nom ; Versailles, qui n'avait point de passé féodal, ont été, un siècle plus tard, qualifiés de *palais*.

Dans les temps modernes et par le fait des révolutions qui ont chassé les souverains, la plupart des palais sont devenus des musées ; la royauté de l'art y a remplacé celle de la politique : la peinture et la sculpture trônent aujourd'hui au Louvre et au Luxembourg ; l'histoire de France tient ses grandes assises à Versailles, dans la résidence du grand roi, et les seuls palais que l'on construise désormais sont affectés à des usages artistiques ou industriels.

Cette transformation, il faut bien le dire, avait été préparée par les souverains eux-mêmes : en bâtissant des galeries de jonction pour relier entre eux deux palais, en faisant décorer de vastes salons, en y multipliant les chefs-d'œuvre de la peinture et de la sculpture, en permettant l'accès de ces musées personnels à des privilégiés d'abord, puis à la masse du public, ils ont préparé leur propre succession. L'art règne aujourd'hui dans les palais et on ne l'en chassera plus ; il en sera de lui comme de la Muse qui survit à toutes les révolutions : *nullo delebitis œvo*. L'Italie nous avait depuis longtemps devancés dans cette voie : les palais Pitti, Farnèse et tant d'autres demeures, plus ou moins monumentales, que l'emphase ultramontaine qualifie de *palazzi*, n'ont d'autres habitants que l'art et d'autres courtisans que les touristes.

Construira-t-on de nouveaux palais ? relèvera-t-on de leurs ruines ceux que les révolutions ont détruits ? question complexe, plus politique peut-être qu'artistique, et qu'il ne nous appartient pas de résoudre. Quand on voudra en édifier un, plan et programme sont faciles à tracer : au dehors, aspect monumental ; au dedans, grands appartements, vastes galeries de tableaux et de statues, objets d'art répandus à profusion, intérieurement et extérieurement jardins luxuriants, toutes les merveilles ; enfin, réunies dans un même lieu, n'est-ce pas la formule du musée, du théâtre, du square, c'est-à-dire du palais et des jardins de tout le monde ? L'avenir semble donc appartenir à ces grands édifices qui, comme Cristal-Palace, à Londres, les palais de l'Industrie et du Trocadéro, à Paris, s'ouvrent au monde entier, et logent, non point un souverain et sa cour, mais une civilisation et tout ce qu'elle enfante. — L. M. T.

PALAN. Un palan ordinaire se compose de deux jeux de poulies, enchapées, conjuguées de l'une à l'autre par une corde (fig. 1) ou une chaîne, dont une extrémité, ou dormant, est fixée à l'une des chapes et dont l'autre extrémité, ou garant, s'échappe librement, après avoir contourné tous les mobiles. Si l'on suspend un fardeau au crochet de la chape inférieure et si l'on exerce un effort sur le brin libre, cet effort aura nécessairement pour effet d'appeler l'un vers l'autre les deux jeux de poulies et d'enlever la charge. Les avantages du palan résultent de ce que l'espace parcouru par la puissance, dans un temps donné, est égal à la somme des espaces parcourus par chacun des brins qui contournent les poulies. D'où la condition statique de ces engins, qui permet de réduire l'effort exercé sur le garant, en augmentant proportionnellement le nombre des poulies.

Le diviseur de la charge correspond donc au nombre total des poulies, et la puissance P à appliquer pour équilibrer un poids Q, au moyen d'un palan composé de *n* poulies sera :

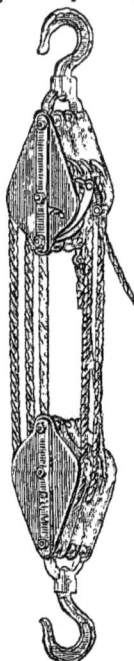

Fig. 1.
Mouffle à cordes.

$$P = \frac{Q}{n} \quad \text{d'où} \quad Q = P \times n \quad \text{et} \quad n\frac{Q}{P}$$

Pour enlever la charge, il faudra naturellement

développer un effort supplémentaire et tenir
compte des frottements qui croissent avec le nombre des poulies. Dans les grandes manœuvres de
force, cet effort est transmis au brin libre par
le moyen d'un treuil.

La grande variété d'applications des appareils
de levage a excité les recherches des inventeurs,
et en combinant le principe des moufles et des
palans avec divers mouvements, on a créé des palans puissants, manœuvrant
à bras des charges consi-
dérables qui, auparavant,
exigeaient l'emploi d'importants moteurs. Cette classe
de palans comporte spécialement les appareils à chaîne.
Dans ces engins, la chaîne
est substituée à la corde
et, à cet effet, la gorge des
poulies est munie de dents
latérales en saillie, formant
des creux, dans lesquels les
maillons viennent s'encastrer
exactement de manière à former engrènement et à être
entraînés.

La *poulie différentielle* (fig.
2) est un des plus connus
parmi les palans à chaîne.
Son principe, comme son
nom l'indique, repose sur
l'emploi de poulies de diamètres différents. Elle se
compose d'abord d'une poulie à deux gorges, de diamètres d d' différents, montée
sur un axe qui trouve ses
appuis dans une chape mu-
nie d'un crochet; et d'une
autre poulie simple, également montée dans une cha-
pe, avec crochet, pour la suspension de la charge. Les
deux poulies sont mises en
relation au moyen d'une
chaîne sans fin enroulant sur
la gorge dentée de la première poulie supérieure et
qui, après avoir contourné
la poulie inférieure, remonte
sur la deuxième poulie. Si
l'on actionne un des brins
libres sortant des poulies supérieures, tout l'ensemble tournera; la chaîne se dévidera et son trajet sera égal à la somme du développement des circonférences d et d'. Par suite, sous la traction P, la
charge Q aura monté ou descendu, et son parcours
sera la différence des deux développements d et d'.

Les formules suivantes sont applicables aux
poulies différentielles :

$$P = \frac{d-d'}{2d}Q \; ; \; Q = \frac{2d}{d-d'}P \; ; \; \frac{Q}{2}d = P \times d + \frac{Q}{2}d'$$

La poulie différentielle est d'un usage très répandu. Sa construction est simple, et elle réalise

Fig. 2.
Poulie différentielle.

la suspension de la charge qui, abandonnée, ne
descend pas sans qu'un effort la sollicite. Par
contre, son usure est très rapide, à cause du rapport entre les chemins parcourus par la chaîne et
par la charge, et leur puissance, lorsqu'on actionne directement, ne dépasse guère 3 à 4,000
kilogrammes. Les appareils de 4 à 10 tonnes sont
mus par engrenages.

Cette force est largement dépassée par les *palans à vis sans fin* qui réalisent également, mais
par d'autres moyens, le maintien en suspension
de la charge abandonnée
à elle-même.

Les appareils à vis
sont connus dans l'in-
dustrie sous plusieurs
noms : créés sous celui
de *palans à vis sans fin*
par Thomson, ils ont été
reproduits sous le nom
de *poulies françaises* et,
en dernier lieu, nous les
voyons, modifiés et per-
fectionnés, sous le nom
de *palans Pâris, à vis tangente en dessous* (fig. 3
et 4).

Tous ces palans (fig. 3
et 4) se composent spé-
cialement d'une poulie
de charge, qui porte une
chaîne à crochet pour la
suspension du fardeau;
cette poulie est fondue
avec un pignon dont les
dents sont en prise avec
les filets d'une vis munie
à une extrémité d'un vo-
lant, avec chaîne sans fin
pour la manœuvre. Ces
différents organes sont
logés dans une chape sur
laquelle ils trouvent leurs
points d'appui. On con-
çoit que si on exerce un
effort sur le volant, la
vis tournera et, avec elle,
le pignon et, par consé-
quent, la poulie. La
chaîne sera entraînée et la charge montera. En
tirant dans le sens contraire, la charge descendra.
Ce fonctionnement est le même pour tous les palans à vis. La puissance P à appliquer pour monter une charge Q au moyen d'une vis à F filets,
L étant le diamètre de la poulie de charge, M
celui du volant de manœuvre et D le nombre de
dents du pignon, est indiquée par la formule :

$$P = \frac{Q \times L \times F}{B \times M \times D}$$

Si l'on veut réduire la valeur de P, il suffira
d'augmenter les facteurs B et M en appliquant à
B le principe commun à tous les appareils de
levage en général, de la division de la charge sur
plusieurs poulies; c'est ainsi qu'avec le palan nu-

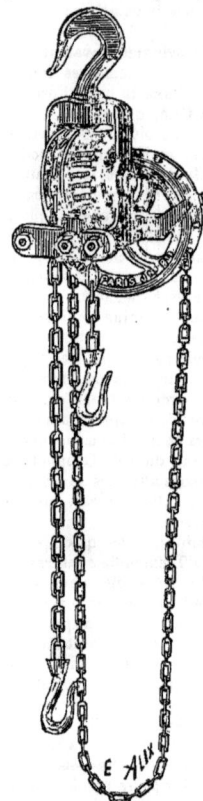

Fig. 3. — *Palan Pâris à vis
tangente en dessous.*

méro 1 (B=1)on obtient les numéros : 2 (B=2); 3 (B=3) ; 4 (B=4) ; etc., et en augmentant les dimensions du volant de manœuvre M et, par suite, le bras du levier sur lequel l'effort est exercé. C'est pour obtenir ce résultat que, dans le palan Pàris, la commande du pignon est *en dessous* et c'est ce qui différencie ce palan de ceux qui l'ont précédé. Cette combinaison d'organes permet, en outre, de fixer le garant sous la poulie et d'obtenir un parfait équilibre des appareils.

Une addition très ingénieuse a été faite aux palans à vis tangente, sur l'extrémité de la butée de la vis ; elle consiste en un frein modérateur à friction, n'agissant que dans le sens de la descente. Ces appareils font un excellent service et remplacent avantageusement les autres systèmes. L'emploi de la vis comme moteur permet de pousser la puissance des palans à vis tangente jusqu'à 30 tonnes manœuvrées à bras d'homme. Elle procure un mouvement doux, exempt de choc, sans glissement, par la poulie même dans le sens de sa rotation.

Il existe encore un certain nombre d'autres palans, mais l'usage ne s'en est pas généralisé ; nous citerons pourtant les poulies différentielles de Moore, dont le principe réside dans l'emploi d'un axe à excentrique comme moteur ; un volant de manœuvre arme l'extrémité de l'axe et l'excentrique actionne un double pignon, entraînant deux plateaux à denture différentielle tournant en sens contraire. Ces plateaux portent chacun une noix. La chaîne qui les enroule est entraînée dans leur mouvement de rotation, et la charge monte ou descend suivant le sens de la marche. L'excentrique est aussi appliqué aux palans Eades, mais d'une manière différente ; ici, le pignon est guidé et les fourches dont il est muni

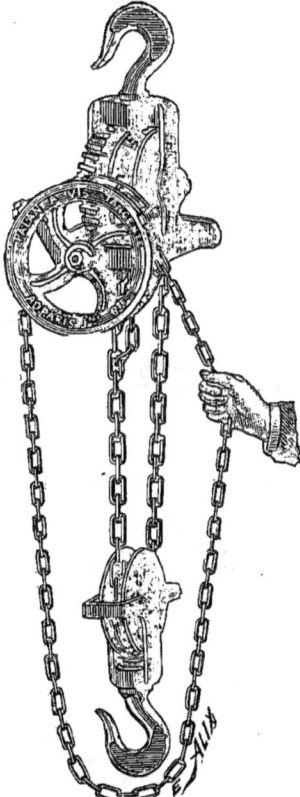

Fig. 4. — Palan Pàris à vis tangente en dessous.

s'engagent sur un coulisseau qui détermine un mouvement épicycloïdal.

Nous citerons encore les *palans dynamiques*, les *palans Cherry*, les *poulies Pickering*, etc., dont les combinaisons variées ont toutes pour objet d'obtenir une certaine puissance en même temps que la suspension automatique de la charge.

Les *palans à chaîne* sont d'un usage général, il n'existe pour ainsi dire pas d'industrie où l'emploi n'en soit indiqué.

A l'exception des palans à vis tangente, ils sont tous d'origine anglaise, et nous étions, jusqu'à ces dernières années, tributaires de l'Angleterre pour ces engins dont la construction forme aujourd'hui une branche importante de notre industrie.

PALANCHE. *T. techn.* Instrument de bois ayant la forme d'un arc, terminé par une entaille à chaque extrémité et qui sert à porter deux seaux pleins à la fois.

PALANQUE. *T. de fortif.* Retranchement impénétrable à la balle, fait avec des pals ou pieux de 4 mètres de longueur environ, que l'on enfonce en terre et que l'on perce de créneaux pour faciliter le tir de l'assiégé.

PALASTRE. *T. de serrur.* Plaque de fer battu sur laquelle on établit une serrure. La pièce opposée au palastre est appelée *couverture*, et forme la partie visible et principale de la serrure, les quatre autres faces en forment l'épaisseur. La face que traverse le pêne se nomme *bord* ou *rebord*; les trois autres forment le *cloison* et sont unies au palastre à l'aide de petits tenons carrés ou *étoquiaux* fraisés et rivés avec le plus grand soin sur les deux pièces. Le palastre reçoit plusieurs noms, suivant la forme ou l'ornementation qu'on lui donne. On distingue ainsi le *palastre à cul de chapeau*, le *palastre orné, ciselé, doré*, etc.

PALE. *T. techn.* Partie plate d'une rame, d'un aviron. ‖ Palette de la roue d'un bateau à aubes. ‖ Petite vanne qui sert à ouvrir et à fermer la retenue d'un moulin, la chaussée d'un étang. ‖ Planche qui sert à former un encaissement pour isoler, dans l'eau, la place où l'on veut travailler.

PALESTINE. Caractère d'imprimerie dont le corps est de 22 points. — V. CARACTÈRES D'IMPRIMERIE.

PALETOT. Vêtement de dessus, plus ample que la jaquette et la redingote, et muni de poches de chaque côté.

PALETTE. *T. techn.* 1° Outre sa signification propre par laquelle il désigne une raquette pleine, ce mot s'applique à des instruments de formes variées, usités dans les arts et métiers. La palette du peintre notamment se compose d'une planchette mince, en bois de noyer ou de poirier, échancrée circulairement à l'une de ses extrémités pour être aisément rapprochée du corps; elle est percée un peu au-dessus de cette échancrure, près du bord, d'un trou ovale, taillé en biseau, destiné au passage du pouce. La palette reçoit les couleurs dont le peintre a l'intention de se servir dans la séance; il les dispose dans un certain ordre, toujours le même, et qui lui devient familier. Sur le rebord extérieur il fixe généralement les godets accouplés et mobiles ou *pincelier* qui contiennent de l'huile et de l'essence. La palette est de forme ovale ou de forme rectangulaire au choix du peintre. Pour l'aquarelle, la gouache, la miniature, on se sert de palettes en porcelaine; pour la peinture en détrempe, la palette est formée d'une longue planche bordée de casiers. La palette est souvent prise pour emblème de la peinture. || 2° On nomme *palettes*, les parties plates qui terminent les bras d'une roue de bateau à vapeur et qui, s'enfonçant dans l'eau et faisant l'office de rames, communiquent au bateau un mouvement de propulsion. || 3° *T. de rel.* Outil de cuivre gravé avec lequel on produit d'un seul coup des ornements sur le dos d'un livre. || 4° *T. d'horlog.* Petite aile qui, poussée par la roue de rencontre, entretient les vibrations du régulateur.

I. **PALIER.** *T. de mécan.* Pièce fixe, ordinairement en métal coulé, fonte ou même acier, qui supporte les arbres tournants. Le palier ordinaire des ateliers de mécanique repose directement sur un mur ou une plaque spéciale, et reçoit les coussinets à travers lesquels passe l'arbre tournant; mais cette dénomination est plus générale et doit comprendre tous les types divers de supports de pièces tournantes, comme la chaise qui est simplement un palier suspendu au plafond, la boîte à graisse des essieux qui est un palier mobile avec le véhicule, et même la crapaudine qui est un palier soutenant l'arbre tournant par une extrémité. Le palier le plus simple pourrait être réduit à un trou pratiqué dans le bâti en fonte; mais comme ce trou s'ovalise rapidement sous les frottements de l'arbre tournant, on le garnit toujours d'une bague en bronze, et plutôt de coussinets régnant sur toute la surface. Le bâti est alors coupé en deux pièces pour permettre le remplacement du coussinet, et la partie supérieure mobile, qui s'appelle le *chapeau*, peut être serrée à volonté à l'aide de vis pour compenser l'usure.

Les coussinets reçoivent généralement sur la face extérieure, une forme hexagonale pour les empêcher de tourner dans le palier, et s'ils sont cylindriques, il est bon de les munir d'un ergot à cet effet; ils sont également munis de joues saillantes pour prévenir tout déplacement latéral.

Les coussinets reçoivent souvent des garnitures ou même des revêtements en métal antifriction pour adoucir les frottements. — V. Métal, § *Métal à antifriction.*

Le palier doit toujours être placé bien exactement de niveau pour ne pas gêner les mouvements de l'arbre tournant, on évite souvent à cet effet de le faire reposer directement sur le mur de support, et on le rattache à une large plaque de fondation posée elle-même sur le mur. La pression est ainsi mieux répartie, et on assure plus facilement le niveau en ménageant des portées

d'ajustement sur le dessus de la plaque et la face inférieure du palier. Pour faciliter la mise en place bien exacte dans l'axe de l'arbre tournant, on donne aux trous de boulons une forme ovale qui permet de faire glisser un peu le palier suivant les besoins, et on le fixe à demeure sur la plaque en serrant les boulons et chassant souvent un coin en bois dur entre les extrémités de la semelle du palier et les talons de la plaque.

Les dimensions des paliers s'établissent d'après des tableaux de proportion qu'on trouvera dans les traités spéciaux donnant les éléments de construction des organes de machines.

En dehors du type ordinaire avec coussinet invariable, on applique souvent, surtout sur les paliers à longue portée, des coussinets articulés, auxquels on donne une assiette sphérique pour leur permettre de s'ajuster d'eux-mêmes et de se placer dans l'axe de l'arbre qui les traverse. Il est bon dans ce cas que le centre de la sphère du coussinet coïncide bien avec l'axe de l'arbre moteur. Le palier Sellers, représenté tome II, figure 409, est un exemple de palier articulé avec coussinet sphérique; il est souvent muni de deux réservoirs d'huile assurant un fonctionnement assez prolongé sans entretien. Nous avons décrit d'ailleurs à l'article Graisseur différents types de graisseurs qui se disposent sur les paliers et notamment sur les boîtes à graisse pour assurer le graissage. Généralement, on s'attache à réaliser des dispositions de graisseurs dites *automatiques*, n'autorisant la consommation de l'huile que dans le cas de besoin: l'huile du bain est projetée, à cet effet, dans les canaux de distribution par l'influence de la force centrifuge: l'écoulement s'opère seulement pendant la marche de l'arbre moteur et s'interrompt aussitôt qu'il s'arrête.

Le palier accroché au mur ou au plancher qui prend le nom de *chaise* (V. ce mot) ne présente aucune disposition spéciale. Le palier de support ou *crapaudine* disposé à l'extrémité de l'arbre tournant est plus différent: il se compose généralement d'un disque en bronze ou de préférence en acier sur lequel l'arbre supporté vient s'appuyer, et en outre, d'une douille en bronze prévenant les mouvements latéraux. La crapaudine est souvent munie de dispositions spéciales de réglage, servant aussi à assurer le graissage si elle est reportée en un point d'accès difficile ou même sous l'eau, par exemple, comme c'est le cas pour les turbines. Quelquefois même le palier est renversé pour empêcher l'accès du sable entre les surfaces de frottement; l'arbre tournant se termine alors par une sorte de douille embrassant le pivot de la crapaudine.

On doit signaler également les *paliers de butée* qui ont à résister à un effort dirigé dans le sens de l'arbre qui les traverse. Tel est le cas, par exemple, sur les navires pour les paliers des arbres d'hélice, qui doivent être établis avec des soins tout particuliers. On emploie généralement le bronze pour adoucir les frottements, et on ménage sur la longueur du palier plusieurs collets de butée qui pénètrent dans des rainures disposées à cet effet sur l'arbre de l'hélice, et supportent ainsi une partie de la pression en soulageant l'extrémité de celui-ci.

II. **PALIER**. *T. de constr*. Plate-forme établie, dans un escalier, au niveau de chaque étage pour en permettre l'accès, ou entre deux étages pour rendre l'ascension moins fatigante. Les paliers qui donnent accès aux appartements, avec lesquels ils sont de plain-pied, sont les *paliers principaux*, les paliers intermédiaires sont dits *paliers de repos*. Les escaliers des maisons d'habitation se font rarement en une seule volée droite; ils occuperaient trop de place sous cette forme et seraient trop fatigants à monter. Dans les seuls cas où l'on doit utiliser ce genre d'escaliers, dans des dépendances telles que magasins à foin, celliers, greniers à grains, etc., il est d'usage de placer un palier A (fig. 5) au milieu de la hauteur de l'escalier, supposé ici de 24 marches.

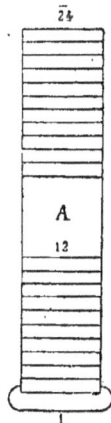
Fig. 5.

Les escaliers ordinairement employés sont à *quartiers tournants*, sans paliers intermédiaires (V. ESCALIER) ou composés de parties droites s'élevant dans des directions différentes et séparées par des paliers de repos, ils sont dits alors *escaliers rompus en paliers*. La partie de l'escalier qui s'étend de la marche de départ au premier palier ou d'un palier à l'autre s'appelle *rampe* ou *volée d'escalier*.

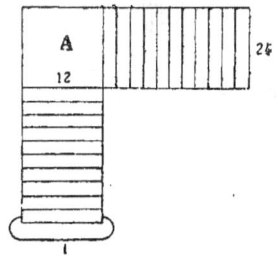
Fig. 6.

Ces escaliers affectent des formes très diverses. La figure 6 représente un escalier formé de deux rampes à angle droit avec palier A placé à mi-hauteur. Cette disposition prend beaucoup de place, surtout quand le bâtiment a plusieurs étages et qu'un escalier de même forme doit se répéter à chacun d'eux. On ne la rencontre guère que dans les constructions à un étage. Quand on veut établir un escalier commode et peu encombrant, on adopte la disposition représentée en plan par la figure 7. C'est un escalier rompu, composé de deux rampes contiguës l'une à l'autre et raccordées par un palier A en forme de rectangle ayant son grand côté égal à la largeur de l'escalier et son petit côté à l'*emmarchement*, c'est-à-dire à la lon-

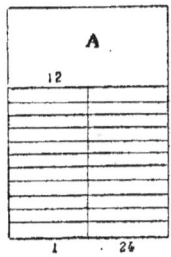
Fig. 7.

gueur des marches. Enfin, les figures 8 et 9 donnent des escaliers rompus à trois ou quatre volées, avec paliers carrés ou rectangulaires. Ces dernières dispositions sont d'un bel effet et s'appliquent aux édifices publics ou aux habitations luxueuses. — V. ESCALIER.

La construction des paliers nécessite des dispositions particulières. Dans les escaliers en pierre de la construction la plus simple, n'ayant qu'un étage de hauteur et ne se composant que de deux volées avec mur intérieur ou mur limon, le palier est formé d'une ou plusieurs dalles se raccordant par des joints à feuillure, ou bien suivant un

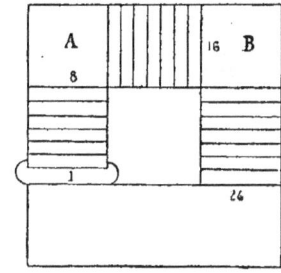
Fig. 8.

établi sur une voûte recouverte d'une aire en carrelage. Pour cette même disposition occupant plusieurs étages, à paliers principaux et intermédiaires, on fait souvent reposer les paliers sur des voûtes d'arête qui sont séparées des volées par des arcs doubleaux. Les escaliers à plus de deux rampes droites ont leurs paliers supportés soit par des voûtes elliptiques ou sphériques, soit par des trompes coniques. — V. ESCALIER.

Dans les escaliers en bois à quartier tournant, c'est-à-dire sans paliers intermédiaires, on emploie une marche palière pour soutenir, au niveau du palier de chaque étage, la partie supérieure de la révolution d'escalier qui aboutit à cet étage. Cette marche est une pièce en bois scellée par ses deux extrémités dans le mur de la cage, et le limon s'appuie contre elle.

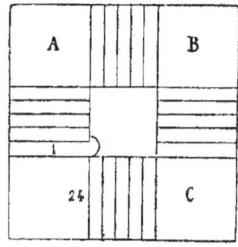
Fig. 9.

Elle doit former la dernière marche en montant, et toujours être dans le niveau du plancher de l'étage correspondant. Elle forme encore le support ou le pied de la révolution suivante conduisant à un autre étage. Elle soutient, en outre, les solives du palier. Quelquefois aussi les solives du plancher sont supportées par une pièce spéciale, ou bien elles sont dirigées parallèlement à la marche palière. Dans les paliers intermédiaires des escaliers à trois rampes droites, les marches palières ne peuvent être scellées que par leurs deux extrémités. On place alors les solives des paliers diagonalement, ou bien on les soutient par une croix de Saint-André, dont trois extrémités sont scellées dans les murs, et dont la quatrième est assemblée avec le limon.

Pour les escaliers en fer, les paliers principaux et ceux intermédiaires sont construits suivant un système analogue à celui qui est employé pour les escaliers en bois. — F. M.

III. **PALIER.** *T. de chem. de fer.* Partie de voie ferrée ou même de chaussée ordinaire qui reste horizontale, sans présenter aucune pente ni rampe.

PALIÈRE (Marche). — V. PALIER.

PALISSADE. *T. techn.* Clôture faite avec des *palis* ou petits pieux, des planches, des perches, et enfoncés à la suite les uns des autres. || *T. de fortif.* Rangée de pieux destinée à augmenter la valeur d'un ouvrage de fortification.

PALISSANDRE. *T. de bot.* Arbre de la famille des légumineuses-papillonnacées, type de la série des dalbergiées, c'est le *dalbergia latifolia*, Linné fils. Il a les feuilles alternes, imparinervées, à folioles nombreuses, non stipellées, alternes, à fleurs petites offrant une corolle papillonnacée et dix étamines mono ou diadelphes; le fruit est une gousse oblongue, les graines sont réniformes et comprimées. Le bois de cet arbre est surtout utilisé pour la confection de meubles de luxe.

Ce bois est importé sous forme de gros madriers souvent entourés d'un aubier blanchâtre, mais on n'utilise que la partie centrale qui est fortement colorée, et varie du jaune brun au pourpre noirâtre, suivant la provenance. Il nous vient en effet de Rio-Janeiro, de Bahia, ou de l'Inde orientale, parfois aussi de la côte d'Afrique. Quelle que soit sa provenance, il offre une odeur agréable, due à la présence d'une matière résineuse qui remplit les pores, et fonce beaucoup de couleur en vieillissant; ses fibres très apparentes et souvent peu aptes à prendre le poli, sont de teinte variable dans un même morceau, ce qui fait des contrastes parfois assez brusques et dont on tire parti pour l'effet harmonieux à la vue, dans les meubles qui sont faits avec le palissandre.

*PALISSÉ, ÉE. *Art hérald.* Se dit d'une pièce composée de pieux pointus, en forme de palissade.

*PALISSON. *T. techn.* Lame d'acier fixée sur un pied vertical, et sur laquelle les peaussiers exécutent le *palissonnage* ou adoucissage des peaux. — V. CHAMOISAGE. || Bois refendu qui sert à garnir les entrevous des solives et à barrer les futailles.

*PALISSY (BERNARD). La biographie de Bernard Palissy est presque tout entière dans ses œuvres écrites. En dehors des renseignements qu'il nous a donnés sur lui-même, on ne connaît qu'un passage de Pierre de l'Estoile, qui fut son ami, quoique plus jeune de trente années environ; un autre de Théodore-Agrippa d'Aubigné, qui ne paraît pas l'avoir connu personnellement; un autre, enfin, de La Croix du Maine, qui ne parle du célèbre potier que par ouï-dire. D'après d'Aubigné, Palissy serait né en 1499, tandis que La Croix du Maine place sa naissance à l'année 1515, et Pierre de l'Estoile à l'an 1510. Cette dernière date, qui paraît exacte, a été adoptée par la plupart des biographes modernes.

L'incertitude est plus grande encore quant au lieu de naissance de Bernard Palissy; quelques-uns le font naître en Limousin, d'autres en Saintonge, d'autres encore dans le Périgord; l'opinion la plus probable est qu'il naquit, sinon à Agen même, comme le dit le *Nouveau dictionnaire historique* (édition de 1772), au moins dans le diocèse d'Agen. Mais si l'Agénois fut, très probablement, son pays natal, la Saintonge devint, très certainement, et dès l'enfance, son pays d'adoption. Son langage, en effet, ou, si l'on veut, son style qui ne dut rien à l'art, mais d'une grande clarté et vigueur naturelles, spontanément formé des expressions et des locutions populaires, est tout à fait saintongeois et n'emprunte rien, ni les termes ni les tournures de phrases, aux patois gascons. La famille et la condition de Bernard Palissy restent aussi incertaines que le lieu de sa naissance. On sait, par lui-même, qu'il resta étranger aux lettres grecques et latines, qui étaient alors le fondement indispensable de toute science et de toute sapience; mais il n'en fut pas moins instruit dans les connaissances qui forment, de nos jours, le programme de l'instruction primaire, et cette éducation, beaucoup moins commune au XVIᵉ siècle qu'au XIXᵉ, permet de supposer que ses parents jouissaient d'une certaine aisance; qu'ils faisaient partie de cette classe intermédiaire de maîtres artisans ou de petits bourgeois, qui forma plus tard la masse du tiers-état. Sa profession première paraît avoir été celle de verrier, ou, comme on disait, de vitrier. « La vitrerie consistait alors, dit M. Audiat, le meilleur et le plus complet des biographes de Palissy, à colorier le verre, à le découper en losanges nuancés et à former ainsi les mosaïques transparentes qui attirent encore notre attention. » « Les vitriers, dit Palissy lui-même, faisaient les figures et vitraux des temples. » Palissy était donc peintre en vitraux.

L'apprentissage de Palissy se fit très probablement en Saintonge, et c'est de là qu'il partit pour entreprendre, suivant le terme usuel, son tour de France. De ce voyage datent les premières observations et réflexions dont il nous ait laissé le souvenir. Il s'inquiète de tout. Il visite les laboratoires; plusieurs savants lui montrent de curieux objets; il les interroge, et leurs réponses, presque toujours contradictoires de l'un à l'autre, lui inspirent ce doute salutaire, ce « scepticisme provisoire et inquiet », d'où est née, comme l'oiseau de l'œuf, la méthode expérimentale. Il n'est pas douteux que l'adoption instinctive de cette méthode peut être considérée comme la cause première des découvertes vraiment extraordinaires de Bernard Palissy, principalement en géologie et en physique. Malheureusement, lorsqu'il revint à Saintes, riche de nombreuses observations, mais pauvre d'argent, « la vitrerie, comme il le dit lui-même, n'avait pas grande requête. » L'architecture néo-grecque et latine de la Renaissance se substituait partout à l'art ogival. La lumière pénétrait sans obstacle dans les nouveaux édifices, inondait le sanctuaire lui-même, à demi-voilé naguère et qu'on voyait à peine sous le rayon nuancé et discret glissant à travers les baies hautes et étroites et les rosaces tourmentées. De plus, peu après son retour, Palissy s'était marié. Chaque année le ménage s'augmentait d'un rejeton, et les charges croissaient en plus grande proportion que les enfants. Il dut se créer de nouvelles ressources, et, à son premier état, il joignit la « pourtraicture ». « On pensait, dit-il, en notre pays, que je ne fusse plus scavant en l'art de peinture que je n'estois, qui causoit que je estois plus souvent appelé pour faire des figures pour les procès. » Le métier de faiseur de « pourtraicts » était celui que pratiquent aujourd'hui les arpenteurs-géomètres jurés. Il était plus lucratif, sans doute, que celui de verrier, car Palissy paraît y avoir trouvé les ressources qui l'aidèrent, un peu plus tard, à surmonter les longues et coûteuses difficultés de ses laborieux essais céramiques. En 1544, il fut chargé par les commissaires du roi François Ier de cadastrer les marais salants de la côte d'Aunis et de Saintonge ; et cette délicate opération, dans laquelle il réussit complètement, lui fut largement payée.

Depuis quelques années déjà, Palissy avait en sa possession une coupe de faïence émaillée, dont l'origine a donné lieu à d'infinis commentaires, mais qui était très probablement italienne ; venue de la péninsule avec Antoine de Pons, lorsque le sire saintongeois, protecteur et coreligionnaire de Palissy, avait été chassé de la cour de Ferrare, avec sa femme et sa belle-mère, la duchesse de Soubise, comme suspects d'hérésie. Cette coupe de terre, tournée et émaillée, était « d'une telle beauté, dit Palissy, que dès lors j'entrai en dispute avec ma propre pensée....., et je me mis à chercher les émaux, comme un homme qui tâte en ténèbres. » Il a raconté ses misères et ses espérances dans son traité de *l'Art de la terre*. « C'est là qu'il faut lire, comme le dit si bien M. Audiat, le récit pathétique de ses tribulations, de ses craintes, de ses espoirs (si souvent trompés), de ses déchirements, de ses luttes avec la nature, avec ses amis, avec sa famille. »

En Italie et en Allemagne, le secret de l'émail était déjà connu, mais non répandu, au moment où Palissy entreprit de travailler à sa découverte. Mais le futur potier fût-il allé de l'autre côté du Rhin, où par delà les Alpes pennines, aucun ouvrier germain ou latin n'eût consenti à lui donner le moindre indice concernant l'objet de ses recherches. Tout était secret alors, les procédés chimiques comme les tours de main, et les ouvriers employés à la fabrication des objets réputés précieux, tels que le verre, la porcelaine ou la faïence, étaient tenus de garder le secret, souvent sous peine de la vie ou tout au moins d'un emprisonnement perpétuel.

Palissy eût donc inutilement fait le voyage d'Allemagne ou d'Italie. Il ne songea pas à l'entreprendre. Ayant charge d'une femme et de nombreux enfants, la nécessité le retenait au logis. « Que fut-il advenu s'il eût planté là son mesnage pour aller apprendre ledit art en quelque boutique. » « N'ayant jamais connu terre jusque là », dépourvu des connaissances les plus élémentaires concernant la fabrication de l'émail, il commença ses recherches « dans les ténèbres », et y travailla « avec les dents ». Bientôt réduit à la plus triste

misère, accusé par les uns de faire brûler le plancher de sa maison, par les autres de « faire la fausse monnoye », « je m'en allais, dit-il, par les rues tout baissé, comme un homme honteux ; j'étais endetté en plusieurs lieux, et avais ordinairement deux enfants aux nourrices, ne pouvant payer leurs salaires. » Un peu plus tard, lorsque déjà de premiers et heureux résultats sont venus récompenser ses efforts, il dit encore : « j'étais mocqué et mesprisé de tous. » Cette pénible recherche s'était prolongée pendant quinze ou seize années, et le but vers lequel tendait Palissy allait être enfin atteint ; ses terres émaillées auxquelles il avait donné le nom de *figulines*, de *figulus*, potier, *et figulinus*, de terre, commençaient à être recherchées et se vendaient assez bien, lorsqu'un nouvel incident le mit tout à fait en lumière. Il fut chargé par le connétable Anne de Montmorency, venu en Saintonge pour réprimer l'émeute des Pitaux, de la décoration céramique de son château d'Ecouen. C'est là qu'il construisit, pour la première fois, une de ces grottes rustiques, d'une ordonnance particulière, dont il fournit ensuite divers spécimens aux châteaux de Reux, en Normandie, de Chaulnes et de Nesle, en Picardie, enfin, aux Tuileries, pour la « Royne mère du Roy », Catherine de Médicis. Dès ce moment, l'humble potier devint un personnage, et put prendre sans que personne y trouvât rien à blâmer, le titre d' « honorable homme », qui contrastait étrangement avec l'état de misère et d'abjection où l'avait réduit jusque là la louable opiniâtreté de ses recherches.

Palissy était enfin mattre de son art. Ce fut à peu près à cette époque, car la date est incertaine, qu'il se rallia aux idées religieuses de la Réforme ; et cette conversion à une doctrine alors nouvelle et déjà persécutée, devait avoir, sur le reste de sa vie, une influence plus funeste qu'heureuse. Son adhésion publique au protestantisme, dont il devint bien vite un des apôtres militants et fervents, le mit plusieurs fois en danger de mort, et hâta sa fin, très probablement. Il ne faudrait pas, cependant, ajouter une foi complète aux récits légendaires qui le représentent comme constamment persécuté pour sa foi religieuse. Il trouva, au contraire, de puissants et constants protecteurs, tels que le roi et la reine, Charles IX et Catherine de Médicis, le connétable Anne de Montmorency, son fils le maréchal, et le duc de Montpensier, tous ardents catholiques, tout au moins adversaires violents des réformés ; tandis que la famille de Pons et celle de Soubise, ralliées, comme Palissy, aux doctrines nouvelles, ne cessèrent de s'intéresser à lui et de le protéger efficacement dans ses plus pressantes nécessités. Car, « sectaire actif et ministre prédicant, » il fut plusieurs fois en danger de mort, principalement lorsque ses persécuteurs de Saintes, doublement excités contre lui, et pour ses idées réformatrices et pour les sarcasmes dont il avait poursuivi quelques-uns d'entre eux, juges, prêtres ou médecins, mais n'osant agir ouvertement contre lui, et passer outre aux recommandations de ses protecteurs, le livrèrent au parlement de Bordeaux. Le remettre aux mains de ce parlement, c'était le conduire à la mort, et Palissy ne l'eût pas échappée, si le connétable Anne de Montmorency ne se fut employé lui-même à l'arracher aux mains des parlementaires. Il lui fit, de plus, obtenir de Catherine de Médicis le brevet d'inventeur des rustiques figulines du roi, et, dès lors, faisant partie de la maison royale, il échappait à toute autre juridiction.

Palissy vint à Paris, sur l'invitation de Catherine de Médicis, en l'année même (1564) où fut acheté, par la reine-mère, le terrain où devait s'élever, plus tard, le palais des Tuileries, dont on commença aussitôt à creuser les fondations et dont la première pierre fut posée, par Charles IX, en janvier ou en mars 1566. La reine employa aussitôt le potier de Saintes à la décoration du nouveau palais, dont elle voulait « faire une merveille comparable à Blois, à Madrid ou à Chambord » ; et Palissy, s'étant mis à l'œuvre, construisit, vers 1570, la célèbre grotte, dont la description ou le projet, écrit de la main de l'illustre potier, a été retrouvé, de nos jours, par M. Benjamin Fillon, publié pour la première fois, dans ses *Lettres écrites de la Vendée*, depuis, dans la topographie du vieux Paris, *région du Louvre*, de MM. Berty et Legrand, et enfin, dans l'édition des *Œuvres de Bernard Palissy*, de M. Anatole France, parue chez les frères Charavay.

Effrayé par le massacre qui porte dans l'histoire la date du 24 août 1572 et le nom de « Saint-Barthélemy », Palissy, échappé par miracle, on ne sait comment, se réfugia à Sedan, auprès du duc de Bouillon, récemment converti à la Réforme, et qui donnait volontiers un sûr asile à ceux de ses coreligionnaires qui venaient le demander. Il fit alors plusieurs excursions dans les Ardennes et la Flandre, ainsi que dans les provinces rhénanes de l'Allemagne, et les nombreuses observations scientifiques qu'il put recueillir dans ces excursions un peu forcées, ont été, par lui, réunies et publiées dans ses *Discours admirables*, après avoir servi de thème principal aux conférences dont on va parler.

Revenu à Paris vers 1574, Palissy s'adonna à la pratique de son art d'émailleur, et il se préoccupa, en même temps, d'organiser des cours publics, de véritables conférences, comme celles qui ont été remises en faveur de nos jours. Des affiches placardées dans les « carrefours de Paris », pendant le carême de 1575, annonçaient que « maître Palissy, l'inventeur des rustiques figulines du roi et de la reine sa mère, expliquerait tout ce qu'il avait appris des fontaines, métaux et autres natures ». Trois séances devaient suffire à ces explications et le prix d'entrée était fixé à un écu, somme élevée pour ce temps. M. Audiat, auquel nous empruntons ces détails, demande, avec raison, s'il n'est pas curieux de voir des conférences publiquement faites, sans permission et sans obstacle, par un huguenot, au lendemain de la Saint-Barthélemy et à la veille de la Ligue? Ces conférences eurent un tel succès que les savants les plus renommés, Ambroise Paré, Alexandre Champier, Pierre Pena, La Magdeleine, tous docteurs en médecine, d'autres encore, renommés de

leur temps, oubliés aujourd'hui, devinrent les auditeurs attentifs et assidus de ce « simple artisan instruit pauvrement aux lettres ». Le livre des *Discours admirables*, qui est en grande partie la reproduction de ces conférences, parut en 1580. Ce moment peut être considéré comme l'apogée de la fortune et de la renommée de Bernard Palissy. Les mauvais jours, en effet, n'allaient pas tarder à revenir. La Ligue s'organisait, prête à triompher; le déchaînement des haines religieuses faisait chaque jour, dans les deux partis, huguenots et catholiques, de nouvelles victimes. Palissy, protestant zélé et sincère, désigné à l'attention publique par le succès de ses conférences, était trop en vue pour échapper aux coups de ses adversaires. Arrêté en 1587 ou 1588, et emprisonné à la Bastille par l'ordre de Mathieu de Launay, l'un des plus fougueux des Seize et deux fois renégat, son supplice que le même de Launay ne cessait de réclamer, ne fut retardé que sur les instances du duc de Mayenne lui-même, chef de la Ligue, qui continuait ainsi la longue série des protecteurs de haut rang qui, dès ses débuts jusqu'à sa mort, ne cessèrent de veiller sur Palissy et de le protéger. Mais Mayenne, assez puissant pour épargner à Palissy le dernier supplice, ne pouvait rien contre la mort naturelle, qui vint bientôt, deux ans plus tard, et qui est relatée en ces termes, dans le *Journal de Henri III*, de Pierre de l'Estoile : « En ce mesme an (1590), mourust aux cachots de la Bastille de Bussi (Bussi-Leclerc, qui en était le gouverneur), maître Bernard Palissy, prisonnier pour la religion, âgé de quatre-vingts ans, et mourust de misère, nécessité et mauvais traitements et avec lui trois autres personnes détenues prisonnières pour les mêmes causes de religion, que la faim et la vermine estranglèrent. »

Bernard Palissy n'eut pas d'autre oraison funèbre que cet énergique passage du *Journal de l'Estoile*. L'un des premiers, par le caractère et le génie scientifique, dans un temps si fertile en grands hommes, il mourut ainsi misérablement, obscurément, et sa mémoire ne paraissait pas devoir lui survivre. Réaumur, Buffon, Fontenelle, sont les premiers, deux cents ans plus tard, qui lui rendirent une tardive justice. Les premiers, ils ramenèrent l'attention des savants sur cet humble potier, que de plus récents travaux ont rendu justement célèbre aujourd'hui. Sans étude et sans lettres, Palissy fut, en effet, non seulement le premier des émailleurs de terre; mais physicien, chimiste, géologue, il peut être considéré, dans presque toutes les branches des sciences naturelles, comme un révélateur, comme un précurseur, imparfait sans doute, mais, en bien des points alors complètement obscurs, mettant une lueur, où d'autres, après lui, grâce à lui, feront la lumière. — FR. F.

Bibliographie : Nous nous sommes aidé pour cette biographie des ouvrages suivants : *Discours admirables de la nature des eaux et fonteines, tant naturelles qu'artificielles, des métaux, des sels et salines, des pierres, des terres, du feu et des émaux, avec plusieurs autres excellents secrets des choses naturelles, plus un traité de la marne, fort utile et nécessaire, pour ceux qui se mêlent de l'agriculture, le tout dressé par dialogues où sont introduits la théorie et la pratique*, par M. BERNARD PALISSY, inventeur des rustiques figulines du roi et de la reine sa mère, à très haut et très puissant prince le sire Anthoine de Pons, chevalier des ordres du roy, capitaine des cent gentilshommes, et conseiller très fidèle de Sa Majesté, à Paris, chez Martin le jeune, à l'enseigne du Serpent, devant le collège de Cambrai, 1580, avec privilège du roy (rare) ; *Le moyen de devenir riche, et la manière véritable par laquelle tous les hommes de la France pourront apprendre à multiplier et augmenter leurs thrésors et possessions, avec plusieurs autres excellents secrets des choses naturelles, desquels jusques à présent on n'a ouy parler*, par maistre BERNARD PALISSY, de Xaintes, ouvrier de terre et inventeur des rustiques figulines du roy, à Paris, chez Robert Fouet, rue St-Jacques, à l'Occasion, devant les Mathurins, 1636, avec privilège du roy (édition fautive) ; *Nouveau dictionnaire historique*, par une Société de gens de lettres (Chaudon et Delandine), à Paris, chez Le Joy, 1772 ; *Œuvres complètes de Bernard Palissy, édition conforme aux textes originaux, imprimés du vivant de l'auteur, avec des notes et une notice historique*, par Paul-Antoine CAP, Paris, Dubochet et Cⁱᵉ, édit., 1844 (bonne édition devenue assez rare) ; *Bernard Palissy, étude sur sa vie et ses travaux*, par Louis AUDIAT, Paris, Didier, 1868, étude complète et définitive, à laquelle le signataire de cette notice a fait de larges emprunts ; *Les œuvres de Bernard Palissy, publiées d'après les textes originaux, avec une notice historique et bibliographique et une table analytique*, par Anatole France, Paris, Charavay frères, 1880, la plus récente et la meilleure des éditions des Œuvres ; *Monographie de l'œuvre de Bernard Palissy, suivie d'un choix de ses continuateurs et imitateurs*, dessinée par MM. Carle DELANGE et C. BORNEMANN, et accompagnée d'un texte, par M. SAUZAY et M. H. DELANGE, Paris, quai Voltaire, 1862.

PALLADIUM. *T. de chim.* Corps simple, métallique, découvert, en 1803, par Wollaston, dans les métaux de la mine de platine, dont il forme environ la 1/100 partie.

État natif. Le palladium se trouve à l'état natif dans les sables platinifères ou aurifères de l'Oural ou du Brésil ; il est alors en paillettes ou en grains, offrant parfois des cristaux octaèdriques. Il existe aussi, combiné à l'or, dans les sables de Zacotinga, de Condouga (Brésil), ainsi que dans les roches aurifères de Gorgo-Socco, de Porpez, toujours au Brésil, et constituant 25 à 70 0/0 de de la teneur de l'alliage.

Propriétés. C'est un métal blanc, d'une dureté analogue à celle du platine, d'une densité de 11,3 à 11,8, d'une chaleur spécifique de 0,0593, ductile, le plus fusible de tous les métaux de la mine du platine (à 1,500°) ; fondu, il absorbe l'oxygène, comme l'argent, et ne roche sous lorsque sa surface est refroidie, ce qui le donne en lingots caverneux. Le palladium s'unit à l'hydrogène naissant qu'il condense également (V. OCCLUSION), au soufre, au phosphore, à l'arsenic, au chlore, à l'iode ; ce dernier corps sert même à le différencier du platine, car il noircit avec le métalloïde, ce que ne fait pas le platine.

Il est un peu attaqué par les acides sulfurique et chlorhydrique, surtout à chaud ; l'acide nitrique le dissout également, et toutes ses solutions acides sont rouges ; il est très soluble dans

l'eau régale. Le palladium s'unit à divers métaux : avec l'argent, on prépare un alliage avec 1 partie d'argent pour 9 de palladium, pour faire des pièces de prothèse dentaire ; à l'or, au platine, au plomb, etc., mais pas au zinc.

Le palladium s'unit probablement à l'oxygène dans trois proportions, pour former un sous-oxyde Pd^2O douteux, un oxyde palladeux PdO, et de l'oxyde palladique PdO^2, non encore isolé. Mais parmi ses composés, le seul qui ait de l'emploi est le suivant.

Chlorure palladeux. $PdCl^2$. C'est un sel pouvant cristalliser en prismes contenant 2 molécules d'eau, brun foncé, mais noir si on le déshydrate par la chaleur, déliquescent, sublimable lorsqu'on l'obtient en faisant passer du chlore sur du sulfure de palladium fortement chauffé ; formant avec les bases des sels doubles.

Il s'obtient en dissolvant à chaud le palladium, dans de l'eau régale contenant un excès d'acide chlorhydrique, et en évaporant à siccité pour chasser les composés nitreux. Il sert en chimie comme réactif, en solution au vingtième.

Caractère des sels de palladium. Le chlorure, les sels oxygénés qui lui correspondent (azotate), ou les chlorures doubles en solution, offrent avec les réactifs les caractères suivants : par la *potasse*, précipité jaune brun, soluble dans un excès, mais précipitable par l'alcool en métal, qu'entrave la présence des matières organiques ; par l'*ammoniaque*, rien avec l'azotate palladeux ; avec le chlorure, précipité couleur chair, soluble dans un excès ; avec les *carbonates alcalins*, précipité brun, d'hydrate, soluble dans un excès et se troublant à l'ébullition ; avec l'*hydrogène sulfuré*, précipité noir, insoluble dans le sulfure d'ammonium ; avec le *phosphate de soude*, précipité brun ; avec l'*oxalate d'ammoniaque*, précipité jaune brun ; avec le *cyanure de mercure*, précipité gélatineux, blanc jaunâtre, soluble dans l'ammoniaque et dans l'acide chlorhydrique (caract.) et fournissant le métal par calcination ; avec l'*iodure de potassium*, précipité noir, soluble dans un excès (caract.).

SÉPARATION ET DOSAGE. On peut séparer le palladium des métaux qui l'accompagnent en fondant ceux-ci avec du bisulfate de potasse qui le transforme en sulfate palladeux soluble dans l'eau. Mais la masse fondue est d'abord reprise par l'acide sulfurique, puis fondue à nouveau avant d'être reprise par l'eau. Alors pour séparer le palladium, comme pour le doser, on traite par le cyanure de mercure et le précipite avec un peu de cuivre, sans toucher aux autres métaux. On reprend le précipité de sulfure, on le dessèche et on le grille, puis on le traite par de l'acide nitrique étendu, et on y ajoute un formiate alcalin. Le palladium est réduit et le cuivre reste en solution (Dœbereiner).

Usages. Le palladium n'a servi que comme réactif, jusqu'en 1877 ; à cette époque, M. Coquillon a montré que le métal pouvait brûler lentement, et sans détonation, au contact de l'hydrogène ou d'un de ses carbures, en présence d'une quantité convenable d'oxygène. C'est ce qui lui a permis de construire l'appareil appelé *grisoumètre*, et qui, en quelques minutes et à distance, permet, d'après les observations faites en France et en Belgique, de doser la quantité de grisou existant dans une mine. — V. GRISOUMÈTRE.

PALLAS. — V. MINERVE.

*PALLIER. *T. techn.* Remuer avec un râble le dépôt d'une cuve, un bain de teinture, pour tenir en suspension les parties solides qui s'y trouvent.

I. PALME (Cire de). Produit végétal fourni par le *ceroxylon andicola*, Humb. et Bonp., le plus grand palmier connu, et qui se retrouve surtout aux Indes et dans le Pérou. A certaines époques de l'année, il exsude spontanément de la partie inférieure des feuilles, ainsi que du tronc, une matière cireuse que l'on râcle et fait bouillir avec de l'eau. Elle est d'un blanc jaunâtre, sèche, poreuse, friable, peu consistante, plus légère que l'eau, à laquelle elle cède un principe amer. Elle contient, d'après Bonastre, de la *céroxyline*, carbure qui renferme 80,48 de carbone et 13,29 d'hydrogène (Boussingault). Mélangée à d'autres cires, ou à du suif, elle sert à faire des bougies; seule elle est trop cassante pour cet emploi.

Palme (Huile de). Elle est ordinairement fournie par l'*elœis guineensis*, Jacq., qui est originaire d'Afrique, mais est également cultivé en Amérique; et par l'*astrocaryum vulgare*, Mart., ainsi que par l'*astrocaryum acaule*, Mart., de la Guyane. — V. HUILE, § *Huile de palme.*

En dehors de ces palmiers un grand nombre d'arbres de la même famille fournissent encore des huiles solides assez voisines de la précédente : telles sont les huiles provenant du maripa (*attalea maripa*, Mart.); du roudier (*livistonia sinensis*, Wild,); du tourlouri (*manicaria saccifera*, Gœrt,); du palmier bache (*mauritia flexuosa*, Lin. fils); du mocaya (*acrocomia sphœrocarpa*, Mart.,); du paripour (*gulielma speciosa*, Mart. et *gulielma variegata*, Mart.); du zagrinette (*bactris speciosa*, Mart.); qui croissent tous au Sénégal, ainsi que de l'euterpe (*euterpe oleracea*, Mart.), du Brésil.

Palme (Sucre de). Un grand nombre de palmiers fournissent un sucre spécial, désigné sous les noms de *jagre* et de *jaggery*, qui est dans bien des pays préféré au sucre de canne. Dans l'Inde, la Malaisie, à Java, aux îles Maldives et aux Moluques, sur la côte de Coromandel, etc., on se sert pour faire le sucre, des cocotiers (*cocos nucifera*, Lin., et *cocos nipah*, Lin.); à Ceylan, de l'areng (*borassus flabelliformis*, Lin.); dans le Travancore et aussi à Ceylan, du caryote (*caryota urens*, Lin.) qui donnent en plus du sagou, comme les borassus, sur la côte de Coromandel, sur celle d'Orixa, ainsi qu'à Pondichéry, du dattier (*phœnix dactilifera*, L.) et du sagoutier (*sagus rumphii*. Wild.). Ce sucre, qui concentré, se prend en masses cristallines et se raffine très bien, découle à l'état de solution, des blessures que l'on fait et entretient sur les pédoncules floraux, avant l'épanouissement de la spathe, il est recueilli chaque jour dans des vases de bambou attachés au-dessous de la blessure.

L'exploitation dure six mois, et chaque spathe peut donner du suc sucré pendant un mois; dans la seconde moitié de l'année, on laisse les fruits se développer pour en faire la récolte à maturité. Le suc, aussitôt la récolte, est additionné d'un peu de chaux, afin de l'empêcher de fermenter, et en même temps pour le clarifier, puis, lorsqu'on en a réuni une quantité convenable, on le concentre jusqu'à consistance voulue pour obtenir des cristaux, et on le verse dans des fruits de cocotier, où par refroidissement il forme des petits pains en demi-ovoïdes. Un cocotier en pleine force peut donner 250 kilogrammes de suc sucré, qui produiront le cinquième de leur poids de sucre.

Palme (Vin et eau-de-vie de). Le suc sucré des palmiers est souvent transformé en une liqueur fermentée. A Ceylan, par exemple, on réserve le suc du cocotier, dans d'autres pays, celui du *borassus gomutus*, Rumpht.; du *raphia vinifera*, Palis.; du *sagus saguerus*, N.; du *caryota urens*, L.; pour en faire, par simple exposition à l'air, un vin doux, sucré, de coloration ambrée, que l'on désigne sous le nom de *callou*, et qui est connu des Chinois, sous le nom de *toddy*. On en fait très grande consommation. Ce vin distillé donne l'eau-de-vie de palme; ce même produit distillé dans la proportion de 3 parties, avec 62 parties de mélasse et 25 de riz, donne aussi une autre liqueur alcoolique, l'*arrak*, très estimée à Batavia, et la *neva* de Sumatra. — J. C.

II. PALME. Motif d'ornementation peint ou sculpté en forme de rameau de palmier. Il est souvent accouplé à une branche de chêne ou de laurier. La palme est le symbole de la victoire.

On donne également le nom de *palme* à un motif très différent, couramment reproduit et varié à l'infini dans les étoffes de l'Inde. Ce genre de palme a la forme d'une feuille, dont l'extrémité est recourbée et dont l'intérieur est rempli de fleurons et de rinceaux : le dessin en est d'une complication extrême et la coloration d'une grande richesse.

PALMETTE. Motif d'ornementation sculpté en forme de fleurs de chèvrefeuille symétriquement disposées en nombre impair de chaque côté d'une hampe perpendiculaire, et rattachées à la base par une agrafe d'où partent des rinceaux. La palmette alternant avec le masque est le sujet décoratif le plus habituel des *antéfixes* antiques. — V. ANTÉFIXE.

*PALMEUR. *T. de mét.* Ouvrier qui *palme* les aiguilles, c'est-à-dire qui aplanit les têtes.

PALMIER. *T. de bot.* Nom donné à une famille de plantes monocotylédones, habitant les contrées équatoriales et surtout le voisinage de la mer. Elle contient des arbres de toute taille, depuis la plus basse, ne dépassant guère 1 mètre (*chamærops*), jusqu'à vingt-cinq et trente mètres de hauteur (*ceroxylon*): leur tronc est simple, écailleux, nu et délié, sans aucune ramification: il se termine par un bouquet de feuilles composées, ailées ou en éventail, dont quelques-unes sont par-

fois assez larges pour abriter totalement d'un soleil brûlant, plusieurs personnes (*corypha umbra-
culifera*, L.). Les fleurs sont souvent dioïques et,
par conséquent, portées sur des troncs différents;
elles sont enveloppées dans une spathe membra-
neuse, et forment ce qu'on nomme un *régime*; auquel succède une grappe de fruits.

La famille des palmiers est, après celle des
graminées, la plus utile à l'homme, elle lui procure souvent l'habitation, le vêtement, les meubles,
les tentures, les ustensiles de ménage, les aliments, les boissons, le sucre, l'huile, etc. Le
tronc, qui fournit la charpente, donne aussi, par
évidement, des conduites d'eau; lorsqu'on le fend,
on fait, avec les parties dures, des échalas, et
avec la partie centrale du stipe, formée d'un parenchyme féculent, du *sagou* (*sagus rhumphii*, L.,) et me-
troxylon sagu, Rottb., *phœnix farinifera*, arenga sac-
charifera, Labil., *areca oleracea*, L., etc.), et quand
les grains sont agglomérés entre eux, le *tapioca*.
Dans cette partie centrale vivent encore, dans les
arbres abattus depuis quelque temps, des larves
de *cossus*, de *curculio*, qui sont très recherchés
sous le nom de *vers palmistes*. Les feuilles, précieuses par l'ombrage qu'elles procurent, servent
à couvrir les cases, à faire des cloisons; elles sont
fortes, fibreuses, d'une grande durée; divisées et
préparées convenablement, elles servent à fabriquer des nattes, des vêtements, toiles, pagnes,
chapeaux, paniers, et même à écrire. Lorsqu'elles
commencent à se développer, elles forment souvent un bourgeon terminal du volume d'un chou,
d'où le nom de *chou palmiste* qu'on lui donne;
plusieurs palmiers offrent ainsi des turions tendres et nourrissants, qui sont mangés en salade
ou à la poivrade, mais qui, venant à manquer à
l'arbre, entraînent sa mort dans un temps très
court. Sur ces feuilles se récoltent aussi, parfois,
de la cire (*ceroxylon andicola*, H. B. et *copernica
cerifera* (Corypha), pour la cire de Carnauba;
klopstockia divers, etc.). Enfin, on tire de ces organes des filaments textiles, souvent désignés
sous le nom de *crin végétal*, comme ceux que l'on
retire du palmier éventail (*chamœrops humilis*, L.),
du *chamœrops serrulata*, P., des Etats méridionaux
de l'Amérique du nord, du *cordylina australis*,
W., et du *cordylina Banksii*, W., de la Nouvelle-Zélande, de l'arenga (*borassus gomutus*, Rumph.).

Nous n'avons pas besoin de revenir sur l'emploi de la sève des palmiers pour faire des liqueurs fermentées; nous signalerons le parti que
l'on tire de leurs fruits. Ceux-ci sont très variés,
ce sont des baies, des drupes, des noix, des cônes,
amers, sucrés, huileux ou acides, que l'on mange
ou utilise de diverses façons. La graine est presque entièrement remplie par un perisperme souvent laiteux (cocotier), qui devient une amande
comestible, puis durcit et est analogue à la
corne; d'autres fois, cette graine dure et cornée
est enveloppée par une partie comestible (*dattier*);
fort souvent elle est huileuse (*elœis*, *avoira*, etc.),
dans d'autres circonstances, les fruits se recouvrent d'une matière rougeâtre, résineuse (*calamus draco*, Wild), qui, détachée par frottement,
ramollie au soleil ou dans la vapeur d'eau, cons-

titue une matière colorante, variété de *sang-dragon*, qui sert dans les arts pour colorer les vernis,
ou comme dentifrice. Rappelons enfin que ces
fruits contiennent encore une matière astringente
spéciale (*areca cathecu*, L.) que l'on obtient par
l'ébullition dans l'eau, et qui, concentrée et coulée
en plaques sur des feuilles, constitue une sorte de
cachou qui diffère de celui des légumineuses par
l'absence de catéchine; ce cachou se rapproche bien
plus du rouge cinchonique et du rouge de ratan-
hia, et sert, ainsi que ce dernier, comme astringent, et, en plus, comme masticatoire. — J. C.

* **PALMITIQUE** (Acide). *T. de chim.* Syn. : *Acide
margarique*. — V. t. 6, p. 308.

* **PALOMBE.** — V. HÉLINGUE.

PALONNIER. Dans les véhicules et instruments
dépourvus de brancards, les traits des animaux
viennent s'attacher à une pièce transversale appelée *palonnier*. Si le palonnier était une barre raide
et ne pouvait plier, on comprend que chaque
épaule du cheval serait chargée alternativement
de tout l'effort exigé par le fardeau à tirer. Le
palonnier articulé répartit, à chaque pas, l'effort
développé, entre les deux épaules, diminue les
chances de blessures, augmente le rendement
et le travail utile. Le palonnier simple est en bois
garni de crochets à ses extrémités (où se fixent les
traits) et d'un anneau central pour la chaîne de
tirage. Les palonniers en bois se détériorent rapidement, se brisent et finissent par devenir plus
dispendieux que ceux en métal. On les fait en fer
rond creux (Howard) armés en arrière par une
tige de fer; ou bien encore en fer à double ou à
simple T: dans ce cas, le dos du fer est toujours
placé du côté du véhicule afin qu'il résiste à l'extension par suite de la courbure que tend à prendre le palonnier. Pour éviter les coups de collier
on emploie les palonniers à ressorts (analogues
aux ressorts des voitures-Tramways sud et nord
de Paris). La réunion de deux ou plusieurs palonniers se fait au moyen d'un palonnier ou volée
d'attelage. On a même imaginé différentes combinaisons (balances et palonniers compensateurs)
de façon à répartir l'effort entre tous les animaux
attelés et proportionnellement à leur force. Le
système le plus simple consiste à changer la longueur du bras de levier de chaque palonnier.

PALPLANCHE. Madrier que l'on enfonce verticalement entre des pieux battus en ligne pour former l'enceinte d'un caisson ou d'un bâtardeau; les
têtes des pieux sont reliées par des moises horizontales entre lesquelles les palplanches sont enfilées
l'une à côté de l'autre et battues au mouton. On
donne à ces madriers 8, 10 et 12 centimètres d'épaisseur, suivant leur longueur; leur largeur ne doit
pas dépasser celle du mouton, afin d'éviter qu'ils
ne soient fendus pendant le battage. Lorsque l'enceinte doit être bien jointive, on taille quelquefois
le bord des palplanches en rainure et grain d'orge;
cette disposition ne réussit bien que dans les terrains peu résistants; dans les terrains difficiles,
elle présente plus d'inconvénients que d'avantages.
Les têtes des palplanches doivent être frettées au

moyen d'un rectangle en fer plat, introduit à frottement, de façon que le bois dépasse et reçoive le choc du mouton; cette précaution est surtout indispensable avec les moutons métalliques dont le choc direct sur la frette la briserait rapidement. L'extrémité inférieure des madriers est taillée en pointe et armée d'un sabot, appelé *lardoire*, formé de fers plats soudés en biseau et fixés avec des clous. On doit mettre en fiche, entre deux pieux consécutifs, autant de palplanches qu'il en faut pour remplir complètement l'intervalle; on les glisse entre les moises, et le panneau ainsi formé est maintenu dans le haut par deux autres moises provisoires boulonnées aux extrémités. Le battage s'effectue par reprises, en déplaçant la sonnette le long du panneau, de façon à faire descendre successivement chacune des palplanches de la même quantité. On emploie généralement le chêne ou les bois résineux; le choix dépend de la durée assignée à l'ouvrage.

*PALUDIER, IÈRE. *T. de mét.* Celui, celle qui travaille dans les marais salants.

PAMPRE. Motif d'ornement qui représente une branche, un cep de vigne avec ses feuilles; on le retrouve dans une foule d'ornements gracieux.

PAN. *T. de constr.* Pris dans une acception générale, ce mot désigne, le plus souvent, la partie d'un tout, une face quelconque d'un ouvrage : on dit ainsi un *pan de mur* pour une portion de mur; un pilier, une tourelle à *six ou huit pans*, pour un pilier, une tourelle à six ou huit faces; un *pan coupé*, surface qui remplace l'angle à la rencontre de deux pans de mur, etc.; nous étudions ici plus particulièrement les deux genres de pans adoptés par la construction, les *pans de bois* et les *pans de fer*.

Pan de bois. Un mur occupe toujours un emplacement assez considérable, en raison de son épaisseur, qui est ordinairement d'environ 0m,50, rarement moins et souvent plus. Quelquefois aussi, à cause de la mauvaise qualité du sol, on désire le charger le moins possible, ou bien on tient à ménager l'espace autant que faire se peut, en raison de l'exiguité de l'emplacement. Enfin, quelquefois aussi, les matériaux de maçonnerie sont peu communs et assez coûteux. Si, en même temps, dans ces différents cas, on a à sa disposition des bois de chêne principalement, ou au moins d'autres bois durs, on peut remplacer, en tout ou en partie, les murs de face ou de refend, par des *pans de bois*, c'est-à-dire par des *murs* ou *cloisons* composés de bois assemblés entre eux à claire-voie et dont ordinairement les intervalles sont remplis en maçonnerie.

Un pan de bois est essentiellement composé (fig. 10) de pièces de bois verticales, peu espacées, appelées *poteaux*, et maintenues dans leur position par des pièces horizontales, *sablières*, et par des pièces inclinées, *décharges* ou *écharpes*. Le pied d'un pan de bois ne doit jamais reposer sur le sol; on l'en sépare, comme on le voit sur la figure, par un petit mur ou parpaing en pierre ou en maçonnerie, sur lequel repose la sablière inférieure. On appelle *poteaux d'huisserie* ceux qui

forment les jambages des portes et des fenêtres; les petits poteaux qui occupent l'intervalle existant entre les décharges et les autres pièces de la charpente sont des *tournisses*, taillées obliquement à l'extrémité qui s'appuie contre la décharge. On nomme *linteaux* les pièces horizontales qui s'assemblent dans les poteaux d'huisserie pour limiter les ouvertures à leur partie supérieure et *potelets de remplissage* les petits poteaux de remplissage qui surmontent les linteaux. L'appui des fenêtres est habituellement formé à rez-de-chaussée par la sablière basse, et aux étages supérieurs par des pièces horizontales dites *pièces d'appui*. Enfin des poteaux de grande longueur relient entre eux les pans de bois des divers étages

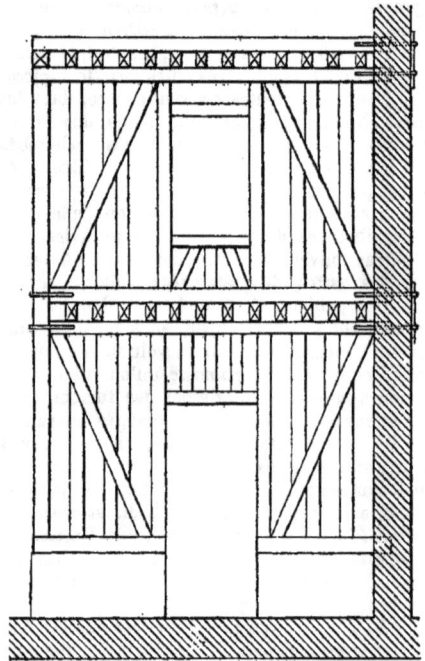

Fig. 10. — *Pan de bois.*

en les embrassant tous dans leur hauteur; les poteaux d'angle, appelés *poteaux corniers*, remplissent d'ordinaire cette fonction et reçoivent, par assemblage, les extrémités des sablières. Quand un pan de bois porte plancher, les solives sont établies sur la sablière supérieure, et la sablière basse du pan de bois suivant est placée immédiatement au-dessus, comme on le voit sur la même figure. Toutefois, dans les pans de bois de refend, alors que les ouvertures des portes doivent descendre jusqu'au niveau du plancher, on supprime la sablière basse et on assemble les poteaux dans la sablière haute du pan de bois inférieur.

Il est essentiel de consolider les principaux assemblages d'un pan de bois par des ligatures en fer. Quand ces ouvrages se relient à des murs en maçonnerie, on scelle dans ces murs les extrémités de toutes les sablières et on assure même par des ancres en fer la majeure partie de ces scellements. L'emploi de tous ces moyens de consolidation est d'autant plus nécessaire qu'un pan de bois n'a, par lui-même, qu'une très faible stabilité, à cause de sa légèreté et de son peu d'épaisseur, $0^m,25$ pour les murs extérieurs et $0^m,20$ pour les murs de refend, y compris les enduits.

Le remplissage s'exécute en maçonnerie de moellons, briques ou plâtras liaisonnés avec du mortier, du plâtre ou de l'argile et rendue plus

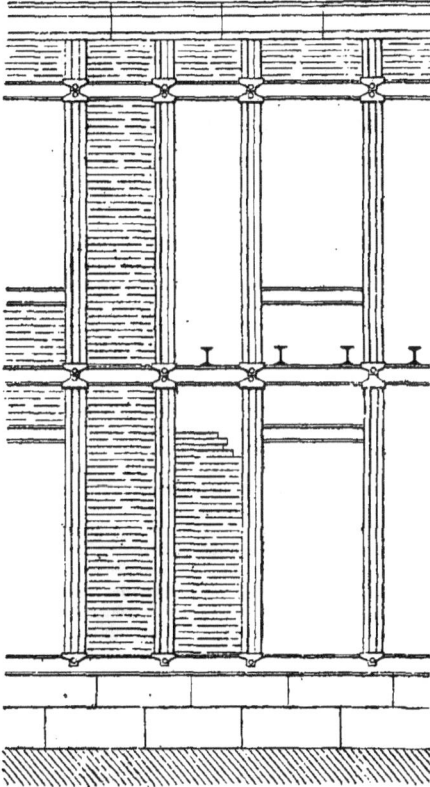

Fig. 11. — Pan de fer.

adhérente par des *rappointis*, vieux clous, dont on *larde* les faces latérales des différentes pièces contre lesquelles cette maçonnerie doit s'appliquer. Les enduits, en plâtre ou mortier, sont retenus par un lattis espacé tant plein que vide, et cloué sur les poteaux. Lorsqu'on veut laisser les bois apparents au dehors, la maçonnerie s'établit en retraite sur la face du pan de bois, de manière à réserver l'épaisseur de l'enduit, qui doit affleurer la charpente.

Nous terminerons cette courte étude des pans de bois par une observation qui ne manque pas d'importance. Bien qu'ils pourraient sembler n'en être pas susceptibles, les pans de bois éprouvent toujours un tassement assez considérable. On conçoit

facilement qu'un mur étant composé d'un grand nombre d'assises soit en pierres, soit en moellons, et séparées entre elles par des lits de mortier évidemment compressibles, ces lits cèdent à la charge et fassent éprouver au mur un certain tassement, mais on ne conçoit pas aussi bien, au premier coup d'œil, qu'il en puisse être de même d'un pan de bois. C'est cependant ce qui arrive toujours plus ou moins, d'abord par la réduction de hauteur que les sablières éprouvent sous la charge qu'elles supportent, ensuite par les dépressions qui s'opèrent dans les différents assemblages verticaux et enfin par le refoulement plus ou moins considérable que les bois posés verticalement éprouvent sur leur longueur.

Pan de fer. De plus en plus nous voyons aujourd'hui se développer l'usage du fer et de la fonte dans les édifices, et un côté caractéristique de ce développement, c'est la proportion croissante du métal rendu visible dans les façades; on en est même arrivé à se demander si l'on ne devait pas proscrire totalement le bois de l'ossature des murs de façade ou de refend, en un mot remplacer le *pan de bois* par

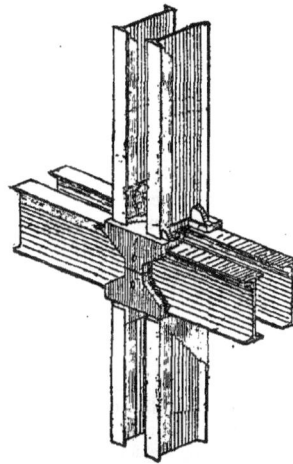

Fig. 12.

le *pan de fer*. Il est difficile de porter un jugement définitif en faveur de l'un ou de l'autre des deux systèmes : le pan de bois a fait ses preuves; il existe encore dans certaines villes de France, des maisons qui datent du xvᵉ siècle, entièrement construites en pan de bois; tandis que trop peu d'années nous séparent des premières applications du fer à la construction des murs, pour que nous puissions savoir quelle en sera la durée. Il faut observer aussi que tout en opérant avec la plus stricte économie le pan de fer coûte plus cher que le pan de bois. Reconnaissons, toutefois, que l'emploi du métal s'impose quand le défaut de place oblige à donner aux murs le minimum d'épaisseur et qu'on veut obtenir une parfaite incombustibilité. C'est ainsi qu'aujourd'hui on emploie fréquemment le pan de fer pour les murs des courettes dans la construction des maisons ordinaires; on peut donner à ces murs $0^m,10$ d'é-

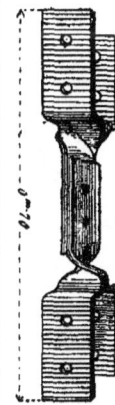

Fig. 13.

paisseur seulement, en leur assurant une grande stabilité. Enfin, l'incombustibilité du fer permet d'adosser des cheminées contre les murs dont ce métal forme la carcasse, et les briques le remplissage.

Quoi qu'il en soit, il n'y a pas encore aujourd'hui de méthode générale adoptée pour l'établissement des pans de fer. Un architecte, M. Liger, qui a fait une étude spéciale de la disposition de ces ouvrages, a proposé plusieurs systèmes que nous exposerons très brièvement ici Dans le premier de ces systèmes, M. Liger vise surtout l'économie et se propose d'employer des fers laminés tels que ceux fournis par le commerce. La disposition générale est tout à fait analogue à celle des pans de bois ; la différence essentielle consiste dans l'assemblage des pièces. Les *poteaux corniers* sont formés, soit par deux fers à double T juxtaposés en sens inverse et boulonnés, soit par des tubes, composés de feuilles de tôle rivées ou boulonnées ou bien encore par des fers corniers de dimensions convenables. Les *poteaux de remplissage* sont faits avec un ou deux fers à double T ou cornières.

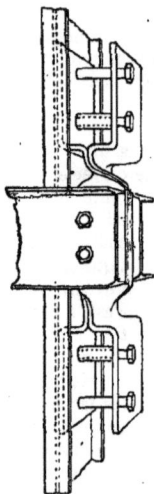
Fig. 14.

Les *sablières* sont composées d'un ou de deux fers à T posés de champ ou de feuilles de tôle rivées ou boulonnées et posées à plat. Les *décharges* sont faites de la même manière ; les *tournisses* et *potelets* sont formés de fers méplats de petite dimension. Toutes ces pièces sont reliées entre elles, soit par des boulons seulement, soit par des équerres boulonnées. Le remplissage peut se faire en briques ou en plâtras sans lattis.

Dans un autre système, les sablières et les poteaux sont formés (fig. 11) de fers à double T juxtaposés deux par deux. Des semelles en fonte, qui réunissent les fers des sablières, reçoivent les pieds des montants ; les solives des planchers reposent, par leurs extrémités, sur ces sablières.

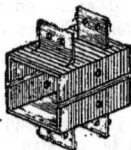
Fig. 15.

Des sabots en fonte accrochés à la sablière reçoivent les abouts des solives du plancher inférieur. La figure 12 représente le détail de l'assemblage des pièces horizontales et des pièces verticales.

C'est surtout le mode d'assemblage de ces pièces qui varie. Dans une maison en pan de fer, élevée par MM. Paraire et Englebert, rue de l'Aqueduc, à Paris, on s'est servi, pour relier entre eux et avec la sablière les divers tronçons d'un même poteau, au niveau du plancher de chaque étage, d'une pièce spéciale indiquée sur la figure 13. Cette pièce se compose de deux lames en fer plat repliées sur elles-mêmes de façon

à former une sorte de fourchette dont chacune des branches s'assemble à l'aide de boulons avec un des deux fers à T du pilier. Ces deux lames se joignent entre elles par leur autre extrémité, qui a été chantournée de manière à ce que le système puisse passer entre les deux fers à double T de la sablière. La figure 14 montre la pièce d'assemblage en place, fixée par des boulons avec tube d'écartement, à l'un des fers à T d'un poteau et à la sablière. Enfin, nous donnons (fig. 15) le détail d'un manchon ou boîte d'assemblage destiné à relier aussi un poteau formé de deux fers à double T avec la sablière, également faite d'une double solive.

Pan de fonte. Cette sorte d'ouvrage ne diffère du pan de fer que par la substitution de la fonte au fer dans la composition du poteau. L'assemblage s'effectue par les mêmes moyens et avec des manchons similaires.

Pan de couverture, côté quelconque de la couverture d'un comble ; les plus longs côtés se nomment *longs pans*.

PAN. Iconog. Les auteurs anciens ne sont pas d'accord sur l'origine de Pan ; ils en font tantôt un fils de Mercure et de Pénélope, tantôt de Jupiter et d'une nymphe, Dryope, tantôt un frère de lait seulement du roi des dieux ; il était aussi le compagnon de Bacchus, dont il suivit les armées aux Indes, et dans cette expédition il imagina, se trouvant en présence d'ennemis supérieurs en nombre, de faire pousser à ses soldats des cris sauvages qui portèrent la frayeur dans les rangs de ses adversaires et déterminèrent leur fuite ; d'où l'expression de terreur *panique* donnée aux déroutes subites, si fréquentes à la guerre. Pan, dont le culte fut d'abord en honneur chez les Egyptiens, justifiait là son nom par une puissance universelle, c'était le Grand Tout. Mais en l'empruntant à l'Egypte, les Grecs ont réduit ses attributions, et Pan, divinité inférieure, n'est plus qu'un dieu champêtre, laid, paresseux et lascif ; on le représente avec des cornes et des pieds de bouc. Pan est un sujet fréquemment traité par les artistes, sans doute à cause de sa figure étrange et du milieu champêtre favorable à la peinture. D'ailleurs, il paraît que souvent les artistes ont confondu Pan avec les satyres et les faunes.

PANACHE. T. d'arch. Surface triangulaire d'un pendentif. || **T. de décor.** Assemblage de plumes d'ornement.

PANAMA. Nom d'une sorte de chapeau de paille qui a été tressé avec des feuilles de quelques arbres de l'Amérique méridionale. — V. CHAPELLERIE, § *Chapeaux de paille*. || *Bois de Panama*. Ecorce d'un arbre qui habite le centre de l'Amérique, le savonnier (*quillaya saponaria*, Molin., rosacées), et dont les propriétés, analogues à celles du savon, en ont répandu l'usage pour le nettoyage des étoffes. || *Canal de Panama*. — V. CANAL.

PANCLASTITE. Nom donné à divers produits explosifs, découverts de 1878 à 1882, par E. Turpin, et dont le corps comburant est le peroxyde d'azote (AzO^4) pur, anhydre, et liquéfié.

Les panclastites peuvent se diviser en quatre groupes, suivant la nature du corps combustible mélangé au corps comburant : *a*, celle au sulfure de carbone ; *b*, celles aux hydrocarbures, comprenant les dérivés du pétrole (huiles, essences, éthers) ou les dérivés de la houille (benzols, naphtols, toluènes, xylènes, goudrons) ; c, celles aux corps gras, d'origine végétale (huiles d'arachide, de ben, de chènevis, de colza, de coton, de faîne, de lin, de navette, de noisette, de noix, d'œillette, d'olive, de résine, de ricin, de sésame, etc.) ; d'origine animale (huiles de baleine, de foies de morue, de pieds de bœuf ou de mouton, de poisson) ; de graisses (beurres, saindoux, suifs) ou de leurs dérivés (glycérine, margarine, oléine) ; d, celles aux composés azotés (nitrobenzine, nitrates d'aniline, de xylène, etc.). Ces derniers composés sont surtout convenables pour la guerre, car ils sont très stables, le combustible étant déjà nitré à saturation par l'acide azotique, et le peroxyde d'azote, sans action sur lui, n'intervenant que comme comburant par son simple mélange, pour le rendre explosif.

La panclastite s'obtient donc par le mélange de deux liquides solubles l'un dans l'autre, inoffensifs pris isolément, et qui, mêlés, forment un explosif plus puissant et plus instantané que la nitroglycérine. Alors que cette dernière ou la dynamite à 75 0/0, éclatent sous le choc d'un poids de 6 kilogrammes, tombant de 15 centimètres seulement, la chute du même poids, de 4 mètres de hauteur, ne fait pas éclater la panclastite. Certains composants des panclastites sont ininflammables ou ne craignent pas le feu, d'autres le sont plus ou moins, mais ne détonent pas par le feu, en vase ouvert ; quelques-uns, enfin, brûlent paisiblement à l'air, en produisant par leur combustion dans un bec, où ils se réunissent au centre d'un foyer réflecteur, une lumière des plus intenses que l'on peut utiliser pour la télégraphie optique, et même pour la photographie de nuit (cette lumière est dite *sélénophanite*). La chaleur dégagée pendant cette combustion peut atteindre 3,000° ; elle détermine la fusion immédiate du platine, et produit le ramollissement du graphite.

La sensibilité et la puissance de la panclastite peuvent être réglées à volonté, par suite des proportions des mélanges, qui ne détonent que par l'explosion initiale d'un autre corps, comme une amorce au fulminate de mercure, laquelle devra, suivant la sensibilité de la panclastite, contenir depuis 0ᵍ,20 jusqu'à 30 centigrammes de fulminate.

La panclastite s'emploie, ou liquide, ou absorbée par une poudre inerte, c'est-à-dire sous forme d'une dynamite spéciale. D'ordinaire, elle se prépare sur place, par mélange des deux liquides, ce qui permet son transport facile sans aucun danger ; sous la forme liquide elle atteint son maximum de puissance. Pour l'employer, on en remplit des cartouches étanches, fermées hermétiquement, et en fer-blanc pour les charges de 250, 500 et 1,000 grammes, ou en rouleaux cylindriques en verre pour celles de 100 grammes et au-dessous. Les boîtes métalliques sont surmontées d'un écrou en étain fondu, dans lequel on visse un boulon traversé par un tube fermé à sa base ; on ferme la cartouche avec le boulon et on l'amorce au moyen d'une capsule à fulminate contenant 12 à 15 décigrammes de produit explosif ; dans cette amorce on introduit une mèche Bickford, que l'on y sertit, puis enfin on introduit le tout dans le tube du boulon de fermeture, et l'on sertit à son tour ce tube sur la mèche. Dans le cas d'emploi d'amorce électrique, il faut la placer dans le tube amorce, que l'on sertit sur les fils conducteurs ; dans celui de vases de verre, on met l'amorce ou les fils dans une gorge creuse qui descend dans le flacon jusqu'aux deux tiers de sa longueur, puis on bouche avec un liège et on recouvre d'une capsule d'étain.

La vulgarisation de la panclastite en supprimant les dépôts et les fabriques d'explosifs, ainsi que les dangers des transports, évitera de nombreux inconvénients ; elle supprime les désastres survenant par suite de décomposition, puisqu'elle se forme au moment de l'emploi ; elle ne se congèle pas, même à 8°, et assure ainsi les avantages de la sécurité publique, tout en étant plus active que la dynamite, ou la nitroglycérine pure. De plus, elle n'est pas un poison, ce qui doit contribuer aussi à en faire préconiser l'usage. — J. C.

*PANDANUS. Fibre employée aux Antilles et à la Réunion pour faire des sacs à café. — V. Baquoi.

* PANDORE. *Iconog.* Figure d'argile modelée par Vulcain et à laquelle Jupiter donna la vie. Irrité contre Prométhée qui lui avait dérobé le feu du ciel, le maître des dieux lui envoya Pandore avec une boîte bien close que son époux devait ouvrir. Prométhée refusa de recevoir Pandore, mais son frère Épiméthée accepta le présent de Jupiter et ouvrit la boîte fatale, d'où s'échappèrent tous les maux qui depuis affligent les hommes ; l'Espérance seule resta au fond de la boîte. La fable de Pandore, peu dramatique et plutôt symbolique, semble avoir médiocrement inspiré les peintres. Mignard avait peint pour la petite galerie de Versailles une fresque représentant *Pandore formée par Vulcain et recevant les présents de tous les dieux.* La maison de Mansart contenait aussi un beau plafond de Ch. Le Brun : *Pandore apportant sur la terre la boîte fatale.* Au contraire, la figure de Pandore, jeune, belle, séduisante a tenté les sculpteurs dès une époque reculée. Le musée de Cluny en possède une jolie statue en marbre, du XVIᵉ siècle.

* PANDYNAMOMÈTRE. *T. de mécan.* Appareil qui sert à évaluer le travail mécanique d'une machine. — V. Dynamomètre.

* PANICONOGRAPHIE. Procédé de gravure chimique. — V. Gillotage.

PANIER. Ustensile d'osier, de jonc ou d'autre matière tressée qui, dans l'origine, servait à porter le pain, d'où son nom, et qu'on emploie pour serrer ou transporter des objets de matières diverses. || *T de cost.* Sorte de jupon garni de baleines ou de verges d'osier et qui, au siècle dernier, servait à étendre les jupes de chaque côté, au-dessus des hanches. — V. Crinoline. || *T d'arch.* On donne le nom d'*arcade* ou de *voûte en anse de panier* au cintre surbaissé, c'est-à-dire qui est plus large que haut. || Motif de décoration de style Louis XV, formé d'une corbeille d'osier étroite, haute, et d'où débordent des fleurs et des fruits. || *Panier à salade.* Sorte d'essoreuse.

PANIFICATION. Ensemble des opérations ayant pour but la transformation de la farine en pain. Nous en avons donné un aperçu historique à l'article Boulangerie.

La panification comprend trois périodes : 1º la *période d'hydratation* ; 2º la *période de fermentation* ; 3º la *période de coction*.

Pendant la *période d'hydratation*, on introduit en même temps que l'eau, du levain et du sel, et quelquefois d'autres corps pour les pains de luxe. Le *levain* (V. ce mot) que l'on emploie directement pour le mélange est du *levain de tout point* (V. BOULANGERIE). La conservation du levain se fait ordinairement dans un coffre en bois, mais pour éviter que les ferments étrangers contenus dans l'air viennent s'y mêler et par conséquent l'altérer, on peut fermer le coffre par un couvercle muni d'une bonde ou fausset garni de ouate (fig. 16); l'air nécessaire peut pénétrer dans le coffre, mais purifié de tout ferment étranger. A la place du levain, on peut employer de la *levure de bière*, mais alors avec des précautions; car suivant son intensité, la levure peut emballer la pâte. En Angleterre, on ajoute au levain, des pommes de terre cuites de premier choix, farineuses et bien mûres; c'est ce que l'on appelle le *fruit*. L'addition de pomme de terre à la pâte se fait dans la proportion de 4 0/0 en poids environ. L'amidon de la pomme de terre contribue à une plus rapide propagation de l'action de la levure et donne dans le même temps une plus grande quantité de *sucres* et de *dextrine* que si l'on employait de la farine seule.

Fig. 16. — *Cuve de conservation du levain.*

La fabrication de la pâte, qui se fait à bras ou mécaniquement à l'aide de *pétrins*, constitue le *pétrissage*.

Le *pétrin ordinaire* consiste en un coffre en bois dur, à section trapéziforme; il a 0,70 de profondeur et 0,70 d'ouverture en gueule; sa longueur est variable et dépend de la quantité de pâte à obtenir en une seule opération; un couvercle complète le pétrin. Le boulanger y introduit la farine qu'il place dans un des coins en réservant un creux appelé *fontaine* où il délaye le levain dans de l'eau à 30 ou 40º (l'eau froide doit être supprimée), et il y ajoute le sel afin de donner du goût au pain et surtout ce que l'on appelle du *soutien*. La quantité de sel varie suivant les localités : à Paris, elle est de 0ᵏ,500 par sac de farine (159 kilogrammes); en Angleterre, on met 2 kilogrammes pour 125 kilogrammes de farine. Pour la pâte ferme, on met 50 0/0 d'eau (pain des campagnes, indigeste) ou 75 0/0 pour les pâtes douces. On malaxe de manière à former une pâte fluide exempte de *marrons*, c'est-à-dire de grumeaux : c'est le *délayage*, et le produit s'appelle *délayure*. A ce moment le boulanger ajoute peu à peu la farine. Le mélange est travaillé en allant de la droite à la gauche du pétrin : c'est la *frase*, puis en revenant en sens inverse, c'est la *contrefrase*. Lorsque le mélange bien intime est obtenu, la pâte est découpée en dessous, tirée, rapprochée, et retournée en gros blocs que le boulanger jette avec violence de droite à gauche puis de gauche à droite; ce sont les *tours à pâte*. Enfin, il soulève la masse en gros morceaux et la laisse retomber pour y faire pénétrer l'air nécessaire à la fermentation et pour augmenter l'élasticité du gluten : c'est le *pâtonnage* ou le *soufflage*.

Dans ces opérations, le garçon boulanger, enfermé dans une chambre dont la température est d'au moins 20º, est forcé de travailler nu, et son corps est couvert d'une sueur abondante qui se mélange à la pâte. Tous les efforts qu'il est tenu de faire pour élever et battre la pâte, lui arrachent des gémissements, un cri de souffrance qui lui a valu le nom si expressif de *geindre*. Ces efforts nécessitent une force musculaire considérable, il est donc impossible d'employer des femmes à la préparation de la pâte, ou, comme dans les campagnes où cela a lieu, le pétrissage est incomplet et le pain est lourd. La préparation de la pâte à bras est impossible dans les grandes boulangeries et les manutentions qui doivent fournir par jour de grandes quantités de pain. Le pétrissage manuel a l'inconvénient d'introduire dans la pâte des corps étrangers provenant de la négligence et de la malpropreté des ouvriers; aussi a-t-on eu l'idée de recourir à des *pétrins mécaniques*. Il était déjà question de ces appareils vers le milieu du siècle dernier (1760, Salignac); on fait donc remonter à tort l'origine des pétrins mécaniques au boulanger parisien Lembert qui en présenta un spécimen, en 1811, à la *Société d'encouragement à l'industrie nationale* et qui a reçu le nom de *lembertine*.

Dans le pétrin Boland, construit par Arbey, la cuve est demi-cylindrique, un arbre horizontal mobile la traverse et porte des palettes contournées en 2 hélices diamétralement opposées : dans le mouvement, l'une ramène la pâte à droite et l'autre la reprend pour la porter à gauche en la malaxant; les hélices font 1 tour pour 8 de la manivelle motrice. A la fin de l'opération, la cuve, dans les grands modèles, bascule au moyen d'engrenages. Ces pétrins à moteur peuvent contenir 350 kilogrammes de farine. Dans le pétrin anglais de John Bennie, l'arbre mobile, qui tourne dans la cuve demi-cylindrique fixe, porte des croisillons coupant la pâte entre des bras fixes.

Pour faciliter le nettoyage on a été conduit à construire des pétrins à cuve sphérique, ce qui évite les angles, nuisibles à la complète transformation de la farine et de l'eau en une pâte homogène, condition essentielle d'un bon pétrissage. L'arbre traversant la cuve porte des ailettes disposées sur 2 plans perpendiculaires entre eux; la cuve à la fin de l'opération peut pivoter. Le pétrin Asselin est analogue, mais la cuve tourne sur elle-même et présente toutes ses parties successivement à l'action de l'arbre qui porte les malaxeurs hélicoïdaux. Le pétrin Straub est identique, mais les ailettes sont sur 3 plans formant entre eux un angle de 120°, et perpendiculaires, à l'axe mobile. Dans le pétrin Mennesson, la cuve est un tronc de cône annulaire tournant lentement dans le plan horizontal; elle vient présenter chacune de ses parties à des ailettes hélicoïdales, montées sur un arbre horizontal au-dessus de la cuve.

Le pétrin Deliry (fig. 17), qui est un des meilleurs et des plus employés, consiste en un bassin annulaire en fonte, à section trapéziforme et tournant lentement autour d'un axe vertical. A l'intérieur tourne également : 1° dans le plan horizontal, un pétrisseur en forme de lyre destiné à fraser et à découper la pâte; 2° dans le plan vertical, 2 allongeurs de forme hélicoïdale qui élèvent la pâte, l'étirent et la soufflent en tous sens. Chacune de ces pièces peut être mise en mouvement ou arrêtée à volonté à l'aide d'embrayages, de façon que le boulanger peut régler le travail suivant la pâte qu'il veut obtenir. Pendant l'opération, un coupe-pâte nettoie la cuve. On a construit de ces pétrisseurs à manèges ou à machine à vapeur directs.

Le pétrin Lotz (1884) est analogue au Deliry : la cuve est en bois, et il n'y a qu'un fraseur. La cuve est poussée à droite ou à gauche par un aide. C'est une application en bois du pétrin de Louis Lebaudy (1878).

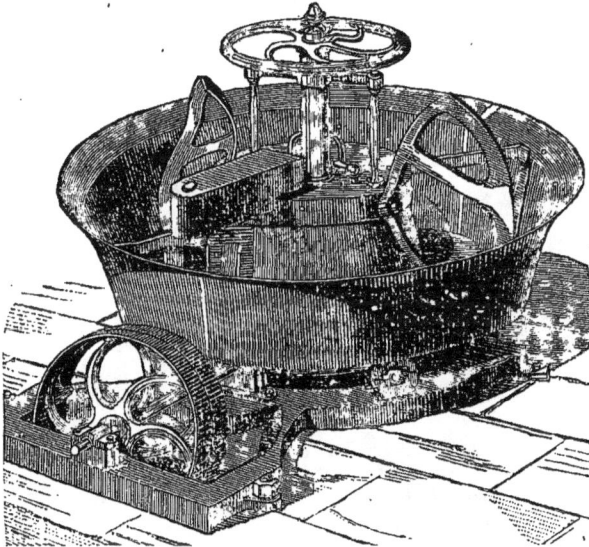

Fig. 17. — *Pétrin, système Deliry.*

On a imaginé des pétrins dans lesquels le mouvement des malaxeurs est alternatif. Dans le pétrin Dathis (1885) (fig. 18) qui se rapporte à ce type, la cuve est hémisphérique et à double fond destiné à former bain-marie; on y verse à cet effet de l'eau tiède. La cuve tourne lentement sur son axe, de façon à présenter toutes ses parties à l'action des pétrisseurs. Ceux-ci, au nombre de 2, 4 ou 6 suivant les dimensions de la machine, ressemblent à de larges fourches fixées à l'extrémité de leviers; elles décrivent une courbe fermée, de forme elliptique, donnée par un arbre à vilebrequins.

Quel que soit le système des pétrins mécaniques employés, il faut toujours au bout d'une dizaine de minutes arrêter le mouvement, et laisser la pâte reposer pendant 2 à 5 minutes, puis on recommence le mouvement qui est complètement arrêté au bout de 10 minutes.

Les *pétrins à biscuit* sont analogues aux précédents. A la sortie du pétrin, la pâte doit passer entre des laminoirs. — V. BISCUIT DE MER.

On distingue la *pâte ferme* qui contient peu d'eau, donne un pain se conservant plus longtemps et ayant moins de déchet à la cuisson; la *pâte douce* qui cuit plus rapidement, mais avec plus de déchet, et la *pâte bâtarde* qui occupe une position médiane. On peut compter, en moyenne, sur 10 0/0 de déchets. Lorsque le pétrissage est terminé, on abandonne la pâte au repos quelque temps afin qu'elle puisse lever, on dit qu'elle *pousse* ou *rentre en levain*. La pâte est laissée dans le pétrin ou mise dans un récipient en bois. Il faut éviter qu'elle monte de trop; à cet effet, on peut avoir recours à un récipient spécial portant un piston qui est soulevé par la pâte, dès que cette dernière arrive à la hauteur voulue, et réglée par avance; le piston établit un contact électrique qui fait fonctionner une sonnerie d'avertissement (fig. 19). C'est à ce moment qu'on prélève sur la masse une portion de pâte destinée à faire le levain pour l'opération suivante. Lorsque la pâte est arrivée au degré voulu de fermentation, elle a pris son *apprêt*, on la partage en parties que l'on pèse de façon à obtenir des pains de poids voulu. Ainsi, pour des pains de 1, 2, 3, 4 et 6 kilogrammes, on prend 1^k,190, 2^k,280, 3^k,430, 4^k,490, 6^k,610 de pâte. On sépare cette dernière en *pâtons* que l'on malaxe légèrement à la main pour leur donner la forme nécessaire, c'est le *tournage* ou la *tourne*; on met les pâtons saupoudrés d'un peu de remoulage ou de farine grenue, soit entre les plis d'une couverture de laine, soit dans des *pannetons*, corbeilles garnies de grosses toiles, ou sur des longues planches appelées *couches*. La fermentation se continue; il faut à ce moment éviter la présence du froid qui arrêterait la fermentation et donnerait un pain lourd.

Dans la période de fermentation alcoolique, les matières sucrées de la farine (12 0/0) se transforment en alcool qui donnera au pain un arome particulier, et en acide carbonique qui soulèvera la masse spongieuse formée par le gluten. Tout pain lourd, compact, indique que la levée ne s'est pas convenablement effectuée : le produit est indigeste. L'amidon s'hydrate et les grains n'éclateront que par la cuisson. En vue d'augmenter la production d'acide carbonique en supprimant la fermentation, le Dr Dauglisch remplace la levure par une introduction d'acide carbonique dans la pâte. La farine est placée dans un pétrin clos où l'on fait le vide, on y amène ensuite l'eau chargée de 7 fois son volume d'acide carbonique et on met en mouvement l'agitateur ; en un quart d'heure le pétrissage est terminé, il n'y a plus qu'à mettre la pâte en pannetons et à procéder à une cuisson immédiate. Une farine, de qualité inférieure, échappe ainsi à l'action dissolvante des albuminoïdes sur l'amidon et donne un pain blanc; il n'y a plus de production de sucre et de dextrine; cette action ne se produit que dans le four, mais le pain n'a pas la même saveur que celui bien fermenté et ne saurait être d'une même digestibilité. Cette méthode est suivie à Londres et dans quelques

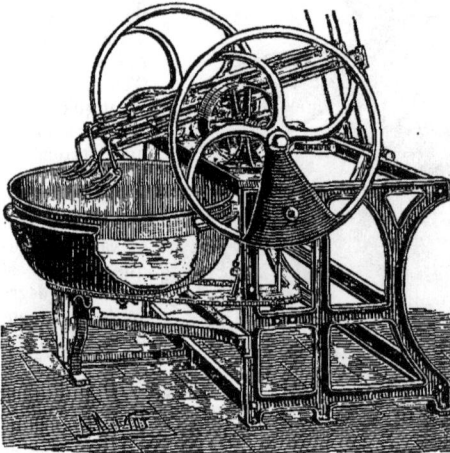

Fig. 18. — *Pétrin, système Dathis.*

grandes villes de l'Angleterre. Il existe d'autres procédés pour faire lever artificiellement la pâte. Entre autres, celui dans lequel l'acide chlorhydrique et le bicarbonate de soude sont mis en présence : il se forme du chlorure de sodium ou sel marin et de l'acide carbonique qui se dégage et fait lever la pâte. On peut aussi préparer la pâte avec des eaux de seltz artificielles. Enfin toujours dans le même but, le professeur Horsford des États-Unis (Cambridge) a proposé d'introduire dans la pâte le mélange suivant : 1° du phosphate acide de chaux avec de l'amidon; 2° du bicarbonate de soude. Le pétrissage doit se faire très rapidement, il se forme du phosphate de soude qui met l'acide carbonique en liberté et remplace celui de la fermentation alcoolique, on procède de suite à la cuisson; cette méthode est très expéditive et donne un pain très riche en phosphates.

On a aussi essayé, en Angleterre, la fraude suivante qui permet d'utiliser des farines déjà altérées par une fermentation résultant d'une mauvaise conservation : elle est obtenue par l'action de l'acide sulfurique sur le carbonate de chaux;

ce procédé introduit finalement dans le pain une certaine quantité de sulfate de chaux (plâtre) dont l'action sur l'économie est très dangereuse. Une autre fraude, encore beaucoup plus grave pour la santé publique, consiste à ajouter de l'alun ou du sulfate de cuivre à la pâte; ces produits chimiques ont pour effet de rendre au gluten des farines avariées, ses propriétés plastiques.

Pour le *pain de seigle*, la préparation de la pâte est un peu différente : il faut employer une eau plus chaude, plus de levain et moins de sel. La pâte est plus ferme, elle contient moins de gluten et est bien moins nutritive. Dans les campagnes, on fait du *pain de méteil* avec un mélange de 30 de farine de seigle et de 70 de farine de blé. Les pains obtenus avec la farine de seigle sont très lourds; pour les rendre élastiques tout en augmentant le rendement de 10 0/0, Liebig a conseillé la

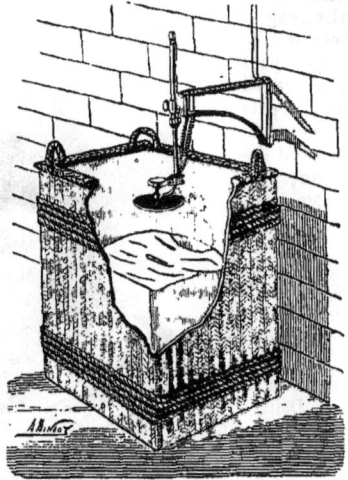

Fig. 19.

formule suivante : sur 100 kilogrammes de farine de seigle on met 24 kilogrammes d'eau ordinaire et 26 à 27 kilogrammes d'*eau de chaux*; on ajoute le levain, puis on pétrit avec la quantité de farine voulue, et on enfourne après fermentation. La chaux n'arrête pas cette dernière mais a pour effet de neutraliser les acides, elle gonfle le gluten; le rend plus élastique en augmentant sa cohésion.

Lorsque la pâte est prête, on arrête la fermentation par la cuisson. Dans cette *troisième période,* la masse panaire continue d'abord à augmenter de volume, par suite de la dilatation des gaz, dans le rapport de 1 à 1,24. Le gluten se coagule, perd son élasticité et l'amidon se transforme en empois. Une partie de l'eau est volatilisée ainsi qu'une partie de l'alcool. La surface du pain subit une légère torréfaction, elle se transforme en une partie dure ou *croûte,* sur laquelle l'amidon se change en *dextrine* de coloration brune plus ou moins foncée. Les boulangers de Vienne, qui passent depuis longtemps, et à bon droit, pour les meilleurs de l'Europe, ont remarqué que l'action de la vapeur d'eau à la surface du pain et à la température élevée du four, donne à la croûte un beau vernis doré. De là vient l'application suivante (à Paris) : une chaudière injecte, dans le four, de la vapeur d'eau à une légère pression. Ce système, peu répandu encore, est aussi adopté par quelques boulangers de Londres. Le pain de Neville, dont le débit est très considérable à Londres, serait, paraît-il, cuit au moyen de la vapeur d'eau à une haute température.

Il se produit aussi, pendant la cuisson, une petite quantité de dextrine à l'intérieur du pain, ce qui augmente sa digestibilité. La croûte, au moment du défournement, est cassante, et la mie molle et élastique. Par le refroidissement, leur nature se modifie et le pain diminue encore de 3 0/0 de son poids ; il y a environ 1/6 de croûte, ce chiffre varie, d'ailleurs, suivant la forme et les dimensions des pains. Le pain terminé renferme de 25 à 40 0/0 d'eau. En moyenne, 100 kilogrammes de farine donnent 125 à 130 kilogrammes de pain 1re qualité et quelquefois plus de 2e qualité. Dans les campagnes, la cuisson n'est pas, à tort, poussée assez loin, et on obtient jusqu'à 150 kilogrammes de pain avec 100 kilogrammes de farine. La mie est quelquefois colorée, cela tient à ce que, pendant la panification, il s'est formé beaucoup de produits solubles dans la pâte, qui se colorent par la torréfaction. Les farines de qualité inférieure ont beaucoup de ces produits solubles et donnent un pain d'aspect peu appétissant.

La cuisson doit se faire dans un endroit clos, légèrement humide dont les parois doivent être à 300°. La surface du pain doit recevoir 200° ; la mie n'est qu'à 100° et au-dessous ; il faut, pour la mie, tâcher d'atteindre 100° afin de détruire tous les ferments, on est sûr alors d'obtenir un pain stable et de facile conservation. C'est pour cela que les pains ne doivent pas être de grandes dimensions. La cuisson s'opère dans des constructions spéciales, appelées *fours*.

Les fours de boulanger peuvent se classer en quatre types : 1° ceux où le combustible est brûlé directement sur la sole ; 2° le foyer est extérieur au four ; 3° le foyer est extérieur, mais la capacité du four ne reçoit jamais les produits de la combustion, mais de l'air chaud ; 4° les fours chauffés à la flamme par dessus et par dessous. Les premiers se rencontrent dans les campagnes et même dans les villes. A Paris, on emploie les 3e et 4e fours ; les 2e et 3e sont en usage en Angleterre et en Amérique ; les 4e sont surtout utilisés pour la cuisson du biscuit de mer.

Dans sa forme la plus simple, le premier type de four est en plan horizontal, un cercle ou une ellipse de 1m,50 de longueur : c'est la *sole* ; les *pieds droits* sur lesquels s'appuie la *voûte* ont de 0m,20 à 0m,15 de hauteur ; la voûte est bombée, en général celle-ci est trop élevée. A l'entrée de la sole se trouve une baie de 0m,70 à 0m,60 de longueur : c'est la *porte*, en avant de laquelle est l'autel ; au-dessus, se trouve la hotte continuée par la cheminée. La porte est souvent fermée par une plaque de tôle munie de poignées.

On fait aujourd'hui des portes perfectionnées en fonte et à contrepoids, système très usité dans les centres importants. Le combustible est placé sur l'âtre et les flammes très longues remontent et lèchent la voûte, puis reviennent à l'entrée pour s'échapper dans la hotte. Les parties du fond sont souvent à une température trop basse.

C'est Parmentier qui a introduit un perfectionnement dans les fours ; l'âtre est elliptique et en arrière se trouve un conduit traversant la maçonnerie et entrant dans la cheminée en passant au-dessus de la voûte pour la chauffer. On a multiplié ces conduits, il y en a généralement trois, ce sont les *ouras* qui se réunissent en un seul tuyau ; la voûte est à 0m,50 de l'âtre ; des clefs permettent de régler le tirage et, par conséquent, l'intensité de la combustion. Les parois du four sont en briques réfractaires, soigneusement assemblées et maintenues par des cadres de fer. Le combustible employé avec ces fours est le bois de bouleau ou de peuplier. Lorsque le four atteint le degré voulu, avec un *râble* en tôle, à long manche, on enlève les restants de la combustion qui sont jetés dans un *étouffoir*, boîte cylindrique en tôle, à couvercle ; les morceaux de bois incandescents se transforment en un charbon de bois particulier, c'est la *braise*. Si dans les villes, les fours primitifs, précédemment décrits, subsistent encore, et même dans les grandes boulangeries (celle des hôpitaux de Paris), c'est qu'ils assurent la production de la braise dont le prix de vente rémunérateur constitue un bénéfice au boulanger. Lorsque le four a atteint 300°, on le ferme hermétiquement, on laisse la température s'équilibrer pendant 20 minutes à une demi-heure, puis on enfourne. Malgré le balayage, la sole n'est jamais propre et le dessous du pain est souillé de cendres et de menus charbons de bois ; de plus, la température uniforme est assez difficile à obtenir. Enfin, pour permettre l'emploi d'autres combustibles que le bois, on a recours aux fours chauffés par un courant d'air chaud et appelés *fours aérothermes* (3e et 4e types). Les uns ont une vague ressemblance avec les *moufles* des chimistes, tels que le four Jametel et Lemarre. Dans le four Roland, il y a certaines dispositions particulières très intéressantes ; le combustible quelconque est brûlé sur un foyer à grille entouré de maçonnerie et placé à l'avant du four. Les produits de la combustion passent dans des tuyaux de fonte placés sur un carrelage incliné formant le fond du four, ils gagnent des conduits verticaux et reviennent horizontalement dans le plafond creux en fonte pour pénétrer ensuite dans la cheminée placée au-dessus du foyer. Le four, par ce retour de flamme, est chauffé dans toute son étendue sans être en contact avec le combustible ou les produits de la combustion. La sole est une plate-forme horizontale en fer, recouverte par un carrelage en céramique, le tout est monté sur un pivot vertical et au moyen d'une manivelle, on peut faire tourner la plate-forme et présenter successivement ses différentes parties à la porte du four. Ce système présente l'avantage de faciliter l'enfournement et le défournement. Une chaudière placée sur le plafond fournit l'eau chaude.

nécessaire au pétrissage. Avec le four Rolland, la cuisson dure 25 minutes. On peut faire 20 fournées par jour, avec une économie de combustible de 50 0/0.

Avec ces fours, il n'est pas nécessaire de les chauffer avant chaque fournée. C'est à ce type qu'il faut rapporter le four Dathis qui fonctionne à l'avenue de l'Opéra (1886). Le four Dathis se compose (fig. 20), en principe, de deux parties, l'une inférieure formant fourneau, l'autre supérieure formant le four proprement dit. Le fourneau est en tôle ou en fonte, garni de plaques réfractaires ayant une grille, un cendrier, un autel et des carnaux enlevant les produits de la combustion qui lèchent une plaque de tôle bombée, puis circulent autour

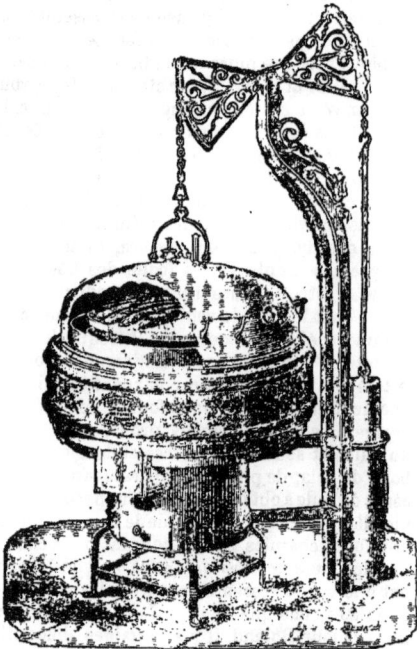

Fig. 20 — Four, système Dathis.

du four dans un conduit circulaire entouré de plaques réfractaires et de carreaux céramiques maintenus par des cornières, et s'échappent dans la cheminée. Certains fours peuvent se chauffer au gaz d'éclairage, ce qui augmente la rapidité de l'opération et permet de régulariser parfaitement la température. Les nouveaux procédés de chauffage aux huiles minérales donneraient aussi d'excellents résultats. Le four vient s'appliquer sur le fourneau : c'est un cylindre plat en tôle, fermé à sa base par une tôle convexe qui reçoit directement l'action de la chaleur. Un diaphragme creux, en tôle, se trouve au-dessus pour égaliser la température dans toute la masse du four. Au-dessus encore, est un plateau formé d'une tôle concave et d'une tôle plane formant couche d'air et sur cette dernière vient se placer la claie garnie des pains. L'enfournement se fait d'un seul coup,

de même que le défournement, ce qui évite les pertes de chaleur. Le tout est fermé par un couvercle ellipsoïdal en tôle recouvert de matières isolantes. Le couvercle est garni de poignées et de quatre regards en verre permettant de surveiller la cuisson ; à cet effet, on peut disposer sur le couvercle et à l'intérieur, une petite lampe électrique qui éclaire le four. Le couvercle a encore un thermomètre qui peut être avertisseur (électrique) lorsque la température devient trop élevée. Un petit tuyau à robinet introduit de l'eau dans le four qui, ainsi humide, donne une croûte dorée au pain. Le couvercle peut être à contrepoids pour en faciliter la manipulation.

Un hectolitre de coke chauffe un four de 2 mètres de diamètre pendant douze heures. La claie du four Dathis supprime le *fleurage*, empêche le pain de coller à l'âtre et assure sa cuisson par dessous. Dans les systèmes rudimentaires, les pâtons sont renversés sur une *pelle* en bois, à long manche, saupoudrée de son afin d'éviter l'adhérence. Le son est souvent remplacé par le fleurage fait de pulpe de pomme de terre torréfiée et réduite en poudre ; cette pulpe est un résidu des féculeries.

Pendant la cuisson, une certaine quantité d'alcool, produit par la fermentation, s'évapore et se dégage à l'intérieur du four. On a cherché à recueillir et à condenser cet alcool. Les dispositifs employés sont très compliqués, et la quantité d'alcool obtenue n'en compense pas les frais. Si on veut enlever la presque totalité de l'alcool du pain, il faut lui laisser passage au travers de la croûte et le goût agréable du pain disparaîtra.

Après le défournement, les pains sont posés de champ et écartés les uns des autres sur des tablettes en grillages. Sans cette précaution la vapeur d'eau se déposerait à la surface de la croûte et la ramollirait.

On a toujours fabriqué plusieurs sortes de pain afin de répondre aux exigences des consommateurs. Aujourd'hui, on distingue le *pain ordinaire*, le *pain de luxe* et le *pain de munition*. Comme son nom l'indique, le pain ordinaire est celui de consommation habituelle ; on le divise en deux catégories : celui de *première qualité* et celui de *deuxième qualité*, suivant la valeur des farines employées. Le pain de luxe diffère du pain ordinaire par des farines de choix qui servent à sa confection et certaines manipulations que l'on fait subir à la pâte ; ce pain a des formes et des dimensions spéciales. Ce que l'on nomme, à Paris, *pains à café, petits pains, pains mollets, pains à soupe, pains régence, croissants, pains viennois*, etc., appartiennent à cette catégorie. Tous ces pains sont légers et digestifs, mais ils sont pauvres en gluten et moins nutritifs que le pain ordinaire. Le pain de munition est celui destiné aux troupes. A l'étranger, il est préparé avec de la farine de seigle seule, ou mélangée avec de la farine brute de froment. En France, il est préparé avec de la farine de froment blutée à 20 0/0. Le pain français est donc bon et comparable à celui de deuxième qualité de la boulangerie civile. On a cherché, depuis une vingtaine d'années, à incorporer, dans le pain de munition, certaines matières alimentaires, telles que haricots, lard, viande, bouillon gras concentré, etc., ces essais se poursuivent encore; ces pains sont très avantageux pour les armées en campagne.

En 1853, un chimiste français, M. Mège-Mouriès, a reconnu qu'on pouvait parfaitement utiliser les gruaux bis pour la panification, sans produire la coloration brune qui fait déprécier le pain. Cette coloration n'est pas due, comme on le croit généralement, à la présence de son très fin, mais à l'action d'une substance particulière appelée *céréaline* qui se trouve sous la partie corticale du blé. La céréaline est un albuminoïde précipité par l'alcool ainsi que par les acides. Il suffit de faire rentrer la portion de farine contenant la céréaline ou gruau gris (15,70 0/0 du grain) dans la dernière phase du pétrissage, pour que l'alcool déjà formé par la fermentation première la presse, précipite la céréaline et empêche son action colorante. Le pain ainsi préparé renferme plus de phosphates, la mouture est en même temps plus simple et plus économique; on peut utiliser alors 84 0/0 du poids du froment.

On ajoute quelquefois au pain des matières diverses : pommes de terre, fécule, riz, farine de légumineuses. Le pain ainsi obtenu est inférieur d'aspect et de goût en même temps que bien moins nutritif.

Enfin, certains procédés, comme ceux de l'ingénieur autrichien François Cecil (1873), portent plutôt sur la préparation de la farine que sur la panification proprement dite. — M. R.

I. PANNE. *T. de tiss.* Nom donné à des velours dont le poil, en laine ou en poil de chèvre, est pris dans un tissu de fond constitué par des fils de laine ou de coton, ou quelquefois de lin. Les pannes sont employées pour la confection des gilets de livrée ou, en sellerie, pour sièges de voitures, etc., ou encore, dans la construction des machines de filature, pour garnir certains rouleaux, etc.; dans les deux premiers cas, les poils sont couchés, tandis que dans le dernier ils restent droits et perpendiculaires à la surface du tissu. || *T. techn.* Partie du marteau opposée au gros bout, ou partie avec laquelle on frappe. || *Art hérald.* Fourrure de vair ou d'hermine.

II. PANNE. *T. de charp.* Pièce horizontale faisant partie de la charpente d'un comble et sur laquelle s'appuient les *chevrons*; la panne elle-même repose soit sur les *arbalétriers* des fermes, soit sur des murs pignons ou de refend lorsque le comble ne comporte pas de fermes. On fait usage des pannes lorsque la longueur des chevrons dépasse 2ᵐ,50 à 3 mètres. Dans les combles en bois, pour empêcher les pannes de glisser sur les arbalétriers, on cloue sur ceux-ci des cales appelées *chantignolles*. Les chevrons sont simplement posés sur les pannes, quand ils sont formés chacun d'un seul morceau; dans le cas contraire, leurs extrémités se recouvrent et sont chevillées sur ces pièces. Dans les combles en fer, les pannes sont des fers à double T qui s'assemblent avec les arbalétriers au moyen d'équerres boulonnées, et dont toute la hauteur est comprise entre les deux ailes

du fer à T qui forme l'arbalétrier. Sur ces pannes, et dans le sens de leur longueur, on boulonne les pièces de bois qui doivent recevoir le chevronnage ou le voligeage de la couverture.

On nomme *pannes de brisis* les pièces de bois sur lesquelles se forme la brisure des combles à la Mansard; *pannes à liernes* celles qui, au lieu de porter sur les arbalétriers, sont assemblées dans ces pièces; *panne faîtière* ou *faîtage* la pièce de bois placée au sommet du comble pour recevoir les extrémités supérieures des chevrons.

I. PANNEAU. 1° Ce mot est employé dans un grand nombre d'acceptions diverses; le plus généralement, on l'applique à une surface plane ou unie, à une partie d'ouvrage d'art décoratif offrant un champ orné ou à orner et entouré par une bordure ou des moulures. — V. l'art. suivant. || 2° Planche de peuplier, de châtaignier, de chêne, d'acajou, souvent préférée à la toile par les peintres de tableaux de petites dimensions. On trouve chez les marchands de couleur des panneaux tout préparés, depuis les panneaux de *un*, mesurant 21 centimètres 1/2 sur 16, jusqu'au panneau de 40, mesurant 1 mètre sur 81 centimètres. Les plus anciennes peintures à l'huile furent généralement exécutées sur des panneaux formés de plusieurs planches réunies au moyen de colle de fromage. L'adhérence était si parfaite que ces panneaux étaient plus solides que ceux d'une seule pièce. Pour ajouter encore à la solidité, les jointures étaient recouvertes parfois d'une tringle de bois; parfois aussi tout le revers du panneau est entièrement *parqueté* de tringles posées à angle droit. Ce procédé de consolidation est encore fréquemment usité aujourd'hui. A l'origine de la peinture à l'huile, les peintres flamands et allemands firent souvent usage des panneaux de cuivre. || 3° *T. de constr.* Chacune des faces d'une pierre taillée. || Grand carreau de pierre meulière. || 4° *T. de sell.* Chacun des coussinets qui garnissent une selle sous les arçons, pour empêcher que le cheval ne se blesse.

II. PANNEAU. *T. d'arch.* D'une manière générale, on nomme ainsi une surface encadrée de moulures ou autres saillies, et qui peut être lisse ou couverte de sculptures, de décorations ou d'ornements quelconques. Il y a donc dans un panneau deux parties : le *cadre*, simple ou mouluré, et la partie encadrée que l'on appelle *champ*. Les acceptions particulières de ce mot sont très nombreuses :

En *maçonnerie*, le panneau est : 1° un morceau de zinc ou de carton ou bien un assemblage de tringles légères en bois qui servent, dans la coupe de pierre, à tracer sur les blocs les contours suivant lesquels on doit les tailler; 2° une partie d'enduit unie autour de laquelle on traîne un cadre; 3° la maçonnerie de remplissage comprise entre les poteaux d'un pan de bois ou d'une cloison.

En *menuiserie*, on nomme ainsi des planches ou des réunions de planches assemblées à embrèvement dans des châssis en bois plus épais qui se fixent contre la paroi d'un mur pour lui servir de revêtement; à l'ensemble de cet ouvrage on donne le nom de *lambris* (V. ce mot). Le panneau le plus simple est formé d'une seule planche, à laquelle on a conservé toute sa largeur et qui s'assemble dans des traverses et dans des montants beaucoup plus étroits, mais plus épais qu'elle. C'est le système que l'on trouve appliqué dans la plupart de nos anciennes boiseries. Lorsque le panneau est fait de plusieurs planches de même épaisseur, on peut augmenter et varier l'espacement des montants; on peut même admettre des panneaux de largeurs inégales dans une même salle, à la condition d'observer un certain ordre dans leur disposition.

Suivant leurs dimensions et le degré de solidité qu'on veut leur donner, les panneaux présentent depuis 0^m,013 jusqu'à 0^m,034 d'épaisseur, le plus habituellement 0^m,020. Ils sont formés de planches de 0^m,13 à 0^m,20 de largeur, assemblées à rainures et languettes, et collées dans leurs joints. Lorsqu'on craint qu'un panneau ne fléchisse, on le fortifie en arrière par une ou plusieurs barres transversales, qui se fixent à la fois sur les montants des châssis et sur les planches formant les panneaux.

Quant à la décoration des panneaux, elle peut être très variée; elle consiste en tables saillantes, en moulures à grand cadre ou à petit cadre traînées ou rapportées sur les châssis d'encadrement, en motifs sculptés, etc.

— Les panneaux des lambris du moyen âge étaient fréquemment ornés de nervures imitant des feuilles de parchemins pliées. Dans certains lambris du xvie et du xviie siècle, les panneaux sont très nombreux et peu élevés; ceux du xviiie siècle sont pour la plupart très richement ornés, mais les contours y sont trop tourmentés. De nos jours, en raison des progrès accompli par l'industrie des papiers peints, l'usage des panneaux de revêtement contre les murs n'est plus guère en honneur que pour les édifices publics ou pour les demeures somptueuses.

Les portes en bois sont, comme les lambris, formées de panneaux assemblés par embrèvement dans des châssis composés de montants et de traverses (V. PORTE). L'épaisseur de ces panneaux varie aussi de 0^m,013 à 0^m,034; elle est de 0^m,020 habituellement.

Suivant leur forme, la place qu'ils occupent et leur mode d'assemblage, on donne différents noms aux panneaux de menuiserie; on distingue ainsi : le *panneau d'appui*, qui occupe la partie inférieure d'un lambris ou d'une porte comprenant plusieurs panneaux dans leur hauteur; le *panneau de hauteur*, qui occupe la partie supérieure d'une porte ou d'un lambris; le *panneau de frise*, que l'on place entre le panneau d'appui et le panneau de hauteur; le *panneau d'épaisseur* ou *panneau arasé*, qui effleure exactement les deux parements de son bâti; le *panneau à glace*, qui n'est décoré d'aucune moulure ni plate-bande et qui entre de toute son épaisseur dans les rainures du bâti; le *panneau à table saillante* ou *panneau recouvert*, dont l'épaisseur se trouve réduite à une certaine distance de son périmètre; le *panneau de parquet*, pièce de remplissage à l'intérieur d'une feuille de *parquet*. — V. ce mot.

En *charpente*, on nomme *panneau d'échiffre* la partie de l'*échiffre* d'un escalier comprise entre l patin, le *limon* et le *noyau*. — V. ESCALIER.

En *serrurerie*, on appelle *panneau* un ornement en fer forgé ou en fonte qui sert à remplir les châssis ou cadres d'un balcon, d'une rampe, d'une porte ajourée. Le même nom s'applique à toute partie d'un ouvrage entourée d'une bordure simple ou moulurée.

En *peinture*, on nomme *panneau feint* un panneau de porte ou de lambris figuré à l'aide de moulures et d'encadrements peints. On fait un fréquent usage de panneaux feints dans les constructions ordinaires.

En *vitrerie*, le *panneau de vitrail* est un assemblage de plusieurs morceaux de verre blanc ou de couleur engagés dans des languettes de plomb.

En *marbrerie*, on appelle *panneau* un morceau de marbre rapporté dans un encadrement quelconque, de foyer de cheminée par exemple.

En *miroiterie*, le *panneau de glace* est une glace qui tient lieu de panneau dans un bâti en menuiserie. — F. M.

*PANNERESSE. *T. de constr.* Pierre, tuile ou brique, disposée de façon que sa face la plus large soit en parement.

PANNETON. *T. de serr.* Nom donné à la partie perpendiculaire en saillie à l'extrémité, ou vers l'extrémité d'une clef, et sur laquelle on façonne l'entrée de la serrure. On dit que le panneton est en S, en C, etc., rond ou carré, suivant que les évidements qui y sont pratiqués sont arrondis ou anguleux. Le panneton est armé, lorsqu'il porte des traits de scie, suivant sa hauteur ou sa largeur; ces traits correspondent à des garnitures de forme appropriée, placées sur le foncet ou sur l'attaque du ressort de la serrure, qui la mettent à l'abri de l'ouverture par une clef de même forme mais ne possédant pas la même dentelure à son panneton. || Morceau de pâte à pain. || Corbeille garnie de toile à l'usage du boulanger.

PANONCEAU. *Art hérald.* Petite bannière attachée à une croix longue, et que l'on donne pour attribut à l'agneau pascal. || Par analogie à un écusson armorié, marque de la juridiction d'un seigneur qui n'avait pas le droit de porter bannière, on a donné ce nom à l'écusson placé à la porte d'un officier ministériel.

PANOPLIE. Armure complète ou réunion d'armes de toute espèce, telle est, étymologiquement, la signification du mot, et ces deux sens sont d'accord avec l'histoire.

L'agencement d'une panoplie exige du goût et de la science : il s'agit de bien choisir les motifs, de les appareiller le mieux possible, et de les grouper symétriquement sur une planche recouverte d'étoffe, de manière à ce qu'ils se détachent bien sur ce fond et constituent un panneau décoratif analogue à ceux que produisent la peinture, le bronze et la sculpture sur bois. La condition indispensable est l'authenticité et l'intégrité des pièces dont se compose la panoplie. Si la musique et les autres arts ne supportent ni les réminis-

cences, ni les plagiats, qui sont la pire des mé-
diocrités, la décoration guerrière n'admet ni les
refaits, pièces composées de morceaux rajustés,
ni les antiquités toutes neuves. Il faut donc
être un antiquaire et un homme de goût, doublé
d'un financier, pour composer une panoplie qui
ait sa valeur archéologique.

Les gens riches pouvant seul se donner ce luxe,
comme celui des galeries de tableaux et de statues, les musées militaires ont dû remplacer les
panoplies pour la masse du public. L'ancien musée d'artillerie Saint-Thomas-d'Aquin, à Paris,
transporté à l'Hôtel des Invalides, que Mansard a
décoré de magnifiques trophées lapidaires, est là
parfaitement à sa place, à côté des peintures de
Van der Meulen et des modèles en relief de nos
ports et de nos places fortes ; c'est, en réalité, une
immense panoplie. — L. M. T.

PANORAMA. Tableau immense peint sur une
toile sans solution de continuité et disposée à l'intérieur d'une surface cylindrique. Les spectateurs
sont placés sur une plate-forme centrale suffisamment éclairée mais tenue dans une demi-obs-
curité au moyen d'un dais. La lumière frappant
vivement les premiers plans ou peints ou réels du
tableau, accentue la profondeur de l'ensemble et
donne l'illusion de la réalité. Le spectateur éprouve
alors la même sensation que si du sommet d'une
hauteur ou d'un édifice il découvrait tout l'horizon environnant.

Pendant longtemps on a pensé que les procédés
ordinaires de la peinture à l'huile ou à la colle ne
pouvaient donner l'illusion panoramique ; pour
l'obtenir, une série d'opérations délicates était nécessaire. Le support de la peinture, la toile, devant
être peint des deux côtés, devait nécessairement
aussi être transparent. La percale et le calicot,
en très grande largeur, afin de réduire le nombre
des coutures, étaient employés à cet effet. On s'attachait à diminuer le nombre des coutures parce
qu'elles sont difficiles à dissimuler surtout dans
les lumières du tableau. La toile tendue recevait
au recto et au verso deux couches de colle de parchemin, puis on peignait le premier effet sur le
côté qui fait face au spectateur. Les couleurs employées étaient broyées à l'huile, mais pour peindre
on avait soin de les diluer dans de l'essence, qu'on
corsait d'une pointe d'huile grasse dans les parties vigoureuses. C'était en quelque sorte de l'aquarelle où l'essence remplaçait l'eau.

Les couleurs employées ne devaient pas être
opaques sous peine de faire tache, puisque le
panorama était vu par réflexion et par transparence
à la fois. Les blancs étaient donc proscrits ; d'où
la nécessité de conserver à la toile une blancheur
immaculée quand on traçait à la mine de plomb
la mise en place de la composition.

Le revers de la toile recevait le second effet. Pour
l'exécuter, le peintre ne devait avoir d'autre jour
que la lumière qui pénétrait à travers la toile. Il
apercevait les formes du premier effet et discer-
nait celles qu'il convenait de conserver ou d'annuler. Avant tout travail, on passait sur la surface entière de la toile un glacis de blanc de Clichy, broyé

à l'huile et détrempé à l'essence. Lorsque cette
couche, au moyen de laquelle on pouvait dissimuler les coutures, était sèche, on indiquait les changements que l'on voulait faire subir au premier
effet. On ne s'occupait alors que du modelé en blanc
et noir sans tenir compte des couleurs du premier
tableau, vu par transparence. On modelait au moyen
d'un gris composé de blanc et de noir de pêche,
dont on modifiait l'intensité en ayant soin d'observer que les vigueurs, dans ces conditions d'éclairage, ne fussent pas visibles au recto du tableau.
Cependant les ombres du premier effet pouvant
entraver l'exécution du second, on remédiait à cet
inconvénient en raccordant la valeur de ces ombres
à la teinte grise générale dont on augmentait alors
la valeur. La coloration de ce tableau, qui devait
être vue du spectateur par transparence, était donnée par les couleurs du premier tableau que l'on
modifiait par places, s'il y avait lieu, au moyen de
couleurs transparentes étendues d'essence.

L'effet peint au recto de la toile était éclairé d'en
haut par la lumière tamisée tombant d'une coupole. L'effet peint au verso était éclairé par des
fenêtres percées dans la muraille de la rotonde,
hermétiquement closes de volets quand on voulait
montrer seul le premier effet, et que l'on ouvrait
suivant que l'on voulait le modifier. On obtenait
ainsi toutes les transitions entre le jour et la nuit.

Tous les panoramas de ces dernières années ont
été exécutés en vue d'un effet unique et fixe, peints
en conséquence d'un seul côté de la toile comme
un tableau à l'huile, pour être vus par la lumière
directe venant de la coupole et non par transparence comme autrefois. Disons encore que les
panoramas peints des deux côtés et à effet mouvant, étaient exécutés selon le type de ce qu'on appelait, en 1831, un *pléorama*. Il ne faut pas confondre toutefois le genre du pléorama avec
celui de ce que l'on appelait à la même époque un
polyorama, où les tableaux superposés se fondent
l'un dans l'autre, se substituent l'un à l'autre par
les modifications et transformations du mode d'é-
clairage, soit du dedans, soit du dehors, soit de
la combinaison des deux lumières. — V. DIORAMA.

Il va sans dire que la perspective doit être
rigoureusement observée et que la moindre erreur
pendant l'exécution prendrait pour le spectateur
des proportions considérables qui détruiraient
toute illusion. Des règles fixes ont été établies en
ces dernières années ; pour l'observation rigoureuse des lois de la perspective, la toile doit avoir
120 mètres de circonférence. Le tracé perspectif d'un
panorama se complique de deux difficultés. La surface à peindre affectant la forme intérieure d'un cylindre, il s'en suit que la ligne d'horizon, au lieu
d'être horizontale, prend la direction d'un arc de
circonférence tangent à l'horizon et dont le centre
est au zénith. D'autre part, le spectateur pivotant
sur lui-même pour observer successivement toutes
les parties de la surface cylindrique, il en résulte
que le point de vue se déplace constamment. Dès
lors, la ligne d'horizon au lieu d'être **unique** se
compose d'une succession d'arcs dont l'artiste
masque plus ou moins habilement le raccord par
des mouvements de terrain, des constructions, des

arbres, des groupes de personnages placés à un plan intermédiaire entre le spectateur et l'horizon.

Pour rendre l'illusion plus complète on a l'habitude d'entourer la plate-forme où se tiennent les observateurs, d'objets réels qui dissimulent les bords de la toile et les raccords de perspective que le panorama représente. Le spectateur, placé sur une éminence au centre d'un combat, sera entouré de mannequins simulant des cadavres, d'armes, de débris de toutes sortes; le sol sera labouré par des éclats d'obus; des retranchements réellement élevés à deux pas de la plate-forme se continueront sur la toile à perte de vue, sans qu'on puisse savoir le point où finit le terrassement et où commence la peinture.

Les paysages inanimés conviennent mieux au panorama, cela va sa sans dire, que la représentation des scènes très mouvementées. Il est clair que l'illusion plus persistante dans le premier cas, est fugitive dans le second. Pendant de longues heures on pourra demeurer devant un paysage, on aura toujours la sensation de la réalité, surtout si l'éclairage bien réglé, imite les jeux de la lumière dans la nature. Mais quand durant deux minutes on aura regardé une bataille, on sera choqué de l'immobilité des hommes et des chevaux peints, cependant, dans les attitudes les plus animées, et de manière à faire croire qu'ils sont à portée de la main. Cela détruira l'illusion panoramique, on sentira qu'on est en présence d'un tableau, et non de la réalité.

— C'est le peintre Robert Barker qui peignit le premier panorama. Il en eut l'idée après avoir constaté les curieux effets de la lumière éclairant sous certains angles une lettre qu'il tenait à la main, dans une cellule de la prison d'Edimbourg, où il était enfermé pour dettes. Ce panorama, représentant *la Ville et le Port de Londres*, puis un autre *la Ville et le Port de Portsmouth*, furent exposés à Leicester-square en 1796 et 1799; des combats navals suivirent. Fulton importa le panorama en France en 1799. Sous sa direction, Fontaine, Prévost, Constant et Bourgeois peignirent une *Vue de Paris* qui fut exposée 14, boulevard Montmartre, sur l'emplacement actuel du passage des Panoramas; ce fut bientôt le tour de *Rome*, de *Naples*, d'*Amsterdam*; puis on vit le *Siège de Toulon*, l'*Entrevue de Tilsitt*, le *Camp de Boulogne*, la *Bataille de Wagram*. Napoléon Ier ordonna à Cellerier, en 1810, de construire aux Champs-Elysées, sept grandes rotondes, pour y exposer en vues panoramiques les principaux événements de son règne. Une de ces rotondes était bâtie à la chute de l'empire. Prévost peignit alors les panoramas d'*Anvers*, de *Jérusalem* et d'*Athènes*; celui-ci, exposé en 1821, eût un énorme succès.

Ce fut le peintre Langlois qui eût la vogue après lui. Rue des Marais-Saint-Germain, d'abord, ensuite aux Champs-Elysées, il exposa la *Bataille de Navarin*, en 1831; la *Prise d'Alger*, en 1833; la *Bataille de la Moskowa*, en 1838; la *Bataille d'Eylau*, en 1843; la *Bataille des Pyramides*, en 1853. Son panorama, exproprié pour la construction du Palais de l'Industrie fut reconstruit à quelques pas de là en pendant du cirque d'été. L'*Assaut de Malakoff* et *Solférino* y furent exposés avec un succès énorme. Après la guerre de 1870-71, le *Siège de Paris* succéda à *Solférino*. Les panoramas que la vogue avait abandonnés sont redevenus à la mode depuis quelques années.

Paris vit successivement le panorama de *Reischoffen* par Poilpot et Jacob; il a disparu et sa rotonde abrite un cirque; puis ceux de *Champi-*

gny par E. Detaille et A. de Neuville, et de *Buzenval* par Philippoteaux, qui avait exposé précédemment dans un autre local le *Second combat du Bourget* et les *Derniers jours de la Commune*, de Castellani; ces deux derniers panoramas ont également disparu. Poilpot a peint pour l'Angleterre, la *Charge de Balaklava* et le *Combat d'Abu-Kléa*. En collaboration, Detaille et de Neuville ont peint aussi la *Bataille de Rezonville* et l'ont exposée à Vienne. Parmi les meilleurs panoramas, il faut enfin citer celui que Berne-Bellecour a peint pour Marseille: le *Siège de Belfort*, l'*Assaut des Basses-Perches*. — E. CH.

* **PANOROGRAPHE.** *T. de phys.* Instrument avec lequel on obtient de suite, sur une surface plane le développement d'une vue perspective circulaire.

PANSE. *T. techn.* La partie la plus large d'un vase, d'une cornue, etc. || Partie de la cloche où frappe le battant. || Convexité de certains marteaux. || Partie renflée du fût d'un balustre.

PANTALON. *T. du cost.* Culotte qui descend jusque sur le cou-de-pied, et dont l'usage, sous une forme différant de celle que nous avons adoptée, paraît remonter à une haute antiquité. — V. COSTUME.

* **PANTÉLÉGRAPHE.** Appareil télégraphique permettant de reproduire à distance l'écriture ordinaire, les dessins, et en général tout ce qui peut être tracé sur une feuille de papier. — V. TÉLÉGRAPHE, § *Appareils autographiques.*

* **PANTER** ou **PANTINER.** *T. de filat.* Opération par laquelle on lie les échevettes de soie au moyen de petites ficelles, qui les groupent en écheveaux tout en les maintenant séparées et distinctes les unes des autres.

* **PANTIME** ou **PANTINE.** Réunion d'un nombre variable de flottes de soie, formant un poids de 40 à 60 grammes. — V. FLOTTE, MAIN, METTAGE EN MAINS.

* **PANTIMURE** ou **PANTINURE.** Cordon de coton qui enveloppe ordinairement les pantimes de soie.

PANTOGRAPHE. Instrument de dessin (fig. 21), destiné à donner la réduction des figures, dans un rapport déterminé. Fondé sur la théorie géométrique des triangles semblables, il se compose essentiellement de quatre règles AX, AB, ab, bC articulées aux points ab C A, la figure abC A étant constamment un parallélogramme, le point X étant fixe et les trois points XbB étant en ligne droite, un crayon placé en b tracera une réduction de la figure dont le point B décrira le contour, et cette réduction sera au modèle dans le même rapport que Xa à XA, par exemple la moitié si le point a occupe le milieu de la distance AX. Cet ins-

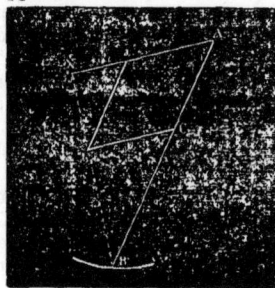

Fig. 21. — Pantographe.

trument a été inventé en 1615 par M. Marolais : M. Collas en a récemment étendu l'emploi à la réduction des figures à trois dimensions, et en particulier, à des statues : l'instrument est alors muni, en X, d'un *joint universel* qui lui permet de prendre dans l'espace toutes les directions possibles.

On a fait du pantographe une application industrielle extrêmement curieuse : c'est le métier de broderie mécanique; l'organe principal de ce métier est en effet un pantographe placé verticalement; mais le point qui doit tracer la reproduction du modèle, au lieu de porter un crayon, est invariablement relié au cadre qui porte l'étoffe à broder; quand l'ouvrier suit le modèle avec le calquoir, ce cadre se déplace de manière que les points correspondants de l'étoffe viennent d'eux-mêmes se placer devant les aiguilles. — V. Bro-DERIE, § *Broderie mécanique*.

M. Napoli a imaginé un *pantographe polaire* qui permet de relever sur place, en le traçant sur une feuille de papier, le profil des bandages des roues des vagons ou des locomotives. Cet appareil repose sur le principe suivant : si l'on considère une droite de longueur variable qui oscille dans un même plan, autour de son point milieu supposé fixe, les extrémités de cette droite décrivent des figures égales et symétriques. Pour réaliser cette idée, on dispose sur une planchette un pignon engrenant avec deux crémaillères parallèles mais disposées en sens inverse; un déplacement de l'une de ces crémaillères produit par suite, un déplacement inverse et égal de la seconde crémaillère. Si l'on dispose un crayon sur l'une des crémaillères, une pointe sur l'autre, de manière que le crayon et la pointe soient dans un plan vertical passant par l'axe de la roue d'engrenage et à une même distance de cet axe, le crayon trace sur une bande de papier placée en dehors, une ligne reproduisant exactement le chemin parcouru par la pointe. Ce pantographe est appliqué depuis 1876, par la Compagnie des chemins de fer de l'Est, pour étudier les modifications qui se produisent à la surface des bandages, après un certain temps de service.

PANTOMÈTRE. Le pantomètre est un instrument d'arpentage destiné à la mesure des angles et au tracé des perpendiculaires sur le terrain. Il peut donc remplacer à la fois le graphomètre et l'équerre d'arpenteur, au moins dans les opérations de peu d'étendue et de peu d'importance, car il ne comporte pas la même précision que ces deux derniers instruments. Il se compose essentiellement d'un cylindre vertical de $0^m,05$ à $0^m,10$ de diamètre et d'une hauteur un peu plus grande; ce cylindre est divisé, par son plan horizontal médian, en deux parties qui peuvent tourner l'une sur l'autre; la moitié inférieure est divisée en degrés le long de la ligne de séparation, tandis que la moitié supérieure porte un vernier; le tout est installé sur un trépied en bois. Enfin la partie inférieure est percée, aux deux extrémités d'un même plan diamétral, d'un côté d'une fente étroite, de l'autre d'une fenêtre traversée par un fil vertical, de ma-

nière à fournir une ligne de visée. La moitié supérieure porte deux systèmes de fente et de fenêtre disposés à angle droit, l'un de ces systèmes fournissant une ligne de visée parallèle à celle de la portion inférieure lorsque le zéro du vernier se trouve amené en face du zéro de la division. Dès lors, pour mesurer la distance angulaire de deux points A et B, on vise le point A, par exemple, avec le fil de la moitié inférieure du cylindre, puis on fait tourner la partie supérieure et l'on vise le point B avec la fente et la fenêtre qui forment une ligne parallèle à la ligne de visée inférieure quand l'instrument était au 0. La lecture du vernier fait alors connaître immédiatement l'angle cherché. Les deux systèmes de fenêtre et de fente disposés à angle droit permettent de jalonner une ligne perpendiculaire à une direction donnée sans qu'il soit besoin de plus d'explication.

PANTOUFLE. Chaussure légère que l'on porte chez soi.

* PAPAVÉRINE. *T. de chim.* Alcaloïde de l'*opium.* — V. ce mot.

PAPETERIE. Art de fabriquer le papier; établissement où se fait la fabrication des papiers. Ce mot s'applique encore au commerce du papier en gros et en détail, et à un petit meuble, espèce de nécessaire de bois ou de carton, renfermant tout ce qu'il faut pour écrire. Nous n'avons à étudier ici que l'industrie proprement dite de la papeterie.

GÉNÉRALITÉS. Pour l'établissement d'une fabrique de papier, il faut choisir avec soin l'emplacement. Cette industrie étant une de celles qui exigent le plus de force motrice, il paraît donc tout naturel de rechercher une contrée qui permette la création de chutes d'eau considérables. Ces dernières se trouvent généralement dans les pays montagneux qui, le plus souvent, laissent à désirer au point de vue de la facilité des communications; de plus, le fabricant de papier doit s'assurer d'avoir à sa portée une population ouvrière importante. Il est donc prudent de donner la préférence à un centre bien peuplé, bien pourvu de voies de communication et où l'industrie du papier soit déjà implantée, car dans une telle contrée, on se procure plus facilement des ouvriers exercés, et la réunion de plusieurs usines provoque l'établissement d'ateliers fabriquant les machines et les objets nécessaires au fabricant de papier. La proximité des débouchés est encore un facteur important dans le choix d'un emplacement. Il est très rare dans les conditions mentionnées plus haut, de trouver une force hydraulique suffisante; on est alors forcément obligé de recourir à des forces hydrauliques éloignées ou à l'emploi de la vapeur.

Il est certainement plus avantageux d'utiliser la vapeur comme force motrice à proximité d'une grande ville, où la vente des produits fabriqués se surveille et se fait facilement sans grandes dépenses de transport, que de créer à grands frais une force hydraulique loin d'un centre de consommation. En effet, peu de forces hydrauliques sont assez constantes pour assurer le fonctionnement régulier et uniforme d'une papeterie; il arrive fréquemment que par les sécheresses ou les grandes crues, on se voit complètement privé du concours des moteurs hydrauliques. L'industriel est donc forcé d'installer une ou plusieurs machines à vapeur assez fortes pour activer toute l'usine. Dans ce cas très fréquent la valeur de la force hydraulique est égale seulement à celle du charbon qu'il faudrait consommer pour la remplacer; certainement beaucoup d'usines éloignées supportent, pour le transport de leurs matières premières et celui de leurs produits fabriqués, une dépense bien plus considérable que celle qu'ils auraient à supporter pour la différence de combustible consommé à proximité d'une grande ville en employant exclusivement la vapeur. Il faut se préoccuper, pour l'établissement d'une papeterie, d'avoir à proximité de l'eau d'une source, ou d'une rivière limpide. L'importance de la qualité et de la quantité de l'eau de fabrication est très grande, on appelle *eau de fabrication* toute l'eau qui est employée aux diverses manipulations, à l'exception de celle qui sert comme force motrice. Pour une production de 1,000 kilogrammes de papiers de chiffons, par jour, il faut environ 5 à 600 litres d'eau par minute. Les impuretés contenues dans l'eau sont de deux espèces, les impuretés mécaniques ou mélangées mécaniquement, et les impuretés chimiques. Les impuretés mécaniques sont celles dont l'eau se charge pendant son parcours, ce sont des débris de plantes, herbes, feuilles, des particules tenues en suspension et provenant des terrains traversés. On se débarrasse des impuretés mécaniques par l'emploi de *filtres* (V. ce mot). Les impuretés chimiques sont plus gênantes et plus coûteuses à écarter. Certaines eaux contiennent de telles proportions de sels calcaires et de magnésie qu'elles sont impropres à la fabrication du papier. Il faut également rejeter les eaux qui renferment des sels ferrugineux, car en présence d'un alcali les sels de fer se décomposent et colorent la pâte en jaune brun. A cause des nombreuses manipulations auxquelles sont soumises les matières premières avant d'être transformées en papier, il est essentiel pour la bonne marche de la papeterie, que celle-ci soit construite et installée de telle façon que les diverses machines soient placées dans l'ordre des travaux qui doivent être exécutés successivement.

Il faut donner la préférence à une construction sans étages; on fait de cette manière une économie notable dans les frais de premier établissement et d'entretien, de plus la surveillance générale est beaucoup plus facile; on supprime les monte-charges et bien des fausses manœuvres. Les bâtiments en fer et en pierres ou briques sont les plus convenables, en raison de leur incombustibilité et aussi parce que le bois ne résiste pas longtemps à l'humidité qui règne dans les fabriques de papier. On réduira à un minimum les pertes de force motrice, en plaçant tous les outils à proximité des moteurs, et les chaudières le plus près possible des locaux où la vapeur qu'elles produisent est employée. Les usines à papiers fins feront bien de placer leurs chaudières et dépôt de charbon à une certaine distance des ateliers pour éviter de salir leurs produits par les poussières tombant des cheminées, ou produites par le transport des charbons. La circulation de l'air et de la lumière doit être largement assurée. La propreté étant essentielle en papeterie, le nettoyage des machines et des ateliers doit se faire avec une grande facilité, et partout la circulation doit être commode et sans danger.

A l'article Chiffon, nous avons dit comment les chiffons sont triés suivant la nature des fibres qui en forment le tissu, la coloration et le degré d'usure de ces fibres. L'article Lessivage nous montre comment ces mêmes chiffons sont traités pour les préparer à l'action du *défilage* (V. ce mot), puis à celle du blanchiment que nous étudierons plus loin.

GÉNÉRALITÉS CHIMIQUES SUR LA FABRICATION DU PAPIER. Les chiffons blancs de coton et ceux de chanvre ou de lin très usés donnent, presque à l'état de pureté, la cellulose, $C^{12}H^{10}O^{10}$, qui est l'élément essentiel du papier; mais ces chiffons sont relativement très rares et, le plus souvent, la cellulose se présente unie à des corps qu'il faut extraire quand on veut obtenir du papier de qualité convenable et, en particulier, du papier blanc.

Dans les plantes comme le chanvre ou le lin, les fibres de cellulose sont unies entre elles par de la pectose que le rouissage transforme en pectine soluble et en acide pectique insoluble,

$$C^{32}H^{20}O^{28}, 2HO$$

qui reste adhérent aux fibres.

Le *lessivage des chiffons* (V. cet article) a pour but d'éliminer cet acide et d'isoler les fibres.

Une immersion très prolongée dans l'eau bouillante permettrait d'obtenir ce résultat, grâce à la transformation de l'acide pectique en acide métapectique soluble; mais on gagne un temps considérable en ajoutant à l'eau un alcali tel que la chaux, la potasse ou la soude; il se forme alors un métapectate soluble qu'un lavage entraîne facilement.

La chaux s'emploie à l'état d'hydrate, CaO,HO, la soude à l'état de carbonate quand un traitement énergique n'est pas indispensable, au cas contraire, on se sert d'hydrate de soude, $NaOHO$. La potasse, à cause de son prix élevé, n'est pas usitée en papeterie; l'ammoniaque essayée a dû être abandonnée.

L'acide métapectique décomposant les carbonates alcalins et même le carbonate de chaux, on pourrait se dispenser d'employer la soude caustique hydratée, si la nécessité d'opérer rapidement ne s'imposait fréquemment. On emploie toujours la chaux à l'état d'hydrate. Il faudrait avoir du temps à perdre pour se servir de craie ou carbonate de chaux comme on a proposé de le faire.

La chaux hydratée est peu soluble dans l'eau pure à chaud; mais dans le lessivage, on en emploie un excès à mesure qu'une partie de métapectate de chaux soluble s'est formée, une partie équivalente de chaux se dissout à la place de celle qui s'est unie à l'acide; elle forme à son tour du métapectate et la dissolution continue ainsi tant qu'il existe de l'acide pectique à transformer. La chaux paraît altérer les fibres de cellulose plus que ne fait une quantité de soude équivalente ; cependant, cette dernière, employée en solution très concentrée et à température élevée, peut transformer la cellulose en dextrine et glucose. Cette altération n'est pas très prononcée tant que la cellulose reste unie à une certaine quantité d'acide pectique ; mais à mesure que cet acide se transforme en acide métapectique et s'unit à l'alcali, les fibres se trouvent de plus en plus exposées à l'action destructive de l'alcali.

Quant il s'agit d'extraire directement la cellulose des végétaux, et non plus de filaments textiles qui contiennent une quantité moindre de matières à éliminer, on emploie généralement la soude caustique à l'état de solution concentrée et à une température élevée ; la quantité de matières à dissoudre protégeant assez longtemps la cellulose contre l'action destructive de l'alcali. Dans le traitement direct des végétaux, on a, outre l'acide pectique, des matières résineuses ou albumineuses, parfois de la silice et, quand la matière à traiter est le bois, des matières dites incrustantes. L'acide pectique et la plupart des substances associées à la cellulose dans les végétaux deviennent solubles en présence de l'eau à l'état de vapeur à une haute tension et conséquemment à une température élevée ; dans ce cas, ces matières se transforment en acide métapectique, en sucre de raisin, en acides formique, acétique, etc., et le végétal devient assez facile à désagréger ; tel est le principe des procédés Lyman, Aussedat, Völter, etc,; toutefois, ces procédés ne suffisent pas à isoler suffisamment la cellulose des végétaux à composition complexe pour la mettre en état de servir à la fabrication des papiers blancs de belle qualité.

L'article LESSIVAGE DES SUCCÉDANÉS décrit le procédé de désagrégation du bois au moyen des bisulfites de chaux, de soude ou de magnésie. Il s'agit, dans ce cas, d'un lessivage acide. Différents acides ont la propriété de dissoudre les matières qui accompagnent la cellulose dans le bois. MM. Bachet et Machard ont employé l'acide chlorhydrique ; MM. Coupier, Delaye, etc., l'acide azotique ; l'eau régale, c'est-à-dire un mélange de ces deux acides, a été essayée par M. Orioli ; tous ces procédés ont cédé la place au traitement par les bisulfites alcalins ou alcalino-terreux qui, très peu coûteux à fabriquer, ont la propriété de s'oxyder au contact des matières végétales à dissoudre en produisant, à l'état naissant, de l'acide sulfurique qui agit énergiquement sur elles. On a employé aussi l'acide sulfureux non combiné avec les bases.

Le traitement par les acides ou les bisulfites, comme celui par la soude à haute dose, doit être pratiqué avec précaution et l'on doit extraire soigneusement, au moyen de lavages, toute trace d'acide libre. En effet, les acides même à petite dose ont sur la cellulose une action que M. Aimé Girard a particulièrement étudiée. Ce savant chimiste a reconnu que la cellulose s'hydrate en présence des acides; sa composition primitive,

$C^{12}H^{10}O^{10}$, devient $C^{12}H^{11}O^{11}$, et elle se transforme, en outre, partiellement en glucose, $C^{12}H^{12}O^{12}$: l'hydrocellulose, $C^{12}H^{11}O^{11}$, ainsi nommée par M. Girard est extrêmement friable et complètement impropre à la fabrication du papier.

Les chiffons défilés doivent être soumis à l'action d'un agent décolorant afin de pouvoir être employés dans la fabrication des papiers blancs, même les plus ordinaires ; c'est dire que presque tous les chiffons défilés sont blanchis.

Autrefois, avant la découverte du chlore, on blanchissait le défilé en l'exposant dans un pré à l'action de l'air et de la lumière et l'arrosant fréquemment, on n'obtenait de cette façon qu'un blanchiment trop imparfait et trop irrégulier pour permettre une fabrication suivie, de quelque importance. Aussitôt le chlore découvert, on s'est servi de cet agent décolorant, mais seulement à l'état gazeux.

Blanchiment au chlore gazeux. Quelques usines l'emploient encore pour le blanchiment des sortes inférieures et chènevotteuses de chiffons que le chlore à l'état gazeux attaque plus énergiquement; mais, outre qu'il est très malsain, il complique beaucoup le travail et occasionne beaucoup de déchets, aussi vaut-il mieux ne pas blanchir ces sortes grossières et les employer à la fabrication des papiers d'emballage. On a presque partout remplacé ce blanchiment par celui au chlorure de chaux (mélange d'hypochlorite de chaux et de chlorure de calcium).

Dans les papeteries, on prépare encore le chlore au moyen de l'acide chlorhydrique et du peroxyde de manganèse

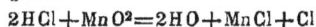

$$2HCl + MnO^2 = 2HO + MnCl + Cl$$

quelques usines placées dans des conditions particulières font agir l'acide sulfurique sur le chlorure de sodium en présence du peroxyde de manganèse

$$NaCl + MnO^2 + 2SO^3 = NaO, SO^3 + MnO, SO^3 + Cl$$

Mais l'emploi du chlore gazeux étant de plus en plus restreint, on a souvent renoncé à ces procédés pour en employer un plus coûteux, il est vrai, mais d'une exécution plus facile, et qui consiste à décomposer le chlorure de chaux par un acide qui est ordinairement l'acide chlorhydrique

$$(CaO, ClO + CaCl) + 2HCl = 2CaCl + 2HO + 2Cl$$

Le chlore gazeux, produit par l'une des réactions précédentes, est conduit, par des tuyaux en plomb, en grès ou en papier asphalté, dans des caisses où se trouve le défilé égoutté d'après les procédés décrits plus haut. Les caisses de blanchiment se construisent de différentes manières; les plus résistantes se font en briques de ciment divisées en deux ou trois étages de claies sur lesquelles se place la pâte déchiquetée en petits morceaux pour faciliter l'action du chlore. La fermeture de la caisse se fait par un couvercle à joint hydraulique pour éviter toute déperdition de chlore, ce qui constituerait une perte appréciable et rendrait le travail des ouvriers fort pénible. Les fuites de chlore se découvrent très facilement en promenant le long de la tuyauterie et des joints un flacon d'ammoniaque ; la moindre fuite produit une fumée blanche, épaisse de chlorhydrate d'ammoniaque. Comme nous l'avons vu plus haut, le chlore gazeux se prépare, soit par l'acide sulfurique, soit par l'acide chlorhydrique, le prix de chacun de ces acides déterminant celui que l'on doit préférer. On adopte, suivant le cas, 1 partie, manganèse ; 1 partie, sel marin ; 2 parties, acide sulfurique ; 2 parties, eau ; ou 1 partie, bioxyde de manganèse ; 2 parties, acide chlorhydrique. Ces nombres ne sont pas absolument fixes, ils dépendent de la composition du manganèse et du degré de concentration des acides. Enfin, le dernier procédé dans lequel on fait agir l'acide chlorhydrique sur le chlorure de chaux, tend de plus en plus à se répandre. Le chlore est produit, généralement, dans des bonbonnes spéciales en terre cuite ou en grès ; en s'échappant, il entraîne toujours une petite proportion d'acide chlorhydrique dont il importe de le débarrasser, car cet acide, en contact avec les fibres de la pâte, les altérerait. Dans ce but, on peut employer l'un des moyens suivants : conduire le tube abducteur du gaz dans un réservoir contenant une forte quantité d'eau dans laquelle on fait plonger ce tube de quelques millimètres seulement; les bulles de gaz, au contact de l'eau, abandonnent alors les particules d'acide chlorhydrique entraînées mécaniquement. On peut encore faire passer le gaz dans une bonbonne contenant du manganèse en morceaux qui retient l'acide chlorhydrique et laisse dégager une quantité de chlore proportionnelle.

Blanchiment au chlore liquide. Le blanchiment au gaz étant irrégulier et exposant les fibres à de graves altérations lorsqu'il est poussé trop loin, on ne s'en sert que pour opérer une décoloration partielle que l'on complète au moyen du chlorure de chaux liquide, après avoir éliminé par un lavage les produits solubles résultant de l'action du gaz.

Le chlorure de chaux, CaO,ClO+CaCl, blanchit par oxydation de la matière colorante, en se transformant en chlorure de calcium,

$$CaO, ClO + CaCl = 2 CaCl + 2O$$

l'agent actif de blanchiment se trouve être en fin de compte, d'après cette réaction, de l'oxygène à l'état naissant. Ce mode de blanchiment donne aux matières traitées un éclat remarquable et n'altère presque pas les fibres ; mais la décomposition du chlorure de chaux se fait lentement. Dans la pratique, le chlorure de chaux se trouve exposé au contact de l'air, et l'acide carbonique que contient ce dernier intervient dans la réaction qu'il complique mais en l'accélérant,

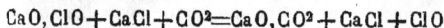

$$CaO, ClO + CaCl + CO^2 = CaO, CO^2 + CaCl + ClO$$

Dans ce cas, il se produit de l'acide hypochloreux qui se décompose au contact de la matière à blanchir en produisant de l'acide chlorhydrique et de l'eau.

Si l'on introduit dans le bain décolorant de l'a-

cide carbonique pur, la décomposition du chlorure de chaux est activée en raison de la quantité d'acide employée. On trouve plus commode de remplacer l'acide carbonique par des acides plus énergiques, tels que les acides chlorhydrique et sulfurique.

Dans le premier cas on a :

$$CaO, ClO + CaCl + 2 HCl = 2 CaCl + 2 HO + 2 Cl$$

dans le second cas :

$$CaO, ClO + CaCl + 2 SO^3 = 2 CaO, SO^3 + 2 Cl$$

Ces deux réactions donnent chacune deux équivalents de chlore qui prennent deux équivalents d'hydrogène à la matière colorante pour former de l'acide chlorhydrique. Le résidu de la première réaction est du chlorure de calcium, celui de la seconde est du sulfate de chaux.

Une partie du chlore mis en liberté, lors de la décomposition du chlorure de chaux liquide par l'acide chlorhydrique ou l'acide sulfurique, se répand autour des appareils à blanchir (à moins que ceux-ci ne soient convenablement clos), et il peut en résulter, particulièrement au point de vue de la santé des ouvriers, des inconvénients sérieux : dans le but de les prévenir, M. Orioli avait inventé le blanchiment à l'hypochlorite d'alumine, formé par la réaction du sulfate d'alumine sur le chlorure de chaux,

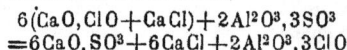

$$6 (CaO, ClO + CaCl) + 2 Al^2 O^3, 3 SO^3$$
$$= 6 CaO, SO^3 + 6 CaCl + 2 Al^2 O^3, 3 ClO$$

L'hypochlorite d'alumine, très instable, se décompose en présence de la matière à blanchir sur laquelle se porte l'acide hypochloreux.

D'après la théorie qui précède, on peut blanchir les chiffons réduits en pâte dans le défileur même. Dans ce cas, on ajoute, aussitôt le lavage terminé, la quantité de chlorure de chaux en dissolution nécessaire au traitement du chiffon en fabrication, et on laisse tourner la pâte dans ce bain blanchissant pendant le temps nécessaire au blanchiment des fibres. Cette manière de procéder est vicieuse, d'abord parce que le temps employé au blanchiment est perdu pour le travail de la pile défileuse, ensuite parce que le chlorure et l'acide chlorhydrique résultant de l'action du chlore sur les matières colorantes attaquent les lames du cylindre et de la platine, et les mettent rapidement hors d'usage.

On se sert généralement de piles spéciales appelées *piles blanchisseuses* dans lesquelles on introduit le défilé pour le soumettre à l'action de la solution blanchissante. Ces piles se font le plus avantageusement en briques et ciment, et sont munies d'un agitateur à palettes pour faire circuler la pâte. On les fait de grandes dimensions, d'une contenance de 500 à 1,000 kilogrammes de pâte sèche. En procédant de cette manière, les piles défileuses produisent plus, et on peut laisser la pâte en contact avec le chlore jusqu'à épuisement; pour activer le blanchiment, on ajoute une petite quantité d'acide sulfurique diluée dans l'eau.

Quelquefois on blanchit la pâte dans de grandes caisses en maçonnerie enduites de ciment. Ces caisses (fig. 22) ont un double fond perméable couvert de toile grossière ou formé par des feuilles de zinc perforées ou par les briques d'égouttage C D, percées d'un grand nombre de trous coniques. Après l'action du chlore, activée par l'ajoutée d'une petite quantité d'acide sulfurique, on laisse écouler le liquide qui baigne la pâte, afin d'égoutter celle-ci et de la rendre facilement transportable pour les

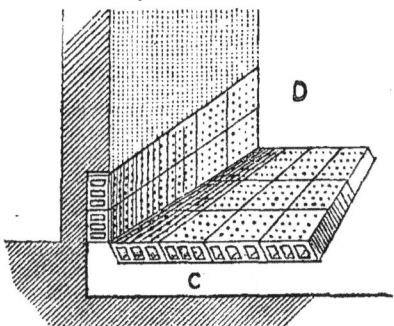

Fig. 22. — *Caisse d'égouttage avec briques perforées.*

besoins de la fabrication. La quantité de chlorure de chaux nécessaire au blanchiment de 100 kilogrammes de pâte, est bien différente suivant la nature des chiffons; elle varie depuis 2 jusqu'à 15 kilogrammes, et quelquefois on y ajoute jusqu'à 500 grammes d'acide sulfurique.

Il existe d'autres moyens d'égoutter la pâte : 1° par pression à l'aide d'une presse à vis ou mieux une presse hydraulique; 2° par le travail du presse-pâte qui est construit de la même manière que la partie humide de la machine à papier, avec toile métallique à grosses mailles et presses, et qui fournit la pâte pressée sous forme de carton épais; 3° par l'essoreuse centrifuge, employée également dans les sucreries, les blanchisseries, etc.

Blanchiment électro-chimique. La question du blanchiment électro-chimique a déjà donné lieu à de nombreuses recherches, surtout depuis que les machines dynamo-électriques permettent d'obtenir industriellement de forts courants électriques. Pour le crémage du lin, elle paraît à peu près résolue, et plusieurs usines du nord emploient avec avantage un nouveau procédé imaginé par M. E. Hermite; d'autre part, cet inventeur installe dans une fabrique de papier un atelier de blanchiment qui doit être mis en activité très prochainement. Ce procédé consiste dans la décomposition du chlorure de calcium ou du chlorure de magnésium par le passage d'un courant électrique; il se forme alors, par cette décomposition, un liquide doué d'un pouvoir décolorant des plus intenses. En présence de la fibre végétale, le sel primitif est régénéré au fur et à mesure de la décoloration, de sorte qu'à la fin de l'opération le même bain peut resservir pour un nouveau blanchiment; la seule perte de chlorure de magnésium est celle de ce produit que la fibre enlève du bain. Toute la dépense se réduit à celle occasionnée pour la production de la force motrice

nécessaire afin de mettre en mouvement les machines dynamo-électriques et leur entretien. Voici comment l'inventeur du procédé explique sa méthode de blanchiment électro-chimique : « Soumis à l'action du courant électrique, deux équivalents de chlorure de magnésium sont décomposés en même temps que l'eau; le magnésium se porte au pôle négatif, décompose l'eau pour s'oxyder et former de la magnésie, tandis que l'hydrogène se dégage avec celui de la décomposition de l'eau. Le chlore se porte au pôle positif où il s'oxyde avec l'oxygène de l'eau décomposée pour former de l'acide hypochlorique; mais cet acide en présence d'une base (la magnésie) se dédouble immédiatement en acide chloreux et en acide chlorique qui se combinent avec la magnésie libre pour former du chlorite et du chlorate de magnésie, lesquels sont décomposés par le courant avec le chlorure de magnésium, restant du bain, leur chaleur de combinaison étant moins élevée que celle de ce dernier sel.

« Le magnésium se porte de nouveau au pôle négatif et s'oxyde en décomposant l'eau, tandis que les acides chloreux et chlorique sont mis en liberté et, s'ils sont en présence d'une matière organique, lui cèdent leur oxygène pour former de l'acide chlorhydrique qui se combine avec la magnésie en liberté pour régénérer le chlorure de magnésium primitif. On obtient ainsi un cycle complet dans lequel le chlore sert simplement de véhicule pour fixer de l'oxygène emprunté à l'eau de la matière organique. »

Nous venons de donner la description détaillée et l'explication théorique du blanchiment électrochimique, dans lequel l'agent décolorant est en somme l'oxygène à l'état naissant.

On a vu, ci-dessus, que le blanchiment au chlorure de chaux liquide, sans intervention d'acide, met également en jeu l'affinité de l'oxygène. Ce gaz intervient aussi partiellement dans le blanchiment à l'aide de l'acide carbonique et dans celui à l'hypochlorite d'alumine.

Comme l'oxygène seul ne peut laisser aucun acide nuisible dans la pâte, on a imaginé différents procédés pour l'employer, mais jusqu'à présent on n'en a pas trouvé de plus avantageux que celui inventé par M. E. Hermite.

Tous les procédés de blanchiment dans lesquels le chlorure de chaux est décomposé par un acide, donnent comme produit final, de l'acide chlorhydrique qu'il est indispensable de ne pas laisser isolé dans la pâte, afin de ne pas transformer la cellulose en hydrocellulose.

Il pourrait aussi rester dans la pâte du chlore libre qui se transformerait en acide chlorhydrique au contact du papier, pour peu qu'il contînt la moindre trace d'humidité. On s'est beaucoup préoccupé de ce chlore, et on a cherché à le neutraliser en employant des réactifs, connus sous le nom d'*antichlores*, qui sont, en général, des combinaisons sulfurées de la soude et plus rarement du sulfure de calcium ou du protochlorure d'étain.

Voici quelles sont les réactions de ces divers antichlores.

Bisulfite de soude,

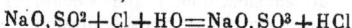

$$NaO,2SO^2+2Cl+3HO=NaO,SO^3+SO^3,HO+2HCl$$

Sulfite de soude,

$$NaO,SO^2+Cl+HO=NaO,SO^3+HCl$$

Hyposulfite de soude,

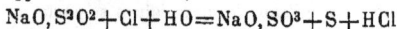

$$NaO,S^2O^2+Cl+HO=NaO,SO^3+S+HCl$$

Sulfure de calcium,

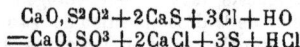

$$CaO,S^2O^2+2CaS+3Cl+HO$$
$$=CaO,SO^3+2CaCl+3S+HCl$$

Protochlorure d'étain,

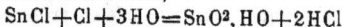

$$SnCl+Cl+3HO=SnO^2,HO+2HCl$$

On voit que, dans tous les cas, la réaction finit par produire de l'acide chlorhydrique (et aussi de l'acide sulfurique, quand on se sert de bisulfite de soude)qu'il faut chasser de la pâte par des lavages. On peut conclure de là qu'il est préférable de laver simplement les pâtes blanchies ; le bicarbonate de chaux contenu dans les eaux de lavage est suffisant, en général, pour neutraliser le peu d'acide qui a pu rester adhérent aux fibres et, si le papier doit être collé on n'a pour ainsi dire plus de craintes à avoir, la soude contenue dans la colle se combinant avec cet acide et même au chlore libre qui pourrait subsister dans la pâte.

D'après MM. Riche, Kolb, Bobierre, et d'autres chimistes, les solutions de chlorure de chaux insolées se transforment partiellement en chlorite de chaux qui peut avoir une action très nuisible sur les matières à blanchir,

$$2CaO,ClO+2CaCl=CaO,ClO^3+3CaCl$$

On accélère quelquefois le blanchiment, particulièrement lors du traitement des succédanés, en chauffant la solution de chlorure de chaux qui se décompose alors avec production d'acide chlorique. Si la température est trop élevée, la pâte acquiert une teinte jaune qui passe ensuite au gris ; au moment où cette transformation se produit la masse prend une odeur caractéristique qui indique le moment d'arrêter l'opération. Un

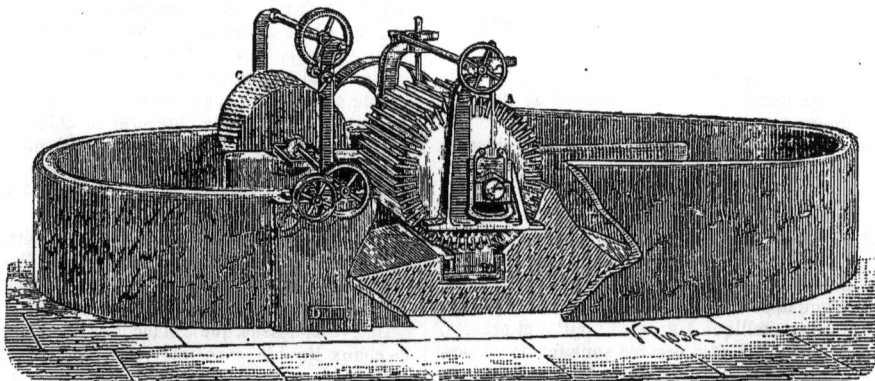

Fig. 23. — *Pile à cylindre.*

traitement ultérieur par le chlorure de chaux permet de rendre à la pâte sa blancheur primitive.

RAFFINAGE. Des caisses d'égouttage le défilé blanchi ou non blanchi est transporté aux raffineurs. Le raffinage est le dernier traitement mécanique que subit la pâte avant d'être transformée en feuille continue à la machine à papier. La pile à cylindre hollandaise a remplacé l'ancien pilon pour le *défilage* (V. ce mot) et le raffinage des pâtes. Elle se compose d'une cuve en fonte ou en maçonnerie de briques recouverte de ciment (fig. 23), d'un cylindre en fonte A garni de lames en acier et animé d'une grande vitesse ; ce cylindre triture la pâte par le passage de celle-ci entre des lames mobiles et les lames fixes de la platine B ; il a généralement de 50 à 70 lames et la platine 8 à 14, sa vitesse de rotation est d'environ 150 à 180 tours pour le défilage, et 180 à 220 tours, pour le raffinage.

Le tambour laveur C, comme son nom l'indique, sert au lavage des pâtes. Il se compose de deux disques en fonte parallèles, calés sur le même arbre, et réunis entre eux par des écopes en cuivre ; sa circonférence est garnie de toile métallique fine dont les mailles laissent passer l'eau sale et retiennent les fibres de la pâte. Le tambour en tournant rejette par un orifice percé en son centre l'eau sale soulevée par les écopes, et cette eau est constamment remplacée dans la pile par un courant d'eau propre. On continue le lavage jusqu'à ce que l'eau sortant du tambour soit bien limpide.

Le cylindre et son arbre sont suspendus par deux bielles, actionnées par deux vis qui permettent d'abaisser ou de soulever le cylindre parallèlement à lui-même. C'est en rapprochant plus ou moins le cylindre de la platine qu'on arrive au degré de trituration voulu. D est la cloutière ou sablière ; c'est une cavité ménagée dans le saut de la cuve, recouverte d'une plaque de zinc perforée, et destinée à retenir les corps lourds tels que clous, graviers, boutons. La sablière n'est usitée que dans les piles défileuses. On en place souvent deux, l'une à la montée, l'autre à la descente du saut. Les dimensions des piles raffineuses ont bien varié depuis l'introduction de la pile à cylindre, et des anciennes piles d'une contenance de 30 à 50 kilogrammes de pâte sèche, on est arrivé aux piles de 300 et 500 kilogrammes ; ces piles de grand modèle ne conviennent évidemment que pour des fabrications spécialisées et de grande importance. Au lieu d'un cylindre par pile on a essayé d'en mettre 2 et même 4; ces dernières piles sont peu usitées, mais celles à 2 cylindres, plus répandues, sont recommandables; à production égale, elles consomment notablement moins de force motrice que les piles à 1 cylindre et coûtent sensiblement moins d'acquisition.

Dans la pile, le cylindre a deux fonctions bien distinctes : provoquer la circulation de la pâte pour alimenter les surfaces travaillantes et réduire les fibres au degré de raffinage demandé. La circulation de la pâte s'obtient par une vitesse modérée du cylindre, tandis que le travail du raffinage exige une vitesse bien plus grande. En séparant les deux fonctions du cylindre, M. Debié est arrivé à une économie de force motrice. Un élévateur A (fig. 24) tournant très lentement (une révolution par minute) alimente le cylindre B d'un petit diamètre qui tourne très vite (250 tours par minute). L'excédent de

pâte soulevé par l'élévateur est déversé par une rigole contre la paroi extérieure de la cuve, de cette façon on compense en partie le raffinage plus rapide de la pâte circulant autour de la cloison médiane. L'élévateur a encore l'avantage de puiser la pâte au fond de la pile et de permettre un mélange homogène dans le sens vertical, ce qu'on n'obtient dans les piles ordinaires que par un spatulage énergique de la part de l'ouvrier.

Comme dans la pile défileuse, on se sert, pour le raffinage, des platines à lames inclinées par rapport aux lames du cylindre. Cette disposition accélère le travail.

A l'article COLLAGE DU PAPIER, nous avons donné la technique de cette opération, il convient d'en exposer ici la théorie chimique.

Collage. Autrefois les papiers étaient exclusivement collés au moyen d'une solution de gélatine à laquelle on ajoutait de l'alun pour précipiter la chondrine et faciliter la conservation de la colle. Ce procédé, encore en usage aujourd'hui et que

Fig. 24. — *Pile Debié.*

les Anglais ont beaucoup perfectionné, a cependant cédé la place dans la plupart des usines, au collage dit *végétal* qui consiste à fixer aux fibres de la résine préalablement combinée avec un alcali et précipitée de sa solution. La résine employée est la colophane ou acide pimarique, $C^{40}H^{30}O^4$, qui se combine même à froid avec les alcalis caustiques et qui, à la température de l'ébullition, décompose les carbonates alcalins en chassant l'acide carbonique. En papeterie, on emploie presque exclusivement la soude caustique ou carbonatée pour dissoudre la colophane, et on obtient un pimarate de soude généralement désigné sous le nom de *savon résineux* à cause de son analogie avec les savons ordinaires résultant de la combinaison des acides gras avec les alcalis.

A la température de 80 à 100° le savon résineux se précipite au bout de quelques heures; à froid, la précipitation est beaucoup plus lente. Le savon précipité est soigneusement séparé de l'eau alcaline fortement colorée en brun qui a servi à le dissoudre; il est ensuite redissous à chaud dans l'eau pure, et c'est la solution ainsi produite que l'on emploie pour le collage et que l'on verse dans la pâte. Il suffirait à la rigueur d'ajouter dans le

mélange une certaine quantité d'acide pour décomposer le pimarate de soude et isoler la résine qui se mélangerait aux fibres et adhérerait plus ou moins à elles; mais ce procédé, employé d'ailleurs dans quelques rares usines, donne des résultats fort peu satisfaisants, la fixation de la résine étant alors très imparfaite.

On préfère opérer la décomposition du savon résineux en employant de l'alun ou du sulfate d'alumine. L'alun du commerce est, le plus souvent, de l'alun ammoniacal,

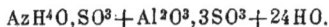

$$AzH^4O, SO^3 + Al^2O^3, 3SO^3 + 24HO.$$

Au contact du pimarate de soude, il se produit une double décomposition, et l'on a comme produits du pimarate d'alumine insoluble, qui se précipite sur les fibres, et un mélange de sulfate de soude et d'ammoniaque.

Ces derniers sels n'ayant aucune action dans le collage, et le sulfate d'alumine $Al^2O^3, 3SO^3$ étant le seul composant de l'alun qui soit réellement utile, on a judicieusement cherché à précipiter le savon résineux uniquement au moyen du sulfate d'alumine. Quand ce sel est parfaitement neutre, on obtient de bons résultats; malheureusement, il contient trop souvent un excès d'acide qui décompose le savon résineux sans le fixer convenablement aux fibres, souvent aussi le sulfate d'alumine contient du fer qui nuit à la blancheur des papiers ou à la coloration qu'ils doivent quelquefois recevoir.

De nombreux fabricants versent d'abord le savon résineux dans la pile et après un mélange suffisant ajoutent ensuite l'alun ou le sulfate. D'autres, également nombreux, préfèrent ajouter d'abord l'alun ou le sulfate, considérant non seulement ces sels comme des agents de précipitation, mais aussi comme de véritables mordants.

M. Lafargue, habile fabricant qui a fait une étude approfondie du collage, recommande de verser d'abord la moitié de l'alun, ou du sulfate, puis le savon résineux. D'après ce chimiste, si la pâte ou le sulfate se trouvent contenir un acide en excès, il y a précipitation d'une certaine quantité de résine à l'état de simple suspension dans la pâte et l'acide est neutralisé; une autre partie de la résine est fixée sur les fibres, une troisième partie reste à l'état de savon résineux. Si alors on ajoute la seconde moitié du sel précipitant, non seulement le reste du savon résineux est décomposé et sa résine fixée, mais la résine libre, elle-même, vient adhérer aux fibres en vertu d'un véritable mordançage, pourvu bien entendu que le sel d'alumine soit employé en quantité suffisante; il convient même que ce sel soit toujours légèrement en excès.

Les eaux calcaires exercent une influence défavorable sur le collage, la soude du savon résineux se combinant à l'acide carbonique du bicarbonate de chaux et abandonnant de la résine qui ne se fixe pas sur la pâte. Cependant, d'après M. Lafargue, le procédé de collage décrit au paragraphe précédent permet de fixer cette résine tout comme celle qui a pu être précipitée par un acide libre. Ce chimiste a montré que la quantité de résine précipitée par les eaux calcaires est proportionnelle au degré hydrotimétrique de ces eaux, et que pour une solution de 10 parties de colophane pour 1 partie de soude, on obtient en grammes la quantité de résine précipitée par 1 mètre cube d'eau calcaire, en multipliant par 60 le degré hydrotimétrique de cette eau.

Les matières inertes ou charges que l'on ajoute à la pâte nuisent aussi au collage, le plus souvent parce qu'il faut les coller elles-mêmes, aussi bien que la fibre cellulosique.

Dans quelques cas on précipite la résine au moyen des sulfates de zinc ou de fer. Ce dernier ne s'emploie que dans les papiers très grossiers, tels que le papier goudron.

Composition des pâtes. Afin de faire un mélange judicieux des fibres qu'il a à sa disposition, le fabricant doit bien connaître leurs propriétés spéciales. La fibre du lin possède une grande solidité, est molle, flexible mais peu élastique, celle du chanvre a les mêmes propriétés, mais elle est plus grossière et plus résistante. La fibre du coton est beaucoup moins solide, mais elle possède, malgré sa souplesse et sa flexibilité plus considérables, une grande élasticité. En thèse générale,

les chiffons les plus propres et les plus solides sont toujours employés pour les papiers les plus fins. La composition des pâtes doit se faire au point de vue de la transformation des matières employées, en feuille uniforme et bien séchée par la machine à papier. Les fibres tendres comme celles des chiffons de coton donnent une pâte maigre et un papier souple et mou. Les fibres solides et résistantes comme celles du chanvre et du lin fournissent une pâte grasse, un papier transparent, sonnant et lisse. En faisant varier les proportions des pâtes grasses et solides avec celles des pâtes maigres et tendres, on obtient les papiers des différentes sortes usitées et employées à des usages spéciaux, en n'oubliant pas que les papiers minces exigent pour leur bonne fabrication une pâte plutôt grasse, et les papiers épais une pâte plus maigre. La durée de travail et l'état des lames des cylindres et de la platine ont une influence sur le papier obtenu. Des lames émoussées et un travail prolongé donnent une pâte grasse, tandis qu'on obtient une pâte plus maigre en raffinant plus vite et en se servant de lames plus tranchantes.

Succédanés. On appelle succédanés du chiffon toutes les matières fibreuses qui peuvent, seules ou mélangées à de la pâte de chiffons, être employées à la fabrication du papier. Ce serait cependant une erreur de croire qu'il serait avantageux d'employer les succédanés à l'exclusion des chiffons, ces derniers joueront encore pendant longtemps un rôle important, surtout dans la fabrication du bon papier dont la durée, l'inaltérabilité et la grande résistance sont des conditions essentielles. Il est cependant indiscutable que la production des chiffons n'est plus en rapport avec la consommation toujours croissante du papier, et que l'emploi en grandes quantités des succédanés est aujourd'hui forcé. De nombreux essais ont été tentés dans la recherche des succédanés du chiffon, et il est un fait acquis que toute plante fibreuse peut être transformée en papier. La plupart des tentatives faites n'offrent qu'un intérêt de curiosité parce que le rendement de la plupart des plantes en cellulose (V. ce mot) ou pâte à papier est insignifiant. Il y a 4 succédanés du chiffon qui ont fait leur preuve aujourd'hui et qui s'emploient beaucoup.

Ce sont : le bois mécanique, le bois chimique, la paille et le sparte. On a vu à l'article Défibrage comment se prépare le bois mécanique. Ce succédané n'est employé que dans les papiers communs et qui ne sont pas destinés à durer longtemps. Ses fibres sont très courtes et doivent être soutenues par d'autres succédanés plus fibreux ou par de la pâte de chiffon. Le bois mécanique donne de l'opacité et de la main au papier, mais il a l'inconvénient de jaunir rapidement.

Le bois chimique, comme il a été dit à l'article Lessivage des succédanés, est la cellulose pure, c'est un des meilleurs succédanés; il donne un papier excellent, d'une épaisseur exceptionnelle, un toucher soyeux et fin, et il fournit au tirage typographique ou lithographique une très belle impression.

La paille fournit une très bonne pâte, plus courte

que celle du bois chimique. Le papier fait en pâte de paille ou qui en contient une grande quantité est sonnant, transparent et a, en *t. de mét.*, un bel *épair*, c'est-à-dire une pâte bien fondue et présentant, par transparence, une grande uniformité.

Le sparte ou alfa, qui se rencontre en grande quantité en Algérie, est certainement le succédané par excellence. Cette plante est difficile à transporter à cause de sa nature encombrante, mais elle s'emploie beaucoup en Angleterre qui jouit de transports très réduits. Le papier d'alfa est celui qui se rapproche le plus du papier de chiffons.

Le blanchiment des succédanés lessivés se fait comme pour les chiffons et avec les mêmes appareils.

On peut considérer comme succédanés des chiffons le déchet de fabrication ou celui des industries qui emploient le papier. Ces déchets se convertissent en papier après un traitement rapide, aussi pour les réduire en pâte, se sert-on souvent d'une pile dont les lames sont très émoussées; un jet de vapeur échauffe le contenu, facilite la désagrégation des fibres et la dissolution de la colle dont elles sont imprégnées. Les vieux papiers chargés d'encre sont préalablement lessivés à la soude avant d'être raffinés, puis blanchis au chlore. On emploie très avantageusement, pour la refonte des déchets, une paire de meules mobiles tournant dans une auge sur une meule fixe; on charge cet appareil des déchets en les mouillant légèrement, et ils sont rapidement divisés sans être raccourcis.

Les diverses manipulations que subit le chiffon occasionnent un déchet considérable. L'humidité que contient toujours ce chiffon, le triage, le coupage, le lessivage, le lavage, le blanchiment, le raffinage et enfin le travail des machines, donnent une perte totale qui varie depuis 25 jusqu'à 70 0/0 suivant la nature et la qualité des chiffons.

En outre des différentes pâtes introduites dans la pile raffineuse, on y met encore la quantité de colle et d'alun ou de sulfate d'alumine nécessaire pour rendre le papier imperméable (V. COLLAGE); on ajoute la charge ou poudre minérale blanche (kaolin, plâtre, sulfate de baryte, etc.). La charge, surtout employée dans les papiers communs, abaisse leur prix de revient, leur donne plus de blancheur; elle est délayée dans de l'eau, puis tamisée avant d'être mise dans la pile; souvent on lui ajoute 5 à 20 0/0 de fécule, puis on fait cuire jusqu'à consistance épaisse. Ce mélange agglutinant de densité moindre se fixe plus facilement sur les fibres. Le rendement de la charge est d'environ 50 0/0, mais on obtient un rendement plus avantageux en faisant cuire ensemble le savon résineux, la charge et la fécule.

Coloration. Les papiers, même ceux fabriqués avec des pâtes bien blanchies, sont d'un blanc jaunâtre: pour en relever le blancheur et l'éclat, on ajoute à la pâte, au moment de vider le contenu de la pile raffineuse, une petite quantité de bleu et parfois de rose. Le bleu le plus employé est le bleu d'outre-mer, il est même exclusivement utilisé pour les bons papiers à cause de sa fixité. Les bleus d'aniline sont usités pour les sor-

tes inférieures, car ils passent rapidement à la lumière, et les papiers qui en contiennent paraissent d'un gris violet à la lumière du gaz.

PAPIERS DE COULEUR. Il est deux manières de fabriquer des papiers de couleur: 1° par l'emploi de chiffons de couleur; 2° par la coloration des pâtes blanchies. Dans la première catégorie, se placent la plupart des papiers de tenture, de pliage, buvard rose et gris, etc., etc. La série de ces papiers est très limitée; on ne peut obtenir que les teintes pour lesquelles on trouve les chiffons nécessaires; de plus, ces papiers manquent de fraîcheur et d'éclat. Pour colorer la pâte dans la pile raffineuse, le moment le plus favorable est celui où la réaction de l'alun sur le savon résineux est achevée. Les couleurs sont, après préparation, versées dans la pile en ayant soin d'en faire passer la dissolution à travers un tamis très fin ou mieux à travers une étoffe de flanelle. Habituellement, les papiers de couleur se collent aussi facilement que ceux à pâte blanche, mais la présence de la soude, de la chaux contrarient le collage; le satinage de ces papiers augmente leur éclat et fonce la nuance; leur fabrication n'offre, en général, pas plus de difficultés que celle des autres papiers.

Les limites de cet article ne permettent pas de s'étendre sur les diverses couleurs et teintures employées et sur la manière de les préparer. D'ailleurs, toutes les anciennes recettes sur la matière ont perdu de leur importance depuis que, par l'emploi des couleurs d'aniline, on obtient facilement toutes les nuances demandées. Ces couleurs, solubles dans l'eau, suffisent, dans la plupart des cas, quoiqu'elles soient sensibles à l'action de la lumière.

FABRICATION DU PAPIER.

FABRICATION A LA MAIN. Cette fabrication ne se fait plus aujourd'hui comme au début. Autrefois, une fois les chiffons triés et coupés, on les classait surtout suivant leur couleur et celle du papier à fabriquer; le blanchiment au chlore n'était pas connu. Coupés à la main en petits morceaux, les chiffons étaient placés dans des auges ou cuves de pourrissage, si on les humectait d'eau; la fermentation ainsi obtenue était entretenue de six à vingt jours suivant la nature des chiffons. Cette fermentation, qui a été remplacée par le *lessivage*, décomposait les substances grasses et quelques matières colorantes. Après le pourrissage, les chiffons étaient lavés à grande eau, puis triturés dans des cuves en chêne ou en pierre par des maillets garnis de fer mis en mouvement par un jeu de cames. Ces piles à maillets travaillaient très lentement, mais fournissaient une excellente pâte, elles divisaient les fibres sans les déchirer. Malgré leur bon travail, elles ont été remplacées par la pile à cylindre hollandaise qui travaille beaucoup plus vite. A partir de ce moment, la fabrication du papier à la main est identique à celle usitée autrefois. La pâte des chiffons, convenablement raffinée et délayée, est descendue dans de grandes cuves munies d'agitateurs. Ces cuves alimentent les petits cuviers où puise l'ouvrier *puiseur* au moyen de la *forme* qui se compose d'un cadre rectangulaire garni de toile métallique en laiton, recouvert d'un deuxième cadre nu, à bords plus élevés, appelé *couverte*. Le fond du premier cadre est soutenu par des traverses de bois parallèles au petit côté appelées *pontuseaux*.

Le puiseur plonge la forme dans le liquide du cuvier, l'enlève chargée de pâte jusqu'aux bords, la secoue horizontalement dans tous les sens jusqu'à ce que l'eau se soit écoulée par les petites mailles de la toile et que les fibres se soient bien feutrées. L'élévation des bords de la couverte détermine la hauteur de pâte au-dessus du fond et, par suite, l'épaisseur du papier. Dès que la feuille est formée, le puiseur enlève le cadre supérieur, présente à l'ouvrier *coucheur* la forme chargée de pâte et recommence le puisage avec une autre forme. Le coucheur retourne la forme de façon à la placer sur un feutre appelé *flotre*, et à l'aide du *leveur*, il la recouvre d'un deuxième feutre. Il faut une grande habileté pour le couchage; chaque goutte d'eau tombant de la forme sur la feuille au moment où on la retourne produit une marque ineffaçable, la moindre bulle d'air interposée entre le papier et le feutre détermine un pli. L'équipe d'ouvriers continue à puiser et à coucher jusqu'à formation d'une pile ou *porse* d'environ 200 feuilles. La porse est pressée dans une presse à percussion ou hydraulique afin de donner à la feuille assez de consistance pour qu'on puisse la manier. Le leveur défait la pile ainsi pressée, et place les feutres sur un tas, les feuilles de papier sur un autre. Pour des papiers de qualité ordinaire, on transporte les feuilles directement au séchoir; pour des papiers plus fins, on *échange* les feuilles afin de leur communiquer un toucher plus velouté et augmenter leur ténacité; à cet effet, on place les feuilles les unes sur les autres dans un ordre différent et on les presse fortement; le nombre des changements de position peut varier de 4 à 5. Dans le séchoir, les feuilles sont suspendues ou étendues sur des châssis placés aussi près que possible sans entraver la circulation de l'air. Il faut trois à quatre jours, suivant la température de l'air, pour que le papier suspendu soit sec. Par les temps froids, on chauffe au moyen de tuyaux de vapeur circulant près du plancher.

Il se fabrique aujourd'hui des quantités relativement très petites de papier à la main ou à la cuve. Le travail à la main, remplacé progressivement par celui à la machine, finira par disparaître, bien qu'il soit indéniable qu'on produise encore aujourd'hui, à la cuve, du papier réellement supérieur. Les plus belles manifestations de la fabrication du papier à la main et qui, seules, ont une importance de production considérable, sont aujourd'hui la fabrication du *papier timbré*, et celle des *mandats rouges filigranés*, pour somme au-dessus de 20 francs, employés par le Ministère des postes et télégraphes. Cette dernière fabrication est particulièrement intéressante par la disposition des filigranes quadrillés au milieu desquels se détachent en lettres pleines le nom du Ministère des postes; il y a là une difficulté vain-

cue et qui révèle un progrès énorme dans le papier à la forme.

L'ordre et la nature des transformations que subit le chiffon dans la fabrication à la machine sont les mêmes que ceux usités dans la fabrication à la main; avec le secours de la science et des machines perfectionnées, les opérations ont été seules modifiées. Comme le satinage et la réglure sont traités dans le chapitre suivant, nous n'en parlerons pas ici; de même pour les filigranes nous renverrons à FILIGRANE, § II.

FABRICATION DU PAPIER A LA MACHINE. Le premier qui eut l'idée de fabriquer le papier mécaniquement est un ouvrier d'Essones, du nom de Robert, qui, en 1799, prit un brevet de quinze ans pour une machine qui devait produire le papier en feuilles de grandeur indéterminée. Robert reçut du gouvernement une somme de 8,000 francs à titre d'encouragement. En 1800, Robert céda son brevet à Didot et mourut dans le besoin sans avoir recueilli les bénéfices de son invention. Didot s'expatria et se rendit en Angleterre où il prit un brevet qui fut vendu aux frères Fourdrinier. La première machine à papier en état de fonctionner fut installée à Frogmore, dans le Hertfordshire.

Machine à papier. Généralités. La force motrice nécessaire à une machine à papier varie suivant l'importance de celle-ci entre 10 et 20 chevaux, et il est indispensable que la vitesse du moteur qui met en mouvement la machine à papier soit bien régulière. En marche normale, tous les robinets d'eau et de pâte sont réglés pour une vitesse déterminée, la moindre variation dans cette vitesse entraîne forcément une fabrication défectueuse.

Suivant l'épaisseur du papier à fabriquer, il est nécessaire que la machine à papier marche plus ou moins vite; sa vitesse peut varier de 5 jusqu'à 60 mètres à la minute et comme la vitesse de la machine motrice est invariable, il faut pouvoir recourir à des vitesses intermédiaires, en nombre différent.

Pendant le cours de la fabrication il est indispensable de pouvoir faire varier les vitesses relatives des divers organes de la machine indépendamment les uns des autres. Le moyen le plus pratique pour atteindre ce but est de munir tous les arbres de transmission intermédiaires de poulies coniques sur lesquelles un chariot à vis fait varier la position de la courroie, et par suite la vitesse de l'organe qu'elle conduit.

La vapeur qui se dégage de la sécherie se condense sur toutes les surfaces froides de la machine et retombe en gouttelettes sur le papier, souvent à tel point que la fabrication est presque entravée. Le moyen le plus simple de se débarrasser de cette buée est de placer au-dessus de la sécherie un large canal aboutissant à un ventilateur placé sur le toit de la machine et qui aspire la vapeur produite par séchage.

Une conduite de vapeur en tuyaux, d'environ 25 centimètres de diamètre, placée sous la voûte du bâtiment de la machine et alimentée soit par de la vapeur directe, soit par l'échappement de la machine motrice, donne de bons résultats en combinaison avec l'action du ventilateur. Cette vapeur réchauffe celle qui se dégage de la sécherie, augmente par conséquent sa force élastique, ce qui facilite l'aspiration par le ventilateur.

Machine à papier plate, ses divers organes, et leur fonction. La machine à papier se compose des éléments suivants : les cuviers, le régulateur de pâte, le sablier, l'épurateur, la toile métallique, les diverses presses qui constituent un ensemble qu'on appelle la partie humide de la machine;

ensuite viennent: le séchoir, les lisses, le dévidoir ou les enrouleuses.

Cuviers. Les cuviers sont destinés à alimenter la machine à papier de pâte raffinée; ce sont des réservoirs en tôle ou en briques et ciment, munis d'agitateurs qui empêchent la pâte de se déposer et entretiennent un mélange homogène d'eau et de pâte. Ces agitateurs sont, suivant la disposition, à

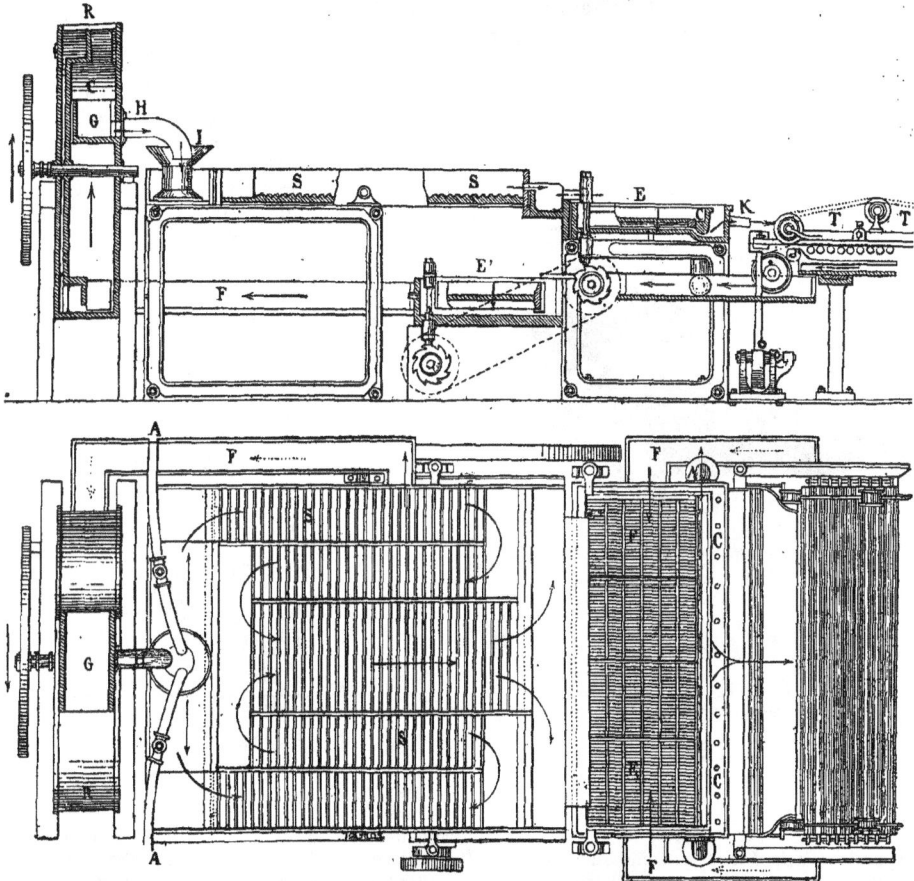

Fig. 25 et 26. — *Epurateur Ibotson.*

R Roue à augets montant la pâte qui vient du distributeur et qui est mêlée à l'eau d'égouttage de la table de fabrication *T.* — *SS* Sablier, les flèches simples indiquent la marche de la pâte. — *E* Epurateur tamisant la pâte; l'onde liquide pousse les impuretés dans le tube *C* par des ouvertures relativement larges. — *E'* Deuxième épurateur tamisant le *mélange qui retourne au réservoir alimentant la roue à augets.* — *A A'* Tubes qui amènent la pâte de chacune des grandes cuves d'alimentation.

axe horizontal ou à axe vertical, 4 ou 5 tours par minute suffisent pour obtenir le résultat désiré.

Régulateur de pâte. Entre les cuviers et la machine, on est obligé d'intercaler un réservoir à niveau constant qui débite pendant un temps donné le même volume de pâte. Le niveau des cuviers ne peut rester le même par suite de la dépense de pâte. Le niveau constant s'obtient par un flotteur qui fonctionne dans le réservoir intermédiaire et agit sur le robinet de pâte de la conduite allant des cuviers à la machine, pour l'ouvrir si le niveau baisse et le fermer dans le cas con-

traire. Ce réglage s'applique à des cuviers situés à un niveau supérieur à celui de la machine à papier; mais souvent ceux-ci se trouvent au niveau de la machine ou à un niveau inférieur, une pompe remonte alors la pâte et le niveau constant est obtenu par un trop plein qui renvoie l'excédent dans les cuviers. Il faut non seulement, une fois la vitesse de la machine réglée en vue du papier à fabriquer, qu'elle reçoive, dans un temps donné, un volume constant de pâte pour l'obtention d'une feuille uniforme, mais il faut encore que cette pâte soit toujours homogène. Dans ce but, au moment de la descente du contenu du raffineur dans le cuvier on ajoute, pour la dilution de la pâte, une quantité d'eau déterminée au moyen d'un réservoir muni d'un flotteur indicateur. Il a été imaginé quantité d'appareils compliqués et coûteux destinés à fournir un volume constant et homogène de pâte à la machine à papier, mais ils ne répondent généralement pas à leur destination et sont peu usités.

Sablier. Du régulateur la pâte se rend au sablier; c'est un chenal en bois dont les dimensions et la pente doivent être calculées de façon à donner à la pâte diluée une vitesse convenable pour qu'elle puisse laisser déposer les impuretés qu'elle contient, telles que sable, parcelles de charbon et débris métalliques, et même assez prononcée pour que la pâte elle-même chemine sans y séjourner. Des chicanes sont établies dans

Fig. 27. — *Epurateur tournant ou rotatif.*

ce chenal afin de faciliter le dépôt des matières lourdes.

Epurateur. Malgré tous les soins qu'on peut apporter dans les opérations successives de la préparation des pâtes, il se trouve toujours dans les pâtes raffinées des boutons, des impuretés dont il faut se débarrasser si on veut fabriquer un papier convenable. L'épuration des pâtes doit surtout être minutieuse dans la fabrication des papiers fins. Les premiers épurateurs étaient composés de petites lames en bronze, séparées par des coins également en bronze, le tout encastré dans un châssis. Suivant le raffinage et la qualité du papier à obtenir on rapprochait ou on écartait les barres et, par suite, on modifiait les intervalles libres entre elles par le remplacement des coins. La pâte diluée arrivant du sablier traverse les fentes de l'épurateur et y abandonne toutes les impuretés dont les dimensions dépassent celles de ces fentes; un mouvement vertical de battement facilite le passage des fibres à travers l'épurateur, mais par ce continuel mou-

vement les fibres, surtout les plus longues, se pelotonnent, restent suspendues entre les fentes jusqu'à ce qu'elles se détachent par leur poids, et vont alors salir la feuille de papier sous forme de filoches. On a obvié à cet inconvénient par l'épurateur plat à double effet. La pâte, après avoir passé le premier châssis du haut en bas, traverse le deuxième châssis à fentes plus larges, de bas en haut. Par leur poids, les filoches qui ont traversé le premier châssis sont retenues dans la caisse qui supporte le **deuxième** et on les enlève à chaque nettoyage.

Dans les épurateurs plats, les boutons et impuretés restent sur les plaques et finissent par en obstruer les fentes. De temps en temps, on est obligé de les rassembler en les balayant d'un coup de brosse ou de raclette pour les enlever à la main; une partie des résidus traverse alors les fentes et va salir le papier.

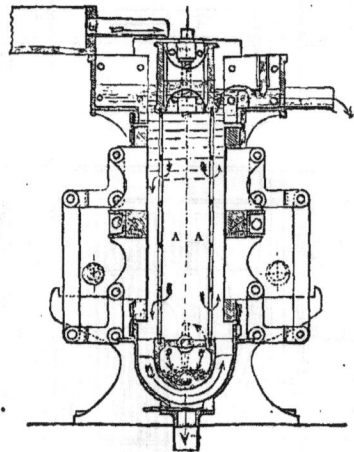

Fig. 28. — *Epurateur sablier.*

Epurateur Ibotson. Cet épurateur (fig. 25 et 26) est fondé sur cette remarque que la pâte, en coulant lentement sur les plaques de l'épurateur, ne doit être au repos nulle part. Les fibres fines traversent d'abord les fentes pendant que les plus grossières sont emmenées par le courant, et tombent dans un épurateur auxiliaire qui sépare finalement les bonnes fibres des impuretés.

Epurateur tournant. Cet épurateur (fig. 27) se compose d'un cylindre rotatif A, à fentes fines et de 1 mètre ou 2 mètres de longueur suivant la machine qu'il dessert; ce cylindre d'un diamètre de 60 à 70 centimètres est animé d'un mouvement de secousse vertical et tourne lentement dans une cuve en fonte B. La pâte arrivant du sablier pénètre par une des extrémités du cylindre et traverse les fentes pour se rendre ensuite à la machine à papier. Les boutons et autres impuretés sont retenus et entraînés par le cylindre dans son mouvement de rotation et retombent dans un chenal communiquant avec l'extérieur. Au-dessus de cet épurateur se trouve un tube pisseur C qui nettoie constamment les fentes.

Epurateur sablier : Cet appareil (fig. 28) remplit à la fois le rôle de sablier et celui d'épurateur ;

son fonctionnement est le suivant : la pâte est introduite entre deux plaques verticales AA, et un rapide mouvement de va-et-vient, imprimé aux parois extérieures de l'appareil, produit l'aspiration de la pâte qui traverse les plaques et se rend ensuite à la machine par un déversoir. Les pâtes, ainsi que le sable, restent dans l'espace compris entre les deux plaques et descendent peu à peu le long de ces dernières jusque dans la rigole placée au bas de l'épurateur, d'où on les fait sortir de temps en temps à l'aide d'un robinet de vidange.

Après son passage dans les épurateurs, la pâte coule sur la toile métallique sur toute la largeur du papier à fabriquer. La jonction entre les épurateurs et la toile se fait au moyen du *tablier* qui est une bande de caoutchouc placée de façon à pouvoir suivre le mouvement d'oscillation de la toile qui remplace ici la forme usitée dans la fabrication du papier à la main. La toile est longue de 10 à 12 mètres, et ses mailles sont plus ou moins fines suivant le papier à fabriquer ; le numéro 65 convient pour les papiers communs et les numéros 80 à 100 pour les sortes fines (le numéro d'une toile est déterminé par le nombre de fils au pouce linéaire). La toile métallique sans fin est animée d'un mouvement circulaire ; elle est tendue par plusieurs rouleaux qu'elle entraîne et présente à sa partie supérieure une surface horizontale sur laquelle se forme la feuille ; le sens du mouvement est indiqué par celui de la flèche. Au-dessus de la table de fabrication se trouve le rouleau de tête A suivi d'une série de petits cylindres B, B, B, et de la presse humide

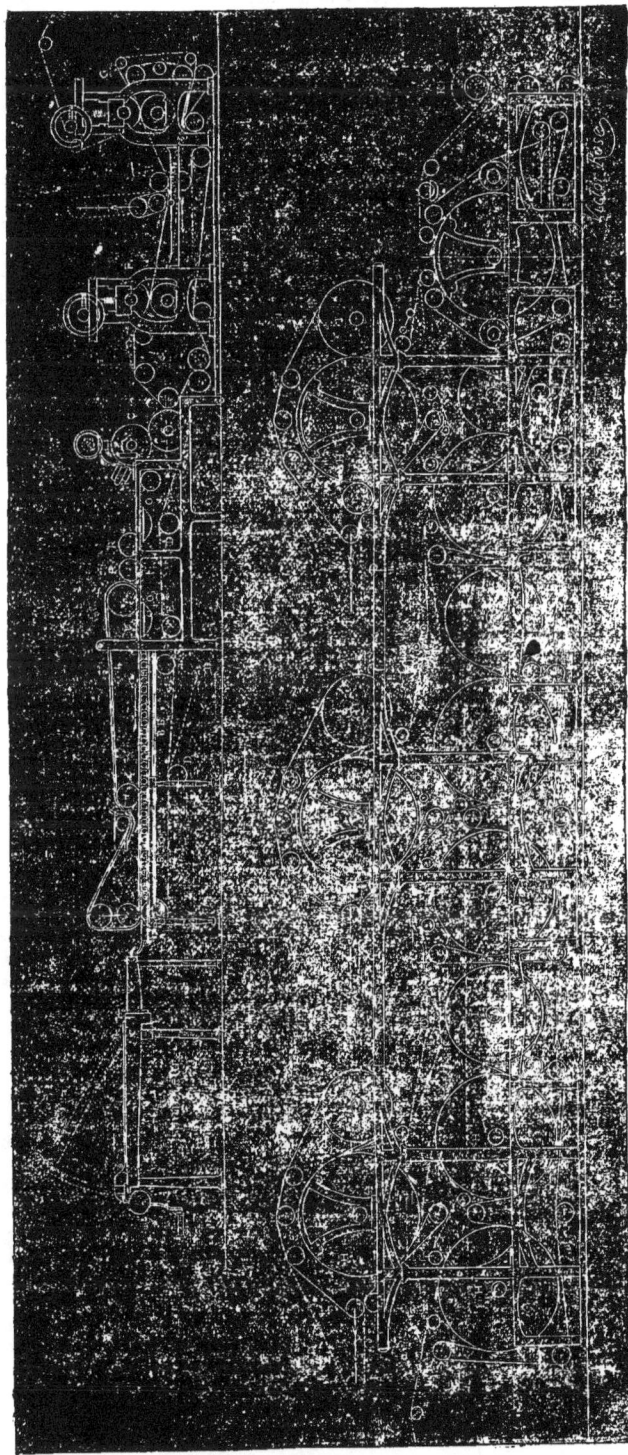

Fig. 29. — *Vue d'ensemble d'une machine à papier continu.*

C autour de laquelle s'enroule la toile pour revenir, supportée par les cylindres D, D, D, rejoindre le rouleau de tête A. Un des cylindres D a un coussinet mobile et sert de tendeur. La toile reçoit son mouvement de la presse C par le fait de son adhérence contre la surface de cette presse, et le rouleau régulateur E permet de rectifier la marche de la toile au moyen de coussinets mobiles à l'aide de petites roues à main. Afin de limiter la largeur du papier sur la machine et pour empêcher la pâte très diluée de couler des deux côtés de la toile, on se sert de *courroies-guides* ; elles sont sans fin, à section rectangulaire et généralement en caoutchouc, leur vitesse est la même que celle de la toile, et elles sont mises en mouvement par la presse coucheuse. Des poulies à rebord assurent leur cheminement et sont fixées à un cadre appelé *chariot* qui repose à peu de distance de la toile et dont les deux côtés peuvent, par un mouvement de vis, être rapprochés ou éloignés à volonté suivant le format à fabriquer. Deux règles en métal perpendiculaires aux côtés du chariot sont placées sur celui-ci, elles servent à égaliser la pâte sur la toile et peuvent être baissées ou levées suivant l'épaisseur du papier. Sous la toile métallique se trouve une caisse en bois qui reçoit l'eau que la pâte abandonne pendant son trajet. Cette eau, qui contient une partie de la colle, de la charge et les fibres les plus ténues qui ont traversé la toile, est ramenée en tête de la machine pour servir à diluer la pâte à sa sortie du régulateur. Pour essorer la pâte, on se sert de caisses aspirantes O ; elles sont en bois, soigneusement assemblées afin d'éviter toute rentrée d'air, et à 3 ou 4 compartiments communiquant, par un orifice placé dans un double fond, avec un tuyau d'écoulement. A la mise en marche de la machine à papier, la caisse aspirante et le tuyau d'écoulement sont remplis d'eau. Dès que la feuille humide vient intercepter l'entrée de l'air dans les caisses, on ouvre le robinet du tuyau d'écoulement, le courant qui s'établit produit un vide, et l'eau qui s'écoule est constamment remplacée par celle extraite du papier par la pression atmosphérique.

Pour une machine à faible production une seule caisse aspirante suffit, deux ou trois sont nécessaires pour une machine à grande vitesse. Devant la caisse aspirante, s'il n'y en a qu'une, ou entre deux caisses, s'il y en a plusieurs, se place le rouleau égoutteur R qui est un cylindre creux recouvert d'une chemise en toile métallique, il a pour but d'égaliser le tissu du papier ou son épaisseur : si le papier doit recevoir des dessins, des lettres ou marques, le rouleau porte sur son enveloppe, en relief, ces mêmes figures composées de fils métalliques, et les imprime en creux dans le papier où ils restent apparents.

Mouvement de secousse. Il a pour but d'enchevêtrer les fibres de la pâte sur la toile afin de donner la solidité au tissu ; dans ce but, un excentrique imprime un mouvement de va-et-vient à la table de fabrication. La toile métallique est maintenue propre par un ou plusieurs tuyaux d'arro-

sement qui lancent leur eau avec une grande force par une infinité de petits trous.

En quittant la toile, la feuille est formée, il reste à lui enlever l'eau qu'elle contient ; 1° par pression ; 2° par le séchage sur des cylindres chauffés.

Nous avons parlé d'une première presse ou presse humide autour du rouleau inférieur de laquelle s'enroule la toile métallique. Cette presse se compose de deux cylindres en bronze de 35 à 40 centimètres de diamètre, entourés d'un manchon en feutre épais ; on peut augmenter la pression de ces cylindres par un système de leviers et poids agissant sur les tourillons du cylindre supérieur qu'un courant d'eau tient constamment propre ; une râcle en bois recouverte de feutre empêche cette eau de tomber sur la feuille de papier et la force à découler par les côtés.

Ramasse-pâte. A chaque mise en route et à chaque arrêt de la machine à papier, il se perd une quantité notable de pâte à la presse humide. Cette

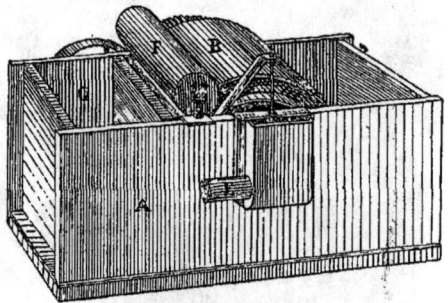

Fig. 30. — *Ramasse-pâte.*

pâte diluée par l'eau qui s'écoule de la table de fabrication se rend à un appareil appelé *ramasse-pâte* (fig. 30) qui la recueille. Un des ramasse-pâte les plus usités est le suivant : dans une caisse A, en bois, tourne un cylindre B recouvert de toile métallique fine. L'eau chargée de pâte qui vient de la machine coule dans la caisse A, traverse les mailles de la toile métallique du tambour, qui la soulève au moyen des augets dont il est garni et la rejette par l'orifice E. La pâte débarrassée de son eau s'attache à la surface de la toile métallique, est ramassée par le rouleau F garni de feutre et finalement une râcle, placée devant ce rouleau, la fait tomber dans une caisse G où on la reprend pour les besoins de la fabrication.

Après que la feuille a été feutrée sur la toile métallique, égouttée par les caisses aspirantes, pressée à la presse humide, on la fait passer, à l'aide des cylindres coucheurs, par une deuxième presse F, toujours dans le but de lui enlever son eau et de lui donner la consistance nécessaire à son cheminement. Le feutre coucheur est en laine, d'un tissu assez lâche ; ce feutre sans fin, tendu sur plusieurs rouleaux, est mis en mouvement par son passage entre les cylindres de la presse ; ceux-ci sont en fonte, d'un diamètre de 30 à 40 centimètres, suivant leur longueur. On a imaginé, dans ces dernières années, de recouvrir le cylindre inférieur des presses d'un revêtement en caoutchouc durci ; la pression est plus égale, plus élastique et assure au feutre une plus longue durée. Pour éviter l'effet des bulles d'air se trouvant entre le feutre et la feuille de papier humide, on fait passer cette dernière, à son entrée dans la presse, sur le rouleau souffleur de petit diamètre. La pression s'exerce sur le cylindre supérieur de la presse au moyen d'un volant agissant sur une vis ou mieux par leviers et poids ; ce cylindre supérieur est garni d'une râcle dans le but de le maintenir constamment propre et poli en détachant de sa surface les fibres de papier qui s'y attachent.

Pendant le travail, les pores du feutre se remplissent peu à peu de colle, de kaolin, au point de ne plus laisser passer l'eau, aussi dès qu'un feutre est sali, on le remplace et on le soumet à un lavage. Dans les machines nouvelles, les feutres sont lavés sur la machine, un tuyau d'arrosement les mouille par dessous, et l'eau qui les imprègne leur est enlevée par une presse dont un des rouleaux est garni d'un manchon.

La presse coucheuse est suivie d'une autre presse semblable appelée *presse montante*. Le papier est retourné avant de traverser cette presse pour lui donner une surface plus égale des deux côtés. Le feutre est d'un lainage plus serré que le coucheur. On ajoute quelquefois une quatrième presse ou deuxième presse montante ; cependant, dans la plupart des cas, le surplus d'eau exprimé ne compense pas les frais d'acquisition et d'entretien de cette presse. Ici se termine la première partie de la machine à papier, et l'eau que contient encore la feuille lui est enlevée par le séchage sur des cylindres chauffés à la vapeur.

Cylindres sécheurs. Du séchage gradué du papier dépend en partie sa solidité et sa ténacité, car, dans ce cas, les fibres de la pâte sont moins dérangées de la position feutrée que leur a imprimé le mouvement de va-et-vient de la toile. Un grand nombre de cylindres sécheurs modérément chauffés sont donc préférables à un nombre plus restreint chauffés très fortement. Les cylindres sécheurs H sont en fonte avec un fond assemblé à vis, ils reposent, par leurs tourillons, sur le bâti de la sécherie ; ces tourillons sont creux et permettent l'introduction de la vapeur nécessaire au séchage et à la sortie de l'eau de condensation refoulée par la vapeur au moyen d'un tuyau plongeant jusqu'au fond du cylindre sécheur. On peut régler l'introduction de vapeur par un robinet fixé à chaque sécheur. Il est cependant préférable d'adopter le chauffage méthodique en mettant en contact le papier le plus sec avec le cylindre le plus chauffé, et en graduant la température pour arriver à donner aux cylindres qui reçoivent le papier humide une chaleur très modérée. On obtient facilement ce résultat en introduisant la vapeur dans le dernier sécheur, d'où elle est refoulée de cylindre en cylindre jusqu'à ce qu'elle s'écoule condensée au dehors.

Le papier est conduit dans la sécherie et appliqué contre la surface des cylindres sécheurs par des feutres épais, fortement tendus. Ces feutres sans fin, sont entraînés par le mouvement des cylindres et adhèrent fortement pour éviter le glissement ; ils sont tendus et guidés par des rouleaux en bois ou mieux en fonte. Les feutres, surtout ceux du commencement de la sécherie, sont vites imprégnés d'humidité, on intercale, alors, dans chaque feutre, un cylindre I plus petit, dit *sécheur de feutre* ; ces cylindres rendent de grands services, d'autant plus qu'en les appliquant fortement sur le cylindre séchant le papier, on arrive à donner à celui-ci un bel apprêt. Depuis assez longtemps, on a remplacé en partie les feutres en laine par ceux en coton ; ces derniers sont moins chers et durent plus longtemps, surtout en contact avec le papier très humide.

Lisse. On intercale dans la sécherie une lisse (fig. 31) composée de deux ou trois rouleaux en fonte dure et bien polie. Cet appareil sert à donner au papier, encore légèrement humide, un apprêt qu'il conserve une fois séché. Dans une sécherie importante, la lisse se place généralement après la première moitié des sécheurs, et dans une sécherie restreinte, avant le dernier.

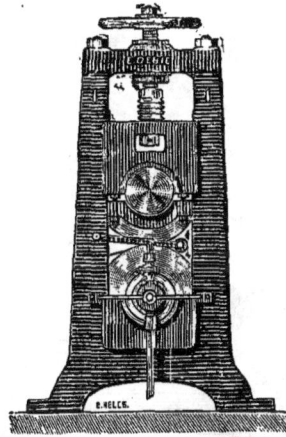

Fig. 31. — Lisse.

La lisse est surtout employée pour les papiers contenant beaucoup de bois mécanique et, en général, pour ceux qui ne sont pas satinés ultérieurement. On place quelquefois une lisse à plusieurs rouleaux à la sortie de la sécherie ; cet apprêt donné à sec est moins durable que le précédent. On met jusqu'à dix rouleaux en fonte dure à ces lisses ; les rouleaux supérieur et inférieur ont un diamètre plus fort que celui des rouleaux intermédiaires. Le rouleau inférieur peut être chauffé par la vapeur, il entraîne par son mouvement tous les autres.

Machine à papier ronde ou à cylindre. Il reste à dire quelques mots de cette machine qui fut inventée par un anglais, Georges Dickinson. La table de fabrication est représentée par une forme ronde garnie de toile métallique. La différence entre les machines à cylindre et les machines plates dites « de Fourdrinier » ne réside que dans la toile métallique et la presse humide dont le cylindre, dans la machine ronde, forme le rouleau inférieur.

Le cylindre de la machine Dickinson tourne dans une caisse remplie de pâte diluée, le liquide de la caisse traverse les mailles de la toile métallique entourant le cylindre et y dépose les fibres qui forment la feuille. La pression qui fait écouler l'eau à travers les mailles du cylindre, est produite par la différence du niveau de l'eau en dehors et au dedans du cylindre où elle est aspirée par une pompe. Sur le cylindre, ou forme ronde, tourne un rouleau presseur dont l'action peut être augmentée au moyen d'un poids mobile sur les leviers qui entourent les tourillons. Dès que le papier a atteint le feutre conducteur, il y adhère et le suit à travers la première presse; à partir de là, le travail est le même que dans la machine plate.

Sur cette forme ronde le feutrage des fibres ne se fait qu'imparfaitement, par suite de l'absence du mouvement de va-et-vient qu'on ne peut ap-pliquer; le papier est moins solide que celui produit par la machine plate.

Les frais d'entretien du cylindre sont moindres que ceux de la table de fabrication plane et de ses accessoires, aussi la machine ronde est-elle souvent employée pour la fabrication des sortes communes qui demandent moins de fini et d'uniformité. En associant deux cylindres tournant dans des caisses séparées ou un cylindre et une table plate, on peut fabriquer des papiers très épais ou des papiers *doublés* ayant deux faces formées de feuilles de qualités ou de couleurs différentes. Dans ce cas, les feuilles se réunissent sur un feutre coucheur commun qui entoure une ou plusieurs presses coucheuses.

Coupeuse en long. Elle a pour but de couper le papier, à sa sortie de la sécherie, en bandes paral-

Fig. 32. — *Coupeuse en long et en travers.*

lèles de largeur déterminée, ces bandes s'enroulent dans un dévidoir ou sur des mandrins pour former des bobines.

La coupeuse en long se compose de deux arbres parallèles en fer ou en acier d'un diamètre de 6 à 8 centimètres, sur lesquels se trouvent plusieurs paires de couteaux circulaires qu'on peut déplacer en les glissant. L'un des arbres est actionné par poulie et courroie et transmet son mouvement au deuxième par engrenage. Deux couteaux circulaires en acier, ajustés sur des montures en bronze, glissent l'un contre l'autre de telle façon que leurs bords tranchants se recouvrent de 2 à 3 millimètres, et permettent ainsi d'obtenir une coupe continue comme celle d'une paire de ciseaux. Les montures des couteaux sont fixées à demeure sur l'un des arbres par une vis de serrage, et sur l'autre elles sont maintenues par un ressort à boudin s'appuyant sur une bague fixée sur l'arbre. Les arbres sont mobiles dans le sens de leur longueur de façon à permettre une rectification de la coupe pendant la marche.

Dévidoir extensible. Cet appareil, employé dans d'autres industries, est bien connu; on le règle pour chaque format, et quand le papier enroulé sur le dévidoir a atteint une épaisseur de 4 centimètres environ, on l'enlève au moyen d'un long couteau emmanché, puis les diverses bandes sont ensuite coupées au format par la *coupeuse*. Celle-ci travaille comme une guillotine mue à bras ou au moteur; le couteau descend et remonte par le mouvement du volant, et une presse mobile vient avant chaque descente du couteau maintenir le papier de façon à obtenir une coupe bien nette et bien régulière.

Le déchet de la coupe des papiers enroulés au dévidoir est d'environ 2 à 3 0/0. La circonférence de ce dévidoir devant être un multiple d'une des dimensions du format, il s'en suit qu'à chaque tour la circonférence augmentant par la superposition des bandes, celles-ci ont toutes, une fois coupées, une longueur supérieure à celle de la première bande qui seule est exacte, de là un déchet inévitable par cette méthode.

Pour éviter cette perte on a imaginé la *coupeuse en long et en travers* (fig. 32). Cette machine, généralement indépendante de la machine à papier, coupe jusqu'à six feuilles à la fois et s'alimente par du papier enroulé en bobines. Dans ce cas, l'enrouleuse K (fig. 29) remplace le dévidoir, et se compose de 2 supports verticaux sur lesquels sont montés 3 à 4 arbres en fer carrés, qui reçoivent par engrenages la même vitesse; une pièce placée sur chaque arbre permet de modifier le tirage. Le papier ne s'enroule pas directement sur les arbres en fer, mais bien sur des mandrins en bois qui glissent sur ces arbres et s'ajustent au moyen de bagues en fer. La coupeuse Verny est incontestablement la

Fig. 33. — *Calandre à dix rouleaux.*

meilleure. Les bobines A, venant de la machine à papier ou de la calandre suivant qu'on coupe du papier non satiné ou satiné, sont placées sur un bâti faisant corps avec celui de la coupeuse. Les arbres qui reçoivent les bobines sont munis de freins B pour que le papier soit bien tendu pendant le déroulage, et les coussinets de ces arbres sont mobiles latéralement de façon à permettre le réglage des rognures qui leur sont enlevées par la coupeuse en long CD. A la sortie de cette coupeuse CD, le papier est entraîné par un feutre sans fin tendu par les rouleaux D, E, F, une traverse plate G formant presse, mise en mouvement par bielle et manivelle, s'applique exactement sur la surface du feutre qu'elle entraîne ainsi que les feuilles de papier qu'un couteau mobile H vient couper, en formant cisaille avec un couteau fin placé au-dessous.

La longueur des feuilles coupées est égale au double de la longueur des manivelles, qui sont munies de diviseurs permettant de les fixer dans la position voulue. Les feuilles coupées sont entraînées par le feutre et déposées sur la table I.

APPRÊT DU PAPIER. Autrefois, les dernières manipulations qu'on faisait subir au papier après sa fabrication étaient peu importantes, le papier était simplement trié, compté, pressé, emballé ; il en est autrement aujourd'hui. Bien qu'on arrive au moyen des lisses et des comprimeurs à donner au papier un certain apprêt suffisant, par exemple, pour le papier journal, il n'en est pas moins vrai qu'on exige presque pour tous les usages des papiers satinés ou glacés.

Il n'y a pas très longtemps qu'on employait partout le *satinoir* pour le glaçage des papiers. Il se compose de 2 cylindres en fonte placés l'un au-dessus de l'autre dans un robuste bâti. Le cylindre supérieur exerce sur le cylindre inférieur une pression variable à volonté au moyen de ressorts ou de leviers chargés de poids, et on fait varier la pression suivant la nature du papier et le brillant que l'on veut obtenir ; on peut donner au cylindre inférieur, qui entraîne le cylindre placé au-dessus, un mouvement de rotation en avant et en arrière.

Pour satiner, on place alternativement une feuille de zinc poli et une feuille de papier, de façon à

Fig. 34. — *Humecteur ou matrisseur.*

former un paquet de 2 à 3 centimètres d'épaisseur, que l'on fait passer plusieurs fois entre les cylindres du satinoir convenablement pressés. Ce mode d'opérer prend beaucoup de temps et occasionne de grandes dépenses en feuilles de zinc que l'on doit avoir disponibles pour tous les nombreux formats usuels.

On a vu que pour reproduire les nombreuses marques et effigies usitées dans la fabrication du papier à la main, on peut se servir du rouleau vergeur placé sur la toile en contact avec le papier encore humide, or on peut atteindre le même but au moyen du satinoir. On découpe dans une feuille de cuivre ou dans une feuille de bon papier solide des lettres ou dessins qu'on fixe sur un carton, on colle par dessus une feuille de papier mince. Pour *filigraner,* on place sur ce carton préparé, six à huit feuilles de papier qu'on recouvre d'une deuxième feuille de carton. On obtient de cette façon un paquet qu'on fait passer dans le satinoir, les 6 à 8 feuilles sont marquées à plat et à l'épair. On se sert également de plaques en acier gravées, mais ce mode de filigranage est plus cher que le précé-

dent ; quant aux filigranés à lignes, les bâtonnés se font comme précédemment.

Calandres. Ces machines tendent à se substituer complètement au satinoir ; il y a 25 ans environ qu'on emploie la calandre, mais au début on ne calandrait que le papier préalablement découpé en feuilles et matrissé. — V. MATRISSAGE.

Une calandre du genre de celle représentée figure 33 se compose de 6 à 12 rouleaux, moitié en fonte, moitié en papier avec un moyeu en fonte ; on emploie exclusivement la fonte coquille.

Les rouleaux inférieurs et supérieurs sont toujours en fonte. Les rouleaux en papier comprimé doivent, par leur contact avec ceux en fonte coquille, conserver le poli de ces derniers, et aussi garantir le papier contre la pression trop peu élastique des rouleaux en fonte qui écraseraient le papier sous une pression un peu forte. Il faut que les rouleaux en papier aient une dureté suffisante pour n'être pas mis hors d'usage par le moindre passage du corps dur ; quant aux rouleaux en fonte, surtout celui du bas, ils doivent avoir des dimensions suffisantes pour empêcher toute flexion. Il faut un parallélisme rigoureux des rouleaux dans toute leur longueur pour obtenir un glaçage régulier ; tous les coussinets sont ajustables, les bâtis doivent être très robustes. La plupart des calandres satinent aujourd'hui le papier en continu ; le rouleau inférieur est seul commandé et entraîne tous les autres. La calandre fonctionne à 2 vitesses différentes, la plus petite servant à la mise en marche, et la vitesse de travail qui varie de 40 à 80 mètres.

Le déroulage du papier en bobines se fait en haut de la calandre et l'enroulage en bas. Un frein est nécessaire pour la tension du papier à l'enroulage et au déroulage, et la pression est donnée par leviers et poids. La conduite du papier à travers les rouleaux se fait par rubans ou ressorts d'acier recourbés au gabarit des rouleaux. On a cru d'abord pouvoir placer les calandres à la suite de la machine à papier et dépendante de celle-ci, mais on a renoncé presque partout à cette idée, car cette manière de procéder donne plus de déchet au calandrage et force les ouvriers à engager le papier dans la calandre à une vitesse parfois très grande, ce qui est un danger pour eux et une cause de détérioration pour les rouleaux en papier. Cette manière de calandrer ne peut convenir, en tous cas, que pour les papiers communs. Les papiers fins sont toujours plus facilement et plus régulièrement glacés quand ils attendent quelques jours le calandrage après leur fabrication.

Le papier, à son entrée dans la calandre, tend à plisser; on a cherché par bien des moyens à obvier à cet inconvénient en le faisant, par exemple, passer sur un rouleau creusé en hélice pour effacer les plis, mais le meilleur procédé pour que le papier s'applique bien contre les rouleaux de la calandre sans chercher à plisser est de l'humecter légèrement, et bien régulièrement; de nombreux appareils ont été imaginés, à cet effet, pour humecter le papier en continu.

Humecteur à brosse. Il se compose d'une brosse à longues soies, animée d'un mouvement rapide de rotation, et plongeant dans un réservoir d'eau à niveau constant. Cette brosse se charge à chaque tour de la même quantité d'eau, elle en abandonne une partie également constante en venant effleurer une barre métallique qu'on peut déplacer à volonté, pour régler la quantité d'eau projetée par la brosse sur le papier qui passe au-dessus d'elle. Un perfectionnement à cet humecteur consiste à le placer dans une caisse, et à faire passer l'eau projetée par la brosse, par une petite fente qui règne sur toute la largeur de la caisse. L'ouverture de cette fente se règle à volonté, on a de cette manière un réglage en plus et une plus grande régularité d'humectage.

Un autre humecteur (fig. 34) consiste en un cylindre A dans l'intérieur duquel circule un courant d'eau froide. Cette eau, à sa sortie du cylindre, se rend dans une auge B dans laquelle trempe un feutre en laine ou en coton entourant le cylindre A, ce feutre s'imprègne d'eau et humecte par suite le papier qu'il conduit autour du cylindre, et une presse C règle la quantité d'eau qu'emporte le feutre pour la céder au papier. Le cylindre A et les rouleaux de la presse C sont en fonte entourés d'une chemise en cuivre rouge, pour éviter les taches de rouille dans le papier.

On a imaginé bien d'autres humecteurs. Certains d'entre eux ont pour principe l'emploi de la vapeur directement ou par condensation sur des surfaces refroidies. Les deux humecteurs décrits plus haut sont les plus employés et ceux qui donnent les meilleurs résultats.

Régleuse. Cet appareil (fig. 35) est aujourd'hui si répandu qu'il est un accessoire indispensable de toute papeterie un peu importante. Voici la description de la régleuse Brissard dont l'emploi est généralement adopté.

Le papier en feuilles, placé en A sur une table, est poussé au moyen d'un poussoir automatique B; sur l'extrémité postérieure de la pile de papier repose une lame d'acier qui maintient suffisamment les feuilles de la pile pour empêcher le poussoir de faire avancer plus d'une feuille à la fois, un guide mobile placé sur le côté gauche assure à toutes les feuilles la même direction. Les lignes sont tracées sur le papier au moyen de petites rondelles en laiton qui tournent avec l'arbre sur lequel elles sont montées, et qui sont alimentées d'encre par un rouleau en gut-

ta-percha placé dans le réservoir à encre. Les deux tambours C et D sont revêtus d'un manchon en laine, ils reposent sur des coussinets fixés au bâti. Les feuilles sont conduites sur ces tambours par deux rangées de fils sans fin qui passent au-

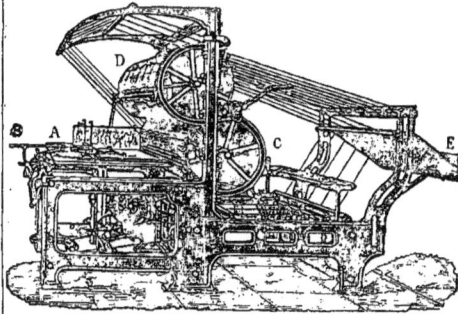

Fig. 35. — *Machine à régler ou régleuse.*

tour des tambours et des rouleaux conducteurs; le papier suit les fils et arrive réglé sur la table E contiguë à la machine.

Les rondelles en laiton qui tracent les réglures sont séparées par des espaces qui fixent l'écartement des lignes; quand celles-ci ne doivent être tracées que sur une partie de la feuille, un jeu de cames, agissant sur un levier, met pendant le temps nécessaire l'arbre des rondelles hors contact avec le tambour et le papier qui passe. Cette régleuse peut marcher à bras ou à la machine.

ESSAIS. Les plus importants sont les essais journaliers sur les produits et substances employées en papeterie. Leur consommation, par suite de l'emploi généralisé des succédanés, s'est accrue très sensiblement, il est donc de toute nécessité de faire contrôler la valeur des produits achetés dont les principaux sont: les sels de soude, le chlorure de chaux, le manganèse, les aluns, fécule, kaolin, matières colorantes, etc., etc. Ces essais, ainsi que les recherches sur la composition des papiers, rentrent dans le domaine de la chimie et demandent trop de développement pour pouvoir être traités ici. Les recherches microscopiques sont très utiles également pour reconnaître la nature d'une fibre, la composition d'un papier, mais elles demandent une grande habitude et une grande habileté. Un essai pratique qui donne très approximativement la teneur d'un papier en bois mécanique, repose sur l'emploi du sulfate d'aniline qui a la propriété de jaunir le papier contenant de la pâte de bois mécanique, et cela d'autant plus fortement que la proportion mélangée est plus grande, quelques gouttes de sulfate d'aniline suffisent; si on possède une collection de papiers types dont la teneur exacte en pâte de bois est connue, on peut, par comparaison, se rendre compte du classement de la sorte de papier qu'on essaie.

Pour comparer la valeur de différents papiers ou fabriquer un papier d'une résistance et d'une extensibilité garanties, on est amené à faire des essais à la traction. On se sert d'un appareil basé sur la traction de la feuille de grandeur déterminée, tendue sur un levier articulé agissant à son tour sur une colonne de mercure, dont les oscillations indiquent, en kilogrammes, la force de résistance de la bande de papier pincée entre les mâchoires de l'appareil. Le degré d'extensibilité se lit en même temps sur l'échelle placée parallèlement à la feuille de papier.

Un essai qui se fait journellement c'est la recherche de la quantité de charge (kaolin, plâtre, etc.) que contient un papier. A cet effet, on pèse une feuille de papier qu'on incinère dans une capsule en platine placée dans un four à moufles, et le résidu donne la quantité de poudre minérale cherchée. Pour certains papiers communs, il convient de retrancher 2 à 3 0/0 du poids trouvé pour le résidu que donnent en brûlant leurs fibres incomplètement purifiées chimiquement ou mécaniquement.

Formats du papier. Avant la découverte des machines pour la fabrication du papier, les dimensions des formats étaient déterminées, mais en petit nombre. De nos jours, ces dimensions varient à l'infini au gré de l'acheteur et suivant ses demandes; les éditeurs exigent des formats qui leur sont personnels, soit pour donner un cachet particulier à un ouvrage, soit pour obtenir une économie de tirage.

Chaque format prenait volontiers le nom ou le titre du premier ouvrage imprimé sur ses dimensions, mais pour éviter la confusion que ce système entraînait, on ajoute aujourd'hui au nom du format les dimensions en centimètres.

Voici les noms de quelques anciens formats : *fleur de lys, à la main, grand chapelet, griffon, lombard, petit nom de jésus, royal, cloche, messel, éperon,* etc., etc.

Ces formats étaient toujours fabriqués d'une force de poids convenu. Tel format désigné correspondait toujours à une force de poids invariable. Il n'en est plus de même aujourd'hui, un format quelconque comprend toutes les forces possibles.

Les formats les plus courants aujourd'hui sont, avec leurs dimensions en centimètres : le *pot* 31 $\times$ 40, la *couronne* 36 $\times$ 46, la *coquille* 44 $\times$ 56, le *carré* 45 $\times$ 56, le *cavalier* 46 $\times$ 62, le *raisin* 50 $\times$ 65, le *jésus* 55 $\times$ 72, le *colombier* 63 $\times$ 88, *atlas* ou *journal* 65 $\times$ 94, le *grand aigle* 75 $\times$ 106, etc., etc.

« L'invention de la papeterie mécanique, dit M. A. Gratiot, a changé la face du commerce de la papeterie, de l'imprimerie et de la librairie. Le développement du journalisme, en France, et encore plus en Angleterre et aux Etats-Unis, ne date que de cette époque et n'est devenu possible que par cette invention. Quand ils n'avaient à leur disposition que le papier à la forme, les libraires étaient obligés d'adopter pour leurs éditions, sans pouvoir s'en écarter, les formats introduits par l'usage dans la fabrication. Aujourd'hui, ces formats peuvent varier suivant le goût de l'éditeur, les besoins de la publication ou le caprice du public. La fabrication de formats doubles, triples, quadruples, que l'on imprime à la mécanique sans plus de frais que les formats simples, a ré-

duit le prix des livres, et l'abaissement du prix du papier a complété ce progrès immense.

STATISTIQUE. Il existe dans le monde, environ 4,000 machines à papier et 1,500 cuves occupant au moins 550,000 ouvriers (hommes, femmes, enfants), et disposant ensemble d'une force égale à 500,000 chevaux-vapeur.

Les principaux pays d'Europe, comparés comme production de papier, se rangent dans l'ordre suivant :

	machines	cuves
Allemagne.	853 machines et	385 cuves.
France.	625 —	200 —
Grande-Bretagne et Irlande.	500 —	102 —
Autriche-Hongrie . .	490 —	163 —
Italie.	112 —	81 —
Russie.	135 —	70 —
Suède et Norvège. . .	70 —	25 —
Belgique.	50 —	15 —
Suisse.	50 —	12 —
Espagne.	45 —	70 —

Les Etats-Unis d'Amérique possèdent 880 machines et 50 cuves.

PAPETIER. Fabricant ou marchand de papiers, et, par extension, celui qui vend des articles de bureau et de papeterie.

Les premiers statuts des papetiers français furent rédigés, en 1671, pour prévenir les fraudes qui se commettaient dans la vente et la fabrication du papier. Ils furent complétés, en 1742, par des articles additionnels

Fig. 36. — *Le papetier au XVIe siècle.*

qui déterminaient la longueur et la largeur du papier. La Révolution ayant aboli les maîtrises et les corporations, tout ouvrier papetier put s'établir et faire le commerce de la papeterie. Depuis l'introduction de la fabrication mécanique du papier, le même ouvrier peut, s'il a des connaissances suffisamment pratiques, devenir fabricant. — s. b.

PAPIER. Le papier se compose de fibres d'origine végétale feutrées. Ces fibres, purifiées mécaniquement et chimiquement, divisées en parcelles très ténues, sont délayées dans l'eau et étalées en couches minces sur une surface filtrante ; en laissant s'écouler cette eau, pressant et séchant, on obtient une feuille de papier. Le papier est l'agent civilisateur par excellence. On peut même dire que la consommation du papier est un indice certain de l'état d'instruction d'un pays.

Les usages du papier sont innombrables : il sert non seulement à écrire, à imprimer, à dessiner, à peindre, à envelopper, à couvrir, mais depuis quelques années on l'emploie sous les formes les plus curieuses et les plus inattendues ; on en fait des coussinets de paliers pour transmissions, des machines diverses, des maisons, des roues de vagon, et même des embarcations ; un Américain a entrepris le voyage de Québec au golfe du Mexique (2,500 milles) dans un canot en papier dont le poids était de 58 livres.

— Au début, on s'est servi des matières les plus diverses pour fixer la pensée par des signes gravés et la transmettre ainsi aux générations suivantes. Différents métaux, tels que le cuivre, le plomb ont servi à recevoir les caractères de l'écriture ; l'ivoire, la cire, des peaux d'animaux préparées ont servi dans le même but. Le papyrus représente le papier dans sa forme la plus ancienne. C'est environ 600 ans avant J.-C. que les Egyptiens utilisèrent les feuilles du cyperus papyrus. Deux feuilles superposées de manière à croiser leurs fibres, collées ensemble et pressées formaient la feuille sur laquelle on écrivait. On séchait au soleil et on donnait un apprêt au moyen d'un frottoir en ivoire. Les Romains perfectionnèrent beaucoup cette fabrication ; ils arrivèrent à coller leur papier et à l'apprêter à la pierre ponce. Le papyrus devenant de plus en plus rare et cher, il fut remplacé, au VIIIᵉ siècle, par le papier de coton originaire de l'empire chinois : les *Mémoires sur l'impératrice Héou des premiers Hân* (187-180 avant J.-C.) en attribuent l'invention à un empereur de la dynastie des Thsin, lequel avait déjà livré à la consommation un papier que l'on nommait *papier mince et brillant.* De la Chine, le papier de coton cru, c'est-à-dire directement emprunté à l'arbuste, pénétra, vers le IVᵉ siècle, en Perse, où les Arabes le connurent vers le VIIIᵉ siècle seulement. Ceux-ci l'introduisirent, une centaine d'années plus tard, en Espagne et dans l'Empire grec, où il prit le nom de *charta damascœna*, parce qu'il était confectionné en grande quantité à Damas où les Grecs apprirent à le faire. Les Vénitiens l'apportèrent de Grèce en Italie, et il arriva ensuite dans le nord de l'Europe, sous le nom de *parchemin grec* (V. PARCHEMIN). Les plus anciens manuscrits qui existent, en France, sur papier de coton, appartiennent au xᵉ ou au xiᵉ siècle, et les plus anciens actes au xiiᵉ.

La découverte du papier de coton qui, dans le principe, était d'une qualité inférieure, grossier, spongieux, terne, sujet aux atteintes de l'humidité et des vers, amena bientôt celle du papier de chanvre ou de lin, mais ayant déjà servi à l'état de tissu ou de linge : en un mot, la *chiffe* ou le *chiffon*. Cette dernière espèce de papier, nommée, par les Chinois, *papier princier de Tsai*, un des principaux officiers de la cour de Ho-ti, de la dynastie des Hân (105 de notre ère), était connue également des Orientaux à partir du xiᵉ siècle ; elle fut introduite en Espagne et en Sicile par les Arabes, et dans le sud de l'Europe par les Croisés au retour de leurs expéditions d'outre-mer. Le papier fabriqué par les Maures au xiiᵉ siècle était, en effet, fort beau et très recherché. C'est alors que l'industrie française s'ingénia à fabriquer du papier indigène, à l'imitation des papeteries hispano-musulmanes. Le *Traité contre les Juifs*, par Pierre le Vénérable, abbé de Cluny, fait allusion à l'un de ces essais, lorsqu'il dit que le papier se fabrique *ex rasu-*

ris veterum pannorum compacti, c'est-à-dire avec des débris de vieux linges. Mais l'usage ne s'en propagea pas avant le xiiiᵉ siècle. L'invention de ce papier, dont le bas prix devait faire oublier promptement tous les autres, précéda de moins d'un siècle l'invention de l'imprimerie. L'encyclopédiste Jérôme Cardan, dans la traduction de son ouvrage, *De subtilitate* (Liv. XVII, *Des arts*), dit à ce sujet : « J'ay souvenance en avoir veu de ce genre, auquel les livres des histoires d'Eutropius estoient escrits, avant que l'imprimerie fut inventée. Ces livres estoient à mon oncle, Paulus Cardanus, homme très docte, et ce papier, en rien, ne sembloit être inférieur au papier de Pergamus (parchemin). »

Une immense amélioration sociale résulta de l'invention du papier de chiffe, déjà usité chez nous au xiiᵉ siècle. Mais le document daté, le plus ancien qu'on puisse alléguer, comme subsistant aujourd'hui, n'est que de Philippe-le-Bel. On le trouve aux archives du Palais de Soubise, dans un espèce de cahier ou registre contenant la minute de l'acte d'accusation, écrite et dressée en 1309, contre les Templiers. Les autres anciens spécimens connus sur papier de chiffe, sont une lettre écrite par le sire de Joinville au roi Louis le Hutin, qui régna de 1314 à 1316, et un acte de l'an 1320 qui se trouve aux archives d'Augsbourg.

C'est à partir de cette époque que commença la prospérité des premières papeteries. Déjà, en 1189, Raymond Guillaume, évêque de Lodève, avait accordé, moyennant un cens annuel, la permission de construire, sur l'Hérault, plusieurs moulins à papier de chiffe. Sous Philippe de Valois (1328-1350), la papeterie de Troyes était en pleine activité. La Seine, au-dessus de cette ville, faisait tourner de nombreux moulins à papier. Depuis lors, et sans interruption, cette industrie n'a point cessé d'y fonctionner. La papeterie de Troyes n'était point, d'ailleurs, la seule et remontait à une époque plus reculée. Peu à peu cette fabrication se multiplia et se propagea sur divers autres points du royaume.

Pendant le cours du xvᵉ siècle, les papiers en vogue étaient le papier *écu de France*, *tête de mouton*, *serpent couronné*. Suivant le *Compte de dépense de Jehanne et Aliénor d'Ecosse*, manuscrit de 1447, ils ne coûtaient alors que huit sols la main.

Au siècle suivant, le papier italien paraît avoir détrôné tous les autres. En effet, le meilleur papier pour l'impression sortait des fabriques de Fabriano, près d'Ancône. C'est de Fabriano que Bodoni tirait, vers 1520, le papier de ses belles éditions.

Le papier français avait perdu un moment son ancienne vogue. Mais cette défaveur fut de courte durée, grâce à l'activité et aux innovations successives des papeteries d'Ambert, de Thiers, de Limoges, de Troyes et d'Essonnes. Auparavant, les meilleurs papiers laissaient beaucoup à désirer ; au xviiᵉ siècle, ils devinrent presque tous bons. Selon le *Dictionnaire de Savary*, au mot *Papier*, on peut résumer ainsi les progrès de la papeterie de ce temps : chiffons mieux triés ; préparation mieux faite ; pâte mieux conditionnée ; les feuilles d'une épaisseur plus égale ; ces feuilles mieux azurées, mieux pressées, mieux séchées, mieux collées.

Ce fut alors que s'établit la grande vogue du papier d'Auvergne, contrefait, suivant La Croix du Maine, « sur celuy de Venise, qui est fait de coton, duquel je me sers ordinairement ». Le papier d'Angoulême était aussi très recherché, comme on le voit par les lettres de Guez de Balzac, datées de cette ville.

Si l'on en croit la correspondance administrative de Louis XIV, les fabriques de papier étaient alors florissantes non seulement en Auvergne, mais encore en Normandie. C'est de là que vinrent en Angleterre, après la révocation de l'Edit de Nantes, les ouvriers qui fondèrent la renommée de la papeterie anglaise. La même cause fit émigrer en Hollande beaucoup de papetiers angoumois. Ceux-ci donnèrent aux papiers de ce pays une supériorité qu'ils conservèrent pendant plus d'un siècle.

Depuis cette époque, l'industrie du papier a pris un très grand développement en France. Le papier se fabrique dans de nombreuses localités : Angoulême fut longtemps un centre réputé, mais la grande industrie s'est portée ailleurs : à Rives (Isère) et dans les environs de Grenoble, à Annonay, à Essonnes, dans les Vosges, etc.

Il est bien difficile, sinon impossible, de donner un aperçu de toutes les variétés de papiers que fabrique l'industrie selon les multiples usages auxquels ces différentes variétés peuvent être destinées; cependant, nous allons exposer ici le genre de fabrication de quelques sortes très connues, et en dénommer d'autres d'un emploi plus spécial et d'un usage moins répandu.

Papier autographique. Papier enduit d'une préparation spéciale, sur laquelle on dessine, et qui, légèrement humidifié et soumis à la pression, permet d'obtenir un décalque sur une pierre lithographique ou sur une plaque de zinc.

Papier à calquer. Ce papier est employé pour copier les plans, dessins de machines, de tissage, etc. On le fabrique au moyen de la filasse de lin ou de chanvre; il est mince, très solide et très transparent; on le fait à la main ou à la machine. La fabrication à la main est difficile, car les feuilles se godent facilement au séchage, et pour éviter cet inconvénient on le sèche souvent en presse par l'interposition de feuilles de papier buvard souvent renouvelées. — V. Papier A DÉCALQUER.

Papier à cigarettes. La préparation de la pâte pour ces papiers minces ne se distingue en rien du travail ordinaire, si ce n'est que cette pâte de chiffons, soit de chanvre ou de lin, doit être tenue aussi longue que possible et exige la plus grande pureté. Toute la difficulté réside dans la fabrication sur machine. D'habitude ces papiers se fabriquent sur des machines spécialement construites, très simples et très ramassées, car la feuille, quelque solide qu'elle puisse être après le séchage, casse très facilement à l'état humide au passage d'un organe à l'autre.

Une ou deux presses suffisent ainsi qu'un seul gros cylindre sécheur pour extraire le peu d'eau que contient la feuille.

Un type de machine usité pour les papiers très minces est le suivant : un cylindre central en fonte est seul mis en mouvement par la machine motrice; il entraîne par frottement direct, tous les organes groupés autour de lui tels que presse coucheuse, cylindre sécheur, etc., de cette façon tous ces organes marchent avec la même vitesse et le papier casse très rarement; un feutre conduit, de la presse au sécheur, le papier que l'on coupe en petites feuilles; il est ensuite mis en cahiers recouverts d'une couverture qui lui prête une foule de vertus tout à fait improuvables.

Papier à décalquer. Décalquer, c'est reporter le calque d'un dessin sur une nouvelle surface. On peut cependant décalquer sans avoir fait le calque préalable. Tel est le cas d'une gravure, par exemple, derrière laquelle on placerait une feuille de papier noirci posée sur un feuillet de papier blanc.

En suivant les contours de la gravure à l'aide d'une pointe émoussée d'acier ou d'ivoire, on obtient sur le papier blanc un tracé noir qui est un véritable décalque. On arrive au même résultat à l'aide d'un calque de la gravure, ce qui a l'inconvénient de constituer un travail de plus pour l'artiste, mais l'avantage de ne pas abimer la gravure. Les décalques sont obtenus ainsi dans le même sens que l'original. Dans le dernier cas, cependant, le décalque pourrait être en sens inverse, si on prenait soin de retourner le calque lui-même en sens inverse avant de commencer à décalquer chaque trait. Mais lorsque le calque est fait sur papier glacé ou papier gélatine, ce qui est le procédé habituellement employé par les graveurs qui ont besoin de retourner leurs sujets sur leurs planches afin qu'à l'impression ils se retrouvent dans le sens de l'original, le décalque est toujours pris en sens inverse, puisque sous l'effet d'une pression exercée, soit avec le brunissoir, soit avec la main, les traits creusés à la pointe déposent leur poudre de crayon.

Papier à dessin. Le caractère commun de tous les papiers à dessin est d'être du papier vergé, non glacé, ni satiné, parfois même légèrement pelucheux, qui se vend dans le commerce par feuilles de 0^m,50 sur 0^m,65.

Papier à lettres. Un papier qui se distingue essentiellement des autres par son usage courant, son luxe, sa forme variable et sa couleur changeante, selon le caprice de la mode, est le *papier à lettres*.

Le papier à lettres du moyen âge était beaucoup moins luxueux. Suivant M. Champollion-Figeac (*Documents paléographiques*), il coûtait, au XIIe siècle, 3 ou 4 deniers les deux mains, et se vendait chez les épiciers.

La Renaissance inaugura les lettres à vignettes. Tallemant des Réaux nous apprend que la reine Marguerite se servait « d'une sorte de papier dont les marges étaient toutes pleines de trophées d'amour ».

Sous le règne de Louis XIV, les papetiers d'Angoulême mirent à la mode le papier doré sur tranche. Furetière, dans le *Roman bourgeois* (Histoire de Lucrèce), en donne un exemple.

Vers le milieu du XVIIIe siècle, il était de bon ton d'écrire ses *billets du matin* sur du papier à vignettes et à paillettes, provenant de chez Salmon, rue Dauphine, au *Portefeuille anglois*. Louis Racine, dans une lettre à sa fille aînée, Madame de Neuville, du 1er août 1747, lui cite à cet égard quelques manies des dames de Paris : « Puisque j'ai écrit à ma cadette avec cérémonie, il est bien naturel de vous écrire de même en vous donnant une *madame* en tête et un petit *serviteur* à la fin. Je tâcherai de vous apporter une pareille feuille, au lieu d'un serviteur ce sera une *servante*, et vous pourrez vous en servir pour écrire à M. l'abbé ». Le papier même sur lequel est écrit cette lettre en est l'explication, dit Edouard Fournier qui eut l'autographe sous les yeux; on y voit, en vignettes coloriées, à l'endroit où devait se trouver le mot *madame*, une dame vêtue à la plus belle mode du temps, et à l'endroit du *serviteur* de la fin, un beau monsieur faisant la plus belle révérence.

Au commencement du siècle actuel, les papiers à lettres considérés comme les meilleurs, provenaient des fabriques d'Angoulême et d'Annonay. C'est de ces deux fabriques restées célèbres que les papetiers de la Restauration tiraient le papier à devises qu'ils mirent en vogue. Aujourd'hui, l'usage des devises est à peu près perdu. A part les anciennes familles, qui conservent celles de leur maison, on n'en prend généralement pas. On se contente de mettre des initiales ou des chiffres entrelacés. Cependant, dans le monde des artistes, quelques personnes adoptent des emblèmes parlants.

Papier à peindre. Papier spécial sur lequel on peut peindre à l'huile, préparé au moyen d'une première couche de peinture d'un ton d'ocre clair.

Papier à polir. On désigne ainsi un papier grossier qu'on recouvre de colle forte, sur laquelle on répand, ou de l'émeri, ou du silex ou du verre en poudre; de là, trois classes: les *papiers émerisés, silexés, verrés.*

Le papier émerisé s'emploie pour polir les métaux les plus durs, tels qu'acier, fonte, etc.; le papier silexé est utilisé dans l'industrie du bronze et par les fabricants de meubles artistiques, et le papier verré est surtout en usage chez les ébénistes et les entrepreneurs de peinture, etc.; les crépins et cordonniers n'en emploient pas d'autre; il raye et s'use plus rapidement que le papier silexé dont la dureté facilite davantage l'opération du polissage.

Le papier qui sert à la fabrication du papier de verre, d'émeri ou de silex est de deux sortes: *bulle* et *goudron*; la pâte qui le compose doit être longue et un collage spécial lui permet d'absorber une partie de la colle qui retient le grain à sa surface. Le papier dont on fait usage pour les potées d'émeri (numéros les plus fins) doit, en outre de ces qualités, être exempt de toute rugosité.

Pour qu'un papier à polir soit de bonne qualité, il est nécessaire qu'il ait une certaine souplesse qu'on ne peut lui communiquer que grâce à la colle particulière employée à sa fabrication; cette colle est faite avec le vermicelle de peaux de lapins et renforcée de diverses manières par chaque fabricant.

Papier à procédé. Papier d'invention toute récente, employé par les artistes dont les dessins sont destinés à être reproduits par les procédés de photogravure qui tendent, de plus en plus, à se substituer à la gravure sur bois. Ces papiers sont ou blancs ou teintés. Blancs, ils sont ou striés ou pointillés en creux dans l'épaisseur de la couche de céruse dont la feuille est enduite; teintés, ils sont striés ou pointillés en noir sur la couche de céruse. Parfois ce papier reçoit jusqu'à trois couches de céruse, toutes les trois striées ou pointillées à des degrés d'intensité graduée. L'artiste enlève au grattoir la céruse et obtient ainsi des effets qu'il varie à sa guise. Le but des stries ou du pointillé, soit en creux, soit en noir, est de fournir un fond tout préparé pour la gravure en relief, au moyen des procédés dérivés de la photographie.

Papier bleuté. Papier fort ou carton bristol d'une teinte gris bleu fréquemment employé pour servir de marge aux dessins.

Papier bulle. — V. BULLE.

Papier buvard. — V. BUVARD.

Papier ciré. Il remplace la toile cirée pour l'emballage, et se prépare en donnant sur un papier de pâte solide et très longue, une couche d'un enduit composé de colle et de vernis le tout coloré en noir. On peut également donner une couche du mélange suivant: asphalte, vernis à l'huile de lin et huile de térébenthine.

Papier Creswick. Papier anglais pour l'aquarelle. — V. PAPIER WHATMAN.

Papier de Chine et du Japon. L'étude du papier de Chine a non seulement pour nous un intérêt historique, mais ce produit remarquable, d'une fabrication beaucoup plus ancienne que la nôtre, présente encore un intérêt technique, en ce sens qu'il nous pousse par des qualités spéciales à l'imiter et prouve l'emploi avantageux d'autres matières que le chiffon. Le papier de Chine présente toutes les qualités d'un beau et bon papier, sa teinte n'est jamais franchement blanche, elle a toujours un ton crème; son épair est fin et bien fondu, sa solidité très grande, ainsi que sa souplesse.

Dans toute l'étendue de l'empire Chinois on n'emploie pas partout les mêmes matières premières pour la fabrication du papier. On recherche les végétaux convenables qui, dans chaque province, sont les plus répandus; on emploie le plus souvent les pousses annuelles du bambou, du cotonnier, l'écorce et surtout l'aubier du mûrier blanc et du mûrier à papier, le chanvre, la paille de blé et de riz, etc., etc., le chiffon seul n'est pas employé.

Voici comment on fabrique le papier de Chine le plus estimé en Europe; la fabrication pour les autres a une grande analogie. Les pousses annuelles du bambou sont, à deux reprises différentes, traitées au moyen de la chaux, mais la première fois à froid dans des fosses; au bout de 15 jours environ l'écorce se détache facilement, on la sèche à l'air où elle subit un commencement de blanchiment, puis on fait macérer de nouveau; cette écorce séchée et à moitié blanchie dans un lait de chaux, et au bout de peu de temps elle est mise en tas pour la faire fermenter, ce qui achève la désagrégation des matières agglutinantes des fibres. On termine, enfin, en traitant dans une chaudière ouverte, chauffée à feu nu, par une lessive caustique provenant de cendres de paille de riz.

Le moyen mécanique employé en Chine pour la séparation des fibres destinées à former le tissu du papier rappelle l'ancien pilon, ou *pile à maillet*, usité en Europe dans le même but, avant l'invention de la pile hollandaise.

Le papier de Chine est fabriqué sur la forme en opérant comme dans la fabrication de notre papier à la main, avec cette différence cependant que la feuille obtenue n'est pas placée entre deux feutres pour en exprimer l'eau par pression, mais est déposée aussitôt formée sur une surface plane chauffée où elle reste jusqu'à complète dessiccation; le côté en contact avec la surface chauffée est très lisse, l'autre l'est moins, mais le premier est seul employé pour écrire.

La fabrication du papier Japonais est analogue à celle du papier de Chine et se fait principalement avec l'écorce du mûrier. Les feuilles sont séchées à l'air après avoir été trempées dans une solution d'amidon de riz qui lui donne de la blancheur et de la solidité. Le papier Japonais est très solide, possède un aspect moiré et se prête admirablement à l'impression en taille douce.

Papier de fantaisie. La fabrication de ces papiers ressort de la fabrication des papiers peints avec laquelle elle a une grande analogie. On comprend sous cette dénomination les papiers unis colorés ou marbrés, les papiers argentés et dorés, les papiers destinés à la reliure et au cartonnage.

L'industrie des papiers de fantaisie, qui dépendait autrefois des attributions des maîtres dominotiers, se divise en plusieurs spécialités exercées, à Paris, par des fabricants travaillant pour leur propre-compte et par des façonniers occupés directement par les consommateurs. Les produits de cette industrie se vendent beaucoup en France; mais, par suite de la concurrence redoutable que leur font les articles d'origine allemande, ils ne pénètrent qu'en petite quantité sur les marchés étrangers, et seulement à cause du bon goût qui les distingue.

Les fabricants parisiens se trouvent, en effet, dans des conditions qui leur rendent la lutte très difficile. Ainsi, pour ce qui concerne les papiers dorés et argentés, il n'est certainement pas, en Europe, d'assortiment aussi varié que celui dont ils disposent dans ce genre de fabrication où tout se fait à la main : préparation à l'assiette, encollage, posage de l'or, etc., leurs ouvriers ne le cèdent pas en habileté à ceux des autres pays; malheureusement, l'or faux ne se faisant pas en France, cette matière première, qu'on est obligé de tirer de la Bavière, paie, à l'entrée, des droits qui élèvent sensiblement le prix du produit.

Dans d'autres spécialités moins importantes, comme celle des papiers gaufrés pour bonbonnerie et cartonnages de luxe, l'Allemagne l'emporte encore par la modicité des salaires et, de plus, elle copie les modèles parisiens à mesure qu'ils paraissent. Si, pour le papier dentelle, le fabricant français lutte avec avantage, c'est que la main-d'œuvre est accomplie par des femmes, et que l'économie qui en résulte, jointe à la beauté et à la variété des produits, permet de défier toute concurrence étrangère. Les femmes sont, d'ailleurs, plus habiles que les hommes dans ce genre de travail qui se fait à l'emporte-pièce. On fait maintenant, sous le nom de *papier dentelle*, beaucoup de découpages pour la confiserie, pour les fruits, pour les desserts, etc.

Papier de sûreté. Ces papiers doivent subir une préparation telle, que toute tentative faite au moyen d'agents chimiques pour effacer les caractères qu'ils ont reçus, saute de suite aux yeux. On n'a pas encore trouvé le moyen d'empêcher d'une façon absolue les falsifications partielles ou totales, on a bien essayé de mêler à la pâte en cuve des réactifs chimiques, mais ces papiers n'offrent pas de garantie, car avec les progrès de la chimie, on arrive facilement à faire disparaître les taches produites par les réactifs employés à la falsification. On a cherché à recouvrir les billets de banque et autres papiers de sûreté, d'impressions dont l'obtention et l'imitation seraient impossibles, mais la reproduction photographique des gravures rend la falsification facile. Le moyen le plus sûr est d'incorporer pendant la fabrication sur machine, des filaments de couleur et de longueur données, dans un ordre déterminé; l'imitation en est alors trop coûteuse et trop difficile pour les faussaires.

Papier dioptrique. Papier à décalquer très transparent, fait de gélatine étendue en feuille.

Papier en rouleau. Papier mécanique, dioptrique, blanc ou bulle, usité pour les dessins d'architecture ou de machines, mesurant ordinairement 10 mètres de long sur 1ᵐ,10 ou 1ᵐ,50 de large.

Papier fossile. Variété d'asbeste dont les filaments feutrés se présentent en masses d'un blanc sale, comme la pâte à papier desséchée.

Papier goudron. Cette sorte est utile pour l'emballage d'objets susceptibles de se rouiller. Pour le préparer, on fait cuire une quantité de colle représentant 12 kilogr. de résine avec 10 kilogr. de fécule et 10 kilog. environ de goudron; on ajoute ce mélange dans la pile, à raison de 3 à 4 kilogrammes pour 100 kilogrammes de papier, et on précipite par la quantité habituelle de sulfate d'alumine. Si, au lieu de sulfate d'alumine on précipite par le sulfate de fer, on obtient une coloration chamois foncé et le papier ressemble ainsi au papier anglais composé de fibres de cordes goudronnées.

Papier incombustible. Parmi les différentes compositions de papier incombustible, l'une de celles qui possèdent le mieux la propriété d'être inattaquables par le feu, est constituée par un mélange d'environ trois parties de pâte ordinaire de papier et d'une partie de pâte d'amiante délayée dans une solution de sel commun et d'alun. La pâte est livrée à la machine, et le papier qui en sort est plongé dans un bain de gomme-laque en dissolution dans l'alcool; à la sortie des rouleaux finisseurs, le papier peut être coupé en feuilles. Le sel et l'alun donnent de la force au papier et la gomme-laque le rend imperméable, double qualité qui, en dehors de la résistance qu'il offre à l'action du feu, lui permet de recevoir l'écriture, le dessin et l'impression. Pour compléter cette invention, il a été présenté à la *Société d'encouragement pour l'industrie nationale*, des spécimens d'écriture, d'impression et de peinture faites sur du papier et du carton incombustibles, avec des encres et des couleurs indélébiles, incombustibles et inaltérables par l'action du feu. Ces spécimens avaient été placés dans un four et portés à une très haute température. Après cette épreuve, la peinture avait conservé l'éclat de ses nuances, l'impression et l'écriture étaient intactes; ce papier et ce carton n'avaient subi aucune altération, la souplesse du **premier**

et la rigidité du second avaient résisté à toute atteinte d'une température à cuire la porcelaine.

Papier Ingres. *Papier à dessin* (V. ce mot) un peu pelucheux en usage dans toutes les écoles officielles. Il est toujours teinté.

Papier Joseph ou **papier de soie.** Papier blanc, soyeux, utilisé par les doreurs, les bijoutiers ; il doit son nom à Joseph Montgolfier qui en fut l'inventeur.

Papier linge. La consommation du papier pour cols et manchettes augmente journellement. Il faut pour cet usage un papier épais, souple et résistant ; un mélange par moitié environ de fibres de toile et de coton lui donne ces qualités, et ce papier se fabrique comme les papiers doublés (V. PAPETERIE, § *Machine à papier ronde*). Quelquefois on recouvre le papier linge d'un tissu de coton qui s'applique en se déroulant sur la feuille encore humide sur la machine, fait corps avec elle et sort parfaitement adhérent des presses de la sécherie. Il est utile de signaler que le papier-linge contient parfois une grande proportion d'arsenic qui donne au produit de l'éclat, de la force et du soutien, mais un médecin anglais a constaté chez un de ses clients, qui faisait usage de cols en papier, tous les signes d'un empoisonnement par l'arsenic.

Papier médicinal. *T. de pharm.* On donne ce nom à divers produits dans lesquels le papier a été rendu propre aux usages médicaux, par différents moyens. Tantôt on se contente de dissoudre dans de l'eau, soit du nitrate de potasse, soit de l'arséniate de soude, etc., et on imbibe le papier que l'on fait sécher, puis on roule ensuite en cigarettes ; ou bien on remplace le sel par des décoctions de plantes actives, en nitrant toujours un peu, pour rendre le papier plus combustible ; tantôt on dépose seulement sur l'un des côtés du papier une masse emplastique fondue, que l'on étale soit à l'aide d'un couteau à lame assez large, soit au moyen d'un instrument appelé *sparadrapier*. C'est de cette dernière façon que l'on prépare le papier à cautères, le *papier épispastique* aux cantharides ou au garou, avec du papier collé que l'on découpe ensuite en petits rectangles de 0m,09 sur 0m,06. Pour les papiers révulsifs, connus sous le nom de *papiers chimiques*, ils se préparent avec des papiers mousseline rendus imperméables avant qu'on n'y dépose, à l'aide de pinceaux ou d'éponges, la substance active que l'on veut utiliser ; ces papiers sont d'ordinaire sous forme de bandes de 0m,20 de largeur.

Le *papier-moutarde*, si connu sous le nom de son inventeur, M. Rigollot, est enfin obtenu d'une autre façon ; en déposant sur du papier, au moyen d'une brosse spéciale, une couche de dissolution de caoutchouc (4 à 5 0/0) dans un mélange à parties égales de sulfure de carbone et d'essence de pétrole, puis y tamisant aussitôt après, en deux couches successives mises à une heure d'intervalle, de la farine de moutarde privée de son huile fixe par le sulfure de carbone ou l'essence

de pétrole. On fait passer les feuilles entre les rouleaux d'un presseur en caoutchouc, puis on les dessèche à l'étuve en les laissant quarante-huit heures à une température de 60°. Les feuilles découpées en petits rectangles sont ensuite introduites dans des boîtes chauffées, puis immédiatement closes, par une bande de papier encollé. Ce papier se conserve bien, grâce à l'absence d'huile fixe, il est plus actif que la farine de moutarde ordinaire et se trempe dans l'eau froide ou tiède au moment de l'emploi ; la couche peu épaisse de moutarde qu'il contient n'amène jamais la vésication. — J. C.

Papier parchemin. Quand on plonge un papier composé de fibres de coton, non collé, dans un mélange d'une partie d'eau et de deux parties d'acide sulfurique, qu'on lave ensuite à l'eau et qu'on le fait sécher, on obtient du papier parchemin imitant le véritable parchemin.

Voici comme on procède dans la pratique ; le papier en bobine se déroule en passant dans un bain d'acide sulfurique, puis dans un bain d'eau, puis dans un bain d'ammoniaque, et après avoir repassé plusieurs fois dans de l'eau, il est pressé entre des cylindres chauffés qui lui donnent un apprêt en le séchant. Suivant l'épaisseur du papier l'action de l'acide doit être plus ou moins prolongée. On peut, pour obtenir ce résultat, reculer le réservoir d'eau qui suit celui où se trouve l'acide, ce qui laisse le papier plus longtemps imprégné d'acide avant lavage.

Papier pelure. Feuille de papier mince que l'on superpose aux gravures. On se sert aussi pour cet usage de *papier serpente*, papier sans colle destiné à empêcher les épreuves fraîches de décharger leur encre sur les feuilles qui leur font face. Le papier pelure sert encore à couvrir les boîtes de bonbons, les objets de luxe, etc. ; on l'emploie également pour écrire lorsqu'il est collé.

Papier photographique. Les nombreux procédés photographiques que l'on applique, soit aux reproductions artistiques, soit à la copie et à la multiplication des dessins industriels, ont donné naissance à diverses sortes de papiers sensibles que l'on prépare en grand dans des ateliers spéciaux constituant de véritables usines. Voici la nomenclature des différents papiers préparés pour les travaux photographiques : *papiers aux sels d'argent* ; *papiers aux sels de fer* ; *papiers au platine* : *papiers Artigues et papiers au charbon* ; *papiers photoglyptiques* ; *papier gélatiné pour photolithographie*.

Les papiers aux sels d'argent, ou applicables aux procédés basés sur l'emploi de ces sels, comprennent les diverses sortes ci-après : *papier salé* et *papier albuminé salé* non sensibilisés ; *papier au gélatinochlorure d'argent* pour impressions positives par développement ; papier au *gélatino* : *bromure d'argent* à pellicule, soit fixe, soit réversible, pour impressions négatives par développement ; ces deux dernières sortes de papiers sensibles peuvent être employées avec une lumière artificielle quelconque, ce qui les rend précieux dans les régions où fait souvent défaut la lumière solaire.

Les *papiers aux sels de fer* se subdivisent en trois sortes principales qui sont : le *papier au ferroprussiate* ; le *papier cyanofer* ; le *papier pour épreuves au gallate de fer*.

Nous allons donner succinctement la composition de quelques-uns des enduits sensibles qui recouvrent ces diverses espèces de papiers photographiques. On trouvera, d'ailleurs, au mot PHOTOGRAPHIE, la description détaillée de chacun des procédés auxquels ils appartiennent, ainsi que les formules des diverses préparations.

Papier simplement salé. Tout papier est propre à cette préparation ; il suffit de l'immerger dans une cuvette contenant une solution filtrée de chlorhydrate d'ammoniaque ou bien de sel marin à 5 0/0 ; après un laps de temps d'environ cinq à dix minutes, on sort les feuilles et on les met à sécher, suspendues, par un angle, à un liteau de bois.

Le *papier albuminé salé* se prépare avec des blancs d'œufs étendus de leur volume d'eau, puis battus en neige et filtrés, après qu'on y a fait dissoudre du sel marin dans la proportion de cinq parties pour cent du mélange d'albumine et d'eau.

Ce mélange est mis dans une cuvette et on fait flotter successivement sur ce liquide chaque feuille à préparer, pendant cinq minutes environ. La dessiccation s'opère comme il a été indiqué ci-dessus.

Pour sensibiliser ces deux sortes de papier on les fait flotter à la surface d'un bain composé de nitrate d'argent à raison de 12 0/0 dans de l'eau distillée ; après cinq minutes d'action, on retire la feuille pour la mettre à sécher, suspendue par un angle, dans l'obscurité. Ce papier, ainsi préparé, ne peut se conserver, sans s'altérer, que pendant quelques heures, mais on lui donne la propriété de se maintenir blanc très longtemps si, au bain d'argent ci-dessus, on ajoute le même poids de nitrate de magnésie. Une des conditions les plus essentielles de la conservation, réside dans la parfaite siccité du milieu dans lequel on enferme le papier, à l'abri de toute lumière du jour, bien entendu. Ces papiers donnent des images directes par contact contre un cliché photographique positif ou négatif, mais par l'action seule de la lumière solaire diffuse ou directe. Ce sont les papiers qu'emploient généralement les photographes portraitistes, le papier albuminé surtout.

Les deux autres sortes de papier indiquées plus haut, à base d'argent aussi, sont douées d'une telle sensibilité qu'on ne peut guère les employer qu'avec des lumières artificielles : la flamme d'un bec de gaz ordinaire, d'une bougie stéarique, d'une lampe à pétrole ou à huile suffit pour impressionner ces papiers dans quelques secondes d'exposition. Seulement l'image produite par l'action de la lumière, à travers un cliché, n'est pas immédiatement visible, et on ne peut la faire apparaître qu'à l'aide d'un développement (V. PHOTOGRAPHIE). L'émulsion sensible dont sont enduits ces papiers étant décrite à ce mot, nous nous bornerons à dire que l'emploi du papier au gélatinochlorure est spécial aux tirages positifs, tandis que celui au gélatinobromure sert surtout, étant plus sensible, aux impressions négatives.

Les papiers au *ferroprussiate* et au *cyanofer* produisent des images couleur bleu de Prusse ; le premier donne un positif avec un cliché négatif et, inversement, un négatif avec un cliché positif.

Son emploi est des plus commodes puisque, après une insolation très facile à diriger, il suffit d'une simple immersion du papier dans de l'eau ordinaire pour obtenir immédiatement une image d'un beau bleu.

Le papier au cyanofer offre l'avantage de donner un positif d'après un positif. Cela permet d'employer, en guise de clichés, les dessins originaux tracés sur du papier ou sur une toile suffisamment dioptriques. La manipulation pour révéler l'image est, malheureusement, plus compliquée que dans le cas qui précède. Au mot PHOTOGRAPHIE, on trouvera la complète description de la préparation et de l'emploi de ces papiers, de même que ce qui concerne le procédé au *gallate de fer*, lequel produit des images couleur d'encre à écrire ordinaire.

Le papier au *platine* produit des impressions d'un beau noir ardoise et surtout d'une parfaite stabilité, le platine n'étant attaqué que par l'eau régale ; on fait aussi des images au platine de couleur sépia.

Pour l'emploi de ce papier, comme aussi pour ce qui concerne les *papiers au charbon, photoglyptique* et *photolithographique*, il y a trop à dire ; aussi doit-on se reporter au mot PHOTOGRAPHIE, où se trouvent décrits tous les procédés qui impliquent l'emploi de ces divers papiers ; leur préparation s'y trouve d'ailleurs entièrement indiquée avec toutes les formules à l'appui.

Le commerce auquel donne lieu la vente des papiers photographiques est considérable ; les principaux pays où existent des usines spéciales pour la préparation de ces divers papiers sont : la France, la Belgique, les Etats-Unis d'Amérique, l'Allemagne et l'Angleterre. La fabrication de ces papiers ne cesse d'ailleurs de s'accroître à mesure que se généralise davantage l'emploi des procédés graphiques de reproduction et de multiplication des copies à l'aide de la lumière. — L. V.

Papier porcelaine. Papier ordinaire assez fort sur lequel on étend une dissolution de céruse ou de blanc de zinc qui lui donne l'aspect de la porcelaine, d'où son nom.

Papier quadrillé. Papier divisé à l'aide de lignes horizontales et verticales en petits carreaux de cinq à dix millimètres de côté, et usités pour tracer des croquis d'architecture, des plans, des relevés de machines.

Papier réactif. T. de chim. On nomme ainsi des bandelettes de papier obtenues en imbibant du papier non collé dans certaines substances, et laissant sécher à l'abri de la lumière, des vapeurs ou des émanations gazeuses.

1° *Papiers indiquant les acides ou les alcalis.*

Celui au *tournesol* se fait en pulvérisant du tournesol en pains, faisant bouillir avec de l'alcool, puis rejetant ce liquide, chauffant avec 6 à 8 parties d'eau, puis filtrant. Pour avoir le tournesol sensible on divise la liqueur en deux parties, on acidule l'une d'elle de façon à produire un commencement de teinte rouge, puis on ajoute la seconde portion. Le tournesol bleu est obtenu avec la liqueur primitive non acidulée ; le rouge avec cette dernière, rougie par un acide faible. Le *papier de curcuma* se fait en chauffant de la poudre de curcuma avec 4 volumes d'alcool et 4 volumes d'eau, on filtre ; ce papier devient brun avec les alcalis. Le *papier à la fuchsine* se prépare en dissolvant ce produit dans l'eau (1/40ᵉ) ; il jaunit en présence d'acides libres, et n'est pas modifié par les sels neutres qui rougissent le tournesol. Le *papier à la liguline* s'obtient en faisant une décoction de baies de troène dans l'eau distillée ; il rougit par les acides, verdit avec les alcalis ; bleuit avec les bicarbonates alcalins. Le *papier à la phtaléine de phénol* (1/40ᵉ) devient rose violacé avec les alcalis ; *celui à la fluorescéine* en solution ammoniacale, se décolore par les acides ; celui au *violet de méthylaniline* vire au bleu vert par les acides minéraux et ne change pas par ceux organiques ; le *papier au campêche, celui à l'acide rosolique* (solution neutralisée par l'acide chlorhydrique) deviennent violets par les alcalis et jaunes par les acides. Le *papier au fernambouc* (décoction au 1/5ᵉ) jaunit par l'acide fluorhydrique ; celui à *l'iodate de potasse* (faire bouillir 1 partie d'amidon et 1 partie d'iodate dans 20 parties d'eau, et y tremper le papier après refroidissement) se colore en bleu lorsqu'il y a un film humide, ou un liquide, de l'acide azoteux ou sulfureux.

2º *Papiers indiquant le fer* : à la noix de galles (décoction au 1/10ᵉ), il se colore en noir par les sels ferriques ; *au sulfocyanure de potassium* (solution à 1/20ᵉ), il rougit avec ces mêmes sels.

3º *Papiers indiquant les sulfures* : *papier à l'acétate de plomb* (solution à 1/10ᵉ d'acétate neutre), il noircit par les sulfures ; *papier au nitro-prussiate de soude* (solution à 1/20ᵉ), il devient violet par les sulfures neutres et ne change pas avec les sulfhydrates.

4º *Papier indiquant le plomb* : *papier à l'iodure de potassium* (solution à 1/20ᵉ), il jaunit en présence de sels solubles de plomb.

5º *Papier indiquant l'iode* : c'est du papier ordinaire, ou sans colle, enduit d'hydrate amylacé et que l'on expose aux vapeurs d'iode naissant ; il bleuit.

6º *Papier ozonométrique* : c'est un papier de tournesol sensible, dont la moitié a été iodurée, cette partie seule doit bleuir sous l'influence de l'iode. — J. C.

Papier timbré. Papier fait à la forme, avec des chiffons purs ; il porte le timbre de l'État et sert à la transcription des actes.

Papier torchon. Sorte de papier Whatman à gros grain adopté par les aquarellistes.

Papier vélin. On désigne sous le nom de *vélin* un papier fort et sans grain, aussi uni et satiné que possible. Les beaux papiers vélins sont excellents pour le tirage des vignettes en relief ; ils en font ressortir à merveille toutes les finesses. Malheureusement, le papier vélin se pique facilement de taches d'humidité.

Papier vergé. Papier qui laisse apercevoir par transparence des vergeures et des pontusseaux ou empreintes de fils métalliques restées sur la pâte humide pendant la fabrication. Le papier vergé se prête admirablement au tirage des épreuves en taille-douce, mais doit être proscrit pour le tirage des vignettes en relief.

Papier Whatman. Sorte de papier très solide, à grain très fin, ordinaire, ou à gros grain. Le papier à grain fin sert surtout à certaines impressions de luxe, après avoir été préalablement satiné, c'est-à-dire après que sous une forte pression on a fait disparaître les aspérités de son grain. Pour ces papiers de fabrication anglaise destinés à l'aquarelle, les dimensions varient depuis le demy, le médium et le royal, qui mesurent environ 0ᵐ,60 sur 0ᵐ,40, jusqu'à l'impérial, au double éléphant, au Creswick, au Harding, au Cartridge, qui mesurent 0ᵐ,76 jusqu'à 1ᵐ,20 sur leur plus grande dimension.

Bibliographie : Vallet VIRIVILLE : *Notes pour servir à l'histoire du papier* ; Ambr. FIRMIN-DIDOT : *L'imprimerie, la librairie et la papeterie à l'Exposition universelle de 1851*, 3ᵉ partie, Papeterie ; Aimé GÉRARD : *Rapport sur le papier et la papeterie à l'Exposition internationale de Londres de 1872* ; *Statistique de l'industrie à Paris* (1860), art. *Papiers de fantaisie* ; Louis FIGUIER : *Les merveilles de l'industrie*, t. II, *Industrie du papier*. *Traité pratique de la fabrication du papier*, par C. HOFMANN, traduit par H. Everling ; *Le Papier, étude sur sa composition, analyses et essais*, par E. HOYER, traduit par Everling et Kaindler.

PAPIER PEINT. Papier tenture qui sert à tapisser les murs des chambres et des appartements. — V. DÉCORATION.

HISTORIQUE. Aux tapisseries de haute-lisse du moyen âge et aux tentures de soie brochée ou de cuir gaufré doré et peint de la Renaissance (V. CUIR DORÉ, TAPISSERIE), succédèrent, au XVIIᵉ siècle, les tentures de papier peint.

Déjà, vers le milieu du XVIᵉ siècle, les papiers peints originaires de la Chine et du Japon avaient été introduits en Europe par les Hollandais ; mais les premiers essais pour les imiter n'eurent lieu que dans la première moitié du siècle suivant.

Comme les tentures de laine ou de cuir étaient d'un prix fort élevé, on imagina d'imiter les tapisseries de haute-lisse par des moyens économiques. Le procédé consistait à appliquer sur les murs des papiers coloriés à l'aide d'une préparation gommée, et sur lesquels on avait répandu une fine râclure de laine de diverses couleurs, selon les exigences des teintes et la vérité du dessin.

Mais les Anglais réclament cette invention pour un de leurs compatriotes, nommé Jérôme Lanyer qui, en 1634, obtint une patente de Charles Iᵉʳ, tandis que les Français l'attribuent à un gainier de Rouen, appelé Lefrançois, qui l'aurait imaginée vers 1620.

Quoi qu'il en soit, pendant plus de cinquante ans, l'industrie des papiers dits *tontisses* ou *veloutés*, parce qu'on employait pour les fabriquer la laine provenant de la tonte des draps, fut transmise de père en fils dans la fabrique rouennaise. Une vive émulation s'établit dès lors entre les industriels français et anglais et les perfectionnements ne tardèrent pas à commencer. Jean Hautsche, de Nuremberg, mort en 1670, parvint le premier à donner de l'éclat à certaines parties du papier en y fixant du talc pulvérisé, ce qui fit naître les *papiers pailletés*. De son côté, le graveur français Jean Papillon, dès 1668, se servait de la gravure en couleur pour orner les papiers de dessins variés.

Au siècle suivant, Abraham Mieser, d'Augsbourg, réussit à obtenir des ornements d'or et d'argent. À la même époque, on faisait à Paris une sorte de papier appelé *domino* sur lequel les *dominotiers* imprimaient des dessins en couleurs avec des patrons découpés; mais ces produits économiques, peu goûtés dans les hautes classes, étaient renvoyés pour les gens riches dans leurs garde-robes et tout au plus dans les petites chambres des maisons de campagne. « Malgré cela, écrivait, en 1779, l'abbé Legendre, en sa *Vie privée des François*, il est étonnant à quel point ces papiers imitent quelquefois le damas. Il s'en trouve, aujourd'hui, d'une beauté singulière, avec des compartiments mêlés de fleurs, de fruits, d'animaux et de personnages; d'autres qui imitent les paysages, les tapisseries de haute-lisse, relevés d'or et d'argent, et les papiers de la Chine. »

Malgré ces nombreuses améliorations, la fabrication n'avait pas encore reçu tous les perfectionnements dont elle était susceptible, lorsque, vers 1785, le parisien Réveillon introduisit, dans sa manufacture du faubourg St-Antoine, des procédés d'exécution si extraordinaires, que cette branche d'industrie en fut comme révolutionnée. Réveillon réussit effectivement, en peu d'années à faire des papiers *tontisses* plus beaux que les produits anglais et d'un prix moins élevé. Dès ce moment, les

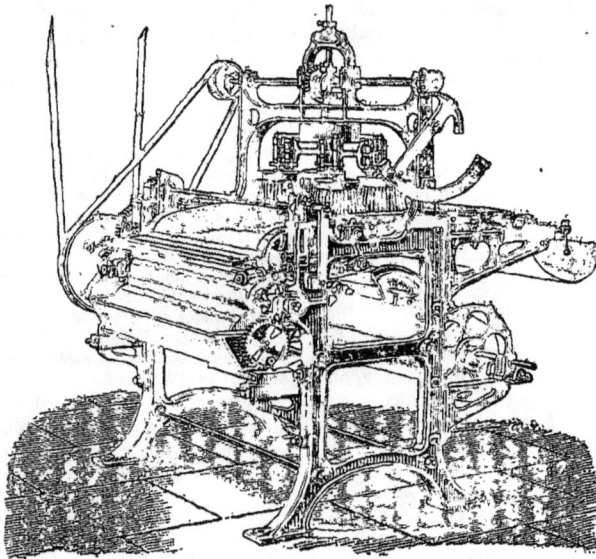

Fig. 37. — *Machine à foncer à quatre brosses rondes.*

veloutés anglais disparurent de notre marché. Après Réveillon, il faut citer Arthur, manufacturier anglais établi à Paris, rue de l'Arbalète; mais si l'on en croit les mémoires de Lombard de Langres, ce fabricant, « à la tête d'une manufacture aussi considérable que lucrative, et qui lui plaisait d'autant plus que ses produits étaient le résultat des arts, » la négligea pour se jeter à corps perdu dans la politique; il devint l'ami de Robespierre, et fut guillottiné place de la Révolution. Jean-Démosthènes Dugourc, habile graveur sur bois du XVIIIe siècle, succéda à Arthur. Il s'était fait une réputation comme décorateur d'arabesques. Au moment de la Révolution, il établit une *fabrique républicaine* de papiers peints place du Carrousel, ci-devant hôtel de Longueville. Ses papiers de tenture, très recherchés des patriotes, portaient les signes distinctifs de l'Egalité et de la Liberté. C'est à cette époque que parut Zuber, de Rixheim, dans le Haut-Rhin, dont l'usine date de 1790. Zuber a inventé la fabrication des rouleaux sans fin, le procédé des teintes fondues, l'impression avec les cylindres de cuivre, l'appareil à faire le papier rayé, etc. L'usine alsacienne de notre ancien compatriote fut le berceau des plus grandes

améliorations dans l'industrie du papier peint. Mulaine, peintre de fleurs aux Gobelins, réfugié à Mulhouse, sous la Terreur, dessina, dans cette fabrique, les magnifiques productions de la nature qui contribuèrent puissamment à la réputation de ce grand établissement.

L'industrie des papiers peints est florissante aujourd'hui en Angleterre, en Allemagne, aux États-Unis et en France; mais c'est de notre pays que sortent presque tous les articles de goût. Les papiers de tenture que produit la fabrication actuelle, sont d'une variété qui défie toute énumération. On en vend depuis 0 fr. 15 jusqu'à 120 francs le rouleau. Citons simplement, comme exemple de leur diversité : les papiers en *style pompéien*, spécialité anglaise; les papiers dits *écossais*; les imitations de *cuirs repoussés* et les *papiers frappés*; les *papiers gaufrés au cylindre*, obtenus avec un laminoir gravé; les *chinoiseries*, les *papiers imitant le carton-pierre*, qui servent pour les plafonds et murailles; les *veloutés de soie et de reps*; les *papiers à fleurs*, imitant le damas, à 12 et 24 couleurs, etc., etc., et enfin les genres *tapisseries des Gobelins* et d'Aubusson.

Paris est le grand centre de cette riche industrie. Cent trente usines, entassées dans le faubourg Saint-Antoine, qui fut chez nous le berceau de cette fabrication, occupent près de 5,000 ouvriers. La production annuelle y atteint un chiffre qui dépasse 28 millions.

— S. B.

TECHNOLOGIE. Avant l'impression, le papier doit subir l'opération du *fonçage*, qui consiste à étendre également sur toute la surface du rouleau une couche de couleur mélangée de colle animale; elle se faisait autrefois à la brosse à main sur de longues tables.

Actuellement, le fonçage s'opère d'une façon continue et à la machine (fig. 37); la couleur prise dans une bassine à l'aide d'un premier rouleau est déposée sur un second rouleau qui, à son tour, l'étend sur le papier; une première brosse fixe enlève l'excédent de couleur, puis un système de brosses rondes animées d'un mouvement épicycloïdal fait disparaître toutes les aspérités et les stries. A mesure qu'une longueur déterminée a passé sous les brosses, une baguette saisie par deux crochets faisant saillie sur deux chaînes parallèles vient soulever le papier et le mène jusqu'au niveau de deux chaînes également parallèles, tendues au plafond. Ces chaînes se meuvent sur des galets, transportent le papier foncé jusqu'à l'extrémité de l'atelier et le ramènent sur une longueur d'environ cinquante mètres. A la fin du parcours, le papier séché peut être pris sur un cylindre et enroulé de nouveau pour être porté à l'impression.

L'impression proprement dite se fait de deux manières : à la planche et à la machine.

Le premier procédé est utilisé pour les papiers de luxe et de fabrication soignée, le second sert aux papiers de consommation courante.

Impression à la planche. Avec des planches gravées en relief comme celles employées dans l'impression sur étoffes, l'ouvrier applique à la main et successivement chacune des couleurs composant le dessin. Les planches à imprimer sont gravées sur bois de poirier ou de cormier, et lorsque les parties à mettre en relief sont fines, isolées ou déliées, on les façonne en cuivre et on les incruste dans le bois ; enfin si le dessin offre de nombreuses répétitions, on fond en métal d'imprimerie le motif à reproduire, puis on le cloue sur la planche.

Il faut généralement un nombre de planches égal à celui des couleurs employées dans le dessin. Il est cependant possible d'imprimer plusieurs couleurs à la fois avec une seule planche, aussi pour cela, doit-on combiner le dessin d'une façon toute spéciale. Les planches viennent poser les couleurs sur le fond, dans un ordre subordonné à celui que le dessinateur a suivi ; c'est ce que l'on nomme la *marche des couleurs*.

Fig. 38. — *Table d'impression à la planche.*

On imprime tout d'abord les couleurs employées en plus grandes surfaces, désignées par *tons géométraux* ou *tons mats*; on passe ensuite aux *tons d'ombre* et l'on termine par les *tons de lumière*. Chaque planche portant un numéro qui lui assigne son rang dans la marche, l'ouvrier imprimeur n'a d'autre soin à prendre qu'à mettre bien exactement chaque couleur en place sur le fond ; à cet effet, des points de repère, nommés *picots*, sont placés aux angles des planches et permettent de faire cadrer les différentes couleurs avec une précision mathématique.

Table d'impression. Cette table (fig. 38) est composée de deux parties : la table avec son levier et le châssis où sont étendues les couleurs nécessaires. L'ouvrier se tient devant la table dans le sens de sa plus grande largeur ; c'est sur elle qu'il étend, en le déroulant de droite à gauche, le rouleau à imprimer. Le levier se compose de deux barres de bois dont une assez longue, il est maintenu à la table par deux fortes tringles en fer sur lesquelles il glisse par un mouvement de va-et-vient, ce qui permet à l'ouvrier de donner à sa planche la pression convenable pour obtenir une impression égale. Le châssis est une auge en bois de dimensions plus grandes que celles des planches ; sur ses bords une peau de mouton est fortement tendue et fixée à demeure. On remplit exactement d'eau l'intervalle existant entre le fond du châssis et la peau de mouton ; celle-ci devient alors une surface très élastique sur laquelle on étend le drap, tissu de laine très épais, qui reçoit la couleur à l'aide d'une brosse à long manche que manœuvre un enfant nommé *tireur*. Chaque imprimeur a son tireur qu'il paie sur le prix de son salaire quotidien.

L'imprimeur prend de la main droite la première planche, l'imbibe de couleur dans le châssis et la transporte sur le papier en opérant le repérage ; au-dessus d'elle il amène son levier à l'extrémité duquel le tireur appuie en imprimant une succession de flexions qui donnent la pression voulue pour que la couleur se fixe également sur le papier. Cette opération se répète sur toute la longueur du rouleau avec la première couleur et se recommence pour les suivantes dans l'ordre indiqué pour le complet achèvement du dessin,

mais entre chaque impression de deux planches, on étend le rouleau sur des cadres jusqu'à ce qu'il soit sec.

Impression à la machine. Les papiers peints à la machine, malgré tous les progrès réalisés depuis quelques années, ne peuvent rivaliser, comme fini d'exécution, avec ceux que l'on obtient à la main. Mais grâce à leur bon marché, ils sont entrés dans la consommation courante, à ce point que le nombre des fabriques de papiers de luxe a considérablement diminué, et que celles-ci ont dû transformer leur matériel et y joindre les machines.

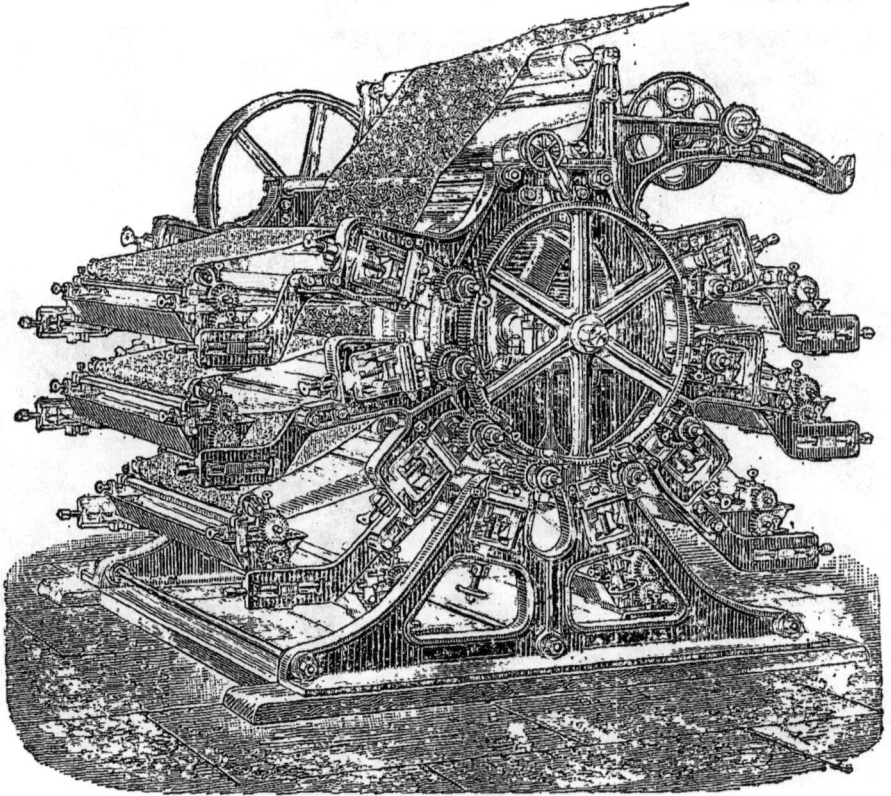

Fig. 39. — *Machine à imprimer les papiers peints.*

La machine produit par jour mille rouleaux terminés d'un nombre quelconque de couleurs, tandis que dans la fabrication à la planche l'ouvrier n'imprime que cent rouleaux au plus et en une seule couleur. En raison de la rapidité de production que l'on obtient dans le premier cas, l'impression ne peut donner, comme dans le second, la netteté dans les contours et la perfection dans l'application des couleurs, qui sont les conditions essentielles de papiers de luxe et destinés à la décoration artistique.

La machine (fig. 39) se compose d'un cylindre principal, nommé *cylindre presseur,* d'un diamètre variable et fixé horizontalement entre deux forts montants de fonte ; sa surface extérieure est

recouverte d'un drap épais ; sur son pourtour, et parallèlement à son axe, sont placés à des distances égales et déterminées, des rouleaux gravés de 10 à 30 centimètres de diamètre pouvant être serrés plus ou moins fortement sur le cylindre presseur. Une auge en cuivre ou en tôle A (fig. 40) se trouve près de chaque rouleau gravé et contient la couleur que ce rouleau doit imprimer. Un petit drap sans fin D, un peu plus large que le rouleau gravé, tendu par trois tringles CC'C", transporte la couleur de l'auge A au cylindre E après avoir été râclé par une règle de fer G. La pression plus ou moins grande de cette règle contre le drap permet de fournir plus ou moins de couleur au cylindre gravé.

Chaque rouleau a été gravé comme le sont les planches, dont on se sert pour l'impression à la main, mais dès que la partie à imprimer présente une certaine surface, au lieu de la laisser en bois, on en fait le contour en cuivre, puis on colle à la gomme laque, dans l'intérieur, une feuille de feutre découpée suivant le dessin; cette matière, plus spongieuse que le bois, donne une impression plus unie.

Le papier, sans préparation préalable ou ayant subi le fonçage, passe autour du cylindre presseur et reçoit successivement l'impression des rouleaux gravés.

La difficulté de l'impression multicolore réside dans la rentrure exacte des tons juxtaposés; on la détermine dans les machines en réglant la position et la rotation des rouleaux imprimeurs; une fois cette mise en train faite, il n'y a plus qu'à remplir les bassines à mesure que baisse le niveau de la couleur, et l'opération se continue indéfiniment. Pour qu'elle soit profitable, il faut produire sans interruption une quantité importante du même dessin, afin de retrouver le temps perdu par les opérations préliminaires de la mise en train; celle-ci exige environ une heure d'essais par couleur.

Au sortir de la machine, le papier est enlevé sur des baguettes et porté au plafond par un mécanisme analogue à celui qui suit la fonceuse.

Lorsque l'impression est terminée, les rouleaux, après avoir été bien lavés, sont déposés sur des étagères dans un magasin.

Les bordures se font à la main et à la machine.

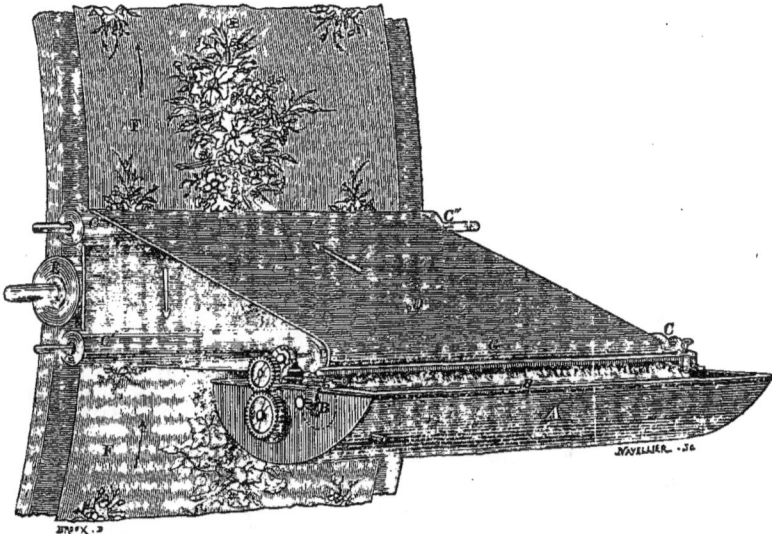

Fig. 40. — *Divers éléments de la machine à imprimer les papiers peints.*

La différence principale entre ce genre d'impression et l'impression à la planche, est qu'ici toutes les couleurs composant le dessin sont imprimées fraîches les unes à côté des autres, tandis qu'avec la planche on laisse sécher chaque couleur avant d'en imprimer une autre que l'on peut alors superposer aux précédentes. De là dans l'impression mécanique, ces coulages de couleurs l'un dans l'autre, ce manque de netteté dans les contours qui, malgré toute l'habileté de l'ouvrier et la perfection des nouvelles machines, en font un produit inférieur. On obtient avec les papiers non foncés, blancs ou colorés, des effets très heureux et d'un bon marché extraordinaire.

Papiers dorés et bronzés. Pour dorer certaines parties d'un dessin, on imprime à la planche, non pas une couleur dite en détrempe mais un mordant, puis on fait passer le papier dans une boîte contenant de la poussière de cuivre, que l'on obtient par le tamisage des déchets des cahiers de cuivre des imprimeurs typographes; le mordant recouvert de cette poussière et sec, on lamine le rouleau pour donner du brillant à cette couche métallique; on emploie souvent encore du bronze en poudre dont l'éclat est moins vif. — V. Argenture du papier, Bronzage des papiers.

Depuis quelque temps on fait des papiers dorés, imprimés à la machine, en se servant d'une pâte composée d'un mordant spécial mélangé de bronze en poudre; cette pâte est mise dans les boîtes comme de la couleur et imprimée en même temps que les autres parties du dessin, mais la dorure qu'elle donne est très inférieure et s'oxyde rapidement.

Papiers veloutés. Ou le papier est velouté uni et dans ce cas le couchage du mordant composé d'huile cuite, d'huile forte et de blanc de céruse se fait comme pour le fonçage, ou le papier n'est velouté que dans certaines parties du dessin, et le mordant s'applique alors comme la couleur dans l'impression à la planche. Dans ces deux cas, le papier ainsi préparé passe dans une longue caisse de bois dont le fond est formé par une toile bien tendue. A la surface de ce papier, on répand de la poussière de drap dit *tontisse* ou encore du poil dit *cheviotte*, et par l'action de chocs répétés à la main ou mécaniquement, sur la toile du fond, ces poussières retombent se feutrer sur le mordant; on appelle *velouter* à une, deux, trois laines et plus, lorsqu'on recommence la même opération deux, trois fois, pour obtenir une plus grande saillie de la tontisse.

Papiers en relief, genre étoffe, cuir et faïence. Par les procédés de gravure combinés avec l'estampage en relief, on obtient aujourd'hui la reproduction des tissus, non seulement dans les effets de couleur, mais aussi dans ceux du relief que donne soit le tissage, soit la broderie, soit la tapisserie; les détails, les couleurs, les irrégularités et jusqu'aux imperfections des types originaux sont reproduits avec une grande vérité. L'estampage se fait par plaques ou cylindres métalliques gravés et mis en concordance avec le dessin imprimé auparavant par les moyens précédemment décrits de l'industrie du papier peint.

Papiers satinés. Ces papiers sont obtenus en additionnant à la couleur qui sert au fonçage une certaine quantité de cire blanche, et lorsque le fond est sec, on en frotte énergiquement la surface avec une brosse à poils courts et raides dont on aide l'action au moyen de talc saupoudré préalablement sur le rouleau; cette opération se fait mécaniquement.

Bibliographie : Beeckmann : *A History of Inventions*, t. II, ch. Papers hangings; Kœpprlin : *Notice sur la fabrication des papiers peints*, dans les *Études sur l'Exposition de 1867*; Louis Figuier : *Les merveilles de l'industrie*, t. II, *Industrie du papier.*

* **PAPILLON.** *T. techn.* Registre mobile autour d'un axe, comme les clefs des poêles de nos appartements, et qu'on emploie pour modérer et régler le tirage de la cheminée d'une locomotive. || Sorte de *bec à gaz.* — V. cet article.

* **PAPILLON** (Jean-Baptiste). Graveur sur bois, né à Paris le 2 juin 1698, mort dans la même ville en 1776. Le nombre des pièces que cet artiste a gravées est considérable; il disait lui-même, au milieu de sa carrière, qu'il en avait déjà gravé plus de cinq mille. Il est vrai qu'il n'a presque pas traité de grands sujets, et qu'il a travaillé toute sa vie pour la typographie. Ce qui lui fit le plus d'honneur, ce sont les culs-de-lampe qu'il fit, conjointement avec Clesseau pour l'édition in-folio des *Fables de la Fontaine.* Les services qu'il a rendus à l'art de la gravure sur bois sont immenses. Indépendamment de plusieurs découvertes et améliorations importantes, il a inventé une foule d'outils dont se servent encore de nos jours les graveurs sur bois. La première partie de son *Traité historique et pratique de la gravure sur bois*, qui s'étend sur l'origine de l'art, a donné lieu à quelques critiques dans lesquelles, suivant nous, on n'a pas tenu assez compte des difficultés de cette entreprise; quant à la seconde partie, qui traite des principes de la gravure sur bois, elle prouve que cet homme était profondément instruit dans toutes les branches de son art, que s'il eût été appelé à former des

élèves, il eût su en faire de grands artistes, et que le nom de « restaurateur de la gravure sur bois » qu'on lui a donné lui était justement dû.

* **PAPILLOTEUSE.** *T. techn.* Nom d'une machine employée chez les teinturiers et qui sert à réduire en copeaux les bûches de bois de teinture pour en faire plus facilement des décoctions. Elle se compose ordinairement d'un disque en fonte, fixé sur un arbre en fer faisant de 4 à 500 tours par minute, et autour duquel sont boulonnés des couteaux en acier semblables à ceux d'une varlope de menuisier, mais d'un modèle beaucoup plus fort; les couteaux sont disposés symétriquement et dépassent très peu la fonte, assez seulement pour mordre la bûche qu'on leur présente en bout et de côté.

* **PAPIN** (Denis). Physicien français, né à Blois en 1647, mort à Marbourg (Hesse-Cassel) en 1714. Fils d'un médecin, il étudia la médecine à l'Université protestante d'Angers et s'y fit recevoir docteur en 1669. Il vint ensuite à Paris où il devint l'ami d'Huyghens qui habitait alors la capitale de la France. Le grand géomètre l'associa à quelques-uns de ses travaux; ils s'occupèrent ensemble de recherches relatives à l'emploi de la poudre à canon pour soulever des poids considérables. A la même époque, Papin chercha à perfectionner la machine pneumatique inventée, en 1654, par Otto de Guéricke : c'est à cette occasion qu'il publia, en 1674, son premier ouvrage sous le titre : « *Nouvelles expériences pour faire le vide* ». L'année suivante il passa en Angleterre où il se lia avec le savant Robert Boyle; ils firent ensemble des études sur la pression des gaz et c'est la pompe de Papin qu'ils employèrent; Boyle avait laissé à son collaborateur le soin de diriger cette partie des expériences parce que, disait-il, il s'était aperçu que Papin manœuvrait bien plus aisément la pompe qu'il avait inventée et qu'il n'avait besoin de personne pour la réparer. L'invention de Papin consistait à employer une machine pneumatique à deux corps de pompe, et à faire le vide sous une cloche placée dans un plateau, et non pas, comme on le faisait auparavant, dans un ballon muni d'un robinet; c'étaient là deux perfectionnements considérables. Quelques années plus tard, Papin démontra la possibilité d'élever la température de l'eau à plus de 100° sans la faire bouillir, en l'enfermant dans un vase clos; comme application de cette découverte, il imagina d'obtenir rapidement la cuisson des viandes et légumes en opérant dans une marmite fermée qu'il appelait *digesteur*, et qu'on a nommée depuis *marmite de Papin.* Papin avait parfaitement reconnu que la pression d'eau augmente extrêmement vite avec la température. Aussi devait-il craindre que l'excès de pression provoqué dans l'intérieur de la marmite par un foyer trop ardent ne pût déterminer l'explosion de l'appareil. C'est pour écarter ce danger qu'il inventa la *soupape de sûreté* (V. ce mot). Papin avait si bien compris le rôle capital de cet organe qu'il le décrit comme une partie essentielle de son *digesteur*, dans l'opuscule qu'il a

consacré à cette invention et qui a paru à Londres en 1681, et à Paris en 1682 sous le titre : *Manière d'amollir les os et de faire cuire la viande en peu de temps et à peu de frais.*

Tous ces travaux avaient attiré l'attention des hommes de science; Papin fut nommé membre de la Société royale de Londres en 1681. Il revint à Paris en 1685; mais, la même année, la révocation de l'édit de Nantes l'obligea à quitter de nouveau sa patrie, et cette fois pour toujours. Il se réfugia en Angleterre où il fut reçu avec beaucoup d'honneurs, et où il poursuivit les recherches qu'il avait déjà entreprises sur le *moyen de transporter au loin la force des rivières.* Le procédé qu'il avait imaginé dans ce but n'était sans doute pas pratique; mais il était fort ingénieux, et dans tous les cas, il présente un intérêt tout particulier parce qu'il repose sur une idée originale dont le développement devait bientôt conduire Papin à l'invention de la machine à vapeur atmosphérique. Nous avons vu qu'au début de sa carrière Papin s'était occupé des questions qui concernent la pression des gaz et la machine pneumatique; ces premiers travaux avaient sans doute vivement frappé son esprit, et quand plus tard, il aborda le problème du transport de la force, l'idée lui vint immédiatement d'employer la pression atmosphérique comme agent intermédiaire du transport. A cet effet, il proposait d'installer, à l'endroit où l'on voudrait utiliser la force, un cylindre vertical dans lequel pouvait se mouvoir un piston. La partie inférieure du piston serait reliée par un long tube métallique analogue à nos conduites de gaz, à une pompe pneumatique actionnée par la chute d'eau. Ce tube serait muni d'un robinet, tandis qu'une tubulure également à robinet, partant du fond du cylindre, permettrait de mettre le cylindre en libre communication avec l'atmosphère. Supposons alors que, le piston étant au haut de sa course, on ferme la communication du cylindre avec l'atmosphère et qu'on ouvre le robinet du long tube; la machine pneumatique aspirera l'air placé au-dessous du piston, et la pression atmosphérique, agissant sur la face supérieure du piston, fera descendre celui-ci avec une force d'autant plus grande qu'il présentera plus de surface. Dès que le piston sera arrivé au bas du cylindre, on supprimera la communication avec la pompe et l'on ouvrira la tubulure qui aboutit dans l'air; dès lors, la pression atmosphérique s'exerçant sur les deux faces du piston, un effort très faible suffira pour le remonter au haut du cylindre d'où on le fera redescendre ensuite par le même moyen. En reliant la tige du piston à une corde enroulée sur une poulie ou à un système de leviers convenablement disposés, on pourra employer la force descendante du piston à soulever des poids, à manœuvrer une pompe, etc. Une machine construite d'après les principes que nous venons d'exposer fut présentée, en 1687, à la Société royale de Londres, où elle donna lieu à des difficultés dont Papin fait mention sans dire cependant en quoi elles consistaient. Cette machine était assurément bien imparfaite; mais on sera frappé d'y trouver la première idée de la transmission du travail mécanique par l'emploi du vide et l'utilisation de la pression atmosphérique, idée reprise de nos jours et appliquée aux freins à vide; c'est la contre-partie de l'emploi de l'air comprimé pour le même objet; mais les projets d'utilisation industrielle de l'air comprimé sont tout récents.

Papin publiait ses découvertes à mesure qu'il les faisait, soit dans les *Philosophical transactions,* soit dans les *Acta eruditorum;* ses travaux se répandaient ainsi dans le monde savant tout entier et sa réputation s'étendait au loin; en 1687, le Landgrave de Hesse lui offrit la chaire de mathématiques de Marbourg; il quitta l'Angleterre et vint s'installer à Marbourg; mais ses nouvelles occupations ne lui firent pas abandonner ses travaux favoris. Poursuivant ses idées relatives à l'emploi de la pression atmosphérique, il comprit bien vite qu'on la pourrait utiliser non plus seulement pour le transport de la force des rivières mais directement comme force motrice. Il suffisait qu'on parvînt à retirer l'air placé entre le fond de son cylindre et le piston, autrement qu'à l'aide d'une pompe; on aurait ainsi réalisé une machine motrice, dont la puissance ne serait limitée que par les dimensions qu'il serait pratiquement possible de donner à l'appareil. Reprenant alors les recherches qu'il avait entreprises autrefois avec Huyghens, il pensa à faire le vide au moyen de la poudre à canon. « Mais, dit-il, nonobstant toutes les précautions qu'on y a observées, il est toujours demeuré dans le tuyau environ la cinquième partie de l'air qu'il contient d'ordinaire, ce qui cause deux inconvénients différents : l'un est que l'on perd environ la moitié de la force qu'on devrait avoir; l'autre inconvénient est qu'à mesure que le piston descend, la force qui le pousse en bas diminue de plus en plus. J'ai donc tâché d'en venir à bout d'une autre manière, et comme l'eau a la propriété, étant par le feu changée en vapeur, de faire ressort comme l'air, et ensuite se recondenser si bien par le froid, qu'il ne lui reste plus aucune apparence de cette force de ressort, j'ai cru qu'il ne serait pas difficile de faire des machines dans lesquelles, par le moyen d'une chaleur médiocre, et à peu de frais, l'eau ferait ce vide parfait qu'on a inutilement cherché par le moyen de la poudre à canon. »

Ces quelques lignes contiennent véritablement l'invention de la machine à vapeur du type dit *atmosphérique.* On devine immédiatement comment Papin va appliquer son procédé : il introduira une certaine quantité d'eau au fond de son cylindre; quand le piston se trouvera au bas de sa course on chauffera le fond du cylindre; l'eau se transformera en vapeur dont la force élastique soulèvera le piston jusqu'en haut du cylindre; alors on retirera le feu, et la vapeur se condensant par le froid fera le vide au-dessous du piston; celui-ci descendra donc poussé par la pression de l'atmosphère, jusqu'au bas du corps de pompe et l'on recommencera la manœuvre.

Au mois d'août 1690 parut dans les *Acta eruditorum* de Leipzig la description du petit modèle dont se servit Papin pour essayer son invention.

Le corps de pompe n'avait que 2 pouces 1/2 de diamètre et ne pesait pas 5 onces. A chaque oscillation, il élevait cependant 60 livres à une hauteur égale au double de la course descendante du piston. La vapeur disparaissait si complètement quand on ôtait le feu, que le piston redescendait « jusque tout au fond, en sorte qu'on ne saurait soupçonner qu'il y eut aucun air pour le presser au-dessous et résister à sa descente ». Dans les expériences de 1690, « une minute suffisait pour chasser ainsi le piston jusqu'au haut de son tuyau »; dans des essais postérieurs, il vidait les tuyaux en un quart de minute.

Avant Papin, Salomon de Caus, Worcester et Moreland avaient déjà imaginé des dispositions diverses pour élever l'eau par la force élastique de la vapeur; il paraît même que le marquis de Worcester aurait fait fonctionner à Londres, en 1650, une fontaine à vapeur. Hâtons-nous de dire que ces appareils dans lesquels la vapeur pressait directement sur le liquide pour le refouler dans un tuyau vertical, n'avaient rien de commun avec la machine à piston de Papin; mais à cette époque, c'était surtout pour élever de grandes quantités d'eau, particulièrement pour épuiser l'eau qui s'accumule en si grande abondance dans les galeries des mines, qu'on se préoccupait de réaliser un moteur puissant. Tel était bien l'usage principal auquel Papin destinait son invention; mais il avait le génie trop inventif pour ne pas voir que le mouvement de va-et-vient du piston pourrait recevoir d'autres applications et devenir un moteur universel. Pour atteindre ce résultat, il fallait transformer le mouvement rectiligne alternatif du piston en un mouvement circulaire continu. Papin indique une solution du problème qui consistait à munir la tige du piston de dents engrenant avec une roue dentée; mais comme le piston n'avait aucune force dans sa course ascendante, on aurait accouplé deux machines, le piston de la première descendant pendant que l'autre remonterait; enfin les deux crémaillères auraient actionné deux roues dentées, montées sur le même arbre avec un encliquetage, de manière que chaque roue pût entraîner la rotation de l'arbre pendant la course descendante du piston, et tourner ensuite librement pendant le mouvement ascendant.

A partir de 1695, Papin habita Cassel où il fit de nombreuses expériences et construisit des machines ingénieuses: fourneaux pour couler des glaces, appareils pour conserver les denrées alimentaires, machines pour épuiser l'eau des salines, balistes pour lancer des grenades, pompes pour élever l'eau de la Fulda, etc. Ces pompes étaient disposées sur le modèle des machines élévatoires que Savery faisait fonctionner en Angleterre depuis 1700 (V. Moteur a vapeur). Mais pour éviter l'énorme condensation qui résultait du contact de la vapeur avec l'eau froide contenue dans le réservoir, il avait imaginé de recouvrir la surface de l'eau d'un flotteur épais qui empêchait en partie la communication de la chaleur de la vapeur au liquide du réservoir.

Papin ne cessa de s'occuper du perfectionnement de sa machine; il avait eu l'idée de l'appliquer à la propulsion des bateaux, en l'employant à faire tourner une roue à aubes comme il en avait déjà vu une sur une chaloupe du prince Robert. On raconte même qu'il avait construit et fait naviguer sur le Weser un bateau à vapeur que les bateliers auraient mis en pièces dans la crainte que la nouvelle invention ne ruinât leur industrie; mais cette anecdote reste fort douteuse.

Papin est retourné à Londres en 1710, sans doute pour soumettre son invention à la Société royale et demander les moyens de la mettre à exécution; ses démarches restèrent sans succès; il quitta l'Angleterre en 1712, et revint, en 1714, à Cassel où il mourut peu de temps après dans un état voisin de la misère. Il était membre correspondant de l'Académie des sciences depuis 1709, honneur bien tardif que lui avait fait son pays. On aurait dû le nommer au moins membre associé puisqu'on s'obstinait à le considérer comme un étranger.

La destinée de Papin, au moins à la fin de sa vie, est l'un des plus tristes exemples que puisse offrir l'histoire des inventeurs méconnus. Chassé de sa patrie par les passions religieuses, il ne put parvenir à faire fonctionner sur une échelle industrielle l'engin merveilleux qu'il avait inventé et qui était appelé à transformer la vie des sociétés civilisées; une fois cependant l'occasion lui en avait été offerte par le comte de Sintzendorff qui possédait, en Bohême, des mines inondées et l'avait invité à venir les dessécher avec sa machine; mais l'Allemagne était alors en proie à des guerres cruelles, et l'inventeur jugea qu'il n'avait pas le droit d'abandonner sa famille dans un temps aussi troublé. A la même époque pourtant, Newcomen et Cawley parvenaient à construire une machine entièrement semblable à celle de Papin, et s'enrichissaient à dessécher les mines, pendant que le premier inventeur, devançant son époque, épuisait ses ressources pour perfectionner son œuvre et construire des bateaux à vapeur, et finissait par mourir misérable et méconnu. L'ingratitude le poursuivit même après sa mort; ses titres à l'invention de la machine à vapeur ont été discutés, et même complètement niés en Angleterre. Le principal argument qu'on invoquait était que sa machine n'avait été complètement décrite qu'en 1707 dans un mémoire publié à Leipzig sous le titre: *Ars nova ad aquam ignis adminiculo efficatissima elevandam*, tandis que la patente accordée à Newcomen, Cawley et Savery date de 1698. Arago est le premier qui rendit pleine justice à la mémoire de Papin; il réduisit à néant les assertions des biographes anglais en faisant observer que Papin a publié à Cassel, en 1695, un *Recueil de diverses pièces* touchant quelques nouvelles machines et contenant la description détaillée de la machine à cylindre et à piston. Les passages cités plus haut sont tirés de ce recueil où ils sont donnés comme extrait des *Acta eruditorum* de Leipzig, numéro du mois d'août 1690, ce qui lui assure d'une manière incontestable la priorité de cette admirable invention.

Papin a laissé un grand nombre d'opuscules

publiés pour la plupart dans les *Philosophical transactions* ou les *Acta eruditorum*, et dont les principaux sont : *Expériences faites avec la machine pneumatique sur la manière de conserver les corps dans le vide*, 1676 ; *Description d'un siphon*, 1685 ; *Description d'une canne à vent* ; *Démonstration de la vitesse avec laquelle l'air rentre dans un récipient épuisé ; Nouvelle manière d'élever l'eau*, c'est l'*Ars nova*, etc., dont il est question plus haut ; *Réponse aux objections du médecin Nuis sur cette machine*, 1687 ; *Nouvelles expériences sur la poudre à canon*, 1688 ; *Description du soufflet de Hesse*, 1689 ; *Fasciculus dissertationum*, 1695 (c'est le recueil mentionné par Arago et qui contient la plupart des articles précédents). — M. F.

* **PAPYRINE.** *T. de chim.* Matière obtenue par MM. Poumarède et Figuier en traitant la cellulose par l'acide sulfurique dilué. C'est le produit si employé dans l'industrie pour les opérations osmotiques, et auquel on applique plus généralement le nom de *parchemin végétal*.

PAPYRUS. Liber et écorce du *cyperus papyrus* (cypéracées) dont les anciens se sont longtemps servi pour écrire. On le préparait en coupant la racine et le haut de la tige de façon à conserver un tronc de 1 à 2 pieds de longueur, dont on enlevait successivement l'écorce et les pellicules suivantes ; ces pellicules fraîches étaient étirées et étendues, battues et mises en presse, on les collait ensuite bout à bout pour en former des feuilles.

PAQUEBOT (de *packet*, paquet et *boat*, bateau, *t. anglais*). Navire qui fait le transport des lettres et des passagers d'un port à un autre.

— Depuis près de deux siècles, on désigne ainsi les navires destinés au transport régulier des lettres et des passagers : les premiers services de paquebots ont été établis au commencement du xviiiᵉ siècle entre l'Angleterre, la France et la Hollande. C'étaient alors de petits bâtiments, auxquels on demandait surtout une grande vitesse. Cette qualité pouvait se réaliser (dans la navigation à la voile) avec de faibles dimensions, comparables à celles de nos bateaux de pêche ou de petit cabotage. Lescallier, dans son *Dictionnaire de marine*, imprimé vers la fin du siècle dernier, termine ainsi l'article relatif aux paquebots. « Ces batiments sont gréés de différentes manières, le plus souvent en sloops et en goëlettes ; ils doivent être d'une marche supérieure ; leur port n'est guère au delà de 80 tonneaux ; ils sont armés de peu de monde et coûtent peu. » Aujourd'hui, au contraire, les dimensions des paquebots dépassent celles des plus grands navires de guerre ; le prix des derniers construits pour le service transatlantique atteint 8,000,000 de francs.

Le paquebot est aujourd'hui le type le plus intéressant du navire de commerce à vapeur, tant au point de vue des dimensions, des installations intérieures, qu'à celui de la vitesse et de la navigabilité. Dès que la marine de commerce à vapeur, après avoir fait ses premiers pas dans la navigation fluviale, à l'abri de la concurrence alors redoutable des navires à voiles, eût atteint un degré de perfection et de sécurité suffisant pour aborder la haute mer, elle accapara immédiatement les services postaux auxquels elle est si bien appropriée. Les paquebots-poste veulent,

avant tout, avoir une marche très régulière et une grande vitesse ; la substitution des machines à la voilure permet de réaliser des formes fines, susceptibles de faire route par tous les temps, contre la mer et contre le vent.

La concurrence s'établit bientôt entre les divers pays, et dans chaque contrée, entre de nombreuses compagnies privées, à l'initiative desquelles la marine, en général, doit d'importantes innovations relatives, soit à la coque, soit à l'appareil moteur.

— C'est dans la période qui s'écoule, de 1830 à 1840, que l'on vit se former les premières lignes régulières de paquebots à vapeur, en Angleterre et en Amérique. En 1838, le *Great-Western*, dont l'apparition fit sensation, avait des dimensions qui semblent aujourd'hui dérisoires pour un navire destiné à relier New-York à l'Angleterre. Longueur 65ᵐ,60 ; largeur 11 mètres ; vitesse moyenne 8ⁿ,8.

Les plus anciens paquebots français reliaient la Corse au Continent, leurs dimensions étaient très réduites, et cette courte traversée ne se faisait qu'à une vitesse de huit nœuds au maximum.

De 1840 à 1860, les Compagnies anglaises se développent avec une activité remarquable ; la grande ligne de New-York voit, avec la Compagnie Cunard, augmenter chaque jour le nombre et les dimensions des paquebots, les puissances des machines, la vitesse et aussi le luxe et le confortable des emménagements. Dès 1840, la *Royal mail west India* entreprend de desservir la ligne de Suez à Calcutta, aidée par une subvention du gouvernement britannique ; la *Peninsular and Oriental* relie, d'un côté, les ports de la Méditerranée, Marseille et Alexandrie, et, de l'autre, l'Inde et la Chine.

La Compagnie française des Messageries maritimes, fondée en 1852, par les actionnaires de l'ancienne Compagnie terrestre du même nom, débuta dans le service postal subventionné avec le matériel modeste employé par l'Etat. Cette Compagnie prit rapidement un grand essor sur la Méditerranée, sur les lignes du Brésil, de l'Inde et de la Chine. Aujourd'hui, elle rivalise avec les plus grandes Compagnies du monde entier, grâce à une superbe flotte construite presque entièrement dans ses chantiers et ateliers de la Ciotat.

La Compagnie française Transatlantique ne débuta qu'en 1862, dans une période critique au point de vue du matériel naval. L'hélice allait supplanter les roues ; les machines à allure rapide remplaçaient peu à peu les anciennes machines à balancier, dont les qualités indiscutables de régularité et de douceur ne pouvaient plus compenser l'excessif encombrement et le poids exagéré. Malheureusement le matériel de la nouvelle Compagnie fut établi suivant des idées battues en brèche dans tous les pays, et les magnifiques paquebots à roues construits en Angleterre et à Saint-Nazaire furent démodés peu de temps après leur entrée en service.

La substitution du fer au bois s'était effectuée dès le début dans la marine à vapeur de commerce ; elle s'imposait trop impérieusement dans les grandes constructions pour être longtemps différée. Les prévisions établies alors sur la durée des coques et justifiant l'augmentation des dépenses premières furent notablement dépassées. Il n'en fut pas de même pour les propulseurs et les appareils moteurs et évaporatoires. Pendant longtemps, on se refusa à abandonner les roues à aubes pour adopter l'hélice dont les avantages semblent cependant indiscutables aujourd'hui ; ce n'est que vers 1860, que les grandes Compagnies consentirent à cette modification importante dans leur matériel. Les derniers grands paquebots à roues furent donc construits vers cette époque, au moment de la formation de notre grande Compagnie transatlantique. Les dimensions du *Scotia*, dernier navire à roues de la Compagnie Cunard étaient :

Longueur..........	115m,52
Largeur...........	14m,57
Creux............	9m,30
Poids de coque........	2.900 tonneaux.
Machines et chaudières...	1.480 —
Charbon..........	1.600 —
Equipage, chargement....	620 —
Déplacement total......	6.600 —

Nous ne pouvons ici passer sous silence la tentative grandiose de l'ingénieur Brunel et du constructeur Scott-Russell. Le fameux *Great Eastern* atteignit des dimensions inusitées, qui n'ont jamais été atteintes depuis. La coque fut construite dans le système cellulaire et longitudinal, imaginé par Scott-Russell pour vaincre les difficultés soulevées par des dimensions si colossales; les détails de la construction furent remarquablement étudiés, mais l'entreprise, trop hardie, fut désastreuse au point de vue financier et commercial. Au lieu de servir à un transport régulier et direct de passagers et de marchandises entre l'Angleterre et l'Australie, ce magnifique navire de 207 mètres de longueur, de 28,500 tonneaux de déplacement, mû à la fois par des roues à aubes et une hélice, fut employé à la pose des premiers câbles transatlantiques. La grandeur du capital engagé dans la construction (25,000,000), l'excessive dépense d'entretien journalier ne lui permettent même pas aujourd'hui de continuer à rendre à la télégraphie sous-marine les services qu'elle lui a demandés à ses débuts. — V. CABLE SOUS-MARIN.

Un des grands avantages qui accompagnent l'adoption de l'hélice est l'augmentation de l'allure du propulseur et, par suite, de la vitesse de rotation de la machine motrice, dont le poids et l'encombrement peuvent être notablement réduits. Au début de l'adoption de l'hélice dans les grands paquebots, on a hésité à communiquer aux machines les vitesses que le nouveau propulseur était susceptible d'atteindre, et on a, pendant quelques années, fait usage d'engrenages, faisant perdre ainsi une partie notable des avantages que l'on était appelé à recueillir.

Aujourd'hui, on est unanime à employer [pour les paquebots de toutes dimensions, l'hélice à allure rapide, les machines verticales, dites à pilon, attelées directement sur l'arbre du propulseur, unique, même pour des développements de puissance atteignant 10,000 chevaux (indiqués sur les pistons). Le principe économique de la détente fractionnée de la vapeur dans des cylindres séparés est universellement admis, le nombre des cascades successives est en raison de la grandeur de la pression initiale de la vapeur à son entrée dans la machine.

Le type de machines, « compound », avec un petit cylindre d'admission, dit aussi « à haute pression », et un grand cylindre d'expansion (ou « à basse pression »), est, sans contredit, le plus répandu dans les navires de dimensions moyennes.

Les grands paquebots ont, en général, des dispositions plus complexes, soit pour augmenter la puissance sans exagérer les dimensions absolues des cylindres, soit pour accroître la régularité du mouvement de l'arbre en multipliant les manivelles motrices. C'est ainsi qu'un grand nombre de machines de paquebots ont leurs cylindres disposés en « tandem », c'est-à-dire qu'une même manivelle est actionnée par une tige portant à la fois les pistons des cylindres d'admission et de détente. Deux, ou même trois manivelles semblables réalisent, sans contredit, le type de machine le plus satisfaisant au point de vue de la régularité des couples moteurs; la hauteur atteinte est alors considérable (plus de 12 mètres sur la *Normandie*). Cette disposition est générale sur les paquebots en service de la Compagnie transatlantique. Les navires des messageries ont, au contraire, des machines à pilon dont les cylindres d'admission et de détente commandent chacun une manivelle.

L'adoption des chaudières à pression élevée eut depuis longtemps pour conséquence l'usage de condenseurs à surface dont on trouvera la description aux articles, CONDENSATION, MOTEUR A VAPEUR, § *Machines à condensation*. Depuis un petit nombre d'années, on emploie avec succès, sur les paquebots, des machines à triple détente qui permettent d'atteindre les meilleurs résultats au point de vue de l'économie de combustible. Ce type de machines inauguré en France il y a plus de dix ans, est fort en faveur en Angleterre. Nos grandes Compagnies des Transatlantiques et des Messageries maritimes viennent de l'adopter récemment sur leurs plus grands navires, et sur les bâtiments qu'elles construisent pour satisfaire aux nouveaux cahiers des charges relatifs à la ligne du Havre à New-York.

Le développement considérable des relations entre l'ancien continent et les Etats-Unis a donné lieu à une concurrence redoutable entre les nombreuses Compagnies rivales qui se disputent la ligne de New-York. Le résultat le plus important fut l'accroissement, souvent exagéré, donné par les constructeurs aux dimensions des paquebots destinés à porter le pavillon de chaque Compagnie dans cette lutte de vitesse, et l'augmentation incessante de la puissance des machines. La réduction de la durée du trajet n'est malheureusement pas proportionnelle à l'importance des sacrifices réalisés dans son intention; pour attirer les passagers, on a dû développer parallèlement le confortable des emménagements de ces hôtels flottants sur lesquels on doit séjourner près d'une semaine. Le luxe des installations, les soins apportés dans le service et, il faut bien le dire, les sacrifices culinaires accomplis par les Compagnies ne doivent pas être passés sous silence, d'autant plus qu'à ce double point de vue, surtout, nos Compagnies françaises supportent avantageusement la concurrence. L'adoption de l'éclairage électrique à l'intérieur des paquebots a été certainement, au début, une opération onéreuse, utile comme réclame; aujourd'hui, cette mesure s'impose, tant au point de vue de la sécurité que de la simplification que procure dans le service courant la substitution des lampes à incandescence aux lampes à huile et aux bougies. Le voyageur, auquel le séjour dans les cabines est si pénible, surtout par mauvais temps, n'est plus condamné pendant

Fig. 41. — Paquebot la Normandie.

toute la nuit à l'obscurité absolue; il a à sa portée, le moyen d'allumer ou d'éteindre une lampe dont l'alimentation est assurée par le fonctionnement continu de machines ou d'accumulateurs.

Nous avons développé, dans un article précédent (V. NAVIRE § *Navires à vapeur*), l'influence sur les dimensions d'un navire, du programme qui a présidé à sa construction; or, ce programme, aujourd'hui, est écrasant pour un paquebot destiné à desservir cette fameuse ligne du Havre à New-York. Les nécessités de la concurrence d'une part, les exigences des cahiers des charges dressés récemment par le Gouvernement, en échange de la forte prime qu'il accorde sous forme de subvention postale, ont conduit la Compagnie transatlantique à mettre en chantier quatre grands navires qui, joints à la *Normandie*, construite en 1882, en Angleterre, assureront bientôt le service de cette ligne impor-

tante. La vitesse moyenne annuelle doit être de 15 nœuds; la distance à franchir étant officiellement estimée à 3,100 milles. En pratique, la longueur du trajet dépasse toujours un peu cette valeur, à cause des difficultés que présentent les côtes de Terre-Neuve; il en résulte que la vitesse réelle moyenne devra être de 15,5. L'hiver, les traversées sont très pénibles à cause de la violence du vent et des vagues, la sécurité des installations et de la machine exige souvent une diminution de vitesse qu'il faudra compenser dans la belle saison, par un excès d'allure. Dans ces conditions, les nouveaux bâtiments devront certainement pouvoir réaliser, par beau temps, des traversées avec une vitesse de plus de 16 nœuds (durée du trajet, 8 jours). Aux essais de courte durée, ils atteindront probablement 18 nœuds. Voici quelques renseignements relatifs à ces nouveaux bâtiments qui présentent tous les perfectionnements réalisés aujourd'hui :

La *Champagne* et la *Bretagne* sont construits dans les chantiers de la Compagnie établis à Saint-Nazaire; les deux autres, la *Bourgogne* et la *Gascogne*, sont confiés à la Société des forges et chantiers de la Méditerranée dont les chantiers sont à la Seyne (rade de Toulon), et les ateliers à Marseille.

Longueur, 150 mètres; largeur, 15^m,70; creux, 11^m,70; jauge brute, 6,800 tonneaux; déplacement total, 8,000 tonneaux; puissance de la machine, 8,000 chevaux.

Les dispositions générales diffèrent peu de celles de la *Normandie*, en service depuis 1883 et dont nous donnons ci-dessous une coupe longitudinale (fig. 41).

La mâture comporte quatre mâts légèrement inclinés sur l'arrière, le beaupré, devenu inutile sur tous les navires de grande longueur, est entièrement supprimé; les étais de misaine aboutissent directement sur l'étrave. Les deux mâts de l'avant reçoivent seuls des voiles carrées; ceux de l'arrière ne possèdent que des voiles goëlettes. Deux énormes cheminées sont placées dans l'axe, vers le milieu du navire.

Les salons et cabines des premières sont, contrairement aux anciens usages, placés à l'avant des machines et chaudières. L'éloignement de l'arrière fait disparaître les incommodités dues aux trépidations de l'hélice, aux affolements qu'elle subit pendant les mouvements de tangage. Les salons et cabines des passagers de première et de deuxième classes sont disposés dans l'entrepont supérieur : en dessous sont les logements des émigrants dont le nombre peut atteindre 800 et enfin, en dessous, les divers compartiments de la cale, soutes à charbon, à marchandises. Il ne faut pas oublier qu'un navire de cette importance emporte avec lui près de 1,600 tonneaux de charbon.

A côté de ces chefs-d'œuvre de la construction navale, si remarquables par leurs grandes proportions et le luxe de leurs installations, il faut citer des types plus modestes destinés à transporter économiquement, à des allures réduites, de 10 à 11 nœuds, les passagers et les marchan-

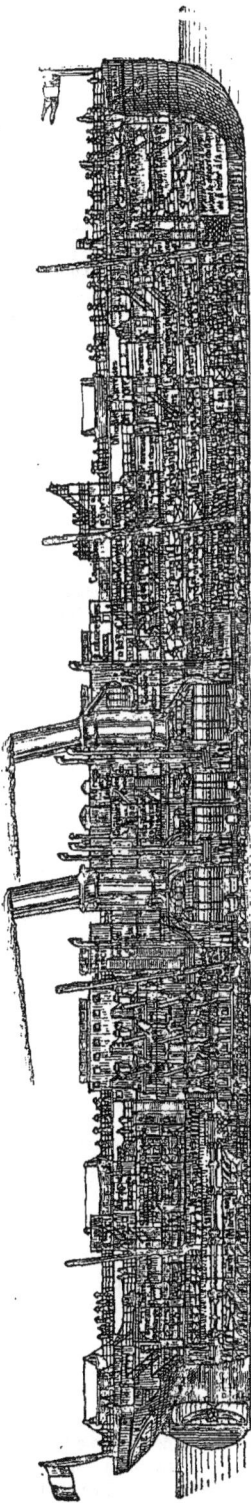

dises sur des lignes secondaires où la concurrence n'a pas fait naître encore cette lutte aussi dispendieuse. En face des navires filant 16 nœuds et brûlant 200 tonneaux par vingt-quatre heures, fonctionnent des petits paquebots portant plus de 1,000 tonnes de fret à des vitesses de 10 nœuds, et brûlant moins de 20 tonneaux par jour; ils représentent un capital engagé dix fois moins élevé.

PAQUET. 1° *T. de métall.* Le fer brut ne s'obtenant qu'à un état de pureté insuffisant, dans des dimensions déterminées et restreintes, il a été nécessaire de faire par soudage les pièces de plus en plus grosses demandées par l'industrie. C'est par le *paquetage* qu'on y arrive. Un *paquet* se compose d'un certain nombre de barres de fer brut ou déjà corroyé, coupées de longueur à la cisaille et constituant un ensemble qui doit être soumis à la soudure, et au profilage, soit au marteau, soit au laminoir. La ferraille s'emploie, de même, en paquet, avant de subir le corroyage et on donne à ces paquets, plus ou moins la forme de boîtes, dont les parois extérieures sont composées de fer brut ou de tôles découpées, tandis que le centre renferme tous les menus riblons rangés et tassés le plus possible pour occuper un volume minimum.

Quand une des faces de la barre à obtenir doit présenter une homogénéité, une netteté particulière, on l'obtient au moyen d'une *couverte* qui sert de support à tout l'édifice du paquet. Dans la fabrication des tôles, par exemple, on forme généralement le paquet avec deux couvertes en fer corroyé; quand le poids de la tôle nécessite deux paquets devant être soudés ensemble, chacun de ces paquets a une seule couverte. Dans la fabrication des rails en fer, la surface de roulement devait être obtenue avec une couverte en fer corroyé, d'une qualité et d'un poids spécifiés d'avance. Les rails à double champignon avaient donc un paquet à deux couvertes, tandis que les rails à patin n'avaient besoin que d'une seule couverte. Dans la fabrication des fers profilés, il est bon que le paquet soit constitué en ébauchant déjà la forme voulue, on évite ainsi les inégalités de pression trop grandes pendant le laminage. || 2° *T. d'imp.* Nombre déterminé de lignes composées, sans folio ni titre, liées provisoirement avec une ficelle, et remises au metteur en pages par le compositeur; on en fait des épreuves qu'on nomme *épreuves en paquet.* || 3° *T. de tiss.* et de *filat.* Réunion de maillons tenus par une seule corde. || 4° Réunion de vingt mains de fils de soie et de cent écheveaux de fils de lin.

PAQUETAILLE. Le nom de *paquetaille* ou *soie de paquetaille* est donné, dans les moulins, aux petites parties de soie grège variables de titres et de qualités. Ces parties sont faites par les propriétaires qui ne veulent pas vendre leurs cocons et préfèrent les dévider pour en porter ensuite le produit sur les marchés; les mouliniers achètent ces lots et assortissent les brins.

PAQUETIER, IÈRE. *T. d'impr.* Celui, celle qui fait des paquets de composition.

PARA... Préfixe que les chimistes placent avant la dénomination des corps dont la composition élémentaire est la même, mais qui jouissent de propriétés différentes.

PARABOLE. *T. de géom.* La parabole est une des trois courbes qui ont été étudiées avec tant de détails par les géomètres anciens et modernes sous le nom de *sections coniques* (V. Conique). C'est la courbe d'intersection d'un cône à base circulaire par un plan parallèle à l'un des plans tangents au cône. Comme toutes les sections coniques, la parabole est représentée par une équation du second degré; mais l'équation de la parabole présente cette particularité que les termes du second degré y forment un carré parfait. L'équation la plus générale d'une parabole quelconque est ainsi : $(ax + by)^2 + cx + dy + f = o$. Les propriétés de la parabole se déduisent facilement de cette équation ; voici les plus importantes :

La parabole est une courbe indéfinie dans les deux sens; mais elle se recourbe sur elle-même de manière que les deux régions qui s'éloignent indéfiniment tendent à devenir parallèles. La courbe présente ainsi à peu près la forme d'un U dont les deux branches seraient indéfiniment prolongées. De plus, ces deux portions de la courbe s'éloignent indéfiniment l'une de l'autre, de sorte que la courbe n'a pas d'asymptote. Il résulte évidemment de cette forme que la parabole n'a pas de centre. A chaque direction donnée correspond, comme dans toutes les coniques, un diamètre qui partage en deux parties égales les cordes parallèles à cette direction; mais, dans la parabole, tous les diamètres sont parallèles entre eux. L'un de ces diamètres est perpendiculaire aux cordes qu'il divise en deux parties égales : c'est l'*axe* de symétrie de la courbe. Le point où cet axe coupe la courbe en est le *sommet.* Rapportée à son axe et à la tangente au sommet qui est évidemment perpendiculaire à cet axe, la parabole a pour équation : $y^2 - 2px = o$. Il résulte de là que la forme et les dimensions de la courbe ne dépendent que de la seule quantité p qui a reçu le nom de *paramètre.* On en conclut que *toutes les paraboles sont des courbes semblables.*

La parabole n'a qu'un seul *foyer* (V. ce mot) et une seule directrice, et son excentricité, c'est-à-dire le rapport constant des distances d'un point quelconque de la courbe au foyer et à la directrice est égal à l'unité. La parabole est donc le *lieu des points équidistants d'un point fixe, appelé* foyer, *et d'une droite fixe appelée* directrice. Cette propriété fort importante est celle qui sert de définition de la parabole dans les traités de géométrie élémentaire; on en peut déduire facilement tous les théorèmes relatifs à cette courbe. La droite qui joint un point de la courbe au foyer s'appelle le *rayon vecteur* de ce point. La directrice est évidemment perpendiculaire à l'axe. La distance du foyer à la directrice est égale au paramètre p de la courbe. La tangente à la parabole fait des angles égaux avec le rayon vecteur du point de contact et la parallèle à l'axe menée par ce point; elle vient couper l'axe en un point qui est aussi éloigné du sommet que le pied de la perpendiculaire abaissée du point de contact sur l'axe. La sous-normale ou projection sur l'axe de la portion d'une normale comprise entre son pied et l'axe, est constante pour tous les points de la courbe. Ces trois dernières propriétés sont caractéristiques, c'est-à-dire qu'elles n'appartiennent qu'à la parabole, à l'exclusion de tout autre courbe; chacune d'elles pourrait servir à définir la parabole.

Si l'on considère une ellipse dont l'un des foyers resterait fixe ainsi que le sommet le plus voisin, tandis que l'autre foyer s'éloignerait indéfiniment, on démontre que la portion de cette courbe qui avoisine le foyer fixe se rapproche de plus en plus d'un arc de parabole ayant le même foyer et le même sommet, ce qu'on énonce quelquefois en disant que la parabole est la limite d'une ellipse dont les deux foyers s'éloignent indéfiniment. Des considérations analogues permettent de dire que la parabole est la limite d'une hyperbole.

L'aire d'un segment de parabole compris entre un arc et sa corde est égale aux deux tiers de celle du parallélogramme compris entre cette corde et la tangente qui lui est parallèle.

La parabole est l'une des rares courbes dont la longueur de l'arc peut s'exprimer à l'aide de fonctions élémentaires; la longueur d'un arc de parabole compté à partir du sommet jusqu'au point qui se trouve à une distance y de l'axe est en effet :

$$S = \frac{y\sqrt{y^2+p^2}}{2p} + \frac{p}{2}\log\frac{y+\sqrt{y^2+p^2}}{p}$$

La parabole se prête à de nombreuses applications; c'est la forme qu'affectent les câbles des ponts suspendus (V. Chaînette). Les courbes de chemin de fer sont généralement des arcs de cercle dans leur partie moyenne; mais pour que la courbure de la voie ne disparaisse pas brusquement, on raccorde la partie circulaire de la voie avec la partie droite au moyen d'un arc de parabole (V. Courbe). On démontre en cinématique que la parabole est la trajectoire résultante d'un mouvement uniforme et d'un mouvement uniformément accéléré; un corps soumis à l'action d'une force constante et animé d'une vitesse initiale dans une direction différente doit donc décrire un arc de parabole. Tel serait le cas d'un corps pesant lancé horizontalement ou obliquement *dans le vide*; on sait que la résistance de l'air modifie notablement la forme de la trajectoire des projectiles (V. Balistique). Dans l'appareil qu'a imaginé le général Morin pour démontrer expérimentalement les lois de la chute des corps, un poids tombant devant un cylindre en rotation trace sur ce cylindre une courbe qui devient une *parabole* quand on déroule le papier sur laquelle elle est tracée (V. Chute des corps). Enfin c'est à l'égalité des angles que fait la tangente à la parabole avec le rayon vecteur et la parallèle à l'axe, que les miroirs paraboliques doivent leurs propriétés optiques. — V. Miroir, II. — m. f.

*PARABOLOÏDE. T. de géom. Surface du second ordre dénuée de centre, et formée d'une seule nappe s'étendant à l'infini. Il existe deux espèces de paraboloïdes qui ont reçu les noms de *paraboloïde elliptique* et *paraboloïde hyperbolique*. Ces deux surfaces ont chacune un axe de symétrie et deux plans de symétrie perpendiculaires passant par cet axe; tous leurs diamètres sont parallèles à l'axe; il en est de même de leurs plans diamétraux. Le point où l'axe rencontre la surface est appelé le *sommet*.

Le paraboloïde elliptique peut être considéré comme engendré par une ellipse qui se déplace et s'amplifie en restant semblable à elle-même, de manière que son plan soit toujours parallèle à lui-même et que ses sommets décrivent une parabole donnée non située dans son plan. Toutes les sections planes de cette surface sont des ellipses ou des paraboles. Comme cas particulier du paraboloïde elliptique, il convient de citer le *paraboloïde de révolution* engendré par la rotation d'une parabole autour de son axe. Dans ce mouvement, le foyer de la parabole reste fixe, et la directrice décrit un plan nommé *plan directeur*. Le paraboloïde de révolution est le lieu des points équidistants du foyer et du *plan directeur*. De ce que la tangente à la parabole fait des angles égaux avec le rayon vecteur du point de contact et la parallèle à l'axe, il résulte que le plan tangent à un paraboloïde de révolution jouit de la même propriété. Si donc on imagine que des rayons lumineux parallèles à l'axe viennent se réfléchir sur la partie intérieure de cette surface, les rayons réfléchis iront tous concourir au foyer, et réciproquement des rayons émanés du foyer se réfléchiront parallèlement à l'axe. De là, l'usage des *miroirs paraboliques*, soit pour concentrer les rayons parallèles, soit pour projeter au loin, en un faisceau cylindrique, la lumière d'une lampe. — V. Miroir, II.

Le paraboloïde hyperbolique est engendré comme le paraboloïde elliptique, mais par une hyperbole qui se déplace et se déforme en restant semblable à elle-même, de manière que son plan reste toujours parallèle à lui-même, et que ses sommets décrivent une parabole non située dans son plan. C'est une surface à courbures opposées; sa forme dans le voisinage du sommet est assez bien représentée par une selle de cheval. Toutes ses sections planes sont des hyperboles ou des systèmes de deux droites. Par chaque point de la surface passent deux lignes droites situées tout entières sur la surface et nommées *génératrices rectilignes*. Toutes ces génératrices se répartissent en deux systèmes, et les génératrices d'un même système sont toutes parallèles à un plan de direction fixe qu'on appelle *plan directeur*. Il y a donc *deux plans directeurs*, un pour chaque système de génératrices. Deux génératrices de même système ne se rencontrent jamais, deux génératrices de système différent se rencontrent toujours. De là résulte qu'on peut considérer la surface comme engendrée par une ligne droite qui se déplace en restant parallèle à un plan fixe et en s'appuyant sur deux droites fixes. Ce mode de génération qui fait rentrer le paraboloïde hyperbolique dans la classe des *conoïdes* permet de représenter une portion de cette surface par des fils tendus entre deux planchettes dans des positions convenables. On rencontre fréquemment dans les collections des modèles de ce genre (V. GÉNÉRATRICE). Il conviendrait peut-être de rapprocher des deux paraboloïdes le *cylindre parabolique* (V. CYLINDRE) qui n'a ni centre ni axe et dont tous les plans diamétraux sont parallèles entre eux. — M. F.

I. PARACHUTE. Le parachute est un instrument qui sert à ralentir considérablement la descente verticale d'un corps pesant, en utilisant pour cet objet la résistance que l'air oppose au mouvement rapide d'une grande surface. Il se compose d'une espèce de vaste parasol formé de baguettes de bois sur lesquelles est tendue une étoffe de soie; des cordes attachées à la circonférence supportent une petite nacelle en osier dans laquelle un homme peut trouver place; il va sans dire que la concavité doit être tournée vers le bas; enfin une ouverture est ménagée au sommet afin de donner issue à l'air que le parachute comprime au-dessous de lui. Le parachute pourrait constituer un instrument de sauvetage pour un aéronaute dont le ballon viendrait à se déchirer dans l'atmosphère, et de fait, les aéronautes de profession ont souvent donné en public le spectacle d'une descente en parachute. Dès que la corde qui relie l'appareil à l'aérostat est coupée, le parachute commence à tomber avec une vitesse vertigineuse, parce qu'au départ, il se trouve fermé; mais bientôt, l'air s'engouffrant à sa partie inférieure le force à s'ouvrir, et dès lors, la résistance devenant énorme, le mouvement se ralentit considérablement, et la nacelle vient doucement toucher terre.

Le fonctionnement de cet appareil repose sur un théorème de mécanique bien connu: c'est que la vitesse d'un corps pesant tombant dans un milieu résistant, comme l'air, tend vers une limite maximum qu'elle ne saurait dépasser. La résistance s'accroît avec la vitesse, et au bout d'un certain temps, on peut admettre qu'elle est devenue égale au poids du corps; à partir de ce moment le mouvement est sensiblement uniforme. Disons en passant que c'est sur le même principe que repose le fonctionnement du régulateur à ailettes, qui sert encore aujourd'hui à régler le mouvement de certains rouages d'horlogerie. Il est évident que la résistance de l'air sera d'autant plus grande et par suite la vitesse maximum de descente d'autant plus faible que le parachute présentera plus de surface. L'ouverture supérieure est indispensable.

— L'idée du parachute était connue au commencement du XVIIe siècle, ainsi qu'il résulte d'un manuscrit écrit en 1617, par Fausti Véranzio, de Venise. Mais Véranzio ne parle que d'une toile carrée tendue sur quatre perches. En 1783, l'année même de l'invention des aérostats, Sébastien Lenormand imagina de se laisser tomber d'un premier étage en tenant un parasol dans chaque main; puis il construisit un grand parachute dans lequel il fit descendre des animaux du haut de la tour de l'observatoire de Montpellier; enfin, il se risqua lui-même. Montgolfier assista à cette expérience. Plus tard, le 22 oc-

tobre 1797, Jacque Garnerin descendit en parachute d'une hauteur de 1,000 mètres; il eut à subir des oscillations épouvantables; pourtant il arriva sans accidents; c'est à la suite de cette expérience qu'il inventa l'ouverture supérieure. De nos jours, l'aéronaute Eugène Godard a eu l'idée d'entourer l'équateur d'un aérostat d'une large bande de soie qui tombe verticalement tant que le ballon monte, mais qui s'étale et forme parachute dès qu'il descend avec quelque rapidité. C'est sans doute à cette précaution qu'on a dû de n'avoir aucun accident mortel à déplorer dans la chute de l'*Univers*, en décembre 1875. — M. F.

II. *PARACHUTE. *T. d'exploit. des min.* La rupture du câble qui soutient une cage dans un puits de mine, a pour effet naturel la chute de la cage jusqu'au fond du puits. Si la cage porte des hommes cet accident est généralement mortel pour eux. Si elle n'en contient pas, cet accident est néanmoins très grave, car la cage se brise, fausse les guides, écrase les taquets du fond; en outre, elle entraîne avec elle une certaine longueur de câble qui fausse ou brise les guides et les cloisons, et qui se coince et se détériore au fond. Pour parer à toutes ces conséquences d'une rupture de câble, on a imaginé, vers 1850, des appareils appelés *parachutes*, qui arrêtent la cage près du point où elle se trouvait au moment de la rupture du câble. Il y a de très nombreux parachutes qui reposent sur le principe de l'interposition entre le câble et la cage d'un système élastique, qui est comprimé à fond de course par un poids un peu inférieur à celui de la cage vide, et par conséquent sans effet tant que la cage suspendue au câble, se meut à peu près avec une vitesse uniforme, mais qui se détend si le câble vient à se rompre, et enfonce dans les guides des ciseaux tranchants, ou les saisit et les comprime par des galets excentriques. Le parachute fonctionne aussi pour la cage descendante si elle a une trop grande accélération positive, et pour la cage ascendante si elle a une trop grande accélération négative. Le parachute agit particulièrement bien pour la cage ascendante parce que celle-ci, avant de redescendre sous l'action de son poids, éprouve un temps d'arrêt pendant lequel le parachute entre en action. Presque tous les parachutes sont à ressort d'acier, mais il y en a aussi à ressort d'air. Les parachutes à griffes fonctionnent ordinairement par l'écartement des griffes, ce qui a l'inconvénient de refouler les guidonnages, mais il y en a aussi qui serrent les guides dans une mâchoire. Les parachutes à galets agissent par le frottement des galets contre les guides dont la surface est généralement striée; ce sont les seuls possibles quand les guidonnages sont en fer. On fait aux parachutes les trois reproches suivants: 1° une variation trop brusque de la vitesse du câble peut faire prendre le parachute; cela arrête la cage par un choc qui peut faire casser le câble; 2° si le câble se rompt, il peut en frottant contre les parois du puits, conserver une tension suffisante pour empêcher le parachute de fonctionner; 3° la confiance qu'on a dans le parachute diminue la surveillance qu'on exerce sur les câbles.

Le parachute Fontaine agit au moyen de griffes qui viennent s'implanter dans la face antérieure des guides, quand des ressorts à boudin comprimés par la tension du câble viennent à se détendre. Si le câble casse, toute la cage prend l'accélération due à la pesanteur. Le ressort à boudin se détendant, le point de suspension de la cage a une accélération plus grande et par conséquent descend par rapport à la cage; les griffes poussées à leur partie supérieure, et soutenues à leur partie centrale entrent en prise.

Le parachute de Blanzy agit au moyen de galets excentriques qui viennent saisir latéralement les guides dont la surface est striée, quand des ressorts à boudin comprimés par la traction du câble viennent à se détendre.

Le parachute Libotte diffère du précédent en ce que le ressort à boudin est remplacé par un ressort formé de lames d'acier superposées.

Le parachute Micha agit à la fois par frottement et par arcboutement.

Le parachute de Cornouailles s'applique à la chaîne montante, dans les mines où l'on extrait avec des chaînes. On fait passer cette chaîne dans une fente dont une face est fixe, et dont l'autre est formée par un volet, soulevé par chaque anneau qui se présente transversalement. Si la chaîne se rompt au-dessus de la fente, elle commence à redescendre, mais le volet se rabat, et les anneaux transversaux ne peuvent pas passer. — A. B.

*PARADOS. *T. de fortif.* Ouvrage qui garantit une troupe ou un autre ouvrage contre les feux de revers.

*PARADOXE HYDROSTATIQUE. *T. de phys.* On sait que d'après le principe de Pascal, la pression exercée par un liquide sur le fond du vase qui le renferme, est égale au poids d'une colonne d'eau qui aurait pour section la surface considérée et pour hauteur la distance du niveau du liquide au-dessus du fond. Dans un vase plus large en haut qu'en bas, la pression du liquide sur le fond sera donc plus petite que le poids total du liquide; elle sera plus grande si le vase est plus étroit en haut qu'en bas. Si l'on place le vase sur le plateau d'une balance, cette pression se transmettra au plateau, et cependant, pour établir l'équilibre il faudra toujours placer dans l'autre plateau un poids égal au poids du liquide, plus le poids du vase, quelle que soit la forme de celui-ci. Cette apparente contradiction s'explique aisément si l'on réfléchit que la pression transmise au plateau de la balance n'est pas seulement la pression exercée par le liquide sur le fond; mais bien la résultante de *toutes les pressions* que le liquide exerce sur les parois du vase. Si, par exemple, celui-ci est plus étroit à la partie supérieure, la plus grande partie de sa surface sera inclinée par rapport à l'horizon et subira de la part du liquide une pression oblique dirigée vers le haut; celle-ci, en se composant avec la pression verticale du fond, en diminuera la valeur de telle sorte que la résultante totale est effectivement égale au poids total du liquide.

*PARADOXE DE FERGUSSON. *T. de mécan.* On désigne ainsi, dans les traités de mécanique appliquée, le fonctionnement d'un petit appareil imaginé par Fergusson pour expliquer la théorie des trains d'engrenages épicycloïdaux. Cet appareil (fig. 42) comprend une roue dentée A, fixe sur le pied de tout le système; autour de ce pied peut tourner un levier ou plateau portant une deuxième roue dentée B engrenant avec A et avec trois autres roues P, Q, R, de rayons un peu différents. La roue A ayant un nombre de dents q, P en a $n+1$, Q, n, et R, $n-1$. Quand on fait tourner le plateau autour du pied,

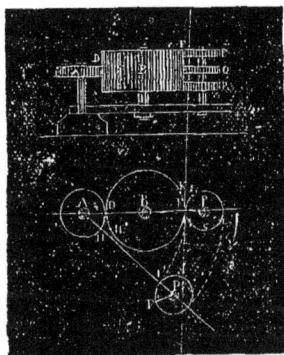

Fig. 42. — *Paradoxe de Fergusson.*

on voit la roue P tourner dans le sens du mouvement, et R en sens inverse, tandis que Q ne subit qu'un déplacement de translation, un rayon tracé sur cette roue restant parallèle à lui-même. Pour expliquer cet effet assez singulier au premier abord, supposons que la roue P porte un nombre quelconque de dents p. Imaginons qu'on ait fait tourner le levier dans le sens de la flèche (fig. 42) d'un angle quelconque. Le point de contact des roues A et B sera venu en H, et le point de la circonférence de B qui se trouve en contact avec A sera un point H' tel qu'il y ait autant de dents sur l'arc DH' que sur l'arc DH. Alors les points des roues B et P qui seront en contact seront les points K et L, K étant diamétralement opposé à H', et les arcs FK et FL comprenant autant de dents que l'arc HD. Ainsi la roue P aura pris la position P', le point L sera venu en L' sur le rayon AP' et le point F en F'; enfin, l'arc L'F' *contiendra autant de dents que l'arc* DH. Si donc, la roue P a juste autant de dents que la roue A, les arcs DH et L'F' représentent la même fraction de la circonférence, les angles DAH et L'P'F' sont égaux et P'F' est parallèle à PF; la roue P n'a subi qu'un mouvement de translation. Si, au contraire, la roue P porte plus de dents que A: $p > n$, l'arc L'F' représente une fraction de la circonférence plus petite que l'arc DH; l'angle L'P'F' est donc plus petit que l'angle DAH; le rayon P'F' ne se retrouve plus parallèle à son ancienne position PF et la roue P' a tourné dans le sens de rotation marqué par la flèche; si, enfin, P a moins de dents que A, le même raisonnement montre que la roue P tourne en sens inverse du mouvement de rotation du plateau. Ainsi se trouvent expliqués les faits observés. — M. F.

PARAFFINE. *T. de chim.* Corps découvert, en 1830, par Reichenbach, dans le goudron de hêtre, et qui se produit lors de la distillation d'un grand nombre de matières, comme le bois, la tourbe, le lignite, le boghead, le schiste feuilleté, la cire, etc.

Il a de faibles affinités, d'où son nom (*parum affinis*), et est constitué par la réunion de plusieurs carbures d'hydrogène, homologues du gaz des marais, et appartenant, par conséquent, à la formule générale $C^{2n}H^{2n+2}$; ceux qui sont mous auraient pour formule $C^{54}H^{56}...C^{27}H^{56}$, et peut-être des carbures moins condensés; les plus durs $C^{60}H^{62}...C^{30}H^{62}$. Ils contiennent d'ordinaire, en moyenne, 85 0/0 de carbone, pour 15 d'hydrogène.

État naturel. La paraffine existe à l'état naturel dans le pétrole, qui peut en contenir de 6 à 40 0/0; dans l'ozokérite ou paraffine fossile, dans le neft-gil ou cire fossile, dans le malte ou asphalte renfermé dans les schistes bitumineux. Silvestri l'a récemment rencontrée dans une lave géodique de l'Etna; elle était cristallisée et fondait à 56°; d'autres géodes contenaient des hydrocarbures liquides, renfermant 43 0/0 de paraffine.

Propriétés. La paraffine est un corps solide, incolore, pouvant cristalliser en aiguilles blanches et friables (solution alcoolique bouillante), en lamelles; elle est translucide, inodore, insipide; son point de fusion varie avec sa nature, entre 45 et 65°; ainsi, celle de boghead fond à 45°,5; celle de tourbe, de poix, à 46°,7; celle de cire de Chine, à 57°; celle de pétrole de Rangoon, à 61°; celle de cire d'abeilles (mélène), à 62°; celle d'ozokérite à 65°; Laurens en a cependant obtenu une, avec les schistes bitumineux d'Autun, qui fondait à 33°. Elle bout vers 300°, mais émet, auparavant, des vapeurs blanchâtres, qui brûlent facilement à l'air en donnant une flamme blanche très brillante; sa densité est de 0,877, et sa chaleur spécifique de 0,683. La paraffine est insoluble dans l'eau, dans l'alcool froid; soluble dans 2,85 parties d'alcool bouillant, dans l'éther, les huiles grasses et les huiles volatiles, ainsi que dans les carbures d'hydrogène, schiste, pétrole, etc.

L'acide sulfurique concentré n'agit pas à froid sur ce corps, mais à chaud il le carbonise partiellement, tandis qu'une autre portion distille; l'acide chlorhydrique, gazeux ou en dissolution, est sans action sur la paraffine; l'acide azotique concentré et bouillant la transforme en acide succinique, mais l'acide ordinaire étendu de une fois et demie son poids d'eau en fait de l'acide cérotique, puis donne des acides de la série grasse (acides acétique, butyrique, œnanthylique, valérique, etc., etc.); si ce même acide est étendu de quatre fois son poids d'eau, il devient à peu près sans action sur la paraffine. L'acide sulfurique mélangé au bichromate de potasse réagit à peu près comme l'acide azotique peu étendu, c'est-à-dire, qu'à l'ébullition, il transforme ce corps en acide cérotique et en acides gras. La paraffine chauffée à l'air à 150° absorbe de l'oxygène et se transforme en un nouveau corps brun foncé, élastique et contenant 19,7 0/0 d'oxygène; les alcalis sont sans action sur la paraffine; le chlore, le brome peuvent donner, avec elle, des composés dans lesquels il y a eu substitution de ces métalloïdes à de l'hydrogène.

PRÉPARATION. On obtient commercialement la paraffine par le traitement des goudrons de naphtoschistes, de lignite, de tourbe, de boghead, ou bien avec ceux de pétrole, ou encore par la purification de l'ozokérite.

1° Avec les *naphtoschistes, lignites, boghead, cannel-coal, tourbe, etc.* Les naphtoschistes utilisables pour cet usage, se rencontrent en France, près d'Autun (Saône-et-Loire), de Buxières-la-Grue (Allier), de Boron (Var), de Vouvant (Vendée), de Vagnas (Ardèche); on les trouve également à Halle, à Weissenfels, à Zeitz, dans le district de Mersebourg (Allemagne), à Borna (Saxe); en Ecosse, en Angleterre, en Autriche, ainsi que dans la Nouvelle-Galles du sud. La tourbe est exploitée pour l'extraction de la paraffine, à Fontaine-le-Comte (Oise), à Kildare (Irlande), en Allemagne, etc.; le cannel-coal, le boghead, en Angleterre. On commence par distiller ces produits pour obtenir du goudron, puis on traite celui-ci, également par distillation, pour le séparer en deux parties : les hydrocarbures liquides, passant jusque vers 300° et les parties les plus denses. Celles-ci étant retirées des appareils distillatoires, sont exposées à une basse température qui provoque une cristallisation confuse. La masse est alors turbinée pour enlever les portions de carbures liquides qui s'y trouvent mélangées, puis soumise à l'action de la presse hydraulique. On obtient alors un gâteau que l'on désigne sous le nom de *beurre de paraffine*, et que l'on fait fondre à 150° en le mélangeant avec 2 0/0 de son poids d'acide sulfurique concentré. Celui-ci a pour action de carboniser les carbures étrangers, sans toucher à la paraffine; on lave à grande eau pour entraîner toute trace d'acide, puis on mélange avec une petite quantité de soude, dans le but d'enlever la créosote et les phénols, puis on lave de nouveau à pleine eau pour enlever toute trace d'alcali. Le résidu qui reste est encore coloré en brun, on l'additionne de 6 0/0 de son poids d'huiles légères, puis on turbine; celles-ci entraînent en s'échappant les matières colorées mêlées aux cristaux; on exprime à la presse hydraulique, puis on soumet à l'action de la vapeur d'eau surchauffée, afin d'entraîner les dernières traces d'huiles légères qui donnaient de l'odeur au produit. Parfois on prépare encore la paraffine très blanche, en décolorant le produit après les lavages à l'eau, au moyen d'addition d'huiles légères, puis fusion et contact avec du noir animal; on doit toujours chasser les dernières traces d'huiles légères par la vapeur.

On peut encore, dans cette manipulation, supprimer l'action de l'acide sulfurique et éliminer les huiles lourdes avec des corps sans action sur la paraffine, comme la benzine, les huiles légères et incolores de goudron, de pétrole, le sulfure de carbone, etc. Après avoir exprimé le tourteau à chaud, on le fond avec 5 à 6 0/0 d'un des premiers dissolvants, puis on moule en gâteaux que l'on comprime une seconde fois; on les redissout avec une nouvelle quantité du même liquide, on exprime et on répète, en général, une troisième fois la même opération. La masse est alors devenue blanche, on la traite par la vapeur d'eau, à une haute pression, pour lui faire perdre son odeur, puis on la filtre sur du papier de soie et on coule en plaques. Lorsqu'on emploie le sulfure de carbone (Alcan, 1858), on fond à la température la plus basse possible, avec 10 à 15 0/0 du dissolvant, et lorsqu'on fait l'opération pour la quatrième fois, on laisse quelque temps en contact avec du charbon, avant de filtrer. Il faut forcément enlever également l'odeur laissée par le sulfure.

Hübner a proposé, pour éviter l'action d'une haute température sur les hydrocarbures déjà séparés, de traiter les goudrons eux-mêmes par l'acide sulfurique, et, après enlèvement total de celui-ci, de distiller le résidu sur de la chaux éteinte. Il laisse cristalliser la paraffine obtenue et purifie les cristaux, séparés des huiles lourdes, par de l'huile de goudron ou de lignite, incolore et légère. Il arrive ainsi à un rendement plus élevé en paraffine et à obtenir un produit préférable, parce qu'il est plus dur.

2° *Avec les goudrons de pétrole*. Les pétroles utilisés pour l'extraction de la paraffine sont ceux de Bakou, d'Amiano, près Parme, de Galicie, de l'Inde (huile de Rangoon, huile de naphte de Burmat), de Java; ceux d'Amérique ne servent presque pas. Pour obtenir le produit qui nous occupe on commence par enlever par distillation fractionnée, d'abord tous les produits qui ont une densité comprise entre 0,62 et 0,86 et entrent en ébullition au-dessous de 150°, puis on distille jusqu'à 300° en séparant les produits dont la densité atteint jusqu'à 0,935. A ce moment, les liquides qui passent commencent à devenir filants, par suite de la paraffine qu'ils contiennent en notable quantité. On les refroidit pour les faire se solidifier et on les traite comme il a été indiqué plus haut, soit pour enlever les carbures dits *huiles lourdes*, soit pour décolorer. Ce mode d'obtention de la paraffine a été breveté, par De la Rue, en 1854; on donne souvent le nom de *belmontine*, dans le commerce, au produit préparé avec les pétroles.

3° *Avec l'ozokérite*. Cette matière première, mélange de paraffine naturelle et de bitume, est surtout abondante en Galicie, à Boryslaw, à Dzwiniaez; en Transylvanie, à Slanik; en Moldavie, au Texas, en Truchmanie; en Angleterre, près Newcastle; une de ses variétés, le neft-gil, est également employée pour préparer la paraffine. On commence par les fondre avec de l'eau, pour les débarrasser en grande partie du sable et des matières étrangères qu'elles peuvent contenir, puis on coule en pains de 50 à 60 kilogrammes. On a ainsi ce que l'on appelle l'*ozokérite prima*, qui est d'un brun verdâtre ou jaune, transparente, en couches minces, et sans impuretés, et l'*ozokérite secunda*, d'un brun foncé, mate, molle et impure. Pour transformer en paraffine, on distille la dernière sorte, ou le neft-gil des îles Swatoï-Ostrow et Tschelekan (mer Caspienne), dans des cornues en fonte à réfrigérants en plomb; on obtient 68 0/0, d'un corps contenant 60 0/0 de paraffine, que l'on exprime à la presse hydraulique pour le séparer des parties liquides, et que l'on fond ensuite à 180°, avec 5 0/0 de son poids d'acide sulfurique. Pour neutraliser, on lave avec un lait de chaux, puis on distille à nouveau; le produit recueilli est coulé en plaques et pressé, puis fondu avec 25 0/0 d'huiles légères et débarrassé, enfin, de son odeur carburée par la vapeur d'eau.

Cogniet distille l'ozokérite brute avec la vapeur d'eau surchauffée à 243°, sépare les parties liquides par un filtre à double effet, et décolore par le noir animal.

A Vienne, à Stockerau, près Vienne, à Lambeth, près Londres, on prépare une ozokérite purifiée, assez voisine de la paraffine, comme composition, mais non distillée, qui possède en partie les propriétés de la cire, sa couleur jaune ou blanche, et un point de fusion variant de 50 à 80°; celle de Francfort-sur-l'Oder, tout à fait analogue, et toujours préparée dans le but de falsifier la cire, porte le nom de *cérésine*.

4° *Par le bitume*. La paraffine préparée avec cette matière est obtenue comme celle fournie par les schistes feuilletés; les bitumes de l'île de la Trinité, de Cuba, de Californie, du Nicaragua, du Pérou, du Canada, sont traités en Angleterre, et donnent 1,75 0/0 de rendement; ceux de Banat, de Hongrie, sont traités à Oravicza, et fournissent 5 à 6 0/0 de produit; enfin, ceux de Transylvanie sont épuisés à Beul, près Bonn.

Essai. La paraffine doit être d'un blanc pur, émettre un son clair lorsqu'on produit un choc sur elle; elle est sèche au toucher, transparente et de structure cristalline. Son prix est d'autant plus élevé que son point de fusion est plus haut, ce prix augmente pour 1° de 0,60 à 1 fr. 25, pour 50 kilogrammes. Les fabriques allemandes donnant des paraffines fondant à 61°, on a l'habitude de prendre ainsi ce point de fusion;

On introduit dans un petit ballon en verre de 150 centimètres cubes de capacité environ, assez de paraffine pour qu'une fois en fusion on puisse y plonger complètement le réservoir cylindrique d'un thermomètre à mercure, puis on fixe celui-ci dans le col du ballon, au moyen d'un bouchon, en lui laissant assez de jeu pour pouvoir l'abaisser ou le monter facilement. Cela fait, on chauffe la paraffine et on y plonge le thermomètre. Celui-ci ayant pris l'équilibre de température, on le soulève de façon à ce que son extrémité inférieure soit au niveau du liquide, puis on place le ballon de telle sorte que l'on puisse bien voir, par réflexion, la lumière sur le réservoir rempli de mercure. La surface de ce réservoir reste claire tant que la paraffine est liquide, elle se ternit dès que le produit commence à se solidifier. On lit aussitôt la température indiquée; ce moment précis se prend d'autant mieux que la goutte qui pend au-dessous de l'instrument se refroidit plus vite et permet une surveillance plus rigoureuse. Il est d'ailleurs facile de répéter l'expérience en réchauffant légèrement le réservoir du thermomètre. Cette méthode permet d'employer un échantillon moyen plus volumineux et assure ainsi une exactitude plus grande qu'avec de tous petits fragments.

Pour doser la paraffine dans les bougies stéariques, on saponifie le mélange par une solution chaude de potasse; la paraffine inattaquée se solidifie par refroidissement. On précipite le savon par le sel marin, ce qui amène l'entraînement de la paraffine, alors on jette sur un filtre et on lave à l'eau froide pour dissoudre le savon. Enfin, on dissout la paraffine par l'éther, qui la cède par évaporation.

Usages. La paraffine sert surtout pour l'éclairage, à cause de sa flamme blanche, très éclatante et non fuligineuse; mais elle a besoin de n'être pas employée seule, afin de ne pas donner des bougies coulant trop facilement. On l'additionne souvent de 18 à 20 0/0 d'acide stéarique. Celle obtenue avec l'ozokérite pouvant fondre à 63° seulement n'est additionnée que de 1 à 2 0/0 d'acide, et en été seulement. Pour obtenir des bougies transparentes, il est indispensable d'échauffer les moules avec de la vapeur, de manière à leur donner une température supérieure à celle des points de fusion. — V. Bougie.

On se sert encore de la paraffine pour imperméabiliser les tissus (Stenhouse, 1862); pour cela, on applique le corps sur l'envers d'étoffes échauffées entre des plaques maintenues à 100°. Le tissu est d'autant plus imperméable qu'on y incorpore plus de paraffine. On se sert de paraffine dissoute dans des essences pour préserver les métaux de l'oxydation dans l'air humide; pour protéger les peintures à fresque, on peut dissoudre le corps dans la benzine et en enduire d'une couche légère (Vohl). On s'en sert encore pour le graissage en général, et celui des cuirs en particulier; pour conserver le bois, pour obtenir l'étanchéité des tonneaux à vin et à bière; pour satiner et glacer le papier, faire des papiers cirés; pour imbiber les bois des allumettes de luxe, et les rendre plus facilement combustibles; pour faire des jouets, prendre des empreintes, etc. Dans l'industrie sucrière, on emploie la paraffine pour empêcher la formation de la mousse lors de la concentration des jus sucrés (Sostemann); dans la parfumerie, elle sert à l'enfleurage, pour enlever le parfum des fleurs à odeur très fugace; dans les laboratoires, on peut l'utiliser pour faire des bains-marie chauffant de 100° à 200°, on peut aussi s'en servir pour enduire des vases destinés à contenir un liquide susceptible d'attaquer le verre (Stolba); enfin, on l'emploie sur une grande échelle pour falsifier la cire d'abeille. — J. C.

*PARAFOUDRE ou PARATONNERRE DES TÉLÉGRAPHES ET DES TÉLÉPHONES. C'est un petit appareil destiné à soustraire, en temps d'orage, les appareils télégraphiques et téléphoniques à l'influence de l'électricité atmosphérique, et les employés aux dangers de la foudre. Dans les conditions ordinaires, le courant électrique arrivant, par le fil de ligne, aux appareils d'une station, y trouve un fil très fin (renfermé dans un tube de verre) qu'il peut traverser impunément. Mais si l'électricité atmosphérique a une forte tension, ce fil est brûlé et elle se ferme ainsi tout issue par les appareils, en même temps elle trouve un chemin tout préparé dans deux plaques métalliques armées de pointes sur les bords, en

regard, très rapprochées les unes des autres. Le courant de la pile, n'ayant qu'une très faible tension pour la correspondance, ne peut passer par ces points. Quand le temps est à l'orage, il est prudent de mettre, au moyen d'un commutateur, dont le parafoudre est muni, le fil de ligne en communication directe avec la terre. D'ailleurs, dans ces conditions, la correspondance n'offre plus de sûreté. — C. D.

*PARAGE. T. de tiss. Nom donné à l'encollage dans les tissages (V. Encollage), lorsque l'on se sert d'une colle de fécule assez épaisse, dont on imprègne les fils de la chaîne, et que l'on brosse ensuite ces fils afin d'étendre la colle d'une manière bien uniforme à leur surface.

Les *pareuses* ne sont qu'une variété d'encolleuses, dans lesquelles le rouleau d'ensouple, autour duquel la chaîne parée doit s'enrouler, est placé au milieu de la longueur de la machine. Dans les deux parties symétriques, les nappes, formées chacune par la moitié de la chaîne, s'encollent d'abord en passant entre deux forts rouleaux en fonte garnis de chemises en cuivre, et recouverts de drap, dont l'un plonge dans la colle, tandis que l'autre, placé au-dessus, et fortement pressé contre le premier, oblige cette colle à pénétrer dans les fils, en n'en laissant que la quantité nécessaire. Les fils cheminent ensuite horizontalement et passent entre des brosses, quelquefois cylindriques, mais plus généralement droites et animées d'un mouvement de va-et-vient, tel qu'en marchant dans un sens elles agissent sur les fils, mais qu'en revenant en sens inverse elles s'en écartent. A la suite des brosses se trouve une planchette en cuivre, percée de petits trous dans chacun desquels on fait passer l'un des fils de la chaîne, pour qu'aucune adhérence ne puisse se produire entre eux, puis un espace chauffé qui produit d'une manière complète le séchage des fils avant leur enroulement sur le rouleau d'ensouple, vers lequel ils sont guidés par un peigne. La production d'une pareuse est d'environ 6 à 800 mètres par jour.

‖ Ce mot signifie, dans plusieurs métiers, donner une façon qui supprime toutes les choses inutiles d'un objet en fabrication.

*PARAGONITE. T. de minér. Variété de mica, appartenant au type des muscovites, et par conséquent riche en alumine et en potasse, mais parfois dépourvue de magnésie. — V. Mica.

*PARAISON. T. de verr. Opération qui consiste à donner une forme particulière au verre ou au cristal fondu en le tournant sur une table que l'on nomme *marbre*, et dont nous donnons un exemple à l'article Cristal, figure 618-619. ‖ Masse vitreuse que le *paraisonnier* a soumise à la paraison.

I. PARALLÈLE. T. de géom. Deux lignes droites sont dites *parallèles* lorsque, étant situées dans un même plan, elles ne se rencontrent pas, si loin qu'on les suppose prolongées. La notion des parallèles se rencontre dès le début de la géométrie; mais leur théorie a donné lieu à une difficulté très grave qui a fait l'objet des travaux d'un grand nombre de géomètres anciens et modernes. On démontre aisément que par un point pris en dehors d'une droite, il est toujours possible de mener une parallèle à cette droite; mais on n'a pu parvenir à prouver qu'on n'en pouvait mener qu'une seule. C'est en cela que consiste l'axiome ou *postulatum* des parallèles. On a proposé un grand nombre d'essais de démonstrations de cette proposition, dont il ne viendra à l'idée de personne de contester la vérité ; mais après un examen approfondi on a fini par reconnaître que toutes étaient plus ou moins défectueuses et qu'aucune n'entraînait la conclusion. Dans les célèbres « Eléments d'Euclide », l'auteur demande qu'on admette sans démonstration que si, par deux points d'une ligne droite on mène une perpendiculaire et une oblique à cette droite, la perpendiculaire et l'oblique se rencontreront nécessairement. Tel est l'énoncé véritable du *postulatum d'Euclide*. Si l'on accorde cette proposition, il devient facile de montrer qu'il n'existe qu'une seule parallèle à une droite donnée passant par un point donné. Dans les ouvrages modernes, on préfère, et avec raison, poser directement en axiome la propriété même des parallèles, au lieu de chercher un postulatum plus ou moins détourné et beaucoup moins évident, si l'on peut s'exprimer ainsi. Du reste, toutes les tentatives de démonstration de cette proposition sont aujourd'hui abandonnées des esprits sérieux. On s'accorde à penser que le postulatum des parallèles tient aux propriétés intimes du plan et constitue l'une de ces vérités primordiales qu'on est bien obligé d'admettre sans preuves, et qui servent, au contraire, de base aux déductions ultérieures (V. GÉOMÉTRIE). Plusieurs géomètres ont cherché à distinguer, parmi les théorèmes de géométrie, ceux qui impliquent l'axiome des parallèles et ceux qui en sont indépendants. On a même fait l'étude complète de ce que deviendrait la géométrie si l'on refusait d'admettre cette importante proposition. On a pu constituer ainsi une doctrine fort intéressante, et pleine de résultats curieux qui a reçu le nom de *géométrie non euclidienne*.

Une droite est parallèle à un plan quand elle ne le rencontre pas. Deux plans sont parallèles quand ils ne se rencontrent pas.

Il n'entre pas dans notre programme d'énumérer toutes les propositions relatives aux droites et aux plans parallèles. Ces propositions sont bien connues et nous renverrons le lecteur à un traité de géométrie.

On dit que deux lignes courbes planes sont parallèles, lorsque les normales à la première sont aussi normales à la seconde; cette définition est une sorte de généralisation de la propriété dont jouissent deux droites parallèles d'avoir toutes leurs perpendiculaires communes. On démontre alors que la portion de normale commune comprise entre deux courbes parallèles conserve partout la même longueur; deux courbes parallèles sont donc, comme deux droites parallèles, partout également distantes. Deux courbes parallèles ont en deux points correspondants, les mêmes centres de courbure; par suite elles ont la même développée, et

on peut les considérer comme deux développantes d'une même courbe. On peut aussi considérer une courbe parallèle à une autre comme formant avec celle-ci l'enveloppe d'une série de cercles égaux tangents à la deuxième courbe. Deux surfaces parallèles se définissent de même comme admettant les mêmes normales, elles sont partout également distantes, présentent les mêmes centres de courbures principaux en deux points correspondants, et leur ensemble constitue l'enveloppe d'une série de sphères égales, dont les centres se trouvent sur une troisième surface parallèle aux deux autres et à égale distance de chacune d'elles. — M. F.

II. **PARALLÈLE**. *T. de fortif.* Tranchée d'investissement garnie de parapets et d'épaulements, qu'une armée assiégeante pratique parallèlement au front de la place assiégée.

PARALLÉLIPIPÈDE. *T. de géom.* Le solide qu'on désigne sous ce nom est un prisme dont la base est un parallélogramme, il a donc six faces qui toutes sont des parallélogrammes et dont chacune peut servir de base, huit sommets et douze arêtes égales quatre à quatre. En joignant les sommets opposés on obtient quatre diagonales passant par un même point qui est le milieu de chacune d'elles, et qui, de plus, est le centre du parallélipipède; toute droite qui y passe et qu'on limite à deux faces opposées s'y trouve divisée en deux parties égales. Le même point est évidemment le centre de gravité du solide. Deux faces opposées du parallélipipède sont égales; deux angles trièdres opposés sont symétriques mais non superposables, en général; deux angles dièdres opposés sont égaux, et deux angles dièdres consécutifs formés par une même face et deux faces opposées sont supplémentaires. Tout plan qui passe par deux arêtes opposées partage le parallélipipède en deux prismes triangulaires symétriques qui ne sont généralement pas superposables mais qui ont le même volume. On appelle *hauteur d'un parallélipipède* la distance de deux faces opposées, comptée sur leur perpendiculaire commune; ces deux faces prennent alors le nom de *bases*. Le volume du parallélipipède a pour mesure le produit de la hauteur par la surface de la base. On distingue parmi les parallélipipèdes, et par ordre de particularité croissante : 1° le parallélipipède à base rectangle dont deux faces opposées sont des rectangles; 2° le parallélipipède droit dont la base est un parallélogramme et dont les arêtes sont perpendiculaires à la base, les quatre faces latérales sont donc des rectangles; 3° le parallélipipède rectangle, qui est un parallélipipède droit à base rectangle; toutes les faces sont des rectangles; tous les angles dièdres sont droits et tous les angles trièdres son trirectangles; 4° enfin, le cube ou hexaèdre régulier qui est un parallélipipède rectangle dont toutes les faces sont des carrés (V. CUBE). Le théorème énoncé plus haut sur la mesure du volume d'un parallélipipède, et, en général, tous les théorèmes qu'on démontre dans les traités de géométrie relativement à la mesure des volumes, ne sont vrais qu'autant qu'on prend pour unité de surface le carré construit sur l'unité de longueur, et pour unité de volume le cube cons-truit sur l'unité de longueur.

Le parallélipipède rectangle jouit de propriétés importantes dont voici les deux principales :

1° Les quatre diagonales sont égales et le carré de leur longueur commune est égale à la somme des carrés des longueurs des trois arêtes (il y a douze arêtes, mais comme elles sont égales quatre à quatre, elles ne peuvent avoir que trois valeurs distinctes); on remarquera l'analogie de ce théo-rème avec le théorème de Pythagore relatif au carré de l'hypoténuse d'un triangle rectangle, ou ce qui est la même chose, à la diagonale d'un rec-tangle;

2° Le volume du parallélipipède droit a pour mesure le produit des longueurs des trois arêtes.

Le parallélipipède, et surtout le parallélipipède droit, est une forme qui se présente à chaque ins-tant dans les applications et dans la nature; les formes fondamentales des six systèmes de cristal-lographie sont des parallélipipèdes de diverses for-mes; ainsi le cube caractérise le premier système; le parallélipipède rectangle à base carrée, le deuxième, etc. — V. CRISTALLOGRAPHIE. — M. F.

Parallélipipède des forces, des vi-tesses, etc. On démontre en mécanique que trois forces appliquées en un même point, admettent pour résultate la diagonale du parallélipipède construit sur ces trois forces considérées comme trois lignes droites, tirées à partir du point consi-déré dans la direction où agissent les forces, et d'une longueur proportionnelle à l'intensité de ces forces. Les vitesses de trois mouvements simul-tanés, les accélérations, les quantités de mouve-ment, les longueurs qui, portées sur un axe de rotation, représentent la vitesse de cette rotation, les axes des moments des forces se composent d'après la même règle qui a reçu le nom de *règle du parallélipipède*. — V. FORCE, MÉCANIQUE, MO-MENT, MOUVEMENT, ROTATION, VITESSE.

‖ *T. de minér.* Se dit d'un cristal composé de six surfaces parallèles, opposées, égales et paral-lèles l'une à l'autre.

PARALLÉLISEUR. T. de filat. Plaque de fonte polie, placée à la suite des principaux métiers de préparation pour lin ou étoupes, percée de fentes inclinées à 45°, et dont le but est de ramener à la sortie en un seul ruban les rubans multiples éta-lés ou doublés à l'arrivée. — V. ETALEUSE.

PARALLÉLOGRAMME. *T. de géom.* On appelle *parallélogramme* un quadrilatère dont les côtés opposés sont parallèles. On démontre que dans une pareille figure les côtés opposés sont égaux ainsi que les angles opposés; deux angles consé-cutifs sont supplémentaires et les diagonales se coupent respectivement en leur milieu. Récipro-quement un quadrilatère est un parallélogramme s'il a deux côtés égaux et parallèles, s'il a ses cô-tés opposés égaux, ou ses angles opposés égaux, ou enfin, si ses diagonales se coupent en leur milieu. Le point d'intersection des deux diagona-les est le *centre* du parallélogramme; toute droite qui y passe et qu'on suppose limitée à deux côtés

opposés du parallélogramme s'y trouve divisée en deux parties égales. On appelle *hauteur d'un pa-rallélogramme* la distance qui sépare deux côtés opposés lesquels prennent alors le nom de *bases*. Il est évident que l'un quelconque des quatre côtés peut servir de base. La surface d'un parallélo-gramme a pour mesure le produit de sa base par sa hauteur, pourvu qu'on prenne pour unité de surface l'aire du carré construit sur l'unité de longueur. Si *a* et *b* désignent les deux côtés du parallélogramme et θ l'angle qu'ils font entre eux, la surface de la figure sera exprimée par la for-mule :

$$S = ab\sin\theta$$

Les diagonales du parallélogramme ont des lon-gueurs exprimées par la formule :

$$d = \sqrt{a^2 + b^2 \pm 2ab\cos\theta}$$

Parmi les parallélogrammes qui présentent quelques particularités remarquables, on distin-gue le *rectangle* qui a tous ses angles droits, le *losange* qui a tous ses côtés égaux, et le *carré* qui a tous ses angles droits et tous ses côtés égaux. —

Parallélogramme des forces, des vi-tesses, etc. *T. de mécan.* On démontre en méca-nique que deux forces appliquées en un même point admettent pour résultante la diagonale du parallélogramme construit sur ces deux forces, considérées comme deux lignes droites tirées, à partir du point considéré, dans la direction où agissent les forces et d'une longueur proportion-nelle à l'intensité de ces forces. Les vitesses de deux mouvements simultanés, les accélérations, les quantités de mouvement, les longueurs qui, por-tées sur un axe de rotation représentent la vitesse de cette rotation, les axes des moments des forces, se composent d'après la même règle qui a reçu le nom de *règle du parallélogramme*. — V. FORCE, MÉCANIQUE, MOMENT, MOUVEMENT, ROTATION, VI-TESSE.

Parallélogramme articulé. *T. de mécan.* Imaginons qu'on veuille transmettre le mouve-ment de rotation d'un axe O à un axe parallèle O'. On pourra employer, dans ce but, deux mani-velles égales OA, OA' reliées par une bielle AA' d'une longueur égale à la distance des axes, arti-culée en A et A' aux deux manivelles. Le système des trois droites OA, AA' et OA' forme avec la droite OO' un quadrilatère qui se déforme pen-dant le mouvement, sans cesser d'être un *parallélo-gramme*. Ce procédé est employé pour rendre soli-daires les essieux des locomotives; on dit alors que les roues sont accouplées, et la bielle AA' s'appelle *bielle d'accouplement* (V. ce mot). On l'em-ploie aussi dans certains modèles de vélocipèdes à deux et trois roues pour transmettre le mouve-ment des pédales à la roue motrice, lorsque les dimensions de celle-ci ne permettent pas d'instal-ler directement les pédales sur son axe. Un exem-ple beaucoup plus intéressant de l'emploi d'un parallélogramme articulé est l'organe imaginé par Watt pour transmettre, dans sa machine à vapeur, le mouvement du piston au balancier et transformer, par conséquent, un mouvement rectiligne alternatif en un mouvement circulaire alternatif. Le *parallélogramme de Watt* (fig. 43 extraite de la *Mécanique de Résal*) se compose de deux manivelles égales articulées, la première à l'extrémité du balancier, la seconde en un point quelconque de l'axe de figure du balancier. Ces deux manivelles sont reliées, dans leur partie inférieure, par une bielle d'une longueur égale à la distance de leurs points d'articulation afin que la figure ne cesse jamais d'être un parallélogramme. De plus, l'extrémité de la première manivelle est articulée à l'extrémité supérieure de la tige du piston, tandis que l'extrémité de la seconde qui forme le sommet du parallélogramme opposé à l'extrémité du balancier est articulée à une nouvelle pièce pouvant tourner autour d'un point fixe. Il est facile de reconnaître que dans le mouvement d'oscillation du balancier, le côté inférieur du parallélogramme constitue une droite mobile dont deux points décrivent des circonférences, savoir : 1° le sommet du parallélogramme opposé à l'extrémité du balancier; 2° le point qui, sur cette droite prolongée, formerait le quatrième sommet d'un parallélogramme ayant pour côtés, le demi-balancier et l'une des deux manivelles. Par suite, la ligne décrite par l'extrémité de la manivelle externe appartient au lieu géométrique

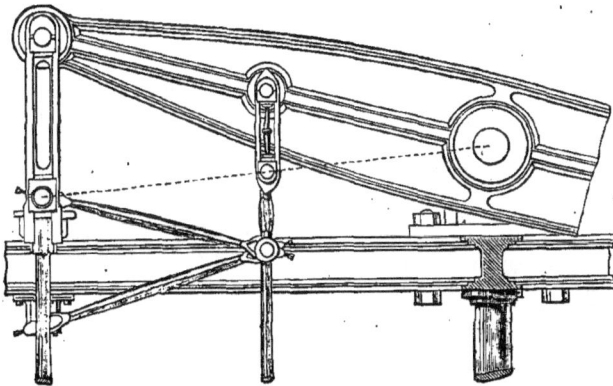

Fig. 43. — *Parallélogramme de Watt.*

engendré par un point d'une ligne droite dont deux points déterminés décrivent chacun une circonférence. Ce lieu est une courbe dont l'équation est assez compliquée; mais cette courbe présente un point d'inflexion sur la ligne qui joint les centres des deux circonférences, et comme on n'en utilise justement que la portion qui avoisine le point d'inflexion, il arrive, si les longueurs des bielles sont bien déterminées, que cette portion de la courbe se confond sensiblement avec une ligne droite verticale. Cette courbe se nomme, en raison de sa propriété, *la courbe à longue inflexion*. Si l'articulation intérieure est placée au milieu du demi-balancier comme sur la figure 43, la courbe à longue inflexion ressemble le plus possible à une ligne droite, de sorte que c'est la disposition qu'il convient d'adopter pour assurer le mieux le mouvement rectiligne de la tige du piston. Ajoutons que, quoique la solution de Watt ne soit qu'approximative au point de vue géométrique, cependant, la forme de la courbe décrite par l'extrémité de la manivelle est telle qu'il est pratiquement impossible de la distinguer d'une ligne droite. Peaucellier a

imaginé un système articulé qui donne une transformation géométrique *rigoureuse* du mouvement circulaire du balancier en un mouvement rectiligne, mais ce système est plus compliqué que le parallélogramme de Watt, et ne paraît pas plus avantageux dans la pratique. — M. F.

*PARAMAGNÉTISME. *T. de phys.* Tous les corps solides, liquides ou gazeux, soumis à l'action d'un électro-aimant très puissant, sont influencés : les uns, comme le fer, le nickel, sont *attirés*, c'est-à-dire se placent suivant la ligne qui joint les pôles de l'électro-aimant; on les nomme corps *paramagnétiques* ou simplement *magnétiques*; les autres, comme le bismuth, sont repoussés, c'est-à-dire se placent perpendiculairement à la ligne des pôles de l'électro, on les nomme *diamagnétiques*. — V. DIAMAGNÉTISME, t. IV, p. 221 et t. VI, p. 253. — C. D.

PARAMÈTRE. *T. de géom.* Il arrive souvent qu'on a besoin de considérer, dans les problèmes de théorie ou de géométrie appliquée, une courbe ou une surface qui se déforme ou se déplace suivant une loi déterminée. Dans ce cas, les équations de la courbe mobile ou l'équation de la surface mobile comprennent trois espèces de quantités : 1° les coordonnées d'un point quelconque de la ligne ou surface; 2° des quantités constantes qui dépendent des données de la question; 3° des quantités constantes pour une même courbe ou surface, mais variables d'une courbe à une autre, et qui servent justement à définir l'une de ces courbes ou surfaces lorsqu'on leur donne des valeurs particulières. Ces quantités reçoivent le nom de *paramètres*. Par exemple, l'équation générale des coniques passant par les quatre sommets d'un quadrilatère dont les côtés ont respectivement pour équation :

$$P = 0, \quad Q = 0, \quad R = 0, \quad S = 0$$

est

$$PR + \lambda QS = 0.$$

Si l'on donne à λ une valeur particulière, on obtient l'équation d'une des coniques considérées; en donnant à λ une autre valeur, on obtiendra l'équation d'une autre conique, etc.; λ est donc le *paramètre* de la famille des coniques considérées. Dans les courbes du second degré, on a donné le nom de *paramètre* à la longueur d'une perpendiculaire à l'axe menée à partir d'un des foyers jusqu'à sa rencontre avec la courbe. Dans les coniques à centre, si a et b sont les axes, le paramètre a pour valeur $p = \dfrac{b^2}{a}$. Dans la parabole, le paramètre est égal à la distance du foyer à la directrice.

Dans l'étude de quelques autres courbes, on appelle aussi *paramètre* une certaine quantité dont la valeur sert à distinguer toutes les courbes répondant à une même définition; tel est le rayon d'un cercle, le demi axe d'une lemniscate, etc. — M. F.

*PARANAPHTALINE. *T. de chim.* Nom donné primitivement à l'anthracène, lors de sa découverte, par Dumas et Laurent, en 1832, et qui fut changé plus tard par Laurent, en celui d'*anthracène.* — V. ce mot.

PARANGON. Outre sa signification de type, de modèle, ce mot désignait un caractère d'imprimerie de la force de 18 points, à peu près disparu aujourd'hui.

PARANGONNAGE. *T. de typogr.* Opération qui consiste à combiner, dans la composition, des caractères de corps différents, en les alignant exactement et en les ramenant tous à la plus grande force de corps.

PARAPET. *T. de fortif.* Massif de terre ou de maçonnerie qui couronne la partie supérieure d'un rempart, et dans lequel on a pratiqué des embrasures pour la manœuvre du canon; il a pour objet de couvrir les assiégés et de leur permettre de tirer sur l'assiégeant. || *T. de constr.* Petit mur à hauteur d'appui, élevé sur un pont, sur un quai, le long d'une terrasse, pour préserver des chutes sans obstruer la vue.

PARAPLUIE, PARASOL. Espèce de petit pavillon portatif en étoffe et garni d'un long manche, qu'on tient ouvert au-dessus de sa tête pour se préserver de la pluie ou des rayons du soleil.

HISTORIQUE. De même que pour l'*ombrelle* (V. ce mot), c'est encore en Orient qu'il faut rechercher l'origine du parapluie. Les parapluies chinois du xiᵉ siècle avant J.-C., nous apprend un spécialiste en ces matières, M. Natalis Rondot, ressemblaient aux nôtres; la monture était composée de vingt-huit branches courbées, et recouverte d'étoffe de soie. Les parasols étaient de plume.

Les premiers parapluies européens furent de grands parasols dans le genre des *en-cas* actuels, qui servent à garantir de la pluie aussi bien que du soleil. Au commencement du xviiᵉ siècle, le parapluie était déjà répandu en France, comme on le voit par un passage des *Fantaisies tabariniques*, imprimées en 1622, où il est question de l'antiquité du chapeau de Tabarin. « Ce fut de ce chapeau qu'on tira l'invention des parasols, qui sont maintenant si communs en France, que désormais on ne les appellera plus parasols, mais *parapluyes* et *garde-collets*, car on s'en sert aussi bien en hyver contre les pluyes qu'en esté contre le soleil. »

Les parapluies primitifs ne visaient point à l'élégance. Ils étaient massifs et munis à leur bout d'un anneau au moyen duquel on pouvait les tenir, si l'on voulait, le manche renversé. La façon ordinaire de les porter fut de les avoir sous le bras. Mais bientôt les fabricants s'ingénièrent à trouver différentes combinaisons plus ou moins commodes, telles que les *parapluies-cannes*, dont il est question en 1757.

La fabrication des parapluies et parasols qui, en 1680, ne se faisaient encore qu'en toile cirée, dépendait de la communauté des maîtres *boursiers-colletiers-pochetiers.* Lors de la réorganisation des communautés, en 1776, les *boursiers* furent réunis aux *ceinturiers* et aux *gantiers.* Les membres de la nouvelle communauté prirent le titre de maîtres *gantiers-boursiers-ceinturiers-culottiers-gibernières-parassotiers-faiseurs de brayers-poudriers-parfumeurs.* D'après un des articles du projet de statuts conservé dans les archives de la Chambre de commerce de Paris et présenté au lieutenant général de police, par les syndics adjoints en charge, conformément à l'édit de 1776, voici sommairement en quoi consistait l'industrie des fabricants de parasols et de parapluies : « Ils auront aussi seuls le droit de fabriquer et de faire toutes sortes de montures de parapluies et de parasols, en baleine et cuivre, brisés et non brisés, les garnir de leur dessus en étoffes de soyes et en toiles, faire les parapluies de toiles cirées, les parasoleils garnis et enjolivés de toutes sortes de façons, parasols en acier, ployant dans des cannes et de toutes les autres façons. »

Aux approches de la Révolution, le parapluie de serge rouge devint populaire. A chaque insurrection, rapporte M. Uzanne, on le voit s'agiter frénétiquement entre les mains des femmes du peuple, et lorsque, le 31 mai 1793, Théroigne de Méricourt s'avisa si mal à propos de prendre la défense de Brissot, au milieu d'une multitude de mégères qui criaient : « A bas les Brissotins! » les parapluies se levèrent comme autant de glaives improvisés sur la Liégeoise, et la frappèrent au visage, provoquant, au milieu des huées de la populace, la folie dont la malheureuse amazone révolutionnaire mourut si tristement à la Salpêtrière.

Ces parapluies antiques et grotesques, dont on trouve parfois de curieux échantillons sous les bras de nos campagnards endimanchés, ont été caractérisés par le nom de *riflard.* Selon M. Charles Rozan, Picard donna ce nom, qui était anciennement un sobriquet, à un personnage de sa comédie la *Petite ville.* « Or, l'auteur chargé du rôle de *Riflard*, lors de la création de cette pièce, en 1801, parut sur la scène avec un énorme parapluie qui produisit si bien son effet, que l'on ne put voir, à partir de ce moment, de parapluie ridicule sans songer à celui de François Riflard. Ce nom ne tarda pas à devenir populaire, et les vieux parapluies furent baptisés. »

Quoi qu'il en soit, le parapluie que Balzac, dans le *Père Goriot*, appelle un « bâtard issu de la canne et du cabriolet, » servit, après 1830, à caractériser une époque; la caricature en fit même l'emblème d'une dynastie: le roi Louis-Philippe, comme on le sait, ne sortait jamais sans son *pépin*, sans son parapluie. Cela n'empêcha pas le parapluie de gagner en élégance et en légèreté; les tenons, les coulants, les ressorts et les fourchettes subirent de notables améliorations, et la sculpture des poignées fut exécutée avec plus d'art que par le passé. De 1830 à 1840, la consommation intérieure prit un grand accroissement, les commerçants commencèrent à travailler pour l'exportation, et les parapluies français eurent à l'étranger un succès qui contribua beaucoup à donner une vive impulsion à cette industrie. Dès 1846, il est vrai, un mécanicien de Lyon, Pierre Duchamp, avait imaginé de faire des baleines d'acier creux, en forme de tubes; l'année suivante, il avait perfectionné son procédé et remplacé les tubes par des gouttières ou demi-tubes plus ou moins creux. A l'Exposition de 1851, M. Hollaud, de Birmingham, présenta des branches faites d'acier, rectangulaires, très flexibles et très résistantes. Enfin, M. Samuel Fox, de Deepear, près Sheffield, fit breveter, sous le nom de *paragon*, un système de montures en acier dont les branches ont la forme de gouttières profondes, système tombé dans le domaine public. Depuis cette époque les progrès ne se sont pas ralentis, et les perfectionnements apportés à l'outillage ont permis aux producteurs de réduire notablement les prix de leurs différents articles.

STATISTIQUE. L'industrie des parapluies et des ombrelles est une de celles dont le personnel ouvrier ne peut être facilement précisé; la raison en est qu'il n'y a pas d'ateliers de femmes, et qu'il n'existe qu'un nombre relativement restreint d'ateliers d'hommes. Les femmes, à l'exception d'un petit nombre qui sont employées à l'année dans les établissements qui les occupent, travaillent à domicile. On peut évaluer approximativement le nombre de femmes et de jeunes filles qu'emploie cette industrie à 6 ou 7,000. Leur salaire varie de 2 à 4 francs par jour, suivant l'adresse et l'activité qu'elles déploient, le travail se payant à la tâche. Quant aux ouvriers, on peut en fixer le nombre à 4,500 environ, dont une partie seulement s'occupe exclusivement des ouvrages ayant trait à la fabrication des parapluies et ombrelles, tandis qu'un grand nombre exerce des professions qui ne s'y rattachent qu'indirectement. Ils sont occupés, en nombre à peu près égal, les uns dans les ateliers, les autres chez eux. Une moitié de ceux qui travaillent dans les ateliers sont payés à la tâche, les autres à la journée; ceux qui travaillent en chambre sont tous payés à la tâche. Leur salaire peut varier de 4 à 12 francs par jour, suivant le genre de travail qu'ils exécutent et l'habileté qu'ils possèdent.

Le chiffre de la production annuelle des parapluies, ombrelles et articles s'y rattachant, s'élève à 45,000,000 de francs environ, dont un dixième seulement est exporté dans divers Etats de l'Europe, de l'Amérique du Sud (y compris les Antilles), de l'Afrique et de l'Asie. — V. OMBRELLE.

TECHNOLOGIE. Les fabricants de parapluies ne font par eux-mêmes aucune des parties en bois, baleine ou métal qui entrent dans la composition de ces ustensiles. Les manches en bois de houx, de palissandre, de jonc, de bambou, d'alizier, etc., sont généralement fabriqués par des ouvriers spéciaux, appelés débiteurs de bois, qui font mouvoir leurs tours au moyen de la vapeur ou de forces hydrauliques; ils sont ensuite livrés à des façonneurs ou sculpteurs qui les découpent et les décorent d'ornements divers; à des vernisseurs et à des tourneurs chargés de faire les poignées et les bouts en os, en ivoire, en corne, en bois, et de les monter sur des manches.

Les branches en baleine sont fabriquées à façon par d'autres ouvriers tourneurs qui les arrondissent, les polissent et qui en tournent l'extrémité.

Les manches et les branches en fer ou en cuivre étaient faits autrefois par des tireurs de tringles. Aujourd'hui, les montures en acier ou branches creuses dites paragon sont fabriquées mécaniquement. Ces montures avaient été jusqu'à présent confectionnées de plusieurs manières, soit en coupant premièrement la bande plate d'acier à une longueur fixe et en formant alors la branche par le laminage, soit en formant premièrement les branches en longueurs considérables et en les coupant ensuite, dans des longueurs déterminées, par une machine spéciale. On en a imaginé une qui simplifie de beaucoup le procédé de fabrication et, par suite, diminue le prix de revient. Cette machine, en effet, produit de 35 à 40 branches en acier par minute. Cette quantité considérable met le fabricant à même de produire l'article à un prix d'une modicité inconnue jusqu'ici, surtout si l'on

remarque qu'une seule machine suffit pour la fabrication.

Quant aux fourchettes, c'est-à-dire les petites tiges de fer qui servent à écarter les branches du manche, elles sont fabriquées par des ouvriers spéciaux qui font aussi les coulants en fer et en cuivre sur lesquels sont montées les fourchettes et les ressorts au moyen desquels on ouvre et on ferme les parapluies. Ces diverses parties, ornées parfois, les unes par les doreurs, les autres par les bijoutiers en fin et en faux, sont apportées à l'atelier du fabricant, où elles sont assemblées par des ouvriers dits carcassiers. Les étoffes sont taillées aussi chez le fabricant, mais on les donne toujours à coudre au dehors. — S. II.

Bibliographie : CAZAL : *Essai sur le parapluie*, etc., 1844; Ed. FOURNIER : *Le vieux-neuf*, art. *Parapluie*, 1877; O. UZANNE : *L'ombrelle*, etc., 1883; *Statistique de l'industrie à Paris*, art. *Parapluie*, 1860.

PARAROSANILINE. T. de chim. $C^{38}H^{19}Az^3O^2...$ $C^{19}H^{19}Az^3O$, base obtenue en traitant un mélange de 1 partie de pseudotoluidine et de 2 parties d'aniline par l'acide arsenique. Elle diffère de la rosaniline ordinaire par C^2H^2 en moins.

PARASOL. — V. OMBRELLE, PARAPLUIE.

PARATONNERRE. *T. de phys.* C'est ordinairement une simple tige en fer de 5 à 8 mètres de longueur, terminée en pointe, mise en bonne communication avec la terre et qu'on place sur les édifices, clochers, maisons, navires, etc., pour les préserver des effets de la foudre. Quelquefois c'est un système de pointes multiples, courtes, mais nombreuses, verticales ou inclinées, droites ou courbes, rattachées à des conducteurs métalliques très nombreux aussi, aboutissant au réservoir commun par des puits ou des canalisations d'eau et de gaz.

Personne n'ignore aujourd'hui que la nature de la foudre est la même que celle de l'électricité de nos machines. L'éclair et le tonnerre sont analogues à la lumière et au bruit de l'étincelle électrique. Le paratonnerre est une application de l'*influence* et de la *conductibilité électrique*, ainsi que du *pouvoir des pointes* métalliques de donner libre passage à l'électricité qui afflue à son extrémité. — V., pour l'origine et les principes du paratonnerre, t. IV, ELECTRICITÉ, p. 691 et 706.

Le paratonnerre primitif, ordinaire, celui que Gay-Lussac a décrit dans son *Instruction* de 1823, se compose : 1° d'une tige en fer AB (fig. 44) de 5 à 10 mètres de longueur, formée de trois parties : la tige proprement dite de 8m,60, la baguette en laiton de 0m,60 et l'aiguille en platine de 0m,05. Le tout forme une pyramide dont la base a pour section un carré de 50 à 60 millimètres de côté, ou un cercle de 54 millimètres de diamètre; 2° d'un conducteur BCDEF ou BC'D'E'F', en fer carré de 15 à 20 millimètres de côté, allant sans discontinuité de la base de la tige au réservoir commun F ou F', soutenu par des supports à fourche ou des crampons, le long du toit et des murs, dont il suit les contours, mais sans faire d'angle. Arrivé au sol, ce conducteur suit un canal horizontal DE ou D'E', rempli de braise, et se rend, ou dans un puits intarissable, ou dans un terrain toujours humide. ·

La base de la tige est saisie par un collier Q (fig. 45) qui la rattache au conducteur. Au-dessous du collier est une embase soudée à la tige,

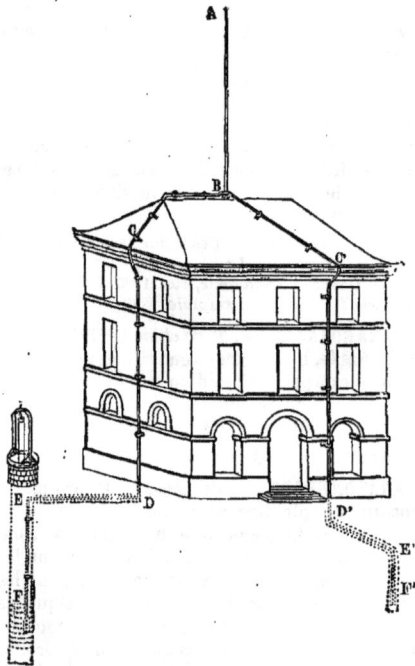

Fig. 44. — *Disposition d'un paratonnerre, monté sur un édifice.*

pour empêcher l'eau de pluie de s'écouler le long de la tige.

Diverses instructions théoriques et pratiques sur les paratonnerres ont été publiées par plusieurs Commissions nommées par l'Académie des sciences, la première (1) en 1823 (rapporteur,

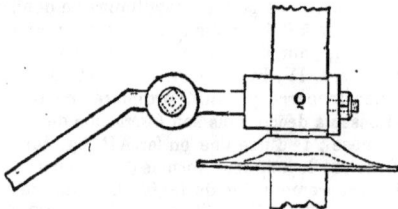

Fig. 45.

Gay-Lussac), les autres en 1854, 1855, 1867, 1868 (rapporteur, Pouillet), à l'occasion des constructions du Palais de l'Industrie, de celles du Louvre et des Tuileries. D'autre part, les observations particulières et la pratique ont donné lieu à des remarques plus ou moins importantes, que le temps a modifiées à leur tour. Nous résumerons

(1) Sans parler des rapports des Commissions antérieures, en 1784, 1799, 1805, 1807.

dans les règles suivantes, les diverses précautions recommandées, aussi bien par les théoriciens et les météorologistes que par les praticiens.

Première règle : il faut que les conducteurs de paratonnerres aient partout une section suffisante : carrée de 15 à 20 millimètres de côté, ou circulaire de 17 millimètres de diamètre. On n'a pas d'exemple que la foudre ait échauffé au rouge sombre un conducteur en fer de 17 millimètres de diamètre et de quelques mètres de longueur.

Deuxième règle : qu'il y ait *continuité métallique parfaite* (sans lacune, sans oxydation aux joints), depuis la pointe de la tige jusqu'au réservoir commun.

Troisième règle : réduire autant que possible le nombre des joints sur la longueur entière du paratonnerre.

Fig. 46.

Paratonnerre.

Quatrième règle : faire au moyen de la soudure à l'étain ceux des joints qu'il est nécessaire de faire sur place ; ces soudures doivent toujours être faites sur des surfaces ayant au moins 10 centimètres carrés et en outre consolidées par des vis, des boulons ou des manchons.

Cinquième règle : ne pas amincir, autant qu'on le fait en général, le sommet de la tige du paratonnerre. L'extrémité supérieure ne doit pas avoir moins de 3 centimètres carrés de section, par conséquent 2 centimètres de diamètre. On y fera, à la lime et dans l'axe (fig. 46), un cylindre ayant 1 centimètre de diamètre et 1 centimètre de hauteur, qui sera ensuite taraudé ; sur cette vis saillante on adaptera un cône en platine de 2 centimètres de diamètre et d'une hauteur de 4 centimètres, l'angle d'ouverture à la pointe aiguë étant de 28 à 30° ; on remplace ordinairement le cône en platine par une baguette en cuivre rouge de 20 centimètres à 25 centimètres de longueur et terminé en cône avec les dimensions précédentes (pointes de Deleuil).

Sixième règle : mettre en bonne communication métallique les chéneaux, les plombs, les zincs des toitures, les planchers métalliques et généralement les surfaces métalliques un peu considérables, avec les conducteurs des paratonnerres.

Septième règle : le conducteur descendant, arrivé à la limite de sa course verticale, doit être replié parallèlement au sol et dirigé vers l'axe du puits où il arrive par une conduite remplie de braise, en restant à 20 ou 25 centimètres au-dessous du sol. Il est préférable de placer ce conducteur souterrain dans des tuyaux en fonte auxquels il sera intimement lié au moyen d'un collet à vis et de le conduire ainsi dans ces tuyaux pleins de braise, à quelques mètres des murs, où il s'enfoncera dans un sol toujours humide, en se divisant en plusieurs branches, ou mieux aboutissant à l'eau d'un puits intarissable, ou aux conduites d'eau et de gaz.

Dans le cas où le conducteur aboutit à un puits ayant une profondeur d'eau minimum de 1 mètre, il faudra toujours le terminer par une ou plusieurs plaques de tôle plombée, présentant une surface d'un ou deux mètres carrés. Si le conducteur plonge dans un sol humide, il conviendra de multiplier encore davantage la surface. On termine aussi le conducteur par une espèce de herse, pièce métallique munie de pointes nombreuses.

Quand les nappes d'eau sont à une grande profondeur au-dessous du sol, il est bon, comme le recommande la Commission de 1855, d'employer un conducteur à deux branches : l'une, principale, qui descend à la nappe souterraine, l'autre, secondaire, qui, partant de rez terre, est mise en communication avec la surface du sol elle-même.

Si plusieurs conducteurs aboutissent au même puits, on les soudera tous à une barre commune qui, seule, devra descendre dans l'eau. Alors la section pourra être portée à 10 ou 12 centimètres carrés.

Aux règles qui précèdent, ajoutons encore les recommandations suivantes : employer le fer galvanisé, spécialement dans la partie souterraine; on peut substituer au fer, comme conducteur, le cuivre qui est très commode pour les soudures et pour éviter les angles.

Dans la partie souterraine, comme dans la partie aérienne du conducteur, éviter les *points de rehaussement*; multiplier les tiges courtes au lieu d'en prendre de hautes; vérifier les paratonnerres avant la saison des orages; les orages venant généralement du sud-ouest, protéger ce côté plus efficacement que les autres; placer les gazomètres du côté opposé; maintenir les fils de sonnettes, de téléphones, de télégraphes à 3 mètres au moins des conducteurs de paratonnerres, lorsqu'ils doivent lui être parallèles sur une grande longueur.

La Commission des paratonnerres de Paris proscrit toute peinture sur la tige et sur les conducteurs.

D'autres prétendent, non sans raison, que la peinture n'offre aucun obstacle au passage de l'électricité; toutefois ils sont d'avis de n'en pas mettre sur la partie plongée dans l'eau ou dans le sol.

Les conditions précédemment énumérées n'ont pas toutes la même importance; il en est d'accessoires et d'indispensables. Ainsi, que la pointe du paratonnerre soit plus ou moins aiguë, qu'elle soit en cuivre ou en platine, simple ou multiple; que la tige soit pleine ou creuse, ronde ou carrée; que les conducteurs soient eux-mêmes ronds ou carrés, en cordes ou en lames, nus ou couverts de peinture, ce sont là choses accessoires laissées à la convenance selon les cas.

·Mais la condition essentielle d'efficacité d'un paratonnerre, et on peut dire la condition maitresse, c'est la *continuité métallique* et suffisante en étendue, depuis l'extrémité supérieure jusqu'aux nappes d'eau souterraines, soit par le moyen d'un puits intarissable ou d'un sol perméable et toujours humide, soit avec les conduites d'eau et de gaz, soit avec l'eau d'une rivière, dût-on employer à cet effet un conducteur métallique d'un ou deux kilomètres de longueur, lequel

offrirait toujours moins de résistance au fluide électrique qu'un mètre de sol desséché.

Lorsque l'édifice à protéger a une grande étendue, il convient d'établir un *circuit des faîtes*, grand conducteur qui suit tous les contours des faîtes et qui est mis en communication avec tous les conducteurs des tiges et avec les diverses prises de terre.

Pour éviter dans un tel conducteur, rectiligne

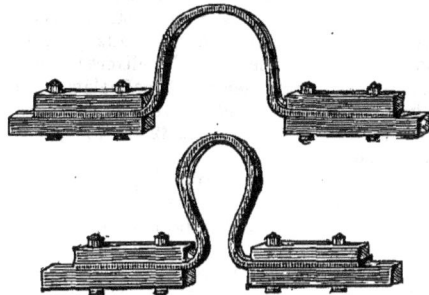

Fig. 47 et 48. — *Compensateurs de dilatation.*

surtout, les effets d'arrachement ou de traction causés par la chaleur et le froid, il sera prudent d'interposer dans le circuit des *compensateurs de dilatation*, lames de cuivre de 2 centimètres de large, 5 millimètres d'épaisseur, et 70 centimètres de longueur, dont les extrémités sont boulonnées et soudées aux deux bouts du fer du conducteur avec un jeu de $0^m,15$. Dans la figure 50, l'intervalle atteint son maximum par le froid; dans la figure 48, la lacune est réduite au minimum par l'élévation de température.

On admet actuellement, dans la pratique, que le cercle de base du *cône protecteur* d'un paratonnerre a pour rayon 1,75 de la hauteur de la tige au-dessus du faîte des bâtiments. Cette étendue dépend d'ailleurs d'une foule de circonstances et particulièrement de la nature des matériaux qui entrent dans les constructions. Le rayon de ce cercle sera moins grand pour les édifices dont les couvertures et les combles sont en métal que pour un édifice qui n'aurait, dans ses parties supérieures, que des bois, de la tuile ou de l'ardoise.

Fig. 49 — *Mode de fixation d'une tige de paratonnerre sur une cheminée d'usine.*

Relativement au mode de fixation des tiges sur les angles des bâtiments, sur les cheminées d'usines, la figure 49 peut en donner une idée.

Les paratonnerres des magasins à poudre ne sont pas placés sur les bâtiments même, mais sur des mâts voisins et communiquant entre eux et au sol par un *circuit de ceinture* placé à 50 centimètres au-dessous du sol, et auquel aboutissent les conducteurs qui vont rejoindre la nappe aquifère. Pour les paratonnerres des navires, le système le plus simple et le meilleur est celui de Harris qui consiste en un ruban de cuivre rouge, de 4 millimètres d'épaisseur et de 25 millimètres de largeur, encastré dans le mât et aboutissant à l'eau en traversant la coque du navire. Quant aux dispositions spéciales ou particulières d'établissement des paratonnerres sur les édifices, les maisons, les tours, clochers, poudrières, navires, et au mode de raccordement des pièces, aux compensateurs de dilatation, aux dimensions des diverses parties, etc., nous renvoyons aux instructions qui ont été données par les diverses commissions des paratonnerres et spécialement à l'*Instruction sur les paratonnerres*, publiée, en 1874, par Gauthier-Villars (in-12 de 163 pages avec 58 figures).

Parmi les systèmes nouveaux de paratonnerres se distingue celui de M. Melsens dont il est question à l'article ÉLECTRICITÉ, § 49; ses pointes multiples épanouies et les conducteurs nombreux présentent cet avantage que la foudre, en tombant sur l'un des points de ce réseau, se divise sur tous les autres; en sorte que les coups foudroyants sont amortis et deviennent inoffensifs. De plus, le système de paratonnerre Melsens coûte moins, tout en préservant plus efficacement que ceux à hautes tiges, difficiles à poser, à réparer et à contrôler. Le paratonnerre de l'Hôtel de Ville de Bruxelles, établi sur ces principes, réalise au plus haut degré les actions *préventive* et *préservative*, ainsi que tous les avantages qu'on est en droit d'en attendre.

Citons encore, parmi les paratonnerres modernes, à longue tige, ceux de M. Jarriant, lesquels sont construits *à jour*. Les tiges sont formées de cornières réunies à différentes hauteurs par des plaques d'assemblage en fer qui assurent la parfaite solidité du système. Ces tiges sont plus légères que celles des anciens paratonnerres, présentent une surface plus grande à l'électricité des nuées et coûtent un tiers moins cher que les tiges pleines.

On a imaginé diverses formes de paratonnerres à *aigrettes* et même des paratonnerres sans tiges, formés seulement de rubans de cuivre disposés sur les faîtages, les cheminées et les gouttières, puis aboutissant au réservoir commun par les moyens ordinaires.

Pour les contrôleurs de paratonnerres, on pourra consulter une notice assez étendue ayant pour titre : *Contrôleur automatique d'efficacité des paratonnerres*, publiée dans la revue *Les mondes*, t. XXXIII, p. 783, par Francisque Michel et une note, sur le même sujet et par le même auteur, dans les *Comptes rendus de l'Académie des sciences* 1876), t. 82, p. 342 et 346, avec figures. — C. D.

PARAVENT. Meuble formé de plusieurs châssis mobiles, dont on se sert, en le déployant dans une chambre, pour se mettre à l'abri du vent qui vient des portes.

— L'emploi du paravent remonte aux derniers temps du moyen âge. Cet objet mobilier portait alors le nom ôte-vent. Les appartements des châteaux et des maisons étant très vastes, les habitants prenaient toutes sortes de précautions pour éviter l'humidité, le froid et les vents coulis. A cet effet, dit Viollet-le-Duc, on plaçait dans les salles où l'on se réunissait ou dans les chambres à coucher de grands paravents à feuilles, analogues à ceux que nous avons vus dans les appartements avaient des dimensions moins exigües.

Vers le milieu du xviiie siècle, les paravents étant devenus d'un plus fréquent usage, on abandonna les peintures et les tapisseries qui les décoraient jusque là pour les remplacer par des étoffes légères ou des papiers peints de la Chine.

Les paravents chinois et japonais sont généralement à six grands compartiments en bois laqué, orné de compositions d'or et d'argent quelquefois enrichies d'incrustations de nacre et de burgau, avec charnières et écoinçons en cuivre gravé et argenté. Ces meubles splendides ont eu une très grande vogue en France, où les industriels s'appliquèrent à les imiter en vernis Martin. Ces imitations plus ou moins réussies, portaient, comme pour en rappeler la prétendue origine, des figures bizarres empruntées aux dessinateurs du Céleste-Empire; de là l'expression : « Chinois de paravent, » appliquée aux mauvaises figures de certains tableaux médiocres, que les amateurs sans goût achètent à grands frais.

Beaucoup de paravents ont pour décoration des toiles peintes, des tapisseries ou des étoffes brodées exécutées par des dames; quelques-uns de ces jolis meubles sont des modèles et de véritables objets de l'art domestique. Un des plus riches et des plus curieux est celui qui fut exécuté par l'impératrice Joséphine, avant son mariage avec Napoléon Ier; il est de très beau satin avec des dessins brodés suivant le goût de l'époque, des torsades et guirlandes de passementerie, des choux à chaque coin des châssis et des glands attachés à ces choux. Ce paravent, digne d'être placé dans un musée historique, appartint ensuite à l'une des amies de Joséphine qui lui avait prêté son concours dans la confection de ce travail.

Le paravent, dont l'usage s'était conservé sous l'Empire et sous la Restauration, a aujourd'hui presque complètement disparu. La cause de cet abandon s'explique par les dimensions de nos appartements qui sont loin d'avoir la grandeur et la hauteur de ceux d'autrefois. — G. B.

PARC. — V. JARDINS (Art des).

PARCHEMIN, PARCHEMINERIE. Peau de mouton, de chèvre ou de veau, préparée d'une façon spéciale et destinée, soit à recevoir l'écriture, l'impression ou la peinture en miniature, soit à confectionner des reliures.

— L'invention du parchemin remonte à environ 220 ans avant J.-C. : les premiers se firent à Pergame, sous le règne d'Eumène II, d'où le nom de *charta pergamena* que lui donnèrent les Latins pour le distinguer de la *charta œgyptiaca* qui se préparait en Egypte avec les fibres du *papyrus* (V. ce mot). Au moyen âge, même après l'introduction du papier, l'usage du parchemin prévalut; en France, on le désignait sous le nom de *pergamin*, nom qu'il porte encore dans le midi. A une époque, c'était une marchandise tellement rare que beaucoup de personnes qui composaient des ouvrages et nombre de marchands parcheminiers prirent le parti de suppléer à la pénurie du parchemin neuf, en effaçant à l'aide de la pierre ponce, de l'eau bouillante ou des acides, les anciens parchemins dont ils étaient possesseurs. On a retrouvé, toutefois, nombre de manuscrits dits *palimpsestes* (παλιν, nouveau et ψαω, effacer), sur lesquels l'ancienne écriture n'est pas si bien oblitérée qu'on ne puisse la lire; à cette circonstance est due la découverte, par le cardinal Angelo Mai, du traité *De Republica*, de Cicéron. A partir du xve siècle, le parchemin fut abandonné peu à peu pour le papier.

Pour fabriquer le parchemin, on prépare simplement à la chaux les peaux dont on veut se servir. L'espèce de peau employée, plutôt que le mode de préparation, détermine la qualité des produits : la peau blanche fournit le plus beau vélin, la peau noire et blanche fournit des parchemins sur lesquels il se trouve des taches noires difficiles à enlever; le prix est déterminé par la blancheur, la finesse du grain et la dimension de la peau pour les vélins, par la grandeur, l'homogénéité et la force des peaux pour les parchemins ordinaires. Les vélins se vendent à la pièce, les parchemins, en bottes de 2 à 10 kilogrammes; les uns et les autres doivent avoir une épaisseur partout égale, être exempts de trous et présenter une surface bien lisse. On distingue, dans le commerce, le *dos* ou la *fleur*, côté du poil ou de la laine, et la *chair* ou face opposée. En dehors de son emploi dans la reliure ordinaire et de luxe, l'usage du parchemin est restreint à l'imagerie religieuse et à la rédaction de certains actes publics ou privés, diplômes, titres de noblesse ou de propriétés, etc. Ce dernier usage, restreint, en France, en raison de l'importation des papiers du Japon, est encore assez répandu dans d'autres pays, notamment en Angleterre et en Allemagne. On emploie encore le parchemin pour la gainerie et la fabrication des tambours, caisses roulantes, grosses caisses, etc.

Parchemin végétal. — V. PAPYRINE.

PARCHEMINIER. Un vieux descripteur parisien, Jean de Jandun, qui écrivait au commencement du XIVᵉ siècle, sous le règne de Philippe-le-Bel, dit en latin, dans son *Traité des louanges de Paris*, que quatre sortes de gens concourent à la fabrication des livres, *factores librorum* : les parcheminiers (*pergamenarii*) qu'il nomme en premier lieu; les écrivains (*scriptores*); les enlumineurs (*illuminatores*), et les relieurs (*ligatores*). Sans les parcheminiers, rien n'était possible; c'étaient eux qui fournissaient la matière première du livre : la peau de mouton commune, qu'ils savaient préparer selon d'antiques recettes venant, dit-on, de Pergame, la patrie du parchemin, *membrana pergamea*, et qui suffisait aux tabellions, ou garde-notes; le vélin qu'ils polissaient pour les calligraphes et les miniaturistes, étaient des marchandises essentiellement littéraires et artistiques. Aussi ceux qui les fabriquaient et les vendaient, occupaient-ils un rang exceptionnel dans le monde du travail : à Paris, ils se rattachaient à la chancellerie royale, au Châtelet, à l'Université, à l'Église, et nul ne les confondait avec les artisans et les marchands vulgaires. Une rue du quartier des études portait et porte encore leur nom; il est peu de villes de quelque importance, ayant possédé un collège, une cathédrale, une collégiale, un monastère qui n'ait sa rue de la Parcheminerie, débaptisée malheureusement, comme la plupart des anciennes voies publiques.

Avant d'être une industrie séculière, la fabrication du parchemin était une besogne monastique, honorée à l'égal de la prière et des bonnes œuvres. Les moines étaient installés dans le *scriptorium*, atelier de parcheminerie, de copie, de miniature et de reliure, placé généralement dans les combles du couvent, pour que le calme et le silence fût plus complet.

PARDESSUS. *T. du cost.* Ce mot indique suffisamment la fonction de ce vêtement qui est un surtout.

PARE-ÉTINCELLE. T. de fumist. Écran spécial appliqué sur les foyers de certains appareils industriels et sur ceux des machines mobiles, pour prévenir les projections dangereuses d'étincelles ou de flammèches incomplètement brûlées. Les locomotives, en particulier, doivent être munies, à cet effet, de dispositions spéciales réglées par décisions ministérielles.

PARE-ÉTOUPILLE. T. d'artill. Saillie de la poignée de la culasse qui protège les servants contre les éclats de l'étoupille.

PARE-FEUILLES. Traverses fixées sur les planches qui servent de moule à la construction d'un mur en pisé.

PAREMENT. 1° *T. d'ornem.* Etoffe, broderie, dont on pare le devant d'un autel. || 2° *T. du cost.* Etoffe qui, dans un uniforme militaire, tranche sur la couleur du costume, pour établir une distinction entre les différents corps de troupe. || Espèce de retroussis de même étoffe ou d'étoffe différente dans certaines parties du costume civil. || 3° *T. de constr.* Surface apparente d'un ouvrage quelconque. Partie extérieure d'une construction. || *Parement de couverture.* Plâtras que l'on met sur le lattis d'une couverture pour lui donner la pente nécessaire à l'écoulement des eaux pluviales. || Plâtre dont on munit aussi les gouttières pour soutenir le battellement des tuiles. || *Parement de tête.* Taille et pose des moellons qui forment la tête d'un mur isolé. || 4° *T. de pav.* Face supérieure d'un pavé, sur laquelle on pose le pied; surface du pavage. || 5° *T. de tiss.* — V. PARAGE.

PAREUSE. T. de tiss. Variété d'encolleuse employée pour le parage des fils. — V. PARAGE.

PARFUM. Ce nom désigne les principes agréables à l'odorat que l'on rencontre dans la nature ou que l'industrie prépare artificiellement. Par extension, ce mot désigne les solutions de ces principes dans des liquides qui, en les diluant, permettent d'en faire l'application pratique dans la parfumerie.

Etat naturel. Les parfums sont pour la plupart d'origine végétale et se rencontrent plus spécialement dans les fleurs; toutefois, des racines telles que l'iris, des tiges et des feuilles comme celles des labiées et presque tous les fruits ont des parfums bien nets et caractéristiques.

Le règne animal offre des parfums qui sont le résultat de sécrétions très curieuses. Ces parfums sont peu nombreux, et en dehors des produits élaborés par le chevrotain porte-musc, la civette et le cachalot auquel nous devons l'ambre gris, les applications des sécrétions animales sont fort peu importantes.

Théorie des parfums. Les parfums sont évidemment produits par des principes déterminés contenus dans les corps odorants, mais certains auteurs n'admettent pas que ces corps soient odorants par eux-mêmes mais bien par l'action qu'exerce sur eux l'oxygène de l'air que nous respirons. Cette affirmation nous paraît hasardeuse, et il nous semble plus conforme à la réalité d'admettre que les parfums sont constitués par des corps bien caractérisés, dont la proportion est généralement peu importante dans les produits naturels et qui émettent précisément pour cette raison une odeur agréable qui les fait rechercher.

Les odeurs semblent affecter le nerf olfactif à certains degrés déterminés, comme les sons agissent sur les nerfs auditifs, comme les ondes lumineuses agissent sur l'œil. En effet, l'odorat n'est-il pas heurté par les parfums concentrés de même que l'œil est aveuglé par une lumière trop vive ; éloignez le flambeau, éloignez le parfum et vous aurez des ondes qui, perdant peu à peu leur vitesse initiale et étendant par contre leur domaine d'action, seront agréables à l'œil d'une part, à l'odorat de l'autre. Nous ressentons ces impressions lorsque nous aspirons les vapeurs que dégage un flacon d'essence de rose : de près, nous éprouvons une sensation désagréable, tandis que de loin l'essence possède le charme que ses adorateurs lui accordent.

L'analogie entre les parfums et les sons est également très grande et il y a, pour ainsi dire, une octave d'odeurs comme une octave de notes ; certains parfums se marient comme les sons d'un instrument ; ainsi, l'amande, l'héliotrope, la vanille, la clématite s'allient très bien. D'autre part, le citron, le limon, l'écorce d'orange et la verveine s'associent pareillement. L'analogie se complète par ce qu'on pourrait appeler demi-odeurs, telles que la rose avec le geranium rosat pour demi-ton, etc.

Extraction et usages des parfums. L'emploi des parfums est un fait qui s'explique facilement par l'attrait qu'éprouve l'homme pour tout ce qui charme ses sens. Toutefois, c'est évidemment dans les pays d'un climat chaud et par conséquent favorable au développement des produits du sol qu'il faut chercher l'origine de l'extraction et de l'emploi des parfums.

Il y a quatre procédés en usage pour extraire l'arome que tiennent les produits végétaux : la distillation, la macération, l'absorption et l'expression.

La *distillation* ne peut être appliquée qu'au traitement des plantes contenant un parfum volatil et inaltérable, sous l'influence de la température, par la vapeur d'eau qui l'accompagne. La distillation s'applique surtout aux épices comme le girofle et la cannelle, aux bois odorants tels que ceux de rose et de santal, et à quelques fleurs seulement parmi lesquelles la rose et la fleur d'oranger.

La *macération* est réalisée généralement en faisant infuser les organes parfumés dans un corps gras liquide qu'on chauffe légèrement afin de dissoudre plus facilement les principes de la plante. On arrive, par ce procédé, en introduisant à plusieurs reprises de nouvelles fleurs dans le corps gras, à saturer ce dernier de parfum. Ce mode d'extraction s'applique plus spécialement à la fleur de cassie et à celle de l'oranger ainsi qu'à la rose et à la violette.

La macération permet également de préparer les *extraits parfumés* qui sont une branche importante des produits de la parfumerie (V. EXTRAIT, § *Extraits de parfumerie*). D'autre part, la macération est pratiquée sur une grande échelle pour l'extraction des parfums purs à l'aide de dissolvants très volatils tels que le sulfure de carbone (V. CARBONE), l'éther sulfurique et enfin le chlorure de méthyle.

Le sulfure de carbone a le grand inconvénient de communiquer aux extraits une odeur désagréable qu'il est difficile de leur enlever ; cependant, lorsque le sulfure de carbone est bien rectifié et que la préparation des extraits est menée convenablement, on peut arriver à des résultats réellement convenables. Toutefois, le chlorure de méthyle a le grand avantage d'avoir une odeur moins incommode que le sulfure de carbone et, en outre, étant infiniment plus volatil, la séparation du parfum est beaucoup plus facile. Cela explique la réussite des essais poursuivis depuis longtemps par M. Massignon et qui ont eu pour résultat la création à Cannes d'un établissement d'extraction des parfums qui est appelé, il faut l'espérer, à un avenir très sérieux.

L'*absorption* est le procédé le plus généralement suivi en vue de l'extraction des parfums. Il est basé sur l'affinité que possèdent les corps gras pour les principes odorants, affinité qui a pour effet l'absorption du parfum d'une plante lorsqu'elle est placée dans le voisinage immédiat d'un corps gras tel que la graisse animale, la paraffine ou la vaseline.

Un traitement par l'alcool du corps gras odorant permet d'en extraire le parfum, et le résidu de cette action rentre en fabrication pour absorber le parfum de nouvelles plantes. Les aromes délicats du jasmin et de la tubéreuse sont extraits de cette façon.

L'*expression* permet d'obtenir les parfums qui existent en proportion notable dans le jus de certains organes végétaux tels que l'orange, le citron, la bergamote, le cédrat, etc.

Ces fruits sont déchirés et soumis à une forte pression ; on pourra juger de la masse de fruits qui doit servir à ce mode d'extraction, lorsqu'on saura qu'il faut de trois à quatre mille citrons pour produire 1 kilogramme d'essence.

Nous avons dit que l'extraction des parfums, en France, avait lieu surtout dans le Midi : Grasse, Cannes et Nice, sont les grands centres de ce genre de fabrication qui forme une des principales ressources de ces pays, et donne de l'occupation à 15 ou 18,000 personnes dont la majorité se compose de femmes et d'enfants.

A côté de l'extraction des *parfums naturels* d'un prix toujours élevé, il faut placer la *préparation artificielle* de certains principes odorants au premier rang desquels on doit placer le parfum de la vanille, la *vanilline* : la réalisation de la synthèse de ce corps est un des plus beaux chevrons de la science moderne. Dans un autre ordre d'idées, les *parfums des fruits* si recherchés par les confiseurs ont pu être remplacés par des produits analogues formés, la plupart, d'éthers tels que le valérianate amylique, le butyrate amylique, etc. On s'est inquiété de l'introduction de ces *parfums artificiels* dans l'économie, mais MM. Poincaré et Valois ont démontré clairement leur innocuité surtout aux doses infinitésimales qui sont contenues dans les sirops et les confiseries de toutes sortes. — ALB. R.

Bibliographie : PIESSE : *Des odeurs, des parfums et des cosmétiques,* Baillère et fils, Paris, 1877; *Annales d'hygiène,* 1885.

PARFUMERIE. Cette désignation s'applique autant à l'ensemble des applications des parfums, qu'aux établissements où on prépare les produits parfumés et aux magasins où ils sont livrés au public.

— La *parfumerie* ou science de l'usage des parfums a dû prendre naissance en Arabie, où elle débuta par la combustion de résines et bois aromatiques, ce qui justifie le nom *parfum (per fumum,* à l'aide de la fumée). Les parfums entrèrent dans les rites de toutes les religions et nous les trouvons en usage sur les autels de Zoroastre comme sur ceux de Confucius, dans les temples de Memphis comme dans ceux de Jérusalem. Cet hommage religieux explique ce que firent les Mages en adoration devant l'enfant Jésus; après avoir reconnu sa divinité ils lui offrirent de la myrrhe et de l'encens. Les Juifs conservèrent et transmirent cet usage ainsi que la coutume d'oindre de parfums les corps des personnes mortes; tous les peuples de l'antiquité paraissent avoir pratiqué à cet égard le même cérémonial; ainsi, nous trouvons dans Homère que Vénus, elle-même, veillait nuit et jour sur les restes d'Hector, versant sur lui un baume précieux. Les Grecs, d'ailleurs, aimaient beaucoup les parfums et ont fait faire de remarquables progrès à l'art du parfumeur.

De la Grèce, les parfums pénétrèrent promptement à Rome, et, quoique la vente en fut d'abord rigoureusement prohibée, l'usage en devint chaque jour plus extravagant. Les Romains employaient une masse d'odeurs différentes pour parfumer leurs bains, leurs chambres, leurs lits; de même que les Grecs, ils en avaient pour les différentes parties du corps; ils en mêlaient au vin, et au cours des repas ils en répandaient sur la tête des convives. Les Gaulois se distinguèrent vite dans la préparation des baumes et des onguents parfumés. Grégoire de Tours nous parle de l'art avec lequel Clotilde, Brunehaut, Galswinte relevaient l'éclat de leurs attraits. Dans les premiers temps de la monarchie française, il était d'usage de placer sur les cercueils des cassolettes chauffées, d'où s'exhalaient des parfums.

L'invasion des Arabes en Espagne y apporta des onguents et des cosmétiques inconnus jusqu'alors. Les croisades dotèrent l'Europe de parfums nouveaux et la découverte de l'Amérique nous fit connaître le cacao, la vanille, le baume du Pérou, etc.

Lors de la Renaissance, les artistes italiens introduisirent à la cour de François Ier l'usage immodéré des pâtes, des pommades, des gants parfumés. Sous les Valois, l'usage des parfums alla jusqu'à l'abus et entraîna même une réaction qui s'affirme nettement sous les rois suivants. Henri IV aimait trop la vie des camps pour apprécier l'usage des parfums, mais cet usage revint en faveur sous l'influence de la belle Anne d'Autriche, qui en communiqua le goût à toutes les élégances du règne de Louis XIII. Il faut arriver à la Régence pour retrouver l'art de la parfumerie apprécié comme il le méritait déjà à cette époque, car Louis XIV n'aimant pas les parfums, en avait proscrit l'emploi dans tout son entourage.

Avec Marie-Antoinette le goût des parfums s'épura; au lieu d'odeurs vives et fortes, on préféra la senteur de la violette et de la rose. Lors de la Révolution, la parfumerie disparaît presque des mœurs, et ce n'est que sous le Directoire que l'usage en reparaît; à cette époque les belles dames, telles que Mme Tallien, firent renaître les bains parfumés de Rome et de la Grèce. Napoléon avait un goût très vif pour l'eau de Cologne, et il aimait à en faire usage le matin au cours de ses ablutions. Depuis le commencement du siècle, le goût des parfums s'étend chaque jour davantage. La parfumerie est une industrie qui offre les jouissances que les classes laborieuses recherchent, entraînées qu'elles sont par cette tendance de vouloir imiter les mœurs des classes plus fortunées; il a fallu pour cela que la parfumerie se prêtât à la fabrication des produits à bon marché, ce qui a été pour elle l'origine d'un grand essor.

FABRICATION. Il faudrait un volume pour exposer la fabrication des divers produits parfumés, aussi nous en tiendrons-nous à l'exposé succinct des diverses opérations qu'embrasse l'art du parfumeur.

La *savonnerie* comporte la production de savons blancs, neutres d'odeur, autant que possible, et, dans ce but, préparés à l'aide de corps gras frais et choisis de telle façon que les savons soient mousseux dans une proportion convenable. L'usage des savons pour la toilette réclame, en outre, qu'ils soient aussi peu alcalins que possible, afin de ne pas altérer la peau; l'odorat exige un parfum agréable et l'œil une couleur favorable, nous renvoyons le lecteur à l'article SAVON pour tout ce qui touche ce genre de produits.

Les *cosmétiques* embrassent toutes les préparations destinées à donner du lustre à la chevelure ou à la barbe. A côté des corps gras solides désignés sous le nom de *cosmétiques* proprement dits, nous trouvons les *pommades* dont l'usage est maintenant universel; elles sont constituées par des mélanges de graisse de veau et de porc dépourvues d'odeur, qu'on colore en rose, vert ou brun (V. COLORATION DES LIQUIDES, où nous avons exposé divers principes de coloration artificielle), et qu'on parfume à l'aide de ces *corps gras parfumés* qu'on obtient en exposant des graisses neutres de goût auprès de fleurs odorantes. — V. PARFUM.

Les *huiles parfumées* sont formées d'huile d'olive de qualité supérieure.

Les *eaux de toilette* proprement dites servent à parfumer l'eau que réclament nos ablutions quotidiennes. — V. EAUX DE TOILETTE.

Les *extraits parfumés, parfums* ou tout simplement *odeurs* sont réalisés en extrayant, à l'aide de l'alcool, les principes odorants des diverses matières premières que met en œuvre la parfumerie, ou bien encore en dissolvant dans ce même liquide des essences dont le choix est tel qu'elles constituent un ensemble ou *bouquet* fort convenable pour parfumer agréablement le mouchoir, véhicule de l'odeur dans toutes les parties du vêtement.

Tous ces produits sont d'un usage agréable et inoffensif. Nous n'en dirons pas autant de tous les *fards,* sortes de pâtes blanches ou roses où il existe fréquemment de la céruse ou carbonate de plomb qui, à côté du pouvoir couvrant qui leur permet de masquer les imperfections de l'épiderme, a le grave inconvénient de pénétrer peu à peu dans l'organisme en provoquant un empoisonnement lent.

Nous en dirons autant de la plupart des *teintures* recommandées pour la recoloration des cheveux ou de la barbe, et qui sont généralement à base de plomb ou d'argent. — V. EAUX DE TEINTURE.

Quant aux *poudres pour le visage*, dites *poudres de riz*, leur usage présente des avantages très douteux au point de vue de l'amélioration du teint, mais lorsqu'elles sont composées seulement d'amidon parfumé, leur emploi est complètement inoffensif. Toutefois, le mode d'application de la poudre de riz peut avoir une sérieuse influence au point de vue hygiénique; en effet, certaines femmes étendent sur la peau une couche de coldcream afin de permettre à la poudre de se fixer plus complètement sur l'épiderme; or, il en résulte une sorte de masque imperméable qui arrête la sécrétion cutanée et peut être le point de départ d'une inflammation grave. Nous nous permettons de combattre cette pratique aussi pernicieuse qu'inutile, car les poudres de riz se fixent fort bien sur le visage lorsqu'on a la précaution de les choisir suffisamment ténues.

L'usage des *eaux dentifrices* ne présente, en général, que des avantages puisqu'il rend agréables des soins de propreté nécessaires à la bonne conservation des dents, mais il n'en est pas de même de la plupart des *poudres dentifrices* renfermant des corps durs qui rayent l'émail recouvrant la dent et mettent ainsi l'ivoire nu en l'exposant à être attaqué par les éléments acides que renferment les aliments. — V. DENTIFRICE.

STATISTIQUE. La parfumerie constitue une des branches les plus prospères de l'industrie française; cela tient, non seulement, à la facilité qu'elle a d's'approvisionner de matières premières sur son territoire, mais aussi à la supériorité des produits français, tant au point de vue de leur préparation loyale qu'au point de vue du goût apporté dans la confection des divers emballages qui contiennent les produits parfumés. Toutefois, cette industrie a à lutter, comme beaucoup d'autres, contre la mauvaise foi, malheureusement trop commune, qui préside à la préparation et à la vente des matières premières. Les parfumeurs seront amenés, peu à peu, à joindre à leurs usines des laboratoires d'essais, dont les bienfaits se feront sentir aussi dans une autre voie, nous voulons parler de celle vers laquelle tendent beaucoup de recherches scientifiques actuelles, c'est-à-dire la recherche de la synthèse artificielle des principes odorants naturels. Au cours de notre article sur les parfums, nous avons cité l'obtention de la vanilline artificielle, qui est un des plus beaux succès de la synthèse chimique; cette matière est la première d'une série qui ne fera qu'augmenter de jour en jour.

D'après M. Guerlain, président du jury à l'Exposition d'Anvers, en 1885, et chef d'une maison dont l'importance lui a permis de nous aider de savants conseils, l'ensemble des transactions qu'embrasse la parfumerie française, serait de 30 à 40,000,000 de francs; ce chiffre, d'une appréciation fort délicate, serait supérieur à celui des transactions des divers pays étrangers et s'explique par la faveur dont jouissent nos produits sur les marchés de l'extérieur, faveur due uniquement à leur qualité réellement remarquable. — ALB. R.

PARFUMEUR. Industriel ou négociant qui fabrique ou qui vend des parfums. L'art du parfumeur embrasse la fabrication des poudres et sachets odorants, des pommades et savons, des eaux de senteur, du fard, etc., etc.

— Pendant longtemps, la vente des parfums ne fut pas l'objet d'un commerce spécial; les parfumeurs étaient réunis aux gantiers, et cette corporation, dont les statuts remontaient à Philippe-Auguste (1190), était désignée sous le nom de corporation des *mattres et marchands gantiers-parfumeurs*. En vertu de leurs statuts de 1582, renouvelés en 1656, les maîtres gantiers de Paris avaient le droit de fabriquer, et de vendre toutes sortes de parfums: ils parfumaient les gants qu'ils taillaient et cousaient, et se livraient à certaines manipulations, comme le prouve un arrêt du 26 novembre 1594, « qui leur défend de vendre ni de débiter séparément aucuns parfums ni autres senteurs que ceux qu'ils ont faits ou composés. »

Au XVIII° siècle, les produits de la parfumerie parisienne se multiplièrent, et, en 1750, il n'y avait point un seul maître gantier qui ne vendît dans sa boutique, à côté des pommades et des quintessences de Grasse, quelque composition particulière. Tous préparaient des poudres à la Maréchale, à l'œillet, à la violette, à l'odeur de mousseline, etc., brunes, blondes, grises et noires; des eaux pour le teint, parmi lesquelles on appréciait surtout l'eau de lys, l'eau des sultanes, l'eau d'argentine et de plantin et le lait virginal. Le rouge était encore un des principaux éléments de leur fabrication. Sous Louis XV, les mouches s'ajoutèrent au rouge; la face entière était couverte de fard, au point de rendre la figure méconnaissable. Les parfumeurs multipliaient également les pâtes d'amandes douces et amères, les pommades pour le teint, etc.

Après 1793, la fabrication de la parfumerie devint beaucoup plus importante à Paris. Toutefois, c'est seulement depuis 1850 que la parfumerie parisienne a pris les proportions d'une grande industrie, par suite de l'application de la vapeur, dont l'emploi, comme moteur et comme calorique, a donné les moyens de fabriquer plus vite et à meilleur marché, de supprimer les causes d'incendie, et d'éviter dans la distillation des essences et la fonte des corps gras, les *brûlages* qui nuisaient à la qualité des produits.

Les produits de Paris, avec ceux de Lyon et de Marseille, constituent ce qu'on peut appeler la parfumerie française de marque; il est à noter cependant que plusieurs industriels parisiens ne sont pas simplement parfumeurs, mais qu'ils se livrent aussi à la production des parfums.

Tous les perfectionnements, mis en pratique par l'industrie parisienne, permettent d'aller recueillir sous les latitudes les plus éloignées, pour les employer dans nos contrées, les parfums concentrés de fleurs qui nous sont entièrement inconnues; elles lui procurent, en outre, l'avantage d'abaisser ses prix, et de joindre ainsi le bon marché à la qualité. La concurrence étrangère n'est donc pas à craindre, les produits anglais et allemands étant, sur ces deux points, très inférieurs aux nôtres. — S. B.

Bibliographie : Le parfumeur françois, par BARBE, Lyon, 1693, in-12; Le parfumeur françois, par Paul MARRET, Amsterdam, 1696, in-12; Statistique de l'industrie à Paris, 1860, in-4°, art. Parfumeur; Eug. RIMMEL : Le livre des parfums, in-8°; Discours apologicopathétique sur les vertus de l'eau de la reine de Hongrie, La Haye, 1643, in-12; De Saponibus, auctore J.-F. SCHULZE, Gottingue, 1774, in-4°; Origine de la mode de mettre du rouge, dans les Nouvelles littéraires, par CLÉMENT, La Haye, 1754, in-12; L'origine du fard, poème, 1793, in-12.

* **PARIAN.** *T. de céram.* Sorte de biscuit qui imite assez imparfaitement le marbre de Paros.

* **PÂRIS.** *Iconog.* Prince troyen, fils de Priam, roi de Phrygie et d'Hécube. Des prédictions ayant annoncé qu'il causerait un jour la ruine de sa patrie, il fut relégué dans les solitudes du mont Ida, où, élevé par des bergers, il se rendit bientôt célèbre par sa beauté et sa force. La Discorde irritée de n'avoir pas été invitée au banquet des dieux, lors des noces de Thétis et de Pélée,

avait jeté au milieu des convives une pomme sur laquelle était écrit : *A la plus belle.* Junon, Minerve et Vénus se la disputèrent, et Pâris, choisi pour juge, la donna à Vénus ; celle-ci, en retour, lui favorisa l'enlèvement de la belle Hélène, femme de Ménélas, roi de Sparte, trahison qui fut cause de la guerre de Troie. Le *Jugement de Pâris* est un des sujets de l'histoire ancienne le plus fréquemment traité par les artistes ; les Grecs s'en étaient emparé de bonne heure, et on en cite des exemples dans les plus anciens vases qui nous sont parvenus ; d'après Pausanias, il se trouvait représenté sur le coffret de Cypselus et sur le trône d'Apollon Amycléen. Le musée du Vatican possède une belle statue de *Pâris tenant la pomme de discorde.* L'art romain a su également tirer parti des oppositions contenues dans cette histoire merveilleuse. Des bas-reliefs, des fresques, des scènes tirées des tombeaux, notamment celle du tombeau des Nasons montrent Pâris avec le bâton de pasteur, la tête coiffée du bonnet phrygien et la figure efféminée. Plus tard, lorsque l'art avance vers son déclin, le berger perd sa simplicité et devient un prince asiatique, dans toute la splendeur du costume oriental. Les peintres de la Renaissance ont souvent représenté le *Jugement de Pâris,* notamment Raphaël, dans une composition restée célèbre, et reproduite par Marc-Antoine Raimondi ; J. Romain, l'Albane, Luca Giordano, Giorgione, Jordaens, Raphaël Mengs, B. Peruzzi, d'après les indications de Raphaël, dit-on, Rubens, Watteau, J.-B. Regnault, etc. ; enfin, parmi les statues les plus remarquables de *Pâris,* nous rappellerons celles de Canova, qui passe pour le chef-d'œuvre de l'artiste ; d'Etex (salon de 1859), exécutée pour la cour du Louvre, et de Garnaud, salon de 1864.

*PARIS A LYON ET A LA MÉDITERRANÉE (Compagnie du chemin de fer de). Celle des six grandes Compagnies françaises dont le réseau est le plus étendu. Les lignes exploitées aujourd'hui par la Compagnie de Paris à Lyon et à la Méditerranée traversent 28 départements et desservent un territoire de 138,000 kilomètres carrés, soit 1/4 environ de la superficie totale de la France, et une population de 7,200,000 habitants. En outre, cette Compagnie exploite, en Suisse, 15 kilomètres faisant partie de la ligne de Lyon à Genève, et, en Algérie, 657 kilomètres composés des lignes d'Alger à Oran et de Philippeville à Constantine.

Aperçu historique de la constitution du réseau. La ligne de Paris à Marseille avait été classée par la loi du 11 juin 1842, mais l'entreprise était trop considérable pour qu'il fût possible à l'Etat de la mener à bien, étant donné les sacrifices qu'il devait s'imposer en même temps pour la construction d'autres lignes. Aussi, en 1843, une société fondée par M. Talabot obtint-elle la concession de la ligne d'Avignon à Marseille. En 1846, une autre Compagnie obtient la concession de la section de Lyon à Avignon avec embranchement sur Grenoble, en même temps qu'une société se formait pour exploiter et achever la construction de la ligne de Paris à Lyon commencée par l'Etat dans les conditions de la loi précitée. Mais la crise de 1847-1848 amena des embarras financiers accrus encore par un imprévu considérable qui s'était révélé dans les dépenses d'établissement, les Compagnies ne purent remplir leurs engagements ; l'Etat reprit possession de la ligne de Paris à Lyon, la Compagnie de Lyon à Avignon fut déclarée déchue, et la ligne d'Avignon à Marseille exploitée depuis mars 1847, mise sous séquestre. L'Etat continua, à ses frais, la construction des lignes non terminées, et mit en exploitation, en 1849, la ligne de Paris à Tonnerre, dont la section de Melun à Montereau était exploitée provisoirement par la Compagnie de Montereau à Troyes. Le 1er juin 1851, l'Etat ouvrit la ligne entière de Paris à Châlon, qu'il concéda ensuite, le 5 janvier 1852, à la Compagnie du chemin de fer de Lyon en même temps que la section de Châlon à Lyon. La nouvelle Société avait un capital social de 280,000,000, dont 200,000,000 en actions de 500 francs et 80,000,000 en obligations de 1,250 francs. A peu près à la même époque, le 3 janvier, la ligne de Lyon à Avignon était concédée à une autre Compagnie qui fusionna, le 8 juillet de la même année, avec les Compagnies de Marseille à Avignon ; d'Alais à Beaucaire ; d'Alais à la Grand'Combe ; de Montpellier à Cette, etc., et prit la dénomination de Compagnie de Lyon à la Méditerranée. Deux années après, la Compagnie de Lyon, celle d'Orléans et celle du Grand-Central, laquelle exploitait et construisait les lignes situées dans la région de la France comprise au sud de la Loire entre Lyon et Bordeaux, constituèrent une société en participation qui obtint la concession de la ligne de Paris à Lyon, dite du Bourbonnais. Quant à la Compagnie actuelle de Paris à Lyon et à la Méditerranée, elle ne fut réellement constituée que le 19 juin 1857 par la fusion des Compagnies de Lyon à la Méditerranée — dont nous avons vu plus haut la formation — de Lyon à Genève, et de la Compagnie, plus haut mentionnée, avec la Compagnie de Paris à Lyon qui acquérait, en même temps, une partie du réseau du Grand-Central, dès lors partagé entre la Compagnie de Paris à Lyon et à la Méditerranée, et la Compagnie de Paris à Orléans. La fusion de la Compagnie de Lyon à Genève ne devenait définitive qu'en 1861.

Cette organisation fut modifiée, en 1859, par l'approbation des conventions du 22 juillet 1858 et du 11 juin 1859, la première relative à la fusion avec la Compagnie du Dauphiné, la seconde imposée par les causes que nous avons développées à l'article CHEMIN DE FER et qui divisait en deux classes, au point de vue de la garantie de l'Etat, les concessions de la Compagnie de Paris-Lyon et à la Méditerranée. La première classe ou ancien réseau se composait des lignes de Paris à Lyon avec embranchement sur Auxerre ; de Dijon à Belfort par Besançon avec embranchement sur Gray et Salins ; de Bourg, par Lons-le-Saulnier à un point de la ligne de Dijon à Belfort ; de Châlon-sur-Saône à Dôle ; de Lyon à Marseille, par Avignon avec embranchement sur Aix ; de Tarascon à Cette, par Nîmes et Montpellier avec embranchement sur Alais et la Grand'Combe ; de Marseille à Toulon ; de Lyon à Genève avec embranchement sur Bourg et sur Mâcon et sur la frontière sarde par Culoz ; de la part du chemin de fer de Ceinture de Paris.

La seconde classe de lignes ou nouveau réseau était formée des lignes suivantes concédées définitivement :

De Paris à Lyon par Nevers, Roanne et Saint-Etienne d'une part et par Tarare, d'autre part, avec embranchement sur Vichy ; de St-Germain-des-Fossés à Arvant, par Clermont-Ferrand ; d'Arvant à St-Etienne, par le Puy ; de Nevers et de Moulins à la ligne de Paris à Lyon ; de Châtillon à la ligne de Paris à Lyon ; de la ligne de Dôle à Salins à la frontière suisse, par les Verrières et par Jongne ; de Montbéliard à Delle et à Audincourt ; de Saint-Rambert à Grenoble ; de la ligne précédente à Lyon ; de la même ligne à Valence ; ainsi que des lignes ci-après rétrocédées ou concédées à titre éventuel :

De Brioude vers Alais ; de Montbrison à Andrézieux ; de Privas à la ligne de Lyon à Avignon avec prolongement jusqu'à Crest ; de Carpentras à la même ligne ; de Toulon à Nice desservant la ligne de Draguignan ; d'Avignon à Gap avec embranchements sur Aix et Miramas, par Salon ; de Gap à la frontière sarde.

Cette organisation ne resta pas définitive, et le classement indiqué ci-dessus fut remanié plusieurs fois par des concessions nouvelles et les conventions successives de 1860, de 1863, de 1868, de 1875, de 1878 et de 1883. La formation chronologique du réseau et l'accroissement des concessions sont d'ailleurs indiqués dans le tableau de la page 89, extrait des documents publiés par le Ministère des travaux publics. En outre, par les conventions spéciales du 9 juin 1866 et du 17 juin 1867, l'Etat a rétrocédé à la Compagnie de Paris à Lyon et à la Méditerranée les lignes de la Compagnie du Victor-Emmanuel

comprises sur le territoire français, savoir · du Rhône à Chambéry, par Aix; de Chambéry, par Montmélian et

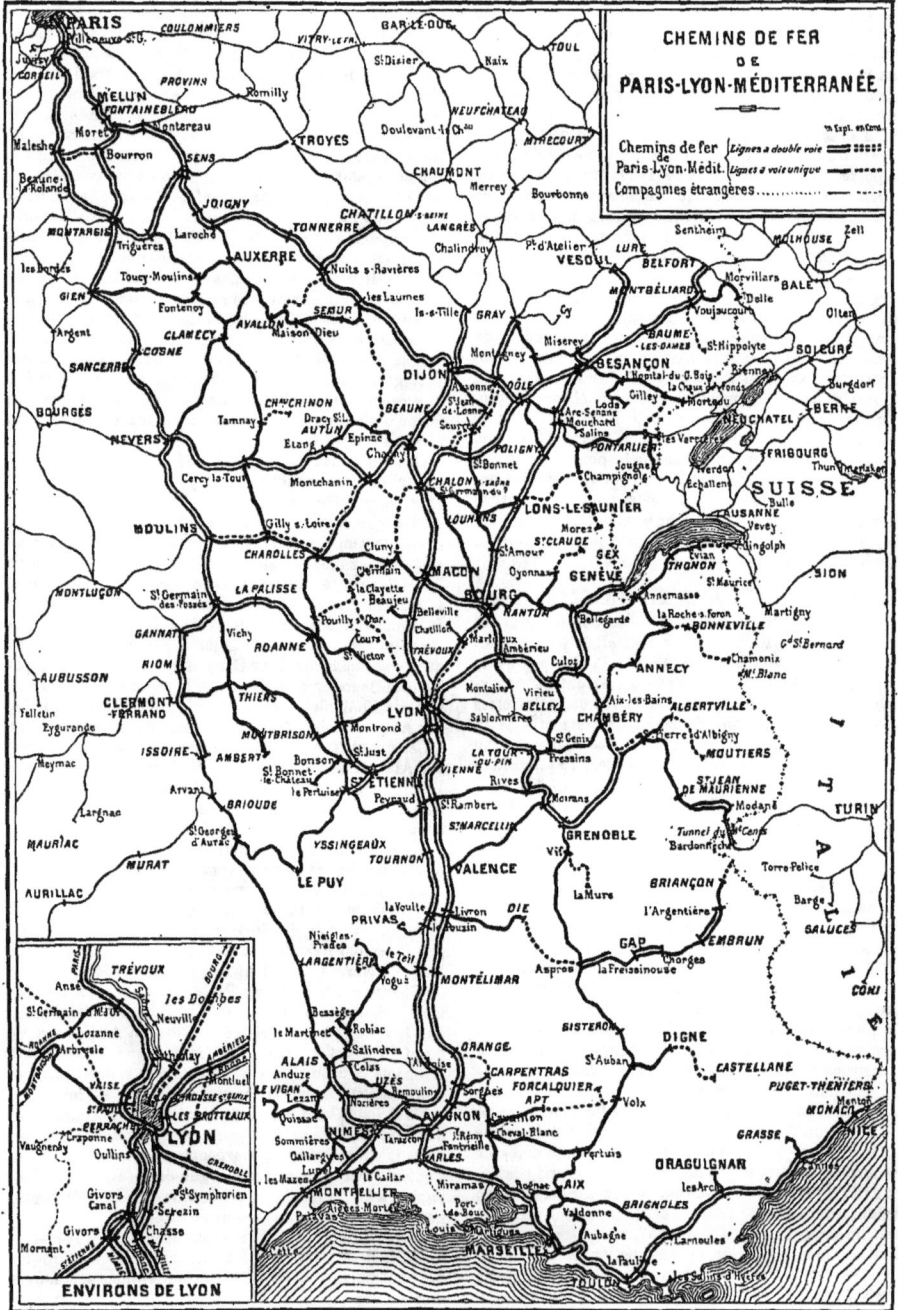

Fig. 50.

Aiguebelle à Saint-Jean-de-Maurienne; de Saint-Jean-de-Maurienne à Saint-Michel; de Saint-Michel à Modane; de Modane à la frontière française dans l'inté-

rieur du tunnel des Alpes. L'Etat garantissait à la Compagnie un revenu annuel de 2,254,950 francs, ainsi que l'intérêt et l'amortissement d'un capital ne pouvant

Compagnie de Paris à Lyon et à la Méditerranée. — Formation chronologique du réseau.

Année	Date de la décision	Désignation des lignes concédées	Longueur totale concédée
1857	19 juin	Paris à Lyon (1,005 k.); Lyon à la Méditerranée (623 k.); Lyon à Genève (221 k.); Bourbonnais (719 k.); Grand-Central (partie sud-est) (296 k.), fusions; Chagny à Nevers et à Moulins (280 k.); Nuits-sous-Ravières à Châtillon (35 k.); Mouchard à la frontière, par les Verrières et par Jougne (92 k.); Montbéliard à Delle (26 k.); Villeneuve-Saint-Georges à Juvisy (7 k.). Montbrison à Andrézieux, éventuelle, définitive le 20 juin 1861 (22 k.); Brioude (Saint-Georges-d'Aurac) à Alais, évent. définitive le 9 avril 1862 (145 k.); Livron à Privas et à Crest (49 k.), évent., définit. le 3 août 1859; Sorgues à Carpentras (17 k.), évent., définit. le 31 août 1860. Toulon au Var (151 k.); Les Arcs à Draguignan (13 k.), évent. définit. le 3 août 1859; Avignon à Cavaillon (33 k.), évent., définit. le 25 août 1861; Cavaillon à Gap (201 k.) et Pertuis à Aix (32 k.), évent., définit. le 25 août 1861; Cavaillon à Salon, concess. évent., définit. le 25 août 1861 (23 k.); Salon à Miramas, évent., définit. le 25 août 1861 (12 k.); Gap à Briançon, évent., définit. le 3 juillet 1875 (83 k.); Briançon à la frontière (20 k.), concess. évent. Abandon de Montbrison à Montrond, remplacé par Montbrison à Andrézieux, soit 19 k. à déduire. Abandon de 1 kil. sur l'embranchement de Montrambert (3 k.), soit 1 kil. à déduire.	4.085
1859	11 juin	Détermination des réseaux. Dauphiné, fusion (257 k.). Abandon de la Béraudière à Montrambert (4 k. à déduire).	4.338
1860	22 août	Le Var à Nice (6 k.).	4.344
1862	1er février loi du 1er août 1860	Ougney à Rans, fusion (14 kil.); Besançon à Vesoul (63 k.); Gray à Besançon (48 k.); Ougney à Montagney (7 k.); Rans à Fraisans (3 k.).	4.479
1863	11 juin	Nice à la frontière (28 k.); Laboucas à Grasse (17 k.); Saint-Ambert à Annonay (19 k.), embranch. d'Hyères (19 k.); Lunel à Aigues-Mortes (13 k.); Marseille à Aix (34 k.); Marseille (nouvelle gare) à la ligne de Toulon (3 k.); Lestaque à Marseille (3 kil.); Lunel à Arles et embranch. (46 k.); Aubagne à Fuveau (17 k.); Lunel au Vigan (73 k.); Grenoble à Montmélian (50 k.); Aix à Annecy (39 k.); rectification de Choudy à Voglans du Victor-Emmanuel (10 k.); Collonges à Thonon (63 k.); Dijon à Langres (73 k.); Auxerre à Nevers et à Cercy-la-Tour (208 k.); Clermont-Ferrand à Montbrison (110 k.); Sorgues à Saint-Saturnin (9 k.); Salon à Rognac (21 k.), conc. év.; Le Pouzin à Alais et embranch. (105 k.), évent., définit. le 29 mai 1867; Givors à La Voulte et raccord. (107 k.), évent., définit. le 1er décembre 1868; Santenay à Etang, par Autun, concess. évent., définit. le 23 janvier 1864 (59 kil.); Grenoble à la ligne de Cavaillon à Gap (109 k.); évent., définit. le 2 janvier 1869; Cavaillon à Apt (32 k.), évent., définit. le 3 août 1867; Saint-Auban à Digne (22 k.), évent., définit. le 22 janvier 1868; Avallon aux lignes d'Auxerre à Nevers et de Paris à Dijon (91 k.), évent., définit. le 2 septembre 1863. Andelot à Champagnole, concess. évent., définit. le 20 février 1864 (13 k.). Abandon de Salon à Miramas, remplacé par Salon à Rognac, évent. (12 k. à déduire).	5.868
1864	18 mai	Voies de surface du souterrain de Terre-Noire (4 k.). Abandon de 1 kil. sur Juvisy à Corbeil, près Juvisy. Abandon de Sorgues à Saint-Saturnin (9 k. à déduire).	5.853
1865		Abandon de 6 k. sur Saint-Etienne à la Loire (section de la Fouillouse à Andrézieux). Abandon de 1 kil. sur la section de la Guillotière aux Brotteaux (ligne de Lyon à Genève); abandon de 1 kil. sur Juvisy à Corbeil, près Corbeil.	5.851
1866	10 février 8 juin 5 août	Bessèges à Alais, fusion (33 k.). Embranchement de Gimouille (2 k.). Besançon (Viotte) à Besançon (Mouillère) (1 k.).	5.887
1867	27 septembre	Victor-Emmanuel, fusion (134 k.).	6.021
1869	28 avril loi du 18 juillet 1868	Salon à Miramas (12 k.), remplace Salon à Rognac (21), soit 9 kil. à déduire. Le Caylar à Saint-Cézaire (19 k.); Aix à Carnoules (75); Thonon à Saint-Gingolph (27); Albertville à la ligne de Chambéry à Modane (24); Annemasse à Annecy (53), concess. évent., définit. le 23 mars 1874; Annemasse à la frontière (9), concess. évent. Abandon d'Annemasse à Collonges (33 k. à déduire). Vichy à Thiers (33 k.); Thiers à Ambert (48), concess. évent., définit. le 23 mars 1874.	6.270
1874	23 mars	Collonges à Annemasse (33 k.). Abandon d'Annemasse à la frontière, concess. évent. (9 k. à déduire).	6.294
1875	3 juillet	Nîmes au Teil (119 k.); Remoulins à Uzès (19); Remoulins à Saint-Julien (17); Uzès à Saint-Julien et prolongement sur 10 kil. (49); Uzès à Nozières (20); Vézenobres à Quissac et embranch. sur Anduze (27); Nîmes à Sommières (24); Sommières aux Mazes (21); Aubenas à Prades (10); Lyon à Saint-Etienne, raccord. et embranch. (53); Sérézin à Montluel (36); Dijon à Saint-Amour et raccord. (109); Virieu-le-Grand à Saint-André-le-Gaz (46); Saint-André-le-Gaz à Chambéry (41); Roanne à Paray-le-Monial (57); Gilly-sur-Loire à Cercy-la-Tour (41); Avallon à Dracy-Saint-Loup (70); Fillay à Bourron (25). Aspres-les-Veynes à Crest (92 k.). Is-sur-Tille à Chalindrey (cédé à la Compagnie de l'Est) (44 k. à déduire).	7.125
1878	4 avril	Belleville à Beaujeu (13 k.).	7.138
1883	20 novembre	L'ancien et le nouveau réseau forment un réseau unique: Auxerre à Gien (91 k.); Auxonne à Chagny (54); Avallon à Nuits-sous-Ravières (41); Besançon à la frontière suisse avec embranchement sur Lods (98); Champagnole à Morez (40); Champagnole à Lons-le-Saunier (42); La Cluse à Saint-Claude (43); Clamecy à Triguières (69); Dôle à Poligny (39); Epinac aux Laumes (68); Firminy à Annonay (65); Le Pertuiset à Saint-Just (15); Forcalquier à Volx (15); Apt à la ligne de Forcalquier à Volx (39); Gilley à Pontarlier (23); Largentière à Saint-Sernin (13); La Roche à Cluses (24); l'Isle-sur-Sorgue à Orange (38); Lozanne à Paray-le-Monial (89); Roanne à Châlon (106); Saint-Gengoux à Montchanin (24); Saint-André à Digne (45); Tannay à Château-Chinon (23); Vongeancourt à Saint-Hippolyte (12); Corbeil-Melun à Montereau (61 k.); Givors à Lozanne (38); Lestaque à Miramas (42); Lure à Loulans-les-Forges (39); Lyon-Saint-Clair à Collonges (4); raccordem. de Chasse et Vénissieux (2 k.); Saint-Jean-du-Gard à Anduze (14); traversée du Rhône à Avignon (4); Valdonne à Aix (21). Concessions éventuelles. Montargis à Sens (62 k.); Bonson à Saint-Bonnet (6). Dombes et Sud-Est, fusion (204 k.); Rhône, fusion (7 k.); Mâcon à Paray-le-Monial (77 k.); Châlon-sur-Saône à Lons-le-Saunier (65 k.); Bourg à Saint-Germain-du-Plain (62 k.), Amberieu à Montalieu (18 k.).	9.016

dépasser 25 millions devant être consacré à des travaux complémentaires, et il était entendu que la Compagnie exploiterait les lignes nouvelles à un compte spécial indépendant de ceux des autres réseaux, dans les conditions régies par le cahier des charges de la Compagnie du Victor-Emmanuel légèrement modifié. Le capital garanti de 25,000,000 fut porté à 45,000,000 par la convention de 1875. En ce qui concerne les lignes situées en Algérie, elles ont été rétrocédées à la Compagnie de Paris à Lyon et à la Méditerranée par la Compagnie des chemins de fer algériens, en vertu de la convention du 1er janvier 1863.

Nous n'insisterons pas davantage sur le détail de toutes ces conventions qui ont été remaniées par la dernière, celle du 20 novembre 1883, dont nous allons maintenant résumer brièvement les principales dispositions.

Outre les concessions faites à la Compagnie, soit à titre définitif, soit à titre éventuel, et énumérées au tableau de la page 89, l'Etat impose à la Compagnie la concession ultérieure de 600 kilomètres environ de lignes, à désigner d'un commun accord, et lui fait abandon des lignes de Montargis à Sens et de Bonson à Saint-Bonnet, qu'il exploitait. Enfin, il approuve le traité pour l'incorporation au réseau de Paris à Lyon et à la Méditerranée des lignes de la Compagnie des Dombes, et régularise la concession antérieure du chemin de fer de Marseille-Joliette à l'Estaque. Comme les autres Compagnies, celle de Paris à Lyon et à la Méditerranée, contribue à la dépense des lignes nouvelles pour une part de 25,000 francs par kilomètre, et par la fourniture du matériel roulant, du mobilier et de l'outillage des gares. Sauf pour trois lignes très avancées, dont la superstructure a dû être continuée par l'Etat, la Compagnie exécute les travaux pour le compte de ce dernier et est remboursée de ces avances par le paiement annuel de l'intérêt et de l'amortissement de ses emprunts, d'après le prix moyen des obligations négociées dans le courant de chaque exercice. Dans le cas où la Compagnie dépasserait, par sa faute, les délais fixés pour l'achèvement de ses lignes, sa contribution serait augmentée de 5,000 francs par kilomètre et par année de retard. Les lignes ajoutées aux concessions de la Compagnie et celles formant antérieurement l'ancien et le nouveau réseau, ne constituent plus qu'un seul réseau, n'ayant qu'un compte unique de recettes et de dépenses d'exploitation. Sur le produit net, la Compagnie prélève les charges effectives de ses emprunts, déduction faite des annuités remboursées par l'Etat et une somme de 44,000,000, représentant un dividende minimum garanti de 55 francs. L'excédent sera appliqué à couvrir la garantie d'intérêt, le capital garanti ne devant pas dépasser 60,000,000; quand cet excédent, déduction faite du remboursement des avances garanties par l'Etat, dépassera une somme de 60,000,000, correspondant à un dividende maximum réservé de 75 francs, le surplus sera partagé à raison de 2/3 pour l'Etat et 1/3 pour la Compagnie. Les conditions relatives au nombre minimum de trains à mettre en circulation, aux réductions de taxes des voyageurs, à la clause de rachat de la concession reproduisent, sans aucune modification, celles dont nous avons donné le détail au mot Est.

Organisation administrative. A la tête de la Compagnie est un directeur, aidé d'un sous-directeur et d'un ingénieur en chef, adjoint à la direction; les services de la construction dépendent immédiatement de la direction centrale, et sont placés sous les ordres d'un directeur et d'un sous-directeur. Les trois services parallèles de l'exploitation, du matériel et traction, de la voie, comportant chacun un ingénieur en chef et deux sous-chefs, ressortent à la direction centrale. Les chemins algériens, administrés à part, mais dépendant néanmoins du directeur de la Compagnie, ont à leur tête un directeur et trois chefs de service.

Le Conseil d'administration a été successivement formé par la fusion des administrateurs des anciennes sociétés dont la Compagnie actuelle est, pour ainsi dire, la *résultante.* Depuis 1871, le Conseil a, pour président, M. Vuitry, actuellement président honoraire et secondé par M. Ch. Mallet, président. Il compte dans ses rangs MM. Blount, Caillaux, Denormandie, d'Haussonville, de Nervo, Nouette-Delorme, Hély d'Oissel, etc. Le secrétariat et le service des titres sont dirigés par M. Baudin. La direction de la Compagnie, après avoir échu successive-

ment à des hommes tels que Jullien et Chaperon, était encore récemment confiée à M. Talabot, l'un des fondateurs de ce chemin de fer, qui est resté, jusqu'à sa mort, directeur honoraire. M. Noblemaire lui succède aujourd'hui dans la redoutable responsabilité d'un fardeau tel qu'un réseau de 8 à 10,000 kilomètres, le plus étendu que l'on connaisse, entre les mains d'une seule administration. Parmi les noms des chefs d'exploitation qui se sont succédé, nous relevons ceux d'Audibert, de Bargmann et aujourd'hui, M. Picard, dont l'abord sympathique conquiert tous ceux qui ont l'occasion de l'approcher. A la construction, on retrouve les noms de Jullien, de Chaperon, de Bazaine, et maintenant M. Ruelle, qui fut longtemps professeur du cours de travaux publics à l'Ecole centrale des Arts et Manufactures. A la mort de M. Marié, le service du matériel et de la traction a été confié au titulaire actuel, M. Henry.

Principaux renseignements techniques. Les renseignements ci-après, relatifs aux conditions de construction des lignes, s'appliquent à l'année 1882. Au 31 décembre de cette année, le réseau exploité, en France, par la Compagnie de Paris à Lyon et à la Méditerranée avait une longueur totale de 6,468 kilomètres, dont 6,328 kilomètres formant le réseau proprement dit de la Compagnie et 140 kilomètres appartenant au réseau spécial du Rhône au Mont-Cenis. Le réseau proprement dit de Paris à Lyon et à la Méditerranée comprenait 3,241 kilomètres de lignes à double voie et 3,087 kilomètres à voie unique, soit 51,2 0/0 de la longueur totale à double voie et 48,8 0/0 à voie unique. Au point de vue du tracé en plan, on trouve 3,875 kilomètres, soit 61,2 0/0 en alignements droits, 1,922 kilomètres, soit 30,4 0/0 en courbes, dont le rayon est égal ou supérieur à 500 mètres, et 530k,3 en courbes, dont le rayon est compris entre 500 mètres et le minimum de 200 mètres, ce qui forme une proportion de 8,4 0/0, la plus élevée de tous les grands réseaux français. En ce qui concerne le profil en long, 1,205 kilomètres ou 19 0/0 sont en palier; 2,858 kilomètres, soit 45,2 0/0 en déclivités inférieures ou égales à 0",005 par mètre; 1,302 kilomètres en déclivités comprises entre 0m,005 et 0m01, et 116 kilomètres seulement dépassent 0m02 par mètre. La pente maxima est 0m,0265 par mètre. Quant aux lignes du Rhône au Mont-Cenis, établies dans un pays difficile, elles s'écartent sensiblement des moyennes indiquées plus haut pour le profil, tout en restant à peu près dans les mêmes conditions en ce qui concerne le tracé en plan; ainsi la moyenne des alignements droits est de 59 0/0, tandis que celle des pentes supérieures à 0,005 s'élève à 51,6 0/0 de la longueur totale. A la date précitée, 5,869 kilomètres de voies principales étaient en acier, et 3,875 kilomètres en fer; 58 kilomètres seulement de voies accessoires étaient en acier et 1,337 en fer.

Les travaux d'art sont particulièrement nombreux, il existait 4,178 passages à niveau sur le réseau Paris à Lyon et à la Méditerranée, 4,211 passages sous rails et 14,088 ponceaux ou aqueducs; 435 ponts sous rails de plus de 20 mètres d'ouverture entre culées extrêmes, formant un développement linéaire de 37,826m,64, dont le prix moyen du mètre courant a été de 2,522 francs; 213 viaducs de plus de 10 mètres de hauteur moyenne d'un développement de 28,156m,77 ayant coûté environ 1,897 francs par mètre; enfin, 407 souterrains formant ensemble une longueur de 138,389m,33 d'un prix moyen de 1,205 francs. Parmi les ouvrages d'art, nous citerons le tunnel de Blaisy d'une longueur de 4,100 mètres à 26 kilomètres de Dijon, et le souterrain de la Nerthe, d'une longueur de 4,620 mètres, situé entre Avignon et Marseille; le tunnel du Credo, sur la ligne de Lyon à Genève (3,900 mètres), et, enfin, le Mont-Cenis, qui a 12 kilomètres de longueur et dont les lignes d'accès présentent de nombreux travaux d'art, défendus de la manière la plus savante, contre les dévastations du torrent qui parcourt la vallée de la Maurienne.

L'effectif du matériel roulant de la Compagnie de Paris à Lyon et à la Méditerranée, se composait au 31 décembre 1881, de la façon suivante :

Désignation des véhicules	Totaux partiels	Totaux	Moyenne par kilom. exploité
Locomotives.	»	2.019	0.32
Voitures (de 1re classe	599		
à { de 2e classe.	1.166	3.562	0.57
voyageurs (de 3e classe.	1.797		
Vagons de service. . . .	»	1.577	0.25
Vagons à marchandises. .	»	66.817	10.70

Il n'est pas inutile de rappeler, à ce propos, que la Compagnie de Paris à Lyon et à la Méditerranée a été la première, en France, à installer des trains dits *rapides* qui parcourent de grandes distances sans arrêt. Le train de Paris à Marseille a été, de tout temps, le principal express de notre pays; il marche actuellement moins vite que ceux de Bordeaux et de Calais, puisqu'il ne fait guère que 71 kilomètres à l'heure; mais il parcourt 155 kilomètres sans s'arrêter, grâce à la grande capacité de ses tenders dont on ne doit renouveler l'approvisionnement que toutes les deux heures et demie.

Résultats comparés de l'exploitation, des exercices 1883 et 1884 :

Désignation des articles	1883	1884
Long' moyenne exploitée.	6.471 kilom.	7.293 kilom.
Recettes (grande vit.	116.390.837 56	112.183.218 62
totales (petite vites.	211.371.603 18	203.603.746 08
Recettes diverses . . .	5.758.165 56	5.831.665 77
Total des recettes . .	333.520.606 30	321.618.630 47
Dépenses totales. . .	166.060.601 70	156.527.812 97
Excédent net. . .	167.460.004 60	165.090.817 50
Recette kilométrique .	51.540 81	44.099 63
Dépense kilométrique .	25.662 28	21.462 75
Rapport de la dépense à la recette. . . .	49.79 0/0	48.66 0/0
Parcours kilomét. des trains	54.899.775	53.496.737
Recette par train kilométrique.	6 075	6 012
Dépense par train kilométrique. . . . · .	3 025	2 926
Produit par train kilométrique. . · . . .	3 050	3 086
Nombre de voyageurs reçus.	35.593.269	36.833.553
Nombre de voyageurs transportés à la distance entière. . . .	271.410	232.043
Parcours moyen d'un voyageur.	49k,0	46k,0
Produit moyen d'un voyageur.	2 57	2 38
Nombre de tonnes expédiées	18.802.152	17.497.540
Nombre de tonnes expédiées à la distance entière.	557.876	460.651
Parcours moyen d'une tonne	192k,0	192k,0
Produit moyen d'une tonne	10 68	10 98

Parmi les transports les plus importants, on trouve en première ligne la houille et le coke qui ont fourni, en 1884, un tonnage de 5,196,619 tonnes; les vins et alcools, 1,611,268 tonnes; viennent ensuite, par ordre d'importance : les bois, 1,075,304 tonnes; les pierres et cailloux, 1,051,908 tonnes; les produits métallurgiques, 1,009,531 tonnes; la chaux et les ciments, 882,094 tonnes, et les minerais, 833,576 tonnes.

Terminons par les chiffres suivants, relatifs au bilan de la Compagnie de Paris à Lyon et à la Méditerranée, au 31 décembre 1884.

Actif.

Compte d'établissement. . . · . . .	3,954.723.499 22
Approvisionnements.	52.038.239 43
Domaine privé de la Compagnie. .	22.142.612 81
Comptes de la garantie	20.371.513 44
Débiteurs divers.	9.900.771 34
Caisse et portefeuille.	149.831.168 65
Total.	4.209.007.804 89

Passif.

Fonds social, emprunts et subventions.	4.011.600.159 72
Intérêts et dividendes échus, à payer	38.145.796 »
Amortissements divers	10.083.016 61
Créditeurs divers	18.720.826 22
Comptes de réserve.	101.569.275 04
Solde créditeur.	28.888.731 30
Total. . . . . . · .	4.209.007.804 89

* **PARIS A ORLÉANS** (Compagnie du chemin de fer de). La plus ancienne des six grandes Compagnies qui exploitent la majeure partie du réseau des chemins de fer français. Les lignes concédées à la Compagnie de Paris à Orléans, et ouvertes à l'exploitation, traversent 29 départements et desservent en chiffres ronds une population de 5,900,000 habitants sur un territoire d'une superficie de 131,000 kilomètres carrés, soit environ 1/4 de la surface totale de la France.

Aperçu historique de la constitution du réseau. La ligne de Paris à Orléans constituait une section de la grande ligne de Paris à Bordeaux, comprise dans les premiers classements de 1833 et 1837; aussi la loi du 7 juillet 1838 concéda pour 70 ans, à MM. Casimir, Lecomte et Cie, un chemin de fer de Paris à Orléans par Etampes avec embranchements sur Corbeil, Arpajon et Pithiviers; une société anonyme au capital de 40,000,000 se constitua immédiatement et entreprit la construction de la ligne concédée; malheureusement cette société se trouva, dès l'année suivante, en présence d'embarras financiers qui l'obligèrent à solliciter le concours de l'État. Par la loi du 1er août 1839, la Compagnie fut autorisée à abandonner la concession des sections de Juvisy à Orléans et des embranchements, si l'État ne lui apportait son concours financier. Dès lors, tous les efforts de la Compagnie se concentrèrent sur la ligne de Paris à Corbeil qui fut mise en exploitation le 20 septembre 1840. La même année, une loi du 15 juillet concéda à nouveau la ligne de Juvisy à Orléans, que la Compagnie s'engageait à construire dans les conditions de la loi du 7 juillet 1838; de son côté, l'État portait à quatre-vingt-dix-neuf ans la durée de la concession et garantissait un intérêt de 4 0/0, pendant quarante-sept ans, sur le montant du capital social; la mise en exploitation de cette ligne eut lieu le 5 mai 1843, et la Compagnie ne s'occupa plus qu'à recueillir les fruits de son exploitation et se garda bien de s'aventurer, comme tant d'autres, dans des entreprises plus ou moins hasardeuses; aussi, lorsque l'État mit en adjudication l'exploitation des lignes d'Orléans à Vierzon, d'Orléans à Bordeaux, de Tours à Nantes, etc., qu'il avait construites dans les conditions de la loi de 1842, d'autres sociétés, les Compagnies du

Centre, d'Orléans à Bordeaux et de Tours à Nantes, en obtinrent la concession; mais ces Compagnies ne tardèrent pas à ressentir les mauvais effets de cette décentralisation et du manque d'unité, elles s'entendirent entre elles, et finalement fusionnèrent avec la Compagnie d'Orléans, en vertu des conventions de 1852. L'Etat profita de l'occasion que lui offrait l'approbation de ces conventions pour faire accepter à la Compagnie d'Orléans, la concession des lignes nouvelles de Châteauroux à Limoges, du Bec-d'Allier à Clermont, de Saint-Germain-

Fig. 51.

des-Fossés à Roanne et des embranchements de Poitiers sur La Rochelle et sur Rochefort. L'une de ces sections, celle de Saint-Germain-des-Fossés à Clermont fut rétrocédée, par la Compagnie d'Orléans, à la Compagnie du Grand-Central, en 1855, lors de la constitution définitive de cette dernière société. D'autre part, nous avons vu à l'article PARIS A LYON ET A LA MÉDITERRANÉE que les trois Compagnies de Paris à Orléans, du Grand-Central et de Paris à Lyon fondèrent une société en participation qui obtint la concession d'une ligne de Paris à Lyon par le Bourbonnais. Par la convention intervenue entre les trois sociétés le 31 janvier 1855, la Compagnie d'Orléans cédait à la nouvelle société les sections de Juvisy à Corbeil et de Nevers à Roanne. Mais, en 1857, la situation du Grand-Central était devenue particulièrement difficile, sans tête de ligne importante, concessionnaire de lignes établies dans une région difficile et peu productive, cette Compagnie fusionna, en 1857, avec ses voi-

Compagnie de Paris à Orléans. — Formation chronologique du réseau.

Année	Date de la décision	Désignation des lignes concédées	Longueur totale concédée
1838	7 juillet	Paris à Orléans (121 k.); Juvisy à Corbeil (12 k.); embranch. de Pithiviers et d'Arpajon (27 k.).	160
1839	1er août	Abandon de Juvisy à Orléans (102 k.) et des embranchements de Pithiviers et d'Arpajon (27 k.), soit 129 kil. à déduire, reste.	31
1840	15 juillet	Juvisy à Orléans (102 k.).	133
1852	27 mars	Centre (242 k.); Orléans à Bordeaux (461 k.); Tours à Nantes (194 k.), fusions; Châteauroux à Limoges (137 k.); Poitiers à La Rochelle et à Rochefort (157 k.); le Guétin à Saint-Germain-des-Fossés (90 k.); Saint-Germain à Roanne (66 k.); Saint-Germain-des-Fossés à Clermont (65 kil.).	1.545
1853	17 août	Tours au Mans (94 k.); Nantes à Saint-Nazaire, concession éventuelle, rendue définitive le 8 mars 1855 (64 k.).	1.703
1855	7 avril	Abandons au Grand-Central et au Bourbonnais de : Juvisy à Corbeil (12 k.); le Guétin à Nevers (10 k.); le Guétin à Saint-Germain-des-Fossés et à Roanne (156 k.); Saint-Germain-des-Fossés à Clermont (65 k.), soit 243 kil. à déduire.	1 758
	2 mai et 20 juin	Savenay à Châteaulin (245 k.); Auray à Pontivy (51 k.).	
	5 mai	Raccordements à Tours avec les lignes d'Orléans à Bordeaux et de Tours à Nantes (2 k.).	
1857	19 juin	Grand-Central (partie sud-ouest, 1,059); Paris à Sceaux et Orsan (25 k.), fusions. Paris à Tours par Vendôme (202 k.); Nantes à la Roche-sur-Yon (75 k.); Bourges à Montluçon (100 k.); Toulouse à Lexos et à Albi (105 k.). Tours à Vierzon, concession évent., devenue définit. le 5 juin 1861 (104 k.); Orléans à Gien, conc. évent., devenue définit. le 2 janvier 1869 (61 k.); Montluçon à Limoges (122 k.), et Busseau-d'Ahun à Ahun (8 k.), convent. évent., définit. le 22 juin 1861. Poitiers à Limoges (111 k.); Angers à Niort (167), concess. évent., devenues définit., le 5 juin 1861. Limoges à Brive, concess. évent., devenue définit. le 17 mai 1865 (81 k.).	3.981
	1er août	Raccordements de Bordeaux (pour moitié)	
1859	11 juin	Détermination des réseaux.	3.981
1862	28 août	Orsay à Limours.	3.999
1863	11 juin 6 juillet	Châteaulin à Landerneau (53 k.); Ahun à Aubusson (16 k.); Commentry à Gannat (53 k.); Orléans à Pithiviers, conc. évent., devenue définit. le 8 avril 1865 (42 k.); Pithiviers à Malesherbes, conc. évent., devenue définit. le 8 avril 1865 (16 k.); Aubigné à la Flèche, conc. évent., devenue définit. le 16 août 1867 (35 k.).	4.214
1868	26 juillet	Romorantin à la ligne de Tours à Vierzon (7 k.); Châteaubriant à Nantes (62 k.); Libourne à Bergerac, conc. évent., dev. définit. le 2 janvier 1869 (61 k.); Saint-Eloi à la Peyrouse, concess. évent., devenue définit. le 27 mars 1869 (9 k.); Bergerac au Buisson-de-Cabans, concess. évent., devenue définit. le 23 mars 1874 (36 k.); abandon de Mussidan à Bergerac (39 k. à déduire).	4.359
1883	20 novembre	L'ancien et le nouveau réseau avec les nouvelles lignes forment un réseau unique ; Lignes cédées au réseau de l'Etat : Nantes à la Roche-sur-Yon (75 k.); Niort à la Possonnière (167 k.); Saint-Benoit à La Rochelle et à Rochefort (157 k.), soit 399 kil. à déduire. Angoulême à Limoges, avec embranchement sur Nontron (156 k.); Bordeaux à la Sauve (27 k.); Clermont à Tulle avec embranchement sur Vendes (225 k.); Limoges à Meymac (90 k.); Limoges au Dorat (54 k.); Orléans à Montargis (73 k.); Périgueux à Ribérac (29 k.); Sallat à Bussière-Galant (44 k.); Saint-Nazaire au Croisic et embranchement (33 k.); Tours à Montluçon avec embranchement sur Lavaud-Franche (249 k.). Angers à la Flèche (44 k.); Auneau à la limite de Seine-et-Oise vers Etampes (14 k.); Aurillac à Saint-Denis-lez-Martel (60 k.); Blois à Romorantin (47 k.); Bourges à Gien et Argent à Beaune-la-Rolande (156 k.); Cahors à Capdenac, avec embranch. sur Figeac (72 k.); Châtellerault à Tournon-Saint-Martin (41 k.); Civray au Blanc (98 k.); Confolens à Excideuil (17 k.); Issoudun à Saint-Florent (23 k.); La Flèche à Saumur (51 k.); Le Blanc à Argent (164 k.); Limoges à Brives (96 k.); Marmande à Angoulême (180 k.); Mauriac à la ligne d'Aurillac à Saint-Denis-lez-Martel (46 k.); Montauban à Brive (163 k.); Montluçon à Eygurande (92 k.); Nontron à Sarlat, avec embranch. d'Hautefort au Burg-Allassac (138 k.); Poitiers au Blanc (58 k.); Port-des-Piles à Preuilly (34 k.); Preuilly à Tournon-Saint-Martin (14 k.); Quimper à Douarnenez (23 k.); Quimper à Port-l'Abbé (20); Saint-Sébastien à Guéret (45 k.); Saint-Denis-lez-Martel au Buisson, avec embranch. sur Gourdon (80 k.); Tournon à la Châtre (100 k.); Villeneuve-sur-Lot à Tonneins (34 kil.). De la limite du département de Seine-et-Oise vers Auneau à Etampes (17 k.); Laqueuille au Mont-Dore (15 k.); la Sauve à Eymet (67 k.) Mauriac à Vendes (17 k.), soit 116 kil. de concess. éventuelles. Aubusson à Felletin (10 k.); Auray à Quiberon (26 k.); Concarneau à Rosporden (15 k.); Questembert à Ploërmel (33 k.); Vieilleville à Bourganeuf (20 k.).	7.070

sines, les Compagnies de Paris à Lyon et de Paris à Orléans.

La convention conclue entre les trois Compagnies attribuait à la Compagnie d'Orléans, les lignes de Limoges à Agen, de Coutras à Périgueux, de Périgueux au Lot, du Lot à Montauban avec embranchement sur Rodez, d'Arvant à Aurillac, par la ligne de Périgueux au Lot et de Montluçon à Moulins, ainsi que les forges et mines de la concession d'Aubin et les droits éventuels sur les embranchements de Cahors, Villeneuve-d'Agen, Bergerac et Tulle, plus une part de 72,000,000 de la subvention due au Grand-Central par l'Etat; la Compagnie d'Orléans prenait à sa charge 44,200 obligations, formant le prix des établissements d'Aubin, plus 66 0/0 du surplus des 522,666 obligations de 500 francs constituant le prix de la cession. A la même époque, la Compagnie d'Orléans traita avec les Compagnies de Paris à Lyon et de Lyon à la Méditerranée et leur céda sa part de la concession, de la ligne du Bourbonnais aux conditions suivantes : la Compagnie d'Orléans recevait du 1er janvier 1857, à l'époque d'ouverture, une indemnité de 1,100,000 francs par an; pendant les trois exercices suivant la mise en exploitation de la ligne, l'indemnité était portée à 2,000,000; après ces trois ans, l'annuité devait être fixée et arrêtée par trois arbitres. Ces différents traités furent approuvés par l'Etat le 19 juin 1857. En vertu de la convention conclue à cette date, était également homologué le traité intervenu, le 18 juin 1855, entre la Compagnie d'Orléans et la Compagnie de Paris à Orsay, relativement à la cession des droits de cette dernière Compagnie pour l'exploitation du brevet de M. Arnoux concernant l'usage, en France, d'un système de trains articulés applicables à la circulation des véhicules dans les courbes de petit rayon, et pour l'incorporation du chemin de fer de Paris à Sceaux ou Orsay, destiné à être construit et exploité avec ce système. La cession était faite moyennant la création de 5,000 obligations de 500 francs, et l'engagement pris de conserver l'usage du système articulé pendant cinq ans. Le chemin de Paris à Sceaux fut construit avec une voie d'une largeur supérieure à l'écartement normal. En outre, la Compagnie d'Orléans devenait concessionnaire de 502 kilomètres, à titre définitif et de 580 kilomètres, à titre éventuel. Nous n'insisterons pas sur les clauses financières de cette convention qui furent modifiées, en 1859, par la détermination des réseaux.

A cette date, l'ancien réseau fut composé des lignes de :

Paris à Orléans; d'Orléans à Tours et Bordeaux avec embranchements sur La Rochelle et Rochefort et raccordement avec le chemin de fer du Midi, à Bordeaux; de Tours à Nantes et à Saint-Nazaire; d'Orléans à Vierzon; de Vierzon au Bec-d'Allier; de Vierzon à Limoges, par Châteauroux; de Tours au Mans; de Nantes à Châteaulin, avec embranchement sur Napoléonville; et de la part du chemin de fer de Ceinture de Paris, afférente à la Compagnie d'Orléans.

Le nouveau réseau comprenait les lignes de :

Montluçon à Moulins; de Limoges à Agen; de Coutras à Périgueux; de Montauban à la rivière du Lot, avec embranchement sur Marvillac et Rodez; d'Arvant, près Lempdes à la rivière du Lot; de Périgueux à la ligne de Clermont-Ferrand à Montauban, près La Chapelle; de Paris à Sceaux et Orsay; de Paris à Tours, par ou près Châteaudun et Vendôme; de Nantes à Napoléon-Vendée; de Bourges à Montluçon; de Toulouse à la ligne de Montauban au Lot.

Toutes les lignes énumérées ci-dessus étaient concédées définitivement, tandis que celles de Tours à Vierzon; d'Orléans à Gien; Montluçon à Limoges; d'Angers à Niort et de Limoges à Brives n'étaient concédées qu'éventuellement.

Nous laisserons de côté les clauses financières de cette convention qui ne s'écartaient pas de celles conclues avec les autres Compagnies, et qui ont, d'ailleurs, été modifiées en 1863, 1868, et en dernier lieu, en 1883.

Le tableau de la page 93 indique la formation successive et chronologique du réseau de la Compagnie d'Orléans.

La loi, promulguée le 20 novembre 1883 et approuvant la convention intervenue entre l'Etat et la Compagnie d'Orléans, a une grande importance parce qu'elle marque le terme d'une situation extrêmement tendue, résultant de l'enchevêtrement des lignes qu'exploitait alors l'Etat, avec celles qui composaient le réseau d'Orléans.

Il est impossible de ne pas insister ici, un peu plus que nous ne l'avons fait à propos des autres Compagnies, sur les causes qui ont amené la conclusion de cette convention; la ligne de conduite adoptée par la Compagnie d'Orléans a pesé d'une manière prépondérante sur la marche des événements, et il est difficile de méconnaître, dans cette attitude, l'origine funeste de l'intervention de l'Etat dans le régime économique des chemins de fer. L'espace compris entre les lignes de Tours à Nantes et de Tours à Bordeaux s'était peu à peu sillonné de lignes qui, à part celles de Poitiers à Niort et à La Rochelle, avaient été obtenues en concession par deux Compagnies, aujourd'hui disparues, les Charentes et la Vendée. En présence de cette concurrence naissante, il y avait deux partis à prendre : s'entendre avec ces deux Compagnies de manière à les rattacher, au moins comme affluents des artères principales, ou les combattre avec acharnement, afin d'hériter de leurs réseaux le jour où elles seraient à la merci du vainqueur. Cette dernière solution, poursuivie par la Compagnie d'Orléans, faillit aboutir à un rachat des deux petits réseaux provinciaux; la combinaison échoua par une très faible différence entre l'offre et la demande, et les petites Compagnies s'adressèrent à l'Etat qui consentit à les racheter en prenant généreusement pour base, non pas leurs recettes, mais leurs prix de construction. C'est ainsi que fut créé le réseau de l'Etat, qui s'adjoignit bientôt, non seulement d'autres petites Compa-

gnies locales, mais toutes les lignes successivement ouvertes, parmi celles que classait le plan Freycinet. On a vu au mot ETAT dans quelle condition se prolongea cette situation regrettable; les sacrifices qu'elle imposait au budget furent la cause des négociations qui aboutirent à la conclusion des conventions de 1883. La situation particulière de la Compagnie d'Orléans, vis-à-vis des lignes de l'Etat, tout à fait enchevêtrées avec les siennes, pénétrant dans les mêmes contrées qu'elles desservaient par un tracé à mailles presque parallèles, rendit nécessaire l'entente moins facile qu'avec les autres Compagnies. Cependant, sous la pression des nécessités du moment, l'équité finit par prévaloir et les choses furent réglées de la manière suivante :

L'Etat reprend à la Compagnie d'Orléans les lignes qu'elle possédait dans le triangle, dont il a été question ci-dessus, et lui cède, en échange, les lignes qu'il exploitait à l'Est de l'artère de Paris à Bordeaux; pendant cinq ans on relèvera les produits nets composant respectivement ces deux apports, on en prendra la moyenne, et celle des parties qui aura cédé un ensemble de lignes donnant la plus petite moyenne, sera redevable à l'autre partie de la différence des produits nets, sous la forme d'une annuité à verser jusqu'à l'expiration de la concession et à faire figurer dans le compte unique d'exploitation. L'Etat concède, en outre, à la Compagnie, tant à titre définitif qu'à titre éventuel, un certain nombre de lignes nominalement définies et dont on trouvera la liste au tableau de la formation chronologique du réseau, ainsi que 400 kil. de chemins de fer, à désigner ultérieurement par l'administration. La dette de la Compagnie d'Orléans, pour la garantie d'intérêt jusqu'au 1er janvier 1883 est arrêtée à la somme de 205,000,000 et cesse de porter intérêt : elle se trouve compensée par les travaux que la Compagnie doit faire pour le compte de l'Etat, soit sur les lignes concédées, soit pour la transformation des chemins de fer de Paris à Sceaux, en sus de sa participation aux dits travaux; cette participation est fixée : 1° à une somme de 40,000,000 pour la ligne de Limoges à Montauban; 2° à une contribution de 25,000 francs par kilomètre, pour les travaux de superstructure des autres lignes; 3° à la fourniture du matériel roulant, du mobilier, de l'outillage, et des approvisionnements nécessaires à l'exploitation de ces lignes. La Compagnie fait l'avance de toutes les sommes nécessaires à l'exécution de ces travaux et se procure les fonds par voie d'emprunt; elle en est remboursée par voie d'annuités, après extinction de sa dette par voie de compensation.

Toutes les lignes de la concession ne forment plus qu'un compte unique d'exploitation dont le produit net sert à couvrir les charges de la Compagnie, l'intérêt et l'amortissement de sa dette, l'intérêt et l'amortissement de ses actions et un dividende garanti, le tout correspondant à 56 francs par action. L'excédent quand il se produira, servira à couvrir les avances que l'Etat aurait faites, à 4 0/0, aux termes de la garantie nouvelle d'intérêt, si le produit était inférieur aux dépenses sus indiquées. Ce remboursement effectué, si l'excédent de produit net dépasse un niveau correspondant à un dividende maximum réservé de 72 francs, le surplus est partagé à raison de 2/3 pour l'Etat et 1/3 pour la Compagnie. La Compagnie consent à partager avec le réseau d'Etat le trafic entre Paris et les au delà de Tours vers ce réseau, et s'interdit d'appliquer des tarifs de détournement. Il n'est pas inutile de remarquer que l'Etat qui s'est, en réalité, réservé le droit de faire aboutir son réseau à Paris, par Chartres et Auneau, ou même d'y arriver par les rails de la Compagnie de l'Ouest, rend l'usage de ce droit moins nécessaire et recule les dépenses y afférentes, par cette clause de partage du trafic. Toutefois, ce partage a déjà donné lieu à des difficultés dont la solution est actuellement soumise à un arbitrage. Les autres conditions relatives aux abaissements de tarifs, au rachat, etc.,.

sont identiques à celles que stipulent les conventions conclues avec les autres Compagnies. — V. Est.

Organisation administrative. La Compagnie d'Orléans est dirigée par un directeur, un sous-directeur et un secrétaire général; l'exploitation est conduite par un chef et un sous-chef, assistés d'un inspecteur général des affaires commerciales; le matériel et la traction, par un ingénieur en chef et son adjoint; l'entretien de la voie est assuré par un ingénieur en chef, des adjoints et des ingénieurs d'arrondissement. Citons encore l'architecte principal et l'ingénieur en chef des lignes neuves, puis le chef du service de la ligne de Sceaux et l'ingénieur du matériel et de la voie de la même ligne. Le Conseil d'administration a été longtemps présidé par feu M. Bartholony, homme d'une haute intelligence, à qui succède maintenant M. Andral, ancien vice-président au Conseil d'État. Le secrétaire général de la Compagnie est un ingénieur, M. Courras. La direction, longtemps confiée à M. Solacroup, puis après la mort de ce dernier à M. Sévène, qui l'occupa pendant près de quatre ans, échut ensuite à M. Mantion, ancien directeur de la Ceinture et ancien professeur à l'École centrale. L'exploitation successivement dirigée par Solacroup, Lemercier et par M. Cazavan, a aujourd'hui à sa tête un intelligent ingénieur des mines, M. Heurteau; le matériel et la traction ont été, après la mort récente de M. Forquenot, confiés à M. Polonceau; M. Rougier est chargé du service des travaux.

Principaux renseignements techniques. Nous extrayons des documents publiés par le ministère des travaux publics, les renseignements indiqués ci-après, relatifs à l'année 1882. Au 31 décembre 1882, le réseau d'intérêt général de la Compagnie d'Orléans comprenait 4,365 kilomètres en exploitation, dont 30,4 0/0, soit 1,325 kilomètres étaient à double voie, et 69,6 0/0, soit 3,040 kilomètres étaient à voie simple. Il existait à la même époque 1,351 kilomètres de voie en acier, dont 1,341 kilomètres de voies principales et 10 kilomètres de voies accessoires, le surplus, soit 4,369 kilomètres de voies principales et 1,061 de voies accessoires, était encore en fer. Au point de vue du profil des lignes, on trouvait : 1,136k,3 en palier, soit 26 0/0 de la longueur totale, chiffre qui s'écarte peu de la moyenne des grandes Compagnies françaises; la longueur des pentes égales ou

inférieures à 0,005 par mètre, était de 1,742 kilomètres, soit 39,9 0/0 de la longueur totale; la proportion des pentes supérieures à 0,005 étant de 34,1 0/0, dont 953 kilomètres de pentes comprises entre 0,005 et 0,01, 492 kilomètres entre 0,01 et 0,02 et 42 kilomètres en pentes supérieures à 0,02. En ce qui concerne le tracé en plan, on comptait 2,842 kilomètres en alignements droits, soit 65,1 0/0 de la longueur totale; 769 kilomètres en courbes de rayon égal ou supérieur à 1,000m, 529 kilomètres en courbes de 500 à 1,000 mètres de rayon et 226 kilomètres en courbes inférieures à 500 mètres, le minimum du rayon étant 200 mètres, la proportion était donc de 29,7 0/0 de la longueur totale, en courbes supérieures à 500 mètres et 5,2 0/0 seulement de courbes inférieures à 500 mètres. Si nous passons maintenant aux ouvrages d'art, nous trouvons : 2,894 passages à niveau; 1,906 passages sous rails pour routes ou chemins, parmi lesquels on comptait 175 ponts de plus de 20 mètres d'ouverture formant un développement horizontal de 14,944m,47 et dont le mètre courant a coûté en moyenne 3.547 francs; le nombre des ponceaux et aqueducs pour le passage des cours d'eau était de 7,153 et celui des viaducs de plus de 10 mètres de hauteur moyenne, de 123 formant une longueur de 17,669m,33 dont le prix de revient moyen par mètre a été de 2,416 francs; enfin, 126 souterrains d'un développement total de 45,537m,17 ont coûté 1,267 francs par mètre courant.

Au 31 décembre 1884, l'effectif du matériel roulant de la Compagnie de Paris à Orléans, était composé de la façon suivante :

Désignation des articles	Nombre des véhicules	Moyenne par kilomètre exploité
Locomotives.	1.112	0.12
Tenders.	1.051	0.20
Voitures à voyageurs.	2.512	0.47
Fourgons et vagons divers . .	23.914	4.45

Principaux résultats statistiques de l'année 1884. Les renseignements ci-après ont été établis d'après les comptes de la Compagnie de Paris à Orléans arrêtés au 31 décembre 1884.

Désignation des articles		Année 1883	Année 1884
Longueur moyenne exploitée.		4.362 kil.	5.162 kil.
Recettes totales { Grande vitesse		66.139.795 80	64.964.486 74
Petite vitesse.		102.194.254 53	105.623.177 19
Bestiaux.		7.542.300 »	6.567.640 02
Totaux.		175.876.350 33	177.155.303 95
Dépenses totales.		82.935.203 81	90.879.089 53
Excédent net.		92.941.146 52	86.275.264 42

	Ancien réseau	Nouveau réseau	Réseaux réunis
Recette kilométrique.	60.991 97	22.490 42	35.788 95
Dépense kilométrique	24.756 55	14.059 33	18.359 40
Rapport de la dépense à la recette	45.82 0/0	62.51 0/0	51.29 0/0
Parcours kilométrique des trains.	18.293.186	12.461.177	32.319.235
Recette par train kilométrique	6 72	4 23	5 48
Dépense par train kilométrique.	2 73	2 64	2 81
Produit par train kilométrique	3 99	1 50	2 67
Nombre de voyageurs reçus.	12.017.819	8.844.315	20.770.435
Nombre de voyageurs transportés à la distance entière.	»	»	199.970
Parcours moyen d'un voyageur.	60k,16	35k,63	49k,66
Produit moyen d'un voyageur.	3 05	1 58	2 35

Notons que le chiffre total des dépenses portées au compte de premier établissement, s'est élevé au 28 février 1885, à 1,624,964,747 fr. 65 et terminons par le bilan de la Compagnie de Paris à Orléans, au 28 février 1885.

Actif

Propriétés privées.	6.549.365 90
Avances pour achat de papier timbré.	228.372 65
Approvisionnements divers et matériaux immobilisés.	29.308.741 52
Dépôts pour cautionnements, garanties, etc.	510.279 37
Versements arriérés sur actions. . . .	34.050 »
Insuffisance du produit net du nouveau réseau	209.670.402 46
Comptes débiteurs et créanciers divers.	103.884.617 65
Caisse et portefeuille.	74.202.299 11
Total.	424.388.128 66

Passif.

Solde créditeur du compte de premier établissement	63.190.070 69
Fonds des réserves.	44.130.910 13
Compte de liquidation des immeubles vendus.	3.940.883 21
Cautionnements divers	3.354.359 80
Liquidation d'actions et obligations vendues, faute de versement par les porteurs.	257.978 19
Avances de l'Etat pour garantie d'intérêt.	209.670.402 46
Dividendes restant à payer	3.120.732 92
Soldes divers dus sur actions ou obligations.	4.495.617 34
Produit net de l'exploitation de 1884.	87.157.853 83
Soulte à recevoir de l'Etat pour lignes échangées	2.305.796 79
Produit de l'exploitation de 1885.. . .	2.703.523 30
Total.	424.388.128 66

PARISIENNE. Sorte de *caractère d'imprimerie.* — V. cet article.

PARLANTES (Armes). *Art. hérald.* Les armes parlantes sont celles dont la pièce principale fait allusion ou porte le nom de la famille à laquelle elles appartiennent; on les nomme *armes parlantes physiques* pour les distinguer des *armes parlantes abstraites* qui ne se rapportent au nom de famille que dans un sens énigmatique; quand elles présentent une image contradictoire elles sont dites *contre-parlantes.*

* PARMENTIER (ANTOINE-AUGUSTIN). Pharmacien militaire et célèbre agronome, né à Montdidier en 1737 et mort à Paris le 17 décembre 1813. Attaché comme aide pharmacien à l'armée française de Hanovre, il fut fait cinq fois prisonnier; et put, durant sa captivité, apprécier les avantages de la pomme de terre, seule nourriture à laquelle il était réduit. Bien que ce tubercule ait été importé du Pérou en Europe dès le XVe siècle et qu'il y fût cultivé en différents pays, néanmoins un préjugé le faisait regarder, en France, comme pouvant engendrer la lèpre; il ne servait qu'à la nourriture des bestiaux. Parmentier résolut de détruire ce préjugé; il parvint, après 40 ans de travaux et de persévérance, à acclimater et à faire adopter la pomme de terre comme aliment, et fut protégé

en cela par Louis XVI qui daigna même porter à sa boutonnière des fleurs de pomme de terre, que Parmentier lui avait présentées comme venant des terrains que le roi lui avait concédés (50 arpents), pour ses essais de culture, dans la plaine des Sablons. Grâce à Parmentier, les indigents se virent à l'abri du retour de ces famines qui désolaient fréquemment l'Europe, comme celle de 1769.

Parmentier fut nommé pharmacien de l'Hôtel des Invalides, et réorganisa le service de la pharmacie dans les armées. En 1796, il fut nommé membre de l'Institut. Il devint président du Conseil de santé, inspecteur général du service de santé dans les armées, administrateur des hospices, etc. Il inventa le sirop de raisin qui rendit de grands services dans les hôpitaux militaires, surtout en temps de guerre. Il perfectionna les procédés de blutage et la boulangerie; créa la mouture économique; décida le gouvernement à ouvrir une école de boulangerie. Il contribua à la propagation de la vaccine.

On peut dire que Parmentier fut un des plus grands bienfaiteurs de l'humanité; il consacra tous les instants de sa vie et toute sa science au soulagement de la classe indigente.

Le 18 juin 1848, la ville de Montdidier érigea à Parmentier, sur une place qui porte son nom, une statue en bronze de 2m,70 de hauteur sur un socle de 2m,25 orné de quatre bas-reliefs représentant les principaux événements de sa vie.

On a de lui:

Examen chimique de la pomme de terre, 1773, in-12; *Le parfait boulanger, ou traité complet de la fabrication et du commerce du pain,* 1778, in-8°; *Traité de la châtaigne,* 1780, 2 volumes in-8°; *Traité de la culture et des usages de la pomme de terre, de la patate et des topinambours,* 1780, in-4°; *Traité sur les végétaux nourrissants qui,* dans tous les temps de disette, peuvent remplacer les aliments ordinaires, 1781, in-8°; *Méthode facile de conserver les grains et les farines,* 1785, in-12; *Avis sur la manière de traiter les grains et d'en faire du pain,* 1787, in-4°; *Economie rurale et domestique,* 1790, 8 volumes in-12; *Avis sur la préparation et la forme à donner au biscuit de mer,* 1795; *Traité sur l'art de fabriquer les sirops et conserves de raisin,* 1810; *Code pharmaceutique, à l'usage des hospices civils, des secours à domicile et des prisons,* 4e édition 1811, in-8°; *Le maïs ou blé de Turquie, apprécié sous tous les rapports,* 2e édition 1812, in-8°; *Formulaire pharmaceutique, à l'usage des hôpitaux militaires,* an XI.... etc. — C. D.

*PARMESAN. Sorte de *fromage.* — V. ce mot.

PAROI. *T. techn.* Muraille ou cloison de maçonnerie qui sépare une chambre ou quelque autre pièce d'un appartement d'avec une autre, et, par extension, face latérale, face interne d'un vase, d'un cylindre, etc.

PAROIR. *T. techn.* 1° Espèce de chevalet de bois, de forme cylindrique, sur lequel l'ouvrier corroyeur passe les peaux pour les travailler. || 2° Outil qui sert à amincir les peaux, et qui consiste en un large couteau terminé en arc de cercle du côté du tranchant. || 3° Marteau à panne tranchante à l'usage du tonnelier pour parer les douves d'une futaille, quand elles sont assemblées. || 4° Instrument dont se sert le maréchal-ferrant pour enlever l'excès de la corne du pied du cheval, avant de le ferrer.

PARPAING. Pierre occupant toute l'épaisseur d'un mur, faisant ainsi parement sur les deux faces de ce mur. On a étendu ce nom aux petits murs en pierre, de peu d'épaisseur, formant soubassement des cloisons ou des pans de bois à l'intérieur des édifices. Ces murs parpaings sont employés à rez-de-chaussée pour isoler du sol les cloisons qu'ils supportent. Dans la construction des murs en moellons de 0ᵐ,50 d'épaisseur, on a soin de disposer de distance en distance des moellons formant parpaings pour assurer une bonne liaison à la maçonnerie.

PARQUES. *Iconog.* Filles de la Nuit ou, suivant d'autres auteurs, de Thémis, qui présidaient à la destinée des hommes et des dieux eux-mêmes. Elles étaient au nombre de trois. Clotho qui préside à la naissance, Lachésis qui tient le fil de la vie et Atropos qui personnifie la mort. On donne à la première un fuseau, à la seconde un fil, et enfin à Atropos les fatals ciseaux avec lesquels elle tranche le fil de la vie. Elles sont le plus ordinairement groupées et la tête couverte d'un voile avec de longues robes blanches et une couronne d'or, ou bien sous la figure de vieilles femmes ayant sur la tête des flocons de laine blanche, des narcisses et des rubans. Les anciens représentaient souvent les Parques avec des traits hideux et repoussants, telle la statue du tombeau d'Etéocle et Polynice, dont la description nous a été laissée par Pausanias. Dans les fragments du Parthénon rapportés en Angleterre, on a cru reconnaître des Parques dans de belles figures drapées qui pourraient tout aussi bien être des divinités marines. Un bas-relief du musée Pio Clémentin représente *Prométhée sculptant une figure de femme et les Parques présidant à sa destinée.* Un beau groupe en marbre des Parques, par Germain Pilon, se trouve au musée de Cluny, et J. Debay a exposé au Salon de 1827, les trois déesses dans un groupement plein d'élégance, et avec tous les attributs de la beauté. A la galerie du palais Pitti, à Florence, se trouve une des plus célèbres œuvres de Michel-Ange. Il a retracé les Parques sous la figure de trois vieilles femmes coiffées de mouchoirs de couleur, et d'une expression de physionomie dure et repoussante. Il s'est ainsi conformé à la tradition antique qui faisait de celles qui président à notre destin des divinités redoutables.

PARQUET. *T. de constr.* Revêtement en bois du sol des pièces dans les appartements. Le revêtement le plus simple s'exécute en planches de largeurs fournies par le commerce (habituellement 0,22) et assemblées entre elles à rainures et languettes, ou même réunies seulement à plats joints. A ces aires on donne plus généralement le nom de *planchers*, réservant celui de *parquet*, pour celles dans lesquelles on réduit la largeur des planches, afin d'éviter, autant que possible, le jeu des bois et l'ouverture des joints.

On distingue, d'une manière générale: les *parquets à l'anglaise*, les *parquets à points de Hongrie* et les *parquets à compartiments.* Ces revêtements s'exécutent d'ordinaire en bois de chêne de 0ᵐ,027 à 0ᵐ,034 d'épaisseur.

Les *parquets à l'anglaise* sont formés de planches

ou *frises* de 0ᵐ,08 à 0ᵐ,11 de largeur, placées les unes à côté des autres, assemblées entre elles à rainures et languettes et clouées sur des lam-

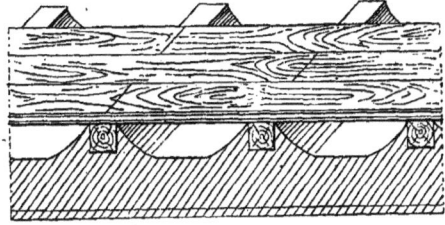
Fig. 52. — *Parquet à l'anglaise.*

bourdes, de 0ᵐ,06 à 0ᵐ,08, fixées elles-mêmes sur des solives ou scellées au plâtre sur l'aire du plancher. On a soin de chevaucher les extrémités

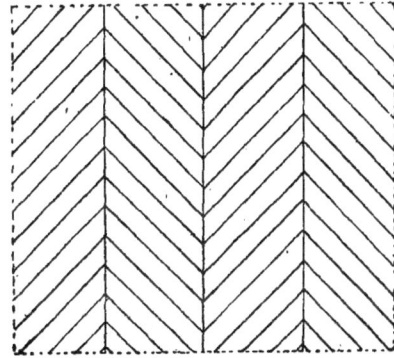
Fig 53. — *Parquet à point de Hongrie.*

des planches qui doivent toujours répondre au milieu d'une lambourde (fig. 52).

Dans les parquets à *point de Hongrie*, les planches

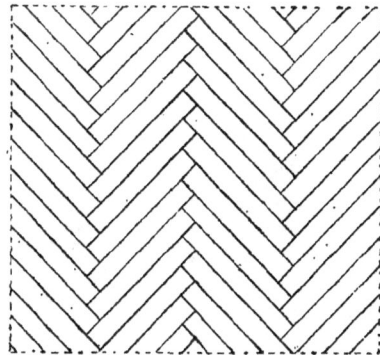
Fig. 54. — *Parquet à bâtons rompus.*

ont aussi de 0ᵐ,08 à 0ᵐ,11 de largeur; elles sont également jointes à rainures et languettes et clouées sur des lambourdes. Ces frises ou feuilles de parquet se rencontrent sous un angle droit (fig. 53), et leur longueur est réglée d'après les dimensions de la pièce. Quant à la manière de les raccorder à leur rencontre, elle peut varier : tantôt les abouts

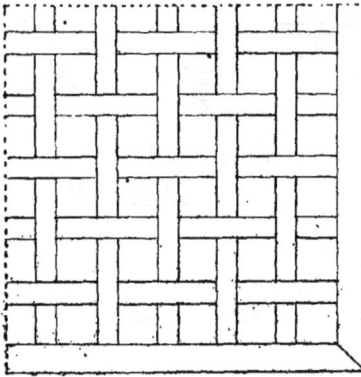

Fig. 55. — *Parquet à compartiments.*

sont coupés d'onglet, comme dans le cas représenté par la figure 53; tantôt ils sont coupés

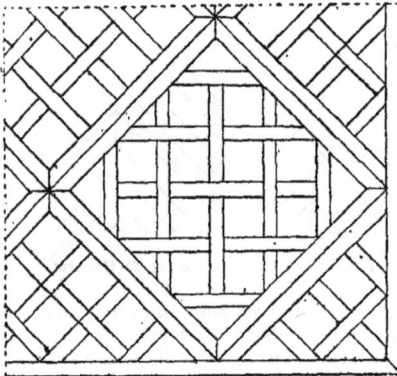

Fig. 56. — *Parquet à compartiments*

carrément comme l'indique la figure 54, et le parquet est dit alors à *bâtons rompus.*

Les *parquets à compartiments,* appelés aussi *par-*

Fig. 57 et 58. — *Parquets mosaïque ou en marqueterie.*

quets d'assemblage ou *parquets sans fin,* peuvent recevoir des dispositions très variées. Tantôt des frises marquent les compartiments (fig. 55), se joignent entre elles à tenons et mortaises, et enca-

drent des petits panneaux carrés ou rectangulaires qui s'y assemblent à rainures et languettes; ces panneaux sont formés ordinairement d'un seul morceau. Tantôt (fig. 56) le parquet est formé par la réunion de grands châssis s'assemblant soit entre eux, soit dans les frises qui les séparent, et recevant des panneaux de remplissage.

On appelle *parquets mosaïques ou en marqueterie* des parquets beaucoup plus riches que ceux que nous venons de décrire et comprenant des dessins plus variés. Pour les exécuter, on emploie des bois de différentes couleurs. On ne les fixe pas directement sur les lambourdes; on les établit sur un plancher en chêne ou en sapin que l'on fixe solidement sur les lambourdes. Les figures 57 et 58 montrent deux types de parquets de ce genre avec bordures d'encadrement.

Dans les rez-de-chaussée, on emploie spécialement des parquets où les frises sont tantôt fixées sur des lambourdes posées à bain de bitume, tantôt directement scellées dans le bitume.—F. M.

‖ Assemblage de panneaux et de traverses sur lequel on fixe des glaces ou des tableaux, pour les garantir des chocs ou de l'humidité des murs.

PARQUETEUR. *T. de mét.* Ouvrier qui fait du *parquetage,* qui travaille à la pose d'un parquet.

* **PARTI.** *Art hérald.* Se dit de l'écu divisé en deux parties égales par une ligne perpendiculaire depuis le haut jusqu'en bas, et de toute pièce partagée en deux sections.

PARTICIPATION AUX BÉNÉFICES.—V. Ouvrier.

* **PARTISSOIR.** Petite ensouple qui sert dans la fabrication du fil à coudre en lin.

* **PARTITION.** *Art hérald.* Partage de l'écu par une ou plusieurs lignes droites; les quatre partitions principales sont : le *parti,* le *coupé,* le *tranché* et le *taillé*; le premier est le parti en pal, le second le parti en fasce, le troisième le parti en bande et le dernier le parti en barre; de ces quatre partitions on en forme d'autres qui prennent le nom de *répartitions.*

PAS. 1° *T. de tiss.* Nom donné à l'ouverture que l'on produit dans la chaîne, pendant l'opération du tissage, en levant les fils qui doivent recouvrir la trame, et en abaissant ceux qui doivent être recouverts par elle. Le *pas* ou *foule,* aussi nommé *feuillet,* est produit, dans le métier à bras, par le pied de l'ouvrier, qui abaisse ou *foule* une *marche,* laquelle transmet le mouvement aux fils par l'intermédiaire des lames ou d'une mécanique Jacquard. — V. Tissage. ‖ 2° *T. de mécan.* Distance comprise entre les extrémités d'une spire complète. *Pas d'une vis,* distance qui sépare deux filets consécutifs, mesurée suivant une génératrice du cylindre. *Pas de vis à droite, à gauche,* pas d'une vis dont le serrage s'opère en tournant de gauche à droite, ou de droite à gauche. *Vis à plusieurs pas,* ou *plusieurs filets,* vis qui monte ou qui descend, à chaque tour complet, d'une quantité égale à la somme des pas dont elle est composée. ‖ *Pas d'une hélice,* longueur que parcourrait une hélice, pendant un tour complet, si elle agissait dans un écrou solide; la différence entre le chemin parcouru par le navire, par tour d'hélice, et le pas de cette dernière, constitue ce que l'on nomme le *recul*. On dit que l'hélice est à *pas constant* ou *uniforme*, lorsque la ligne génératrice est également inclinée, par rapport à l'axe, sur toute la largeur des ailes. Le pas est croissant ou différentiel, lorsque cette inclinaison varie. La fraction de pas d'une hélice est le rapport de la surface des ailes à la surface hélicoïdale complète de même pas, ou le rapport de la somme des hauteurs des ailes, mesurée suivant l'axe, au pas total. L'hélice à pas variable est très peu employée, elle consiste en un mécanisme d'engrenages, logé dans le moyeu, à l'aide duquel on peut modifier l'inclinaison des ailes par rapport à l'axe, ce qui équivaut à un changement de pas. Sur un navire à deux hélices, le pas de l'hélice de la machine de tribord est généralement à droite et celui de l'hélice de bâbord à gauche. || *Pas d'une roue d'engrenage*, espace compris entre les milieux des dents d'une roue, mesuré sur le cercle primitif. || *Pas de rivets*, distance des rivets de centre en centre. || *Pas de fusée*, chacun des tours de la rainure en spirale de la fusée d'une montre.

*PASCAL (BLAISE). Physicien, géomètre et philosophe français, né à Clermont-Ferrand le 19 juin 1623, mort à Paris le 19 août 1662. Blaise Pascal avait montré tout jeune des aptitudes extraordinaires pour les mathématiques; mais son père qui avait des idées arrêtées sur l'enseignement ne voulait pas qu'il s'y adonnât encore. Un jour, l'enfant ayant demandé ce que c'était que la géométrie, on lui répondit que c'était la science qui apprenait à construire des figures exactes et à en mesurer les dimensions; il put aussi se faire enseigner les définitions les plus élémentaires, et sur ces simples données, privé des moyens de s'instruire, il se mit à méditer sur les propriétés des figures, et parvint en peu de temps à reconstituer par la seule puissance de son raisonnement, presque toute la géométrie plane. Son père, l'ayant surpris pendant qu'il rédigeait le fruit de ses méditations, fut émerveillé de son travail et lui confia un Euclide qu'il eut bientôt dévoré; il n'avait pas encore douze ans. Peu après, il fut admis dans l'intimité du Père Mersenne, de Le Pailleur, de Roberval, Mydorge, Carcavi, et assistait avec eux aux réunions de cette société savante qui devint, en 1666, le noyau de l'Académie des sciences. A l'âge de 16 ans il composa un *Traité des sections coniques* dont un extrait en sept pages fut envoyé à Descartes; celui-ci refusa de croire que ce pût être l'œuvre d'un aussi jeune homme; cet extrait fut publié en 1640. Le traité complet fut communiqué à Leibnitz après la mort de Pascal. Le grand géomètre en retourna une copie à M. Périer, beau-frère de Pascal, en lui conseillant de le faire imprimer, ce qui n'a pas été fait, de sorte que cet ouvrage est aujourd'hui perdu. On sait seulement qu'il contenait le théorème classique relatif aux diagonales de l'hexagone inscrit, et que ce théorème servait de base à toute la théorie des sections coniques.

A 18 ans, Pascal inventa une machine arithmé-tique pour faciliter les calculs de son père qui venait d'être nommé intendant de la ville de Rouen; quelques années plus tard, en 1649, il obtint pour la construction de cette machine un privilège du roi, et en envoya un modèle à la reine Christine de Suède. Le Conservatoire des arts et métiers à Paris possède également un modèle de machine à calculer qui répond assez exactement à la description que donne Pascal de la sienne. Le principe de cette machine a été perfectionné par Babbage. Quelques années plus tard Pascal inventa le triangle arithmétique pour former rapidement les coefficients des puissances successives d'un binôme. Viète avait déjà montré la loi de formation de ces coefficients; la formule générale qui sert à calculer isolément chacun d'eux ne devait être donnée que par Newton. Le triangle arithmétique de Pascal constituait donc un progrès notable, sans compter que l'étude de ce triangle l'amena à la considération des nombres triangulaires, pyramidaux, etc., et lui permit d'établir les propriétés si remarquables et si importantes de ces nombres.

C'est vers la même époque, qu'il entreprit ses recherches célèbres relatives à l'ascension de l'eau dans les pompes et du mercure dans le tube barométrique. On sait qu'avant Galilée, on croyait rendre compte des phénomènes de ce genre en admettant que *la Nature avait horreur du vide*. On connaît l'anecdote des fontainiers de Florence étonnés de ne pas voir l'eau s'élever jusqu'au sommet d'un tuyau d'aspiration, et la réponse quelque peu narquoise de Galilée, leur disant que vraisemblablement la nature n'avait horreur du vide que jusqu'à 32 pieds de hauteur seulement. Galilée touchait alors au terme de sa vie; et quoiqu'il eût certainement connaissance de la pesanteur de l'air, il ne put que léguer à son élève Torricelli le soin de rechercher la véritable cause du phénomène observé. Torricelli trouva dans la pesanteur de l'air la solution qui avait échappé à son maître; il comprit que le poids de la colonne liquide soulevée dans le tube d'aspiration était équilibré par la pression atmosphérique qui s'exerçait sur la surface libre du liquide tout autour de ce tube; si cette explication était exacte, la hauteur du liquide soulevé devait être en raison inverse de la densité du liquide : c'est ainsi qu'il eut l'idée de substituer à l'eau le mercure 13 fois et demie plus lourd, et qu'il put vérifier qu'en effet le mercure ne se soutenait dans un tube vide que jusqu'à une hauteur de 28 pouces. Cette expérience de Torricelli eut un grand retentissement; elle souleva dans le monde savant une polémique très vive, car les partisans de l'horreur du vide ne se tinrent pas pour battus. Pascal intervint dans la lutte et se montra partisan déclaré de la nouvelle manière de voir; il avait eu connaissance des expériences de Torricelli; mais il ignorait le nom de ce savant, et c'est là ce qui explique comment on a pu l'accuser, de son vivant même, de s'être approprié les expériences du physicien italien; accusation sans fondement puisque, dans son opuscule des *Expériences sur le vide* publié en 1647, il signale les expériences de

Florence. Pour bien montrer que c'est effectivement le poids de l'air qui soutient le mercure dans le tube barométrique, Pascal eut une idée de génie : c'était « de faire l'expérience du vide plusieurs fois en un même jour, dans un même tuyau, avec le même vif argent, tantôt au bas, et tantôt au sommet d'une montagne élevée pour le moins de 500 ou 600 toises, pour éprouver si la hauteur du vif argent suspendu dans le tuyau se trouverait pareille dans ces deux stations ». Il est évident en effet que, d'après les idées de Torricelli et de Pascal, toute la couche d'air comprise entre le sommet et le pied de la montagne ne pesant plus sur la surface extérieure du mercure, la hauteur de la colonne de liquide soutenue dans le tube devait se trouver notablement moindre dans la station la plus élevée. Il pensa au Puy-de-Dôme, et écrivit à son beau-frère Périer, Conseiller à la cour des Aides d'Auvergne, de faire l'expérience projetée. Le résultat se montra tout à fait conforme à ses prévisions, et même la diminution de la hauteur barométrique fut telle qu'il en vint à croire qu'on pourrait réussir avec une élévation beaucoup moindre. Aussi l'année suivante, 1649, recommença-t-il lui-même la même épreuve à Paris sur la tour de l'église Saint-Jacques-la-Boucherie où, plus tard, on a érigé sa statue en souvenir de cet événement mémorable.

Cette belle expérience marque une grande époque et un progrès considérable dans l'histoire des sciences. C'est d'elle, on peut le dire, que date la physique expérimentale. Si l'invention du baromètre revient à Torricelli, c'est du moins Pascal qui montra l'usage qu'on pouvait faire de cet instrument pour mesurer le poids de la colonne d'air qui pèse sur la surface de la terre, et l'application qu'on en pouvait tirer à la mesure des hauteurs. L'expérience du Puy-de-Dôme réduisit au silence les derniers partisans de l'*horreur du vide*, et porta le dernier coup aux doctrines aristotéliques qui conservaient alors encore tant d'adeptes, et entravaient si étrangement le progrès des connaissances humaines; c'était, en effet, un exemple magistral de la méthode expérimentale, seul guide que puisse suivre avec sécurité l'homme de science qui veut interroger la nature et découvrir le véritable enchaînement des phénomènes physiques.

Peu de temps après, Pascal se tourna tout entier vers les dogmes de la religion; il était d'une très mauvaise santé: depuis l'âge de 18 ans, il ne passa pas un seul jour sans ressentir des douleurs physiques plus ou moins vives; ses soufrances, et aussi son esprit le portaient vers cette sorte d'austérité mystique qui faisait le fond de la doctrine janséniste de Port-Royal. Il en vint bientôt à renoncer à toute autre connaissance pour s'appliquer exclusivement aux soins de la religion et à l'unique chose que Jésus-Christ appelle nécessaire. Pourtant cette première *conversion* de Pascal ne fut pas de longue durée; en 1653, nous le trouvons redevenu savant et homme du monde; la fortune qu'il avait héritée de son père, décédé le 27 septembre 1651, lui permettait de mener un train de vie fastueux, ce qui ne

l'empêchait pas de revenir à la géométrie; il entretenait une correspondance assidue avec Fermat sur diverses questions d'analyse, et spécialement sur les jeux de hasard, établissant ainsi les premiers fondements du calcul des probabilités comme une application naturelle des propriétés des *nombres figurés* et du *triangle arithmétique*. Il reprenait la grande question de l'équilibre des liquides et des gaz, et se trouvait ainsi amené à formuler le principe fondamental de l'hydrostatique, concernant la transmission des pressions dans l'intérieur d'une masse liquide. Il a résumé le résultat de ses recherches dans le fameux *Traité de l'équilibre des liqueurs* qui avait été précédé du *Traité sur la pesanteur et la masse de l'air*. Enfin il inventait le haquet, la brouette du vinaigrier, et projetait l'établissement d'un système de *carrosses populaires* analogues à nos *omnibus* actuels.

Dès la fin de l'année 1654 on le voit faire de fréquentes visites à sa sœur Jacqueline Pascal qu'il avait autrefois décidée à entrer dans l'ordre sévère de Port-Royal. Lui-même se retira pour quelque temps l'année suivante dans ce couvent célèbre, et depuis lors il vécut dans l'austérité la plus complète, retranchant successivement de son existence toutes les superfluités qu'il jugeait condamnables. On raconte même qu'il portait sous ses vêtements une ceinture armée de pointes de fer dont les déchirures le faisaient cruellement souffrir au moindre mouvement. C'est alors qu'il publia, sous un pseudonyme, ses célèbres pamphlets contre l'ordre des Jésuites connus sous le nom de *Lettres provinciales*, et dont le titre exact est: *Lettres de Louis de Montalte à un provincial de ses amis et aux révérends pères jésuites sur la morale et la politique de ces pères* (23 janvier 1656, in-4º). Il avait aussi entrepris une *Apologie de la religion chrétienne*; mais la mort ne lui permit pas d'achever cette œuvre qu'il considérait comme la plus importante de sa vie, et les fragments qui en ont été retrouvés dans ses manuscrits, recueillis et publiés sous le nom de *Pensées*, constituent l'un des monuments les plus remarquables de la littérature française sous le double rapport de la perfection du style et de l'élévation des idées.

Les dernières années de sa vie se sont écoulées dans des souffrances continuelles. C'est pour faire diversion à ses douleurs qu'il se mit à étudier le problème de la cycloïde, et chose curieuse, la préoccupation intellectuelle qui résulta de son travail lui apporta un soulagement instantané au moment où il découvrit la solution qu'il cherchait. Un sentiment tout religieux, et bien digne de son caractère mystique, lui inspira l'idée de publier ses recherches. Il pensa que s'il parvenait à augmenter l'autorité qu'on lui accordait déjà comme géomètre, ses ouvrages religieux n'en auraient que plus d'influence sur les esprits éclairés, et qu'on examinerait avec plus d'attention les méditations d'un homme qui se serait signalé comme un maître dans les déductions si difficiles et les raisonnements si abstraits de l'analyse mathématique. Il envoya donc à tous les géomètres, sous le nom de *Dettonville*, une lettre circulaire, ce qui était assez à la mode de l'époque, pour les inviter à déterminer l'aire d'un segment de la cycloïde et le volume engendré par ce segment en tournant soit autour de la base, soit autour de son axe, ainsi que les centres de gravité de ces volumes. Roberval avait déjà déterminé l'aire de la courbe entière et le volume qu'elle engendre en tournant autour de sa base ou de son axe. Pascal offrait 40 pistoles au premier qui résoudrait ces problèmes, et 20 au second. Personne n'ayant satisfait aux conditions du programme dans les délais fixés, il prolongea le concours de trois mois en y ajoutant différents problèmes relatifs à la longueur de l'arc de la courbe. Cette prolongation n'ayant produit aucun résultat, Pascal se fit alors connaître et publia, au commencement de 1659, ses propres solutions qui produisirent dans le monde savant une immense sensation.

C'est encore à la même époque que parut la fameuse *Lettre de M. Dettonville à M. de Carcavi, ci-devant conseiller du roi à son grand conseil,* suivie de différents opuscules contenant la théorie des *sommes simples, triangulaires et pyramidales, des trilignes rectangles et de leurs onglets, des sinus du quart de cercle,* etc. C'est dans ces opuscules que se trouvent peut-être les plus belles recherches analytiques de Pascal. Les problèmes qu'il y résout, aussi bien que ceux qui concernent la cycloïde dénotent un esprit géométrique de premier ordre et ont admirablement préparé les voies pour l'invention du calcul intégral, quoique cependant la notion analytique de l'intégrale définie ne se soit nullement fait jour dans son esprit, et qu'il effectue toujours les intégrations par les anciennes méthodes géométriques, en cherchant à rendre sensibles sur la figure les sommes qu'il se propose d'évaluer. En même temps, fidèle à ce qu'il croyait son devoir et sa mission, il ne cessait pas de publier de petits ouvrages religieux pour la défense des doctrines jansénistes, tels que *Lettres touchant la possibilité d'accomplir les Commandements de Dieu; Comparaison des anciens chrétiens avec ceux d'aujourd'hui,* etc., quand enfin la mort vint mettre un terme à ses souffrances le 19 août 1662. Il avait à peine 39 ans.

Il est extrêmement difficile de porter un jugement sur Pascal. La diversité des sujets qu'il a traités lui a créé de nombreux admirateurs dans les rangs les plus variés des hommes distingués. Il faudrait le juger comme écrivain, comme philosophe et comme savant. S'il s'agissait d'un esprit moins élevé, nous n'hésiterions pas à condamner la tournure mystique de son esprit et le mépris qu'il professait pour la science, malgré les grands progrès qu'il a su lui faire faire. Mais comment regretter les méditations auxquelles on doit un livre comme les *Pensées,* et un pamphlet comme les *Lettres provinciales,* dont l'esprit si vif et le style si rapide semblent indiquer un précurseur de Voltaire? Pascal et Molière sont les deux écrivains qui ont le plus contribué à fixer définitivement la langue française et à lui donner cette allure à la fois si légère et si nette, cette clarté souple et précise qui en sont les qualités principales et qui la mettent au rang des plus beaux

idiomes que l'homme ait jamais parlé. Quant à l'œuvre scientifique de Pascal, quoique inférieure à ce qu'elle aurait dû être, étant donné le génie de son auteur, elle n'en est pas moins considérable puisqu'on y trouve, en physique, la démonstration complète des effets de la pression atmosphérique et les premiers principes de l'hydrostatique, et en mathématiques, l'invention du triangle arithmétique avec les premiers fondements du calcul des probabilités et celles des sommes triangulaires et pyramidales, qui tendaient à l'introduction des intégrales doubles et triples, avec la belle application à la théorie de la cycloïde.

La liste complète des œuvres de Pascal tiendrait trop de place pour qu'il nous soit possible de la donner, à cause de la multiplicité des opuscules qui sont sortis de sa plume; nous avons cité les plus intéressants; nous signalerons seulement le petit ouvrage philosophique intitulé *De l'esprit géométrique.* Les œuvres de Pascal ont été publiées d'abord par Bossuet en 1779, 5 volumes in-8°; l'édition la plus complète est celle de Lahure, Paris 1861. — M. F.

I. PASSAGE. Outre son acception de dégagement entre les pièces d'un appartement, de galerie couverte à l'usage des piétons seulement ou de rue non classée, ce mot s'applique dans certains métiers, à l'opération qui consiste à tremper certaines choses dans des bains composés de drogues spéciales, les cuirs, par exemple, les tissus dans le blanchiment, les fils dans le tissage; dans la chapellerie, le passage au fer a pour but de donner du lustre, du brillant au chapeau de soie.

II. PASSAGE. Les points où une voie ferrée est croisée par une route, par un chemin, sont désignés sous le nom de *passage supérieur, passage inférieur, passage à niveau,* selon que la voie publique passe en dessus, en dessous ou à la hauteur des rails.

Passages supérieurs. Lorsque le chemin de fer passe au-dessous d'une route ou d'un chemin, l'ouverture du pont entre les culées est au moins de 8 mètres pour un chemin à deux voies, de 4m,50 pour un chemin à une seule voie; la distance verticale ménagée, au-dessus des routes, pour le passage des trains, ne doit pas être inférieure à 4m,80. Quant à la largeur entre les parapets du pont qui supporte la route, elle est fixée en tenant compte de la nature de la voie de communication; le minimum est de 8 mètres pour une route nationale, de 7 mètres pour une route départementale, de 5 mètres pour un chemin vicinal de grande communication et de 4 mètres pour un chemin vicinal ou rural. La construction des ponts jetés au-dessus du chemin de fer est essentiellement variable, en pierre de taille, en briques, en métal, selon les matériaux que le constructeur a à sa disposition; nous renvoyons d'ailleurs le lecteur à l'article PONT. La seule observation qu'il y ait lieu de faire, c'est que le mode de construction du pont n'est pas sans influence sur l'exploitation des chemins de fer : dans des tranchées, il est important que le mécanicien puisse observer la voie et porter toute son attention sur les signaux qui lui sont faits; or, il est évident que des ouvrages d'art, dont les culées retombent strictement à la cote fixée, comme ci-dessus, par le cahier des charges, contribuent à masquer la voie et qu'on dégagera mieux la vue en cintrant l'ouverture de manière à écarter les culées, ou encore en évidant celles-ci.

Passages inférieurs. Lorsqu'un chemin de fer doit passer au-dessus d'une route ou d'un chemin, l'ouverture du viaduc est fixée au minimum à 8 mètres pour une route nationale, à 7 mètres pour une route départementale, à 5 mètres pour un chemin de grande communication et à 4 mètres pour un chemin vicinal ou rural. Pour les viaducs de forme cintrée, la hauteur sous clef, à partir du sol de la route, est de 5 mètres au moins; pour ceux qui sont formés de poutres horizontales, la hauteur sous poutre doit être de $4^m,30$ au moins. La largeur entre les parapets est de 8 mètres ou de $4^m,50$ selon que le chemin de fer est à une ou deux voies; mais souvent, si le viaduc est long, on ménage un supplément de largeur d'un côté, pour la circulation des agents; la hauteur des parapets ne peut être supérieure à $0^m,80$. Sur les cours d'eau, la hauteur des ponts est fixée selon les circonstances locales; quand il s'agit d'une voie navigable, l'administration peut exiger l'établissement de *ponts tournants* (V. ce mot), de manière à éviter toute entrave au service de la navigation. Nous renvoyons le lecteur au mot VIADUC pour ce qui concerne le mode de construction des passages inférieurs.

Passages à niveau. Pour éviter, dans un grand nombre de cas, les dépenses considérables, de déviation et de construction, qu'il eût fallu engager pour faire passer le chemin de fer dessus ou dessous les routes qu'il croise, il a été admis que le croisement se ferait à niveau sous certaines réserves. D'abord, quand il y a lieu de modifier l'emplacement ou le profil des voies existantes, pour les amener au même niveau que le chemin de fer, les déclivités résultant de ces modifications ne peuvent excéder 0,03 par mètre pour les routes et 0,05 pour les chemins. Le croisement lui-même ne peut s'effectuer sous un angle de moins de 45°. Chaque passage à niveau doit être muni de barrières pouvant intercepter la circulation sur la route, et il y est établi une maison de garde, toutes les fois que l'administration le réclame. Le gardiennage des passages à niveau est une question très importante, si l'on songe que la dépense annuelle pour un passage où il faudrait un homme de jour et un homme de nuit, représente un capital de 20 à 30,000 francs, c'est-à-dire, en maint endroit, l'équivalent d'un ouvrage d'art. A ce point de vue, les passages à niveau sont, en France, divisés en cinq catégories : ceux de la première catégorie, d'une fréquentation exceptionnelle, sont gardés de jour et de nuit par un gardien à poste fixe, chargé de fermer les barrières lorsqu'un train est attendu; dans la seconde catégorie, le gardien peut être suppléé par une femme, pendant le jour; la nuit, les barrières restent fermées et le gardien doit se lever à toute réquisition pour les ouvrir;

les passages à niveau de la troisième catégorie sont habituellement fermés et la barrière peut être manœuvrée à distance (V. BARRIÈRE); les passages à niveau de la quatrième catégorie sont concédés à des particuliers chargés d'en assurer la manœuvre; enfin, les simples tourniquets pour piétons forment les passages de la cinquième catégorie. Le classement des passages dans chaque catégorie est réglé par un arrêté préfectoral dans chaque département. Pendant la nuit, les passages à niveau de première catégorie sont éclairés par deux feux, et ceux de la seconde, par un seul feu.

Au point de vue de l'exécution, la saillie des rails devant disparaître du chemin, et le passage des boudins des roues du vagon devant être assuré, on ménage le long de chaque rail, des ornières en établissant des contrerails surélevés, infléchis en plan vers leurs extrémités, pour que les boudins ne les attaquent que très obliquement; la largeur minima de la rainure est de $0^m,05$ et en courbe on l'augmente suivant le rayon. On pave généralement la surface du passage, à l'exception des ornières; mais sur les chemins de fer économiques, à la rencontre des chemins qui ne sont eux-mêmes pas pavés, on se borne à un simple empierrement.

Protection des passages à niveau. La circulation sur la route doit céder le pas à la circulation sur la voie ferrée : on ferme donc les barrières avant l'arrivée des trains, et quand elles sont ouvertes, on n'a pas, en général, de signaux pour protéger le passage des voitures ou des piétons contre l'arrivée des trains. Il y a cependant quelques rares exceptions motivées par des circonstances locales, telles que l'existence d'une courbe ou d'une tranchée qui ne permet pas au garde de voir arriver les trains. Dans ces conditions, les dispositions étant prises comme si un train était toujours attendu, il est prudent de considérer le passage à niveau comme un obstacle et de le couvrir par la mise à l'arrêt de disques à distance. C'est un cas fréquent en Angleterre. En France, on a préféré, dans un certain nombre de cas, avertir le garde-barrière de l'approche d'un train, quelque temps avant que le mécanicien n'ait sifflé pour signaler son arrivée. Les appareils électriques mis en œuvre à cet effet sont de plusieurs sortes. Les uns, tels que les grosses cloches, en usage sur les réseaux du Nord et de Paris-Lyon-Méditerranée, sont actionnés par les gares voisines au moyen d'un commutateur qu'elles manœuvrent. Au moment du départ du train, le courant déclenche toutes les cloches (V. CLOCHE ÉLECTRIQUE) intermédiaires jusqu'à la gare suivante. Le garde est alors prévenu et ferme ses barrières; mais il se peut qu'en raison de la distance qui sépare le passage à niveau de la gare d'où se fait l'annonce, il s'écoule un temps trop long avant l'arrivée du train. Aussi, dans certains cas, a-t-on essayé de confier au train lui-même le soin de s'annoncer automatiquement. Un *contact fixe* (V. ce mot) placé sur la voie fait fonctionner, à 1 ou 2 kilomètres de distance, l'appareil qui appelle l'attention du garde. L'avertisseur Leblanc et Loiseau, recommandé par l'administration, répond à ce desideratum;

toutefois on lui reproche de mettre en jeu l'action d'une pédale, *dont le fonctionnement est peu certain*, lorsqu'elle est attaquée par les roues d'un train circulant avec une vitesse de 80 kilomètres à l'heure. Les contacts électriques, tels que les *crocodiles* (V. Contact), les *rails isolés* permettant d'envoyer un courant quand un train les met en communication avec une pile, l'aimant Ducousso, sont des appareils plus sûrs que les *pédales*. — V. ce mot.

Barrières de passage à niveau. Il a été dit, au mot Barrière, quelques mots du mode employé pour la fermeture des passages à niveau; il ne nous reste donc qu'à ajouter quelques renseignements relatifs à la manœuvre à distance de certaines barrières, quand il s'agit de passages à niveau peu importants, sur des lignes où l'on veut économiser des frais de gardiennage. Les barrières à lisse ont été très anciennement manœuvrées à distance, sur les chemins de fer allemands, et ce mode de transmission a été introduit, dès 1859, sur certaines lignes de la Compagnie de l'Est. Depuis cette époque, l'administration en a autorisé l'application dans un très grand nombre de cas et le succès en été complet, à des distances de 8 ou 900 mètres. La manœuvre se fait au moyen d'un treuil et la lisse est équilibrée par un contrepoids. Pendant le jour, ces barrières sont habituellement ouvertes; avant de fermer la barrière pour le passage des trains, le garde donne plusieurs coups de sonnette pour avertir les passants qui se trouveraient à ce moment sur le passage à niveau et qui pourraient être atteints par la chute cependant très lente de la lisse : il laisse d'ailleurs écouler, entre l'avertissement et la fermeture, un temps suffisant pour que le passage puisse être dégagé. Pendant la nuit, la barrière étant normalement fermée, c'est au contraire le passant qui en demande l'ouverture à coups de sonnette.

Sur quelques chemins autrichiens, où les conditions du climat, le tracé sinueux des chemins ne permettaient pas d'avoir recours à des transmissions par fils, on a appliqué un système électrique dû à M. Pollitzer. Cet appareil, de même que les disques électriques, est fondé sur l'emploi d'un mécanisme que l'on remonte périodiquement, et dont la mise en mouvement détermine la rotation d'une roue qui fait, soit relever les lisses, soit fermer la barrière. Le déclenchement et l'arrêt du mouvement sont alternativement obtenus par la manœuvre d'un commutateur. Le système de barrière qui figurait à l'Exposition d'électricité de 1881, est appliqué, d'une manière courante, sur le chemin de fer de Temeswar à Orsova. — M. C.

* **PASSANT, ANTE.** *Art hérald.* Se dit des animaux représentés sur leurs quatre pieds et qui semblent marcher.

PASSE. *T. de teint.* Donner une passe, c'est donner une seule entrée au bain de teinture. || *Main de passe.* Papier qu'on délivre à l'imprimeur pour servir à la mise en train du tirage.

PASSÉ. *T. techn.* Sorte de broderie dans laquelle la soie embrasse la même quantité d'étoffe en dessous qu'en dessus. || *Art hérald.* Se dit de deux épées croisées. ou de la queue fourchue d'un animal lorsque les deux parties divisées se croisent.

* **PASSE-BALLE.** Planche percée de trous dans lesquels on fait passer les balles pour vérifier leur calibre.

* **PASSÉE.** *T. techn.* Quantité de peaux plongée en même temps dans la cuve. || Couche mince de houille.

PASSE-LACET. Tige de métal au moyen de laquelle on passe un lacet dans un œillet.

PASSEMENT. *T. techn.* Cuve remplie d'une liqueur acide dans laquelle on plonge les peaux pour les faire gonfler. || Tissu plat et un peu large qui sert d'ornement aux meubles, aux habits.

PASSEMENTERIE. Nom sous lequel on comprend un très grand nombre de produits servant à l'ornement des mobiliers, des églises, des vêtements militaires, des livrées, etc.

— Quelques-uns placent dans l'Inde le berceau de la passementerie; c'est là une opinion qui, sans être erronée, est au moins prématurée, car il n'existe aucun indice qui puisse la confirmer. Tout ce qu'on peut dire, c'est que, comme la broderie, elle remonte à une haute antiquité, et qu'il est tout naturel qu'elle ait dû être connue des peuples orientaux quelque peu civilisés, que le goût du luxe, joint à une imagination active, amenait à se servir d'ornements très en vue et à dessins originaux, on a trouvé des vestiges de passementerie jusque dans les vieux tombeaux de l'Egypte. Des peuples de l'Asie, ce genre d'ornementation fut transmis à la Grèce et de là en Italie. Chez les Romains de la décadence, il était assez goûté, car il favorisait singulièrement les goûts efféminés des derniers empereurs. Après l'invasion des barbares, cependant, il n'en fut plus question.

En France, c'est à l'époque de la Renaissance qu'on voit apparaître cette industrie, mais c'est surtout depuis le règne de Louis XIV qu'elle prend une véritable extension, grâce à l'immense consommation qui s'en fit à la cour du roi et aux encouragements de Colbert.

Les métiers dont les passementiers font maintenant usage sont variés dans leurs formes et leur destination. Les principaux sont : la *basse-lisse*, la *haute-lisse*, le *Jacquard*, le *métier à la barre* et le *métier Donzé*; puis dans un autre ordre de fabrication, le *métier à fuseaux tournants* appelé *métier point de Milan*, qui fait aussi le point droit ou point au boisseau, le *métier à franges* et le *crochet*. Sur les cinq premiers, il s'opère un véritable tissage avec chaîne et trame; sur les autres ce n'est plus qu'un entrelacement de fils combinés de mille manières. Ces métiers ont été successivement adoptés à des époques diverses. Ainsi, les métiers à haute et basse-lisse, employés par les anciens tissutiers, ont longtemps servi seuls à la fabrication. Le Jacquard, en usage chez les passementiers lyonnais dès son origine, n'a été employé dans la passementerie parisienne que vers 1835; il remplaçait la haute-lisse et constituait une importante innovation. Ce fut également, en 1835, que s'introduisit à Paris, le métier à la barre, dont les rubaniers de Saint-Etienne et de Saint-Chamond se servaient pour leur fabrication depuis 1750; ce métier, sur lequel se tissent à la fois plusieurs pièces, de 12 à 20 en général, eut pour effet de donner au travail une activité jusque là inconnue ; peu de temps après, le mécanisme de Jacquard fut appliqué aux métiers à la barre pour la passementerie façonnée. L'année 1835 peut donc être regardée comme le point de départ du développement de la nouveauté pour la passementerie et l'article pour ameublement. La nouveauté, qui était précédemment en fil recouvert de soie, se fit à partir de ce temps là en coton recouvert, et au lieu de la frange toute en soie qui datait du règne de Louis XIV, on fabriqua la frange retorse soie, laine, coton, nommée « frange guipure ». Quant au métier que nous avons appelé *métier Donzé*, il sert principalement à faire des articles en perles ; il se combine du travail à la main et du travail fort simple de deux pédales. Sur le métier au crochet, on fait la passementerie en cordons de soie, qui est en grande faveur depuis 1855.

Mais si les objets fabriqués avec les engins indiqués ci-dessus sont considérables, ceux qui sont faits *à l'établi* le sont bien plus encore. On appelle *ouvrages à l'établi*, tous ceux qu'on exécute à la main et qui appartenaient exclusivement autrefois aux passementiers-boutonniers : c'est la partie la plus gracieuse de cette industrie, elle varie à tout moment ses dispositions pour satisfaire aux besoins de changement et aux mille caprices de la mode. Une grande partie des travaux sont surtout l'œuvre de femmes et d'enfants, placés en face d'une table ou établi portant un petit étau et de nombreux outils.

— Parmi les villes industrielles qui fabriquent la passementerie, chacune a sa spécialité. Lyon et Saint-Etienne font la passementerie en or et en argent, les articles pour robes et confections, ceux pour la chapellerie, les ganses, les lacets, les ceintures, les galons, le ruban de velours uni et façonné et quelques objets pour voitures. Saint-Chamond, Nîmes, Amiens fabriquent les lacets, les ganses, les tresses, les soutaches, etc. Tours a conservé la spécialité de l'article pour ameublement et celle des tissus d'écharpe pour le clergé. Beauvais livre au commerce des articles de nouveauté pour meuble et de la passementerie militaire. Enfin, Paris a surtout conservé l'industrie du bouton, mais il excelle encore dans la nouveauté pour vêtement de femme et l'article pour ameublement ; il fait aussi merveilleusement les articles en or et en argent, ceux en laine pour militaires, pour carrosse, etc.

Enfin, on vend dans cette ville beaucoup de boutons brodés à la main sur un moule, fabriqués aux environs de Chantilly, dans des ateliers appartenant à des passementiers parisiens : le travail s'en fait à bas prix et à la main, sauf les fonds de certains boutons pour lesquels on emploie une machine appelée « peloteuse ».

En règle générale, les passementiers de Paris font exécuter leurs travaux par des chefs d'ateliers ou des façonniers qui travaillent en autant de genres qu'ils ont de métiers spéciaux ; ces façonniers, auxquels les fabricants fournissent presque toutes les matières premières (or et argent fin ou faux, soie, fleuret, coton, fils de caoutchouc vulcanisé, parchemin dans les cartisanes, bois tourné dans les coulants, olives, glands, etc.) sont payés à la pièce et pour la façon seulement. La moyenne des salaires journaliers est, en France, pour les hommes, de 5 francs ; pour les femmes, de 2 francs 50 et les jeunes filles, de 1 fr. 20.

La production annuelle de la passementerie, en France, est d'environ 100 millions de francs, dont la matière première représente les 5/8. Nos produits se vendent dans toute la France, et l'exportation en a lieu dans le monde entier, la valeur de ceux consommés à l'intérieur peut être évaluée au tiers de la production. L'importation se borne à quelques passementeries de laine venant d'Allemagne et va sans cesse en décroissant.

Il n'est pas facile de classer la passementerie. Les cinq divisions suivantes, consacrées par l'usage, peuvent être adoptées : 1° passementerie nouveauté ; 2° d'ameublement ; 3° militaire ; 4° pour voitures et livrées ; 5° pour vêtements d'hommes.

Passementerie nouveauté. Sous cette dénomination générale, on comprend ces milles articles de fantaisie qui servent à l'ornement des femmes, tels que garnitures pour robes et manteaux, résilles, franges de soie mélangées d'or, d'argent, de perles, etc. C'est surtout dans cette catégorie que la mode exerce son empire et que se révèle la supériorité du goût français, d'une fertilité constamment élégante dans ses créations. On peut dire que la production de ces articles a plus que décuplé depuis 1862. Paris voit affluer, deux fois par an, des représentants de toutes les contrées du globe qui viennent s'arracher ses modèles de passementerie nouveauté pour les répandre dans leur pays ; cette industrie importante ne peut que continuer à se développer en France. L'introduction des procédés mécaniques dans la fabrication a permis de fabriquer, depuis longtemps, de baisser les prix de vente et de rendre ces articles accessibles à la masse des consommateurs. Aux produits que nous avons cités, on comprend encore, dans la passementerie nouveauté, les dentelles d'or et d'argent pour chapeaux de femmes : ces dentelles se fabriquent en enlaçant les fils sur un coussin où se trouve figuré, à l'aide d'épingles à fortes têtes, le dessin demandé.

Passementerie d'ameublement. Cette autre industrie, en dehors de la décoration des salles de bal et de réunion et des articles d'église, constitue une branche beaucoup moins importante que la passementerie nouveauté. L'étranger, qui souvent sait fabriquer à meilleur compte que nous, fait d'ailleurs en ce genre de produits une grande concurrence à la France ; mais il faut remarquer que si nous vendons plus cher, nous fabriquons mieux, particulièrement dans nos modèles des styles Louis XIV, Louis XV et Louis XVI.

Passementerie militaire. Cette branche comprend la fabrication des épaulettes, ceinturons, galons, cordons, soutaches, tresses, broderies d'administration, etc. On y recherche avant tout l'élégance et la légèreté en même temps que la solidité. En France, cette spécialité témoigne d'un état de prospérité qui, d'ailleurs, ne peut guère se démentir, par la nature même des consommateurs auxquels elle s'adresse. On y emploie surtout les fils d'or et d'argent, et la passementerie s'y fait en face d'un établi sur lequel on prépare les glands de toutes les formes et de tous les styles, les dragonnes, les épaulettes, glands des bannières, etc. Les fils d'or et d'argent employés se distinguent en *fins*, *mi-fins* et *faux*. L'or fin n'est autre que de l'argent doré ; l'argent fin est l'argent allié de cuivre dans la proportion de 1 0/0 ; le mi-fin est du cuivre argenté d'abord, puis doré ; l'argent mi-fin est du cuivre fortement argenté ; l'or faux du cuivre jauni recouvert superficiellement d'une couche de laiton ; enfin, l'argent faux est du cuivre légèrement argenté. Depuis quelques années, on est arrivé à produire un métal blanc permettant d'obtenir une passementerie de qualité intermédiaire entre le fin et le mi-fin et pouvant avoir la solidité et la durée de la passementerie fine ; le métal ainsi obtenu est composé de cuivre, de zinc et de nickel, ce dernier donnant la blancheur et empêchant l'oxydation ; c'est surtout dans les articles d'exportation qu'on emploie ce dernier genre.

Passementerie pour voitures et livrées. Cette industrie avait, en France, un peu décliné après 1870, en grande partie à cause des événements de cette époque et de l'indifférence générale du public pour ce genre d'ornements. Elle reprend le dessus, au fur et à mesure que le goût du luxe se développe. Elle comprend la sellerie, la confection de glands de toutes formes, etc.

Passementerie pour vêtements d'homme. En dehors des costumes de théâtre, la mode a proscrit sur une grande échelle, en France, les galons qui servaient autrefois pour border les vêtements d'homme, ainsi que les brandebourgs et autres ornements du même genre. Mais elle a pris un essor considérable pour la fabrication du bouton et du lacet. Nous avons parlé plus haut de l'industrie parisienne du bouton pour vêtement. Quant au lacet, les fabricants de Saint-Chamond, Nîmes et Izieux, ont donné à cette spécialité un tel essor qu'elle s'exporte actuellement dans le monde entier et se substitue, sur tous les marchés, aux produits similaires de l'Angleterre et de l'Allemagne. — A. R.

PASSEMENTIER, IÈRE. *T. de mét.* Celui qui fabrique ou vend de la passementerie.

— Au XVIᵉ siècle, les maîtres tissutiers-rubaniers fabriquaient les ouvrages de passementerie « à la marche, au peigne, à la tire, à la navette, à la haute et basse-lisse », mais il y avait à Paris d'autres ouvriers qui façonnaient les mêmes passements d'or et d'argent, de soie, de laine et de filoselle « à l'aiguille, au dé, au crochet et aux fuseaux ». Les ouvriers passementiers, érigés en communauté par Henri II, en 1558, ayant obtenu d'autres statuts, en 1637, prirent le nom de *passementiers, boutonniers et enjoliveurs* : leurs statuts énoncent longuement les ouvrages qui dépendent du métier.

Les passementiers, boutonniers, crépiniers, blondiniers, faiseurs d'enjolivements, furent réunis, en 1776, aux brodeurs, puis incorporés, en 1784, aux bijoutiers-rubaniers, pour former avec eux le cinquième des six corps de marchands de la Ville de Paris, sous la dénomination de *fabricants d'étoffe tissutiers-passementiers-brodeurs.* Quelques années après, la Révolution vint rendre aux industries qui composaient cette corporation, la liberté de leurs allures et permettre à chacune de se développer sans crainte des saisies et des procès ; alors le travail au métier, si longtemps entravé par les réserves faites au profit des uns, les interdictions prononcées dans l'intérêt des autres, put être appliqué d'une manière générale à la plupart des articles de passementerie et vint donner une nouvelle importance à cette industrie. Jusque là, Paris et Lyon avaient été pour ainsi dire les deux seuls endroits, en France, où l'on faisait de la passementerie ; beaucoup d'autres villes, surtout Saint-Etienne et Saint-Chamond, commencèrent à partir de cette époque à se livrer activement à ce genre de fabrication.

PASSE-PARTOUT. 1° On donne le nom de *passe-partout* à la partie fixe d'une gravure, soit en relief, soit en taille-douce, et dans laquelle vient s'enchâsser la partie mobile, variable de cette gravure. Telles sont certaines lettres ornées, gravées sur bois, dont l'entourage, qui ne varie pas, peut recevoir tour à tour chacune des lettres de l'alphabet. Au siècle dernier, les vignettistes encadraient souvent leurs vignettes dans une bordure gravée, comme celles-ci, à l'eau forte, et où ils ré-

servaient aussi la place de la légende. || On appelle également *passe-partout*, un cadre sous verre, où l'on peut substituer facilement et successivement des gravures ou des dessins les uns aux autres. || 2° *T. de serr.* Clef qui ouvre ou ferme plusieurs portes. *Crochet* ou *rossignol* dont on se sert pour ouvrir une serrure dont on n'a pas la clef. Cet outil est formé d'un morceau d'acier assez mince pour pouvoir être introduit dans l'entrée de la serrure ; on donne au bout recourbé qui le termine une longueur en rapport avec la dimension de la serrure que l'on veut *forcer*. || 3° Scie d'assez grande taille terminée par deux douilles, dans lesquelles on emmanche deux chevilles qui servent de poignées pour le fonctionnement de la scie. || 4° Scie sans dents en usage pour la taille du marbre et de certaines pierres. || 5° Barre plate avec laquelle on comprime le sable de moulage autour du moule. || 6° Cadre avec glace muni d'un fond mobile pour introduire *dans le cadre*, un portrait ou un dessin; encadrement de papier. || 7° Sorte de ciseau d'ardoisier.

PASSEPOIL. *T. du cost.* Liséré de soie, de drap ou d'une autre étoffe de couleur, qui borde certaines parties d'un vêtement ou qui règne le long d'une couture.

PASSERELLE. 1° Petit pont pour les piétons. || 2° *T. de mar.* Construction élevée au-dessus du pont et qui relie entre eux les deux côtés d'un navire. C'est le lieu où se tiennent d'ordinaire l'officier de quart pendant son service et le commandant du bâtiment pendant un combat, un appareillage, un mouillage ou toute autre manœuvre importante. Un blockhaus, protégé par des plaques d'acier de 4 à 6 centimètres, se trouve au milieu de la passerelle des navires cuirassés. Dans ce blockhaus viennent aboutir les différents porteurs d'ordres et les porte-voix communiquant avec les parties principales du navire; le commandant peut ainsi donner immédiatement ses ordres à la machine, aux pièces de la batterie, aux torpilleurs, etc , au gouvernail, ou agir lui-même sur ce dernier, si le besoin s'en fait sentir, en imprimant un mouvement à un petit volant, placé à portée de sa main et qui commande le gouvernail au moyen d'une machine à vapeur, dont les mouvements sont solidaires de ceux du volant situé dans le blockhaus. || 3° Baguette en bois qui remplace la cannette pour le tramage des gros fils métalliques dans les tissus en métal.

*PASSETTE. *T. techn.* Instrument dont le tisseur se sert pour passer les fils de la chaîne dans les mailles et dans les maillons des lisses, ainsi que dans le peigne. || Anneau conique avec lequel les tireurs d'or brisent le fil sous les roues du moulin.

PASSOIRE. *T. techn.* Outre le petit ustensile de cuisine dans lequel on écrase des légumes ou des fruits pour en extraire la purée ou le jus, ce mot s'applique à un chaudron de teinturier et au cuvier dans lequel les mégissiers passent les peaux à l'alun.

*PASSURE. *T. techn.* Opération qui consiste à

passer les nerfs dans les trous du carton d'un livre. || *T. de dor.* — V. Dorure.

I. **PASTEL.** Nom (provenant du latin *pastillus* ou de l'italien *pastello*) donné à une certaine sorte de crayons de couleur. Ils sont composés de couleurs broyées, réduites en pâte avec de l'eau de gomme, et façonnées en forme de petits cylindres de 0^m,008 de diamètre sur 0^m,070 de longueur. Par extension, on donne également le nom de *pastel* à toute œuvre même qui a été peinte au pastel : « un pastel de La Tour ». Il n'entre aucun mélange de corps gras dans la composition de la pâte de pastel. Les crayons de couleur, bleu et rouge, de fabrication moderne, connus de tout le monde aujourd'hui pour faire partie des accessoires obligés du travail de bureau, ne sont donc pas des *crayons de pastel*. Le pastel est fabriqué à divers degrés de tendreté, mais du plus au moins, il est toujours friable, maigre et sec; il n'est tel que dans sa composition matérielle seulement, on y insiste, car il n'est rien de tout cela, tant s'en faut, dans l'application.

La peinture au pastel s'exécute sur papier rugueux dit *pumicif*, enduit de pierre ponce pulvérisée ou, de préférence, plucheux ou bien sur un canevas recouvert d'une préparation à la détrempe.

La palette du pastelliste est nécessairement très étendue, car (nous dirons pourquoi tout à l'heure), elle doit autant que possible, ne présenter que des tons tout faits. Elle pourrait être illimitée ou tout au moins portée au chiffre des 1,440 tons du cercle chromatique de M. Chevreul. Dans la pratique, elle se compose des diverses séries de couleurs franches que fournissent les couleurs mères et leurs combinaisons entre elles, sans addition de noir ni de blanc. On obtient ainsi la série des rouges allant, d'un côté, du rouge à l'orangé et, de l'autre, du rouge au violet; la série des jaunes allant, d'un côté, du jaune au vert et, de l'autre, du jaune à l'orangé; la série des bleus allant, d'un côté, du bleu au violet et, de l'autre du bleu au vert. Mais on comprend que ces trois grandes séries sont subdivisibles, au moins comme dénomination, en trois autres grandes sous-séries, celles des tons intermédiaires : les violets, les verts et les orangés. Chacun des tons de chaque série engendre ensuite une gamme complète de vingt différentes nuances ou valeurs ou intensités du même ton, obtenues par l'addition progressive de dix parties de blanc et de dix parties de noir. A ce clavier des gammes de la couleur, il faut ajouter la gamme des vingt nuances du gris normal (V. Couleur, § *Cercle chromatique de M. Chevreul*). Le clavier maximum des pastels du commerce est communément composé de *deux cent soixante-dix* tons.

L'artiste fixe les contours au moyen de crayons durs ou demi-durs et peint les lumières, les masses et les plans à l'aide de crayons tendres, qu'il écrase sur le support (papier ou toile) par la pesée de la main et qu'il étend avec le doigt, l'estompe ou le tortillon. On conçoit, dès lors, l'extrême fragilité de la peinture au pastel, on peut en enlever de vastes surfaces d'un seul coup de blaireau. Aussi doit-elle être fixée au moyen d'un fixatif spécial, mise sous verre et tenue à l'abri de l'humidité, si l'on veut en assurer la conservation.

En dépit de ces précautions, auxquelles il faut ajouter la précaution première d'épargner au châssis toute secousse, la trépidation des cloisons causée dans les grandes villes par le passage des voitures et, partout ailleurs, par le seul fait de l'habitation, suffit pour détacher, peu à peu mais continuellement, de la superficie de la peinture des particules de pastel qui viennent s'agglomérer dans le bas de la bordure entre le verre et le support, et dont la disparition pâlit progressivement la coloration primitive de l'œuvre. Cela tient surtout à ce que, afin de conserver au pastel sa fleur et son velouté, qui sont deux de ses qualités esthétiques les plus précieuses, on est forcé d'appliquer le liquide fixatif au revers du support, de manière à traverser celui-ci et à saisir par voie d'agrégation les couches inférieures du crayon, sans pénétrer jusqu'à l'épiderme. Tout autre procédé de fixage est défectueux en ce que étant appliqué à la surface, fût-ce au moyen du vaporisateur, s'il a le sérieux avantage de donner une certaine solidité à la pâte du pastel, il a l'inconvénient, que rien ne saurait compenser, d'en modifier l'aspect, de l'alourdir, de le durcir, de détruire en un mot le caractère propre du genre. Le problème du fixage du pastel n'est donc pas encore résolu, ou, s'il l'est, il n'a pas encore été rendu public et n'est même pas dans le commerce. Cependant, il y a une vingtaine d'années, M. Vannoy, un comédien de talent, qui parallèlement à la passion de son art avait celle de la chimie, présenta au surintendant des beaux-arts un procédé à cet effet. Ce procédé, mis à l'épreuve, fut l'objet d'un rapport favorable du conservateur des peintures au musée du Louvre. Il réalisait toutes les conditions de solidité sans altération d'aucune sorte, même après des années d'application. Nous ne savons ce qu'il en est advenu.

C'est à sa fragilité, aux soins minutieux qu'il exige que le pastel doit de n'être pas plus couramment usité et d'avoir même subi des éclipses de longues désuétudes. Mais il en est de l'art comme de la nature qui tire parti de tout. Les difficultés du genre, ses imperfections mêmes imposent à l'artiste qui le pratique des conditions de talent très particulières. En effet, le pastel est un art de coloriste; mais puisqu'il est susceptible d'être dépouillé des qualités de couleur, de fraîcheur, d'harmonie qui constituent quelques-uns de ses principaux charmes, il est essentiel aussi que cet artiste soit un vaillant dessinateur; car si la couleur disparaît, les belles constructions, les dessous savants, les modelés curieusement étudiés, le dessin en un mot, lui, survit à tout. D'autre part, la décision de la main est indispensable pour obtenir l'éclat du coloris, les tons doivent être appliqués franchement, au premier coup, délibérément juxtaposés, mais le moins possible superposés et encore moins remaniés, car le ton fatigué par les remaniements perd toute fraîcheur et le support, fatigué par de nombreuses retouches, perd la propriété de retenir le pastel. Eh bien ! cette spontanéité de l'exécution, nécessaire dans la pratique du pastel, est en art une qualité de maître, et ce sont des maîtres effectivement, des maîtres puissants, savants, parfois même sévères qui ont fait la gloire du pastel.

C'est donc à tort que l'on considère généralement le pastel comme un art mièvre et, en quelque sorte, de galanterie, comme un art de femme. Des femmes, il est vrai, en ont tiré si adorablement parti dans le sens de la grâce et de la couleur, plutôt que du dessin et de la force, que la méprise est excusable.

Mais où l'on peut voir que le pastel n'est pas seulement un instrument de grâce et d'élégance uniquement réservé à des doigts de femme ; où l'on peut constater que ce frêle crayon serait trop lourd à bien des mains d'homme, c'est dans les œuvres de Largillière, de La Tour, de son rival Perroneau, de Coypel, de Chardin et, tout près de nous, d'Eugène Delacroix, qui s'en servait pour surprendre au passage, dans la nature, d'admirables notations de couleur, et surtout dans l'œuvre de J.-F. Millet, qui a fixé par ce moyen et en des pages de grande dimension une cinquantaine de ses profondes visions de la vie rurale. Troyon aussi a fait de beaux pastels. Mais il faut bien le dire, depuis la fin du XVIIIe siècle, le pastel était à peu près abandonné. Depuis vingt-cinq ans même, il n'avait plus guère d'autre représentant autorisé aux expositions annuelles que M. Galbrund, artiste d'un talent très réel, très ferme, très sérieux et qui ne visait point à réaliser, de cet art, les côtés de frivole séduction. Nous assistons aujourd'hui à une véritable renaissance du pastel. Les peintres Fantin-la-Tour, Manet, Monet, Boudin, en furent les précurseurs, ils lui demandaient, les deux premiers, des portraits et des natures mortes, les autres, des paysages et des marines superbes. Après eux, le regretté de Nittis en a tiré, avec une incomparable dextérité de main et un rare sentiment de la beauté pittoresque dans la vie moderne, des scènes de mondanité audacieusement traitées de grandeur nature. M. René Gilbert a également montré, en ces dernières années, des portraits qui sont des chefs-d'œuvre de couleur, de vérité, de vie, enlevés avec une verve magistrale. Finalement il s'est formé à Paris, en 1885, une Société de pastellistes français où les noms de MM. Béraud, Besnard, J.-L. Brown, Duez, Guillaumet, Gervex, Jacquet, Emile Lévy, Nozal, Raffaelli et James Tissot, se présentent comme une garantie de durée fondée sur le talent.

En résumé, les propriétés intrinsèques du pastel sont la fraîcheur, l'éclat, le velouté des tons, nous l'avons déjà dit ; ajoutons-y celles d'être mat, lumineux, sans reflet et inaltérable, mais fragile. Le devoir de l'artiste étant de mettre en évidence, ou tout au moins de respecter, les propres qualités de la matière qu'il emploie et de remédier de son mieux à ses défectuosités, les unes et les autres ici lui font une égale obligation de déployer toutes les ressources de la couleur, poursuivie de préférence dans les harmonies claires, qui sont les plus favorables à la matière

du pastel. En effet, buvant la lumière, elle a de l'éclat dans les clartés et tend à s'alourdir, à se ternir dans les colorations sombres. Nous avons montré, d'autre part, quelles sont les exigences du genre quant au dessin.

Le mat du pastel étant, par quelques artistes, estimé à juste titre comme une de ses qualités esthétiques les plus importantes, car, tout en le dispensant des vernis destructeurs et luisants, elle le rend visible sous tous les jours, nous voyons depuis quelque temps pratiquer un procédé intéressant qui consiste à peindre avec de la poudre de pastel et de la cire dissoute dans de l'alcool. Ce procédé, sur lequel le beau talent de M. J.-C. Cazin a récemment arrêté l'attention publique, garde effectivement le mat du pastel, mais n'en garde rien de plus ; il n'en a plus le velouté ni la fleur. Par contre, il donne à la peinture une solidité bien supérieure à celle même de la peinture à l'huile. — E. CH.

II. PASTEL. *T. de bot.* Syn. : *Guède* ou *vouède.* Plante de la famille des crucifères, tribu des isatidées, et dont les feuilles ont fourni dans le temps un indigo, que celui des *indigofera* a totalement remplacé aujourd'hui. — V. GUÈDE, t. V, p. 625, et INDIGOTIER, p. 855.

*PASTELLISTE. Artiste qui exécute des dessins au pastel. — V. PASTEL, I.

*PASTEUR. Bien que la biographie des hommes vivants sorte de notre programme, nous croyons utile de faire exception en faveur de l'illustre savant dont le nom est universellement connu, depuis que, par ses travaux admirables, *il* a trouvé le moyen de guérir de la rage et de rendre les animaux réfractaires à cette affreuse maladie.

PASTEUR (*Louis*). Chimiste, membre de l'Institut (Académie des sciences et Académie française), né à Dôle (Jura), le 27 décembre 1822. Il commença ses études au collège d'Artois et les finit à celui de Besançon, en 1840. La même année il fut nommé dans ce collège maître d'études surnuméraire, fréquentant les cours de mathématiques spéciales. En 1842, il vint à Paris (pension Barbet) pour se préparer à l'Ecole normale supérieure où il fut reçu le quatrième, en 1843. Son goût pour la chimie se décela promptement aux cours de Dumas et de Balard. Ses entretiens avec le professeur Delafosse le dirigèrent vers la cristallographie. Reçu agrégé en 1846, il resta encore pendant deux ans à l'Ecole en qualité de préparateur de chimie. Il se fit recevoir docteur en 1847, fut nommé professeur de physique au lycée de Dijon et, trois mois après, suppléant de la chaire de chimie de la faculté de Strasbourg ; il en devint titulaire en 1852. Il fut appelé, en 1854, à titre de doyen à la faculté des sciences de Lille récemment créée. En 1857, il revint à Paris comme directeur des études scientifiques à l'Ecole normale. C'est dans le laboratoire de cette Ecole qu'il fit depuis toutes ses belles recherches.

En 1851, la Société royale de Londres décerna à M. Pasteur la médaille de Rumford (la plus haute récompense), pour ses recherches sur les relations entre les formes hémiédriques des cristaux et la polarisation de la lumière. En 1861, l'Académie des sciences lui donna le prix Jecker, pour ses travaux sur la chimie.

M. Pasteur fut reçu membre de l'Académie des sciences en 1863; il entra à l'Académie française en 1883; il en fut directeur en 1885; membre de l'Académie de médecine (1873). Nommé chevalier de la Légion d'honneur en 1853; il est aujourd'hui grand-croix (1881).

Une rente viagère de 25,000 francs lui a été accordée par décret, à titre de récompense nationale. Une médaille commémorative de ses remarquables découvertes a été offerte à M. Pasteur, le 25 juin 1882, par ses collègues de l'Académie des sciences, par ses amis et ses admirateurs.

Le premier travail de M. Pasteur (il n'était alors que préparateur de chimie) fut un coup de maître: la découverte de l'importante relation entre les formes cristallines hémiédriques et la polarisation de la lumière, sujet de sa thèse pour le doctorat. Il trouva que l'acide paratartrique symétrique, sans action sur la lumière polarisée, est composé de deux acides: l'un l'*acide tartrique droit*, ayant des facettes dissymétriques *à droite* et déviant *à droite* le plan de polarisation de la lumière; l'autre l'*acide tartrique gauche*, ayant des facettes dissymétriques *à gauche* et déviant *à gauche* le plan de polarisation de la lumière. Il trouva aussi que ces acides, combinés avec diverses bases, emportent avec eux les formes cristallines dissymétriques et les propriétés de la polarisation rotatoire correspondante. Il étendit ses recherches à un grand nombre de substances, et conclut que toute substance, qui dévie à droite ou à gauche le plan de polarisation de la lumière, doit ou peut affecter des formes hémiédriques et réciproquement. Enfin, généralisant ses vues, il montra que « la dissymétrie moléculaire est actuellement la seule ligne de démarcation entre la chimie de la nature morte et la chimie de la nature vivante », ce qui ouvre un vaste champ d'exploration.

De ses recherches sur la dissymétrie des cristaux, M. Pasteur fut conduit à l'étude des *fermentations*, pour avoir remarqué qu'un ferment ajouté à un paratartrate symétrique, enlève au sel l'acide tartrique droit ou l'acide gauche, selon sa nature, et donne au résultat les propriétés moléculaires dissymétriques et le pouvoir rotatoire; fait qu'il généralisa. Il reconnut dans la *fermentation lactique* la présence d'un être organisé d'une extrême petitesse (0^{mm},001) et dans la *fermentation butyrique* une espèce du genre vibrion, se multipliant par scission, vivant sans air, ni oxygène (*anaérobie*); tandis que les autres êtres microscopiques ont besoin d'air ou d'oxygène (*aérobie*). Il expliqua comment ces organismes, plantes ou animaux, agissent dans la fermentation. Il démontra que la *putréfaction* est produite par un vibrion microscopique, et que les *combustions lentes* sont sous la dépendance des infiniments petits aérobies; ce sont eux qui se chargent du grand travail qui rétablit l'équilibre de la vie en lui rendant tout ce qu'elle a fermé.

M. Pasteur a démontré que la *transformation du vin en vinaigre* est due à la présence d'un champignon microscopique (*micoderma acéti*) qui absorbe l'oxygène de l'air et transforme l'alcool du vin en acide acétique. La fabrication du vinaigre à Orléans se faisait au moyen de *mères de vinaigre* et exigeait un temps très long. M. Pasteur a indiqué un procédé rapide de fabrication par le chauffage à 60°.

Ses études sur le vinaigre conduisirent M. Pasteur à celles des *maladies du vin*. Après avoir démontré, à la suite de longues expériences, que l'altération du vin est due exclusivement au développement d'organismes microscopiques (*micoderma vini, micoderma acéti*), dont les germes existent sur le raisin, il trouva le remède à ces maladies en soumettant le vin (sans déboucher les bouteilles) à une température de 55 à 60°, et il fit constater par des dégustateurs, que cette chaleur, qui tue les organismes, n'enlève au vin aucune de ses qualités.

En 1858, M. le Dr Pouchet souleva, devant l'Académie des sciences, la question des *générations spontanées*, affirmant qu'il avait vu se produire des êtres venus au monde sans germes, sans parents semblables à eux. M. Pasteur démontra, à diverses reprises, par des expériences irréprochables, que l'air contient, jusqu'à une grande hauteur, des poussières vivantes, des myriades de germes qui, tombant dans des milieux fermentescibles, y pullulent rapidement et qu'en prenant les précautions nécessaires pour s'opposer à l'introduction de ces germes dans les vases, on empêche indéfiniment la fermentation.

Il est reconnu aujourd'hui que l'*hétérogénie* est une chimère et la *panspermie* une réalité.

De 1865 à 1870, M. Pasteur fut arraché à ses chères expériences de laboratoire, pour aller en mission, étudier dans le Midi de la France, à Alais, les maladies des vers à soie, la *fébrine* et la *flacherie*. Après de longues et pénibles observations, il indiqua le moyen pratique de distinguer au microscope, les bons vers reproducteurs des mauvais qui contiennent des corpuscules caractéristiques de la maladie. Il ramena la richesse dans ces pays désolés. Mais il avait subi de telles fatigues qu'il fut frappé d'une hémiplégie qui faillit l'emporter et dont il se ressent encore après 20 ans.

En 1871, il aborda l'étude des *maladies de la bière*, non seulement pour rattacher ces recherches à celles du vin, mais encore dans le but d'arriver à faire fabriquer, en France, des bières capables de rivaliser avec celles d'Allemagne. Il démontra que ces maladies avaient toutes pour cause exclusive le développement de petits champignons microscopiques, de ferments organisés dont les germes sont apportés par les poussières que l'air charrie sans cesse ou qui souillent les matières premières utilisées dans la fabrication. Il prouva qu'en chauffant la bière à 50 ou 55° seulement, tout en détruisant les germes, on n'enlève pas à cette boisson tout son acide carbonique et qu'on n'empêche pas la fermentation secondaire d'avoir lieu. Ce mode est appliqué en Europe et en Amérique sur une grande échelle. Cette opération porte le nom de *pastorisation*, et la bière celui de *bière pastorisée*.

Les recherches de M. Pasteur sur les *maladies virulentes* portèrent d'abord sur la terrible *maladie charbonneuse* qui, chaque année, décime les troupeaux en Europe. Il isola le microbe du sang charbonneux, le cultiva et étudia son action sur les animaux. Le 30 avril 1877, il lut à l'Académie des sciences, en son nom et au nom de son collaborateur (M. Pasteur n'ayant pas recouvré l'usage de sa main gauche, s'était adjoint pour ses expériences M. Joubert), une note où il fut démontré que la *bactéridie*, organisme microscopique, était l'agent unique de la maladie charbonneuse. La *bactéridie* était distinguée du *vibrion septique* qui se voit quelque temps après la mort.

M. Pasteur trouva que le *choléra des poules* est causé aussi par un organisme microscopique qui se cultive dans le bouillon de muscles de poule. C'est l'étude de cette maladie qui conduisit M. Pasteur à la merveilleuse découverte de l'*atténuation des virus*; découverte qu'on regarde avec raison comme une des plus belles de ce siècle. Cette atténuation s'obtient en faisant passer le microbe du choléra des poules de culture en culture dans un milieu artificiel, bouillon stérilisé. L'atténuation dépend de l'intervalle plus ou moins grand laissé entre une culture et la suivante. Les poules vaccinées d'abord avec un virus très atténué résistent à un virus plus virulent et successivement on arrive à les rendre réfractaires au virus le plus violent.

La découverte du *vaccin du charbon* présenta des difficultés inattendues, par suite de la différence du mode de reproduction du microbe charbon, comparé à celui du choléra des poules. Il fallut saisir, à une phase déterminée de développement, cet organisme vivant pour en obtenir des cultures plus ou moins atténuées, ce que M. Pasteur réalisa, en maintenant au contact de l'air pur, entre 42 et 43°, une culture filamenteuse du parasite entièrement privée de germes et analogue alors à celui du choléra des poules.

M. Pasteur communiqua sa belle découverte à l'Académie des sciences le 28 février 1881. Immédiatement après, la Société d'agriculture de Melun proposa à M. Pasteur d'expérimenter sur 60 moutons, M. Pasteur accepta; les résultats furent tels qu'il avait osé le prophétiser; ils eurent un grand retentissement. Les expériences sur des vaches eurent le même succès. Ce fut une explosion d'enthousiasme. Cette année et les deux suivantes on vaccina plus de 500,000 moutons, vaches, chevaux.

Quant à la durée de l'immunité, on peut la fixer au moins à une année, c'est-à-dire environ au tiers de la vie moyenne d'un mouton.

Après avoir produit l'atténuation des virus à tous les degrés, M. Pasteur obtint le *retour à la virulence*, en faisant passer le microbe d'abord dans le corps d'un animal très jeune, puis dans celui d'un animal plus âgé.

Cherchant ensuite la cause des maladies charbonneuses, il fut amené à conclure que c'étaient les vers de terre qui ramenaient les germes à la surface du sol sur les herbes dont les animaux se nourrissent. De là une prophylaxie toute indiquée : ne jamais enfouir les animaux charbonneux dans un champ destiné à des récoltes de fourrages ou au pacage des moutons.

La maladie nommée le *rouget des porcs*, fut encore pour M. Pasteur l'occasion de nouveaux succès.

Thuillier, un de ses élèves, reconnut le microbe; on le cultiva; des vaccinations furent pratiquées avec plein succès et rendirent de grands services.

Enfin, M. Pasteur couronna son œuvre en découvrant le moyen de guérir la maladie la plus affreuse, la rage. Par une série d'inoculations successives du virus rabique de lapin à lapin (25 passages), il est parvenu à réduire à 7 jours la durée de l'incubation du virus. En se servant de la moelle rabique abandonnée à dessiccation spontanée, il a trouvé que la virulence s'atténue avec le temps et qu'en introduisant sous la peau (ou dans une veine) du virus d'abord très atténué et de 2 en 2 jours un virus de plus en plus virulent, on rendait l'animal *absolument réfractaire à la rage*. De là à la vaccination sur l'homme il n'y avait qu'un pas que M. Pasteur eut bientôt occasion de franchir. Le premier être humain vacciné du virus rabique fut un enfant de neuf ans, Joseph Meister (alsacien), qui avait été affreusement mordu par un chien reconnu enragé. Le deuxième sujet est un berger du Jura, nommé Jean-Baptiste Jupille, âgé de 15 ans. Ces deux enfants sont aujourd'hui en parfaite santé. Le nombre des individus traités jusqu'à ce jour (fin avril 1886) est de 885, se répartissant ainsi : 845 après morsure par chiens ou chats, 40 après morsure par loups. Ces derniers 40 sont des Russes, 4 d'entre eux sont morts. Des 845 autres, deux personnes sont mortes, mais sans doute parce qu'elles sont arrivées trop tard au laboratoire du maître. Il s'agit maintenant de créer un établissement vaccinal, auquel le gouvernement a promis son concours. Une Commission nommée à ce sujet par l'Académie des sciences, le 1er mars 1886, a décidé que cet établissement porterait le nom d'*Institut Pasteur*. Nous sommes au 1er mai et l'on peut affirmer que la souscription publique ouverte à ce sujet atteindra prochainement un million.

Pas une des découvertes de M. Pasteur ne passa sans contradiction; c'est de l'Allemagne que partirent les plus vives attaques. Il défendit son œuvre avec ardeur, en toute occasion; il réfuta toutes les objections et triompha de toutes les résistances.

Pour donner une idée de l'importance des travaux de M. Pasteur et des sources de richesses qu'elles procurent à l'agriculture et à l'industrie, nous citerons les paroles du savant professeur anglais Huxley : « Les découvertes de M. Pasteur, dit-il, suffiraient, à elles seules, pour couvrir la rançon de guerre de cinq milliards payés à l'Allemagne par la France ». M. Pasteur regarde ce qu'il a fait comme un simple commencement.

« Vous verrez, dit-il souvent, comme tout cela grandira plus tard; ah! si j'avais encore le temps ! ».

Les travaux de M. Pasteur sont nombreux. Ils

ont été publiés dans le *Recueil des savants étrangers* à *l'Académie*, dans les *Annales de chimie et de physique*, et analysés dans les *Comptes rendus* des séances de l'Académie des sciences. On trouve aussi dans la *Revue scientifique* diverses communications sous forme de conférence ou de discussions relatives à ses travaux.

Indépendamment de toutes ces publications, M. Pasteur a fait imprimer à part, à propos des générations spontanées : *Nouvel exemple de fermentation déterminée par des animalcules infusoires pouvant vivre sans oxygène libre* (1863, in-4°); *Étude sur le vin, ses maladies, les causes qui les provoquent* (1866, in-8°); *Études sur le vinaigre, ses maladies, moyen de les prévenir* (1868, in-4°); *Étude sur les maladies des vers à soie* (1870, 2 volumes in-8°); *Quelques réflexions sur la science en France* (1871, in-8°), etc. — C. D.

PASTEUR (Bon). La représentation du Christ sous la figure du pasteur portant une brebis ou un agneau sur ses épaules, c'est-à-dire sous la figure symbolique du *Bon Pasteur*, remonte aux origines de l'*art chrétien* (V. ce mot et CHRIST). Ce symbole est emprunté au chapitre 10 de l'évangile selon Saint-Jean :

« En ce temps là, Jésus dit à quelques-uns des Pharisiens : « Je suis le bon Pasteur. Le bon Pasteur donne sa vie pour ses brebis. Mais le mercenaire et celui qui n'est point Pasteur, à qui les brebis n'appartiennent point, ne voit pas plutôt venir le loup qu'il abandonne ses brebis et s'enfuit, parce qu'il est mercenaire et ne se met point en peine des brebis. Je suis le bon Pasteur, je connais mes brebis et mes brebis me connaissent, et je donne ma vie pour mes brebis ». L'Eglise a placé la fête du bon Pasteur au deuxième dimanche après Pâques. Après la représentation du Christ en croix, la figure du bon Pasteur est celle assurément que l'imagerie religieuse, inspirée par l'esprit de la Compagnie de Jésus, a multiplié avec la prédilection la plus marquée. Mais cette figure n'a fait l'objet d'aucune œuvre d'art assez illustre pour être mentionnée ici.

PASTILLAGE. *T. de céram.* Nom par lequel on désigne le procédé de décoration qui consiste à modeler à part certaines parties d'ornement d'un relief très accusé, et que l'on colle ensuite, avec de la barbotine, à la surface du vase ou de l'objet décoré. Le pastillage est le contraire de la *sigillation*.

PASTILLE. *T. de pharm. et de confis.* Saccharolés solides, en gouttelettes hémisphériques, obtenus en fondant du sucre avec une essence ou un produit médicamenteux et versant sur une surface froide, pour les solidifier. Les pastilles sont simples ou composées, suivant qu'il y a une ou plusieurs substances de mélangées avec le sucre, exemples : les pastilles de menthe à la goutte, les pastilles pour verres d'eau; et pour les pastilles composées, celles au chocolat purgatif, vermifuge, etc. Parfois elles sont diversement colorées; cet effet est obtenu en se servant d'un poêlon à bec divisé, par une lame, en deux compartiments que l'on remplit de sucre coloré et incolore et qui, en tombant, se réunissent pour faire une seule goutte. Ces préparations, un peu abandonnées parce qu'elles se conservent mal, surtout si on a ajouté un acide au sucre, dans le but d'avoir des pastilles rafraîchissantes, s'obtiennent en prenant du sucre pulvérisé très finement, en y ajoutant la quantité d'eau nécessaire pour faire une pâte bien homogène, l'essence qui sert d'aromate, puis la couleur, si cela est nécessaire, on fait enfin chauffer dans un poêlon à bec en agitant continuellement. Quand la masse est suffisamment ramollie, on la fait tomber par gouttes à l'aide d'une tige métallique, et on reçoit les gouttes sur une plaque de fer-blanc. Aussitôt après le refroidissement, on dessèche à l'étuve.

Il ne faut pas confondre les pastilles avec les tablettes, qui sont également des saccharolés solides, mais que l'on obtient d'une autre manière (V. CONFISERIE). Pour les *pastilles du sérail.* — V. BENJOIN. — J. C.

PASTILLEUR. *T. de mét.* Ouvrier qui fait plus spécialement les pastilles dans la confiserie ou la pharmacie. || *T. techn.* Appareil dans lequel on fabrique les pastilles.

PATCHOULI ou **PATCHOULY.** *T. de bot.* Plante de la famille des labiées, tribu des saturiées, venant de l'Asie tropicale et qui n'a été importée en France qu'en 1825. Elle fut mal connue jusqu'en 1844, époque à laquelle elle fleurit à Orléans, dans les serres de M. Vignat-Parelli, et fut étudiée par Pelletier. C'est le *pogostemon patchouly* (Pell.), caractérisé par sa tige carrée, ses feuilles cotonneuses, opposées, ovales-aiguës, dentées et à longs pétioles; il offre des glomérules disposés sur les branches d'épis composés, une corolle à quatre lobes dont les trois supérieurs forment une lèvre étalée; les étamines sont exsertes et présentent des anthères presque globuleuses à loges confluentes. Par la dessiccation, cette plante répand une odeur forte qu'elle doit à la présence d'une huile essentielle qui, par un repos prolongé, abandonne un camphre analogue au bornéol (alcool campholique), lequel cristallise en prismes hexagonaux, fond à $+59°$, offre, lorsqu'il est liquide, un pouvoir rotatoire lévogyre, $aD = -118°$, et donne, par l'action des acides, de l'eau et un carbure liquide, la *patchouline*, $C^{30}H^{24}$... $G^{15}H^{24}$.

Le patchouli nous vient de l'Inde et des pays voisins, par Penang; il est employé en parfumerie; c'est un stimulant énergique; son odeur est souvent utilisée pour préserver les fourrures et les vêtements contre les attaques des insectes. — J. C.

PÂTE. *T. techn.* 1° Généralement corps de consistance molle et facile à diviser. || 2° *T. de pharm.* Saccharolés à base de gomme arabique et assez fermes pour ne pas adhérer aux doigts. Les pâtes ne comprennent parfois dans leur préparation, que de la gomme et du sucre dissous dans de l'eau aromatique (pâte de jujubes), tandis que, dans d'autres cas, la solution se fait dans un liquide chargé de principes médicamenteux : extrait de réglisse, pour la pâte de ce nom; extrait d'opium, dans la pâte de lichen, etc.

Suivant leur mode de préparation, les pâtes sont transparentes ou opaques; dans ce dernier cas, elles doivent quelquefois leur opacité à l'air interposé dans la masse, par un battage énergique; parfois elles doivent cet aspect à une réaction autre qui s'est faite, comme la coagulation de l'albumine, lorsque, par exemple, on ajoute, pour faire la pâte de guimauve, des blancs d'œufs battus, à la solution sucrée de gomme.

Ce sont des médicaments agréables, ayant toujours une consistance molle; on les coule en plaques, ou on les étale sur un marbre recouvert de sucre ou d'huile, pour éviter l'adhérence. Celles qui sont cristallisées à la surface ont été, après le coulage, découpées en fragments en forme de losanges, puis couvertes de sirop de sucre cuit à la plume, lequel se cristallise et candit les fragments, lorsqu'on dessèche ceux-ci à l'étuve, sur des toiles métalliques. || 3° Nom donné par abréviation aux ornements en *carton-pâte*, dont l'emploi est général aujourd'hui, à l'intérieur des appartements, dans la décoration des plafonds, corniches, lambris, etc. Ces pâtes, fabriquées avec du papier gris du nom de *fluant* et des papiers spongieux mélangés à de la colle de Flandre, sont coulés dans des moules, puis exposés à un feu très doux jusqu'à ce qu'ils soient parfaitement secs. On les pose à l'aide de petites pointes, puis on les revêt de la couche de couleur adoptée pour le plafond et en même temps que celui-ci. — V. DÉCORATION. || 4° *Argenture à la pâte*. — V. ARGENTURE. || 5° *Pâte à phosphore*. — V. BRONZE PHOSPHOREUX. || 6° *Pâte à papier*. — V. PAPETERIE, § *Composition des pâtes*. || 7° *Pâte céramique*. — V. CÉRAMIQUE, § *Technologie*; FAÏENCE. || 8° *Pâte chimique*. — V. ALLUMETTES. || 9° *Pâte de fruits*. — V. CONFISERIE. || 10° *Pâtes d'Italie*. — V. PÂTES ALIMENTAIRES. || 11° *T. de typogr. Mettre en pâte*. Laisser tomber la composition d'un paquet ou d'une forme, ce qui oblige à la recommencer.

PATÈNE. Vase sacré qui a la forme d'une petite assiette ou d'un disque en or ou en argent; le prêtre s'en sert pour couvrir le calice et le donner à baiser aux fidèles pendant l'offrande.

PATENTE. La patente est un impôt qui frappe, à moins d'exception formelle inscrite dans la loi, tout individu français ou étranger exerçant, en France, un commerce, une industrie ou une profession. C'est l'une des quatre contributions directes.

— Elle fut établie par la loi du 18 mars 1791, en remplacement des droits de maîtrise et de jurande. Cette loi proclamait la liberté du commerce et de l'industrie, tout en fixant leur part dans les charges publiques. La patente était alors exclusivement basée sur la valeur locative et proportionnelle au loyer. Elle fut abolie le 21 mars 1793, puis rétablie par la loi du 4 thermidor an III, qui abandonna la base de la valeur locative pour y substituer le droit fixe. Les patentes étaient divisées en patentes générales et patentes particulières suivant que le patentable devait faire toute espèce de négoce ou ne se livrer qu'à un seul commerce spécialement désigné. La patente générale était fixée à 4,000 livres; les patentes particulières ou spéciales étaient déterminées suivant un tarif variant avec la population et dans lequel les différents commerces se trouvaient rangés sous des dénominations collectives.

La loi du 6 fructidor an IV inaugura la combinaison du droit fixe et du droit proportionnel qui forme encore aujourd'hui la base de la législation des patentes.

Ce système fut maintenu dans la loi du 1ᵉʳ brumaire an VII et dans les lois postérieures, notamment dans celle du 25 avril 1844 qui réunit en un seul code toute la législation antérieure. Cette loi a été, jusqu'en 1880, la loi fondamentale sur la matière. Elle avait été modifiée sur quelques points par des lois de finances; celles, notamment, qui suivirent la guerre de 1870-1871 en avaient augmenté les tarifs et établi un grand nombre de centimes additionnels.

L'impôt des patentes est actuellement régi par la loi du 15 juillet 1880 qui a révisé la législation antérieure en modifiant les tarifs et les classifications des patentables. La patente se compose, comme auparavant, d'un double droit, l'un fixe, l'autre proportionnel.

Le droit fixe est réglé conformément à trois tableaux, A, B et C.

Le tableau A contient huit classes de professions divisées suivant leur importance et selon qu'il [s'agit d'un commerce en gros, demi-gros et détail. Le droit imposé à chacune de ces classes varie suivant un tarif général établi d'après la population.

Le tableau B énumère certaines professions ou industries spéciales qui relèvent du haut commerce, telles que celles d'agent de change, banquier, commissionnaire, courtier, etc. Le droit fixe du tableau B varie suivant chaque profession et en raison de la population; il se compose, en général, de deux éléments: 1° de la taxe déterminée par la profession; 2° d'une taxe par personne employée, en sus du nombre de cinq aux écritures, à la surveillance, aux caisses, aux achats et aux ventes.

Le tableau C contient un grand nombre de professions ou industries qui sont imposées pour un droit fixe, sans égard à la population.

Les commerces, industries et professions, qui ne figurent pas dans ces trois tableaux sont néanmoins assujettis à la patente. Les droits qu'ils doivent payer sont fixés, par analogie, à l'aide d'un arrêté spécial du préfet rendu sur la proposition du directeur des contributions directes et après avoir pris l'avis du maire. Tous les cinq ans, des tableaux additionnels sont soumis à la sanction législative.

Le patentable qui exerce plusieurs professions dans un *même établissement* n'est soumis qu'à un seul droit fixe, le plus élevé; il est, toutefois, assujetti à toutes les taxes *variables* en raison du nombre des ouvriers, machines ou autres moyens de production. S'il exerce plusieurs professions dans des *établissements distincts*, il doit autant de droits fixes qu'il a d'établissements, sauf exemption pour le] magasin de vente en gros le plus rapproché de la fabrique où ne se vendraient pas les produits.

Pour les sociétés, il faut distinguer: dans une société en *nom collectif*, l'associé principal paie le droit fixe entier et chacun des associés secondaires doit une part de ce droit, proportionnelle au nombre total des associés. Les sociétés *anonymes* où aucun des associés n'est responsable ne doivent qu'un seul droit fixe par établissement. Dans les sociétés *en commandite*, les associés solidaires et les gérants paient la même part de droit que les associés, dans les sociétés en nom collectif.

Droit proportionnel. Il est établi, d'après la valeur locative des locaux servant à la profession ou à l'industrie et à l'habitation personnelle; le droit est fixé conformément à un tableau D. Il est du 10ᵉ, 15ᵉ, 20ᵉ, 30ᵉ, 40ᵉ, 50ᵉ, 60ᵉ de la valeur locative.

Exceptions. Certaines professions libérales (médecins, avocats, officiers ministériels, architectes, etc.) ne sont pas soumises au droit *fixe*; mais elles paient un droit proportionnel du 15ᵉ de la valeur locative.

Les patentables des 7ᵉ et 8ᵉ classes du tableau A ne sont pas soumis au droit *proportionnel*, dans les villes de 20,000 âmes et au-dessous ou lorsqu'ils vendent en ambulance, en étalage ou sous échoppe.

Enfin l'article 17 de la loi de 1880 énumère un certain nombre de professions qui ne sont pas assujetties à l'impôt des patentes. Nous citerons notamment : 1° les fonctionnaires, les artistes, professeurs, instituteurs primaires publics ; 2° les laboureurs et cultivateurs, concessionnaires de mines, pêcheurs ; 3° les sages-femmes, etc.

Les patentes sont *personnelles* et ne peuvent servir qu'à ceux à qui elles sont délivrées.

L'impôt des patentes est *annal*, en ce sens qu'il est dû pour l'année entière par ceux qui, au 1ᵉʳ janvier, exerçaient une profession qui y était soumise.

Nous ne relèverons pas ici certaines critiques dont a été l'objet l'impôt sur les patentes, cela nous entraînerait trop loin. Disons seulement qu'on a particulièrement reproché au droit proportionnel de faire double emploi avec l'impôt mobilier. — L. B.

PATÈRE. *T. d'arch.* Ornement qui rappelle la patère antique (sorte de soucoupe de bronze ou d'argile dont les anciens faisaient usage dans les sacrifices), et qui se place dans les métopes de la frise dorique. || *T. de décor.* Ornement de même forme vissé dans le mur, dont on se sert pour disposer les draperies d'un lit, d'une fenêtre ou d'une portière. || On donne ce même nom à des objets de formes diverses qui servent à accrocher les vêtements ou les chapeaux.

PÂTES ALIMENTAIRES. Dans l'ensemble des pâtes alimentaires proprement dites, on en distingue de plusieurs formes ayant reçu des noms différents : les unes sont en fils, c'est le *vermicelle* ; les autres en tubes creux, c'est le *macaroni* ; d'autres en rubans à bords gaufrés, les *lazagnes*, ou en rubans minces et étroits, *nouilles*. On en fabrique de certaines formes : en lentilles,

Fig. 59.

étoiles, lettres, graines de melon, etc.; ce sont les *petites pâtes*, enfin, les *pâtes à potages* dont la destination est indiquée par leur nom.

Quelle que soit leur forme, ces pâtes se font de la même manière et avec les mêmes substances. Les unes se font avec de la farine de blé dur ou mieux de la semoule ; on peut y ajouter une certaine quantité de gluten qui les rend plus nutritives et capables de mieux supporter la cuisson. Quelquefois, un quart de ces farines ou semoule est remplacé par des fécules, mais le produit, qui est plus blanc, se délaye par la cuisson et est moins nutritif. En Chine et au Japon, on se sert des farines de riz, de fèves et de froment. Enfin, la pâte est souvent colorée en jaune par le safran qui lui donne une saveur spéciale; on emploie aussi le curcuma en poudre. Il faut obtenir une

pâte très ferme pouvant se sécher très rapidement. On compte que 34 kilogrammes de farine de blé dur et 10 à 12 kilogrammes d'eau bouillante donnent 30 kilogrammes de pâte sèche. Avec du blé ordinaire, le même poids de pâte est obtenu avec 30 kilogrammes de farine, 10 kilogrammes de gluten frais et 5 à 6 kilogrammes d'eau. La fabrication comporte 3 opérations : le *pétrissage*, l'*étirage* et le *séchage*.

Autrefois, le travail se faisait à la main, à l'aide d'une *brie* ou *braie*, sorte de madrier taillé en couteau. Aujourd'hui, l'opération se fait mécaniquement (fig. 59). Le pétrissage a lieu au moyen d'une meule tronconique en fonte A dont la jante présente des cannelures. Certaines meules sont en marbre et pèsent 2,000 à 4,000 kilogrammes, c'est le *meuleton* ou *hurpie*. La meule tourne dans une auge H et est mise en mouvement par un manège ou par un autre moteur; la machine est complétée par un releveur automatique (système Tournier). Avec une machine semblable, le pétrissage dure de vingt à vingt-cinq minutes.

La pâte bien pétrie est introduite dans un cylindre (*paston*) en bronze, dont la partie inférieure est munie d'une double enveloppe annulaire chauffée par la vapeur ou l'eau chaude pour maintenir la pâte à la température convenable. Par dessus la pâte, on met un couvercle qui glisse dans le cylindre et sur lequel on fait agir le piston d'une presse hydraulique ; la pression doit être considérable, car la pâte est très ferme. Sous l'action du piston, la pâte sort par le fond du cylindre qui est percé de trous fins et circulaires qui donnent la forme de fils. Un ventilateur centrifuge envoie sur ces fils un rapide courant d'air afin de les refroidir pour rendre les manipulations suivantes plus faciles, sans craindre de déformer les produits. Ces fils sont coupés de 0ᵐ,75 à 1 mètre de longueur et portés dans l'atelier d'*étendage*. Là, des femmes en font des petits nouets ou *boucles* qu'elles disposent sur des claies ou châssis à fond de toile ou de papier, et on porte le tout dans des étuves à courant d'air chaud de 20 à 30°. Le vermicelle reste ainsi deux à quatre jours dans le *séchoir*. Les vermicelles chinois, fabriqués avec de la farine de haricot anguleux ont l'aspect nacré et translucide.

Le *macaroni* se fabrique de la même manière,

seulement le fond de la presse est percé de trous évasés ou plus grands; chaque trou porte une tige centrale ou mandrin, de façon que la pâte sortant par l'espace annulaire ait la forme d'un tube creux. Ces tubes sont coupés comme le vermicelle et portés au séchoir où on les suspend sur des bâtons arrondis. Malgré toutes les précautions prises pour le séchage dans les étuves à 25°, l'industrie française n'a pu arriver à fabriquer du macaroni ayant la fermeté et la translucidité que l'on remarque aux beaux produits des États napolitains, qu'on fait sécher à l'air libre, mais à l'abri du soleil.

Pour les *lazagnes* et les *nouilles*, le fond du cylindre est percé de fentes plus ou moins longues et étroites.

Les *petites pâtes* se font à l'aide d'une presse analogue à la presse à vermicelle, mais disposée dans le plan horizontal. La plaque de fond du cylindre présente des trous en forme de lettres, de chiffres, d'étoiles, de trèfles, de cœurs, etc. Pendant que la pâte sort sous l'action de la pression hydraulique, un couteau circulaire à mouvement rapide et qui tourne près du fond du cylindre, la découpe à l'épaisseur voulue; l'épaisseur s'obtient en variant la vitesse du couteau qui est de 150 à 200 tours par minute, selon la forme des pâtes. Les petites lamelles ainsi obtenues tombent sur des feuilles de papier entraînées par une toile sans fin. Quand une feuille est suffisamment chargée, on la porte au séchoir.

Les *pâtes de ménage* se font à la main, avec de la farine et des œufs. Elles ne se conservent pas si longtemps que les pâtes ordinaires, mais sont très agréables au goût lorsqu'on les consomme peu après leur fabrication. — M. R.

PATIENCE. Petite planchette mince, munie d'une rainure au milieu pour faire entrer des boutons de métal et les nettoyer sans user ou salir le drap. || **Art hérald.** Salamandre représentée dans les flammes.

PATIN. 1° T. de chem. de fer. Outre qu'il désigne une sous-chaussure faite d'une semelle de bois ou de fer munie en-dessous d'une lame d'acier fixée dans toute la longueur, et dont on se sert pour glisser sur la glace, ce mot s'applique aux rebords inférieurs des rails du système Vignole (V. RAIL), par opposition au champignon qui en forme la partie supérieure. Par le patin, le rail repose directement sur les traverses sans l'interposition d'un coussinet. || **2° T. de mach.** Partie du dessous de la traverse qui relie entre elles les deux tiges du piston d'une machine à bielle en retour, ou du dessous de la traverse de la tige du piston dans une machine à bielle directe. Afin de ne pas faire porter l'usure sur la glissière et pouvoir au besoin la compenser, le patin est généralement garni d'une couche de métal antifriction. Il est avantageux de donner au patin le maximum de surface compatible avec les exigences de la machine. || **3° T. de mar.** Lit de poutres en bois alignées sur un plan solide, de manière à former une surface horizontale sur laquelle on peut faire échouer un navire, dans un port à marée, pour réparer ou visiter sa carène.||

4° T. de constr. Semelle solide sur laquelle reposent des épontilles supportant un échafaudage ou d'autres objets. — V. ÉCHAFAUDAGE.

*PATIN (JACQUES). Peintre et graveur, né à Nancy, en 1540, mort à Paris, vers 1610. On n'a que peu de renseignements sur la vie et sur l'œuvre de cet artiste qui, appelé à la cour par Louise de Lorraine, fut employé au Louvre, en 1567, sous la direction de Lescot, pour la peinture décorative. Il n'est rien resté ni de cette décoration, ni de celles qu'il exécuta pour divers seigneurs de la cour, mais on peut juger à la réputation qu'il avait acquise, qu'il ne manquait pas de talent. La seule œuvre importante qui nous soit parvenue de Patin est le *Ballet comique de la Reyne, fait aux noces de M. le duc de Joyeuse et de mademoiselle de Vaudemont*, sœur de la reine (24 septembre 1581). Il en avait été un des auteurs, avec Baltazarini, dit Beaujoyeux « le premier violon de la chrétienté », selon Brantôme, le poète La Chesnaye et le musicien Beaulieu. Jacques Patin nous en a retracé les principales figures dans vingt-sept gravures à l'eau-forte, exécutées avec une pointe spirituelle et pittoresque ; la finesse de la gravure et le talent de composition font oublier quelques incorrections de dessin, regrettables chez un artiste qui devait à la peinture une partie de sa réputation.

PATINE. Teinte naturelle ou artificielle dont se revêt ou dont on revêt le *bronze d'art* (V. cet article). La patine naturelle est une sorte de croûte verdâtre composée de carbonate de cuivre, de ce vert de gris qui se forme à la surface des bronzes exposés aux intempéries de l'atmosphère. La patine *antique* a des reflets verts et bleus laissant apercevoir de grands espaces bruns et des points brillants du métal. On l'obtient artificiellement à l'aide d'un bain d'acide acétique, de chlorure de sodium et de sulfhydrate d'ammoniaque. La patine *florentine* est d'un beau brun, profond et luisant, laissant apparaître de petites surfaces d'un ton d'or produit par le laiton mis à nu, aux parties saillantes, dans les petits bronzes longuement caressés par la main amoureuse de l'amateur. Le plus bel exemple de patine naturelle est celui de la statue d'Henri IV, sur le Pont-Neuf, à Paris, qui est exposée dans les conditions les plus favorables à la formation d'une belle patine bien égale, c'est-à-dire dans une incessante alternance de soleil et d'humidité. La pierre elle-même et les statues de marbre revêtent, avec le temps, une patine d'un ton gris doux pour l'une, d'un ton chaud et doré pour les autres, qui leur donnent une teinte générale d'une grande harmonie.

On donne également le nom de *patine* à la coloration ambrée que prend, après plusieurs années d'exposition à la lumière, le vernis posé à la surface d'un tableau. Cette patine ajoute parfois à l'ensemble d'une peinture, une finesse de ton exquise et une chaleur que l'artiste n'avait pu prévoir, au moins avec certitude.

I. PÂTISSERIE. Pâte préparée, assaisonnée et cuite au four, sous forme de galette ou de gâteau. On comprend sous ce nom : 1° les pâtés chauds, les tourtes d'entrée, les vol-au-vent, etc.; 2° les pâtés froids, les gâteaux, les pâtisseries sucrées, en un mot, toutes celles qui se servent en entremets; 3° enfin, les pâtisseries sèches ou croquantes, qu'on mange au dessert, comme biscuits, gaufres, etc.

— A l'époque de la Renaissance, les pâtissiers vendaient des beaux *gâteaux feuillés*, saupoudrés de sucre blanc, des *rainsoles* croustillantes sortant de la poêle, des *tartes de massepains* faites d'amandes pilées, assaisonnées de moitié de leur poids de sucre, et aromatisées d'eau de rose, puis des tourtes au musc et à l'ambre « qui coustaient jusqu'à vingt escus, » selon l'Estoile; des gâteaux faits avec des fruits de toute couleur assaisonnés d'hypocras, et de grosses *pièces de four*, toutes piquées de dragées, de pistaches et de cédrat.

On renchérit encore sur ces raffinements au XVIIe siècle. Selon le *Jardinier français dédié aux dames* (1657), les dames de qualité faisaient blasonner de leur écusson ou de celui de leurs maris les tartes, les pièces de four, etc. Alors les pâtissiers figuraient par des prunes de Damas l'azur (bleu), par des prunes de reine-claude le sinople (vert), par des cerises et des framboises le gueule (rouge), par des abricots l'or, par les autres fruits les autres métaux ou couleurs. Ces pièces d'art, toutes « d'un excellent ouvrage » comme dit Tallemant, portaient la dénomination de *triomphes*.

Ajoutons que, vers le milieu du XVIIIe siècle, suivant Legrand d'Aussy, un pâtissier de Paris, nommé Jacquet, y inventa les pâtés de jambon, « que Le Sage a depuis portés au plus haut degré de perfection. » Comme on le voit, la réputation des fameux *pâtés de Lesage* ne date pas d'aujourd'hui.

De nos jours, les diverses espèces de pâtisseries consistent en pâtés à la viande, au gibier, au poisson; en toute espèce de pâtisserie pour la table, de pièces montées pour desserts, de gâteaux pour le thé, petits-fours, oranges et marrons glacés, etc.; mais c'est surtout dans la confection des petits gâteaux que la pâtisserie parisienne est sans rivale. La consommation de ces produits, si divers quant au goût ou à la forme, est devenue considérable depuis que la mode s'est attachée à ces friandises, et que l'usage s'est établi de les manger dans la boutique même du pâtissier. — s. b.

Bibliographie : Le pastissier françois, où est enseigné la manière de faire toute sorte de pastisserie, Amsterdam, 1655; LEGRAND D'AUSSY : *Vie privée des Français*; l'abbé LEGENDRE : id.; *Statistique de l'industrie à Paris* (1860), art. *Pâtissiers*; J. GOUFFÉ : *Le livre de la pâtisserie*, 1864.

‖ Nom des ornements en carton-pâte. — V. PÂTE, § 3.

PÂTISSIER, IÈRE. *T. de mét.* Celui, celle qui fait ou vend de la pâtisserie. ‖ Artisan qui applique les décorations en carton-pâte.

° PATONNAGE. *T. techn.* Action de soulever la pâte dans la fabrication du pain.

PATOUILLET. *T. techn.* Appareil cylindrique au moyen duquel on opère le *lavage des minerais*. — V. cet article. ‖ Dans la céramique, le patouillet qu'on nomme aussi *patouillar* est une caisse carrée ou circulaire, dans laquelle la pâte est malaxée et mélangée avec l'aide de bras armés de pointes et de couteaux et animés d'un mouvement de rotation.

PATOUILLEUR. *T. de mét.* Ouvrier qui fait le *patouillage* du minerai ou de la pâte céramique.

PATRIARCHE. Sorte de *colle*. — V. ce mot.

I. PATRON, PATRONAT. Ces mots ont été pendant longtemps synonymes de *protecteur* et d'*autorité protectrice*. Les mots sont restés, mais la chose s'est profondément modifiée sous diverses influences. Pour se rendre compte de ces modifications, il importe de rappeler ce qu'étaient primitivement le patron et le patronat. Notre civilisation moderne étant d'origine latine et de formation chrétienne, c'est à Rome, aux lois et aux mœurs romaines d'abord, puis à l'Evangile et à ses institutions qu'il faut demander le principe et les conséquences de cet ordre de choses.

Le patronat et la clientèle ont joué à Rome un rôle considérable : c'était une des formes — et la meilleure — du patriciat et de la plèbe; véritable correctif du régime des castes, le patronat et la clientèle ouvraient une seconde retraite du peuple sur le Mont-Sacré, empêché le succès des Gracques et la proclamation des lois agraires. La guerre servile seule n'a pu être conjurée par le patronat : les esclaves, en effet, n'étaient pas des clients; ils composaient la *familia*, parfaitement distincte de la *clientela*. Celle-ci était formée de citoyens libres, mais pauvres ou faibles, et abritant leur faiblesse ou leur pauvreté sous l'égide du patricien riche et puissant. Virgile nous représente les clients venant, le matin, saluer leur patron, *mane salutantes*. Les historiens latins nous les montrent accompagnant leur protecteur, lui faisant cortège, l'entourant et le défendant au besoin. Ce sont les clients de Milon et ceux de Clodius qui en vinrent aux mains dans la fameuse rencontre où ce dernier fut tué. Les célèbres querelles des Capulet et des Montaigu, et les luttes que se livraient les partisans des deux familles, n'ont pas d'autre origine. L'institution du patronat et de la clientèle s'était perpétuée en Italie, et les citoyens pauvres et faibles s'y plaçaient traditionnellement sous la protection des puissants et des riches.

L'institution du patronat et de la clientèle, ainsi que nous l'avons dit plus haut, est également entrée dans les usages chrétiens : le saint patron au ciel y a remplacé le patron vivant et profane; les clients sont devenus des fidèles entourant la statue du patron aux jours de fête, se pressant dans sa chapelle, portant son *bâton* et sa bannière dans les processions, inscrivant son nom sur les registres de leurs confréries, plaçant son effigie au-dessus de la porte comme une enseigne protectrice de la maison, comptant enfin sur son intercession, sur sa protection temporelle et spirituelle, en échange des prières qu'ils lui adressaient et des honneurs de toute sorte qu'ils lui rendaient.

Le moyen âge, qui est sorti de la civilisation romaine et chrétienne, devait naturellement s'assimiler l'antique institution du patronat et de la clientèle. En l'appliquant au monde du travail, en particulier, il l'a transformée en communauté de maîtres, de valets et d'apprentis, ayant pour patrons les jurés et les prud'hommes, puis, en haut de l'échelle patronale, les officiers royaux, les grands dignitaires et jusqu'au souverain lui-même. Nous laissons de côté le régime féodal, avec ses réciprocités de foi et d'hommage, de droits et de devoirs, — qui le rattachent dans une certaine mesure, à l'institution du patronat et de la clientèle, — pour nous borner aux applications qu'elle a reçue dans le monde de l'industrie et du commerce. Ici le haut patronat est représenté par les saints, le roi et ses principaux ministres : les métiers sont placés sous la protection du sénéchal, du maréchal, du connétable, du grand panetier, du grand chambellan, du grand écuyer, du grand veneur, patrons qui en tiraient bénéfice, à la vérité, mais qui remboursaient, en patronage effectif, les deniers que leur valait cette situation. A eux, la *clientela* du métier protégé; aux maîtres, ou patrons proprement dits, la *familia* ouvrière, c'est-à-dire la maisonnée entière, avec les valets et les apprentis.

Comme le client antique, le travailleur agrégé à une communauté ouvrière était assuré d'une protection efficace, sous le régime de la *corporation* (V. ce mot). En toute circonstance, il se réclamait de son patron d'abord, de ses jurés ensuite, puis du prévôt de Paris, sorte de prud'homme général de tous les métiers, et, enfin, du haut dignitaire qui représentait, près de la communauté, le patronage royal, alors que le prévôt exerçait principalement le pouvoir disciplinaire. Nul ne se fut alors avisé de molester l'ouvrier, de le rançonner, d'abuser de lui d'une façon quelconque : il se sentait couvert par une protection effective; il était défendu par ses patrons, comme le clerc l'était par l'évêque, l'écolier par l'université, l'homme de loi par le parlement, etc.

Comment ce régime patronal s'est-il affaibli par degrés, pour disparaître tout à fait, même avant l'abolition des communautés ouvrières? Comment l'ouvrier s'est-il trouvé dépourvu de défenseurs, alors que l'édifice corporatif était encore debout? Question complexe, causes multiples; nous nous bornerons à en indiquer quelques-unes.

Malgré la limitation du nombre des apprentis, les valets avaient fini par se multiplier dans le monde des corporations ouvrières; ils formaient, à Paris et dans les grandes villes, une masse considérable, remuante, plutôt disposée à inquiéter les patrons qu'à leur demander aide et protection. Dénués du capital nécessaire pour acheter le métier, quand il était vénal, impuissants à s'établir sans débours parce que le nombre des ateliers était limité, les ouvriers finirent par jalouser le maître, soit qu'il fût fils de maître et privilégié par cela même, soit qu'il eût conquis sa situation par quelque chance heureuse, en épousant, par exemple, la veuve ou la fille du maître.

L'affaiblissement du régime patronal fut encore et surtout amené par la concurrence. A mesure que la forteresse corporative, attaquée de tous côtés, se démantelait sous les efforts des assaillants, l'esprit de limitation et de monopole, qui était l'essence même du régime corporatif, recevait de nouvelles atteintes; de nouveaux établissements se créaient et cherchaient à se faire un achalandage; or, ils ne pouvaient y réussir qu'en améliorant la qualité, ou en abaissant le prix des objets fabriqués par eux; amélioration et abaissement qu'il fallait bien obtenir aux dépens de quelqu'un. Ce quelqu'un, ce fut l'ouvrier. Le jour où, pour se faire une clientèle d'acheteurs, un maître imposa à ses valets une réduction de salaire, l'antique clientèle ouvrière, l'antique patronat protecteur furent frappés à mort. L'ouvrier ne vit plus dans le maître un vrai patron, au sens romain et chrétien de ce mot, mais un entrepreneur de travail, un chercheur de bénéfices, et la division des intérêts, restée jusqu'alors à l'état latent, s'accentua graduellement pour aboutir aux collisions, aux conflits qui sont depuis longtemps, hélas! le fond de la situation patronale et ouvrière.

Cette division d'intérêts, qui existait peu ou pas dans les beaux temps du régime corporatif, — alors que maîtres, valets et apprentis vivant sous le même toit, mangeant à la même table, se partageaient, en réalité, les faibles produits du travail collectif, — devait résulter et résulta, en effet, de la longue attente que subissaient les ouvriers avant de s'établir, et de l'impossibilité où ils étaient souvent d'arriver à cette situation. Ils se mariaient, faisaient ménage à part, et avaient alors besoin d'un salaire plus élevé, salaire que leur disputaient les patrons obligés, comme nous l'avons dit plus haut, soit d'améliorer les objets qu'ils fabriquaient, soit d'en abaisser le prix pour trouver des acheteurs.

Enfin, la fabrication, en cessant d'être locale et de se borner à la satisfaction des besoins locaux, accentua encore, par une conséquence naturelle, la division des intérêts entre l'ouvrier et le patron. Celui-ci, obligé de mettre plus d'argent dans son industrie, puisqu'il fabriquait davantage, courant plus de risques, puisqu'il n'avait plus comme autrefois tous ses acheteurs sous la main, arriva peu à peu à se considérer comme beaucoup plus intéressant que l'ouvrier, toujours certain de toucher le prix de son travail. Le sentiment de sa responsabilité, tant envers sa famille dont il devait assurer l'avenir, qu'envers le maître auquel il avait succédé et auquel il devait une partie du fonds acheté; les obligations qu'il pouvait avoir contractées vis-à-vis de ses prêteurs, de ses fournisseurs de matières premières, et diverses autres considérations du même ordre eurent pour résultat de détourner ses regards de la situation de l'ouvrier, pour les concentrer sur la sienne propre.

Une dernière cause de l'affaiblissement du patronat fut la création obligée d'intermédiaires plus ou moins nombreux entre le maître et l'ouvrier. Moins le patron fut en contact avec le travailleur, plus il se détacha de lui, plus il se reposa sur les intermédiaires du soin de remplir ses devoirs patronaux. Il en vint alors à s'absorber dans ses comptes, dans ses projets, dans sa correspondance, et à n'avoir plus qu'un faible souci de ses ouvriers, dont il abandonnait la direction à ses représentants. Ceux-ci, de leur côté, ayant tout à attendre du patron qui les payait et rien des ouvriers, qui se prirent à les jalouser et à les craindre, arrivèrent tout naturellement à une nouvelle division, disons mieux, à une nouvelle opposition d'intérêts. Il en fut d'eux comme des maîtres d'études et des sergents de ville, qui représentent le côté disciplinaire de l'autorité, au collège et dans la rue, et qui encourent promptement une impopularité plus grande encore que celle de leurs chefs.

Un maître éminent en économie sociale comme en art, Viollet-le-Duc, notre regretté collaborateur, au témoignage duquel nous avons eu déjà recours, à propos des relations patronales et ouvrières, constate, dans la grande industrie du bâtiment, l'excellence des rapports directs entre ouvriers et patrons, et déplore la multiplicité des intermédiaires. Les anciennes figurations, dit-il, montrent toujours le maître des œuvres tenant à la main le grand compas de l'appareilleur, et en faisant constamment usage, au lieu de rester dans son cabinet, exclusivement occupé de ses dessins et de ses épures. Toujours en contact avec les mille exécuteurs de sa pensée, maçons, tailleurs de pierre, ciseleurs, sculpteurs sur bois, charpentiers, ferronniers, verriers, plombiers, etc., il leur communiquait forcément sa science, les amenait à perfectionner leur travail, à s'intéresser à l'œuvre commune dont ils avaient aussi leur part artistique, et prévenait ce détachement, cet isolement de l'ouvrier moderne qui, se sachant un simple rouage dans la machine, un organe complètement anonyme dans l'ensemble du fonctionnement industriel, se borne à accomplir sa tâche sans dévouement, sans enthousiasme, uniquement préoccupé du chiffre de son salaire et du jour où il le recevra.

Les grands industriels modernes, comme les grands architectes contemporains, obligés de se partager entre mille devoirs, se font représenter là où ils ne peuvent être, et la distinction de vues, de pensées, d'intérêts va s'accentuant de jour en jour entre eux et les ouvriers qu'ils emploient.

Cette distinction est devenue une véritable opposition, par suite de l'introduction de deux éléments nouveaux dans le monde du travail : nous voulons parler de la science théorique et de l'argent, du talent et du capital. Pendant tout le moyen âge, il fallait fort peu d'argent pour faire marcher les petits ateliers, dont la production était limitée aux besoins locaux; il fallait moins de science encore, les traditions, la routine du métier suffisant à la confection d'objets usuels qui ne demandaient pas de grandes études technologiques, parce qu'ils changeaient peu. Avec la Renaissance, pendant les XVIIe et XVIIIe siècles surtout, la fabrication se développa dans des proportions considérables : les relations internationales, en se multipliant, amenèrent les modes nouvelles, acclimatèrent des procédés nouveaux, de telle sorte que de plus importants déboursés devinrent nécessaires, et qu'on fut obligé de placer un ou plusieurs ingénieurs, dessinateurs, appareilleurs, contre-maîtres, entre les patrons et la masse ouvrière, condamnée désormais à n'être plus qu'une exécutante. La production industrielle fut alors la résultante de trois facteurs, le capital, le talent, le travail, et celui-ci, à qui le dernier rang était assigné, fut naturellement enclin à méconnaître ou à nier les deux autres. L'antagonisme entre le patronat et la clientèle ne put que s'en accroître.

Nous touchons ici aux conditions dans lesquelles la fabrication industrielle est placée actuellement, et nous devons rechercher quelle place y occupe le patronat. Au point de vue du capital, il s'agit ou d'un établissement industriel transmis de père en fils, et conservant son ancien personnel, ou d'un établissement récemment acquis, récemment fondé, et dans lequel le patron entend faire sa fortune, pour « passer ensuite la main » à un autre. Dans le premier cas, les relations patronales se maintiennent généralement; les ouvriers nouveaux subissent l'influence des anciens, et les meilleurs d'entre eux finissent par s'agréger à l'établissement. C'est la partie la moins raisonnable et la plus nomade qui s'en va. La participation aux bénéfices, qui est la véritable forme du patronat moderne, peut alors se fonder et devenir une institution durable. Dans le second cas, la soif du gain, le désir de faire fortune vite, afin de se retirer plus tôt, peuvent amener le patron à se désintéresser du sort de ses ouvriers et à leur demander une plus grande somme de travail, avec une rémunération moindre. De là les sommations, les grèves, les longs et ruineux chômages; de là, ce qui est pis encore, la désaffection réciproque, les défiances, les rancunes mutuelles et cette haine si bien formulée par La Fontaine :

Notre ennemi, c'est notre maître,
Je vous le dis en bon français.

L'ouvrier, qui répète ces deux vers du fabuliste, ne songe pas que son patron a bien souvent une partie de son fonds à payer, des commanditaires à désintéresser, des actionnaires, des obligataires auxquels il faut servir, soit un intérêt, soit un dividende, s'il s'agit d'un grand établissement, un personnel d'études et de direction à rémunérer, des frais d'administration, de publicité, de représentation commerciale à solder, sans compter toutes les charges fiscales qui pèsent sur une usine et tous les sinistres commerciaux qui peuvent l'atteindre. Sous le coup de toutes ces responsabilités, le patronat arrive à ne considérer l'élément travail que comme un article dans le budget de ses frais généraux; il lui assigne un chiffre aussi restreint que possible, comme il en assigne un à tous les autres facteurs de son exploitation, et se croit quitte avec ses clients-ouvriers quand il leur a donné le salaire, quotidiennement, hebdomadairement ou mensuellement.

L'ancien régime agricole est celui qui a maintenu le plus longtemps et qui maintient encore, dans une certaine mesure, l'antique patronat et l'antique clientèle. Le métayage, en effet, est le partage, par égales portions, des produits du sol; le capital, qui est représenté par la propriété, reçoit la moitié des récoltes; le travail, qui a pour agents le métayer et sa famille, s'attribue l'autre moitié, sans jamais rapporter à la masse l'excédent de l'année précédente, quand l'année courante donne un déficit, tandis que le propriétaire, alors même qu'il n'aurait rien récolté, est obligé de nourrir son métayer dans le dénûment, en attendant la récolte prochaine. Ce que fait ce vrai patron envers un vrai client, ne le demandez ni au propriétaire dont les terres sont hypothéquées et qui a des intérêts à servir, ni au fermier lié par un bail, ayant à payer ses termes à la Saint-Martin et à la Saint-Jean, ni au grand cultivateur qui emploie des manouvriers, des manouvrières, des hommes et des femmes de journée, qui traite pour la fauchaison, la moisson, le battage et autres grands travaux agricoles, avec des bandes étrangères, des mécaniciens ou des entrepreneurs. Il n'y a plus là de patrons et de clients, plus de maîtres protecteurs, plus d'ouvriers protégés, mais des traitants et des sous-traitants qui débattent librement leurs intérêts et qui ne se doivent réciproquement plus rien, quand ils ont rempli, les uns et les autres, toutes leurs obligations. La *familia* subsiste encore dans les gens de service qui composent la maisonnée; mais la *clientèle* n'existe plus.

Ni l'un ni l'autre de ces deux groupes ne semble possible dans le monde industriel moderne. Le développement excessif du personnel travaillant exclut la *familia*; presque toujours, en effet, le patron demeure hors de l'usine, et ses pénates domestiques sont le plus souvent distincts de son installation manufacturière. De leur côté, les ouvriers, constamment à la recherche d'un salaire plus élevé, ne demeurent pas les clients du même patron; ils vont où les nécessités du travail les appellent; c'est une *clientèle* tellement changeante qu'elle ne comporte aucun patronage sérieux. Plus nous allons, plus s'accentue l'antagonisme entre le patron et le client, et c'est l'argent qui est, comme disent les arithméticiens, le plus grand commun diviseur. Avec toutes les responsabilités qui lui incombent, le premier entend réaliser, dans le plus bref délai possible, la plus grande somme de bénéfices réalisables; avec les incertitudes qui pèsent sur son travail, le second veut que le jour présent donne un gros salaire, ne sachant pas si le lendemain et le surlendemain lui en assureront même un petit.

N'allez pas lui dire que 1776 et 1789 ont abaissé toutes les barrières et écarté tous les obstacles; ne lui rappelez pas que les constitutions et les chartes l'ont déclaré propre à tout, capable d'arriver à toutes les situations industrielles et commerciales; une expérience, déjà longue de plus d'un siècle, lui a prouvé que ses droits, incontestables en théorie, reçoivent rarement une satisfaction pratique. Quand on lui cite de grands exemples de succès, quand on lui montre des industriels arrivés, des commerçants parvenus, il éprouve, à l'endroit de ces heureux, de ces « veinards », des sentiments analogues à ceux que les Moreau, les Pichegru, les Augereau, les Marmont et autres nourrissaient à l'égard de Bonaparte : pourquoi lui plutôt qu'un autre?

Dans la grande armée industrielle et commerciale, comme dans l'autre, c'est précisément l'accessibilité de tous à tout qui a créé l'envie et tué le patronat. Chacun étant occupé de parvenir ne se soucie point de ceux qui sont en dessous ou en arrière de lui et, quand il les a distancés, il est sûr d'être jalousé par eux. Ceux-ci ne sauraient être les clients de l'homme dont ils envient la position, dont ils contestent les droits et qui est, pour eux, non un patron, mais un chanceux ou un habile, dans le mauvais sens du mot.

Qu'y a-t-il donc de possible, au point de vue du patronat et de la clientèle, dans les conditions économiques et sociales où le monde industriel est placé aujourd'hui? La question vaut la peine d'être examinée; elle a la plus haute gravité; il s'agit, en effet, de savoir si l'antagonisme actuel se perpétuera, au grand péril de la société, ou si l'on parviendra à établir un régime transactionnel, à créer, comme disent les diplomates, un *modus vivendi* entre les patrons anciens ou nouveaux, propriétaires, directeurs ou gérants des ateliers, des usines, des manufactures, et la masse ouvrière qui ne veut plus de salariat, qui demande à être efficacement protégée, patronée, et non exploitée comme elle le prétend.

L'ancien patronat individuel peut-il revivre?

N'y a-t-il, au contraire, de possible que le patronat collectif?

Quelle place les sociétés ouvrières, les associations de prévoyance, les sociétés de secours mutuels, les caisses d'assurances et, en général, les institutions issues du principe de la mutualité, peuvent-elles et doivent-elles prendre dans la reconstitution d'un vaste régime patronal?

Quel sera, dans cette œuvre sociale, le rôle des municipalités, des départements, des conseils électifs, des assemblées délibérantes et de l'Etat lui-même?

Quelles modifications conviendra-t-il de faire à la législation, à la réglementation qui régit aujourd'hui les rapports entre patrons et ouvriers? Autant de questions qu'il importe d'examiner sommairement.

Et d'abord, il ne faut pas perdre de vue le vieil adage : *quid leges, sine moribus?* Les lois, en effet, quand elles sont en dehors des mœurs, quand elles ne les pénètrent pas intimement, quand elles n'en sont pas tout à la fois l'inspiration et l'expression, ne constituent que de vaines élucubrations, des pages enfouies dans la collection du *Bulletin*, des affiches vainement placardées sur les murs, affiches qu'on parcourt en passant et qu'on oublie le lendemain. C'est d'une façon plus pratique qu'il faut reconstituer, dans la mesure où elle est reconstituable, l'antique institution du patronat et de la clientèle; c'est dans les habitudes qu'il faut l'introduire, avant de l'édicter dans les lois et les règlements.

Sous le bénéfice de cette observation générale, nous pensons que le patronat individuel peut renaître. Les occasions ne manquent pas pour reconnaître et récompenser le petit patron qui a maintenu ou rétabli chez lui l'apprentissage, qui s'est fait un groupe d'ouvriers stables, — on dit une *équipe* dans le bâtiment, — qui a montré sa sollicitude pour ce noyau de travailleurs, en l'intéressant dans ses bénéfices, en l'assurant, en lui donnant de bons exemples et de bons conseils. Il y a longtemps que les comices agricoles récompensent, soit honorifiquement, soit en argent, soit par des objets d'art offerts à titre de souvenir, les vieux serviteurs comptant de longs services dans une famille; et cette famille elle-même trouve, dans la publicité dont elle est l'objet, une rémunération d'un ordre supérieur, en même temps qu'il lui est fait, parmi les gens à gage, une véritable réclame. Pourquoi ne pas faire passer cette pratique excellente dans le monde de l'industrie? Les concours régionaux, les expositions provinciales, nationales, universelles, les exhibitions de toutes sortes, se succédant à des époques assez rapprochées, sont l'occasion de réunions assez considérables pour qu'on organise là de sérieuses manifestations en faveur du patronat et de la clientèle. Dans ces *champs de mai* de l'industrie, on peut distribuer aux patrons et aux ouvriers les plus méritants, des prix fondés par l'Etat, les départements, les communes et les particuliers, des brevets et des diplômes, des distinctions honorifiques de tout ordre, des livrets de caisse d'épargne, tout ce qui peut, enfin, élever le niveau moral de l'ouvrier et ajouter à la considération patronale.

Imitant l'exemple que certaines maisons ont donné, en inscrivant à la porte de leurs magasins, en faisant figurer sur leurs prospectus, affiches, factures et autres imprimés, les noms de leurs principaux collaborateurs-ouvriers, dans l'ordre artistique et industriel, les patrons témoigneraient publiquement à ceux-ci une estime, une sollicitude dont ils seraient récompensés par une plus grande somme de travail et de dévouement. Ainsi se rétabliraient peu à peu les anciens rapports de patron à ouvrier; ainsi se reconstitueraient le patronat et la clientèle dans un certain nombre de maisons, et au profit d'un certain nombre d'ouvriers.

Nous ne nous dissimulons pas que ces maisons et ces ouvriers ne deviendraient pas immédiatement la règle; ce serait, pendant longtemps encore, une *sélection*. En dehors des groupes sédentaires, de ces équipes stables dont nous parlions tout à l'heure, il resterait une masse de ces ouvriers *rouleurs*, qui échappent à tout patronage par leur instabilité même, et ont tous les inconvénients de la liberté, en croyant n'en recueillir que les avantages. C'est pour ceux-là que devrait être établi le *patronage collectif* : ils auraient pour patrons tous les maîtres du métier, puisqu'ils travaillent successivement dans tous les ateliers d'une même *partie*.

Ce genre de patronage n'est possible que par le concours simultané des chambres syndicales, ouvrières et patronales. Puisque l'antagonisme du capital et du travail a détruit l'ancienne famille industrielle et créé des syndicats distincts, il faut arriver à fusionner ces syndicats; il faut les amener à constituer une représentation patronale, composée de patrons et d'ouvriers, dans des conditions analogues à celles où sont placés les conseils de prud'hommes. Ces conseils fonctionnent bien pour le règlement amiable des contestations entre ouvriers et patrons; pourquoi les syndicats mixtes ne fonctionneraient-ils pas pour assurer à l'ouvrier les bénéfices de l'antique patronat, et au patron ceux de l'ancienne clientèle? Ces syndicats ne fissent-ils autre chose que d'indiquer aux patrons les ouvriers disponibles, et à ceux-ci les ateliers où ils pourront être occupés, que leur action ne serait pas inutile. Mais ils peuvent être autre chose que des bureaux de placement; ils devront surtout familiariser les masses ouvrières avec les institutions de prévoyance, les sociétés de secours mutuels, les caisses d'assurance et, en général, avec toutes les formes que tend à revêtir le principe fécond de la mutualité.

Cette prédication, par la parole et par l'exemple, véritable œuvre de moralisation pour l'ouvrier, doit être la tâche principale des *Sociétés de patronage* qui se sont donné la mission multiple de placer, de surveiller les jeunes apprentis et les jeunes ouvriers, de les réunir aux heures et aux jours de repos, de leur offrir gratuitement d'honnêtes distractions, de remplacer près d'eux la famille absente ou inconnue, d'entretenir en eux le respect du patron, de fortifier dans leur âme la notion du *devoir*, plutôt que celle du *droit* dont on a tant abusé, de leur faire accepter et aimer le travail, comme la loi divinement imposée à l'homme, et en même temps de les acheminer vers le patronat, par la voie lente, mais sûre, de l'économie et de l'épargne.

Voilà certes un patronat collectif qui a un beau rôle à remplir, et qu'on doit encourager par tous les moyens moraux et légaux. Qu'il soit exercé par telle ou telle association, ce genre de patronage doit, tout au moins, ne pas être gêné dans ses actions, ne pas être contesté, calomnié dans son principe et dans ses tendances, comme il l'est trop souvent aujourd'hui.

Nous arrivons au rôle des municipalités, des départements, des conseils élus et de l'Etat lui-même, en matière de patronat : l'action privée d'abord, l'action publique ensuite.

Les municipalités des grandes villes sont entrées dans la voie en créant des écoles d'apprentissage, en fondant des bourses de travail, en affichant à la porte des mairies des tableaux d'offres et de demandes, en établissant enfin des ateliers communaux, quand la main-d'œuvre chôme dans les ateliers privés. Toutes ces formes de patronage ont leur utilité; il n'en faut proscrire aucune, mais les appliquer avec prudence, selon les mœurs et les nécessités locales.

L'apprentissage en commun, dans de grands établissements semblables à des ateliers de manufactures, a son bon côté au point de vue technique; l'apprenti s'y instruit peut-être plus vite et s'initie plus complètement aux nouveaux procédés; mais il n'y a dans des promiscuités regrettables; il ne sent ouvert sur lui l'œil paternel du patron, l'œil maternel de la patronne; c'est un petit ouvrier déjà raisonneur, déjà porté à la coalition, déjà en garde contre les *exploiteurs*. Il sort

de là comme du collège, pour chercher de l'occupation, tandis qu'il en aurait de « toute trouvée » chez le petit patron, s'il avait fait son apprentissage dans l'atelier de famille. Nous préférons donc en thèse générale l'apprentissage privé à l'apprentissage public, tout en reconnaissant que, dans l'état actuel de l'industrie, avec la division toujours croissante du travail, les écoles techniques sont devenues une nécessité. Nous voudrions seulement qu'il y eût, près de chaque école d'apprentissage, un comité de perfectionnement, un conseil de surveillance, composé de patrons et de pères de famille, qui suivrait attentivement la marche des apprentis, s'intéresserait à eux, ferait un choix dans le nombre et arriverait à les placer tous à la sortie de l'école, comme les directeurs de théâtre, qui suivent de l'œil et de l'oreille les cours du Conservatoire, se partagent entre eux les élèves, quand ceux-ci ont terminé leur instruction dramatique ou musicale.

Nous en dirons autant des écoles d'apprentissage créées par les départements et par l'Etat, autant des établissements techniques où l'on entre par voie de concours, tels que les écoles de Châlons, d'Aix et d'Angers, celles d'Alais et de Saint-Etienne, qui sont destinées à former des contre-maîtres, des chefs d'atelier, ou tout au moins des ouvriers de choix. Près de tous ces établissements, le patronat devrait être représenté par des hommes d'une grande valeur industrielle et d'un dévouement éprouvé à la cause ouvrière : sachant ce que valent leurs protégés, ces hommes se les attacheraient ou les recommanderaient à leurs confrères, et alors se rétabliraient ces rapports amiables d'ouvriers, de contre-maître à patron, rapports si fâcheusement interrompus et si difficiles à renouer dans l'état actuel des choses.

Aux pouvoirs publics on ne peut guère, sous peine de faire du socialisme d'Etat, le pire de tous, demander autre chose que des modifications aux lois existantes et aux règlements en vigueur. Le régime industriel moderne est celui de la liberté, et il ne saurait être question de le changer : toute action patronale, qui aurait un caractère disciplinaire, est condamnée d'avance, et c'est pour cela qu'il convient d'examiner si le livret, dont les écoles socialistes demandent la suppression, doit être maintenu dans sa forme actuelle, ou dans une autre. A tort ou à raison, les ouvriers d'opinion avancée le considèrent comme le fameux passe-port jaune de Jean Valjean; ils y voient une mesure de police, un instrument de contrôle et d'espionnage. Ce n'est pourtant, au fond, pas autre chose que l'équivalent du certificat délivré par les maîtres et maîtresses aux serviteurs et servantes à gages, certificat témoignant de l'aptitude, de la probité, de la moralité de celui qui en est porteur, et constatant surtout la durée de ses services dans telle ou telle maison; ce qui est toujours pris en sérieuse considération.

Le livret a ses défenseurs; rédigé consciencieusement, tenu régulièrement à jour, il est de nature à éclairer le patron et à favoriser le placement de l'ouvrier; en présence de ces avantages, le côté disciplinaire et policier devrait disparaître. Cependant, puisque le travailleur y répugne, on pourrait le supprimer d'autant plus facilement que les sociétés de patronage, les syndicats mixtes dont nous avons parlé plus haut, les bourses de travail, les tableaux d'offres et de demandes affichés dans les mairies, y suppléeraient dans une certaine mesure. A l'ouvrier incomberait le soin de se faire appuyer, recommander verbalement par ceux qui l'ont suivi et patroné dès l'apprentissage ; et, d'ailleurs, à mesure que les ouvriers bien traités, bien payés, intéressés aux bénéfices des patrons, deviendraient plus sédentaires et reconstitueraient, au dedans la *familia*, au dehors la *clientela* antique, le nombre des travailleurs nomades irait en diminuant, et le livret, passé à l'état d'inutilité, tomberait en désuétude.

L'ancien privilège accordé en justice au maître et au patron, témoignant dans un litige entre eux et leurs ouvriers ou serviteurs à gages, a été aboli par la loi de 1868 ; dans le domaine du travail, tous les différends doivent être réglés à l'amiable par les représentants légaux des deux parties ; il ne peut donc plus y avoir, pour les contestations de droit commun, que des citoyens devant la justice ; le juge de paix, le président du tribunal ne doivent plus voir, ici un patron, là un ouvrier ; ils ne doivent avoir en face d'eux que des plaideurs, égaux en droits et en devoirs.

Puisque nous sommes sur le terrain judiciaire, émettons un vœu : c'est que le bénéfice de l'assistance, qui est une des formes du patronage légal, soit facilement et promptement accordé à l'ouvrier obligé de plaider. A Rome, le *patronus* plaidait gratuitement pour le *cliens* devant toutes les juridictions ; au moyen âge, les corporations parisiennes envoyaient leurs jurés et leurs prud'hommes au Châtelet et au Parlement, pour témoigner en faveur des apprentis et des valets ; de nos jours encore, un avocat, un notaire, un homme de loi fait valoir en justice les droits de son serviteur et de sa servante, devenus ses clients parce qu'ils font partie de sa maison. Qu'il en soit de même dans le monde de l'industrie ; que les petits patrons, aussi bien que les propriétaires et directeurs de grands établissements, prennent en main les intérêts de leurs ouvriers ; que les conseils judiciaires des grandes exploitations deviennent les conseils privés du nombreux personnel travaillant dans les usines et manufactures. Sous cette forme, avec suppression ou réduction considérable des frais judiciaires, l'assistance patronale sera la bienvenue dans le monde ouvrier.

Au delà, nous ne voyons plus ce que l'Etat pourrait tenter pour le rétablissement matériel et moral du patronat. Il n'y a point, bien entendu, à renouveler les erreurs des hommes de 1848, qui ont mis l'argent des contribuables à la disposition des associations ouvrières, pour leur permettre de faire concurrence aux patrons. Ce n'était pas de cette façon qu'on pouvait arriver à la reconstitution du prestige patronal ; tout au plus est-on parvenu à créer des patrons nouveaux, ennemis des anciens, et détestés des ouvriers qui

leur avaient servi de marchepied. Le plus souvent, les capitaux prêtés ont été engloutis, et les revendications ouvrières sont devenues d'autant plus intenses, qu'elles succédaient à de plus amères déceptions.

Les sociétés coopératives, forme moderne de l'association ouvrière, ne présentent pas les mêmes inconvénients ; elles tendent, il est vrai, au remplacement du patronat individuel par le patronat collectif ; mais une expérience déjà longue leur a prouvé que les aptitudes innées, l'esprit de direction, d'initiative, de commandement, l'expérience de la vie, le sentiment de la responsabilité, le souci du lendemain, la préoccupation de l'avenir, tout cet ensemble de qualités naturelles ou acquises, dont se compose la capacité patronale, n'est pas chose facile à supprimer. On le rencontre rarement chez le même homme ; raison de plus pour le saluer et l'accepter avec empressement, quand on l'y trouve.

De nos jours, après tant d'attaques plus ou moins méritées, le patronat a beaucoup à faire pour reconquérir son prestige. Ce qui lui manque le plus, c'est l'esprit de solidarité : la détestable doctrine du *chacun chez soi, chacun pour soi* a été et est encore un dissolvant fatal. « Faire son affaire » vite et grassement, sans se préoccuper de ce qu'on laissera après soi, n'est ni d'une bonne politique ni d'une bonne morale ; pas plus que Louis XV et la Dubarry, un patron, une patronne ne doivent dire : *Après nous le déluge !* La jouissance personnelle, égoïste, aveugle, sans oreilles et sans entrailles, n'amène que des révolutions dans l'ordre économique, comme dans l'ordre social. Un patron vraiment digne de ce nom doit donc, quand il le devient, s'appliquer à continuer les bonnes traditions de son prédécesseur ou à réformer les abus s'il en découvre, et, lorsqu'il va cesser de l'être, s'efforcer de trouver un successeur qui le continue lui-même près des ouvriers.

Le directeur de ce *Dictionnaire* a fait observer avec infiniment de justesse, dans son remarquable rapport sur l'Exposition universelle d'Anvers, que le système de la participation aux bénéfices avait précisément pour effet de préparer à un chef d'exploitation des successeurs expérimentés et pourvus de petits capitaux, dont le groupement peut constituer le fonds de roulement nécessaire à la marche de l'établissement.

Là est peut-être la vraie solution du problème patronal et ouvrier, car là est le retour à l'ancien ordre de choses. Supposons le système de la participation, encore à l'état d'essai, se généralisant et créant, à côté de la fortune du maître, des capitaux d'achat et d'exploitation, au bénéfice des meilleurs ouvriers ; voilà la transmission de l'établissement assurée ; voilà la situation directrice moins jalousée, parce qu'elle est devenue plus accessible ; voilà le patronat réconcilié avec le travail, parce que celui-ci n'est plus qu'un échelon dans la hiérarchie ouvrière.

En nous confiant la rédaction de cet article, notre Directeur, M. E-O Lami, nous a transmis ses idées personnelles qui sont comme le résumé de la question que nous venons de traiter ; nous ne pouvons mieux faire, en terminant notre travail, que de donner ici un extrait de sa lettre.

« ..... J'ai dit, à l'article OUVRIER, que le rapprochement de l'ouvrier et du patron s'impose comme une nécessité absolue et que c'est au second à aller, la main tendue, au devant du premier

« Réconciliation franche, sincère, loyale, tel est le mot de l'énigme douloureuse posée en ce moment devant le monde économique, avec la brutalité que met en toutes choses le travailleur habitué à manier de lourds outils. Le capital, le travail, le talent ne sont pas, ne doivent pas être des « frères ennemis » ; c'est un déplorable malentendu qui les a armés les uns contre les autres ; c'est une vue plus large, une compréhension plus étendue de leurs devoirs et de leurs droits qui les rapprochera et les fondra dans une indissoluble union. Les égoïsmes du patronat, les morgues et les dédains de la direction, de la gérance, de la science dirigeante, doivent cesser à tout jamais là où ils se manifestent, afin de pouvoir dire librement au travail qu'il met plus de passion que de raison dans ses revendications ouvrières. Intelligent comme il l'est et comme il le devient tous les jours davantage, nous avons peine à comprendre qu'il ne voie pas clairement la réalité des choses, qu'il ne sente pas à quel point il est le jouet, l'instrument, le *tremplin* d'une poignée de politiciens ambitieux.

« Livré à lui-même, à ses bons instincts et à ses clairvoyances, l'ouvrier finira certainement par discerner le mal du bien et l'erreur de la vérité ; mais, en attendant que les nuages dont son jugement est obscurci se dissipent et que la pleine lumière se fasse dans son esprit, il faut absolument que les conservateurs libéraux l'éclairent, le convainquent, regagnent son estime et sa confiance, non avec des arguments mais avec des faits. *Il faut que la bourgeoisie industrielle fasse sa nuit du 4 août*, comme les classes privilégiées de l'ancien régime ont fait la leur ; *il faut qu'elle dépose sur l'autel de la société, comme la noblesse et le clergé l'ont fait sur l'autel de la patrie*, tout ce qui peut être abandonné sans péril.

« Vous me trouverez peut être bien pessimiste, mon cher collaborateur, mais je crains fort que sans ce grand acte d'initiative patronale en faveur du prolétariat, il ne se produise un jour, sous la pression des sinistres apôtres de l'anarchie, une explosion de rage destructrice qui laissera sans doute le patronat debout, mais sur un monceau de ruines.

« La Révolution, qui est un grand fait, a inauguré un ordre de choses absolument nouveau : en détruisant tout ce qui avait l'apparence même du privilège, elle a fait du partage égal de toutes les jouissances sociales le premier article de son symbole politique. Mais cette égalité n'a pu être immédiate, elle ne saurait se réaliser que successivement : 1789, en effet, n'a pas trouvé toutes les classes de la société française au même degré de préparation ; la bourgeoisie mieux préparée tenait la tête, les travailleurs de l'industrie venaient après, et ceux de l'agriculture beaucoup plus loin.

Or les uns et les autres ont rejoint aujourd'hui le Tiers-État ; ils veulent que la Révolution soit, comme la charte, *une vérité effective et pratique*, et la réalisation de ce vœu ne saurait être indéfiniment ajournée.

« Malheureusement la passion politique, qui gâte tout ce à quoi elle touche, est venue jeter dans cette pâte molle un ferment qui la travaille, et la met en ébullition. C'est précisément ce mauvais levain qu'il faut faire disparaître : les classes dites « dirigeantes » doivent faire le sacrifice de certains avantages, les vrais libéraux, les sages conservateurs, doivent se détacher d'un passé qui n'est plus en rapport avec les conditions économiques et sociales de notre temps, et *faire*, en un mot, du *bon socialisme, le socialisme pratique*. Déjà les ouvriers raisonnables, et ils sont plus nombreux qu'on ne le croit communément, commencent à comprendre qu'on les exploite en s'adressant à leurs mauvais instincts, en leur faisant considérer le monde de l'industrie comme un jardin où tout croît sans peine, et dont tous les fruits leur appartiennent. Cet appel aux jouissances faciles révolte déjà les honnêtes et les intelligents ; or, c'est ceux-là qu'il faut gagner à la cause du bon sens, en leur disant que toute récolte suppose une culture, et en les appelant à percevoir leur dîme industrielle, sous forme de participation aux bénéfices. Partage proportionnel est l'opposé d'antagonisme : on n'arrache jamais le morceau à celui qui vous en offre fraternellement une partie.

« A côté de cette fraternité en actes, il y a la fraternité en paroles, qui a sa valeur aussi. Si le capital et le talent ont généralement plus de lumière que le travail, pourquoi ne s'attachent-ils point à l'éclairer ? Pourquoi demeurent-ils, comme les propriétaires et les directeurs des usines et des mines où se produisent des grèves, à l'état d'accusés muets, de coupables gardant le silence, parce qu'ils n'ont rien à dire ?

« N'est-ce pas insensé, et n'y a-t-il pas une grande leçon à dégager du triste spectacle auquel nous assistons ? Comment, voilà des voyageurs en anarchie qui peuvent exercer tranquillement leur criminelle industrie, des députés qui deviennent, en quelque sorte, les missionnaires de la guerre sociale, une foule inconsciente, exaltée, surexcitée, poussée à la révolte et au crime, et pourquoi ? Elle n'en sait rien elle-même puisqu'aucune question de principes n'est en cause, et le capital, ou le patronat qui le représente, reste inactif, impassible, dédaigneux ? Qu'attend-il ? Que la raison revienne à des égarés ? C'est inimaginable ?

« Il faut donc, au contraire, que les patrons se mêlent partout aux ouvriers, qu'ils les réunissent, qu'ils les raisonnent, qu'ils les persuadent, qu'ils leur montrent l'identité d'intérêts entre travailleurs, ingénieurs et propriétaires, qu'ils leur fassent voir qu'il n'y a pas une cause patronale et une cause ouvrière, mais que la solidarité sociale est l'Evangile du monde moderne.

« Rappelons-nous ce qui s'est fait et se fait toujours dans notre chère Mulhouse, sous l'action combinée d'un patronat dévoué et d'une direction intelligente : création de cités ouvrières, mutualité sous toutes ses formes, participation aux bénéfices, caisses de retraites, tout a été tenté pour entourer l'ouvrier d'une protection efficace. Dans la ville à jamais regrettée, que la force brutale a arrachée du giron de la France, la paix industrielle est faite depuis longtemps : ouvriers, ingénieurs, capitalistes, gérants et patrons ont signé au traité, et nul ne songe à le déchirer. Ce bon exemple est le legs que la pauvre ville alsacienne a fait à la France; imitons-le, c'est la plus grande preuve d'attachement que nous puissions donner à notre sœur séparée de nous... momentanément.

« A Paris, à Roubaix, à Decazeville, dans tous les centres industriels, comme à Mulhouse, l'antagonisme ne saurait tenir devant le loyal concours de tous à l'œuvre commune.

« Avec une telle union, une telle continuité d'efforts, le grand malentendu se dissipera comme un nuage, et le soleil luira de nouveau dans le monde de l'industrie, éclairant, échauffant, faisant vivre tout ce qui travaille, dirige, commandite, tout ce qui concourt, d'une façon quelconque, à la production industrielle, tout ce qui, patron, ingénieur, directeur, ouvrier, observe la loi du travail imposée à l'homme par le créateur, et honore son pays en servant l'humanité ». — V. l'article OUVRIER. — L. M. T.

II. **PATRON, PATRONAGE.** Mode expéditif de décoration peinte exécutée au moyen de cartons découpés, nommés *patrons*. C'est un procédé analogue à celui qu'emploient les emballeurs pour tracer à la brosse, avec des lettres découpées dans des feuilles de cuivre, les inscriptions sur les caisses à expédier. Dans la décoration au patron ou *patronage*, on découpe un nombre de cartons égal à celui des couleurs désignées.

PATTE. *T. techn.* 1° Bord inférieur d'une cloche qui se termine en angle aigu. || 2° Languette qui sert à fermer certains objets. || 3° Pièce triangulaire qui termine l'extrémité de la partie courbe d'une ancre. || 4° *Patte de coq.* Petite cale qui soutient les poteries dans les fours de cuisson. || 5° *Pattes de lièvre.* Nom des rails infléchis dans un croisement de chemins de fer. || 6° *Patte ou patte-fiche. T. techn.* Pièce de fer en forme de gros clou, terminé à une extrémité par une pointe et à l'autre par une tête percée d'un ou de deux trous. Le fer est à section carrée; la tête est dans le prolongement d'un des côtés du fer ou est retournée d'équerre. Ces pattes sont employées dans les constructions pour soutenir des objets contre les murs ; suivant les cas, on emploie les pattes à tête droite ou à tête d'équerre ; enfin, l'objet est maintenu par la patte au moyen d'un ou de deux clous passant dans la tête. || 7° On désigne par le mot *patte* le dos d'une brosse, d'après l'aspect duquel (suivant qu'il est ou non percé à jour) on distingue celle-ci en fine ou épaisse. || 8° *Patte-d'oie. T. de mar.* Lieu d'assemblage de plusieurs bouts de corde entre eux sur une corde

plus solide, ou lieu de division de cette corde en plusieurs brins, pour qu'ils puissent s'épanouir et reporter l'effort de suspension en plusieurs points de l'objet à soutenir. || 9° *T. de mach. Tirants en patte d'oie,* lorsque les pattes des tirants sont formées de parties amincies et élargies que l'on rive ou que l'on boulonne contre les parois que l'on veut relier entre elles. || 10°*T. d'hydraul.* Construction en forme de prisme ou de pyramide triangulaire que l'on fixe sur l'avant des piles d'un pont pour le préserver contre les glaces ou le courant, ou dont on se sert pour diviser les eaux d'une rivière.

PATTINSONAGE (de Pattinson, l'inventeur). Mode de désargentation des plombs argentifères. — V. ARGENTURE, § *Traitement des plombs argentifères;* PLOMB, § *Désargentation par le pattinsonage.*

* **PATURLE** (JACQUES). Grand industriel, né en 1779, mort en 1858, créa au Cateau (Nord), la première fabrique de mérinos qui ait été établie en France. En 1855, il occupait dans ses divers établissements, 10,000 ouvriers et ouvrières pour lesquels il s'est toujours montré plein de sollicitude ; il avait fondé un grand nombre d'œuvres de bienfaisance en faveur de ce personnel considérable.

PAUMELLE. *T. de mar.* Morceau de cuir fort, au milieu duquel est fixé un dé et avec lequel les voiliers arment la paume de leur main droite, pour faciliter la couture des ralingues ou des bordures des voiles. || Outil dont le sellier se sert pour des usages analogues à ceux du voilier. || Outil de bois dur bombé en dessous, cannelé parallèlement, et muni en dessus d'une bride en cuir qui permet à l'ouvrier peaussier de s'en servir pour donner de la souplesse et du grain au cuir. || *T. de serrur.* Pentures sans charnières, pivotant sur des gonds à fiches, qui servent à supporter des portes légères.

* **PAUWELS** (ANTOINE). Industriel français, né à Paris, en 1796. Ayant d'abord dirigé ses études dans le but d'embrasser la carrière médicale, il fut obligé de partir pour le service militaire et assista aux dernières guerres du premier empire. Fait prisonnier le 19 octobre 1813, à la bataille de Leipzig, il rentra seulement en France l'année suivante, avec le grade d'aide-pharmacien militaire, qu'il avait conquis pendant sa captivité; il fut, à cette époque, décoré par Louis XVIII. Il se mit alors à la tête d'une usine de produits chimiques, qu'il créa à Paris; puis, en 1820, lorsque l'invention de l'éclairage au gaz, dont nous avait doté Lebon, nous revint d'Angleterre, et fut appliquée dans quelques maisons de la capitale, il eut l'idée de créer une Compagnie financière pour exploiter une usine à gaz. Grâce à l'influence de Manuel et du duc d'Orléans, il réussit dans son entreprise, et pût, en 1821, éclairer au gaz le quartier de l'Odéon. Plus tard, il créa d'autres usines à Vaugirard, à Issy et à Saint-Germain.

Quelques années après, il cessa de s'occuper

de cet industrie et créa des ateliers de construction de machines à vapeur et de bateaux. C'est lui qui inaugura la première ligne régulière de bateaux à vapeur de Rouen au Hâvre. Pauwels passa les dernières années de sa vie en Belgique, où il s'occupa d'industries diverses.

PAVAGE. On nomme *pavage* un revêtement exécuté avec des blocs de pierre ou de bois posés à la main sur les parties du sol consacrées à la circulation, chemins, rues, trottoirs, cours, etc. Chacun de ces blocs s'appelle un *pavé*; les blocs dont la hauteur est notablement plus faible que les autres dimensions s'appellent *dalles*. Lorsque l'on emploie des blocs irréguliers ou des pierres brutes, le revêtement prend le nom de *blocage*; sur les talus, il prend celui de *perré*. Les autres ouvrages du même genre exécutés avec des carreaux ou des dalles taillées régulièrement, constituent un pavement (*pavimentum*) que l'on appelle aussi *carrelage* ou *dallage* (V. ces mots). Lorsque les pierres sont très petites, on obtient des *mosaïques*.

— Les premiers essais de pavage avaient pour but d'assurer en tout temps la circulation des troupes et des chariots de guerre; l'historien Josèphe rapporte, dans ses antiquités judaïques, que Salomon fit paver de basalte noir les routes qui conduisaient de Jérusalem aux places fortes de la frontière. Cet usage s'étendit aux rues les plus fréquentées des villes de commerce; des Phéniciens, il se transmit aux Grecs et aux Carthaginois; d'après Plutarque, les rues et les places de la Thèbes grecque étaient recouvertes de pierres épaisses, et les Thébains, voulant humilier Epaminondas, le chargèrent de surveiller l'entretien des chaussées (383 av. J.-C.). A Rome, les premières chaussées dallées furent établies à la suite de la construction des égouts, sous le règne de Tarquin-l'Ancien, cinquième roi de Rome et grec d'origine (611 av. J.-C.); mais c'est aux Carthaginois que les Romains empruntèrent le véritable pavage dont la première application fut la construction de la célèbre voie appienne (313 av. J.-C.). Il n'y avait alors de pavées que les rues dites militaires, et il fallut plus de deux siècles pour étendre le pavage au reste de la ville. Nous savons, aujourd'hui, par les fouilles d'Herculanum et de Pompéi, avec quelle perfection les Romains avaient assuré la viabilité de leurs cités. Toutes les rues de ces deux villes sont pavées de dalles de lave, taillées en polygones irréguliers; les trottoirs qui les bordent sont très élevés et revêtus de dalles, de carreaux, de briques, quelquefois même de mosaïques; de distance en distance, des dés en pierre saillants au-dessus des pavés, servent à passer d'un trottoir à l'autre quand la pluie inonde les chaussées. Au moyen âge, on cessa d'entretenir les pavages existants et d'en établir de nouveaux, et quoique Abdérame II ait fait paver, en 850, les rues de Cordoue, son exemple ne fut guère suivi, car trois siècles plus tard, les rues de Paris étaient encore des cloaques impraticables; on ne commença à les améliorer que sous le règne de Philippe-Auguste qui ordonna, en 1185, au prévôt et aux échevins de la ville, de faire paver en grès les voies principales. On a retrouvé, en 1832, en creusant les fouilles de l'égout de la rue Saint-Denis, à 30 centimètres au-dessous du sol, des restes de ce que l'on a nommé le pavé de Philippe-Auguste, mais qui n'était qu'un dallage composé de grandes pièces de 17 centimètres d'épaisseur; ce n'est que plus tard que l'on adopta les pavés cubiques ou carreaux de grès, et la première rue où ce système fut appliqué reçut le nom de rue du Petit-Carreau. Dès l'année 1501, les comptes des « bastimens du roy » nous montrent les paveurs réunis en une communauté composée de cinquante maîtres; leurs statuts, établis par Jacques d'Estourville, en 1504, avaient été confirmés par des lettres patentes de Henri III, en 1579, et de Henri IV, en 1604. Cependant, ce n'est réellement que vers 1638 que le service du pavage reçut une organisation sérieuse, à la suite d'un édit qui affectait à cet usage le produit des droits de barrage et de chaussée, sous le contrôle d'un maître général du pavé de Paris. Malgré cela, les progrès furent si lents que les rues, ainsi améliorées, recevaient les désignations exceptionnelles de rue Pavée-au-Marais, rue Pavée-Saint-André, etc. Les chaussées de cette époque étaient fendues, c'est-à-dire que le ruisseau était placé au milieu, et les murs des maisons riveraines étaient protégés contre l'approche des chariots par d'énormes bornes en pierre. L'usage des trottoirs ne date que de la fin du XVIII° siècle; en réalité, la véritable organisation de cet important service de viabilité ne date que de 1838.

Les pierres employées pour la fabrication des pavés sont le grès dur, le granit et le porphyre. Le grès est excellent parce qu'il s'use peu et ne se polit pas; le grès tendre doit être rejeté parce qu'il se brise facilement et qu'il absorbe l'humidité, ce qui le désagrège. Le granit et le porphyre résistent mieux que le grès à l'usure et à la rupture, mais ils se polissent facilement et la chaussée devient glissante; on y remédie autant que possible en n'employant que des pavés de petit échantillon, afin de multiplier les joints. Les pavés en grès sont de forme cubique; leur dimension, fixée à 6 ou 7 pouces (0,16 à 0,19) en 1420, a été augmentée de 1 pouce, en 1667, et portée, en 1730, à 8 ou 9 pouces (0,22 à 0,26). Depuis 1835, elle est limitée à 15 et 19 centimètres. Les pavés en porphyre sont oblongs; ils ont de 25 à 30 centimètres de longueur sur 10 à 12 de largeur; leur queue varie de 25 à 16 centimètres. A volume égal, les petits pavés coûtent plus cher de préparation et de main-d'œuvre, de sorte que le pavage de petit échantillon entraîne une dépense plus considérable; mais la chaussée est meilleure. Quel que soit le genre de pavés employés, on doit les trier avec soin et n'employer ensemble que des pavés identiques; l'homogénéité est une condition essentielle de la bonté et de la durée d'une chaussée.

Un pavage n'est bon que s'il est établi sur une fondation très soignée; celle-ci se compose ordinairement d'une couche de sable dont l'épaisseur varie de 10 à 30 centimètres, suivant la nature du sous-sol; le sable pur, bien comprimé est, en effet, très peu compressible et quand il est mouillé, se durcit et se tasse au lieu de se ramollir. Le sable mélangé de terre argileuse ne possède pas ces propriétés et doit être rejeté; on donne la préférence à celui dont les grains sont anguleux; on le régale dans l'encaissement préparé à l'avance, suivant une épaisseur uniforme, un peu plus grande que celle de la fondation définitive, afin de fournir la quantité nécessaire pour garnir les joints; on le tasse au moyen de pilons ou d'un cylindre compresseur; un arrosage à grande eau donne encore de meilleurs résultats; mais alors la couche supérieure, destinée au remplissage des joints, n'est répandue que lorsque la fondation est terminée. Pour les voies très fréquentées des grandes villes, on exécute quelquefois la fondation avec une couche de béton maigre d'environ 15 centimètres d'épaisseur (1 de chaux hydraulique ou de ciment pour 7 de mélange de sable et de cailloux); une fondation semblable est toujours nécessaire à l'aplomb des bordures de trottoirs pour éviter l'infiltration des eaux dans le sable.

On dispose les pavés sur la fondation par lignes de largeur constante que l'on nomme *ranges* et qui sont dirigées normalement à la marche des voitures; avec les pavés oblongs, les ranges ont pour largeur la plus petite dimension des pavés; les joints doivent se découper, c'est-à-dire ne pas se présenter dans le prolongement les uns des autres; au croisement des chaussées, on dispose les ranges parallèlement aux bissectrices des angles que forment les axes des chaussées. La pose des pavés est réglée au moyen de cordeaux longitudinaux, parallèles à l'axe de la chaussée, et de cordons transversaux indiquant la direction des ranges; on commence par les bordures qui sont faites de carreaux et de boutisses, afin de croiser les joints. L'ouvrier paveur se sert d'un marteau qui porte d'un côté une spatule ogivale pour creuser le sable et de l'autre une masse prismatique pour assujettir les pavés en frappant sur les faces apparentes; on achève de garnir les joints avec du sable un peu plus fin que celui de la fondation et on dresse l'ouvrage en frappant les pavés au moyen d'un pilon en bois, appelé *hie* ou *demoiselle*, armé de fer à sa partie inférieure et muni de deux manches en bois recourbé pour le soulever. Le marteau du paveur pèse environ 17 kilogrammes; la hie en pèse 85 et on la soulève, en moyenne, à 40 ou 50 centimètres de hauteur. Le dressage a surtout pour but de soumettre, par le choc, les pavés à une pression plus grande que celle qu'ils auront à supporter; en même temps, il fait descendre une partie du sable au fond des joints; on achève de les remplir avec du nouveau sable que l'on répand à la pelle et que l'on force à pénétrer au moyen d'un bâton terminé par une lame plate appelée *fiche*. Un arrosage abondant est préférable au fichage. Le pavage terminé est recouvert d'une dernière couche de sable de 3 centimètres d'épaisseur et livré à la circulation des voitures; la pression des roues achève de remplir les joints.

Sur les fondations en béton, et le long des trottoirs, on pose les pavés à bain de mortier et on maçonne les joints; malheureusement, le mortier adhère mal aux pavés de grès et cette partie des chaussées exige de fréquentes réparations. Un atelier de paveurs, composé de 4 à 5 ouvriers servis par autant de manœuvres et d'un dresseur, peut faire de 4 à 10 mètres carrés de pavage par heure, suivant l'échantillon.

Pour réparer les chaussées pavées, on emploie le *soufflage*, le *repiquage* et le *relevé à bout*. Le soufflage consiste à relever les pavés, un par un, en les garnissant de sable neuf en dessous et dans les joints; pour le repiquage, il faut démonter entièrement les flaches et reconstruire le pavage; on remplace le sable altéré par du sable frais, et on substitue des pavés neufs à ceux qui sont brisés ou dont la tête est trop arrondie; on appelle relevé à bout la réfection complète d'une chaussée pavée en mauvais état. A Paris, le pavé

des rues dure de 3 à 6 ans, quelquefois 20 ans dans les rues peu fréquentées; celui des routes environnantes dure de 8 à 15 ans.

Dans les pays où l'on n'a pas d'autres matériaux à sa disposition, on utilise les cailloux roulés que l'on trouve en abondance dans les fleuves et au bord de la mer; ces cailloux, de forme ovoïde, sont placés à bout et bien serrés sur une forme de sable; on obtient ainsi un blocage assez solide, mais sur lequel la circulation est très désagréable; on peut y remédier en étêtant les cailloux au marteau, de façon à obtenir une surface plane; on enlève également deux faces planes sur la hauteur, et l'on obtient une espèce de petit pavé à deux faces parallèles qui s'appareille facilement : ce système est très répandu dans le midi de la France.

Les laitiers de hauts-fourneaux peuvent être également utilisés pour l'empierrement des chaussées. — V. LAITIER.

En Italie, on emploie encore souvent l'ancien mode de dallage des Romains; les dalles ont de 12 à 16 centimètres d'épaisseur sur 40 à 50 de longueur et de largeur; on les taille à peu près régulièrement, et on dispose les ranges inclinées à 45° sur l'axe de la chaussée. Pour assurer le pied des chevaux, on creuse dans les dalles, à des intervalles de 15 à 20 centimètres, des stries qui imitent les joints du pavage ordinaire. Les réparations de ces chaussées dallées sont difficiles et coûteuses.

En Hollande, les chaussées des rues sont souvent revêtues de briques que l'on pose de champ, sur une fondation de sable ou de béton, avec joints de mortier. Ce pavage s'use rapidement, bien qu'il ne circule dans les rues que des voitures légères, les gros transports se faisant presque entièrement par eau. Le pavage en briques est aussi employé à Venise, mais sa durée est assurée par ce fait exceptionnel qu'il ne circule dans les rues ni chevaux ni voitures.

Pavage en bois. En Amérique, où le bois abonde et les pierres dures sont relativement rares, on emploie très souvent le pavage en bois qui présente l'avantage de supprimer la boue et la poussière et qui assourdit le bruit des voitures, peut-être même un peu trop pour la sécurité des piétons. Cependant, quoi qu'il en existe des applications à Saint-Pétersbourg, depuis 1834, les essais nombreux tentés en Angleterre et en France n'avaient pas réussi, et ce n'est qu'en 1883 que l'on est parvenu à supprimer les inconvénients qu'on lui reprochait : usure inégale de la chaussée; gonflement et soulèvement des pavés par l'humidité; exhalaisons malsaines par suite de l'imprégnation des eaux chargées de détritus organiques; propagation des incendies et poussière dangereuse pour les yeux des passants. On emploie actuellement, à Paris et à Londres, un système dont le succès peut être attribué à l'excellence de la fondation et aux soins extrêmes apportés dans l'exécution. Ce système se compose : 1° d'une fondation en béton de ciment de 15 à 20 centimètres d'épaisseur (200 kilogrammes de Portland pour 1 mètre cube d'un mélange formé de 1/3 sable et 2/3 cailloux); 2° d'une chape de mortier fin de 2 centimètres d'é paisseur, dressée très exactement suivant le profil de la chaussée; 3° d'un revêtement en blocs de sapin rouge de Suède de 0m,22 de longueur sur 0m,15 de hauteur et 0m,07 à 0m,08 de largeur; ces blocs sont imprégnés à l'avance d'huile lourde de houille; on les pose directement sur la fondation en ranges séparées par des joints égaux dont la largeur uniforme est assurée au moyen de tringles en bois placées provisoirement entre les ranges. Quand les pavés sont en place, on enlève les tringles et on verse à la surface un mélange de goudron et de bitume fondu qui descend au fond des joints et les garnit sur une hauteur de 3 à 4 centimètres. Les pavés sont ainsi encastrés par leur base dans une croûte imperméable et antiseptique. On achève de remplir les joints avec du mortier de ciment assez liquide que l'on verse sur la chaussée et que l'on fait pénétrer au moyen de balais; quand le pavage est achevé, on répand sur la chaussée une couche de menus graviers anguleux qui s'incrustent dans le bois et consolident la surface. On pose le long des trottoirs deux ranges parallèles aux bordures, avec un intervalle de 4 à 5 centimètres que l'on remplit de sable ou mieux encore de terre glaise pour éviter que le gonflement du bois ne déplace les bordures. Ce système de pavage n'exige presque pas de réparation; il est facile à nettoyer et peut durer, sur les voies très fréquentées, de quatre à cinq ans, la chaussée n'ayant besoin d'être renouvelée que quand elle a perdu de 5 à 7 centimètres de son épaisseur. Le prix d'établissement est estimé pour Paris à 20 ou 25 francs le mètre carré.

Le tableau suivant, résultant des observations faites à Londres, en 1883, permet d'apprécier le nombre et l'importance des accidents de chevaux, sur les divers pavages des chaussées de cette ville :

	Chutes sur les genoux	Chutes sur l'arrière-train	Chutes complètes	Totaux
Asphalte. . .	140	107	190	437
Granit. . . .	135	22	134	291
Bois.	277	10	49	326

Les mesures prescrites aux entrepreneurs chargés des travaux d'entretien du pavé de Paris sont réglées par une ordonnance de police du 8 août 1829 (*Manuel des lois du bâtiment*). — J. B.

Bibliographie : Nicolas BERGIER : *Histoire des grands chemins de l'Empire romain*, Paris, 1622, 1 vol. in-4°; autre édition Bruxelles, 1728, 2 vol. in-4° avec les tables de Peutinger; 3e édition, Bruxelles, 1736 ; J. BECKMANN : *A History of inventions and discoveries*, t. II, *Paving of streets*, London, 1847; J. DUPAIN : *Notice historique sur le pavé de Paris, depuis Philippe-Auguste jusqu'à nos jours*, Paris, 1881 ; Louis FIGUIER : *Le pavage en bois et le pavage en fonte*, année scientifique, 1877; *Les travaux publics chez les Romains*, par A. LÉGER, Paris, Dejay et Cie; L. DURAND-CLAYE : *Routes (Encyclopédie des travaux publics)*, Paris, Baudry, 1885.

PAVÉ. Bloc de pierre taillé régulièrement pour servir au *pavage* (V. ce mot). Pour fabriquer les pavés, on extrait d'abord la roche en gros blocs

dont l'épaisseur est égale à l'une des dimensions des pavés; ces blocs sont ensuite débités par l'ouvrier *briseur* et enfin séparés par le *recoupeur*. Ils sont terminés par un ouvrier *épinceur* qui avive les arêtes et enlève les bosses à l'aide d'un marteau léger, dit *épincette*. Pour les travaux soignés, on emploie des pavés *smillés*, dont les faces sont dressées à la pointe; on appelle pavés *démaigris* des pavés en tronc de pyramide dont la plus grande face forme la surface de la chaussée. Le démaigrissement facilite le soufflage, mais il ne doit pas dépasser le dixième de la hauteur. On reconnaît les qualités des pavés : 1° par l'aspect de la cassure qui doit être cristalline et brillante, avec un grain fin et serré ; 2° par la densité; les pavés les plus durs sont les plus lourds ; 3° par la porosité; les pavés immergés dans l'eau en absorbent d'autant plus qu'ils sont plus tendres; on peut se contenter de les arroser et de comparer le temps qu'ils mettent à s'assécher; 4° par la sonorité; sous le choc du marteau, les pavés rendent un son d'autant plus sec et plus vibrant qu'ils sont plus durs et plus homogènes. A Paris, on compare les différentes sortes de pavés au moyen de l'useur de M. Deval (V. EMPIERREMENT). De nombreux essais ont permis de les classer de la manière suivante, au point de vue de leur résistance à l'usure : 1° quartzite de la Manche ; 2° quartzite de la Mayenne, de l'Orne, des Côtes-du-Nord, arkose d'Autun et porphyre belge; 3° grès des Vosges, de l'Aisne et de l'Yvette; 4° grès belge; 5° grès de Fontainebleau. Le quartzite de la Manche et le porphyre deviennent trop glissants sous l'action de la circulation ; l'arkose et le bon grès de l'Yvette sont les meilleurs à tous les points de vue ; leur prix est de 450 à 460 francs le mille de pavés smillés. Le mètre carré de pavage, contenant 32 pavés, revient à 14 fr. 40 et 14 fr. 72, sans le sable et la main-d'œuvre. La ville de Paris dépense annuellement 2,000,000 de francs rien que pour l'acquisition des pavés. — J. B.

PAVEMENT. T. *techn*. Se dit du travail du paveur, et plus particulièrement du pavage ou dallage décoratif.

PAVEUR. Ouvrier qui pose les pavés. — V. PAVAGE.

I. PAVILLON. T. *de mar*. Ce mot désigne les divers drapeaux dont on fait usage à bord des navires et dans les ports pour indiquer la nationalité, le grade et les fonctions du commandant en chef, ou même pour faire simplement des signaux.

Les pavillons sont faits en étamine et portent le long d'un de leurs petits côtés une petite ralingue qui sert à les fixer à la *drisse*. La drisse de pavillon est un cordage, tressé en forme de cordonnet de manière à supprimer complètement la torsion. En général, la forme est rectangulaire; cependant, pour les signaux on emploie des pavillons en forme de trapèzes et de triangles plus ou moins allongés. Les flammes ont la forme d'un triangle très allongé.

Le pavillon tricolore ou *pavillon national*, est porté par tout navire français à la corne d'artimon, ou à défaut, à l'extrémité d'un bâton de pavillon placé à l'arrière, au milieu du couronment; la dimension de ce pavillon varie suivant les circonstances. On le hisse chaque matin et on l'amène chaque soir, lorsque le navire est en rade. A la mer, on ne *hisse les couleurs*, suivant l'expression consacrée, que pour faire connaître la nationalité. Cette manœuvre répétée plusieurs fois constitue le salut de navire à navire. Un commandant en chef met son pavillon à bord du navire sur lequel il s'installe ; l'amiral hisse son pavillon à la pomme du grand-mât ; le vice-amiral, au mât de misaine ; le contre-amiral, au mât d'artimon. Ces pavillons d'officiers généraux se distinguent les uns des autres de la manière suivante : deux bâtons croisés ressortent en blanc dans la partie bleue pour l'amiral, trois étoiles pour le vice-amiral et deux pour le contre-amiral. Le commandant du navire sur lequel est un amiral porte le nom de *capitaine de pavillon*.

Le pavillon blanc est un signal de paix, le pavillon rouge un signal de guerre, le pavillon jaune indique la présence à bord de maladies contagieuses, c'est le pavillon de quarantaine.

Les navires de guerre portent, comme signe distinctif de leur rôle, une longue flamme tricolore, dite *flamme nationale*, à la pomme du grand-mât.

Les services des ports de commerce, les pilotes, les grandes compagnies de navigation ont chacun leur pavillon particulier servant à faire reconnaître leurs navires à de grandes distances.

Les signaux usités sur mer, soit dans les manœuvres d'escadre, soit comme moyen de correspondance, se font à l'aide de pavillons et de flammes de diverses couleurs. A bord, la manœuvre des pavillons et des signaux est confiée au service de la timonerie.

Les jours de fête, on dispose les divers pavillons sur des cordages reliant les vergues entre elles, et on forme ainsi les *pavois*. Le navire est dit alors *pavoisé*.

II. PAVILLON. 1° *T. d'arch.* Petit corps de bâtiment séparé par des jardins d'une maison principale ; petit édifice élevé dans un parc. || 2° *Instr. de mus.* Extrémité évasée d'un instrument à vent ; *pavillon chinois.* — V. CHAPEAU CHINOIS. || 3° *T. techn.* Extrémité évasée d'un entonnoir. || 4° Ouverture extérieure de la tuyère d'un fourneau. Face principale de la culasse d'un brillant. || 5° *Art hérald.* Sorte de dais qui surmonte les armes des souverains.

PAVILLONNERIE. *T. de mar.* Ateliers et magasins où l'on confectionne, répare et conserve les pavillons.

*PAYEN (ANSELME). Chimiste, membre de l'Institut, né à Paris le 6 janvier 1795, mort à Paris le 13 mai 1871, d'une attaque d'apoplexie. Fils d'un manufacturier, il dut suivre la carrière de son père, bien qu'il eût été admissible à l'Ecole polytechnique en 1814. Imbu des solides principes de chimie des Vauquelin, des Chevreul, des Thénard dont il avait suivi les cours avec succès, il fonda, à Vaugirard, une fabrique de sucre de betterave. Resté seul possesseur de cette usine, en 1825, il y ajouta les industries des sirops de fécule, du borax artificiel, du chlorure de chaux et réalisa une

foule de procédés ingénieux qui ont contribué à abaisser le prix des produits. Son très remarquable *Mémoire sur les propriétés décolorantes du charbon animal* (noir animal) amena une véritable révolution dans la fabrication du sucre indigène. En 1835, après avoir suppléé Dumas dans son cours de chimie appliquée aux arts, professé à l'Ecole centrale, Payen en fut nommé titulaire l'année suivante, ainsi qu'au Conservatoire des arts et manufactures. Il fut reçu membre de l'Académie des sciences (section d'économie rurale), en 1842, en remplacement d'Audouin. Nommé chevalier de la Légion d'honneur, en 1831, il fut promu officier en 1847 et commandeur le 16 août 1863.

Travailleur infatigable, à la fois homme de théorie et d'application, il était, par sa compétence, désigné naturellement pour faire partie du jury de toutes les Expositions françaises ou étrangères, délégué de sociétés, rapporteur de commissions, etc. Bien que condamné par les médecins, comme diabétique ou phtisique, en 1831, il se guérit lui-même en se soumettant à un régime exclusivement d'albumine.

Pendant le siège de Paris, Payen, malgré son grand âge, ne cessa pas d'étudier les questions relatives à l'hygiène et à l'alimentation de la grande ville affamée ; il a rendu, en cette circonstance, de grands services, en tirant parti des débris d'abattoirs, des matières grasses, des fécules, de la gélatine et de l'albumine desséchée. Durant toute sa vie, Payen n'a cessé de chercher des applications de la science à l'industrie et il en a trouvé un grand nombre de très importantes.

Les travaux de Payen sont considérables, voici les principaux : *Essai sur la tenue des livres d'une manufacture* ; *Méthode de l'actif et du passif pour la tenue des livres*, 1818-1819 ; *Traité élémentaire des réactifs*, avec Alph. Chevalier, Paris, 1822, 3° éd., 1829-1830 ; *Traité de la pomme de terre*, 1826, in-8° ; *Mémoire sur le houblon*, 1822-1829, avec Chevalier ; *La chimie expliquée en 22 leçons* (1825), in-12 ; *Traité de la fabrication des diverses sortes de bières* (1829). in-12 ; *Cours de chimie élémentaire et industrielle, destiné aux gens du monde* (1830-1831), 2 vol. ; *Rapport du jury départemental de la Seine sur l'Exposition publique de 1827* (1828-1832). 2 vol.; *Résumé de cours pratique de fabrication du sucre indigène*, avec M. Gautier (1838), in-8° ; *Manuel du cours de chimie organique appliquée aux arts industriels et agricoles* (1841-1843), 2 vol. in-8°, avec atlas in-folio ; *Mémoires sur le développement des végétaux* (1844), in-4° avec planches coloriées ; *Cours de chimie appliquée* (1847), professé à l'Ecole centrale et au Conservatoire des arts et métiers ; *Précis de chimie industrielle à l'usage des écoles et des fabricants* (1849), 4° éd. (1859), 2 vol., atlas de 29 planches, de 1865, 54 planches ; *Traité complet de la distillation des principales substances organiques qui peuvent fournir de l'alcool* (1861), 2° éd. in-8° ; *Précis théorique et pratique des substances alimentaires* (1865). Un grand nombre de *Mémoires, Extraits, Rapports*, articles publiés dans les *Annales de l'industrie française et étrangère*, dans le *Dictionnaire techno-*

logique, dans les **Annales de chimie et de physique**, dans les *Mémoires de l'Académie des sciences* (savants étrangers), dans les *Comptes rendus de l'Académie des sciences*, dans la *Revue des Deux-Mondes*. etc. — C. D.

PEAUX ET CUIRS. La *peau* est le tissu membraneux qui enveloppe et couvre le corps de l'homme et d'un très grand nombre d'animaux. Toutes les peaux sont aptes à se transformer en une matière souple ou rigide, toujours imputrescible, qui prend le nom générique de *cuir*, lequel donne lieu à des préparations distinctes selon l'usage auquel il est destiné. Toutes les peaux des mammifères sont l'objet d'une fabrication importante et de l'un des plus grands commerces du monde. Les quadrumanes dont les peaux sont les plus propres à être transformées en cuir sont les ruminants, comme le bœuf et le buffle, et, naturellement, la vache et le veau, la chèvre et le mouton ; les pachydermes, comme le cheval et le cochon ; les cétacés, comme le phoque, le cachalot, le lémantin. On fait encore du cuir avec la peau de tous les autres animaux, mais l'emploi en est beaucoup plus restreint ; ainsi on tanne la peau de l'éléphant et du rhinocéros dont on fait des polissoirs pour la bijouterie, et la peau du chien dont on fait des gants. Les peaux du lion, du tigre et des autres carnassiers ; les carnivores, le renard et l'ours ; le chat, la fouine, la martre, le putois, et les innombrables mammifères à poil ou à laine se transforment ou en cuir, ou en fourrure ; toutes les petites peaux sont classées sous le nom générique de *sauvagines*.

Les gros cuirs, les plus répandus dans l'industrie et employés à des usages journaliers, sont ceux de la race bovine et chevaline ; ils relèvent du tanneur et du corroyeur. Pour la race ovine que le mégissier transforme en basanes, en peaux blanches et en mégie, et pour la race caprine, nous renvoyons aux articles CHAMOISAGE, MAROQUINERIE, MÉGISSERIE.

Tant que les cuirs et peaux n'ont subi aucune préparation, ils prennent le nom de *cuirs frais*, de *cuirs crus*, ce sont ceux qui vont entrer promptement en fabrication ; ceux qui doivent attendre ou qui nous viennent des pays d'outre-mer, notamment de la Plata, sont nommés *cuirs secs*, *cuirs salés* ou *cuirs salés secs*, selon le mode employé pour leur conservation. Toute grosse peau, même en poil, est désignée aussi sous le nom de *cuir* ; toutes les petites peaux conservent, alors même qu'elles sont fabriquées, le nom de *peaux*.

C'est le tanneur qui transforme les peaux de bœuf, de vache, de veau et de cheval en cuir et le corroyeur qui les finit. C'était, autrefois, le peaussier qui transformait toutes les petites peaux en cuirs de toute sorte et le fourreur qui apprêtait toutes les peaux ayant conservé leur laine ou leur poil. On verra plus loin que la profession de peaussier a pris une telle importance qu'elle se subdivise aujourd'hui en plusieurs spécialités, donnant lieu, chacune d'elle, à une industrie sérieuse et à un commerce considérable. — CH. V.

— Dans l'intéressant ouvrage de M. Félix Faure sur le Havre, publié en 1878, nous empruntons quelques chif-

fres utiles à mettre sous les yeux du lecteur : « La France fournit une quantité considérable de cuirs pour la tannerie nationale ; on estime le nombre des animaux abattus annuellement à 1,500,000 ; Paris seul livre à la consommation les cuirs de 210,000 animaux. Nous recevons, en outre, de l'étranger environ deux millions de cuirs représentant un poids de 38,592,838 kilogrammes dont l'industrie nationale emploie 35,991.481 kilogrammes, donnant en valeur 60,383,814 francs ». Et ne sont pas compris, dans ces chiffres, ni la peau de mouton, ni la peau de chèvre, ni celle du chevreau. Les importations des petites peaux de bélier, de brebis et de mouton s'élevaient, en 1885, à 27,691,598, donnant un chiffre de 63,690,675 francs. A l'exportation, ces peaux préparées, mais sans être entièrement tannées, s'élevaient, en 1885, à 1,422,445 kilogrammes, donnant une valeur de 10,668,338 francs. Ne sont pas compris dans ces totaux les peaux teintes et mégissées. A l'importation, nous recevions, la même année, pour 1,901,362 francs de peaux d'agneau.

Le chiffre des importations s'est élevé, dans notre pays, en 1885, à 188 millions de peaux brutes et pelleteries et celui des exportations à 62 millions.

Peau. On nomme *peau de vélin* une peau de veau préparée, très mince et très unie, sur laquelle on peut écrire ou imprimer ; *peau de recette*, une peau dans laquelle on peut tailler une paire de gants ; *peau divine*, la *baudruche* (V. ce mot) ; *peau de chien*, une peau de squale qui sert au polissage du bois, ce qui fait dire, en T. de mét., *peau-de-chienner* un meuble, par exemple ; ce nom de *peau de chien* s'applique encore à une peau de gants épaisse et forte, qu'on emploie pour la fabrication des gants de cavalier.

PEAUSSERIE. On comprend sous ce nom toutes les petites peaux tannées à l'écorce ou au sumac, teintes ou non, et même simplement passées, mais ce mot s'applique plus particulièrement aux peaux de mouton tannées, teintes ou non.

— Les grands centres de la peausserie, considérée à un point de vue général et sans distinction de spécialités sont, en France : Graulhet (Tarn) ; Bédarieux, Lodève (Hérault) ; Carcassonne, Limoux, Esperaza (Aude) ; Maringues (Puy-de-Dôme), Saint-Léonard (Haute-Vienne) ; Autun (Saône-et-Loire) ; Avranches (Manche) ; Solliés-Pont (Var), etc.

PEAUSSIER ou **PEAUCIER.** T. de mét. On donnait autrefois ce nom à tous les fabricants de petites peaux, par opposition aux tanneurs qui ne fabriquaient que les gros cuirs ; depuis que la chamoiserie, la mégisserie et la maroquinerie ont pris une importance industrielle considérable, elles ont créé des spécialités distinctes, et le peaussier d'autrefois n'est presque plus qu'un souvenir.

— Dans l'ancienne organisation des métiers, les peaussiers, dont les statuts remontaient à 1357, avaient le droit exclusif de mettre en couleur les peaux apprêtées et de les vendre ; ils se nommaient *peaussiers*, *teinturiers en cuir* et *calçonniers* ; en 1776, les peaussiers furent réunis aux tanneurs, hongroyeurs, corroyeurs, mégissiers et parcheminiers.

°**PEAUTRÉ, ÉE.** *Art hérald.* Se dit du dauphin et des poissons dont l'émail diffère de celui de la queue.

PÊCHER. T. de bot. Arbre de la famille des rosacées, série des prunées ; c'est le *prunus persica*,

Lin., syn. : *persica vulgaris*, Mill. Les pêchers sont des arbres dont on connaît deux espèces bien distinctes, toutes deux originaires de l'Asie tempérée. Leur fruit a un épicarpe velouté, une chair pulpeuse plus ou moins succulente et un noyau épais, très dur, rugueux et rouge à sa surface.

Les noyaux peuvent servir à extraire de l'acide cyanhydrique, à faire la liqueur dite *eau de noyau*, ou du noir de pêche par calcination en vase clos ; ces mêmes noyaux, usés sur les deux faces, percés d'un trou et vidés, servent d'appeau pour la chasse aux alouettes. Le bois s'emploie pour faire des manches d'outils sur lesquels on frappe, pour la marqueterie ; les jeunes branches teignent en brun-cannelle clair, ainsi que l'écorce de la racine. Il découle du tronc de l'arbre une gomme, en partie seulement soluble dans l'eau. — J. C.

*PÉCLET (JEAN-CLAUDE-EUGÈNE). Physicien, né à Besançon, en 1793, mort à Paris, en 1857. A sa sortie de l'Ecole normale (1816), il fut nommé professeur de sciences physiques au collège de Marseille. Revenu à Paris, il devint successivement maître de conférences à l'Ecole normale et professeur de physique à l'Ecole centrale, inspecteur de l'Académie de Paris, inspecteur général des études (1840). Il fut l'un des fondateurs les plus actifs et les plus aimés de cette Ecole centrale où il professa jusqu'à la fin de ses jours. On a de lui : *Cours de chimie*, Marseille (1822-1826), 4 vol. in-8° ; *Cours de physique*, id., 2 vol. ; *Traité de l'éclairage*, Paris, 1827, in-8°, monographie de tous les procédés d'éclairage ; *Traité de la chaleur et de ses applications aux arts et aux manufactures*, Marseille, 1829, 2 vol. in-8° avec atlas ; 2ᵐᵉ édition entièrement refondue, en 1843, 2 vol. in-8° ; c'est le monument de la vie de Péclet et à sa mort, il en préparait une 3ᵐᵉ édition ; cet ouvrage a été traduit en allemand ; divers mémoires insérés dans les Annales de chimie et de physique et dans celles des mathématiques. — C. D.

°PECTINE. *T. de chim.* Principe neutre, découvert par Braconnot, en 1831, et dont la composition est encore mal connue, comme celle, du reste, de toutes les matières dites « pectiques», mais qui, évidemment, se rapproche de celle des arabides, puisque l'on sait que la gomme insoluble se transforme en gomme soluble par l'ébullition, et même devient de la pectine après vingt-quatre heures d'action de la chaleur. Ce corps est blanc, amorphe, neutre aux réactifs colorés, soluble dans l'eau, insoluble dans l'alcool qui le précipite de ses solutions ; le sous-acétate de plomb le précipite, mais l'acétate neutre est sans action sur lui ; les alcalis le transforment en *acide pectique*; les acides en *acide métapectique* ; le ferment des fruits, appelé *pectase*, en *acide pectosique* ainsi que la chaleur; dans le dernier cas, avec formation d'acide pectique, etc.

Etat naturel. Il existe dans les fruits verts, comme dans la pulpe de certaines racines (carotte, navet, betterave), d'après M. Frémy, un principe particulier qu'il nomme *pectose*; c'est de sa mo-

dification que dérive la pectine. Cette réaction peut se produire, ou par suite de l'influence de la chaleur solaire en présence de la pectose et des acides organiques, ou par suite du dédoublement opéré par le ferment des fruits, la *pectase*.

PRÉPARATION. Elle s'obtient en faisant bouillir de la pulpe de carottes, de navets ou de pommes, avec de l'eau légèrement acidulée ; après refroidissement, on ajoute de l'alcool qui précipite la pectine en gelée, si la liqueur est étendue, ou en longs filaments, s'il y a eu concentration. On lave à l'alcool, puis on redissout dans l'eau et on reprécipite une seconde fois. Lorsqu'on emploie les fruits, on peut filtrer le jus, l'additionner d'acide oxalique pour séparer la chaux, puis après décantation, additionner de tannin, afin d'enlever l'albumine, et enfin, coaguler la pectine par l'alcool.

Dans la fabrication du sucre de betterave, il y a séparation d'une notable quantité de pectine, laquelle fait partie de ce que l'on nomme le « non-sucre organique ». Elle est accompagnée de parapectine précipitable par l'acétate neutre de plomb, alors que la première ne l'est que par l'acétate basique. Pour *rechercher* la pectine dans les jus, on porte à l'ébullition pour coaguler l'albumine végétale et la légumine, puis on précipite par l'alcool et on purifie, si cela est nécessaire; pour *doser* la pectine, on élimine l'acide pectique par le chlorure de calcium qui fait du pectate de chaux, on filtre, puis on précipite l'excès de chaux par l'oxalate de soude et on ajoute de l'alcool au liquide filtré jusqu'à ce que celui-ci en contienne un peu plus du tiers de son volume. On chauffe alors à 70°, la pectine et la parapectine sont précipitées avec les composés albuminoïdes ; on lave ce précipité sur un filtre taré, on dessèche et on pèse. On dose ensuite l'azote contenu dans le précipité et la quantité trouvée × 6,25 donne le poids des composés albuminoïdes et, par différence, les poids de la pectine et de la parapectine. — J. C.

*PECTIQUE (Acide). *T. de chim.* Produit découvert également par Braconnot, et isomère du précédent, ayant par conséquent la même formule $C^{32}H^{48}O^{32}$, d'après Frémy, mais offrant une réaction acide. Il est amorphe, jaunâtre, insoluble dans l'eau froide, mais traité par l'eau bouillante, il donne, par refroidissement, une gelée consistante qui disparaît par une ébullition prolongée, parce que l'acide pectique se transforme alors en *acide métapectique* soluble. C'est la raison pour laquelle il faut faire bouillir les sucs de groseilles, framboises, pommes, coings, etc., pour les transformer en gelée, c'est-à-dire changer la pectine qu'ils renferment en acide pectique, mais ne pas trop prolonger l'ébullition dans la crainte de modifier ce dernier en acide métapectique. Les alcalis transforment aussi l'acide pectique en acide métapectique ; l'acide oxalique, en acide mucique.

Avec les oxydes des métaux alcalins, l'acide pectique forme des sels solubles incristallisables; il forme des sels insolubles avec les autres oxydes. Sous l'influence du ferment pectase, des acides, de la chaleur, l'acide pectique se transforme en *acides métapectique* et *parapectique*, solubles et incristallisables, dont le dernier seul est précipitable par l'eau de baryte, ce qui permet de les séparer l'un de l'autre, lors de leur préparation. — J. C.

I. **PÉDALE.** *T. techn.* Nom des diverses sortes de leviers que l'on met en mouvement avec le pied pour communiquer la rotation à une meule, à un tour, etc., telle est la pédale de la meule du rémouleur qui transforme un mouvement circulaire alternatif en mouvement circulaire continu.

II. **PÉDALE.** Les pianos, les orgues, les harpes reçoivent des pédales qui ont pour fonction de modifier soit la qualité du son, soit son intensité. Dans le piano, par exemple, l'une des deux pédales affaiblit le son en plaçant une pièce de drap entre la corde et le marteau, c'est la pédale du *pianissimo* ; l'autre, celle du *forte* produit l'effet opposé et fait vibrer toutes les cordes en les débarrassant des étouffoirs. — V. HARPE, ORGUE, PIANO.

III. *PÉDALE. *T. de chem. de fer.* Les pédales, employées dans l'exploitation des chemins de fer, sont des *contacts fixes* (V. ce mot), mécaniquement mis en mouvement par le passage des véhicules sur la voie. On peut les distinguer en deux catégories, les pédales à *flexion* et les pédales à *pression*, suivant le mode de mise en mouvement de l'organe attaqué par les roues.

Les *pédales à flexion* se composent, en général, d'une longue latte en fer ou en acier oscillant autour d'un axe fixé à l'une de ses extrémités, et placée à l'intérieur de l'un des rails, à l'affleurement du niveau du champignon supérieur, de manière que le boudin de la roue produise, à son passage, une oscillation de la pédale; dans d'autres systèmes, la pédale est placée perpendiculairement au rail et affleure de même le niveau du champignon. Dans le plus grand nombre des cas, la pédale est munie d'un ressort qui fléchit, mais qui la ramène à sa position initiale dès que le boudin l'a franchie. Il en résulte que, pendant le passage d'un train, la pédale est soumise à autant d'oscillations qu'il y a d'essieux dans le train, pour éviter les effets de ces oscillations multipliées, tant au point de vue de l'action même de la pédale que des chances de détraquement que cela présente, M. Lartigue a imaginé d'appliquer un soufflet à petit orifice qui se vide brusquement quand la pédale oscille pour la première fois, et dont le remplissage ne peut s'effectuer qu'avec une certaine lenteur, de sorte que, quand la pédale solidaire du soufflet revient à sa position initiale, le train est déjà passé. MM. Leblanc et Loiseau ont repris la même idée dans leur pédale électro-mécanique.

Les *pédales à pression* sont placées sous le rail lui-même, et c'est la flexion du rail qui agit sur la pédale; les pédales Hodgson et Flamache appartiennent à ce type. L'attaque est beaucoup moins brusque que pour les pédales à flexion, mais on ne peut guère songer à les munir de soufflets, de sorte qu'elles oscillent à chaque passage d'une roue.

On désigne sous le nom de *pédale de calage* ou *de sûreté*, un appareil qui empêche les aiguilleurs de modifier la position d'une aiguille avant qu'elle ait été complètement dégagée par les véhicules qui l'abordent par les pointes. Ce sont des lattes ayant une longueur au moins égale à la distance de deux essieux consécutifs et reliées par des bielles avec la transmission rigide servant à manœuvrer l'aiguille. Pour faire passer l'aiguille de l'une à l'autre de ses positions, il faut que la pédale se soulève un peu au-dessus du niveau du rail, afin de retomber dans une position rabattue et symétrique à celle qu'elle occupait d'abord. Ce mouvement ne peut avoir lieu quand il y a un véhicule sur la pédale et, par conséquent, on ne peut changer la direction donnée par l'aiguille que lorsque le dernier des véhicules qui l'abordent, l'a dégagée, et on évite ainsi les déraillements qui pourraient se produire, un essieu s'engageant dans une direction et l'essieu suivant, dans une autre.

On a tout récemment appliqué, en Angleterre, sous le nom de *locking-bar*, une disposition analogue pour empêcher qu'on efface un signal, tant que le train qu'il protège, pendant son stationnement à bord des quais d'une gare, n'est pas parti. C'est également une pédale placée près de ces quais, mais elle est reliée avec la manœuvre du signal correspondant.

*PÉDALIER.** Instrument à clavier disposé sous les pieds de l'organiste et du pianiste et qui permet à l'artiste d'obtenir de plus grands effets de sonorité.

— Les grands artistes ont un auxiliaire précieux dans ce clavier imaginé par MM. Pleyel et Wolff, car, outre la musique d'orgue proprement dite, beaucoup d'œuvres importantes des maîtres calvecinistes et pianistes ne sont exécutées qu'avec la pédale.

PÉDOMÈTRE. Instrument avec lequel on mesure le chemin parcouru en marchant. — V. ODOMÈTRE.

PÉDONNE. *T. de tiss.* Petite cheville de bois conique qui, dans les métiers à tisser le façonné, sert à maintenir les cartons à leur place.

PEGMATITE. *T. de géolog.* Roche fort dure que l'on peut considérer comme une variété de granit à mica blanc, qui est largement cristallisée et dans laquelle le quartz et le feldspath sont de nuance très claire et ont cristallisé l'un dans l'autre, d'où le nom donné à cette roche (de πηγμα, pièce fichée dans une pâte); le mica s'y trouve concentré en certains points ou en lames hexagonales empilées, ou encore sous forme de mica palmé.

Cette roche constitue des filons qui offrent des cavités (druses) renfermant souvent de très beaux cristaux d'orthose, de quartz hyalin ou enfumé, de tourmaline et même d'émeraude. Une variété particulière, désignée sous le nom de *pegmatite graphite* ou *hébraïque*, qui se trouve, en Norwège, à Hitteroë, est caractérisée par de petits cristaux de granit imitant les lettres hébraïques ou les caractères cunéiformes. La pegmatite est une roche éruptive, acide, appartenant à la période granulitique et qui s'est montrée depuis l'époque silurienne jusqu'à l'époque dévonienne. Elle se trouve, en France : près de Guérande, où elle traverse la granulite ; dans les granits du Beaujolais ; dans les Pyrénées, surtout à Bagnères-de-Luchon et à Ax ; puis à Bavano, sur le lac majeur, où elle renferme de très gros cristaux d'orthose et de tourmaline ; dans l'Ergebirge ; en Sibérie, en Ecosse, en Corse, etc. — J. C.

PEIGNAGE. *T. de filat.* Nom donné à l'une des opérations préparatoires de la filature, dont le but est de préparer et d'épurer les fibres, mais qui occupe une place et joue un rôle différent lorsqu'il s'agit des longs brins du lin, chanvre et jute, ou bien de la laine, du coton, des étoupes de lin, ou des déchets de soie. Par extension, on donne ce nom aux établissements industriels où s'effectuent les diverses opérations du peignage.

Peignage du lin, du chanvre, du jute. Les fibres du lin ont été détachées des tiges à la suite du rouissage par le teillage, et arrivent dans les filatures à l'état de petites lanières d'écorce, constituées par des fibres fines et assez courtes, collées en quelque sorte les unes à côté et à la suite des autres. Le peignage a pour but de diviser ces lanières dans le sens de leur longueur, de manière à leur faire acquérir une régularité et une finesse suffisantes

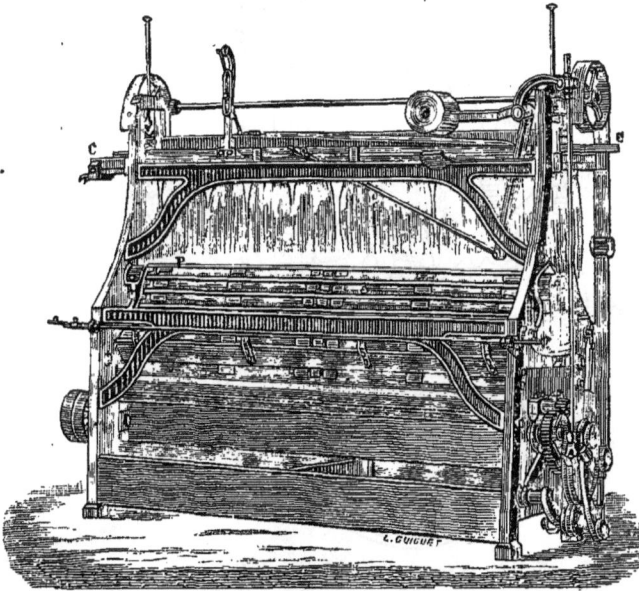

Fig. 60. — *Peigneuse à lin.*

pour qu'on puisse les grouper en rubans et les amener peu à peu à l'état de fils par des séries d'étirages et de doublages bien combinés. Il produit, en outre, un nettoyage complet de ces fibres dont il détache les débris de bois et les pellicules d'épiderme qui y restent mêlés et plus ou moins adhérents. Dans l'état actuel de l'industrie, le peignage se fait mécaniquement, mais en restant cependant précédé par un premier travail à la main, l'*émouchage*, et terminé par un *repassage* exécuté également à la main, on profite de ce dernier pour examiner à nouveau les fibres et les classer en plusieurs catégories qui serviront à des fils plus fins les uns que les autres. Ces deux opérations manuelles s'exécutent au moyen de peignes constitués

par des aiguilles en acier, fines et très pointues, implantées verticalement dans des semelles en bois qui se fixent solidement sur des tables de hauteurs convenables, et dans des salles bien éclairées ; les ouvriers saisissent vers le milieu de leur longueur, les poignées de filasse, et les peignent en les abattant verticalement sur les pointes des aiguilles, puis en les retirant à eux de manière à ce qu'elles glissent entre les aiguilles, et soient divisées et fendues par elles dans le sens de leur longueur. — V. EGRENEUSE.

Les peigneuses mécaniques pour produire, d'après les mêmes principes, leur travail, sont établies comme le fait voir la figure 60. Les peignes P, formés par des aiguilles implantées dans des règles en bois ou en métal, sont fixés sur des tabliers sans fin A tendus entre des poulies qui leur communiquent un mouvement assez rapide. Les lins à peigner sont serrés dans des presses, engagées dans un chariot ou balancier C qui s'abaisse et se relève lentement de manière à engager graduellement la matière, qui pend verticalement, dans les peignes, puis à la retirer lorsqu'elle a subi suffisamment leur action. Chaque fois que le balancier arrive au haut de sa course, les presses se déplacent de manière à se présenter, pendant la course suivante, à une série de peignes plus fins que les précédents. De cette façon le travail se fait progressivement, et ménage les liens, dont cependant une notable partie se trouve déchirée et arrachée, formant un déchet encore utilisable, mais de moindre valeur, auquel on donne le nom d'*étoupes*. Chaque fois que le chariot arrive au haut de sa course, on y introduit une nouvelle presse, tandis qu'une autre dont le lin a été peigné sur la moitié de sa longueur, en est sortie par le tire-presses. Après que le lin y a été retourné, à la main, cette presse est réintroduite dans le chariot d'une seconde machine qui peigne de la même manière l'autre moitié de sa longueur. Ces machines produisent environ 300 kilogrammes de lin peigné par jour, et sont desservies chacune par deux ou trois ouvriers qui garnissent les presses et en retirent le lin peigné. Les peignes sont constamment nettoyés, soit par des systèmes de lattes, soit par des brosses et des doffers.

Peignage de la laine, du coton, *et autres matières à fibres courtes.* Toutes ces matières sont d'abord épurées par des opérations spéciales à chacune d'elles, lavage, battage, etc., puis leurs fibres sont démêlées par le cardage, mais pour que leur groupement puisse être opéré avec une régularité parfaite, il est utile que ces fibres aient des longueurs assez uniformes, et par conséquent que l'on puisse éliminer celles qui sont trop courtes. De plus, certaines impuretés, surtout de petits boutons, ont résisté aux premières opérations, et il faut, pour qu'elles ne nuisent pas à la régularité des fils, surtout lorsqu'ils sont fins, qu'on arrive à les enlever d'une manière complète.

C'est le peignage qui produit ce double résultat. De tous temps il fut appliqué au travail de la laine et s'exécutait anciennement à la main, au

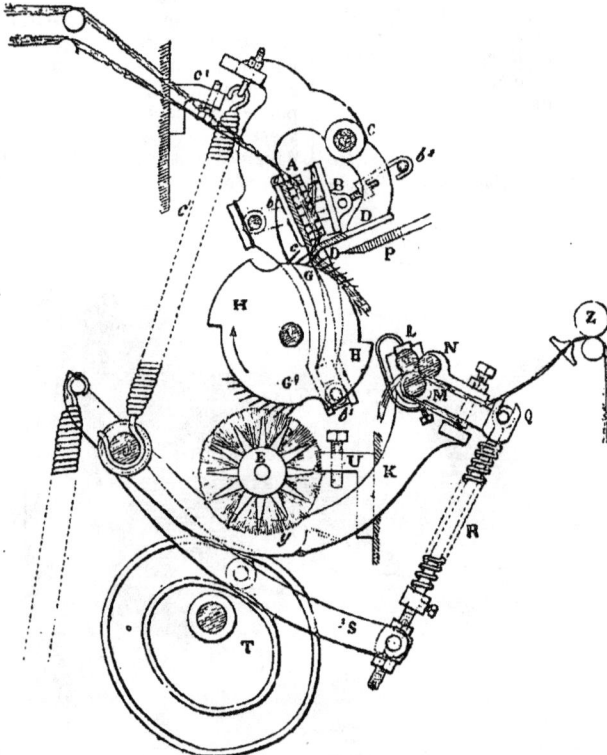

Fig. 61. — *Coupe d'une peigneuse Heilmann pour laine.*

moyen de deux peignes, constitués par des aiguilles, implantées sur plusieurs rangées dans des montures en bois ou en métal. L'un de ces peignes était fixé avec ses aiguilles verticales, sur une table ou contre un mur ou une colonne; l'ouvrier le chargeait de laine, en prenant cette matière par mèches qu'il engageait les unes après les autres dans le peigne, de manière à ce qu'un peu plus de la moitié de leur longueur restât flottante en avant des aiguilles. Au moyen du second peigne, il peignait alors cette partie flottante, en arrachant les brins trop courts, que le peigne fixe retenait avec moins de force, et aussi tous les boutons et corps étrangers qui se trouvaient mêlés à cette laine. Pour peigner de même la partie engagée dans le peigne fixe, il suffisait de saisir ensuite la partie flottante, et de la tirer horizon-

talement, pour arracher les fibres saisies, tout en laissant les fibres trop courtes, qui n'offraient pas de prise, et les boutons et autres impuretés auxquels les aiguilles ne livraient pas passage.

— Des tentatives de peignage mécanique furent faites dès la fin du siècle dernier · Antoine Amatt, en 1795, avait imaginé trois machines ayant pour fonctions · la première, de charger le peigne fixe; la seconde, de peigner la partie extérieure; et la troisième, d'opérer l'arrachage. Cartwright, de 1789 à 1801, créa une machine circulaire effectuant les trois opérations et dont l'idée fondamentale, malgré divers perfectionnements essentiels, se retrouve dans l'une des peigneuses actuelles les plus estimées, celle de Holden.

Malgré de nombreux autres essais, parmi lesquels nous pouvons citer ceux de Collier, en 1826, on était encore loin du but, lorsque parût, en 1845, l'invention de Josué Heilmann, de Mulhouse, qui, tout en précisant avec une netteté absolue le problème à résoudre, permit de réaliser d'une manière complète le peignage mécanique, non seulement de la laine, mais encore de tous les autres textiles. Le premier, il imagina la pince qui joue un rôle essentiel et qui dût être appliquée à tous les types de machines pour bien tenir les mèches pendant le peignage de leur tête; elle empêche qu'une partie des fibres longues soient entraînées avec les déchets ou blousses, et le peigne nacteur qui, en venant se planter dans la partie déjà peignée de la mèche, détermine le nettoyage complet du milieu et de la queue de ces mèches pendant l'arrachage. — V. FILATURE, § *Filature de la laine.*

La figure 61 représente la coupe d'une peigneuse établie pour le travail de la laine. Un certain nombre de rubans, cardés et ayant déjà subi des étirages préparatoires qui en ont redressé les fibres, sont amenés, les uns à côté des autres, de manière à former une sorte de petite nappe, dans l'appareil alimentaire A constitué par un conduit soutenu latéralement à l'aide de bras portés par un petit arbre *b.* Ce conduit peut glisser le long d'une plaque c faisant corps avec des bras en fonte, mobiles autour d'un arbre C, et que des ressorts c' tendent à relever jusqu'à ce qu'ils soient retenus par des arrêts fixés aux bâtis c². Le bord inférieur de la plaque c est garni de cuir, et forme l'une des mâchoires de la pince, dont l'autre mâchoire est constituée par une seconde plaque D, cannelée à sa partie inférieure, et portée par des bras calés sur l'arbre C. Un levier fixé sur cet arbre est actionné par une came, et produit alternativement l'ouverture et la fermeture de la pince, dont le serrage résulte de l'action des ressorts c'. Enfin une plaque B, garnie de rangées d'aiguilles, et articulé au point b avec des bras que porte le conduit A, est reliée par des agrafes à des tourillons b² invariablement fixés aux bâtis. Voici comment se fait alors l'alimentation : la pince, étant fermée, a refoulé vers le bas la plaque c, ainsi que le conduit A, tandis que la plaque B est restée soulevée par les agrafes b²; le conduit A s'élève alors en glissant le long des rubans de laine. Aussitôt que la pince se rouvre, tout ce système se relève contre la plaque B dont les aiguilles pénètrent à travers le guide A dans les rubans et les y clouent en quelque sorte. Le guide s'abaisse alors, entraînant avec lui les rubans, dont une nouvelle longueur, déterminée par l'amplitude de son mouvement, s'engage dans les mâchoires de la pince. Celle-ci se referme aussitôt, et une série de peignes G, disposés sur une partie de la surface latérale d'un tambour D, animé d'un mouvement de rotation régulier, vient effectuer le peignage de la laine qui flotte à l'extérieur de ces mâchoires. Toutes les matières étrangères, les nœuds et les boutons de même que les fibres trop courtes pour être retenues par la pince sont ainsi entraînés par ces aiguilles, qui seront ensuite nettoyées par une brosse cylindrique E et un système de hérisson et de couteau non représenté sur le dessin. Le tambour présente alternativement des parties garnies de peignes, et des segments H recouverts de cuir. Aussitôt après le passage des premières, les seconds se placent sous la laine qui vient d'être peignée, et l'arrachage s'effectue par le système des cylindres L, M et N agencés de la manière suivante ; le cylindre M, est porté par deux bras K, montés sur un arbre J; autour de son axe peuvent se mouvoir d'autres petits bras Q, qui, d'une part, portent les cylindres L et N, et d'autre part sont reliés par les tringles R aux leviers S, mobiles eux aussi autour de l'arbre J et actionnés au moyen d'un galet par un excentrique à rainure T. Aussitôt que le peignage est terminé, les leviers K et S se relèvent et amènent les cylindres près du segment H ; par suite de la butée U, le premier de ces leviers s'arrête alors et un petit pivotement des bras Q amène le cylindre L à s'appuyer, de tout l'effort que produisent les ressorts R, contre la partie H et à saisir ainsi la partie peignée de la laine. A ce même moment la pince s'ouvre; et le *peigne nacteur* P s'abaisse, en enfonçant les aiguilles fines et serrées dont il est garni, dans la laine, immédiatement entre la pince et les cylindres arracheurs. Ceux-ci tournent, entraînés

par le segment H jusqu'à ce que la laine entraînée soit bien engagée entre les deux cylindres L et M qui, alors, jouent le rôle de pince et finissent d'arracher les fibres saisies, en s'écartant du tambour pour revenir dans leur position initiale. La laine ainsi arrachée reste flottante hors des cylindres, de sorte qu'à l'arrachage suivant les fibres nouvellement saisies se superposeront et seront entraînées avec elle, pour reconstituer un ruban continu que des cylindres délivreurs Z entraînent et font tomber dans un pot.

Cette machine opère le peignage d'une façon absolument rationnelle, et a pu être appliquée sans modifications de principes à toutes les matières textiles. Pour le coton, l'appareil alimentaire a été remplacé par une simple paire de cylindres à mouvements intermittents, les cylindres arracheurs, qui n'éprouvent qu'un déplacement de faible amplitude, opèrent la soudure des mèches successivement arrachées, en retournant d'une petite quantité en arrière, pour réintroduire dans la machine la partie déjà entraînée, à laquelle devra se superposer la tête de la nouvelle mèche. Elles ont été également appliquées avec succès, dans ces derniers temps, au travail des étoupes de lin.

Leur travail intermittent, par suite des alternatives du peignage et de l'arrachage ne permet qu'une production assez faible d'environ 25 à 40 kilog. de laine ou de coton peigné par jour, ou un peu plus en étoupes de lin. Cette circonstance a conduit à établir des machines à travail continu, capables d'un plus fort rendement, parmi lesquelles nous avons à citer, pour la laine, celle de Holden, et pour le coton celle de Hubner.

La machine de Holden se compose d'un grand peigne annulaire d'environ un mètre de diamètre, disposé dans un plan horizontal, garni sur toute sa circonférence, en général de deux rangées d'aiguilles plantées verticalement dans la monture. Ce peigne est animé d'un mouvement de rotation assez lent, par suite duquel toutes ses parties vont successivement se présenter : 1° à un appareil alimentaire qui le charge de laine, à peu près comme le faisaient les peigneurs à la main; 2° à un appareil peigneur qui travaille toute la partie de cette laine qui flotte à l'extérieur du peigne; 3° aux cylindres arracheurs qui saisissent la partie peignée et l'entraînent, en déterminant le peignage du reste de la longueur par l'arrachage hors des aiguilles du peigne annulaire, et à travers celles d'un peigne nacteur qui, au moment convenable, vient se placer devant lui; 4° à un appareil qui effectue le nettoyage du peigne annulaire.

L'appareil alimentaire est formé par deux leviers, souvent appelés *boxeurs*, munis à leur partie supérieure de cylindres qui poussent les extrémités des rubans alimentaires dans une sorte d'embouchure formée par des brosses étroites, sur les soies desquelles glissent ces rubans. Les leviers sont animés d'un mouvement qui amène la laine au-dessus des aiguilles du peigne, puis l'enfonce dans ces aiguilles pour l'y abandonner en se retirant horizontalement. Le peigne se charge donc ainsi de laine et la présente aux peignes travailleurs, formés par des barrettes animées d'un mouvement carré (square-motion) par suite duquel elles s'élèvent verticalement près du peigne annulaire pour se planter dans la laine, puis s'éloignent horizontalement pour la peigner, s'abaissent ensuite et reviennent recommencer leur action près du peigne. Cette action est combinée avec celle d'une pince, qui serre la laine contre la monture du peigne annulaire, et l'empêche d'être arrachée hors de ses aiguilles. L'arrachage est effectué par une paire de cylindres cannelés, placés tangentiellement au grand peigne, et animés d'un mouvement de rotation par suite duquel ils saisissent et entraînent toute la laine qui se présente à eux. Le peigne *nacteur* est constitué par une série de segments dont l'ensemble forme un second peigne annulaire concentrique au premier et capable de l'envelopper complètement. Ces segments sont mobiles le long de glissières verticales, et, sous l'action d'un guide fixe et de galets, ils se relèvent lorsqu'ils passent en face de l'alimentation ou des peignes, et s'abaissent au moment où ils arrivent près des arracheurs, pour pénétrer dans la laine et opérer d'une manière complète le peignage de la partie non encore travaillée, qui est tout entière en arrière de leurs aiguilles. Les organes nettoyeurs sont disposés entre les arracheurs et l'alimentation. En raison de leur travail continu ces machines sont capables d'une plus grande production que celle de Heilmann, et leur action est facilitée par le chauffage à la vapeur du peigne annulaire et des barrettes.

Ces machines ne sont pas applicables au coton dont les fibres courtes ne pourraient être engrenées dans le peigne. M. Hubner a résolu le problème en établissant une pince constituée par deux anneaux dont l'un a son bord supérieur parfaitement poli, tandis que la face inférieure du second, pressée sur le premier, est garnie de cuir de manière à présenter une certaine élasticité. L'anneau inférieur est invariablement fixé aux bâtis de la machine et celui du dessus est animé d'un mouvement de rotation qui lui est communiqué par un arbre vertical sur lequel il est calé. Le coton pris dans cette pince glisse d'une manière absolument régulière sur la face polie, entraîné par celle qui est garnie de cuir, comme si tout le système tournait : il peut donc être conduit successivement à un appareil alimentaire, puis à un peigneur et enfin à des arracheurs disposés autour de lui comme dans le cas précédent. L'alimentation se fait au moyen de rubans cardés fournis par des bobines que l'on dispose sur un râtelier circulaire établi à la partie supérieure de l'arbre vertical, et participant à son mouvement de rotation; l'ouverture de la pince résulte d'échancrures de l'anneau inférieur, en face d'un galet alimentaire qui tire le coton de la quantité voulue, de même que devant les cylindres arracheurs. Le peignage est produit par un hérisson cylindrique, et le nacteur se compose d'un peigne annulaire, monté à coquille sur l'arbre vertical, et tournant dans un plan oblique par rapport au plan horizontal de la pince, de sorte qu'il se relève lors-

que son action ne doit pas se produire, et ne vient planter ses aiguilles dans la nappe de coton qu'en face des arracheurs.

La peigneuse Noble en usage pour les laines longues, repose sur un principe différent. Elle se compose d'un grand peigne annulaire, à l'intérieur duquel s'en trouve un second d'un diamètre beaucoup moindre. Les aiguilles forment plusieurs rangées à la circonférence des deux peignes qui sont disposés dans un même plan horizontal et qui tournent en s'entraînant l'un l'autre. Des bobines de laine cardée sont disposées tout autour du grand peigne et entraînées avec lui. Au point de contact des deux peignes, les rubans qu'elles fournissent sont abattus et enfoncés dans leurs aiguilles, mais à mesure que la rotation s'effectue les peignes s'éloignent l'un de l'autre : une partie de la laine retenue par les aiguilles du petit peigne est arrachée hors de celles du grand et peignée par elles, tandis que l'inverse a lieu pour l'autre partie. Les deux peignes laissent donc flotter à leur circonférence une sorte de barbe de laine peignée, qui sera saisie au passage par des cylindres qui, à leur tour, l'arracheront avec lui. Au point de contact des deux peignes, les rubans qu'elles fournissent sont abattus et enfoncés dans leurs aiguilles, mais à mesure que la rotation s'effectue les peignes s'éloignent l'un de l'autre : une partie de la laine retenue par les aiguilles du petit peigne qui l'amène, et détermineront ainsi le peignage de la partie arrachée. Le système peut être complété par des nacteurs adaptés aux deux peignes, et alors chaque paire de cylindres arracheurs fournira un ruban de laine complètement peignée.

Citons enfin la peigneuse pour cotons courts de M. Imbs qui, en principe, se compose de deux pinces rectilignes auxquelles le coton à peigner est amené sous forme d'une nappe mince. La première pince saisit l'extrémité de cette nappe, qui vient d'être peignée par l'action précédente, et la fait avancer de la quantité voulue, plus grande que la longueur des fibres, à travers la deuxième pince qui est ouverte. Celle-ci se referme alors, et un peigne s'élève, venant planter les rangées d'aiguilles dont il est garni à chacun de ses bords, dans le coton, entre les deux pinces, et tout près de chacune d'elles. Les deux pinces s'écartent ensuite, entraînant chacune le coton qu'elle tient, et le peignent en l'arrachant hors des aiguilles. La première pince s'ouvre et abandonne le coton peigné dont elle est garnie, à une brosse qui le dépose sur un tambour, jouant le même rôle que le peigneur d'une carde, et où la nappe se reconstitue; puis, le peigne s'étant abaissé, cette pince va rechercher la partie peignée qui dépasse la deuxième pince, et le même jeu se reproduit.

On voit que dans toutes ces machines, dont nous n'avons pu qu'indiquer les principaux traits, sans mentionner les nombreux détails qui assurent la précision de leur travail, les principes de Heilmann se retrouvent toujours, et que c'est à juste titre qu'il est considéré comme le créateur du peignage mécanique. — V. CARDE, § *Carde peigneuse.* — P. G.

I. PEIGNE. Instrument de toilette ou de parure, muni de dents nombreuses plus ou moins longues et serrées, et qui sert à démêler, nettoyer ou maintenir les cheveux. On nomme peignes *à deux fins* ceux qui sont à double rangée de dents. Les peignes communs sont en caoutchouc vulcanisé, en corne, en buis, en os, etc. ; les peignes de luxe sont en ivoire, en écaille, en corail, en ambre, en argent, en or, quelquefois ornés de diamants.

HISTORIQUE. L'antiquité du peigne n'a pas besoin d'être démontrée. De tout temps il a fallu soigner et embellir la chevelure. En Chine, on taillait anciennement les peignes dans des matières de prix et ils servaient à maintenir la coiffure.

Chez les Egyptiens, au temps des Pharaons, les peignes étaient également très soignés. Le musée du Louvre possède un curieux assortiment de peignes en bois sculpté, en ébène et en ivoire. Ils ressemblent aux nôtres, si ce n'est qu'ils sont plus grands. D'un côté, les dents sont larges et espacées ; de l'autre, elles sont fines et serrées. La partie intermédiaire, d'où partent en sens contraire ces deux rangées de dents, est décorée de figures, d'animaux ou d'ornements.

Quant aux femmes grecques, elles remplaçaient le peigne servant à tenir le chignon et les boucles par des bandelettes, des réseaux, des anneaux de métal et des aiguilles de tête ornées de *cigales d'or*. Le peigne double ou simple, qu'on rencontre quelquefois dans les peintures des vases, ne servait qu'à démêler les cheveux. La plupart des peignes grecs étaient en bois, comme celui provenant d'un tombeau de l'ancienne Panticapée (musée de l'Ermitage, à Saint-Pétersbourg) et sur lequel on lit, en caractères grecs : *Cadeau à la sœur*.

Les fouilles de Pompéi nous ont révélé de quelle manière étaient faits les peignes des dames romaines. Il y en avait de bois, cités par Martial et Ovide, ou d'ivoire, mentionnés par Claudien. On peut voir, au musée de Naples, un peigne fin, *denso dente*, comme dit Tibulle, exécuté en buis et ayant au dos une barre d'ivoire avec une incrustation d'or formant un dessin. Les dents, séparées en deux par la barre d'ivoire, sont extrêmement fines et égales.

Comme l'a fait remarquer avec raison M. de Laborde, dans son *Glossaire*, les peignes étaient depuis longtemps des objets d'art lorsque débuta le moyen âge. Constanti-

Fig. 62. — *Peigne en ivoire sculpté (XVIᵉ siècle, collection Sauvageot, musée du Louvre).*

nople nous fournissait alors les plus beaux modèles. Parmi ceux de ces ustensiles célèbres en archéologie, on peut citer, dans le Trésor de Monza, un peigne en ivoire ayant appartenu à la reine Théodelinde, monté en or, enrichi de pierreries, haut de 0ᵐ,7, large de 0ᵐ,23 et très probablement de fabrication byzantine ; puis, dans le trésor de la cathédrale de Sens, un peigne liturgique orné de pierres précieuses, portant cette inscription : *Pecten sancti Lupi* (peigne de Saint-Loup) ; la partie centrale, en arc de cercle, est décorée de deux animaux fantastiques séparés par une plante au-dessous de laquelle on voit une tête de bélier.

C'est au XVᵉ siècle seulement que le peigne, considéré auparavant comme un simple instrument de toilette, devint un véritable objet de luxe, précieux par le travail autant que par la matière. Olivier de la Marche, gentilhomme de Bourgogne, qui fut à la fois poète et chroniqueur, dit, dans son *Parement des dames* :

> Un peigne fault, d'ivoire blanche et pure,
> Les beaux cheveulx peigner honestement.

La collection Sauvageot, au Louvre, possède plusieurs peignes du XVᵉ siècle extrêmement curieux. Le premier, en buis, avec compartiments découpés en ivoire sur fond de soie rouge et bleue, offre cette devise : AIÉS DE MOI

SOUVENANCE. Le second, pareillement en buis, est à coulisse recouvrant deux petits miroirs métalliques ; il porte comme devise : PENSÉS A LA FIN.

Gilles Corrozet, dans ses *Blasons domestiques* (*Blason de l'Estuy de Chambre*), dit qu'au chevet du lit se trouvaient toujours le « manteau de nuit » (peignoir) ; sur la toilette, le miroir et l' « estuy de chambre », avec « les peignes d'ébène, de blanc yvoire, de bouys, à grosses et menues dentz pour galonner les beaux cheveulx ». Ces étuis, quelquefois fort riches, s'appelaient *pignières* ; ils obtinrent même une grande vogue à Venise, vers 1527, où on les décorait de miniatures précieuses et délicates. L'Arétin, parlant avec orgueil de sa célébrité, écrit à un de ses amis : « Je vois mon effigie dans les façades des palais, je la retrouve sur les boîtes à peignes, sur les ornements des miroirs ».

La collection Revoil contenait trois peignes de cette époque, conservés aujourd'hui au Louvre, qui sont de véritables objets d'art. Le premier, en buis sculpté, est couvert d'ornements découpés à jour ; deux tiroirs glissent et découvrent deux très petites glaces étamées. On lit sur l'un des côtés : POUR BIEN JE LE DONE. Le second, également enrichi d'ornements découpés à jour, porte cette inscription placée vers le centre : POR VOS SERVIA. Le troisième et dernier se dédouble et présente, développé, quatre rangées de dents. On lit sur un des côtés : DE BON (un cœur) JE LE DONE.

Mais de tous ces peignes, la collection de Mme Achille Jubinal, appartenant aujourd'hui à sa fille, Mme Georges Duruy, renferme les spécimens les plus rares et les plus précieux. Nous citerons, entre autres, le peigne en bois ayant appartenu à Marie de Bourgogne, fille de Charles le Téméraire, et le peigne, en écaille et en corne, fait probablement pour quelque princesse. La bande médiane décorée d'un sujet de chasse et d'ornements ajourés, porte, au milieu, un blason armorié surmonté par une couronne royale et encadré d'une couronne de lauriers dorée; dans la partie supérieure et la bande médiane, se trouve, en caractères ajourés et dorés, l'inscription suivante, finement découpée par l'artiste qui crut devoir signer et dater son petit chef-d'œuvre : « Uitinam te patriamque fortunet numen supremum »; *que la divinité suprême protège toi et ta patrie*. La bande supérieure porte les mots : « An 1630; Johanno Hammer ».

Sous Louis XIII, le peigne était toujours un des ornements obligés de la parure féminine. Mais les femmes n'étaient plus seules à employer cet ornement de coquetterie. Les petits maîtres d'alors, forts coquets de leurs personnes, en généralisèrent l'usage parmi les hommes, en portant toujours sur eux de petits peignes à moustaches très élégants.

Les peignes continuèrent d'orner la tête des femmes et le luxe toujours croissant les embellit d'émeraudes et de pierreries.

> Un petit peigne, orné de diamants,
> De son chignon surmontait la parure,

dit Voltaire, dans son *Pauvre diable*.

De tels peignes, il est vrai, ont toujours été des exceptions que les souveraines seules peuvent se permettre. Parmi les bijoux et joyaux de S. M. la reine Isabelle de Bourbon, vendus en juillet 1878, à Paris, on remarquait un peigne monté en or et composé de cinq rangs pavés de 150 brillants. Qu'on nous permette de citer une anecdote du temps de la Révolution, à titre de contraste. Quand Marie-Antoinette quitta le Temple, le 2 août 1793, après avoir été séparée de son fils, pour aller à la Conciergerie, le poète Dorat-Cubières, oubliant les bienfaits de la Cour, commandait d'acheter à la reine un peigne de corne ; « Le buis serait trop bon » ajoutait-il.

A partir de cette époque, on a vu le peigne à chignon en métal, en corne, en écaille ou en ivoire trôner sur toutes les têtes, depuis la grande dame, la femme élégante, jusqu'à la modeste bourgeoise. On se rappelle les énormes peignes à galerie de la Restauration, ainsi que les massifs peignes d'argent du commencement du règne de Louis-Philippe. Mais les formes du peigne varient sans cesse. En 1867, sous le second Empire, le genre le plus en vogue était le *peigne-charnière*, à dos doré ou simplement sculpté dit *peigne-régence*; vinrent ensuite le *peigne-coque*, le *peigne-boule* et le *peigne-impératrice*. Aujourd'hui, les peignes ne sont plus que des accessoires remplacés généralement par des ornements plus gracieux, par des parures simples et de bon goût, dont nos coiffeurs modernes ont définitivement acquis le monopole.

TECHNOLOGIE. L'industrie du peigne ne fit pas de progrès sensibles avant la fin de l'Empire. Ce fut seulement, en 1820, que la fabrication des peignes de luxe prit quelque importance et, en 1828, que l'on employa définitivement la corne de buffle, matière plus serrée et plus fine que la corne de bœuf et susceptible de recevoir un plus beau poli. Vers la même époque, les fabricants s'attachèrent non seulement à varier davantage la forme des peignes, à leur donner une tournure plus élégante, et à en décorer le dos au moyen d'ornements plus artistiques, mais ils eurent recours au décou-

page, à l'incrustation, à la gravure au burin et à l'estampage. Vers 1830, le dos des peignes en écaille atteignit une hauteur et une largeur excessives ; ce genre de peigne coûtant fort cher, on essaya de l'imiter avec de la corne de buffle. Ce fut alors qu'on trouva moyen de souder plusieurs morceaux de corne ensemble et de produire des plaques dans lesquelles on pouvait tailler des dos de la hauteur et de la largeur nécessaires. En 1834, les dos élevés firent place à des dos bas et presque imperceptibles; les fabricants, n'ayant plus à se préoccuper du dos, furent amenés à donner tous leurs soins à la fabrication des dents qui, jusqu'alors, avait été tellement négligée, que les pointes du peigne entraient difficilement dans la chevelure. On parvint bientôt à corriger ce défaut en se servant, pour le polissage, de rondelettes de feutre, de drap ou de buffle serrées par un écrou et adaptées à un tour. La mode ayant remis en faveur des dos plus larges, on pût appliquer de nouveau, à cette partie du peigne, les ornements de la sculpture et, dès ce moment, le peigne devint un objet parfait. Le peigne qui se vend le plus, à Paris, est le peigne simple. Pour l'exportation, on fait des peignes surchargés, décorés d'ornements, sculptés ou de bijouterie fine ou fausse. En général, le peigne en écaille et le simple peigne de corne ornementé, fabriqués en France, l'emportent sur les produits similaires d'origine étrangère, par la perfection du travail et le bon goût des ornements. La concurrence allemande n'est redoutable que pour les peignes communs en corne ou en bois, et celle de l'Angleterre pour les peignes en ivoire.

Paris a le monopole pour la fabrication des peignes en écaille et des peignes en buffle pour la coiffure; on y fait également beaucoup de peignes en imitation d'écaille, en celluloïd, que l'on travaille aussi richement que ceux en écaille véritable. Quant aux peignes en buffle pour la toilette, ils se font, ainsi que les peignes en os et en bois, à Ezy et dans quelques autres localités du département de l'Eure, à Oyonnax (Ain) et à Saint-Claude (Jura), qui partagent, avec Ezy, la fabrication des articles de qualité commune.

Ajoutons que l'industrie des peignes, qui était encore, il y a une trentaine d'années, dans les mains de petits ouvriers travaillant avec des outils à main, tels que scies à découper, limes, etc., s'exerce aujourd'hui dans des ateliers bien montés où les machines sont mises en mouvement par la vapeur. — S. B.

Bibliographie : Spire BLONDEL : *Le peigne*, dans le *Goût du jour, Chronique de la fashion*, n° de janvier 1875; *Statistique de l'industrie à Paris*, 1860, art. *Fabricants de peignes.*

II. PEIGNE. *T. de tiss.* Organe du métier à tisser composé de *dents* ou *broches* en fil de fer ou de laiton laminé, placées parallèlement entre elles et maintenues à leurs extrémités par deux baguettes auxquelles elles sont invariablement fixées, soit par une soudure, soit au moyen d'une ficelle enduite de poix. Le peigne, qui porte souvent aussi le nom de *ros*, est adapté au *battant* ou *échasse* du métier et, tout en contribuant à guider la navette pendant son trajet à travers la chaîne, sert à ramener la duite à la place qu'elle doit occuper dans le tissu. On se sert également de *peignes* ou *ros* pour guider les fils dans les ourdissoirs, les encolleuses ou les machines à parer; dans ces dernières machines, on emploie souvent des peignes dont les dents de rang pair sont fermées, vers le haut et vers le bas, par une goutte de soudure et qui permettent de faire des *croisures* ou envergures dans les chaînes. Un semblable peigne peut, en effet, au moment voulu, agir comme une lame de métier à tisser; en s'élevant, les soudures entraînent et élèvent avec elles les fils des rangs pairs sous lesquels on peut passer une première baguette, puis en l'abaissant, les mêmes fils sont abaissés aussi et une seconde baguette pourra être passée entre eux et les fils pairs laissés à leur niveau par les dents ouvertes. Ces baguettes sont remplacées par des ficelles lorsque la chaîne finit de s'enrouler sur l'ensouple.

Pour les ourdissoirs, on construit des peignes extensibles qui permettent d'établir, sur une même largeur, des chaînes de différentes réductions. Les broches de ces peignes sont fixées dans une bande de caoutchouc, ou mieux entre les spires de ressorts en fil d'acier, renfermés dans leur monture en bois; elles s'espacent ou se resserrent suivant qu'au moyen d'un bouton extérieur, on allonge ou on raccourcit la bande ou les ressorts.

Peigne. T. *de filat.* Les peignes des peigneuses ou des gills-boxes et bancs d'étirage pour laine et lin, sont constitués par des aiguilles fines et pointues fixées à des montures rectilignes ou cylindriques, généralement en cuivre. Ils affectent différentes formes suivant les types de machines auxquelles ils se rapportent. — V. EGRENEUSE, ETIRAGE, GILLS-BOXE, PEIGNEUSE.

III. **PÉIGNE.** Ce mot désigne généralement les outils, appareils ou instruments qui présentent une série de dents courtes ou longues, pointues et rangées de façons différentes, pour tracer des lignes, percer des trous, etc.

PEIGNEUR, EUSE. T. *de mét.* Ouvrier, ouvrière qui fait le peignage des matières textiles. || *Peigneuse*. Machine destinée à l'opération du *peignage*. — V. ce mot.

PEIGNOIR. T. *du cost.* Vêtement ample dans lequel on s'enveloppe quand on se peigne et, par extension, vêtement de toile dont on se couvre à la sortie du bain, et encore robe de déshabillé.

PEIGNON. T. *de filat.* Sorte d'étoupe.—V. ce mot.

PEINTRE. Ce nom s'applique, en général, à celui qui exerce l'art de la peinture, qui fait de la peinture, mais grande est la distance qui sépare le peintre *artiste* du peintre *artisan*; le premier doit être l'interprète de la nature et de la vie dans toutes leurs manifestations; ses créations sont des œuvres d'art, tandis que les productions du second ne sont que des travaux d'un métier pratiqué avec plus ou moins de goût. Les procédés et les matières employés en peinture se divisent par cela même en

un grand nombre de branches qui exigent des artistes et des artisans spéciaux; c'est ainsi que l'on distingue les *peintres d'histoire*, les *peintres de genre*, les *peintres de paysage*, les *peintres de marine*, etc., dont les travaux sont étrangers à notre programme, puis les *peintres en miniature*, les *peintres sur porcelaine*, etc., les *peintres-décorateurs* et les *peintres en décors* qui sont deux spécialités bien différentes, les premiers exécutant les *décorations théâtrales* (V. cet article) et les seconds se rattachant aux *peintres en bâtiment* qui, eux-mêmes, se subdivisent en plusieurs métiers que nous allons énumérer.

On appelle *peintre en bâtiments* et aussi *peintureur* dit Littré, celui qui passe les fonds et donne les couches préparatoires à l'exécution de tel ou tel décor; et qui est aussi chargé de l'exécution des peintures unies, à un ou plusieurs tons, des rebouchages, enduits, ponçages, vernissages, etc.; *peintre de décors* celui qui fait l'imitation des bois et des marbres sur les fonds préparés par l'ouvrier précédent; on comprend dans cette catégorie les *fleurs*, qui exécutent les joints imités de la pierre ou des panneaux peints, ainsi que les cimaises, moulures ou tables saillantes ou renforcées; le *peintre de lettres*, qui fait les lettres des enseignes de boutiques et de magasins; dans les petites villes de province, ce genre de spécialité n'existe pas, et souvent le peintre en bâtiments est obligé de faire les lettres; le *peintre d'ornements*, qui exécute les attributs et les ornements intérieurs et extérieurs des magasins et parmi lesquels le *peintre de fleurs* est encore une spécialité; le peintre d'ornements doit apprendre le dessin et ensuite travailler sur nature, en copiant des fragments de tel ou tel style; enfin le *peintre artiste* est chargé de l'exécution de la peinture artistique, dite *peinture murale* proprement dite, et dont il compose ou imite les sujets.

PEINTURE. *Iconog.* On symbolise ordinairement la Peinture sous les traits d'une femme jeune et belle, vêtue à l'antique et tenant une palette, des pinceaux et un appui-main, près d'elle se tient souvent un enfant ailé avec une flamme sur la tête : c'est le génie de l'art. Les peintres se sont conformés, d'une manière générale à ces données, mais ils ont varié les applications. C'est ainsi que Adrien van der Werf a représenté la *Peinture conduisant l'artiste* et G. Manozzi l'*Amour donnant des pinceaux à la Peinture* (musée de Florence). D'autres ont uni la Peinture à la Sculpture ou à la Poésie; le musée du Louvre possède un beau tableau de Guide : l'*Union du dessin et de la couleur*, sujet traité aussi par Natoire et le Guerchin. Quant à la figure isolée de la Peinture, nous citerons les belles compositions de Franz Miéris et de Coypel, et les allégories de Lépicié, Angelica Kauffmann, Mignard, Van Loo, Watteau; comme on le voit, ce sujet a surtout tenté les peintres du XVIIIe siècle dont le talent se portait volontiers vers les allégories. Les sculpteurs étaient plus à l'aise pour traiter cette figure si simple, et on l'a vue souvent reproduire. Coysevox a décoré par une ronde bosse représentant la Peinture, le tombeau de Ch. Le Brun; A. de Bay a modelé une tête colossale pour la façade du palais des Beaux-Arts à Paris, et le musée du Louvre a reçu pour une arcade du pavillon Daru une belle statue allégorique de F. Roubaud.

PEINTURE DÉCORATIVE. La peinture qui est de tous les arts le plus complet, puisqu'elle peut

rendre à la fois la forme, le mouvement, la couleur et l'idée, comprend dans ses applications
différents degrés de perfection. D'abord, pour
commencer par le moins élevé : *la nature morte*,
où tout l'art du peintre se réduit toujours au rôle
de copiste servile, puis le *paysage* ou *la marine*,
où l'artiste peut peindre en même temps la poésie des bois et de la mer, le charme des grandes
plaines ou l'horreur de la tempête; puis *le portrait*, où ayant à montrer l'âme humaine dans
ses manifestations les plus expressives, l'artiste
s'élève avec la pensée qu'il traduit par son pinceau. Enfin, si plusieurs personnages sont réunis
par la composition, si les grands mouvements
de l'âme sont retracés par la couleur et le dessin, rappelant un événement ou un symbole,
l'artiste crée et, s'élevant d'un bond au-dessus
des copistes quel que soit leur talent, seul il peut
faire une œuvre géniale. On distingue encore
là trois catégories d'importance différente : la
peinture de genre ou *d'intérieur*, la *peinture d'histoire*, la *peinture religieuse*, celle-ci au sommet
de l'art, parce qu'elle exprime le symbole, l'idéal,
et que, affranchie de toute entrave, elle donne
la pensée même de son créateur.

De tous ces genres différents de peinture, nous
ne retiendrons guère ici que les deux derniers
qui sont surtout le domaine de la peinture décorative. Les paysages, les marines, les portraits, les
intérieurs ou scènes familières sont le plus souvent
des tableaux de chevalet, destinés à être placés dans
un appartement ou dans un musée sans concourir
étroitement à la décoration et sans souci de l'emplacement, de l'entourage. Au contraire, la peinture
décorative fait corps avec l'art industriel; elle en
est le complément, l'idéalisation, pour ainsi dire;
elle doit, par le choix du sujet, par la tonalité des
couleurs, par la profondeur de la perspective concourir à l'effet produit par l'architecture, la sculpture, les vitraux, le mobilier, les tentures; l'artiste
abandonne une partie de son individualité, et
sans cesser de faire œuvre idéale, il fait œuvre
utile. C'est pourquoi la peinture murale rentre
bien dans le cadre de ce *Dictionnaire*, et non seulement la peinture murale, mais les toiles tendues
sur châssis qui, par leur manière générale et par
leurs dimensions, ont été peintes dans un but évidemment décoratif, telle une partie de l'œuvre de
Véronèse et de Rubens, qui peut être mise à côté
de celles de Michel-Ange et de Raphaël.

HISTORIQUE. Les savants ne sont pas d'accord sur l'o-
rigine de la peinture; les uns en attribuent l'invention
aux Egyptiens, et aux Grecs; la question n'a, au point
de vue de l'art, qu'une minime importance, et il est
plus juste de dire, après Vasari, que le dessin, ce principe créateur et vivifiant de l'art tout entier, a existé
dès l'origine des choses. Du dessin primitif à la peinture monochrome, ou réunissant l'action de deux couleurs, il n'y a qu'un pas, et pourtant cette peinture si
simple est déjà un précieux adjuvant dans l'art monumental. Les Egyptiens, les Grecs, les Etrusques, les
Romains, ces grands peuples artistes de l'antiquité, ont
compris l'importance de ce principe, et en ont fait de
nombreuses applications.

Chez les Egyptiens, l'écriture hiéroglyphique a conduit
tout naturellement à la peinture symbolique et didactique,

qui retraçait à l'intérieur des temples et des tombeaux,
ainsi que sur les cercueils en bois renfermés dans les
sarcophages, les principaux événements de la vie humaine
et les dogmes religieux, ceux-ci surtout dans la seconde
période qui subit davantage l'influence de la caste sacer-
dotale. Les figures sont toutes traitées avec raideur et
dans des attitudes consacrées; l'expression est calme,
sans variété; l'artiste traduit la nature et ne cherche pas
à idéaliser.

Au contraire, les Grecs ont fait faire à l'art un progrès
capital, en rendant la peinture mouvementée et expres-
sive, bien qu'elle soit restée presque constamment dépendante de la sculpture, dont elle reproduisait les caractères
larges et sobres; mais elle n'en remplissait que mieux
son but, qui était exclusivement monumental. L'architecture, la sculpture, la peinture, unies par des liens aussi
étroits, formaient un ensemble homogène, résultant d'une
pensée unique. C'est un principe trop souvent méconnu
aujourd'hui, depuis la fin de la Renaissance.

Aussi, dès le IVe siècle avant Jésus-Christ, Polygnote
et ses contemporains, Micon, Panœnus, frère de Phidias,
méritent-ils déjà le renom de grands peintres. On leur a
dû la décoration du *Pœcile* d'Athènes, une des entreprises artistiques les plus considérables de l'antiquité, et à
laquelle on ne peut comparer que la décoration du *Campo-
Santo* à Pise, par les peintres du XIVe siècle. La guerre
contre les Perses, la prise de Troie, le combat des Athéniens et des Amazones, en étaient les pages principales.
Et telle était la perfection du procédé employé, que ces
peintures, exposées à l'air sous une colonnade ouverte,
avaient gardé, plusieurs siècles après, toute leur fraîcheur.

A cette époque, l'art du dessin d'après des données
naturelles, et celui de la composition artistique étaient
acquis. Le second pas important fut fait par Apollodore
qui créa, pour ainsi dire, le coloris. Il imagina de *colorer l'ombre* suivant la belle expression antique, en l'indiquant d'après les teintes mêmes du modèle, au lieu de
faire usage de hachures relevant une teinte plate, ce qui
est un procédé exclusif au dessin. Dans cette voie qu'il
avait ouverte il fut bientôt surpassé par Zeuxis, Parrha-
sius, Timanthe, Eupompe. Timanthe peignait surtout de
petites compositions, qui, bien qu'ayant toujours une
destination décorative, devaient se rapprocher de nos
tableaux de chevalets. Pourtant on cite de lui des œuvres
plus importantes, notamment le *Meurtre de Palamède* au
temple de Diane à Ephèse. Eupompe est le fondateur de
l'école de Sicyone, d'où sortirent tant de grands artistes,
entre autres Apelles, le plus grand peintre de la Grèce,
au dire des anciens; il ne connut pas d'autre rival que
Protogène de l'école de Rhodes.

Ces illustres artistes et leurs élèves décorèrent les
superbes temples qu'élevait partout la civilisation grecque. Malheureusement il ne nous est rien parvenu
de leurs œuvres qui ne faisaient pas corps, comme
plus tard les fresques, avec le mur qui les supportait. Aussi n'a-t-on pas retrouvé, dans les ruines, le
plus petit fragment qui puisse nous donner une idée
exacte de ces peintures décoratives. Mais l'admiration,
que témoignent tous les écrivains, excitée par ces œuvres
chez un peuple aussi artiste que les Athéniens, et la comparaison fréquente qu'on en a fait avec les chefs-d'œuvre
contemporains de sculpture que nous connaissons, auto-
risent à penser qu'elles avaient une valeur artistique très
grande. Les Grecs étaient-ils supérieurs aux modernes
dans la peinture, aussi bien que dans la sculpture? C'est
une question qui ne recevra sans doute jamais sa solution. En tous cas, ils comprenaient la représentation
figurée autrement que nous, et telle que aujourd'hui on
la traite souvent pour la décoration de frises ou de panneaux de peu de hauteur; les personnages se suivaient
rigoureusement sans laisser d'importance ni à la perspective, ni aux détails étrangers à l'action. Dans ces condi-

tions restreintes, leurs décorations pouvaient avoir du mouvement, mais elles manquaient nécessairement de cette largeur qui est une des conditions de l'art.

Les œuvres les plus célèbres de la peinture grecque furent envoyées en Italie après la conquête et elles y servirent de modèles aux Romains, qui n'avaient guère puisé d'enseignements que dans la civilisation étrusque. Car il importe de remarquer que les Romains, malgré la place qu'ils occupent dans l'histoire de l'art, n'ont que peu produit par eux-mêmes, et en Italie tout ce qui n'est pas d'origine grecque est emprunté aux Etrusques. Ceux-ci faisaient un fréquent usage de la peinture murale à la détrempe. Les quelques fragments retrouvés dans les tombeaux nous montrent des scènes à la fois naïves et variées, rendues souvent avec une grande force d'expression.

C'est vers les dernières années de la République que se développe à Rome l'usage de ce genre de décoration, et des palais ou des temples il se propagea bientôt dans les villas particulières. Sous Auguste, il était devenu général. Vitruve nous apprend qu'on avait d'abord appliqué sur les murs des teintes plates en imitation de marbres, puis des compartiments décoratifs diversement colorés, puis des éléments empruntés à l'architecture qui furent goûtés davantage encore lorsqu'un peintre nommé Ludius y ajouta le paysage et la marine. Plus tard les ornements fantastiques et les arabesques entremêlés de petites figures humaines, de chimères, de fleurs, devinrent fort à la mode. Les ruines de villas, dans toute l'Italie et dans les provinces romaines, nous ont donné beaucoup de fragments de peintures et de mosaïques, malheureusement anonymes. La plupart, comme nous l'avons dit, étaient dues à des artistes grecs. Mais ce qui est surtout remarquable dans ces peintures, lorsqu'on peut, comme à Pompéi, étudier le système de décoration dont elles font partie, c'est la parfaite convenance avec l'ensemble et la destination de l'édifice. Est-ce parce qu'elles n'étaient que monumentales, et parce qu'elles devaient accompagner aussi les œuvres si nombreuses de la sculpture, que les figures peintes sur les murs de Pompéi ont, dans leurs formes simples et un peu raides, l'aspect de copies d'après des bas-reliefs? Pour les Romains sans doute, comme pour les Grecs, la sculpture restait le premier des beaux-arts.

De toute cette merveilleuse civilisation qui au ɪɪᵉ siècle florissait dans l'empire romain, rien ne résista aux ravages des six invasions barbares, ni les chefs-d'œuvre anciens rapportés de Grèce, ni les productions nouvelles, ni les écoles, ni les artistes, ni les procédés, ni les traditions, et si l'art ne périt pas sans retour, on le doit aux peintres inhabiles qui, dans les catacombes, avaient jeté les fondements de l'art chrétien, et aux Byzantins qui n'étaient autres que les artistes grecs dégénérés. C'est à ces deux sources que le moyen âge, à ses débuts, demanda des renseignements. Mais les modèles tirés des catacombes étaient médiocres, mal dessinés, raides et sans grande expression, et les Byzantins donnant tous leurs soins aux mosaïques, ne faisaient usage de la peinture murale que dans un but d'économie ou de rapidité; indépendamment de toute autre cause ces œuvres sont donc toujours inférieures; aussi la décadence s'accentua-t-elle chaque jour. Vers le xɪᵉ siècle elle paraissait complète; les excès des iconoclastes avaient détruit tout ce qui restait des âges précédents, et on ne fait plus rien que d'informe, surchargé de couleurs juxtaposées sans modelé. Cependant à cette époque une renaissance s'annonce, les Italiens cherchent des inspirations dans les miniatures byzantines qui se rapprochaient davantage que la mosaïque du but qu'ils proposaient; la peinture murale s'en dégage bientôt, et dès les premières années du xɪɪɪᵉ siècle la mosaïque est négligée au profit de la fresque. A Parme, au baptistère; à Rome, à Pise, dans l'église *San Pietro in Grado*; à Assise, dans l'église *San Francisco*; à Sienne, surtout à Florence, la

peinture s'améliore et s'émancipe. C'est la Toscane qui prend la direction de ce mouvement et elle était déjà entrée dans la bonne voie lorsque Cimabue, le premier peintre qui conquit une célébrité indiscutée et qui fit école, donna à sa patrie le sceptre de l'art qu'elle devait garder si longtemps.

La vie de ce grand artiste embrasse toute la seconde moitié du xɪɪɪᵉ siècle. Il mourut, à ce que l'on croit, vers 1302. Ses figures ont de la souplesse, les corps sont mieux proportionnés, un coloris plus naturel remplace les hachures verdâtres empruntées aux Byzantins. Les décorations de *Santa Maria Novella* et de l'église supérieure d'Assise montrent bien ces qualités qui font de Cimabue un rénovateur. S'il n'a pas atteint à la beauté et à l'élégance qui sont le but de l'art, il a ouvert la voie, et il a formé Giotto.

Ambrogio di Bondone, surnommé Giotto, personnifie une première période de la peinture, qui embrasse le xɪvᵉ siècle tout entier; son influence ne rencontre aucune résistance et son école est sans rivale. Il introduit dans *la peinture la composition*, la vie, l'émotion; il corrige le dessin, ravive le coloris, et sait d'autant mieux assouplir son pinceau aux nécessités de l'architecture que constructeur lui-même, comme la plupart des grands artistes de son temps, il concevait l'ensemble du monument. C'est ainsi qu'il est à la fois l'architecte et le décorateur de la petite chapelle *dell'Arena*, où il a peint une suite de plus de quarante compositions qui sont des chefs-d'œuvre. C'est son ouvrage le plus important, avec la décoration de l'église *Santa Croce* et la *Vie de saint François* dans l'église d'Assise, commencée par son maître Cimabue. L'admiration des contemporains pour ces peintures se voit à chaque page dans les écrivains du xɪvᵉ siècle, et aujourd'hui encore, après les merveilles de Raphaël, du Bellini, du Corrège, l'œuvre de Giotto charme et arrête l'esprit. « Toute la peinture de l'avenir, dit M. G. Lafenestre, y est présentée et préparée avec une hauteur de vues merveilleuse. Plus on regarde ces scènes si touchantes dans leur tristesse ou leur grâce, plus on reste confondu de la hardiesse et du bonheur avec lesquels Giotto, rompant avec les formules antérieures, y a su retrouver par une étude intime de la nature et une intelligence émue de l'art antique, cette vive et simple éloquence des attitudes, des visages, des draperies qui est, en définitive, la force supérieure de l'art. Ces fresques exquises restent la source claire et pure où dans les heures les plus glorieuses du triomphe, comme dans les jours les plus sombres de la décadence, les artistes savants, fatigués d'être habiles, viendront toujours rafraîchir leur imagination. »

Oui, l'œuvre de Giotto est la source de l'art décoratif en Italie, et c'est pourquoi nous y avons insisté. L'espace nous manque pour décrire celle de ses élèves et de ses successeurs : Taddeo Gaddi (1300-1366) qui fut son héritier dans ses travaux; Stefano son petit-fils, et Giottino, fils de Stefano; Orcagna, Spinello Spinelli, un des plus brillants de cette école, et tant d'autres, qui règlent l'art italien avec autorité, souvent avec despotisme et avec présomption. Ils ne connaissent d'autres rivaux que les peintres de l'école de Sienne qui, à la suite de leur maître Duccio di Buoninsegna, contemporain de Cimabue, leur opposent un art plus idéal, plus poétique, plus riche et plus brillant; les grands maîtres de l'école de Sienne sont Simone di Martino et les frères Lorenzetti, et leurs œuvres qui figurent souvent à côté des plus belles des peintres giottesques, soutiennent sans faiblir la comparaison.

Les peintres toscans ont, en effet, laissé deux grandes entreprises où tous les talents ont été appelés à collaborer; la chapelle des Espagnols à *Santa Maria Novella* de Florence, et le *Campo Santo* de Pise. Parmi les décorateurs de la chapelle des Espagnols on cite Taddeo Gaddi et Simone di Martino. Quant au Campo Santo, il offre l'histoire complète de l'école décorative du XIVᵉ siècle dans le développement de ses murailles abritées par une colonnade. Fr. da Volterra, les Lorenzetti, à qui l'on doit sans doute le *Triomphe de la mort*, le *Jugement dernier* et l'*Enfer*; Orcagna, Antonio Veneziano, Spinelli, etc., ont élevé, par leur talent, un monument unique au monde et qui subsiste encore dans toute sa beauté, pour apprendre à l'univers étonné la grandeur d'un pays qui avait produit, en moins d'un demi-siècle, tant d'illustres artistes. — V. MONUMENTS FUNÉRAIRES.

Pendant ce temps, au nord et au centre de l'Europe, l'architecture ogivale était dans tout son épanouissement. Ses éléments architectoniques, ne laissant que fort peu de places vides et nues, sont peu favorables à la peinture décorative; tout l'art du moyen âge, en France comme en Allemagne, est dans la sculpture et dans les vitraux; c'est là qu'il faut admirer la convenance parfaite de la décoration avec la construction. Les couleurs jouent un rôle important, à l'extérieur comme à l'intérieur de nos cathédrales, mais plutôt en tant que décoration polychrome (V. POLYCHROMIE ARCHITECTURALE). Pourtant on trouve quelques figures, dans un style tout byzantin, roide et froid; les physionomies sont grimaçantes, les profils secs, les étoffes à plis parallèles, la perspective réduite, sinon nulle. Ces figures sont le plus ordinairement isolées. Il existe pourtant, mais en très petit nombre, des essais de décoration complète par la peinture, qui ont dû paraître bien insuffisants à côté des beaux intérieurs où les voûtes, les colonnes, les statues, recouvertes de teintes rouges, bleues, vertes et or, accompagnaient si bien les chaudes lumières tombées des vitraux. L'église de Saint-Savin, près de Poitiers, a conservé de curieuses peintures du XIIᵉ siècle représentant des sujets de l'Ancien-Testament : l'*Offrande de Caïn et d'Abel*, l'*Ivresse de Noé*, la *Tour de Babel*, la *Mort d'Abraham*, la *Fuite en Égypte*. Mérimée a porté sur cette décoration les critiques suivantes, qui peuvent s'appliquer à la plupart des œuvres de cette époque : « Les couleurs, dit-il, ont été appliquées par larges teintes plates, sans marquer les ombres, au point qu'il est impossible de déterminer de quel côté vient la lumière. Cependant, en général, les saillies sont indiquées en clair et les contours accusés par des teintes foncées; mais il semble que l'artiste n'ait eu en vue que d'obtenir ainsi une espèce de modelé de convention, à peu près tel que celui qu'on voit dans notre peinture d'arabesques. Dans les draperies, tous les plis sont marqués par des traits sombres quelle que soit la couleur de l'étoffe. Les saillies sont accusées par d'autres traits blancs, assez mal fondus avec la teinte générale. Il n'y a nulle part d'ombres projetées, et quant à la perspective aérienne ou même à la perspective linéaire, il est évident que les artistes de Saint-Savin ne s'en sont nullement préoccupés. »

La peinture murale était évidemment considérée comme un art inférieur. D'ailleurs, ces œuvres ont d'autant moins d'intérêt qu'elles sont, comme toujours dans l'art ogival, anonymes. Les moines n'ont jamais signé, par humilité, et, depuis le XIIIᵉ siècle, les laïques, les francs-maçons ont suivi cet exemple parce qu'ils travaillaient par association. En Allemagne, on a retenu les noms de deux maîtres de l'école de Cologne, Wilhelm et Stéphan (ne sont-ce pas seulement deux prénoms?) qui, à la fin du XIVᵉ siècle, ont décoré la cathédrale de Cologne.

Au XVᵉ siècle, les cathédrales ogivales reçoivent souvent une décoration d'arabesques qu'accompagnent assez rarement des figures. Ces arabesques représentent, au milieu de nervures légères, des oiseaux, des rinceaux de feuillages, de petits animaux plus ou moins fantastiques, des damiers à carrés bleus et rouges, or et noir. On peut faire rentrer aussi dans la peinture murale la décoration de l'église Saint-Jean-des-Vignes, à Soissons, dont les

murs intérieurs étaient entièrement peints en imitation d'étoffes et de tentures écarlates, bleues, jaunes et vertes. Dès les premières années du XVᵉ siècle, l'invention de la peinture à l'huile par Van Eyck, invention qui se propagea rapidement en France et en Italie, vint détourner beaucoup de peintres de la peinture murale, à laquelle elle ne pouvait s'appliquer, en créant la peinture de chevalet. On n'avait fait usage jusque là, que de la détrempe et de la fresque, les procédés de l'encaustique étant perdus, et, comme conséquence de ce changement important, les sujets se modifient, deviennent plus naturalistes, plus intimes, la peinture de genre est créée. Dans la peinture religieuse elle-même, la conception s'élargit et s'élève. Memling, au nord, et Fra Angelico, en Italie, sont les derniers et peut-être les plus illustres adeptes du mysticisme. Le couvent de Fiesole et celui de *San Marco*, à Florence, sont remplis de chefs-d'œuvre de Fra Angelico, peints à fresque sur leurs murs. Après lui, sous l'influence des peintres du Nord, dont les tableaux arrivaient en Italie et y étaient appréciés, les peintres du Midi sont plus naturalistes, et s'assimilant les procédés étrangers qu'ils développent avec leur intelligence artistique et l'imagination propre aux Italiens, ils réalisent aussitôt un progrès immense. Il y a loin des peintres giottesques à leurs successeurs immédiats : Masaccio, P. Ucello, Fra Filippo Lippi. Ceux-ci ont compris autrement la composition : leur manière est large, l'air circule librement, les mouvements sont sobres, naturels, les physionomies sont plus vivantes; leurs apôtres sont des hommes du peuple, leurs madones sont des mères. Ils annoncent déjà Raphaël.

Cependant, pour arriver à cette perfection, il faut encore une transition. Elle est marquée, dans la seconde moitié du XVᵉ siècle, par d'illustres artistes : Gozzoli, qui passa quinze ans à peindre au Campo Santo de Pise, vingt-deux compositions à la fresque; Verrocchio, dont l'école tint longtemps le sceptre de l'art en Italie, et qui fut maître de Lorenzo di Credi et de Léonard de Vinci, Botticelli, Filippino Lippi, qui fut un décorateur très fécond; Ghirlandajo, un des plus grands artistes du XVᵉ siècle, le maître de Michel Ange. Tous ceux-ci sont des Florentins; nous savons que cette ville restait toujours le centre du mouvement littéraire et artistique. Cependant les autres villes italiennes s'inspirent de leurs exemples et rivalisent avec eux par des artistes de génie. Nous citerons Luca Signorelli, de Cortone, à qui l'on doit l'admirable décoration de la cathédrale d'Orvieto; Pietro Vanucci, de Pérouse, dit le Pérugin, le maître de Raphaël, qui eût avec Ghirlandajo la plus grande part dans la décoration première de la *Chapelle sixtine*, à Rome, où devaient s'illustrer leurs élèves immortels; Mantegna, de Padoue, le coloriste brillant et audacieux, qui annonce Corrège et Paul Véronèse, enfin, Francia de Bologne, peintre, orfèvre, nielleur, ciseleur, émailleur, sculpteur en médailles, qui n'aborde que tard la peinture murale, mais qui donne des chefs-d'œuvre. Il fut aussi, par son élève Timoteo Viti, un des maîtres et des précurseurs de Raphaël. Aussitôt après ces grands artistes s'ouvre la période féconde qui est considérée comme l'apogée de l'art moderne avec Léonard de Vinci, Michel Ange, Raphaël, le Tintoret, Titien, Paul Véronèse. Léonard de Vinci ne nous a guère laissé qu'une œuvre décorative importante, mais c'est une page capitale. Elle orne le réfectoire du couvent de Sainte-Marie-des-Grâces, près de Milan, et représente la *Cène*. Peinte à l'huile sur le mur même, cette composition célèbre avait déjà besoin de réparations, moins de cinquante ans après son achèvement. Mutilée par le percement d'une porte dans ce mur et par les troupes françaises en 1796, elle est presque effacée aujourd'hui. Léonard travaillait lentement et mit, dit-on, neuf ans à peindre la *Cène*.

Léonard de Vinci avait été chargé de décorer un des côtés de la salle du conseil, à Florence; on donna l'autre à Michel Ange. Les cartons de ces peintures ont seuls été faits, un fragment de celui de Léonard nous est parvenu, mais celui de Michel Ange a été détruit par une main malveillante peu d'années après son exécution. L'admiration qu'il avait excitée valut à Michel Ange de nombreuses commandes. Il sculptait d'ailleurs plus facilement qu'il ne peignait et c'est dans le dessein de lui être absolument désagréable, que Bramante lui fit confier le plafond de la Chapelle sixtine, qui se trouvait à côté des belles pages de Luca Signorelli, de Ghirlandajo et du Pérugin. Michel Ange les éclipsa. Il peignit sur le plafond même différentes scènes de l'Ancien Testament, et, à la naissance des voûtes, des prophètes et des sibylles qui sont le dernier mot de l'art grandiose et sévère. Trente ans plus tard, après le siège de Rome, après la prise de Florence, qu'il avait défendue comme ingénieur, Michel Ange peignait au fond de la chapelle sa grande fresque du *Jugement dernier*, qui dépasse, par l'énergie de l'expression, tout ce que nous connaissons de la peinture. L'artiste n'eût-il laissé que cette décoration de la Chapelle sixtine, qu'elle suffirait à sa gloire.

La grande œuvre de Raphaël est la décoration du Vatican, qui lui fait d'autant plus honneur, qu'il eût à surmonter de sérieuses difficultés résultant de la disposition des lieux. Les grandes fresques font partie de tout un système décoratif où figurent de petites compositions en grisailles et des arabesques qui sont, pour l'exécution, dues à ses élèves, surtout à Polydore de Caravage et à Jean d'Udine. Dans les premières chambres, il a retracé la *Dispute du Saint-Sacrement*, l'*Ecole d'Athènes*, la *Poésie*, la *Jurisprudence*, puis, dans les salles suivantes avec une composition mystique sur la *Messe*, des scènes plus réalistes : *Héliodore*, *Attila*, l'*Incendie du bourg Saint-Esprit*, la *Délivrance de saint Pierre*, et enfin, la *Bataille de Constantin*, achevée par ses élèves; cinquante deux fresques ornent ensuite les galeries ou *loges* qui ne sont pas moins célèbres sous le nom de « loges de Raphaël »; mais il y a peu travaillé lui-même, ce sont ses élèves qui les ont exécutés d'après des esquisses à la sépia. La part la plus importante dans cet ouvrage revient à Jules Romain, le meilleur élève de Raphaël.

Un banquier, Augustin Chigi, avait demandé au maître de décorer sa maison, connue à Rome sous le nom de *la Farnésine*. Raphaël paraît avoir pris un plaisir particulier à cette entreprise qui le reposait sans doute des sujets bibliques. Il y a peint à fresque l'*Assemblée des dieux*, les *Noces de l'Amour et de Psyché* avec plusieurs petits sujets, et le *Triomphe de Galatée*, que l'artiste estimait une de ses meilleures pages.

Le Corrège est digne d'être mis à côté de ces grands maîtres, à la hardiesse de Michel Ange, qu'on admire dans ses peintures pour l'église Saint-Jean, il joint la grâce de Raphaël, et souvent des esprits éclairés ont mis son tableau de la *Nuit* au-dessus de tout ce que l'art a produit de plus beau, au-dessus même des plus belles inspirations de Raphaël. Son œuvre décorative la plus complète est l'*Assomption de la Vierge*, pour la coupole de la cathédrale de Parme.

Cette seconde période de l'histoire de la peinture décorative en Italie se termine avec Paul Véronèse qui nous semble le décorateur par excellence. Son coloris est un éblouissement, et ces merveilles architecturales où s'accumulent les riches vêtements, les vases précieux, les marbres et les fleurs, les singes et les oiseaux au brillant plumage, sont bien faites pour servir de cadre aux fêtes et aux festins somptueux. Le sujet même disparaît le plus souvent au milieu de cette richesse de détails, mais qu'importe! comme le dit si bien M. René Ménard, P. Véronèse n'est ni un mystique, ni un philosophe; il se contente d'être un admirable peintre, et quel est celui qui ne se trouvera désarmé en face de son œuvre, comme l'Aréopage devant Phryné?

L'art italien décroît rapidement à la fin du XVIe siècle malgré les efforts des Carrache et de leurs élèves. La dé-

coration du palais Farnèse à Rome, due à Annibal Carrache, les fresques de Monte Cavallo, par le Guide et la chapelle du Trésor, à Naples, commencée par le Dominiquin, montrent que l'impulsion reçue des grands maîtres de la Renaissance ne s'était pas encore tout à fait arrêtée; mais au XVIIe siècle la décadence est complète, et reste pour l'Italie, irrémédiable. A défaut de grands peintres, on compte pourtant encore des décorateurs habiles, parmi lesquels Pietro de Cortone, qui vint en France, et Tiepolo, qui vécut longtemps en Espagne.

Dans les Pays-Bas, comme en France, comme en Espagne, l'art décoratif n'existe pour ainsi dire plus, ou tout au moins il n'a plus de destination fixe; les peintres exécutent des toiles qu'on accroche ensuite, si on le veut, au mur. Encore les peintres hollandais n'ont-ils donné que des tableaux de chevalet; parmi les flamands, Rubens seul a fait de la peinture décorative, et malgré la puissance d'expression des toiles de Vélazquez, Al. Cano, Zurbaran et Murillo, il est difficile d'attacher à l'école espagnole une grande importance à ce point de vue spécial.

Comme Paul Véronèse, dont il a une partie des défauts et des qualités, Rubens est un grand décorateur, bien qu'il n'ait jamais fait de peinture murale proprement dite; son originalité puissante, sa hardiesse toujours heureuse, son coloris inimitable lui font pardonner sa précipitation poussée à la négligence. Sa peinture vit de mouvement, pour ne pas dire de violence, et bien qu'une dignité calme semble être une des conditions du décor, on n'en est pas choqué. Il est curieux de voir comment il comprenait, par exemple, l'art religieux; dans le genre historique son œuvre la plus importante est la décoration de la *galerie du Luxembourg*, commandée par *Marie de Médicis*.

La France suit de loin le mouvement artistique de l'Italie. Au XVIe siècle elle est soumise à l'influence de ce pays, au XVIIe elle se suffit à elle-même avec une originalité propre. Simon Vouet, peintre de second ordre, est le chef de cette école dont la manière large et facile semble faite pour la décoration. Lesueur, Lebrun, Mignard, furent ses élèves. Lesueur est à coup sûr le plus grand peintre de cette période ; il se rapproche de Raphaël par le goût et les tendances, et ses compositions de la *Vie de St-Bruno*, s'élèvent pour la correction du dessin et la fraîcheur du coloris, à la hauteur des maîtres de la Lombardie et de Rome. Il a laissé aussi de charmantes scènes mythologiques pour la décoration de l'hôtel Lambert.

Le goût personnel de Louis XIV pour le grandiose lui fit préférer Lebrun qui eut la haute main sur la décoration si importante du XVIIe siècle. Il faut reconnaître que par son influence, l'art décoratif prit une grandeur extraordinaire, selon l'expression de Vitet, et présenta un spectacle imposant dont les yeux furent éblouis. La décoration de la galerie des glaces à Versailles, et celle de la galerie d'Apollon au Louvre sont les œuvres principales accomplies sous la direction de Lebrun. Il avait peint pour être reproduits en tapisseries des Gobelins quatre grandes compositions sur *la Vie d'Alexandre* qui peuvent être comprises par leurs dimensions et leur destination, dans l'art décoratif. L'une d'entre elles, la *Tente de Darius*, est considérée comme son chef-d'œuvre. Van der Meulen et Jouvenet ont collaboré à son œuvre décoratif pour une part importante.

Mignard est le rival de Lebrun et le rival heureux, car il lui survécut, lui succéda dans tous ses emplois et fit prévaloir ses idées. C'est à lui qu'on doit la coupole du Val de Grâce, représentant le *Paradis* avec plus de 200 figures trois fois grandes comme nature. Plus soucieux de l'effet immédiat produit sur le public que de l'avenir de son œuvre, il avait rehaussé sa peinture à l'aide de la sanguine, qui disparut quelques années après au contact de l'air.

Les derniers peintres décorateurs de cette époque, Lafosse, Lemoyne, sont bien inférieurs à leurs prédécesseurs. Au premier, on doit la coupole des Invalides; au second le célèbre plafond du salon d'Hercule à Versailles, la composition la plus importante qu'on ait tentée en France. Elle a plus de vingt mètres de côté et comprend cent quarante deux figures. L'influence de Piétro de Cortone y est déjà sensible. Cet artiste italien venu jeune en France, travaillait avec une facilité excessive qui précipita certainement la décadence complète de la grande peinture décorative sous Louis XV.

Mais en revanche, dans cette société du xviiie siècle, si élégante, si luxueuse, si galante, si frivole, un art décoratif nouveau se fonde, un art intime qui s'étend en plafonds, en trumeaux, en panneaux, en médaillons, en dessus de portes, dans les hôtels et dans les *petites maisons*, qui s'empare même du mobilier, accapare les couvercles d'épinettes, les écrans et les vantaux des petits meubles. Certes cet art est un art de décadence, mais on ne peut nier sa parfaite convenance décorative avec le mobilier, le costume et l'esprit même du temps. La société du xviiie siècle est la seule en Europe qui ait su créer dans ses intérieurs un ensemble homogène et original comprenant toutes les branches de l'art. Ce sont là de grandes qualités, les premières, peut-être, puisqu'elles ont seules un côté utile. Par suite, est-on bien assuré de rester dans le vrai, lorsqu'en se plaçant de très haut, on les juge sévèrement ?

Quoi qu'il en soit, l'œuvre des peintres décorateurs de la régence et du règne de Louis XV est importante, et elle est due surtout à ceux qu'on a appelé depuis *les peintres de fêtes galantes* et *les peintres de pastorales*. Les maîtres de fêtes galantes sont Ant. Watteau, élève de Gillot, Lancret, Pater; ceux de pastorales sont Fr Boucher, Baudoin, Fragonard, peintres élégants, faciles, d'une fécondité prodigieuse, dont la touche spirituelle, légère et brillante devait plaire surtout aux femmes. Décadence soit, mais décadence charmante comme décoration et qui mettait encore l'école française à la tête du mouvement artistique du xviiie siècle.

Sous Louis XVI, l'influence d'idées nouvelles et d'une direction gouvernementale plus calme se fait déjà sentir. Dans la décoration intérieure on voit apparaitre des tableaux de paysages sans figures, de marines, accompagnés des attributs des sciences exactes et de la géographie. Vien tente en même temps une réforme capitale, fondée sur l'étude des chefs-d'œuvre du passé et l'observation de la nature, et, s'il ne sait pas toujours mettre à exécution ses théories, il prépare du moins le grand mouvement auquel préside Louis David. Celui-ci est un peintre décorateur. Ses grandes toiles, pleines de vie et de mouvement, bien que froides en apparence parce qu'il appliquait souvent à la peinture les principes de la sculpture, sont bien de la peinture murale et on les verrait plutôt dans nos palais que dans nos musées. *Le couronnement de Napoléon Ier*, par exemple, qui décore une salle du palais de Versailles, est une page magistrale. En vue du genre qui nous occupe, puisque ses œuvres les plus connues n'ont pas été placées dans des monuments, nous devons surtout constater son influence dans ses élèves, et parmi ceux-ci il n'en est pas de plus important que Ingres, bien que Girodet, Gérard et Gros aient fait preuve du plus grand talent. Le plafond d'*Homère* est le signal de cette renaissance, pour laquelle Ingres et ses élèves vont chercher des modèles chez les maîtres italiens. Le chef de l'école classique a donné la mesure de son talent dans des œuvres impérissables: le plafond à la détrempe pour le palais de Monte Cavallo, représentant *Romulus vainqueur d'Acron*, les chapelles de Saint-Ferdinand et de Dreux (cartons de vitraux). Il avait commencé au château de Dampierre de grandes fresques : l'*Age d'or* et l'*Age de fer*. Ce travail est resté inachevé, mais les beautés qu'il contenait le rendent digne, parait-il, de l'*Apothéose d'Homère*.

D'autre part, le chef des romantiques, Delacroix, décorait la salle du Trône, les vingt pendentifs et les deux hémicycles de la Bibliothèque à la Chambre des députés, la bibliothèque du Luxembourg, le salon de la Paix à l'Hôtel de ville et une chapelle de l'église St-Sulpice ; après ces grandes œuvres décoratives il faut citer : les plafonds du Louvre, signés des noms de A. de Pujol, Heim, Signol, Picot, les galeries de Versailles, les grisailles du palais de la Bourse, les salles des Tuileries et de l'ancien Hôtel de Ville, la décoration de la plupart de nos églises et en dernier lieu celle si importante de l'Opéra et du Panthéon. Nous tenons à citer encore trois noms célèbres de ce siècle : P. Delaroche, le peintre de l'Hémicycle du palais des Beaux-Arts et H. Flandrin que ses peintures à la cire, pour l'église St-Germain-des-Prés, et la *Procession des saints* dans la frise de l'église St-Vincent de Paul ont mis peut-être à la tête des artistes contemporains. Quant à Horace Vernet, dont le talent, inférieur comme art, est si populaire, c'est à Versailles qu'il faut l'admirer. Lui aussi avait le sentiment de la décoration élevé à un très haut degré et il devra au choix de ses sujets et à ses concessions pour le goût peu éclairé de son époque, l'indifférence qui, plus tard, s'attachera sans doute à son œuvre, dont la valeur est cependant très réelle.

Actuellement deux courants semblent établis en France dans la peinture décorative; plusieurs peintres de talent recommandent avec raison la simplicité dans le style, les couleurs claires, l'air et le calme ; d'autres prônent l'énergie de la couleur et du mouvement, et partis de ce principe en apparence faux, ont produit des œuvres excellentes. Nous ne pouvons prendre parti entre ces deux théories sans entamer une polémique que notre cadre restreint ne comporte pas. — C. DE M.

Peinture à l'aquarelle. L'aquarelle est un genre de peinture sans empâtement que l'on exécute à l'eau très peu gommée, chargée de couleur légère et très transparentes ; c'est pour cela qu'on l'appelle *lavis*, parce qu'on délave pour ainsi dire toutes les couleurs et qu'on les étend d'eau, en sorte que cette eau n'est que teinte. La différence entre l'*aquarelle* et l'*enluminure* consiste en ce que celle-ci n'est qu'une teinture variée superposée sur des estampes, tandis que l'aquarelle est apposée sur le papier nu et que le dessin et les effets sont l'ouvrage d'une seule main.

Le trait ayant été arrêté sur le papier, on prend avec le pinceau beaucoup de couleur bien délayée pour établir les grandes masses tout à plat sans s'occuper des détails. Pour obtenir les demi-teintes légères on trempe le pinceau dans l'eau sans reprendre de couleur, et on étend en approchant des lumières la masse déjà établie jusqu'à ce qu'elle s'accorde doucement avec le blanc du papier. On sent bien qu'il faut opérer promptement pour ne pas laisser à la couleur le temps de sécher. Ce lavage grippe le papier. Il faut donc avant d'y procéder, surtout quand on veut faire un dessin fini et agréable, tendre le papier sur une planche en le collant sur les bords.

Quand les masses sont établies, on passe aux détails. On tient à côté de soi un morceau de papier sur lequel on essaie ses teintes avant de les porter sur le dessin. On adoucit et on fond les teintes en prenant dans le pinceau de l'eau sans couleur. On finit par frapper les touches. Quelquefois on fait des touches à la plume. On peut suivre une marche inverse, c'est-à-dire établir d'abord les détails et glacer ensuite les masses par dessus. Ce procédé donne plus de brillant et de transparence au dessin.

Le dessin au lavis est prompt et expéditif, et les ouvrages faits dans ce genre sont fixés à l'instant même où ils sont secs. Ils ne craignent pas le frottement comme les dessins au crayon relevés de blanc.

Papier. L'espèce et la qualité du papier sont d'une grande importance dans ce genre de peinture. Aujourd'hui, c'est le papier connu sous le nom de *Whatman* qui est employé le plus généralement, mais il y en a beaucoup d'autres; nous en avons nommé quelques-uns au mot PAPIER. On est dans l'usage lorsqu'on tend le papier, soit sur la planchette, soit sur le stirator, d'imbiber par derrière la feuille avec une eau légère d'amidon.

Pinceaux. On doit en ce genre de peinture se servir plutôt de gros que de petits pinceaux pour les fonds. On fera bien de les choisir carrés; et pour les carnations et les objets délicats on les prend de petit gris. Il faut, après qu'on a fini, les bien laver et les tenir toujours nets.

L'emploi exclusif des trois couleurs élémentaires qu'on peut se procurer avec le jaune indien, le rouge de garance et le bleu de lazulite épargnerait bien des soins et diminuerait le nombre infini des couleurs matérielles que les aquarellistes étalent sur leur palette. Ils y trouveraient de plus l'avantage d'avoir fixes, et durables, toutes les teintes qui résulteraient de ces trois couleurs génératrices et solides. Ils auraient aussi par le mélange de ces trois couleurs cette teinte neutre qu'on appelle aujourd'hui *teintre neutre de Newman*, et qui sert à achromatiser les couleurs pour produire, comme par glacis, soit les ombres, soit les ombrages, soit les obliquités.

Nous ne nous arrêterons pas davantage aux couleurs d'aquarelle. Celles du commerce sont, en général, très bien préparées et se délaient facilement. Cependant nous devons faire quelques réserves au sujet des couleurs dites *moites* récemment inventées et dont la vogue s'est vite emparée à raison de leur extrême facilité à se délayer. Ces couleurs, qui se vendent en godets ou bien en tubes comme les couleurs à l'huile, n'ont pas plus de consistance que ces dernières. Ce n'est pas cela que nous leur reprochons; mais à raison même de leur viscosité, les débutants sont trop souvent tentés de les employer pour ainsi dire telles quelles sans les tremper d'eau; et dès lors le résultat de leur peinture n'est plus de l'aquarelle, mais bien une véritable gouache sans transparence et formant épaisseur sur le papier; ce qui est absolument contraire au principe esthétique absolu de l'aquarelle.

Peinture à la colle ou détrempe. La peinture à la colle est appelée aussi *détrempe* (du mot italien *tempera*) parce que, dans cet espèce de procédé, on détrempe avec de la colle liquide les couleurs broyées à l'eau simple.

Ce genre de peinture est le plus ancien de tous; mais il n'est pas le plus facile, parce que la dessiccation des couleurs ayant lieu très promptement, le peintre dispose de fort peu de temps pour fondre et lier les teintes. Aussi ne doit-il être pratiqué que par des mains habiles et par des artistes sûrs de leur fait.

La peinture à la colle ou en détrempe est très lumineuse; mais elle est bornée dans les tons bruns ou obscurs, parce que la lumière se réfléchit sur les molécules composant les couleurs brunes ou obscures. Cette réflexion est au contraire favorable aux couleurs claires, qui se trouvent ainsi très illuminées. Les bruns de la détrempe ne paraissent donc très bruns que dans leur état frais et avant leur dessiccation.

Pour rendre facile l'emploi de cette espèce de peinture, il faudrait rendre l'eau ou le liquide moins prompt à se volatiliser; il faudrait encore maintenir longtemps en état d'humidité le support ou subjectile quel qu'il soit : toile, bois, mur, etc.

La solidité d'une détrempe bien traitée est très grande; sa durée égale celle de la fresque et elle résiste même aux injures de l'air. On voit des peintures en détrempe exposées à l'air et qui datent de cinq à six siècles. On objectera peut-être que ces anciennes détrempes sont des espèces d'encaustique et que la cire y était mêlée à la colle; toujours est-il incontestable que l'Italie conserve de ces sortes de peintures dont la date est très reculée.

En outre, les colles et les gommes sont conservatrices des couleurs, tandis que l'huile que l'on croit si solide, si inattaquable est peut-être moins durable.

Pourquoi donc les peintres ont-ils délaissé la détrempe? C'est qu'elle exige de l'habileté, et, quoique le procédé soit expéditif, du temps pour parvenir à la perfection dont il est susceptible. S'il existe des morceaux de peinture exécutés en détrempe, séduisants par la vérité et l'éclat, il en existe beaucoup aussi dont le travail manque de cohésion, de souplesse et qui perdraient à être vus de trop près. Quant aux vastes peintures, aux représentations panoramiques scéniques, aux décorations de toutes sortes, c'est là précisément le procédé qu'elles réclament.

Pour la peinture en détrempe sur toile, Félibien voulait que l'on choisît de la toile vieille à demi usée et bien unie. Il donnait pour raison qu'elle était plus douce et qu'on n'était pas obligé d'y mettre plusieurs couches de colle qui, dans la suite, pouvaient fendre et écailler la peinture. Cependant, des artistes qui ont une égale expérience de la détrempe sur toile que sur plâtre croient que la toile neuve est préférable. Quoiqu'il en soit, quand la toile est bien tendue sur châssis, il faut, surtout si elle est neuve, la frotter avec de la pierre ponce pour en enlever les nœuds et les inégalités et la préparer à bien recevoir la peinture. On l'imbibe ensuite avec de la colle chaude que l'on passe partout avec une grosse brosse; et quand la colle est sèche on y repasse la pierre ponce. Il faut ensuite imprimer la toile d'une couche de blanc de craie avec de la colle. Quand cette préparation est sèche on y passe-encore la pierre ponce. Si la toile était fort claire il faudrait coller du papier par derrière.

Lorsqu'on peint en grand et qu'on a à faire de larges masses, on ne se sert pas de la palette, mais on détrempe la teinte dans des godets ou écuelles de terre vernissée avec l'eau de colle nécessaire. On fait l'épreuve de la teinte sur des carreaux de plâtre ou sur des planches préparées comme le fond, ou sur du gros papier blanc, afin d'être sûr de l'effet qu'elle doit produire étant sèche. On applique toujours les couleurs un peu plus que tièdes; aussi il faut les mettre de temps en temps sur un petit feu ou sur les cendres chaudes pour les entretenir dans un état de liquidité. On y ajoute un peu d'eau pure quand la colle devient trop épaisse. Il faut aussi avoir l'attention de remuer chaque fois la couleur dans les godets avant de la prendre à la brosse, parce qu'elle se précipite aisément.

Une observation très essentielle, c'est que les teintes doivent toujours être tenues extrêmement hautes et vigoureuses, parce qu'en séchant elles s'affaiblissent au moins de moitié. On ne craindra donc pas de pousser trop au noir en travaillant, car si l'on n'a pas la hardiesse d'outrer la vigueur du ton, on peindra faible et gris. Il faut savoir que les terres brûlées changent moins que les autres, et que la laque non plus que les noirs ne changent point du tout. Mais l'expérience en apprendra plus à cet égard que tous les préceptes.

Une règle générale et dont il ne faut point s'écarter, c'est que la détrempe ne veut pas être fatiguée, et ne souffre pas que l'on repeigne par dessus avec d'autres couleurs que celles qu'on a employées dans le même endroit, parce que celles de dessous, venant à se détremper, se mêleraient avec celles qu'on appliquerait de nouveau et en détruiraient la teinte; d'où il résulterait des tons bizarres, sales et désagréables. La belle détrempe demande à être peinte au premier coup. Comme elle sèche très vite, si l'on ne travaille pas d'une manière prompte et expéditive et si l'on ne connaît pas parfaitement l'effet qui doit résulter des teintes que l'on emploie, on risque de faire un ouvrage d'une très mauvaise exécution. Ce procédé est, à cet égard, plus difficile que la peinture à l'huile.

Pour les peintures de petite dimension, on essaie l'effet des couleurs sur un morceau de terre d'ombre ou sur un morceau de craie, ou bien encore sur une tuile chaude, ce qui fait connaître aussitôt la teinte telle qu'elle sera à l'état sec, car ces substances absorbent l'humidité de la teinte dès qu'elles la reçoivent; et il arrive souvent que deux teintes différentes l'une de l'autre quand elles étaient mouillées deviennent semblables quand elles sont sèches.

Peinture en émail sur **porcelaine.** La peinture en émail sur métaux a été étudiée au mot Emaillerie, § *Emaux*; il nous reste à parler ici uniquement de la peinture sur porcelaine ; au mot Faïence il est question de la *peinture en émail sur terres cuites* et au mot Lave de la *peinture en émail sur lave.*

Chacun sait que le peintre sur porcelaine, après avoir calqué et tracé d'abord ses contours au crayon, qui adhère sur la couverte par l'effet d'un frottis d'essence desséchée, puis avec une laque végétale qui se détruit à la cuisson, fixe ses couleurs sur l'émail à l'aide d'une huile volatile rendue plus ou moins visqueuse, et dont la ductilité et la lente évaporation permettent la fusion et le facile maniement des couleurs. Comme il n'y a point à craindre de jaunissement, puisque le feu anéantit le résidu résineux qui maintient la couleur ainsi liquéfiée, ce moyen est sans inconvénient sous le rapport des teintes. Cependant nous verrons que certaines précautions sont à prendre, quant à l'emploi de l'huile volatile. La peinture en porcelaine est donc une espèce de lavis, que l'on monte au ton désiré à l'aide de couches successives.

L'embarras qu'éprouvent les peintres en employant des couleurs qui, lorsqu'ils les apposent sur l'émail de la couverte, offrent des teintes plus ou moins différentes de celles que le feu doit développer, n'est pas aussi grand qu'on pourrait le penser.

C'est la couleur rose qui diffère le plus de toutes les autres, avant et après la cuisson parce qu'en effet, elle est d'un violet sale lorsqu'on l'appose; mais le peintre s'accoutume bientôt aux prévoyances nécessaires relativement à ces couleurs. Au surplus, on doit remarquer que les peintres à la colle, à fresque, etc., sont dans le même cas; c'est-à-dire ont à prévoir un effet diminué de moitié dans la gamme des intensités. Quant aux peintres sur porcelaine, ils ont à prévoir, au contraire, un effet augmenté de moitié. Il était donc naturel d'imaginer de teindre chaque poudre colorante de la nuance même qu'elle doit recevoir au feu et on a essayé cet expédient. Mais il a été plus embarrassant pour les peintres que l'inconvénient qu'on voulait prévenir. On laisse donc aux matières leur teinte propre et telle qu'elle est avant qu'elle ne s'embellisse au feu.

Une des difficultés de la peinture en émail sur porcelaine, c'est d'obtenir l'égalité du glacé ou du lustre. Souvent des peintres peu exercés, lorsqu'ils veulent représenter des tons légers ou faibles, emploient des couleurs destinées à des tons forts et à des teintes chargées, et ils délayent ces couleurs avec beaucoup de liquide ou d'essence; mais les teintes qui en résultent n'en sont pas moins mates et non lustrées. Quelquefois aussi, le peintre emploie plus de fondant, afin d'obtenir plus de glacé; mais s'il y a excès, la couleur s'écaille au feu. L'artiste doit donc tout calculer en vue de l'égalité du glacé; car lorsque la pièce est sortie du moufle pour la dernière fois il n'y a plus à y revenir. Au reste, il importe d'éprouver souvent sur des échantillons mis au four l'effet des couleurs et des fondants. Sur chaque échantillon ou morceau de porcelaine pris à l'essai, on dépose à part une touche de carmin, parce que cette couleur se développant à un faible degré de chaleur, le peintre voit si le feu a été assez fort pour l'épreuve.

D'autres échantillons font connaître encore les

couleurs qui écaillent, celles qui glacent, etc. En général, il faut tâcher d'arriver tout de suite au degré de cuisson suffisant, car une recuite peut gâter l'ouvrage par place; d'ailleurs un feu trop fort délaverait et distendrait trop les couleurs posées par glacis légers comme retouches. Le feu doit donc être plus fort lorsqu'il s'agit des ébauches.

Au reste, le juste rapport de fusibilité entre l'émail ou couverte et les couleurs vitrifiables qu'on appose est d'une grande importance. Chaque couleur sortant de la fabrique porte avec elle son fondant nécessaire ; mais la cuisson peut détruire l'effet qui devrait résulter de ce rapport bien entendu des fondants. La porcelaine de Sèvres par exemple est très dure, et on recherche beaucoup cette qualité de dureté, mais elle est aussi plus difficile à pénétrer par le fondant. Aussi les peintres qui usent de cette porcelaine ont-ils à craindre que le feu nécessaire pour cette fusion fasse écailler les couleurs; cependant ils ne cuisent le plus souvent qu'à deux feux. Les porcelaines du commerce sont moins sujettes à cet inconvénient parce que, étant plus tendres, elles n'exigent qu'un moindre feu.

Nous renvoyons pour les autres détails relatifs au mécanisme ou aux autres procédés pratiques de la peinture en émail sur porcelaine, aux anciens auteurs suivants: Kuncken, Ferrand, Fourcroy, d'Haudiquier d'Ablancourt, Joriot, Milly, Montany, Néri, Petitot, P. de Montabert. Les modernes se trouvent partout.

Peinture à l'encaustique. Encaustique est un mot dérivé du verbe grec Ἐγκαίω qui signifie *brûler*. Les peintres anciens qui pratiquaient cette espèce de peinture étaient appelés, pour la même raison, *encaustes*, mot que nous pouvons traduire par *encausticiens*. C'est ainsi que Lanzi appelle *frescanti* les peintres à fresques que nous appelons *fresquistes*.

De cette étymologie, il résulte que l'encaustique est une sorte de peinture chauffée ou fixée à l'aide du feu après les applications successives des couleurs.

Le plus grand avantage de la peinture encaustique, c'est que ses tons sont inaltérables, et que s'il arrivait que ses teintes éprouvassent un léger jaunissement, les couleurs ne seraient nullement sujettes à un désaccord de clair-obscur. Un autre avantage remarquable de l'encaustique, c'est que le vernis final qui lustre et couvre le tableau, étant composé seulement de cire, permet un nettoiement facile et un lustrage qu'on réitère aussi souvent qu'on le désire. Une troisième qualité qu'on trouve dans la peinture encaustique, c'est qu'on peut rendre certaines parties du tableau ou mates ou diaphanes, à volonté, en sorte que le peintre peut exprimer, et ce qui est aérien et fuyant, et ce qui est vu de proche sans interposition d'atmosphère.

La cire, fixée au feu et associée à certaines résines, doit donc être considérée comme une substance plus solide matériellement, c'est-à-dire plus durable que la peinture à l'huile, celle-ci fût-elle desséchée jusqu'à l'état concret. Comme elle est, d'ailleurs, tout à fait insensible à l'influence de l'humidité, elle adhère plus constamment que l'huile aux corps qui la reçoivent. En outre, elle est plus dense, elle présente plus de cohésion entre ses propres molécules qui se rapprochent et se resserrent par l'effet du lustrage ou poli. Disons, à ce sujet, que la surface extérieure du tableau, surface qui est exposée à l'air, à l'humidité, à la lumière, à la chaleur, au froid et aux chocs, doit être couverte d'une légère épaisseur de cire pure. Quant à l'intérieur, il est fortifié par les molécules des substances colorées; mais en supposant que ces milieux devinssent à la longue friables par la dessiccation, cette couche supérieure de cire pure emprisonne toujours et fixe les couleurs du tableau d'une manière presque inaltérable et des accidents graves peuvent seuls la détruire. Au surplus, les accidents qui surviennent à la peinture à l'huile ne sont pas plus faciles à réparer.

Tous les clairs de la peinture doivent être vifs, resplendissants et quelquefois mats, par l'effet de leur contexture réfringente. Or la cire est précisément la substance qui est la plus propre à produire cet effet, car lorsqu'elle est introduite en quantité suffisante (addition qui peut aisément se faire et à volonté), elle donne aux couleurs claires un éclat doux et une splendeur modérée toute particulière, splendeur à laquelle jamais l'huile ne saurait atteindre et que l'épiderme poudreux, si souvent aride, de la gouache ou du pastel lui-même ne pourrait rendre.

La cire, par la contexture naturelle de ses molécules, produit donc, dans son état ordinaire, une teinte blanche, mate, d'un ton très doux et très lumineux. Si l'on y incorpore du blanc, on obtient un blanc aussi clair que le blanc à la colle, mais plus doux, moins âpre et, par conséquent, plus propre à représenter en leur perspective aérienne les blancs naturels. Quant à la peinture à l'huile, elle n'offre que des blancs sourds et qui, d'ailleurs, perdent peu à peu leur éclat par la carbonisation de l'huile, alors que la cire réfléchit tous les rayons lumineux au lieu d'absorber et d'éteindre l'éclat de la couleur.

Non seulement le mat de la cire est propre à la représentation des corps d'un blanc pur, tels que les linges, etc., mais il l'est encore à exprimer la candeur des carnations et de toutes les substances de couleur lumineuse mais diaphanes. Les ciels, les lointains, les chairs blondes, délicates et transparentes, certaines fleurs même et les fruits sont très bien rendus dans leur caractère au moyen de la cire; enfin, elle peut donner des clairs presque aussi vifs que ceux des couleurs sèches non mêlées avec le gluten. Il est à remarquer encore que les couleurs matérielles deviennent légères et diminuent d'énergie sans blanchir, comme cela arrive dans la peinture à l'huile lorsqu'on veut les éclaircir et que, pour cela, on introduit du blanc. L'importance de ces avantages n'a pas besoin d'être démontrée à ceux pour qui la théorie du coloriste est familière.

Pour qu'un tableau à l'encaustique puisse être

considéré comme entièrement terminé, il faut
non seulement qu'il ait reçu une légère couche
de gluten qui finisse de donner aux couleurs fortes et profondes toute leur transparence, mais il
faut encore, ainsi que nous l'avons dit, que cette
dernière couche de gluten soit garantie au dehors
par une lame suffisamment épaisse de cire pure
et aussi transparente que ce gluten.

Il faut liquéfier la cire à l'eau, en déposer une
couche sur le tableau, la laisser sécher de manière
qu'il en reste une poudre blanche également déposée, puis faire fondre cette poudre en sorte qu'il
existe sur le tableau une lame égale de cire dont
on polit l'épaisseur avec un rasoir, puis on lustre
tout le tableau par un frottement. On peut aussi
amollir la cire en y introduisant, lorsqu'elle est
fondue, quelques gouttes d'huile volatile, prendre un peu de cette pommade sur le pouce et l'é-
tendre sur le tableau en frottant souvent.

— Nous rappelons ici que le procédé de l'encaustique,
familier à toute l'antiquité, était perdu à l'époque de la
Renaissance. Cependant, il fut fait des tentatives individuelles pour le retrouver et nous nous souvenons d'a-
voir vu dans la galerie des princes de Valois une fort
belle *Cléopâtre* du xvi⁰ siècle italien, peinte sur ardoise
par ce procédé. De nos jours, il a été fait de très intéressants essais d'applications de l'encaustique par divers artistes, notamment: MM. H. Cros et Ch. Henry.

Peinture à fresque. La peinture à fresque,
ainsi nommée, du mot italien *fresco* (frais), parce
qu'elle s'exécute sur un enduit encore frais, a
cela de particulier, quant à son matériel, qu'elle
pénètre l'enduit du mur et qu'elle le colore des
mêmes teintes qui ont été apposées à sa surface.
On attribue, pour cette raison, une grande solidité à ce procédé de peinture qui, en effet, est
aussi durable que le support ou subjectile lui-
même sur lequel sont appliquées les couleurs qu'on
lui confie. L'altération de la fresque ne provient
donc, en général, que du changement qu'éprouvent
les matières colorantes par l'effet du temps.

Les modernes ont beaucoup abandonné à fresque,
premièrement parce que le procédé à l'huile sur
mur offre des résultats fort altérables; seconde-
ment parce que la peinture en détrempe est souvent d'une moindre durée que la peinture à fresque; troisièmement, enfin, parce que le procédé
encaustique ayant été négligé, puis perdu, comme
nous le disons ailleurs (V. PEINTURE A L'HUILE),
certains maîtres habiles produisirent, au xv⁰ siècle, des peintures fameuses exécutées par le procédé à fresque.

On a produit peu de peintures à fresque, en
Europe, au xviii⁰ siècle. L'Italie seule semblait
être alors la conservatrice de ce procédé que les
artistes en France et dans tout le Nord ne pratiquaient point. Mais depuis, cependant, on chercha à le renouveler à Paris où l'on peut voir,
dans les églises, un assez grand nombre de peintures exécutées par ce procédé.

Le premier soin de l'artiste, après avoir conçu
sa composition, est de bien examiner l'enduit sur
lequel il doit opérer, de s'assurer de la bonne construction de la muraille ou de la voûte, puisque la
durée de son ouvrage dépend de celle du support

qui doit le recevoir; un faible dommage survenu
dans un mur ordinaire n'exige qu'une faible réparation; mais lorsque cette muraille est couverte
de peinture, le plus faible dommage entraîne, sinon la destruction de l'ouvrage entier, au moins
une dégradation irrémédiable.

La surface d'architecture qui est destinée à recevoir un ouvrage à fresque exige une première
préparation que l'on nomme *crépissage*, c'est-à-
dire qu'elle doit être couverte d'un enduit qui n'est pas encore celui qui recevra la
peinture. Ce crépi se compose ordinairement de
bonne chaux et de sable de rivière; on pourrait,
au lieu de sable, employer de la tuile pilée. Si le
mur est de brique, il saisira de lui-même ce crépi
et le retiendra fortement. Il happera encore bien
le crépi, s'il est construit de ces pierres poreuses,
raboteuses et semées de trous, telles que nos
pierres meulières. Mais s'il est fait de pierres de
taille bien lisses, il faudra y faire des trous, y
ménager des inégalités, des rugosités dans tous
les sens, imiter, enfin, ces surfaces vermiculées
que la nature elle-même donne à certaines pierres.

L'artiste soigneux de sa santé ne commencera
pas son travail avant que ce premier enduit ne
soit bien sec, surtout s'il a été appliqué dans un
lieu fermé ou abrité contre le passage des vents.
Il en sort une humidité dangereuse, et la chaux
exhale une odeur fétide, capable d'attaquer la
poitrine et le cerveau.

Un peintre doit aussi examiner avec attention
l'échafaud qu'il a fait construire. Souvent le maçon négligent aime mieux risquer sa vie que de
prendre tous les soins qui doivent assurer la solidité d'un échafaudage. L'artiste ne doit point partager sa témérité.

Il faut que le crépissage soit assez rude, assez
raboteux pour soutenir par tous les points de ses
rugosités l'enduit qui servira de fond à la peinture. Tous les grains de sable qui en excéderont
la surface, qui en détruiront l'égalité seront autant de clous qui tiendront fortement cet enduit.

On prépare le crépi à recevoir l'enduit en imbibant d'eau le premier en raison de la sécheresse qu'il a contractée. Cette humectation lui
donne ce qu'on appelle « de l'amour », c'est-à-
dire qu'il lui ôte l'aridité impropre à recevoir
les couches d'enduit.

L'enduit est moins grossier que le crépissage. Il
se compose de sable de rivière et de chaux
éteinte depuis un an ou au moins depuis six
mois. L'expérience a prouvé que les enduits faits
de cette chaux ne se gercent pas. Le sable doit
être purifié et le grain d'une médiocre grosseur.
En Italie et particulièrement à Rome, on se sert
de pouzzolane au lieu de sable de rivière et
comme le grain en est fort inégal, c'est avec
beaucoup de peine qu'on parvient à le polir à la
truelle. Une autre difficulté est celle de reboucher les fentes et les crevasses qui se font au
bout de quelques heures. Elle est d'autant plus
grande que cet enduit doit avoir fort peu d'épaisseur. On est obligé de choisir pour cette opération
un maçon habile et l'artiste doit le surveiller lui-

même. Il ne lui fait enduire que la place qu'il est capable de peindre en une journée, condition absolument nécessaire puisque la peinture doit être appliquée sur un enduit frais. Il faut donc que le maçon travaille avec assez de promptitude pour ménager le temps de l'artiste; et cependant il faut attendre que l'enduit ait acquis assez de consistance pour ne pas s'enfoncer sous le doigt. Il faut ôter, avec une hampe de pinceau ou à la truelle ou autrement, les petits grains de sable qui le rendent inégal; il faut enfin, du moins pour les grands ouvrages, en grainer légèrement la surface pour qu'elle prenne mieux la couleur.

Les petits ouvrages exigent une surface plus lisse; on la polit en la recouvrant d'une feuille de papier sur laquelle on passe la paume de la main. Cette pression fait rentrer les parties saillantes dans le corps de l'enduit.

Comme le travail du peintre doit être très expéditif dans la fresque, il ne faut pas qu'il ait à chercher sur l'enduit le trait de ses figures et des autres objets qu'il doit peindre; il faut qu'il l'ait d'abord parfaitement arrêté sur du papier fort de la même grandeur que ce trait doit avoir sur l'ouvrage. Ces dessins occupent ordinairement plusieurs feuilles collées ensemble; on les nomme *cartons*, de l'augmentatif italien *cartoni* (grand papier). Comme ils doivent être appliqués sur un enduit humide, on peut donner à ces cartons l'épaisseur de deux ou trois feuilles de papier collées les unes sur les autres, ce qui n'empêche pas d'exécuter le calque sur l'enduit avec une forte pointe. On applique donc les cartons sur la surface que l'on veut peindre; on passe une pointe d'ivoire ou de bois sur tous les traits en appuyant plus ou moins, suivant l'épaisseur du papier, et ces traits se trouvent gravés sur l'enduit. On remarque sur des fresques d'Italie que cette impression ou gravure du trait est d'une assez grande profondeur; quelquefois on obtient ce trait plus vif et plus profond en employant des cartons découpés dont on suit les contours avec la pointe. D'autres fois, surtout pour des fresques d'une fort grande étendue, au lieu de calquer le trait, on le dessine au carreau ce qu'on appelle *graticuler*. Au contraire pour les petits ouvrages, on ne fait que poncer le trait en le piquant.

On se sert, pour peindre à fresque, de brosses et de pinceaux de poil ferme, assez longs et assez pointus. Il faut éviter de labourer dans le fond du mortier frais. Il faut aussi, comme on l'a dit, ne commencer à peindre que lorsque ce mortier est assez ferme pour résister à l'impression du doigt, sans quoi la chaux, encore trop liquide, empêcherait le pinceau de couler, aucune touche ne pourrait être frappée avec fermeté; tout l'ouvrage serait mou, indécis et ressemblerait à une ébauche sortie d'une main mal assurée. On fait usage de brosses carrées ou plates par le bout pour coucher de grands fonds, mais le poil doit toujours en être fort long.

Avant de commencer à peindre, on prépare toutes les teintes dans des écuelles ou godets de terre, et on les essaye en les faisant sécher sur les carreaux d'un mortier semblable à celui de l'enduit, ou sur des carreaux de plâtre, ou même sur des briques qui absorbent aisément l'humidité. Ces gobelets remplis de teintes doivent être rangés par ordre comme on dispose les teintes sur une palette.

Quand on doit peindre quelque grand fond, on prépare une quantité de teinte générale qui suffise à le faire tout entier; sans cette précaution, on aurait bien de la peine à reproduire assez exactement les mêmes teintes pour que toutes se rapportent parfaitement entre elles, sans qu'on pût savoir où l'une aurait fini et l'autre commencé.

Outre les grandes teintes et les teintes des godets, il faut aussi avoir une palette pour les teintes des parties plus petites et qui exigent plus de soin. La palette du peintre à fresque est de fer-blanc avec des rebords assez élevés et, au milieu, se trouve un petit vase, propre à contenir l'eau dont on a besoin pour humecter les couleurs.

Aussitôt que les teintes viennent à pénétrer dans la chaux, elles s'affaiblissent et perdent une partie de leur vivacité. Il faut donc promptement appliquer l'une sur l'autre plusieurs touches des mêmes teintes et charger de couleurs à plusieurs reprises, car si on quittait une partie pour la reprendre quelques heures après on ne pourrait éviter de faire des taches. Cependant on peut retoucher son ouvrage lorsque l'enduit est encore assez frais et lui donner plus de vigueur, mais ces retouches se font en hachant le premier travail avec une teinte plus puissante que celle de dessous, et qui s'accorde avec elle. Ces hachures faites librement et avec art, donnent une certaine vibration au travail de la fresque. On voit par les peintures antiques qui ont été conservées que cette pratique était en usage chez les anciens. Delacroix qui fit, jeune encore, beaucoup de peinture murale, tira un si bon parti de ce procédé qu'il l'appliqua même à des tableaux de chevalet à l'huile. On peut observer que les fresques étant généralement destinées à être vues de loin, et que la touche en étant posée hardiment, les teintes paraissent toujours assez adoucies lorsqu'elles sont placées les unes auprès des autres, pourvu qu'elles ne soient pas trop discordantes. La masse d'air interposée entre la peinture et l'œil du spectateur noie suffisamment ces teintes et donne à une surface, même heurtée, l'apparence d'un ouvrage bien fondu et fini avec soin.

Ce n'est pas cependant qu'on n'unisse et que l'on n'adoucisse les teintes de la fresque, mais cela ne se peut faire qu'à l'instant où ces teintes sont posées ou du moins avant qu'elles soient embues dans le mortier. On se sert, pour adoucir, de pinceaux de poil de porc mous et un peu humectés. Souvent même le peintre fait usage de ses doigts pour fondre ses teintes, surtout dans les têtes, dans les extrémités et dans toutes les parties qui exigent un travail plus soigné. Il est surtout obligé d'employer ce moyen quand il a trop attendu et que le mortier commence à se durcir. Dans les grandes parties des fonds il faut adoucir sur l'enduit encore assez frais, et l'artiste emploie pour cette opération les ustensiles qu'il trouve le plus convenable d'adopter, et dont l'habitude du travail lui fait sentir la convenance.

Malgré toutes les précautions dont le peintre s'est muni pour travailler sûrement et au premier coup, quoiqu'il ait arrêté d'avance tout l'ensemble de sa composition, quoiqu'il se soit rendu compte de l'effet et de la couleur par une esquisse coloriée qu'il a sous les yeux, quoique par des études soignées et souvent même répétées, il ait tâché d'arrêter irrévocablement son trait et ses masses sur les cartons, il arrive cependant quelquefois que l'ouvrage étant déjà avancé, certaines parties lui déplaisent. Alors il ne lui reste d'autre moyen que de faire abattre l'enduit à l'endroit qu'il veut recommencer et de faire couvrir d'un enduit nouveau.

Quelquefois des peintres, pour s'épargner cet embarras et gagner du temps, ont pris le parti de repeindre à sec sur les premières couleurs; mais il est aisé de sentir que ces nouvelles couleurs ne peuvent plus s'incorporer dans le mortier et que ce travail fait après coup n'est qu'une simple détrempe qui ne durera pas autant que la fresque, et qui n'est pas même praticable pour les ouvrages exposés à l'air et à la pluie. En Italie, on mêle aux couleurs, pour donner plus de solidité à cette détrempe, du lait de figuier.

On retouche aussi la fresque à sec avec des pastels, et pour les parties rouges avec des crayons de sanguine : par ce moyen, il est aisé de pousser l'ouvrage à l'effet le plus vigoureux. Au moment où on le découvre, le spectateur admire la force du coloris, le peintre reçoit les plus grands éloges, le souvenir de ces éloges se perpétue; mais avec le temps, ces couleurs de pastel tombent en poussière et la postérité, qui ne voit plus qu'une peinture blafarde, est étonnée du succès qu'elle a pu obtenir à l'origine. C'est ce qui est arrivé notamment pour le plafond du Val-de-Grâce peint par Mignard. — V. PEINTURE DÉCORATIVE, § *Historique*.

Ainsi toutes les retouches à sec ne peuvent procurer à l'artiste qu'une gloire fugitive à laquelle il survivra peut-être; aussi le genre de la fresque exige-t-il chez celui qui le pratique une hardiesse, une sûreté, une connaissance des effets qui lui permettent d'opérer sans craindre de se repentir le lendemain de ce qu'il a fait la veille, puisqu'il n'est point de lendemain pour cette espèce de peinture. Ce qu'il s'est fixé pour la tâche de sa journée doit être fait sans retour. Cette considération augmente encore l'estime, on peut même dire l'admiration qu'ont méritée les artistes qui se ---ot distingués dans la fresque. C'est dans ce genre aussi, le plus difficile de tous d'après certains historiens que, disent-ils, Michel-Ange et Raphaël se trouvaient le plus à leur aise; et des hommes célèbres par leur connaissance de l'art ont décidé que le dessin de Raphaël est encore plus beau et plus pur dans ses peintures à fresque que dans ses tableaux à l'huile.

Il nous reste à parler des couleurs dont on fait usage pour la fresque. On les emploie comme à la détrempe, avec la différence que dans cette dernière manière elles sont détrempées dans une eau mêlée de colle, au lieu qu'à la fresque, on les détrempe à l'eau pure. Cette sorte de peinture n'admet pour couleurs que des terres naturelles; elle rejette toutes les teintures et toutes les couleurs tirées des minéraux, lorsque le sel de chaux les pourrait faire changer. Il faut regarder comme le pire venin de cette peinture le blanc de plomb, la céruse, les laques, le vert-de-gris et même tous les verts qui ne sont pas de terre, les orpins, le noir d'os, le jaune dit *stil de grain*, et celui de Naples. Elle veut même que les terres qu'elle emploie soient d'une nature sèche, et elle préfère, autant qu'il est possible, les marbres et les pierres qui, bien pilées, peuvent faire une espèce de mortier coloré.

On fait à la fresque un grand usage de blanc de chaux. Il sert pour les carnations et se mêle avec les autres couleurs pour faire les teintes. Il doit avoir assez de consistance pour se tenir sur la palette sans couler. Le blanc de coquilles d'œuf, qui est bon pour peindre à frais, peut servir aussi à faire des pastels pour retoucher à sec. Le blanc de marbre se mêle quelquefois avec la moitié, les deux tiers ou les trois quarts de blanc de chaux. Il faut toujours employer la poudre de marbre blanc avec beaucoup de discrétion, parce qu'elle ternit le blanc de chaux, ce qui arrive tôt ou tard, suivant les différents climats. On a observé que les couleurs à fresque changent moins à Paris qu'en Languedoc et en Italie; peut-être parce que la chaleur est moins grande à Paris ou parce que la chaux y est moins corrosive et par conséquent plus propre à cet usage. Les terres d'Italie conviennent à la fresque. On s'y défie des massicots (oxyde de plomb jaune). Le jaune de Naples peut aussi inspirer de la défiance parce qu'il est minéral. Le P. Pozzo dit pourtant l'avoir employé avec succès dans les lieux fermés; mais il ne l'a point hasardé dans les ouvrages exposés à l'air et on fera bien d'imiter sa circonspection. L'ocre est la meilleure couleur qu'on puisse employer pour le jaune. Il est facile de l'éclaircir et de la réduire à la teinte du jaune le plus tendre en y mêlant du blanc de chaux. Le P. Pozzo nous apprend aussi qu'à Rome on emploie dans la fresque deux terres jaunes, dont l'une est d'une nuance extrêmement foncée, et dont l'autre tire sur le jaune clair. Toutes deux sont excellentes et ne cèdent en rien à l'éclat du plus beau safran, lorsqu'on sait les mêler à propos dans les draperies. Il ajoute que dans d'autres endroits d'Italie on trouve des terres jaunes qui ont à peu près les mêmes qualités (c'est des environs de Venise que l'on tire l'ocre appelée *terre d'Italie*).

Rappelons d'ailleurs, que pour un peintre coloriste le ton propre d'une couleur n'a aucune importance, car, par le contraste des couleurs juxtaposées, il saura produire avec un ton boueux l'illusion de la carnation rose la plus fraîche, comme Delacroix en a fourni une preuve célèbre dans la coupole du Luxembourg.

Dans l'ancienne *Encyclopédie du XVIIIe siècle*, Watelet a imprimé que le cinabre, quoique de la classe des minéraux, peut être employé dans les draperies en le préparant de la manière suivante:

« Mettez du cinabre en poudre dans un vase de terre et jetez par dessus de l'eau de chaux prise au moment qu'elle bout encore par l'effervescence de la chaux vive qu'on y a jetée; choisissez la plus claire et la plus nette. Décantez ensuite cette eau de chaux sans troubler le cinabre et remettez plusieurs fois de nouvelle eau de chaux semblable à la première, après avoir plusieurs fois aussi vidé celle que vous y avez mise. Il faut acheter le cinabre en morceaux. Celui qui est réduit en poudre en état de vermillon est souvent falsifié ».

Le vitriol romain calciné au four est, suivant le P. Pozzo, une bonne couleur pour la fresque; détrempé dans de l'eau-de-vie, il devient d'un rouge pourpre. Il est surtout fort utile pour ébaucher une draperie qu'on se propose de terminer avec du cinabre. Le mélange de ces deux couleurs produit une très belle teinte aussi éclatante que la laque la plus fine. Le rouge brun d'Angleterre peut suppléer au vitriol et donne à peu près la même couleur de pourpre; il faut le coucher sur l'enduit encore frais et il acquiert en séchant la belle teinte qui lui est propre. L'ocre jaune brûlée produit un rouge pâle et ne perd rien de ses bonnes qualités; en la mêlant avec la terre noire de Venise on peut l'employer aux ombres des carnations et à celles des draperies jaunes. On peut aussi faire usage de la craie rouge ou crayon rouge, que l'on nomme *sanguine*. La terre d'ombre est utile principalement pour les ombres des draperies jaunes. Lorsqu'on la calcine elle devient excellente, surtout pour les fortes ombres des carnations en la mêlant avec de la terre noire de Venise.

L'émail et l'azur à poudrer se soutiennent très bien à l'air et à la pluie; ces deux couleurs sont bonnes particulièrement pour les paysages. Il faut s'en servir pendant que l'enduit est encore bien frais, et une heure après on augmente l'éclat et la vivacité en donnant une seconde couche. L'émail peut servir pour les ombres ordinaires, mais dans les ombres fortes on emploie le noir de charbon.

L'outremer naturel est excellent, mais sa cherté ne permet guère de l'employer à discrétion dans les grands ouvrages à fresque. On le remplace aujourd'hui parfaitement par le bleu Guimet. Pour les verts, la terre verte de Vérone est la meilleure de toutes; le P. Pozzo dit même qu'elle est la seule dont on puisse faire usage à fresque parce que tous les autres verts sont artificiels, métalliques et ennemis de la chaux. On connaît à la vérité d'autres verts dont l'emploi n'aurait rien de nuisible, mais qui n'ont pas la même beauté. Le vert de montagne ne doit pas inspirer une grande confiance; c'est une fausse espèce de malachite. On le trouve dans les mines de cuivre et il participe de ce métal. En général, les cendres vertes ne sont jamais employées qu'avec désavantage. La fresque emploie la terre noire de Venise; c'est le plus beau noir dont on puisse faire usage dans ce genre de peinture; il est bon pour les ombres des carnations. La terre noire de Rome ressemble beaucoup à celle de Venise; on l'emploie communément pour les draperies noires. Enfin le noir de charbon fait avec du bois de vigne, celui de pêche, celui de lie de vin brûlée

sont utilement employés à la fresque, mais elle rejette absolument le noir d'os.

Peinture à la gouache. Les mots italiens *guazzo*, que l'on traduit en français par « gouache », *tempera*, que l'on traduit en français par « détrempe », n'expriment rien de technique, puisqu'ils signifient seulement l'action de détremper ou de gâcher sans spécifier la nature du liquide ou celle de la substance qui forme le gluten. Il n'y aurait point d'équivoque à ce sujet, dans le langage de l'art, si on se servait des expressions : *peinture à la colle, peinture à la gomme*, etc.; quant aux mots *peinture à l'huile, au vernis, à fresque, à l'aquarelle*, ils indiquent au moins quelque chose de précis, qu'il est facile de comprendre.

La peinture à la gomme se distingue de la peinture à la colle en ce que c'est avec de l'eau chargée de gomme que l'on détrempe les couleurs déjà broyées à l'eau. On emploie ordinairement la gomme arabique pour cette espèce de peinture qui s'exécute sur papier, sur bois, sur toile, sur vélin, etc. Les peintres de gouache, puisqu'il est reçu de les appeler ainsi, n'ont peut-être pas assez étudié l'effet des autres gommes, telles que la gomme adragant, la gomme du Sénégal et nos gommes indigènes; ils n'ont presque jamais fait d'essais avec la « sarcocolle », gomme-résine employée par les peintres de l'antiquité.

Ce que recherchent les coloristes qui peignent à la gomme, c'est la transparence et la force des tons; et, cependant, ils redoutent l'effet des couleurs qui, par leur luisant, interrompent l'aspect mat qui est le propre de la gouache ainsi que de la peinture à colle, aspect mat qui fait même un des premiers charmes du genre. Ils désirent donc des bruns vigoureux et translucides, et ils exigent le mat. Or, ces conditions s'obtiendraient s'ils associaient à la gomme, soit le jaune d'œuf, soit quelque gomme moins translucide que la gomme arabique et telle, par exemple, que la gomme adragant.

Le procédé de peinture à la gomme offre de grandes ressources aux paysagistes d'après nature; les peintres de figures s'en servent avec avantage pour la composition de leurs esquisses, car ils peuvent en un instant changer et déterminer des effets, des poses, des fonds et conserver de l'éclat et de la lumière dans ces mêmes esquisses. Il est, enfin, d'un maniement très commode, puisqu'avec un pinceau chargé d'eau on détrempe, en un instant, les tas de couleurs déposés et séchés sur la palette, en sorte qu'il n'y a aucun apprêt à faire et que, sur le papier, on peut exprimer aussitôt sa pensée. Pour bien peindre à la gomme, il ne faut pas être un débutant en peinture; il faut savoir ce que c'est que la transparence, les glacis, les couleurs rompues; il faut déjà avoir peint et étudié le coloris; aussi voit-on très peu de belles peintures de ce genre, parce que, le plus souvent, elles sont exécutées par des artistes qui ont commencé leurs études par le métier de la gouache et qui n'ont jamais bien appris la peinture.

L'aridité qu'on remarque en la plupart des paysages peints à la gouache ne provient pas précisément du caractère matériel de cette peinture, mais, en général, du défaut d'étude de l'optique des couleurs chez les peintres qui la pratiquent. Sous le pinceau d'un coloriste habile, les couleurs de la gouache prennent une grande suavité, la fraîcheur des ciels est accompagnée de la douce et vague transparence de l'atmosphère, les ombres sont diaphanes et légères, et les objets rapprochés paraissent fermes et forts de teinte et de ton, sans dureté ni découpure.

Une des difficultés du procédé tient à la prompte dessiccation de l'eau qui ne permet pas de conduire et de fondre les couleurs au gré du peintre. Il conviendrait donc d'associer à la gomme et à l'eau quelque corps glutineux, visqueux qui pût ralentir la dessiccation; le suc des limaçons, la jujube, la mauve, le lait de figuier, etc., peuvent être utiles à cet effet, mais le jaune d'œuf est peut-être préférable, on le délaie dans un peu de vinaigre pour empêcher la corruption. On sait que le jaune d'œuf desséché acquiert une très grande dureté. Il est également d'un grand secours, dans la pratique, d'entretenir à l'état humide le subjectile qui reçoit la peinture à la gomme ou à la colle. Paillot de Montabert dit avoir lu dans un ancien écrit qu'un peintre français qui travaillait dans un couvent demandait fréquemment du vin pour asperger, disait-il, sa peinture. Il paraît que quelques décorateurs anglais emploient la bière comme glacis dans la peinture en détrempe.

Enfin, la peinture à la gomme ainsi que la peinture à la colle, est très fraîche et très durable. Tous les anciens manuscrits sont peints à la gomme et beaucoup conservent encore, aujourd'hui, un vif éclat. Quant aux peintures à l'œuf, il s'en trouve aussi qui ont conservé toute leur vivacité. La châsse de Sainte-Ursule, de Memlinc, l'élève de Van Eyck, à l'hôpital de Saint-Jean de Bruges, est peinte à l'œuf, et l'on sait dans quel état de fraîcheur extraordinaire elle est restée.

Les ciels sont assez difficiles à exécuter à la gomme; lorsqu'ils sont un peu grands, ils exigent beaucoup de pratique et d'adresse, parce que les couleurs séchant sous le pinceau, il est difficile de fondre les nuances. Un très bon moyen, dans ce cas, c'est d'employer trois larges pinceaux (dits « queue de morue ») et d'avoir les trois principales teintes du ciel toutes prêtes en trois vases distincts. En posant lestement les trois tons avec ces larges pinceaux, on peut les unir suffisamment et, par ce moyen, les ciels auront l'air d'avoir été faits d'une seule fonte, la dégradation en sera insensible et très suave. Il est bien entendu que l'indication de ce tour de main est donné ici à l'adresse des peintres qui décorent des objets de commerce, et que nous ne nous permettrions pas de parler de ciels à trois teintes à des artistes.

Quant aux couleurs matérielles qu'il convient d'employer dans la peinture à la gomme, elles sont à peu près les mêmes que celles dont on se sert dans la peinture à la colle; le minium et les orpins, le bleu de prusse, l'indigo, le carmin de cochenille n'offrent pas, sous ce rapport, les inconvénients qu'ils présentent dans la peinture à l'huile. Disons ici qu'en général les peintres emploient un nombre trop considérable de matières colorantes. Rubens ne se servait que des couleurs mères augmentées du blanc et du noir. Le peintre à la gomme peut de même, s'il a sur sa palette les trois primaires, jaune, rouge, bleu, auxquelles il associera un brun convenable et un blanc éclatant, obtenir toutes les teintes dont il aura besoin. La trop grande diversité des couleurs matérielles ne peut que l'embarrasser, surtout s'il n'a pas fait antérieurement des études positives et méthodiques sur le coloris.

On trouve chez les marchands de couleurs des palettes pour la gouache, il y en a en porcelaine, il y en a en bois verni et chargé de petits triangles propres à retenir les couleurs liquides et à les empêcher de couler. Un verre d'eau, des pinceaux, une palette chargée et un carton ou papier préparé, voilà le matériel nécessaire au peintre à la gouache.

Quelques peintres sont parvenus à vernir à la résine leurs gouaches, pour leur donner de la force et de la transparence: mais en associant convenablement de la cire aux couleurs à gouache, on obtiendrait l'amélioration qu'on peut raisonnablement désirer.

Peinture à l'huile. Tous les auteurs qui ont eu occasion de parler de l'invention de la peinture à l'huile ont répété, d'après une foule d'écrits, que Jean Van Eyck, dit Jean de Bruges, en fut l'inventeur. Mais, depuis la fin du XVIIIe siècle, un grand nombre d'écrivains ont réfuté cette assertion; et personne n'hésite aujourd'hui à croire qu'un procédé aussi simple que celui qui consiste à broyer des couleurs dans une huile qui puisse sécher, procédé que pratiquent tous les peintres en bâtiment de l'Europe et ceux de l'Amérique, a dû être connu bien avant que les Van Eyck l'appliquassent à l'art proprement dit et, même avant le IVe siècle, voire dans toute l'antiquité. D'ailleurs, plusieurs manuscrits, dit-on, antérieurs à Jean de Bruges, qui « florissait » vers l'an 1400, le prouvent d'une manière incontestable. Il suffirait donc de publier ces écrits pour clore tout débat à ce sujet.

En général, les artistes regardent comme bien superflue cette controverse qui tend à assigner, soit au flamand Van Eyck, soit à Colantonio del Fiore, napolitain, soit à tout autre, cette prétendue découverte; et ils pensent que la chose, telle qu'on la conçoit vulgairement, ne vaut pas le temps qu'on dépense d'ordinaire en toutes ces disputes d'érudition. Mais en matière d'histoire, il n'y a rien à négliger.

À l'époque de Jean de Bruges, on ne peignait qu'à l'œuf; on ne lustrait plus les couleurs avec la cire; l'art, d'ailleurs, était dans une décadence profonde, surtout en ce qui concernait la pratique matérielle de la peinture. On connaissait très bien pourtant l'effet de l'huile, soit dans les couleurs, soit dans les mastics, soit lorsqu'elle était employée comme *circumlinitio* sur les corps, et comme gluten dans les dorures au feu, soit lorsqu'on l'appliquait sur les décors comme liniment conservateur et comme vernis; mais on avait reconnu plusieurs inconvénients dans l'emploi de ce gluten : sa lenteur à sécher, son manque d'éclat ou de ton, ou, si l'on veut, de diaphanéité à l'état sec; car on comparait alors ce ton à celui des peintures antiques qui subsistaient encore et avaient conservé jusque là, croit-on, leur fraîcheur. Enfin, on n'usait point d'huile pour délayer les couleurs, on en recouvrait seulement quelques peintures à la gomme pour leur donner plus de force et les vernir.

Quelle découverte réelle put donc faire Van Eyck? La voici : il trouva un moyen « dessiccatif et conglutinatif »; il fit cuire ses huiles, et, comme le pensaient très justement Morelli et Lanzi, il sut composer une mixture qui donna aux couleurs du ton, du brillant, et qui permit de les fondre admirablement. Ce perfectionnement qui devint peu à peu usuel fut considéré à juste titre comme une invention. Néanmoins, on abandonna plus tard ce perfectionnement; on le négligea même dès la fin du xvᵉ siècle. On ne rencontre, en effet, qu'un très petit nombre de peintures qui, comme celles de Van Eyck, soient remarquables par cet émaillé, cette vigueur de ton et ce travail fin et fondu qui étaient probablement dus à quelque pratique particulière de cet artiste plus versé que ses contemporains dans la partie matérielle de son art (V. Couleur). Après lui, on se contenta donc d'employer l'huile de noix ou de lin dans les couleurs; on s'occupa seulement de les rendre suffisamment dessiccatives; mais la manière d'ajouter du succin à l'huile et de l'employer ainsi fut généralement délaissée; on en perpétua l'usage seulement pour vernir les tableaux, ce qui devint funeste à plusieurs; enfin, on l'abandonna tout à fait, pour ne plus composer que des vernis tendres et faciles à enlever.

Quelques peintres, cependant, tels que Corrège, Giorgione, Luini et autres, qui aimaient à peindre sur des panneaux bien polis, surent ingénieusement ajouter l'effet diaphane et cristallique du succin à leurs couleurs; mais ces exceptions sont rares, et depuis les Carrache on se contenta de superposer beaucoup de glacis à l'huile simple, ce qui fit noircir extrêmement les tableaux de cette école. Enfin, au xviiᵉ siècle, on peignit partout, en Italie et en France, en n'employant que de l'huile de pavot qui est moins riche en gluten que l'huile de lin. Souvent même on ajouta de l'essence de térébenthine qui liquéfie et divise les couleurs, mais ce procédé conduisit à un coloris gris et farineux. Au commencement du xixᵉ siècle, époque où la peinture prit un nouvel essor, on pensa à exalter le coloris, on ajouta des mixtures résineuses dans les couleurs; plusieurs peintres en firent même un usage funeste. Puis vint le mouvement romantique où l'on sentit le besoin de couleurs fortes et de tons riches et transparents; mais si les huiles cuites, les résines, les pommades à retoucher, dont cette école et en particulier Decamps firent grand usage, donnent un tel résultat momentanément, il reste à reconnaître quelle sera la durée de ces peintures dont quelques-unes ont déjà beaucoup souffert. Il est donc essentiel que les artistes étudient sérieusement toutes ces questions. Mais que doit-on espérer à ce sujet, quand on songe que la technique de la peinture, le métier n'est enseigné nulle part. On suppose sans doute qu'il doit en être du matériel dans les écoles de peinture comme du matériel dans les collèges, où il est, en effet, fort inutile de faire apprendre aux écoliers la manière de fabriquer la meilleure encre et le papier le meilleur.

Comment peut-on supposer que les anciens n'aient eu aucune connaissance d'une matière composée d'huile et de matières colorées, ou pour mieux dire qu'ils n'aient point eu occasion de reconnaître la propriété qu'ont certaines huiles fixes de se sécher et de se durcir, eux qui mêlaient de l'huile de lin dans leur mortier pour en augmenter la dureté, et qui, au dire de Vitruve et de Pline, frottaient d'huile les murailles peintes de minium? Il est presque absurde de douter que les peintres de l'antiquité et surtout les peintres de décors grossiers aient ignoré ce résultat. Mais comme tous les peintres avaient l'encaustique à leur disposition, ils se tinrent à cet excellent procédé.

Au moyen âge, on perdit peu à peu la pratique savante de l'encaustique; elle était tout à fait perdue dans les écoles primitives de la Renaissance : c'était donc une raison pour adopter la peinture à l'huile telle que Jean Van Eyck la pratiquait. Cependant, le procédé de l'huile fut reconnu vicieux par tous les observateurs; on chercha donc fréquemment à retrouver l'encaustique des anciens, mais en admettant que le procédé fut retrouvé, l'adopterait-on? Si l'on eût proposé à Apelle d'adopter les moyens que, plus tard, Van Eyck devait adopter, Apelle eût-il consenti? Comment ce savant artiste eût-il pu imiter, par de tels moyens, la variété des corps? Comment eût-il obtenu l'éclat des effets naturels? Comment eût-il pu éviter la monotonie de la peinture à l'huile? Quant à la facilité de revenir tout de suite au besoin sur une ébauche prompte à sécher, quant à la transparence et à la pureté des teintes, le maître grec assurément eût à coup sûr exigé la réalisation de ces premières conditions optiques et matérielles. Apelle eût donc repoussé non sans raison un procédé inférieur, dont l'insuffisance a frappé les peintres à toutes les époques, tellement que nous voyons aujourd'hui beaucoup d'artistes en quête de procédés, sinon nouveaux, au moins rajeunis et différents de l'huile. Il en fut de même dans tous les temps. En effet, une considération importante doit toujours s'associer aux conjectures qui ont rapport aux anciennes peintures italiennes ou autres, que l'on dit être exécutées à l'huile. Il peut se faire que l'on prenne le change au sujet de tableaux peints à la colle ou à l'œuf, puis recouverts, beaucoup plus tard, d'une couche d'huile simple ou d'une couche d'huile mêlée de résine. Parce que les chimistes reconnaissent la présence d'une huile fixe en analysant la facture d'un tableau, il ne faut pas conclure inconsidérément que le tableau a été exécuté au moyen de couleurs broyées avec de l'huile. Il est fort possible que la peinture ait été seulement vernie, soit avec le gluten signalé dans Théophile, Eraclius, Cennini, etc.; soit avec tout autre gluten dont l'huile fait la base, soit même avec un simple frottis d'huile. Ces peintures sont, il est vrai, inattaquables par l'eau, et la couche d'huile fait corps en quelque sorte avec les couleurs qu'elle a parfois pénétrées et auxquelles toujours elle adhère; mais ce résultat ne prouve point que l'auteur de tels tableaux ait pratiqué la peinture à l'huile.

Si le secret de Jean de Bruges n'eût consisté que dans le mélange pur et simple des couleurs avec l'huile de lin et de noix, Antonello de Messine ne se fût pas donné la peine de faire un long voyage jusqu'en Flandre ni plusieurs démarches astucieuses pour surprendre un secret si mince. Aujourd'hui, le premier venu peut peindre à l'huile, s'il sait seulement qu'avec certaines couleurs il faut mêler de l'huile cuite afin qu'elles sèchent; mais il peindra mal et aura besoin de leçons, s'il ne sait pas que les couleurs glutineuses doivent rester diaphanes à l'état sec, et que l'addition des résines contribue à cet effet. Ce n'est pas le temps seulement, ainsi qu'on l'a dit, qui a produit cet émaillé et cette diaphanéité qui distinguent les ouvrages de J. Van Eyck et de son école, ainsi que cette dureté et ce poli qui firent de ces tableaux comme des espèces d'émaux presque indestructibles. C'est l'emploi ingénieux de certaines substances. Tel est le mérite de cet artiste comme novateur; or, sous ce rapport, on lui a de grandes obligations. En effet, outre les beaux exemples de coloris qu'il a laissés lui-même à ses successeurs, il a mis sur la voie Giorgione, Titien et Corrège même, et leur a fourni les moyens matériels de produire ces teintes si puissantes et si énergiques que nous admirons malgré leur obscurcissement. Ils n'en eussent donc jamais conçu ni laissé les types sans l'aide des substances et des combinaisons dont Jean de Bruges a été le premier préparateur. Mais peu après on négligea, comme nous l'avons dit, ces heureuses et savantes combinaisons matérielles.

La difficulté de bien copier à l'huile simple les tableaux de Titien, de Giorgione, de Corrège et de tant d'autres coloristes prouve évidemment qu'ils usaient eux-mêmes de procédés particuliers. Les restaurateurs de tableaux en ont la preuve tous les jours lorsqu'ils sont obligés dans leurs travaux de lutter avec les substances dures, cristallisées et presque inattaquables qui composent le matériel des tableaux de ces anciens maîtres. On remarque aussi, d'après les écrits sur la vie des anciens peintres, qu'ils s'occupèrent souvent de préparer des huiles et des vernis ; et cela est dit positivement de Léonard de Vinci, dont la peinture est si nette et si suave. (V. VASARI : Vie de Léonard de Vinci.)

Il semble que dès l'origine de la peinture à l'huile on ait reconnu plusieurs de ses imperfections et qu'on ait cherché à y remédier. Léonard de Vinci (ainsi que nous l'apprend Vasari en trois passages différents de la vie de ce peintre), Giorgione, Jean de Bruges lui-même et probablement beaucoup d'autres encore, remarquèrent que la peinture à l'huile simple a quelque chose de lourd et de terne, et ils y ajoutèrent probablement entre autres résines la belle térébenthine de Chio qu'on apportait de l'Archipel à Venise ; mais ces résines s'obscurcissent, et surtout cette térébenthine, toute limpide qu'elle est à l'état mou et toute favorable qu'elle était d'ailleurs pour faciliter la fusion du succin. Les peintres d'alors semblent n'avoir eu aucune idée de la lente carbonisation de l'huile et des résines ; Léonard de Vinci, par exemple, parle d'une certaine préparation à la poix et à l'huile cuite, d'où résulterait nécessairement un composé d'une très mauvaise qualité. Il est à croire que Théophile et les moines de son temps étaient assez embarrassés eux-mêmes pour retrouver la vraie peinture des Grecs. Le silence de Théophile sur plusieurs points pratiques en offre une preuve suffisante.

Ce qui a préservé un grand nombre des anciennes peintures à l'huile, c'est l'usage de peindre sur détrempe et de finir souvent au premier coup sur des dessous soigneusement ébauchés à l'œuf : c'est encore l'emploi des fonds d'or sur les préparations à l'huile, car cet or isolait la peinture que l'on appliquait dessus. Enfin, ce qui achève de démontrer que la peinture à l'huile toute pure a été de tout temps reconnue par les peintres pour un procédé fort imparfait, c'est qu'il n'y a pas de recettes, de méthodes combinées, pas de petits secrets qu'ils n'aient imaginés et essayés pour améliorer cette peinture. Ces diverses tentatives, tantôt vicieuses flétrissent les couleurs et tantôt heureuses servent plus ou moins à les conserver. Nous étudions ici les plus importants de ces procédés différents de l'huile. Quant au procédé de l'huile même, nous renvoyons au mot COULEUR, article Couleur au point de vue esthétique, où il est analysé dans le plus grand détail.

Peinture en miniature. Nous n'entendons pas reprendre ici le sujet, traité à fond au mot MINIATURE, de la décoration des manuscrits, mais étudier les conditions d'un genre dont nous n'avons dit que quelques mots alors, de ce genre charmant qui a produit tant d'aimables portraits et que la photographie a fait à peu près disparaître en lui succédant sans le remplacer.

La miniature ainsi appelée d'une manière générale peut être exécutée sur toutes sortes de subjectiles blancs et unis, sur toutes sortes de substances.

Le vélin. Le vélin d'Angleterre et de Picardie est préférable pour la peinture à celui de Flandre et de Normandie. Le vélin d'Angleterre est très doux et assez blanc, celui de Picardie l'est encore davantage. Quelques personnes croient que le meilleur vélin provient des peaux de veaux

mort-nés. Les peintres exigent que le vélin soit de la plus grande blancheur, qu'il ne soit ni gras ni frotté de chaux, et qu'il ne s'y trouve pas de petites taches ni de ces veines claires qui s'y rencontrent si souvent. Il doit être bien collé et n'être point spongieux. Si l'on applique le bout de la langue sur un des coins, l'endroit mouillé doit être quelque temps à se sécher : s'il se sèche au contraire très promptement, il boit et doit être rejeté. On ne peint plus guère aujourd'hui sur le vélin, à moins qu'on ne traite des sujets assez étendus pour qu'on ne puisse trouver d'assez grandes tablettes d'ivoire. Quel que soit l'art avec lequel on puisse opérer dans le vélin, le travail qui en résulte n'a jamais beaucoup de charme. Le vélin ou le papier humecté par la couleur ne manquerait pas de se gripper ; il faut donc qu'ils soient bien solidement tendus. On prend une petite planche ou une plaque de cuivre ou un fort carton de la grandeur du sujet qu'on veut peindre. On humecte légèrement le vélin ou le papier par derrière avec de l'eau bien nette ; et on le colle seulement par les bords à la planche de bois ou de cuivre ou au carton ; les bords doivent être repliés en dessous au dos de la planche, et l'on met le papier blanc entre la planche et le vélin. En collant, il faut tirer le vélin ou le papier pour qu'ils soient bien étendus. On prendra garde que la colle soit posée seulement sur les bords ; car s'il s'en attachait à la partie du vélin qui se trouve au revers de la peinture, elle pourrait y causer quelque grimace, et empêcherait d'ailleurs de l'enlever à volonté de dessus la planche. Les grandes plaques d'ivoire que l'on pouvait se procurer aux derniers temps de la vogue de la miniature avaient presque fait renoncer à l'usage du vélin qui a cependant ses avantages.

Le papier. Quant au papier, on peut essayer de le polir et d'en faire disparaître le grain à l'aide de la dent de loup, ou bien le préparer en le couvrant d'une ou deux légères couches de blanc très fin à la colle, poncées et polies.

La toile. On peut peindre encore sur toile préparée à la colle.

Le bois. Si on emploie le bois, il devra recevoir aussi le même apprêt. Seulement le poli en doit être parfait, puisqu'il s'agit d'y exécuter des miniatures.

On peut peindre encore en miniature sur marbre, sur albâtre, en usant de certaines préparations. On peut même peindre en miniature sur des coquilles d'œufs. Ce subjectile, indépendamment des préparations dont nous venons de parler, en exige une autre ; c'est qu'il faut amollir ces coquilles pour les redresser. Leur fragilité semble telle qu'on doive les rejeter ; cependant si elles l'emportaient à d'autres égards sur les autres fonds, elles recevraient assez de solidité de la glace qui les couvrirait et de la plaque de métal sur laquelle elles pourraient être appliquées. Enfin on a peint en miniature sur ces feuilles qu'on nomme tablettes, et qui servent à écrire avec une aiguille d'or ou d'argent les choses dont on veut se souvenir. Ces feuilles se préparent avec des couches de blanc très fin. Cependant on peut dire que les substances sur lesquelles peignent les miniaturistes se bornent généralement au vélin et à l'ivoire.

L'ivoire. Il convient de choisir l'ivoire qui est d'une teinte bleuâtre, et que l'on appelle *ivoire vert*; il est, dit-on, moins sujet à jaunir que les autres. Il faut l'exposer verticalement au jour, pour voir au travers si la plaque ne contient pas quelques taches, des trous et des veines en forme de rubans qui produiraient par la suite des effets très désagréables pour les carnations et les parties claires qu'elles pourraient traverser. Il est utile de savoir remédier à certains défauts qui peuvent se trouver dans les ivoires préparés du commerce. A cet effet, on consultera avec fruit le *Traité de Paillot.*

Peinture à l'œuf. L'œuf a de tous temps été considéré comme contenant un gluten très propre à la peinture. Les écrivains de la Renaissance nous parlent souvent de la peinture à l'œuf, et si nous n'en connaissons pas très positivement aujourd'hui le meilleur procédé, c'est que la peinture à l'huile est pour ainsi dire la seule que l'on ait adoptée et que les tableaux à la gouache ou à la gomme, ainsi que les miniatures, sont considérés comme des peintures toutes particulières, dont la difficulté fait même le caractère propre et le mérite. Cependant rien ne démontre l'impossibilité de rendre ces sortes de procédés plus faciles, plus commodes et plus favorables à la justesse d'imitation.

Il importerait donc beaucoup d'examiner ce que pourrait produire cette peinture à l'œuf, si usitée aux XIVe et XVe siècles et même à des époques antérieures. Une première question à présenter sur ce point, c'est de savoir si l'on usait et si l'on doit user du jaune de l'œuf seulement, ou bien du jaune mêlé au blanc de l'œuf, ou quelquefois du blanc de l'œuf uniquement. Les trois moyens peuvent et doivent être employés. La présence du jaune seul de l'œuf donne beaucoup d'onctueux et d'énergie aux couleurs; le mélange du blanc donne de la ténacité et une plus grande transparence; l'emploi du blanc d'œuf seul procure des couleurs plus vives, plus fortes encore, mais moins moelleuses et plus friables. Le jaune d'œuf ayant la propriété de dissoudre les corps gras et résineux, on peut associer des résines à ce gluten et le rendre aussi plus tenace, plus dur et par conséquent plus perméable. Les peintres du moyen âge y associaient le suc ou le lait du figuier; ils en coupaient les jeunes branches par petits morceaux et les battaient avec le jaune de l'œuf.

L'huile volatile de cire peut encore être associée à ce gluten et en retarder la dessiccation. Enfin il est à désirer que les peintres fassent des recherches sur ce procédé qui est très éclatant, très riche et aussi puissant que le procédé à l'huile. L'association de la cire liquéfiée ne peut que convenir à ce genre de peinture au moyen duquel Pérugin, Mantegna, Raphaël, et tant d'autres ont produit des chefs-d'œuvre.

On peut obtenir la décoloration du jaune d'œuf à la lumière en le liquéfiant à l'esprit de vin. Quant au blanc de l'œuf, il peut très bien se conserver à l'état de cristal pour être liquéfié au besoin.

Si nous possédions des écoles bien organisées, on s'y occuperait du matériel de la peinture, et les expériences y seraient bien mieux suivies qu'elles ne peuvent l'être par chaque artiste isolément, qui n'a pour soutien que son enthousiasme, qualité bien rare, d'ailleurs, et si souvent préjudiciable à sa fortune.

Peinture en sgrafitti. Ne convient-il pas de dire ici un mot d'un procédé de peinture abandonné depuis longtemps, mais que les décorateurs italiens employèrent avec succès, au XVIe siècle, du temps de Raphaël et aux XVIIe et XVIIIe siècles. Il s'agit des peintures qu'on nommait *sgrafitti* (égratignures) parce qu'elles s'exécutaient au moyen d'une espèce de fourchette qui égratignait, en effet, la superficie blanche du mur et mettait à découvert le dessous noir préparé à fresque pour cet effet. De la sorte, les traits et les hachures ressemblaient aux effets du crayon noir sur du papier blanc. On croit qu'André Cosimo employa le premier ce moyen pour exécuter des ornements en clair-obscur. Polydore de Caravage a ainsi peint plusieurs façades que l'on voit encore à Rome. Matturino, autre élève de Raphaël, en fit également, et quelques villes d'Italie en conservent.

On dit encore que Cosimo avait imaginé de peindre sur des pierres de diverses couleurs et que les couleurs mêmes de ces pierres servaient de dessous à sa peinture. Cette nouvelle manière, ajoute-t-on, eut beaucoup de partisans. Ce fut donc pour imiter la durée des ouvrages en ce genre qu'on lui demandait, qu'il inventa un enduit qui pût servir à exécuter les sgrafitti monochromes que nous rappelons ici.

Parfois aussi on a, en librairie, illustré des œuvres d'imagination en imitation de sgrafitti. Quelque esprit que l'artiste y mette, le procédé est gris, froid et plus curieux qu'agréable.

Peinture sous glace. On a imaginé assez heureusement de fixer sous une glace des peintures à l'huile de petite dimension, de manière que la glace et la peinture ne fassent qu'un seul corps et que les couleurs semblent avoir été apposées au pinceau par dessous, à même la glace. L'effet qui résulte de cette contiguïté absolue est favorable à l'imitation en petit, en ce que la glace fait alors l'office de vernis. Le peintre qui destine un ouvrage à être fixé sous glace est donc asservi à certaines exagérations, mais il les pratique aisément parce qu'il peut considérer de temps en temps sa peinture au travers de l'eau contenue par une bande de cire fixée autour du tableau et qu'il peut même peindre à travers cette eau. C'est ce procédé de peinture sous l'eau qui l'a fait appeler quelquefois *peinture éludorique.* Au commencement de ce siècle et surtout au XVIIIe, on l'a fréquemment employée dans la décoration des trumeaux garnis de glaces et des glaces de cheminée. Il se mariait de fort aimable façon au genre gracieux des peintures de dessus de porte.

Peinture au vernis. Peindre au vernis c'est employer pour gluten un vernis, c'est broyer les

couleurs avec ce vernis. Or, il y a bien des espèces de vernis, il y en a qui sont composés sans
huile, d'autres qui sont au contraire composés
avec de l'huile ajoutée aux résines. Il y a des vernis dont la fluidité est due à une huile volatile,
d'autres qui doivent leur fluidité à l'alcool ou
esprit de vin. Il y en a enfin, qui sont composés
de plusieurs résines et d'autres qui ne sont composés que d'une résine seulement. On donne encore le nom de *vernis* à des résines naturellement
liquides. Ainsi on peint avec des vernis gras, c'est-
à-dire composés d'huile et de résine. On peint au
vernis à l'essence, tel est celui qu'on appelle *vernis à tableaux* ; on peint au vernis à l'esprit de
vin, tel est celui que l'on appose sur les lambris,
sur les boiseries, etc. ; on peint enfin avec le
naphte liquide, avec la térébenthine, le copahu, etc.
Quant aux glutens qui ont pour base des gommes,
il n'est pas dans l'usage (**on ne sait pas pourquoi**)
de les appeler *vernis*.

Les peintres en bâtiment ou *peintureurs* (1) emploient assez indifféremment selon leurs besoins
les uns ou les autres vernis ; mais l'artiste qui
pousse plus loin ses études et ses recherches
trouve que le choix de ses vernis est d'une bien
grande importance. Pour ne parler que des vernis en usage aujourd'hui, je dirai que presque tous
les vernis gras des marchands jaunissent, que
presque tous les vernis à tableaux jaunissent et
que les vernis à l'esprit de vin jaunissent plus
encore, parce qu'ils sont le plus souvent composés avec des résines communes. Je sais que certains fabricants composent à part ces mêmes vernis, de manière à les rendre plus fins et moins
altérables : ils réservent ces vernis de choix pour
certains arts et pour satisfaire à des demandes
particulières. Mais on peut dire que chez les fabricants d'objets de peinture, le cercle des améliorations est fort rétréci.

Le jaunissement des vernis est un grand inconvénient, mais lorsqu'on s'en sert comme gluten
pour peindre ils en ont encore un autre, c'est leur
promptitude à sécher. Un troisième inconvénient
enfin, c'est le manque de solidité ou de dureté de
certains vernis.

Les peintureurs emploient beaucoup aujour-
d'hui, les vernis à l'huile résine pour les mélanger
avec les couleurs, lorsqu'il s'agit d'orner de peintures les vases de tôle, les équipages, etc. On voit de
ces vases de tôle sur lesquels la peinture à l'huile-
résine a imité d'une manière agréable, soit l'a-
gate, soit l'albâtre oriental, etc. Les verres des
lanternes magiques sont peints aussi avec ce vernis
ce qui permet la transmission de la lumière à travers les figures ou les objets représentés sur ces
verres ; on voit des objets de tabletterie dont les
peintures sont exécutées au vernis gras, c'est-à-
dire au vernis au copal et à l'ambre. Ces objets se
font sécher à l'étuve. Aussi le peintre tâche-t-il de
prévoir le jaunissement qui doit résulter de la
dessiccation de l'huile, en sorte que par la précaution qu'il a prise de rendre azurées et un peu violet-

(1) Bien que l'usage de ce mot très académiquement français tende
à disparaître, nous le reprenons en cet article, tant il est nécessaire
pour distinguer l'œuvre d'art du peintre de l'œuvre du peintureur
qui consiste à enduire de couleur un objet quelconque.

tes ses teintes blanches ou roses, il arrive que cette
exagération, disparaissant par l'effet de l'étuve,
la teinte devient vraie finalement et assez fraîche.
Ces sortes de peintures qui ont une grande force
et une puissance de ton que ne saurait réaliser la
peinture ordinaire à l'huile ont aussi une ténacité
remarquable. Quelques artisans ont ingénieusement imaginé pour revêtir de couleurs fraîches certaines petites figures servant de jouets et de poupées, d'employer des vernis liquéfiés par beaucoup
d'huile volatile, en sorte que les couleurs mêlées
avec ces vernis produisent sur ces reliefs des teintes demi-mates très fraîches et très durables. Ce
moyen qui ne convient point à la peinture plate,
puisqu'il manque de diaphanéité, est très bon pour
colorer certains objets, parce que, vu la petite
quantité de résine employée comparativement avec
la quantité des matières colorantes, il ne jaunit
pas. Celles-ci étant donc mêlées avec peu de résine ne jaunissent point et conservent leur énergie, leur fraîcheur et un ton très lumineux. On
peut encore remarquer la fraîcheur des couleurs
apposées sur les têtes de carton dont se servent
les modistes ou encore sur les masques ; cette
fraîcheur est due à l'emploi de vernis composés à
cette fin pour cette espèce de peinture.

Nous avons déjà fait observer combien les imitations se rapprochent de la nature lorsqu'on emploie
des glutens très diaphanes. On peut donc recommander aux élèves de faire des exercices exécutés
avec le vernis ordinaire des tableaux.

Il faut, pour pratiquer avec succès ce procédé,
connaître certaines particularités relatives au
matériel. Voici l'indication ou le résumé d'observations relatives à cette matière. La peinture au
vernis sans huile adhère mal sur des toiles
dont l'enduit est préparé à l'huile ; il faut employer
des préparations à part. La peinture au vernis de
tableau se dessèche avec le temps ; elle devient
friable et pour en maintenir la solidité il faut y
introduire un peu de cire ou de résine liante. On
peut, quand l'ouvrage est terminé, le cirer et la garantir ainsi de l'influence de l'humidité ; ce moyen
permet de lustrer l'ouvrage aussi souvent qu'on le
veut. La plupart du temps la peinture au vernis jaunit. Il faut donc composer soi-même son vernis et
éviter l'emploi de la térébenthine. Comme les couleurs au vernis à tableau sèchent sous le pinceau et
empêchent de fondre et de manier les couleurs,
il convient d'employer des huiles volatiles lentes
à s'évaporer ; l'huile de lavande, celle même d'as-
pic et surtout l'huile de cire procurent facilement
ce résultat.

Les résultats chromatiques de la peinture au
vernis sont, nous l'avons déjà dit, d'une très
grande importance, mais un des avantages pratiques attachés à cet espèce de procédé, c'est que
l'on trouve en un instant sur la palette des tons et
teintes qui ne s'obtiennent par le procédé à l'huile
qu'avec beaucoup de peine, de tâtonnements et
de glacis superposés. Les demi-tons sont fins, légers et purs ; les oppositions vigoureuses sont
fières et énergiques sans paraître noirâtres. Enfin,
l'emploi de ces couleurs donne au peintre aussitôt

la sensation exacte de l'effet qu'il a réalisé et qui ne changera plus.

Peinture sur verre. La peinture sur verre ou pour mieux dire la *peinture sur vitre* s'exécute par l'emploi des verres de couleur assemblés ou joints à côté les uns des autres avec des liens de plomb. Ces verres teints de diverses nuances sont, selon le cas, chargés de traits ou hachures parallèles obscures, mises au pinceau et servant à exprimer soit les ombres, soit les profondeurs telles, par exemple, que les plis des étoffes ou des draperies; ils sont de plus chargés de traits ou de hachures claires servant à exprimer les rehauts ou les lumières, et cet effet s'obtient en usant une partie de l'épaisseur du verre et en éclaircissant ainsi son intensité par l'effet de la transparence lumineuse. Souvent ces traits creusés sont colorés après coup d'une teinte différente de celle de la masse du verre employé. Outre les verres teints et ainsi modifiés conformément aux formes et aux effets du clair-obscur, on emploie, pour exécuter la peinture sur verre, des verres blancs qu'on peint au pinceau et qu'on destine aux carnations, aux mains, aux pieds, etc. Sur tous les anciens vitraux ces têtes, ces mains, sont exécutées sur des verres incolores ou presque incolores, les peintres d'alors n'ayant pas trouvé de couleurs diaphanes pour les carnations mises au pinceau et les essais qu'ils firent pour le rouge des joues ou des lèvres ne produisant de loin que des tons mats et bruns. C'est cette peinture au pinceau qu'ils appelèrent « peinture d'apprêt », car ils appelèrent plutôt « vitrerie » l'ancien procédé qui consistait dans l'art d'assembler par pièces de rapport ou par mosaïque toute sorte de verres teints, de les teindre comme on disait alors *dans la masse*, et de les joindre avec des rubans de plomb.

Aujourd'hui nos chimistes, qui à la vérité ne produisent pas en verre teint des couleurs plus belles que celles des anciens peintres, sont parvenus à fournir des teintes qui permettent de peindre les carnations d'une manière très satisfaisante et très remarquable. Ce nouveau charme apporté à la peinture sur vitre a eu des conséquences importantes, en ce qu'on a adopté fréquemment ce genre de peinture pour les églises, les palais, les galeries, les résidences privées, les cafés même et les brasseries, parce que les figures n'étaient plus décolorées comme elles l'avaient été jadis et que les tons sont bien plus variés, bien plus fondus que sur les anciens vitraux.

Indépendamment de ce perfectionnement nos peintres sur verre ont imaginé de découper les morceaux de manière que les liens et les sutures en plomb n'aient lieu que sur des parties ou sur des lignes brunes, en sorte que l'obscurité de ces sutures n'a rien de choquant et n'est même pas apparente lorsque les vitraux ne sont pas traversés par un soleil très vif.

Quelques observateurs ont prétendu, relativement à ces divers procédés, distinguer plusieurs manières de peindre : d'abord la peinture, par pièces de rapport, de verres teints dans la masse et choisis de telle ou telle couleur et même variés dans tel ou tel ton, mais sans addition de hachures brunes pour exprimer les ombres. Ils ont ensuite signalé le second procédé qui consiste dans l'emploi de verres teints éclaircis et brunis par places. Ils ont voulu distinguer aussi la peinture appliquée au pinceau sur verre et quelquefois derrière les verres teints; enfin, on a signalé séparément le procédé de peinture sur glace et au pinceau. Mais en fait il n'y a qu'une espèce de peinture sur vitre, peinture dans laquelle on associe les différents moyens qui viennent d'être indiqués, c'est-à-dire les verres teints dans la masse et tout unis, les verres teints obscurcis et éclaircis par le peintre, et les verres blancs peints avec des couleurs appliquées au pinceau et rendues ensuite adhérentes par le feu dans la moufle.

Il faut rendre justice à la sagacité des peintres des temps anciens qui surent très bien calculer les effets de la distance et qui eurent recours à plusieurs expédients très ingénieux dont on ne leur tient pas assez compte aujourd'hui. Par exemple, les traits si noirs des yeux, de la bouche et du nez sont des exagérations sans lesquelles leurs représentations n'eussent point atteint le but, à raison de la grande distance qui sépare le spectateur et les vitraux. Sans ces vigueurs, les traits n'eussent point ressorti et l'effet en eût été neutralisé. L'étude des effets optiques de la lumière transmise leur apprit aussi à exagérer certaines couleurs, car un peintre qui jugerait sa peinture dans un local étroit, sans avoir le recul suffisant, serait très désappointé lorsque son ouvrage serait élevé et posé à sa place définitive. Cette grosseur du trait et même ces lisérés noirs qui entourent certaines teintes ne sont pas du tout un témoignage d'ignorance ni de mauvais goût, car si l'on examine de près les barbes, les cheveux, les lumières enlevées au touret pour obtenir le modelé des têtes sur les verres légèrement colorés en carnation, on reconnaîtra tout le soin, toute la patience et même la délicatesse de ces artistes qui excellèrent aussi par ces mêmes moyens dans une foule d'ornements déliés et très détaillés. Les anciens peintres en n'employant exclusivement que des verres teints avaient pour but le plus grand éclat des couleurs, car ils avaient remarqué que la lumière transmise à travers ces verres arrive presque aussi librement au spectateur lorsqu'elle est oblique que lorsqu'elle est perpendiculaire par rapport à lui; tandis qu'à travers les couleurs peintes, la transmission oblique des rayons lumineux produit une obscurité sensible. On peut faire observer à ce sujet que les plus beaux vitraux sont ceux qui sont composés de verres de couleur ou, comme on disait alors, teints dans la masse.

Dans ces vitraux en verre coloré, on admire l'art avec lequel ces artistes combinaient, associaient et contrastaient les teintes. Ils avaient soin assez souvent de faire dominer une couleur dans laquelle une foule de nuances diverses apportaient une brillante variété. Certains essais modernes font voir en verre teint des vitraux ou tout bleus ou tout jaunes (cette couleur jaune s'obtient à la cuisson par l'effet de la fumée); mais ces vitraux ont un aspect vide, plat, nu, comparés aux vitraux du XIIIᵉ siècle. Dans ceux-ci, quelque chose de prismatique, d'animé, de scintillant, réjouit la rétine et rappelle les variétés si vives des couleurs du diamant. A ces effets s'associaient ceux des ornements dont la diversité est très remarquable, et qui ajoutaient la variété de la forme à celle des combinaisons optiques, combinaisons saisissantes, par exemple dans les rosaces vitrées de certaines cathédrales.

Cependant il arriva une époque où les vitriers seuls s'emparèrent de la peinture sur verre, et Leviel nous apprend que les artistes habiles finirent par renoncer à un genre de travail dans lequel ils avaient des rivaux au rabais. Bernard Palissy qui pratiqua cette peinture l'abandonna pour cette seule raison. De nos jours, les succès de la chimie vinrent s'appliquer à l'art de la peinture sur verre et dans toute l'Europe on s'exerce dans ce genre de décoration. Paris n'est pas resté en arrière sur ce point.

Les auteurs suivants ont écrit sur cet art : De Mun, d'Holbach, Fleuret, Fougeroux, de Bauderoy, Hawkins (John Sidney), Haudiquier d'Ablancourt, Langlois, Lebas, de Courmont, Lenoir, P. Leviel, Meusel, Néri, Parois, Vigny. L'ouvrage de Leviel (Pierre), petit-fils de Guillaume Leviel, peintre sur verre a pour titre : *l'Art de la peinture sur verre*, Paris 1770.

Félibien parle longuement de ce genre de peinture dans son *Traité d'architecture*, p 244 et suiv.

On peut consulter encore sur l'histoire de la peinture sur verre : Lanzi (t. I, p. 183 et suiv.), Percier et Guillot (*Musée des monuments français*); voyez encore la *Revue encyclopédique*, t. XXIII, p. 463 et t, XXV, p. 282; et la même revue (année 1819) ; voyez encore les *Archives des découvertes* (1811); le *Moniteur* du 15 avril 1811 ; Millin au mot *Apprêt* et au mot *Peinture sur verre*. M. Alexandre Brongniart, un *Mémoire* très intéressant sur la peinture sur verre, Paris 1829, et le *Traité de peinture* de Paillot de Montabert dont les 9 volumes doivent être consultés sur tous les procédés de peinture, car cet ouvrage qui date de près de soixante ans, n'a pas encore été remplacé. — E. CH.

PEINTURE DU BÂTIMENT. A cette division de notre article correspondent : la *peinture ornementale*, telle que la comprenaient les anciens et qui consistait dans le revêtement des surfaces des édifices par des matières colorées (V. POLYCHROMIE) et la *peinture en bâtiments* proprement dite, qui comprend d'une manière générale : la *peinture ordinaire*, consistant dans la pose de plusieurs couches de matières fluides colorées sur les surfaces qu'on veut conserver ou orner ; et la *peinture de décors*, qui est l'imitation des bois, des marbres, des granits, etc.

Peinture ordinaire. Les matières employées dans ce genre de travaux sont ordinairement des composés métalliques que l'on réduit d'abord en poudre, puis en pâte par le broyage; et que l'on délaye, enfin, au moment de leur application, avec certaines substances qui les font

adhérer plus facilement à la surface des corps. C'est la nature même de ces substances qui détermine les divers genres de peinture : *peinture à l'eau, à la colle, à l'huile, au vernis, à l'essence, à la cire*, etc.

Les couleurs susceptibles d'être employées le plus souvent sont : le *blanc*, le *gris*, le *jaune*, le *brun*, le *rouge*, le *vert*, le *bleu* et le *noir*. Pour les teintes *blanches* ou *grises*, on emploie les blancs de céruse, de zinc, d'argent, d'Espagne, de Meudon, de Bougival. Les autres teintes sont composées : pour les *jaunes*, d'ocre jaune, de jaune Mexico, jaune de chrome, ocre de rhue, terre de Sienne naturelle, terre d'Italie, bistre, terre d'ombre naturelle, jaune brillant, jaune de Naples, etc.; pour les *bruns*, de brun Van Dyck, terre de Sienne calcinée, mexico foncé, terre d'ombre brûlée, ocre rouge, terre de Cassel; pour les *rouges*, d'ocre rouge, de minium, mine orange, rouge d'Andrinople, vermillon, laques, etc.; pour les *verts*, de cendre verte, vert anglais, vert brillant, vert milon, vert de gris, vert en grain; pour les *bleus*, de bleu de Prusse, cendre bleue, bleu de cobalt, bleu minéral, bleu d'outremer; pour les *noirs*, de noir léger, noir de fumée, noir d'ivoire, noir de charbon, noir de vigne, noir de pêche. Avec ces couleurs, on peut obtenir une infinité de tons, soit en les mélangeant les unes aux autres, soit en les faisant calciner, et grand nombre de ces nuances sont désignées dans le commerce sous des noms particuliers. Certaines couleurs ont une action siccative, c'est-à-dire qu'elles sèchent d'elles-mêmes : telles sont la céruse, le minium, la litharge, etc., seulement, les teintes qu'on obtient avec elles n'ont pas un grand degré de fixité ; elles se décomposent à l'air et leurs tons noircissent. Pour les autres couleurs, on est obligé d'employer un siccatif quelconque, car autrement elles ne sécheraient pas.

Les peintures employées *à l'eau* sont le *lait de chaux* et le *badigeon*.

Les *peintures à la colle* ou *en détrempe* sont composées d'eau, de colle et d'un peu d'alun (V. DÉTREMPE) ; elles ne peuvent être employées à l'extérieur, vu leur peu de résistance à la pluie.

La *peinture à l'huile*, la plus solide de toutes, susceptible d'être employée à l'extérieur comme à l'intérieur, est composée de couleurs délayées avec des corps gras : huile de noix, huile de lin, huile d'œillette. On rend ces huiles siccatives en les faisant bouillir avec de la litharge ou de l'essence de térébenthine. Autrefois, la céruse servait exclusivement de base à la peinture à l'huile; elle est souvent remplacée aujourd'hui par le blanc de zinc, à cause des dangers qu'offre l'emploi de la céruse, dangers, hâtons-nous de le dire, qui tiennent autant au défaut de propreté de ceux qui manipulent cette substance qu'aux propriétés pernicieuses qu'elle possède.

La *peinture au vernis* diffère de la peinture à l'huile en ce qu'on détrempe les couleurs broyées à l'huile avec du vernis à l'alcool ou du vernis à l'huile, et, dans ce dernier cas, les peintures sont dites *au vernis gras*. Les vernis employés dans le bâtiment sont à l'extérieur : les vernis copal pour devantures, les vernis surfins et fins, les vernis ordinaires de différentes qualités; à l'intérieur: les vernis copals pour faux bois, de différentes qualités comme ceux ci-dessous, le vernis copal blanc, pour travaux de ton très clair, le vernis cristal blanc, pour travaux extra et les vernis à l'esprit de vin. Dans certaines parties de la France, à Lyon notamment, on emploie beaucoup la peinture au galipot et la peinture à l'esprit de vin. Voici la préparation particulière au premier de ces procédés : la couleur en poudre est broyée à l'essence, séchée et délayée au moyen d'un liquide nommé *vernis au galipot* qui est composé d'une espèce de résine appelée *galipot* et d'essence de térébenthine.

Pour les *peintures à l'essence*, dites aussi *peintures mates*, les couleurs doivent être broyées moitié huile, moitié essence, et détrempées de même pour la première couche ; pour la deuxième, le broyage est le même et on détrempe à l'essence pure ; pour la troisième couche, on procède comme pour la seconde, mais en y ajoutant un peu de cire vierge dissoute dans l'essence.

Dans la préparation des *peintures à la cire*, les couleurs doivent être broyées à l'essence coupée de 1/8 d'huile; on détrempe cette teinte avec un mélange composé de cire vierge, d'essence de térébenthine et d'huile et que l'on obtient ainsi : on fait dissoudre la cire dans l'essence et on mélange l'huile ensuite; on peut alors se servir de cette teinte ainsi délayée.

TECHNOLOGIE. La première opération de la peinture comprend l'*égrenage* et l'*époussetage*. Egrener, c'est enlever avec un couteau dit *à reboucher*, les plâtras ou autres malpropretés attachées aux boiseries et aux parties à peindre; ensuite, avec une *époussette* on enlève la poussière. Si les boiseries sont en sapin, elles renferment des nœuds très résineux sur lesquels la peinture prend difficilement. Dans le cas de peinture à l'huile simple, on étend sur ces nœuds une préparation composée de litharge broyée avec de l'huile; on peut enduire aussi ces nœuds de deux ou trois couches de minium à l'huile. On passe ensuite la couche *d'impression*, dite *première couche* et on la laisse sécher, après quoi, l'on procède, surtout pour les peintures soignées, au *ponçage* qui s'exécute au papier de verre et à pour objet d'enlever les grains et les aspérités ou petits fils qui se trouvent sur les boiseries. On époussette et on commence le *rebouchage* pour faire disparaître les trous, les joints, les fentes, etc...; cette opération se fait au mastic à l'huile, teinté ou non teinté et à l'aide du couteau à reboucher.

Les rebouchages terminés, on applique la seconde couche de peinture, dont la teinte doit être employée plus épaisse que celle de la première couche. Lorsque cette seconde couche est sèche, on donne la troisième et dernière couche, après avoir fait un léger ponçage et une revision des masticages, effectuée avec du mastic coloré de la teinte qu'on doit employer pour peindre. Pour les peintures très soignées, on emploie les *enduits* au mastic qui se posent avec de larges couteaux ou à la truelle; quand ils sont très secs et bien durs, on les ponce au papier de verre fin ou à la pierre ponce et à l'eau, selon le fini du travail, puis on passe dessus les couches de fond. Dans les peintures à la colle, employées particulièrement pour les plafonds, le rebouchage se fait au mastic à la colle composé de blanc de Meudon et de colle. Deux couches bien passées doivent suffire.

La peinture à la cire ne s'emploie qu'en dernières couches. Les travaux terminés, on frotte légèrement cette peinture avec un morceau de drap ou de laine douce pour obtenir un certain brillant.

Peinture en décor. Ce genre de peinture, dans les travaux ordinaires, comprend l'imitation des bois et des marbres. Les bois qu'on reproduit le plus souvent sont : le chêne, le noyer, l'érable, la racine de frêne, le sapin, le cèdre, le thuya, le palissandre, l'acajou neuf et vieux, le bois rose, etc. Tous les marbres indistinctement s'imitent, soit pour raccorder le ton des bois avec les cheminées, soit en panneaux, en champs, etc.

Nous n'avons pas à entrer ici dans le détail des procédés particuliers appliqués à l'imitation de chacune des essences énumérées ci-dessus; nous donnerons seulement quelques indications sur la manière de faire le faux bois de chêne, mode de décoration très fréquemment usité ; des procédés analogues, teintes à part, sont applicables à l'imitation des autres bois. Nous dirons seulement d'une manière générale : 1° que l'exécution des faux bois nécessite tout d'abord l'application de teintes dites de *fond* sur les surfaces à décorer; 2° que si l'on veut un bois plus foncé on devra accentuer davantage la teinte de fond et qu'ainsi, pour faire du chêne neuf, il faut un ton très clair, tandis que pour faire du vieux chêne le fond doit être assez soutenu. Ces fonds sont, d'ailleurs, appliqués par le peintre ordinaire; au peintre *en décors* est seulement réservé l'exécution des couches imitant le bois.

Le *bois de chêne* se fait à l'huile et à la cire. La teinte de fond, pour les bois de chêne neuf, est préparée comme suit : blanc de céruse taché d'un peu d'ocre jaune et de terre d'ombre brûlée; pour le chêne demi-neuf et le chêne vieux: même ton, en diminuant le blanc et augmentant la quantité des deux autres couleurs. Cette teinte une fois sèche, on pose une couche très liquide appelée *glacis*, qui doit servir à l'ébauche du chêne et que l'on prépare ainsi : on fait une teinte composée de terre d'ombre brûlée et d'ocre jaune en variant les proportions relatives de ces deux couleurs, suivant que l'on veut obtenir un chêne neuf, demi-neuf ou vieux, et on la délaye dans un *camion* avec moitié essence, en y ajoutant un peu de siccatif et d'essence lithargée ou même un peu d'huile grasse; on verse ensuite dans cette teinte une certaine quantité de cire jaune râpée dissoute dans de l'essence de térébenthine. Lorsque le glacis est passé, on l'égalise bien avec une brosse plate et on l'*adoucit* dans le sens du travail; puis avec un morceau de toile pliée on fait des traînées en évitant la raideur. Cette dernière opération, appelée le *chiffonnage* du bois, est une ébauche qui sert de guide à la distribution et au veinage du bois de chêne. On divise ensuite les panneaux en deux ou trois planches, selon leur largeur, puis on fait les *grains*, c'est-à-dire les veines du bois avec un peigne en acier. Ce travail fait, on figure les coupures qui existent dans les grains du bois avec un peigne en acier que l'on passe en l'inclinant un peu. La *ronce* ou cœur du bois se fait *au dépouillé* (au pinceau) ou *à l'essuyé*, c'est-à-dire avec le pouce enveloppé de toile, de drap ou de flanelle. Les mailles s'exécutent par ce dernier procédé, sauf pour le vieux chêne où on les fait au pinceau. Lorsque le chêne est bien sec, on procède à son glaçage, qui a pour objet de donner de la transparence au travail et qui s'exécute avec la teinte ayant servi, à l'aide de la brosse plate, passée sur toute la surface, et de plusieurs brosses ou pinceaux plus ou moins habilement manœuvrés.

L'imitation du bois de noyer peut se faire à l'huile et à la cire ou au procédé à l'eau (avec des couleurs broyées à l'eau). On peut même employer les deux systèmes, c'est-à-dire que si l'on ébauche son bois à l'eau, on le glace à l'huile, ou si on l'ébauche à l'huile, on le glace à l'eau. L'érable moucheté et l'érable gris se font au procédé à l'eau. Le frêne blanc s'exécute à l'eau sur un fond pierre. Le sapin du nord demande un ton très pâle et presque blanc; il doit se faire à l'huile et dans un glacis. Le bois de cèdre peut s'exécuter à l'huile ou à l'eau; le fond doit être un peu rosé. Le thuya se fait à l'eau sur un fond clair un peu jaunet. Le bois de palissandre s'exécute sur un ton brique assez frais; l'ébauche peut se faire à l'huile ou à l'eau; mais il vaut mieux la faire à l'huile. L'acajou s'exécute à l'huile ou au procédé; mais ce dernier moyen est préférable. Le bois rose doit être exécuté sur un ton chair et le travail fait à l'eau.

L'*imitation des marbres* nécessite, comme l'imitation des bois, une main habile et exercée, ainsi qu'une grande étude sur nature. Ceux qu'on est appelé à imiter le plus souvent sont : le marbre blanc veiné, le jaune de Sienne, le sérancolin, la brèche violette, le Napoléon gris ou rosé, la brèche grise, les campans vert ou rose et les campans mélangés, le vert de mer, le vert d'Egypte, le portor, la brèche portor, l'agate, le jaune antique, la brèche d'Alep, la griotte, l'Henriette, le rouge antique, les Sainte-Anne, le rance, le bleu fleuri, le turquin, la lumachelle, le rose vif et la brocatelle. Les premiers de ces marbres ne s'imitent qu'en grandes parties, pour panneaux de vestibules ou de cages d'escaliers; les derniers ne s'emploient, au contraire, que pour de petits panneaux. Dans l'exécution, les fonds, comme pour les bois, doivent être parfaitement enduits et poncés, et la couche de préparation pour l'ébauche doit être passée au glacis.

L'*imitation des bronzes* est aussi du domaine de la peinture en décor; ceux qu'on imite le plus souvent sont : le bronze antique, le bronze moderne et le bronze florentin.

La *peinture de lettres* constitue, comme la peinture en décor proprement dite, une spécialité, notamment à Paris et dans les grandes villes. Le peintre de lettres exécute tous les genres de lettres, depuis la lettre simple jusqu'à la lettre artistique. Dans les lettres simples sont comprises : la lettre anglaise, la ronde, l'italique, la bâtarde, la romaine, l'italienne, la capitale, l'égyptienne, la lettre monstre et la lettre antique. Puis, après la lettre simple, viennent : la gothique, la lettre Boule, la lettre penchée; etc.; toutes ces lettres avec ou sans épaisseurs; et, enfin, les lettres artistiques telles que la lettre antique formant creux ou relief, les lettres ornées et les lettres à effet. Le principal objet dans l'exécution d'une lettre, est de bien mettre cette lettre d'aplomb et de bien la distancer d'après les règles; il faut baser les proportions suivant la surface à garnir et selon les lettres à faire. Cette nature d'ouvrages demande une main sûre et hardie et un bon coup d'œil.

L'*ornementation* ou *peinture d'ornement* est encore un genre de travail spécial qui comprend notamment les tableaux ou enseignes, les *attributs* qui servent à faire connaître la profession des commerçants. Tantôt ces attributs sont groupés ensemble et symbolisent une corporation tout entière, tantôt ils reproduisent simplement les principaux objets mis en vente à l'intérieur du magasin.

PROCÉDÉS DIVERS DE PEINTURE. La *peinture à l'huile vernie polie*, employée pour la décoration des appartements luxueux et des riches devantures de boutiques, nécessite les opérations suivantes : application d'une couche d'impression au blanc de céruse, rebouchage, cinq ou six couches de teinte dure (massicot broyé à l'huile siccative et détrempé à l'essence), encollage au blanc de Meudon, application des couches de teinte, de deux couches d'*encollage à froid* et enfin d'au moins deux couches de vernis à l'alcool. La peinture au *vinaigre*, composée de mine de plomb broyée dans du vinaigre, s'emploie pour les âtres et pour les plaques de cheminée. La *peinture au lait* se fait au moyen de couleurs broyées à l'eau et détrempées au lait. La *peinture au grès* s'emploie quelquefois pour les boiseries extérieures; elle convient notamment aux constructions rustiques. On procède ainsi : deux ou trois couches de peinture à l'huile qu'on laisse sécher, une forte couche de vernis gras, et sur ce vernis, encore frais, un saupoudrage régulier de sable bien fin. La *peinture au silicate de potasse* (blanc de zinc mélangé au silicate de potasse) imite parfaitement la pierre et résiste à tous les agents atmosphériques. La *peinture au sérum de sang* (chaux en poudre délayée dans du sérum de sang) donne aussi une belle couleur de pierre et peut s'employer économiquement dans les constructions rurales, sa préparation étant facile à la campagne.

On fait encore usage contre l'humidité de peintures dites *hydrofuges*, que l'on appelle aussi *enduits*. — V. ce mot.

Le *vernissage*, cette dernière opération de la

peinture, a une importance considérable ; c'est de lui que dépend le fini du travail. On trouvera à l'article VERNIS des détails concernant les différentes espèces de vernis employés dans la peinture en bâtiment. Nous dirons seulement ici : 1° que pour vernir les extérieurs, il faut profiter d'un temps sec et employer des vernis spéciaux ; 2° qu'un vernis doit toujours être étendu grassement en évitant les coulures ; 3° que pour les travaux soignés il est urgent de passer deux couches de vernis.

OUTILLAGE. Un atelier de peintre en bâtiments renferme des *tables à broyer* en pierre dure ou en marbre, accompagnées de molettes, ou pierres coniques, qui servent à écraser et à broyer les couleurs ; des casiers ou étagères, qui servent à déposer les caissettes et les boîtes renfermant les couleurs. L'outillage se compose, pour le broyage des couleurs : d'un *couteau à ramasser*, d'un couteau à *palette*, d'un *passoir*, et d'un *tamis* bien fin ; pour l'exécution du travail : de pots en tôle ou *camions*, de *bidons* vides pour mettre les liquides, de *brosses* ou *pinceaux*, d'*éponges*, de *règles*, d'*échelles*, de *couteaux à reboucher*, de *couteaux à enduire*, de *petits fers*, de *grattoirs*, de *ciseaux à bois*, de *marteaux*, de *tenailles*, etc.

Les peintres en décors fournissent leurs outils et sont presque toujours employés à façon. Ces outils se composent de : une *boîte*, des *peignes* en acier et en cuir, des *spalters* et un *blaireau*, quatre ou cinq *veinettes* assorties, deux *ballons*, une *éponge* de moyenne grosseur, un *ébouriffoir*, une ou deux *queues de morue* pour adoucir, un *martinet*, quelques crayons ou fusains assortis de teintes, des brosses ou pinceaux à décor, des *pinceaux à chiqueter*, une palette et un godet.

Chaque atelier est pourvu d'un *preux* qui a la surveillance de l'atelier, donne des ordres aux ouvriers et leur prépare la teinte. —F. M.

* **PÉKIN.** *T. de tiss.* Nom donné aux tissus qui présentent des rayures longitudinales de couleurs ou d'armures différentes. — .V TISSAGE.

* **PELEUR ou PELLOIR.** Petit corps de charrue placé en avant du soc ; on dit aussi *écrouteur* et *rasette.*—V. CHARRUE.

PÉLICAN. T. de men. Crochet de fer qui sert à assujettir le bois sur l'établi. || Iustrument recourbé qui sert à extraire les dents. || *Art hérald.* L'oiseau de ce nom est représenté se perçant l'estomac avec le bec, comme pour nourrir ses petits ; le pélican est le symbole de l'amour paternel.

* **PELIN ou PELAIN.** *T. techn.* Grande cuve dans laquelle on fait tremper les peaux.

PELISSE. Vêtement garni de fourrure.

PELLE. Nom des instruments et des outils qui servent à un grand nombre d'usages (dérivé du sanscrit *phala* ou *phâla* : soc de charrue, lame). Le même nom, et celui de *pale*, s'applique à la partie de l'aviron qui entre dans l'eau, et encore à la partie mobile d'une porte d'écluse. Les pelles destinées à l'enlèvement des matières varient de formes et de dimensions suivant les travaux que l'on doit exécuter.

La *pelle de terrassement* sert à enlever la terre meuble ou ameublie ; elle est formée d'une lame tranchante en fer aciéré ou tout en acier. Pour les sables et terrains siliceux, il faut employer des pelles entièrement d'acier. Voici quelques chiffres sur les dimensions et poids des *palettes* ou *fer* de pelle en acier :

Bout rond, largeur 0,25, longueur 0,30, poids 1^k.100
— carré, — 0,24, — 0,30, — 1 300

La lame est garnie d'une douille pour recevoir le manche ou (comme pour les louchets) ce dernier est emboîté par deux manchons d'acier ; cette disposition est excellente quand les pelles doivent servir à un travail pénible. Le manche des pelles anglaises et américaines est terminé par une poignée ; on en fait quelquefois terminés par une béquille. Lorsque l'on emploie les poignées ou les béquilles, les manches peuvent être plus courts (0^m,68). Dans ce cas, le poids du manche tombe à 0^k,6 ou 0^k,700. Les manches longs ont 1^m,20 à 1^m,30, et pèsent 0^k,900 environ. L'emploi des pelles avec ou sans béquille ou poignée dépend en grande partie des habitudes locales. Chaque ouvrier préfère l'outil auquel il est habitué et en obtient souvent plus de travail que d'un instrument plus parfait en apparence. Cependant, on peut dire que, d'une façon générale, les manches à poignée sont adoptés par les plus habiles terrassiers pour les travaux de force. La courbure des manches doit être soigneusement étudiée afin d'imposer à l'ouvrier le moins de fatigue possible dans le travail du chargement ; on les fait en bois léger et solide, à fibres serrées ; le hêtre est ordinairement employé. Lorsque le fer de la pelle est à plat sur le sol, le manche doit faire un angle de 30 à 40° avec le plan horizontal. Le tranchant de la lame est droit (sols très meubles) ou arrondi aux angles (terres compactes et légèrement caillouteuses), la lame se termine par un angle curviligne et même une pointe, pour les sols de difficile pénétration et les terres très pierreuses ; pour ces dernières, la pelle peut ressembler à une fourche à dents larges et plates. Il est essentiel de les faire aussi légères que possible, sans pour cela diminuer leur solidité. C'est dans ce but que les fers des pelles Laurenty, très employées aujourd'hui, par leurs ondulations faites en proportion de leur grandeur, acquièrent une force proportionnelle au carré de la hauteur donnée aux ondulations ; de sorte que si celles-ci ont 7 millimètres, la résistance devient 7$\times$7=49 fois plus grande que celle de la pelle ordinaire, ce qui permet de diminuer son poids. Dans les terrassements agricoles, la pelle est souvent remplacée par la *bêche.* Cette dernière est analogue à la pelle, en a les mêmes dimensions, poids et assemblages ; la seule différence qui existe, consiste en ce que le manche est dans le prolongement de la palette. Dans certains travaux étroits, où on est gêné, le fer diminue de largeur (0^m,06 à 0^m,09) et sa longueur augmente (0^m,50). Lorsque les terres sont très dures, on munit les instruments d'une pédale pouvant se caler sur le manche, à diverses hauteurs, à l'aide d'un petit coin de fer. Les ouvriers, dans ce cas, attachent souvent sous leurs souliers une portion de semelle en fer avec laquelle ils appuient sur la pédale.

A la pelle, l'ouvrier peut jeter à une distance de 4 mètres, horizontalement, ou à une hauteur de 1m,60 à 2 mètres verticalement. Un pelleteur habile peut charger dans un tombereau ou jeter horizontalement à 3 mètres, un mètre cube des terres suivantes :

Terre végétale, légère, et alluvions sableuses en 29 min.
Terre moyenne, argileuse, moyen. compacte   33 —
Terre dure, compacte. . . . .   34 —
Terre crayeuse . . . .   35 —
Terre fortement imbibée d'eau. . . . . . .'.   39 —

Ces chiffres dépendent du poids des terres et de la pénétration de la pelle. On compte qu'un bon pelleteur peut enlever et charger sur une brouette de 20 à 25 mètres cubes de terre en dix heures de travail. Ce volume est réduit à 15 et 20 mètres si la terre est jetée horizontalement à 2 mètres de distance au moins et à 4 mètres au plus, ou lorsqu'elle est élevée verticalement, à 1m,60 ou 2 mètres comme dans un tombereau.

Si la hauteur d'extraction est plus grande que 2 mètres, on établit des gradins espacés de 1m,60 à 2 mètres verticalement et sur chacun desquels se place un pelleteur chargé d'élever la terre de son gradin au gradin supérieur. On emploie aussi des pelles tirées par un cheval ou des bœufs : ce sont les *pelles à cheval*.

Dans les travaux de dragages de vases, on relève, à angle droit, les bords latéraux de la pelle qui a alors 0m,45 de long ; le manche, incliné sur le fer, doit dépasser de 1m,50 la surface de l'eau.

Pour l'extraction des tourbes, on a recours à des *louchets*. — V. ce mot.

Parmi les nombreuses variétés de pelles, il est bon de mentionner : les *pelles à grains*, employées dans les greniers et dans les minoteries ; elles sont en bois, larges, légèrement creuses, le manche est terminé par une poignée ; les *pelles de mine*, qui fonctionnent dans des sols très durs et doivent avoir le tranchant en angle curviligne ; pour les galeries où le mineur est souvent gêné, les manches sont très courts, à béquille ou à poignée et semblables à ceux employés dans le génie militaire ; les *pelles à pommes de terre*, qui se composent de tiges d'acier courbées réunies sur une tringle formant le tranchant. La longueur du manche est de 0m,85, la pelle pèse 1k,500 et le manche 0k,700 (total 2k,250) ; les *pelles à eau* ou *écopes*, formées de quatre planches en bois dont le volume est ordinairement un prisme à base triangulaire fixé à l'extrémité d'un long manche. La pelle pleine contient environ 7 décimètres cubes d'eau et est employée dans les bateaux et pour les élévations d'eau (baquetage). On en fait de très grandes dimensions, on les appelle alors *écopes hollandaises* (V. ELÉVATION DE L'EAU) ; les *pelles à pulpe*, employées dans les distilleries de betteraves pour relever les pulpes des macérateurs ; elles sont analogues à une grande paire de ciseaux dont le tranchant serait remplacé par des fourches ; les *pelles à fumier*, or-

dinairement désignées sous le nom de *fourche* (V. ce mot). On doit suivre, pour la courbure des manches de fourches, les mêmes données que pour les pelles ; les *pelles à four*, employées dans la boulangerie pour enfourner les pains (V. PANIFICATION) ; les *pelles à charbon*, dont le fer est à claire-voie, en tiges de fer ou en tôle ; les *pelles à main*, *à feu*, etc., qui se composent, en général, d'un fer, soit à rebords d'équerre, soit concave comme une cuiller ; le manche est très court et ne constitue qu'une poignée. — M. R.

Pelle à cheval. Cet instrument sert à exécuter les terrassements, à aplanir et à niveler les terrains ; il porte, dans la pratique, différents noms dont le plus ancien est *mollebart* (Flandre), puis, *galère*, *ravale*, etc. Son but est de supprimer le chargeur. Le plus ordinairement, c'est une large pelle en bois de chêne formée de lames assemblées à rainures et languettes. La pelle est creuse et fixée sur 2 longerons inférieurs qui se terminent en arrière par 2 mancherons que maintient le charretier. En avant, le bord (qui a 0m,60 à 1 mètre de long) est tranchant et doublé de fer ; sur chaque bord de la pelle, et environ en leur milieu, viennent se fixer des chaînes ou des tringles de traction auxquelles on attache les animaux. Le conducteur tient en main les mancherons et les guides des chevaux qui traînent l'instrument. En haussant les mancherons, il fait pénétrer la pelle en terre et celle-ci se charge d'elle-même. Lorsque la charge est suffisante, il appuie sur les mancherons et la pelle glisse sur des patins en fer fixés en dessous des longerons ; arrivé au point de déchargement, le conducteur active les animaux et soulève les mancherons, le tranchant se fixe en terre et le tout bascule autour de ce dernier, le déchargement est instantané. Puis on revient à vide se recharger de nouveau. Quelques pelles à cheval sont munies de rebords latéraux et affectent la forme d'une grande pelle-drague. Dans divers systèmes perfectionnés, les mancherons sont mobiles, et c'est en leur imprimant une certaine secousse qu'ils déclenchent la pelle ; cette dernière est garnie en arrière des deux pointes en fer qui, après le déchargement, lui font reprendre sa position primitive et l'enclenchent avec les mancherons, le conducteur n'a presque plus rien à faire. Les pelles à cheval sont très bonnes lorsque la distance de transport ne dépasse pas 100 mètres ; le travail se fait rapidement. Si le sol est dur, on y fait passer une charrue ou un extirpateur. Avec une pelle de 0m,80 de large, tirée par un cheval dans une terre sablonneuse, la charge est de 80 à 100 décimètres cubes, et on peut transporter 1 mètre cube à 100 mètres en une dizaine de voyages ; l'instrument pèse 70 kilogrammes. Avec une pelle tirée par deux paires de bœufs attelés au joug, on écroute à 0m,25 de profondeur en enlevant à chaque coup 1/3 de mètre cube environ.

* **PELLERON.** Petite pelle ; pelle de boulanger.

PELLETERIE. Art de préparer les peaux d'animaux et de certains volatiles avec leur poil ou leur plume pour en faire des fourrures. On trouvera indiqué à l'article FOURRURE les principaux procédés de fabrication employés par les pelletiers. Nous y renvoyons le lecteur. Il suffira d'ajouter que la difficulté où l'on se trouve, en Europe, de se procurer économiquement les pelleteries véritables, a fait naître de bonne heure l'idée de les imiter, et l'on est aujourd'hui parvenu, au moyen de la teinture et de l'apprêt, à obtenir, avec la dépouille du lapin domestique, des pelleteries à bon marché, qui reproduisent souvent, avec une rare perfection, les pelleteries les plus recherchées.

*PELLETIER (BERTRAND). Chimiste et pharmacien, né à Bayonne en 1761, mort en 1797. A l'âge de 17 ans il vint à Paris, fut préparateur de Darcet. Reçu maître en pharmacie à 22 ans et chargé de la fameuse pharmacie de Rouelle, il se fit connaître par une étude remarquable sur le phosphore et ses composés, notamment sur les phosphures métalliques. En 1791, l'Académie des sciences le reçut dans son sein et il fit partie de l'Institut après sa réorganisation ; il fut membre du bureau de consultation des arts, inspecteur des hôpitaux, commissaire des poudres et salpêtres, membre du Conseil de santé des armées, professeur de chimie à l'Ecole polytechnique (1795). Il a enrichi la science de nombreux mémoires de chimie sur la strontiane, l'or mussif, les cendres bleues, le carbonate de potasse, la plombagine, les alcalis caustiques, les sels de baryte, l'affinage du métal des cloches, l'éther acétique, la préparation du savon, etc. Il a concouru à plusieurs rapports remarquables sur la fabrication de la soude, la fabrication du savon, le tannage des cuirs, etc. Il mourut victime de son zèle pour avoir respiré le chlore en trop grande quantité, lorsqu'il étudiait les propriétés de ce corps. Il avait déjà failli perdre la vue en 1791, par une détonation de mélange gazeux. Ses écrits ont été réunis en 1798, sous le titre de *Mémoires et observations de chimie*, Paris, 2 volumes in-8°. — C. D.

*PELLETIER (JOSEPH). Fils du précédent. Chimiste distingué ; né à Paris en 1788 ; mort en 1842. Ses importants travaux sur les *alcaloïdes* lui ont valu la célébrité. Ses nombreuses recherches faites isolément, ou en collaboration avec Magendie, Caventou, Vogel et autres ont été d'un puissant secours à la thérapeutique et à la pharmacie. La magnifique découverte du sulfate de quinine lui a valu, en 1827, le prix Montyon de 1,000 francs (qu'il partagea avec Caventou son collaborateur). Grâce à Pelletier, l'émétique, la strychnine, la brucine, la vératrine, la quinine et la cinconine, ont remplacé avantageusement les matières premières d'où il a su les extraire. Ses études sur les matières tinctoriales, entre autres sur la cochenille, le santal, l'orcanète, le curcuma ont ouvert à la teinture de nouveaux horizons. Ses recherches sur les gommes-résines, les huiles de résines ont rendu d'éminents services à la pharmacie. Tous les travaux de Pelletier ont eu un but pratique. Il fut professeur, puis directeur-adjoint de l'Ecole de pharmacie, en 1832, membre

libre de l'Académie des sciences en 1840, du Comité de salubrité de Paris, membre de l'Académie de médecine. Ses nombreux travaux sont publiés dans divers recueils de médecine et de pharmacie, et notamment dans les *Annales de chimie et de physique* dont il était un des fondateurs et des rédacteurs.— C. D.

PELLETIER. On trouve les mots *Pelletier*, *Peltier*, *Le pelletier* employés comme noms propres, dans toutes les langues connues ; ce qui atteste l'importance et la diffusion du métier désigné par ces expressions. La préparation et la vente de la dépouille des animaux a dû être, en effet, l'une des premières industries humaines, tant dans les pays froids que dans les régions tempérées, où la douceur de la température en été fait sentir plus vivement la rigueur des hivers.

— La préparation et le commerce de la dépouille des animaux se sont successivement divisés en plusieurs branches : d'une part, ce qui a trait à la chaussure de l'homme, à l'harnachement et à l'équipement du cheval, à la fabrication de divers objets usuels en peau et en cuir ; d'autre part, ce qui concerne les fourrures chaudes et élégantes destinées au vêtement proprement dit, à la parure, et servant à marquer le rang, la dignité, les distinctions sociales. A la première catégorie appartiennent la tannerie, la corroyerie, la mégisserie, la sellerie, la bourrellerie ; dans la seconde, sont placées la pelleterie proprement dite et l'industrie des fourrures. Dans les temps modernes, une troisième catégorie, moitié scientifique et moitié industrielle, s'est créée : nous voulons parler de la *taxidermie*, ou montage des pièces zoologiques pour les collections publiques et privées.

Au moyen âge, la pelleterie de luxe a joué un rôle important : les fourrures de prix étaient d'un grand usage dans les palais, les châteaux, les évêchés, les églises cathédrales et collégiales, les monastères et les cours de justice. Les miniatures, les vitraux, les statues, les bas-reliefs et autres représentations figurées nous montrent les rois, les princes et princesses, les évêques, les chanoines, les religieux, les magistrats couverts de fourrures rares ou communes, selon la dignité de chacun. Les animaux des régions tempérées ne fournissant, ni comme qualité, ni comme quantité, des fourrures pour tant et de si hauts personnages, les pelletiers durent se mettre en rapport avec les marchands et les hanses du nord pour se les procurer. Les villes flamandes, plus industrieuses, plus commerçantes, que ne l'étaient celles de France, furent pendant plusieurs siècles, les intermédiaires de ce négoce.

La pelleterie a donc eu son importance au point de vue des relations internationales, et l'on comprend que les pelletiers se soient élevés, dans le monde des métiers, à une situation considérable. Leur commerce qui leur assurait, au dedans, la clientèle de la royauté, de la noblesse, de l'église, de la magistrature, qui les obligeait, au dehors, de correspondre avec les fournisseurs en gros, exigeait des capitaux, des voyages et ne pouvait être exercé que par des gens de choix. Aussi les pelletiers comptaient-ils, à Paris, parmi les *six corps* qui constituaient l'aristocratie des métiers, et figuraient-ils, à titre de corporation privilégiée, aux entrées solennelles, aux cérémonies civiles et religieuses, où les autres industries n'étaient pas représentées. — V. CORPORATIONS.

Mais c'est surtout dans les trois derniers siècles que la pelleterie a pris une véritable influence : de simples préparateurs et marchands de peaux sont devenus *découvreurs* de terres nouvelles, conquérants et civilisateurs. On sait, en effet, que des compagnies de fourreurs ont frété des navires pour l'Islande, le Labrador, le Groënland, la baie d'Hudson, le détroit de Baffin et toutes les régions du Nord-Amérique. Le Canada, notre ancienne et fidèle colonie, l'Acadie, tout le pays qu'arrose le fleuve Saint-Laurent, ont été explorés et conquis à notre influence par les employés des pelletiers français. Il en a été de même d'une partie des Etats-Unis d'Amérique : Chateaubriand a retrouvé dans les souvenirs de Natchez, des Hurons, des Iroquois, des Algonquins et autres peuplades américaines, la trace des expéditions heureusement accomplies au profit et pour le compte des factoreries de pelletiers.

De nos jours, la pelleterie a conservé une certaine importance, comme industrie et commerce de luxe; mais son rôle de découverte et de conquête a cessé : elle se borne à recevoir, comme colis, les peaux pour lesquelles elle faisait autrefois campagne au delà des mers. — L. M. T.

PELOIR. *T. techn.* Petit bâton rond et renflé au milieu, avec lequel on enlève la laine ou le poil des peaux.

PELOTAGE. *T. techn.* Action de mettre les écheveaux en pelotes. — V. les articles suivants. || Opération qui consiste à donner au savon de toilette la forme de petits pains.

PELOTE. *T. techn.* 1° Boule que l'on forme avec de la ficelle ou du fil à coudre. Toute pelote comprend deux parties : la partie centrale dite *cœur*, laquelle étant cachée n'exige pas d'être bien faite, et la partie extérieure, dite *parure*, dont les couches doivent être placées soigneusement et beaucoup plus rapprochées pour former une nappe bien apparente. En général, on distingue dans le commerce de la ficellerie deux sortes de pelotes : la *pelote plate* ou *camard* et la *pelote allongée* ou *d'Abbeville*. La pelote plate a longtemps été la seule qui se fît à la mécanique, et encore aujourd'hui c'est celle qui est acceptée pour les fils à cordonnier, les fils à voile polis, les fils de pêche simplement retors : les fabricants l'adoptent le plus possible parce qu'elle est facile à faire, qu'elle ne s'éboule pas facilement, et qu'elle est, en outre, le modèle adopté par nos concurrents d'Allemagne qui sont obligés, pour l'envoyer en France et lui faire supporter un transport assez long, d'adopter un type solide. La pelote allongée se fait moins à la mécanique. Le nom de *pelote d'Abbeville* lui vient de ce qu'autrefois, et encore maintenant, ce modèle était adopté par les corderies des environs d'Abbeville qui les faisaient à la main. Longtemps on n'a pu les faire mécaniquement, parce qu'elles s'éboulaient trop facilement; on a pu songer à les fabriquer couramment de cette façon, lorsqu'aux machines on adopta un appareil sphérique, dû à un cordier d'Angers, M. Hilaire, appuyant sur la pelote pendant sa fabrication, et l'empêchant ainsi de s'ébouler en maintenant la ficelle au fur et à mesure de son dépôt. Dans le commerce des fils à coudre, les pelotes diffèrent aussi de forme suivant la matière textile dont les fils sont formés; les pelotes de fil de coton, par exemple, sont plus volumineuses et plus allongées que celles de fil de lin ou de soie. || 2° Coussinet sur lequel les couturières piquent leurs épingles ou leurs aiguilles. || 3° Partie d'un *bandage herniaire*. — V. cet article.

PELOTEUR, EUSE. *T. de mét.* Ouvrier, ouvrière qui fait le pelotage des fils, on dit encore *pelotonneur, euse*.

PELOTEUSE. *T. techn.* Machine à mettre en pelotes les ficelles, fils à coudre, etc.

— Les peloteuses ne sont construites par l'industrie privée que depuis un certain nombre d'années. Pour les ficelles, notamment, on s'est longtemps servi, en France, des appareils fournis par l'Ecole des arts et métiers d'Angers; les élèves prenaient le temps de bien exécuter tous les organes des machines et celles-ci ont été longtemps recherchées dans les environs de cette ville où se trouvent les ficelleries mécaniques les plus importantes de notre pays; bien souvent même, on les obtenait à très bon prix, surtout lorsque, l'industrie ne consommant pas assez vite toutes les peloteuses construites, on était obligé de vendre celles-ci à l'encan pour les écouler plus vite. Ces machines sont aujourd'hui construites à Angers (France) et à Leeds (Angleterre), dans d'excellentes conditions. L'Ecole des arts et métiers, en effet, ne put suivre tous les perfectionnements qui furent ultérieurement appliqués et l'industrie privée prit en partie sa place.

Une peloteuse n'est autre qu'une ailette enroulant mécaniquement la ficelle sur un axe. Il y en a autant de variétés que de constructeurs. On

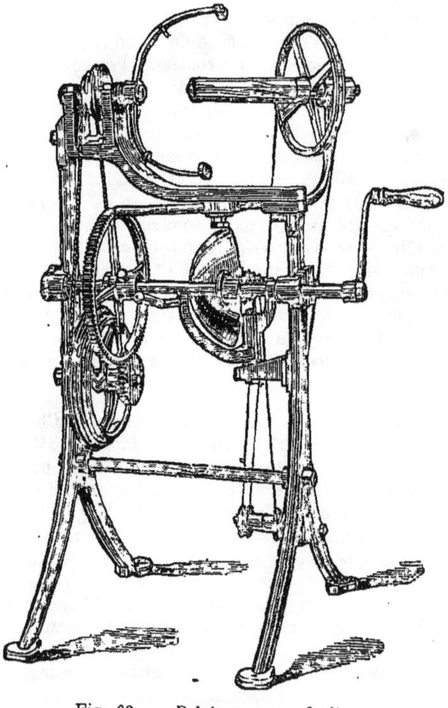

Fig. 63. — *Peloteuse pour ficelles.*

distingue d'une manière générale, les *peloteuses pour ficelles* et les *peloteuses pour fils à coudre*.

Peloteuse pour ficelles. La figure 63 représente une peloteuse pour ficelles. Comme on le voit, l'axe de l'ailette est commandé par une corde qui s'enroule sur une poulie à plusieurs gorges de diamètres différents. Ce genre de commande a été cause de nombreux changements dans ce type de machine. Ainsi l'ouvrière qui conduit la peloteuse arrêtait autrefois son appareil au moment où elle devait faire la *parure*, pour changer la rotation de l'ailette en faisant passer la corde sur une autre gorge de la poulie. Cette manœuvre nuisait naturellement à la production maxima de la machine. On avait d'abord essayé d'éviter l'arrêt en plaçant deux cordes sur la poulie à gorges : de la sorte, au moyen de cames animées d'un mouvement de bascule autour d'un point fixe, on arrivait, à l'aide de poulies de renvoi entraînées par ce mouvement, à tendre soit la première, soit la seconde de ces cordes au moment voulu. Mais ce système a dû être rejeté, en raison de l'allongement des cordelettes sous les effets répétés des chocs dus aux contrepoids : l'ouvrière était en effet obligée à tout instant de les *épisser* pour les remettre à la longueur voulue. Aujourd'hui, on termine par une tringle taraudée la chape dans laquelle tourne la poulie, et, en faisant mouvoir dans un sens ou dans l'autre deux écrous *ad hoc*, on approche ou on éloigne les poulies de renvoi de façon à mettre immédiatement et exactement à leur longueur les cordes de transmission. Ces cordes, de cette façon, peuvent durer au moins quinze jours, et si, dans la même journée, une ouvrière doit faire sur la même machine des pelotes de grosseurs différentes (ce qui entraîne des vitesses variées d'enroulement pour la parure) elle peut, en faisant mouvoir des écrous, se mettre chaque fois facilement au « point ». Ce perfectionnement en a appelé d'autres, toujours dans le même sens, relatifs au jeu des cordes sur les différents diamètres de la poulie à gorges. Pour certaines pelotes, en effet, on est obligé de se servir, pour le cœur, du diamètre le plus grand, qui a plusieurs centimètres, et pour la parure du plus petit, n'excédant pas parfois un centimètre. Le changement de transmission d'un diamètre à un autre devient dès lors plus difficile, et les cordes peuvent très facilement glisser hors de leurs gorges. On se sert, à cet effet, dans certaines machines perfectionnées, de deux poulies coniques à gorges : l'une dite cône des parures, l'autre cône de l'effondrillon, manœuvrées au moyen d'une manette mobile à la main pendant la marche, qui fait corps avec une tringle terminée par une coulisse dans laquelle est prise une pièce maintenue sur l'arbre où sont calées les cames : l'une ou l'autre de celles-ci fonctionnant, on soulève l'un ou l'autre levier et la poulie de renvoi qui lui correspond. Ces divers changements, destinés à éviter les inconvénients provenant de l'allongement et des raccourcissements des cordes motrices, ont été aussi étendus dans d'autres machines aux autres organes des peloteuses qui fonctionnent par l'intermédiaire de cordes : à la poulie motrice, par exemple, sur laquelle est calé l'axe qui porte les pelotes et qui, elle aussi, porte souvent plusieurs engrenages. Dans quelques peloteuses un peu fortes, les cordelettes sont remplacées par des courroies dont l'allongement est insensible au bout de quelques jours de marche. D'une manière générale, les peloteuses pour ficelles se divisent en **deux classes** : celles qu'on peut manœuvrer à la main et celles qui marchent par l'intermédiaire d'une machine, toutes munies de jeux d'ailettes différents pour faire plusieurs grandeurs de pelotes à volonté. D'autre part, il y a un très grand nombre d'espèces de peloteuses, à ne considérer que la grandeur des pelotes qu'on peut y fabriquer et le nombre des têtes dont elles sont munies pour faire plusieurs pelotes à la fois. Les plus petites machines servent pour le fil à cordonnier (pelotes de 10, 20 et 30 grammes), mais il y a des machines pour faire des pelotes de 115, 230 et 450 grammes, d'autres pour en faire de 230, 450 ou 900 grammes, de 230 grammes seulement, de 450 à 900 ; de 450 à 1,400 grammes, de $1^k,80$ à $2^k,70$, de 7 kilogrammes, de 13 kilogrammes, de 25 kilogrammes, etc. Dans les plus petites peloteuses marchant à la main, il n'y a guère qu'une corde conduisant l'axe de l'ailette. Pour faire marcher ces machines, on tourne soigneusement la manivelle de façon que, le cœur une fois fait, les fils viennent bien se disposer les uns à côté des autres et qu'il n'y ait aucun vide entre eux ; puis, au moment de faire la parure, on déplace l'axe de la pelote au moyen de la manette, qui soutient la poulie à gorges sur laquelle elle est fixée, ce qui permet de faire varier l'angle formé par cet axe et le plan vertical de rotation de l'ailette, et donne à la parure un aspect plus flatteur.

Une bonne peloteuse doit réunir certaines conditions. Elle doit, par exemple, pouvoir s'arrêter instantanément pour permettre à l'ouvrière de faire le moins de déchet possible. Au cas d'éboulement au commencement de la mise en pelote, elle doit encore pouvoir facilement recouvrir sans qu'on s'en aperçoive et sans arrêter la machine, les premières couches mal venues. Enfin, il faut que le travail soit toujours continu, afin que la production soit la plus grande possible.

Il y a aussi pour les ficelles des peloteuses permettant de faire plusieurs pelotes à la fois, fonctionnant entièrement à l'aide d'engrenages, sans courroies ni cordelettes.

Peloteuse pour fils à coudre. Les peloteuses pour fils à coudre sont fondées sur les mêmes principes que les peloteuses pour ficelles. Nous en avons un type dans la figue 64 qui représente une machine pour le pelotage des fils de coton. Une ailette semblable à celle des métiers continus, moins grande naturellement que pour la ficellerie, enroule le fil sur un axe fixé sur un chariot mobile autour de deux tourillons. Pour éviter le trop rapide usure, la branche de l'ailette qui enroule le fil est terminée par une « queue de cochon » en verre. L'ouvrière, en faisant mouvoir le chariot, détermine avec l'ailette une série d'angles successifs qui lui permettent de donner à sa pelote la forme qu'on veut lui faire prendre. Enfin, pour arriver à donner à la marche de la peloteuse plus de douceur en même temps que pour l'arrêter plus facilement, le mouvement est communiqué à la machine par friction et non par engrenage. De même que pour la ficellerie, il existe des machines à peloter qui permettent de faire plusieurs pelotes à la fois. Les principes généraux que nous avons formulés au

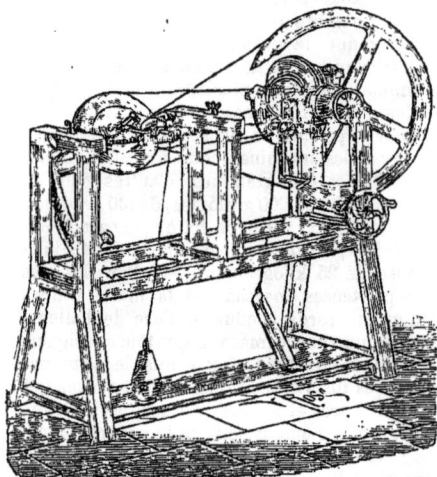

Fig. 64. — *Peloteuse pour fils de coton à coudre.*

sujet des peloteuses pour ficelles trouvent aussi leur application pour les peloteuses de fils à coudre. — A. R.

|| Machine à recouvrir d'étoffe les boutons pour vêtements. — V. PASSEMENTERIE.

*PELOTONNEUSE. — V. PELOTEUSE.

*PELOUZE (JULES-THÉOPHYLE). Chimiste éminent, membre de l'Institut, né à Valognes (Manche), le 17 février 1807, mort à Bellevue, près Paris, le 31 mai 1867. Élève en pharmacie à La Fère, puis à Paris (1825), il fut reçu interne en pharmacie (1826), attaché à l'hôpital de la Salpêtrière qu'il quitta bientôt pour le laboratoire de Gay-Lussac où il resta préparateur pendant plusieurs années et devint l'ami de l'illustre maître. En 1830, Pelouze fut appelé à Lille comme professeur du cours de chimie créé par la municipalité, position qui lui permit de se livrer à des recherches sur la composition et les qualités du sucre indigène dont il démontra l'identité avec le sucre de canne ; il prouva que la betterave ne contient pas de glucose. Bientôt rappelé à Paris, il fut nommé répétiteur de chimie et suppléant de Gay-Lussac à l'École polytechnique. A partir de ce moment, les mémoires qu'il publia le placèrent au premier rang des chimistes contemporains. En 1830, il avait fait un voyage en Allemagne et s'était mis en rapport avec Liebig. Parmi les travaux qu'ils firent de concert, on cite la découverte de l'*éther œnantique* (bouquet des vins). En 1837, il fut élu membre de l'Académie des sciences ; vers cette époque, il suppléa Thénard au collège de France et Dumas à l'École polytechnique, et opta quelques années plus tard pour la chaire de chimie de Thénard dont il se démit en 1851.

Son entrée à la Monnaie date de 1833, comme essayeur. Il y devint ensuite vérificateur des essais, et, en 1848, il fut nommé président de la Commission des monnaies. Depuis 1849 il a fait partie du Conseil municipal de Paris. En quittant la carrière de l'enseignement il ne renonça pas à la chimie ; il fonda (1846) un laboratoire-école où se formèrent de nombreux élèves. Pelouze fut nommé, en 1838, chevalier de la Légion d'honneur, officier en 1850, commandeur en 1856. Il était membre des Académies de Londres, de Berlin, de Turin, etc.

Les travaux de Pelouze sont nombreux et ont exercé une influence marquée sur la science et l'industrie ; par exemple, ses Mémoires sur la fabrication en grand de l'acide sulfurique ; sur un nouveau mode de dosage des nitrates et particulièrement du salpêtre ; sur l'acide butyrique et la butyrine (premier corps gras produit artificiellement) ; sur la saponification des corps gras ; sur la dévitrification et la coloration du verre ; sur l'introduction du sulfate de soude dans la préparation du verre à glace. La découverte du pyroxyle (coton-poudre), sa préparation, ses propriétés, son utilité pour l'art militaire ; un nouveau procédé remarquable pour la préparation du tannin ; la découverte et le dosage du fer contenu dans le sang ; ses belles recherches sur les acides pyrogénés, etc., montrent sur combien de points divers de la science il a porté ses investigations. Un grand nombre de ses Mémoires ont été publiés dans les *Annales de chimie et de physique* dont il est resté un des rédacteurs zélés. Il a fourni plusieurs articles au dictionnaire technologique. Pelouze a publié, en collaboration avec M. Frémy, un important *Traité de chimie générale, analytique, industrielle et agricole* ; Paris (1853-1856) 6 volumes in-8° ; 3e édition (1860-1865) ; un *abrégé* du même (1859) 4e édition, 3 volumes in-12°.

Son fils, *Eugène* PELOUZE, mort en 1884, à l'âge de 45 ans, était un chimiste distingué, auteur de travaux importants. Son nom reste attaché à une utile invention « l'épurateur condensateur du goudron », qui rend de grands services à l'industrie de l'éclairage par le gaz. Il était à sa mort officier de la Légion d'honneur. — C. D.

* PELTIER (JEAN-CHARLES-ATHANASE). Savant météorologiste, né à Ham (Somme) le 22 février 1785, mort à Paris le 17 octobre 1845. Fils d'un sabotier, il apprit l'horlogerie, alla à Paris et travailla longtemps pour Bréguet. En 1815, ayant hérité d'une petite fortune, il se livra à son goût pour les sciences. Après quelques études sur le système de Gall et diverses expériences sur les animaux, il s'adonna à l'électricité et spécialement à la météorologie électrique. Il inventa l'*électroscope* (qui porte son nom) avec lequel il fit d'ingénieuses observations sur l'électricité atmosphérique ; il imagina la *pince thermo-électrique* ; il perfectionna un grand nombre d'instruments d'électricité statique et dynamique. Il distingua dans le courant voltaïque l'*intensité* et la *tension* ; il détermina la capacité électrique des métaux ; imagina une théorie qui n'était ni celle

des deux fluides, ni celle d'un fluide unique. Pour lui, la cause des phénomènes électriques est, comme celle de la lumière et de la chaleur, une modification du fluide universel (l'éther) qui remplit l'espace, modification qu'il nomma *électricité hyperéthérée* (correspondant à l'électricité négative) et l'*électricité hypoéthérée* (électricité positive), termes qui n'ont pas été adoptés dans la science. Il a fait maintes expériences pour démontrer que la terre est chargée d'électricité à puissante tension et que l'espace environnant est à une tension moindre.

Peltier s'occupa spécialement des orages, et démontra, le premier, que les trombes ont une origine électrique. Il en a fait une étude toute particulière. Peltier était un savant très ingénieux qui fit faire des progrès réels et importants à la science météorologique fort peu avancée de son temps. Il était membre correspondant de l'Académie des sciences de Turin, de l'Académie de géographie de Florence et de la Société philomatique de Paris. On a de lui : *Observations et recherches expérimentales sur les causes qui concourent à la formation des trombes* (Paris 1840, in-8° avec planches) ; de nombreux Mémoires publiés dans les *Annales de chimie et de physique*, dans les *Comptes rendus de l'Académie des sciences* ; dans les *Mémoires de la Société philomatique* ; dans les *Archives d'électricité* de Genève. Parmi ces Mémoires on distingue : *Recherches sur la cause des phénomènes électriques de l'atmosphère et sur les moyens d'en recueillir la manifestation* ; *Mémoires sur diverses espèces de brouillards* ; *Mémoire* (remarquable) *sur la météorologie électrique* (1814). — C. D.

PELUCHE. T. de tiss. Tissu qui se fabrique comme la panne et le velours coupé, mais qui, au lieu d'avoir comme ces tissus le poil court, droit, serré et mat, l'a long, couché, soyeux et brillant. On ne le fait plus guère aujourd'hui qu'en laine, à Amiens, Abbeville, Lannoy et Compiègne, ou en soie à Lyon et Amiens. La France réussit surtout à fabriquer la peluche de laine qui se fait en écru ; mais, pour la peluche de soie, elle a beaucoup de peine à soutenir la concurrence des Allemands et des Anglais, qui en importent chez nous ainsi qu'en Amérique. Longtemps les peluches dont la fabrication a eu le plus d'importance ont été celles qui servaient à faire les chapeaux d'homme et de femme, en peluche de soie écrue, trame de coton et poil de soie cuite ; mais aujourd'hui, l'article le plus en vogue et de grande consommation sert principalement pour les ameublements ; c'est un luxueux tissu dont on fait de splendides mobiliers, et les premières maisons de tapisseries l'ont mis à la mode.

Peluche coupée. La fabrication de la peluche ordinaire ou peluche coupée, ne se distingue de celle du velours coupé que par certaines différences dans le montage et le tissage. Tout d'abord, les fers destinés à tisser la peluche sont beaucoup plus gros que ceux employés pour les velours-soie, par suite le poil a beaucoup plus de longueur. Quant à la coupe, elle s'opère par les mêmes procédés que pour les velours-soie,

mais l'écartement des pinces, à la plaque du rabot, doit avoir l'espace que comporte ce genre de fers, lesquels sont en bois très poli et se confectionnent comme ceux des velours coupés.

La réduction des peluches et leur largeur peuvent subir de nombreuses variations, il en est de même des armures. Dans les peluches faites à une seule pièce, on distingue les peluches de première qualité dites *peluches fortes* et de seconde qualité appelées *peluches légères*. Dans les premières, le remettage se fait toujours par deux fils de toile et un de poil pour chaque dent ; afin de donner plus de consistance au tissu, ce genre de la trame s'opère par la répétition de deux coups sur quatre, qui font néanmoins entre eux l'armure taffetas (car c'est en taffetas que se tissent toutes les peluches) ; l'étoffe a ainsi plus de main, sans écarter davantage les fers l'un de l'autre. Dans les secondes, le poil ne comporte ordinairement que le quart de la chaîne ; par conséquent le remettage a lieu par quatre fils de toile et un de poil, et le passage au peigne comporte 5 fils par dent.

La peluche se faisant à la lève, on emploie d'ordinaire pour la confectionner une mécanique d'armure, procédé beaucoup plus commode que les marches et les leviers. Le rouleau de poil se place au-dessus de la toile à environ 40 centimètres de distance du remisse ; la tension de ce rouleau doit être rétrograde, c'est-à-dire à l'instar de la tension donnée aux poils des velours coupés ou frisés. La dimension des fers permet de supprimer, dans la confection des peluches, le battant brisé qui est nécessaire pour les velours coupés. Vu la grosseur de ces fers, on peut faire la peluche avec un battant ordinaire, dit à poignée sèche, mais, pour que le fer dresse plus facilement, l'ouvrier doit le maintenir un peu obliquement, la rainure tournée du côté du peigne, de manière qu'un côté soit plus long que l'autre, lorsqu'on coupe le poil : cette précaution contribue beaucoup à donner de la couverture à la peluche et à ne laisser paraître aucune rayure provenant de la coupe.

Peluche bouclée. La peluche bouclée diffère de la peluche coupée en ce que les fers n'ont pas de rainure et qu'ils sont retirés du poil par les procédés usités pour le velours frisé. Le travail, d'ailleurs, est le même pour l'une et l'autre peluche. Cet article n'est pas l'objet d'une importante fabrication, il ne s'en fait que pour les ouvrages de fantaisie et de goût.

Peluche-duvet. — V. PLUME, § *Tissage de la plume*.

***PENDAGE.** T. d'exploit. des min. Inclinaison d'une couche ou d'un filon dans une mine ou dans une carrière. Une galerie horizontale partage un gîte plan en deux parties désignées sous les noms d'*aval pendage* et d'*amont pendage*.

PENDANT. T. techn. Anneau d'un boîtier de montre au moyen duquel on attache la chaîne ou le cordon. || *Pendant d'oreille.* Bijou ou joyau qu'on attache à une *boucle d'oreille.* — V. cet article et Bijouterie. || *Art hérald.* Se dit des pièces en forme de clochetons qui pendent du lambel.

PENDELOQUE. *T. de joaill.* Bijou, pierrerie, en forme de poire, que l'on suspend à une boucle d'oreille. —V. Joaillerie. || *T. de décor.* Cristal ou verre taillé en poire que l'on suspend aux branches d'un lustre.

PENDENTIF. *T. d'arch.* Triangle d'une voûte hémisphérique laissé entre les pénétrations, dans cette voûte, de deux berceaux semi-cylindriques ou formés d'une ogive. La forme de cette portion de voûte est donc triangulaire et presque verticale; le pendentif s'appelle encore *panache* ou *fourche.* La disposition des voûtes en pendentif offre l'avantage de faire porter le poids de la grande coupole à laquelle elles s'appliquent le plus ordinairement, sur quatre piliers de maçonnerie placés aux angles du carré qui lui sert de base. Le pendentif n'appartient en propre à aucun style architectural, mais le premier exemple qui nous soit connu se trouve dans la construction de l'église de Sainte-Sophie de Constantinople, et ce genre de voûtes a servi souvent à caractériser l'architecture byzantine. En effet, toutes les églises qui se rattachent, au moyen âge, à l'influence orientale, sont construites d'après ce système, par exemple Saint-Marc de Venise et Saint-Front de Périgueux, bien que dans cette dernière église les pendentifs, dont l'architecte n'a sans doute pas compris toute l'importance, ne soient, en réalité, que des encorbellements. De même les églises d'Angoulême, de Solignac, de Cahors, de Souillac, élevées à l'imitation de celle de Périgueux offrent cette disposition de pendentifs à arcs brisés. Le pendentif fut d'ailleurs rarement employé dans notre pays, où les architectes avaient à leur disposition, pour couvrir les vastes espaces, la voûte en arc d'ogive, bien autrement favorable à la décoration sculpturale, préférée en France. Mais, par extension, on a donné ce nom à des encorbellements posés dans les angles formés par des arcs portant sur plan carré, et destinés à ⁓ire passer la construction du carré à l'octogone ou au plan circulaire. Il y a dans toutes les provinces de la France des pendentifs de cette espèce.

Lorsque les pendentifs sont employés dans l'architecture privée, ils doivent recevoir une décoration intelligente, pour atténuer l'effet disgracieux de ces triangles étroits qui semblent reposer sur une pointe. Les sibylles de Raphaël, au Vatican, sont destinées à combler ces vides, et le Primatice a peint sur fond d'or de belles compositions pour les pendentifs du palais de Fontainebleau. Une des décorations le plus fréquemment employées dans ce cas par les peintres du xviiie siècle consiste en un vase ornemental fournissant des feuillages et des rinceaux qui rampent vers les deux sommets; cette disposition offre l'avantage de masquer entièrement la pointe extrême du triangle. Néanmoins, comme les pendentifs sont rarement utiles dans des constructions restreintes, il est bon de n'en faire usage que lorsqu'on peut en tirer un parti certain.

Il existe à Valence, dans le Dauphiné, un monument funéraire qui a des pendentifs en cul-de-four, ce qui a fait nommer cette figure : *pendentifs de Valence*; on les trouve fréquemment employés; on en voyait aux charniers neufs des Innocents, et on les a utilisés dans les croisées de Saint-Roch et de Saint-Sulpice à Paris. Enfin, le terme de pendentif est synonyme de *clef pendante* ou *clef en pendentif*, que l'on trouve à partir du xve siècle et qui reçoit toujours l'ornementation la plus riche et la plus délicate. L'architecture romano-byzantine en offrait des modèles, et le style arabe les a employés jusqu'à la profusion, au point que des voûtes entières ne sont formées que par des séries successives de pendentifs.

En menuiserie, on donne ce nom à toute partie triangulaire en saillie qui sert de soutien, en joignant une partie saillante à une partie en retraite. Il diffère en cela de la console, qui n'est autre qu'un tasseau.

*PENDILLON.** On désigne ordinairement sous ce nom les petits pendules des réveils qui, contrairement aux pendules ordinaires, suspendus à un ressort, sont fixés rigidement sur l'axe même de l'échappement.

I. **PENDULE.** *T. de phys. et de mécan.* On appelle *pendule simple* le système formé d'un point matériel pesant, suspendu à l'une des extrémités d'un fil inextensible et sans masse, dont l'autre extrémité est attachée en un point fixe. Pour qu'un pareil système soit en équilibre, il faut évidemment que le fil soit vertical. Si le poids, dérangé de sa position d'équilibre, est abandonné à lui-même sans vitesse initiale, le poids descend sous l'action de la pesanteur en décrivant un arc de cercle situé dans un plan vertical et ayant son centre au point fixe où est attaché le fil. Lorsqu'il est arrivé au point le plus bas où il se trouve en équilibre, il le dépasse en vertu de sa vitesse acquise et remonte de l'autre côté de la verticale, jusqu'à ce que le travail de la pesanteur ait absorbé sa force vive. Il redescend alors, atteint et dépasse la position d'équilibre, s'élève de nouveau, et le mouvement se continue de la même manière, jusqu'à ce que les résistances passives aient absorbé l'énergie du système et ramené le pendule au repos dans sa position d'équilibre. La théorie du pendule a été commencée par Galilée, continuée par Huyghens et complètement achevée dès que les progrès de la mécanique rationnelle eurent permis de représenter exactement la loi du mouvement. D'après son mode de suspension le poids mobile ne peut se déplacer que sur une sphère ayant son centre au point d'attache du fil. La théorie du pendule revient donc à l'étude du mouvement d'un point pesant assujetti à rester sur une sphère fixe. Si l'on fait abstraction des résistances passives, telles que la résistance de l'air, le mobile ne sera sollicité par aucune autre force que la pesanteur et la tension du fil. Dans ces conditions, il est facile de démontrer que le mobile abandonné sans vitesse initiale décrira un arc de cercle vertical et s'élèvera précisément à la même hauteur d'où il est parti, de sorte que le mouvement se composera d'une série indéfinie d'oscillations toutes égales entre elles. L'analyse fait voir que la loi complète du mouvement dépend des fonctions elliptiques; mais ce qu'il importe surtout de connaître, c'est la *durée de l'oscillation*. Il convient, à ce sujet, de rappeler qu'il y a lieu de distinguer l'*oscillation simple* et l'*oscillation double ou complète* (V. Os-CILLATION). On sait aussi qu'on appelle *amplitude* de l'oscillation l'angle formé par les deux positions extrêmes du fil. Désignons par l la longueur du pendule et par g l'intensité de la pesanteur qui est à Paris de $9^m,8098$, par α la demi-amplitude l'oscillation, et enfin posons pour simplifier :

$$u = \frac{1 - \cos\alpha}{2} = \sin^2\frac{\alpha}{2}$$

la durée T de l'oscillation simple pourra être représentée par la formule suivante qui contient une série infinie ordonnée suivant les puissances croissantes de u :

$$T = \pi\sqrt{\frac{l}{g}}\left[1 + \left(\frac{1}{2}\right)^2 u + \left(\frac{1.3}{2.4}\right)^2 u^2 + \left(\frac{1.3.5}{2.4.6}\right)^2 u^3 + ..\right]$$

Lorsque l'amplitude de l'oscillation ne dépasse pas un petit nombre de degrés, les termes de cette série décroissent très rapidement, et l'on obtient toute l'approximation désirable en se bornant aux deux premiers. Dans la plupart des applications, on peut même se contenter du premier, et la formule approchée que l'on obtient ainsi :

$$T = \pi\sqrt{\frac{l}{g}}$$

est largement suffisante.

Cette dernière formule est celle qui est généralement enseignée dans les ouvrages élémentaires. On remarquera qu'elle ne contient plus l'amplitude de l'oscillation. De là cette conséquence importante : les durées des oscillations d'un pendule simple de longueur donnée restent les mêmes, quelles que soient les amplitudes de ces oscillations, pourvu toutefois que ces amplitudes soient très petites.

Telle est la loi connue sous le nom d'*isochronisme*; on dit que les oscillations sont *isochrones*. Il résulte évidemment de ce qui précède, que cette loi n'est qu'*approchée* puisqu'elle n'est que la traduction d'une formule qui n'est pas rigoureusement exacte; mais elle est d'autant plus près de la vérité que les oscillations sont plus petites, c'est ce qu'on appelle en physique une *loi limite*. Elle a été découverte pour la première fois par Galilée qui l'a découverte à l'âge de 19 ans en observant le balancement d'une lampe suspendue à la voûte de la cathédrale de Pise. Dès que Galilée eut fait cette remarque importante, il conçut l'idée d'utiliser l'isochronisme des oscillations du pendule pour régulariser le mouvement des horloges; mais de graves difficultés se présentaient dans la réalisation de cette entreprise. Galilée ne s'attacha pas à établir la théorie mathématique et mécanique du pendule; il ne se préoccupa ni de l'effet des dimensions du pendule qu'on ne peut pratiquement réduire à un simple point matériel,

ni de l'influence de la résistance de l'air, mais l'expérience la plus vulgaire lui indiquait clairement que les résistances passives absorberaient peu à peu la vitesse du balancier; il fallait donc trouver un moyen de restituer à celui-ci la force vive qu'il perdrait à chaque oscillation. En d'autres termes, il fallait trouver un système mécanique à l'aide duquel la force motrice, poids ou ressort, de l'horloge imprimerait à chaque oscillation une impulsion très légère au balancier. Galilée poussa ses recherches assez loin pour résoudre ce problème, si l'on en croit les travaux qui lui sont attribués et qui ont été publiés il y a quelques années. Mais c'est Huyghens qui surmonta complètement la difficulté en inventant le premier système d'échappement à roue de rencontre (V. BALANCIER, HORLOGERIE). En même temps Huyghens s'efforça d'établir la théorie complète du pendule. Il reconnut d'abord que les oscillations ne sont pas rigoureusement isochrones, comme le croyait Galilée, mais que cependant elles jouissent de cette propriété d'une manière très suffisamment approchée lorsque leurs amplitudes sont très petites. Il en conclut qu'il y aurait avantage à employer des pendules très longs afin que l'angle formé par leurs positions extrêmes fût aussi petit que possible, et que, de plus, on devait s'attacher à maintenir l'amplitude entre des limites étroites, sans lui laisser prendre des valeurs trop petites qui diminueraient la durée de l'oscillation, ni des valeurs trop grandes qui l'augmenteraient. Enfin il voulut chercher jusqu'à quel point on pouvait assimiler un pendule ordinaire à un pendule simple. Le résultat de ces travaux a été publié dans un ouvrage resté célèbre intitulé : « *Horologium oscillatorium, sive de motu pendulorum ad horologia aptato demonstrationes geometricæ* » (Paris 1673). On y trouve, outre les propriétés du mouvement cycloïdal sur lesquelles nous aurons à revenir, la théorie fort importante du pendule composé et du centre d'oscillation.

On a donné le nom de *pendule composé* à tout corps suspendu par un axe horizontal autour duquel il peut librement tourner : tels sont les balanciers des horloges. Huyghens a démontré qu'un pendule composé se meut suivant les mêmes lois qu'un pendule simple de longueur déterminée; mais il fallait trouver le moyen de calculer cette longueur d'après la forme et les dimensions du pendule composé, et la position de l'axe de suspension. Si l'on désigne par a la distance du centre de gravité à l'axe, par m la masse d'une molécule quelconque du corps, par r sa distance à l'axe, et par M la masse totale du corps, la formule

$$l = \frac{\Sigma\, m r^2}{M\, a}$$

où le signe Σ indique une somme étendue à tous les éléments matériels du corps, donne la longueur l de ce pendule simple qui oscille dans le même temps que le pendule composé et qui a reçu pour cette raison le nom de *pendule synchrone*. La quantité $\Sigma\, m r^2$ qui figure au numérateur de cette expression n'est autre chose que le *moment d'inertie* du pendule par rapport à l'axe de suspension. C'est ainsi que les travaux d'Huyghens ont introduit pour la première fois dans la science la considération des moments d'*inertie* (V. ce mot). Mais le moment d'inertie d'un corps par rapport à un axe quelconque est égal au moment d'inertie du même corps par rapport à un axe parallèle au premier, passant par le centre de gravité, augmenté du produit de la masse totale par le carré de la distance de ces deux axes. En appliquant ce théorème et en désignant par k le rayon de gyration par rapport au centre de gravité, c'est-à-dire la racine carrée du quotient du moment d'inertie par la masse totale, on aura :

$$\Sigma mr^2 = M k^2 + M a^2,$$

et la formule devient :

$$l = a + \frac{k^2}{a},$$

formule connue sous le nom de *formule de Borda* quoique Huyghens ait déjà indiqué la propriété qu'elle exprime.

Deux conséquences importantes découlent des résultats précédents : la première c'est que la longueur du pendule synchrone, et par suite la durée de l'oscillation ne changera pas si l'on transporte l'axe de suspension parallèlement à lui-même, de manière à le maintenir à la même distance a du centre de gravité, car il est bien évident que le rayon de gyration par rapport au centre de gravité n'est pas modifié par ce déplacement. La deuxième demande un peu plus de développement. Considérons le plan qui passe par l'axe de suspension et le centre de gravité, et menons dans ce plan une parallèle à l'axe à une distance de celui-ci égale à la longueur l du pendule synchrone ; cette droite sera l'*axe d'oscillation* ; ou même, pour simplifier, supposons le pendule réduit à une figure plane perpendiculaire à son axe et passant par le centre de gravité. L'axe de suspension sera remplacé par un simple point dit *centre de suspension*, et l'axe d'oscillation par un autre point qu'on appelle *centre d'oscillation* et qui se trouve sur le prolongement de la droite qui joint le centre de suspension au centre de gravité.

Le second terme $\frac{k^2}{a}$ de notre formule représente évidemment la distance du centre d'oscillation au centre de gravité, et l'on voit que cette distance est inversement proportionnelle à la distance a du centre de suspension au centre de gravité, le produit des deux distances étant toujours égal à k^2. Si donc on suspend le pendule par son *centre d'oscillation*, les deux distances s'échangeront, l'ancien centre de suspension devenant le nouveau centre d'oscillation ; la longueur du pendule synchrone, et par suite la durée d'oscillation se retrouvera la même. Cette remarque qui n'avait pas échappé à Huyghens fournit le moyen de construire des pendules dits *réversibles* dont il est possible de déterminer expérimentalement le centre d'oscillation. A cet effet, la tige du pendule réversible porte deux couteaux, l'un dans le haut, qui est fixe, l'autre au-dessous du centre de gravité qui est mobile et qu'on fait glisser jusqu'à ce que les durées d'oscillation soient les mêmes quand le pendule est suspendu par l'un ou par l'autre. A ce moment l'un des couteaux figure le centre de suspension, l'autre le centre d'oscillation, et leur distance est la longueur du pendule synchrone. Le pendule réversible a été imaginé par Bohnenberger (*Lehrbuch der astronomie*, 1811) et employé pour la première fois par le capitaine Kater, en 1818, pour la mesure de l'intensité de la pesanteur, à l'occasion de la revision du système anglais des poids et mesures.

Pendule cycloïdal. C'est encore dans l'*Horologium* que l'on trouve les remarquables travaux de Huyghens sur la cycloïde. C'est même par l'étude du mouvement d'un point pesant sur cette courbe que débute l'ouvrage. Huyghens, après avoir remarqué que les oscillations du pendule ordinaire ne sont qu'approximativement *isochrones*, voulut cependant doter ses horloges d'un pendule parfait. Il découvrit la propriété de la cycloïde connue aujourd'hui sous le nom de *tautochronisme*, et qui consiste en ce qu'un point pesant abandonné en un point quelconque de la courbe supposée, placée dans un plan vertical, la concavité dirigée vers le haut, arrive toujours dans le même temps au point le plus bas de la courbe, quel que soit son point de départ ; d'où il résulte évidemment que les oscillations de ce point mobile sont rigoureusement *isochrones*, quelle que soit leur amplitude (V. CYCLOÏDE). Mais comment obliger un mobile à décrire une cycloïde ? C'est pour résoudre ce problème que Huyghens inventa la théorie des *développées* (V. ce mot) ; il trouva que la développée d'une cycloïde est une cycloïde égale, de sorte qu'on peut réaliser un pendule cycloïdal en construisant deux arcs matériels en forme de cycloïde placés verticalement, la convexité en bas, et en attachant au point de rebroussement de cette courbe la partie supérieure d'un fil portant un poids et dont la longueur est égale à celle d'un demi arceau de la cycloïde matérielle. Pendant les oscillations de ce pendule le fil s'enroule alternativement sur les deux arcs matériels, et le point pesant décrit la développante de ces arcs qui est une cycloïde égale. Malheureusement, sans parler de la difficulté de construire des cycloïdes matérielles et de l'influence de la température qui modifierait la longueur du fil et changerait par suite la forme de la développante, la théorie du pendule cycloïdal ne s'applique qu'au pendule simple, lequel est irréalisable, et ne peut pas se généraliser pour le pendule composé. Aussi la disposition imaginée par Huyghens n'est-elle jamais entrée dans le domaine de la pratique.

Pendule elliptique. Si au lieu d'abandonner un pendule simple à lui-même, sans vitesse initiale, on lui imprime une vitesse horizontale, il ne repassera pas par la verticale mais décrira une courbe sphérique qui a été étudiée avec soin par les géomètres contemporains, notamment par Puiseux, et dont la projection sur le plan horizontal ne diffère pas beaucoup d'une ellipse qui tournerait autour de son centre dans le sens du mouvement. L'équation de cette courbe dépend des fonctions elliptiques. Pour des oscillations de très peu d'amplitude, la durée de l'oscillation peut être considérée comme égale à celle du pendule ordinaire.

Pendule conique. Il est possible de déterminer la vitesse initiale horizontale de manière que la courbe décrite par le pendule soit un cercle horizontal. Il faut pour cela que α étant l'angle dont le pendule est écarté de la verticale, on lui imprime autour de la verticale une vitesse angulaire:

$$\omega = \sqrt{\frac{g}{l \cos \alpha}}$$

Alors le pendule décrira un cône de révolution dans un temps

$$T = 2\pi \sqrt{\frac{l \cos \alpha}{g}}$$

Ce temps correspond naturellement à l'oscillation *double* du pendule ordinaire. Si α est très petit cos α peut être remplacé par l'unité, et l'on retrouve la même durée que pour le pendule ordinaire. On a construit des horloges où le balancier est ainsi animé d'un mouvement conique. Cette disposition, certainement très élégante, nécessite un mode d'échappement tout particulier et ne comporte pas, à beaucoup près, la même précision que le pendule ordinaire à oscillations verticales de très peu d'amplitude.

Pendule de Foucault. Toutes les théories que nous venons de résumer ont été établies en supposant la terre immobile dans l'espace. Par suite de la rotation du globe terrestre autour de son axe, le mouvement apparent du pendule simple, par rapport aux objets terrestres, diffère notablement de ce que serait le mouvement absolu si la terre était immobile. Foucault qui a eu l'heureuse idée de faire servir cette circonstance à la démonstration expérimentale de la rotation terrestre, croyait que tout l'effet de cette rotation serait de faire tourner le plan d'oscillation du pendule autour de la verticale avec une vitesse angulaire égale à celle de la terre divisée par le sinus de la latitude λ du lieu d'observation. Il en résulte que la durée d'une rotation complète du plan d'oscillation est égale à

$$\frac{24^h}{\sin \lambda}$$

A l'équateur, le plan d'oscillation reste immobile; au pôle, il tourne en 24 heures. A Paris, dont la latitude est d'environ 49°, la formule précédente donne une durée de 32 heures. L'expérience que Foucault réalisa en 1852, à l'aide d'un très long pendule suspendu sous le dôme du Panthéon, confirma entièrement ses prévisions; quelques minutes suffisaient à constater et à mesurer le déplacement du plan d'oscillation; la vitesse de rotation s'est bien trouvée celle qui correspond à un tour en 32 heures. Cette belle expérience eut un grand retentissement; elle constitue la première démonstration directe que l'on ait pu réaliser du mouvement de rotation de la terre à l'aide d'expériences ne dépendant point de l'astronomie, et effectuées à la surface même du globe. La théorie du pendule de Foucault reprise avec toute la rigueur désirable, a cependant montré que l'analyse du grand physicien n'était pas tout à fait exacte. Le pendule ne se meut pas dans un plan vertical; il décrit une ellipse très allongée qui tourne dans son plan avec la vitesse même assignée par Foucault; seulement le petit axe de cette ellipse est au grand axe comme la durée de l'oscillation est à celle de la rotation. Dans l'expérience du Panthéon, la durée de l'oscillation double étant de 16 secondes, ce rapport était celui de 16 secondes à 32 heures ou 1/1200. L'ellipse était donc considérablement aplatie et le pendule ne passait qu'à 1" de la verticale; ce mouvement elliptique ne pouvait pas être constaté expérimentalement, et la théorie de Foucault était parfaitement suffisante en pratique.

Influence de la résistance de l'air sur le mouvement du pendule. La résistance que l'air oppose au mouvement du pendule a pour effet naturel de diminuer progressivement l'amplitude des oscillations et de ramener peu à peu le pendule au repos suivant la verticale. Le frottement qui s'exerce autour du support agit de la même manière. C'est pourquoi l'échappement d'une horloge doit être construit de manière à restituer à chaque oscillation du pendule la vitesse qu'il a perdue; mais il faut que l'impulsion ainsi donnée au balancier ne modifie pas la durée de l'oscillation, et c'est là ce qui constitue la grande difficulté qu'on rencontre dans la construction de cet organe capital. On doit se demander aussi si les résistances n'altèrent pas les durées d'oscillations. Pour ce qui est de la résistance de l'air, on démontre qu'elle ne change nullement le temps de l'oscillation si elle est proportionnelle au carré de la vitesse, la durée de la demi-oscillation descendante se trouvant nécessairement augmentée, tandis que celle de la demi-oscillation ascendante est diminuée précisément de la même quantité. Si l'on suppose la résistance de l'air proportionnelle à la vitesse, la durée de l'oscillation est un peu augmentée, mais d'une manière insensible, et du reste les oscillations ne cessent pas d'être isochrones. La résistance du support présente plus d'inconvénient parce qu'elle est variable avec l'état des surfaces. Pour assurer le mieux possible l'isochronisme des oscillations, on suspend le balancier des horloges non par un couteau reposant sur un plan horizontal, mais par une lame d'acier encastrée qui s'infléchit dans un sens ou dans l'autre et agit comme un ressort. Cette force de ressort, s'ajoutant à l'action de la pendule, modifie nécessairement la durée des oscillations, mais elle n'en détruit pas l'isochronisme, et c'est là le point important.

Pendule compensateur. Les variations de la température en altérant la longueur du balancier d'une horloge, modifient la durée des oscillations et accélèrent ou ralentissent la marche de l'horloge. C'est pour remédier à cet inconvénient qu'on a imaginé les balanciers compensateurs (V. BALANCIER). Néanmoins, quelque soin qu'on y apporte, la compensation n'est jamais parfaite, et les horloges de précision doivent être placées dans un lieu soustrait aux variations de la température. Telle est l'horloge principale de l'Observatoire de Paris installée dans une cave profonde dont la température est uniforme. Les variations de la pression barométrique sont encore une source d'irrégularité parce que, d'après le principe d'Archimède, le poids apparent du pendule diminue quand l'air devient plus dense, ce qui augmente la durée de l'oscillation. Aussi l'horloge type de l'Observatoire est-elle enfermée dans une cage de métal où la pression est constante.

Applications du pendule. Outre son emploi pour régulariser la marche des horloges, le pendule a son application tout indiquée pour la mesure des forces. C'est ainsi que la méthode universellement employée pour déterminer l'intensité de la pesanteur en différents lieux de la terre, consiste à mesurer les durées des oscillations d'un pendule, à déterminer la longueur du pendule synchrone et à tirer ensuite *g* de la formule

$$T = \pi \sqrt{\frac{l}{g}}$$

ou d'une autre plus approchée déduite de la formule rigoureuse donnée plus haut (V. Pesanteur). Enfin on peut faire osciller un pendule sous l'action d'autres forces que la pesanteur, et s'en servir pour mesurer ces forces. Si *m* désigne la masse du pendule, *l* la longueur du pendule synchrone, *f* la force qu'il s'agit de mesurer, et T la durée de l'oscillation, on aura :

$$T = \pi \sqrt{\frac{lm}{f}}$$

formule qui permet de calculer *f*.

C'est ainsi que Cavendish mesura autrefois l'attraction de deux sphères de plomb d'où il a pu déduire, par comparaison avec la pesanteur, la densité du globe terrestre. Les expériences d'électricité et de magnétisme fournissent aussi de nombreuses applications de la même méthode. — M. F.

Pendule balistique. *T. d'artill. et de balist.* Appareil balistique servant à la mesure des vitesses des projectiles. Lorsqu'il est destiné à évaluer la vitesse des balles lancées par des armes de petit calibre, on l'appelle *fusil-pendule*, et *canon-pendule* s'il s'agit des projectiles des bouches à feu.

Un pendule balistique se compose essentiellement d'un pendule installé à une faible distance en avant de l'arme à feu, de telle sorte que l'axe de cette dernière soit précisément dans le plan d'oscillation de l'appareil. Ce pendule porte un récepteur en fonte garni d'un tampon en plomb ou d'un baril de sable, qu'il s'agit de recueillir la balle d'un fusil ou le boulet d'un canon et d'en amortir le choc ; une planchette en bois ou une plaque de plomb, placée à l'orifice du récepteur, doit conserver la trace du point d'impact. Au-dessous du pendule se trouve un arc gradué sur lequel se meut, à frottement, un curseur qui est entraîné par le pendule et est destiné à déterminer l'amplitude des oscillations.

Lorsqu'on fait partir le coup, le projectile va se loger dans le récepteur et imprime au pendule une oscillation dont l'amplitude permet de calculer la force vive du projectile au moment du choc ; on en déduit la vitesse dont le projectile était animé au moment où il a été arrêté. Dans la pratique, la connaissance de l'amplitude de l'oscillation suffit pour obtenir directement cette vitesse à l'aide d'une formule assez compliquée dans laquelle on tient compte des données expérimentales applicables à chaque appareil. Pour avoir la vitesse du projectile à la sortie du canon, c'est-à-dire sa vitesse initiale, il suffit de faire subir à la valeur donnée par la formule certaines corrections de façon à tenir compte de la résistance de l'air, de la distance du récepteur à la bouche du canon, de l'effet des gaz développés par l'explosion qui viennent frapper le récepteur, etc. Quelquefois, l'arme à feu est elle-même suspendue sur un second pendule dont l'axe d'oscillation est situé dans un même plan vertical avec l'axe du premier pendule. Au moment du tir, sous l'action du recul, ce pendule oscille comme le précédent, et l'amplitude de son oscillation peut servir de vérification aux résultats fournis par le pendule récepteur.

Fort employés, vers le milieu de ce siècle, alors que les artilleurs commençaient à étudier expérimentalement les principales lois de la baslistique en ce qui concerne les projectiles sphériques, les pendules balistiques ne sont plus guère utilisés, depuis l'adoption des canons rayés, que dans les poudreries pour les essais de certaines poudres.

Pendule hydrométrique. — V. Jaugeage.

II. PENDULE. Horloge portative qu'on place sur une cheminée, sur un meuble, ou qu'on attache à la muraille. Elle est à poids ou à ressorts ; on y joint un pendule dont les oscillations servent à en régler le mouvement. On dit : une *horloge à eau*, une *horloge à roues* ; on a dit de même : une *horloge à pendule* et, par abréviation, une *pendule*.

Historique. L'usage de placer des horloges dans l'intérieur des appartements n'est pas nouveau ; toutefois, jusqu'au xve siècle, ce meuble était un objet assez rare pour qu'on ne le trouvât que dans les palais, les monastères, les châteaux. Dans l'antiquité et dans les premiers temps du moyen âge, on avait déjà des horloges transportables dont le mouvement était produit par l'eau. — V. Clepsydre.

C'est seulement sous le règne de Charles VII, c'est-à-dire dans la première moitié du xve siècle, que fut inventé le ressort moteur en spirale permettant d'exécuter de véritables horloges portatives ; un Français, Carovage ou Carovagius, qui vivait encore en 1480, est considéré comme le créateur d'une de ces horloges pourvues d'une sonnerie et d'un réveil (V. Horloge, Horlogerie). Un grand pas était donc accompli ; chacun pouvait posséder, attachées au mur, des horloges sonnantes qui n'étaient pas plus grosses que la tête. Dans les *Emblèmes* d'Alciat (1492-1550), on voit, en effet, des gravures représentant de petites horloges suspendues contre la cheminée ou contre la tapisserie. D'autre part, toute personne un peu aisée pouvait avoir chez soi, sur sa table, l'instrument qui compte les heures. Rien n'est plus fréquent, dans les collections, que ces pendules primitives : beaucoup sont remarquables par leur élégance et leur travail achevé. La Renaissance, avec son activité aussi remarquable dans l'ordre des sciences que dans celui de l'art, multiplia ces horloges portatives ou cartels. Elle jeta sur ces ouvrages son luxe de forme, de couleurs et l'élégance spéciale qui est le cachet de cette période.

Généralement, la forme de ces instruments horaires est celle d'un monument rectangulaire soutenu par des colonnettes ou des cariatides reposant sur une base surmontée d'un dôme. D'autres sont carrés, portant sur leurs quatre faces une plaque de cuivre gravée de figures et d'ornements dans le goût d'Etienne Delaulne, qui sont parfois repercés à jour, suivant leurs contours, afin de laisser mieux voir la complication des rouages. Deux fri-

bre furent appelées *pendules*. La forme nouvelle du mobilier contribua également à la transformation des horloges. Mais, horloges ou pendules, du moment où l'instrument horaire devenait meuble, il lui fallait prendre un certain volume, soit qu'il dût figurer sur une cheminée, surmonter un bout de bureau, se suspendre au milieu d'un panneau, posé d'abord sur une console, puis isolé et ayant habituellement pour pendant un baromètre à cadran, forme qui se rencontre depuis le règne de Louis XIV jusqu'à la fin du xviiie siècle.

C'est au commencement du règne de Louis XIV qu'apparaissent les pendules dites *religieuses*; elles ne sont

Fig. 65. — *Pendule signée Gaudron, genre Boule.*

Fig. 66. — *Pendule du style rocaille.*

ses d'entrelacs sont comprises dans le soubassement, porté par quatre lions. Une statuette de femme surmonte le tout. La *montre* ou cadran occupe une des faces. L'orfèvrerie y déploie toutes ses ressources et toutes ses charmantes fantaisies. La nudité du métal lisse y disparaît presque toujours sous la ciselure, le nielle, le guilloché, le damasquiné, l'émail, le champlevé, etc. Les ornements et les sujets sont empruntés à la nature et à la mythologie, à l'Ecriture sainte, au caprice surtout. Cette dernière forme a, d'ailleurs, persisté jusque sous le règne de Louis XIII, comme le montrent plusieurs spécimens du Musée de Cluny.

Les premières années du xviie siècle apportèrent quelques améliorations importantes à l'horlogerie qui, pour la première fois, fut soumise à des règles véritablement scientifiques. La substitution, vers 1657, du pendule au balancier, vint donner aux horloges privées une régularité qu'elles n'avaient jamais eue auparavant. C'est à partir de ce moment que les horloges portatives de cham-

guère qu'une amplification de l'édicule de la Renaissance; le couronnement se complique, le contour se profile, des bas-reliefs et des groupes remplacent les simples gravures. Grâce à l'impulsion de l'ébéniste André Boule, les boîtiers de pendule deviennent surtout des objets de luxe (fig. 65).

C'étaient là de magnifiques pendules à l'usage des grands. Mais il ne faudrait pas croire que la bourgeoisie naissante fût embarrassée de se procurer des ouvrages non seulement convenables à un luxe modéré, mais même parés d'une réelle élégance; elle les trouvait d'abord dans les cartels à suspension, puis dans les pendules ornementales composées d'une cippe portant un vase à guirlandes et, enfin, dans ces pendules dont la base ornée de draperies et de la Vérité, sous la forme d'une jeune femme tenant un serpent et un miroir et mollement appuyée sur une cippe renfermant un cadran.

Il existe de Boule quelques pendules à sujets ; mais ce fut un peu plus tard que ce genre devint intéressant. Sous Louis XV, les meubles ayant pris des formes arrondies, contournées et ventrues à l'excès, les pendules suivirent le mouvement du style rococo et elles affectèrent des lignes sinueuses, comme le montre la figure 66. Albert Jacquemart rappelle judicieusement, à propos du style Louis XVI, que la figure, très employée comme dé-

Fig. 67. — *Pendule en lapis-lazuli et en bronze doré et ciselé, incrustée de diamants, ayant appartenu à Marie-Antoinette.*

cor, le fut surtout sous forme mythologique, avec cette prétendue recherche de l'antique qui a produit la génération délicate et charmante des nymphes, grandes dames à la taille svelte, aux extrémités soignées, aux poses d'une souplesse timide et voluptueuse à la fois.

Avec la Révolution, les pendules devinrent patriotiques. Suivant le *Journal de la mode et du goût* (juillet 1790), tout vrai républicain devait posséder une *pendule civique*, avec les attributs de la Liberté, soutenue par des colonnes de marbre ou de bronze doré représentant l'autel fédératif du Champ-de-Mars. Peu de temps après, la plupart des pendules portaient, au lieu des douze heures primitives adoptées par l'ancien régime, les dix nou-

velles heures républicaines, peintes sur le cadran, de la nouvelle division du jour, décrétée par la Convention nationale.

Le premier empire fit renaître la mode des pendules en bronze doré, à sujets ou en acajou, à colonnes décorées d'ornements ciselés et dorés. Mais ces pendules aux lignes droites, carrées ou rectangulaires, surmontées de figurines, de victoires ailées ou de sphinx, avaient un aspect lourd et sévère (fig. 68). La Restauration apporta un peu moins de froideur dans l'ornementation des pendules, dont les plus célèbres de ce temps furent les pendules à la Henri IV.

Depuis cette époque, l'industrie horlogère a fait de grands progrès ; la fabrication des pendules s'est géné-

Fig. 68. — *Pendule en bronze doré; époque du Directoire.*

ralisée, les boîtiers et les sujets sont devenus plus artistiques. Aussi les instruments qui marquent les heures dans nos habitations sont-ils, aujourd'hui, des objets mobiliers indispensables. — s. b.

— Les premières pendules, comme on l'a vu plus haut, n'étaient que des horloges de dimensions réduites, et comme les horloges, dont elles portaient du reste le nom, leur échappement était à folliot. Leur moteur était un poids ou un ressort; on ne sait pas exactement si l'un a précédé l'autre, ou si leur emploi a été simultané. Le ressort se rencontre généralement dans les pièces posées sur un socle, etc., et le poids dans les cartels (s'accrochant à un mur).

Comme on l'a vu également, l'adaptation du pendule aux petites horloges eut lieu, en 1657, et les fit dénommer *horloges à pendule, horloges-pendule*; puis, finalement, *pendules* tout court. Aujourd'hui, aux deux variétés connues sous le nom de *pendules de cheminée* et de *cartels*, il faut en ajouter une troisième, les petites pendules dites *de voyage*. Celles-ci, portatives à la main à l'aide d'un large anneau, sont toutes réglées par un échappement de montre à balancier circulaire (V. Hor-LOGERIE), tandis que, pour la généralité, les pendules .d'appartement ont conservé le balancier rectiligne.

A l'origine, et comme pour la montre, l'horloger faisait le mouvement de la pendule et le boîtier. Plus tard, le travail se divisa. Le *roulant*, nom donné à l'ensemble du mécanisme monté dans une cage (V. HORLOGERIE), se fit à l'aide d'un puissant outillage dans les vastes usines de la Franche-Comté à Saint-Nicolas-d'Aliermont. Cette dernière localité fabrique principalement la petite pendulerie. Les usines de la Franche-Comté envoient leurs produits, pour une petite part, à Morez, et pour une quantité énorme à Paris. Là, des fabricants spécialistes, monteurs en bronze, etc., préparent les cabinets ou boîtiers, et c'est par une autre catégorie de fabricants que sont terminés les roulants, pourvus de l'échappement. Finalement, ils les emboîtent après les avoir munis de cadrans, d'aiguilles, etc. Cette fabrication donne lieu à Paris à un commerce fort important. — V. HORLO-GERIE.

Dans l'industrie de la pendule, en ce qui concerne le travail technique, l'ornementation des boîtiers, la multiplicité des inventions, Paris occupe toujours un rang distingué mais, nous l'avouons avec regret, depuis quelques années la fabrication des belles pendules y diminue devant la concurrence étrangère et l'envahissement de la *camelote*. Paris conservera sa supériorité, mais à la condition de répandre chez les patrons et ouvriers penduliers, l'instruction professionnelle et le goût artistique. — G. S.

Pendules mystérieuses, etc. — V. HORLO-GERIE.

Bibliographie : *Traité d'horlogerie pour les montres et les pendules*, contenant l'histoire ancienne et moderne de l'horlogerie, trad. de l'anglais de DERHAM, 1731; *L'horlogerie*, discours en vers, par P. DUBOIS, horloger, 1875; VIOLLET-LE-DUC : *Dictionnaire du mobilier*, v. Horlogerie; Albert JACQUEMART: *Histoire du mobilier*, ch. Horlogerie; Bosc: *Dictionnaire du bibelot*, v. Pendule; MAZE-SENCIER: *Le livre du collectionneur*, v. Horlogerie.

PENDULIER. T. de mét. Celui qui travaille aux mouvements de pendules et à la fabrication de leurs boîtes; on dit aussi, mais plus rarement, *penduliste*.

PÈNE. *T. de serrur.* Pièce de fer ou d'acier que le jeu de la clef, tournant sur elle-même, fait aller et venir pour fermer ou ouvrir une porte; on en distingue de plusieurs sortes : le *pène dormant*, qui reste dans l'état où l'a mis l'action de la clef; le *pène à ressort*, qu'un ressort repousse toujours et tient fermé; le *pène en bord*, qui passe le long du bord de la serrure et qui sert à fermer un coffre; le *pène à pignon*, mû par un pignon; le *pène fourchu*, dont la tête est fendue et semble former deux pènes en apparence; le *pène à nervure*, celui dont le chanfrein est renforcé par deux filets. — V. SERRURE.

* **PÉNÉLOPE.** *Iconog.* Fille d'Icare, épouse d'Ulysse, roi d'Ithaque, personnifie, dans l'histoire héroïque des anciens, la femme fidèle et vertueuse. Bien que cette personnification prête peu à l'interprétation artistique, plusieurs peintres ont représenté Pénélope, notamment Angelica Kauffmann, *Pénélope éveillée par sa nourrice* et *Pénélope pleurant sur l'arc d'Ulysse*; Cambon, *Péné-*

lope livrant l'arc d'Ulysse aux prétendants (salon de 1865); M. Léon Glaize, les *Nuits de Pénélope* (salon de 1866); M. Charles Marchal, *Pénélope* (salon de 1868). Le nom de Pénélope a été donné, en sculpture, à plusieurs figures d'expression noble et chaste, sujet resté froid et banal malgré le talent des artistes. Nous citerons, outre plusieurs bas-reliefs et vases antiques, une remarquable *Pénélope endormie*, par Cavelier (1864), qui a fait la réputation du jeune sculpteur; des statues de MM. Jean Balis, Eude, Taluet. *Pénélope apportant l'arc d'Ulysse* a été traité par P. Loison (salon de 1870, médaille), cette dernière œuvre a été acquise par l'Etat.

PÉNÉTRATION. T. de géom. descript. Se dit de deux surfaces dont l'intersection se compose de deux courbes fermées distinctes qu'on peut appeler, l'une *courbe d'entrée*, l'autre, *courbe de sortie* parce que l'une des deux surfaces peut être considérée comme *pénétrant* dans l'autre par la première courbe et en ressortant par la deuxième. La pénétration est dite *tangentielle* si les deux courbes d'entrée et de sortie ont un point commun, parce qu'en ce point les deux surfaces sont tangentes. La pénétration est *bitangentielle* si les deux courbes ont deux points commun. Dans ce dernier cas, chacune des deux surfaces peut être considérée comme pénétrant dans l'autre.

*PÉNICAUD. Famille d'émailleurs de Limoges, dont le plus ancien membre connu est LÉONARD, dit NARDON, né vers 1474; on trouve trace de son séjour à Limoges, dans des actes de 1511 et de 1513 et, à cette dernière date, il était consul de la ville. Un *Calvaire*, du musée de Cluny, qui lui est attribué, porte la date de 1503.

Après Nardon, nous nous trouvons en présence de plusieurs *Jean* Pénicaud dont la filiation est indécise encore et dont la vie est très peu connue. Jean Ier est mort vers 1515, et ses œuvres, assez nombreuses, se décomposent en deux séries tellement distinctes qu'on les a attribuées souvent à des artistes différents. D'abord peintre verrier, il chercha à faire des émaux de peintre, puis, abandonnant tout à fait son premier métier pour se consacrer uniquement à l'émail, il trouva rapidement la bonne voie et produisit des œuvres remarquables, d'une belle couleur un peu foncée, avec des carnations fraîches et des yeux brillants, un peu durs par suite de l'opposition du noir de la pupille avec les orbites blancs. Dans sa première manière, l'influence du peintre verrier se fait encore sentir; l'effet général tient des vitraux et de la porcelaine; les bleus d'azur et turquoises, les carnations violacées, les bruns jaunâtres dans les fonds et les motifs d'architecture sont absolument distinctifs. Dans sa seconde manière, les chairs sont plus rosées, le travail des ombres perce mieux, le dessin est bon, le style français, bien que, comme le remarque de Laborde, l'imitation des gravures allemandes et flamandes soit évidente, et donne à ses figures une expression de physionomie dure et grimaçante. Parmi les œuvres les plus remarquables de Jean Pénicaud, on cite la *Flagellation*, d'après A. Dürer; la *Mise au tombeau* et le *Couronnement d'épines*.

JEAN II, qui signait *Jean Pénicaud Junior*, pour se distinguer du précédent, est mort en

1585. Déjà ses œuvres marquent un grand progrès, et si ses premiers émaux sont encore conçus et exécutés dans la manière archaïque, par exemple la *Cène,* il s'affranchit bientôt de ces traditions d'école et devient original et puissant. Sa manière nouvelle est à la fois vigoureuse et douce d'aspect, tenant un peu de la miniature qui était alors dans tout son éclat; on y remarque la finesse de teinte unie à la vigueur du coloris; il use du paillon par grandes surfaces et tire toujours un heureux parti de l'éclat du cuivre par la transparence de ses émaux. On ne lui reproche que des défaillances de dessin et de modelé, qui n'enlèvent rien, d'ailleurs, au charme de l'ensemble. On cite de Jean II, un *portrait d'Erasme;* des *Apôtres* sous un portique; l'*Ascension;* une *Vierge au berceau,* en camaïeu, d'après Raphaël; et un remarquable portrait de *Luther.*

Enfin, JEAN III, fils de Jean II, est le plus illustre de sa famille. Celui-là est un grand artiste, un émailleur plein d'esprit, un coloriste rempli de ressources et dans quelques pièces hors ligne, le talent supérieur et la gloire de Limoges. Dans ses compositions, il s'inspira souvent du Parmesan, bien qu'il se soit attaché à ne copier personne, Raphaël excepté. Dans les grisailles à carnations teintées, qu'il peignait le plus souvent, dit de Laborde, les yeux sont frappés et aussi charmés par les effets vigoureux et harmonieux qu'il sait trouver pour faire poindre ses compositions au milieu du noir comme une apparition qui perce la nuit et dont l'éclat va grandissant; ses blancs laiteux, ses rehauts d'or touchés sobrement et à propos, l'ensemble de ses œuvres, en un mot, séduit et charme. Ce grand artiste ne dédaignait pas d'appliquer son talent aux arts industriels, et on possède de lui nombre de chandeliers, assiettes, coupes, aiguières, salières, etc. On a de lui des plaques remarquables, notamment: la *Vierge et l'enfant Jésus, Dieu apparaissant à Moïse,* les *Tables de la loi, Sacrifice au Dieu Mars,* le *Sacrifice de Noé,* la *Purification;* au musée du Louvre, *Pieta,* le *Repas des dieux* (collection Soltikoff), *Jupiter et Vénus,* d'après Raphaël, et la *Légende de Saint-Martial,* en six compositions. Le Louvre possède aussi des aiguières et des coupes. Aucune de ces œuvres n'est signée.

Pierre, né à Limoges, en 1515, est le dernier émailleur de la famille. Il est, dans ses ouvrages, comme la caricature de Jean III, dont il était le frère, à ce que l'on suppose. Il est en tout bien inférieur à ses devanciers. Avec une recherche d'effets qui, par suite de son médiocre talent, devient de la prétention, on lui reproche des incorrections de dessin, des étoffes d'une mollesse cotonneuse et monotone, le charbonnage des yeux et la dureté des contours. Ses grisailles sont lourdes, froides et indiquent une décadence complète. Il signe parfois P P, mais le plus souvent ses productions sont anonymes. Malgré ses défauts, on cite, de Pierre Pénicaud, des pièces qui ne manquent pas de valeur: un *Christ au tombeau,* une *Bataille, Neptune calmant la tempête,* d'un beau mouvement, et une *Junon* qui se trouve au musée du Louvre. Il était bon peintre verrier et une de

ses œuvres, la *Cène,* avait de la réputation à Limoges; elle a été détruite dans un incendie, au siècle dernier.

*PÉNITENT. *T. d'exploit. de min.* Mineur qui, revêtu d'un surtout et d'un capuchon de cuir, allait, autrefois, enflammer le feu grisou en se couchant à plat ventre, et déterminait l'explosion au moyen d'une mèche.

PENNON. Petit drapeau; c'était autrefois un étendard triangulaire que faisait porter devant lui un chevalier commandant vingt hommes d'armes.

PENSÉE. Couleur d'un violet brun.

*PENTAÈDRE. Qui a cinq faces.

PENTAGONE. *T. de géom.* Polygone de cinq côtés. Il y a un pentagone régulier convexe et un pentagone régulier étoilé qu'on obtient en joignant de deux en deux les sommets du premier. L'angle de deux côtés consécutifs du pentagone régulier convexe est égal à 108°. Pour construire un pentagone régulier, on commence par partager la circonférence en 10 arcs égaux au moyen d'une corde égale au plus grand segment du rayon divisé en moyenne et extrême raison (V. DÉCAGONE). Il suffit alors de joindre les points de division, de deux en deux pour le pentagone régulier convexe, de quatre en quatre pour le pentagone régulier étoilé. On reconnaît aisément, sur la figure, que les deux côtés c et c' de ces deux pentagones vérifient les équations suivantes, où r désigne le rayon du cercle circonscrit et d et d' les côtés des décagones réguliers inscrits, convexe et étoilé:

$$c^2 + d'^2 = 4r^2$$
$$c'^2 + d^2 = 4r^2$$

En se reportant aux valeurs de d et d' (V. DÉCAGONE), on trouve pour les côtés des deux pentagones réguliers:

$$c = \frac{r}{2}\sqrt{10 - 2\sqrt{5}}$$
$$c' = \frac{r}{2}\sqrt{10 + 2\sqrt{5}}$$

L'apothème du pentagone régulier convexe est égal à la moitié du côté du décagone régulier étoilé, de sorte que la surface de ce pentagone est:

$$S = \frac{5}{4}c\,d'$$

ou, en se reportant aux valeurs de c et de d':

$$S = \frac{5}{8}r^2\sqrt{10 + 2\sqrt{5}}$$

Le pentagone régulier est la forme des faces du dodécaèdre régulier. — M. F.

*PENTAHÉXAÈDRE. *T. de minér.* Se dit des minéraux dont les cristaux présentent cinq rangs avec six facettes chacun.

PENTE. Inclinaison d'un terrain, d'un plan, d'une surface quelconque. — V. DÉCLIVITÉ. || La pente d'une usine à l'autre se détermine par une ligne de niveau allant de la crête du déversoir de l'usine inférieure à la surface de l'eau, sous l'axe de la roue de l'usine supérieure, lorsque celle-ci est arrêtée. || Inclinaison du fer d'un outil.

PENTÉDÉCAGONE. *T. de géom.* Polygone de 15 côtés.

Il existe un pentédécagone régulier convexe et trois pentédécagones réguliers étoilés qu'on obtient en joignant les sommets du premier de 2 en 2, de 4 en 4 et de 7 en 7. Pour construire ces quatre pentédécagones, il suffit de savoir diviser la circonférence en 15 arcs égaux. A cet effet, on remarquera que :

$$\frac{1}{15} = \frac{1}{6} - \frac{1}{10}$$

Si donc on prend sur la circonférence un arc dont la corde est égale au rayon, arc égal au 1/6 de la circonférence, et qu'on porte sur cet arc un arc dont la corde est le côté du décagone régulier inscrit (V. Décagone), l'arc restant aura pour corde le côté du pentédécagone régulier convexe. Si l'on désigne par c_1 c_2 c_4 et c_7 les quatre côtés des pentédécagones inscrits dans un cercle de rayon r, ces côtés seront donnés par les formules :

$$c_1 = \frac{r}{4}\left(\sqrt{10+2\sqrt{5}}+\sqrt{3}-\sqrt{15}\right)$$

$$c_2 = \frac{r}{4}\left(\sqrt{3}+\sqrt{15}-\sqrt{10-2\sqrt{5}}\right)$$

$$c_4 = \frac{r}{4}\left(\sqrt{10+2\sqrt{5}}-\sqrt{3}+\sqrt{15}\right)$$

$$c_7 = \frac{r}{4}\left(\sqrt{10-2\sqrt{5}}+\sqrt{3}+\sqrt{15}\right)$$

L'expression de la surface n'est pas assez simple pour que nous croyions utile de la donner; on la calculera aisément en se rappelant que l'apothème a :

$$a = r^2 - \frac{c^2}{4}$$

M. F.

PENTURE. *T. techn.* Bande de fer méplat recourbée à l'une de ses extrémités en œillet pour recevoir le manchon d'un gond, et que l'on fixe au moyen de boulons, de clous ou de vis, sur un vantail de porte, de croisée, de volet, pour le faire mouvoir.

PÉONINE. *T. de chim.* — V. Coralline.

PÉPITE. *T. de minér.* Morceau d'or natif, de la grosseur d'une lentille ou moins, que l'on trouve dans certaines contrées, surtout dans les ravins, lorsque les cours d'eau ont cessé d'être torrentiels; on donne aussi ce nom à des fragments de métaux autres que l'or.

PÉPLUM. *T. du cost. anc.* Sorte de manteau que les femmes de l'antiquité portaient par dessus la tunique et qu'elles fixaient sur l'épaule par une agrafe; le péplum descendait un peu plus bas que la ceinture et formait quelquefois deux pointes par devant.

PÉRA ou **PÉRAS.** Houille en gros morceaux; sorte de *charbon moulé.* — V. cet article.

PERÇAGE. Action de percer. Le perçage des métaux, qui est le plus important, s'effectue à l'aide de poinçons, d'emporte-pièces, de forets, de mèches ou parfois sur le tour avec un *outil de côté.* Ces différents outils sont mus à la main ou à la machine. Le perçage au poinçon est employé pour les trous qui n'exigent pas une précision absolue; un coup sec donné avec un marteau sur la tête d'un poinçon suffit souvent pour percer un trou dans les tôles peu épaisses. Lorsque les tôles sont plus fortes, le perçage s'opère au moyen d'une machine appelée *poinçonneuse,* mue par la vapeur ou par la force hydraulique; un galet excentrique vient agir sur la tête d'un poinçon de diamètre convenable qui, à chaque tour du galet, débouche un trou dans la tôle. Ce mode d'opération est très rapide, mais il a l'inconvénient de diminuer la résistance des tôles, principalement dans les tôles d'acier, aujourd'hui d'un usage courant.

Les *emporte-pièces* fonctionnent, soit au marteau, soit à l'aide de branches sur lesquelles on exerce la pression nécessaire. On donne le nom de *foret* aux mèches de petites dimensions; ils sont mis en œuvre, pour les très petits trous, par un *drille* ou *diable,* outil formé d'une tige portant plusieurs spires du même pas, terminé par un bouton à la partie supérieure et par un porte-foret à la partie inférieure.

Pour les trous plus grands, on fait usage de mèches dites *coniques,* à téton, à téton conducteur, à lame rapportée, universelles, ou enfin à spirale. Dans tous les cas, la mèche doit être confectionnée de telle sorte que la matière découpée puisse trouver un dégagement facile; la mèche à spirale jouit de cette qualité, et elle est, en outre, très commode à fabriquer et à entretenir, aussi son usage s'est-il rapidement propagé. La pression de la main ou de la poitrine de l'homme n'étant plus suffisante pour surmonter la résistance à vaincre, on a été conduit à faire usage des machines à percer. — V. Percer (Machine à).

|| *T. de tiss.* Action de pratiquer, dans les cartons du tissage façonné, les trous que nécessite l'exécution du dessin. || *T. techn.* Opération qui a pour but de faire, dans la tête de l'aiguille, le trou ou *chas* destiné au passage du fil. — V. Aiguille.

PERCALE. On désigne sous ce nom un tissu de coton ras et très serré, beaucoup plus fin que le calicot, dont il n'est, d'ailleurs, qu'une variété, et dont le nom est d'origine indienne. Ce tissu exige un apprêt spécial, son armure est taffetas ou sergé. On fait des percales brochées et des percales unies destinées à l'impression : ces dernières se fabriquent, soit pour robes, soit pour rideaux et ameublements; quant aux percales brochées, elles se traitent dans les mêmes conditions que les percales ordinaires pour le fond du tissu, il n'y a de différence que dans l'application du façonné.

PERCALINE. Espèce de calicot fin dont le tissu est moins serré et les fils moins tors que dans la percale ordinaire, ce qui, à l'état naturel, le rend pelucheux. On le teint après tissage, et on lui fait subir, généralement, une préparation gommeuse qui lui donne un ton lustré. La percaline n'est, à cet état, qu'une variété de la lustrine, dont elle ne différe plus que que par une torsion moins accentuée des fils. On fait des percalines de toutes nuances; quelques-unes reçoivent souvent, à chaud, une sorte de gaufrage de forme quadrillée.

*PERCEMURE. T. techn. Nom des râclures que le corroyeur enlève de dessus les peaux et qui servent à faire de la colle.

PERCER (Machine à). La plus simple des machines à percer se compose d'un C rigide dont la branche supérieure porte une vis terminée par une pointe conique qui s'engage dans la tête d'un vilebrequin solide, en fer, muni d'une mèche; la branche inférieure du C est formée de deux pattes que l'on fixe sur ou contre l'objet à percer. La pression sur la mèche est exercée au moyen de la vis dont la tête en boule est percée de 4 trous, ce qui permet de la serrer avec une *broche*. Si le trou à percer est de dimensions assez grandes pour que l'effort de l'ouvrier sur le vilebrequin ne soit pas suffisant, on remplace ce dernier par un *fût à vis* que l'on maintient dans la direction voulue, avec sa mèche, à l'aide de cales; la partie inférieure du fût est dentée et reçoit une clef dite *clef à rochet*, dont la longueur du levier, ou manche, varie avec la dimension du trou. Les ateliers de serrurier sont tous munis de machines à percer rudimentaires, composées d'une potence articulée dans deux colliers scellés dans un mur, autour desquels elle peut tourner pour occuper la position désirée, ou d'un arbre vertical fixé sur le banc d'un établi et portant une douille dans laquelle se meut un bras horizontal rigide que l'on peut tourner, baisser ou placer dans la position exigée par l'objet à percer. Ces diverses machines sont mues à la main.

Lorsque le nombre de trous à percer est considérable, on emploie des machines mues par une transmission; le mouvement communiqué à la mèche est ainsi beaucoup plus rapide et, conséquemment, les trous sont percés plus vite. Ces machines sont de formes très diverses, nous ne décrirons ici que les deux types suivants :

La machine à percer à colonne, de Bouhey, type n° 11, comprend, ainsi qu'on le voit figure 69, un socle solide en fonte, scellé sur une fondation et surmonté d'une colonne sur laquelle est enclavé le bâti en U, à branches inégales, qui porte les divers agencements de la machine. La commande de la machine placée entre ces deux branches se compose d'un mouvement de tour; sur l'extrémité de l'arbre porteur du cône, on voit un engrenage conique qui imprime un mouvement de rotation au porte-outil; celui-ci est guidé par deux forts colliers ajustés sur la face avant de la longue branche du bâti supérieur. Le mouvement de serrage de l'arbre porte-mèche peut être effectué automatiquement à l'aide d'une vis réunie à la partie supérieure de cet arbre, et ayant pour écrou la douille d'une roue d'engrenage. Le pignon qui commande cette roue est monté à l'extrémité supérieure d'un arbre vertical, qui reçoit à son autre extrémité, un volant pour la marche verticale à la main de l'outil; sur ce même arbre sont placés un rochet fixe et un

levier à douille libre, ce levier porte à l'une de ses extrémités un cliquet qui peut commander le rochet et son autre extrémité s'articule avec le levier d'un excentrique que porte la douille du pignon qui fait tourner le porte-mèche. A chaque tour de la mèche, l'excentrique fait faire au levier une oscillation et par suite une fraction de tour du rochet qui commande ainsi le serrage. La table de la machine est mobile autour de la colonne et peut être élevée ou abaissée, en mettant en jeu la vis, commandée par des clefs à rochet, que l'on voit à droite de la figure. L'un des côtés de cette table est

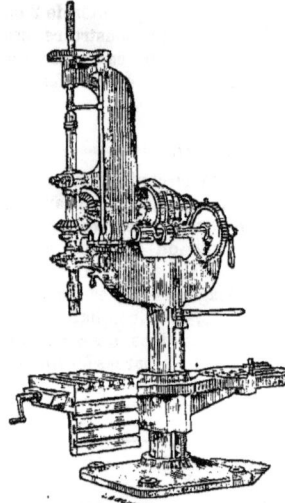

Fig. 69. — *Perceuse à colonne.*

formé d'un plateau sur lequel on peut poser l'objet à percer; l'autre porte des mors entre lesquels l'objet peut être saisi. Ce second côté porte, suivant les modèles, un chariot surmonté d'une plate-forme munie de mortaises à T, sur la-

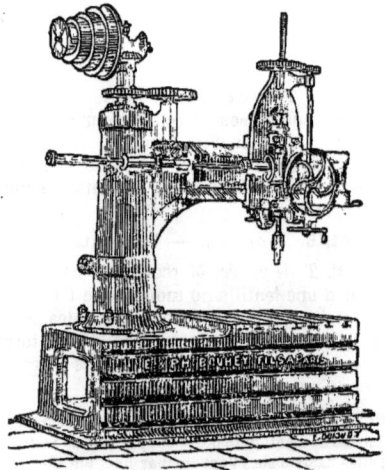

Fig. 70. — *Machine à percer radiale.*

quelle on peut brider l'objet à percer. La vitesse de la mèche peut être augmentée ou diminuée, suivant que l'on met en prise tels ou tels échelons des cônes de transmission.

Lorsque les pièces sont de trop grandes dimensions pour pouvoir être convenablement placées sur le plateau d'une machine à colonne, on fait usage d'une machine à percer dite radiale, dont la figure 70 représente un type du même constructeur. Un socle en fonte, scellé sur fondation, porte une plate-forme munie de mortaises à T renversé, les parois verticales de la plate-forme sont également mortaisées; les objets à percer sont maintenus avec des boulons de forme convenable dont les têtes s'engagent dans les mortaises. Sur le socle, on boulonne un pivot autour duquel peut tourner toute la machine, et le chariot porte-mèche peut occuper n'importe quelle position sur toute la longueur du bras horizontal. Les diverses transmissions du mouvement sont assez visibles à l'inspection de la figure pour qu'il soit inutile de les décrire. Quelques machines radiales sont pourvues de deux chariots, on peut alors percer deux trous à la fois.

Pour la construction des navires en fer, les tôles doivent être percées d'un très grand nombre de trous; on fait usage, à cet effet, d'un banc à forer. Cette machine-outil se compose d'un arbre horizontal, actionné par une machine à vapeur ou par une transmission, sur cet arbre on cale autant d'engrenages coniques que l'on veut mener de forets à la fois. Des désembrayages appropriés permettent d'employer le nombre de forets que l'on désire. Pour cette même construction, et principalement pour la liaison des plaques de blindage avec le bordé, le perçage des trous est parfois très difficile; on fait alors usage d'une invention américaine, connue sous le nom d'*arbre flexible*, qui permet de percer un trou dans une position gênée, grâce aux contours que l'on peut faire éprouver à cet arbre. Le moteur est fréquemment une machine Gramme située à une assez grande distance de l'emplacement où se fait le travail.

Pour le perçage et le taraudage des trous destinés à recevoir des boulons d'entretoises de chaudières, on a remplacé, dans certains ateliers, entre autres à Fives-Lille, le travail à la main par celui à la machine. Ici, la mèche et le taraud qui la suit sont conduits par une corde sans fin. L'économie réalisée par cette innovation s'élève à environ 48 0/0.

Lorsqu'il s'agit de percer des pièces d'une matière moins résistante que les métaux, comme le bois, par exemple, on emploie des vrilles ou des tarières, mais dès que le nombre des trous devient un peu considérable, il faut avoir recours à des procédés plus perfectionnés. On se sert alors de mèches que l'on peut mouvoir, soit à l'aide d'un archet ou arçon qui leur imprimera un mouvement de rotation alternatif très rapide, soit en les emmanchant à l'extrémité d'un vilebrequin analogue à celui dont on se sert pour les métaux.

Enfin dans les ateliers de construction, on a recours à des machines à percer verticales ou horizontales dont les dispositions sont très diverses et qui, le plus souvent, sont en même temps des machines à mortaiser; le type horizontal est préférable dans ce dernier cas, et la vitesse de rotation donnée à l'outil, plus grande que dans le

type vertical, peut atteindre 2,000 tours par minute; elle est indépendante du diamètre du trou pratiqué.

Ces machines se composent, en principe, d'un arbre *porte-outil*, vertical ou horizontal, recevant un mouvement de rotation, soit d'une pédale, soit d'une paire de roues d'angle mue par un volant à main, soit enfin d'une transmission; cet arbre est relié à la branche d'un levier munie d'une poignée à l'aide de laquelle on pourra faire avancer l'outil pour percer le bois. Des butées que l'on règle à volonté servent à limiter les courses de cet outil, et un contrepoids fixé à la branche du levier, opposée à la poignée, le dégage dès que l'on n'agit plus sur celle-ci. Le tout est monté sur un bâti en fonte ou en bois sur lequel est fixé un étau ou un chariot qui saisira la pièce à percer, mais le chariot a l'avantage de pouvoir prendre un mouvement de translation qui permettra de tailler facilement les mortaises.

La caractéristique de ces machines à percer le bois est précisément la descente de l'outil qu'il est indispensable de toujours opérer à la main, la matière à percer renfermant des parties plus ou moins dures et n'ayant pas l'homogénéité des métaux.

Lorsqu'il s'agit de percer le rocher, on a recours à des instruments spéciaux appelés *perforateurs*. — V. PERFORATION MÉCANIQUE.

*PERCEUR, EUSE. *T. de mét.* Ouvrier, ouvrière dont le travail consiste à faire des trous. ‖ On donne aussi le nom de *perceuse* à la machine à percer.

*PERCHAGE. *T. de métall.* Dans le raffinage du cuivre au four à réverbère, on obtient, à un certain moment, un brassage énergique du bain par l'introduction d'une *perche* de bois vert. La production rapide de vapeur d'eau et de gaz carbonés, résultant de la combustion du bois au contact du cuivre fondu, hâte le raffinage et constitue le *perchage.*

PERCHE. *T. techn.* Petite pièce de bois, ronde, longue de trois à quatre mètres. ‖ Traverse sur laquelle on fait passer le drap fabriqué, de manière que, mis en plein jour, on puisse découvrir les défauts de fabrication. ‖ Bâton transversal sur lequel sont fixées les lisses d'un métier de haute-lisse.

*PERCHLORATE. *T. de chim.* Nom des sels résultant de la saturation de l'acide perchlorique par une base. Ce sont des corps généralement incolores, cristallisés, tellement solubles dans l'eau, que quelques-uns sont même déliquescents (celui de potassium fait exception), solubles dans l'alcool (excepté celui précité), neutres. Leur formule générale est $MO, ClO^7...Cl O^4 M$. La chaleur les décompose en laissant un chlorure et dégageant de l'oxygène (V. OXYGÈNE, § *Préparation*), mais à une haute température seulement; sur les charbons ardents, ils fusent comme les chlorates; ils ne sont pas colorés par l'acide sulfurique concentré, et sont des corps très oxydants.

Caractères chimiques. Ceux solubles donnent

avec les réactifs, les caractères suivants : avec le *chlorure de baryum*, rien ; avec l'*azotate d'argent*, rien ; avec l'*acide chlorhydrique*, rien ; avec l'*acide sulfurique*, rien ou légère altération à la suite d'une action prolongée de la chaleur ; avec l'*indigo*, pas de décoloration, même en présence du sulfite de soude ; avec les *sels de potassium*, formation de cristaux de perchlorate de potasse dans les liqueurs concentrées.

Préparation. Les perchlorates s'obtiennent, d'ordinaire, par voie de double décomposition, en traitant par une solution d'un sulfate métallique, le perchlorate de baryum. Ce dernier se prépare en saturant l'acide perchlorique par la baryte. On les obtient encore par l'action de la chaleur sur les chlorates. — V. Oxygène.

Dosage. On les forme en cherchant la perte d'oxygène qu'ils subissent lorsqu'on les décompose par la chaleur.

*PERCHLORIQUE (Acide). L'un des composés oxygénés du chlore ; il a pour formule ClO^7, HO... ClO^4, H. Il a été découvert par le comte de Stadion, en 1815, et surtout étudié par Serulas et Roscoë. Il est liquide, incolore, mais lorsqu'il est pur, il s'altère en quelques jours, en se colorant même à l'abri de la lumière, puis en faisant explosion ; sa densité est 1,78, il est volatil et répand à l'air humide des fumées blanches. Il ne se solidifie pas à — 35°.

L'acide monohydraté se colore par la chaleur, se décompose dès 75°, répand, à 92°, d'épaisses fumées blanches, et si on le distille, il donne au delà une matière colorée, odorante, qui détone par décomposition, avec une grande violence. Ce phénomène se produit aussi par le contact des matières organiques, comme l'éther ou le charbon. C'est un caustique énergique et un oxydant puissant ; il brûle la peau et éthérifie l'alcool, en provoquant souvent des explosions.

Il rougit la teinture de tournesol sans la décolorer, et n'est pas réduit par l'acide sulfhydrique ou par l'acide sulfureux. Il forme avec le zinc, un perchlorate en dégageant de l'hydrogène. En ajoutant peu à peu de l'eau à l'acide monohydraté, le produit se prend en masse par refroidissement ; c'est l'acide perchlorique cristallisé, de Serrulas, qui a pour formule $ClO^7, HO + H^2O^2$; il est en longues aiguilles jaune rougeâtre, soyeuses, déliquescentes, fondant à + 50° et fumant à l'air. Il est plus énergique que l'acide pur et se décompose à 110°.

Préparation. 1° On l'obtient en distillant 1 partie de perchlorate de potasse avec 4 parties d'acide sulfurique concentré. On continue l'opération jusqu'à ce que les produits passant dans le récipient ne se solidifient plus. On reprend ces cristaux en les distillant à nouveau ; à 110°, on obtient ClO^7, HO, et au delà, un second hydrate $ClO^7, HO + 2H^2O^2$, lequel, avec l'acide pur, reforme de l'acide cristallisable, aussi faut-il arrêter la distillation dès que l'on voit se former des cristaux dans l'appareil ;

2° En faisant bouillir le chlorate de potasse avec l'acide hydrofluosilicique. On obtient un liquide clair que l'on chauffe jusqu'à dégagement de vapeurs d'acide perchlorique. On purifie le produit distillé par addition de perchlorates d'argent et de baryum, puis on le chauffe avec 4 fois son volume d'acide sulfurique à 62°, jusqu'à production de vapeurs épaisses qui se condensent et qui constituent l'acide perchlorique.

L'acide perchlorique sert comme réactif de la potasse, ainsi que de divers alcaloïdes, avec lesquels il donne, à l'ébullition, une liqueur rouge, offrant au spectroscope, d'après Fraude, des raies d'absorption caractéristiques. — J. C.

PERCHLORURE. *T. de chim.* Sel présentant le maximum de chloruration que peut offrir un composé quelconque. Presque tous ces produits ont été déjà étudiés dans ce *Dictionnaire*, d'autant plus que peu d'entre eux sont, dans le langage usuel, désignés sous cette dénomination. Les principaux sont : le *perchlorure d'antimoine* qui est un pentachlorure de cette base ; le *perchlorure d'étain* ou *bichlorure* (V. ce mot, t. III, p. 324) ; le *perchlorure de fer*, ou sesquichlorure (V. t. III, p. 324) ; le *perchlorure d'or* ou trichlorure (V. t. III, p. 326) et le *perchlorure de phosphore*, qui est un pentachlorure. Deux de ces corps seulement n'ayant pas encore été décrits, le perchlorure d'antimoine et le perchlorure de phosphore, nous allons en donner les caractères.

Perchlorure d'antimoine. $SbCl^5$. C'est un liquide jaune, à odeur suffocante, répandant d'abondantes fumées blanches dans l'air humide ; solidifiable en cristaux fondant à + 6°, un mélange réfrigérant ; absorbant l'humidité de l'air pour former un hydrate cristallisé, $SbCl^5 + 8HO$, décomposable à froid par un excès d'eau ou par la distillation. Dans le dernier cas, il donne du chlore et du protochlorure d'antimoine.

Préparation. Le meilleur procédé pour obtenir du perchlorure d'antimoine consiste à traiter, dans un ballon, un poids donné de protochlorure pur et distillé, puis à le chauffer à 73° pour le liquéfier et alors à faire arriver dans l'appareil un courant de chlore que l'on fait dégager au fond du ballon. Un second tube effilé permet le départ de l'excès de chlore. On laisse le dégagement de gaz se continuer jusqu'à ce que le poids du protochlorure ait augmenté d'environ un tiers. Aussitôt l'opération terminée, le perchlorure doit être enfermé dans des flacons bien secs et à fermeture hermétique. En mélangeant le perchlorure anhydre avec un peu d'eau, on peut obtenir des cristaux d'hydrate de perchlorure, contenant huit équivalents d'eau, en facilitant la cristallisation dans un dessiccateur à acide sulfurique ; un excès d'eau décomposerait le perchlorure en formant un dépôt blanc d'acide antimonique.

Perchlorure de phosphore. $PhCl^5$. C'est un corps solide, en cristaux jaune soufre, dégageant des vapeurs irritantes et des fumées blanches à l'humidité. Soumis à l'action de la chaleur, il émet des vapeurs vers 100°, distille à 145°, mais ne fond pas à la pression ordinaire.

Préparation. Il s'obtient, comme le précédent,

en traitant le protochlorure par le chlore dans un grand ballon, mais en ayant soin de faire arriver le gaz bien desséché à la surface seulement du protochlorure; de plus, au lieu de chauffer, on place le ballon dans un vase rempli d'eau afin de bien le refroidir, et, en outre, on agite souvent pour détacher le perchlorure qui se fixe sur les parois du ballon. Lorsque tout le protochlorure est solidifié, on cesse de refroidir le vase, et la température s'élevant, chasse le protochlorure non décomposé et en provoque la transformation, ce que l'on complète en maintenant le ballon pendant quelque temps dans l'eau à 80°.

Il faut avoir soin de conserver le perchlorure de phosphore dans des vases bien secs et bouchés à l'émeri, car la moindre trace d'humidité le décompose en acide chlorhydrique et en acide phosphorique ordinaire :

$$PhCl^5 + 8HO = PhO^5, 3HO + 5HCl,$$

après avoir d'abord donné de l'oxychlorure de phosphore et de l'acide chlorhydrique, quand il n'y a que peu d'eau en présence, car

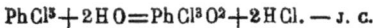

$$PhCl^5 + 2HO = PhCl^3O^2 + 2HCl. — J. C.$$

*PERCIER (CHARLES), architecte, ne doit rien à la fortune complaisante. Il naît, à Paris, en 1764, de parents pauvres, déjà chargés de famille, qui ne peuvent lui donner la culture des lettres; sa première instruction est bornée aux éléments. Issu du peuple, c'est à force de persévérance, de patience, d'efforts personnels qu'il se dégagera de la foule. Curieuse particularité, son père, d'origine suisse, était concierge de la grille du pont tournant, aux Tuileries; l'enfant grandit donc dans l'enceinte de ces palais, de ces cours, de ces jardins, parmi les Tuileries, le Carrousel et le Louvre qu'il devait un jour transformer, où son existence tout entière allait s'écouler, dans la paix du travail et le doux enivrement de la célébrité. Son père le confia d'abord aux soins du peintre Lagrenée le jeune, chez qui l'enfant demeura peu de temps. A toutes ses études de figures, il ajoutait des perspectives de monuments avec une persistance telle que son père, cette fois mieux inspiré, le fit entrer dans l'atelier, célèbre alors, de l'architecte Peyre le jeune. C'est là qu'il connut Pierre Fontaine et se lia d'amitié avec ce condisciple de son âge, dont le nom devint, dès ce moment et à jamais, inséparable du sien; c'est là que se fonda cette touchante association de deux cœurs, de deux intelligences, de deux forces qui produisit tant et de si féconds résultats et que la mort même n'a pu rompre; leur collaboration fut si étroite qu'il est impossible encore, aujourd'hui, de nommer l'un sans l'autre. — V. FONTAINE.

Franchissant tour à tour les degrés qui devaient le conduire à la récompense suprême, Percier obtint, aux cours de l'Académie, de nombreuses médailles d'émulation, puis le second prix, en 1783 (Fontaine, en 1785), enfin, le grand prix de Rome en 1786, sur un projet de « palais pour la réunion des Académies ». On sait comment l'idée, présentée alors sous la forme d'un

programme d'architecture, fut réalisée sous le nom de « Institut de France ».

A Rome, Percier, dans sa studieuse ardeur, ne reculait devant aucun moyen pour arriver à découvrir et dessiner des antiques inconnues; il pénétrait dans les maisons religieuses étroitement fermées en se joignant, à certains jours, aux processions solennelles, sous le froc et le cierge en main. Montrant plus tard à Raoul Rochette, avec un air de triomphe, un beau vase antique qui figure dans un de ses frontispices et dont l'original existe dans une sacristie de Rome, il disait à son collègue de l'Institut : « J'ai servi une messe pour avoir ce vase ».

Le terme de sa pension, prolongé d'un an pour lui permettre d'achever un projet de *Restauration de la colonne Trajane*, coïncidait avec l'année 1790. Rome n'était pas révolutionnaire, les Français étaient forcés de fuir; Percier revint en France par le chemin le plus long, traversant la Marche d'Ancône, les Légations, la Lombardie, dessinant partout, à Rimini, à Ravenne, à Venise, à Padoue, à Vérone, à Mantoue, à Vicence, poursuivant jusqu'en Provence, à Arles, à Nîmes, à Orange, les moindres traces de l'art antique. Le retour lui prit plus d'un an.

A Paris, où l'humble demeure de son père, aux Tuileries, était transformée en corps de garde, le roi prisonnier, l'Académie supprimée, Percier, sans ressources, désespérant de l'avenir, retrouve Fontaine. Les deux amis font vie commune, habitent ensemble une pauvre chambre « située au fond d'une allée obscure, dans une de ces petites rues tristes et fangeuses qui vont, ou plutôt qui allaient, de la rue Saint-Denis à la rue Saint-Martin », acceptent des besognes, font des dessins pour les architectes, notamment pour Ledoux, qui allait publier ses *Barrières de Paris*. C'est dans cet humble logis que la fortune vint frapper à leur porte. Percier était le cerveau, Fontaine la main; Percier créait, Fontaine réalisait. Après les travaux de la Malmaison, dont nous avons parlé au mot EMPIRE et dans la biographie de *Fontaine*, chaque jour il leur fallut suffire à de nouveaux projets. Ils restaurent, non sans y faire des adjonctions considérables, les châteaux de Saint-Cloud, de Compiègne, de Versailles, de Fontainebleau, le palais de l'Elysée, puis, hors de France, les résidences souveraines d'Anvers, de Mayence, d'Aranjuez, de Rome, de Florence, de Venise et d'autres encore; de toutes parts, on avait recours à leurs lumières, à leur goût. A ce titre, ils furent pendant vingt ans les architectes consultants de l'Europe.

Ils dégagent les abords des Tuileries, commencent la rue de Rivoli, construisent le grand escalier du Musée, l'arc de triomphe du Carrousel, le seul monument qui subsiste encore de cette longue collaboration, avec la chapelle expiatoire de la rue d'Anjou. Vingt fois, Percier, pressé par l'Empereur, construit, *sur le papier*, l'Opéra, la Bibliothèque, le Temple de la Gloire, le palais du roi de Rome, avec une magnificence toujours nouvelle; fait et refait vingt fois les plans de la réunion du Louvre aux Tuileries, depuis accomplie par Visconti; improvise, avec une verve inépuisable, maintes décorations pour les fêtes et les cérémonies publiques, décorations éphémères, mais étudiées avec autant de soin que pour durer toujours.

Percier mourut en septembre 1838, laissant derrière lui une brillante génération d'élèves, une école. Au moment de mourir, il se souvint de ses débuts dans les ateliers industriels et de la part de gloire et de fortune qu'il devait aux industries de luxe; il légua cent mille francs à l'Ecole royale de dessin et de mathématiques qui porte aujourd'hui le titre d'*Ecole des arts décoratifs*. — E. CH.

PERÇOIR. *T. techn.* Outil qui sert à pratiquer des trous. || Plaque de fer trouée qu'on emploie pour percer, à chaud ou à froid au moyen d'un poinçon, les fers de peu d'épaisseur. || Outil de potier pour trouer les petites pièces de poterie.

PERCUSSION. *T. de mécan.* Se dit de deux corps solides animés de mouvements quelconques et qui viennent à se rencontrer. Ce mot est synonyme de *choc*. La théorie mécanique de la percussion a été développée avec détails au mot CHOC. || *Centre de percussion.* — V. CENTRE. || *Instrument de percussion.* Instrument dont on joue en le frappant. || *Arme à percussion.* Arme dont la charge est enflammée par le choc d'une pièce sur une capsule fulminante.

* **PERCUTEUR.** Pièce de la culasse mobile des armes à feu portatives, servant à frapper l'amorce de la cartouche pour en déterminer l'inflammation; c'est, le plus généralement, une tige en acier qui reçoit directement l'impulsion d'un ressort ou transmet le choc du chien d'une platine ordinaire. On donne également le nom de *percuteur* à la tige qui est logée dans le verrou de l'appareil de mise de feu par la lumière centrale des bouches à feu des derniers modèles de la marine se chargeant par la culasse; cette tige sert à transmettre à l'amorce des étoupilles obturatrices à percussion centrale, le choc d'un petit marteau que l'on manœuvre à l'aide d'un cordon tire-feu.

* **PERD-FLUIDE.** — V. FLUIDE.

* **PERDONNET** (1802-1867). Sorti de l'Ecole polytechnique en 1822, il se livra d'abord à l'étude des mines et de la métallurgie. Très lié à cette époque avec son camarade M. Coste, ingénieur des mines, il alla faire avec celui-ci, en Angleterre, un voyage technique, à la suite duquel ils publièrent leur premier ouvrage sous ce titre : *Voyage métallurgique.*

Ce traité rendit d'autant plus de services que la fabrication de la fonte et du fer à la houille était alors complètement dans l'enfance dans notre pays, tandis qu'elle était très développée chez les Anglais. Il est vrai de dire que les difficultés spéciales, dues surtout aux situations particulières dans lesquelles se trouvaient les deux pays sous le rapport des conditions matérielles de production et de transport, venaient compliquer la question. Cependant, on avait déjà

entrevu, en France, la nécessité d'une transformation générale. Perdonnet, plus que tout autre, était pénétré de son utilité et de son opportunité; partant de là comme il le fit plus tard, dans toutes les circonstances où un grand progrès technique devait amener une révolution industrielle, il prit hardiment l'initiative de conseils que l'on ne suivit pas tout d'abord, et qui eussent cependant accéléré considérablement la transformation de l'industrie du fer en France. Les nombreuses publications de Perdonnet sur la métallurgie montrent avec quelle ardeur il poursuivait le but qu'il s'était fixé, et les faits accomplis depuis prouvent jusqu'à l'évidence à quel point il était dans le vrai.

Ce fut également à la suite de ses voyages en Angleterre que Perdonnet conçut l'idée de donner à l'industrie privée une large part dans la construction et l'exploitation des grands travaux publics, jusqu'alors exclusivement confiés aux ingénieurs de l'Etat.

Il en rapporta en effet la conviction que c'était là le seul moyen de mettre ces grandes entreprises à l'abri de l'esprit de routine et de la tendance à l'exagération ou à l'insouciance des dépenses, qui sont l'apanage forcé des fonctionnaires sans responsabilité. Ces idées, qui battaient en brèche le privilège de l'Ecole polytechnique, ne furent pas acceptées, comme bien l'on pense, sans de grandes discussions par les hommes qui propageaient les doctrines économiques de 1830 et qui, dans la plupart, étaient d'anciens élèves de cette Ecole. Perdonnet, quoique lui-même polytechnicien, et aidé de plusieurs de ses camarades, forma alors un centre de conversations auquel il associa un certain nombre d'ingénieurs non fonctionnaires, ce qu'on appelle en France les *ingénieurs civils*, comme Seguin, enfants de leurs œuvres qui luttaient courageusement en faveur de ces idées d'émancipation. Les chemins de fer n'existant pas à cette époque, le terrain disputé se bornait aux canaux, aux ports et aux docks. Inutile de dire qu'on échoua. De nombreuses tentatives répétées depuis ont toutes également échoué malgré des débâcles homériques, dont la plus retentissante dans ces dernières années, est celle du fameux programme de construction de chemins de fer, auquel M. de Freycinet a attaché son nom.

Le *Corps du Génie civil français* a été réellement créé par le succès de ces efforts. Cette profession, disait-on auparavant, n'avait pas de raison d'être, car il n'y avait pas d'aliment pour elle *dans les services publics !* D'ailleurs, n'est-il pas préférable d'admettre, comme d'ordinaire, la gratuité des voies de transports, comme avait coutume de le faire l'Etat, plutôt que de recourir à des tarifs d'exploitation? L'emploi du produit de l'impôt pour obtenir ce résultat était préférable, disaient naturellement les fonctionnaires, intéressés à agrandir leurs privilèges, à l'aliénation des services publics en faveur de grandes associations, quelque contrôle que l'Etat pût exercer sur elles.

Il est malheureusement certain que sans l'urgence qui se manifesta dans la construction des chemins de fer et le besoin impérieux dans lequel on se trouva pour cela de s'adresser aux capitaux privés, ces théories erronées ne tendant rien moins qu'au socialisme d'Etat, auraient triomphé; tandis qu'on fût réellement *obligé* de *concéder* à l'industrie privée, ces chemins de fer que les ingénieurs de l'Etat guettaient d'avance comme une proie certaine.

L'Etat s'adressa donc à l'épargne privée, concéda les lignes ferrées, en encouragea l'établissement par des subventions ou des garanties d'intérêt, tout en conservant sur leur construction et leur exploitation l'influence et l'autorité que personne ne songe jamais à lui contester, lorsqu'il se borne à vouloir jouer ce rôle de grand moralisateur et de grand contrôleur des intérêts de tous. A la condition toutefois, nous le répétons, de faire faire le contrôle par des ingénieurs compétents ayant tous passé de longues années dans la carrière.

Perdonnet s'était trop pénétré du système de l'initiative privée qui avait amené en Angleterre un développement sans exemple des travaux publics, pour ne pas saisir avec ardeur l'occasion que les chemins de fer offraient de le réaliser en France par l'intermédiaire du Génie civil. Il y travailla donc de toute son âme et bon nombre de ses successeurs, même parmi les anciens présidents de la *Société des Ingénieurs civils*, feraient bien de s'inspirer un peu de la mémoire de ce grand mort, dont les mânes doivent bien souvent tressaillir de douleur en voyant la façon dont ces héritiers oublieux comprennent et suivent les grandes traditions qu'il leur avait laissées.

D'un autre côté, l'Ecole centrale des arts et manufactures venait d'être fondée (1829), comblant ainsi l'écart qui existait entre l'instruction des ingénieurs, sortant des Ecoles des ponts et chaussées et des mines, et l'enseignement que donnaient à cette époque les universités et quelques écoles spéciales.

Perdonnet montra dans cette circonstance une remarquable perception des nécessités de son temps. Il considéra l'Ecole centrale comme un moyen tout indiqué de former des ingénieurs pour entrer dans les services publics concédés aux compagnies, et d'autant plus aptes qu'ils auraient appris spécialement à construire et à exploiter les chemins de fer. Cet enseignement spécial devrait leur tenir lieu en partie du stage habituel; quelques mois de pratique suffisant ensuite pour utiliser les services des jeunes ingénieurs; et c'est en effet une pléiade de sujets fournis par cette Ecole qui créa l'industrie des chemins de fer en France. — V. FLACHAT.

Il eût fallu sans cela recourir aux ingénieurs étrangers, car, à part les anciens élèves de l'Ecole polytechnique et quelques ingénieurs civils formés par de fortes études ou des travaux antérieurs, un si petit nombre d'hommes répondaient, par l'étendue de leur instruction théorique, aux exigences de l'art nouveau que, sans l'Ecole centrale, l'insuffisance eût promptement éclaté. L'art lui-même, d'ailleurs, subissait à cette époque une rénovation qui rendait indispensable une forte instruction scientifique.

On doit encore à Perdonnet des ouvrages devenus classiques et qui ont rendu les plus grands services aux jeunes ingénieurs débutant dans la carrière. Nous avons tous étudié son *Traité des chemins de fer*, son *Portefeuille de l'ingénieur*, qui étaient des chefs-d'œuvre pour l'époque et sont encore aujourd'hui consultés avec fruit. Ces ouvrages lui survivront longtemps et cela surtout grâce à la persévérance qu'il a mis à les compléter et aux sacrifices considérables qu'il s'est imposés dans ce but.

Il est difficile d'ailleurs de voir une carrière mieux remplie que celle de ce grand ingénieur civil. Nommé administrateur du chemin de fer de l'Est, il demanda pour le Génie civil une large part des travaux et l'obtint sans lutte. Il avait appelé à lui MM. Polonceau et Petiet pendant qu'il était ingénieur en chef des services techniques du chemin de fer de Paris à Versailles, rive gauche; il donna à M. Vuigner la grande part que l'on sait dans les travaux de la Compagnie du chemin de fer de l'Est. Perdonnet fut d'ailleurs pendant de longues années attaché au Comité de direction de cette Compagnie. Il fut enfin nommé et resta jusqu'à sa mort, directeur de cette Ecole centrale qu'il avait tant encouragée; son successeur fut un de ses élèves et amis M. Petiet.

En résumé, cette belle existence a surtout été consacrée à ouvrir un vaste champ d'activité à la profession d'*ingénieur civil*; à aider par l'enseignement et le patronage ceux qui entraient dans cette carrière avec des conditions d'instruction et de caractère méritant la confiance et l'estime. Le professorat a été en même temps pour lui un moyen de donner l'impulsion à ses élèves et d'assurer leur avenir. Rappelons à ce sujet qu'il se préoccupa constamment des questions d'instruction populaire et fut l'un des fondateurs de cette institution, qui porte le nom d'*Association polytechnique* et fait gratuitement, dans les 20 arrondissements de Paris, des cours le soir pour les adultes.

Il fut nommé président de la *Société des Ingénieurs civils* en 1851, et peu de temps après président honoraire de cette même société, juste récompense de l'affection profonde qu'il nourrissait pour les ingénieurs indépendants ou *civils*, ne relevant pas officiellement de l'Etat, et pour l'Ecole centrale qui en était la principale pépinière. Les derniers mois de sa vie furent attristés par sa surprise de voir le diplôme délivré par cette Ecole, devenue officielle, ne donner aucun accès aux services pour lesquels des programmes d'une instruction beaucoup moins étendue sont exigés; qu'aucun stimulant ne fût offert aux meilleurs élèves par les grandes industries qu'exerce l'Etat, et qu'il fût plus facile d'entrer dans le plus petit atelier privé où l'on a cependant tout de suite de la responsabilité et des capitaux à défendre, que dans les grands chantiers de l'Etat où tout le monde est couvert par l'irresponsabilité et fait payer ses maladresses par le budget. Il voulai aussi agrandir cette Ecole et en rendre l'enseignement accessible à un plus grand nombre, disant que plus elle verserait de sujets habiles dans l'industrie, plus les anciens appelleraient à eux les nouveaux et leur offriraient des facilités pour entrer dans la carrière.

Les idées qu'il a laissées, quoique un peu oubliées de nos jours par quelques-uns, ont fait leur chemin quand même et vivront éternellement, car elles sont profondément généreuses et justes.
— A. M.

• PÈRE ÉTERNEL. *Iconol.* L'écueil insurmontable que rencontre l'artiste dès qu'il veut représenter la divinité, consiste dans l'impossibilité de lui prêter des traits qui ne la ramènent pas à l'humanité. Jésus-Christ n'étant généralement représenté que dans des scènes du Nouveau-Testament, alors qu'il avait pris la forme humaine, qu'il s'était *incarné*, suivant l'expression liturgique, est toujours un jeune homme beau et bien fait; rien de plus logique. Mais la difficulté reparaît lorsqu'il s'agit de Dieu le père. On lui donne, depuis le xv° siècle, les traits d'un vieillard à longue barbe blanche, avec un vêtement aux plis flottants; parfois, pendant les guerres religieuses de la Renaissance, on trouve le Père éternel revêtu d'un caractère politique; c'est alors un pape, un prélat, un empereur, un roi portant le globe ou le sceptre. Combien plus logiques étaient les artistes du moyen âge, qui symbolisaient le Père éternel par une main sortant des nuages, un triangle entouré de rayons, plus tard enfin une tête et un buste nimbés, comme on le voit par exemple à Pise! C'est encore cette tradition qu'on peut retrouver dans la fresque de la *Magliana*, de Raphaël, aujourd'hui au Louvre, mais c'est un tableau que le peintre nous donne et non la représentation grandiose dans sa simplicité, d'une idée, ainsi que l'avait comprise les grands artistes du moyen âge. Le même reproche peut être adressé à Michel-Ange, qui a plusieurs fois peint le Père éternel, notamment dans la *Création de l'homme*. Néanmoins ils ont consacré un type qui s'est perpétué pendant plusieurs siècles. De nos jours, les artistes désespérant de trouver une forme qui divinise davantage le Père éternel, sont revenus volontiers à la simplicité primitive. On peut en voir les heureux effets à Paris, dans l'église nouvelle de Montrouge.

Voir l'article DIEU emprunté à l'*Histoire des Beaux-Arts*, par René MÉNARD, Delagrave, édit.

• PEREIRE (Les frères EMILE et ISAAC). Tous deux étaient nés à Bordeaux, le premier le 3 décembre 1800 et le second le 25 novembre 1806; ils sont morts à Paris, Isaac en 1880 et Emile en 1875.

Leur famille, d'origine israélite, était arrivée en 1741 de Bragance (Portugal). Ils étaient petits-fils de *Jacob-Rodrigue* PEREIRE, le premier instituteur, en France, des sourds-muets, auxquels il enseigna la parole articulée. Les frères Pereire avaient donc de qui tenir pour l'intelligence, l'esprit d'initiative et de philanthropie. Emile, ses études terminées dans sa ville natale, vint à Paris en 1822 et se fit courtier de change : au bout de peu de temps il était passé maître dans la pratique des affaires financières. Il appela alors près de lui son frère Isaac, qui vint le rejoindre et resta toute sa vie associé à ses travaux. Ils devinrent rapidement des financiers et des économistes de premier ordre, dont l'influence sur les affaires du siècle a été considérable.

Le temps où les Pereire sont entrés dans la vie active et publique n'était pas ordinaire. La France,

épuisée par les longues secousses qu'elle venait d'éprouver, avait besoin d'une véritable régénération. Il y avait alors, comme disait un publiciste de l'époque : « une floraison étonnante, une sorte de printemps sacré, où, sans savoir en quoi ni en qui on croyait, on avait la foi en soi-même et dans l'avenir où on se précipitait tous ensemble avec un entrain juvénile à la conquête du monde. » On sait quel a été dans cet entraînement le rôle de l'Ecole Saint-Simonienne dont les Pereire faisaient partie avec leurs illustres coopérateurs, les Flachat, les Clapeyron, les Fournel, les Olinde Rodrigue, les Michel Chevalier, etc.

Quoi de plus beau, en effet, que ce desideratum qui était l'âme de cette école : « améliorer par la science le sort de l'humanité sous le triple rapport moral, physique et intellectuel ; réorganiser la société en prenant le travail pour base de toute hiérarchie ; proscrire l'oisiveté et n'admettre que les producteurs dans la société nouvelle dont les savants, les artistes et les industriels constituent la seule aristocratie ; associer les travailleurs, afin que tous les efforts soient dirigés vers un but commun ; généraliser les ressources sociales ».

Le comte de Saint-Simon a certainement été l'un des penseurs les plus hardis et les plus profonds de notre époque et a exercé une influence considérable sur ses destinées. Non seulement il s'est attaché à la réforme de l'industrie qui a produit des merveilles depuis quatre-vingts ans, mais il a donné un libre essor à l'esprit d'initiative et aux capacités de toutes sortes en les poussant à l'esprit d'entreprise et au travail. Le système de Saint-Simon, fondé tout entier sur le mérite, et différant en cela foncièrement du système de Fourier qui a pour point de départ les attractions passionnelles, peut s'enorgueillir d'avoir produit des disciples qui ont bouleversé et renouvelé le monde économique. Au premier rang de ces hommes qui ont laissé une mémoire profonde dans les progrès de leur temps, il faut placer sans conteste les deux frères Pereire dont l'œuvre est considérable, dont la vie a été si remarquable, si féconde, et qui ont été un exemple vivant de ce que peuvent l'intelligence, la persévérance unies aux idées larges et originales.

Les frères Pereire donc, pénétrés de cet aphorisme Saint-Simonien, qui consistait à : « étudier la progression de l'esprit humain pour travailler ensuite au perfectionnement de la civilisation », collaborèrent pendant plusieurs années au *Globe* et au *National* sous la direction d'Armand Carrel. C'est à cette école du journalisme qu'ils se préparèrent à devenir des hommes d'action ; « le journaliste lui-même, comme disait Balzac, n'étant lui-même en marche comme un soldat en guerre ». C'est à Isaac Pereire que l'on doit le mot de *socialisme*, dans son sens le plus élevé : cette expression, aujourd'hui célèbre, parut pour la première fois en 1835 dans un article du *Globe* sous la signature de Louis Reybaud. Vers la fin de sa vie, il laissa un capital considérable pour récompenser princièrement à la suite d'un concours, les œuvres ayant pour but spécial les améliorations du sort du plus grand nombre.

Leur nom est surtout attaché à la création des chemins de fer en France. Quoi qu'il existât déjà une ligne ferrée de Saint-Etienne à Roanne datant de 1829, le grand mouvement d'expansion des chemins de fer français date de la création de la ligne de Saint-Germain-en-Laye, concédée le 9 juillet 1835 et inaugurée le 20 août 1837.

Et c'est de cette création des chemins de fer que date réellement l'admirable transformation qui s'est produite dans l'échange des idées et dans les relations internationales, en même temps que l'immense essor pris depuis par l'industrie métallurgique et mécanique dans notre pays.

Ce fut Emile qui poursuivit avec la plus grande ténacité et obtint après une longue attente et toutes sortes de difficultés la concession du chemin de fer de Saint-Germain qu'il demandait depuis 1832, tous les projets ayant été déposés le 7 septembre. Pendant trois ans, il dut se dépenser en efforts, en démarches, en éloquentes démonstrations, avant de faire sortir des cartons de la Chambre des députés le projet de loi nécessaire à la concession qui l'autorisait à construire et à exploiter la ligne à ses *frais, risques et périls.* Et encore fallait-il la foi robuste d'Emile Pereire dans son idée pour mener à bonne fin une pareille entreprise. M. Ch. de Comberousse, l'éminent ingénieur et mathématicien, président de la *Société des Ingénieurs civils* de France, a raconté dans la séance du 7 juillet 1885, à l'occasion du cinquantenaire des chemins de fer français, les difficultés et les appréciations ironiques qu'il rencontra au début parmi les hommes et les savants les plus éminents de l'époque. « Votre chemin de fer, lui disait M. Thiers, n'est qu'un joujou, une sorte de montagne russe tout au plus bonne pour amuser les parisiens ; jamais vous ne pourrez le faire servir au transport des marchandises. » L'illustre Arago lui-même secouait la tête et murmurait : « ce n'est pas pratique : c'est très ingénieux, très intéressant, mais ce n'est pas pratique ».

Heureusement pour Emile Pereire, en dehors de sa confiance absolue dans son idée, il eut le bonheur de trouver comme directeur général aux travaux publics, M. Legrand, homme d'un mérite supérieur et dont le nom ne peut être oublié. M. Legrand fut, dans les régions officielles, son plus fidèle auxiliaire et son dévoué défenseur. Sans lui, il eut sans doute succombé car les banquiers, chose singulière, étaient encore plus hésitants et plus récalcitrants que les hommes de science ou les hommes d'Etat. Et cependant la construction du chemin de fer de Saint-Germain ne demandait pas plus de 6 millions ! Cela paraîtrait aujourd'hui une goutte d'eau pour les capitalistes ! Il y a cinquante ans, Emile Pereire ne les trouvait pas pour une création qui devait révolutionner le monde !

Enfin cependant, le cautionnement de deux cent mille francs exigé par le gouvernement fut déposé par MM. Adolphe d'Eichtal et Auguste Thusseynen. Un peu plus tard, le Conseil d'administration de la Société fut formé par l'adjonction aux précédents de MM. Rothschild et Samson Davillier qui s'étaient laissé convaincre à leur tour. L'entreprise eut d'ailleurs le succès éclatant que l'on sait.

Secondé par son frère Isaac, qu'on ne peut séparer de lui, il inaugurait comme directeur la ligne de Saint-Germain le 27 août 1837. Ce chemin était dans sa pensée l'amorce du réseau de l'Ouest.

Après le chemin de fer de Saint-Germain, il créa, en 1836, celui de Versailles (rive droite) dont il fut le directeur. Il a été depuis l'un des principaux fondateurs, en 1845, du chemin de fer du Nord ; en 1852, des lignes d'Auteuil et d'Argenteuil, du canal et du chemin de fer du Midi ; en 1853, des chemins de fer de Rhône et Loire ; en 1855, de la Société autrichienne des chemins de fer de l'Etat, et de ceux du Nord de l'Espagne ; en 1857, du chemin de fer de Cordoue à Séville et de la grande Compagnie des chemins de fer russes. Il était, en outre, administrateur des Compagnies du chemin de fer de Montereau à Troyes, de l'Est et du Dauphiné, et des Compagnies étrangères des chemins de fer de l'Ouest et du Central-Suisse.

« La génération actuelle, dit M. Isaac Pereire lui-même, dans l'une de ses publications, *La question des chemins de fer* (p. 879), ne se doute pas des hésitations avec lesquelles a été abordée, en France, l'établissement des voies ferrées. »

Ce sont des prodiges d'énergie, de tact et de désintéressement qu'il fallut opposer aux résistances du roulage, des diligences et de la batellerie ; des maîtres de postes et des aubergistes ; des intérêts de clocher, des passions de partis et même des populations qui ne comprenaient pas toute la valeur de ce nouvel outil qu'on leur apportait.

Pour le chemin de fer du Nord, le plus puissant financier de l'époque y donna son concours et en a conservé la présidence que son fils, Alphonse de Rothschild, possède encore après lui ; mais l'organisation technique et administrative appartient aux Pereire assistés d'une pléiade de grands ingénieurs dont nous devons citer les noms : Stéphane Mony, Lami, Clapeyron, Eug. Flachat, Fournel, Petiet, Lechatelier, Maniel, Collignon, Surel, Nozo, et, dans les autres Compagnies qui se formèrent : Vuigner, Polonceau, Vuillemin, Love, etc., et tant d'autres, honneur du génie civil français.

Notons bien que, sans attendre le chemin de fer de Saint-Germain, en 1835, nous avions, depuis quatre ans, en pleine France, un chemin de fer de 57 kilomètres complètement outillé pour le transport des voyageurs aussi bien que pour celui des marchandises, marchant avec des locomotives, et transportant déjà, au moment où l'on concédait seulement la ligne de Saint-Germain, 430,000 tonnes de marchandises et 180,000 voyageurs par an. C'est la ligne de Saint-Etienne à Lyon. L'Angleterre seule nous a donc devancés, dans la construction des chemins de fer, mais nous arrivons bien avant tous les autres peuples, même la Belgique. Et l'on ne peut dire que cette première ligne de Saint-Etienne fut une grossière ébauche ; sa construction fut si bien entendue, avec une si juste intuition des exigences de l'avenir, qu'à la reprise par le Grand Central, en 1853, on fut stupéfait des insignifiantes réfections à faire pour mettre ce tronçon à l'unisson du réseau français. L'ingéniosité des ingénieurs locaux fut telle qu'on les vit, dès cette époque, pour l'exploitation d'une section à fortes rampes de $0^m,015$ par mètre, construire des locomotives à *quatre cylindres*, afin d'utiliser l'adhérence du tender. Cette première application, qui rendit les plus grands services, ne fut reprise que vingt ans plus tard, par Petiet. Il est donc bon, à côté des noms connus des fondateurs des chemins de fer rayonnant sur Paris, de ne pas oublier les noms des fondateurs du chemin de fer de Saint-Etienne, qui sont les vrais et premiers promoteurs des railways en France, ce sont les Brot, les Millet, les Henry, les Seguin, les Verpilleux, les Locard.

Le chemin de fer de Saint-Germain peut être fier de ses enfants. En 50 ans, le réseau français est passé des 18 kilomètres de ce *joujou*, à 31,560 kilomètres. Ses recettes brutes s'élèvent à 1,150 millions! et sa recette nette à 500 millions! Il transporte, par an, 180 millions de voyageurs et 85 millions de tonnes de marchandises! Il fournit à l'Etat 83 millions d'impôt, sans compter le bénéfice des transports gratuits de la poste et des réductions de prix consenties pour l'armée. Enfin, son état-major commande à une armée de 223,000 hommes!

La création des chemins de fer appartient donc aux frères Pereire, et c'est là un titre de gloire suffisant pour la postérité. Mais on les retrouve dans presque toutes, pour ne pas dire dans toutes les grandes fondations industrielles et financières du siècle, si fécond en utiles créations de ce genre; la plupart, d'ailleurs, sont encore debout et prospères.

C'est ainsi qu'en 1830 ils conçurent l'idée de fonder une banque devant venir en aide au commerce et à l'industrie pendant la période de crise qu'ils traversaient, et ce fut là l'origine de la fondation du Comptoir d'Escompte.

A la fin de 1852, ils fondèrent, avec plusieurs autres financiers, le Crédit mobilier, admirable instrument qui a servi à transformer Paris et plusieurs grandes villes de France et qui fut si injustement brisé après avoir produit les résultats que l'on sait.

On leur doit aussi le Crédit Foncier de France, le Crédit agricole. Ils ont encore procédé à l'organisation de la Compagnie parisienne du gaz, de la Compagnie des omnibus, de la Compagnie maritime devenue la Compagnie générale Transatlantique, aujourd'hui présidée par M. Eugène Pereire, fils aîné d'Isaac; de la Compagnie immobilière qui construisit le Grand Hôtel, l'Hôtel du Louvre et une quantité innombrable d'immeubles qui sont de véritables monuments. C'est à cette Compagnie immobilière que Paris doit l'achèvement de la rue de Rivoli, une portion des boulevards Sébastopol et Haussmann, la rue Marignan, le boulevard Malesherbes, le quartier du Nouvel-Opéra, le boulevard Voltaire (ancien Prince Eugène).

C'est dans ces grands chantiers de travaux ouverts à Paris que l'on fit usage, pour la première fois dans notre capitale, de la plupart des procédés d'élévation, échafaudages perfectionnés, etc., qui sont aujourd'hui classiques et ont constitué un si grand progrès dans l'art de bâtir.

A Paris, les frères Pereire ont personnellement concouru à la création du parc et du quartier Monceaux dont l'un des plus grands boulevards et la plus belle place portent leur nom.

Leur puissance s'étendit d'ailleurs jusqu'à l'étranger. C'est ainsi qu'ils prirent part à la création des chemins de fer du Nord de l'Espagne et du Crédit mobilier espagnol, des chemins de fer russes, du Crédit mobilier néerlandais, du Crédit mobilier italien, de la Banque ottomane; à l'organisation des chemins de fer autrichiens et qu'ils jouèrent un rôle important dans les prêts faits à l'Etat lors des guerres de Crimée et d'Italie.

Emile Pereire eut, en outre, le premier l'idée de ces grands entrepôts de toutes les marchandises usuelles et de luxe, d'où sont sortis les grands magasins du Louvre et d'autres analogues. Isaac fut le créateur de ce genre de titres que l'on appelle *obligation* et qui fut appelé, depuis, à jouer un rôle si important dans toutes les affaires financières de notre époque.

Ils créèrent encore la Compagnie des Entrepôts et Magasins généraux de Paris, la Compagnie générale des asphaltes, les Compagnies d'assurances la Confiance-Incendie, la Confiance-maritime et le Phénix espagnol; la Société houillère de Saint-Avold et l'Hôpital (Moselle) qui fit la première application, en France, des procédés Kind et Chaudron pour le forage et l'établissement des puits avec cuvelage en fonte; enfin, la Compagnie des salines du Midi.

Emile Pereire prit, en outre, une part considérable, en 1860, au traité de commerce avec l'Angleterre et à la politique du libre-échange inaugurée par ce traité; il prit encore une part importante à la création de l'Exposition universelle de Paris, en 1867, comme membre de la Commission impériale spécialement chargée de l'élaboration et de l'exécution de tout ce qui concernait cette Exposition.

Ils ont établi, en même temps que le télégraphe, des horloges électriques à la gare de Saint-Germain et, plus tard, des phares électriques sur les paquebots de la Compagnie transatlantique.

C'est, d'ailleurs, à Isaac que l'on doit la réorganisation, en France, du télégraphe électrique qu'il fit appliquer le premier au chemin de fer de l'Ouest par l'Anglais Wheastone, qu'il alla lui-même chercher à Londres dans ce but.

L'agriculture a été aussi l'objet de la sollicitude ardente des frères Pereire. On connaît les grands travaux qu'ils ont fait effectuer à Arcachon, dans les Landes, dans la Gironde et dans les départements voisins, jusque dans les Pyrénées-Orientales dont Isaac fut le député au Corps législatif, tandis qu'Emile représentait l'arrondissement de Bazas (Gironde).

Dans la Gironde seule, ce dernier fit défricher et assainir d'immenses landes aujourd'hui couvertes de forêts, sillonnées de routes, et créa le village de Marcheprimme qu'il dota d'une église et d'une école.

Comme on le pense bien, l'industrie les comptait parmi ses plus glorieux enfants, et ils faisaient tous deux partie de la *Société des Ingénieurs civils* en qualité de membres associés et donateurs. Leur successeur, M. *Eugène* PEREIRE, est lui-même ingénieur et ancien élève brillant de l'Ecole centrale des arts et manufactures.

Ils furent également animés d'un goût profond pour les arts, les lettres et les sciences. Ils ont été les promoteurs des expositions posthumes des peintres en inaugurant celle de Paul Delaroche, en 1856. Ils ont encouragé les sciences, les lettres, la musique, en protégeant les jeunes savants, les littérateurs, et en donnant des fêtes magnifiques. Ils ont eu l'idée, en 1862, d'assembler une réunion de publicistes, de philosophes, de savants, d'économistes, d'hommes de lettres et d'artistes pour arrêter les bases d'une nouvelle *Encyclopédie* mieux en harmonie avec les progrès et les besoins de l'époque que ce qui avait été fait jusqu'à ce jour. L'exposé qui en a été imprimé est magistral; il dit que l'époque actuelle est solennelle, car la science et l'industrie, étroitement unies, renouvelleront la face du globe et que l'état de l'opinion, le mouvement des sociétés donnent de nouveau un intérêt particulier à une exposition universelle des conquêtes de l'intelligence et de la force humaines. Les séances préparatoires à cette œuvre qui eut été le digne pendant de l'encyclopédie du xviii° siècle, avaient lieu le vendredi soir de chaque semaine, sous la présidence des deux frères Pereire, dans leur salon du faubourg Saint-Honoré. Là, se réunissaient MM. d'Archiac, Arlès-Dufour, Emile Augier, J.-A. Barral, Sainte-Beuve, Berthelot, Duruy, Faye, Duveyrier, Franck, Jamet, Michel Chevalier, Milne-Edwards, Viollet-le-Duc, Littré, Vacherot, etc. Il fut décidé que cette encyclopédie aurait une vaste envergure et que les sujets seraient présentés par ordre de matières et non point par ordre alphabétique, pour ne plus exposer le lecteur à trouver une *âne* après le mot *âme*, comme le fit remarquer spirituellement Sainte-Beuve.

Ce vaste projet fut interrompu par les événements, et la plupart des savants qui devaient y prendre part sont morts. Les frères Pereire eux-mêmes ont disparu, mais leur œuvre financière, économique et sociale est restée debout.

Comme on le voit, les frères Pereire n'ont pas toujours été occupés d'affaires et de finances. C'est au milieu de fortes études philosophiques et économiques, et sous l'influence des grandes idées civilisatrices de leur époque qu'ils ont compris et résolu d'exécuter les créations que l'industrie leur paraissait appelée à produire. Une foi absolue dans les conquêtes inépuisables de la science, dans le triomphe final des principes de liberté et d'association, a été le bon génie qui a guidé et protégé toute leur carrière. Il est donc naturel que la postérité leur garde une place dans la mémoire des hommes, car leur œuvre multiple a touché aux parties les plus vives de l'humanité elle-même.

On s'emporte beaucoup, aujourd'hui, contre le monopole des chemins de fer et, cependant, on veut créer le plus formidable monopole qui se puisse concevoir : la possession de tout le réseau des voies ferrées par l'Etat. Toute la vie des Pereire a été une constante protestation contre cette école qui amortit l'initiative et l'activité privées, et qui veut faire de l'Etat le régent et l'entrepreneur universel, à l'instar de cet empereur romain qui voulait que le peuple n'eût qu'une seule tête pour en être plus facilement le dominateur.

Ils possédaient, à un très haut degré, les grandes vues d'ensemble et la science des détails qui constituent les grands industriels comme les grands capitaines.

M. F. de Lesseps n'hésite pas à affirmer qu'il doit, en partie, à l'appui de M. Isaac Pereire, le succès du canal de Panama. C'est par ses conseils qu'il s'est assuré la propriété du chemin de fer de Colon à Panama, et qu'il a paralysé l'hostilité des Américains du Nord n'ayant plus ainsi de raison de donner essor à leur jalouse application de la commode doctrine de Monroë.

Le dernier projet de M. Isaac Pereire fut un acte de bienfaisance populaire. Il se proposait une vaste création d'économats publics où les ouvriers trouveraient, aux meilleures conditions, les articles d'alimentation, de chauffage, et d'habillement. C'était la généralisation d'institutions qui ont déjà fait leurs preuves dans diverses sociétés industrielles.

La question sociale, dans la meilleure acception du mot, le préoccupa jusqu'à la fin de sa vie, et c'est dans le but d'arriver, sans moyens révolutionnaires, à résoudre les redoutables problèmes qu'elle pose, qu'il ouvrit un concours universel avec prix de 100,000 francs pour le meilleur travail dans cet ordre d'idées.

Les frères Pereire étaient des « *réformateurs jamais révolutionnaires* » pour employer l'expression qu'ils s'appliquaient eux-mêmes. Leur histoire est l'histoire même du crédit et de l'industrie de notre temps, même au delà de nos frontières; et l'on ne peut guère les comparer, sous ce rapport, qu'à Colbert et à Sully. — A. M.

· PERFORATEUR, TRICE. Machine qui sert à percer, à traverser. — V. l'article suivant.

PERFORATION MÉCANIQUE. *T. d'exploit. des min.* Le percement des trous dans lesquels on veut faire éclater une substance explosive peut être fait au burin et à la massette; mais toutes les fois qu'on veut aller plus vite et qu'on peut placer près du front de taille des appareils mécaniques, on a avantage à percer les trous de mine avec des engins agissant par choc ou par rotation, surtout s'ils sont mus par des machines.

Perforateurs à main. Le perforateur Lisbet se compose d'une tarière hélicoïdale en acier, placée à l'extrémité d'une vis à filet carré, passant dans un écrou, porté par un coulisseau. On peut faire glisser ce coulisseau le long d'un affût assujetti devant le chantier, contre le toit et contre le mur, par deux poteaux dont l'un est muni d'une vis butante. La tarière, en tournant, creuse le trou par sa pointe et par sa dernière spire; les autres spires ne touchent pas le rocher et font sortir les déblais. La vis est creuse et traversée par la tige de la tarière. La manivelle qui meut cette tige peut se déplacer un peu longitudinalement, de façon à rendre la tige solidaire ou indépendante de la vis.

On embraie et on débraie successivement. Pendant l'embrayage, si le terrain est tendre, la tarière avance d'un pas de vis à chaque tour et, si le terrain est résistant, elle avance moins et pousse l'affût en arrière. Pendant le débrayage, la tarière ne tend à avancer que par la réaction de l'affût, qui avait été primitivement poussé en arrière. Les périodes de débrayage sont d'autant plus longues, par rapport aux périodes d'embrayage, que la roche est plus dure. Si la vis a une longueur a, on commence par mettre le montant à une distance a du front de taille avec la vis en arrière, attelée à une mèche de longueur a. On tourne, en embrayant et débrayant alternativement, jusqu'à ce que la mèche soit complètement enfoncée dans la roche et que la vis soit avancée de toute sa longueur. On déclavette alors la vis et la mèche, et au lieu de ramener la vis en arrière par un mouvement de rotation, on fait pivoter l'écrou qui la porte. On peut ensuite placer une mèche de longueur $2\,a$, qu'on enfonce d'une longueur a, et qu'on remplace par une mèche de longueur $3\,a$. On emploie généralement, au lieu de la manivelle, un cliquet agissant sur un encliquetage; il fait tourner la tige de la tarière quand on le pousse dans un certain sens, et n'agit pas quand on le tire en sens inverse.

Le perforateur Delahaye est destiné à forer des trous de mine horizontaux ou verticaux au moyen de chocs d'un fleuret. Dans le premier cas, il se compose de deux cadres qu'on peut, à volonté, allonger et assujettir. Ces cadres portent des glissières qui reçoivent les extrémités d'un guide fixe en bois, le long duquel se meut le chariot porte-outil auquel on imprime un mouvement de va-et-vient qui fait agir l'outil par percussion. Un arrêt élastique limite le recul du chariot. L'assemblage de l'outil avec le chariot permet de donner à l'outil, vers la fin de la course rétrograde, un mouvement de rotation à l'aide d'une étoile. Dans le second cas, les cadres sont supprimés et

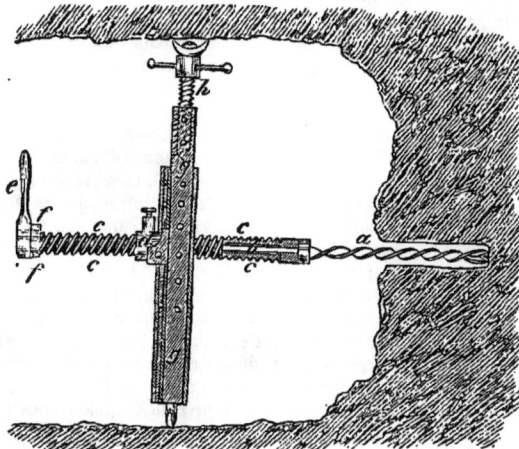

Fig. 71. — *Perforateur Lisbet.*

a Tarière. — *b* Tige de la tarière. — *c* Vis. — *d* Écrou. — *ce* Manivelle. — *f* Encliquetage. — *g* Affût. — *h* Vis butante.

le guide fixe en bois est assujetti contre le toit et le mur. L'appareil fonctionne à la façon d'une sonnette à déclic. Le perforateur Berreins repose sur le même principe; il se compose d'une cloche sur le pourtour de laquelle on met des trépans en acier et que l'on fait manœuvrer en cadence par 2, 4 ou 6 hommes.

Le perforateur Leschot se compose d'un cylindre en fer creux, terminé en arrière par une partie filetée qui reçoit un mouvement de rotation rapide, et en avant par une bague qui est assemblée avec lui par un joint de baïonnette, et dans laquelle sont sertis des diamants noirs. On creuse un trou annulaire dont on nettoie le fond par un courant d'eau rapide, et on laisse un témoin central que l'on brise par une pesée latérale, dès qu'il a atteint une certaine longueur. Le cylindre en fer creux est porté par un chariot qu'on peut déplacer le long d'un affût, et reçoit, au moyen d'engrenages, un mouvement rapide de rotation autour de son axe, et un mouvement lent de progression le long de cet axe. Cet appareil peut être mû à la main ou par une machine Perret, qui est une machine de rotation à colonne d'eau à grande vitesse. Le perforateur reçoit de cette machine son mouvement de rotation rapide, et il est appuyé contre le fond du trou par la pression de l'eau agissant sur sa tête. Cet appareil perfectionné, a donné naissance au procédé de sondage au diamant qui sera décrit à l'article Sondage.

Perforateurs à air comprimé. Les appareils suivants sont mis en mouvement par de l'air comprimé à la surface par une machine à vapeur et envoyé aux machines par une canalisation souterraine. La longueur de cette canalisation a moins d'inconvénient qu'avec de l'eau, à cause des frottements plus considérables de cette dernière, ou qu'avec de la vapeur, à cause du refroidissement auquel elle serait soumise. Les machines à air comprimé ont l'inconvénient de produire, par la détente, un refroidissement qui peut donner naissance à de la glace. On est obligé de réchauffer les tiroirs en éteignant de la chaux vive.

Le perforateur Sommeiller, qui a fonctionné pour le percement du Mont-Cenis, est un appareil complètement automatique qui comprend un cylindre percuteur et une machine à air comprimé à double effet. Le cylindre percuteur est muni i'un piston qui se meut à pleine course sans choquer ses fonds et qui est attelé à un fleuret.

La percussion comprend un mouvement en avant et un mouvement en arrière. Pendant le premier, on admet l'air comprimé sur les deux faces du piston. Cette pression s'exerce, d'un côté, sur toute la surface du piston, et de l'autre, sur la surface annulaire qui entoure la tige; la différence, qui est la force motrice, est la pression de l'air comprimé sur la section de la tige du piston. Pendant le recul, on laisse échapper dans l'atmosphère l'air comprimé qui était sur la face libre du piston, et la force motrice est la pression de l'air comprimé sur l'espace annulaire qui entoure la tige. La machine à air comprimé donne un mouvement continu et régulier de rotation à un axe sur lequel on prend les commandes nécessaires : 1° pour faire mouvoir le tiroir de l'appareil de percussion; 2° pour donner à l'outil, pendant son recul, un petit mouvement de rotation; 3° pour faire progresser l'appareil de percussion le long de son bâti, au fur et à mesure de l'avancement du trou; 4° pour le faire reculer quand il est à bout de course et qu'on veut remplacer l'outil par un autre plus long.

Pour être plus sûr de la forme circulaire du trou, on donne au tranchant la forme d'un Z. On nettoie les trous de mine avec un violent courant d'eau obtenu en faisant arriver l'air comprimé au-dessus de l'eau, dans un vase fermé, d'où part une espèce de lance à incendie qu'on promène dans les trous pendant le fonçage. On a commencé par employer, au Mont-Cenis, 8 perforateurs montés sur un même affût et agissant sur un front de taille de 4 mètres de large et 3 mètres de haut. On faisait, sur une ligne horizontale, à moitié de la hauteur de la galerie, 8 trous de mine, de 0m,03 de diamètre, et 4 trous de déchaussement de 0m,09 de diamètre et, en dehors de cette ligne horizontale, 50 trous de mine de 0m,04 de diamètre. Les perforateurs perçaient ces trous en six heures et leur donnaient 0m,90 de long; on les chargeait avec des cartouches de 0m,30 de long, on les bourrait, on les faisait partir en plusieurs salves, on achevait au pic et à la pince, et on remettait l'affût en place pour le poste suivant. A la fin du percement, on a réduit le front de taille à 2m,50 sur 2m,80, on a porté le nombre des perforateurs à 14 et la longueur des coups de mine à 1m,20.

Voici quelques données numériques sur cet appareil :

Longueur totale de l'appareil	2m,98
Poids de l'appareil sans le fleuret.	260 k.
Poids de la masse percutante.	20 k.
Diamètre du piston.	0,080
Diamètre de la tige	0,065
Pression motrice en atmosphères effectives.	4 ½
Course du piston.	0,250
Coups par minute	250
Tours du fleuret par minute.	10
Vitesse de la masse percutante au moment du choc.	6m,1
Volume d'air dépensé par coup de fleuret. .	1l,244

Le perforateur Dubois et François est établi sur les données suivantes :

Longueur totale de l'appareil.	2m,20
Poids de l'appareil sans le fleuret.	220 k.
Poids de la masse percutante	32 k.
Diamètre du piston.	0.070
Diamètre de la tige	0,050
Pression motrice en atmosphères effectives.	4 ½
Course du piston.	0,292
Coups par minute.	150
Tours du fleuret par minute.	20
Vitesse de la masse percutante au moment du choc.	5m,6
Volume d'air dépensé par coup de fleuret.	1l,569

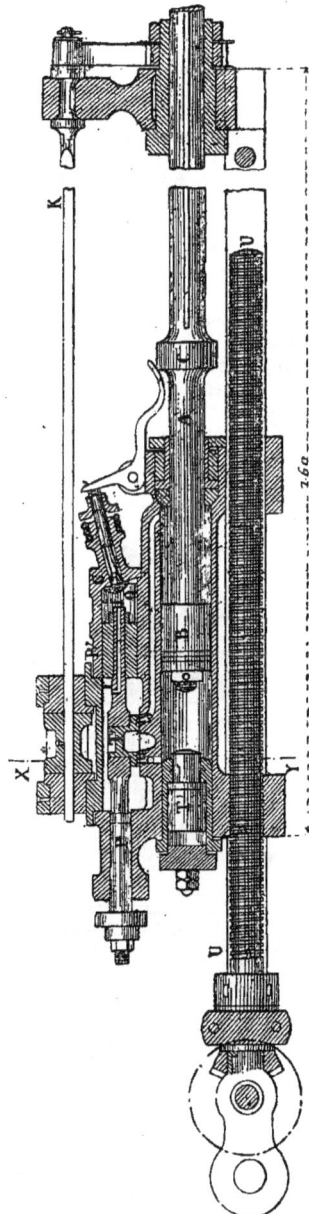

Fig. 72. — Perforateur Dubois et François.

A Tige porte-fleuret. — C son renflement. — B Piston. — m n Lumières. — T' Tampon. — T Tiroir. — P Piston plein. — P' Piston avec un orifice f f. — O Soupape à ressort manœuvrée par C. — K'Tige faisant fonctionner le levier d'encliquetage. — U Vis affût.

Le tiroir n'est pas en connexion géométrique

avec le piston; il est mû par la pression de l'air comprimé, à la condition que le piston se meuve régulièrement.

Ce perforateur (fig. 72) se compose d'un cylindre en bronze dans lequel se meut un piston B dont la tige A sert de porte-fleuret; à l'extrémité du cylindre se trouve un tampon T' à air comprimé, ayant pour but d'adoucir les chocs sur le fond de ce cylindre, et au-dessus est située la chambre de distribution de laquelle l'air comprimé vient au moyen du tiroir T et des lumières m et n, agir sur le piston B.

Au tiroir de distribution T sont fixés deux petits pistons P et P', dont l'un P', de diamètre plus grand, est percé d'un orifice ff. L'air comprimé de la chambre de distribution presse sur P et P' et fait avancer le tiroir de gauche à droite en dégageant l'orifice m, par lequel la pression s'introduit derrière le piston B pour le pousser en avant. Mais l'air comprimé pénètre bientôt par ff derrière le piston P' qui se trouve alors en équilibre; la pression agissant toujours sur P entraîne vers la gauche le tiroir qui met cette fois l'air comprimé en communication, par l'orifice n, avec l'avant du piston B, tandis que l'arrière est ouvert à l'échappement. L'outil, après avoir frappé, est donc ramené vers la gauche, mais dans ce mouvement la partie renflée C soulève une pédale qui ouvre la soupape O et met l'arrière du piston P' en communication avec l'extérieur. Le mouvement se reproduit indéfiniment de la même façon. Quand le fleuret se coince on peut le décoincer à

loisir sans risquer d'avarier le tiroir. Le mouvement de rotation du fleuret est obtenu par un levier d'encliquetage composé d'un rochet calé sur le porte-fleuret et relié à une tige plate K solidaire de deux leviers qui lui font prendre un mouvement de balancement; ces deux leviers (fig. 73) sont mus par deux pistons MN, mis en communication avec les lumières mn. Le levier d'encliquetage laisse passer à chaque coup de fleuret une dent du rochet et par conséquent fait tourner le fleuret d'un dixième de tour chaque fois. L'avancement de l'appareil au fur et à mesure de l'enfoncement du trou se fait à la main au moyen d'une tige filetée U, fixée sur le bâti et reliée au perforateur par deux écrous. On

Fig. 73. — *Coupe XY du perforateur Dubois et François. Fonctionnement du levier d'encliquetage.*

fore avec cet appareil des trous de mine très longs qu'on fait partir en deux fois, en bourrant la première fois du sable dans la partie la plus profonde. Ces perforateurs au nombre de 1, 2, 3 ou 4, selon la grandeur du chantier, sont portés par un bâti ou affût (fig. 74) reposant sur six roues et composé de quatre vis verticales, filetées dans toute leur longueur; deux à l'arrière et deux à

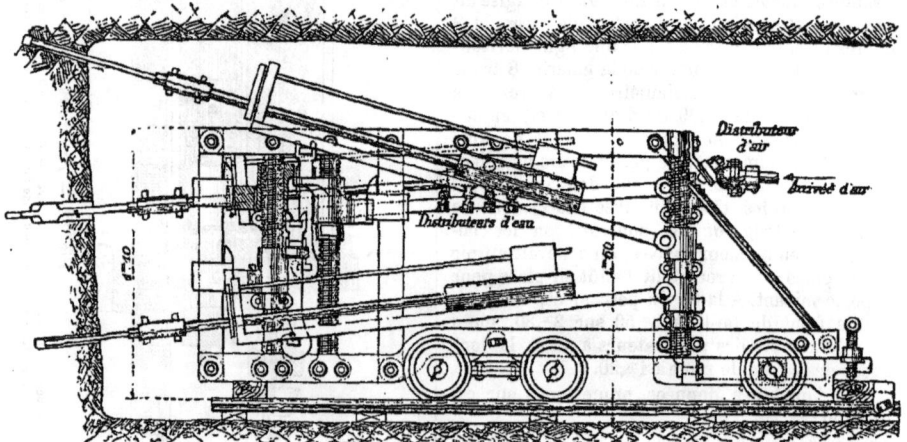

Fig. 74. — *Perforateur Dubois et François. Elévation d'un affût avec trois perforateurs.*

l'avant au milieu de la voie. A l'aide de supports pouvant se mouvoir le long de ces vis, on peut faire prendre aux perforateurs les positions inclinées que nécessite leur travail. Le mode de distribution du perforateur Dubois et François, et celui de rotation de l'outil sont deux raisons pour lesquelles sa consommation d'air comprimé est plus grande que dans le perforateur Sommeiller.

Le perforateur Mac Kean employé au Gothard repose sur le même principe mais la course du piston n'est que de 0,08 et on donne 1,200 coups

par minute. Le perforateur Ferroux, également employé au Gothard, diffère du précédent en ce qu'il est poussé en avant par la pression de l'air comprimé, et empêché de reculer par des pieds de biche qui entrent à l'arrière dans les encoches des longerons de l'affût, qui sont disposés en crémaillère. Le perforateur Burleigh supprime dans le tiroir de Dubois et François le petit orifice du piston P', ainsi que la soupape O, et établit entre le tiroir et la tige du piston une connexion par chocs. Il en est de même du perforateur Warington. Cet appareil obtient la rotation du fleuret à l'aide d'une rainure hélicoïdale. Le perforateur Warsope emploie un fleuret et une masse mobile; il perd de la force vive dans les chocs de la masse contre le fleuret, mais il a l'avantage d'aller très vite sans craindre les coincements.

De nombreux autres perforateurs ont été proposés, mais ils ne diffèrent que par des nuances de ceux que nous avons décrits. Un bon perforateur a besoin d'être solide et robuste, plutôt que d'être complètement automatique. Avec les perforateurs à main, on ne perce les trous de mine que l'un après l'autre, et lorsqu'on a jugé de l'effet produit par le précédent; on peut ainsi mieux choisir l'emplacement de chaque trou et mieux utiliser l'explosif qu'avec la perforation mécanique, où il est nécessaire de percer une série de trous sur le front de taille afin de ne pas déplacer l'appareil à chaque explosion; l'avantage de la machine est d'aller très vite, surtout si on emploie la dynamite comme explosif (V. POUDRE, DYNAMITE). On peut rapprocher de ces appareils ceux décrits aux articles HAVEUSE ET TARIÈRE. La perforation mécanique peut aussi servir au fonçage des puits, mais cette utilisation a toujours rencontré de grandes difficultés pratiques, occasionnées par la manœuvre du châssis, lequel doit être modifié pour permettre à l'outil de frapper verticalement; ce n'est que dans le cas de roches dures qu'il y a vraiment intérêt à en faire usage.— V. PUITS.— A. B.

*PÉRI, IE. *Art hérald.* Se dit des pièces qui sont raccourcies et petites par rapport à celles qui les accompagnent.

PÉRIDOT. *T. de minér.* Syn.: *Olivine.* — V. ce mot.

*PÉRIER (Les frères). Célèbres mécaniciens auxquels la science industrielle est redevable d'une foule de progrès; ils étaient trois : *Jacques-Constantin, Auguste-Charles* et un autre, mort vers l'âge de 24 ans. Ils ont construit un grand nombre de machines, mais leur plus beau titre de gloire est l'établissement de la pompe à feu de Chaillot pour l'élévation des eaux de la Seine. L'aîné, Jacques-Constantin, mort en 1818, était membre de l'Académie des sciences.

*PÉRIER (ANTOINE-SCIPION). Né à Grenoble en 1776, mort à Paris en 1821, fils de *Claude* PÉRIER, grand industriel du Dauphiné, il conquit au début de ce siècle, par sa haute intelligence et son extrême activité, une situation considérable dans la banque et l'industrie; il créa les hauts-fourneaux de Chaillot, introduisit l'éclairage au gaz de la Seine, le premier, à Anzin, fit extraire le charbon par les machines à vapeur; il fut aussi l'un des fondateurs des Compagnies d'assurances, de la Banque de France et de plusieurs autres Sociétés financières.

Il avait pour frères : *Augustin* PÉRIER qui fut aussi un habile industriel et *Casimir* PÉRIER, le célèbre homme d'Etat.

*PÉRIGRAPHE INSTANTANÉ. Le colonel Mangin a donné ce nom à un appareil très ingénieux qu'il a imaginé en 1878, et qui a pour objet d'obtenir, au moyen d'une seule pose, une reproduction photographique de toutes les régions d'un terrain qui entourent une station donnée. Cette vue panoramique s'obtient sous la forme d'une épreuve annulaire dont la partie centrale restée noire correspond aux parties du terrain qui avoisinent immédiatement la station, tandis que sur les bords, la reproduction s'étend jusqu'au delà de l'horizon circulaire. Le principe de cet appareil consiste à faire réfléchir les rayons à peu près horizontaux qui émanent des diverses régions de l'horizon sur un miroir ayant la forme d'une surface de révolution convexe, à axe vertical. On obtient ainsi un faisceau à peu près conique, à axe vertical, que l'on peut recevoir sur l'objectif d'une chambre noire. Mais la détermination de la surface réfléchissante présentait de grandes difficultés parce qu'une surface de révolution concave donne lieu, non à des foyers, mais à des caustiques, car elle n'est point propre à la formation d'images bien nettes. Ces difficultés ont été levées de la manière la plus heureuse par le colonel Mangin qui s'est appuyé sur des considérations géométriques dont le détail nous entraînerait trop loin. Nous nous bornerons à quelques remarques. Si on considère un faisceau de rayons parallèles horizontaux, le seul moyen de le transformer en un faisceau divergent, afin qu'il puisse donner une image ponctuelle après son passage au travers d'un objectif ordinaire, c'est de le faire réfléchir sur la face convexe d'un paraboloïde de révolution à axe horizontal. Alors, tous les rayons réfléchis semblent émaner du foyer. Pour la construction du périgraphe instantané, ce n'était pas un miroir à axe horizontal, mais bien un miroir à axe vertical qu'il fallait employer, puisque les rayons lumineux, loin d'être parallèles, arrivent de tous les points de l'horizon. Le colonel Mangin eut alors l'idée de former la surface réfléchissante d'un tore à axe vertical, déterminé de la manière suivante : à chaque direction de rayons horizontaux correspond une infinité de paraboloïdes à axes horizontaux sur lesquels il faudrait recevoir ces rayons pour les transformer en un faisceau divergent. Concevons qu'on choisisse tous égaux entre eux, et qu'on les dispose symétriquement autour de l'axe vertical du miroir, ce sera l'enveloppe de tous ces paraboloïdes qui devra servir de surface réfléchissante, et encore ne faudra-t-il utiliser que la partie de cette enveloppe qui s'étend à peu de distance audessus et au-dessous du parallèle le long duquel elle est osculatrice aux paraboloïdes enveloppés. Enfin, on remplacera la parabole méridienne de cette surface de révolution enveloppe par son cercle osculateur au point où elle est coupée par le parallèle moyen. On obtient ainsi un tore dont chaque élément se confond sensiblement, dans sa partie utile, avec le paraboloïde théorique correspondant, et qui donne des images d'une netteté parfaite. Au lieu d'un miroir argenté qui est susceptible de s'altérer à l'air, on a employé la disposition des prismes à réflexion totale. L'appareil réflecteur est donc tout entier en verre transparent et comprend : 1° une surface d'entrée qui est sphérique; 2° la surface réfléchissante qui est une portion de tore à axe vertical, la convexité dirigée obliquement vers le bas; 3° une surface de sortie des rayons qui est sphérique. Après avoir traversé cet appareil, les rayons vont traverser l'objectif de la chambre noire, lequel est placé horizontalement et au-dessous; mais avant d'arriver sur l'écran photographique, ils vont encore se réfléchir sur un prisme à réflexion totale. Cette dernière réflexion a pour objet de fournir une épreuve négative symétrique des objets réels, afin que l'épreuve positive sur papier soit semblable à la disposition véritable des objets. La verticalité de l'axe du miroir de révolution s'obtient au moyen d'un niveau à bulle d'air.

Par suite de ces dispositions, les images panoramiques jouissent des propriétés géométriques suivantes :

1° Tous les points du terrain situés dans le plan horizontal de la station ont leurs images sur une circonférence ayant pour centre l'image du zénith, laquelle est figurée par un point blanc que l'on obtient en ménageant une petite ouverture à la partie supérieure de l'appareil, afin de laisser passer la lumière du ciel;

2° Tous les points du terrain situés dans un même plan vertical passant par la station ont leurs images sur un même rayon de l'image panoramique ;

3° L'angle dièdre compris entre deux plans verticaux, passant par la station, est égal à l'angle des rayons qui les représentent sur l'épreuve.

Ces propriétés rendent ces épreuves très précieuses pour la topographie et la géodésie. Avec deux vues panoramiques prises de deux stations dont on connaît la distance, il est possible de faire des recoupements qui permettent d'effectuer complètement le levé du terrain.

Pour plus de détails, consulter les *Comptes rendus* des séances de l'*Association française pour l'avancement des sciences*, séance du 29 août 1878. — M. F.

PÉRIMÈTRE. *T. de géom.* Somme des longueurs des côtés d'un polygone. La somme des trois droites qui joignent un point intérieur d'un triangle aux trois sommets est plus petite que le périmètre du triangle, et plus grande que le demi-périmètre. Les périmètres de deux polygones semblables sont entre eux comme les côtés homologues. Parmi tous les polygones qui ont le même nombre de côtés et le même périmètre, le polygone régulier est celui qui a la plus grande surface. On dit aussi quelquefois le périmètre d'une courbe fermée pour désigner la longueur totale de cette courbe. Parmi toutes les figures qui ont le même périmètre, le cercle est celle qui a la plus grande surface. Il existe, pour calculer le rapport de la circonférence au diamètre, une méthode due à Schwab et nommée *méthode des isopérimètres*, qui consiste dans la considération d'une série de polygones réguliers ayant tous le même périmètre que la circonférence, et dont le nombre des côtés va en doublant d'un terme de la série au suivant. — M. F.

PÉRIPHÉRIE. *T. de géom.* Contour d'une figure curviligne et surface extérieure d'un corps quelconque.

PÉRISTYLE. *T. d'arch.* Galerie formée d'un côté par des colonnes isolées, et de l'autre par le mur extérieur ou intérieur de l'édifice; par corruption, on donne aussi ce nom aux colonnades placées devant les temples, et qui sont plus justement appelées *portiques.*

— Le péristyle était, dans les maisons romaines, et gréco-romaines, la deuxième cour ou *atrium* dont les colonnes étaient jointes par un mur à hauteur d'appui; c'était bien là le péristyle tel que le concevaient les Grecs, car ceux-ci ne donnaient ce nom qu'aux galeries intérieures, analogues à celles qu'on trouve, au moyen âge, dans les cours des cloîtres, et qu'on appelle souvent aussi *péristyles.* Ces galeries, dans les monastères, sont décorées avec soin, couvertes d'abord en bois, puis voûtées en berceau ou en arcs ogives; elles suivent, dans leur construction comme dans leur ornementation, toutes les vicissitudes de l'architecture religieuse. Les plus curieux de ces péristyles se voient à Saint-Trophyme d'Arles, à Moissac (Tarn-et-Garonne), à Saint-Georges de Boscherville, à Fonfroide, à Elme, à Fontenay-en-Bourgogne, à Saint-Jean des Vignes de Soissons, à la cathédrale de Bordeaux et à celle de Narbonne; ce dernier est du XVe siècle; on cesse, dès cette époque, de faire usage de ce genre de constructions.

Mais alors le péristyle passe sur la façade extérieure du monument, dès les premiers essais de la Renaissance, et s'il n'y a plus guère de raison, au point de vue de l'utilité, il prend une grande importance décorative. D'ailleurs, en France, où le climat est tempéré, ce genre de galerie ne devait avoir qu'une importance secondaire, et peu à peu il a disparu de notre architecture nationale; on ne trouve plus le péristyle que dans les monuments imités de l'antique ou de l'art italien, où même il s'était modifié pour devenir, dans bien des cas, la *loggia* et la colonnade. En tout cas, une modification capitale s'est introduite dans le péristyle emprunté à l'antique : au lieu de faire saillie sur le monument et de former des ailes, il supporte directement le toit ou les étages supérieurs élevés ainsi en encorbellement, disposition inconnue naturellement aux anciens, qui n'employaient pas les étages.

Dans les édifices civils et militaires du moyen âge, les péristyles, très nombreux à tous les étages, sont plus proprement appelés *galeries.*

Les contrées que baigne la Méditerranée ont continué à faire usage du péristyle intérieur qui convient si bien à leur climat. L'architecture mauresque, notamment, en a tiré le plus heureux parti, et les anciens temples d'Egypte présentaient une galerie basse et obscure, toujours fraîche, supportant une terrasse ouverte sur une cour qui semble être, dans les pays chauds, le type du péristyle utile et pratique. C'est une preuve de plus de l'adaptation constante de l'architecture au climat, et il ne faut pas chercher une autre cause à la défaveur que ce genre de construction a subie dans notre pays au ciel sombre et froid.

I. PERLE. Production calcaire, dure, brillante, de forme très variable, mais généralement globuleuse, ayant en tout la nature des coquilles qui la produisent, et participant beaucoup de la nature de la *nacre* (V. ce mot). Ces deux substances, aux reflets chatoyants, si lisses et si belles lorsqu'elles sortent des mains de l'ouvrier, n'ont qu'une seule et même origine, soit que, nacre modeste, elles se laissent voir sous la forme d'un simple article de toilette, soit que, bijou superbe, elles se montrent fièrement posées sur un diadème royal.

Elles ne sont, dans le fait, autre chose qu'une production d'un pauvre mollusque, congénère de nos moules vulgaires et de nos huîtres.

Tantôt les perles adhèrent à la coquille elle-même, tantôt elles roulent à l'état libre dans la partie musculaire ou charnue de l'animal. Ces luisantes petites sphères sont comme les enfants de la nacre, du coquillage que, pour cette raison sans doute, on a appelé *mère perle* (*avicula margaritifera*) ; mais la mulette perlière d'Europe (*unio margaritifera*) donne aussi de belles perles.

On fait avec les perles des colliers, des épingles, des bracelets, des boucles d'oreilles, et mille objets de parure inventés par la coquetterie et le luxe. L'eau d'une perle consiste dans la pureté de sa couleur. Le reflet opalin si vif et si suave que, dans les perles, on désigne sous le nom d'*orient*, résulte de la combinaison de l'éclat de la nacre avec la courbure concentrique des lamelles infiniment minces dont cette substance est formée ; on comprend ainsi comment un morceau de nacre taillé ne saurait acquérir l'orient, ses lamelles restant parallèles.

La perle paraît être le résultat d'un accident morbide dans la sécrétion de la matière nacrée qui garnit l'intérieur de la coquille. L'introduction d'un petit corps étranger excite la sécrétion, et la matière se dépose en minces couches concentriques autour de ce corps, qui forme noyau. Ainsi se produisent ces globules irisés, d'un éclat si chatoyant, et qui sont recherchés à l'égal des pierres précieuses.

Habituellement les perles se présentent en forme de gouttelettes ou boules plus ou moins sphériques, dont la grosseur varie d'un grain de coriandre à la bille de marbre des écoliers ; celles qui sont irrégulières ou qui présentent des figures étranges sont appelées *perles baroques* ou *grotesques*. Les plus belles sont appelées *parangons*. On nomme *cerises* et *poires*, celles qui ont la forme de ces fruits ; *gouttelettes*, celles qui sont de taille moyenne, mais bien rondes ; les *perlettes* sont plus petites encore ; les *perles de compte* se vendent à la pièce ; les *semences de perles*, au poids. Quant à la *graine de perles*, qui est la plus petite de toutes, elle n'a qu'une valeur insignifiante.

La couleur des perles varie du blanc argentin au jaune pâle ; cependant il en est d'autres, beaucoup plus rares, qui sont d'un jaune d'or, roses, bleues ou lilas ; celles qui touchent au noir bleuâtre sont appelées *bronzées*. La perle peut s'altérer par l'usage, le frottement, les acides ou même la simple transpiration ; on l'appelle alors *perle vieille* ou *perle morte*, suivant son état d'altération. On a cru longtemps qu'on pouvait rendre aux perles leur éclat en les faisant avaler par des pigeons ; mais Redi rapporte qu'ayant fait avaler douze grains de perle à un pigeon, ils avaient diminué d'un tiers en vingt heures. Cet auteur rapporte aussi qu'à l'ouverture des tombeaux où les filles de Stilicon avaient été enterrées avec leurs bijoux, on trouva tous ces ornements en bon état, à l'exception des perles qui s'écrasaient facilement sous les doigts. Quoique es perles soient très altérables, elles ne le sont pas assez pour laisser croire à l'histoire de la perle de Cléopâtre dissoute dans du vinaigre et avalée par cette fastueuse princesse.

HISTORIQUE. L'usage des perles, comme parure, remonte à la plus haute antiquité. Les Indiens ont marié à l'histoire de la perle toutes sortes de légendes gracieuses. C'est ainsi qu'ils assurent que Vichnou, une des personnes de leur Trinité, les aurait empruntées aux abîmes de l'Océan, pour en orner sa fille Pandaïa. Les Indiennes firent comme leur déesse et employèrent les perles à leur parure. Les magnifiques rajahs en ornèrent leurs vêtements, les housses de leurs chevaux et leurs trônes. C'était comme un ruissellement de perles.

Ce furent les Phéniciens, qui tenaient cette mode des Indiens et des autres peuples asiatiques, qui introduisirent les perles en Grèce. Homère, il est vrai, ainsi qu'Hérodote, sont muets à cet égard. Les Grecs, qui appelaient les perles *margarites*, ne paraissent pas les avoir connues avant les conquêtes d'Alexandre en Asie.

A Rome, les perles furent d'une extrême rareté jusqu'aux guerres de la République avec Mithridate, roi de Pont. Elles devinrent dès lors plus communes et entrèrent définitivement dans la toilette des femmes. Les Romains n'eurent pas seulement le goût des perles, ils en eurent la passion ; à l'époque de leur splendeur, elles tenaient le premier rang dans les choses de prix. Quelquefois ces bijoux avaient une valeur immense, et Sénèque, le philosophe, reproche à un citoyen, « que sa femme porte à ses oreilles toute la fortune de sa maison ».

Les Romains appelaient *uniones* les belles perles assorties de première grosseur. Il y avait aussi les *élenchi* ou perles en forme de poire ; les *tympania* qui avaient une face ronde et l'autre plate, comme les tambours ; les *crotalia* étaient des boucles d'oreilles composées de plusieurs perles, qui, en se choquant, faisaient entendre un cliquetis.

A Bysance, le luxe des perles s'accrut encore. Constantin avait un diadème garni de pierres et de perles, et un casque qui en était constellé. Les empereurs firent couvrir de perles tout ce qui était destiné à leur usage : vêtements, croix, armes, trônes, etc.

Le moyen âge employa beaucoup les perles. La plupart des reliquaires et les pièces d'orfèvrerie de cette période en sont ornés à profusion. A l'époque de la Renaissance, le même luxe se continua et, au XVIIe siècle, Versailles, comme la Rome des Césars, eut la folie des perles. Les femmes en portaient aux oreilles, au cou, aux bras et dans la coiffure. On connaît les amoureuses excentricités du beau duc de Buckingham et la passion insensée qu'il éprouvait pour Anne d'Autriche. Il se présenta un jour au bal de la reine avec un manteau couvert d'or et garni de perles d'un grand prix. Ces perles, mal attachées, tombèrent au milieu des danseuses, qui s'empressèrent de les ramasser et de les accepter, aux galantes sollicitations du duc. Le lendemain, la reine lui fit remettre des bijoux enrichis des plus beaux diamants pour l'indemniser de ses fastueuses libéralités.

Aujourd'hui, les perles partagent avec les diamants le privilège d'orner les riches parures des élégantes et occupent une place distinguée parmi les plus précieuses valeurs.

Les principales pêcheries de perles, dans l'antiquité, étaient le golfe Persique, l'île de Ceylan et la mer Rouge. Les pêcheries de la mer Rouge sont aujourd'hui épuisées et abandonnées ; mais les autres sont restées toujours aussi fertiles et fournissent presque toutes les perles du commerce. Les autres pêcheries sont : l'île de Bahreïn, le golfe Persique et la baie de Condatchy, dans le détroit de Manaar, entre la presqu'île de l'Inde et l'île de Ceylan. On trouve encore de belles perles, mais en moins grande quantité, tout le long de la côte d'Arabie et de diverses îles du golfe dans certaines parties de l'Océan indien et tout le long de la côte de Coromandel. Dans la mer des Antilles et le Pacifique, on connaît les perles depuis le temps de la conquête espagnole, dans le golfe du Mexique, à Tchuantepec, à Cuba, dans le golfe de Panama et sur la côte du Pérou. Les perles viennent des Comores, de Zanzibar, de Malacca, des Philippines (Manille), de la Nouvelle-Zélande (Auckland), des côtes d'Australie, enfin des îles de l'Océanie française, Taïti et Tuamotu. Quant aux perles d'Europe, les plus renommées proviennent du lac Tay, en Écosse.

Constantinople, Venise, Lisbonne, Leipzig ont été célèbres pour la vente des perles. Actuellement, les deux marchés principaux sont Londres et Paris, Londres surtout, où les perles arrivent de tous les points du monde. En Europe, la perle se vend au grain. Quatre grains font un carat, dont le poids est de 205 milligrammes, et qui est aussi la mesure du diamant. Une perle qui peut s'assortir à une autre double de prix. Une très belle perle vaut 400 francs le grain.

La véritable forme de la perle est la sphère parfaite; mais quand les perles d'une grosseur considérable ont la forme d'une poire, comme c'est assez souvent le cas, elles n'en ont pas moins de valeur, attendu qu'on en peut faire des boucles d'oreilles et autres objets de parure; et cela ne les empêche pas d'atteindre quelquefois un prix très élevé.

Tavernier a donné le dessin d'une célèbre perle ayant exactement la forme d'une poire très régulière. Sa hauteur est de 23 millimètres, et son plus grand diamètre de 20 millimètres. Le dessin est accompagné de cette légende : « C'est la figure de la perle que le roi de Perse acheta, l'an 1633, d'un Arabe qui venait de la pêche de Catifa. Elle lui coûta 35,000 tomans, qui sont 1,400,000 livres de notre monnaie, à raison de 46 livres 6 deniers le toman. C'est la perle la plus grosse et la plus parfaite qu'on ait découverte jusqu'à cette heure et où il n'y a pas le moindre défaut ».

On cite encore, parmi les belles perles historiques : la *Peregrina* ou la *Voyageuse*, grosse comme un œuf de pigeon et également en forme de poire, du poids de 180 carats. Elle fut achetée par Philippe II et appartient à la couronne d'Espagne. La perle de Philippe IV, un de ses successeurs, ne pèse que 136 carats, mais la forme en est parfaite. Ce prince la paya 80,000 ducats. Elle se trouve aujourd'hui dans les écrins de la princesse Yousoupof.

Perles fausses ou artificielles.

C'est au poli et au brillant extrêmes de la perle, éclat ou iridescence que l'art ne peut imiter, qu'on distingue la perle fine de la perle artificielle. Les anciens, qui attachaient un si grand prix aux perles, connaissaient le moyen d'en fabriquer de factices. On sait, par le Byzantin Tzetzès, comment on faisait des perles rares avec d'autres plus communes mises en poussière. Il est extrêmement probable que d'autres essais dans ce sens ne manquèrent pas d'être tentés. Il y a longtemps que les Chinois se sont rendus fameux dans ce genre d'industrie. On a décrit deux ou trois des procédés à l'aide desquels ce peuple réussissait à produire des perles factices dans l'intérieur même de la coquille perlière. Malheureusement, les perles chinoises produites par ces procédés sont loin de posséder une forme parfaite et l'éclat qui font la principale valeur de ce précieux joyau; en outre, elles ont le grave défaut de ne pouvoir être enfilées et ne sont bonnes qu'à être montées.

Au XVIᵉ siècle, les Vénitiens obvièrent à cet inconvénient en fabriquant de petites boules creuses, transparentes, qu'ils revêtirent intérieurement d'un vernis couleur de perle.

En France, avant la fin du XVIIᵉ siècle, les perles fausses étaient en verre soufflé teint de vif argent; on en faisait aussi en cire recouverte d'un vernis de colle de poisson. Vers cette époque, un fabricant de chapelets nommé Jacquin inventa, à Paris, une manière de fabriquer des perles qui eut un succès prodigieux, car il était difficile, au premier coup d'œil, de distinguer ses imitations de la véritable perle d'Orient, et le célèbre Réaumur assure que certains de ses colliers étaient si parfaitement beaux, que le joaillier le plus expert les eut estimés des prix fous en les voyant au cou d'une princesse. Le sieur Jacquin avait sa fabrique rue du Petit-Lion, et son commerce fut continué longtemps par ses héritiers. Il fut conduit à sa découverte en observant que l'eau dans laquelle on avait lavé le petit poisson appelé *ablette* (*cyprinus alburnus*) contenait un grand nombre d'écailles d'un éclat argentin très brillant. Il prit ces écailles, les fit sécher, les réduisit en poudre et s'en servit ensuite comme d'un émail pour revêtir extérieurement de petits grains de cire, d'albâtre ou de verre. Cependant, les dames qui portèrent de ces colliers ne tardèrent pas à s'apercevoir que, par une température élevée, l'émail se détachait des petits grains et adhérait à la peau. L'une d'elles alors lui conseilla de se servir de grains creux, comme l'avaient déjà fait les fabricants italiens. Grâce à ce perfectionnement et à bien d'autres encore, Jacquin finit par obtenir un succès complet.

Beckmann, dans son *Histoire des inventions*, décrit ainsi le procédé de fabrication des perles fausses : « Avec de très petits tubes d'une espèce particulière de verre d'une teinte bleuâtre, on souffle de petits globules creux sur lesquels on a soin de laisser, de temps en temps, certaines irrégularités, afin de mieux imiter la nature. Pour incruster l'essence de perle dans ces globules, on la mêle préalablement avec de la colle de poisson; on la souffle ensuite dans chaque grain de verre et, pour rendre la perle plus solide, on remplit le vide en y coulant de la cire vierge. Cela fait, on perce la boule avec une aiguille et on a soin, avant d'enfiler la perle, de garnir le trou avec un petit rouleau de papier fin, destiné à empêcher le fil d'adhérer à la cire. L'essence de perle se tire des écailles d'un petit poisson qu'on pêche en abondance dans la Seine, à Paris. Quatre mille de ces petites bêtes suffisent à peine pour produire une livre d'écailles, et de cette livre on n'obtient pas plus de quatre onces d'essence de perle, encore faut-il qu'elle soit employée immédiatement, car elle se gâte très rapidement, ce qui est un inconvénient grave ».

Réaumur fit plusieurs essais pour conserver l'essence de perle, dite *essence d'Orient*, mais sans réussir. Depuis ce temps, la perle fausse a été considérablement perfectionnée. On traite aujourd'hui l'écaille d'ablette avec de l'ammoniaque et on la délaie dans de la colle de poisson. Les procédés pour faire adhérer l'écaille et pour introduire la cire ont été améliorés; la perle a gagné sous le rapport du poids, de l'Orient et du perçage à l'aiguille; enfin on s'est attaché à imiter toutes les variétés de perles naturelles, celles d'Orient, de Panama, d'Écosse, etc. Les belles imitations, celles qui trompent l'œil du public, soit aux vitrines des joailliers, soit sur les toilettes de nos élégantes, sont fabriquées par des procédés spéciaux dont la recette appartient le plus souvent aux maisons qui livrent ces produits. A l'Exposition universelle de Paris, en 1878, on voyait dans les vitrines de nos joailliers en imitation, des produits qui avaient un éclat et des reflets aussi beaux que ceux des perles vraies.

Ajoutons que les perles de Paris dépassent tout ce qui se fait à l'étranger et défient toute concurrence; elles sont l'objet d'un commerce considérable avec tous les pays. — s. b.

Bibliographie : Octave Sachot : *L'île de Ceylan et ses curiosités naturelles*, ch. XIV, *Les perles, les pêcheries de perles*; Louis Enault : *Les diamants de la couronne*, ch. IV, *La perle*; Ed. Fournier : *Le vieux-neuf*, art. *Perle*; Spire Blondel : *L'art intime et le goût en France*, ch. XV, *Les perles, la nacre*, etc.; Guérin : *Dictionnaire d'histoire naturelle*, v° *Perle*; Beckmann : *History of inventions*, t. II, ch. I, *Artificial pearls*.

II. **PERLE.** *T. de décor.* Petit grain rond, taillé dans une moulure appelée *baguette.* || *T. d'impr.* Caractère typographique de la force de quatre points. || Petites vignettes, formées de petits grains, qui servent à composer des têtes de chapitres et des encadrements. || *T. de pharm.* Capsule gélatineuse qui renferme un médicament liquide.

*__PERLER.__ *T. techn.* Faire couler par gouttes semblables à des perles, du sucre sur des dragées, des bonbons. || Sucre qui est à sa seconde cuisson. || Dépouiller de leur enveloppe les grains de l'orge ou du riz, au moyen d'une machine *perleuse.*

* **PERLOIR.** *T. techn.* Outil gravé en creux, avec lequel le ciseleur fait de petits ornements en forme de perles. || Entonnoir à petits trous, à l'usage du confiseur pour perler les dragées et les bonbons.

* **PERMANGANATE.** *T. de chim.* Sel formé par l'acide permanganique; ces sels ont pour formule générale Mn^2O^7, MO ou $Mn\Theta^4,M$; résultent de l'action des acides ou du chlore sur les manganates, sont généralement colorés en rouge ou en brun foncé; déflagrent avec les corps combustibles et se décomposent par l'acide chlorhydrique, avec dégagement de chlore

$$Mn^2O^7, KO + 8HCl = 2MnCl + KCl + Cl^5 + 4H^2O^2$$

Permanganate de potasse	Acide chlorhydriq.	Chlorure manganeux	Chlorure potassique	Chlore	Eau

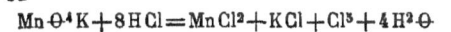

ou

$$Mn\Theta^4K + 8HCl = MnCl^2 + KCl + Cl^5 + 4H^2\Theta$$

les permanganates sont solubles dans l'eau, parfois déliquescents, très facilement décomposables en présence des matières organiques.

Caractères. Ces sels, en dissolution dans l'eau, donnent les caractères suivants : par l'*acide sulfhydrique* ou le *sulfhydrate d'ammoniaque*, précipité de sulfure manganeux mélangé de soufre; avec la *potasse*, coloration rouge, puis verte, que la chaleur favorise; avec l'*ammoniaque*, précipité brun et décoloration; avec les *acides sulfurique ou azotique*, rien dans les liqueurs faibles, mais dégagement d'oxygène, par la chaleur, avec les solutions concentrées; avec l'*acide chlorhydrique*, coloration rouge, persistante, à froid; coloration rose avec dégagement de chlore par la chaleur; avec l'*acide sulfureux*, décoloration immédiate, dans la liqueur acide, accompagnée d'un dépôt de sesquioxyde brun de manganèse, dans les liqueurs neutres; avec le *sulfate de protoxyde de fer*, même réaction que précédemment.

Dans l'industrie, on n'emploie que les permanganates de potasse et de soude. Leurs propriétés,

ainsi que leur préparation étant analogues, nous décrirons seulement le plus important.

    Permanganate de potasse. $Mn^2O^7, KO. .$ $MnK\Theta^4.$ C'est un corps anhydre, cristallisant en prismes presque noirs, à reflets bleus et verts, mais donnant une poudre rouge; il forme avec l'eau une solution (1/16e) rouge violacé; sa densité est de 2,71. Avec les substances organiques, sa solution se décompose très vite en donnant une coloration verte, par formation d'un manganate, ou un dépôt brun de sesquioxyde de manganèse; c'est la raison pour laquelle il tache en brun la peau ou le papier. Chauffé au rouge sombre dans un tube à essai, ce sel se décompose, laisse un résidu d'oxyde de manganèse, mélangé de manganate et dégage de l'oxygène; le résidu repris par l'eau donne la solution verte caractéristique du manganate. La transformation du permanganate en manganate peut encore s'effectuer en chauffant le sel au rouge, avec un excès d'hydrate de potasse, ou sous l'influence des matières organiques, comme l'alcool, ou de certains corps réducteurs comme les hyposulfites; d'autres corps poussent plus loin la réduction et transforment le permanganate en protoxyde de manganèse: ainsi une solution de ce sel rendue légèrement acide, par l'acide sulfurique, est immédiatement et complètement décolorée par les protochlorures de fer ou d'étain, par les azotites, les acides sulfureux et sulfhydrique.

Préparation. Pour faire le permanganate de potasse, on mélange 40 grammes de potasse caustique et 20 grammes de chlorate de potasse pulvérisé; on y ajoute un peu d'eau, puis 40 grammes de bioxyde de manganèse, et on forme avec le tout une pâte que l'on dessèche à une douce chaleur; puis on introduit ensuite dans un creuset fermé, que l'on porte au rouge pendant vingt minutes. Le bioxyde oxydé par la décomposition du chlorate, forme des acides permanganique et manganique que la potasse sature, puis il se produit du chlorure de potassium et de l'eau; on a en effet :

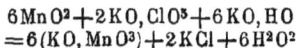

$$6MnO^2 + 2KO, ClO^3 + 6KO, HO$$
$$= 6(KO, MnO^3) + 2KCl + 6H^2O^2$$

ou

$$6Mn\Theta^2 + 2KClO^3 + 12K\Theta H$$
$$= 6(K^2Mn\Theta^4) + 2KCl + 6(H^2\Theta)$$

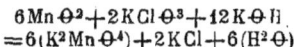

on obtient ainsi une masse verte, qui, après refroidissement est pulvérisée, puis portée à la température de l'ébullition avec 600 grammes d'eau. On suroxyde alors le manganate par addition au liquide d'une petite quantité d'acide azotique dilué, en le versant peu à peu, jusqu'à ce que le liquide ne tache plus le papier à filtrer en vert, mais bien en rose devenant brun. Alors tout le manganate est transformé

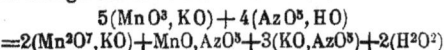

$$5(MnO^3, KO) + 4(AzO^5, HO)$$
$$= 2(Mn^2O^7, KO) + MnO, AzO^5 + 3(KO, AzO^5) + 2(H^2O^2)$$

on laisse déposer, on recueille la portion limpide, et on filtre la partie trouble sur du verre pilé lavé, ou sur de l'amiante, puis on évapore les liqueurs claires jusqu'à formation de cristaux. On abandonne alors au refroidissement, et après vingt-quatre heures on sépare les eaux-mères des cristaux, puis on concentre à nouveau le liquide pour obtenir de nouvelles cristallisations qui, dans ce cas, gardent un peu de l'azotate de potasse formé en même temps que le permanganate.

Pour avoir des cristaux purs, on fait une solution avec de l'eau distillée et on la concentre jusqu'à ce qu'elle marque 25° Baumé à l'ébullition, puis on laisse refroidir, et on filtre sur de l'amiante ou du verre, si la solution est trouble. Les cristaux égouttés sont alors séchés à l'étuve; 180 kilogrammes de bioxyde de manganèse donnent environ 100 kilogrammes de permanganate.

Béchamp a proposé une autre méthode de préparation industrielle de ce produit: il fond ensemble 100 parties de bioxyde de manganèse pulvérisé et lavé à l'acide azotique, et 120 parties de potasse dissoute dans un peu d'eau; il transforme le manganate ainsi obtenu, en permanganate, par l'oxygène, en faisant arriver ce gaz, au fond d'une cornue en grès tubulée, dans laquelle se trouve le manganate desséché. On constate que la transformation est complète au moyen d'un tube en verre qui, adapté au col de la cornue, se rend dans une cuve à mercure. Dès que l'oxygène n'est plus absorbé, il se dégage par ce tube. On arrête alors l'opération, et lorsque le refroidissement a eu lieu, on dissout le produit dans l'eau bouillante et on fait passer dans la liqueur un excès d'acide carbonique pour être sûr d'avoir totalement transformé tout le sel en permanganate. On concentre et on laisse cristalliser; 100 kilogrammes de bioxyde de manganèse donnent ainsi environ 60 kilogrammes de permanganate; ou un peu plus que dans le premier procédé, parce que l'on a reconnu que dans la méthode citée d'abord, il se forme du peroxyde de manganèse aux dépens de l'acide manganique dont un tiers environ est perdu. C'est pour cette raison que Tessier du Mottay a proposé de transformer le manganate en permanganate au moyen du sulfate de magnésie:

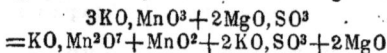

$$3KO, MnO^3 + 2MgO, SO^3$$
$$= KO, Mn^2O^7 + MnO^2 + 2KO, SO^3 + 2MgO$$

ou

$$3K^2MnO^4 + 2MgSO^4$$
$$= 2KMnO^4 + MnO^2 + 2K^2SO^4 + 2MgO$$

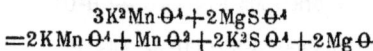

et Staedeler d'employer le chlore pour le même usage:

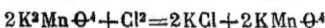

$$2K^2MnO^4 + Cl^2 = 2KCl + 2KMnO^4$$

Usages. Le permanganate de potasse est employé pour le blanchiment, comme désinfectant, comme oxydant dans les analyses volumétriques (dosage du fer, de l'iodure de potassium, etc.); pour produire sur coton le brun de manganèse; pour teindre certains bois. Les eaux-mères de sa préparation, contenant de l'azotate de potasse, sont employées pour détruire les matières empyreumatiques formées pendant la préparation de l'ammoniaque, des eaux-de-vie, etc.

Permanganate de soude. Il a les mêmes caractères que le précédent et se prépare de la même façon. Nous ajouterons cependant que M. Tessier du Mottay a indiqué qu'on l'obtient facilement en mettant dans des cornues en fonte disposées dans un four, un mélange à équivalents égaux de sesquioxyde de manganèse (résidu de fabrication du chlore traité par la chaux) et de soude, puis en portant à 400° et en faisant passer un courant d'air dans la masse.

Usages. Ce permanganate sert aussi comme désinfectant. Sa solution est très employée en Angleterre, sous le nom de *liquide de Coudy*; mélangée avec une solution de sulfate de peroxyde de fer, c'est le *désinfectant de Kühne*. Nous avons enfin signalé que par la décomposition du permanganate de soude à 450°, au moyen d'un courant de vapeur d'eau surchauffée, on produisait industriellement de l'oxygène avec formation de soude caustique. et de peroxyde de manganèse. — V. Oxygène, § *Préparation.*

*PERMUTATEUR. — V. Commutateur.

*PERNETTE. *T. techn.* Support d'une forme à sucre. || Support de certaines poteries dans les cazettes.

PEROXYDE. *T. de chim.* Nom donné à l'oxyde le plus oxygéné d'un corps. On trouvera au mot Oxyde des généralités sur ces corps, qui sont d'ailleurs étudiés avec les composés fournis par chaque corps simple. Par exception, le *peroxyde d'hydrogène*, ou eau oxygénée a été étudié après l'eau; pour les autres, comme le *peroxyde d'or* (trioxyde), le *peroxyde de baryum* (bioxyde), le *peroxyde de fer* (sesquioxyde), etc., nous renvoyons aux mots Baryum, Fer, Or, etc.

PERPENDICULAIRE. *T. de géom.* On dit qu'une droite est perpendiculaire sur une autre lorsqu'elle forme avec celle-ci, et d'un même côté, deux angles adjacents égaux. Dans le langage vulgaire ou technique de certains métiers, deux droites perpendiculaires sont dites *d'équerre.* La théorie des droites perpendiculaires dans un plan constitue le début de la géométrie. On démontre successivement que par un point pris sur une droite, on ne peut mener qu'une seule perpendiculaire à cette droite; que si une droite est perpendiculaire sur une autre, réciproquement cette autre l'est sur la première, puisque tous les angles droits sont égaux; et enfin que par un point pris en dehors d'une droite, on peut mener une perpendiculaire à cette droite, et une seule. L'égalité des angles droits permet de prendre l'angle droit pour unité d'angle. Quand on arrive à la théorie des parallèles, on fait voir que deux droites perpendiculaires à une troisième sont parallèles entre elles, et, en faisant appel au postulatum d'Euclide, on établit que si deux droites sont perpendiculaires, toute parallèle à l'une est perpendiculaire à l'autre. Dans l'espace, on peut mener par un point d'une droite une infinité de perpendiculaires à cette droite, et toutes ces perpendiculaires sont dans un même plan qui est dit *plan perpendiculaire* à la droite; inversement celle-ci est dite *perpendiculaire au plan.* Deux plans sont dits *perpendiculaires* lorsque l'un d'eux forme avec l'autre et d'un même côté deux angles dièdres adjacents égaux. Dans ce cas, les quatre angles dièdres sont égaux et sont appelés *droits*. Un plan est perpendiculaire sur un autre toutes les fois qu'il contient une droite perpendiculaire à celui-ci. La théorie des droites et plans perpendiculaires ou parallèles forme le début de la géométrie dans l'espace. Il nous est impossible d'énoncer tous les théorèmes importants de cette théorie. Nous renverrons le lecteur à un traité de géométrie. La notion de perpendicularité peut s'étendre aux lignes et surfaces courbes. — V. NORMAL, ORTHOGONAL. — M. F.

*PERRACHE (MICHEL). Sculpteur, né en 1686, mort en 1750, s'est distingué par des œuvres importantes exécutées à Lyon où il mourut ; son fils *Antoine-Michel*, également sculpteur, né à Lyon en 1726, mort en 1779, a donné son nom à un quartier de sa ville natale, agrandi et édifié d'après ses projets.

*PERRAUD (JEAN-JOSEPH). Sculpteur, est né à Monay, dans le Jura, en 1819. Doué d'une volonté peu commune, il réussit, malgré les privations de toute nature et les exigences de son métier de sculpteur sur bois, à suivre les cours de l'Ecole des beaux-arts de Lyon ; dès la première année, il remporta le premier prix de sculpture. Le jeune artiste voulait davantage, et le prix de Rome devint son objectif. Il fut envoyé à Paris avec une subvention de son département et, en 1847, il triomphait avec un remarquable bas-relief : *Télémaque rapportant à Phalante les cendres d'Hippias*. Les œuvres de ce grand artiste, que le critique Planche mettait au rang des maîtres de la statuaire, sont inspirées des plus belles œuvres de l'antiquité, mais avec un sentiment de l'art moderne dans sa plus haute expression. On doit citer de lui, entre autres morceaux, la *Justice au milieu des lois*, au Palais de Justice à Paris ; le *Drame lyrique*, l'un des groupes de la façade de l'Opéra (1869) ; le *Jour* (1874), qui se trouve dans l'avenue de l'Observatoire, à Paris, et dans ses premières œuvres, *Adam*, l'*Enfance de Bacchus*, le *Désespoir* et la *France*. Perraud, en 1865, remplaça Nanteuil à l'Académie des beaux-arts. Il est mort à Paris le 3 novembre 1876.

* PERRAULT (CLAUDE). Architecte, frère de Charles Perrault l'auteur des *Contes*, était né à Paris en 1613. Son père, avocat au Parlement, le destinait à la médecine, mais après de médiocres débuts, il abandonna cette carrière afin de se livrer aux lettres et aux sciences, pour lesquelles il avait un goût plus prononcé. Comme savant, il étudia spécialement l'anatomie et exposa les résultats de ses recherches dans des Mémoires qui le firent entrer jeune encore à l'Académie des sciences. Puis, comme il avait des notions artistiques et que d'ailleurs on faisait difficilement, au XVIIᵉ siècle, une différence entre un savant et un architecte, il fut chargé par Colbert de traduire Vitruve, dont on n'avait encore que des commentaires très incomplets. L'entreprise était au-dessus des forces de Perrault, d'autant plus que n'étant jamais sorti de France, il ne pouvait comparer le texte avec les modèles anciens, et que les passages obscurs de l'architecte romain ne pouvaient lui être expliqués par une étude raisonnée et attentive de l'art même.

La traduction de Vitruve est donc très défectueuse, et c'est pourtant avec ce léger bagage artistique qu'il se présenta au concours ouvert pour la façade du Louvre. Son projet de colonnade fut très remarqué, et finalement adopté, après de longues hésitations, grâce à l'appui de Colbert qui avait pour son frère Charles la plus vive affection ; c'est un des ouvrages d'architecture les plus remarquables ; cinquante-deux colonnes et pilastres corinthiens accouplés et cannelés s'étendent sur une longueur de 176 mètres, en formant trois avant corps. La colonnade excita une admiration sans bornes et eut une grande influence sur la marche de l'art pendant deux siècles ; mais aujourd'hui on est bien revenu de cet enthousiasme. Perrault ne s'est nullement inquiété de compléter le Louvre ; il a même dû abîmer l'œuvre de Lescot pour la porter à la hauteur de sa corniche, et les fers qu'il fallut introduire dans la construction ont nécessité depuis des remaniements complets.

La colonnade du Louvre fut commencée en 1665 et terminée en 1680. Il était temps, car les travaux de Versailles et de Marly, ainsi que les guerres désastreuses de la fin du règne de Louis XIV, devaient arrêter tous les travaux importants de Paris. C'est ainsi que l'arc de triomphe, commencé en 1670 d'après les dessins de Perrault, à l'extrémité de la rue Saint-Antoine, dut être abandonné ; il n'en existe qu'un modèle en plâtre dont l'aspect général nous a été conservé par une gravure de Leclerc. Nous l'avons reproduit figure 103, t. VI ; il était d'un style à la fois élégant et grandiose. On doit encore à Claude Perrault l'Observatoire de Paris, construction remarquable par le système adopté pour la coupe des pierres, et dans laquelle il n'entre ni fer ni bois ; l'église Saint-Benoît le Bétourné, où il fut inhumé, l'autel de N.-D. de Navonne, dans l'église des Petits-Pères, un projet pour l'église Saint-Gervais, l'allée d'eau à Versailles et la plupart des dessins des vases qui ornent les jardins de ce palais. Il est certain que Claude Perrault avait de rares dispositions pour l'architecture, cependant on a peine à croire qu'il soit devenu, en aussi peu de temps, de mauvais médecin, bon architecte, et qu'il ait pu, sans ces études premières qu'on peut considérer comme indispensables, diriger lui-même les constructions dont il avait eu l'idée, et cela avec des résultats qui indiquent des connaissances approfondies de l'art de bâtir. On a donc voulu voir derrière lui un homme du métier, d'une habileté éprouvée, et on a cité Louis Levau, architecte peu original sans doute, mais le meilleur constructeur de son époque. Nous ne discuterons pas ici cette hypothèse, avancée par F. d'Orbay, élève de Levau, et exagérée encore par Boileau qui attribuait à Levau jusqu'à l'idée première de la colonnade, nous la donnons seulement pour très vraisemblable ; qu'il s'agisse de Louis Levau ou de tout autre, Perrault a dû être aidé dans ses travaux par un architecte de talent. Il n'avait pas d'ailleurs abandonné ses autres études scientifiques, car il mourut, en 1688, des suites d'une piqûre anatomique qu'il se fit en disséquant au jardin du roi un chameau mort d'une maladie contagieuse. Il a laissé, outre différents Mémoires à l'Académie des sciences, un traité sur la *Mécanique des animaux*, rempli d'observations originales sur les divers organes des animaux et sur leurs fonctions (1680); *Mémoires pour servir à l'histoire naturelle des animaux* (1671) avec des descriptions anatomiques qui étaient pour son temps un véritable progrès, et, comme écrivain d'art : *Les dix livres d'architecture de Vitruve corrigés et traduits nouvellement en français* (1673); *Ordonnance des cinq espèces de colonnes, d'après la méthode des anciens* (1683); *Recueil de machines*, imprimé seulement en 1700; on y trouve notamment les machines employées pour la construction de la colonnade, où il entra des pierres énormes ayant jusqu'à 34 pieds de long; *Œuvres diverses de physique et de mécanique* (1725), il a, en outre, pris une part active à la querelle des anciens et des modernes, soulevée par lui et par son frère Charles, et rédigé pour celui-ci différents mémoires relatifs à l'établissement de l'Académie des sciences et de celle de peinture et de sculpture.

* **PÉRELLE** ou **PERRELLE** (GABRIEL). Né à Vernon-sur-Seine, en 1610, ou selon d'autres biographes, en 1598, il fut le plus habile dessinateur et graveur de son temps. On lui doit un grand nombre de paysages et de vues pittoresques des châteaux de France, gravés avec infiniment de goût et de talent; ses fils et ses élèves, *Nicolas* et *Adam*, ont longtemps travaillé sous sa direction, mais dès qu'ils purent s'affranchir de son influence, ils s'adonnèrent à la peinture, sans cependant abandonner la gravure; leur talent était loin d'égaler celui de leur père, mort en 1675; Nicolas mourut à Orléans, en 1692, et Adam, à Paris, en 1695 ou vers 1702 d'après divers auteurs.

* **PERRÉ**. Les perrés sont des revêtements en pierre destinés à consolider et à protéger les talus contre les dégradations produites par l'écoulement des eaux superficielles. On leur donne, soit une épaisseur uniforme d'environ 35 centimètres, soit une épaisseur croissante de la base au sommet; pour une inclinaison de 45°, l'épaisseur au pied est de 30 centimètres et augmente de 5 centimètres par mètre de hauteur verticale. Pour les remblais en terres fortes, réglés à 0,70 de base pour 1 de hauteur, on donne aux perrés une épaisseur de 60 centimètres à la base avec une augmentation de 2 centimètres par mètre d'élévation. Les perrés se construisent en moellons bruts ou simplement têtués, dont la plus grande dimension est perpendiculaire au talus. On les assujettit les uns contre les autres au moyen d'éclats enfoncés à coup de masse; on achève de garnir les joints avec de la terre végétale et on sème du gazon pour empêcher l'eau de pénétrer aussi facilement. Sur les talus à la mer ou sur les berges des rivières fréquentées par des bateaux rapides, on augmente l'épaisseur du perré en l'asseyant sur un lit de gravier ou de béton, et on pose les pierres à bain de mortier. Le pied d'un perré doit toujours reposer sur une

base solide, obtenue en creusant au pied du talus une rigole que l'on garnit de forts enrochements; lorsque les affouillements sont à craindre, on protège les enrochements par une ligne de pieux et quelquefois même de palplanches. Le prix du mètre carré de perré en pierres sèches revient de 4 à 6 francs; les perrés maçonnés coûtent de 6 à 10 francs le mètre carré.

* **PERREYEUR**. *T. de mét*. Ouvrier qui fait des perrés. || Ouvrier des ardoisières d'Angers.

* **PERRIN** (LOUIS-BENOÎT). Imprimeur de Lyon, né en 1799, mort le 7 avril 1865. Son goût très sûr et l'amour de son art devaient se manifester par des œuvres typographiques de premier ordre; Pierre Larousse dit que « chargé d'imprimer les *Inscriptions antiques de Lyon*, important ouvrage d'archéologie locale, où les inscriptions sont gravées en *fac-simile*, Perrin, qui était artiste, ne put se résigner à placer en regard de ces belles lettres, les capitales alors en usage; à son tour, il étudia ces belles inscriptions, et il choisit pour modèle la lettre des grands siècles d'Auguste et des Antonins. En 1846, il dessina et fit graver les capitales augustales ». Depuis cette époque, le célèbre imprimeur a constamment cherché des innovations, et les *éditions* sorties de ses presses ont acquis une valeur exceptionnelle et une réputation universelle; parmi les publications imprimées par Benoît Perrin, il faut citer, outre les *Inscriptions antiques*, *Voyage en Grèce et dans le Levant*, de Chenavard (1858); *Recherches sur les monnaies romaines* (1864-1869); *Sonnets humoristiques*, de Joséphin Soulary (1858); *Gravures sur bois de Simon Vostre* (1862); *Vasco de Gama* (1864), etc.

PERRON. Escalier extérieur et découvert, composé de quelques marches, et faisant saillie au rez-de-chaussée d'une habitation; souvent on dresse au-dessus, une tente ou une marquise pour garantir de la pluie et du soleil.

* **PERRONET** (JEAN-RODOLPHE). Ingénieur des ponts et chaussées, né à Paris, en 1708, fut l'un des plus grands ingénieurs du XVIIIe siècle. On lui doit les plans d'un certain nombre de ponts, parmi lesquels, ceux de Neuilly, de Nemours, et, à Paris, celui de la Concorde; il a construit le canal de Bourgogne, le grand égout de Paris, tracé 600 lieues de routes et inventé un grand nombre de machines. Il était, à sa mort, en 1794, membre de l'Académie des sciences et de toutes les grandes Académies de l'Europe.

PERROQUET. *T. de mar*. Mât, vergue et voile qui se gréent au-dessus d'un mât de hune. — V. MÂTURE, VOILURE. || Machine à battre le coton qu'on nomme aussi *loup* ou *diable*.

* **PERROT** (LOUIS-GÉRÔME). Ingénieur civil, né à Senlis (Oise) en 1798. Il se livra surtout à l'étude de la mécanique, et se fit connaître, pendant son séjour à Rouen, par l'invention d'une machine à imprimer les tissus (V. IMPRESSION DES TISSUS, § *Impression mécanique*) à laquelle il donna son nom, et qui constituait à cette époque (1835), un très réel progrès; pendant six ou sept ans cette machine a produit une véritable révolution dans l'industrie, et bien que vers 1843, l'invention du rouleau ait fait cesser dans quelques ateliers l'emploi de la perrotine, il existe encore aujourd'hui, dans divers pays, des établissements qui se servent de cette machine. Il appliqua, quelques années après, le même système à la confection de machines lithographiques. Les perrotines sont aujourd'hui presque abandonnées. Ces deux découvertes lui valurent, le 26 juillet 1839, la croix de la Légion d'honneur. Perrot quitta Rouen en 1843, pour aller se retirer à Paris; il continua à s'occuper de mécanique industrielle, et en 1848, remporta un prix de 1,500 francs, créé par la Société d'encouragement. En 1870, il fit partie du Comité d'organisation de la défense nationale, et mourut à Vaugirard, à l'âge de 80 ans, le 20 septembre 1878.

On conserve de Perrot, au Louvre, dans le musée de la marine, un canon-revolver, fabriqué avant 1850, l'un des premiers types de ces armes qui devaient nous doter des mitrailleuses. — J. C.

*PERROTINE. T. d'impr. s. ét. (de Perrot, inventeur). De toutes les machines employées dans la toile peinte, la perrotine est certainement la plus ingénieuse; dans cette machine, la gravure est en relief, et l'impression se fait par un quadruple mouvement imitant exactement tous les mouvements de l'imprimeur à la main. La perrotine (V. IMPRESSION SUR TISSUS, § Impression mécanique, où cette machine est représentée par une gravure) n'a normalement pas plus de quatre couleurs, mais, par des dispositions ingénieuses, on est parvenu à imprimer avec quatre planches jusqu'à vingt-quatre couleurs. Son mécanisme a déjà été décrit, nous n'y reviendrons pas. Cette machine produit autant que vingt-cinq imprimeurs à la main; un de ses grands avantages est de ne pas donner de rappliquage d'une couleur sur l'autre, de sorte qu'il est indifférent de placer les couleurs délicates au commencement ou à la fin de la machine. Les couleurs, n'étant pas laminées comme au rouleau, n'ont pas besoin d'être renforcées suivant la position qu'elles occupent dans l'impression. Par contre il est difficile d'obtenir des impressions très délicates, c'est ce qui, en partie, a fait renoncer à son emploi. Dans les pays où le bleu indigo est recherché, on l'emploie pour faire les genres réserve, car on peut facilement, au moyen d'un mécanisme, rappliquer deux et trois fois la même couleur. — J. D.

PERRUQUE. Coiffe de réseau sur laquelle sont fixés des cheveux représentant une coiffure naturelle.

HISTORIQUE. L'usage des cheveux postiches était connu des anciens. Chez les Grecs, suivant le lexique d'Hésychius, leur nom signifiait à la fois un bonnet et une perruque. Les Carthaginois se servaient également de faux cheveux. Suidas rapporte qu'Annibal changeait souvent de perruque et qu'il en avait pour les différents âges et suivant la richesse de ses vêtements. Tite-Live s'est attaché à excuser la faiblesse de ce grand homme, et pour les habits et pour les perruques, en disant qu'il ne recourait à ces déguisements que pour éviter de tomber dans

les embûches qu'auraient pu lui tendre les Gaulois qui étaient dans son armée et qui trahissaient.

Ce fut dans les derniers temps de la République que les perruques commencèrent à être en faveur chez les Romains; mais à partir du IIe siècle surtout, les patriciennes firent un très grand emploi de toupets, de faces et de perruques complètes montées sur des peaux de chevreaux. Dès lors, l'art de faire des coiffures postiches fut porté assez loin.

Introduite par les Romains dans les Gaules, la mode des faux cheveux reparut, en France, à différentes époques après l'établissement de la monarchie, notamment au XIe siècle, où l'on fut obligé de défendre aux tonsurés de recourir aux chevelures artificielles. Ce n'est, cependant, qu'à partir des premières années du XVIIe siècle que les perruques furent définitivement adoptées et que leur préparation devint l'objet d'une industrie importante.

Ce qu'on appelle proprement perruque était alors une espèce de bonnet garni de cheveux. Si l'on en croit l'abbé Thiers, ce furent les courtisans, les teigneux et les rousseaux qui adoptèrent les premiers les perruques, les uns par vanité et les autres par nécessité. Il paraît qu'on avait grand soin de les tenir propres et bien peignées, puisqu'on donnait le nom de teignasses à celles qui ne réunissaient pas ces deux conditions.

Le règne de Louis XIII fut très favorable à la propagation des perruques, en France, et à leur perfectionnement. Lorsque ce prince monta sur le trône, les cheveux courts étaient à la mode parmi les hommes; mais le goût de la nation dut changer avec celui du prince qui, ayant perdu à trente ans sa belle chevelure, dut recourir aux perruques. Dès lors, toutes les têtes se couvrirent bientôt de longues chevelures, grâce aux cheveux étrangers. — V. COIFFURE, COSTUME.

Quels que soient les progrès qu'aient fait les perruques sous le règne de Louis XIII, l'art de les fabriquer était encore à son enfance, si on le compare à ce qu'il est devenu depuis. En effet, on se contentait alors de prendre des cheveux longs et plats, et de les passer un à un, au moyen d'une aiguille, au travers d'une légère peau de chèvre, qu'on cousait autour d'un petit bonnet noir formant une espèce de calotte plus ou moins grande. La couleur et la beauté de ces calottes n'étaient pas identiques; les courtisans et les gens riches en mirent de velours, de taffetas, de satin et d'autres étoffes précieuses. Mais on ne tarda pas à découvrir en France, la manière de tresser quelques cheveux isolés sur trois brins de soie (c'est de là qu'est venu le nom de tresse) et de les coudre ensuite sur des rubans ou autres étoffes, qu'on assemble sur des têtes de bois pour leur donner la forme de la tête. L'art de tresser les cheveux, de les monter et de les étager sur une coiffe ou léger réseau de soie est dû au perruquier Quentin, et ce nouveau genre de perruque se propagea par les soins que prirent les perruquiers de Paris d'acheter, en 1682, le privilège de Quentin pour 30,000 francs. C'est encore un perruquier français nommé Ervais, qui inventa le crépé, ce qui prouve que la tresse était déjà connue.

On peut dire que le plus beau temps des perruques fut sous le règne de Louis XIV. Ce monarque dédaigna, dans sa jeunesse, les faux cheveux; mais il les rechercha dans l'âge mûr; il en résulta que les grandes perruques adoptées par le Roi-Soleil, devinrent non seulement la coiffure de ses courtisans et du plus grand nombre des Français de distinction, mais qu'elles ne tardèrent pas à être imitées par toute l'Europe. Vers 1680, un perruquier français nommé Binette, imagina de grandes perruques carrées d'une grandeur démesurée. Les perruques devinrent alors une sorte de vêtement qui pesait plusieurs livres et qui coûtait fort cher.

Ce qu'il y a de plus singulier, c'est que malgré leur prix élevé, non seulement les hommes s'affublaient de ces vastes perruques, mais encore plusieurs dames et jusqu'aux enfants. Aux perruques carrées succédèrent les grandes perruques nouées, dont les devants étaient rattachés avec des nœuds ; les perruques à l'espagnole, qui ne tombaient plus sur les épaules, puis les perruques naturelles garnies d'une moins grand~ quantité de cheveux et frisées plus légèrement, etc. A ces ouvrages se joignirent, sous Louis XV, une foule de perruques et autres cheveux postiches introduits par la mode dans la coiffure des hommes et des femmes.

En 1789, la suppression de la poudre et la coupe de cheveux à la Titus semblèrent menacer les perruques d'une entière destruction, cependant elles reparurent avec le Directoire, mais cette mode ne dura que quelques années et prit fin au 18 brumaire. L'art de faire les postiches, qui paraissait alors avoir atteint son plus haut point de perfection, a fait de très grands progrès depuis le commencement du siècle. On a trouvé le moyen d'implanter les cheveux au crochet sur le tulle, la gaze, le réseau, etc. ; ces différents tissus ont été l'objet de perfectionnements sensibles, et l'on est parvenu à rendre ainsi les perruques légères, perméables à l'air, tout à la fois solides et beaucoup plus naturelles.

PERRUQUIER. Celui qui fait ou vend des perruques.

— En 1634, pour satisfaire au goût des courtisans et du peuple pour les perruques, Louis XIII autorisa son premier barbier à établir quarante-huit places de perruquiers étuvistes, lesquels, non seulement firent de nombreux élèves pour la capitale, mais en envoyèrent en province où cette mode s'établit avec tant de succès que les perruquiers devinrent des hommes indispensables.

A partir de cette époque, les perruquiers français acquirent une telle habileté dans la confection des perruques, qu'ils purent en expédier plusieurs milliers à l'étranger, ce qui créa un nouveau genre d'industrie qui décuplait au moins les fonds qu'on y consacrait.

Ce goût universel des perruques les ayant rendues très chères à cause du petit nombre d'ouvriers, Louis XIV créa, en 1656, quarante charges de perruquiers pour servir la Cour et, en 1668, il supprima les quarante-huit privilèges accordés par Louis XIII et créa deux-cents places de barbiers-perruquiers-étuvistes pour la ville et les faubourgs de Paris. En 1673, les perruquiers de la capitale firent don de 400,000 francs pour ne pas avoir de confrères et, en 1689, ils en donnèrent de nouveau 100,000 pour éviter de voir leur nombre s'augmenter ; cependant, trois ans après, on créait cent-cinquante autres maîtres perruquiers, ce qui produisit au gouvernement une somme de 300,000 francs. On ne s'en tint pas là ; cette profession devint si lucrative que de nouvelles créations de perruquiers eurent lieu, en 1706 et 1714 ; l'état bénéficia ainsi de ¡lusieurs millions. Sous Louis XVI, le nombre des perruquiers était, dans Paris, de neuf-cent-soixante-douze.

Aujourd'hui, ce ne sont pas les coiffeurs qui préparent les cheveux. De même qu'autrefois, il existe à Paris des industriels qui achètent les cheveux en gros, qui les épurent, les cardent, les dégraissent, les teignent et leur donnent les apprêts nécessaires. De toutes les espèces de cheveux, les plus chers sont les cheveux blancs à cause de leur rareté et les cheveux roux. Les cheveux noirs sont moins recherchés que ceux de couleur claire, attendu qu'on les imite parfaitement par la teinture. Les beaux cheveux de femme de couleur châtain clair ou blond valent de 260 à 300 francs le kilogramme, et les cheveux courts, pour tresses, de 10 à 15 francs au plus bas prix.

Indépendamment des marchands apprêteurs de cheveux et des coiffeurs, il existe un certain nombre d'artisans travaillant à leur compte ou à façon, qui font des perruques, des toupets pour hommes, des tours, des nat-

tes et des tresses pour femmes. Une spécialité de cette industrie est la fabrication des postiches pour le théâtre.
— s. b.

Bibliographie : Nicolai : *Recherches historiques sur l'usage des cheveux postiches et des perruques dans les temps anciens et modernes*, trad. de l'Allemand ; l'abbé Thiers : *Histoire des perruques* ; Marchand : *Encyclopédie perruquière*, 1757 ; Leber : *Recueil des meilleures dissertations sur l'Histoire de France*, t. X, p. 407 et suiv. ; Normandin frères : *Manuel du coiffeur et du perruquier*, 1827 ; *Statistique de l'industrie à Paris* (1860), art. *Coiffeurs, fabricants de postiches, marchands de cheveux*, etc.

*PERSAN (Art et style). Persépolis étant l'une des trois grandes capitales de l'antique Assyrie, l'ancien art de la Perse a été étudié avec celui de Ninive (V. Ninivite [Art et style]). Nous avons donc à traiter ici de l'art persan, uniquement comme de l'un des rameaux les plus riches de l'art oriental (V. Oriental [Art et style]). Plusieurs rois de la dynastie des Sassanides avaient attiré en Perse, des artistes grecs qui y avaient élevé des édifices avec coupoles à une époque antérieure à l'islamisme. Nous citerons à l'appui de cette opinion les ruines des palais de Sarbistan et de Firouzabad, dont toutes les salles étaient couvertes par des dômes surbaissés ou par des demi-dômes. Ce style réglait encore l'architecture du xvii° siècle, comme le témoigne le tombeau d'Abbas que nous reproduisons ici (fig. 75). MM. Coste et Flandin ont dessiné, à Ispahan et à Bi-Soutoun, des chapiteaux qui sont certainement d'une époque antérieure à l'invasion arabe et qui présentent des ornements divers, tels que des imbrications, des treillis, des bâtons rompus, des palmettes, des entrelacs à feuilles de lotus, des fleurons, des méandres, dont l'exécution accuse certainement un ciseau grec ou, du moins, la pratique de l'art byzantin, car il est probable qu'il avait pu se former d'habiles artistes persans dans l'empire des Sassanides. Les Persans avaient une architecture dont il reste à peine quelques débris ; elle offre, dans son ornementation, un système de faces et d'angles imitant des cristallisations, système qui fut plus tard importé dans l'empire d'Orient. Nous savons, en effet, que Justinien II employa un architecte persan pour décorer plusieurs édifices de Constantinople. Le goût persan a donc pu exercer une influence sur l'art byzantin ; mais il est difficile, dans l'état actuel de nos connaissances, de dire nettement en quoi consistait cette influence.

Le célèbre voyageur Chardin a fait un récit très détaillé des merveilles du palais royal d'Ispahan. La description d'un des pavillons qui le composent nous donnera une idée de ces magnificences. Ce pavillon, appelé Imariti Bihischt, présente un salon qui a près de soixante pieds de diamètre et a été construit de figure irrégulière, à sept angles ou faces, dont celle du fond est beaucoup plus large que les autres. Le milieu est un dôme écrasé, élevé de seize à dix-huit toises, soutenu par des pilastres qui portent des arcades en pareil nombre qu'il y a d'angles. Le tout est couvert par un plafond en mosaïque d'un fort bel ouvrage. Les pilastres sont percés tout à l'entour à deux étages, en sorte que les galeries vont tout autour, et là on a ménagé et pratiqué cent petits endroits les plus délicieux du monde, qui n'ont tous qu'un faux jour, mais clair autant qu'il est nécessaire. Il n'y a pas une de ces petites salles qui ressemble à l'autre, soit pour la figure, soit pour l'architecture ou pour les ornements et les dimensions. Partout c'est quelque chose de divers et de nouveau, aux unes il y a des cheminées, à d'autres des bassins avec des eaux jaillissantes qu'on fait monter là par des tuyaux enfermés dans les pilastres, c'est un vrai labyrinthe que ce merveilleux salon, car on se perd en haut presque partout, et les escaliers sont si cachés qu'on ne les reconnaît pas aisément. Le bassin qui a dix pieds de hauteur est revêtu de jaspe entièrement; les balustres sont de bois doré; les châssis sont d'argent et les carreaux de cristal ou de verre fin de toutes couleurs. Pour ce qui est des orneménts, on ne peut rien faire où il y ait plus de magnificence et de galanterie mêlés ensemble. Ce n'est partout qu'or et azur. Les peintures de cet édifice sont toutes d'une beauté et d'une gaieté surprenantes, avec des miroirs en cristal de çà et de là. Il y a de petits cabinets qui sont tout miroirs aux murs et à la voûte. Les meubles de chaque endroit sont les plus splendides du monde; il y a des réduits qui ne sont qu'un lit entier. On sait que les lits des Orientaux se mettent à terre et sont sans rideaux. Nous ferions un livre des ornements de ce grand salon, des petits portraits qui y sont, des miniatures, des vases, des inscriptions, les unes exprimant de tendres pensées, les autres des sentences morales. La mosquée royale ou mosquée du Shah est la plus importante des mosquées d'Ispahan. Elle est précédée d'une place de forme régulière, sur laquelle s'élève la grande porte entre deux minarets élancés dont l'émail bleu se confond presque avec le ciel. Cette porte est une haute arcade ogivale dont le contour est enrichi d'un faisceau de torsades revêtues d'émail qui s'élance d'un bloc d'albâtre formant un grand vase. De longues tablettes bleues, où sont écrits en caractères blancs les versets du Coran, des fleurs et des arabesques en émail de toutes couleurs enrichissent cette entrée monumentale, dont le haut est formé par une demi-coupole qui redescend du sommet sur les trois côtés, en formant des stalactites, des cannelures et des dentelures de toute espèce, où l'or et l'albâtre

se marient avec les émaux colorés. Les portes des mosquées persanes présentent généralement une ogive d'un style particulier, dont l'oratoire de Méched peut donner une idée. Au lieu de la forme en fer à cheval, si fréquente dans l'architecture orientale, l'ogive persane affecte de préférence celle d'un triangle obtus dont les petits côtés sont légèrement cintrés et se rattachent à la verticale des pieds droits par une courbe brisée. On en voit un exemple dans les baies du dôme du tombeau d'Abbas à Ispahan (fig. 75). L'architecture persane est essentiellement polychrome et présente une ornementation aussi riche que variée. Les inscriptions mêlées à des fleurs entrelacées, les plaques de jaspe et d'albâtre forment une splendide décoration, dont les rêves somptueux du paradis oriental semblent avoir déterminé le type.

Fig. 75. — *Tombeau d'Abbas II (XVIIe siècle), à Ispahan.*

Dans la fabrication persane, les objets de la vie courante, narghilés, gourdes à vin, sceaux à glace, tasses à sorbets, soucoupes à confitures, plats à viande, à fruits ou à légumes, sont généralement décorés soit avec des scènes de chasse, soit avec des fleurs. La tulipe, fleur mystique, la rose pourpre, la jacinthe, le chèvrefeuille, l'œillet d'Inde, l'œillet à longue tige, sont représentés quelquefois au naturel, mais plus souvent encore sous une forme ornementale, et mêlés à des entrelacs d'une extrême finesse dans le décor des faïences et des bronzes ciselés dont nous montrons quelques exemples (fig. 76 à 78).

S'il fut une mode qui a eu des adeptes en Europe, c'est bien celle des vieux tapis de Perse. Il ne se passe pas de mois dans les centres européens où l'œil ne soit frappé par des affiches aux couleurs vives, annonçant

Fig. 76. — *Plat faïence (XVIIe siècle).*

un grand arrivage de ces tapis à des prix d'un bon marché jusque là inconnu. Les noms quasi-fabuleux de Kirmanie, de Kurdistan, de Boukhara, de Farahan et autres y flamboient avec des attirances mystérieuses. Les vieux tapis sont les plus recherchés, et pourtant, si l'on savait d'où ils viennent ! Ces tentures que nous payons cher, en somme, dont nous drapons nos fenêtres et nos portes, dont nous tendons nos appartements et nos meubles, ne sont le plus souvent que des défroques usées et salies, considérées par les naturels des pays producteurs comme bonnes à jeter à la voirie.

Les tapis persans les plus recherchés et à juste titre, se divisent en quatre groupes bien distincts.

Le premier comprend les tapis fins, à poils ras, de dimensions généralement minimes. Les velours à fond blanc de Kirmanie et ceux à fond noir ou jaune du Kurdistan, forment les types mères de ce groupe. On y rattache aussi les tapis de Boukhara, tenus en grande estime par les amateurs, et dont le dessin blanc, noir et orange est relevé d'une pointe de bleu sur fond gros rouge. De longues et belles franges blanches les bordent. Le palais du Chahzadé ou prince royal à Ispahan possède un tapis de Boukhara de toute beauté. Il ne mesure guère que 1ᵐ,40 de long, mais sa valeur marchande atteint de 12 à 1,500 francs.

Dans le second groupe se rangent les tapis de Farahan, dont les dessins sans grand caractère s'enlèvent sur des fonds bleus. Il faut y compter également les tapis de Meched à palmes cachemyres. Ces tapis, d'une nature assez grossière, valent à peine, mesurés à surface égale, le quart des velours à laine courte et rase. Ils sont d'ailleurs de grande dimension et employés pour couvrir de larges surfaces, tandis que les tissus appartenant au premier groupe s'étendent aux places d'honneur ou sont pendus en guise de lambris au long des murs.

Le troisième groupe comprend les tapis secs. Formés

Fig. 77. — *Objets en bronze ciselé.*

d'une simple trame et d'une chaîne très solide, ces tapis s'utilisent pour la confection des tentes et des sacoches de toute espèce. On les considère à bon droit comme presque inusables.

Les feutres blancs ou bruns, d'un emploi si constant dans les pays humides forment la base du quatrième groupe. Leur imperméabilité est telle que dans beaucoup de provinces de la Perse, les habitants s'en servent pour confectionner des calottes rondes ou de longs habits à manches raides qui jouent fort bien le rôle de waterproofs.

Rien n'est plus curieux que la fabrication de ces différents tapis qui n'a pas varié depuis un temps immémorial. Ils ne sortent point, comme nos tissus, de grandes usines où s'agglomèrent des ouvriers nombreux, mélant leur propre travail à celui des machines actionnées par la vapeur ou quelque système hydraulique. En Perse, le tissage a toujours été considéré comme un travail exclusivement féminin. Quelquefois, on rencontre des hommes occupés à filer de la laine, mais jamais on n'en aperçoit un accroupi devant un métier. Ces tissages se font un peu partout, de ci, de là, au hasard du campement, car ils restent presque entièrement l'apanage des tribus nomades, dont les Ilyates sont le plus beau type, et qui perpétuent, dans les plaines du Fars, les mœurs patriarcales des anciens pasteurs de la Chaldée.

Lorsque l'endroit propice au stationnement est choisi, on dresse les tentes composées de cinq pièces d'étoffes tissées en poils de chèvre et de chameau. Des piquets raidis à l'aide de haubans amarrés à des crampons de bois noueux fichés en terre soutiennent horizontalement le plafond. La partie de la tente exposée au nord est relevée comme un auvent qui abrite du soleil toute la famille rassemblée. A l'une des extrémités de cette maison de toile, se monte le métier à tisser. A un bout, les extrémités de la chaîne sont attachées à une barre, et à l'autre, les fils se trouvent pris dans une traverse maintenue en terre par deux fortes chevilles. Le métier, avant le travail, reçoit une légère inclinaison. Pour travailler, l'ouvrière s'assied sur les fils tendus, saisit de la main gauche un bâton qu'elle introduit entre eux et, de la main droite, fait pénétrer dans l'intervalle laissé libre le paquet de laine colorée correspondant à la teinte du dessin en cours d'exécution. Enlevant ensuite le bâton, elle presse vivement à l'aide d'un peigne de fer le dernier fil de la trame contre celui qui l'a précédé. Et la manœuvre recommence dans la continuité du va-et-vient du travail.

Au dehors, les vieilles femmes, accroupies devant des marmites, préparent les couleurs qui doivent teindre les laines que l'on met ensuite à sécher tout autour de la tente, exposées tour à tour aux intempéries et au soleil. Ces couleurs sont d'une solidité telle qu'elles se fanent à peine sous une pareille exposition, ce qui explique la vivacité des couleurs encore existantes dans les vieux tapis que l'on nous envoie. Evidemment, il entre dans leur composition des procédés ignorés de nos teinturiers et qui restent en Perse à l'état de secrets de fabrication transmis de mère à fille. Ces secrets d'ailleurs ne sont point les seuls. Il existe encore ceux des dessins. Les femmes des tribus nomades travaillent en effet à leur tapis sans

Fig. 78. — Carafe en faïence.

modèle et sans autre guide que la tradition. Les dessins de celles-ci ne sont pas les mêmes que les dessins de celles-là, mais on peut dire en revanche que tel dessin appartient à telle tribu.

Quand une raison quelconque survient, obligeant les nomades à lever le camp, les ouvrières réunissent les barres de leur métier, roulent sur les traverses la partie du métier déjà exécutée, ainsi que la chaîne encore libre, et chargent le tout sur un mulet. Au prochain arrêt de la tribu, on replante le métier et le travail recommence.

La pratique toute primitive de ces moyens d'exécution suffit amplement à expliquer dans la plupart des tapis de Perse, la dissymétrie du dessin et l'irrégularité des bordures, irrégularité et dissymétrie qui, pour n'être pas volontaires n'en sont pas moins l'une des plus réelles séductions de l'art oriental comme de l'art décoratif des époques antérieures à l'emploi de la machine (V. Décoration). Si l'ouvrière doit fabriquer un tapis velouté, elle augmente son outillage d'un grossier couteau et d'une paire de ciseaux; et ce mince matériel suffit à confectionner les plus beaux et les plus coûteux de ces tapis de

Perse qui nous plaisent tant aujourd'hui, et que la mode impose à notre luxe européen. — E. CH.

PERSE. Nom générique que jadis on donnait spécialement aux étoffes de coton imprimées; certaines couleurs étaient spécifiées par leur lieu de provenance, ainsi l'on dénommait *perse de Wesserling* les roses d'Alsace, parce que c'était à Wesserling que se faisaient, dans la première moitié du siècle, les plus beaux roses.

La *toile peinte* nous est venue de l'Inde, d'où son nom d'*indienne*, mais comme beaucoup de ces tissus étaient tirés d'Ispahan (Perse), on leur a donné, dès l'origine, le nom de *toiles de Perse*. — J. D.

* **PERSE** (1). La Perse n'était représentée à Paris, en 1878, au concours des Nations, que par un seul exposant. S. M. I. le schah de Perse avait résolu toutes les difficultés que présentait l'état des communications et des transports, en réunissant et exposant sous son nom et à ses frais des spécimens des principaux produits de l'empire, de manière à nous en faire connaître les richesses et les formes. Se bornant à une très mesquine représentation dans la rue des Nations au Champ-de-Mars, la Perse avait réservé tout le luxe de son architecture pour le pavillon du Trocadéro. L'ensemble de l'édifice offrait la forme d'un carré long; l'extérieur était peint en vert avec une bordure d'or, sans saillie ni ornement. Sur la façade qui regardait la Seine s'ouvrait un péristyle de colonnes élancées encadrant une élégante loge fermée par une balustrade en bois finement sculpté. Le soubassement de la façade était revêtu de faïences de couleur, et au fronton se dressait « le lion passant de Perse, la dextre armée du glaive. » A l'intérieur, la grande curiosité était le salon des glaces, dont les murs, la voûte, les cheminées même étaient entièrement recouverts de glaces, à partir d'un très petit soubassement en faïence. L'effet était féerique. Son intensité était habilement atténuée par un vitrail dont les tons harmonieux tamisaient doucement la lumière. Dans les galeries du Champ-de-Mars se trouvait la véritable exposition de la Perse, celle du Trocadéro n'étant qu'un charmant joujou. Les produits de l'art décoratif y étaient en grand nombre : boîtes, guéridons, cadres, tabatières en bois incrusté, formant les plus coquettes mosaïques, provenant de Chiraz, de Téhéran et d'Ispahan; miroirs, reliures, écritoires, boîtes à tout usage, le tout décoré avec une rare finesse sur laque et sous vernis; bois sculptés de Khansar découpés en dentelle; vases et carreaux de faïence émaillée; tapis de laine où l'éclat le dispute à la variété des couleurs, tapis de feutre, draps brodés de soie, couvertures de velours brodé or et argent avec garniture de perles; filigranes d'or et d'argent, orfèvreries d'or ornées de turquoises; étoffes de soie unie ou brodée de damas, de brocart d'or et d'argent, châles aux dessins somptueux; armes damassées et damasquinées d'Ispahan, de Téhéran, de Chiraz et de Kurdistan. Les richesses minérales de la Perse qui sont immenses, étaient représentées par des échantillons de houille grasse et anthracite, fer oligiste et manganésifère, minerai de plomb argentifère, minerai de cuivre, marbre taillé, porphyre, pétrole, pierres fines (agates et turquoises), sel. Parmi les produits agricoles, nous citerons des lots de soie filée et en cocons, le coton brut, l'indigo, la garance, la noix de galle, le safran, le cumin, le henné. Les peaux et les cuirs occupaient une place importante dans l'exposition persane : vaches, buffles, moutons, chèvres; fourrures grises, noires, blanches, connues sous le nom d'*astrakan*. Mentionnons, enfin, les céréales et les fruits : froment, orge, riz, maïs, pois-chiches, fèves, haricots, lentilles, amandes, pistaches, raisins secs et figues conservés sans emploi de sucre.

(1) V la note, p. 117, t. L.

L'instruction est très répandue en Perse, la plus grande partie du peuple sait lire et écrire. Il n'y a point d'industrie manufacturière. Très préoccupé de progrès, le schah de Perse a introduit dans le pays les télégraphes et les postes. La longueur des lignes télégraphiques était alors de 3,966 kilomètres, et le réseau se poursuivait avec activité. Quoique de création plus récente (1er septembre 1877), le service des postes fonctionnait déjà de Téhéran à la frontière russe et à la frontière turque, à Astrabad, Recht, Mechhed, Yezd, Herman, Bouchir, Bouroudjird et à Sina en Kurdistan. Il y a deux départs pour l'Europe par semaine. La fondation de voies rapides, qui était alors à l'étude, s'accomplit avec une sérieuse activité. Toute cette activité ne peut qu'assurer une grande prospérité commerciale à la Perse, dont actuellement le commerce d'importation dépasse 100,000,000 et celui d'exportation 75,000,000. Elle fait venir de l'Asie orientale et de l'Europe les cotonnades, verreries, papiers, fers, cuivres, sucres, thés. Ses principaux articles d'exportation sont la soie, le tabac, les peaux, les bois d'ébénisterie, les tapis, les châles, l'opium, les minerais de cuivre, plomb et soufre. Engagée dans une excellente voie, la Perse, avec ses richesses productives, est appelée à jouer un rôle important dans le concert des peuples civilisés.

* **PERSÉE.** *Iconog.* Héros de la mythologie grecque, fils de Jupiter et de Danaé, devait, selon un oracle, tuer son grand-père Acrisius, roi d'Argos, et celui-ci, pour conjurer le sort, le fit exposer sur la mer avec Danaé. Mais les flots les portèrent sur les côtes d'une île des Cyclades, où ils furent recueillis par le roi Polydecte. Ce prince, ayant résolu d'épouser Danaé, malgré l'opposition de Persée, envoya le jeune homme combattre les Gorgones, mission redoutable qui devait causer sa mort. Mais Persée, ayant reçu de Minerve son bouclier, de Mercure ses talonnières, de Pluton un casque qui le rendait invisible, triompha de tous les obstacles, surprit la plus terrible des Gorgones, Méduse, pendant son sommeil, et lui trancha la tête. De son sang naquit le cheval ailé Pégase, qui servit aussitôt de monture à son vainqueur. Persée, après avoir changé Atlas en montagne par la vertu de la tête de Méduse, et avoir transformé en corail les herbes marines arrosées de son sang, délivra Andromède, pétrifia l'armée de Phinée, s'empara des pommes d'or du jardin des Hespérides, tua Prœtus, roi d'Argos qui avait détrôné son père Acrisius. Mais dans les fêtes qui suivirent le rétablissement d'Acrisius sur le trône, celui-ci fut tué par un palet lancé par Persée; ainsi fut accompli l'oracle qui avait causé les malheurs de Danaé. Persée en mourut de douleur, ou, selon d'autres auteurs, fut assassiné par Mégapenthe, fils de Prœtus. Hercule était un des descendants de ce héros.

Les différents épisodes de l'histoire de Persée ont été souvent reproduits dans les arts. Le *bouclier d'Hercule* retraçait, d'après Hésiode, la figure du fils de Danaé. Plusieurs beaux marbres antiques, conservés dans les musées d'Italie, représentent *Persée attachant ses talonnières* ou *Persée tenant la tête de Méduse.* Enfin à Pompéi on a retrouvé une peinture : *La délivrance d'Andromède,* et, à Herculanum : *Persée montrant à Andromède la tête de Méduse.* Le sujet de *Persée et Andromède* a encore été traité, en sculpture, par Puget, Raph. Donner: à l'hôtel de ville de Vienne, par M. Ch. Gauthier (salon de 1873). *Persée armé et tenant la tête de Méduse* a inspiré deux chefs-d'œuvre très connus à Benvenuto Cellini et à Canova ; la première de ces statues, en bronze, est à Florence ; la seconde, en marbre, est au musée du Vatican à Rome. Enfin, la plupart des peintres anciens ont été tentés par le sujet dramatique de *Persée délivrant Andromède* ou de *Persée tuant Méduse.* Nous citerons P. Véronèse. Ann. Carrache, Le Guerchin, Le Guide, Rubens, S. Bourdon, et parmi les modernes N. Diaz. Nattier a peint *Persée pétrifiant Phinée et ses compagnons*

(musée de Tours), sujet traité également par Ann. Carrache, Luca Giordano et le Poussin. Enfin, M. Joseph Blanc a envoyé de Rome, en 1869, *Persée monté sur Pégase,* et M. Machard, *Persée et Méduse,* en 1870.

PERSIENNE. *T. de constr.* Nom que l'on donne à des volets extérieurs disposés de manière à laisser pénétrer un peu d'air et de lumière dans l'intérieur. Les persiennes sont habituellement composées de deux vantaux en bois formés chacun de montants et de traverses entre lesquels on place des lames de bois minces, inclinées à l'horizon et assez rapprochées pour s'opposer à l'introduction des rayons solaires et des eaux pluviales. Quelquefois les lames sont disposées de telle façon qu'elles peuvent tourner autour de tourillons qui les maintiennent dans les bâtis; elles sont réunies par une tringle de fer munie d'une poignée, au moyen de laquelle on fait varier leur position.

Les persiennes sont reçues dans des feuillures pratiquées à l'extérieur autour de l'ouverture. Elles sont mobiles sur des gonds, et se rabattent sur le mur extérieur ou trumeau, contre lequel elles sont retenues par un arrêt en fer de forme variée. Un loqueteau, un crochet et une poignée composent le système de fermeture de ces contrevents, mais leur rabattement sur les trumeaux a l'inconvénient de cacher les chambranles des fenêtres et de détruire ainsi l'effet architectural de la décoration extérieure; aussi emploie-t-on souvent maintenant les persiennes à feuillets ou persiennes brisées, qui se logent dans les tableaux des fenêtres.

On donne ordinairement au bois des châssis de persiennes de 0m,07 à 0m,11 de largeur sur 0m,034 à 0m,041 d'épaisseur. Ces lames reçoivent de 0m,011 à 0m,016 d'épaisseur, s'espacent à peu près de l'épaisseur des châssis, et s'inclinent de telle sorte que l'arête inférieure de l'une soit comprise dans le même plan horizontal que l'arête supérieure de la précédente. On abat les champs des traverses parallèlement aux faces de lames qui sont simplement reçues dans les entailles pratiquées dans les battants et y sont maintenues par de petits goujons ménagés dans le bois ou par des pointes.

On fait aujourd'hui des persiennes en fer brisées qui sont d'une grande légèreté et que leur peu d'épaisseur permet de loger facilement dans les tableaux d'une baie. Ces persiennes sont composées, de deux ou trois feuillets formés eux-mêmes de lames de tôle fixées sur des châssis en fer. Quelquefois on refouille le tableau pour y loger les lames repliées, sans que la largeur de la baie en soit diminuée. Des barres de fer dites *fléaux* servent à la fermeture.

On appelle *volet-persienne* des volets dont une partie est pleine et l'autre munie de lames de persiennes; *porte-persienne,* une porte qui, au lieu d'être également en menuiserie pleine, est faite à la manière des persiennes, soit dans la totalité, soit dans une partie de sa hauteur. — F. M.

PERSPECTIVE. La perspective est l'art de représenter sur une surface plane ou même sur une surface quelconque, un objet ou un ensemble d'objets donnés, de telle sorte que cette représentation offre à l'œil une apparence analogue à celle que donnerait l'objet lui-même vu directement dans l'espace. Il n'est pas inutile de rappeler à ce sujet que la sensation de relief est produite par la vision simultanée à l'aide des deux yeux, chaque œil apercevant certaines parties des objets qui sont cachées à l'autre œil. De là résulte dans les images produites sur les deux rétines une légère différence que l'intelligence, aidée de l'expérience, interprète instinctivement et qui fournit des indications sur la distance et la position des différentes portions de l'ensemble observé. Il est bien évident qu'un dessin unique ne peut avoir la prétention de reproduire quelque chose d'analogue. Bien au contraire, la vision binoculaire d'un tableau s'oppose à toute impression de relief parce qu'elle apporte pour ainsi dire à la vue la preuve qu'on est en présence d'une surface décorée; mais si l'on observe le tableau d'un seul œil, alors toute indication de cette nature disparaît; si la perspective est bien faite et si l'observateur est bien placé, l'image du tableau sur la rétine sera la même que celle que produirait un objet réel; on verra donc le tableau comme on voit la nature d'*un seul œil*. La *sensation* du relief ne peut pas se reproduire, mais, du moins, rien ne s'oppose à l'*illusion du relief* que peut faire naître la contemplation du sujet représenté. Cette illusion sera encore plus facile si l'on empêche les objets extérieurs au tableau de venir se peindre en même temps sur la rétine, en protégeant l'œil contre les rayons qui en émanent. C'est ce qui explique pourquoi on augmente si facilement l'impression de profondeur produite par un beau tableau en le regardant d'un seul œil au travers d'une sorte de tube formé par la main à demi-fermée. Quant à la sensation même du relief, on peut la faire naître avec des dessins; mais alors il faut faire du même objet deux représentations distinctes, en le supposant vu de deux points un peu différents, et regarder simultanément la vue prise de droite avec l'œil droit, l'autre avec l'œil gauche. De la sorte les images qui se forment sur les deux rétines sont différentes l'une de l'autre, et à peu près les mêmes que si l'objet était observé naturellement avec les deux yeux. C'est sur ce principe qu'est construit le *stéréoscope*. — V. ce mot.

La plupart du temps la représentation des objets se fait au moyen d'un dessin exécuté sur une surface plane qui doit être observée dans la position verticale. On imagine que, l'œil de l'observateur étant remplacé par un simple point nommé *point de vue*, on joigne ce point de vue à chacun des points de l'objet par des lignes droites appelées *rayons visuels*. Le tableau est supposé mis en place dans la position verticale, et le point *a* où le rayon visuel du point A de l'espace vient percer le *plan du tableau*, est dit la *perspective* du point A. La représentation ou *perspective* de l'objet consiste dans l'ensemble des points *a*, *perspectives* des différents points A de l'objet donné. On conçoit alors qu'un observateur plaçant son œil au point de vue éprouvera, en regardant le ta-

bleau, précisément la même impression que s'il observait directement l'objet.

Le problème général de la perspective consiste donc à projeter l'objet sur un plan vertical au moyen de projetantes passant par un point fixe. C'est ce qu'on appelle une *projection conique* ou *centrale* dont le centre ou sommet est au point de vue. Pour résoudre ce problème, il est indispensable de posséder d'abord un mode quelconque de représentation de l'objet qui permette de définir la position de chacun de ses points dans l'espace, par rapport au point de vue et au plan du tableau. On peut supposer, par exemple, et c'est généralement ce qui a lieu dans les dessins industriels, qu'on possède les projections orthogonales ordinaires de l'objet sur un plan horizontal et sur un plan vertical. Il faut y joindre la trace horizontale du plan du tableau et les projections du point de vue. Dès lors, le problème est complètement déterminé, et la géométrie descriptive en fournit la solution par des méthodes très nettes et très faciles à saisir. Mais les constructions ordinaires de la géométrie descriptive, en raison de leur grande généralité, sont trop laborieuses et peuvent être simplifiées dans les cas particuliers. Pour ce qui est de la perspective, quelques remarques très simples conduisent à des constructions beaucoup plus aisées qui sont seules usitées dans la pratique. Du reste, la connaissance de la perspective est indispensable aux ingénieurs, aux architectes, aux artistes peintres, dessinateurs, graveurs, qui, pour la plupart, n'ont eu ni le loisir ni le moyen de faire une étude assez approfondie de la géométrie descriptive pour en appliquer facilement les méthodes au tracé d'une perspective. Il a donc fallu que les constructions et les procédés propres à mettre un objet en perspective fussent coordonnés et réduits en corps de doctrine de manière à pouvoir être enseignés indépendamment de la géométrie théorique. C'est en ce sens qu'on a pu dire que la perspective est une science spéciale, qui forme le complément obligé de l'enseignement du dessin. Mais il ne s'en suit nullement qu'elle soit une science indépendante. Par la nature des choses, la perspective ne constitue en définitive qu'un problème très particulier de géométrie et un chapitre de la géométrie descriptive. Son enseignement doit être dirigé de manière à pouvoir s'adresser à des artistes ignorant les mathématiques et la géométrie; mais il serait dangereux de le confier à des maîtres qui l'auraient apprise de la sorte, parce qu'ils en méconnaîtraient la véritable nature, n'en saisiraient pas les traits généraux et risqueraient de se borner à une énumération fastidieuse de règles empiriques et de procédés particuliers variant, sans lien apparent, suivant les différents cas où ils s'appliquent.

Il existe un grand nombre de *Traités de perspective*; la plupart, écrits par des artistes peu instruits en géométrie, présentent les défauts que nous venons de signaler, et ne peuvent rendre de grands services. Les seuls qui aient véritablement de la valeur ont été rédigés par des géomètres éminents. Nous citerons l'ouvrage de de la

Gournerie comme le plus complet et le plus développé. L'auteur a consacré de longues années à la rédaction de ce traité, et il est parvenu à simplifier notablement les constructions et les raisonnements.

Il n'entre pas dans notre programme de donner ici une sorte de traité abrégé de perspective, nous nous bornerons à indiquer les principes généraux et les définitions des termes les plus usités. On remarquera d'abord que la perspective d'une droite est une droite : c'est l'intersection du plan du tableau avec le plan qui passe par le point de vue et la droite donnée, plan qui porte le nom de *plan perspectif*. Si l'on considère une série de droites parallèles, tous les plans perspectifs correspondants passeront par une même droite menée par le point de vue parallèlement à leur direction commune ; cette droite viendra couper le plan du tableau en un point qu'on nomme *point de fuite* de la direction correspondante et par lequel passent les perspectives de toutes les droites parallèles à cette direction. Ainsi, des droites parallèles ont pour perspective des droites concourantes, et la connaissance du point de fuite permet de mener par un point une parallèle à une direction donnée. Il y a pourtant une exception : c'est lorsque la direction donnée est parallèle au plan du tableau. Dans ce cas, le point de fuite est rejeté à l'infini, et les perspectives sont des droites parallèles ; on dit alors que les droites données sont des *droites de front*. Il y a lieu de remarquer que la direction verticale est une direction de front. Toute droite verticale a sa perspective verticale. Toutes les droites parallèles à un même plan ont leurs points de fuite situés sur une même droite qui est la trace sur le plan du tableau d'un plan mené par le point de vue parallèlement au plan donné. Parmi toutes les directions de plan, il y en a une plus remarquable que les autres : c'est celle du plan horizontal. Le plan horizontal mené par le point de vue vient couper le plan du tableau suivant une droite importante appelée *ligne d'horizon* : c'est sur cette ligne d'horizon que se trouvent les points de fuite de toutes les droites horizontales. Plusieurs droites parallèles et horizontales, telles que les arêtes d'une corniche ou les deux bords d'une route doivent être représentées par des droites allant concourir sur un point de la ligne d'horizon. Si le tableau représente une grande étendue plane telle que la mer ou le désert, la ligne d'horizon coïncidera avec la limite inférieure du ciel.

Lorsqu'on veut mettre un objet en perspective avec toute la précision désirable, on commence généralement par effectuer la projection horizontale ou *plan* de cet objet. Ce plan a reçu le nom de *géométral* (V. ce mot). On le met ensuite en perspective. Dès lors, un point A se trouvant sur la verticale qui passe par sa projection *a*, on sera sûr que la perspective de A se trouvera sur une verticale passant par la perspective de *a*. Dans cette méthode, la mise en perspective comporte deux opérations principales : 1° la perspective du géométral ; 2° la détermination des positions exactes de chaque point de l'objet sur la verticale correspondante. Cette deuxième opération exige qu'on connaisse la véritable hauteur de chaque point au-dessus du plan horizontal de projection. Il faut donc qu'on possède soit une projection verticale de l'objet, soit un plan coté. La perspective du géométral est une opération assez simple : la plus grande difficulté consiste à tenir compte exactement des distances portées sur une perpendiculaire au plan du tableau. On y arrive très aisément par la méthode du point de fuite principal et du point de distance. Le *point de fuite principal* est le point de fuite des droites perpendiculaires au plan du tableau. Le *point de distance* est le point de fuite des droites horizontales également inclinées sur le tableau et sur la perpendiculaire. La connaissance de ces deux points permet de construire très aisément les perspectives d'autant de triangles rectangles isocèles que l'on veut ; de sorte qu'en portant les distances sur une ligne de front, on les obtient reportées et réduites comme il convient sur une ligne perpendiculaire au tableau.

Pour tenir compte, dans la seconde opération, des hauteurs des différents points au-dessus du plan horizontal, on suppose d'abord que toutes les verticales qu'on veut représenter ont été transportées parallèlement au tableau dans un même plan vertical perpendiculaire au tableau mené par le point de vue, et l'on effectue le rabattement de ce plan. On peut alors joindre le point de vue aux différents points considérés et prolonger les droites ainsi obtenues jusqu'à leur intersection avec la trace du plan du tableau. Il ne reste plus qu'à transporter ensuite les verticales ainsi projetées à la place qui leur convient, au moyen d'horizontales. Au lieu de cette méthode, il est plus avantageux d'employer la *méthode des échelles*. On appelle *échelle*, une droite de front dont les différents segments ont pour perspective des segments qui leur sont respectivement égaux ou bien qui sont amplifiés ou diminués dans un rapport connu. Il est évident que si une droite de front est une échelle, toutes les droites du même plan de front en seront aussi. On considère alors dans ce plan : 1° l'horizontale qui se trouve dans le géométral et qu'on nomme l'*échelle des largeurs* ; 2° une verticale quelconque qui reçoit le nom d'*échelle des hauteurs*. Dès lors, la méthode consiste à faire glisser la verticale qu'on veut représenter jusqu'à ce qu'elle se trouve dans le plan des échelles. On relève alors sa hauteur connue sur l'échelle des hauteurs, puis on la remet en place. Dans ce mouvement, ses deux extrémités décrivent des horizontales parallèles, c'est-à-dire sur la perspective des droites qui viennent se couper sur la ligne d'horizon. Cette simple remarque permet de trouver facilement sa perspective définitive.

On peut encore trouver des constructions aisées pour traiter directement sur la perspective les pro blèmes d'intersection de surface, et les problèmes d'ombre. — V. plus loin PERSPECTIVE DES OMBRES.

Il arrive quelquefois que le trait de perspective conduirait pour certaines figures à des représentations qui, quoiqu'exactes, choqueraient néanmoins la vue ; on est alors obligé de se départir de la rigueur géométrique et d'adopter sciemment des représentations incorrectes. C'est ainsi qu'une sphère doit presque toujours être représentée par un cercle, quoique la perspective exacte soit une ellipse toutes les fois que le rayon visuel du centre n'est pas perpendiculaire au tableau. Une circonstance analogue se présente dans la perspective d'une colonnade.

Bien souvent il y a lieu d'effectuer une perspective sur une surface courbe et non sur un plan. Les procédés sont alors nécessairement plus compliqués. Tel est le cas de la décoration d'une voûte, d'une niche, d'une colonne ou d'un plafond. D'autres fois, lorsque le tableau est d'une trop grande dimension pour être embrassé d'un coup d'œil, il faut effectuer des perspectives partielles de ses diverses parties en employant des points de vue différents. Le raccord de chacune de ces perspectives partielles avec la voisine ne laisse pas que de présenter de grandes difficultés pour la solution desquelles le génie et l'intuition de l'artiste sont bien plus utiles que la géométrie. On peut voir au musée du Louvre, un grand nombre de tableaux des anciens maîtres qui méritent d'être étudiés à ce point de vue. Nous citerons, comme exemple, le grand tableau de Paul Véronèse, les *Noces de Cana*.

La perspective des décors de théâtre présente encore plus de difficultés, puisque les diverses parties sont peintes sur des plans différents, et qu'il faut réaliser l'illusion pour un grand nombre d'observateurs situés très différemment dans la salle.

Un problème des plus intéressants qui a été traité avec détails par de la Gournerie, est celui de la *Restitution d'une perspective*. Il consiste à trouver la forme véritable de l'objet d'après sa perspective. Évidemment un pareil problème comporte une très grande indétermination alors même qu'on connaîtrait le point de vue, puisque chaque point peut se trouver n'importe où sur son rayon visuel qui seul est défini par la perspective. Mais, de plus, on ne connaît généralement pas la position du point de vue. Cependant la nature des objets représentés fournit souvent des indications qui restreignent l'indétermination du problème. Ainsi, la ligne d'horizon se trouve presque toujours indiquée par les points de fuite des lignes qu'on sait être horizontales. La présence d'un angle droit comme il s'en rencontre forcément dans les monuments est encore une indication précieuse. Si l'on marche devant le tableau, c'est-à-dire si le point de vue se déplace, les objets représentés semblent fuir en sens inverse du mouvement de l'observateur. Une ligne dirigée vers le point de vue étant représentée par un simple point, paraîtra toujours dirigée vers l'observateur, quelle que soit la position de celui-ci. Si par exemple, il se trouve sur le tableau un personnage qui regarde l'observateur, ou qui le menace avec un poignard, il semblera le suivre dans tous ses déplacements, et ne cessera jamais de le regarder ou de le menacer.

— Le premier auteur qui se soit sérieusement occupé de la perspective et des méthodes précises qu'elle nécessite est Desargues (xviiᵉ siècle). Avant lui cependant, les grands artistes savaient réaliser des œuvres absolument correctes à ce point de vue, comme on peut s'en convaincre en examinant les tableaux des maîtres anciens; mais leurs procédés n'avaient pas été réglés en corps de doctrine, et consistaient surtout en des sortes de recettes empiriques qui se transmettaient par tradition dans les ateliers des peintres. Du reste, les grands artistes suppléent facilement à l'imperfection de leurs connaissances théoriques, grâce à une sorte d'intuition et surtout à la grande habitude qu'ils ont de l'observation attentive de la nature, et qui entre pour une si forte part dans leur génie artistique. Après Desargues, la science n'a fait aucun progrès jusqu'à Monge qui, par l'invention de la géométrie descriptive, a raisonné et perfectionné le traité de Desargues. Enfin, dans le courant du xixᵉ siècle, la perspective a été l'objet de nombreux travaux dont les plus importants et les plus récents sont ceux de la Gournerie.

Il semble qu'aujourd'hui le problème général de la perspective, nécessairement assez limité en lui-même, a été examiné sous toutes ses faces, et qu'il n'y a plus d'améliorations importantes à espérer, si ce n'est peut-être dans le mode d'exposition et d'enseignement.

Perspective des ombres. Le problème de la détermination des ombres ne diffère pas au fond du problème général de la perspective. Il y a lieu cependant de distinguer le cas où les rayons lumineux émanent d'un point fixe, cas dit des *ombres au flambeau*, et celui où les rayons lumineux sont supposés parallèles. On distingue aussi les *ombres propres* et les *ombres portées*; le problème des ombres propres consiste à déterminer sur la surface d'un corps, la ligne de séparation des régions qui reçoivent la lumière avec celles qui ne peuvent la recevoir; c'est la courbe de contact d'un cône circonscrit à l'objet et ayant son sommet au flambeau, ou bien d'un cylindre circonscrit dont les génératrices sont parallèles aux rayons lumineux. Dans le problème des ombres portées, on cherche à déterminer la limite de l'ombre projetée sur une surface par un objet opaque. Il est évident que cette ligne d'ombre n'est autre que la trace sur la surface où l'ombre est projetée, du cône ou du cylindre d'ombre propre. Dans les deux cas, la question se réduit à une projection centrale s'il s'agit d'ombres au flambeau, à une projection cylindrique si les rayons sont parallèles. Dans les dessins industriels et dans la majorité des dessins artistiques, la lumière est supposée venir du soleil dont l'éloignement est tel que les rayons lumineux doivent être considérés comme parallèles. Il est cependant des circonstances où la lumière est forcément celle d'un flambeau; tel est le cas d'un tableau figurant une scène de nuit éclairée par une ou plusieurs lumières artificielles. Les traités de perspective indiquent des procédés faciles pour déterminer directement les ombres sur le tableau; nous ne pouvons entrer dans le détail de ces constructions, nous nous bornerons à faire remarquer que, dans la pratique, le cas des ombres au flambeau ne diffère pas de celui des rayons parallèles, parce que, sur la perspective, les rayons parallèles doivent concourir au point de fuite de leur direction commune. Une fois ce point de fuite déterminé, il joue le rôle du flambeau à partir duquel émanent tous les rayons de lumière.. Les grands artistes attachent beaucoup d'importance à la détermination exacte des ombres, et avec raison, car les moindres erreurs de cette nature nuisent considérablement à l'effet du tableau, et donnent lieu, bien souvent, à des apparences extrêmement choquantes.

Perspective aérienne. On donne ce nom à la reproduction sur un tableau, des effets de lointain dus à la présence d'une atmosphère plus ou moins brumeuse; l'intensité des couleurs s'affaiblit avec la distance et se fond pour les derniers plans dans une sorte de gris uniforme; en même temps les contours deviennent plus indécis. Il n'existe guère de règles précises de perspective aérienne; chaque artiste suit, à cet égard, l'intuition de son génie particulier et interprète à sa manière les effets qu'il a observés dans la nature. Quoi qu'il en soit, la perspective aérienne, quand elle est bien réussie, ajoute considérablement à la vérité et au charme du tableau.

Perspective cavalière. On a donné ce nom à un mode de représentation qui consiste dans une projection cylindrique effectuée à l'aide de projetantes parallèles entre elles et inclinées sur le plan de projection. Ce n'est pas une perspective à proprement parler.

Perspective isométrique ou axonométrique. C'est une projection orthogonale, effectuée sur un plan de projection qu'on choisit également incliné sur trois directions rectangulaires qui sont les directions principales de l'objet représenté. — M. F.

Bibliographie : DESARGUES : *Méthode universelle de mettre en perspective les objets donnés réellement ou en dessin*, etc., Paris, 1636; J. ADHÉMAR : *Perspective linéaire*; J. de la GOURNERIE : *Traité de perspective.*

PERTUIS. Ce nom était attribué aux ouvertures ménagées dans les barrages fixes pour le passage des bateaux ou des trains flottants; les pertuis étaient fermés au moyen d'aiguilles verticales ou de poutrelles horizontales superposées; un échappement était disposé pour permettre de lâcher d'un seul coup tous les engins de fermeture. Ce système de navigation était désastreux pour les bateaux qui se déformaient au passage; on l'a remplacé par les barrages éclusés (V. BARRAGE) dans lesquels le pertuis est cependant conservé sous le nom de *passe profonde navigable*; il sert alors, non seulement à rétablir la navigation libre à certaines périodes des crues, mais en outre il facilite l'écoulement des grandes eaux et permet l'abaissement complet du niveau dans le bief supérieur pour la réparation des ouvrages qui s'y trouvent. || Trou d'une filière, dont le diamètre est gradué pour faciliter le passage des fils métalliques. || Entaille pratiquée dans le palastre pour donner passage au panneton de la clef.

PERTUISANE. *T. d'arm. anc.* Sorte de hallebarde, dont la hauteur n'excédait guère la hauteur d'un homme et qui était une arme de luxe; sa hampe était souvent couverte de velours fixé par des clous dorés.

PÉRUVIEN (Art et style). On sait peu de choses sur la civilisation du Pérou avant la domination des Incas, et sur les Incas eux-mêmes, qui se prétendaient fils du soleil, et que des études modernes, appuyées sur des traditions et des rapprochements curieux, voudraient rattacher à des émigrations israélites. Quoiqu'il en soit, dès que les Incas eurent réuni diverses tribus sauvages du centre de l'Amérique et les eurent civilisées, les arts prirent chez eux un développement d'autant plus extraordinaire que le reste du continent du Sud restait dans une barbarie complète : les Mexicains au Nord, les Péruviens au Sud, ont été des nations exceptionnellement douées sous le double rapport de l'imagination et de l'instruction, et on doit évidemment attribuer ce développement intellectuel à une influence étrangère.

C'est chez eux seulement que les Espagnols rencontrèrent une résistance organisée, aussi furent-ils impitoyables dans leur victoire, et n'épargnèrent-ils rien pour prévenir tout retour de révolte chez ces peuples,

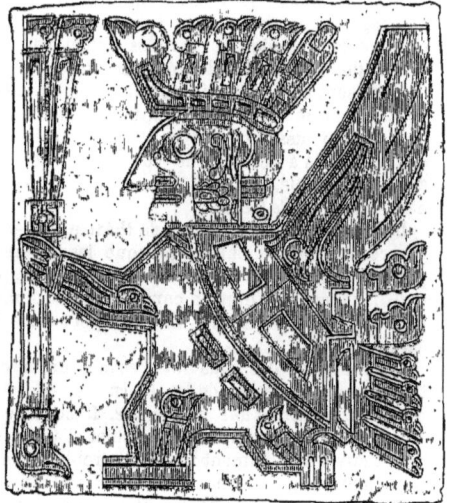

Fig. 79. — *Détails de la porte monolithe de Tiahuanaco, au Pérou.*

qui avaient fait preuve de vitalité et de cohésion. La plupart de leurs monuments furent ruinés, et il ne nous en reste guère que de pompeuses descriptions d'auteurs espagnols, auxquelles on ne doit ajouter que peu de foi. Les plus beaux se trouvaient à Cuzco, la capitale, où il reste encore de beaux vestiges, à Allantai-Tambo, à Tiahuanaco, à Lima-Tambo, et dans le royaume de Quito, à Puncallacta, à Callo, etc. A Chimu, des ruines importantes couvrent un espace de près d'une lieue. Des études faites par les voyageurs modernes, qui ont relevé avec soin les plans et les mesures de tous ces monuments, il semble résulter que l'architecture péruvienne n'avait rien de bien remarquable, comme construction, sinon la dimension extraordinaire des pierres employées. A Tiahuanaco, le P. Acosta a mesuré une pierre taillée de trente-huit pieds de long sur dix-huit de large, et les murs de Cuzco, qui se composent de trois enceintes concentriques, sont construits avec des blocs également gigantesques, assez bien appareillés, et on ne sait expliquer par quels moyens les Péruviens ont taillé, poli et surtout élevé des monolithes d'aussi grand poids, comparables à ceux employés par les Egyptiens. Ces monolithes sont souvent ornés de sculptures qui sans atteindre à la richesse des sculptures mexicaines, s'en rapprochent par leur aspect primitif et leur imagination fantastique (fig. 79 et 80).

Les palais péruviens, au nombre de deux cents, dans les diverses provinces du royaume, étaient, suivant le pays où ils se trouvaient, d'une très grande simplicité ou d'un luxe inouï, en marbre rehaussé de lames d'or et d'argent. Beaucoup dataient seulement des dernières années avant la conquête ; Huayna-Capac (1475-1525) était un roi bâtisseur et avait englouti d'immenses richesses dans la construction de ces palais. A Cuzco, on voit encore les ruines du palais circulaire de Manco-Capac, élevé sur une terrasse ; la même ville a un temple du Soleil très important, dont les murs en terre cuite étaient recouverts, à l'origine, de plaques d'or ; autour s'élevaient cinq pavillons ; l'un était consacré à la lune, l'autre aux étoiles, un troisième au tonnerre et à l'éclair, un quatrième à l'arc-en-ciel, le dernier servait au logement des prêtres. Parfois un autre pavillon était destiné aux assemblées religieuses.

Mais ce qui indique surtout un peuple puissant et soumis à une domination intelligente et active, c'est le nombre et la beauté des édifices d'utilité publique : forteresses, hôtelleries, magasins royaux, bains, maisons de jeu, couvents, routes et ponts. Nous avons déjà parlé de la forteresse de Cuzco, celle de Cañar est plus importante encore ; bâtie sur une colline, en grand appareil taillé à bossages, ses murs ont un développement de plus de 150 mètres, et des communs, attenant à la maison principale située au centre, sont assez considérables pour loger en entier la garnison et l'escorte royale, qui accompagnait l'Inca dans ses voyages. On trouve de nom-

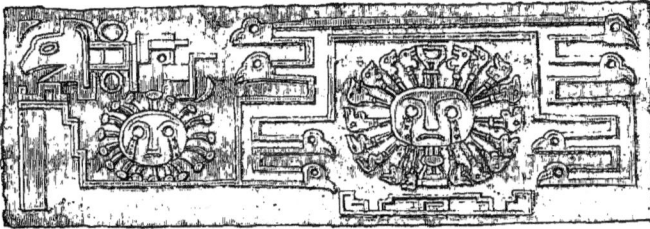

Fig. 80. — *Autre détail de la porte monolithe de Tiahuanaco.*

breuses constructions analogues dans les Cordillères, le long des routes superbes construites sur les flancs de cette chaîne, à travers les vallées et les rochers escarpés. Une seule de ces routes, d'après Juan de Sarmiento, a onze cents lieues de long ! Ces routes ne le cèdent en rien aux plus admirables voies romaines, et au milieu de difficultés autrement grandes, car ce travail colossal s'élève à certains points jusqu'à 4,000 mètres de hauteur. Tout le long se trouvaient des forteresses, des hôtelleries au nombre de cinq à six mille, défendues par des tours, des magasins royaux avec des fortins, des aqueducs amenant l'eau aux petites villes et, lorsque besoin en était, des ponts bâtis sur des culées en mortier. Il en existe encore deux remontant aux Incas, l'un sur la lagune de Lauriçocha, l'autre à Compuerta. Les canaux étaient aussi d'un travail remarquable ; celui construit au XIVᵉ siècle par l'Inca Viracocha, à travers le pays très accidenté de Contisuya, était long d'environ cent cinquante lieues.

Malgré l'insuffisance de leurs moyens industriels, les Péruviens étaient d'habiles ouvriers et travaillaient artistement l'or, l'argent, le cuivre et l'étain ; ils ne connaissaient pas le fer. L'or surtout était employé à profusion pour les choses d'art, et s'il n'est malheureusement resté que peu de pièces qui aient échappé à la cupidité des conquérants, elles témoignent de la perfection de la soudure et de la ciselure. Les poteries sont également fort belles et ingénieusement disposées. On ne trouve qu'au Pérou des vases doubles, triples, même octuples, faits de telle sorte que lorsqu'on les emplit de liquide,

l'air, en s'échappant, produit des sons à l'imitation du cri de l'animal représenté sur le vase. M. Bosc, dans son *Dictionnaire d'architecture*, parle aussi de deux vases ronds qui, remplis d'eau exactement et renversés, ne laissent échapper aucune goutte de liquide, ce qui indique chez les potiers péruviens des connaissances de physique, empiriques sans doute, mais assez avancées et ingénieusement appliquées. Les teinturiers étaient aussi en possession de secrets précieux, car les belles couleurs rouges, jaunes, bleues, vertes et noires dont ils teignaient leurs tissus de laine et d'alpaca, ont résisté admirablement à l'action du temps. — V. AMÉRIQUE, ½ *République du Pérou.* — C. DE M

PESAGE. Recherche du *poids* d'un corps. On sait qu'il résulte des recherches de Képler, de Newton et de Cavendish, que tous les corps s'attirent entre eux proportionnellement à leur *masse* et en raison inverse du carré de leurs distances. C'est l'effet de la *gravitation* ou *attraction* universelle dont la *pesanteur* n'est qu'un cas particulier, celui de l'attraction du globe terrestre sur les objets situés à sa surface (V. PESANTEUR). L'action de la pesanteur tend à attirer les corps vers le centre de la terre, à les faire tomber comme on dit ordinairement, et le résultat de cette action est ce qu'on appelle le *poids* du corps. On sait d'ailleurs que ce poids varie suivant les lieux où on l'observe : cela tient à ce que la terre n'étant pas parfaitement sphérique, l'intensité de la pesanteur va en augmentant de l'équateur au pôle où règne le maximum d'aplatissement.

Le poids d'un corps est encore l'effort qu'il exerce sur l'obstacle qui le soutient, c'est une force verticale qui peut être considérée comme appliquée au centre de gravité du corps en question. Ce poids varie naturellement aussi avec la hauteur de l'objet au-dessus du sol ; car on démontre que l'effet de la pesanteur est le même que si toute la masse de la terre était concentrée en son centre.

Cela posé, l'estimation du poids d'un corps se fait par comparaison, en prenant pour unité le poids d'un corps type facile à retrouver avec exactitude en cas de besoin. Cette unité, qui varie selon les coutumes et les pays, est en France et chez toutes les nations qui ont adopté le système métrique, le *gramme*.

Ce gramme est le poids d'un centimètre cube d'eau distillée à son maximum de densité. Mais on prend souvent pour unité de poids le *kilogramme* qui est toujours choisi d'ailleurs, comme unité de force.

Les instruments qui servent à établir cette comparaison et à voir par conséquent combien le poids d'un corps donné contient de grammes ou de kilogrammes, s'appellent des *instruments de pesage*, et ils ont tous été étudiés précédemment. Les plus usités sont les *balances*, qui se subdivisent en balances ordinaires, de précision, romaines, bascules, etc. — V. BALANCE.

En dehors des balances et des bascules, on se sert souvent encore dans la pratique, pour évaluer le poids des corps, d'instruments particuliers basés sur la puissance des ressorts, soit à lame, soit à boudin, et qu'on appelle des *pesons* ou *dynamomètres* (V. ces mots). Les dynamomètres seuls servent en outre, en mécanique, à la mesure des forces.

Le poids d'un corps homogène est proportionnel à son volume, et pour le connaître il suffit d'avoir le poids de l'unité de volume de ce corps, ce qu'on appelle le *poids spécifique*. Si V est le volume d'un corps exprimé en mètres cubes, et D le poids du mètre cube de la matière de ce corps, ou son poids spécifique exprimé en kilogrammes, on aura pour poids P du corps également en kilogrammes,

$$P = VD$$

S'il s'agit d'un gaz, il faut tenir compte de la pression et de la température à laquelle il est soumis, et employer alors la formule suivante qui est établie d'après les lois de Mariotte et de Gay-Lussac combinées :

$$P = \frac{V D . 1^g ,293 . H}{(1 + \alpha t) 760}$$

V étant le volume en litres et P le poids du gaz à la température et à la pression H en millimètres de mercure ; D le poids de l'unité de volume de ce gaz par rapport à l'air à 0° et sous la pression de 760 millimètres de mercure, c'est-à-dire sous la pression atmosphérique normale. Enfin α représente le coefficient commun de dilatation de tous les gaz 0,00367. — A. M.

PESANTEUR. *T. de phys.* La pesanteur est le phénomène qui consiste dans la tendance que possèdent tous les corps à se précipiter vers la terre. Il ne faut pas confondre la pesanteur avec le poids des corps. Le mot *pesanteur* désigne un phénomène général ; le *poids* d'un corps est la force qui sollicite ce corps vers la terre. La direction suivant laquelle agit le poids d'un corps est la *verticale* ; elle n'est pas la même en tous les points de la terre, et l'on sait qu'on appelle *latitude* d'un lieu l'angle que fait la verticale de ce lieu avec le plan de l'équateur terrestre. La verticale est pour ainsi dire matérialisée par le fil à plomb, car cet appareil ne peut évidemment se tenir en équilibre que si la tension du fil est directement opposée au poids du corps qu'il supporte. On dit quelquefois que la verticale est la ligne que suit un corps en tombant ; cette locution est incorrecte, car, en vertu du mouvement de rotation de la terre, un corps pesant décrit une ligne courbe et vient tomber à l'est de la verticale de son point de départ.

Il est bien certain que le phénomène de la pesanteur a été observé de tout temps ; mais les premiers hommes l'attribuaient à une tendance qu'auraient eu tous les corps de la nature à se précipiter vers le *bas de l'univers*. Plus tard, lorsque les progrès de l'astronomie eurent appris que la terre est à peu près sphérique, on comprit qu'il ne pouvait y avoir dans l'univers ni haut ni bas, et l'on vit dans la pesanteur une tendance des corps graves vers le *centre du monde* qu'on supposait occupé par le globe terrestre. Pourtant les idées de haut et de bas étaient bien enracinées dans les esprits, puisque l'hypothèse d'une chute incessante de la matière forme la base de la théorie atomique de Démocrite et d'Epicure, développée avec tant d'éclat par le poète latin Lucrèce, moins d'un siècle avant Jésus-Christ, longtemps après les beaux travaux astronomiques d'Aristarque de Samos et d'Hipparque. Lorsque les idées de Copernic sur le mouvement de la terre commencèrent à se répandre, il devint naturel de considérer la pesanteur comme une attraction exercée par le globe terrestre sur les objets environnants. Il était réservé au génie de Newton de généraliser cette notion de l'attraction et de démontrer que la pesanteur n'est qu'un cas particulier d'une attraction universelle, s'exerçant partout dans l'univers entre les éléments matériels qui y sont répandus, phénomène qui a reçu le nom de *gravitation universelle*.

Nous ne reviendrons pas ici sur l'importance de cette découverte à laquelle nous avons consacré un article spécial (V. GRAVITATION). Nous nous bornerons à rappeler la loi de Newton : *Deux molécules de matière s'attirent en raison directe du produit de leurs masses, et en raison inverse du carré de la distance qui les sépare.*

La pesanteur reconnaît donc pour cause l'attraction que, d'après cette loi, la terre exerce sur les objets environnants. Il est aujourd'hui démontré que la terre a été primitivement fluide ; les matériaux qui la composent ont donc dû se superposer du centre à la surface par ordre de densité décroissante. Il est ainsi naturel de penser que le globe terrestre est constitué par une succession de couches homogènes séparées par des surfaces de niveau ; mais quelle est la forme de ces couches ? Si la terre était immobile, ou si elle n'était animée que d'un mouvement de translation, la plus simple notion de la symétrie montre que ces couches seraient sphériques et concentriques. La surface libre serait également sphérique. Or, on démontre en mécanique que l'attraction d'une couche sphérique homogène sur un point extérieur est la même que si toute la masse de cette couche était condensée en son centre. Il en est évidemment de même pour un globe formé de couches sphériques homogènes et concentriques. Si donc la terre était sphérique et immobile, on pourrait, dans toutes les questions relatives à l'attraction extérieure et à la pesanteur, la remplacer par un simple point matériel placé au centre. Dès lors toutes les verticales passeraient par ce centre : ce seraient les rayons de la sphère, et comme tous les points de la surface sont également éloignés du centre, le même corps subirait la même attraction, quel que fût le point de la surface où on le transporterait : son poids resterait le même. Le mouvement de rotation de la terre modifie complètement les conclusions précédentes qui ne peuvent plus être acceptées que comme des approximations grossières.

Tout d'abord, il faut bien distinguer le poids d'un corps de l'attraction qu'il subit de la part de la terre. Ces deux forces n'ont ni la même direction, ni la même intensité. C'est que le corps tournant avec toute la terre autour de l'axe polaire, une partie de l'attraction est employée à lui faire décrire le parallèle qu'il parcourt en un jour. Imaginons par exemple un fil à plomb. La masse inférieure est soumise à l'action de deux forces : 1° l'attraction terrestre ; 2° la tension du fil ; sous l'action de ces deux forces, elle décrit un parallèle en un jour. C'est donc que leur résultante est justement la force qu'il faut pour l'obliger à décrire un parallèle, force qui a reçu le nom de *force centripète*. Si l'on imagine qu'on introduise une force fictive, appelée *force centrifuge* (V. ce mot), égale et opposée à la force centripète, la masse sera en équilibre, d'où il résulte que la tension du fil est directement opposée à la résultante de l'attraction et de la force centrifuge. C'est donc cette résultante qui détermine la tendance au mouvement vers le sol, c'est elle qui produit la pression des corps pesants sur leurs supports ; c'est elle en un mot qui constitue le *poids du corps*. *Le poids d'un corps est la résultante de l'attraction qu'il subit de la part de la terre et de la force centrifuge, due au mouvement de rotation diurne.* Il est visible que les deux composantes du poids d'un corps varient suivant la position du point considéré à la surface de la terre ; l'attraction va en croissant de l'équateur au pôle, parce que le pôle est plus près du centre que l'équateur. Au contraire, la force centrifuge diminue, parce que le rayon du parallèle décrit en un jour diminue quand la latitude augmente. De plus, elle fait, à mesure que la latitude augmente, un angle de moins en moins obtus avec l'attraction. Pour toutes ces raisons, le poids d'un corps augmente quand on le transporte de l'équateur vers le pôle.

A l'équateur, la force centrifuge est directement opposée à l'attraction et ne fait qu'en diminuer l'intensité. En tout autre lieu, les deux composantes font un angle, d'où il suit que le poids du corps ne saurait être dirigé vers le centre de la terre. Dès lors, les couches de niveau n'ont pu conserver la forme sphérique. Newton, et après lui Clairaut, ont fait voir qu'elles avaient dû prendre celles d'ellipsoïdes de révolution aplatis autour de l'axe polaire. Telle est aussi la forme extérieure de la terre.

Ces deux composantes du poids P d'un corps sont proportionnelles à la masse M de ce corps, la première d'après la loi de Newton, la seconde d'après l'expression bien connue de la force centrifuge. Leur résultante P est donc également proportionnelle à la masse et le quotient

$$\frac{P}{M} = g$$

sera un nombre constant pour tous les corps,

en un même lieu. Mais ce nombre représente l'accélération d'un corps en mouvement qui ne serait soumis à aucune autre force que son poids ; donc *tous les corps tombent avec la même vitesse dans le vide*, fait confirmé par l'expérience (V. CHUTE DES CORPS). Nous disons dans le vide, parce que la résistance de l'air est une force qui retarde le mouvement.

Lorsqu'un corps tombe d'une certaine hauteur, il se rapproche du centre de la terre ; l'attraction qu'il subit augmente donc ; son poids augmente aussi ; mais les hauteurs ordinaires de chute sont si peu de chose par rapport au rayon terrestre qu'on peut considérer P comme constant. Alors l'accélération g sera constante et le mouvement sera uniformément accéléré. On retrouve alors les lois bien connues de la chute des corps. — V. CHUTE DES CORPS.

Si l'on suppose qu'un corps soit transporté en différents lieux terrestres, sa masse M restera constante ; l'accélération y variera donc proportionnellement au poids P, et peut servir à mesurer l'action de la pesanteur ; c'est pourquoi on l'a nommée *l'accélération de la pesanteur* ou *l'intensité de la pesanteur*. L'étude de la variation de g en différentes stations est des plus importantes pour la géodésie, l'astronomie et même la géologie. Cette étude doit être faite de deux manières, théoriquement et expérimentalement. Il faut d'abord, en partant de la loi de Newton, établir, par l'application des règles de la mécanique, des formules permettant de calculer g en fonction de la latitude et de l'altitude. Des expériences instituées en un grand nombre de stations permettront ensuite de contrôler l'exactitude de ces formules, et de déterminer l'aplatissement terrestre, qui est, avec la force centrifuge, la cause principale de la variation de g. Comme cet aplatissement peut être déterminé de deux autres manières, savoir : par la mesure directe d'arcs de méridien, et par les observations de la lune, on voit l'intérêt qui s'attache à la comparaison des résultats obtenus. Enfin, s'il se manifeste des écarts entre les nombres observés et les nombres calculés, on en conclura la présence d'attractions locales qui donneront des renseignements précieux sur la distribution des matériaux dans les couches superficielles de la terre.

Variation de g avec l'altitude. Les hauteurs que l'on peut atteindre étant très faibles par rapport au rayon de la terre, on peut, sans erreur sensible, étudier cette variation comme si la terre était sphérique et immobile, ce qui revient à confondre l'attraction et la pesanteur. Alors g variera en raison inverse du carré de la distance au centre, et on aura, R désignant le rayon terrestre, g l'intensité de la pesanteur au niveau de la mer, et g_1 l'intensité à l'altitude h :

$$\frac{g_1}{g} = \frac{R^2}{(R+h)^2}$$

ou approximativement :

$$g_1 = g \left(1 - \frac{2h}{R} \right)$$

formule qui sert à calculer g_1 quand on connaît g et l'altitude.

On tire de l'équation précédente :

$$g = g_1 \left(1 + \frac{2h}{R} \right),$$

formule qui sert à calculer g quand on a déterminé g_1 à une altitude connue.

Variation de g avec la latitude. Le problème qui consiste à déterminer l'attraction d'un ellipsoïde sur un point extérieur ne laisse pas que d'être assez difficile. Aussi la formule exacte qui donnerait g en fonction de la latitude serait-elle fort compliquée. Heureusement, l'aplatissement polaire est très faible, et la vitesse de rotation de la terre est assez petite pour que la force centrifuge ne soit qu'une petite fraction de l'attraction. Il en résulte qu'on peut remplacer la formule exacte par une formule approchée, obtenue à l'aide de développements en séries dont on ne conserve que les premiers termes. C'est ainsi que Clairaut a établi la formule suivante, universellement employée par les géodésiens :

$$g = g' + \left(\frac{5}{2} q - \mu \right) g' \sin^2 \lambda$$

g désigne la pesanteur à la latitude λ, g' la pesanteur à l'équateur, μ l'aplatissement ou le rapport

$$\frac{R - R'}{R}$$

de l'excès du rayon équatorial sur le rayon polaire au rayon équatorial, aplatissement qui est d'environ 1/293 ; enfin, q représente le rapport de la force centrifuge à la pesanteur équatoriale :

$$q = \frac{\omega^2 R}{g'}$$

ω étant la vitesse angulaire de la terre égale à

$$\frac{2\pi}{86400}$$

si l'on prend la seconde pour unité de temps.

Mesure de g. Pour mesurer expérimentalement l'intensité de la pesanteur, on ne peut songer à employer la balance, car d'après la formule

$$\frac{P}{m} = g$$

les poids des corps sont proportionnels à leurs masses qui restent invariables, d'où il suit que deux poids égaux en un lieu de la terre ont la même masse et resteront égaux en tous lieux. Si donc un corps équilibre sur la balance une masse de cuivre marquée 1 kilogramme, il équilibrera partout la même masse de cuivre, et la variation commune des poids des deux corps ne sera en aucune façon décelée. Nous avons expliqué, à l'article PENDULE, comment on pouvait déduire g du nombre d'oscillations effectuées dans un temps donné par un pendule de longueur connue. Telle est, en effet, la seule méthode qui ait jamais été employée. Nous n'y reviendrons pas ici, et nous nous bornerons à signaler les principaux résultats obtenus. Les plus anciennes expériences, effectuées avec toute la précision désirable, sont celles de Borda, qui avaient été entreprises à l'occasion de l'établissement du système métrique. Borda voulut d'abord s'assurer que g a bien la même valeur pour tous les corps ; dans ce but, il avait disposé son pendule de manière que la sphère de métal qui le terminait pût être enlevée et remplacée par une autre de substance différente. La vérification fut aussi satisfaisante qu'on pouvait le désirer ; Borda trouva pour la valeur de g à Paris, réduite au niveau de la mer : $9^m,80882$. Ce nombre se trouve reproduit dans presque tous les traités de physique ; tout le monde le sait par cœur et pourtant il est en erreur de près de 1^{mm}. Déjà, en 1821, Biot et Arago avaient donné la valeur $9^m,8096$; les observations les plus récentes donnent, d'après M. Faye :

$$g = 9^m,8098$$

On déduit de cette valeur de g que la force centrifuge est à peu près la 290e partie de l'attraction terrestre. La force centrifuge est proportionnelle au carré de la vitesse angulaire, et 289 est le carré de 17. D'où cette remarque faite depuis longtemps que si la Terre tournait 17 fois plus vite, les corps ne pèseraient plus à l'équateur, car la force centrifuge y serait égale à l'attraction.

Depuis Borda, l'intensité de la pesanteur a été mesurée en une foule de stations diverses par un très grand nombre de géodésiens. Les dernières années sont particulièrement riches en expériences de cette nature. Les résultats moyens conduisent à la formule numérique suivante :

$$g = 9^m,7807 + 0^m,05129 \sin^2 \lambda$$

La pesanteur varie ainsi de $9^m,7807$ à l'équateur, à 9,8320 au pôle.

Les résultats individuels des observations s'accordent, dans leur ensemble, avec la formule de Clairaut ; ils présentent pourtant quelques écarts systématiques qui ont été mis en lumière par M. Faye, et qui révèlent une particularité géologique des plus importantes. Les observations faites sur des îles isolées au milieu de la mer donnent généralement des valeurs de g plus grandes que la formule de Clairaut. Ce fait tient à l'action exercée par l'île même sur laquelle on s'installe. Cette île étant, en effet, composée de matériaux plus denses que l'eau environnante, il est naturel que l'attraction dans son voisinage soit un peu plus forte que si elle n'existait pas. Quant aux observations effectuées sur les continents ou dans le voisinage des hautes montagnes, il semble qu'elles doivent être affectées d'une erreur analogue, les grands massifs continentaux ou montagneux exerçant une attraction locale qui doit augmenter la gravité. Aussi la règle suivie jusqu'à présent par tous les géodésiens est de retrancher du nombre observé la valeur de cette attraction locale telle qu'on croit pouvoir la calculer. Or il se trouve que les nombres corrigés sont presque toujours plus faibles que la formule de Clairaut ne l'indique, et que l'accord avec cette formule serait, au contraire, très satisfaisant si l'on ne faisait pas la correction. On ne peut se rendre compte de ces circonstances qu'en admettant une sorte de compensation qui se produirait juste au-dessous du fond des mers et dans les couches de peu de profondeur au-dessous des continents et des montagnes. Il faut qu'à partir du fond de la mer la densité de la masse terrestre aille en croissant beaucoup plus vite qu'au-dessous des continents. Or il est une cause physique qui explique aisément cette singulière distribution de densité. Le fond des mers est à une température voisine de 0° tandis qu'à la même profondeur, sous les continents, règne une température de 200° à 300°. La terre a donc dû se refroidir plus vite sous les océans que sous les continents, et cet excès de température au-dessous des continents est la cause de la plus faible densité des couches sous-jacentes, tandis que les couches situées au-dessous des mers, plus froides et plus contractées, offrent une densité supérieure. Si l'on admet l'hypothèse du feu central (V. GÉOLOGIE), on voit que la croûte terrestre doit présenter une épaisseur plus considérable au-dessous des mers que dans les régions continentales. On peut ajouter que par l'action du refroidissement continuel qui progresse plus vite au-dessous des mers, les bassins des océans ont une tendance à s'approfondir et les continents à se soulever de plus en plus. On pourra consulter sur ce sujet une note de M. Faye, imprimée dans les *Comptes rendus de l'Académie des sciences*, n° du 22 mars 1886.

Pesanteur à l'intérieur du globe. On démontre, en mécanique, que l'attraction d'une couche ellipsoïdale homogène sur un point intérieur est nulle. Il suit de là que si on pénètre à l'intérieur du globe, on ne subira plus l'attraction des couches qui ont au-dessus laissées au-dessus de soi. Mais la loi suivant laquelle la pesanteur varie avec la profondeur dépend essentiellement de la distribution des densités du centre à la surface, et cette loi est inconnue. Du reste, on n'est jamais descendu à des profondeurs suffisantes pour traiter la question expérimentalement; aussi nous ne nous y arrêterons pas davantage. Disons seulement que si la terre était homogène, la pesanteur à l'intérieur décroîtrait proportionnellement à la distance au centre. On trouvera dans les *Mémoires de l'Académie des sciences et lettres de Montpellier*, section des sciences, t. III, 1855, un intéressant mémoire, de E. Roche, sur ce sujet.

Déviation des graves vers l'est. La détermination exacte de la trajectoire d'un corps tombant en chute libre d'une grande hauteur, sans vitesse initiale, est un problème de mouvement relatif qui se traite facilement par l'application du théorème de Coriolis. On trouve que le corps se meut dans le plan méridien et tombe à l'est de la verticale du point de départ. Ce résultat s'explique très aisément. Au début de la chute, le corps est animé d'une vitesse horizontale due au mouvement de la terre. Cette vitesse est dirigée suivant le parallèle, de l'ouest à l'est et elle est *plus grande* que la vitesse analogue du point du sol qui se trouve juste au-dessous de lui parce que celui-ci est plus près de l'axe de rotation. Pendant la durée de la chute, cette vitesse horizontale se conserve et le corps décrit ainsi, dans le sens du parallèle, plus de chemin que le point qui était au-dessous de lui; il vient donc tomber *en avant*, est-à-dire à

l'est de ce dernier point. Cette déviation peut être calculée facilement pour une latitude et une hauteur de chute données. L'expérience a toujours été d'accord avec le calcul. Citons, en particulier, les expériences effectuées par M. Reich dans les mines de Freyberg, à la latitude de 51°. La hauteur de chute étant de 158^m,5, la déviation était de 0^m,0276.

La variation de l'intensité de la pesanteur avec la latitude et l'accord général des nombres observés avec ceux qu'on déduit de la théorie, constituent l'une des plus belles vérifications, *à posteriori*, de la réalité du mouvement de rotation de la terre et de la loi de la gravitation universelle. La déviation des graves vers l'est est encore une très belle preuve du mouvement de la terre, mais elle n'a pas de relation avec la loi de Newton. Ces vérifications sont d'autant plus remarquables qu'elles reposent sur des expériences effectuées à la surface même de la terre, et n'exigent pas d'autres observations astronomiques que celles qui sont nécessaires à la détermination de la latitude. — M. F.

PÈSE-ACIDE, PÈSE-ESPRIT. T. de phys. Aréomètres à volume variable et à poids constant qui, flottant sur un liquide, en indiquent la densité relative, le degré, le titre, la richesse et, par suite, la valeur commerciale. Les aréomètres de Baumé sont nommés *pèse-acide* ou *pèse-esprit*, suivant qu'ils sont destinés aux liquides plus lourds ou plus légers que l'eau (Pour la description, la graduation et l'emploi de ces instruments, V. ARÉOMÈTRE).

Au pèse-acide.

L'acide sulfurique du commerce marque. . . .	66°
— azotique du commerce marque.	36°
— chlorhydrique du commerce marque. .	26°

Au pèse-esprit.

La dissolution aqueuse d'ammoniaque marque.	22°
L'alcool absolu	44°
L'éther sulfurique.	56°

(Pour la correspondance entre les aréomètres de Baumé, de Cartier et l'alcoomètre centésimal de Gay-Lussac, V. ALCOOMÉTRIE).

L'*eau-de-vie ordinaire* marque 19° Cartier; l'*eau-de-vie forte* 21 à 22°. Au delà, les produits alcooliques portent le nom d'*esprits*. La proportion d'eau qu'ils contiennent s'exprime par la différence des deux termes d'une fraction; c'est la quantité d'eau qu'il faut ajouter à 3 volumes d'un *esprit* pour le ramener à l'état d'eau-de-vie ordinaire à 19° Cartier. Esprit 3/5, alcool à 29° 1/2 Cartier, parce qu'en prenant 3 volumes de ce liquide et y ajoutant 2 volumes d'eau, on a 5 volumes d'eau-de-vie à 19°. De même, esprit 3/6, alcool à 33°, dont 3 volumes mélés à 3 volumes d'eau donnent 6 volumes d'eau-de-vie ordinaire. De même pour les esprits 3/7 et 3/8 alcools à 35 et 36°.

Esprit rectifié, alcool à 36° (90 alcoom.); *esprit absolu* (alcool à 44° Cart.) (100° alcoom.). On tend à remplacer partout, dans le commerce comme dans la régie, les divers aréomètres Baumé, Cartier et autres, par l'alcoomètre centésimal de Gay-

Lussac, qui offre toutes les garanties d'exactitude. — C. D₁

PESÉE. Opération qui consiste à déterminer le poids d'un corps. Les pesées s'effectuent généralement à l'aide de la balance; mais on emploie aussi des appareils variés, fonctionnant par l'élasticité d'un ressort ou le déplacement d'un levier, et nommés *pesons, pèse-lettres,* etc. (V. ces mots). Pour déterminer le poids d'un corps avec toute la précision désirable, Borda a imaginé une méthode fort simple et très ingénieuse, nommée méthode de la *double-pesée.* — V. BALANCE. ‖ Effort que l'on fait sur un bras de levier ou sur un cordage pour soulever un corps, forcer une porte, etc.

* **PÈSE-GRAINS.** — V. BALANCE, § *Balance pèse-grains.*

* **PÈSE-JUS.** Aréomètre qui, plongé dans le jus de la betterave, marque, en dixièmes de degré, la qualité de ce jus. C'est sur ses indications qu'on estime la quantité de sucre de la betterave.

Un petit thermomètre, placé dans l'éprouvette contenant le jus, sert à déterminer la correction relative à la température.

* **PÈSE-LAIT.** Syn.: *lactomètre* ou *galactomètre. T. de phys.* Instrument destiné à indiquer en dixième la quantité d'eau ajoutée à un lait. C'est un *aréomètre* (V. ce mot) de forme analogue à ceux de Baumé, mais plus gros. On le gradue de la manière suivante : plongé dans un lait de très bonne qualité, il doit s'y enfoncer seulement jusqu'à l'origine de la tige et on marque 0 au point d'affleurement. On fait ensuite un mélange de 1/10 d'eau et de 9/10 de lait pur, et on marque 1/10 au point d'affleurement. De même, pour les mélanges de 2/10 d'eau et 8/10 de lait; 3/10 d'eau et 7/10 de lait; 4/10 d'eau et 6/10 de lait; 5/10 d'eau et 5/10 de lait; on marque aux points d'affleurement respectifs 2/10, 3/10, 4/10, 5/10. L'emploi de l'instrument est facile à comprendre d'après cela; mais plusieurs causes le rendent peu sûr et même défectueux.

* **PÈSE-LETTRES.** — V. BALANCE, § *Balance pèse-lettres.*

PÈSE-LIQUEUR *de Cartier.* Instrument analogue au *pèse-esprit* de Baumé, indiquant la quantité d'alcool que contient un mélange d'eau et d'alcool (on se sert, à cet effet, beaucoup plus avantageusement de l'alcoomètre centésimal de Gay-Lussac). On construit aussi des *pèse-liqueurs* particuliers à chaque liqueur alcoolique; mais ils sont gradués empiriquement par un procédé analogue à celui qui est indiqué pour les *pèse-sels.* (Pour la correspondance entre le *pèse-liqueur* de Cartier, le *pèse-esprit* de Baumé et l'*alcoomètre centésimal* de Gay-Lussac, V. ALCOOMÉTRIE.) — C. D.

* **PÈSE-MOÛT.** Instrument (aréomètre) qui sert à évaluer la densité relative du moût de raisin (vin non encore fermenté). Sa graduation est celle du pèse-acide.

* **PÈSE-NITRE, PÈSE-SELS CENTÉSIMAUX.** Aréomètres destinés à évaluer la quantité de nitre ou de sel en dissolution dans l'eau. On gradue ces instruments d'après une méthode analogue à celle que Gay-Lussac a employée pour son alcoomètre. On fait dissoudre 5, 10, 15, 20..... grammes de sel respectivement dans 95, 90, 85, 80.... grammes d'eau. On plonge l'instrument successivement dans ces mélanges types et l'on marque sur la tige 5, 10, 15, 20... degrés, aux divers points d'affleurement; puis on partage les intervalles en cinq parties égales. L'instrument ainsi gradué étant plongé dans une dissolution aqueuse du même sel, donnera en centièmes, à la simple lecture, le poids du sel en dissolution. Pour plus d'exactitude, l'opération d'essai doit être faite à la même température que celle de la graduation (15°), sinon, il faut faire une table de correction pour les diverses températures. Cela suppose toujours qu'il n'y a dans la dissolution aucune matière étrangère au sel. Mais l'inconvénient de cet instrument c'est qu'il ne peut servir que pour le sel employé à la graduation. Il faut donc un instrument particulier pour chaque sel ou au moins une graduation distincte sur la tige de l'aréomètre.

Le mélange des eaux de lavage méthodique des terres salpêtrées doit marquer, avant de les porter à la cuite, 12° à l'aréomètre (pèse-nitre). D'autre part, avant de mettre la dissolution salpêtrée dans les cristallisoirs, il faut que, refroidie à 88°, elle marque 67 à 68° à l'aréomètre.

* **PÈSE-SIROP.** *T. de phys.* Aréomètre destiné à indiquer la quantité de sucre que renferme une dissolution aqueuse de cette substance. On le gradue empiriquement comme le *pèse-sel*, mais on suppose, dans tous les cas, que la dissolution ne renferme que du sucre cristallisable; dans le cas contraire, l'instrument donnerait des indications erronées.

* **PÈSE-VIN.** Aréomètre qui sert à évaluer la densité des vins, comparée à celle de l'eau. Les vins du Midi (Hérault) se vendent au poids qu'on évalue à l'aide du *pèse-vin.* Densité : vin de coupage, 0,999; vin rouge de plaine, 0,994; *vin rouge* de coteaux, 0,999; *vin rouge* doux, 1,089. L'essai *des vins* se fait avec l'alambic de Salleron. — V. ALCOOMÉTRIE.

* **PÈSE-VINAIGRE.** C'est le pèse-acide de Baumé.

PESON. *T. de phys.* Instrument peu précis, mais commode et portatif, servant à peser les corps dont le poids n'excède pas quelques kilogrammes. 1° *peson à contrepoids,* principe de la balance romaine (V. BALANCE); 2° *peson sans contrepoids,* principe du pèse-lettres (V. BALANCE, § *balance pèse-lettres*); 3° *peson à ressort* fondé sur le principe de l'élasticité des lames ou des ressorts cylindriques d'acier. *Peson triangle, peson cylindrique* (fig. 81). L'usage en est facile à saisir. L'instrument est tenu à la main par l'anneau supérieur A; le corps à peser, attaché au crochet C fait fléchir le ressort, et on lit le poids sur la graduation qui a été faite sur la partie fixe. Il y a aussi le *peson à cadran* (fig. 82) composé d'un ressort cintré en acier R, fixé à une de ses extrémités et dont l'autre est attachée à une crémail-

Fig. 81.
Peson à ressort cylindrique.

Fig. 82.
Peson ou romaine à cadran.

lère c qui engrène sur un pignon p, dont l'axe porte l'aiguille A se mouvant sur le cadran.

|| On donne aussi le nom de *peson* à un petit plomb que les fileuses attachent au bas de leur fuseau, pour qu'il se tienne vertical et rende le mouvement de rotation plus durable et plus uniforme. — C. D.

* **PESSON.** *T. techn.* Outil qu'on nomme aussi *palisson*, au moyen duquel les peaussiers ouvrent et préparent les peaux.

* **PESTUM.** *T. techn.* Outil de menuisier à un ou deux fers pour faire des moulures en doucine.

PÉTARD. *T. d'artif.* Pièce d'artifice à déflagration bruyante et détonante, composée d'un cylindre en cartonnage rempli de poudre tassée, fermé aux deux extrémités par une ligature et amorcé par un bout avec un brin de mèche à étoupille ; le pétard est fort employé dans les feux d'artifices de réjouissance et utilisé également dans les manœuvres et écoles à feu de l'artillerie pour simuler l'éclatement des projectiles. || Boîte en bois ou en métal, remplie de poudre et amorcée avec un bout de cordeau Bickford, dont on a fait usage pour faire sauter les portes des villes, des barrières, etc. || *Pétard de cavalerie.* Cartouche de 100 grammes de dynamite dont l'enveloppe prismatique est métallique et composée d'une feuille de fer-blanc dont les bords se recouvrent sans être soudés ; l'un des bouts est terminé par un petit tube destiné à servir de logement à l'amorce fulminante. || En *t. de min.*, petit fourneau de mine qu'on établit pour l'extraction ou l'excavation du roc ou de la maçonnerie. || *T. de chem. de fer.* Les pétards ne sont pas seulement utilisés comme jouets ; ils sont d'un usage fréquent et précieux dans l'exploitation des chemins de fer. Dans ce cas, ils sont formés de petites boîtes discoïdales que l'on fixe par une griffe sur les rails et qui éclatent sous la pression des roues d'un véhicule, circulant sur la voie. Chaque pétard doit être remplacé lorsqu'il a été écrasé, si la cause qui avait motivé son emploi subsiste. Les pétards sont employés lorsqu'on

ne peut rester sur la voie pour faire, avec la lanterne ou le drapeau, les signaux d'arrêt ; on les utilise encore, en cas de brouillard, quand les signaux faits à la main ne peuvent être aperçus à une distance de 100 mètres par les mécaniciens. On place toujours au moins deux pétards, un sur chaque rail, afin qu'il y en ait toujours un qui puisse être écrasé, quand la voie est en courbe et que, malgré le surhaussement, l'une des roues n'adhère pas au rail. A toute explosion de pétards sur la voie qu'il parcourt, le mécanicien doit, sans hésitation, se rendre maître de la vitesse de son train de manière à s'arrêter dans l'étendue de la voie qu'il a en vue ; s'il n'aperçoit aucun obstacle, il continue lentement sa marche et ne reprend sa vitesse qu'après avoir parcouru au moins 1 kilomètre avec cette allure ralentie.

Les pétards servent encore de moyen de contrôle quand on veut s'assurer qu'un disque d'arrêt absolu n'a pas été franchi par les mécaniciens ; l'axe du disque porte une tige qui vient placer un pétard sur la voie pendant tout le temps que le disque commande l'arrêt.

* **PETIET** (JULES, 1813-1871). Ingénieur civil, l'un des fondateurs de la Société des ingénieurs civils de France, et le troisième directeur de l'École centrale des arts et manufactures. Il était petit-fils de Petiet le ministre de la guerre sous le Directoire, dont Napoléon Ier fait l'éloge dans ses mémoires (*Correspondance de Napoléon*, t. XXIX, p. 294).

Petiet entra à l'École centrale en 1829 ; il y fit de fortes études et en sortit trois ans après avec deux diplômes, celui de métallurgiste et celui de constructeur.

Dès sa sortie, M. Paulin Talabot le plaça dans les travaux de construction d'une écluse du canal d'Aigues-Mortes, il y resta peu de temps et s'attacha, en 1834, à cet ingénieur dont il devint bientôt le collaborateur et dont il est resté l'ami pendant le reste de sa vie.

Le puissant concours de Petiet fit prendre bientôt un développement considérable aux travaux d'un groupe formé de jeunes ingénieurs, tous sortis de l'École centrale, et dont la place s'est affirmée depuis au premier rang dans la profession d'ingénieur civil.

Le domaine des applications du génie civil était alors presque fermé par l'Administration publique à l'industrie et aux ingénieurs civils.

Les chemins de fer n'existaient pas encore. Restaient les applications à l'industrie. La fabrication du fer commençait une transformation qui réclamait le concours des ingénieurs ; les ateliers de construction, l'éclairage des villes par le gaz, les distributions d'eau s'offraient presque seules à l'activité de cette nouvelle profession.

Dix ans de la vie de Petiet se passèrent alors, avec Flachat, en luttes pour disputer inutilement à l'État le domaine qu'il s'était exclusivement réservé dans les travaux publics. Ses études sur les canaux et les docks sont restées des types (1),

(1) *Rapport sur le canal du Rhône au Rhin*, in-4o, 1841 ·*Rapport sur le canal de Berry*, in-4o, 1841.

et la triste histoire de ces entreprises y est prédite, comme s'il avait eu conscience de l'avenir. Cette lutte ne fut cependant pas du temps absolument perdu et, quand vint la grande découverte des chemins de fer, Petiet avait acquis toute l'expérience nécessaire pour prendre résolument la direction de ces vastes entreprises.

C'est de cette période de dix années de travail que datent les premières applications de l'air chaud à la fabrication de la fonte, de l'utilisation des flammes perdues des hauts-fourneaux au chauffage de l'air (Niederbronn, 1834-1836) ; de l'installation du puddlage à la houille et des laminoirs dans les forges à marteaux de la Meuse et du Cher (Abainville, Chehery, Vierzon, 1836-1840).

L'ensemble de ces travaux se résume dans le *Traité de fabrication de la fonte et du fer*, qui fut publié par Petiet, Barrault et Flachat (1846), dans le but de faciliter aux ingénieurs la voie si rude à parcourir qui venait d'être frayée.

Petiet s'était, dès l'origine, occupé de l'étude des chemins de fer. Il avait publié, en collaboration avec Flachat, une étude sur l'avance du tiroir, qui était un petit chef-d'œuvre et qui fut présenté à l'Institut par le célèbre Arago. Préoccupé des moyens de proportionner l'activité de la combustion dans les foyers des locomotives aux variations du travail, il avait signalé les avantages d'un échappement variable et publié une disposition d'appareil dans ce but. Il préludait ainsi au progrès qu'il devait réaliser plus tard dans les effets à obtenir de la machine. Il était alors, de tous ses camarades, le plus avancé lorsqu'il entra, le 20 juin 1842, comme ingénieur chargé de l'exploitation au chemin de fer de Paris à Versailles (rive gauche). Cette Compagnie avait été discréditée et ruinée par l'accident tristement célèbre du 8 mai de la même année; il fallait du courage pour en prendre la direction le lendemain de circonstances aussi graves.

Le principal trait de la vie de Petiet est, certainement, la création de cette grande exploitation du chemin de fer du Nord qu'il fut appelé à diriger. Le caractère principal qu'il lui a donné a été l'activité par le progrès technique, et l'ordre par un labeur administratif infatigable.

Bien secondé par la confiance des administrateurs, par le concours des camarades et amis des premiers jours, qu'il avait appelés à lui, il a conduit résolument cette entreprise dans une voie de prospérité et de progrès continus. Il étudia à fond tous les intérêts, toutes les questions commerciales, et cela avec une grande rectitude d'esprit et une forte initiative dans le sens du développement du trafic, de la sécurité de la circulation, de l'économie des transports et de l'ordre qui, seul, permet de compter et de connaître la situation des affaires que l'on conduit.

Ce qu'il y a de plus remarquable dans les progrès que Petiet a fait faire aux chemins de fer, c'est le peu de souci qu'il avait pour le côté brillant des inventions dans les applications de la science. Sa rectitude de jugement ne lui faisait envisager que le but pratique. L'économie conseillait la substitution de la houille au coke pour la consommation des machines, il l'entreprit dès 1853; aujourd'hui elle est générale. Ce fut par les agrandissements successifs des foyers qu'il y parvint.

La clef de tout cela était, avec une profonde connaissance de l'instrument qu'il avait dans la main, une puissance de ressources qui fit de lui l'administrateur le plus intelligent et le plus hardi. Sa méthode était d'ailleurs sûre parce que Petiet faisait de la statistique un usage très étendu et très fécond; il donnait l'exemple à ses chefs de service, il entrait dans les détails, mais toujours en les rattachant à l'ensemble. Personne n'était plus prêt que lui sur les chiffres, il se servait avec une extrême exactitude de la règle à calcul, son travail était d'une rapidité et d'une sûreté surprenantes.

Cette incarnation réelle de toutes les données générales et détaillées qui composaient l'entreprise qu'il dirigeait, lui donnait le moyen d'en dominer de très haut tous les mouvements et les intérêts. Il tenait en estime particulière les notions techniques. Il les exigeait dans les services de la traction et de l'entretien du matériel; il fut le premier à faire entrer des ingénieurs dans le service du mouvement et il eut toujours à s'en féliciter. En toutes circonstances, il a aidé la Compagnie du Nord à conserver la plus grande somme d'indépendance et cela, en la tenant d'abord en tête de toutes dans les services à rendre aux intérêts publics et puis en la montrant plus active, plus utile que celles sur lesquelles l'Administration avait mis la main, après avoir exigé d'elles des sacrifices au-dessus de leurs forces.

Aussi le réseau du Nord a-t-il échappé à la crise qui, depuis l'origine de la construction du second réseau, a toujours pesé sur les cinq autres, sans qu'on puisse en entrevoir la fin.

Pendant les premières années de l'installation et de l'exploitation du chemin de fer du Nord, Petiet fut nommé, pour ses services, chevalier de la Légion d'honneur et, plus tard, officier de cet ordre.

En 1840 et en 1851, Petiet publia, avec Polonceau, Le Chatelier et Flachat, les *Guides du mécanicien, constructeur et conducteur de machines locomotives* dont les éditions successives ont largement profité de son concours.

N'oublions pas de mentionner les services qu'il a rendus à la Société des Ingénieurs civils qu'il a présidée pendant les années 1853 et 1864; son concours zélé le range parmi les fondateurs de cette association qu'il a puissamment soutenue par son influence, ses travaux et une contribution libérale de sa fortune.

Nous arrivons à la période de l'existence de Petiet où la prospérité de l'entreprise qu'il dirigeait lui permit d'associer à sa direction celle de l'Ecole centrale des arts et manufactures. Le groupe d'amis fidèles qui l'entourait était heureux de seconder cette résolution en veillant de plus près encore aux intérêts qui leur étaient confiés. Petiet se voua, en effet, à cette nouvelle tâche avec une ardeur et un dévouement qui devaient abréger sa vie. De son côté, l'Ecole ne tarda pas à se ressentir de l'influence de cet esprit éminemment pratique. Petiet avait à peine pris possession de ses nouvelles fonctions, qu'il reconnût aussitôt de quel côté devaient se tourner ses efforts. Depuis la fondation de l'Ecole d'ailleurs, le système de son enseignement avait été l'objet de la constante sollicitude du conseil des études et des précédentes directions.

La guerre avec l'Allemagne vint le surprendre au milieu d'une si noble tâche. La profonde stupéfaction dans laquelle nous plongèrent nos échecs, la ruine de notre dignité, la perte de notre suprématie, le désespoir qui envahissait les âmes ne parurent pas éteindre son courage; il n'acceptait pas cette situation : soit qu'il protestât intérieurement contre elle, soit que l'effort pour rester inébranlable sur tant de ruines fût au-dessus des forces humaines, il s'éteignit rapidement et disparut au moment où il eut été peut-être le plus nécessaire. — A. M.

PETIT. Qui a peu de volume, qui est de faible dimension; en t. d'impr., on nomme petit-œil les lettres et les caractères dont l'œil est plus faible que la force ordinaire du corps ne le comporte; parmi les caractères, on distingue : le petit romain, le petit canon, etc. — V. Caractères d'imprimerie. || T. de constr. Petits bois. Montants et traverses dans lesquels on fait entrer les verres des châssis de croisées; les fers à feuillures qui ont le même emploi, sont nommés petits fers. || Petit-gris. — V. Fourrure.

*PETIT (Alexis-Thérèse). Physicien distingué; né à Vesoul le 2 octobre 1791, mort à Paris le 21 juin 1820. On assure qu'à l'âge de 10 ans, Petit possédait les connaissances requises pour être admis à l'Ecole polytechnique. Il y entra à 16 ans, au premier rang, et en sortit en 1809, dans des conditions de supériorité telles qu'il fut mis hors ligne; exemple unique dans les annales de l'Ecole. Petit fut aussitôt nommé répétiteur d'analyse (1810), puis de physique à cette Ecole, fut chargé de professer la physique au Lycée Bonaparte; fut reçu docteur ès-sciences en 1811. Lors de la réorganisation de l'Ecole polytechnique, en 1815, il fut nommé professeur titulaire de physique. Il mourut à l'âge de 29 ans d'une maladie de poitrine. Malgré la brièveté de sa vie, Petit a laissé des travaux qui ont marqué dans la science; par exemple : Mémoire sur les variations que le pouvoir réfringent d'une même substance éprouve dans les différents états d'agrégation qu'on peut lui donner par l'effet gradué de la chaleur (en commun avec son beau-frère Arago) (1814), inséré dans les Annales de physique (1814); Mémoire sur les puissances réfractives et dispersives de certains liquides et des vapeurs qu'ils forment (lu à l'Institut le 11 décembre 1815, en commun avec Arago); inséré dans les Annales de chimie et de physique (1816); Mémoire sur l'emploi du principe des forces vives dans le calcul des machines (1818); Recherches sur la mesure des températures et sur les lois de la communication de la chaleur, (1818) (avec Dulong); mémoire qui fut couronné par l'Acadé-

mie des sciences; Mémoire sur la puissance réfractive des gaz; Mémoire sur la dilatation des gaz et des liquides; Recherches sur les chaleurs spécifiques des gaz (avec Dulong). Il résulte de ces dernières recherches, cette conséquence remarquable (qui porte le nom de Loi de Dulong et Petit): le produit de la capacité calorifique d'un gaz par son poids atomique est un nombre constant; ou, en d'autres termes, il faut la même quantité de chaleur pour échauffer d'un degré un atome de chaque corps simple. — C. D.

*PETITOT (Jean). Peintre en émail, né à Genève en 1607. Sa famille, originaire de Bourgogne, et chassée de France pendant les guerres de religion, comptait plusieurs artistes, sculpteurs et ébénistes d'art, parmi lesquels Jean Petitot, père du peintre, qui était sculpteur estimé. Le jeune Petitot fut d'abord placé chez un bijoutier où on le chargea spécialement des parties émaillées qui étaient alors à la mode dans les bijoux. Son maître, Pierre Bordier, remarqua ses heureux essais et s'associa bientôt avec lui pour peindre des portraits en émail, qu'ils réussirent parfaitement, malgré l'insuffisance de leurs moyens, et notamment l'absence de plusieurs couleurs qu'ils n'avaient pu réussir au feu. Petitot, dans cette association, peignait les têtes et les mains, Bordier les cheveux, les draperies et les fonds. Pour se perfectionner dans leur art, les deux artistes passèrent quelques années en Italie, se firent donner, par d'habiles chimistes, le secret des couleurs qui leur manquaient encore, et purent enfin fournir en France toute la mesure de leur talent. Petitot travailla, avec les Toutain, habiles orfèvres de Chateaudun et de Blois, à un ouvrage important qui acheva de le mettre en vue. C'est donc déjà en possession d'une réputation méritée qu'il arriva à Londres, et fut nommé orfèvre de la cour de Charles Ier. Petitot se fit en Angleterre deux amis qui devaient décider de sa carrière : Th. Turquet de Mayerne, médecin du roi et habile chimiste, qui lui donna des couleurs bien autrement brillantes et agréables que tout ce qu'avaient produit jusque là Venise et Limoges, et Van Dyck, qui l'encouragea à se livrer entièrement à l'art, et à quitter l'orfèvrerie pour la peinture du portrait sur émail; depuis, il ne cessa de produire des chefs-d'œuvre qui le conduisirent rapidement à la fortune. Charles Ier l'avait créé chevalier et lui avait donné un logement à White-Hall. Mais après la mort de ce prince, l'artiste dut revenir en France, fut reçu par Louis XIV avec beaucoup d'honneur et retrouva la situation qu'il venait de perdre en Angleterre. Logé au Louvre, pensionné par le roi, il paraissait assuré de la gloire et de la tranquillité, lorsque la révocation de l'édit de Nantes vint briser sa carrière; il refusa d'abjurer, demanda vainement la permission de se retirer à Genève, et, ayant envoyé à Louis XIV mémoire sur mémoire, et ayant tenté vainement de passer en Suisse, il ne réussit qu'à se faire enfermer au Fort-l'Evêque, où il ne tarda pas à tomber malade. Bossuet envoyé par le roi pour tenter une conversion qu'on espérait arracher à un vieillard affaibli ne put réussir, mais on obtint que Petitot signât la *Déclaration*. Remis en liberté, il protesta aussitôt contre une signature arrachée à la force, se mit sous la protection du Conseil de la ville de Genève, où il parvint enfin à se réfugier. Peu après il se retira à Vevey, s'y trouvant plus en repos, et il mourut là en 1691, d'une attaque d'apoplexie, lorsqu'il travaillait à un portrait de sa femme qui dénote chez lui, malgré son grand âge, une sûreté de main extraordinaire.

Il s'était marié en 1651 avec une jeune fille de Blois, Marguerite Cuper, dont il eut dix-sept enfants; Jacques Bordier, parent de Pierre et élève de Petitot, avait épousé Madeleine, sœur de Marguerite, et il resta son collaborateur et son ami jusqu'à sa mort, en 1684. Un de ses descendants, Henri Bordier, a entrepris de rendre à son ancêtre et à Jean Petitot la part qui leur est due dans l'histoire de l'art français. Il a inséré une très intéressante notice en tête de l'ouvrage publié sur les émaux de Petitot que possède le musée du Louvre.

L'œuvre connue de Petitot se compose d'environ cent pièces dont les plus remarquables, qui ont été faites pendant son séjour en France ne portent ni signature, ni marque d'aucune sorte qui permette d'établir l'identité du peintre et du modèle. Mais on met facilement des noms sur ses portraits, parce qu'ils sont tous des reproductions de tableaux connus; Petitot ne travaillait jamais d'après nature. En Angleterre, il a surtout copié Van Dyck qui était le peintre à la mode et son ami; son chef-d'œuvre à cette époque paraît être la *Comtesse de Southampton*, fait en 1642. En France, ses portraits de *Richelieu* et de *Mazarin*, d'après Philippe de Champaigne et celui de la *Marquise de Maintenon* paraissent être ce qu'il a fait de plus remarquable. Il a aussi copié des tableaux, et sa *Famille de Darius*, d'après Lebrun, est un chef-d'œuvre. Malheureusement, on détruisit stupidement beaucoup de ses émaux pour s'emparer de la feuille d'or sur laquelle ils étaient fondus. Néanmoins peu d'artistes ont laissé à la postérité tant d'œuvres de valeur. Le Louvre en possède un très grand nombre, de même que les musées d'Angleterre et de Russie. On y remarque surtout la finesse du dessin, l'expression et la vérité des physionomies, la vivacité et l'harmonie des couleurs, qui ont fait un art de ce qui n'était jusqu'alors qu'un métier; les portraits sont de plus un précieux document historique, car ils représentent la plupart des personnages connus de l'époque. Il fallait d'ailleurs que Petitot fût estimé comme un véritable artiste dans une branche de l'art regardée comme inférieure, puisqu'il avait été reçu membre de l'Académie de peinture, sur la présentation d'un portrait du roi d'après Lebrun. Il fut rayé des registres lors de la révocation de l'édit de Nantes.

* **PETITOT** (Pierre). Statuaire, né à Langres en 1751, mort à Paris en 1840. Grand prix de Rome de 1788, pensionnaire des états de Bourgogne, il envoya d'Italie une copie du *Gladiateur*, morceau très remarqué, actuellement au musée de Dijon.

Il vécut très difficilement pendant la période révolutionnaire, mais dès le commencement du siècle il se fit connaître par des ouvrages estimés: *La Concorde*, statue assise sur un char; le *Génie français*, qui lui valut, en 1804, un prix de 3,000 francs; *La mort de Pindare*, groupe (1812); l'*Amitié* (1814); *La Guerre et la Victoire*; l'*Histoire et la Paix* pour la décoration d'un pendentif du Panthéon; *Le triomphe de Bacchus et d'Ariane* (1815) et *Marie-Antoinette* (1819) pour l'église de Saint-Denis.

* **PETITOT** (Louis-Messidor-Lebrun). Statuaire, fils du précédent, né à Paris en 1794, mort dans la même ville en 1862, fut élève de Delaistre, puis de Cartellier, dont il épousa la fille. Il remporta très jeune le grand prix de Rome (1814) avec un très beau morceau, *Achille retirant la flèche de sa blessure*. De retour à Paris, il exposa, en 1819, un *Ulysse lançant le disque*, commandé par le duc d'Albe, mais qui fut acheté par le roi Louis XVIII pour le palais de Fontainebleau. Il envoya successivement aux expositions un *Saint-Jean-Baptiste* (1822) et un *Jeune chasseur piqué par un serpent* (1824) placé au musée du Luxembourg. Il devint dès lors un des sculpteurs officiels les plus féconds, et fournit à l'État plus de vingt statues ou groupes, et un très grand nombre de bustes. On lui reproche une précipitation qui le conduisit souvent à la banalité et à des incorrections de dessin. Pourtant on doit lui reconnaître un réel mérite; son œuvre principale est le beau monument élevé au souvenir de Louis Bonaparte, roi de Hollande, dans l'église de Saint-Leu; il avait été choisi par le roi lui-même pour le travail. On lui doit encore, parmi ses œuvres les plus estimées: *Saint-Maurice* à l'église Saint-Sulpice (1827); *Louis XIV*, à Caen; *Un pèlerin calabrais et son enfant implorant la Madone*, groupe acheté par le musée du Luxembourg; *Louis-Philippe distribuant les drapeaux à la garde nationale* (1831), bas-relief à la chambre des députés; *Louis XIV*, en bronze, statue équestre pour la cour d'honneur du château de Versailles; le cheval est de son beau-père Cartellier; des statues allégoriques pour le pont des Saints-Pères, pour le nouveau Louvre, pour la place de la Concorde. Nous citerons parmi les bustes, ceux de *Laffitte, Perrier, Fontaine, Cartellier, Guizot, Thiers, Moncey* au musée de Versailles, l'ingénieur *Alexis Legrand*, à l'École des ponts et chaussées. Petitot avait remporté une deuxième médaille en 1823, une première en 1826, membre de l'Institut en 1835, en remplacement de Roman, professeur aux Beaux-Arts en 1845; chevalier de la Légion d'honneur depuis 1828, il avait été promu officier en 1850.

PÉTRIFICATION. — V. Incrustation, II.

PÉTRIN. Grand coffre de chêne dans lequel on fait le *pétrissage* de la pâte du pain, ou appareil mécanique destiné à la même opération. — V. Panification.

PÉTRISSAGE. Action de pétrir et qui consiste à détremper une substance et la malaxer avec un liquide pour la mettre en pâte. — V. Malaxage.

Ce mot s'emploie plus particulièrement dans la fabrication de la pâte à pain, qui se fait à bras ou mécaniquement à l'aide de pétrins. Dans le cas du pétrissage à bras, l'opération se divise en trois temps nommés : *délayage*, *frase* et *contre-frase* que nous avons décrits à l'article PANIFICATION où se trouvent également étudiés les divers types de pétrins mécaniques que l'on utilise actuellement. Quel que soit le procédé employé, le but à atteindre est de mélanger intimement la farine au sel et au levain délayé, dans la quantité d'eau nécessaire à toute la pâte.

PÉTRISSEUR. *T. de mét.* Ouvrier boulanger qui pétrit la pâte. || Pétrin mécanique.

PÉTROLE. *T. de chim. et de techn.* Syn. : *naphte*, *petroleum*, *rockoil*, *steinœl*. Produit liquide, plus ou moins trouble, de toucher gras, de coloration brun rougeâtre par transparence, et de coloration verte variable par réflexion ; très rarement transparent et jaunâtre, lorsqu'il n'a pas été raffiné. Il a une odeur désagréable et pénétrante, parfois alliacée, comme pour celui qui vient du Canada ; il est insoluble dans l'eau, d'une densité variant de 0,78 à 0,883, excepté pour celui d'Egypte qui peut atteindre jusqu'à 0,935, mais devient alors un véritable goudron minéral.

HISTORIQUE. Le pétrole est connu depuis plus de 2,500 ans ; Hérodote parle des sources de l'île de Zante, Pline mentionne celui d'Agrigente en Sicile, que l'on brûlait dans les lampes ; les sources de la côte occidentale de la mer Caspienne, près Baku, dans la presqu'île d'Apscheron, où des flammes gigantesques s'échappant des tours construites pour recevoir l'huile minérale sortant de terre, et servant de phares aux navigateurs, étaient également célèbres.

L'Italie, la Perse, l'Inde, Java, l'Amérique du Nord possèdent depuis des siècles des sources de pétrole qui sont connues, et leurs produits étaient utilisés comme agents thérapeutiques ; mais ce n'est que vers le milieu de notre siècle que l'on eut l'idée d'employer le pétrole, ou ses homologues, comme combustible ou surtout comme huile d'éclairage. En 1832, un Français, M. Selligues, sépara des schistes d'Autun, par distillation, un liquide qui, exigeant pour sa combustion une lampe à disposition spéciale, amena des recherches nombreuses et la construction de brûleurs particuliers. En 1847, M. J. Young, de Glasgow, obtint aussi par distillation du boghead et du cannel-coal, des huiles éclairantes, qui se répandirent d'autant mieux que l'on pouvait en obtenir des quantités abondantes, ce que ne donnaient pas les schistes d'Autun, et que l'on possédait les lampes nécessaires à la combustion de ces produits. Enfin, en 1853, Drake ayant vu à New-York un échantillon de pétrole venant de Venango (Pensylvanie) et remarqué l'analogie de ce produit avec les huiles de boghead d'Écosse, eût l'idée de rechercher dans le territoire américain des sources de pétrole. Des essais imparfaits, exécutés de 1853 à 1859, ne donnèrent aucun résultat ; mais, à cette époque, l'arrivée d'ouvriers de la Virginie, habitués à la recherche des sources salées, permit de creuser un trou de sonde, auprès de Titusville qui, arrivé à 23 mètres de profondeur, laissa jaillir du pétrole. Cette source en fournissait environ 1,500 litres par jour. Depuis cette époque, la *fièvre de l'huile* s'empara des spéculateurs américains et, à un moment, on put compter à New-York jusqu'à 317 compagnies de pétrole, pour ne parler que de cette seule ville.

Le pétrole de l'Amérique n'arriva en Europe qu'en 1861,

et les premiers fûts qui y furent importés débarquèrent à Anvers. Depuis, ce produit a pris, comme matière commerciale, une importance considérable, non seulement comme produit éclairant, mais aussi à cause des dérivés que l'on en retire, et l'on peut être certain qu'un jour à venir cette importance sera bien plus grande encore, si l'on généralise l'emploi du pétrole comme combustible.

Théories sur la formation du pétrole. On n'est pas encore bien d'accord sur la manière dont le pétrole a pu se former au sein de la terre :

1° Une manière de voir, acceptée par M. Daubrée, consiste à regarder le pétrole comme le résultat de la décomposition des animaux et des végétaux qui existaient sur les bords de la mer géologique où se retrouvent les couches de pétrole ; la présence de sources salées dont les eaux jaillissent avec les gaz et le pétrole, lorsque l'on creuse certains puits, viendrait corroborer cette opinion. D'après ceux qui soutiennent cette théorie, le pétrole s'est formé sur place ; c'est ce qui explique pourquoi on le rencontre dans des poches ne communiquant avec aucune autre. On trouve du reste parfois des fossiles ou des géodes remplis de pétrole. M. Oscar Fraas a observé au fond du golfe de Suez une production assez importante de pétrole qu'il attribue à la putréfaction des organismes qui forment là des récifs madréporiques importants. Quoique cette opinion soit la plus généralement acceptée, nous devons remarquer que jamais on n'a signalé de pétrole dans les produits de décomposition putride ou de la fermentation ; le gaz des marais seul se dégage ; de plus, on sait en outre que le pétrole tue les microorganismes qui provoquent les fermentations. MM. Lesquereux, Bischof, Dufresnoy, Newburry, et autres, partagent encore cette manière de voir.

2° Une autre théorie attribue la formation du pétrole à une distillation de la houille, provoquée par la chaleur centrale, et sa condensation en divers endroits éloignés, par suite de la pression des gaz. Cette théorie repose au moins sur des faits scientifiques admis et, qui plus est, sont utilisés industriellement ; car la distillation sèche du boghead ou des schistes bitumineux donne, en effet, des produits analogues aux pétroles, puisqu'ils contiennent, comme les produits naturels, les carbures de la série des paraffines ($C^{2n} H^{2n+2}$) ; ils renferment en plus, des carbures de la série des oléfines ($C^{2n} H^{2n}$) et des homologues de l'acétylène ; mais ces derniers carbures pourraient avoir disparu des produits naturels par suite de l'action de l'eau, comme l'a démontré M. Lebel (*Comptes rendus de l'Académie des sciences*, 1875, t. 81, p. 967). On peut faire à cette théorie une objection très grave, c'est que si on rencontre du pétrole au-dessus du terrain carbonifère, et fort souvent dans le terrain tertiaire, comme nous le verrons plus loin, et que l'on puisse admettre que le liquide ait traversé toutes ces couches, à la manière des geisers ou des sources thermales qui traversent tout ou partie de l'épaisseur de la croûte terrestre, cela n'explique pas comment on trouve du pétrole dans les terrains siluriens et dévoniens, alors que la période carbonifère ne s'était pas encore formée. MM. Warren de la Rue, H. Volb,.Pelouze, Cahours, H. Muller, partagent cette seconde opinion.

3° Enfin on a rattaché l'origine du pétrole à une réaction chimique produite au sein de la terre. M. Berthelot l'attribue à l'action de l'eau sur un carbure de potassium; MM. Mendelejeff, en Russie, et H. Byasson, en France, à celle de l'eau, à une très haute température, sur du carbure de fer. La densité du noyau central de notre planète est à peu près celle de la fonte, il suffirait donc qu'un jet de vapeur d'eau, pénétrât jusqu'à de la fonte incandescente pour que cette eau fût décomposée, avec production d'oxyde de fer et de carbure d'hydrogène. Cette dernière explication reçoit de l'expérience une confirmation pratique, et résiste plus à la discussion, quand on réfléchit au rendement de certaines sources, celles du Caucase, de la Birmanie, de la Trinité, par exemple, qui, depuis un temps infini, donnent un rendement journalier de 15,000 fûts. Mais, tout en donnant nos préférences à cette théorie des réactions chimiques souterraines, nous pensons qu'il faut encore attendre de nouvelles expériences pour pouvoir choisir entre les deux dernières explications que nous venons de rapporter.

GISEMENTS DE PÉTROLE. On trouve du pétrole à peu près dans toutes les région. du globe; cependant quelques contrées en fournissent assurément beaucoup plus que d'autres. Il y a des pays même où l'on n'en trouve pas. L'Amérique du Nord fournit du pétrole dans les Etats-Unis et au Canada. Dans la première région, on rencontre l'huile parallèlement aux monts Alleghanys, depuis le lac Ontario jusqu'en Virginie. Trois grands bassins producteurs sont connus : ceux du Venango, sur les bords du « Oil Creek » (ruisseau d'huile), et du « Beaver Creek » (ruisseau du Castor), dans l'arrondissement de Butler, sont actuellement épuisés et leurs sources sont abandonnées; quant au district de Bradford, exploité seulement depuis 1875, il est d'une étonnante fécondité. On compte environ 25,000 puits aux États-Unis, produisant annuellement 40,000,000 de barils de 160 litres.

Au Canada, on trouve trois régions exploitées : les sources de Gaspe, près du Saint-Laurent, dans le comté de Lambton, et enfin celles du district d'Eneskillen; elles contiennent en tout 200 puits et produisent annuellement 900,000 tonnes.

Si, maintenant, on étudie la constitution géologique du sol qui fournit les sources, on voit que l'huile provient de tous les terrains connus; celles du Kentucky, du Tennessée, sortent des calcaires du silurien inférieur; celles du Canada occidental, du dévonien inférieur; celles de la Pensylvanie occidentale (oil creek), du dévonien supérieur. Les sources de la Virginie émergent du terrain carbonifère supérieur, tandis que celles du Connecticut et de la Caroline septentrionale proviennent du trias, et que celles du Colorado, de l'Utah, sortent des lignites dhum terrain crétacé. Seules, les sources de pétrole de la Californie viennent du terrain tertiaire. Comme on le voit, on ne peut fonder aucune théorie sérieuse sur la constitution des terrains, au point de vue de la formation du pétrole, puisque toutes les époques géologiques se retrouvent dans les étages qui fournissent ce produit; nous ajouterons même que l'huile est d'autant plus légère qu'elle vient d'une plus grande profondeur.

L'Amérique du Sud possède aussi des sources de pétrole : à la Trinité, à Saint-Domingue, au Vénézuela, en Bolivie, dans la République argentine, il n'y a pas d'exploitation régulière; au Pérou, l'exploitation est récente, et l'importation, en 1884, a été de 300,000 tonnes.

L'Australie fournit à peu près 80,000 tonnes annuellement, mais la Nouvelle-Zélande et l'archipel asiatique ne produisent pas encore d'une façon régulière.

L'Asie fournit assez abondamment le pétrole : au Japon, on compte près de 2,000 puits, donnant en moyenne 34,800 litres par an; la production de la Chine et de Formose est inconnue, aussi bien que l'évaluation du nombre de puits; les Indes anglaises n'ont pas d'exploitations régulières, et l'on ne connaît qu'un seul puits dans la région Transcaspienne, mais il fournit à lui seul 116,250 tonnes. La Birmanie est le pays assurément le plus pétrolifère; on compte près de 500 sources sur les bords de l'Irawadi et au nord de Prome; elles donnent environ un million de tonnes, d'un produit qui est butyreux et très riche en paraffine, il nous arrive sous le nom d'huile de Rangoun. La fabrique de bougies « Belmont Works » à Londres, emploie uniquement cette huile, pour obtenir sa paraffine.

En Europe, nous avons à distinguer d'abord la région du Caucase, qui est célèbre depuis une haute antiquité. Les sources les plus abondantes y sont celles de Zarskije Kolodzy, dans le gouvernement de Tiflis, puis celles de Balakhani et de Baku, dans la presqu'île d'Apschéron. La première région offre environ 200 puits, donnant 50,000 tonnes, et celle de Baku 400 puits, produisant 15,625,000 tonnes par an, et encore sur une surface de 1,200 milles carrés reconnue comme exploitable dans cette dernière région, n'a-t-on jusqu'à présent utilisé que 3 milles carrés.

Dans l'Europe centrale, nous trouvons en Roumanie 1,200 puits exploités dans deux régions, une allant de Bakau à Tergovitz; et l'autre, passant vers l'est, par Braïla, Batog, Jalomitei et Dudeschi. Les districts exploités sont ceux de Bacoul, Romnicul-Sarat, Buzoul, Prahova et Dembrovitza. La production annuelle est de 125,000 tonneaux; mais, d'après M. Foucault, la richesse de cette région est telle, qu'elle pourrait approvisionner l'Europe entière. Nous ne connaissons pas exactement le nombre de puits existant en Galicie, mais la production y est déjà considérable dans l'Etat précédent, car nous savons que les centres d'exploitation les plus importants, Bobrka, Ivoniez, Ropianka, Plowce, Krosciensko et Boryslaw, fournissent annuellement 5,000,000 de fûts de 160 litres. On se rappelle que c'est également, surtout en Galicie, que se retrouvent les dépôts de ce carbure complexe et solide que l'on nomme ozokérite (V. ce mot), qui s'exploite dans les environs de Boryslaw sur 250 hectares, et par plus de 12,000 puits.

En Allemagne, la zone pétrolifère est comprise entre le cours de la Veser et la rive méridionale de l'Elbe; elle comprend le Brunswick, le Hanovre et le Holstein, et l'exploitation s'y fait depuis deux ou trois siècles. La production, dans le Hanovre, est concentrée dans les environs de Oelheim, où elle produisent, en 1884, environ 100 barils par jour, à Weitze, Steinforde, Sehnde, ainsi que dans quelques autres localités, mais nulle part la production n'a égalé celle d'Oelheim. Dans le Brunswick, on trouve de nombreux fettlochers (fosses à graisse) à Reitling, Hordorff, Dorf et Gut Ober, mais la production y est presque nulle, excepté à Neitling, qui donne journellement plusieurs quintaux de pétrole. Dans le Holstein enfin, c'est près de Heide qu'est la zone pétrolifère; il y a quelques exploitations régulières dont nous ne connaissons pas exactement le rendement, mais on peut résumer la production totale de l'Allemagne en l'estimant à 300,000 fûts par an, fournis par 200 puits.

En Alsace, on connaît depuis fort longtemps trois localités réputées pour leurs exploitations d'asphaltes pétrolifères, très riches en paraffine, ce sont Schwabviller, Péchellbron et Lobsann. Il nous reste enfin à signaler la présence de quelques sources de pétrole en Italie, dans les provinces de Modène et de Reggio, connues depuis fort longtemps, mais qui n'ont qu'une importance minime, et ne sont plus exploitées régulièrement; puis en France, à Gabian (Hérault). Cette dernière source, connue depuis 1707, est actuellement l'objet de travaux de captation, destinés à en augmenter le rendement. On a de plus signalé l'existence, à Saint-Barthélemy-du-Gua (Isère), d'une source dans laquelle on est en train de creuser un puits, puis d'autres endroits, dans l'Allier, la Saône-et-Loire, le Var, l'Ardèche, les Basses-Alpes, les Pyrénées, la Savoie, où la présence du pétrole dans les couches sous-jacentes est évidente. Il est à espérer que dans un court avenir on cherchera à exploiter ces sources, pour affranchir notre pays du tribut de 250,000,000 de francs qu'il expédie chaque année à l'Amérique, pour la valeur des 675,000 tonnes que nous consommons.

Ce que nous ferons remarquer, en terminant ce chapitre, c'est que partout, dans l'ancien monde, le pétrole, avec du gypse, du soufre, du chlorure de sodium et de l'hydrogène protocarboné, se retrouve dans le terrain tertiaire moyen (miocène), à l'exception du Hanovre, où les couches se rencontrent dans le terrain néocomien (jurassique); la formation y est donc bien postérieure à celle des pétroles américains.

COMPOSITION. Les pétroles ont une consistance liquide, certains cependant deviennent plus ou moins visqueux et d'autres sont presque solides. Ce sont, quelle que soit cette consistance variable, des mélanges d'hydrocarbures gazeux, liquides et solides, de plusieurs séries homologues, mais surtout de la série $C^{2n}H^{2n+2}$.

Si nous envisageons les pétroles d'Amérique, nous verrons, par exemple, que d'après M. Cahours, on y trouve les corps suivants :

Noms des corps	Formule	Point d'ébullition	Densité du liquide	Densité à l'état de gaz	Nom commercial
Méthane (gaz des marais)	CH^4	(gaz)	»	»	
Éthane (hydrure d'éthyle)	C^2H^6	—	»	»	Gaz des sources.
Propane (hydrure de propyle)	C^3H^8	—	»	»	
Butane (hydrure de butyle)	C^4H^{10}	0° centigrade	0.600	2.000	
Pentane normal (hydrure d'amyle)	C^5H^{12}	37 à 39°	0.628	2.557	Essences légères
Diméthylpropane (hydrure d'isoamyle)					de
Hexane normal (hydrure de caproyle)	C^6H^{14}	71°	0.669	3.055	pétrole.
Heptane normal (hydrure d'œnanthyle)	C^7H^{16}	85°,5 à 98°	0.690	3.600	
Diméthyldiéthylmétane					
Octane (hydrure de capryle)	C^8H^{18}	124°	0.726	4.010	Essences lourdes
Nonane (hydrure de pélargyle)	C^9H^{20}	147 à 148°	0.741	4.541	de pétrole.
Décane (hydrure de rutyle)	$C^{10}H^{22}$	158 à 162°	0.757	5.040	
Undécane (hydrure d'undécyle)	$C^{11}H^{24}$	180 à 182°	0.766	5.458	Huiles lampantes
Dodécane (hydrure de lauryle)	$C^{12}H^{26}$	198 à 200°	0.778	5.972	normales.
Tridécane (hydrure de cocynile)	$C^{13}H^{28}$	218 à 220°	0.796	6.569	
Tétradécane (hydrure de myristile)	$C^{14}H^{30}$	236 à 240°	0.809	7.199	
Pentadécane (hydrure de bényle)	$C^{15}H^{32}$	258 à 262°	0.825	7.526	
Hexadécane (hydrure de palmityle)	$C^{16}H^{34}$	vers 280°	»	8.078	
Heptadécane	$C^{17}H^{36}$	au delà de 300°	»	»	
Octodécane	$C^{18}H^{38}$	—	»	»	Huiles lourdes con-
Nonadécane	$C^{19}H^{40}$	—	»	»	tenant des par-
etc.	$C^{20}H^{42}$	—	»	»	ties solides nom-
—	$C^{21}H^{44}$	—	»	»	mées *paraffines*,
—	$C^{22}H^{46}$	—	»	»	qui sont ou mol-
—	$C^{23}H^{48}$	—	»	»	les,
—	$C^{24}H^{50}$	—	»	»	($C^{18}H^{38}$ à $C^{22}H^{46}$)
—	$C^{25}H^{52}$	—	»	»	ou dures,
—	$C^{26}H^{54}$	—	»	»	($C^{24}H^{44}$ à $C^{22}H^{46}$)
—	$C^{27}H^{56}$	—	»	»	et huiles lubri-
—	$C^{28}H^{58}$	—	»	»	fiantes.
—	$C^{29}H^{60}$	—	»	»	
—	$C^{30}H^{62}$	—	»	»	

La composition des pétroles de provenance autre n'est pas toujours identique à celle des pétroles d'Amérique. Ainsi, celle des liquides provenant du centre du Caucase, est formée essentiellement par des carbures de la série $C^{2n}H^{2n-2}$, comme ceux d'Amérique, mais on y a trouvé, à côté de l'hexane et de l'heptane, de petites quantités de benzol et de toluol, c'est-à-dire des carbures de la série aromatique $C^{2n}H^{2n-6}$. Les pétroles de Zarskije, de Hanovre, de Galicie, sont de cette nature. Quant aux pétroles de Baku, ils sont autres, et d'après Schutzemberger et Jouine, ils sont en majeure partie constitués par des hydrocarbures de la série $C^{2n}H^{2n}$, isomériques avec les carbures éthylé-niques, mais ils s'en distinguent par une absence marquée d'affinités qui les rapproche des carbures forméniques.

Il y a donc trois types bien tranchés de pétroles, dont un est représenté par les pétroles d'Amérique, un intermédiaire, qui s'en rapproche, mais qui contient de plus de petites quantités de carbures aromatiques, comme les pétroles du centre du Caucase, et le type des pétroles de la mer Caspienne.

EXTRACTION. L'extraction du pétrole se fait de diverses manières suivant que l'exploitation de la source est régulière ou non. Dans le dernier cas, on se contente souvent de creuser de grands trous (fettlœcher) dans lesquels viennent se réunir l'eau salée et le pétrole. On y jette des étoffes qui s'imbibent d'huile, on y plonge des feuillages sur lesquels le pétrole vient adhérer, puis on exprime ensuite et on laisse reposer un peu, avant d'employer l'huile. C'est encore ainsi qu'agissent les habitants voisins de certaines sources, en Allemagne.

L'extraction régulière se fait d'une toute autre manière. En général, on commence par creuser un puits d'un diamètre de 1m,50 à 2 mètres, puis ensuite, à l'aide d'une machine à vapeur on fore un trou de sonde n'ayant souvent que 8 à 10 centimètres, jusqu'à la profondeur voulue pour arriver à la source. Cette profondeur est très variable car l'on rencontre parfois l'huile à quelques mètres au-dessous du sol, comme dans l'Ohio, tandis qu'il faut souvent creuser jusqu'à 500 mètres et plus, comme dans la Pensylvanie; la moyenne est de 40 à 70 mètres. Lorsqu'on atteint le filon pétrolifère, comme le pétrole s'y trouve avec des gaz et des eaux salées, le liquide jaillit parfois avec une violence d'autant plus grande que les gaz sont plus comprimés, mais ces jets de liquide qui atteignent quelquefois jusqu'à 20 mètres de hauteur au-dessus du sol, ne tardent pas à baisser assez rapidement; les sources peuvent couler simplement à la surface du sol, ou même il est nécessaire d'extraire l'huile au moyen de pompes aspirantes et foulantes. Ce que nous venons de dire explique pourquoi l'on a subdivisé ces sources de pétrole en sources jaillissantes (flowing wells), sources par aspiration (pumping wells), sources à gaz et sources salées (salt wells); ce sont les secondes que l'on préfère découvrir, mais on installe souvent les sources en vue d'utiliser les carbures gazeux qui se dégagent et qui servent à chauffer la machine à vapeur. Dans certains cas, cette sortie des gaz se fait avec une pression considérable, capable de projeter au loin les appareils de sondage qui pèsent souvent 1,000 kilogrammes, avec une détonation violente, et la quantité de gaz est parfois énorme; la source Newton, près Titusville (Etats-Unis), a dégagé jusqu'à 140,000 mètres cubes de gaz par jour.

Le pétrole brut extrait du sol est envoyé dans une cuve en bois jaugée qui sert à évaluer la quantité de produit recueilli; elle contient de 200 à 250 barils (32 à 44,000 litres). Cette cuve pleine, le produit est alors dirigé, au moyen de tuyaux en fer, dans des réservoirs en tôle, de 40 à 50,000 hectolitres de capacité, propriété des pipe lines companies, où tous les produits d'une région se réunissent et se mélangent, et d'où, par des tuyaux de 12 à 15 centimètres de diamètre, l'huile se rend vers les stations de chemin de fer ou les cours d'eau, poussée par des pompes à vapeur, qui la déversent dans des réservoirs cylindriques placés sur des vagons ou des bateaux, et d'une capacité de 85 barils. Ces installations faites d'abord en Amérique, existent à Baku depuis douze ans environ. Le pétrole est dirigé ensuite dans les raffineries.

RAFFINAGE. Le raffinage a pour but de séparer les produits divers qui constituent le pétrole. En Amérique, les raffineries existent à Baltimore, Boston, Cleveland, Philadelphie, Pittsburg, etc. La distillation se fait dans des grandes cornues, d'une contenance de 350 barils environ, et que l'on chauffe par la vapeur d'eau, surchauffée dans des foyers éloignés d'une centaine de mètres. Tout d'abord la température s'élève doucement jusqu'à 150°, après séparation des produits recueillis on chauffe à 270°, puis enfin on s'arrête, excepté au Canada, où la distillation se fait jusqu'à ce qu'aucun produit ne distille, et que l'on obtienne du coke dans les cornues.

Le premier produit recueilli porte le nom de naphte brut ou essence de pétrole, il forme de 5 à 20 0/0 de la matière première, est incolore, très odorant, d'une densité de 0,750 pour les provenances du Caucase, de 0,700 pour celles d'Amérique.

Le produit séparé jusqu'à 270° centigrades porte le nom de kérosène, c'est-à-dire d'huile pour l'éclairage. Elle forme de 45 à 70 0/0 du volume de l'huile brute, se teinte en jaune en quelques jours et a souvent besoin d'être débarrassée des essences qu'elle peut encore contenir, et qui la rendraient dangereuse, comme produit d'une trop grande inflammabilité.

Quant aux goudrons, ils forment 10 à 30 0/0 de résidu; ils sont épais, d'un brun rouge à reflets fortement teintés de vert, et contiennent un produit que l'on désigne sous le nom d'huiles lubrifiantes. Nous allons successivement étudier chacun de ces produits séparés par la première distillation :

1° Naphte brut. Ce liquide est, dans les usines, agité tout d'abord, avec 1 à 2 0/0 d'acide sulfurique, puis lavé à grande eau, et redistillé lentement. Il donne : α) vers 30° du rhigolène, produit dont la densité varie entre 0,623 et 0,650, très inflammable, dont on condense les vapeurs dans un mélange réfrigérant, et qui peut servir comme anesthésique ; il n'y en a que 2 à 3 0/0 dans le pétrole brut; β) l'éther de pétrole (gazoline, canadol), qui distille entre 60 et 96° et a une densité de 0,650 à 0,700; il s'enflamme au-dessous de 0°, et est soluble dans l'alcool absolu, l'éther hydrique, mais pas dans l'alcool amylique. Il sert au dégraissage des étoffes, à la fabrication de quelques extraits de bois (orcanette), des étoffes imperméables (à base de caoutchouc), comme antichlore, comme agent conservateur (pièces anatomiques, collections animales, etc.); enfin comme carburateur du gaz d'éclairage (photogénisation des Anglais) ou de l'air; γ) l'essence lourde de pétrole (ligroine, benzine, naphte des droguistes). Il passe entre 96 et 140° centigrades, sa densité varie entre 0,700 et 0,745, et il s'enflamme de 0 à +5°, c'est-à-dire encore à distance d'un corps en ignition, d'autant mieux que son mélange à l'air est explosif. Ce corps dissout le soufre, le phosphore, les corps gras, les résines, et peut servir dès lors au nettoyage des étoffes et à l'extraction des huiles ou des graisses, d'où son emploi sous le nom impropre de benzine, chez les teinturiers. On nomme ligroine, le produit qui a une densité de 0,715 et sert comme matière éclairante dans les lampes à éponge, lorsque sa densité varie de 0,730 à 0,750; il sert en place d'essence de térébenthine (minéral turpentine), dans la peinture en bâtiment et la fabrication des vernis, dans la fabrication des articles de caoutchouc ; souvent pour ces divers emplois on lui fait subir un traitement qui le prive de son odeur.

2° *Huiles lampantes* ou *kérosènes*, *photogènes*. Ces produits, de consistance onctueuse, d'odeur très désagréable, forment sur le papier une tache transparente qui persiste longtemps. Pour les épurer, on les traite par 1 à 2 0/0 d'acide sulfurique qui tombe en pluie à la surface du liquide renfermé dans des cylindres de tôle doublés de plomb. En faisant arriver dans le liquide de l'air comprimé, on mélange le tout, ce qui amène la formation de goudron et un dégagement d'acide sulfureux. Après repos, on enlève les parties colorées, puis on lave les huiles en faisant encore arriver de l'air. Lorsque plusieurs opérations successives ont ainsi purifié le produit, on y ajoute une petite quantité de soude pour saturer l'acide pouvant encore rester dans l'huile lampante, et on fait un dernier lavage, après lequel on envoie l'huile dans des réservoirs plats et vitrés supérieurement où le liquide est pulvérisé, pour le débarrasser des produits très volatils qu'il pourrait contenir encore. On cesse la pulvérisation quand le liquide ne s'enflamme plus, lorsqu'on y plonge une allumette enflammée, qui même doit s'y éteindre.

Ce produit est un mélange d'hydrocarbures passant entre 150 et 170° centigrades ; il est clair, limpide, incolore ou teinté de jaune, avec reflets fluorescents, bleuâtres, le plus souvent. Sa densité est de 0,790 à 0,810 pour les produits américains, de 0,805 à 0,835 pour les huiles de Baku ; il s'enflamme, à l'air libre, à 43° centigrades, mais en Angleterre on exige qu'il ne s'enflamme qu'à 49°, tout en ayant une densité en dessous de 0,800, ce qui s'obtient par une nouvelle distillation. Les types américains de ces huiles sont les suivants :

Standard, s'enflammant à.	+43°,3
Royal Daylight, s'enflammant à (type anglais)	+49°,0
Austral oil, s'enflammant à.	+52°,8
Headlight, — . . . . }	+65°,5
Dew drop, — . . . . }	

ils doivent toujours contenir 80 0/0 de pétrole normal, c'est-à-dire distillant entre 150 et 170°, et ne pas renfermer plus de 5 0/0 d'huiles légères, ni plus de 15 0/0 d'huiles lourdes.

Les kérosènes russes sont incolores, leur densité moyenne est de 0,820, elles brûlent très bien et ont un pouvoir éclairant supérieur de 10 0/0 à celui des huiles américaines, à cause des carbures éthyléniques qu'elles renferment. Les produits de MM. Nobel, de Baku, offrent une densité de 0,836, ne s'enflamment qu'à 67°, ne renferment pas d'huiles légères, et ont exactement 80 0/0 d'huile lampante normale, tout en ayant presque toujours une valeur moindre que les pétroles américains.

3° *Raffinage des goudrons.* Par la distillation à feu nu des goudrons de pétrole, on peut encore en retirer des huiles dont la densité varie de 0,830 à 0,920, obtenir, soit des résidus de pétrole

proprement dits, soit du coke, et, par suite des décompositions qui se produisent dans les carbures chauffés de 270 à 400°, des carbures acétyléniques, éthyléniques, aromatiques, comme la benzine, et d'autres, enfin, très remarquables par la quantité de carbone (94 à 97 0/0) qu'ils renferment. Ainsi, du *pétrocène* obtenu par Tweddle, de Pittsburg, L. Prunier a isolé de l'*anthracène* $C^{28}H^{10}$, du *phénanthrène* $C^{28}H^{10}$, du *chrysène* $C^{36}H^{12}$, du *chrysogène*, du *pyrène* $C^{32}H^{10}$, du *benzérythrène*, du *fluoranthène*, du *parachrysène*, etc.

Parmi les produits commerciaux que l'on retire de ces goudrons, nous pouvons citer : — α) les *huiles lourdes* qui passent à la distillation les premières, et dont la densité varie de 0,830 à 0,885. Quelques-unes, celles dont la densité est de 0,830, peuvent servir pour l'éclairage, dans des lampes spéciales comme celles servant pour les huiles solaires des schistes bitumineux ; — β) les *huiles à gaz* dont la densité va jusqu'à 0,885, et qui sont ainsi nommées, parce que lorsqu'on les fait tomber goutte à goutte contre les parois d'une cornue cylindrique en fonte, chauffée au rouge cerise, elles donnent un gaz très propre à l'éclairage, par sa richesse en carbone, et fort peu de goudron, et de coke. Ce gaz présente, en effet, à l'analyse :

Comme produits non éclairants.	{	Hydrogène.
		Hydrogène protocarboné.
		Oxyde de carbone (traces).
Comme produits éclairants.	Gaz {	acétylène.
		éthylène.
		propylène.
		butylène.
	Vapeurs de {	benzine.
		propyle.
		butyle.

Il faut avoir soin de ne pas dépasser le rouge cerise, afin d'avoir le plus d'acétylène possible, car c'est ce gaz qui a le plus grand pouvoir éclairant ; au delà, on obtient un volume de gaz plus considérable, mais de qualité inférieure. Avec 100 kilogrammes d'huile, d'une densité de 0,874, le pouvoir éclairant maximum a été obtenu avec 53 mètres cubes de gaz ; en général, on ne doit pas dépasser un rendement de 60 mètres cubes. Ces huiles sont d'une nuance allant du jaune pâle au brun foncé, fortement fluorescentes ; elles n'offrent aucun danger d'inflammation dans l'emmagasinage et ont souvent été débarrassées, avant d'être livrées au commerce, des paraffines molles et solides qu'elles contenaient ; — γ) les *huiles lubrifiantes*, *huiles de Vulcain*, de *globe*, de *phœnix*, qui sont onctueuses, opaques, d'un brun foncé et dont la densité est comprise entre 0,885 et 0,920. Pour l'usage auquel on les destine, c'est-à-dire le graissage des pièces mécaniques, on a besoin de les épurer, c'est ce que l'on fait avec 4 à 5 0/0 d'acide sulfurique, en procédant ensuite au lavage et à la neutralisation par la soude. Ces opérations une fois effectuées, on refroidit les huiles au-dessous de 0° pour les solidifier, puis on les passe à la presse hydraulique afin d'en ôter toute la paraffine solide qu'elles pouvaient contenir ; ainsi purifié, le produit varie de couleur du jaune citron au rouge brun, est parfois très fluide, dans d'autres cas, absolument sirupeux, mais son point d'inflammation, toujours supérieur à 100°, peut aller de 150 jusqu'à 280°; quant à la solidification, elle est très variable, elle commence chez certaines huiles à +10°, tandis que d'autres ne se figent qu'entre 0 et —25°. On devra donc, dans l'achat des huiles lubrifiantes, choisir celles qui conviennent le mieux, suivant que les pièces à graisser restent exposées au froid, ou bien, au contraire, sont fortement chauffées, comme dans les machines à vapeur, d'autant plus, que quand certaines deviennent trop fluides, elles coulent à la surface du métal sans graisser; pour ces derniers emplois, il faut choisir celles qui ont le plus de viscosité et le plus haut point d'inflammabilité; — *s*) la *paraffine*. Ce produit solide s'extrait, comme nous l'avons vu, par le refroidissement des huiles lubrifiantes. On turbine celles-ci pour en séparer l'huile, puis on coule le résidu en pains de 3 centimètres d'épaisseur que l'on soumet alors à l'action d'une presse hydraulique, dans des sacs en crin. On obtient ainsi la paraffine brute, en gâteaux d'un brun foncé et de texture cristalline. Pour la purifier, on la fond dans l'eau à 100°, et on la traite par 10 0/0 de son poids d'acide sulfurique concentré qui charbonne toutes les impuretés. Après un repos de deux heures, on décante le liquide goudronneux et on soumet à nouveau la paraffine à la presse, puis on la refond dans l'eau bouillante avec du carbonate de soude jusqu'à neutralité complète; le produit est enfin coulé en forme de pains, et livré au commerce. Il est blanc, translucide, inodore, insipide, de toucher doux, sans être gras, insoluble dans l'eau, peu soluble dans l'alcool, mais bien dans l'éther hydrique, le sulfure de carbone, la benzine, le chloroforme, les hydrocarbures. La paraffine se colore par la chaleur, bout à 300° et distille au delà, sans décomposition. A côté de ces caractères qui ne changent pas, il en est d'autres qui varient suivant la provenance du produit d'où l'on a retiré la paraffine. Ainsi sa densité varie de 0,869 à 0,943; son point de solidification de 33° à 61° (celles de Rangoon, dites Belmontine) et à 65° et même 82° pour celles d'ozokérite. Tantôt la paraffine est en masses cristallines, tantôt elle est amorphe et à cassure mate; — *v*) la *vaseline*. C'est le produit que l'on obtient en traitant les résidus épais de la distillation du goudron de pétrole, par l'acide sulfurique et séparant par des procédés spéciaux les matières charbonnées. Il est alors jaune rougeâtre, d'une densité de 0,860, doux au toucher, et fond à 33°; au moins pour la vaseline d'origine américaine, car celle du Caucase (*caspéine*) peut fondre de 30 à 42°. On la décolore totalement ou partiellement par l'acide, car elle est livrée dans le commerce, blanche, jaune pâle, orangé et même verdâtre. C'est une paraffine molle, qui est inodore, insipide, inaltérable à l'air, non saponifiable, ce qui la fait employer comme substitut des corps gras par la pharmacie, la parfumerie et pour la conservation des métaux, la préparation des cuirs, etc. — *»*) Quant aux résidus goudronneux qui restent après l'enlèvement des différents produits que nous venons d'énumérer, ils peuvent servir comme combustible, désinfectant, ou pour badigeonner les murs que l'on veut préserver de l'humidité. Le coke obtenu, quand on pousse jusqu'au bout la distillation, est un bon combustible que l'on utilise dans les pays de production, mais qui a besoin, pour brûler, d'une grille spéciale. Il peut également avoir les usages des charbons de cornues.

Dangers du pétrole. Le pétrole brut contenant des corps très inflammables comme les hydrures de butyle, et d'anyle, qui entrent en ébullition, le premier à 0°, le second à +30°, il en est résulté que pendant le transport, ou au moment du raffinage, des incendies se produisaient qui détruisaient complètement les usines ou les navires. Disons tout d'abord que tous les pétroles ne renferment pas en mêmes proportions ces produits très inflammables; ainsi ceux du Canada, ceux de la Virginie en contiennent moins que ceux de la Pensylvanie; mais une autre cause a fait considérablement baisser le nombre des accidents dus au pétrole, c'est la promulgation d'une loi, aux Etats-Unis, qui prescrit l'examen de tout baril de pétrole livré au commerce, et défend la vente de tout produit inflammable au-dessous de 38° centigrades. En France, une loi analogue a été promulguée, et le commerce du pétrole est régi par les décrets du 31 décembre 1866, du 19 mai 1876, qui classent dans la première catégorie tous les produits émettant des vapeurs inflammables au-dessous de 35°; une loi similaire est également en vigueur en Angleterre. Différents procédés permettent de constater ce degré d'inflammabilité. Pour éviter les sinistres également dus à la facile volatilité, on a supprimé, pour la conservation du pétrole, l'emploi des vases en bois qui pouvaient être perméables ou pas suffisamment étanches. Actuellement, le transport doit se faire dans des tonneaux métalliques en tôle de fer; il faut cependant prendre toutefois la précaution de ne pas remplir totalement ces vases, car à cause de la dilatation considérable du pétrole, sous l'influence de la chaleur (le coefficient peut aller de 0,00106 à 0,00084), il peut se faire que des fûts trop pleins se rompent sous l'influence de l'augmentation de volume, quand, par suite du changement de latitude, la température s'est élevée. On doit calculer l'espace à laisser vide d'après la formule $V \times K \times t$, dans laquelle V est le volume du liquide, K son coefficient de dilatation et *t* la température maxima que l'on pourra atteindre.

Pour obvier aux dangers d'incendie, on a proposé l'addition au pétrole de l'extrait aqueux de saponaire, qui fournissait avec l'hydrocarbure une émulsion épaisse qui ne coule plus et n'a qu'une faible tension de vapeur. En versant à sa surface quelques gouttes d'acide acétique ou d'acide phénique, on détruit le mélange et le pétrole redevient limpide.

Essais du pétrole. De nombreux essais sont à faire subir au pétrole, suivant qu'on le prend à l'état brut ou raffiné, et suivant qu'il doit servir pour l'éclairage, le chauffage, le dégraissage ou comme huile à graisser, aussi bien que comme combustible.

Détermination de la valeur des pétroles et des schistes. Cet essai qui s'effectue en vue de la perception de l'impôt se fait au moyen de l'appareil de H. Deville. Il comprend un ballon jaugé portant sur son col deux traits marqués *pétrole* et *schiste*; un appareil distillatoire en métal avec son serpentin; une éprouvette graduée en centièmes et demi-centièmes, avec son aréomètre gradué en dix degrés, correspondant à la température de l'huile à recueillir; puis, comme pièces accessoires, un thermomètre et une lampe à alcool à mèche mobile. Pour l'essai, on remplit de schiste ou de pétrole le ballon jusqu'au trait indiquant le liquide qui va être examiné, puis on verse le contenu du vase dans l'alambic, en laissant égoutter le vase, et, enfin, on visse l'appareil sur son serpentin. On remplit d'eau à 10 ou 15° le réfrigérant de celui-ci, on place l'éprouvette pour recueillir le liquide qui distillera et on y met de suite l'aréomètre (à schiste ou à pétrole, suivant le cas), puis on allume la lampe et on chauffe de façon à ne pas dépasser 18°, pour ne pas volatiliser les produits les plus légers; on refroidit parfois cette éprouvette lorsque cela est nécessaire. Après dix ou douze minutes, l'éprouvette est pleine, on ne l'enlève que lorsque l'aréomètre affleure dans le liquide un peu au-dessus de 20°; on remplace alors ce vase par un verre à pied dans lequel on recueille 8 à 10 centimètres cubes de liquide, puis on éteint le feu. On agite alors le contenu de l'éprouvette, sans en rien perdre, on en prend la température, puis remettant l'aréomètre dans le vase, on y verse goutte à goutte le liquide du verre jusqu'à ce que l'aréomètre indique le même degré que la température trouvée. Le nombre de divisions marqué sur l'éprouvette indique la quantité de kilogrammes d'huile contenus dans 100 kilogrammes du pétrole examiné. Pour les essais de schiste, il faut porter à une plus haute température que pour le pétrole; on obtient ce résultat en élevant davantage la mèche de la lampe à alcool.

Essai des huiles à brûler. On sait qu'elles passent à la distillation entre 150 et 270°; elles doivent être blanches ou jaune clair, lorsqu'elles ont été bien purifiées, ou n'ont pas été mélangées d'huiles lourdes; d'odeur faible et non pénétrante; agitées avec leur volume d'acide sulfurique concentré, elles ne doivent pas se colorer, et l'acide doit avoir à peine une teinte jaune, sans qu'une élévation notable de température puisse se produire. Si l'acide se colore en brun plus ou moins foncé, c'est que l'huile a été mal rectifiée ou falsifiée avec des huiles de lignite, de tourbe ou de résine; alors l'élévation de température peut être de 20 à 50°. L'huile de pétrole agitée avec de l'eau ne doit pas céder d'acide à ce liquide; si elle a été mal purifiée, elle garde de l'acide sulfurique et brûle alors avec une flamme fuligineuse dégageant une odeur désagréable; l'eau de lavage précipite, dans ce cas, par le chlorure de baryum. Les huiles à brûler d'Amérique ont une densité à +15°, comprise entre 0,795 et 0,840,

en moyenne 0,800; celle des Baku, de 0,800 à 0,840, moyenne 0,820; celles de Galicie de 0,790 à 0,885, avec une moyenne de 0,820. Un point spécifique inférieur à ceux indiqués dénote, en général, une inflammabilité trop grande, et un degré plus élevé, une séparation insuffisante des huiles lourdes. Les huiles légères formant avec l'air un mélange explosif, on nomme *point d'inflammabilité (flashing point)* le degré de température auquel ces vapeurs peuvent prendre feu; l'explosion la plus violente a lieu avec 1 partie de vapeur de pétrole pour 8 à 9 d'air; 1 partie d'air et 3 parties de pétrole provoquant une petite détonation par son inflammation; cette dernière ne se produit plus si le mélange a eu lieu à parties égales. Le *point d'ignition (burning point)* est celui auquel il faut qu'un pétrole soit porté pour continuer à

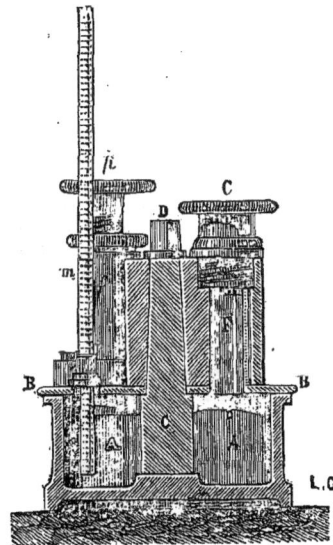

Fig. 83. — *Appareil de Salleron et Urbain, servant à déterminer la tension de vapeur du pétrole.*

brûler; ce point est, en général, plus élevé de 3 à 12° que le point d'inflammabilité.

Pour prendre ce point d'inflammabilité on peut se servir d'un grand nombre d'appareils différents. On en a construit, en effet, qui sont basés sur deux principes tout à fait opposés : dans les premiers, on mesure la tension de la vapeur produite, tel est l'instrument inventé par Salleron et Urbain; dans les seconds, on prend le degré d'inflammabilité en observant directement l'inflammation des vapeurs développées à une température déterminée. Il y a, parmi ces derniers procédés, des appareils où le récipient à pétrole est ouvert, comme dans les instruments proposés par Tagliabue, Ernecke-Hannemann, Lenoir, Saybolt, etc., et d'autres où le récipient est fermé, comme dans les procédés proposés par Abel, Parrish, Bernstein, Eugler, V. Meyer, Haas, etc. Nous décrirons sommairement un des appareils de chacun de ces divers types.

Appareil de Salleron. Il est constitué (fig. 83) par

une boîte en cuivre A, fermée par un disque rodé BB, offrant plusieurs ouvertures pour le passage, d'un thermomètre, d'un manomètre *m* de 30 à 35 centimètres et pour l'introduction du pétrole à essayer. Ce couvercle peut être solidement fixé grâce à la présence d'une colonne conique *c* qui se trouve au centre du vase et qu'un boulonnement supérieur permet de presser en D. Un couvercle mobile peut également clore l'ouverture *o* d'une façon hermétique. Pour faire un essai, on met 50 centimètres cubes d'eau dans le vase A, puis on ferme l'ouverture par laquelle on introduit le pétrole au moyen du couvercle mobile, on verse ensuite un peu de pétrole dans le tube F que l'on ferme avec le boulon C en y interposant une lamelle de caoutchouc. On plonge alors l'appareil dans l'eau et, après équilibre de température, on fait arriver le manomètre au 0 en serrant le piston *p* dans la boîte à étoupe *f*; enfin, on tourne le couvercle mobile pour faire tomber le pétrole de F en A. Le pétrole émettant aussitôt des vapeurs fait monter le niveau du liquide dans le manomètre, et lorsqu'il y a arrêt de la colonne liquide, on lit la température et le nombre de divisions de l'instrument; on obtient ainsi, en millimètres d'eau, la pression exercée par la vapeur de pétrole à une température connue. Des tables dressées de 0 à 35° permettent d'évaluer cette pression.

Température	Tension en millimètres d'eau	Température	Tension en millimètres d'eau	Température	Tension millimètres d'eau	Température	Tension en millimètres d'eau
0	34.5	10	53	20	79	30	129
1	36	11	55	21	82,5	31	136
2	37.5	12	57	22	86	32	144
3	39	13	59	23	90	33	155
4	41	14	61.5	24	95	34	163
5	43	15	64	25	100	35	174
6	45	16	67	26	105		
7	47	17	70	27	110		
8	49	18	73	28	116		
9	51	19	76	29	122		

Le second type d'instruments peut être représenté par l'*appareil de Tagliabue*, très employé aux États-Unis et en Allemagne. Il se compose essentiellement d'un bain-marie A dans lequel se pose un vase en verre P (fig. 84), lequel reçoit le pétrole; on chauffe avec une lampe à alcool et on connaît la température au moyen d'un thermomètre *t* plongeant dans l'huile à essayer. On amène la température de l'eau à 15°,5, puis on élève jusqu'à 32° centigrades avec une flamme aussi basse que possible, on éteint alors la lampe et on laisse la température s'élever jusqu'à 35°. A ce moment, on allume une petite baguette de bois de chêne un peu humide et de la grosseur d'une aiguille à tricoter et on la promène à 15 millimètres environ de la couche d'huile afin de provoquer l'inflammation des vapeurs de pétrole. Si celle-ci n'a pas lieu, on répète l'opération à 38, 40 et 42° centigrades, mais en ayant soin que le thermomètre soit chaque fois stationnaire, et en

promenant le bois enflammé suivant les contours du vase. On note alors le degré d'inflammabilité.

Quant à la troisième sorte d'appareils, nous n'en parlerons plus, ayant déjà décrit, au mot NAPHTOMÈTRE, l'instrument inventé par Parrish (V. NAPHTOMÈTRE) qui peut servir de type pour les instruments à récipient à huile fermés.

Quant à l'*intensité lumineuse* des huiles de pétrole destinées à l'éclairage, elle se détermine au moyen du *photomètre* en constatant également, par la pesée, la quantité de matière brûlée en un temps donné. Il faut se rappeler, en outre, que chaque variété d'huile exige souvent une lampe spéciale, pour obtenir la meilleure combustion possible; aussi faut-il faire des essais photométriques avec ces diverses sortes de lampes. En général, l'huile de pétrole donne une intensité

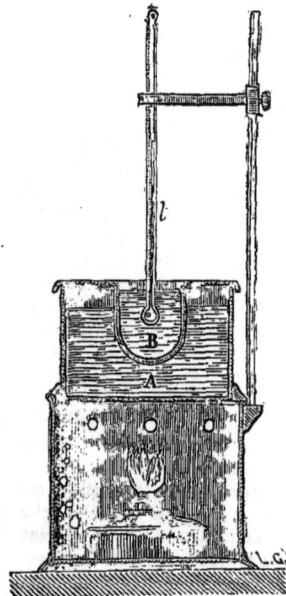

Fig. 84. — *Appareil de Tagliabue, pour l'essai de l'inflammabilité des pétroles en vases ouverts.*

qui varie de 3 à 12 bougies normales.

Essai des éthers de pétrole. Il comporte, la prise de densité du point d'ébullition du liquide, et la recherche de sa nature exacte. Nous rappellerons que :

L'éther de pétrole ou cymogène a une densité de.	0,64 à 0,66	et bout de 40 à 70°
L'éther de Galicie (kérosélène).	0,65	— 42°
La gazoline (néoline, rhizolène, canadol). . . .	0,67	— 65 à 90°
La benzine de pétrole ou benzoline.	0,69 à 0,71	— 90 à 100°
L'huile à dégraisser (substitut d'essence de térébenthine).	0,75	— 120°
L'esprit de pétrole de Galicie.	0,70 à 0,745	— 120°

Pour reconnaître si le produit est bien une huile légère de pétrole ou de naphte, et non un dérivé de la houille, on doit prendre : 1° le point d'ébullition (celui des huiles de houille débute à 80°); 2° le poids spécifique (celui des benzines de houille varie de 0,865 à 0,880) ; 3° faire l'essai de la solubilité de l'asphalte, de l'acide picrique dans le produit (les dérivés de la houille les dissolvant seuls); 4° faire l'essai de la dissolution de l'iode qui donne une teinte rouge framboise avec le pétrole et la naphte, et rouge pourpre avec la benzine de houille; 5° y mélanger de l'alcool absolu ou de l'alcool méthylique; le mélange se fait en toutes proportions entre l'alcool et la benzine de goudron, à parties égales avec l'alcool méthylique et ce même produit, tandis que l'alcool absolu ne dissout que 1/2 de son poids de benzine de pétrole ou de naphte et 1/4 à 1/5 d'alcool méthylique; 6° enfin, si on chauffe 4 parties d'acide azotique (D=1,45) avec 1 partie de benzine de pétrole, l'acide se colore en brun et le carbure est peu modifié et se sépare, tandis qu'avec les produits du goudron, l'acide devient très foncé en coloration et se sépare mal de la nitrobenzine produite.

Essai des huiles lubrifiantes. Ces huiles sont souvent mal purifiées ou additionnées de diverses substances. Pour reconnaître la qualité : 1° on en prend la densité: celles américaines varient de 0,865 à 0,915 ; celles russes de 0,890 à 0,920, et parfois jusqu'à 0,960; 2° on en détermine la consistance ou la *fluidité* au moyen de divers appareils, comme ceux de Vogel, de Fischer, etc. Le premier (fig. 85) se compose d'un cylindre de verre A avec armatures en cuivre offrant supérieurement un tube métallique *a* pour l'arrivée de la vapeur d'eau, et inférieurement un tube *b* semblable, armé d'un robinet, pour la sortie de cette même vapeur; l'armature supérieure laisse voir de plus, un petit tube à air *c* et un thermomètre *t* marquant 50° au-dessus du bouchon, ils ferment une burette en verre terminée inférieurement par un robinet, et dans laquelle on met l'huile à essayer *d*. La vapeur d'eau est amenée dans le manchon A par un tube en verre fixé à un ballon B que l'on chauffe avec une lampe à alcool. En portant la température de l'appareil à 50°, on voit quel temps il faut à l'huile pour s'écouler dans le vase C; ce temps est proportionnel à la consistance de l'huile, pour un même nombre de centimètres cubes (100c3); 3° on recherche les *huiles légères*, en chauffant en vase ouvert, l'huile à essayer et y présentant de temps à autre un corps enflammé. L'huile est chauffée dans un bain de paraffine et un thermomètre suspendu dans le vase intérieur indique la température. Avec une bonne huile on ne voit de vapeurs inflammables qu'après 150°, et la température d'inflammabilité du liquide est comprise entre 200 et 300°; 4° on prend le *point de solidification*, en mettant l'huile dans un tube à essais, muni d'un thermomètre, et entourant d'un mélange réfrigérant. Les bonnes huiles doivent être fluides à 0°, épaisses entre — 2 et — 10°, solides entre — 10 et 12°, celles russes surtout; quelques huiles américaines ne le sont complètement qu'à — 30°; 5° ces huiles contenant parfois de l'huile de résine ajoutée frauduleusement, par l'évaporation à 100-110° on ne doit avoir qu'un résidu insignifiant et toujours huileux, il est écailleux et solide lorsqu'il y a de la résine; de plus, en chauffant au bain-marie, dans un tube à essais un mélange de p. e. d'huile et d'a-

cide sulfurique (D=1,53), le mélange après agitation ne se colore qu'en jaune clair si l'huile est bonne, en brun plus ou moins noir, s'il y a de l'huile de résine ou si elle a été mal purifiée, et il se produit une grande élévation de température s'il y a *mélange avec des huiles de goudron*; cet essai est encore plus sensible avec l'acide azotique pour la dernière fraude. Quant aux *huiles grasses*, aux matières mucilagineuses, qui pourraient aussi exister dans ces produits, on les reconnaît, les premières en faisant bouillir avec de la soude caustique, puis mélangeant ensuite avec du carbonate de soude et du sable. On chauffe, l'huile minérale ne s'étant pas saponifiée

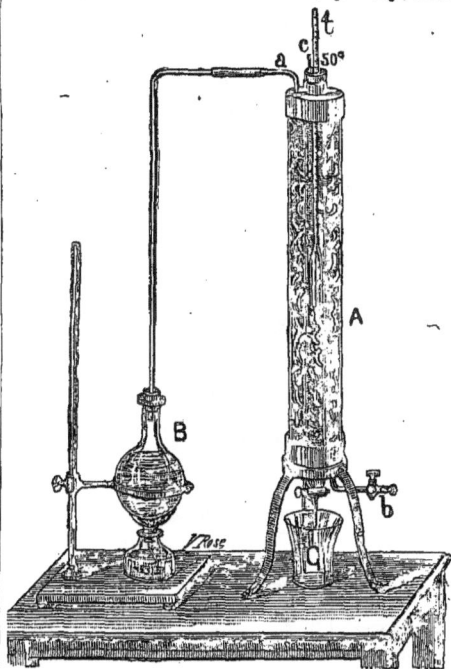

Fig. 85. — *Appareil pour l'essai de la consistance des huiles lubrifiantes.*

on l'enlève par l'éther de pétrole ou l'alcool méthylique, on filtre, et par distillation on sépare le dissolvant et on pèse l'huile; par différence, on a le poids de la matière grasse. Les *matières mucilagineuses* se reconnaissent en agitant l'huile avec de l'eau; elles rendent celle-ci blanchâtre et se déposent sous forme d'une matière adhésive aux doigts.

Usages du pétrole. Nous avons déjà, dans le courant de cette étude sur le pétrole, signalé ses principaux emplois, comme anesthésique, dissolvant des corps gras, des résines, du caoutchouc, de la gutta-percha; comme succédané de l'éther et de l'essence de térébenthine, chez les peintres, teinturiers et dégraisseurs; comme matière propre à l'éclairage, ou à la fabrication de gaz d'éclairage, ou de gaz d'air, enfin comme matière lubrifiante, ou comme source de paraffine, de vaseline, etc. Il nous reste à parler de son emploi comme combustible.

Comme combustible, on employa seulement pendant fort longtemps, les goudrons de pétrole, que l'on n'avait pas utilisés comme désinfectants ou pour préserver de l'humidité, puis le coke proprement dit qui restait comme résidu ultime de la distillation ; mais on songea, en France, aussi bien qu'en Amérique et en Angleterre, à essayer d'alimenter les machines à vapeur, les locomotives ou les steamers, par le pétrole lui-même. Après des essais sérieux, on constata, qu'à quantité égale, le pétrole chauffe trois fois autant que la houille, et une commission française obtint en 17 minutes, avec la combustion de 1^k,920 de pétrole, une pression égale à celle produite par 4^k,230 de houille en une demi-heure, sans compter que le feu pouvait être éteint en une minute et demie.

C'est alors que M. H. Sainte-Claire Deville imagina pour brûler le pétrole la grille qui porte son nom (fig. 86). Elle est verticale et ses ouvertures en ont été calcu-lées de ma-nière à ce qu'une quan-tité connue d'huile pût brûler der-rière sans produire de fumée et sans exiger un grand excès d'air. L'huile arrive par les canaux se ter-minant aux ouvertures A A' A'', s'écou-le dans des sillons peu profonds qui descendent sur la face de la grille, et l'air afflue dans le foyer par les intervalles ou-verts au nombre de quatre que l'on voit repré-sentés en B B. Cette grille forme donc comme une série de lampes dans lesquelles les bar-reaux servent de mèche et volatilisent l'huile par leur rainure intérieure. La flamme de cette grille est très vive, elle a vingt-cinq centimètres de longueur environ, et les produits de la combus-tion sont invisibles quoique suffisamment chauds pour porter à l'incandescence un fil de platine assez gros. Le tirage se fait par la cheminée, ou au moyen d'un ventilateur, avec de l'air, sous une pres-sion supérieure à celle de l'atmosphère. La cha-leur de combustion du pétrole étant en chiffres ronds de 10,000 calories en moyenne, on com-prend tout l'avantage qu'il y aurait à se servir du chauffage par l'huile de pétrole, d'autant plus que l'arrivée du combustible se fait d'une ma-nière automatique et ne laisse pas de résidu, et qu'en outre, pour le chauffage des locomotives et des navires à vapeur, le pétrole prend moins de place que la houille. Pendant fort longtemps les essais de chauffage au pétrole ne donnèrent que des résultats peu satisfaisants, mais M. Sainte-Claire Deville, avec le concours de M. Dieudonné,

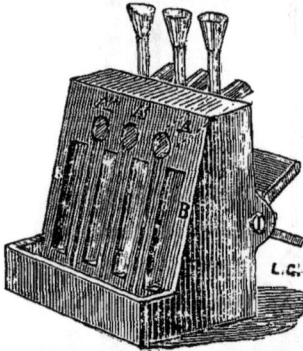

Fig. 86. — *Grille pour la combustion du pétrole.*

essaya l'adaptation de sa grille sur deux locomo-tives du chemin de fer de l'Est ; en se servant d'huiles visqueuses, qui, portées à 100° ne s'en-flamment pas, même lorsqu'on y plonge une torche allumée, il a pu constater que pour un même parcours et avec la même vitesse, on con-sommait 6 kilogrammes d'huile, contre 9^k,20 de houille, et que, dans les grandes vitesses, le ti-rage de la cheminée, dû au dégagement de va-peur, est tel, qu'on peut augmenter presque indéfiniment la consommation de l'huile et par conséquent la production de vapeur. Si le chauf-fage au pétrole n'est pas encore adopté sur nos chemins de fer, depuis quelques années déjà, toutes les locomotives de la région du Caucase et de la mer Caspienne, sont alimentées par ce li-quide, ou plutôt par les résidus du raffinage, sou-vent fort abondants dans les endroits où l'on pu-rifie le pétrole, et en partie perdus. Les appareils utilisés sont toujours basés sur le système du savant français, mais ils ont été modifiés dès 1872 par Lenz, et ceux le plus généralement adoptés aujourd'hui ont été construits par Brandt. M. Ur-quhardt, ingénieur du chemin de fer du Gratzi-Tsaristrin (S.-E. russe) s'est fait aussi une véri-table spécialité de cette question.

Pour le chauffage des navires à vapeur, c'est encore par suite des recherches de H. Sainte-Claire Deville, et de M. Dupuy de Lôme, que l'on est parvenu à pouvoir employer le pétrole. Les essais ont été faits sur la chaudière du « *Puebla* », yacht d'une force de 60 chevaux vapeur, au com-mencement de 1869 ; il en résulta que l'on put avoir, par suite de ces essais, la certitude que le pétrole pouvait être facilement utilisé pour la navigation à vapeur. En Angleterre, M. Aydon s'occupa de la même question ; aussi, grâce aux travaux des savants français et anglais, M. Lenz, ingénieur des Compagnies de navigation de la mer Caspienne, construisit en 1872, un appareil qui, depuis cette époque, est appliqué sur tous les steamers naviguant sur la mer Caspienne ou remontant le Volga.

Pour le chauffage des appareils de chimie, M. Wiesnegg a construit, en appliquant la grille Deville, des fourneaux à moufle ou à chauffage de creusets ; les premiers peuvent surtout servir à la bijouterie, et l'on peut avoir ainsi une tem-pérature très élevée avec une dépense de vingt centimes par heure ; MM. Agnelet ont, de leur côté, construit un chalumeau à pétrole, dans le-quel le liquide passe par un tube central, alors que de l'air, un peu comprimé, arrive par le tube enveloppe, et permet d'obtenir ainsi une flamme très chaude, de 30 centimètres de longueur. A Londres, on a fait des expériences pour rendre le chauffage au pétrole applicable dans les habita-tions particulières ; l'huile contenue dans des réservoirs métalliques est amenée dans la chemi-née et y brûle en couche mince sur un lit d'a-miante. Ce procédé dégage une chaleur très in-tense, tout en permettant de n'avoir à la partie inférieure qu'une température très faible, au-des-sous du foyer, puisque du papier ne s'y enflamme pas. Cette méthode de chauffer les appartements est déjà appliquée dans un certain nombre de maisons. A l'article Moteur a pétrole, le lecteur trouvera des renseignements sur ce genre de moteur.

Signalons encore que, outre son utilisation en médecine, on a fait du pétrole, une application toute récente, la construction de fourneaux de cuisine, alimentés par ce liquide ; dans l'un d'eux, désigné sous le nom de « rapide », l'arrivée de l'air y est réglée d'une façon telle, que la flamme du pétrole peut être ordinaire ou mise au bleu, à volonté afin de donner le plus de chaleur possible, sans que pour cela l'odeur du liquide, ou les dangers d'explosion soient à redouter. Notons en terminant qu'un américain a proposé de se servir du pétrole pour la défense des côtes, en formant un radeau avec des fûts de pétrole qu'on allumerait à quelque distance, afin de former à la surface de la mer une couche enflammée qui incendierait les vaisseaux. Ce serait une réinvention des fameux feux grégeois des anciens. — J. C.

* **PÉTROLÈNE**. *T. de chim.* M. Boussingault a donné ce nom à un carbure tétramère, ayant pour formule $C^{40}H^{32}$, qui pour lui, constituerait avec l'*asphalténe*, les bitumes mous et solides. Il est liquide et bout à 280° ; c'est un mélange de carbures divers, moins élevés dans la série des carbures.

* **PÉTROLERIE**. Se dit d'une usine à pétrole.

* **PETTICOAT**. *T. de mécan.* Cheminée auxiliaire des locomotives américaines, qui recouvre l'orifice de la tuyère d'échappement dans la boîte à fumée, avec une sorte de *jupon*, d'où lui est venu son nom. Cet appareil a pour but de régulariser le tirage, en reportant sur les tubes inférieurs l'appel d'air qui, autrement, s'exerce surtout par les tubes supérieurs du faisceau tubulaire.

PEUPLIER. *T. de bot.* Nom d'une espèce d'arbres appartenant à la famille des salicacées et comprenant une trentaine de variétés dont quelques-unes sont fréquemment utilisées.

Les peupliers sont des arbres des régions tempérées, à tige droite, longue et effilée, pouvant atteindre une trentaine de mètres d'élévation ; la plupart du temps, les branches se développent parallèlement au tronc, parfois, cependant, elles s'étendent latéralement (peuplier tremble) ; les feuilles sont précédées par des bourgeons ovoïdes-aigus, plus ou moins arqués, leur axe court porte un chaton recouvert de bractées de couleur fauve, imbriquées, laissant suinter une matière résinoïde (blastocolle), verdâtre, aromatique et amère, que sécrètent des phytocystes épidermiques, et qui sert à protéger le bourgeon, pendant l'hiver, contre les altérations que pourrait provoquer l'humidité. Les feuilles y sont en préfoliation involutée. Ces feuilles sont alternes, arrondies ou triangulaires, dentées et à longs pétioles ; les fleurs mâles ont de nombreuses étamines (8 à 22), et dans les fleurs femelles, l'ovaire est multiovulé et entouré d'un périanthe unique, sans pétales. Les fruits sont recouverts de poils fins.

Parmi les variétés de peupliers les plus importantes, nous citerons : le *peuplier noir* (*populus*

nigra, Lin.) dont les bourgeons sont très employés comme balsamique ; son écorce remplace souvent le pain au Kamtchatka, elle teint en jaune, ainsi que les rameaux et les feuilles ; en Russie, elle sert pour tanner les maroquins et les cuirs de dessus ; avec le duvet des fruits, on peut faire de la toile et du papier. Les jeunes branches servent comme liens ; avec le bois, on fait des planches, des voliges, des poutres, des sabots. L'industrie chimique utilise l'écorce pour en extraire deux glucosides, la *populine*,

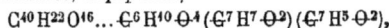

$$C^{40}H^{22}O^{16}...C^6H^{10}O^4(C^7H^7O^2)(C^7H^5O^2),$$

ou glucoside saligénique et benzoïque, et la *salicine*, $C^{26}H^{18}O^{14}...C^6H^7O(HO)^4(C^7H^7O^2)$, ou glucoside saligénique.

Le *peuplier blanc* (*populus alba*, L.) de France, dit aussi *peuplier de Hollande* ; le *peuplier gris* (*populus grisea*, Desf.) qui fournit ce que l'on nomme dans le commerce le *bois blanc* et qu'emploient en grandes quantités les ébénistes, les menuisiers, les layetiers et les tonneliers ; avec ses copeaux on fait les chapeaux de sparterie ; le *peuplier argenté* (*populus argentea*, Mich.), originaire de l'Amérique septentrionale, avec lequel on fait des haies et que l'on plante le long des promenades ; le *peuplier d'Italie* (*populus dilatata*, H. Kew), donnant également un bois propre aux usages indiqués en parlant des peupliers noirs et gris, mais qui sert, en outre, à confectionner divers petits travaux comme des boîtes à jeu, des coffrets, des écrans, que l'on décore souvent par quelques peintures de fleurs ou de fruits ; le *peuplier tremble* (*populus pendula*, Duroi), connu par le bruit que font ses feuilles lorsque le vent les agite. — J. C.

* **PEYRE**. Famille d'architectes dont le premier en date est Marie-Joseph, né à Paris, en 1730, mort, à Choisy-le-Roi, en 1785. Élève de Blondel, il remporta le grand prix en 1752, fut, à son retour d'Italie, nommé contrôleur des bâtiments du roi et peu après membre de l'Académie d'architecture (1767) ; il avait publié, en 1765, ses *Œuvres d'architecture*, contenant de belles études d'après les monuments antiques, et une *Dissertation sur la distribution des anciens, comparée à celle des modernes, et sur la manière d'employer les colonnes.* Peyre a construit, avec Wailly, le Théâtre français qui est devenu depuis le Théâtre de l'Odéon.

Antoine-François, frère du précédent, dit Peyre Jeune, né à Paris, en 1739, est un des architectes les plus habiles du siècle dernier. Grand prix de 1762, il fut nommé, après un séjour à Rome, contrôleur des bâtiments du roi à Fontainebleau et à Saint-Germain, et empêcha, en cette qualité, la dispersion des richesses du château. Il fut enfermé comme suspect, jusqu'au 9 thermidor, dans le château même devenu une maison d'arrêt. Sous les régimes qui suivirent, Peyre fut comblé d'honneurs. Il avait été, dès 1777, membre de l'Académie d'architecture, il devint membre de l'Institut, membre du conseil des bâtiments civils et des hospices. L'œuvre la plus connue de Peyre Jeune est le palais de l'électeur de Trèves, à Coblentz ; on y remarque surtout la décoration intérieure, la salle des gardes du premier étage et la galerie, haute de 20 mètres, qui précède les appartements. Il a construit aussi de jolies chapelles, à Saint-Germain, et soumis des plans de restauration pour le château de Versailles et la bibliothèque du roi dont il voulait réaliser le dégagement. Son atelier était le plus fréquenté de Paris, et la plupart des artistes du commencement de ce siècle furent ses élèves. Peyre jeune est mort en 1823. Il a publié : *Restauration du Panthéon* (1799) ; *Projets d'architecture* (1812) ; *Œuvres d'architecture* (1819) et différents Mémoires importants.

ANTOINE-MARIE, fils de Marie-Joseph, né à Paris, en 1770, mort en 1843, a construit : l'ancienne salle du théâtre de la Gaîté, détruite depuis par un incendie ; le marché Saint-Martin et celui des Blancs-Manteaux en charpente de fer d'après un système nouveau (1840) ; les théâtres de Soissons et de Lille ; la conciergerie du Palais-de-Justice de Paris ; l'amphithéâtre du Conservatoire des arts et métiers ; l'Ecole vétérinaire d'Alfort ; l'Hôtel de Ville de Béthune ; l'Institut des sourds-muets. Il a restauré les châteaux de Maisons et d'Ecouen, et publié un grand nombre de plans et d'ouvrages d'architecture. Malgré ces travaux importants, il eut une vie politique très agitée, servit longtemps dans l'armée, fut capitaine du corps des sapeurs-pompiers qu'il avait contribué à réorganiser en 1811, fut fait prisonnier dans Paris, en 1814, et participa au mouvement insurrectionnel de 1830.

PEYRON (JEAN-FRANÇOIS-PIERRE). Peintre et graveur, né à Aix, en Provence, le 15 décembre 1744, mort à Paris, en 1814. Après avoir pris quelques leçons de peintres de sa ville natale, il entra, à Paris, dans l'atelier de Lagrenée l'aîné et, six ans après, en 1773, il remportait le grand prix avec *La mort de Sénèque*. Il avait déjà puisé de saines inspirations dans l'étude du Poussin, et sept années de séjour en Italie ne firent que les développer. Il envoya de Rome des toiles qui firent grand bruit par la nouveauté des sujets et de la manière : *Cimon se dévouant à la prison pour en faire retirer et inhumer le corps de son père* ; *Socrate retirant Alcibiade d'une maison de courtisanes* et les *Jeunes Athéniens tirant au sort pour être livrés au minotaure*. Revenu en France, en 1781, Peyron fut aussitôt chargé d'importantes commandes officielles, et sa réputation était déjà établie à tel point qu'il fut agrégé de l'Académie dès 1783 et reçu définitivement en 1787, sur la présentation d'un tableau de *Curius Dentatus refusant les présents des Samnites*, actuellement au palais de Fontainebleau. En 1785, il peignit un *Alceste* avec des personnages grandeur nature ; en 1787, il envoya au Salon un tableau de la *Mort de Socrate*, en même temps que David, son émule, en exposait un de dimensions semblables, ce qui permettait de juger les deux œuvres des jeunes académiciens ; la comparaison ayant paru à l'avantage de David, Peyron donna l'année suivante, sur le même sujet, une nouvelle composition grandeur nature, qui, cette fois, remporta tous les suffrages et qui décore une des salles de la Chambre des députés. Nommé, en 1785, directeur de la Manufacture des Gobelins, accablé de commandes et en pleine possession de son talent, Peyron semblait être assuré de la fortune et de la gloire, lorsque la Révolution vint lui enlever ses places, le ruiner et le priver de ses travaux. Tandis que son rival David, jeté dans la politique active, trouvait un regain de succès dans les idées nouvelles, Peyron, aux prises avec toutes les difficultés de la vie, s'attrista, se découragea, finit par tomber malade et languit, jeune encore, jusqu'à sa mort. Néanmoins, son talent était resté dans toute sa force, et ses derniers tableaux témoignent de sa vitalité intellectuelle, malgré l'affaiblissement physique. Dans toutes ses œuvres, le style est correct, énergique, les draperies largement traitées, les teintes transparentes, la lumière habilement distribuée. On lui reproche, surtout à la fin de sa carrière, des chairs violettes. Il fut, avec Vien et David, le régénérateur de l'art à la fin du XVIIIe siècle, et il ne doit certainement qu'au trop petit nombre de ses productions l'oubli dans lequel on a laissé son nom auprès de ceux de ses émules. Il était aussi graveur de talent et on a de lui neuf eaux-fortes, quatre d'après ses propres dessins, quatre d'après Poussin et une d'après Raphaël, qui ont assez de valeur pour que Peyron ait été classé parmi les graveurs par P. de Baudicourt et par M. G. Duplessis.

PHAÉTON. Voiture découverte, à quatre roues, haute et légère, et à deux banquettes ; celle de devant contient deux places, dont l'une est destinée au conducteur.

— Elle est ordinairement conduite avec une telle rapidité qu'elle fait courir des dangers aux passants, d'où son nom, par allusion à Phaéton, fils d'Apollon, qui, ne sachant pas diriger le char du Soleil, faillit brûler la terre.

PHARE. On appelle *phares*, des signaux lumineux destinés à guider les navigateurs pendant la nuit, en leur signalant l'approche du littoral, les dangers qu'ils doivent éviter et la route qu'ils doivent suivre pour entrer dans les ports.

HISTORIQUE. I. L'origine des phares remonte aux débuts de la navigation, dont ils sont les auxiliaires indispensables ; Homère indique déjà, dans sa description du bouclier d'Achille (Iliade), l'emploi de feux allumés pendant la nuit sur les rochers pour diriger les galères des Grecs ; ce n'est cependant que beaucoup plus tard qu'il s'établit l'usage d'allumer des feux régulièrement dans des endroits déterminés et de leur consacrer des édifices spéciaux. Le plus célèbre est celui que Ptolémée Philadelphe fit construire dans l'île de Pharos, à l'entrée du port d'Alexandrie, environ 300 ans avant Jésus-Christ. Parmi les autres phares de l'antiquité, dont l'existence est certaine, on peut citer : le phare du Bosphore de Thrace ou tour Timée ; celui de Chrysopolis (Scutari) indiqué sur la table de Peutinger, et à propos duquel Denis de Byzance rapporte que les habitants du pays allumaient déjà d'autres feux sur la côte pour tromper les navigateurs ; le phare d'Apamée de Bithynie, dans la Propontide, et la tour de Sestos, dans l'Hellespont ; le phare du Pirée ou d'Athènes ; le phare de l'île de Caprée, qui s'écroula en l'an 37, à la mort de Tibère, et fut reconstruit par la suite ; les phares d'Ostie et de Ravenne, construits sous Tibère et Néron ; le phare de Port-Jules, près de Pouzzoles, et celui de Messine ; le phare de Fréjus, dont les ruines existent encore, et celui du Lion, à l'entrée du golfe de Fréjus ; le phare établi à Marseille sur la pointe du Faro ; la tour Cépion, à l'embouchure du Guadalquivir ; la tour dite d'Hercule, construite à la Corogne, avec un escalier extérieur tournant autour de l'édifice, cette tour existe encore et continue à servir de phare ; enfin la tour d'Ordre de Boulogne, bâtie en 40 par les Romains, restaurée en 811 par Charlemagne, écroulée en 1644 par la faute des habitants.

Très négligé au moyen âge, l'éclairage maritime fut repris à l'époque de la Renaissance ; vers le milieu du XVIᵉ siècle, un phare monumental fut construit à l'entrée du port de Gênes. Quelques années plus tard, de 1584 à 1610, Louis de Foix construisit, sur l'emplacement d'une ancienne tour, à l'embouchure de la Gironde, le magnifique monument connu sous le nom de phare de Cordouan. Le phare de l'île de Malte avait été construit en 1551, par les chevaliers de ce nom.

En Angleterre, les premiers phares furent élevés par des particuliers, qui obtenaient un privilège du roi et s'en faisaient de gros revenus, en frappant les navigateurs de droits très élevés.

Parmi les phares ainsi construits, il convient de citer celui d'Eddystone, édifié en bois, dès l'année 1696, sur un rocher, à 9 milles en mer, dans la baie de Plymouth ; cette construction fut emportée par une tempête en novembre 1703, avec son auteur et le personnel qui s'y trouvait ; une deuxième tour, également en bois, édifiée en 1706, fut détruite par un incendie en 1755 ; elle fut remplacée en 1759 par une tour en granit ; enfin cette dernière, dont la hauteur était insuffisante et dont la solidité paraissait compromise par l'action des vagues sur le rocher qui lui servait de base, a été récemment remplacée (1878-1882) par un ouvrage extrêmement remarquable sur lequel nous reviendrons plus loin.

La fin du XVIIᵉ siècle vit construire, en France, le phare des Baleines, dans l'île de Ré (1679), celui de Chassiron, dans l'île d'Oléron (1680), et celui du Stiff, dans l'île d'Ouessant (1695). Pendant le XVIIIᵉ siècle, on en ajouta cinq sur les côtes de l'Océan et deux dans la Méditerranée. Dans les autres pays de l'Europe, on édifia le phare de Smalls sur un rocher en mer, dans le sud de la principauté de Galles, un phare suédois à l'entrée de la Baltique, trois phares danois sur le Sund, le grand Belt et le petit Belt, et cinq à six feux vers l'embouchure du Tage. Ce n'est, en réalité, qu'à partir de 1826 que l'éclairage des côtes a été complété et perfectionné, au point qu'il est aussi facile d'atterrir la nuit que le jour.

II. Tandis que s'élevaient sur toutes les côtes, même sur des rochers en apparence inaccessibles, des édifices solides et de véritables monuments, l'éclairage des phares, qui en était cependant la partie la plus essentielle, était loin de progresser aussi rapidement. On employa d'abord, comme combustible, le bois résineux que l'on faisait brûler sur la plate-forme des tours, soit à découvert, soit à l'abri d'une petite coupole en maçonnerie supportée par des piliers. Plus tard, on substitua au bois la houille, brûlant dans une corbeille en maçonnerie ; en 1727, sous Louis XV, on était encore réduit à remplacer par une grille en fer la maçonnerie calcinée de la tour de Cordouan. On essaya ensuite de remplacer les feux de bois ou de charbon par des groupes de chandelles ou par des lampes à huile, à mèche plongeante, installées dans une lanterne vitrée ; le plus ancien exemple de ce mode d'éclairage paraît être celui de la tour reconstruite par les chrétiens dans le Bosphore, sur l'emplacement de la tour Timée, au XVᵉ siècle. C'est en 1780 que l'on commença à faire usage de lampes à huile garnies de mèches plates, et munies de réflecteurs sphériques en métal poli : le phare de Cordouan fut éclairé avec 80 de ces appareils, qui donnaient malheureusement peu de lumière et beaucoup de fumée, au point que les marins en réclamèrent la suppression et que l'on dut revenir au charbon de terre. C'est alors que Teulère proposa l'emploi des réflecteurs paraboliques et que Borda, chargé d'exécuter les nouveaux appareils, leur appliqua la lampe récemment inventée par Argand.

Le *photophore* de Teulère constituait un progrès considérable dans l'éclairage des phares, et donna lieu immédiatement à la création des feux à éclipses. La figure 87 représente un appareil composé de neuf de ces photophores, disposés par groupes de trois, sur un bâti triangulaire ; ce bâti, mobile sur une couronne de galets, était mis en rotation par un mécanisme enfermé dans une boîte visible à gauche de la figure, et actionné par un poids suspendu à la corde. On obtenait des éclipses plus ou moins

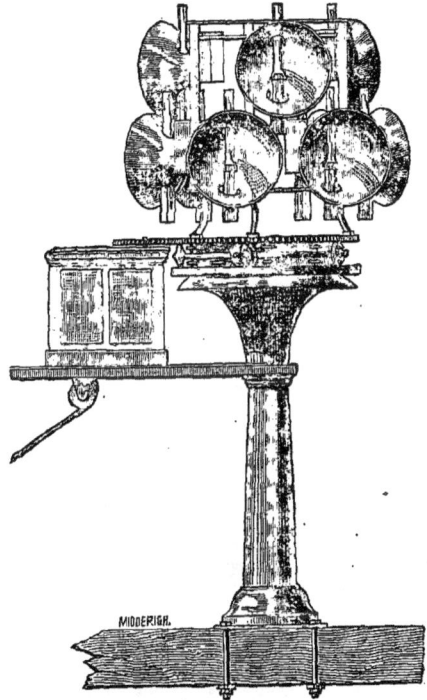

Fig. 87. — *Appareil catoptrique de Teulère.*

rapprochées en réglant la vitesse de rotation du système. La portée optique pouvait atteindre 27 à 28 kilomètres.

Le premier de ces appareils, installé à Dieppe en 1785, ne contenait que cinq photophores ; celui qui fut établi sur la tour de Cordouan, exhaussée par Teulère, se composait de douze photophores, divisés en trois groupes espacés de 120 degrés ; les éclats lumineux se succédaient de deux en deux minutes, avec une durée de 10 secondes.

En 1811 et 1814, les phares de la Hève recevaient chacun six réflecteurs à double paraboloïde et à deux lampes de Bordier-Marcet, qui avait également imaginé les réflecteurs paraboliques à deux nappes, dits sidéraux, pour les feux destinés à éclairer tout l'horizon. Ce dernier système n'est plus guère employé aujourd'hui, tandis que les photophores de Teulère sont encore en usage dans les phares flottants.

Les appareils à réflecteurs métalliques sont appelés *catoptriques*, parce que le parallélisme des rayons lu mineux est obtenu par la réflexion des rayons émanant du foyer; il convient d'observer que ce parallélisme ne serait parfait que si le foyer était réduit à un point; en réalité, par suite du volume de la flamme, les rayons réfléchis forment un faisceau divergent, dont l'angle est directement proportionnel à ce volume et inversement à la distance focale.

Bien que marquant un progrès considérable, ces appareils étaient insuffisants, parce qu'il était impossible de leur donner de grandes dimensions sans les rendre trop difficiles à exécuter et trop lourds à faire mouvoir. En outre, on était limité dans l'intensité des foyers lumineux. C'est alors qu'Augustin Fresnel imagina d'utiliser la propriété que possèdent les lentilles convergentes de réfracter parallèlement à leur axe les rayons lumineux émanant de leur foyer principal; il créa les appareils dioptriques. Pour éviter la difficulté qu'aurait présentée la confection de lentilles de verre aussi épaisses que celles dont il avait besoin, Fresnel les composa d'une partie centrale entourée d'anneaux concentriques, en saillie les uns sur les autres, et formant en quelque sorte une série de lentilles de différents rayons, mais avec un foyer principal commun. C'était la lentille à échelons (V. LENTILLE), dont Buffon avait eu l'idée, avant lui et à son insu, mais dans un but différent, puisqu'il se proposait d'obtenir, pour la concentration des rayons solaires, des effets calorifiques très puissants. Buffon n'avait pu réaliser sa lentille, qu'il supposait taillée dans une seule pièce de verre, tandis que Fresnel l'exécuta avec des pièces séparées, fondues et travaillées isolément, puis assemblées avec précision. Condorcet, qui avait indiqué ce mode de fabrication, n'avait pas plus que Buffon, songé à l'éclairage des phares; en outre, Fresnel le perfectionna en modifiant la courbure des divers segments annulaires, de façon à corriger l'aberration de sphéricité qui aurait rendu impossible l'emploi des grandes lentilles. Enfin, la diminution d'épaisseur du verre diminue l'absorption de la lumière et ramène le poids des lentilles dans les limites qu'impose la nécessité de faire tourner les appareils.

La divergence existe également pour les rayons réfractés par les appareils dioptriques; elle tend à diminuer l'intensité du feu en étendant la même quantité de lumière sur une plus grande surface; mais, en revanche, la divergence horizontale rend la durée des éclats, et la divergence verticale rend le voisinage du phare plus longtemps visible.

Les appareils lenticulaires ne permettant d'employer qu'une seule lampe à leur foyer, il fallait donner à cette lampe beaucoup plus de puissance. Rumford et Guyton de Morveau avaient bien essayé d'établir des lampes à mèches multiples, mais ils n'avaient pas réussi. Fresnel et Arago reprirent ces essais, en profitant du mécanisme que Carcel venait d'inventer, mécanisme qui permettait d'envoyer aux becs de l'huile en excès, pour les rafraichir et empêcher la chaleur de les détruire. Ils parvinrent ainsi à construire des lampes à huile végétale, contenant quatre mèches concentriques séparées par autant de courants d'air annulaires; les flammes s'échauffant mutuellement, la température générale s'élevait, et la lumière, devenue blanche et brillante, atteignit jusqu'à 23 becs carcels.

Les premiers essais de Fresnel eurent lieu en 1821, et le premier appareil lenticulaire fut allumé, sur la tour de Cordouan, le 25 juillet 1823. C'est une date mémorable dans l'éclairage maritime. Fresnel compléta ses inventions en utilisant simultanément la réfraction et la réflexion totale dans des anneaux de forme triangulaire; il créa ainsi les anneaux catadioptriques (1825), qui recueillent et renvoient sur l'horizon les rayons qui passent au-dessus et au-dessous de la lentille dioptrique, et que l'on n'avait réussi à utiliser qu'imparfaitement, à l'aide de miroirs inclinés. Cependant, par suite des diffi-

cultés d'exécution, ce n'est qu'en 1843 que son frère, Léonor Fresnel, réalisa les coupoles catadioptriques; la première fut installée à Gravelines, et la seconde dans le phare écossais de Skerryvore. L'emploi de la réflexion totale a permis de remplacer les réflecteurs sphériques en métal par des réflecteurs catadioptriques, dont la surface est inaltérable et qui, au lieu d'une image renversée de la flamme, donnent une image droite qui se superpose exactement à la flamme elle-même. C'est ainsi que Th. Stevenson a été conduit à créer l'appareil qu'il a nommé holophotal.

Depuis cette époque, les perfectionnements ont porté principalement sur la production de la lumière. L'huile de colza, employée en France et en Angleterre, et l'huile de lard, employée en Amérique, ont été successivement remplacées par l'huile de schiste et l'huile de paraffine; enfin, grâce aux travaux de MM. Doty et Dénéchaux, on est parvenu à brûler, sans inconvénient, l'huile minérale obtenue par la distillation du pétrole, ce qui a permis d'établir des lampes de 5 et même de 6 mèches, capables de fournir 36 et 50 becs carcels. En Ecosse et en Irlande, un certain nombre de phares ont été éclairés avec du gaz riche, qui peut fournir une intensité lumineuse bien supérieure à celle des plus fortes lampes; le bec à 108 jets de M. Wigham atteint 325 carcels. Mais le dernier et le plus important de tous ces perfectionnements, a été l'adoption de la lumière électrique, dont l'intensité peut atteindre jusqu'à 2,000 carcels, tout en permettant, grâce à la réduction de volume du foyer lumineux, de diminuer considérablement les dimensions des appareils lenticulaires. Si, malgré ses avantages, la lumière électrique n'existe encore que sur 17 phares en tout (8 en France, 3 en Angleterre, 2 en Russie, 1 en Egypte, 1 en Australie, 1 aux Etats-Unis, 1 au Brésil), c'est qu'au moment où elle fut en état de satisfaire aux conditions de régularité et de certitude absolue qu'exige l'éclairage maritime, tous les phares reconnus indispensables étaient établis déjà avec des appareils à l'huile, dont le sacrifice aurait été trop coûteux; c'est pourquoi on a dû ajourner la généralisation de son emploi jusqu'à l'époque de leur remplacement. En France, sur la proposition de M. Allard, directeur des phares, on a commencé depuis 1880 la transformation de 42 phares à l'huile en phares électriques, dont l'intensité lumineuse permettra de satisfaire pendant 10/12 de l'année dans l'Océan, et pendant 11/12 dans la Méditerranée, aux conditions que les phares à l'huile ne remplissent que pendant la moitié de l'année. La dépense est évaluée à 7,000,000 de francs.

III. Il est important d'observer que, malgré l'expression usitée d'éclairage des côtes, les phares n'éclairent pas dans l'acception propre du mot; leur rôle est d'être visibles à la plus grande distance possible, et cette distance, qui s'appelle la portée, dépend de la hauteur du foyer au-dessus de l'horizon, de son intensité lumineuse et de la transparence de l'atmosphère. Aussi doit-on distinguer la portée géographique et la portée lumineuse. La première est limitée par la rondeur de la terre; elle est égale à la longueur d'une ligne menée tangentiellement à la surface de la mer et prolongée jusqu'à l'œil de l'observateur; cette ligne n'est pas droite, parce que l'atmosphère étant formée de couches horizontales dont les densités diminuent à mesure que l'on s'élève, la lumière qui traverse ces couches obliquement éprouve des réfractions successives en passant de l'une à l'autre, et décrit une ligne courbe dont la concavité est tournée vers la mer; c'est cette réfraction atmosphérique qui rend le soleil visible pour nous, un peu avant qu'il ne soit levé réellement et un peu après qu'il est déjà couché; elle augmente de même la distance à laquelle un phare est visible; la longueur de la ligne tangentielle peut-être calculée à l'aide de la formule

$$D = \sqrt{\frac{RH}{0,42}}$$

dans laquelle : H représente la hauteur du point lumineux et R le rayon terrestre. Le coefficient

$$\sqrt{\frac{1}{0,42}}$$

correspond à une valeur moyenne de la réfraction atmosphérique; M. L. Reynaud a donné, dans son *Mémoire sur l'éclairage et le balisage des côtes*, le tableau de la portée géographique des phares, pour des hauteurs du foyer lumineux de 1 à 300 mètres, calculées en prenant R=6,366,953 mètres. Ce tableau montre que la portée augmente avec la hauteur de l'œil de l'observateur au-dessus du niveau de la mer. En effet, pour un phare dont le foyer lumineux est à 40 mètres de hauteur, la distance du foyer au point de contact de la ligne tangentielle est de 24,625 mètres. Pour l'observateur placé à 12 mètres de hauteur, la distance de l'œil à ce même point de contact est de 13,488 mètres, et la portée est égale à la somme de ces deux nombres, soit 38,113 mètres. Cette portée totale peut être calculée immédiatement avec la formule

$$D = 1,55 \sqrt{R(H+h)}$$

dans laquelle *h* est la hauteur de l'œil de l'observateur.

La portée lumineuse ou portée optique d'un phare dépend : de son intensité lumineuse; de la sensibilité visuelle de l'observateur et de la transparence de l'atmosphère. L'intensité d'une lumière est représentée par le nombre d'unités qu'elle contient et sa mesure constitue la *photométrie* (V. ce mot). La sensibilité visuelle est exprimée par la plus faible lumière visible à 1,000 mètres dans une atmosphère parfaitement transparente; on l'évalue en moyenne à un centième de bec carcel. La transparence plus ou moins grande de l'atmosphère modifie la distance à laquelle l'unité lumineuse est visible pour les personnes douées de la sensibilité visuelle moyenne; en effet, la loi de diminution de la lumière, en raison inverse du carré de la distance, n'est rigoureusement vraie que dans le vide ou pour de très petites distances dans l'air. Sur de grandes longueurs la lumière est en partie absorbée ou détruite et la diminution est plus rapide. Cette absorption varie avec l'état de l'atmosphère, et on appelle *coefficient de transparence* la fraction qui exprime la proportion de lumière que laisse passer l'unité de longueur d'air atmosphérique. Ce coefficient joue un rôle important dans le calcul de la portée optique; ainsi une source lumineuse qui enverrait, en se propageant dans le vide, 100 becs carcels à 1 kilomètre, n'en envoie plus que le quart ou 25 becs à 2 kilomètres, le neuvième ou 11,1 à 3 kilomètres, et ainsi de suite; mais si le coefficient de transparence est 0,7, c'est-à-dire si chaque kilomè-

tre absorbe les 3/10 de la lumière, on n'a plus pour le premier kilomètre que 100×0,7 ou 70 becs; pour le second, que 25×0,49 ou 12,25 becs et pour le troisième, que 11,1×0,343 ou 3,8; à 14 kilomètres les 100 becs seront réduits à

$$0,51 \times 0,0068 = 0,003.$$

On distingue trois degrés de transparence de l'atmosphère, le *temps clair*, le *temps ordinaire* et le *temps brumeux*. Pour le premier, l'unité lumineuse reste visible jusqu'à 8,600 mètres et le coefficient de transparence pour une couche d'air de 1 kilomètre d'épaisseur est 0,966; pour le second, la portée est de 7,000 mètres et le coefficient 0,903; pour le troisième, la portée n'est que de 4,900 mètres et le coefficient est 0,747. Au-dessous de ces chiffres, il y a brouillard.

La durée relative de chacun de ces états de transparence varie d'un pays à l'autre; on a établi, à l'aide d'observations nombreuses, que sur le littoral français de l'Océan, la durée totale des temps clairs équivaut à 1/12 de l'année; celle des temps moyens à 6/12 et celle des temps brumeux à 5/12. En outre, l'opacité des brouillards augmente avec la distance, à tel point qu'il faudrait 1,600 becs carcels pour traverser 1,000 mètres d'un brouillard qui laisse voir l'unité de lumière à 500 mètres, et 1,000,000 de carcels pour une couche de 2 kilomètres. Les brumes absorbent surtout les rayons les plus réfrangibles du spectre, violet, indigo, bleu, et laissent passer plus facilement le jaune et le rouge. C'est pourquoi la lumière électrique, riche en rayons très réfrangibles, est plus affaiblie par les brouillards que la lumière due à la combustion des huiles ou du gaz, dans laquelle le jaune et le rouge dominent; on y remédie facilement en faisant varier l'intensité du foyer suivant les circonstances atmosphériques.

Les trois éléments de la portée optique sont reliés par la formule $IT^X = SX^2$, dans laquelle S est la sensibilité visuelle, X la portée en kilomètres, I l'intensité lumineuse et T le coefficient de transparence. M. Allard a donné, dans son *Mémoire sur l'intensité et la portée des phares*, la portée optique calculée pour des intensités lumineuses comprises entre 1 bec et 10,000,000 de becs carcels et pour neuf degrés de transparence de l'atmosphère variant de 8,600 à 26 mètres (La portée moyenne inscrite au livret des phares est calculée pour le temps moyen). Les chiffres du tableau de M. Allard font voir que la portée est loin d'augmenter en proportion de l'augmentation d'intensité de la source lumineuse et de plus que la perte subie par les temps brumeux est d'autant plus forte que la source est plus intense. On peut s'en rendre compte en comparant les nombres suivants :

Intensité en becs carcels	Portée de temps clair	Portée de temps brumeux
2	4.84	3.21
60	12.65	6.75

Pour une intensité trente fois plus forte, la première portée est à peine triplée et la seconde n'est que doublée.

IV. C'est à l'approche des côtes qu'existent les dangers les plus redoutables, et le premier service demandé aux phares consiste à signaler aux marins l'approche du littoral ; ceux qui remplissent cet office sont désignés sous le nom de *phares de grand atterrage* ; ce sont ceux qui possèdent la plus grande portée lumineuse, c'est-à-dire des phares de premier ordre. Si le navigateur s'est trompé ou s'il a été dévié de son chemin par le mauvais temps, il faut qu'il puisse longer la côte de loin, sans danger, jusqu'à ce qu'il arrive en face de son but. Il faut donc qu'il puisse trouver sans interruption une suite de lumières assez puissantes, ne quittant l'une que pour suivre l'autre ; en un mot, il faut que les cercles des portées lumineuses des phares se coupent réciproquement assez loin de la côte ; pour obtenir ce résultat le plus souvent possible, on a dû adopter pour le rayon de ces mêmes cercles la portée qui correspond au degré moyen de transparence de l'atmosphère, c'est-à-dire celui qui est atteint ou dépassé pendant la moitié du temps ; il résulte des observations, que cette portée est plus grande dans la Méditerranée que dans l'Océan et la Manche. Enfin, les phares de grand atterrage sont établis sur des caps, des îles ou des bancs, de manière à former les sommets d'un polygone circonscrit à tous les écueils.

Arrivé au point cherché, le marin doit pouvoir sans crainte se rapprocher davantage de la côte, et il importe de lui signaler, par un nouveau réseau de lumières, les écueils qu'il peut rencontrer dans cette seconde zone. C'est pourquoi on installe, en arrière des premiers phares, d'autres foyers, dont la puissance est réglée d'après les distances auxquelles ils doivent porter, et qui répondent aux deuxième, troisième, quatrième et jusqu'au cinquième ordre. En outre, lorsque la transparence de l'air est assez diminuée pour que les cercles des parties lumineuses des appareils de grand atterrage ne se coupent plus, ce sont les feux de la deuxième ligne qui comblent cette lacune et préviennent autant que possible, les dangers qui en résulteraient. Enfin, la route étant ainsi jalonnée jusqu'auprès du port, il suffit d'installer de faibles lumières pour indiquer l'entrée du chenal ; ce sont les feux de direction. Dans les ports à marée, des feux de couleurs variées indiquent, à toute heure de nuit, la hauteur de l'eau dans le port, de 50 en 50 centimètres.

La portée assignée aux phares de premier ordre varie de 18 à 27 milles marins (60 au degré), soit 35 à 50 kilomètres ; celle des autres feux est comprise entre 2 milles et 20 milles (3,700 mètres à 37 kilomètres). Les phares de grand atterrage et quelques phares de second ordre éclairent tout l'horizon ; les autres n'en éclairent qu'une fraction, et dans ce cas la lumière qui serait inutile du côté de la terre, est renvoyée au foyer de l'appareil au moyen de réflecteurs et contribue à renforcer l'éclairage. L'augmentation ainsi obtenue peut atteindre 40 0/0.

Pour que les indications fournies aux navigateurs

soient bien précises, il faut que ces foyers si multipliés se présentent à eux avec des caractères différents et bien tranchés ; on emploie, à cet effet, cinq genres principaux : fixes, à éclipses, fixes variés par des éclats précédés et suivis de courtes éclipses, scintillants et clignotants. Au besoin, on varie ces caractères à l'aide de la coloration ; enfin, on constitue quelquefois un caractère spécial au moyen de l'association ou du groupement de deux ou plusieurs feux. La distance observée entre deux feux de même caractère est toujours assez grande pour dépasser l'erreur de position possible dans les circonstances ordinaires de la navigation.

La figure 88 montre la marche des rayons lumineux dans un appareil de phare composé d'une lentille à échelons et d'anneaux catadioptriques ; on voit qu'ils sont amenés au parallélisme par la lentille centrale, par les échelons *a, b, c, d, e, f, g,*

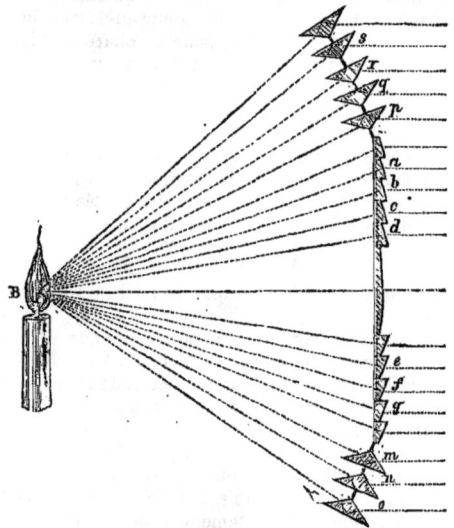

Fig. 88.

et par les anneaux catadioptriques, de diamètres décroissants *p, q, r, s, m, n, o*. En faisant tourner le profil de la lentille autour d'un axe vertical passant par le foyer principal, on engendre un cylindre qui réfracte horizontalement tous les rayons ; c'est ce que l'on appelle le *tambour de feu fixe*. Si, au contraire, on fait tourner le profil de la lentille autour de son axe principal, on engendre une lentille à éléments annulaires ; en disposant plusieurs de ces lentilles de manière à former un tambour polygonal ayant pour axe la verticale qui passe par le foyer commun, on obtient l'appareil des phares à éclipses ; cet appareil, mis en rotation, envoie successivement sur tous les points de l'horizon les faisceaux recueillis par chaque lentille et les moments d'obscurité qui correspondent aux intervalles des lentilles produisent les éclipses. Les figures 89 et 90 montrent la disposition de ces deux systèmes. Le tambour dioptrique, placé au milieu, est surmonté par une coupole catadioptrique, et prolongé, dans le bas, par une série d'anneaux catadioptriques. On voit que dans la figure 90, l'appareil est porté par une couronne de galets et peut être mis en mouvement par le mécanisme placé sur le côté et actionné par un poids suspendu à l'extrémité d'une corde; un débrayage permet d'arrêter au besoin la marche de l'appareil.

Le feu fixe, varié par des éclats, est obtenu en combinant une portion de tambour de feu fixe

éclipses sont très courtes par rapport à la durée de l'apparition du feu.

Le tableau de la p. 232 permet d'apprécier ce que l'on appelle le coefficient d'un appareil, c'est-à-dire le rapport dans lequel il augmente l'intensité de la lampe placée à son foyer. (Les tableaux complets de ces coefficients pour les différentes combinaisons d'appareils et de lampes, y compris la lumière électrique, ont été donnés par

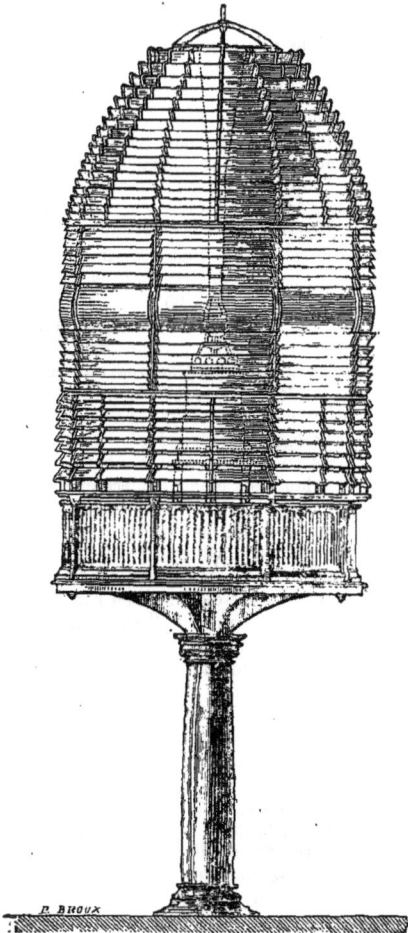

Fig. 89. — *Appareil de feu fixe.*

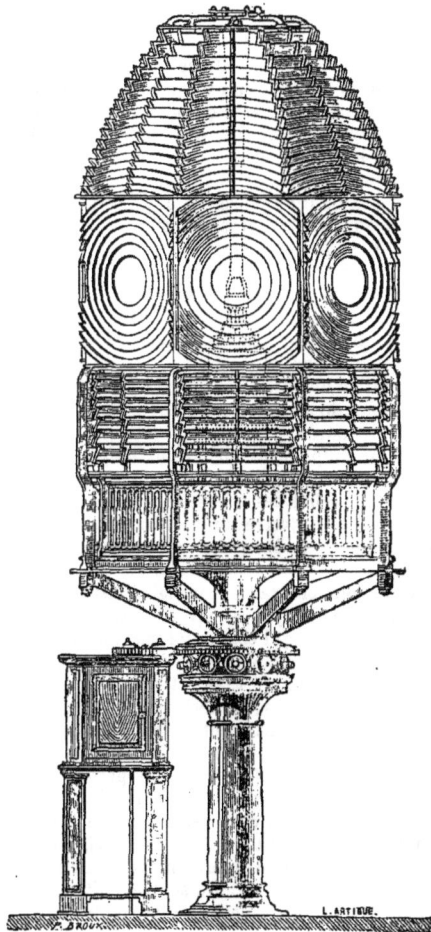

Fig. 90. — *Appareil de feu à éclipses.*

avec des lentilles annulaires; on peut aussi réaliser ce caractère avec un tambour de feu fixe immobile, devant lequel on fait tourner quelques lentilles dites « à éléments verticaux »; ces lentilles sont engendrées en faisant mouvoir verticalement le profil d'une lentille à échelons dont on augmente suffisamment la distance focale.

Les feux scintillants sont ceux dont les éclipses se succèdent à des intervalles très courts, 5 secondes par exemple, et dont les éclats ont une durée moindre que les éclipses; les feux clignotants sont des feux du genre précédent, dont les

M. Allard dans son *Mémoire sur l'intensité et la portée des phares.*)

Les feux à éclats sont ici supposés avec suppression totale du feu fixe; cependant, on conserve souvent, pendant les éclipses, un feu fixe fourni par les anneaux catadioptriques; dans ce cas les éclats sont un peu plus faibles; mais on y trouve l'avantage que le navigateur ne perd pas le feu de vue complètement pendant les éclipses.

La coloration n'a été employée pendant longtemps qu'avec une grande réserve, à cause de la diminution importante qu'elle fait subir à la lu-

Ordre	Nombre de mèches	Intensités en becs carcels			
		du feu fixe	des éclats	des éclats rapides	des éclats de feu scintillant
1er	6	1.105	7.533	3.073	»
2e	5	640	3.972	1.914	»
3e	4	326	1.733	1.065	»
4e	3	101	580	329	141
5e	2	42	296	»	46
6e	2	33	255	»	45

mière ; en effet, des observations nombreuses ont montré que la portée d'un feu coloré en rouge n'est plus que le cinquième de celle du feu blanc qui le produit. Pour un feu vert, le rapport est réduit à un huitième. Mais comme cette proportion diminue à mesure que l'on augmente l'intensité de la source lumineuse, on a pu, grâce aux perfectionnements des lampes et surtout grâce à l'emploi de la lumière électrique, recourir à la coloration rouge pour établir quelques caractères nouveaux que le nombre toujours croissant des feux rendait indispensable. Pour compenser la perte, on donne aux lentilles colorées de plus grandes dimensions.

La coloration en vert n'est guère employée que pour des feux de direction ou pour des appareils à signaux de marée. La coloration totale d'un feu est obtenue simplement en faisant usage d'une cheminée en cristal coloré ; les colorations partielles, comme celles des éclats, sont obtenues au moyen de lames de verre de couleur, placées en avant des lentilles, dans des cadres ouvrant à charnières.

V. On emploie, en France, pour fabriquer les appareils optiques des phares un verre très dur et inattaquable à l'air qui est fourni par l'usine de Saint-Gobain : sa composition est de : silice 72,1 ; soude 12,2 et chaux 15,7. Son indice de réfraction est d'environ 1,54 ; la perte par absorption est d'environ 1/2 0/0 par centimètre d'épaisseur ; par réflexion, on perd environ 10 0/0 de la lumière incidente, jusqu'à 45° ; cette perte augmente ensuite progressivement avec l'inclinaison. Les pièces sont coulées dans des moules en fonte, puis travaillées sur des tours à plateau horizontal, au moyen de frottoirs en fonte emmanchés au bout d'un bras mobile ; les frottoirs sont enduits successivement de grès, d'émeris de plus en plus fins, et, pour donner le poli, de rouge d'Angleterre délayé dans l'eau ; les frottoirs sont alors garnis de feutre.

Les pièces terminées et vérifiées avec soin sont montées dans des cadres en bronze assemblés sur l'armature. L'appareil complet est installé sur une table en fonte supportée par une colonne creuse scellée dans la voûte. Les appareils mobiles reposent sur un chariot à galets verticaux, tournant entre deux couronnes en acier parfaitement dressées ; ces galets sont en bronze très dur et ont 10 centimètres de diamètre. Une ou deux couronnes de galets horizontaux maintiennent le mouvement de l'appareil concentrique au foyer.

La machine de rotation est placée à côté de l'appareil, quelquefois dans le socle ; le moteur est un poids qui atteint jusqu'à 150 et 200 kilogrammes ; ce poids est suspendu au bout d'un câble en chanvre et en fil d'acier, enroulé autour d'un tambour dont le mouvement est transmis, à l'aide d'engrenages, d'une part au plateau denté de l'appareil, d'autre part à un régulateur isochrone de Foucault, qui maintient constante la vitesse de rotation ; un embrayage permet d'arrêter l'appareil, pour les besoins du service. Le poids descend dans une rainure ménagée dans la paroi de la tour. Le câble est mouflé, afin de ralentir sa descente et de permettre de marcher la nuit entière sans remontage.

VI. Comme il a été dit plus haut, les lampes contiennent de une à six mèches concentriques, séparées par des vides annulaires de 5 millimètres, pour le passage de l'air nécessaire à la combustion. Pour la facilité des approvisionnements, toutes les mèches ont un diamètre uniforme à partir du centre ; leurs diamètres moyens respectifs sont fixés à 125, 105, 85, 65, 45 et 25 millimètres ; le tube à air central, de 20 millimètres de diamètre est surmonté par un disque en métal élevé de 17 à 20 millimètres au-dessus de l'orifice. L'huile est envoyée aux mèches par quatre petites pompes foulantes mues à l'aide d'un mécanisme d'horlogerie actionné par un moulin. Pour les phares du troisième au sixième ordre, on emploie des lampes à poids modérateur ; une aiguille conique logée dans le tube ascensionnel règle l'écoulement de l'huile ; on a même appliqué ce genre de lampe à des phares de premier ordre, et comme le poids est assez considérable, on le relève, lorsqu'il est descendu en bas de sa course, en refoulant l'huile à l'aide d'une ou deux pompes manœuvrées par un levier à main. Lorsqu'on emploie l'huile minérale, elle est amenée dans un réservoir, muni d'un trop-plein qui maintient son niveau à 4 ou 5 centimètres en contre-bas de l'extrémité supérieure des mèches. Une disposition très simple permet de brûler au besoin de l'huile végétale dans les mêmes lampes. Les becs sont étagés, c'est-à-dire que chaque mèche s'arrête à deux millimètres en contre-bas de celle qui la précède vers le centre, afin que la lumière ne soit pas masquée pour les éléments inférieurs de l'appareil optique.

Les cheminées en verre sont surmontées d'un tube en métal qui augmente le tirage et que l'on ferme plus ou moins à l'aide d'un papillon. Les chiffres suivants indiquent les consommations et les intensités réelles des lampes de 6 à 1 mèches.

Huile consommée en
grammes 1,450 1,000 645 370 175 55
Intensité en becs carcels   50   36   24 14,3 7,9 2,2

Il en résulte, pour chaque unité de lumière, une consommation de 25, 25.4, 25.9, 26.9, 27.8 et 29 grammes, d'où l'on voit que la consommation diminue sensiblement à mesure que la puissance de la lampe augmente. Les becs établis par M. J. Donglas, pour le service de Trinity-House, ont reçu différents perfectionnements qui permettent d'atteindre 80 carcels avec une lampe à 6 mèches.

VII. La lumière du gaz est appliquée dans sept phares irlandais; les brûleurs, du système de M. Wigham, sont composés de jets indépendants qui consomment chacun de 60 à 65 litres de gaz par heure. Chaque jet est fourni par un tube spécial; ces tubes sont fixés sur un disque creux, percé entre les jets d'ouvertures pour le passage de l'air. Il n'y a pas de cheminée en cristal; mais les produits de la combustion sont recueillis dans un tube en mica dont l'ouverture inférieure est placée à une certaine hauteur au-dessus du bec. M. Wigham a créé cinq types différents : le plus petit, de 28 jets, donne une lumière de 50 carcels; le deuxième, de 48 jets, donne 80 carcels, l'équivalent d'une lampe à 6 mèches et à l'huile minérale de Trinity-House; le troisième, de 68 jets donne 140 carcels; le quatrième, de 88 jets, 270 carcels; le cinquième, de 108 jets, 325 carcels; en combinant quatre étages de ces grands brûleurs, l'inventeur a réalisé, au phare de Galley-Head, 550 carcels. Le diamètre de la flamme du bec à 28 jets est de 108 millimètres; pour le bec à 108 jets ce diamètre s'élève à 32 centimètres; cette dimension considérable de la flamme entraîne une réduction de plus de moitié de son intensité spécifique comparée à celle des flammes à l'huile; aussi la quantité de lumière envoyée à l'horizon est plus faible; mais la durée des éclats est augmentée ainsi que la divergence verticale; il en résulte que les phares ainsi éclairés donnent plus de lumière dans le voisinage de la tour et que, par les temps de brouillard, on les voit encore, à de courtes distances, lorsque les phares à l'huile sont complètement invisibles. On comprend du reste que l'éclairage au gaz convient parfaitement pour les feux de port.

VIII. On avait tenté plusieurs fois d'augmenter l'intensité des foyers de phares; en 1837, sous la direction de Faraday, on avait essayé l'emploi d'un jet d'oxygène au milieu de la flamme d'une lampe à l'huile; l'intensité lumineuse était deux fois et demie plus grande, mais la dépense était excessive. La lumière Drummond, essayée en 1862 au South Foreland, n'eut pas plus de succès; l'emploi de la lumière électrique paraît au contraire avoir résolu cette importante question; on lui reprochait, au début, de percer moins bien le brouillard que la lumière de l'huile ou du gaz, à laquelle elle était cependant bien supérieure comme intensité. M. Allard a démontré dans une note publiée aux *Annales des ponts et chaussées* (1882, premier semestre) que cette infériorité ne dépassait pas 1 0/0; on conçoit du reste que l'augmentation de l'intensité totale entraîne proportionnellement celle des rayons rouges. Les premiers essais de ce mode d'éclairage, poursuivis en Angleterre de 1858 à 1862, n'avaient pas complètement réussi; son installation aux phares de la Hève, en 1863 et 1865, avec les machines de Nollet (Alliance) et avec le régulateur de M. V. Serrin, eut au contraire un succès complet, confirmé depuis par de nouvelles applications; il est probable que dans un avenir

prochain tous les phares de premier ordre seront éclairés par l'électricité.

On emploie aujourd'hui, comme générateurs de courants, soit les machines magnéto-électriques à courants alternatifs, de M. de Méritens, avec le régulateur de M. Serrin, modifié dans quelques détails, soit les machines dynamo-électriques à courants continus de M. Gramme, construites par la maison Sautter-Lemonnier et Cie, avec un régulateur du même inventeur. Pour les grandes intensités que l'on recherche actuellement, ces dernières sont plus économiques; toutefois, l'usure des collecteurs est un inconvénient sérieux. Du reste l'arc voltaïque lui-même n'est pas sans défauts, et on étudie déjà le moyen de le remplacer par des lampes à incandescence très puissantes.

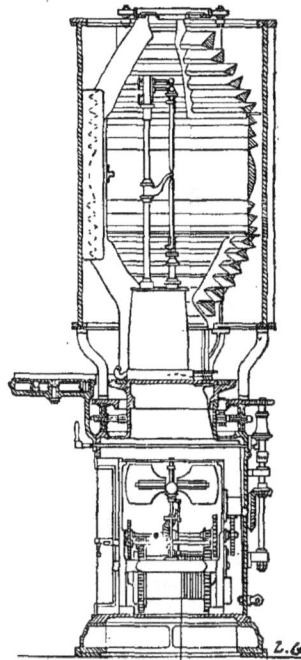

Fig. 91. — *Coupe verticale de l'appareil à lumière électrique du phare de Planier.*

Les machines électriques sont mises en mouvement par des moteurs à vapeur, pourvus d'un régulateur capable de leur assurer une vitesse uniforme; cette condition est indispensable au fonctionnement régulier des

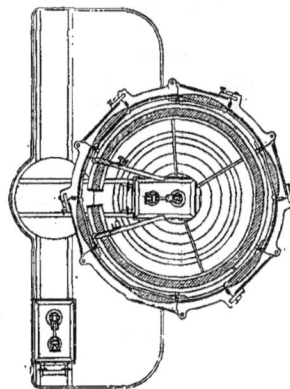

Fig. 92.—*Coupe horizontale de l'appareil à lumière électrique.*

lampes et à la fixité de la lumière. En Angleterre, on préfère la machine à air chaud, à deux cylindres, de Brown; elle est en effet moins dangereuse, et surtout n'exige pas d'eau ; les machines de ce système, de 8 chevaux de force, installées au cap Lizard, ne consomment que 2 kilogrammes de coke par cheval et par heure.

Les appareils optiques sont calculés comme ceux des phares ordinaires, mais en tenant compte de l'énorme réduction de volume de la source lumineuse, dont l'intensité focale est environ 600 fois plus grande que celle d'une flamme à l'huile ; on avait pensé à l'origine qu'il serait économique d'en profiter pour réduire le diamètre des appareils, et l'on avait donné à ceux de la Hève 30 centimètres (appareil de 6e ordre). Mais comme à mesure que l'on diminue l'appareil, on augmente la divergence des faisceaux lumineux et on diminue en proportion leur intensité, comme il faut en outre tenir compte des variations inévitables de la position du foyer, on a été conduit à donner aux appareils 0,60 (Planier) et même 1 mètre (phares anglais). Dans les feux tournants, les éclats sont produits par des lentilles verticales qui se meuvent en avant du tambour de feu fixe ; cette disposition permet d'augmenter à volonté la durée des éclats relativement à celle des éclipses et constitue l'un des plus précieux avantages de l'emploi de la lumière électrique dans les phares. Les figures 91 et 92 représentent en coupe verticale et en coupe horizontale un appareil de ce genre, employé dans le nouveau phare de Planier. Le tambour mobile comprend six groupes de 4 lentilles, dont une rouge et trois blanches. Les lentilles rouges embrassent 30 degrés et les blanches 10 degrés seulement ; il en résulte que les éclats rouges ont la même intensité que les blancs. La figure 92 montre la table et la plaque tournante, munies de rails, qui permettent de substituer rapidement une lampe à l'autre, en cas de dérangement.

Quant aux résultats de l'emploi de la lumière électrique, il suffit de rappeler que l'intensité d'un feu fixe de premier ordre à l'huile, équivaut à 1105 becs carcels, tandis que celle du feu électrique atteint de 30,000 à 200,000 carcels ; pour les éclats, l'intensité la plus forte que l'on puisse obtenir avec l'huile est de 9,850 carcels ; avec la lumière électrique, on obtient de 60,000 à 400,000 carcels. L'avantage, au point de vue économique, se déduit des chiffres suivants qui donnent la dépense pour une heure et un bec carcel :
Huile de colza (80 carcels) 0 fr. 10 ; huile minérale (80 carcels) 0 fr. 085 ; gaz (325 à 560 carcels) 0 fr. 04 à 0 fr. 03 ; électricité (900 carcels) 0 fr. 0178 à 0 fr. 008. D'après M. Douglas l'avantage appartient à l'huile minérale tant que l'on ne dépasse pas l'intensité d'une lampe à 6 mèches ; le gaz pourrait lutter avec l'électricité jusqu'à 500 carcels ; enfin pour les grandes intensités, c'est la lumière électrique qui est la plus économique, malgré l'augmentation du prix d'établissement et celle du personnel. L'économie augmente encore avec l'intensité du foyer et celle de 900 carcels, prise plus haut comme terme de comparaison, est déjà dépassée ; au phare de Macquarie (baie de Sydney) établi en 1882, la lumière fournie par deux machines de M. de Méritens

atteint 1330 carcels, et dans le phare de Razza (baie de Rio-Janeiro), le foyer alimenté par deux machines de M. Gramme peut atteindre 2,000 carcels.

IX. A l'origine, la portée des phares des trois premiers ordres avait été fixée à 20 milles, 16 milles et 14 milles ; il en résultait que le foyer lumineux devait être élevé à 60, 35 et 24 mètres de hauteur, en supposant l'observateur placé à 3 mètres au-dessus du niveau de la mer ; en le supposant élevé à 6 mètres, on pouvait réduire ces hauteurs théoriques à 50, 27 et 18 mètres. Dans la pratique, cette hauteur varie suivant les circonstances locales ; si le phare peut être établi en un point élevé, on se contente de donner à l'édifice une hauteur suffisante pour éviter tout accident aux appareils. C'est ainsi que le phare du cap Béarn (Pyrénées-Orientales) qui n'a que 9 mètres de hauteur, a son foyer à 220 mètres au-dessus de la mer ; au mont d'Agde, la tour n'a que 14 mètres et le foyer se trouve à 126 mètres d'altitude. D'un autre côté lorsqu'un phare doit être construit sur une roche submersible, sa hauteur est souvent réduite par suite de l'insuffisance de la base ; au phare d'Ar Men, par exemple, on a dû limiter la hauteur de la tour à 33 mètres ; ce qui réduit l'élévation du foyer à 28 mètres pendant les hautes mers.

Les édifices des phares sont ordinairement construits en maçonnerie, quelquefois en métal ; il serait imprudent d'employer le bois qui présente trop de chances de destruction, et l'on ne doit jamais oublier à quels dangers la disparition accidentelle d'un phare exposerait les navigateurs. La forme qui ressort naturellement des conditions d'établissement de ces édifices est celle d'une tour ; l'intérieur est toujours cylindrique et son diamètre varie de 3m,70 à 4 mètres pour le premier ordre, et de 3m,20 à 3 mètres pour les 2e et 3e ordres. A l'extérieur, les tours peuvent être carrées, octogonales ou circulaires suivant les circonstances. La forme carrée ne convient que pour les édifices en terre ferme ; la forme circulaire s'impose pour les tours baignées par la mer. En France, sur 44 tours en pierre de premier ordre, on en trouve 22 circulaires, 15 carrées et 7 octogonales. Le fruit varie de 1 1/2 à 2 0/0 ; il est de 7 0/0 à Cordouan et de 3 0/0 à Ar Men. La stabilité est calculée, comme à l'ordinaire, de façon que les matériaux ne supportent en aucun point une pression supérieure à celle qu'indique l'expérience ; pour l'action du vent, on admet une pression de 275 kilogrammes sur 1 mètre carré, correspondant à une vitesse de 50 mètres par seconde ; si la tour est ronde, cette pression est réduite à 183 kilogrammes. La pression des vagues est évaluée à 4 ou 5,000 kilogrammes au maximum par mètre carré ; on additionne les deux moments de renversement et on détermine le rapport du moment total au moment de résistance, abstraction faite de l'adhérence des mortiers, autrement dit le *coefficient de stabilité* ; ce coefficient varie ordinairement de 4 1/2 à 6. Quelle que soit leur stabilité, les grandes tours oscillent lorsque le vent souffle par rafales ; ces oscillations dont la durée est très courte, une à deux secondes, et dont l'amplitude n'a pas été mesurée, ne compromettent pas la solidité de l'édifice, mais sont toujours fort inquiétantes pour les personnes placées au sommet de la tour.

Le vide des tours est divisé en étages, formant autant de salles qui servent de magasins, de cuisine et de chambres pour les gardiens et les ingénieurs. On y accède par un escalier qui est généralement encastré par moitié dans le mur ; l'autre moitié est en saillie dans les chambres ; quand le diamètre intérieur de la tour est trop faible, l'escalier est reporté dans une cage accolée à l'édifice. Au sommet de l'escalier se trouve la chambre dite « de service » ; cette chambre contient, outre les armoires pour les outils et les objets de rechange, un lit pour le gardien appelé à remplacer celui qui est de service ou à lui donner, en cas de besoin, un concours immédiat.

La tour est surmontée par une plate-forme au milieu de laquelle s'élève le soubassement de la lanterne ; cette plate-forme est entourée par un parapet établi en encorbellement sur la corniche qui forme le couronnement de la tour ; une galerie circulaire règne autour du soubassement et sert de passage pour aller nettoyer les glaces de la lanterne. Lorsque la place est insuffisante, on remplace le parapet par une balustrade en fer galvanisé ou en bronze. L'intérieur du soubassement constitue la chambre de l'appareil qui communique par une échelle en fonte avec la chambre de service. Les lanternes sont cylindriques ou polygonales, avec autant de côtés qu'il y a de panneaux dans l'appareil ; les montants sont ordinairement verticaux ; on les coupe quelquefois sur une longueur égale à la hauteur des panneaux dioptriques, et on relie les tronçons par des montants inclinés, afin de diminuer l'occultation ; en Angleterre, on préfère les lanternes cylindriques avec montants hélicoïdaux, malgré leur prix élevé et les difficultés du bombage et de l'ajustement des panneaux de glace en losange. Les montants inclinés ou en hélice sont indispensables dans les phares électriques dont le foyer, très réduit, serait entièrement caché par les montants verticaux.

La lanterne est surmontée par une coupole, établie avec des feuilles de cuivre rouges fixées sur une carcasse en fer. Elle se termine par une boule percée de trous pour assurer la ventilation. Les coupoles sont pourvues d'un paratonnerre qui protège tout l'édifice. Les lanternes sont garnies de stores et les appareils sont protégés par des rideaux pour empêcher les rayons du soleil, concentrés au foyer de l'optique, de brûler le bec de la lampe. On est quelquefois obligé d'entourer la lanterne avec un grillage en fil de laiton, à larges mailles pour éviter le bris des glaces par les oiseaux de passage.

Lorsque les circonstances ne permettent pas l'emploi de la maçonnerie, on a recours aux constructions en fer, telles que les tours à enveloppe extérieure indépendante (Roches Douvres) ; les tours à ossature extérieure apparente, avec un tube central en tôle contenant l'escalier (Roccas) ; les tours dites *tripodes*, dans lesquelles le tube central est soutenu par trois étais tubulaires formant un trépied à large base (La Palmyre) ; les charpentes métalliques montées sur pieux à vis, fort utiles sur les plages de sable ou de vase (phare de Walde). Les feux de ports sont souvent installés sur des tourelles en fer, faciles à déplacer au besoin, voire même sur de simples colonnes en fonte. Dans les phares du continent, la tour ne contient que l'escalier et la chambre de service ; les magasins et les logements sont installés dans des bâtiments spéciaux construits dans le voisinage immédiat du phare, de manière à établir toutes les communications à couvert. Dans les phares électriques, il faut ajouter un bâtiment pour loger les machines avec leurs moteurs et un petit atelier pour les réparations.

La plupart des phares isolés en mer sont construits sur des rochers à fleur d'eau et dans des parages où la vitesse des courants et la fréquence des tempêtes rendent les accostages très dangereux et prolongent souvent les travaux pendant plusieurs années ; dans des conditions aussi difficiles, la dépense est en général très élevée, comme on peut s'en rendre compte d'après les chiffres suivants empruntés à l'ouvrage de M. Allard.

	Hauteur du foyer au-dessus de la fondation	Dépense totale	Dépense par mètre de hauteur de l'édifice	Dépense par mèt. cube de maçonnerie
	mètres	francs	francs	francs
Le Four	25.00	300.000	12.000	325
Les Barges d'Olonne	27.50	456.000	16.580	552
Ar Men.	29.80	930.000	31.200	900
Les Héaux de Bréhat	48.50	531.700	10.960	288
Bell Rock	35.50	1.390.000	39.170	1.721
Eddystone	40.45	496.000	12.000	816
Smalls	42.80	1.253.000	29.280	954
Wolf	43.50	1.568.000	36.050	937
Skerryvore	48.20	1.805.000	37.450	1.088
Roches Douvres (métal)	48.30	520.000	10.000	»

X. En Angleterre, l'administration des phares est confiée à trois commissions, une pour chaque partie du pays ; la plus ancienne et la plus célèbre est connue sous le nom de *Corporation de Trinity House*. En France, le service des phares est placé entre les mains des ingénieurs et des conducteurs des ponts et chaussées ; le personnel se compose de maîtres de phares et de six classes de gardiens dont les appointements varient de 475 à 850 francs. Sur les phares isolés en mer, ces agents reçoivent des indemnités de vivre. Dans les phares des trois premiers ordres, ils doivent surveiller à tour de rôle la flamme de l'appareil ; leur nombre n'est jamais inférieur à 3 pour le 1er ordre et à 2 pour les 2e et 3e ordres. En temps ordinaire, l'allumage a lieu un quart d'heure après le coucher du soleil. Les gardiens sont tenus de porter tous les secours possibles aux navigateurs et aux naufragés et de leur donner asile au besoin, mais sans jamais interrompre la surveillance du foyer. Tous leurs travaux, l'emploi de leur temps et même l'admission des visiteurs sont soumis à un

règlement très minutieux et rigoureusement appliqué.

XI. Au point de vue de l'art, le phare de Cordouan
occupait le premier rang ; on a dû, malheureuse-

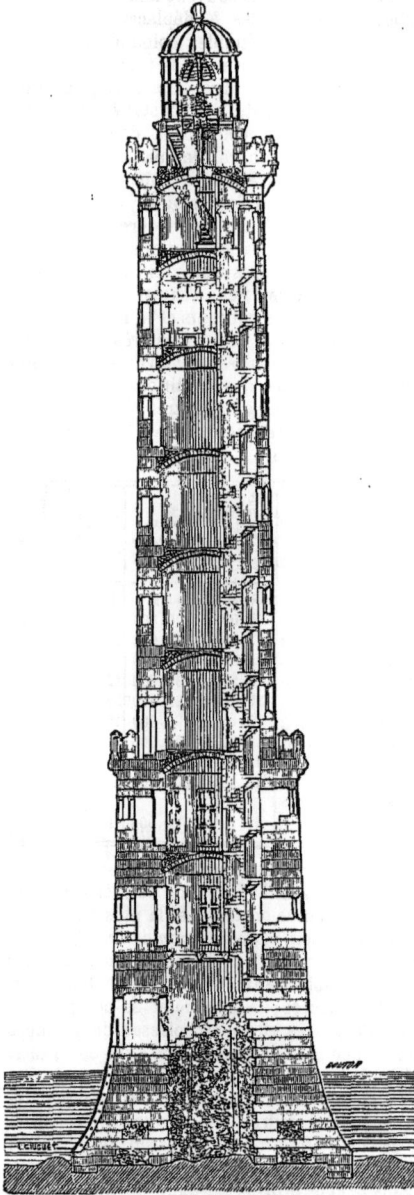

Fig. 93. — *Coupe du phare des Héaux de Bréhat.*

ment, l'exhausser, en 1786, pour donner au feu
une plus grande portée, et la construction nouvelle de Teulère ne s'accorde guère avec l'architecture du monument primitif. Les phares modernes sont plus simples et plus sévères ; leur
beauté réside surtout dans l'harmonie des pro-

portions et leur aspect répond mieux à leur destination ; on trouvera, dans les ouvrages indiqués
plus loin, la description d'un grand nombre de
ces édifices parmi lesquels nous avons dû nous
borner à choisir quelques exemples tels que les
phares des Héaux de Bréhat et d'Ar Men qui
marquent le début et le couronnement des travaux de L. Reynaud, le savant à la fois architecte
et ingénieur, qui a maintenu si longtemps la
France au premier rang de l'éclairage maritime ;
le phare des Roches Douvres, seconde application
de l'élégante construction en fer qu'il avait créée
pour la Nouvelle-Calédonie et, enfin, le phare si
remarquable que vient de construire, à Eddystone, M. J. Douglas, l'illustre ingénieur de Trinity House.

Le phare de Bréhat, dont la figure 93 montre
l'intérieur, a été construit de 1835 à 1839 ; sa
fondation repose, à 4^m,50 au-dessous des hautes
mers, sur un plateau de porphyre situé à 5 kilomètres de la terre la plus voisine. La tour mesure 4^m,20 de diamètre intérieur et 45^m,40 d'élévation jusqu'à la plate-forme ; elle se divise, sur
la hauteur, en deux parties : le soubassement
dont la hauteur est de 18 mètres et dont le diamètre est à la base de 13^m,70 et au sommet de
8^m,60 ; ce soubassement est couronné par un
chemin de ronde et un parapet. Le tronçon supérieur, haut de 27^m,40, est construit comme une
tour ordinaire ; l'épaisseur du mur décroît de
1^m,30 à 0^m,85. L'intérieur contient 8 étages séparés par des voûtes en briques spéciales ; les deux
premières chambres, logées dans le soubassement, servent de magasin, puis viennent la cuisine, trois chambres de gardien, la chambre de
l'ingénieur et la chambre de service. La porte
s'ouvre à 1 mètre au-dessus des hautes mers.
Un escalier circulaire, à noyau plein, encastré
dans l'épaisseur du mur, fait communiquer les
étages entre eux (V. les articles publiés sur ce
sujet par le *Magasin pittoresque*, en 1845, t. XIII).

Le phare d'Ar Men est situé presqu'à l'extrémité
de la chaîne de récifs sous-marins que l'on appelle la chaussée de Sein et qui se prolonge à
plus de 15 kilomètres en avant de l'île de Sein,
à la pointe du Finistère. La violence des courants
en cet endroit est telle que la construction d'un
phare fut longtemps regardée comme impossible ;
les désastres qui s'y renouvelaient fréquemment
et que les phares déjà existants dans l'île de
Sein et à la pointe du Raz étaient impuissants à
conjurer, l'impossibilité absolue d'établir un feu
flottant à l'extrémité de la chaussée, décidèrent à
tenter l'entreprise. C'est à peine, en effet, si la
roche d'Ar Men, émergeant de 1^m,50 aux basses
mers d'équinoxe, a permis d'établir un massif
circulaire de 7^m,20 de diamètre. Pour fixer cette
fondation, exécutée avec de petits moellons et du
ciment à prise rapide, on fut obligé de percer
dans la roche des trous de fleuret de 0^m,30 de
profondeur et d'y sceller des goujons en fer.
L'accostage était extrêmement difficile ; dans la
première année (1867), on n'aborda que sept fois
et on n'eut que huit heures de travail ; l'année
suivante (1868), on accosta seize fois et on put

travailler dix-huit heures; on avait alors percé 55 trous et dérasé en partie l'assiette de la fondation. C'est en 1869 que l'on réussit à sceller les goujons et à commencer les maçonneries; pendant tous ces travaux, les ouvriers étaient munis de ceintures de sauvetage et ceux que la vague avait emportés étaient repêchés, quelquefois à plus d'un kilomètre de distance, par un canot qui les ramenait au chantier. Il fallut encore onze années pour terminer, et la figure 94, qui représente

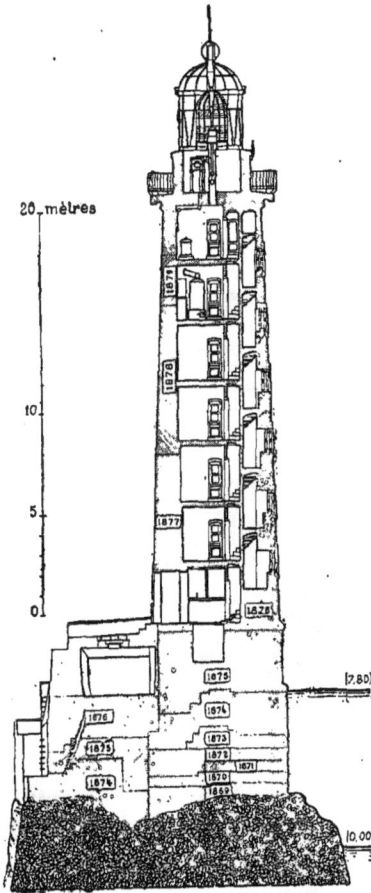

Fig. 94. — *Coupe verticale du phare d'Ar Men.*

la coupe de l'édifice, montre, de bas en haut, l'avancement annuel de l'ouvrage. La plate-forme, élevée à 29^m,80 de hauteur, est surmontée d'un appareil de 2° ordre, à feu scintillant, dont l'allumage eut lieu le 31 août 1881. Le 6° étage contient un appareil sonore pour les signaux en temps de brume. — V. Signaux.

Le phare des Roches Douvres, que représente, en coupe, la figure 95, est élevé sur le rocher appelé le Grand Signal, entre les îles de Bréhat et de Guernesey. L'impossibilité d'établir sur ce point une tour en maçonnerie fit décider l'emploi d'une tour métallique disposée de façon à pouvoir être trans-

portée par morceaux et montée sans échafaudage et sans autre assemblage que des boulons; on adopta le modèle qui avait si bien réussi pour la Nouvelle-Calédonie. L'ossature se compose de 16 montants rayonnants autour d'un vide intérieur de 3^m,60 de diamètre qui contient l'escalier en fonte, chaque montant, de 45 mètres de hauteur, comprend 15 panneaux en fer à T, munis d'écharpes et reliés par autant d'étages d'entretoises horizontales. Le tout est recouvert extérieurement par une enveloppe en tôle dont les feuilles, garnies de couvre-joints sont boulonnées sur les montants; l'épaisseur des tôles décroît de la base au sommet, depuis 10 jusqu'à 7 millimètres. On peut facilement visiter, nettoyer et repeindre toutes les parties de l'édifice, condition essentielle pour éviter l'oxydation rapide du fer exposé aux embruns de mer. La fondation consiste en un massif de béton dans lequel sont noyés des patins en fonte servant de base aux montants.

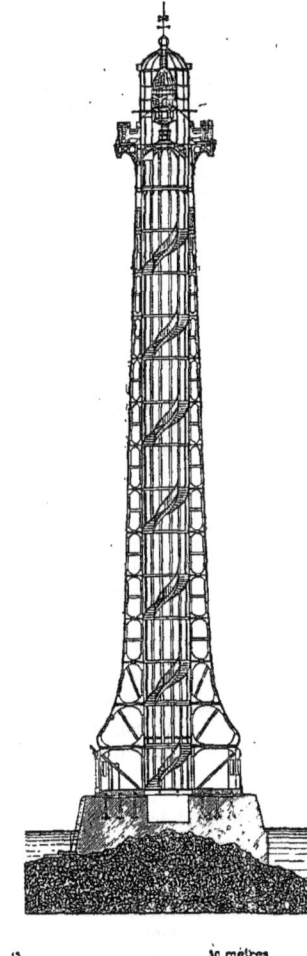

Fig. 95. — *Coupe verticale du phare des Roches Douvres.*

L'appareil, de premier ordre, est un feu scintillant dont le foyer se trouve à 55 mètres au-dessus des hautes mers; il a été allumé le 6 août 1869. Au pied de la tour se trouvent les logements et les magasins isolés par des cloisons en briques.

Le nouveau phare d'Eddystone se trouve à 36 mètres de l'ancienne tour de Smeaton; il repose sur une base cylindrique de 13^m,40 de diamètre sur 6^m,60 de hauteur; la tour, en granit, est divisée en 9 étages; son profil extérieur présente la forme d'un solide de révolution engendré par une ellipse dont la concavité est tournée vers l'extérieur; le demi-grand axe est de 54^m,15 et le demi-petit axe de 11^m,25. Les escaliers et les cloisons sont en fer; les fenêtres et leurs volets sont en bronze; la porte d'entrée s'ouvre à 7^m,50 au-dessus des hautes mers. L'appareil se trouve à 40^m,45 au-dessus du même niveau; il comprend deux feux superposés munis chacun d'une lampe à 7 mèches perfectionnée, dont l'intensité lumineuse atteint 96 becs carcels. La chambre du 7e étage contient un feu fixe limité à un secteur qui éclaire un écueil dangereux situé à trois milles et demi au N.-O. du phare. Au niveau de la plate-forme sont installées deux cloches de 2,000 kilogrammes, dont les marteaux sont mis en mouvement, pendant les brouillards, par le mécanisme moteur des appareils. Ce phare, commencé en juillet 1878 et terminé en juin 1881, a coûté 496,000 francs.

XII. Les *phares flottants* sont des bateaux mouillés dans le voisinage des écueils et sur lesquels on entretient un ou plusieurs feux pendant toutes les nuits; on n'y a recours que dans le cas où les dangers à signaler sont situés de façon à rendre la construction d'un phare trop difficile ou trop coûteuse. Les premiers phares flottants sont ceux de Dudgeon et de Nore, en Angleterre, dont l'allumage remonte à 1734 et 1735. Ils sont aujourd'hui très nombreux dans certains parages; dans le Pas-de-Calais, vers l'embouchure de la Tamise, sur l'espace compris, d'une part, entre Dungeness et Oxford, et d'autre part entre Calais et Ostende, on en compte 21 dont 3 français. On construit pour cet usage des navires spéciaux, espèces de pontons en bois ou en fer, d'une solidité exceptionnelle, la coque est munie, outre la quille ordinaire, de fausses quilles supplémentaires faisant saillie sur les flancs du navire et servant à diminuer le roulis. Le tonnage de ces pontons varie de 70 à 350 tonneaux, et leur longueur, entre 18 et 36 mètres; ils sont maintenus en place à l'aide d'une ancre ou de deux ancres affourchées, dont le poids varie de 700 à 4,000 kilogrammes; les chaînes en fer doivent résister à une traction minimum de 18 à 20 kilogrammes par millimètre carré. Le personnel comprend 2 ou 3 officiers et de 12 à 20 matelots dont le service est distribué de façon qu'ils passent alternativement deux mois à bord et un mois à terre. L'expérience a montré, en effet, qu'un séjour prolongé sur ces navires immobilisés au milieu des tempêtes était au-dessus des forces physiques et morales des marins les plus aguerris.

Les appareils d'éclairage sont constitués par une couronne de photophores, enfermés dans une lanterne vitrée qui entoure le mât (fig. 96); les lampes, à une mèche et à l'huile minérale, sont suspendues à la cardan, avec un contrepoids en plomb à la partie inférieure. La hauteur du feu varie de 11 à 12 mètres au-dessus de la mer; lorsqu'il y a deux ou trois feux sur le même bateau, on les hisse sur leurs mâts respectifs à des hauteurs différentes pour les rendre distincts. Le plus élevé est alors à 14 ou 15 mètres de hauteur.

Pendant le jour on descend l'appareil dans une cabane installée au pied du mât, pour faire le service. Les feux sont en général blancs ou rouges. On emploie quelquefois des feux à éclipses, dont l'appareil est mis en mouvement par une machine de rotation logée dans l'entre-pont.

Dans les phares flottants du littoral de la Baltique, on emploie, au lieu d'appareil catoptrique, un appareil dioptrique composé de trois lanternes de feu de port avec un optique de 0^m,30 de diamètre, éclairant les deux tiers de l'horizon; les lampes sont à l'huile minérale. Les trois appareils, suspendus à la cardan, occupent les sommets d'un triangle équilatéral dont le mât se touve au centre, de sorte qu'il y a toujours au moins deux

Fig. 96. — *Appareil d'éclairage de feu flottant.*

des feux visibles d'un point quelconque de l'horizon.

Les phares flottants coûtent assez cher d'établissement et d'entretien; celui de Rochebonne (350 tonneaux) a coûté, sans les appareils d'éclairage, 265,000 francs; celui de Mapon (70 tonneaux) 30,400 francs. Pour le Ruytingen (150 tonneaux) les dépenses de premier établissement se sont élevées, y compris les appareils d'éclairage, à 125,000 francs; l'entretien coûte 26,500 francs par an. Malheureusement leur portée géographique ne dépasse guère 11 à 12 milles marins; la portée optique moyenne n'est pas beaucoup plus forte et se trouve presque toujours diminuée par l'agitation continuelle des lampes. On pourrait améliorer cette situation en ayant recours à la lumière électrique; de puissantes lampes à incandescence permettraient de créer des appareils plus légers et moins volumineux qu'il serait possible d'élever plus haut sans inconvénient, de sorte que l'une et l'autre portées seraient notablement augmentées.

— Au 1ᵉʳ janvier 1882, le nombre des phares allumés sur nos côtes de l'Océan et de la Méditerranée, s'élevait à 425, et ceux de l'Algérie à 44 ; ils se répartissaient de la façon suivante :

	France	Algérie
1ᵉʳ ordre.	45	7
2ᵉ —	7	2
3ᵉ —	27	2
4ᵉ —	48	5
5ᵉ —	289	28
Feux flottants.	9	»

La fabrication des appareils de phare est restée pendant longtemps une industrie exclusivement française, entre les mains de MM. Sautter et Lemonnier, Lepaute, Barbier et Fenestre. Elle a donné lieu à un chiffre d'affaires de plus de 20,000,000 de francs. Actuellement, il existe, en plus des trois maisons françaises, une fabrique en Angleterre, et une aux Etats-Unis. — J. B.

Bibliographie : Mémoire sur l'éclairage et le balisage des côtes de France, par Léonce REYNAUD, 1 vol. in-4ᵉ et 1 atlas in-fol., Paris, Imprimerie nationale, 1864; *Mémoire sur l'intensité et la portée des phares*, par M. E. ALLARD, 1 vol. in-4ᵉ avec pl., Paris, Imp. nat., 1876; *Etat de l'éclairage du balisage des côtes de France*, 1 vol. in-8ᵉ avec carte, 1882 (cet état est complété chaque année par des bulletins rectificatifs); *Notice sur les phares, fanaux, bouées et signaux*, par M. L. SAUTTER, Paris, 1880; *Mémoire sur les phares électriques*, par M. E. ALLARD, Paris, Imp. nat., 1881; *Mémoire sur les phares flottants de l'Angleterre*, par DEGRAND (*Annales des ponts et chaussées*, 1860, 1ᵉʳ semestre); *Les travaux publics de la France*, t. V, *Phares et balises*, par M. E. ALLARD, Rothschild, 1883; *Magasin pittoresque*, t. XIII, juillet, août et septembre, 1845; FIGUIER : *Merveilles de la science*, t. IV, Paris, Jouvet et Cⁱᵉ, édit.; *Mémoire sur les phares*, par M. DOUGLAS (*Minutes of Proceedings*); *Mémoires de la Société des ingénieurs civils d'Angleterre*, novembre 1883; *Description du phare électrique de Planier*, collection de dessins de l'école des ponts et chaussées, 18ᵉ livraison, Paris, Challamel, 1883; *L'éclairage des côtes en Angleterre et en Australie*, par G. RICHARD (*La lumière électrique*, journal d'électricité, t. VII, 1882).

PHARMACIE. Mot qui s'emploie, soit pour désigner l'art de préparer les médicaments, ou pour indiquer l'endroit dans lequel est installée l'officine du pharmacien.

La pharmacie est un art, mais c'est en même temps une science, car elle est soumise à des lois parfaitement précises, s'appuie sur des principes définis et sur des règles expérimentales sanctionnées par la science moderne. C'est une science complexe qui applique journellement les données de la physique, de la chimie et des sciences naturelles, et qui, considérée pratiquement, a pour objet :

1º La collection des substances médicamenteuses, qu'elles soient de nature organique ou minérale ;

2º La préparation des médicaments, subdivisés eux-mêmes en médicaments chimiques, en général bien définis, comme les corps simples, les acides, les oxydes, les sels, les alcaloïdes, etc.; et en médicaments galéniques, c'est-à-dire ceux pré-

parés spécialement dans les officines, comme les poudres, potions, sirops, eaux distillées, pommades, extraits, etc. ;

3º La conservation de ces médicaments.

Pour exercer l'art de la pharmacie il faut donc posséder des connaissances variées en histoire naturelle, afin de connaître les caractères extérieurs des corps; savoir assez bien la chimie pour pouvoir distinguer la composition, la pureté ou les altérations des corps qui entrent dans la préparation du médicament, et posséder les connaissances de physique qui permettent de faire subir aux produits des modifications convenables, sans toutefois altérer leur composition. Ce n'est pas en lisant, ou par de seules données théoriques qu'on apprend la pharmacie, « c'est en voyant opérer et en opérant soi-même, en familiarisant ses yeux et ses mains avec les objets des opérations et avec les instruments dont on y fait usage ». (Cabanis, *Révolution de la médecine*).

PHARMACIEN. *T. de mét.* Celui qui exerce la pharmacie. En France, la profession de pharmacien, sans être libre, ou sans être comme en Allemagne et en Russie, assimilée presque à une charge publique, puisque le nombre des officines y est limité, a une législation spéciale, qui quoique non encore codifiée, fait que la liberté commerciale n'existe pas pour elle comme pour les autres professions.

— La loi organique du 21 germinal, an XI, régit encore la pharmacie, elle s'occupe surtout de la partie commerciale de la profession; car, pour ce qui est applicable aux études à faire, et aux examens à subir, pour avoir le droit d'exercer la pharmacie, de nombreux arrêtés et décrets ont, depuis l'an XI, modifié l'ancienne loi organique.

Nul ne peut exercer la pharmacie en France sans être pourvu du diplôme de pharmacien, et avoir vingt-cinq ans révolus (1) ; cependant, après avis favorable des Ecoles où se sont faites les études, une dispense d'âge, de quelques mois à un an, peut être accordée à ceux qui ont subi leurs examens préliminaires avec succès. Il y a, en France, trois sortes de diplômes de pharmacien : 1º celui de seconde classe, qui est délivré par les Ecoles secondaires et les Ecoles de plein exercice, qui ne donne droit d'exercer que dans la circonscription universitaire de l'Ecole, et en choisissant avant les dernières épreuves, le département spécial où l'on veut s'établir; pour changer de département, il faut subir de nouveaux examens, dont deux peuvent être accordés gracieusement par le Ministère de l'instruction publique; 2º celui de 1ʳᵉ classe, qui n'est délivré que par les Ecoles supérieures de pharmacie, ou les Facultés mixtes de médecine et de pharmacie. Il donne le droit d'exercer dans toute la France et ses colonies; enfin, 3º celui du degré supérieur, qui ne s'obtient qu'avec de plus longues études, et après la soutenance d'une thèse. Ce diplôme est surtout pris par ceux qui veulent arriver au professorat dans les Ecoles.

La scolarité pour les élèves en pharmacie dure six années. Celui qui veut débuter dans cette carrière est tenu de faire au juge de paix de son canton, ou au secrétariat de l'Ecole, s'il en existe une dans la ville qu'il habite, la déclaration de son début comme stagiaire en pharmacie, et de produire en même temps son diplôme de bachelier ès-sciences, s'il veut être pharmacien de première classe, ou un certificat constatant qu'il a subi avec succès, devant une Commission spéciale, un examen portant sur

(1) Cette condition vient d'être abolie récemment — N. d. l. R.

les matières exigées pour sortir de la classe de quatrième, mais avec notions de sciences physiques et naturelles ; de faire viser tous les ans le certificat de stage délivré par le pharmacien chez lequel il est inscrit, et d'accomplir exactement trois années de stage. Après ce temps, d'après le décret du 31 août 1878, il doit, avant de commencer ses trois années d'études théoriques, subir devant une École de pharmacie un examen de validation de stage, qui comprend des préparations de médicaments chimiques ou galéniques, la détermination de 30 plantes ou parties de plantes appartenant à la matière médicale et de 10 médicaments composés, et un examen oral sur les opérations pharmaceutiques. Après la réception, à cet examen, les élèves peuvent prendre leur première inscription, mais les aspirants au titre de pharmacien de 2e classe ne peuvent obtenir, d'après le décret du 14 juillet 1875, la 5e et la 9e inscriptions, qu'après avoir subi avec succès un examen de fin d'année, et ceux au titre de 1re classe, qu'après examen avant la 5e, la 9e et la 11e inscriptions. Les aspirants au diplôme supérieur ont une quatrième année de scolarité à faire. Les examens de fin d'études sont au nombre de trois, dont deux premiers, absolument théoriques, portent sur la physique, la chimie, la toxicologie, l'hydrologie, avec épreuves d'analyse chimique, puis sur la pharmacie, la matière médicale, les sciences naturelles en général, avec épreuves de micrographie, et un troisième pratique, divisé en deux parties et consistant en préparation de dix médicaments chimiques et galéniques, avec développements oraux sur la nature des produits qui entreront dans la préparation, puis sur les qualités, altérations ou falsifications du produit préparé par eux.

Quant aux obligations qui sont imposées aux pharmaciens pour l'exercice de leur profession, elles sont nombreuses. D'abord, ils sont soumis chaque année à une visite d'inspection de leur officine ; ils sont tenus de posséder un registre paraphé par le commissaire de police, sur lequel ils doivent inscrire les noms des personnes qui achètent des substances vénéneuses (lois du 19 juillet 1845, 29 octobre 1846 ; arrêté du 29 mars 1848 ; décret du 8 juillet 1850) ; d'indiquer si un corps est destiné à l'usage externe, pour éviter les erreurs possibles, par l'emploi d'étiquettes de couleur orangée (circulaire du 25 juin 1855) ; de ne pas vendre de remèdes secrets, c'est-à-dire de produits dont la formule n'a pas été approuvée par l'Académie de médecine et le ministre de l'agriculture et du commerce (malgré ce décret du 3 mai 1850, on sait qu'aujourd'hui toutes sortes de spécialités absolument inconnues de l'Académie de médecine, se vendent et sont recommandées par les journaux), etc. En échange de toutes ces obligations, qui ne les empêchent pas, en outre, d'être responsables de toutes les erreurs qui pourraient être commises dans la composition d'un médicament, la loi concède aux seuls pharmaciens le droit de vendre tout ce qui est médicament et destiné à la guérison d'une maladie ; malheureusement la loi n'est pas mieux appliquée, sous ce rapport, que sous celui des remèdes secrets, et épiciers, parfumeurs, confiseurs ou même marchands de nouveautés, vendent aujourd'hui toutes sortes de substances dont les qualités s'étalent longuement sur les papiers qui servent à envelopper le produit. Il est à espérer que la loi nouvelle que l'on a déposée aux Chambres, tout en ayant de justes exigences pour ceux qui veulent exercer la pharmacie, leur donnera le droit de faire respecter une prérogative qu'ils ont acquise par de fortes études et par les grandes dépenses qu'ils ont dû faire pour être à même d'obtenir leur diplôme. — J. C.

PHÉBÉ ou **PHŒBÉ.** *Myth.* Fille du Ciel et de la Terre, déesse de la Lune ; on lui donne aussi le nom de *Diane.*

PHÉBUS ou **PHŒBUS.** *Myth.* Syn. d'*Apollon*, dieu de la lumière. — V. APOLLON.

*PHELLOPLASTIQUE. Art qui consiste à représenter en relief, avec du liège, des monuments d'architecture, et particulièrement des constructions de l'antiquité.

*PHÉNATE. T. de chim. Combinaison du phénol avec les oxydes métalliques. Ces corps, qui se comportent comme des sels, sont quelquefois employés dans l'industrie. Les plus importants sont : le *phénate d'ammoniaque*, $C^{12}H^5O, AzH^4O...$ $C^6H^5, OAzH^4$, qui s'obtient en faisant passer un courant d'ammoniaque dans du phénol. Il est blanc, sublimable ; sa solution alcoolique portée à 300° en tube fermé, ou abandonnée longtemps à elle-même, donne de l'aniline et de l'eau

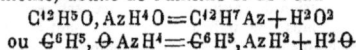

$$C^{12}H^5O, AzH^4O = C^{12}H^7Az + H^2O^2$$
$$\text{ou } C^6H^5, OAzH^4 = C^6H^5, AzH^2 + H^2O$$

le *phénate de baryte*, $C^{12}H^5BaO^2...$ C^6H^5, OBa, obtenu en portant à l'ébullition un mélange d'eau de baryte et de phénol ; le *phénate de chaux*, obtenu de la même manière avec un lait de chaux, mais il peut y avoir formation de produits différents suivant qu'il y a excès de chaux ou de phénol. Ces phénates sont solubles dans l'eau, et deviennent basiques par l'ébullition ; ils sont décomposables par l'acide carbonique ; le *phénate de plomb* se prépare en dissolvant à chaud, de l'oxyde de plomb dans du phénol ; ce produit qui a pour formule :

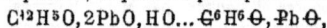

$$C^{12}H^5O, 2PbO, HO... C^6H^6O, PbO,$$

s'altère par l'action de l'eau bouillante ; le *phénate de potasse* ou *phénol potassé*,

$$C^{12}H^5O, KO... C^6H^5, OK,$$

est solide, cristallisé en fines aiguilles, soluble dans l'eau, l'alcool, l'éther ; il s'obtient en chauffant du phénol avec de l'hydrate de potasse, ou par contact du phénol avec le potassium ; le *phénate de soude*, $C^{12}H^5O, NaO... C^6H^5, ONa$, très employé dans l'industrie comme désinfectant ; il a les mêmes propriétés et s'obtient d'une façon analogue.

Caractères. Les phénates solubles, en dissolution, se reconnaissent aux caractères suivants : si on les décompose par l'addition d'une petite quantité d'un acide on obtient avec les réactifs les caractères ci-après :

Avec le *bioxyde de mercure*, réduction et production d'une matière résineuse d'un blanc rosé ; avec le *bioxyde de plomb*, dégagement de chaleur, et en additionnant d'eau, puis portant à l'ébullition, décoloration de l'oxyde puce ; avec le *perchlorure de fer*, en solution alcoolique, coloration brune, dans les solutions alcooliques de phénates ; avec le *permanganate de potasse*, décoloration immédiate ; avec le *chlorure de chaux* et l'addition d'un peu d'ammoniaque, coloration bleue. — J. C.

*PHÉNICIEN (Art et style). C'est environ trois mille ans avant l'ère chrétienne, suivant Hérodote, qu'un peuple du rameau araméen, descendant du plateau central asiatique vers le Caucase, vint s'établir sur les bords du Pont-Euxin, s'étendit peu à peu sur le pays, et envoya bientôt des colonies au loin : colonies européennes par le nord, vers les régions qui furent plus tard l'Epire et la Thessalie, où des villes portèrent leur nom, colonies asiatiques en Palestine, près du lac de Génézareth, et de là sur les côtes de la Méditerranée, où fut fondée la ville de Sidon, qui devint presqu'aussitôt l'entrepôt des richesses de l'Asie et le principal débouché sur l'Europe du commerce oriental. Excellents navigateurs, les Phéniciens portèrent jusqu'aux limites de la Méditerranée, en Etrurie et en Espagne, les riches étoffes de Babylone, les perles de l'Inde, le corail de la Sardaigne, les chevaux de l'Arabie, les grains de l'Egypte et de la Mésopotamie, ces deux greniers du monde antique. Si on en croit les auteurs anciens, ce sont les galères phéniciennes qui, les premières, firent connaître les côtes de la Grande-Bretagne, de la Germanie, même de l'Islande. Enfin, en dehors des Grecs et de Rome, on ne trouve guère que deux villes ayant joué un grand rôle dans l'antiquité, et ces deux villes, Tyr et Carthage, étaient des colonies phéniciennes.

On voit par ce rapide exposé que les Phéniciens, quoique très resserrés en Asie, ont été un grand peuple, et on ne sera pas étonné que, bien qu'il ne nous soit resté aucun monument qui puisse leur être attribué d'une façon certaine, on leur ait reconnu une très grande place dans l'histoire de l'art. Ils furent les premiers maîtres des Grecs, encore barbares, et il faut probablement attribuer à des artistes phéniciens les monuments et les sculptures de l'époque dite « archaïque », de même que l'art romain tout entier est dû à des artistes grecs ou étrusques. D'ailleurs, les historiens grecs sont d'accord pour attribuer aux Phéniciens leur écriture et leur religion. Or, un peuple qui ne connaissait pas l'écriture ne devait avoir, à plus forte raison, ni architecture ni statuaire lui appartenant en propre.

Si d'ailleurs les Grecs ont beaucoup pris aux Egyptiens, il est certain qu'ils n'ont pu leur emprunter le mouvement dans la statuaire, puisque les artistes Egyptiens y étaient opposés par un principe hiératique, tandis qu'au contraire, c'était le principal mérite de l'art Phénicien. « Le style que j'appellerai phénicien, dit Ch. Lenormand, n'est pas à beaucoup près le même que celui que l'on remarque sur les monuments d'Egypte. Les Phéniciens paraissent avoir eu pour le mouvement un goût prononcé que l'art égyptien perdit de bonne heure ; la noblesse des attitudes, la belle proportion des corps, une certaine suavité, quoique sévère, dans les contours, caractérisent les meilleures productions de l'art égyptien. Les figures phéniciennes sont trapues, sans noblesse et se distinguent par des formes plus que ressorties et par une singulière exagération dans la musculature. Ces figures ont toujours l'air de rire sans motif, à cause du développement donné à l'ouverture de la bouche ; elles prêtent à ce que nous appelons la charge, quoique leurs auteurs n'aient point eu l'intention de les rendre comiques ; leur mérite principal est une singulière vivacité. »

Il faut dire, en tenant compte de ce que ces observations ont de juste, que Ch. Lenormand compare le style archaïque des Phéniciens avec les meilleures productions de l'art égyptien : il faudrait leur opposer les figures de la belle époque des villes tyriennes, qui faisaient l'admiration des Grecs eux-mêmes. Malheureusement, il ne nous en reste rien. Toutes les colonies et la métropole même, Sidon, Tyr, Abydos, Byblos, Béryte, Paphos, ont été détruites de fond en comble, et seuls les monceaux de pierre, de marbres, de granit, attestent, avec le témoignage des auteurs anciens, la splendeur de ces reines de la mer, qui accumulaient dans leurs magasins les richesses de deux mondes. Mais il n'est pas resté un mur debout. Seyde et Sour ne sont que des villages bâtis sur des décombres. Tyr fondée, d'après Justin, un an avant la prise de Troie, occupait une presqu'île d'une étendue considérable. Elle avait des ports marchands et deux bassins réservés à la marine militaire. Les môles de ces bassins étaient ornés de colonnes en granit, représentant de vastes portiques. Les historiens Grecs et Juifs nous retracent à toutes les pages l'étonnement que

causait l'aspect des richesses tyriennes. On sait que le temple de Salomon fut élevé par des artistes et des ouvriers prêtés par Hiram, roi de Tyr. Les Israélites, peuple avant tout guerrier, n'étaient pas capables d'une pareille entreprise.

Parmi les monuments les plus célèbres de l'art phénicien, nous citerons le temple de Vénus, à Paphos, dans l'île de Chypre, qui était déjà renommé du temps d'Homère. On est réduit à des conjectures, bien que des médailles nous en aient transmis un dessin assez informe. Deux obélisques en ornaient l'entrée, et un parvis semi-circulaire, garni d'une balustrade et pavé de dalles quadrangulaires, contenait sans doute un autel extérieur. Une partie importante du temple était transformée en colombier, car les colombes étaient l'emblème de la Vénus de Paphos, et leur culte se retrouve dans toutes les colonies phéniciennes. La Gigantéja de l'île de Gozzo serait plus facile à étudier, car il en subsiste des ruines assez complètes, mais son origine phénicienne n'est pas absolument établie.

L'architecture phénicienne était surtout riche par l'ornementation et les bois précieux qui en étaient les principaux matériaux ; les décorations étaient complétées par des plaques de métal fixées aux parois et par des verres colorés. Ils excellaient aussi à appliquer sur les bois sculptés des feuilles métalliques battues au marteau.

Mais c'est surtout dans les produits industriels que l'art phénicien était remarquable. Nul ne travaillait les métaux comme les Sidoniens ; ils étaient sans rivaux pour la construction des navires, et la pourpre de Tyr, pour la teinture des tissus, était inimitable. Ils disposaient, d'ailleurs, des matières premières les plus belles, rapportant sur leurs navires l'étain de l'Irlande et l'argent de l'Ibérie, dans lequel ils ciselaient les vases merveilleux que célèbre Homère, ouvrages des Sidoniens, les plus habiles ouvriers du monde dans l'art de graver et de ciseler, vases apportés à Lemnos par les vaisseaux phéniciens. Ils furent aussi les premiers à employer comme matière artistique, l'ivoire, qu'ils tiraient de l'Inde.

Si, comme on le suppose, les Etrusques reçurent les leçons des Phéniciens, car il faut bien attribuer à une importation étrangère cette civilisation qui tranche si nettement avec l'état général de l'Italie à la même époque, ces marchands de Sidon et de Tyr seraient donc, avec les Egyptiens, les fondateurs de l'art en Occident, puisque les Grecs et les Romains ont subi leur influence plus ou moins directe. Sans doute ils auraient droit par leurs productions, à une place importante dans l'histoire de l'art, si elles étaient mieux connues ; en tous cas, on leur en doit une, comme les initiateurs et les premiers maîtres de ces artistes grecs et romains dont nous connaissons les chefs-d'œuvre impérissables. — C. DE M.

*PHÉNICIENNE ou PHÉNICINE. T. de chim. Syn. : Rothine, brun de phényle. Matière colorante brune, dont la composition est encore mal connue, et qui, d'après Roth, l'auteur de sa découverte (1864), doit être au moins constituée par deux substances différentes, une jaune, qui serait très probablement du binitrophénol,

$$C^{12}H^4(AzO^4)^2O^2... C^6H^4(AzO^2)^2O,$$

et une matière brune amorphe.

La phénicienne est en masse pulvérulente, brune, elle est peu soluble dans l'eau froide, presque insoluble dans l'eau bouillante ; elle est soluble dans l'alcool, l'éther, l'acide acétique, surtout lorsque l'on additionne ces liquides d'un peu d'acide tartrique ; elle est soluble dans la soude, la potasse, la chaux, l'ammoniaque, ainsi que dans le carbonate de soude. Cette matière teint en brun Havane, et en nuances pouvant aller jusqu'au brun grenat, et sans mordant, toutes les fibres animales; ces couleurs résistent à la lumière et au savon. Pour teindre le coton, il faut mordancer en stannate de soude et en tannin, et après teinture passer dans un bain bouillant de bichromate de potasse; la nuance obtenue vire au bleuâtre par les alcalis, mais elle résiste assez bien au savon et même à l'hypochlorite de calcium, suivant les mordants employés (E. Dollfus).

Pour préparer la phénicienne, on fait tomber dans une cornue en fonte, munie d'un agitateur, et par petites portions, sur une partie de phénol, dix à douze parties en poids d'un mélange de deux volumes d'acide sulfurique concentré et de un volume d'acide azotique (à 1,35); il se produit par cette action de l'acide azotosulfurique, et un vif dégagement de vapeurs nitreuses; on attend la cessation de ce dégagement pour ajouter une nouvelle quantité d'acide, en ayant soin de refroidir le vase, par un courant d'eau, pour éviter une élévation de température. A la fin de l'opération, la réaction se fait presque sans production d'acide hypoazotique, et l'on a un liquide brun rouge que l'on verse dans vingt fois son volume d'eau. Il se forme aussitôt un précipité brun, de phénicienne, que l'on recueille sur un filtre et qu'on lave jusqu'à ce que l'eau n'offre plus aucune trace d'acidité.

On connaît quelques bruns assez analogues à cette matière. L'un d'eux a été préparé par Alfraise, en traitant l'acide monosulfophénique (résultant du mélange de parties égales de phénol et d'acide sulfurique concentré, puis favorisant la combinaison par une douce chaleur) par une solution d'azotate de potasse. En évaporant à 100°, en consistance pâteuse, on obtient un produit brun, qui diffère de la phénicienne en ce qu'il est soluble dans dix fois son poids d'eau. Une autre substance analogue a été obtenue par Dullo, en mélangeant une solution aqueuse de sulfophénate d'ammoniaque avec un demi-équivalent de bichromate de potasse; mais cette dissolution se prend en gelée par la concentration et est peu soluble dans les acides, aussi n'a-t-elle pas été très employée pour la teinture. Enfin M. Kletzinsky a obtenu un brun assez solide par l'action de l'acide chromique sur le phénol, ou par celle de l'hypochlorite de calcium sur les solutions de phénates de soude ou d'ammonium. On obtient ainsi un bain qui vire du vert au bleu foncé, passe au brun par l'addition d'acide chlorhydrique et est prêt pour l'usage. — J. C.

PHÉNIQUE (Acide). *T. de chim.* — V. ACIDES, § *Acide phénique*, et PHÉNOL, § *Phénol ordinaire*.

PHÉNOL. *T. de chim.* Nom donné à certains alcools pyrogénés dont les propriétés chimiques diffèrent absolument de celles des autres alcools. Ainsi les phénols mis en contact avec les bases, saturent celles-ci en formant des sels, ce qui fait que le phénol ordinaire, $C^{12}H^6O^2...C^6H^6O$, est souvent désigné sous le nom d'*acide phénique*; mais ce même phénol joue le rôle d'alcool ordi-

naire avec les acides et donne des éthers, aussi peut-on encore le désigner sous le nom d'*alcool phénique*; en plus, avec l'ammoniaque, ce corps engendre un alcali, l'aniline. Cependant en contact avec l'oxygène le phénol ne donne ni aldéhydes, ni acides, ni les dérivés ordinaires des alcools, ce qui prouve que le corps placé en tête de la série jouit bien de propriétés absolument différentes des alcools ordinaires. Les phénols dérivent des carbures polyacétyléniques et surtout des carbures benzéniques, et chacun de ces derniers peut même engendrer plusieurs phénols.

L'importance des phénols est considérable, car dans l'industrie on en a retiré, par des réactions diverses, un grand nombre de dérivés colorés. Suivant leur atomicité, les phénols ont été divisés en différents groupes; dans les *phénols monoatomiques*, on range : le *phénol ordinaire*,

$$C^{12}H^6O^2...C^6H^6O;$$

le *crésylol* et ses isomères, $C^{14}H^8O^2...C^7H^8O$; le *xylénol* et ses isomères, l'*éthylphénol*,

$$C^{16}H^{10}O^2...C^8H^{10}O;$$

le *mésitylol*, $C^{18}H^{12}O^2...C^9H^{12}O$; le *thymol* et ses isomères, $C^{20}H^{14}O^2...C^{10}H^{14}O$; puis, en outre, de ces phénols benzéniques, les *naphtylols*,

$$C^{20}H^8O^2...C^{10}H^8O;$$

le *diphénylol*, $C^{24}H^{10}O^2...C^{12}H^{10}O$; le *benzylphénol*, $C^{26}H^{12}O^2...C^{13}H^{12}O$, et les *anthrols*,

$$C^{28}H^{14}O^2...C^{14}H^{14}O.$$

Dans les *phénols diatomiques*, il faut citer, parmi ceux benzéniques : la *pyrocatéchine*, la *résorcine*, l'*hydroquinon*, ayant pour formule

$$C^{12}H^6O^4...C^6H^6O^2;$$

les diverses sortes d'*orcine*,

$$C^{14}H^8O^4...C^7H^8O^2;$$

la *bétaorcine* et l'*hydrophlorone*,

$$C^{16}H^{10}O^4...C^8H^{10}O^2;$$

l'*hydrothymoquinon*, $C^{20}H^{14}O^4...C^{10}H^{14}O^2$; et dans les autres familles, l'*hydronaphtoquinon* et l'*oxynaphtylol*, $C^{20}H^8O^4...C^{10}H^8O^2$. Parmi les *phénols triatomiques*, on place, dans ceux d'origine benzénique, le *pyrogallol*, la *phloroglucine*,

$$C^{12}H^6O^6...C^6H^6O^3;$$

le *dioxyxylénol*, $C^{16}H^{10}O^6...C^8H^{10}O^3$, et dans les autres familles, le *dioxynaphtylol*,

$$C^{20}H^8O^6...C^{10}H^8O^3.$$

Dans les *phénols tétratomiques* on peut placer l'*alizarine*, $C^{28}H^{12}O^8...C^{14}H^{12}O^4$, que l'on range plus généralement parmi les aldéhydes.

Enfin dans les *phénols à fonction mixte*, on peut citer : comme exemple d'*alcool-phénol*, la *saligénine*, $C^{14}H^8O^4...C^7H^8O^2$; comme exemple d'*alcool-éther*,

$$C^{16}H^{10}O^4...C^8H^{10}O^2;$$

comme exemple de *phénol-éther*, l'*eugénol*, $C^{20}H^{12}O^4...C^{10}H^{12}O^2$, et comme exemple d'*alcool-phénol-éther*, l'*alcool vanillique*,

$$C^{16}H^{10}O^6...C^8H^{10}O^3.$$

Les produits les plus utiles, parmi les phénols que nous venons d'indiquer, sont traités à leurs noms respectifs, nous n'avons donc à nous occuper que du phénol ordinaire ou de ses dérivés directs.

Phénol ordinaire. Syn. : *acide phénique.* Nous avons déjà donné au mot ACIDE, les propriétés physiques et la préparation industrielle de ce corps, nous n'avons qu'à développer ici sa composition et ses propriétés chimiques, ainsi que sa synthèse.

Le phénol a pour formule brute $C^{12}H^6O^2$... C^6H^5O ou encore $C^{12}H^5O, HO$, c'est-à-dire l'hydrate d'oxyde d'un radical, le phényle, ayant pour formule $C^{12}H^5$... C^6H^5. Dans ce cas, l'analogie du phénol avec les alcools ordinaires est représentée, car nous pouvons exprimer sa composition par la formule

$$\left.\begin{array}{c}C^{12}H^5\\H\end{array}\right|O^2$$

celle de l'alcool éthylique étant

$$\left.\begin{array}{c}C^4H^5\\H\end{array}\right|O^2$$

ce qui justifie la désignation d'alcool phénique qu'on lui donne parfois; mais d'après M. Kékulé, il est plus rationnel d'accepter la formule

$$C^6H^5, OH$$

d'après laquelle le phénol est un dérivé hydroxylé du benzol, c'est-à-dire un benzol, C^6H^6, dans lequel l'hydrogène est remplacé, pour un équivalent, par de l'hydroxyle HO.

Synthèse. Divers moyens permettent d'obtenir le phénol, par voie synthétique :

(*a*) en traitant le chlorure de benzine par la potasse alcoolique;

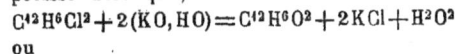

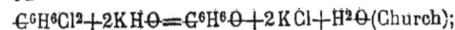

$$C^{12}H^5Cl^2+2(KO,HO)=C^{12}H^6O^2+2KCl+H^2O^2$$

ou

$$C^6H^5Cl^2+2KHO=C^6H^6O+2KCl+H^2O \text{ (Church);}$$

(*b*) en traitant du benzinosulfate de potasse par la potasse (Dusart, Wurtz, Kékulé), entre 250 et 300°

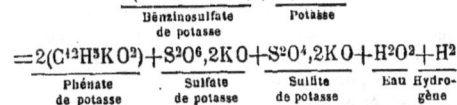

$$2(C^{12}H^5KS^2O^6)+4(KHO^2)$$

$$\underbrace{2(C^{12}H^5KS^2O^6)}_{\text{Benzinosulfate de potasse}}+\underbrace{4(KHO^2)}_{\text{Potasse}}$$

$$=\underbrace{2(C^{12}H^5KO^2)}_{\text{Phénate de potasse}}+\underbrace{S^2O^6,2KO}_{\text{Sulfate de potasse}}+\underbrace{S^2O^4,2KO}_{\text{Sulfite de potasse}}+\underbrace{H^2O^2+H^2}_{\text{Eau Hydrogène}}$$

(*c*) en traitant la benzine bromée, $C^{12}H^5Br$, par le sodium, dans un courant d'acide carbonique, on obtient du benzoate de soude et du bromure de sodium :

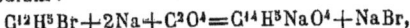

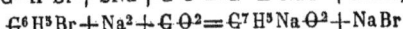

$$C^{12}H^5Br+2Na+C^2O^4=C^{14}H^5NaO^4+NaBr,$$

$$C^6H^5Br+Na^2+CO^2=C^7H^5NaO^2+NaBr$$

ce benzoate, avec le chlore, se transforme en acide benzoïque chloré, $C^{14}H^5ClO^4$, lequel, avec la potasse devient de l'acide oxybenzoïque

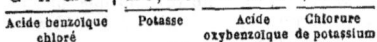

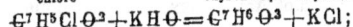

$$\underbrace{C^{14}H^5ClO^4}_{\text{Acide benzoïque chloré}}+\underbrace{KO,HO}_{\text{Potasse}}=\underbrace{C^{14}H^6O^6}_{\text{Acide oxybenzoïque}}+\underbrace{KCl}_{\text{Chlorure de potassium}}$$

$$C^7H^5ClO^2+KHO=C^7H^6O^3+KCl;$$

enfin l'acide oxybenzoïque, en présence des alcalis, se décompose par l'action de la chaleur, en acide carbonique et en phénol

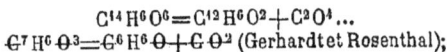

$$C^{14}H^6O^6=C^{12}H^6O^2+C^2O^4...$$
$$C^7H^6O^3=C^6H^6O+CO^2 \text{ (Gerhardt et Rosenthal);}$$

(*d*) en décomposant par l'eau bouillante, l'azotate de diazobenzol :

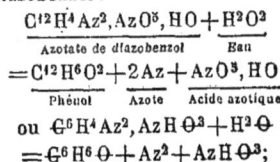

$$\underbrace{C^{12}H^4Az^2,AzO^5,HO}_{\text{Azotate de diazobenzol}}+\underbrace{H^2O^2}_{\text{Eau}}$$

$$=\underbrace{C^{12}H^6O^2}_{\text{Phénol}}+\underbrace{2Az}_{\text{Azote}}+\underbrace{AzO^3,HO}_{\text{Acide azotique}}$$

ou $C^6H^4Az^2,AzHO^3+H^2O$

$$=C^6H^6O+Az^2+AzHO^3;$$

(*e*) en faisant absorber l'acétylène par l'acide sulfurique fumant, puis décomposant l'acétylénosulfate obtenu avec de la potasse, par la potasse fondante (Berthelot).

État naturel. Le phénol a été retrouvé dans un certain nombre de produits animaux, tels que le castoréum, qui lui doit en partie son odeur (Wöhler); dans l'urine de l'homme, de la vache, du cheval (Stadeler); dans les produits de la fermentation putride; il se forme aussi dans les produits de la décomposition ignée des matières végétales (goudron de houille, de lignite), du benjoin (E. Kopp), de la résine de Xanthorrhea hastilis (R. Br.): ou de Botany-Bay (Stenhouse), de l'acide salicylique (Gerhardt), de l'acide morintannique (R. Wagner), de l'acide quinique (Wöhler), etc.

Propriétés chimiques. Nous avons donné au mot ACIDE PHÉNIQUE les principales propriétés physiques du phénol, nous avons à compléter ici cette étude par l'examen des modifications les plus importantes qu'éprouve ce corps, en contact avec les réactifs chimiques. Soumis à l'influence de l'hydrogène naissant, le phénol donne de la benzine ; cette réaction s'obtient par la décomposition de l'acide iodhydrique,

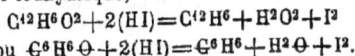

$$C^{12}H^6O^2+2(HI)=C^{12}H^6+H^2O^2+I^2$$

ou $C^6H^6O+2(HI)=C^6H^6+H^2O+I^2.$

En contact avec l'hydrate de chaux, le phénol au bout d'un certain temps absorbe de l'oxygène et se convertit en acide rosolique,

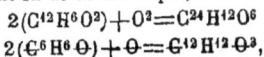

$$2(C^{12}H^6O^2)+O^2=C^{24}H^{12}O^6$$

$$2(C^6H^6O)+O^2=C^{12}H^{12}O^3,$$

matière colorante qui donne de belles nuances d'un rouge intense, pur et vif. Par voie de substitution, on peut dans le phénol remplacer l'hydrogène par un autre corps, c'est ainsi qu'avec le chlore on obtient du phénol mono, bi, trichloré; si on remplace l'hydrogène par un radical alcoolique monoatomique, on obtient des *éthers phéniques* ou *anisols*, comme l'éther méthylphénique,

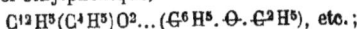

$$C^{12}H^5(C^2H^3)O^2...(C^6H^5.O.CH^3),$$

l'éther éthylphénique,

$$C^{12}H^5(C^4H^5)O^2...(C^6H^5.O.C^2H^5), \text{ etc.};$$

c'est ce que l'on réalise en chauffant du phénate de potasse avec les iodures des radicaux alcooliques ou avec des éthylsulfates alcalins.

Avec certains acides, comme l'acide acétique, on obtient une combinaison, avec élimination d'eau, et formation de composés comparables aux éthers ; ainsi, si nous représentons le phénol ordinaire par

$$C^{12}H^4(H^2O^2),$$

le phénol acétique sera $C^{12}H^4(C^4H^4O^4)$. Les acides énergiques ont une action plus profonde. L'acide sulfurique a une réaction variable. Mélangé avec partie égale de phénol, puis chauffé au bain-marie, et abandonné à lui-même, l'acide sulfurique concentré donne des cristaux d'*acide monosulfophénique*, mouillés par de l'acide non modifié, et contenant deux équivalents d'acide sulfurique,

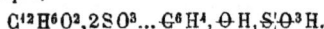

$$C^{12}H^6O^2,2SO^3... \, C^6H^4, O\,H, S^!O^3H.$$

Pour purifier ce corps on le met à digérer avec du carbonate de baryte, qui enlève l'acide sulfurique libre, puis on sature par du carbonate de potasse. Kékulé a montré qu'alors il se forme d'abord des cristaux lamellaires de *métasulfophénate de potasse*, et après, des cristaux allongés de *parasulfophénate de potasse*.

Les acides monosulfophéniques donnent avec le chlore, l'iode, l'acide hypoazotique, des dérivés par substitution, à l'hydrogène, de l'un de ces corps; le perchlorure de fer avec l'acide sulfophénique très étendu, donne une belle couleur violette (Gerhardt); le bioxyde d'azote et l'acide sulfophénique, suivant les proportions du mélange, des solutions rouges, violettes ou bleues, devenant jaunes par l'eau, et vert bleu avec l'ammoniaque (Monnet); enfin avec l'iodure d'amyle et l'acide sulfophénique, à 130°, on obtient un liquide assez épais, orangé, donnant avec les solutions alcalines faibles un rouge groseille, virant au jaune par les acides.

Si l'on traite le phénol par un mélange de parties égales, d'acide sulfurique concentré et d'acide sulfurique fumant, dans la proportion de 4 parties d'acide pour 1 de phénol, puis si on chauffe jusqu'à dégagement d'acide sulfureux et si l'on purifie, comme on l'a indiqué pour l'acide monosulfophénique, on obtient l'*acide disulfophénique*,

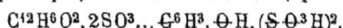

$$C^{12}H^6O^2,2SO^3... \, C^6H^3. O\,H.(S\,O^3H)^2.$$

Cet acide cristallise en aiguilles, forme des sels bien caractérisés, et par l'action de l'acide azotique engendre de l'acide picrique.

Avec l'acide azotique, le phénol donne des dérivés nitrés dans lesquels l'hydrogène peut être remplacé par un, deux ou trois équivalents d'acide hypoazotique, $(AzO^4)...Az\,O^2$.

Le *phénol mononitré* ou *mononitrophénol*,

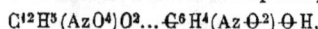

$$C^{12}H^5(AzO^4)O^2... \, C^6H^4(Az\,O^2)\,O\,H,$$

se présente sous deux états isomériques. On l'obtient en versant peu à peu 1 partie de phénol cristallisé, dans un mélange refroidi de 2 parties d'acide azotique (D = 1.34) et de 4 parties d'eau. Il se forme une couche huileuse dans le fond du vase: on verse ce produit dans un entonnoir à robinet, on lave bien à l'eau, puis on soumet à la distillation dans un courant de vapeur, jusqu'à ce que le produit de la cornue cesse d'avoir de l'odeur et que le liquide distillé devienne incolore. Le *mononitrophénol ordinaire* cristallise en solution aqueuse, en prismes d'un jaune soufré; c'est lui qu'on a séparé par distillation; il fond à 45°, bout à 214°, est d'odeur forte, et soluble dans l'alcool et l'éther, mais peu dans l'eau; il forme un sel potassique qui cristallise dans l'eau bouillante en aiguilles rouge orangé, qui deviennent rouges à 130°, et un sel sodique en cristaux écarlate. L'*orthonitrophénol* ou *isonitrophénol* s'obtient avec le résidu resté dans la cornue, en traitant à l'ébullition par un excès d'eau; il donne, dans sa solution aqueuse bouillante, des aiguilles incolores, rougissant à la lumière; des cristaux bruns dans les solutions alcooliques ou éthérées. Il fond à 110°, distille facilement et forme des sels; le potassique est jaune d'or, celui d'argent rouge vif.

Le *phénol binitré* ou *binitrophénol*,

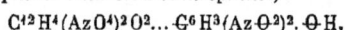

$$C^{12}H^4(AzO^4)^2O^2... \, C^6H^3(Az\,O^2)^2.\,O\,H,$$

est un corps se présentant en lamelles rectangulaires, d'un jaune pâle lorsqu'il se dépose dans une solution alcoolique, ou en lamelles blanches, en feuilles de fougère, lorsqu'il est obtenu de dissolutions aqueuses; il fond à 114° et se sublime en cristaux tabulaires blancs, se colorant à l'air, en jaune; il est peu soluble dans l'eau froide (1/7216), beaucoup plus dans l'eau bouillante (1/21) et très soluble dans l'alcool et surtout dans l'éther; il forme des sels colorés en jaune. L'acide azotique le transforme en acide picrique; l'acide chlorhydrique mélangé de chlorate de potasse, en *chloranile* ou *quinon tétrachloré*,

$$C^{12}Cl^4O^4... \, C^6Cl^4O^2;$$

le sulfhydrate d'ammoniaque en *amidonitrophénol*,

$$C^{12}H^4.\,Az\,O^4.\,AzH^2.\,O^2... \, C^6H^3.\,Az\,O^2.\,AzH^2.\,H\,O$$

Il se prépare en traitant par l'acide azotique faible le phénol ou l'isonitrophénol; on met dans une grande capsule de porcelaine 5 parties de phénol et on y verse peu à peu 6 parties d'acide azotique ordinaire, en attendant chaque fois que la réaction qui se produit soit terminée, avant l'addition de nouvel acide. La masse obtenue est reprise par l'eau, puis portée à l'ébullition avec de l'ammoniaque; il se forme du binitrophénate d'ammoniaque et une masse résinoïde brunâtre. La solution saline dépose des cristaux que l'on redissout dans l'eau bouillante pour faire recristalliser; on reprend par l'acide azotique, si la liqueur n'est pas incolore, afin d'isoler l'acide que l'on sépare à nouveau, pour transformer ensuite en sel ammoniacal et séparer enfin à l'état pur, par une seconde addition d'acide.

Le *phénol trinitré* ou *trinitrophénol* est l'*acide picrique*; il sera étudié au mot PICRIQUE.

L'acide oxalique transforme le phénol en une matière jaune orangé que l'on connaît sous le nom de *coralline jaune* ou *aurine* (V. CORALLINE, t. III, p. 851); l'acide arsénique, en jaune de Fol (V. JAUNE, § *Matières colorantes*); le *jaune Campo-Bello* dérive également du phénol, comme la *phénicienne*. — V. JAUNE ET PHÉNICIENNE.

PRÉPARATION. Nous ne reviendrons pas sur la préparation du phénol, qui a été suffisamment donnée au mot ACIDE PHÉNIQUE, mais nous ajouterons que le produit tel qu'il a été obtenu ainsi n'est pas pur. Pour le purifier, on dissout 500 gr. d'acide du commerce dans 10 litres d'eau distillée, en agitant plusieurs fois; il reste environ

60 à 90 grammes d'acide indissous (si l'acide est très impur, il faut en dissoudre le double), alors on décante la partie claire, on la filtre sur du papier Berzélius, puis on la mêle avec du chlorure de sodium pulvérisé jusqu'à ce que celui-ci cesse de se dissoudre. Le phénol se sépare sous forme d'une couche huileuse qui gagne la surface du liquide, on le décante, et pour l'avoir cristallisable on le distille avec un peu de chaux, pour le déshydrater. En recevant les parties qui distillent jusqu'à 185°, on a un phénol très peu odorant.

ESSAI. Le phénol doit se dissoudre dans vingt parties d'eau et complètement dans les solutions de potasse ou de soude. Ce caractère le distingue des huiles de goudron qui ne sont pas solubles dans les alcalis ou dans l'eau.

Pour faire l'essai du phénol, on a deux procédés : (a) on verse dans une éprouvette graduée de 200^{c3} de capacité, une certaine quantité de phénol que l'on note, et une autre quantité de soude caustique liquide. On bouche l'éprouvette et on agite. Le phénol se dissout en formant un phénate, et les matières étrangères se séparent; il suffit d'en observer le volume sur les divisions de l'instrument pour connaître le degré d'impureté.

(b) D'après Koppenschaer, on peut doser le phénol à l'état de tribromophénol. Pour cela, on dissout 4 grammes du corps dans un litre d'eau, à chaud, s'il y a beaucoup d'hydrocarbures mélangés. On filtre, puis on prend 25^{c3} de cette solution, et on les met dans un ballon bouché, de 500^{c3}, puis on complète ce dernier volume avec de l'eau bromée, titrée à l'hyposulfite de soude, de façon à avoir un excès de brome par rapport au poids du phénol employé. On bouche le vase et on agite, puis après quelque temps, on titre l'excès de brome après avoir ajouté à la liqueur de l'iodure de potassium. La quantité d'hyposulfite employée permet de calculer combien de brome est passé en combinaison avec le phénol et d'en déduire le poids de celui-ci. On peut encore, en place d'eau bromée, se servir d'une solution de 5 parties de bromure de sodium et de 1 partie de bromate de même base, mais alors, après l'addition de cette solution au phénol, on ajoute quelques centimètres cubes d'acide chlorhydrique pour déplacer le brome.

Usages. Ils ont été décrits au mot ACIDE PHÉNIQUE. — J. C.

*PHÉNYLAMINE. *T. de chim.* Syn. : *aniline.* — V. ce mot.

*PHÉNYLÈNE-DIAMINE. *T. de chim.* Corps solide, cristallisé, fondant à 140°, distillant, puis se sublimant à 247°, et jouant le rôle de base par suite de sa facile combinaison avec les acides minéraux. Il a pour formule,

$$C^{12}H^4(AzH^2)^2\ldots\ C^6H^4(AzH^2)^2.$$

On l'obtient en traitant la β-nitraniline ou binitraniline par le fer et l'acide acétique.

Il y a un isomère, la *paraphénylène-diamine*, qui fond à 63° et bout à 287°, que l'on obtient par la réduction complète de la binitrobenzine.

*PHÉNYLPURPURATE. *T. de chim.* Genre de sels

également désignés sous le nom d'*isopurpurate*, et dont l'un d'eux le *grenat soluble* ou *grenat brun*, introduit par J. Casthelaz comme succédané de l'orseille en teinture, a un certain emploi. D'après Zulkowsky, sa formule serait $C^8H^4KAz^5O^6$. Ce sel potassique fait explosion par un faible frottement, aussi ne l'emploie-t-on qu'en pâte.

*PHÉNYLTOLUILAMINE *T. de chim.* Corps qui s'obtient comme la diphénylamine, par l'action dans un autoclave, à 200°, de l'aniline sur un sel de toluidine, ou de la toluidine sur un sel d'aniline, ou encore d'un mélange d'aniline et de toluidine. Il a pour formule,

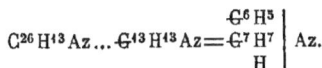

$$C^{26}H^{43}Az\ldots C^{13}H^{43}Az = C^7H^7 \left| \begin{matrix} C^6H^5 \\ Az. \\ H \end{matrix} \right.$$

*PHILIPON (CHARLES). Dessinateur, lithographe, et journaliste, né à Lyon, en 1800, mort à Paris, en 1862, était fils d'un marchand de papiers peints, parent de Mme Roland, qui aurait désiré que son fils continuât son industrie. Au milieu de luttes, fréquemment renouvelées, contre l'autorité paternelle, le jeune homme fit d'assez mauvaises études à Lyon et à Villefranche, et partit enfin, en 1819, pour Paris, où il entra dans l'atelier de Gros. Mais là, il ne tarda pas à révéler des dispositions vers la caricature qui n'étaient guère le fait de l'enseignement de son maître, aussi son père jugeant l'expérience suffisante, le rappela à Lyon pour ne plus s'occuper que de dessin industriel. Il revint cependant à Paris, en 1823, et abandonné par sa famille, il dut dessiner des modes, des images, des étiquettes, pour se créer des ressources indispensables. C'est à cette époque que remontent ces fameuses images à deux sous : *Polichinelle enfant prodigue, Touche-à-tout mauvais sujet*, etc. Un des premiers il reconnut les grands avantages que présentait la lithographie pour le journal illustré et pour le tableau à bon marché; il s'en occupa très sérieusement et contribua à sa vulgarisation. Lié avec la jeunesse instruite et frondeuse de son époque, Philipon se trouvait porté par son caractère vers la satire politique, et en même temps que la révolution de Juillet lui en facilitait les moyens, l'héritage paternel et une association avec son beau-frère, Aubert, lui permettaient de fonder une importante maison de librairie et un journal illustré hebdomadaire : la *Caricature*, où passèrent toutes les notabilités politiques et littéraires. D'ailleurs, accablé de procès, ce journal ne tarda pas à disparaître. Mais déjà Philipon avait créé le *Charivari*, établi dans des conditions bien meilleures, et qui existe encore; une société s'en est rendue acquéreur en 1842. En outre, et pour répondre à des idées nouvelles, il a encore imaginé diverses feuilles périodiques dont la fortune a été diverse, mais qui toutes avaient de sérieux éléments de succès : les *Robert Macaire*, en collaboration avec Daumier; le *Musée pour rire*, avec Maurice Alhoy, Louis Huart et d'autres écrivains et artistes satiriques; le *Journal pour rire* (1849), qui est devenu, en 1857, le *Journal amusant*; le *Musée anglo-français* (1854) avec Gustave Doré. Comme libraire, associé de la maison Aubert, il a édité un grand nombre de publications et a mis notamment à la mode les *physiologies*. Il est l'auteur de la *Physiologie du flâneur*, qui fut la première. En 1844, il a donné, en collaboration avec L. Huart, la *Parodie du Juif errant*, complainte constitutionnelle en dix parties, et on lui doit encore une petite brochure politique: *Aux prolétaires*. Il serait d'ailleurs impossible d'énumérer les procès, les amendes et les mois de prison qu'il eût à supporter dans cette lutte ininterrompue pendant quarante ans.

Ce qu'on doit admirer chez Philipon, avec sa prodigieuse facilité et l'esprit de son crayon, c'est son désintéressement et le soin qu'il a toujours eu de ne faire aucune personnalité blessante. C'est la première qualité de l'écrivain ou de l'artiste satirique, et il l'avait au plus haut degré. On lui avait offert, en 1848, la direction des Beaux-Arts, ce qui, notons-le en passant, montre bien le désarroi des premiers jours de cette révolution. Philipon eut le bon goût de refuser; il était déjà, et à plus juste titre, directeur des beaux-arts appliqués à la caricature, car depuis Charlet jusqu'à Gustave Doré, dont il devina l'avenir et encouragea les débuts, il a eu pour élèves ou pour adeptes, Cham, Daumier, Johannot, Gavarni, Grandville, sans oublier Nadar. Il caractérise ainsi une époque, puisqu'il fut le créateur d'un genre qui a brillé d'un si vif éclat et qui ne lui a guère survécu.

PHILOSOPHIE. *T. d'impr.* Caractère de la force de dix points, qui est entre le cicéro et le petit romain.

*PHLOROGLUCINE. *T. de chim.* Matière solide, cristallisant en prismes rhomboïdaux, de saveur sucrée, soluble dans l'eau, l'alcool, l'éther, et donnant une solution neutre aux réactifs. Elle fond à 220°.

Ce corps, découvert en 1855, par Hlasiwetz, peut être considéré comme un triphénol de la benzine; il est isomère de l'acide pyrogallique, et a pour formule,

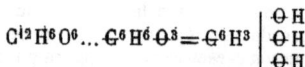

$$C^{12}H^6O^6 \ldots C^6H^6O^3 = C^6H^3 \left|\begin{array}{l} OH \\ OH \\ OH \end{array}\right.$$

Ses propriétés le rapprochent beaucoup de l'orcine: il n'est pas attaqué par l'acide chlorhydrique; il se combine aux alcalis, est précipité par le sous-acétate de plomb; il réduit le nitrate mercureux, l'azotate d'argent ammoniacal, la solution alcaline d'oxyde cuivrique. Avec le perchlorure de fer, la phloroglucine donne une coloration rouge violacé; avec le chlorure de chaux, une teinte jaune rougeâtre fugitive; avec l'acide azotique, une coloration rouge.

Pour l'obtenir, on traite la quercétine ou le morin par la potasse fondante ou l'amalgame de sodium en solution alcaline. On traite 1 partie de quercétine par 3 parties de solution de potasse. On évapore et on pousse l'action du feu jusqu'à ce que la masse dissoute dans l'eau prenne, sur ses bords, une teinte rouge. On a fixé ainsi de l'hydrogène sur la matière végétale et obtenu sa transformation en phloroglucine,

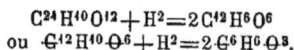

$$C^{24}H^{40}O^{12} + H^2 = 2\,C^{12}H^6O^6$$
$$\text{ou } C^{12}H^{10}O^6 + H^2 = 2\,C^6H^6O^3.$$

On neutralise alors par l'acide chlorhydrique, on additionne d'alcool (le quart du volume total), puis on épuise par l'éther. On distille pour enlever celui-ci, on reprend par l'eau, on ajoute de l'acétate de plomb pour précipiter l'acide quercétique et quelques matières étrangères; on enlève le plomb par un courant d'hydrogène sulfuré, on filtre, puis on évapore. On purifie ensuite par des cristallisations successives dans l'éther et dans l'eau.

La phloroglucine sert à préparer une *phtaléine* (V. ce mot) jaune, avec l'anhydride phtalique, par la chaleur (Baeyer) et l'acide sulfurique. — J. C.

*PHLOXINE. *T. de chim.* Matière colorante rouge, analogue à l'éosine, et possédant les mêmes réactions que ce corps; elle teint dans la nuance de la fluoresoéine tétraiodée.

*PHONOGRAPHE. Le phonographe d'Edison enregistré la parole comme le *phonotaugraphe* (V. ce mot), mais de plus, il permet de la *reproduire* sur place à toute époque. Ce résultat a été obtenu en remplaçant, dans le phonotaugraphe, le noir de fumée par une feuille d'étain et le style en barbe de plume par un style métallique rigide et très court. Le style s'appuie, par sa pointe, sur la feuille d'étain qui enveloppe le cylindre et est fixé par son autre extrémité à un ressort qui presse par l'intermédiaire de deux appuis en caoutchouc, sur une membrane métallique très mince fermant le porte-voix D (fig. 97). Si l'on fait tourner

Fig. 97. — *Phonographe d'Edison.*

l'axe B C pendant qu'on parle dans le porte-voix, les mouvements de la membrane sont transmis au style qui s'enfonce plus ou moins dans la feuille d'étain et y produit une sorte de gaufrage. Le style est guidé, d'ailleurs, par une rainure hélicoïdale tracée sur le cylindre et d'un pas égal à celui de la partie filetée de l'axe du cylindre.

Pour faire parler l'instrument, on soulève le style, on ramène le cylindre dans sa position primitive et on fait tourner de nouveau la manivelle de manière que les gaufrages viennent passer sous le style; celui-ci est soulevé et abaissé alternativement; il entraîne avec lui la membrane qui exécute ainsi des vibrations semblables à celles que la voix lui avait imprimées : celles-ci se transmettent à l'air, et si la vitesse du cylindre est la même que pendant l'inscription, le son produit ne diffère du son émis que par une intensité beaucoup moindre et un timbre désagréable.

Pour être sûr d'obtenir la même vitesse pendant l'inscription et pendant la reproduction, on fait mouvoir l'axe par un mouvement d'horlogerie à poids, muni d'un régulateur à ailettes.

La membrane du phonographe peut faire partie d'un récepteur téléphonique relié par un fil électrique à un transmetteur téléphonique placé à distance; si les mouvements de la membrane réceptrice sont suffisamment intenses pour inscrire les vibrations sur la feuille d'étain, on pourra, de cette façon, reproduire les paroles émises dans le téléphone éloigné, et réaliser le désidératum théorique d'une parole affranchie à la fois de la distance et du temps. — J. R.

*PHONOTAUGRAPHE. Appareil imaginé par M. Scott, de Martinville (1857), pour enregistrer les sons transmis par l'air. Les sons sont reçus dans un paraboloïde de révolution en métal mince qui concentre les vibrations de l'air sur une membrane tendue dans le plan focal, du paraboloïde. Au centre de la membrane on fixe avec un peu de cire un style (crin ou barbe de plume) dont l'extrémité libre touche une surface enduite de noir de fumée; quand le style se meut, le noir de fumée est enlevé aux points touchés. Comme surface noircie, on emploie une feuille de papier, collée sur un cylindre métallique dont l'axe est terminé par une partie filetée supportée par un collier formant écrou : de cette façon, en faisant tourner le cylindre avec une manivelle, il se meut dans le sens de son axe en même temps qu'il tourne. Le noir de fumée est déposé sur la feuille de papier, en exposant celle-ci au-dessus d'une lampe à huile. Le style, s'il était immobile, laisserait sur le cylindre une trace hélicoïdale; mais si la membrane est agitée par la parole ou un bruit quelconque, le style s'agite aussi et, au lieu d'une hélice, laisse une trace tremblée. L'inscription une fois faite, on coupe le papier avec un canif suivant une génératrice du cylindre, et on fixe l'épreuve en la passant dans un bain d'alcool additionné d'un peu de gomme laque. — J. R.

*PHORMIUM (L'Académie l'écrit phormion ou phormione). Le phormium est une fibre textile que l'on confond toujours avec le jute, mais qui n'a avec ce dernier qu'un seul point de contact, c'est qu'elle ne résiste pas plus que lui aux influences humides. La plante qui le produit (phormium tenax) appartient à la famille des liliacées : elle fut découverte par Banks dans le premier voyage du capitaine Cook. On rapporta alors en Europe les fibres qu'en tiraient les Maoris, habitants de la Tasmanie, et on donne à celles-ci, en raison de leur lieu d'origine, le nom de chanvre ou lin de la Nouvelle-Zélande.

Les feuilles du phormium ont ordinairement une longueur de 1 mètre ou 2 et une largeur variant entre 6 et 8 centimètres; elles se composent essentiellement de trois formes de tissus différents : épiderme, tissu parenchymateux et tissu vasofibreux ou de fibres de feuilles. Ces derniers forment des couches funiculaires séparées les unes des autres par un parenchyme à grandes cellules et à minces parois. A la partie inférieure de la feuille, partie qui forme le disque, les faisceaux fibrovaseux sont très complètement développés du côté extérieur et immédiatement au-dessous de l'épiderme, tandis que, à la partie supérieure plate de la feuille, c'est le contraire qui a lieu, et les faisceaux vasculaires les mieux développés sont situés du côté interne. Les faisceaux fibreux renfermés dans les autres parties de la feuille sont plus minces, moins complètement développés et, à côté des éléments du ligne, contiennent encore des vaisseaux en spirale et des cellules de cambium. Cette irrégularité des faisceaux fibreux est importante, c'est là la cause pour laquelle la fibre que l'on a essayé d'extraire au moyen de machines est inférieure en qualité à celle préparée par les Maoris. — V. FIBRES TEXTILES (fig. 101).

Les Maoris préparent les fibres en retirant des feuilles choisies avec soin et complètement développées, les faisceaux vasculaires situés à l'extérieur, et en raclant ces derniers avec une écaille de coquillage pour enlever, autant que possible, le tissu parenchymateux et l'épiderme qui adhèrent aux dits faisceaux.

Les usages du phormium sont d'ailleurs très nombreux dans l'île, où toute les parties de la plante sont utilisées : « Ce qu'est le bambou pour les habitants de l'Asie orientale et méridionale, dit M. de Hochstetter dans les relations de son voyage à la Nouvelle-Zélande, le phormium l'est pour les naturels de ce pays ».

Dans l'état naturel, la feuille sert à tous les usages, mais les indigènes savent aussi préparer les filaments et en faire des couvertures, des manteaux et des paillassons.

En dehors de la Nouvelle-Zélande, on ne cultive plus le phormium que dans les îles voisines de Chatam et de Norfolk.

La production des fibres de phormium a été insignifiante aussi longtemps que les naturels du pays ont été les seuls à s'occuper de leur extraction. Comme la nouvelle-Zélande produit ce textile abondamment, entre le 34e et le 47e degré de latitude méridionale, quelques européens pensèrent que, puisque cette plante arrivait assez avant dans le sud pour y être exposée annuellement à de fortes gelées, elle pourrait, sans trop de difficultés, s'acclimater dans les contrées chaudes de l'occident. Quelques essais eurent donc lieu dans le midi de l'Irlande, par M. Salisbury de Brompton, et plus tard en Algérie.

Ces essais furent très satisfaisants. On constata, en France, que le phormium végétait très bien et mûrissait annuellement ses graines en Provence, qu'il croissait à peu près partout, mais de préférence dans les vallées et dans les lieux un peu humides. Cependant, les essais ne furent pas continués. Il paraît qu'on a fait aussi, en

Dalmatie, des essais de culture qui n'ont pas été poursuivis.

On était certain, cependant, de la bonne qualité des fibres du phormium. Labillardière, qui avait été auparavant envoyé par le gouvernement français dans la Nouvelle-Zélande pour y étudier les emplois des fibres fournies par cette plante et en rapporta des pieds en France, avait fait connaître leur importance, avec de grands détails, dans un mémoire adressé à l'Institut, en l'an II, et imprimé dans les *Comptes rendus de l'Académie*. On leur avait donné le nom de *phormium*, du nom d'une herbe que les Grecs récoltaient et dont ils faisaient des tissus pour vêtements ; on ajouta au nom botanique le qualificatif *tenax* pour insister sur leur qualité. En effet, la force moyenne des fibres du chanvre étant représentée par 16 1/3, celle des fibres du phormium fut trouvée égale à 25 5/11, celle du lin étant de 11 3/4 et celle de la soie de 34 : le phormium n'est donc surpassé en ténacité que par la soie. Comme extensibilité, on trouva pour le lin 1/2, pour le chanvre 1, pour le phormium 1 1/2 et pour la soie 5.

En 1860, le gouvernement anglais fit de grands efforts pour susciter une exportation suivie de phormium de la Nouvelle-Zélande en Europe, en remplacement du chanvre de Manille (V. Bananier) qui provient de la colonie espagnole des Philippines. Des machines furent alors inventées en vue de la préparation plus rapide de cette fibre ; elles se composaient généralement de cylindres compresseurs qui écrasaient d'abord les feuilles, puis de marteaux animés d'un mouvement de monte-et-baisse rapide agissant sous l'action d'un jet d'eau continu, qui en séparaient les tissus spongieux en les déchirant et mettaient à nu les fibres. Il suffisait ensuite de laver celles-ci à grande eau et de les faire sécher pour les utiliser.

On obtint de cette façon une quantité de fibres beaucoup plus forte que par le travail à la main (de 10 à 14 0/0 environ des feuilles fraîches), mais ces fibres n'avaient pas la qualité de celles préparées par les Maoris.

En 1869, le gouvernement anglais nomma une commission spéciale pour examiner la question. Deux ans plus tard, celle-ci consigna ses observations dans un mémoire intitulé : *Phormium tenax as a fibrous plant, being a selection of the reports of the Commission appointed by the New-Zealand government*. De ce document il résulte que les moyens mécaniques seuls ont leur raison d'être en ce qui concerne l'extraction de la fibre et qu'on ne peut arriver au même but ni par le rouissage à l'eau froide (V. Rouissage), ni par un traitement par les lessives alcalines étendues. Ceci tient à ce que la petite quantité de substance intercellulaire qui maintient les cellules du liber est attaquée avec la plus grande facilité, et que le tissu cellulaire perd alors sa cohésion ; or, jusqu'ici, chaque fois que l'on a utilisé les fibres de phormium, on ne s'est servi que de tissus fibreux filamenteux encore intacts. Il résulte, enfin, du Mémoire de la commission, que si les bonnes sortes de phormium ne sont pas inférieures

comme qualité au chanvre de Manille extrait du bananier-textile, cette fibre ne peut, en aucune façon, résister à l'action momentanée de l'eau et surtout de l'eau de mer, elle est donc inacceptable pour la marine; le graissage lui assure une plus longue durée, mais ne remédie pas au mal. — A. R.

PHOSPHATE. *T. de chim.* Les acides phosphoriques, en se combinant avec les bases, forment plusieurs séries de sels que nous étudierons séparément.

Métaphosphates. Ils proviennent de l'acide métaphosphorique monobasique et sont représentés par la formule $PhO^5,MO...Ph\Theta^3M$ qui est analogue à celle des azotates $AzO^5,MO...Az\Theta^3M$; ils se forment par la calcination des phosphates ordinaires acides qui perdent 2 équivalents d'eau, ou par l'action de l'acide phosphorique anhydre sur les phosphates trimétalliques. Les métaphosphates alcalins sont solubles dans l'eau, les autres sont insolubles et souvent gélatineux. Au contact de l'eau et des alcalis ils se transforment en phosphates ordinaires.

Caractères. Ils précipitent en blanc les sels d'argent et, après addition d'acide acétique, ils coagulent l'albumine.

Pyrophosphates. L'acide pyrophosphorique étant bibasique donne deux séries de sels, les pyrophosphates acides,

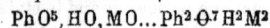

$$PhO^5,HO,MO...Ph^2\Theta^7H^2M^2$$

et les pyrophosphates neutres

$$PhO^5,2MO...Ph^2\Theta^7M^4:$$

on les obtient par calcination des phosphates ordinaires dimétalliques ou par saturation directe de l'acide.

Caractères. Ceux à base alcaline sont seuls solubles, ils précipitent en blanc les sels de baryum, de calcium, de plomb et d'argent et ne coagulent pas l'albumine.

Phosphates ordinaires ou orthophosphates. Il y a trois séries de sels correspondant à l'acide phosphorique ordinaire qui est tribasique ; les sels monométalliques, appelés aussi *phosphates acides*, $PhO^5,MO,2(HO)...Ph\Theta^4H^2M$; les sels dimétalliques, appelés improprement *phosphates neutres*, $PhO^5,2(MO),HO...Ph\Theta^4HM^2$ et les sels trimétalliques désignés à tort sous le nom de *phosphates basiques*, $PhO^5,3(MO)...Ph\Theta^4M^3$. M. Berthelot a montré que le remplacement de chacun des équivalents d'eau par une base ne dégage pas la même quantité de chaleur et qu'elle diminue au fur et à mesure que l'acide tend à être saturé. Tous ces sels s'obtiennent par neutralisation directe de l'acide ou par double décomposition; certaines bases comme les oxydes d'argent et de plomb ont une tendance à ne former que des sels trimétalliques.

Caractères. Les phosphates acides sont tous solubles et ont une réaction acide ; parmi les deux autres classes, il n'y a que les phosphates alcalins de solubles. Les phosphates ordinaires donnent un précipité blanc avec les sels de bismuth, de baryte, de chaux et de magnésie; un précipité jaune avec les sels d'argent et avec le nitromolybdate d'ammoniaque. Les phosphates chauffés avec le potassium ou le sodium donnent un phosphure alcalin qui, humecté d'eau, dégage de l'hydrogène phosphoré.

État naturel. Dans la nature, on trouve des phosphates de presque toutes les bases : l'apatite, la wagnérite, l'uranite, la vivianite, la pyromorphite, la turquoise (phosphate d'alumine).

Ces sels sont généralement trimétalliques et ont été, presque tous, reproduits artificiellement. Les phosphates des différentes bases ont été étudiés au métal qu'ils contiennent, nous y renverrons le lecteur, surtout pour les propriétés des phosphates calciques qui sont très importantes.

Usages. Les phosphates servent à différents usages, les uns, comme le métaphosphate de chrome (vert d'Arnaudon), le phosphate de cobalt et d'ammoniaque (bronze de cobalt), servent de matières colorantes; le phosphate de soude est un réactif très employé; le phosphate de soude et d'ammoniaque, PhO^5, NaO, AzH^4O, HO, appelé *sel de phosphore*, sert dans les essais au *chalumeau* (V. ce mot); le phosphate d'ammoniaque est employé pour clarifier les jus sucrés; le phosphate acide de chaux pour l'épaillage des laines; la principale application des phosphates est leur emploi comme engrais.

ENGRAIS PHOSPHATÉS. A l'article ENGRAIS, nous avons constaté l'indispensable nécessité de l'intervention des phosphates dans l'alimentation des plantes. Nous avons brièvement énuméré les diverses formes sous lesquelles ces produits sont employés comme engrais. Il nous paraît utile de faire connaître ici le mécanisme de l'assimilation de l'acide phosphorique par les végétaux, les moyens analytiques qui permettent de mesurer la richesse et l'assimilabilité des engrais phosphatés, les principales sources qui les fournissent et les transformations que l'industrie leur fait subir, pour en augmenter l'assimilabilité.

Mécanisme de l'assimilation de l'acide phosphorique. Les radicelles des plantes sont terminées par un organe dur, nommé *pilorhize*, sorte d'éperon qui protège les organes d'absorption, très délicats, qui se trouvent immédiatement au-dessus. Ces organes sont des poils cellulaires très nombreux et qui entourent la radicelle comme les crins d'un goupillon. Ils sont formés de grandes cellules closes et, par conséquent, l'absorption ne peut se faire qu'au travers de leurs parois qui sont des filtres d'une extrême finesse. Il en résulte forcément que les végétaux ne peuvent absorber que des corps liquides ou en dissolution parfaite, car toute molécule plus volumineuse que les pores de ces filtres si délicats doit nécessairement être arrêtée au passage.

Les phosphates, comme tous autres engrais, ne pouvant alimenter les plantes qu'à la condition d'être en dissolution, il importe donc de se rendre compte des moyens par lesquels peut s'opérer leur dissolution.

L'eau chargée d'acide carbonique et de divers sels est le seul dissolvant qui existe dans le sol.

Mais les cellules absorbantes elles-mêmes contiennent certains sucs végétaux, propres à chaque espèce, qui peuvent, en exsudant au travers de leurs parois, venir dissoudre les phosphates avec lesquels elles se trouvent en contact et faciliter leur absorption, ainsi qu'en témoignent les traces des racines que l'on trouve, gravées en creux, sur certains fragments de phosphates ayant séjourné dans la terre cultivée.

Les seuls phosphates solubles qui pourraient exister dans la terre arable sont les phosphates alcalins et alcalino-terreux. Ces derniers sont peu solubles dans l'eau pure, mais se dissolvent suffisamment pour les besoins des plantes lorsque l'eau est chargée d'acide carbonique, ce qui arrive toujours pour celle que contient le sol arable : 1° parce que la pluie ramasse de l'acide carbonique en traversant l'atmosphère; 2° parce que la terre arable contient des matières organiques qui s'oxydent au contact de l'oxygène de l'air et sont, par conséquent, une source constante d'acide carbonique.

Mais les phosphates solubles peuvent-ils exister et persister dans le sol?

Toutes les terres arables contiennent de l'alumine et du sesquioxyde de fer ou, au moins, l'un de ces deux corps. Or, en présence de l'acide carbonique qui ne manque jamais dans le sol, l'alumine et le sesquioxyde de fer ont, pour l'acide phosphorique, une telle affinité, qu'ils enlèvent aux phosphates solubles, pour former des phosphates de fer et d'alumine, complètement insolubles dans l'eau et même dans l'eau chargée d'acide carbonique.

Les phosphates alcalins et alcalino-terreux ne peuvent donc persister dans le sol. Aussitôt qu'ils y sont formés ou introduits, leur transformation en phosphates de sesquioxydes insolubles commence, et se poursuit jusqu'à leur complète disparition.

Cependant, les plantes ne contiennent pas d'alumine et ne renferment jamais que des quantités d'oxyde de fer trop minimes pour que l'on puisse admettre qu'elles ont absorbé leur acide phosphorique à l'état de phosphate de fer. Il faut donc que la nature possède des moyens de ramener l'acide phosphorique à l'état de phosphates alcalins ou alcalino-terreux, seules formes sous lesquelles il peut être absorbé.

1° Nous savons, par les recherches de Paul Thénard, que le phosphate d'alumine ne peut persister au contact du sesquioxyde de fer qui le décompose et s'empare de l'acide phosphorique. Le sesquioxyde de fer est donc le conservateur par excellence de l'acide phosphorique, dans le sol. En le rendant insoluble, il l'empêche d'être entraîné par les eaux et d'aller se perdre dans les sous-sols.

2° Le phosphate de sesquioxyde de fer, une fois formé, persiste tant qu'il a le contact de l'oxygène de l'air, mais, sous l'influence des matières organiques, dans les couches où l'air ne pénètre plus, il se réduit à l'état de phosphate de protoxyde qui, lui-même, se laisse décomposer par les bicarbonates alcalins ou alcalino-terreux qui existent dans le sol.

3° Le sulfate de chaux se transforme en sulfure de calcium au contact des matières organiques en décomposition, et le sulfure de calcium transforme instantanément le phosphate de sesquioxyde de fer en sulfure de fer et phosphate de chaux.

Ainsi donc, l'acide phosphorique qui passe sur le sesquioxyde de fer et devient insoluble dans la couche supérieure du sol, qui est imprégnée d'une atmosphère oxydante, redevient soluble en repassant sur les alcalis et sur les terres alcalines, dans les couches inférieures où se produisent, au contraire, des phénomènes de réduction. Si, donc, la grande masse de l'acide phosphorique contenue dans le sol arable se trouve sous la forme insoluble et inabsorbable de phosphate de sesquioxyde de fer, il s'y trouve aussi constamment de l'acide phosphorique soluble et absorbable par les racines, en quantité suffisante pour assurer les récoltes, lorsque le sol est convenablement pourvu d'acide phosphorique, et il en est ainsi lorsqu'il en contient environ 1 millième de son poids, soit 4,000 kilogrammes à l'hectare, dans une couche de 20 centimètres d'épaisseur.

Si la terre ne possède pas une richesse en acide phosphorique aussi élevée, il devient nécessaire de lui fournir des engrais phosphatés si l'on veut obtenir de bonnes récoltes. Mais il importe, alors, de les bien choisir, pour ne pas enfouir dans le sol un capital improductif.

La nature nous offre de nombreux phosphates; l'industrie leur fait subir diverses préparations ou transformations. Il est indispensable, par conséquent, de se rendre compte : 1° de la richesse en acide phosphorique des produits offerts; 2° de l'état sous lequel s'y trouve l'acide phosphorique, et, par conséquent, du degré plus ou moins élevé d'assimilabilité qu'il peut présenter.

Analyse des engrais phosphatés. Pour s'assurer de la richesse des engrais phosphatés, on y détermine l'acide phosphorique par l'analyse quantitative. Le dosage de ce corps a longtemps présenté de grandes difficultés. Aujourd'hui, on l'opère, très exactement et très facilement, au moyen d'une méthode fort simple, qui repose sur les opérations suivantes :

1° Dissolution, dans l'acide chlorhydrique étendu d'eau, d'un poids connu de la matière à analyser;

2° Précipitation de l'acide phosphorique à l'état de phosphate ammoniaco-magnésien, dans une portion mesurée de la liqueur, par addition d'une solution chargée de citrate de magnésie et de citrate d'ammoniaque (liqueur citro-magnésienne) et d'un excès d'ammoniaque;

3° Séparation du phosphate ammoniaco-magnésien obtenu par filtration et lavage à l'eau ammoniacale au 1/10;

4° Redissolution de ce phosphate par eau acidulée, neutralisation partielle par l'ammoniaque et l'acétate de soude; et titrage par une solution d'urane titrée.

Autrefois, on calcinait le phosphate ammoniaco-magnésien obtenu et on le pesait à l'état de pyrophosphate de magnésie. Mais cette méthode était inexacte, car le précipité n'est jamais absolument pur, entraînant toujours un excès de magnésie si la précipitation a été faite dans de bonnes conditions.

Pour reconnaître l'état sous lequel se trouve l'acide phosphorique dans les produits à examiner ou autrement dit, leur degré d'assimilabilité, on les soumet à l'action de divers dissolvants:

1° L'oxalate d'ammoniaque, en dissolution d'un degré déterminé, et agissant à l'ébullition pendant un temps convenu;

2° L'acide acétique agissant à froid;

3° Le citrate d'ammoniaque alcalin, agissant à froid, pendant douze heures au moins;

4° Enfin, l'eau distillée.

Dans tous les cas, on fait le dosage de l'acide phosphorique qui s'est laissé dissoudre et, en le rapprochant du dosage de l'acide phosphorique total, on a la mesure de la solubilité dans le dissolvant employé.

L'oxalate d'ammoniaque attaque les phosphates de chaux insolubles à des degrés très divers et permet, par conséquent, de les classer par ordre de dureté chimique, de résistance à l'action des dissolvants faibles. Cette classification fait prévoir, au moins dans une certaine mesure, la manière dont ils se comporteront dans le sol, car là aussi ils trouveront des dissolvants faibles qui les attaqueront d'autant mieux que leur dureté chimique sera moindre. La solubilité dans l'acide acétique indique un degré d'assimilabilité plus élevé que la solubilité dans l'oxalate d'ammoniaque. Beaucoup de phosphates, attaquables par l'oxalate, sont complètement insolubles dans l'acide acétique. Ceux qui s'y dissolvent sont assurément les meilleurs, car ils se laisseront facilement attaquer par l'eau chargée d'acide carbonique qui se trouve dans le sol. Le citrate d'ammoniaque alcalin indique un degré d'assimilabilité encore plus élevé, car il n'attaque aucun phosphate fossile. Les phosphates de chaux n'y deviennent solubles qu'après avoir subi la désagrégation chimique la plus complète, c'est-à-dire la dissolution par les acides. L'eau distillée, enfin, ne dissout que les phosphates alcalins et les phosphates acides des bases alcalino-terreuses.

Phosphates fossiles. Les seuls phosphates naturels qui intéressent l'agriculture sont les phosphates de chaux. On a bien essayé de faire employer comme engrais des phosphates d'alumine, mais jusqu'ici cet emploi n'a pas pris une sérieuse importance. La chaux phosphatée se rencontre dans la nature sous trois formes distinctes :

1° L'apatite, roche cristallisée qui est formée de phosphate tricalcique combiné à du fluorure et à du chlorure de calcium;

2° Les phosphorites, formées de phosphate tricalcique amorphe, plus ou moins mélangé avec des matières très diverses : argile, sesquioxyde de fer, carbonate et sulfate de chaux, de magnésie, oxyde de manganèse, chlorure, fluorure, iodure de calcium, silice et silicates divers, etc.

3° Les coprolithes, résidus de la digestion d'animaux antédiluviens, formant des rognons phosphatés qui se trouvent accumulés dans certains terrains.

Apatite. L'apatite forme des gisements importants en Norwège, au Canada, en Espagne. Elle est plus ou moins pure. Sa richesse varie de 60 à 90 0/0 de phosphate de chaux environ. La poudre d'apatite, même très fine, ne se laisse que faiblement attaquer par l'oxalate d'ammoniaque qui ne lui enlève que 12 à 20 0/0 de l'acide phosphorique qu'elle contient. L'acide acétique n'attaque que très légèrement les types les plus purs. Ceux qui contiennent beaucoup de matières étrangères ne cèdent rien à cet acide.

Cette résistance aux dissolvants exclut nécessairement les apatites de l'emploi agricole direct. Elles sont réservées au traitement par les acides qui les transforment en phosphates précipités ou en superphosphates.

Phosphorites. Les phosphorites sont amorphes ou pseudomorphiques, c'est-à-dire, empruntant des formes qui n'appartiennent pas à la chaux phosphatée.

Phosphorites amorphes. Les principaux gisements des phosphorites amorphes se trouvent à l'île de Curaçao, aux Antilles, dans le duché de Nassau, en Allemagne, à Mons Ciply, en Belgique, et, en France, dans les départements du Lot, du Tarn, du Lot-et-Garonne et de l'Aveyron. La phosphorite de Curaçao est très riche. On y trouve de 80 à 90 0/0 de phosphate de chaux attaquable par l'oxalate d'ammoniaque dans la proportion de 38 à 40 0/0 et par l'acide acétique dans celle de 12 à 13 0/0. Cette phosphorite, réduite en poudre fine, pourrait être employée directement par l'agriculture, mais elle est d'un prix trop élevé. On la réserve à la fabrication des superphosphates. Les phosphates du Nassau présentent des richesses très variées, de 20 à 75 0/0. On ne les recueille guère au-dessous de 40 0/0. Elles sont peu attaquables par l'oxalate et à peu près insolubles dans l'acide acétique. Elles ne conviennent guère qu'à la fabrication des superphosphates. Les phosphorites de Belgique sont à l'état de grains très fins disséminés dans de la craie. Elles contiennent, en général, 20 à 30 0/0 de phosphate de chaux; quelques couches vont jusqu'à 60 et 65 0/0. On les enrichit par diverses opérations, ayant pour résultat de leur enlever une grande partie de la craie qu'elles contiennent; elles deviennent alors propres à la fabrication des superphosphates.

Les phosphorites du midi de la France, Lot et départements voisins, donnent des titres très variables et peuvent aller de 10 à 75 0/0. Elles sont plus ou moins attaquables par les dissolvants, mais, en général, beaucoup plus que les apatites et les phosphorites des autres provenances. Elles sont surtout caractérisées, à ce point de vue, par leur solubilité dans l'acide acétique qui est à peu près égale à leur solubilité dans l'oxalate.

Les types les plus riches sont employés par l'industrie, et ceux de 30 à 50° sont livrés à l'agriculture pour l'emploi direct. Au-dessous de 30 0/0 on les laisse sur les carrières.

Phosphorites pseudomorphiques. Les phosphorites pseudomorphiques se sont formées, comme les précédentes, par sédiments moléculaires, au sein des eaux. Mais leurs molécules se sont introduites dans l'intérieur de coquillages qu'elles ont remplis et moulés, par conséquent, ou se sont substituées, par épigénie, aux molécules végétales de bois dont la forme intérieure et extérieure a été exactement reproduite. On en trouve des gisements importants dans le lias et à la base du terrain crétacé, dans l'étage du grès vert.

Les phosphorites du lias se rencontrent dans la Côte-d'Or (Auxois), dans la Haute-Saône (Jussey), dans Saône-et-Loire (Autun), dans la Nièvre (Châtillon-en-Bazois), dans le Cher (Laguerche, Germigny) et dans l'Indre (Argenton).

Ce sont des phosphates tendres, poreux, plus ou moins chargés de carbonate de chaux et d'oxyde de fer. Leur richesse varie de 30 à 65 0/0. Ils sont très attaquables par l'oxalate qui dissout 60 à 66 0/0 de leur acide phosphorique et en cèdent environ 10 0/0 à l'acide acétique.

Les phosphorites du grès vert se rencontrent, en France, dans la Drôme, l'Ardèche, l'Ain, le Cher, la Nièvre, l'Yonne, etc., etc. Le gisement le plus exploité est celui du Sancerrois. Le phosphate que l'on en extrait est formé par des grains de quartz plus ou moins volumineux, agglomérés et soudés par un ciment de phosphate de chaux très pur. Les fossiles, très nombreux, que l'on y rencontre sont formés de même. Leur cassure, examinée à la loupe, laisse voir très nettement les grains de quartz et le ciment phosphaté. On y trouve aussi beaucoup de bois transformés en phosphate.

Ces phosphates donnent une poudre contenant 30 à 35 0/0 de phosphate de chaux, richesse faible, mais rachetée par une position géographique très centrale et par une assimilabilité très élevée. La solubilité dans l'oxalate atteint souvent jusqu'à 90 0/0 de l'acide phosphorique contenu et ne descend jamais au-dessous de 40 0/0. Ces phosphates conviennent parfaitement à l'emploi direct.

On trouve encore des phosphorites pseudomorphiques du grès vert, appartenant à un type fort différent, dans les départements français des Ardennes, de la Meuse, du Pas-de-Calais, en Angleterre et en Russie. Ces phosphates sont compacts, caractérisés par la présence du phosphate de protoxyde de fer et de la pyrite (sulfure de fer). Ils sont en rognons ou nodules plus ou moins volumineux et fort irréguliers, contenant des coquillages fossiles beaucoup moins abondants que dans le type précédent. Leur forme les a fait confondre, autrefois, avec les coprolithes, et on les désigne encore sous le nom de « pseudocoprolithes. »

Leur richesse varie de 30 à 55 0/0 environ de phosphate de chaux. Ils sont complètement insolubles dans l'acide acétique et attaquables par l'oxalate, dans la proportion de 20 à 40 0/0 de l'acide phosphorique contenu. C'est le type de phosphate fossile le plus anciennement employé par l'agriculture, et dont la poudre a donné des résultats avantageux sur les terres de bois et de vieilles prairies (terres acides).

Dans les terres ordinaires (non acides), l'action de ces phosphates est excessivement lente et on leur préfère les produits d'os ou les superphosphates dont nous parlons plus loin. Ils peuvent être avantageusement remplacés par les phosphorites du midi de la France, du lias ou du Sancerrois qui sont beaucoup plus attaquables par les dissolvants.

Coprolithes. Les coprolithes dont les principaux gisements ont été trouvés sur les bords du canal de Bristol et dans le comté de Cambridge, en Angleterre, se rapprochent beaucoup des pseudocoprolithes dont nous venons de parler. Leur poudre contient 40 à 55 0/0 de phosphate tricalcique. Elle est faiblement soluble dans l'acide acétique et attaquable par l'oxalate à 20 et 25 0/0. L'agriculture anglaise en a fait une telle consommation que les gisements sont à peu près épuisés.

Pour l'emploi direct en agriculture, il est indispensable que les phosphates fossiles soient finement pulvérisés. On exige, en général, que la poudre ne laisse pas plus de 10 0/0 sur le tamis n° 110, c'est-à-dire ayant 110 mailles dans un pouce de longueur de chaîne.

Produits d'os. Les os des animaux sont utilisés par l'industrie de diverses manières, et leurs résidus sont livrés au commerce des engrais, pour le phosphate de chaux qu'ils contiennent. Ces résidus sont :

1° Les cendres d'os formées par les os calcinés au contact de l'air. La matière organique est détruite et il ne reste que le phosphate de chaux mêlé d'un peu de phosphate de magnésie, de carbonate de chaux et de charbon.

Leur richesse varie de 75 à 85 0/0 de phosphate de chaux, attaquable par l'oxalate d'ammoniaque à 35 0/0 environ, soluble dans l'acide acétique à 25 0/0 et un peu soluble dans le citrate d'ammoniaque alcalin, dans la proportion de 5 à 6 0/0 environ ;

2° Les noirs de raffinerie. Os calcinés en vase clos, finement pulvérisés et ayant servi à l'épuration du sucre. Richesse : 60 à 65 0/0; solubilité dans l'oxalate, 45 0/0 environ ; dans l'acide acétique, 50 0/0, et dans le citrate, 7 à 8 0/0 ;

3° Les noirs de sucrerie qui se divisent en noirs de blutage, en grains, et noirs de lavage, en poudre. Les blutages ont à peu près la même richesse que les noirs de raffinerie. Les lavages sont moins riches, ils descendent à 45 0/0 et même au-dessous. La solubilité des noirs de sucrerie est à peu près la même que pour les noirs de raffinerie ;

4° Les poudres d'os dégélatinés. Os traités pour la fabrication de la gélatine.

Ces poudres contiennent 60 à 65 0/0 de phosphate de chaux, soluble à 70 0/0, environ, dans l'oxalate, à 80 0/0 dans l'acide acétique et à 12 0/0, environ, dans le citrate d'ammoniaque;

5° Enfin les poudres d'os verts, provenant de fragments d'os qui n'ont pu être utilisés par l'industrie et que l'on réduit en poudre dans de puissants broyeurs, pour les livrer à l'agriculture.

Richesse : 50 à 55 0/0 de phosphate de chaux, soluble à 80 0/0 environ, dans l'oxalate d'ammoniaque, en totalité dans l'acide acétique et à 20 0/0 dans le citrate d'ammoniaque.

Les cendres d'os sont exclusivement employées à la fabrication des superphosphates.

Les noirs et les poudres d'os dégélatinés et d'os verts sont des engrais phosphatés très actifs que l'on emploie directement sur beaucoup de points et, notamment, en Bretagne, où ils produisent d'excellents résultats, lorsqu'ils ne sont pas falsifiés. Ces engrais contiennent, en même temps que le phosphate de chaux, un peu d'azote provenant de la matière organique qui n'a pas été entièrement détruite. On en trouve environ 1/2 0/0 dans les noirs, 1 0/0 dans les poudres d'os dégélatinés et 4 0/0 dans les poudres d'os verts. Comme engrais phosphatés, les produits d'os, dont le prix est toujours relativement élevé, peuvent être avantageusement remplacés par certaines phosphorites, ainsi que le prouvent les solubilités que nous avons indiquées.

Guanos. On trouve encore une source de phosphates dans les guanos, gigantesques dépôts d'excréments et de cadavres d'oiseaux, que l'on exploite sur divers points, et notamment sur la côte occidentale du Pérou. Les guanos contiennent, en même temps que du phosphate de chaux, des matières azotées qui en font de précieux engrais. Leur composition est très variable. Ils sont d'autant plus riches en phosphate qu'ils le sont moins en azote et réciproquement. On y trouve depuis 1 jusqu'à 10 0/0 d'azote, et depuis 16 jusqu'à 70 0/0 de phosphate de chaux. Au point de vue de la solubilité, les phosphates du guano établissent la transition entre les produits naturels et les produits artificiels.

Ils se laissent attaquer par l'oxalate d'ammoniaque dans des proportions qui varient de 75 à 100 0/0. Ils sont solubles dans l'acide acétique, à peu près dans les mêmes proportions; dans le citrate d'ammoniaque de 0 à 40 0/0 et enfin, on trouve, dans certains types, des phosphates alcalins, solubles dans l'eau distillée, dont la proportion peut aller jusqu'à 1/5 de l'acide phosphorique contenu.

Phosphates artificiels. Les phosphates naturels, que nous venons de passer en revue, offrent une telle variété de composition et d'assimilabilité, que leur choix présente de sérieuses difficultés et que leur emploi, sauf dans certains cas bien déterminés, comporte presque toujours un certain degré d'incertitude. On a, depuis longtemps, cherché à leur faire subir des traitements industriels capables de les ramener tous à une assimilabilité certaine et, autant que possible, à des titres élevés, pour éviter les frais de transport sur les matières inutiles. Il y a, pour cela, deux méthodes. La première en date consiste à traiter les phosphates par l'acide sulfurique qui les transforme en superphosphates. La seconde consiste à dissoudre les phosphates dans l'acide chlorhydrique étendu, pour les séparer de toutes les matières étrangères insolubles dans cet acide : sable, argile, silicates divers, alumine et oxyde de fer, qui ne sont que très faiblement attaqués. La solution obtenue est ensuite mélangée avec un lait de chaux qui sature l'acide chlorhydrique et régénère le phosphate de chaux sous forme d'un précipité chimique, qui est lavé et séché pour être livré en poudre à l'agriculture.

Phosphates précipités.

Ces phosphates ont longtemps été fabriqués exclusivement par les gélatiniers qui traitaient certains os par l'acide chlorhydrique, pour dissoudre le phosphate de chaux et en débarrasser la matière animale destinée à faire de la gélatine. On obtenait ainsi, accessoirement, une dissolution chlorhydrique de phosphate que l'on utilisait en la précipitant par un lait de chaux, comme nous venons de l'indiquer. Mais ce travail était fait sans précision et ne donnait que des produits impurs et de peu de valeur.

Depuis quelques années la fabrication du phosphate précipité au moyen des phosphorites, a été organisée dans diverses fabriques de produits chimiques, notamment à l'usine de Salyndres, qui a été la première en date.

Cette fabrication s'est répandue ensuite en Angleterre, en Belgique et en Allemagne. Les conditions d'un bon travail ont été précisées et certaines fabriques de gélatine en ont profité pour améliorer leurs procédés; si bien qu'aujourd'hui, on trouve facilement, dans le commerce, des phosphates précipités très bien préparés et à des prix relativement bas.

Ces phosphates sont essentiellement formés de phosphate bicalcique, $2 CaO, HO, PhO^5 + 4 HO$, accompagné d'un peu de phosphate tricalcique $3 CaO, PhO^5$, d'un peu de phosphate de fer et de quelques impuretés, provenant du lait de chaux employé pour faire la précipitation. Ils contiennent 35 à 40 0/0 d'acide phosphorique presque entièrement soluble dans l'acide acétique et dans le citrate d'ammoniaque alcalin, légèrement soluble dans l'eau distillée ($0^g, 050$ environ par litre).

Les phosphates précipités obtenus dans les fabriques qui n'ont pas encore organisé le travail perfectionné sont moins purs. Ils contiennent beaucoup de phosphate tricalcique et souvent de la chaux et du chlorure de calcium. Leur solubilité dans le citrate est moins élevée; elle varie de 25 à 80 0/0 de l'acide phosphorique contenu. La richesse est de 30 à 40 0/0 d'acide phosphorique ; au-dessous de 30 0/0 ils doivent être rejetés comme trop impurs.

Tous ces phosphates précipités sont très assimilables par les plantes, d'autant plus, bien entendu, qu'ils sont solubles dans le citrate.

Ils conviennent surtout aux terres légères non acides et à toutes les terres trop acides pour qu'on puisse y utiliser les superphosphates et pas assez pour l'emploi des phosphates fossiles. Ils sont surtout fort utiles pour le pralinage des semences, excellent moyen de donner aux jeunes plantes une grande énergie de végétation.

Superphosphates.

En chimie, on avait autrefois donné le nom de *superphosphate*, *hyperphosphate*, ou, plus simplement, *perphosphate de chaux* au phosphate monocalcique :

$$CaO, 2 HO, PhO^5 + 2 HO.$$

L'industrie s'est emparée de cette désignation pour denommer le produit que l'on obtient en traitant par l'acide sulfurique un phosphate quelconque. L'action de l'acide sulfurique produit bien du phosphate monocalcique, mais elle engendre en même temps du sulfate de chaux qui reste mélangé à la masse, de telle sorte que tout superphosphate industriel est, tout au moins, un mélange de superphosphate vrai avec du sulfate de chaux.

Il en serait du moins ainsi si l'on ne traitait par l'acide sulfurique que du phosphate de chaux très pur, et dans les proportions strictement nécessaires, pour n'obtenir que la réaction principale indiquée, en chimie, par l'équation suivante :

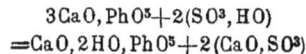

$$3 CaO, PhO^5 + 2(SO^3, HO)$$
$$= CaO, 2 HO, PhO^5 + 2 (CaO, SO^3)$$

Mais, dans la pratique, les choses ne se passent pas aussi simplement. Les matières étrangères contenues dans les phosphates que l'on soumet au traitement par l'acide sulfurique, en absorbent une certaine quantité, et réagissent peu à peu sur les premiers produits de la réaction, de telle sorte que les superphosphates sont des mélanges de produits divers, longtemps en voie de transformations successives.

Ces transformations varient suivant la nature des matériaux en présence, et il arrive souvent qu'une partie de l'acide phosphorique, d'abord solubilisée, redevient insoluble dans l'eau au bout d'un certain temps. C'est le phénomène qui a été désigné sous le nom de *rétrogradation*; elle est due à la formation de phosphate bicalcique et de phosphates acides de fer et d'alumine aux dépens de l'acide phosphorique libre ou du phosphate monocalcique d'abord formés.

Le phosphate bicalcique se produit lorsque la dose d'acide sulfurique est insuffisante, ce qui est le cas de presque tous les superphosphates industriels qui resteraient à l'état pâteux, ne sècheraient pas, si on voulait y introduire assez d'acide sulfurique pour éviter cette rétrogradation.

Quant aux phosphates de fer et d'alumine ils se produisent toujours lorsque le phosphate employé contient du sesquioxyde de fer ou de l'alumine, ce qui arrive pour la plupart des phosphates fossiles.

Si le phosphate traité est très pur ou ne contient d'autres matières étrangères que de la silice ou du carbonate de chaux, le superphosphate, une fois obtenu, ne rétrograde pas sensiblement. Mais, avec les phosphates alumineux et ferrugineux, la rétrogradation peut aller jusqu'à ramener, à l'état insoluble, la moitié, et plus, de l'acide phosphorique, d'abord solubilisé.

En somme, on trouve, dans les superphosphates du commerce, de l'acide phosphorique aux divers états suivants :

Soiubles dans l'eau
1° acide phosphorique libre $(PhO^5, 3HO)$.
2° phosphate monocalcique
$(PhO^5, CaO, 2HO + 2HO)$
3° phosphate bicalcique
$(PhO^5, 2CaO, HO + 4HO)$

Insolubles dans l'eau
4° phosphate tricalcique $(PhO^5, 3CaO)$
5° phosphate acide de fer
$(3PhO^5, 2Fe^2O^3 + aq)$
6° Phosphate acide d'alumine
$(3PhO^5, 2Al^2O^3 + aq)$

Ils contiennent, en outre, une quantité de sulfate de chaux correspondant à l'acide sulfurique employé, et toutes les impuretés du phosphate dont ils sont originaires : sable, pyrite, oxyde de fer, alumine, silicates divers, etc.

La présence constante du sulfate de chaux à l'état de précipité chimique de récente formation, communique aux superphosphates des propriétés que ne peuvent avoir ni les phosphates minéraux, ni même les phosphates précipités.

Le sulfate de chaux joue un rôle agricole de première importance : 1° il fournit de la chaux plus soluble et, par conséquent, plus facilement absorbable que tous les autres sels calcaires ; 2° il est, ainsi que nous l'avons dit, l'un des agents principaux du retour de l'acide phosphorique du phosphate de fer à l'état assimilable; 3° il exerce sur les silicates de potasse contenus dans les sols d'origine granitique, une action désagrégeante et dissolvante qui met de la potasse à la disposition des plantes ; 4° enfin, il favorise la nitrification des matières organiques azotées et, par conséquent, leur transformation en engrais azotés assimilables (nitrates).

Il est donc certain que, dans beaucoup de cas, les superphosphates méritent la préférence sur tous les autres engrais phosphatés, précisément à cause du sulfate de chaux qu'ils contiennent. Leur acidité n'est pas non plus sans influence. Si elle est inutile et même dangereuse sur les sols surchargés de matières organiques et déjà acides par eux-mêmes, il n'en n'est plus ainsi pour les terres qui contiennent encore des fragments de roches silicatées non décomposés. L'acidité du superphosphate active leur décomposition et rend assimilable les éléments utiles qu'elles renferment.

FABRICATION. Les superphosphates sont fabriqués, en grand, dans l'industrie, au moyen de pétrins mécaniques en fonte, qui reçoivent la poudre de phosphate d'un côté et l'acide sulfurique de l'autre, amenés par des appareils mesureurs, dans les proportions exactement nécessaires pour arriver à un produit convenable. Le mélange tombe, à l'état de boue liquide, dans une chambre close et munie d'une haute cheminée en bois, pour emporter les vapeurs acides et dangereuses qui se dégagent de la masse, pendant la réaction. Ces vapeurs contiennent du chlore, de l'iode et souvent du fluor qui exerceraient une action des plus délétères sur les ouvriers qui y resteraient exposés.

Au bout de vingt-quatre heures, la principale réaction est terminée. La masse est prise et presque sèche. On peut la piocher, l'enlever de la chambre close et l'étaler sous des hangars, à l'air libre, où la matière achève de se dessécher. Au bout d'un temps variable, suivant les produits, on brise

le superphosphate, on le passe à la claie ou au moulin, et on le met en sacs pour l'expédition. L'opération est réussie lorsque la matière est en poudre sèche et ne contient que fort peu de phosphate tricalcique inattaqué.

La richesse des superphosphates en acide phosphorique varie, suivant le phosphate employé à leur fabrication, de 10 à 25 0/0 d'acide phosphorique, dont la plus grande partie est soluble dans l'eau ou dans le citrate d'ammoniaque alcalin.

Les superphosphates obtenus au moyen des phosphates d'os et des phosphates fossiles les plus purs, ne rétrogradant pas, sont vendus d'après leur titre en acide phosphorique soluble dans l'eau. Tous ceux qui sont sujets à la rétrogradation sont vendus d'après leur titre en acide phosphorique soluble dans l'eau et le citrate d'ammoniaque alcalin, ou, pour abréger, en acide phosphorique *assimilable*. On ne tient aucun compte du phosphate tricalcique non attaqué, dont la proportion doit toujours être très faible.

En résumé, l'agriculture trouve dans les produits des mines, dans les résidus des industries qui utilisent les os, ou dans les engrais spécialement fabriqués pour elle, des phosphates à divers degrés de richesse et d'assimilabilité. Elle peut en tirer le meilleur parti en les utilisant avec discernement, suivant les exigences des plantes cultivées et suivant la richesse et la nature des terres dont elle dispose. — H. J.

PHOSPHINE. T. de chim. 1° Série de corps découverte par P. Thénard, en 1846, et qui résulte de la substitution, partielle ou totale, de radicaux d'alcools, à l'hydrogène de l'hydrogène phosphoré, PhH^3.

2° Matière colorante jaune, qui est un sel assez pur de chrysaniline ou de chrysotoluidine.

PHOSPHITE. *T. de chim.* L'acide phosphoreux en se combinant avec les bases donne deux séries de sels : les phosphites acides,

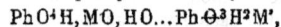

$$PhO^4H, MO, HO...Ph\Theta^3H^2M',$$

et les phosphites neutres,

$$PhO^4H, 2MO...Ph\Theta^3HM'^2;$$

le dernier équivalent d'hydrogène ne peut pas être remplacé par un métal. Ils se préparent par neutralisation directe de l'acide au moyen des oxydes métalliques ou par double décomposition. Les phosphites acides sont presque tous solubles dans l'eau; les phosphites neutres se décomposent par la chaleur en donnant de l'hydrogène et des phosphates, et les phosphites acides en dégageant de l'hydrogène phosphoré spontanément inflammable.

Caractères. Leurs solutions ne se décomposent pas à l'air ; elles réduisent les *sels d'or*, l'*azotate d'argent ammoniacal* et le *chlorure mercurique*; chauffées avec du *molybdate d'ammoniaque* et de l'acide chlorhydrique, elles donnent une coloration bleue ; avec le *chlorure de baryum*, un précipité blanc, soluble dans l'acide acétique, excepté dans des liqueurs très étendues; avec le *chlorure de calcium*, même réaction; avec l'*acétate de plomb*, précipité blanc, insoluble dans l'acide acétique;

avec le *sulfate de cuivre*, pas de réaction; avec le *zinc* et l'*acide sulfurique*, il y a dégagement d'hydrogène phosphoré. — V. HYPOPHOSPHITE.

PHOSPHORE. *T. de chim.* Le phosphore est un corps simple, métalloïde, ayant pour notation Ph ou P, pour équivalent et pour poids atomique 31. Il est très répandu dans la nature, surtout à l'état de phosphate; les phosphates connus sous le nom d'*apatite, phosphorite, coprolithe, ostéolithe, navassite, sombrerite,* etc., constituent des gisements importants; ils jouent un rôle considérable dans la nutrition des plantes.

Les phosphates se retrouvent dans le règne animal, ils forment la majeure partie des os; on trouve encore du phosphore dans l'urine, le sang, les nerfs, la substance cérébrale et musculaire, dans le foie, les œufs et la laitance de poissons (carpe, truite, éperlan, etc.), dans certains mollusques (huître), dans les éponges. Les feux follets en sont une manifestation. A cause de sa grande affinité pour l'oxygène, cet élément n'existe jamais dans la nature à l'état de liberté.

HISTORIQUE. Le phosphore fut découvert en 1669, par Brandt, marchand de Hambourg, qui se livrait à la recherche de la pierre philosophale, pour réparer les désastres de sa fortune. Kunckel, alchimiste très distingué de Wittemberg, essaya, mais en vain, de connaître le procédé de préparation de ce corps extraordinaire, luisant dans l'obscurité; tout ce qu'il put savoir c'est qu'on le retirait de l'urine; après un travail opiniâtre il obtint du phosphore. En même temps, en Angleterre, Boyle en retira aussi de l'urine; il évaporait l'urine à siccité et calcinait le résidu avec du sable fin; on obtenait 96 grammes de phosphore pour 1,000 litres d'urine. En 1769, Gahn découvrit de l'acide phosphorique dans les os, et Scheele indiqua le moyen d'en extraire des quantités considérables de phosphore; son procédé est encore suivi aujourd'hui avec quelques légères modifications.

Propriétés physiques. Pur, le phosphore est incolore et transparent; à la lumière diffuse, il prend une teinte jaune; conservé sous l'eau, il se recouvre d'une pellicule blanche, opaque, due à la corrosion de sa surface par l'air dissous dans l'eau. A la température ordinaire, il est mou et flexible, mais la présence de traces de soufre (0gr,002) lui fait perdre cette dernière propriété; à 0°, il devient cassant; il ne peut se réduire en poudre, mais on l'obtient très divisé en le fondant dans de l'eau contenant des sels ammoniacaux, de l'urée ou de l'alcool, ou dans de l'urine, et en agitant vivement. Il cristallise en octaèdres ou en dodécaèdres rhomboïdaux lorsqu'on le chauffe à 50° dans des tubes scellés, ou par dissolution dans du sulfure de carbone, surtout dans un courant d'acide carbonique. Sa densité de 1,83 à 0° et celle de sa vapeur de 4,3. Le phosphore dégage une odeur alliacée due à la production d'ozone. Il est insoluble dans l'eau, cependant, l'eau qui a servi à conserver ce métalloïde est phosphorescente et acide; elle précipite en blanc par l'eau de chaux (phosphites et phosphates) et en blanc brun par l'azotate d'argent; si l'eau est très ancienne, il y a dépôt noir, d'argent réduit. Il est soluble dans l'alcool (1/240) et mieux dans l'éther, le chloroforme, l'huile de naphte, la benzine, les huiles fixes; il se dissout très bien dans

le trichlorure de phosphore et dans le sulfure de carbone.

Le phosphore fond à 44°,2 et présente alors l'aspect d'un corps huileux jaunâtre, dont la densité est 1,88; en se refroidissant, il éprouve la surfusion et on peut le conserver liquide jusqu'à —5°. A 200° le phosphore commence à s'altérer; une partie passe à un état allotropique particulier, celui que l'on appelle *phosphore rouge*; à 290° il entre en ébullition et peut distiller dans un gaz inerte, mais bien avant il émet des vapeurs qui peuvent être entraînées par la vapeur d'eau. Ces vapeurs donnent à la flamme de l'hydrogène une coloration verte, et produisent dans le spectre des raies nombreuses, dans le vert et dans l'orangé.

Le phosphore est très inflammable; dans l'air, il prend feu vers 60°, et, s'il est divisé, il s'enflamme à la température ordinaire; sa solution dans le sulfure de carbone, versée sur du papier, s'enflamme spontanément par évaporation. Ce corps doit être conservé sous l'eau et il est prudent de ne pas le tenir longtemps avec les doigts. Il brûle dans l'air et dans l'oxygène avec une flamme vive et en produisant de l'acide phosphorique; exposé dans l'air, à une basse température, il s'oxyde lentement en émettant des lueurs visibles dans l'obscurité, ce qui constitue le phénomène de la *phosphorescence*, lequel a fait donner son nom à ce corps (de φῶς *lumière* et φέρω *je porte*). Berzélius attribuait ce phénomène à une volatilisation superficielle, parce que, pour lui, ce corps luisait dans le vide, aussi bien que dans l'azote et dans l'hydrogène; actuellement, il est prouvé que la phosphorescence est due à une oxydation lente et qu'elle n'a pas lieu dans le vide absolu, non plus que dans l'hydrogène et dans l'azote pur. Dans l'oxygène, à la pression ordinaire, il n'y a ni lueur, ni oxydation, mais ces deux phénomènes se produisent si l'on diminue la pression ou si l'on introduit un gaz inerte (azote) ou de l'ozone; certains gaz, comme l'éthylène, l'hydrogène sulfuré et l'hydrogène phosphoré, et quelques vapeurs, comme celles de l'éther, de l'alcool, du sulfure de carbone et surtout celle de l'essence de térébenthine, empêchent l'oxydation et la phosphorescence.

Propriétés chimiques. Le phosphore n'est pas modifié par l'azote; mais il s'enflamme dans le chlore ainsi que dans la vapeur de brome; il se combine facilement à l'iode, au soufre; avec les métaux ou leurs oxydes, il donne des phosphures; il s'enflamme et détone par le choc, lorsqu'on le mélange avec un corps riche en oxygène, comme l'azotate ou le chlorate de potasse, c'est sur ce principe qu'est basée la fabrication des allumettes ordinaires. Il est très avide d'oxygène, aussi s'enflamme-t-il facilement en produisant de l'acide phosphorique; les agents oxydants fixent également sur lui cinq équivalents d'oxygène. Le phosphore décompose l'eau à 250°; avec la potasse, il produit de l'hydrogène phosphoré et d'autres combinaisons. C'est un réducteur puissant qui décompose l'acide arsénieux et l'acide arsénique, l'acide chromique, l'acide iodique; il attaque les acides azotique, sulfurique, bromhydrique, iodhydrique, etc.; il précipite à l'état métallique les sels d'or, de platine, d'argent, de mercure, de cuivre.

Le phosphore, dans ses combinaisons, peut être pentatomique ou triatomique; il doit être placé dans le groupe de l'azote, entre ce corps et l'arsenic.

A l'état ordinaire, le phosphore est un poison des plus violents; il tue à la dose de quelques centigrammes, en empêchant l'hématose du sang. On a cité comme son antidote le charbon animal (Eulenburg et Wohl), mais le seul qui soit vraiment efficace est l'essence de térébenthine. Les brûlures qu'il produit sont dangereuses, parce qu'il se forme de l'acide phosphorique qui corrode les tissus; lorsqu'elles se produisent, on doit les laver avec de l'eau contenant de la chaux ou de la magnésie.

Etats allotropiques. On en a admis plusieurs dont le suivant est surtout important.

Phosphore rouge ou insoluble. La chaleur, la lumière ou l'électricité transforment le phosphore ordinaire en un corps rouge, opaque, insoluble dans le sulfure de carbone, que l'on a reconnu être une modification allotropique et non un oxyde particulier du phosphore. Schrœtter, en 1845, étudia les conditions de transformation du phosphore ordinaire en phosphore rouge; il trouva que la température de 240 à 250° est la plus favorable, et qu'à 260° le phosphore rouge se retransforme en phosphore ordinaire qui distille. Après plusieurs jours de chauffe, il obtint une masse d'un rouge brun, donnant une poudre brune, ayant pour densité 1,964, à laquelle il donna le nom de *phosphore amorphe*, expression inexacte, car Hittorf, en chauffant ce phosphore avec du plomb, à 530°, réussit à produire de petits cristaux rhomboédriques d'un violet noir. L'iode et le sélénium produisent aussi, et très rapidement, cette transformation en phosphore rouge (Brodie), mais le corps obtenu n'a pas tous les caractères du phosphore préparé par la méthode de Schrœtter. Depuis quelque temps, M. G. Lemoine et MM. Troost et Hautefeuille ont fait des recherches sur ces phénomènes; ils ont trouvé que la transformation du phosphore ordinaire en phosphore rouge dégage 19.200 calories et que, quel que soit le temps de chauffe, la modification n'est jamais complète, qu'il se produit un état d'équilibre entre les quantités de phosphore aux deux états.

Les propriétés du phosphore rouge varient avec la température à laquelle il a été obtenu; à 250°, il est brun rouge et a pour densité 1,964; à 265°, il est rouge, et de densité 2,148; à 440°, il est orangé; à 500°, il est compact, et gris violacé; à 580°, on a des cristaux rouge rubis de densité 2,310.

Le phosphore rouge ne fond pas, il est insoluble dans le sulfure de carbone; il présente les mêmes réactions que le phosphore ordinaire, mais avec moins d'énergie; il ne s'enflamme qu'à 260°, devient lumineux à 200; à l'air humide, il ne s'oxyde que très lentement; il n'est pas vénéneux, il agit sur le chlore, le soufre, l'acide azotique, seulement en chauffant légèrement.

Les dissolutions étendues d'alcalis caustiques ne l'attaquent pas et servent à en séparer le phosphore ordinaire; il est réducteur des solutions métalliques, mais moins énergiquement que le phosphore ordinaire.

Phosphore noir. On a également regardé comme un autre état allotropique, le phosphore noir que l'on obtient dans diverses circonstances, mais surtout en distillant du phosphore ordinaire avec des traces de mercure, et refroidissant brusquement sous l'eau, le produit distillé qui se prend alors en masse noire. On a indiqué aussi l'arsenic, comme donnant le même résultat; c'est à tort, et jusqu'à présent, la présence du mercure permet seule d'obtenir du phosphore noir. C'est donc non un état allotropique, mais une forme due à une impureté, d'autant mieux que ce phosphore fondu redevient jaune (Blondlot).

Phosphore blanc. Cette forme qui se produit lorsque l'on conserve pendant quelque temps du phosphore sous l'eau, a été aussi regardée comme étant un état allotropique (Mitscherlich). C'est encore une erreur; cette pellicule blanche, opaque, qui redevient du phosphore ordinaire par la fusion, est regardée par les uns comme le résultat d'une hydratation, car un lavage à l'acide sulfurique l'enlève (Frémy) pour d'autres, c'est un effet de dévitrification (Baudrimont) dû au frottement, car si l'on moule du phosphore dans un tube et que l'on conserve à l'abri de l'air et de la lumière, il ne blanchit pas.

PRÉPARATION. Nous indiquerons d'abord le principe de cette opération, renvoyant au chapitre industrie pour tous les détails pratiques. Le phosphore se retire du phosphate tricalcique,

$$Ph\,O^5, 3\,CaO... (Ph\,O^4)^2\,Ca^3,$$

provenant des os ou du sol; les os frais contiennent 40 0/0 de ce sel et ceux calcinés 80 0/0. On transforme ce phosphate par l'acide sulfurique en phosphate acide,

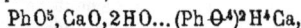

$$Ph\,O^5, CaO, 2\,HO... (Ph\,O^4)^2\,H^4\,Ca,$$

lequel est soluble dans l'eau et réductible par le charbon; cette réaction s'exprime par l'équation suivante:

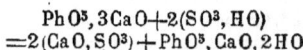

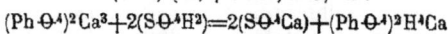

$$Ph\,O^5, 3\,CaO + 2\,(S\,O^3, HO)$$
$$= 2\,(CaO, S\,O^3) + Ph\,O^5, CaO, 2\,HO$$

$$(Ph\,O^4)^2\,Ca^3 + 2\,(S\,O^4\,H^2) = 2\,(S\,O^4\,Ca) + (Ph\,O^4)^2\,H^4\,Ca$$

Phosphate tricalcique	Acide sulfurique	Sulfate de calcium	Phosphate monocalcique

On reprend par l'eau, le phosphate se dissout et le sulfate de chaux se dépose; on évapore la solution jusqu'à siccité et on la mélange avec 1/4 de son poids de charbon de bois, en grains. Ce mélange est chauffé au rouge vif, ce qui transforme le phosphate acide en métaphosphate,

$$Ph\,O^5, CaO... (Ph\,O^3)^2\,Ca,$$

ce dernier est réduit par le charbon, il se produit du phosphore qui distille, de l'oxyde de carbone, et il reste dans l'appareil un mélange de pyrophosphate et de phosphate tricalcique d'après les réactions ci-dessous :

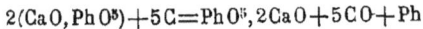

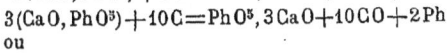

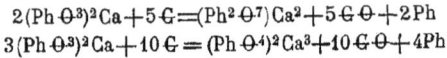

$$2(CaO,PhO^5)+5C=PhO^5, 2CaO+5CO+Ph$$

$$3(CaO,PhO^3)+10C=PhO^5, 3CaO+10CO+2Ph$$

ou

$$2(PhO^3)^2Ca+5C=(Ph^2O^7)Ca^2+5CO+2Ph$$

$$3(PhO^3)^2Ca+10C=(PhO^4)^2Ca^3+10CO+4Ph$$

Outre l'oxyde de carbone, il se dégage de la vapeur d'eau et de l'hydrogène phosphoré provenant de l'action du phosphore sur l'humidité. Quand tout dégagement gazeux a cessé, la réaction est terminée. Cette préparation qui ne s'effectue

Fig. 98.

A Allonge. — *B* Récipient. — *C* Cornue en grès. — *F* Fourneau à réverbère.

presque plus dans les laboratoires, en dehors des expériences de cours, se fait dans l'appareil représenté par la figure 98.

Le phosphore ainsi préparé est impur ; on le purifie en le fondant, et en le faisant filtrer sur du noir animal, au travers d'une peau de chamois, ou en le distillant, ou encore au moyen du bichromate de potasse et de l'acide sulfurique. Par ce procédé, on n'obtient qu'une partie du phosphore contenu dans le phosphate ; pour en avoir la totalité, M. Vöhler a proposé d'ajouter de la silice au mélange : l'acide silicique déplacerait l'acide phosphorique qui pourrait être réduit, mais pour cela il faut chauffer à une très haute température ; M. Cary-Montrand a indiqué l'action de l'acide chlorhydrique gazeux sur le mélange de phosphate et de charbon

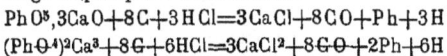

$$PhO^5,3CaO+8C+3HCl=3CaCl+8CO+Ph+3H$$

$$(PhO^4)^2Ca^3+8C+6HCl=3CaCl^2+8CO+2Ph+6H$$

Fabrication du phosphore ordinaire. Depuis ces dernières années, cette industrie a subi de grandes modifications, tout en reposant toujours sur les principes énoncés plus haut à la préparation du phosphore. En France, la matière première est toujours les os, mais en Angleterre on emploie aussi les phosphates naturels qui donnent un moindre rendement.

Autrefois les os étaient calcinés dans un four à chaux coulant, pour les débarrasser de la matière organique ; dans certaines usines on retirait la gélatine des os en les chauffant avec de l'eau dans

un autoclave, mais pour faire cette double opération il faut avoir des os frais. Après pulvérisation, les os calcinés sont mis avec de l'eau dans des cuviers en bois, goudronnés ou doublés de plomb, alors on y ajoute tout en remuant, de l'acide sulfurique (115 à 120 kilogrammes d'acide à 50° Baumé, pour 100 kilogrammes d'os). Après vingt-quatre ou trente-six heures, on obtient une masse pâteuse qui est délayée avec son volume d'eau bouillante ; après dépôt, on soutire la solution claire de phosphate acide de chaux marquant 8 à 10° Baumé ; un deuxième lavage donne une solution à 5° ou à 6° Baumé ; on peut continuer à laver le résidu (composé de sulfate de chaux) parce que les eaux de lavage servent aux opérations suivantes. Les deux premières solutions sont évaporées dans des chaudières en plomb, jusqu'à consistance de miel, soit 45 à 50° Baumé ; on y ajoute 20 à 25 0/0 de charbon de bois en grains, puis on fait sécher le mélange. On introduit ensuite cette matière dans des cornues réfractaires qui communiquent avec des récipients en forme de pot ou de cloche, et munis d'une ouverture pour l'échappement des gaz ; ces récipients sont à moitié remplis d'eau et sont plongés, pour les refroidir, dans une cuve pleine d'eau. Les cornues sont placées sur une, deux ou trois rangées dans un fourneau de galère. On commence par chauffer lentement, jusqu'au rouge ; il se dégage d'abord de la vapeur d'eau, puis de l'hydrogène carboné et de l'oxyde de carbone, et plus tard de l'hydrogène phosphoré qui s'enflamme à l'air ; le phosphore commence alors à distiller, on active le feu jusqu'au rouge blanc ; après cinquante ou soixante heures de chauffe tout dégagement de gaz cesse ; l'opération est finie. On laisse refroidir lentement ; on obtient dans les récipients une masse solide, rouge orangé, de phosphore impur contenant des phosphures de silicium et de carbone et du phosphore amorphe.

Maintenant en France, la fabrication du phosphore est associée à celle de la gélatine (procédé de Fleck) par les acides, et à celle des engrais phosphatés. Quand on traite les os par de l'acide chlorhydrique à 5° Baumé, on obtient de l'osséine (V. Colle, t. III, p. 600) et une solution de phosphate acide de chaux, à laquelle on ajoute du lait de chaux de façon à précipiter du phosphate bicalcique qu'on laisse déposer et qu'on lave. Ce précipité est ensuite mélangé avec de l'eau et de l'acide sulfurique, en quantités suffisantes pour mettre en liberté presque tout l'acide phosphorique. On laisse déposer le sulfate de chaux formé et on décante la solution phosphorique, elle est ensuite évaporée jusqu'à 55-60° Baumé, puis on mélange ce liquide avec du charbon et une matière inerte et poreuse, comme du sable (Wöhler), pour éviter l'entraînement de l'acide phosphorique ; ce mélange est séché et introduit dans les appareils de distillation. Brisson remplace le sable par du carbonate de soude, et fond le mélange dans un fourneau à cuve avant de distiller.

Quelques usines se servent, actuellement, pour la distillation, de grandes cornues analogues à

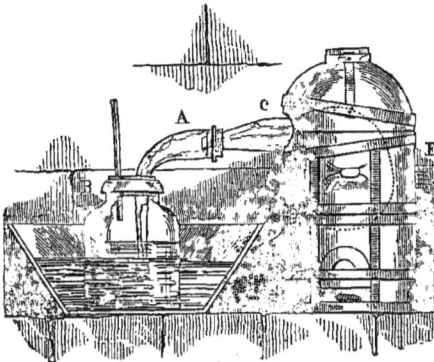

celles qui servent à la fabrication du gaz d'éclairage, auxquelles on adapte un système de condensation breveté par MM. Coignet, et représenté

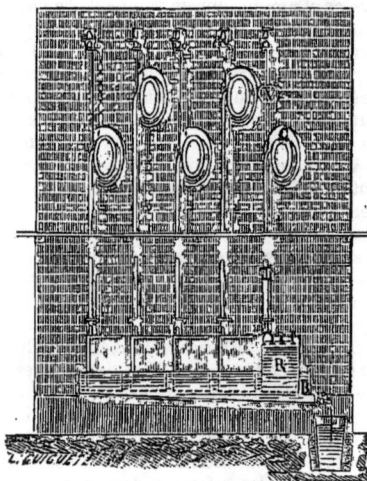

Fig. 99. — *Nouveau four Coignet pour la fabrication du phosphore. Vue de face.*

C Cornue. — *T* Tuyau de dégagement. — *V* Tuyau de vapeur.
R Condenseur. — *S* Soupape. — *B* Bâche.

par les figures 99 et 100; un tuyau vertical conduit la vapeur au condenseur : pour éviter l'obstruction de ces tuyaux, on peut y envoyer un jet de vapeur. Le condenseur est une boîte rectan-

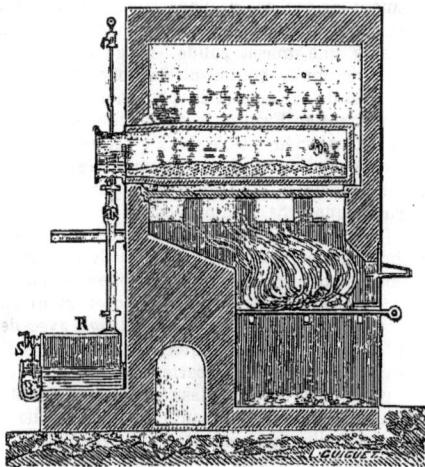

Fig. 100. — *Four Coignet. Coupe.*

gulaire à moitié remplie d'eau et munie à la partie supérieure de chicanes et d'une ouverture pour les gaz; à la partie inférieure, d'une soupape, pour laisser couler le phosphore dans une bâche remplie d'eau où plonge le condenseur. Les cornues sont placées par 5 dans le même four et chauffées au rouge vif; on dépense 2,800 kilogrammes de charbon par chaque opération qui

dure soixante-douze heures et fournit 40 kilogrammes de phosphore par cornue. La matière restant dans les cornues est traitée par l'acide sulfurique pour servir à la préparation d'engrais; l'eau des condenseurs qui contient de l'acide phosphorique est mélangée avec de la poudre d'os, et donne un superphosphate double, à 30 ou 40 0/0 d'acide phosphorique anhydre et soluble.

Rendement. Avec l'ancien procédé, le rendement industriel était seulement de 16 parties de phosphore pour 100 parties d'acide phosphorique; avec le nouveau, on obtient 30 0/0; la théorie montre que 100 d'acide phosphorique contiennent 43,6 de phosphore.

PURIFICATION. La purification du phosphore obtenue dans les condenseurs se fait par divers moyens. On peut employer la filtration. D'après cette première méthode, on filtre d'abord sur du noir animal, puis une autre fois à travers une peau de chamois. La filtration sur le noir s'opère dans des cylindres verticaux plongés dans un bain-marie chauffé à 50 ou 60° par la vapeur. Au milieu du cylindre se trouve un faux fond sur lequel on dispose une couche de noir en grains. La filtration à travers la peau de chamois s'effectuait autrefois en mettant le phosphore fondu

Fig 101.

A Cylindre en tôle. — *B* Peau de chamois. — *D* Bain-marie — *E* Tuyau d'écoulement du phosphore filtré. — *C* Robinet d'écoulement.

dans une peau de chamois solidement attachée, qu'on plaçait dans une passoire en cuivre contenue dans un bain-marie renfermant de l'eau à +60°; on appliquait sur la bourse de peau une capsule en bois et on pressait à l'aide d'une tige et d'un levier. Actuellement, la peau de chamois (fig. 101) est fixée à la partie inférieure d'un cylindre plongé dans une bassine remplie d'eau chaude, et on force le phosphore à traverser la peau sous l'action de la pression de l'eau, après qu'il a traversé, par suite du même moyen, une couche de 6 à 10 centimètres de noir en grains. La filtration s'effectue aussi parfois, au travers de plaques poreuses faites avec de la pâte à briques réfractaires, et disposées dans des cylindres en fonte; la vapeur d'eau envoyée dans ces cylindres force le phosphore fondu à traverser les plaques, et souvent aussi une peau de chamois. La purification par filtration fait subir une perte de 5 0/0.

La distillation est un mode d'épuration très employé. Le phosphore est fondu sous l'eau dans des chaudières en cuivre, mêlé à 12 à 15 0/0 de son poids de sable humide, pour éviter son inflammation, puis on l'introduit dans des cornues en tôle dont le col plonge de 15 à 20 millimètres dans des baquets remplis d'eau. Ce procédé donne un déchet de 10 0/0; il est surtout usité en Allemagne. A Paris, on épure maintenant chimiquement, en fondant le phosphore sous l'eau dans des chaudières en cuivre, puis y ajoutant pour 100 kilogrammes de produit brut, 3k,500 d'acide sulfurique à 66°, et 3k,500 de bichromate de potasse.

La réaction est assez vive, il se dégage des bulles de gaz, le liquide devient vert, et après agitation, on trouve au fond du vase du phosphore incolore que l'on n'a plus qu'à laver. Ce procédé ne donne que 4 0/0 de perte.

Moulage. Le phosphore se livre au commerce sous la forme de cylindres ou de prismes de volume variable. On leur donnait autrefois cette forme en aspirant directement avec la bouche, dans des tubes de verre, le phosphore fondu ; on refroidissait en plongeant le tube dans l'eau froide, et on faisait sortir le phosphore avec une baguette de bois ou de verre ; ce procédé est très dangereux pour les ouvriers. MM. Coignet emploient aujourd'hui le moyen suivant : on verse le phosphore liquide dans des moules horizontaux en tôle, placés sous l'eau tiède ; en remplaçant l'eau tiède par de l'eau froide, la solidification a lieu, on obtient le phosphore en forme de bâtons triangulaires. Seubert emploie un autre procédé; il fond le phosphore dans une chaudière en cuivre, au milieu de laquelle est un entonnoir de même métal dont la douille, coudée horizontalement, se termine par un robinet ouvrant lui-même sur deux tubes horizontaux en verre, placés au milieu d'une cuve d'eau froide. Le phosphore fondu étant versé dans l'entonnoir, arrive dans les tubes de verre, et si l'on ferme le robinet, s'y solidifie aussitôt, de sorte qu'en ouvrant à nouveau le robinet, le phosphore liquide poussera le bâton solidifié que l'on n'aura qu'à retirer et à laisser tomber dans l'eau. Cette méthode permet, en laissant couler le phosphore goutte à goutte, de l'avoir en grains. L'Angleterre nous envoie depuis quelque temps du phosphore moulé en disques ou en fragments de disques (Albright, de Birmingham).

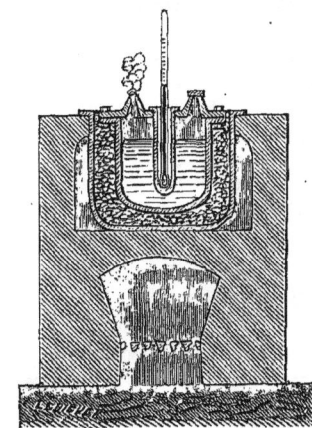

Fig. 102. — *Préparation du phosphore rouge.*

Pour transporter le phosphore liquide, on emploie des cuillers spéciales, de façon à ce qu'il soit toujours recouvert d'eau. Le phosphore est expédié dans des boîtes en fer-blanc remplies d'eau et fermées hermétiquement; ou bien, pour des plus grandes quantités, dans des petits tonneaux, toujours remplis d'eau, puis enduits de goudron, entourés de paille, et cousus dans une toile.

FABRICATION DU PHOSPHORE ROUGE. On emploie toujours le procédé Schrötter, mais simplifié. Le phosphore est placé dans une marmite en fonte sous une couche d'eau ; cette marmite est fermée par un couvercle boulonné, percé de trous (fig. 102); dans celui du milieu passe un thermomètre, le deuxième reste ouvert pour laisser dégager les gaz et pour permettre d'introduire une tige de fer qui sert à se rendre compte de la fluidité de la masse et de la marche de l'opération, le troisième est fermé, et sert en cas d'obstruction du précédent. Cette marmite est plongée dans une autre plus grande qui est chauffée par un foyer; l'espace vide existant entre les deux vases est rempli de tournure de fer. L'opération dure douze jours, on chauffe pendant trois jours à 100° pour chasser l'eau, puis à 240° à 250°, pendant le reste du temps ; on laisse refroidir et on détache, sous l'eau, le phosphore rouge produit, avec un ciseau et un marteau. La masse est ensuite pulvérisée et tamisée, puis traitée par une solution de soude caustique, pour séparer le phosphore ordinaire, et le produit lavé est séché sur des plaques en tôle; la perte de matière dans cette fabrication du phosphore rouge est de 2 à 3 0/0.

STATISTIQUE. L'industrie du phosphore rouge est monopolisée par deux maisons : MM. Albright et Wilson, d'Oldbury, près de Birmingham, qui produisent environ 700,000 kilogrammes de phosphore par an, et MM. Coignet et fils, de la Guillotière (Lyon), qui en fabriquent 500,000 kilogrammes.

Plusieurs autres procédés ont encore été donnés pour l'extraction du phosphore. Tels sont ceux de Gentele (1857) qui transforme le phosphate de calcium, en phosphate d'ammonium, pour extraire le produit utile de ce dernier corps; celui de Gerland (1864) qui enlève le phosphate des os par une solution d'acide sulfureux; celui de Minary et Soudry (1865) qui retire le phosphore du phosphate ferreux en mélangeant ce dernier à du coke; celui de Cari-Montrand, qui traite les os calcinés mêlés de charbon, par l'acide chlorhydrique, au rouge; enfin, celui de Donavan qui décompose le phosphate de plomb; mais tous ces procédés ne sont pas encore devenus industriels, et auraient besoin d'être essayés en grand, pour en connaître la valeur.

DÉRIVÉS DU PHOSPHORE. Parmi les principaux composés importants du phosphore, nous aurons d'abord à citer, au nombre de ceux formés avec les corps halogènes, les suivants :

Bromures de phosphore. Il existe deux combinaisons du brome avec le phosphore. Le *tribromure*, $PhBr^3$, est un liquide incolore, bouillant à 175°, d'une densité de 2,85. On l'obtient en dissolvant le phosphore dans du sulfure de carbone, puis en y ajoutant une solution contenant 3 équivalents de brome, également dissous dans le sulfure. En enlevant le dissolvant, il reste le tribromure $PhBr^3$. Le *pentabromure*, $PhBr^5$, est cristallisé, volatil, mais assez décomposable, il offre également des formes allotropiques. On l'obtient en dissolvant du brome dans le tribromure.

Chlorures de phosphore. Le chlore se combine au phosphore dans les mêmes proportions que le brome. Le *trichlorure*, $PhCl^3$, est un liquide incolore à odeur vive, d'une densité de 1,61 à 0°, bouillant à 73°8 (Regnault), décomposable par l'eau, en acide phosphoreux, à froid, et en acide phosphorique avec phosphore rouge avec l'eau bouillante. C'est un réducteur puissant, que l'hydrogène sulfuré transforme en sulfure de phosphore.

On l'obtient en brûlant du phosphore dans du chlore, pourvu que ce dernier ne soit pas en excès; ou en faisant arriver du chlore dans une cornue contenant du phosphore et chauffant légèrement pour distiller le trichlorure dès sa formation. Le *pentachlorure*, $PhCl^5$, est cristallisé, d'un blanc jaunâtre, volatil à l'air, en répandant des fumées âcres; il distille à 148°; s'altère dans l'air humide, et par l'eau; se décompose en donnant 'de l'acide phosphorique, à moins qu'il n'y en ait qu'une faible quantité; dans ce cas, il se forme de l'*oxychlorure de phosphore*, $PhCl^3O^2... PhCl^3\ominus$. Ce pentachlorure traité par l'hydrogène sulfuré donne du *chlorosulfure de phosphore*, $PhCl^3S^2$. Il se forme en faisant arriver du chlore en excès sur du phosphore, ou, ce qui revient au même, en traitant le trichlorure par du chlore.

Iodures de phosphore. Il existe également deux combinaisons de l'iode avec le phosphore. La première, le *biiodure*, PhI^2 ou Ph^2I^4, est solide, cristallisée, d'un rouge orangé, hygrométrique; avec l'eau, elle dégage de l'acide iodhydrique et forme des **acides** phosphoreux et hypophosphoreux. Pour l'obtenir, Corenwinder dissout 31 parties de phosphore dans du sulfure de carbone et y ajoute peu à peu 254 parties d'iode. C'est avec ce corps, qu'en déshydratant la glycérine, pour y substituer l'iode, on a obtenu de l'iodure d'allyle. Le *triiodure*, PhI^3, s'obtient en saturant la solution sulfocarbonique de phosphore, par de l'iode, d'après les chiffres indiqués par la formule du corps, puis en refroidissant le mélange. Il est alors en cristaux fondant à 55°, altérables au delà, avides d'eau, et décomposables par ce liquide en acide phosphoreux et en acide iodhydrique.

Hydrogènes phosphorés. On connaît trois combinaisons de l'hydrogène et du phosphore. L'une est *solide*, Ph^2H ou Ph^4H^2; elle a été découverte par Leverrier, et s'obtient en décomposant le second par l'acide chlorhydrique; la deuxième est *liquide*, sa formule est Ph^2H^4 ou PhH^2, elle a été découverte par Thénard, en 1845; elle se décompose à +30°, ainsi qu'au contact de l'essence de térébenthine; elle est soluble dans l'alcool et l'éther, spontanément inflammable à l'air, et communique cette propriété à un grand nombre de corps, auxquels elle est mélangée. On l'obtient en décomposant par l'eau, à l'abri de l'air, du phosphure de calcium et en refroidissant le gaz condensé. Le phosphure *gazeux* est le plus important, il a pour formule PhH^3 et a été découvert, en 1783, par Gengembre. Il est incolore, d'odeur alliacée; sa densité est de 1,185; suivant son mode de préparation, il est spontanément inflammable à l'air ou non; il est peu soluble dans l'eau, soluble dans l'alcool et l'éther. Il est décomposé par la chaleur, l'électricité, et brûle une flamme vive en répandant des vapeurs d'acide phosphorique. Le chlore le décompose, avec production de lumière, en donnant lieu à la formation d'acide chlorhydrique et de trichlorure de phosphore. Il se combine directement à l'acide iodhydrique et agit comme réducteur sur l'acide azotique, l'acide sulfureux, les solutions de sels d'or ou d'argent, etc. Pour l'obtenir, on peut projeter dans l'eau du phosphure de calcium; on a de cette manière un gaz spontanément inflammable qui forme des cercles de vapeurs blanchâtres, et qui doit sa première propriété à son mélange avec de l'hydrogène phosphoré liquide, car lorsqu'on traite le phosphure par l'acide chlorhydrique, on obtient encore de l'hydrogène phosphoré gazeux, mais non inflammable à l'air; on peut faire perdre l'inflammabilité au premier corps en le conservant exposé à la lumière. On le prépare encore en chauffant dans un ballon, privé d'air, du phosphore avec une base (potasse, soude, baryte); la présence de l'air provoquerait une explosion, par combinaison avec l'oxygène. On l'obtient aussi en chauffant l'acide phosphoreux.

C'est à la production de ce corps qu'il faut attribuer la formation des feux follets et l'odeur infecte du poisson pourri.

Sulfures de phosphore. Le soufre se combine au phosphore en diverses proportions, comme nous allons voir l'oxygène le faire également. Mais les sulfures ont peu d'importance industrielle; nous nous contenterons de dire qu'on les obtient en chauffant les deux métalloïdes, en proportion convenable, dans une atmosphère d'acide carbonique.

COMPOSÉS OXYGÉNÉS DU PHOSPHORE. Ainsi que nous venons de le dire, ces dérivés sont assez nombreux; mais deux, l'*oxyde de phosphore*,

$$Ph^4O^2... Ph^4\ominus,$$

découvert par Leverrier, et l'*acide hypophosphorique*, préparé par Salzer et qui n'est connu qu'à l'état hydraté $Ph^2O^3, 4HO... Ph^2O^6H^4$, ne peuvent nous arrêter par suite de leur rareté; ceux pouvant intéresser l'industrie sont :

L'acide hypophosphoreux,

$$PhO, 3HO... Ph\ominus^2H^3.$$

Découvert par Dulong, il se présente sous forme d'un liquide sirupeux incristallisable; c'est un réducteur puissant des sels d'or, d'argent, de mercure, de cuivre. Une solution de sulfate de cuivre chauffée légèrement avec un excès d'acide, donne un précipité brun d'hydrure cuivreux, Cu^2H^2, perdant de l'hydrogène par la chaleur. Chauffé, cet acide donne de l'acide phosphorique et de l'hydrogène phosphoré inflammable.

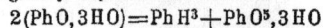

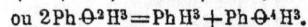

$$2(PhO, 3HO) = PhH^3 + PhO^5, 3HO$$
$$\text{ou } 2Ph\ominus^2H^3 = PhH^3 + Ph\ominus^4H^3.$$

On l'obtient en décomposant l'hypophosphite de baryte par une quantité suffisante d'acide sulfurique; il se forme du sulfate de baryte, que l'on enlève par filtration, et on concentre en consistance sirupeuse. Il sert à faire les hypophosphites.

L'acide phosphoreux,

$$PhO^3, 3HO... Ph\ominus^3H^3.$$

Il est solide lorsqu'on refroidit sa solution concentrée, mais autrement reste très déliquescent; il réduit l'azotate d'argent, mais pas le sulfate de cuivre. Par la chaleur il se décompose, comme le précédent, en hydrogène phosphoré et en acide phosphorique.

$$4(PhO^3, 3HO) = PhH^3 + 3(PhO^5, 3HO)$$
$$\text{ou } 4(Ph\Theta^3H^3) = PhH^3 + 3(Ph\Theta^4H^3)$$

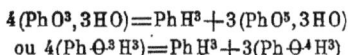

Il est bibasique et donne avec les bases des phosphites acides et neutres. Il s'obtient : 1° en décomposant le trichlorure de phosphore par l'eau,

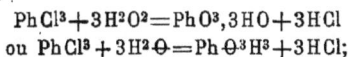

$$PhCl^3 + 3H^2O^2 = PhO^3, 3HO + 3HCl$$
$$\text{ou } PhCl^3 + 3H^2\Theta = Ph\Theta^3H^3 + 3HCl;$$

on chauffe pour chasser l'acide chlorhydrique et l'excès d'eau; 2° par l'oxydation lente du phosphore dans l'air humide; on met des bâtons de phosphore dans des tubes effilés que l'on place dans un entonnoir posé lui-même sur un flacon, et l'on recouvre d'une cloche. Il est alors mêlé d'acide phosphorique et d'acide hypophosphoreux; ce mélange constituait le corps appelé jadis *acide phosphatique*. Il sert à faire les phosphites.

L'**anhydride phosphorique** ou *acide phosphorique anhydre*, $PhO^5...Ph^2\Theta^5$, est un corps solide, blanc, volatil au rouge, réductible par le charbon, déshydratant l'acide sulfurique de Nordhausen, le camphre qu'il transforme en *camphogène*; extrêmement avide d'eau, soluble dans l'alcool, chassant l'acide sulfurique de ses combinaisons. On l'obtient en brûlant du phosphore dans un ballon ne contenant que de l'air bien sec (appareil de Delalande). Il sert à dessécher les gaz, à déshydrater les matières organiques et à obtenir les acides phosphoriques hydratés.

. *Acides phosphoriques hydratés*. L'anhydride phosphorique peut se combiner à un, deux ou trois équivalents d'eau, et donner dès lors des acides mono, bi ou tribasiques ayant des propriétés bien différentes.

Acide métaphosphorique,
$$PhO^5, HO...Ph\Theta^3H.$$

Il est incolore, incristallisable, absorbe deux équivalents d'eau pour se transformer en acide trihydraté; ses propriétés spéciales seront résumées dans le tableau ci-après. Il s'obtient en calcinant au rouge le phosphate d'ammoniaque.

Acide pyro ou **paraphosphorique,**
$$(PhO^5, 2HO)...Ph^2\Theta^7H^4.$$

Ce corps est en masses vitreuses, demi-cristallines; soumis à l'action de la chaleur, il perd un équivalent d'eau pour devenir métaphosphorique, mais par l'action de l'eau, il en absorbe aussi un équivalent pour se transformer en acide phosphorique ordinaire. On l'obtient en traitant le pyrophosphate de plomb par l'acide sulfhydrique; le sulfure de plomb formé se dépose et on concentre le liquide clair.

Acide phosphorique ordinaire ou *orthophosphorique*, $PhO^5, 3HO...Ph\Theta^4H^3$ ou $Ph\Theta(\Theta H)^3$.

Il a été découvert par Margraff, en 1740, et peut s'obtenir en prismes rhomboïdaux transparents, lorsqu'on évapore sa solution concentrée, au-dessus d'acide sulfurique à 66°; il est décomposé par la chaleur en acide pyro et métaphosphorique, mais on n'obtient ce dernier qu'au rouge; il attaque le verre et la porcelaine; il est réduit par le charbon.

Il offre pour caractères spéciaux : avec l'*albumine*, de ne pas donner de coagulum; avec l'*azotate d'argent*, de ne pas donner de précipité; mais s'il est saturé par une base, on obtient un précipité blanc; avec l'*eau de chaux*, il donne un précipité blanc, gélatineux, soluble dans les acides azotique, chlorhydrique et acétique (ce dernier caractère les différencie d'avec l'acide oxalique, car l'oxalate de chaux est insoluble dans cet acide); avec le *chlorure de baryum*, rien, mais s'il est neutralisé par une base, il donne un précipité blanc; avec le *sulfate de magnésie ammoniacal*, et en présence du chlorure d'ammonium, un précipité blanc, cristallin, par agitation; avec le *molybdate d'ammoniaque* additionné d'acide azotique, un précipité jaune, à chaud.

Il diffère des autres acides phosphoriques par les caractères réunis dans le tableau ci-contre.

Tableau comparatif des propriétés principales des acides phosphoriques.

	Avec l'albumine	Avec l'azotate d'argent	Avec le chlorure de baryum
Acide métaphosphorique.	Coagulation.	Précipité blanc.	Précipité blanc.
— pyrophosphorique .	Rien.	Précipité blanc.	Précipité blanc (après neutralis.)
— orthophosphorique.	Rien.	Précipité jaune (après neutralisat.)	Précipité blanc (après neutralis.)

Pour le préparer, on introduit dans une cornue de l'acide azotique à 42°, puis on chauffe à 75° environ, et l'on y projette de petits fragments de phosphore. L'attaque se fait sans inflammation du phosphore, puis on concentre dans une capsule en platine.

On prépare aussi l'acide phosphorique avec le phosphore rouge (Personne) en traitant 1 partie de phosphore, dans une cornue, par 3 parties d'acide azotique à 20° Baumé. Ce procédé permet de chauffer de suite le mélange à 180°, sans crainte de faire de l'acide pyrophosphorique, comme cela a lieu avec le premier procédé.

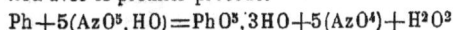

$$Ph + 5(AzO^5, HO) = PhO^5, 3HO + 5(AzO^4) + H^2O^2$$

ou

$$Ph + 5(Az\Theta^3H) = Ph\Theta^4H^3 + 5(Az\Theta^2) + H^2\Theta$$

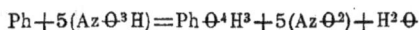

On peut encore l'obtenir par voie de double décomposition en décomposant le phosphate de soude par l'acétate de plomb,

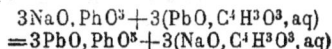

$$3NaO, PhO^3 + 3(PbO, C^4H^3O^3, aq)$$
$$= 3PbO, PhO^5 + 3(NaO, C^4H^3O^3, aq)$$

ou

$$2(Ph\Theta^4Na^3) + 3(\Theta^2H^3\Theta^2)^2Pb + aq$$
$$= (Ph\Theta^4)^2Pb^3 + 6(\Theta^2H^3Na\Theta^2) + aq$$

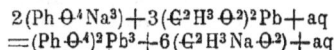

en faisant alors passer un courant d'hydrogène sulfuré on met l'acide phosphorique en liberté, et forme du sulfure de plomb.

$$3PbO, PhO^5 + 3HS = 3PbS + PhO^5, 3HO$$

ou

$$(Ph\ominus^4)^2Pb^3 + 3H^2S = 3PbS + 2(PhO^4H^3)$$

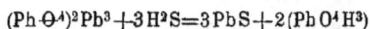

Les combinaisons de cet acide sont remarquables en ce sens, que l'eau y joue le rôle de base, c'est-à-dire que dans les phosphates on peut avoir l'eau totalement remplacée par la base, exemple : le phosphate neutre de soude, $PhO^5, 3NaO$; ou avoir deux équivalents de base pour un d'eau, comme dans le phosphate de soude bibasique,

$$PhO^5, 2NaO, HO;$$

ou deux équivalents d'eau et un de base, dans le phosphate acide de soude, par exemple,

$$PhO^5, NaO, 2HO.$$

L'acide phosphorique sert en médecine comme rafraîchissant, ou pour dissoudre les fausses membranes que l'acide métaphosphorique coagulerait; dans l'industrie, on l'utilise pour faire le phosphate de cobalt ou *bleu Thénard*.

RECHERCHE ET DOSAGE DU PHOSPHORE. Pour rechercher si un corps quelconque contient du phosphore, on traite ce corps par l'acide azotique, puis par l'acide chlorhydrique, ou de suite par l'eau régale, ou même par fusion avec de l'azotate de potasse, suivant la nature du produit. Ces opérations ayant oxydé le phosphore et l'ayant transformé en acide phosphorique, on constate la présence de cet acide, au moyen d'une solution faite avec 125 grammes d'acide molybdique dissous dans 460 grammes d'ammoniaque à 0,96, à laquelle on ajoute un litre d'eau, puis un litre d'acide azotique à 1.2, et que l'on filtre après vingt-quatre heures. Ce réactif chauffé avec une liqueur contenant de l'acide phosphorique, donne un précipité jaune très caractéristique.

Pour doser le phosphore, c'est encore en transformant en acide phosphorique que l'on agit, mais suivant les corps que l'on a à analyser on peut employer différentes méthodes :

1° Dans un premier procédé, après avoir oxydé le phosphore et obtenu de l'acide phosphorique, on transforme ce dernier en phosphate ammoniaco-magnésien; pour cela, à la solution phosphorique on ajoute une certaine quantité d'une liqueur contenant 110 grammes de chlorure de magnésium cristallisé, 140 grammes de chlorure d'ammonium, 300 gr. d'ammoniaque à 0.91, et 700 grammes d'eau. Par l'agitation il se forme un précipité blanc, cristallin, qui adhère aux parois du vase et que l'on abandonne au repos pendant douze heures. Après ce temps, on jette le précipité sur un filtre, et on le lave à l'eau ammoniacale (1/3) jusqu'à ce que l'eau ne soit guère influencée par l'azotate d'argent. Le filtre humide est introduit dans un creuset de platine, chauffé d'abord faiblement, puis complètement, en recouvrant partiellement le creuset. Il se forme du pyrophosphate de magnésie qui est blanc et que l'on pèse exactement; 1 gramme de pyrophosphate de magnésie correspond à $0^g,6396$ d'acide phosphorique et à $0^g,27928$ de phosphore;

2° Pour doser le phosphore dans les aciers, chose fort importante, depuis l'introduction du procédé de déphosphoration au convertisseur basique (V. DÉPHOSPHORATION), on prend 2 grammes de poudre d'acier, on les humecte d'eau chaude, puis on dissout dans de l'eau régale contenant 7,5 parties d'acide azotique et 15 parties d'acide chlorhydrique; à la solution limpide on ajoute de l'eau, puis on chauffe, on sature par l'ammoniaque et on ajoute un léger excès (5^{c3}); on porte de nouveau à l'ébullition, on neutralise par l'acide azotique, de façon à avoir une liqueur acide, puis on additionne de 10^{c3} d'une solution au $1/10^e$ d'acide molybdique dans l'eau. On agite, on laisse reposer sur un bain de sable chaud pendant dix minutes, puis on filtre et on lave le précipité avec de l'eau acidulée par 2 0/0 d'acide azotique. On dessèche le filtre et on pèse le précipité de phosphomolybdate, le poids obtenu, multiplié par 0,815 donne la quantité de phosphore.

Usages. Le phosphore ordinaire sert principalement à la fabrication des allumettes chimiques; il est très employé dans les laboratoires, et entre également dans la pâte phosphorée, destinée à la destruction des rats; cette pâte s'obtient en faisant cuire 750 grammes de farine avec autant d'eau; dans cet empois chaud on ajoute, en agitant vivement, 8 grammes de phosphore en morceaux, du lard et du sucre.

La fabrication des bronzes phosphorés commence à devenir un emploi important du phosphore; il sert encore pour d'autres alliages, pour faire diverses couleurs de goudron, l'acide phosphorique vitreux, etc., etc.

Le phosphore rouge est employé pour la fabrication des allumettes au phosphore amorphe et des allumettes suédoises; il faut espérer que bientôt il remplacera le phosphore ordinaire dans toute la fabrication des allumettes, ce qui serait bien moins dangereux pour les ouvriers.

Bibliographie : WURTZ : *Dictionnaire de chimie* ; FRÉMY : *Encyclopédie chimique* ; GIRARDIN : *Traité de chimie* ; BARESWIL et GIRARD : *Dictionnaire de chimie industrielle* ; SCHUTZENBERGER : *Traité de chimie* ; DEHÉRAIN : *Cours de chimie agricole* ; WAGNER et GAUTHIER : *Chimie industrielle* ; FRÉSÉNIUS : *Traité de chimie analytique* ; POST, traduit par GAUTHIER : *Traité d'analyse chimique et d'essais industriels* ; Francis SUTTON : *Manuel systématique d'analyse chimique*, trad. par MÉHU.

Phosphore. Les anciens donnaient aussi ce nom à certains corps qui jouissent de la propriété de luire dans l'obscurité ; le *phosphore de Baudoin* est l'azotate de chaux calciné ; le *phosphore de Bologne* est le sulfure de baryum ; le *phosphore de Canton* est le sulfure de calcium, il sert à la fabrication des cadrans et autres objets lumineux ; le *phosphore de Homberg* est le chlorure de calcium. || On désigne souvent sous le nom de *sel de phosphore*, le phosphate double de soude et d'ammoniaque qui sert pour les essais au chalumeau.

PHOSPHORESCENCE. *T. de phys.* Propriété que possèdent, à divers degrés, certains corps (minéraux, végétaux, animaux) de répandre, dans l'obscurité, une faible lumière sans dégagement de chaleur sensible, lueur analogue à celle qu'émet le phosphore exposé à l'air. La phosphorescence peut être *spontanée* ou *artificielle*. Les poissons de mer deviennent phosphorescents après leur mort, quand ils sont dans un état voisin de la putréfaction. La phosphorescence de la mer, visible surtout dans les contrées intertropicales, est produite par une infinie multitude d'animalcules vivants : annélides, infusoires, zoophytes. On sait que ce phénomène est le précurseur des violentes tempêtes, quand la température est élevée et l'atmosphère très chargée d'électricité. Certains animaux vivants dans l'air sont phosphorescents, notamment les lampyres (vers luisants), les fulgores, etc. Parmi les végétaux vivants, on cite, comme phosphorescents, certains champignons, des euphorbes, la capucine, le souci ; et parmi les végétaux morts, les bois humides, les brindilles, les feuilles tombées et beaucoup de tubercules en décomposition. Un grand nombre de minéraux sont phosphorescents, comme il va être dit.

La phosphorescence peut être provoquée artificiellement :

1° Par *élévation de température :* pierres précieuses, diamant, coquilles d'huîtres, craie, farine de maïs et, en général, les substances organiques bien desséchées. — V. Chaleur, § *Effets lumineux*;

2° Par les *décharges électriques :* dans ce cas, la lueur est assez vive, de couleur changeante et persiste quelques secondes;

3° Par les *courants d'induction :* belles expériences de M. Crookes sur le diamant ;

4° Par les *actions mécaniques :* pression, frottement, choc, trituration, clivage;

5° Par *cristallisation :* au moment de la formation de certains cristaux, on voit des étincelles ; quand la cristallisation est rapide, le vase entier paraît illuminé : acide arsénieux, fluorure de sodium, sulfate de soude et sulfate de potasse ;

6° Par *insolation :* la plupart des substances à base calcaire, sulfure de baryum (phosphore de Canton, de Bologne), sulfure de calcium, chlorure de calcium (phosphore de Homberg), sulfure de strontium, sulfure de zinc, répandent une vive lumière après une exposition de quelques instants au soleil ; le diamant, exposé au soleil pendant quelques secondes, resté phosphorescent durant une heure. La lumière électrique produit à peu près les mêmes effets que le soleil. — c. d.

* PHOSPHOROSCOPE. *T. de phys.* Appareil imaginé par M. Ed. Becquerel pour constater la phosphorescence, de très courte durée, que présentent certains corps.

PHOSPHOREUX (Acide). *T. de chim.* — V. Phosphore.

Bronze phosphoreux. *T. techn.* Depuis peu d'années les avantages obtenus par l'addition du phosphore dans les bronzes ordinaires, ont fait créer par l'industrie des termes spéciaux pour indiquer les qualités diverses de ces alliages. A l'article Bronze, § *Bronze phosphuré*, nous avons spécifié que la qualité dominante de ces bronzes est la dureté, et nous avons donné une liste des principaux mélanges que l'on fabriquait à cette époque. Depuis, M. Guillemin, qui s'est occupé surtout

de la confection de ces alliages, a désigné sous le nom de *bronzes phosphorés* des métaux tenaces, et surtout remarquables par leur résistance aux efforts de traction, de flexion et de torsion; ils offrent à la rupture une résistance de 30 kilogrammes par millimètre carré, avec un allongement moyen de 5 0/0; le refroidissement brusque obtenu par le moulage en coquille, augmente de moitié cette résistance (soit 45 0/0) et le laminage l'élève à 75 kilogrammes. Un fil de 1/10e de millimètre écroui par la filière ne se rompt qu'avec une charge de 113 kilogrammes, et le recuit rend le métal aussi ductile et aussi malléable que le cuivre rouge. La conductibilité des fils téléphoniques faits avec ce métal est double de celle des fils de fer galvanisé. Les *bronzes phosphoriques* sont peu attaquables aux acides; ils contiennent une certaine proportion de plomb et d'antimoine. Ils s'obtiennent toujours, comme les bronzes phosphoreux et phosphorés, par l'addition de phosphure de cuivre, mais ici le mélange doit être battu pour être parfaitement homogène; c'est ce que l'on obtient en laissant tomber l'alliage, d'un creuset dans un autre, d'une hauteur de 2 à 3 mètres. Ce bronze est très propre à supprimer les robinets en grès, que l'on emploie pour l'écoulement des acides, car il n'est pas attaqué par ces corps, même à l'ébullition et dilués. Le *métal roma* doit être encore rangé dans la catégorie des produits analogues à ceux que nous venons d'étudier, car c'est un bronze phosphoreux nickélifère; il présente la précieuse propriété de pouvoir être forgé à chaud, comme l'acier, et de ne pas s'oxyder à l'air ou à l'eau, ce qui le rend propre à la confection des boulons, goujons de pompes, tiges de pompes, de pistons, de tiroirs, etc.

Signalons encore l'introduction du phosphore dans les alliages blancs appelés *métaux blancs*. Le *phosphore antifriction*, fabriqué dans la fonderie Lehmann frères, de Paris, jouit des propriétés des bronzes phosphoreux, mais en plus, il est assez facilement fusible pour qu'on puisse l'utiliser à la façon des alliages blancs ordinaires. Il peut servir à recharger les coussinets usés dans les parties frottantes, en le soudant simplement dans les parties usées, de façon à remplacer la matière disparue; il adhère bien aux métaux (bronze, cuivre) convenablement décapés et chauffés, pourvu que la surface soit rugueuse. Il se fond au fer, à la lampe, ou à la poche, comme la soudure d'étain. MM. Lehmann en fabriquent de deux sortes, un moyennement dur pour la préparation des coussinets, et un assez dur, pour les coussinets coulés sur place.

PHOSPHORIQUE (Acide). *T. de chim.* — V. Phosphore.

PHOSPHORITE. *T. de minér.* — V. Phosphate.

PHOSPHURE. *T. de chim.* Corps résultant de la combinaison du phosphore avec les métalloïdes ou les métaux. Les premiers n'ont guère d'emploi industriel ; nous nous contenterons de renvoyer au mot Phosphore, § *Hydrogène phos-*

phoré. Les phosphures métalliques se préparent par l'union directe du phosphore avec un métal, son oxyde ou ses sels ; par l'action de l'hydrogène phosphoré gazeux sur les sels, les oxydes et les métaux ; par réduction des phosphates, au moyen du charbon, ou encore par le contact du phosphore avec des solutions métalliques neutres ou alcalines.

Ces corps ont l'éclat et l'aspect métallique, sont cassants, souvent décomposables par la chaleur, qui les oxyde, et à l'air, qui les transforme en phosphates. L'action de l'acide azotique produit également cette dernière modification. Ils s'altèrent par le contact de l'eau (ceux alcalins et alcalino-terreux) et produisent un hypophosphite avec dégagement de phosphure d'hydrogène spontanément inflammable. Avec les iodures alcooliques, ils donnent des phosphines.

Un des plus employés est le *phosphure de calcium,* que nous avons déjà décrit (V. CALCIUM). Un autre, qui promet d'être très utilisé d'ici quelque temps, est le *phosphure de cuivre,* que MM. Ruolz et de Fontenay ont proposé d'adopter pour la fabrication des cloches. Lorsqu'on fait entrer dans la combinaison de cuivre et de phosphore, 9 0/0 de ce dernier, on obtient un composé d'un gris d'acier, cassant, à grain fin, susceptible d'un beau poli et d'une densité de 7,764. Il se fond sans altération dans un creuset brasqué et est d'une grande sonorité, à cause de l'homogénéité de sa masse, que ne possède pas toujours le bronze des cloches.

*PHOTOCALQUE. On donne ce nom à un procédé à l'aide duquel on obtient le décalque direct d'une photographie, sans recourir à l'interposition d'un papier calque, ce qui constitue souvent une très grande gêne.

Il y a deux façons d'utiliser le décalque direct : on s'en sert comme dessin de report ou comme exemplaire unique, après avoir supprimé la photographie. L'une et l'autre de ces méthodes sont facilement praticables ; nous supposons toutefois, que dans l'un et l'autre cas, le dessin original a été reproduit photographiquement. Le cliché, qu'il soit négatif ou positif, sert à imprimer une image sur papier salé (et non albuminé). Cette épreuve est fixée à l'hyposulfite de soude, mais non virée à l'or ; après les lavages convenables, on la laisse sécher, et c'est sur cette image que l'on exécute le calque direct à la plume et avec de l'encre de Chine ou, si l'on désire reporter le trait, avec de l'encre autographique.

I. *Pour un exemplaire isolé.* Le décalque à l'encre de Chine une fois terminé, on immerge l'épreuve dans une solution à 15 0/0 de bichlorure de cuivre dans de l'eau ordinaire. Au bout de quelques minutes, l'image photographique a complètement disparu, et l'on n'a plus que le trait se détachant sur un fond absolument blanc. On peut alors, après dessiccation, procéder à la reproduction de ce trait, dans la chambre noire, soit de la même dimension, soit réduit dans un rapport voulu. Si l'on désire faire revenir l'image supprimée, rien n'est plus aisé, il suffit de l'im-merger dans un bain d'oxalate ferreux, où elle reparaît au bout de quelques instants.

Après l'action du bain d'oxalate ferreux, on lave à plusieurs eaux sans qu'un nouveau fixage soit nécessaire. Si, lors du fixage, on employait du cyanure de potassium au lieu d'hyposulfite de soude, toute reconstitution de l'image deviendrait impossible.

II. *Pour opérer par voie de report, en vue d'un tirage multiple.* Le trait doit, en ce cas, être fait avec de l'encre autographique, sur l'épreuve préalablement encollée, puis décalqué, par pression, sur pierre lithographique ou sur zinc ; on en imprime ensuite le nombre d'exemplaires dont on a besoin. Le décalque sur zinc peut aussi servir à créer une réserve en vue de la gravure typographique (V. PHOTOGRAVURE). Les applications de cet ingénieux procédé sont nombreuses, et il ne lui manque que d'être suffisamment connu ; on l'a pratiqué avec beaucoup de succès dans les ateliers du Ministère des travaux publics. — L. V.

*PHOTOCÉRAMIQUE. Application de la photographie à la décoration céramique de la porcelaine, de la faïence, des émaux et du verre.

Jusqu'ici on a fait de rares applications industrielles de la photographie à la décoration des objets céramiques, parce que les procédés à l'aide desquels on peut opérer le transport d'une image photographique formée d'oxydes métalliques vitrifiables, sur une pièce de porcelaine ou de faïence, sont d'un emploi difficile. Ces procédés se prêtent seulement à des applications isolées ainsi que cela a lieu, par exemple, pour les émaux photographiques ; chaque pièce, représentant généralement un portrait, est exécutée dans des conditions qui n'ont aucun rapport avec celles qu'exige une production rapide, économique et vraiment industrielle.

Le procédé habituellement employé pour les émaux photographiques est celui qui se trouve indiqué à l'article PHOTOGRAPHIE, § *Impression aux poudres colorantes.* Le négatif une fois imprimé, développé, fixé, etc., doit servir à fournir une contre-épreuve ou cliché positif, puis, à l'aide de ce positif on obtient, sur une plaque recouverte d'un enduit bichromaté, une image formée par un oxyde métallique en poudre, allié au fondant convenable. Cette image est, à l'aide d'une couche de collodion normal, détachée de son support provisoire et transportée sur la pièce à décorer. Ces diverses manipulations sont délicates, elles exigent beaucoup de temps, et l'on ne saurait les pratiquer industriellement, au sens pratique du mot ; aussi, n'a-t-on fait jusqu'ici qu'un emploi très restreint de la photographie à la décoration céramique.

Le seul moyen, vraiment pratique et industriel de réaliser cette intéressante application, consiste dans l'impression sur du papier à décalcomanie, d'images susceptibles d'être poudrées et obtenues photographiquement. Les divers procédés de photographie conduisant à la formation d'images modelées à demi-teintes discontinues, procédés décrits à l'article GRAVURE. § *Photogravure en relief*, permettent l'obtention d'impressions monochromes ou polychromes, que l'on peut poudrer et qui sont ensuite transportées sur les pièces à décorer, ainsi qu'on le fait des décalcomanies lithographiques. C'est dans cette seule voie qu'il faut chercher un moyen rapide, économique et industriel de l'emploi de la photographie à la création d'images, en camaïeu ou en couleurs diverses, susceptibles d'être transportées sur les pièces céramiques à décorer.

Il va sans dire que la nature des oxydes métalliques et des fondants doit varier suivant qu'on les emploie à décorer des pièces en verre, faïence ou porcelaine. Plus le degré de cuisson devra être élevé et moins le fondant devra être fusible.

Des essais sérieux ont été faits avec le plus grand succès dans la voie qui vient d'être indiquée chez MM. Haviland et Cie à Auteuil, avec la collaboration de M. Jochum, l'habile directeur des ateliers d'impression, sous la direction de l'auteur de cet article, et les résultats exposés à Limoges, en 1886, ont servi à démontrer combien il y a lieu d'espérer de ce moyen facile et rapide d'utiliser la photographie pour les impressions céramiques. — L. V.

*PHOTOCHIMIE. L'étude de l'action de la lumière sur diverses substances a donné naissance à une science toute spéciale que l'on désigne sous le nom de *photochimie*. Cette science à vrai dire, fort incomplète encore et il n'existe pas de traité spécial de photochimie; une œuvre de cette sorte ne saurait manquer de se produire, mais il y a lieu d'attendre, avant de l'entreprendre, que les recherches relatives aux actions chimiques de la lumière soient assez complètes, et surtout qu'elles aient permis de discerner la nature exacte de l'effet produit sur les substances dites *sensibles*. Jusqu'ici il n'y a que des présomptions et l'on ignore, par exemple, quel est exactement l'effet produit sur du bromure ou de l'iodure d'argent et de quelle modification chimique résulte l'image latente.

La photochimie est une science née d'hier, mais elle ne cesse de s'accroître de découvertes nouvelles; un jour viendra où elle constituera une des branches les plus importantes et les plus curieuses de la chimie générale. — V. LUMIÈRE, PHOTOGRAPHIE.

*PHOTOCHROMIE. Toute impression photographique combinée avec une coloration, obtenue soit à l'aide du pinceau, soit par toute autre voie, peut être désignée par ce mot; les procédés conduisant à l'obtention d'épreuves photographiques polychromes sont aussi nombreux que variés, et l'on ne peut en désigner ici que quelques-uns. Nous nous bornerons à l'indication des principaux genres qui ont été ou qui sont pratiqués.

Photochromie par impression lithographique ou typographique. Ce procédé est, de tous ceux de cette sorte, celui qui produit les plus beaux résultats et de la façon la plus industrielle, à la condition de n'y appliquer que des modes d'impression photomécaniques, tels que la phototypie ou la phototypographie, ou bien encore la photoglyptie. En pareil cas, la photochromie n'est qu'un important perfectionnement de la chromolithographie; voici, en quelques mots, comment on opère : un trait tracé à l'encre lithographique sur la photographie originale est décalqué sur une pierre lithographique, puis, de là, sur autant de pierres qu'il en faut pour les diverses couleurs nécessaires; sur chacune de ces pierres, on exécute le monochrome correspondant à chaque couleur, on imprime ensuite, en les superposant, ces divers monochromes, ainsi qu'on le fait dans la chromolithographie ordinaire; cela fait, on termine l'opération en imprimant par dessus les couleurs, l'image photographique ; celle-ci doit repérer exactement avec le dessous en couleurs.

Grâce aux nouveaux procédés négatifs, qui rendent exactement la valeur relative des couleurs (V. PHOTOGRAPHIE, § *Plaques isochromatiques*), aucune retouche ne doit être faite au cliché, et la superposition de la photographie produit immédiatement l'effet désiré. Par ce moyen, on réalise des résultats vraiment admirables et bien plus complets que tout ce qui a été fait par d'autres modes de reproductions; les objets métalliques, les pierres précieuses, et, en un mot, toutes les copies prises sur nature, sont obtenues avec une vérité surprenante, aussi est-il difficile à comprendre pourquoi les lithographes n'ont pas recours à ce beau procédé, de préférence à tout autre, à moins d'admettre qu'ils n'ont pas pu vaincre encore la routine de leurs dessinateurs chromistes. — V. l'article IMPRIMERIE, § *Impression en couleurs*, où nous donnons un exemple imprimé en six couleurs.

Photochromie par impression des couleurs au patron. Ce procédé, très expéditif, très économique, est aussi fort imparfait; mais il peut suffire dans bien des cas où l'on n'a que faire d'un résultat sérieusement artistique, pour des journaux illustrés, par exemple. Sur une photographie imprimée par n'importe quel procédé, mais à la seule condition que la couleur puisse s'y étendre facilement, on colorie avec divers patrons (découpures en carton ou en zinc), ainsi que cela a lieu pour le coloriage des gravures de mode. Ce procédé, forcément imparfait, ne produit, nous le répétons, que des œuvres d'une valeur purement industrielle ; il peut, pourtant, rendre de grands services, à cause du coût peu élevé des images ainsi coloriées.

Photochromie au pinceau, *c'est-à-dire avec des couleurs à l'huile ou à l'aquarelle passées sur ou sous l'épreuve photographique.* Ce mode de coloriage des photographies est le plus usité, surtout pour des quantités restreintes d'épreuves. Quand il s'applique avec la couleur mise par dessus, il faut employer des matières colorantes transparentes, tandis que si c'est par dessous qu'on met la couleur, il y a lieu de rendre translucide, autant que possible, la photographie elle-même.

La *photominiature* n'est autre chose qu'une

sorte de *photochromie* ; on trouve à ce mot la description complète d'un procédé de ce genre.

Photochromie avec des couleurs sensibilisées, *à base d'albumine.* Ce procédé dispense d'une impression sur ou sous une photographie, car c'est la lumière qui modèle directement les couleurs, en même temps qu'elle produit le dessin. Voici, en résumé, la description de ce curieux procédé : une faible épreuve est d'abord imprimée, par la lumière, sur du papier salé sensible (V. Photographie) ; celle-ci, une fois fixée, on recouvre sa surface aux endroits convenables, et par des teintes plates, des diverses couleurs nécessaires ; ces couleurs ont été préalablement broyées avec de l'albumine salée. Quand les teintes sont sèches, on sensibilise les couleurs en les soumettant à l'action d'un bain de nitrate d'argent ; cette substance, au contact du sel incorporé à l'albumine, forme du chlorure d'argent, corps qui brunit sous l'action des rayons lumineux. Le papier étant sec, on l'expose à la lumière, bien repéré contre le négatif, dans un châssis-presse ; les teintes plates deviennent alors des couleurs modelées comme le sont les effets d'ombre et de lumière du négatif. Après une durée d'exposition suffisante, ce qu'il est aisé de vérifier, on doit fixer à l'hyposulfite de soude l'image définitive et l'opération est terminée, sauf les retouches, s'il y a lieu. Il va sans dire que ce procédé n'est applicable qu'à un nombre restreint d'exemplaires. On ne peut y employer que des matières colorantes inattaquables par les divers composés qui ont été indiqués plus haut.

Les mots *linographie, photopolychromie, chromophotographie, héliochromie,* etc., sont tous des synonymes de *photochromie,* mais ils désignent des applications distinctes de ce procédé de combinaison des couleurs avec la photographie. Le mot *héliochromie* est quelquefois employé pour désigner les tentatives, infructueuses jusqu'ici, de reproduction directe des couleurs naturelles (V. Photographie). On a aussi désigné par le mot *photochromie,* mais à tort, les impressions monochromes de diverses couleurs, celui de *camaïeu* leur convient mieux.

Les procédés de photochromie les plus connus sont ceux de MM. Ducos du Hauron et Léon Vidal. Le premier fait usage de trois négatifs distincts du même sujet, servant, l'un à donner le monochrome bleu, l'autre le rouge, et le troisième le jaune ; la combinaison entre elles de ces trois couleurs primitives devant produire l'ensemble de toutes les couleurs naturelles.

Malheureusement, cette donnée est plutôt théorique que pratique, et jusqu'ici, l'on n'est pas parvenu à tirer un parti industriel de ce procédé.

Quant à la photochromie de M. Léon Vidal, elle est dépourvue de tout caractère scientifique, mais, en revanche, elle se prête à des applications très pratiques.

Ce qui la distingue surtout, c'est l'emploi combiné de tirages phototypiques ou photoglyptiques avec des impressions, soit lithochromiques, soit typochromiques. Tout le tirage de l'image poly-

chrome est donc mécanique ; la disposition des divers monochromes dépend, il est vrai, du talent du dessinateur chromiste, mais on ne saurait s'imaginer combien la photographie aide dans l'exécution de ce travail. C'est ainsi qu'ont été reproduits, dans les ateliers du *Moniteur,* les beaux objets d'orfèvrerie de la galerie d'Apollon, au Louvre. — L. V.

* **PHOTOCYANINE.** *T. de chim.* Matière colorante bleue, que Schönbein a obtenue en faisant une solution alcoolique de cyanine,

$$C^{56} H^{36} Az^2O^2... C^{28} H^{36} Az^2O,$$

exposant cette solution pendant quelque temps aux rayons solaires, décolorant par l'ozone, puis soumettant à l'action de l'acide sulfureux ou de l'hydrogène sulfuré. Il se forme alors une matière colorante bleue, qui est la *photocyanine.*

* **PHOTOÉRYTHRINE.** *T. de chim.* Cette matière, également découverte par Schönbein, s'obtient absolument de la même manière que la précédente, mais en prolongeant beaucoup plus l'action de la lumière. La matière colorante que l'on obtient est rouge cerise et soluble dans l'eau ; elle résulte de la décomposition de la photocyanine.

* **PHOTOGÈNE.** On emploie ce mot pour désigner toutes les huiles propres à l'éclairage. — V. Pétrole, § *Huiles lampantes.*

* **PHOTOGLYPTIE.** La description de ce procédé, inventé par Woodbury, a été donnée à l'article Impression par la lumière, on le désigne quelquefois par le mot *woodburytypie,* nom de l'inventeur ; de même que l'on appelle *daguerréotypie* le procédé photographique inventé par Daguerre ; mais *photoglyptie* est et restera plus familier à notre langue (V. *Traité de photoglyptie,* par L. Vidal, Gauthier-Villars, édit.)

PHOTOGRAPHE. *T. de mét.* Si celui qui fait de la photographie sa profession est un *photographe,* il ne s'en suit pas que la photographie lui soit familière ; il fait son métier plus ou moins bien, avec plus ou moins de goût, mais, sauf de rares exceptions, il ne connaît aucune des lois scientifiques sur lesquelles repose cette belle découverte exploitée par une foule de routiniers ignorants ; quelques photographes, cependant, par leurs études et leurs travaux, ont, depuis quelques années, secondé les recherches des savants et des artistes, et les œuvres sorties de leurs ateliers témoignent de leur amour de l'art et de la science.

PHOTOGRAPHIE. Ce terme formé de deux mots grecs (φωτος, lumière, γραφειν écrire, dessiner), désigne toute opération ayant pour objet le dessin par la lumière. Il désigne aussi le résultat de ces opérations, puisque l'on appelle *photographies* des images obtenues avec le concours de la lumière. Ce terme est synonyme d'*héliographie,* le mot ηλιος, soleil, pouvant être considéré comme signifiant aussi lumière. Pourtant, on réserve le plus souvent le mot *héliographie* à certaines applications spéciales, mais sans que rien d'absolu ait été admis à cet égard, aussi se sert-on de l'une ou de l'autre de ces deux appellations. La photographie constitue une des plus belles inventions du xixe siècle ; sans essayer de faire ici l'historique complet de cette découverte autour de laquelle planent encore, d'ailleurs, certains mystères, nous nous bornerons à résumer les notions les plus accréditées relatives à ce fait scientifique si important.

HISTORIQUE. Tout d'abord, il convient de dire que certaines actions de la lumière étaient connues avant l'époque où a été découverte la photographie proprement dite. Scheele, en 1777, a constaté que le chlorure d'argent noircit sous l'action de la lumière et qu'il est réduit à l'état métallique ; il reconnaît même que l'action n'est pas la même dans les diverses régions du spectre solaire, et que ce sont les rayons violets qui agissent le plus rapidement. Ces expériences furent répétées plus tard, en 1782, par Senebier, puis, en 1801, par Ritter, qui découvrit les rayons ultra-violets, ou invisibles, et démontra leur action énergique sur le chlorure d'argent.

L'action des rayons lumineux sur ce composé fut appliquée en 1780 par Charles, physicien français, à l'obtention de silhouettes dessinées par le soleil sur des feuilles de papier recouvertes de chlorure d'argent, mais ce physicien ne parvint pas à reproduire ainsi les images de la chambre noire ; même insuccès dans ce sens de la part de sir Humphry Davy, en 1802, et de Wedgwood. Bref, jusque-là, aucune impression d'une image complète n'avait pu avoir lieu ; il faut pourtant admettre que ces expériences et tentatives ont pu préparer la découverte de la photographie, en appelant l'attention sur la possibilité de produire des images par l'action de la lumière. Diverses recherches furent faites alors dans cette voie, et Joseph-Nicéphore Niépce, dès 1814, en fit l'objet de ses constantes études, s'attachant à reproduire l'image réfléchie dans la chambre noire. En dépit de l'imperfection des moyens et des instruments dont il faisait usage, il parvint à ce résultat en 1816, et c'est à cette date qu'on peut fixer réellement l'invention de la photographie, à moins qu'on ne préfère choisir l'année 1824, où Nicéphore Niépce obtint des impressions plus complètes sur du bitume de Judée, à l'aide d'un procédé qu'il a parfaitement décrit. En même temps, il faisait ses premiers essais d'héliogravure, en utilisant la couche de bitume de Judée comme réserve inattaquable par les acides. Evidemment, tous ces premiers résultats, bien que d'un très grand intérêt, n'étaient pas obtenus d'une façon bien pratique.

En 1826, Daguerre, peintre habile et inventeur du diorama, eut connaissance des recherches de N. Niépce et il fut mis en rapport avec lui par l'opticien Ch. Chevalier ; ce ne fut qu'en 1829 que Niépce et Daguerre s'associèrent, mettant en commun leurs recherches et leurs découvertes. Nous ne reviendrons pas ici sur les travaux des deux associés, décrits aux articles DAGUERRE, DAGUERRÉOTYPIE et NIÉPCE, mais nous devons dire, au point de vue de l'histoire de la question, que sans rien enlever du mérite propre à Daguerre, il est bien acquis qu'il n'a été que la conséquence de Niépce, et que ce dernier est bien le premier inventeur de la photographie. Daguerre, en bonne justice, ne peut et ne doit arriver qu'au deuxième rang, en dépit des tentatives faites par quelques personnes pour lui assigner la première place.

En 1840, Fox Tallot fit connaître que l'on pouvait développer une image latente à la surface d'une couche d'iodure d'argent, avec des substances autres que des vapeurs mercurielles, et il fit usage, pour cela, d'un mélange d'acide gallique et de nitrate d'argent. Cette découverte, complétant celle de Daguerre, fut le point de départ des procédés actuels.

Les trois grands inventeurs effectifs de la photographie sont donc, dans leur ordre de mérite, Nicéphore Niépce, Daguerre et Fox Tallot.

Nous avons employé les mots d'inventeurs effectifs, parce qu'il existe un quatrième inventeur, M. Bayard, dont les travaux photographiques ont précédé la divulgation des procédés de Daguerre et de Tallot. La méthode de M. Bayard ne fut pas communiquée, aussi fut-elle éclipsée par la publication de la découverte de Daguerre.

M. Bayard obtenait *directement* à la chambre noire des images modelées. Il créait la préparation sensible en formant sur une feuille de papier une couche de chlorure d'argent, ainsi qu'on le fait aujourd'hui pour préparer le papier sensible (V. PAPIER PHOTOGRAPHIQUE). Ce papier était exposé à la lumière jusqu'à ce qu'il devînt noir ; il était alors lavé à plusieurs eaux et séché, puis conservé pour l'usage. Au moment de l'employer, M. Bayard le trempait dans une solution d'iodure de potassium à 4 0/0. Il appliquait le côté blanc sur une ardoise mouillée avec la même solution, et exposait sa préparation à la chambre noire, le côté noir recevant l'image. Sous l'influence de la lumière, et en présence d'un corps capable d'absorber l'iode, l'iodure de potassium était décomposé, il se formait de l'iodure d'argent, d'une couleur *blanc jaunâtre*, d'où résultait une décoloration graduée du papier proportionnelle aux effets de lumière réfléchis sur la feuille. L'image, bien lavée à l'eau pure, puis à l'eau ammoniacale, se conservait un certain temps.

Ce procédé était, sans doute, plus lent que celui de Daguerre, mais il donnait des images directes, et il n'est pas douteux qu'à l'aide de quelques perfectionnements aisés à prévoir, on en eût fait quelque chose de plus complet que ne l'était le daguerréotype.

Nous venons de dire comment il s'est fait que le procédé de M. Bayard est demeuré à l'état de lettre morte.

Ce court historique suffit pour expliquer la genèse de l'art photographique à ses premiers débuts. Nous aurions trop à dire encore, s'il fallait suivre les progrès de cet art pas à pas jusqu'à l'époque actuelle. Nous croyons utile seulement d'expliquer comment on est arrivé à la création des méthodes négative et positive, et puis nous entrerons dans la série des descriptions de chacun des procédés les plus usuels.

Les procédés du genre de ceux de M. Bayard et de Daguerre donnaient dans la chambre noire des images positives directes, mais le procédé de révélation de Fox Tallot produisait sur l'iodure d'argent un effet inverse, et cela se comprend, puisque les parties les plus fortement influencées par la lumière devenaient les plus noires, tandis que, aux ombres de l'image réfléchie, correspondaient des parties plus ou moins claires. Ce renversement des effets, loin d'être un inconvénient, est devenu un avantage immense, puisqu'il a permis de créer à la chambre noire, et sur un support translucide, tel que du verre, par exemple, une image renversée, type unique, à l'aide duquel on peut, par juxtaposition et insolation contre une autre surface sensible, obtenir l'effet contraire, soit une épreuve positive, et recommencer l'opération à l'infini, pour obtenir successivement autant d'épreuves positives que l'on en peut désirer.

Après avoir formé de l'iodure d'argent sensible à la lumière dans une couche de collodion versé à la surface d'une plaque de verre que l'on employait à l'état humide, on a imaginé des préparations permettant l'emploi des plaques au collodion à l'état sec, et maintenant le collodion se trouve remplacé par de la gélatine et l'iodure par du bromure d'argent. Cette dernière préparation, tout en donnant l'avantage d'un emploi à sec, accroît de beaucoup la sensibilité des plaques. Le procédé au collodion humide, bien que moins fréquemment employé, n'est pas absolument abandonné, et nous croyons nécessaire d'en présenter une courte description, puis nous décrirons le procédé négatif au gélatino-bromure d'argent.

La série négative terminée, nous nous occuperons des

impressions positives. Mais avant de parler des procédés, il est indispensable de mentionner les appareils à
l'aide desquels on les met en pratique.

APPAREILS PHOTOGRAPHIQUES. L'appareil photographique fondamental est la *chambre noire*, c'est
une boîte, bien connue de tout le monde, munie
sur sa paroi antérieure d'un *objectif* (V. ce mot),

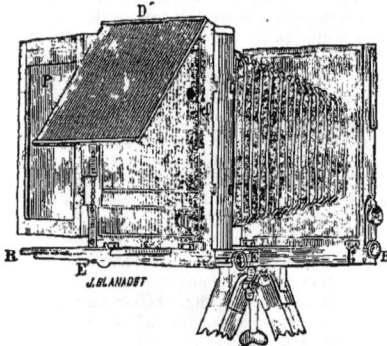

Fig. 102.

qui sert à recueillir et à concentrer sur un point
focal, variable suivant la nature des lentilles et la
distance des objets, les rayons réfléchis par ces
derniers, placés en avant de cet instrument.

Pour pouvoir suivre les variations focales, la
chambre noire est munie d'un corps mobile susceptible de s'allonger ou de se raccourcir à volonté. Afin de réduire le volume de l'appareil, lors-

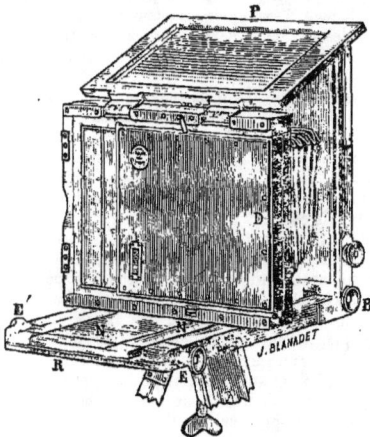

Fig. 103.

qu'il est fermé, on donne d'habitude, à ce corps
mobile, la forme d'un soufflet ainsi qu'on le voit
dans la figure 102. En arrière de la chambre
noire, sur la face parallèle à celle qui porte l'objectif, se trouve en P une plaque dépolie servant
à mettre au point l'image réfléchie.

A l'aide du bouton de crémaillère E ou du bouton
E', on fait aller et venir la partie postérieure R N N'
de la chambre jusqu'à ce que l'image soit vue bien
nette sur la plaque dépolie. On se met, pour cette
mise au point, à l'abri de la lumière environnante à

l'aide d'un voile noir qui recouvre tout le fond de
l'appareil et la tête de l'opérateur. La chambre noire
est portée, cela va sans dire, sur un pied d'atelier ou sur un pied de campagne plus portatif,
tel que celui dont on voit le point d'attache à la
chambre dans nos dessins.

La mise au point une fois arrêtée, on substitue à la plaque dépolie, qui se rabat à charnières
sur un des deux côtés, un châssis négatif contenant la plaque sensible, ainsi que cela est indiqué
dans la figure 102 où ce châssis est posé dans le
sens de la longueur ou hauteur et dans la figure
103 où ce même châssis est mis en travers.

Le soufflet est disposé de façon à pouvoir tourner
sur une planchette antérieure, ce qui permet, sui-

Fig. 104.

vant les besoins, de disposer la rainure du châssis,
soit en hauteur (fig. 102), soit en travers (fig. 103).
Au moment de la pose, on ouvre le volet D qui mas-
quait la plaque sensible et l'on démasque l'ouverture de l'objectif, ou bien encore on fait agir, avec la
poire pneumatique C (fig. 104), l'obturateur rapide
OO', quand on fait des reproductions instantanées.

A peu de variations près, tous les appareils
photographiques sont semblables à celui dont
nous donnons un dessin sous divers aspects; les
éléments principaux y existent chez tous dans les
mêmes conditions, seulement les uns sont
grands, lourds et impropres à un travail à l'extérieur, tandis qu'il en est de très portatifs pour la
photographie en excursion et en voyage.

On conçoit qu'il faille considérablement réduire le poids et le volume de ces outils quand
ils doivent constituer un vade-mecum permanent,
aussi a-t-on imaginé des chambres noires de poche ou tout au moins d'un format assez réduit
pour être transportées facilement, soit dans les

poches mêmes des vêtements, soit dans de petits sacs. De ce nombre est l'*en-cas photographique* (fig. 105), construit par M. Français; cet appareil peut être porté dans la poche, et les tiges du pied sont enfermées dans une canne en bambou. Les plaques de l'en-cas du plus petit format ont 6×7, et celles du format supérieur 8×9. Bien que les épreuves qui en résultent soient déjà lisibles, on

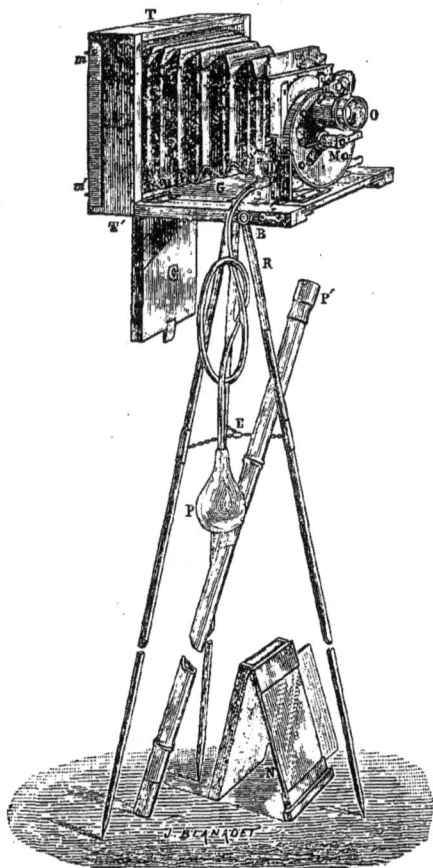

Fig. 105. — *En-cas photographique de M. Français.*

O Objectif. — D P Déclenchement pneumatique. — M Obturateur. — T T' Place du châssis négatif. — C Tiroir du châssis négatif, ouvert. — S Soufflet. — B Crémaillère. — m m' Viseur rabattu. — P' Canne en bambou. — F R Trépied supportant l'appareil.

les utilise mieux encore, soit en les projetant avec une lanterne à projection, soit en les agrandissant ainsi qu'il sera dit plus loin.

La chambre noire n'est pas tout, il faut encore, pour faire de la photographie, pouvoir travailler dans un laboratoire obscur que l'on éclaire seulement par une lanterne jaune ou rouge ou bien encore dans lequel on ne laisse pénétrer la lumière extérieure qu'à l'aide d'un carreau de verre jaune ou rouge. Les divers ustensiles complémentaires du matériel photographique se composent de cuvettes en gutta et en porcelaine, de fla-

cons et récipients divers, d'entonnoirs, supports à plaques, châssis positifs, etc. Ce matériel n'acquiert de sérieuse importance que si l'on opère sur des plaques de grand format. Nous pouvons maintenant indiquer les manipulations propres à chaque procédé négatif.

IMPRESSIONS NÉGATIVES. Les méthodes d'impression à la chambre noire donnent des épreuves négatives ou clichés, se subdivisant en cinq procédés distincts qui sont : 1° le *procédé à l'albumine*; 2° le *procédé au collodion humide*; 3° le *procédé au collodion sec*; 4° le *procédé au collodiobromure d'argent*; 5° le *procédé au gélatinobromure d'argent*.

I. *Procédé à l'albumine.* Ce procédé est l'objet d'un emploi assez rare, mais il convient pourtant d'en indiquer les points principaux. On prend des blancs d'œufs que l'on bat en neige de façon à bien détruire les cellules de l'albumine naturelle, et on y ajoute 1 gramme d'iodure et $0^{gr},25$ de bromure (de potassium ou d'ammonium) pour 100 centimètres cubes d'albumine. Ces deux sels sont préalablement dissous dans un peu d'eau, on filtre à plusieurs reprises sur du papier, puis, en évitant la poussière avec le plus grand soin, on étend ce liquide sur les glaces en couches très minces et très régulières. On laisse sécher et l'on conserve, pour s'en servir, ces glaces préparées et encore insensibles à la lumière. Pour les sensibiliser, on immerge les glaces dans un bain composé de : eau distillée, 100 centimètres cubes; nitrate d'argent, 10 grammes; acide acétique cristallisable, 10 centimètres cubes. Ce bain coagule l'albumine en même temps qu'il y a combinaison de l'argent avec l'iode et le brome pour former de l'iodure et du bromure d'argent incorporés à l'albumine coagulée, ce sont ces deux composés, on le sait, qui sont sensibles à la lumière. Les plaques sont, au sortir du bain d'argent, lavées à grande eau ordinaire, puis on termine par de l'eau filtrée, on fait sécher et on enferme dans des boîtes à l'abri de la poussière et de la lumière.

L'exposition à la chambre noire exige une durée plus longue que pour les procédés suivants, mais le résultat est d'une finesse et d'une pureté complètes quand les opérations ont été bien soignées.

Pour développer l'image latente, on plonge la glace dans un bain d'acide gallique à saturation, additionné de quelque peu d'une solution d'acide pyrogallique dans l'alcool absolu, à raison de 10 grammes d'acide pyrogallique pur pour 100 centimètres cubes d'alcool.

Dès que l'image commence à paraître, on met dans un verre quelques gouttes d'une solution de nitrate d'argent à 3 0/0, on y ajoute tout ou partie du révélateur avec lequel on le mélange bien, puis on verse le tout sur la glace dans la cuvette, en agitant celle-ci pour bien régulariser l'action du liquide. On arrête l'action du révélateur dès que l'épreuve paraît suffisamment venue en la lavant à l'eau, puis on la fixe en l'immergeant dans une solution d'hyposulfite de soude, jusqu'à ce que l'on ait vu disparaître toute trace d'opalinité. Il ne reste, formant l'image, que les matières réduites par l'action du révélateur, proportionnellement à l'influence de la lumière. Après le bain d'hyposulfite, on lave copieusement, on laisse ensuite sécher et le cliché est terminé.

M. Fortier a donné une formule qui peut guider pour la durée de la pose : elle doit être en belle lumière extérieure, d'une minute par $0^m,03$ de longueur focale de l'objectif avec un diaphragme moyen. Pour des poses à l'ombre, il faut au moins doubler ce temps.

Ce n'est là qu'une indication très approximative, mais qui permet de comparer la sensibilité des plaques à l'albumine avec celle des autres préparations plus sensibles dont nous allons nous occuper.

II. *Procédé au collodion humide.* Le *collodion* est une liqueur sirupeuse que l'on prépare en faisant dissoudre du coton-poudre (*fulmi-coton* ou *pyroxyline*, ou encore *nitrocellulose* ou *pyroxyle* [V. ces mots]) dans un mélange d'éther et d'alcool. On trouve dans le commerce. du coton poudre spécialement propre aux usages photographiques. Quand le collodion est formé ainsi qu'il vient d'être dit, on lui donne le nom de *collodion normal*, il prendra le nom de *collodion ioduré* quand on aura ajouté au premier mélange les sels d'iode et de brome nécessaires à la sensibilisation ultérieure de cette liqueur.

Voici une formule de collodion normal (1) :

	Gram.	En volum.
Coton-poudre (suivant la solubilité). % .	10 à 12	»
Ether sulfurique rectifié à 65°.	434	600
Alcool rectifié à 40°	246	300
Liqueur ⎧ Alcool absolu	200	250
Liqueur ⎪ Iodure d'ammonium. .	10	»
iodobromurée. ⎨ Iodure de cadmium..	10	»
⎩ Bromure de cadmium	10	»

Après solution complète des sels dans l'alcool on filtre, puis on mélange 90 parties de collodion normal et 10 de la liqueur iodo-bromurée.

Il existe un nombre considérable de formules de collodion ioduré, nous ne pouvons que renvoyer aux traités de M. Van Monckhoven, de M. Davanne et nombre d'autres, nos lecteurs y trouveront, non seulement des formules diverses, mais aussi des explications à l'appui. La formule que nous venons de donner conduit à d'excellents résultats, on peut opérer avec un collodion ainsi préparé et sans avoir besoin, tout d'abord, d'aller chercher mieux et plus loin.

Nous allons donc suivre pas à pas la mise en pratique du procédé au collodion humide.

Collodionnage. Nous avons un collodion ioduré, tout prêt à être étendu à la surface d'une plaque de verre, cette opération ne présente aucune difficulté. On prend la plaque bien nettoyée, exempte de toute poussière, par l'angle gauche inférieur C (fig. 106), et l'on verse le collodion de la main droite sur l'angle supérieur, à droite en A. Ce liquide sirupeux coule facilement sur le verre, et on peut, sans se hâter, ramener le flot vers la partie gauche supérieure, en B et au-dessus, lui faire suivre le bord gauche de la plaque de haut en bas, tout en ramenant l'ensemble de la plaque de façon à incliner son plan vers

(1) *La photographie,* par Davanne, 1886, Gauthier-Villars, éd. à Paris.

l'angle droit inférieur D par où s'écoulera le liquide en excès après avoir recouvert toute la plaque d'une couche assez régulière. On reçoit l'excès dans un flacon spécial, à cause des poussières qu'il peut entraîner, malgré toutes les précau-

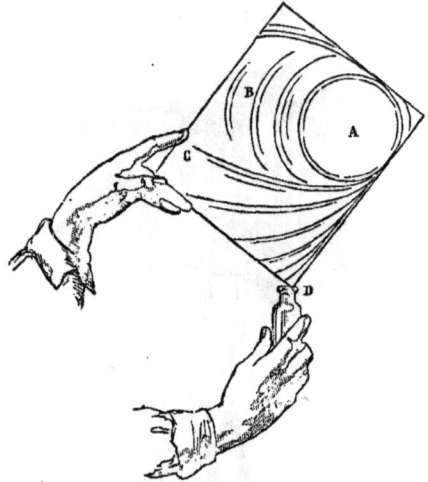

Fig. 106.

tions prises pour les éviter. Cette opération peut s'effectuer en plein jour, mais elle doit être suivie de près d'une autre opération qu'il faut faire dans le laboratoire obscur, éclairé seulement par des rayons jaunes, aussi collodionne-t-on les plaques dans le laboratoire sombre, à proximité

Fig. 107.

du bain d'argent dans lequel on les immerge dès que le collodion s'est figé sur toute la surface du verre.

Pour les plaques d'une grande dimension, on use d'une ventouse ou d'un tampon en linge pour tenir la plaque à collodionner par sa partie centrale, en dessous, et l'on agit ainsi qu'il vient d'être dit.

Sensibilisation. Pour incorporer au collodion de l'iodure et du bromure d'argent de façon à le rendre sensible à la lumière, on plonge la plaque collodionnée dans un bain formé de : eau distillée, 100 centimètres cubes; nitrate d'argent cristallisé pur et non acide, 8 grammes; cette solution est bien filtrée.

L'immersion a lieu dans une cuvette dite *à recouvrement* (fig. 107) et sans solution de continuité, sous peine d'avoir des raies indélébiles ; un tour de main des plus faciles à acquérir permet d'effectuer cette immersion avec toute sécurité, les figures 107 et 108 indiquent deux moyens différents d'arriver au même résultat. La plaque est maintenue dans le bain que l'on agite par un léger mouvement de va-et-vient jusqu'à ce que la surface de la couche sensible ne graisse plus. Dès qu'on voit, en la soulevant à l'aide d'un crochet, le liquide la mouiller en nappe continue, on peut être certain que la sensibilisation est complète et l'on doit retirer la plaque du bain, la laisser égoutter, puis on éponge le dos

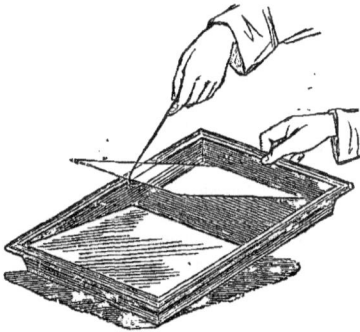

Fig. 108.

avec du papier soie de façon à enlever le plus du liquide libre que l'on peut. Cela fait, on la met dans le châssis négatif.

Mais n'oublions pas de dire qu'il convient de dissoudre dans le bain d'argent quelque peu d'iodure d'argent avant de s'en servir pour éviter qu'il ne se sature au détriment des plaques elles-mêmes, ce qui serait une cause d'imperfection pour les premières plaques sensibilisées. Il suffit, pour arriver à cette saturation préalable, d'ajouter avant le filtrage, quelques gouttes de collodion ioduré à la dissolution d'argent, on agite vivement, puis on filtre.

Exposition. La plaque enfermée dans le châssis négatif est immédiatement exposée dans la chambre noire, ainsi qu'il a été dit plus haut. On enlève, après mise au point, la plaque dépolie et on lui substitue le châssis dont on ouvre, par l'extérieur, le volet de clôture intérieur. On démasque ensuite l'objectif, et la durée de la pose varie suivant les conditions diverses de sensibilité et d'éclairage dont nous parlerons plus tard, après avoir fini de décrire les divers procédés négatifs.

Développement de l'image. Après la pose, le vo-

let intérieur du châssis est fermé et ce dernier enlevé est transporté dans le laboratoire obscur où l'on procède à la révélation de l'image jusque là invisible. Ce développement a lieu en recouvrant la plaque, sortie du châssis, et d'une seule fois (fig. 109), d'une liqueur ainsi composée :

Eau ordinaire	1.000 grammes.
Sulfate double de fer et d'ammoniaq.	50 —
Alcool à 36°	50 —
Acide acétique cristallisable.	25 —

on filtre et on conserve dans un flacon bouché.

On met de ce liquide, dans un verre évasé, la quantité convenable pour bien en recouvrir la surface impressionnée d'un seul coup. L'image apparaît immédiatement avec une plus ou moins grande intensité; si elle paraît faible, on la lave soigneusement avec de l'eau ordinaire, puis on

Fig. 109.

la recouvre d'une petite quantité de la solution suivante :

Eau distillée	100 grammes.
Nitrate d'argent	3 —
Alcool	5 —
Acide acétique cristallisable	5 —

On la laisse bien pénétrer dans la couche de collodion et on recouvre de nouveau avec de la solution de sulfate de fer. En agissant de la sorte, on arrive, en s'y reprenant à deux ou trois fois et même plus souvent, à accroître l'intensité du négatif. Dès qu'on la juge suffisante en l'examinant par translucidité, on lave à l'eau et on fixe à l'hyposulfite de soude dans un bain formé de 15 à 20 grammes de ce sel pour 100 grammes d'eau ordinaire.

Le fixage est terminé quand on a vu disparaître toute trace de l'iodure d'argent dont la couleur, d'un blanc jaunâtre, permet de constater la présence. On lave ensuite à grande eau pour enlever jusqu'aux dernières traces de l'hyposulfite et on laisse sécher. Pour terminer le négatif, il faut encore vernir sa surface qui ne résisterait pas sans s'érailler au moindre frottement. Le vernis dont on peut faire usage est composé d'une solution de 10 grammes de gomme laque blonde en écaille dans 100 grammes d'alcool rectifié: on filtre au papier.

Ce vernis s'emploie à chaud, c'est-à-dire en faisant chauffer la plaque sur une lampe à alcool que l'on promène par dessous jusqu'à ce qu'elle ait pris une température d'environ 30 à 40°, on verse le vernis comme on collodionne, puis on chauffe encore jusqu'à entière dessiccation de la couche de vernis qui doit être bien brillante et présenter une grande résistance au frottement.

Emploi du collodion humide pour la reproduction des sujets blancs et noirs en vue de l'héliogravure. Le renforçage gradué dont nous avons parlé plus haut serait bien loin d'être suffisant s'il s'agissait d'obtenir des négatifs de sujets blancs et noirs, ayant dans leurs parties noires une opacité complète. En pareil cas, on fait usage de vieux collodions iodobromurés et, après une exposition et un développement tels qu'ils viennent d'être décrits, on fixe à l'hyposulfite de soude, on lave copieusement et on traite par une solution de monosulfure de sodium dont l'odeur d'œufs pourris (acide sulfhydrique) est bien moins désagréable que ne l'est celle du sulfhydrate d'ammoniaque très fréquemment employé aussi pour le même objet.

Les noirs du cliché deviennent immédiatement très intenses sans que les blancs soient altérés. Laver à l'eau, sécher et vernir.

Si beaux que soient les résultats produits par le collodion humide, on conçoit qu'un pareil procédé présente de très sérieux inconvénients, à cause de l'obligation où l'on est de faire successivement les diverses opérations que nous venons de décrire; aussi a-t-on cherché à remplacer ce procédé, au moins pour la photographie au dehors, par des préparations sèches, de là est né le collodion sec dont nous allons nous occuper.

III. *Procédé au collodion sec.* Tout d'abord, on a essayé de faire des reproductions sur des couches sèches de collodion sensibilisé et bien lavé, c'est-à-dire débarrassé de toute trace d'argent libre, mais l'insensibilité de cette préparation était telle qu'on a dû y renoncer. On a remarqué que cette insensibilité tenait à l'imperméabilité du collodion sec: il forme alors un enduit très serré, corné, et que l'eau ne peut traverser. Pour opérer avec du collodion sec, il fallait donc, avant tout, trouver un moyen de maintenir la perméabilité de l'enduit en dépit de sa siccité.

On y est arrivé en recouvrant la couche sensible, bien débarrassée de nitrate d'argent libre, d'une préparation susceptible de maintenir cette perméabilité. De nombreux essais ont été faits dans cette voie, et nous ne donnons ici que la description du procédé connu sous le nom de *procédé de collodion au tannin*. A peu de chose près, la préparation des plaques sensibles est la même que celle des plaques au collodion humide.

Le collodion normal doit seulement être préparé, autant que possible, avec du coton-poudre susceptible de donner des couches moins tenaces; on arrive à ce résultat avec du coton-poudre très soluble.

Quant à la solution iodo-bromurée, on peut user de celle qui est indiquée plus haut.

Après sensibilisation dans un bain d'argent à 12 0/0, on lave à plusieurs eaux pour éliminer toute trace de nitrate d'argent libre. Ce lavage ne saurait être assez bien fait, car s'il restait du nitrate d'argent libre, même une quantité à peine appréciable, les plaques se tacheraient par l'action du liquide préservateur dont nous allons parler, soit par la solution de tannin destinée à maintenir la porosité de la couche et à rapprocher le réducteur de la substance réductible sur les points où elle sera influencée par la lumière. Cette solution est formée de : eau distillée, 100 centimètres cubes; tannin, 3 grammes. On filtre la solution à plusieurs reprises puis, quand elle est bien limpide, on la passe sur les plaques sensibilisées et bien lavées; il convient d'y revenir à deux fois pour que l'eau qui recouvre les plaques se trouve éliminée par une première nappe de tannin, la seconde conserve alors les proportions de la formule ci-dessus. On laisse ensuite sécher dans la plus complète obscurité, les plaques étant appuyées, par un des angles supérieurs, contre un mur ou une cloison en planches, l'angle diagonal inférieur reposant sur une feuille de buvard pliée en quatre. Cette préparation est loin d'avoir la sensibilité du collodion humide, elle exige environ huit fois plus d'exposition, toutes choses égales d'ailleurs.

Pour développer l'image latente on se sert d'un révélateur alcalin dont voici la formule :

Sesquicarbonate d'ammoniaque . .	4 grammes.
Eau distillée	750 cent. cub.
Alcool à 40°	300 —

Au sortir du châssis négatif, la plaque est d'abord immergée dans une cuvette d'eau ordinaire, puis on la recouvre de cette solution que l'on fait passer plusieurs fois sur sa surface, après quoi, dans ce même liquide, on ajoute quelques gouttes d'une solution d'acide pyrogallique à 10 grammes dans 100 centimètres cubes d'alcool à 40°; on verse ensuite sur la plaque après complet mélange. L'image apparaît et se développe rapidement, on arrête le développement, dès qu'il paraît suffisant, par un lavage à l'eau, on fixe ensuite à l'hyposulfite de soude, on lave à fond, et après dessiccation on vernit ainsi qu'il a été dit à propos du collodion humide. L'inconvénient sérieux que présente ce procédé consiste dans le soulèvement de la couche de collodion qui tend à abandonner son support, on y obvie en passant au pinceau tout autour des plaques, et sur une largeur de 2 à 3 millimètres, du vernis à la gomme laque un peu épais.

Les liquides ne pouvant plus pénétrer par les bords, tout soulèvement est évité.

Ce procédé de collodion sec est le type moyen qui a donné lieu à des variantes sans nombre dont les résultats ne l'ont guère dépassé, soit en qualité, soit en rapidité. D'ailleurs, tout cela est aujourd'hui de peu d'intérêt depuis que l'on a trouvé mieux et substitué les plaques à la gélatine bromurée d'argent, douées d'une excessive rapidité, bien qu'employées à l'état sec, aux plaques collodionnées même humides.

IV. *Procédé au collodiobromure d'argent.* Avant de décrire le procédé le plus employé actuellement, nous devons dire quelques mots d'un procédé de collodion sec qui, sans avoir la rapidité des plaques à la gélatine, peut pourtant donner d'excellents résultats. La méthode opératoire est ici différente de celles qui précèdent : au lieu de procéder par opérations successives ayant pour objet d'iodurer et de bromurer d'abord le collodion et ensuite de le sensibiliser, on atteint le même but par voie d'émulsion, c'est-à-dire que l'on forme de toutes pièces de l'iodure ou du bromure d'argent purs que l'on introduit dans le collodion normal où ses composés, réduits à l'état de grains très fins, demeurent en suspension grâce à une densité égale à celle du liquide. Une liqueur ainsi préparée est versée à la surface des plaques qui se trouvent prêtes immédiatement, puisque le produit sensible à la lumière a été incorporé de prime abord au collodion. On laisse sécher et on expose ensuite ainsi qu'on l'a indiqué pour le collodion sec ; la préparation la plus sensible est celle qui est faite sans iodure d'argent et avec du bromure d'argent seul. Le collodion doit avoir pour qualité principale d'être très poreux.

Le développement se fait avec les deux solutions ci-après empruntées à Van Monckhoven :

1° Eau	1.000	grammes.
Sesquicarbonate d'ammoniaque (en masses dures et translucides).	20	—
Bromure de potassium	0.50	—

Filtrer.

| 2° Alcool absolu (ou à 40°). | 100 | cent. cub. |
| Acide pyrogallique | 10 | grammes. |

Filtrer également.

On met dans une cuvette la quantité du numéro 1 suffisante pour immerger la plaque, avant de l'y plonger on la mouille avec de l'alcool ; on lave ensuite avec de l'eau jusqu'à ce que celle-ci coule en nappe bien égale, puis on introduit la plaque dans la cuvette où on la laisse quelques instants. Pendant ce temps on met dans un verre de 3 à 6 centimètres cubes de la solution numéro 2 et l'on verse dans ce même verre le contenu de la cuvette que l'on y remet, après complet mélange en le versant sur la plaque à développer. L'image apparaît rapidement, on termine les opérations de la formation complète du négatif, ainsi qu'il a été dit à propos des autres procédés. Ce procédé manque de rapidité par rapport à celui dit à la *gélatine*, mais il produit de fort belles épreuves dans les cas où rien ne presse ; il est d'ailleurs beaucoup plus rapide que le collodion sec au tannin.

V. *Procédé au gélatinobromure d'argent.* Nous arrivons à celui de tous les procédés négatifs qui est aujourd'hui le plus répandu à cause de sa très grande rapidité et de la facilité que l'on a de trouver partout des préparations excellentes et toutes prêtes. Les opérations diverses que nous avons dû décrire jusqu'ici ne sont plus faites par les photographes praticiens ou amateurs ; ils n'ont qu'à acheter des plaques sensibles et à en charger les châssis-presse. Quant à l'exposition dans la chambre noire et au développement, c'est là le

côté intéressant, la partie vraiment artistique de la photographie.

Depuis l'invention des plaques sèches à la gélatine le nombre des amateurs et des photographes de profession s'est considérablement accru, grâce à la rapidité que nous venons d'indiquer. La rapidité considérable de ces plaques, puisqu'elles permettent des expositions d'une durée infiniment courte, quelques fractions de seconde seulement, a développé le goût des reproductions dites *instantanées* de sujets et d'objets en mouvement, on est parvenu à reproduire des trains en marche, à toute vitesse, des chevaux de course au galop de la lutte, des oiseaux au vol, des bateaux à vapeur et à voiles en pleine marche, etc. On conçoit l'avantage et l'agrément offerts par une pareille sensibilité, aussi, en dépit de l'infériorité relative de la gélatine par rapport au collodion, quant à la valeur des épreuves, a-t-on pour ainsi dire abandonné presque complètement tous les anciens procédés pour ne s'adonner qu'à l'emploi des plaques à la gélatine ou au gélatinobromure d'argent.

Sans vouloir entrer ici dans le détail complet de la fabrication de l'émulsion et des plaques sensibles, nous dirons que l'on use ici, comme dans le procédé qui précède, du bromure d'argent tout préparé et incorporé ou mieux tenu en suspension dans une solution de gélatine dans de l'eau. Ce bromure d'argent est obtenu, généralement, par double décomposition, en mettant en présence un sel de brome et un sel d'argent, par exemple, du bromure d'ammonium et du nitrate d'argent ; l'acide bromhydrique se porte sur l'argent pour former du bromure d'argent. Le mélange de toutes les substances y compris la gélatine, peut se faire dès le début, mais on divise ensuite la gélatine figée et renfermant le bromure d'argent pour la laver à grande eau et durant un laps de temps assez long ; ce lavage abondant a pour objet l'élimination des composés inutiles à la préparation et dont la présence, dans son sein, serait nuisible, notamment les sels solubles : le bromure d'ammonium en excès et le nitrate d'ammoniaque.

On a alors de la gélatine ne contenant plus, à l'état de poudre en suspension, que du bromure d'argent bien pur. C'est ce qu'on appelle de la gélatine émulsionnée de bromure d'argent ou autrement du gélatinobromure d'argent. Il paraît que c'est à la gélatine elle-*même* que le bromure d'argent doit son extrême sensibilité car ce même composé, lorsqu'il est incorporé à de l'albumine ou à du collodion, ne donne que des résultats bien moins complets, quant à la rapidité. Est-ce la nature du produit organique, est-ce par suite de son réseau moins serré, de sa propriété d'absorber de l'eau, tandis que l'albumine coagulée et le collodion sont difficilement perméables à ce liquide ? Ce fait n'est pas encore absolument éclairci, mais il semble très probable que la grande perméabilité de la gélatine joue ici le rôle le plus important.

Les méthodes pour la préparation de l'émulsion proprement dite abondent, il en a été décrit un très grand nombre dans les ouvrages spéciaux ;

on ne s'est pas borné à préparer des plaques sensibles rigides sur glace et sur verre, on fait aussi des papiers et des pellicules émulsionnés, recouverts d'émulsion à la gélatine. La légèreté de ces dernières préparations qu'il est aisé de transporter sans courir le risque de les voir se briser comme cela arrive pour le verre, leur assurera une préférence marquée dès qu'on sera parvenu à les fabriquer couramment dans de bonnes conditions.

Pour le moment, cette fabrication, très limitée encore, laisse quelque peu à désirer ; d'autre part le matériel photographique n'a pas subi jusqu'ici les modifications qu'implique l'emploi des couches sensibles non rigides, mais peu de temps s'écoulera avant que ce progrès ne soit en tous points realisé. Les châssis négatifs devront être munis de tendeurs pour recevoir les feuilles pelliculaires et les présenter à l'image réfléchie dans la chambre noire, dans un état plan égal à celui des plaques rigides. MM. Antoine Lumière et ses fils, de Lyon, ont entrepris la fabrication en grand des pellicules émulsionnées préparées d'après les formules de M. Balagny, amateur de photographie très distingué, et tout fait espérer que, grâce à cette fabrication spéciale, l'emploi des pellicules sensibles pourra se généraliser ainsi que l'a fait celui des plaques à la gélatine. Ce qui caractérise la pellicule Balagny, c'est son imperméabilité et son inextensibilité ; elle se comporte au développement de la même façon que les plaques de verre, et elle donne des négatifs ayant toutes les qualités de ceux obtenus sur des plaques : même finesse dans les détails, même translucidité que le verre dans les transparences, et de plus, souplesse, légèreté, volume moindre, qualités inappréciables pour la photographie à l'extérieur, pour le voyageur et l'excursionniste.

Les papiers émulsionnés offrent de certains avantages au point de vue de la souplesse et de la légèreté tout comme les pellicules, mais leur translucidité est moindre, le grain du papier se traduit sur les épreuves positives d'une façon peu agréable quand il s'agit de sujets d'un format réduit. Nous préférons donc de beaucoup la pellicule parce qu'elle a tous les bons côtés du verre sans en avoir les inconvénients et parce qu'elle n'a aucun des défauts du papier émulsionné.

Emploi des surfaces sensibles au gélatinobromure d'argent. Le gélatinobromure d'argent étant doué d'une très grande sensibilité, il convient de n'éclairer le laboratoire où l'on ont lieu les manipulations dont il est l'objet, qu'avec une lumière aussi anti-actinique que possible ; c'est pourquoi on a conseillé le verre rouge rubis soit pour le mettre en guise de carreau de vitre, soit pour le poser en avant d'une source de lumière artificielle quelconque, gaz, pétrole, bougie, lampe à l'huile, etc.

Il est bon de s'assurer si la clarté tamisée par l'écran en verre rouge est sans action sur les plaques sensibles, un essai est nécessaire, on le fait en exposant à cette clarté une plaque recouverte d'un cliché. L'exposition doit durer au moins un quart d'heure à cinquante centimètres de la source de lumière ; on développe ensuite et si l'on ne remarque aucune trace d'image sur la plaque sensible on en conclura que le verre protecteur est bon, sinon il faudra recourir à un autre. Sans cet essai préalable on s'exposerait à de continuels insuccès, se traduisant par des voiles plus ou moins intenses.

Les conditions d'éclairage du laboratoire une fois bien établies, il n'y a plus, ainsi que nous venons de le dire, qu'à charger les châssis à exposer dedans ou dehors, et enfin à développer soit tout de suite après l'exposition, soit plus tard, plusieurs années après, si l'on ne peut s'en occuper plus tôt ; les plaques sensibles bien préparées se conservent très longtemps avec ou sans l'impression lumineuse latente, pourvu qu'on les tienne dans un milieu absolument obscur et sec, et à l'abri de toute émanation gazeuze quelconque. Aussi recommande-t-on, quand on a à conserver les plaques longtemps soit avant, soit après l'impression, de les envelopper deux par deux, les surfaces sensibles tournées l'une vers l'autre et empaquetées dans des feuilles d'étain.

De cette façon, elles sont soustraites à l'action de tous les agents extérieurs, et elles n'ont rien à perdre en attendant le moment soit de l'exposition, soit du développement.

L'exposition est généralement très courte : c'est par secondes et par fractions de seconde qu'on la mesure, nous indiquerons plus loin quelques bases pouvant guider au point de vue de cette partie, la plus importante du travail photographique. Supposons, en attendant, que nous savons diriger cette opération et que, l'exposition étant faite, nous n'avons plus qu'à développer l'image.

Développement des plaques au gélatinobromure d'argent. Il y a deux sortes de développements principaux, puis une foule d'autres qui tous peuvent, plus ou moins, se rapprocher des deux qui vont être indiqués. Le premier est le développement à l'oxalate ferreux, il est très simple et c'est celui que l'on préfère généralement parce qu'il ne tache pas les doigts. Il a pourtant, disons-le tout de suite, un peu moins d'énergie que l'autre développement qui sera décrit plus loin. La préparation du révélateur à l'oxalate ferreux se fait en saturant de l'eau ordinaire : 1° avec de l'oxalate neutre de potasse ; 2° avec du sulfate de fer pur ; ces dissolutions sont conservées bien entendu dans des flacons séparés.

Ces deux liqueurs sont saturées à la température normale, on en compose le révélateur au moment même de s'en servir et comme suit : dans un verre gradué on verse tout d'abord 60 centimètres cubes de la liqueur saturée d'oxalate neutre de potasse, puis dans ce liquide on verse peu à peu, et en agitant sans cesse, 10 à 15 grammes de la solution saturée de sulfate de fer. Cela fait, on met dans une cuvette la plaque à développer et on y verse ce mélange. Nous avons indiqué la quantité de liquide minima nécessaire au développement d'une plaque 13×18. S'il s'agissait de plaques d'un plus grand format, de 18×24, par exemple, il faudrait doubler le volume de ce liquide et le réduire de moitié s'il fallait développer des plaques de 9 × 12 ; à la condition toutefois de se servir de cuvettes assorties au format des plaques.

Si l'exposition a été convenable, l'image ne tarde pas à paraître et au bout de quelques minutes la révélation est complète. On immerge aussitôt la plaque dans de l'eau pour la bien laver, puis on la fixe à l'hyposulfite de soude additionné d'alun. On lave abondamment, car il faut éliminer tout l'hyposulfite de soude, puis on laisse sécher et le négatif est terminé. On peut le vernir pour protéger la couche de gélatine contre toute atteinte de l'humidité, mais si le cliché a un emploi limité cette opération finale est inutile, la résistance de la gélatine au frottement étant très grande. Quand on a à développer des négatifs instantanés, c'est-à-dire pour lesquels la durée de l'exposition a été trop courte, il est nécessaire de mettre la plaque dans des conditions de réduction plus énergiques en l'immergeant, avant le développement, dans une cuvette contenant une dissolution d'hyposulfite de soude à 1 pour 1,000 et de bromure de potassium à 10 pour 1,000. On laisse tremper la plaque pendant 10 minutes dans ce bain, puis on l'immerge dans le révélateur contenant le maximum de sulfate de fer qu'on peut ajouter à la solution d'oxalate de potasse sans amener de trouble ni de précipité, soit 1/4 du volume de la solution d'oxalate de potasse.

La venue de l'image peut se faire attendre bien plus longtemps que dans les conditions normales ; il convient de maintenir le liquide en état d'agitation jusqu'à la fin du développement. L'addition de 1 gramme pour 1,000 d'acide salicylique permet d'éviter le dépôt d'un précipité jaune sur la surface des plaques à développer. On doit suivre la marche du développement en regardant la plaque par transparence ; il n'est terminé que lorsque les noirs du négatif paraissent doués d'une belle intensité, car lors du fixage, tout le bromure d'argent étant éliminé, le négatif reprendra de la transparence, il faut donc exagérer de près du double l'intensité visible avant le fixage.

Voici maintenant l'autre développateur à base d'ammoniaque et d'acide pyrogallique.

On prépare les deux solutions ci-après :

1° Acide pyrogallique	10	grammes.
Alcool absolu	100	—
2° Bromure d'ammonium	10	—
Eau distillée.	100	—

Mélanger à 150 grammes d'eau 4 centimètres cubes de la solution 1, 5 centimètres cubes de la solution 2 et y ajouter 10 à 20 gouttes d'ammoniaque pure et concentrée.

Les solutions 1 et 2 se conservent indéfiniment, mais on ne doit faire le mélange qu'au moment même de s'en servir, et pour chaque nouveau négatif on doit employer un mélange fraîchement préparé. On remédie à une pose insuffisante par l'addition d'un peu d'ammoniaque et à une surexposition par l'addition au mélange d'un peu de la solution 2. Le mieux est d'immerger tout d'abord la plaque à développer dans le mélange ci-dessus sans ammoniaque d'abord, puis on met

l'ammoniaque dans un verre et l'on y joint le contenu de la cuvette que l'on verse ensuite sur la plaque.

Le développement marche très vite et il permet, grâce à des additions successives d'ammoniaque, d'arriver à une grande intensité. On doit seulement ne procéder que par additions successives de très faibles quantités sous peine de voiler le négatif. Si la liqueur se colore trop, il faut la jeter et la remplacer par une nouvelle opération. On fixe et on lave comme précédemment. Ce révélateur présente l'inconvénient de tacher les doigts, mais il est très facile de faire disparaître ces taches en y passant un peu d'acide tartrique humecté d'eau. Un bain d'acide citrique à 5 0/0 permet d'enlever le voile jaunâtre qui, après ce développement, recouvre souvent les négatifs. Laver à grande eau, dans tous les cas et de façon à bien supprimer les moindres traces d'hyposulfite de soude, sans quoi le cliché se tacherait et serait au moins gravement altéré sinon perdu.

Renforcement des négatifs à la gélatine. Quand, en dépit d'un développement bien conduit, on n'a pas obtenu une intensité suffisante, on doit recourir au renforcement du cliché.

Il en est des renforçateurs comme des révélateurs, mais nous nous en tiendrons à l'un des plus employés, c'est celui au bichlorure de mercure.

Après un lavage aussi complet que possible, le négatif fixé est mis au bain d'alun, puis lavé et plongé dans une solution de bichlorure de mercure à 1 ou 2 0/0.

On l'y laisse jusqu'à ce que l'image ait atteint l'opacité convenable. Si le négatif ne doit être renforcé que faiblement, on laissera agir le bain de mercure jusqu'à production d'une coloration grisâtre ; si le renforcement doit être plus accentué, il faut que l'image devienne complètement blanche. En ce cas, il faut user d'une solution de bichlorure de mercure saturée à froid, à 7 0/0 environ. La plaque est ensuite bien lavée, et on la traite par l'ammoniaque diluée (de 1/4 à 1/20), ce qui la fait noircir rapidement. Si après le traitement au bichlorure l'opacité de l'image blanchie n'est pas suffisante, on plonge la plaque dans une solution d'iodure de potassium à 1/20, ce qui lui donne une coloration brunâtre ; on lave, puis on traite au moyen d'ammoniaque diluée à 10 0/0. La coloration se produit, et la transparence est bien moindre que si l'on avait employé le bichlorure de mercure seul, ou bien l'ammoniaque suivant l'une ou l'autre des deux méthodes ci-dessus.

Le traitement des papiers sensibles et des couches pelliculaires sensibles est analogue, à quelques variations près, à celui des plaques.

Avant d'en avoir fini avec les procédés négatifs, forcément très résumés, dans les lignes qui précèdent, tout en étant indiqués dans toutes leurs phases essentielles, nous avons à nous occuper encore des plaques dites *isochromatiques* et ensuite de la façon dont on peut arriver à apprécier la durée de l'exposition.

Plaques isochromatiques. Cette désignation s'applique à des couches sensibles douées de la propriété de reproduire également les divers rayons colorés. On sait que la plupart des reproductions photographiques obtenues jusqu'ici ont le défaut de rendre, avec une valeur inexacte, les diverses couleurs spectrales. Le bleu et le violet sont reproduits avec plus d'intensité que les jaune, vert et rouge. De là de fâcheuses aberrations dans la copie des sujets de couleurs diverses. On a découvert des moyens de remédier à cet inconvénient en ajoutant à la substance sensible, au bromure d'argent, par exemple, un produit coloré susceptible de modifier la nature de sa sensibilité et de telle sorte que les rayons bleus et violets, agissent moins activement, sur la plaque sensible ainsi préparée, tandis que le jaune, couleur lumineuse et le vert sont rendus avec une valeur égale à celle qu'ils ont en réalité. Le rouge seul exercerait une plus faible action, mais il est pourtant des préparations qui permettent même de reproduire un dessin imprimé

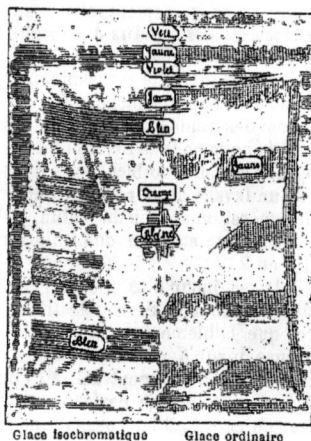

Glace isochromatique   Glace ordinaire

Fig. 110. — *Plaque isochromatique de MM. Attout-Tailfer et J. Clayton.*

en noir sur un fond rouge. Les deux substances qui, jusqu'ici, paraissent avoir donné les meilleurs résultats dans cette voie sont l'éosine et la chlorophylle.

Un excellent moyen de contrôler la différence qui existe entre les plaques isochromatiques et les plaques ordinaires au gélatinobromure d'argent seul, consiste dans la reproduction d'un sujet en couleurs composé de raies jaunes, bleues, vertes, orangées et violettes. On photographie ce même sujet avec une glace ordinaire, puis avec une glace isochromatique, et l'on a, après tirage des épreuves positives et rapprochement des moitiés de chacune des deux épreuves, les différences sensibles que montre la figure 110 sur la glace ordinaire; le jaune est plus noir et le bleu est plus blanc que ne le comporte la valeur réelle de ces deux couleurs; il en résulte une sorte de teinte plate dont les oppositions sont peu marquées tandis que sur la glace isochromatique les transitions du bleu, couleur foncée pour l'œil, et du jaune, couleur claire, conservent leur même rapport.

L'avantage qu'il y a pour des reproductions de

sujets colorés, à employer des plaques isochromatiques est incontestable, c'est le seul moyen sé-

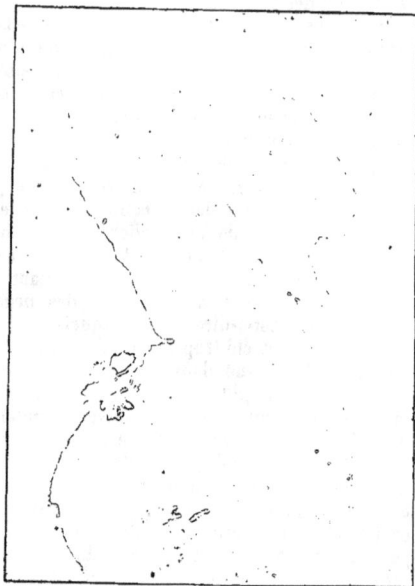

Fig. 111. — *Plaque ordinaire.*

rieux de reproduire les tableaux, les aquarelles, les œuvres d'art polychromes.

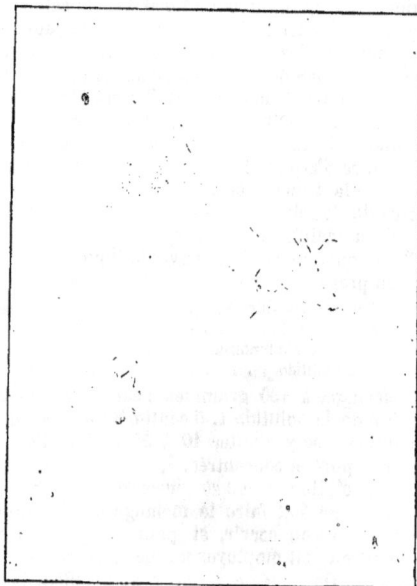

Fig. 112. — *Plaque isochromatique.*

Reproduction des couleurs naturelles. La question de la photographie directe des couleurs naturelles n'a pas fait un pas depuis les travaux de M. Ed.

Becquerel Il est parvenu à reproduire isolément les divers rayons colorés du spectre solaire mais sans obtenir la fixité de ces impressions. L. Niépce de Saint-Victor a répété les expériences de M. Ed. Becquerel, en cherchant à reproduire un objet polychrome soit à la chambre noire, soit par contact. Ses essais ne l'ont conduit qu'à des résultats intéressants sans doute, mais absolument insuffisants quant à. une application artistique de ses procédés.

C'est le sous-chlorure d'argent violet qui est la substance sensible aux divers rayons colorés. Cette substance donne bien du rouge d'après du rouge, du vert d'après du vert, etc., mais en ramenant ces diverses colorations à celle du spectre, quelle que soit la nuance du sujet reproduit. Arrivera-t-on jamais à découvrir un moyen de reproduire avec leur vraie coloration, les images de la nature? C'est ce dont nul ne peut avoir ni l'assurance, ni le doute. Cette découverte appartient au domaine de la science future.

Aucune des qualités essentielles des plaques ordinaires n'est diminuée ou détruite par l'éosine ou par la chlorophylle, leur sensibilité n'est pas réduite et l'on a une vérité plus grande du rendu, ce qui est inappréciable.

Maintenant que tout ce qui est relatif aux divers procédés négatifs, a été dit, il nous reste à ajouter l'emploi que l'on peut faire des diverses surfaces sensibles sus-indiquées, soit à la micrographie, soit à l'agrandissement des épreuves originales d'un format très réduit.

Les figures 111 et 112 montrent deux reproductions d'après une chromo-lithographie. La figure 112 obtenue dans une plaque isochromatique à la chlorophylle est bien plus complète que l'autre, imprimée sur une préparation ordinaire.

MICROGRAPHIE ET AGRANDISSEMENTS. Nous faisons entre les deux opérations qu'indiquent ces deux termes une distinction essentielle. La *micrographie* est l'art de reproduire, en les agrandissant, des sujets microscopiques, invisibles à l'œil et qu'on ne peut étudier qu'en agrandissant considérablement jusqu'à des centaines et des mille fois leurs dimensions réelles, tandis que l'on appelle *agrandissement* la réproduction d'une petite vue photographique obtenue à l'état initial, avec un instrument très portatif, tout que celui qui est figuré plus haut (fig. 105), les épreuves qui en résultent ayant un format de 6×6 ou de 8×8, par exemple, ce qui peut être insuffisant dans bien des cas; on doit alors les agrandir de façon à les transformer en épreuves de 18×24 et 24×30 et même au delà, suivant les besoins. Quand il s'agit de portraits principalement, on agrandit jusqu'à la dimension nature.

Ces deux opérations ont un but commun, mais la pratique de la micrographie présente de bien plus grandes difficultés que celle des agrandissements, par ce motif que le sujet doit être bien plus agrandi, et qu'il y a lieu de se mettre, par des corrections intelligentes, par une habile direction de l'éclairage, par un choix rationnel du point le plus intéressant, à l'abri de bien des erreurs et de bien des causes d'insuccès. La seule préparation

de l'objet à micrographier exige, de la part de l'opérateur, une expérience consommée et des soins très minutieux. Pour faire ces reproductions, on peut employer les microscopes eux-mêmes en remplaçant l'oculaire par un châssis négatif, muni de plaques sensibles.

M. Nachet fabrique des instruments de ce genre, mais ils ne conviennent qu'à des formats d'épreuves très réduits, la distance focale que l'on obtient ainsi ne suffisant pas pour de grandes épreuves. On établit, pour atteindre ce résultat, des appareils munis de tous les organes essentiels des microscopes, mais enfermés dans des boîtes verticales ou horizontales, d'une longueur convenable et appropriées aux exigences du travail photographique. L'éclairage peut être naturel ou artificiel. On opère, en un mot, comme pour les reproductions photographiques ordinaires mais, ainsi que nous l'avons dit, en tenant compte d'une foule de détails dont on n'a pas à se préoccuper dans les opérations courantes.

L'agrandissement des petites épreuves présente de moins grandes difficultés, mais encore, faut-il ne pas exagérer trop les dimensions de l'épreuve agrandie si l'on veut l'avoir suffisamment nette. Le réseau, soit de collodion, soit de la gélatine, invisible sur l'épreuve originale, s'agrandit et se montre avec une granulation peu agréable, si l'on dépasse de certaines limites dans l'agrandissement. Il faut alors y remédier par une retouche plus ou moins longue et assez coûteuse, ainsi que cela a lieu pour les portraits de dimension nature. A notre avis, si l'on tient à éviter les retouches et à avoir des épreuves agrandies d'une netteté convenable, il faut s'en tenir à un agrandissement d'environ dix fois au plus la surface de l'épreuve directe, ce qui veut dire que l'agrandissement de l'un des côtés doit être de trois fois environ la dimension de l'original. Une épreuve de 6×6 aura alors, une fois agrandie, 18×18, ce qui constitue un agrandissement bien suffisant.

Si l'agrandissement est destiné à être peint, ainsi que cela se pratique très fréquemment, en transportant l'épreuve agrandie soit sur la toile apprêtée, soit sur du calicot, il importe peu que la netteté soit conservée; l'ensemble n'en est pas atteint et le peintre, guidé par le dessin et par le modelé photographique arrive à exécuter des portraits bien plus ressemblants.

Il existe des appareils pour agrandissements de bien des sortes, mais l'appareil qui nous paraît être le plus simple est celui qui consiste dans une simple lanterne éclairée au pétrole et en avant de laquelle se trouvent le porte-objet et l'objectif. Ce dernier s'introduit, ainsi qu'on le voit dans la figure 113, dans une manche conique à l'extrémité opposée de laquelle se trouve une rainure destinée à recevoir, soit le châssis-porteur de la plaque dépolie, soit celui de la glace sensible une fois la mise au point arrêtée. En arrière de la lanterne, qui est une sorte de lanterne magique, se trouve un miroir métallique concave servant à réfléchir les rayons lumineux qui, de plus, sont condensés par une lentille placée en avant d'une lampe à pétrole munie de trois becs. Au sortir du condensateur les rayons lumineux traversent le cliché à agrandir, puis sont recueillis par l'objectif d'où ils sortent en donnant une image d'autant plus agrandie que la distance entre le petit cliché et l'objectif est moindre. Le châssis placé à l'extrémité de la manche en cuir peut aller et venir sur une planchette, ainsi que cela a lieu dans les chambres noires ordinaires. On met bien au point, puis on substitue la plaque sensible à la glace dépolie et on démasque l'objectif.

La durée de l'exposition varie suivant la distance focale et puis aussi suivant la translucidité du cliché en tenant compte encore de l'intensité de la source de lumière et de la sensibilité de la plaque, toutes relations qu'il est facile de connaître ou d'apprécier avec un peu d'habitude. Le cliché à agrandir, si l'on veut en faire un autre négatif, doit d'abord être transformé en un petit positif d'égale dimension ; si, au contraire, on veut en faire un positif agrandi, il suffit de se servir du négatif lui-même.

On prépare des plaques sensibles sur verre blanc ou opale qui se prêtent fort bien à ces agrandissements positifs directs. Les papiers et pellicules au gélatino-bromure conviennent aussi à ces agrandissements positifs de même qu'aux agrandissements négatifs. Quand on n'a besoin que d'une seule épreuve ou d'un très petit nombre

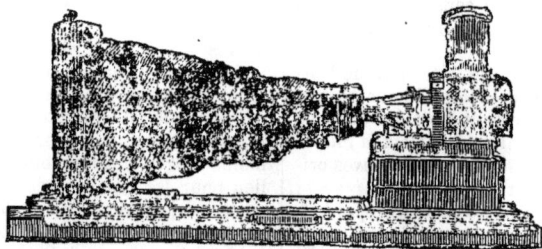

Fig. 113.

d'épreuves agrandies, mieux vaut procéder par impressions positives directes, si, au contraire, le nombre des épreuves doit ou peut dépasser certaines limites, mieux vaut faire un négatif agrandi dont on tirera ensuite, et sans difficulté, toutes les épreuves dont on pourra avoir besoin. Ces mêmes lanternes, à la condition d'y adapter un objectif plus lumineux, servent aussi à faire les projections des petits positifs pour des descriptions, pour des conférences ; on a donc en même temps un appareil propre à deux usages bien distincts et tout cela pour un prix relativement peu élevé.

PHOTOMÈTRE ET APPRÉCIATION DU TEMPS DE POSE. En indiquant la marche des divers procédés négatifs, nous nous sommes bornés à dire : on *expose durant un laps de temps convenable*, mais c'est là une donnée assurément trop vague pour que nous nous en tenions-là et notre œuvre d'ensemble, relative à la photographie, ne serait pas complète si nous n'expliquions comment on peut se rendre compte, au moins très approximativement, de la durée de l'exposition nécessaire suivant les circonstances dans lesquelles on se trouve. Il est évident que la durée de l'exposition devra varier : 1° suivant l'intensité de la lumière ; 2° suivant le degré de sensibilité des surfaces sensibles ; 3° suivant la distance focale ; 4° suivant l'ouver-

ture d'admission des rayons réfléchis ou du diaphragme ; 5° suivant le pouvoir réfléchissant des objets à reproduire. Ce sont ces cinq données principales qu'il faut connaître et mettre d'accord entre elles pour arriver à une résultante convenable qui est le temps de pose cherché.

Le plus souvent on opère au hasard, aussi est-il considérable, pour le plus grand profit des fabricants de plaques, le nombre des épreuves manquées. On éviterait au moins les trois quarts de ces insuccès si l'on avait souci d'une détermination plus précise du temps de pose nécessaire. La première des données à connaître est celle relative à l'intensité de la lumière. Cette intensité est facile à apprécier en plein soleil, mais quand on opère à la lumière diffuse, par un temps couvert, sous bois, dans des intérieurs, les erreurs sur l'intensité lumineuse sont plus aisées à commettre qu'à éviter. Un œil, même très exercé, perçoit difficilement les différences d'éclairage qui peuvent être de nature à faire varier la durée de pose depuis le double jusqu'à vingt, cinquante et même cent fois celle qu'aurait demandé un éclairage en plein soleil. Le mieux est, pour éviter toute erreur, de recourir à l'emploi d'un petit appareil très commode et très suffisant pour mesurer le degré de lumière, c'est le *photomètre* (1).

Grâce à cet instrument, on sait à un dixième près, qu'elle est l'intensité des rayons lumineux, à l'heure et à l'endroit où l'on opère. Cela étant connu, il reste à savoir, quel est le rapport, pour une sensibilité prise pour unité ; ce rapport est fourni par des tables spéciales, en cherchant à l'intersection des deux lignes horizontales et verticales indiquant, la première, la distance focale, et l'autre, le diaphragme.

Le tableau de la page suivante donne une idée de la disposition de ces tables au nombre de 10 pour chacun des 10 degrés de lumière indiqués par le photomètre.

On trouve un résultat qui ne laisse plus à l'appréciation qu'un seul point, c'est celui qui est relatif au pouvoir réfléchissant des objets. On sait que si l'on photographie du noir, du rouge, des couleurs sombres en général, on peut sans crainte exagérer la durée de l'exposition et la porter à trois, cinq et même dix et quinze fois la durée normale, c'est là une des choses qu'il est le plus facile d'apprécier, surtout quand, grâce aux tables, on a déjà la connaissance du minimum de la durée requise.

Instantanéités. Pour les reproductions à la chambre noire, dites *instantanées*, on a des obturateurs dont le fonctionnement plus ou moins rapide peut

(1) *Photomètre négatif et calcul du temps de pose*, par Léon Vidal, Gauthier-Villars, édit., Paris.

Distances focales en centimètres.

Diamètres des diaphragmes en millimètres.

	0	10	12	14	16	18	20	25	30	35	40	45	50	55	60	65	70	80	90	100
5		1'5"	1'35"	2'9"	3'40"	3'35"	4'26"	6 56"	9'59"	13'35"	17'45"	22'28"	27'45"	33'34"	39'57"	46'53"	54'23"	1.11'	1.29'	1.51'
6		45"	1'5"	1'29"	1'57"	2'28"	3'4"	4'48"	6'56"	9'36"	12'20"	15'35"	19'15"	23'18"	27'45"	32'33"	37'45"	49'19"	1.3'	1.18'
8		25"	36"	49"	1'6"	1'24"	1'44"	2'42"	3'54"	5'18"	6'56"	8'47"	10'50"	13'6"	15'35"	18'18"	21'14"	27'45"	35'6"	43'21"
10		16"	23"	32"	.42"	53"	1'6"	1'43"	2'29"	3'23"	4'26"	5'37"	6'56"	8'22"	9'59"	11'42"	13'35"	17'45"	22'28"	27'45"
12		11"	15"	22"	29"	37"	46"	1'12"	1'44"	2'22"	3'5"	3'54"	4'48"	5'49"	6'56"	8'8"	9'26"	12'19"	15'35"	19'14"
15		7"	10"	14"	18"	24"	29"	46"	1'6"	1'31"	1'58"	2'29"	3'4"	3'43"	4'26"	5'11"	6'1"	7'52"	9'59"	12'20"
20		4"	5"	8"	10"	13"	16"	25"	37"	51"	1'6"	1'24"	1'44"	2'5"	2'29"	2'55"	3'23"	4'26"	5'36"	6'56"
25		2"	3"	5"	7"	9"	11"	17"	24"	32"	42"	54"	1'5"	1'19"	1'32"	1'52"	2'9"	2'49"	3'35"	4'26"
30			2"	3"	4"	6"	8"	10"	17"	22"	29"	37"	45"	55"	1'5"	1'17"	1'29"	1'59"	2'29"	3'4"
35				2"	3"	4"	6"	9"	12"	16"	22"	27"	33"	39"	46"	56"	1'6"	1'26"	1'49"	2'15"
40				1"	2"	3"	4"	7"	9"	12"	16"	21"	25"	31"	35"	43"	49"	1'6"	1'23"	1'43"
50				1"	2"	2"	2"	4"	6"	7"	11"	13"	16"	19"	23"	27"	31"	42"	53"	1'6"
60					1"	1"	2"	3"	4"	5"	7"	8"	12"	13"	15"	18"	22"	28"	36"	45"
80							1"	1"	2"	3"	4"	5"	7"	7"	10"	10"	12"	16"	19"	25"
90								1"	2"	2"	3"	4"	6"	6"	8"	8"	9"	12"	16"	19"
100								1"	1"	2"	2"	3"	5"	5"	7"	6"	8"	9"	13"	16"

seul régler la durée de l'exposition (V. Obtura-teur). En pareil cas, la durée est toujours infé-rieure à celle que donnerait le calcul, car il est nécessaire d'exagérer, dans le sens du minimum, afin de reproduire avec le plus de netteté possible des êtres ou des objets en mouvement. On peut arriver à développer les épreuves quand même, mais en recourant à des procédés de développe-ment spéciaux donnant le maximum de la réduc-tion possible. — V. plus haut, *Développement des négatifs.*

Grâce à la sensibilité de la plupart des plaques sensibles, on arrive à pouvoir faire des instanta-néités, toutes les fois qu'on dispose d'une belle et même d'une moyenne lumière, à la condition d'employer des objectifs à très court foyer et pou-vant donner assez de netteté sans user de dia-phragmes. Les appareils photographiques peuvent alors être tenus à la main, ce qui supprime le transport et l'emploi d'un pied, organe toujours gênant même quand il est réduit aux moindres dimensions et au moindre poids réalisables.

L'emploi des pellicules, en diminuant encore le poids et le volume des appareils portatifs, rendra la pratique des instantanéités bien plus facile, puis-qu'on pourra toujours avoir à sa disposition l'outil propre à les produire sans avoir les inconvénients que présentent aujourd'hui les appareils à plaques de verre. Il est permis d'espérer que l'on en arri-vera bientôt à pouvoir opérer instantanément dans tous les cas, pour la photographie extérieure, et même par un temps gris, la lumière, dans ce der-nier cas, étant encore d'une intensité suffisante.

La photographie négative se trouvant indiquée dans tous ses points essentiels, nous allons main-tenant nous occuper du tirage des épreuves po-sitives par les divers procédés connus et le plus généralement pratiqués.

Procédés positifs. Ces procédés peuvent se subdiviser en deux classes distinctes :

1° Les *procédés photochimiques*, qui exigent une insolation pour chaque épreuve à imprimer. L'im-age, en ce cas, étant due à une action chimique produite par la lumière;

2° Les *procédés photomécaniques*, qui condui-sent à la création de planches, à l'aide desquelles on tire industriellement des épreuves en nombre illimité, l'action de la lumière ne servant qu'à la formation du cliché ou de la planche.

Les procédés photochimiques comprennent :

1° Les *impressions aux sels d'argent;* 2° les im-pressions au platine; 3° les *impressions au charbon;* 4° *aux sels de fer;* 5° *aux poudres colorantes.*

Les procédés photomécaniques comprennent : 1° la *phototypie* et la *photolithographie;* 2° la *photo-glyptie;* 3° la *photogravure en creux;* 4° la *phototy-pogravure* ou *gravure en relief.*

Principes de tous ces procédés. Ces principes ont été résumés à l'article Lumière, § *De la lumière au point de vue photographique.* On y trouvera indi-quées les actions diverses produites par cet agent physique sur les substances sensibles employées en photographie; ces substances ne sont pas en très grand nombre, il y a les sels d'argent : chlo-rure, iodure et bromure d'argent; les sels de fer : ferro-prussiate, cyanofer, perchlorure et oxalate de fer; les sels de chrome : bichromate de potasse et d'ammoniaque et acide chromique; enfin le bi-tume de Judée.

1° *Impression aux sels d'argent.* Elles sont de deux sortes, les unes directes, l'image étant im-médiatement visible; ce sont celles que l'on effectue sur du chlorure d'argent avec ou sans albumine. Les autres sont à l'état latent après l'action lumineuse et il faut révéler l'image latente, ainsi qu'on l'a indiqué plus haut en décrivant les procédés négatifs. Occupons-nous d'abord des premières, c'est-à-dire des images immédiatement visibles.

La préparation du papier salé et du papier albuminé au chlorure d'argent est décrite à l'article PAPIER PHOTOGRAPHIQUE, inutile donc d'y revenir, nous allons passer immédiatement à l'impression. On y procède à l'aide d'un appareil désigné sous le nom de *châssis-presse*, qui se compose tout simplement d'un cadre portant une glace épaisse recouverte d'une planchette articulée et dont chaque partie se trouve pressée contre la glace par une traverse à charnières munie d'un ressort. En voici deux modèles (fig. 114 et 115).

Le négatif est placé à l'intérieur du cadre ou châssis ABCD, contre la glace, le côté de l'image en dessus, puis on pose sur cette image le papier positif sensible. Enfin, le tout est recouvert d'un coussin en papier, la planchette EE formant couvercle est mise par dessus et on ferme enfin les traverses RR qui, à l'aide des pièces SS, maintiennent solidement le tout. Le châssis est exposé à la lumière du côté de la glace, qu'elle traverse pour atteindre le négatif et imprimer l'image par un effet de décomposition chimique. Le chlorure d'argent est en effet décomposé et réduit par la lumière proportionnellement aux opacités du négatif.

Fig. 114.

On peut suivre la venue de l'image en ouvrant une des traverses et la partie de la planchette qu'elle maintient (fig. 114), et on regarde où en est la partie de l'épreuve qui se trouve ainsi dégagée, mais sans qu'aucune variation puisse se produire quant aux positions respectives du cliché et de l'épreuve positive. Dès que l'on a constaté que l'insolation est suffisante, on passe au virage et au fixage de l'épreuve. Le virage a pour objet de donner à l'image photographique un ton chaud plus ou moins pourpre. Les formules de virage abondent, en voici une excellente :

Chlorure double d'or et de potassium.   1 gramme.
Eau distillée ou de pluie filtrée . . . .   1 litre.
Craie ou blanc d'Espagne pulvérisé. .   4 à 5 grammes.

On agite et on laisse reposer jusqu'au lendemain; sous l'influence de la craie, le bain, de jaune qu'il était, devient incolore (le persel d'or se transforme en protosel), en cet état il est prêt à servir. On y plonge les épreuves qui bientôt y changent de couleur et on arrête l'action du virage au ton qui plaît le mieux, c'est là une question de goût. Cela fait,

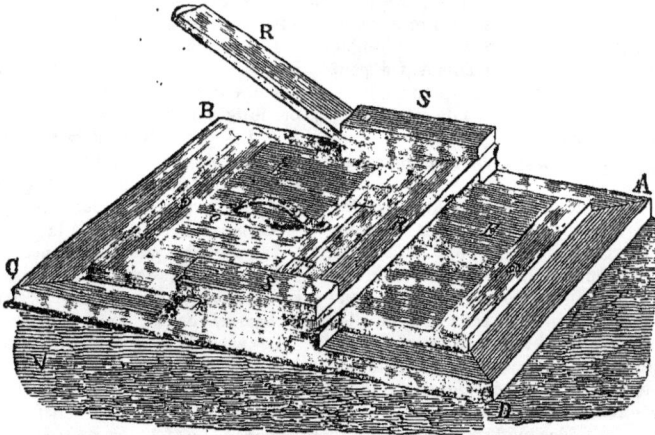

Fig. 115.

on met les épreuves à fixer dans un bain d'hyposulfite de soude à 10 0/0, on les y laisse un quart d'heure, puis on les met dans de l'eau que l'on renouvelle souvent, il n'y a plus qu'à les faire sécher et les monter sur carte ou bristol. C'est le procédé le plus couramment employé, celui qui sert à tous les photographes portraitistes et autres. Le grand inconvénient de ce procédé consiste dans l'altérabilité plus ou moins rapide des épreuves, aussi ne doit-on pas en faire usage pour l'illustration des livres et dans aucun des cas où il convient d'avoir des images d'une durée assurée.

Il est d'autres procédés d'impressions positives aux sels d'argent, ce sont ceux qui sont connus sous le nom de *procédés positifs par développement*. Le produit sensible, en ce cas, est encore du chlorure d'argent, mais émulsionné dans de la gélatine ou bien du gélatinochlorure d'argent.

La sensibilité du gélatinochlorure d'argent est moindre que celle du gélatinobromure, mais cette substance permet d'obtenir des images d'un ton plus agréable. On n'use guère, pour ces deux sortes d'impressions, que d'une lumière artificielle : lampe à pétrole, ou flamme d'un bec de gaz, et le développement a lieu dans un bain composé comme il suit :

1re solution.	Oxalate de potasse. . . .	260 grammes.
	Eau chaude.	1.000 —
	Bromure d'ammonium. .	12 —

Filtrer et laisser refroidir.

2e solution.	Sulfate de fer pur	64 grammes.
	Eau	1.000 —

Mélanger ces deux solutions par parties égales au moment de s'en servir et en mettant d'abord l'oxalate de potasse, puis le sulfate de fer. Dès que l'épreuve est venue, la laver rapidement pendant environ cinq minutes, en changeant d'eau deux ou trois fois ; puis mettre les épreuves pendant dix à 15 minutes dans le bain d'alun suivant :

Alun ordinaire.	85 grammes.
Eau.	1.000 —

On lave encore environ cinq minutes, en changeant l'eau comme précédemment, ou en employant de l'eau courante, puis on procède au virage. On prépare pour cette opération les solutions suivantes :

Solution d'or de réserve :

Eau distillée.	50 grammes.
Chlorure d'or.	1 —

Bain de virage à préparer pour la journée (il ne se conserve pas) :

Eau chaude.	1.000 grammes.
Acétate de soude.	7 —
Chlorure de calcium frais. . .	0.05 —
Solution d'or ci-dessus.	12 cent. cub.

Laisser refroidir.

On y met l'épreuve et on l'y laisse jusqu'à ce que, regardée par transparence, elle ait le ton définitif qui est une couleur pourpre. Le virage terminé, on lave pendant environ cinq minutes en changeant l'eau plusieurs fois, puis on fixe dans de l'hyposulfite de soude à 20 0/0. On lave enfin très abondamment.

Pour les épreuves au gélatinobromure d'argent le développateur est le même, mais il n'y a pas lieu de virer, attendu que l'on n'est pas parvenu encore à obtenir un virage convenable. Les épreuves ont une couleur noire verdâtre qui ne plaît pas, aussi ce procédé est-il surtout réservé aux épreuves agrandies ou de grand format direct.

Impression au platine. Le procédé qui permet d'obtenir des images formées par du platine est encore trop peu pratiqué, car il assure la stabilité de ces images, ce qui n'existe pas pour les images à base d'argent. Une des raisons qui expliquent la rareté de son emploi est celle qui est relative à la difficulté soit de préparer soi-même le papier sensible au platine, soit de conserver ce papier assez longtemps après sa préparation. Il est à désirer qu'un perfectionnement soit apporté à ce beau procédé, de façon à le faire adopter par le plus grand nombre. On lui reproche le ton noir ardoisé de ses résultats, on le trouve trop froid, comparé à celui des épreuves au chlorure d'argent virées. On pourra difficilement obvier à cela, à moins de trouver un moyen de virer les épreuves au platine, ce qui détruirait l'avantage de ce procédé si simple et si commode, précisément parce qu'il exclut le virage. Quoi qu'il en soit, voici

en deux mots en quoi consiste le procédé qui nous occupe. Le papier sensible est trouvé tout prêt à servir. On doit le conserver dans un étui en fer-blanc muni d'une cassolette garnie de chlorure de calcium et malgré cette précaution il perd rapidement de ses qualités, c'est-à-dire qu'il convient de l'employer aussi fraîchement fabriqué que possible (1). L'enduit sensible qui se trouve à la surface du papier est un mélange de chlorure de platine et d'oxalate ferrique. La lumière agit sur le sel de fer qu'elle réduit à l'état d'oxalate ferreux, et M. Willis a reconnu que si l'on met un mélange d'une dissolution d'un sel de platine avec une dissolution d'un sel ferreux dans une solution chaude d'oxalate de potasse, il y a réduction immédiate du sel de platine qui se précipite à l'état d'une poudre noire.

C'est là le principe du procédé au platine. Le persel de fer se trouve réduit par l'action de la lumière à l'état de protosel, et si l'on plonge le papier insolé dans une dissolution chaude d'oxalate

Fig. 116.

de potasse acide, la réduction s'opère dans un rapport proportionnel à l'action lumineuse et il se forme une image en platine réduit. Une simple immersion dans l'eau ordinaire acidulée d'un peu d'acide chlorhydrique suffit pour terminer le travail ; on doit pourtant laver en dernier lieu avec de l'eau non acidulée.

Ce procédé est, on le voit, d'une grande simplicité, et il n'attend que quelques modifications de détail pour devenir très usuel. L'image est à peine visible, mais elle l'est suffisamment pour qu'avec un peu d'habitude on se rende compte de sa venue au châssis-presse ; en revanche, elle apparaît instantanément dès qu'on plonge la feuille dans une solution saturée chaude (80°) d'oxalate de potasse, il suffit de faire flotter le papier à la surface de ce bain, sans l'immerger complètement, ainsi que l'indique la fig. 116, ce qui, d'ailleurs, ne présente pas beaucoup d'inconvénients (2).

Impression au charbon. On désigne ainsi un procédé permettant de former des images à base

(1) M. Bory a trouvé qu'en faisant flotter des papiers au platine détériorés sur un bain de chlorate de fer ou de chlorure de potassium, on le régénère complètement.

(2) Pour les détails relatifs à ce procédé, consulter : *La platinotypie,* Gauthier-Villars, édit.

de charbon, mais aussi de toutes couleurs, à l'aide de substances en poudre et même de teinture, sans action sur la gélatine. Le principe de ce procédé, indiqué ailleurs (V. LUMIÈRE), peut être résumé de nouveau ici en deux mots; il consiste dans l'insolubilité donnée par la lumière à de la gélatine bichromatée. Si, dans la gélatine bichromatée se trouve de la matière colorante formée soit par du charbon en poudre (noir de fumée, encre de Chine, etc.), soit par tout autre poudre inerte et d'une densité convenable par rapport à celle de la solution de gélatine, il est évident que la gélatine bichromatée, rendue insoluble, par la lumière, gardera emprisonnée la poudre qu'on y aura ajoutée, de là la création d'une image; si l'action de la lumière s'exerce à travers un écran plus ou moins translucide, ou, autrement dit, un cliché photographique, ou autre. Dans la pratique, on recourt industriellement des feuilles de papier d'une mixtion composée d'eau, de gélatine et d'une matière colorante à base de charbon (en vue de la stabilité des résultats) et l'on n'a plus qu'à sensibiliser ce papier mixtionné au moment de s'en servir en l'immergeant, pendant cinq à dix minutes, dans une solution de bichromate de potasse à 5 0/0 (3 0/0 en été, 5 0/0 en hiver). On laisse sécher dans l'obscurité et l'on insole ensuite sous un cliché. L'image étant invisible, il faut recourir à l'emploi d'un photomètre spécial qui détermine l'intensité de l'action lumineuse.

Pour développer l'image, on doit appliquer la couche de gélatine sur un support, soit provisoire, soit définitif. On introduit dans de l'eau ordinaire une plaque de verre bien propre et on y met ensuite la feuille insolée, le tout est sorti de l'eau de façon que la gélatine porte contre le verre. L'eau en excès est chassée, et quelques minutes après l'adhérence entre la feuille gélatinée et le verre est complète. On met alors la plaque dans de l'eau chaude à 50°. La gélatine non insolubilisée par la lumière se dissout, le papier qui portait la mixtion est facilement enlevé et on laisse agir l'eau chaude jusqu'à ce que toute la gélatine soluble ait été dissoute; il reste, adhérente au verre, une image complète formée par toute la gélatine insolubilisée. L'image, en ce cas, ne peut plus être détachée de son deuxième support. Mais si l'on veut pouvoir la transférer ailleurs, on doit procéder autrement; au lieu de verre poli on prend du verre dépoli dont on graisse la surface dépolie avec une dissolution de stéarine dans de l'alcool (à chaud), cet enduit forme un corps isolant. Les opérations sont faites ensuite comme ci-dessus. Une fois l'épreuve terminée, on la laisse se sécher après l'avoir recouverte d'une dissolution de gélatine dans l'eau à 10 0/0 qu'on ne fait que faire couler à sa surface.

On a, d'autre part, du papier qui a été recouvert, d'un côté, d'une couche légère de cette solution de gélatine. Le tout est plongé dans de l'eau, on met les deux surfaces au contact l'une de l'autre, on chasse l'excès d'eau, et les bulles d'air interposées, s'il y en a, et on laisse sécher. La séparation du papier d'avec le verre a lieu alors sans difficulté, et l'image que portait le verre se trouve

transférée sur le papier devenu support définitif. L'image se trouve, de plus, ramenée à son vrai sens.

Il y a, dans le commerce, des papiers propres à servir de supports provisoires; on les prépare, d'ailleurs, très aisément soi-même en coagulant l'albumine du papier albuminé ordinaire (non sensibilisé) par immersion dans de l'alcool, puis on passe, sur la surface albuminée, la solution d'acide stéarique ci-dessus et l'on opère ensuite ainsi qu'il a été dit à propos du verre (1). Ce procédé convient très bien à l'impression des agrandissements photographiques; la stabilité de ses résultats (quand c'est bien du charbon qui sert de matière colorante) lui donne une grande supériorité sur les procédés donnant des images altérables.

Impression aux sels de fer. Au mot LUMIÈRE se trouve indiquée l'action chimique exercée par cet agent physique sur certains sels de fer; c'est là le principe des procédés intéressants qui vont nous occuper, mais nous devons établir en plus quelques données indispensables à l'explication théorique des procédés aux sels de fer.

Le prussiate jaune de potasse (cyanoferrure de potassium) produit du bleu de Prusse avec les persels de fer (sels au maximum d'oxygène), mais il ne colore pas les protosels (sels au minimum). Le prussiate rouge de potasse (cyanoferride de potassium) produit une réaction inverse : il colore en bleu les protosels et n'agit pas sur les persels. D'autre part, placés en présence de certains acides organiques (acides tartrique, citrique, oxalique), les persels de fer sont réduits, par la lumière, à l'état de protosels. Si maintenant on imprègne du papier avec du persel de fer additionné d'un acide organique et si on l'expose à la lumière sous un cliché, le persel passera à l'état de protosel dans toutes les parties insolées. On pourra donc, à volonté, faire apparaître les traits en bleu sur fond blanc, en traitant le papier par un bain de prussiate jaune de potasse, ou les réserver en blanc sur fond bleu, en employant le prussiate rouge. L'une de ces épreuves sera positive et l'autre négative.

La première préparation constitue le *papier au cyanofer*, qui donne des épreuves positives bleues sur fond blanc et exige un traitement au prussiate jaune; la deuxième est celle du *papier au ferroprussiate* qui donne l'inverse, soit des images négatives en blanc sur fond bleu.

Préparation et emploi du papier cyanofer ou appelé encore *gommo-ferrique*, ou encore procédé *ferrotype positif.* Le papier est recouvert au pinceau d'un mélange que l'on forme ainsi qu'il suit :

1° Gomme arabique de bonne qualité..	170	grammes.
Eau distillée ou de pluie	600	cent. cub.
2° Acide tartrique.	40	grammes.
Eau distillée ou de pluie.	100	cent. cub.
3° Persulfate de fer.	20	grammes.
Eau distillée ou de pluie.	100	cent. cub.

Après dissolution de la gomme, on filtre la so-

(1) Pour les détails, V. *Traité pratique de photographie au charbon*, de Léon Vidal, Gauthier-Villars, édit.

lution 1 dans un vase, puis on y ajoute, en agitant, la solution 2 et, ensuite, la solution 3, en remuant toujours le liquide. Quand le mélange est bien complet, on y verse 110 à 120 centimètres cubes de perchlorure de fer à 45° Baumé en agitant toujours, puis on laisse reposer vingt-quatre heures dans l'obscurité. Pour se servir de ce mélange, on y ajoute de l'eau distillée ou de pluie jusqu'à ce que la liqueur ne pèse plus que 1,100° Baumé. Ce mélange est passé avec un blaireau large et souple sur du papier consistant, bien encollé à l'amidon, on laisse ensuite sécher dans l'obscurité. Le tirage des épreuves ne présente aucune difficulté, le papier étant doué d'une très grande sensibilité, seulement l'image est latente avant le développement ; on fait donc, à l'aide de témoins, des essais successifs pour savoir si l'exposition a été suffisante.

Le développement s'opère en faisant flotter d'abord la feuille insolée (sous un positif et le plus souvent sous un dessin linéaire original exécuté sur du papier dioptrique) sur un bain concentré de prussiate jaune de potasse ; les quatre bords du papier sont repliés en dehors pour éviter le retour du liquide sur le dos de la feuille. Dès que le dessin s'est révélé, en traits violets foncés sur un fond jaunâtre, on retire la feuille, et après l'avoir laissée égoutter, on lave à l'eau et on la place sur un bain de dégorgement composé de 3 parties d'acide sulfurique pour 100 grammes d'eau. Les traits se forment alors en bleu de Prusse foncé insoluble, et le fond se couvre d'une couche bleu pâle qui disparaît en promenant un blaireau souple à la surface du papier, on termine le lavage à l'eau ordinaire et on n'a plus qu'à laisser sécher.

Préparation et emploi du papier au ferro-prussiate ou encore *ferrotype négatif.* Ce procédé donne des résultats inverses du précédent, c'est-à-dire un négatif d'après un positif et vice versa. Il est d'un emploi plus simple parce qu'il suffit d'une seule immersion dans de l'eau ordinaire après insolation du papier sensible, pour avoir une épreuve terminée.

Préparation du papier sensible. On le recouvre avec un blaireau large et souple d'une liqueur dont voici la composition :

1° Citrate de fer ammoniacal. . . . . . 150 grammes.
    Eau filtrée ordinaire. . . . . 400 cent. cub.
2° Prussiate rouge de potasse . . . . . 140 grammes.
    Eau filtrée ordinaire. . . . . 600 cent. cub.

Au moment d'en user, on mélange ces deux solutions en les agitant bien, et pour les conserver sans qu'elles perdent leurs qualités, il est indispensable de les placer dans un endroit obscur. Le papier recouvert d'une mince couche très superficielle est mis à sécher dans l'obscurité et conservé dans un milieu très sec ; il ne dure pas longtemps, aussi faut-il n'en préparer que très peu à la fois ; le papier à sensibiliser doit être ferme, bien encollé à l'amidon et aussi peu absorbant que possible. Le tirage a lieu comme d'ordinaire, au châssis-presse, en n'oubliant pas que des dessins positifs originaux donneront des négatifs, soit des traits blancs sur fond bleu. On

plonge dans l'eau où l'image apparaît bientôt, on lave ensuite avec de l'eau acidulée d'acide chlorhydrique pour débarrasser le papier de toute trace de coloration jaune produite par le fer, et après un rinçage à l'eau ordinaire, l'épreuve est terminée.

Préparation et emploi du papier au gallate de fer. Il est un troisième procédé à base d'un sel de fer, mais où les sels de cyanogène n'ont plus rien à voir ; c'est le procédé d'impression sur du papier préparé avec du perchlorure de fer en utilisant la réaction qui produit une couleur noire d'encre à écrire quand ce sel est mis en présence d'une solution de tannin ou d'acide gallique. La lumière, nous l'avons dit plus haut, transforme les persels de fer additionnés d'un acide organique en protosels de fer. D'autre part, ces derniers sels sont sans action sur l'acide gallique, il résulte de ces faits que si l'on expose à la lumière une feuille de papier sensibilisé avec un mélange de persulfate de fer et d'acide tartrique sous un dessin original, le perchlorure de fer deviendra protosel partout où il correspondra aux transparences du dessin et restera inaltéré dans les parties correspondant aux traits opaques. Il suffira ensuite de faire flotter cette feuille insolée sur une solution d'acide gallique, pour que les traits formés de perchlorure de fer s'y combinent avec l'acide et donnent naissance à une coloration noire.

Le mélange propre à la sensibilisation du papier est le suivant :

1° Gomme arabique. . . . . 50 grammes.
    Eau. . . . . 500 cent. cub.
2° Acide tartrique. . . . . 50 grammes.
    Eau. . . . . 200 cent. cub.
3° Persulfate de fer. . . . . 30 grammes.
    Eau. . . . . 200 cent. cub.

On verse la troisième solution dans la deuxième en agitant bien, et ensuite ce mélange est versé dans la première solution, celle de gomme, en agitant toujours.

Sur du papier très peu poreux on passe au blaireau le mélange ci-dessus et on laisse sécher dans l'obscurité ; ce papier ne se conserve pas longtemps et seulement dans un milieu très sec. L'insolation exige un temps assez long. L'image est indiquée par des traits jaunes sur un fond blanc. Pour la révéler en noir, on fait flotter la feuille pendant une minute sur une solution composée de

Acide gallique (ou tannin). . . . . . 2 à 3 grammes.
Acide oxalique. . . . . 1/12 de gr. eavir.
Eau ordinaire. . . . . 1 litre.

Dès que l'effet s'est produit, on retire la feuille que l'on plonge dans de l'eau ordinaire ; on la laisse ensuite sécher et le travail est terminé.

Impression aux poudres colorantes. Ces procédés qui donnent les images par voie de poudrage s'appliquent surtout à la décoration céramique et à la production des émaux. Le principe de ce mode d'impression réside encore dans la propriété qu'ont la gomme et le sucre bichromatés d'être rendus insolubles et imperméables à l'eau, par l'action de la lumière et aussi dans la propriété qu'a le perchlorure de fer mélangé d'acide tartrique d'être transformé par la lumière en protochlorure de fer hygroscopique. Ces deux principes ont donné lieu à la création de deux formules distinctes conduisant au même résultat, mais avec des clichés inverses.

Il faut avec la première méthode, celle à base de sucre et de gomme bichromatés, user d'un positif pour avoir un positif, tandis que dans celle à base de sel de fer il faut un négatif pour avoir un positif. Et cela se conçoit, puisque dans le premier cas les parties non insolées, celles qui restent poisseuses, correspondent aux noirs du cliché. Ce sont celles qui retiendront la matière colorante en poudre; dans le deuxième cas, les parties insolées sont au contraire hygroscopiques, il y a donc lieu d'employer un négatif.

La poudre colorante que l'on emploie varie, quant à sa nature, suivant l'application qu'on poursuit. S'il s'agit d'émaux ou d'images propres à la décoration céramique, on devra employer des oxydes métalliques additionnés du fondant convenable; si l'on veut appliquer ce procédé à la création de réserves pour la photogravure, on usera d'une résine ou de bitume de Judée en poudre; s'il s'agit d'images à développer sur métal pour donner au graveur le dessin complet d'un sujet à graver à la main, on emploiera une poudre quelconque noire ou foncée.

Description du procédé plus spécialement propre aux émaux photographiques. Une plaque de verre dépoli est recouverte d'un mélange sensible dont voici la formule :

Dextrine.	15.5 grammes.
Sucre de raisin.	31 —
Bichromate de potasse . . .	15.5 —
Glycérine	2 gouttes.
Eau.	375 cent. cubes.

Après séchage bien complet la plaque est exposée à la lumière dans un châssis positif.

Si on voulait user d'un négatif on agirait de la

Fig. 117.

même façon, mais en employant la liqueur composée comme suit :

Perchlorure de fer sec du commerce. .	10 grammes.
Acide tartrique.	5 —
Eau	100 —

L'exposition, dans les deux cas, est assez courte; on sort la plaque du châssis et on la laisse un instant dans le laboratoire obscur où elle absorbe l'humidité de l'air ambiant. On prend alors, avec un blaireau très souple, la poudre vitrifiable bien broyée et on la passe à la surface de la plaque; cette poudre adhère aux parties plus ou moins poisseuses et pas du tout aux parties sèches. Dès que le développement est terminé, on enlève avec un blaireau propre, toute la poussière non adhérente, inutile à l'image, et on collodionne avec du collodion normal formé de :

Alcool à 40°.	40 cent. cub.
Ether à 62°.	60 —
Coton-poudre.	2 —

Dès que le collodion a fait prise on immerge la plaque dans de l'eau acidulée à 2 ou 3 0/0 d'acide chlorhydrique, la pellicule du collodion se détache bientôt et flotte dans le liquide. On peut alors le transporter aisément sur l'émail ou sur la pièce céramique à décorer; et lorsqu'il est sec, on peut cuire. Si on veut laisser le collodion on doit le placer au contact de la pièce, c'est-à-dire en dessous, l'image étant à la surface extérieure. Si, au contraire, on met le collodion en dessus, il convient de le détruire avant la mise au four à moufle, et on arrive à ce résultat avec une liqueur composée de :

Alcool.	50 parties.
Ether.	50 —
Huile de lavande.	100 —
Térébenthine.	3 —

La cuisson n'est pas chose difficile, mais encore faut-il en connaître avec précision les règles normales, ce que nous ne saurions indiquer ici; nous devons cependant faire remarquer que la couleur vitrifiable doit être appropriée à la nature du support à décorer, c'est-à-dire être plus ou moins fusible suivant qu'on opère sur des objets en verre, faïence, porcelaine ou sur des émaux tendres. Ce procédé d'impression aux poudres par voie photographique directe, n'est propre, quant à la décoration céramique, que pour des sujets isolés ou dont on n'a à reproduire qu'un très petit nombre d'exemplaires, car il n'est nullement industriel. On trouvera au mot Photocéramique, le moyen d'employer la photographie pour les impressions aux poudres vraiment industrielles.

Impression au bitume de Judée. Cette substance actionnée par la lumière s'oxyde et devient insoluble. L'application de cette propriété est indiquée à l'article Photogravure. — V. Gravure, Photozincographie.

Le bitume de judée en dissolution dans la benzine, y est-il dit, est étendu bien également sur les plaques à graver. On se sert, à cet effet, d'un instrument appelé *tournette* et dont la figure 117 donne une idée complète.

Le bitume de judée étant inattaquable par les acides constitue la meilleure des réserves qui se puisse obtenir par la photographie.

La description des procédés photochimiques est maintenant épuisée, il nous reste, pour en finir avec les procédés photographiques, à nous occuper des impressions photomécaniques, c'est ce que nous allons faire dans la troisième et dernière partie de cet article, où nous n'aurons guère qu'à renvoyer aux divers mots traitant de ces sortes d'impressions.

Procédés photomécaniques. Ce qui distingue ces procédés de ceux qui viennent d'être décrits, c'est leur mise en pratique absolument mécanique après une seule insolation préalable pour créer la planche de tirage. La lumière n'agit donc qu'une fois à la façon du lithographe ou du graveur exécutant une planche de tirage qui ensuite est confiée à l'imprimeur. Ces procédés ont acquis une très grande importance parce qu'ils permettent l'emploi, à bon marché, d'un procédé de copie admirable et dont l'exactitude ne saurait être discutée ; on peut, grâce à eux, illustrer des ouvrages, des publications illustrées périodiques et vulgariser dans d'excellentes conditions les copies des œuvres d'art les plus estimées.

Les principaux procédés photomécaniques sont :

1° La *phototypie et la photolithographie* qui sont décrites à l'article Impression par la lumière. Ces méthodes ont une très grande analogie avec la lithographie. Les résultats sont parfaits, aucun autre moyen mécanique n'est plus simple, plus facile à mettre en pratique pour obtenir un rendu fidèle dans la reproduction des originaux. — V. Impression en couleurs;

2° La *photoglyptie*, procédé spécial dont les applications sont restreintes, si beaux qu'en soient les produits. Nous renvoyons à Impression par la lumière pour la description du procédé. Son grand défaut est de ne pouvoir fournir des épreuves avec des marges, il y a nécessité de les monter ce qui est redouté par un grand nombre d'éditeurs ;

3° La *photogravure en creux*;

4° La *photogravure en relief*. — V. Gravure, § *Procédés de gravure à l'aide de la photographie.*

Ces deux remarquables applications de la photographie ayant été déjà décrites, nous croyons devoir renvoyer aux articles qui les concernent.

Nous n'entreprendrons pas d'énumérer les applications si nombreuses aujourd'hui de la photographie, aux arts, aux sciences et à l'industrie ; tout le monde les connaît, mais nous pouvons affirmer que, grâce à de nouveaux progrès, les services rendus par ce merveilleux art graphique s'accroîtront encore dans une large proportion. — V. les mots Gravure, Impression, Lumière et les articles Photo..... qui suivent. — L. V.

— De nombreux ouvrages spéciaux peuvent être consultés pour l'étude de la photographie : *Les traités généraux de photographie*, dont ceux de MM. Van Monkhoven, Davanne ; *Le manuel du touriste photographe*, de M. Léon Vidal ; des monographies diverses décrivant chaque procédé spécial : *Le procédé au charbon, La phototypie, La photoglyptie*, par M. Léon Vidal ; *La photocopie* (procédés aux sels de fer), par M. Fisch ; *La zincographie*, par M. V. Roux et par M. Geymet ; *Les émaux photographiques*, par M. Geymet ; *Les impressions photographiques*, par A. Poitevin ; *La platinotypie*, traduction de M. Henry, Gauthier-Villars ; *La photographie des débutants*, par M. Léon Vidal. La librairie Gauthier-Villars est la principale maison d'édition des ouvrages photographiques français.

PHOTOMÈTRE. *T. de phys.* Instrument destiné à mesurer l'intensité de la lumière. — V. l'article suivant.

PHOTOMÉTRIE. *T. techn.* La *photométrie* a pour objet la comparaison et la mesure des intensités respectives des diverses sources de lumière employées en général pour l'éclairage. Cette mesure est basée sur ce principe de physique : *l'intensité de la lumière projetée sur une surface quelconque est en raison inverse du carré de la distance entre le foyer lumineux et la surface éclairée.* Par conséquent, lorsqu'on compare entre elles deux sources de lumière, l'une A prise pour type de la comparaison, et l'autre B dont on veut déterminer la valeur par rapport à la première, si on les place à des distances D et d d'un écran sur les moitiés duquel chacune d'elles projette séparément ses rayons, lorsque les distances seront telles que chacune des moitiés de l'écran soit éclairée exactement avec le même éclat, les intensités I de la lumière A placée à la distance D, et i de la lumière B à la distance d seront entre elles dans le rapport des carrés des distances

$$\frac{\mathrm{I}}{i} = \frac{\mathrm{D}^2}{d^2} \text{ d'où } \mathrm{I} = i \times \frac{\mathrm{D}^2}{d^2}$$

Il en est de même si, au lieu de projeter l'éclat des deux lumières sur un écran, on y reçoit les ombres produites par une tige placée en avant de cet écran et interposée entre lui et les deux sources lumineuses à comparer. Les intensités des lumières sont dans le rapport du carré de leurs distances respectives à la tige projetant les deux ombres sur l'écran, lorsque celles-ci sont identiquement semblables.

Les *photomètres* usuels sont généralement basés sur ces principes et ont pour but l'observation et l'appréciation des ombres ou des teintes lumineuses projetées sur un écran. Mais avant de donner ici la description des principaux types d'appareils employés pour les essais photométriques, nous allons étudier d'abord les sources de lumière qui sont adoptées comme terme de comparaison dans ces essais.

Unités et étalons photométriques. On conçoit que pour rendre comparables les résultats d'expériences faites avec les divers modes d'éclairage connus, il est indispensable de les rapporter à des *unités-types*, à des *étalons de lumière* aussi précis et aussi invariables que possible. Les deux unités couramment adoptées, en France, sont : 1° la bougie de stéarine, dite *de l'Etoile*, des cinq au paquet de 485 grammes, brûlant 9ᵍ,60 à l'heure; 2° la lampe Carcel, à mécanisme d'horlogerie, brûlant 42 grammes d'huile de colza épurée à l'heure.

En Angleterre, l'étalon de lumière est la bougie de spermaceti (blanc de baleine), désignée sous le nom de *candle*. D'après M. Penot, elle vaut environ les 9/10 de la bougie française. En Allemagne, on a donné la préférence à la bougie de paraffine, sous le nom de *vereinskerze*.

La qualité fondamentale d'un étalon de mesurage devant être la constance absolue de sa valeur normale, on conçoit que la bougie, en général, ne satisfasse pas complètement à cette condition. Quand on emploie la stéarine, on ne peut pas obtenir, commercialement, un produit d'une composition invariable et arriver à une identité parfaite de la matière première, de la mèche et du moulage. D'ailleurs, dans la combustion de la substance liquéfiée, la mèche joue un rôle très important, dont les moindres différences influent sur l'éclat et sur la nature de la flamme; la texture, la forme et le calibre de cette mèche, la position plus ou moins recourbée qu'elle prend en brûlant, sa capillarité plus ou moins variable, sont autant de causes qui modifient, dans une certaine mesure, les résultats de la combustion. Par conséquent, si la bougie, par la commodité de son emploi, peut être appliquée avantageusement dans les essais qu'on veut exécuter rapidement et où l'on se contente d'une approximation suffisante, elle ne saurait convenir dans les cas où l'on a besoin de données précises et d'évaluations exactes.

La bougie de paraffine, la *vereinskerze* allemande, paraît présenter de meilleures conditions. Il résulterait d'expériences faites par M. Monnier que l'intensité de la bougie allemande ne varie, en général, que de 3 à 4 0/0, tandis que celle de la bougie anglaise, la *candle*, peut varier jusqu'à 15 0/0, et la bougie française atteint parfois aussi cette limite.

La lampe Carcel constitue un étalon d'une précision beaucoup plus grande, mais à la condition d'être construite avec toute la perfection voulue et de fonctionner d'une manière irréprochable. L'inconvénient que pourrait offrir la variation de capillarité de la mèche est corrigé par l'alimentation mécanique et régulière de l'huile affluant toujours en excès au bec de la lampe. C'est pour cette raison qu'aucune autre lampe ne présente au même degré que la Carcel cette sécurité d'alimentation constante qui entretient toujours la combustion avec la même activité. Les conditions

que doit remplir la lampe Carcel, prise comme étalon de lumière, ont été minutieusement définies par MM. Dumas et Regnault, au sujet des expériences photométriques exécutées sous leur contrôle pour fixer, devant la Commission municipale instituée, en 1856, par le préfet de la Seine, les moyens de vérification à employer en vue de déterminer, à Paris, le pouvoir éclairant du gaz. MM. Dumas et Regnault, officiellement chargés de cette question, furent amenés à faire une série de recherches et d'essais desquels sont résultés un type de lampe Carcel et un type de brûleur à gaz, considérés depuis lors comme les éléments fondamentaux des expériences photométriques en France.

Le principe adopté comme base du problème par MM. Dumas et Regnault, a été énoncé comme suit :

« Deux flammes d'égale intensité, l'une produite par une lampe Carcel, l'autre par un bec à gaz brûlant autant que possible dans les mêmes conditions, déterminer les consommations d'huile et de gaz effectuées pendant un temps donné par l'un et par l'autre de ces appareils. »

L'égalité du pouvoir éclairant une fois établie, le bec de gaz doit avoir brûlé 105 litres à l'heure, tandis que la lampe Carcel brûle 42 grammes d'huile pendant le même temps.

Lampe-type. Pour obtenir cette combustion de 42 grammes d'huile de colza à l'heure, la lampe doit présenter les dimensions et dispositions suivantes :

Diamètre extérieur du bec.	0ᵐ.0235
— intérieur du bec.	0.0170
— du courant d'air intérieur	0.0455
Hauteur totale du verre.	0.2900
Distance du coude à la base du verre . . .	0.0610
Diamètre extérieur au niveau du coude . .	0.0470
— — du haut de la cheminée	0.0340
Epaisseur moyenne du verre.	0.0200

Mèche. Mèche moyenne, dite *mèche des phares*, formée d'une tresse de 75 brins; le décimètre de longueur doit peser 3ᵍ,6. Ces mèches doivent être conservées à l'abri de l'humidité.

Huiles. L'huile de colza soigneusement épurée, doit être seule employée. Il importe donc de vérifier la pureté de l'huile si l'on veut être assuré de l'exactitude des résultats obtenus. Deux moyens se présentent : la détermination de la densité et l'essai aux réactifs chimiques. La densité se reconnaît au moyen d'un pèse-huile ou *oléomètre*. On a le choix entre ceux de Lefebvre, de Laurot, de Vohl, qui ont été décrits dans cet ouvrage. — V. OLÉOMÈTRE.

Le réactif le plus facile à employer est l'acide sulfurique. Pour faire l'opération, il faut placer une petite capsule ou simplement un morceau de verre plat sur une feuille de papier blanc, verser sur ce verre une goutte de l'huile à essayer, puis au milieu de cette goutte étalée circulairement, faire tomber une petite goutte d'acide sulfurique au moyen d'une baguette en verre. Si l'huile est bien épurée, on voit, au contact de l'acide sulfurique, la tache d'huile s'entourer d'une auréole bleu pâle qui persiste environ pendant un quart d'heure, puis redevenir incolore et limpide; la place où l'acide a été déposé conservera de petites taches ou raies d'un jaune clair. Toute autre couleur, tout autre symptôme, indiqueraient un défaut d'épuration ou une falsification.

Bec type. MM. Dumas et Regnault ont adopté le bec à double courant d'air, dit *bec d'Argand* parce qu'il a d'abord l'avantage de donner une flamme circulaire, comparable par sa forme et sa hauteur avec la flamme de la lampe Carcel. Mais, comme pour la lampe, ils ont reconnu la nécessité de déterminer d'une façon très précise les dimensions et dispositions de ce bec type, que M. Bengel a construit sur leurs données, de la manière suivante :

Le bec d'essai est un bec en porcelaine, à 30 trous, avec panier et sans cône.

Hauteur totale du bec.	0^m,0800
Distance de la naissance de la galerie au sommet du bec.	0.0310
Hauteur de la partie cylindrique du bec.	0.0460
Diamètre extérieur du cylindre.	0.0225
— du courant d'air intérieur	0.0090
Hauteur du verre.	0.2000
Epaisseur du verre.	0.0030
Diamètre extérieur du verre en haut.	0.0520
— — en bas.	0.0490
Nombre de trous dans le panier.	109
Diamètre des trous du panier	0.0030

L'exactitude des dimensions des diverses parties de la lampe et du bec ne suffit pas, néanmoins, pour assurer la précision des résultats, si l'on n'apporte pas dans le maniement des appareils et dans l'exécution des essais, des précautions minutieuses dont nous donnerons le détail plus loin en décrivant l'ensemble de l'appareil photométrique de MM. Dumas et Regnault, tel qu'il est employé pour la vérification du pouvoir éclairant du gaz, à Paris et dans les principales villes de France.

On a essayé de remplacer les bougies et la lampe Carcel par d'autres étalons de lumière, moins sujets aux variations et aux causes d'erreur dans les expériences. Pour les essais du gaz, notamment, on a cherché à établir une unité prise sur le gaz lui-même. MM. Bunsen, Roscoe, Zœllner, en Allemagne, Giroud, en France, Methven, en Angleterre, ont créé des types avec lesquels on prend pour terme de comparaison une flamme de gaz obtenue dans des conditions de précision déterminées et aussi constantes que possible.

Un autre étalon de lumière a été aussi proposé, en Angleterre, par M. Vernon-Harcourt, en employant la combustion des vapeurs de *pentane* (carbure d'hydrogène extrait du pétrole), qui a la propriété de brûler toujours dans des conditions sensiblement identiques.

M. Von Hefner Alteneck a proposé un autre étalon analogue au précédent comme simplicité et comme constance dans la combustion; c'est une flamme produite par une mèche saturée d'*acétate d'amyle*, substance qu'on obtient en distillant 2 parties d'acétate de potasse avec 1 partie d'alcool amylique et 1 partie d'acide sulfurique; on peut la préparer à un degré de pureté assurant assez bien la régularité des expériences photo-

métriques. Toutefois, les écarts de mesure peuvent atteindre, dit-on, jusqu'à 10 0/0.

Le Congrès des électriciens, qui a eu lieu en 1881, s'était proposé la détermination des *unités électriques* et, parmi elles, l'*étalon absolu de lumière*. A la suite des expériences remarquables exécutées par M. Violle, professeur à la Faculté des sciences de Lyon, la conférence internationale des unités électriques a adopté la résolution suivante :

L'unité de chaque lumière simple est la quantité de lumière de même espèce émise dans la direction normale par un centimètre carré de platine fondu à la température de solidification.

L'unité pratique de lumière blanche est la quantité de lumière émise normalement par la même source.

Nous reproduisons, ci-dessous, les termes dans lesquels M. Violle lui-même a décrit son procédé:

« Pour obtenir une surface de platine toujours à la même température de fusion et assez nette pour posséder le même pouvoir émissif, le four le plus commode est celui qui a été imaginé par MM. Sainte-Claire Deville et Debray, dans leur beau travail sur la métallurgie du platine. Cet appareil consiste en un morceau de chaux creusé d'une cavité recevant le platine à fondre, et muni d'un couvercle également en chaux traversé par un chalumeau à gaz d'éclairage et oxygène.

« Le platine étant fondu et même porté à une température très supérieure à celle de sa fusion, est amené au-dessous d'un diaphragme percé d'une ouverture de surface déterminée. On peut prendre telle surface que l'on veut. L'éclat étant le même en tous les points de la surface rayonnante, il suffit d'adopter tel multiple ou sous-multiple du *centimètre carré* pour avoir le multiple ou le sous-multiple correspondant de l'unité fondamentale.

« Les rayons sortant par l'ouverture du diaphragme sont reçus sur un photomètre soigneusement protégé contre toute radiation extérieure.

« Le rayonnement du platine et celui de la source lumineuse à mesurer étant ainsi tous les deux envoyés sur l'écran photométrique, on amène les deux éclairements à égalité. Il résulte de l'observation photométrique qu'on saisit avec facilité le moment où il faut relever la mesure, d'autant plus que la solidification définitive est accompagnée d'un *éclair* qui marque ainsi la fin de la période pendant laquelle l'intensité lumineuse est restée constante. »

Nous devons, toutefois, faire remarquer, tout en rendant hommage aux remarquables travaux de M. Violle, et en acceptant comme fondée la décision de la conférence internationale des unités électriques, que l'emploi de cet étalon ne nous paraît pas être à la portée de tout le monde comme le sont les autres unités photométriques jusqu'alors employées. Le maniement de plusieurs kilogrammes de platine en fusion, l'emploi du chalumeau à gaz oxyhydrique et la brièveté du temps pendant lequel l'intensité lumineuse se maintient constante, rendent les opérations difficiles et compliquées pour la plupart des opérateurs. Aussi ne connaissons-nous pas encore d'applications pratiques faites sur ce système de photométrie.

Nous donnons, ci-dessous, la valeur comparative des divers étalons de lumière dont nous venons de parler, par rapport à l'unité couramment adoptée, en France, la lampe Carcel :

L'étalon de platine en fusion vaut 10 carcels 92; nous y reviendrons plus loin à propos des *photomètres pour l'éclairage électrique*. 1 carcel vaut 7,50 bougies de l'Etoile; 9,72 bougies allemandes (*vereinskerze*); 12,40 bougies anglaises (*candles*); 8 étalons Vernon-Harcourt; 7,50 étalons Giroud.

Ces chiffres résultent d'expériences faites par M. le Dr Schilling, à Munich; ils ne sont pas sans doute absolus, mais ils peuvent être considérés comme une approximation aussi suffisante que possible, dans les appréciations pratiques qu'on peut avoir à faire des diverses sources de lumière employées journellement.

Influence de la diversité des colorations. La comparaison des lumières de teintes différentes est une des principales difficultés des expériences photométriques : la diversité des colorations est, en effet, une cause d'incertitude et souvent d'erreur dans les appréciations, parce que la nature même de l'œil et la dissemblance des actions qu'exercent les couleurs sur la rétine sont un obstacle à l'identité des constatations. Il st donc, en général, très difficile de juger, d'une manière sûre et absolue, de l'égalité d'éclairement des deux parties d'un écran recevant les rayons de deux sources lumineuses de nuances différentes et, dans

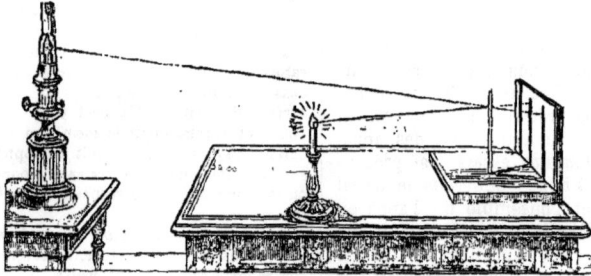

Fig. 118. — *Type de photomètre à ombres de Rumfort.*

a plupart des cas, il est presque inévitable qu'elles donnent lieu à des divergences d'appréciation, suivant les diverses façons dont les couleurs impressionnent la rétine des différents observateurs.

Sans entrer dans des considérations plus étendues sur cette question qui est du domaine de la physique et dans laquelle l'étude des ondes lumineuses et des radiations joue un rôle important, nous nous bornerons à signaler, au point de vue pratique, l'utilité de diminuer les difficultés d'observation et les chances d'erreur en corrigeant d'une façon simple et facile les effets que produit la différence de coloration des teintes lumineuses. Il suffit, pour cela, de les rendre unicolores en interposant entre l'œil de l'observateur et l'écran du photomètre, une plaque de verre de couleur pour laquelle les nuances qui nous paraissent les plus convenables sont le rouge et le jaune orangé.

Au lieu d'une plaque de verre dépoli pour former l'écran sur lequel on projette les teintes lumineuses, on emploie souvent deux plaques de verre entre lesquelles on interpose une légère couche d'amidon délayé dans de l'eau à l'état de bouillie très claire; on étale cette couche sur une des plaques et on la comprime avec la seconde plaque qu'on fait adhérer contre la première. Pour

remédier ensuite aux différences des teintes lumineuses, on place en avant de l'écran une autre plaque en verre coloré comme nous l'avons expliqué précédemment. On obtient aussi le même résultat en interposant entre l'écran dépoli et une plaque de verre incolore une mince plaque de gélatine colorée en rouge ou en jaune orangé.

On peut aussi, mais avec plus de complication de construction, recourir à l'emploi de solutions colorées renfermées entre deux lames parallèles de verre laissant entre elles un espace de 6 à 7 millimètres qu'on remplit de la liqueur destinée à modifier les nuances lumineuses. M. Crova conseille, dans ce cas, des solutions préparées de la manière suivante :

On fait dissoudre l'une ou l'autre de ces substances dans de l'eau distillée portée à l'ébullition, de façon que le dosage, ci-dessus indiqué, corresponde à 100 centimètres cubes de solution concentrée et refroidie à la température moyenne de 15°.

PRINCIPAUX TYPES DE PHOTOMÈTRES

Photomètre à ombres de Rumfort. Cet appareil a pour principe que l'intensité des ombres est proportionnelle à l'intensité des lumières qui les déterminent; c'est-à-dire que si l'on projette sur un écran deux ombres produites par une tige interposée entre cet écran et deux sources lumineuses à comparer, les intensités des ombres seront entre elles dans le même rapport que les deux lumières, et seront proportionnelles aux carrés des distances de chacune d'elles à la tige projetant les deux ombres sur l'écran.

Le photomètre de Rumfort reposant sur ce principe est un appareil d'une grande simplicité. Il se compose, comme on le voit sur la figure 118, d'un écran vertical formé d'une feuille de papier blanc tendue sur un châssis. Une tige cylindrique se place verticalement entre les deux sources lumineuses et l'écran, de manière à projeter ensemble les deux ombres le plus rapprochées possible, se touchant presque, pour rendre la comparaison plus facile. Pour cela, les deux lumières sont placées sur les deux côtés d'un triangle dont la tige verticale occupe le sommet et les ombres sont interverties, c'est-à-dire que la lumière de droite projette l'ombre à gauche et *vice versa*. L'observateur apprécie par transparence l'égalité des ombres projetées, et la graduation de l'appareil permet d'évaluer immédiatement, en bougies ou en carcels, le pouvoir éclairant d'une source lumineuse quelconque.

Photomètre de Foucault. On doit au

physicien Foucault un type de photomètre d'un usage commode et assez répandu, dont la figure 119 représente une des dispositions les plus simples. Le bec de gaz et la bougie sont placés sur les deux côtés d'un triangle dont le sommet est occupé par une boîte métallique qui est divisée en deux parties égales par une cloison médiane verticale, et qui porte sur sa face postérieure, constituant le fond de l'appareil, une ouverture contre laquelle s'applique un écran mat en verre dépoli. En avant de l'écran se trouve un diaphragme au centre duquel est pratiqué un orifice analogue au petit bout d'une lunette. En approchant l'œil de cet orifice, on distingue aisément les deux moitiés de l'écran éclairées par les deux sources lumineuses dont les rayons pénètrent *respectivement et isolément* dans chacun des deux compartiments correspondant à chaque côté du triangle.

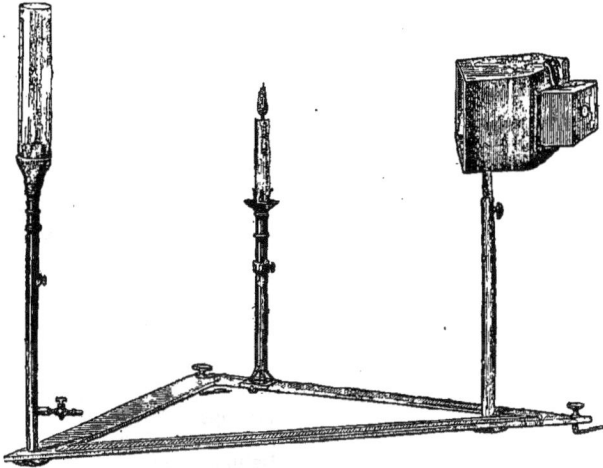

Fig. 119. — *Type de photomètre de Foucault.*

Les supports des lumières et celui de la boîte sont des tiges à glissière permettant de régler à volonté la hauteur de chaque partie de l'appareil, pour qu'elles se trouvent exactement l'une et l'autre au même niveau que l'orifice par lequel on observe l'écran.

Au lieu d'une bougie, on peut installer une lampe Carcel sur le côté du triangle opposé à celui du bec de gaz. La distance de ce bec à l'écran est invariable ; il n'y a que la distance de la bougie ou de la lampe qui varie ; le pied qui supporte l'une ou l'autre est mobile le long d'une règle divisée en centimètres et fractions, sur laquelle on lit la distance de la source lumineuse à l'écran, lorsqu'on s'est préalablement assuré que cette distance est réglée de manière qu'il y ait une égalité parfaite entre l'intensité de l'éclairement de chaque moitié de l'écran.

Le rapport du carré des distances auxquelles sont placés, d'une part le bec de gaz, et d'autre part la bougie ou la lampe Carcel, pour que les deux moitiés de l'écran présentent la même intensité d'éclairement, indique la valeur comparative des deux lumières.

Photomètre de Bunsen. Dans ce type de photomètre, les deux lumières sont disposées sur une même ligne, constituée par une règle divisée, aux deux extrémités de laquelle elles se placent, comme le montre la figure 120. C'est l'écran qui est mobile le long de la règle. Il est renfermé dans une petite boîte ayant la forme de deux troncs de cône juxtaposés par leurs bases, ouverts aux deux extrémités opposées, et présentant, du côté destiné aux observations, deux fentes longitudinales par lesquelles l'œil distingue aisément les deux faces de l'écran. Cet écran consiste simplement en une feuille de papier blanc, découpée en disque de diamètre convenable pour remplir la section de la boîte dans le milieu de laquelle elle forme un diaphragme vertical. On fait au centre de ce disque en papier une tache circulaire translucide, au moyen d'une goutte d'huile ou d'une tache de graisse incolore. La feuille se trouve tendue perpendiculairement à l'axe des deux lumières, et chacune de ses faces reçoit les rayons lumineux de la source correspondante. Quand il y a égalité d'éclairement de chaque face, ce qu'on obtient en faisant glisser d'un côté ou de l'autre la boîte du photomètre le long de la règle divisée, la tache disparaît et le disque de papier reprend un aspect uniforme ; on juge alors que les intensités lumineuses sont égales, et le rapport des carrés des distances entre les deux lumières et le diaphragme de papier donne encore leur valeur relative.

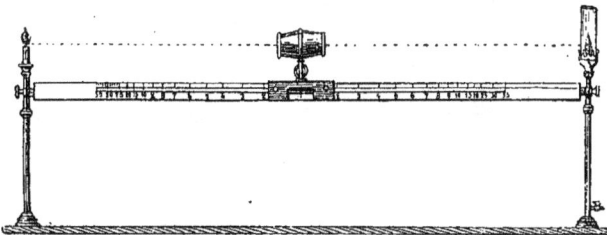

Fig. 120. — *Type de photomètre de Bunsen.*

Dans les modèles usuels, la graduation des règles indique immédiatement les intensités en bougies, ou en carcels, selon que l'appareil est construit pour porter à son extrémité la bougie prise comme terme de comparaison ou la lampe Carcel.

Photomètre de Dumas et Regnault.

Cet appareil a été étudié par les savants dont il conserve le nom, spécialement en vue du contrôle du gaz à Paris; il est aujourd'hui en usage dans un grand nombre de villes, et la perfection de ses dispositions permet d'opérer dans des conditions de précision qu'on n'atteint pas avec les autres types d'appareils. La figure 121 représente les dé-

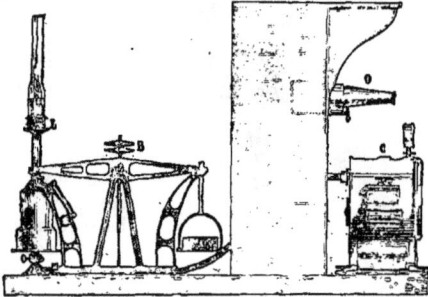

Fig. 121. — *Type de photomètre Dumas et Regnault. Vue de côté.*

tails principaux de ce photomètre. Il comprend comme parties essentielles, un compteur spécial, un objectif contenant l'écran, un bec type, et une lampe Carcel supportée par un fléau de balance d'une extrême sensibilité. L'objectif est construit suivant le principe du photomètre de Foucault, et présente, comme lui, une chambre divisée en deux compartiments par une cloison médiane, terminée par une ouverture correspondant à l'écran sur les deux moitiés duquel viennent frapper les rayons lumineux émanant des deux sources à comparer.

L'ensemble de l'appareil est installé sur une table en fonte parfaitement dressée, reposant elle-même, au moyen de vis calantes, sur un bâti en bois solidement construit pour éviter toute cause de dénivellation. Des niveaux à bulle d'air placés dans deux directions perpendiculaires, sur la table en fonte, permettent de la mettre et de la maintenir toujours exactement de niveau.

La lampe Carcel type, employée dans cet appareil, est celle que nous avons décrite précédemment en parlant des étalons de lumière. Nous n'en répéterons pas ici les dispositions sur le détail desquelles nous n'avons plus à revenir.

Le compteur C, disposé tout spécialement en vue des essais photométriques, est construit avec tous les soins nécessaires pour assurer la plus grande précision possible dans le mesurage. Il ne porte qu'un seul cadran divisé en vingt-cinq parties égales correspondant chacune à 1 litre; chaque division est elle-même subdivisée en dix autres parties, représentant par conséquent des dixièmes de litre, et avec de l'habitude on apprécie assez bien les fractions intermédiaires, du vingtième au quarantième de litre.

Un compte-secondes placé au-dessus du compteur indique la durée précise des observations.

Pour éviter toute erreur de lecture, un mécanisme d'embrayage, disposé sur le côté du compteur permet de mettre simultanément en marche le compte-secondes et l'aiguille marquant la consommation du gaz sur le cadran du compteur. Cette aiguille est folle sur l'axe du cadran, mais elle peut être engrenée ou débrayée à volonté, par le mouvement du levier qui la commande en même temps que le compte-secondes. Une autre aiguille, disposée également sur le cadran du compteur, se meut continuellement avec le volant de l'appareil tant que le gaz le traverse; elle ne sert qu'à vérifier de temps en temps la consommation du bec sans avoir besoin d'embrayer la seconde aiguille réservée pour le mesurage pendant les expériences. Avant de procéder à une observation, on amène à la main l'aiguille folle du cadran sur le zéro; on met également à zéro les aiguilles du compte-secondes; puis, au moment précis où l'on veut commencer l'essai, on pousse en arrière l'extrémité du levier d'embrayage. Instantanément l'aiguille folle est engrenée et commence à marcher avec le volant du compteur, en même temps que le compte-secondes commence à enregistrer les secondes et les minutes qui s'écoulent. On obtient ainsi le mesurage simultané du gaz et du temps. Quand on veut cesser l'essai, on tire le levier, et l'on arrête immédiatement les aiguilles du compte-secondes et l'aiguille des litres au point fixe où elles se trouvaient; on peut alors prendre le temps qu'on veut pour lire à l'aise et noter avec soin les indications prises sur les graduations des cadrans. On enregistre ainsi, avec une exactitude certaine, pour chaque expérience, la durée de l'observation et la consommation du gaz.

Le robinet d'arrivée au compteur et celui du porte-bec doivent toujours être entièrement ouverts pendant les essais; le débit du gaz se règle au moyen d'un cône obturateur mobile dans l'orifice de sortie du compteur; la tige qui commande ce cône est manœuvrée par un bouton fixé à la partie supérieure du compteur. On peut, grâce à cette disposition, faire varier le débit du gaz dans des proportions infiniment petites. Le remplissage et le nivellement de ce compteur se font comme pour les autres compteurs d'expérience; on doit les vérifier avant chaque essai. Les vis calantes qui supportent la plateforme du compteur permettent de contrôler chaque fois l'exactitude de son horizontalité.

L'importance du mesurage précis de la consommation du gaz avait engagé MM. Dumas et Regnault à ne pas se rapporter aux indications du compteur sans lui adjoindre préalablement un appareil spécial pour la vérification de ces indications. C'est pour ce motif qu'ils ont ajouté à leur installation un clepsydre composé de deux récipients superposés. Le porte-bec, que la figure n'indique pas, est disposé ainsi que la lampe, comme dans le photomètre de Foucault, sur les deux côtés d'un triangle dont l'objectif occupe le sommet. Ce porte-bec est un chandelier à tige mobile, permettant de régler la hauteur à laquelle se trouve la flamme pour la maintenir sur le même plan horizontal que celle de la lampe et que la lunette de l'objectif.

L'écran se trouve placé dans la lunette conique O que l'on voit au-dessus du compteur. Une vis micrométrique disposée sur le côté permet d'élargir ou de rétrécir la largeur du champ lumineux de l'écran, pour apprécier plus nettement l'égalité de teinte des deux parties éclairées. Une autre vis, placée en-dessous de la lunette, sert à écarter ou rapprocher la cloison médiane qui sépare les deux compartiments de l'objectif, de façon que cette cloison ne projette sur l'écran ni ligne sombre ni ligne lumineuse entre les deux moitiés éclairées. La caisse en bois dans la face de laquelle l'objectif est placé, isole l'observateur et l'empêche d'apercevoir les deux lumières, afin de soustraire l'œil à toute influence susceptible de fausser les observations sur l'écran. Il est bon d'ailleurs d'ajouter à cette caisse une tenture en étoffe noire dans laquelle l'opérateur se trouve complètement à l'abri de toute impression extérieure.

La balance B, sur laquelle est placée la lampe Carcel type L, est construite de manière que le fléau oscille et fasse résonner un timbre, au moment précis où la lampe a consommé la quantité d'huile voulue. Le poids d'huile qu'elle doit brûler est de 10 grammes pendant que le bec de gaz doit consommer 25 litres, pour correspondre à une consommation de 105 litres par heure donnant le pouvoir éclairant de la carcel brûlant 42 grammes d'huile à l'heure.

La consommation réduite au poids de 10 gr. d'huile au lieu de 42 grammes, offre l'avantage de réduire la durée des essais à une moyenne de 14 à 15 minutes (*en chiffres exacts, 14 minutes 17 secondes*).

Nous renvoyons à l'*Instruction pratique* rédigée par MM. Dumas et Regnault pour donner la marche à suivre dans les expériences photométriques. Si l'essai est effectué dans de bonnes conditions, on en conclut qu'il est acceptable. En considérant les deux limites extrêmes de 38 et 46 grammes, entre lesquelles l'essai doit être compris pour être valable, par rapport au *chiffre normal de 42 grammes à l'heure*, si l'on fait la proportion correspondante à celle de *10 grammes brûlés en 14 minutes 17 secondes*, on trouve que la durée d'essai qui correspond à *38 grammes* de consommation est de *15 minutes 47 secondes*, et que celle qui correspond

Durée	Gaz dépensé	Huile brûlée
minutes	Litres	grammes
5	8.75	3.5
10	17.50	7.0
15	26.25	10.5
20	35.00	14.0
25	43.75	17.5
30	52.50	21.0
35	61.25	24.5
40	70.00	28.0
45	78.75	31.5
50	87.50	35.5
55	96.25	38.5
60	105.00	42.0

à *46 grammes* est de *13 minutes 2 secondes*. Par conséquent, toutes les fois qu'il se sera écoulé moins de 13 minutes 2 secondes ou plus de 15 minutes 47 secondes pour que le marteau du timbre accuse la consommation des 10 grammes d'huile, l'essai devra être considéré comme nul et recommencé.

Pour faciliter les expériences nous avons donné ci-dessus, les dépenses normales de gaz et d'huile, calculées de cinq en cinq minutes, pendant une heure.

Photomètre à double projection, de G. Jouanne. Cet appareil, inventé récemment par M. G. Jouanne, est destiné à rendre beaucoup plus faciles et plus sûres les observations photométriques, en les mettant à l'abri des erreurs ou des divergences d'appréciation qui peuvent se produire entre divers opérateurs, suivant la plus ou moins grande aptitude de l'œil pour la perception et la comparaison des teintes lumineuses ou des ombres. Ce nouveau photomètre est basé sur la combinaison de deux méthodes employées simultanément et se contrôlant l'une par l'autre. Il emploie le principe du photomètre de Foucault pour la projection des teintes lumineuses sur un écran, et le principe du photomètre de Rumfort pour celle des ombres qui, par la disposition de l'appareil, se projettent simultanément sur le même écran. C'est cette disposition caractéristique qui fait donner, par M. G. Jouanne, à ce nouvel appareil le nom de *photomètre à double projection.*

En outre de la facilité que cette combinaison de deux moyens simultanés d'observation présente pour la comparaison des intensités lumineuses ; en outre aussi de la certitude que cette double comparaison donne aux opérateurs, les dispositions de ce photomètre en rendent l'emploi, ainsi que l'installation, extrêmement commodes. Les lumières sont disposées sur une seule ligne, et leurs rayons réfléchis au moyen de miroirs sont renvoyés, avec les ombres projetées, sur l'écran devant lequel se place l'observateur.

Photomètre à relief, de G. Villarceau. Cet appareil, destiné à mesurer des lumières intenses, est basé sur l'emploi de deux écrans rectangulaires, d'égales dimensions, ayant un côté commun et dont les plans forment un angle dièdre rectangulaire. Chacun des deux foyers lumineux est mobile suivant une ligne horizontale perpendiculaire au plan de l'écran qu'il éclaire et passant par le centre de celui-ci. Les deux écrans forment par conséquent un prisme qui présente son arête vis-à-vis l'œil de l'observateur. On admet qu'il y a une certaine phase de l'opération où l'arête du prisme tend à devenir invisible, et où les deux écrans semblent appartenir à un seul et même plan, pour un rapport donné des distances des deux foyers lumineux à leurs écrans respectifs. Cette hypothèse n'est pas tout à fait exacte, et M. Le Roux dans un intéressant mémoire présenté au congrès de la Société technique de l'industrie du gaz, démontre que les erreurs d'appréciation peuvent varier de 1 à 4, suivant la position choisie pour le foyer fixe.

Photomètre de Wheastone. Cet appareil, d'une remarquable originalité, est basé sur la persistance de l'action qu'exerce sur la rétine de l'œil une sensation lumineuse. La partie essentielle de l'instrument est une petite perle d'acier poli, très brillante, fixée sur le bord d'un disque tournant, au moyen d'un pignon denté monté sur le même axe, à l'intérieur d'un engrenage circulaire d'un plus grand diamètre. Un mécanisme placé en dessous de l'appareil, que l'on tient à la main, permet de donner au disque un mouvement rapide de rotation par suite duquel la perle d'acier, participant au mouvement du disque à l'intérieur de la roue dentée, décrit une courbe épicycloïdale à nœuds. Si l'observateur se place entre les deux lumières à comparer, les points brillants produits sur les faces opposées de la perle par ces lumières forment, par suite de la persistance de l'impression sur la rétine, deux courbes épicycloïdales parallèles se dessinant en traits lumineux dont l'intensité sera égale, si les deux lumières sont de même valeur; et lorsque cette égalité des traits lumineux sera atteinte, on n'aura qu'à mesurer les distances de l'instrument à chacune des deux lumières pour calculer d'après le rapport des carrés de ces distances leurs intensités relatives.

Photomètre à jet. Le type d'appareil désigné sous ce nom n'a pas l'exactitude des photomètres que nous avons décrits précédemment, et il ne donne, en réalité, que des indications approximatives. Mais il est d'une telle simplicité que son usage peut être avantageux dans les usines à gaz, pour lesquelles il a été spécialement imaginé.

Son principe est l'emploi d'un jet de gaz brûlant verticalement, tel que le jet d'un *bec bougie*; ce jet a la propriété de donner, pour une pression constante, des hauteurs de flamme variables avec le pouvoir éclairant du gaz. On fixe, au moyen d'un index mobile, la hauteur de la flamme correspondant au pouvoir éclairant réglementaire, et l'observation des variations de la hauteur de flamme en dessus ou en dessous de cet index montre les variations correspondantes du pouvoir éclairant. Cet appareil est donc plutôt un contrôleur et un indicateur de la qualité du gaz qu'un photomètre proprement dit. Cependant, grâce à des dispositions très ingénieuses, et en y ajoutant une petite cloche à gaz pouvant mesurer très exactement un volume donné, en y adjoignant aussi son rhéomètre pour régulariser constamment le débit du jet de gaz, M. Giroud a construit un appareil de vérification du pouvoir éclairant du gaz qui permet de le déterminer avec une assez grande approximation.

Photomètre au sélénium, de Siemens. Le Dr W. Siemens a proposé un photomètre qui a pour but d'obtenir une mesure exacte, sans présenter les chances d'erreur que produit la diversité des teintes lumineuses.

Le sélénium, après avoir été fondu et brusquement refroidi en couches minces, forme des plaques d'un aspect vitreux, qui se laissent traverser par la lumière en lui donnant une couleur rouge. En chauffant pendant plusieurs heures le sélénium amorphe à une température de 210°, Siemens est parvenu à l'obtenir à un état qui augmente sa conductibilité pour l'électricité et sa sensibilité pour la lumière, et il a trouvé que cet accroissement de conductibilité est sensiblement dans le rapport des racines carrées des intensités lumineuses.

Photomètre [de Schutte. Nous citerons encore ici cet instrument, bien qu'il ne justifie pas, à proprement parler, son nom de *photomètre*, et qu'il ne nous paraisse susceptible que de fournir des indications empiriques. Il peut toutefois donner lieu à des applications spéciales, et nous signalerons plus tard, en parlant des pyromètres, un appareil basé sur le même principe, qui consiste à interposer entre l'œil de l'observateur et la lumière à mesurer, un nombre croissant de diaphragmes en matières transparentes, telles que des feuilles de papier, des plaques d'ivoire, des plaques de verre dépoli, constituant par leur superposition un obstacle s'opposant graduellement à la transmission de la lumière. Chaque diaphragme étant marqué d'une graduation faite une première fois avec un terme de comparaison déterminé, et formant une progression ascendante en rapport avec les épaisseurs de la matière interposée, permet d'en déduire les différences d'intensité de diverses sources lumineuses.

Photomètres photographiques. On donne encore, par extension, le nom de *photomètre* à certains appareils spéciaux, destinés, non plus à comparer les intensités relatives de sources lumineuses différentes, mais à apprécier directement l'intensité des rayons de la lumière solaire ou d'une lumière artificielle. Ces appareils sont principalement destinés à la photographie, pour permettre à l'opérateur d'apprécier la durée du temps de pose qu'il convient d'adopter suivant le degré plus ou moins élevé de l'intensité de la lumière solaire. Le principe consiste, en général, à observer l'effet produit par cette lumière, pendant un temps donné, sur une bande de papier sensibilisé au chlorure d'argent, qui brunit proportionnellement à l'action plus ou moins vive des rayons lumineux. Une graduation conventionnelle, établie par comparaison avec un appareil type, donne les indications cherchées. Il y a deux sortes d'appareils de ce genre, les uns mesurant le degré d'intensité de l'action lumineuse, les autres permettant de suivre l'impression des images positives sur les surfaces sensibilisées, où l'action des rayons lumineux n'est pas immédiatement visible.

Les principaux photomètres photographiques sont ceux de MM. Woodbury, Léon Vidal, Lamy, Warnecke. Ces instruments ne donnent que des indications approximatives, mais elles suffisent d'ailleurs dans la pratique des opérations.

Photomètres pour l'éclairage élec-

trique. Le développement et l'importance que l'éclairage électrique acquiert maintenant, rendent nécessaire la détermination d'un étalon photométrique plus puissant que ceux employés jusqu'à ce jour, afin que la comparaison devienne plus facile entre cet étalon et les foyers intenses que l'électricité permet d'obtenir. Déjà M. Violle, dont nous avons signalé les essais faits en présence du Congrès international des électriciens, avait réalisé une disposition qui constitue l'étalon de platine en fusion, et c'est avec cet étalon, équivalant à environ onze carcels, que M. Violle a fait la comparaison avec diverses sources de lumières : il a trouvé qu'une lampe Swan, alimentée par une batterie de trente accumulateurs Kabath, équivaut à 2,08 carcels, à 16,1 bougies de l'Étoile, à 16,4 bougies allemandes, et à 18,5 bougies anglaises.

Depuis lors, M. Wybauw, ingénieur de la ville de Bruxelles, a proposé un nouveau photomètre, dans la disposition duquel il a eu pour but d'atténuer la difficulté que présente la comparaison directe de la lumière électrique avec un étalon d'une intensité beaucoup moindre, tel qu'une carcel ou un bec-type au gaz.

En appelant *unité d'éclairement* la quantité de lumière fournie *à l'unité de distance* par un *foyer égal à l'unité de lumière*, la courbe représentant les éclairements produits par ce foyer à différentes distances de l'origine O sera exprimée par l'équation :

$$y = \frac{1}{x^2},$$

et pour un foyer d'une intensité I, elle deviendra

$$y = \frac{I}{x^2}.$$

Si l'on suppose $x =$ l'unité, l'équation devient $y = I$, correspondant à une ordonnée qui contient autant d'unités d'éclairement que le foyer contient lui-même d'unités d'intensité.

L'appareil construit sur ce principe, suivant la disposition proposée par M. Wybauw, se compose d'une boîte rectangulaire, noircie à l'intérieur, dans laquelle se trouvent deux miroirs A et B inclinés à 45° sur la direction des rayons lumineux émis par le foyer dont on veut mesurer l'intensité. Ces faisceaux lumineux réfléchis sous le même angle viennent frapper deux petits disques en papier blanc formant écrans, dont les images sont renvoyées par un miroir d'angle vers l'observateur. En même temps que la source électrique éclaire l'un et l'autre miroir A et B, le second B reçoit aussi d'une autre source, d'une carcel, par exemple, une certaine quantité de lumière jaune, de façon que cette quantité, bien inférieure à celle de la source électrique, se trouve en quelque sorte comme noyée dans celle-ci et produit une uniformité de teinte qui rend plus facile la comparaison des deux écrans. Connaissant par une expérience préliminaire la proportion de lumière jaune émise par la carcel, on a ainsi la possibilité de comparer, à l'aide d'un foyer-type, les intensités relatives de foyers différents ou les intensités d'un même foyer sous des intensités différentes.

Nous n'indiquerons pas ici les calculs au moyen desquels les intensités se déterminent ; ils ont été donnés par M. Wybauw dans un mémoire présenté par lui à la Société belge d'électriciens, et reproduits dans les *Annales industrielles* (numéro du 21 juin 1885). Le principe de ce photomètre permet à volonté d'employer des écrans transparents, comme dans l'appareil de Foucault, ou bien une disposition analogue à celui de Bunsen. Il présente une idée ingénieuse et nouvelle, qui consiste à déterminer l'intensité d'un foyer lumineux d'après la quantité de lumière-type qu'il faut ajouter à deux éclairements inégaux de ce même foyer, dont on connaît préalablement le rapport. — G. J.

*PHOTOMICROGRAPHIE. Application de la photographie à la reproduction des vues microscopiques. Ce procédé consiste dans la substitution de l'œil photographique ou autrement dit d'une plaque sensible à l'œil humain. Le microscope ordinaire peut servir, à la condition de mettre un châssis négatif à la place même de l'oculaire. On met d'abord au point, et quand l'objet agrandi est vu bien nettement, on en prend une reproduction photographique qui, mieux que tout dessin exécuté à la chambre claire, donnera une copie exacte, complète de l'original.

Rien n'est modifié quand au procédé photographique ordinaire ; il suffit de se rendre compte du temps de pose nécessaire ; suivant que l'éclairage est plus ou moins intense, que le foyer est plus ou moins long, que l'objet est plus ou moins opaque, on a des couleurs plus ou moins photogéniques.

Grâce à la photomicrographie, on parvient à reproduire des agrandissements de 12 à 1500 diamètres avec une netteté et une précision vraiment admirables. Si l'éclairage normal du soleil est insuffisant, on peut l'accroître à l'aide de condenseurs de lumière, et au besoin recourir à l'emploi d'une lumière artificielle puissante telle que celle de l'électricité. Des appareils spéciaux sont construits pour la micrographie, il est utile d'y recourir quand on désire des reproductions d'ensemble ayant une certaine étendue. Ce sont, en somme, de véritables chambres noires horizontales ou verticales, sur la partie antérieure ou supérieure desquelles se trouve le microscope. Le châssis négatif peut alors avoir des dimensions assez grandes variant entre 12×18 et 18×24.

M. Moitessier, professeur à la faculté des sciences de Montpellier, et M. Viollanes, ont écrit sur la photomicrographie des traités spéciaux qu'on fera bien de consulter avant de se livrer à la pratique de cet art si utile aux investigations scientifiques. — L. V.

* PHOTOMINIATURE. Ce nom sert à désigner divers procédés de coloriage des portraits photographiques, de telle façon qu'ils ressemblent à des miniatures proprement dites. Les formules abondent ; nous nous bornerons à indiquer une des plus pratiques.

L'ensemble de l'opération se décompose en trois parties distinctes : 1° *application de l'épreuve sur* une plaque de verre plane ou bombée; 2° enlève-ment du papier pour rendre l'épreuve translucide ; 3° mise en couleurs. Il va sans dire que l'image doit préalablement être détachée de son support si elle est montée sur une carte. Dans ce but, on la met à tremper dans de l'eau tiède jusqu'à ce qu'elle abandonne facilement la carte; on doit éviter de l'en retirer si cela demande le moindre effort, elle doit s'en détacher pour ainsi dire toute seule.

Application sur le verre. Employer un mucilage épais de gomme adragante ; la face où se trouve l'image en est enduite, et on la colle sur la lame de verre bien propre. On a soin d'éviter les bulles d'air entre l'épreuve et le verre. Pour bien réussir, on fait usage d'une râcle en caoutchouc, que l'on passe sur le dos de l'image dans tous les sens. Cette opération est assez délicate et exige beaucoup de soins.

Moyen de donner la transparence. Quand l'épreuve est parfaitement sèche, on l'amincit en frottant légèrement avec du papier de verre très fin (numéro 4 zéros du commerce) le dos de l'image. Après cette opération, il ne reste plus qu'à plonger le tout dans une cuvette contenant de la paraffine fondue. On prolonge l'immersion jusqu'à transparence parfaite, et on enlève l'ex-cès de paraffine avec un linge bien sec.

Coloration de l'image. On peut colorier par voie directe ou sur un autre papier que l'on appli-quera ensuite contre le dos du portrait ; cette der-nière manière est, à notre avis, préférable à toutes autres, parce qu'elle permet de suivre graduelle-ment l'effet obtenu, sans que le travail déjà fait puisse jamais être compromis. Le papier sur lequel on met les couleurs doit porter un trait de mise en place décalqué sur la photographie elle-même, pour que le repérage soit parfait ; ce pa-pier est tendu sur une lame de verre de même format que celui de l'image. A mesure que la mise en couleurs avance, on se rend compte de l'effet en superposant la photographie transparente sur les teintes diverses, et on peut, de la sorte, conduire et rectifier son œuvre jusqu'à ce qu'elle soit en-tièrement satisfaisante. Lors du montage de la photominiature, mieux vaut ne pas mettre la sur-face coloriée en contact immédiat avec l'image et laisser, entre elles, une petite distance d'environ 2 millimètres ; il en résulte plus de fondu et de moelleux, et aussi une plus grande profondeur.

Plus l'épreuve est transparente, plus complet est le résultat ; aussi, convient-il de pousser le plus loin possible l'enlèvement du papier ; avec un peu d'habitude et d'adresse on parvient, pour les épreuves sur papier albuminé, à l'enlever com-plètement. On doit, après que le papier verré a fait son office, aussi avant que possible, humec-ter le dos de l'image avec de l'alcool et frotter délicatement avec le bout du doigt; peu à peu tout le papier disparaît, et il ne reste que la pel-licule d'albumine, dans laquelle se trouve incor-porée l'impression photographique. En recourant au procédé dit *au charbon,* on peut reporter di-rectement sur le verre une image pelliculaire sans interposition de papier; l'opération est alors con-sidérablement simplifiée, mais on ne peut user

de ce dernier procédé que pour des photominia-tures à exécuter de toutes pièces, c'est-à-dire dans le cas où l'on n'a pas déjà l'épreuve au sel d'ar-gent. — V. PHOTOGRAPHIE, § *Procédé au charbon.*

L'emploi des vernis, quels qu'ils soient, doit être absolument évité pour rendre les épreuves trans-parentes ; tôt ou tard, tous les vernis jaunissent et détruisent, par ce fait, la fraîcheur des portraits coloriés. Voici pourtant une bonne formule d'un vernis propre à cet objet, pour le cas où l'on ne pourrait éviter de s'en servir : plonger la photo-graphie, non collée, dans de la térébenthine recti-fiée pendant deux heures, mettre à chauffer la glace, plate ou bombée, avec la composition sui-vante, fondue préalablement :

Gomme Damar, 20 grammes ; cire blanche, 20 grammes ; baume du Canada, 15 grammes ; blanc de baleine, 5 grammes.

Quand la photographie est bien transparente, on enlève l'excès en lavant avec un linge fin imbibé de benzine.

* **PHOTONIELLURE.** De même qu'on a appliqué la photographie à la gravure, on peut s'en servir pour des arts qui ont, avec cette dernière, une cer-taine analogie ; de ce nombre est la niellure, exé-cutée avec l'aide de la photographie, c'est ce que l'on appelle la *photoniellure.* L'action de la lu-mière sert, dans le cas qui nous occupe, à former à la surface d'une plaque de métal, fer, cuivre ou autre, une réserve avec un cliché photogra-phique; le bitume de Judée est, à cet égard, la substance la plus convenable, à cause de sa par-faite résistance aux acides employés à mordre le métal; on obtient ainsi une gravure en creux dont les tailles seront ensuite remplies d'un autre métal, à l'aide de la galvanoplastie. — V. GRAVURE, § *Procédés en relief et en creux.*

En se reportant à ce qui est relatif à la *photo-gravure,* on y verra que plusieurs des procédés décrits, ceux surtout qui conduisent à l'obtention de tailles en creux ou en relief, sont très propres à la photoniellure.

* **PHOTOPHONE, THERMOPHONE, RADIOPHONE.** Le *photophone* est un instrument imaginé par MM. Bell et Tainter, pour la transmission du son par l'intermédiaire d'un rayon lumineux. Il est fondé sur les variations de résistance électrique, que le *sélénium* éprouve sous l'influence de la lu-mière. Le sélénium, en forme de crayon, est em-ployé à la construction de grandes résistances électriques. MM. W. Smith et May (1873) obser-vèrent que la résistance de ces crayons était plus faible à la lumière que dans l'obscurité. En entou-rant d'eau le sélénium, on vérifia que ce n'était pas un effet de la chaleur; et, dans ces condi-tions, avec un circuit composé d'une pile, d'un crayon de sélénium et d'un galvanomètre, l'appro-che d'une bougie suffisait pour augmenter la dévia-tion de l'aiguille. D'après M. Adams (1876), le chan-gement dans la résistance du sélénium serait pro-portionnel à la racine carrée du pouvoir éclairant.

M. Bell eut l'idée de faire tomber sur le crayon de sélénium un rayon de lumière éclipsé à intervalles réguliers et rapprochés, autrement dit une succession rapide d'émissions lumineuses (*rayon vibratoire*). Le sélénium étant traversé par le courant d'une pile, chaque émission lumineuse cause une variation dans sa résistance et par suite dans l'intensité du courant : un téléphone placé dans le même circuit subira des variations correspondantes dans son aimantation. Si l'on produit 435 éclairs par seconde, il y aura 435 variations de courant, et la membrane du téléphone exécutera 435 vibrations, c'est-à-dire la note *la* du diapason. On pourra donc ainsi transmettre les sons musicaux.

Pour faire l'expérience, on prend un disque opaque, percé d'une série de trous ou fentes, disposés en cercle près des bords (comme un disque de sirène ou de phénakisticope). Dans la rotation du disque, les trous passent successivement au foyer d'une lentille qui concentre en ce point un faisceau de rayons parallèles; le faisceau passe ou est intercepté, suivant qu'il rencontre un vide ou un plein. A sa sortie, il est reçu sur une autre lentille qui ramène ses rayons au parallélisme. Il traverse ainsi l'espace séparant les deux stations, et au point d'arrivée, une lentille le concentre sur un *récepteur* de sélénium, faisant partie d'un circuit comprenant une pile et un appareil téléphonique.

Quand on fait tourner rapidement le disque perforé, l'observateur, qui met les téléphones à l'oreille, entend le son correspondant aux vibrations produites.

Le sélénium, employé comme récepteur, doit offrir une grande surface à la lumière, tout en présentant au courant une résistance assez faible. M. Siemens emploie ce corps sous la forme d'une bande comprise entre deux fils de platine en zigzag ou en spirale, lesquels servent d'électrodes. Le tout est pressé entre deux plaques de mica. MM. Bell et Tainter emploient des disques de cuivre, séparés par des disques de mica d'un diamètre plus petit, et remplissent de sélénium les sillons annulaires ainsi formés. Les disques pairs communiquent ensemble et sont reliés à l'un des pôles de la pile; les disques impairs sont reliés de même à l'autre pôle.

Pour correspondre au moyen de la parole, M. Bell propose un transmetteur composé d'une embouchure obturée par une feuille mince de verre formant miroir (ou par un miroir métallique très mince), et encastrée à la façon des membranes téléphoniques. Sous l'influence des vibrations de l'air produites par la parole, le miroir mince se bombe ou se creuse, devient convexe ou concave, et un faisceau lumineux, concentré sur le miroir par une lentille, se réfléchit en faisceau divergent ou convergent. L'intensité lumineuse qu'il projetterait à distance sur une surface donnée, changerait ainsi à chaque instant, et un récepteur de sélénium, placé au foyer d'un réflecteur parabolique, sur lequel est dirigé le faisceau, éprouverait des variations de résistance correspondant aux vibrations de l'air dans le transmetteur; un téléphone placé dans le circuit du sélénium et de la pile reproduirait ainsi la parole.

Ainsi, le photophone n'exigerait aucun intermédiaire pour correspondre entre deux stations, et s'il devenait pratique, « il suffirait de se voir pour pouvoir se parler ». Mais, jusqu'à ce jour, l'expérience n'a pas dépassé les limites du laboratoire, bien que M. Bell affirme avoir pu percevoir des *sons musicaux* dans un récepteur placé à deux kilomètres du disque perforé.

Thermophone. L'expérience du disque perforé ou plateau de sirène avec le récepteur de sélénium, réussit quand on interpose sur le trajet du faisceau une cuve d'alun qui arrête les radiations calorifiques. Mais on obtient aussi la reproduction d'un son musical, en remplaçant dans l'expérience primitive, le récepteur de sélénium par une plaque mince d'ébonite ou de toute autre substance opaque, appliquée contre l'oreille, soit directement, soit par l'intermédiaire d'un tube de caoutchouc terminé par un cornet acoustique. On entend un son faible, dont le nombre de vibrations est égal à celui des intermittences du faisceau dans une seconde (comme si le plateau de sirène était actionné par un courant d'air). Tout ce qui diminue le pouvoir réflecteur et augmente le pouvoir absorbant de la plaque accroît l'intensité du son : une couche de noir de fumée renforce le son, et si la plaque mince est opaque, cet effet ne se manifeste que si la couche noire est tournée vers les radiations. Il semble donc que, dans ce cas, les radiations agissent surtout par leurs propriétés *thermiques*; si on explore, en effet, un spectre de lumière électrique avec un récepteur formé d'une lame mince de mica enfumée, le maximum a lieu dans les radiations invisibles de l'infra-rouge. De là le nom de *thermophone* donné à ces récepteurs. Le phénomène consiste alors, comme celui du *radiomètre* de Crookes, dans la transformation de l'énergie thermique des radiations. On emploie le plus souvent comme récepteur thermophonique une gaze recouverte de noir de fumée, fermant l'orifice d'un tuyau acoustique ou un tube plein d'air sec et contenant des fils métalliques ou toute substance capable d'absorber de la chaleur. Suivant que la substance absorbante s'échauffe au passage du faisceau ou se refroidit par son interruption, l'air en contact avec elle se dilate ou se contracte : d'où la production du son.

M. Tyndall s'est servi de cet instrument pour étudier les pouvoirs absorbants et émissifs des gaz et des vapeurs. On remplit simplement avec le gaz que l'on veut étudier un ballon relié à un cornet acoustique, et sur le ballon on concentre le faisceau calorifique. Avec l'air sec, dont le pouvoir absorbant est très faible, on n'entend rien; le son est perçu avec l'éther ou la vapeur d'eau, dont le pouvoir absorbant est notable.

Ainsi, les radiations agissent surtout par leurs propriétés lumineuses avec le récepteur de sélénium (photophone), et surtout par leurs propriétés calorifiques dans les autres cas (thermophones).

L'expression de *radiophone* convient à tous ces instruments, qui prouvent une fois de plus que toute cause périodique produit un son. — J. R.

*PHOTOPHORE. Sorte de fanal-bouée qui produit une lumière d'une très grande intensité lorsqu'on le jette à l'eau ; le même nom a été appliqué à l'éclairage de certains *phares*. — V. ce mot.

* PHOTOSCOPE. On désigne souvent sous co nom, dans l'exploitation des chemins de fer, ou plus exactement sous le nom de *photo-avertisseur*, un appareil qui permet de contrôler l'éclairage des signaux pendant la nuit. Si le feu d'un disque vient à s'éteindre, le mécanicien ne peut plus se rendre compte, à distance, si le disque est ou n'est pas à l'arrêt. Il importe donc, quand le signal n'est pas visible du point d'où on le manœuvre, de pouvoir vérifier l'état de l'éclairage à tout instant. M. Coupan, ingénieur, chef de la division du mouvement des chemins de fer de l'Etat français, a eu l'idée d'appliquer au contrôle de la combustion de la flamme de la lanterne adaptée au disque, un appareil fondé sur l'emploi d'une sorte de thermomètre différentiel, capable de rompre ou de fermer un circuit électrique correspondant avec un indicateur acoustique ou optique. Dans l'appareil primitif de M. Coupau, on intercale un commutateur à lames flexibles sur le circuit de la sonnerie trembleuse du disque ; quand on place la lanterne, une pièce isolante s'introduit entre ces lames et les écarte de manière que le circuit est rompu tant que le thermomètre différentiel ne s'échauffe pas au contact de la flamme ; ce thermomètre est formé de deux lames inégalement dilatables, l'inférieure est la plus mince, et en fléchissant, elle vient butter contre une vis de la lame supérieure et ferme le circuit ; dès que la flamme s'éteint, la lame s'écarte et le circuit est de nouveau rompu. Au lieu d'avoir recours à la sonnerie de contrôle du disque, dont il serait dangereux de modifier les indications, on peut monter ce commutateur sur un circuit spécial, correspondant à un indicateur optique. La Compagnie de Paris-Lyon-Méditerranée exposait, en 1881, un appareil de même nature, qui est formé d'une spirale composée de deux métaux juxtaposés (acier et cuivre), et placée au-dessus de la flamme de la lanterne. Lorsque cette spirale est chauffée, elle ferme un circuit électrique ; quand la lampe s'éteint, le circuit est rompu : on peut donc obtenir le contrôle du feu du signal par un procédé analogue à celui qu'emploie l'appareil de M. Coupan.

* PHOTOSCULPTURE. Procédé ayant pour objet la transformation d'une série d'images photographiques, d'un même portrait en buste ou en pied, en un buste ou en une statuette. L'inventeur de ce procédé, plus théorique que pratique, est M. Wilhem ; ses essais d'exploitation industrielle eurent lieu à Paris, dans le voisinage de l'arc de l'Etoile. On avait construit là une rotonde au centre de laquelle se plaçait la personne à *photosculpturer*. Tout autour de la circonférence de cette rotonde, étaient disposés des appareils photographiques, au nombre de vingt-quatre, tous égaux entre eux et garnis d'une plaque sensible ; grâce à un mécanisme spécial, tous les objectifs fonctionnaient au même instant, et le modèle se

trouvait reproduit simultanément vingt-quatre fois, et suivant autant de profils différents.

Les clichés, ainsi obtenus, donnaient lieu au tirage d'un égal nombre de positifs, et l'on procédait à la transformation de cos épreuves multiples en un seul portrait en ronde bosse ; dans ce but, on plaçait sur une selle de modeleur, un bloc de terre à modeler ou terre glaise ; ce bloc était d'abord dégrossi de façon à représenter grossièrement une silhouette de la statuette à exécuter, puis prenant l'épreuve n° 1 de la série circulaire, on en suivait le contour extérieur avec la pointe d'un pantographe, dont l'autre pointe portait sur la terre glaise et y traçait un premier sillon correspondant à la silhouette n° 1 ; puis venait le tour de l'épreuve n° 2, et ainsi de suite jusqu'à l'épuisement des vingt-quatre épreuves, mais en ayant soin, après chaque opération, de faire tourner d'un cran la base de la selle, divisée en vingt-quatre parties égales. Le résultat, ainsi réalisé, ne peut, on le comprend, que donner une sorte de mise en place du sujet que terminaient ensuite des modeleurs habiles.

Le plus souvent, en se contentant d'éblouir les yeux des clients par le luxe de mise en scène que nous venons d'indiquer, on devait se borner à ne photographier le modèle que vu de face et de profil, ce qui a toujours paru suffisant pour établir soit un portrait médaillon, soit un portrait buste.

Quoiqu'il en soit, il y avait, dans l'idée de M. Wilhem quelque chose d'ingénieux et qui serait peut-être susceptible d'applications plus pratiques, et auxquelles on n'a pas songé encore. Il s'agit, en un mot, d'un principe intéressant, ayant pour objet la transformation en une rondt bosse de diverses images planes, donnant très exactement la loi du mouvement de l'original en relief.

.* PHOTOTYPIE (V. Impression par la lumière). Ce mot est synonyme de *gélatinographie, collotypie*, puis de ces deux derniers mots précédés du mot « photo ». On désigne aussi quelquefois ce procédé par le mot *photolithographie*, à cause de son analogie avec ce dernier mode d'impression ; c'est à tort, car il n'y est pas fait emploi de pierres lithographiques. Les supports ordinaires de la couche de gélatine imprimante sont du verre ou des plaques de métal, cuivre ou zinc.

Le terme *photogélatinographie*, bien qu'un peu long, est celui qui semblerait rendre le mieux l'application dont il s'agit, mais aucune désignation définitive n'a encore été adoptée (1). — V. Lumière, Photographie.

* PHOTOTYPOCHROMIE. Impression polychrome obtenue avec des clichés-typographiques exécutés à l'aide de la lumière. — V. Imprimerie, § *Impression en couleurs et* Photochromie.

* PHOTOTYPOGRAPHIE. Procédé de formation des clichés typographiques à l'aide de la photographie. — V. Gravure, § *Photogravure en relief*.

* PHOTOZINCOGRAPHIE. Impression sur des lames de zinc à l'aide de la photographie.

(1) Voir le *Traité spécial de phototypie*, Léon VIDAL ; Gauthier-Villars, à Paris.

On recouvre du zinc bien dressé, ou, autrement dit, plané, d'une couche régulière de bitume de Judée dissous dans de la benzine anhydre. Quand cet enduit est bien sec, on expose à la lumière, dans un châssis-presse, la plaque bitumée, sur laquelle on a posé un négatif d'un sujet au trait ou au pointillé ; on ne pourrait réussir à imprimer de la sorte des images à modelés continus. Après une durée d'exposition qui varie suivant l'intensité de la lumière, on développe l'image latente en dissolvant, dans l'essence de térébenthine, tout le bitume que n'a pas insolubilisé la lumière ; on lave ensuite à grande eau jusqu'à ce que la plaque soit bien dégraissée, ce qui se voit quand l'eau coule en nappe uniforme. La plaque, une fois sèche, est exposée aux rayons directs d'une vive lumière pour accroître la ténacité du bitume ; on peut enfin procéder à l'impression ainsi que cela a lieu pour la lithographie sur zinc. — V. Gravure ; Imprimerie, § Impression lithographique; § Impression sur zinc; Lithographie, Lumière, Photographie. — L. V.

*PHRYNÉ. Iconog. Célèbre courtisane de l'ancienne Grèce, née à Thespies, en Béotie, vers 328 avant J.-C., est dans l'antiquité comme le type idéal de la beauté humaine, de même que Vénus est la perfection de la beauté divine. Elle était si belle que les Athéniens lui défendirent de se montrer aux bains publics et aux fêtes d'Eleusis, parce que le peuple n'avait plus d'yeux que pour elle. Elle servit de modèle au sculpteur Praxitèle, dont elle devint la maîtresse, et vit sa statue en or, sortie du ciseau de ce maître, placée à Delphes, sur une colonne de marbre penthélique, entre celles d'Archidamus, roi de Sparte, et de Philippe de Macédoine. Accusée d'athéisme par Euthias, dont elle avait repoussé les hommages, elle se présenta devant le tribunal des héliastes, se défendit avec hauteur, et allait être condamnée lorsque l'orateur Hypéride, enlevant les voiles d'un geste hardi, l'exposa toute nue devant les juges qui l'acquittèrent d'une seule voix.

Phryné ne se montrait ordinairement au public que voilée, sans doute pour augmenter par l'inconnu l'attrait de ses charmes. Mais une fois, aux fêtes de Neptune à Eleusis, elle entra nue dans la mer et s'y baigna aux yeux du peuple rassemblé sur le rivage. Appelle qui la vit là au moment où, sortant de l'onde, elle tordait ses cheveux, y conçut la première pensée de sa Vénus Anadyomène. Un seul homme lui résista, malgré ses efforts : le philosophe Xénocrate, qu'elle comparait malicieusement à une statue.

Outre la statue d'or de Praxitèle et la Vénus Anadyomène d'Appelle, on a voulu voir Phryné dans la Vénus dite de Médicis. Une jolie peinture de Pompéi représente Phryné consultant l'Amour et semblant lui demander s'il existe une beauté comparable à la sienne; cette œuvre antique est tout à fait remarquable. Dans les temps modernes, Pradier a sculpté une Phryné en marbre qui passe pour un chef-d'œuvre; elle a figuré au Salon de 1845. Des peintres contemporains ont souvent tracé sur la toile des figures de femmes qu'ils ont nommées Phryné, souvent en modernisant le sujet, et en prenant le nom de Phryné comme synonyme de courtisane, notamment M. Ch. Marchal, dans un tableau exposé en 1868, et resté très connu, il a été souvent reproduit, et M. Ad. Huot l'a gravé au burin ; Xénocrate résistant à Phryné a été peint par Salvator Rosa et Gérard Honthorst; enfin, Phryné devant le tribunal, sujet éminemment propre à la reproduction artistique, a inspiré plusieurs artistes de valeur : Baudouin, gendre de Boucher (Salon

de 1763); L. Tabar (Salon de 1852), Mottez (Salon de 1859), et surtout une œuvre capitale de Gérôme, à laquelle on reproche seulement de la modernité dans le dessin et dans l'attitude, variée avec esprit, de ces vieux héliastes égrillards. La scène qu'a voulu reproduire le peintre n'était pas une plaisanterie : il y allait de la vie pour Phryné, comme pour Socrate contre qui on avait formulé la même accusation, et il faut croire que la splendide beauté de Phryné avait fait sur ses juges une impression profonde d'admiration, et n'avait pas servi de prétexte à ces remarques fantaisistes, de plus ou moins bon goût, qu'expriment si bien les physionomies dessinées par M. Gérôme. Néanmoins l'esprit a tenu lieu, dans ce tableau, de l'élévation de la pensée, et Phryné devant le tribunal, exposée pour la première fois au Salon de 1861, est devenue rapidement populaire, en même temps que toutes ces petites toiles sur l'antiquité, du même auteur, si ingénieusement traitées et si drôlement fausses, pour ainsi dire.

* PHTALAMINE. T. de chim. $C^{16}H^9AzO^4$... $C^8H^9AzO^2$, matière huileuse, assez dense, que Willm et Schützenberger ont obtenue en distillant à sec la masse brute réduite, qui provient de la préparation de la naphtylamine, mais sans y ajouter de chaux caustique. Elle forme des sels solubles dans l'eau, moins altérables à l'air que ceux de naphtylamine, et qui peuvent servir en teinture et en impression, pour remplacer les dérivés de cette base.

* PHTALÉINE. T. de chim. On désigne sous ce nom différents corps, découverts par Ad. Baeyer de 1871 à 1875, puis étudiés par Caro, Fischer, Grimm, etc. Lorsqu'on chauffe un phénol quelconque, avec des acides polybasiques, et surtout l'acide phtalique, $C^{16}H^6O^8$... $C^8H^6O^4$, et de l'acide sulfurique ou de la glycérine, il y a élimination d'eau et formation de phtaléine correspondant au phénol employé.

Quelques phtaléines sont déjà connues, nous indiquerons les principales :

a) Phtaléine de l'hydroquinone. Ce produit a pour formule $C^{40}H^{12}O^{10}$... $C^{20}H^{12}O^5$; il est en aiguilles feuilletées, incolores, fusibles vers 232°, mais se prenant en masse par le refroidissement et donnant par une plus forte chaleur une huile brune et une masse charbonneuse ; elle est soluble dans l'alcool, d'où l'eau la précipite; dans l'éther, dans l'acide acétique, dans l'acide sulfurique, avec coloration rouge brique, puis représentation par l'eau; dans les alcalis, d'où les acides la séparent. Elle s'obtient en même temps que de la quinizarine, $C^{28}H^8O^8$... $C^{14}H^8O^4$, lorsqu'on chauffe l'hydroquinone à 135° avec de l'acide phtalique et de l'acide sulfurique concentré.

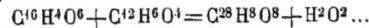

$$C^{16}H^4O^6 + C^{12}H^6O^4 = C^{28}H^8O^8 + H^2O^2...$$

| Ac. phtalique anhydre | Hydroquinone | Quinizarine | Eau |

$$C^8H^4O^3 + C^6H^6O^2 = C^{14}H^8O^4 + H^2O$$

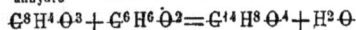

Un précipité cristallin est obtenu si l'on reprend la masse par l'eau; on dissout ce précipité dans l'alcool absolu, et en étendant d'eau on obtient d'abord la séparation de cristaux de quinizarine; on filtre, et un excès d'eau sépare ceux de phtaléine. On les purifie par l'alcool.

b) Phtaléine de naphtol. C'est une substance

blanche, cristallisant dans la benzine en aiguilles jaunâtres, insoluble dans la potasse, mais donnant par ébullition avec ce corps une masse verte ; avec l'acide sulfurique, à chaud, elle produit une substance rouge.

Pour la préparer, on fait bouillir l'anhydride phtalique avec du naphtol ; on obtient un liquide vert foncé, étendu dans un excès d'eau, et qui, traité par l'alcool, donne par évaporation de celui-ci la phtaléine de naphtol,

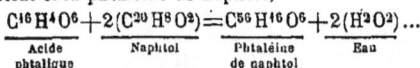

$$C^{16}H^4O^6 + 2(C^{20}H^8O^2) = C^{56}H^{16}O^6 + 2(H^2O^2)...$$

Acide   Naphtol   Phtaléine   Eau
phtalique   de naphtol

$$C^8H^4O^3 + 2(C^{10}H^8O) = C^{28}H^{16}O^3 + 2H^2O$$

c) *Phtaléine du phénol.* Poudre blanc jaunâtre, ayant pour formule $C^{40}H^{14}O^8...C^{20}H^{14}O^4$, isomère de l'éther phtalique du phénol, soluble en rouge violacé dans les alcalis, et dont la coloration disparaît par l'action de la chaleur en présence du zinc pulvérisé.

Pour l'obtenir, on chauffe pendant plusieurs heures, à 120°, un mélange de 5 parties d'acide phtalique, 10 parties de phénol et 4 parties d'acide sulfurique concentré. On obtient une masse rouge que l'on reprend par l'eau à l'ébullition, il s'en sépare un produit résineux qui, traité par la benzine, donne la phtaléine du phénol,

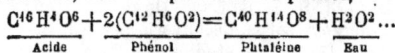

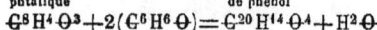

$$C^{16}H^4O^6 + 2(C^{12}H^6O^2) = C^{40}H^{14}O^8 + H^2O^2...$$

Acide   Phénol   Phtaléine   Eau
phtalique   de phénol

$$C^8H^4O^3 + 2(C^6H^6O) = C^{20}H^{14}O^4 + H^2O$$

d) *Phtaléine de la pyrocatéchine.* En chauffant la pyrocatéchine (acide oxyphénique) avec l'acide sulfurique et l'anhydride phtalique, on obtient, par l'addition d'eau, un liquide vert, qui, par la potasse, donne une nuance bleue fugitive. Cette matière, pour Baeyer, est analogue à l'hématoxyline du campêche, et si avant de reprendre par l'eau, on la chauffe à 140°, on forme de l'alizarine :

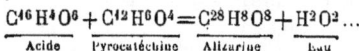

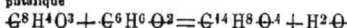

$$C^{16}H^4O^6 + C^{12}H^6O^4 = C^{28}H^8O^8 + H^2O^2...$$

Acide   Pyrocatéchine Alizarine   Eau
phtalique

$$C^8H^4O^3 + C^6H^6O^2 = C^{14}H^8O^4 + H^2O$$

e) *Phtaléine de l'acide pyrogallique.* C'est la *galléine* (V. ce mot), qui offre la plus grande analogie avec l'*hématéine* (V. ce mot), et que l'acide sulfurique transforme en *cœruléine.* — V. ce mot

On l'obtient en chauffant à 200°, 1 partie d'acide phtalique et 2 parties d'acide pyrogallique,

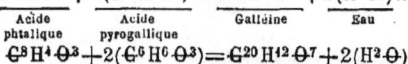

$$C^{16}H^4O^6 + 2(C^{12}H^6O^6) = C^{40}H^{12}O^{14} + 2(H^2O^2)...$$

Acide   Acide   Galléine   Eau
phtalique   pyrogallique

$$C^8H^4O^3 + 2(C^6H^6O^3) = C^{20}H^{12}O^7 + 2(H^2O)$$

f) *Phtaléine de la résorcine.* C'est la *fluorescéine* (V. ce mot). Elle s'obtient à 200°, en chauffant le mélange de résorcine et d'acide phtalique,

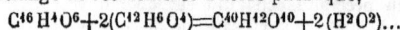

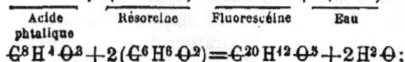

$$C^{16}H^4O^6 + 2(C^{12}H^6O^4) = C^{40}H^{12}O^{10} + 2(H^2O^2)...$$

Acide   Résorcine   Fluorescéine   Eau
phtalique

$$C^8H^4O^3 + 2(C^6H^6O^2) = C^{20}H^{12}O^5 + 2H^2O;$$

elle est amorphe quand elle a été précipitée par les acides, d'une solution alcaline, et de couleur rouge brique, et en petits cristaux bruns quand elle se dépose dans une solution alcoolique. Tétrabromée, elle constitue l'*éosine* (V. ce mot)

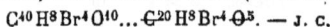

$$C^{40}H^8Br^4O^{10}...C^{20}H^8Br^4O^5. — J. C.$$

PHTALIMIDE. T. de chim. Base (amide) qui se forme par la distillation sèche du phtalate d'ammoniaque acide,

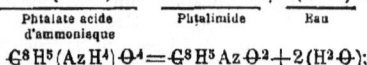

$$C^{16}H^5(AzH^4)O^8 = C^{16}H^5AzO^4 + 2(H^2O^2)...$$

Phtalate acide   Phtalimide   Eau
d'ammoniaque

$$C^8H^5(AzH^4)O^4 = C^8H^5AzO^2 + 2(H^2O);$$

elle est peu soluble dans l'eau froide, plus à chaud ou dans l'alcool ; elle cristallise en longues aiguilles blanches, que la distillation avec la chaux convertit en *benzonitrile,*

$$C^{14}H^5Az...C^7H^5Az,$$

c'est sur cette réaction qu'est basée la manière d'obtenir l'acide benzoïque, $C^{14}H^6O^4...C^7H^6O^2$, d'après le procédé de Laurent et Casthelaz.

PHTALIQUE (ACIDE). T. de chim. $C^{16}H^6O^8...$
$$C^8H^6O^4 = C^6H^4 \begin{vmatrix} CO^2H \\ CO^2H \end{vmatrix}.$$ Corps qui cristallise en lamelles incolores, souvent réunies en sphéroïdes, est peu soluble dans l'eau froide, bien dans l'éther ou l'alcool ; il fond à 178°, et sature les bases en formant des sels neutres ou acides, puisqu'il est bibasique, et solubles ; distillé avec un excès de chaux, il donne du benzol pur, ou avec quelques précautions, de l'acide benzoïque.

Il se forme, lorsqu'on traite la naphtaline ou ses dérivés par des oxydants énergiques, comme l'acide chromique, l'acide azotique, l'acide permanganique, ou bien l'acide sulfurique mélangé de bichromate de potasse ou de bioxyde de manganèse. Pour le préparer, Vohl dissout 12 parties de naphtaline dans 109 parties d'acide sulfurique à 66°, et y ajoute peu à peu 80 parties de bichromate de potasse. La réaction vive s'étant apaisée, on ajoute de l'eau bouillante, ce qui dégage de l'acide carbonique, on sature par le carbonate de soude, on fait bouillir un quart d'heure, puis on filtre chaud pour séparer l'oxyde de chrome qui s'est produit. En versant dans le liquide et filtré, de l'acide chlorhydrique, il se dépose une matière rouge, le *carminaphte,* de Laurent ; on l'enlève, on évapore la liqueur, puis après dépôt de sulfate et de chlorure de sodium, on obtient des cristaux d'acide phtalique. — J. C.

PHYSICIEN. Celui qui est versé dans les sciences physiques, qui s'occupe spécialement de la physique, et dans un sens particulier, celui qui exécute des tours d'adresse à l'aide d'appareils de physique.

PHYSIQUE INDUSTRIELLE. La science abstraite, théorique, qui renferme dans l'énoncé laconique de ses lois, le *code de la nature,* sera toujours la source féconde d'où découlent les nombreuses applications qui viennent fréquemment révolutionner et enrichir l'industrie. Tout se lie et s'enchaîne dans les sciences modernes. L'industrie emprunte à chacune d'elles, séparément ou simultanément, les bases de ses procédés.

La *physique industrielle* peut être définie : l'ensemble des applications à l'industrie des phéno-mènes et des lois de la physique théorique. Bien qu'elle se trouve souvent mêlée à la mécanique et à la chimie, elle a néanmoins un domaine li-mité par celui de la physique elle-même. On suivra donc, dans son exposé sommaire, l'ordre dans lequel on étudie les phénomènes de la physique proprement dite.

La physique industrielle, en effet, utilise toutes les branches de la science, depuis les propriétés générales des corps, depuis la pesanteur et la chaleur, jusqu'à l'électricité, à l'acoustique et à l'optique. Elle repose tout entière sur les propriétés générales des corps solides, liquides ou gazeux. C'est ainsi qu'elle utilise la divisibilité dans le noir de fumée, l'encre de Chine, les couleurs, les matières tinctoriales, les poudres métalliques, les fils et les feuilles d'or, etc.; la porosité, par l'emploi des filtres, des éponges, des charbons décolorants, des alcarazas, etc. Elle tire parti des propriétés les plus opposées : de la grande compressibilité des gaz et de l'incompressibilité des liquides; de l'élasticité de l'acier et de la plasticité du plomb; de la dureté du diamant et de la mollesse de la cire; de la ténacité du fer et du peu de cohésion du plomb; de la malléabilité ou de la ductilité de l'or et de la fragilité du verre; de la grande densité du platine et de la légèreté de l'hydrogène; de la conductibilité des métaux pour la chaleur et l'électricité et des propriétés isolantes de la gutta-percha; de la sonorité du bronze et du défaut d'élasticité du plomb; de la transparence du cristal et de l'opacité des métaux.

La pesanteur, considérée dans sa direction, son intensité et son point d'application, conduit à l'emploi du fil à plomb, des niveaux à perpendicules, pour l'horizontalité des surfaces, la verticalité et la stabilité des constructions; des moutons ou sonnettes pour le fonçage des pieux, la cassure des métaux; des pendules, métronomes, des balances, bascules, pesons, etc.

Les lois de l'hydrostatique sont appliquées dans la presse hydraulique, les niveaux d'eau, les niveaux à bulle d'air, les vases communiquants; la conduite et la distribution des eaux des villes, les puits artésiens, les jets d'eau, la pression sur les corps plongés. Le principe d'Archimède fournit les densimètres, aréomètres, alcoomètres, pèse-sels, etc.; fait connaître les conditions des corps flottants.

La capillarité, la diffusion, l'osmose, la dialyse se rattachent au mouvement des liquides dans les espaces très étroits.

Sur la pression atmosphérique et les lois de la force élastique des gaz, sont fondés le baromètre qui sert à la mesure des hauteurs et à la prédiction du temps; les machines pneumatiques et de compression, les manomètres, les appareils propres au travail dans l'air comprimé, la cloche à plongeur, les scaphandres, les postes et les chemins de fer atmosphériques ou à air comprimé, les souffleries, les conduites de gaz, les pompes, les siphons, les aérostats.

La chaleur, au point de vue industriel, comprend : 1° la mesure des températures par les thermomètres, pyromètres; 2° les effets généraux (V. CHALEUR), la dilatation des solides, des liquides et des gaz, avec application aux compensateurs, aux constructions contenant des matériaux d'inégale dilatabilité; les changements d'état : fusion (industries diverses, métallurgie), vaporisation, liquéfaction, ébullition, congélation, chaleurs latentes, chaleurs spécifiques : 3° la production de la chaleur et du froid (V. CHALEUR, § Source de chaleur et de froid); 4° l'utilisation physique de la chaleur : chauffage par les combustibles solides, liquides ou gazeux; par la vapeur, l'air chaud, par circulation d'eau chaude, cheminées, poêles, fourneaux, calorifères; ventilation des écoles, ateliers, théâtres; aération des mines; évaporation, marais salants; séchage, essorage; distillation, production artificielle du froid, mélanges réfrigérants, glacières; chaleur rayonnante; miroirs ardents, lentilles ardentes; pouvoir diathermane : serres, cloches des jardiniers; conductibilité des solides, des liquides et des gaz, applications au chauffage; 5° l'utilisation de la chaleur comme force motrice, spécialement par l'emploi des machines à vapeur d'eau, à vapeurs combustibles, à gaz, à air chaud, machines fixes, locomobiles, locomotives. Équivalent mécanique de la chaleur.

L'acoustique fait connaître les divers moyens de produire des sons, la vitesse de propagation du son dans l'air, dans les liquides et les solides; sa réflexion (écho, résonance, porte-voix, cornet et tubes acoustiques, acoustique appliquée à l'architecture), etc. L'étude des qualités du son (hauteur, intensité, timbre), les lois des vibrations des cordes et des tuyaux président à la confection et à l'emploi des instruments à cordes et à vent, ainsi qu'aux diapasons, timbres, cloches, carillons.

Dans le magnétisme, indépendamment de la boussole et de ses usages, surtout dans la marine, et de ses procédés d'aimantation, on trouve une application directe des aimants dans l'indicateur magnétique du niveau d'eau des chaudières, sans ouverture extérieure.

L'électricité statique n'a, jusqu'ici, été utilisée industriellement que dans les paratonnerres. L'électricité dynamique, au contraire, a conduit à des applications variées dont le nombre croît sans cesse. Les courants électriques issus des piles primaires ou secondaires (accumulateurs) produisent des effets physiques, chimiques, physiologiques qui ont donné lieu à l'éclairage électrique, à la dorure, l'argenture, le nickelage par voie électrique et, en général, à la galvanoplastie, à l'électrolyse, aux appareils médicaux. Le besoin de mesurer la force électromotrice, l'intensité des courants, la résistance des fils qui les conduisent, a nécessité l'emploi d'instruments appropriés : galvanomètres, voltamètres, rhéostats, etc. A la vitesse de propagation de l'électricité on doit le télégraphe, les sonneries, les horloges, les avertisseurs, les enregistreurs électriques, le téléphone et le microphone.

L'électro-magnétisme a donné les électro-aimants et avec eux la force mécanique et une foule d'ap-

)plications. Mais c'est surtout avec le courant d'induction qu'on produit les transformations de l'énergie sous tous ses modes. C'est grâce aux machines d'induction, machines de Gramme, de Siemens, d'Edison, que l'éclairage électrique est devenu industriellement possible, et que le problème du transport des grandes forces à grande distance a donné lieu naguère aux intéressantes expériences de M. Marcel Deprez entre Creil et Paris.

La *lumière* est utilisée industriellement pour ses diverses propriétés : pour sa direction, dans les ombres portées, dans la chambre obscure ; pour sa vitesse de propagation, dans la télégraphie aérienne et optique ; pour son intensité, dans l'éclairage ; pour sa réflexion, sa réfraction, dans les miroirs plans ou courbes, les prismes, les lentilles, les lanternes des phares, la chambre claire, la lanterne magique, la fantasmagorie, le diorama, le panorama, les spectres au théâtre, les couleurs et l'analyse spectrale ; pour son pouvoir chimique, dans la photographie. Il n'est pas jusqu'aux principes de la double réfraction et de la polarisation qui n'aient été utilisés industriellement, dans le saccharimètre optique. Au phénomène de la vision se rattachent les bésicles, le stéréoscope, le contraste des couleurs. Viennent ensuite les instruments d'optique qui augmentent, dans une proportion considérable, la puissance de la vision, du côté de l'infiniment petit ou du côté de l'infiniment grand : loupes, microscopes, lunettes, télescopes, etc. — C. D.

*PIA (Paille de). On emploie parfois, à Paris, pour la confection de certains chapeaux de paille, la paille de *pia*, provenant de Taïti et fournie par le *tacca pinnatifitida*, de la famille des palmiers.

*PIAÇABA. — V. PIASSAVA.

*PIANISTA. Instrument qui remplit les mêmes fonctions que le piano mécanique et que l'on place devant un clavier de piano quelconque, sur lequel il permet de jouer tous les airs possibles. Cet appareil dont le mécanisme est mis en mouvement par une manivelle, se compose d'un meuble de petites dimensions d'où sortent une série de leviers ou marteaux en bois, destinés à attaquer les touches comme le font les doigts du pianiste. Chaque marteau est mû par un soufflet alimenté au moyen de deux réservoirs principaux dont la manivelle fait fonctionner les pompes ; la mise en jeu de chaque soufflet s'effectue par l'ouverture de soupapes qui sont sous la dépendance d'une sorte d'*abrégé* muni de tiges motrices, aboutissant à une rangée de cames placées en ligne droite au centre et à la partie supérieure de l'instrument.

Une série de cartons, percés suivant le système Jacquart, est entraînée sous ces cames qui sont soulevées ou abaissées à tour de rôle selon la notation du morceau, et font ainsi fonctionner les touches correspondantes.

PIANO. Instrument de musique à clavier et à cordes métalliques qui a remplacé le *clavecin* (V. ce mot) et dont on peut renforcer ou adoucir le son à volonté. Le *piano droit* ou *vertical* est un piano dont les cordes et la table d'harmonie sont posées verticalement. Les pianos à cordes horizontales comprennent le *piano carré*, où les cordes se présentent latéralement à l'exécutant, et le *piano à queue*, où elles se présentent par le bout. Quant au *piano mécanique*, c'est un piano qui reproduit les morceaux de musique à l'aide de planchettes mobiles ou d'un cylindre.

HISTORIQUE. Le premier inventeur du piano ou *piano forte* que l'on a d'abord appelé *clavecin à marteaux (cembalo a martelleti)*, parce que dans cet instrument les marteaux étaient substitués aux *sautereaux*, est Bartolomeo Cristofori, de Padoue, facteur de clavecins du grand-duc de Toscane. Fixé à Florence au commencement du XVIIIe siècle, il y avait publié, dès l'année 1711, une description de sa nouvelle invention, sous le titre de *Clavicembalo col piano e forte* ; mais, quoi qu'il eût trouvé d'abord les deux principes du mécanisme, c'est-à-dire l'échappement du marteau une fois le coup frappé sur la corde, et l'étouffoir qui arrête les vibrations, il eut alors, comme l'éprouvent la plupart des inventeurs, à subir l'opposition des professeurs italiens, et son invention resta tout à fait oubliée.

Quelques années plus tard, vers 1716, un français nommé Marius, présentait à l'Académie royale des sciences, quatre instruments horizontaux qu'il appelait *claviers à maillets*, lesquels, comme dans le système de Cristofori, avaient sur les clavecins l'avantage incontestable de pouvoir résonner *piano* ou *forte*, à la volonté de l'exécutant. De plus, l'attaque du marteau sur la corde substituée au grattement du bec de plume permettait de faire entendre des sons plus prolongés. Enfin, Gottlieb Schrœder, résidant à Dresde, avait conçu également l'idée du piano vers 1717, et il fit des essais qu'il présenta à l'Electeur de Saxe, mais il ne fut nullement encouragé. Une missive de Schrœder, publiée en 1763, c'est-à-dire cinquante-deux ans après la publication de Cristofori, prouva que la découverte du facteur allemand différait assez de celle de l'inventeur italien pour que l'on pût croire que Schrœder n'avait pas connu le plan de son prédécesseur. Quoiqu'il en soit, l'instrument de Cristofori n'a pas servi de modèle aux pianos qu'on a fait depuis lors ; c'est le mécanisme inventé par Schrœder que les premiers facteurs ont imité. La préférence accordée à Schrœder par l'opinion, vient de ce que l'Allemagne avait accueilli favorablement les instruments construits sur le modèle de ce dernier, tandis que les inventions de Cristofori et de Marius étaient négligées en Italie comme en France ; les premiers pianos partirent de l'Allemagne pour se répandre dans ces deux pays. Cristofori en est pas moins devenu célèbre après sa mort. Au mois de mai 1876, les Florentins ont célébré en grande pompe son centenaire, et ils le considèrent avec raison comme ayant inventé, en 1711, à Florence, le *clavicembalo avec piano et forte*.

Mais quel que soit le véritable inventeur du piano, ce fut seulement vers 1746 que Gottlieb Silbermann, facteur d'orgues à Freyberg (Saxe), organisa régulièrement la fabrication de cet instrument, et que le piano commença contre le clavecin une lutte qui devait se terminer à son avantage pendant les dernières années du XVIIIe siècle.

Les premiers pianos eurent la forme du clavecin. Ce fut seulement vers 1758 que Friederici construisit un piano carré. A partir de ce moment, les pianos carrés devinrent plus nombreux que les autres, tant en Allemagne qu'en Angleterre, où un ouvrier nommé Zump, avait transporté la fabrication de cet instrument. Mais les petits pianos carrés fabriqués à cette époque avaient le son faible, en comparaison des grands clavecins, inconvénient qui nuisait à leur succès. Après beaucoup de travaux et de dépenses, le mécanisme du grand piano-forte fut enfin trouvé par Backers, Broadwood et Stodart, et définitivement fixé.

Le piano-forte, appelé par Delille l'*harmonieux ivoire*, fut dès lors vanté par les prosateurs et chanté par les poètes en France comme en Allemagne, où les premières éditions de Beethoven portèrent l'avis pour le *piano-forte à marteau*.

La France eut à son tour sa première fabrique de pianos fondée à Paris, par Sébastien Erard, de Strasbourg. Ce célèbre facteur construisit d'abord des pianos carrés à cinq octaves, à deux cordes et deux pédales, qui égalèrent pour la force du son les pianos anglais et pour la douceur, les pianos allemands. En 1790, il fit le premier piano carré à trois cordes au mécanisme duquel il adapta un faux marteau ou double pilote pour donner au son une plus grande puissance; en 1797, il rapporta d'Angleterre le *mécanisme anglais dit à action directe*, qu'il appliqua aux pianos à queue, après l'avoir modifié dans plusieurs de ses parties et y avoir ajouté notamment la pièce à laquelle on a donné le nom d'*attrape-marteau*. Sur la demande du pianiste Dussek, Sébastien Erard fit, en 1808, les premiers pianos à queue avec le clavier découvert et en saillie, disposition qui permet à l'exécutant de jouer sans être gêné dans ses mouvements par les cloisons qui encadrent le clavier dans les pianos ordinaires; le mécanisme de ces pianos était établi d'après un système tout différent de celui des grands pianos à queue anglais.

Pendant que Sébastien Erard réalisait tous ces perfectionnements, d'autres facteurs, tant en France qu'à l'étranger, concouraient par des inventions diverses au progrès de la fabrication du piano. Broadwood, en Angleterre, continuait à améliorer ses instruments; Müller, Walter et Streicher, tous trois facteurs à Vienne, construisaient des pianos à queue à six octaves. Petzold, établi à Paris, en 1815, introduisit dans les pianos carrés un échappement dont les facteurs français se servirent pendant longtemps. Cet échappement rendait le toucher prompt et facile; mais son défaut de solidité le fit abandonner lorsque l'échappement d'Erard tomba dans le domaine public. En 1821, Grüneberg, de Halle, en Saxe, fit le premier *piano droit* à cordes obliques, et vers la même époque, Warnūm, à Londres, *construisit des pianos à cordes verticales appelés *piccolos* en Angleterre et *pianinos* en France.

On donna tout d'abord aux pianos verticaux les noms les plus étranges, témoin les instruments nommés *pianos-pyramides* ou *pianos-girafes*, construits en Angleterre, par Wad et Bleyer. Le piano vertical ou droit fut, au début, construit dans la forme du clavecin vertical; c'était un piano à queue dressé contre le mur. L'aspect d'un pareil instrument n'offrait à l'œil qu'un résultat désagréable; on lui donna plus tard la forme d'une armoire de 5 à 6 pieds de hauteur, fermée par un châssis garni d'un rideau de soie. Les pianos dits « de Roller et Blanchet », exposés en 1827, n'avaient que 3 pieds de haut, l'appareil de la table et des cordes ayant été porté vers la base de l'instrument au lieu de partir de la région du clavier. Cette disposition a prévalu depuis lors.

Dans le principe, le piano vertical était donc fort défectueux; il a été considérablement perfectionné, et son usage est devenu général; mais le piano à queue est toujours l'instrument par excellence, l'instrument des artistes.

Henry Pape, auteur de plusieurs inventions ingénieuses, produisit, en 1827, un mécanisme dans lequel le marteau frappait au-dessus des cordes. Ce système, indiqué déjà par Schrœder, essayé par Hildebrandt, en 1783, puis par Streicher, a été appliqué depuis aux pianos carrés par M. Kriegelstein. A la même époque, Roller perfectionna les pianos droits à cordes obliques, qui obtinrent une vogue immense en France; Pierre Erard modifia la composition des *cordes destinées à rendre les sons les plus graves*, et Camille Pleyel, par les améliorations qu'il apporta aux mécanismes employés par John

Broadwood, parvint à donner à ses instruments une perfection remarquable. Camille Pleyel transforma, vers 1825, la fabrique fondée par son père, Ignace Pleyel, en une manufacture qui est depuis longtemps déjà, avec les maisons Erard et **Herz**, l'un des établissements les plus importants de l'Europe.

A partir de ce moment, l'industrie des pianos prit, en France et surtout à Paris, une extension considérable. Non seulement les importations de pianos anglais et allemands diminuèrent, mais les facteurs français commencèrent à envoyer leurs instruments à l'étranger. Le développement de l'industrie fut puissamment secondé par les progrès constants de la facture; depuis 1840, en effet, les pianos français ont acquis une réputation toujours croissante, due sinon à des inventions capitales, du moins à d'ingénieux perfectionnements. Aujourd'hui, la supériorité des pianos français est incontestable; les facteurs nationaux exportent leurs instruments pour l'Amérique, pour l'Australie, pour toute l'Europe, même pour l'Angleterre, tandis que l'introduction en France d'un piano étranger est un fait extrêmement rare.

En résumé, la tendance des facteurs a toujours été d'augmenter la sonorité du piano par la tension des cordes, la résistance des armatures et la force de la mécanique. Le clavecin n'était guère qu'une sorte de grande mandoline à clavier, qu'on cherchait à rendre aussi agréable à l'oreille qu'à la vue. Le piano plus ambitieux, a appelé la science à son aide, et a acquis, grâce à elle, une extraordinaire puissance de son qu'il a su concilier dans toute l'étendue du clavier avec le moelleux, la clarté, l'égalité des notes. Depuis un certain nombre d'années, cet instrument est arrivé à un degré de perfection qui peut être difficilement surpassé.

TECHNOLOGIE. Le piano se compose essentiellement de deux organes distincts : un corps sonore construit de façon à pouvoir rendre des sons et un système de mécanismes, capable de le mettre en vibration.

Le corps sonore du piano possède des cordes métalliques tendues en avant d'une table d'harmonie ou de résonance que soutient le *barrage*, sorte de charpente en bois et fer résistant à la traction totale des cordes. Celles-ci sont fabriquées avec les meilleurs aciers connus, l'acier au creuset de Suède, par exemple, dont la charge de rupture minimum est de 200 kilogrammes par millimètre carré de section; leur diamètre varie de $0^{mm},75$ à $1^{mm},57$, et leur longueur de $1^m,95$ dans les basses des pianos à queues à 0,055 dans les registres aigus des pianos droits; la tension de chacune d'elles, lorsqu'elle est mise en place, oscille entre 50 et 125 kilogrammes.

Dans les basses, pour obtenir les notes graves, les cordes d'acier sont revêtues d'un fil de cuivre de $0^{mm},12$ à $1^{mm},6$ de diamètre, enroulé en spirale sur l'âme, et portent alors le nom de *cordes filées*.

La tension totale des cordes d'un piano droit est d'environ 15,000 kilogrammes tandis qu'elle atteint 20,000 pour un piano à queue. Elles sont attachées par l'une de leurs extrémités à une pointe de fer dite *pointe d'accroche*, fixée dans le sommier de pointes, et viennent, par l'autre extrémité, s'enrouler sur des chevilles de fer entrées à force dans le sommier du haut; ces deux sommiers sont réunis et maintenus à leur écartement par le barrage dont nous avons parlé précédemment. La table d'harmonie, construite en bois de sapin de premier choix, très fin de grain et très égal de veines, est mise en rapport avec les cordes par le chevalet sur lequel vient s'appuyer chacune de celles-ci. Le chevalet, collé sur la table d'harmonie, est généralement fait de bois dur (hêtre ou cormier) et cintré suivant la ligne sinueuse déterminée par les longueurs des cordes, dont la partie vibrante est limitée, d'une part, par les pointes métalliques plantées dans le chevalet et autour desquelles elles forment un coude et, d'autre part, par le sillet métallique qui les coude de nouveau près des chevilles sur lesquelles elles s'enroulent.

Dans les pianos droits, la charpente en bois se compose d'un barrage formé d'un cadre dont les traverses supérieure et inférieure sont reliées par des entretoises, soit verticales, soit obliques, dites *montants de barrage*, dans la traverse supérieure s'encastre le sommier du haut recevant, ainsi que nous l'avons vu, les chevilles des cordes, tandis que la traverse inférieure sert d'appui au sommier d'accroche en bois ou en tôle de fer. Le barrage est généralement construit en sapin, chêne et hêtre, et c'est contre les pièces extérieures du cadre que viennent se coller les côtés du piano.

Un des perfectionnements modernes les plus importants a été de doubler ce barrage entièrement en bois, d'un autre complètement métallique, lequel est vissé et boulonné sur le premier dans une position absolument fixe : la construction de ce barrage métallique s'exécute par deux procédés qui différencient complètement la plupart des pianos français de ceux des facteurs allemands et américains. Ces derniers, en effet, depuis un certain nombre d'années, ont fait fondre le barrage métallique en une seule pièce massive de fonte de fer : ils obtiennent ainsi une notable économie dans la main-d'œuvre, mais elle est acquise au prix de graves inconvénients ; pour éviter les ruptures de la fonte, il faut donner des sections relativement considérables aux différentes pièces du bâti ; il en résulte une lourdeur excessive, et, malgré tout, on ne peut être assuré

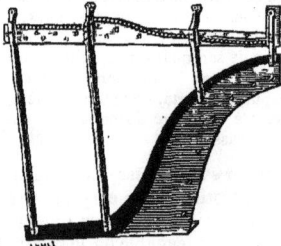

Fig. 122. — *Cadre en fer forgé pour piano droit.*

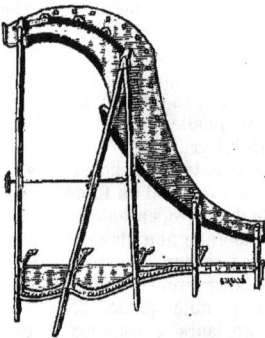

Fig. 123. — *Cadre en fer forgé pour piano à queue.*

que des ruptures ne se produiront pas sous l'action d'un choc, d'une dilatation anormale, d'une cause quelconque impossible à prévoir.

Dans les cadres en fer forgé, construits par MM. Pleyel-Wolff et Cⁱᵉ, représentés par les figures 122 et 123, on peut remarquer que les sommiers du haut sur lesquels sont insérées les agrafes limitant la partie vibrante de la corde, sont maintenus à écartement fixe des sommiers d'accroche par des entretoises formées de fers plats (14 sur 30 millimètres) placés suivant leur sens de plus grande résistance dans le plan de traction des cordes. L'emploi de la tôle d'acier ou de fer et du fer forgé a permis d'obtenir le maximum de résistance pour le minimum de poids et de joindre, par suite, une extrême légèreté à une solidité à toute épreuve. Enfin, dans les modèles d'un prix plus élevé, on a pu fabriquer le sommier du haut en bronze, ce qui augmente la pureté du son.

Le mécanisme du piano, mis en mouvement par l'action des doigts sur le *clavier* (V. ce mot), se compose essentiellement de marteaux agissant par choc sur les cordes tendues, et du système de transmission, plus ou moins compliqué suivant les facteurs, qui transforme le mouvement circulaire à grand rayon que décrit la touche du clavier sous l'action verticale du doigt, en un mouvement circulaire de sens ou de direction inverse et de petit rayon ; il comprend, en outre, un jeu d'étouffoirs destiné à éteindre la vibration des cordes aussitôt que le doigt abandonne la touche qui les commande.

Les figures 124 et 125 représentent le mécanisme d'un piano droit et celui d'un piano à queue de la maison Pleyel-Wolff. Dans le piano droit, la touche AB, levier du premier genre, met en mouvement un talon poli du levier C, du second genre, sur lequel se trouve monté l'*échappement* D représentant la résistance. Celui-ci, en effet, en contact presque immédiat avec le marteau à chasser contre la corde, par l'intermédiaire de la *noix* dans laquelle le manche du marteau est encastré, agit sous le nez de cette dernière G ; il déplace ainsi le marteau vers la corde, tandis que le bouton réglable E contre lequel l'échappement glisse suivant un plan incliné, le dévie de sa course et lui fait quitter le nez G de la noix et, par suite, abandonner le marteau juste au moment où celui-ci, arrivant frapper la corde, est renvoyé à sa position initiale par la réaction même de la corde. Le marteau, rejeté en arrière avec une force à peu près égale à celle avec laquelle il vient de frapper la corde, serait sollicité à rebondir sur le support de marteaux qui l'arrête dans son mouvement de retraite et à venir de nouveau frapper la corde, si l'attrape H, portée par la touche même, ne venait, dans le mouvement de retour de cette touche à sa position initiale, buter sur la contre-attrape dont la noix est munie.

La touche abandonnée continue son mouvement inverse du mouvement d'impulsion, l'attrape abandonne la contre-attrape et tout revient en place. L'étouffoir J, par la combinaison des tringles de transmission et la situation relative des centres des leviers de commande, quitte la corde au moment où, la touche s'abaissant, le marteau arrive à la corde, et revient s'appliquer sur celle-ci pour éteindre les vibrations aussitôt que la touche, abandonnée à elle-même ramène tout à la position initiale.

Dans le piano à queue, les pièces sont un peu différentes. Ici, en effet, au lieu d'avoir le manche du marteau placé à peu près verticalement, ce qui permet de ne tenir compte que d'une très faible composante du poids du marteau ten-

Fig. 124. — *Mécanisme d'un piano droit.*

dant à le ramener vers la corde, le manche est à peu près horizontal, la course du marteau presque verticale, c'est-à-dire que la pesanteur intervient

d'une façon très directe, puisque la masse percutante agissant à une distance de son centre de rotation très appréciable, viendra ajouter une accélération, d'autant plus grande que le choc aura été plus violent, au mouvement de recul produit par ce choc contre la corde. Le marteau aura donc une tendance très marquée à s'écarter de celle-ci avec une grande rapidité. Son support limitera encore la course de ce recul à un point maximum et l'*attrape*, comme dans le piano droit, empêchera que la réaction de ce support contre le manche du marteau ne renvoie celui-ci vers la corde; mais cette course maximum de la masse percutante exige un certain temps qui

Fig. 125. — *Mécanisme d'un piano à queue.*

est un obstacle lorsque le pianiste veut répéter plusieurs fois et rapidement la même note. Un organe additionnel était donc nécessaire dans le piano à queue; Sébastien Erard trouva le premier cet organe

qu'il appela *échappement double*; c'est ainsi qu'on désigne aujourd'hui toutes les mécaniques de pianos à queue permettant de répéter facilement.

Le mécanisme du piano à queue (fig. 125) créé

par la maison Pleyel, unit la simplicité des organes à la légèreté et à la rapidité du jeu. Sous l'action de la touche AB, l'étouffoir I quitte la corde et l'échappement J chasse le marteau vers celle-ci en attaquant sous le *nez* la noix G portant le manche du marteau. La pièce K plantée d'équerre dans l'échappement venant buter contre le bouton d'arrêt L, l'échappement quitte le dessous du nez de la noix au moment où le marteau va frapper la corde. Si, au même instant, la touche est abandonnée à elle-même, le marteau renvoyé retombe sur le support et l'attrape H l'empêche d'osciller entre ce support et la corde. Si, au contraire, la touche n'est abandonnée que partiellement dans sa course, c'est-à-dire si le pianiste la frappe de nouveau avant qu'elle ne soit revenue à sa position première, s'il veut répéter, en un mot, les organes de répétition de la mécanique entrent alors en jeu de la façon suivante : le devant de la touche étant abaissé, l'arrière portant le ressort d'ivoire N se relève et relève en même temps le bras horizontal de l'équerre M. La pièce verticale s'avance au devant de la noix du marteau et la cale dans une situation presque fixe au moment où celui-ci vient de commencer son mouvement de recul ; il est donc tout près encore de la corde

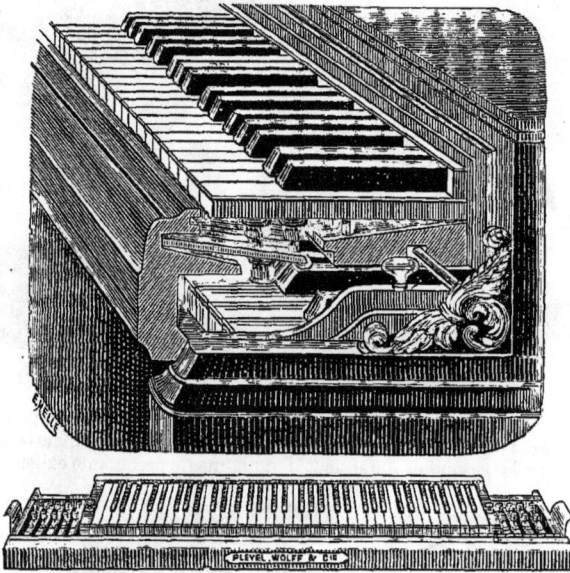

Fig. 126 et 127. — *Clavier transpositeur.*

et la bande du ressort N le maintient dans cette position lorsque la touche faisant le plus petit mouvement, l'échappement J peut rentrer sous le nez. Les courses de la touche et du marteau sont donc considérablement diminuées par cette équerre de répétition, ce qui rend cette dernière très facile.

Un utile complément du piano, notamment pour l'accompagnement du chant, est le *clavier transpositeur*. Cet instrument permet de résoudre mécaniquement le difficile problème de la transposition d'un ton dans un autre, problème dont triomphent seuls à première vue les musiciens très exercés. Plusieurs fois on a fabriqué des pianos transposant d'un 1/2 ton ou d'un ton par le déplacement du clavier, à la manière des orgues ; mais le but n'est ainsi que partiellement atteint, et le déplacement des touches dérègle le mécanisme.

MM. Pleyel-Wolff ont pris un brevet pour un appareil complet (fig. 126), portatif et maniable qui se pose aisément sur les touches d'un piano quelconque. Il consiste essentiellement en un petit clavier commandant des leviers montés sur une tringle de support ; à l'aide du glissement de ce clavier supérieur on peut, pour chaque octave, amener une note du transpositeur sur une note quelconque du piano. Le morceau joué, ainsi qu'il est écrit, sur le clavier mobile, sera donc exécuté sur le piano dans le ton désiré.

Cet instrument est très utile dans le cabinet du professeur de chant, au théâtre pour l'étude des rôles ; il se place sur tous les pianos, se règle avec la plus grande facilité, et une fois réglé ne subit aucune altération dans son fonctionnement ; le piano lui-même n'en éprouve aucun préjudice.

Enfin le *pédalier* est un instrument construit comme le piano, mais dont le clavier est actionné par les pieds au lieu de l'être par les doigts ; primitivement destiné aux organistes dont il est l'instrument d'étude indispensable, il tend à devenir un complément puissant du piano pour un certain nombre d'artistes. En effet, outre la musique d'orgue proprement dite (qui renferme toujours une partie de pédale), il existe un répertoire important d'œuvres des grands maîtres, pour clavecin ou piano, qui ne sont exécutables qu'avec la pédale. Ces ouvrages sont, en général, d'une grande difficulté, et les artistes qui ont fait du clavier de pédale une étude sérieuse, sont seuls en état de les exécuter.

FABRICATION. Les bois qui entrent dans la constitution d'un piano sont, pour la construction : chêne, hêtre, sapin, tilleul, tulipier et noyer d'Amérique ; pour la mécanique : poirier, cormier, alisier, charme, érable, hickory (bois d'Amérique) ; pour l'ébénisterie : palissandre, acajou, poirier teint dit *bois noir*, noyer loupe d'Orient et divers autres pour les pianos riches ornementés.

Dans les grandes maisons françaises, ces bois arrivent en grumes et sont débités dans des scieries à vapeur.

Les bois empilés doivent être séchés avec un soin tout particulier et les approvisionnements doivent atteindre des proportions énormes. Ces bois bien débarrassés de sève après 4 et 5 années d'exposition à l'air libre, sont débités et empilés pendant six mois ou un an dans des séchoirs couverts et à doubles courants d'air chaud. Nombreuses sont les précautions à prendre dans l'empilage, la disposition des piles les unes par rapport aux autres, leur orientation, etc.

La charpente ou ossature des différents modèles de pianos se construit dans les ateliers de *barragiers*; les montants sont faits à l'aide de sapin de premier choix que l'on contreplaque de chêne ou de hêtre chez les grands facteurs. Ce premier bâti passe ensuite entre les mains des *caissiers-monteurs* qui reçoivent du magasin de plaque, le chêne et le placage de palissandre, acajou ou bois noir préparés plusieurs mois à l'avance, dont ils doivent revêtir la charpente. Les côtés, avec leurs *oreilles*, garnissent à droite et à gauche le barrage, et le couvercle et son abattant se recouvrent la partie supérieure; la porte du haut, le cylindre et la porte du bas complètent le meuble.

Ces pièces une fois ajustées et fixées sur le barrage, constituent avec lui la caisse qu'on livre au *tableur*. Celui-ci colle avec un soin extrême les tables d'harmonie faites de bois de sapin de premier choix, place les chevalets et les agrafes chargées de limiter avec une exactitude mathématique les longueurs vibrantes des cordes, reçoit de la forge et de la serrurerie les armatures de fer et de bronze destinées à résister aux 15 ou 18 tonnes de traction totale produite par la tension des cordes, et les ajuste; après lui, les *ferreurs du haut et du bas* placent les charnières, les serrures et roulettes. Les *monteurs de cordes* montent chaque note avec le numéro d'acier indiqué sur des tableaux spéciaux, c'est-à-dire qu'après avoir fait une bouclette au bout du fil d'acier ils la passent autour de la pointe d'accroche, et tendent la corde à gauche et à droite des pointes de coudage fixées sur le chevalet, puis dans l'agrafe du sommier du haut; ils l'enroulent ensuite autour de la cheville de fer qu'ils enfoncent à coups de maillet dans les trous percés à la machine dans le sommier du haut.

Pour les grosses cordes des basses, le monteur de cordes reçoit du *fileur* un jeu complet de cordes filées; des tableaux indiquent aux fileurs la longueur de la corde d'acier et son diamètre, ainsi que les diamètres des fils de fer et de cuivre qu'ils ont à enrouler sur cette âme d'acier.

Le *pinceur* met une première fois les cordes au ton qu'elles doivent avoir en les *pinçant*, pour les faire vibrer, avec une lamelle d'ivoire; le *vernisseur* prend ensuite la caisse, tablée et montée de cordes, et la vernit au tampon; puis enfin le *finisseur* reçoit, place et règle dans la caisse, le clavier et la mécanique.

L'*accordeur* vient à son tour pour asseoir, à quatre reprises différentes suffisamment espacées, l'accord de l'instrument, et l'*égaliseur* revoit le fonctionnement général du mécanisme, donne au jeu la facilité désirable, assure au marteau la douceur et l'éclat nécessaires.

Le piano est alors complètement terminé et n'est plus soumis qu'à une revision générale et un dernier accord qu'on n'exécute qu'au moment de l'expédition ou de la livraison de l'instrument.

Bibliographie : A. FARRENC : *Esquisse de l'histoire du piano*; CASTIL-BLAZE : *Le piano*, articles publiés dans la *Revue de Paris*, année 1839; PAUL (Oscar) : *Geschichte des claviers*, Leipzig, 1868; César PONSICHI : *Il pianoforte*, Florence, 1876; Spire BLONDEL : *Histoire anecdotique du piano*, Paris, 1880; *Statistique de l'industrie à Paris*, 1860, ch. *Pianos et harpes*; *Dictionary of music and musicians* de Grove, 1880, art. *Pianoforte*.

* **PIANO-TYPE.** *T. de typogr.* — V. COMPOSITION D'IMPRIMERIE, § *Composition mécanique*.

* **PIASSAVA.** Les fibres noires, dures, épaisses et résistantes, dites *piassava*, employées dans toute l'Europe pour la fabrication des brosses et des balais, et particulièrement à Paris, pour la confection des brosses attachées aux voitures usitées pour le balayage des rues, sont produites par la désagrégation de la base des pétioles de l'*attalea funifera*, palmier qui croît en grande abondance au Brésil et au Venezuela, où l'on s'en sert pour faire des nattes, des câbles et autres travaux de corderie.

Les circonstances auxquelles on doit l'utilisation des fibres de l'*attalea* par l'industrie européenne sont assez curieuses. Depuis longtemps, on les utilisait, au Brésil, pour la fabrication des cordages, mais on n'en faisait l'objet d'aucun commerce. Il y a quelques années, un capitaine de navire arrivait, de Rio de Janeiro, à Liverpool. Pour garantir la coque de son bâtiment des frottements inévitables contre les quais et les navires voisins, il avait fait fabriquer, par ses matelots, en employant ces fibres sans valeur, une ceinture épaisse et forte à son navire. En partant de Liverpool, il laissa celle-ci sur le quai; un marchand de brosses en vit et l'acheta pour quelques sous, il en fit des brosses qui furent trouvées excellentes et le *piassava* ne tarda pas à devenir un important article de fret et une matière première recherchée. Ces fibres élastiques, de couleur brun sombre, ont une longueur de 1 mètre; elles ne sont pas complètement rondes, mais plutôt aplaties. — A. R.

PIC. *T. techn.* Nom de divers outils qu'on emploie dans les constructions, les travaux de terrassement, l'exploitation des mines et des carrières; ils sont en fer généralement un peu courbé, pointu et acéré, à manche de bois; leur forme varie, d'ailleurs, suivant le travail auquel ils sont destinés. Le pic en usage dans les opérations de terrassement est formé d'une pointe de fer de 0m,30 à 0m,35 de longueur dont le bout est acéré; l'autre extrémité est terminée par une douille forgée dans laquelle se fixe le manche de 1m,20 de longueur environ; il sert dans les terres dures et caillouteuses; quelquefois, lorsque la proportion des cailloux est plus minime, on se sert du *pic à deux dents* ou bien du *pic à hachette*, dont le nom indique suffisamment la forme, lorsque l'on est exposé à rencontrer des racines, comme dans les travaux de défrichement. Dans les terrains très durs, on emploie le *pic à pédale*; c'est une pointe acérée ou en acier, fixée à l'extrémité d'une tige de fer de 1^m,10 de long terminée, à la partie supérieure, par une grande béquille de 0^m,40. L'ouvrier appuie sur la pédale et fait pénétrer le pic sans secousse brusque, en utilisant le poids de son corps. Nous en donnons une figure à l'article DRAINAGE, p. 449. Chaque piocheur est servi par un ouvrier armé d'une pelle qui enlève les débris ameublis par le pic. Dans les roches dures, dans les carrières et les mines, le pic est remplacé par la *pointerolle* (V. ce mot). — M. R.

* PICADIL. *T. techn.* Verre qui tombe des creusets pendant la fusion et qui passe dans le cendrier, à travers la grille. ‖ Verre qui, par la combinaison et la vitrification de quelque portion de cendres, devient jaune, vert ou noir. ‖ Verre qui, par sa trop grande consistance, ne peut se rouler de lui-même.

* PICOLET. *T. de serrur.* Crampon fixé sur le palastre d'une serrure pour guider, en le maintenant, le pène dans sa course. — V. CRAMPON.

* PICOT. *T. techn.* Sorte de marteau pointu d'un côté, dont les carriers se servent pour soutenir la pierre. ‖ Nom de pièces d'un bois très dur, en forme de prisme droit, de hauteur très courte, dont la base est un triangle isocèle à base très petite, ou en forme de pyramide à base carrée très petite. Elles servent, avec des voussoirs, à constituer des trousses picotées, dont la pose constitue le *picotage*. — V. PUITS DE MINE. ‖ Point où les fils de deux mailles consécutives de la dentelle s'entrelacent ordinairement autour d'une épingle comme point d'appui. ‖ Nom des pointes métalliques qui, sur la presse typographique, perforent la feuille à imprimer.

* PICOT (FRANÇOIS-EDOUARD). Peintre, né à Paris en 1787, montra de bonne heure de grandes dispositions et fut reçu à l'école des Beaux-Arts à l'âge de quatorze ans. Deux ans après, en 1812, il obtenait le second prix de Rome contre Abel de Pujol qui eut la pension, et l'année suivante le premier prix *ex æquo* avec Forestier. Dès son retour de Rome, il exposa deux tableaux qui établirent de suite sa réputation : la *Mort de Saphira*, placé à l'église Saint-Séverin, et l'*Amour et Psyché* composition charmante qui resta comme le cachet de son talent, à tel point qu'on appela Picot pendant toute sa vie : le peintre de l'*Amour et Psyché*. Il fut chargé de décorer plusieurs plafonds au Louvre et à Versailles; il y peignit, pour la galerie égyptienne : l'*Etude et le génie dévoilant l'Egypte à la Grèce*, et pour la galerie des antiques de Pompéi : *Les villes du Vésuve demandant protection à Cybèle*. Après son grand plafond allégorique pour le musée de Versailles, il travailla au grand salon de l'Hôtel de Ville de Paris, peignit pour l'église N.-D. de Lorette le bel hémicycle représentant le *Couronnement de la Vierge*, et dans une chapelle de Saint-Denis du Saint-Sacrement *Jésus et les disciples d'Emmaüs* et le *Baptême du Christ*. A la fin de sa carrière il avait été chargé de décorer l'église Saint-Vincent-de-Paul, mais par suite d'un malentendu, la même commande fut donnée à Flandrin. Picot ayant la priorité, on

lui rendit ce travail, et l'artiste, avec un désintéressement qui lui fait le plus grand honneur, offrit à Flandrin de partager cette décoration. Flandrin y gagna un siège à l'Institut. L'inauguration de ces peintures se fit en grande pompe; on put voir que les deux maîtres étaient dignes de se trouver ensemble et bien que Picot eut alors près de soixante-dix ans, son pinceau ne montrait aucune défaillance. Néanmoins, ce fut son dernier ouvrage, et il se consacra à l'enseignement jusqu'au jour de sa mort, le 15 mars 1868. Outre les peintures décoratives que nous avons citées, on lui doit : *Oreste, Raphaël et la Fornarina, Céphale et Procris*, la *Délivrance de Saint-Pierre*, une *Annonciation*, la *Prise de Calais* et un grand nombre de portraits. Elu membre de l'Institut dès 1836, en remplacement de Carle Vernet, il était officier de la Légion d'honneur depuis 1852.

PICRATE. *T. de chim.* Syn. : *carbazotate*. Nom des sels résultant de la saturation de l'acide picrique par une base, et ayant pour formule générale

$$C^{12}H^3Az^3MO^{14}...C^6H^3Az^3M'O^7,$$

lorsqu'ils correspondent à un métal monoatomique, ou $(C^6H^3Az^3O^7)^2M''$, lorsque le métal est biatomique. Ils sont presque tous cristallisés en aiguilles prismatiques, de coloration jaune ou jaune foncé, à l'exception de celui de cuivre qui est vert, efflorescent, mais redevient jaune quand on le chauffe; ils sont amers, monobasiques, gardent souvent 5 à 6 équivalents d'eau de cristallisation; en général, ils sont solubles dans l'eau, quelques-uns le sont fort peu, ils sont insolubles dans l'alcool. Les acides plus forts que l'acide picrique, les décomposent; il en est de même d'un choc brusque ou de la chaleur, mais dans ce dernier cas, la décomposition se fait avec ou sans explosion. Ceux qui contiennent des acides facilement réductibles, comme ceux de mercure, d'argent, de cuivre, se décomposent sans explosion; ils brûlent en répandant une vive lumière et avec bruissement; ceux à base de métaux alcalins font, au contraire, une forte explosion, surtout lorsqu'ils sont enfermés en vase clos et alors il y a en même temps dépôt de charbon.

PRÉPARATION. Elle se fait, en général, par saturation directe, comme pour le picrate d'ammoniaque, par exemple, qui s'obtient en dissolvant de l'acide picrique dans de l'eau, à chaud, puis neutralisant par l'ammoniaque et laissant refroidir; ou par voie de double décomposition comme pour le picrate de plomb, qui se prépare en mêlant une solution d'acétate bibasique de plomb, à une solution de picrate d'ammoniaque.

Caractères. Ce sont ceux de l'acide picrique : ainsi les sels solubles dans l'eau, teignent immédiatement en jaune et sans mordant, la laine et la soie blanches; avec le *sulfhydrate d'ammoniaque*, ils donnent une coloration rouge; avec le *cyanure de potassium*, à chaud, une coloration rouge d'isopurpurate de la base employée; avec le *sulfate de cuivre*, un précipité vert.

Usages. Les picrates alcalins servent en teinture et donnent les mêmes couleurs que l'acide.

qui les a formés ; avec les fibres animales la fixation est très facile, mais pour les fibres végétales, il est bon d'additionner le bain d'un peu d'acide acétique, puis de tremper ensuite dans une eau également acidulée, enfin de laver et de sécher.

Les picrates servent aussi comme corps explosifs, puisque la chaleur, l'électricité, le choc ou le frottement peuvent déterminer leur décomposition brusque, en donnant, comme produits de la combustion, une énorme quantité de gaz, parmi lesquels dominent l'azote et l'acide carbonique ; mais, ainsi que leur formule l'indique, comme ils contiennent un excès de charbon, pour que cet excès soit utilisé dans l'explosion, et pour en retirer toute la puissance expansive gazeuse, il faut les mêler à des oxydants énergiques [azotates, (Dessignole, Brugère, Abel) ou chlorates (Fontaine)]. Les picrates ont dû être abandonnés comme matières explosives, à cause des terribles accidents qu'ils ont occasionnés.

Parmi les picrates les plus employés nous citerons :

Le picrate d'ammoniaque

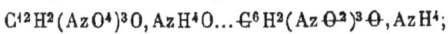

$$C^{12}H^2(AzO^4)^3O, AzH^4O... C^6H^2(Az O^2)^3 O, AzH^4;$$

ce corps se trouve en aiguilles jaunes, très brillantes, formées de prismes obliques aplatis, à base rectangle et à quatre facettes terminales ; il se dissout facilement dans l'eau et peu dans l'alcool, et brûle sans faire explosion, à la façon des résines, en laissant un abondant dépôt de charbon, aussi l'emploie-t-on en pyrotechnie, comme matière fusante ; mêlé à l'azotate de potasse, il constitue les poudres de Brugère ou d'Abel, mélanges que l'on a dû abandonner parce qu'ils sont trop brisants et mettent les pièces à feu trop rapidement hors d'usage. Nous avons indiqué dans les généralités comment on le prépare.

Le picrate de plomb

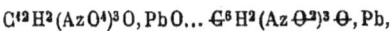

$$C^{12}H^2(AzO^4)^3O, PbO... C^6H^2(Az O^2)^3 O, Pb,$$

est léger, très ténu et en poudre jaune. Liebig avait déjà parlé de la possibilité de s'en servir comme succédané des fulminates (*Berzélius*, VI, p. 386), lorsqu'en 1870 M. Prat signala ce fait, comme nouveau, et l'utilisa à la capsulerie de Bordeaux pour charger les amorces des fusils Chassepot et Remington (V. *Association française*, première session, p. 407). Il s'obtient en faisant fondre de l'acide picrique dans de l'eau à 60-70°, filtrant la liqueur encore chaude, additionnant d'ammoniaque pour obtenir un bipicrate d'ammoniaque, que l'on précipite ensuite par l'acétate bibasique de plomb en solution à 20° Baumé,

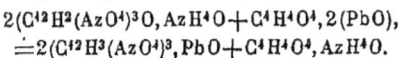

$$2(C^{12}H^2(AzO^4)^3O, AzH^4O + C^4H^4O^4, 2(PbO),$$
$$= 2(C^{12}H^3(AzO^4)^3, PbO + C^4H^4O^4, AzH^4O.$$

Le dépôt jaune obtenu est alors essoré, puis mélangé avec du chlorate de potasse pulvérisé, en quantité telle, que le charbon de l'acide puisse être brûlé par l'oxygène ; on ajoute enfin à la pâte de la gomme adragante pour lier et faire adhérer à l'amorce. La décomposition de ce mélange donne 36 volumes de vapeurs gazeuses, ainsi que l'indique la formule suivante :

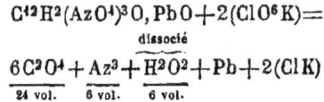

$$C^{12}H^2(AzO^4)^3O, PbO + 2(ClO^6K) =$$
dissocié

$$\underbrace{6C^2O^4}_{24\ vol.} + \underbrace{Az^3}_{6\ vol.} + \underbrace{H^2O^2}_{6\ vol.} + Pb + 2(ClK)$$

alors que le fulminate de mercure en donne dix seulement, et la poudre de guerre 8 volumes, ou à poids égal à un équivalent de fulminant, 33 volumes.

Le picrate de potasse

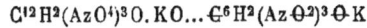

$$C^{12}H^2(AzO^4)^3O, KO... C^6H^2(Az O^2)^3 O K$$

est en prismes orthorhombiques, jaunes ou d'un brun jaune, à reflets métalliques rouges ou verts, soluble dans l'eau (1/260 à froid, 1/14 à 100°), insolubles dans l'alcool. Soumis à l'action de la chaleur, il devient d'abord jaune pâle, puis fond à une température élevée, et enfin détone très fortement, surtout si on l'a chauffé dans un tube de verre fermé par une extrémité, en laissant un abondant dépôt de charbon ; il n'est pas influencé par l'action du bichlorure de platine, il ne contient pas d'eau de cristallisation. En vertu de sa facile solubilité dans l'eau chaude, il sert pour caractériser les sels de potasse. Il entre dans la composition de poudres explosives, notamment celle de Fontaine, qui est formée de parties égales de chlorate et de picrate de potasse. C'est le maniement de ce mélange, destiné à une commande du ministère de la marine, qui, par sa violente explosion, occasionna le sinistre du 9 mars 1869, sur la place de la Sorbonne. Le picrate de potasse peut également remplacer le fulminate des amorces ; mélangé avec le charbon et le nitrate de potasse, il est connu sous le nom de *poudre Dessignole*, comme succédané de la poudre de guerre ; mêlé au nitrate seul, il donne un explosif très brisant utilisé pour le chargement des torpilles. Voici la composition de quelques-uns de ces mélanges :

Nom des matières premières	Poudres pour torpilles	Poudres pour torpilles	Poudre à canon	
			Petit calibre	Gros calibre
Picrate de potasse pulv.	50	55	16.4	9
Charbon pulvérisé . . .	»	»	9.2	11
Azotate de potasse pulv.	50	45	79.4	80

Le picrate de soude

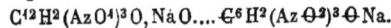

$$C^{12}H^2(AzO^4)^3O, NaO.... C^6H^2(Az O^2)^3 O Na.$$

Ce sel est sous forme d'aiguilles jaunes bien plus solubles que celles du sel potassique, puisqu'il exige seulement 10 parties d'eau froide pour se dissoudre ; il est soluble dans l'alcool, et cette solution précipite après quelque temps les sels de soude, s'ils sont en dissolution concentrée, ce qui prouve qu'il ne faut avoir qu'une confiance relative dans l'emploi du picrate de potasse, comme réactif des sels de soude. Il se prépare, ainsi que celui de potasse, par saturation de l'acide au moyen d'une solution de soude ou de potasse caustiques ; il a d'ailleurs les propriétés du sel potassique.

Les autres picrates métalliques offrent la plus

grande analogie avec ceux que nous venons d'étudier, quelques-uns cependant, surtout celui de *baryte*, peuvent contenir une notable quantité d'eau de cristallisation (12,5 0/0) qu'ils perdent à 100°. Certains *picrates organiques* présentent de l'intérêt; quand on ajoute une solution d'acide picrique à quelques carbures d'hydrogène, comme l'anthracène, la naphtaline, le toluène, etc., on obtient des *picrates d'anthracène*, de *naphtaline*, de *toluène*, qui se déposent en belles aiguilles rouges. Si ces sels n'ont pas reçu d'application directe, leur formation peut être utilisée pour séparer les carbures les uns des autres; Fritzche a en effet montré que l'huile de houille pure, bouillant à 150°, donne avec l'acide picrique un abondant dépôt d'aiguilles jaunes; si on sépare ce dépôt et si on ajoute de nouvel acide picrique, il se forme du *picrate de naphtaline*, lequel enlevé à son tour permet, après addition d'une seconde quantité d'acide, de séparer un picrate d'un autre hydrocarbure, etc.

Les seuls picrates organiques employés sont : le *picrate de rosaniline*,

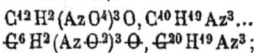

$$C^{42} H^2 (Az O^4)^3 O, C^{40} H^{49} Az^3...$$
$$C^6 H^2 (Az O^2)^3 O, C^{20} H^{49} Az^3 ;$$

il est cristallisé en aiguilles rougeâtres magnifiques, mais presque insolubles dans l'eau, et le *picrate de safranine*,

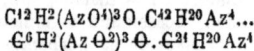

$$C^{42} H^2 (Az O^4)^3 O. C^{42} H^{20} Az^4...$$
$$C^6 H^2 (Az O^2)^3 O. C^{24} H^{20} Az^4$$

qui est insoluble dans l'eau, l'alcool et l'éther. Il se forme en petits cristaux qui se déposent lorsqu'on ajoute de l'acide picrique à une solution d'un sel de safranine. — J. C.

PICRIQUE (Acide). *T. de chim.* — V. ACIDES, § *Acide picrique.*

***PICROLITE.** *T. de minér.* Variété de silicate de magnésie hydraté, qui se rapproche beaucoup de la serpentine, est translucide par places et d'un vert plus ou moins franc; sa densité est de 2,5 et sa dureté de 3. Elle sert comme la serpentine dans la décoration des palais et des monuments.

PIÈCE. *T. techn.* On nomme *pièce de charpente*, un morceau de bois taillé qui doit faire partie d'un assemblage de charpente; les plus grosses destinées à soutenir les autres, sont dites *maîtresses pièces*. Les *pièces de pont* sont les pièces transversales qui soutiennent le tablier d'un pont. || *Pièce de batte*. Partie du *moulin à battes*. — V. cet article. || *Pièce d'artillerie*, canon, bouche à feu. || *Pièces détachées*, T. *de fortif.*, se dit des ouvrages construits à quelque distance du corps de place. || En *T. de grav.*, petit morceau ajusté avec soin pour réparer, corriger un endroit défectueux. || *Travail aux pièces*, se dit du salaire payé à l'ouvrier, en raison de la quantité de travail exécutée. || *Art hérald. Pièces honorables*. Figures héraldiques qui se placent dans l'écu; on en distingue dix-neuf principales qui sont : le *chef*, la *fasce*, le *pal*, la *champagne*, le *chevron*, le *sautoir*, la *croix*, la *bande*, la *barre*, le *franc-quartier*, le *canton*, le *pilon*, le *giron*, le *pairle*, la *bordure*, l'*orle*, le *trescheur*, l'*écusson* et le *gousset*. — V. FIGURES HÉRALDIQUES.

***PIÈCE A MUSIQUE** ou **BOÎTE A MUSIQUE**. Instrument ou meuble qui renferme un mécanisme ingénieux pouvant jouer automatiquement un ou plusieurs airs.

Une boîte à musique se compose essentiellement d'un cylindre muni de pointes ou goupilles représentant les notes des airs à jouer, et qui viennent agir sur un clavier, sorte de peigne en acier trempé à lames vibrantes, accordé selon les tons des notes correspondant aux goupilles du cylindre. Ces différents organes sont supportés par une platine, et le cylindre est mis en mouvement soit à la main, soit au moyen d'une manivelle à vis sans fin, soit à l'aide d'un barillet moteur dont la marche est réglée par un modérateur à volant. Ce cylindre composé d'un tube mince en laiton, fermé aux deux bouts par des tampons, est traversé par une tige en acier supportant à l'une de ses extrémités une roue dentée engrenant avec le modérateur, et à l'autre un pignon qui recevra l'impulsion du barillet. Afin de changer les airs qui sont notés les uns à côté des autres sur le cylindre, celui-ci peut glisser sur son axe et ce déplacement s'opère à chaque révolution au moyen d'une petite pièce, nommée *ellipse*, qui se trouve fixée par une vis à portée, sur la roue dentée située du côté du modérateur, et qui est mise en mouvement à chaque tour par le bec du changement d'airs.

Le notage de la musique s'opère en plaçant le cylindre entre deux barres parallèles; celle de devant porte une division dont les coches correspondent exactement à la distance qui existe entre les pointes des lames du clavier, et sur cette division on inscrit la gamme des notes nécessaires pour jouer les airs choisis. Le cylindre prend un mouvement de rotation à l'aide d'une roue dont le nombre de dents correspond au nombre de mesures de l'air à piquer; cette roue est mue à son tour par une vis sans fin dont l'axe porte une aiguille pouvant indiquer sur un cadran divisé les fractions de mesure ou valeurs des notes. Au-dessus de la barre parallèle de derrière se trouve une broche ronde sur laquelle peut glisser un harnais muni en avant d'un couteau en forme de tournevis, qui doit entrer juste dans les coches de la division; ce harnais porte également une petite fraise à coulisse que l'on fait tourner au moyen d'un archet ou d'une roue, et qui vient marquer sur le cylindre un point correspondant à la note indiquée par le couteau. On opère de même pour toutes les notes suivantes en faisant tourner de la quantité nécessaire, jusqu'à la fin, ensuite on déplace le cylindre longitudinalement pour piquer un deuxième air.

Le piquage terminé, on se sert du foret pour percer le cylindre exactement dans tous les points, puis on le polit sur le tour et on le garnit en mettant une goupille dans chaque trou, à l'aide d'une pince appelée *brucelles*.

Les goupilles en place, on les enfonce et on coule aux deux tiers de l'intérieur du cylindre, un ciment liquéfié par la chaleur et composé de résine, poix et brique pilée, puis on imprime un mouvement de rotation qui fait adhérer le ciment aux parois et donne ainsi plus de poids au cylindre en consolidant en même temps les goupilles; celles-ci sont enfin égalisées à l'aide d'une lime très douce, et finalement le cylindre est mis en contact avec le clavier.

Le vérifieur fait alors fonctionner cet ensemble sur un outil analogue à celui à piquer, vérifie la valeur des notes et casse les goupilles fausses pour en repiquer d'autres à la main; il faut de 800 à 1,000 goupilles pour jouer un air convenablement. Quand la pièce est sortie du vérifiage, on monte tous les organes à leur place en réglant avec soin leurs positions respectives, surtout celles des étouffoirs dont le but est d'arrêter la vibration des lames, puis, enfin, la pièce est mise en boîte.

— *La fabrication des boîtes à musique est d'invention toute moderne ; d'habiles mécaniciens suisses ayant imaginé, vers le milieu du xviiie siècle, d'introduire un petit mécanisme à musique dans des montres, des tabatières, ces objets eurent bientôt conquis la faveur du public, et dès le commencement de notre siècle, la nouvelle industrie était exploitée dans divers cantons de la Suisse. En 1833, un mécanicien français, P.-H. Paur, importa cette fabrication à Sainte-Suzanne, près Montbéliard, mais sans succès ; à sa mort, son associé, M. Auguste L'Épée, secondé par ses fils, donna une si vive impulsion à l'industrie des pièces à musique, que la fabrique de Sainte-Suzanne a pris, de nos jours, une très grande importance.*

Les 9/10 au moins de la fabrication suisse et française sont exportés dans toutes les parties du monde ; d'après certaines statistiques, la Suisse à elle seule exporterait annuellement pour une somme de 3 à 4 millions de francs de pièces à musique, et la France pour 1/10 seulement de cette somme.

PIÈCE ANATOMIQUE. On ne connaissait autrefois, pour les démonstrations anatomiques, que des pièces en cire qui, malgré leur parfaite exécution, avaient, entre autres défauts, celui de ne pouvoir être maniées sans risquer d'altérer leur forme et leurs couleurs. — V. Céroplastique.

— L'Italien Fontana essaya de leur donner plus de solidité en alliant la cire au bois. J.-G. Legrand, dans une note de sa traduction du *Songe de Poliphile* (Paris, 1804), cite notamment une statue anatomique de Fontana, composée de plus de 3,000 pièces qui se démontaient, et avaient chacune les suppléments nécessaires à leur développement. Ce prodigieux ouvrage avait coûté plus de trente années d'études et de travail au célèbre anatomiste ; plus de 4,000 cadavres avaient servi pour les modèles. Bonaparte en commanda une pareille à Fontana, *qu'il exécuta vers 1803.*

Depuis cette époque, le docteur Ameline, de Rouen, imagina de faire des imitations en carton ; mais, sauf leur consistance, qui était un peu plus grande, ces préparations avaient tous les inconvénients des précédentes. D'ailleurs, comme elles ne pouvaient montrer que la surface des objets, ce qui ne permettait pas de les employer pour des études détaillées et approfondies.

Les choses étaient en cet état lorsque, dans le courant de 1822, le docteur Louis Auzoux, de la Faculté de Paris, conçut la pensée de représenter tous les organes du corps humain, non seulement dans leur ensemble, mais encore dans leurs détails les plus minutieux. A la suite d'essais poursuivis sans interruption jusqu'en 1830, il parvint à créer une méthode admirable de fabrication, à laquelle on n'a cessé depuis d'apporter des perfectionnements. Les premières préparations du docteur Auzoux

étaient exclusivement destinées à l'étude de l'anatomie humaine. Plus tard, cet inventeur étendit ses procédés à l'anatomie comparée, et enfin les appliqua à l'anatomie du règne végétal.

Aujourd'hui, les pièces anatomiques sont encore appréciées par les savants, comme le prouvent les magnifiques spécimens de l'Ecole de médecine et du musée d'anthropologie, au Jardin des plantes de Paris. En outre, concurremment avec l'*écorché* de Houdon, elles servent à développer, parmi les artistes, la science du nu dans laquelle quelques statuaires célèbres, tels que Pradier et Rude, ont déployé, l'un une grâce incomparable, l'autre une vigueur peu commune. On cite surtout, en ce genre, le modèle humain imaginé par le Dr Auzoux ; la faculté de démonter et de remonter les 130 pièces dont il se compose, peut remplacer, pour le peintre et le sculpteur, les études de dissection auxquelles ceux-ci n'ont pas toujours le temps ni les moyens de se livrer.

Les pièces Auzoux ont reçu le nom de *clastiques*, d'un mot grec qui signifie « pouvant se briser », parce qu'elles se démontent en un grand nombre de fragments de manière à montrer les parties, tant externes qu'internes, des objets qu'elles représentent. Elles sortent toutes d'une fabrique-école établie à Saint-Aubin-d'Ecrosville (Eure). Elles se font avec une matière pâteuse qui n'a aucun rapport avec le carton-pâte et dont le liège réduit en poudre forme la base. Cette matière se coule à l'état frais dans des moules de métal et acquiert, en séchant, une élasticité remarquable et une dureté supérieure à celle du bois. Il n'y a plus alors qu'à la revêtir des couleurs convenables par la peinture à la colle. — S. B.

PIED. Ce mot désigne, en *techn.*, la partie inférieure d'un corps ou d'un objet dont elle supporte la masse ou l'ensemble. || 1° *Pied à coulisse.* Instrument en usage dans les ateliers pour mesurer le diamètre des arbres de transmission et, en général, des organes de machines ayant la forme ronde. Il se compose de deux pièces métalliques à bouts recourbés en forme de têtes de marteau ; l'une d'elles est mobile et peut glisser sur l'autre, fixe et qui est munie d'une graduation, tandis que la pièce mobile porte un vernier. L'objet dont on veut connaître les dimensions est saisi entre les deux têtes de marteaux que l'on approche jusqu'au contact ; l'épaisseur cherchée est lue sur la graduation. || 2° *Pied de chèvre.* Pièce de bois qui soutient les deux montants d'une chèvre, appareil de levage (V. Chèvre). Levier en fer dont l'extrémité est fendue en longueur comme le pied d'une chèvre. || 3° *Bloc de fer sur lequel les ferblantiers ploient la tôle.* || 4° Défaut du papier fabriqué à la main, et qui consiste en ce que la feuille se trouve écornée ou légèrement déchirée.

|| 5° *Pied de biche.* Outil d'acier ou de fer, en forme de levier avec une tête *oblique*, percé d'une fente ; cet instrument sert à arracher les clous qu'il est impossible de saisir avec les tenailles. || 6° Pièce de même forme à tête recourbée à angle droit et

munie d'une fente dans laquelle s'engage, pour la guider, la tige du balancier d'une pendule. || 7° Les machines à coudre en sont également munies ; le pied de biche maintient l'étoffe sur la platine et par suite d'un petit mouvement de bascule, la fait avancer d'une quantité suffisante pour que l'aiguille, qui perce toujours verticalement au-dessous d'elle et à la même place, puisse équidistancer les différents points. || 8° Morceau de bois dur, ayant à l'une de ses extrémités, une entaille triangulaire pour retenir le bois sur champ le long d'un établi. || 9° Instrument de dentiste servant à l'extraction des dents. || 10° Pinceau de blaireau, dont les peintres sur porcelaine se servent pour lisser les couleurs. || 11° Outil des fleuristes artificiels, avec lequel ils forment les côtes principales de certains pétales. || Bord d'une dentelle et qui est constitué par une lisière droite. || 12° *T. de teint.* Donner un pied, c'est passer un tissu dans un premier bain qui donne du fond, de la solidité à une couleur. || 13° *T. de constr.* Pied cormier. Pièce de bois qui se trouve à l'encoignure d'un pan de charpente. || 14° *T. de typogr.* Face inférieure de la lettre opposée à l'œil.

PIED-DROIT ou **PIÉDROIT**. *T. d'arch.* Partie de mur recevant la retombée d'un arc ou d'une voûte. C'est, à proprement parler, la paroi verticale de la maçonnerie placée au-dessous des naissances de cet arc ou de cette voûte. Le pied-droit est donc un support faisant partie du mur et se distingue : du *pilier*, massif en maçonnerie ou en pierre isolé ; du *pilastre*, support de peu d'épaisseur engagé dans une muraille, muni d'une base et surmonté d'un chapiteau. Dans les ordres, les piliers carrés ou rectangulaires qui séparent deux arcades contiguës offrent deux pieds-droits munis d'un socle et couronnés par une petite corniche ou imposte qui reçoit directement les retombées de l'arcade.

Les montants des baies de portes ou croisées reçoivent aussi le nom de *pieds-droits* ou *jambages* et comprennent : le *chambranle*, le *tableau*, la *feuillure*, l'*embrasure* et l'*écoinçon*.

PIÉDESTAL. *T. d'arch.* Construction de forme rectangulaire qui supporte le pied d'une colonne et qui sert à l'élever à une certaine hauteur au-dessus du sol, notamment à l'extérieur des édifices. Le piédestal comprend : une base, un dé, une corniche et un bandeau. Dans les ordres, il est d'usage d'observer une certaine relation entre les hauteurs des colonnes et celles de leurs piédestaux et de donner à ceux-ci des proportions d'autant plus élancées qu'ils appartiennent à des colonnes plus sveltes. Vignole a adopté, dans son *Traité des ordres*, la proportion du tiers de la hauteur de la colonne ; mais le plus grand nombre des édifices exécutés par lui s'éloigne plus ou moins de cette règle. — V. ORDRE.

Suivant leur forme, leur genre ou leur décoration, on donne aux piédestaux différentes dénominations ; ainsi, on appelle piédestal *composé*, celui dont la base a la forme d'un rectangle, d'un ovale, d'un polygone à angles saillants ou arrondis ; piédestal *continu*, celui qui possède une rangée de colonnes et qu'on nomme encore *soubassement* ; piédestal *en adoucissement*, celui qui possède un dé à faces taillées en gorge ou en scotie ; piédestal *irrégulier*, celui dont les faces ne sont pas d'équerre ou parallèles et dont les angles ne sont pas droits ; piédestal *flanqué*, celui dont les encoignures sont ornées de pilastres, de consoles, de figures, etc. ; piédestal *orné*, celui qui a des moulures taillées d'ornements et des faces fouillées ou revêtues d'ornements saillants. On distingue encore : les piédestaux *ronds, carrés, triangulaires*, en *balustres*, en *talus*, etc.

PIÉDOUCHE. Sorte de piédestal de petite dimension, carré ou circulaire, qui sert de support à de petits objets, tels que des vases, des bustes, des figurines.

PIÈGE. Appareil ou dispositif employé pour prendre les animaux. On distingue les pièges qui *tuent* l'animal instantanément et ceux qui le *retiennent* vivant. Les premiers sont formés d'un cercle de métal en deux parties mobiles qui viennent s'appliquer l'une contre l'autre avec force en enserrant l'animal, lorsque ce dernier a déclanché un ressort tout d'abord maintenu en place par l'appât. Pour les grands quadrupèdes, loups, renards, etc., les pièges sont à bords dentés ; pour les autres animaux (lapins, putois, rats, oiseaux, fouines, taupes, etc.), ils sont lisses. D'autrefois, c'est une pointe à ressort qui, par déclanchement, pénètre dans le corps de l'animal (souris, taupe, mulot, etc.). Il y en a qui tuent l'animal par strangulation, tels que les *collets*, dont l'organe essentiel est un nœud coulant en crin ou en fil de laiton, ou par écrasement, comme la *fossette* formée par une planche soutenue d'un côté par un 4 de chiffre fait avec trois bâtonnets à l'un desquels on fixe l'appât.

Les autres pièges qui prennent l'animal vivant sont nombreux, et nous nous bornerons à ne citer que les plus répandus : les *trappes*, les *nasses* et les *pièges perpétuels* à bascule et trappe, les *filets, trubles, nappes* ou *tombereaux*, les *buissons englués* qui retiennent les oiseaux qui viennent s'y percher et que l'on attire par des appâts ou par la *pipée* en imitant leurs cris.

D'autres pièges ont pour but d'attirer les oiseaux à proximité des chasseurs, tels que la pipée et le *miroir* qui est une pièce de bois dont les deux faces sont incrustées de morceaux de glace ; elle est mise en mouvement à distance au moyen d'une ficelle ou encore par un mouvement d'horlogerie. Les pièges en bois et en textiles (laine, fil, etc.) n'éveillent pas la défiance des animaux autant que les pièges en métal ; lorsqu'on se sert de ces derniers, on doit les masquer le plus possible. — M. R.

* **PIENNE** ou **PENNE**. *T. de filat.* Synonyme de *pantine*. Petite ficelle servant à lier les échevettes de fil.

PIERRE. Nom général donné à un grand nombre de substances qui n'ont pas la composition du calcaire, lequel est le plus souvent visé, lorsqu'on emploie dans le langage, l'expression de *pierre*, sans la faire suivre d'un autre mot explicatif. Nous indiquerons seulement les plus importantes. || *Pierre d'aigle*, c'est la variété d'oxyde de fer appelée *œtite*. || *Pierre d'alun*, minerai appelé aussi *alunite*. || *Pierre d'aimant*, oxyde de fer naturel et magnétique. || *Pierre des amazones*, feldspath albite, de Sibérie, colorée en vert clair par un peu de cuivre. || *Pierre d'Arménie*, variété de calcaire pénétré de cuivre carbonaté bleu, qui se présente sous forme de petites masses arrondies, et était jadis employé en médecine. || *Pierre d'asperge*, chaux phosphatée fluorurée, de teinte verdâtre, parfois employée en joaillerie. || *Pierre d'azur*, Syn. : *outremer*. || *Pierre baignée*. — V. Agate. || *Pierre à bâtir*, c'est le calcaire grossier. — V. plus loin. || *Pierre de bois*. Syn. : *holzstein*, c'est un silicate d'alumine avec fer et chrome. || *Pierre de Bologne*, sulfate de baryte cristallisé qui servait autrefois à fabriquer le *phosphore de Bologne*. — V. ce mot. || *Pierre à brunir*, fer oxydé, fibreux. Syn. : *hématite rouge*, qui s'emploie pour le brunissage des métaux, et aussi en poudre fine pour le polissage. || *Pierre à dresser*. Tablette de pierre naturelle ou artificielle, sur laquelle on frotte certains ouvrages, afin d'obtenir une surface bien plane ; c'est ainsi qu'on dit *dresser une pièce*. || *Pierre de cannelle de Ceylan*, silicate d'alumine et de chaux ferrugineux. || *Pierre à cautères*. Syn. : *potasse caustique*.—V. Potassium. || *Pierre à chaux*, carbonate de chaux que l'on décarbonate par calcination dans des fours. || *Pierre de charpentier*, schiste argileux, noir et tendre, servant de crayon aux menuisiers, charpentiers, tailleurs de pierres, etc. || *Pierre contre les rats*, carbonate de baryte naturel qui, pulvérisé, est un violent poison pour les rongeurs. || *Pierre de corne*, amphibole compacte, de la variété des trémolites, qui sert à faire des vases translucides. || *Pierre de Cosne*. Syn. : *talc*, silicate de magnésie. || *Pierre de croix*. Syn. : *staurotide*, silicate d'alumine anhydre dont les cristaux, mâclés, affectent la forme d'une croix. || *Pierre cruciforme*. Syn. : *harmotome*, silicate double d'alumine et de baryte en cristaux mâclés en croix. || *Pierre à détacher* : 1° variété de *magnésite* abondante à Salinelle, et qui, par frottement sur les étoffes, leur enlève les taches de graisse ; 2° variété d'argile marneuse dont on trouve, à Montmartre, de nombreux bancs, et qui, taillée en tablettes, sert aux mêmes usages que la précédente. || *Pierre à dorer*. Pierre plate et dure, employée pour la *dorure*. — V. ce mot. || *Pierre d'écrevisse*, concrétion formée de carbonate de chaux, et que produisent les crustacés dans le but de durcir leur carapace lorsqu'ils viennent à en changer. Elle sert en médecine. || *Pierre d'étain*. Syn. : *cassitérite*, l'étain oxydé. || *Pierre divine*, mélange de sulfate de cuivre, azotate de potasse, alun et camphre qui, après fusion, sert à préparer des collyres. || *Pierre à dresser*. Syn. : *psammite rouge*, pierre dure, abondante en Belgique, et utilisée pour dresser d'autres pierres. || *Pierre à faulx* : 1° psammite *schistoïde* qui, en Normandie, en Lombardie, sert après avoir été trempée dans l'eau, à donner du tranchant aux outils ; 2° grès *houiller* à grains fins, servant au même usage. || *Pierre à filtrer*, car-

bonate de chaux siliceux et poreux, servant à épurer l'eau. || *Pierre de fiel*, couleur jaune tirant sur le brun. || *Pierre de foudre*. Syn. : *ærolithe*. || *Pierre à fusil*, variété de silex pyromaque, jadis employée pour les armes de munition et que l'on ne savait tailler, en France, que dans un petit nombre de communes, Noyer, Saint-Aignan, Cousty, dans le Loir-et-Cher ; Lye, dans l'Indre ; Maysse, dans l'Ardèche ; Cerilly, dans l'Yonne et La Roche-Guyon dans la Seine-et-Oise. || *Pierre de Goa*, bézoard factice employé dans l'ancienne médecine. || *Pierre grasse*. Syn. : *néphéline*, silicate d'alumine alcalinifère. || *Pierre de hache*. Syn. : *schiste coticule*, pierre à *lancette*, à *rasoir*, etc., schiste à texture dense et compacte, peu feuilleté et servant à aiguiser, avec de l'huile, les instruments à tranchant fin ; il vient de Nuremberg, Liège, Paimpol. || *Pierre à l'huile*, dolomie compacte, jaune et servant aux mêmes usages que la pierre précédente ; les meilleures viennent de Smyrne. || *Pierre infernale*. Nitrate d'argent. || *Pierre d'Italie*, schiste *argileux* à grain fin et serré, servant à crayonner. || *Pierre de Jésus*, chaux sulfatée cristallisée en larges lames ; syn. : *miroir d'âne*. || *Pierre de Knaup*, préparation vétérinaire à base de sulfate de fer. || *Pierre de lard*. Syn. : *pierre à magots*, silicate de magnésie hydraté, avec lequel on fait des statuettes en Chine ; c'est une variété de talc. || *Pierre de Labrador*, silicate d'alumine à reflets chatoyants et irisés, employé en bijouterie. || *Pierre de lune*, feldspath orthose à reflets nacrés, servant pour l'ornementation. || *Pierre de Lydie* ou d'*Héraclée*, variété de jaspe de couleur foncée. || *Pierre de Marmarosch*, sorte particulière de chaux phosphatée. || *Pierre météorique*. Syn. : *ærolithe*. || *Pierre meulière*, silex caverneux, très employé pour faire des meules, ainsi que pour la construction des fondations d'édifice.— V. Meulière. || *Pierre de miel*. Syn. : *mellite*, mellate d'alumine que l'on trouve dans les lignites de Thuringe, à Arteru, puis, en Russie, à Toula ; c'est le seul minerai à base d'acide organique qui ait encore été trouvé. || *Pierre néphrétique*. Syn. : *jade néphrétique*. — V. ce mot. || *Pierre noire*. Syn. : *ampélite*, schiste argileux carbonifère employé pour faire des tracés. || *Pierre ollaire*, sorte de *serpentine*.—V. ce mot. || *Pierre pesante*, c'est la chaux tungstatée. || *Pierre de perle*. Syn. : *obsidienne*. —V. ce mot. || *Pierre philosophale*, matière en vain cherchée par les alchimistes et qui devait avoir la vertu de transformer tous les métaux imparfaits, en or et en argent, et donner à ceux qui la trouveraient des richesses inépuisables. || *Pierre de pipe*. Syn. : *scoulérite*, argile blanche, happant fortement à la langue et employée pour la fabrication des pipes en terre. — V. Pipe. || *Pierre à plâtre*, c'est le gypse ordinaire compacte.—V. Calcium, § *Chaux sulfatée*. || *Pierre de poix*. Syn. : *rétinite*, silicate double d'alumine et de soude hydraté, que l'on trouve dans le Cantal, en Écosse et à Frieberg (Saxe) || *Pierre ponce*, variété d'obsidienne scoriforme (feldspath orthose), poreuse et très légère, d'éclat nacré et un peu soyeux, très âpre au toucher et servant pour la toilette ainsi que pour le polissage. || *Pierre pourrie*, argile servant à décaper les métaux. || *Pierre*

puante. Syn. : *sulfate de baryte.* — V. BARYUM.
|| *Pierre à rémouleur,* grès servant à faire des
meules propres à aiguiser les outils; on en trouve
de très bonne à Marseille; à Celle, près Langres;
à Passavant, près Vauvilliers. || *Pierre de riz,* de
la Chine, silicate de plomb alumineux. || *Pierre
rouge.* Syn. : *sanguine,* argile mélangée de fer oli-
giste terreux, servant pour le dessin. || *Pierre à
sablon,* grès se désagrégeant facilement et utilisé
pour l'écurage des cuivres. || *Pierre de savon* : 1º
Syn. : *saponite,* variété de magnésie silicatée hydratée, servant pour faciliter la mise des gants, des
bottes; 2º hydrate de soude. || *Pierre de soleil.* Syn. :
feldspath aventuriné, sorte d'oligoclase qui présente, dans certaines directions, des jeux de
couleurs pareils à ceux de l'aventurine, et qui
sert pour l'ornementation. || *Pierre spéculaire.*
Syn. : *Pierre de Jésus, miroir d'âne.* || *Pierre de
touche,* quartz jaspe à grain très fin, de coloration
noire, inattaquable par les acides et sert aux
essayeurs et aux orfèvres pour reconnaître, au
moyen du toucheau, la proportion de cuivre alliée
à l'or ou à l'argent. Les meilleures pierres de
touche viennent de Saxe, de Bohême, de Silésie.
|| *Pierre de tripes,* c'est de la chaux sulfatée anhy-
dre. || *Pierre à vin,* on nomme parfois ainsi le
tartre brut qui se dépose dans les tonneaux. ||
Pierre de violette, nom donné à quelques roches
qui répandent l'odeur de cette fleur, tels sont le
granit rose des Vosges, le gneiss de Mittelberg, etc.
|| *Pierre de vitriol,* sulfate de fer impur, servant à
faire l'acide sulfurique fumant. || *Pierre de Volvic.*
Sorte de lave qui se trouve dans le Puy-de-Dôme.

PIERRES A BÂTIR. Parmi les matériaux propres à être employés dans la construction des
édifices, la *pierre,* sous ses divers aspects et de
provenances diverses, a toujours occupé et occupe encore le premier rang. Bien que notre siècle ait mérité d'être appelé l'*âge de fer* à cause de
l'intervention, chaque jour plus envahissante, de
ce métal dans les arts industriels et notamment
dans la pratique de l'art de bâtir, la pierre reste et
restera longtemps encore le principal élément de
tout système d'architecture. En effet, tirées directement du sol ou façonnées par des procédés
industriels, les pierres *naturelles* ou *artificielles,*
sont, de tous les matériaux, les plus répandus,
ceux dont les propriétés physiques se prêtent le
mieux à la construction d'édifices sains, économiques, solides, incombustibles et d'un caractère monumental.

Les *pierres naturelles* varient, en chaque lieu,
d'aspect et de qualité, suivant la constitution géologique du sol. Les unes proviennent du massif
central sur lequel repose toute l'écorce du globe ;
elles semblent avoir été fondues et solidifiées par
un refroidissement très lent et ont ordinairement
pris, en durcissant, l'apparence cristalline dite
plutonique, pour rappeler leur origine ignée. Les
autres sont extraites de couches disposées régulièrement à la surface du globe, se succédant
suivant un ordre constant et indiquant, par des
débris de plantes et d'animaux, qu'elles ont été
formées sous l'eau, dans une position horizontale

par voie de dépôt. Les soulèvements successifs
des roches cristallines ont profondément bouleversé, à diverses reprises, les couches stratifiées
qu'elles ont dû traverser pour apparaître à la lumière. Tantôt le contact de ces masses incandes-
centes a fait subir aux roches de sédiment une
sorte de cristallisation (c'est de là que proviennent les marbres) ; tantôt il y a eu dislocation,
broyage et entraînement des débris au loin par le
déplacement des eaux dans le sein desquelles les
dépôts s'opéraient régulièrement.

C'est dans les terrains de sédiment que l'on
trouve les pierres à bâtir les plus recherchées;
leur disposition par couches en facilite l'extraction. On les distingue en pierres de *haut* et *bas
appareil,* suivant l'épaisseur des bancs. Parmi ces
matériaux de construction, on choisit de préférence ceux qui offrent les qualités suivantes :
1º *finesse* et *homogénéité* du grain, qui permettent
de donner à la pierre des arêtes vives et nettes,
de multiplier et d'accuser vigoureusement les
moulures, de déployer en parement toutes les
ressources de l'ornementation sculptée ; 2º *compacité* de la texture, qui ajoute à la garantie de
la solidité, autorise les saillies prononcées, les
refouillements hardis, permet de prendre et de
conserver le poli, de résister au choc ; 3º *facilité
du travail* ; 4º *adhérence* au mortier ; 5º *résistance*
à l'écrasement et à la rupture, qui n'est pas ordinairement la même dans tous les sens et atteint
son maximum quand la compression agit normalement au sens de l'inclinaison de la couche stra-
tifiée où gisait la pierre ; on a égard à cette considération dans la pratique en posant la pierre sur son
lit et non pas en *délit,* à moins qu'elle n'offre une
texture et une compacité exceptionnelles. Cette
qualité est, d'ailleurs, très variable suivant les
diverses natures de pierres (V. RÉSISTANCE DES
MATÉRIAUX) ; 6º *inaltérabilité* sous l'action des
agents atmosphériques; les pierres qui ne répondent pas à cette condition ne peuvent être employées que dans les intérieurs ; elles peuvent
être attaquées de différentes manières: les unes
se décomposent à l'air par la formation de nouvelles combinaisons chimiques, par une combustion lente, due à l'absorption de l'oxygène par
quelques-uns de leurs éléments; les autres se
détruisent par la seule action de l'humidité ; ces
défauts se reconnaissent facilement; il en est autrement des pierres dites *gélives,* c'est-à-dire ne
pouvant résister à l'action de la gelée (V. GÉLI-
VITÉ) ; 7º *dureté,* qualité recherchée pour les pierres exposées aux chocs, aux frottements (chaînes
d'angles, bornes, dalles, pavés, etc.); on distingue les *pierres dures,* qui ne peuvent être attaquées que par la scie sans dents, à l'eau et au
grès, et les *pierres tendres,* qu'on *débite* avec la
scie à dents; 8º *dimension, structure, cassure, densité,* conditions qui influent sur les manœuvres
de carrières, de transport, de chantier, de pose,
sur la destination ou le mode d'emploi. Le poids
du mètre cube atteint 2,900 kilogrammes pour les
basaltes, 2,700 pour les marbres, 1,800 pour les
lambourdes et les vergelés. L'emploi des pierres dures est indiqué dans les parties basses des édifices.

Si l'on doit rechercher ces qualités dans les pierres, il faut éviter les défauts connus sous les noms divers : *fils* ou solutions de continuité suivant des surfaces plus ou moins irrégulières ; *moyes*, parties terreuses ; *bousin*, partie tendre, adjacente aux lits de carrière ; *trous* ; pierres *moulinées*, pierres *pouffes*, *graveleuses*, qui s'égrènent à l'humidité ; pierres *hygrométriques*, qui absorbent par capillarité l'humidité de l'air et du sol ; pierres *fières*, dures, cassantes, difficiles à travailler.

Il y aurait lieu d'étudier ici, pour chaque espèce de pierre à bâtir, l'usage pour lequel elle est le plus propre : fondations, soubassements, corniches, encoignures, parements, ornementation, sculpture, en raison de ses qualités, de sa couleur, de sa valeur vénale ; le caractère architectonique qui résulte de son emploi, en s'appuyant d'exemples anciens et autorisés ; son gisement géologique et topographique, son prix de revient et les procédés de travail les plus propres à en tirer parti. Mais une pareille étude nous entraînerait bien au delà du cadre de cet ouvrage ; nous avons, d'ailleurs, donné de nombreux détails sur ces diverses questions dans notre article Matériaux de construction, auquel nous renvoyons le lecteur et qui se trouve complété par d'autres articles plus spéciaux tels que : Calcaire, Carrière, Fondation, Gypse, Granit, Grès, Maçonnerie, Marbre, Meulière, Moellon, Mur, etc. Les *pierres artificielles* sont, en général, des mélanges faits avec plus ou moins de précaution et analogues aux *mortiers* et aux *bétons* (V. ces mots). On peut citer : les *ouvrages moulés* en ciment de Vassy, de Grenoble, de Moissac, etc....., dont on fait des dalles, des carreaux, des corniches, des marches, des tuyaux, etc. ; les *blocs artificiels* qui constituent l'une des plus importantes innovations introduites dans les travaux à la mer ; les *marbres artificiels* et compositions pour dallages et parements, revêtements ; les *moellons* en mortier de trass et gros sable, tels que ceux qui proviennent des environs d'Andernach et de Coblentz ; les produits, dits *bétons agglomérés*, fabriqués par M. Coignet, qui ne sont autre chose que des mortiers maigres préparés avec très peu d'eau, malaxés avec grand soin, battus et pilonnés dans des moules ; le *pisé* (V. ce mot), mode de construction très répandu dans le midi de la France et simplement composé de terre argileuse bien battue entre des planches ; les bétons de coaltar ou de bitume, proposés par divers inventeurs, mais ordinairement trop coûteux ; les matériaux à base de *plâtre* (V. ce mot) ; enfin, les *poteries*, *tuiles*, *briques*, *carreaux* (V. ces mots), etc., employés presque partout et qui jouent, dans certains systèmes d'architecture, un rôle prépondérant.

Suivant le travail de main-d'œuvre auquel elles ont été soumises, les pierres ont reçu des désignations diverses ; on nomme : *pierre de taille*, la pierre susceptible de recevoir des tailles régulières et pouvant être paramentée ou polie, etc. ; *pierre d'échantillon*, celle qui a des dimensions déterminées et qui a été commandée exprès à la carrière ; *pierre débitée*, celle qui a été sciée ou refendue ; *pierre velue* ou *brute*, celle qui n'a reçu aucune taille sur aucune de ses faces ; *pierre ébousinée*, celle dont on a supprimé le *bousin* ou partie molle ; *pierre layée*, celle qui a reçu une taille avec la laye ; *pierre brettelée* ou pierre hachée, celle dont les parements ont été dressés avec le marteau bretté ; *pierre riflée*, celle dont les parements ont été passés au riflard ; *pierre rayréée*, celle qui, après avoir été riflée, a été passée au grès ; *pierre fichée*, celle dont les joints ont été remplis par des coulis ; *pierre jointoyée*, celle dont les joints ont été bouchés et ragréés ; *pierre en délit*, celle qui est posée inversement à son lit de carrière ; *pierre en chantier*, celle qui a été calée par le tailleur de pierre et disposée avec une inclinaison qui facilite sa taille.

On distingue encore, au point de vue de l'emplacement que les pierres occupent dans une construction : les pierres *d'encoignures*, qui ont deux parements adjacents et qui forment un angle saillant ou rentrant d'un bâtiment ; les *pierres d'attente* ou *harpes*, placées en saillie à l'extrémité d'un mur pour former liaison avec une autre construction ; les *pierres parpaignes* ou *parpaings*, occupant toute l'épaisseur d'un mur ; les *pierres en délit*, qui ne sont pas posées sur leur lit de carrière ; etc. ⸺ F. M.

PIERRES DURES. Outre les pierres dures indiquées dans l'article précédent, on appelle ainsi les pierres fines ou demi-fines, telles que le cristal de roche, l'améthyste, le plasme d'émeraude et la topaze ; le jaspe et les agates, parmi lesquelles on distingue la calcédoine, la sardoine et la cornaline. La même dénomination s'applique aux granits et aux porphyres, au lapis-lazuli, à la malachite, au labrador, à l'albâtre oriental et aux marbres de luxe. ⸺ V. Pierres précieuses et chacun de ces mots en particulier.

Historique. Malgré les difficultés qu'offre leur travail, les pierres dures ont été utilisées de bonne heure, non seulement pour exécuter des objets de parure ou de décoration intérieure (V. Glyptique), mais encore pour construire des édifices tout entiers. Dans l'antiquité, ce furent les Egyptiens qui les appliquèrent, à la plus grande échelle, à l'art de bâtir. Ils mirent en œuvre le porphyre vert ou rouge, et surtout le granit, et les monuments pour lesquels ils employèrent ces roches réfractaires sont encore si nombreux, si remarquables et si gigantesques, que l'imagination en reste véritablement confondue. Aucune nation après eux n'a élevé des monuments semblables, et, sous ce rapport, ils occupent dans l'histoire un rang tout à fait à part. A leur tour, les Chinois, les Indiens, les Assyriens, les peuples de l'Asie-Mineure et de la Grèce, ont eu des vases, des cylindres ou des cachets de pierres dures, dont de nombreux spécimens sont parvenus jusqu'à nous.

Le triomphe de Pompée, vainqueur des rois d'Asie, introduisit à Rome les vases et les coupes et matières précieuses, qui furent bientôt, et plus encore sous les empereurs, les objets d'une véritable passion. Néron acheta un bassin de cristal de roche au prix de 150,000 sesterces. Au moment où il apprit l'insurrection qui le détrônait, il mit en pièces deux coupes de cristal, pour empêcher qu'un autre y pût boire.

On sait que les Romains n'étaient pas artistes, mais, comme les Egyptiens, ils avaient le sentiment des choses grandes et durables. Aussi ont-ils laissé beaucoup d'objets en matières précieuses, qui ornent aujourd'hui nos musées. Tel est le superbe buste en porphyre rouge, provenant des fouilles d'Herculanum, et conservé au Palais-Royal de Madrid.

Lors des invasions barbares, l'art de travailler les pierres dures disparut entièrement ; cependant, les souverains du moyen âge respectèrent les dépouilles de l'antiquité. Le vase assurément le plus précieux qui existe, admirable autant par la matière que par le talent de l'artiste qui l'a taillé et ciselé au touret, est un vase grec de sardonyx, ayant la forme d'un canthare et orné d'attributs qui se rapportent au culte de Bacchus. Ce monument, connu sous le nom de *Coupe des Ptolémées*, est conservé au Cabinet des médailles, à la Bibliothèque nationale de Paris.

Il faut arriver jusqu'à la fin du XIVe siècle pour voir reparaître l'emploi des pierres dures dans l'architecture et dans le mobilier. L'Italie donna le signal. Dès 1379, un artiste toscan, Benedetto Ferrucci, surnommé le Tadda, retrouva à Florence le moyen de travailler et de sculpter le porphyre. C'est donc en Toscane que les pierres dures et les roches feldspathiques ont été travaillées, pour la première fois, dans les temps modernes. Encouragés par ce beau début, les lapidaires de la Renaissance mirent à contribution les matières les plus rares pour la fabrication de toutes sortes d'objets d'art. Le musée du Louvre possède les bustes des douze Césars, travaillés au XVIe siècle, dont les têtes sont de calcédoine verte, de plasme d'émeraude, d'améthyste, de chrysoprase, de cristal de roche, de cornaline, etc. On voit de même, dans la galerie d'Apollon, une petite statuette de jaspe sanguin en ronde bosse, représentant Jésus flagellé et attaché à la colonne. La colonne est de cristal de roche. Nous ne dirons rien ici des meubles en mosaïque ainsi que des camées et des intailles. Quant aux vases, coupes, drageoirs, hanaps, nefs, en jaspe fleuri, en lapis-lazuli, en sardoine et surtout en cristal de roche, sculptés en ronde bosse ou richement intaillés, on les connaît par les admirables échantillons du Louvre, du Musée impérial de Vienne et du Cabinet des gemmes de Florence. C'est un éblouissement d'orfèvrerie, de lapidairerie et de gravure en creux. — V. GRAVURE SUR PIERRES FINES.

Depuis le dernier siècle, des ateliers plus ou moins importants ont été créés en Suède, en France, en Angleterre et en Russie, pour faire revivre la fabrication des ouvrages en pierres dures ; mais si l'on compare l'état actuel de cette industrie avec ce qu'elle était chez les Égyptiens, même chez les Romains, et surtout chez les Italiens de la Renaissance, on ne peut s'empêcher de reconnaître qu'elle est infiniment moins répandue et moins développée. Sauf quelques rares exceptions, on n'emploie guère aujourd'hui les pierres dures dans la décoration des édifices que pour la confection d'ornements dont les dimensions sont généralement très restreintes. D'un autre côté, le prix élevé qu'atteignent les vases et autres objets en matières précieuses de fabrication moderne, en a fait, pour ainsi dire, abandonner l'usage, surtout depuis que les amateurs se laissent dominer par la passion quelque peu exagérée de l'art ancien. — S. B.

Bibliographie : BARBET de JOUY : *Notice des gemmes et des joyaux de la galerie d'Apollon, au Louvre;* Spire BLONDEL : *L'art intime et le goût en France,* ch. IX, Les vases en matières dures, etc.; Clément de RIS : *La curiosité, collections françaises et étrangères; Catalogue des objets rares et précieux formant les huit collections qui composent le Musée minéralogique de M. le marquis de Drée,* 1811.

PIERRE LITHOGRAPHIQUE.

Variété de chaux carbonatée compacte, à grain très fin, uniforme et susceptible d'un beau poli, à cassure conchoïdale, de structure un peu schistoïde, s'imbibant facilement, jusqu'à un certain point, soit d'eau, soit des matières grasses qui constituent les encres où l'on fait les crayons lithographiques. C'est l'usage que l'on en fait, pour remplacer la gravure sur métaux qui lui a fait donner son nom.

La pierre lithographique se retrouve toujours dans les étages de la formation jurassique; la première fois qu'elle a été utilisée c'est en Bavière, où Senefelder eût l'idée d'écrire sur les pierres que l'on venait de retirer des carrières de Pappenheim, sur les bords du Danube, et inventa ainsi la lithographie. Les pierres dites «de Munich», sont encore actuellement les plus estimées, on en retire aussi en grand nombre d'Ingolstadt, en Bavière ; elles sont de teinte gris perle, et se trouvent en couches d'épaisseur égale, de plus elles offrent naturellement un grand avantage pour l'exploitation, celui d'être toujours unies sur toutes les faces. En France, on rencontre un grand nombre de localités où le calcaire argileux lithographique se retrouve, parfois même sous de grandes épaisseurs, mais la pierre a le grain moins fin et est souvent de teinte plus foncée, ce qui en diminue notablement la valeur. Les endroits principaux où l'on y exploite la pierre lithographique, sont Châteauroux, dans l'Indre; Pielle, Marchamp, Bellen, dans l'Ain; Avèze, près Vigan, dans le Gard; Marans, dans les Charentes, Dijon, Périgueux; on en retrouve encore à Grenoble, dans la Nièvre, l'Yonne, le Berri, et près de Paris, à Neufchâtel-en-Bray, à Hannaches, etc.; mais dans ces dernières localités elle est en fragments de trop petite dimension pour pouvoir être exploitée avec avantage.

Pour que la pierre lithographique soit bonne pour son emploi particulier, il faut en effet qu'elle soit sans taches, d'un ton uniforme, pesante, spongieuse; son grain plus ou moins fin, fait que quelques-unes sont préférées pour l'écriture, comme celle de Châteauroux, par exemple, tandis que d'autres servent pour obtenir des traits moins fins, telles sont celles du département de l'Ain.

La plus belle que l'on ait encore obtenue en France, ce qui lui permettait de rivaliser avec celle de l'Allemagne, est celle que l'on a expédiée de Vigan; elle avait 2m,35 de longueur sur 1m,35 de largeur et pesait 1100 kilogrammes.

La valeur des bonnes pierres lithographiques a fait chercher à tâcher de les obtenir artificiellement; M. Rosenthal, de Francfort, est celui qui, jusqu'ici, a obtenu les meilleurs résultats. Il les fabrique en faisant durcir en plaques, à l'air ou dans un four, du ciment finement pulvérisé et mêlé d'eau. Le mélange étant durci, on humecte les plaques et on les chauffe, jusqu'à ce qu'elles se fendillent partout; alors, on pulvérise la masse et on la malaxe avec son poids de même ciment. Ce mélange sec est introduit dans des moules en fonte et comprimé à trente ou trente-cinq atmosphères, puis on fait arriver de l'eau dans le moule et on aspire le liquide par la face opposée au moyen d'une pompe aspirante. La poudre de ciment chasse l'air interposé dans la masse et lie celle-ci; on soumet à ce moment à une nouvelle pression hydraulique. On peut, par ce procédé, obtenir des pierres de toutes dimensions, et lorsqu'il est nécessaire de les avoir d'une teinte claire, on mélange dans la pâte un peu de carbonate de chaux. On dit que ces pierres lithographiques artificielles résistent bien à la presse et sont susceptibles d'être bien grainées ou polies. — V. Imprimerie, § *Imprimerie lithographique.*

PIERRES PRÉCIEUSES. Les diamants étincelants, les émeraudes aux teintes variées des herbes verdoyantes, le rubis de feu, le saphir d'un bleu de ciel, ne sont que du charbon, de l'argile, du sable, matières grossières que nous foulons aux pieds. Ces substances merveilleuses, devant lesquelles les métaux les plus précieux ne sont que des corps bruts, doivent les diverses teintes qui les colorent à des oxydes métalliques qui, mis en dissolution dans l'intérieur de la terre, sont venus se joindre à la matière encore fluide dont les pierres précieuses sont formées. En se teignant ainsi des différents sucs métalliques, elles indiquent souvent la nature des métaux qui les ont colorées : si les pierres sont bleues, cela tient au voisinage d'une mine de cobalt ou de cuivre ; si elles sont jaunes, elles le doivent au plomb ; si elles sont pourpres, elles le doivent à l'or, etc., etc.

Il y a deux sortes de pierres précieuses : les *cristaux* et les *cailloux.* Par leur valeur autant que par leur beauté, les cristaux tiennent le premier rang, d'où leur nom de *pierres précieuses* ; les autres sont désignés plus spécialement sous le nom de *pierres fines.*

On ne saurait dire absolument que telle pierre soit plus précieuse que telle autre, car tous les échantillons n'ont pas la même valeur : il y a des rubis plus beaux que certains diamants, et des grenats plus durs que l'émeraude ; mais en tenant compte d'une manière générale des diverses qualités qui font le prix de chaque espèce, on ne s'éloignera pas trop de la vérité en considérant les cristaux comme classés ainsi par ordre de mérite : le *diamant*, le *rubis*, le *saphir*, l'*émeraude*, l'*aiguemarine*, la *topaze*, l'*améthyste*, le *grenat*, etc.

Si le *diamant* n'est point la plus chère des pierres précieuses, s'il n'atteint pas la valeur démesurée et légèrement extravagante des rubis, il n'en est pas moins la première et la plus parfaite des gemmes, la pierrerie type, la plus splendide production de la nature minérale. Mais il est inutile de revenir sur un sujet que nous avons ailleurs suffisamment développé, et nous prions le lecteur de vouloir bien s'y reporter. — V. Diamant.

Le *rubis* est pour le prix comme pour la beauté la première des pierres de couleur. Pour avoir sa couleur dans la plus belle qualité, il faut prendre celle du sang qui jaillit de l'artère, ou le rayon rouge du spectre solaire dans le milieu de l'espace qu'il occupe. L'extrême velouté du rubis, sa dureté, sa transparence et son beau poli lui ont fait donner le deuxième rang dans la hiérarchie des pierres précieuses. On distingue trois variétés de rubis. Celui dont nous venons de nous occuper constitue le *rubis oriental* (V. Corindon). Le *rubis spinelle* n'est pas rare ; il est d'un rouge clair et vif ; sa plus belle couleur est celle de la

cerise. Le *rubis balais*, de couleur rose violacée ou rose vinaigre, a généralement des nuances faiblement accusées.

On peut dire que le *saphir* est de toutes les gemmes sinon la plus précieuse, mais peut-être la plus poétique. D'un bleu d'azur ou bleu céleste, c'est-à-dire ni trop foncé ni trop clair, mais d'une couleur indigo bien franche, le saphir doit présenter à l'œil une limpidité parfaite, et ce velouté admirable qu'il possède au plus haut degré. Lorsqu'à ces qualités réunies il joint une grande dimension, il peut dépasser le prix du diamant ; mais ce cas est excessivement rare, car souvent il est laiteux. Le commerce connaît quatre pierres différentes qui portent le nom de saphir : le *saphir oriental*, le *saphir du Brésil*, le *saphir du Puy*, le *saphir d'eau* (V. Saphir). Le premier seul est un corindon ; les autres ne sont pas de véritables saphirs ; ce sont des variétés de quartz coloré en bleu.

S'il est une pierre charmante entre toutes, c'est sans contredit l'*émeraude.* Cette merveille du monde minéral, la seule d'entre toutes les pierreries qui charme l'œil sans le fatiguer jamais, tient un rang fort élevé parmi les gemmes les plus précieuses. Considérée au point de vue de la couleur, l'émeraude est d'un beau vert de prairie, avivé ou foncé, mais très limpide, et d'un velouté plein de fraîcheur. Quand son poids dépasse deux carats et qu'elle réunit toutes les qualités qui constituent sa perfection, elle atteint le prix du diamant (V. Émeraude). Les émeraudes du Pérou, quoique bien inférieures aux émeraudes orientales originaires de Ceylan, dont elles ont rarement la limpidité, la couleur et le velouté qui distinguent ces dernières, sont les plus employées aujourd'hui. Leur couleur, plus légère et plus délayée que celle des émeraudes de l'Inde est d'un vert clair et souvent agréable ; mais elles sont beaucoup moins dures et plus cassantes.

— Quoique l'émeraude fût parfaitement connue des anciens, toutes les pierres qu'ils nommaient *smaragdes* (σμάραγδος chez Théophraste et *smaragdus* chez Pline) n'étaient pas toujours des émeraudes, et c'est de ce que l'on a toujours traduit *smaragdus* par *émeraude*, qu'est venue la confusion. Les anciens paraissent avoir aimé cette gemme vraiment charmante autant peut-être que nous l'aimons nous-mêmes.

Parmi les émeraudes célèbres, on cite particulièrement celle dont parle le prince Alexis Soltykoff (*Voyage dans l'Inde*) et qu'il a vue briller au pommeau de la selle du roi Schir-Sing. Cette émeraude énorme est « grosse comme une pomme. » D'autre part, l'abbé Grosier, dans son ouvrage sur la Chine, assure que le roi de Laos possédait une émeraude « de la grosseur d'une orange. »

La plus belle émeraude connue en Europe est conservée au cabinet de Saint-Pétersbourg. Elle pèse 30 carats ; sa couleur est d'une teinte et d'une netteté parfaites. Malheureusement, on lui a donné une forme ronde surchargée de facettes, et cela lui fait perdre la moitié de sa valeur. Citons encore l'émeraude qui orne la tiare du Pape, longue de 0m,027 sur une épaisseur de 0m,033.

Une jolie variété d'émeraude a la teinte glauque de l'eau de mer, ce qui lui a fait donner le nom d'*aigue-marine, aqua marina* (V. Aigue-marine). Malgré sa teinte vive et douce, cette pierre n'obtient point les hauts prix de l'émeraude, et l'on peut dire qu'elle reste accessible aux fortunes les plus modestes. Cependant, dit Babinet, cette gemme possède une propriété vraiment remarquable qui aurait dû l'empêcher de descendre si bas aujourd'hui : *elle ne perd rien aux lumières*. « C'est un curieux spectacle de voir un magnifique saphir bleu perdre le soir tous ses avantages, tandis qu'une parure d'aigue-marine garde tout son éclat. » Les anglais recherchent beaucoup l'aigue-marine. L'aigue-marine orientale, plus connue sous le nom de *béryl*, est un corindon transparent couleur vert d'eau, dont la nuance varie quelquefois du vert pâle au bleu pâle. Les anciens confondaient sous le nom de *béryl* toutes les pierres légèrement teintes, de n'importe quelle couleur qu'elles fussent. Mais, au dire de Pline, la plus estimée était notre aigue-marine, qu'ils taillaient presque toujours à facettes. Celle tirant sur le jaune se nommait *chrysobéryl*.

La *topaze* dite *orientale* est une gemme vitreuse, brillante, ordinairement d'un beau jaune d'or très vif, le plus souvent d'une grande pureté et dont la nuance bien également distribuée est en même temps moelleuse et comme satinée; mais elle contient parfois des petites pyrites scintillantes comme celles de l'*aventurine* (V. ce mot), ce qui lui constitue un défaut. Les espagnols sont très amateurs des belles topazes. Après la topaze orientale, c'est la *topaze du Brésil* qui est la plus estimée; elle est ordinairement d'un beau jaune surchargé, quoique très limpide. On la reconnaît facilement à son aspect particulier, et les connaisseurs les moins expérimentés ne pourraient s'y tromper. Une des singularités les plus étonnantes est de changer sa couleur jaune en une jolie teinte d'un rose vif et clair lorsqu'elle est chauffée à un certain degré. Une fois qu'elle a acquis cette nuance, elle la conserve indéfiniment. On rencontre souvent de ces topazes roses chez les joailliers.

Généralement la *topaze de Saxe* est d'un jaune pâle tirant sur le jaune citron. Cette pierre n'a aucune valeur et ne s'emploie, pour ainsi dire, que dans la bijouterie fausse. La *topaze du Mexique* est à peu près semblable. Quant à celle de *Sibérie* elle est d'un beau jaune jonquille et fort limpide quand elle est belle, ce qui lui arrive rarement. Toutes ces topazes, dites *occidentales*, n'ont rien de la dureté qui distingue les corindons; ce ne sont véritablement que des espèces de quartz hyalin plus ou moins coloré en jaune.

Considérée sous le rapport de la couleur, l'améthyste orientale est l'objet rare par excellence. La nuance d'un beau violet, imitant par son velouté le violet de la pensée, doit être pure et bien égale, et, dans ces conditions, plus elle est foncée, plus elle a de valeur. Mais la plupart des améthystes orientales sont d'un violet rougeâtre ou pourpre clair. C'étaient celles que les Romains estimaient le plus. Quant à l'améthyste ordinaire, celle que par opposition on appelle *occidentale*, elle possède une belle couleur d'un violet tendre, qui s'harmonise fort bien avec l'or et le diamant. Elle est très estimée : on en fait des coupes lu-

xueuses, des colliers, des bagues, des pendants d'oreilles.

L'inventaire des pierreries de la couronne mentionne une améthyste orientale du poids de 13 carats 8/16, évaluée à 6,000 francs. Le musée du Louvre (galerie d'Apollon), possède une urne en améthyste cannelée et somptueusement gravée, ayant 0^m,032 de hauteur et 0^m,072 de diamètre, ainsi qu'une grande coupe de même matière en forme de coquille, de 0^m,192 de longueur, 0^m,152 de largeur, et 0^m,192 de hauteur. Cette dernière est estimée 1,000 francs dans l'inventaire du trésor de la couronne. On peut encore citer les quatre colonnes à chapiteau, que l'on voit dans l'armoire des pierres précieuses, au cabinet de minéralogie du Jardin des Plantes ; le buste de Trajan, fait d'une seule améthyste, qui fut rapporté de Prusse sous le premier Empire, et une cuvette de même matière, de 0^m,068 de longueur sur 0^m,027 de largeur, que possède le musée de minéralogie, à Paris.

Généralement d'un beau rouge vif et vermeil, le *grenat* est une pierre transparente, veloutée, au ton quelquefois coquelicot et orangé. Il en existe de couleur de sang, qui, exposés à la lumière, paraissent comme des charbons ardents. Le grenat violacé est regardé comme le plus parfait, il est le plus estimé en bijouterie. Le *grenat oriental* ou *syrien* est originaire de Pégu (*Syriam*) d'où lui vient son nom. Les autres grenats sont beaucoup plus communs et bien moins beaux. La Bohême et la Hongrie en possèdent en abondance; ils sont généralement d'un rouge très vineux, translucide et souvent opaque. Il s'en vend des quantités considérables à Prague (V. GRENAT). On trouve parfois de très gros échantillons de grenat; quelques-uns atteignent la grosseur d'une orange; mais ces masses sont presque opaques et ne sont recherchées que comme objets de curiosité.

L'inventaire des pierreries de la couronne décrit plusieurs grenats syriens d'une grande beauté, dont un, entre autres, du poids de 5 carats, est estimé 1,200 francs. On y remarque aussi deux tasses en grenat, estimées 6,000 francs ; deux autres coupes estimées chacune 1,500 francs, puis enfin une coupe ovale d'un seul grenat, riche en couleur, estimée 12,000 francs; sa longueur est de 0^m,085, sa largeur de 0^m,62, et sa hauteur de 0^m,086. On peut voir également dans une des vitrines de la *galerie d'Apollon*, au musée du Louvre, une petite tasse en grenat d'un seul morceau, d'une belle couleur et sans aucun givre. Malheureusement elle est fêlée d'un côté. Cette coupe peut avoir environ 0^m,035 de hauteur, 0^m,080 de largeur, et 0^m,040 de longueur.

Aux pierres précieuses proprement dites on joint généralement l'*opale*, substance laiteuse et opaque qui n'est point brillante par elle-même, mais à la surface de laquelle toutes les couleurs de l'arc-en-ciel, mêlées, fondues et changeantes, semblent être répandues. Pour peu qu'on imprime quelque mouvement à la pierre, ces nuances intervertissent leur succession, prennent des intensités différentes, et produisent les plus admirables jeux de lumière qui se puissent imaginer. Une opale est à elle seule tout un écrin; son éclat splendide offre les tons changeants dont se peint la gorge de certains pigeons rares. Cette curieuse propriété de réfléchir ainsi tous les rayons colorés du prisme provient de sa contexture intérieure et extérieure. — V. OPALE.

On a trouvé jusqu'à sept variétés d'opales; mais l'*opale orientale* ou *noble* est la seule qui soit vraiment recherchée à cause de sa dureté et de ses feux multipliés. Son velouté multicolore produit les effets les plus suaves, et l'heureuse harmonie de ses couleurs présente à l'œil ébloui tout ce que l'on peut imaginer de plus riche en fait de pierre précieuse.

Le trésor de la couronne possède deux opales très remarquables par leur dimension et leur rare beauté. L'une est placée au centre de l'ordre de la Toison d'Or; l'autre forme une agrafe de manteau de cérémonie. Elles ont été achetées 75,000 francs.

Dans les premières années du siècle actuel, une merveilleuse opale parut à Paris. D'après Charles Barbot, sa partie inférieure était entièrement opaque; quant à sa partie supérieure, rien ne peut en rendre l'idée : elle était composée d'une telle multitude de feux rouges, qu'on lui avait donné le nom de *l'incendie de Troie.* Cette pierre, unique au monde, fut acquise par l'impératrice Joséphine. — s. b.

Bibliographie : Dutens : *Des pierres précieuses et fines*, 1776 ; Prosper Brard : *Traité des pierres précieuses*, 1868; Caire : *La science des pierres précieuses*, 1833 ; J. Barbot : *Traité complet des pierres précieuses*, 1855; Dieulafait : *Diamants et pierres précieuses*, 1874 ; Rambosson : *Les pierres précieuses et les principaux ornements*, 1870.

Pierres artificielles et pierres fausses. Nous réunissons sous cette dénomination commune, l'étude à faire pour connaître tous les divers produits qui peuvent être donnés dans le but de remplacer les pierres précieuses.

Une pierre fine peut, en effet, être remplacée, soit par des produits naturels durs et résistant à la lime, soit par des produits absolument artificiels, soit enfin par des pierres dans lesquelles, à côté d'une partie naturelle, s'en trouve une autre complètement factice. Nous verrons, en outre, que, dans un temps peut-être assez rapproché, la chimie fournira probablement le moyen de faire artificiellement des pierres fines ayant absolument les caractères et la composition des pierres précieuses vraies.

1° *Pierres naturelles imitant les pierres fines.* En dehors de l'éclat et des feux qui font rechercher les pierres précieuses, la nuance de beaucoup d'entre elles est une des causes de leur valeur. On désigne sous le nom de *pierres fines occidentales*, des variétés coloriées de quartz dur qui résistent fort bien à la lime, et qui, n'ayant qu'une valeur minime, peuvent, comme les quartz améthyste, quartz jaune, etc., être vendues comme améthyste vraie ou comme topaze; parfois, certaines pierres fines sont même indiquées et vendues comme étant d'une autre nature que celle qu'elles ont réellement; c'est ainsi que l'on trouve quelquefois, dans le commerce, des saphirs et des topazes incolores qui, taillés en roses ou en brillants, sont vendus comme diamants. On est même arrivé, au moyen d'une chaleur convenable, à décolorer les topazes offrant une teinte jaune très prononcée, et à les faire facilement ainsi passer pour posséder un prix bien supérieur à leur valeur réelle. Ces fraudes sont extrêmement difficiles à reconnaître et ne peuvent être révélées que

par une pratique journalière du maniement des pierres fines.

2° *Pierres doublées.* On nomme ainsi des pierres constituées par la réunion de deux fragments de nature diverse, intimement soudés entre eux par une colle adhésive absolument transparente et qui, serties au niveau du collage, ne peuvent être reconnues fausses que lorsqu'on démonte les pierres qui constituent le bijou. Il y a deux sortes de pierres doublées : 1° celles qui sont formées avec un morceau de strass de belle qualité que l'on taille en lui donnant la forme ordinaire de la pierre à imiter, puis sur lequel on enlève supérieurement l'épaisseur correspondant aux facettes taillées sur la partie avoisinant la table; on remplace cette partie par une exactement semblable, mais en pierre précieuse, puis on colle et sertit au niveau du collage; 2° celles dans lesquelles la partie inférieure est toujours en strass, mais dans lesquelles la partie supérieure est constituée simplement par un quartz dur sans valeur. Il va sans dire que les pierres doublées peuvent être incolores ou colorées. Cette fraude est déjà ancienne, car Cardan qui, au xve siècle, a écrit un traité spécial sur ce sujet, dit que les pierres doublées ont été inventées par un nommé Zocolino qui fit rapidement une grande fortune, grâce à sa découverte; le 16 juin 1821, un honnête bijoutier de Paris, Bourguignon, a osé prendre un brevet d'invention pour l'exploitation de cette fraude.

3° *Pierres fausses proprement dites.* Ces pierres sont toujours à base de verre, colorées ou non par des oxydes métalliques ou des métaux très divisés. L'art de fabriquer les pierres fausses doit remonter très probablement à l'époque où le luxe des pierres fines finit par faire nombre de jaloux; Pline (*Hist. nat.*, liv. XXXVII) dit qu'on peut transformer le cristal en émeraude, la cornaline en sardoine, etc.; il ajoute que dans l'Inde on connaissait très bien ces procédés, surtout l'art de faire l'opale avec du verre; Albert le Grand, Saint-Thomas-d'Aquin décrivent aussi le moyen (*Traité de l'essence des minéraux*) de faire de l'émeraude avec de la poudre d'airain, le rubis avec le crocus de fer, l'hyacinthe, le saphir, la topaze, etc.; un peu plus tard, Kircher donna un procédé général pour imiter toutes les pierres fines, il consistait à fabriquer d'abord une matière première que l'on obtenait par la fusion de potasse, d'oxyde de plomb et de silice, et que l'on colorait ensuite à volonté par l'addition de quantités variables de chaux métalliques. C'est encore le procédé que l'on suit aujourd'hui; on fait d'abord un silicate de potasse très blanc, appelé *strass*, du nom de l'ouvrier qui, le premier, est arrivé à obtenir ce verre très pur; sa composition, d'après Dumas, est la suivante :

Silice.	38.2
Oxyde de plomb	53.0
Potasse.	7.8
Alumine, borax, acide arsénieux.	1.0
	100.0

puis ensuite on le colore par fusion avec quelques oxydes ou autres matières minérales, afin d'obtenir les colorations indispensables pour imiter convenablement la nuance des pierres fines. Nous donnons ci-dessous un tableau résumant la composition de ces divers mélanges :

Nom des matières premières	Rubis	Saphir	Topaze	Emeraude	Améthiste	Grenat
Strass..	1.000	1.000	1.000	1.000	1.000	1.000
Oxychlorure (verre) d'antimoine	40	»	40	»	»	»
Pourpre de Cassius.	1	»	1	»	»	q. s (suiv. la nuance)
Or.	q. s	»	»	»	»	»
Oxyde de cobalt.	»	25	»	»	25	»
— de cuivre.	»	»	»	8	»	»
— de chrome.	»	»	»	0.2	»	»
— de manganèse.	»	»	»	»	traces	»

Quant aux fausses aventurines, ce sont des verres à base de potasse, de soude, de chaux et de magnésie, dont Venise a gardé fort longtemps le monopole de la fabrication; c'est encore actuellement un Vénitien, M. Bibaglia, qui fournit les plus belles. Ce verre est coloré en jaune par l'oxyde de fer et contient dans sa masse des paillettes d'oxyde de cuivre qui lui donnent les reflets chatoyants qu'on recherche dans cette pierre. Cependant, quelques chimistes ont pu arriver à reproduire cette pierre de façons différentes: M. Hautefeuille (1860) incorpore dans le verre fondu une quantité variable de tournure de fer ou de fonte très fine et enveloppée dans du papier, puis il agite avec une barre de fer rouge; on arrête alors le tirage du fourneau, on recouvre le creuset muni de son couvercle, d'une bonne couche de cendres et on laisse refroidir très lentement; M. Pelouze (1865) fait l'aventurine en fondant 250 parties de sable, 100 parties de cristaux de soude, 50 parties de carbonate de chaux et 40 parties de bichromate de potasse. Il se forme dans la masse des paillettes à base de chrome d'un éclat magnifique, et la masse est plus dure peut-être que l'aventurine vraie.

4° Pierres fines artificielles. Depuis quelques années, tant en France qu'à l'étranger, on s'est livré à de nombreux travaux, pour arriver par voie synthétique à obtenir la production de tous les minéraux, en partant de leur composition chimique, actuellement bien connue pour la plus grande partie. MM. Fremy et Feil ont même obtenu des corindons, des saphirs et des rubis, d'un volume marchand, en chauffant, par grandes masses, 30 kilogrammes, un mélange d'aluminate de plomb et de silice. La forte chaleur dégage l'alumine de sa combinaison et lui permet de cristalliser; la couleur rouge se donne par le bichromate de potasse; on imite le saphir par addition d'oxyde de cobalt. Certaines gemmes, et justement les plus belles, n'ont pu encore être obtenues. Jusqu'ici, tous les efforts tentés pour obtenir le *diamant*, c'est-à-dire la cristallisation du carbone pur, sont restés infructueux; avec les plus fortes températures connues, comme avec les piles les plus énergiques, on n'est parvenu qu'à avoir un commencement de fusion du carbone, et c'est du graphite que l'on a reproduit et non du diamant. On a bien fait quelque bruit, il y a **une dizaine d'années**, autour d'un procédé qui aurait été communiqué à l'Institut depuis cinquante ans environ, et d'après lequel on obtient la cristallisation du carbone au sein d'un liquide, mais aucune communication n'a été faite en réponse aux réclamations du fils de l'inventeur, de sorte qu'on ne peut vérifier les résultats annoncés. Quant à l'*émeraude*, on n'est pas parvenu à la reproduire en faisant arriver du fluorure ou du chlorure de silicium sur un mélange de glucine et d'alumine porté au rouge; il en a été de même de la *tourmaline* et de la *topaze*; cependant, en réalisant la synthèse du corindon, c'est-à-dire de l'alumine pure cristallisée, par d'autres moyens, on est arrivé à de très bons résultats. M. Gaudin a obtenu des lamelles hexagonales d'assez belles dimensions en fondant dans un creuset et au chalumeau oxyhydrique, un mélange à parties égales de charbon, alun et sulfate de potasse; Elmer est arrivé au même but en fondant de façon semblable de l'alumine anhydre avec du bichromate de potasse; Ebelmen, en fondant dans un four à porcelaine 1 partie d'alumine anhydre et 3 à 4 parties de borax; enfin, MM. H. Sainte-Claire Deville et Caron ont obtenu de beaux cristaux de corindon, en fondant au rouge blanc, du fluorure d'aluminium anhydre, dans un creuset en charbon de cornue contenant une coupelle de même matière remplie d'acide borique; si l'on ajoute au mélange du fluorure de chrome et si l'on opère dans un creuset d'argile et une coupelle en platine, on obtient du *saphir*; avec une plus forte proportion de fluorure, du *rubis*; avec une forte quantité de fluorure, l'*émeraude orientale verte*. Les *grenats grossulaires* s'obtiennent facilement par simple fusion de leurs éléments (leur formule est $3CaO, Al^2O^3, 3SiO^2$... $Ca^3 Al^2(Si \Theta^4)^3$; M. Gorgen les a préparés en cristaux dérivés du système cubique, avec hémiédrie tétraédrique, par fusion du kaolin dans du chlorure de calcium, en présence de l'air humide ou par fusion d'un silicate alumineux dans le chlorure de calcium. Les *rubis spinelles*, d'un beau rouge ponceau, ont été reproduits par Ebelmen, par fusion prolongée des proto et sesquioxydes avec l'acide borique, dans un four à porcelaine; par Daubrée, en faisant passer du chlorure d'aluminium en vapeurs sur de la magnésie portée au rouge; par Stanislas Meunier, en faisant arriver de la vapeur d'eau et des vapeurs de chlorure d'aluminium sur un fil de magnésie chauffé au rouge. L'*opale*, $SiO^2 + nHO...Si\Theta, nH^2\Theta$, a été obtenue, par MM. Fouqué et Michel Lévy, en faisant passer très lentement de l'acide fluorhydrique avec de la vapeur d'eau sur de l'acide silicique chauffé au rouge ; et par M. Ebelmen, en décomposant de l'éther silicique dans l'air humide. Quant au *quartz*, sa synthèse a été réalisée par MM. Schafhäutl, de Sénarmont, Daubrée, Friedel, Sarasin, par divers moyens ; un des derniers proposés est celui de M. V. Chrustschoff (Amer. Chem., 1883), qui l'obtient en chauffant à 250°, dans un tube scellé, une solution aqueuse de silice dialysée ; à 350°, le quartz se transforme en *trydimite*. Nous pourrions pousser plus loin l'étude de ces synthèses, mais nous en avons assez dit pour montrer combien de progrès ont été faits dans la réalisation de la reproduction des pierres fines ; pour ceux qui voudraient de plus longs détails sur ce sujet, nous renverrons aux comptes rendus de l'Institut, et surtout à l'*Encyclopédie chimique*, de Fremy, où l'on trouvera tout un fascicule de l'ouvrage consacré à cette étude spéciale. — J. C.

PIERRÉE. *T. de constr.* Construction faite au moyen de cailloux et de pierres entassés pêle-mêle et reliés avec du mortier. ‖ Conduit formé de pierres sèches et destiné à la direction et à l'écoulement des eaux. — V. DRAÎNAGE.

PIERRERIES. Pierres précieuses travaillées. — V. JOAILLERIE, PIERRES PRÉCIEUSES.

PIERRIER. *T. d'artill.* Ancienne bouche à feu qui, comme forme extérieure et tracé intérieur, se rapprochait beaucoup des *mortiers lisses* ; elle servait à lancer des pierres que l'on plaçait dans un panier ou séparait de la charge à l'aide d'un tampon en bois. Le calibre du pierrier, en usage en France, était de 41 centimètres (15 pouces) ; cette bouche à feu a été retirée du service en 1854.

Il ne faut pas confondre le pierrier avec le *perrier*, petit canon en bronze, de 5 centimètres de diamètre, lançant un boulet plein d'une livre. Cette petite bouche à feu, en usage dans la marine pour l'armement des petites embarcations ou le service dans les hunes, était montée sur un affût à chandelier ; elle a été supprimée également en 1854.

PIEU. Pièce de bois ou de métal que l'on enfonce dans le sol pour divers usages, tels que les enceintes de bâtardeaux, les palées de ponts en bois, les pilotis de fondation des ouvrages en maçonnerie. L'enfoncement des pieux s'obtient ordinairement par le choc d'une masse pesante, appelée *mouton*, qu'une machine, connue sous le nom de *sonnette*, permet de soulever et de laisser retomber sur la tête du pieu (V. SONNETTE). Pour les pieux d'enceinte, l'opération n'offre pas de difficultés ; pour les pieux de pilotis ou pilots, qui doivent supporter des charges considérables et qui doivent, après le battage, être recépés, puis assemblés, on trouvera les renseignements nécessaires au mot PILOTIS.

Pieux à vis. M. Mitchell, ingénieur anglais, a imaginé, vers 1838, un autre mode d'enfoncement dont l'usage est aujourd'hui très répandu ; les pieux sont armés, à leur extrémité inférieure, d'une hélice qui permet de les visser dans le sol en leur imprimant un mouvement de rotation Dans ce système, on remplace le bois qui ne résisterait pas à la torsion, par des tubes en fonte ou par des tiges en fer ou en acier ; les pieux tubulaires ont de 0ᵐ,20 à 0ᵐ,30 de diamètre, et les vis, de 0ᵐ,60 à 0ᵐ,90 ; on a même employé des tubes de 0ᵐ,76 avec des vis de 1ᵐ,70 de diamètre. Les pieux à tige pleine ont environ 0ᵐ,15 de diamètre, avec une vis de 0ᵐ,30 à 0ᵐ,60. Dans les terrains peu résistants, la vis est cylindrique et fait au plus un tour et demi ; le filet présente une grande saillie sur le noyau. Dans les terrains résistants, les argiles, le gros gravier et même la craie, la vis est conique et fait jusqu'à trois tours et demi ; le filet diminue de largeur et se prolonge en forme de tarière. La tige et la vis sont fabriquées séparément et emmanchées à douille clavetée. Pour réaliser le mouvement de rotation, on enfile sur le pieu une tête de cabestan que l'on coince à la hauteur convenable à l'aide de cales en acier ; ce cabestan est garni de 6 à 8 barres actionnées par des hommes placés sur une plate-forme ; pour les ouvrages en mer, cette plate-forme peut être portée par un radeau ou par deux chalands. Lorsque l'état de la mer rend cette disposition impossible, on garnit le cabestan de barres rayonnantes, fendues à leur extrémité et amarrées ensemble pour les rendre solidaires ; on passe sur cette espèce de roue un long cordage hâlé à distance par des ouvriers ou à l'aide d'un treuil ; un homme surveille la corde pour la faire pincer successivement dans les fentes des barres. Les pieux à vis ont permis de remplacer un certain nombre de feux flottants par des phares, de construire des jetées à claire-voie et des palées de viaducs ; on les a même utilisés pour des poteaux télégraphiques et pour les balises des ports maritimes. — J. B.

— V. *Notice sur les pieux et corps morts à vis de M. Mitchell*, par V. CHEVALLIER, *Annales des ponts et chaussées*, 1855, 1ᵉʳ semestre.

*PIÉZOMÈTRE. *T. de phys.* Instrument destiné à mesurer la compressibilité des liquides. Le premier appareil de cette nature a été imaginé et employé par OErsted, en 1823. Il se compose d'une sorte de tube à thermomètre, c'est-à-dire d'un tube étroit, muni à sa partie inférieure d'un réservoir cylindrique contenant le liquide qui s'élève jusque dans la partie supérieure capillaire du tube, et au-dessus duquel on introduit une goutte de mercure pour servir d'index. Sur la planchette verticale où ce tube est fixé, se trouvent un petit thermomètre et un manomètre formé d'un tube renversé, contenant de l'air à sa partie supérieure. L'appareil est introduit dans une large éprouvette en verre très épais, fixée à un pied en laiton. La partie supérieure est munie d'une garniture métallique. On remplit d'eau l'éprouvette, on la ferme, et, à l'aide d'une vis à piston plongeur en bronze, glissant à frottement dans une rondelle de cuir embouti, on exerce sur le liquide de l'éprouvette une forte pression qui se communique au liquide du piézomètre et à l'air du manomètre gradué. La pression, en diminuant le volume du liquide comprimé, produit en même temps une élévation de température. On laisse refroidir l'appareil à son degré primitif. On lit alors la température, la pression et, sur le tube capillaire, la nouvelle position de l'index. Le tube étant gradué en parties d'égale volume et en fonction de la capacité du réservoir, on a tous les éléments nécessaires pour déterminer le *coefficient de compressibilité* du liquide.

Un inconvénient grave de cet appareil consiste en ce que le mercure, ne mouillant pas le verre, laisse infiltrer une petite quantité de liquide de l'éprouvette dans le piézomètre. Despretz qui a signalé le fait y remédia en recourbant le tube capillaire à sa partie supérieure et en le terminant par un petit réservoir d'air.

M. Regnault imagina un piézomètre plus précis qui lui permit de tenir compte de la compressibilité de toutes les substances, eau, cuivre, laiton, verre et d'arriver à des résultats tout à fait exacts. — C. D.

*PIGALLE (Jean-Baptiste). Né à Paris en 1714, mort dans la même ville en 1785, était fils d'un menuisier du roi. Contrairement à la plupart des grands artistes, il ne donna à ses débuts dans l'étude de la sculpture que peu d'espérances. A la vue de ses premiers essais, Robert le Lorrain, voisin de sa famille, avait consenti à le prendre chez lui, mais l'élève fit peu de progrès, et partit bientôt après pour entrer dans l'atelier de Lemoyne, qui s'était pris pour lui d'une vive amitié. Néanmoins Pigalle ne fit encore là que de pénibles études; ses camarades l'avaient surnommé la *tête de bœuf*, le *mulet de la sculpture*, et ce n'est qu'à force de volonté et de travail qu'il parvint à triompher de ses mauvaises dispositions.

Lorsqu'il se présenta au concours de l'Académie il échoua, suivant toutes les prévisions. Mais il résolut néanmoins d'aller à Rome, partit à pied, presque sans argent, et y arriva dans le plus affreux dénûment; ce n'est qu'à l'appui de Guillaume Coustou qu'il put continuer ses études. Enfin il donna, la troisième année de son séjour à Rome, une copie de la *Joueuse d'osselets*, d'après l'antique, qui attira sur lui l'attention et fut achetée par l'ambassadeur de France. Rentré en France en 1739, après un séjour à Lyon où il exécuta quelques commandes dont il ne reste rien, il exposa un *Mercure attachant ses talonnières*, dont le marbre est au musée de Berlin, et qui se ressent des études faites sur l'antique par le jeune artiste. Son succès fut si vif que, dès 1741, l'Académie recevait Pigalle comme agrégé; il n'avait que vingt-huit ans. Son morceau de réception, aujourd'hui au Louvre, est *Milon de Crotone*; il fut nommé membre titulaire en 1744, professeur en 1752, recteur en 1777, chancelier en 1785. Malgré ses succès si prompts, Pigalle manquait encore du nécessaire et travaillait au compte d'un sculpteur, lorsque la protection du comte d'Argenson lui assura enfin des commandes importantes. Il travailla à l'église Saint-Louis du Louvre, exécuta une statue de la *Vierge* pour les Invalides,

(1745), et pour la chapelle de l'hôpital des Enfants-Trouvés un bas-relief qui subsiste encore; *Vénus* (1748), comme pendant à son *Mercure*, le buste du roi, une statue de *Madame de Pompadour*, pour le château de Bellevue, le *Silence*, l'*Amour* et l'*Amitié*, au ministère des affaires étrangères; l'*Enfant à la cage*, une de ses œuvres les plus populaires. Enfin, parmi les morceaux les plus importants on remarque surtout les bas-reliefs pour la statue de Louis XV par Bouchardon érigée en 1763 sur la place depuis appelée « de la Concorde », le mausolée du *Comte d'Harcourt* d'après un rêve de sa veuve, et celui du *Maréchal de Saxe*, qui fut placé en 1776, dans l'église Saint-Thomas, à Strasbourg. Malgré ses qualités de style et de vigueur, il a les mêmes défauts que tant d'autres accumulations de figures allégoriques, si goûtées à cette époque. C'est froid et emphatique, c'est plutôt un tableau à effet théâtral qu'un morceau de sculpture, et le rapprochement entre les deux arts est toujours dangereux. La dernière œuvre de Pigalle fut une *Jeune fille qui se tire une épine du pied*. Parmi ses élèves, le plus connu est Houdon. Pigalle fut le premier sculpteur décoré de l'ordre de Saint-Michel, et il refusa longtemps cette distinction parce que Lemoyne, son maître, et Guillaume Coustou, son bienfaiteur, n'en avaient pas été honorés.

*PIGEONNAGE. T. de constr. Sorte de languette faite en plâtre pur, un peu serré, pour former les coffres de cheminées, les hottes de fourneaux, etc. Ces ouvrages, auxquels on donne, de 0ᵐ,06 à 0ᵐ,08 d'épaisseur, s'exécutent à la main et à la truelle, par *pigeon*, c'est-à-dire par poignée.

PIGEONNIER. Local affecté aux pigeons; il prend quelquefois le nom de *colombier*. Le plus ordinairement c'est une boîte en bois que l'on accroche au mur, sous le toit, au moyen de pitons et de pattes-fiches, mais il peut être isolé et monté sur un poteau. Il faut par couple 0,30 de large et 0,20 de hauteur. Les nids sont comme ceux des poules, mais ils ont 0,20 de côté (carrés) et 0,10 de profondeur. Une porte-fenêtre donne entrée dans le pigeonnier et l'extérieur est muni d'une planche de 0,30 de largeur sur laquelle les pigeons viennent se poser. Le toit doit être couvert d'une feuille de zinc, on y ajoute quelquefois des lambrequins découpés, ce qui en rend l'aspect agréable. Lorsque l'on veut retenir les couples captifs, on dispose à l'avant de la porte-fenêtre une sorte de cage en grillage métallique.

I. PIGNON. Mur incliné à sa partie supérieure pour recevoir les extrémités des pans de comble d'un bâtiment et former clôture à la construction; ce mur reproduit ordinairement la forme du toit ou du moins de sa section transversale; ainsi dans les maisons modernes de nos villes où le comble à la mansard est si fréquemment adopté, le mur pignon se termine par un trapèze surmonté d'un triangle. Dans le nord de la France, en Belgique, en Hollande, en Allemagne, on fait usage des *pignons à redents*, c'est-à-dire dont les rampants sont disposés en degrés d'escalier.

Dans les maisons en bois, les pans de combles font surtout saillie au delà des murs pignons et se terminent par des encorbellements soutenus par des consoles. Le bois découpé joue un grand rôle dans la décoration de ce genre de pignons. — F. M.

II. PIGNON. 1° T. de mécan. Roue dentée droite ou roue d'angle, généralement de petit diamètre par rapport à la roue qu'elle conduit, et qui sert d'intermédiaire pour la transmission du mouvement entre deux axes parallèles ou concourants. L'expression de *pignon* est appliquée surtout aux roues n'ayant qu'un petit nombre de dents, qui sont fondues d'une seule pièce, pleines et sans bras ; les dents reçoivent alors souvent le nom d'*ailes*. Le tracé des dents de ces petites roues ne peut pas toujours se faire suivant cette condition appliquée aux engrenages ordinaires, que le contact commence à la dent qui précède la ligne des centres, et se termine à celle qui suit ; car on se trouverait ainsi amené à donner aux dents une forme très amincie défavorable à leur résistance, on se contente habituellement de reporter l'origine du contact à une fraction de pas seulement, comme la moitié par exemple. On fixe à quatre le nombre minimum de dents qu'on peut donner à un pignon engrenant avec une roue de 12 dents au moins, mais il faut prendre au moins 5 dents quand la roue conduite a moins de 12 dents. || 2° Sorte de cylindre cannelé qui sert à ouvrir et à fermer les doubles pênes de certaines serrures. || 3° *Pignon de renvoi*. Pignon servant à communiquer le mouvement d'une partie du mécanisme de l'horloge à une autre partie. || 4° Laine de qualité médiocre qu'on sépare de la laine fine, pendant le cardage.

* **PIGNONNÉ, ÉE. Art hérald.** Se dit d'un château, d'un mur, dont la partie supérieure est terminée en forme de degrés.

* **PILAGE. T. techn.** Action de piler. || Chez les savonniers, opération qui a pour but d'agglomérer le savon de toilette, afin d'obtenir une masse compacte et homogène.

PILASTRE. T. d'arch. Avant-corps peu saillant, de section rectangulaire et pourvu d'une base et d'un chapiteau. Lorsque l'entablement qui réunit les colonnes d'un portique vient s'appuyer sur un mur, on le fait reposer soit sur une colonne engagée, soit sur un pilastre. On décore également de pilastre les têtes des murs entre lesquels sont placées des colonnes. Les Romains donnaient le nom d'*antes* à ce genre de supports engagés, très fréquemment employés dans leur architecture. Quelquefois on distribue des pilastres sur les faces des murs, de manière à indiquer une ossature et à former par là une décoration monumentale. Sous le rapport de l'ornementation, ils peuvent être regardés comme des colonnes en bas-relief, et ils comportent la même diversité qu'elles dans les formes et dans les caractères. Les saillies des pilastres sur les murs varient entre des limites très éloignées ; mais elles descendent rarement au-dessous du dixième de la

largeur, et dépassent rarement aussi cette dimension ; elles dépendent essentiellement du caractère qu'on veut donner à la construction et de la position qu'occupent les pilastres. Ces saillies, toutefois, doivent être plus prononcées à l'extérieur d'un édifice que dans l'intérieur d'une salle. Quand elles dépassent la moitié de la largeur, on fait habituellement ressauter l'entablement au-dessus de chacun des pilastres, qui prennent alors le caractère de contreforts.

Suivant leur aspect, leur décoration et leur mode d'emploi, on a donné aux pilastres diverses qualifications. On appelle : *pilastres accouplés*, ceux qui sont réunis deux à deux ; *pilastre attique* celui qui est divisé par des petites bandes ou tambours, comme dans les colonnes à bossages ; *pilastre cannelé*, celui qui est décoré de cannelures ; *pilastre cintré*, celui dont le plan est curviligne, étant engagé dans un mur circulaire, soit intérieurement, soit extérieurement ; *pilastre angulaire* ou *cornier*, celui qui contourne l'angle d'un édifice ; *pilastre coupé*, celui qui, dans sa hauteur, est traversé par une bande horizontale, une imposte, etc. ; *pilastre diminué*, celui qui, étant placé derrière une colonne ou accouplé avec une colonne est diminué de même par le haut ; *pilastre doublé*, un pilastre qui est formé de deux pilastres entiers se joignant en angle rentrant droit ou obtus et ayant leurs bases et leurs chapiteaux confondus ; *pilastre engagé*, un pilastre qui, placé derrière une colonne, n'en suit pourtant pas le galbe et dont la base et le chapiteau se confondent avec ceux de la colonne ; *pilastre flanqué*, celui qui est accompagné de deux demi-pilastres de plus faible saillie ; *pilastre en gaine de terme*, un pilastre plus large au sommet qu'à la base ; *pilastre plié*, celui qui est partagé en deux moitiés dans un angle rentrant ; *pilastre ravalé*, celui dont le parement est refouillé et incrusté de moulures ou autres ornements ; *pilastre rudenté*, un pilastre cannelé dont les cannelures sont remplies jusqu'au tiers inférieur de leur hauteur par des ornements tels que joncs, baguettes, torsades, etc. || T. de serrur. 1° Montant ajouré, que l'on place de distance en distance dans les grilles, dans les balcons, dans les rampes d'escalier pour en séparer les panneaux ou renforcer l'ensemble de l'ouvrage ; 2° premier barreau d'une rampe, que l'on fait en fonte ou en fer, plein ou creux, et qui est surmonté soit d'une boule en cuivre ou en verre, soit d'un motif quelconque en amortissement. — F. M.

* **PILÂTRE DE ROZIER** (JEAN-FRANÇOIS). Célèbre aéronaute français né à Metz en 1756, mort à Wimereux, près Boulogne-sur-Mer, le 15 juin 1785. Il est surtout connu par l'audace et l'énergie avec laquelle il accomplit les premiers voyages aériens qui aient été effectués, et par la terrible catastrophe qui lui fit perdre la vie à l'âge de 29 ans. A l'époque où Montgolfier inventa les aérostats, il était professeur de chimie à l'Athénée Royal qu'il avait fondé en 1781. Il se prit d'un enthousiasme indescriptible pour la nouvelle invention, et quelques mois après les expériences des frères

Montgolfier, il décida le roi Louis XVI à autoriser l'ascension d'un ballon monté. Il partit avec le marquis d'Arlandes, le 21 novembre 1783, dans le jardin de la Muette à Passy, et descendit vingt-minutes plus tard à la Butte-aux-Cailles. Le roi le récompensa de son audace en lui accordant une pension de 1,000 livres. On sait que cette ascension mémorable donna pour ainsi dire le signal à de nombreuses personnes qui voulurent aussi s'élever dans les airs, et les voyages en ballon se multiplièrent rapidement sur tous les points de la France. Pilâtre de Rozier lui-même, effectua le 24 juin 1784 une deuxième ascension en compagnie de Prouts. Partis de Versailles, les voyageurs descendirent trois quarts d'heure plus tard à Chantilly. Sa pension fut alors portée à 2,000 livres.

A la même époque, le physicien Charles imaginait de gonfler les ballons non plus avec de l'air chaud, mais avec du gaz hydrogène, beaucoup plus léger. Pilâtre de Rozier eut l'idée malheureuse d'associer les deux systèmes, dans un appareil qu'il nomma *aéro-montgolfière*, et qui se composait d'une montgolfière dont la température était entretenue par un foyer placé dans la nacelle et surmontait la montgolfière d'un ballon gonflé d'hydrogène. En vain Charles et d'autres physiciens lui représentèrent les dangers d'incendie auxquels il allait s'exposer. Il persista dans son projet de se servir de son appareil pour franchir le Pas-de-Calais, et alla s'installer à Boulogne. Pendant cinq mois, il fut retenu par les vents contraires, et les rats lui dévorèrent sa machine, ce qui lui occasionna de grands frais.

Enfin, ayant appris que Blanchard venait de passer en ballon d'Angleterre en France, il résolut de partir. Malgré les ordres formels du ministre Calonne qui lui avait fourni des fonds, il refusa d'emmener madame de Saint-Hilaire, et le marquis de la Maisonfort, disant qu'il n'était sûr ni du temps, ni de sa machine. Il était accompagné du physicien Romain. L'ascension eut lieu le 15 juin 1785, à Boulogne. Très peu de temps après son départ, le ballon qui s'était d'abord éloigné sur la mer fut rejeté par le vent du côté de la terre. En même temps, le ballon supérieur prit feu, et les deux voyageurs furent précipités sur la falaise, d'une hauteur de 500 mètres, auprès du village de Wimereux, à 5 kilomètres au nord de Boulogne, et à 100 mètres environ du rivage. Pilâtre de Rozier fut tué sur le coup. Romain respirait encore quand on vint à son secours, mais il ne tarda pas à rendre le dernier soupir. Un petit monument portant une inscription a été élevé sur le théâtre de ce drame. La traversée du Pas-de-Calais d'Angleterre en France a été accomplie bien des fois en ballon par de nombreux aéronautes; mais le voyage aérien de France en Angleterre n'a pu être réussi qu'en 1883 par l'aéronaute Lhoste.

On a de Pilâtre de Rozier quelques mémoires insérés dans le *Journal de physique* et dans un livre publié par Tournon de la Chapelle sous le titre de *Vie et mémoires de Pilâtre de Rozier*, Paris 1786, in-12. — M. F.

I. PILE. Ouvrage en maçonnerie servant de point d'appui aux arches ou aux travées d'un pont ou d'un viaduc. Les points d'appui des extrémités sont nommés *piles-culées* ou simplement *culées*. On nomme aussi *piles-culées* les piles intermédiaires d'un viaduc, auxquelles on donne une stabilité suffisante pour résister au renversement, en cas de rupture des arches voisines. On désigne également sous le nom de *piles*, les massifs en maçonnerie qui séparent les différentes parties d'un barrage. Les piles en rivière ont une section rectangulaire, prolongée en amont et en aval par des massifs en saillie, élevés au moins jusqu'au-dessus des plus hautes eaux et destinés à protéger la pile contre le choc des corps flottants. Le massif d'amont s'appelle *avant-bec*, et celui d'aval, *arrière-bec*. Leur section est en général demi-circulaire; cependant l'ogive à base équilatérale convient mieux pour l'avant-bec, parce qu'elle facilite l'écoulement des eaux. Les becs sont couronnés : soit par un simple plan incliné, soit par une pyramide triangulaire, soit par une calotte sphérique ou conique; on les élève quelquefois jusqu'au niveau du pont où ils forment des terrepleins garnis de bancs et servent de refuges. Le Pont-Neuf, à Paris, présente cette disposition, et ses terre-pleins ont longtemps supporté de petites boutiques. Enfin, dans les grandes villes où l'on cherche à donner aux ponts un aspect décoratif, les avant et arrière-becs sont surmontés de sculptures et même de statues, comme aux ponts des Invalides et de l'Alma. Afin de répartir la charge sur une plus grande surface de fondation, on établit les piles sur un socle auquel on donne au moins 20 centimètres de saillie et qui est arasé au niveau de l'étiage; on emploie plusieurs socles successifs lorsqu'on veut obtenir un empattement plus considérable et augmenter la stabilité. — V. FONDATION, PONT, VIADUC.

II. PILE. *T. techn.* 1°. Appareil dans lequel on exécute le lavage et le défibrage des chiffons. — V. PAPETERIE. || 2° Cuve dans laquelle on dégraisse et on foule le drap. || 3° Citerne servant de réservoir aux huiles, dans une savonnerie. || 4° Nombre déterminé de poignées ou paquets de feuilles d'impression qui se suivent. || 5° Revers d'une monnaie où se trouvent représentées les armes des souverains ou des nations. || 6° *Art hérald.* Figure qui représente une sorte de pal aiguisé et posé la pointe en bas de l'écu.

PILE ÉLECTRIQUE. Dénomination commune à tous les générateurs d'électricité produisant un courant permanent, à l'exception des machines fondées sur l'induction (machines magnéto et dynamo-électriques). Elle s'applique donc aux générateurs développant l'électricité par les actions chimiques (piles hydro-électriques) et les actions thermo-électriques (piles thermo-électriques). Le nom de *pile* vient de ce que le premier appareil de ce genre, imaginé par Volta, était composé d'une série de disques de cuivre et de disques de zinc soudés ensemble, deux par deux, et *empilés* les uns sur les autres; chaque *couple* de deux disques étant séparé du suivant par une rondelle de drap imbibée d'eau salée ou acidulée par l'acide sulfurique. On avait ainsi une véritable *pile* qu'on plaçait entre trois colonnes de verre pour la soutenir et dont chaque couple constituait ce que Volta appelait un *élément* : c'est la *pile à colonnes*. La superposition de disques métalliques et de rondelles humides présente quelques inconvénients auxquels Volta remédia en construisant la *pile à couronne de tasses*, formée de *tasses* renfermant de l'eau acidulée, placées les unes à la suite des autres et dans chacune desquelles plongent une lame de zinc et une lame de cuivre, la lame de zinc d'une tasse étant soudée à la lame de cuivre de la suivante. On donne aujourd'hui le nom de *couple* ou d'*élément* à l'ensemble de deux lames plongeant dans la même tasse, et l'appareil a conservé le nom de *pile* qui rappelle sa forme primitive et s'applique même à un élément isolé.

En se reportant au mot ELECTRICITÉ, on trouvera : § 3, l'historique des piles hydro-électriques; § 7, celui des piles secondaires et § 20 celui des piles thermo-électriques. La théorie de la pile a été exposée dans les § 50 à 68.

Notions générales. Force électro-motrice et résistance. Considérons un couple de Volta, c'est-à-dire un vase contenant de l'eau acidulée, dans laquelle plongent une lame de cuivre et une lame de zinc. Soudons un fil de cuivre à chacune des lames et relions ces fils à un électromètre de Thomson, on constate que le potentiel de la lame de cuivre est plus élevé que celui de la lame de zinc, d'où le nom de *pôle positif* (+) donné à l'origine du fil relié à la lame de cuivre, et de *pôle négatif* (—) à l'origine du fil relié à la lame de zinc. La différence de potentiel des deux pôles est la *force électro-motrice* du couple.

Les deux pôles étant isolés l'un de l'autre par l'électromètre, le circuit est *ouvert*. Substituons un galvanomètre à l'électromètre, ou plus généralement, relions les deux pôles par un conducteur continu, le circuit sera *fermé* et on constate l'existence d'un *courant* électrique dans le conducteur *interpolaire* et dans l'*intérieur* du couple.

La différence de potentiel des pôles de la pile qui était égale à *e* (force électro-motrice) quand les pôles étaient isolés, diminue lorsque le circuit est fermé et devient égale à $e \frac{R}{r+R}$, R étant la résistance du conducteur interpolaire, ou *circuit extérieur*, et *r* la *résistance intérieure* du couple. Les deux lames du couple étant supposées parallèles et de même surface, on a $r = \frac{d}{cs}$, *d* étant la distance des deux lames, *s* l'aire de la surface immergée, *c* la conductibilité du liquide. Pour avoir un couple peu résistant, il faut donc avoir des lames de grande surface, rapprochées l'une de l'autre, et un liquide très conducteur.

L'intensité du courant est donnée par la formule

$$i = \frac{e}{r+R}.$$

Assemblage des piles. Supposons que l'on ait *n* couples identiques ayant chacun une résistance *r* et une force électro-motrice *e*, que l'on relie par un fil ou une pince métallique le cuivre du premier couple au zinc du second, le cuivre de celui-ci au zinc du troisième et ainsi de suite, et qu'on laisse isolés le zinc du premier couple et le cuivre du dernier, on trouve que la différence de potentiel aux deux extrémités (pôles) de la pile ouverte ou *force électro-motrice de la pile* est égale à *n e*.

Ce mode d'*assemblage* ou d'*accouplement* des éléments s'appelle un montage en *série* ou en *tension*; la figure 127 en donne une représentation conventionnelle. L'intensité du

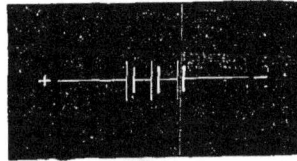

Fig. 127.

courant obtenu en réunissant les deux pôles par un conducteur de résistance R, est donnée par la formule :

$$i = \frac{n e}{n r + R}.$$

On peut aussi réunir toutes les lames de cuivre ensemble et les lames de zinc ensemble, comme l'indique la figure 128; c'est le mode d'assemblage ou de montage dit *parallèle* ou en *surface*, ou en *quantité*.

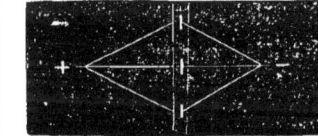

Fig. 128.

n couples ainsi réunis se comportent comme un couple unique dans lequel les lames métalliques auraient une surface *n* fois plus grande. La force électro-motrice d'une pareille pile est égale à *e*, celle d'un seul couple, et sa résistance est égale à $\frac{r}{n}$, ou *n* fois moindre que celle d'un couple.

L'intensité fournie dans un circuit extérieur R est donnée par $i = \dfrac{e}{\dfrac{r}{n} + R}$.

Dans la pratique, on a le plus souvent intérêt à employer des piles à très faible résistance; en particulier, si l'on veut alimenter plusieurs circuits extérieurs par des courants fournis par une même

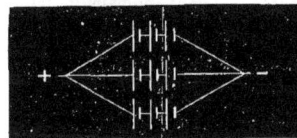

Fig. 129.

pile. On démontre, en effet, facilement que si la résistance de la pile est très faible, le courant qui traverse chacun des circuits a sensiblement la même intensité que si les autres circuits n'existaient pas. On choisira donc des éléments à très grandes surfaces, ou bien on montera la pile en surface.

La figure 129 représente un montage mixte : m piles composées chacune de n couples en série sont reliées par leurs pôles de mêmes noms. L'ensemble a une force électro-motrice ne et une résistance $\dfrac{nr}{m}$. L'intensité dans un circuit extérieur R est donnée par $i = \dfrac{ne}{\dfrac{nr}{m} + R} = \dfrac{mne}{nr + mR}$.

Quand on dispose d'un nombre total de couples $N = mn$, on peut se demander comment il faut assembler ces couples pour obtenir la plus grande intensité possible dans un circuit extérieur donné R. Le calcul montre que la condition de maximum est $nr = mR$ ou $\dfrac{nr}{m} = R$, c'est-à-dire que les éléments doivent être accouplés de telle sorte que la résistance de l'ensemble soit égale à celle du circuit extérieur.

PILES HYDRO-ÉLECTRIQUES

On peut admettre comme un fait expérimental que toute combinaison chimique est accompagnée d'un dégagement d'électricité, pourvu que les corps mis en présence soient bons conducteurs (V. Électricité, § 3 et 52). De là une grande variété dans la composition des couples. Ainsi, au couple zinc, acide sulfurique étendu et cuivre imaginé par Volta, on peut substituer un liquide conducteur quelconque et deux lames conductrices différentes dont l'une au moins soit susceptible de décomposer le liquide pour s'unir à l'un des éléments de la décomposition; la substance la plus attaquée se comporte comme le zinc et prend un potentiel négatif: la moins attaquée se comporte comme le cuivre et prend le potentiel positif du liquide.

Le couple zinc, eau et cuivre, offre une très grande résistance à cause du peu de conductibilité de l'eau; de plus, le zinc se recouvre d'oxyde de zinc insoluble qui diminue la surface attaquable. On emploie alors comme *excitateur* une solution acide, alcaline ou saline pouvant former un sel soluble avec le métal de la lame négative.

Volta a acidulé l'eau avec de l'acide sulfurique pour la rendre conductrice : la force électro-motrice développée étant d'autant plus grande que les, affinités en jeu sont plus considérables, on devra, avec un liquide oxydant, choisir la lame négative parmi les métaux usuels les plus oxydables, c'est-à-dire le zinc et le fer. Comme la force électro-motrice fournie par le fer n'est guère que les 3/5 de celle développée par le zinc, ce dernier métal constitue la lame attaquable de la plupart des couples.

Quant à la lame positive, il importe qu'elle ait peu ou point d'affinité pour le liquide, afin d'éviter la production d'une force électro-motrice contraire à celle résultant de l'attaque de l'autre lame. De là l'emploi du platine ou celui d'un charbon bon conducteur, comme le charbon de cornue. Le cuivre convient également avec les acides qui, comme l'acide sulfurique étendu, ont peu d'action sur ce corps. Avec une solution saline, telle que le sulfate de cuivre, la lame positive peut être le métal constituant la base du sel, le cuivre, puisque le liquide est alors sans action sur le métal.

On peut utiliser encore exclusivement la réaction de deux liquides en recueillant l'électricité au moyen de conducteurs inaltérables. Soit un vase divisé en deux compartiments par une cloison poreuse s'opposant au mélange des liquides placés de part et d'autre, sans empêcher le passage du courant : versons d'un côté une solution acide, de l'autre une solution alcaline, et plongeons dans chaque liquide une lame inaltérable de platine ou de charbon; dès qu'on relie les deux lames, on a un courant dont le sens montre que l'acide est positif et la base négative. Si on emploie de l'acide azotique et une solution concentrée de potasse, l'hydrogène de l'eau se porte sur l'acide qu'il réduit et l'oxygène se dégage sur la lame qui plonge dans la potasse. C'est la *pile à oxygène*.

Quelle que soit la composition du couple, il se manifeste sur les deux lames une différence de potentiel : la lame qui est au potentiel le plus élevé est le pôle positif, l'autre est le pôle négatif.

Action chimique dans la pile. On a étudié, au mot Électricité (§ 61 et suivants), les actions chimiques produites par le courant dans le circuit extérieur; mais le courant qui traverse les électrolytes traverse aussi la pile et, dans la pile, du zinc est dissous dans chaque élément. On a donc été conduit à chercher le rapport qui existe entre l'action chimique du courant à l'extérieur de la pile et l'action chimique dans la pile. Si dans un vase renfermant de l'eau acidulée on introduit une lame de zinc pur, la lame n'est pas attaquée et on n'observe aucun dégagement d'hydrogène; introduisons ensuite une lame de cuivre, le zinc continue à ne pas être attaqué; mais si on réunit par un fil conducteur les deux lames, le courant passe et aussitôt des bulles d'hydrogène apparaissent sur le cuivre; ce dégagement cesse en même temps que le courant par l'ouverture du circuit. Répétons la même expérience avec une lame de zinc ordinaire du commerce : dès qu'on la plonge dans l'acide, des bulles apparaissent sur la lame; l'introduction de la lame de cuivre ne change rien au phénomène. Lorsqu'on ferme le circuit, des bulles apparaissent aussi sur le cuivre, mais ce dernier dégagement cesse avec le courant. Il y a donc, dans ce second cas, superposition de deux actions : l'une, indépendante du courant, dégage l'hydrogène sur le zinc; elle est due aux impuretés du zinc, puisqu'elle cesse quand le métal est pur; l'autre, liée au courant, dégage l'hydrogène sur le cuivre. La première consomme le métal en pure perte, la seconde produit l'effet utile; d'où, dans la comparaison des piles, l'introduction d'un coefficient d'*effet utile* donnant le rapport de la consommation utile à l'usure réelle des matériaux de la pile.

Dans l'examen de l'action chimique qui accompagne le courant, il faut ne tenir compte que de l'hydrogène dégagé sur le cuivre; en faisant passer le courant d'une pile dans un voltamètre, Daniell reconnut ainsi que la même quantité d'hydrogène est dégagée dans le voltamètre et dans chaque élément de la pile; en employant du zinc pur, on a constaté également qu'il y a autant d'équivalents chimiques de zinc dissous qu'il y a d'équivalents d'hydrogène dégagés (V. Électricité, § 64). Si on remplace le cuivre par un métal moins oxydable que le zinc, le résultat est le même. On peut aussi changer la nature du liquide, substituer, par exemple, à l'eau acidulée (sulfate d'hydrogène), du sulfate de cuivre; quand le circuit est ouvert, le cuivre se dépose sur le zinc (pur ou non); mais quand le courant passe, le cuivre se dépose, en outre, sur l'autre lame et ce dernier dépôt cesse dès qu'on ouvre le circuit; le poids de ce dépôt est équivalent au poids d'hydrogène dégagé dans le voltamètre.

D'une façon générale, si l'on réunit en série plusieurs couples quelconques, et si l'on ferme le circuit, le nombre d'équivalents de métal dissous utilement sera le même dans tous les couples. Prenant ce nombre d'équivalents pour mesure de l'action chimique, on dira que l'action chimique est la même, soit dans les électrolytes faisant partie du circuit extérieur, soit dans les éléments de la pile. Non seulement elle est la même en quantité, mais elle est partout du même sens. Le courant, dirigé à l'extérieur du pôle +

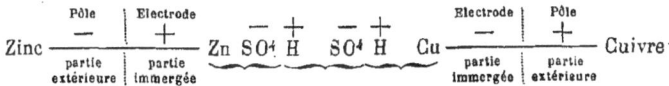

au pôle —, se continue dans le même sens à l'intérieur de la pile de manière à se fermer; à l'intérieur, il va du pôle — au pôle +. Dans la pile, comme dans les électrolytes, l'hydrogène se dégage ou le métal se dépose au point où le courant quitte le liquide; la partie immergée du *pôle positif* se comporte donc comme une *électrode négative*, et la partie immergée du *pôle négatif* comme une *électrode positive*.

En résumé, il n'y a aucune différence essentielle entre les couples producteurs du courant et les électrolytes que le courant traverse. La *polarisation des électrodes* (V. Électricité, § 65) montre que les uns et les autres contribuent en réalité à la production du courant; et appelant E la force électro-motrice de la pile, E' la force de polarisation résultant de la décomposition des électrolytes du circuit extérieur, et R la résistance totale du circuit, l'intensité du courant est donnée par la formule :

$$I = \frac{E - E'}{R}.$$

Toute combinaison binaire pouvant être considérée comme la juxtaposition d'un élément électropositif (hydrogène ou métal) et d'un élément électro-négatif (oxygène ou radical acide), l'action chimique dans le couple de Volta pourra être figurée comme il suit :

Zinc ———— Zn SO⁴ H SO⁴ H Cu ———— Cuivre

Zinc amalgamé. Le dégagement d'hydrogène observé à la surface du zinc ordinaire plongé dans l'eau acidulée est dû à une action *locale* produite par des parcelles de plomb, de fer, de charbon et autres impuretés qui, étant moins oxydables que le zinc, forment à la surface du métal de petites piles ayant pour effet de dissoudre et de trouer le zinc sans produire d'effet utile. On évite cette dépense en employant du zinc pur; mais celui-ci étant très cher, on le remplace par

du zinc ordinaire amalgamé, lequel n'est pas attaqué par l'acide.

Au zinc amalgamé on a proposé de substituer le zinc *allié* ou alliage solide de zinc et de mercure coulé dans un moule.

On peut empêcher l'usure inutile du zinc ordinaire en évitant de mettre le métal au contact immédiat du liquide excitateur et employant un vase à deux compartiments séparés par une cloison poreuse. La réaction est figurée comme il suit :

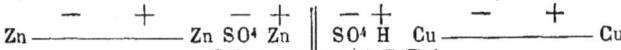

Zn ———— Zn SO⁴ Zn ‖ SO⁴ H Cu ———— Cu

En remplaçant l'eau acidulée (sulfate d'hydrogène) par le sulfate de cuivre, au lieu d'un dégagement d'hydrogène sur la lame de cuivre, on aura sur cette lame un dépôt de cuivre et, par suite, pas de polarisation (pile Daniell).

Causes d'affaiblissement du courant. Le courant électrique fourni par une pile de Volta s'affaiblit rapidement peu après la fermeture du circuit; en ouvrant le circuit et laissant reposer la pile, elle reprend peu à peu son activité première. Les causes qui affaiblissent le courant sont les suivantes : 1° des bulles d'hydrogène se dégagent sur les lames de cuivre; ces bulles empêchant le liquide de toucher le métal diminuent la surface de contact et augmentent la résistance du circuit; 2° entre les bulles et le métal, il se forme une couche mince d'hydrogène adhérente à l'électrode

et développant une force électro-motrice de polarisation (V. Électricité, § 65 et 66); cette force croît avec l'intensité du courant et augmente dans une certaine limite avec l'épaisseur du dépôt. Le courant de la pile s'affaiblira donc d'autant plus que la résistance du circuit extérieur sera plus faible; l'épaisseur du dépôt diminuant avec l'étendue de la surface en contact avec le liquide, on diminuera la polarisation en employant une lame positive à grande surface; de plus, l'électrode étant en contact avec l'air par un plus grand nombre de points, on facilite ainsi la combinaison directe de l'hydrogène avec l'oxygène de l'air. La polarisation se dissipe quand on arrête le passage du courant, aussi la pile reprend-elle sa force après quelques instants de repos; 3° l'eau acidulée se transforme partiellement en sulfate de zinc qui est électrolysé et donne lieu à un dépôt de zinc sur le cuivre; ce dépôt engendre une force électro-motrice de polarisation ; de plus, par sa présence sur le cuivre, il donne naissance à des courants locaux qui le dissolvent dans le liquide en dégageant de l'hydrogène ; enfin, le dépôt se renouvelle rapidement et augmente d'épaisseur au point que les cuivres ne diffèrent plus des zincs et alors la pile a perdu toute son activité.

On détruit l'obstacle mécanique opposé au courant par l'interposition des bulles d'hydrogène en facilitant leur dégagement par l'agitation du liquide ou le brossage de la surface de l'électrode. Dans le même but, Sturgeon remplace le cuivre par de la fonte oxydée, et Smée par du cuivre platiné, c'est-à-dire recouvert par la galvanoplastie d'un dépôt de platine pulvérulent dont les aspérités forcent l'hydrogène à se dégager en petites bulles produisant dans le liquide un courant ascendant qui aide à détacher les autres bulles à mesure qu'elles se forment. Quant à la cause d'affaiblissement par les courants de polarisation engendrés par les dépôts, on peut y remédier partiellement par l'accroissement de surface des électrodes, en favorisant l'accès de l'air autour de l'électrode ou en insufflant de l'air dans le liquide; mais l'emploi de dépolarisateurs chimiques entourant le pôle positif est plus commode et plus efficace.

Comme dépolarisateurs, on emploie, soit un sel du métal qui forme le pôle positif, comme dans la pile Daniell où l'on plonge dans une dissolution de sulfate de cuivre et, dans ce cas, il n'y a pas polarisation puisqu'au dépôt d'hydrogène se trouve substitué un dépôt de cuivre sur une lame de cuivre; soit un corps riche en oxygène, tel que l'acide azotique ou l'acide chromique avec des électrodes en platine ou charbon, comme dans les piles Grove, Bunsen, etc., ou divers peroxydes, tels que ceux de manganèse (pile Leclanché), de plomb, l'oxyde de cuivre, etc., en un mot, toutes les substances susceptibles d'être réduites par l'hydrogène naissant : les substances peuvent être, soit en dissolution (piles à deux liquides), soit solides et plus ou moins agglomérées par la pression.

Nous rangerons sous le nom de *piles composées* celles dans lesquelles on cherche à obtenir la constance du courant en dépolarisant le pôle positif par absorption de l'hydrogène.

Piles simples. *Couples voltaïques.* Les premières modifications apportées à la pile de Volta ont eu pour but de lui donner une forme plus pratique. Dans la pile à *auges*, une caisse rectangulaire en bois, enduite à l'intérieur de glu marine, est divisée en cellules par des cloisons formées de deux feuilles de zinc et de cuivre soudées ensemble; ces cellules remplacent les tasses de Volta.

Wollaston attacha les couples zinc et cuivre à une traverse en bois qui permet de les plonger tous à la fois dans les vases en verre correspondants, quand on veut mettre la pile en action, et de les retirer simultanément dès qu'on ne se sert

plus de la pile. Cette disposition se rencontre dans un certain nombre de piles modernes. De plus, il entoura la plaque de zinc d'une feuille de cuivre, afin de donner à l'électrode cuivre une surface double de celle du zinc.

Faraday et Munch disposent les couples d'une façon analogue, mais les resserrent dans un espace plus restreint et plongent toute la pile dans une même auge.

Enfin, si l'on a besoin de piles à plus large surface, on peut enrouler en hélice autour d'un axe en bois deux feuilles de cuivre et de zinc que l'on sépare par un tissu d'osier : on les plonge ensuite dans des tonneaux pleins d'eau acidulée. On retrouvera cette forme dans les piles secondaires.

Pour en finir avec les piles anciennes, citons encore les *piles sèches* de Zamboni, composées de disques empilés, constitués chacun par un disque de papier légèrement humide, sur lequel on colle d'un côté une feuille d'étain, et on fait adhérer de l'autre une couche de bioxyde de manganèse en poudre délayée dans du lait ou une eau gommeuse. Ces piles cessent de fonctionner dès que le papier est tout à fait desséché : on les emploie dans certains appareils d'électricité statique pour fournir une charge électrique en circuit ouvert.

On obtient de petits couples voltaïques en recouvrant une lame de zinc d'un dépôt de cuivre obtenu en plongeant la lame dans une dissolution de sulfate de cuivre : ces couples sont employés pour hydrogéner certains composés organiques, et en particulier peuvent servir à la désinfection des alcools de mauvais goût.

La *pile à sable*, longtemps usitée dans le service télégraphique anglais, est une pile à auges dont les cellules sont remplies de sable siliceux imbibé d'eau acidulée.

Aux électrodes de cuivre, M. Walker (1849) a substitué des électrodes de charbon. On taille ces électrodes dans les résidus des cornues servant à la fabrication du gaz d'éclairage : on a ainsi un charbon poreux et bon conducteur. On peut placer le zinc entre deux charbons, ou dans l'axe d'un cylindre creux de charbon, afin d'augmenter la surface de l'électrode polarisable. Ces cylindres s'obtiennent en calcinant dans des moules des mélanges de houille grasse et de coke réduits en poudre et agglomérés par de la mélasse.

Quelquefois on sépare le zinc de l'acide sulfurique par une cloison poreuse. Chaque élément se compose alors d'un vase en verre rempli d'eau, dans lequel on plonge un cylindre de zinc, d'un vase poreux contenant de l'eau acidulée, dans laquelle plonge une plaque de cuivre ou de charbon soudée à un fil de cuivre formant le pôle $+$ de l'élément. On peut renverser la disposition, pour augmenter la surface de l'électrode polarisable et mettre dans le vase poreux l'eau pure et un crayon de zinc, et autour du vase poreux un cylindre de cuivre ou de charbon plongeant dans l'acide sulfurique contenu dans le vase en verre.

La *pile à amalgame pâteux* permet d'utiliser les débris de zinc : au fond du verre on place l'amalgame pâteux formé de mercure et de débris de zinc; le vase est rempli d'eau acidulée. Un fil de cuivre recouvert de gutta-percha et dénudé à ses deux extrémités, plonge dans l'amalgame et forme le pôle négatif. Une lame en cuivre en communication avec l'acide, et maintenue à la partie supérieure du vase, constitue le pôle positif.

Dans les piles de Smée et de Tyer, l'électrode inattaquable est une plaque de platine ou d'argent *platiné*.

M. Walker emploie des cylindres de charbon platinés, au centre desquels est placée la lame de zinc dont l'extrémité inférieure trempe dans une soucoupe de gutta-percha contenant du mercure.

Les chemins de fer suisses emploient beaucoup une pile zinc-charbon et eau acidulée ou sable. Pour avoir une grande masse dépolarisante, on a proposé un couple du même genre dont l'électrode inattaquable est constituée par le vase de l'élément lui-même qui est en plombagine poreuse (pile Jourdan). Comme liquide, on emploie encore une solution de sel ammoniac (chlorhydrate d'ammoniaque).

Dans la pile Maiche, un vase en verre est fermé par un couvercle d'ébonite auquel est fixée une galerie trouée en terre poreuse, que traverse un tube en ébonite supportant une coupe en porcelaine. La coupe renferme du mercure et deux lingots de zinc : la galerie poreuse est remplie de charbon de cornue concassé et platiné. Des fils de platine forment les électrodes. Le verre est rempli d'eau acidulée où salée, ou d'une solution de sel ammoniac.

Nous citerons pour mémoire les piles zinc-fer, et fer-cuivre, les bouées électriques (zinc et charbon dans l'eau de mer), le couple zinc-cuivre-eau de mer, que Davy a proposé d'utiliser pour conserver les carènes en cuivre des navires, etc.

Piles composées. *Piles à sulfate de cuivre* ou *du genre Daniell*. La pile à sulfate de cuivre, telle qu'elle fut construite par Becquerel en 1829, consistait en une lame de zinc plongée dans une dissolution de sulfate de zinc, et une lame de cuivre plongeant dans une dissolution saturée de sulfate de cuivre, les deux liquides étant séparés par une cloison perméable plane en baudruche ou par un diaphragme en kaolin. Becquerel indiqua que les sulfates pouvaient être remplacés par les nitrates des mêmes métaux. Dans la forme primitive de l'élément Daniell, une tige de zinc est placée à l'intérieur du vase poreux, et le vase extérieur en cuivre fait l'office d'électrode. Le vase de cuivre est muni intérieurement vers le haut d'une galerie annulaire percée de trous, et garnie de cristaux de sulfate de cuivre. Dans sa forme la plus usuelle, l'élément Daniell se compose d'un vase en verre extérieur contenant de l'eau dans laquelle plonge un cylindre de zinc; un vase de porcelaine poreux placé à l'intérieur du zinc renferme la solution de sulfate de cuivre dans laquelle plonge une lame de cuivre. Quelques cristaux de sulfate de cuivre placés au fond du vase maintiennent la solution saturée.

Le zinc décompose l'eau et s'oxyde; l'hydrogène décompose le sulfate de cuivre, dont l'acide sulfurique vient aciduler l'eau, tandis que le

cuivre se dépose sur la lame de cuivre. L'eau acidulée agissant ensuite sur le zinc, on a en présence les éléments suivants : zinc, sulfate de zinc, sulfate de cuivre et cuivre. Il est inutile d'amalgamer le zinc, puisqu'en fait il ne tarde pas à se trouver dans une solution de sulfate de zinc. Il importe que la dissolution de sulfate de cuivre soit toujours saturée, car l'hydrogène, en précipitant le cuivre de la dissolution, se substitue à lui, et si le sulfate de cuivre vient à être remplacé par de l'acide sulfurique, la polarisation par l'hydrogène se manifeste aussitôt. Sans entrer dans tous les détails d'entretien de la pile Daniell, remarquons qu'il est bon d'enduire de paraffine fondue le sommet des vases poreux pour empêcher les efflorescences de sulfate de cuivre de pénétrer dans le vase en verre, et de faire de même pour les vases en verre, ou mieux de passer près des bords une couche de peinture à l'ocre jaune, afin d'empêcher les efflorescences (sels grimpants) de sulfate de zinc, qui se produisent quand l'eau du vase est trop saturée, de se répandre au dehors en occasionnant des dérivations à la terre.

La force électro-motrice de l'élément Daniell est de 1 volt environ; la résistance d'un élément de $0^m,15$ de hauteur et $0^m,11$ de diamètre, chargé avec 100 grammes de sulfate de cuivre (renfermant 25,4 grammes de cuivre) est de 10 ohms environ. Cette résistance varie évidemment avec le degré de concentration des liqueurs et la température. On a employé longtemps dans le service télégraphique anglais une *pile à auges* du genre Daniell.

Dans une *modification*, dite de « Muirhead », encore en usage, on place dans une même caisse cinq éléments doubles ainsi constitués : un vase extérieur de forme carrée en porcelaine blanche, contenant deux compartiments; et dans chaque compartiment un vase poreux de terre rouge renfermant la lame et le sulfate de cuivre, et, à l'extérieur du vase poreux, le zinc et le sulfate de zinc.

Pour simplifier l'entretien de la pile, on dispose quelquefois au-dessus du vase poreux un matras renversé, rempli d'eau et d'une provision de sulfate de cuivre (1 kilogramme). C'est la pile à *ballon*. Au vase poreux on a substitué divers diaphragmes ; Siemens et Halske emploient de la pâte de papier traitée par de l'acide sulfurique et desséché par compression.

Dans l'élément Minotto (fig. 130), en usage dans

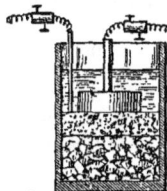

l'Inde Anglaise, le vase poreux est remplacé par du sable ou de la sciure de bois. Au fond du vase en verre on place un disque rond de cuivre, auquel est attaché un fil de cuivre recouvert de gutta-percha, qui s'élève verticalement et sert de rhéophore. Sur ce disque, on place des cristaux

Fig. 130.

de sulfate de cuivre; au-dessus une couche de sable ou de sciure qu'on sépare quelquefois du sulfate par de la toile ou du papier buvard. Enfin le zinc, sous la forme d'un disque épais, bombé souvent en dessous pour faciliter le dégagement des bulles d'hydrogène, repose sur le sable ou la sciure que l'on imbibe d'eau. Cette pile est très constante (20 ohms environ). M. d'Arsonval remplace le sable par du noir animal en poudre, qui aurait la propriété de retenir le cuivre et l'empêcherait de se déposer sur le zinc.

Pour diminuer la résistance du diaphragme, M. Reynier, dans ses piles prismatiques, construit le vase poreux en papier parchemin (c'est-à-dire traité par l'acide sulfurique) : le zinc plonge dans une dissolution de soude caustique, rendue plus conductrice par l'addition de divers sels. M. Reynier appelle zinc cloisonné, une plaque rectangulaire de zinc sur laquelle est plié le papier parchemin.

Pile à densité. Une disposition, aujourd'hui très usitée dans le service télégraphique, consiste à supprimer complètement le diaphragme en profitant de la différence de densité des liquides de la pile et du peu de tendance qu'ils ont à se

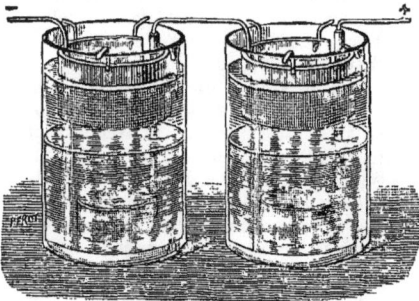

Fig. 131.

mélanger. Le zinc doit alors occuper seulement la partie supérieure du vase en verre. Dans le modèle français (pile Callaud), le cylindre de zinc est suspendu par trois crochets aux bords du vase en verre, dont il occupe à peu près le quart en hauteur (fig. 131). On place des cristaux de sulfate de cuivre au fond du vase, que l'on remplit d'eau, de façon que le liquide reste un peu au-dessous du bord supérieur du zinc. Le sulfate de cuivre forme vers le fond une dissolution très concentrée dans laquelle plonge une lame de cuivre roulée en spirale, soudée à un fil de cuivre recouvert de gutta-percha. Il se forme peu à peu autour du zinc une dissolution de sulfate de zinc qui reste bien séparée de la dissolution de sulfate de cuivre, par suite de la différence de densité des liquides.

Dans le modèle italien, les crochets qui supportent le zinc sont supprimés, et celui-ci est soutenu par un étranglement à mi-hauteur du vase en verre.

Dans le modèle allemand (Meidinger), on remplace la lame de cuivre par une lame de plomb et le fil de cuivre par une bande de plomb qui, n'étant pas attaquée par les liquides de la pile, n'a pas besoin d'être recouverte de gutta-percha. La lame de plomb se couvre de cuivre galvanoplas-

tique, que l'on peut détacher facilement, de sorte que la même lame peut servir indéfiniment.

La pile à *auges* de Sir W. Thomson (fig. 132), employée dans la télégraphie sous-marine pour le fonctionnement des *siphon-recorders*, se compose d'auges carrées en bois PP de 0m,40 de côté, évasées vers le haut, et doublées intérieurement d'une feuille de plomb pour les rendre étanches : des lames de cuivre soudées au plomb forment l'électrode correspondante. Une plaque mince de cuivre C est placée au fond de l'auge : aux quatre angles, des blocs de grès vernis supportent le zinc Z qui a la forme d'une grille, afin de faciliter le dégagement d'hydrogène. Les éléments sont empilés les uns sur les autres, et forment une pile à colonnes, l'élément inférieur reposant sur des isolateurs en porcelaine pour que la pile soit bien isolée du sol.

Pour mettre la pile en action, on étend sur la plaque de cuivre une couche de petits cristaux de sulfate de cuivre, et on verse par dessus une solution de sulfate de zinc de densité 1,10. On entoure quelquefois la grille de zinc d'une feuille

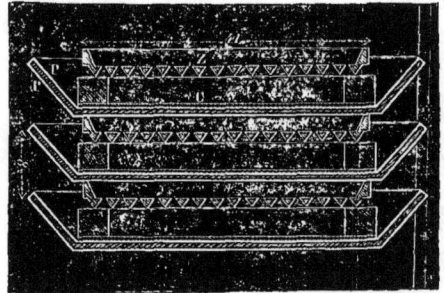

Fig. 132.

de papier parcheminé, fixée par des cordelettes, qui agit comme diaphragme, et maintient l'ensemble de la grille qui se détériore à la longue. La résistance est d'environ 0,2 ohm.

Dans les piles à densité, il est très important que la dissolution de sulfate de cuivre reste toujours saturée et que celle de sulfate de zinc n'arrive pas à un état de concentration tel que l'ordre des densités soit renversé. A 15° une solution saturée de sulfate de cuivre a une densité de 1,186 tandis qu'une solution saturée de sulfate de zinc atteint 1,44. De là, l'utilité pour empêcher le mélange des deux liqueurs de soutirer de temps en temps avec un siphon une portion du liquide à la séparation des deux solutions et de la remplacer par de l'eau pure. Dans la pratique, on se contente d'enlever la partie supérieure du liquide que l'on remplace par de l'eau. Il convient d'employer une solution de sulfate de cuivre marquant 22 à 23° à l'aréomètre Baumé (ou de densité 1,18) et une solution de sulfate de zinc provenant des éléments démontés, et étendue d'eau jusqu'à marquer 7 à 8° à l'aréomètre (densité 1,05) ; et quand cette solution se concentre, ajouter de l'eau de façon à ne pas dépasser 20° (densité 1,16).

En employant une solution saturée de sulfate de zinc et une dissolution à demi-saturée de sulfate de cuivre, on peut renverser l'ordre des liquides. C'est ce qu'a fait aussi Sir W. Thomson : on place alors au fond du vase une plaque de zinc baignant dans une couche de solution saturée de sulfate de zinc, puis on verse doucement au-dessus une solution demi-saturée de sulfate de cuivre, que l'on introduit à l'aide d'un tube vertical terminé par une pointe fine recourbée horizontalement. Le tube est en relation par un tuyau de caoutchouc avec un entonnoir contenant la solution et qu'il suffit de soulever pour amener le liquide dans l'élément, et d'abaisser pour retirer le liquide, dans lequel plonge une plaque horizontale de cuivre. En ayant soin de retirer le sulfate de cuivre quand la pile n'est pas en fonction, l'élément peut servir d'étalon. Sa force est alors de 1,072 volt.

On peut construire des piles analogues à celle de Daniell en remplaçant le cuivre par un autre métal et le sulfate de cuivre par un sulfate du même métal ; par exemple, par du cadmium et du sulfate de cadmium. La pile au cadmium, dont la force est 0,3 a été employée par Gaugain, dans sa *pile-échelle* pour la comparaison des forces électro-motrices, afin d'avoir des subdivisions de l'élément Daniell.

Pile à sulfate de mercure (Marié-Davy). Cette pile, où le sel dépolarisateur est le sulfate d'oxydule de mercure, a été un moment très employée dans le service télégraphique français. La forme est semblable à celle de l'élément Daniell : le vase en verre renferme un cylindre de zinc, à l'intérieur duquel se trouve le vase poreux contenant une électrode de charbon entourée d'une pâte liquide de sulfate d'oxydule de mercure. Le charbon est revêtu à sa partie supérieure d'un dépôt galvanique de cuivre, ou d'une calotte de plomb fondue dans un moule, sur lequel est soudée la lame de cuivre reliée à l'élément suivant : la tête du charbon est plongée dans un bain de paraffine, pour en boucher les pores. L'action chimique est la suivante (équivalents) :

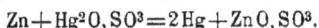

$$Zn + Hg^2O, SO^3 = 2Hg + ZnO, SO^3.$$

La force électro-motrice de cet élément est de 1^{volt},5. On peut supprimer le vase poreux, en employant du sulfate d'oxydule aggloméré avec du poussier de charbon (M. Beaufils).

Pile à sulfate de plomb. On a essayé de substituer au sulfate de mercure, le sulfate de plomb; mais la force électro-motrice est faible. Le sulfate de plomb étant presque insoluble, on peut supprimer le vase poreux : on profite de la propriété qu'a le sulfate de plomb de durcir comme du plâtre, lorsqu'il a été délayé dans une dissolution de sel marin, pour le mouler en cylindres que l'on place au centre des vases en verre (E. Becquerel).

M. Marié-Davy avait donné à la pile à sulfate de plomb la forme d'une pile à colonne : il se servait de plats en fer étamé dont le fond était extérieurement doublé d'une rondelle de zinc en forme de grille, et contenait une couche de sulfate de plomb noyée dans de l'eau ou dans une dissolution de sulfate de zinc. On empilait les plats l'un au-dessus de l'autre.

Piles à chlorures. L'élément à *chlorure d'argent* de M. Warren de la Rue (fig. 133) se compose d'un tube en verre T fermé à la partie inférieure, de 0^m,13 de haut et 0,03 de diamètre. Un crayon de zinc non amalgamé Z est percé d'un trou dans lequel on engage à l'aide d'une goupille de laiton p un ruban d'argent SW qui forme le pôle positif de l'élément suivant. L'électrode insoluble est ce ruban d'argent autour duquel est fondu un petit cylindre

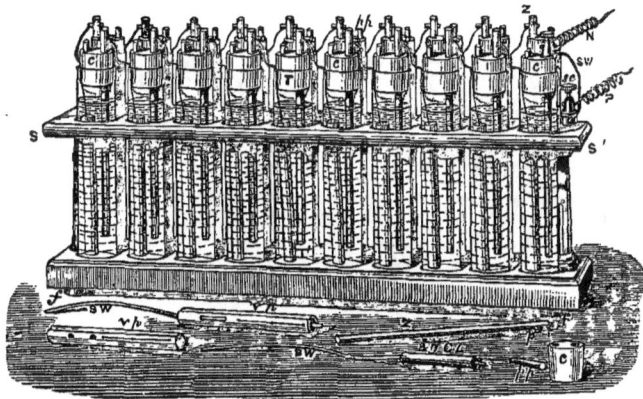

Fig. 133.

de chlorure d'argent $AgCL$, lequel est entouré d'un cylindre creux de papier parchemin vp; le liquide est une solution de sel ammoniac (23 grammes de sel pour 1 litre d'eau).

Le vase extérieur est fermé par un bouchon de paraffine c, qui est traversé par le zinc : le ruban d'argent passe entre le verre et le bouchon. Les éléments, lorsqu'on les réunit, sont consolidés par un bâti ss' ff, et les fils sont attachés aux bornes positive P et négative N de la batterie. Le zinc se dissout et remplace l'argent dans le chlorure, et de l'argent poreux se dépose à la surface, puis dans la masse du chlorure. Cette pile, comme celles dans lesquelles le zinc est employé avec le sel ammoniac, ne donne lieu à aucune action locale, tant que le circuit n'est pas fermé. La résistance est d'environ 4,3 ohms, la force électro-motrice est de 1,03 volt. M. Warren de la Rue a réuni jusqu'à 25,000 éléments de ce genre pour ses belles expériences sur les stratifications de la lumière électrique.

Divers autres chlorures ont été également essayés, tels que le bichlorure de cuivre pour remplacer le sulfate de cuivre dans la pile Daniell, le chlorure de plomb pour remplacer le sulfate de plomb. M. Maiche a imaginé un couple zinc amalgamé, eau acidulée par l'acide chlorhydrique, vase poreux contenant un charbon entouré de bichlorure d'étain, dont la force atteint 1,5 volt.

M. Duchemin dépolarise la lame de charbon par une solution de perchlorure de fer : le zinc plonge dans de l'eau salée. Au zinc on peut substituer du fer.

L'élément au *chlorure de chaux* (M. Niaudet) a pour électrodes une lame de zinc baignant dans une solution de sel marin et une plaque de charbon entourée de fragments de charbon et de chlorure de chaux. Il se forme des chlorures de zinc et de calcium, sels solubles et bons conducteurs.

Dans l'élément au *calomel* (M. Héraud), le liquide excitateur est le chlorhydrate d'ammoniaque et le sel dépolarisateur, du calomel.

Nous citerons pour mémoire seulement les piles dans lesquelles on a cherché à obtenir la dépolarisation par l'iode ou le brome.

Piles à acides. *Pile à acide nitrique.* L'élément de Grove (1839), tel qu'il est usité aujourd'hui en Angleterre, se compose d'un vase de porcelaine ou d'ébonite de forme carrée, où l'on met un zinc amalgamé ayant la forme d'un U, entre les branches duquel se place un vase poreux prismatique contenant une lame mince de platine. On verse de l'acide nitrique fumant dans le vase poreux, et de l'eau acidulée à l'acide sulfurique dans le vase extérieur. Les éléments sont reliés au moyen de serre-lames qui pressent le bord supérieur du platine contre la partie saillante du zinc de l'élément suivant. L'hydrogène arrivant sur l'acide nitrique le réduit, et il se dégage des vapeurs nitreuses. La force électro-motrice est de 1,96 volt.

Bunsen a substitué au platine le charbon de cornue. La forme habituelle de l'élément Bunsen, en France, est la suivante (fig. 134) : dans un vase extérieur en grès vernissé, on met un cylindre de zinc amalgamé, au milieu duquel se place le vase poreux contenant un prisme de charbon de cornue qui dépasse le vase poreux à la partie supérieure. Les éléments sont assemblés à l'aide de pinces à vis mn, et reliés par un ruban c. La force électro-motrice est de 1ᵛ,8 ; la résistance d'un élément de 0ᵐ,20 de hauteur est de 1/4 ohm.

En Allemagne, la disposition est renversée pour donner plus de développement à l'électrode char-

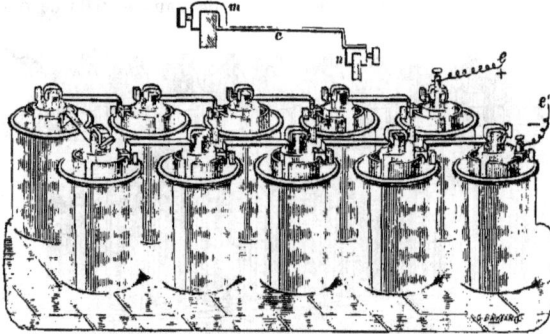

Fig. 134.

bon : le vase poreux renferme un prisme de zinc fondu à section étoilée pour augmenter sa surface ; et à l'extérieur du vase poreux est placé un cylindre de charbon moulé.

L'élément plat de Ruhmkorff se compose d'un vase rectangulaire en porcelaine, ayant 0,21 de hauteur sur 0,19 de large et 0,07 d'épaisseur, qui contient, comme dans l'élément Grove, un zinc amalgamé replié en U, dont les branches embrassent un vase poreux contenant une grande lame de charbon mince. Sa résistance est de 0,06 ohm.

Dans tous les cas, le zinc plonge dans de l'eau acidulée (au 1/10 ou au 1/20 d'acide sulfurique en volume), et le charbon dans de l'acide nitrique fumant du commerce marquant 40° à l'aréomètre Baumé.

A l'acide nitrique on substitue avantageusement un mélange d'acide sulfurique et d'acide nitrique, dont les proportions varient suivant les auteurs. M. Leroux conseille de prendre de l'acide sulfurique concentré et d'y ajouter un ou deux vingtièmes d'acide azotique.

Pour absorber les vapeurs nitreuses, M. Delaurier ajoute du protosulfate de fer. Bien des moyens ont été indiqués pour empêcher le dégagement de ces vapeurs. Ruhmkorff filtre l'acide nitrique sur des cristaux de bichromate de potasse. On a proposé de répandre sur le liquide dépolarisant une couche d'huile ordinaire, ou d'essence de térébenthine, de l'urée et même de l'urine ; de placer le zinc dans une solution de sel marin et d'ammoniaque, dont les vapeurs ammoniacales détruiraient les vapeurs nitreuses, etc.

Le bioxyde d'azote qui résulte de l'action de l'hydrogène sur l'acide fumant, traversant cet acide pour arriver à l'air, forme aux dépens de ce dernier de l'acide hypoazotique : il en résulte, suivant l'expression de M. d'Arsonval, un véritable gaspillage d'acide nitrique, auquel ce savant remédie en employant comme dépolarisant un mélange de 1 volume d'acide azotique, 1 d'acide chlorhydrique et 2 d'eau acidulée au 1/20 par de l'acide sulfurique. Le liquide excitateur est de l'eau acidulée avec 1/20 en volume d'acide sulfurique et autant d'acide chlorhydrique. L'acide sulfurique est préparé avec des pyrites et purifié en y versant de l'huile à brûler. On empêche l'acide nitrique qui passe à travers le vase poreux d'agir sur le zinc, en ajoutant du sulfate de soude au liquide excitateur.

Pour avoir une grande surface de dépolarisation, on place le zinc dans le vase poreux et tout autour de ce vase une couronne de crayons de charbon de 1 centimètre de diamètre ; les charbons artificiels de Carré conviennent très bien. Pour empêcher les acides de monter par capillarité et de ronger les attaches, il suffit de plonger la tête du crayon dans la paraffine bouillante, et après refroidissement, on le recouvre de cuivre galvanoplastique, puis on l'immerge dans de l'alliage d'imprimerie fondu (d'Arsonval). On peut également conserver le charbon à l'intérieur du vase poreux, en remplaçant le prisme de charbon de cornue par un faisceau de baguettes cylindriques préparées comme il vient d'être dit, espacées les unes des autres de quelques millimètres et réunies métalliquement par l'alliage d'imprimerie. Avec les liquides spécifiés ci-dessus, la force électromotrice atteint 2,2 volts.

Pour éviter l'usure inutile d'acide nitrique et le dégagement des vapeurs nitreuses, M. Faure donne à l'électrode de charbon la forme d'une bouteille fermée par un bouchon également de charbon. Cette bouteille joue à la fois le rôle d'électrode et de vase poreux : on y introduit l'acide nitrique, et le bioxyde d'azote ne trouvant pas d'issue, pousse l'acide dans les pores du charbon où il opère la dépolarisation.

M. Callan remplace le charbon par du fer : le récipient en fonte de fer sert d'électrode et contient de l'acide nitrosulfurique (3 en poids d'acide nitrique et 1 d'acide sulfurique) : à l'intérieur, on place le vase poreux contenant le zinc amalgamé et l'eau acidulée.

Enfin à l'acide azotique, on a proposé de substituer un mélange de peroxyde de manganèse avec de l'acide sulfurique ou chlorhydrique, un mélange d'acide sulfurique et d'acide permanganique, de l'acide chlorique, un mélange de chlorate de potasse et d'acide sulfurique, de nitrate de soude et d'acide sulfurique, d'acide nitrique et d'acide chlorochromique, etc.

C'est l'acide chromique, ou le mélange d'acide sulfurique et de bichromate de potasse qui, dans la pratique, est le plus usité.

Piles à acide chromique. M. Poggendorff a transformé l'élément Bunsen en élément au bichromate de potasse, en substituant à l'acide nitrique un mélange dépolarisant dont la composition en poids est 100 parties d'eau, 12 de bichromate de potasse et 25 d'acide sulfurique. Le mélange excitateur est de l'acide sulfurique étendu de 12 fois son poids d'eau.

La formule suivante donne la réaction qui s'exerce au sein du mélange dépolarisant, sous l'influence de l'hydrogène dégagé dans la pile,

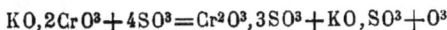

$$KO,2CrO^3 + 4SO^3 = Cr^2O^3,3SO^3 + KO,SO^3 + O^3$$

Il se forme un alun de chrome, et l'oxygène s'unit à l'hydrogène de la pile. La force électromotrice est double environ de celle de l'élément Daniell, soit 2 volts. Cette pile se polarise assez vite, au moins en court circuit ; d'autre part, les deux substances qui entrent dans le mélange agissent l'une sur l'autre, indépendamment de

toute action de la pile, il en résulte que le mélange perd au bout de quelque temps sa propriété dépolarisante. De plus, l'alun de chrome cristallise, et le bichromate est faiblement soluble ; par suite, la force de la pile diminue, sa résistance augmente, et le liquide est bientôt épuisé. En remplaçant l'acide sulfurique par l'acide chlorhydrique, on n'obtient plus de produits cristallins (Sprague).

MM. Voisin et Drosnier préparent un sel solide qui, dissous simplement dans l'eau, fournit le liquide dépolarisant. Ce sel renferme 1/3 de bichromate de potasse et 2/3 de bisulfate de potasse.

Dans l'élément Delaurier, le zinc est extérieur au vase poreux qui renferme le charbon : on met autour du zinc de l'eau, et autour du charbon un liquide composé d'eau, de bichromate de potasse, de sulfate de soude, de sulfate de fer et d'acide sulfurique.

M. d'Arsonval emploie un mélange d'un volume d'eau saturée à froid de bichromate de potasse et de 1 volume d'acide chlorhydrique ; il fait couler cette solution goutte à goutte dans un vase poreux plein de charbon de cornue concassé. Il se forme du chlore qui se combine à l'hydrogène dégagé pour reconstituer de l'acide chlorhydrique. Il est inutile d'aciduler le liquide dans lequel baigne le zinc.

L'élément à *bichromate de potasse et à mercure*, de Fuller, employé au « General Post-office » se compose d'un vase extérieur en verre contenant une dissolution de bichromate de potasse (1 de bichromate, 3 d'acide sulfurique et 1 d'eau) dans laquelle plonge une plaque de charbon pourvue d'une tête métallique sur laquelle est monté un bouton. A l'intérieur se trouve le vase poreux au fond duquel on place une couche de mercure (30 grammes environ). Le zinc a la forme d'un bâton cylindrique terminé par un pied qui baigne dans le mercure. Le reste du vase poreux est rempli d'eau. Le mercure du vase poreux maintient le zinc toujours amalgamé et diminue la résistance de la pile. La force électro-motrice est de 2 volts, et la résistance du type de 1 litre de capacité est de 1 ohm environ.

Pour entretenir la dissolution de bichromate constamment saturée, M. Cloris Baudet dispose aux deux côtés du vase poreux dans lequel plonge le zinc, deux autres petits vases poreux faisant corps avec le premier, dont un percé de trous, est rempli de cristaux de bichromate de potasse, et l'autre rempli d'acide sulfurique. Le tout est plongé dans un vase en verre ou en grès, contenant la solution de bichromate et de charbon. Le liquide du vase poreux contenant le zinc est de l'eau acidulée.

Pour les expériences de *courte durée*, on peut supprimer le vase poreux, et n'employer qu'une seule solution servant à la fois de liquide excitateur et de liquide dépolarisateur. La solution généralement employée se compose de 100 grammes de bichromate de potasse dissous dans un litre d'eau bouillante avec 50 grammes d'acide sulfurique. La réaction au contact du zinc est la suivante :

$$KO, 2CrO^3 + 7SO^3, HO + 3Zn$$
$$= 3ZnO, SO^3 + Cr^2O^3, 3SO^3 + 7HO$$

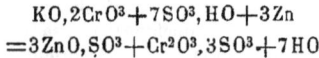

La disposition la plus simple est celle de la *pile à bouteille*, de M. Grenet (fig. 135). C'est une bouteille à gros goulot et à panse B presque sphérique : le goulot se termine par une douille métallique dans laquelle s'emmanche à bayonnette un couvercle d'ébonite contenant deux plaques de charbon *cc* : entre ces deux plaques est disposée la plaque de zinc amalgamé Zn fixée à une tige de laiton qui traverse à frottement doux, un canon monté sur le couvercle, ce qui permet de plonger le zinc dans la panse où se trouve le liquide, ou de le relever dans le goulot à l'abri du contact du liquide. Les deux charbons se réunissent à la borne positive *p*, et le zinc est relié à la borne négative *n*. Cette pile, peu résistante, donne tout d'abord un courant énergique, mais l'intensité baisse très vite. Elle ne convient donc qu'à des expériences courtes, ou à des opérations chirurgicales de peu de durée.

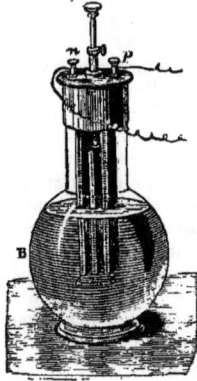

Fig. 135.

Plusieurs constructeurs, notamment M. Trouvé, ont étudié des dispositions spéciales de piles à bichromate ayant pour objet de faciliter leur entretien, de diminuer le volume, de retirer facilement les électrodes hors du liquide lorsque la pile n'est pas en service, etc. Dans ce dernier but, on emploie souvent la disposition à *treuil* de Wollaston (fig. 136), qui permet, au moyen de l'arbre A et des ficelles *cc*, de plonger à la fois tous les éléments FF dans le liquide contenu dans les vases VV, ou de les retirer simultanément ; le tout est soutenu par un bâti MBM. Cette pile est une de celles que construit M. Ducretet.

Pour faciliter la dépolarisation, M. Grenet avait eu l'idée de placer dans sa bouteille un tube de plomb partant du couvercle et allant jusqu'au fond : ce tube servait à *insuffler* de l'air et à *agiter* le liquide. Cette idée a été utilisée dans un assez grand nombre de dispositions : ainsi dans la pile de Byrne, au zinc, platine et bichromate, une soufflerie envoie de l'air dans le liquide. D'autres, comme MM. Chutaux et Camacho disposent les éléments en cascade et établissent une *circulation* du liquide, d'où résulte un renouvellement de la liqueur active au contact des électrodes.

M. Carpentier a récemment imaginé une pile à circulation, à un seul liquide bichromaté, dont voici l'idée : considérons un siphon dont les deux branches inégales plongent dans le liquide excitateur, l'une s'arrêtant dans le voisinage de la surface, l'autre arrivant près du fond. Dans la branche la plus longue, disposons les électrodes d'un couple zinc-charbon. Le siphon étant amorcé, le liquide remplit les deux branches et se tient en équilibre s'il reste homogène ; mais qu'on réunisse les deux électrodes par un circuit, le courant se produit, et le zinc en se dissolvant augmente la densité du liquide où il plonge. Il s'établit alors automatiquement une circulation proportionnée à l'intensité du courant ; le liquide chargé de zinc se dépose au fond, le liquide frais reste séparé et remplace celui que la gravité a entraîné.

Piles à oxydes. *Eléments Leclanché.* Dans l'élément Leclanché, aujourd'hui si répandu, le liquide excitateur dans lequel plonge le zinc est du chlorhydrate d'ammoniaque et l'autre électrode est un prisme de charbon entouré d'un dépolarisateur solide, composé d'un mélange de peroxyde de manganèse aiguillé et de charbon concassé. La réaction serait la suivante :

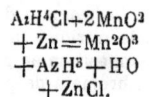

$$AzH^4Cl + 2MnO^2$$
$$+ Zn = Mn^2O^3$$
$$+ AzH^3 + HO$$
$$+ ZnCl.$$

Il se forme du chlorure de zinc, l'ammoniaque est mis en liberté, et l'hydrogène réduit le bioxyde de manganèse qui passe à l'état de sesquioxyde.

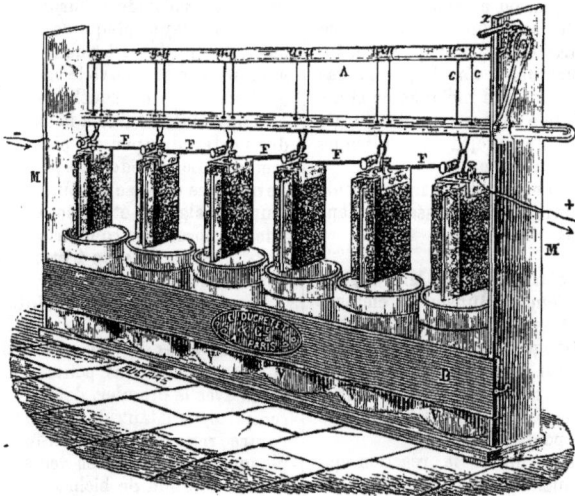

Il existe aujourd'hui deux types de Leclanché :

1° *Elément Leclanché à vase poreux.* Le vase en verre, contenant la solution de sel ammoniac s'élevant à mi-hauteur, est de forme prismatique avec un goulot cylindrique muni d'un petit évasement où est logé un crayon de zinc

Fig. 136.

amalgamé, au haut duquel est soudé un fil de fer zingué. Dans ce récipient se trouve un vase poreux au centre duquel est placé la plaque de charbon entourée du mélange de peroxyde de manganèse et de charbon concassé. La plaque est surmontée d'une tête de plomb fondue dans un moule; une borne en laiton vissée dans cette tête constitue le pôle positif.

La force électro-motrice est de 1,2 à 1,5 volt. L'élément se polarise assez rapidement en circuit fermé peu résistant; mais il reprend rapidement sa force après un petit repos et convient très bien aux courants interrompus. L'élément peut être bouché en réservant un trou pour le dégagement de gaz ammoniac.

2° *Elément Leclanché à agglomérés.* Le dépolarisant étant solide, le vase poreux peut être supprimé et, dans le nouveau modèle, l'électrode de charbon est placée entre deux plaques agglomérées de charbon et de bioxyde de manganèse, contre lesquelles elle est serrée par des brides en caoutchouc et plonge dans le même liquide que le zinc sans aucun diaphragme. L'aggloméré est composé de 40 de bioxyde, 55 de charbon et 5 de gomme laque; le tout est soumis à une pression de 300 atmosphères à 100° centigrades. On ajoute à la masse 3 ou 4 0/0 de bisulfate de potasse pour faciliter la dissolution de l'oxychlorure de zinc.

L'élément *Clark et Muirhead* ne diffère de l'élément Leclanché que par le platinage de l'électrode de charbon et des fragments de charbon qui sont mélangés au bioxyde de manganèse.

Elément de Lalande et Chaperon à oxyde de cuivre. L'oxyde de cuivre abandonne facilement son oxygène, aussi son emploi comme dépolarisant a-t-il été indiqué depuis longtemps. MM. de Lalande et Chaperon ont imaginé plusieurs types de piles à oxyde de cuivre, et utilisé à la fois le pouvoir dépolarisant de cet oxyde et l'avantage qu'il offre de donner par sa réduction un métal très conducteur. Cet oxyde est déposé sur une surface métallique dont le prolongement constitue l'électrode conductrice. Le zinc plonge dans une solution de potasse caustique. A circuit ouvert, les matières ne sont pas attaquées; à circuit fermé, le zinc se dissout en donnant un zincate alcalin et l'oxyde de cuivre est réduit par l'hydrogène dégagé. La pile a une constance remarquable, et sa force électro-motrice est comprise entre 0,8 et 0,9 volt; la résistance intérieure est une fraction de ohm.

Piles portatives. Pour un grand nombre d'applications (télégraphie militaire, chirurgie, usages domestiques), on a besoin de piles facilement transportables et inversables. De là les piles en forme d'auges, dans les cellules desquelles on met du sable, de la sciure de bois ou des éponges imbibés du liquide. Un perfectionnement important vient d'être apporté par l'emploi de substances susceptibles de se prendre en masse gélatineuse en absorbant des quantités considérables de liquide, comme l'*agar-agar* ou mousse des Indes, ou encore le *cofferdam* ou noix de coco pulvérisée que vient de proposer M. Pierre Germain.

La *pile humide* de M. Trouvé se compose d'un disque inférieur en cuivre et d'un disque supérieur en zinc séparés par une assez grande épaisseur de disques de papier buvard. La moitié inférieure de ce papier a été trempée, au préalable, dans une dissolution concentrée de sulfate de cuivre et la moitié supérieure dans du sulfate de zinc. Il suffit de mouiller cet appareil en le plongeant pendant une demi-minute dans de l'eau qui est absorbée par le papier, pour avoir un élément Daniell prêt à fonctionner.

M. Gaiffe renferme l'élément à chlorure d'argent de de La Rue dans de petites boîtes d'ébonite fermées hermétiquement par des couvercles à vis. On supprime tout le liquide en séparant les électrodes par des feuilles de papier buvard trempées, au préalable, dans une solution à 5 0/0 de chlorure de zinc.

MM. Gaiffe et Trouvé emploient aussi le sulfate de protoxyde de mercure (ou bisulfate HgO,SO^3) dans leurs éléments destinés aux appareils d'induction voltaïque.

Fig. 137.

L'élément à renversement de M. Trouvé a pour vase extérieur un cylindre d'ébonite hermétiquement fermé par des obturateurs à vis également en ébonite. Au centre de la partie supérieure est fixé un cylindre de zinc soudé à un fil traversant la paroi et constituant le rhéophore négatif; un charbon cylindrique creux entoure le zinc. Le liquide, composé d'eau et de sulfate de protoxyde de mercure HgO,SO^3, n'atteint pas le niveau de zinc quand l'élément est placé debout; mais, si on le renverse ou si on le couche sur le flanc, le liquide arrive au contact des électrodes et la pile est en action. On fait également des piles à renversement au bichromate de potasse.

La pile à bichromate de potasse de M. Chardin, destinée aux usages chirurgicaux, est disposée de façon à pouvoir être transportée toute prête à fonctionner sans qu'il y ait à craindre que le liquide puisse se renverser; la pile de M. Trouvé, destinée à l'éclairage domestique, est composée d'un vase en ébonite divisé en compartiments dans chacun desquels plonge une tige de zinc entourée de trois tiges de charbon: ces tiges sont fixées au couvercle de la boîte, et un ressort permet de les retirer du liquide ou de les enfoncer d'une quantité déterminée. M. Trouvé recommande de donner au liquide la composition suivante: 125 grammes de bichromate et 450 grammes ou 250 centimètres cubes d'acide sulfurique à 66° pour un litre d'eau.

Piles étalons pour la comparaison des forces électro-motrices. On a un *étalon Daniell* très simple avec l'élément à auge de Thomson.

M. Reynier se sert comme étalon d'un couple Volta, zinc-cuivre, dont l'électrode cuivre présente une surface très considérable afin de rendre la polarisation négligeable.

On emploie souvent, comme étalon, l'élément à chlorure d'argent de Warren de la Rue, dont la force est de 1,03 volt.

M. Latimer Clark a trouvé que la combinaison voltaïque qui convient le mieux pour constituer un couple maintenant entre ses piles une différence de potentiel invariable, est l'élément zinc, sulfate de zinc, sulfate de mercure, mercure. Le zinc est purifié par distillation et le sulfate d'oxydule (Hg^2O,SO^3) doit être préparé en dissolvant à chaud du mercure dans l'acide sulfurique; il doit être lavé de façon à ne contenir ni acide libre, ni sulfate de protoxyde (HgO,SO^3). On dissout du sulfate de zinc pur à saturation dans de l'eau distillée portée à l'ébullition ; on décante après refroidissement et, avec la liqueur et du sulfate de mercure, on fait une pâte épaisse. On chauffe cette pâte à 100° pour en chasser l'air et

on la verse sur une petite quantité de mercure pur, préalablement chauffée, qui est déposée au fond du vase. On suspend le zinc dans la pâte et on ferme le vase avec de la paraffine fondue. Le pôle positif est constitué par un fil de platine passant dans un tube de verre et plongeant dans le mercure; le pôle négatif par un fil de cuivre soudé au zinc. La force électro-motrice de cet élément est très constante à circuit ouvert et s'élève à 1,457 volt (B. A.) à 15°,5 centigrades. Elle diminue ou augmente de 0,06 0/0 quand la température augmente ou diminue de 1° centigrade; cette loi a été vérifiée pour 10° au-dessus et au-dessous de la température étalon.

Les forces électro-motrices ont été données en volts de l'Association britannique (volt B. A.). La Conférence internationale de 1884 ayant adopté comme unité pratique de résistance le *ohm légal*, qui est un peu supérieur à l'ohm de l'Association britannique, et l'*ampère* ayant conservé la même valeur (10^{-1} C. G.S), les forces électro-motrices exprimées en fonction du volt légal sont un peu inférieures à celles qui ont été indiquées. On transforme les volts B. A. en volts légaux en multipliant les premiers par 0,9889, ou en déduisant 1,11 0/0.

La table ci-après donne les forces en volts légaux pour les couples les plus usités.

Forces électro-motrices en fonction du volt légal.

Etalon de W. Thomson.	Zinc............. Solution saturée de sulfate de zinc................... — demi-saturée de sulfate de cuivre.................		1.074
Etalon L. Clark, d'après lord Rayleigh			1.437

Couples usuels.

Volta.	Zinc, eau ordinaire, cuivre.			1.000 env.
Leclanché.	Zinc amalgamé, solution sel ammoniac, charbon et bioxyde de manganèse. . . .			1.465
Warren de la Rue.	Zinc, solution sel ammoniac, argent et chlorure d'argent.			1.02
Poggendorff. . . .	Zinc amalgamé, solution de bichromate de potasse, charbon.			1.084
Daniell	Zinc amalgamé	1 acide sulfurique. 4 eau.	sulfate de cuivre saturé cuivre.	1.068
—	—	1 acide sulfurique. 12 eau.	— —	0.967
—	—	1 acide sulfurique. 12 eau.	nitrate de cuivre saturé —	0.989
Marié-Davy.	—	1 acide sulfurique. 12 eau.	pâte de sulfate d'oxydu- le de mercure et eau charbon. . . .	1.508
Bunsen.	—	1 acide sulfurique. 12 eau.	acide nitrique fumant	1.942
—	—	1 acide sulfurique. 12 eau.	acide nitrique D=1,38 —	1.866
Grove.	—	1 acide sulfurique. 4 eau.	acide nitrique fumant platine. . . .	1.934
Poggendorff. . . .	—	1 acide sulfurique. 12 eau.	12 bichromate de potasse 25 acide sulfurique charbon . . . 100 eau	2.006

(*Annuaire du bureau des longitudes*, 1885.)

PILES SECONDAIRES

Les *courants secondaires* sont les courants inverses dus à la *polarisation des électrodes* (V. ÉLECTRICITÉ, § 65). On a vu que cette polarisation s'opposait à la constance de la pile de Volta et comment on arrivait à atténuer ses effets. Le courant secondaire résulte des dépôts formés sur les électrodes par la décomposition de l'électrolyte;

ainsi, dans un voltamètre à sulfate de cuivre et à lames de platine, le passage du courant amène un dépôt de cuivre sur l'électrode cuivre, et de l'acide suroxygéné (SO^4) sur l'électrode positive. Si on supprime l'action de la pile, on a un véritable couple, cuivre-acide-platine, dans le voltamètre et ce couple produira un courant tant qu'il y aura du cuivre à dissoudre, le cuivre constituant le pôle négatif de ce couple. Becquerel a montré que si on plonge deux fils de platine, l'un dans de l'acide sulfurique, l'autre dans la potasse, si on les relie aux bornes d'un galvanomètre, puis qu'on les plonge dans un même vase plein d'eau, on obtient un courant de même sens que celui qui est produit par la polarisation des électrodes dans un voltamètre à sulfate de potasse. Ce courant est donc bien la conséquence des dépôts formés sur les lames. Les mêmes résultats s'obtiennent quand les produits de la décomposition sont gazeux. Si on fait passer le courant électrique à travers un voltamètre à eau acidulée et qu'on recueille dans des éprouvettes renversées les gaz dégagés sur les électrodes de platine, puis qu'on supprime la pile et qu'on relie ces électrodes, on obtient un courant inverse qui dure jusqu'à ce que tous les gaz aient disparu.

Si l'on associe plusieurs de ces couples en *tension*, c'est-à-dire en réunissant l'oxygène de l'un à l'hydrogène de l'autre, on a une *pile à gaz* (Grove) très énergique. Le courant est dû aussi à la présence des dépôts gazeux sur les électrodes, et il n'est pas nécessaire que les gaz aient été préparés par voie électrolytique; si l'on ouvre le circuit, le courant s'arrête et, en même temps, les gaz cessent de se recombiner. On peut, avec une pile de ce genre, décomposer l'eau d'un voltamètre et vérifier qu'il se dégage autant d'hydrogène dans le voltamètre qu'il en disparaît dans chaque couple à gaz, conformément à la théorie de la circulation de l'électricité dans le circuit.

M. Planté s'est servi d'un voltamètre formé de deux lames de plomb immergées dans de l'eau acidulée par de l'acide sulfurique. Si l'on fait passer le courant d'une pile convenable, la lame qui communique avec le pôle négatif se couvre d'hydrogène, l'autre se couvre d'un dépôt de peroxyde de plomb. Si l'on supprime la pile et si 'on réunit les deux lames de plomb ainsi polari-

sées, on observe un courant énergique dont la durée dépend de la résistance du circuit extérieur. La force du couple secondaire est de 2,2 volts; pour le charger, il faut donc trois éléments Daniell ou deux Bunsen. Pendant les deux tiers de la décharge, la force électro-motrice ne descend pas au-dessous de 2 volts.

L'usage de ce couple ou accumulateur semblerait peu avantageux si M. Planté n'avait imaginé la disposition suivante qui permet, avec deux Bunsen, de charger un très grand nombre d'éléments secondaires; il suffit de grouper les éléments *en quantité* en reliant ensemble toutes les lames de même nom; l'accumulateur se comporte alors comme un seul couple d'une surface égale à la somme des surfaces de tous les couples et on le charge avec deux Bunsen. Puis, lorsqu'on veut utiliser la batterie, on réunit, au moyen d'un commutateur, chaque lame à la lame de nom contraire du couple suivant; les couples sont alors montés en tension et les forces électro-motrices s'ajoutent.

Avec la quantité d'électricité fournie pendant un temps plus ou moins long par deux éléments Bunsen, et accumulée dans une pile secondaire, on peut, en la dépensant rapidement, produire des effets de tension très remarquables.

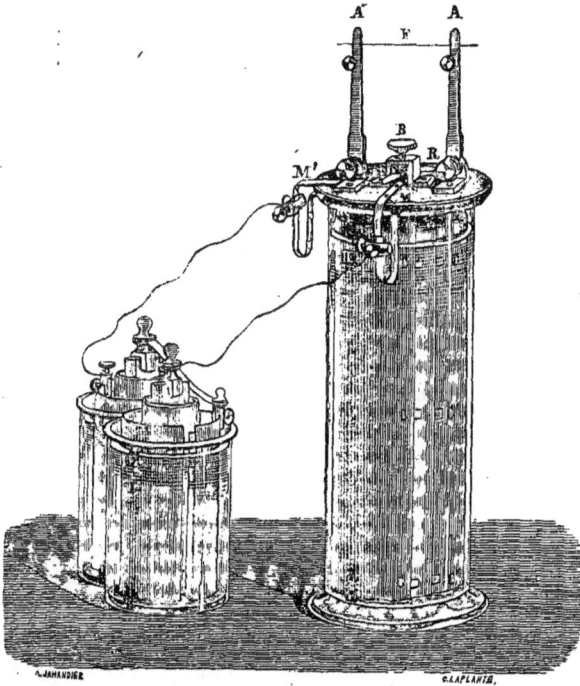

Fig 138. — *Couple secondaire Planté.*

G H Pinces reliant les lames de plomb à deux éléments Bunsen et aux lamelles de cuivre M M'. — R Ressort de cuivre. — B Bouton pour presser R contre M et mettre ainsi M en communication avec la pince A. — A' Pince reliée à M'. — F Fil destiné à être rougi ou fondu.

Ces appareils, qui emmagasinent l'électricité, donnent lieu aux applications les plus diverses; la charge qu'ils sont susceptibles de recevoir est bien plus considérable que celle que l'on peut accumuler dans un condensateur à diélectrique solide. Ainsi, avec une pile secondaire composée de lames de charbon plongées dans de l'eau acidulée, on constitue un condensateur de grande capacité, beaucoup plus économique qu'un condensateur à feuilles d'étain séparées par une matière isolante : des appareils de ce genre ont été utilisés pour produire des courants de courte durée et d'une grande intensité, lançant un signal simultané sur plusieurs lignes (distribution de l'heure).

La résistance des *piles secondaires* ou *accumulateurs* doit être aussi faible que possible pour que la pile de charge fournisse un courant intense et qu'inversement, l'accumulateur en se déchargeant dans un circuit extérieur *débite* aussi un courant intense. On réalise cette condition en enroulant en spirale deux feuilles de plomb séparées l'une de l'autre par des bandes étroites de caoutchouc, et les plongeant dans un bocal plein d'eau acidulée au 1/10 par l'acide sulfurique (fig. 138). On construit aussi des batteries avec des lames de plomb plates et parallèles plongées dans l'eau acidulée et reliées comme les armatures d'un condensateur. Les dimensions varient avec les applications (briquets et bijoux électriques, galvanocaustie, polyscopie, etc.).

La quantité d'électricité que l'on peut accumuler dépend non seulement de la *surface* de chaque couple, mais aussi de l'état physique du plomb. Si l'on change plusieurs fois le sens du courant dans un accumulateur, le plomb ainsi oxydé et réduit successivement se couvre d'une masse spongieuse dont l'état moléculaire facilite l'action du courant suivant; les couches d'oxyde alternativement formées ou réduites deviennent plus épaisses et permettent d'accumuler ainsi une grande quantité de peroxyde de plomb et partant d'électricité. L'une des lames est alors en partie transformée en peroxyde de plomb à texture cristalline, et l'autre est formée, jusqu'à une certaine profondeur, de plomb réduit, grenu et cristallin. Quand on charge les couples ainsi préparés, les gaz sont absorbés tout d'abord par l'oxydation du plomb ou la réduction de l'oxyde résultant de la fermeture antérieure du circuit secondaire. Lorsque les gaz commencent à se dégager dans un couple secondaire *préalablement bien formé*, on est averti que le couple a atteint son maximum de charge.

Pour rendre la *formation* plus rapide, M. Planté immerge au préalable les plaques, pendant un ou deux jours, dans un bain d'acide azotique étendu de la moitié de son volume d'eau.

M. Faure abrège cette formation en recouvrant au préalable la lame de plomb positive d'une couche de minium (plombate d'oxyde de plomb), ou chacune des lames d'une couche de litharge. Avec des couples composés de deux lames de plomb, l'une d'une épaisseur de 1/2 millimètre, pesant 2 kilogrammes, l'autre de 2 millimètres, pesant 6^k,500 et recouverte de 12^k,6 de minium, on obtient une quantité d'électricité suffisante pour déposer 200 grammes de cuivre dans un voltamètre à sulfate de cuivre, ou pour entretenir un courant d'un ampère (1^g,19 de cuivre par heure) pendant $\frac{200}{1,19} = 167$ heures.

On constitue aussi l'élément Faure avec deux lames de plomb recouvertes chacune d'une pâte formée de minium (Pb^3O^4) et d'acide sulfurique.

L'oxyde de plomb était maintenu tout d'abord par un cloisonnement en feutre, lequel augmentait la résistance et se détruisait rapidement dans l'eau acidulée; de plus, l'adhérence entre le

plomb et l'oxyde laissait à désirer. Dans le modèle *Faure-Sellon-Volckmar*, on remédie à cet inconvénient en supprimant le feutre et employant des plaques perforées ou même des *grillages* obtenus par coulage et dans les alvéoles desquels on loge la pâte d'oxyde de plomb. On construit trois types de ces accumulateurs : pour le laboratoire (10 kilogrammes), pour la traction des tramways ou les installations mobiles (30 kilogrammes), pour l'éclairage ou les installations fixes (60 kilogrammes).

On a imaginé un grand nombre de modèles divers d'accumulateurs, à lames plissées, ondulées, gaufrées, lamellées, etc., dans le but d'augmenter la surface des électrodes et de former rapidement en *surface* au lieu de former en profondeur.

M. d'Arsonval a imaginé un accumulateur à grenailles de plomb; dans l'accumulateur au zinc de M. Reynier, la lame négative est constituée par une lame de zinc ou de plomb zingué et la force électro-motrice atteindrait 2,35 volts; dans l'accumulateur au cuivre du même constructeur, la lame négative est une lame de plomb cuivrée et le liquide une solution de sulfate de cuivre; la force électro-motrice n'est plus alors que 1,25 volt. La plaque positive est toujours du peroxyde de plomb. Les accumulateurs industriels se chargent avec des machines dynamo-électriques; ils constituent, soit des réservoirs mobiles d'électricité que l'on remplit à l'usine et que l'on transporte à pied d'œuvre ou que l'on utilise pendant le trajet, soit des réservoirs fixes que l'on remplit pendant le jour et que l'on emploie pendant [la nuit, après l'arrêt du moteur, pour l'éclairage électrique, par exemple ; mis en relation avec une machine génératrice dont la vitesse et, par suite, la force électro-motrice est variable, ils agissent comme volant et régularisent la marche en absorbant le surplus de la production ou compensant, par leur décharge, l'insuffisance de production ; enfin, en les groupant en quantité ou tension, on peut à volonté, comme pour les piles, obtenir des courants de grande intensité à faible tension ou des courants de faible intensité à très haute tension.

M. Planté a constitué une pile de 800 couples secondaires qui, chargés en quantité, avec deux Bunsen, et reliés ensuite en tension, donnent une force électro-motrice de 1600 volts.

PILES THERMO-ÉLECTRIQUES

La construction de ces piles repose sur les phénomènes thermo-électriques qui ont été exposés à l'article ELECTRICITÉ, § 60. Si l'on soude à la suite les uns des autres des barreaux de bismuth et d'antimoine, et si l'on chauffe les soudures paires, les forces électro-motrices des couples s'ajoutent. On dispose les soudures de manière à réunir sur une même face toutes celles qui doivent recevoir l'action de la chaleur, et sur la face opposée toutes les soudures froides. Les piles thermo-électriques de ce genre ont une résistance intérieure très faible, en sorte qu'avec un circuit extérieur également peu résistant (dans la galvanoplastie, par exemple) elles donnent un courant très intense.

MM. E. Becquerel et J. Regnault, dans leurs expériences sur la force électro-motrice des piles, se sont servis de couples bismuth-cuivre dont les soudures étaient maintenues à 0 et 100°. D'après Gaugain, 197 de ces couples équivalaient à un Daniell ; la température moyenne des soudures et la pureté des métaux influent beaucoup sur la grandeur de la force, aussi les valeurs données par les auteurs paraissent-elles souvent peu concordantes. Avec 30 éléments au sulfure de cuivre fondu, associé avec le maillechort, l'une des séries de soudures étant chauffée au gaz à 300° et l'autre refroidie par un courant d'eau, on peut décomposer l'eau.

Les alliages fournissent une force électro-motrice beaucoup plus grande que les métaux purs, mais la pile offre aussi une résistance plus grande.

Quand on ne veut pas faire usage d'une température élevée, on emploie avantageusement un alliage d'antimoine et cadmium à équivalents égaux et un alliage de bismuth (10) et antimoine (1). La force est plus de 5 fois celle des métaux purs.

Pour des températures plus élevées, on associe

Fig. 139.

au maillechort ou au fer un alliage d'antimoine et de zinc qui est bon conducteur et qui ne fond qu'à la température rouge (alliage de Marcus). La pile de Clamond était constituée, à l'origine, par du fer et de la galène (sulfure de plomb). Aujourd'hui, le couple Clamond se compose d'un barreau en alliage zinc-antimoine à équivalents égaux, soudé à une lame de fer-blanc ou de nickel. Les couples sont disposés par couronnes de dix avec un évidement cylindrique au milieu et les lames vont d'une soudure intérieure à une soudure extérieure. Les couronnes, superposées et séparées les unes des autres par une matière isolante, forment une sorte de cylindre. Dans la cavité centrale pénètre un tuyau en terre réfractaire percé de trous qui donnent issue à du gaz d'éclairage ; la combustion a lieu dans l'espace

annulaire compris entre le tuyau et les soudures intérieures.

M. Clamond a disposé aussi sa pile de façon à pouvoir être chauffée au coke et à la houille.

Dans la pile de Noé (fig. 139), employée en Autriche par la petite bijouterie pour les opérations de dorure, argenture, nickelage, etc., les couples se composent de fils de maillechort et d'un alliage de zinc-antimoine : ils sont disposés horizontalement comme les rayons d'une circonférence ; les soudures chaudes convergent au centre, au-dessous duquel on place un bec de gaz, et les soudures froides sont sur la circonférence. Un groupe de 20 éléments a une force de 1,25 volt et une résistance de 0,5 ohm ; avec deux de ces groupes, chauffés par deux becs Bunsen, on peut faire les opérations indiquées ci-dessus.

La table suivante donne, d'après M. E. Becquerel, la force électro-motrice entre 0° et 100° du couple formé par le *cuivre* avec l'un des corps suivants. Le courant va du cuivre au corps considéré, à travers la soudure chaude, si la force est positive ; du corps au cuivre, si elle est négative.

	Force en millièmes de volt.
Tellure.	$+42^{mv},905$
Sulfure de cuivre fondu { maximum.	$+35.186$
{ moyenne..	$+19.472$
Antimoine et cadmium (à équivalents égaux).	$+22.994$
Antimoine et zinc (à équivalents égaux).	$+9.687$
Antimoine ordinaire	$+1.513$
Fer (fil)	$+0.724$ à 1.020
Cadmium	$+0.035$
Zinc fondu.	-0.019 à 0.040
Platine (fil)	-0.097 à 0.406
Charbon de cornue.	-0.152
Etain.	-0.158
Plomb.	-0.201
Mercure.	-0.519
Maillechort (fil)	-1.353
Nickel (fil).	-1.751
Bismuth.	-4.198
10 bismuth . . . . }	-6.655
1 antimoine . . . . }	

La force du couple formé avec deux corps du tableau s'obtiendrait en retranchant l'un de l'autre les deux nombres correspondants.

Ainsi pour le couple tellure-bismuth, la force électro-motrice serait :

$+42,905 - (-4,198) = 47,103$ millièmes de volt (entre 0° et 100°).

Un volt vaudrait 21,23 couples de ce genre.

La table suivante, d'après Matthiessen, donne en *micro-volts* (millionièmes de volt) le pouvoir thermo-électrique (ou force électro-motrice pour *une différence de 1°* centigrade entre les soudures) pour une température moyenne des soudures de 20°, le plomb étant l'un des éléments.

Bismuth du commerce, fil.	$+97$
Maillechort.	$+22$
Plomb.	0
Etain.	-0.1
Cuivre.	-0.1
Zinc	-3.7
Antimoine, fil.	-6

Arsenic . . . . —13.56
Fer, fil. . . . . —17.50
Tellure. . . . . —502
Sélénium. . . . . —807

Les expériences de Becquerel montrent que, pour deux soudures aux températures t_1 et t_2, la force électro-motrice est la différence des valeurs d'une certaine fonction $f(t)$ pour ces deux températures, c'est-à-dire que $E = f(t_1) - f(t_2)$.

La fonction f est de la forme $At - Bt^2$.

On a donc :

$$E = A(t_1 - t_2) - B(t_1^2 - t_2^2)$$

$$= 2B(t_1 - t_2)\left[\frac{A}{2B} - \frac{t_1 + t_2}{2}\right].$$

Posant :

$$2B = a \text{ et } T = \frac{A}{2B},$$

on obtient la formule de *Tait*,

$$E = a(t_1 - t_2)\left[T - \frac{1}{2}(t_1 + t_2)\right]$$

T est la température *neutre*, c'est-à-dire celle pour laquelle les deux métaux considérés ont des pouvoirs thermo-électriques égaux par rapport au métal pris pour terme de comparaison (le *plomb*).

Dans la table suivante, tirée des diagrammes de *Tait*, le pouvoir termo-électrique (a) est exprimé en micro-volts, $t = \frac{t_1 + t_2}{2}$ est la température moyenne des soudures.

Fer. . . . . — —17.34 +0.049 t.
Acier . . . . — —11.39 +0.038 t.
Maillechort . . . . — +12.07 +0.051 t.
Cadmium. . . . . — —2.66 +0.043 t.
Zinc. . . . . — —2.34 —0.024 t.
Cuivre. . . . . — —1.36 —0.009 t.
Plomb. . . . . — 0
Nickel. . . . . — +22 +0.05 t.

La limite inférieure de température dans cette table est de — 18°, et la limite supérieure de 258 pour le cadmium, 373 pour le zinc, 175 pour le maillechort et le nickel, et 416 pour les autres. Le courant va du métal qui a le pouvoir le plus fort à celui qui a le pouvoir le plus faible à travers la soudure la plus chaude. Pour avoir la force électro-motrice d'un couple cuivre-fer entre 0° et 100°, on retranche les pouvoirs des deux métaux, ce qui donne $15,98 - 0,058t$; ou, comme $t = 50$, la force pour 1 degré sera de 13,08 et pour 100 degrés de 1308 micro-volts. Entre 0° et 100°, la force du couple de fer et maillechort serait de 2966 micro-volts.

Le point neutre du couple cuivre et fer est donné par l'équation $15,98 - 0,058t = o$, d'où $t = 275°C$. Quand la température moyenne des soudures est au-dessous de ce point, le courant va du cuivre au fer à travers la soudure la plus chaude. Il cesse quand cette moyenne atteint la température neutre, et change de sens quand elle la dépasse.

TRAVAIL ET EFFET UTILE DES PILES. Nous devons préciser et compléter ici, pour ce qui concerne le travail et la chaleur, les définitions déjà données aux mots ELECTRICITÉ (§ 56), ELECTROMÉTRIE et ÉNERGIE (§ 17).

On sait que, dans le système C. G. S. l'unité de travail ou d'énergie est le *erg*, et que le kilogrammètre vaut $9,81 \times 10^7$ ergs.

L'unité française de *puissance de production de travail*, ou, suivant l'expression de Sir W. Thomson, l'unité d'*activité* (quantité d'énergie fournie dans l'*unité de temps*) est le cheval-vapeur de 75 kilogrammètres par seconde. Le cheval-vapeur vaut 736×10^7 ergs par seconde.

L'expression de *cheval-heure*, usitée par quelques électriciens, est le travail total pendant une heure à raison de 75 kilogrammètres par seconde, soit $75 \times 60 \times 60 = 270000$ kilogrammètres.

La *calorie* (gramme-degré centigrade) est la chaleur nécessaire pour élever une masse d'eau de 1 gramme de 0° à 1° centigrade.

L'*équivalent mécanique*, ou la quantité d'énergie équivalente à l'unité de chaleur (calorie) est, dans le système C. G. S., $J = 4,2 \times 10^7$ ergs $= 42$ millions ergs.

D'après la loi de Joule, le travail engendré par un courant d'intensité I dans un circuit de résistance totale R, pendant le temps T, est donné par $W = I^2RT = EIT = EQ$, en appelant $E = IR$ la force électro-motrice, et $Q = IT$ la quantité d'électricité qui a passé dans le temps T; W est exprimé en *ergs*, si les quantités électriques sont exprimées en unités C. G. S.; si elles sont exprimées en unités pratiques (ampère, ohm, volt, coulomb), W est exprimé en *joules*.

Le *joule* représente 10^7 ergs : ce sera l'unité pratique de travail électrique.

Si le temps T est une seconde, l'expression du *travail par seconde*, ou de l'*activité* sera

$$I^2R = EI = \frac{E^2}{R}.$$

L'unité d'*activité électrique* est le *Joule par seconde*; on lui donne le nom de *Watt*.

Le watt est donc 10^7 ergs par seconde, ou $\frac{1}{736}$ de cheval-vapeur.

La chaleur θ engendrée dans le temps T (secondes) par un courant I à travers un fil de résistance R est exprimée en calories par

$$θ = \frac{I^2RT}{J} = \frac{EIT}{J},$$

où $J = 4,2 \times 10^7$, si les quantités sont exprimées en unités C. G. S., et $J = 4,2$, si elles sont exprimées en unités pratiques. Dans ce dernier cas, on aura θ en multipliant le nombre de joules par 0,238, ou approximativement par 0,24.

On désigne quelquefois sous le nom d'*ampère-heure* la quantité d'électricité développée pendant une heure par un courant d'un ampère.

1 ampère-heure $= 60 \times 60$ coulombs $= 3600$ coulombs.

Du travail exprimé en *joules* (10^7 ergs) on repassera au travail exprimé en kilogrammètres en divisant par l'accélération de la pesanteur 9,81.

On a admis au mot ÉLECTRICITÉ (§ 63 et 67) qu'une quantité d'électricité de un coulomb, ou un courant d'un ampère pendant une seconde, dégageait dans un voltamètre à eau acidulée 0,0000105 grammes d'hydrogène, ou qu'il fallait 95000 coulombs pour décomposer un équivalent chimique d'un électrolyte simple. De nouvelles expériences ont légèrement modifié ces nombres : on admet généralement aujourd'hui qu'un coulomb décompose 0,00009324 grammes d'eau, mettant en liberté 0,000010384 d'hydrogène. Si l'on adopte 0,0000104 grammes d'hydrogène pour simplifier, ce nombre sera l'équivalent électro-chimique de l'hydrogène, et la quantité d'électricité décomposant un équivalent chimique sera de 96000 coulombs. L'équivalent électro-chimique (a) d'un corps simple s'obtiendra en multipliant son équivalent chimique rapporté à l'hydrogène (A) par l'équivalent électro-chimique de l'hydrogène. On aura donc :

$$a = A \times 0,0000104 = \frac{A}{96000}.$$

Le poids p de l'un des éléments mis en liberté par l'électrolyse dans T secondes, sera donné par

$$p = ITa = Qa = \frac{QA}{96000}.$$

La même formule fera connaître en grammes le poids de zinc dissous dans chaque élément de pile : l'équivalent électro-chimique a de zinc étant 0,000337, ce poids sera de $I \times 0,000337$ grammes par seconde, ou de $I \times 1,213$ par heure, I étant exprimé en ampères.

L'effet utile d'une pile est le rapport de la consommation résultant du passage du courant à l'usure réelle des matériaux. Ce rapport atteint 0,95 pour les piles Daniell et Marié-Davy bien entretenues; il peut tomber à 0,40 pour les piles Bunsen et à bichromate. La consommation réelle des matières s'obtiendra en divisant l'expression précédente par la valeur du rapport.

Dans le calcul du prix de revient du courant fourni par une pile donnée, il faut encore tenir compte de la valeur des matériaux récupérés sur les résidus.

FORCE ÉLECTRO-MOTRICE DES PILES. Comme conséquence de la conservation de l'énergie, la force électro-motrice des piles doit être proportionnelle à l'énergie des réactions chimiques qui y prennent naissance et peut se calculer par ce moyen. On a vu (ÉLECTRICITÉ, § 67) que la force électro-motrice d'une réaction chimique est représentée par le produit de l'équivalent électro-chimique de l'élément dissous dans la combinaison, ou mis en liberté dans la décomposition, par l'équivalent mécanique de la chaleur de combinaison. Ainsi, J étant l'équivalent mécanique de la chaleur (exprimé en joules, ou 4,2), a l'équivalent électro-chimique de l'hydrogène ($0^g,0000104$), θ la chaleur de combinaison avec l'oxygène de 1 gramme d'hydrogène, exprimée en calories-gramme (34000), la force électro-motrice de polarisation par la décompoison de l'eau sera exprimée en *volts* par

$$E = J\theta a = 4,2 \times 0^g,0000104 \times 34000$$
$$= 4,2 \times \frac{34000}{96000} = 1^v,48.$$

Si θ représente maintenant le nombre de calories correspondant à la dissolution de 1 gramme de zinc ou du métal soluble dans le couple, a l'équivalent électro-chimique de ce métal (0,000337

pour le zinc), $J\theta a$ donnera la force électro-motrice du couple. Mais si A est l'équivalent chimique du métal par rapport à l'hydrogène (32,45 pour le zinc), on sait que

$$a = \frac{A}{96000}.$$

On pourra donc écrire

$$E = \frac{4,2}{96000} \times \theta A = 4,37 \times 10^{-5} \times \theta A \text{ volts}.$$

Or θ A est le nombre de calories que développent dans la pile les réactions chimiques correspondant à la dissolution d'un nombre de grammes de zinc représenté par l'équivalent chimique de ce métal : ce produit est connu par les déterminations thermo-chimiques. La force électro-motrice d'une réaction connue pourra donc être calculée.

Si, dans la relation précédente, on fait E=1 volt, on tire θ A=22883 calories. On obtiendra donc également E en volts en divisant la valeur de θ A, correspondant à un équivalent du métal dissous, par 22883. Ce nombre est appelé par quelques auteurs la valeur du volt en calories. Or, le nombre de calories dégagées par la substitution du zinc au cuivre dans le sulfate de cuivre est égal à la différence des chaleurs de combinaison du sulfate de zinc (53500) et du sulfate de cuivre (29000), soit 24500. La force électro-motrice d'un élément Daniell serait donc de

$$\frac{24500}{22883} = 1,08 \text{ volt.}$$

Sous le nom de loi des *constantes thermiques*, M. D. Tommasi a énoncé la loi suivante : lorsqu'un métal se substitue à un autre dans une solution saline, le nombre de calories dégagées est, pour chaque métal, toujours le même, quelle que soit la nature du radical acide du sel.

Ainsi la chaleur dégagée par la substitution du zinc au cuivre serait la même quel que soit le sel soluble de cuivre considéré. Connaissant les chaleurs de combinaison d'un genre de sels solubles, les chlorures, par exemple, il suffirait de retrancher de la chaleur de combinaison du chlorure de potassium dissous les chaleurs de combinaison des autres chlorures également dissous, pour obtenir la *constante thermique* des divers métaux par rapport au potassium, et la valeur obtenue doit être la même si, au lieu de prendre les chlorures, on prend les bromures, iodures, sulfates, etc. Ce tableau étant dressé, pour obtenir la force électro-motrice d'une pile formée par deux métaux plongeant chacun séparément dans la solution d'un de leurs propres sels, ces sels ayant le même acide, il suffirait de diviser la différence des constantes thermiques de ces métaux par la valeur du volt en calories (22883).

Quoi qu'il en soit de cette loi, difficile à établir à cause de l'incertitude d'un grand nombre de données thermo-chimiques, il est certain que la force électro-motrice d'un couple est d'autant plus grande que la chaleur dégagée par le zinc dissous, est elle-même plus considérable.

Ainsi, les chaleurs de combinaison avec SO_3+O étant 53500 pour le zinc, 45200 pour le cadmium, 34500 pour l'hydrogène, 29000 pour le cuivre, 21700 pour l'argent,

Les couples zinc-sulfate de zinc
{
Sulfate de cadmium - cadmium.
Sulfate d'hydrogène - cuivre, platine ou charbon (Volta).
Sulfate de cuivre - cuivre.
Sulfate d'argent - argent.
}

ont des forces électro-motrices croissantes, et d'une façon générale, tout ce qui augmente la chaleur dégagée dans la pile par équivalent de zinc dissous, augmente aussi la force électro-motrice.

La détermination des forces électro-motrices par les chaleurs de combinaison suppose que la totalité de l'énergie chimique doit nécessairement se convertir en énergie électrique : l'écart entre les forces E trouvées par l'expérience et les valeurs

$$\frac{J \theta A}{96000}$$

prouve qu'il n'en est pas ainsi; mais comme la chaleur dégagée dans les réactions de la pile doit se retrouver dans le circuit, la différence doit se manifester quelque part : ce ne peut être que dans les régions où la loi de Joule ne s'applique pas, c'est-à-dire aux surfaces de contact, où se trouve déjà le siège des forces électro-motrices; l'étude des phénomènes thermo-électriques (V. ELECTRICITÉ, § 60) montre, en effet, que ces surfaces sont le siège de phénomènes thermiques particuliers dont l'existence justifie l'écart des valeurs trouvées et des valeurs calculées. Cet écart doit être tantôt dans un sens et tantôt dans l'autre. M. Helmholtz, en se bornant aux piles qui sont le siège d'actions chimiques reversibles (zinc et argent dans leurs chlorures, zinc et mercure dans leurs chlorures ou bromures), a énoncé la loi suivante : les éléments qui ne transforment pas toute l'énergie chimique en énergie électrique sont ceux dont la force électro-motrice décroît quand la température s'élève; et ceux qui produisent une énergie électrique supérieure à leur énergie calorifique sont ceux dont la force électro-motrice croît avec la température.

En ce qui concerne les piles simples et les couples polarisables, remarquons qu'un autre élément d'incertitude résulte de ce fait que la polarisation dépend de l'étendue et de l'état physique des surfaces. Aussi dans les couples voltaïques, la force réelle est sensiblement différente du nombre résultant de la chaleur de substitution du zinc à l'hydrogène dans l'eau acidulée, et varie avec la nature et l'étendue de l'électrode inattaquable.

On peut encore avoir une idée de la force électro-motrice d'un couple, en se servant de tables dans lesquelles MM. Ayrton et Perry ont consigné les résultats de leurs expériences sur les forces électro-motrices produites par les contacts deux à deux d'un certain nombre de corps, *en présence de l'air*.

On sait, en effet, que la force électro-motrice E d'un couple est la somme des différences de potentiel au contact de tous les corps A, B, C — M, N qui constituent la chaîne voltaïque, et on a :

$$E = AB + BC \cdots + MN + NA.$$

Ainsi, pour l'*élément Daniell*, on a :

Cuivre et sulfate de cuivre.	$+0^v,070$
Sulfate de cuivre et sulfate de zinc. . . .	-0.095
Sulfate de zinc et zinc. . . . .q.	$+0.430$
Zinc et cuivre. . . . . .V.	$+0.750$
	$\overline{1.155}$

pour l'*élément Grove* :

Cuivre et platine	$+0^v,238$
Platine et acide nitrique fort.	$+0.672$
Acide nitrique fort et acide-sulfur. dilué	$+0.078$
Acide sulfurique dilué et zinc	$+0.241$
Zinc et cuivre	$+0.750$
	$\overline{1.979}$

Mesure des forces électro-motrices. La différence de potentiel entre les pôles d'une pile peut être mesurée directement avec l'électromètre absolu. M. Thomson a trouvé ainsi que la force d'un Daniell était exprimée en unités statiques C. G. S. par 0,00374, ce qui représente en unités magnétiques $0,00374 \times 3 \times 10^{10}$ ou $1,12 \times 10^8$ C. G. S., c'est-à-dire 1,12 volt.

On procède, le plus souvent, par comparaison avec un élément de force connue, et la comparaison s'effectue facilement avec un électromètre à déviations proportionnelles. Mais, dans la pratique, on se sert surtout du galvanomètre. Les méthodes les plus souvent appliquées sont les suivantes :

Méthode d'opposition. On oppose n éléments E à n' éléments E' de telle sorte qu'un galvanomètre interposé reste au zéro. On a alors $n E = n' E'$. M. Gaugain se servait, à cet effet, d'une *pile-échelle* composée de 40 éléments thermo-électriques bismuth-cuivre avec soudures aux températures 0 et 100°, 3 éléments cadmium et fer dans leurs sulfates valant chacun 20 des précédents, 3 éléments cadmium et zinc valant chacun 62 éléments thermo-électriques, et un élément Daniell valant 197 éléments thermo-électriques.

Méthode du condensateur. On charge successivement le même condensateur avec les deux piles (en commençant par la plus faible), et on emploie un galvanomètre balistique avec des dérivations de pouvoirs m et m'. Si d et d' sont les déviations obtenues, on a :

$$\frac{E}{E'} = \frac{m d}{m' d'}.$$

Méthode des déviations égales. p et p' étant les résistances des piles, g celle du galvanomètre, on met successivement chaque pile en circuit avec le galvanomètre et des résistances R et R' telles que les déviations soient égales. On a alors :

$$\frac{E}{E'} = \frac{p + g + R}{p' + g + R'}, \quad \text{ou} \quad \frac{E}{E'} = \frac{R}{R'},$$

si on prend R et R' assez grands pour qu'on puisse négliger les résistances des piles et du galvanomètre.

Méthode des résistances égales. En se servant d'un galvanomètre à très grande résistance, mis en circuit successivement avec les deux piles, les intensités sont proportionnelles aux forces électro-motrices, et on a :

$$\frac{E}{E'} = \frac{i}{i'}.$$

Méthode de Wiedemann. On mesure les intensités i et i' des deux piles, mises en circuit toutes deux avec un galvanomètre, quand leurs courants s'ajoutent, puis quand ils se retranchent :

$$\frac{E}{E'} = \frac{i+i'}{i-i'}.$$

Méthode de compensation (Poggendorff) (fig. 140). Les deux piles ayant leurs pôles reliés au rhéos-

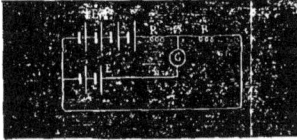

Fig. 140.

tat R, on donne à R une résistance telle qu'aucun courant ne traverse le galvanomètre G; p étant la résistance de la pile de comparaison E, on a :

$$E' = E\frac{R}{p+R}.$$

Si on ne connaît pas p, on introduit un second rhéostat en R' et on fait varier R' et R de façon à laisser le galvanomètre au zéro; si on obtient l'équilibre avec R' et R, puis avec R'$_1$ et R$_1$, on a :

$$\frac{E}{E'} = 1 + \frac{R'-R'_1}{R-R_1}.$$

Dans cette méthode, la pile E' n'est traversée par aucun courant, tandis que E est en circuit fermé et se polarise. Pour comparer les deux piles dans les mêmes conditions et sans polarisation, M. L. Clark emploie la disposition suivante, dite du *potentiomètre* (fig. 141) :

A est une pile auxiliaire à courant constant dont les pôles sont reliés par l'intermédiaire du rhéos-

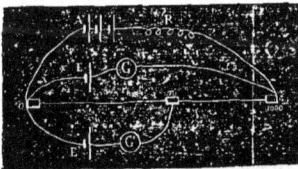

Fig. 141.

tat R à un fil en platine iridium ou maillechort reposant sur une règle divisée en 1000 parties égales; E et E' sont les éléments à comparer. On donne à R une résistance telle que le galvanomètre G soit au zéro; puis on fait varier la position du curseur n jusqu'à ce que le galvanomètre G' soit aussi au zéro. L'origine des divisions étant en o, on a, si le curseur est sur la division n,

$$\frac{E'}{E} = \frac{n}{1000}.$$

On peut supprimer le galvanomètre G', la position de n étant définie par la condition que G mis au zéro par le réglage de R, avant que n soit relié à G', doit y rester si n occupe la position voulue.

Mesure des résistances intérieures. La *méthode gé-*nérale (V. ÉLECTRICITÉ, § 55) s'applique, si l'on connaît la résistance du galvanomètre. Dans la pratique, on la modifie comme il suit (*méthode de la demi-déviation*).

On forme un circuit comprenant la pile (E, p), et un galvanomètre à faible résistance muni d'une dérivation convenable réduisant sa résistance à g_1, et on a une déviation δ; on introduit ensuite une résistance R qui ramène la déviation à $\frac{\delta}{2}$.

Alors $p = R - g_1$.

Si dans la première expérience, on a introduit une résistance ρ, et si, pour ramener à $\frac{\delta}{2}$, il faut porter cette résistance à R, on a :

$$p = R - (2\rho + g_1).$$

Souvent, on se contente de placer en dérivation sur le galvanomètre g un fil de cuivre gros et court, de façon à rendre négligeable la résistance g_1 de l'instrument dérivé. Alors, si $\rho = 0$ on a $p = R$.

Méthode de la déviation (Thomson). On ferme le circuit de la pile par l'intermédiaire du rhéostat R et du galvanomètre g, et on lit la déviation. On reproduit cette déviation en introduisant une dérivation s entre les pôles de la pile, et en donnant au rhéostat une résistance r. Alors

$$p = \frac{R-r}{g+r}s.$$

Méthode de compensation. On divise la pile en deux groupes, l'un de n, l'autre de n' éléments, et n étant $> n'$, on dispose les deux groupes comme dans la figure 140, p étant la résistance de la pile E, on a :

$$p = R\frac{n-n'}{n'}.$$

La méthode de compensation indiquée pour la mesure des forces électro-motrices fait connaître d'ailleurs p par la relation

$$p = \frac{R'_1 R - R' R_1}{R_1 - R}.$$

Galvanomètre différentiel. On fait traverser au courant un seul des circuits du galvanomètre, et on note la déviation; on fait ensuite passer le courant dans les deux circuits de manière que les effets s'ajoutent, et on introduit une résistance r qui ramène la déviation à sa valeur primitive : $p = r$.

Méthode de condensation. On charge un condensateur avec la pile et on mesure l'impulsion C; puis on met une dérivation s entre les pôles de la pile, et on observe une impulsion c en sens inverse de la première

$$p = s\frac{c}{C-c}.$$

Méthode de Mance. Dans un pont de Wheatstone (fig. 142), c'est-à-dire un quadrilatère composé de quatre résistances a, b, x, d, la pile et le galvanomètre occupant les deux diagonales, on obtient l'équilibre, c'est-à-dire que le galvanomètre reste au zéro, si l'on a la relation $ax = bd$. Plaçons la pile dans la branche x du pont (en sorte que $p = x$), et à la place qu'occupait auparavant la pile dans la diagonale *f*, mettons une clef : *a* et *d* ayant des valeurs déterminées, donnons à la résistance *b* une valeur telle que la déviation reste la même, que la clef soit ouverte ou fermée. Alors

Fig. 142.

$$p = b \times \frac{d}{a}.$$

Emploi du téléphone. On peut enfin mesurer la résistance d'une pile par le pont de Wheatstone, comme une résistance ordinaire, en remplaçant le galvanomètre par un téléphone, et se servant comme *pile du pont* d'une pile à courants interrompus par un trembleur, ou employant des courants induits. On donne au rhéostat variable une résistance telle que l'on n'entende plus aucun son.

Remarques sur la comparaison et le choix des piles. Par un accouplement convenable en série et surface, on peut toujours obtenir, avec les éléments dont on dispose, une pile dont la force électro-motrice et la résistance répondent au but que l'on a en vue. Si les éléments ne sont pas constants, on y remédie par un renouvellement plus fréquent. Aussi est-ce par des considérations relativement secondaires que se décide le plus souvent le choix d'une pile : la facilité d'entretien, la propreté, l'espace occupé, les émanations, etc. ; on prendra tel ou tel élément suivant l'importance que l'on attache à tel ou tel de ces points.

Dans l'étude des constantes d'une pile, il faut se placer autant que possible dans les conditions où elle doit être employée. Ainsi, s'il s'agit d'une pile destinée à la télégraphie, on étudiera l'élément à *circuit ouvert* pour reconnaître la constance de sa force électro-motrice, et l'usure inutile des matières ; à *circuit fermé*, avec des résistances déterminées, pour constater s'il est susceptible de se polariser plus ou moins vite et si sa résistance varie, déterminer sa durée et la quantité totale d'électricité qu'il peut débiter avec une charge donnée ; enfin, on refera la même étude, en intercalant, dans un circuit de résistance égale à celui du circuit qu'il doit desservir, un interrupteur automatique, comme celui de Foucault, de manière à voir comment se comporte l'élément en donnant des courants interrompus comme ceux qu'il est appelé à fournir.

La télégraphie emploie surtout les piles Daniell, du genre à densité, et la pile Leclanché, qui se polarise, mais reprend assez vite sa force après un petit repos : cette dernière pile est d'un usage très étendu dans les applications domestiques, comme les sonneries d'appartement ; pour les laboratoires, la pile thermo-électrique de Clamond est très commode, quand on a le gaz à sa disposition ; la pile à oxyde de cuivre, offrant une grande constance et une faible résistance, convient bien à la galvanoplastie et aux opérations de dorure, argenture, nickelage, etc. Pour les opérations de peu de durée, exigeant un courant intense, les piles au bichromate sont indiquées : avec des batteries de ce genre, à treuil ou coulisse, on règle l'intensité par le plus ou moins d'immersion des électrodes, et on arrête le courant à volonté. Ces piles avec vases poreux, ainsi que les piles Bunsen, sont aussi employées pour un petit éclairage électrique. Mais, dans toutes les applications industrielles d'une certaine importance, les piles sont aujourd'hui remplacées par des machines dynamo-électriques, dont le courant est, suivant le cas, utilisé directement ou emmagasiné dans des accumulateurs. — J. R.

PILIER. 1° *T. de constr.* Support ou massif de maçonnerie sur lequel repose une charge quelconque ; les voûtes, les arcades, les planchers, les combles, lorsqu'ils ne prennent pas leur point d'appui sur les murs, sont supportés par des piliers dont la construction n'exige pas absolument les proportions esthétiques, ce qui les distingue des *colonnes* (V. COLONNE et ORDRE). Lorsque le pilier est accoté à un mur, il prend le nom de *pilastre*. || *Pilier butant*. Corps de maçonnerie élevé en dehors d'un édifice pour contrebuter la poussée d'une voûte, ce qui est d'ailleurs d'un assez mauvais effet. || On donne le même nom et aussi celui de *console* à une sorte de pilastre attique dont la partie inférieure se termine en enroulement dans la forme d'une console renversée. || 2° *T. d'exploit. des min.* Masse de pierre ou de matière exploitable qu'on laisse de distance en distance pour soutenir le ciel d'une carrière ou d'une mine. — V. EXPLOITATION DES MINES et MINE. || 3° *Pilier de cœur*. Masse du double muraillement des hauts fourneaux.

*PILOIR. *T. techn.* Instrument du mégissier, qui sert à renfoncer et à maintenir les peaux dans la cuve lorsqu'elles remontent au-dessus du bain.

PILON. *T. techn.* Instrument qui a généralement la forme d'un battant de cloche et à l'aide duquel on pile ou broie quelque chose dans un mortier ; sous d'autres formes, le pilon sert, dans l'industrie, à fouler et à broyer des matières différentes, à la préparation de la pâte à papier, au feutrage, au concassage des minerais, etc. ; dans ce dernier cas, il fait partie d'une machine en usage dans les établissements métallurgiques, décrite au mot BOCARDAGE. || *Marteau pilon*. — V. l'article au mot MARTEAU I. || Bloc en bois dur, employé dans l'opération du *pilonnage*. — V. ce mot. || *Art héraldique*. L'une des pièces honorables. — V. FIGURES HÉRALDIQUES.

*PILON (GERMAIN). Sculpteur, né à Loué, petite ville près du Mans, vers 1515, mort à Paris, en 1590. Il était fils d'un sculpteur de talent dont nous avons quelques pièces remarquables et qui forma de bons élèves. Le plus illustre fut certainement son fils qui montra, très jeune, de grandes dispositions ; on lui attribue, de concert avec son père, les statues qui ornent le couvent de Solesmes, près de Sablé, dans le Maine, et qui sont connues sous le nom populaire de *saints de Solesmes*. Le Saint-Bernard de l'église de l'Épau près du Mans, aujourd'hui détruite, pouvait être également compté parmi ses premiers essais; mais ces statues, la dernière surtout, dénotent une main encore inhabile, et c'est à Paris que Germain Pilon alla se perfectionner au contact et à l'école des grands artistes de la Renaissance : Jean Cousin, le Primatice, Jean Goujon, qu'il devait bientôt égaler. Arrivé dans la capitale vers 1550, il fut, peu d'années après, chargé de travaux importants pour le tombeau de François Ier dans l'église de Saint-Denis, élevé sur les plans de Philibert Delorme. Germain Pilon y sculpta deux morceaux importants : le *Christ vainqueur des ténèbres* et des *Génies éteignant le flambeau de la vie.* Il avait déjà reçu des commandes de diverses églises de Normandie, aussi était-il plus connu, à ce moment, en province qu'à Paris, et sa renommée lui valut d'être chargé de l'exécution du mausolée de *Guillaume Langei du Bellay,* qui fut achevé en 1557; c'est sa première œuvre capitale et, bien que très mutilée à l'époque de la Révolution, elle excite encore l'admiration la plus vive. L'influence de l'antique y est très sensible; la statue du défunt, à demi-couchée, accuse les pectoraux et les saillies du torse comme les sculptures romaines. Quant au sarcophage lui-même, on croirait y voir une copie de quelque bas-relief païen. Dès cette époque, l'artiste, en pleine possession de son talent, ne donna plus que des chefs-d'œuvre. Catherine de Médicis voulant ériger un tombeau à Henri II, d'après des dessins de Philibert Delorme, en chargea Pilon à qui toute latitude fut laissée pour la partie sculpturale. Sur le tombeau sont agenouillés devant des prie-dieu le roi et la reine en habits de cérémonie; ces figures sont en bronze. Plus bas, quatre bas-reliefs représentent la *Foi,* l'*Espérance,* les *Bonnes œuvres* et la *Charité,* celle-ci nue et donnant le sein à deux enfants. Enfin, au-dessous, dans un sanctuaire formé de douze colonnes de marbre blanc et selon l'usage adopté alors dans les monuments funéraires, Henri II et Catherine de Médicis sont étendus côte à côte presque nus, idée peu heureuse sans doute, mais qui répondait à un désir de la reine. Le sculpteur s'est d'ailleurs surpassé dans ces effigies de la mort où il a su réunir à la grâce un peu mièvre mise à la mode par le Primatice, une vigueur toute personnelle. C'est aussi sur l'ordre de Catherine de Médicis que Pilon avait fait le groupe célèbre des *Trois Grâces* qui est considéré comme le plus beau morceau de son ciseau. Il est pris dans un seul bloc de marbre. Une urne posée sur leurs têtes devait contenir le cœur de Henri II et de la reine. Le premier seul y fut placé et perdu à la Révolution lorsque le groupe fut enlevé de l'église du couvent des Célestins et sauvé par Lenoir. Il a été placé au Louvre, mais sans l'urne, qui a été enlevée. Les draperies, qui étaient toujours le triomphe de Germain Pilon, sont surtout remarquables dans ce groupe, de même que dans celui des *Trois Parques,* exécuté pour Diane de Poitiers, qui se trouve au musée de Cluny. L'une des *Trois Grâces* est le portrait de Catherine, l'une des *Trois Parques* est celui de Diane; la riva-

lité des deux femmes se poursuivait dans l'art même.

Bien qu'on ait réuni, au musée du Louvre, les mausolées du *Chancelier de Birague* et de *Valentine Balbiani* sa femme, après la mort de laquelle il reçut les ordres et devint cardinal, ces deux monuments sont distincts dans l'œuvre du statuaire et n'ont pas été destinés à être vus au-dessus l'un de l'autre; néanmoins, on doit reconnaître que de cette fusion entre les deux pensées de Germain Pilon, il est résulté un ensemble harmonieux. Le chancelier à genoux, vêtu d'une longue simarre, couronne le monument, et plus bas, Valentine, somptueusement vêtue et coiffée, à demi-couchée sur des coussins, médite sur le livre des Saintes-Écritures dont sa main semble tourner les feuillets. Sur le soubassement, en bas-relief, elle se retrouve dans toute la rigidité de la mort; enfin, le monument est complété par deux génies.

Ce sont les œuvres les plus considérables de Germain Pilon, mais on lui en doit beaucoup d'autres encore qui sont toutes des morceaux de sculpture remarquables. Sauval et Piganiol de la Force ont laissé une liste très complète de ses ouvrages qui décoraient, au xviiie siècle, les églises de Paris; elle est fort longue et dénote, chez l'artiste, une très grande activité.

Germain Pilon fut comblé d'honneurs par tous les princes qui se succédèrent sur le trône. En 1571, il était sculpteur du roi et logé à l'Hôtel de Nesles; en 1572, conducteur et contrôleur général en *l'art de sculpture sur le fait des monnaies et revers d'icelles*; en cette qualité, il a gravé de superbes médailles qui ont donné une nouvelle impulsion à cet art; on lui attribue la magnifique suite de grandes médailles représentant Henri II, Catherine, Charles IX, Henri III et Elisabeth d'Autriche. Ce sont les premières belles pièces dues à un médailleur français.

Il avait au plus haut point le talent français; héritier des traditions de l'école de sculpture si remarquable du centre de la France, il subit, comme tous ses contemporains, l'influence italienne, puise une nouvelle force dans l'étude de l'antique et fonde, avec Cousin et Goujon, l'école qui donnera au siècle de Louis XIV de si remarquables artistes. Bien plus que ses deux émules, il l'annonce et la prépare; ses figures ont moins de caractère que celles de Jean Goujon et on lui reproche parfois la recherche, mais s'il n'atteint pas à la perfection de formes des maîtres de la Renaissance, il est leur égal pour la puissance de l'idée; il marque avec eux l'apogée de l'art sous les Valois.

* PILONNAGE. *T. techn.* Opération qui consiste à fouler ou comprimer, à l'aide de pilons, les matériaux de remblai pour obtenir leur tassement immédiat et complet. Les pilons sont en fonte ou en bois d'orme tortillard, de forme tronconique; les pilons en bois sont frettés aux extrémités et quelquefois garnis d'une semelle en tôle; le manche, de 1 mètre de longueur, est muni d'une traverse à l'extrémité supérieure; l'ouvrier soulève le pilon et le laisse retomber en recouvrant chaque coup d'un tiers environ par le coup suivant. Le pilonnage exige une main-d'œuvre coûteuse et une surveillance attentive; on le remplace, autant que possible, par le roulage ou le cylindrage. On emploie aussi le pilonnage sur les routes empierrées, pour faire adhérer les rechargements partiels avec l'ancienne chaussée.

PILOT ou **PILOTIS**. On nomme *pilots* ou *pilotis* les pieux que l'on enfonce, sur toute l'étendue d'une fondation, en nombre suffisant pour qu'ils puissent porter avec sécurité le poids de la construction (V. FONDATION, § *Fondations sous l'eau*). Ces pieux sont des pièces de bois de section carrée ou circulaire; dans ce dernier cas, ce sont simplement des troncs d'arbres écorcés et dont les nœuds et aspérités ont été ravalés avec soin. On emploie, pour cet usage, le chêne et les bois résineux, notamment le pitche-pin, mais à condition que ces derniers soient toujours mouillés. L'extrémité inférieure est taillée en pointe et armée d'un sabot en métal; les sabots en fer forgé sont formés de quatre bandes soudées sur un culot qui forme la pointe; on le pose à chaud et on fixe les bandes avec des clous à tête fraisée. Comme ils sont sujets à se déranger pendant le battage, on a imaginé des sabots en fonte au centre desquels se trouve une tige en fer, barbelée, que l'on engage dans l'axe du pieu: cette tige est placée dans le moule avant la coulée, de sorte que le retrait de la fonte assure sa liaison avec le sabot. Actuellement, on emploie les sabots du système Camuzat, formés par une feuille de tôle épaisse, roulée en forme de cornet, agrafée suivant une génératrice et maintenue par un rivet; l'extrémité est soudée sur le culot en fer qui forme la pointe; on les fixe avec 4 ou 5 clous à tête plate. Leur poids est ordinairement de 8 kilogrammes; avec des sabots de ce système, pesant 18 kilogrammes, on a pu faire traverser aux pieux des massifs d'enrochements sous le choc d'un mouton de 700 kilogrammes tombant de 3 mètres.

La longueur des pieux est d'environ 30 fois le diamètre; lorsqu'ils doivent atteindre de grandes profondeurs, on les compose de deux morceaux réunis bout à bout, par un manchon en tôle; à leur point de jonction, les abouts sont coupés carrément et frettés; on interpose entre eux une plaque de tôle pour empêcher la pénétration et on introduit au centre un goujon de fer de 30 centimètres de longueur.

L'extrémité supérieure des pilotis est garnie d'une ou de deux frettes posées à chaud pour empêcher le bois d'éclater lors du battage. Ce battage s'effectue au moyen d'un *mouton* manœuvré par une machine spéciale appelée *sonnette* (V. ce mot). Si M est la masse du mouton, V sa vitesse à la fin de la chute, m la masse du pilotis et v la vitesse qu'il prend après le choc, r la résistance du terrain dans le sens vertical et t la durée du choc, on aura d'après le théorème des *quantités de mouvement* :

$$(M+m)v=MV-rt,$$

mais t est très petit, et quoique r soit considé-

rable, le produit rt est négligeable et on écrit comme si le pieu était libre,

$$(M+m)v=MV,$$

d'où

$$v=\frac{MV}{M+m}.$$

Si on désigne par e l'enfoncement du pieu et par R la résistance moyenne du sol après le choc, on a pour le travail :

$$Re=\frac{1}{2}\left(M+m\right)v^2=\frac{1}{2}\frac{M^2V^2}{M+m}$$

d'où :

$$e=\frac{1}{2R}\frac{M^2V^2}{M+m},$$

si H est la hauteur de chute du mouton, $V^2=2gH$ et

$$e=\frac{g}{R}\frac{M^2H}{M+m}=\frac{g}{R}\frac{MH}{1+\frac{m}{M}}.$$

Cette dernière formule montre que : 1º pour un même mouton M, l'effet utile est proportionnel à la hauteur de la chute; 2º pour une même valeur MH et par conséquent pour une même dépense, l'effet utile est d'autant plus grand que M l'est par rapport à m; il y a donc avantage à employer un mouton de grand poids, tombant d'une hauteur modérée, de 2^m,50 à 3 ou 4 mètres. Pour les derniers coups frappés sur le pieu, on peut porter H à 5 ou 6 mètres.

Un pieu de 0,23 de diamètre ne doit pas être chargé de plus de 25,000 kilogrammes, soit près de 60 kilogrammes par centimètre carré de section. Pour les pieux enfoncés obliquement, comme ceux que l'on emploie dans la construction des murs de quai et de soutènement, leur résistance est à celle des pieux enfoncés verticalement comme le sinus de leur angle d'inclinaison est à l'unité. Les pilotis en bois doivent supporter de 50 à 70 kilogrammes par centimètre carré, ce qui correspond à une résistance R=500,000 à 700,000. Si D est le diamètre des pilotis, A la section de chacun d'eux, n leur nombre et P le poids total à supporter, on a

$$nAR=n\frac{\pi D^2}{4}R=P$$

ce qui donne pour les pilotis cylindriques

$$n=\frac{4P}{\pi D^2R}.$$

Si les pilotis sont carrés, et ont pour côté a, leur nombre est

$$n=\frac{P}{a^2R}.$$

S'ils sont rectangulaires a et b étant les côtés respectifs du rectangle :

$$n=\frac{P}{abR}.$$

Si ce sont des tubes creux en fonte, R=2,000,000 à 3,000,000; appelant D le diamètre extérieur, et D' le diamètre intérieur du tube, on a :

$$n=\frac{4P}{\pi(D^2-D'^2)R}$$

si on connaît D et n, on en déduit

$$D' = \sqrt{D^2 - \frac{4P}{\pi R n}},$$

et par suite l'épaisseur e du tube

$$e = \frac{D - D'}{2}.$$

Les pieux doivent être *battus à refus*. Le refus est indiqué par la limite de l'enfoncement réglée d'après la charge du pieu. L'expérience a démontré pour des charges maxima de 25,000 kilogrammes par pieu de 0,23 de diamètre, ou de 50,000 kilogrammes par pieu de 0,33, le refus est obtenu lorsque le pieu n'enfonce plus que de $0^m,0045$ par volée de 25 coups d'un mouton de 300 kilogrammes tombant de $1^m,30$ de hauteur ; ou que cet enfoncement n'est que de 0,01 par volée de 10 coups d'un mouton de 600 kilogrammes tombant de $1^m,20$. Lorsque les pieux de 0,33 de diamètre ne doivent porter que des charges de 8,000 à 10,000 kilogrammes, on admet qu'ils sont battus au refus lorsqu'ils n'enfoncent que de 0,03 à 0,05 pour une des volées précédentes, à la condition que l'on soit sûr qu'ils ont pénétré dans le terrain résistant. Il ne faut pas chercher à obtenir un refus exagéré, surtout quand les pieux ont 8 et 10 mètres de *fiche*, car on risque de les briser. Souvent le refus n'est qu'apparent et résulte de la compression du sol, provoquée par le battage même et non de la pénétration du pieu dans le sol résistant. Si on a des doutes à cet égard, on suspend le battage de façon à donner au sol le temps de transmettre la compression à une certaine distance ; puis on recommence le battage.

Dans les terres indéfiniment compressibles, où les pieux ne sont retenus que par le frottement latéral, on emploie la formule suivante pour calculer le poids que l'on peut faire porter avec sécurité à chaque pieu, d'après l'enfoncement moyen obtenu sous les derniers coups de mouton :

$$R = \frac{BH}{6e} \times \frac{B}{B \times P};$$

R étant le poids à faire supporter par le pieu, H la hauteur de chute du mouton, B le poids du mouton, P le poids du pieu, déduction faite de la diminution due à l'immersion, et e la pénétration réalisée sous le dernier coup de mouton. D'après cette formule, on a trouvé 34,000 kilogrammes pour la charge d'un pieu pénétrant de 4 centimètres sous les 10 derniers coups d'un mouton de 800 kilogrammes tombant de 4 mètres, et 5,000 kilogrammes seulement pour les pieux qui, dans les mêmes conditions, s'enfoncent de 77 centimètres.

Lorsque les pilotis sont arrivés au degré voulu d'enfoncement, il est ordinairement nécessaire de les déraser de manière que toutes les têtes se trouvent dans un même plan horizontal ; cette opération, appelée *recépage*, est facile à faire lorsque les pieux sont hors de l'eau ; il suffit d'employer une scie ordinaire. Mais lorsque le recépage doit être fait sous l'eau, quelquefois à une profondeur considérable, on est obligé d'em-

ployer des scies installées d'une façon spéciale. — V. Scie a receper.

On est quelquefois obligé d'arracher les pieux, soit qu'ils aient pris une mauvaise direction, soit qu'ils aient été brisés par le battage. On traverse la tête du pieu avec une cheville en fer, dont les extrémités, en saillie, sont engagées dans les mailles d'une forte chaîne sur laquelle on agit par secousses à l'aide d'un grand levier, ou d'une façon continue à l'aide de vérins. — V. Arrache-pieux.

L'emploi de l'eau injectée sous pression à la pointe des pieux peut rendre de grands services dans les sables fins et humides. On s'en est servi avec succès, en Angleterre, pour descendre des pieux tubulaires en fonte de 25 à 50 centimètres de diamètre, et en France, pour faciliter le battage des pieux et des palplanches. Dans ce dernier exemple, des pieux de 22×22 et de 3 mètres de fiche, qui exigeaient 185 coups de mouton, sont descendus avec 50 coups, quelquefois même sous le poids seul du mouton (V. *Annales des ponts et chaussées*, 1878). On a également essayé de faire descendre des pieux tubulaires en faisant le vide à l'intérieur ; mais on n'a pas réussi, et le système le plus pratique est celui des pieux à vis. — V. Pieu.

PILULE. *T. de pharm.* Médicament de consistance demi-dure, en forme de petites masses sphériques (de *pilula*, diminutif de *pila*, bille) devant être avalé, sans séjourner dans la bouche ; il ne dépasse guère le poids maximum de $0^g,75$. On réserve le nom de *bols* (de βολος, balle) aux pilules plus volumineuses, et celui de *granules*, à celles très petites.

La composition des pilules est fort variée, car elles peuvent se faire avec des substances animales, végétales ou minérales, mais il est rare que la consistance totale du mélange soit suffisante pour permettre d'obtenir immédiatement une masse homogène : la plupart du temps on n'obtient ce résultat qu'avec l'aide d'un intermédiaire qu'on nomme *excipient*, et qui peut être liquide (sirops, miel), mou (extraits, conserves) ou solide (poudres, gomme, mie de pain) suivant que la base des pilules est plus ou moins sèche ou plus ou moins liquide. Il va sans dire que cet excipient doit être inerte et incapable de réagir sur les corps entrant dans la composition de la masse pilulaire, de même que l'on doit bannir du mélange, les sels hygroscopiques qui, attirant l'humidité, ramolliraient constamment la masse.

Pour préparer la masse pilulaire, on réunit dans un mortier toutes les substances intimement divisées, on les mêle par trituration, on y ajoute peu à peu l'excipient approprié, puis on piste convenablement pour obtenir une matière homogène, bien liée, n'adhérant ni au mortier, ni aux doigts. Si la division de cette masse ne doit pas se faire de suite, on la roule en magdaléons, on l'enveloppe de parchemin et on conserve dans des pots ; lorsque l'on fait de suite les pilules, on se sert alors de l'instrument appelé *pilulier* et qui est formé de deux parties : une tablette en bois, présentant vers son quart antérieur une lame métal-lique à cannelures égales et parallèles, et en avant une partie creuse servant de réservoir pour les pilules déjà faites ; puis comme seconde partie, d'une règle en bois, portant sur une de ses faces, une lame cannelée absolument semblable à la précédente. Alors, pour faire les pilules, on prend une certaine quantité de la masse, et on la roule en un cylindre rond, sur la tablette légèrement saupoudrée de poudre, pour éviter l'adhérence ; quand le cylindre régularisé avec le dos de la lame de bois a acquis la longueur voulue, corres-pondant au nombre de pilules à faire, on place ce cylindre sur la lame cannelée, et avec la règle tenue dans les deux mains, on imprime à ce cy-lindre un mouvement de va-et-vient de haut en bas, qui fait que les deux cannelures superposées divisent le cylindre en petites sphères que l'on termine en les roulant entre les doigts.

Certains piluliers ont une autre forme que celle que nous venons de décrire ; l'appareil de Gior-dano, modifié par Vial, ou par Mialhe, est un ins-trument formé d'un disque en bois dur, sur le-quel on dépose un anneau de même matière et que l'on fait tourner à l'aide de la main, sur un autre disque plus large muni d'un rebord. Les pilules circulant entre les deux disques et l'anneau, sont rapidement terminées.

Pour éviter de percevoir l'odeur de la masse ilulaire, souvent désagréable (assa fœtida, musc, copahu), en même temps que pour éviter l'adhé-rence possible des pilules entre elles, on les re-couvre parfois d'enduits différents. Dans tous les cas, il est important que l'enduit déposé à la sur-face des pilules ne soit pas trop insoluble, car s'il protégeait trop bien le médicament, celui-ci pour-rait ne se dissoudre que trop tard et ne pas pro-duire l'action cherchée ; c'est cette raison qui a fait rejeter l'enrobage au collodion (Durden), à la ca-séine dissoute dans l'ammoniaque (Joseau), au saccharure de lin (Calloud). — J. C.

PILULIER. T. techn. — V. l'article précédent.

PIMENT. T. de bot. Il existe dans le commerce deux sortes de produits, employés comme condi-ments, portant le nom de *piment*. Les uns ont une saveur âcre, extrêmement forte, les autres sont aromatiques.

Les premières sortes sont fournies par des plantes de la famille des solanacées, tribu des solanées, ce sont : 1° le *piment des jardins*, syn. : *corail des jardins, poivre de Guinée (capsicum annuum,* L.).

Cette plante nous vient très probablement d'A-mérique, et c'est seulement en 1494, qu'on en a entendu parler pour la première fois, après le voyage de Christophe Colomb ; en 1542, on la cul-tivait en Castille ; mais les piments d'Amérique sont incomparablement plus forts que ceux culti-vés en Europe. Il nous en arrive de Zanzibar, de la côte occidentale d'Afrique, de Natal, de Sierra-Leone.

L'analyse a montré que l'on doit attribuer l'ac-tion irritante de ce fruit à la présence des deux corps différents, un liquide épais, de couleur rouge jaunâtre, peu soluble dans l'eau, et un autre incolore, alcaloïdique, la *capsicine,*

$$C^{18}H^{14}O^4... C^9H^{14}O^2$$

(Thresh), qui a une odeur de souris, n'est pas volatile, mais répand par la chaleur des vapeurs très irritantes. Le piment des jardins est employé comme excitant et stimulant local ; c'est un con-diment très répandu dans tous les pays chauds et surtout en Chine.

2° Le *piment enragé (capsicum fastigiatum,* Blume). Son fruit qui a la saveur et les propriétés du piment des jardins, en a également les mêmes principes actifs ; il s'exporte principalement de Bombay, Penang, Port-Natal, Sierra-Leone, Zan-zibar, etc. Pulvérisé, il se vend souvent sous le nom de *poivre de Cayenne.*

Les piments de nature aromatique sont les fruits d'arbres appartenant à la famille des myr-tacées, série des myrtées. Parmi les principaux, on compte :

Le *piment de la Jamaïque.* Syn. : *toute-épice, pi-ment couronné (pimenta officinalis,* Lindl.). Ce pi-ment a une odeur très forte, mais agréable, rappe-lant à la fois celle de la cannelle et celle du girofle ; par la distillation dans l'eau on en extrait du reste une huile volatile pesante, assez analogue à celle du giroflier. La Jamaïque exporte annuellement à elle seule, plus de 3,500,000 kilogrammes de ce fruit, qui s'emploie en poudre comme condi-ment.

Le *piment Tabago (pimenta officinalis • Tabasco,* Berg), est très analogue au précédent, dont il n'est qu'une variété du reste. Il ne nous arrive qu'en petite quantité, et sert également comme condiment ; il vient de Tabasco.

Le *piment âcre,* Syn. : *bay-berry (pimenta acris,* Wight), est fourni par un bel arbre de 10 à 15 mètres de hauteur, dont le fruit est très aroma-tique. L'arbre est surtout cultivé et abondant aux Antilles, au Venezuela, etc. ; ses feuilles distillées avec du rhum sont employées dans la médecine américaine (*bay-rum*) comme excitant énergique. Le fruit sec et pulvérisé sert comme épice.

Le *piment couronné,* Syn. : *poivre de Thevet,* (*myrtus pymentoides,* Nees d'Esenb.), est le fruit d'un autre arbre des Antilles, qui s'emploie tou-jours comme condiment. — J. C.

PIN. T. de bot. Genre d'arbre de la famille des conifères, tribu des pinées-abiétinées, compre-nant des espèces répandues dans l'hémisphère bo-réal, aussi bien en Europe que dans le nord de l'A-frique, l'Asie tempérée et l'Amérique centrale.

Il existe un très grand nombre de variétés de pins ; nous ne signalerons que les plus utiles.

Le *pin maritime (pinus pinaster,* Sol. ; Syn. : *pinus maritima,* Mill.). Il est cultivé en grand dans les landes de Gascogne, mais se retrouve abon-damment en Corse, en Algérie, en Italie et la Sicile. Son tronc offre une écorce rougeâtre, par-fois cendrée ou jaunâtre, l'arbre a la forme d'une cime pyramidale, il atteint 18 à 24 mètres d'élé-vation. Dans cette plante, comme d'ailleurs dans tous les autres pins, la tige renferme de nombreux canaux qui contiennent un suc oléorésineux, que par des blessures on fait écouler soit dans des entailles faites à la base du tronc, soit dans des vases qu'on y a fixés. Ce suc constitue la *térébenthine* dite *de Bordeaux* ou gomme molle des habitants des Landes ; purifiée par distillation dans des alambics en cuivre, elle donne le quart de son poids de *térébenthène* ou *essence de térébenthine*, et il reste dans le vase un produit brun, cassant et friable, lorsqu'il est refroidi, auquel on donne le nom de *colophane de térébenthine, arcanson* ou *brai sec*. Le bois du pin maritime sert pour faire des pilotis, pour les constructions navales et civiles, pour le chauffage, pour faire des baquets, baignoires, etc. ; il sert encore à préparer du charbon. C'est cette essence que l'on plante dans les dunes pour éviter les envahissements de la mer.

Le *pin sylvestre* (*pinus sylvestris*, L.) ou pin du Nord, pin d'Ecosse, pin de Russie, est un bel arbre des bois d'Europe et de l'Asie du nord, que l'on retrouve surtout en abondance sur les Alpes, les Cévennes, les Vosges, les Pyrénées, en Auvergne, dans le Caucase, l'Asie-Mineure, etc. Il peut atteindre 30 mètres de hauteur, son écorce est de teinte cendrée, il offre supérieurement une tête de feuillage arrondie, ses branches sont étalées, ascendantes ; le fruit est un achaine ovalé-oblong qui n'a qu'une seule graine avec albumen huileux. C'est de la térébenthine de cet arbre que l'on tire les goudrons réputés d'Arkangel et de Stockholm ou *goudrons de Norwège*, ainsi que la *poix* ; avec son écorce, on fait des fibres servant à confectionner des étoffes (*laine de forêt*), cette écorce donne également par distillation une huile éthérée anticatarrhale ; les bourgeons sont souvent vendus comme bourgeons de sapin ; le bois est très bon pour toutes les constructions en général.

Le *pin des marais* (*pinus palustris*, Mill. ; *pinus australis*, Mich.) ou *pin de Boston*, *pitch pine*, est très répandu dans les plaines de l'Amérique du Nord, de la Géorgie, de l'Alabama, la Caroline, de la Floride, de la Virginie, mais il a été aussi importé chez nous, il y a cent cinquante ans environ ; il n'y prospère que rarement. C'est un arbre pouvant atteindre 20 à 25 mètres, à tronc fort résineux. C'est cet arbre qui sert à obtenir la *térébenthine d'Amérique*, dont on retire une essence spéciale, contenant de l'*australène* et qui dévie la lumière à droite. Cette essence est la seule que l'on emploie en Angleterre ; avec la résine, on fait beaucoup de savon ; le bois mort sert surtout utilisé pour préparer le goudron, mais le bois que l'on vient d'abattre est recherché pour la marine et les bâtisses ainsi que pour faire des clôtures.

Le *pin tœda* (*pinus tœda*, L.) est un arbre de 15 à 35 mètres qui s'acclimate difficilement en Europe, mais est très répandu dans les Etats-Unis du Sud et abonde en Virginie. Le bois de cet arbre sert pour faire des torches, il se débite bien en planches, est apprécié pour la construction et s'utilise également pour le chauffage.

Le *sapin de Norwège* ou *epicea* (*pinus picœa*, Du Roi), improprement appelé sapin, est un grand arbre des forêts de l'Europe septentrionale (Vosges, Jura, Alpes, Pyrénées), qui atteint 50 mètres d'élévation et prend la forme d'une cime pyramidale ; ses feuilles sont persistantes, solitaires, tétragones et d'un vert foncé. On retire de cet arbre une résine demi-fluide, blanchâtre, que l'on désigne sous le nom de *poix de Bourgogne, poix blanche, poix des Vosges*, mais qui, en général, nous vient surtout de la Finlande, de la Suisse et même du duché de Bade. L'écorce s'emploie pour le tannage des peaux, le bois s'utilise pour la confection de tonneaux, sceaux, boîtes à bonbons ; il est encore recherché par les menuisiers, les charpentiers et les luthiers.

Le *sapin argenté* (*pinus abies*, Du Roi), véritable pin, très répandu sur toutes les montagnes du nord de l'Europe, les Vosges, les Pyrénées, le Caucase, les Alpes, etc., est un arbre de 30 à 40 mètres de hauteur, à l'écorce gris cendré, formant une cime pyramidale avec rameaux horizontaux. C'est cet arbre qui nous donne la *térébenthine d'Alsace* ou de *Strasbourg*, à odeur citronnée, soluble entièrement dans l'alcool, et très siccative. La *térébenthine cuite* est le produit de la distillation de cette térébenthine ; les bourgeons de l'arbre sont antiscorbutiques ; le bois sert pour la construction ; avec les gros arbres on fait des violons réputés, des canots d'une seule pièce (en Laponie) ; on se sert aussi des racines pour fabriquer des cordages et des paniers élégants.

Le *baumier du Canada* (*pinus balsamea*, L.). C'est un arbre qui habite l'Amérique du Nord, la Virginie, le Canada, etc., mais ne dépasse pas le 62° degré de latitude nord ; il atteint environ 15 mètres de hauteur, a la forme d'une pyramide, ses rameaux sont horizontaux. Des incisions faites au tronc de cet arbre découle la *térébenthine* ou *baume du Canada*, oléo-résine qui nous arrive surtout de Québec et de Montréal ; son odeur est suave, elle donne 25 0/0 de son poids d'une essence qui a les propriétés des essences de térébenthine d'Amérique. Ce baume jaunit à l'air et se dessèche assez vite ; on l'emploie comme balsamique et surtout pour le montage des préparations microscopiques.

Le *pin du Canada* (*pinus canadensis*, L.), est originaire de l'Amérique du Nord et s'y rencontre depuis la Caroline jusqu'à la Nouvelle-Ecosse, mais il est également cultivé dans nos pays. Cet arbre peut s'élever jusqu'à 30 mètres, il affecte la forme d'une pyramide dont la base est formée par des branches horizontales, tandis que les supérieures sont tombantes, ses feuilles sont nombreuses, linéaires, aplaties, obtuses aux deux extrémités ; leur couleur est d'un vert luisant sur la face supérieure et plus pâle inférieurement. Cet arbre laisse découler de son tronc de grandes quantités d'une résine qu'on nomme *poix du Canada* ; son écorce interne est très astringente ; par la distillation des feuilles dans l'eau, on extrait une huile volatile (Hemlock oil) abortive, que l'on prépare surtout dans le comté de Madison, dans le New-York. On se sert beaucoup de l'écorce dans le Bas-Canada et la Nouvelle-Ecosse, pour le tannage ; quant au bois, il est recherché pour la mâture, la construction, la confection des lattes, des pieux, etc.

Le *mélèze d'Europe* (*pinus larix*, L.), dont nous avons déjà donné les caractères au mot MÉLÈZE. — J. C.

PINACLE. T. *d'arch.* Couronnement pyramidal placé sur un contrefort pour augmenter, par son poids, la stabilité de ce point d'appui. Les pinacles appartiennent à l'architecture du moyen âge, et dans les édifices religieux de cette époque, on leur voit prendre souvent une très grande importance; ils présentent parfois l'aspect de niches ornées de statues comme à la cathédrale de Reims. On en a même fait, plus tard, au XVIᵉ siècle, des motifs d'ornementation au-dessus des piédroits des baies.

*PINAIGRIER (Les). Famille de peintres verriers célèbres, sur laquelle on n'a que peu de renseignements intimes, comme d'ailleurs sur presque tous les grands artistes du moyen âge et de la Renaissance, dont l'existence était fort modeste et les œuvres appréciées seulement d'un petit nombre. Le premier et le plus illustre membre de cette famille est ROBERT, dit le *bon Pinaigrier*, né, à ce qu'on suppose à Tours, où il avait de la famille et où ses enfants vinrent s'établir, vers 1490, mort dans la même ville, vers 1560. La Touraine était alors un centre artistique très important, à proximité d'ailleurs de Limoges, où depuis si longtemps on travaillait l'émail, et de plus, les grands travaux entrepris dans les châteaux des bords de la Loire pendant la Renaissance n'avaient fait qu'encourager ces tendances. Robert Pinaigrier put donc recevoir d'excellentes leçons de maîtres français habiles. Il fit pourtant encore le voyage à Rome, vers 1510 ou 1515, et il en rapporta, avec la connaissance des peintures de L. de Vinci, de Pérugin, de Pollaiolo, une gamme de tons clairs qui n'était pas alors dans le goût de l'école française, et qui donna aussitôt à ses vitraux une physionomie originale, bien que se rattachant à l'art italien par le style général et la couleur. Cette manière est très remarquable dans les beaux vitraux de l'église Saint-Hilaire, de Chartres, transportés après la Révolution dans l'église Saint-Pierre; on y voit notamment une vue de Rome peinte par un homme qui connaissait bien la ville éternelle, et qui avait étudié les ciels d'Italie. Ces vitraux de Saint-Hilaire sont d'une allure et d'une puissance de composition extraordinaire. Félibien, qui était de Chartres, assigne à ces peintures la date de 1520; elles dénotent en tous cas, chez Pinaigrier, un talent dans toute sa maturité, et rappellent le faire de Léonard de Vinci ; la couleur en est encore chaude et vigoureuse, malheureusement l'œuvre est incomplète, comme dans tous les vitraux de cette époque. Aussi ne possède-t-on qu'un très petit nombre de vitraux peints par Robert Pinaigrier, à Paris, où il avait travaillé successivement aux églises de l'abbaye de Saint-Victor, de Saint-Jacques de la Boucherie, de l'hospice des Enfants-Rouges, de Saint-Gervais, de Saint-Merry. A Saint-Gervais, on peut encore voir l'*Histoire de la Vierge* en cinq vitrages, dont trois complets, derrière le maître-autel, et à Saint-Merry, l'*Histoire de Joseph*,

qui est digne de rivaliser avec les meilleures œuvres de Jean Cousin ; on y remarque la pureté des contours, la fermeté et l'élégance de la touche, la vigueur du coloris. Il est regrettable que Pinaigrier, comme la plupart des artistes français de son temps, ne se soit pas essayé à la peinture proprement dite, il paraît que, malgré la concurrence encouragée par les Valois, l'école Française avec des maîtres tels que Pinaigrier, Cousin, Foucquet et tant d'autres, sortis de son sein, devait être très florissante, car on n'arrive pas à de pareils chefs-d'œuvre sans une longue gradation ; mais ses productions, conçues toujours dans un esprit industriel et décoratif, sont perdues ou méconnues. De là, dans l'histoire de l'art en France, une lacune qui n'est certainement qu'apparente, mais qui reste irréparable.

Robert Pinaigrier se retira à Tours, vers la fin de sa vie et il y travailla à l'église Saint-Pierre le Puellier, à la chapelle de Notre-Dame, à l'abbaye de Saint-Julien, à la Sainte-Chapelle de Champigny.

Ses fils *Nicolas*, *Jean* et *Louis* continuèrent ses traditions. Nicolas paraît avoir été le plus habile. On lui attribue les beaux vitraux de l'église de Saint-Aignan, à Chartres, représentant le *Portement de croix* et le *Jugement dernier*. On a cru reconnaître aussi sa manière dans les vitraux de la crypte de la cathédrale.

PINCE. T. *techn.* Barre de fer à bouts aciérés, dont on se sert dans de nombreux métiers pour des usages multiples. Les charpentiers de marine emploient des pinces à talon pour changer la position des pièces de bois qu'ils travaillent, des pinces à pied de biche, à pied de chèvre, à panne fendue, à bout recourbé en arc de cercle, pour arracher des clous. Il y a peu d'années, ils faisaient usage d'une pince spéciale, dite *pince à organeau*, pour forcer un bordage à prendre la courbure qu'il doit conserver après sa mise à poste. Les mineurs, les carriers, les tailleurs de pierre, les soldats du génie, se servent de pinces dont l'un des bouts est taillé en biseau, afin de pouvoir s'introduire dans les fentes et les élargir. Pour l'entretien des chemins de fer, on emploie à défaut d'appareil mécanique, une pince à talon de très grandes dimensions, à l'aide de laquelle on peut soulever les rails et les caler par dessous. La pince du verrier est un levier de 3 à 4 mètres qui sert à détacher les cuvettes de leur siège dans la fabrication des glaces coulées. || Nom général des outils à deux ou plusieurs branches articulées, destinés à saisir quelque chose entre leurs mors. En serrurerie, en horlogerie et dans d'autres métiers, les pinces plates à mors lisses ou guillochés, les pinces coupantes, les pinces rondes ou à bec de corbin sont d'un usage courant. Les chaînetiers emploient principalement la pince à bec de corbin, qui leur sert à donner la forme voulue à leurs anneaux et à couper, ou plutôt à casser, le fil métallique à la longueur désirée, par un mouvement de flexion répété au même point du fil. La pince du cordonnier est formée d'une tête massive en deux morceaux, dont les mors sont dentelés et dont l'une des branches se termine par une partie animée et fendue qui sert pour enlever une pointe ou un clou. Le nom des pinces employées dans la chirurgie est caractérisé par le but auquel elles sont destinées, c'est ainsi que l'on a : les pinces à dissection, à ligature, à cataracte, à torsion, à broyer, à polype, les pinces à anneaux, etc. || En serrurerie, lorsqu'on veut limer deux objets plats l'un sur l'autre, de manière à donner à la copie, la même forme qu'au modèle, on maintient ces deux objets ensemble à l'aide de quelques morceaux de tôle pliés en double, auxquels on a donné le nom de *pinces*.

PINCEAU. Instrument formé, généralement, d'un assemblage de poils attachés fortement à l'extrémité d'une hampe quelconque, et qui sert à appliquer ou à étendre les couleurs. Les plus simples, formés de poils de divers animaux, sont liés à leur base et introduits dans le tube d'une plume ou dans une virole de cuivre qui reçoit, de l'autre côté, un manche de bois. Les petits pinceaux seuls sont emmanchés dans la plume ; les plus faibles dans celle du pigeon ou du corbeau ; les moyens dans des plumes d'oie classées par grosseurs ; les plus gros dans celles de cygne ou d'aigle. Au delà de cette force, on se sert de la virole et du manche en bois.

Les pinceaux à plumes d'oie sont les plus usités et, commercialement, se divisent en 4 catégories : les superfins, fins, mi-fins et communs. Chacune de ces sortes se subdivise elle-même en 3 classes, sauf les communs qui ne sont que d'une seule qualité. Enfin, chacune de ces qualités comporte 8 numéros correspondant aux grosseurs employées. Chaque sorte et chaque qualité se reconnaissent par la couleur du lien qui entoure le poil et que l'on voit par transparence à travers la plume.

Les pinceaux ont, généralement, leur extrémité pointue ; pour la gouache et la peinture à l'huile, la pointe est carrée ; elle est bombée pour l'aquarelle, biseautée pour la céramique, etc. Les poils employés à la confection des pinceaux à plumes sont ceux de blaireau, de capret (sorte de chèvre), de putois, de martre noire et rouge, de petit gris, d'ours, de sibérion. Ces pinceaux sont adoptés dans la peinture à l'huile artistique et *décorative*, pour la gouache, l'aquarelle, le lavis, la photographie, la peinture céramique, la dorure, la carrosserie et, dans certaines parties de la décoration d'intérieur, pour l'imitation des moulures et des bois exotiques.

Une autre sorte de pinceaux a reçu le nom de *brosses* ; les matériaux employés sont les mêmes que ceux des pinceaux, les proportions seules diffèrent.

En plus des poils employés à la fabrication des pinceaux ordinaires, on emploie pour les brosses surtout les soies fines et longues de porc et de sanglier des Ardennes, d'Allemagne, de Bretagne, de Champagne, de Lorraine, de Russie.

Les unes sont à virole de cuivre, de maillechort ou de fer-blanc ; les autres ont les poils simplement liés au manche de bois par de la corde ou des fils métalliques. Elles sont de douze grosseurs

différentes pour chaque genre ; la plupart sont rondes, quelques-unes sont plates. Ces brosses portent des noms différents, soit à cause de leur forme, soit à cause de leur destination. Ainsi, celles dites à *queues de morue* sont plates, renflées au milieu, et terminées en pointes arrondies ; elles sont employées par les peintres, les vernisseurs, les photographes, les carrossiers et les décorateurs d'appartement. Les *blaireaux* par les doreurs, les lithographes, les artistes peintres ; les *palettes* par les doreurs ; les *balais* pour le collage des papiers de tenture ; les *spalters* pour le vernissage ; le *pied-de-biche*, qui est biseauté, pour la céramique ; les *peignes*, les *veinettes*, les *ébouriffoirs*, les *ballons* pour le faux bois ; la *brosse de pouce* est employée pour toutes les industries ; elle doit son nom à sa grosseur qui est celle du pouce de la main ; la *brosse à poire* ayant la forme de ce fruit ; d'autres brosses sont plus spéciales à l'industrie de la peinture en bâtiment, pour peindre à l'huile, à la colle, pour le lessivage des murs, lambris, plafonds, persiennes, pour goudronner, pour encaustiquer, etc.

La série de brosses à décors de théâtre est assez importante. Toutes ont un manche de 1 mètre de longueur. Comme les autres, elles sont de 12 grosseurs différentes et désignées ainsi : *brosses à poires, brosses-balais, queues de morue, brosses pour fond, brosse à feuillage* (de 2 à 6 branches) et *brosses de pouce*, dont le poil a 1 à 3 pouces de longueur.

FABRICATION DES PINCEAUX. Les pinceaux se font surtout avec les poils de la queue des animaux que nous venons de citer plus haut. On dégraisse d'abord les poils en lavant la queue dans une dissolution d'alun, puis les laissant dégorger dans l'eau, on les couche dans la même direction, on les laisse sécher, on les coupe au ras de la peau, et on les range en différents tas, suivant la longueur des poils ; on pose ensuite ces tas, la pointe en l'air, dans un petit godet en fer-blanc à fond plat ; on frappe sur le fond du godet, les poils se rangent parallèlement les uns aux autres et on les classe de nouveau avec beaucoup de soin, en tas, de manière à ce que tous ceux d'un même tas aient exactement la même longueur, la perfection des pinceaux dépendant de cette condition. Cela fait, on prend la quantité de poils nécessaires pour un pinceau et on la met dans un godet, la pointe en bas, puis on les range par une légère secousse ; on les réunit par une ligature faite avec du fil fin et on les lie ensuite par un fil plus gros en serrant fortement les nœuds. Enfin, après avoir coupé de niveau les poils de la brosse, qui excèdent les ligatures, on les introduit par le haut d'un tuyau de plume taillé en bec de flûte, l'autre bout étant coupé droit en une partie dont le diamètre est moindre, et on pousse le pinceau jusqu'à ce que les poils viennent faire une saillie suffisante en avant du bout coupé droit ; on a soin de faire amollir préalablement la plume dans l'eau pour qu'elle ne se fende pas.

Les pinceaux plats, dits *palettes* ou *queues de morues*, se fabriquent à peu près de même, seulement, on étend les poils à plat et on les cale entre deux cartes ; on les adapte ensuite à des manches de forme variable suivant l'usage auquel ils sont destinés.

Les brosses se font en serrant fortement avec un fil de fer ou une cordelette des bouts de crin au bout d'un manche en bois. On coupe ensuite le niveau des crins aux deux bouts, et l'on enduit à chaud, d'un mélange de cire et de résine, le haut de la botte.

Dans la fabrication des pinceaux de poils, qui exige beaucoup d'habileté et de soins, il arrive parfois que la confection est défectueuse et que les poils, au lieu de se réunir naturellement en pointe, s'écartent en deux ou trois parties ; dans la fabrication des brosses existe, en outre, un autre inconvénient : on emploie parfois, souvent même, des soies blanchies à la chaux, ce qui les assouplit mais les brûle en même temps et les fait friser et se rouler. Ces défauts sont presque toujours cachés à l'acheteur par un apprêt de gomme pour les premiers, de colle pour les secondes, dans lesquelles on les trempe afin de maintenir les poils et d'empêcher la poussière de s'y attacher. Aussi, pour vérifier l'état des pinceaux, il faut d'abord les tremper dans l'eau pour dissoudre l'apprêt qui les recouvre.

Entretien des pinceaux. Il est bon de remarquer qu'il est indispensable de ne jamais laisser les pinceaux enduits de la couleur dont on s'est servi et d'avoir bien soin de les nettoyer lorsqu'on ne doit pas en faire immédiatement usage, sans quoi, la couleur sèche, colle les poils les uns aux autres et les durcit ; le mieux serait de les laver dans l'alcool qui, comme on le sait, dissout tous les corps gras, mais ce moyen est trop coûteux, et on y supplée par un lavage au savon noir et à l'eau.

Les pinceaux dont on ne s'est servi que pour l'aquarelle ou l'usage des couleurs broyées à l'eau peuvent être nettoyés avec de l'eau pure; s'ils ont été trempés dans la couleur à l'huile ou dans l'essence, on peut employer le lavage au savon noir comme pour les brosses.

— L'industrie des pinceaux occupe, en France, environ 9,000 ouvriers, hommes, femmes et enfants, et 200 chevaux de force. L'ensemble des affaires se chiffre ainsi :

Consommation intérieure 7.000.000
Exportation. 15.000.000

dans lesquels Paris entre pour les deux tiers. — A. M.

* PINCEAUTAGE. *T. techn.* Opération confiée à une ouvrière nommée *pinceauteuse,* et qui consiste à réparer, au moyen d'un pinceau, les défauts d'impression sur une étoffe, un papier peint.

PINCELIER. *T. techn.* Petit vase de fer-blanc, à l'usage des peintres ; il est séparé en deux parties dont l'une est destinée à mettre l'huile nécessaire pour mêler les couleurs, et l'autre à nettoyer les pinceaux.

* PINCE-NEZ. Sorte de binocle à ressort qui tient sur le nez.

PINCETAGE. — V. EPINCETAGE.

PINCETTE. Ustensile de métal à deux branches

égales dont on se sert pour attiser ou arranger le feu. || Petite pince à deux branches qu'on emploie, dans certains métiers, pour saisir des objets si menus qu'on ne pourrait les prendre ou les placer facilement avec les doigts.

* PINCEUR. *T. de mét.* Ouvrier maçon qui aide au *pinçage,* c'est-à-dire à soulever les pierres avec la pince.

* PINCOFFINE. *T. de chim.* Alizarine commerciale extraite de la *garance* (V. ce mot) et que l'on préparait, jadis, surtout en Angleterre.

PINNULE. Petite plaque en cuivre munie perpendiculairement à chaque extrémité d'une *alidade* et percée d'un petit trou servant à établir des lignes de visée et à tracer des alignements.

Aujourd'hui, toutes les pinnules sont de petites fenêtres formées de deux parties : une, largement ouverte, traversée dans sa longueur par un crin de cheval fixé et tendu au moyen d'une vis, et l'autre une fente longitudinale en prolongement du fil précédent. Les choses sont disposées d'une extrémité à l'autre de l'alidade (V. GRAPHOMÈTRE) de manière qu'à une fente corresponde toujours un fil et réciproquement. La visée se faisant constamment *par une fente* et *sur un fil,* on a toujours, de cette manière, et sans être obligé de retourner l'alidade, un plan de visée tout préparé devant soi. Dans les instruments perfectionnés ou devant permettre les opérations à grande distance, les pinnules sont remplacées par des lunettes.

* PINSON (NICOLAS). Peintre et graveur, né, vers 1640, à Valence (Drôme), fit, très jeune, le voyage d'Italie et s'y fixa. C'est pourquoi plusieurs biographes le font originaire de ce pays. Son œuvre la plus connue est la décoration pour la cérémonie funèbre d'Anne d'Autriche, à Rome, en 1866, et dont on a imprimé une description. On cite aussi de lui un tableau de l'histoire de Saint-Louis, pour l'église Saint-Louis des Français.

* PIOBERT (GUILLAUME). Général et savant artilleur français, né à Lyon, le 23 novembre 1793, mort, à Paris, en 1871 ; se distingua par de nombreux travaux de mécanique appliquée à l'artillerie. Ayant débuté dans la vie à seize ans, comme simple ouvrier tisseur, il sut quand même trouver le moyen de prendre des leçons de mathématiques et de se préparer à l'Ecole Polytechnique où il fut admis en 1813; deux ans après, il entrait, le premier de sa promotion, comme officier d'artillerie, à l'Ecole d'application de l'artillerie et du génie. Appelé à Paris, en 1822, comme lieutenant pour faire partie de la grande Commission chargée de modifier le matériel d'artillerie, il fut choisi comme aide de camp par le général Valée, inspecteur général du service central de l'artillerie, et prit une part active à la création du nouveau matériel qui fut alors adopté sous le nom de *système Valée.* Professeur d'artillerie à l'Ecole d'application, de 1831 à 1836, il se livra tout particulièrement à l'étude de la théorie des effets de la poudre et en tira des conclusions théoriques en opposition avec les idées admises jusqu'alors sur les effets des différentes poudres dans les bouches à feu, et sur le mode de chargement à adopter pour les rendre inoffensives. Il put vérifier expérimentalement ces conclusions comme rapporteur de la Commission permanente des principes du tir qui fut créée à Metz à la même époque.

Dans son cours d'artillerie, publié pour la première fois, en 1838, sous le titre de *Traité d'artillerie théorique et pratique*, il a, pour ainsi dire, constitué une science nouvelle de l'artillerie qui a été pendant longtemps la base de l'enseignement dans la plupart des écoles militaires du monde entier. L'Académie des sciences lui décerna un prix; l'année suivante elle l'admit dans son sein, section mécanique, en remplacement de Prony. Général en 1842, il passa dans le cadre de réserve en 1858.

Il a publié un grand nombre de mémoires dont plusieurs ont été insérés dans les comptes rendus de l'Académie des sciences : *Théorie des effets de la poudre* (1835); *Sur la pénétration de la poudre et sur la rupture des solides par le choc* (avec Morin), 1836; *Influence de la rotation des projectiles sur leur mouvement de translation dans les milieux résistants* (1837); *Sur les moulins employés en Algérie et qui sont mus par une roue hydraulique à axe vertical* (1840); *Sur un perfectionnement des moyens de transport, sur les dangers que présentent les chemins de fer*, etc. (1841-1842); *Sur l'emploi du coton poudre* (1846); *Mémoire sur les effets des poudres de différents procédés de fabrication et sur le mode de chargement à adopter pour les rendre inoffensives dans les bouches à feu* (1830); *Mémoire sur le tirage des voitures* (1842); *Expériences sur les roues hydrauliques à axe vertical* (1845); *Mémoire sur les poudres de guerre ou résumé des épreuves comparatives faites sur les poudres* (1844).

PIOCHE. *T. techn.* Dans les terres caillouteuses, mais consistantes, on est obligé de remplacer la bêche par la pioche qui est formée d'un fer plat analogue à une houe à main; le fer est à tranchant rectiligne ou arrondi suivant les terrains. Pour les terres pierreuses, le tranchant est terminé en pointe, car toute la pression portant sur un point, l'outil pénètre mieux. La longueur du fer est de 0m,30 environ; le manche, fixé dans un œil du fer et d'équerre à celui-ci, a 1 mètre de long. Quelquefois on accouple sur le même manche, une pioche d'un côté et un pic simple ou double de l'autre, et c'est ce que l'on appelle la *tournée*, dont le poids total varie de 4 à 5 kilogrammes. La tournée est très employée dans les chantiers et agit par percussion; elle nécessite beaucoup de force et de fatigue, surtout pour les ouvriers peu exercés. La manœuvre de l'instrument varie à chaque instant, tantôt on frappe à tour de bras pour faire pénétrer la pointe dans le terrain, tantôt on s'en sert comme d'un levier pour dégager une motte ou une roche volumineuse. En tous cas, l'ouvrier marche sur le travail qu'il vient d'effectuer et piétine ainsi sur le sol qu'il a ameubli; c'est un inconvénient pour le pelletage. ‖ Piè-

ces visées aux extrémités des rouleaux d'impression sur étoffe. — V. MANDRIN, § 2°.

PIOCHON. Petite pioche. ‖ Bisaiguë du charpentier. ‖ Outil du fabricant de cerceaux.

PIPE. Petit appareil formé d'un tuyau terminé par une espèce de vase ou *fourneau* dans lequel on met du tabac qu'on allume pour en aspirer la fumée. Les pipes varient de forme, de matière, de valeur, depuis la pipe d'*un sou* jusqu'au riche *narguileh* d'argent ou de cuivre doré, découpé, ciselé et garni de tuyaux longs et flexibles.

Les pipes se divisent en deux grandes catégories : celles dont le tuyau et le fourneau forment un tout homogène et les pipes à foyer séparé du fourneau ou plutôt à tuyau distinct, ajouté par la douille après coup. C'est dans cette classe qu'il faut ranger le *chibouck*, pipe turque d'un usage à peu près universel en Orient, et dont les tuyaux, faits ordinairement de jasmin, de rosier et de cerisier, varient depuis 2 pieds jusqu'à 7 pieds de longueur. Le bout ou bouquin de ces tuyaux, quelquefois somptueusement orné, est ordinairement d'ambre jaune ou gris, d'ivoire, de corail, d'ébène ou de corne. Le foyer est en terre cuite rougeâtre, ciselé en arabesques et doré.

Quant au narguileh, cet ingénieux appareil vient de Perse et sert plus spécialement à fumer le tombéki, sorte de tabac très fort, mêlé de parcelles de bois d'aloès, auquel on ajoute parfois du haschich en poudre ou de l'opium. Une carafe de forme élégante et allongée, remplie d'eau de rose, est surmontée d'un fourneau-cassolette dont la cheminée plonge jusqu'au fond du vase. Un tuyau flexible s'adapte sur le haut, dans la partie laissée vide, et ses longues spirales, terminées par un bouquin d'ambre, amènent aux lèvres la fumée débarrassée de toute âcreté par le lavage qu'elle subit en traversant l'eau de la carafe qu'on a soin de renouveler fréquemment.

HISTORIQUE. M. Théodore Dumoncel et l'abbé Cochet pensent que les Celtes faisaient usage de pipes à fumer, mais la chose est loin d'être prouvée.

Du nord de l'Europe, où elle fut connue tout d'abord, la fabrication des pipes passa bientôt en France. Le musée céramique de Sèvres possède plusieurs échantillons de pipes du XVIIe siècle, à petit fourneau et tuyau unis, ainsi que d'autres, à tuyau revêtu d'ornements, ayant un soleil rayonnant sur le fourneau. Ces pipes proviennent sans doute de quelques usines céramiques de France, entre autres celle de Desvres, en Artois, où l'on fit d'abord des pipes, fabrication abandonnée en 1764 pour la poterie émaillée.

La pipe eut une très grande vogue en France sous le règne de Louis XIV. On connaît l'escapade des princesses à Marly, rapportée par Saint-Simon : le dauphin, en se retirant chez lui, monta chez les princesses et les trouva qui fumaient des pipes qu'elles avaient envoyé chercher au corps de garde suisse.

Le XVIIIe siècle fuma peu, sauf dans les estaminets; la pipe était délaissée pour la tabatière. Le peuple seul avait conservé l'habitude de brûler le tabac.

Aujourd'hui, l'usage de la pipe est général en Europe, surtout dans les pays du Nord.

TECHNOLOGIE. La pipe de terre est la plus répandue, c'est la pipe populaire. La fabrication des pipes de terre occupe, en France, dans la

Drôme, dans l'Allier, à Nîmes, à Marseille et surtout aux environs d'Arras et de Saint-Omer (Pas-de-Calais), des milliers d'ouvriers, de femmes et même d'enfants qui y trouvent une ressource précieuse.

— Avant 1836, les pipes de bois se tiraient toutes d'Allemagne : les tuyaux seuls étaient fabriqués à Paris. Vers cette époque, quelques industriels firent venir en France des Allemands qui apprirent aux ouvriers parisiens à travailler l'*écume de mer* (V. ce mot); ceux-ci acquirent bientôt une certaine habileté, mais les progrès des pipes en écume de mer ne datent, en réalité, que de 1850 à 1852. C'est vers le même temps que l'on a commencé à fabriquer, à Paris, des pipes en racine de bruyère qui jouissent aujourd'hui d'une très grande vogue.

Les matières employées pour la confection des pipes sont : l'écume de mer qui se tire d'Anatolie et la fausse écume; la racine de bruyère des Landes, de Corse et d'Afrique; l'ambre brut et l'ambre jaune qui viennent de Kœnigsberg et de Dantzig; la corne de buffle, l'ivoire, l'os, tous les bois blancs, le cerisier, le buis, l'ébène et le bois des îles.

Les pipes en terre se fabriquent avec une argile blanchâtre appartenant ordinairement aux terrains tertiaires; cette argile passée au gâchoir et battue, est façonnée en tuyau à l'extrémité duquel on ajoute la masse de pâte nécessaire à la confection du fourneau. Un ouvrier vient ensuite percer le tuyau à l'aide d'une aiguille de laiton huilée, puis laissant celle-ci enfoncée, il enferme l'objet dans un moule qu'il serre à l'aide d'une vis de pression et duquel la pipe est retirée toute modelée. On creuse enfin le fourneau jusqu'à ce qu'on atteigne l'extrémité de l'aiguille de laiton qu'on peut alors retirer.

Les pipes séchées, sont portées dans le four représenté par la figure 143; et lorsque la cazette est remplie, on y verse, en France et en Allemagne, une poudre qui s'introduit dans les vides et maintient les pipes.

Après la cuisson, qui dure huit à neuf heures environ, on trempe l'extrémité de chaque tuyau dans une boue composée d'eau et d'argile grasse; une mince couche d'argile se dépose et quand elle est sèche, on la polit avec une flanelle pour rendre le bout du tuyau moins happant aux lèvres.

L'écume de mer sert à faire le corps de la pipe ou fourneau. La première opération consiste à découper cette matière de façon à tirer le meilleur parti possible des blocs qui sont toujours très irréguliers; c'est là le travail de l'ouvrier tailleur ou apprêteur. Vient ensuite le coupeur qui trempe l'écume dans de l'eau pour la rendre plus tendre. et qui lui donne ensuite, avec un couteau, la forme voulue. Après avoir séché la pipe au feu ou au soleil, elle est percée, puis ajustée au tuyau par des ouvriers tourneurs en pipes; cette opération appelée *montage* est suivie du polissage qui s'exécute avec de la presle, puis on plonge la pipe dans de la cire vierge afin d'en rendre l'extérieur très uni et on lui fait subir un dernier poli avec du blanc d'os, de la chaux et de la graisse. La fausse écume est une pâte composée de déchet d'écume véritable, cuite avec un mélange d'huile de térébenthine et d'alun. Cette

matière se tire de Saxe, où on la fabrique en grand avec des débris d'écume; on l'utilise pour faire des pipes genre écume et surtout des godets destinés à garnir l'intérieur des pipes en bois.

Les pipes riches sont ordinairement sculptées par des artistes spéciaux qui donnent le plus souvent au corps de la pipe en écume la forme de têtes de fantaisie, qui sculptent aussi les tuyaux en bois et font des montures en bois sculpté re-

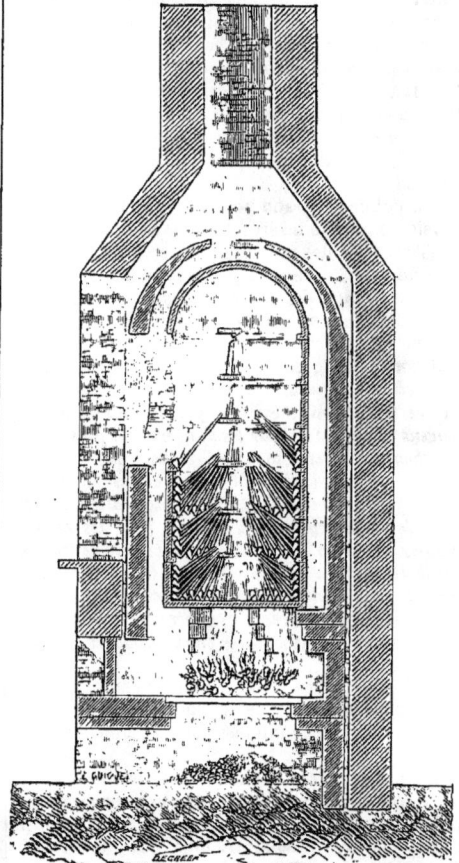

Fig. 143. — *Four pour cuire les pipes.*
A Foyer. — B Intérieur du four. — C Cazette renfermant les pipes.
D Tuyau de cheminée. — E Porte du four.

présentant des entrelacs de feuillage et de fleurs grimpant autour du fourneau en écume. Enfin, les fabricants ont recours à des bijoutiers en argent pour les garnitures de pipes, les couvercles, les chaînettes, les viroles en argent ou en maillechort, et à des gainiers spéciaux pour les étuis.
— S. B.

* PIPETTE. T. de chim. Instrument à l'aide duquel on peut, par aspiration, enlever du liquide à la partie supérieure ou inférieure d'un vase. La pipette *droite* est un tube de verre de 0m,20 à 0m,30 de longueur, dont la partie moyenne a un renflement cylindrique; l'extrémité inférieure est effilée et le bout supérieur un peu évasé. Il y a des pipettes *recourbées* à la partie supérieure et d'autres *doublement recourbées* à la partie inférieure, pour introduire des gouttes de liquide dans une éprouvette à mercure. — *c. d.*

*PIQUAGE. *T. techn.* Action de piquer le grès, la meulière, le moellon. — V. Moellon. || Action de percer les cartons employés pour la confection des tissus façonnés. || Machine servant à exécuter d'un seul coup tous les trous d'un carton ; on dit aussi *perçage.*

* PIQUAGE D'ONCE. *T. techn.* On donne ce nom aux soustractions frauduleuses de la soie dans les diverses manipulations auxquelles elle est soumise en teinture. D'un côté, en effet, celle-ci préalablement décreusée, perd 25 0/0 de son poids et plus ; d'un autre côté, elle gagne par l'addition des matières tinctoriales ; il y a donc là une cause permanente de discussion entre le manufacturier et le teinturier à façon. On a bien cherché, dès le principe, à déterminer à l'avance l'augmentation de poids qu'acquiert le textile pour chaque espèce de matière tinctoriale, mais on a dû y renoncer, non seulement parce qu'il est difficile de faire ces appréciations pour les divers cas, et surtout de savoir si le poids de la soie est seulement dû à la charge provenant de la teinture, mais encore à cause des recherches qu'il eût fallu faire pour connaître si, après avoir soustrait une certaine quantité de fil, on ne l'avait pas remplacée par une quantité similaire d'un corps étranger.

De nombreux moyens préventifs ont été proposés contre le piquage d'once. Le plus simple et le plus efficace a été imaginé par M. Arnaud, de Lyon. La soie est alors envoyée en teinture par le fabricant, en paquets pesant environ 1ᵏ,50 chacun, tout paquet est divisé en 20 mains, la main en quatre pantimes et la pantime en 2, 3 ou 4 écheveaux ou flottes, chacune de ces parties étant séparées par des liens qui maintiennent convenablement les fils pendant les opérations de la teinture, les empêchant de se mêler et évitant toute difficulté pour un dévidage ultérieur. Or, le procédé Arnaud consiste à se servir de liens différant entre eux par leur nature, leur couleur ou leurs formes. Après avoir constaté le poids des mains, le fabricant en choisit une dont il pèse chacune des quatre pantimes le plus exactement possible avant de les livrer à la teinture, et il agit ensuite de la même manière lorsque la soie lui est rendue par le teinturier; si on suppose que le poids d'une main après la teinture est égal à 1, et que le fabricant lui a livré 100 mains, elles devront peser 100 : il y a fraude si ce poids n'est pas atteint; s'il est plus grand, la soustraction a porté sur les parties qui ont servi à la vérification; s'il est plus petit, c'est sur la masse que la fraude a été commise.

PIQUE. Arme ancienne qui consistait en un long manche dont le bout était garni d'un fer plat et pointu. || Bâton armé d'un fer pointu, à l'usage des paveurs, pour parfaire les joints d'un pavage.

PIQUÉ. *T. de tiss.* Ce nom est donné à deux genres d'étoffes, l'une de coton, l'autre de soie.

Piqué coton. Ce tissu est une étoffe façonnée qui, par suite des combinaisons de son tissage, présente des dispositions, telles que losanges et autres formes, de plus ou moins de dimension, de sorte que l'étoffe semble avoir été piquée à l'aiguille. Il est utilisé pour divers usages : gilets, robes d'été, couvre-pieds, jupons, etc. ; on l'emploie blanc, teint en couleurs claires, ou imprimé. Les localités qui exploitent ces articles sont: Rouen, Saint-Quentin, Troyes et Laval.

Les gilets de piqué couleur chamois ont été longtemps fort à la mode; ils sont actuellement un peu délaissés. Longtemps les piqués de fabrication anglaise ont eu chez nous une supériorité incontestable, et une réputation si bien établie que les produits similaires de nos fabriques française ne pouvaient se faire accepter qu'à la condition d'être vendus comme « piqués anglais ».

Piqué soie. Ce tissu est tramé de couleur opposée à celle de la chaîne. Les parties façonnées sont formées par un taffetas où la trame domine, c'est-à-dire n'est recouverte que par le quart de la chaîne; tandis que dans les parties faisant le fond, la chaîne forme un sergé, produisant relief, au moyen d'un piqué qui contourne les compartiments du losange. On a produit, à l'aide de cette entente, d'assez gracieuses étoffes.

*PIQUÉ DES BOIS. *T. de charp.* Opération qui a pour objet d'indiquer, sur une pièce de charpente, au moyen de piqûres faites avec la pointe du compas, les limites des joints et des assemblages.

PIQUER. 1º *T. de constr.* Tailler le parement d'une pierre, de façon à faire voir tous les coups de l'outil. || Marquer sur une pièce de bois le travail qu'il faut y faire. || 2º *T. de teint.* Passer dans un bain acide pour faire tomber l'excès de la teinture noire, ou même pour aviver les couleurs. || 3º Faire avec du fil ou de la soie, sur deux étoffes mises l'une sur l'autre, des points qui les traversent, soit pour les unir, soit pour orner celle qui est apparente. || 4º Faire des points diversement disposés et espacés sur un objet rembourré. || 5º *Piquer des glaces, du marbre.* Polir avec de l'émeri ou autre substance. || 6º *Piquer des chaussures.* Faire du rouge de points en cuir ou en fil soit à la main soit à la machine à coudre. || 7º *Piquer une conduite d'eau,* y adapter un robinet. || 8º *Piquer un dessin.* Reproduire un dessin sur une surface quelconque au moyen d'un poncis passé sur les piqûres des contours.

PIQUET. *T. techn.* Sorte de pieu ; bâton long et mince, fiché en terre, pour déterminer les alignements, faire le tracé des routes ou des voies de chemins de fer.

PIQUETAGE. *T. techn.* Dans le tracé d'une route ou d'un chemin de fer, c'est l'opération qui consiste à indiquer suivant les cotes du plan, les points de repère des alignements, et à déterminer les travaux de terrassements qui doivent être exécutés.

I. PIQUEUR. On appelait autrefois *piqueurs* les agents des ponts et chaussées chargés de seconder les conducteurs dans la surveillance des travaux, de tenir les attachements nécessaires à la comptabilité, de surveiller et de guider les cantonniers et les ouvriers travaillant en régie.

— Leur emploi paraît aussi ancien que celui des conducteurs, comme le prouvent des états de paiement dressés en 1728; mais ce n'est qu'en 1807 que l'on commença à les organiser; ils recevaient alors 75 francs par mois et n'étaient employés que pendant la durée des travaux. En 1843, ils furent appelés à constater, comme les conducteurs, les contraventions en matière de grande voirie et de police du roulage. Enfin, c'est le décret du 17 août 1853 qui les a définitivement organisés, en changeant leur titre de piqueurs pour celui d'employés secondaires des ponts et chaussées, et qui a fixé leur mode de recrutement et leurs conditions d'avancement. Le bénéfice de la loi du 9 juin 1853, sur les pensions civiles, leur a été attribué, par une circulaire ministérielle du 31 mars 1854. Ils sont nommés par le préfet, sur la proposition de l'ingénieur en chef, après avoir subi un examen pour lequel les limites d'âge sont fixées entre 18 ans au moins et 28 ans au plus; cette limite est prolongée jusqu'à 35 ans pour les militaires.

Le titre de piqueur a été maintenu pour les agents spéciaux des services municipaux, chargés de seconder les conducteurs dans les travaux de bureaux et dans la surveillance, soit des travaux neufs ou d'entretien, soit du nettoiement de la voie publique et du curage des égoûts. Le corps des piqueurs contribue heureusement au recrutement de celui des conducteurs, bien que le passage dans ce service ne soit pas exigé d'une façon obligatoire pour l'admission à ce dernier grade.

II. PIQUEUR, EUSE. T. de mét. 1° Contre-maître chargé de seconder le conducteur ou l'inspecteur des travaux, qui tient le rôle des ouvriers et surveille la bonne exécution du travail. || 2° Ouvrier qui fait le piquage des moellons. || 3° Ouvrier, ouvrière qui pique la chaussure. || 4° Celui, celle qui pique les dessins destinés à la fabrication des dentelles, des tissus. || 5° Nom des mineurs dans les mines de Saint-Etienne. || 6° Organe qui fait partie de la machine à bouter. — V. BOUTAGE.

PIQÛRE. T. techn. Opération qui consiste à coudre ensemble les feuilles imprimées. — V. BROCHAGE. || Opération de la cordonnerie. — V. ce mot.

PISCINE. Pour nous conformer à notre programme, nous n'indiquerons que deux genres de piscines, celles qui étaient en usage dans les édifices religieux, et celles qui sont destinées aux bains publics. 1° Cuvettes pratiquées ordinairement à la gauche de l'autel (côté de l'épître), dans lesquelles le célébrant faisait ses ablutions après la communion.

— Quoiqu'on possède diverses recommandations adressées au clergé à cet égard, on ne voit les piscines faire partie des églises qu'à dater de la fin du XIIe siècle. Elles sont tantôt simples, tantôt géminées, ces dernières adoptées plutôt dans les chapelles des églises cathédrales et conventuelles que dans les églises paroissiales. Elles disparaissent entièrement vers le XVe siècle, dont l'usage de prendre les ablutions, décidé par le pape Innocent III dès le commencement du XIIIe siècle fut admis dans toutes les églises.

Les premières piscines, telles que celles de Saint-Denis et de Vézelay, sont simples et ne font pas corps avec l'édifice : elles reposent sur une colonne qui rejette l'eau dans les fondations. Plus tard, notamment dans les églises des ordres de Cluny et de Cîteaux, on les fit accouplées en les disposant en forme de niches doubles séparées par

un petit pilier; la tablette portait deux cuvettes de forme carrée ou circulaire avec un orifice au centre débouchant sous l'édifice. Ce mode primitif de déversement ne tarda pas à être remplacé par l'adjonction de gargouilles qui débouchaient à l'extérieur sur la terre sacrée environnant les églises. Dans certaines chapelles, comme celles de la cathédrale de Reims, les piscines étaient fermées par des volets de bois, et servaient en même temps d'armoires.

Au XIIIe siècle, on commença à prévoir l'établissement des piscines dans la construction des édifices, et, par suite, à en tirer un motif de décoration. Viollet-le-Duc cite, dans cet ordre d'idées, celles de la cathédrale d'Amiens, construites en 1240, celles de la Sainte-Chapelle et de la cathédrale de Sées; le XIVe siècle leur consacra de riches et délicates sculptures, dont l'un des exemples les plus remarquables se voit dans le chœur de l'église Saint-Urbain de Troyes. Enfin, comme nous l'avons dit plus haut, on n'a plus construit de piscines dans les églises à partir du XVe siècle.

|| 2° Réservoir d'eau placé dans la cour des mosquées et où les musulmans viennent faire leurs ablutions avant la prière. || 3° Réservoir d'eau froide ou chaude employé comme bain public.

— Les thermes de Rome contenaient des piscines froides, mais on ne voit pas qu'ils aient eu des piscines chaudes; du moins les vases d'airain du vasarium (V. BAINS) nous font plutôt l'effet de grandes baignoires. Aujourd'hui l'usage des piscines chaudes s'est introduit, tant dans les établissements d'eaux thermales que dans quelques grandes villes, où l'on peut utiliser, au besoin, la vapeur des usines après qu'elle a produit tout son travail dans les machines motrices. Paris possède actuellement trois établissements de ce genre, dont deux situés rue Rochechouart et rue de Château-Landon permettent au public de se livrer, toute l'année, aux exercices de la natation, et la troisième, celle des Arènes nautiques, de la rue Saint-Honoré ne fonctionne que pendant l'été.

La piscine de la rue Rochechouart, à Paris, est une grande cuve rectangulaire en béton, de 42 mètres de long sur 12 de large, avec fond dallé et parois revêtues de carreaux en faïence. Elle est divisée en deux parties, dont l'une est réservée aux enfants et aux personnes qui ne savent pas nager : à cet effet, le fond est formé par une pente douce qui part de l'un des petits côtés du rectangle, en affleurant tout d'abord la surface de l'eau, et s'enfonce jusque vers le milieu du bassin à une profondeur de 1ᵐ,30 : au delà, il se continue par une pente brusque à 45°, et atteint une profondeur de 3 mètres qui règne jusqu'à l'autre extrémité de la piscine.

L'alimentation et par suite le renouvellement de l'eau sont permanents : le chauffage s'opère au moyen de la condensation de la vapeur produite directement par une chaudière Belleville, ou par l'eau de condensation provenant d'usines du voisinage. Deux ajutages placés à l'une des extrémités de la piscine débitent constamment l'eau à une température de 36° : celle de la cuve est maintenue à 24° environ. L'écoulement s'effectue par une série d'orifices disposés sur tout le périmètre du bain et à diverses hauteurs, et par un siphon de vidange muni d'un évent afin qu'il ne puisse pas s'amorcer en temps ordinaire. Il sert à vider entièrement la cuve pour les réparations. En outre, une gouttière établie sur le périmètre sert à écumer la tranche supérieure du liquide chargée de matières grasses qui surnagent.

Les deux grands côtés du rectangle sont occupés par trois étages de cabines établies en encorbellement et desservies par un grand balcon.

L'éclairage s'obtient, le jour, par le comble métallique qui est entièrement vitré, et le soir, au moyen de l'électricité; le chauffage se fait par des bouches de chaleur reliées à quatre calorifères établis dans le sous-sol.

La piscine des Arènes Nautiques offre une disposition spéciale qui permet de faire succéder, aux exhibitions ordinaires des gymnastes et aux exercices équestres, des exhibitions et des joûtes nautiques dans l'enceinte de la même piste, et de transformer, pendant l'été, l'installation du cirque en un bassin de natation analogue au précédent. Le centre de la salle est occupé par une cuve de béton de 3 mètres de profondeur sur la plus grande partie de sa surface; sa contenance est d'environ 1,200 mètres cubes. Au milieu se trouve la piste de 13m,50 de diamètre limitée par une couronne en treillis métalliques portée par 20 piliers en fer. Sur ces piliers viennent s'arc-bouter les arbalétriers, également métalliques, qui portent les gradins et les loges, surmontées d'un vaste promenoir. Toute la charpente est démontable.

La cuve forme une piscine permanente, au centre de laquelle est placé un ascenseur hydraulique établi par M. Edoux, et soutenant un plancher à claire-voie de même diamètre que la piste. Quand les exercices équestres sont terminés, on abaisse l'ascenseur, et l'eau qui remplit la cuve jusqu'à la hauteur du plancher filtre au travers.

Pour utiliser l'installation comme piscine, on fixe l'ascenseur de manière à constituer un petit bain circonscrit par la couronne métallique centrale, avec une profondeur initiale de 0m,90 qui descend graduellement sur une moitié de la surface jusqu'à 1m,30 : la partie périphérique forme le grand bain.

L'alimentation se fait au moyen de la vapeur de condensation des machines motrices servant à l'éclairage et, pendant le jour, par condensation de la vapeur produite directement. On envoie environ 50 mètres cubes d'eau à 36° par heure, ce qui assure le renouvellement intégral en deux jours, avec un fonctionnement de douze heures. Comme les machines emploient le graissage dans les, cylindres, les eaux, avant d'arriver à la piscine, passent par deux bacs dégraisseurs d'où elles sortent à la partie inférieure, en sorte que la tranche la plus légère contenant les matières grasses s'écoule par le trop plein. En outre, une gouttière circulaire écume la piscine : la vidange progressive s'effectue, non par des orifices disposés sur le périmètre comme à la rue Rochechouart, mais au moyen d'un siphon désamorcé, débouchant vers le fond et dans lequel l'eau chaude, arrivant à la partie haute de la cuve, refoule peu à peu l'eau la plus froide. Pour opérer rapidement l'évacuation de l'eau, on se sert des pompes d'alimentation des machines motrices en les mettant en communication avec la piscine par un jeu de joints-vannes. La disposition des cabines présente certaines particularités nécessitées par l'installation spéciale de l'établissement et sur lesquelles il n'y a pas lieu d'insister ici. Comme à la rue Rochechouart, l'éclairage s'obtient pendant la journée au moyen d'un comble vitré, et le soir par l'électricité. Afin d'éviter les condensations qui auraient pu se produire sur les murs et sur le plafond au grand détriment des peintures, et la pluie qu'elles auraient déversée sur les spectateurs, la salle est énergiquement ventilée à raison de 60,000 mètres cubes d'air par heure, alors que sa capacité est d'environ 15,000 mètres cubes. Le résultat est excellent. Un ventilateur de 2m,25 de diamètre aspire l'air pur au-dessus du toit, et le refoule dans les gaines de quatre calorifères du système Michel Perret, d'où il arrive aux bouches avec une température de 40°.

La piscine des Arènes nautiques est accompagnée comme celle de la rue Rochechouart d'une installation balnéaire complète : on y remarque une simplification importante dans les appareils à effet d'eau chaude : tout le chauffage se fait, comme celui de la cuve, par vapeur condensée. L'alimentation de chaque appareil s'obtient au moyen d'une douille dans laquelle pénètre l'ajutage conique qui termine le tuyau de vapeur, et autour duquel débouche le tuyau d'eau froide. On peut régler l'arrivée de la vapeur et par suite la température de l'eau à l'aide d'un robinet pour les douches tièdes, ou donner à volonté soit des jets de vapeur, soit des jets d'eau froide. Ce système a l'avantage de supprimer entièrement les réservoirs d'eau chaude et leur tuyauterie spéciale, et d'éviter ainsi une cause fréquente de réparations. — G. R.

PISÉ. *T. de constr.* Mode de construction très répandu dans le midi de la France, dans l'Auvergne, le Lyonnais, le Dauphiné, etc., précieux pour les constructions rurales à cause de l'économie et de la rapidité de son exécution. Le pisé bien fait et préservé de l'humidité du sol par des soubassements en maçonnerie hydraulique et de la pluie par des combles à saillie suffisamment prononcée, dure des siècles. Il est simplement composé de terre argileuse battue entre des planches. Cependant, toutes les terres argileuses ne sont pas propres à faire le pisé; il faut les choisir ni trop grasses ni trop maigres; la meilleure est celle dite *terre franche*, un peu graveleuse.

L'exécution du pisé exige la préparation suivante : on écrase la terre et on la fait passer par une claie moyenne pour en extraire les pierres qui excéderaient la grosseur d'une noix. Si la terre est trop sèche, on la mouille légèrement par aspersion, en la remuant à mesure avec une pelle pour l'humecter également. Quand la terre est ainsi préparée, on la comprime sur place et par parties, dans une espèce de moule ou encaissement mobile présentant seulement deux parois latérales en planches. Des cadres formés de traverses et de montants en bois maintiennent extérieurement ces parois à une distance, l'une de l'autre, égale à l'épaisseur qu'on veut donner au mur. Cette distance est réglée à l'aide de coins qui permettent de démonter et remonter facilement l'encaissement. Les parois de ce dernier se nomment *banches*, et le pisé remplissant l'encaissement forme une *banchée*. La terre est comprimée avec une sorte de pilon, appelé *pisoir*, morceau de bois très dur monté sur un manche d'environ 1 mètre de longueur. On procède par couches superposées, que l'on pilonne jusqu'à ce qu'une banchée soit exécutée; puis on démonte l'encaissement et on le remonte à la suite de son premier emplacement; on continue ainsi pour toute l'assise et l'on établit de la même manière les assises suivantes. Les jambages des portes et croisées ne se font généralement pas en pisé; on les exécute en pierre de taille, en moellon, en brique ou en plâtre. Quant aux linteaux, on les fait ordinairement en bois. Après leur achèvement, et avant de les recouvrir d'un enduit, on doit laisser sécher les murs en pisé pendant un temps qui varie suivant la température du pays et de la saison où ils ont été exécutés. Ces enduits se font en chaux et sable, en plâtre ou bien encore en *blanc en bourre* formé de chaux, d'argile et d'une certaine quantité de bourre.

On désigne sous le nom de *bauge* ou *torchis*, une espèce de pisé formé de terre franche, humectée, gâchée avec du foin ou de la paille pour l'empêcher de se fendiller; et que l'on pose dans l'emplacement du mur, non plus à l'aide d'un encaissement, comme on le fait pour le pisé, mais simplement au moyen d'une fourche ordinaire qui sert, en même temps, à dresser les parements, dont la disposition est fixée par des cordeaux tendus. Ce procédé de construction ne peut être employé que pour des murs de clôture ou des parois de bâtiments légers et très peu élevés. On se sert encore de bauge pour boucher les interstices compris entre les parois des *colombages* établis fréquemment dans les constructions rurales. — F. M.

*PISER. *T. techn.* Faire du pisé. || Action de battre la terre pour la rendre compacte et propre à la construction.

* PISEUR. *T. de mét.* Ouvrier qui bâtit en pisé; on dit aussi *piseyeur*.

*PISON ou PISOIR. *T. techn.* Sorte de pilon en bois dur et à long manche, à l'usage du piseur pour battre la terre dans le moule à *pisé*. — V. ce mot.

I. PISTOLET. *T. d'arm.* Arme à feu portative dont le canon est très court et le poids assez léger pour qu'elle puisse être maniée et tirée d'une seule main. A calibre égal, la charge employée est beaucoup plus faible que celle du fusil, aussi la portée et la justesse du pistolet sont-elles bien moins grandes; de plus, l'arme est si peu maintenue dans la main, malgré la courbure donnée à la crosse, que le recul lui imprime un mouvement de bascule et relève le coup.

Le pistolet n'est qu'une arme de défense personnelle; comme arme de guerre, elle n'a jamais servi qu'aux officiers et hommes montés des troupes à cheval. On appelle : *pistolets de poche*, ceux des plus petits modèles, de dimensions assez faibles pour pouvoir, comme leur nom l'indique, être mis dans la poche; *pistolets d'arçon*, ceux des plus grands modèles, comme le pistolet de cavalerie qui, primitivement, au lieu d'être placé dans les fontes, était suspendu à l'arçon de la selle.

— Les pistolets, que l'on admet être d'origine italienne, ne furent indroduits en France que vers la fin du XVIe siècle; ils étaient alors pourvus d'une platine à rouet, qui fut ensuite remplacée par la platine à silex. De même que pour les fusils, les modèles réglementaires ne datent que de 1763; les pistolets à pierre furent transformés. en 1840, en pistolets à percussion; à partir de 1857, on les transforma une seconde fois en pistolets rayés. Il y avait le pistolet de cavalerie et celui de marine (ce dernier ne différant du précédent que par l'addition d'un crochet de ceinture), qui tiraient la balle du fusil d'infanterie, et le pistolet de gendarmerie, qui lançait une balle de plus petit calibre. Le pistolet d'officier de cavalerie, modèle 1833, dont la batterie était analogue à celle des armes de chasse, est la première arme à percussion qui ait été en service en France; vint ensuite le pistolet d'officier de gendarmerie, modèle 1837, qui était rayé; en 1855 fut adopté un pistolet à canon double, c'est-à-dire à deux coups, comme les fusils de chasse, pour l'armement des officiers d'état-major et d'artillerie. Dès 1858 dans la marine, en 1873 seulement dans notre armée de terre, le pistolet à un coup a cédé la place aux *pistolets-revolvers* (V. Revolver), qui permettent de tirer plusieurs coups d'une façon continue sans avoir à recharger l'arme.

Les seuls pistolets encore en usage aujourd'hui sont les *pistolets de tir* et les *pistolets de salon*. Les premiers sont de véritables armes de précision rayées et construites avec le plus grand soin; aux systèmes se chargeant par la culasse, on préfère généralement ceux se chargeant par la bouche que le tireur charge lui-même avec tout le soin voulu. Il existe un grand nombre de modèles de pistolets de salon lisses ou rayés; ils sont tous du genre Flobert, ils ont le même calibre et le même système de fermeture que les carabines de même espèce et utilisent les mêmes munitions.

II. *PISTOLET. *T. techn.* Planchette mince en bois découpé dont se servent les dessinateurs pour tracer les courbes au tire-lignes et particulièrement pour passer à l'encre les courbes déjà tracées au crayon; on dit aussi *virgule*.

I. PISTON. *T. de mécan.* Organe mobile qui refoule un liquide ou un fluide, ou qui est mis en mouvement par lui. Le piston est ordinairement circulaire, guidé par une surface cylindrique, et il agit en se déplaçant d'un mouvement rectiligne alternatif, soit que l'effort utile s'exerce sur l'une ou sur les deux faces de cet organe qui constitue ainsi un piston à simple ou double action. On rencontre, cependant, quelques exemples de pistons tournants, comme dans les machines rotatives dont nous avons parlé à l'article Moteur, mais c'est là un cas resté exceptionnel jusqu'à présent dans la pratique, et nous ne nous en occuperons pas ici. Nous avons, du reste, signalé, en parlant de ces moteurs, la garniture qui leur est appliquée. Le piston à simple action, qui est ordinairement un plongeur, comme on en voit un exemple figure 144, est employé surtout dans les pompes, il est alors guidé seulement par un presse-étoupe placé dans le fond du cylindre et non par la surface cylindrique elle-même avec laquelle il n'arrive pas tout à fait en contact; il est formé d'une tige présentant le même diamètre à l'intérieur et à l'extérieur du cylindre. Le presse-étoupe du fond du cylindre forme, dans ce cas, la seule garniture à entretenir.

Le piston du type le plus fréquent est formé, au contraire, par un plongeur de faible épaisseur contenu tout entier à l'intérieur du cylindre (fig. 145 et 147) et commandé extérieurement par une simple tige; il possède deux faces sur lesquelles peut s'exercer l'action du fluide, et il est généralement à double effet. Le plongeur frotte alors contre les parois du cylindre en formant un joint qu'il faut constamment maintenir étanche, outre le presse-étoupe de la tige. Celle-ci est animée d'un mouvement de

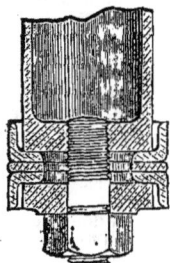

Fig. 144. — *Piston plongeur avec garniture en cuir.*

va-et-vient comme celui du piston et elle porte à son autre extrémité une pièce spéciale dite *crosse* ou *tête* du piston qui la guide continuellement dans son mouvement en frottant contre des guides fixes appelés *glissières.* Cette disposition est celle qu'on rencontre le plus généralement avec des cylindres fixes; on supprime cependant quelquefois les glissières quand on veut gagner de la place et on donne à la tige proprement dite la forme d'un fourreau à l'intérieur duquel pénètre la bielle qui vient s'articuler directement sur le piston dont elle transmet le mouvement à la manivelle motrice. Dans le type ordinaire, la crosse du piston est articulée avec la bielle par un ou deux boulons; elle est dite, suivant le cas, à *tête simple* ou à *fourche*; elle présente, d'ailleurs, aussi des dispositions variables suivant le nombre et la forme des *glissières.* — V. ce mot.

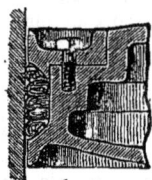

Fig. 145. — *Piston avec garniture en corde goudronnée.*

On se bornait autrefois, pour assurer l'étanchéité des pistons, à les tourner exactement au diamètre de leurs cylindres, mais cette disposition est absolument insuffisante, car il se produit rapidement une usure qui amène des fuites. Quand on ne veut pas employer de garniture spéciale, on ne doit pas négliger de pratiquer sur l'épaisseur du piston un certain nombre de cannelures circulaires qui diminuent beaucoup l'intensité des fuites; c'est la disposition qu'on rencontre quelquefois sur les pompes à grande vitesse, pour lesquelles les fuites ne présentent pas une grande importance. Lorsqu'on veut les éviter tout à fait, on peut pratiquer une cannelure unique qu'on remplit de corde goudronnée (fig. 145), de

garniture de cuir ou de caoutchouc, et on obtient ainsi un assemblage étanche et élastique qui a l'inconvénient de donner un frottement assez élevé et d'exiger des réfections fréquentes, mais qui présente, toutefois, une disposition très simple et fort employée pour les pompes à air et à eau. Pour les pistons à vapeur, on préfère une garniture métallique formée d'un anneau qui presse continuellement sur la surface du cylindre. Cet anneau est repoussé lui-même continuellement, au contact de la paroi cylindrique, par des ressorts, suivant une disposition qui se rencontre fréquemment sur les machines marines, dont les pistons ont une assez grande surface. Quelquefois, sur les machines fixes, on prend un anneau double formé de deux segments qui glissent sur une surface conique intérieure ménagée sur le contour du piston. La disposition la plus fréquemment appliquée, surtout sur les pistons de locomotives, est celle des figures 146 et 147, connue sous le nom de « Ramsbottom » ou de « type suédois »; l'anneau est constitué par un segment en fonte (fig. 146) for-

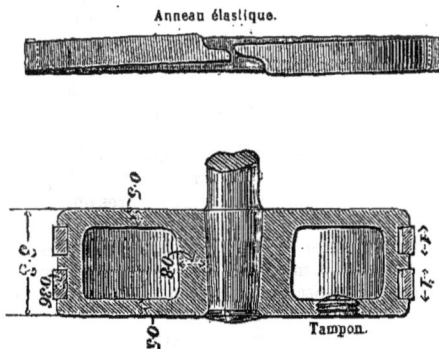

Anneau élastique.

Tampon.

Fig. 146 et 147. — *Piston Ramsbottom.*

mant lui-même ressort, qui s'applique en se détendant sur la paroi cylindrique. On prend, à cet effet, des anneaux circulaires d'un diamètre supérieur de 8 à 10 millimètres à celui des cylindres, on les coupe ensuite obliquement et on les introduit en rapprochant les deux bords de la section et en les forçant dans le cylindre. On emploie généralement deux pareils anneaux en ayant soin de ne pas mettre en face les lignes de séparation des deux bords rapprochés de chacun des anneaux pour intercepter plus sûrement tout passage du fluide. Ces anneaux sont fabriqués généralement en fonte, quelquefois en cuivre, ou même en laiton ou en métal antifriction, et la gorge où ils sont logés est quelquefois aussi munie d'un revêtement en cuivre. Les premiers anneaux Ramsbottom étaient hélicoïdaux, mais comme ils se rompaient fréquemment, ils ont été remplacés avec avantage par des anneaux circulaires. On a essayé d'admettre la vapeur ou le fluide employé derrière ces anneaux pour en assurer mieux la dilatation, mais cette disposition a eu peu de succès; elle n'est réellement avantageuse que pour les garnitures en cuir embouti des pompes à air; l'air en arrivant sous l'anneau en cuir vient l'appliquer lui-même, par sa pression, contre la surface cylindrique, et il forme ainsi une garniture bien étanche. Nous avons signalé, en décrivant le frein Wenger (V. Frein), une application particulièrement remarquable de cette disposition. On rencontre, d'ailleurs, aussi des exemples de garniture en bois au lieu de cuir sur les pistons des machines soufflantes.

Les pistons des machines fixes sont encore souvent en fonte, comme celui de la figure 147, coulés creux à l'intérieur, ou formés par deux plateaux assemblés, comprenant entre eux la garniture de serrage. Les machines marines reçoivent souvent aussi des pistons creux en fonte ; mais sur les locomotives, on emploie surtout le piston en fer formé souvent d'un plateau unique renflé sur les bords pour recevoir la garniture, ou quelquefois de deux plateaux soudés à chaud. Sur ces machines, notamment, il importe d'alléger le piston, car le mouvement continu de va-et-vient de cet organe entraîne des efforts perturbateurs très fatigants pour le mécanisme et d'autant plus graves que ces pièces ont plus de masse. Le piston était souvent vissé, autrefois, sur sa tige, mais on préfère actuellement le souder à chaud sur un renflement conique ménagé sur celle-ci ; quelquefois on le maintient par un écrou extérieur. L'assemblage par clavette est peu appliqué maintenant pour les locomotives. On prolonge quelquefois la tige au delà du piston pour qu'elle aille rejoindre le second fond de cylindre et y prenne un point d'appui. Cette disposition présente l'avantage, avec les cylindres horizontaux, de diminuer l'usure par ovalisation, en soutenant mieux le piston dans l'axe du cylindre ; mais elle oblige à ménager devant le fond de celui-ci une gaine spéciale pour guider l'extrémité de la tige.

En ce qui concerne les pistons creux en fonte, il est intéressant de prémunir les ouvriers qui ont à les réparer, contre certains cas d'explosion heureusement fort rares, mais qui peuvent d'ailleurs devenir fatals. Nous en citerons un exemple dans l'explosion survenue le 12 septembre 1884 dans le dépôt de la Compagnie d'Orléans, à Montluçon : un monteur occupé à chauffer un piston creux en fonte pour en démonter la tige tenait celui-ci au-dessus d'un petit foyer depuis trois quarts d'heure environ en le tournant de manière à en chauffer également toutes les parties, lorsque tout à coup le piston fit explosion en se brisant en plus de vingt morceaux, et produisant une gerbe de flammes qui s'éleva à plus de deux mètres de hauteur ; l'ouvrier qui le tenait fut blessé mortellement par la projection des fragments. Le piston qui amena cet accident était creux en fonte avec vide intérieur, coulé à noyau perdu, les trous des supports du noyau ayant été rebouchés avec des tampons vissés et rivés. Il était impossible de trouver la raison de cette explosion dans la simple pression de l'air renfermé à l'intérieur, mais en faisant ouvrir un piston en service depuis onze ans, coulé dans les mêmes conditions, on reconnut que celui-ci renfermait à l'intérieur un poids de 702 grammes d'une matière brune comprenant environ 15 0/0

de fer oxydulé, et 23 0/0 de matières grasses. La présence de cet oxyde ne peut guère s'expliquer que par l'action de l'eau qui se serait infiltrée à travers la fonte et, en se décomposant, elle aurait oxydé la limaille de fer et produit du gaz hydrogène remplissant le vide intérieur ; les matières grasses ont dû pénétrer également par infiltration dans le métal. En chauffant le piston à 500 degrés environ, on aurait déterminé l'explosion en reproduisant la combinaison subite de l'oxygène et l'hydrogène pour amener la formation de l'eau.

Cet accident n'est pas absolument isolé, car on peut en citer quatre autres du même genre : il convient donc de s'en préoccuper lorsqu'on a des pistons en fonte à échauffer, et d'avoir soin dès l'abord d'assurer l'évacuation des gaz enfermés dans le vide intérieur. Il suffit, à cet effet, d'y percer deux trous à travers lesquels on lance un courant d'air qui emmène ainsi tous les gaz.

II. PISTON. Par abréviation, on donne ce nom au *cornet à piston.* — V. cet article. || *Fusil à piston.* Fusil dont le chien est une sorte de marteau qui frappe sur une capsule fulminante tenant lieu d'amorce. || Petit bouton qui permet d'ouvrir une boîte en le pressant.

*PITAU. Famille de graveurs dont le premier, Nicolas, né à Anvers, vers 1633, vécut à Paris et y mourut, en 1676. Ses frères étaient peintres ou orfèvres, et il étudia les premières notions de son art avec son frère Jacques, élève, pour la gravure, de Corneille Galle d'Anvers. En France, où il vint en 1656, il reçut les conseils de Philippe de Champaigne et, depuis, sa manière se rapprocha de celle de Jean Poilly, mais avec une vigueur et un éclat tout flamands. Pitau a gravé un grand nombre de planches d'après Le Guerchin, Raphaël, Carrache, Lefebvre, Mignard, Philippe de Champaigne. Les morceaux les plus remarquables dus à son burin sont le *portrait d'Alexandre Pitau,* d'après Lefebvre, et la *Sainte famille,* de Raphaël, connue sous le nom de *Sainte famille de François Ier,* au Louvre ; Watelet dit, à propos de cette gravure, que le caractère de Raphaël n'a peut être jamais été mieux saisi dans aucune estampe : on y admire surtout le sentiment de la couleur. On distingue aussi, dans l'œuvre gravé de Pitau, une suite de seize portraits, parmi lesquels ceux de *Saint-François de Sales,* d'*Olivier Cromwell,* *Saint-Vincent de Paul, Colbert,* suffiraient à la réputation de l'artiste. Son frère, Jacques, paraît avoir abandonné les arts de bonne heure, et les planches qu'on connaît de lui ne semblent pas justifier sa réputation de talent. Peut-être ne sont-elles pas ce qu'il a produit de meilleur. Nicolas, né en 1670, mort, en 1724, à Paris, fils de Nicolas que nous venons de citer plus haut, fut aussi un graveur de talent. Il signait *Nicolas Pitau Junior* pour se distinguer de son père.

*PITCHPIN. T. de constr. C'est le *pin de Boston* (*pinus palustris,* Mill.) que nous avons décrit au mot Pin. Son bois très résineux, à fines veines de couleur rougeâtre, est excellent pour les constructions et très employé pour faire des meubles d'un aspect très agréable et résistant bien aux insectes.

PITE. — V. Pitte.

PITON. *T. techn.* Sorte de clou dont la tige peut être à vis, pointue, à patte, selon les matières dans lesquelles il doit être fixé, et dont la tête forme anneau pour recevoir l'anse d'un cadenas, un crochet, le bout d'une tringle, etc.

PITTE. *T. de bot.* Sous le nom de *pitte, pite, chanvre pitte, aloès*, on désigne les fibres produites par l'*agave américana*, de la famille des amaryllidées. L'agave est une grande plante vivace, à racine fibreuse, présentant des feuilles charnues, d'un vert glauque, allongées et aiguës, d'une longueur variant de 0m,50 à 1m,20, épineuses sur les bords, réunies en rosette et à tige courte. Comme l'indique son nom botanique, elle est originaire de l'Amérique, mais elle est aujourd'hui naturalisée et devenue presque indigène dans toute la région méditerranéenne. Elle y affectionne un sol humide et croît principalement sur les rochers maritimes, dans les endroits exposés au midi. On l'y cultive pour en faire des haies de clôture autour des champs et des vignes, notamment en Algérie, en Sicile, en Portugal et en Espagne.

C'est surtout aux Antilles qu'on cultive l'agave pour bénéficier de ses fibres.

Il faut avoir soin de retirer la filasse avant la venue de la fleur. La floraison de cette plante a lieu, soit au bout de huit ans, soit même plus souvent au bout de vingt et trente ans: l'apparition de la fleur est annoncée par un gros rejeton cylindrique qui prend naissance au milieu des feuilles. Lorsqu'on tarde trop, il s'élève sur ce rejeton, avec une étonnante rapidité, une hampe gigantesque qui, dans l'espace d'une quinzaine de jours, atteint 7 et 8 mètres d'élévation. On n'obtient alors que des fibres très faibles, la plante s'épuise et meurt souvent après avoir développé sa hampe; en compensation, ses feuilles sont très longues et ont, dans ce cas, de 6 à 8 pieds. Plus le moment est éloigné de l'époque de la floraison, plus la filasse est forte, mais moins elle a de longueur.

La récolte se fait en tranchant, avec un couteau, chaque feuille près du collet. On porte ensuite ces feuilles au lieu de la manipulation et on les laisse reposer vingt-quatre heures. Des femmes les divisent en bandelettes de trois pouces de large en enlevant grossièrement l'enveloppe qui recouvre les fibres, puis des indigènes étendent celles-ci sur une table unie et les râclent au moyen d'un prisme en bois de 50 centimètres de long, terminé par deux poignées, qui permet d'en enlever facilement le parenchyme. On fait ensuite sécher le tout au soleil et l'on obtient des filaments d'un beau blanc.

Ordinairement, le chanvre pitte du commerce a des fibres brillantes, longues de 1m,30 à 1m,80, d'un blanc ou d'un brun jaunâtre, fines et tenaces; leur légèreté est de 12 à 30 0/0 plus grande que le chanvre européen, et elles prennent facilement la teinture. On en fabrique, aux An-

tilles, non seulement des tissus de divers genres, mais on en fait encore des cordes, des sacs, des toiles à voiles, des étoffes légères pour meubles, en mélangeant avec le coton.

En Europe, on fait rarement des tissus avec le pitte, mais on le fait souvent entrer dans la corderie et la sparterie de luxe: laisses pour chiens, cordons de sonnettes, cordes à étendre le linge fin, tapis, pantoufles, cabas et sacs pour dames, bourses, porte-cigares, etc. Dans ces derniers temps, il est devenu un des succédanés les plus importants des soies de porc et des crins de cheval, et son emploi en ce sens paraît devoir être important.

Mentionnons que, dans quelques autres parties de l'Amérique, on n'extrait pas les fibres de l'agave de la même manière qu'aux Antilles: les feuilles y sont d'abord écrasées, puis macérées dans l'eau; on les bat ensuite fortement pour en extraire tout le parenchyme, on les passe au peigne et l'on obtient ainsi des filaments nets et brillants. Dans ces contrées, on désigne ceux-ci sous le nom de *fibres de pita*.

Au Yucatan notamment on fait usage de roues à palettes. Ces roues ont de grands défauts: elles font beaucoup de déchets et sont très dangereuses à manier; aussi, dans le pays, rencontre-t-on beaucoup d'ouvriers estropiés. C'est pour remédier à ces inconvénients que M. Berthet a inventé une machine à décortiquer les agaves, fondée sur le même principe, mais d'une manœuvre facile. La machine n'exige qu'une alimentation continue des feuilles, préalablement écrasées par deux rouleaux cannelés. A cet effet, les feuilles à décortiquer sont engagées par le pied entre un câble sans fin et une poulie à gorge qui les amènent entre un tambour armé de couteaux inclinés et une courbe en bois; le tambour, en tournant, enlève, sur toute la longueur libre de la feuille, la pulpe, laissant à nu les filaments. Après cette première opération, les feuilles, continuant leur marche, se trouvent saisies à une certaine distance en dessous de la première poulie, par une dernière poulie et un brin du câble. Le pied de la feuille quitte la première poulie en tombant à cheval sur le câble inférieur; dans cette position, elle est amenée devant un deuxième tambour qui nettoie le pied à son tour; sortant de là, les filaments sont entièrement débarrassés de leur pulpe et recueillis.

Forbes Royle a fait, aux Indes, des expériences comparatives sur la force de différentes cordes de chanvre de pitte et d'une autre matière textile. D'après ces essais, une corde en pitte, de 2 mètres et de 8 centimètres de circonférence, s'est cassée sous un effort de 1,250 kilogrammes, une corde en *jute* (V. ce mot) de même dimension, a cédé sous un effort de 1,230 kilogrammes; une corde pareille de *sunn* (V. ce mot) a supporté 1,135 kilogrammes et une corde en *coir* (V. ce mot) 1,085 kilogrammes. Le même auteur dit encore que, de deux faisceaux semblables de pitte et de chanvre de Russie, le premier a supporté 135 kilogr. et le second 80 kilogr. seulement.

Il a été constaté que les cordes faites en chanvre pitte sont, en règle générale, beaucoup moins lourdes que les cordes de chanvre et flottent sur l'eau, ce qui s'explique facilement par les difficultés qu'a le liquide de chasser l'air qui remplit la cavité centrale des fibres proprement dites. Celles-ci sont aussi moins hygrométriques que le chanvre. D'après les expériences de Forbes Royle, une corde, mouillée et séchée, faite de pitte, et longue de 300 pieds anglais, ne s'est raccourcie que de 16 pieds 2 dixièmes, tandis qu'une corde pareille, en chanvre, s'est contractée de 21 pieds 6 dixièmes. — A. R.

PIVOT. *T. techn.* Organe tournant dans une crapaudine et disposé à l'extrémité d'un arbre soumis à un effort parallèle à son axe. On emploie également de simples collets pour prévenir les déplacements longitudinaux, surtout sur les arbres horizontaux ; des tourillons à cannelure ou paliers de butée (V. PALIER), sur les arbres qui ont à supporter un effort considérable dans le sens de leur axe, comme les arbres d'hélice, par exemple ; mais le pivot proprement dit s'applique plus spécialement aux arbres verticaux dont il soutient le poids ainsi que celui des divers organes de transmission qui y sont attachés.

Le pivot est formé généralement d'une pièce rapportée à l'extrémité de l'arbre et fixée par un emmanchement que traverse une clavette ; cette pièce est souvent en fer, avec une surface aciérée ou même tout entière en acier ; elle repose, à la partie inférieure, sur un grain d'acier. La crapaudine est formée ordinairement d'une boîte en bronze pour adoucir les frottements. Celle-ci est posée dans un support fixe en fonte à l'intérieur duquel elle peut être déplacée pour être ramenée dans l'axe du pivot, au moyen de vis de pression latérales.

Les pivots ont à supporter souvent une pression assez élevée, et ils développent ainsi un travail de frottement considérable, surtout avec les arbres marchant à grande vitesse ; il importe d'en assurer le graissage avec un soin tout particulier pour éviter le grippement. L'huile employée pour le graissage est amenée entre le pivot et la crapaudine par des canaux ménagés à cet effet sur la surface intérieure de celle-ci, et elle est toujours maintenue en mouvement pour en assurer le renouvellement.

Les valeurs maxima d'intensité de pression qu'on peut admettre sur les pivots sont déterminées, d'après Rouléaux, par les formules suivantes :

a. Pivot en fer sur bronze, $p = 49$ kilogrammes.
b. Pivot en fonte sur bronze, $p = 33$ kilogrammes.
c. Pivot en fer sur gaine, $p = 100$ kilogrammes.

En comptant 10 0/0 pour les conduites d'arrivée de l'huile, on se trouve amené à donner au diamètre d, exprimé en centimètres, les valeurs suivantes en fonction de la pression P, exprimée en kilogrammes :

(a) $d = 0,186$ P ; (b) $d = 0,23$ P ; (c) $d = 0,13$ P.

On emploie aussi la formule suivante établie

en fonction de la vitesse, $d = 0,00015$ PN ; N étant le nombre de tours par minute, et on a recours de préférence à cette dernière lorsque la vitesse est élevée.

On remplace quelquefois le pivot proprement dit par une crapaudine renversée, lorsqu'on veut empêcher le séjour des poussières qui roderaient les surfaces frottantes ; ou autrement, si on veut soutenir l'arbre à la partie supérieure pour faciliter l'accès et le graissage du support, on le termine par un tourillon à cannelure, disposé comme les paliers de butée des arbres d'hélice. On rencontre souvent de pareils tourillons sur les arbres de turbines ou de pompes centrifuges.

|| *T. de serr.* Les pivots servent aux ferrements de certaines portes, telles que les portes charretières. Suivant leur forme et leur position, on distingue : le *pivot à équerre*, qui porte deux branches et se place au bas d'un vantail de porte ; le *pivot à équerre à tête carrée* ou *briquet*, pivot ayant deux branches, dont l'une, appelée *double*, est souvent en cuivre et porte une tête, ou *moufle*, dans laquelle s'ajuste l'autre partie, qui est en fer et qu'on nomme *simple* ; chacune de ces parties est pourvue de deux branches qui s'entaillent sur l'épaisseur de la porte et du bâti ; le pivot *à tourillon*, placé au haut d'une porte et qui entre dans une *bourdonnière* fixée sur le linteau de cette porte ; le *pivot à fourchette*, qui a deux têtes et qui permet de faire fonctionner une porte dans les deux sens, etc.

PLACAGE. *T. techn.* Revêtement d'un ouvrage de menuiserie, d'ébénisterie, de marqueterie, au moyen de feuilles de bois dur et précieux, appliquées sur d'autres bois de prix inférieur. — V. ÉBÉNISTERIE, § *Placage.* || Application de feuilles d'or ou d'argent sur un autre métal.

PLACARD. *T. techn.* Armoire à compartiments, pratiquée dans l'enfoncement d'un mur. || Assemblage de menuiserie qui s'élève au-dessus d'une porte et va ordinairement jusqu'au plafond. || *T. de typogr.* Épreuves imprimées par colonnes sur le recto du papier seulement, pour recevoir les corrections de l'auteur.

PLAFOND. *T. d'arch.* D'une manière générale, surface plane ou cintrée formant la partie supérieure d'un lieu couvert ; dans un sens plus restreint, on appelle *plafond* l'enduit qui revêt le dessous des solives d'un plancher en bois ou en fer. On emploie encore ce terme pour désigner la face inférieure de certains membres d'architecture, d'une plate-bande, d'un larmier, etc...

— L'architecture de tous les peuples comportant des salles closes et couvertes, le plafond est en usage depuis la plus haute antiquité. Les Égyptiens formaient les plafonds de leurs temples de grandes dalles ou plutôt d'énormes blocs de pierre juxtaposés et supportés à leurs extrémités soit par les murs d'enceinte de la salle qu'ils recouvrent, soit par des rangées de colonnes lorsque l'espacement de ces murs est trop considérable. Cette disposition est générale pour tous les monuments de cette région construits en pierre de taille, et elle explique suffisamment pourquoi ces édifices se terminaient tous à la partie supérieure par une plate-forme ou terrasse. Les Grecs recouvraient de plafonds les portiques qui régnaient entre les colonnes de leurs temples et le mur de la cella. Ces plafonds étaient composés de poutres en pierre plus ou moins espacées, supportant des dalles beaucoup moins épaisses, disposition imitée de constructions exécutées en charpente et se prêtant mieux que celle des plafonds égyptiens à une décoration rationnelle. Dans ces derniers, n'offrant aux yeux du spectateur qu'une surface plane, la peinture et la sculpture étaient seules appelées à intervenir ; l'ossature apparente des plafonds grecs présentait, au contraire, une série de caissons ou compartiments dans lesquels les ornements peints ou sculptés étaient subordonnés aux lignes essentielles de l'architecture. Ces compartiments, carrés, parfois en losanges, étaient décorés d'oves, de méandres, etc. Des étoiles peintes en or sur fond bleu y formaient une ornementation fréquemment adoptée ; on en voit des exemples au vestibule intérieur d'Éleusis, au Parthénon, au temple de Thésée à Athènes. Dans cette dernière cité, au fond du porche latéral de l'Erechthéion, les dalles qui forment le fond des caissons sont percées d'un trou, ce qui donne à supposer que des rosaces y étaient rapportées. Dans les plafonds des temples romains, les traditions grecques allèrent s'affaiblissant, et, sous les empereurs, époque où l'on recherchait par dessus tout les formes riches et bien marquées, on augmenta considérablement les dimensions des compartiments jusqu'à leur faire occuper tout l'espace correspondant à un entre-colonnement. Les caissons des portiques latéraux de l'église de la Madeleine, à Paris, ont été établis dans le même système.

Dans les édifices religieux de la période romano-byzantine, les plafonds en pierre sont remplacés par des voûtes ou par des charpentes apparentes. Les architectes du moyen âge voûtaient aussi les parties supérieures des églises, réservant les plafonds aux salles des édifices civils ou aux pièces des appartements privés. Mais dans ce dernier cas, le plafond n'était que la mise en évidence de la construction du plancher, composé de poutres et de solives plus ou moins richement moulurées ou sculptées. L'usage des caissons creusés dans le marbre ou dans la pierre a reparu avec la Renaissance, bien qu'on y trouve encore à cette époque des plafonds à solives apparentes luxueusement décorés.

De nos jours, cherchant surtout à éviter la poussière et le logement des insectes dans les interstices des solives des planchers, voulant de plus soustraire ceux-ci aux modifications de température et aux émanations gazeuzes, on a recouvert le dessous des poutrelles d'un enduit en plâtre, en accompagnant celui-ci de rosaces ou de corniches dans les pièces de luxe, le laissant uni dans les chambres modestes. Ce système est mauvais à tous égards ; il est tout d'abord en contradiction formelle avec ce principe essentiel de l'art : qu'il doit exister un rapport facilement appréciable pour le spectateur entre la structure même et l'ornementation ; de plus, il est dangereux, en ce sens, que les enduits posés sur lattis sous les planchers, ont l'inconvénient de priver les bois de l'air qui est nécessaire à leur conservation, de les échauffer et de provoquer leur pourriture. Avec les planchers en fer, dont l'usage se répand chaque jour davantage, ce dernier inconvénient n'existe plus ; mais le principe de la mise en évidence de l'ossature reste le guide du constructeur, mise en évidence qui peut être très accusée dans certains établissements affectés à l'industrie, et discrète dans les édifices consacrés à l'art, à l'étude, au plaisir ou à l'habitation. Notons d'ailleurs les nombreux efforts qui

sont faits actuellement dans cette voie ; nombre d'édifices de construction récente offrent des plafonds dans lesquels ce principe rationnel du décor mis en harmonie avec l'ossature, a trouvé son application.

Quoi qu'il en soit, le plafond en plâtre est encore en vigueur pour longtemps à cause de sa simplicité d'exécution et de son prix peu coûteux. Voici comment on l'établit. On cloue sous les solives un lattis presque jointif sur lequel on applique une première couche de plâtre passé au panier et à surface rugueuse, puis une deuxième couche en plâtre fin passé au tamis de soie. Cette dernière couche est peinte soit à la colle, soit à l'huile. Si le plancher est en fer, le plafond s'exécute sans lattis sous le hourdis. — V. PLANCHER.

On appelle *faux plafond*, un plafond que l'on établit quelquefois au-dessous d'un plafond ordinaire pour diminuer la hauteur d'un étage ; *plafond maroufié*, celui qui, au lieu d'être peint directement sur son enduit, est décoré d'une peinture faite sur toile et maroufiée au plafond ; *plafond* d'un canal, d'un réservoir, le fond de ce canal, de ce réservoir, etc. — F. M.

PLAFONNER. *T. techn.* Faire le plafond, exécuter le *plafonnage* d'un appartement. ‖ Faire le *plafonnement*, c'est donner le raccourci nécessaire aux figures ou aux ornements peints sur le plafond et destinés à être vus en dessous.

PLAFONNEUR. *T. de mét.* Ouvrier qui fait les plafonds en plâtre.

PLAIN. *T. techn.* Grande cuve dans laquelle on fait le *plainage*, c'est-à-dire le trempage des peaux avant le dépilage.

PLAINE. *Art hérald.* Se dit de la pointe de l'écu quand elle est séparée du champ de gueules par une ligne horizontale peinte d'un autre émail.

PLAISIR. Sorte d'oublie roulée en cornet. — V. OUBLIE.

PLAMOTER. *T. techn.* Retirer les pains de sucre des formes et égaliser leur base, après les avoir serrés et égouttés.

PLAN. *T. de géom.* On définit généralement le plan ou surface plane en disant que c'est une surface telle que la droite qui joint deux quelconques de ses points y est située tout entière. Mais il faut bien reconnaître que cette définition est *surabondante*, c'est-à-dire qu'elle impose à la surface plane plus de conditions qu'il n'en est nécessaire pour déterminer une surface en général, de sorte qu'il n'est nullement évident que cette définition se rapporte à un objet réel ni même possible à concevoir. En fait, on dissimule derrière cette définition un axiome ou postulatum du même genre que celui qui sert de base à la théorie des parallèles. Il nous semble qu'il y aurait avantage, dans l'enseignement de la géométrie, à préciser très nettement les principes fondamentaux qui ne sont susceptibles d'aucune démonstration, et qui sont les fondements indispensables de toutes les propositions ultérieures qu'on en déduit plus tard en toute rigueur. Ces principes ont été considérés autrefois comme des théorèmes dont on n'avait pu parvenir à trouver la démonstration. De là le nom de *postulatum* qui leur a été donné. Plus tard, on y a vu des axiomes, c'est-à-dire des propositions dont la vérité était aperçue directement par une sorte d'intuition de la raison. Aujourd'hui, un grand nombre de géomètres les considèrent comme des *vérités expérimentales*. Il ne nous appartient pas d'ouvrir dans les colonnes de ce *Dictionnaire* une discussion philosophique à ce sujet; nous nous bornerons à rappeler, comme nous le disions au mot Géométrie, que ces principes fondamentaux sont au nombre de trois seulement. *Tous* les théorèmes de la géométrie constituent des conséquences nécessaires et *rigoureusement* déduites de ces trois là. — V. Géométrie.

Pour ce qui concerne le plan, il conviendrait, croyons-nous, d'établir les propriétés fondamentales de cette surface avant de commencer la géométrie plane, et non pas, comme on le fait généralement, après l'étude détaillée des figures planes. Dans l'ordre d'idée où nous nous plaçons, après avoir parlé de la ligne droite et de sa propriété fondamentale d'être superposable à elle-même dans toutes ses parties, et énoncé l'axiome qui lui est relatif, à savoir qu'entre deux points on ne peut faire passer qu'une seule ligne droite, on définirait le plan comme la surface: lieu des droites qui joignent un point fixe O aux différents points d'une droite XY ne passant pas par O. On énoncerait ensuite deux principes fondamentaux:

1° Parmi toutes les droites qu'on peut faire passer par O dans la surface ainsi définie, il en est *une* et *une seule* qui ne rencontre pas la droite XY. C'est la position limite vers laquelle tend la droite mobile qui, en tournant autour de O engendre la surface, lorsque son point de rencontre avec la droite fixe XY s'éloigne indéfiniment. Ce principe n'est autre au fond que celui des parallèles;

2° Si une droite quelconque AB rencontre deux des droites du faisceau issu de O qui définissent le plan, elle les rencontre toutes excepté une.

A l'aide de ces deux axiomes, il devient facile d'établir que la droite qui joint deux points quelconques d'un plan est située tout entière sur la surface, et que par trois points non en ligne droite on peut toujours faire passer un plan, et un seul, d'où il suit que deux plans qui ont trois points communs coïncident dans toute leur étendue. On en déduit aussi cette remarque importante qu'on peut faire glisser un plan sur lui-même d'une infinité de manières sans qu'il cesse de coïncider avec sa première position. Cette propriété remarquable, le plan la partage avec la sphère; mais ce qui est propre au plan, c'est qu'on peut le retourner face pour face et l'appliquer de nouveau sur sa première position: il y aura encore coïncidence. Ces propositions sont indispensables à la rigueur des démonstrations de la géométrie plane.

La géométrie dans l'espace débute naturellement par la théorie du plan et l'étude des relations de position qui peuvent exister entre une droite et un plan, ou entre deux plans. Cette étude comprend principalement la théorie des droites et plans parallèles ou perpendiculaires, celle des plans parallèles, celle des angles dièdres et celle des plans perpendiculaires (V. Parallèle, Perpendiculaire). Nous ne pouvons développer ici ces diverses théories, et nous renverrons, pour cet objet, le lecteur à un traité de géométrie.

En géométrie analytique un plan est représenté par une équation du premier degré:

$$ax + by + cz + d = o.$$

La condition pour que deux plans soient parallèles, c'est que les coefficients de x, y et z dans leurs deux équations soient proportionnels:

$$\frac{a}{a'} = \frac{b}{b'} = \frac{c}{c'}.$$

La condition pour qu'ils soient perpendiculaires s'exprime par la relation:

$$aa' + bb' + cc' = o.$$

Plan tangent. On démontre que le lieu des tangentes que l'on peut mener par un point d'une surface à toutes les courbes tracées sur la surface et passant par ce point est, en général, un plan qui a reçu le nom de *plan tangent*. On appelle aussi plan tangent à une courbe tout plan passant par une tangente à cette courbe. — V. Tangente.

Plan osculateur. Le plan osculateur à une courbe en un point M, est la position limite d'un plan qui passe par la tangente en M à la courbe et un point de la courbe infiniment voisin. — V. Osculateur.

Plan normal. Le plan normal à une courbe, en un point M de cette courbe, est le plan mené par M perpendiculairement à la tangente. Un plan normal à une surface, en un point M de cette surface, est un plan passant par M et perpendiculaire au plan tangent: il y en a une infinité. — V. Normal.

Plan diamétral. Imaginons que dans une surface S, on mène des cordes parallèles à une droite donnée, et considérons le lieu des milieux de toutes ces cordes; s'il arrive que ce lieu soit un plan, on l'appelle *plan diamétral*. Dans les surfaces du second ordre, il existe un plan diamétral correspondant à chaque direction de cordes. — V. Diamètre.

Plan médian. La définition du plan médian est au fond identique à celle du plan diamétral; mais on emploie les mots *plan médian* quand, au lieu d'une surface S, on considère un polyèdre. — V. Médian.

Plan polaire. Considérons une surface du second ordre S et un point quelconque de l'espace P, intérieur ou extérieur. Menons par P une sécante quelconque qui coupe la surface aux deux points A et B et prenons sur cette sécante le point M conjugué harmonique de P par rapport à AB, c'est-à-dire tel que

$$\frac{MA}{MB} = \frac{PA}{PB}.$$

Le lieu décrit par le point M lorsque la sécante tourne autour du point fixe P est un plan qui a reçu le nom de *plan polaire* de P par rapport à la surface S. Par opposition le point P s'appelle le *pôle de ce plan*. Si le point P est extérieur à la surface, son plan polaire est le plan dans lequel se trouve la courbe de contact du cône circonscrit à S et ayant son sommet en S. La théorie des pôles et plans polaires est très importante. — V. Pôle, Polaire.

Angle plan. On appelle *angle plan* ou *angle rectiligne* d'un angle dièdre, l'angle formé par les perpendiculaires à l'arête du dièdre élevées en un même point de cette arête dans chacune des deux faces du dièdre. La considération de cet angle plan est fort importante, parce qu'il est proportionnel à l'angle dièdre.

|| On sait que l'idée fondamentale de la géométrie descriptive consiste à étudier les figures de l'espace au moyen de leurs projections sur deux plans perpendiculaires qu'on appelle les *plans de projection*, et qui de plus ont reçu les noms de *plan horizontal* et *plan vertical* à cause de la position qu'on leur donne habituellement (V. Géométrie descriptive, Projection). S'il s'agit de représenter un monument ou une machine, il est évident que les projections les plus utiles à considérer sont : d'une part la projection sur un plan horizontal, et de l'autre la projection sur un plan vertical convenablement choisi. Dans les dessins de topographie, d'architecture et d'industrie, la projection horizontale s'appelle le *plan* et la projection verticale l'*élévation*. Le *plan* reçoit quelquefois le nom de *plan géométral*, surtout lorsqu'il est établi en vue de mettre le dessin en perspective (V. Géométral, Perspective). Pour donner une idée complète de la forme de l'objet et en bien montrer les parties intérieures, il est souvent indispensable de joindre au plan et à l'élévation le dessin d'une ou plusieurs sections faites par des plans verticaux, dessins qui ont reçu le nom de *coupes* (V. Coupe, Élévation). Dans le dessin d'architecture, le plan est une des parties les plus importantes de la représentation d'un édifice, car c'est sur le plan que se voit la distribution des différentes salles ou chambres contenues dans l'édifice. Il faut évidemment autant de plans qu'il y a d'étages diversement distribués. S'il s'agit d'un édifice à construire, l'établissement du plan est l'une des parties du projet les plus délicates et les plus difficiles.

Plan géométral. — V. le paragraphe précédent.

Plan coté. Lorsqu'on veut représenter un objet dont les dimensions verticales sont très faibles par rapport aux dimensions horizontales, la projection verticale serait très difficile à établir correctement, et de plus elle serait peu instructive. Deux procédés peuvent alors être employés : l'un consiste à adopter pour les dimensions verticales une échelle plus grande que celle qui sert à représenter les dimensions horizontales, l'autre, qui est le plus usité, consiste à supprimer la projection verticale, et à la remplacer par des nombres écrits à côté de chacun des points de la figure et indiquant leur élévation ou *cote* au-dessus d'un plan horizontal fixe, auquel on rapporte toutes les hauteurs. On obtient alors ce qu'on appelle un

plan coté. Dans ce système, une droite est complètement définie par sa projection horizontale et les cotes de deux de ses points; mais pour plus de clarté, on écrit à côté de la droite les cotes de tous les points dont la hauteur se mesure par un nombre entier. La projection de la droite prend alors l'aspect d'une échelle divisée en parties égales. Pour représenter un plan, on dessine la projection d'une ligne de plus grande pente de ce plan, ligne droite menée dans le plan perpendiculairement à sa trace horizontale, et l'on inscrit les cotes des points de cette ligne dont la hauteur se mesure par un nombre entier. On obtient ainsi ce qu'on appelle l'*échelle de pente du plan*. Souvent on représente cette échelle par deux traits parallèles très voisins afin de bien montrer qu'elle sert à représenter un plan et non pas une simple ligne droite. La méthode des plans cotés est employée surtout pour la topographie et l'étude des fortifications; elle se prête admirablement à la représentation du terrain, et les problèmes qu'on peut avoir à résoudre se traitent de la manière la plus aisée. Pour donner encore plus de clarté au figuré du terrain, on a l'habitude de joindre par un trait continu tous les points qui ont une même cote, représentée par un nombre entier, et l'on inscrit cette cote à côté de la courbe obtenue. Ces courbes qui représentent les lieux des points situés à des hauteurs équidistantes, s'appellent les *courbes de niveau*. Il suffit d'un coup d'œil jeté sur un plan ainsi dessiné pour se faire une idée très nette du relief du terrain.

Plan vertical, plan horizontal. La verticale d'un lieu est la ligne droite suivant laquelle agit la pesanteur en ce lieu. Tout plan qui passe par la verticale est dit *plan vertical*, et tout plan perpendiculaire à la verticale est dit *plan horizontal*. Il y a en chaque lieu une infinité de plans verticaux de directions différentes, et une infinité de plans horizontaux parallèles entre eux et situés à des hauteurs différentes.

Plan méridien. Plan qui passe par la verticale et l'axe du monde. — V. Méridien. — M. F.

Plan incliné. Machine simple formée, comme son nom l'indique, d'un plan résistant incliné d'un angle déterminé sur l'horizon. Supposons le plan incliné faisant un angle i avec l'horizon et coupé par un plan vertical, mené par sa ligne de plus grande pente AB, et un corps quelconque O en équilibre sur ce plan. Ce corps est soumis à la force F, à son poids P et à la réaction normale N du plan. En admettant que le frottement n'existe pas, les trois forces devraient se trouver dans le même plan, et concourir au même point puisqu'il y a équilibre; ce plan, qui doit être à la fois vertical et perpendiculaire au plan donné AB puisqu'il passe par les droites P et N, n'est autre que le plan ABC formé par la ligne de plus grande pente AB, la verticale BC qu'on appelle la *hauteur du plan* incliné, et l'horizontale AC qu'on nomme la *base du plan*.

Si l'on suppose qu'il n'y ait pas de frottement, et que le corps soit en équilibre sous l'influence des forces F, P et N, on peut projeter ces trois forces sur la droite A B, la somme des projections doit être nulle

$$F \cos \alpha - P \sin i = o$$

$$F = P \frac{\sin i}{\cos \alpha}$$

qui a son minimum lorsque $\cos \alpha = 1$ ou $\alpha = 0$, c'est-à-dire lorsque F est parallèle à AB, et la valeur de F est alors

$$F = P \sin i$$

Mais dans le triangle ABC on a :

$$BC = AB \sin i$$

$$\sin i = \frac{BC}{AB}$$

donc

$$F = P . \frac{BC}{AB}$$

ou

$$\frac{F}{P} = \frac{BC}{AB}$$

c'est-à-dire que la *puissance est à la résistance comme la hauteur du plan est à sa longueur.*

Si la force F était horizontale, on aurait $\alpha = -i$ par conséquent $\cos \alpha = \cos i$ d'où :

$$\frac{F}{P} = \frac{\sin i}{\cos i} = \operatorname{tg} i = \frac{BC}{AC}$$

c'est-à-dire qu'alors, la *puissance est à la résistance comme la hauteur du plan est à sa base.*

Si l'on suppose maintenant que l'on fasse intervenir le frottement, on doit remarquer d'abord que si l'on n'applique au corps aucune force motrice, l'équilibre statique ne peut avoir lieu que

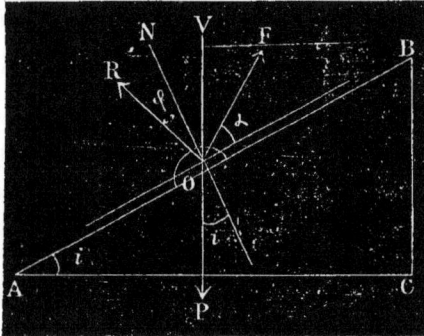

Fig. 148.

si la réaction R du plan due au frottement est égale et opposée à P (fig. 148), ce qui exige que l'angle NoV ou i ne soit pas plus grand que NoR ou φ. En un mot, que l'inclinaison du plan ne soit pas supérieure à l'angle de frottement.

Mais i peut être plus petit que φ parce que, comme il n'y a pas de mouvement, la réaction R peut faire avec la normale un angle plus faible que l'angle de frottement ; et en effet, sa direction se modifie de manière qu'elle reste opposée à P.

En réalité, dans la pratique, l'équilibre peut avoir lieu sans que la force F soit dans le plan

des deux autres ; mais cependant, comme ce cas est le plus fréquent, c'est le seul que nous considérerons.

Supposons alors le corps animé d'un mouvement uniforme d'ascension sur le plan A B. La réaction du plan R fera alors avec la normale N, un certain angle φ que nous connaissons sous le nom d'angle de frottement et qui sera situé du côté opposé au mouvement.

Or, les trois forces F, P et R se faisant équilibre doivent avoir une résultante nulle ou présenter, en projection, un polygone fermé ; si donc nous les projetons sur A B et sur la perpendiculaire O N, la somme des trois projections dans les deux cas doit être nulle. On aura donc :

$$F \cos \alpha - P \sin i - R \sin \varphi = o$$
$$F \sin \alpha - P \cos i + R \cos \varphi = o$$

ces deux équations permettent d'éliminer R, il suffit pour cela de multiplier la première par $\cos \varphi$, la seconde par $\sin \varphi$ et d'ajouter membre à membre, il vient :

$$F(\cos \alpha \cos \varphi + \sin \alpha \sin \varphi) - P(\sin i \cos \varphi + \cos i \cos \varphi) = o$$

mais les deux parenthèses ne sont autres que

$$\cos(\alpha - \varphi) \text{ et } \sin(i + \varphi)$$

on peut donc écrire :

$$F \cos(\alpha - \varphi) - P \sin(i + \varphi) = o$$

d'où

$$(1) \qquad F = P \frac{\sin(i + \varphi)}{\cos(\alpha - \varphi)}$$

formule simple qui donne en fonction des données du problème, la valeur de la force F.

Si l'on veut avoir dans cette expression le frottement sous sa forme ordinaire

$$f = \operatorname{tg} \varphi = \frac{\sin \varphi}{\cos \varphi},$$

il suffit de conserver la première expression développée et d'écrire

$$F = P \frac{\sin i \cos \varphi + \cos i \sin \varphi}{\cos \alpha \cos \varphi + \sin \alpha \sin \varphi}$$

et de diviser haut et bas par $\cos \varphi$, ce qui donne

$$F = P \frac{\sin i + f \cos i}{\cos \alpha + f \sin \alpha}$$

De simples considérations géométriques permettent d'ailleurs d'établir la formule donnant la valeur de F, même quand il faut tenir compte du frottement.

En effet, puisqu'il y a équilibre, chacune des trois forces F, P, R est la troisième ligne fermant le triangle de composition des forces construit avec les deux autres (fig. 149). On aura donc :

$$\frac{F}{P} = \frac{ac}{ab} = \frac{\sin b}{\sin c}$$

Or, en considérant la figure précédente, on voit que

$$b = RoV = RoN + NoV = i + \varphi$$

donc

$$\sin b = \sin(i + \varphi)$$

de plus :

$$c = RoF = RoN + NoF = \varphi + 90° - \alpha$$
$$\sin c = \sin(\varphi + 90° - \alpha) = \cos(\alpha - \varphi)$$

donc

$$\frac{F}{P} = \frac{\sin(i+\varphi)}{\cos(\alpha-\varphi)}.$$

on voit encore aisément sur ce triangle, que F augmente à mesure que R fait un angle plus grand avec P, et par suite avec la normale au plan qui n'en diffère que par un angle constant i.

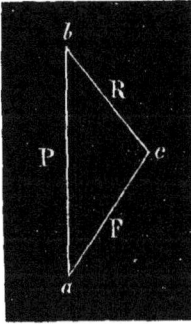

On voit également que le minimum de F a lieu lorsque ac est perpendiculaire à bc.

Fig. 149.

Supposons maintenant que la force F, au lieu d'être utilisée à faire monter le corps le long du plan incliné, ne soit employée qu'à retenir ce corps à la descente et à empêcher son mouvement de s'accélérer. Il y a encore équilibre entre les trois forces F, P, R, mais le frottement agissant en sens inverse du précédent, la réaction R serait inclinée de l'angle φ à droite de la normale, entre ON et OV ou même au delà, vers F.

En appliquant à ce cas la même méthode que précédemment, on arrive à une valeur de F

$$(2) \qquad F = P\frac{\sin(i-\varphi)}{\cos(\alpha+\varphi)}$$

ou

$$F = P\frac{\sin i - f\cos i}{\cos\alpha - f\sin\alpha}$$

On voit que ce ne sont que les formules du premier cas dans lesquelles φ et f sont changés en $-\varphi$ et $-f$, ce qui était facile à prévoir a priori.

On peut se demander de ces deux forces laquelle est la plus grande; or, toutes réductions faites, la différence est

$$\frac{\sin 2\varphi \cos(\alpha+i)}{\cos(\alpha-\varphi)\cos(\alpha+\varphi)}$$

quantité positive pourvu que l'on ait

$$\alpha + i \leqslant 90°$$

ce qui a forcément lieu puisqu'on suppose la force F dirigée à droite de la verticale OV, et faisant par conséquent avec l'horizon un angle $\alpha+i < $ 1 dr.

Si l'on suppose $i=\varphi$, la formule (2) donne F = 0, c'est-à-dire qu'il ne faut aucune force pour empêcher le mouvement de s'accélérer à la descente, ce mouvement est donc de lui-même uniforme.

Si on admet $i < \varphi$, on a pour F une valeur négative, c'est-à-dire que dans ce cas, pour maintenir le mouvement uniforme, il faut appliquer la force F en sens contraire, ou, en d'autres termes, que sans le concours de cette force, le mouvement serait retardé.

Enfin, on peut encore étudier le mouvement varié d'un corps qui descend le long d'un plan incliné (fig. 150) sous la seule action de la pesanteur et de la réaction du plan. On sait que dans un mouvement de translation, l'accélération a pour

mesure la somme algébrique des projections des forces extérieures sur la direction du mouvement divisée par la masse totale du corps,

$$j = \frac{\Sigma f}{M}$$

Or, dans le cas qui nous occupe, on aura :

$$M = \frac{P}{g} \quad \text{et} \quad j = \frac{P\sin i - R\sin\varphi}{\frac{P}{g}} = g\frac{P\sin i - R\sin\varphi}{P}$$

Le corps restant dans le plan incliné, n'a aucune vitesse ni aucune accélération en dehors de ce

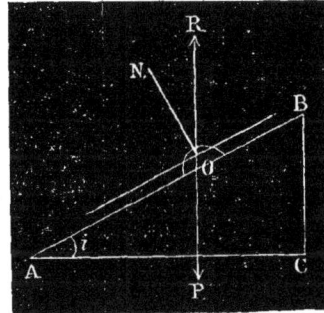

Fig. 150.

plan; la somme des projections des forces sur la normale sera donc nulle

$$P\cos i - R\cos\varphi = o$$

d'où

$$R = P\frac{\cos i}{\cos\varphi}$$

Substituant dans la valeur de j et simplifiant il vient :

$$j = g\frac{\sin(i-\varphi)}{\cos\varphi}$$

valeur constante, par conséquent le mouvement correspondant est uniformément accéléré et les équations de ce mouvement sont :

$$(3) \qquad v = g.\frac{\sin(i-\varphi)}{\cos\varphi}t$$

$$(4) \qquad e = \frac{1}{2}g.\frac{\sin(i-\varphi)}{\cos\varphi}t^2$$

En comparant ces formules à celles de la chute des corps dans le vide, on voit que le mouvement est le même, sauf que l'espace, la vitesse et l'accélération sont diminués dans le rapport constant de

$$\frac{\sin(i-\varphi)}{\cos\varphi},$$

mais comme la nature du mouvement est la même, le plan incliné offre un moyen commode d'étudier les lois de la chute des corps. C'est en effet de la sorte que Galilée procéda à ses célèbres expériences qui ont amené une véritable révolution dans les sciences physiques.

Remarquons encore que si $i=\varphi$; on a $j=o$, et que, par conséquent, le mouvement deviendrait uniforme. Si $i < \varphi$ ou aurait pour j une valeur négative ; c'est-à-dire qu'en supposant le mobile animé d'une vitesse initiale dans le sens descendant, son mouvement serait uniformément retardé et que, par conséquent, si le plan était suffisamment long, le corps finirait par s'arrêter.

Considérons enfin le mouvement ascendant d'un corps sur un plan incliné sous la seule action de la pesanteur et de la réaction du plan. En procédant comme précédemment on aura :

$$j = -g \cdot \frac{\sin(i+\varphi)}{\cos \varphi}$$

Cette accélération étant négative, le mouvement sera uniformément retardé ; si v_0 est la vitesse initiale du mobile, les équations de son mouvement seront :

(5) $$v = v_0 - g \frac{\sin(i+\varphi)}{\cos \varphi} t$$

(6) $$e = v_0 t - \frac{1}{2} g \cdot \frac{\sin(i+\varphi)}{\cos \varphi} t^2$$

Le mobile montera jusqu'à ce que sa vitesse soit nulle ou $v = o$, et qui donne

$$t = \frac{v_0 \cos \varphi}{g \sin(i+\varphi)}$$

et par suite l'espace parcouru sera :

(7) $$e = \frac{v_0^2}{2g} \cdot \frac{\cos \varphi}{\sin(i+\varphi)}.$$

à partir de ce moment si l'on a $i > \varphi$ le mouvement sera descendant et uniformément accéléré. Quand le mobile aura parcouru l'espace e donné par la formule (7), c'est-à-dire quand il sera revenu au point de départ, il aura acquis une vitesse$_0$

$$v = \sqrt{2je}$$

ou, en remplaçant j par $g \dfrac{\sin(i-\varphi)}{\cos \varphi}$ et e par la formule (7) on a :

$$v = \sqrt{2g \frac{\sin(i-\varphi)}{\cos \varphi} \cdot \frac{v_0^2}{2g} \cdot \frac{\cos \varphi}{\sin(i+\varphi)}}$$

$$v = v_0 \sqrt{\frac{\sin(i-\varphi)}{\sin(i+\varphi)}}$$

valeur évidemment plus faible que v_0 ; ainsi le mobile ne redescendra pas au point de départ avec la même vitesse comme cela a lieu dans la chute libre. Cela ne pourrait avoir lieu qu'avec $\varphi = o$, c'est-à-dire s'il n'y avait point de frottement.

Si l'on a $i \leqslant \varphi$, le mobile parvenu au haut de sa course ne redescendra plus.

L'usage du plan incliné est très usité dans l'industrie pour opérer l'ascension ou la descente de fardeaux, l'élévation de matériaux de constructions, etc. Dans certains cas les chemins de fer et les canaux s'en servent pour remorquer les vagons ou les bateaux et éviter des travaux d'art coûteux ; mais c'est surtout dans les mines qu'on le voit le plus répandu. — V. § *Plan incliné dans les mines.*

Le système général est toujours à peu près le même : ce sont des vagons vides par exemple qui remontent, tandis que descendent des vagons pleins qui les entraînent au moyen d'un câble passant sur une poulie de renvoi munie d'un frein puissant, afin de modérer l'accélération que prendrait de lui-même le fardeau descendant sous l'effet de la pesanteur.

Lorsque le fardeau est à remonter ou bien quand l'inclinaison du plan n'est pas assez forte pour que les vagons descendent d'eux-mêmes, on provoque le mouvement en lui fournissant directement la force nécessaire au moyen d'une machine fixe, située au haut ou au bas du plan incliné selon qu'il s'agit de faire descendre ou monter la charge. — A. M.

Plan incliné dans les mines. On appelle ainsi des galeries munies de rails en bois ou en fer, dont l'inclinaison est plus grande que celle pour laquelle un vagonnet chargé sur les rails se mettrait spontanément en mouvement, et sur lesquelles on retient les vagonnets par un câble qui peut être une corde de chanvre, une chaîne de fer ou un câble en fil de fer. On distingue trois variétés de plans inclinés. Si la matière utile doit descendre le long du plan incliné, on utilise son poids pour remonter le vagon vide en haut du plan ; on emploie seulement un frein à la partie supérieure et le plan est dit *automoteur*. On peut même faire remonter le vagon vide à une hauteur plus considérable que celle d'où part le vagon plein et le plan est dit alors *bisautomoteur*. Si la matière utile doit monter le long du plan incliné, on utilise le poids du vagon vide descendant pour faire monter le vagon plein et on doit, en outre, avoir recours à une force motrice ; le plan s'appelle alors une *vallée*.

Plans automoteurs. Les plans automoteurs, dont l'usage est très fréquent dans les mines, peuvent fonctionner des deux manières suivantes : ou bien le vagon plein remonte directement le vagon vide, ou bien il remonte un contrepoids qui ensuite, en descendant, fait remonter le vagon vide. Dans le premier cas, on peut employer les dispositions suivantes : 1° avoir deux voies parallèles avec une entrevoie dans toute la longueur du plan ; 2° employer deux voies ayant un rail commun, sauf dans la partie centrale où il y a une entrevoie ; 3° avoir une seule voie, sauf dans la partie centrale où il y a une gare d'évitement terminée par des aiguilles qui sont alternativement manœuvrées par le talon et franchies en pointe. Ce dispositif est inférieur à l'emploi des trois rails, car si les aiguilles fonctionnent mal, il peut en résulter des déraillements. Dans le second cas, on peut employer les dispositions suivantes : 1° la voie du contrepoids est placée à côté de la voie principale ; 2° la voie du contrepoids est placée à l'intérieur de la voie principale et passe en dessous, dans la partie centrale, grâce à une variation de l'inclinaison ; 3° le contrepoids descend dans un faux puits vertical, dont la hauteur multipliée par le poids est intermédiaire entre le travail moteur de la descente d'un vagon plein et le travail résistant de la remonte d'un vagon vide.

La pente d'un plan automoteur doit être au moins de 8° si les rails sont en fer, et de 15° s'ils sont en bois, pour que le poids de la matière utile qui emplit un vagonnet suffise à mettre en mouvement les deux vagonnets, ou le vagonnet et le contrepoids ; quand les plans inclinés sont établis au jour et qu'on est maître de leur inclinaison, on la fait décroître de la partie supérieure à la partie inférieure, afin de compenser l'effet du poids du câble qui commence par être une résistance quand le vagon plein est en haut et qui devient une puissance quand il est en bas. Mais quand le plan incliné est établi dans la mine, il faut le plus souvent qu'il suive la couche ou le filon exploité. Sa pente est, dans ce cas, généralement variable, si le plan incliné se projette horizontalement en ligne droite ; on peut recourir à des coudes du plan incliné pour modifier son inclinaison. On peut porter l'inclinaison d'un plan incliné jusqu'à 80°, mais quand le gisement exploité est aussi incliné, il vaut mieux se mettre en demi-pente.

Les plans inclinés ne doivent pas être trop longs, en raison de l'extension des câbles et en vue d'éviter qu'une rupture de câble n'ait de trop graves conséquences. En France, on se limite ordinairement à 50 mètres et, en Belgique, à 100 mètres ; quand on a des longueurs plus considérables à faire parcourir, on les partage en plusieurs plans inclinés, qu'on n'établit pas en prolongement. La vitesse de circulation des vagonnets varie de 2 à 4 mètres.

On peut employer un câble sans fin passant à la partie supérieure sur une poulie fixe et à la partie inférieure sur une poulie qui se déplace sous l'action d'un contrepoids qui règle la tension du câble. Le plus souvent, on emploie un seul câble à deux bouts passant à la partie supérieure sur une poulie fixe tangente aux deux axes des voies. On peut remplacer la poulie par un treuil de touage formé de deux cylindres dont les axes parallèles sont verticaux ou horizontaux dans le sens transversal aux voies, et faire passer le câble n fois sur le premier et $n-1$ sur le second. On peut employer un treuil ordinaire autour duquel le câble décrit un certain nombre de tours, ou auquel sont attachées les extrémités de deux câbles différents qui s'enroulent en sens contraire et qui portent le vagon vide et le vagon plein, ou le vagon et le contrepoids. Dans ce dernier cas, si le vagon et le contrepoids décrivent des chemins inégaux, on emploie un treuil à deux rayons différents, proportionnels aux longueurs de ces chemins.

Quelle que soit la disposition adoptée, il faut employer un frein qui arrête sûrement, en cas de besoin, le mécanisme sur lequel passe le câble. Ce frein se compose d'un sabot en bois, fixé à un levier, embrassant un arc de la jante d'une roue en bois ou en fonte, et produisant sur cette jante un frottement proportionnel à l'effort exercé à l'extrémité du levier. On peut aussi employer une bande de tôle portant plusieurs sabots en bois et rapprocher ou écarter ses extrémités par une vis ou par des leviers. Le frein peut être lâche au repos et serré par l'action de l'ouvrier, mais il vaut mieux qu'il soit serré au repos et desserré par l'action de l'ouvrier. On a employé

aussi un grand frein à ailettes, mais ce n'est, en réalité, qu'un ralentisseur. Pour que le frein soit efficace, il faut empêcher le glissement du câble. La résistance au glissement augmente avec l'amplitude de l'arc embrassé, et il n'y a lieu d'étudier cette question que dans le cas d'une poulie à gorge, où l'enroulement n'a lieu que sur une demi-circonférence. On emploie une poulie à gorge conique dans laquelle le câble se coince d'autant plus fortement que la traction est plus considérable, ou une poulie métallique articulée Fowler qui serre le câble par le fait même de sa tension longitudinale.

Quand le plan incliné est à faible pente, on peut mettre les vagons directement sur les rails, et même former de petits trains montant et descendant. Quand l'inclinaison est de plus de 30°, à moins que l'on ait un matériel roulant dont la caisse reste verticale, quelle que soit l'inclinaison de la voie, il faut employer des chariots porteurs qui restent constamment attelés aux câbles et dont la partie supérieure horizontale vient se mettre au niveau des chassages. Ces chariots sont à charnière pour pouvoir servir dans des plans d'inclinaison variable. On relie leur partie supérieure avec les chassages par des rails amovibles placés sur ces chassages. En tête du plan incliné est un palier sur lequel un système d'aiguilles, ou plutôt une plaque d'embranchement, permet d'amener le vagon plein sur l'une ou l'autre des deux voies. A un chassage intermédiaire, si le plan est peu incliné, on intercale une partie en palier ; ou s'il est plus incliné, on rend les rails du plan amovibles au-dessus d'un palier, de sorte que quand le chassage considéré n'est pas desservi par le plan, l'inclinaison du plan soit constante. Si la pente du plan est assez forte pour qu'on emploie des chariots porteurs, le dessus du chariot se trouve en communication avec un des côtés du chassage supérieur ou intermédiaire, et on peut le mettre en communication avec l'autre, en rabattant autour d'un axe horizontal, un plancher vertical situé dans l'entrevoie du plan incliné. Quand on veut desservir successivement par un même plan incliné plusieurs chassages différents, il n'y a pas de difficultés si on emploie un câble sans fin ; si on emploie un câble à deux bouts passant sur une poulie, il faut raccourcir ou rallonger le câble, de façon que quand le vagon vide est à la recette inférieure, le vagon plein soit au chassage que l'on veut desservir ; si on emploie deux câbles dont les extrémités sont attachées à deux treuils clavetés ensemble, on déclavette ces treuils et on fait tourner l'un d'eux, de façon à enrouler ou dérouler une partie du câble. La recette inférieure du plan incliné est, en général, établie en dehors de la voie de fond et reliée avec elle par un petit raccordement, de sorte que l'on puisse circuler constamment sur la voie de fond.

Pour empêcher le câble de traîner en frottant contre le sol du plan incliné, on peut le faire passer sur des rouleaux cylindriques en bois, bien graissés, et mobiles autour de leur axe horizontal. Si le plan incliné fait un coude, il faut avoir pour chaque câble un rouleau de renvoi.

Il est très recommandé de faire traîner par le vagon de queue du train montant une fourche qui glisse à terre sans. opposer de résistance, mais qui, en cas de rupture du câble, s'arc-boute et empêche de descendre le train montant. Le train descendant est arrêté par le frein. Cet appareil est inefficace dans le cas, d'ailleurs peu probable, de la rupture du câble du train descendant. L'arrête-convoi de M. Jossieu consiste en un vagon muni d'ancres, maintenues relevées par la tension du câble, mais rabattues par un poids dès que le câble casse.

La circulation est généralement interdite le long d'un plan incliné, à moins qu'il ne soit muni d'un sentier séparé du plan par une balustrade.

On dirige la manœuvre d'un plan incliné, de la recette inférieure, par un système de signaux qui seront décrits à l'article SIGNAUX DANS LES MINES. La partie supérieure d'un plan doit être fermée par une chaine qu'on ouvre chaque fois qu'on veut lancer un vagon.

Plans bisautomoteurs. Les plans bisauto-moteurs ont été installés à la surface, à la Grand'

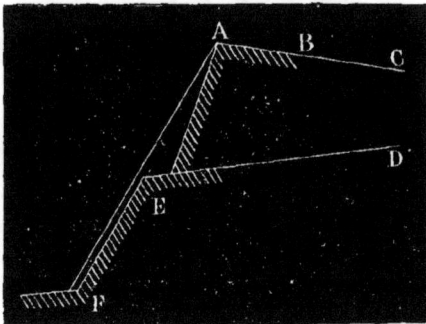

Fig. 151.

Combe, dans les conditions suivantes : En B (fig. 151) est une carrière à remblai, ABC est une galerie inclinée de telle sorte que les vagonnets chargés de remblai arrivent spontanément à l'entrée C de la mine. Les vagonnets chargés de matière utile sortent de la mine en D et se meuvent spontanément sur la pente DE. Les deux plans inclinés AE, EF sont situés en prolongement l'un de l'autre, et il y a en A deux treuils ordinaires dont les rayons sont dans le rapport $\dfrac{AE}{EF}$. Sur le premier treuil passe un câble qui porte à ses extrémités n vagons pleins qui descendent le long de EF et n vagons vides qui remontent cette pente et sur le second passe un câble qui porte à ses extrémités un vagon vide qui descend le long de AE et $n+1$ vagons vides qui remontent cette pente. Le poids des n vagons pleins descendant EF, remonte n vagons vides le long de FA. Il faut que la hauteur de EF soit une fraction suffisante de la hauteur de AF. Généralement, on donne à EF une hauteur plus grande que le minimum obligatoire, et on emploie un frein comme dans

les plans automoteurs, pour éteindre l'excédent de force vive.

Vallées. Il nous reste à parler des plans inclinés munis d'un moteur spécial pour faire remonter la matière utile. La vallée peut, comme les plans automoteurs, être à double effet si le vagon vide descend en même temps que le vagon plein monte, ou à simple effet si un contrepoids qui descend pendant que le vagon plein monte, remonte ensuite pendant que le vagon vide descend.

Le moteur employé peut être un homme, un cheval ou une machine. L'homme agira sur un treuil à l'aide de manivelles établies sur l'axe du treuil ou sur l'axe d'un pignon engrenant avec une roue placée sur l'axe du treuil. Le cheval agira sur le tambour d'un manège. On peut employer une machine de rotation à colonne d'eau. L'eau, après avoir fonctionné dans cette machine, sort au jour par la galerie d'écoulement ou bien se rend dans le puisard où elle est pompée par la machine d'exhaure. On peut employer une machine à vapeur, mais dans ce cas il faut que les produits de la combustion se rendent directement au puits de sortie sans passer par des galeries fréquentées par les hommes et que les foyers soient alimentés par de l'air pur venant directement du jour, de façon à ne pas risquer de provoquer d'explosion de grisou. Mais la meilleure solution est l'emploi d'une machine à air comprimé. L'air, comprimé à la surface, est envoyé au fond presque sans perte de charge, il fonctionne dans la machine et, en sortant, il sert à la ventilation de la mine. L'emploi des machines pour opérer la traction dans l'intérieur des mines, aussi bien dans une vallée que sur un niveau horizontal, sera traité en détail à l'article TRACTION DANS LES MINES. — A. B.

PLAN EN RELIEF. Plan sur lequel on place la représentation en bois, en plâtre et en carton, et à une échelle quelconque de tout ce qui se voit dans un périmètre déterminé.

— Ces plans, représentant généralement des villes fortes, existent au nombre de cent-cinq à l'hôtel des Invalides, qui leur sert de dépôt central depuis 1777, et présente une galerie à peu près unique en Europe. Elle fut commencée par Louvois, qui ordonna, en 1668, de faire le plan en relief de la place d'Ath, puis ceux des citadelles de Lille et de Narbonne. Louis XIV prit goût à cette idée de son premier ministre, il pensa que ces nouveaux plans pourraient servir utilement à l'instruction de ses enfants et il poussa vigoureusement les travaux entrepris par Louvois, afin de posséder au plus tôt les plans en relief des places qu'il avait conquises ou fortifiées. Il leur assigna pour emplacement la galerie de communication entre les Tuileries et le Louvre connue sous le nom de galerie du Louvre. Cette galerie comptait cinquante plans; à la mort du monarque, Louis XV en fit établir aussi quelques autres, et sous Louis XVI, quelque temps avant la Révolution, on comptait cent vingt plans qui, comme nous l'avons dit plus haut, furent transportés aux Invalides, où ils se trouvent encore actuellement.

L'échelle adoptée dès l'origine et qui est encore conservée de nos jours afin de maintenir l'uniformité de la collection, est la même pour les longueurs et les hauteurs. C'est 1/600 (ou 1 pied pour 100 toises). Elle parut la plus convenable pour représenter tous les détails qu'on a besoin de montrer dans un plan d'ensemble, et permit de renfermer dans le périmètre du relief toute l'étendue du terrain qui importe à la fortification, sans dépasser la largeur de 7,50 qui est le maximum possible pour permettre autour du plan une circulation aisée, dans les galeries ordinaires dont on dispose. Les forts isolés, les reliefs d'étude de détails se construisent tous sur une échelle plus grande et les reliefs des positions militaires sur une échelle plus petite.

— Les premiers plans en relief furent d'ailleurs, paraît-il, assez grossièrement construits et par des procédés bien moins perfectionnés que ceux dont on fait usage de nos jours; le plus parfait, qu'on n'emploie pas toujours, consiste actuellement à découper des plaques de carton dont le périmètre épouse exactement le contour de chacune des courbes de niveau (ensemble des points à la même hauteur au-dessus du niveau de la mer) que l'on croit devoir indiquer à l'échelle où se fait le plan, pour obtenir une représentation suffisante des lieux. La superposition de toutes ces feuilles, découpées et collées, donne le relief; on n'a plus qu'à remplir avec de la pâte les vides des gradins ainsi formés et à passer en couleur en ajoutant de la soie verte pour les gazons, le feuillage des arbres, etc. En outre, il y a certaines précautions à prendre pour assurer la solidité de l'ensemble, sa résistance aux chocs, permettre les dilatations dues à la température ou à l'humidité. Le tout repose sur un châssis d'excellente menuiserie.

Toutes ces mesures étaient loin d'être observées dans la fabrication des premiers plans qui, en 1750, sous le maréchal de Belle-Isle, tombaient en ruines. Il en ordonna, peu de temps après, la restauration qui équivalait presque à une reconstitution; les travaux durèrent de 1765 à 1794! La même année, on adjoignit à la collection le plan de Toulon, et plus tard, sous l'Empire, ceux de Brest et de Cherbourg.

En 1815, les Prussiens jugèrent utile de s'approprier vingt de ces plans représentant des places fortes de la frontière entre le Rhin et la mer du Nord, et qui furent transportés à Berlin. L'annexion à la France du Piémont et de la Hollande avait mis en notre pouvoir plusieurs plans en relief des places fortes de ces pays; on les rendit en 1815 et 1816. Le plan d'Anvers vint ensuite, qui fut construit en 1833, en quatre-vingt-quatre heures, pour être montré dans une fête que donnait le ministre de la guerre à des princes et à des officiers généraux qui avaient fait le siège de cette citadelle.

Tous ces plans en relief représentent des surfaces d'eau, des arbres, des rochers, de la végétation avec une exactitude surprenante.

Un grand nombre d'autres plans en relief sont, depuis, venus enrichir la collection. Presque tous portent, aujourd'hui, sur les parois extérieures des tables qui les supportent, l'indication des altitudes et quelquefois même la désignation des couches géologiques du terrain. Chaque plan est entouré d'un grillage en fil de fer destiné à l'isoler des attouchements indiscrets des visiteurs et à supporter, aux heures de clôture, des couvertures qui les mettent à l'abri de la poussière. Les fils de fer composant le grillage sont, d'ailleurs, très espacés et leur distance représente une dimension de l'échelle du plan, généralement 200 mètres; cette heureuse idée permet de se rendre

aisément compte des distances relatives du modèle; en outre, l'orientation est précisée au moyen d'un fil de laiton indiquant le méridien du lieu avec les désignations *nord* et *sud* aux extrémités correspondantes.

En dehors des plans de villes fortes, l'hôtel des Invalides en possède un certain nombre représentant des événements ou des sites divers. Ainsi, on y rencontre la défense héroïque de Mazagran, l'attentat de Fieschi, un épisode de la bataille d'Austerlitz, une prison anglaise, une vue de l'hôtel de ville de Paris et de la place de Grève en 1830, etc.

En outre de cette collection qui est la plus importante, il en existe, en France, plusieurs autres dans le genre géographique, scientifique ou technique. Nous citerons les plans en relief du Conservatoire national des arts-et-métiers, dont on voit comme échantillon, le plan d'ensemble des grandes usines du Creusot, dans la cour d'honneur; citons encore les plans du musée maritime au Louvre et de la galerie de la Bibliothèque nationale.—A. M.

I. PLANCHE. *T. de constr.* D'une manière générale, on donne ce nom à des pièces de bois refendues, de peu d'épaisseur relativement à leur longueur et à leur largeur. Dans la construction, les planches sont employées aux ouvrages de menuiserie, portes, parquets, cloisons, à l'établissement des échafaudages, des barrières provisoires, des couvertures, etc. Elles sont débitées et livrées au commerce avec des dimensions déterminées, qui ont reçu diverses désignations, énumérées dans le tableau suivant, emprunté au traité d'architecture de M. Léonce Regnaud :

Essences des bois	Désignation des planches	Epaisseurs	Largeurs
		mètres	mètres
	Feuillet (1)..	0.013	0.24
	Panneau (1).	0.020	0.24
	Entrevous. .	0.027	0.24
	Planche. . .	0.034	0.24
Chêne		0.031 à 0.045	0.22
	Merrain (2) .	0.033, 0.040 et 0.047	0.13 ou 0.16
	Doublette. . .	0.054 à 0.06	0.32
	Membrure. . .	0.08	0.16
	Petit battant..	0.08	0.22
	Gros battant..	0.11	0.33
Sapin de France	Feuillet	0.016 à 0.018	0.23 ou 0.32
	Ordinaire. . .	0.027	0.22 ou 0.32
	Forte qualité..	0.034 à 0.040	0.24 ou 0.32
	Madrier	0.06	0.32
Sapin du Nord	Planche	0.027, 0.034 et 0.041	0.22
	Petit madrier.	0.054	0.22
	Madrier	0.08	0.22

(1) Ces échantillons se débitent presque toujours chez les menuisiers, qui les tirent ordinairement des planches.

(2) Ces planches n'ont pas plus de 0m,45 de longueur ; l'architecture ne les emploie guère que dans l'établissement des panneaux de lambris et de parquets.

Les planches employées à Paris sont tirées du chêne, du sapin ou du peuplier. D'une manière générale, les plus minces se nomment *voliges*; les plus épaisses *madriers*; on utilise encore, pour les ouvrages qui ne réclament pas une exécution très soignée, des planches, dites *de bateau*, qui proviennent du déchirement des vieux bateaux.

La Champagne, la Lorraine, la Bourgogne et

le Nivernais fournissent les planches de chêne dont on se sert habituellement à Paris et que l'on désigne sous le nom seul de *chêne de Champagne*. Ces planches arrivent par trains et, par conséquent, sont flottées. Elles sont moins propres à la confection des ouvrages où le bois doit rester apparent que celles que l'on tire d'une autre essence, appelée *chêne de Hollande*, et qui vient, pour la majeure partie des commandes, du département de l'Aisne. Ce dernier bois est moins sensible aux influences hygrométriques que le chêne de Champagne; il est, en outre, d'un aspect plus agréable, parce qu'il présente une bien plus grande quantité de surfaces miroitantes; c'est là un effet dû au débit sur *mailles*, mode

adopté dans cette région. — V. Bois, § *Débitage du bois*.

Le meilleur bois de sapin utilisé sous forme de planches, à Paris, est le sapin du Nord, qui n'est pas flotté, et en particulier le sapin rouge de Riga. Le sapin de France, de qualité très inférieure, n'est employé que par des motifs d'économie et surtout dans les localités qui le fournissent; il doit être rejeté de tous les ouvrages exécutés avec une certaine recherche. — F. M.

II. **PLANCHE**. *T. techn.* 1° Surface sur laquelle on a exécuté quelque ouvrage de gravure pour en tirer des estampes et, par extension, estampe tirée à l'aide d'une planche gravée. || 2° Nom du

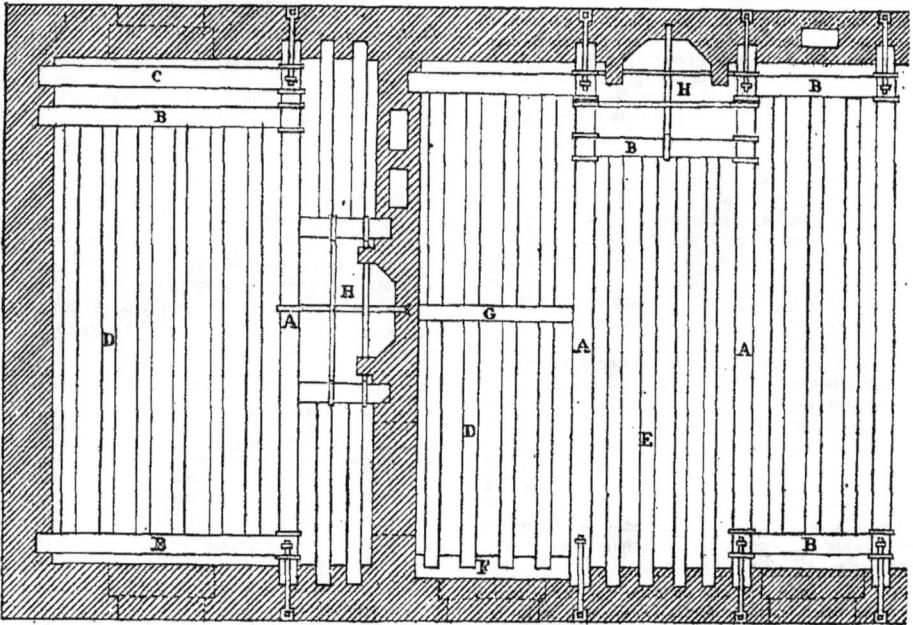

Fig. 152.

banc qui renferme les ardoises de belle qualité, dans les ardoisières des Ardennes. || 3° *Planche d'arcades*. *T. de tiss.* On nomme ainsi une planche mince, percée de milliers de trous et employée dans le montage des métiers Jacquard. Les petits trous sont disposés en quinconce. Un certain nombre de trous, comptés de l'arrière à l'avant, constitue une *route*. Il y a ordinairement, dans le sens transversal, sept routes tous les 2 centimètres, soit *trois trous et demi* par centimètre. Ce perçage arbitraire rend les calculs d'empoutage parfois difficiles. Il serait à désirer qu'il fut fait conformément au système décimal. — V. EMPOUTAGE. || 4° *Planche plate*. *T. d'imp. s. ét.* Machine servant à imprimer des dessins d'un grand rapport sur des étoffes de soie ou de coton. La planche plate, aujourd'hui à peu près délaissée, a été très en vogue pour imprimer les foulards de soie. — V. IMPRESSION SUR TISSUS.

PLANCHÉIER. *T. de constr.* Faire le *planchéiage*, garnir le sol d'un appartement d'un revêtement en planches.

PLANCHER. *T. de constr.* On désigne ainsi les séparations horizontales des étages dans les édifices, séparations qui comprennent trois parties principales : la *charpente* en bois ou en fer qui forme l'ossature; l'*aire* en carrelage, dallage ou parquet qui recouvre cette charpente et qui forme le sol des étages; le *plafond*, en plâtre ou en matériaux divers, qui revêt la partie inférieure de l'ossature et qui peut quelquefois être supprimé en totalité ou en partie, les pièces de bois ou de fer étant laissées apparentes dans toute cette hauteur ou dans une portion seulement de leur hauteur. Il existe donc, suivant la matière adoptée pour former la carcasse de ces parois horizontales des édifices, des planchers en bois et des planchers en fer, véritables pans de bois ou de fer analogues à ceux qui constituent les parois verticales clôturant ou divisant un même étage.

Planchers en bois. Les plus simples sont formés de pièces de bois ou *solives* posées parallèlement avec des intervalles égaux et supportées par les murs à leurs deux extrémités. Ce système est défectueux, vu : 1° l'inégalité de résistance qu'offrent, dans leurs diverses parties, les murs percés de baies ; 2° le fort équarrissage qu'il faut donner aux solives si ces murs sont très écartés ; aussi ne l'applique-t-on qu'aux constructions de très médiocre importance. La disposition généralement adoptée est représentée par la figure 152 et comprend les pièces suivantes : *solives· d'enchevêtrure* A.A, scellées à chaque extrémité dans les murs·et placées au-dessus des parties les plus résistantes; *chevêtres* B et *linçoirs* C, posés, les premiers en avant des foyers, les seconds au devant des tuyaux de cheminée et au droit des parties faibles des murs, telles que les ouvertures : ils s'assemblent à tenons dans les solives d'enchevêtrure; *solives ordinaires* ou de *remplissage* D, qui s'assemblent dans les chevêtres et les linçoirs; *solives boiteuses* E, qui, d'un côté, s'assemblent dans une pièce et, de l'autre, sont scellées dans le mur. Telles sont les pièces essentielles de la construction d'un plancher ordinaire. On emploie souvent encore les *lambourdes* F, en partie encastrées dans le mur où elles sont maintenues par des boulons à scellement et qui reçoivent, par superposition ou par assemblage, les extrémités de solives; les *entretoises* ou *tiernes* G, pièces dirigées en sens inverse des solives et qui donnent de la rigidité au système. L'intervalle H, compris entre le mur et les chevêtres et solives d'enchevêtrure, se remplit en maçonnerie exécutée en briques ou en plâtras et supportée par des bandes de fer qu'on appelle *bandes de trémie*. On a soin aussi de renforcer, au moyen d'étriers en fer, l'assemblage des chevêtres et des linçoirs avec les solives d'enchevêtrure.

Lorsque les solives doivent avoir des longueurs trop grandes, on a recours aux *poutres*. Dans les constructions très ordinaires, et comme on le voit encore dans un grand nombre d'anciennes maisons, les solives reposent simplement sur les poutres qui font alors saillie de toute leur hauteur. Si l'on veut établir un plafond et cacher les poutres, on place de petites pièces de remplissage en bois au niveau de la face inférieure des poutres pour y clouer les lattes du plafond. Afin de diminuer l'épaisseur considérable de plancher qu'entraîne cette disposition, il convient d'appliquer contre chaque face latérale de la poutre une lambourde qui affleure sa face inférieure et de fixer les solives à ces lambourdes, soit par superposition, soit par assemblage, comme nous l'avons indiqué plus haut pour le cas des lambourdes appliquées contre les murs. Les lambourdes accolées aux poutres sont scellées dans les murs et soutenues, de distance en distance, par des étriers communs aux deux lambourdes et mis à cheval sur la poutre (fig. 153). Quel-

quefois encore, la poutre elle-même fait l'office de lambourde; mais afin que ses faces latérales soient inclinées sans enlever le bois, on donne dans toute la longueur de la pièce de bois un trait de scie incliné à ses faces supérieure et inférieure, et l'on place les deux lambourdes qui en résultent l'une à côté de l'autre en les réunissant par quelques boulons. Si l'écartement des murs est très grand, ou

Fig. 153.

bien si la charge qu'aura à supporter le plancher est considérable, on remplace les poutres ordinaires par des *poutres armées*, c'est-à-dire formées de plusieurs pièces disposées de manière à offrir le degré de résistance voulu. — V. POUTRE.

Quant aux proportions que l'on doit attribuer aux pièces qui entrent dans la construction des planchers en bois, voici celles qui sont généralement adoptées : les poutres doivent avoir en hauteur 1/18 de leur longueur ou, du moins, de leur portée, et comme largeur les 2/3 de leur hauteur. Les solives ont, en hauteur, 1/24 de leur longueur pour les planchers mixtes munis de poutres et de solives. Pour des planchers uniquement composés de solives, on emploie ordinairement des solives de 0^m,09 sur 0^m,22.

· Lorsque les poutres et solives d'un plancher sont mises en place, on procède au remplissage de leurs intervalles. Dans certaines constructions rurales ou industrielles, on se contente de clouer immédiatement au-dessus des solives des planches qui forment le sol de l'étage supérieur; mais d'ordinaire, on procède ainsi : on place sur les solives des planches ou de petites lames de bois appelées *bardeaux* et que l'on met jointives; puis on établit au-dessus une aire en plâtre ou en mortier de 0^m,04 d'épaisseur environ, et sur cette aire on pose le carrelage ou les lambourdes qui doivent supporter le parquet. Souvent les bardeaux sont placés dans l'intervalle même des solives. Pour la partie inférieure du plancher, on emploie deux systèmes, suivant que les solives doivent rester apparentes ou non. Dans le premier cas, on applique sur les bardeaux, entre les solives,

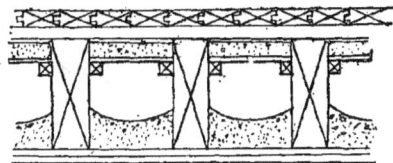

Fig. 154.

une deuxième couche de plâtre, et ces plafonds inférieurs partiels s'appellent *entrevous*. Dans le second cas, on plafonne. Alors, afin de rendre les planchers plus sourds, on établit des *augets* entre les solives et l'on procède ainsi : on cloue d'abord des lattes presque jointives sur la face inférieure des solives normalement à leur largeur; on pose au-dessus de ces lattes une aire en plâtre ou en mortier qui est creuse à sa partie supérieure et se relève entre les solives ; puis on plafonne en dessous. La figure 154 représente une coupe faite sur un plancher à augets, avec bardeaux posés sur tasseaux entre les solives, aire en plâtre au-dessus, lambourdes et parquet.

Planchers en fer. L'emploi du fer pour la construction des planchers tend, de nos jours, à se substituer à celui du bois, particulièrement dans les localités où cette matière fait défaut. On peut dire que ce nouveau système est appliqué exclusivement aujourd'hui à Paris. La plupart de ces planchers sont essentiellement composés de solives A (fig. 155) en fer laminé à double T, que l'on espace de 0^m,80 à 1 mètre ; elles sont scellées de 0^m,20 à 0^m,25 dans les murs et y sont retenues par des harpons et ancres, du moins pour quel-ques-unes d'entre elles. Leur hauteur est ordi-nairement comprise entre le 1/30 et le 1/35 de leur longueur, et on leur donne environ 1/200 de flèche avant la pose. Les solives sont reliées en-tre elles par des entretoises en fer carré B qui s'agrafent sur les solives, comme on le voit sur la figure 156, leur sont perpendiculaires et ont entre elles un écartement de 0^m,80 à 0^m,90 ; sur ces entretoises, parallèlement aux solives, on pose des *fantons* C, ou tringles en fer carré de 0^m,010 à 0^m,011 de côté, en les espaçant de 0^m,25 à 0^m,30, et c'est sur le treillage ainsi formé qu'on exécute le *hourdis* ou remplissage, soit en plâtras et plâtre (figure 156), soit en briques creuses ou en poteries. L'enduit destiné à former le pla-fond se pose, sans lattes, sous le hourdis. Si l'on

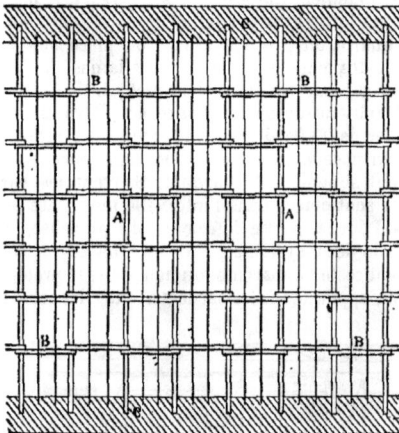

Fig. 155.

veut mettre un carrelage au-dessus des solives, on l'établit sur une aire en plâtre faite exprès ; s'il s'agit d'un parquet, on le fixe sur des lambourdes scellées au plâtre sur le hourdis. — V. Parquet.

La plupart des planchers en fer sont assez ré-sistants pour supporter les cloisons de distribu-tion dirigées normalement aux solives, parce que la pression qu'exercent ces cloisons est répartie sur plusieurs solives : mais il est prudent d'ac-coupler celles-ci au-dessous des cloisons qui sont dirigées dans le même sens qu'elles. Enfin, il est généralement admis qu'un plancher en fer,

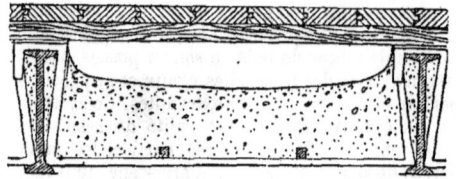

Fig. 156.

convenablement hourdé, pesant dans les condi-tions ordinaires 200 kilogrammes environ par mètre carré, peut résister à une surcharge de 190 kilogrammes également par mètre superficiel. — F. M.

*I. **PLANCHETTE.** T. *de topogr.* La planchette est un appareil qui permet de faire le levé d'un terrain et de le reporter en même temps sur le papier sans être obligé de faire aucune me-sure d'angle. C'est une planchette à dessin d'en-viron 0^m,60 de long sur 0^m,50 de large, montée sur un trépied par l'intermédiaire d'un genou à la Cugnot, ce qui lui permet de s'incliner dans tous les sens. Ce genou est formé de deux cylindres égaux qui se pénètrent mutuellement à angle droit, de sorte que la planchette peut tourner autour des deux axes rectangulaires de ces cylindres. Des vis de pression permettent de la fixer dans la position qu'on veut lui donner. Deux rouleaux sont placés en dessous de la planchette, le long des petits côtés, afin qu'on puisse tendre la feuille de papier sans la coller ; enfin, la planchette peut glisser à l'aide de deux coulisses, sur une pièce de bois qui la supporte, et tourner autour d'un axe ver-tical de manière qu'on peut lui imprimer tous les déplacements désirables. Il faut joindre à cet appareil une règle munie de deux pinnules for-mant alidade et pouvant se fixer, à l'aide d'une pointe, en un point de la planchette autour du-quel elle peut tourner.

À l'aide de la planchette, on peut opérer un levé : 1° par cheminement ; 2° par rayonnement ; 3° par recoupement ; 4° par intersections.

1° La première méthode suppose que tous les côtés du polygone à relever, A B C D, ont été me-surés à la chaîne. On se transporte d'abord au point A, on vise avec l'alidade le point B et l'on trace, le long de la règle, la droite correspon-dante sur laquelle on prend une longueur égale au côté A B, à l'échelle du dessin ; on se trans-porte ensuite en B, on place la planchette de ma-nière que la ligne déjà tracée soit dans la direc-tion B A, puis, mettant la pointe de la règle au point *b* qui représente B, on vise le point C pour relever le côté B C et ainsi de suite. Cette méthode convient parfaitement lorsque les différents som-mets du polygone ne sont pas facilement visibles d'un même point ; tel est le cas d'un système de galeries de mines.

2° La deuxième méthode suppose qu'on ait mesuré les distances de tous les sommets A, B, C, à un point intérieur O. On place la planchette au point O, on vise successivement les points A,B,C, et l'on y trace les lignes de visées sur lesquelles on porte les longueurs correspondantes. Cette méthode est la plus expéditive parce qu'elle n'exige qu'une seule installation de la planchette ; mais il faut, pour l'employer, que tous les points soient accessibles et visibles de O.

3° La méthode par recoupement n'exige qu'une seule mesure de base ; mais elle suppose que tous les sommets du polygone sont accessibles et qu'on y peut installer la planchette. Après avoir mesuré AB, par exemple, on se transporte en A, on vise B et l'on trace la droite AB dont on connaît la longueur, puis on vise C et l'on trace la droite AC ; on se transporte ensuite en B, on met la droite BA en place et l'on vise BC ; la droite indéfinie BC donne, par son intersection avec AC, la position du point C ; puis on vise D, ce qui donne la direction BD, en se transportant en C, on aura la direction CD qui fera connaître le point D par son intersection avec la précédente, et ainsi de suite.

4° La méthode des intersections n'exige qu'une seule mesure de base et deux stations de la planchette. Après avoir tracé la base AB, comme dans la première et la troisième méthode, on vise du point A les points C, D, etc., et l'on trace les droites indéfinies représentant les directions AC, AD, etc. On se transporte ensuite en B, on met la droite BA en place et, en visant les points C, D..., on obtient les droites de direction BC, BD, etc., qui par leurs intersections avec les précédentes font connaître les positions des points C, D, etc.

Il est évident que ces deux dernières méthodes peuvent être combinées l'une avec l'autre d'une infinité de manières.

Les levés à la planchette ne sont jamais susceptibles d'une très grande précision ; ils ne doivent être employés que lorsqu'on peut se contenter d'une approximation assez grossière. Dans tous les autres cas, il convient de mesurer les angles avec soin, à l'aide de cercles divisés, et d'en déduire ensuite la configuration du terrain. — V. TOPOGRAPHIE. — M. F.

II. *PLANCHETTE. Petite planche. || Défaut de fabrication dans un velours de coton. Une planchette est produite par l'absence d'un fil cassé et non raccommodé aussitôt. Les liages qui, d'après l'armure, doivent se faire sur ce fil, deviennent impossibles et l'armure est complètement modifiée. || Petite planche que quelques ouvriers mettent devant leur estomac pour percer, avec le vilebrequin, une chose difficile à trouver.

PLANE. T. techn. 1° Outil tranchant à deux poignées pour aplanir et rendre lisses les parties de bois d'un ouvrage, rogner des bavures, etc. || 2° Les tourneurs emploient, pour le même travail, un couteau qui porte le même nom. || 3° Sorte de couteau de bois avec lequel les briquetiers unissent la surface des briques. || 4° Lame tranchante à l'usage des potiers d'étain pour tourner et polir des pièces. || 5° Plaque de cuivre lisse et munie d'une poignée pour la manœuvrer,

après l'avoir fait chauffer, pour unir le sable d'un moule.

*PLANÉ. T. de bijout. Ruban que produit le laminoir et qui constitue la plaque de métal qu'on emploie dans la fabrication du doublé.

*PLANEUR. T. de mét. Ouvrier qui plane les métaux, et particulièrement celui qui fait le planage de la vaisselle d'argent. || Celui qui plane, dresse et polit les plaques de cuivre et d'acier destinées à la gravure.

*PLANIMÈTRE. T. de géom. Appareil qui permet d'obtenir, par la simple lecture du nombre de tours effectués par une roulette, la superficie d'une aire courbe dont on a suivi le contour fermé avec la pointe mobile de l'instrument. Cet appareil, des plus intéressants au point de vue géométrique, fournit ainsi mécaniquement, en quelque sorte, un résultat que la géométrie ne pourrait donner qu'au prix de calculs pénibles souvent irréalisables, et on ne néglige jamais d'y avoir recours dans l'établissement de tous les projets de construction de machines ou autres, pour l'évaluation des différentes données qu'on a besoin de posséder sur les pièces employées, comme la position du centre de gravité, le moment d'inertie, etc.

Le planimètre peut être considéré comme un cas particulier des intégromètres ou intégrateurs (V. INTÉGROMÈTRE) ; il fournit, en effet, la valeur de la courbe intégrale du 1er degré $\int y \, dx$, tandis que ceux-ci donnent la courbe intégrale $\int y^n \, dx$ de degré pour ainsi dire quelconque ; mais sa grande simplicité en a fait un appareil courant, susceptible d'un usage pratique qu'on ne demande guère, jusqu'à présent, aux intégrateurs, même dans des cas où ceux-ci seraient mieux appropriés à fournir le résultat désiré.

— Le planimètre le plus simple et le seul usité aujourd'hui, est le planimètre polaire inventé en 1854, par M. Amsler, professeur de mécanique à Schaffhouse : il a supplanté définitivement les appareils de ce genre connus avant lui. Nous rappellerons seulement les deux principaux d'entre eux sans les décrire ; le planimètre imaginé, en 1816, par M. Oppikofer et construit par M. Ernst, qui a obtenu, en 1837, le grand prix de mécanique de l'Institut, et celui de M. Beuvières présenté à l'Académie des sciences le 16 mars 1846. M. Taurines avait aussi employé dès 1856, un planimètre totalisateur à roulette sphérique dans des expériences qu'il a pratiquées sur les hélices des navires de concert avec les ingénieurs des constructions navales. On trouvera la description du planimètre Ernst et de celui de M. Beuvières dans le *Dictionnaire des mathématiques appliquées*, de Sonnet

Description du planimètre d'Amsler. Le planimètre d'Amsler, représenté figure 157, se compose de deux tiges articulées EJ et FP terminées, l'une EJ, par une pointe E destinée à être fixée sur le papier pour servir de pivot ; l'autre FP, par un style F ou pointe traçante qui doit décrire le contour à mesurer. Cette seconde tige se prolonge elle-même au delà de l'articulation C par une petite branche portant au-dessous une roulette verticale D mobile autour d'un axe parallèle à la tige et reposant sur ses coussinets par des pointes pour diminuer le frottement de rotation. La roulette est munie d'un rebord saillant appuyé sur le papier par le poids de l'instrument qui se trouve entraîné par le déplacement des branches. La rotation ainsi obtenue fournit, comme nous le disions, la mesure de la surface enveloppée par le contour étudié. Ce rebord circulaire est divisé en 100 parties égales, et il est muni, en outre, d'un vernier porté par le support de la roulette qui sert à apprécier les dixièmes de ces divisions et donne ainsi les fractions de tours de la roulette égales aux millièmes. Les tours complets sont relevés au moyen d'une sorte de compteur G actionné par une vis sans fin portée sur l'axe même de la roulette. Cette vis engrène, en effet, avec un petit pignon à axe vertical qui avance ainsi d'une dent à chaque tour; l'axe de ce pignon porte, en outre, un petit plateau, divisé en 10 parties égales, sur lequel sont inscrits des chiffres servant à l'évaluation du nombre de tours. On lit le nombre indiqué à un instant quelconque, en prenant, par exemple, 3 sur le cadran, 25 sur la roue et 8 sur le vernier, ce qui donne ainsi 3,258, nombre exprimant des millièmes de tours, soit 3 tours 25 divisions 8 dixièmes.

Les dimensions généralement données aux types ordinaires de ces appareils sont déterminées, comme nous l'expliquerons plus bas, de manière à ce que le résultat observé dans cette lecture, après une opération de mesurage, donne immédiatement la valeur de l'aire considérée en centimètres carrés, à condition de prendre pour unité les centièmes de tours correspondant aux divisions de la circonférence de la roulette. Ce nombre est seulement susceptible d'une correction constante lorsque le pivot est pris à l'intérieur de la courbe.

Le même résultat donne, par suite, la valeur même, en mètres carrés, de l'aire représentée par le dessin, si l'échelle de celui-ci est au 1/100; mais on comprend immédiatement que si l'échelle était différente, on obtiendrait, néanmoins, la valeur de l'aire représentée en multipliant le résultat par un coefficient numérique facile à déterminer. On peut éviter, toutefois, cette transformation avec les instruments complets dans lesquels la branche traçante présente une longueur variable qu'on peut régler à volonté suivant l'échelle du dessin considéré. Cette branche comprend alors, comme c'est le cas représenté sur la figure 157, une tige porte-style FP' glissant, à coulisse, dans la branche articulée formant fourreau en P. Celle-ci est munie, en outre, de repères appropriés indiquant les longueurs à adopter suivant l'échelle du dessin; une vis de pression avec mouvement de rappel permet, d'ailleurs, d'effectuer ce réglage avec une grande précision. .

Usages du planimètre. Pour faire usage de l'instrument, on trace sur une feuille de papier bien poli l'aire qu'on veut mesurer et on y dispose ensuite le planimètre en piquant la pointe fixe E en un point quelconque de la feuille, choisi seulement de manière à ce que le style F de l'instrument puisse parcourir le contour entier.

Le pivot une fois posé, on amène le style en un point quelconque du contour que l'on a soin de bien marquer en appuyant légèrement sur le papier s'il est nécessaire; on lit le nombre indiqué alors par le compteur soit, par exemple, 325,8 qui peut servir de point de départ, car il n'est pas nécessaire de le ramener au zéro au commencement de chaque opération. On fait ensuite avancer le style en décrivant le contour à mesurer qu'on s'astreint à suivre avec le plus de précision possible jusqu'à ce qu'on revienne au point de départ. Il est bien entendu que ce contour doit être suivi toujours dans le même sens : on s'attache ordinairement, d'ailleurs, à conserver un sens unique de déplacement dans ce relevé, pour éviter toute erreur sur le sens des résultats, et on adopte alors celui du déplacement des aiguilles d'une montre qui entraîne, pour une aire positive, augmentation dans le nombre de tours indiqué au compteur. Quand on est revenu sur la courbe au point de départ, on lit

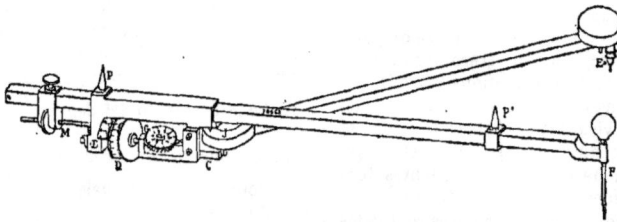

Fig. 157. — *Vue du planimètre d'Amsler.*

de nouveau le nombre indiqué au compteur soit, par exemple, 452,3 et on retranche la première lecture de la seconde, la différence, 425,3 moins 325,8 soit 99,5, fournit un résultat égal ou proportionnel, suivant les unités adoptées, à l'aire cherchée.

Si le déplacement du style s'était effectué en sens inverse à celui des aiguilles d'une montre, le nombre de tours indiqué au compteur se serait trouvé diminué, mais la différence avec la lecture initiale serait toujours restée constante et égale au résultat obtenu dans le sens contraire. Il n'y a donc pas à se préoccuper, comme on voit, du signe de la différence tant qu'on opère sur une aire dont la surface est nécessairement positive. Il y a, cependant, des cas où le sens absolu de la marche n'est pas indifférent, lorsque les courbes présentent une boucle, par exemple, formant deux aires dont l'une est positive et l'autre négative, et que le résultat obtenu doit donner la différence de leurs superficies. C'est ce qui se présente, par exemple, dans certains diagrammes de machines à vapeur, lorsque la détente sur la face motrice est poussée trop loin et descend au-dessous de la pression d'échappement; le diagramme se termine alors par une petite boucle dont la superficie, correspondant à un travail résistant, doit être retranchée de la partie positive. On en trouvera, d'ailleurs, un exemple t. V, figure 487. On pourrait obtenir, évidemment, cette différence en relevant séparément l'aire des deux boucles dans deux opérations successives; mais le planimètre permet de l'obtenir même par une seule opération, à condition de s'attacher à suivre le contour comme il a été décrit par le style même servant à tracer le diagramme; c'est-à-dire qu'en arrivant à l'intersection des boucles,

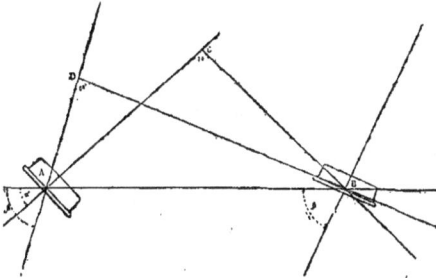

Fig. 158. — *Etude du déplacement de la roulette suivant un coutour rectiligne.*

il faut se garder d'abandonner la courbe de détente pour suivre celle d'échappement ou inversement.

Les résultats obtenus au planimètre présentent une approximation qui dépend évidemment de l'habileté de la personne qui s'en sert; mais, en observant les précautions convenables, on peut réussir à aller jusqu'aux deux centièmes et même jusqu'au millième. Le papier employé doit être à grain fin et régulier, bien tendu et placé horizontalement; et, pour éviter toute déviation de la main conduisant le style, il convient de tracer le contour un peu en creux, au préalable, avec une pointe mousse, on réalise ainsi un sillon dans lequel le style reste engagé sans déviations; il est même préférable d'employer, à cet effet, une feuille de zinc plutôt que du papier.

Il convient aussi, dans la lecture du nombre de tours inscrit sur le plateau compteur, de s'assurer que, pendant l'opération, celui-ci n'est pas repassé par le zéro en faisant un tour entier, ce qui correspondrait à 10 tours de la roulette ou à une rotation égale à 1,000 divisions centésimales de celle-ci, surtout quand on opère sur de grands dessins; et, dans ce cas, on devra ajouter ou retrancher 1,000 de la lecture observée, suivant le sens dans lequel se présentent les chiffres lorsque le zéro ar-

rive devant l'index : ajouter, en un mot, si ceux-ci vont en croissant dans le sens 7, 8, 9, 0, ou retrancher dans le cas contraire. Il convient de tenir l'instrument, et la roulette en particulier, en très bon état, s'assurer que celle-ci n'a pas de rouille, qu'elle tourne librement sans frottement; on devra vérifier, enfin, de temps à autre, si l'instrument est toujours exact en prenant la surface d'un cercle de rayon connu.

Théorie. La théorie du planimètre a été abordée déjà par différents auteurs qui ont présenté, sous diverses formes, l'explication de la propriété fondamentale de cet instrument si intéressant. La démonstration qui a servi de point de départ a été donnée, en 1856, par MM. Beck et Sohn; plus tard, M. Petsch y a substitué une théorie plus simple et élégante dans une notice publiée dans les *Annales des ponts et chaussées*, 1868, 2e semestre. Cette théorie a été reprise ensuite et étudiée d'une façon très complète par M. Combes, dans les *Annales des mines*, t. XIX, 1871, p. 278. M. Thiré en a donné, enfin, une démonstration des plus simples (V. *Annales des mines*, livraison de mai-juin 1882) fondée sur la considération des trajectoires de roulement et de glissement parcourues, les unes sans glissement de la roulette, et les autres sans aucune rotation.

Comme l'exposition d'une démonstration absolument rigoureuse, exigerait des calculs analytiques assez développés, nous nous bornerons à reproduire l'explication suivante qui présente l'avantage de faire saisir par un calcul très simple, la relation nécessaire du nombre de tours de la roulette avec la surface du contour fermé décrit par la pointe mobile.

Rappelons d'abord, ainsi que nous l'avons indiqué déjà, à l'article INTÉGROMÈTRE, comment on peut évaluer le nombre de tours parcouru par la roulette, suivant une droite ayant une direction quelconque par rapport à son axe. Au déplacement considéré AB (fig. 158), on peut toujours substituer deux parcours orthogonaux aboutissant aux mêmes extrémités, l'un AC, parallèle à l'axe de la roulette supposée placée en A, et l'autre CB, perpendiculaire à celui-ci. Le déplacement parallèle à l'axe entraîne évidemment un simple glissement sans aucune rotation de la roulette, et il doit être négligé dans le calcul du nombre de tours; le déplacement perpendiculaire amène, au contraire, un roulement continu de la roulette qui vient s'appliquer en tous les points sans glissement, c'est donc le seul à

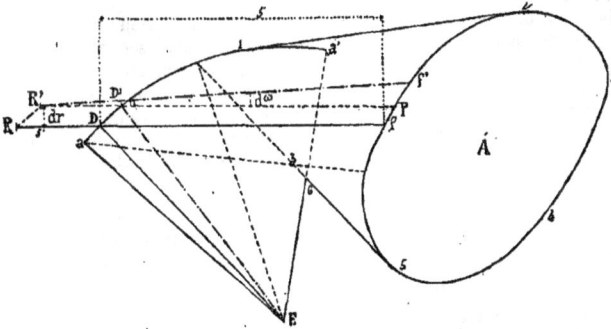

Fig. 159. — *Schema des positions occupées par les branches d'un planimètre décrivant un contour donné.*

considérer dans le cas étudié, et on voit immédiatement qu'il donne la mesure du développement de la roulette, et par suite du nombre de tours effectué par elle. En appelant α l'angle du parcours considéré avec l'axe de la roulette, le développement de celle-ci égal à CB s'exprimera par AB sin α ; et on voit immédiatement que si la roulette était revenue à son point de départ suivant ce même parcours AB, en conservant une position différente, l'axe étant incliné par exemple d'un angle β, le nombre de tours obtenu dans ce second déplacement se serait trouvé modifié, et le développement effectué serait devenu AB sin β ; on aurait donc pour le développement total correspondant à l'aller et au retour : AB (sin α — sin β).

Pour faciliter l'analyse du mouvement des branches du planimètre, nous avons représenté sur la figure 159 une courbe fermée A extérieure à la pointe fixe E du planimètre, et nous indiquons les positions extrêmes des branches pendant le mouvement de la pointe traçante décrivant la courbe. En examinant avec attention les déplacements qu'elles prendraient, on reconnaîtra que la surface balayée par l'instrument se compose de deux éléments qui comprennent : l'un, l'aire de la courbe A, et l'autre, l'aire extérieure EaDD'2f'pf56. Si on suppose que la pointe traçante marche toujours dans le même sens pour revenir à son point de départ, on voit que l'aire de la courbe est balayée une fois seulement par les branches, tandis que l'aire extérieure est balayée deux fois en sens contraire. Si donc on fait la mesure algébrique des aires élémentaires décrites pendant un déplacement infiniment petit de la pointe, cette mesure donnera seulement la valeur de l'aire de la courbe, en ayant soin, bien entendu, d'affecter de signes contraires les aires décrites pendant que la roulette marche dans les deux sens opposés, puisque le nombre de tours inscrit au compteur augmente ou diminue dans les mêmes conditions.

On remarquera d'autre part que la surface EaDD'a'6E balayée par la branche pivotante Ea est forcément nulle, puisque celle-ci oscille simplement de Ea' en Ea et passe ainsi en chaque point un nombre pair de fois en sens contraires. Quant à la branche traçante Df, la surface aDD'12f'pf56z balayée par elle en dehors de la courbe considérée s'annule aussi, car elle est également parcourue en sens contraires un nombre pair de fois, puisqu'elle oscille aussi entre deux positions extrêmes. On voit par là que la surface à évaluer pour obtenir la valeur de la courbe considérée, se réduit à celle qui est balayée par la branche traçante ; et dans l'expression qu'on en obtiendra, on pourra négliger celle qui correspond à l'extérieur de la courbe, puisqu'elle s'annule ainsi que nous venons de le voir.

Considérons un élément de la surface totale décrite par la branche traçante en plaçant celle-ci dans deux positions infiniment voisines fD et f'D', correspondant aux deux points infiniment voisins de la courbe f, f'. Dans le premier cas, cette branche occupe la position fD, le point D étant déterminé par l'intersection du cercle de rayon ρ égal à la branche traçante avec l'arc d'oscillation

aa' de la branche pivotante, la roulette étant alors en R sur le prolongement de fD ; dans le second cas, la tige porte-style s'est transportée en f'D', le point D' étant déterminé comme tout à l'heure le point D, en prenant f' D' égal à ρ, et la roulette se trouve en R' sur cette même direction à la distance constante ρ' du point D' ; $d\omega$ est le déplacement angulaire de la branche traçante autour de son pivot d'oscillation, pendant que la pointe décrit l'élément de courbe ff'. La surface élémentaire considérée est représentée par le quadrilatère f'f DD', qu'on peut décomposer lui-même en deux figures f'pD'u et uDfp par une parallèle menée en R' à la direction initiale de la branche, cette parallèle coupant l'arc d'oscillation en u, et l'élément ff' en p comme l'indique le dessin.

La figure ff'DD' devient alors la différence entre deux triangles f'R'p et D'R' u ayant R' pour sommet commun, et, en négligeant des infiniment petits du second ordre, on peut considérer chacun d'eux comme formé par un secteur de cercle d'angle $d\omega$ ayant R' pour centre, les rayons respectifs étant $\rho+\rho'$ et ρ'. Les surfaces de ces deux triangles sont données par les expressions $(\rho+\rho')^2\dfrac{d\omega}{2}$ et $\rho'^2\dfrac{d\omega}{2}$; et, en faisant la différence, on obtient, comme on voit :

$$f'puD' = \frac{d\omega}{2}\left[(\rho+\rho')^2 - \rho'^2\right] = \frac{d\omega}{2}(\rho^2 + 2\rho\rho') = K^2\frac{d\omega}{2}$$

en prenant pour K^2 une constante égale à

$$\rho^2 + 2\rho\rho'.$$

L'autre surface, Dupf est un trapèze ayant pour base ρ et pour hauteur dr. Or, dr qui est la perpendiculaire abaissée du sommet u sur la base parallèle opposée, est précisément l'arc développé par le roulement de la roulette puisqu'il est dirigé perpendiculairement à l'axe de celle-ci. En négligeant encore les infiniment petits de second ordre, on peut assimiler ce trapèze à un rectangle et écrire :

$$Dupf = \rho\, dr,$$

ce qui donne, en ajoutant les deux résultats ainsi obtenus, pour la surface élémentaire totale :

$$ff'DD' = K^2 d\omega + \rho\, dr,$$

et pour la somme A de ces aires :

$$A = K^2 \int_0^o d\omega + \rho \int dr$$

Or, $\displaystyle\int_0^o d\omega$ est nul quand la branche traçante revient à son point de départ, l'angle ω passant successivement et en sens inverses par les mêmes valeurs, il reste donc :

$$A = \rho \int dr = \rho R$$

en appelant R l'arc total développé par la roulette.

Or, si on pose : R = nr', en appelant n le nombre des divisions de longueur absolue r' comprises dans le développement R, on aura $A = \rho n r'$, et en prenant $\rho = \dfrac{1}{r'}$, on a $A = n$, de sorte que la lecture de n donne immédiatement la valeur de l'aire A

du dessin, et d'après les dimensions habituellement données aux appareils, celle-ci se trouve
exprimée en centimètres carrés, comme nous l'a-
vons dit plus haut. Si d'ailleurs la condition $\rho = \dfrac{1}{r'}$
n'était pas remplie sur l'appareil, il suffirait,
comme on voit, de multiplier la lecture par le
facteur numérique $\rho r'$.

La démonstration élémentaire que nous venons
de présenter suppose évidemment que le centre de
l'oscillation de l'instrument est pris en dehors de
la courbe considérée, comme c'est le cas sur la
figure; dans le cas contraire, on remarquera que
la branche traçante A B ne revient à sa position
définitive qu'après avoir parcouru une circonférence entière, de sorte que la somme algébrique
des secteurs qu'elle décrit, au lieu de s'annuler,
se ramène à la surface d'un cercle dont elle est le
rayon. Enfin la somme algébrique des parallélogrammes élémentaires décrits par la branche pivotante ne s'annule pas non plus, mais se ramène
aussi à une constante qui peut être déterminée à
l'avance; et on voit par suite que l'aire à mesurer
est encore donnée alors par le développement de
la roulette corrigé toutefois au moyen d'une quantité numérique qui ne dépend que des dimensions de l'instrument. Nous ne donnerons pas
d'ailleurs ici la démonstration complète de cette
proposition en raison du développement qu'elle
entraînerait; disons seulement que la correction
à appliquer dans ce sens est représentée par le
terme,

$$-\frac{1}{\rho}\pi(DE^2 + \rho^2 + 2\rho'\rho);$$

au coefficient $\dfrac{1}{\rho}$ près, c'est le cercle décrit par le
style lorsque l'instrument est placé de telle sorte
que la perpendiculaire abaissée du pôle E sur le
prolongement de la branche traçante ED passe
par le plan de la roulette, c'est-à-dire au point R
à une distance de D égale à ρ'.

Évaluation des surfaces. Lorsque le dessin mesuré avec le planimètre est établi avec une échelle
différente de l'unité, on déduira évidemment la
valeur de l'aire ainsi représentée d'après la surface du dessin en tenant compte de l'échelle adoptée. Le calcul à faire dans ce cas pour évaluer
la surface de cette aire, ne présente aucune difficulté puisqu'il suffit de multiplier le résultat par
un coefficient numérique; mais on peut d'ailleurs
le simplifier beaucoup, et obtenir directement la
valeur de l'aire considérée sans avoir à se préoccuper de celle du dessin en employant le planimètre à branche traçante variable, tel que nous
l'avons décrit plus haut. Les instruments établis
d'après ce modèle portent, en effet, sur la branche
traçante l'indication des repères à adopter pour
déterminer la longueur à donner à cette branche
avec les échelles les plus fréquentes, et en même
temps celle des coefficients simples par lesquels
la lecture doit être multipliée pour fournir en
mètres carrés la valeur même de l'aire représentée.

Si nous considérons une même surface représentée sur le papier avec des échelles différentes,

$$\frac{1}{e},\ \frac{1}{e'},\ \frac{1}{e''};$$

les aires des courbes ainsi tracées seront entre elles
dans le rapport des carrés des échelles,

$$\frac{1}{e^2},\ \frac{1}{e'^2},\ \frac{1}{e''^2};$$

en valeur absolue elles seront égales à la surface
considérée multipliée par ces coefficients.

Or, ces aires mesurées aux planimètres seront
représentées par des nombres n, n', n'', etc., inversement proportionnels aux longueurs supposées
variables des branches traçantes l, l', l'', d'après
l'équation initiale $A = \rho n r'$, et si l'on veut que ces
nombres n, n', n'', donnent immédiatement la valeur
réelle de la surface vraie, c'est-à-dire qu'ils fournissent le produit de la surface dessinée par les
nombres $e^2, e'^2 e''^2$, on voit que les longueurs des
branches traçantes l, l', l'', devront être prises inversement proportionnelles à ces carrés, de sorte
que l'on ait : $\rho a^2 = l e^2 = l' e'^2 = l'' e''^2 = \cdots$
$\dfrac{1}{a}$ étant l'échelle qui correspond à un rayon initial ρ.

La plupart des planimètres d'Amsler sont établis à l'échelle de 1/100, ils fournissent des
nombres qui indiquent en centimètres carrés les
aires des dessins qu'ils ont servi à mesurer; ces
mêmes résultats obtenus avec la même longueur
initiale indiquent donc aussi en mètres carrés la
valeur d'une surface représentée sur le papier à
l'échelle du 1/100 puisque le résultat doit être
multiplié par 10,000.

Si l'échelle du dessin était de 1/20 seulement,
par exemple, le résultat obtenu avec la longueur
initiale et exprimé en centimètres carrés doit
être multiplié par 400, ou par suite par 0,04 pour
être exprimé en mètres carrés.

Avec les autres échelles, on obtiendrait une transformation aussi simple, en modifiant convenablement la longueur de la branche traçante, mais les
nécessités de la construction de l'instrument ne
permettent pas de le faire avec des dimensions
proportionnelles aux carrés des échelles ainsi que
nous l'avons supposé plus haut, on a donc adopté
pour chaque échelle étudiée, une longueur ré-
duite λ rattachée à la longueur calculée l, de telle
manière qu'on ait : $\lambda e^2 = l k e^2 = \rho a^2 k$, et ce
nombre k a été choisi de façon à entraîner pour
les coefficients des valeurs simples comme 0,02,
0,05, etc., par lesquelles il faut multiplier le résultat de la lecture du compteur pour obtenir la
superficie en mètres carrés d'un dessin établi à
l'échelle de 1/50, 1/25, etc. Ces coefficients sont inscrits sur la tige même de l'instrument à côté des
repères comme nous le disions plus haut.

En modifiant d'ailleurs l'instrument par l'application de la disposition employée dans les pan-
tographes, on peut obtenir directement une
valeur amplifiée des aires à mesurer en même
temps que l'on réalise plus de précision dans le
parcours du contour des aires. L'instrument ainsi
adapté est représenté dans la figure 160, il comprend, comme on le voit, deux branches traçantes
dont l'une portant le style *c* trace le contour am-

plifié pendant que le style *a* suit le contour proposé. L'amplification obtenue est donnée, comme on sait, par le rapport des carrés des distances de l'articulation B de la branche traçante avec la branche pivotante, au style amplificateur *c*, et à l'articulation *b* de la branche portant le style *a*, soit

$$\left(\frac{B\,c}{B\,b}\right)^2.$$

On obtient d'autre part plus de précision dans le tracé du contour, en guidant l'instrument par le style *c*, car les mouvements involontaires de la main dans cette opération sont réduits en s'appliquant au style *a* dans le rapport de B *c* à B *b*; cet appareil est donc particulièrement bien approprié à la mesure des aires très petites, et même microscopiques.

Détermination de l'ordonnée moyenne. Outre la mesure des surfaces, le planimètre à branche variable sert aussi, comme nous allons l'indiquer, à la détermination immédiate de l'ordonnée moyenne de la courbe, prise perpendiculairement à une direction donnée. Cette détermination pré-

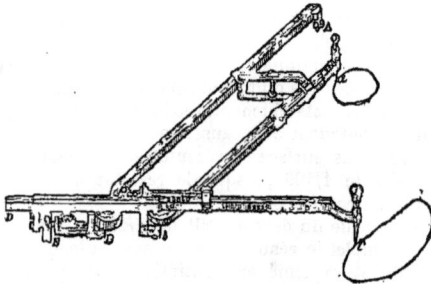

Fig. 160. — *Planimètre amplificateur servant
à la mesure des petites surfaces.*

sente un intérêt considérable dans l'examen des diagrammes relevés avec certains appareils, comme le dynamomètre Taurine par exemple, et surtout sur ceux des machines à vapeur ainsi que nous l'avons indiqué au mot INDICATEUR, car elle fournit la valeur de l'ordonnée mesurant la pression moyenne en adoptant comme direction initiale la ligne des abscisses parallèle aux déplacements du piston de la machine.

Si l'on prend, en effet, $\rho = l$ en donnant à la branche traçante la valeur *l* de la base même de la courbe, soit l'écartement maximum qu'elle présente suivant la direction considérée, la surface totale de cette courbe A peut être exprimée par l'équation $A = lh = \rho h$, *h* étant l'ordonnée moyenne correspondant à la base *l*. Or, nous avons déjà $A = \rho n' r'$, ce qui donne en substituant : $\rho n' r' = l h$, ou $h = n r$, c'est-à-dire que l'ordonnée moyenne est donnée par le développement total de la roulette, et si l'on prend en outre : $r' = 1$, on a : $h = n'$; l'ordonnée moyenne est alors exprimée immédiatement en centimètres par le nombre de tours indiqué au compteur.

Sur les modèles récents, l'instrument est disposé de manière à permettre de donner facilement à la branche traçante, la longueur de l'abscisse

maxima : sur le côté opposé au style la tige mobile et son fourreau formant branche traçante portent alors chacun une pointe P et P' servant à régler la longueur à donner à la tige (fig. 157). Ces deux pointes P, P' se maintiennent toujours, en effet, à une distance mutuelle égale à la longueur de la branche mesurée depuis le style E jusqu'à l'axe d'oscillation C, et il suffit donc d'amener celle-ci à une distance égale à la longueur de l'abscisse de la courbe considérée, ce qui se fait très facilement en posant sur la courbe les deux pointes de réglage.

Courbes de degré quelconque. Le planimètre d'Amsler peut être appliqué aussi, comme nous l'avons dit plus haut, à la mesure des courbes intégrales d'un degré supérieur au premier; on est obligé, toutefois, de recourir à un artifice spécial consistant à tracer une courbe auxiliaire. Pour les intégrales du second degré, par exemple, comme celles qui donnent le moment statique d'une aire plane $\frac{1}{2}\int y^2 dx$ par rapport à l'axe des *y*, ou $\frac{1}{2}\int x^2 dy$ par rapport à l'axe des *y*, et permettent, comme on sait, de déterminer la position du centre de gravité d'une figure, on construit d'abord, point par point, la transformée aux carrés de la courbe considérée, soit celle dont les ordonnées Y sont égales à y^2, et on mesure ensuite l'aire de cette courbe $\int Y dx$; le résultat donne bien $\int y^2 dx$. On opère de même, évidemment, pour la fonction $\int x^2 dy$; et on construit la transformée aux carrés de la courbe en prenant les abscisses $X = x^2$.

Cette méthode s'applique aussi aux intégrales d'un degré supérieur, et on évaluera la fonction $\int y^3 dx$ en traçant la transformée aux cubes ayant pour ordonnées $Y' = y^3$, et mesurant ensuite au planimètre l'aire de celle-ci.

Il faut reconnaître toutefois que pour ces intégrales il paraît plus simple de recourir aux appareils intégrateurs proprement dits qui fournissent généralement ces résultats, sans imposer le tracé d'une courbe transformée.

Nous avons décrit à l'article INTÉGROMÈTRE l'appareil inventé, à cet effet, par M. Marcel Deprez, et on trouvera d'ailleurs dans la *Lumière électrique* une série d'études des plus intéressantes publiées, en 1885, sur les différents types d'intégrateurs. Ajoutons enfin que M. Mestre, inspecteur de la traction des chemins de fer de l'Est, vient d'inventer récemment un type nouveau d'intégrateur qui a été l'objet d'un rapport des plus favorables à l'Académie des sciences (V. *Comptes rendus*, séance du 18 décembre 1885), et qui paraît appelé à recevoir de nombreuses applications dans l'avenir. On en trouve la description complète dans le brevet qu'il a pris le 16 mars 1885, sous le numéro 167670.

Planimètre Graham. M. Graham a construit de

son côté une sorte de planimètre simplifié, moins précis que celui d'Amsler, mais donnant aussi, par un relevé de nombre de tours, l'ordonnée moyenne d'un diagramme. Cet appareil, dont la description se trouve dans le *Manuel du mécanicien*, de Richard et Baclé, comprend une simple vis mobile dans un écrou, et munie à la tête d'une roulette graduée portant un style. Pour s'en servir, on trace sur la courbe étudiée dix ordonnées équidistantes, et on fait parcourir celles-ci successivement dans toute leur longueur et dans le même sens à la roulette, qui tourne alors en se développant le long de ces ordonnées. On guide la roulette en la dirigeant de la main gauche pendant ce relevé, au moyen du style indicateur pour prévenir toute déviation, on tient d'ailleurs l'appareil par la main droite fixée sur l'écrou, de manière à appuyer la roulette sur le papier pour assurer son déroulement. L'écrou s'écarte à mesure de la rotation, d'une quantité proportionnelle au développement de la roulette, et il suffit, à la fin de l'expérience, de mesurer cet écartement pour en conclure le parcours total et par suite l'ordonnée moyenne. Il n'y a même aucune correction à apporter à cette lecture, car d'après la construction même de l'instrument, le déplacement de l'écrou reste toujours égal au dixième du développement de la roulette, et fournit bien ainsi la moyenne des dix ordonnées dont on a pris la somme.

PLANIMÉTRIE. Art de mesurer les surfaces planes terminées par des lignes droites ou courbes. — V. l'article précédent.

PLANISPHÈRE. *T. de géom et d'astr.* Représentation, sur un plan, d'une partie ou de la totalité du globe terrestre ou de la sphère céleste. Dans le premier cas, cette représentation porte ordinairement le nom de *carte*; dans le second, le nom de *mappemonde*; les deux moitiés sont séparées. Quand la sphère tout entière est projetée sur un seul plan, on lui donne le nom de *planisphère-mappemonde* (système de projection de Mercator). On nomme aussi *planisphères* des appareils ou machines représentant le mouvement des corps célestes.

***PLANOIR.** *T. techn.* Ciselet à bout aplati et poli, à l'usage des ciseleurs pour aplanir les parties que le marteau ne peut atteindre.

***PLANTIN** (CHRISTOPHE). Célèbre imprimeur, né en 1514 à Montlouis près de Tours, mort à Anvers en 1589; apprit la technique de son art en parcourant la France et les pays étrangers, se faisant tour à tour compositeur, pressier et correcteur; c'est ainsi qu'on trouve trace de son passage à Lyon, à Caen, chez Robert Macé, imprimeur du roi, et à Paris, où il étudia l'art de la reliure. La crainte des troubles qui se manifestaient déjà en France, l'obligèrent à aller créer un établissement à Anvers, où il se maria. On peut faire remonter la fondation de cette imprimerie à 1550 environ. En 1555, elle était déjà renommée, et Guichardin la cite comme une des curiosités de la ville d'Anvers et une des merveilles de l'Europe; c'était, en tous cas, la plus considérable, et si Plantin n'a pas rendu aux lettres, par son érudition, les mêmes services que les Alde

et les Estienne, il a publié un très grand nombre d'ouvrages avec un soin très consciencieux. Ses correcteurs étaient des savants distingués: Corneille Kilian, Jean Ghéesdal, Théodore Pulman, Victor Giselin, et François Raphelinge qui corrigeait les langues orientales et qui refusa, pour garder cette place, une chaire de grec à Cambridge. Plus tard, il prit la succursale que Plantin avait fondée à Leyde et épousa sa fille cadette. Dix-sept presses étaient en activité, d'après de Thou, et la paye des ouvriers exigeait chaque jour trois cents écus d'or. Plantin était imprimeur de Philippe II et avait le monopole de l'impression officielle dans les Pays-Bas; c'est sans doute pour rester fidèle au roi, qui l'avait encouragé à ses débuts, qu'il refusa le titre d'imprimeur de Henri III, lorsqu'il eut fondé, à Paris, la nouvelle succursale qu'il donna plus tard à son gendre Gilles Beys; l'imprimerie d'Anvers, établie dans une maison qu'on peut voir encore sur le marché du vendredi, à Anvers, fut le partage de son troisième gendre, Jean Moretus.

Le nombre d'ouvrages imprimés par Plantin est très important; ils sont remarquables par une belle exécution et une correction irréprochable. Sa marque était un compas ouvert avec cette devise : *Labore et Constantia*. Nous citerons : *Institution d'une fille de noble maison, traduite de la langue toscane en Français* par Jean Beller (Anvers, 1555, petit in-8° sur papier bleu), c'est le plus ancien ouvrage connu sorti de ses presses; une nouvelle édition de la *Bible polyglotte* d'Alcala, en hébreu, chaldéen, grec et latin (1569-1573, 8 vol. in-folio), qui est son chef-d'œuvre, mais qui compromit, par ses frais considérables, la fortune qu'il avait déjà acquise. Outre douze exemplaires sur vélin pour le roi Philippe II, il avait tiré à douze cents les cinq volumes de la *Bible* et à six cents seulement l'*Apparatus sacer* en trois volumes. Mais le prix élevé éloigna les acheteurs et Plantin dut solder la plus grande partie au-dessous du prix de revient. Ses embarras étaient encore augmentés par la rigueur avec laquelle les ministres espagnols exigèrent le remboursement des sommes avancées, pour cette entreprise, par le Trésor royal. Néanmoins, il sut rétablir sa fortune par des opérations moins malheureuses. Outre plusieurs *Bibles* qui se vendirent plus facilement, il a édité un beau *Saint-Jérôme* en 9 volumes in-folio revus directement sur les manuscrits par Marianus Victorius; on a, du reste, le *catalogue* des ouvrages imprimés par lui sous le titre : *Catalogus librorum qui in typographia Ch. Plantini prodierunt*, Anvers (1584, in-4°); on y remarque les œuvres de Juste Lipse, d'André Schott, d'Abraham Ortelius, de Simon Stevin, de Levinus Torrentius et d'un grand nombre d'autres savants fort oubliés aujourd'hui, sauf peut-être Juste Lipse, mais qui avaient à cette époque la plus grande réputation.

On a quelques ouvrages dus à la plume de Plantin avant de passer sous ses presses : *Thrésor du langage bas-alman, vulgairement dit flamang*, traduit en Français et en latin ; plusieurs autres traductions du français en flamand dont la liste se trouve dans les *Annales de l'imprimerie plantinienne*; des *Dialogues*, où il décrit les procédés de l'imprimerie, et une collaboration active au *Thésaurus teutonicœ linguœ*; sa correspondance a été en partie conservée. Anvers a gardé aussi de précieuses reliques de l'Archétypographie plantinienne, les planches gravées, les estampes, les registres et les beaux livres du temps; la restauration des ateliers du plus illustre de ses imprimeurs avec leur fonderie de caractères et leurs presses, le fauteuil où Juste Lipse s'asseyait pour corriger ses épreuves, et les portraits de famille, par Rubens, font du musée Plantin un ensemble assez intéressant pour justifier un voyage spécial à Anvers.

* **PLAQUAGE.** *T. d'imp. s. ét.* Opération qui a pour but de déposer d'une façon uniforme un mordant ou une couleur, sur l'un ou l'autre, ou les deux côtés d'une étoffe; on donne le nom de *mattage* quand on plaque au rouleau, car alors l'un des côtés seul de la pièce est recouvert, tandis que dans le plaquage les deux côtés sont égaux, on dit alors aussi *plaquer en plein bain*.

L'appareil à plaquer ou *foulard plaqueur* se compose de deux ou trois rouleaux métalliques recouverts de bombage en calicot ou en caoutchouc sous lesquels est placé le bain à plaquer versé dans une bassine; la pièce imbibée de liquide passe ensuite au large entre ces trois rouleaux exprimeurs pour être séchée, suivant les genres, à l'air, à la hot-flue ou au tambour. Les rouleaux sont munis de leviers sur lesquels on met des poids en proportion de l'effet que l'on veut obtenir. || Opération du laminage, dans certaines industries.

* **I. PLAQUE.** *T. d'imp. s. ét.* 1° On désigne sous le nom de *plaque à coller* l'appareil au moyen duquel on relie deux chefs de pièces. La plaque à coller se compose d'une boîte métallique bien unie et dans laquelle circule de la vapeur; on place l'un des bouts d'une pièce sur la plaque en question, on l'enduit d'amidon, de colle ou de mélanges appropriés d'amidon et d'albumine, ou encore d'amidon et d'acétate de plomb, on adapte sur ce bout l'extrémité de la deuxième pièce et on presse ces deux chefs l'un contre l'autre. L'empois, en se séchant, les rend adhérents l'un à l'autre. Il est essentiel de bien sécher les deux chefs, car un collage imparfait peut occasionner de graves accidents. || 2° *Plaque de rouleau.* Les pièces, au sortir de l'impression au rouleau ou à la perrotine, doivent absolument subir un séchage rapide, autrement, la couleur pénètre trop dans le tissu, la teint mal et *coule*. On se sert donc de divers moyens de séchage parmi lesquels le plus en vigueur et le meilleur est le séchage à plaques. Les plaques à sécher sont en fonte ou en tôle de fer ; ces dernières sont préférables, quoique plus chères. Les plaques, en général, sont composées de lames de tôle reliées entre elles par des rivets et dans lesquelles circule de la vapeur à une certaine pression; la vapeur entre d'un côté et de l'autre, il y a un agencement spécial pour la sortie de l'eau condensée; les plaques ont, générale-

ment, 1 mètre de large sur 2 mètres de long; comme elles sont utilisées des deux côtés, une plaque représente 4 mètres de surface de chauffe. Pour être dans de bonnes conditions et pouvoir sécher tous les tissus, il faut environ 70 mètres carrés de surface; on peut, dans ces conditions, sécher avec une vitesse de 15 à 18 mètres par minute. — J. D.

II. PLAQUE. 1° Tablette de bois ou de métal, mince et de forme variable. || 2° Glace préparée pour la reproduction des images photographiques. — V. DAGUERRÉOTYPE, PHOTOGRAPHIE. || 3° *Plaque de blindage.* Pièce métallique dont on recouvre la carène d'un navire. — V. CUIRASSEMENT. || 4° *Plaque de cheminée.* Grande feuille de métal qu'on applique au fond d'une cheminée. || 5° Pièce de verre ou d'émail que l'on façonne à la flamme de la lampe. || 6° Partie de la garde d'une épée qui couvre la main. || 7° *Plaque de fond.* Pierre du fond d'un creuset. || 8° *Plaque percée. T. de tiss.* Ce mot s'applique à toutes les plaques. Les étuis en cuivre, les plaques volantes, sont des boîtes qui font partie du *lisage accéléré.* — V. LISAGE. || 9° *Plaque de couche.* Partie de la crosse qui s'appuie sur l'épaule. — V. FUSIL.

* **PLAQUE DE GARDE.** *T. de chem. de fer.* Pièce en forme de fourchette disposée au-dessous du châssis des locomotives et des vagons pour maintenir et diriger les boîtes à graisse. Les plaques de garde guident les boîtes dans les mouvements d'oscillation que les ressorts de suspension impriment au châssis, elles servent aussi d'appareil intermédiaire pour produire l'entraînement des roues; bien que, sur les véhicules actuels munis de ressorts articulés avec tiges ou menottes inclinées, l'entraînement s'opère surtout par les ressorts, elles restent encore, néanmoins, un appareil de sécurité indispensable qui doit régler les oscillations transversales des essieux tout en leur permettant, d'autre part, d'obéir à l'impulsion de la voie.

Sur les vagons, on se contente d'engager les deux branches des plaques de garde dans des rainures ménagées avec un certain jeu sur les faces latérales des boîtes à graisse. Ce jeu varie dans les conditions ordinaires, avec les voitures à 2 essieux, de 3 à 6 millimètres dans le sens latéral, et de 6 à 10 dans le sens transversal; mais ce dernier chiffre doit être dépassé très sensiblement sur l'essieu du milieu des voitures à trois essieux, et le jeu transversal, qui doit être déterminé d'ailleurs évidemment d'après l'écartement total des essieux et le profil en long de la voie à parcourir, peut atteindre 20 à 25 millimètres, et on cite même les voitures à 6 roues de la Compagnie du Great-Western qui ont 32 millimètres à l'essieu du milieu.

Les plaques de garde de vagons sont formées généralement par une simple tôle découpée d'une seule pièce, comme sur les Compagnies du Nord et de Lyon, mais on emploie aussi des bras en fer forgé ou même des plaques en fonte suivant une disposition appliquée aux trucks des voitures Pullmann et qui se rencontre aussi fréquemment en Amérique. Les extrémités des plaques sont, d'ailleurs, rattachées entre elles au-dessous et à une distance suffisante de la boîte à graisse par une tige en fer qui leur donne de la rigidité. Les montants sont, en outre, souvent raidis par des étançons rattachés aux brancards.

Les plaques de garde sont presque toujours fixées, aujourd'hui, sur la face interne des longerons, disposition qui fatigue moins les fusées qu'avec des plaques posées sur la face extérieure; la disposition contraire, qui se rencontre sur quelques lignes étrangères, est progressivement abandonnée.

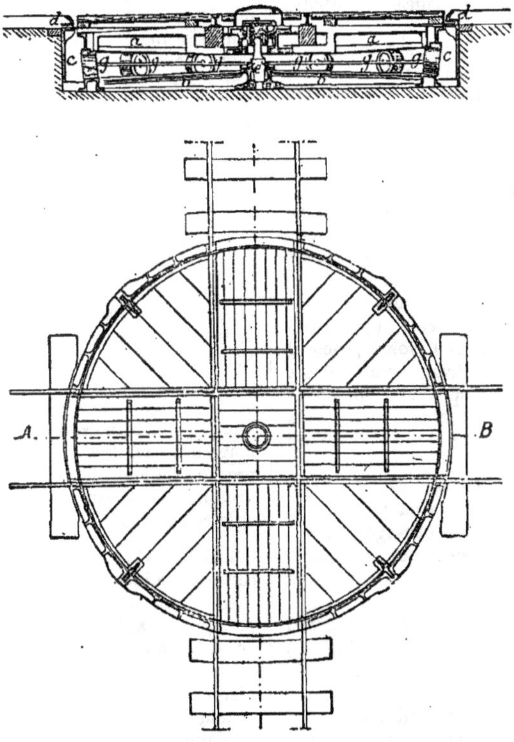

Lorsque les brancards sont en bois ou en fer en ⌐, les plaques sont appliquées directement sur ceux-ci sans aucune déviation; avec les brancards en fer à I, on est obligé de dévier la plaque pour la river sur l'âme du I, ou d'interposer une fourrure en bois ou en fonte pour regagner la largeur de l'aile du brancard.

Sur les locomotives et les tenders, les plaques de garde sont toujours munies de glissières rapportées qui frottent contre les joues des boîtes. L'installation des plaques de garde présente d'ailleurs, sur les locomotives surtout, une importance et des difficultés toutes spéciales, en raison des dispositions qu'on est obligé de prendre pour régler le jeu inévitable donné aux essieux porteurs et même moteurs. Nous avons signalé, à l'article LOCOMOTIVE, les principales de ces dispositions.

*PLAQUE TOURNANTE. *T. de chem. de fer.* Engin destiné à faire tourner, horizontalement, un véhicule dont on veut changer la direction ou que l'on veut faire passer d'une voie sur une autre parallèle à la première, par l'intermédiaire d'une voie transversale établie, le plus souvent, perpendiculairement aux deux autres.

Une plaque tournante pour vagons (fig. 161 et 162) comporte essentiellement : un *cuvelage,* un *plateau fixe* et un *plateau mobile.* Le cuvelage n'est autre chose qu'une ceinture formée de plusieurs segments en fonte, avec rebords et nervures ser-

Fig. 161 et 162. — *Plaque tournante. Plan et coupe.*
a Plateau mobile. — b Plateau fixe. — c Cuvelage — d Segments de couronnement. — e Pivot. — g Galets.

vant à maintenir le ballast et les terres autour de la fosse qui reçoit le plateau fixe et le plateau mobile. Le plateau fixe constitue les fondations de l'appareil ; il se compose : d'un moyeu central qui forme l'alvéole; d'un pivot sur lequel tourne le plateau mobile; d'un cercle extérieur servant de chemin de roulement à une série de galets coniques qui supportent la périphérie du plateau mobile et, enfin, de bras rayonnants réunissant le moyeu au chemin de roulement.

Le plateau fixe repose sur le sol, généralement par l'intermédiaire d'un lit de sable ou de pierres concassées. Le plateau mobile comprend également: un moyeu central; un chemin de roulement mobile reposant sur la couronne de galets et des bras rayonnants appelés croisillons.

Le moyeu, par l'intermédiaire de forts boulons verticaux, est suspendu à une pièce spéciale appelée chapeau, qui repose sur le pivot et lui fait ainsi porter une partie de la charge du plateau mobile.

Les croisillons sont généralement en fonte et au nombre de quatre; ils supportent une garniture de rails représentant deux éléments de voies, à l'écartement normal et se croisant à angle droit. Les quatre files de rails de la garniture se coupent en quatre points, moyennant des encoches nécessaires pour le passage des boudins des roues; les rails doivent être solidement assemblés en ces points de croisement qui peuvent recevoir des chocs considérables au passage des trains.

Les rails de la plaque sont quelquefois posés à l'aplomb des croisillons; d'autres fois, lorsque les quatre croisillons rayonnent vers le centre, les rails reposent sur des poutres secondaires, en bois, portées par les croisillons et le cercle extérieur. Ces poutres auxiliaires ont pour but d'amortir les chocs et d'éviter ainsi de fréquentes ruptures dans les pièces de fonte.

Pour certains types de plaques, les croisillons en fonte sont remplacés par des poutres en tôle et cornières, placées directement sous les rails et suspendues au chapeau du pivot par l'intermédiaire d'un moyeu spécial.

L'ossature métallique du plateau mobile est généralement recouverte par une série de panneaux en bois pouvant s'enlever pour nettoyer ou graisser les organes de la plaque; ces panneaux sont parfois remplacés par des plaques en fonte ou des tôles striées et, quelquefois même, par des emboîtements permettant d'établir un pavage entre les files de rails.

En chaque point de repos, la position du plateau mobile est assurée au moyen de verrous tombant dans des encoches ménagées en quatre points voulus.

Les dimensions des plaques varient suivant les véhicules qu'elles sont appelées à tourner.

Le diamètre des plaques usitées en France varie généralement de $3^m,40$ à $5^m,50$; le plus souvent, $4^m,20$ et $4^m,80$.

Les plaques, comme il a été dit plus haut, sont presque toujours posées à l'intersection d'une série de voies parallèles et d'une *traversée rectangulaire*, de telle sorte que les deux voies du plateau fixe sont toujours placées en prolongement des quatre abouts de voies qui aboutissent à la plaque. La presque totalité des plaques ne porte que deux voies posées à angle droit; par exception, elles peuvent recevoir trois voies posées à 60° et desservant une voie transversale placée sous le même angle; cette disposition, qui a pour but de diminuer l'espace compris entre deux voies parallèles desservies par des plaques, est rarement usitée.

On n'installe pas de plaques sur les voies principales parcourues par des trains en vitesse, car les chocs qui se produiraient au passage des encoches seraient aussi dangereux pour la sécurité du train que pour la résistance des organes de la plaque.

On construit aussi des plaques de plus grand diamètre, dites aussi *ponts tournants*, destinées à manœuvrer des machines locomotives munies de leurs tenders.

Les machines sont tournées bout pour bout lorsqu'elles doivent fournir une course en sens inverse; elles sont tournées seulement d'un certain angle lorsque la plaque est placée au centre d'une rotonde dont elle dessert les voies rayonnantes. Le diamètre de ces plaques est de $12^m,50$ à 14 mètres. Pour ces dernières, le cuvelage en fonte du pourtour est remplacé par une ceinture en maçonnerie qui porte le chemin de roulement et une crémaillère qui s'embraye avec un pignon porté par le plateau mobile dont il provoque le roulement. L'alvéole du pivot est scellée sur une fondation en maçonnerie; les bras rayonnants n'existent pas. Le plateau mobile est constitué par de fortes poutres en fer dont une paire porte une seule voie; ces poutres, au centre, reposent sur le pivot central, par l'intermédiaire d'un croisillon en fonte suspendu au chapeau du pivot; aux extrémités, elles sont soutenues par des chevalets portant chacun deux roues qui circulent sur le chemin de roulement.

Les deux poutres perpendiculaires à la voie sont portées d'une façon similaire, mais elles reçoivent, à leurs extrémités, soit un treuil à bras, soit une machine à vapeur actionnant le pignon qui commande le mouvement de la plaque, comme il a été dit plus haut.

L'ossature de ces plaques est généralement recouverte de tôles striées sous la voie et de panneaux en bois dans les parties latérales. — H. F.

* PLAQUE TUBULAIRE. *T. de mécan.* Plaque en tôle entrant dans la construction des chaudières tubulaires et sur laquelle sont insérées les extrémités des tubes à fumée. Ces plaques sont généralement au nombre de deux par chaudière; l'une, formant la paroi du foyer, est exposée directement au rayonnement du combustible incandescent et à l'action des gaz chauds; l'autre reçoit seulement celle des gaz refroidis sortant des tubes, et, dans les chaudières de locomotives surtout, elle forme la paroi de la chambre d'où ces gaz sont déversés par la cheminée dans l'atmosphère. Avec ce type de chaudière, la plaque tubulaire du foyer qui supporte la plus grande fatigue est encore fabriquée, sur les chemins français, en cuivre écroui, comme les autres parties du foyer, le fer fondu n'ayant pas donné de résultats satisfaisants pour cette application; celle de la boîte à fumée est simplement en fer. Pour les plaques tubulaires surtout, on s'attache toujours très soigneusement, dans l'installation des chaudières, à leur laisser toute liberté de dilatation et à bien assurer l'étanchéité de l'assemblage avec les *tubes à fumée* (V. ce mot). C'est presque toujours, en effet, sur ces plaques que se produisent les fissures entraînant les fuites d'eau, et la réparation en est alors fort difficile.

PLAQUÉ. On comprend assez généralement sous cette dénomination les objets métalliques constitués par un métal commun recouvert d'un autre plus précieux; mais l'usage ayant consacré le nom de *plaqué* aux pièces recouvertes d'argent et celui de *doublé* aux objets recouverts d'or, nous n'étudierons ici que le plaqué d'argent, renvoyant le lecteur à BIJOUTERIE, § *Bijouterie en doublé*, pour le plaqué d'or.

Les lames de cuivre possèdent une épaisseur variable suivant le titre du plaqué que l'on veut fabriquer; elles pèsent, en général, 10 kilogrammes et leur épaisseur est d'à peu près $0^m,03$.

La feuille d'argent au titre de 0,998, au moins, doit offrir une surface double de celle du cuivre, et le rapport entre les poids de ces deux métaux doit être également le double de celui correspondant au titre du plaqué que l'on veut faire, car la moitié de l'argent est détachée aussitôt après la soudure. Les deux lames étant ainsi prêtes, afin d'assurer davantage le succès de l'opération, on *amorce* en passant une forte dissolution de nitrate d'argent à la surface de la feuille de cuivre, que l'on vient appliquer, par ce côté amorcé, sur la face bien unie de la plaque d'argent, puis on rabat l'excédent de cette plaque sur la surface non grattée du cuivre qui a été garnie de blanc d'Espagne liquide pour que l'argent ne s'attache pas de ce côté. On fait ensuite fortement chauffer le tout dans un four, et lorsque la lame de cuivre entourée d'argent, a pris la couleur du rouge cerise, on la passe rapidement, deux ou trois fois, sous le laminoir; les métaux se trouvent ainsi unis sans soudure et en ébarbant à l'aide de la lime la planche de doublé, on détache la feuille d'argent située du côté du blanc d'Espagne.

En procédant comme nous venons de l'indiquer, on obtient le *plaqué simple*; pour fabriquer du *plaqué double*, il suffit d'opérer comme précédemment, mais en soudant une lame d'argent de chaque côté de la lame de cuivre; on y arrive facilement en amorçant la feuille de cuivre des deux côtés au lieu de garnir l'un d'eux de blanc d'Espagne.

Les plaques soudées sont dégraissées avant d'être laminées; à cet effet, on les chauffe au rouge sombre et on les fait passer cinq ou six fois sous le laminoir, puis elles sont recuites, puis dérochées dans une solution d'acide sulfurique et, enfin, nettoyées en les frottant avec de la terre à poêle. Après laminage, la feuille de plaqué est estampée (V. ESTAMPAGE) par des matrices d'acier et soumise à l'action du marteau ou à celle du tour pour lui communiquer la forme des objets que l'on veut fabriquer. Ces dernières opérations sont identiques à celles pratiquées pour l'argent, avec cette différence que, pour augmenter la solidité des objets en plaqué, il est très avantageux d'appliquer des bandes d'argent par aux bords, endroits anguleux et parties saillantes; ce moyen préserve de l'usure que les frottements plus répétés à ces places amènent inévitablement. — V. ARGENTURE, ORFÈVRERIE.

Le plaqué au fer, employé autrefois, avant la découverte de l'argenture électro-chimique, est totalement abandonné aujourd'hui.

PLAQUER. *T. techn.* Couvrir d'une feuille mince d'or ou d'argent un métal préparé à la recevoir; appliquer des feuilles de bois précieux ou de bois teint sur du bois blanc. || Plaquer du plâtre, du mortier, c'est l'appliquer fortement avec la main sur un mur que l'on veut enduire.

PLAQUEUR. *T. techn.* Ouvrier qui fait le plaqué des bijoux, de la vaisselle, qui exécute le placage des meubles.

PLASTIQUE (Art). Les arts plastiques sont ceux qui reproduisent les formes par une imitation matérielle. L'architecture, la sculpture, la peinture sont des arts plastiques et avec elles toutes les branches qui s'y rattachent : la gravure, la ciselure, la glyptique, la céramique, même le tissu et la tapisserie. Néanmoins, on donne surtout le nom d'art plastique ou, plus simplement, de *plastique* à l'art de modeler les figures ou les formes à l'aide d'une matière molle, l'argile, la cire; on divise la plastique en plastique d'art et plastique d'ornement; la première est la statuaire.

— La plastique est, selon toutes vraisemblances, le plus ancien des beaux-arts, la musique exceptée, et l'idée de façonner avec de la terre des objets utiles, propres à contenir l'eau, par exemple, ou d'imiter les formes diverses qu'ils avaient sous les yeux, a dû venir de bonne heure aux hommes primitifs. Plus tard, ils imaginèrent

de cuire cette terre pour l'empêcher de se fendre en séchant à l'air, et l'art céramique fut créé, ce qui fit reléguer au second plan, pendant plusieurs siècles, la plastique d'art, car le statuaire ne faisait plus guère usage alors que de matières dures : pierre ou marbre. C'est en Italie que la plastique renait; aux xiiie et xive siècles, et en France avec Germain Pilon, au xvie siècle. Dès lors, son importance n'a cessé de grandir, et aujourd'hui la terre cuite est une matière très fréquemment employée en sculpture. Un des artistes qui ont le plus fait au xviiie siècle pour la faveur attachée depuis à ce procédé, est Clodion.

La plastique d'ornement a pris également un développement subit, en un siècle, avec le goût de décoration à bon marché des intérieurs d'appartements qui a gagné toutes les classes de la société. On a modelé alors en toutes matières plastiques, depuis la terre jusqu'au carton-pâte, nombre de petits ornements qu'on a appliqués sur la pierre pour y tenir lieu de sculptures bien autrement dispendieuses. C'est une branche relativement récente de l'art industriel, et dont le principal mérite est de vulgariser le sentiment artistique par des décorations ornementales. La plastique devient alors le corollaire du papier peint. || *Argile plastique.* Argile qui sert aux potiers, aux sculpteurs, aux fabricants de pipes.

PLASTRON. *T. techn.* Planchette garnie d'une plaque de fer percée de trous à moitié épaisseur, et que certains ouvriers appliquent contre leur poitrine pour faire tourner le foret à l'aide de l'archet. || Pièce de devant de la cuirasse. || Pièce de cuir rembourrée pour amortir les coups de fleuret.

PLAT. Outre son acception bien connue, ce mot désigne la surface plane de la reliure d'un livre. || *Fer plat*, Fer plus large qu'épais.

PLATANE. *T. de bot.* Arbre de la famille des saxifragacées, tribu des platanées, dont le type et l'espèce la plus répandue est le *platane d'Occident* (*platanus vulgaris*, Spach ; syn. : *platanus occidentalis*, Mich.). C'est un arbre des régions tempérées et sous tropicales des deux continents de l'hémisphère boréal, pouvant s'élever jusqu'à 25, 30 mètres et plus, et dont le tronc atteint parfois des dimensions colossales, puisque de Candolle en cite un, existant près de Constantinople, à Bajukdéré, qui a 50 mètres de circonférence; il a une écorce unie, d'un vert gris, qui, à un certain âge, se soulève par plaques assez larges et se détache, parce que l'une des couches de cette écorce, le périderme, offre des parties qui forment des lames solides et non parallèles, à la surface de la tige et en se réunissant bord à bord, sur certains points marginaux, provoquant à ce niveau une desquamation.

Le bois du platane est susceptible d'un très beau poli, et lorsque l'arbre est vieux, ce bois, au moins dans la partie centrale, offre assez d'analogie avec le noyer; quant à l'aubier, qui est plus mou et blanc jaune, il est moins recherché parce qu'il est assez rapidement attaqué par les insectes. On utilise le platane dans la menuiserie, la charpente, la construction navale; avec les parties offrant des nodosités, on fait des placages recherchés pour la confection des meubles de luxe. Beaucoup de petits ouvrages en bois blanc, provenant de Suisse, sont confectionnés avec l'aubier du platane.

PLAT-BORD. *T. de constr. nav.* OEuvre morte des côtés du navire; cordage épais qui termine les parois à la partie supérieure.

PLATEAU. Bassin de balance. || Grand plat. || *Plateau de machine-outil. T. de mécan.* Disque circulaire percé de rainures généralement radiales où peuvent se fixer les poupées ou les mâchoires servant à supporter la pièce qu'on veut travailler. Les plateaux de tours sont généralement verticaux et reçoivent un mouvement de rotation autour de l'axe du tour. Certains plateaux, comme ceux de Westcott, sont percés de rainures d'un tracé spécial qu'on peut utiliser pour le centrage des pièces. Les plateaux de machines à fraiser, à raboter, etc. peuvent recevoir deux déplacements perpendiculaires, complètement indépendants, qui permettent de les amener ainsi en un point quelconque suivant la forme qu'on veut donner à la pièce. Quelquefois même, le déplacement du plateau est automatique et réglé d'après le gabarit du tracé à obtenir.

PLATE-BANDE. *T. de constr.* 1° Série de pierres taillées ou *claveaux* formant une bande continue au-dessus des baies de portes ou de croisées ou composant l'architrave dans les ordonnances d'architecture.

— Les Egyptiens et les Grecs formaient leurs architraves de pierres d'un seul morceau. Ce sont les Romains, qui, les premiers, ont fait usage de la plate-bande composée de trois claveaux. Les modernes ont suivi cet exemple en multipliant les claveaux, ce qui les a obligés d'adopter diverses dispositions, coupes brisées ou crossettes pour empêcher le glissement. Il a fallu, de plus, recourir à l'emploi de linteaux en fer pour soutenir les plates-bandes et même de véritables armatures capables de relier entre elles les parties et résister à la poussée considérable de ces voûtes plates. Les architraves du Panthéon et de la Madeleine, à Paris, ne doivent leur stabilité qu'aux armatures dont elles sont pourvues.

|| 2° Moulure plate et unie, plus large que saillante. || 3° *T. de charp.* Partie droite d'un limon d'escalier au niveau d'un palier. || 4° *T. de menuis.* Champ qui entoure les panneaux saillants des lambris et des portes à cadres. || 5° *T. de serrur.* Bande de fer plat qui sert à relier entre elles deux pièces jointives au moyen de clous ou de vis. On emploie les plate-bandes pour le ferrement des pièces d'un pan de bois, d'un plancher, d'un comble, etc., pour garnir le dessus des barres d'appui dans les balcons et des mains courantes dans les rampes d'escalier, etc.

I. PLATE-FORME. *T. de constr.* On désigne ainsi certains ouvrages qui offrent une surface plane et parfaitement unie. Tels sont les terrassements nivelés qui servent de base à quelques édifices, les couvertures plates formant terrasse dans les pays chauds; l'aire en planches et madriers sur laquelle les maçons fabriquent le mortier; les pièces de bois, dites aussi *sablières*, qui reçoivent les pieds des chevrons dans un comble; les planchers en madriers établis sur le grillage d'un pilotis ou dans le fond d'une fouille en terrain peu résistant, pour servir d'assiette à la maçonnerie, etc.

II. PLATE-FORME. *T. d'artill.* Pour la régularité du tir et la facilité de la manœuvre, il est indispensable que les pièces établies à demeure, dans les batteries de siège, place ou côte (V. BATTERIE), reposent sur un sol ferme et uni. C'est pourquoi on dispose sur le terre-plein une sorte de plancher auquel on donne le nom de *plate-forme*.

Les plates-formes pour pièces montées sur affûts de siège (V. CANON) sont de deux sortes : les *plates-formes de siège* proprement dites, et les *plates-formes volantes*, dites *à la prussienne*. Les premières se composent d'un plancher continu, constitué à l'aide de madriers placés perpendiculairement à la direction du tir et reposant sur des gîtes enterrés dans le sol; on maintient le tout à l'aide de piquets enfoncés solidement, quelquefois même on est obligé de fixer les madriers sur les gîtes à l'aide de broches en fer. Eu égard à la violence des percussions exercées par le tir des bouches à feu des derniers modèles, il faut, dans certains cas, renforcer les madriers et composer même le tablier de plusieurs couches superposées; les gîtes, au lieu d'être établis directement sur le sol naturel, sont alors disposés, en plus grand nombre, sur une couche de sable reposant elle-même sur un sol en béton. Pour le tir des mortiers, on emploie des plates-formes semblables à celles pour pièces de siège, mais encore plus solides; les madriers sont remplacés par des lambourdes-gîtes, pièces de bois à section carrée.

Les plates-formes de ce genre sont longues à établir et exigent beaucoup de matériaux, aussi se borne-t-on, toutes les fois qu'on dispose de peu de temps, à organiser une plate-forme volante, c'est-à-dire à plancher interrompu, composée simplement de deux rangées de madriers disposés parallèlement à la direction du tir pour servir d'appui aux roues, et d'une troisième rangée placée dans l'axe de la plate-forme et supportant la crosse de l'affût. Tous ces madriers reposent sur des gîtes enterrés dans le sol et sont maintenus par des piquets; pour le tir sous les grands angles, les madriers de crosse peuvent être placés au fond d'une cavité creusée dans le terre-plein.

Les plates-formes pour pièces montées sur affûts de place ou de côte se composent : 1° d'un *petit châssis* formé de pièces en bois ou de préférence, aujourd'hui, de pièces en fer enterrées dans le sol et portant la cheville ouvrière, pivot en fer autour duquel tourne le grand châssis sur lequel repose l'affût (V. CANON); 2° d'une ou plusieurs *voies circulaires* formées de madriers ou d'un fer à double T, enterrés dans le sol, et sur lesquels doivent rouler les roulettes qui supportent le grand châssis.

III. *PLATE-FORME.* *T. de chem. de fer.* Vagon spécial, découvert et sans rebords, servant au transport des pierres, bois en grumes ou pièces de grandes dimensions. ‖ Surface de terrassement préparée pour recevoir le ballast, les traverses et les rails d'une voie de chemin de fer. En voie courante, la largeur de la plate-forme, mesurée entre crêtes, est généralement de 6 mètres pour les lignes à voie unique et de $9^m,50$ pour les lignes à deux voies. A partir des deux crêtes, la plate-forme se continue, pour les parties en remblai, par deux talus plongeant, inclinés à 3 de base pour 3 de hauteur et, pour les parties en déblai, par des talus montants inclinés, le plus souvent, à 1 de base pour 1 de hauteur.

Dans certaines tranchées, la largeur nécessaire à la plate-forme est augmentée de celle nécessaire à l'établissement de deux fossés latéraux destinés à l'écoulement des eaux et dont les dimensions varient suivant la profondeur des déblais et la nature des terrains.

*PLATEURE ou PLATURE. *T. d'exploit. des min.* Filon ou couche qui, après s'être enfoncé presque verticalement, prend une allure horizontale.

PLATEUSE. *T. de mét.* Ouvrière qui fait au fuseau les fleurs de la dentelle.

PLATINAGE. Application d'une couche mince de platine sur certains métaux pour les préserver de l'action oxydante de l'atmosphère ou pour leur donner l'aspect du platine. Le cuivre et ses alliages sont les seuls qui peuvent recevoir un dépôt convenable; le fer, le zinc, le plomb et l'étain, même après un cuivrage préalable, ne donnent, au contraire, que des résultats défectueux.

Comme la dorure, le platinage peut s'obtenir au simple trempé ou par voie galvanique.

Platinage au trempé. Ce procédé ne permet de déposer qu'une couche de platine extrêmement mince mais assez résistante et d'une couleur noire brillante qui se rapproche de celle de l'argent sulfuré.

On plonge les objets, bien décapés, dans un bain de platine bouillant, préparé en faisant chauffer 10 grammes de chlorure de platine neutre avec 120 grammes de soude caustique dans 1 litre d'eau distillée. Après une immersion d'une minute au plus, l'objet est recouvert du maximum de dépôt que peut donner ce procédé, car la cuivre de la surface précipitant le platine et se substituant à lui dans la dissolution, ne peut plus agir lorsqu'il est recouvert par ce dernier, si mince que soit la couche. Des compositions différant de celle que nous venons d'indiquer ont été données pour les bains de platinage au trempé, mais, quel que soit le procédé employé, la solution ne tarde pas à se charger de métaux étrangers qui nécessitent, de temps en temps, l'addition de sel de platine pour rétablir l'équilibre et dont la proportion devient telle qu'on est bientôt obligé d'abandonner ce bain.

Platinage galvanique. Les premiers essais qui aient donné quelques résultats ont été faits en dissolvant 10 grammes de chlorure de platine neutre dans un litre d'eau renfermant en dissolution 400 grammes de carbonate de soude ou 300 grammes de phosphate ou borate de soude; à l'aide d'une température de 80° et de la pile (V.

GALVANOPLASTIE), on obtenait un dépôt métallique d'un aspect assez agréable, mais qui présentait l'inconvénient de n'être ni homogène, ni blanc, et de ne laisser le métal s'appliquer qu'en pellicule extrêmement mince, le reste de ce dépôt n'ayant aucune adhérence et cristallisant souvent en écailles; il fallait alors, de temps en temps, retirer l'objet du bain, le frotter avec du blanc d'Espagne pour donner de la cohésion au platine et recommencer de nouveau.

M. Roseleur a enfin fait connaître un procédé permettant d'appliquer sur une surface une épaisseur quelconque de platine dont la blancheur ne laisse rien à désirer, mais dont le dépôt est, quelquefois encore, percé de piqûres dues au peu de compacité du métal qui ne protège pas suffisamment l'objet contre les liquides et les gaz qui l'environnent. Dans un matras de verre à long col, on chauffe 10 grammes de platine dans 150 grammes d'acide chlorhydrique et 100 grammes d'acide azotique; il se dégage des vapeurs rutilantes, et le platine disparaît en laissant un liquide rouge que l'on chauffe jusqu'à ce qu'il devienne visqueux; on le retire alors du feu et lorsqu'il est refroidi, on le dissout dans un demi-litre d'eau distillée pour le mélanger ensuite à une solution de 100 grammes de phosphate d'ammoniaque dans la même quantité d'eau distillée. Il se forme un précipité de phosphate ammoniaco-platinique à la surface duquel surnage un liquide orangé qu'il ne faut pas séparer; on verse alors peu à peu, et en agitant, un litre d'eau chargé de 500 grammes de phosphate de soude, puis on chauffe à l'ébullition jusqu'à ce que, par suite du dégagement d'ammoniaque, la liqueur devienne acide; elle a perdu en même temps sa coloration jaune, ce qui indique la formation du sel double de platine. Le bain est prêt à servir, mais on doit opérer à chaud et ne faire usage que d'une batterie énergique.

Le mat du platine est gris perlé, et son excessive dureté nécessite, pour l'amener au brillant, l'emploi de brosses en fer ou mieux de pierre ponce en poudre; il se brunit assez bien par un frottement très énergique. L'inaltérabilité du platinage a fait penser qu'il y aurait avantage à le substituer à l'étamage et à l'argenture des glaces, mais ainsi métallisées, celles-ci présentent la couleur sombre du platine et ont l'apparence de miroirs en acier poli, ce qui les a fait rejeter jusqu'à présent.

I. **PLATINE.** *T. de chim.* Corps simple métallique, très probablement connu des Grecs et des Romains, et désigné par eux sous le nom de *plomb blanc* (Rever., *Discussions sur l'antiquité de la découverte du platine*, Rouen, 1827), mais qui n'a réellement été signalé qu'en 1735, époque à laquelle on en trouva des pépites assez volumineuses, en Colombie, à Choco et à Barbacoas. Ses principales propriétés furent décrites, en 1748, par de Ulloa; il a été plus tard étudié par Scheffer, Lewis, Margraff, Macquer, Wollaston, etc. Ce corps a pour symbole Pt, pour équivalent 99 et pour poids atomique 199, ou mieux, d'après les récents travaux de M. Senbert, 194,46 ; il est tétratomique, comme l'étain, aussi forme-t-il deux sortes de composés, ceux au maximum et ceux au minimum où il est bivalent, mais dans les premiers, l'atome de platine a sa capacité de saturation maxima. Il ne forme pas de groupements hexatomiques $(M^2)^{VI}$, comme quelques métaux voisins de lui; ses oxydes sont indifférents et jouent le rôle d'anhydride basique ou acide. Avec l'ammoniaque, il fait des combinaisons où il remplace dans des molécules complexes d'ammonium, deux ou quatre atomes d'hydrogène, et dans quelques-unes de ces combinaisons il s'accumule comme le carbone dans les carbures organiques.

Le nom de *platine* vient de *platina*, mot espagnol qui est un diminutif de plata, argent.

État naturel. Le platine se trouve toujours dans la nature à l'état métallique, mais jamais à l'état de pureté; il se trouve disséminé dans les terrains d'alluvion formés par la désagrégation de différentes roches, et il est allié ou mélangé avec divers métaux, comme l'or, le palladium, l'iridium, l'osmium, le rhodium, le ruthénium, le fer, le cuivre, le plomb, avec de l'osmiure d'iridium, du fer chromé, du fer oxydulé titané, ou d'autres corps, comme le rubis spinelle, le zircone, le quartz. Sous la forme de petits grains d'un gris d'acier et à éclat métallique, il constitue la mine de platine, dont la dureté est de 4 à 4,5 et la densité 17,2 à 17,8; ces grains sont ductiles et parfois magnétipolaires (quand il y a une notable quantité de fer); parfois, il se trouve isolé sous forme de pépites de grosseur variable, la plus grosse que l'on ait trouvée jusqu'à ce jour, pèse $11^k,500$.

L'analyse chimique montre la composition assez complexe de cette mine de platine. Le tableau suivant indique la constitution de ce corps pris dans différents gisements.

Composition	Oural	Oural (Nischine-Tagilsk)	Colombie	Choco (Colombie)	Ile de Bornéo	Californie	Australie	Russie
Platine.	86.50	81.02	84.30	86.16	71.87	57.75	59.80	76.40
Rhodium.	1.15	»	3.46	2.16	»	2.45	1.50	0.30
Indium.	»	»	1.46	1.09	7.92	3.10	2.20	4.30
Palladium. . . .	1.10	»	1.06	0.35	1.28	0.25	1.50	1.40
Osmium.	»	»	1.03	0.97	0.48	0.81	»	»
Osmiure d'iridium	1.14	3.33	»	1.91	8.43	27.65	25.00	0.50
Argent.	»	traces	»	»	»	»	»	»
Nickel.	»	0.75	»	»	»	»	»	»
Fer chromé. . . .	»	3.13	»	»	»	»	»	»
Fer.	8.32	8.18	5.31	8.03			4.30	11.70
Chaux.	»	»	0.12	»	8.40	7.70	»	1.40
Quartz.	»	0.13	0.60	»			»	»
Cuivre.	0.45	3.14	0.74	»	0.43	0.20	1.10	4.10
Alumine et Magnésie.	»	traces	»	»	»	»	»	»
Or.	»	»	»	»	»	»	2.40	0.40
Analyses de MM.	Berzélius	Terreil	Svanberg	Svanberg	Bleckerode et Weil		H. Ste-Claire-Deville, Debray	

Le platine se retrouve dans bien des pays, les gisements les plus productifs sont ceux de la Colombie, du Pérou, du Brésil, de la Birmanie et surtout de l'Oural, de Haïti, d'Australie, de Bornéo; on en a retrouvé aussi, mais en quantités très faibles, en Norwège, à Rocras; en Laponie, dans les sables du fleuve Ivalo; en Westphalie, dans une mine de plomb, près Ibbenbüren. Dans les Alpes Dauphinoises, les sables du Drac, les pyrites de l'Isère, les galènes de l'Isère et de la Savoie, M. Gueymard en a signalé la présence, en 1847.

Propriétés physiques. Le platine est un métal blanc gris, ductile, mou, malléable, étirable en fils excessivement fins, puisqu'en le passant à la filière après l'avoir enveloppé d'une couche d'argent et avoir enlevé celui-ci par l'action dissolvante de l'acide azotique, on a pu l'obtenir en fils d'un diamètre de 1/1200e de millimètre; il est très tenace, et fort peu dilatable, ce qui l'a fait choisir pour la construction du nouvel étalon métrique international. Il est le plus lourd des métaux employés, sa densité varie entre 21,48 et 21,50 et peut aller jusqu'à 21,8 lorsqu'il contient une certaine quantité d'iridium. Il fond à la température de 1775° (J. Violle) sous l'action du chalumeau oxyhydrique, et fondu, il peut absorber une notable quantité d'oxygène et offrir le phénomène du rochage, par le refroidissement; porté au rouge, il peut se souder à lui-même, comme le fer.

Le platine se trouve dans le commerce sous différents états, soit en lingots ou feuilles obtenus par fusion ou par martelage, soit à l'état poreux ou très divisé. Sous ces dernières formes il constitue ce que l'on nomme la *mousse* ou *éponge de platine*, et le *noir de platine*; la première s'obtient par la calcination du chloroplatinate d'ammoniaque; c'est une masse gris noirâtre, sans éclat métallique, mais en offrant un après frottement et présentant une grande porosité; la seconde forme est tout à fait pulvérulente. Le noir de platine peut se préparer en plongeant une lame de zinc dans une solution très acide de chlorure platinique (tétrachlorure); ou encore en chauffant à l'ébullition, dans un ballon en verre, une solution de chlorure platinique, de carbonate de soude et de sucre ; après la réduction du sel de platine, on lave à l'alcool, puis à l'acide chlorhydrique, avec une solution de potasse, et enfin avec de l'eau distillée. On a encore proposé, comme moyen d'avoir un noir très actif, de verser le chlorure métallique dans un mélange bouillant de 15 parties de glycérine et de 10 parties de lessive de potasse.

Ce platine, très divisé, condense les gaz à un très haut degré et leur donne alors ses affinités énergiques. Si l'on abaisse une éprouvette remplie de mélange tonnant, au-dessus d'un fil de platine portant un peu d'éponge de même métal, on voit aussitôt ce métal rougir et on entend une explosion due à la combinaison de l'hydrogène et de l'oxygène et à la formation d'eau ; par suite de cette propriété connue déjà depuis longtemps, a été créé l'instrument qui porte le nom de son inventeur, le *briquet à hydrogène de Dœbereiner*, dans lequel un jet de gaz hydrogène dirigé sur un fragment de mousse de platine, sert à allumer la mèche d'une petite lampe. Le noir de platine a des propriétés plus énergiques encore, il peut absorber 745 volumes d'hydrogène, 250 fois son volume d'oxygène, et produire alors un très grand nombre de réactions chimiques, comme l'inflammation des vapeurs d'éther ou d'alcool, l'acétification de ce dernier (fabrication du vinaigre par le procédé allemand), etc.; c'est-à-dire, provoquer la formation de toutes ces réactions que Berzélius expliquait en admettant l'existence d'une force inconnue, qu'il nommait force catalytique.

Propriétés chimiques. Le platine est inaltérable à l'air ou dans l'oxygène à n'importe quelle température ; le chlore, le soufre, le carbone l'attaquent lentement, mais il n'en est pas de même du phosphore, de l'arsenic, du silicium qui réagissent assez facilement sur lui; quelques métaux se combinent également au platine sous l'influence de la chaleur. Les acides dilués n'ont guère d'influence sur ce métal, à moins toutefois qu'on ne les additionne d'eau oxygénée, mais les acides concentrés exercent une notable influence, ainsi l'acide sulfurique, par exemple, qui est pourtant regardé comme n'attaquant presque pas ce métal, puisque l'on concentre cet acide dans les cornues en platine; a, d'après Scheurer-Kestner, une action très manifeste quand il est assez concentré. D'après lui, de l'acide amené à contenir 94 à 99 0/0 d'anhydride peut dissoudre de 1 à 8 grammes de métal, par 100 kilogrammes d'acide. L'eau régale est le véritable dissolvant du platine, qu'il transforme en tétrachlorure. Les alcalis exercent eux aussi une action directe sur le métal, surtout la lithine, puis la potasse et en dernier lieu la soude ; ils déterminent l'oxydation du platine en faisant un sel fusible qui forme des trous à l'endroit où s'est fait le platinate.

Ces différentes réactions expliquent pourquoi bien des opérations chimiques ne peuvent être faites dans des vases en platine, sans s'exposer à perforer les appareils et à perdre le corps que l'on préparait. Nous allons énumérer ici toutes les opérations qu'il faut éviter de faire dans des vases en platine.

Corps attaquant le platine, surtout à chaud :

1° L'acide chloroazotique (eau régale) ou les mélanges susceptibles de mettre en liberté de l'acide azotique et de l'acide chlorhydrique ;

2° Les corps donnant lieu à un dégagement de chlore ;

3° Le phosphore, les phosphates, qui peuvent former du phosphure de platine ;

4° Les alcalis en fusion, surtout la lithine, la potasse et la soude ;

5° Les azotates alcalins ou alcalino-terreux, que l'on calcine au rouge ;

6° Les sulfures alcalins, ou les sulfates mélangés avec du charbon ou un corps réducteur, ou encore un mélange de sulfure et d'alcalis ;

7° Les métaux fusibles s'alliant facilement au platine, tels que le plomb, le zinc, l'étain ;

8° Certains oxydes, comme ceux de plomb et de bismuth, qui, désoxydés forment des alliages. Il est encore à noter qu'il faut avoir soin de ne pas chauffer les vases de platine sur des supports métalliques, ceux en fer surtout, qui, après une longue calcination au rouge, pourraient faire des alliages, par places. Il vaut mieux faire les calcinations sur des triangles en terre de pipe.

SÉPARATION DU PLATINE D'AVEC LES AUTRES MÉTAUX. — V. plus loin, § *Métallurgie du platine.*

PRÉPARATION DU PLATINE PUR. Le commerce ne livre pas le platine dans un état de pureté complète. Lorsqu'on veut obtenir le métal absolument pur, on dissout le platine dans de l'eau régale, contenant un excès d'acide chlorhydrique, puis on précipite, par l'addition de chlorure d'ammonium. On forme ainsi un chloroplatinate de coloration jaune, et l'iridium, qui est le métal le plus difficile à enlever, reste dissous en totalité; s'il s'en précipitait avec le platine, le chloroplatinate aurait une couleur rougeâtre. On recueille le précipité et on le calcine pour avoir le platine métallique.

Berzélius a proposé de chauffer le chloroplatinate dans un creuset de platine, avec deux fois son poids de carbonate de potasse; il se forme du chlorure de potassium, du platine métallique et de l'oxyde d'iridium. On reprend la masse par l'eau et l'acide chlorhydrique pour enlever le chlorure alcalin, puis après par l'eau régale qui n'attaque que le platine. L'oxyde d'iridium qui reste retient toujours des traces de platine.

Dœbereiner a indiqué un procédé assez curieux : il traite la solution de platine dans l'eau régale par la chaux hydratée pure, ajoutée peu à peu dans la liqueur, jusqu'à production d'alcalinité, puis il place dans l'obscurité le vase où s'est faite l'opération. Tous les métaux autres que le platine se précipitent à l'état d'oxydes, ainsi que l'avait montré John Herschel, et l'on n'a plus qu'à soutirer la liqueur claire et à la précipiter par le chlorure d'ammonium. Si l'on exposait le vase à la lumière solaire, il y aurait production de chlorure de calcium et dépôt d'oxyde de platine.

DOSAGE DU PLATINE. Différents procédés peuvent être suivis pour faire cette opération : on peut amener le platine à l'état métallique : 1° *par calcination*, à la condition que les corps à chauffer ne contiendront pas d'autre substance fixe que le platine. On opère dans un creuset taré que l'on chauffe d'abord avec son couvercle, puis que l'on découvre et porte au rouge vif pour détruire tous corps étrangers. La pesée faite après refroidissement donne la quantité de platine ; 2° on peut traiter le corps pour faire passer le platine à *l'état de chloroplatinate d'ammoniaque.* On fait agir l'eau régale sur le produit à analyser, puis on concentre la solution, au bain-marie, dans une capsule de porcelaine ou un vase à précipitations, on neutralise par l'ammoniaque, puis on additionne de chlorure d'ammonium en excès, et on ajoute enfin à la liqueur dix fois son volume d'alcool éthylique à 95°. On recouvre le vase d'un disque en verre, et on abandonne au repos pendant vingt-quatre heures ; après ce temps, le dépôt du chloroplatinate s'est effectué, on l'enlève, on le lave avec de l'alcool à 80° sur un filtre, puis comme ce sel garde toujours un peu de chlorure d'ammonium, ce qui fait qu'on ne peut le peser directement, on le calcine dans un creuset en platine, taré, ce qui donne le poids du métal obtenu ; 3° on peut doser le platine à *l'état de sulfure.* Pour cela, on fait passer dans la dissolution acide, un courant d'hydrogène sulfuré, mais pour avoir une précipitation complète, il faut faire bouillir la liqueur après saturation par l'hydrogène sulfuré, puis après ébullition refaire passer un courant de gaz, pour saturer de nouveau et ensuite laver le précipité. En le calcinant à l'air dans un creuset de porcelaine taré, on obtient du platine métallique que l'on peut peser directement ; 4° on dose enfin le platine par *réduction directe.* Pour cela, on peut employer diverses méthodes. *α)* On acidule la liqueur contenant le platine et et on y ajoute une lamelle de zinc ou de magnésium bien décapée. On obtient un dépôt noir de platine pulvérulent, et lorsqu'on voit qu'une nouvelle lame de métal ne se recouvre plus de l'enduit noir, on ajoute de l'acide sulfurique pour dissoudre le métal précipitant, on lave le platine réduit en le recueillant sur un filtre, on sèche et on calcine le filtre dans un creuset de platine taré. Comme on possède actuellement des filtres qui donnent un poids connu de cendres, on n'a qu'à déduire ce poids du chiffre trouvé pour avoir le poids exact du platine. *β)* La réduction du quadrichlorure de platine peut également se faire par d'autres moyens, par exemple à l'aide du sulfate ferreux et d'un alcali ; avec un formiate alcalin, en aidant le dépôt par l'action de la chaleur ; avec l'azotate mercureux, mais dans ce dernier cas il est indispensable de calciner fortement le précipité pour le débarrasser du mercure qui s'est déposé avec le platine.

PRODUCTION. Les divers gisements que nous avons indiqués ne donnent annuellement qu'une quantité relativement faible de ce métal, 2,800 kilogrammes environ, d'une valeur de 1,125,000 francs ; sur cette quantité, 2,250 kilogrammes viennent de l'Oural ; les états d'Amérique en fournissent 425 kilogrammes, et l'île de Bornéo 125 kilogrammes ; les quantités données par les autres pays sont négligeables. On traite à Paris environ, 184 kilogrammes de mine de platine par an, ce qui correspond à une production de 129 kilogrammes.

Usages. Le platine s'emploie à l'état de métal fondu, forgé ou étiré, suivant qu'il a été travaillé par emboutissage, par fusion, par moulage ou qu'il a été passé à la filière. Sous ces différents états il sert à confectionner un grand nombre d'appareils employés en chimie et dans l'industrie. Il sert, en effet, à faire des feuilles métalliques, des creusets, capsules, cuillers, bouts de chalumeau, pinces, etc., des cornues ou des chaudières pour la rectification de l'acide sulfurique ; des bijoux, chaînes de montre, tabatières, lampes-forges, etc.; il est employé pour donner le lustre métallique à la porcelaine, à la faïence, au verre (par la formation de chlorure d'élaïle) ; à garnir et doubler les vases de cuivre pouvant servir à concentrer des acides ; à la décoration des porcelaines, en donnant des tons gris (Salvétat) que l'on n'obtient pas avec d'autres corps. Il a servi à faire des monnaies : la Russie qui l'avait accepté en certain temps comme étalon monétaire l'a retiré de la circulation en 1845 ; il sert encore à frapper des médailles commémoratives, ou à distribuer comme prix. Enfin, on l'a adapté à divers appareils de sûreté, comme les lampes de mineurs, par suite de la propriété qu'il possède de rester incandescent lorsqu'il est en contact avec certains gaz qu'il condense ; le gaz-platine de M. Gillard, proposé en 1846, et abandonné parce que ce gaz spécial était d'un prix de revient trop élevé, ne devait son éclat spécial qu'à l'incandescence d'une petite corbeille de platine que l'on interposait dans la flamme. Notons, en outre, que ce métal sert à obtenir quelques combinaisons employées en chimie, ou des alliages devenus industriels.

COMPOSÉS DU PLATINE. Le platine forme, comme nous l'avons déjà indiqué deux sortes de sels, au minima et au maxima. Il en est peu qui servent industriellement, mais on les reconnaîtra à certains caractères.

Sels platineux. Ces sels en solution donnent les réactions suivantes, avec les réactifs chimiques :

Avec l'*hydrogène sulfuré*, précipité brun, soluble dans un excès de sulfhydrate d'ammoniaque ; avec l'*ammoniaque*, précipité vert, cristallin, (en présence de chlorures ou d'acide chlorhydrique) ; avec la *potasse*, rien, dans les solutions étendues, précipité d'oxyde platineux, dans les liqueurs concentrées ; avec le *carbonate d'ammoniaque*, rien ; avec le *carbonate de potasse*, précipité brun, lent à se former ; avec l'*iodure de potassium*, coloration rouge, puis précipité noir, avec décoloration ; avec l'*azotate mercureux*, précipité noir.

Sels platiniques. Leur solution donne les caractères suivants : avec l'*acide oxalique*, rien ; avec la *potasse* ou l'*ammoniaque*, en présence d'un chlorure, précipité jaune, soluble à chaud dans un excès de réactif, ou s'il y a un oxysel, précipité jaune brun, insoluble dans un excès de ce même réactif; avec l'*hydrogène sulfuré*, précipité brun noir, soluble dans le sulfhydrate d'ammoniaque ou l'eau régale, insoluble dans les acides chlorhydrique ou azotique ; avec le *sulfhydrate d'ammoniaque*, précipité brun noir, soluble dans un excès de réactif; avec le *chlorure d'ammonium*, précipité jaune cristallin, se formant bien avec le temps, ou par l'addition d'alcool; avec le *chlorure de potassium*, précipité jaune, cristallin ; avec le *carbonate de potasse* ou *d'ammonium*, précipité jaune, insoluble dans un excès de réactif; avec le *carbonate de soude*, rien à froid, précipité brun par la chaleur; avec le *ferrocyanure de potassium*, coloration verdâtre, sans précipité ; avec l'*hydrogène phosphoré*, rien (caractéristique d'avec les sels de palladium); avec le *chlorure stanneux*, coloration rouge brun ; avec l'*azotate mercureux*, précipité jaune brun ; avec le *sulfate ferreux*, rien, mais par une ébullition prolongée réduction à l'état métallique; avec l'*iodure de potassium*, coloration brun rouge, puis précipité brun jaune.

Parmi les combinaisons du platine nous n'aurons guère à indiquer que celles obtenues avec le chlore.

Chlorure platineux. (Syn. : *bichlorure de platine*) PtCl... PtCl². C'est un corps pulvérulent, de couleur verte, d'une densité de 5,85; il est insoluble dans l'eau, est décomposable par la chaleur en donnant du chlore et le métal; avec la potasse, il donne de l'oxyde platineux PtO; il est soluble dans l'acide chlorhydrique en donnant une coloration pourpre. On l'obtient en chauffant le chlorure platinique à 200°; si on n'atteint pas ce degré, le sel reste mélangé avec une combinaison qu'il forme avec l'acide chlorhydrique

$$PtCl^2, HCl + 6HO.$$

Chlorure platinique. (Syn. : *tétrachlorure de platine*) PtCl²... PtCl⁴. Il cristallise en aiguilles prismatiques de coloration brun rouge, de saveur astringente et métallique, il a une densité de 2,431, tache la peau en brun, se décompose par la chaleur en chlore et en chlorure platineux, en perdant ses 8 équivalents d'eau de cristallisation. Il est déliquescent; soluble dans l'eau, l'alcool, l'éther; sa réaction est acide. Il s'obtient en dissolvant du platine dans de l'eau régale, ou dans de l'acide azotique auquel on ajoute peu à peu de l'acide chlorhydrique, puis en évaporant dans une capsule de porcelaine pour chasser l'excès d'acide. Sa solution est d'un brun rouge; elle forme des sels doubles avec les chlorures alcalins; avec les alcalis, elle donne de l'hydrate platinique PtO⁴. H⁴, lequel par une calcination ménagée donne l'anhydride platinique PtO²; les agents réducteurs, l'alcool, le transforment en chlorure platineux; l'hydrogène, le mercure le réduisent à l'état métallique.

Il sert dans la peinture sur porcelaine, pour donner le lustre métallique aux faïences, ou encore à écrire sur les étoffes, car en passant sur celles-ci une solution de carbonate de potasse et de gomme, laissant sécher, puis écrivant avec une solution de chlorure platinique (avec une plume d'oie) et laissant sécher, on fait apparaître des caractères rouges, indélébiles et résistant au savon, en passant avec un pinceau une solution de chlorure stanneux; c'est le réactif des sels de potasse.

Chlorure de platine et d'étaile

PtC²H³Cl².

On l'obtient en dissolvant du chlorure platinique dans de l'alcool, puis évaporant la liqueur au bain-marie, redissolvant dans l'alcool et évaporant ainsi plusieurs fois. La combinaison obtenue sert à platiner le verre ou la porcelaine, car si dans la solution très étendue du résidu, on plonge des objets de cette nature, et si on les chauffe immédiatement au-dessus d'une lampe à alcool, on obtient un dépôt de platine métallique adhérant et brillant.

ALLIAGES. Le platine s'unit bien à certains métaux. Quelques-uns de ces alliages sont utilisés ; avec 78,7 parties de platine et 21,3 d'iridium, on obtient un métal très dur, quoique malléable, qui est presque inattaquable par l'eau régale ; un alliage avec 10 à 15 0/0 d'iridium résiste bien aux réactifs et au feu, et a l'avantage d'être très difficilement fusible, d'être fort dur et de ne pas se déformer; l'alliage fait avec 92 parties de platine, 5 parties d'iridium et 3 parties de rhodium, est plus résistant à tous les agents que le platine seul; l'alliage contenant 3 parties de platine et 13 parties de cuivre a l'éclat, la couleur et l'inaltérabilité de l'or; l'alliage de platine et d'acier, fait à parties égales est brillant, d'un blanc éclatant, d'une densité de 9,862; il a été employé pour faire des miroirs, et jusqu'à présent il est le métal le plus précieux pour la fabrication des télescopes. — J. C.

MÉTALLURGIE DU PLATINE

1° *Préparation mécanique du minerai de platine.* La séparation du minerai de platine d'avec sa gangue se fait par des moyens analogues à ceux que l'on emploie pour le lavage des sables aurifères, avec cette différence qu'on ne peut mettre en jeu que la grande densité de ce minerai. Il ne saurait être question de l'emploi du mercure, ce corps n'ayant aucune action sur le platine et les métaux qui l'accompagnent; c'est même sur cette résistance complète à l'amalgamation que l'on fonde la séparation de l'or et des composés platinifères.

2° *Procédé chimique de Wollaston.* Il repose sur la solubilité du platine dans l'eau régale, l'insolubilité de l'osmiure d'iridium dans cette liqueur et la précipitation du platine à l'état de chloroplatinate alcalin. On se sert d'eau régale faible pour ne pas attaquer l'osmiure d'iridium, et on la compose de 4 parties d'eau forte du commerce (acide nitrique à 4 équivalents d'eau) et 15 parties d'acide chlorhydrique avec 15 parties d'eau. L'attaque se fait au bain de sable, dans un vase en terre, et on la commence à froid en élevant progressivement la température. Au bout de quatre jours, tout est en dissolution, sauf l'osmiure d'i-

ridium et la gangue siliceuse. La quantité d'a-
cide que nous avons indiquée suffit pour attaquer 12 parties de minerai et laisse; en moyenne
2 parties de résidu.

La dissolution renfermant les divers chlorures
est traitée à froid par 4 parties de chlorhydrate
d'ammoniaque dissoutes dans 20 parties d'eau.
Il se forme un précipité jaune de chloroplatinate
d'ammoniaque que l'on filtre. Quant à la liqueur,
on la traite par des barreaux de fer pour précipiter tous les métaux qu'elle renferme, à l'exception du fer lui-même, et on redissout par l'eau
régale pour recommencer, par le sel ammoniac,
la précipitation du platine qui aurait échappé à
la première réaction.

Le chloroplatinate d'ammoniaque est séché et
décomposé par une chaleur graduelle; il reste,
après expulsion de l'eau, de l'ammoniaque et des
chlorures, une éponge de platine grise et sans
cohérence.

Sous cette forme, le platine est susceptible de
s'agglomérer par la pression. Wollaston avait
imaginé un appareil permettant d'effectuer une
compression énergique sur l'éponge de platine et
de la transformer en une masse cohérente. On
soumettait ensuite la masse métallique à un violent feu de forge qui amenait la soudure. On pouvait ensuite forger, étirer et laminer le platine
ainsi obtenu.

3° *Procédé russe.* L'attaque du minerai de platine se fait par l'eau régale dans de grandes capsules de porcelaine placées sur un bain de sable.
On ajoute alors un lait de chaux en quantité telle
que la liqueur reste acide. La liqueur renferme
tout le platine à l'état de chloroplatinate de chaux
avec des traces de palladium et de quelques-uns
des autres métaux, tandis que, sous forme d'o-
xyde, le rhodium, le cuivre, le fer et la majeure
partie du palladium se précipitent. La liqueur
évaporée à sec donne un résidu qui est calciné
au rouge. Il se forme de l'éponge de platine et du
chlorure de calcium. On lave pour enlever le sel
de chaux et on comprime l'éponge de platine,
comme dans la méthode de Wollaston.

Quant au précipité, il est lavé, attaqué par l'a-
cide sulfurique et traité par le sel ammoniac, qui
donne du chloroplatinate d'ammoniaque. La liqueur restant renferme les autres métaux que
l'on peut séparer par les méthodes connues.

4° *Procédé par voie sèche de Janetti.* Avant que
les procédés chimiques que nous venons d'exposer fussent connus et appliqués, un orfèvre de
Paris, Janetti, avait imaginé un traitement par
voie sèche qui lui permettait de produire du platine métallique.

Il fondait une partie de minerai de platine avec
deux parties d'acide arsénieux et une certaine
quantité de potasse. Il produisait ainsi un arséniure de platine mélangé des quelques autres
métaux qui accompagnent le platine. Il soumettait cet arséniure complexe à un grillage pour
chasser l'arsenic, et il obtenait du platine mallée-
ble qu'il forgeait au rouge. Cette méthode curieuse donnait, comme on peut le comprendre,

du platine impur et c'est la raison pour laquelle
on y a renoncé.

5° *Fusion directe du minerai de platine par
MM. Sainte-Claire Deville et Debray.* En vue d'obtenir un alliage de platine, d'iridium et de rhodium pouvant, pour la plupart des emplois, remplacer le platine pur, MM. Sainte-Claire Deville et
Debray ont imaginé le traitement suivant : dans
une masse de chaux ayant la forme d'un petit
four cylindrique et composée de deux parties
mobiles : l'inférieure, creusée d'une cavité servant
de sole et la supérieure servant de couvercle, on
fait arriver la flamme d'un chalumeau à gaz d'é-
clairage et oxygène.

Le gaz d'éclairage arrive par le couvercle et
rencontre plus loin, dans un renflement *c* du

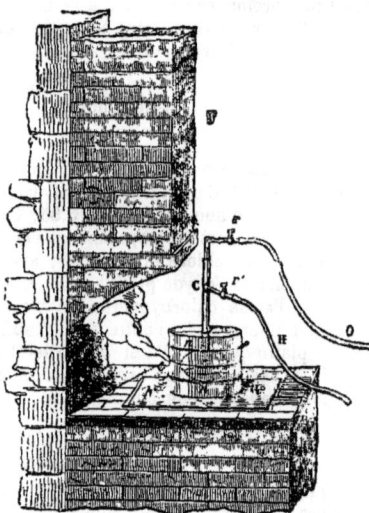

Fig. 163.

tuyau (fig. 163), l'oxygène. En faisant jouer convenablement les robinets *r* et *r'*, on rend à volonté
la flamme oxydante ou réductrice. Un orifice à la
partie supérieure, fermé par un bouchon de
chaux, permet l'introduction du minerai, tandis
que sur la partie latérale, un autre orifice *e*, en
communication avec la hotte F du fourneau,
donne passage aux gaz produits. Il faut que le
fourneau ait un bon tirage, car l'acide osmique,
qui se dégage, est un poison très violent.

On commence par porter l'appareil au rouge,
puis on projette par l'orifice supérieur le minerai
préalablement chauffé et mélangé d'un peu de
chaux en poudre. On chauffe alors vivement avec
une flamme oxydante, il se forme de l'oxyde de
fer qui imbibe la chaux de même que, dans la
coupellation, l'oxyde de plomb imbibe la coupelle
de phosphate de chaux; les autres métaux donnent des composés volatils ou pulvérulents qui
sont entraînés par l'ouverture *e*. On ajoute alors
de nouvelles doses de minerai mélangé de chaux,

jusqu'à ce que la cavité du bloc inférieur de chaux soit remplie de métal en fusion.

En opérant de cette manière, on obtient un métal fondu qui, d'après MM. Deville et Debray, renferme :

Platine..	92.5
Iridium	5.8
Rhodium.	0.5
Cuivre.	0.8
Fer..	0.4
	100.0

Il est préférable de faire couler le métal dans une autre coupelle en chaux et de terminer l'affinage en deux fois, à cause de la capacité d'absorption de la coupelle qui est forcément limitée et que l'on rend ainsi deux fois plus grande.

6° *Coupellation du minerai de platine.* MM. ¡Deville et Debray ont eu l'heureuse idée d'adapter au platine le procédé de séparation par la voie sèche qui est employé depuis longtemps pour l'affinage des plombs argentifères.

En fondant au creuset le minerai de platine avec de la galène, on obtient un alliage de platine et de plomb, tandis que les autres métaux forment un sulfure complexe où dominent le fer et le cuivre. Quant à l'osmiure d'iridium, il reste inattaqué.

Cette opération peut se faire dans un petit four à réverbère où l'on peut traiter jusqu'à 100 kilogrammes de minerai à la fois. On se sert, dans ce cas, d'une sole en phosphate de chaux ou en calcaire argileux. On commence par couvrir la sole d'une couche de galène, puis on ajoute parties égales de minerai, de galène et de plomb en petits fragments et on recouvre de galène.

En maintenant l'atmosphère réductrice, la galène se réduit au contact du fer que renferme le minerai. Le plomb s'empare du platine sans attaquer l'osmiure d'iridium et forme un bain métallique. Si, à ce moment, on rend la flamme oxydante en introduisant de l'air, par un orifice ménagé à cette intention, au moyen d'une soufflerie, il se forme des scories à la surface, aux dépens du fer et du cuivre. On nettoie la surface du bain au moyen de râclettes en fer, et on puise le plomb platinifère avec une poche en fer pour le couler dans une lingotière.

On procède ensuite à la *coupellation du plomb platinifère* dans un four à réverbère analogue à celui qui sert, dans l'industrie du plomb, au raffinage de l'argent d'éclair. On introduit le plomb et, quand il est parfaitement fondu, on donne le vent en ménageant un orifice pour l'écoulement de la litharge produite.

A mesure que le plomb s'oxyde, la difficulté que l'on éprouve à maintenir le bain en fusion devient de plus en plus forte, vu le peu de fusibilité du platine, même mélangé d'iridium. L'alliage se solidifie et renferme encore 20 à 25 0/0 de plomb.

Il faut procéder alors à un *rôtissage* en plaçant le platine dans de petites coupelles en os calcinés que l'on chauffe, aussi fortement que possible, à la flamme oxydante d'un moufle. Il se forme une liquation, puis une oxydation du plomb, et la litharge produite imbibe les coupelles. Le platine mélangé d'iridium est alors fondu comme nous le décrirons plus loin.

7° *Méthode mixte de MM. Deville et Debray.* Pour obtenir du platine plus pur, MM. Deville et Debray ont imaginé la méthode suivante : on traite le minerai de platine par l'eau régale, à la manière ordinaire et, après avoir séparé la gangue et l'osmiure d'iridium, on évapore la dissolution jusqu'à sec. On obtient ainsi une poudre rouge que l'on porte dans un creuset de platine ou de terre. Par une chaleur modérée, et qui constitue la difficulté de cette opération, on cherche à obtenir la réduction du platine à l'état métallique sans réduire les oxydes de palladium et de rhodium. On traite le résidu par l'eau et l'on obtient une poudre métallique, d'une grande densité et, par conséquent, facile à séparer. Elle ne renferme que du platine et quelques millièmes seulement d'oxyde d'iridium en dissolution dans le métal.

FUSION DU PLATINE. On n'emploie plus le mode de compression de l'éponge de platine, imaginé par Wollaston, depuis que M. Sainte-Claire Deville a rendu pratique et facile la *fusion du platine.*

L'opération se fait au chalumeau à oxygène et gaz d'éclairage, dans un four en chaux analogue à celui que nous avons décrit pour le traitement direct du minerai de platine par la voie sèche. On peut ainsi, avec une disposition convenable du four en chaux, maintenir à l'état liquide jusqu'à 100 kilogrammes de platine. C'est par ce procédé que l'on a coulé l'étalon en platine représentant le mètre international. Pour obvier à la difficulté que présente le maniement d'une masse métallique aussi éblouissante et d'un rayonnement aussi puissant, il est bon de rendre le four mobile autour d'une charnière et de le faire basculer au moment de la coulée devant l'orifice du moule.

On peut, pour mouler le platine, se servir de lingotières en fer forgé, mais il est bon, dans ce cas, de placer au fond du moule, à l'endroit où le jet vient rencontrer le métal, une feuille de platine d'un millimètre d'épaisseur. On empêche ainsi la fusion du moule, et les lingots obtenus ne laissent rien à désirer.

TRAITEMENT DE L'OSMIURE D'IRIDIUM. On a vu que dans toutes les opérations que subit le minerai de platine, l'osmiure d'iridium reste toujours inattaqué. Il en est résulté que des masses considérables d'osmiure d'iridium s'étaient accumulées, sans emploi, dans les diverses usines qui traitaient le minerai de platine.

Nous croyons intéressant, vu les propriétés utiles que possède l'iridium, de compléter ce que nous avons dit au sujet de ce corps. — V. IRIDIUM.

On fait un mélange de une partie d'osmiure d'iridium et de nitrate de baryte avec deux parties de baryte et on le porte au rouge dans un creuset de terre. On pulvérise, on projette dans l'eau froide et on attaque par l'acide nitrique en ayant soin de recueillir, dans une dissolution ammoniacale, les vapeurs d'acide osmique qui se produisent. Quand l'acide osmique a disparu, ce que l'on aperçoit à l'allure de l'absorption des vapeurs par la dissolution ammoniacale, on ajoute de l'acide chlorhydrique dans le ballon et il se dépose du nitrate de baryte par refroidissement.

L'eau mère a une couleur rouge et renferme, avec l'iridium, des chlorures de palladium, de rhodium et de platine.

On étend d'eau et on précipite le platine et l'iridium à l'état de chlorures doubles par une addition de chlorhydrate d'ammoniaque. Le résidu est desséché, puis calciné et on le traite par l'eau régale faible qui dissout seulement le platine.

La liqueur, d'où ont été séparés le platine et l'iridium évaporée à sec, le résidu est traité par le sulfhydrate d'ammoniaque additionné de fleur de soufre et calciné en vase bien clos à l'abri de l'air. Il se forme des sulfures de cuivre et de fer, tandis que le palladium et le rhodium restent à l'état métallique. Pour séparer ces deux métaux, on attaque par l'acide nitrique qui laisse le rhodium métallique. On évapore la dissolution de palladium et on calcine, on obtient du palladium métallique avec des oxydes de fer et de cuivre qu'il est facile de séparer par l'acide chlorhydrique faible.

II. **PLATINE**. *T. d'armur.* Pièce latérale encastrée dans la monture de certaines armes à feu portatives, et portant extérieurement le chien et intérieurement le mécanisme qui sert à mettre ce

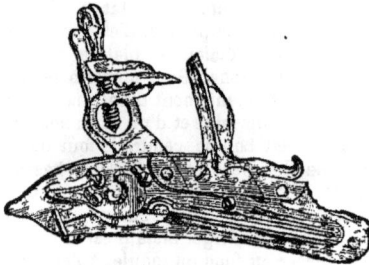

Fig. 164. — *Platine à silex.*

chien en mouvement. On y remarque le corps de platine, la noix et son arbre portant le chien, le grand ressort plat à deux branches qui agit sur la noix directement ou par l'intermédiaire d'une chaînette, la gâchette dont le bec vient buter contre un des crans de la noix pour la maintenir au bandé ou à l'abattu. La petite branche du grand ressort ou un ressort spécial agit sur la gâchette. On ne doit pas confondre la gâchette avec la détente; celle-ci est en dehors de la platine, dans le pontet de sous garde, c'est sur elle qu'on agit avec le doigt pour dégager la gâchette des crans de la noix et faire partir le coup. Dans la platine à silex (fig. 174), le chien était pourvu de mâchoires pour maintenir la pierre; la platine comprenait, en outre, le bassinet pour recevoir la poudre d'amorce et le couvre-bassinet contre lequel venait choquer le silex. Dans les platines à percussion le chien ne fait que l'office d'un marteau.

Quand le grand ressort placé en avant sollicite

la noix de haut en bas, la platine est dite *platine en avant*, au contraire lorsqu'il est placé en arrière et agit de bas en haut, la platine est dite *platine en arrière*. Les premières platines à percussion, transformations des platines à silex, étaient des platines en avant; celles des derniers modèles, et en particulier celles des fusils de chasse, étaient du système dit *en arrière*, qui a l'avantage de permettre la suppression du ressort de gâchette et de moins affaiblir la monture.

Aujourd'hui, la plupart des platines à percussion des fusils de chasse sont des *platines en avant rebondissantes* (fig. 165), c'est-à-dire dans lesquelles on a supprimé le cran du repos, et allongé la branche

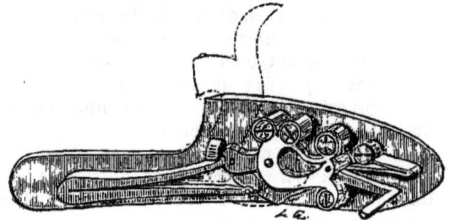

Fig. 165. — *Platine à percussion en avant rebondissante.*

supérieure du grand ressort jusqu'à ce qu'elle touche le bras prolongé de la noix. Au repos, cette pression soulève le bras de la noix et empêche le chien de venir en contact avec l'amorce ou le percuteur. L'armer se trouve facilité d'autant; quand on presse sur la détente, le chien retombe avec une violence telle que la branche du ressort est obligée de s'abaisser d'une quantité suffisante pour que le choc du chien ait la force d'enflammer l'amorce; le chien se relève aussitôt après et se replace de lui-même au cran de sûreté. L'invention de ces platines ne date que de 1866, elle est d'origine anglaise.

La plupart des fusils de guerre se chargeant par la culasse n'ont plus de platine; il en est de même des nouveaux fusils de chasse sans chien.

La fabrication et le montage des platines exigent beaucoup de précision et d'habileté, aussi ces opérations sont-elles confiées à des ouvriers spéciaux dits *platineurs*.

III. **PLATINE**. 1° *T. d'impr.* Partie de la presse à bras qui foule le tympan. || 2° Plaque de fer fixée extérieurement à une porte ou au devant d'une serrure, et percée pour donner passage à la clef. || 3° Plaque métallique sur laquelle on fixe une baguette, un loqueteau, un verrou, etc. || 4° Chacune des deux pièces qui soutiennent toutes les pièces du mouvement d'une montre ou d'une pendule. || 5° Bande qui tient l'arbre d'une roue près des cames.

PLATINEUR. *T. de mét.* Ouvrier qui, dans les manufactures d'armes, fait spécialement les platines. || Ouvrier qui fait l'opération du platinage.

*PLATINOÏDE**. *T. de chim.* Nouvel alliage proposé par M. Martin, de Sheffield, qui a la composition du maillechort avec 1 à 2 0/0 de tungstène en plus. Sa résistance est 1 1/2 celle du maille-chort, sa densité 8,78 ; il se recuit comme le laiton. On le prépare en mélangeant du phosphure de tungstène aux métaux constituant le maille-chort, et fondant plusieurs fois pour chasser le phosphore et l'excès de tungstène absorbé par le cuivre.

I. **PLÂTRE.** Le *plâtre, sulfate de chaux* pour les chimistes, *gypse* pour les géologues, fait partie de la formation inférieure éocène des terrains tertiaires ou d'alluvions. Il vient, dans l'échelle de la stratification, immédiatement après la formation des sables et grès de Fontainebleau dont il est séparé par des couches de marnes, que l'on appelle les *marnes du gypse.* Il accompagne et précède immédiatement les calcaires siliceux et grossier, et forme avec eux le bassin dont Paris occupe le centre ; ce bassin présente de nombreuses alternances d'étages, caractérisées par des coquilles marines et des coquilles d'eau douce.

Les diverses assises du calcaire grossier constituent presque toute la surface du sol parisien, entre l'Epte et la Marne, sur la rive droite de la Seine ; il s'étend, sur la rive gauche, depuis Meulan jusqu'à Choisy.

Le calcaire siliceux repose sur le calcaire grossier. Il constitue au sud-est de Paris un vaste plateau limité par la Marne ; puis il gagne la vallée de la Seine, qu'il suit depuis Villeneuve-Saint-Georges jusqu'à Draveil ; à l'ouest, il a pour limite la vallée de l'Orge jusqu'au delà d'Arpajon, où il s'enfonce dans les sables de la Beauce.

L'étage gypseux qui surmonte les calcaires forme, depuis Meaux jusqu'à Meulan, Triel et Grisy, sur une longueur de plus de *vingt lieues,* une zone large d'environ *vingt kilomètres,* dirigée du sud-est au nord-ouest, et composée de collines allongées dans le sens de la vallée de la Seine. Il présente deux assises très distinctes : l'assise *gypseuse proprement dite,* caractérisée par le *gypse* et par les débris d'animaux terrestres ; *l'assise supérieure* est presque exclusivement composée de *marnes* argileuses ou calcaires, et présente, au contraire, des débris de coquilles marines.

L'assise gypseuse se divise, à son tour, en deux étages de gypse.

L'*étage inférieur* ou *assise inférieure* du gypse contient deux masses gypseuses, séparées entre elles par des marnes de $3^m,50$ à 5 mètres de hauteur.

La troisième masse comprend, en partant de la couche inférieure :

Le blanc-blanc, sur une hauteur de	$1^m,40$
La cave	0.40
Les grignards	0.70
Le banc pavé	0.90
Total	$3^m,40$

Cette masse contient des squelettes et des os de poissons.

La deuxième masse comprend :

Les couennes qui reposent sur les marnes de troisième masse et ont une épaisseur de. .	$0^m,60$
Les rousses.	1.20
Le banc jaune	0.70
Les nez	0.80
Les bousins.	0.70
Les canes	0.20
Les bassins	0.20
Les moutons.	0.70
Le petit-banc.	0.30
Les fleurs et têtes-de-morts.	1.70
Total	$7^m,10$

Dans cette masse comme dans la précédente, le gypse a l'aspect saccharoïde et quelquefois cristallin.

L'*étage supérieur* ou *assise supérieure* est divisée en vingt-deux couches, qui diffèrent peu entre elles au premier aspect ; ces couches sont les suivantes, en partant de celle qui repose sur les marnes de la deuxième masse :

Les urines, sur une épaisseur de.	$1^m,40$
Les plombs	0.30
Les quilles	0.55
Les enragés.	1.00
Les urines-vertes.	1.00
Les caves	0.25
Les grosses-urines.	1.45
Les crottes-d'ânes.	0.80
Les quilles	0.80
Les trois-pieds	1.00
Les hauts-piliers	1.00
Les hures	1.00
Les cendreux ou les rousses	1.00
Les gris-de-fer..	1.00
Le bien-venant	1.00
Les nœuds.	1.10
Les enragés.	1.10
Le gros-jaune.	2.10
Les carrés.	0.50
Les écuelles.	0.75
Les moutons.	0.75
Les fleurs	0.80
Total	$20^m,65$

Ces dénominations, données par les ouvriers, ne sont pas absolues : ce sont celles qui sont les plus usitées dans les carrières situées dans le bassin de la Seine. Dans ces couches, le gypse est tantôt finement saccharoïde, tantôt composé de cristaux lenticulaires d'un ou plusieurs millimètres, accolés par l'effet d'une cristallisation confuse. Dans les bancs les plus épais, le gypse est en quelque sorte massif et souvent divisé en gros prismes informes, comme dans les hauts-piliers, les hures, les rousses, etc.

Cette masse gypseuse supérieure renferme une grande quantité d'ossements de quadrupèdes, de débris d'oiseaux ou de grands poissons. Les mammifères sont ces grands pachydermes étudiés par Cuvier et connus sous les noms de *paléothériums,* d'*anaplothériums* et d'*anthrocothériums.*

Le plâtre est un *sulfate de chaux hydraté* qui présente ou une structure fibreuse, quelquefois douée d'un éclat nacré, ou une structure lamelleuse, ou enfin une structure compacte et saccharoïde. Ces trois états se rencontrent dans la masse du bassin parisien ; mais c'est l'état saccharoïde qui prédomine. La densité à l'état d'hydrate, est de 2,31. Exposé au feu, il blanchit en perdant son eau de cristallisation; la densité n'est plus alors que de 1,10. Réduit en poudre, il absorbe ensuite l'eau avec rapidité et se solidifie avec un notable dégagement de chaleur dû à ce qu'en repassant à l'état cristallin, les cristaux s'entrelacent, contractent de. l'adhérence et forment un tout d'une dureté moyenne.

Le plâtre sert en agriculture pour amender les terres. Il sert aussi et surtout pour les constructions.

La supériorité incontestable du plâtre de Paris sur tous les autres sulfates de chaux livrés au commerce, non seulement en France mais dans le monde entier, est un fait qui ne s'explique que par la différence de texture et de composition des couches très nombreuses que forment les masses gypseuses du terrain parisien. Elle ne peut être attribuée à un mode de préparation ou de cuisson plus ou moins parfait. Il est, en effet, absolument certain aujourd'hui que l'emploi, pour la cuisson, de fours ayant pour but d'amener le produit à un état qui se rapproche du plâtre *chimiquement pur*, a donné des résultats complètement négatifs. Les sulfates hydratés cuits par ces procédés donnent des plâtres fins et blancs qui se gonflent, et les enduits ne tiennent pas; ces plâtres sont absolument impropres à la construction. Certains plâtres, naturellement cristallisés, lamelleux ou fibreux, tels que l'on en rencontre dans la Nièvre, l'Ain, la Maurienne, donnent à la cuisson des résultats à peu rès analogues, mais moins caractérisés.

Le plâtre de Paris qui contient environ 15 à 20 0/0 de matières inertes, dont l'effet est analogue à celui du sable dans les mortiers, est celui qui convient le mieux aux constructions.

Il paraît en outre certain aujourd'hui, d'après des expériences récentes de M. Le Chatellier, que le plâtre dit « de Paris » est un sous-hydrate de sulfate de chaux qui ne contient aucune proportion de sulfate anhydre, tandis que les autres gisements en contiennent, au contraire, des proportions importantes; et que c'est à la fois à cet état d'hydratation partielle, dont la proportion n'a pas encore été bien définie, et à l'absence de toute partie anhydre, que le plâtre de Paris doit les qualités qui le rendent absolument propre aux constructions.

FABRICATION DU PLÂTRE

La fabrication du plâtre comprend plusieurs opérations fort importantes. Ce sont : la découverte, l'extraction, la cuisson, le broyage et le tamisage, la mise en sacs.

I. Découverte. On appelle *découvertes* d'une façon générale, l'ensemble des terrains qui recouvrent le plâtre, et qui sont composés, dans la plupart des cas, de terres végétales, de glaises et d'argiles, de marnes à chaux et à ciments, de sables, etc. Il y a donc, on le conçoit, des découvertes de haute masse ou de première masse ; des découvertes de deuxième masse et des découvertes de troisième masse.

La première opération, dans une exploitation à ciel ouvert, et c'est ce mode d'exploitation qu'il convient autant que possible de chercher à pratiquer, est donc de *découvrir* la première masse en la débarrassant des terres qui la surmontent. C'est une opération qui atteint quelquefois des proportions considérables, et peut faire varier le prix de revient d'une manière sensible. Dans les carrières du bassin de Paris, par exemple, on arrive aujourd'hui à des hauteurs de découvertes qui dépassent 25 mètres. On voit donc à quels travaux importants on peut être conduit. Ainsi, pour découvrir 1000 mètres carrés de plâtre on peut, dans des circonstances semblables, avoir à enlever un prisme de terres de différentes natures de 25,000 mètres cubes. Si l'on remarque que, par leur nature, ces divers déblais sont assez difficultueux à exécuter ; qu'ils nécessitent, dans certains cas (marnes à chaux et à ciment), l'emploi de la pioche et même de la mine; que la traversée des argiles est toujours coûteuse et pénible par les temps pluvieux ; qu'elle entraîne souvent, par suite des glissements et des éboulements, des reprises de terres et des remaniements de voies ; enfin que les décharges se font, soit dans les lieux de dépôts déterminés s'il s'agit de trier les déblais pour utiliser ou revendre ceux qui peuvent être utiles, soit sur des cavaliers distants de 4 à 500 mètres des fronts d'attaque et souvent plus élevés qu'eux : on voit qu'on doit compter dans de telles circonstances, sur une dépense moyenne de 2 fr. 25 à 3 francs le mètre cube de déblais. C'est, pour l'exemple cité ci-dessus, une dépense énorme de 560 à 675,000 francs pour 25 à 27,000 mètres cubes de plâtre fabriqué.

Hâtons-nous de dire que la vente des terres argileuses, des marnes à chaux et à ciments qu'on livre aux briquetiers et aux chaufourniers, vient singulièrement alléger cette charge qui rendrait impossible, dans de telles conditions, l'exploitation à ciel ouvert des carrières à plâtre. Dans les carrières de Livry, de Vaujours, d'Argenteuil, le dégrèvement qui résulte de ces ventes est assez considérable pour qu'au résumé la dépense applicable au mètre cube de plâtre cuit ne dépasse pas 0 fr. 60 à 0 fr. 80 le mètre cube.

Dans d'autres circonstances, le plâtre n'est recouvert que par une très faible épaisseur de terres : c'est une excellente condition. Enfin quelquefois aussi, comme à la Ferté-sous-Jouarre et ses environs, le coteau qui borde la Marne d'un côté est très élevé et la couche de plâtre est surmontée d'argiles, de calcaires, de meulières et de sables sur une épaisseur considérable. Dans ce cas, nonobstant le rapport des parties supérieures, il convient d'attaquer résolument en galeries.

Nous n'insisterons pas davantage sur ces considérations qui ne doivent préoccuper d'ailleurs l'industriel que lorsqu'il s'agit de l'établissement d'une exploitation nouvelle. Dans ce cas, il devra bien reconnaître son terrain par des sondages très multipliés; s'assurer des débouchés et de la vente des argiles et des marnes et, par les prix de revient de ces sous-produits du sol (sous-produits par rapport au plâtre), examiner quel sera le mode le plus avantageux d'exploitation. Même à 20 0/0 de différence dans l'estimation du prix de revient, nous préférerions l'attaque à ciel ouvert que l'exploitation par galeries.

La différence de niveau quelquefois considérable entre les fronts d'attaque et les lieux de dépôt, a fait adopter, dans certains cas, le chargement dans des bennes en tôle cubant environ 1/30 de mètre cube, portées par un train à galets roulant sur un câble sans fin (système Balan).

II. EXTRACTION. L'extraction du plâtre, l'exploitation proprement dite de la carrière, peut s'opérer, comme nous l'avons précédemment le font pressentir, de deux façons, soit *souterrainement*, soit à *ciel ouvert*.

a). Exploitation souterraine, ou en tunnel, ou en cavage. Elle ne doit être, à notre avis, pratiquée que dans les anciennes exploitations où l'on est contraint de suivre les anciens errements; ou bien, dans les cas où, comme nous l'avons indiqué pour les carrières des environs de la Ferté-sous-Jouarre, la mise à nu du plâtre par voie de terrasse serait trop coûteuse ou ne pourrait s'obtenir que dans un avenir trop éloigné.

Dans tous les cas, la *meilleure méthode*, celle dont il faut toujours chercher à se rapprocher, est celle dite *par piliers et galeries*, en suivant un ordre méthodique et rationnel. On doit chercher autant que possible à ouvrir, au milieu de l'exploitation, une large galerie centrale débouchant à l'extérieur sur un vaste emplacement. Cette galerie est percée transversalement, à droite et à gauche, de 5 mètres en 5 mètres, de galeries perpendiculaires de moindre importance, et ces galeries, à leur tour, doivent être attaquées, de 5 mètres en 5 mètres, par des galeries longitudinales parallèles à la principale. De distance en distance, et suivant l'importance de l'exploitation, on ménage, longitudinalement et transversalement, des galeries plus larges que les autres pour y placer des voies de transport qui vont s'embrancher sur la voie établie tout du long de la galerie principale. Le terrain se trouve ainsi divisé en galeries de 4 à 5 mètres de largeur laissant entre elles des piliers de 3 à 4 mètres de côté.

Il va sans dire que ce plan géométral, dont l'exécution serait un desideratum, doit se modifier lorsqu'on traverse des parties pauvres ou des *pots* ayant quelquefois une surface considérable de parties stériles. Mais il faut toujours tendre à revenir à cette exploitation commode et rationnelle, sauf à faire, dans certains cas, des travaux de terrasse inutiles, ou à abandonner l'exploitation des parties peu fertiles lorsqu'elles se présentent sur une trop grande superficie. Ce sont des sondages bien faits qui éclaireront l'exploitant sur ce point délicat.

Dans tous les cas, l'exploitation doit se faire à peu près comme nous allons l'indiquer et pour fixer les idées, nous prendrons la nomenclature des bancs telle qu'elle est donnée plus haut.

Si l'on exploite souterrainement en première masse, on pratique au-dessus des *moutons*, entre ces derniers et les *écuelles*, un *souchet* sur la largeur de la galerie et sur une hauteur de 0ᵐ,80 à 1 mètre environ. Ce souchet sert à dégager

la masse de la partie supérieure, et laisse ainsi pour *ciel* les *moutons*, généralement assez résistants et peu fendillés; dans ce cas, on n'aura souvent pas besoin de boiser pour soutenir la galerie. Il n'y aura nécessité de le faire que si l'on rencontre des failles, des fissures qui puissent donner quelque inquiétude sur la solidité de la partie supérieure de la voûte. S'il s'en présente, avec des bois en grume ou de grosses charpentes, on établit quelques fermes de distance en distance, de 2 mètres en 2 mètres, par exemple, et l'on passe, entre les fermes et le ciel, des madriers, des planches ou des dosses que l'on coince fortement contre l'intrados.

Lorsque le souchet a ainsi atteint 3 à 4 mètres de longueur, on attaque la masse que l'on fait descendre par gradins. Dans certaines localités, on pratique, à la partie inférieure des bancs, des *havages*, et l'on fait tomber les masses, soit au moyen de coins en fer enfoncés dans les parties supérieures, soit au moyen de quelques pétards à la poudre à mine ou à la dynamite. Ce mode de procéder est *toléré* dans quelques départements, dans Seine-et-Oise et dans Seine-et-Marne, par exemple. Il est interdit dans d'autres, comme dans celui de la Seine, par les ingénieurs des mines qui ont la surveillance générale sur l'exploitation des carrières. Il est, d'ailleurs, toujours dangereux; par conséquent, il est plus prudent de faire descendre la masse par gradins.

Lorsqu'on se sert de pétards à mine, il faut les charger modérément et les faire partir successivement. Des coups trop forts ou un grand nombre de coups simultanés ébranleraient trop la masse d'air et compromettraient la solidité des boisages et des ciels. On doit, à plus forte raison, être très prudent lorsqu'au lieu de la poudre de mine ordinaire on se sert des poudres brisantes, telles que les dynamites.

Généralement, les attaques des masses, dans les parties tendres, se font à la pioche.

Pour creuser les trous de mine dans les parties plus denses et plus dures, on se sert le plus souvent de la barre à mines maniée à la main. Il est évident qu'on pourrait également se servir de perforatrices actionnées mécaniquement. Mais nous ne pensons pas que ce mode d'exploitation puisse produire de grandes économies en raison de la dépense que nécessitent ces engins pour leur installation et pour leur fonctionnement, soit à la vapeur, soit à l'air comprimé, soit enfin à l'électricité. Le plâtre est une roche assez tendre, qui s'exploite facilement par abattage, et l'emploi des perforatrices à main qui s'est fait dans quelques carrières à plâtre, à Herblay, par exemple, ne nous ont pas paru concluants et devoir apporter dans l'extraction des économies sensibles.

Nous avons une certaine expérience de ces engins mécaniques et, dans presque tous les cas, pour ne pas dire partout, ils n'ont pas pour but principal, ni pour résultat définitif, d'abaisser sensiblement le prix de revient. Ils permettent seulement de débiter de grandes quantités en peu de temps, et sont surtout avantageux dans les roches dures où l'on obtient, dans des délais relativement très courts, des résultats que l'on ne pourrait jamais attendre des attaques à la main ; dans ce cas, on peut presque affirmer que leur avantage croît en proportion de la dureté de la roche. Toutefois, hâtons-nous de dire qu'il n'y a pas eu à ce sujet d'expériences sérieuses et suivies et que l'épreuve est encore à faire ; nous ne donnons ici qu'une impression toute personnelle.

Quelques plâtriers ont, à tort, suivant nous, enlevé, dans le souchage, les *moutons*, ne laissant pour ciel que les *fleurs*. C'est fort imprudent, et ce mode d'opérer nécessite le boisement complet de tout le ciel des galeries, car les fleurs n'ont pas beaucoup de résistance, ont une épaisseur très variable et sont souvent mêlées de marnes. Les eaux d'infiltration dissolvent ces marnes, font des fissures qui s'aggravent ; il en résulte une humidité dangereuse pour les boiseries qui pourrissent vite et finissent par fléchir et céder si la masse des terres supérieures est considérable ; il se forme des trous, et les terres se précipitent dans la carrière entravant l'exploitation et amenant quelquefois, avec une rapidité épouvantable, des masses de terres glaises et d'eau qui obstruent les plus larges galeries. Nous en avons vu un exemple dans les carrières de M. Paulmier, à Herblay. Les travaux qu'on a été obligé de faire pour arrêter l'envahissement des terres coulant de la partie supérieure, se sont élevés à plus de 250.000 francs.

Lorsqu'on entre directement en cavage dans la deuxième masse, on opère absolument comme pour la première, en dégageant la masse par des souchets pratiqués entre les *fleurs* et le *petit banc* et, mieux, au milieu de ce dernier. Cette deuxième masse fournit des plâtres très beaux et très denses, surtout dans les couches de la partie inférieure.

De même, si la disposition des lieux permet d'attaquer souterrainement la troisième masse, on opère par voie de souchage ; les souchets sont pratiqués dans le banc-pavé et quelquefois entre cette couche et la marne qui la surmonte.

Dans tous les cas, les galeries présentent, en général, une section se rapprochant de l'ogive à la partie supérieure ; les intersections ressemblent alors à celles des voûtes en arcs de cloître.

Lorsque les circonstances locales ne permettent pas de s'enfoncer directement dans la deuxième et troisième masses au moyen de rampes que puissent franchir les chevaux remontant les trains de moellons de plâtre, on fait l'exploitation par puits et galeries par les méthodes ordinaires de l'exploitation des mines. On opère par souchages et par gradins droits. Les moellons de plâtre sont amenés à la recette inférieure du puits, et montés au jour dans les bennes et vagons de chargement par un câble actionné par la vapeur ou un manège et s'enroulant sur un tambour ou autour d'une lanterne.

Les eaux de la mine sont épuisées au moyen de pompes à la manière ordinaire.

On conçoit que la méthode d'exploitation souterraine laisse perdre une grande quantité de pierre à plâtre, puisqu'il reste environ 1/4 et même 1/3 de la masse pour les piliers, et toute l'épaisseur des couches formant les ciels. Dans certains cas particuliers, lorsqu'on arrive au terme des exploitations, c'est-à-dire lorsqu'on a épuisé la masse ou qu'on arrive à la limite des terrains que l'on possède, on se retire en abattant chacun des piliers et en laissant les terres tomber dans la mine et remblayer les galeries. C'est ce qu'on appelle *battre en ruine*. C'est un moyen dangereux et qui exige les plus grandes précautions, la plus grande prudence et qui n'est pas toujours applicable, notamment lorsque les terrains de la partie supérieure sont très aquifères.

b). Exploitation à ciel ouvert. Il y a peu de choses à dire à ce sujet. L'extraction du plâtre se fait par abattage en gradins. On se sert avec avantage des pétards à la mine ou à la dynamite pour faire sauter des blocs de plâtre plus ou moins importants. On n'a, dans ce cas, d'autre souci que de ne pas faire tomber des masses assez considérables pour entraîner l'éboulement des terres supérieures dans les exploitations, ce qui occasionnerait des encombrements toujours coûteux à réparer. Il faut aussi, lorsqu'on arrive près des limites de la propriété, veiller à ce que les terres ou les constructions des voisins ne soient ni ébranlées, ni entraînées par le mouvement des éboulements que l'on provoque. Il en résulterait des procès coûteux car les indemnités accordées par les tribunaux à la partie lésée sont presque toujours considérables.

III. CUISSON. La cuisson du plâtre a pour but d'enlever au plâtre l'eau qui entre dans sa composition et de l'amener à l'état anhydre, SO³, CaO. Nous avons dit que dans cet état, il devient blanc ; réduit en poudre, il absorbe l'eau avec rapidité, et se solidifie en dégageant une grande quantité de chaleur. Il est alors propre à être employé dans les constructions.

Tous les plâtres sont bons pour l'agriculture. Il n'en est pas de même pour les constructions. Plus le plâtre est pur, plus il se rapproche de l'état anhydre représenté par la formule SO³, CaO, moins il est convenable pour faire les enduits, et même les mortiers employés comme hourdis.

Il faut que, comme le plâtre de Paris, qui jouit de cette propriété ainsi que nous l'avons expliqué plus haut, il retienne, après la cuisson, une partie de son eau de cristallisation.

Il est reconnu, en outre, que pour qu'un plâtre soit propice à la fabrication des mortiers et des enduits, il faut qu'il contienne une certaine quantité de substances inertes. Une légère proportion d'incuits ou de trop cuits n'y est pas nuisible : dans les plâtres cuits au bois, les cendres résultant de la combustion, lorsqu'elles ne sont pas en trop grande quantité, n'altèrent pas les qualités du plâtre à hourdir. Enfin, les diverses assises du gypse parisien sont de densités et de contextures diverses ; les unes et les autres, cuites séparément, ne donnent pas le même plâtre à la cuisson. Les bancs denses donnent des plâtres moins hydratés et plus purs ; on les met quelquefois de côté pour fabriquer des plâtres très fins employés par les modeleurs et pour divers usages spéciaux. Les bancs plus tendres donnent, au contraire, des plâtres plus hydratés.

Eh bien ! c'est *un fait d'observation et de pratique* que le plâtre de Paris, fabriqué avec un mélange de ces divers bancs, et retenant environ 15 à 18 0/0 de matières inertes dans sa fabrication, constitue le meilleur plâtre pour fabriquer les hourdis. Et ne sait-on pas que pour certains travaux, les carrelages, par exemple, la fumisterie, on mélange encore ce plâtre avec une certaine proportion de terre ou de vieux gravats pilés (de la *musique*, comme disent les ouvriers) pour retarder sa prise.

Nous avons entendu souvent des objections s'élever contre ce résultat *pratique*, et regarder comme absurde une fabrication qui n'a pas pour but de produire du plâtre chimiquement pur. On a même prétendu qu'il vaudrait mieux fabriquer du plâtre complètement déshydraté, se rapprochant le plus possible de la composition chimique SO^3, CaO, et exempt absolument de toutes matières étrangères, sauf à laisser à chaque entrepreneur, à chaque chef d'atelier, le soin d'y joindre, suivant les cas, la quantité de matières inertes qu'il croira utile. Ne sent-on pas que, pratiquement, une pareille méthode est impossible à appliquer? Il n'y aurait ni pour l'architecte, ni pour l'entrepreneur, la garantie d'un travail bien fait ou économiquement produit.

Dans ces conditions, on se rend aisément compte que la cuisson du plâtre n'est pas une opération aussi délicate qu'on pourrait l'imaginer. C'est ce qui explique pourquoi l'emploi de fours spéciaux de divers modèles n'a pu réussir à s'implanter d'une façon définitive dans les exploitations. Presque généralement, on opère la cuisson dans des chambres ou fours droits dits *culées*, accolés les uns aux autres et contenant 80 à 120 mètres cubes de pierres.

Les pierres y sont disposées de manière à former, à la partie inférieure, de petites voûtes de 0m,40 à 0m,50 de largeur sur 0m,60 à 0m,80 de hauteur, destinées à recevoir le combustible. Ces voûtes, faites en gros blocs, sont recouvertes de morceaux de plâtre diminuant de dimension jusqu'à une hauteur de 3 mètres à 3m,50, de telle sorte qu'à la partie supérieure, il ne reste plus que de *très menus* morceaux.

Cette disposition des pierres pour la cuisson constitue ce que l'on nomme le *travage*. Le travage est une opération très importante. Il faut qu'il soit très soigneusement fait, et qu'il laisse les vides se répartir aussi également que possible dans la masse, de façon à ce que le tirage ait lieu uniformément. La bonne qualité de la cuisson dépend surtout de la façon dont le travage a été fait. S'il est mal établi, il se produit des coups de feu, un tirage inégal, des parties brûlées, calcinées et des incuits. Aussi emploie-t-on à cette opération des ouvriers spéciaux, travaillant à la tâche et recevant une paie qui varie de 0 fr. 60 à 0 fr. 90 par mètre cube. A notre avis, il ne faut pas lésiner sur ce prix.

Le combustible étant placé dans les voûtes, on

met le feu à l'avant, et lorsqu'il est bien allumé, pour éviter un appel trop rapide par les interstices laissés par le travage, on recouvre les menus d'une couche de 0m,10 à 0m,15 de déchets et de poussière de plâtre mélangés provenant des cassages et tamisages. On veille, par contre, à ce que le feu ne s'étouffe pas en donnant, si besoin est, quelques coups de ringard à travers ces poussières et menus. Les fours sont d'ailleurs surmontés d'une couverture qui met le plâtre en cuisson à l'abri de la pluie, et la distance entre le haut du four travé et la toiture suffit pour établir le tirage nécessaire.

On doit autant que possible orienter les fours de façon à ne pas exposer les plâtres aux coups de vents régnant dans la contrée. Dans certains cas, nous avons vu protéger les devants des fours contre les coups de vents par l'application d'une espèce de tablier en tôle qu'on remonte quand le vent ne souffle plus. Mais ce moyen est très inefficace, car la plupart du temps, les ouvriers négligent de prendre de telles précautions.

Dans certaines usines, le travage se fait d'une façon toute spéciale qui doit, à notre avis, économiser le combustible tout en donnant d'excellents résultats. Le front du four est formé d'un arc de cercle dont la plus grande flèche, au centre, est de 0m,80 environ et la face du travage disposée en pente légère, suivant l'inclinaison que le tirage imprime à la flamme ; de telle sorte que la flamme lèche seulement les parties du plâtre qu'elle rencontre, les atteint toutes et ne les brûle pas.

Généralement, tous les fours sont rassemblés sur un même point et rayonnent autour des moulins de broyage, en contact eux-mêmes avec le bâtiment de la machine et surmontant les magasins de chargement. C'est cet ensemble, avec les annexes obligées, qui constitue *l'usine à plâtre*. Mais quelquefois, ainsi que nous l'avons vu à Villeparisis, à Vaujours, et sur plusieurs autres points, on construit contre la masse même, des fours *volants* où s'opère la cuisson ; le front de masse sert de mur postérieur, on n'a plus qu'à construire les murs latéraux. On ne transporte alors au broyage que du plâtre pesant 1,100 kilogrammes au mètre cube, au lieu de moellons pesant 1,400 à 1,600 kilogrammes. Mais, à notre avis, l'avantage n'est pas bien sensible; aussi n'y a-t-il lieu d'employer ce système que dans le cas d'une production considérable et lorsque les fours de l'usine sont insuffisants. La dépense d'ailleurs de construction de ces fours n'est pas très importante et se résume à quelques charpentes légères qui peuvent resservir; quant aux murs, ils sont démolis, jetés eux-mêmes dans les fours et conduits au broyage; la main-d'œuvre seule de leur construction est perdue.

Tous les combustibles sont bons pour cuire le plâtre. Autrefois, on ne cuisait qu'avec des bourrées de bois. Depuis vingt ans, on leur a substitué presque partout la houille, les briquettes. Depuis quelques années, la Société des Plâtreries réunies du bassin de Paris cuit en grande partie les plâtres au coke, notamment dans les usines de Noisy-le-Sec, de Livry, de Vaujours, de Villeparisis et d'Argenteuil. Ce mode de cuisson tend à se généraliser. Il présente le grand avantage de donner une cuisson rapide, car le coke développe une très grande chaleur. En outre, il ne donne pas de fumées fuligineuses et par conséquent ne salit pas le plâtre qui reste parfaitement blanc. Mais il a l'inconvénient de trop déshydrater le plâtre, de le sécher; et s'il doit être rapidement employé, comme dans les moments de presse, il perd de ses qualités précieuses pour la fabrication du mortier. On y remédie en le laissant bien refroidir et en l'aérant. Il reprend, au contact de l'air, l'humidité qui reconstitue le sous-hydrate.

La houille cuit plus lentement. Il ne faut pas employer des houilles à longue flamme: elles brûlent trop vite les surfaces en contact, et elles abandonnent, dans leur passage dans la masse, des quantités considérables de suie qui contaminent le plâtre et lui laissent, après le broyage, un aspect grisâtre. Les briquettes donnent une bonne cuisson; mais elles coûtent plus cher que la houille. Les meilleures houilles maigres ou briquettes sont évidemment celles qui laissent le moins de déchets. Les Charleroi (Charbonnages de Marcinelle et Couillet) sont un bon type de houille pour la cuisson du plâtre.

La cuisson au bois donne d'excellents résultats : elle se fait lentement, dans de bonnes conditions, et les fumées ne salissent pas le plâtre. Au sortir des fours, le plâtre peut être broyé et employé immédiatement sans qu'il ait rien perdu de ses qualités. Mais le prix de ce combustible est tellement élevé qu'on y renonce forcément petit à petit. La cuisson du plâtre au bois, préconisée par certains fabricants, constitue d'ailleurs un préjugé de même ordre que la cuisson des fers au bois en métallurgie. Elle ne présente pas d'autres avantages que ceux que nous venons d'indiquer et n'ajoute absolument rien à la qualité du produit.

Tel est le mode de cuisson le plus généralement adopté dans les grandes exploitations. Il est très simple, très rationnel, ne demande aucun appareil spécial; ne nécessite pas des ouvriers d'une intelligence supérieure ou ayant quelques connaissances mécaniques. Un peu d'attention suffit. L'opération du travage seule est coûteuse; mais l'établissement des fours culées est si économique que leur usage a toujours prévalu malgré de nombreux et intelligents essais.

Les inventeurs des nombreux systèmes de fours à plâtre ont toujours eu pour objectifs principaux la *suppression du travage* et l'obtention d'un plâtre plus ou moins déshydraté et surtout parfaitement blanc.

Les premières recherches ont donc naturellement conduit à employer des fours coulants. Il a fallu renoncer immédiatement, cela va sans dire, à ceux où, comme dans les fours à chaux, le combustible est mélangé aux moellons. On a donc été conduit à imaginer des fours où la matière descend d'un côté, à la partie centrale par exemple, et est échauffée latéralement par les gaz ascendants produits par la combustion de bois, de houille, etc., brûlés dans un foyer inférieur ou latéral. On a dû veiller ensuite à ce que la descente

des moellons ne fût pas trop rapide et par conséquent on l'a contrariée par un grand nombre de chicanes en métal dirigées dans divers sens. Puis, il a fallu s'opposer, tout en retardant la descente, à ce qu'elle s'arrêtât tout à fait par suite d'enchevêtrements de moellons qui arrivaient en s'appuyant contre les parois et les chicanes, à former des voûtes assez solides pour empêcher le mouvement. On a donc, en même temps que les chicanes, placé au centre un arbre central muni de bras ou d'agitateurs destinés à provoquer la chute des matériaux et à s'opposer à ces arrêts.

On est arrivé ainsi à des systèmes assez compliqués, demandant, dans certains cas, l'emploi de forces considérables, annulant ainsi l'économie du travage. Au point de vue de la propreté et de la netteté du produit, le but était d'ailleurs forcément atteint.

On a cherché également à réaliser des économies dans l'emploi du combustible, et, par suite, on a chauffé les fours avec le pétrole, des goudrons, des huiles empireumatiques, etc. Le plâtre, placé dans de vastes chaudières mobiles, mues d'un mouvement de trépidation alternatif, ou même d'un mouvement giratoire continu, analogue à celui des moulins à café, y cuisait progressivement et se déshydratait d'une façon aussi complète qu'on le voulait et sans altération. Mais les forces mécaniques nécessaires à ces mouvements de la masse entraînaient à une dépense qui venait compenser, et au delà, l'économie réalisée sur le travage et sur le combustible. Dans quelques cas particuliers, on a cuit le plâtre avec les chaleurs perdues des usines à gaz. C'est M. Arson qui, l'un des premiers, a fait cette application. Mais ce mode de cuisson ne pouvait s'appliquer que pour un cas spécial. La Compagnie du gaz cuisait ainsi le plâtre qui lui est nécessaire et que les carriers lui livraient en moellons. Mais il n'y avait pas là matière à une grande exploitation régulière; il faudrait produire cinquante fois plus de gaz qu'il n'est nécessaire pour cuire le quart du plâtre employé. La Compagnie a même renoncé depuis longtemps à cette utilisation de ses chaleurs perdues, et elle achète son plâtre cuit.

Il ne suffit pas, en effet, dans la pratique, qu'une idée soit bonne, qu'elle donne les résultats attendus, pour qu'elle soit industriellement applicable. Toutes les dispositions plus ou moins ingénieuses, imaginées par les inventeurs, ont été excellentes quant au résultat obtenu; mais elles avaient le désavantage de substituer à une main-d'œuvre, coûteuse il est vrai (le travage), un travail mécanique aussi coûteux, demandant une plus grande surveillance, sujet à se détraquer et à occasionner des chômages, etc.

Il n'est rien resté de tout cela dans l'industrie. Les cent et quelques brevets de fours à cuire le plâtre ont à peine vécu. Parmi ces fours, la Société des Plâtrières réunies du bassin de Paris a essayé, à Argenteuil, le four coulant de M. Germa, et à Livry le four coulant à chicanes et agitateur de M. Luc; elle y a renoncé.

Nous croyons qu'il suffira de décrire deux

de ces fours : l'un qui est récent et qui nous paraît d'un emploi assez rationnel et assez commode pour être essayé avec quelque chance de succès : il est dû à M. Lacaze, ancien ingénieur de l'Union des Entrepreneurs ; et l'autre beaucoup plus ancien, imaginé par M. Arson, parce qu'il n'a pas cessé d'être industriellement employé et qu'il fonctionne encore à Triel (Seine-et-Oise) dans une grande exploitation.

1° *Four Lacaze*. Ce four est un four à feu continu. L'inventeur s'est proposé : d'éviter les frais de la main-d'œuvre du travage ; les pertes de chaleur dues au rayonnement ; la mauvaise répartition de la chaleur dans la masse à cuire ; le mélange des cendres, escarbilles et autres impuretés au plâtre ; les difficultés qu'éprouve le cuiseur le plus attentif pour bien conduire le feu dans les fours culées ; enfin il a eu aussi en vue d'économiser l'espace. Il évite le travage en faisant arriver le moellon de plâtre, débité et cassé à la carrière, directement au four dans des vagons qu'on fait basculer et qui jettent la pierre pêle-mêle et sans choix à la partie supérieure du four. Il évite des pertes de chaleur en fermant son four de tous les côtés, et en concentrant la chaleur à l'intérieur au moyen de certaines dispositions que nous expliquerons plus loin.

Fig. 166. — *Four Lacaze.*
Vue latérale.

Les plâtriers cherchent à éviter les irrégularités de la cuisson, en exposant les plus gros blocs à la plus haute température, c'est-à-dire en les rapprochant du foyer, puis en diminuant la dimension des morceaux au fur et à mesure que leur distance du foyer augmente. On conçoit que ce procédé ne donne pas la sécurité d'une bonne répartition de la chaleur et d'une déshydratation régulière. Dans le four Lacaze, la disposition des foyers permet une répartition rationnelle et régulière de la chaleur dans toute la masse, qui sera également déshydratée. La régularité de la cuisson est encore assurée par le fait de sa continuité ; car les pierres, en descendant dans le four par leur propre poids, passent toutes par les mêmes phases de déshydratation, et cette déshydratation est complète lorsque les pierres arrivent au niveau du foyer. Les foyers sont isolés dans la masse à cuire, ce qui évite le mélange des cendres et escarbilles avec le plâtre ; si le combustible ne

produit pas de fumée, comme le coke, le gaz, on a, en outre, des plâtres absolument blancs. Le réglage du feu se fait avec facilité et précision par l'ouverture plus ou moins grande du cendrier ; le vent, qui est si fréquemment cause de mauvaise cuisson dans les fours culées, n'a ici aucune influence. L'espace occupé par le foyer est très restreint. Pour cuire 30 mètres cubes, il suffit d'un four de $7^m,50 \times 3,50 = 25$ mètres carrés seulement. Le four est de forme rectangulaire et se compose d'une chambre de cuisson dont la section est représentée par les figures 166 et 167. La chambre de cuisson est surmontée d'une chambre d'approvisionnement dans laquelle est jetée pêle-mêle la pierre cassée en fragments dont les plus gros atteignent environ la grosseur des deux poings. Les foyers établis sur toute la largeur du four sont situés à la partie inférieure de la chambre de cuisson, divisent la masse, et l'obligent à passer entre deux foyers successifs où elle achève de se cuire. Les parois sont percées de trous communiquant à une cheminée d'appel. L'appel de cette cheminée produit à l'intérieur du four un vide relatif qui facilite la formation de la vapeur d'eau qui s'échappe par les évents ménagés sur toute la hauteur de la chambre. Emmenée par la cheminée aussitôt qu'elle est produite, la vapeur d'eau ne peut se condenser sur les pierres de la partie supérieure. Des fers cornières, placés en chicane dans le sens de la largeur du four, divisent la masse dans la chambre de cuisson, régularisent la descente des pierres et ménagent des vides qui facilitent le dégagement de la vapeur d'eau.

Fig. 167. — *Four Lacaze.*
Coupe transversale.

Le combustible peut-être, à volonté, le gaz des gazogènes, le coke, la houille et même le bois. Il faut, dans ce système, environ 40 à 45 kilogrammes de coke par 1,000 kilogrammes de plâtre cuit. La conduite du four est aussi simple que possible. Un four peut cuire, par vingt-quatre heures, la quantité de plâtre qu'il peut contenir ; ainsi, un four cubant 30 mètres cubes cuira 30 mètres cubes de plâtre en vingt-quatre heures. Il suffira de régler les tirages de la pierre cuite de façon que toutes les demi-heures on tire du four 1/48 de sa capacité totale ; de veiller à ce que la chambre d'approvisionnement soit toujours pleine et les feux clairs ; le chargement des foyers se fait par quantités périodiques égales, par exemple, toutes les demi-heures en alternant la charge des feux avec le tirage de la pierre cuite.

Le tirage se fait sur un plan incliné assez raide pour que le plâtre glisse facilement et que la descente se répartisse jusqu'au sommet de la masse. On peut disposer les plans inclinés de tirage de façon à ce que le plâtre se rende, par le seul effet de la gravité, sous les meules de broyage.

2° *Four Arson*. Ce four est également un four continu. Ce n'est pas une invention récente. Le brevet pris par son auteur, l'éminent ingénieur de la Compagnie du gaz, date du 24 mai 1853, et depuis vingt-trois ans, il fonctionne dans les éta-

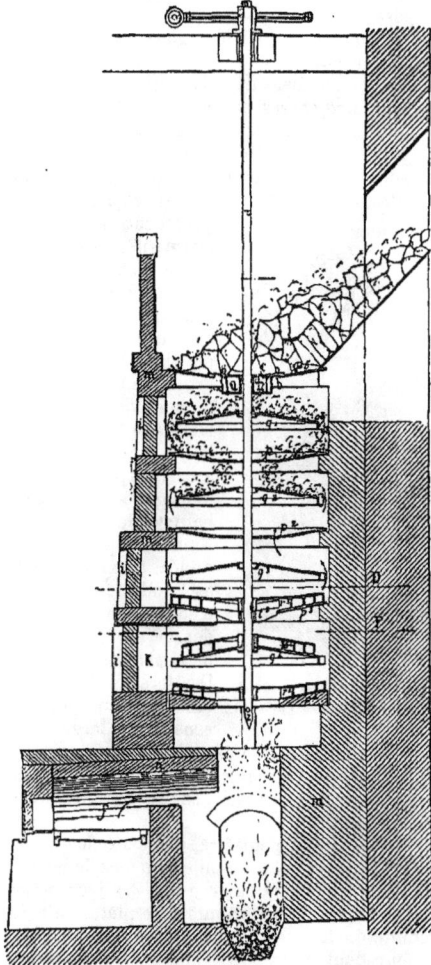

Fig. 168 — *Four Arson. Coupe transversale.*

blissements de Triel. C'est le seul essai de four qui ait, jusqu'ici, industriellement réussi : la raison nous paraît en être que M. Arson a renversé le problème de la cuisson : tous les autres fours, quel qu'en soit le système, cuisent la pierre en morceaux, et c'est le moellon cuit qui est broyé par les meules. M. Arson, au contraire, s'est proposé la cuisson de la poussière de plâtre. Dans l'usine de Triel, on commence donc par broyer, sous de puissantes meules, la pierre préalablement concassée à la carrière, et les poussières sont con-

duites au four pour y être transformées en sulfate anhydre.

Ces explications nécessaires étant données, voici la description et la marche de ce four, certainement le plus rationnel et le mieux compris de tous ceux que nous avons eu l'occasion d'étudier et de voir fonctionner.

Le four Arson se compose d'une maçonnerie cylindrique de $1^m,30$ de diamètre, sur $4^m,20$ de hauteur. Cette cuve cylindrique est divisée en huit compartiments par huit plaques horizontales en tôle fixées dans la maçonnerie (fig. 168); ces plaques sont percées de trous circulaires destinés à laisser passer un arbre muni de râclettes correspondant à chacune des plaques. Le trou percé au centre des plaques p^1, p^2, p^3 et p^4 est très large ; il a $0^m,40$ de diamètre. Au contraire, le trou percé au centre des plaques q^1, q^2, q^3 et q^4 est très étroit, et laisse seulement passer l'arbre sur lequel sont fixées les râclettes ; mais, contre le mur circulaire du four, ces plaques $q^1 q^2$... sont évidées de manière à laisser passer les poussières qu'y pousse le jeu des râclettes. Ces dernières ont également une disposition inverse ; celles qui correspondent aux plaques p^1, p^2... sont disposées de manière à ramener le plâtre vers le centre ; celles qui correspondent aux plaques q^1, q^2... sont disposées, au contraire, de manière à rejeter le plâtre contre les parois cylindriques du four.

La poussière de plâtre tombe alors, au moyen d'un distributeur automatique, sur la première plaque où elle commence à s'échauffer ; elle est repoussée par les râclettes contre la paroi cylindrique du four, d'où elle tombe sur la seconde plaque, qui est à une température plus élevée. Les râclettes de la seconde plaque, placées en sens inverse des premières, ramènent la poussière au centre où, par l'orifice de la seconde plaque, elles tombent sur la troisième où elles subissent une température plus élevée que sur la seconde. Les râclettes de la troisième plaque, opérant en sens inverse de celles de la seconde, ramènent la poussière de plâtre, un peu plus déshydratée, contre la paroi cylindrique du four, et la font tomber sur la quatrième plaque, plus chaude que la précédente ; et ainsi de suite.

Enfin, en sortant de la huitième plaque, la poussière de plâtre, qui est complètement déshydratée, achève de se cuire près du foyer et tombe dans une chambre commune à tous les fours d'une même batterie. De là, ce plâtre, définitivement cuit, est conduit automatiquement par des norias, ou tout autre engin mécanique, dans des chambres où il est distribué, toujours automatiquement, soit directement dans les sacs s'il n'a pas besoin d'être bluté, soit dans les bluteries mécaniques d'où il est versé dans des chambres d'ensachage. La fumée suit précisément un chemin inverse ; elle rencontre le plâtre convenablement divisé ; elle le pénètre et l'enveloppe, et l'amène progressivement au degré de chaleur nécessaire à sa complète déshydratation.

Voici donc l'opération : la pierre à plâtre arrivant de la carrière est déchargée sur une plate-forme d'où on la fait tomber sous une puissante meule qui la broie et la réduit en poussière. Cette meule demande une force de 10 à 12 chevaux. La poudre est alors automatiquement conduite, ou descendue par un plan incliné, près des fours de cuisson. A la partie supérieure de chacun de ces fours est un distributeur qui déverse la poussière dans le four où elle suit, en se cuisant progressivement et dans toutes ses parties, le chemin décrit ci-dessus. Puis le reste des opérations : distribution du plâtre cuit, conduite aux meules destinées à faire la *fleur de plâtre*, ou aux chambres d'ensachage, se fait automatiquement sans que la main de l'homme intervienne autrement que pour diriger la marche des engins mécaniques.

Le combustible employé peut être quelconque. Mais on conçoit, en raison du chemin que la flamme parcourt, des chocs et des contrariétés qu'elle éprouve, qu'il est préférable d'employer le coke dont la fumée incolore, et qui ne contient pas de grandes quantités de carbone ou de matières fuligineuses, ne salit pas la matière.

La cuisson se fait sans discontinuer comme dans un haut-fourneau.

Une batterie de dix fours, placés à la suite l'un de l'autre, cuit cent mètres cubes par vingt-quatre heures.

Tous les arbres verticaux des fours sont réunis par des courroies, ou mieux par des engrenages, à un arbre horizontal qui leur communique le mouvement d'une machine. Il faut compter sur 10 à 12 chevaux par batterie de dix fours. C'est suffisant, car la vitesse de rotation des râclettes ne doit pas être considérable. Il faut une température et un temps donnés pour cuire le plâtre dans de bonnes conditions.

Le plâtre sort de la chambre des fours en *mouchette* très fine qui peut être directement livrée au commerce comme excellent plâtre ordinaire, *façon de Paris*. Il est absolument semblable à celui qu'on obtient par les opérations ordinaires dans les autres usines.

L'emplacement nécessité par une batterie de dix fours n'est pas très considérable. Il faut compter sur les dimensions suivantes :

Longueur....................		16ᵐ,00
	décharge de la poussière à la partie supérieure...	2ᵐ,00
	plate-forme de chargement, distribution.........	1ᵐ,50
Largeur	largeur du four, murs compris.............	1ᵐ,60	8ᵐ,00
	avancement du foyer....	0ᵐ,80
	chemin de manœuvre...	2ᵐ,10

Chaque batterie demande donc une superficie de 16 mètres × 8,00 = 128 mètres carrés.

On compte sur une dépense de 2,000 francs par four, tous frais compris : plaques, arbre de transmission, engrenages, arbre à râclettes, etc; c'est 20,000 francs pour une batterie de 10 fours.

La conduite du feu est facile et se règle sur la nature de la pierre employée. Si la pierre est tendre, ou humide, il faut augmenter un peu la température et ralentir le mouvement des râ-

clettes. Si la pierre est sèche, dense et dure, il faut, au contraire, accélérer la vitesse de tombée de la poudre et abaisser un peu la température.

Nous bornerons là ces descriptions. Comme l'a très bien dit M. Foy, dans une série d'articles publiés dans les *Annales industrielles* :

« L'insuccès de toutes ces tentatives témoigne de la difficulté réelle qu'on ne s'attendait certes pas à rencontrer pour tuer ce pauvre vieux four (le four culée). C'est qu'en effet, la question d'économie de combustible et la blancheur plus ou moins parfaite du plâtre, ne sont pas les seules questions engagées dans le problème. Il faut encore satisfaire à cette condition suprême que la température du four reste comprise entre la limite où la déshydratation commence et la limite où elle prend fin. Aller au delà, ce serait produire un plâtre brûlé. Or, ces limites sont fort étroites. En effet, d'après les recherches toutes récentes de M. Le Chatelier, la température la meilleure pour la cuisson du plâtre est de 140 degrés. »

Toutefois, il ne faut pas croire, ainsi qu'on l'a cru depuis Lavoisier, qu'à cette température le plâtre, dont la formule chimique est

$$SO^3, CaO + HO,$$

soit déshydraté complètement et ait perdu ses deux équivalents d'eau. M. Le Chatellier a constaté que le plâtre ainsi cuit, et *qui constitue le meilleur plâtre marchand* contient encore 6 à 7 0/0 d'eau, et qu'il forme un hydrate d'un degré moindre, mais parfaitement défini, dont la formule est $SO^3, CaO + 1/2 HO$. Ce qui fait que le plâtre cuit à 140 degrés, donne les meilleures qualités dans la pratique du bâtiment, c'est qu'il produit, par son mélange avec l'eau, les solutions les plus sursaturées de sulfate de chaux. C'est donc cette température qu'on doit s'appliquer à réaliser dans la cuisson du plâtre. Si on la dépasse, et qu'on arrive à 160 degrés, le plâtre peut encore reprendre ses deux équivalents d'eau, mais plus lentement. Chauffé au rouge cerise, soit de 800 à 900 degrés, il ne peut plus s'hydrater au rouge blanc, il fond et cristallise par le refroidissement; mais il est indécomposable par la chaleur.

Il est donc nécessaire de maintenir la cuisson du plâtre autour de 140 degrés, et c'est cette nécessité qui a causé en grande partie l'insuccès des divers systèmes de fours qui ont été proposés, en entraînant les inventeurs dans des complications coûteuses ou industriellement inapplicables.

La cuisson des plâtres à modeler, et de divers plâtres spéciaux employés dans l'industrie, demande des précautions dont la principale est de conserver au plâtre sa blancheur. Aussi la plupart des industriels qui fabriquent ces plâtres spéciaux, comme M. Lagoguée, par exemple, préfèrent-il acheter aux carriers et aux plâtriers le gypse en moellons, le cuire et le broyer eux-mêmes. Ils choisissent alors les pierres les plus denses, les plus homogènes, c'est-à-dire les pierres de deuxième masse ou les hauts piliers dans la première.

Ces moellons, arrivés à leur usine, sont mis en fragments plus ou moins menus par des concasseurs Wapart, Anduze, Loizeau, ou autres. Ces fragments sont cuits dans des fours spéciaux où le plâtre n'est pas mélangé au combustible, puis broyés dans des moulins à meules et à tamis, puis dans des moulins finisseurs à cylindres : ils passent encore dans des séries de blutoirs qui divisent le produit en numéros de différentes finesses.

Le choix du four relativement à l'économie de combustible n'a pas ici une très grande importance, en raison du prix très élevé auquel ces plâtres spéciaux sont livrés dans le commerce. A Argenteuil, on cuit encore ces plâtres extra fins dans de véritables fours de boulanger, chauffés à la bourrée de hêtre ou de charme: malgré le prix élevé de cuisson qui en résulte, on n'a pas encore reconnu d'avantage à modifier ce système et continue à se servir des anciennes installations.

IV. BROYAGE. Quel que soit le mode de cuisson employé pour déshydrater la pierre à plâtre, elle doit être broyée en poudre plus ou moins fine suivant l'usage auquel le plâtre est destiné. Pour les hourdis, il faut qu'il sorte à l'état de *mouchette*, poussière assez grenue; pour les enduits, il doit être réduit en poudre très fine; pour certains autres travaux, les plafonds riches, les moulures, le modelage, les stucs, il doit être réduit en poudre impalpable, analogue à la fine fleur de farine dont il doit avoir l'apparence onctueuse au toucher.

Fig. 169. — *Broyeur Jannot pour plâtre tamisé fin.*

Le broyage se fait presque partout aujourd'hui au moyen d'une, et mieux de deux meules verticales en pierre ou en fonte qui se meuvent dans une auge circulaire en fonte ou en tôle.

Lorsqu'on veut faire du plâtre fin, on emploie de préférence les meules à grilles et à tamis métallique dont nous donnons un exemple figure 169. Dans ces appareils, deux meules se meuvent dans une auge circulaire formée de segments pleins en fonte où la masse est broyée par des godets qui la déversent sur un tamis métallique animé d'un tremblement rapide. On obtient ainsi du plâtre de la finesse désirée par le simple changement de la toile du tamis.

Le commerce livre les plâtres ainsi broyés sous les désignations de *plâtre ordinaire*, de *plâtre fin* et de *plâtre bluté fin*. Pour les travaux très soignés, les entrepreneurs se contentent de faire passer au sas le plâtre bluté provenant des usines.

Enfin, pour certains usages, comme, par exemple, les modelages, la statuaire, les stucages, on obtient la finesse nécessaire, qui est celle de la fine fleur de farine, au moyen de passages répétés et successifs dans des bluteries dont les toiles sont de plus en plus resserrées.

V. ENSACHAGE. Les meules sont généralement disposées au-dessus des magasins, le plus souvent voûtés pour répartir les chocs des meules sur les reins des voûtes. Le plâtre broyé tombe donc dans les magasins où des hommes peuvent l'ensacher. Dans la plupart des usines, aujourd'hui, les plafonds des voûtes portent des trémies ensachoires. Lorsque le magasin de réception n'est pas immédiatement situé au-dessous des meules, le plâtre y est conduit par des plans inclinés qui le déversent, soit dans les tombereaux ou les wagons lorsqu'on le livre en vrac, soit dans des trémies ensachoires.

Le broyage est une opération fort simple et qui s'exécute à peu près partout de la même manière.

Il y a peu de temps encore, le broyage se faisait à l'aide de *moulins à noix*, analogues aux moulins à café. Le plâtre était broyé par son passage entre une noix dentée en fonte portée par un arbre vertical et une couronne métallique engrenant avec la noix. Le tout était mis en mouvement, la plupart du temps par un manège à un ou deux chevaux; et quelquefois actionné mécaniquement à la vapeur au moyen d'une poulie de renvoi. Ce système tend chaque jour à disparaître.

Les sacs doivent être pesés, surtout lorsque le plâtre se vend au poids, comme pour les livraisons en province. Les sacs les plus communément employés sont de deux types : ceux de 25 litres, les plus ordinaires, et ceux de 50 litres. On admet, généralement, que les 1,000 litres pèsent 1,100 kilogrammes. Il en résulte que pour la livraison au mètre cube, qui se pratique généralement, à Paris, on compte, en moyenne, 40 sacs au mètre cube.

L'ensachage à la main, comprenant: le pesage à la bascule, le ficelage et le plombage, lorsqu'il est réclamé (ce qui est d'ailleurs assez rare), coûte ordinairement de 0 fr. 50 à 0 fr. 60 les 40 sacs de 25 litres, compris fourniture de la ficelle et raccommodage des sacs.

Dans certaines usines, comme à Pisseloup (Seine-et-Marne), les sacs sont placés, au-dessous de chaque trémie ensachoire, sur des bascules enregistreuses fixes. Cette disposition, d'ailleurs assez simple, mériterait d'être partout usitée.

Partie commerciale. Le plâtre cuit et broyé est livré au commerce en vrac ou en sacs.

Livraison en vrac. Lorsque la livraison se fait dans les bateaux, il faut avoir soin de charger le plâtre uniformément et éviter de le fouler et de le tasser: son propre poids suffit. Il convient de charger sur petites couches. Les bateaux sont généralement en bois ou en fer et n'offrent rien de particulier; leurs formes et leurs dimensions varient évidemment avec la voie navigable qu'ils parcourent. En général, nous pensons qu'il ne convient pas de donner au plâtre une épaisseur dépassant 1 mètre ou 1^m,20, surtout lorsque le parcours est un peu long. Il va sans dire que les bateaux doivent être d'une étanchéité absolue.

Sur le canal de l'Ourcq, les bateaux cubent de 60 à 80 mètres.

Pour la livraison en vrac en tombereaux, on emploie généralement des tombereaux en tôle. On doit prendre pour le chargement, des précautions analogues à celles que nous avons indiquées plus haut, pour le tassement et l'échauffement du plâtre, surtout à la partie inférieure.

Le chargement en vrac dans les vagons des diverses Compagnies n'offre rien de particulier. Certaines usines sont éloignées des chemins de fer ou n'y sont pas raccordées. Il y a lieu alors à un transbordement des tombereaux dans les vagons; quelquefois même, le plâtre est ensaché à l'usine, conduit au chemin de fer, et versé en vrac dans les vagons. C'est une manœuvre assez coûteuse. Aussi, toutes les grandes exploitations se sont-elles outillées de manière à avoir des lignes de raccordement directes à la section normale partant de leurs moulins même; les vagons peuvent donc aller prendre la marchandise sous les trémies, sans occasionner de dépenses (Exemples: usines d'Argenteuil, de Pisseloup, de Lagny, etc.).

Livraison en sacs. On livre en bateaux, en tombereaux ou sur charrettes et camions, et en vagons. Il n'y a rien à dire au sujet de l'arrimage, dont la façon dépend de la forme et de la capacité du véhicule, du nombre de chevaux et de leurs forces, etc. La livraison en sacs se fait soit dans les sacs du client, soit dans les sacs du fournisseur. Rien à dire au sujet de la livraison dans les sacs appartenant à l'acquéreur. Ce serait évidemment là le système le moins onéreux et le plus commode s'il pouvait toujours s'appliquer. Mais c'est, au contraire, le cas le plus rare. Les fournisseurs sont obligés presque toujours de livrer le plâtre dans les sacs qui leur appartiennent. Pour une grande exploitation, on comprend que l'acquisition d'un nombre considérable de sacs soit une très grosse affaire, nécessitant une importante avance de fonds, de gros frais d'entretien, et surtout occasionnant des pertes sérieuses en raison des négligences de tous: des charretiers, des maçons, des entrepreneurs, qui prennent livraison, et qui se préoccupent peu de ce que deviennent des sacs qui ne leur

appartiennent pas; de certaines indélicatesses qui se commettent, comme, par exemple, la substitution de sacs usés à des sacs en bon état, etc. Le fournisseur réclame, évidemment; mais craint d'indisposer son client, de perdre ses commandes; et il résulte pour lui, du règlement de ses comptes, des pertes sèches presque toujours accompagnées de froissements. Quant au fonds de roulement engagé, il est, nous l'avons dit, considérable. Veut-on quelques chiffres?

Il faut en moyenne compter deux mois depuis le départ d'un sac de l'usine jusqu'à son retour. C'est-à-dire que l'usine doit avoir en roulement un nombre de sacs au moins égal à la fourniture de quatre mois pour travailler à l'aise. Supposons une usine qui ferait 50 mètres cubes par jour l'un dans l'autre: c'est une bonne exploitation moyenne. Il lui faudrait donc avoir un roulement de sacs de:

$$50 \text{ mètres} \times 40 \text{ sacs} \times 30 \text{ jours} = 60.000 \text{ sacs.}$$

1/10 pour retards	= 6.000
En réparation	= 4.000
Sacs	70.000

à 0 fr. 80, prix moyen, c'est 56,000 francs de capital-sacherie à tenir toujours en roulement. Eh bien! si l'on compte les pertes causées par les diverses causes que nous avons indiquées, on verra qu'il faut compter au moins sur 30 0/0 en plus. Cela n'a rien d'exagéré. C'est donc là un élément très sérieux à comprendre dans le prix de la livraison du plâtre. Nous ne l'estimons pas à moins de 0 fr. 80 à 1 franc par mètre cube, en comptant, ce que *notre* propre *expérience* nous a appris, qu'au bout de la quatrième année, tous les sacs sont renouvelés.

La société des Plâtrières réunies du bassin de Paris, qui possède ainsi en circulation un nombre de sacs considérable, 500,000 et plus, a fait de ce chef, pendant les premières années de son exploitation, des dépenses et des pertes qui ont attiré son attention. Elle a alors, après une longue étude, adopté un système de *location* qui, d'après ce qui nous a été affirmé, donne d'excellents résultats.

Elle fait payer à tout client qui garde les sacs plus d'un mois, entre le jour de la livraison et le jour du retour des sacs, une *location* de 0 fr. 05 par sac et par mois. Or, dans la plupart des cas, un entrepreneur attentif pourra aisément s'arranger de façon à ne pas dépasser ce délai. Si, par négligence, ou en raison d'un besoin quelconque dont il est alors juge, il garde les sacs un mois de plus, il paie 2 francs de plus par mètre cube de reçu. Depuis que cette mesure, assez généralement acceptée d'ailleurs par la clientèle, a été adoptée, le compte sacherie n'est plus grevé aujourd'hui, renouvellement compris, que des frais dont le montant ne dépasse pas les prévisions d'un entretien ordinaire.

Prix de revient. L'étude du prix de revient d'un mètre cube de plâtre n'est pas difficile à établir, car il est à peu près le même dans tous les pays, la composition du calcaire étant la même; conséquemment la température de cuisson ne varie pas, non plus que les frais de broyage. Il ne peut y avoir de variations appréciables, lorsqu'il s'agit d'exploitations convenablement montées, que sur la valeur du combustible, en raison des frais de transports dont il est chargé par suite de la distance du point d'acquisition à l'usine.

Voici comment on peut établir les prix pour un mètre cube de plâtre *ordinaire* cuit et broyé, pesant 1,100 kilogrammes, et pour une usine d'importance moyenne, c'est-à-dire fournissant 50 mètres cubes par jour.

Extraction et fabrication.

Droit de fortage ou amortissement de la propriété	0 40
A reporter	0 40

Report.	0 40

Découverte (moyenne se rapportant aux exploitations contenues dans le Bassin parisien, comprenant : Seine, Seine-et-Oise, Seine-et-Marne, et déduction faite de la vente ou des bonis d'exploitations des marnes à chaux et à ciments et des glaises). . . . . 1 »

Extraction du plâtre, prix moyen, la différence relative à l'exploitation en cavage sur l'exploitation à l'air libre étant compensée par ce fait que le travail de cavage peut se faire par tous les temps et en toute saison. 1 20

Ce prix comprend la fourniture de la poudre et des outils, les havages ou les souchets, la descente des masses, le chargement dans les tombereaux ou vagons,

Conduite au four, prix variable suivant la distance des carrières à l'usine : comprenant la fourniture, la pose et l'entretien des voies de transport, la fourniture et l'entretien du matériel roulant. Prix moyen 0 50

Travage, compris concassage, triages, séparation des poussières. . . . . 0· 80

Cuisson	48 kilos briquettes à 32 50	1 57
	Bourrées d'Allemagne.	0 23
	Main-d'œuvre	0 10
		1 90

Broyage	Main-d'œuvre	0 50	
	Combustibles	0 15	
	Mécanicien	0 10	
	Huile, graisse, etc.	0 05	
		0 30	0 80

Ensachage et chargement sur les charrettes, ou chargement en vrac, en bateaux ou en vagons, y compris le transport de l'usine à la voie navigable ou au chemin de fer 0 45

7 05

Frais généraux et bénéfices, sur extraction, travage, cuisson, broyage et émachage 0 25

7 30

Ainsi, pour 7 fr. 30, on pourra presque partout livrer un mètre cube de plâtre, ensaché sur charrettes à l'usine, ou chargé dans les bateaux ou les vagons, ce prix comprenant l'excédent des dépenses de découvertes sur la vente ou l'utilisation des sous-produits du sol ; la location du terrain ou la représentation de son achat par voie d'amortissement ; plus, enfin, le bénéfice du tâcheron ou des ouvriers qui exécutent les opérations de la fabrication proprement dite.

Prix de revient d'un mètre cube de plâtre cuit et broyé, rendu à pied d'œuvre à Paris.

1 m. 00 plâtre, chargé en sac sur charrettes ou en vrac dans les bateaux, comme ci-dessus 7 30

Transport aux portes ou au bassin de la Villette (compris droit d'éclusée et déchargement). . 1 00

Déchargements, remaniements, ensachages, rechargements sur charrettes, etc. 0 75

Droit d'octroi par mètre cube 4 20

Transport dans Paris par mètre cube 2 20

15 45

Frais généraux de l'exploitation commerciale. 0 55

Total. 16 00

Nous ne croyons pas qu'il soit possible de fabriquer du plâtre ordinaire, rendu sur les chantiers de Paris, à des conditions inférieures.

Si l'on observe que le droit d'octroi de 4 fr. 20 par mètre cube représente une avance considérable de fonds ; que les règlements se font, dans la plupart des cas, à des échéances assez longues, dont la moyenne peut être de

120 jours, ce qui représente un escompte de 3 0/0, escompte d'ailleurs exigé par tout client qui paie dans le mois de la livraison, si l'on compte enfin le ducroire auquel on est exposé par suite des mauvaises créances, des frais de poursuites, etc.; enfin, si l'on compte l'intérêt et l'amortissement des sommes engagées, on se rend aisément compte que le prix moyen de vente du plâtre ordinaire à Paris ne saurait être inférieur à 19 francs le mètre cube pour rémunérer les capitaux engagés. Il s'est vendu 21 francs dans les années prospères de 1880 à 1884, et ce prix n'avait rien d'exagéré, car alors la main-d'œuvre avait haussé proportionnellement. — FL.

II. **PLÂTRE.** Se dit de tout ouvrage moulé en plâtre. || Employé au pluriel, *les plâtres* désignent les légers ouvrages du bâtiment, enduits, ravalements, lambris, etc.

PLÂTRIER. *T. de mét.* Celui qui extrait le plâtre de la carrière et, par extension, celui qui l'emploie pour la décoration ou l'ornementation des maisons.

PLÂTRIÈRE ou **PLÂTRERIE.** Carrière d'où l'on extrait la pierre à *plâtre.* — V. ce mot. || Endroit où l'on fait le broyage, la cuisson et l'expédition du plâtre.

*PLÂTROIR. Sorte de truelle.

*PLATTE. Bateau flottant dans une grande masse d'eau courante et dans lequel on effectue, à Lyon, le lavage et le battage des soies.

*PLATTEUSE. *T. de mét.* Ouvrière qui fait les fleurs de la dentelle au fuseau.

*PLEIN. 1º *T. de tiss.* Partie du carton Jacquard laissée pleine et destinée à repousser l'aiguille ainsi que le crochet qui correspond à cette dernière. Le couteau de la griffe, dans son mouvement ascensionnel, ne peut pas enlever le bec de corbin de ce crochet. Il en résulte que tout fil de chaîne, dont l'évolution est commandée par lui, n'est pas levé. Donc, un *plein* dans le carton donne un fil *laissé* sur lequel passe la navette et, conséquemment, la duite. || 2º *T. de constr.* Plein d'un mur. Partie qui n'est percée d'aucune porte ni d'aucune fenêtre. || *Plein cintre.* Section droite d'une voûte en berceau lorsqu'elle est circulaire. || *Plein bois.* Travail de menuiserie qui exclut les assemblages et dont les pièces sont collées les unes sur les autres à joints droits. || 3º *Art hérald.* Armes pleines. Se dit de celles qui ne portent ni écartelure, ni brisure, qui n'ont qu'un émail, qu'une seule couleur; sans aucune pièce ni meuble.

*PLÉORAMA. Tableau mouvant qui se déroule devant le spectateur.

PLIAGE. *T. techn.* Action de plier et résultat de cette action. || Atelier dans lequel s'effectuent l'opération du pliage et celles de la presse et de l'étiquetage.

*PLIEUSE. *T. techn.* Le pliage des tissus se fait, soit à la main, soit à la mécanique. Le pliage à la main ne nécessite aucune explication, mais nous devons dire quelques mots des plieuses mécaniques. Il y en a de plusieurs systèmes : les unes ne servent qu'à plier la pièce en plis d'une longueur déterminée, tandis que d'autres font en même temps le pliage et le métrage. Par un mouvement continu et alternatif, la machine à plier reproduit l'opération faite par deux ou trois ouvriers déroulant une pièce et la pliant d'une façon et d'une longueur spéciales. Les plieuses sont à table droite comme celle de Hummel, ou à table courbe, comme celles de Chevalier et de Tulpin.

A la plupart des plieuses mécaniques sont adaptés des compteurs indiquant le nombre d'unités (mètres, yards, etc.) que développe l'appareil. — J. D.

PLIEUR, EUSE. *T. de mét.* Ouvrier, ouvrière qui plie les étoffes, les journaux, etc.

PLINTHE. *T. d'arch.* La plinthe est une partie carrée qui est placée sous la base d'une colonne pour l'exhausser et la séparer à l'œil de la ligne de terre; la plinthe peut-être plus ou moins épaisse; elle atteint même souvent une hauteur assez importante et devient comme un piédestal qui supporte la colonne. On la nomme alors *stylobate*. La plinthe n'est guère utile à l'élégance ou à la solidité de la colonne reposant à terre, telle que la concevaient toujours les Grecs, et on ne sait à quelle cause attribuer son usage qui, d'ailleurs, fut fort longtemps à s'établir, car l'architecture dorique n'admettait pas la base, et l'architecture ionique semble avoir fait de la plinthe un emploi fort restreint; c'est donc plutôt un élément de l'architecture corinthienne.

Le nom même de *plinthe*, en grec, signifie *brique*, sans doute parce que sa forme carrée rappelait celle usitée pour ce genre de matériaux. Les italiens la nommaient *orlo*, d'où le nom de *ourlet* ou *orle*, qu'on lui donnait autrefois et jusque sous Louis XIV. En général, la plinthe est plate et ne dépasse pas une hauteur de 0m,15, à moins qu'elle ne doive servir de piédestal. Ses arêtes sont vives et à angle droit; pourtant, on a parfois, surtout au moyen âge, corrigé cet aspect rectangulaire par une doucine.

Dans l'ordre toscan, et par une anomalie bizarre, consacrée maintenant par un long usage, la plinthe est située à la partie supérieure de la colonne et correspond, au-dessus du chapiteau, au tailloir ou abaque des autres ordres; ce nom lui vient de sa forme carrée et droite qui rappelle, en effet, la plinthe des bases.

Enfin, en menuiserie, on appelle *plinthe* la planche posée de champ qui relie la base du mur au plancher; cette plinthe n'a aucune analogie avec celles dont nous venons de parler, puisqu'elle est placée verticalement. On a souvent fait remarquer que le nom d'*ourlet* lui conviendrait beaucoup mieux. Dans la construction, une moulure correspond sur la façade au plancher intérieur, et on lui a donné aussi le nom de *plinthe*.

PLIOIR. *T. techn.* Instrument en forme de couteau, à un ou deux tranchants mousses, en bois, en ivoire ou autre matière, et dont on se sert pour plier et couper du papier. || Instrument employé dans divers métiers pour plier certains ou-

vrages; dans les fabriques de tissus, les plioirs sont des appareils qui prennent le nom de *machines à plier*. || Moule au moyen duquel on obtient des tuiles courbes. || Petit ourdissoir du gazier.

PLIONNAGE. *T. d'exploit. des min.* Sorte de boisage des petits puits de forme circulaire, que l'on emploie pour l'extraction des minerais d'alluvion ou pour l'exploitation des marnes; il consiste à plier de petites branches d'arbres disposées dans le sens horizontal le long des parois; le bois vert tend à se redresser et, faisant ressort, il suffit pour empêcher la poussée des bords.

***PLISSAGE.** Action de plisser et résultat de cette action.

***PLISSEUR, EUSE.** *T. de mét.* Ouvrier, ouvrière qui fait le plissage des étoffes, des chemises, etc.

***PLISSEUSE.** *T. techn.* Nom donné aux machines à plisser les étoffes. Ces machines, dont on a fait usage en assez grande quantité dans ces derniers temps, en raison de la mode des vêtements de dames et de la lingerie dont certaines parties doivent être plissées, sont toutes composées d'un râteau ou couteau doué d'un mouvement alternatif formant les plis, puis de deux cylindres superposés dont l'un est chauffé, ou bien de deux cylindres placés horizontalement à une petite distance et ayant entre eux, sur la table d'entraînement, un fer plat chauffé au gaz ou avec une lampe.

Les plisseuses qui servent le plus spécialement aux usages domestiques, sont de petites dimensions, se posent sur une table par des crampons: le chauffage est placé dans une boîte en fonte qui fait l'office de fer à repasser, et le couteau, formant les plis, reçoit un mouvement alternatif par une poignée que l'on manœuvre à la main; en limitant sa course par le déplacement d'un goujon, on modifie la grandeur des plis. Les plisseuses qui conviennent aux couturières sont plus grandes, et sont conduites par un volant à poignée; le plissage s'y fait par un couteau qui reçoit un mouvement alternatif, et le tissu plissé passe entre deux cylindres dont l'un est chauffé au gaz ou par une lampe à esprit de vin; la grandeur des plis est réglée par le serrage des deux vis. Dans les plisseuses de grandes dimensions, destinées au plissage des draps et tissus épais pour costumes, le tissu est plissé et entraîné par deux chaînes Galle se mouvant parallèlement et portant des couteaux qui s'entrecroisent; ces machines sont chauffées comme les autres, mais elles fournissent un travail plus considérable. — A. R.

***PLIÛRE.** *T. de broch.* Action ou façon de plier les feuilles des livres.

I. PLOMB. *T. de chim.* Corps simple, métallique, ayant pour symbole Pb, pour équivalent 103,5 et pour poids atomique 207; il est diatomique, mais, par exception, tétratomique dans certains composés.

Ce métal a été connu de toute antiquité, et servait couramment sous forme de lames, et pour l'épuration de l'or et de l'argent, dans les Indes, en Chine, en Assyrie, en Phénicie et en Egypte, ainsi que chez les Hébreux. Les alchimistes lui donnèrent le nom de *Saturne*, soit pour rappeler que c'était le plus ancien des métaux connus, soit parce que, absorbant et détruisant, en apparence du moins, les autres métaux, il pouvait être comparé au père des dieux, qui avait dévoré ses enfants.

Etat naturel. Le plomb se retrouve, dans la nature, sous un grand nombre de formes dont quelques-unes sont assez abondantes, et l'une d'elles surtout, très répandue. Le plomb a été rencontré à l'état *natif*, en lamelles, en petits globules, et en cubes, d'une dureté de 1,5 et d'une densité de 11,44, à Alstonmoor; dans des laves à Madère; dans les mines de Carthagène; dans le calcaire carbonifère, à Bristol, à Kenmare (Irlande); à Wissig, dans une amygdaloïde; dans l'Altaï, avec l'or. Le minerai le plus important, celui qui sert presque totalement à l'extraction du métal, est le *plomb sulfuré* ou *galène* (V. ce mot); vient après la *cérusite* ou *plomb carbonaté*, qui se trouve en cristaux prismatiques blanchâtres, ou en masses bacillaires, compactes et terreuses, à Mies (Bohême), dans le Harz, en Angleterre, en Ecosse, etc.

La *bournonite*, la *boulangerite*, la *jamésonite* sont des *plombs sulfurés antimonio-cuprifères* qui sont exploités pour le plomb et le cuivre qu'ils contiennent; ils sont répandus dans le Harz, le Nassau, le duché de Cornouailles; la boulangerite est assez abondante dans le Gard, à Molières; viennent ensuite le *plomb chlorocarbonaté* ou *phosgénite* que l'on trouve en Sardaigne et à Matlock (Derbyshire); le *plomb phosphaté, pyromorphite,* ou *plomb vert*, très employé pour l'extraction du métal, en Bohême, en Nassau, au Cumberland; le *plomb arséniaté* ou *mimétésite*, que l'on trouve surtout à Badenweiler, à Johann-Georgenstadt, etc.; le *plomb sulfaté* ou *anglésite*, qui est en cristaux ou en masses compactes, à Monte-Poni, en Sardaigne; en Ecosse; à Müsen, près Siegen; le *plomb molybdaté* ou *wulfénite, mélinose*, qui est d'un jaune orangé, et vient surtout de Bleiberg, en Carinthie; le *plomb chromaté, crocoïse* et *mélancroïte*, en cristaux prismatiques rouges, venant de Beresowsk (Sibérie), et du Brésil; le *plomb chloruré*, ou *cotunnite* et *matlockite*, qui sont toutes deux assez rares; le *plomb oxychloroioduré* ou *schwartzembergite*, trouvé en Bolivie; le *plomb sélénié* ou *clausthalie*, provenant de Clausthal, de Tilkerode, (Harz); enfin, le *plomb hydroalumineux* ou *plomb gomme*, de Huelgoat (Bretagne).

En France, nous avons des mines de plomb en pleine exploitation dans seize départements, les plus riches sont celles de Pontgibaud (Puy-de-Dôme); Poullaouen, Huelgoat (Finistère); Vialas (Lozère); Coucron (Loire-Inférieure); Biache-Saint-Vaast (Pas-de-Calais); puis celles des Bouches-du-Rhône, de l'Isère, du Gard, des Hautes-Alpes, de la Haute-Saône et de l'Ille-et-Vilaine.

Propriétés physiques. Le plomb est un métal de couleur gris bleuâtre lorsqu'il vient d'être taillé, à éclat métallique, mais qui se ternit vite au contact de l'air; il peut être cristallisé, soit en cubes, soit en octaèdres, le plus souvent sa cassure est uniforme; il est assez mou pour se laisser rayer par l'ongle, est peu tenace, peu ductile, flexible, il tache le papier et les doigts par le frottement, et laisse à ceux-ci une odeur fade. Sa densité varie, elle est de 11,37 pour le plomb pattinsoné, de 11,352 pour le plomb fondu, de 11,358 pour le plomb laminé; il fond à 334° et bout entre 1,600 et 1,800°. Si, pendant sa fusion, il a dissous un peu d'oxyde, il devient plus résistant à la pression et plus propre à supporter des charges. Chauffé, il devient cassant lorsqu'on le frappe et qu'il a été amené à une température voisine de son point de fusion. Il est mauvais conducteur de la chaleur et de l'électricité; il est sensiblement volatil au rouge, il peut perdre 1/1000 de son poids par heure lorsqu'on le chauffe à l'air libre, mais cette déperdition va à 9 0/0 dans un fourneau à réverbère. Sa chaleur spécifique est de 0,0814, et son coefficient de dilatation 0,00002924.

Propriétés chimiques. Le plomb se ternit à l'air par oxydation et formation d'une légère couche de protoxyde qui préserve le métal d'une altération plus profonde; l'action de la chaleur provoque également, mais d'une façon rapide, la production de cette couche d'oxyde; l'hydrogène, le bore, l'azote, sont sans action sur le plomb; le carbone forme avec le métal, d'une manière indirecte (en calcinant un sel de plomb à acide organique), un carbure noir qui brûle avec flamme quand on le chauffe dans un creuset ouvert. Le plomb ne décompose pas l'eau privée de gaz et ne s'altère pas dans ce liquide; mais si, au contraire, on laisse le métal dans une eau aérée ou chargée de sels, et surtout de carbonates, la surface métallique ne tarde pas à s'oxyder et à donner lieu ensuite à un dépôt peu adhérent d'hydrocarbonate de plomb; avec les eaux sulfatées, il se forme une couche de sulfate de plomb qui adhère bien au métal et le préserve même d'une altération postérieure. Ces propriétés du plomb ne doivent pas être oubliées, car on sait que la distribution des eaux se fait, dans les villes, par le moyen de canalisations en plomb; on a de nombreux exemples d'empoisonnements saturnins qui n'avaient d'autre cause que l'emploi d'une eau, qui, ayant séjourné longtemps dans les tuyaux, avait provoqué la formation de sels lesquels se trouvaient entraînés lorsque l'on faisait usage de cette eau pour l'alimentation.

Les acides exercent une action faible sur le plomb, à l'exception, toutefois, de l'acide azotique et de l'eau régale qui transforment immédiatement le métal en azotate, mélangé de chlorure dans le second cas; l'acide chlorhydrique, l'acide sulfurique ne sont presque pas décomposés par le plomb, mais le dernier, concentré et bouillant, fait du sulfate, et réduit une partie de l'acide à l'état d'acide sulfureux; c'est la raison qui empêche de continuer la concentration de l'acide sulfurique dans des cuves en plomb; l'acide acétique le dissout à l'air et à la longue; les alcalis forment avec lui des plombites solubles; les sels alcalins à acides oxygénants l'attaquent à froid.

EXTRACTION. — V. plus loin, MÉTALLURGIE DU PLOMB.

PURIFICATION. Le plomb obtenu par l'une des méthodes qui sont décrites au chapitre de la métallurgie du plomb constitue ce que l'on appelle dans l'industrie le *plomb d'œuvre*; il contient encore de l'argent, du cuivre, de l'antimoine, aussi bien que le *plomb dur*, qui provient de la revivification de la litharge. On le purifie d'abord en le désargentant et le transformant en *plomb pauvre*, c'est ce que l'on obtient, soit par la coupellation, le pattinsonage, le zinc, ou, s'il y a très peu d'argent, par le simple raffinage; mais si, au contraire, le métal obtenu est très impur, et contient notamment, en dehors des métaux déjà spécifiés, du soufre, du fer, du zinc, on est obligé, avant de le désargenter, de lui faire subir une fusion oxydante, à l'air, dans un fourneau à réverbère. Le procédé que l'on emploie pour obtenir du plomb chimiquement pur, consiste à réduire, dans un creuset brasqué, l'oxyde de plomb obtenu par la calcination de l'azotate cristallisé.

DOSAGE. Le dosage du plomb s'opère de différentes manières :

1° *A l'état de sulfate*. Le corps à analyser est traité par l'acide azotique et fournit une liqueur acide que l'on étend de beaucoup d'eau. On l'introduit dans un vase à précipités et l'on y ajoute un excès d'acide sulfurique; il se forme aussitôt du sulfate de plomb, mais comme ce corps ne se dépose que lentement, on ajoute à la liqueur deux fois son volume d'alcool concentré, on agite et on abandonne le vase au repos pendant quelques heures, après avoir eu soin de le recouvrir. On décante ensuite le liquide clair, on lave le précipité avec de l'alcool à 50° et on jette enfin sur un filtre. Ce filtre desséché, on enlève en grande partie le précipité que l'on met à part, puis on calcine le filtre dans un creuset de porcelaine taré et on arrose les cendres obtenues, si elles sont blanches, car si elles étaient colorées, il faudrait reprendre par l'acide sulfurique, avec quelques gouttes d'acide azoto-sulfurique dilué, qui fait à nouveau du sulfate de plomb avec le métal que la matière organique avait réduit. On dessèche le résidu, on le calcine, on l'ajoute au sulfate recueilli primitivement sur le filtre, puis on porte au rouge et on pèse, après refroidissement. De ce poids, on déduit le poids connu que le filtre a pu donner de cendres, et on multiplie le chiffre trouvé par 0,6832 pour connaître la proportion de plomb (ce multiplicateur est le rapport qu'il y a entre 103,5/151,5, c'est-à-dire l'équivalent du sulfate de plomb et celui du métal).

2° *A l'état métallique*. Cette méthode s'emploie surtout pour le dosage des galènes, qui fournissent les 99/100es du plomb employé. On prend 20 grammes de galène finement pulvérisée, puis on les mêle avec 20 grammes de carbonate de soude, sec et pulvérisé, 10 grammes de carbonate de potasse, également sec et pulvérisé, et 3 grammes de tartre brut pulvérisé. On introduit ce mélange dans un creuset en porcelaine rouge de feu, puis on met, au-dessus, un peu de borax pulvérisé et l'on recouvre le creuset de son couvercle, afin de porter au rouge blanc. Le mélange une fois fondu, on l'agite avec une tige de fer qu'on laisse à de-

meure dans le creuset ; ce métal réduit le sulfure de plomb, forme du sulfure de fer qui se sépare sous forme de scories, et donne du plomb métallique. Ce résultat obtenu, on agite une dernière fois ; pour bien réunir le métal, on imprime au creuset quelques légères secousses, puis on laisse refroidir. On casse ensuite le vase et on sépare le culot ; si quelques scories adhèrent au métal, on lave celui-ci avec de l'acide chlorhydrique dilué, puis ensuite à l'eau, on sèche et l'on pèse. On admet que cette méthode peut donner 3 0/0 de perte; on doit en tenir compte dans le résultat.

3° *Par électrolyse*. Divers chimistes, et notamment M. Riche, ont appliqué l'électrolyse au dosage des métaux; cette méthode donnant des résultats très exacts et très rapides, voici comment on opère pour le dosage du plomb. On se sert de l'appareil suivant (fig. 170), qui se compose d'un creuset en platine que supporte une pince métal-

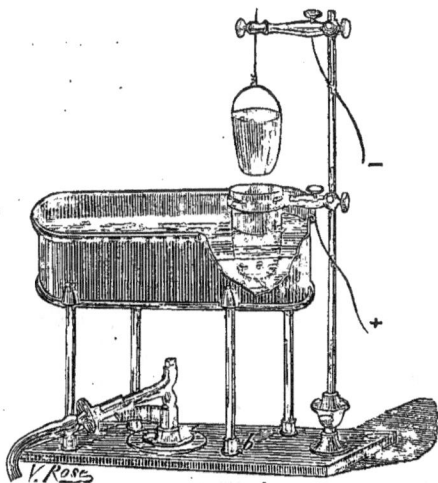

Fig. 170. — *Appareil pour le dosage du plomb par l'électrolyse.*

lique portée sur une baguette de verre et permettant à la fois d'isoler le creuset et de fixer sur la pince un fil correspondant au pôle positif d'un élément Bunsen ou Leclanché. Une autre pince métallique se fixe sur le même isolateur, au-dessus de la première, et reçoit le fil correspondant au pôle négatif, dont l'électrode se trouve ici constituée par un cône en platine, offrant deux fentes latérales, et ouvert à ses deux extrémités. Ce cône est de dimensions telles qu'il peut s'introduire dans le creuset, en laissant entre lui et le vase un intervalle de 3 à 4 millimètres. Pour pouvoir opérer à une certaine température, on plonge à volonté le creuset de platine dans un bain-marie métallique rempli d'eau, et que l'on chauffe avec un bec de gaz. Pour faire l'opération, on introduit la liqueur acidulée dans le creuset, puis on y plonge l'électrode négative après l'avoir pesée très rigoureusement. On porte l'appareil, mis en communication avec la pile, à une température de 60 à 90° en chauffant le bain-marie, ce qui facilite la précipitation totale, et on fait passer le courant pendant quelques heures. S'il y a beaucoup de plomb à précipiter, il est préférable de remplacer l'électrode négative que nous avons décrite par un cylindre en toile de platine, qui offre une surface plus considérable que le cône ordinaire. Le plomb se précipite sur l'électrode négative à l'état de peroxyde, puis lorsque l'on voit que l'électrolyse est terminée, on siphonne le liquide du creuset, on le remplace par de l'eau pure, qu'on enlève encore pour bien laver le précipité, et seulement alors on rompt la communication électrique. On lave l'électrode une dernière fois avec de l'eau, on la sèche à 110° dans l'étuve et on pèse. Le poids du peroxyde de plomb obtenu, multiplié par 0,8661 (rapport de 103,5/119,5) donne le poids du métal.

Dans cette électrolyse, les métaux étrangers qui pouvaient exister dans la liqueur sont restés dans le liquide siphonné, lorsque celui-ci est bien acide; on peut dès lors les rechercher et les doser postérieurement. Dans le cas où ils se déposeraient sur l'autre électrode, cela ne gêne pas la précipitation du plomb, à moins qu'il n'y ait du manganèse dans le produit, car celui-ci se dépose partiellement à l'état d'oxyde avec celui de plomb.

PRODUCTION DU PLOMB. La production du plomb en France, est évaluée, en moyenne annuellement, à 23.650.000 kilogrammes, d'une valeur de 13,300,000 francs environ, mais comme cette quantité ne suffit pas à la consommation faite, on est obligé d'en importer d'Angleterre et d'Espagne environ 29.000.000 de kilogrammes.

En Europe, la production de plomb est à peu de choses près la suivante, sans compter la France :

Grande-Bretagne	77.500.000 kilogr.
Espagne	61.600.000 —
Allemagne	55.000.000 —
Italie	37.500.000 —
Belgique	11.250.000 —
Autriche-Hongrie	10.000.000 —
Russie	1.250.000 —
Suède	600.000 —

Soit un total approximatif de 275 millions de kilogrammes. Les plombs anglais arrivent en saumons de 60 kilogrammes, les plus fins sont ceux dits *raffinés*; ceux d'Espagne sont plus communs, mais de qualité uniforme, en saumons longs et de 70 à 80 kilogrammes, ceux dits *linares* sont appelés *plombs noirs* dans le commerce; les plombs du Harz nous arrivent par Hambourg, en blocs de 90 kilogrammes, et sont d'aussi bonne qualité que les plombs anglais, mais ceux qui arrivent par Trieste sont, en général, fort inférieurs, on peut les reconnaître à leur sonorité; parmi les plombs français, il faut signaler ceux de Bretagne qui sont en saumons plats et allongés, flexibles, doux, liants et du poids moyen de 50 kilogrammes.

Usages. Le plomb, en raison de sa malléabilité, a un grand nombre d'emplois. Laminé, il sert à faire les chambres pour la préparation de l'acide sulfurique et les chaudières propres à sa concentration, ainsi qu'à celle du sulfate de fer, de l'alun; on l'emploie martelé pour faire des cornues et des couvertures, surtout celles des monuments pourvus de dômes ou de clochers, lesquels peuvent supporter le poids de ces couvertures; étiré, il sert à confectionner des tubes de divers calibres pour gouttières et conduites d'eau ou de gaz; fondu, il sert à faire des projectiles comme les balles et le plomb de chasse, et à envelopper, sous forme

de chemises, les boulets pour canons rayés; étiré, et plein, il est employé pour faire des fils utilisés par les jardiniers ou les tisseurs au métier à la Jacquard; réduit en feuilles minces, il est recherché pour relier les pièces des autres métaux, dans les chaudières à vapeur, les autoclaves, notamment, en produisant entre les pièces séparées par une lame de plomb, une pression convenable. Dans le bâtiment, on l'emploie en place du soufre pour souder le fer dans la pierre; en métallurgie, il est indispensable pour l'affinage de l'or et de l'argent. Notons enfin son emploi dans l'industrie chimique pour la préparation de l'*acétate de plomb*, de la *céruse*, du *minium*, et des divers produits qu'utilise la médecine. — V. ces mots.

Dérivés du plomb. Parmi les composés haloïdes que forme le plomb, nous n'en avons à citer qu'un petit nombre, tels sont :

Le *chlorure de plomb*, $PbCl^2$, peu employé, qui est en poudre cristallisée, ou en aiguilles hexagonales, ou en cristaux orthorhombiques; sa densité est de 5,6 à 5,8; il se dissout à 15°, dans 135 parties d'eau; mais bien dans l'hyposulfite de soude et pas dans l'alcool. Il est inaltérable à la lumière et s'obtient en ajoutant de l'acide chlorhydrique ou un chlorure soluble à une solution d'azotate de plomb.

L'*oxychlorure de plomb*, $PbCl^2, 7PbO$, s'obtient en faisant digérer 7 parties de litharge avec 1 partie de chlorure de sodium et de l'eau. Après production, on lave, sèche, fond et pulvérise. C'est le corps appelé *jaune de Cassel*. — V. ce mot.

L'*iodure de plomb* a été étudié au mot IODURE.

Le *sulfure de plomb* est la *galène*, que l'on désigne aussi sous le nom d'*alquifoux*, lorsqu'elle est pulvérisée, et sert dans l'industrie des poteries; pour plus de détails, V. ALQUIFOUX et GALÈNE.

Parmi les composés oxygénés du plomb, un certain nombre ont encore été déjà étudiés dans ce *Dictionnaire*, c'est ainsi que parmi les oxydes du plomb, nous avons déjà traité de la composition du protoxyde, qui est utilisé sous les noms de *massicot* (V. t. VI, p. 339) et de *litharge* (V. t. VI, p. 141); puis le *plombate de protoxyde de plomb* ou minium (V. t. VI, p. 477). Il ne nous reste à signaler, parmi ces oxydes, que le *sous-oxyde de plomb*, Pb^2O, produit qui se rencontre souvent sous la forme d'une couche noire existant à la surface du plomb métallique, et se formant facilement quand on chauffe le métal, ou calcine modérément l'oxalate de plomb; puis le *peroxyde de plomb* ou *oxyde puce*, *acide plombique*, et *platinerite*, quand il est à l'état natif. Ce corps est en poudre brune, d'une densité de 8,9 à 9,19, et est insoluble dans l'eau; il a été découvert par Schéele et joue le rôle d'anhydride acide, puisqu'il forme avec les bases des sels cristallisés, mais l'acide plombique n'a pas encore été réellement isolé. Ce corps traité par la chaleur dégage de l'oxygène et donne de la litharge; avec l'acide sulfurique, il dégage de l'oxygène et fournit du sulfate de plomb; puis, avec l'acide chlorhydrique, forme du chlore et du chlorure de plomb.

Ce corps se prépare en grand dans les fabriques d'allumettes chimiques en traitant le minium par l'acide azotique,

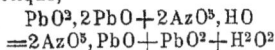

$$Pb\Theta^2, 2PbO + 2Az\Theta^5, HO$$
$$= 2Az\Theta^5, PbO + Pb\Theta^2 + H^2\Theta^2$$

ou

$$Pb\Theta^3 Pb + 2Az\Theta^3 H = (Az\Theta^3)^2 Pb + Pb\Theta^2 + H^2\Theta$$

Le produit est ce que l'on nomme dans les fabriques d'allumettes le *minium oxydé*, il contient presque toujours, avec l'azotate et le peroxyde, du minium non altéré. On l'obtient encore en traitant l'acétate neutre de plomb par le chlorure de calcium, ou l'acétate basique par une solution d'hypochlorite de soude ou de chaux. En chauffant le mélange dans un ballon, il se fait d'abord du chlorure de plomb blanc, qui se décompose peu à peu et donne du peroxyde que l'on lave à l'eau distillée bouillante, jusqu'à ce que l'eau de lavage ne soit ni acide, ni modifiée par le carbonate de soude.

Le peroxyde de plomb est un oxydant énergique, c'est pour cette raison qu'il entre dans la composition des allumettes chimiques; il forme, en effet, avec quelques corps, des mélanges dangereux à manier, qui prennent feu et sont explosibles par la simple friction dans un mortier, tel est le mélange fait avec 5 parties de bioxyde et 1 partie de soufre.

L'*acétate de plomb* a été étudié t. I, p. 11.

L'*azotate de plomb* est décrit t. I, p. 403; il en est de même du *carbonate de plomb*, pour lequel nous renvoyons au t. II, p. 235 et 443. Quant au *sulfate de plomb*, c'est une poudre blanche, anhydre, insipide, presqu'insoluble dans l'eau, et qui est le résidu d'un grand nombre d'opérations industrielles, comme la fabrication de l'acétate d'aluminium, de l'acide acétique. Ce produit est resté longtemps sans valeur à cause de sa réduction difficile, et de son emploi impossible en peinture, en guise de céruse, parce qu'il ne couvre pas. Mais depuis quelques années, on a trouvé le moyen de l'utiliser en France, c'est en le transformant en céruse, ce que l'on obtient au moyen du carbonate d'ammoniaque ou de celui de soude.

Alliages de plomb. Le plomb entre dans la composition d'un grand nombre d'alliages d'un emploi journalier, nous les réunissons dans le tableau suivant:

Noms des métaux	Soudure tendre des ferblantiers	Soudure des plombiers	Alliage pour tuyaux d'orgues	Métal pour coussinets (antifriction métal)	Cataln (alliage garnissant les boîtes à thé)	Caractères d'Imprimerie	Vaisselle Robinets	Flambeaux	Plomb dur	Alliage pour clous de navires
Plomb.	50	66	96	52	87	80	8	20	34.86	33
Étain.	50	34	4	38	13	»	92	80	»	49.5
Antimoine.	»	»	»	10	»	20	»	»	65.14	16.5
Cuivre.	»	»	»	»	»	»	»	»	»	»
Zinc.	»	»	»	»	traces	»	»	»	»	»

Caractères des sels de plomb. Les sels de plomb sont généralement incolores, de saveur fade et sucrée, puis astringente et métallique; ils sont vénéneux et produisent, par leur absorption journalière, même à faible dose, des empoisonnements chroniques amenant de graves désordres. Ils sont solubles dans l'eau pour la plupart, et leur dissolution donne avec les réactifs les caractères suivants:

Avec l'*acide chlorhydrique* ou les *chlorures* solubles, précipité blanc, insoluble dans l'ammoniaque, ne changeant pas de couleur à la lumière, soluble dans un excès d'eau chaude, mais ne se formant pas dans les liqueurs étendues (caract. d'avec les sels d'argent et de mercure); avec l'*hydrogène sulfuré*, précipité noir, insoluble dans le sulfure d'ammonium; avec le *sulfure d'ammonium*, précipité noir, insoluble dans un excès de réactif; avec la *potasse*, précipité blanc d'hydrate de plomb, soluble dans un excès de réactif; avec l'*ammoniaque*, même réaction, mais le précipité ne se dissout pas dans un excès de réactif; avec les *carbonates de potasse* ou d'*ammoniaque*, précipité blanc, peu soluble dans un excès de réactif; avec le *carbonate de baryte*, rien à froid, précipité blanc, par une ébullition prolongée; avec le *ferrocyanure de potassium*, précipité blanc; avec le *ferricyanure*, rien; avec l'*acide sulfurique* ou les *sulfates solubles*, précipité blanc, presque insoluble dans l'eau, soluble dans la potasse ou le tartrate d'ammoniaque, se déposant très rapidement par l'addition d'alcool, et noircissant par le sulfure d'ammonium; avec l'*acide iodhydrique*, ou l'*iodure de potassium*, précipité jaune, soluble dans un excès de réactif, dans la potasse; avec le *bromure de potassium*, précipité blanc; avec le *chromate de potasse*, précipité jaune, insoluble dans l'acide azotique, soluble dans la potasse; avec l'*acide oxalique*, précipité blanc, insoluble dans l'eau; avec la teinture de noix de galles, précipité jaune paille; avec une lame métallique de *zinc*, de *fer*, de *cadmium*, dépôt gris noir de plomb métallique, mais rien avec l'étain, alors qu'une lame de plomb précipite les sels d'étain. — J. C.

MÉTALLURGIE DU PLOMB

Nous l'avons dit plus haut, le plomb était connu des Grecs et des Romains; les mines d'argent du Laurium que l'on a récemment remises en activité, étaient, avant tout, des mines de plomb et les débris de fonds de coupelles, ainsi que les scories plombeuses que l'on repasse actuellement avec profit dans la moderne Attique, le prouvent suffisamment. A Pompéi, on a découvert une grande quantité de tuyaux de plomb, qui servaient au transport et à la distribution des eaux.

Il est probable, quoique nous n'ayons aucune certitude absolue sur cette question, que les anciens obtenaient le plomb par la *fusion de la galène au bas foyer*. C'est dans un fourneau analogue qu'on produisait la réduction du fer, du cuivre et de l'étain, tout nous porte donc à croire qu'il servait également au traitement de la galène.

Réduction de la galène au bas foyer. Cette méthode est fondée sur l'oxydation partielle que l'on réalise au laboratoire, lorsqu'on expose de la galène, dans la cavité d'un morceau de charbon, à la flamme oxydante du chalumeau. Il se forme de l'oxyde de plomb par expulsion du soufre à l'état d'acide sulfureux, puis le plomb est réduit à l'état métallique sous l'influence du combustible. On n'obtient ce résultat qu'en évitant la fusion du sulfure de plomb.

Dans la méthode du bas foyer, on opère à une température relativement peu élevée en se servant de combustible développant peu de chaleur, comme du bois vert ou un mélange de tourbe et de houille maigre. Le bas foyer est à parois de fonte et on le remplit de combustible que l'on brûle avec de l'air insufflé par une tuyère ; le minerai est projeté dans le foyer sous forme de grenailles, en évitant les poussières trop menues qui se prêteraient mal aux réactions ; on en met 10 à 12 kilogrammes à la fois, de façon à passer 100 à 150 kilogrammes par heure. Le plomb, qui se produit par le contact du sulfure grillé avec la couche de combustible, qu'il est obligé de traverser, tombe, à l'état liquide, au fond du foyer, et constitue ainsi un bain métallique que l'on coule en saumons de temps en temps. Quant à la gangue demi-fondue, qui reste plus ou moins adhérente à la surface supérieure du combustible, on en fait le triage sur la plaque de fonte, qui se trouve devant le foyer, en rejetant les fragments stériles et faisant rentrer le sulfure imparfaitement grillé dans le traitement. Pour y arriver plus facilement, on arrête le vent de temps en temps, tous les quarts d'heure environ.

Cette méthode, qui est l'enfance de l'art, a été employée aux États-Unis, jusqu'à ces dernières années. Les résultats étaient les suivants pour une teneur moyenne de 70 0/0 de plomb dans le minerai :

Perte en plomb 0/0. . . . . 10.5
Combustible par tonne de minerai, à raison de
350 kilogrammes par stère 660ᵏ

Malgré son insalubrité évidente, qui laisse l'ouvrier soumis à l'action des vapeurs plombeuses se dégageant du foyer, ce procédé a été importé d'Amérique en Europe, il y a une trentaine d'années à Przibram (Bohême) et au Bleyberg (Carinthie), mais on y a renoncé, par suite de la perte importante en plomb et malgré la faible consommation de combustible qui l'avait fait d'abord adopter.

D'ailleurs, comme nous l'avons dit, on ne peut traiter au bas foyer les minerais pulvérulents, et c'est le cas général qui se présente après l'enrichissement par la préparation mécanique.

Méthode par grillage et réaction. 1° Le sulfure de plomb, grillé au contact de l'air, se transforme en sulfate de plomb, qui est presque indécomposable par la chaleur : $PbS + 4O = PbO, SO^3$.

2° Trois équivalents de sulfate de plomb et un de sulfure produisent, sous l'influence de la chaleur, de l'oxyde de plomb et de l'acide sulfureux :

$$3(PbO, SO^3) + PbS = 4PbO + 4SO^2.$$

3° L'oxyde de plomb est réduit par le sulfure de plomb, avec production d'acide sulfureux et de plomb métallique : $2PbO + PbS = 3Pb + SO^2$.

4° Le sulfure de plomb est décomposé par le sulfate de plomb, en acide sulfureux et plomb métallique : $PbOSO^3 + PbS = 2Pb + 2SO^2$.

Les réactions (2°) et (3°) peuvent être considérées comme des phases de la réaction finale (4°) entre le sulfate et le sulfure, que l'on doit chercher à obtenir.

Si l'on chauffe peu au début et que le sulfate de plomb soit en faible proportion il se forme un sous-sulfure :

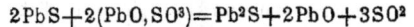

$$2PbS + 2(PbO, SO^3) = Pb^2S + 2PbO + 3SO^2$$

et ce n'est que plus tard que la réduction du plomb s'achève par un coup de feu, qui amène la formation de vapeurs plombeuses.

Tels sont les principes théoriques sur lesquels repose la méthode par *grillage* et *réaction*. *Grillage* du sulfure pour produire du sulfate ; *réaction* du sulfate sur le sulfure pour produire le plomb métallique.

On peut opérer plus ou moins rapidement : sous l'action d'une température graduée et s'élevant lentement, on obtient du plomb très pur, avec le minimum de perte, mais la consommation de combustible est forte. C'est le cas du procédé carinthien.

Le four carinthien, qui tend de plus en plus à disparaître, pour être remplacé par les fours anglais et belges, d'une allure plus rapide, est un réverbère à sole inclinée, sans bassin intérieur. La charge n'y occupe qu'une épaisseur de 3 à 4 centimètres, ce qui est une bonne condition pour le grillage, mais ce qui occasionne une grande main-d'œuvre de brassage et, surtout, une grande consommation de combustible.

Les charges sont faibles, 210 kilogrammes au plus. Il faut quatre à cinq heures de grillage et autant de brassage (réaction) pour amener la production de plomb de premier jet et de *crasses riches*, que l'on sort du fourneau.

Dans une opération ultérieure, appelée *ressuage*, on mêle les crasses de deux charges, on les additionne de charbon et on les repasse au four en consommant, pendant cinq à six heures, autant de combustible qu'en aurait demandé le traitement initial.

Le ressuage des crasses est fondé sur la réduction de l'oxyde de plomb par le charbon

$$PbO + C = Pb + CO$$

il ne fait pas partie, à proprement parler, de la méthode par grillage et réaction, et on réaliserait plus économiquement cette réduction, dans un four à cuve, comme nous le verrons plus loin.

Au four carinthien on obtient les résultats suivants, pour une teneur en plomb de 70 0/0 :

Combustible par tonne de minerai
à raison de 350 kilogrammes par
stère . . . . 1.100 à 1.500 kil.
Perte 0/0 du plomb . . . . 6.5 à 8

On a bien essayé de diminuer la consommation de combustible par une double sole, mais les résultats n'ont pas été sensiblement meilleurs ; les deux soles étaient superposées et donnaient lieu à une plus grande main-d'œuvre ; on y a renoncé. Ce qui caractérise le procédé carinthien, c'est son extrême lenteur ; l'air nécessaire au grillage ne peut arriver qu'au travers de la grille, il n'est donc qu'en partie oxydant, surtout si on se sert de houille ; il marche mieux au bois.

Le procédé carinthien a été adopté dans un certain nombre d'usines, Davos (Grisons), Engis (Belgique), Poullaouen, Albertville (France) jusqu'à l'épuisement des gîtes plombifères qui les alimentaient. On lui avait fait subir, d'ailleurs, quelques modifications peu importantes et dont nous ne parlerons pas, ces établissements ayant cessé de marcher.

La variante de la méthode par grillage et réaction, la plus employée maintenant, constitue les *procédés anglais et belge.*

Les fours anglais sont à réverbère avec bassin intérieur, et sur chaque face, trois portes, que l'on peut ouvrir ou tenir fermées, suivant que l'on veut obtenir des gaz oxydants ou un coup de feu de réaction. Cette disposition s'explique par l'emploi de la houille, qui donnerait, sans cet artifice, des gaz hydrocarburés, plutôt réducteurs qu'oxydants. On commence par chauffer doucement pour produire le plus d'oxyde possible ; puis, en élevant la température, on amène la réduction de cet oxyde sous l'action du sulfure non grillé. On met donc en jeu les réactions chimiques (2°) et (3°).

On ajoute, à la fin, un peu de chaux éteinte pour empêcher la fusion des crasses que l'on enlève, quand elles sont figées, pour les traiter ultérieurement au four à cuve. L'inconvénient qu'il y aurait à griller, dès le début, à une température élevée, serait la volatilisation du plomb obtenu avant le grillage complet ; c'est ce qui se passe quand on veut marcher trop vite.

En Angleterre, le four est rouge, au moment où l'on charge le minerai et celui-ci a, sur la sole, une épaisseur de 12 à 15 centimètres. Ce sont de mauvaises conditions pour un bon grillage, malgré les nombreux accès d'air. Dans le Flintshire, on traite 1,000 kilogrammes en six à sept heures, mais les usines qui marchent à raison de 1,200 kilogrammes en neuf heures avec une épaisseur de minerai de 10 centimètres seulement, ont, en général, moins de pertes en plomb. On consomme 600 à 700 kilogrammes de houille par tonne de minerai, en tenant compte du coke nécessaire au traitement des crasses au four à cuve.

Nous citerons, comme le meilleur exemple du fonctionnement rationnel de la méthode par grillage et réaction, l'usine impériale de Tarnowitz (Haute-Silésie).

Le four de Tarnowitz est à réverbère et à six portes, avec bassin intérieur placé dans la partie la plus froide de la sole, de manière à diminuer la volatilisation du plomb et laisser le plus de place possible pour le travail de la charge.

La longueur de la sole est de 3^m,60, et sa largeur, près de la grille, de 3^m,60 également, pour arriver à 3 mètres seulement du côté de la cheminée. La grille a 2^m,50 sur 0^m,60 ; sa superficie est donc environ 1/7 de celle de la sole.

On charge 2,300 kilogrammes, ce qui correspond à une épaisseur de 8 à 10 centimètres.

Comme le minerai de Tarnowitz renferme une proportion assez élevée de carbonate et de sulfate de plomb, le grillage se trouve naturellement accéléré d'autant, et le four fonctionne bien avec cette épaisseur que l'on pourrait considérer comme trop forte pour un minerai entièrement composé de galène ; il faudrait également, dans ce cas, diminuer la charge.

Le four est desservi par quatre hommes répartis en deux postes de douze heures. Le grillage dure quatre à cinq heures, la réaction en demande sept.

Le grillage a lieu au rouge sombre que l'on ne dépasse pas ; le brassage se fait avec des spadelles en fer et correspond à huit ou dix retournements de la masse. Quand on est arrivé au rapport aussi exact que possible de un équivalent de sulfate pour un de sulfure (ce qui évite la production de sous-sulfure, difficile à réduire ultérieurement) on donne un coup de feu. On évite la fusion de la masse en projetant de la chaux éteinte, et le plomb s'écoule seul dans le bassin de réception.

On n'arrive à enlever tout le plomb que peut donner cette méthode, qu'après trois ou quatre coups de feu, et il reste, finalement, des crasses renfermant 40 à 50 0/0 de plomb, que l'on extrait pour les passer au four à cuve.

L'ensemble du rendement, en tenant compte des crasses et des fumées, correspond à une perte de 4 à 5 0/0 du plomb contenu.

La consommation de houille est inférieure à 500 kilogrammes par tonne de minerai, mais elle serait un peu plus forte si on traitait exclusivement des sulfures sans mélange de carbonates et de sulfates.

En résumé, pour atteindre dans la méthode par réaction, le maximum du rendement, il faut *griller lentement et à température peu élevée.*

Fonte de précipitation. Cette méthode est fondée sur la réaction qui a lieu entre le fer et le sulfure de plomb : $PbS + Fe = FeS + Pb$; il se forme du sulfure de fer et du plomb métallique. Ce serait la méthode la plus simple si le fer était à bas prix et si les minerais plombeux n'étaient pas argentifères : en effet, le sulfure de fer qui se produit, entraîne une portion notable du sulfure d'argent contenu dans le sulfure de plomb.

Le procédé par grillage et réaction ne peut s'appliquer avantageusement aux minerais très siliceux ; car il se forme du silicate de plomb qui enrichit inutilement les crasses. La fonte de précipitation, au contraire, convient bien aux minerais à gangue quartzeuse.

On a cherché, dans ces derniers temps, à faire revivre la méthode de précipitation en lui donnant un caractère d'une simplicité extrême.

Le minerai est grillé sans arriver à l'agglomération et à la formation de silicate de plomb ; on le fait tomber, quand il est encore chaud, dans un appareil, dit *convertisseur,* sorte de large poche de fonderie, mobile autour de tourillons, et placée à l'orifice de coulée d'un cubilot. Sa capacité peut varier depuis 500 kilogrammes jusqu'à 5 tonnes.

On fait écouler dans cette poche une quantité de fonte variant de 50 à 80 0/0 du poids du minerai. La réduction du minerai de plomb a lieu instantanément pour ainsi dire ; le plomb métallique tombe au fond de la poche, et la scorie, plus ou moins liquide, flotte à la surface. On fait écouler le plomb, puis l'excès de fonte encore liquide, on renverse ensuite le convertisseur qui est prêt à resservir pour une autre opération. Une partie de la fonte a été transformée en sulfure et se trouve mélangée à la scorie ; le reste a été décarburé partiellement, son carbone ayant servi à la réduction de l'oxyde de plomb ; elle peut être repassée au cubilot, puis employée de nouveau. On prétend, par cette méthode simple, pouvoir empêcher la production de la majeure partie des fumées qui entraînent des pertes très notables en plomb et en argent. On espère aussi compenser largement, par la rapidité de l'opération, la dépense en fonte et la perte en argent entraîné dans la scorie sulfureuse.

La méthode ordinaire par précipitation ne saurait se pratiquer au four à réverbère, car une partie du fer s'oxyderait en pure perte sous l'action des gaz du foyer et ne pourrait alors concourir à la réaction.

C'est donc essentiellement au four à cuve que l'on doit opérer la fonte de précipitation, mais avec la variante que nous allons indiquer.

Fonte de précipitation perfectionnée. Au lieu d'employer directement la fonte de fer ou la ferraille, on peut produire, dans le fourneau même, le fer à l'état naissant en ajoutant au lit de fusion des matières ferrugineuses oxydées, du minerai de fer, des scories de forge, des mattes grillées, etc. Le fer réduit agit énergiquement sur la galène crue et, finalement, on obtient plus économiquement le même résultat que si on employait le fer préalablement à l'état métallique.

Seulement, il se présente une difficulté que la pratique a mis un certain temps à vaincre. L'oxyde de fer se réduit bien à une basse température, 4 à 500°, par exemple, quand il est soumis à une action suffisante de la part des gaz qui traversent la cuve du four, mais quand ces gaz sont en quantité trop faible ou qu'ils sont mélangés d'acide sulfureux, comme c'est le cas dans les fours à plomb, la réduction se fait mal ; elle ne se complète que dans la partie inférieure où la température est assez élevée, et au contact du carbone solide. Il en résulte qu'il se forme des silicates complexes qui corrodent les parois du fourneau et brûlent les tuyères.

On est arrivé à vaincre ces difficultés en prenant des précautions empruntées à la métallurgie du fer, tuyères à eau, parois rafraîchies par des caisses à eau ; alors, le succès a été complet.

Le four employé a varié de forme. Le premier type est le *four Raschette* qui ressemble beaucoup à un four de mazerie anglaise. Il est rectangulaire, de 2m,20 de longueur sur 0m,90 de largeur

au niveau des tuyères ; sa hauteur est de 5m,40. Sur chacune des faces longitudinales sont placées six tuyères avec circulation d'eau ; les deux autres faces du rectangle sont pourvues chacune d'un avant creuset et d'un bassin de coulée. La pression du vent est de 2 centimètres de mercure et le diamètre des buses de 4 centimètres. Il existe encore un four de ce système à Clausthal, dans le Harz supérieur, mais on préfère actuellement, deux autres fours à cuve : le *four Kast*, employé à Clausthal, et le *four Pilz*, à Freyberg et à Przibram.

A Clausthal, le minerai est amené de l'atelier de préparation mécanique à l'état de schlich ou gravier, et renferme :

Plomb. . . . . .   54 à 56 0/0
Argent. . . . . .   90 à 1.100 grammes par tonne.

On ajoute à ce minerai de l'oxyde de fer provenant du traitement, par voie humide, des minerais de cuivre de l'usine d'Oker, dans le Harz inférieur (*Extraction Rückstande*) ; on ajoute aussi des mattes grillées et des litharges de coupellation.

Le lit de fusion pour une tonne de coke se compose de :

Minerai en schlich.	2.500 kil.
Matte plombeuse grillée.	1.250
Scories plombeuses et litharge. . . .	3.000
Oxyde de fer.	600
	7.350 kil.

Le *four Kast*, de l'usine de Clausthal, est à 4 tuyères (fig. 171 et 172). Il se compose d'une cuve tronconique *a* évasée par le haut et entourée d'une enveloppe de tôle dans la partie supérieure, tandis que l'ouvrage *h* est libre pour qu'on puisse le réparer sans toucher au reste de la cuve.

Les scories s'écoulent du creuset d'une manière continue et naturellement, par un plan incliné V qui descend jusqu'au niveau du sol. La coulée des parties métalliques se fait par un conduit *t* aboutissant à un bassin K. Ce conduit est bouché

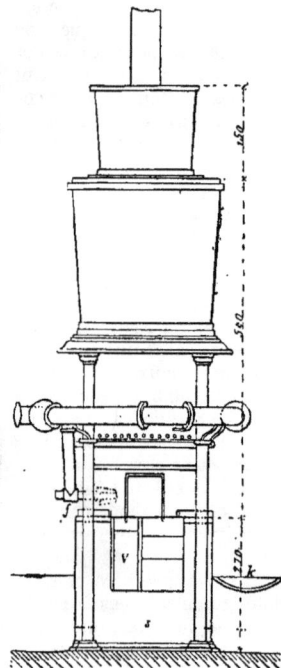

Fig. 171 — *Four de Kast. Elévation.*

par une tige métallique ou ringard que l'on retire au moment voulu.

La cuve est supportée par quatre colonnes de fonte, au moyen de consoles, qui soutiennent également la conduite annulaire par laquelle arrive le vent avant de se rendre aux quatre tuyères *f,f*. Celles-ci sont à circulation d'eau et le vent est à la pression de 15 à 18 millimètres de mercure seulement.

Quant au creuset, il est enveloppé dans un cylindre en fer *s*, et tout l'ensemble du fourneau repose sur une large plaque de fonte qui sert de fondation.

Le gueulard *b* porte une trémie pour faciliter le chargement qui se fait par couches alternatives de coke et de minerai. La prise de gaz est centrale.

La hauteur du four étant de 8ᵐ,60, depuis la plaque de fondation jusqu'au sommet de la trémie, soit 5ᵐ,40 de partie utile pour la réduction, il se forme facilement du fer métallique qui précipite le plomb, et la scorie ferrugineuse qui se produit est très fluide.

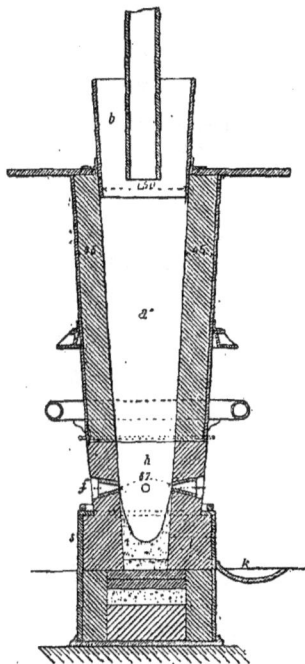

Fig. 172. — *Four de Kast. Coupe.*

On obtient ainsi, par tonne de coke :

Plomb. . . . . 1.375 kil.
Matte plombeuse. 1.675

Ce procédé de précipitation n'a sa raison d'être, à Clausthal, que par la présence du cuivre dans le minerai. Le plomb obtenu n'en renferme que des traces, tandis que la matte plombeuse a la composition suivante :

Plomb. 10   à 16
Cuivre. . . . . , 7.5 à 8
Argent. . . . . 0.035 à 0.040

Quant aux scories, elles tiennent :

Plomb . . . . 0.75 à 1 0/0
Argent. 0.0007

Celles-ci sont rejetées pour la plus grande partie, vu leur pauvreté en plomb et en argent.

La matte plombeuse est soumise à une succes-

sion de cinq grillages en tas suivis de cinq fusions pour plomb, de manière à concentrer le cuivre dans une dernière matte.

Le plomb obtenu dans la première fusion ne représente guère que les 5/6 du plomb total et,

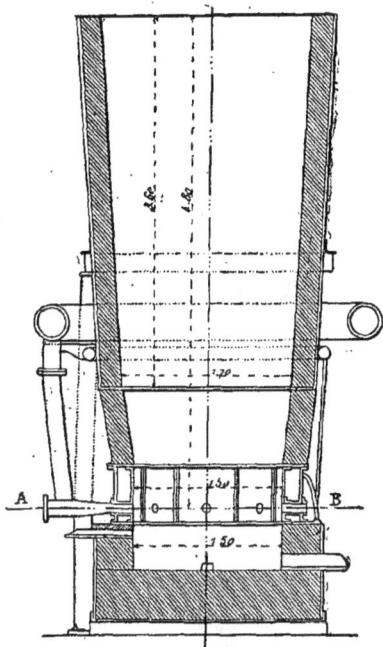

Fig. 173. — *Four Pilz. Coupe CD.*

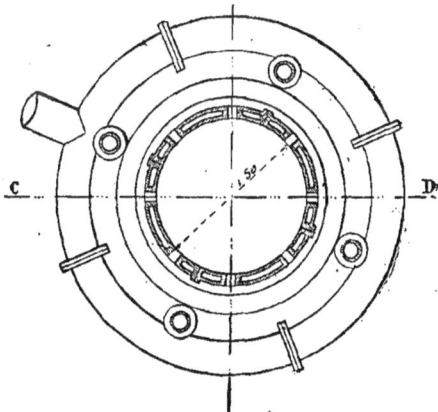

Fig. 174. — *Four Pilz. Plan AB.*

s'il se forme une si grande quantité de mattes plombeuses, d'un traitement ultérieur long et coûteux, c'est grâce à la quantité insuffisante de minerai de fer employée pour être certain de concentrer le cuivre dans la matte.

A Freyberg, le minerai de plomb légèrement cuivreux est grillé dans un four à réverbère jusqu'à ce qu'il ne renferme plus que 5 à 6 0/0 de soufre. Ce four est à deux soles superposées,

Chaque sole est divisée en trois régions où la charge de 1,400 kilogrammes de minerai doit séjourner trois heures avant de passer à la suivante, ce qui fait un total de dix-huit heures pour le grillage complet. On arrive jusqu'à l'agglomération et toute la masse est mise dans un chariot en fer où on la concasse quand elle est refroidie.

La fonte a lieu par précipitation au moyen de matières ferrugineuses.

Voici un lit de fusion correspondant à 1,000 kilogrammes de coke :

Minerai grillé	5.000 kil.
Pyrites arsenicales grillées	800
Scories ferrugineuses.	4.800
Fondant argileux et calcaire	200

Le four est du système *Pilz*. C'est un four à cuve de 4^m,80 de hauteur au-dessus des tuyères et de 2^m,10 de diamètre au gueulard, tandis que le ventre, plus rétréci, n'a que 1^m,70 (fig. 173 et 174). Les tuyères sont au nombre de huit. La chemise extérieure est en briques ordinaires et recouverte d'une enveloppe de tôle. La partie supérieure du fourneau est supportée par des colonnes de fonte, ce qui dégage les abords du creuset pour la coulée et la surveillance des tuyères. La partie inférieure est formée de caisses en tôle à double paroi, refroidies par un courant d'eau. Le gueulard est ouvert et la prise de gaz est latérale ; l'aspiration est assez forte pour qu'il n'y ait pas de dégagement de fumées au niveau du chargement.

A Freyberg, comme à Clausthal, on ne met pas suffisamment de matières ferrugineuses dans le lit de fusion pour précipiter tout le plomb, à cause du cuivre en présence. Il se forme donc une matte plombo-cuivreuse que l'on soumet à deux grillages et deux fusions dans un four Pilz analogue à celui qui a servi à la première opération. Les grillages se font en stalles et durent environ un mois.

Ces deux exemples de fonte de précipitation perfectionnée ne sauraient s'appliquer à des minerais non cuivreux, il est préférable, pour des minerais purs, d'employer la fonte de réduction.

GRILLAGE ET RÉDUCTION. Quand un minerai de plomb a une gangue très quartzeuse, il ne peut se traiter avantageusement par la méthode de grillage et réaction. Nous venons de voir que s'il renferme du cuivre on emploie la méthode de précipitation telle qu'elle a été perfectionnée dans le Harz. Les minerais quartzeux purs se traitent avantageusement par *grillage* et *réduction*.

On cherche à obtenir par grillage un oxyde plus ou moins silicaté ; souvent même on arrive à un véritable silicate de plomb, tout le soufre étant expulsé. On fait alors agir, comme réducteur, le carbone tandis qu'on fournit à la silice de la chaux et du fer pour former une scorie aussi peu plombeuse que possible.

A Przibram, en Bohême, on grille le minerai dans un four à réverbère de 12 mètres de long sur 2^m,50 de large avec sept portes de travail espacées, d'axe en axe, de 1^m,90. On charge une tonne de minerai toutes les six heures du côté le moins chaud du four en l'étendant sur une épaisseur de 4 à 5 centimètres. On brasse fréquemment pour renouveler les surfaces en contact avec la flamme rendue oxydante par l'ouverture partielle des portes. De deux heures en deux heures, on extrait, par les portes les plus voisines de la grille, un tiers de tonne de minerai, et l'on fait cheminer à la rencontre du courant gazeux les autres charges. On grille donc ainsi, quatre tonnes en vingt-quatre heures, et l'expulsion du soufre doit être assez complète pour qu'il n'en reste plus que 1 0/0 environ.

La fusion du minerai aggloméré par le grillage se fait dans un four à cuve du système Pilz, semblable, sauf quelques modifications de détail, à celui qui est employé au Harz. Sa hauteur totale est de 8 à 9 mètres, dont 4^m,50 pour la cuve proprement dite. Le nombre de tuyères est de cinq ou de sept. On souffle une grande quantité de vent sous une pression de 8 à 9 centimètres de mercure, ce qui amène une allure de fusion assez rapide et la production de 12 tonnes de plomb par vingt-quatre heures.

Outre le minerai grillé et aggloméré, la charge se compose d'une certaine quantité de matières plombeuses et argentifères provenant de l'usine, y compris les scories d'une opération antérieure, ce qui nous semble une pratique d'un avantage douteux, à moins que ces scories ne correspondent à une mauvaise allure et qu'on espère en réduire la teneur en plomb et en argent.

Les fondants se composent de calcaire et de minerai de fer, et doivent coopérer à la production de la scorie. On obtient ainsi, outre le plomb, une quantité faible de matte qui subit un grillage avant de repasser à une fusion analogue.

La méthode par réduction s'applique au traitement des résidus de toutes les opérations de la métallurgie du plomb ; les crasses que produit la méthode par grillage et réaction, et tous les verres plombeux se réduisent facilement ainsi. Mais il faut éviter la production d'oxysulfures, et on n'y arrive que par une addition suffisamment large de matières ferrugineuses, ce qui constitue alors une sorte de méthode mixte intermédiaire entre la précipitation et la réduction pure.

RAFFINAGE ET DÉSARGENTATION DU PLOMB D'ŒUVRE. Le plomb brut, résultant de la réduction des minerais plombifères, porte le nom de *plomb d'œuvre*. Le plomb d'œuvre est plus ou moins impur et plus ou moins argentifère ; il est donc nécessaire de le soumettre au *raffinage* et à la *désargentation*.

Lorsque le plomb d'œuvre est peu chargé de matières étrangères, son raffinage est simple et peut s'obtenir par une fusion à basse température sur la sole inclinée d'un four à réverbère. Comme le plomb est moins oxydable que la plupart des métaux qu'il peut avoir entraînés dans sa réduction, il convient d'aider l'opération par une action oxydante. L'emploi du brassage avec la perche de bois vert peut quelquefois suffire, quand il n'y a en présence que du fer, du soufre et un peu de cuivre. Quand le plomb renferme, eñ outre, du zinc, de l'arsenic et de l'antimoine, l'opération est plus difficile. La partie délicate est surtout la nature de la sole, qui doit être inattaquable au plomb et ne pas contrarier, par une action réductrice, l'oxydation des métaux qui constituent les impuretés à éliminer.

La méthode la plus efficace, dans le cas des plombs antimoniaux et zincifères, repose sur l'emploi de la vapeur d'eau.

On commence d'abord par faire agir la vapeur d'eau à l'abri de l'air. Pour cèla, on fait fondre le plomb dans une chaudière en fonte que l'on recouvre d'un chapeau cylindrique en tôle terminé par un tuyau de dégagement pour le dépôt des oxydes entraînés. Le tuyau de vapeur pénètre au dessus de la chaudière par une échancrure, tandis qu'une porte et un regard servent aux prises d'essai, et à la surveillance de l'opération.

La vapeur d'eau est surchauffée au moyen d'un serpentin traversé par les flammes qui servent à fondre le plomb. On la fait agir pendant deux heures; le zinc est oxydé et se sépare sous forme de poudre jaunâtre. On enlève alors le couvercle au moyen d'un palan et on nettoie les bords de la chaudière tandis que l'on écume l'oxyde produit. La réaction qui a eu lieu est due à la décomposition de la vapeur d'eau par le zinc,

$$HO + Zn = ZnO + H.$$

L'antimoine, dans ces conditions, n'est pas oxydé, parce que l'atmosphère d'hydrogène et de vapeur d'eau n'a pas d'action sur lui.

Il n'en est plus de même si l'on redonne de la vapeur, le couvercle étant enlevé, il se forme alors de l'antimoniate de plomb mêlé d'antimonite, sous forme d'une masse noire, qui monte à la surface et qui porte le nom d'abstrich. Dans sa formation, la vapeur d'eau ne joue que le rôle d'agitateur et n'intervient pas chimiquement; l'oxydation est produite tout entière par de l'air. Ce raffinage par la vapeur d'eau est dû à un ingénieur français, Cordurié; on le pratique avant la désargentation quand celle-ci a lieu par le pattinsonage, et après la désargentation, quand celle-ci a lieu par le zinc.

Désargentation par le zinc. Si l'on fond, avec du zinc, du plomb impur et argentifère, il se forme, entre l'argent, l'or, le cuivre et une partie du plomb et de l'antimoine, un alliage dont le point de fusion est plus élevé que celui du plomb; par conséquent, il vient surnager en croûtes à la surface lorsqu'on laisse refroidir le bain métallique. Le cobalt, le nickel, le fer et le bismuth, ainsi que la plus grande partie de l'antimoine, restent avec le plomb. En faisant l'addition de zinc, en deux fois, on pourra produire, d'abord un petit alliage qui entraînera le cuivre et très peu d'argent, et qu'on enlèvera par refroidissement et écumage; puis, en ajoutant une nouvelle dose de zinc, on entraînera l'argent et l'or, sans mélange de cuivre. On emploie généralement un poids de zinc égal à dix fois le poids de l'argent, et on ne traite que les plombs ayant plus de cinq grammes d'argent à la tonne.

On se sert de chaudière en fonte, de 1m,60 de diamètre, que l'on chauffe directement par la flamme d'un foyer placé en dessous. On y charge 12,500 kilogrammes de plomb d'œuvre; après la fusion, on enlève les premières crasses et on fait une première addition de zinc en plaques; on pousse la chaleur pour amener la fusion du zinc et on brasse énergiquement pour que le contact soit intime. Il se forme à la surface un alliage renfermant zinc-plomb-cuivre et que l'on appelle dans le Harz, kupferschaum; au bout d'une demi-heure, on laisse refroidir lentement et on écume. On fait une seconde addition de zinc; il se forme, par le brassage et l'élévation de température, un nouvel alliage renfermant zinc-plomb-argent, ce sont les écumes de zinc ou zinkschaum. On fait, enfin, une troisième addition de zinc et on essaie le bain pour argent. Si la désargentation est insuffisante, c'est-à-dire s'il reste plus de 6 grammes d'argent à la tonne, on fait une quatrième addition de zinc. Mais généralement, trois sont suffisantes. Ces réactions du zinc en présence du plomb argentifère étaient connues depuis 1842, et Karsten les avait publiées; si on n'a pas, à cette époque, essayé la désargentation par ce curieux procédé, c'est que l'on était frappé des effets nuisibles que le zinc exerce sur le plomb doux et qu'on ne connaissait pas, alors, de moyen pratique pour enlever économiquement la petite quantité de zinc qui reste en dissolution dans le plomb appauvri.

En 1852, Parkes fit breveter et appliquer en Angleterre la désargentation par le zinc; mais cette opération ne devint réellement pratique que lorsque Cordurié fit connaître son raffinage par la vapeur d'eau.

Le plomb pauvre est soumis, comme nous l'avons expliqué plus haut, au traitement par la vapeur d'eau et transformé en plomb doux marchand.

Quant aux alliages, zinc-plomb-argent, cuivre et zinc-plomb-argent, ils sont traités par liquation et oxydation. On met l'alliage dans une chaudière en fonte, semblable à celle qui sert à la désargentation; on porte à 335°, qui est le point de fusion du plomb; celui-ci se sépare à l'état liquide, tandis qu'il reste à l'état solide une écume riche renfermant :

Plomb.	75 0/0
Zinc.	12
Argent et autres métaux.	12

On soumet cette écume au traitement par la vapeur d'eau pour enlever le zinc par oxydation, comme on fait pour le raffinage du plomb; on enlève également l'antimoine par oxydation. On opère un peu différemment à cause de la forte proportion de zinc. La fusion est longue et dure huit heures; puis, pour empêcher que l'hydrogène libre, qui se trouverait en grande quantité, ne vînt à causer des explosions, on fait arriver la vapeur d'eau à la fois par le fond de la cuve et à la surface. On augmente ainsi la vitesse du courant gazeux en même temps qu'on dilue l'hydrogène. Au bout d'un quart d'heure, l'opération est terminée, ce que l'on constate en voyant qu'il ne s'échappe plus de flammèches de l'éprouvette de plomb puisée dans la chaudière.

Les poussières entraînées renferment 95 à 96 0/0 d'oxyde de zinc et 3 0/0 d'oxyde de plomb.

La croûte oxydée, qui recouvre le bain, est un mélange d'oxyde de plomb et d'oxyde de zinc; quant à la partie métallique, elle renferme 96 0/0 de plomb et 2 à 3 0/0 d'argent. La croûte oxydée est soumise à un traitement spécial, imaginé par M. Schnabel, et qui a pour but de séparer le plomb du zinc. Le carbonate basique d'ammoniaque

$$AzH^4O, HO, CO^2$$

dissout facilement l'oxyde de zinc, tandis qu'il n'a pas d'action sur l'oxyde de plomb. Dans une chaudière cylindrique, horizontale, munie des orifices nécessaires à l'introduction et l'écoulement des liquides, les prises d'essai, etc., on fait passer 1,000 à 1,200 kilogrammes de matière oxydée et une dissolution chaude de carbonate d'ammoniaque. Des agitateurs mettent les oxydes en mouvement, et, au bout de douze heures, la dissolution du zinc est terminée.

Par une filtration, avec lavage sous pression, on arrive à séparer les fines poussières d'avec les grenailles de plomb; on se sert, pour cela, des filtres-presses. Le mélange de plomb et d'oxyde de plomb est passé dans la coupellation, car il retient 2 à 3 0/0 d'argent.

Dans la liqueur, colorée en bleu par le cuivre, on précipite ce métal par des lames de zinc. Cette opération, qui se fait avec agitation de la masse pour renouveler la surface du zinc, dure une demi-journée.

La partie délicate était la distillation de la liqueur ammoniacale de zinc et la régénération du carbonate d'ammoniaque. On se sert, pour cela, d'un *distillateur* formé d'une chaudière verticale cylindrique à la partie supérieure, et conique en dessous, dans laquelle on fait arriver de la vapeur d'eau à cinq atmosphères. L'acide carbonique et l'ammoniaque forment des écumes abondantes et se dégagent quand le liquide est arrivé à l'ébullition.

Le mélange se rend dans le *déphlegmateur*, cylindre horizontal en fer, où l'ammoniaque et l'acide carbonique se séparent de la vapeur d'eau, par l'exposition à une température de 60 à 70°. Le carbonate d'ammoniaque va aux *condenseurs* faisant suite l'un à l'autre et terminés par un système de trois flacons de Woolf. A mesure que le carbonate basique d'ammoniaque s'en va, le carbonate de zinc se précipite dans la partie tronconique du distillateur. La distillation est considérée comme terminée quand les gaz sortants n'ont plus d'odeur ammoniacale. On extrait alors le liquide, avec le carbonate de zinc qu'il tient en suspension, en faisant agir la vapeur d'eau et ouvrant le robinet de bonde qui se trouve dans le fond, et on filtre le carbonate qui se présente sous forme d'une poudre grenue très blanche, quoique renfermant un peu de fer.

Ce carbonate de zinc est calciné dans un four à réverbère, sans que l'on cherche à expulser les dernières traces d'acide carbonique, car elles ne nuisent pas à l'emploi en peinture.

L'acide carbonique, nécessaire à la formation du carbonate basique d'ammoniaque, est produit par la combustion du coke dans une sorte de ga-zogène. Les produits de cette combustion passent d'abord dans une dissolution d'ammoniaque et, de là, à travers une couche d'acide sulfurique destinée à retenir l'ammoniaque entraînée; les gaz restants, composés d'azote et d'oxyde de carbone, sont rejetés dans l'atmosphère.

Désargentation par le pattinsonage. Quoique la désargentation par le zinc tende de plus en plus à dominer dans l'affinage des plombs d'œuvre, il est nécessaire, cependant, de compléter ici ce qui a été dit déjà sur cette opération. — V. ARGENT, § *Traitement des plombs et cuivres argentifères.*

Quand on laisse refroidir, lentement, une masse de plomb à une température un peu supérieure à son point de fusion, il se forme des grumeaux cristallins plus lourds que la masse liquide et qui sont formés de plomb plus pauvre, tandis que l'argent reste dissous dans la masse encore fluide. C'est un phénomène analogue à ce qui se passe dans la congélation de l'eau de mer, où les sels se concentrent dans la partie restée liquide, tandis qu'il se forme des glaçons d'eau douce. Naturellement, si on enlève avec une écumoire les premiers grumeaux cristallins formés, il s'en reformera d'autres, un peu plus tard, qui seront un peu moins pauvres en argent, et on comprend que plus on réduira la masse restée à l'état liquide, plus on y concentrera l'argent, mais aussi, plus les dernières écumes seront riches. Il en résulte que, si l'on fait subir cette opération appelée *pattinsonage* (du nom du chimiste anglais qui l'a imaginée) à une masse de plomb représentée par 1, il se formera $\frac{1}{m}$ de plomb enrichi, et $1 - \frac{1}{m}$ de plomb appauvri. Le rapport d'appauvrissement p varie, naturellement, avec la valeur de m et aussi avec la teneur primitive.

Des essais faits au Harz et en Silésie, on peut déduire les chiffres suivants :

Pour m	Appauvrissement pour plombs argentifères ayant par tonne		
	plus de 2 kil.	de 0 k. 5 à 2	moins de 0 k. 5
2	0.70	0.57	0.50
3	0.71	0.56	0.50
4	»	0.60	»
8	0.75	0.75	0.69

Si, par exemple, on a, pour une valeur donnée de m, un appauvrissement de 0,50, en recommençant l'opération un certain nombre de fois, on arrivera rapidement, par une sorte de progression géométrique dont la raison sera 0,50, à un appauvrissement convenable.

Le pattinsonage se pratique, soit avec deux chaudières servant alternativement, soit avec une batterie de chaudières, en nombre suffisant pour l'ensemble des opérations distinctes qui sont nécessaires à la transformation en plomb pauvre et en plomb riche.

Lorsque le travail n'est pas très actif, le système avec deux chaudières conjuguées convient mieux; mais il demande que l'on mette en réserve les produits intermédiaires jusqu'au moment où on les traitera de nouveau.

Voici, pour différentes régions, les frais relatifs au pattinsonage.

	Freyberg	Belgique	Silésie	Angleterre
Main-d'œuvre. . . .	5.67	5.60	7.50	8.30
Houille.	5.55	3.20	3.20	2.75
Usure de chaudière.	1.60	2.00	2.00	1.75
Outils et entretien. .	1.70	1.40	1.45	1.50
	14.52	12.20	14.15	14.30

On voit que la dépense de main-d'œuvre dans cette opération est assez élevée; il faut, en effet, soulever à la main une écumoire qui pèse 150 à 200 kilogrammes quand elle est pleine, et cela pour 18 tonnes de plomb par homme et par douze heures. Pour obtenir une tonne de plomb pauvre, il faut manipuler de 18 à 36 tonnes de plomb, suivant la richesse initiale.

Il faut ajouter, en outre, le déchet sur le plomb, qui est de 2 à 6 0/0, et la quantité de crasses semi-oxydées que l'on produit et qui n'est pas inférieure à 20 0/0; quelquefois même, elle atteint 40 0/0. La réduction de ces crasses est coûteuse et entraîne du déchet.

La désargentation par le zinc est plus économique et s'applique, par conséquent, à des plombs plus pauvres.

Coupellation. Les plombs riches, qu'ils proviennent du *zincage* ou du *pattinsonage* sont, finalement, *coupellés*; généralement, on se sert de fours dits *à l'allemande*, dont la sole circulaire a 2ᵐ,70 de diamètre. Le chapeau est en tôle, et on le protège contre l'oxydation par un revêtement argileux à l'intérieur. On adjoint, maintenant, aux fours de coupellation, des chambres de condensation d'un développement de 200 mètres de longueur et dont la section a 8 mètres carrés; ce qui permet de recouvrer une grande quantité de fumées très argentifères et diminue d'autant le déchet sur le métal précieux.

Outre les plombs riches, on passe également, pendant le travail de la coupellation, les écumes riches qui sont un mélange de plomb métallique et d'oxyde de plomb, c'est ce que l'on appelle l'*imbibition* : les grenailles de plomb se dissolvent dans la masse métallique, tandis que l'oxyde dépose l'argent qu'il renferme et se joint à la litharge qui imprègne la sole ou qui s'écoule sous l'action affinante du vent soufflé.

Pendant la coupellation, il y a oxydation du plomb, ce qui élève la température du four, de même que dans le Bessemer, l'oxydation des éléments de la fonte permet à l'acier de rester liquide. La température est donc à son maximum dans la coupellation quand la production de la litharge cesse. L'éclat d'un blanc intense, que possède le bain, disparaît donc également, de même que l'é-clair ne frappe nos yeux qu'un instant. Ce souvenir de l'ancienne alchimie a fait donner à l'argent de première coupellation le nom d'*argent d'éclair*.

L'*argent d'éclair* est ensuite soumis au *raffinage*

dans une coupelle plus petite, où toute la litharge produite est absorbée par la sole en calcaire argileux.

Désargentation électrolytique. On a imaginé, aux Etats-Unis, le procédé Keith, dont les résultats n'ont pas été très brillants en Allemagne. On lui reproche de déposer du plomb en arborescences et en ramifications, qui établissent des communications entre les deux pôles. En éloignant ceux-ci, on obvie à cet inconvénient, mais alors on augmente beaucoup la résistance au passage du courant. Le plomb à désargenter est enveloppé dans des sacs de mousseline, et les impuretés s'y concentrent avec l'argent. — F. G.

II. **PLOMB.** 1° Des deux sortes de plomb que fournit le commerce, le *plomb mou* et le *plomb maigre*, les constructeurs n'utilisent que le premier, et dans cette catégorie ils préfèrent le plomb coulé au plomb laminé, comme plus malléable et plus homogène. Reconnaissons toutefois que le plomb laminé est aujourd'hui généralement employé comme étant d'une épaisseur uniforme. Au moyen âge, nombre d'édifices importants avaient leurs couvertures entièrement exécutées en plomb (V. Couverture). Aujourd'hui, livré par le commerce en feuilles ou tables de toutes épaisseurs, ce métal s'emploie principalement pour la couverture des terrasses, pour l'établissement des chéneaux, des noues et des arêtiers; il convient mieux que le zinc qui, cependant, le remplace fréquemment. On l'utilise encore pour la fabrication des tuyaux de conduite d'eau et de gaz; enfin, à l'état de fusion, seul ou avec de la *grenaille* de fer, il est appliqué au scellement des grilles, des chasseroues, des pilastres, des balcons, etc..., dans la pierre.

Allié à l'étain (deux parties de plomb et une partie d'étain), ce métal prend le nom de *soudure des plombiers*, et sert à faire des soudures sur *tous* les travaux en plomb, en zinc, en tôle, en fer-blanc, etc. Combiné avec certains acides ou avec l'oxygène, le plomb est encore utilisé en peinture; le *blanc d'argent*, le *blanc de plomb*, la *céruse* sont des carbonates de plomb; la *litharge*, employée comme siccatif, est un protoxyde de plomb; le *minium* est un oxyde de plomb; le *jaune de chrome* un chromate; le *jaune minéral* ou *de Paris*, un oxychlorure.

Enfin, avec ce métal, on fabrique des ornements estampés qui servent à la décoration de certaines parties des couvertures, telles que les membrons, les arêtiers, les faîtages, les chéneaux, les lucarnes, etc... Cette industrie prend le nom de *plomberie d'art.* — V. Plomberie. || 2° Dans la *constr.*, ce mot a des significations diverses; il s'applique à une cuvette de plomb ou d'autre métal, placée à chaque étage d'une maison pour l'écoulement des eaux ménagères; le *plomb d'arêtier* est une table de plomb fixée au bas de l'arêtier d'un toit d'ardoise; le *plomb d'entablement* est celui qui couvre le faîte; le *plomb* ou *fil à plomb* est un morceau de métal quelconque suspendu à une ficelle pour vérifier l'aplomb de certains travaux; *mettre à plomb*, c'est rendre verticale, une menuiserie, une charpente, etc. || 3° *Blanc de plomb.* — V. CÉRUSE. || 4° *Mine de plomb.* — V GRAPHITE. || 5° *T. techn. Plomb de sonde* ou simplement *plomb*, morceau de plomb, attaché à une corde ou *ligne*, qu'on emploie pour sonder la profondeur des eaux. || 6° Petit sceau de plomb qu'on attache aux pièces d'étoffes pour en certifier le métrage et la qualité. || 7° Caractères d'imprimerie. || 8° Bloc ou tas, sur lequel certains ouvriers fixent l'ouvrage auquel ils travaillent. || 9° Petite baguette de plomb à l'aide de laquelle on lie entre elles les parties d'un vitrail, pour faire ce qu'on appelle la *mise en plomb*.

PLOMB DE CHASSE ou **PLOMB GRANULÉ.** Grains sphériques en plomb dont on fait usage pour chasser le gibier ordinaire, les balles et chevrotines n'étant employées que pour le gros gibier ou les fauves. La grosseur de ces grains varie suivant le gibier que l'on chasse et les portées que l'on veut obtenir; elle est indiquée dans le commerce par un numéro de série. Pour un fusil de calibre déterminé, le poids de la charge devant rester sensiblement toujours le même, il en résulte que le nombre de grains contenus dans cette charge va en diminuant lorsque l'on emploie des grains de plus en plus gros.

Dans les différents pays, et même en France, les diverses fabriques ont adopté des numéros de série n'ayant entre eux aucune concordance et rendant impossible toute comparaison. Dans le nord de la France, de même qu'en Angleterre et en Belgique, les numéros les plus faibles correspondent aux plus gros plombs, tandis que c'est l'inverse dans le midi.

A Paris, la série des numéros fabriqués par la maison Vouzelle est la suivante :

Loup.	0000	000	00	
Renard	»	0	1	
Lièvre d'hiver	»	2	3	
Lièvre d'été.	»	4	4 petit	
Lapin.	»	5	6	
Perdrix.	»	7	8	
Caille.	»	8 petit	9	
Alouette.	10	11	12	

Les derniers numéros sont appelés communément *cendrée.*

D'après le *Dictionnaire de la chasse* par Cherville (1885), le nombre de grains au gramme serait pour quelques-uns de ces numéros :

Numéro.	3	4	4 petit	5	6
Nombre de grains au gram.	2 1/2	3 1/2	6	8	12

Les principales qualités auxquelles se reconnaît un bon plomb de chasse sont la sphéricité des grains, la régularité de leur volume et de leur poids, une certaine dureté du métal. Cette dureté est nécessaire pour que dans le tir le grain ne se déforme pas ; toute déformation des grains occasionne une diminution de portée, nuit à la pénétration et entraîne une plus grande dispersion de la charge, surtout aux distances un peu fortes.

Les procédés de fabrication du plomb de chasse, longtemps tenus secrets, n'ont presque pas été changés depuis nombre d'années. On donne au plomb la propriété de se granuler en y ajoutant une certaine quantité d'arsenic, variant de 3 à 8 millièmes suivant que le plomb est doux ou plus ou moins aigre, c'est-à-dire allié avec plus ou moins d'antimoine ; les plombs aigres, provenant de la réduction des litharges noires, sont les plus employés à cause du prix peu élevé auquel on les trouve dans le commerce. On met à la fois de 2,000 à 2,500 kilogrammes de plomb dans une *chaudière* en fonte placée sur un fourneau, et on le fait fondre en le recouvrant d'une couche de cendres et de poussier de charbon. Une fois la fusion complète, on enlève avec une écumoire les cendres ainsi que les crasses métalliques qui se sont accumulées à la surface du bain, et on ajoute, par petites portions, l'arsenic, sous forme de sulfure d'arsenic (réalgar ou orpiment), en ayant soin de brasser chaque fois le mélange pour le rendre plus intime et d'enlever les nouvelles crasses au fur et à mesure qu'elles se forment. Au lieu d'introduire directement dans le *bain de fonte* du sulfure d'arsenic, on peut préparer à l'avance un plomb très chargé d'arsenic que l'on mélange ensuite dans une certaine proportion avec le plomb déjà fondu.

Pour s'assurer que l'on a ajouté au plomb la quantité convenable d'arsenic, on essaye le *granulage*, c'est-à-dire qu'on fabrique une petite quantité de grains, et on en examine la forme. Si la quantité d'arsenic est trop faible, le grain forme la *coupe*, il est aplati d'un côté et présente un creux en son milieu ; si elle est beaucoup trop faible, il forme la *queue*, il est allongé et présente encore un creux vers le milieu. Quand, au contraire, il y a trop d'arsenic, le grain a la forme d'une *lentille.*

Lorsque le bain est à point, on verse le plomb dans des *passoires* ou casseroles demi-sphériques en tôle, percées de trous ronds parfaitement réguliers dont le diamètre est égal à celui des grains qu'on veut obtenir. Ces passoires sont placées sur des espèces de réchauds et entourées de charbon allumé pour empêcher le plomb de se figer ; elles sont garnies intérieurement avec les dernières crasses retirées du bain, qui sont blanches et poreuses. Le plomb que l'on verse dessus doit avoir une chaleur suffisante pour que, en filtrant au travers, il se divise en gouttes dont la forme se régularise en passant par les trous. Le plomb granulé est recueilli, à mesure qu'il se forme, dans des cuves remplies d'eau qui servent à amortir le choc et éviter les déformations du grain qui en seraient la conséquence. Pour que les grains aient le temps de se refroidir pendant leur chute, condition indispensable pour qu'ils prennent une forme parfaitement sphérique, il est nécessaire que les passoires soient installées à une grande hauteur au-dessus des cuves ; cette hauteur, variable suivant la grosseur des grains, doit être de 30 mètres environ pour les numéros 4 à 9, de 40 à 50 pour les plus gros échantillons. Une usine à fabriquer le plomb de chasse fut installée, en 1797, à Paris, dans la tour Saint-Jacques-la-Boucherie, elle y est restée jusqu'en 1853; la tour Saint-Aubin à Angers, bien que classée monument historique, est encore affectée à cet usage; c'est ainsi que dans la plupart des villes on utilisait autrefois les monuments les plus élevés; aujourd'hui, dans les usines nouvellement installées un puits remplit le même office. Dans quelques-unes de ces dernières, particulièrement en Amérique, le puits est peu profond, mais on y détermine par la partie supérieure un violent appel d'air. Le courant d'air retarde la chute du plomb et on prétend que le plomb ainsi fabriqué est plus dur que celui qui tombe d'une grande hauteur.

L'opération du granulage terminée, on retire les grains de la cuve, ces grains n'étant pas égaux il faut en faire le *triage*; pour cela, on les fait passer dans des cribles dont le fond est formé par une plaque de tôle mince percée de trous d'un diamètre égal à celui des grains qu'on veut séparer des autres; en employant des cribles dont les trous vont en grossissant comme les numéros des grains, on arrive à séparer les divers numéros. Pour pouvoir enlever les grains de forme défectueuse, on fait rouler tous les grains sur des tables en bois inclinées; les grains aplatis ou allongés restent en route et sont mis de côté pour être refondus, tandis que ceux qui sont bien ronds descendent jusqu'en bas et tombent dans une caisse disposée pour les recevoir. Enfin, pour lustrer et polir les grains, on les fait tourner avec un peu de plombagine dans un tonneau en bois auquel on imprime un mouvement de rotation autour de son axe qui est horizontal.

Certains armuriers de Paris recommandent aux chasseurs le plomb anglais ou principalement le plomb durci de Newcastle (*chilled shot*); on fabrique également du plomb dur, que l'on obtient comme dans la fabrication des balles en plomb durci, par l'addition au plomb ordinaire d'une certaine quantité d'antimoine, mais le plomb dur ainsi obtenu est plus léger que le plomb durci, et on lui reproche de détériorer les canons de fusil.

PLOMBAGE. Action de plomber, de garnir de plomb, de marquer avec un plomb. || Opération que fait le dentiste, et qui consiste à remplir exactement de métal malléable la cavité d'une dent cariée, au moyen d'un poinçon obtus, droit ou courbe, que l'on nomme *plomboir* ou *fouloir*. || — V. DÉPÔT MÉTALLIQUE.

PLOMBAGINE. T. de minér. Syn. : *graphite*. — V. ce mot.

PLOMBATE. T. de chim. Ce mot indique les composés formés par le bioxyde de plomb qui, pouvant jouer le rôle d'acide, donne avec certaines bases des sels parfaitement définis. Le type de ces sels est le *plombate de protoxyde de plomb* ou *minium* (V. ce mot), dont la formule

$$Pb O^2, 2 Pb O$$

exprime bien la constitution.

Le *plombate de potassium*,

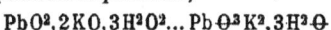

$$Pb O^2, 2 KO, 3 H^2 O^2 \ldots Pb O^3 K^2, 3 H^2 O$$

est un sel en volumineux cristaux cubiques ou octaédriques, incolores, efflorescents, solubles dans une liqueur alcaline bouillante, mais décomposables par l'eau. On le prépare en versant une solution concentrée de potasse pure sur le bioxyde de plomb bien pur et contenu dans un creuset d'argent. On chauffe jusqu'à ce qu'un peu de la masse dissoute dans de l'eau donne avec l'acide azotique un précipité brun de bioxyde. Alors on arrose le mélange avec quelques gouttes d'eau, on décante rapidement la solution très chaude, et on laisse refroidir pour avoir les cristaux.

Les *plombates de baryte*, de *chaux*, de *magnésie*, sont insolubles dans l'eau, ils se forment ainsi que celui de soude qui est un peu soluble, avec le plombate de potasse que l'on fait bouillir avec les bases que l'on veut substituer à l'oxyde de potassium. — J. C.

PLOMBERIE. On désigne ainsi tout à la fois : 1° les ouvrages dans lesquels entre le plomb et qui appartiennent à l'industrie du bâtiment; 2° l'art d'exécuter ces ouvrages, qui comprennent: la couverture des édifices, le revêtement de surfaces telles que murs, lambris, réservoirs, etc., la conduite des eaux et du gaz, l'installation des bains, des garde-robes et cuvettes à l'anglaise, tous les travaux de robinetterie et d'ajutage, jets d'eau, rampes, armoires à incendie, etc... Dans certaines villes de grande importance, telles que Paris, les ouvrages concernant la canalisation du gaz sont exécutés par des ouvriers spéciaux que l'on nomme *gaziers*; l'ouvrier *plombier* proprement dit s'occupe exclusivement des travaux de couverture et de fontainerie. Toutefois, l'entreprise de tous ces divers ouvrages est faite ordinairement par le couvreur, que l'on appelle indifféremment *couvreur* ou *plombier*.

Plomberie d'art. L'usage du plomb dans les édifices était connu des anciens; ils l'employaient comme scellements et comme agrafes pour les pierres d'une même assise. Mais l'industrie du plombier ne date véritablement que des premiers siècles du moyen âge; elle prit, dès cette époque, un développement rapide, notamment en ce qui concerne l'application du plomb repoussé à la décoration, constituant ainsi ce qu'on appelle la *plomberie d'art*.

Cet emploi du métal repoussé pour l'ornementation monumentale, qui fut abandonné après la Renaissance, semble vouloir reprendre, de nos jours, le rang qu'il occupait autrefois. Les planches ou feuilles de plomb utilisées dans ces sortes de travaux sont laminées avant de recevoir la forme définitive qu'on veut leur donner. On procède ainsi pour l'exécution. On fait des modèles en plâtre que l'on coule ensuite en fonte de fer pour servir de matrices; puis, sur celles-ci, on étend le plomb en feuilles de 2 à 3 millimètres, et on le bat avec des maillets de bois tendre, de manière à lui faire prendre les formes générales du modèle; on achève l'ouvrage en le martelant avec des chasses en buis ou en charme. Les ornements composés de plusieurs parties sont consolidés au moyen de feuilles de plomb qui les doublent à l'intérieur, et sont soudées sur les bords de ces ornements avec de la soudure fine. Les fleurs, feuilles, fruits et autres motifs détachés sont découpés dans une feuille de plomb par l'ouvrier, qui les emboutit ensuite dans la paume de la main ou en se servant de petites matrices donnant toutes sortes de creux et de reliefs. Parmi les édifices à la décoration desquels on a appliqué de nos jours le plomb repoussé, nous citerons : le Louvre, la Sainte-Chapelle, Notre-Dame, le dôme des Invalides, le Palais de Justice, les châteaux de Saint-Germain, de Pierrefonds, etc.

On emploie encore pour l'ornementation architecturale, le plomb estampé soit au moyen du choc du mouton, soit plus doucement avec le balancier; mais ce procédé est inférieur au martelage à la main, surtout au point de vue artistique. — F. M.

PLOMBIER. *T. de mét.* Celui qui fait des travaux de *plomberie*, mais, ainsi que nous le disons plus haut, ce terme n'a rien d'absolu, et non seulement le plomb n'est pas le seul métal employé par le plombier, mais encore quelques-uns de ses travaux l'excluent complètement; de là des subdivisions du plombier proprement dit, et qui ont fait naître les *plombiers gaziers*, les *plombiers couvreurs*, les *plombiers zingueurs*.

*PLOMBIÈRES. — V. EAUX MINÉRALES ET THERMALES.

*PLOMBINE. Genre d'*impression sur tissus*. — V. cet article.

*PLOMBURE. *T. techn.* Ensemble des pièces qui constituent la carcasse d'un vitrail.

*PLON (PHILIPPE-HENRI). Imprimeur, né à Paris en mars 1806, mort dans la même ville le 25 novembre 1872, peut être considéré comme l'un des principaux vulgarisateurs, par la presse, des connaissances utiles. Associé en 1832 avec M. Béthune, puis en 1835 avec ses deux frères, il commença par éditer une publication importante : le *Dictionnaire de la conversation* (52 vol. gr. in-8°, 2 col.) qui eut alors un succès mérité. Aux diverses expositions industrielles, il obtint : une médaille d'argent à Paris, en 1844, une médaille d'or en 1849, et une « prize medal » à Londres, en 1851. Resté seul, en 1853, à la tête de son établissement, il l'agrandit considérablement au point de vue de la typographie de luxe, des impressions en gravure et en couleur, de la fonderie de caractères qu'il accrut de tous les nouveaux types de Jules Didot. En 1855, il obtint à l'Exposition universelle, la médaille d'honneur pour l'imprimerie. Chargé, en 1854, d'éditer divers ouvrages de Napoléon III, il prit à partir de cette époque la qualification d' « imprimeur des œuvres de Napoléon III » et, à ce titre, publia, en 1865, la célèbre *Histoire de Jules César*. Il avait été décoré de la Légion d'honneur en novembre 1851.

PLONGÉE. *T. de fortif.* Talus supérieur d'un ouvrage fortifié, et qui est incliné de l'intérieur à l'extérieur.

PLONGEUR (Appareil de). — V. CLOCHE A PLONGEUR et SCAPHANDRE. ‖ *T. de pap.* Ouvrier qui, dans la fabrication à la main, plonge la forme dans la cuve qui contient la pâte à papier.

*PLOQUETEUSE. *T. de filat.* Nom souvent donné aux appareils placés devant les cardes à laine, pour effectuer automatiquement la répartition uniforme et régulière de la matière à carder, sur le tablier alimentaire de la machine. Ces appareils se construisent de différentes manières, mais se composent généralement d'une toile sans fin, armée de dents, qui puise la laine dans un bac, et l'élève, par petites quantités, dans une sorte d'auge placée au-dessus du tablier alimentaire. Cette auge est mise en relation, par un fléau de balance, avec l'appareil moteur de la toile sans fin, et l'arrête aussitôt qu'elle renferme un poids déterminé de laine, tandis qu'elle le remet en mouvement lorsqu'elle s'est vidée. En outre, son fond est mobile et s'ouvre périodiquement, pour des chemins égaux parcourus par le tablier alimentaire. Il résulte de là que l'appareil répartit des poids égaux de laine sur des longueurs égales du tablier alimentaire, et effectue l'alimentation uniforme de la machine. — V. CHARGEUR, LAINE. — P. G.

*PLOQUETTES. Déchets de laine recueillis après la carbonisation et propres au filage. — V. EPAILLAGE.

PLUCHE. — V. PELUCHE.

PLUMASSIER. Industriel qui prépare et vend des plumes pour la parure, pour l'ornement.

HISTORIQUE. Les maîtres *plumassiers-panachers-bouquetiers* et *enjoliveurs* de la ville, faubourg, banlieue, prévôté et vicomté de Paris furent érigés en communauté et en corps de jurande, sous le règne de Henri IV. Leurs statuts, qui dataient de l'année 1599, furent confirmés en 1612 et en 1644. Plus tard, en 1659, Louis XIV renouvela les règlements des plumassiers, en considération « de ce qu'ils ont découvert l'éminence des ajustements de têtes, que les carrousels ne peuvent éclater sans les applications de leurs ornements, et que l'on trouverait de la tristesse dans les pompes les plus magnifiques, si les diversités de leurs préparatifs n'y étaient agréablement mêlés. »

L'apprentissage était de six années, après lesquelles l'aspirant à la maîtrise devait servir encore quatre ans en qualité de compagnon, avant de pouvoir tenter l'épreuve du chef-d'œuvre.

Pendant le cours du XVIIIᵉ siècle, les plumassiers entreprirent la fabrication des fleurs artificielles; aussi, lors de la réorganisation des communautés, en 1776, on les réunit aux faiseuses de modes, et ils prirent dans leurs nouveaux statuts la qualification de *plumassiers-fleuristes*.

Les fabricants parisiens excellent à teindre les plumes et à leur donner des nuances en rapport avec la couleur des rubans et des étoffes ; ils savent aussi leur imprimer une tournure élégante qui fait rechercher leurs produits dans tous les pays d'Europe et d'Amérique. L'importance de l'exportation des plumes est, comme pour les fleurs artificielles, des trois quarts environ de la production; ce sont les plumes de qualité moyenne et surtout ordinaire, qui dominent dans les expéditions que l'on fait principalement pour l'Amérique et les Colonies.

Les plumes de fabrication allemande et anglaise ne peuvent lutter avec les plumes françaises, quoique depuis quelques années les plumassiers de ces deux pays aient fait de notables progrès.

PLUME. Nom des productions particulières, com-

posées d'un tuyau, d'une tige et de barbes latérales dont est couvert le corps des oiseaux. On
s'est souvent demandé ce qui produit ces feux
changeants, ces jeux de lumière si variés que
répand le plumage des oiseaux dans les régions
tropicales, ou même en certaines contrées d'Europe, quand ce plumage est étincelant. « Ce serait
une erreur de croire, dit le savant naturaliste
M. Pouchet, que toutes ces belles nuances métalliques, qui diaprent les plumes des oiseaux et les
ailes des papillons sont dues à des pigments :
elles ont pour cause unique des feux de lumière,
fugitifs comme les feux du diamant. Quand on
examine avec le microscope une plume à reflet
métallique de la gorge du colibri, on est tout
d'abord étonné de ne rien voir des magnifiques
nuances dont on voulait pénétrer le mystère. Elle
est tout simplement faite d'une substance brune,
opaque presque autant qu'une plume d'oie noire.
On remarque, toutefois, un agencement spécial :
la barbe, au lieu d'une tige effilée, offre une série
de petits carrés de substance cornée bout à bout.
Ces plaques, larges de quelques centièmes de
millimètres, sont extrêmement minces, brunes
et toutes d'apparence semblable, quel que soit
le reflet qu'elles donnent. Les grandes plumes
brillantes du paon sont faites de même : les
plaques seulement plus espacées et l'éclat
est moindre. Cet état de surface est dû à des élévations et à des dépressions insaisissables pour
nos meilleurs instruments et encore inconnues ».

HISTORIQUE. De tout temps, chez tous les peuples, le
plumage des oiseaux a été employé à la parure. Cet
usage était un signe de distinction. Les plumes d'oiseaux, les sauvages firent leurs premiers ornements, et
leurs chefs, en s'attribuant les plus belles, montraient
leur supériorité. Cette coutume s'est perpétuée de siècle
en siècle, en apportant son progrès successif, et en modifiant les formes, selon les caractères, les mœurs et les
goûts de chaque nation.

En Egypte, on recherchait particulièrement les plumes
d'autruche.

Dans l'Extrême-Orient, au contraire, les plumes d'oiseaux rares étaient les plus entourées et servaient à confectionner les éventails. Ceux de plumes de paon réunies en touffe ou travaillées en mosaïque jouent un rôle
essentiel dans les poésies primitives de l'Inde (V. ÉVEN-
TAIL), et les auteurs chinois sont unanimes à vanter les
dais en plumes, ainsi que les écrans en plumes de faisan
« doublées et serrées. »

De même que les soldats prétoriens, à Rome, qui portaient sur leurs casques une garniture de plumes droites,
plantées dans un piédouche ou sur une crête, les guerriers du moyen âge firent des plumes en ornement militaire. Les anciens rois bretons, particulièrement dans
le pays de Galles, ornaient leurs étendards de plumes
d'autruche blanches ; mais il est certain que les princes
de Galles n'ont commencé de porter la plume d'autruche
qu'au temps d'Édouard III dit le Prince Noir.

On sait que le prince de Galles, héritier présomptif de
la couronne en Angleterre, porte trois plumes d'autruche dans ses armes.

La mode d'orner les casques avec des plumes de prix
n'était pas moins suivie en France. Lors de la désastreuse bataille de Poitiers (1356), suivant la Chronique
de saint Denis, le peuple accueillit fort mal tous les seigneurs et les chevaliers chez eux revenant chez eux après
la défaite. « Les voilà, disaient-ils, ces beaux fils, qui
mieux aiment porter perles et pierreries sur leurs cha-

perons, riches orfèvreries à leurs ceintures et plumes d'autruche au chapeau, que glaives et lances au poing. »

Au xv⁰ siècle, les élégants chevaliers de la cour de
Bourgogne, raffinèrent au point de porter sur leurs vêtements des applications de plumes teintes de diverses
nuances. Dans le roman du Petit Jean de Saintré, par
Anthoine de la Salle, le jeune écuyer tranchant du roi
de France a dans sa garde-robe « un parement de damas noir, dont l'ouvrage est tout profilé de fil d'argent,
et le champ rempli de houppes couchées, en plumes
d'autruche vertes, violettes et grises, » aux couleurs de
sa dame. Quant aux soldats, habillés pour la plupart à
la mode du jour, ils portaient d'immenses chapeaux surchargés de plumes. Albert Dürer et d'autres maîtres de
la Renaissance ont reproduit à satiété l'image de ces fastueux soldats, bariolés, attifés et empanachés de la façon
la plus ridicule.

Si l'on en croit Scarron, ce furent les gentilshommes
italiens et espagnols « qui se miroient dans leurs belles
plumes comme des paons, » qui remirent en vogue, à la
cour de France, les chapeaux à larges bords couverts
d'énormes plumets et de panaches.

A cette époque où Mascarille, chez les Précieuses,
parlait de ces brins de plumes qui lui coûtaient un louis
d'or, on faisait d'incroyables dépenses en plumes de toutes sortes. C'est ainsi que, dans Molière, le Bourgeois
gentilhomme doit à son plumassier « mille huit cent
trente-deux livres. » Certains bouquets de plumes coûtaient, en effet, jusqu'à 1,200 francs le bouquet.

Les chapeaux des hommes conservèrent leurs tours de
plumes jusqu'en 1700, époque où ils se déplumèrent et
se rapetissèrent au delà de toute expression. Chez les
femmes, au contraire, le goût pour les belles plumes devint une véritable rage. On les mit dans les cheveux aussi
bien que sur les bonnets. Aux trois plumes de la coiffure
à la qu'es aco, succédèrent les dix plumes d'autruche
mouchetées d'yeux de paon de la coiffure à la Minerve.
Une comédie, jouée en 1778, et intitulée : Les panaches
ou les cœffures à la mode, montre jusqu'où fut poussée
la folie dans ce genre de luxe. On sait, d'autre part, que
Marie-Antoinette, allant à un bal donné par le duc d'Orléans, fut obligée de se faire ôter son panache pour
monter en carrosse ; on le lui remit lorsqu'elle descendit.

Aujourd'hui, les plumes ne sont presque plus en usage
dans le costume militaire, mais elles servent toujours à la
parure des femmes avec des alternatives de vogue et de défaveur qui varient suivant les caprices de la mode. On en
prépare, en outre, pour les costumes de bal ou de théâtre,
pour l'ornement des autels, les dais d'églises, pour les
pompes funèbres, etc. — S. B.

TECHNOLOGIE. Parmi les diverses espèces de plumes qui servent à la parure, celle de l'autruche
d'Afrique est la première par sa beauté. Pour le
plumage des autres oiseaux, les envois les plus
considérables en sont faits du Cap de Bonne-
Espérance, d'Egypte et des États barbaresques.
Depuis une quinzaine d'années, des essais de domesticité ont été tentés dans quelques pays, et les
résultats, en Egypte, et surtout dans la colonie du
Cap, sont très importants, bien que la perfection
des produits reste au-dessous du plumage des
oiseaux sauvages qui n'existent pour ainsi dire
plus maintenant. Les plumes, dites de vautour, provenant de l'autruche d'Amérique, servent presque exclusivement à la fabrication des plumeaux.
Le vautour habite les pampas de l'Amérique méridionale, principalement du fleuve Parana, jusqu'à la Patagonie, inclusivement. Buenos-Ayres
est le point central de ce commerce.

Le faux marabout provenant du dinde, ainsi que

les plumes du coq, de la poule, du pigeon et de l'oie sont très utiles à la fabrication secondaire. Les oiseaux de Paradis se trouvent seulement dans la Nouvelle-Guinée. La crosse et l'aigrette nous viennent du Caucase, de l'Inde, du Sénégal et de la Guyane. Le Cassar est originaire de Java et de certaines îles de l'Océanie.

Pour les plumes de fantaisie, nos plumassiers se servent de celles d'un grand nombre d'autres oiseaux, tant exotiques qu'indigènes, soit en les employant au naturel et en entier, soit en leur empruntant seulement les parties remarquables par le coloris, par la grâce ou par la bizarrerie du plumage, tels que le paon, le grèbe, l'ibis, le toucan, l'argus, le pélican, le lophophore, le perroquet, le martin-pêcheur, le couroucou, le faisan, le colibri, le canard sauvage, la pintade, etc.—s. b.

Les plumes d'autruche, telles qu'elles nous arrivent, sont toujours salies et grasses. Pour les nettoyer, on les laisse tremper dans un bain d'eau de savon, que l'on renouvelle chaque matin après y avoir frotté les plumes vigoureusement; on fait ensuite disparaître toute trace de ce savon par un lavage à l'eau chaude que l'on répète douze ou quinze fois de suite, et on les passe dans un bain d'eau et d'amidon cru ; enfin, après un essorage vigoureux, on leur fait subir un battage dans des étuves chauffées jusqu'à 40 ou 45°, pour faire gonfler le duvet et éliminer l'amidon, et finalement on les laisse vingt-quatre heures dans cette étuve pour sécher complètement les côtes de la plume.

Les plumes sans défaut, dites *simples*, sont assouplies en enlevant l'intérieur de la côte, puis frisées à l'aide d'un couteau émoussé et passées sur un tuyau de vapeur sèche pour leur donner une forme gracieuse; mais la mode étant aujourd'hui aux plumes épaisses, on ne fait pour ainsi dire que des plumes *doublées*, c'est-à-dire qu'on enlève à l'une la surface extérieure de la côte, et à l'autre sa surface intérieure; on les coud en dessous par un point allongé de chaînette, et on leur fait subir les mêmes opérations qu'aux plumes simples, dont elles n'atteignent jamais la valeur, malgré leur plus grand poids.

Les pièces dont on n'a pu enlever entièrement les taches de sang ou de terre, retenues par la graisse de l'animal vivant, étaient toujours teintes, autrefois, en couleur foncée ; mais aujourd'hui, on arrive à décolorer complètement, par l'eau oxygénée, les plumes les plus foncées et à les rendre absolument blanches et propres à la teinture en nuances tendres, maïs, rose, bleu pâle, que l'on réservait aux plumes les plus pures. Les pièces claires se teignent exclusivement avec les couleurs d'*aniline*, et les foncées à l'aide des trois anciennes couleurs végétales, l'*indigo*, le *curcuma* et l'*orseille* ; quant au noir, il s'obtient toujours par les sels de fer et de campêche.

On se sert, pour ces manutentions, de bassines de cuivre chauffées soit au gaz, soit à la vapeur et dans lesquelles on maintient le bain de teinture à une température de 25 à 30° pour les plumes claires, à l'ébullition pour les plumes foncées et au dessous de 80° pour le noir; puis, après tein-

ture, rinçage et séchage, les plumes sont assorties, parées, cousues, passées à la vapeur et enfin frisées et courbées pour composer des pièces qui ont la forme et l'aspect d'une plume naturelle.

Les plumes préparées ainsi que nous venons de l'indiquer peuvent se diviser en plumes *longues* ou *amazones* (fig. 175), plumes à *panache* (fig. 176) et *tours* ou *bandes* qui, ajoutés les uns dans les autres, forment une bande servant de passementerie aux robes et manteaux; quant au panache,

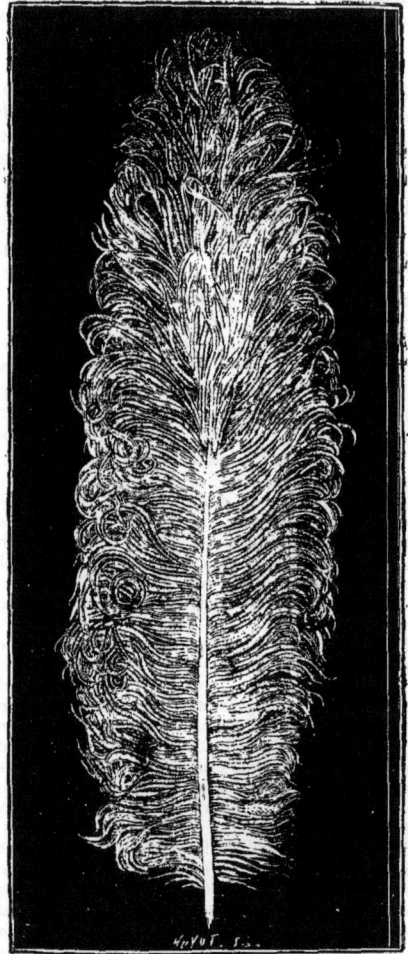

Fig. 175. — *Plume longue ou amazone.*

il est formé de trois plumes de dimensions ordinaires, montées sur des fils de fer.

Tissage de la plume. Les plumes servent quelquefois à fabriquer un genre spécial d'étoffe. Dans ce tissu, qui se fait assez souvent avec l'armure taffetas, la plume ne doit jamais paraître que par effet de trame; la chaîne, toujours imperceptible, est ordinairement de matière textile ordinaire.

Il n'est pas besoin de faire observer que la plume ne peut être filée, car elle perdrait tout son duvet si on la réduisait en fils. Elle n'est donc employée que comme trame partielle, et pour donner au tissu la force et la solidité convenables; après chaque posée de plumes, on passe un coup de trame filée, laquelle est, comme la chaîne, recouverte entièrement par les plumes.

On emploie le plus ordinairement les plumes d'oie, dont on choisit les plus fines et les plus égales, et bien souvent on les donne pour plumes de cygne. Ces plumes sont quelquefois frisées au moyen d'un apprêt. On emploie parfois aussi du duvet réuni en petits *mouchets*. Ces sortes de tissus sont recherchés, lorsque la mode les favorise, pour garnitures de robes, palatines, manchons, camails, colliers, boas, fourrures diverses, et même pour articles *modes*, chapeaux, etc., parce que les plumes conservent parfaitement les couleurs variées qu'elles ont pu recevoir. Ce genre de fabrication est aussi employé sur des fonds tissés sans plumes, pour quelques parties détachées, soit pour *mouches, larmes*, etc., mais la chaîne et la trame ne peuvent plus être de matière inférieure, parce qu'alors elles sont apparentes. Toutefois, en ce qui concerne les tissus en plumes, seulement partiels, le choix de la chaîne et de la trame reste subordonné, soit au plus ou moins de richesse que l'on veut donner au tissu, soit aussi à l'armure que l'on veut exécuter sur le fond.

Lorsque les tissus-plumes sont façonnés, la mise en carte se fait d'une manière particulière, et qui permet d'exécuter un dessin sur quatre lisses ou sur deux lisses seulement; en sorte que le remettage se trouve ainsi interrompu dans toute sa longueur, mais régulièrement, c'est-à-dire que, sur un remisse de quatre lisses, on passe d'abord un certain nombre de fils en remettage suivis : par exemple, dix sur les deux premières lisses, puis dix autres sur les troisième et quatrième, également en taffetas. Dans cette supposition, la disposition ne faisant lever qu'une seule lisse à la fois, soit la première, cinq fils seulement lèvent

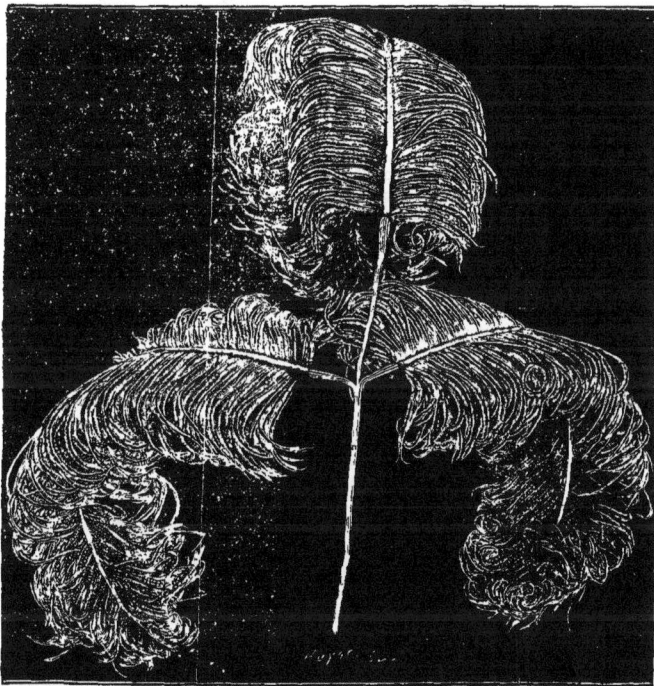

Fig. 176. — *Plume à panache.*

avec elle, et quinze fils restent au fond; il en est de même pour chaque lisse dans toute la largeur de l'étoffe. A chaque coup, il se fait dans la chaîne assez de vide pour que l'ouvrier puisse aisément y passer une plume; si ces plumes sont en duvet, on en réunit pour chaque *prise* une petite quantité, laquelle devra, autant que possible, être égale pour chacune des prises, tant en volume qu'en longueur. Lorsque les plumes ont été passées dans chaque prise, l'ouvrier donne un coup de battant, puis change le pas, fait lever la troisième lisse et passe la plume, comme il a fait pour la première; ensuite, il donne un deuxième coup de battant, et fait lever la seconde et la quatrième lisse; il passe alors la trame filée, qui, au moyen du remettage suivi, lie en taffetas toutes les plumes dans la totalité de la largeur du tissu.

D'après ce qui précède, on comprendra qu'en admettant que l'intercalation des plumes ait lieu par dix fils, pour exécuter ce genre de tissage en façonné, le dessin devra être peint sur la carte par dizaines. A l'égard de la réduction du papier, elle dépend, comme dans tous les genres d'étoffes, de la réduction de la chaîne avec la trame. L'enroulement s'opère comme pour les peluches et les velours frisés, au moyen d'un rouleau piqué et sablé.

Quoique le mode de fabrication appliqué à l'espèce dont il s'agit ici soit assez simple pour permettre à l'ouvrier de tisser en même temps qu'il lit le dessin, il y aurait cependant économie pour les fabricants à faire exécuter ces tissus par un montage à la Jacquard, surtout si le dessin comportait des plumes de diverses couleurs.

Bibliographie : Ferdinand Denis : *Arte plumaria, Les plumes, leur valeur et leur emploi dans les arts, etc.*, 1875; *Rapport du délégué de la corporation des fleurs artificielles à l'Exposition de Vienne*, en 1874; Jules Oudot : *Le fermage des autruches en Algérie; Incubation artificielle*, 1880; Exposition universelle de 1867 : *Rapports des délégations ouvrières*, art. Plumassiers; Sta-

listique de l'industrie à Paris (1860), art. *Plumas-siers.*

PLUME A ÉCRIRE. Petite plaque de métal demi-cylindrique ayant un bec semblable à celui d'une plume taillée ; cette sorte de plume artificielle s'adapte à un porte-plume ou à une petite hampe.

HISTORIQUE. Il n'est jamais question de *plumes à écrire* dans l'antiquité ; c'est une invention postérieure de plusieurs siècles à l'ère chrétienne. Pour écrire sur les feuilles d'arbre, l'écorce et les tablettes enduites de cire, dont se servaient les anciens, on employait le *style* ou *stylet* dont l'usage s'est maintenu jusqu'à la fin du moyen âge (fig. 177 et 178). Mais pour tracer des caractères sur la toile, le papyrus, on faisait usage de roseaux, *calami*, taillés à l'aide d'un canif. Les bords du Nil et la ville de Memphis, en Egypte, fournissaient les calames les plus recherchés.

Les Grecs, qui, par Hérodote et Platon, avaient eu connaissance des coutumes égyptiennes, préférèrent se servir du roseau pour écrire et lui donnèrent le nom de *calamos*. Les Romains se servaient aussi d'une plume à écrire nommée *penna*, faite d'une penne dans le genre de nos plumes d'oie. Celles-ci se répandirent peu à peu dès le ve siècle, sans pour cela faire cesser l'usage des calames ou roseaux. En effet, saint Isidore de Séville, qui vivait au viie siècle, est le premier auteur qui en parle au VIe livre de ses *Origines.* « Le roseau (*calamus*) et la plume (*penna*) sont les instruments qui servent à écrire. Ce sont eux qui tracent les mots sur les parchemins; mais le calame est tiré de l'arbuste, tandis que la plume vient de l'oiseau. La pointe de celle-ci est partagée en deux parties, et tout le reste du corps demeure intact. » Anthel-

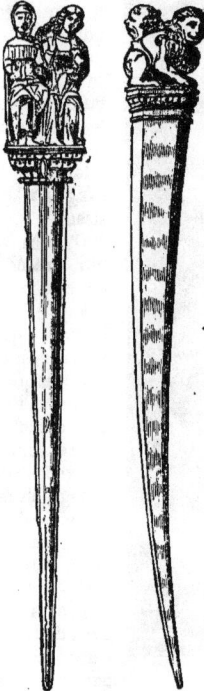

.Fig. 177 et 178.

mus, mort en 709, le premier saxon qui ait écrit en langue latine, a composé des vers sur une plume de pélican.

Plus on approche de la fin du moyen âge, plus on trouve répandu l'usage de la plume à écrire (*penna*), particulièrement dans les abbayes, où l'art des copistes et des calligraphes était en grand honneur.

Au xvie siècle, les plumes de pélican cédèrent la place aux plumes d'oie ; mais il y en avait de plus recherchées. « Je n'ai pas encore pu trouver les plumes de grue que vous m'avez demandées, lit-on dans les *Lettres confidentielles d'Albert Dürer*, écrites de Venise à son ami Balibald Pirkeimer (1506); mais il y a ici beaucoup de plumes de cygne avec lesquelles on écrit, et que vous pouvez mettre à votre chapeau en attendant. »

C'est environ vers cette époque que les Hollandais trouvèrent, les premiers, un bon procédé qu'ils tinrent longtemps secret, pour débarrasser les plumes à écrire de l'humeur graisseuse dont elles sont tapissées à l'inté-

rieur et à l'extérieur, et qui empêche l'encre d'y adhérer comme il faut. Ces plumes étaient connues sous le nom de plumes *hollandées*.

Au xviiie siècle, la plume d'oie se généralisa en même temps que l'écriture. Sous la Révolution, on ne connaissait encore que les plumes d'oie, de vautour, de canard et de corbeau.

Jusqu'en 1830, époque où l'on importait chaque année en France, d'après les registres de la douane, de quatre-vingts à cent mille kilogrammes de plumes à écrire, toutes venant de la Russie, de Belgique et d'Angleterre. la plume d'oie est restée le véritable instrument de l'écriture. Vers 1839 seulement, les plumes métalliques commencèrent à se répandre dans le public, quoique les maîtres d'écriture eussent prononcé leur arrêt en faveur de la plume d'oie. L'industrie put dès lors livrer des plumes métalliques à un sou la douzaine ; mais elles n'étaient pas perfectionnées comme de nos jours. Cela explique pourquoi la plupart des grands écrivains de la première moitié de ce siècle ont préféré les plumes d'oie aux plumes de fer. « Nous citerons à la tête de ces récalcitrants, dit Alexandre Dumas père, dans une monographie de l'Oie, publiée en 1867 : Chateaubriand, de Vigny, Méry et Victor Hugo. Le premier ouvrage que celui qui écrit ces lignes ait écrit avec une plume de fer, est *Richard d'Arlington.* » Il en est de même de Georges Sand, de Flaubert et d'Alexandre Dumas fils.

Les plumes métalliques, faites d'un métal assez dur pour résister et durer longtemps, et en même temps assez flexibles pour former les liaisons les plus fines, ont de nos jours succédé aux plumes d'oie. Déjà, en 1692, comme nous l'apprend le *Livre commode*, le sieur Dalesne, rue Saint-Denis, vendait des plumes d'acier de son invention. Mais il est probable qu'on en fabriquait aussi en Angleterre, car le docteur Lister, médecin de la reine Anne, décrivant une plume antique, ne manque pas de dire que la pointe de cette plume était fendue en deux, tout juste comme nos plumes d'acier. Et il ajoute : « Nous les faisons aujourd'hui d'argent, d'or ou de vermeil ; mais tout cela manque de ressort et ne vaut ni l'acier ni la plume d'oie : celle-ci, à la vérité, est bientôt usée; l'acier est indubitablement ce qu'il y a de mieux. »

Quoique André Delesne ait devancé de plus d'un demi-siècle les prétendus inventeurs des plumes métalliques. on attribue généralement cette innovation à un mécanicien français nommé Arnoux, établi à Rouen vers 1750. Ces plumes, d'un métal très fin et très léger, dur et flexible, étaient propres à faire toutes les opérations de l'écriture avec autant de délicatesse et plus de promptitude qu'avec la plume d'oie.

D'un autre côté, Gabriel Peignot, dans ses *Amusements philologiques*, fait revenir l'honneur de l'invention des plumes métalliques à l'anglais Wise. Le *Dictionnaire de l'Industrie* (1776) les annonce parmi les inventions modernes : « Plumes d'acier d'Angleterre, propres pour écrire, non sujettes à s'émousser, 30 sols, Fontaine, bijoutier, rue Dauphine, 177?. »

Les plumes métalliques furent employées d'une manière tout à fait exceptionnelle jusqu'au jour où les Anglais conçurent l'idée de les fabriquer sur une grande échelle. Les commencements de la nouvelle industrie, établie d'abord à Birmingham, ne furent pas très heureux, à cause de la qualité médiocre des produits. Les choses prirent une tournure plus favorable vers 1820, quand on eut imaginé de substituer des tôles d'acier aux feuilles de cuivre mises en œuvre jusqu'alors. Cette amélioration, jointe à d'ingénieux procédés d'exécution inventés, pour la plupart, par James Perry, de Londres, répandit de plus en plus l'usage des plumes métalliques, qui furent très longtemps fournies par l'Angleterre au monde entier. Mais, depuis une trentaine d'années, il s'est formé, dans plusieurs parties de l'Europe, des fabriques qui, après de nombreux tâtonnements, ont fini par devenir florissantes. En France, cette industrie n'existe véritablement que depuis 1817, époque à laquelle MM. Poure et Blanzy établirent à Boulogne-sur-Mer une manufacture tellement importante, que non seulement notre commerce ne tire plus aujourd'hui de plumes d'Angleterre, mais que les plumes qui en sortent font une rude concurrence aux plumes anglaises. Ajoutons qu'en dehors de la France et de l'Angleterre, il n'existe que deux fabriques de plumes métalliques, l'une à Berlin, l'autre à New-York.

En général, les plumes métalliques se fabriquent en acier ; cependant, on en fait quelquefois en argent, en platine et en or. Quelquefois même, pour en prolonger la durée, on munit ces plumes de luxe de pointes de rubis ou d'iridium. Les Américains font un usage assez fréquent de plumes d'or armées de pointes de rhodium. Ce dernier métal est aussi inaltérable que l'or ; mais il est plus dur que l'acier et ne s'use que très lentement.

Citons, pour mémoire, les *plumes perpétuelles* ou *plumes sans fin*, disposées de telle façon que, une fois chargées d'encre, elles peuvent tracer des milliers de lettres sans avoir besoin d'être plongées dans l'encrier.

TECHNOLOGIE. C'est de Sheffield, en Angleterre, que les fabriques françaises et anglaises font venir les aciers en feuilles laminées à chaud ayant environ un millimètre d'épaisseur, qui servent à la fabrication des plumes métalliques.

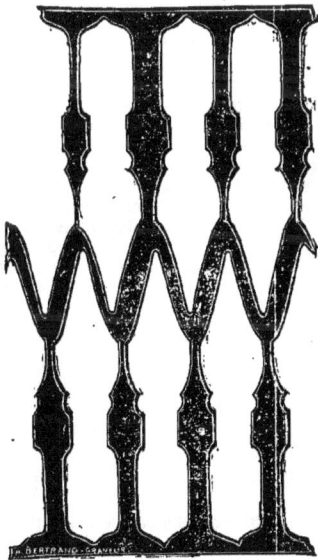

Fig. 179. — *Lame découpée.*

L'usine de Boulogne-sur-Mer consomme annuellement environ deux cent mille kilogrammes de ces feuilles d'acier.

Les diverses opérations de la fabrication des plumes métalliques, pour la plupart exécutées par des femmes, sont au nombre de vingt :

1° *Découpage des feuilles d'acier*, au moyen d'une cisaille à vapeur; 2° *recuit des lames découpées*, pour adoucir le métal qui est cassant, de manière à le rendre susceptible d'être travaillé facilement; 3° *dérochage des lames*, sorte de nettoyage obtenu par un bain d'eau acidulée; 4° *laminage*, ayant pour but de donner aux feuilles d'acier une épaisseur variant de un dixième à quatre dixièmes de millimètre, suivant chaque sorte de plume; 5° *découpage des plumes*. Cette opération consiste à découper dans la lame le morceau d'acier destiné à faire la plume, au moyen d'une presse à vis (fig. 179 et 180). Le découpage des plumes est extrêmement rapide; une ouvrière arrive à découper par jour près de 50,000 plumes; 6° *perçage*. Cette opération a pour objet de pratiquer dans la plume pleine et plate de petites ouvertures (fig. 181) à l'aide d'une presse à vis analogue à la précédente, munie cette fois d'un petit découpoir ayant la forme des trous à pratiquer, suivant le modèle. Ces trous, destinés principalement à arrêter la fente, servent en plus à donner de l'élasticité à la plume et à retenir l'encre; 7° *marque*. Chaque plume doit porter le nom du fabricant, qui est appliqué au moyen d'un mouton; 8° *estampage*. Pour distinguer les plumes, on les orne également de certaines figures en relief (fig. 182) cette opération se fait avec un mouton plus fort; 9° *recuit*. On recuit ensuite l'acier récroui par ces diverses opérations, en plaçant les plumes dans des caisses en fonte que l'on introduit dans des fours; 10° *forme*. La plume, plate jusqu'alors, subit une opération qui lui donne la forme concave (fig. 183) qu'elle présente ordinairement, au moyen d'une presse à vis analogue à celles déjà employées; 11° *trempe*. Pour donner aux plumes fabriquées la dureté et l'élasticité nécessaires, on les place dans une boîte que l'on soumet, pendant une heure, dans un four, à l'action du rouge cerise, et on les refroidit brusquement, en les

Fig. 180. — *Plume après le découpage.*

Fig. 181. — *Plume après le perçage.*

Fig. 182. — *Plume après la marque et l'estampage.*

Fig. 183. — *Plume après la forme.*

Fig. 184. — *Plume après la trempe et le nettoyage.*

Fig. 185. — *Plume après l'aiguisage.*

Fig. 186. — *Plume après la fente.*

trempant dans un bain d'huile (fig. 184); 12° *recuit*. Si l'on s'arrêtait à ce point, l'acier serait trop cassant; on remédie à cet inconvénient par un léger recuit qui adoucit le métal; 13° on passe alors au *nettoyage* et au *polissage*, au moyen de *sasseurs mécaniques*, puis, 14°, à l'*aiguisage en long*, 15° à l'*aiguisage en travers* (fig. 185), qui se font à l'aide d'une meule, ensuite, 16°, à la *coloration* par l'oxydation au feu, et enfin, 17°, à la *fente* (fig. 186), au moyen d'une presse à vis spéciale. Après, 18°, vient le *vernissage* ou *galvanisation*, opération dont le but est de prévenir l'oxydation des plumes en les trempant dans un vernis ou en les soumettant à l'action galvanique des machines Gramme. Il ne reste plus alors, 19°, que le *triage* et, 20°, l'*emboîtage*, par boîtes d'une grosse ou douze douzaines, c'est-à-dire 144 plumes. Le prix net des plumes vendues varie, en général, entre 23 centimes et 7 fr. 80. — S. B.

Bibliographie : Spire BLONDEL : *Les outils de l'écrivain : La plume, le canif, le grattoir*, dans la revue *Le livre*, année 1882; John BECKMANN : *A History of inventions and discoveries*, ch. *Writing-pens*, London, 1747; TURGAN : *Les grandes Usines : Blanzy-Poure et Cⁱᵉ*.

PLUMEAU. Sorte de petit balai fait de grosses plumes de certains volatiles, pour épousseter les meubles; on en fait aussi avec des plumes très flexibles pour épousseter les objets fragiles.

* PLUMETÉ, ÉE. *Art hérald.* Se dit de l'écu parsemé de moucheture de plumes et de deux émaux alternés.

PLUMETIS. Tissu de coton sur lequel on exécute, pendant l'opération du tissage, une imitation de la broderie à l'aiguille, à l'aide d'un brochage Jacquart.

— Saint-Quentin fabrique les plumetis grossiers; Tarare, les plumetis fins; la Suisse fait, sous ce rapport, une très grande concurrence à l'industrie française.

*PLUTON. *Iconog.* En grec *Hadès*, l'*invisible*, fils de Saturne et de Rhée, dieu des enfers, ou plus exactement, de tout ce qui se trouve sous terre. En effet, lorsque Saturne fut détrôné par Jupiter, celui-ci garda pour lui l'empire du ciel et de la terre, donna celui de la mer à Neptune, et à Pluton celui du monde souterrain qui comprenait les enfers et les mines; et, bien qu'il soit plus connu comme une divinité infernale, sa puissance, comme maître des mines, n'était pas moins grande, puisqu'elle lui a valu chez les Romains son nom de Pluton (de *Ploutos*, richesse). Son palais était creusé au plus profond du Tartare et gardé par la Faim, la Misère honteuse, les Pâles maladies et Cerbère. Les Euménides et les Parques l'accompagnaient. On comprend que dans un séjour si peu agréable, Pluton ait eu quelque difficulté à trouver une compagne, aussi dut-il ravir Proserpine, fille de Déméter, que Thésée et Pirithoüs tentèrent vainement de lui reprendre.

Pluton était un dieu malfaisant, inexorable, très redouté chez les Latins, qui ne lui élevèrent pourtant que de rares autels; le peuple l'implorait pour éviter sa colère et non pour se le rendre favorable. Aussi, le voit-on toujours représenté dans un appareil redoutable, assis sur un trône de soufre ou de fer, couronné d'ébène ou d'amiante. Cerbère est ordinairement à ses pieds et souvent on donne au dieu la teint jaune de l'or. Parfois aussi il est debout sur un char traîné par des chevaux noirs, qui portaient les noms d'Orphneus, Aethon, Nyc-

tée et Alastor (l'Obscur, le Brûlant, le Nocturne et le Terrible).

Les anciens ont souvent représenté Pluton, barbu, tenant à la main un trident. C'est ainsi qu'on le trouve sur un médaillon d'Hadrien, sur des bas-reliefs du Louvre et sur de nombreuses médailles grecques et romaines. A Mycènes, ville qui avait pour lui un culte particulier, il avait plusieurs statues, de même qu'à Coronée. Il nous en est parvenu plusieurs qu'on voit aux musées Pio Clémentin, du Capitole, de Naples. Michel Anguier a sculpté une belle statue de Pluton pour le jardin de Versailles, et Pajou a donné, comme morceau de réception à l'Académie, un *Pluton tenant Cerbère enchaîné*. Les peintres ont aussi choisi des sujets dans l'histoire de Pluton; nous citerons *Pluton sur son char*, par Jules Romain, au musée du Belvédère à Vienne, un Pluton de Augustin Carrache. *Jupiter, Neptune et Pluton se partageant l'univers* et *Pluton descendant aux enfers*, gravures par Giulio Bonasone. Enfin, on a souvent traité l'*Enlèvement de Proserpine* (V. PROSERPINE), qui prête beaucoup à l'interprétation artistique. Nous pouvons ajouter que cette sombre figure de Pluton paraît avoir médiocrement tenté les peintres et sculpteurs contemporains qui ne nous ont donné sur ce sujet aucune œuvre digne de remarque.

*PLUTUS, dieu des richesses dans la mythologie grecque, était fils de Cérès et de Jasion. On le représentait sous les traits d'un vieillard aveugle, tenant une bourse à la main : il était aussi boiteux, parce que les richesses dont il est le symbole arrivent lentement. Mais Plutus, venu à pas lents, s'en retournait avec des ailes, car la fortune est précaire et prompte à se dissiper; d'ailleurs, Plutus était primitivement doué de la vue, et pendant tout l'âge d'or les richesses n'étaient dévolues qu'aux justes; mais plus tard, Jupiter ayant frappé Plutus de cécité, les biens livrés au hasard vinrent indifféremment aux bons et aux méchants. Les artistes se sont souvent emparés de ces divers symboles. Dans l'antiquité, on représentait surtout Plutus sous les traits d'un enfant porté par la Fortune ou par la Paix; on le voyait ainsi, notamment à Thèbes et à Athènes. Parmi les œuvres modernes, nous citerons *Plutus assis sur Cerbère*, groupe placé au-dessus de cassettes renversées d'où s'échappent des trésors, et dû au ciseau de Masson. Il a été placé dans les jardins de Versailles.

* PLUVIOMÈTRE. *T. de météor.* (Mot hybride qu'il convient de remplacer par l'un de ceux-ci, plus corrects : *udomètre* ou *ombromètre*. V. aussi HYDROMÈTRE). Instrument qui sert à mesurer la quantité d'eau (pluie, neige, grésil, grêle) ou plutôt l'épaisseur de la couche d'eau qui tombe en un lieu donné, pendant un certain temps déterminé.

Le pluviomètre consiste en un vase cylindrique surmonté d'un entonnoir à bord vertical tranchant et de diamètre connu. L'eau tombée est recueillie dans le réservoir d'où on la transvase dans une éprouvette graduée de diamètre cinq ou dix fois plus petit que celui de l'entonnoir, ce qui permet d'évaluer assez approximativement la quantité d'eau (en millimètres) tombée sur une surface donnée.

Le *pluviomètre de Babinet* est fondé sur le même principe. Entre l'entonnoir et le réservoir est un étranglement percé d'une petite ouverture pour le passage de l'eau et pour en empêcher l'évaporation.

Dans l'*udomètre totalisateur*, de M. H. Mangon, l'eau s'écoule de l'entonnoir dans un tube de verre gradué de diamètre cinq fois plus petit que celui de l'entonnoir, et l'on peut lire (en millimètres), la hauteur de l'eau tombée sur la section connue de l'entonnoir. Un robinet placé au bas du tube permet de faire écouler l'eau, après l'observation de chaque jour, dans un grand récipient clos, à la partie inférieure duquel est un robinet. A la fin de chaque mois, on recueille l'eau dans une éprouvette graduée. Cette quantité doit être égale à la somme des mesures effectuées chaque jour, ce qui offre un moyen de contrôler l'exactitude des observations.

Pour le cas des très fortes averses, où le pluviomètre ordinaire pourrait être insuffisant, on emploie, à Montsouris, un grand pluviomètre « formé de quatre glaces de Saint-Gobain d'environ un mètre carré de surface et légèrement cintrées. Ces glaces sont placées par paires de chaque côté d'une rigole en cristal qui reçoit leurs eaux et les conduit dans des récipients en verre ».

Dans les observatoires bien établis (comme à Montsouris), on a des *pluviomètres enregistreurs* continus. Enfin, il y a aussi des appareils qui donnent, automatiquement, la quantité de pluie tombée par les différentes directions des vents.

La quantité d'eau tombée par jour, par mois, par saison, par an, dans un lieu donné, est un élément important, au point de vue météorologique, agricole et hydrographique; aussi est-il noté avec soin en tableaux numériques ou traduit en courbes dans les services hydrauliques des ponts et chaussées.

Il est très curieux de voir les différences considérables qui existent entre les quantités de pluie tombées dans les diverses contrées du globe. — C. D.

PNEUMATIQUE. *T. de phys.* Partie de la physique qui traite des gaz, spécialement de leur raréfaction et de leur compression, des moyens employés à cet effet (V. MACHINE PNEUMATIQUE, COMPRESSEUR et COMPRESSION), ainsi que des lois que suivent les gaz dans ces circonstances. — V. COMPRESSIBILITÉ, § *Compressibilité des gaz.*

Le *briquet pneumatique* ou briquet à gaz est un petit tube en verre très épais ou en laiton, muni d'un piston hermétique au moyen duquel on enflamme de l'amadou par la compression subite de l'air dans ce tube.

La *cuve pneumatique*, très usitée en chimie pour recueillir les gaz, est une cuve rectangulaire en bois doublée en plomb, munie à sa partie supérieure, au-dessous du niveau de l'eau qui la remplit, d'une planchette en bois horizontale, percée d'ouvertures en entonnoir. C'est *sous* ces ouvertures qu'on fait aboutir les tubes conducteurs des gaz, et c'est *sur* elles qu'on dispose les éprouvettes pleines de liquide dans lesquelles on recueille les gaz. Quand la *cuve pneumatique* doit contenir du *mercure*, elle est en pierre et creusée pour qu'on puisse y plonger et y retourner une éprouvette pleine de liquide.

* PNEUMOGRAPHE. Instrument destiné à enregistrer les mouvements respiratoires (V. ENREGISTREUR, § *Enregistreurs employés en physiologie*). L'invention de cet instrument est due au physiologiste allemand Vierordt. Marey simplifia son appareil en le remplaçant par un cylindre élastique creux, placé sur une ceinture entourant la poitrine du sujet. La compression plus ou moins grande de l'air dans ce cylindre, par les mouvements de dilatation ou de contraction de la poitrine, se transmet, par un tube, à un tambour enregistreur à levier. L'inspiration se traduit par une ligne descendante, l'aspiration par une ligne ascendante; cet instrument permet d'apprécier les moindres variations de durée et d'amplitude de chacun des mouvements respiratoires, et même le volume d'air qui entre chaque fois dans les poumons; car ces mouvements ont une amplitude proportionnelle aux quantités d'air aspirées.

Pendant divers actes physiologiques tels que le chant, la voix, la parole, etc., la durée des inspirations et expirations, qui était la même à l'état normal, devient très inégale; on peut en déduire quelles sont les mesures à prendre, par un orateur ou un chanteur, pour faire la dépense d'air minima dans un temps donné, ce qui est capital quand on veut éviter la fatigue.

* PODOCARPE. *T. de bot.* Arbre de la famille des conifères, section des taxinées, et qui est caractérisé par des feuilles linéaires épaisses, coriaces, un peu élargies, à étamines monadelphes; originaire de la Nouvelle-Zélande.

On connaît surtout trois sortes d'arbres de ce genre : le *podocarpe dacrydioide* (*podocarpus dacrydioides*, l'Hérit.), dont le bois est très bon pour les constructions navales et dont l'arbre laisse écouler une résine verte que mâchent les naturels; le *podocarpe à feuilles de zamia* (*podocarpus zamiæfolius*, A. Rich.), qui a les mêmes usages, et le *podocarpe du Cap* (*podocarpus elongatus*, l'Hérit.), qui est cultivé dans les jardins d'Europe.

* PODOMÈTRE, PÉDOMÈTRE ou **COMPTE-PAS.** — V. ODOMÈTRE.

I. **POÊLE.** *T. techn.* Appareil de chauffage domestique qui se recommande, en général, par la simplicité de son installation et par son effet utile, bien supérieur à celui des cheminées qu'il remplace avantageusement, si l'on ne tient pas toutefois à la vue plus agréable du feu qui pétille.

Ayant déjà traité assez longuement la question des *poêles* au mot CHAUFFAGE, nous avons peu de choses à ajouter, ici, à ce que nous en avons dit précédemment. Nous rappellerons d'abord la distinction que nous avons établie entre les deux catégories principales : *poêles sans circulation d'air*, et *poêles avec enveloppe et circulation d'air*.

La première série comprend un nombre considérable de types dont l'énumération serait trop longue et, d'ailleurs sans grand intérêt. Citons seulement, à cause de leurs nombreuses applications sous des formes diverses, les appareils désignés sous la dénomination générale de *poêles mobiles*. Mais nous ferons observer, comme nous avons dit au mot CHAUFFAGE, que la mobilité de ces appareils peut devenir une source de dangers pour l'hygiène des habitations, et qu'on ne doit en faire usage qu'en prenant certaines précautions pour leur installation. Employés dans de bonnes conditions, ils constituent, en somme, des appareils de chauffage économiques, commodes et assurément pratiques dans l'intérieur des habitations. Nous ne reviendrons pas sur ce que nous avons dit à ce sujet; nous considérons les *poêles*, dits *mobiles* comme de bons appareils de chauffage *quand on les rend fixes* en les mettant en communication avec une cheminée *qui tire bien*, et en prenant le soin d'assurer la fermeture convenable des couvercles et des autres parties mobiles de ces appareils.

La seconde catégorie des poêles, ceux qui ont une enveloppe avec circulation d'air, est aussi très nombreuse; elle consiste, en principe, dans l'application d'un foyer dont la fumée circule dans un ou plusieurs tuyaux autour desquels une enveloppe forme une chambre de circulation d'air. Le courant d'air s'échauffe au contact des parois chauffées par les produits de la combustion et utilise, par conséquent, dans les meilleures conditions, le calorique développé. Ce genre de poêles a donné lieu à des types très divers; dans les pays du nord, en Belgique, en Alsace, en Allemagne, on en construit qui sont réellement remarquables par leurs formes ingénieusement disposées en vue d'une bonne utilisation et d'une grande diffusion de la chaleur.

Dans l'étude que nous avons publiée sur les poêles, au mot CHAUFFAGE, nous avons donné le résumé d'expériences faites, par M. le général Morin, sur les divers types les plus employés, et il résulte du tableau indiquant les résultats de ces expériences, qu'un bon poêle peut utiliser, en moyenne, 85 à 90 0/0 du calorique produit par le combustible.

Si, au lieu de les classer suivant leur système de construction, nous envisageons les poêles sous le rapport de l'agent calorifique mis en jeu pour leur fonctionnement, nous distinguerons alors quatre catégories principales basées sur le mode de chauffage employé :

1° Les *poêles à air chaud*; 2° les *poêles à eau chaude*; 3° les *poêles à vapeur*; 4° les *poêles à gaz*.

Poêles à air chaud. La première de ces catégories comprend la multiplicité des types auxquels s'appliquent principalement les considérations générales que nous venons d'énoncer. La plupart sont trop connus pour qu'il soit besoin de les décrire. Nous indiquerons seulement ici, en rappelant le poêle Choubersky, un des meilleurs, parmi les formes les plus nouvelles, deux dispositions soigneusement étudiées pour réunir autant que possible, les meilleures conditions de construction et de fonctionnement. La première (fig. 187) est le poêle, dit *calorifère*, du système Denoyelle, qui présente, *sauf la mobilité* que le constructeur a supprimée, une certaine analogie avec les *thermostats* et avec les divers poêles dont le type Choubersky a été le précurseur. Le foyer I, placé au centre, se remplit de coke et produit une combustion lente donnant une chaleur douce et ne nécessi-

tant que deux fois environ, par vingt-quatre heures, le renouvellement de la charge. Les ailettes H, qui entourent la partie la plus chaude du foyer, transmettent la chaleur à l'air entré par les orifices D et traversant ensuite l'enveloppe concentrique N, pour venir sortir, à la partie supérieure de cette enveloppe, par l'ouverture O. Le tuyau d'évacuation M P Q enlève les produits de la combustion, et va les déverser dans une cheminée avec laquelle on le met en communication. Une double fermeture, formée par le couvercle intérieur J, placé dans une rainure K, pleine de sable, et le couvercle extérieur L, empêchent toute émanation nuisible dans l'appartement.

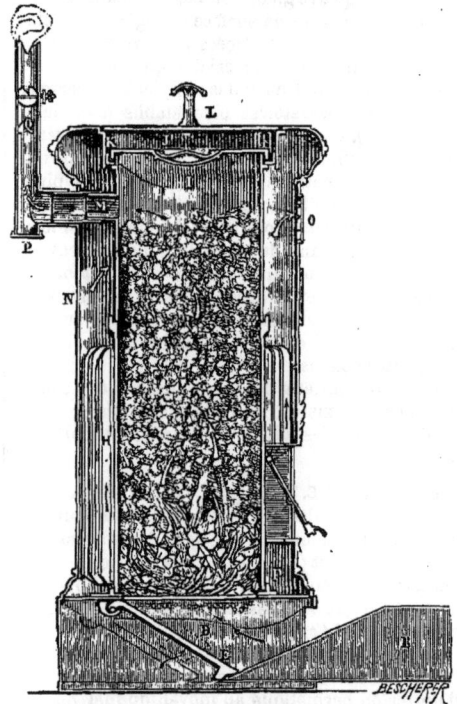

Fig. 187. — *Poêle Denoyelle.*

Le second appareil, représenté par la figure 188, est le *poêle ventilateur* de M. Haillot. Il est aussi à double enveloppe, comme le précédent; l'air pur, pris au dehors, s'échauffe en circulant dans l'espace concentrique I formé par cette enveloppe. L'air vicié aspiré à la partie inférieure du poêle, pénètre entre les deux enveloppes, s'élève jusqu'à la partie supérieure de l'appareil et vient se mêler au courant de fumée sortant du foyer pour se rendre avec lui dans la cheminée où la vitesse d'écoulement des gaz peut atteindre 3 à 4 mètres par seconde. La légende qui accompagne la coupe verticale de ce poêle nous dispense d'entrer dans de plus longs détails sur ses dispositions.

Poêles à eau chaude. Les poêles à eau chaude ont déjà été décrits dans notre étude sur le *chauffage*. — V. ce mot.

Poêles à vapeur. Dans la partie de notre étude consacrée au *chauffage par la vapeur*, nous avons mentionné un certain nombre de types. Nous ajouterons à ces spécimens un nouveau genre de poêle à vapeur, créé par MM. E. et P. Sée, de Lille, qui est composé, comme le montre la figure 189, de tuyaux à ailettes groupés horizontalement et reliés entre eux par deux colonnes verticales. Cet appareil peut fonctionner

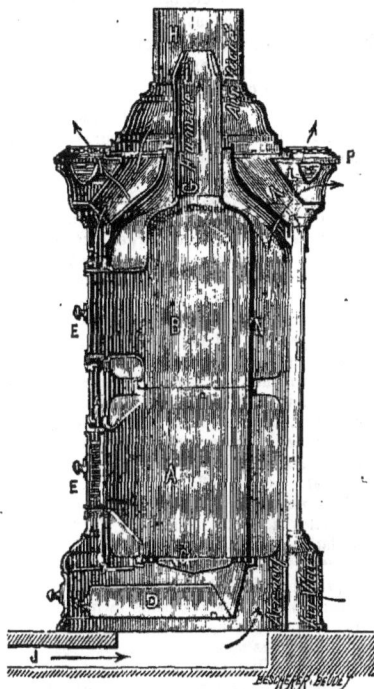

Fig. 188. — *Poêle ventilateur à air chaud, système Haillot.*

A Foyer à ailettes. — *B* Cloche à ailettes. — *C* Grille sur laquelle se place le combustible. — *D* Cendrier. — *E E* Porte de chargement et de décrassage. — *F* Cône de distribution permettant le croisement sans mélange de l'air vicié et de l'air neuf. — *G* Buse de départ de fumée. — *H* Embase et tuyau dans lequel s'opère le mélange d'air vicié et de fumée. — *I* Double enveloppe pour l'évacuation de l'air vicié arrivant par le socle ou par des canaux ménagés dans l'épaisseur du plancher. — *J* Gaine d'arrivée d'air neuf et froid. — *N* Enveloppe dans laquelle s'échauffe l'air neuf, au contact des lames et des tubes à feu. — *P* Dessus grillagé pour l'introduction de l'air neuf et chaud dans la pièce — *I* Humidificateur donnant à l'air le degré hygrométrique convenable.

comme poêle à eau chaude aussi bien qu'à la vapeur.

Nous signalerons encore le poêle à vapeur désigné sous le nom de *radiateur* par l'inventeur américain, M. Leeds.

Poêles à gaz. Le gaz s'applique au chauffage des appartements au moyen d'appareils basés sur les trois principes suivants : 1° le rayonnement direct de la flamme; 2° le rayonnement des parois externes enveloppant la flamme; 3° la combinaison du rayonnement des parois avec une circulation simultanée d'air chaud. Le premier principe est celui des *cheminées à gaz* dont nous n'avons pas à parler ici; le second et le troisième constituent les *poêles à gaz* généralement formés

d'une enveloppe en tôle ou en fonte dans laquelle on place les brûleurs à jets verticaux ou à couronnes remplissant l'office de foyers. Le dernier genre, celui qui présente une circulation d'air venant s'échauffer au contact des parois, est souvent désigné, par les constructeurs, sous le nom de *calorifère à gaz*. Dans les uns et les autres, on peut utiliser la flamme bleue à mélange d'air, ou brûler avec la flamme blanche qui a l'avantage d'agir plus efficacement par rayonnement.

Parmi les nombreuses dispositions des poêles à gaz qui ont été construits depuis quelques années, nous citerons seulement, comme constituant des types principaux desquels on a fait dériver la plupart des autres formes, les poêles de M. Bengel, de M. Jacquet, et le remarquable ca-

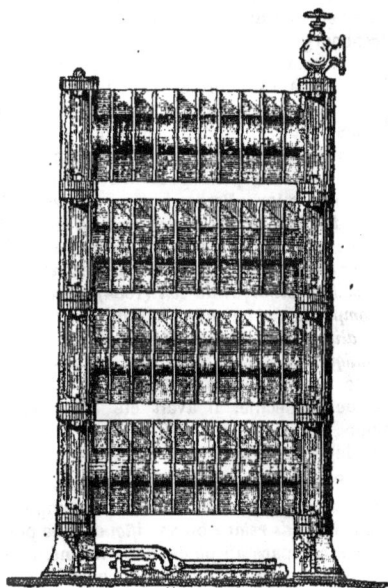

Fig. 189. — *Poêle à vapeur, type de M. Sée.*

lorifère à gaz du système de M. de Laval. Ce dernier appareil, d'une construction bien étudiée, est basé sur l'emploi d'un brûleur en couronne à flamme blanche, sans mélange d'air; au centre de cette couronne, et chauffé par elle, se trouve un tube vertical, légèrement conique de bas en haut, ouvert à ses extrémités et formant une cheminée d'appel par laquelle s'élève l'air aspiré à la base de l'appareil. Les produits de la combustion réunis dans un tambour supérieur, redescendent dans le socle par six tuyaux en cuivre qui forment une grande surface de rayonnement et concourent puissamment au chauffage de la pièce. Un tuyau d'évacuation, comme doivent en avoir tous les poêles à gaz, enlève ensuite tous les produits de la combustion et les conduit directement au dehors ou dans une cheminée avec laquelle on met l'appareil en communication. — G. J.

II. POÊLE. *T. techn.* 1° Outre l'ustensile de cuisine bien connu, ce mot s'applique à des bassins, vases ou chaudières, dans lesquels on fait chauffer différentes matières employées dans l'industrie. || 2° Drap mortuaire dont on couvre le cercueil pendant la cérémonie funèbre. || 3° Voile de tissu léger que l'on tient au-dessus de la tête des mariés, pendant la bénédiction nuptiale. || 4° Sorte de dais.

*POÊLERIE. Industrie qui s'occupe spécialement de la construction des poêles et des objets de fumisterie.

POÊLIER. *T. de mét.* Celui qui fabrique ou pose des poêles et les accessoires compris sous la dénomination de *poêlerie.*

*POGGIALE (Antoine-Baudouin). Né à Valle (Corse) le 9 février 1808, mort à Paris le 26 août 1879. Il fut d'abord élève en pharmacie, puis sous-aide et aide major aux hôpitaux militaires de Strasbourg (1828), Lille (1830) et Paris (1833), devint médecin militaire à l'armée d'Afrique (1833), revint à Lille professer à l'école de médecine (1837), passa de là au Val-de-Grâce (1847-1858), fut élu, en 1854, pharmacien en chef de cet hôpital, et enfin, en 1858, pharmacien inspecteur. Parmi les principaux travaux de Poggiale, on peut citer : *Recherches sur les eaux des casernes, des forts et des postes-casernes des fortifications de Paris* (1853); *Du pain de munition distribué aux troupes des puissances européennes et de la composition chimique du son* (1854); *Recherches sur la composition chimique et les équivalents nutritifs des aliments de l'homme* (1856); *Traité d'analyse chimique par la méthode des volumes* (1858, in-8°), etc. Il était depuis 1857 membre de l'Académie de médecine. Il avait été chevalier de la Légion d'honneur en 1849, officier en 1860, commandeur en 1865.

POIDS. Somme ou résultant de l'action de la pesanteur sur toutes les molécules qui composent un corps; le *poids relatif* ou *spécifique* est le poids d'un corps comparé au poids, sous un même volume, d'un corps adopté comme type; le *poids absolu* est celui d'un corps considéré sans avoir égard à son volume; en *chim.* et en *phys.* on nomme *poids atomique*, le poids des atomes, c'est-à-dire des parties invisibles et impénétrables dont un corps est composé. — V. Atomique. || Se dit d'un corps pesant dont la descente met un mécanisme en mouvement, comme dans une horloge, un tourne-broche. || *Poids mort.* Poids des appareils qui, en augmentant les résistances, absorbe une partie du travail utile.

POIDS ET MESURES. Nous avons déjà indiqué à l'article Mesure, les bases sur lesquelles a été établie, à la fin du siècle dernier, la grande réforme qui a unifié toutes les mesures usitées en France. Le système rationnel d'unités, toutes dérivées de l'unité de longueur, est universellement connu sous le nom de *système métrique.* Il est absolument inutile d'insister sur l'importance d'une pareille réforme sur tous les avantages, surtout en ce qui concerne le commerce et l'industrie, sont immédiatement sentis de tout le monde. Aussi les unités de mesure du système métrique

se répandent-elles peu à peu dans le monde entier. Lorsque nous avons rédigé l'article Longueur, nous manifestions le regret que l'Angleterre, à peu près seule, parmi les nations européennes, persistât dans son système ancien, bizarre et incommode. Depuis cette époque, grâce au Congrès international qui s'est tenu à Washington au mois d'octobre 1884, dans le but de choisir un premier méridien commun à toutes les nations, un grand pas a été fait dans la voie du progrès : l'Angleterre s'est décidée à donner son adhésion à la Convention internationale du mètre, et les mesures métriques sont ainsi devenues facultatives dans ce pays.

— En France, la loi qui a établi le système métrique comme système légal des poids et mesures porte la date du 18 germinal an III. Sans revenir ici sur l'histoire des travaux célèbres qu'a nécessités l'élaboration de ce système, nous nous bornerons à citer les noms des savants illustres qui y ont le plus contribué. Cassini, Legendre, Delambre et Méchain se sont chargés des observations astronomiques et géodésiques nécessaires pour la nouvelle mesure du méridien de la terre; Meusnier et Monge ont mesuré avec une minutieuse précision les bases du réseau géodésique; Borda et Coulomb ont déterminé la longueur du pendule qui bat la seconde; Lavoisier et Haüy étudièrent le poids de l'eau distillée; Tillet, Brisson et Vandermonde ont dressé l'inextricable tableau des mesures anciennes. Ce ne fut que quatre ans après la promulgation de la loi du 18 germinal an III, et sept ans après le début des premiers travaux que les cinq Commissions nommées par l'Académie des sciences, le 23 avril 1791, purent enfin déposer aux Archives les deux étalons prototypes qui fixent définitivement les mesures nouvelles (4 messidor an VII). Ce sont : 1° une règle de platine dont la longueur à 0° est égale au mètre légal; 2° un cylindre de platine dont le poids dans le vide est égal au poids du kilogramme légal.

Les questions relatives aux poids et mesures, surtout en ce qui concernait l'usage des anciennes mesures mises en harmonie avec les nouvelles ont été réglées à nouveau par la loi du 4 juillet 1837, à la suite de laquelle fut annexé le tableau suivant qui donne la liste et la valeur des mesures légales :

Mesures de longueur.

Myriamètre	Dix mille mètres.
Kilomètre	Mille mètres.
Hectomètre	Cent mètres.
Décamètre	Dix mètres.
Mètre	*Unité fondamentale des poids et mesures. Dix millionième partie du quart du méridien terrestre (1).*
Décimètre	Dixième du mètre.
Centimètre	Centième du mètre.
Millimètre	Millième du mètre.

Mesures agraires.

Hectare	Cent ares ou 10,000 mètres carrés.
Are	Cent mètres carrés, carré de 10 mètres de côté.
Centiare	Centième de l'are ou mètre carré.

Mesures de capacité pour les liquides et les matières sèches.

Kilolitre (2)	Mille litres.
Hectolitre	Cent litres.

(1) Les mesures les plus récentes de la Terre assignent au quart du méridien terrestre une longueur de 10,002,000 mètres au lieu de 10,000,000. — V. Longueur.

(2) Ce mot est à peu près inusité aujourd'hui.

Décalitre.	Dix litres.
Litre.	Décimètre cube.
Décilitre (1).	Dixième du litre.

Mesures de solidité.

Décastère..	Dix stères.
Stère . . . . . : . .	Mètre cube.
Décistère. . . . : .	Dixième du stère.

Poids.

Millier (2).	Mille kilogrammes, poids du mètre cube d'eau et du tonneau de mer.
Quintal.	Cent kilogrammes, quintal métrique.
Kilogramme.	Mille grammes. Poids dans le vide d'un décimètre cube d'eau distillée à la température de 4° centigrades.
Hectogramme	Cent grammes.
Décagramme.	Dix grammes.
Gramme	Poids d'un centimètre cube d'eau à 4° centigrades.
Décigramme.	Dixième du gramme.
Centigramme	Centième du gramme.
Milligramme.	Millième du gramme.

Monnaie.

Franc	Cinq grammes d'argent au titre de 9 dixièmes de fin (3).
Décime.	Dixième de franc.
Centime	Centième de franc.

Conformément à la disposition de la loi du 18 germinal an III concernant les poids et les mesures de capacité, chacune des mesures décimales de ces deux genres a son double et sa moitié.(4)

On sait que les mesures de surface et de volume se ramènent aux mesures de longueur. Nous avons donné au mot Longueur la comparaison des anciennes mesures et des mesures étrangères avec les mesures métriques. Pour les mesures de capacité, des tableaux analogues ont été donnés au mot Capacité, ainsi que des indications sur la construction des mesures effectives.

Pour les mesures agraires, un travail semblable sera publié au mot Superficie. Il ne nous reste donc plus ici à parler que des poids et des monnaies.

Les poids marqués destinés à être placés sur les plateaux de balance sont construits en fonte ou en cuivre. La série des poids en fonte comprend ceux de 50, 20, 10, 5 et 1 kilogrammes; 500 grammes (demi-kilogramme); 200 grammes (double hectogramme); 100 grammes (hectogramme) et 50 grammes (demi-hectogramme). On fabrique aussi des poids de 25 kilogrammes, quoique ceux-ci ne soient pas compris dans la série des poids légaux. Les poids de 50 et 25 kilogrammes ont la forme d'un tronc de pyramide à base rectangulaire,

(1) Le mot *centilitre*, centième du litre, quoique ne figurant pas dans ce tableau officiel est très usité.

(2) On dit plus souvent *tonne.*

(3) On sait que depuis 1850, les pièces d'argent de 2 fr., 1 fr., 0 fr. 50 et 0 fr. 20 sont seulement au titre de 0,835; elles ont donc une valeur intrinsèque inférieure à leur valeur légale; aussi ne doivent-elles servir qu'à faire l'appoint, et le créancier est libre de refuser ces pièces au delà d'une certaine somme.

(4) Cette note, placée à la suite du tableau officiel, indique que l'on construit des vases ou des poids marqués, représentant les multiples et sous-multiples du litre et du gramme, ainsi que le double et la moitié de chacune de ces mesures.

les autres, d'un tronc de pyramide à base hexagonale; ils sont tous surmontés d'un anneau, et portent inscrits sur leur face supérieure l'indication de leur valeur.

Les poids en cuivre, depuis le double kilogramme jusqu'au gramme, ont la forme d'un cylindre surmonté d'un bouton. La hauteur du cylindre est égale à son diamètre, et celle du bouton en est la moitié. Cependant les poids du gramme et du double gramme ont un diamètre plus grand que leur hauteur. Ces poids peuvent être massifs ou creux et remplis d'une matière lourde. Les poids d'un demi-gramme, et au-dessous, sont des lames de cuivre minces et carrées; ils comprennent la série depuis le demi-gramme jusqu'au milligramme avec les doubles et les moitiés. On fabrique aussi des poids en cuivre en forme de godets coniques qui s'emboîtent les uns dans les autres.

Pour effectuer commodément les pesées, il faut posséder une série de poids comprenant chaque unité décimale une fois, chaque demi-unité une fois, et chaque double unité deux fois. Il est visible qu'avec cette série s'étendant, par exemple, du gramme au kilogramme, on pourra réaliser tous les nombres entiers de grammes depuis 1 jusqu'à 2,000 grammes. Le nombre 1,986, par exemple, sera représenté par 1 kilogramme, un demi-kilogramme, deux doubles hectogrammes, un demi-hectogramme, un double décagramme, un décagramme, un demi-décagramme et un gramme.

— L'ancienne unité de poids, en France, était la livre qui équivalait à 489g,52.

Depuis l'adaptation des anciens noms de mesures au système métrique, on désigne sous le nom de *livre métrique* le demi-kilogramme ou 500 grammes.

L'ancienne livre se divisait en 16 onces, l'once en 8 gros et le gros en 72 grains. Enfin, on se servait aussi du marc qui valait une demi-livre, et du quintal qui valait 100 livres.

Tableau des anciennes mesures de poids françaises.

	Grammes.
Quintal (100 livres)	48952
Livre.	489,516
Marc (demi-livre)	244,753
Once (seizième de la livre)	30,594
Gros (huitième de l'once)	3,822
Grain (soixante-douzième du gros). . . .	0,053
Carat (pour les diamants : 144 dans une once de 29g,592).	0,2055

Tableaux des principales mesures de poids étrangères (1).

		Grammes.
Abyssinie.	*Rottolo.*	311,001
Angleterre.	*Livre troy impériale* (5760 grains).	373,242
	Ounce troy impériale (1/12 de livre troy).	31,103
	Pennyweight (1/20 d'once).	1,55
	Grain (1/24 pennyweight). .	0,0648
	Grain perle (5 grains perle = 4 grains troy)	0,0518
	Karat-diamant.	0,2054

(1) La plupart des nations européennes ayant adopté le système métrique, les poids cités ici sont, pour la majeure partie, des mesures anciennes.

		Grammes
Angleterre.	Liv. avoirdupois (7000 grains)	453,593
	Ounce avoirdupois (1/16 de livre).	28,350
	Dram (1/16 d'once).....	1,772
	Quintal (112 livres avoirdupois).	50,802
	Ton (20 quintaux).	1,016,048
Autriche.	Livre.	560,012
	Marc.	280,743
Bavière.	Livre.	560,000
	Marc.	233,891
Belgique.	Livre ancienne.	467,700
Brême.	Livre.	498.578
Brésil.	Tonellada.	793,029
	Quintal (128 lib., 4 arrobas).	58,743
	Libra (2 marcos, 16 onças)..	0.459
Chine.	Catty.	604,703
	Tale (or et argent).	37,566
Danemark.	Livre.	500,194
	Marc.	235,389
Egypte.	Rottolo du Caire.	430,866
	Rottolo zaidini.	605,481
Espagne.	Libbra.	460,500
	Marc.	230,250
Etats-Unis.	Comme l'Angleterre.	
Hambourg.	Livre.	484,384
	Marc de Cologne.	233,769
Hanovre.	Livre.	486,652
	Marc de Cologne.	233,769

		Grammes
Hollande.	Livre vieux poids d'Amsterdam.	494,090
	Livre Troye de Hollande..	492,168
	Livre nouvelle (10 onces)..	1000,000
	Marc ancien.	246,080
	Libbra.	339,121
Italie.	Rottolo de Naples.	890,632
	Libbra de Naples (or et argent).	320,692
	Karat de Florence.	0,1972
Japon.	Catty.	589,607
Maroc.	Livre.	539,717
Perse.	Batman de Cherray.	5751,692
	Batman de Tauris.	2875,846
	Derham.	9,790
Portugal.	Arratel.	458,921
	Marc (64 oitavas).	229,460
	Karat-diamant.	0,20575
Prusse.	Livre.	467,702
	Marc.	233,855
	Karat.	0,20504
Russie.	Livre (9216 doli).	409,512
	Solotnie (96 doli).	4,266
	Doli.	0,044
Suède et Norwège.	Livre.	425,082
	Marc.	210,574
Suisse.	Livre forte de Genève....	550,602
	Livre légère de Genève...	458,831
	Marc de Genève.	245,231
Tripoli (Afrique).	Rottolo.	507,969
Turquie.	Oke.	1284,825
	Chequee.	321,173

Tableau des monnaies françaises.

Métal	Valeur	Titre		Tolérance du titre	Diamètre	Poids	Tolérance du poids
	francs				millimètres	Grammes	milligrammes
Or......	100	0,9		0,001	35	32.25806	32,258
	50	»		en plus	28	16,12903	16,129
	20	»		ou	21	6,45161	12,902
	10	»		en moins	19	3,22580	6,450
	5	»			17	1,61774	4,836
Argent....	5	0,9		0,002	37	2,5000	75
	2	0,835		0,003	27	1,0000	50
	1	0,835		0,003	23	5,000	25
	0,50	0,835		0,003	18	2,500	17,500
	0,20	0,835		0,003	16	1,000	10
Bronze....	0,10	Cuivre..	95	0,01	30	10,000	10
	0,05	Etain...	4	0,015	25	5,000	50
	0,02	Zinc...	1	0,015	20	2,000	30
	0,01	Total..	100	0,015	15	1,000	15

Pour les usages scientifiques. — V. Unité.

POIGNARD. Arme courte, formée d'une lame droite, pointue, et fixée dans un manche. || Retouche que l'on fait dans un vêtement pour corriger un défaut.

POIGNÉE. *T. techn.* Dans une épée, partie de la garde que la main saisit et entoure. || Nombre déterminé d'écheveaux de fil. || En général, manche ou pièce d'un objet pour saisir, tirer à soi, ou encore pour faciliter la manœuvre de quelque chose.

POIL. 1° *T. de filat.* Fil de soie qui constitue l'ouvraison la plus simple de la *grège* (V. ce mot). Celle-ci, déjà dévidée en bobines, reçoit, en se dévidant de nouveau, un tors sur elle-même plus ou moins considérable, qui lui donne de la force, l'empêche de se défiler, et lui permet de supporter la cuite (V. Décreusage) et les opérations de teinture.

Ce genre s'emploie, marié à une chaîne de laine, dans le tissage des châles riches, il est aussi particulièrement destiné à la confection de certains tissus où il n'a à supporter aucun effort de battage au métier ; il marche alors parallèlement à une chaîne plus solide avec laquelle il se lie constamment, comme dans les genres velours et peluche, et, après le coupage, c'est lui qui forme à l'endroit du tissu l'effet d'un poil, soit perpendiculaire à l'étoffe (velours), soit couché sur elle (peluche); dans l'un et l'autre cas, la longueur de la chaîne de poil est beaucoup plus longue que celle avec laquelle il se marie, et qui constitue la toile du tissu. Comme le poil n'est formé que d'un seul brin grège, malgré sa torsion sur lui-même, il est bien évident qu'il ne peut supporter que de faibles opérations de teinture et de faibles charges. || 2° Vêtement donné par la nature à un grand nombre d'animaux et à la presque totalité des mammifères terrestres et amphibies. Il y a lieu de distinguer dans les poils : la *longueur*, minime chez certains animaux où la peau est à peine couverte, très grande chez d'autres où les formes des membres et du corps sont totalement cachées; la *couleur*, qui varie du blanc le plus éclatant au noir le plus foncé, en passant par toutes les nuances, isolées, mélangées ou associées de cent façons différentes; la *structure*, qui, chez certains animaux comme le porc et le sanglier les rend ternes, raides et durs; chez d'autres, comme le cheval et la vache, les fait paraître presque roides, lisses et brillants; chez d'autres encore, comme le mouton ou le chameau, leur donne un aspect laineux; chez d'autres enfin, comme le cheval pour ses crins, les montre longs, brillants et résistants. Suivant leur destination, on peut diviser les poils en quatre catégories: 1° poils pour chapellerie; 2° poils pour filature; 3° poils pour brosserie; 4° poils pour l'agriculture, le feutrage, etc.

Les poils employés pour la chapellerie sont ceux qui jouissent de la propriété de se feutrer aisément. Parmi eux, les poils de lièvre et de lapin sont employés presque exclusivement; cependant on peut encore signaler comme usités dans cette industrie, mais pour une part très minime, les poils de castor, de rat gondin, de rat musqué, de chevron, de chameau, etc.

Pour la filature, on emploie surtout les poils de chèvre, d'alpaga, de cachemire et de chameau; et on a proposé dernièrement le poil de lapin angora de grande race.

Pour la brosserie, on fait surtout usage des queues de martre, putois et petit-gris, des poils de blaireau et des soies de porc et de sanglier.

Enfin, on emploie pour le feutrage ou comme engrais, tous les poils de rebut dit *plocs*, qui n'ont pu trouver de destination dans l'une des industries précédentes, et qui proviennent de l'éjarrage des pelleteries, du tannage à la chaux des peaux de vache, chèvre, veau, etc. — A. R.

*POILLY (De). Famille de graveurs et dessinateurs dont le premier en date, et le plus illustre, est FRANÇOIS né à Abbeville vers 1622, mort à Paris en 1693. Il reçut les premières notions du dessin sous la direction de son père, orfèvre, dont il devait d'abord continuer l'industrie, mais il préféra la gravure, et entra à Paris dans l'atelier de Pierre Duret. En 1649, il fit le voyage d'Italie pour perfectionner son éducation artistique, et resta sept ans à Rome, à Florence, à Venise, à Naples. Il y publia un grand nombre d'estampes, d'après la manière de Bloemaert, qui était alors très à la mode. On remarque surtout sa copie du

Saint-Charles Borromée de Mignard. Sa réputation l'avait précédé à Paris, aussi, dès son retour. en 1656, vit-il ses œuvres très appréciées; il reçut de belles commandes officielles, qui lui valurent, sans qu'il l'eût sollicité, le titre de graveur du roi. Ses portraits sont surtout recherchés aujourd'hui, et l'importance des personnages qu'ils représentent leur donne encore une plus grande valeur; c'est *Louis XIV, Mazarin, Lamoignon, Bignon, Monsieur frère du roi*, etc. Dans l'œuvre gravé de Poilly, qui se monte à plus de quatre cents estampes, nous citerons : la *Sainte-Famille* et la *Vierge au voile* d'après Raphaël; la *Nativité* d'après le Guide; le *Mariage de Sainte-Catherine* d'après Mignard; une *Sainte-Famille* d'après Le Poussin; *Saint-Jean dans l'île de Patmos* d'après Lebrun et la *Dispute de Minerve et de Neptune voulant donner un nom à Athènes*, d'après le même; enfin ses deux chefs-d'œuvre : *Le triomphe d'Osiris à son retour d'Egypte*, surmonté d'un portrait de l'Empereur Ferdinand III d'après un dessin de Calabrese, et le *Temps élevant la France et foulant à ses pieds les vices abattus*, gravé par ordre du roi, pour Pontchartrain, estampe hors ligne et comparable aux plus belles de Marc Antoine. Avec son frère Nicolas, François de Poilly a gravé une suite de *Vierges* remarquables, que Mariette appelle *feuilles fines*. Il avait un atelier très fréquenté, d'où sortirent d'excellents artistes, son frère, Gérard Edelinck, Scotin, Roullet, etc.

NICOLAS, né à Abbeville en 1626, mort à Paris en 1690, a joui d'une réputation moins grande que François, auquel il était supérieur peut-être par la finesse et la légèreté de son burin. Mais il était inégal et paresseux. Aussi a-t-il travaillé surtout en collaboration avec son frère, qui soutenait sa persévérance toujours chancelante. On a pourtant de lui plusieurs bons portraits et quelques planches d'après Raphaël, Poussin, Mignard, Ph. de Champaigne. La meilleure paraît être *La Sainte-Famille* d'après Lebrun, connue sous le nom du *Silence*, parce que la Vierge tient sur ses genoux l'enfant Jésus endormi. C'est grâce à elle surtout que Nicolas de Poilly a mérité d'être compté parmi les maîtres de la gravure.

Il laissa deux fils. JEAN-BAPTISTE, né à Paris en 1669, mort dans la même ville en 1728, alla étudier en Italie et y acquit un style plus correct que celui de son frère. On a de lui une *Suzanne*, d'après Coypel, le *Veau d'or*, etc. Son œuvre la plus connue est *La galerie de Saint-Cloud*. Il fut reçu membre de l'Académie de peinture en 1714, sur la présentation des portraits de *Van Clève et de Troy*, d'après Vivien et François de Troy. NICOLAS, son frère, qui fit aussi le voyage d'Italie, né en 1675 à Paris, mort en 1747, étudia d'abord la peinture sous la direction de Mignard et de Jouvenet. Mais, malgré de bons débuts, il abandonna bientôt cette voie pour entreprendre la gravure. Il a laissé une bonne planche d'après un de ses tableaux, le *Calvaire*. Il eut la direction des artistes qui travaillèrent pendant plusieurs années à l'ouvrage connu sous le nom

POIN

de *Cabinet Crozat*, et il y donna lui-même un certain nombre de dessins et d'estampes.

I. POINÇON. T. de mécan. Outil des machines à poinçonner, qui perce un trou en agissant par compression sur la pièce à découper. Le poinçon, qui doit supporter ainsi des pressions souvent très élevées, est toujours fabriqué en acier très dur et d'une grande résistance à la compression. Cette résistance, qui varie d'ailleurs avec les natures d'acier employées, peut aller de deux à quatre fois celle du fer; c'est cet élément qui détermine la limite d'épaisseur des tôles que le poinçon peut traverser sans risquer de s'écraser : on reconnaît ainsi que cette limite varie de une à deux fois le diamètre des trous à percer. En pratique cependant, pour ne pas trop fatiguer les poinçons, on tient toujours l'épaisseur inférieure au diamètre du trou.

La forme et le mode d'attache des poinçons varient suivant la nature du travail à exécuter et la disposition de la machine dont ils font partie. Quand ils sont destinés à découper les pièces d'une forme donnée, ils sont taillés suivant ce contour; mais, plus généralement, ils sont circulaires et formés d'une simple barre ronde coupée normalement. En service, cet outil agit d'un mouvement de va-et-vient alternatif qui lui est communiqué par la poinçonneuse, il est ordinairement fixé dans un porte-poinçon creux d'où on peut le détacher facilement quand on veut modifier le diamètre du trou ou le remplacer. Dans les petites pièces, on se contente souvent de le forcer dans le porte-poinçon alésé cylindriquement et de le maintenir par une vis de pression. Sur les grosses pièces, au contraire, ce moyen serait insuffisant, et on termine ordinairement le poinçon par une tête fraisée d'un diamètre supérieur à celui de la partie active de l'outil; on emmanche celle-ci dans le porte-poinçon, ce qui permet de le sortir facilement. Le porte-poinçon est, de son côté, rattaché invariablement à un plongeur, quand il n'est pas fabriqué d'une seule pièce avec lui ; celui-ci frotte entre deux glissières ménagées, à cet effet, sur le bâti fixe de la machine, et il assure ainsi la conduite de l'outil. Le plongeur est conduit lui-même par une bielle ou un excentrique empruntant son mouvement sur l'arbre moteur de la machine, ainsi que nous le disons plus bas. — V. Poinçonneuse.

Le poinçon peut être considéré en quelque sorte comme une lame de cisaille arrondie ayant un angle de coupe égal à 90°. Pour faciliter l'action de cet outil, on peut diminuer un peu cet angle de coupe, et adopter la forme de poinçon hélicoïdal de M. Kennedy, représentée sur la figure 190. Celle-ci assure un arrachement moins brusque du métal, et diminue ainsi l'effort absorbé par l'outil. Les poinçons reçoivent aussi quelquefois une forme légèrement conique.

Devant le poinçon, sur la face opposée du bâti de la machine, qui forme deux branches rappelant la disposition d'un C, est fixée la matrice, pièce en forme d'anneau, d'un diamètre généralement supérieur de 1/16 à celui du poinçon, fabriquée, également en acier dur, et qui doit former, pour ainsi dire, la lame fixe de la cisaille. La matrice est toujours conique et va s'agrandissant sur un angle de 3 à 5° vers le diamètre inférieur, de manière à diminuer le frottement pour l'enlèvement de la débouchure.

La matrice est supportée dans une pièce appelée *porte-matrice* fixée au bâti et permettant ainsi de l'enlever facilement en cas de besoin.

Nous avons signalé déjà à l'article Chaudronnerie, l'influence fâcheuse qu'exerce l'action du poinçon sur les pièces en acier fondu, principalement en aigrissant le métal dans une région d'un à deux millimètres d'épaisseur autour du périmètre du trou découpé. M. Barba, qui

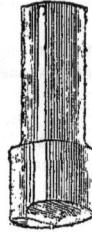

Fig. 190.

Poinçon hélicoïdal de M. Kennedy.

a signalé ce fait dans ses belles études sur l'emploi de l'acier dans les constructions, a montré que cette altération de l'acier résultant de la pression à laquelle le métal se trouve soumis dans le poinçonnage, pression qui modifie l'état du carbone dans la région voisine. Il a réussi à isoler la région ainsi altérée formant un anneau autour du trou poinçonné, et il a montré que cette bague, essayée à l'état naturel, se brise sous la pression, sans pouvoir subir d'aplatissement; par contre, la partie restante de la tôle est absolument saine si l'on a soin d'enlever cette région au foret ou même de recuire la tôle pour faire disparaître l'effet du poinçonnage, en rétablissant ainsi la répartition uniforme du carbone. D'ailleurs, M. Barba a reconnu, en recuisant la bague isolée, que celle-ci devenait aussi malléable qu'une bague enlevée au foret, ce qui montre bien que l'action du poinçon a seulement aigri le métal, sans produire de fissures. Ajoutons d'autre part que le trou débouché au poinçon présente toujours un certain évasement conique du côté de la débouchure, et il faut presque toujours aléser les trous pour enlever cette différence comme les parois ne sont lisses qu'à la partie supérieure, il convient aussi d'ébarber les bords de la tôle et d'enlever les angles vifs qui pourraient casser les rivets quand on vient les poser dans les trous poinçonnés. Si on ne voulait pas aléser le trou, il faudrait tout au moins, quand on placera le rivet, avoir soin de disposer la tôle de manière à introduire la tête du rivet du côté du grand diamètre du trou, ce qui est indispensable, en effet, pour qu'on puisse sortir facilement les rivets qui viendraient à se rompre dans le travail.

Ajoutons enfin que les cahiers des charges des grandes administrations proscrivent souvent l'usage du poinçon pour le perçage des trous, tout au moins lorsque les pièces ne sont pas recuites, ou que les trous ne sont pas suffisamment agrandis au foret; il en est de même d'ailleurs pour la cisaille, dont l'usage est interdit, par exemple, dans certaines Compagnies de chemin de fer, même pour le découpage des éclisses ou des selles.

M. Considère a repris récemment l'étude de cette question de l'influence du poinçonnage (V. *Annales des ponts et chaussées*, 1885), et les résultats de ses expériences ont confirmé pleinement les conclusions indiquées déjà par M. Barba : le poinçonnage écrouit le métal, et il produit une altération caractérisée surtout par l'augmentation de la limite d'élasticité, et par une diminution beaucoup plus forte de l'allongement. Cette espèce d'écrouissage s'étend à 3 ou 4 millimètres autour du trou poinçonné, et va en diminuant très rapidement d'intensité à partir du premier millimètre. En examinant, en effet, la cassure d'une barrette d'acier

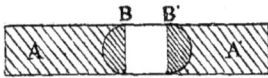

Fig. 191. — *Cassure d'une éprouvette portant un trou poinçonné.*

portant un trou poinçonné, qu'on a rompue à l'essai de traction, on reconnaît qu'il s'est produit autour du trou une altération du grain sur une zone en demi-cercle dont la hauteur du trou forme la base, et qu'en dehors de celle-ci le grain conserve l'aspect rugueux du métal naturel; c'est d'ailleurs l'aspect représenté sur la figure 191.

L'altération ainsi produite par le poinçonnage ne se révèle qu'au moment où le métal écroui cesse de travailler dans des conditions identiques à celles du métal naturel, c'est-à-dire lorsque la tension atteint la limite d'élasticité du métal naturel. Le métal poinçonné, étant susceptible seulement d'un allongement très faible, se brise par une flexion ou un allongement beaucoup moindre que le métal foré, et sa rupture entraîne par suite celle de toute la section qui subit alors, par le fait, un accroissement de charge considérable. Toutefois, la réduction de la charge totale supportée varie avec l'écartement des trous poinçonnés : elle atteint sa valeur maximum pour une distance des bords des trous variant de 40 à 50 millimètres, et elle va en diminuant lorsque les trous sont plus rapprochés, car la proportion du métal écroui dans la section totale se trouve alors augmentée. Cette réduction est nulle, c'est-à-dire qu'il y a égalité entre les charges de rupture supportées par deux tôles de section égale, l'une poinçonnée et l'autre forée, lorsque la distance des trous poinçonnés n'atteint plus que 15 millimètres. Pour une distance moindre, la proportion du métal écroui l'emporte dans la tôle poinçonnée, et celle-ci présente alors une augmentation de résistance avec un allongement très faible.

Pour un écartement de trous de 40 à 50 millimètres, qui est d'ailleurs le plus fréquent, on peut dire que le poinçonnage diminue de 20 0/0 environ la résistance pour le fer et les aciers extra doux, de 25 0/0 pour les aciers doux et de 35 0/0 pour les aciers durs. Le recuit préalable augmente encore cet écart en abaissant les limites d'élasticité du métal naturel, tandis que l'écrouissage ou la trempe, qui produit l'effet contraire, la diminue. Le recuit après le poinçonnage ou l'enlèvement au foret de la zone de 1 à 2 millimètres altérée autour du trou, suffit pour effacer les effets du poinçonnage, en rendant au métal sa résistance normale. Cette précaution est d'autant plus nécessaire sur les pièces rivées, que, en diminuant l'allongement, comme nous l'avons dit plus haut, le poinçonnage leur enlève, pour ainsi dire, toute faculté de se déformer sans rupture. Si on admet, par exemple, que la proportion des trous dans une pièce rivée soit de 20 0/0, la section pleine occupant seulement 80 0/0 de la section totale, la résistance qu'elle présente après poinçonnage, subissant d'autre part la réduction indiquée tout à l'heure par le fait de cette opération, se trouve ramenée à $0,8 \times 0,8 = 0,64$ pour le fer, et à $0,8 \times 0,7 = 0,56$ pour l'acier. On voit par là que si la limite d'élasticité atteint 60 0/0 par exemple, comme c'est le cas ordinaire, de la résistance à la rupture, cette rupture se produira dans la section poinçonnée sous un effort qui, atteignant au plus la limite d'élasticité de la section totale, serait à peine en état de produire une déformation permanente.

Avec un acier résistant à 60 kilogrammes, l'allongement que la tôle poinçonnée peut supporter sans rupture se réduira à celui qui correspond à un effort de $60 \times 0,6 = 36$ kilogrammes, soit $1^{mm},6$ seulement par mètre, tandis qu'une tôle recuite pourrait supporter un effort égal à $0,8 \times 60 = 48$ kilogrammes, et prendre par suite un allongement de 4 0/0, 25 fois supérieur par conséquent à celui de la tôle poinçonnée.

II. POINÇON. 1° *T. de charp.* Pièce de bois verticale A (fig. 192) dans laquelle s'assemblent à tenons et mortaises les *arbalétriers* B d'une ferme. Le poinçon remplit encore d'autres fonctions. Prolongé jusqu'au *tirant* C, il s'oppose à sa flexion, soit en s'y assemblant au moyen d'un tenon *passant*, soit, comme le montre la figure ci-jointe, au moyen d'un lien en fer. De plus, il supporte la *panne faîtière* ou *faîtage* en s'assemblant avec elle, et il reçoit le pied des *contrefiches* D, destinées à reporter sur le poinçon une partie de la pression exercée par les pannes F.

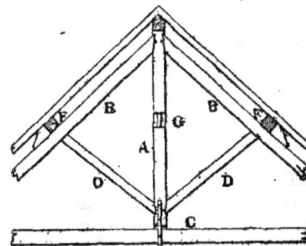

Fig. 192. — *Ferme en bois.*

Enfin, c'est encore cette pièce qui reçoit par un assemblage G le pied des *aisseliers*, ou liens obliques placés dans un plan perpendiculaire à celui de la ferme, et qui assurent à celle-ci une position verticale.

Dans les fermes en fer, le poinçon est une tringle en fer rond qui se rattache au tirant, soit par l'intermédiaire d'une plaque soutenant un manchon dans lequel se vissent avec écrou les deux parties qui composent le tirant, soit par un lien embrassant le tirant et boulonné sur l'extrémité aplatie du poinçon. Par le haut, ce dernier se relie aux arbalétriers à l'aide de plaques d'assemblage boulonnées sur les faces inférieures de ces fers. Dans les combles coniques ou pyramidaux, le poinçon reçoit tous les abouts des arbalétriers par un assemblage à tenons. Dans ce genre de charpentes, le poinçon perce souvent le comble, et son extrémité est recouverte d'ornements ou *épis* décoratifs en métal ou en plomb. || 2° **T.** *de maçonn.* Outil de tailleur de pierre. C'est une tige prismatique en fer, terminée en pointe, et sur laquelle on frappe avec une masse en fer, soit pour pratiquer des trous, soit pour abattre les plus fortes aspérités laissées sur la pierre par le travail du marteau. || 3° **T.** *de serr.* Outil d'acier de forme prismatique carrée ou méplate qui sert à percer le fer à froid ou à chaud. || 4° **T.** *de grav.* Outil de fer ou d'autre métal sur lequel on frappe pour obtenir une gravure; c'est ainsi que pour l'impression sur tissus, par exemple, on enfonçait le poinçon sur le rouleau à l'aide d'un mouton d'après un dessin déterminé, la répétition de cette opération donnait la gravure sur le cylindre qui recevait ensuite un polissage. || 5° Instrument d'acier, gravé en creux, pour marquer les bijoux, la vaisselle et les couverts d'or et d'argent. Il y en a de plusieurs sortes : celui du fabricant, celui du titre et celui du bureau de garantie; deux poinçons plus petits servent l'un ou l'autre pour les objets d'or ou d'argent dont les faibles dimensions ne permettent pas l'usage des trois premiers; enfin, un poinçon dit de *recense* est appliqué, à la Monnaie, toutes les fois que l'on craint une fraude relative aux titres et aux poinçons. Les pièces venant de l'étranger sont soumises à un contrôle spécial. || 6° **T.** *de monn.* On nomme aussi *poinçon*, un morceau d'acier trempé et gravé en relief, avec lequel on frappe le coin des monnaies et des médailles (V. Coin, **T.** *de monn.*, et Gravure, § *Gravure en médailles*), et qui sert en général, à la confection de matrices dans la fabrication des objets en métal repoussé et estampé (V. Gravure, § *Gravure au poinçon*); les fondeurs de caractères, par exemple, en font un usage continuel. — V. Caractère d'imprimerie, § *Fabrication.*

POINÇONNAGE. Action de poinçonner. — V. l'article suivant et Poinçon, § I.

*POINÇONNEUSE. **T.** *de mécan.* Machine-outil qui opère le perçage des pièces de faible épaisseur, et généralement des tôles, par l'action d'un poinçon, refoulé mécaniquement à travers celle-ci. Cette machine agit donc d'une manière plus rapide, mais aussi plus brutale en même temps, que la perceuse proprement dite, elle ménage moins la tôle qu'elle travaille et, dans certains cas spéciaux, lorsqu'on tient à conserver la douceur et la malléabilité du métal dans la région ainsi traversée, l'usage de la poinçonneuse impose certaines précautions spéciales, comme nous l'avons signalé en parlant du *poinçon* (V. ce mot, § I). Les poinçonneuses les plus simples sont constituées par les découpoirs, les emporte-pièces ou balanciers commandés à la main, qu'on rencontre dans un grand nombre de petits ateliers appliqués au perçage de trous et même à l'estampage d'objets de toute nature, en papier, en bois, en tôle mince de fer ou de cuivre, qu'on peut

ainsi façonner rapidement et en grande quantité à la fois.

Depuis l'extension si considérable qu'ont prise dans ces dernières années, les machines-outils, les poinçonneuses, en particulier, ont reçu un développement tout spécial dans les ateliers de construction où on en rencontre aujourd'hui des types de toute puissance actionnés mécaniquement par une transmission de mouvement, par un moteur spécial ou par une pression d'eau. On arrive, avec ces machines, à percer en peu de temps un nombre de trous considérable sur des tôles d'épaisseur relativement élevée, atteignant souvent 5 à 6 centimètres, et on peut les faire servir également à découper les tôles, suivant un profil donné, lorsqu'on a beaucoup de pièces identiques à fabriquer ; c'est ainsi, par exemple, que dans les ateliers de chemins de fer on rencontre souvent les poinçonneuses appliquées au découpage des plaques de garde de vagons, par exemple, dont elles enlèvent la débouchure en un seul coup de poinçon.

Les poinçonneuses sont généralement établies sur le même plan que les cisailles dont elles se rapprochent beaucoup par leur mode d'action, et on rencontre souvent, d'ailleurs, des machines disposées pour servir à la fois de poinçonneuse et de cisaille. Les premières poinçonneuses commandées mécaniquement, étaient du type à levier, généralement appliqué aux cisailles. Le levier employé était à bras inégaux; le grand bras était commandé par une came de profil convenable calée sur l'arbre moteur qui lui communiquait ainsi un mouvement d'oscillation; le petit bras était rattaché à l'extrémité par une bielle articulée au plongeur supportant le porte-poinçon qui prenait ainsi un mouvement rectiligne de va-et-vient alternatif, dans les glissières pratiquées sur le bâti pour le guider. Le poinçon s'abaissait en exerçant son action sur la pièce à percer pendant que la came soulevait le grand bras du levier, puis celui-ci retombait abandonné par la came et relevait ainsi le poinçon pour le dégager du trou pendant que la débouchure tombait dans la matrice. L'arbre moteur était muni d'un volant qu'on conserve toujours, d'ailleurs, sur ce type de machine, car elles ont un travail tout à fait inégal et intermittent qu'il importe de régulariser, et le volant restitue, en quelque sorte, au moment où l'effort du poinçon ralentit le mouvement de l'arbre moteur, la force vive qu'il a emmagasinée antérieurement. Comme il importe, d'ailleurs, de pouvoir suspendre à volonté le mouvement du poinçon, la machine comportait une sorte de cale qui permettait d'immobiliser le plongeur tout en maintenant le mouvement du levier. Les petites bielles qui rattachaient le petit bras du levier au plongeur, avaient, à cet effet, leur trou d'articulation ovalisé.

L'irrégularité de travail inévitable avec les poinçonneuses, a conduit souvent à les commander par une machine à vapeur spéciale formant moteur distinct, et cette disposition se rencontre sur les machines de M. Cavé qui fut un des premiers constructeurs appliquant l'action directe de la vapeur aux machines-outils. Le type à levier était toujours conservé, seulement le grand bras du levier était soulevé par l'action directe de la vapeur exercé sur le piston d'une machine à simple effet, relié à celui-ci par une petite bielle articulée à l'extrémité de la tige. La machine était complétée par une série d'articulations rattachant ce même bras à une manivelle calée sur un arbre tournant muni d'un volant. Le tiroir commandant la distribution de la machine motrice se déplaçait à la main à l'aide d'une tige de commande quand on voulait donner un coup de poinçon, mais ce mouvement n'était pas continu. M. Cavé a construit également, d'ailleurs, des cisailles sur un type analogue en les commandant seulement par une machine à vapeur oscillante.

On réussit bientôt, après les machines de M. Cavé, tant pour les poinçonneuses que pour les cisailles, à simplifier cette installation compliquée en supprimant le levier oscillant, copié, en quelque sorte, sur ceux qu'on rencontrait dans les anciennes forges empruntant leur force motrice à des roues hydrauliques, et on arriva graduellement au type dit *à guillotine*, dont nous avons parlé déjà à l'article CISAILLE. Ce type se trouve, d'ailleurs, particulièrement bien approprié à l'application de transmission de pression hydraulique dont on dispose souvent aujourd'hui dans les ateliers importants pouvant installer des accumulateurs.

Comme modèle de transition, nous pourrons rappeler le type créé par MM. de Bergues et Cie, constructeurs anglais qui ont joui d'une grande notoriété. Le levier est alors remplacé par un énorme balancier en forme d'excentrique embrassant, dans sa partie supérieure, une came calée sur l'arbre moteur qui le fait osciller légèrement autour d'un axe situé à la partie inférieure. Dans ce mouvement d'oscillation, les parties latérales de l'excentrique, suffisamment écartées de l'axe, décrivent un élément d'arc de cercle qui se confond, à la rigueur, avec une droite, et chacune d'elles entraîne un poinçon ou une cisaille qui reçoit ainsi un mouvement de va-et-vient devant la matrice fixe ou la seconde lame attachée au bâti. Cette disposition fort ingénieuse diminuait beaucoup le frottement en réduisant l'arc d'oscillation du balancier et en reportant le poids sur le poinçon exclusivement au moment du travail, de manière à soulager le tourillon. La grande masse donnée au balancier avait, en outre, l'avantage de réduire la vibration et de diminuer ainsi les chances de rupture du poinçon. M. Witworth avait aussi créé, de son côté, une machine double pour cisailler et poinçonner, dont le type, souvent imité depuis, d'ailleurs, diffère peu des modèles actuels. Les plongeurs de la cisaille et du poinçon étaient rattachés par une petite bielle sur laquelle on pouvait agir à volonté pour modifier la hauteur des outils, à un arbre intermédiaire relié lui-même à l'arbre moteur par une grande roue d'engrenages, disposée au milieu du bâti.

Tous les principaux constructeurs ont, d'ailleurs, créé aussi, de leur côté, des types spéciaux de machines à poinçonner que nous ne pouvons

tous décrire ici; rappelons seulement que le type dit à *guillotine*, dont nous avons parlé déjà aux articles CISAILLE et CHAUDRONNERIE, est celui qui tend à prévaloir aujourd'hui, surtout quand on peut le commander par une pression hydraulique; on obtient ainsi une grande énergie d'action et une docilité de manœuvre presque irréalisables avec les appareils actionnés mécaniquement. La disposition de la machine se trouve, dans ce cas, particulièrement simplifiée, puisque le plongeur du poinçon peut être refoulé directement, pour ainsi dire, sans organe intermédiaire, par la pression hydraulique dont il est toujours facile de suspendre l'action à volonté par la simple manœuvre d'un robinet. C'est une disposition analogue à celle des presses servant à l'emboutissage des tôles de chaudronnerie, ou encore à celle des riveuses hydrauliques dont on voit un exemple dans la machine Tweddel représentée, t. III, figure 10.

Nous représentons, enfin, dans les figures 193 et 194 le type de poinçonneuse hydraulique de Tangye, mû par une pompe à main, dont l'usage est particulièrement intéressant dans les petits ateliers. Un levier s'adaptant en M, actionne le piston plongeur de la pompe O par l'intermédiaire d'un arbre et d'une noix H; cette pompe puise l'eau (ou l'huile) du réservoir L en fonte malléable, vissé sur une culasse en fer forgé, et la refoule à l'aide des soupapes G et F, munies de ressorts à boudin, au-dessus du mouton Q. Celui-ci porte à la partie supérieure une garniture en cuir embouti V, et à la partie inférieure un poinçon *l* agissant sur la matrice *m*, tous deux en acier fondu. On relève le mouton Q par le levier T, après avoir desserré la valve d'arrêt S; on visite la pompe en dévissant le chapeau U.

Comme les machines à poinçonner ont souvent à percer sur des feuilles de tôles, par exemple,

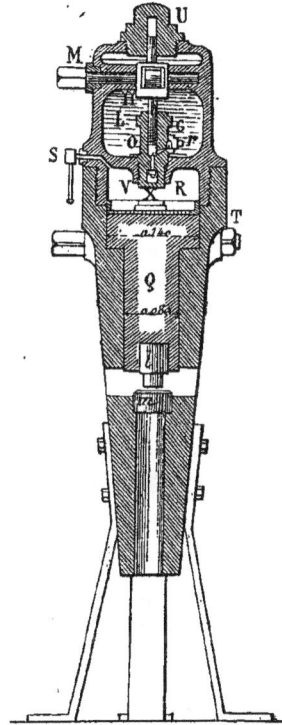

Fig. 193. — *Poinçonneuse hydraulique portative commandée par une pompe à main.*

une série de trous régulièrement espacés ; on a essayé, dans certains cas, de simplifier le traçage de celles-ci en munissant la machine elle-même d'un système d'avance assurant automatiquement le déplacement de la tôle d'une quantité égale à la distance des axes de deux trous successifs.

Dans ce cas, on dispose habituellement devant le poinçon, des rails sur lesquels circule le

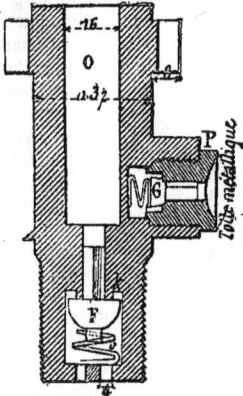

chariot porteur dont les roues sont munies d'un frein et d'un encliquetage. L'encliquetage, qui peut être commandé par le mouvement même de la machine, sert à faire avancer chaque fois la roue d'une quantité déterminée, et le frein assure l'immobilité du système pendant l'opération. Ces dispositions fort ingénieuses se sont peu répandues, cependant, car elles exigent, comme on

Fig. 194. — *Corps de pompe de la poinçonneuse hydraulique.*

le comprend immédiatement, un mécanisme bien précis, exempt de tout jeu pour ainsi dire, afin d'éviter les erreurs de perçage et, en outre, il n'est pas toujours facile de le régler à volonté pour changer la course du chariot quand on veut modifier l'écartement des trous.

|| *T. de serr.* Petite machine pourvue de deux bras ou tiges carrées sur lesquels des ouvriers exercent une pesée afin de perforer des fers, notamment pour pratiquer des trous sur l'âme des solives de planchers, afin d'y passer les boulons destinés à maintenir les équerres ou les plaques d'assemblage.

*POINSOT (Louis). Géomètre français, né à Paris, le 3 janvier 1777, mort dans la même ville, le 15 décembre 1859. Il fit partie de la première promotion de l'Ecole polytechnique (1794), d'où il sortit trois ans plus tard au titre d'ingénieur des ponts et chaussées. Il fut nommé successivement professeur de mathématiques au lycée Bonaparte, professeur et examinateur de sortie à l'Ecole polytechnique et membre du Conseil de perfectionnement de la même école ; puis membre du Conseil supérieur de l'Instruction publique et, enfin, en 1813, inspecteur général de l'Université. La même année, il entrait à l'Académie des sciences, dans la section de géométrie, en remplacement de Lagrange. Il devint membre du Bureau des longitudes, en 1843, fut nommé commandeur de la Légion d'honneur, en 1846, et grand officier l'année suivante, en même temps qu'il recevait un siège à la Chambre des Pairs. Le second empire le nomma sénateur, en 1852. Trois découvertes capitales caractérisent l'œuvre de Poinsot ; ce sont : 1° l'introduction des

couples en mécanique ; 2° la théorie du mouvement d'un corps solide qui n'est sollicité par aucune force ; 3° la théorie des polygones et polyèdres réguliers étoilés. La mécanique paraît avoir été l'objet des premières méditations de Poinsot. Il n'avait que vingt-six ans quand il publia, en 1803, son *Traité de statique* où se trouve introduite, pour la première fois, la considération du système formé par deux forces égales, de directions parallèles et contraires, mais non directement opposées, système auquel il a donné le nom de *couple*. Poinsot définit le moment d'un couple ; il montre que deux couples de même moment situés dans des plans parallèles peuvent être substitués l'un à l'autre, que deux couples quelconques peuvent être remplacés par un couple unique dont il apprend à déterminer les éléments ; enfin, il fait voir que toutes les forces appliquées à un corps solide peuvent se ramener à une force unique appliquée en un point quelconque du corps et à un couple (V. Force, Mécanique, Moment, Statique). La théorie du mouvement d'un corps solide, fixé en un de ses points, présentait des difficultés considérables. Euler avait bien donné déjà les trois équations différentielles qui définissent le mouvement, mais ces équations conduisent à des complications d'analyse qui ne laissent que difficilement apercevoir la véritable nature du mouvement, même dans le cas simple où le solide n'est sollicité par aucune force. Poinsot eût le bonheur de trouver, pour ce cas, une représentation géométrique qui ne laisse rien à désirer. Il lui fallut d'abord étudier la question au point de vue de la cinématique pure. Il apprit à composer les rotations autour de deux axes concourants, par des règles qui présentent la plus frappante analogie avec celles qui servent à composer les couples, et parvint enfin à montrer que le mouvement du corps solide est défini par le roulement sur un plan fixe, de son ellipsoïde d'inertie par rapport au point fixe, le centre de cet ellipsoïde étant invariable au point fixe. L'axe instantané de rotation est la droite qui joint ce centre au point de contact de l'ellipsoïde avec le plan fixe, droite dont la longueur est, du reste, proportionnelle à la grandeur de la rotation. Cette célèbre théorie de Poinsot est devenue tout à fait classique ; elle est admirable de tous points et constitue l'un des plus grands progrès qui aient été faits, depuis Huyghens, dans l'étude abstraite de la dynamique. Nous ne dirons rien des polygones et polyèdres étoilés, si ce n'est que leur considération donne plus de généralité et de facilité aux recherches géométriques qui concernent les figures régulières, et établissent un parallélisme remarquable entre les constructions géométriques propres à la détermination des polygones réguliers, et les calculs algébriques relatifs à la résolution des équations binômes. — M. F.

I. POINT. Il n'est guère de mot qui ait en industrie des acceptions plus diverses. Au point de vue des arts textiles notamment, il a de nombreuses significations, suivant qu'on l'applique à la couture à la main, à la couture mécanique,

ou à la fabrication des tissus réticulaires ou autres. Dans la couture à la main, il désigne d'une manière générale les différents genres de piqûres que l'on fait dans une étoffe au moyen d'une aiguille enfilée ; de ce nombre sont : le *point-arrière* qui empiète sur celui qu'on vient de faire ; le *point-devant* qui sert à assembler les lés des jupes et à ourler les étoffes légères ; le *point de côté* ou couture anglaise de haut en bas, qui devient le *point d'ourlet* quand on le fait de bas en haut ; le *point de reprise* pour réunir deux parties d'étoffe déchirées ; le *point de chausson* pour rabattre une couture sans faire de rempli ; le *point de tapisserie* et le *point de marque* qui se font sur quatre fils, etc., etc. Dans la couture mécanique, les principaux points sont : le *point de surjet*, le *point de chaînette à un fil*, le *point de navette à deux fils* et le *point de chaînette à deux fils* (V. COUSEUSE MÉCANIQUE, § *Nature des coutures exécutées par les couseuses*). On se sert encore du mot *point*, accompagné d'un déterminatif quelconque pour distinguer les unes des autres, certaines broderies, tapisseries ou dentelles. Dans les broderies, nous avons le *point de plume*, points en biais placés comme les barbes d'une plume ; le *point de sable*, points en arrière contrariés avec du coton fin et imitant une agglomération de petits grains, etc., etc. ; dans les tapisseries, il y a le *gros point* où l'aiguille prend deux fils de canevas, le *petit point* où elle n'en prend qu'un, etc., etc. Dans les dentelles, on peut signaler les *points d'Angleterre, d'Alençon, de Bruxelles*, qui ont été décrits à leur place dans le *Dictionnaire* ainsi qu'au mot DENTELLE. Enfin, ce mot est encore spécial à certaines fabrications, telles que le tricot (point de chaînette), le filet (point de filet), le velours (point noué), le satin (points de la Chine ou rayures en zigzags), etc.
— A. R.

II. **POINT.** *T. de géom.* On définit généralement le *point* comme l'intersection de deux lignes qui se rencontrent : c'est un lieu de l'espace sans aucune étendue. Il faut bien reconnaître que cette définition est insuffisante ; il est indispensable en effet que, par un effort spécial d'abstraction, l'esprit s'habitue à considérer le point indépendamment des deux lignes qui sont censées le déterminer par leur entrecroisement. Il faut, en outre, que ce point géométrique soit conçu comme pouvant se déplacer dans l'espace ; on arrive ainsi à se représenter la ligne comme engendrée par le mouvement d'un point, et la surface comme engendrée par le mouvement d'une ligne. En réalité, la notion du point géométrique est donc une notion abstraite d'un caractère simple, et par cela même non susceptible d'une définition précise ; cette notion a son origine dans la considération de deux lignes qui se rencontrent ou dans celle de la limite d'une portion de ligne, mais il faut ensuite un travail d'abstraction tout personnel pour arriver à la posséder complètement et indépendamment de tout autre objet géométrique.

En *géom. analyt.*, la position d'un point est définie par ses *coordonnées* (V. ce mot). *Point de*

contact. Point où une courbe est touchée par sa tangente ; point où une surface est touchée par son plan tangent. ‖ *Point singulier.* On nomme ainsi les points d'une courbe ou d'une surface où la tangente ou le plan tangent n'est pas déterminé de la même manière qu'aux points ordinaires. Dans les courbes planes, ce sont les points où les deux dérivées partielles du premier membre de l'équation de la courbe s'annulent simultanément ; dans les surfaces, ce sont ceux où les trois dérivées partielles du premier membre de l'équation de la surface s'annulent en même temps. Les points singuliers des courbes planes sont les points doubles et multiples, les points de rebroussement, les points d'arrêt et les points anguleux. Les points d'inflexion ne doivent pas être classés parmi les points singuliers. Dans les surfaces, ce sont les points coniques et tous les points des lignes doubles ou multiples, des arêtes de rebroussement des surfaces développables, etc. — V. COURBE, SURFACE.

III. **POINT.** *T. de mécan. Point matériel.* La notion du point matériel est une notion abstraite qui tire son origine de la considération d'un corps de petites dimensions qu'on envisage uniquement dans sa position et ses propriétés de mobilité, abstraction faite de l'étendue qu'il occupe. Le point matériel est dénué d'étendue, mais il possède une qualité, la masse, qui détermine la manière dont il obéit à l'impulsion d'une force. Sous l'action de deux forces égales, deux points matériels de même masse prendront des accélérations égales ; mais deux points matériels de masses différentes prendront des accélérations inversement proportionnelles à leurs masses. Dans la mécanique rationnelle, on considère tous les corps de la nature comme constitués par des assemblages de points matériels. De là résulte que la théorie de la dynamique du point matériel doit nécessairement précéder l'étude des mouvements que prennent les corps ou systèmes matériels sous l'action des forces qui les sollicitent, problème qu'on peut considérer comme la question la plus générale de la mécanique. — V. FORCE, DYNAMIQUE, MASSE, MÉCANIQUE, etc. ‖ *Point mort.* On donne ce nom, en cinématique, dans l'étude des transmissions de mouvement, à toute position dans laquelle l'organe conducteur partant du repos est hors d'état d'entraîner l'organe qu'il conduit ; c'est en d'autres termes une position que le système ne peut franchir que grâce à l'impulsion due à la vitesse acquise. L'exemple le plus fréquent est celui qu'on rencontre dans les transmissions par bielle et manivelle ayant pour but de transformer un mouvement moteur de va-et-vient alternatif de la tête de bielle en un mouvement de rotation de la manivelle autour d'un axe. Dans les deux positions où la direction de la manivelle se confond avec celle de la bielle, soit que ces deux organes soient placés dans le prolongement l'un de l'autre ou qu'ils se recouvrent mutuellement, la bielle est incapable de déplacer la manivelle, car le moment moteur pris par rapport à l'axe de celle-ci est nul, la direction de la bielle passant par cet axe. On sait que la plupart des machines à vapeur appliquent cette transmission; aussi celles qui n'ont qu'un cylindre unique ont-elles besoin d'un volant pour régulariser le mouvement et assurer le passage des points morts. Si la machine s'arrête dans cette position, on ne peut la mettre en mouvement qu'en appliquant un effort extérieur sur le volant.

Les machines dépourvues de volant comme les locomotives ont nécessairement deux cylindres commandant deux mécanismes distincts actionnant l'arbre ou l'essieu moteur, et les manivelles des deux cylindres sont disposées à 90° l'une de l'autre, de manière à ce que l'une fournisse son effort maximum lorsque l'autre est au point mort. Sur certains types de machines, comme celles de Brotherhood, on dispose trois ou même quatre cylindres pour mieux régulariser le mouvement. Nous avons signalé enfin à l'article Moteur (V. page 621, tome VI) une disposition qui permet de franchir le point mort en excentrant l'arbre moteur par rapport à l'axe du cylindre dans les conditions représentées figure 359, t. VI.

IV. **POINT.** *Point d'appui*, point sur lequel un levier s'appuie. || *T. de men.* et de *constr. Point de Hongrie*, sorte de *parquet.* — V. ce mot. || *T. de typogr.* Unité de mesure qui sert à déterminer la force du corps des caractères typographiques. || *T. de dess.* et *d'arch. Point de vue*, point où vont concourir, en perspective, les perpendiculaires au plan du tableau, et qui n'est autre chose que le pied de la perpendiculaire abaissée de l'œil du spectateur sur le plan du tableau; *point de distance*, celui qui est situé sur la ligne d'horizon, à une distance du point de vue égale à la distance de l'œil au plan du tableau, à droite ou à gauche de ce point de vue; *point de vue accidentel*, celui où une ligne menée de l'œil du spectateur, parallèlement à un faisceau de droites parallèles, va rencontrer le plan du tableau. *Points perdus*, se dit des centres des arcs tracés dans les figures d'ornement, lesquels centres sont situés eux-mêmes sur la circonférence d'autres cercles. *Points courants*, lignes formées de points allongés. *Point d'aspect* ou *point de vue*, celui d'où l'on doit considérer un bâtiment pour en apprécier l'harmonie. || *T. de phys.* et *d'opt.* Mettre un instrument d'optique *au point*, c'est placer l'oculaire de telle sorte que l'image virtuelle fournie par l'instrument se forme à la distance minimum de la vision distincte pour l'observateur. Pour atteindre ce but, les myopes doivent enfoncer le tirage plus que les presbytes. || *T. d'art. Mettre au point*, c'est dégrossir l'œuvre statuaire pour que l'artiste n'ait qu'à lui donner le fini et l'expression. || *T. de bourr.* Petit trou pratiqué dans une courroie, une ceinture pour y introduire l'ardillon. || *T. de verr.* Se dit de certains défauts du verre. || Ce mot est encore employé dans une foule d'acceptions diverses; en *phys.*, il entre dans les termes courants : *point de fusion, point de congélation*, etc.; en *techn.*, *point de repère, point matériel*, etc. || *Art héral d. Points*

équipollés, se dit de la division de l'écu en plusieurs carrés, au nombre de neuf ou de quinze, et qui sont d'un émail différent.

POINTAL. *T. de constr.* Pièce de bois posée d'à plomb, pour étayer, pour soutenir des planches faibles.

I. **POINTE.** Sorte de clou, avec ou sans tête, rond et de grosseur uniforme.

La fabrication mécanique des pointes date de 1830 environ, et est arrivée presque spontanément au point où elle est maintenant. Quelques détails diffèrent bien dans les machines actuelles, mais tous les constructeurs ont depuis longtemps reconnu la nécessité d'un certain nombre d'organes, qui, combinés, constituent le métier à pointes.

Les premières machines construites arrivèrent à une production moyenne de 120 à 140 pointes à la minute, on ne l'a guère dépassée depuis.

La fabrication des pointes se compose de quatre opérations distinctes, exécutées successivement par les organes de l'appareil :

1° Écrasement de la tête par un poinçon en acier fondu, pendant que le fil de fer est maintenu entre deux mâchoires également en acier fondu, appelées *mordaches*, qui le retiennent au moyen de crans venant s'imprimer sur le collet de la pointe;

2° Le fil de fer avance de la longueur nécessaire pour faire la pointe;

3° Deux couteaux viennent la séparer en l'enlevant pour ainsi dire à l'emporte-pièce;

4° Un organe nommé *chasse-clou*, la détache si elle est encore adhérente, ou elle tombe d'elle-même dans une caisse placée sous le bâti.

Dans les machines primitives, la pointe du clou était taillée par une sorte de fraise ou rôde, qui lui donnait une forme conique. Abandonnée lors de l'adoption des *couteaux*, et remplacée par la coupe pyramidale, cette forme a été reprise ensuite par les usines de Gorcy, qui en ont presque fait une marque de fabrique; aujourd'hui, elle est obtenue par des couteaux.

La machine à pointes se compose d'un bâti en fonte, légèrement incliné vers l'avant et reposant sur quatre pieds venus de fonte. A l'arrière, se trouve l'arbre moteur, perpendiculaire à l'axe du bâti, et qui porte le volant et les deux poulies de commande. Autour de cet arbre est fixé un certain nombre de cames en fonte, en acier fondu, ou même en fer trempé en paquet. Chacune de ces cames commande un des organes de la machine: l'une, placée au milieu, repousse en arrière le mouton porte-poinçon, qu'un ressort constitué par deux planches ou perches de sapin, ou par des lames d'acier, assemblées comme les ressorts des voitures, et formant un angle peu ouvert, renvoie sur le fil de fer pour estamper la tête du clou; à droite et à gauche de cette première came en sont deux autres symétriques, creusées chacune en rainure dans un manchon de fonte ou d'acier fondu, comme les cames motrices des machines à coudre.

Dans la rainure tracée par ces cames, sont

engagés des galets placés à l'extrémité de leviers ou balanciers, actionnant les couteaux. Ces galets suivent les sinuosités de la rainure qui constitue la came, se rapprochent simultanément, ou s'écartent, rapprochant ou éloignant l'un de l'autre les couteaux placés à l'autre extrémité des balanciers, qui oscillent comme des leviers du premier genre, autour de pivots ou goujons fixés verticalement au bâti, et coupent un clou à chaque tour de volant. Une quatrième came semblable à celles des couteaux, met en mouvement un autre levier, mais du deuxième genre; il actionne une coulisse portant la mordache mobile qui pince le fil de fer contre une autre mordache fixe, pour recevoir le choc du poinçon. Une dernière came verticale meut le chasse-clou, petit levier placé au-dessus de la machine, et mobile dans une chape; il est soulevé à chaque tour de volant et vient, par une sorte de petite fourche, butter sur la pointe et la détacher du fil de fer, si elle y est encore adhérente.

Enfin, un excentrique ou manivelle placé à l'extrémité de l'arbre, sur le côté de la machine, commande à l'aide d'une tige et d'un levier du premier genre, un burin mobile, qui, mordant le fil de fer, le force à suivre son mouvement d'impulsion et à avancer à chaque tour, de la longueur nécessaire pour la fabrication d'une pointe; ce burin est porté par une glissière. La longueur de la pointe est réglée par le rayon de la manivelle, rayon que l'on fait facilement varier, ou par la longueur de la tige de commande partagée en deux parties, réunies par un écrou à double pas en sens inverse; ce qui permet, en le serrant ou le desserrant, d'augmenter ou diminuer cette longueur.

Le fil de fer en couronnes est placé sur un dévidoir porté par un pivot, et en pénétrant dans la machine, il passe entre trois ou cinq galets disposés en quinconce, qui le redressent.

Les couteaux et les mordaches sont taillés dans des barres d'acier de section trapézoïdale, ce qui permet de les encastrer dans une rainure longitudinale, creusée dans des *coulisses*, sortes de prismes en acier doux, ou fer fort trempé en paquet.

Dans ces couteaux, un biseau sépare le clou, de la verge de fil de fer, pendant que les deux empreintes forment à l'extrémité de ce clou, une pointe pyramidale ou conique, en détachant en même temps, à droite et à gauche, l'excédent du fil de fer, en deux petits coins appelés *cornes*, qui constituent une partie du déchet. Quand l'outillage est nouvellement monté, la pointe et les cornes se séparent sous l'action des couteaux, mais quand ceux-ci commencent à s'émousser, le chasse-clou devient nécessaire, pour détacher la pointe du fil de fer, et les cornes ne s'éliminent alors, que par l'énergique frottement subi dans un tambour, ou même restent attachées à chaque côté de la pointe. Les mordaches qui serrent le collet de la pointe, sont tantôt horizontales, tantôt verticales; la forme de la came motrice actionnant le levier, est seule différente dans les deux cas.

Dans certaines machines, on n'emploie pas de coulisses porte-couteaux, ceux-ci sont fixés dans une rainure, entaillée à l'extrémité des leviers.

Les ressorts qui refoulent la tête causent de violentes trépidations, transforment rapidement la nature nerveuse du fer, et produisent un bruit insupportable, aussi beaucoup de fabricants construisent maintenant des machines dans lesquelles le porte-poinçon ou porte-marteau est mû par un excentrique.

En sortant de la machine, les pointes sont enduites de l'huile qui a servi à faciliter le jeu des organes, et entre autres l'action des couteaux; en outre, au plus grand nombre, adhèrent encore les cornes. On les met par 70 ou 80 kilogrammes avec de la sciure de bois blanc, dans des tambours en fonte, en fer, en bois, tournant sur des tourillons horizontaux à une vitesse de 70 rotations à la minute. Au bout d'une demiheure, on ouvre le tambour, et on fait tomber les pointes que l'on sépare de la sciure à l'aide d'un tamis (*rage*). Cette sciure est ensuite vannée dans un tarare analogue à ceux qui servent pour séparer le grain des corps étrangers; elle est chassée dans l'air, et on recueille les cornes, recherchées pour les fours à souder, car elles donnent une ferraille très pure.

Les pointes sorties du tamis sont mises en tonneaux en vrac, ou plus souvent, en paquets oblongs de 5 kilogrammes, sur lesquels on marque la longueur en millimètres, et le numéro du fil de fer. Comme elles sont légèrement onctueuses à la suite de leur passage au tambour, elles se conservent brillantes, sans trop craindre la rouille.

Un ouvrier pointier conduit 2, 3 ou 4 machines, préparant les outils de rechange, couteaux, mordaches et poinçons, les remplaçant, alimentant la machine de fil de fer. Le dégrossissage des couteaux est fait, dans la plupart des usines, à l'aide d'une machine à fraiser, qui épargne la main-d'œuvre et les limes. Dans certaines fabriques, l'ouvrier pointier est uniquement chargé de la surveillance de la machine, les outils de rechange sont préparés par un outilleur spécial.

Les pointes communément employées dans la menuiserie ou la charpente, sont à tête plate, assez épaisse, plus ou moins éclatée, criquée, vu la mauvaise qualité du fer. Ces pointes se font depuis les petits numéros de fil de fer jusqu'aux numéros 22 et 23; on en fabrique une autre sorte dite à *tête perdue* ou *tête d'homme*; la tête, légèrement refoulée, a la forme d'un tronc de cône, dont la base la plus large forme la surface de la tête. Cette pointe sert dans tous les travaux de menuiserie, où la tête du clou ne doit pas être apparente; elle ne se fait que dans les petits et moyens numéros de fil de fer. Enfin, on fait une troisième sorte de pointes, celles dites *en fer fort*; la qualité supérieure du métal permet de refouler une tête assez large et mince, pour les travaux en bois blancs, peu épais, dans lesquels des pointes à tête ordinaire pourraient traverser entièrement le bois. Cette pointe, beaucoup usitée pour le clouage des caisses, se fait jusque dans les grandes dimensions.

Ordinairement, à chaque longueur de pointes, correspond un numéro fixe de fil de fer, de sorte qu'on peut, pour leur désignation, donner indifféremment la longueur en centimètres ou le numéro du fil de fer à la jauge de Paris.

Les têtes des pointes communes sont d'habitude couvertes d'un quadrillage qui empêche le marteau de glisser; les autres sont lisses. On fait aussi quelquefois des pointes à tête, en *goutte de suif*, ou à facettes, ou portant une fraisure au collet.

Souvent aussi, les pointes pour la charpente sont fabriquées en fil de fer carré, qui, paraît-il, coupant les fibres du bois, ne les fait pas fendre comme une tige de section ronde. On fabrique aussi quelquefois des pointes en fil de zinc, elles servent à attacher les moulures en carton pierre. Pour les couvertures en ardoises, on se sert de pointes à tête large et mince, dites *pointes d'ardoises*.

Elles se faisaient autrefois en deux opérations, les pointes étaient introduites à la main, dans une machine spéciale, où un mouton écrasait et élargissait la tête ou encore le métier qui les fabriquait, frappait deux coups de poinçon par tour de volant. On arrive maintenant à réussir en une seule fois des têtes assez larges; ces pointes sont en fer fort, et varient de 5/4 à 12/4. Pour les clous ou les pointes, on a conservé l'ancienne dénomination de livre pour le demi-kilogramme; on nomme donc *pointes de 5/4*, celles dont le mille pèse 625 grammes, *pointes de 12/4* celles dont le mille pèse un 1^k,500. Dans beaucoup d'usines, on a conservé pour cette dernière sorte de pointes, les anciennes mesures par lignes et pouces; elles emploient des fils de fer allant du numéro 15 au numéro 19.

Les pointes d'ardoises se font aussi en cuivre rouge, pour les brasseries, sucreries et les industries qui émettent des vapeurs corrosives; il est vrai que des pointes en fil galvanisé donnent les mêmes résultats, et coûtent beaucoup moins cher.

Le laiton sert pour des menues pointes à tête bombée, dans la fabrication des jouets d'enfants, etc. Pour fixer les vitres dans les cadres des fenêtres, les vitriers se servent de petites pointes sans tête, dites *pointes de vitriers*; on les fabrique en immobilisant le porte-poinçon de la machine, et ne faisant agir que les couteaux, ou encore avec des métiers spéciaux. Avec les machines à pointes, on fait aussi des fausses vis qui, une fois mises en place, ont l'apparence d'une vis à filet.

Pour maintenir les noyaux en sable qui ménagent des vides dans les pièces de fonte, et pour consolider les parois du sable dans les moules de grandes dimensions, les ouvriers mouleurs en fonte et en cuivre se servent de pointes, dites *de mouleur*. Ce sont des sortes d'aiguilles en fer fort, munies d'une mince tête plate, et n'employant que de faibles numéros de fil de fer; de 4 à 15, avec une certaine longueur de 4 à 20 centimètres.

Dans une fabrique de pointes, on est obligé d'avoir plusieurs types de machines, dont la force est proportionnée au diamètre du fil de fer traité. Les plus petites machines, qui travaillent les fils de fer du n° 1 au n° 8 de la jauge de Paris, pèsent une centaine de kilogrammes et coûtent 900 francs environ; ces machines font 280 à 300 tours à la minute, et rendent par conséquent autant de clous (V. Clou, § *Pointes de Paris*). Les machines pour les plus fortes pointes servant dans les charpentes, pèsent de 1,000 à 1,500 kilogrammes, valent 4,500 francs environ, et fabriquent avec du fil de fer des numéros 20 à 28, des pointes de 15 à 20 centimètres de longueur à raison de 70 à 80 par minute. Entre ces deux types extrêmes, on en construit cinq ou six autres, dont le poids varie de 200 à 1,200 kilogrammes, et qui travaillent les fils de fer des numéros intermédiaires. Vu la quantité de fer qu'une pointerie peut débiter, cette fabrication est, en grande partie, devenue l'apanage des maîtres de forges, producteurs de fer rond laminé et de fil de fer. Ils utilisent de cette façon tous les déchets de leur fabrication, et peuvent livrer des pointes à des prix inférieurs à ceux des fabricants, non maîtres de forges, obligés de prendre la matière première chez leurs concurrents, à l'état de *machine* (fer rond laminé du plus petit diamètre) ou de fil de fer.

Ainsi la pointerie de Gorcy, près Longwy, occupe 70 machines, dénaturant par jour 9,000 kilogrammes de fil de fer.

Pour la fabrication des petites caisses d'emballage en bois blanc, on s'est depuis quelques années, préoccupé du clouage automatique des pointes; et on a construit à cet effet, des machines clouant 4 à 5 boîtes à la minute, environ 2,400 à 3,000 en 10 heures. Ces machines, il est vrai, n'ont pu jusqu'ici servir que pour des boîtes de faibles dimensions, ne nécessitant par côté que trois pointes de 25 millimètres de longueur.

II. **POINTE**. *T. techn.* 1° Outil du sculpteur, servant à ébaucher, après que le bloc a été dégrossi. || 2° Outil d'acier avec lequel l'aquafortiste dessine sur le vernis dont la planche métallique est enduite, et qui découvre ainsi les parties exposées à la morsure. || 3° *Pointe sèche*. Outil du graveur, pour faire les traits délicats sur le cuivre nu. || 4° Petit ciselet pointu à l'aide duquel le ciseleur donne du relief aux figures. || 5° Petit ciselet de bijoutier. || 6° Outil de relieur pour couper le carton. || 7° *Pointe de diamant*. Petit morceau de diamant taillé en pointe et enchâssé dans du plomb, à l'usage des vitriers pour couper le verre. || 8° Panneau de menuiserie, en saillie et taillé en facettes. || 9° Forme pyramidale en bossage que l'on donne au parement d'une pierre de taillé. || 10° *Pointe à tracer*. Outil de métal très pointu, à l'aide duquel on trace des lignes ou des repères. || 11° *Pointe d'accroche*. Pointe fixée dans le sommier, à laquelle on attache les cordes du piano. || 12° *Art hérald*. Se dit d'un triangle allongé, dont la base a la moitié de la largeur de l'écu. || 13° Partie inférieure de l'écu.

*POINTEAU. *T. techn.* Petit poinçon qui sert à marquer ou à contremarquer.

*POINTEROLLE. *T. techn.* Outil employé pour l'exécution des déblais dans les roches dures, les mines ou les carrières. La pointerolle qui a une largeur de 0ᵐ,20 est en fer, terminée par une pointe obtuse et aciérée d'un côté, et de l'autre par une partie droite et carrée appelée *tête*, sur laquelle on frappe avec une massette en fer (de 2 kilogrammes) à manche court, analogue à un maillet. La pointerolle a un œil au centre, dans lequel entre un manche de 0ᵐ,30 environ de longueur. Pour les roches excessivement dures, elle est remplacée par un *fleuret* ou ciseau à froid de 0,50 à 0,75 de longueur et de 0,03 à 0,04 de diamètre.

*POINTEUR. *T. de mét.* Ouvrier imprimeur qui, à la retiration de la presse, place la feuille suivant les *pointures*. || Celui qui empointe les pièces d'étoffe, on dit *empointeur*.

*POINTIER. *T. de mét.* Ouvrier qui travaille dans une *pointerie* ou fabrique des pointes.

*POINTILLAGE. *T. de géom. descrip.* Dans les épures de géométrie descriptive et de dessin industriel, il est indispensable de distinguer les différentes lignes de la figure suivant le rôle qu'elles y jouent. On emploie souvent pour cet objet des encres de différentes couleurs ; mais lorsqu'on ne veut se servir que d'encre noire, il n'y a pas d'autre manière que de tracer les différentes lignes en traits pleins ou en traits interrompus formés de diverses combinaisons de petites portions de ligne droite ou de points, suivant des conventions établies à l'avance. Après que l'épure a été dessinée au crayon, le choix à faire des lignes qui doivent être représentées de telle ou telle manière constitue ce qu'on appelle le *pointillage* ou la *ponctuation* de l'épure. Voici les règles les plus généralement suivies : on ne figure en trait plein que les lignes qui servent à définir les résultats du problème, par exemple le corps qu'il s'agit de représenter ; et encore, on distingue parmi ces lignes celles qui sont *vues* en supposant l'observateur placé à une distance infinie au-dessus du plan horizontal s'il s'agit d'un plan, ou en avant du plan vertical s'il s'agit d'une élévation. Les lignes vues sont seules dessinées en traits pleins, les lignes cachées sont tracées par une suite de points ronds équidistants, constituant les *traits ponctués* ou *pointillés*. Dans la détermination des parties vues ou des parties cachées on considère les plans de projection comme opaques. Toutes les lignes de construction, et les lignes de rappel sont figurées par une suite de petits traits égaux et également espacés constituant des *traits interrompus*. Dans les dessins industriels, les axes des corps à représenter sont figurés par des lignes formées alternativement d'un petit trait et d'un point rond. Souvent aussi les distinctions précédentes ne suffisent pas, et on est conduit à employer des lignes formées alternativement d'un trait et de deux ou trois points ronds. On différencie aussi les traits interrompus en variant la longueur et l'épaisseur des traits ainsi que la teinte plus ou moins foncée de l'encre.

Le système le plus lisible est encore celui qui consiste dans l'emploi d'encres de différentes couleurs. Les résultats, c'est-à-dire le corps à représenter est alors figuré en traits noirs, les parties vues en traits pleins, les parties cachées en traits ponctués ; les lignes de rappel et les lignes de construction peu importantes sont figurées en rouge ; les constructions plus importantes en bleu ; les axes sont représentés en noir, suivant les conventions qui viennent d'être indiquées. — M. F.

POINTURE. *T. techn.* Dimension d'une chose mesurée par points. || Nom des petites pointes de fer sur lesquelles on fixe la feuille à imprimer par la presse typographique.

POIRÉ. Boisson fermentée et spiritueuse faite avec des poires.

— L'emploi de cette boisson paraît remonter à la plus haute antiquité, et elle était en usage dans l'Asie-Mineure et dans l'Afrique, bien avant de parvenir en Grèce et à Rome. Pline nous apprend que le poiré jouissait, de son temps, à Rome, d'une grande réputation ; d'après Fortunat, dès 587, il était servi sur la table de Radegonde, reine de France, et il est certain que dans toute la Gaule on en faisait grand usage, avant que la culture de la vigne ne s'y fût généralisée.

Lorsque le poiré a été fait avec des fruits de bonne qualité et que l'opération a été bien conduite, c'est un liquide clair, limpide, agréable à boire, nourrissant, plus enivrant que le cidre, surtout si on le boit vieux et si l'on n'a pas l'habitude d'en prendre, plus limpide et moins pesant que ce dernier liquide, et pouvant facilement, dans bien des cas, être supérieur comme qualité, à beaucoup de petits vins blancs, notamment ceux de la Sologne et de l'Anjou.

Les poiriers donnant des fruits bons à brasser sont en nombreuses variétés. Al. Dubreuil dans son *Cours élémentaire d'arboriculture*, en donne une liste de 128 variétés ; ce sont toujours les poires un peu âpres qui donnent le meilleur produit ; parmi les espèces les plus estimées dans le Calvados, la Manche, pays où l'on fait les poirés réputés, il faut citer le carisi rouge et blanc, le gros et le petit carisi, le castelet, le saugier, le moque-friand, le ruet, la poire d'Ivoie, la longue queue, le roguenet, la poire de troche, le rougevigny, le certeau, le sucré vert, etc.

La fabrication du poiré se fait absolument comme celle du cidre, c'est-à-dire en broyant d'abord les fruits au moulin, puis passant au pressoir pour obtenir le moût ; mais ce jus est beaucoup plus abondant et plus sucré que celui des pommes, ce qui fait que le poiré est plus alcoolique et peut se conserver, surtout s'il est mis en bouteille, beaucoup mieux que le cidre. Voici d'après M. A. Truelle, de Trouville, un spécialiste éminent, qui a bien voulu nous faire profiter de ses analyses, la composition de deux sortes de moûts, faits avec des poires provenant de l'arrondissement de Pont-Lévêque.

Analyse des moûts de poires, par M. A. Truelle.

	Variété Hecto 1re saison, 1885	Variété Ivoie grise 3e saison
Densité	1051°: soit 7°,1 Bé	1063,5: soit 8°,7Bé
Eau	940ᵍ,619	918 ,606
Sucre interverti. .	80.644	112.358
Saccharose	24.824	25.538
Matières pectiques	0.900	»
Tannin	0.801	4.556
Acidité (évalué en SHO⁴)	3.212	2.442

Le tout rapporté à 1,000ᶜ³ de jus de poires.

Comme on le voit, la totalité du sucre contenu dans les jus est très élevée, puisqu'elle monte dans un cas à 105ᵍʳ,468 et dans l'autre à 137ᵍʳ,896 alors que dans les cidres cette proportion n'atteint que 95 grammes à 107,36 d'après les analyses du même auteur, lesquelles nous avons relatées au mot CIDRE. C'est ce qui explique la grande richesse du produit en alcool, lorsque la fermentation aura transformé le moût en poiré.

Voici maintenant la composition du produit convenablement préparé, mais pris à une époque variable, relativement au temps qui s'est écoulé depuis qu'il a été obtenu. Les premières analyses sont également dues à M. Truelle.

Analyse des poirés (campagne de 1885-86), par M. A. Truelle.

	Variété Ruet (1)	Mélange de poires	Variété Ivoie grise
Densité.	2°1 Bé	1°4 Bé	1°1 Bé
Alcool en volumes 0/0 à +15°.	6°,56	3°,54	5°,7
Alcool en poids, par litre.	52ᵍ,48	28ᵍ,320	45ᵍ,600
Extrait sec au bain-marie (proc.Truelle)	51.40	48.000	36.500
Sucre interverti. . . .	5.51	9.072	8.035
Acidité évaluée en SHO⁴ par litre. . .	3.12	4.560	3.360
Acidité évaluée en SHO⁴ par litre évaporé, ...	0.40	0.640	1.520

(1) Ce poiré était incomplètement fermenté. Tous ces poirés viennent de l'arrondissement de Pont-Lévêque, et ont été faits avec les deux variétés de poires les plus répandues.

Nous avons, de notre côté, fait à la fin de la saison, l'analyse d'un poiré provenant de l'arrondissement d'Yvetot, et qui, opposé au premier du tableau précédent, peut montrer la différence qui existe dans la composition du liquide, suivant que le poiré est jeune, c'est-à-dire non encore complètement fermenté, et celui qui l'est tout à fait

Densité 1003, soit.		1°,1 Baumé.
Eau.		958ᵍ,74
Alcool (en vol. : à +15°=3°,3).		26.40
Matières organiques. 14.142	Extrait sec	
Sucre interverti. . . 1.206	après 8 heures	
Cendres. 2.512	au bain-marie	
		17.86
		1003.00

Acidité exprimée en SHO⁴.	4.76
Acide carbonique gazeux.	0.27 par litre

quant aux cendres elles avaient la composition suivante :

Carbonate de potasse.	1ᵍ,400
Phosphates alcalins.	0.360
Chlorures	0.280
Sels alcalins divers.	0.472
	2.512

Les analyses qui précèdent donnent la composition de poirés préparés pour l'usage journalier ; mais lorsqu'on les veut avoir mousseux et vineux, il faut alors les mettre en bouteilles avant que la fermentation n'ait parcouru toutes ses périodes, la forcer à s'arrêter, puis à reprendre au bout d'un certain temps ; dans ce cas, le liquide doit être mis dans des bouteilles résistantes et bien ficelées, car il s'y développe une grande quantité d'acide carbonique, qui fait jouer au poiré le rôle de vin de champagne, sous lequel il est parfois vendu. M. Pelouze père a du reste constaté que cette liqueur imite très bien l'aï, lorsqu'il est mousseux, et peut se prendre pour du carcarellho, lorsqu'il ne mousse pas.

Du reste, dit M. J. Girardin (*Leçons de chimie élémentaire*, 1873, III, p. 494) « il est très propre à couper les vins blancs de médiocre qualité, il les rend plus forts et même meilleurs ; c'est ce que savent fort bien les marchands de vin de Paris, qui font entrer dans leurs caves une grande partie des poirés de la Normandie, et notamment du Bocage. Souvent même, à Paris comme à Rouen, les détaillants vendent le poiré pur comme du vin blanc ».

Le poiré est sujet aux mêmes maladies que le cidre, mais l'altération toute naturelle qu'il offre en vieillissant est celle de devenir dur, par suite de la transformation successive de l'alcool en acide acétique. Nous n'avons pas à insister sur ces diverses maladies et sur le moyen d'y remédier, nous avons longuement étudié ce sujet au mot CIDRE auquel nous vous renvoyons. Il en est de même des fraudes que l'on peut faire subir à ce produit.

— Bien que l'on fasse du poiré dans une vingtaine de départements en France, ce n'est guère que dans ceux qui constituent la Normandie et la Picardie, que la production y est importante, qu'elle s'élève annuellement, en moyenne, à 867,000 hectolitres.

Usages. Le poiré sert comme boisson ordinaire ou comme boisson mousseuse ; on en retire par distillation une excellente eau-de-vie, plus agréable que celle de cidre, et un vinaigre aussi bon en qualité que celui du vin. — J. C.

POIRIER. T. *de bot.* Arbre de la famille des rosacées-pyrées dont le nom vient de *pyrus*, mot qui dérive, on dit celtique, *peren*, ou de πυϱ, feu, à cause de la configuration de ses fruits que l'on comparait à celle de la flamme. Il est originaire de l'Europe tempérée ; il s'y trouve parfois disséminé dans les forêts, mais jamais il n'en forme à lui seul. Le type des poiriers est le *poirier sauvage* (*pyrus communis*, L.), mais la culture l'a tellement modifié que ses variétés se comptent aujourd'hui par milliers.

Le poirier est surtout cultivé pour ses fruits qui servent comme fruits de table ou fruits à brasser. Le résidu de la fabrication du poiré est utilisé, en agriculture, de diverses manières, soit pour créer des pépinières, pour l'alimentation des animaux domestiques ou comme engrais et même comme combustible. Au mot Bois, on a parlé des qualités de cette variété de bois que l'on estime pour les travaux de tour, d'ébénisterie, de marqueterie, la fabrication des règles plates et des équerres, tés à dessiner, etc., la lutherie, la gravure sur planches, bien qu'il soit, sous ce rapport, inférieur au cormier et au buis. Dans l'antiquité, il était recherché pour la sculpture ; les Grecs en faisaient les images de leurs dieux, et, d'après Pausanias, la fameuse statue de Junon, d'Argos, était, dans l'origine, un tronc de poirier taillé. — J. C.

*POISSON (Siméon-Denis). Géomètre français, né à Pithiviers (Loiret), le 21 juin 1781, mort, à Paris, le 25 avril 1840. Son père, Siméon Poisson, après avoir pris part, comme simple soldat, aux guerres du Hanovre, avait fait l'acquisition d'une petite place administrative. Il remplissait, à Pithiviers, des fonctions analogues à celles des juges de paix actuels. Lorsque le jeune Poisson eut atteint l'âge où ses parents durent se préoccuper de sa carrière, on pensa d'abord au notariat, mais on abandonna bien vite cette idée à cause de la tension d'esprit qu'exigent les fonctions de notaire et dont on le croyait incapable, singulier jugement porté sur l'intelligence d'un jeune homme qui devait consacrer son existence aux études et aux recherches les plus abstraites de l'analyse mathématique. Sa famille le destina à la chirurgie et l'envoya chez son oncle, M. Lenfant, chirurgien à Fontainebleau. Mais il se montra d'une maladresse insigne ; de plus, le métier de chirurgien lui répugna. Il fit, à Fontainebleau, la connaissance de M. Billy, principal professeur de l'École centrale de cette ville, et commença, sous sa direction, son instruction mathématique. A la fin de 1798, il fut reçu le premier à l'École polytechnique. Là ses rares aptitudes attirèrent bien vite l'attention des professeurs et particulièrement de Lagrange, à qui il faisait souvent parvenir des notes contenant des simplifications ou des compléments remarquables relatifs aux sujets traités à l'amphithéâtre. Par contre, il se montrait aussi maladroit dans le maniement du tire-ligne et du compas qu'il l'avait été autrefois, à Fontainebleau, dans l'emploi de la lancette et du bistouri. L'enseignement du dessin linéaire joue pourtant un rôle considérable à l'École polytechnique, mais ses maîtres, prévoyant que Poisson ferait sa carrière des sciences abstraites, le dispensèrent de tout travail graphique, décision unique qui n'a jamais été renouvelée pour personne, mais qu'on ne saurait condamner dans ce cas particulier. Il fut nommé répétiteur à l'École polytechnique en 1800, professeur suppléant en 1802, et professeur titulaire en 1806, à la place de Fourier appelé à la préfecture du département de l'Isère, membre du bureau des longitudes en 1808, professeur de mécanique rationnelle à la Faculté des sciences en 1809, examinateur d'artillerie, en remplacement de Legendre, démissionnaire, en 1812, et enfin, la même année, membre de l'Académie des sciences ; déjà, en 1809, une candidature à l'Académie des sciences lui avait été offerte, en remplacement de Lalande, et avait été chaudement soutenue par Laplace ; mais l'Académie lui préféra Arago, âgé seulement de vingt-trois ans, qui venait de mesurer la méridienne d'Espagne. Ajoutons qu'en 1815, Poisson fut chargé d'examiner et de classer les élèves de l'École militaire de Saint-Cyr, et qu'il devint examinateur de sortie à l'École polytechnique en 1816, et conseiller de l'Université en 1820. Poisson a été l'un des écrivains scientifiques les plus féconds qui eussent jamais existé. La liste complète de ses ouvrages et mémoires imprimés a été dressée par lui-même, peu de temps avant sa mort. On la trouvera à la suite de son éloge prononcé par Arago et publié dans les *notices biographiques* de l'illustre astronome ; elle n'occupe pas moins de dix-sept pages. Tous ses travaux se rapportent à des questions de mathématiques pures, de mécanique ordinaire ou de physique mathématique ; Poisson avait l'habitude de dire que la vie n'est bonne qu'à deux choses : à faire des mathématiques et à les enseigner, opinion dont il est inutile de relever l'exagération manifeste. Son œuvre, considérable comme étendue, ne se caractérise par aucune découverte de premier ordre ; on peut même dire que toutes les fois qu'il lui fallut se décider entre deux théories son choix ne fut pas heureux : c'est ainsi qu'il se prononça, dans la théorie de la lumière, pour le système de l'émission et qu'il combattit les conclusions du travail de Fourier sur la distribution de la chaleur à l'intérieur du globe terrestre. Mais Poisson possédait au suprême degré le don d'apercevoir et de deviner les transformations analytiques. A ce titre, il a rendu de très grands services aux géomètres en simplifiant une foule de démonstrations et en ouvrant la voie à de nombreuses recherches utiles et fécondes. Tous les savants qui se sont occupés de mécanique céleste ou de physique mathématique ont trouvé de grands secours dans l'étude des Mémoires de Poisson.

Parmi les nombreuses publications de ce célèbre géomètre, nous signalerons surtout son *Traité de mécanique* (Paris, 1811), réédité, en 1832, avec des additions considérables, ouvrage qui est longtemps demeuré classique ; et son *Traité du calcul des probabilités*, Paris, 1838. — M. F.

*POITEVIN (Alphonse), né à Conflans (Sarthe), en 1819, mort dans la même ville, le 4 mars 1882, était sorti, en 1843, le troisième de l'École centrale, avec le diplôme de chimiste. Il entra d'abord, en qualité d'ingénieur, dans les salines de l'est, puis il abandonna cette situation pour consacrer tout son temps et toute son attention à l'application industrielle de ses découvertes en photographie. Venu à Paris, en 1855, il prit un brevet pour son procédé de photolithographie et se fit imprimeur pour l'exploiter; mais ayant à lutter, dès le principe, contre de nombreux tâtonnements, il se découragea rapidement et vendit ses droits, moyennant 20,000 francs, à la maison Lemercier. C'est vers cette époque que des Anglais, auxquels il avait communiqué sans méfiance ses procédés pour l'impression par moulage, les firent breveter en Angleterre.

Successivement directeur, à Lyon, d'une fabrique de produits chimiques appartenant à M. Pereire; de verreries, à Ahun-les-Mines (Creuse); à Folembray, où il apporta les perfectionnements les plus importants, Poitevin, pour améliorer sa situation pécuniaire, partit en Algérie, diriger, comme ingénieur-chimiste, l'exploitation des mines de plomb argentifère de Kéfoun-Théboul.

Rappelé en France par la mort de son père, en 1869, abreuvé de dégoût par des pertes successives et le renoncement forcé à ses projets auxquels il avait consacré sa fortune et sa vie, il sentit venir le découragement qui usa peu à peu sa santé; Poitevin a connu les angoisses des savants que la misère condamne à l'inaction, sa vie fut un exemple de dévouement et de courage.

Depuis quelques années, ses découvertes reçoivent les applications les plus utiles et sont universellement consacrées; les plus importantes peuvent se résumer ainsi : action de la lumière sur les mucilages bichromatés; photogravure chimique; hélioplastie; procédés au charbon; impression à l'encre grasse.

Poitevin avait obtenu : le prix du duc de Luynes (12,000 francs), de l'Académie des sciences; le prix Tremont (2,000 francs); une grande médaille à l'Exposition de 1878 et, de la Société d'encouragement, le prix de 12,000 francs fondé par le marquis d'Argenteuil. Il était chevalier de la Légion d'honneur.

A part quelques Mémoires présentés à l'Académie des sciences, ce savant ne laissa qu'un traité publié, en 1862, sous ce titre : *Traité de l'impression photographique sans sels d'argent*, contenant : l'histoire, la théorie et la pratique des méthodes et procédés de l'impression au charbon, de l'hélioplastie, de la phototlithographie et de la gravure photochimique. Ce recueil, complété par les soins de notre excellent collaborateur, M. Léon Vidal, a été publié dans une nouvelle édition, chez Gauthier-Villars.

POITRAIL. *T. de constr.* Pièce de bois de très fort équarrissage, ou poutre en fer formée de deux fortes solives, accouplées et boulonnées, que l'on place au-dessus de baies de grandes dimensions, telles que des ouvertures de boutiques, pour supporter la charge des trumeaux en maçonnerie ou en pans de bois des étages supérieurs, ainsi que les abouts des solives du plancher auquel ces pièces correspondent. Tous les jours, les démolitions effectuées à Paris nous laissent voir ces poutres épaisses qui forment linteau au-dessus des devantures de boutiques dans les anciennes maisons; on les remplace aujourd'hui par des poitrails, composés, comme nous venons de le dire, de deux fers à T accouplés. Les figures

195 et 196 montrent un poitrail de ce genre, vu en élévation et en plan; il est soulagé, comme c'est l'usage dès que la portée dépasse environ trois mètres, par une colonne en fonte. Pour des portées plus grandes encore, on place naturellement plusieurs colonnes. Les deux fers qui composent cette poutre sont reliés entre eux (fig. 197) par des brides, et leur écartement est maintenu par des croisillons en fer rond ou carré; l'intervalle de ces fers est *hourdé* ou rempli en maçonnerie, en briques sur champ s'il est possible, comme nous l'avons représenté ici. Dans les façades en pierres de taille, on ne fait pas reposer la pierre directe-

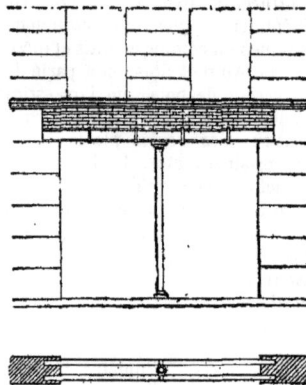

Fig. 195 et 196.

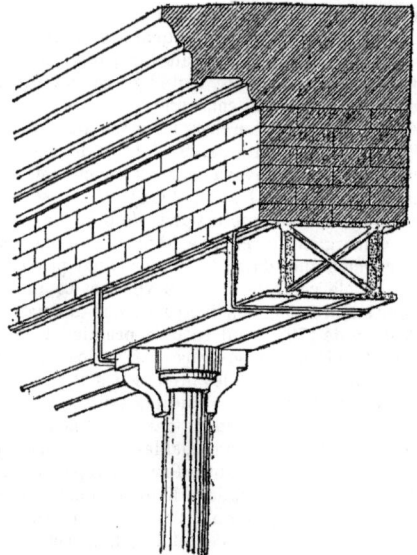

Fig. 197.

ment sur le poitrail, on l'en sépare au moyen d'une sorte de matelas formé de plusieurs assises de briques hourdées en mortier de ciment. — F. M.

'POITRINIÈRE. *T. techn.* Barre transversale du métier de draperie, sur laquelle passe le tissu pour s'enrouler sur le déchargeoir. ‖ Traverse de bois servant de point d'appui à l'ouvrier qui tisse la passementerie sur le métier à haute-lisse, à la poitrinière sont attachées deux bretelles que le tisserand passe sur ses épaules, de manière à avoir la force nécessaire pour « foncer la marche » et faire passer la navette. || Partie du harnais qui passe sur le poitrail du cheval.

I. POIVRE. *T. de mat. méd.* Nom donné à divers produits dont les principaux sont fournis par le genre *piper*, plante qui constitue le type de la famille des pipéracées (fig. 198).

Parmi les poivres employés, nous citerons :

Le *poivre noir (piper nigrum,* L.), plante grimpante originaire des forêts du Travancore et du Malabar, d'où elle passa à Sumatra, Java, Bornéo, aux Philippines, dans les Indes occidentales, etc. Sa tige noueuse donne des racines adventives qui fixent la plante sur les arbres voisins ; le fruit est

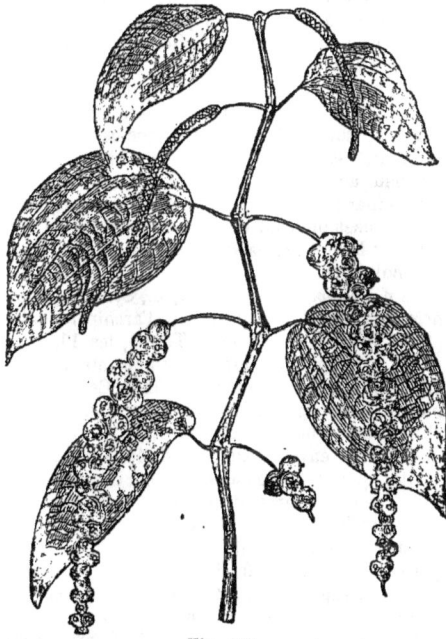

Fig. 198.

une baie sessile à une graine, offrant un double albumen et un embryon très petit.

Ce grain de poivre, qui est la partie utile de la plante, ressemble, sur pied, à de petites cerises arrondies, portées, au nombre de vingt à trente, sur un pédoncule commun ; elles sont d'abord vertes, puis deviennent rougeâtres et jaunes lorsqu'elles sont arrivées à maturité ; on en fait la récolte avant cette époque, et, par la dessiccation, elles deviennent d'un brun noirâtre. Tel que le commerce nous le livre, le poivre noir en grains est constitué par de petites baies de 4 millimètres de diamètre environ, à surface ridée, gris noir ou brunes ; elles sont couronnées par 3-4 lobes très peu distincts provenant du stigmate et du style. Ce grain, au microscope (fig. 199), offre une texture remarquable qui, vu les nombreuses falsifications que l'on fait subir au poivre moulu, offre de l'intérêt

à connaître ; on y trouve : 1° un épicarpe à petites cellules quadrangulaires, ou irrégulières, avec cuticule très épaisse qui se colore en bleu foncé par une solution acétique d'aniline ; 2° un mésocarpe composé d'abord d'une zone formée de plusieurs couches de cellules à parois épaisses, ponctuées, ligneuses, jaunes, à cavité étroite, puis d'une seconde zone épaisse constituée par de vastes cellules irrégulières, à parois minces, allongées et aplaties, surtout vers le bas de la zone et, enfin, d'une troisième zone qui constitue le sarcocarpe du fruit frais, et qui est formée par des cellules aplaties avec cellules arrondies ovoïdes, remplies d'une huile jaunâtre ; 3° une couche unique de cellules à parois extrêmement minces, mais dont celles internes et latérales s'épaississent ; cette couche forme l'épiderme interne du péricarpe. Le tégument séminal adhérant à l'endocarpe comprend une couche de cellules quadrangulaires remplies d'une matière brune ; en dedans du tégument est

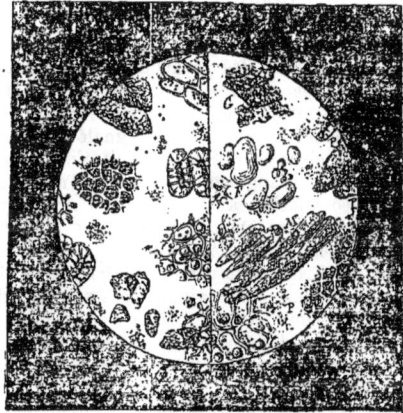

Fig. 199. — *Poivre, vu au microscope; D = 1/120.*

Côté gauche : poivre pur. — Côté droit : *P* Poivre; *F* Fécule, *G* Grabeaux, *M* Maniguette.

l'albumen formé par un grand nombre de cellules contenant des grains d'amidon très petits.

Cette matière, dont la saveur forte et brûlante, et l'odeur irritante sont bien connues, doit ses propriétés à deux corps spéciaux : une résine qui donne à ce fruit sa saveur mordicante, c'est la *pipérine* ; cette matière, qui n'est contenue dans le poivre que dans la proportion de 2 à 3 0/0, a pour formule $C^{34}H^{19}AzO^6$... $C^{17}H^{19}Az O^3$, c'est-à-dire qu'elle est isomère avec la morphine ; elle est sans action sur le tournesol, cristalline, insoluble dans l'eau, sans action sur le plan de polarisation ; elle se dédouble en *acide pipéridique*, $C^{34}H^{10}O^8$, et en *pipéridine*, $C^{10}H^{11}Az$, alcaloïde qui fournit des sels cristallisés ; la seconde matière propre au poivre est une huile essentielle qui est plutôt aromatique et odorante que brûlante, elle a la composition de l'essence de térébenthine ($C^{20}H^{16}$), sa densité et son point d'ébullition ; elle ne dévie pas la lumière polarisée. Il y en a de 1,6 à 2 0/0 dans le poivre. On trouve aussi, dans ce fruit une huile grasse et une forte proportion d'amidon.

Commerce. Le poivre nous vient surtout des établissements des détroits et de l'Inde anglaise; ils en expédient, en Europe, environ 28 millions de livres par an, d'une valeur de plus de 19 millions de francs. Les sortes commerciales les plus estimées sont les poivres du Malabar, Alépée, Cochin, Penang, Singapore et Siam.

FALSIFICATIONS. Le poivre étant un produit d'une valeur très élevée, puisqu'il se vend chez nous de 380 à 420 francs les 100 kilogrammes, est l'objet de nombreuses falsifications, aussi bien en grains qu'en poudre.

Le poivre en grains est mélangé, dans les pays d'origine, avec les fruits de l'*embelia ribes*, Jus., et chez nous, avec ceux du *rhamnus infectorius*, L. et *rhamnus alaternus*, L., que l'on reconnaîtra bien à ce qu'ils offrent, l'un trois, l'autre quatre loges dans le fruit. En plus, on fabrique parfois des grains de toutes pièces, en agglomérant un mélange de tourteaux de lin, argile et poivre de Cayenne, granulant en faisant passer dans un tamis, puis roulant dans un tonneau (Accun); ou bien en enrobant des grains de moutarde avec une pâte un peu poivrée, ce qui fait que, par dessiccation, le grain central se détache et la fausse graine sonne (Bertin). On a signalé aussi des grains de poivre enrobés avec de l'amidon cérusé dans le but d'augmenter le poids. Toutes ces fraudes sont faciles à reconnaître, il n'y a qu'à laisser séjourner quelque temps les grains dans l'eau pour les voir se désagréger.

Les falsifications du poivre pulvérisé sont bien plus nombreuses, on y ajoute constamment des mélanges d'amidon de céréales ou des fécules de légumineuses et de pommes de terre, de la semoule, des farines de moutarde, de lin, de colza, de navette; du piment, du ligneux, de la poudre de feuilles de laurier-rose, de grand cardamome, de maniguette; de la poussière de balayures de magasin, du plâtre, de la terre ocreuse, de la poudre d'os, des épices d'Auvergne (mélange de pain de chènevis et de tourteau de faines avec de la terre pourrie), enfin, du fleurage de pommes de terre pulvérisé finement, du son de pommes de terre, des grignons d'olives, des noyaux de dattes, etc., etc. L'examen microscopique rendra les plus grands services pour reconnaître ces fraudes, car nous avons signalé avec soin ce que l'on trouve dans le grain de poivre. En dehors de l'examen microscopique (fig. 199), on peut faire d'autres recherches; l'odeur de rance indiquera l'addition de tourteaux, d'épices d'Auvergne; le traitement par l'alcool ou l'éther montrerait, par le développement d'odeur spéciale, le laurier, qui cèdera aussi une couleur verte au liquide; le poivre de Cayenne donnera une liqueur alcoolique jaune et un extrait rouge; les matières minérales résisteront à l'incinération et donneront plus de 5 à 6 0/0 de cendres, poids normal fourni par le poivre pur; l'addition de fleurage qui, pour les poivres moulus et blancs, constitue la fraude la plus fréquente, se reconnaît à la teinte uniformément grise de la poudre, à ce que ce poivre adultéré surnage plus longtemps sur l'eau que le poivre

pur; de plus, si l'on y ajoute un peu de solution d'iodure de potassium ioduré, on obtient une teinte bleue bien plus foncée qu'avec le poivre naturel. Quant au grignon d'olive, difficile à retrouver au microscope ordinaire, parce qu'il renferme des cellules pierreuses à parois très épaisses, comme celles du poivre, on le retrouve en employant la lumière polarisée; celles de l'olive agissent sur cette lumière, tandis que celles du poivre restent jaunes. On peut encore faire un mélange de parties égales d'eau et de glycérine, la poudre frelatée se sépare presque aussitôt et le grignon tombe au fond du liquide, alors que le poivre surnage.

Usages. Le poivre sert comme condiment et comme excitant, en médecine.

Le *poivre blanc.* Cette sorte de poivre ne diffère absolument de la première qu'en ce que le fruit, cueilli un peu plus mûr, a été débarrassé de la couche extérieure du péricarpe. Le poivre blanc vient surtout de Tellichery, pour les plus belles sortes; de Travancore et des établissements des détroits; son grain plus gros que celui du poivre noir, est d'un blanc grisâtre, sphérique ou un peu aplati; il est moins piquant, d'arome moins marqué, mais plus fin que celui du poivre noir, causes qui sont dues à une plus grande maturité et le font exclusivement réserver pour l'emploi culinaire.

Le *poivre long* (*piper longum*, L., Syn. : *piper officinarum*, D. C.). Il vient de l'archipel Indien (Java, Sumatra, les Célèbes, Tinny), les Philippines et du Bengale oriental. Son importation se fait, en général, par Singapoure et Calcutta. Ce poivre est surtout cultivé par les planteurs de canne à sucre; chacun des fruits est ovoïde et de 2 millimètres de diamètre environ. On cueille l'épi avant sa maturité; quand il nous arrive, il est d'un gris noirâtre, de saveur aromatique et brûlante. Ses principes actifs sont ceux du poivre noir, mais la résine et l'huile volatile résident surtout dans le péricarpe de chaque fruit.

— On en exporte environ 3,400 quintaux, qui sont employés comme épice et comme médicament.

Le *poivre cubèbe* (*piper cubeba*, L. f. Syn. : *cubeba officinalis*, Mig.). C'est un arbuste grimpant, ligneux, dioïque, indigène de Java, du sud de Bornéo et de Sumatra. Ses fruits ont une odeur aromatique et une saveur forte, persistante, amère et un peu camphrée; ils contiennent de 6 à 15 0/0 d'une huile volatile polymère de celle de térébenthine, déviant à gauche la lumière polarisée et laissant déposer, à la longue, de l'*hydrate de cubébine*, $C^{60}H^{48}, 2H^2O^2$; elle distille entre 240 et 250°, et est soluble dans 18 parties d'alcool absolu et 27 parties d'alcool ordinaire; elle détone au contact de l'iode. Outre cette essence, les fruits renferment de la *cubébine*, corps cristallisant en aiguilles, insoluble dans l'eau froide, un peu soluble dans l'eau chaude et mieux dans l'alcool bouillant ou l'éther; sa formule est $C^{60}H^{30}O^{16}$, elle dévie à gauche la lumière polarisée et se colore en bleu, par la chaleur, en présence du pentoxyde de phosphore. En dehors de ces corps, le poivre cubèbe contient encore 3 0/0 de résine, 1 0/0 d'acide cubébique amorphe, 8 0/0 de gomme, une huile grasse et des malates de chaux et de magnésie.

— Singapoure envoie annuellement 2,400 quintaux environ de ce produit, que l'on utilise en médecine pour les affections des voies respiratoires, et des muqueuses de l'appareil génital, sur lesquelles sa résine et l'acide cubébique exercent une action énergique.

Le *matico* (*piper angustifolium*, Ruitz et Pav.). Cet arbuste, originaire de la Bolivie, du Pérou, du Brésil, de la Nouvelle-Grenade et du Vénézuela, donne des feuilles qui contiennent une huile volatile et légèrement dextrogyre, de l'acide artanthique, du tannin et une résine particulière. Elles servent surtout comme astringent et antihémorrhagique.

Bibliographie : A. BOUCHARDAT : *Falsification des poivres*, in. : *Union ph.*, 1873, p. 497; CHARBONNIER : *Répertoire de pharmacie*, 1883, p. 20; CHEVALLIER : *Annales d'hygiène*, 1875, p. 79; CHOULETTE : *Fabrication du poivre avec la semoule et les grabeaux de riz*, Journal de chimie méd., 1857, p. 441; Ed. LANDRIN : *Répertoire de pharmacie*, 1876, 10 et 25 septembre, et *Journal de pharmacie*, 1884, septembre, p. 194; PUEL : *Journal de chimie méd.*, 1857, p. 739; RABOURDIN : *Journal de pharmacie*, avril 1884; J.-L. SOUBEIRAN : *Thèses de l'école de pharmacie de Paris*, 1852, p. 29.

Poivre de Calicut. Syn. : *Capsicum longum*, D. C. — V. PIMENT.

Poivre de Guinée. Syn. : *Capsicum annuum*, L. — V. PIMENT.

Poivre de l'Inde. Syn. : *Capsicum annuum*, L. — V. PIMENT.

Poivre de la Jamaïque. Syn. : *Myrtus pimenta*, L. — V. PIMENT. — J. C.

II. *POIVRE. *T. techn.* On appelle *enlever le poivre* à un tissu de coton ou de lin, le faire passer à la machine à gratter pour le débarrasser des boutons et des fils qui auraient échappé au nettoyage du tisserand.

POIX. *T. techn. et de pharm.* On donne ce nom à divers produits, que nous allons énumérer :

Poix blanche. Produit artificiel obtenu en brassant du galipot dans de l'eau, avec de la térébenthine de Bordeaux ou de l'essence de térébenthine. Elle est blanche par suite de l'interposition d'eau, de saveur amère très marquée, coulante, mais devenant sèche et cassante à sa surface; son odeur forte rappelle celle de la térébenthine et même, parfois, celle de la poix noire; elle se dissout complètement dans l'alcool. Le Jura bernois en fabrique actuellement 850 quintaux environ, mais on en fait aussi à Bordeaux et à Rouen. Elle est souvent substituée à la suivante.

Poix de Bourgogne ou des Vosges. Cette substance est surtout produite par le Grand duché de Bade, la Forêt-Noire, l'Autriche et la Suisse. Elle est obtenue avec la térébenthine de l'*abies excelsa*, Link ou *epicea*. En fondant au sein de l'eau le produit qui s'écoule des blessures faites à l'arbre et en le comprimant, on obtient le produit appelé *poix de Bourgogne* ou *poix jaune*. Il est résineux, opaque, de nuance fauve, à cassure conchoïdale lorsqu'il fait froid,

mais se ramollissant par la chaleur et prenant alors la forme des vases qui la contiennent, coulant, adhérant fortement aux doigts; son odeur est forte, aromatique, balsamique; sa saveur est douce et même parfumée, sans amertume; il ne se dissout pas complètement dans l'alcool, mais est soluble dans l'acide acétique cristallisable, dans l'acétone, etc. D'après Maly, cette poix est surtout formée d'une résine amorphe ayant pour formule $C^{88}H^{62}O^8... C^{44}H^{62}O^4$, avec un peu d'essence de térébenthine.

FALSIFICATIONS. On trouve souvent, dans le commerce, comme poix de Bourgogne, un mélange de colophane et d'huile de palme, qui a une couleur variant du jaune clair au brun jaune, avec bulles d'air ou d'eau interposées dans la masse. Cette fausse poix a une odeur faible de térébenthine et pas de parfum; elle se coule souvent en vessies. Pour la reconnaître, il suffit de la traiter par deux fois son poids d'acide acétique cristallisable, qui donne un liquide se séparant en deux couches dont la supérieure est formée par l'huile grasse.

Usages. La poix de Bourgogne sert, en médecine, comme stimulant, sous forme d'emplâtre, et pour enduire les fûts à bière, en la mélangeant avec du galipot et de la colophane.

Poix de houille. C'est un des produits de la distillation sèche de la houille. Elle se reconnaît facilement à son absence d'arome, à son odeur désagréable et à la teinte verte qu'offrent ses fragments réduits en lames minces. Lorsqu'on fait bouillir cette poix dans l'eau, elle ne lui communique aucune trace d'acidité.

Poix liquide. C'est le goudron obtenu par la distillation sèche du bois de quelques conifères, et surtout de *pinus sylvestris*, L., et de *pinus ledebourii*, Endl. — V. t. V, p. 520.

Poix minérale. C'est le *bitume* (V. ce mot) aussi appelé *malthe* ou *pissasphalte*. Elle se trouve surtout en Perse, en Suède et en France, au Puy de la Pège, près Clermont. La *poix minérale élastique* ou *caoutchouc fossile* se retrouve à Odin (Derbyshire), à South-Bury (Massachusets) et, en France, à Montrelais.

Poix navale. C'est un produit artificiel, servant au calfatage des navires, et obtenu en mélangeant du goudron avec du brai gras ou de la résine.

Poix noire. Elle dérive des térébenthines et se prépare en brûlant les lits de paille qui ont servi à la purification des térébenthines, avec les éclats de bois provenant des entailles faites aux arbres, dans des fours en maçonnerie de 2 mètres à 2m,30 de circonférence et de 2m,60 à 3m,30 de hauteur. Ces fours n'ayant pas de courant d'air, on enflamme les matières combustibles à la partie supérieure, et il s'écoule peu à peu un liquide noir, formé de colophane souillée de noir de fumée, de goudron, d'essence, d'huile pyrogénée, lequel se rend dans une cuve à demi-pleine d'eau. Une partie restée liquide gagne la surface, c'est l'huile de poix (*pisseloeon*); la partie épaisse est mise à bouillir dans une chaudière de fonte jusqu'à ce qu'elle devienne cassante par un refroidissement brusque; c'est la poix noire. Ce corps est en masses amorphes, d'un beau noir, transparent en lames minces, cassant, à section nette et conchoïdale; il se ramollit à 37° et colle alors aux mains; il fond à 100°, brûle avec une flamme fuligineuse très éclairante, a une odeur empyreumatique et térébinthacée. Il est soluble dans la potasse, en partie dans l'alcool à 75°, en donnant un liquide acide qui précipite en brun rosé par le perchlorure de fer, et en blanc sale par l'acétate neutre de plomb.

Poix résine ou *résine jaune*. C'est un produit artificiel, obtenu avec le *brai* (V. ce mot), résidu de la distillation des térébenthines, en battant le brai dans de l'eau bouillante pendant vingt minutes environ. Le brai devient alors jaunâtre, on le coule dans des moules et on le laisse sécher. Il garde 10 à 12 0/0 d'eau, est devenu opaque et friable; sa cassure est vitreuse, il possède toujours une odeur faible de térébenthine de Bordeaux. — J. C.

POLAIRE. T. *de géom*. On appelle *polaire* d'un point P par rapport à une courbe plane, une ligne définie de la manière suivante : concevons que par le point P on mène une droite quelconque qui coupe la courbe en plusieurs points, soient A et B deux quelconques de ces points; prenons sur la sécante le point M, conjugué harmonique de P par rapport à AB, c'est-à-dire tel que l'on ait :

$$\frac{MA}{MB} = \frac{PA}{PB};$$

le lieu du point M, quand la sécante tourne autour du point P, est la polaire de ce point par rapport à la courbe considérée. La polaire passe évidemment par les points de contact des tangentes que l'on peut mener du point P à la courbe. Si cette courbe est de degré *m*, la polaire d'un point sera du degré $\frac{m(m-1)}{2}$. Le point P prend, par opposition, le nom de *pôle*. La théorie des pôles est surtout importante et utile lorsque la courbe considérée est du second ordre. Dans ce cas, la polaire d'un point est une ligne droite. On établit aisément les théorèmes suivants qui donnent à la théorie en question toute son importance : si un point P décrit une ligne droite D, la polaire de ce point tourne autour d'un point fixe B qui n'est autre que le pôle de la droite D; réciproquement, si une droite tourne autour d'un point fixe R, son pôle décrit une droite D qui n'est autre que la polaire du point R. Ces théorèmes sont absolument généraux et indépendants des positions relatives de la conique et du point P, parce que, alors même que la sécante passant par P ne coupe la conique qu'en deux points imaginaires, le point M conjugué de P par rapport au segment déterminé par ces deux points imaginaires, est cependant réel. Ils constituent la base d'une transformation très remarquable des figures géométriques, dite *transformation*

par pôles et polaires réciproques, qui joue un grand rôle dans la géométrie moderne parce qu'elle se rattache au principe de *dualité* si bien mis en lumière par les travaux de Poncelet, Gergonne et Charles. Par exemple, la figure transformée d'un polygone est le polygone formé par les polaires de ses différents sommets ou, ce qui revient au même, par les pôles de ses côtés. De même, une courbe quelconque C peut être considérée comme engendrée par le mouvement d'un point. Pendant ce mouvement, la polaire de ce point se déplace et enveloppe une certaine courbe C' qui est dite *la transformée* de C. Si trois points de la première figure sont en ligne droite, les trois droites correspondantes de la figure transformée passeront par un même point et réciproquement. On conçoit qu'on puisse trouver, dans cette circonstance, la base d'une méthode générale, éminemment propre à la découverte de nouveaux théorèmes *corrélatifs* de théorèmes déjà connus. C'est ainsi, pour n'en citer qu'un exemple, que du fameux théorème de Pascal, relatif à l'hexagone inscrit dans une conique et consistant en ce que les côtés opposés de cet hexagone se coupent en trois points situés en ligne droite, on déduit immédiatement le théorème corrélatif connu sous le nom de *théorème de Brianchon*, et d'après lequel les trois droites qui joignent les sommets opposés d'un hexagone circonscrit à une conique passent par un même point.

La théorie des pôles et polaires se généralise aisément dans la géométrie à trois dimensions. Pour nous borner aux surfaces du second ordre, nous signalerons les propositions suivantes : si par un point fixe P, on mène une sécante qui coupe une surface du second ordre en deux points A et B, le lieu du point M, conjugué harmonique de P par rapport à AB, lorsque la sécante tourne autour de P, est un plan dit *plan polaire* du point P, lequel reçoit, par opposition, le nom de *pôle*. Il est évident que l'intersection de ce plan polaire avec la surface est le lieu des points de contact des tangentes menées du point P à la surface, c'est-à-dire la courbe de contact d'un cône circonscrit à la surface ayant son sommet en P. Si le point P décrit un plan E, son plan polaire tournera autour d'un point fixe qui n'est autre que le pôle du plan E et, réciproquement, si un plan tourne autour d'un point fixe K, son pôle décrira le plan polaire de K. Si le point P décrit une droite D, son plan polaire tournera autour d'une droite fixe Δ. Les deux droites D et Δ sont dites *conjuguées* parce qu'elles jouent le même rôle, l'une par rapport à l'autre; si le point P décrivait la droite Δ, son plan polaire tournerait autour de D. Réciproquement, si un plan tourne autour de l'une de ces deux droites, le pôle de ce plan décrira l'autre droite. Ces théorèmes remarquables donnent à la théorie des pôles et plans polaires, absolument la même importance que celle de la théorie des pôles et polaires dans le plan. — M. F.

*POLARIMÈTRE. T. *de phys*. Instrument utilisé pour mesurer la déviation qu'exercent certains milieux sur les rayons lumineux polarisés. — V. l'article suivant.

POLARISATION. *T. de phys.* Lorsque la lumière a éprouvé dans sa nature intime une modification particulière par suite de laquelle elle a perdu plus ou moins complètement la propriété de se réfléchir ou de se répartir dans certaines directions, on dit qu'elle est *polarisée* et l'on nomme *polarisation* le phénomène lui-même. Ce nom a été donné parce que, dans le système de l'émission, on admettait, pour expliquer ce phénomène, que les molécules lumineuses prenaient des pôles et s'orientaient dans une même direction, à la façon des aimants.

La polarisation peut être produite par diverses causes, assez nombreuses, parmi lesquelles nous distinguerons les suivantes :

1º *Polarisation par réflexion.* Quand un rayon de lumière naturelle (c'est-à-dire n'ayant subi ni réflexion ni réfraction qui en modifie les propriétés) rencontre une lame de verre, sous un angle de 35º,25' avec la surface (ou 54º,45 avec la normale), il est *polarisé* par réflexion, c'est-à-dire qu'il a perdu la propriété de se réfléchir sous la même incidence sur un deuxième plan de verre, si ce plan est *perpendiculaire* au premier. Ce rayon s'éteint d'autant moins que ces plans tendent davantage vers le parallélisme (cette polarisation a été découverte par Malus, en 1808).

Le *plan de polarisation* d'un rayon lumineux est le plan d'incidence par lequel ce rayon réfléchi est polarisé.

On connaît divers appareils au moyen desquels on produit et l'on constate la polarisation par réflexion. Le plus simple est celui de Malus que Biot a perfectionné. Il se compose essentiellement de deux lames de verre noir disposées aux extrémités d'un tube métallique de manière à pouvoir prendre différentes positions.

L'*angle de polarisation* d'une substance est l'angle que doit faire le rayon incident avec la surface plane et polie de cette substance pour que le rayon réfléchi soit polarisé le plus complètement possible. On a trouvé comme valeur de ces angles : pour le verre, 35º,25'; pour le quartz, 32º,28'; le diamant, 22º; l'obsidienne (verre noir naturel qui polarise très bien la lumière), 33º,30'; pour l'eau, 37º,15'.

2º *Polarisation par réfraction simple.* Un rayon lumineux qui a traversé une série de lames minces de verre à faces parallèles et sous un angle de 35º,25', est polarisé, car si on le reçoit sous une seconde pile de glaces inclinées de même, on constate que quand le plan d'incidence et de réfraction sur la seconde pile est perpendiculaire au plan d'incidence et de réfraction (*plan de polarisation*) sur la première, il y a extinction plus ou moins complète de la lumière et que, pour toute autre position relative de ces plans, la lumière polarisée traverse les deux milieux réfringents, le maximum d'intensité lumineuse ayant lieu lorsque les plans sont parallèles (phénomènes découverts par Malus).

3º *Polarisation par double réfraction.* Lorsqu'un rayon de lumière naturelle traverse un rhomboèdre de spath d'Islande (carbonate de chaux), il se bifurque à l'intérieur du cristal et donne lieu à deux rayons émergents qui, tous les deux, sont *polarisés* (découverte de Huyghens); l'un, nommé *rayon ordinaire* parce qu'il suit les lois ordinaires de la réfraction, l'autre, *rayon extraordinaire* qui suit d'autres lois. On reconnaît le fait de la polarisation, dans ce cas, par l'éclat variable que présentent ces rayons lorsqu'on les fait tomber sur une lame de verre, sous un angle de 35º,25' et qu'on fait varier successivement la position du plan de réflexion sans changer l'angle de leur incidence.

Pour avoir de la lumière polarisée par double réfraction, on emploie un prisme de Nicol formé des deux moitiés d'un rhomboèdre de spath, scié suivant ses grandes diagonales et soudé ensuite, dans la même position, avec du baume de Canada dont l'indice de réfraction est intermédiaire entre celui du rayon ordinaire et celui du rayon extraordinaire; de sorte qu'un rayon polarisé en pénétrant dans le Nicol suivant la longueur du prisme, se dédouble en rayon ordinaire qui subit la réflexion totale et se trouve ainsi arrêté par un diaphragme, tandis que le rayon extraordinaire passe seul avec ses propriétés de rayon polarisé.

Les appareils à l'aide desquels on étudie la polarisation se composent de deux parties distinctes : le *polariseur* qui imprime à la lumière naturelle les propriétés qui constituent la polarisation; l'*analyseur* ou *polariscope* (V. t. V, p. 852), qui sert à reconnaître quand la lumière est polarisée et à déterminer son plan de polarisation.

En général, ces deux pièces sont de même sorte : lame de verre, plaque de tourmaline, prisme biréfringent (verre et spath achromatique), prisme de Nicol, de Savart, de Sénarmont, etc. Tels sont les polariscopes de Malus, de Biot, d'Arago, de Babinet, de Savart, de Sénarmont.

4º *Polarisation chromatique.* Dans les cas de polarisation qui précèdent, on n'a que des changements de direction (de ligne ou de plan), ce qui constitue la *polarisation rectiligne*, tandis que la polarisation dite *chromatique* se manifeste par des effets remarquables de coloration. Nous ne pouvons nous arrêter à cette partie théorique, ni à celle qu'on nomme *polarisation circulaire* ou *elliptique*.

5º *Polarisation rotatoire.* Lorsque deux miroirs de verre sont disposés de manière que la lumière polarisée par le premier soit éteinte par le second, l'introduction entre ces deux glaces d'une lame de quartz, taillée perpendiculairement à l'axe, a la propriété de faire reparaître les rayons lumineux qui se montrent rassemblés en un faisceau coloré. C'est Arago qui découvrit ce phénomène, en 1811. Le même effet se produit en plaçant le quartz entre deux prismes de Nicol (polariseur et analyseur). Le plan de polarisation a donc tourné d'un certain angle, nommé *angle de polarisation*, que l'on détermine en faisant tourner l'analyseur jusqu'à ce qu'on obtienne de nouveau l'extinction de la lumière; ou la réduction au minimum d'éclat.

Si l'on opère avec de la lumière blanche, les

rayons polarisés présentent les couleurs spectrales et l'angle de polarisation varie avec les nuances et est d'autant plus grand que la couleur considérée est plus réfrangible. Si l'on emploie de la lumière rouge (en plaçant un verre rouge en avant du système) et une lame de quartz d'un millimètre d'épaisseur, l'angle de rotation est, d'après Biot, de 17°,30' vers la droite. Pour la lumière jaune, il a trouvé 24°; pour le violet, 44°.

M. Biot, qui a étudié le phénomène et en a énoncé les lois, a trouvé qu'avec une lame de quartz, taillée perpendiculairement à l'axe, la rotation du plan de polarisation est proportionnelle à l'épaisseur de cette lame (extraite d'un quartz quelconque). Il a trouvé aussi que certains échantillons de quartz faisaient tourner à droite le plan de polarisation, et que d'autres le faisaient *tourner à gauche*. Il nomme les premiers *quartz dextrogyres* et les seconds *quartz lévogyres*. Sous la même épaisseur, les deux espèces de quartz donnent des effets égaux (toutes conditions pareilles, d'ailleurs), mais de signes contraires. Cette différence tient aux formes cristallines des deux variétés de quartz, dont l'une a des facettes hémiédriques *tournées vers la droite* et l'autre les a *tournées vers la gauche*. — V. CRISTALLOGRAPHIE, HÉMIÉDRIE.

Indépendamment du quartz qui, jusqu'en 1825, fut la seule substance présentant le pouvoir rotatoire, on connaît un grand nombre de substances organiques, naturelles ou artificielles, ainsi que plusieurs composés inorganiques, qui jouissent de cette propriété; les unes à l'état solide seulement, d'autres en dissolution (dans un liquide *inactif*), d'autres à l'état solide, en dissolution et même en vapeur. Tels sont : l'essence de térébenthine, les huiles volatiles, les alcaloïdes, les gommes, les sucres dissous dans l'eau, le chlorate et le bromate de soude, le cinabre, etc.

On nomme *pouvoir rotatoire* d'une substance active, la déviation qu'elle imprime au plan de polarisation de la lumière lorsqu'elle agit sous l'épaisseur d'un décimètre, et lorsque sa densité est ramenée à l'unité par une modification convenable de la distance de ses molécules.

Polarimètre. Pour étudier et mesurer les pouvoirs rotatoires de certains liquides, on se sert d'instruments nommés *polarimètres* (V. t. V, p. 892). Voici le principe du polarimètre de Biot :

Cet instrument se compose essentiellement de deux parties : un spath *polariseur* qu'on dirige vers la source de lumière, un spath *analyseur* près duquel on place l'œil. Entre ces deux pièces se trouve le tube contenant le liquide dont on cherche le pouvoir rotatoire. A l'éclat des deux images, progressivement variable avec la rotation, il est facile de voir si le plan de polarisation se maintient ou se déplace sous l'action des diverses substances que la lumière traverse et, dans le cas où il est dérivé, de connaître le sens de la déviation et la grandeur numérique de l'angle de *rotation*.

Le pouvoir rotatoire d'une substance est exprimé par la formule :

$$\text{Pouv. rotat.} = \frac{\text{déviation angulaire}}{\text{épaisseur} \times \text{densité}}, \text{ pour les liquides.}$$

$$\text{Pouv. rotat.} = \frac{\text{déviation} \times \text{volume}}{\text{épaisseur} \times \text{poids}}, \text{ pour les solides.}$$

L'épaisseur est exprimée en décimètres, le volume en décimètres cubes, le poids en kilogrammes.

Comme l'angle de déviation varie avec la couleur de la lumière employée, on désigne le pouvoir rotatoire par rapport au rayon rouge (en employant un verre rouge) ou par rapport au rayon jaune (en employant la lumière monochromatique jaune du sel marin dans la flamme d'un brûleur de Bunsen). Le rapport de diffusion du rouge au jaune varie, pour les diverses substances, de 21/30 à 18/30.

Citons quelques résultats : le sucre de canne en dissolution dans l'eau (liquide *inactif*) fait *tourner à droite* le plan de polarisation, tandis que le sucre de raisin et le sucre interverti (par l'acide sulfurique) le font *tourner à gauche*. Suivant qu'on rapportera l'angle de rotation à la lumière jaune ou à la lumière rouge, on aura :

Sucre de canne......	+ 73°,8 et	+ 56°,5
Sucre interverti.....	— 26°,0 et	— 19°,9
Sulfate de quinine.....	—193°,0 et	—147°,7
Sulfate de cinchonine...	+259°,5 et	+199°,0
Morphine............	— 89°,79.	

Applications de la polarisation de la lumière. La polarisation par réflexion sert à reconnaître si les rayons qui partent d'un corps ont été réfléchis à sa surface. C'est ainsi qu'Arago, avec son polariscope, a reconnu que la lumière de la lune était polarisée, ainsi que celle des comètes. Son *scopéloscope* (pour *voir les rochers* sous-marins) est fondé sur la polarisation par réflexion. C'est un simple prisme de Nicol (ou une tourmaline) dont la section principale est verticale. En regardant au travers, on voit l'écueil par les rayons réfractés, tandis que les rayons réfléchis sont éteints par la polarisation. La polarisation par double réfraction a été appliquée à la mesure du pouvoir réflecteur des métaux. La polarisation chromatique fournit des applications à la cristallographie, à l'isomorphisme, à l'étude de l'élasticité (dynamomètre chromatique). La polarisation rotatoire moléculaire donne des applications à l'étude des dissolutions chimiques, particulièrement à la *saccharimétrie* (analyse des dissolutions sucrées, des urines de diabètes). — V. SACCHARIMÉTRIE.

Polarisation rotatoire magnétique. La polarisation de certaines substances transparentes peut être produite par l'influence magnétique. Ce fait important a été découvert par Faraday, en 1845, en plaçant un cube de flint entre les branches d'un puissant électro-aimant, un polariseur et un analyseur étant placés de part et d'autre du corps transparent. Lorsqu'il fit passer le courant dans l'électro-aimant, il remarqua que le plan de polarisation était dévié et changeait de sens avec le sens du courant. Il attribua d'abord cet effet à une action directe du magnétisme sur la lumière; mais on le considère aujourd'hui, avec raison, comme le résultat d'une modification que le magnétisme intense produit dans l'arrangement des molécules pondérales. Cette découverte fut le point de départ de nombreuses recherches de la part de Pouillet, de Becquerel, et bientôt on constata l'action du magnétisme sur tous les corps.

Polarisation de la chaleur. Les rayons de chaleur sont susceptibles de se polariser comme les rayons lumineux et par les mêmes moyens.

Polarisation électrique. Faraday a désigné sous le nom de *polarisation électrique* le phénomène que présente un corps mauvais conducteur lorsqu'il est soumis à l'action d'un corps électrisé, parce qu'il prend un état électrique intérieur dans lequel ses molécules présentent des électricités contraires en deux points opposés de leur masse; état électrique analogue à l'état magnétique que prend le fer doux sous l'influence d'un aimant.

Polarisation dans l'induction. Le milieu isolant qui sépare deux conducteurs joue un rôle actif dans l'induction électrostatique. Suivant Faraday, ce milieu serait nécessaire à l'induction, et ce ne serait que par une suite de décompositions moléculaires d'électricité neutre, se propageant de proche en proche avec une extrême rapidité (comme cela a lieu dans les tubes étincelants), que l'induction se transmettrait à distance. Ainsi l'induction s'expliquerait par la *polarisation des diélectriques.*

Polarisation des éléments d'une pile voltaïque. On sait qu'une pile zinc-cuivre avec eau acidulée perd promptement son énergie, non seulement par l'épuisement de l'acide, mais encore et surtout par suite d'un dépôt de bulles d'hydrogène sur le cuivre et d'oxyde de zinc sur le zinc, dépôts qui, d'une part, forment obstacle à cause de leur mauvaise conductibilité et, de l'autre, tendent à se recomposer en donnant naissance à un courant électrique de sens contraire au premier.

Lorsque cette pile (ou toute autre analogue) a diminué considérablement d'intensité, on dit que ses éléments sont *polarisés*. Ils ont, en effet, acquis des polarités différentes qui tendent à détruire l'effet primitif. Pour *dépolariser* ces éléments, il faut enlever les dépôts ou les empêcher de se former. Les piles, dites *constantes*, sont celles dans lesquelles la *polarisation* est annulée plus ou moins complètement. — V. PILE ÉLECTRIQUE.

Polarisation des électrodes. Lorsqu'à l'aide d'un courant électrique on décompose l'eau ou une dissolution saline, en employant comme électrodes des fils ou des lames de platine, il se forme sur ces lames, par le fait même de l'électrolyse, des dépôts solides, liquides ou gazeux, électro-négatifs au pôle positif et électro-positifs au pôle négatif. Si l'on vient à rompre le courant, ces dépôts se recomposent et, en disparaissant, donnent lieu à un courant électrique momentané de sens contraire à celui que la pile avait fourni. On constate facilement l'existence, le sens et l'intensité de ce *courant secondaire* en remplaçant la

source électrique par un galvanomètre (ce courant secondaire va, dans le liquide, du dépôt qui joue le rôle de base à celui qui joue le rôle d'acide), phénomène découvert par de la Rive. Lorsque les électrodes sont ainsi couvertes de ces dépôts, on dit qu'elles sont *polarisées*. Pour les *dépolariser*, on enlève les dépôts, ce qui ne suffit pas toujours, car le courant secondaire se produit encore quand, après avoir essuyé et lavé les électrodes, on les plonge dans un liquide autre que celui qu'elles ont servi à décomposer. Les piles secondaires ou *batteries de polarisation* sont fondées sur la polarisation des électrodes. — C. D.

POLARIMÈTRE. — V. l'article précédent.

*POLARISCOPE. — V. POLARISATION.

POLARITÉ. *T. de phys. Polarité magnétique.* Propriété que possède toute substance aimantée de présenter deux pôles ou centres d'action produisant des effets opposés (V. MAGNÉTISME). La *polarité électrique* se manifeste aussi dans les piles hydro-électriques ou thermo-électriques. Les deux extrémités ou les conducteurs qui y aboutissent et qui portent les noms de *pôle positif* et de *pôle négatif*, sont douées de propriétés opposées.

Polarité des cristaux. — V. PYRO-ÉLECTRICITÉ.

POLDERS. Les polders sont des terrains endigués et desséchés pour les transformer en terres cultivées. On peut les diviser en deux catégories : l'une comprend d'anciens lacs et des marais, soit naturels, soit formés par des tourbières épuisées; leur surface est, en général, beaucoup plus basse que le niveau de la mer, et le desséchement exige des machines puissantes qui relèvent l'eau, quelquefois par étages successifs, à une hauteur suffisante pour assurer son écoulement. Dans ce cas, la construction des digues d'enclôture comprend la création de canaux inférieurs ou collecteurs qui rassemblent toutes les eaux du polder, et au sommet de la digue, celle d'un canal de ceinture auquel on donne souvent, en Hollande surtout, des dimensions suffisantes pour l'utiliser comme canal de navigation. La plus grande partie des polders des Pays-Bas appartient à cette catégorie qui présente l'inconvénient d'exiger une dépense considérable pour réaliser et ensuite pour maintenir l'assèchement. — V. DESSÉCHEMENT.

La seconde catégorie comprend les terrains du littoral ou *lais de mer* qui, par leur situation au fond d'anses abritées ou à proximité de l'embouchure de certains fleuves, reçoivent incessamment des dépôts considérables de limon; lorsque l'exhaussement, produit par ce colmatage naturel, atteint un niveau déterminé, variable suivant les localités, les terrains sont mûrs pour l'enclôture, et on les transforme en polders dont l'assèchement est obtenu simplement par l'écoulement, pendant les basses mers, des eaux intérieures accumulées dans les collecteurs. A cet effet, on ménage, à travers les digues, soit des aqueducs en maçonnerie, soit des canaux en bois appelés *coëfs* ou *nocs*, dont l'extrémité est munie d'un clapet, à charnière horizontale, qui se ferme automatiquement lorsque la mer monte et que la pression des eaux intérieures ouvre à marée basse. Pour que les dépenses d'enclôture ne soient pas exagérées, la hauteur moyenne des digues ne doit pas dépasser 5 mètres et leur développement, 50 mètres par hectare ; d'autre part, on ne doit pas chercher à conquérir d'un seul coup des espaces trop étendus, et on limite ordinairement les enclôtures à 40 ou 50 hectares ; des enclos de 100 hectares sont tout à fait exceptionnels.

— Il existe, en France, plus de 100,000 hectares de lais de mer susceptibles d'endiguement ; ils sont répartis dans 17 départements, notamment dans le Pas-de-Calais (10,000 hectares), dans le Calvados (3,000 hectares), dans l'Ille-et-Vilaine et la Manche (4,000 hectares), dans la Vendée (15,000 hectares), dans la Charente-Inférieure (14,000 hectares), dans les Bouches-du-Rhône (20,000 hectares), dans la Corse (9,000 hectares).

La conquête de ces terrains exige des capitaux considérables et un temps assez long pour être menée à bonne fin ; elle ne peut donc guère être entreprise que par des syndicats ou des compagnies ; la concession se fait par adjudication publique, sur la demande des intéressés ; elle est malheureusement fort longue à obtenir, parce qu'elle est soumise à l'approbation des quatre ministères de la guerre, de la marine, des travaux publics et des finances ; c'est pourquoi les entreprises de ce genre sont plus rares en France qu'en Hollande et en Angleterre. L'exemple le plus ancien que l'on puisse citer est fourni par les marais de Dol dans la baie du Mont-Saint-Michel, où 14,000 hectares de terres d'une fertilité exceptionnelle ont été reconnus en 1034, à l'aide d'une digue perreyée de 35 kilomètres de longueur. Par suite du mauvais entretien de cette digue, elle fut emportée, en 1791, sur 8 kilomètres, et 6,000 hectares de marais furent envahis et frappés de stérilité jusqu'en l'an VII où fut constitué le syndicat de propriétaires qui existe encore actuellement et dont les travaux ont assuré la sécurité de ce riche territoire. Au sud-est de la même baie, d'autres syndicats avaient reconnus les marais de Beauvoir, d'Huisnes, d'Ardevon, etc., dans des conditions malheureusement très précaires, par suite de la mobilité des cours d'eau qui débouchent dans la baie ; ces conditions ont été depuis améliorées par les travaux successifs de la Compagnie des polders de l'ouest et par ceux de l'État. Le premier ayant exécuté, à ses frais, le redressement et la fixation du lit du Couesnon, et l'État ayant construit la digue insubmersible qui relie le Mont-Saint-Michel à la terre ferme et à la digue submersible de La Roche Torin qui assure la fixité des autres rivières. Ces travaux ont de plus permis de conquérir, de 1851 à 1885, 2,523 hectares dont 1,595 appartenant à la Compagnie et 928 d'anciens enclos que la mer avait envahis de nouveau.

Dans la baie du Mont-Saint-Michel, les digues des polders sont arasées à 1^m,50 au-dessus des plus hautes mers. Le corps est formé de remblais en sable de la plage, transporté à la brouette et pilonné avec soin ; leur talus extérieur est ensuite revêtu, soit de gazons de 10 à 15 centimètres d'épaisseur, enlevés à la bêche sans être brisés, sur les parties les mieux herbées de la plage, soit d'enrochements lorsqu'ils sont plus exposés aux coups de mer. Ces enrochements se composent d'une couche de pierrailles de 20 centimètres d'épaisseur recouverte par une couche de grosses pierres dont l'épaisseur varie de 50 à 60 centimètres. Ces pierres sont rangées à la main. En couronne, les digues gazonnées ont de 1 à 2 mètres de largeur ; les digues perreyées, de 3 à 4 mètres. Le talus vers le large est ordinairement in-

cliné à 3 de base pour 1 de hauteur ; le talus intérieur, de 1 1/2 à 2 pour 1.

Comme la *tangue* (c'est le nom donné au sable calcaire très fin qui constitue la grève) employée à la construction de ces digues manque de cohésion, on emploie, pour donner aux remblais la consistance nécessaire et pour rendre les digues bien étanches, un procédé spécial que l'on appelle le *lisage*. Lorsque l'ouvrage est arrivé à 50 centimètres environ au-dessus des plus hautes mers, on creuse dans l'axe, du sommet à la base et sur toute la longueur, en opérant par tronçons successifs de 50 mètres, une rigole de 2 mètres de largeur en gueule. On remplit cette rigole alternativement d'eau prise dans les criques voisines à l'aide de pompes et de terres déposées sur ses bords. Des hommes descendent dans la tranchée et pétrissent, avec leurs pieds, les terres que d'autres ouvriers jettent incessamment dans l'eau amenée par les pompes, jusqu'à ce que la rigole se trouve emplie par ce mélange ; une partie de l'eau pénètre à travers les talus de la digue et en révèle les défauts que l'on répare immédiatement ; le surplus remonte à la surface des remblais pilonnés qui forment d'abord une masse molle et élastique comme du caoutchouc, puis bientôt, par la dessiccation, un corroi dont la dureté suffit presque toujours pour arrêter les eaux de la mer, lorsque les tempêtes ont enlevé le talus extérieur de la digue.

— La Compagnie des polders de l'ouest possède également une concession dans la baie des Veys, à l'embouchure de la Vire, où elle a déjà réussi à enclore 352 hectares de polders ; les digues sont du même type que les précédentes. Il existe dans le département de la Vendée une autre Société dont les travaux datent de 1854 et qui possède aujourd'hui 700 hectares de polders formés par les alluvions que la Loire déverse dans l'océan et que les courants littoraux accumulent dans la baie de Bourgneuf. La hauteur des digues est, en moyenne, de 5^m,50, et atteint quelquefois 6 mètres et 6^m,50 ; elles sont élevées de 3 mètres au-dessus des marées d'équinoxe ; les talus sont réglés, du côté de la mer, à 1 sur 2 pour les terres sablonneuses et à 1 sur 1,5 pour les terres argileuses ou vaseuses ; les talus intérieurs varient de 1 sur 2,5 à 1 sur 2. Le talus extérieur est entièrement perreyé ainsi que la crête ; depuis 1877 on a perreyé les deux tiers du talus intérieur pour le protéger contre les ressauts de mer. Le sommet des digues est planté d'arbustes qui atteignent 1 mètre et 1^m,50, et qui constituent une défense précieuse contre les vagues des tempêtes.

La construction des digues présente de grandes difficultés parce que le polder, en cours d'exécution, est recouvert à chaque marée ; la hauteur de l'eau atteint même 2^m,5 à 3 mètres à l'époque des équinoxes. On commence par approvisionner les pierres destinées au perreyage des talus, en les utilisant provisoirement pour faire deux petites digues submersibles qui sont destinées à soutenir les premiers remblais, mais qui présentent, de plus, l'avantage de provoquer l'achèvement du colmatage ; l'une de ces digues, de 1 mètre sur 1 mètre, est établie à 10 mètres en dedans du pied de la digue projetée ; l'autre, de 4 mètres de largeur à la base sur 3 mètres au sommet et de 2^m,75 de hauteur, occupe le tracé même de l'endiguement. Les pierres sont apportées, à mer haute, par des bateaux qui les déchargent suivant une ligne de balises; on les range à la main, pendant la basse mer, en ayant soin de laisser des ouvertures suffisantes pour que la mer puisse entrer et sortir librement jusqu'au moment de la fermeture définitive; on compte deux ouvertures de 80 mètres de long pour 2,500 mètres de digues. On installe en même temps les aqueducs et les coëfs qui doivent assurer, plus tard, l'écoulement des eaux intérieures; les coëfs ont une section moyenne de 35 sur 45 centimètres et une longueur de 25 à 30 mètres. On les assemble sur le rivage et on les amène flottants, de façon que la marée descendante les dépose à la place qu'ils doivent occuper. Les terres de remblai sont d'abord déposées dans l'intervalle des deux digues provisoires, puis relevées en talus que l'on perreye au fur et à mesure; lorsque l'on est arrivé à 50 centimètres environ au-dessus des hautes mers, on procède à la fermeture simultanée des ouvertures; fermeture qui doit être exécutée le jour de la plus basse mer de morte eau. Cette opération capitale exige un chantier très bien organisé et un nombre suffisant d'ouvriers pour que, dès le premier jour, la mer ne rentre plus dans le polder; on continue les jours suivants de manière à rester toujours au-dessus des marées; on achève les digues avec les terres extraites du fossé qui doit servir de collecteur général; ce fossé, placé à 15 ou 20 mètres du pied intérieur de la digue, présente une largeur moyenne de 10 mètres et une profondeur de 1m,50. Tous ces travaux doivent être achevés pour l'équinoxe d'automne, époque à laquelle reviennent les grandes marées et les tempêtes. Il ne reste alors qu'à exécuter le réseau des rigoles de desséchement.

— L'aptitude culturale, et par suite la valeur des terrains ainsi conquis varie d'un pays à l'autre; les polders conviennent surtout aux céréales (35 hectolitres par hectare), on y cultive aussi les racines et toutes les variétés de plantes fourragères et légumineuses: ceux de la baie des Veys conviennent surtout pour la formation des prairies dites salées, mais ne donnent de résultats complets qu'au bout d'une dizaine d'années. Dans les conditions normales d'enclôture, le prix de revient de l'hectare est: pour la baie du Mont-Saint-Michel de 1,100 francs (non compris les travaux d'intérêt commun, dérivation du Couesnon, grand collecteur, etc.; qui ajouteront à cette somme environ 400 francs par hectare pour toute la concession); pour la baie des Veys, plus de 2,000 francs et pour la baie de Bourgneuf, 3,500. La valeur de l'hectare est évaluée à 3,000, 4,600 et 4,250 francs. — J. B.

I. **PÔLE.** *T. d'astr., de géog., de phys. et de géom.*
Pôles célestes ou *pôles du monde*, points opposés du ciel par lesquels passe la ligne rationnelle autour de laquelle la sphère céleste semble tourner en vingt-quatre heures; l'un, le *pôle boréal* ou *arctique*, est situé près de l'étoile polaire; l'autre, le *pôle austral* ou *antarctique* est entre la mouche et l'hydre mâle. Ces pôles (par l'effet de la précession des équinoxes) se déplacent dans le ciel d'un mouvement très lent, elliptique. On a calculé que, dans 12,000 ans, ce serait la belle étoile *Véga* de la lyre qui indiquerait le pôle boréal.

Pôles terrestres ou *géographiques*: points où l'axe autour duquel la terre tourne rencontre la surface du globe. L'un est le pôle Nord ou boréal ou septentrional; l'autre le pôle Sud ou austral ou méridional.
Pôles magnétiques du globe terrestre: points où l'aiguille aimantée se place verticalement; ils sont loin de coïncider avec les pôles géographiques. — V. pour leurs positions, MAGNÉTISME, § *Magnétisme terrestre*.
Pôles thermaux du globe terrestre ou *pôles du froid*: points où la température est la plus basse. Ces points ne coïncident pas avec les pôles géographiques; ils se rapprochent, au contraire, des pôles magnétiques; comme eux, ils se déplacent lentement à la surface du globe. Il est probable qu'il y a entre eux une relation intime.
La division des lignes isothermiques en deux systèmes de courbes fermées a fait admettre l'existence de deux pôles du froid dans l'émisphère boréal. D'après Kœmtz, l'un est placé au Nord du détroit de Barow, en Amérique, et l'autre en Sibérie, à l'Est du cap Taymour.
La température moyenne serait — 19° pour l'un et — 17° pour l'autre. Les extrêmes varient de — 47° à + 15°. Scoresby plaçait le pôle boréal du froid à 78° de latitude. Le météorologiste allemand Dove n'admet qu'un pôle Nord du froid dont la température moyenne est probablement peu éloignée de — 8°.
Pôles des aimants. La position des pôles d'un aimant naturel ou artificiel est décelée par les points de concours des lignes que présente la limaille de fer dont on saupoudre un carton sous lequel on a placé l'aimant, ce qu'on nomme *fantômes magnétiques*. — V. MAGNÉTISME.
On définit théoriquement le *pôle austral* d'un aimant, le point par lequel passe constamment la résultante des actions exercées par tous les points de la moitié boréale sur un centre magnétique très éloigné, quelles que soient la position et l'intensité de ce centre.
Le *pôle boréal* est le point par lequel passe constamment la résultante des forces parallèles aux précédentes, mais de sens contraire qui sont appliquées aux différents points de la moitié australe.
La position relative des pôles par rapport à la longueur de l'aimant varie avec cette longueur. Coulomb a représenté les intensités magnétiques aux différents points d'un aimant linéaire (une aiguille) par des perpendiculaires dont il a réuni les extrémités par une courbe. Il a trouvé que les distances des pôles aux extrémités des aiguilles cylindriques sont entre elles à peu près comme leur diamètre: 40 millimètres pour des aiguilles dont la longueur dépasse 0m,25. Dans les aimants très courts, les pôles sont placés à une distance des extrémités un peu plus grande que 1/6 de la longueur; et l'excès est d'autant plus petit que l'aimant est plus court. Alors, la double courbe des intensités se rapproche beaucoup d'une ligne droite.
Pôles électriques. On nomme *pôle positif* et *pôle négatif* les extrémités d'une pile électrique quel-

conque (hydro-électrique, thermo-électrique, secondaire) et, par extension, les fils conducteurs qui y aboutissent. On les désigne aussi sous le nom de *rhéophores* (porte-courant) et d'*électrodes*, (en électrolyse).

Pôles des cristaux pyro-électriques. On nomme *pôle homologue* l'extrémité du cristal qui prend l'électricité positive, par élévation de température et l'électricité négative, par refroidissement; et *pôle antilogue* (c'est le plan couvert de facettes hémiédriques) l'extrémité qui prend l'électricité négative par élévation de température, et l'électricité positive, par refroidissement. — V. PYRO-ÉLECTRICITÉ.

II. **PÔLE.** *T. de géom.* On nomme *pôles* d'un cercle de la sphère les extrémités du diamètre de cette sphère, perpendiculaire à ce cercle. Cette dénomination vient de ce que ce diamètre peut être regardé comme l'axe de la surface de révolution qui engendre la sphère. Tous les points de la circonférence d'un cercle de la sphère sont également éloignés de chacun des pôles; et tous les cercles parallèles ont les mêmes pôles. Si l'on pose une des pointes d'un compas courbe en un point de la sphère et qu'on décrive avec l'autre extrémité une circonférence, ce point pris pour centre sera le pôle de la circonférence décrite et de toutes ses parallèles. Le pôle joue un rôle important dans les constructions sur la sphère; par exemple, pour trouver le rayon d'une sphère, pour tracer un arc de grand cercle, etc. — C. D.

POLI. Eclat d'un objet qui, après avoir subi l'opération du *polissage* (V. ce mot), réfléchit les rayons lumineux.

POLISSAGE. Pour polir la surface d'un corps, on le frotte avec un autre corps au moins aussi dur que le premier et à grains très fins. Le polissage des métaux s'exécute au moyen de limes et de meules; on fait d'abord disparaître les principales inégalités à l'aide de limes un peu fortes pour terminer par des limes très douces et, si on se sert de meules, on ébauche à la meule ordinaire pour finir par une pierre d'un grain fin et serré. Ces procédés ne s'appliquent pas à tous les métaux et, lorsque les surfaces sont sinueuses, comme il arrive souvent en bijouterie et en orfèvrerie où le métal ne présente pas de grandes irrégularités, il suffit de frotter l'objet avec des instruments de bois dur ou même avec des chiffons de laine en aidant l'action du frottement par des terres réduites en poudres douces et onctueuses, comme le *tripoli*, le *rouge d'Angleterre*, le *blanc de Meudon*, etc.; elles enlèvent de la surface du corps les impuretés qui peuvent s'y trouver.

Le métal ainsi poli peut être bruni; on se sert, à cet effet, de brunissoirs en acier pour polir les planches de cuivre, et de brunissoirs en agate ou en silex pour les pièces d'argenterie, les bijoux, etc.; c'est par ces procédés du brunissage que l'on arrive à donner différents éclats à l'or et à l'argent.

Le polissage s'exécute, enfin, sur une infinité d'objets; nous renverrons ainsi: pour le polissage des aiguilles, des canons de fusil, des diamants, des glaces, des marbres, etc., à chacun de ces derniers mots; et pour celui des lames de couteaux, des meubles, des plaques photographiques, des glaces, etc., à COUTELLERIE, DAGUERRÉOTYPE, EBÉNISTERIE, GLACERIE, etc.

|| *T. d'app.* On désigne sous ce nom l'apprêt le plus simple des soieries qui a pour but, comme son nom l'indique, d'unir le grain de l'étoffe, et d'en couvrir la surface en faisant disparaître les défectuosités accidentelles.

Lorsqu'on ne tissait qu'à la main, cet égalisage s'opérait ordinairement à la main sur le métier même, à mesure que le travail avançait, au moyen d'une lame ou *polissoir*, en corne pour les étoffes légères, en métal pour les autres.

Depuis que l'industrie fait usage de métiers mécaniques, diverses polisseuses automatiques ont été imaginées. Dans quelques-unes, l'organe principal consiste en un cylindre tournant, armé sur la circonférence de lames arrondies, au-dessus desquelles passe l'étoffe convenablement tendue. D'autres fois, à la suite du cylindre, se trouve une lame métallique de même largeur que la pièce à apprêter et douée d'un mouvement alternatif de va-et-vient perpendiculaire à la chaîne. Ce sont là du moins les appareils qui donnent de bons résultats dans les fabriques suisses. Un troisième système de machine à polir se voit employé à Lyon: des traverses portent des lames métalliques et sont les unes rigides, les autres animées d'un mouvement de va-et-vient oblique; de plus, les lames sont implantées de façon à ce que leur direction, combinée avec le sens des divers mouvements agisse graduellement sur la chaîne et la trame, et en nivelle les inégalités en faisant glisser les fils qui se seraient trouvés accumulés en certains points par l'effet des entrelacements ou de la structure du peigne.

|| *T. de cord.* On ne polit pas seulement les tissus, on polit encore les ficelles. Nous avons indiqué au mot FICELLE comment s'effectuait le polissage à la main.

Pour les grands ateliers mécaniques des bobines contenant les ficelles à polir sont placées sur un râtelier en face d'une très longue machine dite *polisseuse*; les ficelles en sont dévidées, introduites ensuite entre des guides verticaux en fer, qui leur évitent de s'embrouiller, et passent tout d'abord sur des rouleaux frotteurs, de 20 centimètres de diamètre, garnis de fibres de *coir* (V. ce mot), animés d'un mouvement de rotation continu, qui leur communiquent un premier poli à sec. A ces rouleaux fait suite une bâche en fonte, renfermant, suivant les corderies, de l'eau ou de la colle, et où les ficelles s'imprègnent de liquide apprêteur. Elles passent de là sur des rouleaux frotteurs, de même diamètre que les précédents, qui les frottent à l'état humide, puis sur d'autres rouleaux. Elles s'enroulent enfin autour de quatre cylindres secs, etc., en cuivre rouge, chauffés à la vapeur, de 20 centimètres de diamètre sur 1m,83 de longueur, font un circuit autour du gros tambour de 96 centimètres de diamètre, et reviennent s'envider au commencement de la machine sur des bobines, où elles sont le plus souvent déposées par des broches à ailettes. Le nombre de ces broches est variable, il est, suivant les machines, de 24, 36, 48, 60 ou 96; les bobines ont de 3 à 5 pouces de diamètre sur 8 à 10 de course. La machine entière, vraiment monumentale, a de 5^m,50 à 8^m,85 de longueur, et le prix en varie de 3,600 à 8,000 francs; elle est d'un grand emploi en France.

Cette machine est souvent, dans les corderies, accompagnée d'une autre de même genre, dite *machine à laver*, qui sert comme préparatoire au polissage, et qu'on emploie pour nettoyer les ficelles brutes en mauvaise étoupe, qui sont presque toujours sales et pleines de chènevotte. — A. R.

POLISSEUR, EUSE. *T. de mét*. Ouvrier, ouvrière qui fait le polissage de certains objets.

POLISSOIR. *T. de mét*. Outil qui sert à polir, et dont la forme diffère suivant les corps de métiers qui l'emploient, et la nature du travail.

Le polissoir du doreur, par exemple, est en fer et sert à lustrer le métal avant la dorure et à le brunir après; celui du coutellier se compose d'une meule en bois, pierre ou grès fin, sur laquelle on répand de l'émeri pour faciliter l'opération, celui de l'ébéniste consiste en un faisceau de jonc fortement ficelé; celui du lunettier est un simple morceau de bois que l'on recouvre d'un vieux feutre de chapeau de castor, etc.

* **POLKA.** *T. techn*. Sorte de marteau à deux têtes à l'usage du tailleur de pierres; l'une d'elle, est à biseau simple et l'autre à biseau dentelé.

* **POLLUX.** *Myth*. Fils de Jupiter et de Léda, et frère de Castor. — V. ce mot.

* **POLONCEAU** (ANTOINE-REMI). Né à Reims, en 1778, mort à Roche (Doubs), en 1847, était sorti, en 1799, de l'Ecole polytechnique; il entra dans le corps des ponts et chaussées et, peu après, sous les ordres de l'inspecteur Céard, il reçut la mission d'étudier les tracés de différentes routes dans le but de relier la France à l'Italie; c'est lui qui dirigea les travaux des routes du Simplon, du Mont-Cenis et de Briançon à Grenoble par le Bourg d'Oissons. A cette époque, il fut également chargé du transport, au sommet du Mont Saint-Bernard, des énormes blocs de marbre destinés à élever le tombeau du général Desaix.

En 1812, Polonceau fut nommé ingénieur en chef du département du Mont-Blanc et, l'année suivante, il effectua le percement de la grotte des Echelles, sur la route de Paris à Turin; puis, en 1814, on l'appela au poste d'ingénieur en chef du département de Seine-et-Oise et, à partir de 1830 jusqu'à sa retraite qu'il prit en 1840, il remplit les fonctions d'inspecteur divisionnaire et de membre du Conseil général des ponts et chaussées.

On doit à Polonceau : la substitution aux pilotis dans les constructions hydrauliques, des fondations sur plate-forme en béton; la création des encaissements en pieux et palplanches qui ont été appliqués depuis cette époque; l'introduction,

en France, des chaussées dites en *macadam*, qu'il perfectionna dans leur établissement par l'emploi du rouleau compresseur, dont le premier fut construit à ses frais; enfin, en 1834, l'application de son système de ponts en fonte, dans la construction du pont du Carrousel qui ne coûta pas un *million*. Polonceau contribua beaucoup à l'acclimatation, en France, des chèvres asiatiques à duvet de cachemire et fut l'un des principaux fondateurs de l'Institut agricole de Grignon. Il était officier de la Légion d'honneur.

* **POLONCEAU** (JEAN-BARTHÉLEMY-CAMILLE). Fils du précédent, est né à Chambéry le 29 octobre 1812, et mort à Viry-Châtillon près Paris le 21 septembre 1859. Admis à l'Ecole centrale en 1833, il en sortit, hors ligne, trois ans après, et fut attaché aussitôt sous les ordres d'Auguste Perdonnet, à la construction du chemin de fer de Versailles (rive gauche) dont il étudia le tracé et les projets de matériel; il conduisit ensuite les travaux de la grande tranchée de Clamart où se fit l'essai d'une organisation de chantiers toute nouvelle par l'application d'une série de plans inclinés automoteurs. C'est également vers cette époque que Polonceau inventa, pour les halles rectangulaires, un nouveau système de combles avec arbalétriers en bois ou fer et tirants en fer (V. FERME, § *Fermes en fer*) dont il envoya un modèle aux Expositions de 1839 et de 1855. Ce système qui porte son nom est aujourd'hui l'un des plus répandus en France et à l'étranger; il réunit la simplicité à la solidité, et permet d'établir, à peu de frais, des charpentes d'une grande portée. Il a été employé dans plusieurs de nos gares; au chemin de fer de l'Ouest par exemple, M. Flachat en a fait usage pour l'établissement d'un magnifique comble de 40 mètres de portée. Au retour d'un voyage en Angleterre, où Polonceau alla visiter les usines dans lesquelles se fabrique le matériel des chemins de fer, le Conseil d'administration de la ligne de Versailles (rive gauche) le nomma ingénieur en chef du matériel et de la traction, et lui confia, en 1842, la direction de l'exploitation. Il remplissait ces fonctions depuis un an environ lorsque les chemins de fer de Versailles, rive droite et rive gauche, fusionnèrent. Au même moment la Compagnie des chemins de fer d'Alsace était en quête d'un directeur; Polonceau fut nommé à ce poste élevé malgré sa grande jeunesse, et parvint en quelques années à réduire à 5 kilogrammes par kilomètre la dépense de combustible des locomotives qui était auparavant de 16 kilogrammes. Il ne se borna pas à perfectionner les machines, mais améliora aussi toutes les branches de l'administration; ce fut alors qu'on le nomma chevalier de la Légion d'honneur.

En 1848, Polonceau quitta l'Alsace pour entrer, comme ingénieur-régisseur du service de la traction, au chemin de fer de Paris à Orléans. Dès la première année, il réalisait, au profit des actionnaires, une économie de plus de deux millions sur les frais de la traction; la seconde, la troisième, la quatrième année, les économies allèrent toujours croissant. Il étudiait son matériel jusque dans les moindres détails et y apporta de nombreux perfectionnements. On le vit appliquer aux voitures la double suspension et aux locomotives, l'échappement à deux palettes, la détente Polonceau, la double enveloppe des cylindres, différents procédés pour le raccord des locomotives et des tenders, etc...; c'est lui qui construisit le premier train impérial, dont les détails ont été publiés par Viollet-le-Duc.

Au jour de la grande Exposition de 1855, la place de Polonceau était marquée dans le jury international. Il fit partie de la Commission des ateliers, dont la confiance de ses collègues l'éleva au poste de rapporteur.

Les fatigues de la pratique n'excluaient pas chez lui l'amour de l'étude. La Société des ingénieurs civils et la Conférence des ingénieurs n'avaient pas de membre plus assidu; rendant hommage à ses lumières et à son dévouement, cette première Société lui avait conféré, en 1856, la présidence annuelle.

Polonceau a pris part à la rédaction d'ouvrages d'une certaine importance : le *Guide du mécanicien*, dans lequel se trouve décrite la construction des machines-locomotives, type Polonceau, pour trains de grande vitesse, trains mixtes et trains de marchandises, et le *Portefeuille de l'ingénieur*, où a été publié un compte rendu détaillé des expériences de Polonceau sur les effets de la vapeur dans ses cylindres à détente variable par double coulisse à deux tiroirs superposés, et de ses expériences dynamométriques sur la résistance des trains.

Tant de travaux de natures diverses méritaient une récompense exceptionnelle et valurent à Polonceau le grade d'officier de la Légion d'honneur à un âge où rarement les industriels obtiennent une distinction aussi élevée.

Grâce aux belles institutions dont il était l'auteur, le personnel tout entier de la Compagnie d'Orléans, celui de l'exploitation aussi bien que celui de la traction, trouve dans les magasins de la Compagnie les vêtements et les denrées aux prix les plus modérés. C'est lui qui, le premier, eut l'idée d'intéresser les mécaniciens dans les économies de combustible, et qui créa des primes pour le bon entretien des machines.

POLY... Préfixe dérivé du grec πολυσ (beaucoup), et qui introduit dans un mot l'idée de pluralité.

*POLYAMATYPIE. T. de typogr. Procédé par lequel on obtient d'un seul coup un grand nombre de caractères d'imprimerie, au moyen d'un moule multiple appelé *polyamatype*. — V. CARACTÈRE D'IMPRIMERIE.

.**POLYCHROÏSME. T. de phys.* Phénomène que présentent certains corps transparents de paraître d'une couleur différente suivant l'épaisseur qu'on leur donne; tels sont: le vin de Porto, l'eau-de-vie vieille, l'infusion de safran, le perchlorure de fer, le permanganate de potasse, l'aniline, la fuschine, etc.; ce qu'on vérifie facilement en donnant à la substance la forme d'un prisme à angle aigu.

Ce phénomène s'explique par la propriété que possèdent ces substances d'absorber inégalement les rayons qui composent la lumière blanche.

POLYCHROMIE. Il importe de distinguer, dans l'architecture et la décoration, la polychromie proprement dite de la peinture décorative, dont nous avons fait une étude spéciale. — V. PEINTURE.

La peinture décorative, quel que soit son lien intime avec le monument qu'elle accompagne, est conçue dans une idée artistique différente; on la comprend isolée, séparée du mur, du panneau, de la colonne ou de la voûte où elle se trouve, au point que, dès la Renaissance, elle consiste en tableaux le plus souvent mobiles, malheureusement exécutés en dehors de toute préoccupation absolue d'adaptation à une place particulière dans l'église ou dans le palais. La polychromie, au contraire, est une partie de l'architecture, et celui qui exécute une décoration polychrome fait œuvre d'architecte, non de peintre. Il est néanmoins évident que la polychromie doit se relier à la peinture décorative qu'elle prépare plutôt qu'elle ne la complète, et à laquelle elle sert de cadre à l'intérieur du monument. Quant aux procédés mêmes de la polychromie, ils sont artificiels, lorsqu'ils consistent dans l'application sur les matériaux ou sur un enduit de couleurs liquides; ou naturels, lorsque les teintes sont dues à l'emploi de pierres, de marbres, de métaux diversement colorés.

— L'histoire de la polychromie architecturale chez les anciens a été une des questions artistiques les plus controversées dans ce siècle. On n'en avait jamais soupçonné la possibilité, lorsque les recherches de quelques savants mirent sur la voie d'un système de décoration polychrome qui aurait été en usage chez les Grecs. Cette opinion heurtait tellement les idées reçues qu'elle fut fort mal accueillie; on se plut à affirmer que l'emploi des couleurs, en architecture, indiquait une défaillance dans le sentiment artistique, et que les Grecs, ces maîtres du goût, n'en pouvaient être coupables. Après de nombreuses polémiques et de patientes recherches, la question est aujourd'hui tranchée définitivement en faveur de la polychromie.

D'ailleurs, bien que les auteurs anciens se soient toujours montrés sobres de descriptions artistiques, une lecture attentive des textes pouvait bien avant les études faites sur les monuments mêmes, mettre sur la voie de cette importante solution. Plutarque et Pline nous apprennent que les stèles du temple de Minerve, à Eubée, étaient peintes en safran, et qu'après plusieurs siècles, les murs du temple d'Olympie conservaient encore leur couleur jaune; on voit dans Pausanias que le mur d'appui de la balustrade qui entourait le Jupiter Olympien de Phidias était bleu, et à Athènes, on distinguait les tribunaux par la couleur dont ils étaient revêtus extérieurement : il y avait le tribunal vert et le tribunal rouge; enfin, Vitruve nous signale à son époque relativement récente, que les triglyphes peints en bleu à l'encaustique. Ce n'est que lorsque la polychromie chez les Grecs était déjà prouvée qu'on a relevé dans leurs auteurs ces passages concluants.

C'est Hittorf, qui, le premier, dans sa belle restauration du temple d'Empédocle, érigea en système la polychromie antique, et ses observations ont été vérifiées depuis à différentes reprises, par les recherches du duc de Luynes à Métaponte, de Semper, Brœndsted, Kugler,

Serra di Falco, etc., par les restaurations du Parthénon de Paccard, du temple d'Egine par Blouet et plus tard par M. Garnier. De tous les vestiges qu'ils ont recueillis, des études comparatives qu'ils ont faites, et qui ont confirmé cette idée que chez les Grecs, si formalistes dans l'art, la polychromie était communément employée, des indications enfin relevées dans les auteurs, il semble résulter les principes suivants :

On peignait à l'encaustique directement sur le marbre, ou sur la pierre, lorsque son grain était assez serré ; sur la pierre de mauvaise qualité on étendait une légère couche de stuc. Deux couleurs surtout étaient employées : le rouge pour les fonds, les parties ombrées, et le bleu pour les détails plus délicats ou exposés en pleine lumière ; les saillies restaient blanches. L'architrave le fond des métopes étaient peints en rouge brique ou en rouge ardent de cinabre, les triglyphes en bleu, les colonnes en jaune d'ocre, les tympans en bleu ou jaune, et les moulures qui les encadraient en rouge et vert, ou rouge et bleu. On n'est pas d'accord sur la coloration des chapiteaux. Tout ce qui n'était pas revêtu de rouge, de bleu ou de jaune, était doré ou conservait sa couleur naturelle. Rappelons qu'on trouvait à l'extérieur les chéneaux, les tuiles, les acrotères en terre cuite dont la couleur vive ajoutait encore à l'effet, qui, avec le beau soleil et le ciel bleu de la Grèce, devait être véritablement merveilleux.

Néanmoins, on a persisté à considérer la polychromie extérieure comme une imperfection, et, en effet, très en usage à l'époque dorique, elle semble avoir diminué d'importance avec l'architecture ionique, et avoir été réduite dès lors à des fonds, pour faire ressortir davantage les finesses de l'ornementation nouvelle. Aussi, les derniers temples corinthiens et après eux les édifices romains qui en étaient la continuation, ne montrent-ils plus trace de polychromie. Sous le ciel moins pur de l'Italie, d'ailleurs, les couleurs n'eussent plus offert les conditions d'éclat et de durée qui justifiaient en Grèce leur usage.

Ce que les Romains avaient gardé, c'est la sculpture décorée, ou naturellement polychromée. Des statues en marbre présentent encore des vestiges de couleur ; les cheveux étaient dorés, les draperies bleues ou rouges, avec des ornements et des bandes de couleurs différentes. Quant à la sculpture polychrome, en marbre de diverses couleurs accompagnés de métaux et d'ivoire, il nous en reste de nombreux exemples ; les chairs étaient en marbre de Paros, les draperies en onyx ou en porphyre, les yeux en or ou en ivoire, les ornements en or ou en bronze avec des détails en argent. Ce sont des procédés intéressants, qu'on cherche à renouveler de nos jours, sans grand succès.

Ce que nous venons de dire de la polychromie grecque nous dispensera de nous étendre sur celle des autres peuples de l'antiquité, qui tous, les Indiens, les Assyriens, les Phéniciens, les Babyloniens, les Mèdes et les Perses, en ont fait un usage constant. Au tombeau de Mausole, par exemple, les statues étaient rouges sur fond bleu ; mais ce monument n'ayant été détruit qu'au xvie siècle, on ne sait au juste à quelle époque il a reçu cette décoration. On est fixé davantage sur la polychromie des Egyptiens, qui s'étendait sur tous leurs édifices, et qui a été bien conservée, dans les intérieurs, par le climat sec et chaud. Ils avaient d'ailleurs un système particulier qui ne manquait pas d'avantages, confondant habilement la polychromie avec la peinture décorative, ce qui semble avoir été commun à d'autres peuples de cette époque reculée. « Admirons l'antique Egypte jusque dans ses écarts, dit Humbert de Superville (Signes inconditionnels de l'art) ; en sillonnant comme elle l'a fait, les murs extérieurs et les différents membres de ses édifices de milliers de figures, et en les relevant encore des couleurs les plus éclatantes, elle n'a fait, pour ainsi dire, que se créer une nouvelle espèce de matériaux bariolés ; il n'y

a là ni sculpture, ni peintures comme telles, et l'unité architectonique est conservée. »

Les traditions de l'ornementation polychrome ont été conservées par les Byzantins, ces grands décorateurs qui alliaient au goût barbare pour la couleur heurtée et criarde les derniers vestiges du goût éclairé de l'antique. C'était bien à eux qu'il appartenait d'inventer la mosaïque, cette polychromie lourde et froide, miroitante et métallique, qui semble être pendant plusieurs siècles le dernier mot de l'art. Néanmoins, on doit leur être reconnaissant de n'avoir pas laissé s'éteindre le sentiment de la couleur, et de s'être fait les initiateurs des Arabes qui ont été les maîtres de l'ornement polychrome. Ceux-ci ont fait usage très souvent de la polychromie naturelle, qu'on n'avait guère employée qu'accidentellement jusque-là. Les briques émaillées, les verres teints dans la masse, les marbres blancs, roses et verts, le métal doré ou argenté en étaient les éléments principaux. Mais, en général, ces artistes arabes voyaient petit, et on ne trouve pas dans leur architecture de grandes surfaces recouvertes de couleurs.

L'art latin, qui succéda en France à l'art romain, si l'on peut considérer comme une succession la disparition complète d'un art et la formation pénible d'un autre créé par les barbares avec quelques débris des constructions romaines, l'art latin, disions-nous, admet la polychromie et la peinture décorative. On en trouve la preuve dans différents passages de Grégoire de Tours ; il rappelle notamment qu'il fit repeindre les basiliques de Sainte-Perpétue, à Tours, « avec l'éclat qu'elles avaient auparavant. » De même, l'évêque Hincmar fit orner de peintures les voûtes de la cathédrale de Reims ; c'était d'ailleurs une coutume générale dans l'art chrétien, et on peut dire, avec Viollet-le-Duc, que, dès le ive siècle, toutes les églises étaient peintes en dehors comme en dedans. Les murs de maçonnerie étaient recouverts d'une couche de badigeon blanc ou jaunâtre qui recevait des ornements noirs ou rouges. Près du sol apparaissaient des tons plus accusés, brun, rouge ou même noir, sur lesquels tranchaient des filets blancs, jaunes ou vert clair. Déjà à ce moment les sculptures recevaient aussi une couche de peinture, avec les fonds rouges, cernés, sur la figure elle-même, de traits noirs ou jaunes ; les saillies restaient blanches, ou, si tout le bas-relief avait reçu du badigeon, jaune très pâle. L'art du décorateur resta en l'état jusqu'à l'époque de Charlemagne.

A ce moment, deux causes contribuent à en changer la direction : l'invasion des Normands et l'introduction, en France, d'artistes italiens et byzantins, attirés par Charlemagne. Les Normands, comme en général les Scandinaves, semblent avoir possédé un sentiment du coloris que leur état de civilisation arriérée ne permettrait pas de supposer. Leurs maisons, leurs bateaux, leurs instruments et leurs armes étaient couverts de peintures fines et harmonieuses de tons, et on sait que, à peine installés en France et en Angleterre, ils se signalèrent par leur goût artistique qui amena au nord le prodigieux développement de l'architecture ogivale. Il est même certain qu'il eut été préférable que nos artistes s'attachassent à perfectionner l'art encore grossier, mais plein de vigueur et d'originalité que leur apportaient les Normands, au lieu de s'attacher pendant des siècles à reproduire les modèles byzantins qu'on leur donnait comme ce que l'art décoratif avait de plus achevé, et qui n'étant que la décadence complète d'un grand art, n'avaient plus en eux aucune vitalité ; il a fallu à nos artistes une longue lutte et de pénibles tâtonnements pour en faire sortir un ensemble harmonieux et véritablement national.

C'est au xie siècle que cette évolution s'achève ; et en même temps qu'ils arrivent à des résultats originaux, nos artistes posent des principes, établissent des règles qui ne laissent rien au hasard pour leurs successeurs. C'est ce défaut de règles et d'expérience qui fait qu'aujourd'hui nous comptons si peu de bons décorateurs parmi tant d'architectes de talent, et qu'il est plus difficile de peindre un mur que de le construire. Il faut lire dans le *Dictionnaire de l'architecture*, de Viollet-le-Duc, le court aperçu qu'il donne des difficultés qui arrêtent l'artiste à chaque tâtonnement ; il pose en même temps quelques règles, indiquées par l'expérience. «Il faut, dit-il, pour les parties verticales, les murs, les panneaux, l'harmonie la plus simple, celle qui est donnée par les tons jaune et rouge sur fond blanc avec rehaut noir; mais pour les voûtes, plus éloignées à l'œil et qu'on ne voit qu'à travers l'atmosphère colorée par la lumière passant à travers des verrières brillantes de tons, l'harmonie dans laquelle le bleu clair et le bleu intense interviennent, et par suite le pourpre et le vert, le tout rehaussé par des fonds et des filets noirs ; fonds noirs pour les bandes des triangles des voûtes, filets noirs seulement pour redessiner les ornements des nervures. En effet, le redessiné noir devient nécessaire dès qu'on passe à une harmonie composée de trois couleurs, jaune, rouge et bleu, avec leurs dérivés : car s'il y a une si grande différence de valeur entre le jaune et le rouge brun, qu'il n'est pas nécessaire de séparer le brun rouge du jaune ocre par un trait noir, il n'en est pas ainsi quand on juxtapose deux couleurs dont les valeurs sont peu différentes, comme le pourpre et le bleu, le bleu et le rouge, le bleu clair et le jaune, le vert et le pourpre, etc.; le filet noir devient alors absolument nécessaire pour éviter la *bavure* d'un ton sur l'autre, et par suite, la décomposition de l'un des deux. Ainsi, si vous coulez un ton bleu immédiatement à côté d'un ton pourpre, vous rendez le pourpre gris et louche si le bleu est intense, ou le bleu clair azuré, lilas même, si le pourpre est vif. Plus on s'éloignera de l'objet peint, plus cette décomposition de l'un des deux tons, et quelquefois des deux, sera complète. Mais si entre ce bleu et ce pourpre vous interposez un filet noir et un filet blanc même doublant le noir, vous isolez chacun des tons, vous leur rendez leur valeur; ils influent l'un sur l'autre sans se confondre et se nuire, par conséquent; ils contribuent à une harmonie précisément parce qu'ils gardent chacun leur qualité propre, et qu'ils agissent dans la plénitude de cette qualité. Le blanc seul serait insuffisant à produire cet effet parce que le blanc se colore et subit le rayonnement des tons voisins. Le noir est absolu, il peut seul circonscrire chaque ton. »

Eh bien, cette connaissance de la valeur des tons que nous n'avons pas encore, après plus d'un demi-siècle de recherches, avec tous les moyens et les progrès scientifiques dont nous disposons, avec tous les exemples anciens que nous avons eu sous les yeux, les artistes du moyen âge étaient arrivés à la posséder merveilleusement.

A l'extérieur, la couleur était employée sobrement encore; où l'on en trouve trace le plus souvent, c'est dans les portails, puis aux galeries qui les surmontent, et aux roses pour accompagner les vitraux. Notre-Dame de Paris offre, à l'extérieur, des vestiges de coloration très distincts. A Reims également ils sont visibles ; de même à Chartres, à Saint-Omer, à Soissons. En ce qui concerne les portails surtout, il est probable que l'usage de la polychromie était général. Le noir et l'or avec le brun rouge en formaient les principaux éléments. On y ajoutait l'effet des tuiles vernissées et des plombs sur les combles.

Passons maintenant à l'intérieur : nous sommes en présence d'un ensemble décoratif qui nous semblerait aujourd'hui surprenant. Les murs, les voûtes, les piliers sont couverts de peintures et de dorures, contrairement à l'usage actuel qui veut que les intérieurs soient blancs, nus, froids, formant avec les extérieurs si légers, si découpés, si bordés de sculptures, un contraste dont on s'étonne avec raison. Mais cette opposition n'existait pas au moyen âge; au dehors, la pierre sculptée, avec re-

hauts de peinture, en dedans, les surfaces peintes, avec accompagnement de sculptures. Rien de plus logique. Les fûts de colonnes sont ordinairement peints en rouge avec des ornements dorés; les murs sont couverts d'une teinte plate uniforme, sur laquelle tranchent des ornements brun rouge ou noir ou des imitations de tentures; les voûtes sont bleues et parsemées d'étoiles. Et on retrouve là encore une preuve de l'habileté des décorateurs du moyen âge. Les voûtes bleues uniformes de couleurs eussent paru violacées, lourdes et basses ; il fallait les éclairer par une autre couleur, de là la nécessité d'y placer des étoiles. Mais de quelle couleur devaient être ces étoiles elles-mêmes? Rouges, elles faisaient virer le bleu; blanches, elles paraissaient grises; on les fit d'or, et aussitôt, l'or gardant sa valeur absolue, le bleu prit de la transparence et la voûte parut s'élever. Puis, pour soutenir le voisinage de tons aussi intenses que le bleu et l'or, il fallut élever la gamme des couleurs dans le reste de l'édifice. C'est ainsi que s'est créée la polychromie intérieure du XIII° siècle, la plus riche et la plus harmonieuse qu'on ait vue. Et la preuve que les artistes, malgré leur isolement et la difficulté de l'enseignement, profitaient de l'expérience acquise par leurs devanciers, c'est que toutes les voûtes peintes de cette époque sont à fond bleu et à étoiles d'or, ce qui ne se serait pas produit si vite sans des relations étroites et fréquentes entre les différents centres artistiques.

Les sculptures et ornements intérieurs étaient peints également et rehaussés de dorures. Les bas-reliefs sculptés sur la clôture du chœur de Notre-Dame de Paris sont encore recouverts, en partie, d'un enduit coloré qui remonte évidemment à une époque très reculée ; on peut voir aussi au Musée de Cluny un beau bas-relief de l'église de Saint-Germer (Oise) où les draperies sont encore couvertes de couleurs très vives : bleu, rouge, et brun. D'ailleurs les exemples en sont encore assez fréquents ; des traits bruns accusent les contours, les plis des draperies et des vêtements. Les fonds sont aussi colorés en sombre, mais très rarement en or, ce qui distingue absolument ces procédés de ceux des byzantins ; les artistes du Nord, plus calmes et plus sages dans leurs goûts, avaient reconnu que l'or en grandes surfaces miroite, s'alourdit et éteint les couleurs voisines, tandis qu'employé sobrement il en augmente au contraire l'éclat. Lorsqu'il apparaît dans la décoration, les feuillages des chapiteaux sont dorés sur fond pourpre ou bleu ; si l'or est exclu, les décorateurs emploient alors le jaune ou le vert clair, sur fond vigoureux, et le dessin est toujours retracé en noir brillant, en vertu des lois que nous avons citées plus haut.

C'est au XIII° siècle qu'on peut placer l'apogée de la polychromie architecturale; l'aspect général est chaud, brillant, soutenu dans toutes ses parties, rien n'est laissé au hasard, et les artistes sont déjà en possession de tous les moyens de perfectionnement. La Sainte-Chapelle du Palais à Paris, est un des plus beaux exemples de décoration intérieure complète : couleurs, dorures, vitraux, pavage, rien n'y manque ; elle a d'ailleurs été restaurée avec talent.

Au XIV° siècle déjà, le dessin l'emporte sur la couleur, les architectes, préoccupés de la science, ne se laissent plus aller autant au sentiment, ils tiennent plus à la pureté de la ligne qu'à l'effet. Dès la fin du XV° siècle et le commencement du XVI° la polychromie, aussi bien extérieure qu'intérieure perd de son importance, l'avènement de la Renaissance l'emporte comme bien d'autres belles choses dues à la persévérance et à l'habileté des artistes français, et dont les procédés ont été irrémédiablement perdus, en même temps que nos écoles étaient ruinées par la faveur donnée aux étrangers. .

Cependant, au XIX° siècle, le bruit fait autour de la question de la polychromie chez les anciens a de nouveau donné l'idée d'en tenter quelques essais. On s'est aperçu aussitôt que tout était à apprendre, à créer, qu'on manquait des notions premières. Il y a eu lieu de chercher aussi quels avantages on pouvait demander aux progrès nouveaux de la science; il a fallu un demi-siècle pour arriver à des résultats, et en ce moment même on en est réduit encore à bien des tâtonnements. On a tenté timidement la polychromie extérieure et la peinture décorative aux porches et aux portails de quelques églises, mais sans oser un ensemble, qui seul, permettrait de se rendre compte d'un effet. On a été plus loin en polychromie intérieure, et nous pouvons citer en ce genre la belle église de Bon-Secours, près de Rouen, et celle de Saint-Eugène à Paris, qui ont fourni un excellent point de départ aux décorateurs de l'avenir. Sans donner à la couleur une aussi grande place, et sans heurter brusquement les idées plus ou moins justes que la foule s'est faite sur la décoration intérieure des églises, à la vue des chefs-d'œuvre dénudés qui nous sont parvenus et qu'on a copiés trop fidèlement, il est permis de croire qu'une polychromie sage et mixte, c'est-à-dire s'attachant surtout à certains éléments de la construction qui semblent préparés pour la recevoir, tels que les fûts de colonnes, les chapiteaux, les voûtes, les moulures, et laissant à la peinture proprement dite les grandes surfaces, rencontrerait la faveur du public. On arriverait ainsi à la couleur progressivement, au contraire des peuples artistes de l'antiquité, qui l'ont peu à peu simplifiée pour l'abandonner enfin complètement.

D'ailleurs, cette polychromie restreinte semble avoir fait un grand pas depuis quelques années, surtout en ce qui concerne l'architecture civile, par l'emploi des produits céramiques, dont il a déjà été traité ici (V. CÉRAMIQUE ARCHITECTURALE), de la lave, et même, dans les intérieurs ou dans les endroits abrités, du carton-pâte verni, qui imite parfaitement la céramique. On a fait ainsi des façades où entraient, avec ces produits spéciaux, la pierre, la brique crue ou vernissée, la terre cuite, la mosaïque, le stuc teint dans la masse, le fer même, et on a obtenu ainsi une sorte de polychromie naturelle de plus ou moins bon goût, mais qui peut, avec l'expérience et les perfectionnements de la science et du sentiment artistique, conduire à de bons résultats. M. Sédille paraît être le grand prêtre de cette école nouvelle, dont une des productions les plus connues est la façade du pavillon de la Ville de Paris, à l'Exposition de 1878. — C. DE M.

POLYÈDRE. 1° *T. de géom.* Volume limité en tous sens par des plans. Dans un polyèdre, on distingue plusieurs éléments : ses *faces*, plans qui le limitent; sa *surface*, l'ensemble de ses faces; ses *angles*, qui sont les angles polyèdres que ses faces font entre elles; ses *sommets*, les sommets de ses angles; ses *arêtes*, les côtés de ses faces; ses *diagonales*, les droites qui joignent deux à deux les sommets non situés sur les mêmes faces. Un polyèdre est *régulier* quand il a toutes ses faces

égales, tous ses angles égaux. Il n'y a que cinq polyèdres réguliers : 1° le *tétraèdre régulier* formé de quatre triangles équilatéraux égaux, associés trois à trois autour de chaque sommet; 2° l'*hexaèdre régulier* ou cube, formé de six carrés égaux, réunis trois à trois; 3° l'*octaèdre régulier* composé de 8 triangles équilatéraux égaux, unis quatre à quatre; 4° le *dodécaèdre régulier* formé de 12 pentagones réunis trois à trois; 5° l'*icosaèdre régulier* dont la surface est composée de vingt triangles réunis cinq à cinq à chaque sommet. Parmi les formes polyédriques, on distingue le *prisme* et la *pyramide.* — V. ces mots. || 2° *T. de cristall.* Tous les cristaux ont des formes plus ou moins régulières ou symétriques; ils sont terminés par des faces planes, d'ordinaire polies et brillantes. Ils constituent des *polyèdres convexes*, sans angles rentrants (à moins que les cristaux ne soient groupés). A part le cas assez rare des cristaux tétraédriques, on peut dire que les faces cristallines présentent une symétrie telle que leurs faces sont égales et parallèles deux à deux. C'est d'après la forme polyédrique des cristaux qu'est établie leur classification en systèmes cristallins (V. CRISTALLOGRAPHIE). En géométrie, le nombre des polyèdres réguliers est limité à cinq. En cristallographie, les trois premiers se rencontrent parmi les cristaux; mais les deux autres (le dodécaèdre et l'icosaèdre) ne sont pas possibles d'après les lois connues de la cristallisation. — C. D.

*POLYGLUCOSIDE. *T. de chim.* Corps dérivant du glucose. On sait que ce produit étant un alcool polyatomique, s'unit aux acides, mais il peut aussi se combiner, à d'autres alcools, et même, à la fois, aux acides et aux alcools. De cette union résultent les corps que l'on nomme *polyglucosides*.

Il en existe de diverses sortes; ainsi l'on désigne sous le nom de *diglucosides simples* ceux dérivés de l'union de deux molécules de glucose unies entre elles à la façon de deux alcools, telle est la maltose, car

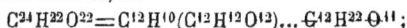

$$C^{24}H^{22}O^{22} = C^{12}H^{10}(C^{12}H^{12}O^{12})...C^{12}H^{22}O^{11};$$

ce corps, ainsi que ceux qui lui sont analogues, joue le rôle d'alcool polyatomique; les *triglucosides simples* sont des corps formés par trois molécules de glucose unies par voie de combinaisons successives; la dextrine est dans ce cas, car

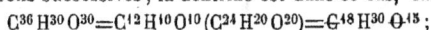

$$C^{36}H^{30}O^{30} = C^{12}H^{10}O^{10}(C^{24}H^{20}O^{20}) = C^{48}H^{30}O^{45};$$

ces corps jouent encore le rôle d'alcools polyatomiques; les *polyglucosides simples*, plus élevés dans la série, et dont la formule générale est

$$(C^{12}H^{10}O^{10})n ;$$

ceux-là sont organisés, tels sont : l'amidon, la cellulose, la tunicine, les principes ligneux, etc. Après les polyglucosides simples, viennent ceux complexes; dans les *diglucosides complexes*, une molécule de glucose est saturée à la fois par une autre molécule de glucose, jouant le rôle d'alcool, et une ou plusieurs autres molécules d'alcool, d'acide, de phénol, etc. Comme exemple de ces corps on peut citer le glucoside lévulosique et tétranitrique,

$$C^{12}H^2O^2(C^{12}H^{12}O^{12})(AzHO^6)^4.$$

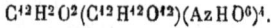

Un grand nombre de ces polyglucosides complexes se trouve tout formé dans la nature, nous n'en citerons que quelques-uns, tels sont : l'acide amygdalique ou diglucoside benzylaloformique,

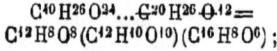

$$C^{40}H^{26}O^{24}...C^{20}H^{26}O^{12} =$$
$$C^{12}H^8O^8(C^{12}H^{10}O^{10})(C^{16}H^8O^6) ;$$

l'amygdaline ou diglucoside benzylalocyanhydrique,

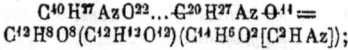

$$C^{40}H^{77}AzO^{22}...C^{20}H^{77}AzO^{11} =$$
$$C^{12}H^8O^8(C^{12}H^{13}O^{12})(C^{14}H^6O^2[C^2HAz]);$$

la convolvuline ou triglucoside convolvulinolique, $C^{62}H^{50}O^{32}...C^{31}H^{50}O^{16}$; la jalapine ou triglucoside jalapinolique, $C^{68}H^{36}O^{32}...C^{34}H^{36}O^{16}$. Ceux de ces corps qui offrent quelque intérêt industriel sont étudiés à leurs noms respectifs, comme les gommes, les matières amylacées, etc. — J. C.

I. POLYGONE. *T. de géom.* Portion de plan limitée par des droites qui se coupent deux à deux et qu'on nomme *côtés*; le plus simple des polygones est le triangle qui a trois côtés; ceux qui ont reçu des noms spéciaux, d'après le nombre de leurs côtés, sont : le *quadrilatère* (4 côtés), le *pentagone* (5 côtés), l'*hexagone* (6 côtés), l'*heptagone* (7 côtés), l'*octogone* (8 côtés), l'*ennéagone* (9 côtés), le *décagone* (10 côtés), le *dodécagone* (12 côtés), le *pentédécagone* (15 côtés), et l'*icosagone* (20 côtés). Les points d'intersections de deux côtés consécutifs sont les *sommets* du polygone. La somme de tous les côtés s'appelle le *périmètre*. Toute droite qui joint deux sommets non consécutifs est une *diagonale*. Dans un polygone de m côtés, le nombre des diagonales est $\frac{m(m-3)}{2}$. Un polygone est dit *convexe* si chaque côté, indéfiniment prolongé dans les deux sens, laisse toute la figure d'un même côté. La somme de tous les angles d'un polygone convexe quelconque est égale à autant de fois deux angles droits qu'il y a de côtés moins deux. La somme des angles extérieurs, c'est-à-dire des angles formés par un côté et le prolongement d'un côté voisin, en supposant que tous les côtés aient été prolongés en tournant le long du périmètre dans un même sens, est égale à quatre angles droits. Deux polygones sont dits *égaux* s'ils peuvent coïncider, *équivalents* s'ils ont la même surface, *semblables* s'ils ont tous leurs angles égaux deux à deux, et les côtés compris entre les angles égaux, proportionnels. Deux polygones semblables sont *homothétiques* s'ils ont leurs côtés homologues parallèles. Un polygone est dit *régulier* lorsqu'il a tous ses côtés égaux entre eux et tous ses angles égaux entre eux. Tout polygone régulier peut être inscrit dans une circonférence et circonscrit à une autre circonférence. Il suit de là que le problème qui consiste à construire un polygone régulier de m côtés est le même que celui de la division de la circonférence en m parties égales. Poinsot a appelé l'attention des géomètres sur des polygones réguliers non convexes, qui sont dits *étoilés*, et qu'on peut construire de la manière suivante : imaginons

qu'une circonférence ayant été divisée en m parties égales, on joigne les points de division consécutifs, on aura le polygone régulier convexe de m côtés; supposons maintenant qu'on joigne les points de division de p en p, p étant un nombre premier avec m. On ne reviendra au point de départ qu'après avoir fait p fois le tour de la circonférence et passé par tous les points de division; le système des m cordes ainsi tracées est un polygone régulier étoilé de m côtés. Si p était un diviseur de m, on reviendrait au point de départ après un seul tour, et n'ayant utilisé que $\frac{m}{p}$ points de division; on aurait tracé un polygone régulier convexe de $\frac{m}{p}$ côtés. Si, enfin, m et p avaient un plus grand commun diviseur δ, on reviendrait au point de départ après $\frac{p}{\delta}$ tours et n'ayant utilisé que $\frac{m}{\delta}$ points de division : on aurait ainsi tracé un polygone régulier étoilé de $\frac{m}{\delta}$ côtés. Il est, de plus, évident qu'on obtient le même polygone en joignant les points de division de p en p ou de $m-p$ en $m-p$. De tout ce qui précède résulte qu'il y a autant de polygones réguliers de m côtés qu'il y a de nombres premiers avec m et plus petits que la moitié de m. Ainsi, par exemple, il y a quatre pentédécagones réguliers (15 côtés) qu'on obtient en joignant les points de division de la circonférence partagée en 15 parties égales : 1° de 1 en 1 (pentédécagone régulier convexe); 2° de 2 en 2; 3° de 4 en 4; 4° de 7 en 7.

Le calcul des côtés des différents polygones réguliers convexes ou étoilés de m côtés en fonction du rayon du cercle circonscrit dépend de la résolution de l'équation binôme $x^m - 1 = 0$.

On considère aussi des polygones tracés sur la sphère et dont les côtés sont des arcs de grand cercle. Ce sont les *polygones sphériques*. La théorie des polygones sphériques est, au fond, identique à celle des angles polyèdres, car tout angle polyèdre peut être considéré comme défini par le polygone sphérique qu'on obtient en le coupant par une sphère ayant son centre au sommet. — M. F.

II. POLYGONE. *T. de mécan. Polygone des forces, des vitesses, des accélérations,* etc. Pour trouver la résultante de plusieurs forces ou de plusieurs vitesses ou accélérations simultanées, on porte l'une à la suite de l'autre, en leur conservant leur direction, les droites qui représentent les forces, les vitesses ou les accélérations données. La droite qui joint l'origine de la ligne brisée ainsi obtenue à son extrémité, représente en grandeur et direction la résultante cherchée. Telle est la règle du *polygone des forces*, qui sert aussi à composer les moments, les couples et les rotations. — V. FORCE, MÉCANIQUE, MOMENT, ROTATION, VITESSE.

Polygone funiculaire. On appelle ainsi la

figure d'équilibre d'un fil sollicité en différents points par des forces quelconques. — V. Corde.

III. **POLYGONE.** *T. d'artill.* Nom sous lequel on continue, par tradition, à désigner les terrains de manœuvre spécialement affectés aux exercices des troupes d'artillerie.

— Lors de la création des écoles d'artillerie par Vallière, on y faisait chaque année un simulacre de siège pour lequel on construisait un ouvrage de fortification, de là le nom de *polygone* sous lequel on désigna alors les terrains réservés aux exercices pratiques de l'artillerie; on s'y exerçait également pour lotir des bouches à feu. Depuis l'adoption des canons rayés, dont les portées sont beaucoup plus grandes que celle des anciens canons lisses, on a dû renoncer à utiliser ainsi la plupart des anciens polygones et organiser des champs de tir d'une grande étendue.

* **POLYMNIE.** *Iconog.* Une des neuf muses; elle présidait à l'éloquence et aussi au jeu mimique et à l'art lyrique. Fille de Mnémosyne, elle eût d'Orphée un fils nommé Œagre. On la représente debout, la main droite levée soutenant le menton et enveloppée dans la draperie, elle semble ainsi méditer ou chercher l'inspiration. Quelquefois aussi sa tête est ceinte d'une couronne de perles, et la main droite est tendue comme pour haranguer; de la main gauche elle tient un rouleau de papyrus. Ses attributs sont le sceptre qui subjugue les esprits, le laurier d'Apollon, et parfois un masque à ses pieds, pour rappeler le rôle de la tragédie lyrique; c'est ce que symbolise encore la lyre que lui ont donnée quelques artistes. Polymnie, dans une attitude de méditation, a été un sujet particulièrement cher aux anciens. Il nous en est parvenu plusieurs belles statues, actuellement au British museum, au Louvre, aux musées de Madrid, de Stockholm et de l'Ermitage à Saint-Pétersbourg, les musées d'Italie en possèdent également de très remarquables. Celle du Louvre, qui provient de la villa Borghèse, est surtout connue. Debout et enveloppée dans sa draperie selon l'attitude consacrée, elle s'appuie sur un rocher du Parnasse. Très mutilée, elle a été habilement restaurée par un sculpteur italien, Augustin Penna. Parmi les modernes, Canova mérite une mention spéciale pour sa belle statue de marbre représentant Polymnie debout, un bras caché sous le peplum, et l'autre levé, dirigeant un doigt vers la bouche comme pour ordonner le silence. Singulière attitude d'ailleurs pour la muse de l'éloquence; mais la pose est pleine de charme et de grâce, la draperie irréprochable, l'ensemble heureux, sans mollesse; c'est une des meilleures productions de l'illustre statuaire. En peinture, les reproductions de Polymnie sont fréquentes, mais se confondent le plus souvent avec celles des autres musés (V. Muses). Nous citerons, tout spécialement, les peintures de Lesueur à l'hôtel Lambert; nous ferons remarquer aussi l'étrange contradiction de Baudry, qui ne disposant, au foyer de l'Opéra de Paris, que de huit panneaux pour représenter les neuf muses, a jugé qu'il devait sacrifier Polymnie, dans ce monument réservé aux plus belles productions de l'art lyrique.

POLYMORPHISME. *T. de cristall.* Propriété qu'ont certains corps simples ou composés, de cristalliser sous des formes absolument incompatibles. Cette propriété qui fut entrevue par Haüy, en examinant la chaux carbonatée, a surtout été étudiée par Mitscherlich, en comparant les formes que pouvaient prendre les cristaux de soufre. — V. Cristallographie.

POLYTECHNIQUE. Qui concerne plusieurs arts, plusieurs sciences. *Ecole polytechnique.* — V. Ecole.

* **POLYTYPAGE, POLYTYPIE.** — V. Clichage.

POMMADE. *T. de pharm.* Ce mot, qui vient de *poma*, pomme, ne s'appliquait jadis qu'à quelques préparations cosmétiques que l'on avait aromatisées avec du suc de pommes de rainette; aujourd'hui, il sert à désigner des préparations faites le plus souvent avec des corps gras auxquels on associe une ou plusieurs substances médicamenteuses. Parmi les matières grasses employées, il faut citer l'axonge ou graisse de porc, seule, ou benzoïnée ou populinée, la moelle de bœuf, le suif de mouton, la graisse de veau, le beurre, la cire, les huiles d'olives et d'amandes douces, et, parmi les autres corps, la vaseline, matière formée par l'union de plusieurs carbures d'hydrogène à point de fusion assez élevé. — V. Pétrole.

On obtient les pommades par simple mélange, par solution ou par combinaison chimique. Pour préparer les premières, on commence par diviser intimement les matières médicamenteuses en les porphyrisant, si elles sont insolubles, ou en les dissolvant dans un liquide approprié, comme l'eau, l'alcool, l'éther, la glycérine, l'huile, etc., puis en mélangeant à froid avec le corps gras, dans un mortier ou sur un porphyre, jusqu'à union intime donnant un mélange homogène. Malgré l'emploi de graisses chargées de principes résineux (du benjoin, des bourgeons de peuplier), ces préparations s'altèrent assez vite en s'oxydant à l'air et devenant acides (rances), aussi préfère-t-on souvent la vaseline, comme excipient, ce corps ne s'altérant pas.

Dans les pommades faites par solution, la substance active est véritablement dissoute dans le corps gras; ce résultat s'obtient par solution simple, à froid ou en faisant fondre la graisse (pommades camphrée, phosphorée, avec des essences); par macération (pommade à la rose, au jasmin, au suc de concombres); par digestion (pommade rosat, épispastique jaune); par coction (pommades faites avec des plantes fraîches, comme celles de peuplier ou populeum, ou de laurier).

Quant aux pommades obtenues par combinaison chimique, elles comportent l'emploi de matières qui modifient, peu à peu, ou immédiatement, la composition des corps gras, telle est celle de Gondret, obtenue avec l'ammoniaque et qui, après quelque temps, est devenue un savon ammoniacal, et, dans le second groupe, les pommades oxygénées et nitriques où les corps gras sont totalement modifiés par l'action de l'acide azotique ou des sels de mercure.

Les pommades se conservent, en général, assez mal et ont besoin d'être faites au moment de l'emploi ou d'être fréquemment renouvelées. — J. C.

Pommade parfumée. L'usage des pommades est fort ancien. Nous lisons, en effet, dans l'*Ecclésiaste*, cette phrase : « Que ta tête ne manque pas d'oingnement », dont la portée est très nette. Elle nous prouve que dès la plus haute antiquité, l'homme a reconnu l'insuffisance de la sécrétion huileuse qui accompagne la croissance de sa chevelure, pour donner à cette partie de lui-même le lustre et la douceur nécessaires à son entretien.

En effet, les cheveux deviennent durs et secs si l'on ne vient les oindre d'un corps gras; en outre, cet usage a pour avantage de repousser les parasites qui s'attaquent à la chevelure; enfin, si l'on remarque que la préparation des pommades entraîne toujours l'adjonction d'un parfum, on reconnaît qu'on est en présence d'un des éléments de la toilette susceptible de jouer un rôle important. C'est ce qui explique l'usage général des pommades et cosmétiques. Ces produits sont des mélanges très divers de saindoux, de graisses de bœuf et de veau, de cire, de spermaceti et d'huile. Les proportions de ces divers corps gras sont déterminées suivant les climats où les pommades doivent être en usage; elles varient aussi avec les saisons d'un même pays; ainsi, en France, tandis qu'un mélange de parties égales de saindoux et de graisse de bœuf présente une consistance convenable en hiver, il faut, pour que la consistance cadre avec la saison estivale, que la graisse de bœuf soit dans la proportion de 250 grammes seulement pour 6 kilogrammes de graisse de porc.

La préparation des pommades comporte, avant tout, l'emploi de corps gras absolument sans odeur, c'est dire que la fabrication de ces corps gras doit se faire à une température aussi basse que possible et ne mettre en œuvre que des matières premières de premier choix, tant sous le rapport de la qualité que sous le rapport de la fraîcheur.

La consistance du corps gras étant réalisée d'une façon convenable, on le parfume généralement par adjonction d'une de ces *graisses parfumées* dont nous avons indiqué la préparation au cours de notre article sur les *parfums* (V. ce mot). Enfin, la coloration en vert, bleu, rouge ou bistre se fait à l'aide des couleurs d'origine végétale ou, mieux, de celles dérivées de la houille dont le nombre est aujourd'hui si grand. Le mélange de ces divers ingrédients se fait dans des bassines en cuivre, d'une propreté irréprochable, chauffées au bain-marie, et où l'on puise la composition, une fois qu'elle est bien fondue, pour la couler dans les vases de porcelaine, verre ou fer-blanc qui servent à la livrer aux consommateurs. — A. R.

POMMEAU. *T. techn.* Petite boule qui termine la partie supérieure de la poignée d'un sabre, d'une épée. || Éminence arrondie qui se trouve au milieu de l'arçon du devant d'une selle.

POMMELLE. *T. techn.* Plaque de plomb percée de trous, que l'on met à l'embouchure d'un tuyau, d'une conduite, pour empêcher les ordures de passer. || Se dit des petits coins en bois de chêne que les carriers mettent de chaque côté du coin de fer, pour détacher la pierre. || Instrument avec lequel on tire la laine des ouvrages de bonneterie, en les foulant et les apprêtant. || Penture qui sert à ferrer les portes légères.

* POMMETÉ, ÉE. *Art hérald.* Se dit des pièces dont les extrémités se terminent par de petites boules.

POMMIER. *T. de bot.* Arbre ou arbrisseau de la famille des rosacées, section des pyrées, dont le type est le *pyrus malus*, L. Syn. : *malus communis*, D. C., qui habite les contrées tempérées de l'hémisphère boréal. Son tronc est peu volumineux et forme une cîme arrondie, moins haute que large, et les branches, à l'état sauvage, présentent des épines que la culture a fait disparaître. Ses bourgeons sont, comme dans le poirier, absolument différents, suivant qu'ils doivent donner des fleurs ou des feuilles. Le fruit est une drupe oblongue ou arrondie, ombiliquée au sommet et à la base, il offre plusieurs noyaux minces, parcheminés, et sa portion charnue est d'origine receptaculaire; il est surmonté du calice. La chair du fruit est différente suivant la nature de la variété; elle est âpre, ferme, cassante et amère dans les arbres sauvages, et plus ou moins sucrée et acide dans ceux modifiés par la culture.

Le pommier croît spontanément dans les forêts d'Europe, mais on pense que ce sont les Romains qui en importèrent la culture lors de l'invasion des Gaules; suivant une autre version, leur introduction, en Europe, serait due aux Arabes qui les auraient transportés en Espagne d'où les Normands les auraient rapportés dans leur pays; cette version paraît moins fondée que la première. Toujours est-il que le pommier n'a été cultivé, dans les jardins, que sous Louis XII; actuellement, on en compte plusieurs centaines de variétés qui se divisent en pommes douces ou à couteau, recherchées pour la table, et parmi lesquelles il faut surtout citer les pommes de Calville blanches et rouges, les rainettes grises ou du Canada, le pigeonnet, l'api, les passe-pommes; et en pommes dures ou à piler, servant à faire le *cidre* (V. ce mot) et dont on connaît aussi de très nombreuses variétés.

Usages. En dehors de son utilité comme arbre produisant des fruits comestibles, ou bons à faire du cidre, ces fruits sont renommés pour la confiture agréable qu'ils donnent, soit sous forme de gelée, de marmelade ou même de raisiné; on les emploie aussi, desséchés au four, pour faire une boisson rafraîchissante. L'écorce est astringente et tonique, elle donne, par teinture, une nuance jaune; les feuilles sont assez recherchées par le bétail; le bois sert aux mêmes usages que celui du poirier, son grain est fin et serré, surtout dans les arbres cultivés; il est recherché par les menuisiers, ébénistes, ou les tourneurs, pour faire des meubles et des planches d'impression pour étoffes; mais comme le bois se tourmente et se fend facilement, il est bien moins recommandable que le poirier; il est très bon, toutefois, pour le chauffage et pour faire du charbon. L'écorce de racine de pommier contient un corps spécial, qui a été découvert par Stass, la *phlorizine*,

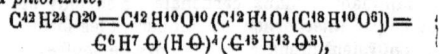

$$C^{42} H^{24} O^{20} = C^{12} H^{10} O^{10} (C^{12} H^4 O^4 (C^{18} H^{10} O^6)) =$$
$$C^6 H^7 O (H O)^4 (C^{15} H^{13} O^5),$$

ou glucoside phloroglucique et phlorétinique, que les acides étendus dédoublent en glucose et en phlorétine ou phloroglucine phlorétique, comme le montre l'équation suivante :

$$C^{12}H^{10}O^{10}(C^{12}H^4O^4[C^{18}H^{10}O^1]) + H^2O^2$$
$$\underset{\text{phlorizine}}{} \qquad \underset{\text{Eau}}{}$$
$$= \underset{\text{Glucose}}{C^{12}H^{12}O^{12}} + \underset{\text{phlorétine}}{C^{12}H^4O^4(C^{18}H^{10}O^6)}$$

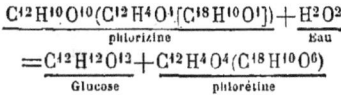

le traitement par l'acide sulfurique concentré colore la phlorizine en rouge. — J. C.

*POMPADOUR (Style). On a donné longtemps le nom de *Pompadour* au style décoratif qui caractérise le milieu du XVIII° siècle, et dont les ornements contournés et torturés, les coquilles, les rocailles et les feuillages exhubérants sont les principaux éléments. Pourtant, Madame de Pompadour, dont le goût était fin et éclairé, n'est nullement responsable de cette mode regrettable au point de vue artistique, bien qu'elle ait sa valeur, en tant que style, par son caractère bien accusé et par sa parfaite assimilation dans toutes les branches de l'industrie décorative. Il est reconnu aujourd'hui que Madame de Pompadour a, au contraire, tenté de réagir contre cette exagération, soit pour adopter les laques et les formes orientales, pour lesquelles elle avait une prédilection, soit pour revenir à des profils plus sages, à des couleurs plus claires, aux peintures fines et aux porcelaines ; c'est elle qui a le plus contribué à créer le *style à la Reine*, qui est l'origine du style Louis XVI. Quant au style Pompadour, on l'a plus justement nommé *rocaille* ou *rococo* (V. ROCAILLE). Mais il importe de dégager Madame de Pompadour d'une prétendue influence aussi contraire à ses idées et à ses goûts, et qui pourrait à juste titre lui être reprochée. — V. LOUIS-QUINZE.

*POMONE. Iconog. Déesse des fruits et des jardins, l'*opéra* des Grecs, était particulièrement en honneur en Etrurie, d'où son culte passa à Rome. La nymphe des vergers était restée longtemps insensible aux hommages des pans, des faunes, des satyres, de Sylvain et des autres habitants des forêts et des campagnes, mais elle se laissa séduire par Vertumne dieu des champs. On confondait souvent leurs autels, tant ils étaient considérés comme inséparables. On représente Pomone sous les traits d'une femme éternellement jeune, avec un frais sourire et des appas robustes, une robe longue tombant en plis légers l'enveloppe étroitement, et elle la replie par devant pour y recueillir des branches de pommier. Parfois, elle se fait avec ces rameaux fleuris une couronne parfumée, ou bien elle porte à son bras, dans un panier, ses fruits de prédilection. C'est ainsi qu'on la voit figurée dans les marbres antiques, tel celui du musée de Florence. Les sculpteurs modernes ont adopté également cette tradition. Une statue de Pomone en marbre blanc, par Barrois, faisait autrefois pendant, à Marly, à une figure de Vertumne par Slodtz. A Versailles, on en voit deux, une de Le Gros à l'un des avant-corps, l'autre par Le Hongre, dans le parc, auprès du canal. Aux Tuileries se trouve *Pomone couronnée de fruits* par Gatteaux qui a été exposée au salon de 1844. Parmi les peintres qui ont reproduit ce sujet, nous citerons Van Balen et Fouquières. *Les amours de Vertumne et de Pomone* ont été traitées également par plusieurs artistes.

POMPE. On applique, en général, la dénomination de *pompes* aux appareils mécaniques destinés à aspirer, à refouler, ou à comprimer les fluides gazeux ou liquides : de là deux catégories principales : les *pompes à air* ou *à gaz* et les *pompes à eau*.

Pompes à air ou à gaz. Nous ne ferons que mentionner sommairement ici les divers appareils compris dans cette catégorie. On en trouvera la description aux articles spéciaux consacrés à leurs applications, auxquelles nous ren-

verrons nos lecteurs. Ce sont, par exemple, les *machines soufflantes* ou *souffleries*, les *ventilateurs* et les *aspirateurs*, employés dans les établissements métallurgiques, dans les mines, et dans un certain nombre d'applications industrielles (V. SOUFFLERIE, VENTILATEUR). Dans un autre ordre d'idées nous avons étudié les *exhausteurs* ou *extracteurs de gaz*, dont on fait usage dans les usines à gaz d'éclairage, ainsi que les *pompes de compression* pour l'essai des canalisations et la recherche des fuites. — V. GAZ D'ÉCLAIRAGE.

Les pompes à air comprimé et les pompes pneumatiques, trouvent dans l'industrie divers emplois importants. Les appareils à faire le vide, notamment, sont utilisés dans la fabrication de la glace, dans les raffineries et sucreries pour le clairçage des pains de sucre. Les chemins de fer nous

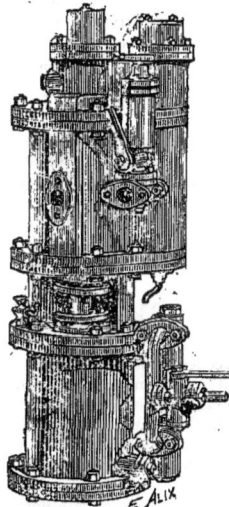

offrent aussi d'intéressantes applications des *pompes à air comprimé* ou *à vide*, dans les divers systèmes de freins actuellement en usage (V. FREIN). La pompe Wenger, dont la figure 200 ci-contre représente une vue d'ensemble, est l'un des types les plus remarquables créés pour cette application.

Nous rappellerons encore les appareils spécialement destinés aux laboratoires de physique et de chimie; les *machines pneumatiques* pour faire le vide; les *pompes de compression*

Fig. 200. — *Pompe Wenger appliquée aux freins à air comprimé.*

pour les expériences sur les gaz. Dans ses belles études sur la loi de Mariotte et sur la vapeur d'eau, M. Regnault a employé des *pompes accouplées* à trois corps. Il a aussi créé, pour les compressions à de grandes limites, les pompes dites *à cascade*, composées de deux corps agissant successivement, le premier puisant l'air dans l'atmosphère et le refoulant dans le second corps, d'un diamètre plus petit, dont le piston lui fait subir une nouvelle compression. Grâce à cette double action, la chaleur dégagée par chaque compression successive est notablement amoindrie et n'altère pas les garnitures en cuir des pistons.

Nous ne nous arrêterons pas plus longtemps sur les pompes destinées aux fluides gazeux, et nous aborderons de suite les *pompes à liquides*, auxquelles nous allons consacrer ici une place en rapport avec l'importance de leurs applications.

Pompes à eau. Ces *pompes* constituent les appareils les plus généralement employés parmi les divers engins mécaniques appliqués à l'élévation des eaux. L'énumération de ces engins comprend, par ordre alphabétique : le *bélier hydraulique*, le *chapelet* (connu aussi sous le nom de *roue* ou *pompe à chapelet*) ; l'*écope*, dont le type créé par M. Ragueneau s'applique aux irrigations ; la *fontaine de Héron* (dont une curieuse application aux mines de Schemnitz, en 1755, élevait l'eau de 33 mètres de hauteur avec une chute motrice de 46 mètres) ; les *machines élévatoires* ; les *pompes diverses* ; les *norias* ; les *roues élévatoires* et les *roues à godets* ; les *turbines élévatoires* ; les *tympans* (de Vitruve, de Lafaye) ; la *vis d'Archimède*. En ajoutant à cette liste le *siphon*, les appareils à action directe de vapeur : *monte-jus, injecteurs, pulsomètres, pulsateurs* ; enfin les appareils basés sur l'utilisation de la chaleur solaire ; nous aurons rappelé tous les moyens employés pour élever les eaux. Leur description se trouvant à la place que l'ordre de cet ouvrage attribue à chacun de ces mots, nous ne ferons ici que l'étude des pompes proprement dites, en nous bornant d'ailleurs à l'examen des principaux types en usage.

HISTORIQUE. On n'a pas de données sur l'origine précise des pompes ou machines à élever l'eau, mais on sait qu'elle remonte à la plus haute antiquité, car dès l'année 222 avant Jésus-Christ, elles étaient employées en Egypte, et plus tard, elles furent perfectionnées par Ctésibias d'Alexandrie et par Héron. Archimède, qui s'est illustré par la découverte de plusieurs principes fondamentaux de la physique, a attaché son nom à une machine élévatoire encore employée de nos jours dans certaines applications. Ne pouvant entrer ici dans tous les détails de l'historique des pompes, nous arriverons de suite à une époque plus rapprochée de la nôtre, et nous ne rappellerons que deux installations importantes parmi les plus anciennes qui aient été faites en France pour appliquer les pompes à l'élévation des eaux : la *pompe du pont Notre Dame* et la *pompe à feu de Chaillot*.

Paris, qui pendant la domination gallo-romaine, ne recevait les eaux potables que par deux aqueducs, avait vu se construire, pendant le moyen âge, un certain nombre d'autres aqueducs ; Philippe-Auguste avait amené les eaux des Prés-Saint-Gervais, qui, avec celles des sources de Belleville, concouraient alors à l'alimentation d'une partie de la ville, quand parut l'édit de Henri IV, en 1608, ordonnant la création de la *pompe de la Samaritaine*. La rive gauche de la Seine restait néanmoins dépourvue de fontaines publiques, lorsque le projet de construction de l'aqueduc d'Arcueil, conçu sous Henri IV, fut mis à exécution pendant le règne de Louis XIII, qui posa lui-même la première pierre de cet aqueduc.

Néanmoins, l'approvisionnement d'eau, qui ne dépassait guère 700 mètres cubes par 24 heures était insuffisant, et ce fut en 1669, que Daniel Jolly, chargé de la conduite de la pompe de la Samaritaine, proposa d'utiliser un moulin à blé, qui se trouvait au-dessous de la troisième arche du pont Notre-Dame, pour faire mouvoir une machine élévatoire à quatre corps de pompe. A ce projet fut adjoint bientôt celui de Jacques Demance, qui s'engagea à établir, en créant un second moulin au-dessous du premier, une machine hydraulique comprenant huit corps de pompe. Elle fut reçue en mai 1670, et donna un peu plus de 50 pouces d'eau ; celle de Jolly, terminée un an plus tard, n'en donna que 25 à 30 pouces. On installa ensuite quinze nouvelles fontaines publiques qui furent alimentées par la pompe du pont Notre-Dame.

Dans le courant du dix-huitième siècle, on fut amené, en raison des imperfections de cette pompe et des irrégularités de son service, à reconnaître la nécessité d'une installation nouvelle, et les frères Périer, riches manufacturiers de Paris, proposèrent de se charger de la construction de machines devant élever 150 pouces d'eau par jour. Un des deux frères fut à Londres étudier les premières machines à vapeur qui venaient de faire leur apparition, et rapporta des ateliers de Watt, les plans d'une *pompe à feu* qu'on décida d'installer sur le bord de la Seine à Chaillot. En 1782, deux machines furent mises en marche dans l'usine hydraulique, l'une destinée à remplacer l'autre en cas de besoin. Elles élevaient en 24 heures 48,600 muids (13,300 mètres cubes) à une hauteur de 110 pieds (36 mètres environ) au-dessus du niveau moyen de la Seine. Plus tard, la *pompe à feu* de Chaillot étant devenue insuffisante, on construisit celle du Gros-Caillou. Ainsi, au commencement du XIXe siècle, Paris avait quatre installations de pompes, celles de la Samaritaine et du pont Notre-Dame et les deux pompes à feu, élevant par jour 7,986 mètres cubes pour une population qui atteignait alors près de 550,000 habitants.

On peut classer les pompes en plusieurs catégories, suivant le point de vue auquel on les examine. Nous indiquerons les trois classifications suivantes, qui nous serviront ensuite à établir les divisions principales de cette étude :

1° *Au point de vue de leur mode d'action* : pompes aspirantes ; pompes foulantes ; pompes aspirantes et foulantes ;

2° *Au point de vue de la nature et de la construction des organes propulseurs* : pompes à pistons (creux, pleins, plongeurs) ; pompes rotatives (à un seul axe, à deux axes) ; pompes centrifuges de divers genres ;

3° *Au point de vue des applications principales de chaque type* : pompes domestiques ; pompes agricoles et industrielles ; pompes d'épuisement pour travaux publics ; pompes d'exhaure pour mines ; pompes pour distributions d'eau ; pompes alimentaires pour chaudières à vapeur ; pompes de compression pour presses et moteurs hydrauliques ; pompes à incendie.

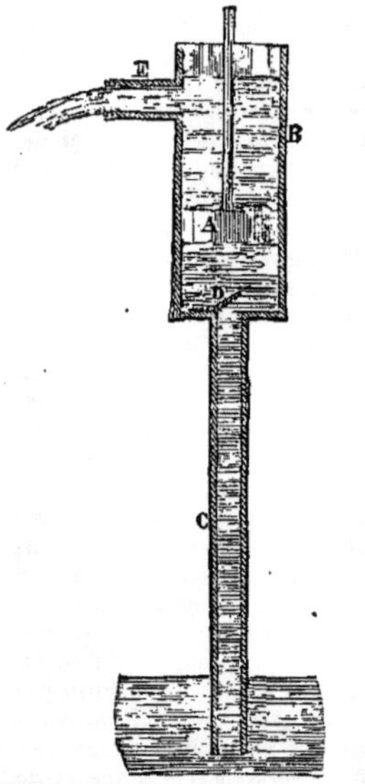

Définissons d'abord, en donnant les éléments de la théorie générale des pompes, les trois premières divisions énoncées ci-dessus, et, à cet effet, considérons d'une manière générale une pompe comme se composant : 1° d'un *cylindre creux* constituant ce qu'on appelle le *corps de pompe* ; 2° d'un *piston* animé d'un mouvement rectiligne de va-et-vient ; 3° de deux *soupapes*, avec ou sans

Fig. 201. — *Figure théorique de la pompe aspirante élévatoire.*

A Piston creux portant les soupapes de retenue de l'eau élevé. — *B* Corps de pompe. — *C* Tuyau d'aspiration. — *D* Soupape d'aspiration. — *E* Tubulure de déversement de l'eau élevée pendant la course ascensionnelle du piston.

tuyaux accessoires, destinées à l'aspiration et au refoulement du liquide. Supposons, d'abord, le piston au bas de sa course verticale, dans la figure 201 qui représente un des trois types généraux de pompes ; si nous élevons ce piston, la soupape placée en dessus du disque va rester fermée par le poids de l'eau qu'elle supporte, tandis que l'air contenu en dessous se dilate par suite de l'augmentation du volume de la chambre dans laquelle il se trouve renfermé. Sa force élastique diminue, et la pression atmosphérique qui s'exerce sur la nappe d'eau, en dehors du tuyau *d'aspiration*, fait monter cette eau jusqu'à ce que le vide partiel formé par l'ascension du piston soit ramené à l'équilibre de la pression extérieure. La hauteur de la colonne d'eau, ajoutée à la force élastique de l'air resté sous le pis-

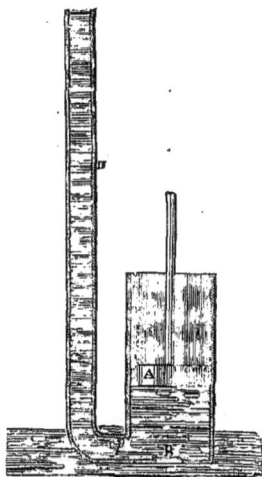

Fig. 202. — *Figure théorique de la pompe foulante élévatoire.*

A Piston plein. — *B* Soupape d'aspiration. — *C* Soupape de refoulement. — *D* Tuyau d'ascension de la colonne d'eau.

ton faisant alors équilibre à cette pression, ramenons le piston de haut en bas : la *soupape d'aspiration*, placée à la partie inférieure du corps de pompe, se referme immédiatement, tandis que la *soupape de refoulement*, placée dans le piston, s'ouvre pour donner passage à l'eau contenue en dessous. Lorsque nous remonterons ensuite le piston, cette quantité d'eau sera élevée en même temps que lui et ira se déverser à l'orifice supérieur du tuyau d'évacuation. Ce premier genre constitue le type de la *pompe aspirante élévatoire*.

Si nous nous reportons maintenant à la figure 202, nous aurons le type de la *pompe foulante* élévatoire. L'eau est aspirée, comme dans la précédente, pendant le mouvement ascensionnel du piston, mais ce piston étant plein refoule l'eau durant sa descente, et la force à passer par la soupape de sortie placée à la base du tuyau de refoulement. Dans certains cas, l'un et l'autre de ces types, qu'on désigne aussi sous le nom de *pompes à simple effet*, n'ont pas de tuyau d'aspiration, et le corps de pompe est entièrement plongé dans la nappe d'eau à élever, comme le montre la figure 202.

Le troisième type, qui représente la combinaison des deux premiers, est la *pompe aspirante et foulante* ou *pompe à double effet*, produisant l'aspiration pendant le mouvement ascensionnel du piston et le refoulement pendant sa descente, par le jeu des soupapes placées sur chacun des tuyaux d'aspiration et de refoulement.

Hauteur d'aspiration. Dans tous les genres de pompes, l'ascension de l'eau se fait par conséquent sous l'influence de la *pression* atmosphérique, dont la force est équivalente au poids d'une colonne d'eau ayant 10m,33 de hauteur. La colonne d'aspiration ne peut donc *théoriquement* dépasser cette limite, et *pratiquement* elle ne peut l'atteindre, parce que la force motrice ou *charge réelle* disponible pour faire monter l'eau dans le tuyau d'aspiration est diminuée par les frottements et les résistances passives, ce qu'on appelle les *pertes de charges*, ainsi que par les fuites inévitables d'air et d'eau entre les pistons et les corps de pompe. La pratique indique, en effet, qu'on ne doit généralement pas dépasser la limite de 7 à 8 mètres pour la hauteur totale d'aspiration.

Nous devons à l'obligeance de M. Poillon, ingénieur des arts et manufactures, auteur d'un excellent *Traité théorique et pratique des pompes et machines à élever les eaux*, une communication à laquelle nous ferons de fréquents emprunts.

Nous en extrayons d'abord ce qui suit, au sujet de l'action de la pression atmosphérique et de la hauteur d'aspiration :

« Au fur et à mesure que l'on augmente la hauteur d'aspiration d'une pompe, on fait décroître rapidement *la charge* produisant la vitesse de l'eau dans le tuyau d'aspiration ; et si, par exemple, une pompe aspire l'eau à 5 mètres de profondeur, mais que la longueur et les coudes de la conduite soient tels qu'ils engendrent 3 mètres de perte de charge, on sera exactement dans les mêmes conditions de marche que si l'on voulait aspirer à 8 mètres de hauteur réelle.

« Si on désigne par H la hauteur d'aspiration, par H' la pression atmosphérique, la charge produisant le mouvement ascensionnel de la colonne d'aspiration est toujours égale à H'-H. La vitesse *théorique maximum* avec laquelle l'eau monte dans le tuyau n'est nullement arbitraire, mais est, au contraire, *rigoureusement déterminée*; elle a pour expression

$$v = \sqrt{2g\,(H'-H)}$$

(*g* étant l'accélération due à la pesanteur = 9,81, et H et H' ayant les significations indiquées plus haut) ; et en pratique il faut évidemment compter sur une valeur moindre, parce que l'on ne saurait toujours réaliser un vide parfait et que les organes de l'appareil peuvent être en plus ou moins mauvais état.

« Il ne servirait à rien que le piston ou l'organe propulseur d'une pompe aspirante possédât une vitesse linéaire supérieure à la vitesse *v* avec laquelle l'eau peut affluer, puisqu'alors le plein ne se ferait point derrière ce piston et que du travail serait dépensé en pure perte pour engendrer ce volume non rempli. Il convient donc en général, dans la pratique, de réduire autant qu'on le peut les hauteurs d'aspiration, surtout lorsque l'on aspire l'eau dans un forage ou dans un espace où elle n'afflue pas d'une manière absolument libre, parce qu'alors une dénivellation supplémentaire s'ajoute à la hauteur d'aspiration prévue.

« D'ailleurs, lorsqu'on exagère l'aspiration, il arrive que l'air dissous dans l'eau (on sait que l'eau en contient environ $\frac{1}{20}$ de son volume) se dégage et devient dans le fonctionnement de la pompe une cause de chocs.

« En ce qui concerne la colonne de refoulement, son mouvement n'a, au contraire, d'autres lois que celles du mouvement du piston ou organe propulseur ; et l'on peut faire du refoulement ce que l'on veut à la seule condition que les organes propulseurs présentent la solidité nécessaire et qu'une puissance suffisante leur soit appliquée.

« *Débit. Rendement.* Le débit d'une pompe est le nombre de litres ou de kilogrammes d'eau qu'elle fournit par unité de temps ou par seconde.

« Le débit théorique ou géométrique est le volume engendré par seconde par le piston ou organe propulseur ; le débit réel est le nombre réel de litres déversés par le tuyau de refoulement, et le rapport du second au premier est le *rendement en volume.*

« *Effet utile.* Le *travail utile* de la pompe exprimé en kilogrammètres, est le *produit du nombre de kilogrammes d'eau réellement élevés par seconde par la hauteur totale exprimée en mètres* (aspiration plus *refoulement*) à laquelle s'opère l'élévation. Le *rendement en travail ou effet utile* est le *rapport* de ce nombre de kilogrammètres à celui que le moteur fournit par seconde à l'appareil ; et *ce dernier nombre devra évidemment comprendre toutes les pertes.*

« Lorsque l'on connaît le rendement en travail d'une pompe, il est extrêmement facile de calculer la puissance motrice qu'il est nécessaire de lui appliquer pour lui faire produire un travail utile déterminé ; cette puissance motrice devra évidemment être d'autant moindre, que le rendement sera plus satisfaisant. C'est ce qui fait comprendre immédiatement combien il est illusoire d'acheter à bon marché, sous prétexte d'économie, des pompes d'un rendement défectueux. »

Calcul de la force motrice à employer. En principe, l'effort à vaincre pour élever une quantité déterminée d'eau est égal au poids de la colonne d'eau ayant pour base la section du piston ou du corps de pompe, et pour hauteur la distance entre le niveau du liquide inférieur que la pompe aspire, et le niveau auquel il se déverse dans le réservoir supérieur.

Si l'on fait abstraction des frottements, des chocs, en un mot de toutes les résistances passives qui s'opposent à l'élévation de l'eau, on trouve que, théoriquement, le travail utile est égal au travail moteur. La pratique est loin de répondre à ce résultat ; les fuites entre le piston et le corps de pompe, les frottements, les changements brusques de direction et de section de la colonne liquide passant dans les diverses parties de l'appareil, enfin la vitesse que l'eau conserve encore au moment où elle se déverse, sont autant de causes qui contribuent à diminuer le travail utile.

Nous calculerons de la manière suivante, la force motrice nécessaire en chevaux-vapeur pour actionner une pompe élevant une quantité déterminée d'eau à une hauteur donnée :

Soit h la hauteur d'aspiration (en mètres), h_1 la hauteur de refoulement (en mètres), G le poids en kilogrammes d'eau élevée par seconde, H la hauteur totale $= h + h_1$ à laquelle l'eau est élevée, N le travail moteur à calculer, exprimé en chevaux-vapeur,

$\dfrac{Q}{60}$ le nombre de mètres cubes élevés par seconde,

on a la relation suivante :

$$N = \varphi \frac{Q(h + h_1)}{60 \times 75} \times 1000,$$

et si l'on considère, d'une part, que $\dfrac{Q}{60} \times 1000$ repré-

sentant le nombre de litres ou de kilogrammes élevés est égal à G, que, d'autre part, $h + h_1 = H$, on aura, en substituant ces valeurs dans la relation précédente :

$$N = \varphi \frac{GH}{75}.$$

φ est un coefficient pratique égal à 1,25 pour les pompes soigneusement étudiées et bien construites ; il s'élève à 1,33 pour des pompes de bonne construction ordinaire, et peut aller jusqu'à 1,50 et même 2,00 pour les pompes médiocres. On aura donc ainsi le moyen de calculer la force motrice nécessaire, et le rapport $\dfrac{1}{\varphi}$ donnera le rendement en travail.

Avant d'aborder l'étude des diverses catégories de pompes que nous avons mentionnées dans notre classification générale, voyons, avec M. Poillon, les considérations qui doivent nous fixer, *à priori,* pour le choix des pompes qui sont les plus propres à remplir convenablement le but qu'on se propose dans leurs applications :

« Lorsque l'on veut élever de l'eau d'un niveau donné à un autre niveau supérieur, on conçoit sans démonstration, qu'il est avantageux d'effectuer cette translation avec une vitesse V aussi modérée et aussi uniforme que possible.

« En effet, et tout d'abord, si un certain volume d'eau sort du déversoir de l'appareil d'élévation avec une vitesse V, il emporte en pure perte une certaine puissance vive égale à $\frac{1}{2} m$ V², laquelle mesure un travail inutilement dépensé. L'idéal serait que le liquide, arrivé au niveau auquel on veut l'élever, possédât une vitesse nulle (ce qui n'est pas possible). Plus donc V sera restreint, et moindre sera la force vive inutilement emportée. Mais ce n'est pas tout ; et il convient encore que V soit uniforme. En effet, si V vient à décroître à un certain moment, et à prendre une valeur V' plus petite que V, il y a par ce seul fait une destruction de puissance vive égale à $\frac{1}{2} m$ (V² — V'²) correspondant à un travail dépensé en pure perte. On ne peut du reste supposer, en pratique, que la vitesse de l'eau croisse indéfiniment pour ne jamais décroître ; et l'on se trouve donc forcément ramené à la vitesse *uniforme et modérée* comme désidératum. Mais à cette vitesse correspond évidemment une pression résultante, uniforme et parfaitement déterminée pour la produire, puisque V $= \sqrt{2gh}$ (h hauteur ou pression produisant la vitesse).

« Cela étant, si, sur une ligne droite indéfinie, nous prenons une longueur proportionnelle au chemin parcouru par une molécule d'eau élevée dans l'unité de temps, et que nous élevions sur cette ligne une perpendiculaire d'une longueur proportionnelle à la pression résultante et produisant la vitesse V, le rectangle construit sur ces deux lignes représentera, par sa surface, le travail utile développé dans l'unité de temps, puisque évidemment ce travail est égal au produit du chemin parcouru par la pression résultante h.

« Ainsi donc, en résumé, le travail théorique d'une pompe (abstraction faite de toute considération de système) se présente a l'esprit sous la forme géométrique d'un rectangle,

« D'autre part, si l'on examine le travail moteur à utiliser pour mettre cette pompe en mouvement, il se présente généralement sous la forme géométrique d'un rectangle également. En effet, la commande de la pompe est empruntée la plupart du temps, soit à l'arbre d'une machine à vapeur ou hydraulique, soit à un arbre de couche mû par ce dernier ; et, dans un cas comme dans l'autre, il s'agit d'un mouvement *circulaire continu et rendu uniforme par le volant.*

« Or, le travail développé par un arbre animé d'un mouvement circulaire continu est égal à la surface du rectangle construit sur deux lignes ayant respectivement pour longueur : la première, l'effort tangentiel exercé à la circonférence idéale ayant l'unité pour rayon ou distance à l'axe, et la seconde, l'espace parcouru par le point extrême de ce rayon dans l'unité de temps.

« D'après cela, on comprend facilement qu'il soit simple et logique d'employer, comme pompe, un mécanisme dont le diagramme de travail se rapproche autant que possible du rectangle théorique, puisque toutes déformations *de diagrammes, ou transformations de mouvements,* correspondent à des complications et, par suite, à des pertes.

« L'idéal de ce genre de mécanisme serait un piston ou propulseur se mouvant sans frottement et d'un mouvement uniforme dans un corps de pompe ou tuyau de section constante et de longueur indéfinie. Or. comme nous le verrons plus tard, cette idée qui paraît au premier abord une abstraction purement théorique est parfaitement réalisable. Dans une pompe rotative bien étudiée, un corps de pompe circulaire remplace parfaitement le tuyau droit de longueur indéfinie, bien que cela ne soit pas aussi simple à obtenir qu'on pourrait le croire au premier abord. »

Pour terminer ce que nous nous sommes proposé de dire sur ces considérations théoriques, nous allons emprunter encore au même auteur l'exposé de la méthode graphique due à M. le baron Greindl, pour analyser les diverses phases du fonctionnement des pompes et pour rendre *visibles à l'œil, par le tracé de diagrammes précis,* les phénomènes principaux accomplis pendant une évolution complète du mécanisme. Cette méthode comporte le tracé de trois diagrammes obtenus comme suit :

« Sur l'axe des abscisses nous portons, à une certaine échelle, le chemin parcouru en un tour complet ou évolution complète, par la *partie moyenne de l'organe propulseur* (piston, palette ou autre). Nous divisons le chemin total en un nombre plus ou moins grand de parties égales ou inégales, suivant qu'il y a intérêt à considérer un plus ou moins grand nombre de positions respectives des divers organes de la pompe, et, par les points de division, nous élevons des ordonnées indéfinies. Cela fait, voici comment se déterminent les longueurs d'ordonnées, correspondant à chacun de nos trois diagrammes : il y a le diagramme de refoulement, le diagramme d'aspiration et le diagramme de travail.

« Pour le diagramme de refoulement, ou de débit, on porte en ordonnée à une échelle convenue, pour chaque position, une longueur proportionnelle à *la valeur du débit, par seconde, à l'instant considéré.* Par débit, par seconde, à l'instant considéré, il faut entendre le débit géométrique ou volume engendré par seconde, en cet instant, par l'organe ou par les organes propulseurs décrivant un certain chemin et possédant une certaine vitesse supposée uniforme.

« Pour le diagramme d'aspiration, on porte en ordonnée, *pour chaque position,* une longueur proportionnelle au débit par seconde à l'instant considéré *du côté de l'aspiration.* Il semblerait, au premier abord, que ce diagramme doive se confondre avec le précédent, mais il n'en est rien.

« En effet, comme nous l'avons déjà expliqué, contrairement à ce qui a lieu pour la colonne de refoulement,

la pression motrice de la colonne d'aspiration dépend, non plus seulement du mouvement de l'organe propulseur, mais surtout du mouvement de l'eau dans cette colonne combinée avec la pression atmosphérique. Elle peut se trouver réduite à zéro, si, pour un motif quelconque, l'eau ne peut pas suivre l'organe propulseur dans son mouvement.

« Pour le troisième et dernier diagramme, on porte en ordonnée, à chaque point, à l'échelle convenue, la résultante en kilogrammes des pressions au point considéré sur la partie moyenne de l'organe propulseur. Il faut remarquer que ces pressions ne dépendent pas seulement des hauteurs d'aspiration et de refoulement, mais aussi *de la vitesse variable avec laquelle on force l'eau à sortir* des espaces dans lesquels on l'a confinée, vitesse dont l'exagération conduit, dans certains cas, à des pressions de beaucoup supérieures à celle qui résulte de la hauteur du refoulement. Le travail développé pour un tour est alors exprimé par l'aire du diagramme, et le rapport du travail utile théorique à cette aire exprime le rendement théorique dont il ne reste plus à déduire que l'influence des frottements pour obtenir le rendement réel.

« On peut dire que, lorsque pour une pompe quelconque on est en possession de ces trois diagrammes, toutes les circonstances importantes de son fonctionnement sont connues, et que, sans ces diagrammes, il est au contraire fort difficile d'y voir clair et de ne pas négliger des éléments importants. »

Disons encore, d'accord avec M. Poillon, que lorsqu'on veut étudier un système quelconque de pompes, il ne faut pas perdre de vue les faits pratiques suivants, à savoir :

« 1° Que l'eau est incompressible, sensiblement, et ne peut donc être rapidement évacuée, d'un espace limité, sans chocs et dépenses de travail ;

« 2° Que l'eau est inerte, comme tous les corps de la nature, c'est-à-dire qu'elle ne peut passer du repos au mouvement, ou modifier son mouvement acquis, que sous l'action de forces extérieures, et que l'intervention de forces extérieures peut donc seule ralentir, accélérer ou anéantir ce mouvement. Ce 2° cas n'est du reste que le 1° envisagé à un point de vue un peu différent ;

3° Que, dans toute machine ayant atteint son allure de régime, le travail moteur dépensé est égal au travail utile plus le travail des résistances passives (telles que les frottements, remous et tourbillonnements de l'eau) ;

« 4° Que l'on ne peut *faire frotter* des organes quelconques l'un contre l'autre, dans l'eau, sans en amener la destruction rapide.

« Ne pas oublier du reste que : qui dit *frottement* dit *pression* ;

« 5° Que le frottement seul de l'eau, au contraire, n'use pas sensiblement les métaux. »

Laissant maintenant de côté les considérations purement théoriques, nous allons aborder l'examen des principaux types de pompes, en suivant l'ordre dans lequel nous les avons classés au point de vue de la nature et de la construction de leurs organes propulseurs.

Pompes à piston. La catégorie des *pompes à piston,* à mouvement rectiligne alternatif, est extrêmement nombreuse et comporte une aussi grande diversité de détails qu'on peut imaginer dans les dispositions des pistons, des soupapes, et des organes de transmission de mouvement.

Nous allons emprunter encore aux notes que nous devons à M. Poillon, certaines notions générales s'appliquant à tous les types de pompes à piston, et qui sont le résumé succinct des considérations théoriques longuement développées par lui dans son ouvrage précédemment cité.

« Pour calculer les divers éléments d'une pompe à piston, si nous appelons : Q le nombre de mètres cubes d'eau à élever par minute ; D le diamètre du piston en mètres ; F sa surface en mètres carrés ; s sa course en mètres ; n le nombre de tours par minute (nombre double évidemment de ce nombre de courses simples) ; v la vitesse linéaire moyenne du piston par minute ; R le rendement en volume ou rapport entre la quantité d'eau réellement élevée et le volume géométrique décrit par le piston, on a (en négligeant le volume de la tige du piston) pour une pompe à simple effet :

$$Q = FsnR = \frac{\pi D^2}{4} \times \frac{v}{2} \times R, \text{ d'où } D = \sqrt{\frac{8Q}{\pi . v . R}},$$

et pour une pompe à double effet :

$$Q = 2FsnR = \frac{\pi D^2}{4} \times v \times R, \text{ d'où } D = \sqrt{\frac{\pi . v . R}{4Q}}.$$

« Il est clair que les valeurs de n et de v sont limitées par la considération que l'eau doit avoir le temps de suivre le mouvement du piston et que les soupapes ou clapets doivent avoir le temps de se soulever et de retomber sans chocs trop violents.

« Il faut bien se garder de confondre le rendement en volume R avec le rendement en travail ; car avec de grands frottements et des ajustements très précis, on peut avoir pour R une valeur très élevée, tout en ayant en même temps un rendement en travail peu satisfaisant. Quoi qu'il en soit, le rendement en volume R varie de 0,95 à 0,80 suivant l'exécution plus ou moins parfaite de la pompe, et selon son état d'entretien plus ou moins convenable.

Si R = 0,80 et qu'on désigne par J = Fs le volume d'eau fourni par coup de piston, on a pour une pompe à simple effet, $J = 1,25\frac{Q}{n}$, et pour une pompe à double effet, $J = 1.25\frac{Q}{2n}$.

« *Proportions moyennes des pompes. Course.* Les proportions entre le diamètre d'une pompe à piston et sa course sont assez arbitraires, et plus on est conduit à augmenter le nombre de coups de piston, plus il convient évidemment de réduire la course, afin de ne pas atteindre des vitesses linéaires de piston exagérées.

« On donne quelquefois la règle empirique suivante : pour les *pompes aspirantes à simple effet*, la course est de une fois et demie à deux fois le diamètre ; et pour les *pompes foulantes également à simple effet*, la course est de deux à quatre fois le diamètre ; pour les *pompes à double effet*, la course est de une fois et demie à deux fois et demie le diamètre.

« *Vitesse linéaire du piston.* En ce qui concerne la *vitesse linéaire moyenne* du piston, elle varie de 9 à 45 mètres par minute, et lorsqu'on veut trop l'augmenter il en résulte des chocs préjudiciables à la conservation des organes.

« Lorsque les clapets sont soulevés et abaissés

par des mécanismes indépendants, on peut marcher à une vitesse plus grande que lorsqu'ils sont mis en mouvement par les colonnes d'eau elles-mêmes. Il faut toujours que l'eau puisse suivre le déplacement du piston, même dans les moments où sa vitesse est maximum, et non point seulement au voisinage des points morts. On ne doit jamais perdre de vue cette considération dans le calcul de chaque genre de pompe à piston. »

« *Conduites d'aspiration.* La vitesse de l'eau dans les conduites d'aspiration et de refoulement varie de 0m,70 à 1m,30 par seconde, et dans les soupapes, elle atteint 1m,80 au maximum. Plus sont longues les conduites d'aspiration et de refoulement, plus il convient d'en augmenter les diamètres pour diminuer la vitesse de l'eau et les frottements ou pertes de charge. Pour les longues conduites, on donne souvent, aux tuyaux, dans la pratique, une section égale à 1/2 de celle du piston. On donne 1/4 à 1/5 de cette section aux conduites courtes, et 1/3 à 2/3 pour les pompes de mines.

« Les conduites d'aspiration doivent toujours être posées en pente ascendante vers la pompe pour éviter que l'air qui se dégage de l'eau ne puisse y séjourner et y empêcher la production du vide.

« *Réservoirs d'air.* Il est utile de placer sur les conduites d'aspiration et surtout sur celles de refoulement, des *réservoirs d'air* tendant à uniformiser le mouvement de l'eau dans des tuyaux malgré les variations incessantes de la vitesse linéaire du piston. Le volume d'un réservoir d'air de refoulement n'est jamais trop grand. Généralement, on lui donne de deux à trois fois la capacité d'une cylindrée, et pour les longues conduites, cinq à six fois au moins cette capacité. L'air étant soluble dans l'eau (et surtout sous pression), il est évident que pour qu'un réservoir d'air remplisse bien ses fonctions, il faut ne pas négliger d'y introduire de temps en temps une certaine quantité d'air, par un reniflard ou par une petite pompe alimentaire spéciale, pour remplacer la quantité d'air qui aurait été entraînée en dissolution dans l'eau traversant sous pression le réservoir d'air.

« Les réservoirs d'air placés sur l'aspiration ont de cinq à dix fois le volume d'une cylindrée, et sont d'autant plus utiles, eux aussi, que les conduites sont plus longues et que la hauteur d'aspiration est plus considérable. »

Le rôle des réservoirs d'air n'est pas seulement d'uniformiser le mouvement de l'eau, mais aussi de donner une certaine élasticité au mouvement des colonnes liquides et d'éviter les ruptures des diverses pièces du mécanisme, par suite de leur inertie au moment des mises en train, des arrêts ou simplement des accélérations ou des ralentissements de vitesse qui se produisent plus ou moins fréquemment durant la marche.

Dans la construction des pompes à piston, il faut s'attacher particulièrement à certains points que nous croyons utile de rappeler sommairement :

1o Éviter les transformations compliquées du mouvement circulaire de l'arbre moteur en mouvement rectiligne alternatif ; éviter les organes donnant lieu à des frottements qui absorbent trop de force ou qui amènent une usure trop rapide ; éviter aussi les transmissions complexes et coûteuses ;

2° Réduire au minimum possible le frottement du piston dans le corps de pompe, tout en assurant l'étanchéité la plus parfaite qu'on puisse réaliser, réduire aussi autant qu'on peut le faire l'entretien des pistons et des clapets ;

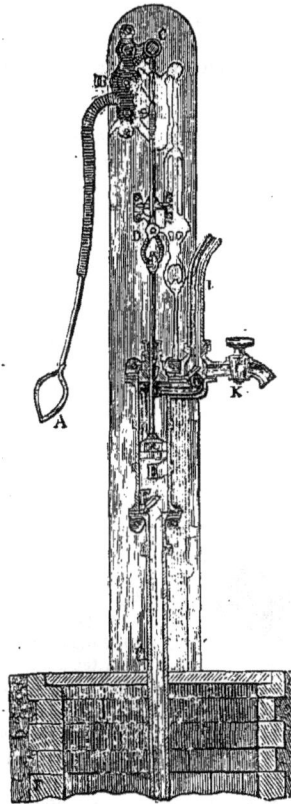

3° Réduire autant que possible les résistances passives dues aux étranglements de section, la perte de travail utile provenant des mouvements et surtout des chocs des clapets ;

4° Régler les vitesses des organes de manière à atteindre les limites les plus élevées qu'on puisse obtenir sans chocs, et diminuer dans la plus grande proportion possible les pertes de force vive résultant de l'inertie de la colonne d'eau.

Les pompes dans lesquelles ces diverses conditions sont le mieux observées constituent les meilleurs systèmes sous le rapport du bon fonctionnement, du rendement et de la conservation des organes.

Fig. 203. — *Pompe à balancier montée sur plateau.*

A B Balancier. — *C D* Bielle articulée aux points *C* et *D*, actionnant la tige du piston *E*. — *F* Soupape d'aspiration. — *G* Soupape de retenue de la colonne d'eau élevée dans le tuyau d'ascension *I*. — *H* Tuyau d'aspiration. — *K* Robinet de puisage placé sur la colonne ascensionnelle.

Ces conditions générales étant posées, nous allons passer maintenant à l'examen de quelques-uns des principaux types de pompes à piston, suivant la nature de leurs applications.

Parmi les *pompes domestiques et agricoles*, la pompe à balancier est la plus répandue : ce genre est trop connu pour que nous nous arrêtions à le décrire, il suffira d'ailleurs de jeter les yeux sur le modèle que représente la figure 203 ; c'est un spécimen ordinaire de pompe aspirante élévatoire appliquée directement sur un puits F et montée sur un plateau en bois scellé contre un mur.

Ce type général, et la pompe-borne, également aspirante, mais sans tuyau d'ascension, constituent avec un troisième dont la manœuvre se fait au moyen d'une manivelle et d'un volant, montés sur un arbre moteur coudé actionnant la bielle, les dispositions les plus ordinairement usitées pour la classe si nombreuse des pompes domestiques et agricoles ; nous citerons encore parmi ces dernières, la pompe foulante Faüler, qui est une des meilleures pompes à purin, et qui s'applique aussi à tous les liquides épais, aux huiles, aux goudrons, etc.

Nous ne pouvons entrer dans la description des divers systèmes de pompes à piston. Nous énoncerons seulement, sans choix et sans préférence, quelques-unes de celles qui paraissent offrir le plus d'originalité, telles que les pompes Aubry, Japy, Letestu, Nines, Thirion ; ajoutons encore les pompes Klein à deux pistons plongeurs, les pompes Girard perfectionnées par M. Farcot et appliquées par lui aux distributions d'eau d'un grand nombre de villes importantes.

Si nous envisageons les pompes à piston au point de vue des applications industrielles, nous aurons à signaler les pompes à deux ou trois corps, avec manivelles à 90 ou à 60° ; ces dispositions ont pour but d'éviter l'influence des points morts lorsque les pompes sont commandées par transmission mécanique.

Pompe à quatre pistons. Nous mentionnerons ici comme un des spécimens les plus intéressants, la *pompe à quatre pistons, à courant continu* système Baillet et Audemar, dont la disposition caractéristique consiste dans le groupement de quatre pistons conjugués deux par deux sur deux tiges parallèles actionnées par le même vilebrequin, et par conséquent marchant simultanément dans le même sens. La figure 204 représente la coupe de cette pompe, telle que la construit M. Piat. L'aspiration se fait en A, le refoulement en R ; les pistons P¹ et P² portent les clapets d'aspiration, les pistons P³ et P⁴ portent ceux de refoulement. Suivons sur la figure le mouvement du vilebrequin dans le sens de la flèche, placée près du fond antérieur F¹ des cylindres accouplés : les deux pistons P¹ et P⁴ se rapprochent de ce fond, et agissant sur l'eau contenue dans la capacité C expulsent cette eau, qui sort par le clapet de refoulement dans le piston P¹ s'ouvrant vers la tubulure R. Pendant ce temps, les deux autres pistons P² et P³, s'éloignant du fond F², augmentant la capacité D, où le vide partiel qui se produit détermine l'ouverture du clapet d'aspiration P² par lequel l'eau s'introduit dans cette capacité D. Durant la course de retour, le mouvement inverse des clapets refoule l'eau de la capacité D par le clapet P³, tandis que la capacité C se remplit par le clapet d'aspiration P¹. Le jeu combiné de ces quatre pistons engendre ainsi une continuité d'action qui fait que l'aspiration et le refoulement produisent un courant aussi régulier et aussi continu que celui des pompes rotatives et centrifuges, avec la différence qu'on peut élever l'eau à une hauteur beaucoup plus considérable. Ces pompes se recommandent, par conséquent, par la grande simplicité de leurs organes et la facilité de leur entretien, en même temps que par leur rendement et leur prix avantageux. Elles peuvent, avec des garnitures de piston convenablement appropriées, monter des eaux sales ou chargées de sable; elles conviennent donc pour les travaux publics, les épuisements, les irrigations, les alimentations de villes et toutes les applications industrielles en général.

Au point de vue de leur construction, elles présentent des dispositions soigneusement étudiées; le double cylindre est porté par un bâti en fonte indépendant; un réservoir d'air est établi sur le refoulement, et un reniflard sur la tubulure d'aspiration. Quand les pompes sont destinées à élever l'eau à une assez grande hauteur, la commande du vilebrequin se fait par l'intermédiaire d'un pignon et d'une roue à chevrons, qui produisent avec une grande résistance une marche aussi douce que possible.

Les *pompes d'épuisement* à pistons sont, en général, établies suivant le type Letestu, à deux corps verticaux, avec pistons Letestu de forme conoïde, ou avec cuir embouti. Les *pompes de mines*, dont le type établi à Huelgoat (en Bretagne), est un des plus anciens, sont destinées à élever l'eau d'une grande profondeur, et présentent, à cet effet, des dispositions particulières qu'on trouvera décrites au mot EXHAURE;

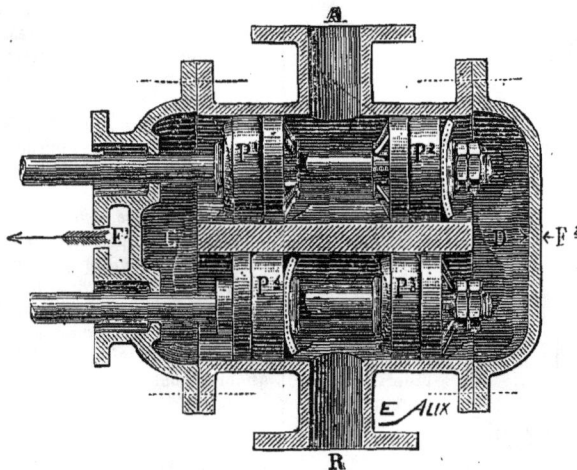
Fig. 204. — *Pompe à quatre pistons, à courant continu, système Baillet et Audemar.*

nous n'y reviendrons, par conséquent, pas ici. Nous nous bornerons seulement à signaler spécialement, pour ce genre de pompes, l'emploi des *pistons plongeurs* et des *soupapes à double siège*, dites de *Cornouailles*, convenant surtout pour les pompes de grandes dimensions et s'appliquant aussi aux machines élévatoires destinées aux distributions d'eau.

Comme application la plus étonnante des pompes à piston pour l'élévation de l'eau à de grandes hauteurs, nous signalerons ici l'installation qui a été faite, en 1885, auprès de Nice, pour refouler l'eau du ruisseau *le Magnan*, au fort en construction sur le sommet du Mont-Chauve d'Aspremont.

La hauteur de refoulement, d'après les cotes de la prise d'eau et celle du bassin, était de 513 mètres; en ajoutant à cette hauteur la perte de charge, il ne fallait pas compter sur moins de 595 mètres; c'était donc sous la pression énorme de 58 à 59 *atmosphères* qu'il s'agissait de refouler

l'eau. Ce problème, jugé insoluble par des hommes compétents, a cependant été résolu, avec un complet succès, par M. Dumontant, ingénieur-constructeur à Nice. Le système de pompe qui s'imposait naturellement était la pompe à piston plongeur, la seule qui pût se prêter à de hautes pressions; mais il fallait surtout éviter les chocs violents et les énormes coups de bélier que pouvait occasionner un refoulement à 58 atmosphères. Le constructeur y est arrivé par l'emploi d'un *appareil à effets multiples* successifs, composé de sept corps de pompes fixés horizontalement sur un bâti circulaire et disposés à égale distance, suivant les rayons du cercle.

La quantité totale à élever avait été fixée à 40 mètres cubes par jour. Le diamètre de chaque piston est de 0m,050, sa course de 0m,100. Les sept pistons plongeurs sont actionnés par un seul bouton manivelle central, placé au sommet d'un arbre vertical mû par un engrenage d'angle. Le moteur est une machine à vapeur développant 7 chevaux 1/2 de force.

Grâce à cette ingénieuse disposition des sept corps de pompe, on a réussi à élever, par heure, 2,309 litres avec 4k,070 de charbon par mètre cube d'eau élevé, résultat d'autant plus remarquable que les difficultés à vaincre étaient plus considérables.

La conduite ascensionnelle, installée pour ce refoulement à 58 atmosphères, a été faite en tuyaux de 40 millimètres de diamètre intérieur, en fer soudé à recouvrement. Leurs épaisseurs ont été fixées comme suit:

6 millimètres, pour les 450 mètres de la partie inférieure;

5 mill. 1/2, pour les 250 mètres suivants;

5 millimètres, pour les 250 mètres suivants:

4 mill. 1/2, pour les 482 mètres terminant la conduite.

Jamais, jusqu'alors, rien d'analogue n'avait été tenté pour l'élévation de l'eau, et le succès de cette installation a répondu pleinement à la confiance du constructeur qui s'est chargé de la réaliser.

Notons encore un système ingénieux, imaginé depuis longtemps déjà sous le nom de *pompes sans limite*, dont l'originalité consiste dans la suppression complète des tiges de piston et leur remplacement par l'action de deux colonnes d'eau se mouvant dans des tuyaux fixes d'un diamètre relativement faible. Ces deux colonnes, en vertu de l'incompressibilité de l'eau, agissent à la manière de tiges rigides pour transmettre aux organes d'un corps de pompe placé au fond du puits, à l'extrémité inférieure des deux colonnes d'eau, les impulsions qu'elles reçoivent d'un autre corps symétrique placé au niveau du sol, à l'extrémité supérieure de ces mêmes colonnes. Pour donner une idée complète de ce système, supposons un corps de pompe, à double effet, placé au fond d'un puits de mine à une profondeur quelconque. Le cylindre est muni de quatre soupapes, dont deux pour l'aspiration et deux pour le refoulement. Le tuyau d'ascension de l'eau part d'un réservoir d'air placé après la tubulure de refoulement. Le piston de la pompe est muni, sur chacune de ses faces, de deux tiges parallèles qui traversent le couvercle correspondant et jouent comme un plongeur dans des

fourreaux formant corps avec le couvercle, et servant de guidage aux tiges et, par conséquent, au piston solidaire avec elles; à chacun des fourreaux supérieurs correspondent les deux lignes verticales de tuyaux dans lesquelles se meuvent les colonnes d'eau motrices qui viennent aboutir à deux autres corps de pompe actionnés par une machine à vapeur placée à la partie supérieure du puits. Les pistons plongeurs de ces deux pompes engendrent exactement le même volume et marchent en sens inverse, de sorte que l'un aspire pendant que l'autre refoule. Par suite du mouvement inverse des deux colonnes supposées incompressibles, les mouvements du piston composé, intercalé dans le circuit du liquide moteur, s'effectueront régulièrement et sans choc. Toutefois, l'incompressibilité de l'eau n'étant pas absolue et les colonnes motrices étant sujettes à la

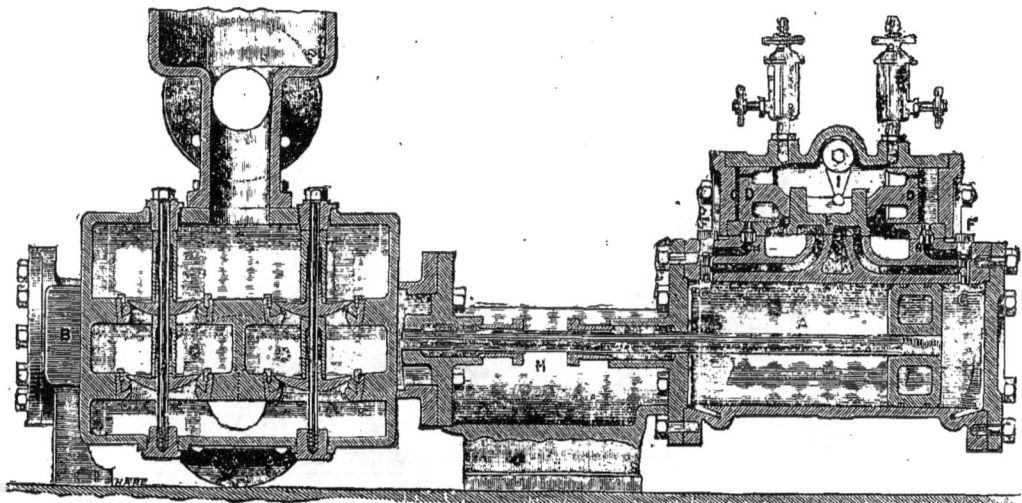

Fig. 205. — *Pompe à vapeur à action directe, de M. Tangye.*

dilatation, on a reconnu que la colonne descendante subit un raccourcissement qui peut atteindre jusqu'au douzième environ du volume de l'eau comprimée; il faut, par conséquent, pour compenser cette différence, faire en sorte que le volume engendré par les plongeurs des pompes motrices dépasse au moins de cette même différence le volume engendré par les plongeurs de la pompe d'exhaure placée au fond du puits.

Nous n'insisterons pas davantage sur ce système qui, malgré l'idée ingénieuse sur laquelle il est basé, malgré la simplicité de son installation, ne paraît pas avoir reçu, jusqu'à présent, d'applications pratiques. Mais nous avons voulu le signaler ici parce qu'après avoir été imaginé, essayé et délaissé en France, il a été récemment réédité par des constructeurs américains qui en ont tenté l'application sur un puits de la Broxburn Oil Company, pour élever l'eau d'une profondeur de 219 mètres, en produisant la transmission de la force à la distance de 548 mètres de la machine à vapeur actionnant les deux pompes qui commandent les colonnes d'eau motrices.

Pompes à vidange. Il existe aussi, en outre, des pompes ordinaires, un genre de pompes spécialement destiné à l'extraction des vidanges. On peut le définir sous la dénomination de *pompe à soufflet*, et la description en sera donnée au mot Vidange.

Pompes à vapeur à action directe. Pour terminer ce que nous nous proposons de dire sur les pompes à piston, nous allons étudier un type spécial désigné sous le nom de *pompes à vapeur à action directe*, caractérisé par l'emploi d'une tige unique reliant directement le piston moteur à vapeur au piston du corps de pompe. Cette disposition se rapproche de celle qu'on a déjà employée souvent pour les pompes destinées à l'alimentation des chaudières à vapeur, et connues sous la dénomination de *petit cheval alimentaire*. — V. § *Pompes alimentaires des chaudières à vapeur*.

Parmi les principaux types de pompes à vapeur à action directe, nous citerons seulement : la pompe de MM. Hayward, Tyler et Cⁱᵉ, désignée sous le nom de *Patent Universal steam pump*, importée en France par MM. Chaffin ; celle de MM. Tangye, de

Birmingham, importée par MM. Muller et Roux; puis la pompe Stapfer, remarquable surtout par l'uniformité de la vitesse du piston, du commencement à la fin de sa course et, enfin, la pompe à vapeur à action directe de M. Thirion, appliquée aux *pompes de cales de navire* et aux *pompes à incendie*.

Dans la pompe de M. Tangye, que représente la figure 205, les deux cylindres, celui de la pompe à gauche, celui du moteur à vapeur à droite, ont leurs centres placés sur une ligne d'axe commune et sont reliés entre eux par un bâti H dont les deux extrémités forment les fonds correspondants des deux cylindres opposés en regard l'un de l'autre. Le cylindre à vapeur A comprend deux doubles passages de vapeur, l'un de ces passages conduisant du tiroir aux deux extrémités du cylindre, l'autre partant près de l'extrémité de la chambre de vapeur pour aboutir aux tapettes de changement

de marche GG qui restent appuyées sur leurs sièges par des ressorts tant que le piston lui-même ne vient pas les soulever. Le tiroir E, dont la coupe montre la forme, recouvre les deux lumières d'admission et la lumière d'échappement placée entre elles. Supposons que le tiroir se déplace de gauche à droite, la vapeur est admise alors par la lumière de droite, et inversement par la lumière de gauche quand le tiroir se déplacera de droite à gauche; c'est dans cette dernière position que le dessin l'indique, l'autre lumière se trouvant en communication avec l'échappement. Le dessus du tiroir porte deux pièces emboîtées dans l'évidement des deux pistons pleins DD, formant comme un piston à deux têtes, qui se meut dans les chambres cylindriques CC auxquelles aboutissent deux passages de vapeur MM. Le piston double DD a pour objet de déplacer le

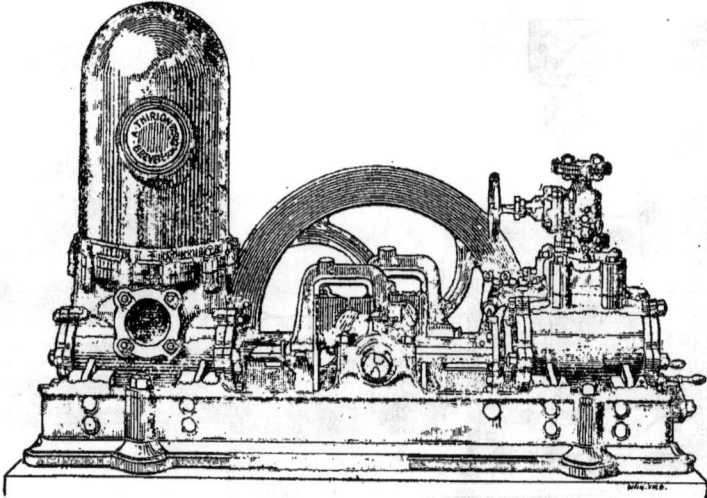

Fig. 206. — *Pompe à vapeur à action directe à deux cylindres accouplés, de M. Thirion.*

tiroir; il présente à la partie supérieure de ses deux disques une petite lumière réglée de manière à laisser passer une certaine quantité de vapeur formant matelas pour empêcher les chocs à l'une et à l'autre extrémité de la course. Quand la pompe fonctionne, la came I du levier de commande reste stationnaire, et le tiroir n'a pas une course assez longue pour venir la toucher. Dans la position indiquée par la figure 205, la vapeur arrivant sur le piston le poussera de gauche à droite; en atteignant le bout de sa course, il soulèvera de son siège la tapette de renversement G, et ce soulèvement détruira la pression qui s'exerçait à l'arrière de l'extrémité droite du piston double DD en communication avec l'arrivée de vapeur, tandis que la pression de la vapeur continuant à s'exercer sur la partie intérieure du piston double, le poussera à droite en entraînant le tiroir avec lui. Ce déplacement admettra alors la vapeur à la droite du cylindre et mettra sa gauche en communication avec l'échappement. Le piston exécutera ainsi sa course de retour, puis les mêmes alternatives se reproduisant, le mou-

vement de va-et-vient s'établira avec la continuité et la régularité voulues.

Le piston de la pompe, lié solidairement par la tige commune avec celui du cylindre à vapeur, produira successivement les aspirations et refoulements qui déterminent le mouvement ascensionnel de l'eau en la faisant passer par le réservoir d'air qui surmonte le corps de pompe.

Les pompes à action directe ont généralement, comme le fait remarquer M. Poillon dans son *Traité sur les pompes*, le défaut plus ou moins préjudiciable :

« 1° De donner une même course et une même vitesse linéaire au piston à vapeur et au piston à eau, alors qu'au point de vue des pertes de travail dues aux effets d'inertie il est généralement logique de faire marcher le second beaucoup plus lentement que le premier;

« 2° De présenter des moteurs à vapeur généralement assez mal étudiés, défectueux et engendrant une grande consommation de vapeur, puisqu'il n'y a ni détente ni distribution économique possibles;

« 3° De laisser toutes les réactions de la pompe et du moteur en conflit direct les unes avec les autres, sans volant ni modérateur quelconque de puissance. Ce sont la plupart du temps des machines ne marchant que par *chocs* (autrement dit «à coups de poing», pour employer une expression vulgaire, mais qui rend fidèlement l'idée). »

Toutefois, les deux derniers inconvénients peuvent être évités par des dispositions plus complètes, notamment par l'adjonction d'un volant régularisant la marche, interposé sur l'arbre moteur entre le corps de pompe et le cylindre à vapeur, comme l'a fait M. Thirion dans le type de pompe à action directe que représente la figure 206. Ce modèle, qui comporte deux pompes à vapeur accouplées, est employé, sur les navires de l'Etat et sur les paquebots des Messageries maritimes, pour l'épuisement des cales, l'alimentation des chaudières, le lavage des ponts. Il est employé aussi, dans les chemins de fer, pour l'élévation de l'eau dans les réservoirs d'alimentation des locomotives. Entre les deux cylindres à vapeur accouplés et les deux corps de pompe placés en regard, sur le milieu des tiges communes, sont intercalés deux parallélogrammes dans lesquels se meuvent les coulisseaux calés sur les manivelles de l'arbre moteur ; ces manivelles se trouvant à 90° l'une par rapport à l'autre, on conçoit que les mouvements de chaque corps de pompe sont inverses, l'un aspirant pendant que l'autre refoule, ce qui assure, avec le réservoir d'air placé sur le refoulement, un écoulement d'eau aussi régulier que possible.

Bien que les *pompes à incendie* rentrent dans la catégorie des pompes à piston, nous n'en parlerons pas à cette place, et nous leur consacrerons, après l'étude des autres systèmes de pompes, un chapitre spécial.

Pompes rotatives, Ce genre de pompe présente, au premier abord, une simplicité qui frappe les yeux, ainsi qu'une facilité d'installation et de mise en mouvement qui engagent beaucoup de personnes à les préférer aux pompes à piston. Elles sont, en effet, d'un emploi commode dans un certain nombre d'applications, dans les usages domestiques et agricoles, lorsqu'il n'y a pas à aspirer à de grandes profondeurs ni à refouler à une grande hauteur ; elles conviennent très bien pour faire des pompes portatives, montées sur un petit chariot, destinées, par exemple, à l'arrosage des parcs et jardins, au transvasement des vins, bières, alcools, produits chimiques ; au puisage des fosses à purin, des cuves de tannerie, etc. Il y a deux types principaux : les *pompes rotatives à un seul axe* et les *pompes rotatives à deux axes.* Nous extrayons de la communication de M. Poillon, les considérations générales qui suivent :

Pompes rotatives à un axe. Les pompes rotatives à un axe dérivent en grand nombre de la pompe Ramelli, inventée il y a très longtemps déjà, mais rééditée de temps à autre sous un nom nouveau avec des modifications sans importance. Toujours le principe est le même : un tambour excentré par rapport à un corps de pompe cylindrique et portant des palettes mobiles. En tournant, ce tambour engendre un volume croissant du côté de l'aspiration et décroissant du côté du refoulement.

« Dans le type créé par Ramelli, les palettes mobiles oscillent autour des pivots parallèles à l'axe de rotation.

« Dans d'autres types, la jointivité des palettes se trouve assurée sans produire sur l'arête une pression aussi considérable et sans absorber, par suite, autant de travail de frottement en ce point. Mais le plus souvent, la différence des pressions entre l'aspiration et le refoulement engendre alors une poussée plus ou moins forte dans le sens longitudinal de l'axe, de sorte que les frottements et l'usure s'exercent latéralement au lieu de s'exercer à l'extrémité de l'organe propulseur. L'amélioration réalisée est donc purement fictive ; tel est le cas de la pompe Ortmans. Enfin, un troisième dispositif, encore plus répandu, consiste à avoir des palettes mobiles dans des coulisses ménagées au tambour mobile dans le sens du rayon. Ces palettes glissent dans leurs coulisses sous l'influence de ressorts ou de guides. Dans ce dernier cas, il ne peut y avoir moins de deux palettes et il n'y en a, généralement, pas plus de quatre.

« Il est aisé de voir qu'une pompe à deux palettes donnera un débit identique à celui de deux pompes à piston à simple effet appliquées sur un arbre tournant ou à celui d'une seule pompe semblable à double effet, la surface de la palette étant égale à celle du piston supposé. Le mouvement de l'eau est alternativement accéléré et retardé, ce qui donne une irrégularité de diagramme et une perte correspondante de force vive et de travail, et, à chaque tour, la vitesse passe par un maximum et par un minimum pour lequel le débit instantané est égal à zéro ; c'est ce qui nécessite l'emploi de réservoirs d'air comme avec la pompe à piston. La pompe système Erémac nous paraît une des mieux traitées parmi les pompes de ce genre.

« De même, une pompe rotative à un axe et trois palettes peut être assimilée à trois pompes à piston à simple effet, dont les manivelles seraient calées à 120° (exemple, pompe Samain). Les palettes peuvent emprunter leur mouvement radial indispensable, soit à un guide fixe concentrique au corps de pompe, soit à des ressorts et, dans ce dernier cas, il faut que ceux-ci soient relativement très puissants pour que leur extension puisse forcer chaque palette à glisser dans sa coulisse, malgré la résistance du frottement et malgré celle opposée par la pression du refoulement. Reste aussi la difficulté d'assurer des sections suffisantes pour que les espaces intérieurs se remplissent et se vident d'eau sans exiger des vitesses d'entrée et de sortie et des dépenses de force trop considérables.

« Les inventeurs de pompes rotatives à un axe se butent toujours à l'un des inconvénients suivants :

« 1° Les frottements des palettes contre les parois (lorsque l'on veut faire de la jointivité) et les frottements des palettes dans leurs coulisses, absorbent 40 ou 50 0/0 du travail moteur dépensé, d'où mauvais rendement. C'est ce qui arrive en employant beaucoup de palettes ;

« 2° Ou bien, si l'on réduit le nombre des palettes, le rendement baisse par les variations de vitesse de l'eau et les pertes de force vive qui en résultent;

« 3° Ou bien encore les frottements deviennent plus doux parce que la jointivité a diminué par l'usure. Mais alors le rendement baisse par suite des fuites.

« La seule disposition efficace que l'on puisse tenter pour améliorer le fonctionnement des pompes de cette catégorie consisterait à ne forcer les palettes à prendre leur mouvement radial que dans les moments où elles sont soumises à la pression minimum ou à la pression équilibrée (pompes Gronert et Dietz), parce qu'alors la puissance des ressorts, qui sont de véritables freins, serait diminuée ».

Nous représentons, figure 207, pour donner un spécimen de pompe rotative à un seul axe, la coupe d'un type de pompe à quatre palettes, construit par M. Broquet. Les deux tubulures A A sont destinées à l'aspiration et au refoulement; dans le corps de pompe J se meut le disque DH qui porte les palettes EC; le disque est fixé sur l'axe B, un robinet de purge K est disposé au-dessous du corps de pompe. Ce corps se fixe à volonté,

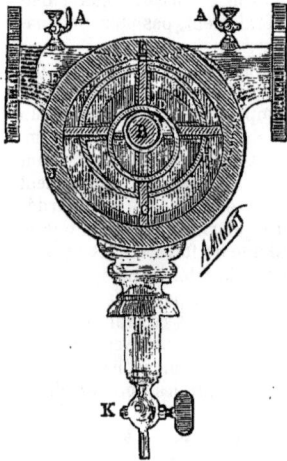

Fig. 207. — *Type de pompe rotative à un seul axe et à quatre palettes.*

soit sur un plateau, soit sur un bâti léger porté par un chariot pour constituer des pompes fixes ou portatives.

Citons encore, parmi les systèmes les plus connus de pompes rotatives à un seul axe, les pompes Rouffet, Stoltz, Malcotte, Vialatte, Houyoux, Durot.

Pompes rotatives à deux axes. Dans cette catégorie comme dans la précédente, il existe un grand nombre de dispositions ne différant guère entre elles que par des détails intérieurs de construction. Il ne faudrait pas croire, d'après leur simplicité apparente, qu'une bonne combinaison est chose facile, et qu'on peut obtenir des résultats satisfaisants sans prendre certaines précautions essentielles, et sans apporter des soins minutieux à l'exécution. Une des premières difficultés qui se présentent est d'éviter la torsion des arbres. On y obvie en partie par un diamètre assez fort, par la qualité de la matière première employée; on peut remplacer le fer par l'acier pour faire les arbres des pignons. Il faut éviter avant tout de produire,

par le jeu intérieur des organes, des compressions d'eau, des refoulements sous des pressions et à des vitesses exagérées; il faut donner aux sections d'écoulement une dimension suffisante pour ne pas dépenser un travail en pure perte, en forçant l'eau à traverser des orifices trop étroits. Il faut enfin éviter que les organes en mouvement dans l'eau subissent entre eux une pression ou un frottement trop énergique, qui amènerait une usure rapide et forcée.

Comme spécimen de pompe rotative à deux axes, nous figurons en coupe montrant les organes intérieurs, qui sont deux pignons engrenant l'un avec l'autre, le type représenté par la figure 208. L'aspiration et le refoulement se placent indifféremment d'un côté ou de l'autre, suivant le sens dans lequel on dispose le mouvement de rotation de la manivelle. En E se trouve l'aspiration, en F le refoulement; les deux axes DD portent chacun un pignon de six dents à l'extrémité desquelles est placée, dans une petite rainure parallèlement à l'axe de rotation, une bande de cuir gras J, J, qui contribue à assurer la jointivité contre les parois du corps de pompe B. Un robinet graisseur A servant à l'amorçage, est placé sur la partie supérieure, et au-dessous se trouve un robinet de purge H qui permet de vider la pompe quand besoin est.

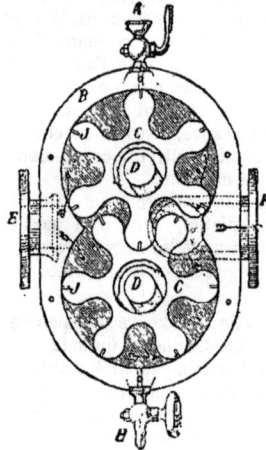

Fig. 208. — *Pompe rotative à deux axes, de M. Broquet.*

Une autre disposition de pompe à pignons dentés a été imaginée par Bramah, l'inventeur de la garniture en cuir embouti pour les pistons des presses hydrauliques. Sa pompe comprend deux cylindres pleins, tangents l'un à l'autre, portant chacun à leur périphérie quatre ailes et quatre encoches placées de façon que les ailes d'un cylindre viennent s'encastrer dans les encoches de l'autre, et réciproquement. L'extrémité de chaque aile porte, comme dans la pompe représentée figure 208, une garniture de cuir. Citons encore les pompes Behrens, Root, Baker, Noel, Henry, et enfin la pompe Greindl, sur laquelle nous allons nous arrêter un instant.

La pompe Ed. Henry, appelée *pompe giratoire,* est d'une grande simplicité d'organes qui se composent de deux pistons semi-circulaires tournant en sens inverse dans une enveloppe cylindrique. Les engrenages extérieurs qui les mettent en mouvement les maintiennent dans leurs positions respectives. La périphérie de l'un des pistons est toujours en contact avec le moyeu de l'autre, ce qui forme la séparation entre la chambre d'aspiration et celle du refoulement.

Nous donnons ci-dessous la description de la pompe Greindl, d'après M. Poillon, qui a fait de cette pompe une étude toute spéciale, et dont il a résumé de la manière suivante les principaux détails :

Pompe Greindl. La pompe Greindl (fig. 209 à 211), sous sa forme actuelle, est une pompe rotative à deux axes portant deux rouleaux à palettes entièrement semblables et tournant à la même vitesse. Les deux axes sont conjugués par une paire d'engrenages. La tubulure d'aspiration est en dessous du corps de pompe, celle de refoulement est placée au-dessus. Pour aspirer, le mouvement de rotation se fait dans un sens

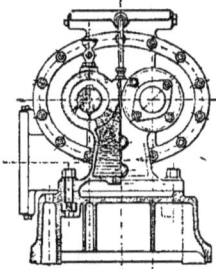

Fig. 209. — *Première coupe transversale de la pompe Greindl.*

tel que les palettes inférieures tendent à s'éloigner de la tubulure d'aspiration. En tournant en sens inverse, les effets seraient eux-mêmes renversés.

Tout se passe comme si l'une des palettes formant piston se mouvait avec une vitesse uniforme dans un tuyau de section constante et de longueur indéfinie ; et à tous les instants du mouvement, le volume engendré est égal à la surface d'une palette multipliée par la vitesse linéaire de rotation de sa partie moyenne.

Les rouleaux à palettes sont rigoureusement dressés, et il en est de même des extrémités cylindriques des palettes ; il y a toujours contact entre ces organes pour séparer la chambre d'aspiration de celle de refoulement. Dans les moments où l'eau emprisonnée entre les palettes tendrait à prendre une vitesse exagérée, elle trouve, par les poches P ménagées aux couvercles, des sections de passage supplémentaires.

C'est là le point fondamental qui caractérise le système ; et on ne le retrouve dans aucun autre. Grâce à ces dispositions, le rendement théorique en travail dépasse souvent 96 0/0.

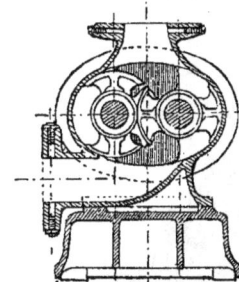

Fig. 210. — *Deuxième coupe transversale de la pompe Greindl.*

La pompe Greindl est susceptible de s'appliquer à des usages nombreux et variés, dans les installations industrielles, dans les travaux agricoles, dans les épuisements, les irrigations, la submersion des vignes, et beaucoup d'autres applications. Sa mise en place et sa commande par courroie se font, dans tous les cas, avec la plus grande simplicité ; et on la construit avec moteur direct adhérent, lorsque les circonstances rendent ce mode d'entraînement préférable.

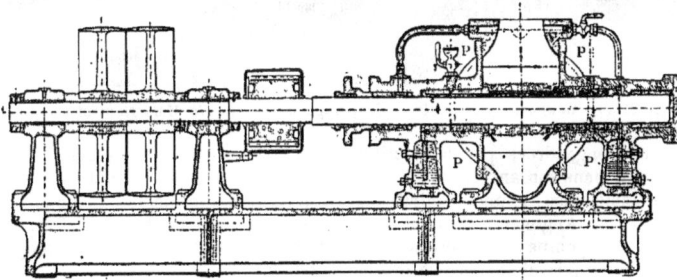

Fig. 211. — *Coupe longitudinale de l'ensemble de la pompe Greindl, montée sur son bâti en fonte.*

Les conduits pour l'aspiration et pour le refoulement sont combinés de telle sorte *que l'on ait toujours la même section sur tout le parcours de l'eau, afin de ne pas accélérer ni retarder son mouvement* pendant son passage dans l'appareil. En vertu du mouvement continu du courant liquide dans l'appareil, un corps solide étranger, sable ou gravier, peut le traverser sans amener d'arrêt ni de rupture. Les palettes rencontrent l'eau sans aucun choc sensible.

La vitesse normale étant très restreinte, l'appareil n'est nullement sujet à se déranger. Une pompe de 2,500 litres par minute marche à 140 tours seulement, et peut marcher à une vitesse moindre ou plus grande à volonté. Elle n'entraîne donc pas, comme une pompe centrifuge, l'établissement de transmissions intermédiaires nombreuses et compliquées.

Sans rien changer proportionnellement au rendement, pour une pompe d'un débit quelconque les quantités d'eau peuvent varier dans certaines limites en changeant la vitesse.

Le système réunit donc deux qualités essentielles : rendement supérieur et élévation à des hauteurs qui peuvent atteindre, en pratique, 70 et même 100 mètres.

Les frais d'entretien sont pour ainsi dire nuls, la vitesse de rotation n'étant pas très grande, et n'occasionnant pas d'usure rapide. La sécurité de marche est donc absolue.

Contrairement à ce qui a lieu avec les pompes centrifuges, qui ne peuvent aspirer d'air (parce que cet air, se cantonnant au centre, les désamorce), la pompe Greindl *peut parfaitement aspirer des gaz*, et les expulse tout naturellement. Aussi, cette pompe peut-elle remplacer dans les sucreries les pompes à air à clapets *pour appareils d'é-*

vaporation et de cuite, et même les *souffleries à acide carbonique*. De même pour les installations quelconques dans lesquelles on emploie l'air comprimé.

Pompes centrifuges. On applique la dénomination de *pompes centrifuges*, qu'il ne faut pas confondre avec les pompes rotatives, à des appareils composés, en principe, d'un tambour mobile monté sur un axe horizontal, tournant avec une grande vitesse dans une enveloppe entourant à distance les contours extérieurs de ce tambour. La tubulure d'aspiration correspondant à l'axe du tambour, l'eau est appelée en son centre par le mouvement de rotation et projetée vers la circonférence, sur laquelle se trouve la tubulure de refoulement, sous l'influence des composantes

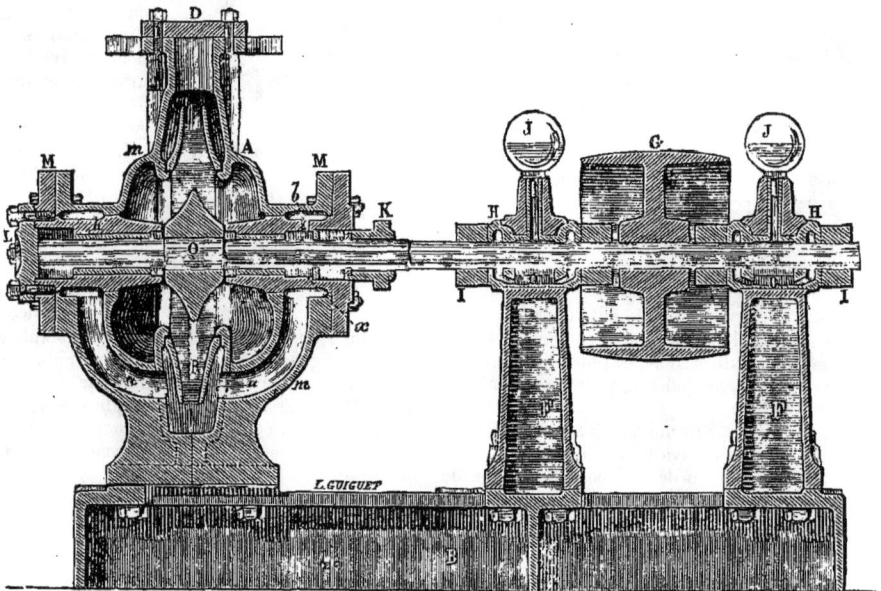

Fig. 212. — *Coupe longitudinale de la pompe centrifuge de MM. Neut et Dumont.*

centrifuges d'inertie engendrées par la rotation rapide de ce tambour dans son enveloppe.

Le type le plus ancien des pompes centrifuges est celui d'Appold, en Angleterre, auquel vint s'adjoindre plus tard la pompe créée par Gwynne, qui, dès son apparition, rivalisa avec la précédente. Cette dernière était déjà introduite en France, et, perfectionnée par MM. Neut et Dumont, elle était devenue une pompe industrielle et pratique, lorsque parut la pompe Coignard.

Le débit considérable et la continuité du courant d'eau qu'on obtient avec les pompes centrifuges en a fait adopter l'usage pour un grand nombre d'applications : en outre des établissements industriels, elles conviennent spécialement dans les travaux publics pour les épuisements, pour les irrigations, dessèchements, submersions des vignes, manœuvre des docks flottants et des formes de radoub, renflouage des navires, vidange des cales, élévation des eaux d'égout, etc.

Avant de décrire quelques-uns des types principaux de pompes centrifuges, examinons sommairement le principe de leur fonctionnement.

Considérons un tambour fixe, fermé de toutes parts et plein d'eau. Si, par un moyen quelconque, nous faisons tourner rapidement ce tambour autour de son axe, nous développerons, dans la masse du liquide du tambour, des forces composantes centrifuges d'inertie. L'eau exercera donc une pression sur la circonférence extérieure, tandis qu'au centre se manifestera une aspiration ou dépression corrélative. Il résulte de là que si l'on pratique aux centres des deux joues du tambour, des orifices communiquant avec les tuyaux d'aspiration, et que l'on implante des tuyaux d'évacuation dans la circonférence extérieure de ce même tambour, il y aura, pendant le mouvement de rotation, aspiration par le centre et refoulement par l'extérieur.

En réalité, dans une pompe centrifuge, ce n'est

pas un simple tambour que l'on emploie, mais bien une petite roue à aubes courbes, mobile autour d'un axe horizontal. La roue est divisée en deux parties par un disque, et les couronnes dans lesquelles les aubes sont emboîtées présentent de chaque côté de cette même roue, un large orifice circulaire communiquant avec un tuyau d'aspiration par lequel l'eau peut arriver sur les aubes.

Cela posé, lorsque l'on imprime à la roue un mouvement de rotation rapide, elle entraîne avec elle l'eau en contact avec les aubes qu'elle contient. Par l'effet des composantes centrifuges d'inertie engendrées dans ce mouvement, le liquide est projeté du centre à la circonférence et se trouve ainsi refoulé dans l'espace annulaire ; et ce mouvement provoque, du côté du centre de l'appareil, une dépression ou aspiration sous l'influence de laquelle le liquide du bief d'amont afflue à l'intérieur, remplissant au fur et à mesure le vide formé.

La théorie des pompes centrifuges se trouve dé- taillée assez longuement dans le *Traité d'hydraulique* de Bresse, et dans certains autres ouvrages classiques ; nous ne pouvons reproduire ici cette partie entièrement technique, qui sort du cadre de ce *Dictionnaire*. On trouvera également des détails très complets et très soigneusement étudiés sur les pompes centrifuges dans la *Publication industrielle* de M. Armengaud, ainsi que dans les travaux spéciaux de M. Harant et de M. Guibal, et dans le *Traité des pompes et machines à élever les eaux*, de M. Poillon déjà cité.

Pompe centrifuge Neut et Dumont. Le type le plus généralement employé, parmi les divers systèmes de pompes centrifuges, est celui de MM. Neut et Dumont, dont la figure 212 représente une coupe longitudinale, et dont la figure 213 montre l'installation appliquée à l'alimentation d'un réservoir. Déjà, au mot Epuisement, il a été indiqué un autre spécimen d'installation avec machine locomobile à vapeur. L'examen de la figure 212 fait comprendre la disposi-

Fig. 213. — *Pompe centrifuge appliquée à l'alimentation d'un réservoir d'eau.*

tion des divers éléments de cette pompe. Le tambour R est calé sur l'arbre horizontal Q, que supportent le bâti B, les jambettes F, F, et les paliers graisseurs J H O ; deux bagues I, I, fortement serrées sur l'arbre, d'un côté et de l'autre des paliers, empêchent tout déplacement de l'arbre dans le sens de l'axe et rendent, par conséquent, absolument invariable dans l'enveloppe *m m* la position du tambour. L'eau aspirée par une tubulure inférieure arrive par les deux canaux latéraux *a, a,* jusqu'au centre de ce tambour. Les deux joues M, M, de l'enveloppe portent le presse-étoupe K et le pivot L qui maintiennent l'arbre moteur et empêchent toute fuite d'eau au dehors. Le refoulement se fait par la tubulure A placée à la partie supérieure de l'enveloppe, en arrière de la tubulure d'amorçage D. La poulie motrice G est fixée sur l'arbre, entre les deux paliers graisseurs. Du côté où l'arbre sort de l'enveloppe, on a ménagé une petite chambre hydraulique *x*, en communication avec le refoulement ; l'eau renfermée sous pression dans cet espace empêche toute rentrée d'air qui pourrait se produire de l'extérieur par suite du vide rela- tif existant dans la partie centrale. L'eau contenue aussi dans les deux chambres *b, h,* entourant les frottements, est également sous la pression du refoulement et s'oppose aux rentrées d'air.

Pompe centrifuge Decœur. Cette pompe, dont la figure 214 montre l'ensemble et une coupe du tambour, présente, comme détail caractéristique, la différenciant des autres systèmes, un éjecteur circulaire placé dans le prolongement latéral du tambour, et constituant un canal dans lequel on utilise immédiatement et dans toutes les directions, la vitesse de projection du liquide. Cet éjecteur tendant à faire le vide autour du tambour assure la permanence et la régularité de l'écoulement ; il permet d'obtenir un rendement très satisfaisant, qui augmente d'ailleurs avec la vitesse de rotation, pour des hauteurs très diverses de refoulement. La turbine ne présente qu'un seul orifice d'aspiration, et l'une des parois de l'éjecteur est formée par l'enveloppe extérieure de la pompe. La mise en marche nécessite un amorçage préalable, car cette pompe (comme d'ailleurs toutes les pompes centrifuges) ne peut fonctionner si elle n'est pas entièrement remplie d'eau.

Citons encore la *pompe turbine Harant*, et la pompe à *propulseur hélicoïde* de M. Maginot. Cette dernière a été décrite dans le numéro du 23 mai du *Génie civil*. Son mode d'action repose sur la combinaison des composantes centrifuges d'inertie avec l'impulsion des hélices. Sa puissance élévatoire est, paraît-il, supérieure à celle des pompes centrifuges ordinaires, et son rendement est plus élevé. Voici du reste la description sommaire qu'en donne le *Génie civil* : « Elle se compose essentiellement d'un propulseur formé d'un noyau conique armé de directrices hélicoïdales, tournant dans une coque métallique ou corps de pompe. L'aspiration se fait vers le sommet du cône propulseur, et cet organe refoule l'eau dans une gorge en spirale qui la conduit au

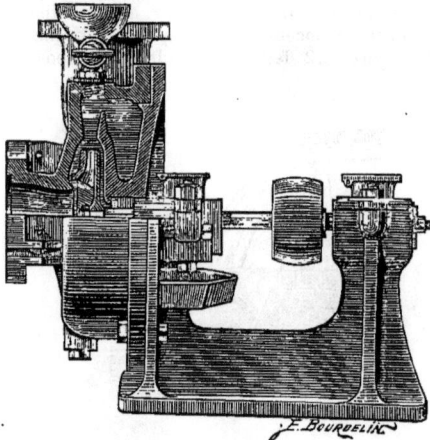

Fig. 214. — *Pompe centrifuge Decœur.*

tuyau de refoulement. » Les directrices hélicoïdales facilitent évidemment l'expulsion de l'air, ce qui constitue un avantage en faveur de cette pompe sur les autres systèmes centrifuges.

Citons encore, pour terminer cette énumération des types les plus connus, les pompes centrifuges Lacour, de La Rochelle, et celles de MM. Decker et Mot.

Pompes à incendie. Les pompes à incendie rentrent dans la catégorie des pompes à piston ; ce sont, en général, des pompes foulantes prenant l'eau dans la bâche où sont immergés les deux corps de pompe accouplés, et la refoulant à travers un réservoir d'air qui régularise l'écoulement et le jet à l'extrémité des tuyaux. On construit aussi des pompes aspirantes et foulantes, qui rendent plus de services parce qu'elles permettent de profiter des cas où l'on est à proximité d'un cours d'eau, d'un réservoir, d'un puits, pour y aspirer l'eau directement et supprimer la formation d'une chaîne plus ou moins longue de personnes faisant circuler les seaux d'eau pour l'alimentation des pompes foulantes.

— La première apparition des pompes à incendie, en France, date de 1693. Jusque là on avait toujours man-

qué de moyens sérieux pour combattre les incendies. M. le baron Cerise a publié sous le titre : *La lutte contre l'incendie avant 1789*, un opuscule dans lequel nous trouvons des détails historiques intéressants.

« Au moyen âge, il va de soi qu'on laissait brûler ce qui prenait feu. L'idée de combattre en commun le fléau était dans l'air, mais on manquait d'engins efficaces. Cependant, des archives diverses établissent qu'au quinzième siècle, Troyes avait six cents seaux destinés aux incendies ; Beaune, en 1595, décide qu'on ne recevra aucun nouveau bourgeois *s'il ne fournit un récipient en cuir*, de grandeur déterminée, pour les incendies. En 1600, Bayonne fait acheter 2,000 seaux en Angleterre. Les maisons communes étaient souvent dépositaires de harpons, de crochets en fer et d'échelles pour les sauvetages ; mais, au point de vue de l'extinction, on ne connaissait jusqu'au dix-huitième siècle qu'un instrument, celui de M. Purgon, plus ou moins gros, plus ou moins long, mais toujours burlesque : la seringue.

« Le seul remède dans les grands incendies, consistait à arracher les toits des maisons voisines et à les abattre sur le feu « pour l'étouffer ».

« Aussi cette époque connut-elle une manière de service obligatoire, non de pompiers, mais d'étouffeurs de flammes. C'étaient les maîtres charpentiers, maçons et couvreurs, qui tous étaient tenus, sous peine d'amendes énormes, de laisser leurs adresses sur un registre déposé à la Ville et d'accourir au premier appel. Les épiciers étaient leurs plus directs auxiliaires, car les municipalités enjoignirent à ces commerçants de se lever et de vendre les flambeaux nécessaires aux ouvriers quand les sinistres éclataient la nuit. Tout habitant était obligé d'envoyer à chaque incendie au moins une personne valide. Mais il paraît que, lorsqu'un incendie éclatait, les habitants hésitaient parfois à demander du secours, de peur qu'on leur réclamât de l'argent. Une lettre du prévôt des marchands, Etienne Turgot, rassure, en 1733, les Parisiens à ce sujet, et les engage à prévenir immédiatement, en cas de sinistre, afin que la Ville puisse les aider, et gratuitement.

« Les propriétaires qui possédaient des puits avaient ordre de les tenir en bon état, avec au moins vingt-deux pouces d'eau, de bonnes poulies, des cordes et des seaux. Aussitôt que les guetteurs avaient signalé le feu et qu'on avait sonné le tocsin, les habitants accouraient pour faire la chaîne. Non seulement ceux chez qui le feu avait pris devaient ouvrir leurs portes aux commissaires du Châtelet et aux officiers chargés des secours, mais les voisins devaient laisser pénétrer chez eux et prendre de l'eau dans leurs puits à toute réquisition.

« La ville de Douai fut la première à faire venir une pompe de Hollande. La Suisse et l'Allemagne fabriquaient aussi ces engins nouveaux. Un Français eut l'idée d'en confectionner à Rouen, et la capitale de la Normandie devint bientôt le centre de la fabrication française des pompes pour incendie. A Paris, les pompes fonctionnèrent en 1699. Un sieur Duperrier fut, en 1705, chargé de « garder et d'entretenir les pompes du roi. »

« Sous la Régence, Duperrier, après une courte disgrâce, redevint chef des pompes, avec un budget de 6,000 livres, pour la fourniture et l'entretien de 15 pompes, ainsi que pour la solde de 32 gardes-pompes et sous-gardes. Duperrier devait fournir à chaque garde-pompe un bonnet particulier qui permît de le reconnaître dans les incendies, et il était tenu d'enseigner à ses hommes la manœuvre des pompes par le sifflet. Des affiches renouvelées tous les six mois indiquaient aux Parisiens les remises des pompes.

« En 1722, le nombre des pompes fut porté à 30, le budget de Duperrier à 20,000 livres, en sus d'une somme versée de 40,000 livres.

« Ses gardes-pompes formèrent des élèves pour la province. Enfin, en 1740, les gardes-pompes furent groupés en une véritable « compagnie de pompiers. » Ils portaient le bonnet bleu, surmonté d'une fleur de lis en cuivre doré.

En 1760, M. de Sartines agrandit encore leurs cadres. Ils furent 160 hommes commandés par le sieur Morat, successeur de Duperrier. L'uniforme fut en drap bleu de Berri, avec boutons de cuivre, épaulettes jaunes. Et le casque apparut !

« Le sieur Michel Arnaud fut nommé, quelque temps après, chirurgien-major de la compagnie, aux appointements de 1,000 livres. M. de Sartines organisa aussi les services des accessoires, des chariots à bras, des dépôts d'eau, à trente tonneaux toujours pleins par dépôt, etc.

« La Révolution trouva donc le service des pompes à l'état rudimentaire dans Paris ; mais, enfin, il existait. Et on conviendra que nos aïeux d'il y a cent ans ne pouvaient faire beaucoup plus qu'ils n'ont fait pour la protection de Paris contre le feu, puisqu'ils n'avaient à leur service ni la vapeur, ni le télégraphe, les deux découvertes qui rendent tant de services à nos pompiers d'aujourd'hui. »

On connaît trop les types ordinaires de pompes à incendie mues à bras pour que nous en donnions ici une description. Bornons-nous donc à donner quelques indications sommaires sur ces pompes, avant de parler de celles mues par la vapeur, à l'examen desquelles nous nous arrêterons tout particulièrement.

Une pompe à bras, mue par huit hommes, peut donner 60 coups de balancier par minute, avec une course de piston de 0m,12, en lançant le jet à *une hauteur verticale de vingt mètres*, ce qui représente 27 kilogrammètres par seconde et par homme. On ne soutiendrait pas longtemps un pareil travail, mais dans les moments urgents, où le danger stimule l'ardeur des pompiers, on peut même parfois dépasser cette limite.

Le modèle de pompe adopté à Paris se compose de deux corps à simple effet, ayant un diamètre intérieur de 0m,125 millimètres, actionnés par 12 hommes. La course du piston étant de 0m,240 le volume engendré à chaque coup de

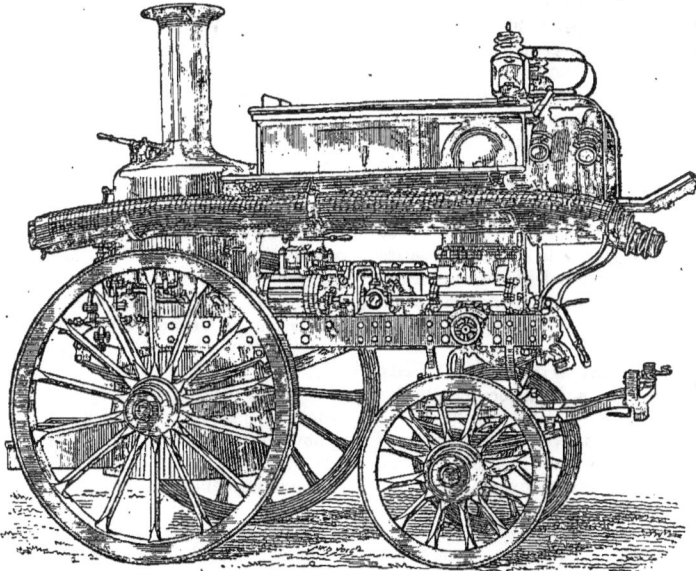

Fig. 215. — *Pompe à incendie à vapeur à trois corps et mouvement direct équilibré. Type adopté par l'état-major des sapeurs-pompiers de la ville de Paris.*

balancier, par une allée et venue du piston, est de 6 litres 60, ce qui correspond à un débit de 400 litres pour 60 coups de balancier par minute.

Les pompes à incendie à vapeur ont pris naissance en Amérique ; la première fut celle de Lee et Larned, décrite dans le *Scientific american* du 7 avril 1860. En Angleterre, les premiers types ont été créés par MM. Shand et Mason, et par Merryweather. Dans des expériences faites sur ces deux systèmes on a constaté que les chaudières, remplies avec de l'eau de rivière, par conséquent à la température extérieure, ayant été allumées en même temps, la pompe Merryweather arriva à la pression de cinq atmosphères en 12 minutes 30 secondes, et le grand modèle de MM. Shand et Mason en 18 minutes 30 secondes.

L'utilité et l'efficacité de ces pompes à vapeur a engagé quelques constructeurs français à s'en occuper, et M. Thirion, a créé un excellent type de pompe à incendie à vapeur. Le modèle que représente dans son ensemble la figure 215 est celui qui a été adopté par l'état-major des sapeurs-pompiers de la Ville de Paris. La machine à vapeur qui le met en mouvement est du même genre que la pompe à deux cylindres accouplés, à action directe, que nous avons précédemment décrite, figure 206.

Il y a deux modèles : l'un, de la force de 30 chevaux-vapeur, débite 1,500 litres d'eau à la minute avec un jet projeté verticalement à 40 mètres ; l'autre, de la force de 40 chevaux-vapeur débite 2,000 litres par minute, et donne une force de projection verticale de 50 mètres.

L'ensemble de la chaudière verticale et du bâti portant les doubles cylindres à vapeur et corps de pompe, repose sur un chariot avec avant-train auquel on attèle les chevaux qui conduisent la pompe à vapeur sur le lieu du sinistre. Pendant le trajet de la pompe on peut, si l'on veut, mettre la chaudière en pression; elle est d'une forme particulière, garnie intérieurement de tubes en U en cuivre rouge étiré, dans lesquels la circulation de l'eau s'établit avec activité, ce qui favorise le chauffage et la mise rapide en pression. Il suffit de 10 minutes pour atteindre une pression permettant de commencer à marcher utilement, et comme il faut compter environ 12 à 15 minutes pour mettre une pompe à vapeur en position, installer son aspiration et son tuyau de refoulement, le temps pendant lequel les pompiers organisent la pompe est toujours suffisant pour mettre la chaudière en pression.

Une seule pompe à vapeur, n'exigeant pour son fonctionnement qu'un mécanicien et un chauffeur, remplace avantageusement 5 et même 6 pompes à bras; on conçoit quels services ces remarquables engins de secours sont appelés à rendre dans les grands incendies, et l'on ne saurait trop désirer que leur usage se répande de plus en plus dans les localités assez importantes pour les utiliser. Elles permettent en effet d'attaquer un incendie à plus grande distance et avec beaucoup plus d'efficacité, à la condition que les villes soient pourvues de prises d'eau fournissant un débit suffisant pour alimenter ces puissantes machines. — G. J.

Pompes alimentaires des chaudières à vapeur. Les pompes sont encore employées fréquemment pour l'alimentation des chaudières fixes à vapeur, tandis que, pour les chaudières des machines mobiles, comme les locomotives, elles sont remplacées, le plus souvent, par les injecteurs, ainsi que nous l'avons signalé déjà (V. INJECTEUR), à moins qu'elles ne soient employées concurremment avec cet appareil dans certains cas spéciaux, dont nous parlerons plus bas. On ne saurait nier d'ailleurs que l'injecteur ne forme un appareil beaucoup plus simple, d'un rendement meilleur, bien mieux approprié aux besoins des machines mobiles, et d'un fonctionnement assez sûr aujourd'hui pour qu'on puisse l'appliquer seul à l'alimentation, sans aucun recours à la pompe.

La pompe d'alimentation des chaudières fixes forme quelquefois une petite machine distincte, empruntant directement la vapeur de la chaudière, à laquelle on donne souvent, dans les ateliers, le nom de *cheval alimentaire* ou *petit cheval*. Cette pompe permet d'alimenter la chaudière pendant l'arrêt de la machine principale, sans avoir besoin de recourir à celle-ci. Outre le petit cheval, on conserve cependant une pompe solidaire de la machine principale et fonctionnant avec celle-ci pour assurer l'alimentation continue. La tige de cette pompe est alors attelée sur la crosse du piston moteur, dont elle partage le mouvement de va-et-vient alternatif.

Les machines à balancier, qui se rattachent, comme on sait, au type le plus ancien des machines à vapeur, sont munies habituellement d'une pompe alimentaire, dont la tige est articulée sur le parallélogramme servant à transformer le mouvement rectiligne du piston moteur en un mouvement circulaire du balancier. Celle-ci est rattachée, à cet effet, en un point conjugué par rapport au centre d'oscillation du sommet qui reçoit la tige du piston de la machine, et qui décrit comme lui une trajectoire sensiblement rectiligne. Ce point est déterminé généralement, d'après les règles de construction adoptées pour les parallélogrammes, en prenant le milieu de la bielle, formant le côté du parallélogramme articulé à la fois sur le balancier et le contre-balancier. On démontre d'ailleurs que les points qu'on prendrait sur des bielles auxiliaires, parallèles à celle-ci, à l'intersection avec le rayon vecteur allant du centre d'oscillation à l'articulation de la tige du piston, jouissent également de cette propriété d'avoir leur trajectoire sensiblement rectiligne, et peuvent être pris, par conséquent, pour recevoir l'articulation de la tige d'une pompe.

Les machines à condensation comportent toujours plusieurs pompes, généralement au nombre de trois, lorsqu'on procède par injection de la vapeur d'échappement dans l'eau d'alimentation; nous avons d'ailleurs examiné en détail ces diverses dispositions (V. CONDENSEUR et MOTEUR), et nous n'aurons pas à y revenir ici. Disons seulement que, même dans ce cas, on a pu supprimer la pompe à air et la remplacer par un éjecteur assurant le vide à l'intérieur du condenseur.

Les pompes alimentaires des chaudières à vapeur sont généralement disposées dans des conditions analogues à celles des pompes ordinaires, et nous n'y insisterons pas en raison des détails que nous venons de donner plus haut. Disons seulement qu'elles se prêtent suffisamment assez mal à l'alimentation, quand on veut employer de l'eau échauffée, à moins de leur donner certaines dispositions spéciales; le vide engendré par le piston dans sa course amène souvent, en effet, dans le corps de pompe, une abondante production de vapeur dont la pression arrête l'aspiration de l'eau et interrompt ainsi le fonctionnement de la pompe. Le dégagement de l'air, tenu en dissolution dans l'eau aspirée, peut entraîner aussi, de son côté, une difficulté analogue : on y remédie en installant, sur le tuyau de refoulement d'eau, un réservoir spécial où l'air peut s'accumuler. Outre ce réservoir, dont l'emploi est très fréquent, on en ajoute quelquefois un second sur le clapet d'aspiration, dans le but de faciliter la levée de la soupape et de diminuer, par la pression de l'air accumulé, les chocs dans la colonne d'aspiration. L'emploi de ce second réservoir faciliterait aussi l'amorçage et augmenterait même le débit de la pompe, dans la marche à grande vitesse, si l'on s'en rapporte aux expériences pratiquées à ce sujet, dont on trouvera le résumé dans l'ouvrage de M. Couche: *Voie, matériel roulant et exploitation tech*

POMP POMP 483

nique de chemins de fer (vol. 3, page 935). Celles-ci avaient été entreprises à l'occasion de l'appareil de condensation de M. Kirchweger, pour mesurer directement l'influence qu'exerce sur la pompe alimentaire un petit réservoir d'air appliqué au tuyau d'aspiration, immédiatement au-dessous de la soupape. Elles auraient montré que le débit augmente avec la vitesse en présence du réservoir à air, tandis qu'il diminue sans lui, et la différence ne serait-elle qu'à une vitesse de 140 tours, le débit serait plus grand sous une pression de $0^m,915$, avec le réservoir, que sous celle de $5^m,47$ sans réservoir, de sorte que l'influence de la cloche à air équivaudrait à une charge d'eau de plus de $4^m,7$. Ainsi s'expliquerait ce fait que certaines pompes marchant à grande vitesse fournissent mieux l'eau bouillante quand elles sont munies d'un réservoir, que l'eau froide lorsqu'elles en sont privées.

Quoiqu'il en soit de ces conclusions, qui auraient besoin d'être confirmées peut-être par de nouvelles recherches, le type de pompe à double réservoir est classique, en quelque sorte aux États-Unis, et dans ce pays d'ailleurs, la pompe alimentaire reste appliquée, d'une manière générale, aux locomotives, l'injecteur étant toujours réservé, en quelque sorte, pour l'alimentation en stationnement. Il faut reconnaître, cependant, ainsi que le remarque M. Richard (V. *Revue générale des Chemins de fer*, numéro de juillet 1883), qu'un grand nombre d'ingénieurs américains contestent absolument les avantages du réservoir d'aspiration, et ne veulent y voir qu'un legs de la routine.

Les pompes américaines, dont nous donnons une vue dans la figure 216, présentent généralement un montage des plus simples, elles sont à longue course et menées directement par la tige du piston.

L'usage des pompes a persisté également dans différents pays du continent, malgré leur faible rendement, qui ne dépasse guère 60 0/0, l'entretien plus onéreux qu'elles exigent, et l'obligation qu'elles imposent de mettre la machine en marche

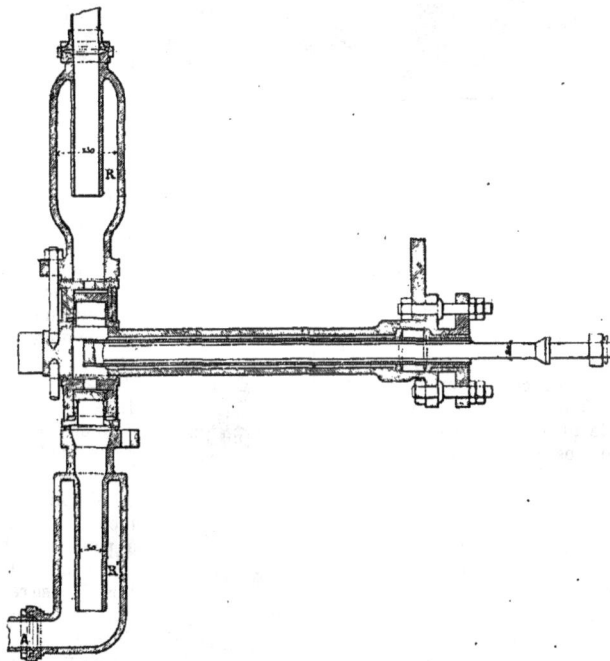

Fig. 216. — *Vue d'une pompe pour locomotive américaine.*
A Tuyau d'aspiration avec réservoir R'. — R Tuyau de refoulement avec réservoir.

pour assurer l'alimentation. On continue à les appliquer toutes les fois qu'on veut alimenter d'une façon continue, surtout avec l'emploi du frein à contre-vapeur, et aussi lorsqu'on peut employer de l'eau d'alimentation amenée à une température voisine de l'ébullition. On construit, en effet, actuellement des types de pompes, comme celle de M. Chiazzari, dont nous donnons la description plus bas, qui peuvent alimenter avec de l'eau presque bouillante portée à une température de plus de 90°, excluant absolument l'emploi des injecteurs, ceux-ci ne pouvant guère dépasser 60 à 70°, même sur les types les plus perfectionnés.

L'emploi des pompes alimentaires s'impose presque nécessairement sur les machines qui font un usage fréquent du frein à contre-vapeur, celui-ci pouvant amener, comme on sait, des rentrées d'air dans la chaudière qui arrêtent tout fonctionnement de l'injecteur. C'est le cas qui se rencontre à la Compagnie d'Orléans, par exemple, notamment sur les machines qui font le service de la rampe du Lieuran, et les locomotives de ce réseau sont munies d'une pompe marchant continuellement avec la machine et d'un injecteur pour les stationnements. Comme l'eau d'alimentation est généralement réchauffée, ces machines portent même souvent deux pompes. Une ordinaire, dite *à eau froide*, fait passer l'eau du tender dans un réchauffeur type Lencauchez, formé d'un simple récipient, où elle est mélangée avec la vapeur d'échappement sortant d'un dégraisseur qui la débarrasse des huiles et graisses entraînées. Une seconde pompe, dite *à eau chaude*, reprend l'eau échauffée, dont la température varie habituellement de 85 à 100°, pour la refouler dans la chaudière. Quelques-unes de ces machines ont, en même temps, un cylindre à enveloppe traversée par la vapeur de la chaudière, celles-ci sont munies, dans ce cas, d'une troisième pompe, dite *de purge*, qui ramène à la chaudière la vapeur de l'enveloppe.

Les pompes alimentaires du type de la Compagnie d'Orléans se recommandent, en particulier, par leurs clapets creux et très légers, qui ne donnent que de faibles chocs, malgré leur levée relativement considérable; ils sont munis de nervures inclinées qui assurent leur déviation dans le mouvement de soulèvement, disposition fort ingénieuse, appliquée également en Angleterre par M. Straudley, et qui présente l'avantage de diminuer l'usure, le clapet ne retombant pas toujours au même point sur son siège. Ces pompes

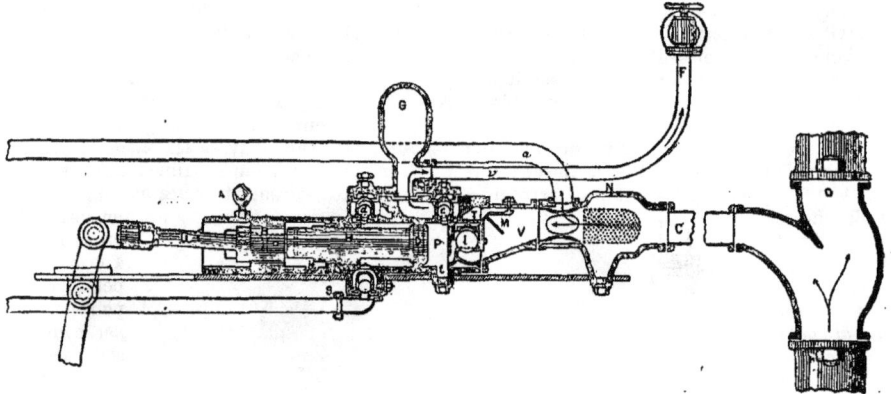

Fig. 217. — *Coupe de la pompe injecteur Chiazzari.*

sont munies, en outre, d'un réservoir d'aspiration qui assure un fonctionnement régulier, même avec de l'eau chaude.

Nous représentons, dans la figure 217, la pompe injecteur Chiazzari, qui forme un des types les plus remarquables des pompes alimentaires à eau chaude. Le piston H D de cette pompe présente, comme l'indique la figure, une grosse tige qui en forme une sorte de plongeur, il détermine donc dans sa marche un espace libre plus grand en avant, dans la chambre P, qu'en arrière, en b. L'eau venant du tender, appelée par le tuyau d'aspiration S pendant la marche en avant du piston, est refoulée, par le mouvement en retour, dans un tuyau horizontal supérieur à deux branches T d contournant la soupape et le tuyau de refoulement C. Elle revient ainsi dans la chambre avant de la pompe en traversant la grille M et soulevant le boulet t, mais, comme le courant d'eau est insuffisant pour remplir cette chambre, il se produit, en même temps, un appel de la vapeur d'échappement par le tuyau V. La vapeur se précipite, avec une grande vitesse, à travers la pomme d'arrosoir qui occupe ce tuyau, elle se résout en gouttelettes, et elle arrive se mélanger, dans le condenseur V, avec l'eau d'alimentation, dont elle élève ainsi la température; elle agit alors, en un mot, dans des conditions analogues à celles du courant de vapeur motrice dans les injecteurs, ce qui justifie le nom de *pompe-injecteur* donné à l'appareil. Le courant mixte d'eau et de vapeur ainsi formé rentre en P dans la chambre d'avant qu'il remplit complètement, et il est refoulé dans la chaudière par la soupape c et le tuyau v, sur lequel est disposé le réservoir à air G. On remarquera sur la figure le tuyau auxiliaire a, qui sert à diriger directement dans le tender une partie de la vapeur d'échappement quand on veut réchauffer, au préalable, l'eau d'alimentation.

La pompe Chiazzari peut alimenter dans des conditions très satisfaisantes, avec de l'eau portée de 86° à 90°, et elle réalise ainsi une économie d'eau et de combustible très appréciable, ainsi qu'on s'en rendra compte en examinant les résultats des expériences que nous avons pratiquées à ce sujet (V. *Revue générale des Chemins de fer*, n° de juin 1879).

Nous pouvons citer enfin la pompe de M. F. Carré (fig. 218), qui se recommande par sa grande simplicité, et qui peut alimenter également avec de l'eau à peu près bouillante. L'eau arrive en charge par la tubulure B et se répand dans le conduit annulaire a, ménagé au-dessous du cylindre A, qui forme une sorte de réservoir d'air; elle pénètre de là au-dessous du piston D par les ouvertures c' et elle est renvoyée par la tubulure de refoulement E. Le piston D est en bronze, il oscille dans la garniture en cuivre écroui C, et le refoulement de la tige D' lui sert de glissière.

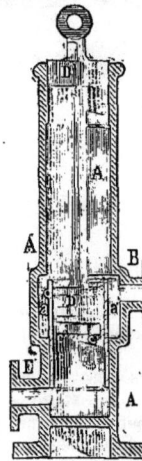

Fig. 218.
Coupe de la pompe à eau chaude de M. F. Carré.

Nous n'insisterons pas ici sur les divers organes accessoires des pompes, qui trouvent leur description aux articles spéciaux qui les concernent, nous signalerons seulement l'ingénieuse disposition proposée par M. Hiram pour le réglage du débit des pompes. Au lieu de se borner à fermer plus ou moins le robinet d'alimentation, comme on le fait ordinairement, ce qui présente l'inconvénient que la pompe marche en partie à vide, M. Hiram règle le débit en retenant une partie de l'eau refoulée, pour que la pompe marche toujours à pleine aspiration. Il interpose, à cet effet, sur le tuyau de refoulement, au-dessus de la soupape de la pompe, un régulateur qui retient l'eau non envoyée à la chaudière. Ce régulateur représenté figure 219 est muni d'un piston P', dont la course est réglée par une vis V. Lorsque la vis est à fond de course, le piston ne peut pas se lever au refoulement, et toute l'eau venant de la pompe s'écoule dans la chaudière. Lorsque, au contraire, ce piston peut se soulever de toute l'amplitude de sa course, la vis étant en haut, le courant d'eau est complètement dérivé par le régulateur, et on voit que, pour des amplitudes intermédiaires de la course du piston, qu'il est facile de régler avec la vis, le courant se partage entre cet appareil et le tuyau de refoulement. La fraction du courant qui se rend dans la chaudière est indiquée par l'échelle E, elle est d'autant plus forte que la vis est descendue plus bas, et limite davantage la course du piston. Le ressort interposé r est réglé de façon à exercer sur le piston arrivant au haut de sa course une pression légèrement supérieure à celle de la chaudière, de façon à prévenir tout choc de la tige du piston contre la vis, le piston ne pouvant pas se soulever jusqu'au contact.

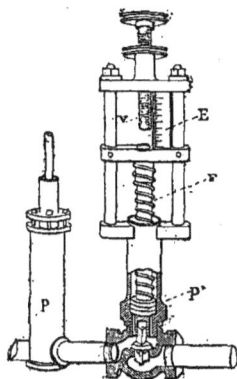

Fig. 219. — *Régulateur d'alimentation des pompes de M. Hiram.*

II. **POMPE.** *T. techn.* Organe spécial du métier à lacet qui a pour but d'arrêter le métier en cas de rupture du fil ou de la tension des brins. Dans le système le plus ordinaire, les pompes doivent varier d'échantillon, c'est-à-dire qu'il en faut plusieurs que l'on applique suivant la résistance des fils à tresser.

POMPERIE. Industrie qui a pour objet la fabrication des pompes. || Magasin où l'on remise les pompes.

POMPIER. Outre ce nom donné aux braves gens chargés d'éteindre les incendies, on l'applique aussi au fabricant ou marchands de pompes, et à une catégorie d'ouvriers qui, dans les maisons de vêtements confectionnés, font des retouches et des réparations.

PONÇAGE. *T. de peint.* Opération préparatoire que l'on exécute dans les travaux soignés ; elle consiste à frotter les surfaces, en menuiserie ou en plâtre, avec une pierre ponce qui fait disparaître les aspérités, les grains de couleur, les poils laissés par la brosse, etc. On ponce également les blancs d'apprêt dans l'exécution de la dorure en détrempe et les marbres pour les polir.

PONCE. Petit sachet rempli de charbon pulvérisé ou de plâtre fin, pour poncer un dessin sur une surface blanche ou noire. || *Pierre ponce.* — V. PIERRE, § *Pierre ponce.*

I. **PONCEAU.** *T. techn.* On donne le nom de *ponceau* à une nuance rouge violacé intermédiaire entre le rouge vif et le rouge orangé.

On nomme *ponceau d'aniline*, syn. : *géranosine*, une matière colorante, découverte par Luthringer, et dérivée de la fuchsine. Elle se prépare en dissolvant de la fuchsine dans l'eau bouillante, filtrant, laissant refroidir à 45° et ajoutant de l'eau oxygénée que l'on cohobe bien avec la liqueur filtrée. La couleur vire au jaune et disparaît presque complètement; on filtre à nouveau, on chauffe à 110° au moyen d'un courant de vapeur, et on maintient cette température pendant quelques instants. Par refroidissement, on obtient un liquide qui contient le ponceau en dissolution; on précipite celui-ci par une addition de chlorure de sodium, ou bien on concentre le liquide dans le vide.

Le *ponceau de Lyon*, breveté par Sopp, en 1866, est obtenu par le traitement des résidus résineux de la fabrication de la fuchsine. En mettant en contact ces résidus avec 70 à 80 0/0 de leur poids d'acide chlorhydrique, on obtient un liquide clair et un produit insoluble. On mélange le premier avec du carbonate de soude, ce qui provoque la formation d'un précipité vert foncé. Celui-ci, traité par l'eau bouillante, cède au liquide un peu de fuchsine cristallisable. Le précipité vert, lavé, puis repris par l'ammoniaque faible, additionnée d'eau de savon, fournit alors une solution de ponceau très vif, que l'on n'a qu'à évaporer pour obtenir sous forme solide.

Les ponceaux de beaucoup les plus employés, sont les suivants, ils sont à base de xylidine ou de paraxylidine.

Le *ponceau de xylidine* ou *ponceau R, écarlate R*, est une couleur qui a été étudiée t. III, p. 637. La nuance obtenue en le fabricant varie avec la nature du naphtol bisulfoconjugué, car les deux acides copulés isomères donnent, l'un, une nuance plus jaune (ponceau J), l'autre, une teinte plus cramoisie (ponceau R). D'après MM. Poirrier et Rosensthiel, la réaction produite serait la suivante :

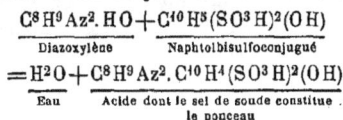

$$C^8 H^9 Az^2 . H O + C^{10} H^3 (SO^3 H)^2 (OH)$$

Diazoxylène   Naphtolbisulfoconjugué

$$= H^2 O + C^8 H^9 Az^2 . C^{10} H^4 (SO^3 H)^2 (OH)$$

Eau   Acide dont le sel de soude constitue le ponceau

D'après M. Richardson, ce ponceau de xylidine R, serait un xylèneazo-β-naphtol-α-disulfonate de sodium ou d'ammonium, et son acide aurait pour formule :

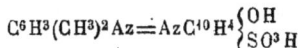

$$C^6 H^3 (CH^3)^2 Az = Az C^{10} H^4 \begin{cases} O H \\ SO^3 H \end{cases}$$

et le *ponceau J*, ou *écarlate G*, serait un isomère du précédent, dérivé de la paraxylidine.

Le *ponceau RR* (*écarlate RR*) serait du cumèneazobétanaphtol-α-disulfonate de sodium ou d'ammonium :

$$C^6H^2(CH^3)^3Az=AzC^{10}H^4\begin{cases}OH\\SO^3Na\end{cases}$$

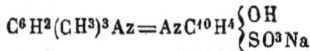

et le *ponceau JJ* (*écarlate GG*), un mélange d'homologues ou d'isomères des précédents.

Le *ponceau d'anisidine* est de l'anizolazobétanaphtol-α-disulfonate de sodium :

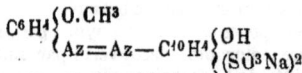

$$C^6H^4\begin{cases}O.CH^3\\Az=Az-C^{10}H^4\begin{cases}OH\\(SO^3Na)^2\end{cases}\end{cases}$$

Le *ponceau 3 J* (*écarlate* 3 J) est du bétanaphtolazoanizol sulfonate de sodium :

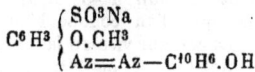

$$C^6H^3\begin{cases}SO^3Na\\O.CH^3\\Az=Az-C^{10}H^6.OH\end{cases}$$

Le *ponceau* ou *écarlate de Biebrich* et le *ponceau* 3 *R* (scarlet 3 B) sont des bétanaphtolazobenzine sulfonate de sodium. On les obtient en traitant par l'acide chlorhydrique un mélange d'amidoazobenzol disulfonate de soude, de nitrite et de β-naphtol, puis précipitant le ponceau par addition de sel marin ; ils ont pour formule :

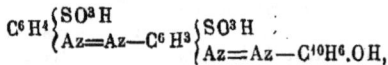

$$C^6H^4\begin{cases}SO^3H\\Az=Az-C^6H^3\begin{cases}SO^3H\\Az=Az-C^{10}H^6.OH,\end{cases}\end{cases}$$

où l'amidoazobenzol est sulfoné dans les deux noyaux. On trouvera la préparation des corps précédents, t. III, p. 638.

L'acide amidoazobenzol monosulfonique diazoté fournit, par copulation avec l'acide monosulfonique du β-naphtol, la *crocéine*, couleur également ponceau, et qui a pour formule :

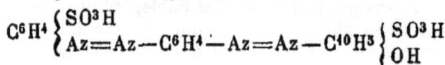

$$C^6H^4\begin{cases}SO^3H\\Az=Az-C^6H^4-Az=Az-C^{10}H^5\begin{cases}SO^3H\\OH\end{cases}\end{cases}$$

Citons encore l'*archil-red* ou *ponceau 3 R* qui est du bétanaphtol disulfonate de sodium azoxylène,

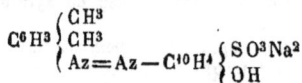

$$C^6H^3\begin{cases}CH^3\\CH^3\\Az=Az-C^{10}H^4\begin{cases}SO^3Na^2\\OH\end{cases}\end{cases}$$

J. C.

II. **PONCEAU.** Passage voûté, en maçonnerie, construit en travers des chaussées en remblai pour l'écoulement des eaux superficielles ; il est formé par deux piédroits, laissant entre eux un vide recouvert par une voûte en berceau dont la surface intérieure ou l'intrados est ordinairement demi-circulaire ou en plein cintre, et dont l'extrados est tracé également en arc de cercle, avec un rayon tel que l'épaisseur de la voûte, à la clef, soit doublée sur le joint incliné à 30° sur l'horizon ; au delà de ce joint, l'extrados se continue suivant la tangente à l'arc de cercle. On emploie quelquefois la voûte surbaissée, mais sans jamais dépasser 1/5 ou 1/6 de l'ouverture pour le surbaissement. L'épaisseur à la clef E peut être déterminée en se servant de la formule empirique

$$E=\frac{1+0,1\ D}{3}$$ dans laquelle D représente l'ouverture en mètres. Celle-ci, qui constitue la largeur du débouché, doit être calculée de façon à suffire aux plus grands afflux d'eau sans que le niveau dépasse les naissances de l'intrados. On admet

généralement de 40 à 150 décimètres carrés par milliers d'hectares de surface versante, suivant la déclivité et la perméabilité des terrains. Lorsque la voûte est en plein cintre, on peut déterminer l'épaisseur des piédroits avec la formule

$$X=(0,8+0,1\ H)(0,5+0,2\ D)$$

dans laquelle H représente la hauteur depuis la fondation jusqu'à la naissance ; pour les arcs surbaissés, on augmente la valeur de X d'un cinquième. Dans les terrains meubles, on établit un radier pavé ou même maçonné entre les piédroits. Les raccordements des extrémités de l'ouvrage avec les talus de remblai se nomment les *têtes* ; les plus simples sont formés en prolongeant les piédroits, soit en ligne droite, soit un peu obliquement, par des murs, dits *en aile*, dont la face supérieure est dérasée dans le plan des talus ; cette face est surmontée par un couronnement en pierre de taille appelé *rampant*. On emploie aussi, pour raccorder les têtes, des murs perpendiculaires à l'axe du ponceau, que l'on nomme alors *murs en retour* ; leur longueur doit être suffisante pour laisser place au quart de cône que forment en avant les terres des remblais, dans lesquelles l'extrémité du mur doit, en outre, être un peu enracinée. Les voûtes s'exécutent ordinairement en moellons smillés et sont terminées, aux têtes, par des bandeaux en pierre de taille disposées en harpe pour assurer la liaison des deux parties. L'extrados est recouvert par une chape en mortier hydraulique ou en ciment qui arrête les infiltrations. On doit toujours conserver, au-dessus de la voûte, une épaisseur de terre d'au moins 15 à 20 centimètres pour éviter l'écrasement réciproque des matériaux de la chaussée et de la voûte. On emploie aussi la pierre de taille pour les chaînes d'angle des murs en retour.

*PONCELET (Jean-Victor). Géomètre et général français, né à Metz, le 1er juillet 1788, mort à Paris, le 23 décembre 1867. Dans sa première jeunesse, ses aptitudes remarquables le firent admettre gratuitement au lycée de Metz où il fit, à plusieurs reprises, deux années en une seule ; en 1807, il fut reçu dans les premiers rangs à l'École polytechnique, d'où il sortit, en 1810, avec le grade de sous-lieutenant élève du génie à l'École d'application de Metz. Nommé lieutenant, en 1812, il fut dirigé sur Ramekens, dans l'île de Walcheren, puis il rejoignit à la hâte la Grande armée, à Vilepsk. Laissé pour mort, à la bataille de Krasnoï, où 7,000 Français soutinrent, sous les ordres de Ney, le choc de 25,000 Russes, il devint prisonnier des ennemis et fut interné à Saratoff, sur le Volga. C'est pour tromper l'ennui de sa captivité qu'il se mit à refaire ses études mathématiques ; mais privé de livres et de ressources, il dut ne compter que sur lui-même et reconstituer toute la géométrie à partir des éléments. Ses longues et profondes méditations le conduisirent sur la voie où s'étaient déjà engagés Desargues et Monge, mais sans s'y avancer bien loin. Naturellement disposé, dans sa solitude, à creuser plus profondément les idées qui s'offraient une à une à son esprit, il reconnut bien vite toute la fécondité de ce genre de recherches, et parvint à édifier une œuvre tout à fait originale qui devait devenir la base de ce qu'on appelle la *géométrie moderne.* Le résultat de ses études est devenu, quelques années plus tard, sous le nom de *Traité des propriétés projectives des figures,* un livre de haute valeur qui marque un progrès considérable dans l'histoire de la science géométrique envisagée surtout au point de vue de la méthode, et qui a été le point de départ des beaux travaux de Gergonne, de Chasles, de Plücker, etc. A son retour en France, il fut attaché à la défense de Metz et prit part à la bataille de Waterloo. Les études géométriques de Poncelet ne l'avaient pas empêché, dès qu'il fut rendu à la liberté, de remplir avec éclat ses fonctions d'ingénieur militaire; aussi sa réputation ne tarda pas à s'établir. En 1819, il présentait à la Société académique de Metz ses *Expériences sur le mouvement de l'air à l'origine des tuyaux de conduite;* bientôt après, 1824, il proposait l'emploi de son nouveau pontlevis à contrepoids variable; la même année, il faisait connaître sa belle invention de la *roue hydraulique à aubes courbes mue par dessous,* qui est restée classique comme type d'excellent moteur hydraulique. Les pouvoirs publics reconnurent son mérite en le chargeant, en 1825, de créer le cours de mécanique à l'Ecole d'application d'artillerie et du génie de Metz et, en 1827, d'ouvrir un cours analogue à l'Hôtel de Ville de Metz. Il entra à l'Académie des sciences en 1834; il dut alors quitter Metz et vint s'établir à Paris, où l'on créa pour lui, à la Faculté des sciences, le cours de mécanique appliquée qui y existe encore, mais qui, depuis sa fondation, a bien changé de caractère (1). Poncelet fut promu au grade de colonel, en 1845, et devint général, en 1848, grâce à l'influence d'Arago. Il commanda l'Ecole polytechnique, de 1848 à 1850, et fut représentant du peuple à l'Assemblée constituante où il vota avec les républicains modérés; mais il ne fut pas réélu à l'Assemblée législative. Après l'établissement du second empire, il rejeta les ouvertures de quelques amis qui voulaient lui faire obtenir un siège au Sénat. Sa dernière fonction publique fut la présidence de la Commission scientifique de l'Exposition de Londres. Ensuite, il se démit successivement de ses différentes places. Il fut promu grand officier de la Légion d'honneur, en 1853.

Nous avons déjà dit l'influence considérable que les travaux géométriques de Poncelet eurent sur le développement ultérieur de la science. Pourtant le *Traité des propriétés projectives des figures* ne fut pas, dès le début, apprécié comme il le méritait. Poncelet s'est plaint amèrement du rapport dans lequel Cauchy rendit compte à l'Acamie de l'examen de son ouvrage. C'est que Poncelet faisait un appel continuel au *principe de continuité,* déjà énoncé par Monge, et qui consiste à étendre le résultat d'une démonstration à toutes

(1) Ce cours, confié actuellement à M. Poincaré, comprend aujourd'hui, outre différents autres sujets, la cinématique pure et la théorie du potentiel; il est devenu de plus en plus théorique; mais nous ne saurions nous en plaindre t ce n'est pas à la Sorbonne qu'il convient d'établir un enseignement industriel.

les dispositions que peut prendre la figure, alors même que certains éléments qui ont figuré explicitement dans le raisonnement ont cessé d'exister. On démontrera, par exemple, un théorème en faisant usage des points d'intersection d'une droite et d'un cercle, et l'on acceptera la conclusion comme exacte alors même que la droite et le cercle ne se rencontreront plus. Par la nature même de son esprit analyste, Cauchy ne pouvait accepter ce principe sans autre justification. Cependant, le principe est exact, il n'y a rien à reprendre dans toute l'œuvre de Poncelet; mais il fallait les progrès récents de la géométrie moderne pour le mettre hors de contestation. Au reste, il en est de cette question comme de celle des quantités négatives et imaginaires qui ont été employées en algèbre et ont conduit à des résultats exacts et intéressants, bien avant qu'on eût reconnu leur véritable nature et qu'on eût rigoureusement établi la légitimité de leur emploi. Il nous est impossible d'insister plus longtemps sur ce sujet; nous devons signaler aussi le rôle de Poncelet dans l'enseignement et les progrès de la mécanique, surtout en ce qui concerne l'application aux machines. Il contribua autant que Coriolis à simplifier l'enseignement de la mécanique rationnelle et doit être considéré comme le fondateur de la mécanique industrielle, considérée comme une science susceptible d'être enseignée dans un amphithéâtre. En insistant sur l'importance du théorème des forces vives, il a fait comprendre que le véritable rôle des machines est de transformer l'énergie de l'agent moteur, comme on dirait aujourd'hui, pour lui faire accomplir un travail utile; mais cette transformation ne peut s'effectuer qu'avec une certaine déperdition due aux résistances passives qu'il importe évidemment d'étudier et de réduire autant que possible. — V. MÉCANIQUE, § *Mécanique industrielle.*

Poncelet a légué 25,000 francs à l'Académie des sciences pour récompenser annuellement l'auteur français ou étranger qui, dans le cours des dix ans qui précéderont le jugement de l'Académie, aura publié le travail le plus important pour les progrès des mathématiques pures ou appliquées.

Le premier volume du *Traité des propriétés projectives des figures* a été publié en 1822; le second volume n'a paru qu'en 1866 avec une seconde édition du premier, mais la plupart des chapitres qu'il renferme avaient déjà été imprimés dans différents recueils. Le *Cours de mécanique appliquée aux machines* (in-8°, Paris, Gauthier-Villars) a été publié, en 1873, par les soins de l'ingénieur Kretz, ainsi que la remarquable *Introduction à la mécanique industrielle physique et expérimentale.* Signalons, enfin, les *Applications d'analyse et de géométrie* (2 vol. in-8°, Paris, Gauthier-Villars, 1864). — M. F.

PONCIF. T. de décor. On appelle *poncif,* en décoration, un papier portant le dessin qui doit être reporté plusieurs fois pour la répétition du même sujet, et dont le tracé a été percé, à l'aiguille, d'une série régulière de petits trous. Le piquage était autrefois exécuté par des apprentis de l'atelier ; aujourd'hui, on le fait beaucoup plus vite et plus sûrement avec la machine à coudre.

. Lorsque le poncif est prêt, on l'étend sur la pièce qui doit recevoir la décoration, on le fixe à l'aide de cire ou de colle à bouche, et on frotte le papier où se trouve le tracé, avec un tampon recouvert de noir de fumée, de charbon tamisé ou de toute autre poudre impalpable colorée. Cette poudre passe à travers les trous et forme sur l'objet à décorer une série de points qui représente le dessin, que l'ouvrier n'a plus qu'à suivre exactement. Ce procédé est surtout en usage dans la décoration sur étoffe, sur faïence et sur porcelaine, et dans la peinture et sculpture en bâtiment.

Par extension, on a donné, en *t. d'art*, le nom de *poncif* aux productions qui semblent faites d'après un modèle commun. Considéré à ce seul point de vue, le poncif, qu'on a nommé plus souvent *tradition d'école*, a été très en faveur pendant les siècles les plus féconds de l'art.

En peinture, au contraire, le poncif est considéré comme un indice d'impuissance. L'imagination de l'artiste doit se donner libre carrière, et toute entrave est une cause d'infériorité ; les traditions d'école n'ont une valeur que pour la pratique même de la peinture, non pour la composition et le style. La réaction dans le sens de la liberté artistique a commencé dès les premières années de ce siècle avec Géricault, Delacroix, Decamps ; elle a fait de grands progrès depuis cinquante ans et gagne même les écoles officielles, où l'enseignement devient chaque jour plus indépendant.

PONCIS. Dessin piqué sur lequel on passe la ponce. || *Poncis* ou *poncif*. Se dit figurément des dessins qui sentent la copie, qui offrent un type commun.

PONT. Les *ponts* sont des ouvrages établis à travers les cours d'eaux et les vallées pour le passage des routes, des chemins de fer, des canaux et des aqueducs ; ces ouvrages sont composés d'une ou de plusieurs *travées* reposant sur des appuis que l'on appelle *piles* ou *palées*, suivant leur mode de construction ; les appuis extrêmes se nomment les *culées*. Les ouvrages établis à travers les remblais pour le passage des eaux se nomment des *ponceaux* (V. ce mot). Le nom de *viaduc*, donné d'abord indistinctement aux ouvrages d'art des chemins de fer, convient surtout pour les ouvrages qui traversent les vallées sur des appuis très nombreux et qui présentent une longueur ou une hauteur beaucoup plus grande que celle qu'exigerait l'écoulement d'une rivière ou le passage d'une route (V. VIADUC). Les ponts sont fixes en général ; on a dû cependant dans certains cas où les ponts auraient entravé soit la navigation, soit la débâcle des glaces, les construire de façon à pouvoir les déplacer au besoin ; les premiers ponts mobiles ont été créés en prenant pour appuis des bateaux rangés en file à travers la rivière et supportant le plancher destiné à la circulation. Les *ponts de bateaux* permanents ont disparu peu à peu avec les progrès

dans l'art des constructions et ne sont plus guère employés que pour le service des armées. Sur les canaux, on a fait usage de *ponts-levis* du même genre que ceux qui sont encore employés dans les fortifications (V. CANAL). Lors de la création des chemins de fer, le problème des ponts mobiles s'est posé dans des conditions bien plus difficiles, et c'est alors que l'on a imaginé et perfectionné les différents systèmes de *ponts tournants*, de *ponts à soulèvement* et de *ponts roulants*. Enfin les *ponts suspendus* sont ceux dont le plancher est suspendu à des câbles en fil de fer, ou à des chaînes, tendus à travers l'espace à franchir et amarrés solidement par leurs extrémités.

On peut diviser les ponts en trois catégories d'après la matière employée pour leur construction : *ponts en bois* ; *ponts en maçonnerie* ; *ponts en métal*.

Ponts en bois. Le bois a été la première ressource de l'industrie humaine, et quelques troncs d'arbres jetés en travers d'un ruisseau ont suffi pour créer les premiers ponts. Lorsque le cours d'eau était plus large et que les bois devaient atteindre une grande longueur, on les soutenait au moyen de pieux enfoncés en ligne dans le lit de la rivière et reliés au sommet par des moises. Ces appuis, désignés sous le nom de *palées*, avaient leur pied consolidé et protégé par des amas de grosses pierres. Lorsqu'il a fallu, sur les rivières navigables, évi-

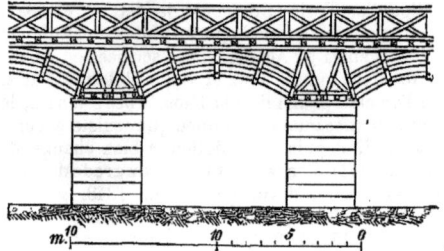

Fig. 220. — *Pont de Trajan, sur le Danube.*

ter les palées trop rapprochées et trop nombreuses, on a augmenté les portées des travées en renforçant les poutres par des sous-poutres et en les soutenant à l'aide de contrefiches. C'est ainsi qu'était construit le plus ancien des ponts de Rome, le pont *Sublicius* que la défense d'Horacius Coclès avait rendu célèbre (630 avant J.-C.) et dont il existe encore quelques traces dans le lit du Tibre. De nombreux ponts du même genre existaient dans les Gaules au moment de l'invasion de César qui cite dans ses Commentaires, ceux d'Orléans, de Poitiers, de Melun, de Paris, et un pont sur l'Allier qu'il dût faire rétablir par ses soldats dans sa campagne contre Vercingétorix.

Pour augmenter encore la portée, on a remplacé les poutres par des fermes avec arbalétriers, à l'instar de celles qui servaient à établir les combles des maisons. On a ensuite prolongé les arbalétriers au-dessus du tablier, de façon à soutenir ce dernier, à la fois, aux deux points de croisement et au sommet par une moise pendante ; le garde corps était, en outre, disposé de façon à concourir à la rigidité de l'ouvrage. Palladio exécuta, dans ce système de fermes armées, un pont très élégant sur le torrent de Cismona avec une portée de 33 mètres. On peut y rattacher également les ponts si remarquables construits par les frères Grubenmann en 1757 et 1758 à Schaffhouse et à Wittengenn, le premier avec deux travées de 52 et de 58 mètres, le second formé d'une seule travée de 118 mètres. Ces ponts étaient couverts par une toiture dans le but d'assurer leur conservation. L'emploi de fermes brisées, avec des moises pendantes multipliées et des diagonales, conduisit à établir des poutres cintrées en forme d'arc ; ces poutres, formées de pièces de bois courbées, assemblées à joints croisés, ou même simplement de madriers plats, ont été appliquées de deux façons ; tantôt le tablier est suspendu à l'arc par des moises ou par des tirants en fer ; tantôt l'arc est entièrement placé au-dessous du tablier qu'il supporte. L'emploi des arcs paraît du reste remonter fort loin, puisque les bas-reliefs de la colonne Trajane nous montrent ce système employé dans le pont construit sur le Danube par ordre de Trajan, pont composé de vingt - et - une travées d'environ 36 mètres de portée, soutenues par des piles en maçonnerie de 18 mètres d'épaisseur (fig. 220)

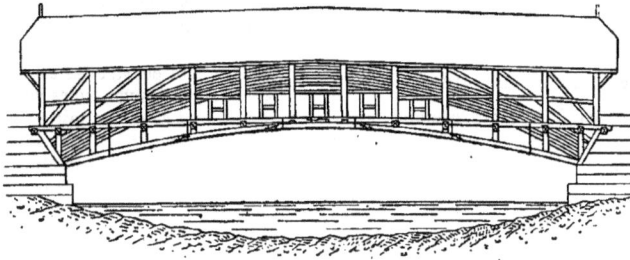

Fig. 221. — *Pont en bois de Mellingen, sur la Reuss.*

Parmi les ponts en bois suspendus à des arcs, le plus intéressant est celui de Mellingen, sur la Reuss (fig. 221) dont l'arche unique avait 48 mètres d'ouverture ; il avait été construit par Ritter en 1794 ; le pont de la Pile, sur l'Ain, appartenait au même système ; il était protégé contre les intempéries par un toit et par des revêtements latéraux. Quant aux ponts entièrement supportés par des arcs, les plus remarquables sont ceux de Scharding et de Bamberg, construits par Wiebeking avec des portées de 58 et 63 mètres, et des surbaissements de 1/11 et de 1/9. Le type considéré comme classique est le pont qui existait encore, en 1881, sur la Seine, à Ivry, près Paris ; il avait été construit en 1828, par Emmery, qui en a donné une description détaillée dans un mémoire indiquant les précautions à prendre pour l'emploi du bois dans les travaux de ce genre.

Obligés de rechercher la facilité d'exécution et le bon marché, les Américains firent un grand usage des ponts en bois qu'ils perfectionnèrent ; parmi les nombreux systèmes qu'ils ont créés, les plus répandus sont ceux de Town, ou à *latices*, et de Howe.

Le système Town a pour élément principal une poutre droite à double T, dont les semelles sont formées par deux cours de moises horizontales parallèles, et l'âme, par des madriers entrecroisés en losange, dont les extrémités sont assemblées et chevillées entre les moises des semelles. Ce système, en réalité très économique, présente trop peu de garanties de durée pour des ouvrages importants ; mais il est avantageusement utilisé pour des ouvrages provisoires, et on en a fait de nombreuses applications, entre autres

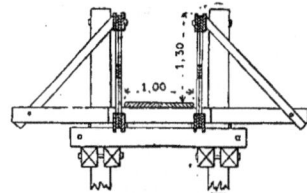

Fig. 222. — *Coupe transversale de la passerelle du pont Saint-Michel.*

la passerelle provisoire établie sur la Seine, à Paris, pendant la construction du pont Saint-Michel, avec une portée de 45m,75. Les figures 222 et 223 expliquent suffisamment le mode de construction de ce genre d'ouvrage.

Le système Howe dérive d'un autre imaginé par Long, dans lequel les poutres étaient constituées par des montants verticaux en bois assemblés sur les semelles et reliés par des croix de Saint-André ; Howe a substitué aux montants des boulons en fer ; de plus les bras des croix de St-André, doubles dans un sens et simples dans l'autre, butent simplement sur des tasseaux traversés par les boulons. On emploie actuellement pour ces tasseaux des sabots en fonte qui assurent mieux la butée des pièces et le serrage des boulons. Ces dispositions, qui rendent le démontage et le transport très faciles, ont généralisé l'emploi de ce système qui est aujourd'hui le plus répandu, même en Europe ; on l'a employé avec succès en Autriche pour un grand nombre des ponts du chemin de fer du Sud.

Le plus grave inconvénient des ponts en bois est la durée limitée des pièces qui oblige à une surveillance incessante et à de fréquentes réparations ; en outre, les incendies sont tellement à redouter, surtout pour les ponts de chemins de fer, qu'en Amérique on place toujours aux extrémités des réservoirs d'eau afin de pouvoir les combattre immédiatement. Par suite des perfectionnements apportés dans les constructions en maçonnerie et en métal, le bois n'est plus guère employé que lorsque l'on y trouve une grande économie ; cependant les ponts à poutres droites conviennent bien pour les ouvrages provisoires ; il convient alors, si l'on a recours aux palées, de les garantir par des brise-glace et de regarnir souvent les enrochements dont les pierres sont emportées par le courant pendant les crues ; il est généralement préférable d'appuyer les extrémités sur des culées en maçonnerie, les culées en bois pourrissant très rapidement. Pour les ponts

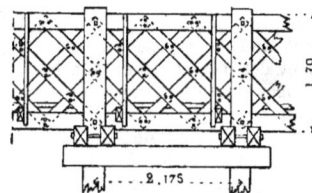

Fig. 223. — *Passerelle en bois du pont Saint-Michel.*

à une voie, on place les deux cours de poutre sous les roues; pour les ponts à deux voies, on emploie deux poutres de rive et deux poutres intermédiaires écartées de 0ᵐ,50 d'axe en axe. On calcule la section des poutres simples au moyen de la formule $R = \frac{Xh}{2I}$, dans laquelle R est la charge maximum par centimètre carré, soit 50 kilogrammes pour le bon bois de chêne avec un coefficient de sécurité de $\frac{1}{10}$; X est le moment fléchissant maximum au milieu de la poutre; il est égal à la réaction de la culée $\frac{P}{2}$ (P étant la charge maximum au milieu) multiplié par la demi longueur, soit $\frac{PL}{4}$; I est le moment d'inertie d'une section rectangulaire $\frac{1}{12}ab^3$; h est la hauteur b de la poutre. Si l'ouvrage doit servir à la circulation des voitures, on comprend dans la valeur de P la surcharge indiquée dans la circulaire du 15 juin 1869; le fléchissement est évité en donnant à la poutre, avant la pose, une courbure en sens inverse, de sorte qu'elle présente la forme d'un arc à grand rayon. Au-dessus de 8 à 12 mètres, la poutre serait trop grosse; on fractionne la portée en créant des points d'appui à l'aide de contre-flèches, et on la double d'une sous-poutre reliée par des étriers; on calcule les poutres séparément et on détermine, par le parallélogramme des forces, l'intensité de la pression sur les contre-flèches auxquelles on évite de donner une trop grande inclinaison. Les pièces de pont, posées sur les poutres, doivent être assez longues pour permettre de soutenir les potelets des garde-corps par des contrefiches extérieures; les assemblages sont étudiés de façon que l'eau de pluie ne puisse y pénétrer; il convient également de faire reposer les extrémités des poutres et des contre-flèches sur les maçonneries des culées par l'intermédiaire de boîtes en fonte autour desquelles on facilite l'écoulement de l'eau et la circulation de l'air. Pour assurer la conservation, on a recours à la carbonisation des surfaces apparentes, et on applique, à chaud, une couche de goudron végétal, étendue aux surfaces d'assemblage et dans les trous de boulons que l'on n'a pu éviter.

Ponts en maçonnerie. Ce sont ceux dans lesquels les intervalles entre les culées et les piles sont franchis au moyen d'ouvrages en pierres assemblées de telle façon qu'en s'appuyant les unes sur les autres, elles se maintiennent en équilibre au-dessus du vide et que les charges qu'elles supportent ne puissent ni les déplacer ni les rompre. Ces sortes d'ouvrages s'appellent des *voûtes*; on en trouvera l'étude détaillée à ce mot, et il suffira de rappeler ici quelques définitions et les conditions de leur emploi dans les ponts. La surface intérieure d'une voûte est engendrée par une droite qui se meut en restant horizontale et en s'appuyant sur une courbe directrice; si cette courbe est une demi-circonférence, la voûte est dite en *plein cintre*; mais la directrice peut être aussi, soit un arc de cercle, soit une courbe à plusieurs centres, dite *anse de panier*, soit enfin une ellipse. Cette surface intérieure se nomme *douelle* ou *intrados*; la surface extérieure, appelée *extrados*, est engendrée d'une façon analogue, en augmentant les rayons de courbure proportionnellement à l'épaisseur que doit avoir la voûte. Les *naissances* sont les points où la voûte se raccorde avec les murs verticaux ou *piédroits* sur lesquels elle s'appuie; la *montée* ou la flèche est la hauteur verticale du sommet de l'intrados au-dessus des naissances; le rapport de la montée à l'ouverture est appelé le *surbaissement*. Les voûtes sont ordinairement construites en pierres taillées appelées *voussoirs*; les voussoirs sont toujours en nombre impair et celui du milieu se nomme la *clef*, la mise en place de la voûte, autrement dit la fermeture de la voûte est l'opération la plus délicate de la construction. Les plans des joints des voussoirs doivent être normaux à l'intrados. On construit actuellement beaucoup de voûtes en moellons et en briques; mais alors on conduit le travail de telle sorte que la voûte entière ne comprend qu'un seul voussoir. L'espace compris entre l'extrados, le prolongement vertical du piédroit, et le bandeau horizontal au-dessus de la voûte s'appelle le *tympan*; enfin, les voussures employées pour évaser l'ouverture d'une arche ont reçu le nom de *cornes de vache*. Le pont de Neuilly offre un très bon exemple de cette dernière disposition.

La voûte en plein cintre est employée de préférence parce qu'elle exige moins d'épaisseur pour les maçonneries; mais elle entraîne une hauteur exagérée lorsque les arches ont une grande ouverture; l'arc de cercle se prête au surbaissement et augmente le débouché; mais il exige des culées épaisses; on emploie, en général, le surbaissement au 1/3 ou au 1/4; le 1/6 ou le 1/8 conviennent mieux; le plus fort qui ait été réalisé est de $\frac{1}{17}$ au pont de Nemours, sur le Loing, pour une ouverture de 16 mètres. Les anses de panier à 3 centres sont simples; mais la courbe présente des jarrets sensibles aussitôt que le surbaissement est un peu considérable; il faut alors avoir recours aux tracés à 5, 7 et 9 centres. Perronet a même employé pour le pont de Neuilly (39 mètres d'ouverture) une courbe à 11 centres, surbaissée au 1/4, qui est l'une des plus belles que l'on connaisse; mais de pareilles courbes se rapprochent tellement de l'ellipse qu'il devient préférable d'employer cette dernière qui est plus régulière et dont les ordonnées sont plus faciles à calculer; il est vrai qu'elle exige beaucoup de soin dans la construction; le surbaissement peut être de 1/3 ou de 1/4; s'il devait être plus fort, il serait préférable de recourir à l'arc de cercle. Les anses de panier et les ellipses surhaussées, employées dans les ouvrages où la charge est considérable, sont tracées comme les précédentes; seulement le grand axe est vertical. Les arches du célèbre pont de la Trinité, à Florence, sont des courbes mixtes participant à la fois de l'ellipse et de l'ogive. M. Malibran a fait, en 1869, une application intéressante d'une courbe analogue au pont construit à Paris pour le passage du chemin de fer de Limours, sur le boulevard du Transit. L'ogive était très employée au moyen âge, à cause de sa grande résistance; elle n'est plus guère utilisée que dans les ponts aqueducs. L'ogive persane, rapportée par M. l'ingénieur Dieulafoy, est une courbe

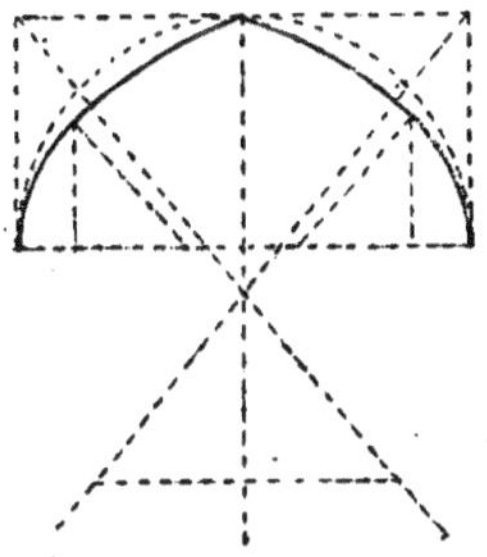

Fig. 224. — *Tracé de l'ogive persane.*

très élégante, à 4 centres, et très peu surbaissée,·dont la figure 224 indique le tracé.

Pour les ponts routes, avec voûtes en plein cintre ou en arc de cercle, l'épaisseur à la clef peut être calculée avec la formule de M. Croizette-Desnoyers $E = 0,15 + K\sqrt{2R}$, dans laquelle $2R$ est l'ouverture des arches; le coefficient K est égal à 0,15 pour le plein cintre, et l'arc surbaissé au 1/4; il diminue avec le surbaissement et devient : 0,14 pour 1/6; 0,13 pour 1/8; 0,12 pour 1/10 et 0,11 pour 1/12. La même formule, avec le coefficient 0,15, convient pour les ellipses et les anses de panier, en prenant pour la valeur de R, celle du rayon de l'arc de cercle de même surbaissement. Pour les ponts de chemins de fer la formule devient $E = 0,20 + K\sqrt{2R}$; on prend alors $K = 0,17$ pour le plein cintre, l'arc surbaissé au 1/4 et l'ellipse. Pour les surbaissements de 1/6, 1/8, 1/10 et 1/12, on donne à K les valeurs de 0,16, 0,15, 0,14 et 0,13. Quant à l'épaisseur aux reins des voûtes en plein cintre ou elliptiques, on admet, pour le joint qui correspond au milieu de la montée, le double de l'épaisseur à la clef; pour les ellipses surbaissées, on multiplie l'épaisseur à la clef par 1,80, 1,60 ou 1,40, suivant que le surbaissement est de 1/3, 1/4 ou 1/5. Pour les arcs de cercle, l'épaisseur du joint normal à l'intrados, aux naissances, doit être l'épaisseur à la clef multipliée par les coefficients, 1,80, 1,40, 1,25, 1,15 et 1,10 suivant

Fig. 225.

que le surbaissement est de 1/4, 1/6, 1/8, 1/10 et 1,12. Les épaisseurs ainsi déterminées permettent de tracer, entre la clef et le joint de rupture, la courbe d'extrados dont le centre se trouve sur l'axe vertical de la voûte; au delà de ce joint, on continue la surface d'extrados suivant une tangente qui rencontre le parement extérieur de la culée un peu au-dessus des naissances. On doit, en tous cas, s'assurer des conditions de stabilité pour la résistance au renversement, dont l'équa-

tion pour la demi-voûte et son piédroit est $BQ = CPH$, dans laquelle : Q est le poids du massif considéré comme agissant au centre de gravité (fig. 225); B le bras de levier de Q; P la poussée agissant au tiers du joint à la clef, à partir de l'extrados; H le bras du levier de P, et C un coefficient qui doit être au moins de 1,50 pour les culées et de 1 pour les piles. On peut réduire ce dernier à 0,80 pour les arcs très surbaissés, afin d'éviter trop d'épaisseur.

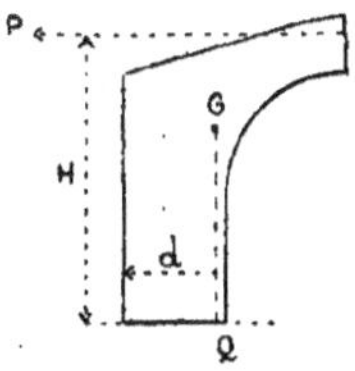

Les joints des voûtes et des piédroits doivent être dirigés de façon à éviter les glissements et la pression par unité de surface est limitée au 1/10 au plus de la charge d'écrasement des matériaux employés, ou mieux encore au 1/20, si l'on tient compte que la résultante des pressions ne passe pas au milieu des joints. On a soin, du reste, pour les grandes arches, d'élégir les tympans au moyen d'évidements. Pour que les deux conditions ci-dessus soient remplies, il faut que la résultante des forces qui agissent au-dessus de chacun des joints ait son point d'application au moins au tiers de la longueur de ce joint, et qu'elle

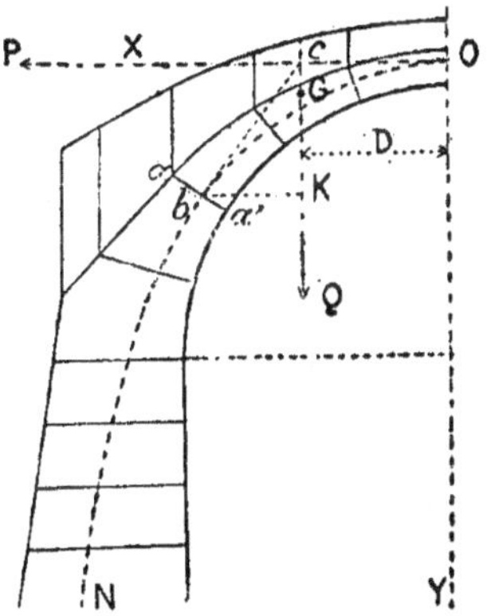

Fig. 226. — *Tracé de la courbe des pressions.*

ne fasse avec lui un angle de plus de 63°. On appelle *courbe de pression* la courbe qui passe par tous les points d'application; on la construit en déterminant successivement chacune des résultantes au moyen de ses deux composantes, dont l'une, horizontale, a pour valeur P celle de la *poussée*; l'autre, verticale, passe par le centre de gravité G du massif qui repose sur le joint et sa valeur est égale au poids Q de ce massif. Le point de rencontre c de ces deux composantes est un point de la résultante, et si l'on prend cK proportionnel à Q, en traçant au point K une horizontale sur laquelle on porte la valeur de P, on obtient un second point de la résultante; sur la figure 226 ce point tombe en b et se trouve sur le joint aa'; c'est un point de la courbe cherchée. Pour d'autres valeurs de P et de Q, il peut tomber au-dessous du joint et donner la direction et la valeur, à l'échelle adoptée, de la résultante dont le point de rencontre avec le joint se trouve encore déterminé. OX et OY étant les axes des coordonnées et D la distance du centre de gravité G à l'axe de la voûte, l'équation de la courbe est $\dfrac{Q}{P} = \dfrac{Y}{X - D}$; mais les valeurs de Q et de D, exprimées en fonction de l'intrados conduisent à des expressions assez compliquées. On répète pour chacun des joints le tracé de la figure 226; la courbe de pression cherchée, tangente à toutes les résultantes, doit passer invariablement, à la clef, au tiers du joint à partir de l'extrados, et au joint de rupture, au tiers du joint à partir de l'intrados.

Les voûtes sont construites sur des *cintres* (V. ce mot) très fixes et que l'on a soin de charger fortement au sommet; la maçonnerie doit être bien homogène; le mortier préparé avec soin et les joints réduits à l'épaisseur strictement nécessaire; le travail doit être conduit très rapidement à partir du joint de rupture et les tympans exécutés jusqu'au-dessus de ce joint avant de procéder au décintrement que l'on doit faire très lentement et pour lequel on attend au moins vingt à vingt-cinq jours, pendant l'été et par un temps sec. Pour les arcs très surbaissés, on partage la voûte en quatre tronçons et on commence simultanément aux naissances et au-dessus des joints de rupture. Ce procédé a été employé avec un grand succès au pont de Claix, sur le Drac, pour un arc de 52 mètres d'ouverture et 8 mètres de flèche, maçonné au mortier de ciment; le tassement sur cintres n'a pas dépassé 4 millimètres, et le décintrement, effectué au bout de quarante-deux jours, n'a donné lieu à aucun nouveau tassement.

Il est indispensable d'éviter l'infiltration des eaux en protégeant l'extrados par une double chape en béton et en ciment, d'environ 10 centimètres d'épaisseur, sur laquelle on pose un revêtement en asphalte de bonne qualité, de 15 millimètres d'épaisseur.

Ponts biais. Lorsque les plans des têtes coupent obliquement les génératrices du berceau, la voûte est appelée *biaise*; ces voûtes nécessitent des procédés de calcul et de constructions spéciaux, dont les trois principaux systèmes sont connus sous les appellations d'*appareil hélicoïdal*, *appareil orthogonal* et *appareil par arcs droits en retraite*; nous ne pouvons les étudier dans le *Dictionnaire*, d'autant que les ponts biais, quoique devenus d'un emploi plus fréquent depuis l'origine des chemins de fer dont le tracé s'impose souvent d'une façon rigoureuse, peuvent être plus facilement et plus économiquement établis avec des travées métalliques. On trouvera les explications nécessaires dans les ouvrages indiqués à la fin de cet article.

Historique. Depuis longtemps, on avait pour les ouvrages importants dont on voulait assurer la solidité et la durée, substitué aux palées en bois des piles en maçonnerie. Le pont construit sur l'Euphrate, à Babylone, sous le règne de Sémiramis, le plus ancien dont il soit fait mention dans l'histoire (1900 ans avant l'ère chrétienne), était formé de travées droites en charpente reposant sur des piles en briques cimentées avec de l'asphalte. Pour construire ces piles, on avait asséché le lit du fleuve en creusant à proximité un immense réservoir qui fut ensuite utilisé comme régulateur pendant les crues; le pont attribué à Cambyse, sur un des bras du Nil, paraît avoir été construit dans des conditions analogues. Bien que la construction des voûtes fut connue en Asie et en Egypte depuis des temps très reculés, ce n'est que beaucoup plus tard, lorsque les Romains les eurent perfectionnées pour leurs égouts et leurs aqueducs, que l'on commença à en faire usage pour soutenir ces derniers à la hauteur nécessaire dans la traversée des val-

lées. C'est ainsi que les aqueducs de Marcia et d'Anio Vetus donnèrent lieu à la construction d'arcades importantes, comme celles de Claudia, dans la vallée Degli Arci, dont les ruines ont encore 32 mètres de hauteur. C'est à ce genre de travaux que l'on doit rattacher le célèbre pont-aqueduc du Gard, près Nîmes, dont la construction est attribuée à Agrippa, gendre d'Auguste. Ces premiers succès avaient encouragé les constructeurs et les voûtes furent bientôt employées pour franchir les ouvertures des ponts. Ce n'étaient alors que des voûtes en plein cintre ou en arc très peu surbaissé et l'insuffisance des procédés de fondation obligeait à faire les piles très épaisses, reposant sur de larges empattements en pierres enchevêtrées et tassées sur le fond du cours d'eau. On diminuait la charge le plus possible au moyen d'arceaux ménagés dans les tympans et dans la partie supérieure de la pile; ces évidements étaient en même temps utilisés comme décoration. Les maçonneries étaient faites, soit en grosses pierres taillées avec soin et assemblées sans mortier, soit en petits matériaux irréguliers hourdés avec d'excellent mortier et consolidés par des chaînes en briques ou en pierres plates. A Rome même, le Tibre fut successivement franchi par huit ponts dont cinq subsistent encore presque entièrement : le pont du Palatin (181 av. J.-C.), dont une partie, détruite par une inondation en 1598, est remplacée par une travée suspendue (actuellement Ponte Rotto); le pont Milvius (Ponte Molle) construit par le préteur Œmilius Scaurus (109 av. J.-C.), avec six arches dont les quatre principales ont des ouvertures de 17 à 19 mètres; c'est ce pont qui figure sur la fresque du Vatican représentant la victoire remportée par Constantin sur Maxence en 312; les ponts Cestius (Santo Bartolomeo) et Fabricius (dei quattro Capi) construits sur deux bras du Tibre en 62 avant Jésus-Christ; le pont Œlius (pont Saint-Ange) bâti par ordre d'Adrien (138) en face de son tombeau monumental et restauré au xviᵉ siècle; le pont Aurélianus ou du Janicule construit vers 260 et restauré au xvᵉ siècle sous le pontificat de Sixte IV, d'où son nom actuel de Ponte Sisto. L'admirable réseau des routes de l'empire était complété par des ponts nombreux dont quelques-uns sont restés célèbres; on cite comme l'un des plus beaux, le pont de Rimini, sur la Marecchia, avec cinq arches de 8 à 10 mètres d'ouverture; c'est en outre le plus ancien pont biais que l'on connaisse. Le pont de Narni, sur la Nera, avait une arche de près de 34 mètres d'ouverture. M. Choisy a publié un très beau dessin de cet ouvrage dans son *Art de bâtir chez les Romains*. Rappelons encore : dans les Gaules, le pont Flavien, près de Saint-Chamas, formé par une arche de 12 mètres d'ouverture, dont la voûte est légèrement surbaissée et que terminent, aux extrémités, des arcs de triomphes très bien conservés; en Espagne, le beau pont d'Alcantara, construit en 98, sous le règne de Trajan; il se compose de six arches plein cintre, dont les deux principales ont 28 et 30 mètres d'ouverture et dont la chaussée est à 48 mètres au-dessus du fleuve. Il est orné en son milieu d'un bel arc de triomphe.

Les invasions des barbares entraînèrent la destruction d'un grand nombre de ponts et d'aqueducs; les travaux publics, complètement arrêtés, ne furent repris qu'au moyen âge. Charlemagne, en rétablissant les voies de communication, fit réparer ou construire un certain nombre de ponts en maçonnerie, entre autre le pont d'Espalion, sur le Lot. Le fameux pont d'Avignon, commencé par Saint Bénézet, fut terminé vers 1187 par la corporations des frères pontifes d'Avignon, il avait 600 mètres de long et reposait sur vingt-deux arches dont les plus grandes atteignaient 33 mètres d'ouverture; elles étaient en arc de cercle surbaissé aux 2/3 et des arceaux étaient pratiqués au-dessus des piles, autant pour diminuer le poids de l'ouvrage que pour augmenter la section d'écoulement pendant les crues. Il a été détruit en partie par une débâcle en 1670, il n'en reste que quatre arches conservées comme monument historique ; au-dessus de la deuxième pile existe une petite chapelle où repose, dit-on, le corps de Saint-Bénézet.

A cette époque, les guerres incessantes obligeaient à défendre le passage des cours d'eau ; beaucoup de ponts étaient fortifiés, comme le pont de Valentré, à Cahors, dont Viollet-le-Duc a donné un beau dessin dans le *Dictionnaire raisonné de l'architecture française*, et le pont de Lamentano en Italie, représenté par la figure 227. Les tours ou châtelets placés aux extrémités servaient à la fois de corps de garde et de bureau de péage. Les arches avaient alors des ouvertures très inégales ;

Fig. 227. — *Pont fortifié de Lamentano.*

les pentes de la chaussée étaient très fortes et la largeur entre les têtes très réduite ; les ponts construits dans les villes étaient souvent bordés par deux rangées de maisons, interceptant complètement la vue de la rivière comme le *pont aux Changeurs*, à Paris, que la figure 228 représente tel qu'il a été reconstruit de 1639 à 1641 après avoir été détruit par un incendie. C'est au moyen âge que furent reconstruits sur la Seine, à Paris, le Petit Pont (1174) et le pont Notre-Dame, écroulé en octobre 1499

avec soixante-cinq maisons, et rebâti en 1500. De la même époque date le vieux pont fortifié sur l'Adige, qui commandait l'une des portes de Vérone (1354) dont l'arche principale, de 49 mètres d'ouverture, est l'un des plus anciens exemples d'une anse de panier surbaissée au tiers.

A partir du xvi⁰ siècle, les ponts et les aqueducs se sont tellement multipliés que nous devons nous borner à énumérer les plus remarquables ; à Paris, le Pont-Neuf commencé en 1578 par Androuet du Cerceau, terminé en 1604 ; le pont Saint-Michel, emporté en 1616 et reconstruit quelque temps après avec trente-deux maisons ; le pont Royal des Tuileries, incendié une première fois en 1656, puis emporté en 1684 et rebâti par Gabriel de 1685 à 1689, tel qu'il est aujourd'hui ; c'est en 1556 que Philibert de Lorme édifia le pont de Chenonceaux, qui relie le château de ce nom à la rive gauche du Cher et que Catherine de Médicis fit recouvrir, deux ans plus tard, d'une élégante galerie dont les croisées correspondent aux piles et aux clefs de voûte des arches. Le pont bien connu du Rialto, à Venise, avec ses deux rangs de boutiques et son passage couvert a été terminé en 1590. Les ponts de Neuilly et de la Concorde appartiennent au

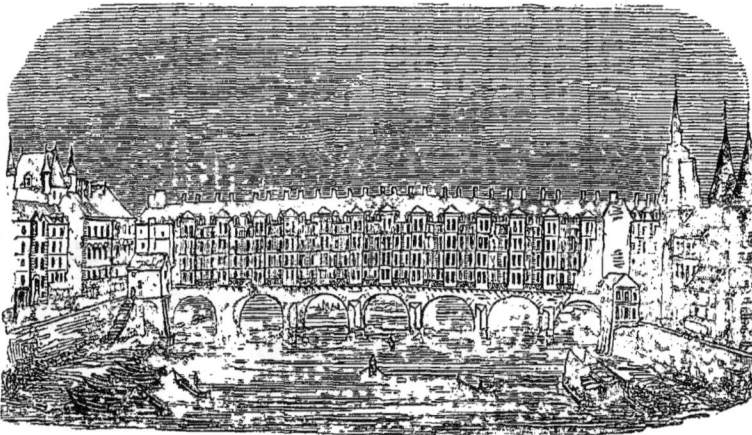

Fig. 228. — *Ancien pont aux Changeurs, sur la Seine, à Paris.*

xviii⁰ siècle. A l'époque actuelle, nous trouvons le pont d'Iéna (1812) qui repose sur cinq arches de 28 mètres surbaissées au 1/8, et qui est d'une correction parfaite ; les ponts pour chemin de fer de Montlouis (1846) et de Châlonnes (1859), le premier avec douze arches en anses de panier de 24ᵐ,75 et le second avec dix-sept arches elliptiques de 30 mètres surbaissées au 1/4 ; sa longueur, 601ᵐ,50, en fait l'un des ponts en maçonnerie les plus importants exécutés en France. Pour Paris seulement, après avoir reconstruit les ponts au Change, Notre-Dame et Saint-Michel, on exécuta : le pont National (1853) pour le passage simultané du chemin de fer de ceinture et du

boulevard extérieur ; le pont des Invalides (1855) en remplacement de l'ancien pont suspendu (ce pont a dû être reconstruit en partie en 1878, à la suite de tassements attribués à l'exécution trop rapide des fondations) ; le pont de l'Alma (1856), construction aussi hardie qu'élégante, dont les arches elliptiques surbaissées au 1/5, sont évasées sur les têtes par des cornes de vache : le pont de Bercy (1864), l'ouvrage monumental du Point-du-Jour (1865) formé d'un pont de 31 mètres de largeur à double chaussée, supportant au milieu un viaduc pour le passage du chemin de fer de ceinture ; enfin le pont de Tolbiac (1880).

Pour la hardiesse et la beauté des constructions, on cite le pont de Berdoulet avec un arc de cercle de 40 mètres d'ouverture ; le pont de Collonges, dont l'arche en plein cintre atteint la même ouverture et pour les fondations duquel M. Sadi-Carnot a, pour la première fois, installé les écluses à air sur la chambre de travail ; le pont sur l'Ariège, au Castelet, pour la voie ferrée de Tarascon à Aix-les-Bains, avec une voûte en arc de cercle de 41ᵐ,20 de portée et 14 mètres de flèche ; le pont Antoinette, sur l'Agout, pour la ligne de Montauban à Castres, avec un arc de cercle de 50 mètres et une flèche de 15ᵐ,50 ; l'épaisseur est de 1ᵐ,50 à la clef et de 2ᵐ,28 aux

naissances ; enfin, le magnifique ouvrage récemment terminé à Lavaur (fig. 229), pour la même ligne, et dans lequel la voûte en arc de cercle atteint 61ᵐ,50 d'ouverture et 27ᵐ50 de flèche (fig. 229) ; l'épaisseur de cette grande voûte est de 1ᵐ,65 à la clef et de 2ᵐ,81 sur les reins ; les culées sont évidées par des arches de 8 mètres, et les tympans par des arcades de 8ᵐ,50, séparés des culées par des pilastres fortement accusés. La voûte, construite en trois rouleaux a donné lieu à des tassements de 20 millimètres sur cintres et de 62 centimètres après le décintrement effectué cent trente-cinq jours après le clavage du dernier rouleau. On trouvera la description complète de ces

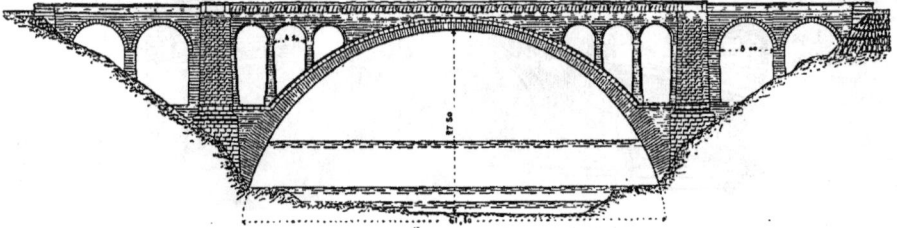

Fig. 229. — *Pont de Lavaur, sur l'Agout.*

ouvrages dans un mémoire de M. Séjourné (*Annales des ponts et chaussées*, 1886, 2ᵉ semestre).

Ponts en fonte. Le première application de métal à la construction des ponts a été faite en remplaçant le bois par la fonte dans les ponts en arc. L'exemple le plus ancien est le pont encore existant de Coalbroockdale, bâti en Angleterre, sur la Severn, de 1773 à 1779. Il est formé d'une arche, presque en plein cintre, de 30ᵐ,62 d'ouverture ; les fermes, au nombre de cinq, sont espacées de 1ᵐ,49 et composées chacune de trois arcs *bbb* (fig. 230 assemblés par des montants normaux *aa* ; les pieds des arcs reposent sur des plaques de 10 centimètres d'épaisseur, sur lesquelles des montants verticaux *ee* forment des piliers que traversent les arcs et qui soutiennent le tablier dont les prolongements *ff* vont rejoindre les culées isolées du pont lui-même. La chaussée est établie sur des plaques de fonte. Ce genre de construction progressa rapidement et, en 1802, on construisait à Stains, sur la Tamise, un pont en arc de 54ᵐ,85 d'ouverture et de 4ᵐ,88 de flèche. A la même époque (1803), on établissait sur la Seine, à Paris, la passerelle du pont des Arts dont les arches ont 17ᵐ,34 d'ouverture. Cette passerelle existe encore ; seulement l'arche marinière, élargie en 1852, a été reconstruite en fer sur le même dessin. On avait, en 1806, construit le pont d'Austerlitz avec des arcs en fonte reposant sur des piles en pierre ; mais le système adopté pour les voussoirs était défectueux, et lorsque l'on démonta le pont, en 1855, pour construire des arches en maçonnerie, on constata de nombreuses ruptures dues aux inégalités de tassement et de dilatation. C'est au pont de Southware, construit en 1818, à Londres, sur la Tamise, que l'on réalisa les premiers perfec-

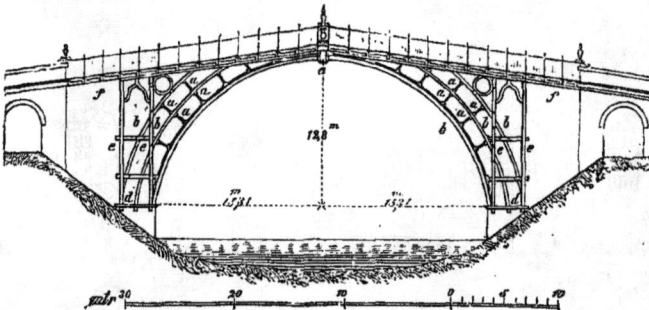

Fig. 230. — *Pont en fonte de Coalbroockdale, sur la Severn.*

tionnements sérieux. Ce pont, comprenant deux arches latérales de 64 mètres et une arche centrale de 73 mètres, est formé de voussoirs pleins, renforcés par des nervures qui servent à les assembler au moyen de boulons ; les arcs, dont la hauteur est de 2ᵐ,13, sont reliés par des entretoises en fonte et des pièces en diagonales ; les tympans sont formés de trapèzes à joints verticaux, divisés en triangles par des diagonales ; cette disposition a été depuis adoptée pour un grand nombre d'ouvrages, entre autres les ponts de Nevers et de Tarascon. Le premier, construit sur la Loire, en 1849, pour le passage du chemin de fer du centre, comprend sept arches de 42 mètres d'ouverture et de 4ᵐ,55 de flèche. Chaque arche est formée de sept arcs pleins en fonte, espacés de 1ᵐ,31 ; ces arcs, composés de onze voussoirs sont reliés par des entretoises tubulaires en fonte, traversées par de grands boulons en fer : des croix de Saint-André, également en fonte, complètent le contreventement. Le plancher, en fonte, supporte une couche de ballast à laquelle on a donné 75 centimètres d'épaisseur, dans le but d'amortir les trépidations et sur laquelle les deux voies sont établies ; le poids du métal employé est d'environ 8,800 kilogrammes par mètre linéaire d'ouverture.

Le pont de Tarascon a été construit sur le Rhône en 1851, pour relier la ligne de Lyon-Marseille avec celle de Cette ; il comprend sept travées de 62 mètres d'ouverture ; mais des encorbellements ménagés sur les faces des piles réduisent la portée des arcs en fonte à 60 mètres ; leur flèche est de 5 mètres. Les piles ont 21 mètres de long sur 9 mètres d'épaisseur, et leur fondation, descendue à 8 ou 10 mètres au-dessous de l'étiage, a été très coûteuse. Chaque travée se compose de six arcs intermédiaires espacés de 1ᵐ,25 et de 2 arcs de tête, distants de

1ᵐ,355 des précédents. Chaque arc, de 1ᵐ,70 de hauteur, est formé de dix-sept voussoirs, et s'appuie, aux naissances sur des sommiers en fonte reposant eux-mêmes sur des sièges en granit; les arcs sont fortement reliés entre eux par deux étages d'entretoises, assemblées à queue d'aronde avec les nervures.

Le poids du métal employé au pont de Tarascon atteignit environ 18,000 kilogrammes par mètre linéaire, ce qui joint aux soins extrêmes apportés dans la préparation et l'ajustement des pièces, éleva la dépense à un chiffre considérable. Mais on en profita pour réaliser, soit à l'usine de Fourchambault, soit sur le chantier, des expériences très intéressantes qui ont permis de réaliser par la suite de grandes économies (ces expériences sont décrites dans les *Annales des ponts et chaussées* de 1854).

Ainsi, pour le pont à deux voies construit, en 1868, sur le Var, près de Nice (ligne de Toulon à la frontière d'Italie), le poids par mètre linéaire n'a pas dépassé 5,300 kilogrammes, bien que l'ouvrage desserve, outre la double voie ferrée, une route ordinaire avec son trottoir. La description des épreuves est donnée dans les annales des ponts et chaussées de mai 1869.

Parmi les nombreux ouvrages établis à peu près sur le même type, on peut citer encore les ponts, à une seule voie, de la Voulte, sur le Rhône (ligne de Livron à Privas) et de la Chiffa, en Algérie (ligne d'Alger à Oran). Néanmoins, l'emploi de la fonte pour les ponts de chemin de fer n'est pas à recommander, en raison de l'augmentation croissante de la charge et de la vitesse des trains ; en revanche, ce métal convient parfaitement pour les ponts-routes, surtout à l'intérieur des villes, parce qu'il permet de donner plus d'élégance aux arcs, aux tympans et au couronnement. On en trouve des exemples dans les ponts exécutés sur la Seine, à Paris : le pont de Solférino, composé de trois arches de 40 mètres d'ouverture et le pont Saint-Louis dont l'arc unique présente une corde de 64 mètres et une flèche de 5ᵐ,82. Dans ces ouvrages, les poutrelles en fonte qui forment les pièces de pont servent de retombées à des voûtes en briques, maçonnées en ciment de Portland, dont l'épaisseur, portée à 0ᵐ,22 au pont de Solférino, a été réduite à 0ᵐ,11 au pont Saint-Louis ; les expériences faites sur ces voûtes, dont la corde est de 2 mètres et la flèche de 30 centimètres, ont montré qu'elles peuvent supporter, sans se rompre, une charge de 10,000 kilogrammes par mètre carré. Une autre amélioration a été apportée dans la répartition du métal ; les arcs, qui ne représentaient, dans le premier, que 43 0/0 du poids total des fontes, ont été portés à 60 0/0 dans le second. La pression par millimètre carré, à la clef, est de 3ᵏ,721 sous la charge permanente et de 4ᵏ,20 avec la surcharge. Au pont de Solférino, ces pressions sont de 3ᵏ,55 et 5ᵏ,03, au pont de Tarascon, de 2ᵏ,80 et de 3ᵏ,36.

En 1875, on a remplacé les deux ponts en bois qui tra-

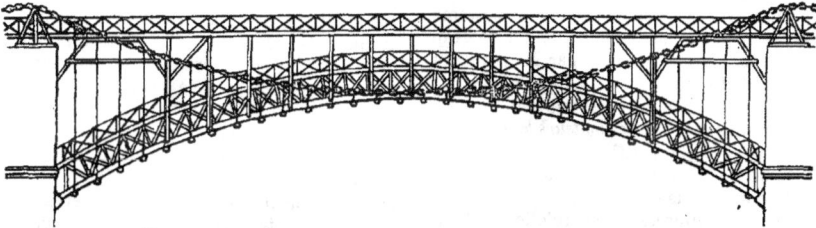

Fig. 231. — *Cintre et passerelle de service du pont d'El Kantara.*

versaient les bras de la Seine, à Grenelle, par des ponts en fonte et, en 1876, on a exécuté, dans le prolongement du boulevard Saint-Germain, un pont biais, également en fonte, composé de trois travées, deux de 44 mètres et une de 52 mètres ; mais on n'a employé la fonte que pour les arcs, les tympans et les parapets, et on a exécuté tous les entretoisements et les pièces de pont en fer de bonne qualité. Enfin, le dernier type de ce genre est le pont au double terminé en 1882. Cet ouvrage remarquable par sa légèreté et son élégance, ne contient que 441 kilogrammes de métal par mètre carré de tablier, et la dépense, en y comprenant les voûtes en briques et la chaussée, a été de 260 francs par mètre superficiel.

Parmi les ponts de Paris, il convient de rappeler le type spécial, créé en 1833, par Camille Polonceau, pour le pont des Sts-Pères ou du Carrousel, dont les trois arches ont 47ᵐ,67 d'ouverture et 4ᵐ,98 de flèche. Chaque travée se compose de cinq arcs en fonte, espacés de 2ᵐ,80, dont la section transversale est un ovale creux, obtenu au moyen de deux pièces symétriques, munies de collets qui servent à les assembler au moyen de boulons. Chacun des arcs est partagé en segments assemblés bout à bout, comme des voussoirs, et constitue un tube creux courbé dont le vide est rempli par des madriers en sapin goudronné, dans le but d'arrêter la propagation des vibrations. Les deux collets supérieurs forment une nervure sur laquelle reposent librement des anneaux en fonte, analogues à des poulies à gorge, et dont les diamètres décroissent depuis les naissances jusqu'à la clef. Ces anneaux soutiennent les longerons en fonte du tablier ; sur les longerons reposent des pièces de pont, en bois, qui portent un platelage en madriers, surmonté par une chaussée pavée et des trottoirs en asphalte. L'indépendance des tympans donne à cet ouvrage, une élasticité remarquable, et les vibrations, en apparence assez fortes qui se produisent au passage des voitures, n'en compromettent pas la stabilité ; elles sont une conséquence du système adopté et paraissent plutôt devoir contribuer à en assurer la durée. Ce système, très économique, n'a coûté que 6,000 francs par mètre courant, il n'a cependant reçu que quelques applications, entre autres un pont à la Mulatière, près de Lyon, et un sur le canal Saint-Denis, près Paris. On peut y rattacher un pont très original, construit aux Etats-Unis, sur le Rock Creeck ; les arcs de 61 mètres d'ouverture et 6ᵐ,10 de flèche, sont constitués par les tuyaux en fonte de la conduite d'eau de la ville de Washington ; des tympans en fonte s'appuient sur ces tuyaux dont le diamètre intérieur est de 1ᵐ,22 et l'épaisseur de 38 millimètres ; ils supportent un tablier de 13ᵐ,75 de largeur, qui résiste parfaitement à une circulation très active.

Parmi les arches en fonte à grande ouverture, il convient de signaler : les deux ponts-routes construits en Algérie par M. G. Martin ; le pont d'El Kantara, sur le Rummel, à l'entrée de Constantine, et le pont sur l'Oued el Hammam, pour la route d'Alger à Oran. Le premier se compose de deux petits viaducs en maçonnerie, dont les arches, en plein cintre, ont 10 mètres d'ouverture ; ces viaducs servent de culées à cinq arcs en fonte, de 56 mètres de corde et 7 mètres de flèche, dont la section est formée par deux doubles T superposés. Les tympans, le parapet et les plaques qui portent la chaussée sont également en fonte. La hauteur du tablier au-dessus du fond du ravin, 120 mètres, aurait rendu le montage presque impossible par les procédés ordinaires ; le constructeur a eu l'heureuse idée d'établir d'abord en travers du gouffre un pont suspendu provisoire, sur quatre grosses chaînes en fer ; ce pont a servi pour installer la passerelle de service et les cintres en charpente sur lesquels on a monté successivement les voussoirs des arcs (fig. 231).

On trouve à l'étranger un certain nombre de ponts en fonte se rapprochant des types précédents et dont nous ne pouvons citer que les principaux : le pont-route de Nottingham, sur le Trent, et le pont de chemin de fer, désigné sous le nom d'Holborn-Viaduct, au-dessus d'une rue de Londres ; le pont de Buildwash dont la construction remonte à 1795 et le pont de Leeds. Les deux premiers sont remarquables par leur décoration ; dans les deux autres, le tablier, au lieu d'être porté complètement sur les arcs, est en partie suspendu. L'ouvrage le plus monumental est le pont à deux étages construit sur le Tyne, à Newcastle, par R. Stephenson, pour le passage d'une route et d'un chemin de fer à trois voies. On le trouvera décrit, sous le nom de viaduc de High Level, au mot VIADUC.

Pour éviter les variations, quelquefois considérables, des pressions, sous l'influence des surcharges ou même seulement des changements de température, quelques ingénieurs ont imaginé des arcs articulés de telle sorte que la courbe des pressions passe toujours au centre de la hauteur de l'arc, aux naissances et à la clef ; ce système, que l'on retrouvera dans les ponts en fer de grandes dimensions, a été appliqué par M. Gérardin, aux ponts en fonte du canal de l'Aisne à la Marne ; cet ingénieur en a donné la description dans son ouvrage intitulé : *Théorie des moteurs hydrauliques* (Paris, Gauthier-Villars, 1872).

En résumé, la fonte n'est plus admise dans la construction des ponts, que lorsqu'elle est appelée à travailler par compression et qu'elle n'est pas exposée à des chocs ou à des trépidations violentes ; c'est pourquoi les arcs en fonte, avec entretoisements en fer et voûtes en briques sous la chaussée et les trottoirs, conviennent parfaitement pour les ponts routes ; il importe seulement d'éviter dans l'emploi de ce métal, les épaisseurs trop fortes et les nervures transversales ; les faces d'assemblage des voussoirs doivent être soigneusement dressées ; le coefficient d'élasticité, évalué à 12,000,000 pour les pièces de faibles dimensions, doit être abaissé de moitié et même réduit au quart pour les grandes pièces ; on admet pour le travail à la compression 5 kilogrammes par millimètre carré. Enfin, c'est avec la fonte surtout qu'il importe d'assurer l'immobilité et l'incompressibilité absolues des chaises et des pierres qui reçoivent la retombée des arcs ; ces dernières doivent être d'une extrême dureté et de grandes dimensions ; on les pose normalement aux naissances, et on donne aux assises qui les supportent la même inclinaison. On ne doit pas oublier que la fonte résiste beaucoup mieux que le fer et la tôle à l'influence destructive des intempéries atmosphériques et de la rouille.

Ponts en fer et en acier. Le fer et l'acier présentent une résistance beaucoup plus grande à l'extension que la fonte et sont moins exposés aux ruptures accidentelles ; c'est grâce à leur emploi que l'on a pu aborder avec sécurité la construction des nombreux ponts indispensables au déve-

loppement si rapide des chemins de fer, et franchir des espaces auxquels on n'aurait pas osé songer, il y a quarante ans. On commença par substituer aux poutres en bois et aux arcs en fonte des fers à double T ; l'impossibilité pratique de réaliser au laminoir les grandes sections exigées par le calcul conduisit bientôt à fabriquer des poutres composées dont l'âme et les semelles furent constituées avec des bandes de fer plat assemblées au moyen de cornières et de rivets. Les figures 232 à 234 suffisent pour donner une idée des nombreuses combinaisons que l'on a imaginées, des couvre-joints convenablement répartis permirent d'atteindre toutes les longueurs ; enfin, lorsque la portée contraignit à donner plus de hauteur aux

Fig. 232 à 234. — *Types de poutres pour ponts en fer.*

poutres, on remplaça l'âme pleine par des barres en fer inclinées, soit plates, soit en T simple, soit en U, que l'on croisa en forme de treillis. On revint ainsi aux dernières formes que nous avons indiquées pour les poutres en bois ; les européens adoptèrent surtout le treillis rigide, tandis que les américains, guidés par d'autres exigences, accordaient la préférence aux treillis articulés.

Naturellement, on n'est pas arrivé du premier coup aux formes si hardies et si légères des ponts actuels ; R. Stephenson qui osa le premier employer la tôle pour faire franchir aux locomotives le détroit de Menai, plaça chacune des voies du chemin de fer dans un tube indépendant à section rectangulaire, de 210 mètres de longueur. Une pile commune soutient les deux tubes et partage la distance en deux ouvertures, l'une de 140 mètres et l'autre de 70. Les parois verticales de ces poutres tubulaires sont pleines et roidies par des cornières doubles et des fers à T formant couvre-joints. Les parois horizontales sont formées par des cellules longitudinales, constituées par des fers à double T, logées entre les deux semelles qui relient les côtés de la poutre. La paroi supérieure ou le plafond contient six de ces cellules ; la paroi inférieure qui supporte la voie, en contient huit, et les fers sont beaucoup plus épais. Ces énormes poutres, dont le poids atteignait 11,500 kilogrammes. par mètre courant, furent amenées à pied-d'œuvre sur des radeaux et levées en place au moyen de presses hydrauliques d'une force exceptionnelle. Les extrémités reposent sur les culées par l'intermédiaire de rouleaux de dilatation. Les expériences faites à propos de ce premier essai, démontrèrent que la quantité de fer employée était exagérée, et le pont de Conway, établi quelque temps après sur le même type, avec une seule portée de 122 mètres, fut réduit déjà à 9,500 kilogrammes par mètre courant.

Au pont de Langon, sur la Garonne, on a placé les pièces de pont et, par suite, le tablier au milieu de la hauteur des poutres latérales, dont les semelles inférieures sont seules contreventées, de sorte que les trains ne sont pas masqués comme dans les ouvrages précédents; ici le poids par mètre courant est réduit à 4,420 kilogrammes.

— Le pont d'Asnières, construit sur la Seine en 1852 par Flachat, appartient au même type; il se compose de cinq travées d'environ 32 mètres d'ouverture, franchies par une seule poutre tubulaire de 170 mètres de longueur; les parois ont 2m,25 de hauteur et 0m,70 de largeur; elles sont pleines et fabriquées avec des tôles de 7 millimètres d'épaisseur. Ces tubes sont solidement contreventés à la partie supérieure par des croix de Saint-André.

Le premier pont avec poutres en treillis a été construit en 1853, sur le Kindig, près d'Offembourg (duché de Bade). C'est un pont de chemin de fer, à double voie, dont l'unique travée a 63 mètres de portée. Le tablier, placé à la partie inférieure, est soutenu par trois poutres, deux poutres de rive et une poutre intermédiaire, dont la hauteur, 6m,30, représente le dixième de l'ouverture; la section de la poutre intermédiaire est un peu moins

que le double de celle des travées extrêmes. On retrouve les mêmes dispositions dans le pont de Kehl, sur le Rhin, qui se compose de trois travées fixes de 56 mètres d'ouverture, prolongées par deux ponts tournants, de 64 mètres, établis pour permettre d'interrompre le passage en cas de guerre, tout en évitant la destruction partielle de l'ouvrage. Les piles ont été fondées à l'air comprimé (V. Fondation). Quelques années plus tard, Flachat construisit sur la Garonne, à Bordeaux, un grand pont à treillis de 500 mètres de longueur, franchissant des ouvertures de 75 et 56 mètres. Les poutres latérales ont 6m,35 de hauteur, et les semelles, de 0m,88 de largeur, sont composées de tôles de 12 millimètres d'épaisseur, en nombre variable avec l'intensité des efforts sur chaque partie de la longueur. Chaque semelle porte une lame verticale de 0m,85 de hauteur qui en fait une espèce de T simple; c'est sur les lames que sont fixés les montants verticaux espacés de 3m,58, et les diagonales des croix de Saint-André placées dans les intervalles des montants. Les parois sont pleines au-dessus des piles et des culées. Les pièces de pont, placées au droit des montants, sont elles-mêmes des poutres en double T, de

Fig. 235. — *Pont en treillis, pour route et chemin de fer, à Vianna, Portugal.*

0m,862 de hauteur dont l'âme pleine et les semelles sont assemblées à l'aide de cornières et dont les extrémités s'appuient sur les saillies des semelles des grandes poutres. Des longerons, placés au-dessous de chaque rail, relient les pièces de pont et des croix de Saint-André, fixées au-dessous de ces dernières, complètent le contreventement inférieur. Le contreventement supérieur est formé par des traverses en double T et des diagonales; une passerelle pour les piétons est établie sur l'un des côtés du pont; elle est supportée par des consoles de 2 mètres de saillie, fixées sur le bas de la poutre d'aval, vis-à-vis des montants. Le poids total de ce bel ouvrage représente 5,832 kilogrammes par mètre courant.

A partir de cette époque, les ponts à treillis se succèdent rapidement, et nous devons nous contenter de citer quelques-unes des particularités les plus intéressantes. Au pont d'Argenteuil, sur la Seine, dont les travées ont en moyenne 36 mètres d'ouverture, on a supprimé le contreventement supérieur, et pour empêcher les poutres de se déverser, on les a reliées par le bas, à l'aide de grands goussets en tôle, avec les pièces de pont que l'on a en conséquence contreventées très solidement. Le treillis de ces poutres est très serré; cependant le poids par mètre linéaire n'a pas dépassé 4,055 kilogrammes.

Au pont sur le Loiret, près de Châlonnes, les voies

sont placées au sommet de l'ouvrage, qui se compose de quatre fermes parallèles, placées à l'aplomb des rails; les âmes sont en treillis dont les mailles ont 1m,50 de hauteur; des montants verticaux, placés à 3m,58 d'écartement, servent à fixer, d'une part, les entretoisements transversaux, et d'autre part, les consoles extérieures qui soutiennent les trottoirs en encorbellement; ce pont ne pèse que 3,792 kilogrammes par mètre courant.

Le pont qui franchit le Rhin, à Cologne, est formé par deux poutres juxtaposées sur les mêmes piles et les mêmes culées; l'une, de 7m,60 de largeur, est consacrée au chemin de fer, et l'autre, de 8m,50, sert de passage à une route. Une disposition du même genre se retrouve au pont de Tulln, sur le Danube, tandis qu'au pont de Mezzano-Corti, sur le Pô, les deux passages sont placés l'un au-dessus de l'autre, le pont-route à la partie supérieure.

Le pont de Dirschau, sur la Vistule, est remarquable par la grandeur des ouvertures (six travées de 121 mètres chacune) et par la disposition adoptée pour le faire servir à la fois comme pont-route et comme pont de chemin de fer. Il contient, en effet, de chaque côté de la voie ferrée, placée dans l'axe du tablier, deux voies charretières de 1m,60 et deux banquettes de 0m,55. La circulation rou-

tière est naturellement interrompue pour le passage des
trains qui sont du reste peu nombreux. Les travées sont
solidaires deux à deux, comme au pont de Cologne, que
cet ouvrage reproduit dans ses parties principales. Enfin,
au pont de Vianna (fig. 235) qui dessert à la fois une
route et un chemin de fer, la travée qui présente une
longueur de 563 mètres et dont le poids atteint 1,600,000
kilogrammes, a été lancée d'une seule pièce.

Parmi les ponts à treillis exclusivement construits pour
le passage des routes, il convient de rappeler le pont sur
le Nil, au Caire, avec neuf travées, dont sept de 46 à 50
mètres d'ouverture et deux de 32 mètres, ainsi que le
pont de 552 mètres récemment construit sur la Dordogne,
près de Cubzac, en remplacement d'un pont suspendu.
Ce dernier ouvrage se compose de huit travées fixes de
68m,20 et deux de 52m,70 ; le dessous du tablier est à 26
mètres au-dessus de l'étiage ; cette hauteur, nécessitée
par les besoins de la navigation, rend les coups de vent
beaucoup plus dangereux, et on a dû donner aux contre-
ventements horizontaux une solidité exceptionnelle.

On observe que, dans la plupart des ponts européens, principalement en France, on emploie
des poutres continues d'une culée à l'autre ; leur
principal avantage est de faciliter la mise en place
au moyen de l'opération dite « du lançage ». Les ingénieurs les plus compétents estiment cependant
qu'il est préférable de rendre les travées indépendantes, parce que la diminution des efforts
exercés au-dessus des piles permet de réaliser
d'importantes économies.

Ponts américains. C'est, du reste, la disposition
adoptée généralement par les Américains, dont
les poutres droites à systèmes articulés, solides,
légères et surtout économiques, ont atteint des

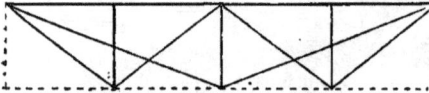

Fig. 236. — *Type Finck (1re disposition).*

portées très considérables. Ces poutres sont de
deux sortes : les unes sont de simples poutres armées, et les autres des poutres à deux semelles
horizontales ; chacune d'elles est réalisée par un

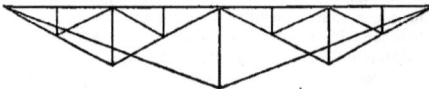

Fig. 237. — *Type Finck (2e disposition).*

certain nombre de systèmes que nous allons passer en revue, en indiquant l'une des principales
applications, avec la portée.

Les poutres armées sont représentées : par le

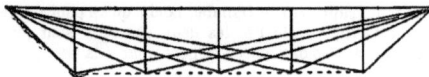

Fig. 238. — *Type Bollmann.*

système Finck qui, après avoir reçu d'abord la
disposition indiquée par la figure 236, est arrivé
définitivement à celle de la figure 237 (pont sur la
Monongahela, 60 mètres) ; par le système Bollmann, figure 238, qui ne peut guère, à cause de

la grande inclinaison des tirants, être employé
que pour de faibles ouvertures, quoique l'on en
trouve un exemple de 41 mètres d'ouverture à
Harper's Ferry, sur le Potomac ; on préfère, ave

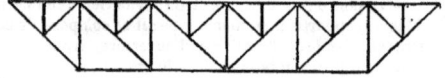

Fig. 239. — *Type Petit.*

raison, le système Petit, figure 239 (pont de Mou ..
Union, 37 mètres).

Pour les poutres à deux semelles horizontales,
on trouve : le système Pratt, figure 240 (pont d.

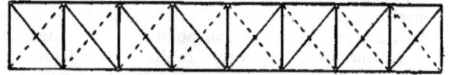

Fig. 240. — *Type Pratt.*

Pittston, sur l'Erié, 44 mètres) ; le système Howe,
figure 241, assez répandu, malgré les accidents
survenus à deux ponts de ce système (pont d'Ash-
tabula, de 45 mètres, écroulé en 1876 au passage
d'un train ; pont de Czernowitz, sur le Pruth, en

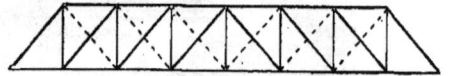

Fig. 241. — *Type Howe.*

Autriche-Hongrie, du même système un peu modifié par M. Schifkorn, écroulé dans les mêmes
conditions en 1868 ; c'est à la suite de ce dernier
accident que l'emploi de la fonte dans les fermes
de pont a été interdite en Autriche par une loi).
Le système Whipple Linville, figure 242, dont les

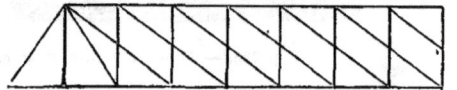

Fig. 242. — *Type Whipple Linville.*

montants comprimés sont verticaux et dont les
diagonales, travaillant à l'extension, sont très inclinées. Ce système est très employé, surtout pour
les grandes portées (pont du Cincinnati-Southern-
Railvay, sur la rivière de Kentucky, 153m, 49) ; le
système Post (fig. 243), qui ne diffère du précédent

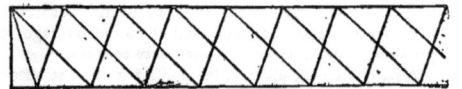

Fig. 243. — *Type Post.*

que par l'inclinaison des montants comprimés, inclinaison peu motivée, du reste (pont de Leavenworth,
96 et 102 mètres) ; les systèmes triangulaires à
angle droit, fermes Warren, dont les figures 244
et 245 montrent les modifications, suivant que la
voie passe en haut des poutres (pont de Rock-
ville, sur la Susquehannah, 48m, 80 d'axe en axe),
ou qu'elle est suspendue dans le bas (3 travées

du pont Saint-Charles, sur le Missouri, 96 mètres); le système à losanges ou isométrique, figure 246, remarquable par sa simplicité et appliqué, entre autres, à l'une des travées du même pont Saint-

Fig. 244. — *Système triangulaire à angles droits (voie en haut).*

Charles, pour une ouverture de 92 mètres; le système à grands triangles, figure 247, qui permet de diminuer le nombre des pièces, mais qui rend en même temps la rupture de l'une d'elles très dangereuse, et ne pourrait guère, en conséquence,

Fig. 245. — *Système triangulaire à angles droits (voie en bas).*

être employé pour de grandes portées; enfin, le système triangulaire composé, figure 248, très bien disposé et appliqué avec succès au pont de Louisville, sur l'Ohio, pour des ouvertures de 109 à 119 mètres.

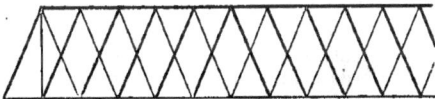

Fig. 246. — *Système à losanges, ou isométrique.*

Dans ces systèmes, les pièces qui travaillent à l'extension sont des barres à œil assemblées par files parallèles sur des boulons transversaux; les tirants inclinés, en fer plat ou rond, sont assemblés de la même manière et sur les mêmes bou-

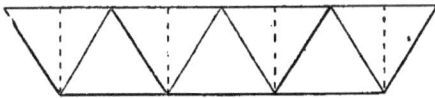

Fig. 247. — *Système simple à grands triangles.*

lons; des tendeurs permettent un réglage exact de leurs efforts. Les pièces comprimées, exécutées en fonte à l'origine, sont aujourd'hui en tôle rivée et leur section présente des formes très variées, suivant les usines. Toutes les pièces reçoivent des

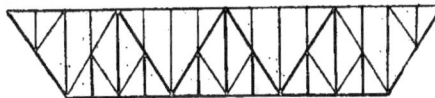

Fig. 248. — *Système triangulaire composé.*

dimensions croissantes ou décroissantes, proportionnées aux efforts qu'elles supportent; il en résulte une économie importante qu'augmente encore l'habitude de faire travailler le métal à des valeurs plus grandes qu'en Europe; on admet, en effet, pour le fer soumis à l'extension, 7 kilos par millimètre carré dans les barres des semelles et

5 kilos dans les tirants; on compte pour l'acier, dans les mêmes conditions, 16 kilos par millimètre carré. Toutes les parties de l'ouvrage sont exécutées avec une grande précision, montées et essayées dans l'usine, ce qui permet d'effectuer le montage sur place très rapidement et avec un petit nombre d'ouvriers, deux conditions qu'il aurait été presque impossible de réaliser avec les treillis rivés, dans des pays souvent dénués de toute ressource industrielle. On peut citer, comme exemple, le pont de Nicholson, composé de trois travées de 40 mètres, contenant environ 175 tonnes de fer, dont l'exécution et la mise sur place n'ont duré que 33 jours, à partir de la commande; le montage proprement dit a été fait en 7 jours.

Bow-strings. On a donné ce nom à deux systèmes de poutres courbes créés en Angleterre, dont l'un présente la forme d'un arc au repos avec sa corde, et l'autre la forme d'un arc tendu. Le pont de Windsor, construit par Brunel en 1847, est le type original du premier système, qui a été reproduit avec succès au grand pont de Sharpness, sur la Saverne, dont la partie métallique comprend : 1 pont tournant de 60 mètres, 13 travées de 41 mètres, 5 de 52 mètres, 2 de 95 mètres et 1 de 41 mètres ; les travées fixes reposent sur des piles formées chacune de 4 colonnes creuses en fonte, reliées par des croisillons. Pour les deux grandes travées, ces colonnes ont été descendues, au moyen de l'air comprimé, à $22^m,50$ au-dessous des hautes mers. Le pont de Dömitz, sur le Rhin, ne diffère des précédents que par la forme des semelles supérieures qui est polygonale au lieu de former un arc de cercle; la section de cette semelle, en tôle et cornière, présente la forme d'un ⌂ renversé, avec nervures au milieu de la hauteur. C'est également Brunel qui a créé le second type de bow-strings pour le pont de Saltash, près Plymouth, dont les deux travées principales ont 132 mètres d'ouverture; ici, la semelle supérieure est formée par un tube en tôle de section elliptique; elle est sous-tendue par un arc polygonal renversé, constitué par une chaîne en fers plats à laquelle le tablier est suspendu. Les deux arcs sont reliés, dans le plan vertical, par des croix de Saint-André qui empêchent toute déformation.

On rattache quelquefois aux bow-strings deux autres systèmes dont il a été fait, en Allemagne et en Hollande, des applications d'une importance exceptionnelle; ce ne sont, en réalité, que des poutres à treillis, à larges mailles, que l'on a rendues plus légères en courbant la semelle supérieure; dans le premier système, les extrémités de cette semelle descendent jusqu'à la semelle inférieure (ponts de Florisdorff et de Dusseldorff). Quelquefois, la semelle inférieure elle-même est également courbée en arc renversé, et l'ensemble offre l'aspect d'un fuseau tronqué aux extrémités (pont de Tilsitt). Dans le second système, les extrémités de la semelle supérieure sont séparées de la seconde semelle par des montants verticaux; c'est celui qui est employé pour la grande travée du pont de Kuilenbourg, de 150 mètres d'ouverture, déjà cité à propos des constructions métalliques (V. CONSTRUCTION, § *Constructions métalliques*) pour donner une idée de l'importance de cet ouvrage, il suffit de rappeler que les poutres ont 20 mètres de hauteur au milieu et qu'elles sont formées par deux âmes verticales espacées de 1 mètre, reliées par des semelles de 1ᵐ,80 de largeur. C'est encore le même système que l'on retrouve dans les ouvrages suivants : le pont de Mœrdyck, sur le Hollandsch-Diep, dont les 14 travées fixes ont chacune 100 mètres d'ouverture ; les trois grandes travées, de 120 mètres, du pont de Bommel,

sur le Wahal, et la travée de 100 mètres du pont de Crèvecœur, sur la Meuse.

Pour les calculs des ponts métalliques à poutres droites, — V. Résistance des matériaux.

Ponts en arc. L'arc en fer ou en acier, placé en dessous du tablier, est devenu l'une des plus précieuses ressources des constructeurs ; les ponts de ce genre sont, en effet, plus légers que les autres ; ils laissent plus de hauteur disponible, et leur aspect est plus élégant ; mais le prix de la

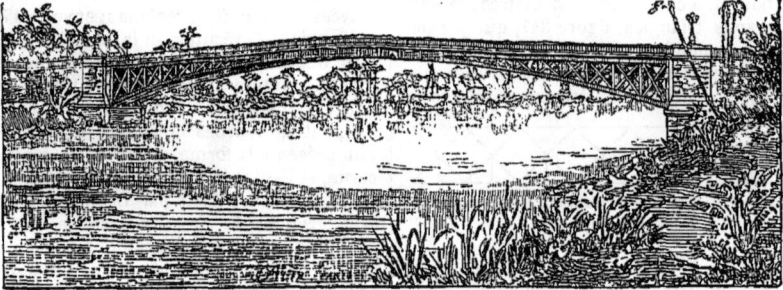

Fig. 249. — *Pont (en arc) des messageries, à Saïgon.*

main-d'œuvre est plus élevé. Tantôt on emploie l'arc surbaissé pour franchir des ouvertures de 68 mètres (pont d'El Cinca), de 80 mètres (pont d'Arcole), de 95 mètres (pont sur l'Erdre, près de Nantes), enfin, de 153 et 158 mètres (pont de Saint-Louis, sur le Mississipi). Dans ce dernier ouvrage, les arcs sont formés avec des tubes en acier, de 0ᵐ,457 de diamètre extérieur, dont les tronçons, de 3ᵐ,60 de longueur, sont assemblés bout à bout à l'aide de manchons ; chaque tronçon est composé de 6 segments assemblés comme les douves

d'un tonneau et reliés par une chemise en tôle d'acier, de 6 millimètres d'épaisseur, fermée par un couvre-joint rivé. Tantôt on donne aux arcs la forme circulaire ou elliptique, dont M. Eiffel a fait, avec tant de succès, la première application au pont du Douro, avec 160 mètres d'ouverture ; la seconde a été faite, avec non moins de bonheur, au viaduc de Garabit, par l'ingénieur Boyer, mort si malheureusement au canal de Panama, dont il dirigeait l'exécution. — V. Viaduc.

On a vu que la fonte pouvait très bien convenir

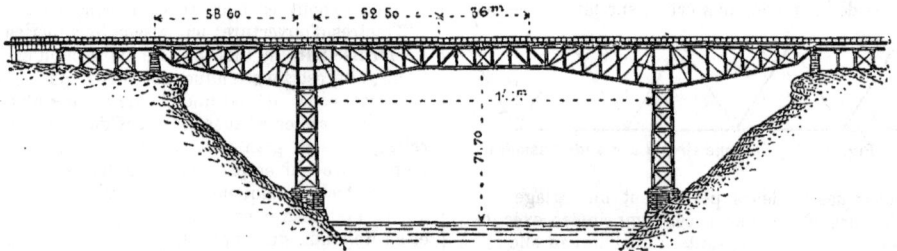

Fig. 250. — *Pont (cantilever) sur le Niagara.*

pour la construction des ponts en arc, mais elle entraîne, comparée au fer, une augmentation de poids d'environ 40 0/0 qui n'est pas toujours compensée par la différence de prix de la matière. D'un autre côté, les ponts en arc en fer présentent, sur les poutres droites du même métal, une réduction de poids qui augmente avec la portée ; elle est d'environ 18 0/0 pour 25 mètres et 25 0/0 pour 50 mètres, lorsque les travées sont isolées ; pour des travées solidaires, cette réduction n'est plus que de 16 à 20 0/0. On peut appliquer aux ponts en arc les procédés de calcul des arches en maçonnerie et construire, d'une façon analogue, les courbes des pressions ; mais il importe de te-

nir compte des effets de la dilatation qui augmentent d'autant plus la poussée que l'arc est plus surbaissé. Le type le plus habituel de ces ouvrages est donné par la figure 249 qui représente le pont des Messageries, à Saïgon, dont l'ouverture est de 80 mètres.

Ponts à encorbellement (cantilever bridge). On a imaginé, en Amérique, un système original de ponts à grande portée, pour faire passer les voies ferrées au-dessus des grands fleuves sans entraver la navigation. Les poutres sont renflées au milieu ; mais le renflement est placé en contrebas et le sommet repose sur les piles, tandis que les bras, surplombant l'espace à franchir, sont reliés, à l'extrémité, par des poutres intermédiaires; pendant la construction, les bras s'équilibrent et se soutiennent eux-mêmes, de façon à faciliter le montage en porte à faux, qui laisse le chenal entièrement libre. La figure 250 représente l'application de ce système au pont établi sur le Niagara, à 100 mètres de distance de l'ancien pont suspendu. Les fermes, de 120 mètres de longueur, sont ancrées, par un bout, dans la maçonnerie des culées; les bras en surplomb sont reliés, à leurs extrémités, par une poutre intermédiaire de 36 mètres de longueur; le tablier est à 71 mètres au-dessus du niveau de l'eau.

La passerelle établie sur la Seine, à Paris, en 1878, en tête de l'île des Cygnes, est une application très réduite du système Cantilever.

Pour obtenir des portées encore plus grandes, notamment au pont projeté pour le passage du chemin de fer au-dessus de la rivière de l'Est, passage que l'on n'a pas osé effectuer sur le pont suspendu dont il sera question plus loin, on a modifié le système précédent, en établissant, au-dessus des piles, de véritables tours assez élevées pour y attacher symétriquement, de chaque côté, des haubans qui soutiennent les extrémités des bras en surplomb; l'ensemble de cette construction présente l'aspect d'une suite d'énormes ponts tournants que l'on aurait immobilisés et dont les volées seraient reliées aux extrémités par des poutres intermédiaires. C'est dans ce système que l'on a commencé, depuis 1883, un pont colossal de 1,613 mètres de longueur, sur le Firth of forth, à peu de distance d'Edimbourg; il comprend deux grandes travées de 518 mètres chacune, reposant sur une pile centrale de 79 mètres de largeur et sur deux piles latérales de 41 mètres. Les poutres intermédiaires ont 160 mètres de longueur et laissent au-dessous d'elles une hauteur libre de 54 mètres. Avec les viaducs d'accès, l'ouvrage atteindra 2,247 mètres de longueur totale.

Épreuves. En France, tous les ponts doivent être soumis, avant d'être livrés à la circulation, à deux épreuves, l'une au moyen d'une charge uniformément répartie, l'autre au moyen de charges roulantes. Pour les ponts routes en métal, la charge uniforme est de 300 kilogrammes par mètre superficiel; la charge roulante est obtenue avec des voitures à deux roues dont le poids, avec le chargement, est de 11 tonnes, et avec des voitures à quatre roues dont les essieux sont écartés de 3 mètres et dont le poids, avec le chargement, est fixé à 16 tonnes. Les premières sont attelées, au maximum, de 5 chevaux et les secondes de 8 chevaux. Pour les ponts en arc, le tablier est chargé d'abord en totalité, ensuite sur chaque moitié seulement. L'épreuve par poids mort n'est pas obligatoire lorsque la portée ne dépasse pas 12 mètres. Pour les ponts de chemins de fer, les épreuves sont faites au moyen de trains d'essai comprenant une locomotive pesant 72 tonnes avec son tender et une série de wagons de 15 tonnes chacun. Les épreuves par poids mort ou par stationnement doivent durer deux heures chaque; pour les épreuves par poids roulant, le train d'es-

sai doit marcher à la vitesse de 15 kilomètres à l'heure; une seconde épreuve est faite ensuite avec un train de voyageurs couvrant au moins la longueur de la plus grande travée et marchant successivement aux vitesses de 30 et 35 kilomètres par heure. Pour les ouvrages très élevés au-dessus du sol, on exécute quelquefois des essais de stabilité en arrêtant brusquement le train d'essai, soit au-dessus des piles, soit au milieu des travées. Pour les ponts à deux voies solidaires, les épreuves se font d'abord sur chaque voie séparément, puis sur les deux voies simultanément. Lorsque le matériel roulant est léger, l'administration peut autoriser des modifications aux conditions ci-dessus qui ont été réglées par une circulaire du Ministre des travaux publics, du 9 juillet 1877. Pour les ponts suspendus, on doit se conformer au cahier des charges dont le modèle, publié par l'administration, est prescrit par une circulaire du 7 mai 1870, mais dont les modifications sont à l'étude.

Ponts portatifs économiques. En dehors des transports militaires, on a souvent besoin d'établir rapidement des communications simples, peu coûteuses et faciles à déplacer; c'est

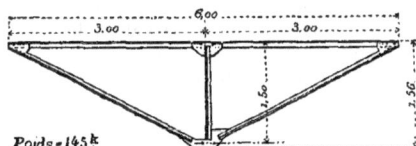
Fig. 251. — *Élément courant de pont portatif.*

ce que M. Eiffel, l'habile ingénieur du pont du Douro, a essayé de réaliser avec un système de ponts portatifs dont la base fondamentale consiste à composer les poutres avec des éléments triangulaires identiques adossés et assemblés; le système ne comporte que trois séries de pièces : les éléments courants, les éléments extrêmes et les tirants. Les éléments courants (fig. 251) sont des triangles isocèles, formés de simples cornières

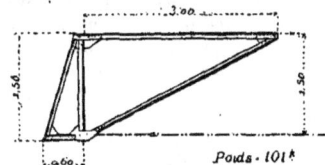
Fig. 252. — *Élément extrême de pont portatif.*

assemblées et rivées sur des goussets; ces cornières sont tournées du même côté, de sorte que l'une des faces de l'élément est plane, ce qui permet d'adosser deux séries de ces pièces l'une contre l'autre; les éléments extrêmes (fig. 252) consistent en une moitié d'élément courant dont le montant est renforcé et porte un patin d'appui; les tirants sont de simples cornières servant à constituer la semelle inférieure.

Pour former une poutre, on place d'abord une première file d'éléments à la suite les uns des autres, avec les cornières tournées d'un même côté; l'autre côté présente une surface plane sur laquelle on applique une seconde file d'éléments retournés (fig. 253), de telle sorte que chacun d'eux recouvre les joints de la première file; on complète la poutre en réunissant les sommets inférieurs A B B B par des tirants dont les joints sont également entrecroisés. Tous les trous d'assemblage sont percés très exactement et les boulons sont tournés, avec une forme légèrement conique,

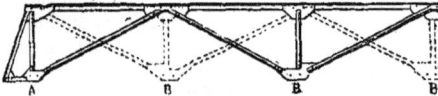

Fig. 253. — *Assemblage d'une poutre de pont portatif.*

pour assurer un serrage parfait. Les pièces de pont sont formées par des fers à double T qui s'appuient sur les goussets (fig. 254) et se boulonnent sur les montants verticaux; elles sont ensuite reliées par des files de longerons, en fer du même genre, qui s'assemblent simplement par emboîtement entre des équerres formant rainures. La rigidité transversale est complétée par des pièces de contreventement fixées sur les pièces du pont dont la longueur est suffisante pour que l'on puisse boulonner, sur les extrémités en saillie, les contrefiches qui maintiennent les pou-

tres verticales. Le tout est fabriqué en **acier** travaillant à 10 kilogrammes par millimètre carré, de sorte que la pièce la plus lourde ne pèse pas plus de 145 kilogrammes. Le montage est facile et la mise en place peut se faire, soit sur échafaudage, soit par le lançage; dans ce dernier cas, la travée est munie antérieurement d'un avant-bec constitué avec quelques-uns des mêmes élé-

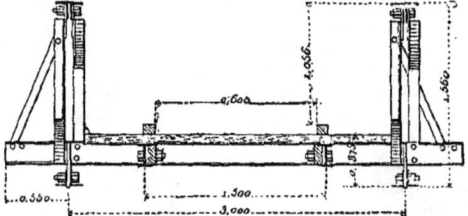

Fig. 254. — *Coupe en travers d'un pont portatif.*

ments, et le contrepoids nécessaire (2,000 kilogrammes environ pour 21 mètres) se compose facilement avec les pièces du platelage et quelques hommes (fig. 255). Pendant les grandes manœuvres de 1885, cinquante-deux hommes ont pu décharger, monter et lancer, en trois heures, en travers d'une rivière, une travée de 24 mètres de longueur. On a établi sept types différents de ce système, depuis les ponts routes de 3 ou 4 mè-

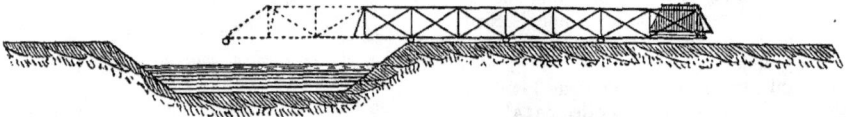

Fig. 255. — *Lançage d'un pont portatif.*

tres de largeur et de 24 ou 27 mètres de portée, jusqu'aux simples passerelles de 2 mètres sur 30m,80. L'un des types est préparé pour le rétablissement des chemins de fer, jusqu'à 45 mètres de portée; il est calculé pour résister à la surcharge d'épreuve prescrite par la circulaire de 1877, et la Compagnie d'Orléans l'a employé avec succès pour la circulation des trains au passage de la rivière d'Oust, pendant que les autres ouvrages étaient en réparation. Enfin, on peut, en établissant des palées convenablement espacées, franchir de grandes ouvertures avec plusieurs travées consécutives. Les ponts de ce genre rendent de grands services dans les colonies, comme ponts-routes et ponts de chemins de fer à voie étroite.

Ponts suspendus. L'origine des ponts suspendus est aussi simple et aussi ancienne que celle des ponts en bois: les américains du Sud employaient, de temps immémorial, des lianes pour franchir les ravins et les cours d'eau; au Thibet et en Chine, on se servait de chaînes en fer sur lesquelles étaient fixées transversalement des pièces de bambou, formant un tablier à claire-voie pour le passage des hommes et même des chevaux. Ce n'est cependant que vers la fin du XVIIIe siècle que l'on commença à construire en Angleterre, de véritables ponts suspendus; le pont de Berwick, de 110 mètres de portée, fut édifié en 1820; Telfort construisit en 1824 le pont de

Menai, de 117 mètres de portée et en plaça le tablier à 31 mètres au-dessus de la mer pour laisser le passage libre aux navires. Ce pont est formé de deux travées indépendantes, dont les quatre suspensions sont elles-mêmes formées chacune par quatre chaînes en fer articulées, superposées dans un plan vertical et reliées transversalement de place en place. Des poutrelles armées suspendues aux câbles par des tiges en fer soutiennent le tablier.

Introduits en France quelques années plus tard, les ponts suspendus y reçurent d'abord des applications nombreuses sur le Rhône et sur la Seine. A Paris, on construisit successivement le pont d'Arcole (1830), le pont de la Râpée (1834), le pont Saint-Louis (1836) et la passerelle de Constantine (1839). Les deux plus importants furent le grand pont de Fribourg, sur la Sarine, terminé en 1837 et le pont de la Roche Bernard (1839). Au pont de Fribourg, le tablier dont la portée est de 246m,26 est élevé de 51 mètres au-dessus des eaux; il est soutenu par quatre câbles en fil de fer, deux de chaque côté; ces câbles qui ont 265m,26 d'ouverture et 19m,26 de flèche, se relèvent sur des portiques d'ordre dorique, et leurs extrémités sont amarrées dans des puits verticaux de 16 mètres de profondeur creusés dans le rocher; trois chambres ménagées dans chaque puits ont permis d'établir des voûtes renversées qui servent de butée aux amarrages. Chacun des câbles, dont le diamètre est d'environ 14 centimètres, est composé avec 1,056 fils de fer n° 18, dont la rupture n'avait lieu que sous une charge de 610 kilogrammes, soit 82 kilogrammes par millimètre carré. Des rouleaux de friction sont placés à la sortie des puits d'amarre et sur les portiques, pour faciliter les variations de longueur des câbles. Le tablier est soutenu par 163 cordes métalliques, espacées de 1m,50 et formées chacune de 30 fils du n° 17; leur diamètre est d'environ 25 millimètres et leur hauteur varie de 18 centimètres à 16m,60. Les câbles écartés de 9m,80 sur les portiques sont rapprochés à 7m,20 à leur rencontre avec le tablier; ils forment ainsi, sur chaque rive, une surface gauche dont l'inclinaison assure la stabilité transversale du tablier; cette disposition a été depuis reproduite en Amérique. Tous les fers ont été passés à l'huile de lin bouillante; le tablier est en sapin et le garde-corps en chêne; l'ouvrage est entièrement peint en blanc, à la céruse, ce qui permet d'apercevoir immédiatement les moindres traces d'oxydation.

Le pont de la Roche-Bernard a 187 mètres de portée et 198 mètres d'axe en axe des appuis. Son tablier, placé à 33 mètres de hauteur au-dessus de la mer, est exposé à des coups de vent très violents qui ont provoqué en 1852 et en 1856 de graves accidents. On a dû ajouter deux câbles de suspension supplémentaires et armer le tablier avec des contre-câbles, inférieurs, afin de diminuer les oscillations verticales qui atteignaient un mètre pendant les tempêtes et sont maintenant réduites à 20 centimètres.

Le pont construit en 1847, sur le Scorff, près de Lorient, diffère peu du précédent; c'est un des premiers pour lequel les câbles ont été fabriqués sur place et ont reçu la forme d'écheveaux sans fin enroulés autour des massifs d'amarre. On peut encore citer, en Europe, le pont monumental, de 460 mètres de longueur, qui relie, à travers le Danube, les villes de Bude et de Pesth; il se compose d'une grande travée centrale de 203 mètres

Fig. 256. — *Pont suspendu de la rivière de l'Est, entre New-York et Brooklyn.*

de portée et de deux demi-travées de rive; sa largeur est de 11 mètres dont 7 pour la chaussée et 2 pour chacun des trottoirs. Les chaînes de suspension sont en fer méplat; les tiges de suspension sont placées sur quatre rangs, deux à l'extrémité, et deux entre la chaussée et les trottoirs, ce qui diminue sensiblement la portée des pièces de pont. Notons encore le pont de Cliftou, sur l'Avon, dont l'ouverture est de 192 mètres et dont le tablier est à 75 mètres au-dessus des hautes mers.

Malheureusement l'étude des ponts suspendus était restée très incomplète, et de nombreux accidents se produisirent; en 1831, le pont de Brougthon, près de Manchester, s'écroula sous la marche cadencée de soixante soldats; en 1832, le pont de Longues, sur l'Allier, se rompit avec la moitié seulement de la surcharge d'épreuves, entraînant avec lui quelques ouvriers; en 1850, onze ans après son achèvement, le pont de la Basse-Chaîne, à Angers, fut détruit pendant le passage d'un bataillon, 487 hommes tombèrent dans la Loire et 226 furent noyés. Nous avons déjà parlé des deux accidents survenus au

pont de la Roche Bernard; il en résulta que les ponts suspendus furent abandonnés, presque proscrits, car on en remplaça un grand nombre par des ponts fixes.

Cependant, les ingénieurs américains, frappés des avantages de ce système, y apportèrent des modifications importantes et réussirent à en assurer la stabilité tout en augmentant encore la portée. Le tablier fut rendu plus rigide en remplaçant les garde-corps par de véritables poutres longitudinales, solidement reliées avec les pièces de pont; on augmenta l'inclinaison du plan des câbles de suspension; des haubans inclinés, rattachant le tablier au sommet des pilastres ou des tours, achevèrent d'empêcher les déformations; enfin, d'autres haubans et des câbles horizontaux disposés en dessous du tablier le mirent à l'abri des accidents désastreux provoqués par les ouragans. On avait également reconnu la supériorité des fils de fer ou d'acier pour la construction des câbles et même des tiges de suspension; c'est ainsi que l'on vit construire : le pont d'aval du Niagara avec deux tabliers superposés à 7 mètres l'un de l'autre, le tablier inférieur servant aux voitures et le tablier supérieur au passage d'une voie ferrée; les ponts de Pittsbourg, sur l'Alleghany; de Cincinnati sur l'Ohio, et celui de Niagara-falls.

On a même été jusqu'à rendre à Point-Bridge le pont complètement rigide en appliquant au-dessus des câbles de suspension des tirants rectilignes, reliés avec eux par des poinçons et des croix de Saint-André. Cette série d'ouvrages, déjà si remarquables, a été couronnée par le pont gigantesque construit par les ingénieurs Rœbling père et fils, pour relier les villes de New-York et de Brooklyn, à travers le bras de mer appelé la rivière de l'Est. Afin de ne pas gêner la circulation maritime qui compte, à cet endroit, plus de cent navires par heure et quinze lignes de bacs à vapeur, le congrès avait exigé entre les points d'appui du pont un débouché de 457 mètres et en dessous du tablier une hauteur libre de 41 mètres; cette dernière condition obligea, pour en ménager l'accès, à prolonger le pont au-dessus des deux quais et à le faire suivre par deux immenses viaducs en maçonnerie, de 476 et 295 mètres de longueur. Le pont lui-même se trouva divisé en trois travées, une travée centrale de 486 mètres et deux travées de rive de 283 mètres chacune (fig. 256). Le tablier est suspendu à quatre câbles en fil d'acier, de 40 centimètres de diamètre, dont les points d'appui sont placés à 80 mètres au-dessus du niveau de la mer, et dont la flèche est de 38 mètres. Chacun de ces

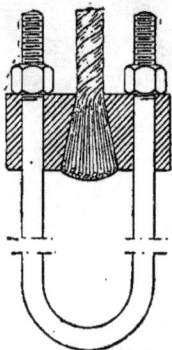

Fig. 257. — *Attache des câbles en fil de fer des ponts suspendus.*

câbles contient 5,296 fils d'un peu plus de 4 millimètres de diamètre, disposés parallèlement et enroulés sur toute la longueur avec un fil de fer de 3 millimètres et demi. Tous les fils ont été galvanisés avec des précautions spéciales. Pour les tiges de suspension, on a employé des câbles tordus en fil d'acier, dont la figure 257 représente le mode d'attache sur les sabots, imaginé par Rœbling. Les fils de l'extrémité du câble sont épanouis dans un trou conique, dans lequel on chasse ensuite des cales en fer et que l'on achève de remplir, après avoir replié les bouts, avec du plomb fondu et maté soigneusement.

Le tablier est constitué par six cours de poutres à treillis, supportant quatre cent-cinquante pièces de pont, en acier, de 26 mètres de longueur; il se trouve ainsi divisé en cinq avenues, deux avenues latérales de 5m,72, pour les chevaux et les voitures; deux avenues intermédiaires de 3m,86 pour les tramways sur rails, et enfin une avenue centrale de 4m,75, réservée aux piétons; le plan-

cher de cette dernière est surélevé de 3m,60, afin de permettre de jouir en passant du magnifique coup d'œil qu'offre, à cette hauteur, le panorama des deux villes et de la rivière. La rigidité du tablier est complétée par des haubans inclinés, distribués symétriquement, au nombre de vingt-cinq, de chaque côté des tours, et jusqu'à 120 mètres de distance. Les tours et les culées sont d'énormes ouvrages en maçonnerie de granit, dont les chiffres suivants suffisent à donner une idée :

	Tours	Culées
Longueur à la base. . , ...	48m,85	37m,77
Largeur à la base.	23.17	32.86
Hauteur (au-dessus de la mer).. . . .	83.64	»
Hauteur totale au-dessus de la fondation..	120.00	27.13
Cubes de la maçonnerie.	33,698 mèt. cub.	

Les tours ont été fondées au moyen de l'air comprimé, sur d'énormes caissons en charpente de 51 mètres de long, 31 mètres de large; le plafond, de 6m,70 d'épaisseur, recouvrait une chambre de travail dans laquelle 120 ouvriers travaillaient à la fois.

Les culées contiennent, chacune, deux chaînes d'ancrage contenant 215 barres de fer et pesant 121,408 kilogrammes; les plaques d'ancrage, en fonte, pèsent 21 tonnes chaque.

L'exécution de ce grand ouvrage a duré treize ans et cinq mois (1869 à 1883), non compris trois années d'études préliminaires; la construction de chacune des tours a exigé cinq ans et cinq mois et celle des câbles a nécessité le déroulement de 24,121 kilomètres de fil. Il a fallu quatre mois pour achever l'enroulement des câbles et quatre ans pour monter le tablier et terminer les viaducs d'accès. La dépense s'est élevée à 77,500,000 francs, comprenant l'achat des terrains et l'intérêt du capital.

Les succès des américains ont amené, en France, une réaction favorable et font espérer la conservation des 500 ponts suspendus qui existent encore. On adopte aujourd'hui les haubans, non seulement pour augmenter la rigidité du tablier, mais pour en soutenir complètement les parties extrêmes afin de diminuer la longueur portée effectivement par les câbles paraboliques. On limite toutefois leur inclinaison à 3 de base pour 2 de hauteur, et on fait varier le coefficient de sécurité de 12 à 7 suivant l'obliquité; les tiges de suspension sont par suite supprimées dans le voisinage des tours. Enfin, on assure le renouvellement facile de toutes les pièces, surtout des câbles qui sont, dans ce but, fractionnés et interrompus par les pilastres. On donne la préférence aux câbles en fil de fer ou d'acier, tordus alternativement avec un pas croissant proportionnel aux diamètres successifs, suivant le système imaginé par M. Arnodin. Deux applications intéressantes de ces perfectionnements ont été faites aux nouveaux ponts de Saint-Ilpize et de Lamothe, dont M. Nicou a publié la description dans les *Annales des ponts et chaussées* d'octobre 1885.

Pont-canal. Dans les ponts ainsi nommés parce qu'ils servent à faire passer un canal de navigation au-dessus d'une rivière, le tablier est remplacé par une cuvette de section rectangulaire à laquelle on ne donne, par raison d'économie, que la largeur nécessaire pour le passage d'un bateau; cependant, pour éviter un remous exagéré, et pour ne pas rendre la traction trop pénible, il faut que les dimensions de cette cuvette lui assurent une section mouillée au moins double de celle du bateau. Ce rapport doit même être augmenté si le pont est très long. La cuvette est bordée, de chaque côté, par un chemin de halage d'environ 1 mètre de large; les gardes-corps sont en métal pour économiser la place; le meilleur revêtement des cuvettes paraît être un enduit de ciment mélangé de sable, dont les réparations sont faciles; il est, en effet, difficile d'obtenir des cuvettes parfaitement étanches; les dilatations différentes des matériaux employés produisent souvent des fissures et les fuites qui en résultent sont dangereuses, surtout pendant les gelées. Ces fissures se trouvent le plus souvent au droit des piles, surtout dans les ponts en arc; les arches en plein cintre sont préférables; au pont-canal du Guétin, sur l'Allier (canal latéral à la Loire), on avait garni la cuvette en lave de Volvic, avec une double chape en bitume, à joints croisés, sans pouvoir éviter les fuites.

Pour la jonction des maçonneries et des remblais autour des culées, on prolonge les têtes très avant dans le terre-plein que l'on élargit considérablement. On peut citer, comme exemples, en France : le pont sur l'Orb, du canal du Midi et les ponts d'Agen et de Moissac, du canal latéral à la Garonne; ce dernier repose sur 23 arches en anse de panier surbaissée. Pour éviter les difficultés des cuvettes en maçonnerie, on a employé, soit la fonte, comme au pont de Barberey, sur la Haute-Saône, en aval de Troyes; soit la tôle, comme au pont sur l'Albe, du canal des houillères de la Sarre. Dans ce dernier, la cuvette, longue de $47^m,60$, présente une largeur de 11 mètres dont $6^m,80$ pour le canal, avec un tirant d'eau de $1^m,80$; les angles inférieurs sont arrondis en quart de cercle; les extrémités reposent sur des rouleaux de dilatation et l'étanchéité du joint avec les maçonneries des culées est obtenue au moyen de matelas en laine comprimée.

Pour les petites ouvertures, on emploie souvent un système mixte; le plafond de la cuvette est constitué avec des plaques de fonte engagées dans les parapets en maçonnerie qui forment les parois de la cuvette; le pont de la Charité, sur lequel le canal Saint-Maurice, traverse un bras de la Marne, à Charenton, est un exemple de ce système.

Il est intéressant de rappeler que c'est par un pont-canal que le célèbre ingénieur américain Rœbling débuta dans la construction des ponts suspendus. Celui qu'il construisit, en 1845, sur l'Alleghany, près de Pittsburg, consistait en une cuvette en bois soutenue par deux câbles en fil de fer de 18 centimètres de diamètre; le pont avait 7 travées de 49 mètres d'ouverture; il a été supprimé, en 1851, lorsqu'on abandonna le canal de Philadelphie. Rœbling en avait construit quatre

autres, de 1848 à 1850, pour le canal de la Delaware à l'Hudson, avec des travées variant de 35 à 51 mètres d'ouverture.

Pont-aqueduc. Ces ouvrages sont du même genre que les ponts-canaux dont ils diffèrent parce qu'ils ne servent qu'à conduire les eaux d'irrigation ou d'alimentation des villes; la cuvette est par conséquent plus petite et souvent même remplacée par une conduite entièrement fermée, en maçonnerie ou en métal. Les ponts construits à Moret et à Montereau, pour la dérivation de la Vanne, appartiennent à cette catégorie; malheureusement, les effets de dilatation dus à l'emploi du béton aggloméré dans ces ouvrages, ont produit des fissures suivies de filtrations abondantes; l'entretien en est difficile et onéreux. La plupart des ponts-aqueducs rentrent, par leurs dispositions et leurs dimensions, dans les viaducs; on les désigne, cependant, le plus souvent, sous le nom d'*aqueducs*, comme l'aqueduc d'Arcueil, près Paris, et l'aqueduc monumental de Roquefavour, pour le canal qui conduit à Marseille les eaux dérivées de la Durance.

Pont éclusé. On trouve, à l'embouchure de certains fleuves, des ponts dont les arches sont pourvues de portes de flot qui se ferment toutes seules pour empêcher l'eau de la mer de remonter dans les terres et qui s'ouvrent de même, à mer basse, pour laisser écouler les eaux douces et assécher les vallées du bassin. On en a eu un exemple dans le pont du grand Vey construit, vers 1800, à l'embouchure de la Vire, avec des arches de 6 mètres d'ouverture, séparées par des piles de 3 mètres d'épaisseur.

Pont-barrage. C'est le nom donné quelquefois aux derniers systèmes de barrages en rivière, dans lesquels les pièces qui soutiennent la retenue s'appuient par le haut sur des travées de pont fixe installées sur les piles du barrage. — V. BARRAGE ET RIVIÈRE CANALISÉE.

Ponts mobiles. Quand deux voies de communication se croisent à des hauteurs insuffisantes pour permettre de faire passer l'une d'elles sur un pont fixe, on est obligé d'employer, pour la voie la plus élevée, des ponts mobiles qui s'ouvrent chaque fois qu'il est nécessaire de rétablir la circulation sur la voie inférieure. Ces ponts se divisent en : ponts à axe de rotation horizontal, dont le type est le *pont-levis*; ponts à axe de rotation vertical ou *ponts-tournants*; ponts à mouvement rectiligne alternatif, soit dans le sens horizontal, comme les *ponts-roulants*; soit dans le sens vertical, comme les *ponts à soulèvement*.

Ponts-tournants. Ce sont ceux que l'on emploie de préférence parce qu'ils atteignent des portées beaucoup plus grandes et qu'ils sont d'une manœuvre plus commode et plus sûre. Un pont tournant est ordinairement divisé en deux parties dont la plus longue, qui franchit l'ouverture, s'appelle la *volée*; l'autre, plus courte, sert à équilibrer la première et s'appelle la *culasse*: on construit également des ponts à deux volées symétriques. Pour empêcher le tablier de tomber sur le côté, on le soutient par des galets tournant sur des couronnes en fonte fixées dans la maçonnerie, concentriquement au pivot; l'ensemble porte le nom de *chariot de rotation*. Le pont lui-même peut être exécuté en bois ou en métal; mais la travée tout entière est soutenue par un chevêtre transversal placé au-dessus du pivot; ce dernier se trouve au milieu de la largeur du pont, ce qui oblige à le reculer de la moitié de cette largeur en arrière du parement du quai ou du bajoyer, afin que le pont soit complétement effacé lorsqu'il est ouvert. On donne aux culasses un excédent de poids suffisant pour que l'extrémité de la volée se relève toute seule et se trouve dégagée au moment de l'ouverture; des coins ou des verrins servent à relever la culasse lorsque le pont est dans sa position de fermeture et forcent l'about de la volée à redescendre sur ses appuis. Il faut remarquer que, dans le langage adopté, lorsque l'on dit que le « pont est ouvert », c'est, en réalité, le passage sur la voie inférieure qui est libre et la cir-

culation est suspendue sur le pont; réciproquement, la fermeture du pont correspond à la position dans laquelle cette circulation est rétablie, tandis que le passage par dessus est fermé. Un arc denté fixé à la maçonnerie de l'encuvement et un pignon dont la tige verticale peut être actionnée par une manivelle, soit directement, soit à l'aide d'un couple de roues d'angle, suffisent pour manœuvrer les ponts de peu d'importance. Pour les grandes travées, on ajoute une roue et un second pignon dont la tige se termine, au-dessus du tablier, par une tête de cabestan.

Les ponts tournants sont très employés dans les ports de mer pour le passage des écluses; c'est ainsi qu'au Hâvre, les écluses du Sas et de la Citadelle, qui ont 16 mètres de largeur, sont franchies par des ponts de 35 mètres de longueur sur 7 mètres de largeur; les poutres longitudinales, formant garde-corps, sont de forme parabolique avec une hauteur variant de 3 mètres à $1^m,55$. Chaque pont pèse 120 tonnes dont 21 pour

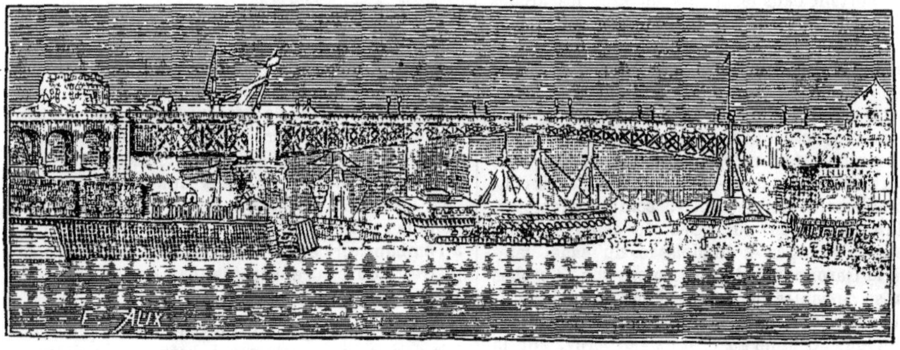

Fig. 258. — *Pont tournant de Brest.*

le lest : il est porté par un pivot de 20 centimètres de diamètre et par des galets d'équilibre de 70 centimètres de diamètre; la culasse est, en outre, soutenue par une roue de 1 mètre de diamètre sur 10 centimètres d'épaisseur.

L'un des ponts tournants les plus remarquables qui existent en France, est celui qui relie les deux villes de Brest et de Recouvrance, séparées par la Penfeld dont le chenal sert de port militaire; le tablier devant être établi à 29 mètres d'altitude au-dessus du zéro de l'échelle des marées, il ne restait entre le dessous des fermes qu'une hauteur de $19^m,50$, insuffisante pour des navires munis de leurs agrès; c'est pourquoi on a eu recours à deux travées tournantes, reposant sur des piles à base circulaire, écartées de 117 mètres d'axe en axe (fig. 258); chaque travée présente une longueur totale de $86^m,58$, dont $58^m,33$ pour la volée et $28^m,25$ pour la culasse qui renferme le lest. La distance entre les parements des culées est de 174 mètres. Les poutres ont $7^m,72$ de hauteur, au droit des piles, et $1^m,40$ aux extrémités des volées; le tablier contient une chaussée de 5 mètres et deux trottoirs de $1^m,16$. Chaque travée, du poids de 600,000 kilogrammes, repose sur une couronne de 50 galets en fonte, parfaitement

tournés, roulant entre deux plateaux de 9 mètres de diamètre, dont l'un est fixé sous le pont et l'autre dans la maçonnerie de la pile. Le pont est mis en rotation par une couronne dentée et un double jeu d'engrenages dont le dernier pignon est mû avec des barres de cabestan. Des verrous placés aux abouts des volées et des culasses maintiennent le pont fermé; lorsqu'il est ouvert, il laisse le passage libre sur toute la largeur du chenal, soit 106 mètres; deux hommes suffisent, quand le temps est calme, pour l'ouverture et la fermeture qui exigent chacune 15 minutes au plus. Enfin, 4 presses hydrauliques et une pompe à bras logées sous les plateaux permettent de soulever rapidement l'une ou l'autre de ces travées en cas de réparation. Ce pont a coûté 2,119,000 francs.

Pour des ponts tournants de très grandes dimensions, les plateaux de roulement sont d'une exécution difficile; ceux du port de Brest avaient exigé l'emploi d'une machine spéciale qui avait coûté à elle seule 75,000 francs à l'usine du Creuzot. La répartition du poids sur les galets n'est jamais parfaite, ce qui rend leur usure très inégale et nécessite des remplacements fréquents pour lesquels il faut soulever la travée tout entière; enfin, le moindre corps dur engagé sous les galets peut rendre la manœuvre impossible. On a évité tous ces inconvénients en faisant reposer le pont sur la tête du plongeur d'une presse hydraulique, et comme on avait à sa disposition de l'eau comprimée, on l'a utilisée pour le mouvement de rotation. La couronne dentée est remplacée par une couronne à gorge, autour de laquelle s'enroule une chaîne dont les brins sont actionnés chacun par une presse hydraulique. Le pont placé à l'entrée des bassins de radoub du port de Marseille offre un exemple remarquable de ce système. La passe a 28 mètres de largeur, le pont a 62 mètres de longueur, dont 38^m,40 pour la volée; le tablier, de 15^m,58 de largeur, dessert à la fois la route et la voie ferrée. Son poids est de 142 tonnes et, pour le soulever, on a dû, afin de ne pas exagérer les dimensions de la presse de soulèvement, surélever à 270 atmosphères la pression de l'eau des docks, dont la pression normale n'est que de 52 atmosphères. L'appareil de compression spécial établi dans ce but n'est autre chose qu'une double presse hydraulique dont l'un des plongeurs sert de moteur. Pendant le mouvement, la presse centrale, dont le piston a 63 centimètres de diamètre, porte 600 tonnes; le reste est supporté par les roues de la culasse. Les appareils de calage sont également manœuvrés par l'eau comprimée. L'ouverture et la fermeture du pont s'effectuent chacune en trois minutes et avec un seul homme qui n'a que des robinets de distribution à ouvrir et à fermer. M. Barret, l'ingénieur de ce remarquable ouvrage, en a publié une description détaillée dans les *Annales des ponts et chaussées* de mai 1875. Il existe, à Paris, sur le canal de l'Ourcq, à la Villette, un pont *tournant* du même genre, quoique de dimensions beaucoup plus faibles, pour lequel la force motrice est fournie par l'eau des conduites de distribution de la ville, provenant du réservoir de Ménilmontant.

En Amérique, on emploie généralement pour la traversée des fleuves des ponts tournants à double travée, qui démasquent en s'ouvrant, deux passes égales dont l'ouverture varie de 48 à 61 mètres. Le plus grand est celui de Raritan-bay dont les deux travées atteignent une longueur totale de 143 mètres. Pour la manœuvre, ces ponts accomplissent presque toujours un tour entier sans s'arrêter, de sorte qu'à la fin du mouvement, chacune des travées prend la place de l'autre. Les premiers ponts de ce genre ont été construits avec deux travées distinctes suspendues par des haubans à un chevalet central placé au-dessus de l'axe de rotation; on préfère aujourd'hui les établir sous la forme de poutres continues, en donnant aux semelles une rigidité suffisante et en surélevant la semelle supérieure au-dessus du pivot. Lorsque le pont est fermé, les extrémités des volées sont maintenues en place au moyen d'appareils de calage, coins ou verrous, qui se manœuvrent au moyen de leviers partant de la pile centrale. Pour les ponts de chemin de fer, où le calage est d'une importance capitale, on a recours à des verrins hydrauliques

adaptés sous les volées, afin de soulever le pont pour le décalage et de l'abaisser pour le remettre en place; ces verrins servent, en outre, à soulever le pont pour visiter et réparer l'appareil de rotation. Pendant le mouvement, le pont est supporté en partie sur le pivot central, en partie sur une couronne de galets; on a soin de faire porter la plus grande partie de la charge sur le pivot, de sorte que le rôle des galets se réduit presque à empêcher les oscillations; mais comme il en résulte des frottements considérables sur le pivot, on interpose entre ce dernier et la crapaudine des disques en acier ou mieux encore un appareil, dit «à antifriction», de M. Sellers. Cet appareil consiste en une série de petits troncs de cône en acier, roulant entre deux bagues du même métal, et logées entre la crapaudine, et une calotte sphérique mobile, installée à la base du pivot; ces galets sont reliés par une couronne qui maintient leur écartement; pour les très grands ponts, on emploie deux couronnes concentriques de ces galets coniques. Ce dispositif est assez efficace pour que deux hommes puissent ouvrir et fermer à la main en 45 secondes un pont de 240 tonnes. Le tambour central mobile sur lequel le pont est fixé, soit directement, soit au moyen d'un ou de plusieurs chevêtres transversaux, et muni d'une grande couronne dentée qui est actionnée par un ou deux pignons; ceux-ci sont alors placés aux extrémités d'un même diamètre, dans l'axe du pont. Le mouvement est commandé par une petite machine à vapeur installée, tantôt au-dessus du tablier, tantôt au-dessous et dans le tambour lui-même. Un système de manivelles et d'engrenages permet au besoin de manœuvrer le pont à bras d'hommes.

Malgré la sécurité et la rapidité de leur manœuvre, ces ponts tournants sont considérés comme gênants pour la navigation, surtout dans les rivières où le chenal est susceptible de se déplacer et ne correspond plus aux ouvertures; en outre, les trains qui doivent s'arrêter avant de s'engager sur les ouvrages munis de travées tournantes, négligent trop souvent cette précaution et il en est résulté d'effroyables catastrophes, de sorte que l'on paraît disposé à renoncer à ce système, en diminuant la hauteur souvent exagérée des bateaux à vapeur pour faire rentrer celle des ponts dans des limites pratiques.

Ponts roulants. La disposition de ce genre d'ouvrages est facile à comprendre, et il suffit d'une chaîne actionnée par une sorte de treuil pour leur imprimer le mouvement de va-et-vient nécessaire. On en trouve quelques exemples en Angleterre; mais leur emploi présente des difficultés par suite des dispositions qu'exige le maintien de la voie, soit au-dessus de la culasse, à l'aide d'un plan incliné sous lequel cette culasse trouve à se loger, quand on ramène le pont en arrière, soit dans le prolongement de la culasse à l'aide d'un tablier mobile qui prend sa place lorsque le pont est tiré en avant. On a, depuis peu, adopté un autre procédé qui consiste à relever le pont sur des galets de grand diamètre pour lui faire exécuter son mouvement et à le redescendre au niveau de la voie pour la fermeture.

C'est dans ce système que l'on a construit récemment, sur les nouvelles écluses des bassins à flot de Saint-Malo et Saint-Servan, deux ponts roulants de 38m,80 de longueur dont 22m,80 pour la volée; la largeur est de 8 mètres et le poids total de chacun d'eux est de 181,500 kilogrammes, dont 35,500 pour la culasse. Ces ponts sont manœuvrés à l'eau comprimée. Lorsqu'ils sont fermés, ils reposent sur les maçonneries par leurs extrémités; pour les ouvrir, on les soulève au moyen d'une presse hydraulique; puis on amène sous les semelles des poutres des galets de roulement, de 0,80 de diamètre, sur lesquelles on ramène le pont en arrière afin de dégager la passe. Ces manœuvres sont reproduites en sens inverse pour la fermeture; c'est pour ces ouvrages que l'ingénieur M. Barret a créé des appareils spéciaux nommés *récupérateurs*, établissant entre la presse de soulèvement et l'accumulateur une sorte de balance hydrostatique qui permet d'emmagasiner le travail produit par la descente du pont, et par suite de réduire considérablement la dépense d'eau comprimée à 60 atmosphères. Un seul homme suffit pour toutes les manœuvres, dont la durée est d'environ trois minutes. Le prix total d'un pont de ce système s'est élevé à 200,000 francs. Un pont roulant du même genre fonctionne sur l'écluse de Penhouët à Saint-Nazaire depuis 1884; il est décrit dans les *Annales des ponts et chaussées* de 1885 (2e semestre).

Ponts à soulèvement. L'emploi de tabliers soutenus par des contrepoids et n'exigeant qu'un

Fig. 259. — *Pont à soulèvement du canal de l'Ourcq.*

effort très faible pour les faire monter ou descendre, de façon à laisser le passage libre en-dessous ou en-dessus d'eux, a été proposé depuis longtemps; on n'en trouve cependant que de rares applications, entre autres en Amérique sur le canal Érié. Cette disposition, avantageuse pour le peu de place qu'elle exige, vient d'être utilisée à Paris, sur le canal de l'Ourcq pour le passage de la rue de Crimée (fig. 259). Un tablier de 20 mètres de longueur sur 7m,63 de largeur, est suspendu aux quatre angles par des chaînes passant sur des poulies de 2m,45 de diamètre; ces poulies sont portées par quatre colonnes en fonte de 7m,65 de hauteur; aux extrémités des chaînes sont fixés des contrepoids dont l'ensemble représente 85 tonnes. Deux presses hy-drauliques à double pouvoir, aussi identiques que possible, sont installées aux extrémités de l'axe du pont dans des puits en maçonnerie ménagés en arrière des murs du quai; les pistons de ces presses servent à lever le tablier à la hauteur nécessaire pour le passage des bateaux et à le redescendre à sa place. Un système de crémaillères, disposé dans les colonnes, et relié avec des roues dentées fixées sous le tablier, régularise les mouvements et peut servir au besoin pour manœuvrer le pont, en cas d'avarie au système hydraulique. Les attaches des chaînes sont faites sur des leviers établis de façon à empêcher la chute du pont en cas d'une rupture accidentelle des chaînes de contrepoids.

Pont tournant et basculant. On a employé à Marseille, sur la passe de la Joliette, un système mixte qui se rattache aux précédents.

Le pont tournant est disposé pour pouvoir être simplement soulevé et mis en bascule sur la tête du piston de la presse de soulèvement, de façon à laisser un passage de 4m,25 de hauteur, suffisant pour la plupart des embarcations; cette manœuvre rapide permet de ne recourir à l'ouverture entière par la rotation que pour les grands navires, et par suite de réduire au minimum les interruptions de la circulation très active de voitures et piétons dont ce pont est l'unique ressource. — J. B.

Bibliographie : EMY : *Traité de charpente*, Dunod, 1869; VIOLLET-LE-DUC : *Dictionnaire de l'architecture française du XIe au XVIe siècle*, Morel, 1868; A. CHOISY: *Art de bâtir chez les Romains* (Société de publications périodiques); MORANDIÈRE : *Traité de la construction des ponts et viaducs*, Dunod, 1874-1881; CROIZETTE DESNOYERS : *Cours de construction des ponts*, Dunod, 1885; E. MALÉZIEUX : *Travaux publics des Etats-Unis d'Amérique*, Dunod, 1873; E. LAVOINNE et E. PONTZEN : *Les chemins de fer en Amérique*, Dunod, 1880; A. COMOLLI : *Les ponts de l'Amérique du Nord*, Lefebvre, 1879; *Annales des ponts et chaussées*, Dunod; *Portefeuille de l'Ecole des ponts et chaussées*, Challamel; *Génie civil*, Revue hebdomadaire, Bureaux de la Revue.

Ponts militaires. HISTORIQUE. De tous temps les chefs d'armée ont eu à exécuter des passages de rivières, et l'art de construire les ponts militaires sur des supports flottants ou fixes a toujours été considéré comme exerçant une influence capitale sur les opérations stratégiques.

D'après Folard, l'emploi des ponts de bateaux remonte à une époque antérieure à Sémiramis. Cette reine, lors de son expédition dans les Indes (1900 av. J.-C.), faisait suivre son armée de bateaux démontables dont elle se servit pour construire des ponts sur l'Euphrate et sur l'Indus.

L'an 513 (av. J.-C.), Darius fit franchir le Bosphore à une armée de 700,000 soldats sur deux immenses ponts de bateaux de près de 2 kilomètres de longueur chacun. Ce gigantesque travail fut exécuté sous la direction de l'ingénieur Mandroclès de Samos. Le roi de Perse attacha une telle importance à cet événement qu'il récompensa magnifiquement Mandroclès et fit ériger au bord du Bosphore deux colonnes monumentales pour en perpétuer le souvenir.

Pour faire le siège de Tyr, en 332, Alexandre fit construire une vaste estacade de 800 mètres de longueur, sur pilotis, à travers le bras de mer qui séparait la ville assiégée du continent. Ce prodigieux ouvrage, témoignage éclatant de la puissance des ingénieurs militaires de l'antiquité, fut exécuté en deux cent quarante jours.

D'après Arrien, Alexandre, dans son immortelle campagne des Indes, se faisait suivre, à l'exemple de Sémiramis, d'un équipage de ponts de bateaux démontables.

Le grand pont fixe, construit par César en l'an 35 sur le Rhin (fig. 260), est resté célèbre dans l'histoire de la guerre. Ce pont, de 430 mètres de longueur, se composait

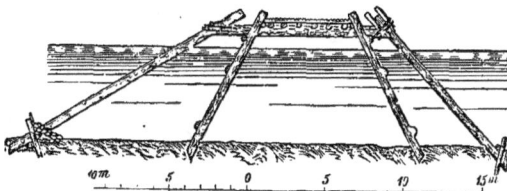

Fig. 260. — *Pont de César sur le Rhin. Coupe.*

d'un tablier en bois large de 8 mètres, reposant sur 54 palées construites en pilotis et espacées de 7m,70. Chaque palée était consolidée contre la poussée du courant à l'aide d'un fort pilot incliné, enfoncé à l'aval et formant arc-boutant. Ce travail gigantesque aurait été, dit-on, effectué en dix jours.

En 789, Charlemagne franchit l'Elbe sur deux ponts de bateaux; en 792, il passa le Danube de la même manière et en 796 il fit construire sur le Rhin, près de Mayence, un pont de 500 mètres, en charpente, analogue au pont de César.

Philippe-Auguste, en 1114, au siège de Château-Gaillard, fit construire sur la Seine un pont de bateaux, défendu par des tours en charpente, dont Guillaume le Breton donne une curieuse description.

Pendant la période du moyen âge, on rencontre peu d'exemples de constructions de ponts de bateaux ou de ponts fixes pour le passage des armées. Les petites armées de cette époque franchissaient généralement les rivières à gué ou en bateaux.

Louis XIV avait fait constituer pour la campagne de Hollande, un équipage de pontons en cuivre inventés par Martinet. Chaque ponton avait 7 mètres de longueur, 1m,80 de largeur et 0m,90 de profondeur, il était transporté par une voiture à brancards qui portait en outre 8 poutrelles et 10 madriers. Des troupes spéciales étaient chargées du transport et de la mise en œuvre de ce matériel. Telle fut l'origine des pontonniers qui rendent de si grands services dans les armées modernes.

A la même époque, on rencontre d'intéressantes solutions pour la construction des ponts de circonstance. C'est ainsi que les Suisses jetèrent à Casale, sur le Pô, un pont de cordages donnant passage à l'artillerie (1715). Vers 1720 apparaît le premier exemple d'un type de chevalet-support dont le chapeau mobile pouvait être élevé ou abaissé suivant la profondeur de la rivière à franchir. Des ponts sur tonneaux, sur caisses cloisonnées, sur pontons en toile goudronnée furent successivement employés.

Au XIXe siècle, les procédés usités par les armées pour le passage des rivières restent les mêmes qu'au XVIIIe avec quelques perfectionnements. Chaque armée européenne est munie d'un corps de pontonniers et d'un ou plusieurs équipages de ponts de bateaux avec un certain nombre de chevalets à deux pieds (V., ÉQUIPAGE DE PONTS). Les pont fixes sont construits par les troupes du génie et fondés sur des palées en charpente.

Parmi les passages de grands fleuves les plus remarquables, nous citerons :

Le passage de la Limmat sur un pont de bateaux par l'armée de Masséna, en 1799. Les passages du Danube à l'île Lobau, par Napoléon, en 1809, qui donnèrent lieu à un ensemble de travaux militaires immenses dont le général en chef avait lui-même tracé le plan et pris la direction. Le 13 mai 1809, Napoléon résolut de construire trois ponts en avant d'Ebersdorf, sur les trois bras du Danube entourant l'île Lobau. Ces ponts furent établis à l'aide de bateaux autrichiens et non sans d'assez grandes difficultés. Du 18 au 21 mai, l'armée passa et engagea la bataille d'Essling pendant laquelle le pont du premier bras du Danube fut successivement détruit deux fois par l'ennemi, ce qui obligea l'armée à se retirer dans l'île Lobau sans avoir remporté un succès décisif. Les ponts réparés furent de nouveau détruits trois jours après par les crues et par des moulins que les Autrichiens envoyèrent contre ces ouvrages imparfaitement défendus. Ces graves accidents, dus surtout au défaut d'un matériel préparé d'avance, firent comprendre à Napoléon la nécessité de préparer des moyens d'action beaucoup plus puissants et de construire deux ponts fixes sur pilotis, défendus par des estacades du côté d'amont. Ces travaux préparatoires durèrent jusqu'au 3 juillet, et pendant la nuit du 3 au 4 les corps d'Oudinot et de Masséna opérèrent leur passage et refoulèrent l'ennemi, ce qui permit à Napoléon de jeter huit nouveaux ponts sur lesquels le reste de l'armée passa et put livrer la bataille de Wagram. La construction du grand pont de 700 mètres sur le Danube exigea plus de vingt jours et vingt nuits d'un travail continu.

En 1812, Napoléon franchit le Niémen sur trois ponts d'équipage qui furent jetés par les pontonniers, de 11 heures du soir à 4 heures du matin.

Pendant la campagne de 1814, les succès de Napoléon eussent été doublés s'il avait possédé des équipages de pont ou tout au moins un matériel de réserve permettant

de construire promptement des ponts à longues travées.

Depuis les grands travaux de ponts de l'île de Lobau, en 1809, et des campagnes de l'Empire, il faut arriver à la campagne d'Italie, en 1859, pour trouver des exemples importants de construction de ponts militaires sur bateaux ou sur chevalets (passages de l'Adda, du Mincio, du Tessin, etc.).

Cette campagne, ainsi que nos expéditions en Algérie, en Chine, au Mexique, au Sénégal, etc., mirent en évidence les imperfections et les lacunes de notre outillage pour la construction des ponts improvisés. Les remarquables travaux des armées Américaines pendant la guerre de Sécession firent comprendre à quelques-uns de nos ingénieurs militaires la nécessité de sortir de la routine et de trouver de nouveaux procédés pour la construction et la réparation des ponts en campagne. La question du rétablissement des ponts de chemins de fer détruits par l'ennemi fut soulevée, discutée mais non résolue. Aucun progrès pratique ne fut réalisé dans cette branche si importante de l'art militaire.

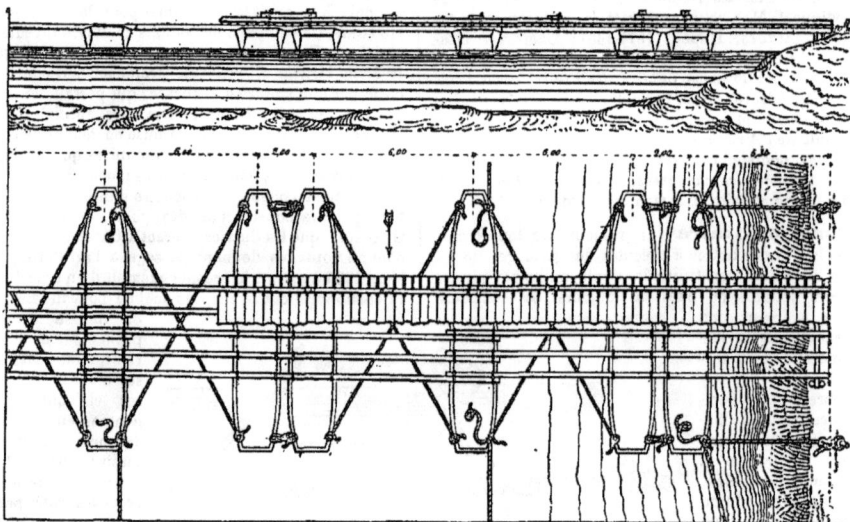

Fig. 261 et 262. — *Pont de bateau de l'équipage français. Plan et élévation.*

Aussi, pendant la guerre Franco-Allemande, en 1870, on put constater aussi bien du côté des Allemands que des Français une imprévision et une insuffisance remarquables dans les moyens de rétablir les communications interrompues, surtout sur les voies ferrées. Malgré le mérite et l'activité des sapeurs du génie des deux nations, ils n'accomplirent aucun travail digne d'être comparé à ceux de Darius, d'Alexandre, de Napoléon et de l'armée fédérale américaine. Pendant le siège de Paris, les Prussiens ont toujours employé, en moyenne, plus de vingt jours pour construire des ponts fixes de 120 à 150 mètres sur la Seine; et l'on se souvient que si les Français ont perdu la bataille de Champigny c'est en grande partie au manque de moyens, d'esprit d'invention et de promptitude dans la construction des ponts de la Marne qu'il faut attribuer leur échec.

C'est seulement depuis quelques années que l'art des ponts militaires semble s'ouvrir une voie nouvelle par l'emploi des éléments portatifs en acier pour le rétablissement des ouvrages d'art.

Ponts militaires modernes. Actuellement, toutes les armées européennes sont pourvues d'un corps de pontonniers et d'équipages de ponts de

bateaux, pour le franchissement rapide des grands cours d'eau. En France, en Angleterre, aux Etats-Unis et en Italie, les bateaux et chevalets-supports sont en bois, non divisibles. En Allemagne, en Autriche, en Russie, en Belgique, en Suisse, les bateaux sont confectionnés en tôle zinguée ou galvanisée. Ils sont généralement divisibles et s'emploient avec le chevalet démontable à deux pieds du type Birago, ou avec le chevalet belge à trépied du major de Thierry. Le tablier, formé comme en France de madriers brêlés sur des poutrelles, est presque toujours muni d'un double garde-fou.

Nous donnons (fig. 261 et 262) le plan, l'élévation et (fig. 263) la perspective d'un pont de bateaux de l'équipage français construit par portières.

L'espacement des bateaux est de 6 mètres d'axe en axe et la largeur totale du tablier est de 3m,90 (fig. 263).

Ce pont supporte les charges suivantes par mètre courant :

1° Infanterie à rangs ouverts. . .	312 kil.
2° Infanterie à rangs serrés. . ;	519
3° Infanterie en déroute.	1.170 (charge dangereuse),
4° Cavalerie en colonne par 2. .	457
5° Artillerie de campagne de 95	600

Ces ponts ne résistent pas au passage de l'artillerie de siège, dont la charge par mètre courant dépasse 1,200 kilos. On doit faire passer l'artillerie de siège sur des radeaux flottants ou sur des ponts de radeaux très solides.

En dehors des ponts d'équipage, les troupes du génie sont appelées à construire, en campagne, avec les ressources trouvées dans le pays, un grand nombre de ponts improvisés qui sont :

1° Les ponts supportés avec des péniches ou des bateaux de commerce, à grand pontage. Système excellent à la condition que l'on possède un approvisionnement d'éléments en acier permettant de faire des poutrelles métalliques de 12 à 16 mètres de portée, ainsi qu'on l'a proposé récemment ;

2° Les ponts de radeaux qui peuvent supporter les plus lourds fardeaux. Les radeaux se font en bois ou avec des tonneaux ;

3° Les ponts sur chevalets rapides, construits en corps d'arbre ;

4° Les ponts sur palées en pilotis, qui se construisent très promptement lorsque l'on peut employer des poutrelles d'acier de 12 à 16 mètres, permettant un pontage allongé ;

5° Les ponts de cordages ou suspendus, employés par les Anglais, les Américains et les Suisses ;

6° Enfin, des dispositifs de circonstance en

Fig. 263. — *Construction d'un pont de bateaux.*

usage dans les écoles de guerre pour rétablir promptement le passage sur un pont imparfaitement détruit par l'ennemi. Ils consistent généralement en combinaisons de fermes et de chevalets en bois connues de tous les charpentiers.

Ces divers dispositifs : pont à la Palladio, dispositif d'Almeida, appareil de Ponte-Mulcella, etc., ne permettent pas de franchir des brèches de plus de 19 mètres ; ils n'offrent rien de nouveau et sont décrits dans tous les aide-mémoire.

Nouveau système de ponts militaires basé sur l'emploi d'éléments portatifs en acier :

a) Pont d'armée (sur supports flottants ou fixes). Les ingénieurs militaires expérimentés s'accordent à reconnaître que le système traditionnel de ponts à supports flottants ou fixes très rapprochés offre les inconvénients suivants :

1° Les travées étant très courtes, par suite de la faiblesse des poutrelles de 6 mètres employées pour le pontage, exigent l'emploi de supports flottants ou fixes très nombreux, dont la résistance au courant fatigue le pont et fait souvent gonfler le fleuve en amont, ce qui peut amener la submersion ou la rupture du tablier. Ces accidents sont fréquents lorsque la rivière charrie des glaces ou des corps flottants ;

2° Le tablier étant à une très faible hauteur audessus de l'eau en raison du peu d'épaisseur des poutrelles, si le pont est très chargé par le poids des troupes, ou si la rivière vient à grossir, le pont peut être submergé et emporté par le courant ou par les glaces flottantes. Exemples : ponts du Danube en 1809, ponts des Prussiens sur la Seine en 1870 ;

3° Si l'on ne dispose pas de plusieurs équipages de ponts de bateaux, il faut recourir aux ponts de chevalets à court pontage ou aux ponts de circonstance en charpente de bois, qui exigent de grands approvisionnements de bois, ainsi qu'une main-d'œuvre habile et un outillage considérable et entraînent de grandes pertes de temps.

Ces trois inconvénients ont acquis, de nos jours,

une gravité exceptionnelle en raison de la rapidité extrême avec laquelle se concentrent les armées, grâce à l'emploi des chemins de fer, et de l'importance prépondérante que prennent les communications stratégiques. Frappé de cette situation, le commandant du génie Henry a proposé, dès 1880, de constituer un nouveau système de ponts militaires basé sur les principes suivants :

1° Transporter à la suite des armées, comme complément de l'équipage normal de ponts de bateaux, un matériel spécial composé d'éléments portatifs en acier, solides, légers et indéformables, d'un montage facile, permettant de construire très promptement, sans le secours d'aucun ouvrier d'art, des poutres ou cages métalliques triangulées, des palées contreventées et des échafaudages à grandes mailles triangulaires identiques, de formes et de dimensions aussi variées que les circonstances locales pourront l'exiger;

2° Adopter un mode de pontage à longue portée par l'emploi de poutres armées en acier ou même de travées américaines démontables à 3 ou 4 fermes, à portée variable, depuis 12 mètres jusqu'à 30 mètres, de façon à espacer les supports flottants ou fixes par des intervalles toujours supérieurs à 12 mètres et pouvant, au besoin, atteindre 25 et 30 mètres;

3° Pour les ponts à établir sur radeaux ou sur bateaux du commerce (péniches ou chalands), on devra donner à la travée métallique à claire-voie qui supporte le platelage en madriers une hauteur minimum de 1 mètre, de telle sorte que, le pont étant monté, la surface supérieure du plancher se trouve à 1m,40 ou 1m,50 au moins au-dessus du niveau de l'eau. La travée étant constituée par de larges mailles triangulaires à côtés rigides et minces en acier, n'offrira presqu'aucune résistance au courant gonflé par une crue, et l'eau passera au travers du treillis sans mouiller le platelage supérieur;

4° Adopter, pour l'infanterie et la cavalerie d'avant-garde, un type de passerelle en acier, portative et démontable, de 14 à 17 mètres de portée, transportable sur une seule voiture, et permettant de faire franchir en quelques minutes à une compagnie ou à un escadron, un ruisseau, un ravin ou un fossé. La même passerelle doublée, triplée ou quadruplée, suivant les besoins, doit permettre de rétablir en moins d'une heure une brèche de pont, de façon à en permettre le franchissement par la cavalerie et l'artillerie légère.

Ce système, simple et complet, est actuellement mis à l'étude au point de vue des dispositions de détail.

Dans le premier type de pont du système **Henry**, chaque triangle ne pèse pas plus de 50 kilos : les pièces inférieures ou tirants sont en acier et très rigides, de façon à permettre le lançage du pont par roulement sur galets ; le platelage en madriers repose sur une série de châssis-travures qui assurent le contreventement dans le sens transversal. Un pont de 20 mètres de ce système, composé de 18 éléments triangulaires portatifs, ne pèse pas plus de 2,800 kilos et peut être transporté, avec son platelage, sur deux prolonges

du génie. Ce genre de pont comprend l'emploi de 5 modèles d'éléments : la fermette triangulaire, le châssis-travure, la pièce de pont, le tirant et le boulon d'assemblage.

Depuis 1880, l'auteur, généralisant son invention pour la rendre applicable à diverses constructions, notamment aux viaducs et estacades, a trouvé et formulé la solution complète et pratique des problèmes qui se présentent aux ingénieurs militaires dans l'étude des constructions improvisées au moyen d'éléments transportables assemblés par des axes ou des boulons.

Voici dans quels termes exacts le commandant Henry a défini son appareil de construction triangulaire démontable, auquel il a donné dans son brevet le titre suivant :

« Nouveau système de charpente réticulée à mailles rectangulaires identiques et indéformables composées d'éléments portatifs et interchangeables. »

« Ce système de charpente est essentiellement caractérisé par la mise en œuvre d'un *même type d'élément portatif*, à claire-voie, triangulaire et indéformable, dont les trois côtés très rigides sont calculés de manière à supporter ou transmettre sans flexion des efforts considérables de traction ou de compression. Chaque triangle peut être construit à l'avance de toutes pièces ou bien il peut (comme cela a lieu dans les constructions importantes) être subdivisé lui-même en trois éléments portatifs rectilignes tels que poutres ou bielles à section pleine ou creuse. Les pièces constitutives de l'ouvrage sont munies à leurs extrémités de tenons ou de mortaises métalliques, percés d'œils et s'assemblent très promptement entr'elles ou avec d'autres pièces droites par un très petit nombre d'axes ou de boulons en acier.

« Tous les éléments constitutifs d'un pont ou d'un viaduc, à portée variable, sont ramenés à un nombre minimum de modèles distincts (cinq ou six tout au plus), et chaque pièce jouit de la propriété de pouvoir se substituer à une pièce quelconque de même ordre dans n'importe quelle partie de la construction ; c'est-à-dire que toutes les pièces de même ordre sont identiques, interchangeables et réversibles. Enfin, chaque élément peut être chargé et transporté aisément par wagon, bateau ou voiture, et tous les assemblages ont été combinés de telle sorte qu'un ouvrage très considérable, tel qu'un pont de chemin de fer, une estacade, une pile de viaduc, puisse être transporté, monté et mis en place en quelques heures, sans numérotage des pièces, par de simples soldats ou par des ouvriers quelconques peu exercés. »

Pour réaliser de petites travées de pont, des passerelles ou d'autres ouvrages légers, l'inventeur emploie ses éléments portatifs triangulés entièrement construits à l'avance ; s'il s'agit, au contraire, d'estacades, de piles ou de travées tubulaires pour ponts de chemins de fer, il compose ses fermes triangulaires de trois bielles droites, dont les sections sont calculées en prenant pour base l'effort maximum de compression ou de traction que chaque pièce aura à supporter dans la partie de l'ouvrage où elle travaille le plus. Le poids de la pièce la plus lourde n'atteint pas 150 kilos, en général.

Les principales applications proposées par l'auteur dans divers mémoires, de 1880 à 1883, sont les suivantes :

1° Nouveau type de pont de bateaux ou de radeaux, à tablier insubmersible, composé de travées démontables à éléments portatifs en acier,

avec portée variant depuis 6 mètres jusqu'à 18 mètres;

2° Matériel portatif en acier pour construire rapidement des ponts de campagne fixes à travées de longueur variable, sur des rivières de toute largeur, en employant un pont de bateaux d'équipage comme pont de service;

3° Ponts divisibles pour réparation de brèche de largeur comprise entre 10 et 30 mètres : 1° tout en acier; 2° en bois avec assemblages d'acier;

4° Ponts-route, de 10 à 30 mètres, obtenus par l'assemblage de 5 types d'éléments rectilignes en acier, pouvant être transportés à dos de mulet;

5° Pont de chemin de fer de 20 à 50 mètres de portée, à éléments portatifs de 6 modèles distincts, en acier;

6° Matériel métallique, à éléments portatifs et inoxydables, de 4 modèles différents, constituant l'appareil-dit « équilatéral ». Cet appareil de charpente est particulièrement destiné à la construction très rapide de jetées, d'appontements ou de débarcadères sur les côtes maritimes ou fluviales dépourvues de ports ou de moyens de débarquement.

Ces diverses combinaisons pratiques furent communiquées, en 1880 et en 1881, par l'auteur aux ministres de la guerre et de la marine, qui les accueillirent avec intérêt. D'autre part, la fécondité et les remarquables propriétés de ce nouveau système de ponts ne pouvaient échapper longtemps à l'appréciation des constructeurs et des ingénieurs; aussi, dès l'année 1882, vit-on apparaître dans l'industrie des applications immédiates de la charpente réticulée à éléments portatifs en acier. Les types principaux de ponts et passerelles divisibles à éléments triangulés actuellement employés sont:

1° Pont portatif en acier de 10 à 22 mètres de portée (type Eiffel), composé d'éléments triangulaires en acier transportables, de 6 mètres de longueur et pesant 180 kilogrammes chacun. Le pont entier, de 22 mètres, pèse 8,000 kilogrammes. — V. Pont, § *Ponts portatifs économiques*;

2° Le pont portatif employé pour les chemins de fer Decauville. Même type que ci-dessus, construit et exposé par la maison Decauville en 1883;

3° Divers types de ponts pour routes et pour les armées, beaucoup plus légers que les précédents, construits par la Compagnie Fives-Lille pour des portées variables, depuis 10 mètres jusqu'à 30 mètres. Les éléments de ces ponts sont transportables à dos de mulet et à bras d'homme;

4° Le type de passerelle d'infanterie à tablier en bois, divisible, pesant 280 kilos, et permettant le franchissement d'une rivière ou d'un ravin de 16 mètres de largeur (construit en 1883 par la maison André, de Neuilly);

5° Le type de passerelles jumelées, entièrement en tôle d'acier, formant un pont divisible et portatif de 16 mètres de portée, susceptible d'être lancé en 10 minutes, et donnant passage à l'infanterie, à la cavalerie et à l'artillerie légère. Construit par la Compagnie Fives-Lille, en 1885, et essayé avec succès par le régiment du génie de Grenoble; ce pont n'exige que 2 voitures pour son transport.

b) Ponts militaires démontables à portées variables pour réparation des ponts de chemins de fer. La question de la construction ou de la réparation très rapide des ponts et viaducs de chemin de fer par des moyens simples et puissants, est sans contredit la plus importante de celles qui doivent préoccuper nos ingénieurs militaires dans l'éventualité d'une grande guerre européenne.

— En France, dès l'année 1868, le corps du génie, instruit par l'exemple des audacieux travaux d'art que les ingénieurs des armées de Grant et de Mac-Clellan, avaient improvisés pendant la guerre de la Sécession en Amérique, s'était préoccupé de la solution du problème de la reconstruction des ponts de chemin de fer à la guerre. Cette difficile question fut mise au concours en 1868 et 1869; quelques officiers du génie et ingénieurs civils présentèrent sur le projet proposé des mémoires intéressants mais incomplets. Sans indiquer de solution générale ou nouvelle, ces mémoires exposaient longuement l'historique des nombreux travaux exécutés en France et à l'étranger et contenaient des renseignements et des tables numériques fort utiles à consulter par les ingénieurs militaires appelés à édifier de grands travaux de charpente en bois dans certains cas particuliers. Malheureusement ces études, quoique fort détaillées, n'ont révélé aucune idée ni aucune découverte nouvelle et n'ont donné aucun procédé pratique en industrie pour constituer d'avance un matériel de ponts de chemins de fer; aussi fûmes-nous complètement pris au dépourvu en 1870, au moment où éclata la guerre Franco-Allemande.

Ponts métalliques à poutres pleines. Après la guerre de 1870, la Commission militaire supérieure des chemins de fer fit admettre en principe l'obligation, pour le département de la guerre, de constituer à l'avance, dans des dépôts spéciaux, des ressources très puissantes en matériel pour assurer, au moment d'une déclaration de guerre, le rétablissement rapide des premiers ponts détruits par l'ennemi. Inspirée par la plus louable initiative, cette haute Commission fit construire et expérimenter à grand frais, de 1878 à 1882, un premier matériel métallique destiné à rétablir en quelques jours des travées de pont de longueurs variables, comprises entre 6 et 30 mètres. Ce matériel étudié et construit par l'usine du Creusot, sous la direction du service du Génie, a été décrit sommairement en 1885 dans l'ouvrage de M. le colonel Hennebert intitulé *l'Art militaire et la science* (chap. III, IVe partie). Il consiste dans un approvisionnement de tronçons divers, de poutres de pont en tôle de fer à double T, appartenant au type ordinaire des ponts à une voie; ces tronçons, assemblés deux par deux avec entretoises, forment des éléments de pont dont le poids varie de 7,000 à 13,000 kilogrammes. Pour construire un pont avec ce matériel, il faut connaître la largeur à franchir, puis réunir bout à bout un nombre suffisant de tronçons avec de grandes plaques en tôle formant couvre-joints et fixées par un grand nombre de boulons de divers modèles destinés à tenir lieu de rivets. Le montage et la mise en place d'un pont de 30 mètres composé de 5 tronçons peut être opéré en 60 heures avec un personnel spécial bien dressé et

des engins spécialement fabriqués pour le transport et le maniement des tronçons.

Le type de travée en tôle pleine pour 30 mètres de portée pèse 1,400 kilogrammes par mètre courant et coûte 40,000 francs; pour les portées supérieures à 30 mètres, il faut employer un autre matériel beaucoup plus lourd qui revient à environ 2,000 francs par mètre courant avec les accessoires nombreux nécessaires au montage. Des expériences, faites en 1885 et 1886, ont montré que les ponts à poutres pleines, admissibles pour les petites portées, étaient encombrants, d'un transport difficile et d'un prix très élevé lorsque les travées viennent à dépasser 30 mètres de portée.

Vers la même époque, l'état-major général allemand fit faire des études et des dépenses considérables dans le but de se constituer un matériel de réserve pour la réparation des ponts et viaducs de chemin de fer. Mais ce n'est que depuis deux ans seulement que le Génie militaire allemand semble être entré dans une voie nouvelle en confiant la recherche de la solution de ce difficile problème aux ingénieurs de l'usine Krupp. Les résultats de ces études sont inconnus.

Dans l'armée italienne, on a expérimenté à Naples, en 1883 et 1884, un type de travée divisible pour pont de chemin de fer proposé par l'ingénieur Cottrau. Ces ponts dits *polytétragonaux*, sont composés par l'assemblage bout à bout de panneaux rectangulaires métalliques à mailles triangulaires entrecroisées d'une façon analogue à la charpente réticulée. A l'aide d'un nombre variable de ces panneaux et de joints boulonnés, on peut construire assez rapidement deux poutres parallèles, sur lesquelles on dispose la voie ferrée. Ces travées, un peu étroites, ne peuvent pas dépasser la portée maxima de 25 mètres sans éprouver de fortes flexions au passage des trains.

Système à éléments portatifs du commandant Henry. En 1881 et 1882 le commandant Henry attira l'attention du Comité du Génie sur les défauts techniques et les inconvénients des ponts à poutres pleines, et sur les avantages que présentait l'application de la charpente réticulée divisible à éléments portatifs pour la construction rapide de grands ponts de chemin de fer, quelle que soit la portée des travées. Dans cet ordre d'idées cet officier supérieur proposa et formula un nouveau système de ponts de chemin de fer, à tablier inférieur ou supérieur, essentiellement composé de deux grandes poutres maîtresses évidées, à double paroi triangulée, dont la portée et la hauteur peuvent varier dans des limites étendues, sans qu'il soit nécessaire de changer les modèles-types des pièces élémentaires. Suivant les cas, les parois des poutres sont formées par l'assemblage soit de triangles indéformables tout confectionnés à l'usine, soit de pièces droites s'assemblant entre elles avec de grands boulons d'articulation. Les pièces-types sont combinées de manière à se réduire à six modèles distincts, aisément transportables sur vagons ou voitures;

avec les mêmes pièces on peut construire des travées de ponts de chemin de fer de hauteur variable et dont la portée peut aller de 20 à 50 mètres. Pour comparer facilement les poutres réticulées à double paroi avec les poutres en I à âme pleine renforcée, le commandant Henry a établi la formule pratique suivante : $p = 5 . H . e$ qui donne, pour chaque mètre courant de poutre de son système, ayant une hauteur H, l'économie de métal réalisée sur une poutre en I à âme pleine ayant le même moment d'inertie et dont l'épaisseur d'âme serait exprimée par e.

Par exemple, si l'on compare une poutre réticulée de 4 mètres de hauteur avec une poutre en tôle pleine de résistance égale dont l'âme a une épaisseur $e = 0,012$ millimètres, la formule ci-dessus donnera $p = 5 \times 4 \times 12 = 240$ kilogrammes pour un mètre de poutre, soit 480 kilogrammes d'économie par mètre courant de pont, résultat qui, appliqué à un pont de 45 mètres, montre que l'économie totale du métal doit être de 21,600 kilogrammes, ce qui correspond à 16,000 francs d'économie sur les ponts fabriqués au Creusot. Cette remarquable réduction de poids s'est vérifiée avec une grande approximation dans les récentes expériences de Roc-Saint-André. D'un autre côté, le changement des éléments, le transport et la mise en place de ce genre de pont divisible s'effectuent avec la plus grande facilité en n'employant que de simples soldats non exercés, sans exiger ni vagons spéciaux ni engins trop encombrants. On a très nettement résumé les propriétés essentielles et la valeur pratique de ces nouvelles dispositions, en disant qu'elles ont permis de réaliser la mobilisation des constructions métalliques américaines à grandes mailles, par l'emploi d'un très petit nombre d'éléments-types portatifs, habilement combinés.

Nous devons signaler les importantes applications de ce système qui ont été faites depuis quelques années :

1° Type de travée en fer à grandes portées proposée en 1884 par MM. les ingénieurs Boyer et Marion et construite par la société Cail. Cette travée en charpente réticulée est composée par l'assemblage de 11 pièces-types transportables, les pièces de même ordre sont identiques et interchangeables; les assemblages très robustes s'opèrent à l'aide d'un grand nombre de boulons de divers modèles ;

2° Type de pont portatif économique de M. Eiffel, déjà décrit au paragraphe *Ponts portatifs économiques*.

3° Type de grande travée démontable à éléments portatifs, construit par la société de Fives-Lille en 1885, pour franchir des portées variables entre 25 et 50 mètres. Les poutres maîtresses, de hauteur et de longueur variables suivant la portée, sont à double paroi et composées par l'assemblage de pièces droites en acier, très maniables, réduites à 6 modèles distincts et interchangeables. Le montage et le lancement de ce type de travée ont été exécutés par des soldats quelconques en moins de vingt-quatre heures pour un pont de 30 mètres de portée. La flexion de ces travées sous le passage des locomotives est à peu près insensible.

Ces trois types de ponts, qui jouissent de propriétés communes extrêmement remarquables, ont attiré l'attention de la Commission militaire supérieure des chemins de fer qui les a soumis à des expériences comparatives très intéressantes.

Ces importants essais où viennent concourir nos plus grandes usines, démontrent une fois de plus que de nos jours c'est à la science de l'ingénieur et aux procédés perfectionnés de la grande industrie que la France doit faire un énergique et pressant appel pour reconquérir sa grandeur militaire et sa supériorité en Europe. On peut, en effet, affirmer qu'entre deux puissances civilisées, capables de mettre sur pied le même nombre de combattants bien dressés, la victoire définitive et absolument décisive appartiendra à celle qui, au début de la guerre, possédera les moyens de transports militaires les plus rapides et les plus puissants, l'arme la plus meurtrière, l'outillage industriel le plus perfectionné et les ingénieurs les plus intelligents et surtout les plus entreprenants.

C'est en grande partie pour avoir méconnu cette loi fondamentale du siècle que la France s'est laissée surprendre en 1870, et c'est en s'attachant à l'appliquer énergiquement que ceux qui nous gouvernent pourront rendre au pays toute sa puissance passée.

Fig. 264. — Porte fortifiée, avec ponts-levis.

Bibliographie : APPIEN : Histoire d'Alexandre, Hérodote, Jules César, Le chevalier Folard ; Histoire des passages des cours d'eau, par le capitaine du génie THIVAL ; Ponts militaires, par le capitaine MARGA ; Mémorial du génie, n° 26 (1885) : Rapport sur un nouveau système de ponts militaires à éléments portatifs en acier, inventé par le commandant HENRY en 1880 ; Nouvelles annales de construction, septembre 1884 . Ponts portatifs ; Spectateur militaire (1885) ; Exposé du système de constructions militaires portatives, en acier ou charpente réticulée, du commandant HENRY ; Notice sur les ponts portatifs en acier, de la maison EIFFEL (1886) ; L'art militaire et la science, par le colonel HENNEBERT ; Le Génie civil (1886) : Expériences de réparation de ponts métalliques de chemin de fer sur la ligne de Questembert à Ploërmel.

PONT A BASCULE. Appareil servant à peser les voitures et les wagons (V. BASCULE). Dans les chemins de fer, le pont à bascule se place généralement sur des voies accessoires où ne circulent pas les locomotives. Ces appareils sont, en effet, établis pour des charges d'un poids maximum de 30 tonnes ; le passage d'une machine qui, en charge, pourrait dépasser cette limite, détériorerait les couteaux de la bascule.

PONT-LEVIS. Pont mobile qui, dans l'architecture militaire, donne accès à une porte fortifiée, au-dessus du fossé.

— Au moyen âge, on employait, pour établir la communication passagère entre la ville fortifiée et la campagne avoisinante, soit des ponts à bascule, soit des ponts roulants sur des longrines ; ceux-ci étaient les plus anciennement employés ; quant aux ponts à bascule, qui sont les véritables ponts-levis, ils firent partie pendant longtemps des ouvrages avancés, et c'est seulement au XIVe siècle qu'on les voit établis dans la maçonnerie même de la porte.

La figure 262 qui représente une porte fortifiée de l'enceinte de Provins, fait voir la disposition le plus communément adoptée pour les ponts-levis. Elle consiste, pour chaque ouverture, en plusieurs grandes poutres auxquelles le tablier tient par des chaînes ; ces poutres se prolongent à l'intérieur d'une longueur au moins égale, et sont reliées entre elles, si le tablier nécessite l'emploi de deux montants, par un châssis formé de traverses et de croix de Saint-André, qui forme contrepoids et permet de manœuvrer le pont-levis par un effort même très faible exercé sur une chaîne que l'on voit sous la voûte. Pour les petits ponts établis devant une poterne, la poutre seule fait contrepoids, et à l'extérieur une fourche peut recevoir deux chaînes si leur emploi est nécessaire.

Lorsque l'usage de l'artillerie permit à l'assiégeant de détruire les bras et les chaînes du pont-levis, on imagina des tabliers qui basculaient en se relevant, c'est-à-dire dont le contrepoids se trouvait au-dessous de la porte ; aucune partie du mécanisme n'était ainsi visible à l'extérieur.

Depuis, on a dû établir des ponts importants devant les grandes portes de nos villes fortes, et on a rendu la manœuvre plus facile et plus sûre au moyen de treuils et de poulies à la Vaucanson, mais le principe est toujours le même, et consiste dans une application raisonnée du contrepoids. Un des systèmes le plus usité est le pont-levis à la Poncelet où une grosse chaîne agit par son poids sur le tablier avec une force diminuant à mesure que le pont se relève et se rapproche de la verticale. Le principal inconvénient de ce système consiste dans la nécessité de reporter très haut le point d'attache, ce qui expose à la vue une trop grande longueur de chaîne ; le pont Delite, au contraire, ne laisse voir qu'une petite partie des tiges de fer rigide qui le relient à des cylindres ; ceux-ci en descendant sur des courbes tracées de telle manière que le système soit en équilibre dans toutes les positions, ramènent le tablier à la position verticale. Les bâtis qui supportent ces cylindres sont quelque peu encombrants, mais malgré cet inconvénient ce système paraît donner les meilleurs résultats pour la célérité et la précision.

Dans les constructions civiles, les ponts-levis ne sont guère employés que sur les canaux, et seulement aux abords des villes, là où il est complètement impossible de faire passer la voie de terre au-dessus ou au-dessous de la voie d'eau. En ce cas, ce sont les ponts-levis équilibrés à flèche ou à bascule qui sont le plus employés à cause de l'économie de la construction et de la facilité de la manœuvre; ils ont l'inconvénient d'obliger à rétrécir le canal et, par suite, de ralentir la circulation. On emploie, dans les places fortes, des ponts-levis à courbes et à contrepoids trop coûteux et trop compliqués pour être appliqués aux travaux publics.

PONT ROULANT. Terme sous lequel on désigne souvent les chariots transbordeurs qui permettent de faire passer d'une voie à l'autre, sans les tourner sur les plaques, les vagons ou les machines dans les remises ou dans les gares de chemin de fer. Dans les types les plus récents, les ponts roulants sont établis *sans fosse*, au-dessus du niveau des voies qu'ils traversent, de manière à éviter les accidents qui pourraient survenir au personnel appelé à circuler au milieu de ces voies. Les rails du chemin de roulement du chariot sont interrompus, de manière à laisser passer les roues des véhicules circulant sur les voies à desservir, et les galets de roulement du chariot sont établis en *chapelet*, de manière que le chariot ne coince pas en roulant dans ces coupures.

PONT TOURNANT. *T. de chem. de fer.* On désigne sous ce nom les appareils qui servent à tourner les machines dans les gares ou les dépôts. Le pont tournant diffère de la *plaque tournante* (V. ce mot), d'abord par sa dimension qui est plus grande, ensuite, parce que la fosse dans laquelle il exécute son évolution n'est généralement pas recouverte par une plaque, et que l'appareil ne porte qu'une seule voie suivant un diamètre. Cette voie est posée sur des longrines métalliques, reposant, par un pivot central, sur un massif en moellons brut. Une couronne en pierre de taille supporte le chemin de roulement des galets extérieurs fixés au pont, comme on l'a d'ailleurs indiqué plus en détail au mot PLAQUE TOURNANTE. Quand les ponts tournants doivent être manœuvrés à bras d'homme, on les dispose de manière qu'ils soient équilibrés pendant la rotation, que toute la charge repose sur le pivot; le pont est calé quand la machine y pénètre ou lorsqu'elle le quitte, à l'aide de deux verrous de calage, appliqués à chaque extrémité des poutres. Les mécaniciens arrivent bientôt, sans tâtonnement, à s'arrêter sur le pont à la position nécessaire pour obtenir l'équilibre. La machine étant bien centrée et le décalage opéré, deux hommes tournent facilement le système, en poussant latérale-

ment, à l'épaule, la machine. Pour des ponts tournants de 14 mètres, le pivot en acier porte une charge de 8 kilogrammes par millimètre carré. On fait maintenant des ponts tournants de 17 mètres de diamètre, pour les machines à trois essieux attelées à leur tender.

II. PONT. 1° *T. de constr. nav.* A bord d'un navire, les ponts sont les planchers qui servent à former les étages. Sur les anciens vaisseaux de guerre, on distinguait en partant de la partie inférieure : la *plate-forme* de la cale, le *faux-pont*, les ponts des *différentes batteries*, et enfin le pont des *gaillards*.

Aujourd'hui, les dénominations sont moins absolues et l'on donne généralement la dénomination de *faux-ponts* aux ponts inférieurs. Sur les navires de commerce on emploie fréquemment des noms anglais tels que « spardeck », pour désigner les ponts supérieurs et indiquer en même temps le genre de construction. Au point de vue de la construction proprement dite, les ponts sont généralement constitués par un bordé longitudinal en sapin ou en pin appliqué sur la membrure qui est elle-même faite en bois ou en métal. Dans certains cas, le bordé des ponts est entièrement métallique, constitué par des plaques de tôle à surface lisse ou striée. Sur certains navires de guerre on a recouvert ces surfaces métalliques d'enduits divers parmi lesquels il faut citer le linoleum. Dans quelques cas particuliers le bordé est à jour et le pont est alors dit, pont à *caillebotis*. || 2° Défaut que l'on rencontre dans la fabrication du velours frisé uni, et qui désigne un ou plusieurs fils n'ayant pas été liés après le fer et flottant par conséquent sur deux fers. Chaque fois que le tisseur s'aperçoit de cet accident, il doit défaire les coups de trame et les repasser à nouveau, afin de lier ces parties de poil qui ne le sont pas. || 3° *T. de verr.* Sorte de plancher en saillie sur le bord duquel l'ouvrier souffleur se place pour donner, au moyen de sa cannée chargée de verre pâteux, la forme voulue à la masse vitreuse. || 4° *T. techn.* Base des tuyaux d'orgue. || 5° Sorte de poteau qui reçoit le pivot des roues d'une montre, d'une pendule.

*PONT DE WHEATSTONE. Méthode de mesure des résistances électriques, très usitée dans la pratique. Cette méthode a été imaginée, en 1833, par M. Hunter Christie, de l'Académie militaire de Woolwich; mais elle ne fut remarquée qu'en 1843, lors de la publication du mémoire de Sir Charles Wheatstone sur la mesure électrique; et bien que ce dernier eût pris soin de rappeler l'origine de la méthode, le nom de pont de Wheatstone est passé dans le langage des électriciens. Considérons un quadrilatère MRNQ (fig. 265) constitué par quatre résistances a, b, c, d : une force électro-motrice E est introduite entre les sommets M et N; et un galvanomètre G entre les sommets R et Q, c'est-à-dire dans l'autre diagonale ou *pont* RQ du quadrilatère. Cherchons la relation qui doit exister entre les résistances, a, b, c, d, afin qu'il ne passe pas de courant dans le galvanomètre : il faut que le potentiel au point R soit égal au potentiel au point Q.

Si le courant est nul suivant QR, l'intensité est la même dans les conducteurs MQ et QN ; M, Q, N, R étant les potentiels des quatre sommets, on a donc

$$\frac{M-Q}{d} = \frac{Q-N}{c}, \text{ d'où } Q = \frac{Mc+Nd}{c+d};$$

l'intensité est aussi la même dans les conducteurs MR et RN, donc :

$$\frac{M-R}{a} = \frac{R-N}{b}, \text{ d'où } R = \frac{Mb+Na}{a+b}.$$

Pour que l'on ait Q=R, il faut que

$$\frac{Mc+Nd}{c+d} = \frac{Mb+Na}{a+b}$$

d'où

$$(M-N)(ac-bd)=o.$$

M−N n'est pas nul puisqu'il y a une force électro-motrice E entre M et N ; donc il faut que $ac=bd$.

La condition $ac=bd$ étant remplie, les points R et Q ont le même potentiel, et un galvanomètre, intercalé entre R et Q, ne donnera aucune déviation.

Réciproquement, si un galvanomètre ainsi disposé n'indique le passage d'aucun courant, les points R et Q auront le même potentiel, et on aura entre les résistances la relation $ac=bd$.

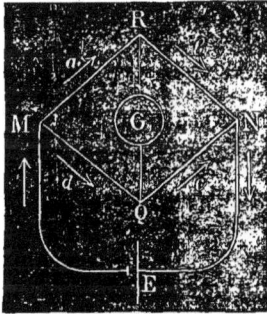

Fig. 265. — Pont de Wheatstone.

Ainsi E étant une pile quelconque, a et d des résistances arbitraires entre lesquelles on établit une certaine proportion (10, 100, 1,000, 1, 0,1, 0,01, 0,001), b un rhéostat ou résistance de comparaison variable (de 1 à 10,000, par exemple), et c une résistance inconnue, si l'on donne à b une valeur telle que le galvanomètre ne dévie pas, on aura pour la valeur de la résistance inconnue,

$$c = b\frac{d}{a}.$$

C'est le pont ordinaire ou à résistance de comparaison variable.

Ou bien, b étant une résistance de comparaison fixe, on fera varier le rapport $\frac{d}{a}$ jusqu'à ramener le galvanomètre au zéro, et la même relation donnera c : dans ce cas, QMR est un fil de résistance $a+d$ sur lequel se meut un curseur M auquel on donne une position telle que le galvanomètre ne dévie pas ; il est clair que le rapport $\frac{d}{a}$ peut prendre ainsi toutes les valeurs

possibles. C'est le pont à fil ou à résistance de comparaison fixe.

Cette méthode est indépendante de la pile employée et de la résistance du galvanomètre. — V. Balance électrique, Electrométrie, Résistance électrique. — J. R.

PONTS ET CHAUSSÉES. On désigne ainsi l'ensemble du personnel chargé exclusivement par l'Etat de la construction et de l'entretien des voies de communication, des ports fluviaux et maritimes, des phares et balises et d'une partie des travaux de chemins de fer. Les attributions du corps des ponts et chaussées sont divisées en plusieurs services, ressortissant au ministère des travaux publics et au ministère de l'agriculture.

— Il n'existait avant le XVIᵉ siècle aucune organisation pour les travaux publics ; ils étaient en grande partie exécutés par la corvée, c'est-à-dire par l'emploi forcé et gratuit de la population et par des réquisitions imposées aux voitures. (La corvée, instituée par les capitulaires carlovingiens, n'a été supprimée qu'en 1776 sur la proposition de Turgot qui la fit remplacer par une contribution pécuniaire.) Les dépenses étaient couvertes au moyen de péages ou d'impositions spéciales sur les habitants des localités intéressées ; les routes faisaient partie du domaine royal et les trésoriers de France étaient chargés de veiller au bon emploi de ces ressources. Les travaux de protection contre les inondations avaient été réglés par un capitulaire de Louis le Débonnaire et formaient un service spécial dirigé par les intendants des turcies et levées. La désignation d'ingénieur des ponts et chaussées figura pour la première fois dans une ordonnance de Charles V. Le premier essai de centralisation est dû à Henri IV qui créa en 1599 la charge de Grand Voyer de France et la confia à Sully ; sous la gestion du grand ministre, l'anarchie administrative et financière fit place à une organisation régulière et tellement étudiée que les règles posées dans l'édit de 1607, pour la construction et la réparation des bâtiments le long des rues et chemins, sont encore appliquées. Sully inaugura la construction des canaux à point de partage en faisant commencer par les soldats le canal de Briare ; mais cet ouvrage ne fut terminé que grâce à la concession accordée par Louis XIV en 1638 aux sieurs Boutheroux et Guyon. C'est du reste de la même façon que l'on est parvenu à faire construire les autres canaux, notamment celui du Languedoc par Pierre-Paul Riquet. Après l'assassinat de Henri IV, l'œuvre de Sully fut bientôt détruite et ne fut rétablie qu'en 1661, avec la nomination de Colbert au contrôle général des finances. Le service des canaux fut annexé aux ponts et chaussées en 1740 et celui des ports maritimes, abandonné par le ministre de la guerre, en 1741. Parmi les administrateurs des ponts et chaussées du XVIIIᵉ siècle, on signale le conseiller général Orry et les deux Trudaine, auxquels on doit la création, en 1747, de l'Ecole des Ponts et Chaussées. Cette organisation ne s'appliquait alors qu'aux pays d'élection ; les pays d'état, la Bretagne, la Bourgogne, le Languedoc, la Provence, le Roussillon et quelques autres, lui échappaient presque entièrement et s'administraient à leur guise ; ce n'est qu'en 1791 que fut créée, par la loi du 19 janvier, une administration centrale des ponts et chaussées, placée dans les attributions du ministère de l'intérieur. Le ministère des travaux publics a été créé en mai 1830 ; supprimé et rétabli plusieurs fois, il a été constitué définitivement en 1853 comme ministère de l'agriculture, du commerce et des travaux publics. Depuis 1869, les travaux publics forment de nouveau un département spécial. Le ministre est assisté par le Conseil général des ponts et chaussées, conseil composé des inspecteurs généraux de première et deuxième classe.

Le corps des ponts et chaussées, constitué définitivement par le décret du 7 fructidor an XII, se compose d'inspecteurs généraux (deux classes), d'ingénieurs en chef (deux classes), d'ingénieurs ordinaires (trois classes), de sous-ingénieurs, de conducteurs (cinq classes) et d'agents secondaires ou piqueurs. Les grades, les cadres et l'avancement sont, réglés par le décret fondamental de 1851, modifié dans quelques dispositions par les décrets de 1857, 1864, 1879 et 1881. Quelques économistes, entre autres J.-B. Say, ont discuté l'existence des corps privilégiés d'ingénieurs de l'Etat. D'autres attaques se sont produites depuis que les progrès de l'instruction publique ont augmenté le nombre des ingénieurs civils et rendu cette carrière difficile. Comme l'emploi de conducteur est facilement accessible et peut être jugé trop modeste, c'est contre le mode de recrutement des ingénieurs que les critiques sont dirigées ; elles ne peuvent viser le grade qui est la consécration des études et demeure indépendant de l'emploi. Or le recrutement annuel comporte en moyenne dix-huit nominations, et s'il convient d'en attribuer quelques-unes en dehors des élèves de l'Ecole, la justice et le bon sens exigent qu'elles soient réservées aux conducteurs, en prenant, comme on l'a fait du reste, les précautions indispensables pour ne pas affaiblir une institution que ses œuvres justifient amplement. — J. B.

Ponts et chaussées (Ecole des), — V. Ecole.

PONTET. *T. d'arm.* Demi-cercle que forme la sous-garde d'un fusil, d'un pistolet, pour garantir la détente. ‖ Partie de la douille de la baïonnette sous laquelle passe le tenon du canon. ‖ Partie d'une selle en forme d'arcade.

*PONTIL. *T. de verr.* Ce mot s'applique à la canne qui sert à manier une masse de verre à l'état de demi-fusion, avec laquelle on fixe un objet qui doit être présenté au feu par ses deux extrémités et, par extension, il désigne l'épaisseur de verre que laisse sur l'objet cette masse arrondie à l'endroit où elle a été fixée. ‖ Petite glace à l'aide de laquelle on promène l'émeri sur une glace pour la polir.

PONTON. *T. de mar.* On donne, en général, le nom de *ponton* à des navires de construction solide et de formes parallélipipédiques, employés dans les ports à des services secondaires. Il y a des pontons de chargement et de déchargement, des *pontons-bigues* ou *pontons-mâture*, munis d'engins de levage, auxquels on communique ainsi une mobilité précieuse. D'autres pontons (anciens navires démodés) tiennent lieu de casernes flottantes, d'hôpitaux, de lazarets, de prisons. ‖ On donne le même nom à une sorte de bateau, amarré au quai d'un fleuve, pour permettre aux voyageurs de monter dans un bateau-omnibus ou d'en descendre.

PONTUSEAU. *T. de pap.* Tringles de métal ou de bois qui soutiennent les vergeures de la forme,

dans la fabrication à la main. ‖ Chacune des lignes claires que présente le papier dans les parties correspondantes aux pontuseaux.

POPELINE. On désigne sous ce nom toute une famille de tissus lisses, tantôt unis, tantôt rayés, brochés ou façonnés, dont les cannelures ou côtelines sont toujours dans le sens de la trame, c'est-à-dire en direction horizontale, et dans lesquels la soie ou la bourre de soie est mélangée soit à la laine peignée, soit au lin, soit au coton. Ces tissus se fabriquent, en France, à Lyon, Roubaix et Tourcoing ; leur largeur varie de 45 à 92 centimètres. A l'étranger, les popelines d'Irlande sont très renommées.

— Le nom de *popeline* semble modifié de *papeline*, tissu léger dont la chaîne était de soie et la trame en filoselle, qu'on fabriquait au xv⁰ siècle à Avignon et dans le Comtat-Venaissin, terre *papale*, puisqu'elle a appartenu aux souverains Pontifes jusqu'en 1789.

PORCELAINE. Poterie blanche, imperméable, et la plus belle de toutes, dont on fait des vases, des objets d'art, des services de table, etc., etc.

Il y a deux sortes de porcelaines : la *porcelaine dure* et la *porcelaine tendre.* Celle-ci comprend deux variétés : la *porcelaine tendre artificielle*, et la *porcelaine tendre naturelle.*

HISTORIQUE. Originaire de la Chine, la porcelaine était déjà connue dans l'Empire du Milieu au deuxième siècle avant notre ère (V. Céramique). Mais, pendant longtemps, les progrès de sa fabrication furent presque nuls. Sous la dynastie des Tchéou, en 954, on commença à faire d'admirables porcelaines, dont les amateurs chinois ne parlent qu'avec enthousiasme. Elles étaient « bleues comme le ciel qu'on aperçoit après la pluie dans l'intervalle des nuages. » De là leur nom de *Yu-Kouo-Thien-Tsing* (*bleu du ciel après la pluie*), nom qu'on a conservé depuis à toutes les imitations qui en ont été faites. Vinrent ensuite (xii⁰ siècle) les porcelaines dites des *Magistrats*, aux couleurs « blanc de lune », bleu pâle et vert foncé ; les vases en porcelaine blanche et violette, ornés de représentations en relief d'oiseaux et d'animaux (960-1126), puis les porcelaines « vert peau de serpent », jaune jonquille, bleu fin et bleu tacheté de jaune (1662-1722). Les Chinois ont toujours tenu en grande estime : 1° les porcelaines *craquelées* ou *truitées*, dont l'émail tout fendillé imite les écailles menues de la truite ; 2° les porcelaines *coquille d'œuf*, d'une légèreté extrême ; 3° les vases *céladons*, au vert pâle ou de toute autre nuance tendre ; 4° la porcelaine dite *lapis-lazuli*, rehaussée de dessins d'or ; 5° la porcelaine *peau d'orange* et la porcelaine *chair de poule*, recouvertes de légères aspérités, etc.

Depuis l'époque de sa découverte, la porcelaine n'a cessé d'être, en Chine, l'objet d'une fabrication très étendue, dont pendant huit siècles, le centre principal paraît avoir été King-té-Tchinn, dans la province de Kiang-Si, bourg autrefois peuplé de plus d'un million d'ouvriers, et dont les Taï-ping, dans la dernière insurrection dont la Chine a été le théâtre, ont complètement dévasté les manufactures.

Il y a trois cents ans, la fabrication de la porcelaine chinoise a été portée à son plus haut point de perfection ; les empereurs encourageaient alors les fabricants par des primes considérables et par des commandes importantes. Une prime de 15,000 taëls (environ 120,000 francs) était accordée à la pièce dont le modèle était de meilleur goût, l'exécution la plus remarquable et la cuite le mieux réussie ; deux autres prix, l'un de 10,000 taëls et l'autre de 5,000, étaient donnés aux ouvrages qui avaient mérité dans le concours le deuxième et le troisième rang.

De nos jours, les empereurs n'accordent plus aucun encouragement; de là l'abandon et la décadence de cette belle fabrication, qui ne s'attache plus maintenant qu'à faire vite et à bon marché. La porcelaine ancienne surpasse donc de beaucoup en finesse et en beauté les productions actuelles exécutées rapidement, pour répondre à la demande toujours croissante. Le secret de beaucoup de couleurs fort renommées est aujourd'hui perdu, et si certains vases des XVIᵉ et XVIIᵉ siècles se payaient jusqu'à 25,000 francs, les plus beaux vases modernes sont maintenant, grâce à l'excessive et abusive division du travail, à la portée de presque toutes les bourses, et la porcelaine commune se trouve dans les familles les plus pauvres.

La porcelaine pénétra de bonne heure dans les contrées voisines, notamment au Japon, où l'on sait que l'art de la produire fut introduite l'an 27 avant Jésus-Christ (V. CÉRAMIQUE). Aujourd'hui, les principales manufactures japonaises sont celles d'Imari, de Kioto, Kiyomidzu, Seto, Kutani, etc. Il existe des différences notables entre la porcelaine du Japon et celle de la Chine. Pour la porcelaine bleue, les dessins bleus exécutés dans les fabriques des environs de Nanking paraissent être à la surface de la couverte, tandis que ceux de la porcelaine du Japon semblent absorbés dans la pâte, sous la couverte. Les autres caractères distinctifs de la porcelaine du Japon sont les suivants : premièrement, les poteries japonaises reproduisent des personnages japonais, dont le costume est bien différent de celui des chinois; ensuite, au point de vue de l'art, on a vu que les produits de la Chine sont purement des œuvres industrielles, tandis que les œuvres du Japon sont marquées au coin d'une grande individualité, puisque c'est au contraire la même main, le même artiste qui crée son œuvre de toute pièce.

Parmi les productions céramiques japonaises les plus recherchées, on cite : 1º les porcelaines dites *Coréennes*, c'est-à-dire fabriquées dans la presqu'île de Corée, et que les manufactures françaises du dernier siècle ont copiées et quelquefois habilement imitées; 2º les porcelaines émaillées au rouge d'or, qui en s'associant à l'émail blanc passe au rose le plus tendre. Quelquefois les émaux de ce genre de décor s'enrichissent d'un fin damassé ou d'une mosaïque courante : alors le rouge vif cerne ou relève le jaune, le vert et le rose; le bleu de ciel est quelquefois cerclé de noir. Ce genre de céramique possède les plus belles porcelaines artistiques, ornées de fleurs, de plantes et d'oiseaux; souvent leur fond est *clathré*, c'est-à-dire qu'il imite les tresses fines d'une corbeille; ou *mosaïqué*, ou *pavé*, c'est-à-dire orné de carrés ou d'octogones; 3º cette dernière série comprend les porcelaines dites *à mandarins*, les unes avec sujets peints sur fond noir dans des médaillons cerclés d'or, à fonds filigranés; les autres, dites *à mandarins gaufrés*, *mandarins chagrinés*, *mandarins rouges*, *mandarins à fonds variés*, etc.

Les Romains ont-ils connu la porcelaine? Quelques antiquaires des plus compétents sont d'avis que les célèbres vases Murrhins n'étaient autre chose que des pièces de porcelaine colorée, fabriquées en Chine. Les marchands de Rome recevaient cette précieuse poterie, sans en connaître la provenance, par les caravanes de la Tartarie, qui se la transmettaient de mains en mains. Quoi qu'il en soit, dès le IXᵉ siècle, les Arabes connaissaient la porcelaine; elle leur arrivait, d'un côté, par la voie de terre, au moyen des caravanes, de l'autre, par la voie de mer, à l'aide des marchands de l'Inde. Ils l'introduisirent de bonne heure en Egypte, et c'est probablement de ce pays qu'elle pénétra en Europe, vers la fin du XVᵉ siècle, par les navigateurs marseillais et italiens. Toutefois, les arrivages furent d'abord très rares et peu importants; ils ne commencèrent à devenir fréquents et un peu considérables que lorsque la découverte du cap de Bonne-Espérance eut permis aux Portugais et aux Hollandais d'éta-

blir des relations directes et suivies avec l'Extrême-Orient.

Dès son apparition, la porcelaine fut très recherchée surtout à cause de sa blancheur, de sa transparence et de sa dureté, mais on ignora longtemps sa nature véritable. On la prenait généralement pour une matière analogue à la *nacre* (V. ce mot), et c'est pour ce motif qu'elle reçut le nom sous lequel on désignait cette dernière. On lit dans une lettre adressée au roi de France Charles VII par le soudan d'Egypte, lettre tirée d'un manuscrit de la bibliothèque de la Sorbonne et citée par Vallet de Viriville : « Si te mande par le dit ambassadeur, un présent, c'est à sçavoir trois escuelles de pourcelaine de Sinant (Chine), deux grands plats de pourcelaine, deux pièces verdes (vertes) de pourcelaine, deux bouquetz de pourcelaine, ung lavoir ès mains et un garde-manger de pourcelaine ouvré... »

Cette expression de *pourcelaine* (du portugais *porcelana*), que l'on trouve appliquée à la nacre dans les Inventaires et les Comptes du moyen âge, subsista jusqu'au XVIᵉ siècle, époque où elle s'étendit à des vases d'importation étrangère, qui offraient la même blancheur nacrée. Nous voulons parler de la poterie émaillée de la Chine, qui s'empara de ce nom, auquel, dit Léon de Laborde, elle n'avait droit que par une analogie de teinte et de grain, car tous ceux qu'elle avait portés dans le Céleste-Empire et dans les pays qui avoisinent son berceau, n'avaient aucun rapport avec celui de la nacre ou *pourcelaine*.

On finit cependant par reconnaître que la matière ainsi dénommée n'était qu'une poterie plus belle que les autres, et alors, partout où se trouvaient des potiers et des chimistes habiles, on se mit à faire des essais pour l'imiter. Toutefois, comme on n'avait aucune donnée sur la composition de sa pâte et de sa glaçure, on fut obligé de procéder par tâtonnements. On obtint d'abord, par des moyens très compliqués, une porcelaine tendre artificielle, sorte de faïence qui se rapprochait de la porcelaine chinoise par sa translucidité, sans en avoir l'homogénéité de pâte. La plus connue de ces porcelaines *hybrides* ou *mixtes*, comme les appelle Alexandre Brongniart, est celle que l'on attribue à Florence, et que l'on croit avoir été fabriquée en 1581, sous les Médicis. Une assiette et un plat de porcelaine, marqués d'une coupole (dôme de Florence) et d'un F, se trouvent au musée de Sèvres.

Vers le milieu du XVIIᵉ siècle, les porcelaines orientales étaient encore très rares et très chères. Aussi n'en voyait-on qu'à la Cour et chez les grands seigneurs. Loret, le gazetier, décrit ainsi, dans ses nouvelles du jour (23 août 1653), une réception royale au Palais Mazarin :

> Mardy, Monsieur le Cardinal,
> Par un brevet vrayment royal,
> En plats d'argent, en porcelaines,
> Traita le roy, traita deux reines...

La mode alors s'en mêlant, on eut l'idée de faire venir de la Chine et du Japon des chargements considérables de porcelaines. *Onze bâtiments arrivés des Indes orientales en 1664, apportaient 44,943 pièces du Japon*, fort rares; et trois autres navires partis de Batavia en décembre de la même année, transportaient 16,580 pièces de porcelaine de diverses sortes. Le mouvement ne se ralentit pas, car le 4 octobre 1700, la Compagnie des Indes françaises faisait vendre à Nantes le chargement de l'*Amphitrite*.

Le succès des porcelaines d'Outre-Mer augmenta le désir de les imiter. En effet, dans les dernières années du XVIIᵉ siècle, en 1695, le français Pierre Chicanneau était parvenu à obtenir une pâte très belle d'aspect, qui semblait offrir tous les caractères de la porcelaine translucide, mais en différait par sa composition; on lui donna le nom de *porcelaine tendre*, parce que, soumise à l'action d'une température élevée, elle y fond avant que la *porcelaine dure* ne soit cuite, puis à cause de son vernis, susceptible d'être rayé par l'acier. Cette poterie fine provenait des villes de Rouen (1695), de Saint-Cloud (1696), de Chantilly et du village de Mennecy-Villeroy, près d'Essones (1735).

Pendant ce temps, en 1709, un chimiste allemand, Jean-Frédéric Bötger, qui travaillait à Meissen, pour le compte de l'Electeur de Saxe, trouvait la vraie *porcelaine dure* ou porcelaine chinoise. Malgré les précautions prises par ce prince pour se réserver le monopole de la découverte de Bötger, le secret de la fabrication de la porcelaine, livré par des ouvriers infidèles, se répandit bientôt en Allemagne et en Italie, où plusieurs établissements rivaux de la manufacture de Meissen se fondèrent successivement. Telles sont les fabriques de Nuremberg (1712), de Brandenbourg (1713), de Vienne (Autriche) et de Beireuth (1720), de Berlin (1743), de Furstenberg (175u), de Frankenthal (1755), de Louisbourg (1758), de Venise (1780), etc., etc.

C'est alors qu'une compagnie privilégiée s'organisa en France pour exploiter la fabrication de la porcelaine tendre à Vincennes, aux portes de Paris (1740). Le nouvel établissement, déclaré manufacture royale en 1753, puis transporté à Sèvres en 1756, et acheté par le roi quatre ans après, acquit bientôt uue réputation européenne par la finesse et la beauté de ses produits (V. CÉRAMIQUE, MANUFACTURES NATIONALES et SÈVRES). On ignorait encore cependant les procédés employés par les Saxons pour faire, à l'imitation des Chinois, la porcelaine dure à glaçure résistante. Ce n'était pas, toutefois, la faute de Charles Henry, comte d'Hoym, allemand d'origine et ambassadeur de Saxe-Pologne en France. En effet, par une indiscrétion inqualifiable dont il espérait tirer grand profit, ce haut personnage avait essayé de dévoiler les procédés saxons employés à Meissen pour la fabrication de la porcelaine dure. « Tout le monde sait, lit-on dans le *Glaneur artistique et moral* de 1732, qu'un des principaux sujets de la disgrâce de l'ambitieux comte d'Hoym a été d'avoir tenté, par toutes sortes de moyens, de faire passer en France l'important secret de la fabrication de la porcelaine de Saxe. Ce ministre avait même envoyé à Chantilly quelques chariots de la terre dont on se sert en Saxe. » Le comte d'Hoym, disgrâcié, vint se réfugier à la Cour de Stanislas, à Nancy, et la fabrication de la porcelaine allemande resta pour nous à l'état de mystère.

Fig. 266. — *Vase en vieux Saxe.*

On s'explique ainsi la vogue non interrompue de la porcelaine orientale en France. C'était une fureur dans les hautes classes. Un compte extrait du *Journal de Commerce* (décembre 1759) prouve que la porcelaine chinoise et japonaise était à ce moment en pleine circulation. Les curieux, entre autres le dauphin, fils de Louis XIV, en recueillaient pour leurs cabinets les pièces exceptionnelles par la réussite, les dimensions et la rareté ; mais en voyant entrer en Hollande, en une seule année, des « tasses à thé brunes et bleues » au nombre de 53,740, et, l'année suivante, au nombre de 307,318, de 1 fr. 40 centimes à 5 fr 75 centimes la pièce, il est évident que la classe moyenne en faisait largement usage et avait généralement renoncé à la faïence et au métal. Dès 1760, au reste, la porcelaine de table était tellement devenue à la mode, que les gens du bel air la préféraient à la vaisselle plate.

Cependant, dès l'année 1753, le directeur de la manufacture de Vincennes s'était mis en rapport avec un fabricant de Haguenau, nommé Paul Hannong, pour lui acheter le secret de sa fabrication ; un traité fut conclu avec un des fils de Hannong, Pierre Antoine, en 1761. mais le défaut de kaolin et de feldspath, matières premières de la porcelaine dure, empêcha de tirer parti sur le-champ des procédés qu'on venait d'acquérir. Des essais tentés en 1765, dans le laboratoire du duc d'Orléans, à Bagnolet, avec des matières assez grossières, trouvées par le naturaliste Guettard, aux environs d'Alençon, ne donnèrent que des porcelaines grisâtres et sans transparence ; enfin le hasard, qui avait mis autrefois Bötger sur la trace du kaolin, fit découvrir un gisement abondant de cette argile précieuse à Saint-Yrieix, près de Limoges, et, dès l'année 1769, la fabrication de la porcelaine dure put être organisée dans la manufacture de Sèvres, par le chimiste Macquer.

Il n'en fallait pas davantage pour que la recherche de la porcelaine française, comme objet de luxe, atteignît son apogée. « Il prit un jour fantaisie à Mᵐᵉ de Parabère d'avoir des porcelaines blanches dans son appartement, écrit le duc de Luynes dans ses *Mémoires* ; M. le duc d'Orléans en fit chercher de tous côtés et à quelque prix que ce fût. Ce goût des porcelaines ayant duré quelque temps, on prétendit que M. le duc d'Orléans lui en avait donné pour 1,800,000 livres. » Louis XV aimait, lui aussi, à faire et à recevoir de semblables cadeaux. Lorsqu'en 1768, le roi de Danemark vint en France, Louis le Bien-Aimé, nous apprend Bachaumont, lui offrit un service complet de Sèvres, d'une valeur de cent mille écus. Quelques années plus tard, on orna les meubles de médaillons et de plaques en pâte tendre, témoin ce petit « secrétaire de porcelaine » de la reine Marie-Antoinette dont parle Mme Campan, et qui joua son rôle dans la déplorable affaire du collier. On poussa même la folie, au rapport de Bachaumont, jusqu'à faire des « carrosses en porcelaine », comme celui dans lequel Mme de Valentinois parut au Longchamp de 1780, et celui dans lequel la Beaupré fit ses débuts fameux dans le domaine de la galanterie.

Fig. 267. — *Groupe en porcelaine de Venise.*

A partir de cette époque, s'appuyant sur les découvertes de Chicanneau et de Bötger, dont les noms devraient être connus et honorés autant que celui de Bernard Palissy, les Français s'adonnèrent à la fabrication de la porcelaine dure, concurremment avec la porcelaine tendre. Ce dernier genre de poterie se fit beaucoup encore pendant la fin du XVIIIe siècle, à Bourg-la-Reine, à Sceaux, à Arras, et surtout à Sèvres, dont les anciens produits en pâte tendre atteignent aujourd'hui des prix si élevés sous le nom de *Vieux-Sèvres*. A la vente des tableaux et objets d'art composant la collection de Robert Napier, vendu en mai 1876, à Londres, on vendit, parmi les porcelaines de Sèvres, deux superbes assiettes ayant fait partie d'un service offert à l'impératrice Catherine de Russie. L'une de ces assiettes atteignit le prix de 3,952 fr. 75 centimes ; l'autre fut vendue 4,055 fr. Ce dernier prix est le plus élevé que l'on ait jamais payé, dans une vente aux enchères, pour une seule assiette.

Mais, hâtons-nous de le dire, c'est aux charmantes colorations qui pénétraient si bien la pâte tendre, que la manufacture devait principalement sa vogue. Le fameux *bleu turquoise*, dû au chimiste Hellot, le *rose chair* auquel on a donné injustement le nom de *rose Du Barry*, le *bleu de roi*, le *vert pomme* et le *vert pré*, le *jaune clair* et le *violet pensée* étaient les principales couleurs de la palette des émailleurs de Sèvres.

Toutefois, la facilité avec laquelle la porcelaine tendre se prête à la décoration, en raison de la fusibilité de son émail, ne suffit pas longtemps pour contrebalancer les avantages que la porcelaine dure présente au point de vue de l'usage domestique. La diminution du prix de la porcelaine dure, résultant de la découverte de nouveaux gisements de kaolin et des perfectionnements successifs apportés à la fabrication, ne tarda pas à faire abandonner l'emploi de sa rivale; les fabriques se fermèrent ou se transformèrent, et la *Manufacture de Sèvres* elle-même cessa de fabriquer de la pâte tendre au commencement du siècle actuel. Aujourd'hui, ce genre

Fig. 268. — *Pièces diverses en porcelaine de Sèvres.*

de porcelaine, connu sous le nom de *porcelaine de Tournay*, ne se fait plus qu'à Saint-Amand-les-Eaux, pour les besoins d'une consommation toute locale, ou pour servir à la contrefaçon du Vieux-Sèvres. Cependant, une certaine réaction s'est produite en faveur de la porcelaine tendre appliquée aux produits artistiques. Cette fabrication, qui avait été complètement abandonnée sous la direction de Brongniart (1800-1847), fut reprise en 1850 avec succès par la manufacture de Sèvres. Depuis lors

(il n'y a pas moins de douze ans), MM. Salvétat, Milet et Robert, commencèrent de nombreux essais qui, en 1884, sous l'administration de M. Lauth, aboutirent enfin à la découverte d'une *nouvelle* porcelaine tenant le milieu entre la porcelaine tendre et la porcelaine dure, et au sujet de laquelle l'habile chef actuel de la Manufacture de Sèvres, dans la préface d'un catalogue spécial, a donné les renseignements suivants :

« La porcelaine dure cuit à une température extrêmement élevée, à laquelle ne peuvent résister que très peu de couleurs; la palette des couleurs de grand feu est donc très limitée. D'autre part, la couverte de la porcelaine, cette roche feldspathique dont la dureté est la principale qualité, ne se laisse pas pénétrer par les couleurs de moufle, qui, grâce à divers tours de mains, peuvent bien y adhérer, mais qui ne s'y combinent pas, comme il le faudrait pour avoir le velouté désirable.

« Or, si l'on compare la porcelaine de Chine à la porcelaine dure de Sèvres, on constate que la première est fréquemment recouverte de couleurs de grand feu, dont la présence assure une cuisson à une température moins élevée, et que, dans la décoration au feu de moufle, on s'est servi de matières tout à fait différentes de nos cou-

Fig. 269.

leurs : ce sont des émaux, c'est-à-dire des verres transparents, faiblement colorés en eux-mêmes et dont l'intensité varie d'après l'épaisseur de la couche appliquée sur la porcelaine; or, ces émaux ne se fixent pas sur la porcelaine dure;

« La porcelaine de Chine diffère donc, par sa composition, de la porcelaine de Sèvres. La nouvelle porcelaine de Sèvres possède les caractères suivants : sa pâte est légèrement ambrée; elle accepte non seulement une couverte de grand feu, mais encore des couvertes plombifères; elle peut être enrichie d'émaux; enfin elle peut être cuite à une température où le cuivre ne disparaît que lentement, ce qui nous a permis de reproduire toutes les belles couleurs obtenues en Chine avec ce métal. L'emploi des émaux se faisant en « à plats » s'oppose aux modelés de la peinture; il entraîne donc presque forcément avec lui une modification complète dans l'art de

décorer la porcelaine : la perspective et les modelés de la miniature ont disparu; avec eux les tons rompus et rabattus sont remplacés par des couleurs franches, assez vives en général et souvent assez transparentes pour faire valoir les détails de la sculpture la plus fine; enfin, la richesse de la nouvelle palette d'émaux permet une variété de fonds beaucoup plus grande, d'une glaçure et d'une limpidité que l'emploi des couleurs ordinaires ne saurait donner.

« La nouvelle porcelaine, qui possède les propriétés des produits si renommés de la Chine, ne doit pas être confondue avec la porcelaine tendre, dont elle s'éloigne par sa nature et sa composition. Il nous a paru intéressant de résoudre tout d'abord le problème qui s'imposait depuis longtemps; ce résultat atteint, la manufacture reprendra prochainement la fabrication de la vieille porcelaine tendre, dont les qualités sont si charmantes et si précieuses. »

Contrairement à ce qui a lieu pour la porcelaine tendre, la fabrication privée de la porcelaine dure, guidée, soutenue par l'exemple de la Manufacture de Sèvres, n'a cessé de prendre de l'extension en France depuis 1769. Au moment de la Révolution, on comptait à Paris cinq manufactures de porcelaine dure, dont quatre privilégiées; savoir · la Manufacture du comte d'Artois, établie en 1769, par Hannong, rue du Faubourg-Saint-Denis; celle de Monsieur, créée à Clignancourt, en 1771; la Manufacture de Lebœuf, rue Thiroux, sous la protection de la reine Marie-Antoinette, une autre fabrique fondée en 1781, rue de Bondy, par Guerhart et Dihl, sous la protection du duc d'Angoulême; et la dernière, dite de la Courtille, qui existait rue Fontaine-au-Roi depuis 1772 Cette dernière fabrique était dirigée par Locré, dont les produits sont marqués de deux flèches.

Le plus important établissement de la province, où l'on fit de la porcelaine à couverte feldspathique, était alors celui de Niderviller, près Strasbourg. Sous le premier Empire et la Restauration, de nouvelles maisons parisiennes contribuèrent, par l'excellence de leurs produits, le bon goût des formes et du décor, à faire rechercher la porcelaine sur les marchés étrangers; mais peu à peu le haut prix du combustible, celui du transport des matières premières, et la cherté de la main-d'œuvre rendirent la lutte impossible contre les fabriques des départements placées dans des conditions plus favorables, et la plupart des industriels parisiens se virent obligés de s'éloigner de la capitale.

Quant à la variété de porcelaine connue sous le nom de porcelaine tendre naturelle ou porcelaine anglaise, elle a été inventée, en 1740, par les potiers de Chelsea, en Angleterre. C'est la plus recherchée des poteries de la Grande-Bretagne, et elle peut souvent rivaliser pour son décor avec celle de Sèvres. Il n'en est pas tout à fait de même des produits similaires de Worcester. Cette poterie inférieure est ordinairement impropre à la peinture; c'est à cause de cela que la plupart des porcelaines de cette fabrique sont décorées au moyen de l'impression. L'exportation des porcelaines anglaises atteint un chiffre considérable, et ce qui est assez curieux, on en expédie un très grand nombre en Chine, où cette porcelaine est recherchée par tous les amateurs de curiosités.

La fabrication de la porcelaine anglaise a été introduite dans notre pays, il y a une cinquantaine d'années, par Johnston, de Bordeaux, Lebœuf et Millet, de Creil. Les autres poteries appelées porcelaine opaque et demi-porcelaine ne sont que des faïences fines auxquelles le charlatanisme des commerçants a donné des dénominations inexactes.

A l'exception de la Manufacture nationale, établie à Sèvres, près de Paris, les grandes manufactures privées sont aujourd'hui concentrées à Limoges et dans les départements du Cher et de l'Allier, où elles trouvent, à proximité des combustibles, des matières feldspathiques,

·des terres réfractaires qui servent à faire des cazettes ou étuis dans lesquels se placent les pièces pendant la cuisson, et du kaolin qu'elles tirent de Saint-Yrieix, près de Limoges, ou qui leur arrive par Nantes, soit des Pyrénées, soit de l'Angleterre. On fait dans ces établissements tous les articles usuels et de ménage, les services de table, les services à thé, les cabarets, les articles pour hôtels et pour cafés, les objets de toilette, ceux pour la parfumerie, la chimie, la pharmacie, les pièces télégraphiques et les objets de luxe et de fantaisie. Bon nombre de ces produits sont envoyés à Paris où les fabricants eux-mêmes, et les marchands qui leur achètent, font exécuter la dorure et le décor, on s'adressant soit à des sous-entrepreneurs, soit directement à des ouvriers en chambre.

La France est le seul pays où l'on fabrique en grand

Fig. 270. — *Minerve de Carrier-Belleuse,*
en porcelaine de Sèvres.

et à bon marché les porcelaines dures. Les articles belges, allemands, russes, italiens et américains ne peuvent être comparés aux produits français, sous aucun rapport. Les Anglais ne font point de porcelaine dure, mais seulement, comme nous l'avons dit, une porcelaine tendre à pâte artificielle phosphatique, et recouverte d'un vernis plombifère plus dur que celui de la porcelaine tendre de Sèvres. Cette porcelaine, quoique plus légère que la nôtre et susceptible de recevoir beaucoup mieux l'or et certaines couleurs, ne vaut certainement pas pour l'usage la porcelaine dure fabriquée en France. Ce seraient donc les Anglais qui auraient à redouter la concurrence des porcelaines françaises sur les marchés dont ils sont en possession, s'ils n'étaient protégés par le bon marché auquel ils fabriquent leur genre de porcelaine.

Pour ce qui est des porcelaines modernes de la Chine et surtout du Japon, dont la vogue en Europe est de plus en plus grande, il faut reconnaître, avec M. du Sommerard, quelle que soit la haute estime dans laquelle on tienne les beaux produits de nos usines de Limoges et de notre Manufacture nationale de Sèvres, que si la rectitude de

l'exécution et l'art du peintre y atteignent aujourd'hui les limites de la perfection, il est regrettable que ce soit le plus souvent au détriment de la ravissante fantaisie de forme et de couleur qui distinguent à un aussi haut degré les productions de la céramique orientale, et constituent pour elle les premiers éléments de la faveur toute spéciale dont elle n'a jamais cessé d'être l'objet depuis plusieurs siècles. — s. b.

TECHNOLOGIE.

La porcelaine, qui est encore aujourd'hui le plus beau des produits céramiques que l'on possède, a pour principales qualités la blancheur et l'imperméabilité de sa pâte, jointes à une translucidité agréable ; de plus, la couverte de cette poterie fait corps avec la pâte et possède une dureté qui la rend inaltérable. La couverte de la porcelaine est, en effet, beaucoup plus résistante que celle des autres produits céramiques, et cette propriété en fait la plus précieuse des vaisselles de table.

La dureté et l'adhérence de la couverte ont, pour les vases destinés aux usages domestiques, beaucoup plus d'importance qu'on ne pense. Indépendamment des déchirures que produit le frottement du couteau sur l'émail de la faïence, il se produit naturellement dans cet émail des tressaillures très fines qui laissent pénétrer les liquides dans l'épaisseur des pièces dont la pâte est poreuse, et l'on constate, après un certain temps d'usage pour les assiettes principalement, une odeur de graisse rance très désagréable. De plus, un chimiste de Limoges, M. Peyrusson, a montré, par des expériences précises, que les tressaillures de la faïence fine emmagasinent des ferments qui agissent sur les matières alimentaires placées dans cette poterie.

La porcelaine est exempte de ces inconvénients ; la pièce et sa couverte ne forment qu'un tout homogène après la cuisson, l'imperméabilité est complète, grâce au commencement de fusion qu'a subi la pâte, qui est à demi vitrifiée. Cependant, la porcelaine sort quelquefois du four avec un léger craquelé, mais c'est là un accident de cuisson qui est heureusement peu commun, et les pièces qui en sont atteintes sont vendues à vil prix ou jetées au rebut.

Le nom de *porcelaine* a été appliqué à trois produits différents, qui sont :

1º La *porcelaine proprement dite*, dans la composition de laquelle le kaolin et le feldspath entrent presque exclusivement ;

2º La *porcelaine tendre naturelle* ou *anglaise*, que l'on nomme encore *demi-porcelaine*, dont la pâte est formée de kaolin, de feldspath et de cendres d'os :

3º La *porcelaine tendre artificielle* ou *française*, que la Manufacture de Sèvres fabriquait autrefois avec tant de succès, et dont la pâte est formée de frittes alcalines unies au carbonate de chaux. Cette dernière fabrication est presque complètement abandonnée.

La porcelaine tendre anglaise a quelque analogie avec la porcelaine dure, puisque le kaolin et le feldspath entrent dans sa composition, mais elle ne présente pas, à beaucoup près, la dureté de la porcelaine véritable. Quant à la porcelaine tendre française, son vernis très plombeux se laisse facilement rayer par une pointe d'acier, et elle ne saurait être portée à une haute température sans entrer en fusion. En somme, sa composition se rapproche beaucoup plus de la composition d'un verre que de celle d'une pâte céramique, et elle n'a de commun avec la porcelaine kaolinique que la blancheur et la translucidité.

Nous nous occuperons principalement, dans le courant de cet article, de la porcelaine dure, tout en réservant néanmoins quelques lignes à la fabrication des porcelaines tendres.

Brongniart distinguait, pour la porcelaine, les quatre fabrications suivantes : *française, allemande, italienne* et *orientale*. Ces différentes catégories peuvent être ramenées à deux types principaux qui sont : la *porcelaine européenne* et la *porcelaine orientale.*

La différence qui distingue ces deux espèces réside dans la fusibilité de la pâte et de la couverte qui est notablement plus grande pour la porcelaine orientale que pour la porcelaine européenne. Cette fusibilité de la couverte donne plus de ressources au décorateur, mais, à l'usage, la porcelaine orientale est moins résistante que la porcelaine européenne.

Si la porcelaine est, à juste titre, considérée comme la plus belle des poteries, il faut reconnaître qu'elle est aussi la plus difficile à obtenir.

Brongniart, dans son excellent *Traité des arts céramiques*, fournit à ce sujet les renseignements suivants : les matériaux destinés à la préparation de la pâte doivent être plus broyés et mieux mélangés que pour les autres pâtes céramiques, le pétrissage et le malaxage, pratiqués avant la mise en œuvre de la pâte, doivent également être plus parfaits. Malgré le soin apporté à ces opérations, la pâte reste courte, ce qui rend le façonnage plus lent et plus délicat. Les plus légères différences de pression que l'on fait subir à la pâte pendant le façonnage se manifestent après la cuisson par des déformations souvent très sensibles, ce qui oblige le fabricant à employer des ouvriers très habiles travaillant avec le plus grand soin.

Les matières premières de la fabrication de la porcelaine sont le feldspath et le kaolin ; on emploie quelquefois aussi d'autres substances, que nous indiquerons après avoir décrit les deux premières, qui suffisent pour obtenir la porcelaine avec toutes ses qualités. Les feldspaths forment un groupe important de silicates, que l'on peut diviser en six espèces qui sont : l'anorthite, la labradorite, l'andésine, l'oligoclase, l'albite et l'orthose. Les trois premières espèces sont formées presque exclusivement de silicate d'alumine et de chaux ; l'oligoclase est un silicate d'alumine et de soude contenant de la chaux, de la potasse et de la magnésie.

L'albite possède à peu près la même composition que l'oligoclase, mais renferme une plus forte proportion de silice ; enfin, l'orthose est un silicate d'alumine et de potasse renfermant quelquefois un peu de soude et de magnésie. De ces six variétés de feldspaths, les deux dernières sont seules employées, et c'est l'orthose qui entre gé-

néralement dans la composition de la pâte à porcelaine.

Le feldspath orthose se trouve souvent en cristaux d'une grande dimension et en masses lamelleuses et granulaires généralement d'un blanc grisâtre, il se rencontre aussi avec des colorations diverses, rosées, verdâtres, etc. Il forme l'un des éléments essentiels de certaines roches, telles que les granites, pegmatites, syénites, gneiss, porphyres, etc. Le feldspath est fusible à une température élevée. Lorsqu'il a subi la fusion, il se présente sous la forme d'un verre d'apparence laiteuse, qui est transparent sous une faible épaisseur. C'est cette propriété qui le rend propre à former la couverte de la porcelaine. Il existe encore une roche employée, comme l'orthose, à la préparation de la couverte et qui n'est autre que la pegmatite ; elle est généralement formée d'un mélange d'orthose et de quartz.

Les analyses comparées d'un feldspath et d'une pegmatite de la Haute-Vienne, que nous donnons ci-dessous, montrent la différence qui existe entre ces deux roches.

	Feldspath	Pegmatite
Silice..........	64.00	76.10
Alumine........	20.56	15.27
Potasse........	14.99	2.84
Soude..........	»	4.58
Magnésie.......	»	traces
Chaux..........	0.38	0.17
Oxyde de fer.....	»	0.13
Eau	»	0.40

On voit que la proportion des bases est de beaucoup inférieure dans la pegmatite.

Le kaolin, qui est l'élément essentiel de la porcelaine, est une argile très pure provenant de la décomposition des roches dont nous venons de parler. Les feldspaths étant des silicates doubles d'alumine et d'une base alcaline, le départ de la base laisse pour résidu la silice et l'alumine, qui constituent le kaolin. Bien des hypothèses ont été faites sur la manière dont s'est accomplie cette décomposition, mais on ne sait rien d'absolument certain sur cette question, les observations qui ont été faites dans le but de l'éclaircir ne conduisent qu'à des probabilités.

Le kaolin est très abondant en France ; les carrières les plus importantes sont celles du Limousin. — V. Kaolin.

Composition de la pâte. Avant de passer à l'étude des procédés mécaniques à l'aide desquels on rend la terre à porcelaine propre à entrer dans la composition de la pâte, examinons rapidement les différentes matières que l'on associe parfois au kaolin, dans le but de modifier la nature de la pâte. La composition de la porcelaine n'a en effet rien d'absolu, elle peut subir de nombreuses modifications, mais le kaolin et le feldspath n'en restent pas moins les éléments principaux de la fabrication.

Les différentes matières que l'on fait entrer accidentellement dans la composition des pâtes à porcelaine sont : le quartz pilé, le sable siliceux, la fluorine, la craie, le gypse, la magnésite, l'argile plastique. L'usage du quartz ou des sables siliceux peut supprimer l'emploi de la pegmatite; cette dernière étant un mélange de quartz et de feldspath, on peut le réaliser artificiellement. C'est principalement dans la composition des couvertes que les matières siliceuses trouvent leur emploi, néanmoins, elles entrent aussi dans la composition des pâtes. La Manufacture de Sèvres fait usage d'un sable quartzeux connu sous le nom de *sable d'Aumont*; la Manufacture de Messein emploie le quartz, il en est de même à Vienne, à Saint-Pétersbourg, etc. La fluorine ou fluorure de calcium n'est guère employé qu'à la Manufacture de Furstemberg, pour la composition de la couverte. Le gypse et la craie sont employés comme fondants dans certaines pâtes, ainsi que dans quelques glaçures. La magnésite, qui est un silicate de magnésie hydraté, a été employée en Espagne et en Piémont. La magnésite de Vallecas servait autrefois à la préparation de la porcelaine de Madrid : associée à l'argile de Barge, elle a été utilisée, à Vineuf, près de Turin, pour la fabrication d'une porcelaine particulière; ces compositions sont maintenant abandonnées.

Extraction des matières. L'exploitation des carrières de kaolin se fait, en France, d'une manière fort simple, en raison de la position des filons qui se trouvent à une faible profondeur, et souvent même à la surface du sol. Dans quelques gisements étrangers, l'extraction s'opère par des galeries souterraines boisées, mais l'exploitation des carrières du Limousin se pratique toujours à ciel ouvert. Ces carrières consistent en excavations de dimensions variables, suivant l'importance du filon; on taille généralement dans la carrière une suite de gradins allant du fond à la surface du sol, ce qui permet aux ouvriers de travailler sur un terrain horizontal. Des femmes et des enfants remontent de la carrière, au moyen de petits baquets qu'ils portent sur leur tête, le kaolin qui a déjà subi un premier nettoyage. Depuis quelques années, on fait usage, pour l'extraction, de petits vagonnets traînés par des chevaux.

Dans les carrières du Limousin, la pegmatite se rencontre en même temps que le kaolin, et peut s'extraire facilement; elle est soumise, sur place, à un épluchage, puis envoyée au moulin. Il existe trois variétés de kaolin : le cail|outeux, le sableux et l'argileux. Ces trois variétés ne proviennent, en somme, que de la décomposition plus ou moins avancée de la roche primitive; le kaolin cailloteux est formé par la roche la moins décomposée, le kaolin argileux, au contraire, est le terme ultime de cette décomposition. Les matériaux, qui ont subi un premier nettoyage dans la carrière, sont soumis une seconde fois à cette opération, afin de présenter le plus grand état de pureté possible. Ce travail est exécuté par des femmes et se pratique dans des auges en bois divisées en compartiments, ce qui permet d'isoler plus facilement les parties épluchées. Les kaolins les plus purs sont immédiatement portés au moulin, les autres sont soumis aux opérations du délayage et du dé-

cantage, qui ont pour principal objet d'en séparer les parties lourdes ou grossières qui s'y trouvent mélangées. Le kaolin est placé au fond des cuves et légèrement humecté, puis, après l'avoir divisé, on y ajoute la quantité d'eau nécessaire au délayage. Lorsque les grains de feldspath, le sable et autres matières lourdes, se sont déposés, on décante la barbotine claire et on la fait passer sur des tamis n° 30 avant de l'envoyer dans les cuves où doit s'effectuer le dépôt. Lorsque le kaolin s'est complètement déposé et que l'eau qui le recouvre est devenue claire, on la fait écouler, et le kaolin est transporté au séchoir; il constitue alors ce que l'on nomme *les décantés* et peut entrer dans la préparation des pâtes.

Traitements des matières. Si le kaolin arrive souvent de la carrière prêt à entrer dans la composition des pâtes, il n'en est pas de même des matières dégraissantes, feldspath et pegmatite, auxquelles il faut faire subir une série d'opérations avant de pouvoir les utiliser. Ces opérations sont : le *cassage*, la *calcination*, le *broyage* et la *porphyrisation*. Le cassage a pour objet de faciliter la séparation des parties de roche qui ne sont pas suffisamment pures pour entrer dans la composition des pâtes. Après ce premier triage, les pegmatites et les feldspaths sont calcinés, ce qui les rend plus friables et les prépare ainsi à subir le broyage, qui est précédé d'un second triage. Le broyage réduit les matières dégraissantes à l'état de sable moyen; c'est dans cet état qu'elles sont mélangées au kaolin. Le mélange est enfin soumis à la porphyrisation, qui donne aux matières qui constituent la pâte le degré de finesse désirable. La porphyrisation s'exécute sur les matières humides et au moyen de meules de différents systèmes. Lorsque cette opération a été poussée assez loin, la barbotine qui en résulte est raffermie par l'action d'une presse qui fait écouler l'excès d'eau qu'elle contient encore.

Au sortir des presses, les pâtes sont déposées dans des cuves doublées de zinc, où elles subissent ce que l'on nomme le *premier pourrissage*.

Nous venons d'exposer sommairement les opérations à l'aide desquelles on prépare la pâte à porcelaine, mais il est utile de revenir avec plus de détails sur certaines de ces opérations, tout en joignant quelques figures à notre description, afin de la mieux faire comprendre.

Les matières premières étant amenées à l'état de sable plus ou moins fin par le broyage, il reste à les mélanger dans des proportions convenables. Le dosage des matières premières peut se faire soit en poids, soit en volume.

Dosage et fabrication de la pâte. Le dosage se fait ordinairement en volume à l'aide de mesures en bois que des ouvriers remplissent à la pelle. Ce procédé n'est pas exempt d'inconvénients, car la mesure peut contenir plus ou moins de matière suivant la manière dont elle est remplie. Il paraît cependant que les ouvriers chargés de ce travail possèdent une habitude suffisante pour obtenir, dans le dosage, des résultats à peu près constants. Le dosage au moyen des poids doit être d'une plus grande régularité, mais il est moins répandu.

Après avoir effectué l'opération du dosage des matières, qui est de la plus haute importance, on passe à la porphyrisation. Cette opération peut s'effectuer au moyen d'un appareil nommé *moulin à bloc* ou *traineau* (fig. 271 et 272). Il se compose essentiellement d'une cuve en bois A de 2 mètres de diamètre. Sur le fond de la cuve se trouve une meule dormante B B ; cette meule est traversée au centre par un cône creux en fonte D, qui porte à sa partie supérieure un coussinet E fixé à trois bras en fer C C, portant chacun trois palettes P; les bras et les palettes qu'ils portent sont entraînés, par le mouvement de rotation de l'arbre F mis lui-même en mouvement, par un engrenage situé en G.

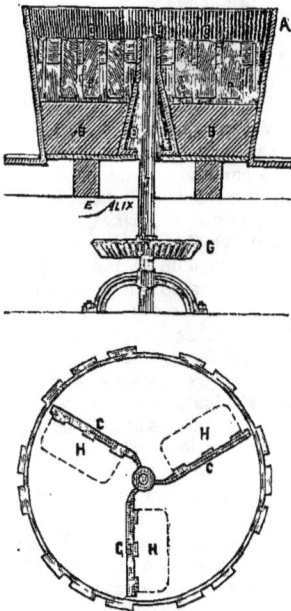

Chaque rangée de palettes pousse devant elle un bloc de pierre dure H, telle que le granit, du poids de 100 kilos environ. Dans le moulin à bloc, la pâte est broyée en présence de l'eau. Cet appareil peut donner 240 kilogrammes de pâte en 24 heures. Pour compenser la perte de poids résultant de l'usure des blocs, on les charge, au moyen d'autres pierres, de manière à ce que leur poids reste sensiblement constant. La matière qui les

Fig. 271 et 272. — *Coupe et plan du moulin à bloc.*

constitue doit être convenablement choisie, afin qu'ils ne souillent pas la pâte avec laquelle ils sont en contact. Le moulin à bloc peut suffire dans bien des cas, mais les appareils les plus répandus en France sont des moulins soit à grandes meules, soit à petites meules. Les moulins à grandes meules présentent l'avantage de broyer beaucoup de matières en peu de temps, mais l'entretien des meules est assez onéreux, et on leur préfère généralement les petites meules, qui sont plus faciles à diriger et qui donnent, en même temps qu'une porphyrisation parfaite, un mélange très intime des matières premières.

M. Faure a remarqué que les moulins qui donnaient le plus grand rendement étaient précisément les plus anciens, ceux dont le mécanisme était à peu près disloqué. Il en a conclu que les soubresauts des pierres contrariaient le mouve-

ment d'entraînement de la matière ; que les molécules au lieu d'être broyées suivant un mouvement régulier qui leur donne une forme ellipsoïdale, l'étaient suivant un mouvement irrégulier provoqué par le déclassement de la matière et que leur forme était plus généralement sphéroïdale.

Il en résulte plus d'activité dans le broyage et plus de perfection dans la matière broyée. Dans ce but, ce constructeur a imaginé de donner aux meules un mouvement irrégulier, par l'application des engrenages elliptiques pour la commande des moulins.

Les moulins à petites meules sont formés d'une tine cylindrique en bois A (fig. 273) cerclée de fer. Au fond de chaque tine est fixé un gîte

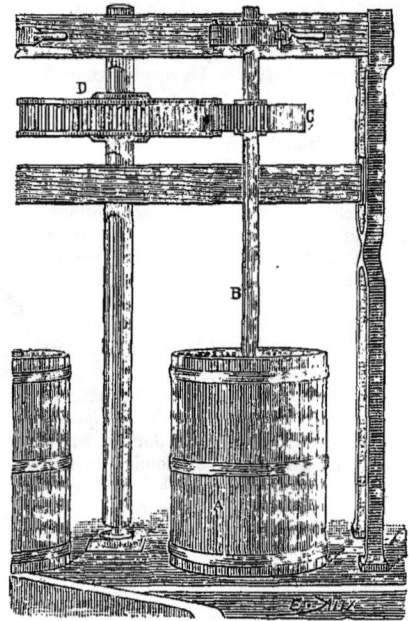

Fig. 273. — *Moulins à petites meules.*

en silex de 0m,70 de diamètre et de 0,45 d'épaisseur ; une meule tournante de mêmes dimensions est entraînée par un arbre B mû par un engrenage C.

Une grande roue dentée D met en mouvement une série de moulins rangés en cercle autour de cette roue. Chaque moulin peut broyer 100 kilogrammes de pâte en vingt-quatre heures. Les pierres siliceuses, dont les meules sont formées, doivent être très dures afin de ne pas s'user trop rapidement. Les pierres trop tendres introduisent dans la pâte une certaine quantité de silice qui peut la rendre moins plastique et plus réfractaire. Il est nécessaire de repiquer les meules assez souvent de manière à leur conserver une surface rugueuse et à obtenir ainsi un meilleur travail. Dans les appareils à meules, on introduit de l'eau en même temps que les matières à broyer, et c'est à l'état de barbotine que la pâte sort du moulin. Il en est de même de la couverte qui se porphyrise dans les mêmes appareils, mais la porphyrisation est poussée beaucoup plus loin pour la couverte que pour la pâte, il faut environ un temps double pour avoir la finesse nécessaire.

Anciennement les barbotines étaient placées dans des cuves de dépôt, et lorsque l'eau était devenue limpide, on la soutirait et la pâte était placée dans des sacs de forte toile et soumise à l'action d'une presse. Ce procédé n'était pas suffisamment rapide, et il avait l'inconvénient de ne pas conserver une homogénéité suffisante à la pâte.

Actuellement, les barbotines sont dirigées dans une cuve à délayer qui met toutes les parties de la pâte en suspension dans l'eau; ensuite, on les passe dans des tamis, puis une pompe les envoie dans les filtres-presse. L'appareil le plus employé a été décrit à l'article FAÏENCE, nous n'y reviendrons pas.

Tels sont les procédés mis en pratique pour transformer les matériaux extraits de la carrière en pâte à porcelaine; voyons maintenant quelles sont les proportions de chaque élément qu'il faudra choisir pour les différents genres de fabrication.

La Manufacture de Sèvres possède trois types de pâtes dont voici la composition:

Pâte de service.

	I	II
Argile de kaolin argileux	430	480
Sable de kaolin argileux	490	480
Sable d'Aumont	43	»
Craie	45	40

Pâte chinoise.

Argile de kaolin cailouteux	43
Argile plastique de Dreux	21
Feldspath ou sable de kaolin	16
Sable quartzeux d'Aumont	16
Craie	4

Pâte de sculpture.

Argile de kaolin cailouteux	64
Feldspath	16
Sable d'Aumont	16
Craie	4

La composition de la pâte après la cuisson est d'après les analyses de A. Laurent:

Silice	58	Chaux	4.5
Alumine	34.5	Potasse	3

Les quantités des différentes matières employées à former les pâtes, peuvent varier à l'infini, mais on y remarque toujours que le kaolin et le feldspath en forment la majeure partie. Nous donnons quelques dosages usités dans diverses manufactures de l'Europe afin que l'on puisse comparer entre elles les différentes compositions, et voir dans quelles limites elles peuvent varier.

Dans la Manufacture de Messein, la pâte de service est ainsi composée:

Kaolin argileux d'Aue	18	Feldspath	26
Kaolin de Sosa	18	Fragments de dégour-	
Kaolin de Seilitz	36	di	2

Pâte de la Manufacture de Berlin.

Kaolin de Mörl	76
Feldspath	24

Pâte de sculpture.

Kaolin de Mörl	25
Kaolin de Beidersée	50
Feldspath	15
Sable pur	10

Pâte de la Manufacture de Copenhague.

Kaolin	40
Quartz	33
Feldspath laminaire	27

Ainsi que l'on peut en juger par ces différentes compositions, les proportions des différents éléments sont très variables d'une fabrique à l'autre; cependant, il est à remarquer que lorsqu'on fait l'analyse élémentaire des différentes pâtes, les différences qui existent entre elles ne sont pas aussi marquées qu'on pourrait le supposer au premier abord.

Les couvertes varient comme les pâtes dans leur composition; à la Manufacture de Sèvres, les couvertes sont exclusivement composées de pegmatite de Saint-Yrieix. On employait autrefois dans cet établissement une couverte formée de:

Biscuit pilé	48	Sable de Fontaine-	
Craie de Bougival	12	bleau	40

Cet émail a été abandonné par suite des défauts qu'il présentait après la cuisson.

L'émail de la Manufacture de Messein est composé de:

Quartz hyalin calciné	37	Calcaire compact	17.5
Kaolin de Seilitz calc.	37	Tessons de porcelaine	8.5

La Manufacture de Berlin emploie:

Kaolin de Mörl	31	Gypse	14
Sable quartzeux	43	Tessons de porcelaine	12

Enfin, à Copenhague on mélange pour composer la glaçure:

Quartz d'Arendal	47	Chaux	5
Feldspath d'Arendal	37	Argile de kaolin	11

Avant d'être façonnées, les pâtes subissent un pétrissage énergique qui les rend complètement homogènes. Ces opérations présentent un très grand intérêt et doivent être exécutées avec le plus grand soin, car une pâte qui n'a pas été suffisamment travaillée donne des pièces qui, à la cuisson, sont sujettes à des déformations et à des accidents de toutes sortes.

Jusqu'à ces dernières années, le marchage et le battage étaient exécutés par des ouvriers qui, chaussés de sabots, piétinaient la pâte étalée en couche de 15 à 20 centimètres d'épaisseur sur une aire en pierre ou en bois recouverte de zinc. Après le marchage, la pâte était abandonnée dans des fosses où elle subissait le pourrissage pendant deux ou trois mois avant d'être façonnée. Les pâtes que l'on a laissées un certain temps séjourner dans les fosses, acquièrent des qualités qui rendent cette opération très avantageuse au point de vue de la réussite des pièces, et les frais qu'elle occasionne sont largement compensés par la diminution du nombre des rebuts.

Battage. La dernière opération qui précède le façonnage est le battage qui consiste à prendre des ballons ou blocs de pâte de 8 à 10 kilogrammes, et à les jeter vigoureusement sur une table garnie de marbre ou de zinc. L'ouvrier poursuit ce travail jusqu'à ce que la cassure de la pâte ne présente plus de bulles d'air, ce qui indique que

Fig. 274. — *Machine à marcher la pâte.*

son homogénéité est devenue suffisante. Ce travail fort pénible pour les ouvriers qui le pratiquaient, est aujourd'hui exécuté par des machines dues à Tritschler de Limoges; elles ont ensuite

été perfectionnées par M. Faure; nous allons les décrire.

Une table en fonte A (fig. 274) recouverte de zinc reçoit la pâte B. Des cônes de fonte C également recouverts de zinc roulent sur la pâte et

Fig. 275. — *Machine à battre la pâte.*

l'écrasent, après quoi les galets DD la relèvent; les cônes passent de nouveau et ainsi de suite jusqu'à ce que l'homogénéité soit complète.

Le mouvement est donné par un arbre E qui entraîne l'arbre G au moyen d'un engrenage F. Une glissière passant dans la chambre H permet

Fig. 276. — *Tour mécanique.*

aux cônes de s'élever ou de s'abaisser suivant l'épaisseur de la pâte soumise à leur action. Tel est le mécanisme fort simple de la machine à marcher les pâtes qui est déjà installée dans plusieurs fabriques où elle a donné d'excellents résultats. Cette machine peut, en dix heures de travail, marcher 10,000 kilogrammes de pâte.

La pâte est enfin pétrie une dernière fois par la machine à battre (fig. 275). On retrouve dans cet appareil, les mêmes organes que dans la machine à marcher, mais les cônes AA portent des rainures qui sur l'un, sont situées dans des plans perpendiculaires à l'axe, et sur l'autre, dans des plans passant par l'axe du cône. La transmission du mouvement se fait par un engrenage B situé sous l'appareil, en C se trouve la pâte, et en D les galets destinés à la relever. Cette machine, qui est placée dans l'atelier du façonnage, peut battre 2,500 kilogrammes de pâte en dix heures.

Toutes les opérations préliminaires de la fabrication étant décrites, nous pouvons dès maintenant aborder le façonnage.

Façonnage. L'exécution des pièces de porcelaine se pratique de différentes manières. Les opérations principales sont : le *tournage*, le *tournassage*, le *moulage*, le *coulage*, et enfin le *rachevage*. Le tournage et le tournassage ayant été décrits à l'article FAÏENCE et ne présentant pas de modifications notables alors qu'il s'agit de travailler la pâte à porcelaine, nous n'y reviendrons pas. Nous examinerons cependant le façonnage au moyen des machines Faure qui sont surtout employées pour la fabrication des assiettes et, en général, pour toutes les pièces à creux ouvert.

Dans un grand nombre d'usines, les tours mécaniques à vitesse variable ont été substitués aux tours anciens. Les tours mécaniques imaginés par M. Faure donnent d'excellents résultats, en voici la description sommaire : un fort bâti en fonte A (fig. 276) supporte un arbre vertical B portant un galet garni de cuir C ; ce galet s'applique sur un plateau vertical D animé d'un mouvement de rotation continu que lui communique un arbre de transmission T. Lorsque le galet C se trouve au centre du plateau D, il n'y a pas contact ; mais si l'on vient à élever le galet au moyen de la pédale E, il entre aussitôt en mouvement et entraîne avec lui l'arbre B

Fig. 277. — *Machine à faire les croûtes.*

ainsi que le tour F auquel il est relié par la courroie G ; l'appareil a son maximum de vitesse quand le galet se trouve situé près de la circonférence du plateau D ; ainsi disposé, il est employé pour le tournage ; pour le tournassage, le tour est placé horizontalement ainsi qu'on peut le voir dans la figure 276, mais dans la pratique, le tour à ébaucher et le tour à tournasser sont indépendants l'un de l'autre, et possèdent chacun un appareil moteur distinct, condition indispensable pour que le travail soit possible aux ouvriers qui ont à faire varier souvent la vitesse du tour qu'ils emploient.

La fabrication des assiettes comporte quatre opérations exécutées chacune par une machine spéciale. Ces quatre machines sont : 1° la machine à faire les croûtes, 2° la machine à centrer les croûtes sur les moules ; 3° la machine à calibrer ; 4° le tour à faire les bords.

Voici maintenant la marche des opérations. On commence par faire des balles de pâte du volume nécessaire et le plus régulièrement possible. Ces balles de pâte sont placées à la portée du tourneur sur une tablette A (fig. 277). Pour faire la croûte, on place la pâte en B sur la tête de la machine D qui est recouverte d'une peau tendue sur un cercle de cuivre C. Ceci fait, l'ouvrier appuie sur la pédale P et le mécanisme entre en mouvement.

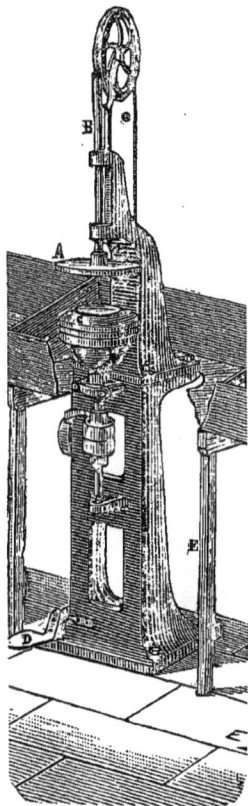

Fig. 278. — *Machine à centrer les croûtes.*

La came F fait abaisser l'outil G qui vient faire la croûte, puis il se relève ; une nouvelle balle de pâte est posée sur la tête, l'outil descend de nouveau et le travail se continue ainsi tant que la machine est en mouvement.

Le centrage des croûtes s'exécute au moyen de l'appareil représenté figure 278. Le cercle portant la croûte est placé en A sous un plateau de même diamètre, soutenu par une tige B exactement située dans le prolongement de l'axe du tour ; on abaisse le plateau jusqu'à ce qu'il soit en contact avec le moule C, on détache la croûte au moyen d'un couteau en bois et l'on abandonne le plateau qui remonte de lui-même à sa place primitive. L'ouvrier met alors le tour en mouvement en appuyant sur la pédale D, et au moyen d'une éponge mouillée il appuie sur la croûte en allant du centre à la circonférence, de manière à chasser l'air qui peut se trouver emprisonné entre la croûte et le moule; l'intérieur de l'assiette est ainsi moulé; on recoupe les bords et on en calibre l'extérieur sur la machine à calibrer (fig. 279). A cet effet, on place en M le moule recouvert de la croûte, puis on met la

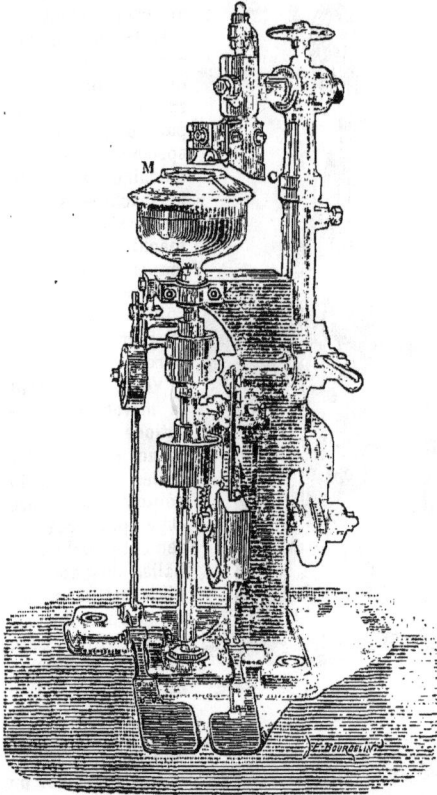

Fig. 279. — *Machine à calibrer.*

machine en marche en appuyant sur la pédale de gauche.

Le calibre C se met en contact avec la pâte, et quelques secondes après, la pièce est obtenue parfaitement calibrée avec des épaisseurs et un pied aussi minces qu'on le désire. Cette machine permet le calibrage entièrement automatique des soucoupes, assiettes, plats, sans addition d'eau.

Pendant son travail, la machine n'exige pas la présence de l'ouvrier qui peut préparer une deuxième pièce à calibrer. La suppression de l'eau assure un retrait moins grand, un démoulage plus facile et par conséquent une usure moindre des moules. Les résultats que l'on obtient à la cuisson sont aussi parfaits que possible.

Quand on désire une assiette plus ou moins épaisse, on fait mouvoir l'écrou supérieur. Pour faire la soucoupe, l'assiette, le plat, il suffit de changer la poulie de commande et de donner ainsi la vitesse qui convient aux dimensions de la pièce. Le mécanisme général ne change dans aucun cas. Les calibres s'enlèvent et se substituent l'un à l'autre avec la plus grande facilité; étant en deux parties, ils ont l'avantage de permettre la retouche de la partie usée. Cette machine permet également de calibrer toutes les pièces qui peuvent se faire sur un moule en bosse comme les compotiers, les bols, etc. Enfin, elle présente encore deux avantages précieux qui sont l'économie de fabrication et la réussite de la cuisson.

L'assiette, en sortant de la machine à calibrer, n'a plus, pour être terminée, qu'à passer sur le tour à faire les bords (fig. 280) qui se compose d'un arbre vertical A portant une tête en plâtre B sur laquelle on centre l'assiette C, puis on arrondit les bords et on les amincit légèrement; dans la fabrication mécanique des assiettes, le tournassage se réduit à cette simple opération. Avec les machines que nous venons de décrire, un ouvrier et son aide peuvent produire 1,000 assiettes dans une journée de dix heures, mais la production habituelle est d'environ 600 dans le même temps.

Fig. 280. — *Machine à faire les bords.*

Indépendamment des machines à fabriquer les pièces circulaires, on construit aussi des machines de deux modèles pour la confection des plats ovales, l'un pour faire les plats à profil régulier et l'autre pour les plats à profil irrégulier; la seconde de ces machines est représentée figure 281. Elle rappelle, par ses organes, la machine à calibrer, avec cette différence qu'elle porte un mécanisme destiné à lui communiquer un mouvement elliptique et que l'appareil centreur fait partie de la machine. Dans les plats à profils irréguliers, les ailes du plat sont irrégulières : au grand axe, elles sont plus longues qu'au petit, et inversement, il en résulte une différence dans le profil extérieur qui a toujours fait considérer comme impossible le calibrage mécanique; c'est cette différence d'épaisseur que cette machine réalise automatiquement.

A cet effet, un plateau elliptique P tournant en même temps que le plat et ayant ses axes dirigés dans le même sens que ce dernier, porte un

PORC

PORC 531

rebord B sur lequel frotte un galet G. Le rebord B est plus élevé en A aux extrémités du grand axe que sur le reste de son parcours. Or, toutes les fois que la partie élevée passe sous le galet G, elle le soulève et fait agir les leviers LL qui ont pour effet d'ouvrir le calibre et de modifier ainsi le profil du plat. Cette machine, dont la disposition est des plus ingénieuses, donne des résultats supérieurs à ceux que l'on obtient par le moulage à la main ; les ondulations de l'aile qui sont inévitables avec le travail à la main, n'existent pas avec le travail à la machine ; la pureté de l'aile est comparable à celle de l'assiette. Seul le défaut du cintre, c'est-à-dire le « bateau » a existé pendant longtemps. Une simple retouche aux extrémités du grand axe du pied a complètement supprimé cet inconvénient.

Ces machines ont rendu de grands services à l'industrie en raison des difficultés que l'on rencontre dans

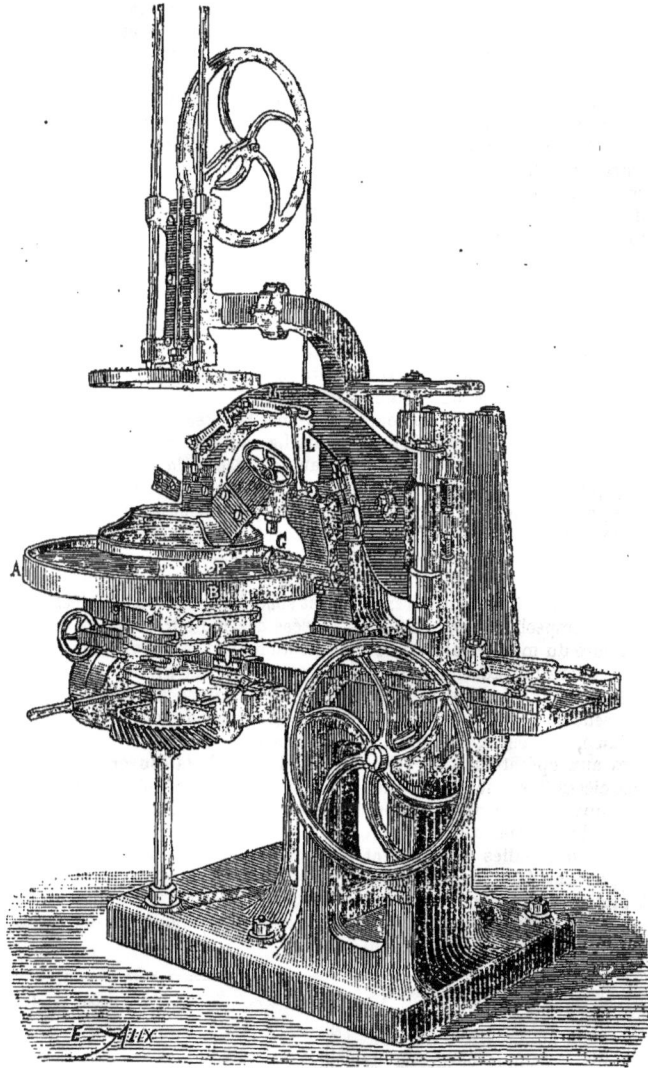

Fig. 284. — *Machine pour la confection des plats ovales.*

pour la faïence, mais avec plus de soins, nous allons examiner le coulage qui est une des opérations les plus intéressantes de la fabrication.

Le coulage au moyen des pâtes liquides ou barbotines est basé sur la propriété absorbante des moules en plâtre. Si, dans un moule convenablement desséché, on introduit de la pâte liquide, les parties qui sont en contact avec le plâtre sont promptement ramenées à l'état de pâte solide, et on peut alors vider l'excédent de pâte sans détacher ce qui adhère au moule. Après une dessiccation suffisante, la pièce peut être démoulée facilement. Ce procédé peut donner des objets d'une grande délicatesse que le tournage et le tournassage seraient impuissants à reproduire. C'est ainsi qu'on fabrique ces tasses si minces dites « coque d'œuf » et bien d'autres objets fort remarquables. Les pâtes employées au coulage doivent être préparées avec

le travail à la main de la pâte à porcelaine. Les moindres inégalités de pression sont rendues visibles par la cuisson et produisent des pièces de rebut, ce qui occasionne des pertes pour le fabricant. Les machines, par leur action régulière, suppriment en grande partie ces inconvénients, et il y a un avantage réel à les employer.

Laissant de côté le moulage au moyen de la pâte, qui se pratique de la même manière que

un soin particulier ; elles doivent avoir toutes les qualités des pâtes vieillies et sont généralement formées, par parties égales, de pâte nouvelle et de tournassures. Après le délayage, elles sont passées dans des tamis très fins et agitées au moyen de palettes de bois afin d'être complètement privées de bulles d'air.

La barbotine privée de bulles d'air est placée dans un vase de fer-blanc ou de porcelaine muni d'un bec et d'une anse, puis versée dans le moule préalablement mouillé intérieurement avec une barbotine très claire. On laisse le moule rempli, pendant un temps plus ou moins long, suivant que l'on veut obtenir une pièce plus ou moins épaisse. Quand l'épaisseur désirée est atteinte, on vide le moule et on laisse l'objet moulé prendre un retrait suffisant pour qu'il puisse être facilement démoulé. Le procédé du coulage donne des pièces d'une épaisseur à peu près égale et, comme les pièces de porcelaine exigent des épaisseurs variables pour résister aux déformations que provoque la cuisson, M. Seigle a imaginé le calibrage des objets coulés, ce qui permet de leur donner les épaisseurs qu'indique la pratique. Dans le coulage des grandes pièces, comme la quantité de pâte déposée est considérable, son poids la fait quelquefois tomber et l'opération est manquée.

C'est pour combattre cet inconvénient que l'on comprime de l'air dans le moule aussitôt après avoir enlevé l'excédent de pâte. La pression intérieure maintient la pâte contre le moule et l'empêche ainsi de s'affaisser. Ce procédé a l'inconvénient d'exiger une fermeture complète du moule, ce qui empêche l'ouvrier de suivre l'opération. De plus, la pression intérieure amène quelquefois la rupture des moules.

M. Victor Regnault, qui a été directeur de la Manufacture de Sèvres, a perfectionné ce procédé en opérant la raréfaction de l'air à l'extérieur du moule qui est placé dans une sorte de caisse que le rebord extérieur du moule vient fermer. Le joint entre le moule et la caisse à vide est fermé par un lut, de manière à empêcher toute rentrée d'air. La partie supérieure du moule étant à découvert, l'ouvrier peut suivre le raffermissement de la pâte et travailler avec plus de sûreté.

Quel que soit le procédé employé pour obtenir une pièce en porcelaine, on est généralement obligé d'avoir recours aux opérations du rachevage, à moins que les pièces fabriquées soient des assiettes ou des bols que leurs formes simples permettent de terminer du premier coup. Il peut arriver, cependant, que des bulles d'air soient mises à découvert pendant le tournassage et, dans ce cas, il faut pratiquer le rebouchage qui consiste à mettre de la pâte dans les trous afin de rétablir la régularité de la surface. Quand on s'est servi du moulage, les objets moulés portent des coutures dont l'effet est désagréable et qui doivent être enlevées aussitôt après le démoulage. Cette retouche se fait au moyen d'un outil tranchant en acier, elle demande beaucoup de soin et d'habitude de la part de l'ouvrier qui la pratique.

L'assemblage est une des opérations du rachevage, il consiste à réunir, au moyen de barbotine, les différents morceaux d'une même pièce que l'on a moulés séparément. Enfin, le garnissage a pour objet de compléter une pièce par l'addition de certains petits accessoires, tels que les anses des tasses, le bec d'une théière et différents menus objets destinés à compléter ou à orner une pièce.

Cuisson. Arrivée à ce point de la fabrication, la porcelaine doit subir une première cuisson, que l'on appelle le *dégourdi,* afin de pouvoir supporter le passage en émail. La pâte desséchée est, en effet, trop fragile pour recevoir la couverte sans se briser et bien que, pour certaines pièces, on supprime la première cuisson, elle devient tout à fait indispensable toutes les fois qu'il s'agit d'objets d'une faible épaisseur.

La première cuisson enlève à la pâte toute sa plasticité et lui donne un commencement d'agrégation qui la rend moins fragile; elle se pratique dans la partie supérieure du four que nous décrirons en parlant de cet appareil. La porcelaine prend au dégourdi une teinte rose tendre dont l'intensité sert à distinguer le degré de cuisson atteint. Le dégourdi rose ou dégourdi *tendre* est insuffisant et donne de mauvais résultats à l'émaillage; le dégourdi blanc est, au contraire, celui qui a été poussé trop loin, et les pièces n'ont plus une porosité suffisante pour absorber l'eau de la couverte avec assez de rapidité. Le praticien doit surveiller le dégourdi avec soin afin d'atteindre le degré de cuisson convenable sans le dépasser.

L'émaillage se fait généralement par immersion. La couverte finement broyée et délayée dans l'eau est placée dans des baquets où les pièces sont plongées. L'ouvrier chargé de l'émaillage agite fréquemment son baquet afin que la poudre qui constitue la couverte reste bien en suspension dans l'eau.

Avant d'être livrées à l'émailleur, les pièces sont soigneusement épousstées pour être débarrassées des moindres grains de poussière; cette opération, qu'en terme de métier on nomme l'*espassage,* a une grande importance, car les pièces mal nettoyées prennent inégalement la couverte et sortent du four avec des défauts qui les déprécient.

La densité de la couverte doit varier avec l'épaisseur des pièces, et il faut une couverte plus épaisse pour les pièces minces que pour les pièces épaisses, parce que les premières s'imprègnent rapidement de toute l'eau qu'elles peuvent absorber, et pour que le dépôt d'émail soit suffisant, la couverte a besoin d'être plus riche.

Salvétat a établi, à ce sujet, le tableau suivant :

		Pièces minces	Pièces moyennes	Pièces épaisses
En volume	Couverte...	35.0	22.4	18.8
	Eau.....	65.0	77.6	81.2
En poids	Couverte...	58.7	43.1	37.5
	Eau.....	41.3	56.9	62.5

Le procédé de mise en couverte que nous venons d'examiner est le procédé par immersion; on emploie aussi l'aspersion ou l'insufflation; ce dernier procédé est employé pour les pièces très minces qui ne pourraient être mises en couverte sans se briser. Pour émailler une pièce par insufflation, on prend un bambou et l'on tend une gaze à l'une de ses extrémités, cette gaze est trempée dans la couverte et, en soufflant par l'autre extrémité, on projette sur la pièce l'émail qui adhère à la gaze. On recommence cette opération plusieurs fois jusqu'à ce que l'émaillage soit complet. Ce procédé, qui est dû aux Chinois, pourrait être remplacé avantageusement par un appareil analogue aux pulvérisateurs à liquides, auquel on donnerait des ouvertures d'un diamètre suffisant.

Les pièces, après la mise en couverte, sont prêtes à recevoir la cuisson qui leur donne le glacé et la transparence. Cette cuisson s'effectue dans des étuis en terre très réfractaire, destinés à préserver les objets de l'action directe du feu ainsi que de la fumée et des cendres qui gâteraient infailliblement l'émail. Les étuis ou cazettes sont formés d'une pâte argileuse qui ne doit pas se ramollir à la température de cuisson

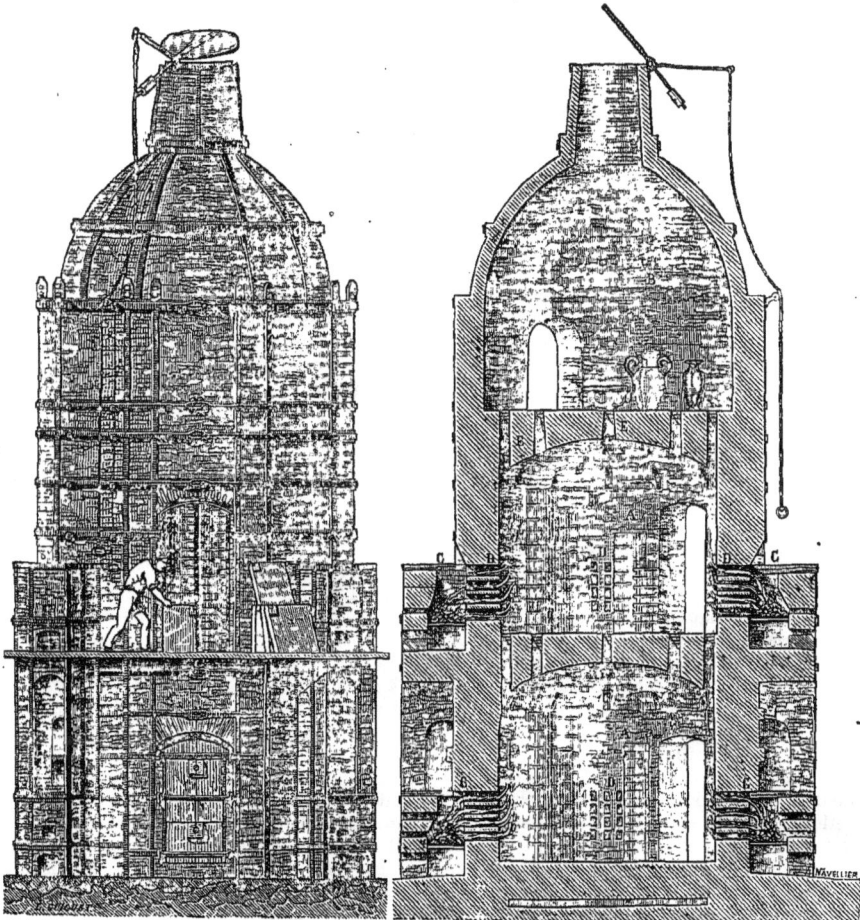

Fig. 282 et 283. — *Four de la Manufacture de Sèvres.*

AA Laboratoires. — *B* Etuve servant au séchage des pièces. — *CC* Fourneaux ou alandiers. — *DD* Canaux reliant les alandiers aux laboratoires. — *EE* Canaux pour l'échappement de la fumée.

de la porcelaine. Le choix des argiles doit être fait avec le plus grand soin, car de la bonne fabrication des cazettes dépend la réussite de la cuisson. La pâte des cazettes est constituée par un mélange de différentes argiles et de ciment provenant d'anciennes cazettes que l'on a broyées. Les argiles employées sont tirées du Périgord, du Berry et du Poitou ; c'est par leur mélange que l'on arrive à préparer une pâte convenable.

Il existe, dans les fabriques bien montées, un outillage mécanique spécial pour la fabrication des cazettes. Les pâtes sont préparées dans des

malaxeurs qui exécutent rapidement le travail, et elles sont façonnées au tour. On emploie des tours mécaniques dans les fabriques où la consommation des cazettes est considérable. Celles qui contiennent les pièces à cuire sont empilées dans les fours, et elles sont séparées entre elles par des colombins ou bandes de pâte qui empêchent l'introduction de la flamme et des poussières. Les colombins doivent être faits avec une terre très réfractaire ne subissant pas de retrait ; ils sont confectionnés au moyen d'appareils spéciaux que l'on nomme *presses à colombins*.

Les fours les plus employés dans les manufactures françaises sont des fours cylindriques verticaux possédant de quatre à huit foyers latéraux ou alandiers. Ces fours sont divisés en deux étages par une voûte; dans l'étage inférieur, s'opère la cuisson des pièces recouvertes de l'émail; dans la partie supérieure, on place les pièces à dégourdir ainsi que les cazettes qui n'ont pas été cuites.

A la Manufacture de Sèvres, le four employé est à trois étages, nous en donnons le dessin figures 282 et 283.

Pour procéder à l'enfournement, le chef enfourneur fait établir, devant les alandiers, trois piles de cazettes auxquelles on donne le nom de *massif* et qui sont destinées à recevoir le coup de feu; ces cazettes sont presque pleines, elles ne possèdent qu'une ouverture centrale de 5 à 10 centimètres de diamètre. Sur ces massifs sont placées les pièces qui peuvent supporter une très haute température. Ensuite, on place les files de contre-feu qui sont terminées par des cazettes à assiettes; elles relient entre elles les piles de contre-feu. L'enfourneur range ses piles de cazettes de manière à économiser la place le plus possible tout en ayant soin de disposer chaque catégorie d'objets à la place qui lui convient pour la cuisson. Lorsque l'étage inférieur est rempli, le chef enfourneur fait garnir le globe; cette opération se fait beaucoup plus simplement que la précédente, la déformation n'étant pas à redouter pendant le dégourdi. L'enfournement terminé, on mure les portes. La porte inférieure se mure au moyen de deux cloisons en briques réfractaires spécialement faites pour cet usage; l'espace compris entre les cloisons est rempli avec un gravier réfractaire.

Il reste alors à chauffer le four pour effectuer la cuisson de la porcelaine qu'il contient. Cette opération doit être confiée à un chef de four très exercé, car elle est d'une conduite difficile et constitue, pour ainsi dire, le point capital de la fabrication. Le combustible employé est tantôt du bois, tantôt de la houille.

La cuisson se divise en deux périodes auxquelles on donne les noms de *petit feu* et de *grand feu*. Le petit feu dure de seize à dix-huit heures, on force ensuite le feu pendant trois ou quatre heures. En somme, la chauffe dure environ trente-six heures, depuis le moment où l'on allume le four jusqu'à celui où l'on atteint la température maxima. Le chef enfourneur suit la marche du feu par des carneaux pratiqués dans les parois du four et juge de l'état de la cuisson au moyen de *montres* qu'il retire de temps en temps. Le glacé plus ou moins parfait de ces montres lui donne une indication précise sur l'état de la fournée. La consommation du bois pour un four de 5 mètres de diamètre est d'environ 80 à 90 stères par fournée.

Après la cuisson, on laisse refroidir le four et l'on procède au défournement, opération qui ne présente aucune difficulté. La porcelaine retirée des cazettes est classée par catégories de choix et transportée dans des magasins.

Un grand nombre d'objets en porcelaine sont vendus en blanc et sont, par conséquent, terminés en sortant des cazettes; d'autres, au contraire, reçoivent des décorations plus ou moins variées, plus ou moins riches qui en augmentent notablement la valeur.

Les procédés de décoration de la porcelaine sont nombreux; notre regretté collaborateur Salvétat en distingue six principaux qui sont : l'*application des oxydes métalliques*, les *engobes*, les *émaux*, les *couleurs*, les *métaux*, les *lustres métalliques*.

L'usage des oxydes métalliques et des engobes constitue deux procédés de décoration au grand feu. Les couleurs se divisent en couleurs de moufle dures ou *couleurs de demi-grand feu* et les couleurs de moufles tendres. Les métaux, les lustres et les émaux se cuisent au feu de moufle.

Les oxydes métalliques sont employés, soit à colorer les pâtes dans la masse, soit à la coloration des couvertes ou, enfin, à la préparation des engobes. Quand les oxydes colorants ont une valeur commerciale importante, on ne les mélange plus aux pâtes, mais on s'en sert pour colorer les pièces à la surface. C'est aussi aux oxydes métalliques que l'on emprunte les matériaux nécessaires à la préparation des couleurs. Les procédés de décoration au moyen des engobes ont reçu un grand développement grâce aux travaux de Salvétat qui a donné beaucoup de compositions de pâtes colorées.

Un mode de décoration qui produit de fort jolis résultats, quand il est appliqué par un artiste de talent, est la peinture pâte sur pâte ou barbotine, qui consiste à peindre en relief, au moyen de pâte blanche, sur un fond coloré, ou à déposer une pâte colorée sur un fond blanc ou d'une couleur appropriée. L'ébauche faite au pinceau est retouchée ensuite avec de petits outils; on obtient ainsi de véritables bas-reliefs d'un effet charmant.

La décoration obtenue au moyen des couleurs n'a de valeur qu'autant qu'elle est pratiquée par un artiste de talent. La palette des couleurs de moufle est aujourd'hui assez riche pour permettre l'exécution de peintures compliquées d'une grande richesse de ton. Cependant, tout en laissant de côté les œuvres d'art dont le prix élevé limite nécessairement l'exécution, on obtient, à peu de frais, des décorations courantes qui, tout en ne possédant pas de valeur artistique, n'en sont pas moins d'un effet agréable si l'on a pris soin de choisir judicieusement les couleurs que l'on met en présence. Les pièces qui ont été décorées au moyen de couleurs appliquées sur la couverte, sont cuites dans des fours spéciaux, de petites dimensions, connus sous le nom de *moufles*, dont la figure 284 représente la forme et la disposition habituelle.

La décoration au grand feu est loin de posséder une palette aussi complète que la décoration au feu de moufle, elle permet néanmoins d'obtenir des compositions variées et d'un coloris suffisant. La principale qualité des décorations au grand feu est l'inaltérabilité jointe à un glacé superbe, les couleurs se trouvant sous la couverte ou faisant corps avec elle.

Pour augmenter les ressources de la décoration

au grand feu, M. Lauth, directeur actuel de la Manufacture de Sèvres, a eu l'idée de fabriquer une porcelaine dont la pâte et la couverte sont plus fusibles que dans la porcelaine ordinaire, et que nous avons mentionnée dans la partie historique de cet article sous le nom de *porcelaine nouvelle*. Grâce à ces conditions de fusibilité, la *porcelaine nouvelle* de Sèvres peut recevoir des décorations au grand feu dont le coloris est beaucoup plus riche que celui de la porcelaine dure. M. Lauth a créé ainsi un produit accessoire de la fabrication

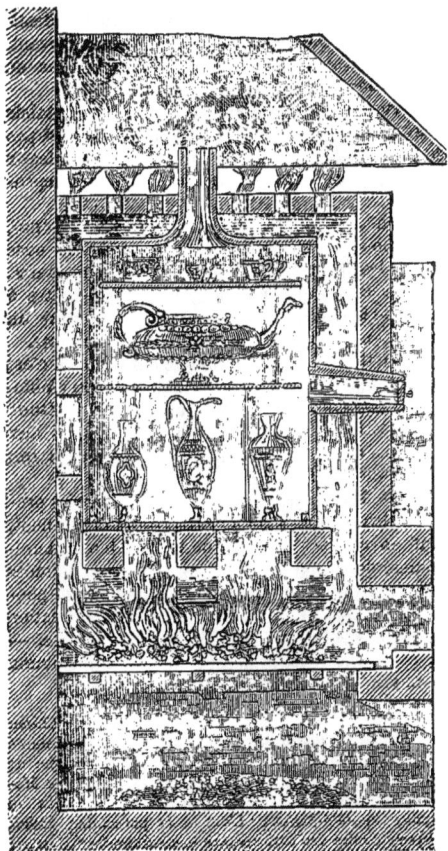

Fig. 284. — *Four à cuire les porcelaines peintes.*

courante, et qui est susceptible de tenir une place importante dans l'ornementation. Il ne nous est pas possible de décrire ici en détail tous les procédés de décoration. L'application des lustres ainsi que l'argenture et la dorure a été décrite dans des articles spéciaux (V. ARGENTURE, DORURE et LUSTRE). Nous ne saurions mieux faire que de renvoyer aux excellents traités de Brongniart et de Salvétat, pour ce qui concerne la préparation des couleurs et des pâtes colorées ainsi que pour le détail des opérations pratiques de la décoration.

Il nous reste maintenant à dire quelques mots des porcelaines tendres.

La porcelaine tendre artificielle ou française a

été inventée par Morin, en 1695. Sa pâte est constituée par un silicate alcalino-terreux qui se rapproche beaucoup plus d'un verre que d'une pâte céramique. La fusibilité de sa pâte est déterminée par des sels de soude, de potasse, de chaux et même de baryte.

On employait à Sèvres, la composition suivante ·

Nitre..	22.0	Gypse de Montmar-	
Sel gris.	7.2	tre.	3.6
Alun.	3.6	Sable de Fontaine-	
Soude d'Alicante. .	3.6	bleau	60.0

Pour préparer la pâte, on fritte ces matières, on pulvérise la fritte et on la lave ; on mélange ensuite :

Fritte pulvérisée.	75
Craie blanche.	17
Marne calcaire.	8

Ces matériaux sont broyés au moulin, desséchés et broyés de nouveau. On emploie maintenant une fritte formée de :

Soude	2
Sable gris de terre de bruyère. .	7

La pâte est alors formée par un mélange de

Marne argileuse.	9
Craie.	9
Fritte.	100

La pâte de porcelaine tendre est très peu plastique et se travaille difficilement ; on augmente sa plasticité en y ajoutant un mélange de gélatine et de savon noir. Les pièces doivent être faites par moulage, puis elles sont terminées par un tournassage à sec. Il se produit dans cette opération une poussière fine et abondante qui est nuisible à la santé des ouvriers.

La glaçure de la porcelaine tendre est ainsi composée :

Litharge.	38	Carbonate de po-	
Sable calciné.	27	tasse.	15
Silex calciné.	11	Carbonate de soude.	9

Ces matières sont mêlées et broyées puis fondues dans des creusets ; elles sont broyées de nouveau après la première fusion et fondues une seconde fois.

La cuisson est double. On cuit d'abord en biscuit, mais comme on chauffe jusqu'au ramollissement de la pâte, les pièces sont placées, afin qu'elles ne se déforment pas, sur des espèces de noyaux nommés *renversoirs*, ayant exactement la forme des pièces qui les recouvrent. Le biscuit n'étant pas poreux, on met la glaçure par arrosage à l'état de bouillie épaisse. Le même four sert alternativement à cuire le biscuit et l'émail ; on peut aussi faire usage d'un four à deux étages, on cuit alors le biscuit dans la partie inférieure du four et l'émail dans l'étage supérieur. La fabrication de cette poterie, présentant des difficultés sérieuses, est presque complètement abandonnée.

La porcelaine tendre possède cette qualité précieuse, qu'elle se prête merveilleusement à la décoration, les couleurs prenant sur sa surface un éclat incomparable.

Il existe encore un produit céramique que l'on appelle *porcelaine tendre anglaise* dont l'aspect se rapproche jusqu'à un certain point de celui de la porcelaine dure.

La pâte est formée de :

Kaolin argileux lavé	11.0
Argile plastique	19.0
Quartz	21.0
Os calcinés (phosphate de chaux)	49.0
	100.0

Quant à la couverte, on la prépare en fondant ensemble :

Feldspath	42.8
Minium	10.0
Quartz	8.0
Borax non calciné	18.7
Cristal	20.5
	100.0

On fait souvent varier la composition de la pâte qui n'a rien d'absolu. Cette poterie rentre absolument dans la fabrication de la faïence fine avec laquelle elle a une très grande analogie ; les procédés de façonnage sont les mêmes que pour cette dernière, et la différence porte sur l'addition de matières susceptibles de donner de la fusibilité à la pâte, telles que le phosphate de chaux, le sulfate de baryte, le spath fluor, etc.

Nous sommes heureux de pouvoir dire en terminant, que les plus belles pièces de porcelaine sont entièrement dues à l'industrie française. — E. G.

La décoration de la porcelaine s'obtient encore par l'application sur la pièce de sujets imprimés à l'avance au trait ou en camaïeu, ou bien encore en couleurs diverses. — V. IMPRESSION.

La décoration par voie directe relève des beaux-arts proprement dits et non des arts industriels, et la part du métier n'y joue qu'un rôle secondaire à côté de celle de l'artiste dont le talent constitue l'élément principal de la valeur accordée à cette sorte de décoration.

Dans la décoration par voie d'impression et de report sur les pièces à décorer, il s'agit, au contraire, de l'application de divers procédés intéressants et qu'il importe de décrire de façon à bien faire comprendre leur mise en pratique.

L'impression des sujets ou ornements, soit monochromes, soit polychromes, s'effectue à l'aide de la typographie ou de la lithographie et, quelquefois même, avec des planches gravées en creux sur du papier recouvert d'un enduit soluble dans l'eau ; c'est, le plus souvent, de la gomme ou bien une dissolution de tapioca.

Cet enduit a pour effet d'empêcher les couleurs de pénétrer dans la pâte du papier, elles restent isolées de ce dernier grâce à l'encollage, et on peut les transporter aisément sur les pièces à décorer, par voie de décalcomanie.

Il suffit, pour obtenir ce résultat, de passer à la surface du dessin un vernis épais à fixer, formé d'une dissolution de résine copal dans de l'essence ; on fait adhérer en appuyant, à l'aide d'une roulette, sur tous les points du sujet, puis, quand l'adhérence est complète, quand surtout on a bien expulsé toutes les bulles d'air interposées, il suffit de mouiller le dos du papier ou, mieux encore, d'immerger la pièce en porcelaine dans un vase plein d'eau.

Après quelques instants, l'eau pénétrant à travers l'épaisseur du papier, dissout la gomme et le papier se détache abandonnant l'image sur la porcelaine. On n'a plus qu'à faire cuire pour terminer l'opération. — V. FAÏENCE, § Faïence fine.

La création des motifs de décoration céramique relève évidemment de l'art, et les sujets ont une valeur plus ou moins artistique, bien que multipliés à l'infini par l'impression, suivant qu'ils ont été exécutés par un artiste d'un talent plus ou moins grand.

Malheureusement, on veut économiser le plus possible sur le prix de revient des dessins destinés à la décoration par report et, le plus souvent, les décors ainsi réalisés sont-ils dépourvus de toute valeur artistique sérieuse.

L'ornement, les fleurs, les dessins de fantaisie peuvent encore être acceptés, mais il n'en est pas de même des personnages, des copies de tableaux de genre, qui sont généralement fort mal reproduits.

Grâce à la photographie (V. PHOTOCÉRAMIQUE), il est pourtant aisé d'arriver à reproduire avec succès les compositions avec figures et animaux.

Le procédé permet, en ce cas, de se mettre à l'abri de toute interprétation et d'obvier, par un moyen automatique, à l'inhabileté des copistes.

La méthode de transport sur la porcelaine n'est nullement modifiée, et il n'y a que la façon d'obtenir les planches d'impression qui exige une étude spéciale. Il y a lieu surtout de faire appel aux procédés de phototypographie avec modelés qui ont été décrits à leur place.

Grâce à la transformation obtenue par ces procédés, les images à modelés continus deviennent, tout en conservant leur dessin et leurs demi-teintes, des images à teintes discontinues formées de points blancs et noirs, ce qui permet le poudrage avec des oxydes métalliques et la création de dessins propres à la décoration céramique. — V. GRAVURE, PHOTOGRAVURE, PHOTOTYPOGRAPHIE. — L. V.

Bibliographie : DU SARTEL : La porcelaine de la Chine; Stan. JULIEN : Histoire et fabrication de la porcelaine chinoise, ouvrage traduit du chinois, accompagné de notes et d'additions par SALVÉTAT et augmenté d'un Mémoire sur les principales fabriques de porcelaines au Japon; Comte de MILLY : L'art de la porcelaine; BRONGNIART : Traité des arts céramiques; MARRYAT : Histoire des poteries, faïences et porcelaines; A. JACQUEMART et E. LE BLANT : Histoire artistique, industrielle et commerciale de la porcelaine; L. FIGUIER : Les merveilles de l'industrie, poteries, faïences et porcelaines; Alph. MAZE : Recherches sur la céramique, art. Porcelaine; DEMMIN : Guide de l'amateur de faïences et porcelaines; Ph. BURTY : Chefs-d'œuvre des arts industriels, art. Porcelaine; Bosc : Dictionnaire de l'art, de la curiosité et du bibelot, v° Porcelaine; DAVILLIER : Les origines de la porcelaine en Europe, du XV° au XVIII° siècle, avec une Étude spéciale sur la porcelaine des Médicis; G. LEBRETON : Céramique espagnole, Le salon de porcelaine du Palais royal de Madrid et les porcelaines du Buen-Retiro; DAVILLIER : Les porcelaines de Sèvres de Mme Du Barry.

PORCELAINIER. Fabricant ou marchand de porcelaines.

PORCHE. On sait que les temples païens étaient généralement entourés d'un bois sacré où se tenaient les *profanes* (*pro fano* en avant du temple), et tous ceux qui n'avaient pas droit de pénétrer dans l'enceinte sacrée. Le porche des églises chrétiennes procède de cette disposition. Les catéchumènes, qui n'avaient pas encore reçu l'instruction suffisante pour être baptisés, les pénitents qui avaient commis des fautes publiques entraînant l'exclusion temporaire du lieu saint, assistaient de loin et du dehors aux offices religieux : on venait les admonester et les exhorter à la porte, et comme le temps de leur épreuve était long, on éprouva, de bonne heure, le besoin de les abriter.

D'autre part, la réputation de certains sanctuaires et de certains prêtres ou religieux, attirait sur tel ou tel point de la chrétienté une foule considérable ; or, les lieux, objets de ce concours, se trouvant parfois loin de toute habitation, on fut obligé de ménager des abris à la multitude ; nouveau motif de créer, à la porte même des églises, des lieux clos et couverts.

Enfin, les ablutions, les exorcismes, les baptêmes, les sépultures et, en général, toutes les cérémonies qui, selon le rite de la primitive église, se faisaient en dehors de l'enceinte sacrée, eurent naturellement pour théâtre l'endroit abrité qui précédait immédiatement la porte du temple. On fut donc amené à construire des porches en avant de la plupart des églises importantes. Ces porches, quoique accolés à l'édifice principal dont ils étaient l'accessoire ou l'annexe, prirent peu à peu des proportions considérables et constituèrent de véritables *ant'églises*, à tel point que certains, comme le porche de la basilique de Cluny, par exemple, semblaient au visiteur l'église elle-même, et qu'on croyait avoir tout vu, quand on n'était arrivé qu'à la porte d'entrée de l'édifice principal.

Dans le symbolisme chrétien, le porche représentait la vie présente, et l'église, la vie éternelle ; le porche était donc le vestibule du paradis, et il fallait y passer pour arriver au royaume de Dieu.

Viollet-le-Duc a fait, dans son savant *Dictionnaire d'architecture*, une étude complète du porche, en distingue cinq espèces différentes : les *porches fermés*, les *porches ouverts*, les *porches sous clochers*, les *porches latéraux* et les *porches civils*.

1° *Porches fermés*. Ce sont les plus anciens : il en existe des XIᵉ, XIIᵉ et XIIIᵉ siècles : ce sont ceux que Viollet-le-Duc appelle *ant'églises* ou *narthex*. On y disait la messe pour les catéchumènes, les pénitents et les pèlerins, tandis que les religieux et les chanoines demeuraient dans leur stalle, à l'intérieur des églises.

2° *Porches ouverts*. Ils ont succédé aux porches fermés, lorsqu'il n'y eut plus de catéchumènes et de pénitents, lorsque les pèlerins devinrent plus rares, lorsque se généralisa l'usage d'enterrer dans l'intérieur des églises, ce qui était absolument interdit aux temps des porches fermés. Les porches ouverts n'abritant que momentanément ceux qui s'y réunissaient, on put les construire plus légèrement, et quelques-uns sont en bois ; la charpente compose les travées, et la voûte est en lambris.

Dans les porches ouverts, comme dans les porches fermés, il y avait tantôt un seul étage, tantôt deux, le second s'ouvrant sur le premier, ce qui en faisait une sorte de tribune ou de jubé. Les lectures, les prédications, les représentations hiératiques pouvaient alors y avoir lieu ; c'est, en général, dans les porches qu'ont été joués les mystères et les moralités.

3° *Porches sous clochers*. Les architectes qui plaçaient un, deux ou trois clochers en avant de la façade principale d'une grande église, en ajourant surtout la base, pour éviter la lourdeur des soubassements ; ces constructions sont, en général, d'une grande légèreté.

4° *Porches latéraux*. Ils ne se distinguent des autres, qui précèdent toujours la façade principale de l'édifice, qu'en ce qu'ils sont établis sur les façades latérales, aux deux extrémités du transept. Ces sortes de porches n'ont jamais eu l'importance des premiers, et ont abouti promptement au *portail*, c'est-à-dire à la voussure ornementée, tandis que le porche est une avancée *hors œuvre*.

5° *Porches civils*. Ceux-là n'ont jamais pu être que des abris destinés à protéger les entrants et les sortants contre les intempéries de l'air. Il en existait à la porte principale des hôpitaux et hospices, des monastères, des hôtels ecclésiastiques et laïques, des maisons de bourgeois et d'artisans. C'était une manière de dais, plus ou moins développé, abritant des statuettes de saints, des armoiries, des emblèmes et attributs, etc.

Les péristyles, les galeries couvertes, les perrons des vestibules, ouverts ou fermés, des édifices modernes rappellent seuls aujourd'hui l'antique porche ou *ant'église*, qui a joué un si grand rôle autrefois, soit comme dépendance de l'église principale, soit comme salle de représentation, soit comme auditoire de justice et lieu de réunion civile. — L. M. T.

PORCHERIE. Local affecté aux animaux de l'espèce porcine. Il faut au porc une température uniforme, car il redoute également le chaud et le froid. Les porcs d'une exploitation rurale étant en grande partie nourris avec les restes de la cuisine et de la laiterie, doivent être logés à proximité de l'habitation du fermier et des locaux où se fait la manipulation du lait. Mais les porcheries dégagent une odeur si désagréable, quelles doivent être placées de telle façon que le vent régnant le plus fréquemment dans la localité, emporte les émanations loin des habitations. — V. CONSTRUCTION RURALE.

*PORION. *T. de mét.* Maître mineur, sorte de contre-maître dans une exploitation minière.

POROSITÉ. *T. de phys.* Propriété que tous les corps possèdent à des degrés divers, de laisser entre leurs parcelles constitutives (atomes moléculaires, particules) des intervalles nommés *pores*. Il y a lieu de distinguer ici la *porosité apparente* (accidentelle) facile à constater et la *porosité intermoléculaire*. Quelques exemples permettront de saisir cette distinction et serviront à induire de la porosité visible à la porosité invisible.

L'éponge, le liège, la pierre ponce présentent des pores très visibles ; ceux du bois, en coupe transversale, et du charbon de bois ne sont visibles qu'à la loupe. L'emploi du microscope composé est nécessaire pour voir les pores des feuilles, des pétales, etc. On constate la porosité des solides en les employant comme filtres, papier, pierres, etc. Les alcarazas, les pierres gélives, les murs humides, l'infiltration des bois, la silicatisation des pierres, prouvent la porosité de ces corps. L'huile passe à travers l'ivoire, le fer, le marbre ; le mercure à travers la peau de chamois. Les gaz passent à travers les tissus animaux et végétaux, le plâtre, les tubes en terre et même à travers la fonte chauffée au rouge. L'*occlusion* des gaz par les métaux (notamment l'hydrogène par le palladium) est encore une preuve de la porosité intermoléculaire.

PORPHYRE. *T. de minér.* Sorte de roche éruptive dont les éléments cristallins sont noyés dans une pâte amorphe de couleur rouge, brune, violacée, bleuâtre, ou plus ou moins noire, ce qui fait rapprocher le porphyre de certaines roches magnésiennes (euphotides, diallage, serpentine, variolite), des roches trachytiques (domite, phonolithe, obsidienne), des roches amphiboliques (diorite porphyroïde) ou de roches pyroxéniques (mélaphyres, spilites, basaltes, laves, leucitophyres et néphélinophyres).

En suivant la classification adoptée actuellement pour l'étude des roches, nous indiquerons les principales variétés de porphyre employées.

Parmi les roches acides, il faut citer le *porphyre quartzifère*, qui a une cassure brillante et vitreuse, des grains de quartz avec pâte plus ou moins compacte. Son type est le porphyre connu, dans les gîtes stannifères de la Cornouaille, sous le nom d'*elvan*; c'est un granit à mica blanc, ayant pris la texture porphyrique, parfois cornée, quand le grain est très fin. Le *porphyre granitoïde* vient ensuite, c'est encore une sorte de granit à grain fin, auquel de grands cristaux de feldspath donnent l'aspect porphyroïde; on en trouve à Boën, à Urphe, dans la Loire; à Saint-Amé, à Rochesson, dans les Vosges; à Pranal, près Pontgibaud; à Four-la-Brouque. Le *porphyre globulaire* est trachytoïde, son grain est très fin et une texture vitreuse commence à se superposer à la texture cristalline. On y trouve des sphérolithes à croix noire et à double structure rayonnée et concentrique. On rencontre cette variété à Saincey, à La Selle, à Bourganeuf. Le *porphyre pétrosiliceux* offre une couleur variant du brun au violet; il est, en général, associé aux grès rouges et aux grès bigarrés, à Brehemont, à Val d'Ajol (Vosges); à Montreuillon (Morvan); à Esterel, à Lugano, à Tharaud, à Dosseinheim (Saxe). Le *porphyre molaire*, de Beudant, appartient encore à cette catégorie; il porte aujourd'hui le nom de *liparite porphyrique*, mais il doit être plutôt rangé, d'après sa constitution, dans les trachytes que dans les porphyres.

Dans le groupe des roches neutres, de la série ancienne, on trouve des porphyres dans le type granitoïde; tels sont les *porphyres micacés* de Landshut et de l'Altaï, à cristaux de plagioclase, de mica magnésien foncé, de quartz et de fer magnétique; et les *porphyres quartzifères* de Quénast et de Lessines (Belgique), à pâte verte et à cristaux d'oligoclase et de quartz avec un peu d'orthose et de hornblende. Dans ce groupe se rangent encore les *porphyres syénitiques* (orthophyres); tel est le *porphyre noir* de la Loire et du Morvan, qui appartient au type trachytoïde et a des cristaux de quartz apparents et une pâte d'un noir verdâtre, parfois brune, souvent pointillée de magnétite. Ceux de Chateauneuf et de Bromont (Puy-de-Dôme); de la Bombarde (Loire); sont également très voisins des premiers. Après les *porphyres noirs* viennent les *porphyres bruns* des Vosges, que l'on rencontre à Giromagny, Lure, Vescemont; ils sont caractérisés par des cristaux d'orthose et d'hornblende; puis les *porphyres micacés* à orthose, mica noir et pâte compacte, de Felleringey et de Remiremont. Dans le type trachytoïde de la série ancienne des roches neutres, il faut encore signaler une roche très voisine du porphyre, la *porphyrite*. Cette roche est très développée en Saxe, dans la Sarre, le Hartz. C'est à cette variété que se rattache le véritable *porphyre rouge antique*, dont le gisement de Djebel-Dokhan, en Egypte, est célèbre; dans les Vosges, à Wildsruff, l'amphibole domine dans quelques porphyrites d'où le nom de *porphyrites amphiboliques*, qui leur est donné, et celui de *porphyrites pyroxéniques* quand c'est le pyroxène qui domine. Les *porphyres à liébénérite* du Tyrol finissent la série des porphyrites; ils sont formés d'orthose et de liébénérite cristallisés dans une pâte de même substance.

Dans le groupe des roches basiques, on range : les *porphyres diabasiques* qui offrent des cristaux de pyroxène, de labrador, de mica noir et de magnétite noyés dans une pâte microlithique d'oligoclase et de magnétite avec développement ultérieur d'épidote et de quartz. On y place le *porphyre labradorique* de Belonchamp et de Faucogney (Haute-Saône), de Belfahy, de Giromagny; et le *porphyre vert antique* de Marathonisi (Morée). Citons encore, dans ce dernier groupe, le *porphyre à ouralite*, du Tyrol méridional, qui est caractérisé par ses cristaux d'augite, lesquels, sans perdre leur forme, prennent le clivage de l'amphibole.

Usages. Les porphyres syénitiques et pétrosiliceux servent surtout comme pierre de décoration, à cause de la beauté de leur poli, celle de leur couleur et leur solidité, mais ils sont d'une dureté telle que l'on n'a retrouvé qu'au XVᵉ siècle le moyen de les travailler et de les polir; de plus, la difficulté du travail rend fort chers les objets faits avec ces porphyres: Quelques porphyres cellulaires de Hongrie servent à faire des meules. Avec le porphyre rouge d'Egypte, les anciens faisaient de fort belles pièces d'art; des cuves sépulcrales, des baignoires, des obélisques, etc. Le plus beau spécimen connu de ce porphyre est l'obélisque de Sixte-Quint, à Rome; on peut également citer la cuve qui sert de fonts baptismaux, dans la cathédrale de Metz, et, au Louvre, la cuve de Dagobert, le tombeau de Caylus, des statues à tête de marbre, des statues colossales représentant des barbares captifs, des socles, des colonnes d'une grande richesse, etc. On s'est également servi du porphyre protoginique de Brabant pour faire des essais de pavage, à Paris, mais cette roche, éminemment dure, tenace et résistante, très propre au pavage, par le fait, était par trop glissante quand elle était mouillée, pour pouvoir être utilisée dans les chaussées en pente. On se sert encore, dans les pharmacies et chez les marchands de couleurs, de plaques de porphyre pour réduire certains corps durs en poudres impalpables. — J. C.

PORPHYRISATION. T. techn. On entend par *porphyrisation* la pulvérisation à l'état excessivement fin. On emploie souvent, dans ce but, des molettes et des tables de porphyre ou de granit, au moyen desquelles on obtient ce résultat, par un écrasement avec forte pression; d'où l'étymologie de *porphyrisation*. Le caractère d'une substance porphyrisée est d'être *impalpable*, c'est-à-dire que, si on place sur un ongle un peu de la substance pulvérisée, on ne doit sentir, en faisant rouler dessus l'ongle du pouce, aucune rugosité.

*PORSE. *T. de pap.* On donne ce nom, dans la fabrication à la main, aux feuilles intercalées avec les flôtres.

PORT. Un port est un espace d'eau abrité naturellement ou artificiellement contre les vents et les vagues, de telle sorte que les navires peuvent y stationner sans danger pour effectuer leurs opérations et recevoir au besoin les réparations nécessaires; on nomme *ports de mer* ceux qui servent à la navigation maritime et *ports de rivière* ceux qui sont exclusivement consacrés à la navigation intérieure. Au point de vue des opérations, les ports de mer sont classés en : *ports de commerce; ports militaires; ports d'armement; ports de pêche; ports de refuge.* A l'exception des ports militaires dont les exigences spéciales excluent absolument tout autre emploi, les autres ports réunissent souvent plusieurs des caractères précédents; Saint-Malo est à la fois un port de commerce et d'armement pour la grande pêche; Bastia en Corse, Holyhead en Angleterre, servent autant comme ports de refuge que comme ports de commerce; on nomme *ports de quarantaine* ceux qui reçoivent les navires soumis à des mesures sanitaires; enfin quelques ports anglais spécialement établis pour l'embarquement de la houille ont reçu le nom de *ports charbonniers.* Sous le rapport de la situation nautique, on distingue : les *ports intérieurs* qui sont placés sur les lacs ou dans les fleuves, à une certaine distance de leur embouchure; les *ports extérieurs* qui se trouvent en pleine côte, sur le littoral des mers et des océans, et les *ports d'embouchure* situés à l'entrée de certains grands fleuves. Bordeaux, Anvers, Hambourg, la Nouvelle-Orléans, Chicago sont des ports intérieurs; Marseille, Gênes, Alger, sont des ports extérieurs; le Hâvre, Saint-Nazaire, New-York sont des ports d'embouchure. Cette division naturelle est la conséquence du régime des eaux; dans les océans où les marées atteignent une grande amplitude, l'embouchure des fleuves forme une baie évasée ou *estuaire*, dont l'entrée, bien qu'obstruée partiellement par des barres ou des bancs, reste toujours accessible aux grands navires; sur les côtes où le mouvement alternatif des marées ne vient pas désobstruer l'embouchure, les eaux douces s'ouvrent, pour s'écouler à la mer, des chenaux divergents, laissant entre eux le terrain découpé en triangles, d'où le nom de *fleuves à delta* donné à ces cours d'eau; le Rhône, le Pô, le Nil, le Danube sont des types bien connus de cette catégorie de fleuves dans lesquels il ne peut exister aucun port de mer important.

Port de commerce. La condition fondamentale d'un port, c'est d'offrir, pour l'embarquement et le débarquement des marchandises, des rives devant lesquelles l'eau ait une profondeur suffisante pour que les navires accostent

sans danger, et dont le terrain, relevé au-dessus des plus hautes eaux, soit assez solide pour que l'on puisse y manœuvrer de lourds fardeaux et y faire circuler des voitures. Les ouvrages construits pour réaliser ces conditions se nomment des *quais.* Les constructions en bois employées à l'origine ont été abandonnées, à cause des dépenses et des difficultés d'entretien, et, sauf l'Amérique, ne se trouvent plus que dans les ports sans importance. Dans les grands ports les quais sont soutenus par des murailles très solides dont les fondations exigent d'autant plus de soin que le tirant d'eau des navires modernes nécessite de grandes profondeurs. On est même souvent obligé de recourir à l'air comprimé pour traverser l'épaisse couche de vase ou de sable qui constitue le fond du port. Des anneaux et des bornes d'amarrage, des escaliers et des échelles complètent ces ouvrages sur lesquels on dispose en outre des grues, fixes ou mobiles. Dans les ports de la Méditerranée on trouve souvent les quais découpés en redans au moyen de môles établis perpendiculairement à la direction de la rive, et laissant entre eux des bassins ou *darses* dans lesquels se placent les navires. Ce système, qui permet de multiplier les points d'accostage, a été appliqué d'une façon remarquable par les Américains. A New-York les rives de l'Hudson et de la rivière de l'Est sont ainsi découpées par 155 môles (*piers*), de 80 à 150 mètres de longueur et de 10 à 20 mètres de largeur, séparés par des darses (*slips*) de 50 à 100 mètres de largeur. Ces môles sont couverts de hangars clos, fermés par des portes à coulisses, et dans lesquels les marchandises sont immédiatement mises à l'abri en sortant des navires. En 1876, 64 de ces môles appartenaient à la ville, 54 à des particuliers et 37 se trouvaient dans une situation mixte; jusque là le gouvernement n'était intervenu que pour fixer et conserver des alignements des quais de rive et de l'extrémité des môles. Toutefois, cette latitude laissée à l'initiative privée n'avait donné que de médiocres résultats; un certain nombre de môles, mal construits et mal entretenus, étaient devenus un danger permanent; les darses, enfermées entre ces massifs, s'étaient envasées et formaient autant de foyers de miasmes pestilentiels; la ville se trouva dans l'obligation de poursuivre une reconstruction complète, en élargissant les quais devenus insuffisants et en établissant les môles sur des pilotis pour laisser le passage libre aux courants; ce système avait complètement réussi à Chicago et à San Francisco dont les installations étaient postérieures à celles de New-York. On en trouve d'excellents exemples dans les ports anglais, entre autres à Sunderland (fig. 285).

C'est encore le même principe que l'on a suivi aux docks Victoria, sur la Tamise, et dans les ports nouveaux créés à Marseille, Fiume, Trieste, etc., en facilitant de plus en plus la participation des chemins de fer au mouvement du commerce maritime. Les principaux ports de commerce sont devenus d'immenses gares intermédiaires entre les deux grandes voies de transport de l'industrie moderne, et les quais doivent offrir aux vagons de chemins de fer un accès aussi commode et aussi facile que celui des navires; il convient par conséquent de donner à ces ouvrages une largeur telle, que l'on puisse y installer : une voie ferrée pour les engins de manutention; une deuxième voie ferrée et une chaussée pour les marchandises qui partent immédiatement ou qui arrivent directement dans les navires; un espace de 15 à 20 mètres pour les hangars de dépôt, de triage et de visite, et pour les magasins; de l'autre côté de ces bâtiments, une voie ferrée pour les vagons en opération, une voie pour les vagons chargés, une voie pour les vagons vides, deux voies distinctes pour les trains partant ou arrivant, et enfin une large chaussée pour la circulation générale; tout cela relié convenablement par des traverses, des plaques tournantes et des chariots de transbordement. On arrive ainsi à des largeurs de quai de 100 mètres, largeur admise du reste pour les nouveaux quais du port d'Anvers. Il convient, pour les mêmes motifs, d'élargir les môles et de réduire, au contraire, les darses aux dimensions strictement nécessaires. Celles-ci doivent avoir environ quatre à cinq fois la largeur des plus forts navires, tandis que les môles doivent être, au minimum, deux fois plus larges que les darses (V. QUAI). Pour le débarquement de certaines marchandises, on ménage, à côté des quais, des plans inclinés en maçonnerie appelés *cales*. La construction des navires s'exécute sur des chantiers spéciaux, appelés *cales de construction*, et installés sur les rivages en pente, hors de la portée des eaux, dans les endroits en face desquels on trouve l'étendue et la profondeur nécessaires pour le lancement. Pour les réparations on s'est contenté pendant longtemps des *platins d'échouage* ou d'*abattage en carène*, des *grils de carénage* et des *cales de halage*. — V. HALAGE.

Les trois premiers systèmes ne permettent qu'un travail intermittent, pendant la basse mer; le dernier est long et difficile; il abime presque la coque des navires et devient presque impraticable pour ceux qui atteignent de grandes dimensions; c'est pourquoi on a imaginé les *formes flottantes* et les *formes sèches* ou *bassins de radoub*. — V. FORME DE RADOUB.

Ces derniers ouvrages sont le complément indispensable d'un port bien outillé, et leurs installations sont arrivées à une telle perfection que l'on a vu un navire anglais de 2,000 tonneaux, entré dans la Tyne pour se ravitailler et réparer quelques avaries, reprendre la mer au bout de trente heures, après avoir reçu dans la forme sèche deux couches de coaltar sur son arrière, chargé 400 tonnes de charbon et 200 tonnes de lest. Il n'est pas rare du reste de voir à Newcastle et dans les ports similaires un navire charger en cinq heures, par ses trois soutes, 1,200 tonnes de charbon. Nous sommes loin, en France, de cette rapidité d'opérations dont on trouve également des exemples pour le chargement du blé dans certains ports américains.

Toutes ces installations peuvent suffire tant que le niveau des eaux qui baignent les quais ne subit que des variations peu importantes, comme dans les ports intérieurs et dans ceux qui sont situés sur le littoral des mers sans marée, la Méditerranée, la Baltique, etc. A ces derniers on ajoute seulement les ouvrages destinés à protéger les navires contre le vent et les lames. Ces ouvrages consistent en un ou deux môles enracinés à la terre et prolongés de façon à laisser entre leurs extrémités une passe assez grande pour les mouvements d'entrée et de sortie, mais assez étroite pour empêcher la propagation des lames. Cette passe est elle-même quelquefois protégée par un brise-lames isolé au large, laissant entre ses musoirs et l'extrémité des môles, deux passes de direction opposée, qui permettent d'entrer et de sortir par tous les vents. Par suite des dimensions croissantes du matériel naval, les ports naturels ainsi complétés sont devenus insuffisants, et on est arrivé à en créer d'entièrement artificiels comme à Marseille, à Fiume, à Trieste, à Port-Saïd, etc.

Lorsque le niveau de la mer subit des variations considérables, on serait obligé de suspendre le chargement et le déchargement des navires; en outre ceux-ci échoueraient à mer basse, et l'échouage, admissible autrefois pour des bâtiments construits dans cette prévision, devenait de plus en plus fâcheux, à mesure que les navires recevaient des formes plus allongées et plus fines. On y a remédié par l'emploi de *bassins à flot*, ainsi nommés parce que l'eau qui y reste enfermée maintient les navires toujours flottants à une hauteur constante. A cet effet, ces bassins sont fermés par des écluses à sas, dont on n'ouvre les portes, pour le passage des navires, qu'aux moments où le niveau de la mer est le plus élevé et que l'on ferme aussitôt que la marée commence à baisser. Si le mouvement des navires est considérable, on agrandit le sas de l'une des écluses, et on en fait un *bassin de mi-marée* (fig. 285) qui permet de prolonger l'entrée et la sortie des navires longtemps après ou avant la pleine mer. La longueur des bassins à flot n'est pas limitée; leur largeur doit toujours être suffisante pour que les navires puissent circuler facilement et au besoin virer de bord dans le milieu du bassin; leurs quais sont établis dans les conditions déjà indiquées; enfin c'est à l'intérieur des bassins que débouchent les formes de radoub.

Il serait impossible d'exposer les portes des écluses à la violence des lames; c'est pourquoi les bassins à flot débouchent dans un espace abrité, appelé l'*avant-port*, qui se trouve en communication directe avec l'océan et par suite soumis aux fluctuations de la marée. C'est dans l'avant-port que se tiennent les bateaux pêcheurs, les petits bâtiments qui ne craignent pas l'échouage et les bateaux à vapeur qui ne font devant les quais que des arrêts très courts.

L'avant-port doit être assez large pour permettre le croisement et l'évolution des navires et assez long pour que ceux qui entrent sous voiles perdent leur erre progressivement. Une longueur de deux à trois encâblures (400 à 600 mètres) est considérée comme suffisante. Dans la construction des murs de quai, on tient compte des variations de pression qui résultent de ce qu'ils sont alternativement mouillés ou à sec sur une grande hauteur. Dans les ports fréquentés par les paquebots, les quais sont munis : soit de larges paliers avec rampes d'accès, soit d'enclaves contenant des embarcadères flottants qui permettent d'accoster sans attendre la pleine mer; les portions de quai ainsi disposées sont désignées sous le nom de *quai de marée*. — V. Quai.

L'entrée de l'avant-port est, en général, constituée par un chenal abrité entre deux jetées que l'on prolonge de façon à éviter l'obstruction par les galets, le sable ou la vase. Cette obstruction est surtout à redouter sur les côtes de l'Océan, et principale-

ment sur celles de la Manche. On a bien réussi à combattre l'invasion des galets; mais il n'en est pas de même de la vase et du sable; le prolongement des jetées est insuffisant et entraîne un allongement fâcheux du chenal; on est obligé, pour entretenir la profondeur de l'avant-port et du chenal, d'employer les *chasses* et les *dragages*. — V. ces mots.

Du moment que l'accès d'un port n'est possible qu'autant que la mer y est montée assez haut pour assurer le tirant d'eau des navires, il faut que ceux-ci trouvent à proximité un espace de mer suffisamment abrité pour qu'ils puissent y jeter l'ancre en attendant le moment favorable, soit pour entrer dans le port, soit pour terminer

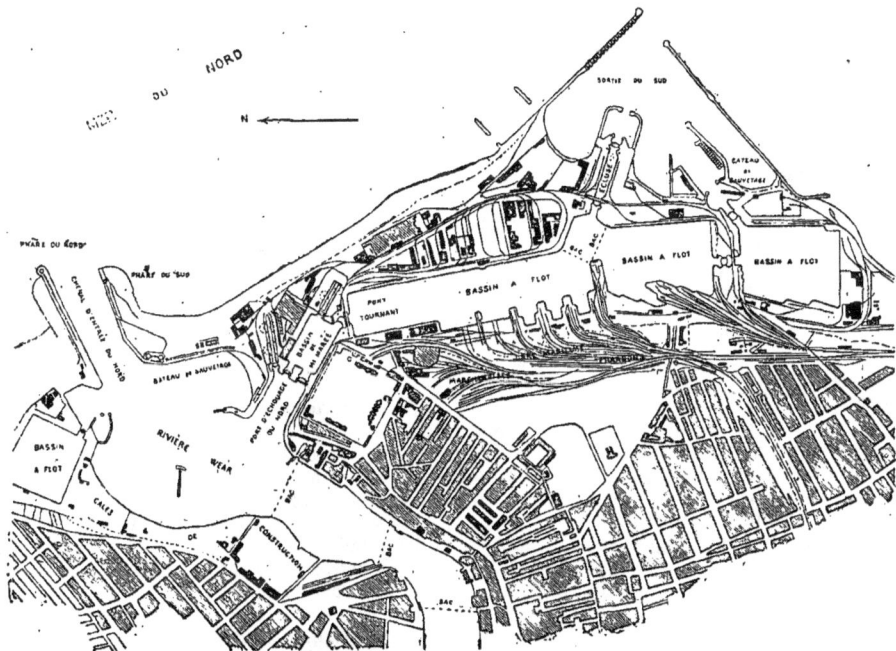

Fig. 285. — *Port de Sunderland.*

leur appareillage. Cet espace que l'on nomme *rade* doit offrir une profondeur d'eau telle que les navires ne soient pas exposés à échouer ni même à talonner par l'agitation des lames. On appelle *petit brassiage* une profondeur de 10 mètres, et *bon brassiage* celle de 13 à 24 mètres. Il faut, en outre, que le fond présente une bonne tenue pour les ancres; car le séjour de la rade serait dangereux si les navires étaient exposés à chasser sur leurs ancres par les gros temps. L'argile, le sable vaseux et la vase compacte donnent d'excellents fonds; le rocher, le sable pur et la vase molle sont mauvais. On ne trouve guère de rade que dans les golfes protégés par des côtes plus ou moins élevées; celles qui sont ouvertes vers le large et mal abritées se nomment *rades foraines*. Les rades fréquentées doivent présenter une grande superficie, surtout lorsqu'il y règne des courants de direction variable; il faut, en effet,

que les navires à l'ancre puissent obéir à l'action de ces courants et se déplacer sans se rencontrer; or, le cercle qu'ils décrivent a pour rayon la longueur du navire augmentée de la quantité de chaîne filée pour assurer la tenue de l'ancre; chaque navire exige donc un espace considérable que l'on peut, il est vrai, réduire au quart par l'affourchement. Toutefois, les rades trop étendues, comme celle de Brest (2,000 hectares), sont exposées à une agitation dangereuse. Les rades de Spithead (1,000 hectares) et de Cherbourg (800 hectares) seraient sans doute trop faibles pour des ports de commerce; la rade du port de commerce de Toulon (400 hectares) est insuffisante.

Lorsque la rade est tranquille par tous les temps, l'avant-port devient inutile; c'est l'avantage que présente le port de Saint-Nazaire, à l'embouchure de la Loire. Lorsque la rade est mal abritée, on peut l'améliorer au moyen de digues; mais l'énorme dépense de construction et d'entretien de ces ouvrages oblige à en restreindre l'emploi à des circonstances exceptionnelles, comme les rades de ports militaires (Cherbourg, Plymouth) et les rades de refuge (Saint-Jean de Luz, Portland).

La plupart des ports de commerce n'ont que des rades foraines dont l'importance a beaucoup diminué depuis que la vapeur permet aux navires d'entrer et de sortir malgré les vents contraires. Aujourd'hui, c'est dans la rade que les paquebots s'arrêtent à certaines escales, pour remettre les dépêches et les passagers à un navire auxiliaire et repartir sans perdre de temps. Toutes les indications nécessaires aux navigateurs, pour se placer dans la rade et pour pénétrer dans le port, leur sont données pendant le jour par des amers, des bouées et des balises, pendant la nuit par des feux de direction et des feux de port. Des bouées spéciales sont également préparées pour l'amarrage des navires partants qui ont dû profiter de la marée pour sortir du port avant d'avoir terminé leur appareillage. Enfin, on peut envoyer des signaux aux navires en rade, à l'aide de ballons et de pavillons qui se hissent sur un appareil composé d'un mât et d'une vergue. La nuit on se sert de fanaux à feux rouge, blanc et vert.

Il est facile de se rendre compte, d'après ce qui précède, combien sont favorisés les ports sans marées, comme Marseille, New-York, etc., et, après eux, les ports intérieurs auxquels le fleuve sert à la fois de rade et d'avant-port, mais sous cette réserve que ce même fleuve soit soumis au régime des marées dans une mesure suffisante pour que le flux et le reflux y maintiennent la profondeur qu'exigent les navires actuels. Cette condition est remplie à Hambourg, Londres, Liverpool, où l'emploi des bassins a surtout pour but de fournir le développement des quais et d'empêcher l'encombrement du fleuve. Lorsque le jeu des marées est insuffisant, l'entretien du chenal exige des travaux considérables et coûteux qui ne parviennent pas toujours à rendre aux ports une prospérité disparue devant les exigences croissantes de tirant d'eau et de rapidité des transports maritimes et devant les facilités de communication avec l'intérieur du pays, apportées par la création des chemins de fer. Anvers, Bordeaux, Rouen sont, à divers degrés, des exemples de ce que l'on peut réaliser, Anvers surtout pour lequel on a dépensé, depuis 1830, 170 millions de francs, dont 80 pour les nouveaux quais et 40 pour les chemins de fer et les gares maritimes, et qui possède aujourd'hui 14,600 mètres de quais, de 100 mètres de largeur, avec un tirant d'eau de 8 mètres au pied des murs, 2,500 mètres de talus accostables et 67 hectares de bassins. C'est ainsi qu'Anvers est parvenu à conquérir, après Hambourg et Marseille, le troisième rang parmi les ports européens, et à présenter, en 1882, un mouvement de 65,000 navires dont 9,000 navires de mer avec 6,906,000 tonneaux et 56,000 bateaux de rivière avec 4,233,000 tonneaux.

Quant aux ports extérieurs et aux ports d'embouchures soumis au régime des marées, comme les transports maritimes s'accommodent de moins en moins des pertes de temps qui en résultent, la tendance actuelle est de les doter d'un avant-port en eau profonde et des résultats importants ont été déjà obtenus, dans cette voie, en Angleterre et en Hollande; c'est, du reste, ce que l'on est en train de faire pour Boulogne et ce qu'il conviendrait de réaliser le plus tôt possible pour le Havre.

Ports militaires. Les ports militaires doivent satisfaire à des exigences plus grandes que les ports de commerce; aux qualités nautiques, il leur faut joindre des conditions topographiques particulières, permettant aux flottes qu'ils abritent de se porter rapidement sur toute l'étendue des côtes dont ils assurent la protection. Les rades, appelées à recevoir, à un moment donné, des flottes entières prêtes à prendre la mer, doivent être spacieuses, profondes et sûres, faciles à couvrir par des ouvrages de défense. Il est absolument nécessaire que les navires de guerre puissent sortir du port ou y entrer à toute heure, et l'on ne saurait exposer à l'échouage ces masses énormes dont le poids atteint aujourd'hui, avec les cuirasses et l'artillerie, jusqu'à 12,000 tonnes. Il faut, par conséquent, que l'avant-port présente, même au moment des plus basses mers, la profondeur nécessaire au tirant d'eau des plus grands vaisseaux.

Peu de situations naturelles réunissent toutes ces conditions; Brest et Toulon possèdent des rades naturelles magnifiques, mais la construction des darses et des bassins à flot y présente des difficultés sérieuses. A Toulon, notamment, il a fallu exécuter des dragages considérables pour assurer dans toute la rade une profondeur uniforme de 10 mètres; pour fonder les darses et les formes, on est obligé de recourir à d'immenses caissons dont le fonçage, relativement facile aujourd'hui, grâce à l'emploi de l'air comprimé, exigeait autrefois des années de travail; mais c'est surtout à Cherbourg, où les conditions nautiques étaient loin d'être d'accord avec les exigences stratégiques, qu'il a fallu exécuter, pendant plus d'un demi-siècle, des travaux gigantesques. Pour abriter la rade, on a construit, par des profondeurs de 13 mètres au-dessous des plus basses mers d'équinoxe, une digue de 3 kilomètres et demi de longueur surmontée, au centre et aux extrémités, par trois forts. Le cube de pierres et de maçonneries employées à cet ouvrage est évalué à 4,600,000 mètres. Derrière cette digue, un avant-port, deux bassins et sept formes de radoub ont été creusés à 19 mètres de profondeur dans les roches granitiques du rivage, exigeant l'extraction et l'enlèvement de 3,622,000 mètres cubes de déblais. — V. DIGUE, figure 93.

Il suffit, pour donner une idée de l'importance d'un port militaire, de rappeler sommairement les ouvrages et les établissements dont l'ensemble constitue un arsenal. Dans le port, les cales de construction, les bassins d'armement, les formes de radoub, les fosses d'immersion pour la conservation des bois de mâture et de construction; sur les quais, la mâture, les grues puissantes pour l'embarquement des chaudières, des machines et des pièces d'artillerie ; les appontements pour l'embarquement du charbon ; les parcs pour les ancres, les magasins pour les chaînes.

Les ateliers comprennent : chaudronnerie, forges, fonderie, ajustage, halles de montage, corderie, voilerie, menuiserie, salles de gabarits, scierie, tonnellerie, poulierie, etc. ; la préparation des vivres exige : meunerie, boulangerie, abattoir spécial et atelier de salaisons. Le magasin des subsistances contient les liquides, biscuits, farines, salaisons et conserves, légumes secs, fromages, sucre, café, etc. Le magasin général renferme les matières premières et les objets d'armement fournis par le commerce. Outre les magasins d'armes, l'artillerie exige des poudrières, des ateliers d'artifices et des parcs, et il a fallu y ajouter encore la préparation des torpilles. En dehors de l'arsenal, on trouve les casernes pour les équipages de la flotte, pour l'artillerie et l'infanterie de marine. Les arsenaux maritimes font vivre autour d'eux d'importantes agglomérations d'ouvriers, et donnent lieu à un mouvement commercial assez considérable pour qu'il soit nécessaire d'aménager à proximité un port spécial destiné aux navires de commerce dont la présence dans le port militaire serait gênante et incompatible avec le maintien de la discipline.

Les Phéniciens paraissent avoir été la plus ancienne puissance maritime de l'antiquité et la première qui ait créé des ports, Sidon d'abord, puis cette fameuse ville de Tyr que Nabuchodonosor détruisit une première fois en 572 (av. J.-C.) et Alexandre-le-Grand, une deuxième fois, en 332. Reconstruite de nouveau, elle conserva une certaine importance jusqu'à l'ère chrétienne ; les Phéniciens avaient fondé, en 880, le port de Carthage, devenu célèbre par sa prospérité et sa rivalité avec Rome qui ne parvint à la détruire, en 146, qu'après un siècle de luttes acharnées. Après les Phéniciens, vinrent les Grecs, dont la flotte comprenait 1,200 navires à l'époque de la guerre de Troie, et dont les principaux ports s'appelaient Corinthe, Mégare, Egine, Phocée et Smyrne encore apprécié de nos jours par ses qualités nautiques. Athènes eut d'abord pour ports : Phalère et Munychie, qui furent remplacés plus tard par celui du Pirée. A l'instar des Phéniciens, les Grecs possédaient un grand nombre de colonies, entre autres Syracuse et Marseille (Massilia) dont la fondation, par les Phocéens, remonte à 660 ans avant Jésus-Christ. Rome n'avait pas de port et recevait ses approvisionnements par celui d'Ostie, fondé vers 630, par Ancus Marcius, à l'embouchure du Tibre et reconstruit magnifiquement par Claude et Trajan. Les ruines d'Ostie sont aujourd'hui à une assez grande distance de la mer.

Les navires des anciens étaient de deux sortes : les galères de combat, allongées, pontées et munies d'une tour ; ces galères ne marchaient qu'à la rame et recevaient de 50 à 300 hommes ; les navires de commerce, courts et larges, étaient découverts et avaient un mât avec des voiles triangulaires. Un tirant d'eau de 3 à 4 mètres leur suffisait, et il était facile de trouver sur les côtes des abris suffisants pour établir un port que l'on complétait à l'aide d'un ou deux môles, dont les musoirs étaient surmontés de tours pour la défense. Vitruve a donné, de la construction de ces ouvrages, une description qui montre que les anciens employaient déjà les blocs artificiels. A l'intérieur, les ports étaient partagés en bassin marchand et bassin exclusivement militaire : ces derniers étaient pourvus de cales de halage et entourés de magasins dans lesquels les agrès et tous les objets d'armement étaient ser-

rés et classés avec autant de soin que dans nos arsenaux modernes. Chez les Romains, les navigateurs (*navicularii*) formaient un collège puissant et considérable, mais en même temps soumis à des règles très sévères, concernant l'*itinéraire*, la durée du trajet et, au besoin, l'hivernage ; en cas de naufrage, ils pouvaient être rendus responsables de la valeur de la cargaison.

Pendant des siècles, les ports maritimes ne reçurent que des perfectionnements insignifiants ; les guerres incessantes et les attaques des pirates obligeaient à concentrer tous les efforts sur les travaux de défense et l'on avait assez à faire pour les rétablir après chaque nouvelle destruction ; ce n'est que vers le xiie siècle que l'on trouve les premiers essais d'entretien au moyen des chasses dans le port de Fécamp. Mais à partir de la découverte de la boussole, en 1302, la navigation au long cours s'organisa rapidement ; l'emploi de la voile se perfectionna ; les dimensions et le tonnage des navires augmentèrent continuellement ; enfin, l'usage de l'artillerie amena la construction de lourds vaisseaux de guerre pour lesquels les ports primitifs devinrent insuffisants. Ce n'est, cependant, que vers la fin du xviie siècle, que l'invention des écluses à sas fût appliquée à la création de bassins à flot dans les ports, alors militaires, de Dunkerque, le Hâvre et Honfleur. Les premières formes furent construites quelques années plus tard à Brest et à Rochefort. L'art des constructions à la mer était alors assez perfectionné pour permettre, lors de l'achèvement du canal du Midi, de créer le port de Cette, sur la côte du Languedoc, dépourvue d'abris naturels. De nos jours, l'invention de la machine à vapeur, en transformant le matériel naval et les conditions de la navigation, a provoqué, pour les transports maritimes, un effet de concentration analogue à celui qu'ont subi les autres industries. Par suite de l'insuffisance de leurs qualités nautiques et de l'énormité des dépenses qu'entraînerait leur amélioration, un grand nombre de ports perdent peu à peu leur ancienne importance, et ce n'est qu'au prix d'efforts inouïs que chaque pays parvient à en maintenir quelques-uns en état de satisfaire à des exigences dont il est impossible de prévoir la limite.

Ports de rivière. Il existe également, sur les rivières, et les canaux, des ports consacrés à la batellerie de navigation intérieure ; les observations faites à propos des ports maritimes s'appliquent, sur une échelle plus restreinte, à ces ouvrages ; toutefois, dans les villes importantes où l'on est obligé de surélever le sol des deux rives afin de faciliter le passage sur les ponts, les quais ne sont plus que des voies de circulation urbaine qu'il est impossible d'utiliser pour le service de la navigation. C'est pourquoi on établit, de distance en distance et en contrebas, soit des cales pavées pour le débarquement des bois de construction et de chauffage, soit des terre-pleins dont le mur de soutènement est arasé un peu au-dessus des plus hautes eaux navigables. Ces cales et ces terre-pleins doivent être assez larges pour servir de dépôt provisoire, de façon à rendre le déchargement des bateaux indépendant de l'enlèvement des marchandises. On accède à ces ouvrages par des chaussées inclinées dont, malheureusement, la pente est toujours trop raide et très pénible à gravir ; la canalisation par barrages améliore déjà cette situation parce qu'elle relève le niveau de l'eau des biefs et le maintient presque invariable. Il conviendrait d'y ajouter la suppression du déchargement à la brouette et de généraliser l'emploi des appareils élévatoires ; ce qui permettrait de diminuer encore la distance verticale entre le sol du port et la chaussée du quai.

On conçoit combien il est avantageux, pour l'économie des transports, de pouvoir amener la batellerie fluviale auprès des navires; on y arrive facilement dans les ports intérieurs; Hambourg et Anvers ont créé, dans ce but, des bassins spéciaux dont le rôle est aussi important que celui des gares maritimes de chemins de fer. Pour les ports d'embouchure, le problème est plus difficile; les bateaux de rivière ne peuvent guère circuler dans l'estuaire du fleuve et l'on est obligé de leur ouvrir un canal latéral qui établit la communication entre les bassins maritimes et la partie du fleuve où ces bateaux peuvent arriver sans danger. C'est à une nécessité de ce genre qu'est appelé à répondre, pour le Hâvre, le canal de Tancarville. — J. B.

PORTAIL. *Porche, porte* et *portail*, groupe de mots désignant un groupe de choses, un ensemble architectonique, dont chaque détail est néanmoins très distinct. Nous avons dit ailleurs ce qu'est un PORCHE (V. ce mot); l'article *Porte* est donné plus loin; il nous reste à montrer comment *Portail* dérive de l'un et de l'autre.

— Viollet-le-Duc, un maître en la matière, définit ainsi le portail : « Un ébrasement ménagé en avant des portes principales pour former un abri. » En nos climats septentrionaux, avec la température variable que nous subissons, un abri en avant d'une porte est une nécessité pour les gens qui entrent et pour ceux qui sortent : l'antique *auvent*, la moderne *marquise* n'ont pas d'autre raison d'être. Mais une architecture aussi originale, aussi variée que l'ont été l'art roman et l'art ogival, devait nécessairement transformer cet appendice indispensable en un motif de décoration, et c'est ce que les constructeurs du moyen âge n'ont pas manqué de faire.

En renonçant graduellement au porche, qui fut d'abord un édifice accessoire accolé au principal, une véritable *ant'église*, les architectes arrivèrent à gagner en profondeur une partie de ce qu'ils perdaient en saillie. Comme il ne s'agissait plus d'abriter des pèlerins et des pénitents pendant le temps des offices, ou de fournir une salle couverte pour le stationnement des processions, la représentation des mystères et autres rites, ou cérémonies, se rattachant à l'exercice du culte, mais bien de couvrir un instant, à leur entrée et à leur sortie, les fidèles qui fréquentaient l'église, les architectes furent amenés à faire du portail une dépendance de la porte; ce qui, ajoute Viollet-le-Duc, le distingue essentiellement du porche. « Le portail, dit le savant auteur du *Dictionnaire d'architecture*, ne présente pas, comme le porche, une avancée hors-d'œuvre, mais il dépend des portes elles-mêmes. »

La porte étant partie intégrante de l'édifice, et non plus un hors-d'œuvre comme le porche, le portail eut pour résultat de lui donner une importance qu'elle n'avait pas eue jusqu'alors. Au fond du porche, on l'apercevait avec ses colonnes ou ses pilastres, son fronton ou son archivolte, faisant une médiocre saillie sur le nu de la muraille, ou l'entamant peu profondément dans son épaisseur. Avec la disparition des porches, au contraire, la profondeur du mur de façade doubla, tripla, quadrupla; dans cette épaisseur, on pratiqua des voussures formées de travées concentriques; on y ménagea des niches, on y pratiqua même des ouvertures pour éclairer le monde de statues, de fleurs, de fruits, d'attributs, de symboles et autres ornements qu'on y multiplia à profusion.

Avec le temps, les baies s'agrandirent, les voussures perdirent de leur profondeur, et les tympans des portes correspondant aux ouvertures des arcades se couvrirent de peintures. Saint-Germain-l'Auxerrois, à Paris, offre un curieux exemple de ce genre de décoration.

En faisant corps avec l'édifice, en donnant à la façade principale une base plus riche, un soubassement plus orné, le portail a fini par se confondre, dans la langue courante, avec la façade elle-même : on dit communément le « portail occidental », les « portails méridional et septentrional » d'une cathédrale; c'est la partie pour le tout.

Plus rigoureux dans son langage, Viollet-le-Duc distingue soigneusement le portail de la façade, comme il l'avait distingué du porche dont il est, en réalité, un diminutif. Alors même qu'il précède la porte centrale et les portes des nefs collatérales de plusieurs toises, et qu'on y accède par un emmarchement qui lui fait piédestal, le portail, quoique surmonté parfois de gables, de clochetons, de pinacles, de lanternons, fait corps avec la porte et ne saurait se détacher de l'édifice, comme le porche, qui est essentiellement hors-œuvre.

Les portails de nos grandes églises ogivales sont de magnifiques pages de sculpture : Paris, Reims, Amiens, Rouen, Chartres, pour ne citer que les villes les plus riches sous ce rapport, offrent dans leurs voussures des compositions, des scènes, des « histoires » tout entières. Contestable peut-être au point de vue architectonique, comme solidité, le portail, tel que l'ont conçu et exécuté les constructeurs du moyen âge, se justifie parfaitement sous le rapport sculptural. Nos églises modernes sont, à cet égard, d'une indigence qui contraste singulièrement avec la richesse de celles d'autrefois. — L. M. T.

PORTANT. *T. techn.* On donne ce nom, dans les théâtres, aux arbres mobiles, munis d'échelons de fer, que l'on plante sur le plancher de la scène, dans les costières, pour soutenir les décorations et porter les appareils d'éclairage. || Chacune des pièces de bois sur lesquelles roule la table de la presse en taille-douce. || Partie de la meule qui sépare les rayons.

I. PORTE. En *men.*, les portes les plus simples sont les portes dites *pleines*, entièrement planes sur les deux faces et formées de planches emboîtées haut et bas dans des traverses. Ces planches sont assemblées entre elles à rainures et languettes et à tenons et mortaises dans les traverses. Ces ouvrages sont employés pour clore des descentes de caves, des cabinets d'aisances, des bâtiments de communs, etc... Les autres portes, celles dont l'usage est le plus général, sont formées de panneaux maintenus par des châssis, et se divisent en deux classes : les portes à *petits cadres* et les portes à *grands cadres*, suivant la dimension des encadrements moulurés qui entourent les panneaux. Ces cadres peuvent être *rapportés* ou *embrevés*. Les panneaux et les châssis ont des épaisseurs variables, suivant les dimensions de la porte et le degré de solidité qu'on veut obtenir. On donne 0^m,032 à 0^m,040 aux bâtis des portes intérieures de moins de 3 mètres de hauteur; 0^m,040 à 0^m,050 à ceux des portes de 3 à 4 mètres et 0^m,052 à 0^m,058 aux bâtis des portes dont la hauteur varie entre 4 et 5 mètres. L'épaisseur des panneaux, qui varie entre 0^m,013 et 0^m,034, est habituellement de 0^m,020.

Les portes d'intérieur sont, d'ordinaire, à un

seul vantail ou à deux vantaux, et accompagnées d'un encadrement mouluré, appelé *chambranle*, qui se fixe sur le mur dans lequel est percée la baie. On nomme *contre-chambranles*, des chambranles appliqués sur la face opposée à celle que la porte affleure.

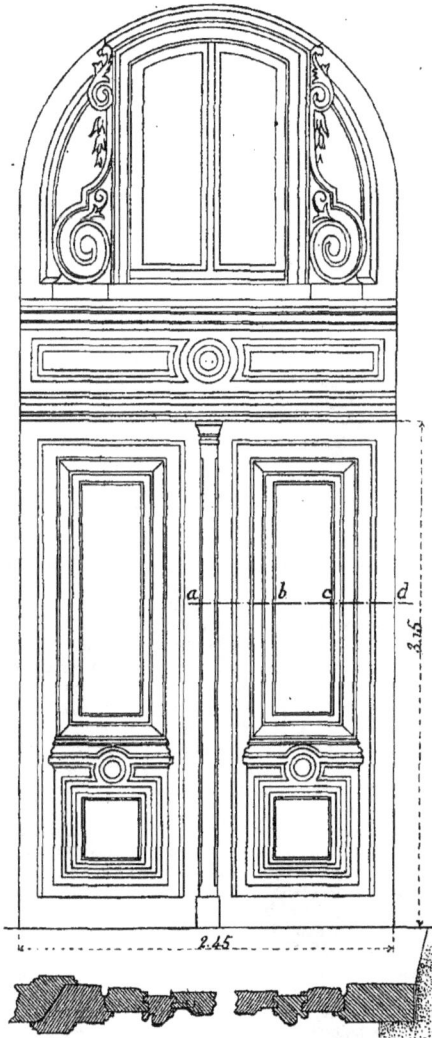

Fig. 286. — *Porte cochère avec entresol.*
Élévation et coupe sur a b c d.

Les portes extérieures se divisent en portes *charretières*, portes *cochères* et portes *bâtardes*. Les premières, ainsi nommées parce qu'elles donnent passage aux voitures, sont habituellement à deux vantaux composés d'un châssis, dans les traverses duquel viennent s'assembler à tenons et mortaises, des planches jointes à rainure et languette et dont les joints sont masqués par de petites baguettes. Les planches, moins épaisses que les châssis, l'affleurent au dehors, et des pièces de bois placées

derrière, en écharpe ou en croix de Saint-André, maintiennent toutes les parties de l'ouvrage.

Les portes-cochères, toujours à deux vantaux, remplissent dans les habitations urbaines le rôle des portes charretières dans les maisons rurales ou dans les établissements industriels. Elles sont pourvues de forts bâtis, dont l'épaisseur est de $0^m,10$ pour les portes qui atteignent 4 mètres de hauteur, de $0^m,12$ pour celles de 5 mètres, et de $0^m,16$ pour les portes de 6 mètres de hauteur. Dans l'un des vantaux de ces portes, on ménage d'ordinaire un *guichet* ou porte à un seul battant, qui permet de livrer passage aux piétons, sans nécessiter l'ouverture des deux vantaux de la porte cochère.

Un usage fréquemment adopté de nos jours à Paris, consiste à comprendre dans la hauteur de la baie de la porte-cochère la hauteur de l'entresol; le plancher haut du rez-de-chaussée, qui forme le plafond du passage, est alors compris dans l'épaisseur de la traverse imposte. La figure 286 représente une disposition de ce genre.

Les portes *bâtardes* ferment l'entrée des maisons ordinaires; elles ne livrent point passage aux voitures; on leur donne de $0^m,90$ à $1^m,50$ de largeur; elles peuvent être à un seul vantail ou à deux vantaux et pourvues ou non d'imposte. Très souvent le panneau plein du haut est remplacé par un panneau en fonte ornée ou en fer forgé, avec ou sans vitrage derrière.

On fait encore des portes *roulantes* à un seul vantail ou à deux vantaux pour fermer les baies des halles à marchandises dans les cours; des *portes-barrières* pour clore les passages à niveau sur les voies de chemin de fer; des portes pleines en métal, dont les vantaux sont ordinairement composés de tôles maintenues par des cornières, dont les unes forment les bâtis et les autres sont disposées en croix de Saint-André pour renforcer les panneaux; des *portes-croisées*, qui sont à la fois des croisées et des portes, et qui s'établissent soit à rez-de-chaussée pour communiquer avec un perron donnant sur un jardin, soit aux étages pour livrer accès à une terrasse, à un balcon; des *portes-persiennes*, qui ferment le devant des portes-croisées, etc. — F. M.

—Au point de vue historique, aussi bien qu'à celui de la construction, nous avons à considérer la porte comme ouverture donnant accès à la maison ou au temple, celle du château-fort ou de la ville fortifiée, et enfin la porte monumentale dépouillée de tout appareil de défense.

Les portes les plus anciennes ne sont pas toujours, comme on pourrait le croire, rectangulaires. Tantôt leur partie supérieure est triangulaire comme dans l'enceinte cyclopéenne d'Alée en Arcadie, tantôt formée d'assises en encorbellement comme à Phigalée ou à Mycènes, tantôt trapézoïdale comme à Circéi. On voit aussi des portes en forme d'ogives obtenues au moyen d'un encorbellement dont on abattait obliquement les parties saillantes, telles les portes d'Arpino et de Tyrinthe.

Une habitude commune aux Grecs et aux Romains consistait dans les emblèmes et les inscriptions religieuses ou hospitalières placées sur les portes. On dressait un hermès devant l'ouverture, ou une colonne dédiée à Jupiter Aguatès (gardien des rues); au-dessus du linteau, on représentait une figure de Minerve protectrice, un chien qu'on retrouve très fréquemment chez les Romains avec l'inscription : *Cave canem*, ou la formule plus pacifique de la bienvenue : *salve*.

Avec les périodes latine et romane, nous trouvons la porte surmontée d'un cintre. C'est de la *porte d'église* que nous nous occuperons surtout, car de l'architecture civile, à cette époque, il ne faut point parler. Les jambages sont ordinairement remplacés par des pilastres ou déjà par des colonnes; le tympan formé par le cintre et le linteau qui termine l'ouverture même de la porte est orné d'un bas-relief ou d'une figure sculptée, celle du Christ le plus souvent. Les archivoltes peu à peu se décorent, se multiplient; c'est un acheminement vers les portes profondes du style ogival.

Une innovation capitale dans la construction des portes est le *trumeau* qui sépare les deux vantaux et divise l'ouverture en deux baies. D'abord formé d'un simple jambage ou d'une colonnette, le trumeau reçoit plus tard une figure debout, généralement celle de la Vierge. Cette disposition est réservée d'ailleurs pour les portes destinées à l'écoulement de la foule; les portes latérales ou de service sont plus simples et à un seul vantail; s'il se trouve deux vantaux, le trumeau central a disparu.

Le poids énorme des pignons superposés, dans l'arc ogival, oblige à augmenter la profondeur de la porte au moyen de plusieurs rangs de claveaux supportés par des colonnettes; on a cherché ainsi à obtenir une solidité plus grande; mais cette innovation conduit à orner davantage les ouvertures, au moyen de tout un peuple de statues. — V. PORTAIL.

Pendant la dernière période de style ogival, au xvᵉ siècle, les portes reçoivent à leur partie supérieure, au lieu d'un arc ogival normal, un arc surbaissé et contourné en forme d'anse de panier, qui est orné le plus souvent de fleurons et de crochets, cette disposition est très caractéristique. En même temps la *porte civile* apparaît. Timide, étroite et simple jusque-là, cachée même dans les intérieurs par des tapisseries, elle prend une importance très grande dès que la préoccupation de défense disparaît dans l'architecture. Le château-fort n'avait que des portes basses flanquées de tours; dans l'hôtel, au contraire, la porte s'affranchit; elle prend sa place sur la façade, elle s'élève, s'élargit, se décore; c'est maintenant plus qu'une issue et un dégagement, c'est un élément capital de l'architecture comme on peut le voir à l'hôtel Jacques Cœur, à l'hôtel Cluny, etc.

Mais la porte civile et religieuse devient surtout monumentale avec la Renaissance; on voit reparaître les pilastres avec chapiteaux, les linteaux, les moulures. Pourtant, en France, l'imitation de l'antique n'est pas servile, et il reste encore dans l'art de construire quelques éléments de l'art ogival, qui suffisent pour assurer aux façades des églises et des maisons une originalité.

Ce qui contribue beaucoup à distinguer la porte ogivale de la porte Renaissance, c'est la disposition et l'ornementation des vantaux. Depuis le milieu du xiiiᵉ siècle, ces fermetures qui n'avaient été jusque là que des assemblages de planches, étaient devenues une véritable œuvre de menuiserie, avec des membrures assemblées recouvertes de peinture, et qui se prêtaient parfaitement à l'usage des ferrures, des ornements en bronze, en fer, en cuir peint ajouré, ornés de moulures et de figures. Au xvᵉ siècle, au contraire, les ferrures ont disparu, et c'est le bois formé de panneaux à table saillante, qui reçoit directement une sculpture atteignant souvent une extrême richesse. On voit apparaître aussi les portes de bronze ciselé à l'imitation des Italiens qui en avaient exécuté de merveilleuses. On peut voir, t. V, page 921, à l'article ITALIEN (art), une des célèbres portes sculptées par Ghiberti pour le baptistère de Florence, c'est tout une suite de bas-reliefs.

Sous Louis XIV, dans le style grandiose qui caractérise l'architecture de ce règne, la porte s'élève et s'élargit encore, mais elle devient froide et solennelle. Qu'on est loin alors des recherches ingénieuses et charmantes avec lesquelles on ornait, au xvᵉ siècle, l'entrée de sa demeure ! La partie supérieure, dont le plein cintre est souvent en retrait sur les pieds droits, est surmontée d'un fronton ou d'un assemblage de consoles renversées; la clef de voûte et les claveaux sont à séparations apparentes, accusés, même; c'est un motif de décoration ! On trouve aussi des bossages; plus rarement, et dans les entrées monumentales seulement, deux colonnes à manchons, selon le goût de l'époque. L'usage devenu commun des grands carrosses multiplie les portes cochères, qui atteignent bientôt des proportions considérables, au point d'occuper avec leurs dépendances, dans bien des cas, la façade même de l'hôtel.

Au siècle suivant, on revient à des idées plus sages, mais le style grandiose était encore une forme originale de l'art, tandis que les styles Louis XV et Louis XVI, par une recherche de l'élégance, tombent facilement dans les formes maigres et mièvres; enfin, de nos jours, l'architecture civile reste éclectique, et il ne paraît guère que, en ce qui concerne surtout l'architecture civile, elle se soit donner à la porte d'entrée une disposition ou une ornementation qui mérite une étude spéciale. Rappelons seulement qu'on a fait de nos jours de très belles portes d'église en France, qui sont des chefs-d'œuvre de sculpture et de fonderie. Ordinairement elles sont divisées en panneaux rectangulaires dont chacun contient un sujet de l'histoire sacrée. Un des ouvrages de ce genre le plus remarquable est la porte de l'église de la Madeleine, à Paris, due au ciseau de Triquetti. Elle mesure 10 mètres sur 5 et représente *les Commandements de Dieu*.

Quant aux portes intérieures, elles suivent les progrès de l'art; d'abord très simples et unies, ou ornées de moulures, elles sont, sous Louis XIII et Louis XIV, divisées en compartiments au moyen de panneaux à tables saillantes maintenus par un bâti. Au xviiiᵉ siècle, elles reçoivent tout un système de décoration peinte; le panneau des pastorales ou des fêtes galantes, au-dessus des amours en grisaille, sur le chambranle des fleurs en guirlandes. Mais tout cela disparaît avec la Révolution; l'élégance peut être exagérée fait place sans transition à la simplicité toute primitive, et malgré les progrès que nous avons fait en décoration depuis le commencement de ce siècle, nous n'avons pas rendu à la porte, ornée seulement de quelques moulures, son importance artistique; cette tendance ne fait même que s'exagérer avec la mode des tentures.

Ailleurs nous avons parlé des portes de meubles, ajoutons qu'elles se modifient dans le sens général du style de chaque époque (V. EBÉNISTERIE, OGIVAL, RENAISSANCE, LOUIS-TREIZE, LOUIS-QUATORZE, LOUIS-QUINZE, LOUIS-SEIZE). Nos fabricants ont été plus heureux, à ce qu'il semble, dans la recherche du nouveau dans ce genre de travail. M. Fourdinois est l'auteur d'une belle porte, à deux vantaux en bois de couleur, chêne, acajou, ébène, dont les panneaux avec médaillons en buis, les branches de laurier et d'olivier en bois vert, et le fronton avec sa belle figure de l'Etude, en font une œuvre d'art intéressante.

Porte fortifiée. Les *portes fortifiées* n'ont au point de vue de l'archéologie, aucun point commun avec les précédentes. Elles offrent, avant tout, l'apparence de la solidité et de la force. C'est ainsi qu'en Egypte, les portes dont nous retrouvons les traces sont des plus grandioses qu'on connaisse : de même les portes de l'enceinte des villes grecques. Mais ce sont surtout les Romains qui ont employé la porte monumentale comme entrée de ville; beaucoup rappellent la splendeur des arcs de triomphe. Autun possède encore une belle entrée à quatre ouvertures, flanquées de tours pour la défense; néanmoins, ces tours n'étaient pas suffisantes et on construisait des ouvrages en avant de la porte, pour en empêcher l'approche.

C'est ce même système de fortification qui se maintient, avec des combinaisons diverses, jusqu'à l'usage de l'artillerie : une porte étroite, accompagnée de deux grosses tours et protégée en avant par une *barbacane*. Au-dessus se trouve la chambre d'où se manœuvrait la herse de fermeture, et des machicoulis permettent de battre le pied même de l'ouverture. Devant la porte, pour assurer la communication avec le dehors, par dessus le fossé, se trouve un pont-levis, manœuvré de l'intérieur, mais d'un endroit différent, afin d'empêcher l'entente, en cas de trahison, entre les gardiens de la herse et ceux du pont-levis. Parfois, surtout avant le xive siècle, les villes avaient devant leurs portes un pont permanent, mais qui pouvait être coupé d'autant plus facilement qu'il était en bois.

La plus ancienne porte fortifiée qui nous soit parvenue

Fig. 287. — *Porte de Moret*, xiiie siècle.

complète est celle du château de Carcassonne, qui remonte au commencement du xiie siècle, à Carcassonne même, la porte Narbonnaise, qui date du xiiie siècle, est un ouvrage fortifié extrêmement redoutable. A Coucy, à Villeneuve-lès-Avignon, à Villeneuve-sur-Yonne, à Nevers (porte de Croux), à Flavigny (Côte-d'Or), il existe encore des portes très remarquables, dont les défenses donnent la plus haute idée de la science des constructions militaires du moyen âge.

Paris avait une très belle enceinte, rebâtie par Charles V, et qui comptait six belles portes établies sur un plan carré, avec tourelles flanquantes. C'étaient les portes Saint-Antoine, du Temple, Saint-Martin, Saint-Denis, Montmartre, Saint-Honoré; celle-ci, et la porte Saint-Denis, étaient les deux plus belles; la Bastille complétait la défense de la capitale.

Mais, au xve siècle, l'emploi de l'artillerie vient rendre toutes ces précautions superflues. Il faut partout élargir les fossés, construire des *barbacanes*, des *bretèches*, qui, si elles sont occupées par l'ennemi, rendent la défense de la porte impossible. Aussi, celle-ci cesse-t-elle d'être

fortifiée; elle s'élargit, au contraire, et s'ouvre toute grande; ce système n'a pas changé jusqu'à nos jours.

Portes monumentales. Elles sont construites en forme d'arc de triomphe, on en rencontre dans les grandes villes. Paris en possédait plusieurs : celles de Saint-Antoine, Saint-Bernard, Saint-Denis et Saint-Martin; ces deux dernières seules, élevées par la ville de Paris en l'honneur de Louis XIV, subsistent encore. La porte Saint-Denis est la plus remarquable; elle est l'œuvre de Fr. Blondel, et fut achevée en 1673; elle se compose d'une arcade principale, accompagnée de deux petites portes, et est ornée de belles sculptures. On peut citer encore les portes de Brandebourg, à Berlin, et de San-Gallo, à Florence, celle-ci dédiée au duc François Ier. — C. DE M.

II. **PORTE**. *T. techn.* Ouverture en forme d'anneau dans laquelle on passe une agrafe pour tenir le vêtement fermé.

* **PORTE-A-FAUX.** Se dit d'une construction qui est hors d'aplomb.

* **PORTE-ALLUMETTES.** Petit vase ou petite boîte qui contient des allumettes.

* **PORTE-AMARRE.** Cylindre servant d'enveloppe à un cordage roulé en bobine allongée et qu'on lance à un navire en détresse, pour aider au sauvetage de l'équipage et des passagers.

* **PORTE-ASSIETTE.** Cercle de métal ou autre matière que l'on met, sur la table, sous les plats servis chauds.

* **PORTE-BAÏONNETTE.** Pièce de cuir attachée au ceinturon, pour soutenir le fourreau de baïonnette.

* **PORTE-BOUTEILLES.** Châssis à rayons, ordinairement en fer ondulé, qui sert à empiler les bouteilles par rangées, dans une cave ou dans un cellier.

* **PORTE-BROCHE.** Sorte de manche universel qui est muni d'une virole de fer et d'une vis de pression, pour emmancher des broches et autres outils analogues.

* **PORTE-CARTES.** Sorte d'étui ou de portefeuille qui sert à renfermer des cartes de visite.

* **PORTE-CHARBON.** Partie d'une lampe électrique qui porte les charbons.

PORTE-CIGARES. Petit étui ou petit meuble destiné à contenir des cigares. || Petit tuyau auquel on adapte un cigare pour le fumer; on dit mieux *fume-cigare*.

* **PORTE-CLAPET.** Pièce de cuivre de forme circulaire qui fait partie du corps de pompe et sur laquelle on monte le clapet.

PORTE-CRAYON. Etui qui contient du crayon.

* **PORTE-CROISÉE** ou mieux **PORTE-FENÊTRE.** Fenêtre sans appui, qui sert de porte pour aller de l'intérieur à l'extérieur, sur un balcon, une terrasse, etc. La porte-croisée proprement dite est la menuiserie mobile qui forme la porte-fenêtre.

* **PORTE-CYLINDRE.** Bâtis fixes destinés à supporter les cylindres qui constituent le banc d'étirage des métiers à filer renvideurs.

I. PORTÉE. T. *de mécan.* Surface de contact de deux organes de machines qui appuient l'un sur l'autre généralement en frottant.

La *portée de calage* des essieux de véhicules des chemins de fer qui sont tous calés, comme on sait, sur leurs roues, est la partie de l'essieu qui est introduite à froid dans le trou alésé du moyeu de la roue pour faire corps avec lui. L'assemblage est complété quelquefois par une clavette, mais la pression même de serrage, si elle est assez élevée, suffit souvent pour prévenir tout déplacement de la portée de calage. — V. Essieu.

II. *PORTÉE. T. *de tiss.* La portée est une unité dont on se sert, dans l'industrie du coton, pour évaluer le nombre de fils que contient la chaîne d'un tissu. Elle se compose de 40 fils, de sorte qu'une chaîne ou un tissu de 70 P renferme 70 fois 40 fils, c'est-à-dire 2,800 fils dans sa largeur entière. Les portées étaient également en usage dans les tissages de soieries et représentaient 80 fils, mais actuellement, les comptes se font généralement par centaines, comprenant, comme leur nom l'indique, des séries de 100 fils. L'emploi des portées provient des errements suivis dans l'opération de l'*ourdissage* à bras (V. ce mot) qui s'effectuait par séries successives de 40 ou de 80 fils, suivant les cas. ‖ Point sur lequel porte un pivot vertical, dans un ouvrage d'horlogerie. Place que doit occuper la pierre que le joaillier doit sertir. ‖ Ensemble des torons que le cordier peut développer dans l'atelier, pour les commettre.

PORTE ÉTANCHE. T. *de mar.* Appareil mobile destiné à clore hermétiquement une ouverture pratiquée dans l'une des cloisons d'un compartiment étanche. La qualité essentielle d'une porte étanche est de pouvoir être fermée rapidement : l'étanchéité ne doit passer qu'en seconde ligne, attendu qu'avec les puissants moyens d'épuisement dont on dispose à bord, quelques fuites sur les bords n'auraient qu'une importance secondaire. Il est donc indispensable que chaque porte ait ses instruments de fermeture fixés à demeure, à portée de la main de l'homme chargé de cette opération.

Les portes étanches se divisent en *portes tournant sur des gonds* ou *des charnières*, et en *portes à coulisse*.

Dans les premières, l'étanchéité est obtenue à l'aide d'un cadre formé de bandes de caoutchouc ou de cuir, maintenues contre la porte par des bandelettes de tôle et des vis; ces bandelettes dessinent un rectangle dont les dimensions sont légèrement moindres que celles de l'ouverture. Le caoutchouc ou le cuir forme la feuillure de la porte et vient s'appliquer contre les bords de l'ouverture, lorsqu'on veut fermer celle-ci. Sur la cloison, tangentiellement au cadre extérieur de la porte, on place des prisonniers sur lesquels on enfile des tourniquets dont la face en regard de la porte présente un plan incliné. Un coup de clef ou de marteau, donné sur l'un de ces tourniquets, le fait prendre immédiatement; à mesure que le tourniquet se rapproche de la position qu'il doit conserver, il presse davantage la garni-

ture entre la porte et la cloison, ce qui amène l'étanchéité; un écrou permet d'augmenter la pression, si besoin est. Lorsque les tourniquets ne portent pas de plan incliné, on les serre contre la porte au moyen d'un écrou et d'une clef.

Parfois, la garniture, cuir ou caoutchouc, est fixée contre la cloison à l'aide de deux cadres en tôle et de vis. Dans ce cas, on rive sur la porte un cadre en fer demi-rond, dont les dimensions correspondent à l'entre-deux des deux cadres en tôle, avec un peu de jeu.

Un autre système consiste à river sur la cloison une ornière en forme de cadre, dont les dimensions sont légèrement supérieures à celles d'un cadre en cornière dont l'aile, en saillie sur la porte, vient se loger dans l'ornière de la cloison.

On rencontre encore des portes sur lesquelles l'ornière est rivée contre la porte, l'aile en saillie du cadre en cornière est alors fixée contre la cloison. Sur les paquebots, et principalement sur ceux construits en Angleterre pour la Compagnie Transatlantique, le plan incliné est fixé sur la porte même en regard de taquets tournant sur une broche traversant la cloison. Une languette de caoutchouc est fixée en saillie sur la cloison, autour de l'ouverture de la porte. Les taquets sont armés d'une poignée de chacun des côtés de la cloison, la fermeture peut ainsi être opérée, sans le secours d'un outil quelconque, d'un côté ou de l'autre, ce qui est un avantage assez appréciable.

Les portes à coulisse sont verticales ou horizontales. Celles verticales, dites aussi portes à *guillotine* ou *vannes*, sont constituées par un rectangle en tôle dont les bords verticaux sont armés de deux bandes de fonte ou de bronze, ajustées dans une coulisse de même métal, maintenue contre la cloison près de l'ouverture. Ces portes sont mues, tantôt par une vis, tantôt par un pignon, ce qui donne un mouvement assez lent; parfois, elles sont suspendues sur un mouilleur ou sur un palan dont il ne reste qu'à couper la genope. Enfin elles peuvent être balancées par un contrepoids tel, que l'effort à exercer pour leur ouverture soit assez peu considérable, pour qu'on prenne la peine de les ouvrir chaque fois qu'on veut passer de l'autre côté de la cloison et de les refermer aussitôt.

Les portes à coulisse horizontale sont munies de deux galets sur lesquels elles roulent; la fermeture s'opère soit à la main, soit à l'aide d'un pignon et d'une crémaillère. Les portes à coulisse ont moins de chances d'être étanches que celles à gonds et à garnitures, mais lorsqu'elles sont bien équilibrées, bien ajustées et bien entretenues, elles peuvent être fermées pour ainsi dire instantanément; elles sont donc très précieuses à ce point de vue, de plus, leur appareil de fermeture peut être placé à un endroit toujours facilement accessible.

On doit toujours pouvoir s'assurer de l'état dans lequel se trouve un compartiment étanche, si petit qu'il soit. A cet effet, on pratique des trous d'homme, dans les cloisons des cellules ou des petits compartiments.

Pour éviter de défaire le joint des trous d'homme et permettre cependant de s'assurer de l'état de siccité des cellules du double fond, on rapporte sur le revêtement intérieur, aux endroits choisis, un raccord à vis portant une ouverture capable de livrer passage à la manche d'une pompe. On enlève le bouchon et on promène un fil de fer garni d'un peu d'étoupe, jusque dans la partie la plus déclive de la cellule; si cette étoupe est mouillée, on fait passer la manche de la pompe d'assèchement dans le double fond.

Le nombre des portes existant à bord d'un bâtiment de combat, doit être suffisant pour ne pas entraver outre mesure la surveillance d'un service déjà très pénible par lui-même. S'il est vrai que la présence d'une porte compromette l'étanchéité d'un compartiment, il peut se présenter telle conjecture pendant laquelle l'absence d'une porte pourrait compromettre la sécurité d'un navire.

Avant de descendre dans l'une des cellules, on doit vérifier d'abord si l'air qui s'y trouve est respirable; une bougie allumée suffit pour cet examen, le maintien ou l'extinction de la flamme, prévient de l'état de salubrité de cet air.

*PORTE-FENÊTRE. — V. Porte-croisée.

*PORTEFEUILLE. Sorte de carnet en cuir, garni intérieurement de poches destinées à recevoir des papiers et des valeurs, et souvent d'un petit cahier de feuilles pour y consigner des notes. Sa fabrication est l'objet d'une industrie parisienne importante. — V. Article de Paris.

*PORTEFEUILLISTE. T. de mét. Fabricant, ouvrier qui fait des portefeuilles.

*PORTE-FILTRE. Appareil dont on se sert surtout dans les laboratoires, et qui est destiné à supporter les entonnoirs pendant la filtration des liquides. Le porte-filtre généralement employé maintenant, qu'il soit en bois ou en métal, se compose d'un anneau que soutient une tige horizontale munie d'une petite bague susceptible de glisser le long d'une tringle verticale; une vis traverse la bague et permet de faire pression sur la tringle pour fixer à la hauteur désirée, l'anneau sur lequel est placé l'entonnoir.

*PORTE-FORET. T. de mét. Outil qui maintient le foret dont on se sert pour percer (V. Porte-outil). Dans les petits travaux comme ceux des bijoutiers et des orfèvres, par exemple, c'est simplement à l'aide d'une poulie et d'un archet qu'on lui communique un mouvement de rotation.

*PORTE-HAUBANS. T. de mar. Les porte-haubans sont des pièces de charpente, généralement en bois, et disposées en abord, par le travers de chaque mât, pour recevoir les pieds des haubans et, par leur écartement, communiquer à cette importante partie du gréement une inclinaison convenable.

*PORTE-LAME. T. techn. Pièces de bois qui font hausser et baisser les lames du métier de tisserand.

*PORTE-LUMIÈRE. T. de phys. Instrument destiné à faire arriver, dans la chambre obscure, un rayon ou un faisceau de lumière solaire. A cet effet, le volet de la chambre est percé d'une ouverture circulaire à laquelle on adapte une plaque métallique carrée, percée d'une ouverture d'environ $0^m,10$ de diamètre. Le soleil changeant de position d'une manière continue, il faut, pour que le rayon réfléchi par le miroir de l'instrument ait une direction à peu près constante, que l'on puisse, de l'intérieur, gouverner ce miroir en conséquence. Pour cela, deux boutons placés dans l'intérieur permettent de donner au miroir toutes les positions possibles en combinant deux mouvements de rotation, l'un parallèle au plan du volet, en faisant tourner dans une rainure circulaire (à l'aide du premier bouton), une pièce mobile portant les deux tringles extérieures qui soutiennent le miroir sur son axe transversal; l'autre, perpendiculaire à ce plan, obtenu par le moyen d'une roue dentée fixée à l'axe du miroir et engrenant dans une vis sans fin que porte une tige aboutissant au deuxième bouton, que l'on manœuvre aussi de l'intérieur.

Si l'on voulait une fixité parfaite du rayon réfléchi, il faudrait remplacer le porte-lumière par un *héliostat*. — V. ce mot.

Il est souvent nécessaire que le faisceau émerge d'une ouverture circulaire ou soit limité en passant à travers une fente. Dans les deux cas, un tube intérieur, vissé à l'ouverture, est alors fermé par un couvercle métallique. Dans le premier cas, cet obturateur porte une plaque circulaire percée d'ouvertures circulaires, de différents diamètres, qui se présentent devant le centre du tube porte-lumière. Dans le second cas, où le faisceau doit passer par une fente que l'on peut disposer horizontalement, verticalement ou obliquement, la fente est placée sur le couvercle métallique; elle est formée par les bords d'un parallélogramme dont deux côtés sont mobiles autour de leurs milieux; un ressort tend à relever l'un des côtés et à faire baisser l'autre. A l'aide d'une vis, on peut rapprocher les deux lèvres aussi près que l'on voudra et obtenir une fente plus ou moins étroite. — C. D.

|| On donne le même nom au support en métal destiné à recevoir une lampe, dans l'intérieur des appartements.

*PORTE-MANTEAUX. T. de mar. On nomme ainsi de petites grues, en bois ou en fer, destinées, à bord des navires, à supporter les embarcations. || Sorte de patère fixée à la muraille pour suspendre les vêtements.

*PORTE-MESURE. T. techn. Instrument qui permet à l'ouvrier potier de donner aux pièces de même forme, les mêmes dimensions extérieures; on dit aussi *chandelier de jauge.*

PORTE-MONNAIE. Petite bourse en cuir ou autre matière et munie de compartiments intérieurs. — V. Article de Paris.

PORTE-MONTRE. Petit coussinet ou petit meuble disposé de façon à recevoir une ou plusieurs montres.

*PORTE-OUTIL. *T. de mécan.* Organe qui maintient l'outil dans une position relative invariable, pendant son travail, et l'oblige à suivre le mouvement transmis par la machine qui l'actionne.

Les porte-outils présentent des formes et des dimensions très variées suivant la destination de la machine à laquelle ils sont appliqués, de sorte qu'on ne peut donner, à cet égard, que des indications générales; ils doivent tenir solidement l'outil en l'arrêtant bien dans la position la plus favorable à son meilleur rendement; ils doivent être surtout d'un accès commode pour les ouvriers et se prêter facilement à un démontage de toutes les pièces.

Comme il est toujours préférable de conserver les formes d'outils les plus simples qui sont par là même les plus faciles à forger et à affûter pour les ouvriers, il convient, en général, d'adopter des formes qui permettent de donner à leur outil des positions variables et d'exécuter ainsi, avec un outil unique, certains travaux qui, autrement, en auraient exigé plusieurs de forme quelquefois compliquée.

Parmi les porte-outils articulés les plus intéressants, nous signalerons, pour les tours, par exemple, celui à tourillons de Smith et Coventry dont l'outil peut recevoir une orientation quelconque, ainsi que le porte-outil universel de D. New, qui permet aussi de diriger l'outil transversalement et radialement. Ces appareils spéciaux, dont l'emploi devient très général, demandent évidemment à être bien entretenus pour que l'outil mobile n'y branle pas.

Les porte-outils de raboteuses sont généralement pourvus d'un mécanisme de retour accéléré pour ramener rapidement l'outil en arrière après sa course utile. Dans ce mouvement de retour, l'outil recule sans travailler en frôlant la pièce à raboter pendant que le porte-outil, muni d'une articulation à cet effet, s'incline légèrement pour qu'il puisse passer. Il y a là une perte de temps appréciable qu'on s'est attaché, dans différents types, à faire disparaître, et sur certaines machines, comme celles de Witworth, le porte-outil se retourne automatiquement à l'extrémité de la course pour que l'outil, en revenant, fournisse encore une course utile; M. Hurtier a proposé, de son côté, un système de porte-outil à double tranchant qui arrive au même résultat sans retourner l'outil; mais la face travaillante est changée alternativement à chaque course.

Sur les machines à percer, le porte-outil doit retenir le foret parfaitement dans l'axe de son arbre. Il est généralement fixé à l'arbre de la machine par un emmanchement conique à clavette ou à vis de pression, et l'outil lui-même est aussi assemblé dans les mêmes conditions. On rencontre quelques types de porte-outils ajustables pouvant recevoir des mèches de forme et de grosseur variables, mais ceux-ci sont peu répandus.

PORTE-PLUME. Petit instrument qui sert à maintenir les plumes à écrire; il se compose ordinairement d'un manche en bois, en métal, en os, en ivoire, etc., et d'un bec destiné à tenir la plume et que l'on a découpé dans une mince feuille de métal pour l'emboutir ensuite et le souder parfois; cependant, on fait encore une certaine variété de porte-plume d'une seule pièce en prolongeant le bec qui vient former manche en même temps.

*PORTER. Bière forte d'Angleterre. — V. BIÈRE.

*PORTES ET SENECHAS. Nom d'une Compagnie minière qui possède dans le département du Gard cinq concessions de mines de houille d'une étendue totale de 908 hectares.

*PORTE-SYSTÈME. *T. de filat.* Synonyme de *porte-cylindres.* — V. ce mot.

*PORTE-TRÉMIE. Châssis sur lequel repose une trémie, et plus particulièrement la trémie alimentaire d'un moulin.

*PORTEUR. *T. de mét.* Ouvrier qui fait des transports de matières ou d'objets divers. || *Bateau porteur* ou simplement *porteur.* Bateau qui, dans les ports, transporte au large les matières enlevées par une drague; dans la navigation fluviale, c'est un bateau dont la machine et les organes de propulsion sont disposés de façon à laisser la plus grande étendue possible à la cale des marchandises.

PORTE-VENT. Tuyau qui sert à conduire le vent des machines soufflantes. || Tuyau recourbé qui dirige le vent sur la flamme d'une lampe d'émailleur. || Tuyau qui conduit le vent du soufflet dans le sommier de l'orgue.

PORTE-VOIX. — V. ACOUSTIQUE.

PORTIÈRE. Rideau, tenture que l'on peut laisser retomber ou relever par une embrasse, et que l'on pose au-dessus d'une porte, soit comme décoration, soit pour garantir du vent. || Porte d'une voiture, d'un vagon pour y accéder.

PORTIQUE. *T. d'arch.* Galerie couverte par un plafond ou une voûte, soutenue par des colonnes, des piliers ou des arcades, sous laquelle on peut circuler, et qui se trouve devant une façade ou sur une cour intérieure. Par extension, on appelle aussi portique un ensemble de colonnes dégagées formant péristyle, ce que les Grecs nommaient στοα (stoa).

— Ce dernier genre de construction devint très fréquent chez les Grecs et les Romains, pour accompagner les temples importants, par exemple, celui du Jupiter Olympien, le Parthénon, à Athènes, le temple de Castor et Pollux, à Rome, où le portique entourait l'édifice; le temple de Diane, à Eleusis, où il accompagnait deux faces; l'Erechthéion, le temple d'Apollon, à Bassæ, et celui de la Fortune Virile, à Rome, où on ne le trouve que sur un côté.

Il y avait à Athènes plusieurs galeries de ce genre où se tenaient les diverses écoles de philosophie, d'où les désignations de *Lycée*, d'*Académie*, de *Cynosarges*; le plus célèbre était le *Pœcile*, ainsi appelé des tableaux dont Polygnote de Thase avait peint gratuitement la plus grande partie; c'était là que se réunissaient les disciples de Zénon, qui prirent le nom de stoïciens (de *stoa*, portique). Les marchés publics, les théâtres, les stades, avaient de vastes portiques qui servaient de lieu de promenade.

Les Romains adoptèrent ces constructions aussitôt que leurs relations avec la Grèce les leur firent connaître, et ils les appliquèrent avec cet esprit d'assimilation qu'ils possédaient si bien, non seulement à leurs théâtres, à leurs marchés, à leurs bains, mais à leurs maisons particulières, dans les cours intérieurs de leurs villas, et ils prirent soin d'en varier l'exposition, de manière à se ménager la fraicheur dans toutes les saisons. C'est dans ce but qu'ils avaient imaginé le *crypto portique*, promenoir souterrain qui conservait toujours une température égale.

Au moyen âge, le portique existait sous le nom de *porche*, devant *les églises, de cloître, dans les cours intérieures*, de *piliers* le long de la façade des palais ou des maisons particulières; mais on ne connaissait pas le portique destiné uniquement à servir de promenade.

Il reste encore nombre de cloîtres en bel état de conservation, formés de piliers à arcades qui soutiennent les étages supérieurs. Quant aux édifices civils, ils ont conservé plus rarement les beaux piliers qui les décoraient. Le palais épiscopal de Laon en possède du XIIIᵉ siècle qui sont très remarquables; on en voit encore à l'hôtel Jacques-Cœur, à Blois, à Chambord, devant quelques vieilles maisons, notamment à Orléans; on doit regretter la disparition des charmants portiques de l'hôtel de la Trémouille, à Paris, et des rues de Luxeuil. C'est encore une disposition semblable que rappelaient les noms de *Maison aux piliers* donnés au premier lieu de réunion des bourgeois de la cité, avant la construction de l'hôtel de ville, et des *piliers des Halles*, sous lesquels s'abritaient les marchands.

Cependant, on doit constater que, dans notre pays, le portique a été rarement employé, et, en tout cas, bien plutôt comme abri que comme lieu de promenade; le climat ne comporte pas ces galeries ouvertes à tous les vents, et quand on en rencontre, elles sont toujours fermées par une extrémité, pour éviter les courants d'air, et appliquées le long d'une muraille.

En France, on remarque la grande cour des Invalides, avec ses deux galeries superposées qui servent de dégagement aux appartements; la place des Vosges, le Palais-Royal, les rues de Rivoli, de Castiglione et de Colonnes, à Paris, essais qu'on n'a pas renouvelés d'ailleurs, parce que le jour n'est pas assez lumineux sous notre ciel souvent nuageux pour que les boutiques en retrait soient suffisamment éclairées. On peut aussi compter parmi les beaux portiques: les façades du Louvre, du Garde-Meuble, de la Madeleine, de la Bourse, du Corps législatif, etc., que nous appelons plutôt *colonnades*. Enfin, le palais du Trocadéro comprend sur toute l'étendue de sa façade, un portique tel que le comprenaient les anciens, c'est-à-dire destiné à servir de promenoir. On peut dire, d'ailleurs, qu'à ce point de vue, il n'en existe pas de comparable, grâce à la situation merveilleuse du palais, entouré de jardins et dominant Paris et la Seine.

Mais, un autre genre de portique, fréquemment en usage dans l'architecture moderne, est celui destiné à garantir l'entrée devant la porte principale des édifices, surtout des églises. En terme de construction, on a été conduit, dès lors, à faire varier les proportions et l'ornementation des portiques concurremment avec celle des portes, d'où la distinction de *portiques doriques, ioniques et corinthiens*. Vitruve recommandait de donner aux portiques une profondeur égale à la hauteur des colonnes, de façon que la pluie et les rayons du soleil ne pussent rencontrer la porte ou le mur que sous une inclinaison de 45 degrés. Cette règle n'a pas été suivie en ce qui concerne les portiques modernes des portes des églises, ils sont toujours beaucoup plus élevés que profonds.

Signalons encore dans l'architecture moderne les inté-

rieurs d'églises construits en forme de portique, c'est-a-dire avec des arcades soutenues par des pieds droits, ornés de pilastres. C'est une disposition empruntée encore à l'art italien, et dont l'aspect théâtral s'accorde peu avec l'idée que nous nous sommes créée du sentiment religieux. — C. DE M.

*PORTUGAL (1) (Exposition de 1878). D'après les derniers recensements, la population du Portugal et des îles adjacentes s'élève à 4,441.037 habitants. Bien que l'agriculture et la viticulture constituent l'élément le plus important des ressources de ce pays, l'industrie, encouragée par le gouvernement, a reçu, dans ces dernières années, une vigoureuse impulsion; les tendances manufacturières se développent chaque jour, et de nombreux établissements dirigés avec habileté ont acquis de la notoriété en s'inspirant des progrès réalisés dans l'outillage des meilleures fabriques européennes.

Malgré l'invasion de l'oïdium, la vigne est une des plus grandes sources de la richesse nationale; le royaume, les Açores et Madère produisent le vin en assez d'abondance pour répondre à la consommation du pays et livrer à l'exportation une nombreuse variété de crûs très estimés. La production annuelle est évaluée à 4 millions d'hectolitres, sur lesquels 400,000 hectolitres environ appartiennent au Douro qui produit les célèbres vins de *Porto*. Cette région comprend 53,000 hectares de vignobles de premiers crûs, dans lesquels les propriétaires des terroirs voisins essaient de confondre leurs très bons vins de Villa Flor, de Moncorvo et de Cavallerios.

Au nord du Tage, on trouve les Carcavellos, vins blans généreux; les vins rouges de Collares, dont l'attrait rappelle nos vins de l'Hermitage; les blancs de Bucellas, légers, aromatiques, qui tiennent le milieu entre notre Chablis et les vins du Rhin. Au sud du Tage, le vin de Lavradio, que l'on expédie à l'étranger; celui de Setubal, excellent muscat; enfin, ceux d'Evora et Redondo, Cuba, Campo-Maïor, Villalva, Ferreira, etc.

La France a reçu du Portugal les quantités suivantes en 1875 et 1876:

Vin de Madère, 1875.	44.5	décalit.
— 1876.	63.9	—
Porto, 1875.	9.361.1	—
— 1876.	7.736	—
Autres qualités, 1875.	122.107.3	—
— 1876.	612.816.6	—

On voit par les chiffres ci-dessus que les vins originaires de Madère ne viennent guère en France.

L'industrie minérale du Portugal, négligée pendant une longue période, est entrée dans une voie de sérieuse activité; son développement est aujourd'hui intimement lié à la construction des chemins de fer et des routes auxquels le gouvernement accorde une sollicitude particulière. Le fer, en abondance dans différents districts, occupe le premier rang dans l'exploitation des minerais; le gîte le plus important de fer oxydulé magnétique est celui de la province d'Alemtéjo, dont les filons se retrouvent à Campo-Maïor, près de la frontière d'Espagne. On trouve le fer oligiste dans des proportions assez considérables à Moncorvo, les hématites brunes, des oxydes hydratés dans la province de Traz-os-Montes; les flancs de la serra de Mocana renferment de puissants filons de fer carbonaté, ainsi qu'à Santiago de Ribeira, à Cabeço dos Mouros et à Ferrarios de San Luiz.

Le plomb que l'on extrait dans les districts d'Aveiro, de Portalègre, de Villa-Réal, est très riche dans les mines de Mertola, près du Guadiana. D'après M. l'ingénieur Dos Neves Cabral, ces dernières contiennent des sulfures de plomb qui produisent 70 0/0 de plomb et 500 à 600 grammes d'argent par tonne.

Les gisements de cuivre fournissent une grande quan-

(1) V. la note, p. 117, t. I.

tité de minerai à l'Angleterre, les riches filons des mines de Palhal donnent une teneur moyenne de 15 0/0 de cuivre ; celles de Saint-Domingos qui produisent la pyrite de fer cuivreux contenant 3,5 0/0 de cuivre et 49 à 50 0/0 de soufre, sont l'objet d'une habile exploitation et exportent en Angleterre pour une valeur considérable de minerai destiné à la fabrication de l'acide sulfurique.

Le Portugal produit encore le manganèse, le zinc, l'antimoine, le nickel, le cobalt et l'argent. L'exploitation de la houille est encore très limitée, cependant les houillères de Bussaco et de Pedro de Cora doivent être mentionnées.

Ce royaume compte plus de 800 carrières, parmi lesquelles celles de marbres, de granits, d'ardoises et de terres céramiques sont remarquables par la richesse des matières.

L'industrie céramique est une des plus importantes de ce pays ; les poteries noires de Molellos, les belles porcelaines de Vista-Alègre, aussi estimées pour leur caractère artistique que pour leur qualité de pâte ; les verres et cristaux de Lisbonne, d'Oliveira, de Azemis et surtout de Marinha-Grande, témoignent des efforts conciencieux des potiers et des verriers portugais. Le nombre des fabriques de poterie et de verrerie s'élève à environ 2,046 pour tout le royaume.

On compte pour l'industrie métallurgique, dont les progrès sont sensibles, près de 3,600 forges, 40 coutelleries, 65 fabriques de meubles en fer, 20 d'armes à feu, 11 de fil de fer, 28 fonderies, 10 de bronze et 63 de cuivre; 11 poteries d'étain, 3 fabriques de balances et de poids, 2 de plomb de chasse, 169 laminoirs et 484 orfèvreries.

L'industrie textile acquiert aussi une certaine extension grâce aux efforts de quelques grands industriels et à l'emploi d'un meilleur outillage ; les tissus de soie que le Portugal expédie au Brésil et en Espagne, soutiennent avec honneur la réputation qu'ils avaient déjà à la fin du XVIIIe siècle ; pour les tissus de laine fabriqués surtout à l'usage du pays, les métiers mécaniques se substituent lentement à l'industrie domestique ; les tissus de coton utilisent le travail de plusieurs filatures, et ils entrent pour une part importante dans les chiffres d'exportation; les toiles, le fil à coudre, le linge de table, les fines batistes de Guimaraës, souvent remarqués aux expositions universelles, sont des produits de bonne fabrication ; les dentelles à la main de Setubal et du Peniche attestent que l'industrie dentellière du Portugal est en progrès véritable.

L'art typographique dans ce pays est arrivé à un degré de perfection qui met l'imprimerie nationale de Lisbonne, celle de l'Académie des sciences et celle de l'Université de Coimbre au rang des meilleurs établissements typographiques de l'Europe.

La valeur de l'importation en 1876, a été de 191,662,500 francs, celle de l'exportation de 113,980,900 francs. Dans ces chiffres, en ce qui concerne les articles français importés par le Portugal, la France à cette époque venait immédiatement après l'Angleterre qui occupe le premier rang dans les relations du commerce international portugais. Ces articles sont : les soieries, les objets de luxe et de mode, les meubles, la papeterie, les métaux ouvrés et la quincaillerie. Leur chiffre s'est élevé en 1875 à 32,851,000 francs. Les produits envoyés du Portugal en France, consistent en vin, liège, ivoire, figues, graines oléagineuses, figues sèches, fruits secs et confits ; la valeur de ces exportations était, en 1875, de 7,066,100 francs.

Autrefois, les possessions portugaises d'outre-mer obligeaient la métropole à faire les lourds sacrifices, mais elles sont maintenant dans une voie de prospérité croissante, qui permet d'entrevoir leur brillant avenir; le Portugal, enfin, fier de son histoire, s'est énergiquement relevé d'une période d'abaissement, et grâce aux efforts de son gouvernement et à l'activité intelligente de son peuple, il tient une place honorable parmi les nations civilisatrices.

Arts décoratifs. Toute la richesse du Portugal git dans le sol et le sous-sol. L'art et l'industrie artistique n'y occupent donc qu'une très petite place mesurée sur les besoins du climat. On y pénétrait pourtant, à notre dernière Exposition universelle, par une porte qui semble nous donner un démenti. Hâtons-nous donc de dire que cette œuvre d'art avec ses pilastres découpés en filigrane, ses fleurons élégants, le bel enlacement de ses arcatures, ses incomparables dentelles de pierre épousant sans en altérer la noblesse, l'ordonnance des lignes était une reproduction réduite de la porte du couvent *dos Ieronymos* à Belem, contemporain de Vasco de Gama. Mais cette porte franchie nous rencontrions une grande indigence au point de vue des arts décoratifs. Evidemment c'est l'Angleterre qui fournit au Portugal tous ses objets de luxe. Dans le groupe du mobilier et de ses accessoires nous ne pouvons citer que de jolis meubles en osier faits à Madère, des sièges élégants taillés dans le liège de Beira, des canapés en paille et en jonc ; puis, çà et là, des nattes tenant lieu de tapis, des pièces de céramique imitées de l'antique. Le groupe des étoffes était plus riche, des soieries pompeuses avec leurs mélanges d'or, de beaux damas, des dentelles de Péniche, de Lagos et de Faro rappelaient le goût persistant pour le faste des habitants de la péninsule Ibérique. Des filigranes d'argent, cet art primitif, ici original par une curieuse combinaison des vides et des pleins, représentait à peu près toute l'orfèvrerie portugaise. Une collection de statuettes en terre cuite nous a montré les types et les allures populaires. La coloration générale est sobre de couleurs, plus sévère que celle des costumes espagnols; les *mantas* rayées de même forme que les mantas du peuple voisin sont moins brillantes et moins variées. Au seuil du pavillon des colonies qui était revêtu de carreaux de faïence étaient postés deux mannequins de grandeur nature : un sarsaye et un cipaye aux costumes éblouissants avec un caractère de grandeur sauvage.

POSEUR, EUSE. *T. de mét.* Celui, celle qui fait la pose de certains ouvrages; ouvrier qui fait l'entretien et la réparation d'une voie publique.

POSITIF. 1° *T. de phys.* Se dit de l'un des deux fluides dont on suppose que l'électricité est composée, et de l'un des pôles opposés. — V. ELECTRICITÉ, MAGNÉTISME, NÉGATIF, PILE, PÔLE, § I. || 2° *T. de photog.* Epreuve dans laquelle les noirs et les blancs correspondent rigoureusement à ceux de l'image photographiée, et que l'on obtient le plus souvent maintenant à l'aide d'une épreuve négative. — V. EPREUVE, § III, NÉGATIF et PHOTOGRAPHIE. || 3° *T. de mus.* Petit buffet d'orgue qui est ordinairement placé avant le grand buffet, et dont le clavier constitue le premier clavier du grand orgue. Lorsque le positif ne se trouve pas dans un buffet spécial, il est alors dans le soubassement ou dans le sommier de l'instrument principal.

POSTICHE. Chevelure artificielle imitant les cheveux naturels (V. PERRUQUE). On donne aussi ce nom aux chignons, aux nattes, aux anglaises et autres frisures qui entrent dans la coiffure des femmes (V. COIFFURE). Les coiffeurs font également des barbes postiches employées au théâtre et dans les mascarades.

POT. Outre le vase destiné à contenir des liquides ou des matières quelconques, ce nom s'applique aux objets en terre cuite employés dans la construction, pour les hourdis, les ventouses, les cuvettes de garde-robes, ainsi qu'aux vases destinés à contenir des fleurs. || Sorte de papier, et principalement celui qu'on emploie pour la fabrication des cartes à jouer.

POTASSE. *T. de chim.* Variété de carbonate de potasse impur, qu'il ne faut pas confondre avec l'oxyde de potassium, qui porte également ce nom, et qui est ainsi appelée dans le commerce parce qu'elle désignait jadis le produit obtenu par le lessivage des cendres de bois et l'évaporation dans de petites chaudières (de l'anglais *asher* cendres, et *pot* petite chaudière). On retire la potasse d'un grand nombre de corps :

1° De végétaux, notamment des cendres de bois, des résidus de vin, des charbons de vinasses provenant des mélasses de betteraves, des varechs, que l'on exploite surtout pour l'extraction de l'iode;

2° De produits animaux, comme le suint extrait de la laine des moutons;

3° De matières minérales, et surtout: *a)* des sels de Stassfurt, comprenant les variétés minéralogiques dites *carnallite, sylvine, kainite, schœnite,* etc.; *b)* de divers silicates de potasse et particulièrement du feldspath orthose; *c)* de l'eau de la mer et des eaux-mères des salines.

Nous passerons successivement en revue tous ces divers procédés de fabrication de la potasse.

1° FABRICATION AVEC DES PRODUITS VÉGÉTAUX :
a) Extraction de la potasse contenue dans les cendres. Lorsque l'on fait l'incinération d'un végétal quelconque, on obtient un résidu pulvérulent qui est constitué par des matières salines appelées *cendres,* et qui proviennent des matières entraînées au sol, pendant la nutrition de la plante. Ces matières sont, en général, des phosphates, sulfates, silicates, carbonates, chlorures, iodures, bromures et fluorures de potasse, de soude, de chaux, de magnésie, de fer, avec petites quantités d'oxyde de magnésium, de lithine, de rubidium, etc., avec prédominance parfois de certaines bases, comme la potasse pour les plantes terrestres, et la soude pour les végétaux marins. La proportion de cendre obtenue varie, d'ailleurs, avec les portions du végétal que l'on incinère, on en obtient plus avec les herbes qu'avec les arbres, plus avec les parties gorgées de sève, qu'avec le ligneux proprement dit, ou l'écorce; quant à la valeur industrielle des cendres elle dépend uniquement de sa richesse en sels de potasse; les bois ordinaires fournissent de 0.45 à 3,90 0/0 de potasse (oxyde de potassium); le jonc, la vigne, 5 0/0; les haricots, les hélianthus 20 0/0; l'orge, avant sa floraison 47 0/0; l'absinthe 73 0/0 et enfin, la fumeterre 79 0/0, chiffre maximum indiqué jusqu'ici.

Les cendres employées par l'industrie sont ou des cendres de foyers ou des cendres de forêts; on les lessive d'abord à l'eau pour enlever les 25 à 30 0/0 de sels solubles qu'elles renferment, puis on humecte le résidu et on le met en tas, que l'on a soin de maintenir humide de façon à

permettre la décomposition du silicate de potasse qui y est contenu et sa transformation en carbonate. Lorsque l'on suppose cette modification complètement obtenue, on introduit les cendres dans des cuves, soit à double fond, et munies de cannelles, soit sans double fond et possédant alors un tuyau central formé de plusieurs pièces emboîtées les unes dans les autres; on y tasse la cendre et l'on arrose d'eau, jusqu'à ce que le liquide s'écoule. On obtient ainsi une lessive renfermant 30 0/0 de sels solubles; on épuise ensuite la masse avec de l'eau chaude en ayant soin, le plus souvent, d'utiliser des eaux ayant déjà servi à épuiser les cendres d'opérations antérieures et qui peuvent ainsi se concentrer; parfois, dans certains pays, on agite les cendres avec un excès d'eau, puis on laisse en repos pour séparer les matières insolubles, et l'on décante les liquides clairs, en enlevant les tuyaux mobiles dont nous avons déjà parlé. Après cette lixiviation, il reste un résidu insoluble, appelé *charrée* qui ne contient presque plus de matières utiles pour l'industrie qui nous occupe; d'après M. Is. Pierre, une charrée des environs de Caen lui a donné la composition suivante :

Carbonate de chaux.	39.20
Phosphate de chaux, avec oxyde d'aluminium et de fer.	16.90
Sels alcalins.	2.20
Silice et sable.	31.80
Charbon et matières organiques.	5.70
Magnésie et perte.	4.20
	100.00

Le liquide de lixiviation est alcalin, brun, par suite de la dissolution d'une certaine quantité de produits ulmiques restés avec le charbon, on l'évapore dans des chaudières en tôle plus ou moins profondes, jusqu'à concentration telle, qu'un peu de cette *lessive cuite* se solidifie lorsqu'on la met sur un corps froid. On arrête le feu, et par le refroidissement la liqueur se prend en une masse cristalline, que l'on est obligé de casser au marteau, pour l'enlever des chaudières; c'est ce que l'on nomme *potasse brute* ou *potasse cassée;* elle est toujours assez fortement colorée et renferme environ 6 0/0 d'humidité. Dans certains établissements on n'évapore pas de suite à siccité, on ajoute de nouvelles liqueurs concentrées à la masse qui va cristalliser, et on agite jusqu'à séparation de cristaux. On obtient, dans ce cas, une poudre cristalline, brune, contenant 12 0/0 d'eau et que l'on désigne sous le nom de *potasse brassée.* Ajoutons, en outre, que parfois aussi, pendant la concentration, on enlève le sulfate de potasse qui se dépose en cristaux, bien avant que la concentration ne soit assez grande pour permettre au carbonate de potasse de prendre la forme solide. Dans tous les cas, la potasse brute obtenue est calcinée ensuite, afin de la déshydrater et de la décolorer; jadis, on opérait dans des pots de fer, d'où le nom de *potasse* donné au carbonate impur, mais actuellement on fait l'opération dans des fours à double foyer, souvent accouplés, et dont la flamme se rend alors dans une cheminée unique placée en avant de ces fours (fig. 288). On chauffe le four au bois, d'abord modérément, jusqu'à ce que la vapeur d'eau produite par la combustion de ce bois ne puisse plus se condenser, puis on introduit alors la potasse concassée, on l'étend en couche égale sur la sole du four, en y ajoutant parfois, un peu de poussier de charbon destiné à carbonater les portions de la masse qui sont restées à l'état caustique, on agite fréquemment avec un ringard, afin de faciliter l'accès de l'air, et on dirige le feu de manière à éviter une trop grande chaleur qui provoquerait la fusion du produit. Dès que l'évaporation de l'eau a eu lieu, la masse blanchit de plus en plus, par suite de la destruction progressive des matières organiques qui sont mélangées au carbonate, et après six heures de chauffe environ le produit est devenu granulé et blanc; on défourne et l'on enferme la potasse encore chaude dans des bar-

Fig. 288. — *Four pour les préparations des potasses de cendres.*

riques que l'on tient ensuite à l'abri de l'humidité.

Aux Etats-Unis, au Canada, où l'on prépare surtout les *potasses* dites d'*Amérique*, on fabrique trois sortes de produits différents : 1° la *potasse ordinaire*, obtenue comme nous venons de l'indiquer; 2° la *potasse perlasse* (*pearl ashes*, cendres perlées), obtenue par la lixiviation de la potasse, laissant reposer la lessive, évaporant à siccité, puis calcinant; et 3° la *potasse rouge d'Amérique*, mélange de carbonate de potasse non calciné et de potasse, préparé en rendant caustique la lessive, en y ajoutant de la chaux avant l'évaporation; elle doit sa coloration à la présence d'oxyde de fer et peut contenir jusqu'à 50 0/0 de son poids, d'hydrate de potasse.

La potasse calcinée, telle que le commerce la fournit, est sous forme d'une masse solide, granuleuse, légère et poreuse, de coloration blanchâtre, gris perle, jaunâtre, bleuâtre ou rouge, et non entièrement soluble dans l'eau. Nous avons dit que la teinte rouge provenait de présence d'oxyde de fer dans la masse, celle bleue, plus rare, est due à de faibles quantités de manganèse. Suivant leur provenance, les diverses sortes de potasse que l'on vend dans le commerce, ayant presque toujours une nuance particulière, on peut tirer certains caractères qui mettent à même d'en pouvoir déterminer assez facilement l'origine. Nous donnons, ci-contre, la composition centésimale des principales sortes de potasses.

Matières	Potasse d'Amérique		Potasse de Russie	Potasse de Toscane	Potasse des Vosges	Kasan (Russie)	Helmstadt (Duché de Brunswick)
	perlasse	rouge					
Carbonate de potassium....	71.38	68.04	69.61	74.10	38.63	78.00	49.00
— de sodium.....	2.31	5.85	3.09	3.01	4.17	»	»
Sulfate de potassium.....	14.38	15.32	14.11	13.47	38.84	17.00	40.50
Chlorure de potassium....	3.64	8.15	2.09	0.95	9.16	3.00	10.00
Eau...........	4.56	non dosée	8.82	7.28	5.34	»	»
Acide phosphorique, chaux, silice...........	3.73	2.64	2.28	1.19	3.86	0.20	»
Analyses de MM.	Pésier	Pésier	Pésier	Pésier	Pésier	Hermann	Limpricht

b) Fabrication de la potasse avec les résidus de vin. On prépare parfois la potasse avec les lies de vin, ainsi qu'avec les résidus de la fabrication de l'alcool (vinasses et cristaux de bitartrate de potasse). Il suffit pour obtenir la potasse de dessécher ces résidus, de les carboniser, puis ensuite de calciner la masse; on désigne dans le commerce le produit de la calcination sous le nom de *védasse* ou de *cendres gravelées*. En France, on obtient environ annuellement 9 à 10 millions d'hectolitres de vinasses, produisant 1 kilogramme de carbonate de potasse par hectolitre; 100 kilogramme de lies sèches, donnent environ 16^k,500 de cendres gravelées. Maintenant on tend à abandonner cette fabrication, et l'on utilise en général ces résidus pour la préparation de l'acide tartrique et de la crème de tartre.

c) Préparation de la potasse avec les vinasses de betterave. Cette industrie, qui a acquis aujour-

d'hui une grande importance au point de vue agronomique, a été créée en 1838, par Dubrunfaut. Les mélasses de betterave sont traitées pour en extraire de l'alcool et du charbon; elles contiennent en moyenne :

Eau...................... 18.0
Sucre..................... 48.0
Sels et substances organiques...... 34.0
                                    100.0

et elles donnent de 10 à 12 0/0 de cendres **dont** les principaux éléments sont les suivants :

Potasse................. 49.92
Soude.................. 9.57
Chaux.................. 3.92
Magnésie................ 0.12
Acide carbonique........... 28.51
Acides phosphorique et silicique... } 7.96
Chlore, oxyde de fer, etc....... }
                                    100.00

Pour extraire la potasse contenue dans les mélasses on additionne celles-ci d'eau ou de vinasse, puis on les acidule avec 0,25 à 1,5 0/0 d'acide sulfurique ou d'acide chlorhydrique, en y ajoutant, dans le premier cas, 1,25 0/0 d'extrait de châtaignier, dont la présence facilite la fermentation. On mêle alors au liquide une quantité convenable de levure de bière, puis on laisse fermenter et on soumet ensuite à la distillation pour séparer l'alcool formé. On concentre ensuite les vinasses résultant de cette opération, jusqu'à ce qu'elles soient en consistance sirupeuse, soit dans des chaudières en tôle à fond bombé (fig. 289), soit dans des cuves en bois, munies de serpentins en cuivre, et recevant de la vapeur d'eau surchauffée. Le produit est ensuite élevé dans un bac placé au-dessus d'un four à réverbère, d'où il peut être amené dans ce dernier, par un conduit vertical, installé comme le représente la figure 290. Ce four est essentiellement composé de trois sections : la grille où se met le combustible produisant le chauffage, et à côté de laquelle s'ouvrent les ouvertures amenant l'air extérieur ; une partie où s'écoulent les vinasses venant du réser-

Fig. 289. — *Chaudière à évaporation des vinasses de betterave.*

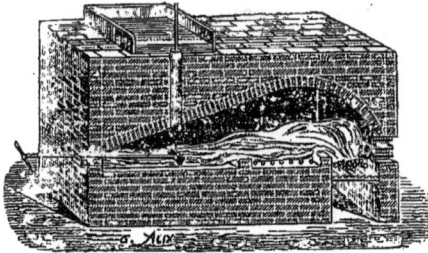

Fig. 290. — *Fourneau pour la préparation des potasses de betterave.*

voir supérieur, et où elles se concentrent, sans pouvoir se répandre vers la grille par suite de la présence d'un pont qui forme cuvette ; enfin d'un espace intermédiaire, entre la grille et le réservoir, et dans lequel on pousse les liquides arrivés à l'état pâteux ; là ces produits se dessèchent, puis ils s'enflamment en répandant une odeur infecte et se calcinent à une température que l'on a soin de maintenir aussi basse que possible. On modifie quelquefois la disposition de certains appareils ; ainsi, dans les fours Porion, la concentration des vinasses s'effectue bien plus vite, grâce à la présence d'agitateurs à palettes qui fonctionnent pendant tout le temps de l'évaporation ; dans le système inventé par M. Camille Vincent, en 1876, on concentre d'abord les vinasses à l'air libre, jusqu'à ce qu'elles marquent 37° Baumé, puis on les soumet à la distillation, dans des cornues en fonte ; après quatre heures de chauffe, on obtient un charbon noir et poreux, plus riche en carbonate de potasse que tous les salins obtenus

par les autres procédés, et facile à lessiver, puis on a condensé dans des récipients spéciaux, des produits gazéiformes, comme l'alcool méthylique (100 kilogrammes de mélasse en fournissent 1lit,4, c'est-à-dire plus que n'en donne un même poids de bois), du sulfate d'ammoniaque, de la triméthylamine, des cyanure et sulfure de méthyle, des acides cyanhydrique, formique, acétique, butyrique, propionique, phénique, caproïque, valérianique ; des alcaloïdes huileux et enfin des gaz. Ce salin de vinasse contient environ de 10 à 25 0/0 de substances insolubles parmi lesquelles figurent le carbonate et le phosphate de chaux, le charbon, puis 3 à 4 0/0 d'eau. Sa composition moyenne est d'ailleurs la suivante :

Carbonate de potasse.	38.37
— de soude.	21.23
Sulfate de potasse.	7.15
Chlorure de potassium	18.88
— de rubidium.	0.17
Eau et matières insolubles	14.20
	100.00

Alors on soumet le salin au raffinage pour séparer les divers sels les uns des autres (Kuhlmann) ; le produit broyé entre des cylindres est lessivé convenablement, puis son résidu livré à l'agriculture comme engrais. Les liqueurs sont concentrées d'abord à 30° Baumé (D=1,26) ce qui, par refroidissement, permet la séparation du sulfate de potasse, que l'on transforme ensuite en potasse, à l'aide du procédé Leblanc, ainsi que nous l'avons exposé ; on chauffe de nouveau les eaux-mères, jusqu'à ce qu'elles marquent 42° Baumé (D=1,40), et il se sépare un mélange de carbonate de soude et de sulfate de potasse, puis la lessive est mise à refroidir à 30° de température dans des cristallisoirs où il se dépose du chlorure de potassium. La liqueur marque alors 43° Baumé, on la replace dans des chaudières et on l'évapore jusqu'à ce qu'elle ait une densité de 48° Baumé, ce qui permet la précipitation du carbonate de soude, que l'on enlève à mesure de son dépôt, puis on laisse l'eau-mère cristalliser à nouveau, ce qui suppose un mélange de carbonates de potasse et de soude. On traite ces cristaux par un peu d'eau bouillante qui dissout le carbonate de potasse, puis les eaux-mères qui ont une coloration très foncée sont évaporées à siccité, puis calcinées ; elles donnent la *potasse à demi-raffinée*, celle-ci est rougeâtre, on la lessive, et on concentre l'eau de lavage à 50° Baumé,

	Potasses de betterave		
	Salin brut	Épurée	Raffinée
Carbonate de potassium	35.00	53.90	95.24
— de sodium..	16.00	23.17	2.12
Sulfate de potassium..	5.00	2.98	0.70
Chlorure de potassium	17.00	19.69	1.70
Eau	non dosée	»	»
Acide phosphorique, chaux, silice.	27.00	0.26	0.24

Analyses de M. Pésier

ce qui sépare à nouveau un mélange de sulfate de potasse et de carbonate de soude, enfin on évapore une dernière fois les eaux-mères, et on les calcine. Le produit obtenu est la *potasse raffinée* qui contient jusqu'à 95 0/0 de carbonate de potasse. Voir à la page précédente, d'après M. Pésier, la composition des divers produits obtenus dans la fabrication de la potasse de vinasses de betterave.

d) Préparation de la potasse avec les varechs. Cette préparation qui est le corollaire de celle de la fabrication du brome et de l'iode, peut se faire de diverses manières :

1° *Par calcination.* Ce procédé est employé sur les côtes de Bretagne, de Normandie, d'Ecosse et d'Irlande. Deux sortes bien distinctes de varechs sont utilisées, celles appelées *varechs venants* constituées par des laminaires, *laminaria cloustoni,* Edmons, et *laminaria digitata,* Lamk, qui sont jetés sur les côtes par les vagues, et les *varechs sciés,* que l'on arrache sur les côtes vers les mois d'août et de septembre, et qui sont surtout formés par des fucus, *fucus serratus,* L., *fucus nodosus,* L.. On incinère les plantes dans de vastes réservoirs assez bas, ce qui donne des cendres à demi-vitrifiées, appelées *soude de varechs* ou *kelp.* Les fucus donnent par tonne (1,125 kilogrammes) environ 51 à 52 kilogrammes de soude de bonne qualité, dont la composition moyenne est la suivante :

Chlorure de potassium	13.47
— de sodium	16.01
Sulfate de potassium	10.20
Iode	0.60
Sels divers	2.70
Matières insolubles	57.02
	100.00

On soumet, pour obtenir cette soude, les cendres à un lessivage méthodique, jusqu'à ce que l'on ait une *lessive dense,* marquant 15 à 18° Baumé, et contenant surtout les chlorures avec un peu de sulfates; on épuise ensuite le résidu avec de nouvelle eau, pour avoir une *lessive faible* titrant 8° Baumé et constituée surtout par une dissolution de sulfates. On évapore la première jusqu'à 59° Baumé, et progressivement, pour séparer d'abord à 35° Baumé le chlorure de sodium, puis par refroidissement du chlorure de potassium, et à 45° Baumé un mélange de ces deux sels, desquels par un simple lessivage à l'eau froide on enlève le chlorure de sodium, puis l'on continue l'évaporation jusqu'à 59° Baumé, et des eaux-mères de deuxième cristallisation on peut extraire le brome et l'iode. Quant à la lessive faible, on la concentre à 30° Baumé, on enlève les cristaux de sulfate de potasse qui se déposent à ce moment, au moyen d'une écumoire, et par refroidissement on obtient un mélange de cristaux de chlorure de potassium et de chlorure de sodium. On enlève le dernier par lessivage ainsi que nous l'avons dit, alors on traite le sulfate de potasse et le chlorure de potassium, par les procédés indiqués précédemment, pour les transformer en potasse. Il n'existe en France que sept usines se livrant à cette fabrication; les

plus importantes sont celles du Conquet, près Brest, et celle de Cournerie, près Cherbourg.

2° Par le *procédé de la carbonisation* ou *méthode de Stanford.* Dans ce procédé on commence par dessécher les algues, on les comprime en gâteaux serrés, puis on les introduit dans des cornues à gaz, afin de les soumettre à la distillation sèche; l'on a soin de recueillir tous les produits qui distillent, ce qui évite la perte de certains corps précieux, et surtout de l'iode et du brome. Le charbon de varech restant dans les cornues est alors concassé et repris par l'eau bouillante, à laquelle il cède des iodures et chlorures alcalins, ainsi que des sulfates; après qu'il a été épuisé, le charbon est desséché et livré au commerce pour servir comme matière décolorante; on en obtient environ 35 0/0 du poids des varechs carbonisés. Quant aux chlorure et sulfate de potasse séparés des autres sels par les méthodes connues, on les transforme ensuite en potasse par les procédés ordinaires. Ce mode de traitement des varechs est peu employé en France et en Ecosse.

3° Par la *méthode de Kemp et de Wallaces.* Ce nouveau mode de fabrication de la potasse consiste à traiter directement les algues par l'eau bouillante, puis quand on les sait épuisées par plusieurs opérations successives, on évapore toutes les eaux de lavages mélangées, puis on incinère le résidu salin, et on le reprend pour séparer successivement par la concentration les divers sels qu'il contient. Ce procédé ne donne pas de très bons résultats.

On prépare annuellement, tant en France qu'en Angleterre, environ 2,700,000 kilogrammes de sels de potasse, par le traitement des varechs.

2° FABRICATION AVEC DES PRODUITS ANIMAUX. Les moutons éliminent par les poils de leur toison, sous forme de *suint,* la plus grande partie de la potasse qu'ils ont absorbée avec leur nourriture. Ce suint qui constitue parfois le tiers de la toison brute, surtout dans les espèces à poils très fins, et le plus souvent les 15/100° de la toison, est constitué par des sels à acides gras (suintates, sudorates de M. Chevreul, avec oléates, stéarates et palmitates), puis par du benzoate de cholestérine, d'après Schulze; ces produits sont dus à la saponification des corps gras, dans les glandes sudoripares, par suite de présence de carbonate de potasse dans ces dernières.

Dans les endroits où l'on ne travaille pas de très grandes quantités de laine, on perd ce suint, en le laissant entraîner par l'eau des rivières qu'il rend parfois très impures (comme on vient de le signaler pour les eaux de l'Espierre qui renferment jusqu'à 480 grammes de matières impures par mètre cube d'eau), et le plus souvent savonneuses, par la présence de ce suint; mais dans les localités où l'on fabrique les lainages, à Elbeuf, à Fourmies, à Reims; à Liège, à Andrimont, près Verviers, en Belgique, on lessive les laines dans des bassins spéciaux, et l'on garde ces eaux de lavage pour en extraire les sels de potasse. Ces liquides ont en général une densité qui varie de 1,03 à 1,05 et jusqu'à 1,25; on les évapore à siccité dans de grandes chaudières, puis on introduit le résidu charbonneux dans des cornues à gaz et on calcine. Il se dégage des gaz, comme l'hydrogène carboné, de l'ammoniaque, etc., on dirige ces produits dans un épurateur rempli d'eau où l'ammoniaque se dissout, puis les gaz combustibles sont dirigés dans un gazomètre et utilisés pour l'éclairage. Le résidu des cornues qui constitue une masse noire, volumineuse et légère, est alors repris par l'eau, pour enlever les sels de potasse qu'il contient (carbonate, chlorure, sulfate), on les sépare, toujours par les méthodes indiquées, on les transforme en potasse, puis le charbon, bien lavé et séché, est pulvérisé finement et vendu comme couleur noire.

D'après Werotte, cette potasse a la composition suivante :

Carbonate de potasse.	68.50
— de soude.	3.20
Sulfate de potasse.	2.10
Chlorure de potassium	12.50
Silicate de potasse.	8.50
Matières insolubles..	1.48
Eau.	2.77
Perte.	0.95
	100.00

Suivant MM. Maumené et Rogelet, il y a en France assez de moutons pour suffire à la consommation de notre pays en potasse, mais comme on ne traite que 27,000,000 de kilogrammes de laines, pour en extraire le suint, et que l'on ne recueille pas partout ce que le suint pourrait fournir de potasse (dans le procédé d'épuration des eaux d'égout que M. Defosse vient de faire expérimenter à Tourcoing, ces résidus salins sont transformés en engrais, après qu'on en a extrait par distillation ignée les gaz combustibles que les boues peuvent fournir) on est loin d'arriver à une production suffisante ; on ne prépare guère ainsi que 1,167,750 kilogrammes de potasse, d'une valeur de 2,250,000 francs au lieu de 12 millions de kilogrammes que le bétail élevé en France pourrait nous donner. Notons cependant qu'une partie du suint utilisé sert aussi pour obtenir du prussiate de potasse, d'après la méthode préconisée par MM. Marcker et Schulze.

3° FABRICATION AVEC DES PRODUITS MINÉRAUX. *a) Préparation avec la carnallite.* Depuis une trentaine d'années surtout, on exploite dans certaines régions, notamment à Stassfurt, à Léopoldshall, près Magdebourg ; en Galicie ; à Kalnez ; dans les monts Himalaya, en Perse, à Maman, etc., des mines salées qui renferment de très fortes proportions de sels de potasse. Les minerais employés pour cet usage sont surtout : la *carnallite*, chlorure double de potassium et de magnésium hydraté, avec bromure ; la *sylvine*, chlorure de potassium natif ; la *kaïnite*, sulfate double de potassium et de magnésium hydraté, avec chlorure de magnésium ; la *schœnite* ou *pikromérite*, sulfate double de potassium et de magnésium ; la *kremersite*, chlorure de potassium et d'ammonium, avec fer chloruré hydraté, etc.

Nous n'avons pas à indiquer ici les divers procédés qui sont employés sur place pour séparer ces sels les uns des autres ; diverses méthodes sont basées sur de simples opérations mécaniques, séparant les fragments de corps d'après leur densité ; mais nous savons comment on peut opérer avec les solutions salines de ces corps qui sont encore ceux que nous avons vu exister dans les eaux-mères destinées à obtenir la potasse. Ce que l'on doit s'efforcer d'avoir c'est du chlorure et du sulfate de potassium dans un état de pureté assez grand. La transformation de ces sels en carbonate de potasse, constitue la fabrication de la *potasse minérale*. Pour transformer le sulfate, on le mélange avec de la craie pulvérisée et des menus de houille, puis on calcine fortement la masse et on la lessive avec de l'eau. Il s'est formé du carbonate de potasse qui se dissout avec une certaine quantité de sulfure de calcium produit en même temps, mais de ce dernier on peut régénérer le soufre à l'aide du procédé Schaffner ou du procédé Mond. Le sulfate de magnésie qui accompagnait dans le salin, le sulfate de potasse ne doit pas être séparé de la liqueur première, car il joue ici un rôle utile, en ce sens que, en présence de la magnésie, la potasse brute formée est plus poreuse et plus légère, et que dès lors elle se lessive mieux. L'Allemagne livre aujourd'hui annuellement des millions de kilogrammes de potasse, obtenus par la décomposition du sulfate de potasse.

Quant à la décomposition du chlorure de potassium elle peut s'obtenir de manières diverses : dans le Nord on le transforme d'abord en sulfate par l'action directe de l'acide sulfurique, puis ce sel une fois formé, on le dissout dans l'eau, et l'on y ajoute un excès de carbonate de baryte pulvérisé. Ce mélange étant contenu dans des cuves munies d'un agitateur actionné par une machine quelconque, on y fait arriver un courant d'acide carbonique. Il se fait dès lors du sulfate de baryte insoluble et du carbonate de potasse qui reste en dissolution ; on laisse le sulfate se déposer, on siphonne la liqueur claire et on l'évapore. Il faut éviter dans cette opération de faire passer le courant de gaz carbonique pendant un temps trop long, afin de ne pas transformer le carbonate en bicarbonate de potasse.

M. Grousilliers a aussi proposé de transformer le chlorure de potassium en carbonate, en se servant du procédé à l'ammoniaque, très employé pour la soude, et qui donne de très bons résultats ; mais alors, dans ce cas, il faut employer de l'alcool, car le bicarbonate de potasse formé en même temps que le bicarbonate d'ammoniaque, est précipité par l'alcool. Quoique ce procédé paraisse tout d'abord bien plus onéreux, comme on régénère et l'alcool et l'ammoniaque, on réalise ainsi une certaine économie qui compense à peu près les frais plus élevés.

b). Fabrication de la potasse avec le feldspath. Les silicates naturels de potasse sont nombreux, mais on ne pouvait songer à extraire la potasse qu'ils renferment qu'alors qu'ils contenaient des proportions assez notables de cette base. C'est ce que l'on a cherché à réaliser avec le feldspath orthose (10 0/0 du poids total, en potasse); avec quelques fossiles (10 à 16 0/0); avec les micas (8 à 10 0/0); avec les trachytes, les porphyres (6 à 8 0/0), etc. Toutefois, comme depuis la découverte des gisements de Stassfurt, l'industrie de la fabrication de la potasse à l'aide du silicate a beaucoup baissé, nous nous contenterons de l'indiquer sommairement pour ne pas laisser incomplète l'histoire de la fabrication de la potasse. D'après la méthode indiquée par Ward, on pulvérisait d'abord intimement le feldspath sous des meules, puis on le mêlait avec du fluorure de calcium également pulvérisé, de la craie et de l'hydrate de chaux. On frittait ensuite le mélange dans un appareil approprié, puis on lessivait la masse avec de l'eau. La liqueur ainsi obtenue était très chargée en potasse caustique, il ne restait plus qu'à y faire passer un courant d'acide carbonique et à concentrer jusqu'à siccité; quant au résidu calciné et insoluble dans l'eau, on le chauffait à nouveau, puis on le pulvérisait; il était ensuite vendu comme ciment hydraulique.

c). *Fabrication de la potasse avec l'eau de mer.* L'extraction de la potasse par cette méthode ne se fait guère, en France, qu'à Allais (Gard), parce que la Méditerranée seule offre, sur nos côtes, une salure suffisante pour valoir la peine d'utiliser la potasse contenue dans l'eau de mer; 100 mètres cubes d'eau ne contiennent guère que 13^k,500 de chlorure de potassium. Pour extraire ce dernier, il faut pouvoir obtenir ce sel dans les marais salants on nomme le *sel d'été*, c'est-à-dire celui qui se dépose des liqueurs amenées naturellement à marquer 1,32 de densité (35 à 37° Baumé), dans lequel, avec le chlorure de sodium et le sulfate de magnésie, on trouve la potasse à l'état de schœnite et de carnallite artificielles. Ce sel, repris par l'eau bouillante, donne, par refroidissement, de la kaïnite artificielle qui cristallise, alors que l'eau-mère garde la carnallite; par refroidissement brusque au moyen de réfrigérants du système Carré, on obtient un dépôt de sulfate de soude que l'on enlève, puis on évapore à nouveau les eaux-mères et on y ajoute du chlorure de magnésium isolé dans une opération précédente. Cette addition provoque la formation de carnallite artificielle qui, traitée comme nous l'avons déjà indiqué plus haut, se dédouble en chlorures de potassium et de magnésium et en schœnite. On sait comment il faut aussi opérer la décomposition de cette dernière. De la sorte, le chlorure et le sulfate de potassium sont transformés en carbonate de potasse.

PRODUCTION. La fabrication totale de la potasse, pour l'Europe et l'Amérique, peut être estimée de la façon suivante:

Potasse provenant des cendres (France, Ecosse, Russie, Gallicie, Canada, Etats-Unis).	20.000.000 k.
Potasse provenant des vinasses de betterave (France, Allemagne, Autriche, Belgique).	12.000.000
Potasse provenant du suint (France, Belgique, Allemagne, Autriche). . .	1.000.000
Potasse provenant des sels minéraux (France, Angleterre, Allemagne). .	15.000.000
	48.000.000 k.

Il est bon de faire remarquer ici que, alors que la fabrication de la potasse au moyen des vinasses de betterave et des sels de Stassfurt, augmente tous les ans d'une façon considérable, celle de l'extraction des cendres décroît dans une proportion correspondante.

ESSAI DE LA POTASSE. — V. ALCALIMÉTRIE ET POTASSIMÉTRIE.

Potasse bleue. *T. de chim.* Résidu de la fabrication du prussiate de potasse, contenant une notable quantité de carbonate de potasse, avec quelques autres sels de même base, et qui, évaporé et calciné, donne une masse saline de coloration bleue, appelée *potasse bleue*, laquelle est à nouveau utilisée, pour la fabrication du prussiate.

Potasse factice. *T. de chim.* Produit qui se trouve, dans le commerce, sous la forme d'une masse compacte, très dure, d'un rouge plus ou moins foncé, très déliquescent, de saveur caustique et qui, en réalité, est formé par de la soude caustique mélangée de plusieurs sels de soude. C'est Adar qui, en 1833, pour répandre l'emploi de la soude artificielle dans le blanchiment, eût l'idée de donner à ce produit l'aspect et la causticité de la potasse fondue d'Amérique, et l'a livré à l'industrie sous le nom de *potasse factice* ou de *potasse rouge d'Amérique artificielle*. Pour la préparer, on rend la soude caustique au moyen de la chaux, puis on évapore le liquide dans des vases en fonte, on y ajoute un peu de chlorure de sodium pour abaisser le degré à 58 ou 60°, et, après fusion ignée, on introduit 1,5 0/0 de sulfate de cuivre avec un peu d'azotate de soude. On brasse la masse avec du bois, ce qui ramène l'oxyde de cuivre précipité à l'état de protoxyde, lequel donne au produit la teinte rougeâtre de la potasse d'Amérique; on coule alors dans des chaudières en fonte et on laisse refroidir. — J. C.

*POTASSIMÉTRIE. *T. de chim.* Méthode qui a pour but de faire connaître la valeur des potasses du commerce. Nous avons déjà indiqué l'une de ces méthodes au mot ALCALIMÉTRIE; elle est plus générale et s'applique au dosage de diverses bases; c'est celle de Descroizilles, modifiée par Gay-Lussac. On a également fait soupçonner, dans ce même article, l'existence d'autres procédés, puisqu'il a été parlé de liqueur titrée à base d'acide oxalique cristallisé, corps sec inaltérable, ni déliquescent, ni efflorescent, et dont la dissolution se conserve bien, sans mésir avec le temps, ou se volatiliser dans les liqueurs bouillantes. Ce perfectionnement de la méthode volumétrique est dû à Mohr. Le mode opératoire de dosage est le même que dans le procédé de Gay-Lussac, avec cette différence que l'on peut opérer la saturation de la base par l'acide, en portant la première liqueur à l'ébullition. On emploie 63 grammes d'acide oxalique pur pour faire une solution de 1,000 centimètres cubes.

Frésénius et Will ont encore donné un procédé d'une grande exactitude. Il comporte l'emploi d'un appareil constitué par deux petits ballons en verre soufflé, réunis par un tube *c* deux fois recourbé à angle droit, et munis chacun d'un tube de dégagement. On pèse le poids voulu de potasse, on l'introduit dans le flacon B, et on y ajoute de l'eau distillée, pour remplir le flacon au tiers environ; on met de l'acide sulfurique concentré dans le flacon A, puis on ferme le tube à boule *a* avec un bouchon de cire *b*; on ferme les flacons avec leurs bouchons et on pèse très exactement tout l'appareil. Cela fait, on souffle dans le tube *d*; l'acide sulfurique de A monte dans le tube coudé et pénètre dans le flacon B, décompose le carbonate, et l'acide carbonique formé est obligé de sortir par le tube *d* après avoir traversé l'acide: lorsqu'après plusieurs opérations semblables il ne se dégage plus d'acide carbonique, on enlève le bouchon de cire et cette fois on aspire par *d*, pour remplacer l'atmosphère des flacons par de l'air ordinaire. Les liquides s'étant échauffés, on laisse l'équilibre se refaire, on remet le bouchon de cire sur son tube et l'on pèse à nouveau. La différence de poids constatée représente le poids de l'acide carbonique dégagé, ce qui permet de calculer la quantité de carbonate de potasse décomposé.

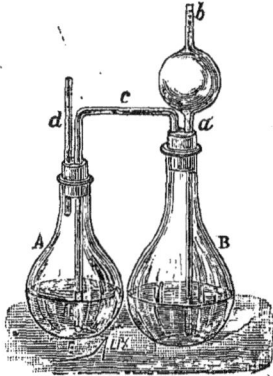

Fig. 291.

Ce procédé donne un résultat trop faible avec les potasses d'Amérique qui contiennent presque toujours de la potasse caustique; si un essai préalable de la potasse à essayer a montré que ce corps contenait du sulfuré de potassium, un sulfite ou un hyposulfite, il faut ajouter dans l'appareil un peu de chromate neutre de potasse pour fixer, sous forme d'eau, de soufre ou de sulfate de chrome, l'hydrogène sulfuré ou l'acide sulfureux formés.

Pour connaître exactement la valeur d'une potasse, ces seuls essais ne suffisent pas, car ces produits sont souvent impurs et contiennent divers sels de potasse et souvent aussi des sels de soude. De telle sorte que lorsqu'on veut avoir un essai rigoureux, il faut, après avoir pris le titre alcalimétrique du produit, y doser le chlore des chlorures au moyen de l'azotate d'argent; l'acide sulfurique des sulfates, avec l'azotate de plomb, et calculer la richesse en potasse en transformant celle-ci en bitartrate. Alors on rétablit, par le calcul, la quantité de chlorure, de sulfate, de carbonate de potassium correspondant aux chiffres trouvés. On retranche le dernier poids trouvé du poids du carbonate indiqué par l'alcalimétrie, et le reste est transformé en carbonate de soude (proportion, 9,61 : 53).

On doit aussi, dans un essai de potasse du commerce, indiquer la teneur en eau, le produit étant très hygroscopique par lui-même. On obtient ce résultat en chauffant 10 grammes de potasse dans une petite capsule de porcelaine, après avoir recouvert le vase d'un disque de verre. Lorsque ce dernier ne se recouvre plus de vapeur d'eau, l'opération est terminée; on fait une nouvelle pesée pour connaître la perte de poids. — J.-C.

POTASSIUM. *T. de chim.* Corps simple, découvert en 1807, par sir H. Davy, ayant pour équivalent et pour poids atomique 39,1.

Propriétés physiques. C'est un corps solide, blanc, d'éclat brillant lorsqu'il vient d'être coupé, mais se ternissant vite au contact de l'air; il est cassant à 0°, mais mou à la température ordinaire et susceptible d'être rayé par l'ongle; il fond à 62°,5, est volatil au rouge en donnant des vapeurs vertes susceptibles de se condenser en cristaux cubiques; il distille entre 719 et 731°. Sa densité est de 0,875 et sa chaleur spécifique de 0,1691.

Propriétés chimiques. Le potassium est un corps excessivement avide d'oxygène, ce qui oblige à le conserver dans de l'huile de naphte; à l'air il se recouvre rapidement d'une couche blanche d'oxyde de potassium, et cette oxydation se fait avec une élévation de température telle que le métal peut s'enflammer s'il est coupé en tranches minces. Il décompose l'eau très rapidement en formant de l'oxyde de potassium et en dégageant de l'hydrogène qui s'enflamme et brûle en entraînant des vapeurs de potassium, ce qui communique à la flamme une coloration violette, et détermine un mouvement giratoire de la potasse formée au-dessus du liquide; celle-ci s'y maintient quelque temps dans un état voisin de celui dit *sphéroïdal*, par suite de la vapeur d'eau produite, laquelle est en quantité suffisante pour empêcher le contact avec l'eau. Dès que l'élévation de température ne fournit plus assez de vapeur, la potasse tombe dans l'eau en produisant une explosion qui projette parfois la matière à une certaine distance.

Le potassium est tellement avide d'oxygène qu'il décompose l'anhydride carbonique; il se combine brusquement avec le brome et l'iode en faisant explosion; avec le chlore en s'enflammant, avec le soufre, le phosphore, l'arsenic; maintenu en fusion dans une cloche pleine d'hydrogène, il se combine à ce gaz et forme un hydrure instable. Il donne des alliages avec certains métaux, parfois avec production de chaleur et de lumière (étain, antimoine, arsenic); parfois avec formation d'un sifflement aigu, c'est ce qui arrive avec le mercure légèrement chauffé; d'autrefois en faisant un alliage liquide comme avec le sodium. Il se combine directement avec l'oxyde de carbone, sous l'influence d'une chaleur de 80°, en formant des groupes arborescents de cristaux grisâtres (Brodie) qui se transforment en une masse rouge lorsque le composé se forme à atomes égaux, $C^2O^2K^2$. Ce corps est décomposé violemment parfois, il détone même seul et spontanément.

État naturel. Le potassium est très répandu dans la nature, mais ne s'y retrouve jamais qu'à l'état de combinaison. Dans le règne minéral il constitue un très grand nombre de silicates dont plusieurs sont très employés industriellement, comme les feldspaths; à l'état de sulfate double d'alumine, il constitue l'alunite; il est abondant dans ses combinaisons avec le chlore, etc.; il se retrouve dans le sol (azotate), dans l'eau de la mer et de certaines sources salines. Les végétaux le contiennent unis à des acides organiques, c'est ce qui explique pourquoi leurs cendres fournissent le potassium sous l'état de carbonate d'oxyde de potassium, dû à la décomposition de ces sels. Enfin il est très répandu dans l'économie animale; Gorup-Besanez a même construit des tables indiquant les quantités relatives de potasse existant dans les divers organes du corps humain.

PRÉPARATION. Humphry Davy a isolé le potassium de son oxyde au moyen de l'électricité. Son expérience un peu modifiée, pour ne pas perdre le métal qui s'altère, dès qu'il est isolé, en se retransformant de suite en potasse, peut se répéter ainsi. On prend un fragment de potasse que l'on creuse en son centre et place sur une lame de platine communiquant avec le pôle positif d'une pile de force convenable, puis on introduit un peu de mercure dans la cavité faite dans la potasse et on plonge l'extrémité d'un fil de platine constituant le pôle négatif de la pile, dans le mercure. Dès que le contact est établi, le courant décompose la potasse dont le potassium s'unit au mercure pour former un amalgame liquide. Si l'on distille maintenant celui-ci dans un courant d'hydrogène, on enlève le mercure et le potassium reste isolé.

Gay-Lussac et Thénard voulant étudier, en 1808, les propriétés du nouveau métal isolé par Davy, ont été conduits à chercher un procédé de préparation qui leur permit d'avoir une certaine quantité de potassium, et de le conserver à l'abri de l'altération subie par lui au contact de l'air. Leur méthode consiste à faire passer l'hydrate d'oxyde de potassium sur de la tournure de fer portée au rouge. On obtenait ainsi une certaine quantité de potassium, mais l'opération n'était pas toujours régulière. On expliquait ainsi la formation du potassium

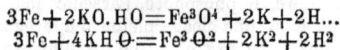

$$3Fe + 2KO.HO = Fe^3O^4 + 2K + 2H...$$
$$3Fe + 4KHO = Fe^3O^2 + 2K^2 + 2H^2$$

mais M. H. Sainte-Claire Deville a reconnu que cette théorie était inexacte; qu'une partie seulement de la potasse employée se transformait en hydrogène et en vapeur de potassium, qu'il se formait de l'oxyde de fer qui se mélangeait avec la potasse non décomposée dans la partie la moins chaude de l'appareil, alors que dans la portion la plus chaude, le fer n'était même pas attaqué. Ce mode de préparation a été du reste abandonné dès 1823, par suite de la découverte du procédé dû à Brunner, de Berne.

Dans le procédé Brunner on réduit le carbonate de potasse par le charbon; la réaction est facile à saisir:

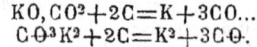

$$KO,CO^2 + 2C = K + 3CO...$$
$$CO^3K^2 + 2C = K^2 + 3CO.$$

Brunner employait le résidu charbonneux obtenu par la calcination du tartre brut dans un creuset bien luté à l'argile; il pulvérisait grossièrement ce résidu et le mêlait avec du charbon de bois, puis il introduisait ce mélange dans des bouteilles en fer que l'on enduisait d'un lut réfractaire et plaçait horizontalement dans des fourneaux, enfin, lors de la production du potassium par suite de la réduction produite à une haute température, les vapeurs formées se rendaient par un tube en fer vissé à la bouteille, dans un récipient extérieur contenant une certaine quantité d'huile de naphte. Ce procédé avait l'inconvénient d'être

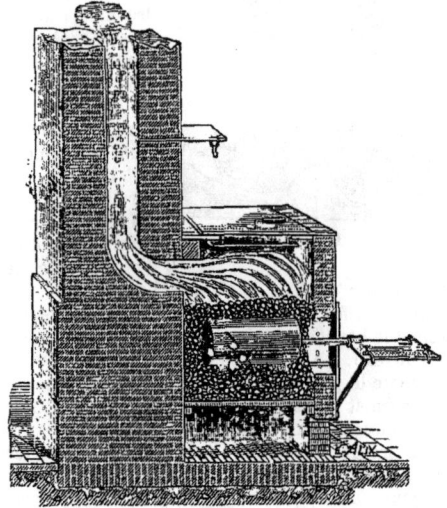

Fig. 292. — *Appareil pour la préparation du potassium.*

souvent intermittent parce que le tube de dégagement s'obstruait fréquemment par la production de matières solides; dans tous les cas, le potassium obtenu se condensait en globules irréguliers, impurs, que l'on réunissait ensuite dans un linge, pour faire un nouet que l'on plongeait alors dans du naphte porté à 60°; à cette température le métal fondait, et en le comprimant avec des pinces en fer, on le forçait à traverser les mailles du tissu. Il filtrait ainsi en globules fins que l'on recueillait pour les distiller dans un courant d'hydrogène. Cette méthode ne donnait que 92 grammes 00/00 du tartre employé.

MM. Mareska et Donny ont heureusement modifié le procédé de Brunner (fig. 292). Ils ont démontré que lorsque des vapeurs de potassium et d'oxyde de carbone pénétraient dans le large récipient de Brunner, il n'y a guère que ce qui reste sous cet état, dans le tube de communication, que l'on peut espérer recueillir, le reste devenant un mélange de charbon et de potasse; et ils ont vu de plus que lorsque les vapeurs de potassium passent, une partie seulement s'écoule, le reste s'attache aux parois du tube et demeurant exposé aux vapeurs d'oxyde de carbone se transforme en matière charbonneuse, infusible, qui dès lors obstrue l'appareil. Aussi, en 1840, ont-ils proposé de recevoir le potassium formé dans une boîte en fer laminé, allongée et plate, ouverte aux deux extrémités, et dont l'une se termine par un col arrondi s'adaptant à celui de la cornue. Pour protéger cette dernière contre les oxydations qui la peuvent percer, ils ont de plus proposé de répandre à sa surface, dès qu'elle arrive au rouge, du borax fondu et pulvérisé, qui y forme un enduit adhérent. En moins d'une demi-heure l'opération est terminée, et l'on obtient par kilogramme de tartre 220 grammes environ de potassium, alors que la théorie en indique 390 que l'on pourrait avoir s'il n'y avait pas de pertes; il faut s'efforcer de retirer la boîte plate recevant le métal, dès que celle-ci est pleine, ce qui peut s'opérer très facilement sans déplacer la cornue. Pour avoir un bon rendement, d'après M. H. Sainte-Claire Deville, il faut que le tartre employé contienne du tartrate de chaux, car celui-ci donne par la calcination du carbonate de chaux mélangé au carbonate de potasse, et le premier empêche le second de fondre et de se séparer du charbon, maintenant ainsi un contact intime entre le charbon et le carbonate de potasse. La décomposition produisant de l'acide carbonique favoriserait également la vaporisation du potassium.

M. Dolbear a signalé récemment un procédé de préparation du potassium, qui consisterait à réduire le sulfure de ce métal par la limaille de fer.

Les dérivés du potassium sont assez nombreux. Parmi les composés haloïdes il faut surtout citer:

Le *bromure de potassium*. — V. t. I, p. 980.

Le *chlorure de potassium*. — V. t. III, p. 324.

Le *cyanure de potassium* (V. t. III, p. 1195) et les *cyanures doubles de potassium et de fer* dans leurs divers états. — V. t. III, p. 1194 et 1195.

L'*iodure de potassium*. — V. t. V, p. 906.

Le *sulfure de potassium*. — V. SULFURE.

Parmi les composés importants du potassium, nous trouverons maintenant, dans les produits oxygénés:

Oxydes de potassium. L'oxygène se combine dans deux proportions avec le potassium, pour former un peroxyde, $K^4O^3...K^2O^4$, inusité, et un protoxyde, $KO...K^2O = \begin{matrix} K \\ K \end{matrix} \Big| O^2$. Ce dernier corps est très rare, il se combine énergiquement à l'eau pour donner l'hydrate suivant:

Hydrate de potassium ou *potasse caustique*.

$$KO.HO...K^2HO = 56.$$

Ce corps, connu de tous temps, est caustique, blanc, non cristallin, inodore à sec et d'odeur lixivielle s'il est humide; sa densité est de 2,1; il fond au rouge et se volatilise au delà, il garde 16 0/0 d'eau, que la chaleur, l'acide silicique, l'acide carbonique ou l'acide borique peuvent lui

enlever en faisant des sels anhydres. Il est soluble dans l'eau, dans l'alcool; il bleuit le tournesol, sature très bien les acides et absorbe l'humidité et l'acide carbonique de l'air. Chauffé avec du charbon, il donne du percarbure de potassium; avec le soufre, par voie sèche, il forme un sulfure sulfuré de potassium et du sulfate de potasse; mais par voie humide, il engendre du sulfite et de l'hyposulfite de potassium; l'action du phosphore, par voie sèche et par voie humide, est la même que la précédente. Le brome, l'iode, le chlore, chauffés avec la potasse, fournissent des bromure, iodure et chlorure de potassium, tandis que, par voie humide, on obtient un bromate ou un hypobromite, etc. Le zinc, l'aluminium, le verre, les matières organiques sont attaqués par l'hydrate de potassium.

Caractères des sels de potasse. Les sels à base d'oxyde de potassium sont incolores lorsque l'acide n'est pas coloré, presque tous sont solubles dans l'eau, et, avec les réactifs chimiques, donnent les caractères suivants: avec l'*acide tartrique* (dans les solutions concentrées), précipité blanc, cristallin, soluble dans la potasse, dans un excès d'eau ou dans les acides minéraux; avec l'*acide picrique* (sol. concent.), précipité jaune, insoluble dans l'alcool; avec le *bichlorure de platine*, précipité jaune, cristallin, par agitation et dont le dépôt est facilité par l'alcool; avec l'*acide sulfhydrique*, le *sulfhydrate d'ammoniaque*, l'*ammoniaque*, les *carbonates alcalins*, rien; avec l'*acide hydrofluosilicique*, précipité gélatineux, opalin, facilité par l'addition d'alcool, soluble dans la potasse et les acides forts; avec l'*acide perchlorique*, précipité blanc, cristallin, insoluble dans l'alcool (sol. concent.); avec l'*acide phosphomolybdique*, précipité lent à se former, avec les sels acides (caract. d'avec les sels de sodium); avec le *sulfate d'alumine*, dépôt de cristaux d'alun, lent à se former. Au spectroscope, les sels de potassium produisent une raie à l'extrémité du rouge, une autre raie caractéristique dans le violet et plusieurs raies moins importantes intermédiaires et de coloration rouge, jaune et vert. Au chalumeau, ces sels communiquent à la flamme extérieure une coloration violette; un fil de platine imprégné d'un de ces sels donne à une flamme quelconque ce même caractère de coloration violacée; mais si on regarde alors la flamme avec un verre bleu, on la trouve cramoisie, ce qui permet de retrouver le potassium dans la soude, la nuance jaune de celle-ci étant à peine visible avec le verre bleu.

PRÉPARATION. Pour faire la potasse caustique, on dissout 2 parties de carbonate de potasse dans 20 parties d'eau, dans une marmite de fonte, et on porte à l'ébullition en y ajoutant peu à peu un lait de chaux fait avec une partie de chaux pour 5 parties d'eau.

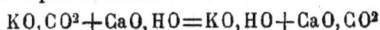

$$KO,CO^2 + CaO,HO = KO,HO + CaO,CO^2$$

ou

$$CO^3K^2 + CaHO = K^2HO + CO^3Ca.$$

On a soin de ne pas arrêter l'ébullition en faisant cette addition, afin de ne pas former de carbonate de chaux gélatineux; on remplace également peu à peu l'eau qui s'évapore, afin d'avoir toujours le même volume, puis, après une demi-heure d'ébullition, on laisse déposer en recouvrant le vase. On prend un peu de la liqueur claire et froide, car à chaud, la potasse décomposerait le carbonate de chaux, on l'étend d'eau, parce que la chaux est soluble dans la potasse concentrée, et après filtration, on voit si tout l'acide carbonique est chassé, en ajoutant un peu d'eau de chaux bien claire; s'il se fait un trouble, on ajoute du lait de chaux et on reporte à l'ébullition, puis on abandonne au repos, on décante au siphon et on passe au travers d'une toile de lin (le chanvre ou le papier coloreraient la liqueur et seraient altérés). Le liquide ainsi obtenu porte le nom de *lessive de potasse*; il est livré au commerce marquant 35 ou 50° Baumé (D=1,33 ou 1,53), après qu'un repos de vingt-quatre heures a permis d'en séparer le carbonate de chaux, le chlorure de potassium, le sulfate et le silicate de potasse qui étaient contenus dans la liqueur. Pour l'avoir solide, on évapore rapidement la lessive dans une bassine d'argent et coule sur un porphyre légèrement enduit de vaseline. La potasse dite *à la chaux*, ainsi préparée, contient un excès de chaux et du sulfate de chaux; il faut se hâter de la concasser en fragments que l'on enferme dans des pots hermétiquement bouchés, pour empêcher l'accès de l'air et de l'humidité.

Pour purifier la potasse, on la concasse, et on l'introduit dans un vase allongé, avec de l'alcool à 90° (2 volumes). On laisse deux jours en contact en agitant fréquemment; il se forme trois couches, une inférieure, qui renferme les sels de chaux; une couche moyenne, un peu huileuse, qui est formée par le carbonate de potasse et les autres sels potassiques, et au-dessus une solution de potasse; on siphonne celle-ci, on remet sur le produit un volume d'alcool et on répète l'opération, puis on réunit les liqueurs alcooliques dans un ballon de verre et on distille pour enlever les deux tiers de l'alcool, enfin, on termine l'évaporation dans une bassine d'argent; il se forme, pendant cette opération, une croûte noire, l'alcool non encore volatilisé se détruisant au contact de l'hydrate alcalin et produisant des sels organiques et du carbonate de potasse.

Pour avoir la potasse chimiquement pure, on décompose le sulfate de potasse par l'hydrate de baryte,

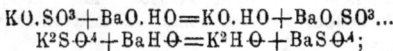

$$KO.SO^3 + BaO.HO = KO.HO + BaO.SO^3...$$
$$K^2SO^4 + BaHO = K^2HO + BaSO^4;$$

on dissout, d'une part, 90 grammes de sulfate de potasse dans l'eau bouillante et, de l'autre, 160 grammes d'hydrate de baryte cristallisé, puis on verse peu à peu la seconde solution dans la première maintenue à l'ébullition; le sulfate de baryte insoluble ne tarde pas à se déposer, et l'on ajoute de la liqueur barytique tant que celle-ci donne un précipité dans la liqueur éclaircie. On couvre alors le vase, on décante la liqueur et on évapore rapidement dans un vase d'argent.

La solution de potasse ne doit pas précipiter par l'eau de chaux (carbonates), par le sel de baryte en solution azotique (acide sulfurique et sulfates), par l'azotate d'argent acidifié (acide chlorhydrique et chlorures), par l'acide sulfhydrique (fer, cuivre, argent), par le molybdate d'ammoniaque à chaud (acide phosphorique), par l'ammoniaque en excès (alumine).

Usages. La potasse sert, dans l'industrie, à préparer par voie humide un grand nombre d'oxydes insolubles; elle sert, en médecine, comme caustique, sous forme de pastilles, de cylindres, ou mélangée avec de la chaux vive (poudre de Vienne), pour cautériser et détruire les chairs; elle ramollit et détruit la peau, ce qui la rend un violent poison si on l'absorbe à l'intérieur.

Acétate de potasse. — V. t. I, p. 12.

Antimoniate de potasse. — V. t. I, p. 180, § *Antimoine diaphorétique.*

Azotate de potasse. — V. t. I, p. 403.

Carbonate de potasse. — V. t. II, p. 235.

Chlorate de potasse. — V. t. III, p. 306.

Hypochlorite de potassium (eau de Javel). — V. *Chlorures décolorants.* — V. t. III, p. 330.

Manganate et permanganate de potasse. — V. t. VI, p. 279.

Sulfate de potasse. — V. SULFATE.

Sulfates doubles à base de potasse. — V. ALUN.

Sulfocarbonate de potasse. — V. SULFOCARBONATE.

DOSAGE DE LA POTASSE. 1° Il se fait généralement à l'*état de chloroplatinate.* Ce procédé s'emploie quand l'acide du sel à analyser est soluble dans l'alcool et qu'il n'y a pas d'ammoniaque dans le produit, cas auquel il faudrait chasser celle-ci par une ébullition avec de la soude. Le produit, étant sous forme de solution concentrée et limpide, est acidulé par l'acide chlorhydrique, puis chauffé au bain-marie dans une capsule de porcelaine pour l'évaporer; on reprend le résidu par un peu d'eau et on y verse du bichlorure de platine en excès. On évapore de nouveau au bain-marie jusqu'à consistance sirupeuse et on ajoute 5 à 6 volumes d'alcool à 80°. On laisse reposer une demi-heure et on verse le chloroplatinate formé sur un filtre sans plis, séché et pesé. On lave le vase avec de l'alcool et on jette sur le filtre, puis on pèse celui-ci après l'avoir desséché à l'étuve à 110°. Alors le poids trouvé, multiplié par 0,1595 (rapport donné par la formule du chloroplatinate $PtCl^2, KCl = 244,5$, avec 39, poids du potassium contenu dans le sel), donne le poids de potassium existant dans le produit analysé; le poids trouvé, multiplié par 0,1922, exprime, en potasse, la quantité de potassium.

2° *Dosage à l'état de sulfate.* Ce procédé sert surtout pour les sels ne contenant aucune autre base fixe et dont l'acide est volatil et destructible par la chaleur (sels organiques notamment). On prend un poids déterminé du produit sec, on l'incinère au rouge dans un creuset de platine taré, on laisse refroidir et l'on arrose avec quelques gouttes d'azotate d'ammoniaque. On incinère à nouveau en répétant l'opération tant que cela est nécessaire, puis on arrose d'acide sulfurique et on porte le creuset, muni d'un couvercle, au rouge blanc afin de détruire le bisulfate formé, ou bien on ajoute du carbonate d'ammoniaque dans le même but. Enfin, on pèse. Le poids de sulfate trouvé, multiplié par 0,4482 (rapport de 87 à 39, équivalent du sulfate et du potassium), donne la quantité de métal existant dans le sel, et ce poids de sulfate, multiplié par 0,5402, celui de la potasse correspondante. — V. aussi ALCALI-MÉTRIE et POTASSIMÉTRIE. — J. C.

POTEAU. *T. de constr.* Pièce de bois posée verticalement pour servir de support ou former remplissage. La section d'un poteau est ordinairement carrée, quelquefois polygonale. Les poteaux en bois, placés à rez-de-chaussée, sont ordinairement posés sur de petits dés en pierre, qui les préservent de l'humidité du sol et reportent sur une plus large base les pressions qu'ils transmettent. Suivant leur place et leur fonction, les poteaux reçoivent différents noms. On appelle ainsi : *poteau cornier,* une pièce de charpente montant de fond et placée à l'angle formé par la rencontre de deux *pans de bois* (V. ce mot); *poteaux de remplissage* ou *de remplage,* les poteaux qui occupent l'intervalle des sablières dans un *pan de bois* (V. ce mot); *poteaux d'huisserie,* de *croisée* ou de *lucarne,* les pièces verticales formant les montants d'une baie de porte, de fenêtre ou de lucarne; *poteaux d'écurie,* des poteaux cylindriques qui forment la tête des séparations des stalles, dans les écuries.

Poteau télégraphique. Appui en bois ou en fer destiné à maintenir les *fils télégraphiques* (V. ce mot) à une hauteur convenable au-dessus du sol. Le fil est isolé de son appui par un *isolateur* (V. ce mot) relié au poteau au moyen de tiges ou de consoles. Les poteaux en bois sont à peu près exclusivement employés dans la construction courante; la longueur des poteaux ordinaires varie de 7 à 10 mètres, celle des poteaux d'exhaussement de 10 à 12.

— Les cahiers des charges des fournitures faites au service télégraphique français spécifient que les poteaux doivent être en bois non gemmé de pin et de sapin : les pins dits Laricio et Lord Weymouth sont exclus. Les bois sont sains et droits; le diamètre du cœur ne doit pas dépasser les 2/3 du diamètre total de l'arbre. Après enlèvement de l'écorce, les arbres doivent avoir un diamètre au sommet d'au moins 0^m,10 et à un mètre de la base un diamètre minimum de 0^m,18, 0^m,22 ou 0^m,26, suivant qu'il s'agit de poteaux de 8, 10 ou 12 mètres.

L'injection se fait au sulfate de cuivre par les procédés, dits de *pression,* du Dr Boucherie (V. CONSERVATION DES BOIS). La dissolution doit contenir au moins 1 kilogramme de sulfate de cuivre pour 100 d'eau (elle marque 1° Baumé). Les arbres ne doivent pas être injectés par le petit bout, ils sont dépouillés de leur écorce, unis à la plâne, et appointissés en cône à leur sommet.

L'enlèvement de l'écorce n'a lieu que quinze jours après l'injection; les poteaux fraîchement pelés ne doivent pas être exposés au soleil; enfin, l'injection est suspendue en temps de gelée.

On considère l'injection comme suffisante lorsqu'en entamant le bois on obtient une coloration rouge-brun par le cyanoferrure de potassium. Un poteau bien injecté peut durer vingt ans. Le mélèze et le châtaignier sauvage ne s'injectent pas, mais ils peuvent se conserver longtemps sans préparation. En Angleterre, on injecte quelquefois à la créosote; l'Allemagne emploie aussi le chlorure de zinc, mais le sulfate de cuivre est l'antiseptique le plus généralement employé.

Dans la construction des lignes, on compte en général 14 poteaux par kilomètre, plus 4 poteaux pour appuis jumelés ou à cause des courbes.

Poteaux métalliques. Pour les cas particuliers, tels que traversée de villes, de gares importantes, de rivières, où les poteaux doivent porter un grand nombre de fils et résister à de grands efforts, l'usage des appuis métalliques est naturellement indiqué. Il en est de même dans les points d'accès difficile où l'entretien serait pénible et coûteux. Toutes les formes de fer du commerce ont été employées dans les divers modèles de poteaux en fer essayés ou proposés : fers corniers, à T, à double T, à croix, fers zorés, fers cylindriques ou coniques, tôles courbées et à bords plats rivés, etc. Le fer s'oxydant rapidement dans la terre, le poteau en fer ou tôle est souvent muni d'une embase en fonte.

Les poteaux creux (tôle ou fers zorés) conviennent parfaitement pour les raccordements des fils aériens avec les fils souterrains. — J. R.

POTÉE. Dissolution d'ocre rouge dans de l'eau, et qui sert à enduire une pièce de poterie pour lui faire prendre le plomb. || *T. de fond. Moule de potée.* Moule fait de sable, de bourre et d'argile jaune; le sable empêche la pâte de se contracter, tandis que la terre calcaire contenue dans l'argile jaune donne, par un commencement de fusion, du liant à tout l'ensemble. || *Potée d'étain.* Bioxyde d'étain réduit en poudre fine et obtenu en exposant de l'étain en fusion, porté au rouge vif, à l'action de l'air (V. ÉTAIN, § *Propriétés de l'étain*). On l'utilise pour le polissage des métaux et celui des glaces et des miroirs. || *Potée d'émeri.* Poudre que l'on trouve sur les meules qui ont servi à tailler les pierres précieuses.

POTELET. *T. de charp.* Pièce de bois placée verticalement dans les pans de bois, au-dessus des linteaux fermant la partie supérieure des baies ou au-dessous des traverses qui en forment les appuis.

POTENCE. 1° *T. de constr.* Assemblage de pièces de bois ou de métal qui forment triangle pour supporter une pièce horizontale fixée par l'une de ses extrémités. || Pièce placée obliquement sur une poutre, pour soutenir une partie du poids que cette dernière a à supporter. || 2° *T. techn.* Outil de fer qui sert à tenir certaines pièces pendant l'opération du limage. || 3° Forte pièce, en laiton, destinée à porter deux des quatre pivots des pièces de l'échappement, dans les montres à roue de rencontre. || 4° Instrument employé, dans les verreries, au transport des objets trop chauds pour être maniables. || 5° Pièce de bois qui, dans le moulin du lapidaire, soutient le pivot supérieur de l'arbre qui porte la meule à tailler. || 6° Sorte de bigorne ou de petite enclume.

*POTENCÉ, ÉE. *Art hérald.* Se dit des pièces dont les extrémités sont terminées en forme de double potence ou de T.

*POTENTIEL (*Fonction potentielle*). Fonction d'une très grande importance dans les théories mathématiques de la gravitation, de l'électricité, du magnétisme, du mouvement des fluides, de la conductibilité de la chaleur, etc. Elle a été introduite, par Laplace, dans la théorie de la gravitation (*Mécanique céleste*, liv. III) ; mais elle doit son nom à Green qui, en 1828, a créé la théorie du potentiel telle qu'on la possède aujourd'hui, et en a fait la base de ses études sur l'électricité. Les travaux de Green ont été négligés jusque vers 1846 et, avant cette date, la plupart de ses théorèmes les plus importants avaient été découverts de nouveau par Gauss, Chasles, Sturm et Sir William Thomson. — V. Champ de force et Électricité, § 2.

La notion du potentiel se rattache au *théorème des forces vives* de la mécanique. Ce théorème, généralisé, s'énonce ainsi :

« Quand un système limité de corps passe d'une configuration particulière à une autre, la variation de la force vive totale du système est égale au travail total accompli dans l'intervalle par les forces mutuelles qui s'exercent entre les diverses parties du système ».

Dans le cas particulier, où les *forces mutuelles sont indépendantes des vitesses que les parties possèdent les unes par rapport aux autres*, le travail peut s'exprimer par la différence des valeurs d'une même fonction des coordonnées qui spécifient les positions des différentes parties du système. L'équation des forces vives peut alors se mettre sous la forme suivante :

$$\Sigma \frac{1}{2} m v^2 - \Sigma \frac{1}{2} m v_0^2 = U - U_0 \, (1).$$

Or, ce cas particulier se présente toutes les fois que les forces mutuelles ne dépendent que de la distance ; il comprend donc les actions mécaniques qui se rencontrent dans la nature.

L'équation (1) montre immédiatement que, *quelle que soit la manière dont le système passe d'une configuration déterminée à une autre*, le travail accompli dans ce passage par les forces mutuelles ne dépend que des coordonnées qui spécifient les configurations initiale et finale. On en conclut immédiatement l'impossibilité du mouvement perpétuel pour les systèmes satisfaisant à cette équation, systèmes dits *conservateurs*, car l'équation (1) qui les définit conduit à la *conservation de l'énergie*. — V. Énergie.

La fonction U a été appelée, par Hamilton, la *fonction de forces*. Entre autres propriétés remarquables, lorsque cette fonction est maximum pour une certaine configuration du système, l'équilibre est stable dans cette configuration.

Soit T une constante indéterminée, posons T — U = W, l'équation des forces vives peut alors s'écrire :

$$\Sigma \frac{1}{2} m v^2 + W = \Sigma \frac{1}{2} m v_0^2 + W_0 = T.$$

Donc, dans tout système conservateur, il existe une fonction W des coordonnées telle, qu'en l'ajoutant à la demi-somme des forces vives, on a une quantité constante.

L'équation T — U = W, qui définit W, montre que cette fonction n'est déterminée qu'à une constante près ; ses minima correspondent aux maxima de la fonction U ; donc la fonction W passe par un minimum dans toute position d'équilibre stable du système.

Si l'on veut que W soit toujours positif, il suffira de déterminer T par la condition que le minimum de W (ou le minimum minimorum si cette fonction a plusieurs minima) soit égal à zéro. T sera alors égal au maximum de U (ou au maximum maximorum).

Or, si le système passe d'une configuration quelconque, caractérisée par l'indice M, à une autre, caractérisée par l'indice zéro, on a, pour le travail effectué,

$$T_M^0 = U_0 - U_M = W_M - W_0$$

Supposons que la configuration caractérisée par l'indice zéro soit l'état d'équilibre stable correspondant au minimum minimorum de W, W_0 sera nul, et le travail effectué aura la valeur maximum qu'il peut avoir en partant de l'état considéré. W_M est donc le *maximum du travail que produiraient les forces mutuelles si le système passait de la configuration actuelle* (M), *à l'état d'équilibre stable* : c'est l'*énergie potentielle*.

On sait que $\Sigma \frac{1}{2} m v^2$ est l'*énergie actuelle* :

La relation $\Sigma \frac{1}{2} m v^2 + W = T$ exprime donc le principe de la conservation de l'énergie.

L'énergie potentielle ainsi définie est toujours positive : c'est l'énergie potentielle *absolue* ; mais le plus souvent, il suffit de considérer l'énergie relative à une configuration déterminée.

L'énergie potentielle relative à une configuration déterminée (P) est le travail accompli par les forces mutuelles lorsque le système passe de sa configuration actuelle (M) à cette configuration déterminée (P). On a :

$$T_M^P = W_M - W_P.$$

C'est la différence des énergies potentielles absolues correspondant à ces deux états ; elle peut donc être positive ou négative.

Lorsqu'il s'agit de forces variant avec la distance, comme la gravitation universelle ou les forces électriques et magnétiques, on choisit pour configuration déterminée que l'on prend comme terme de comparaison (ou configuration *zéro*), celle qui correspond à une distance infinie entre les corps. Alors l'énergie potentielle mutuelle de deux corps dans une certaine position relative, est le travail que produirait leur répulsion mutuelle en la laissant agir et amener les deux corps à une distance infinie l'un de l'autre. Quand l'un des corps est à l'infini ou hors du champ de force formé par l'autre et que les actions sont répulsives,

$$W_P = 0 \quad \text{et} \quad T_M^\infty = W_M.$$

Mais si les corps s'attirent mutuellement, comme dans le cas de la gravitation, en adoptant la même configuration zéro, l'énergie potentielle sera négative, car alors $W_P > W_M$, l'équilibre stable correspondant à la position de contact des deux corps. Ainsi, lorsque dans le champ de force il n'y a que des forces répulsives, en prenant pour configuration zéro celle qui correspond à une distance infinie entre les corps considérés, l'énergie potentielle relative se confond avec l'énergie potentielle absolue et est toujours positive. Si les actions sont toutes attractives, l'énergie potentielle relative à cette même configuration est négative.

Le *potentiel* déterminé en un point par l'attraction ou la répulsion d'un corps ou d'une distribution de matière, est l'énergie potentielle mutuelle qui s'exerce entre ce corps ou cette distribution de matière et l'*unité de matière* supposée placée au point considéré. C'est la définition usitée dans les recherches relatives au magnétisme et à l'électricité; la valeur du potentiel va alors en décroissant quand le mobile se meut dans la direction de la force qui le sollicite. Dans l'étude de la gravitation, on change le signe afin d'éviter de définir le potentiel par une quantité négative. Le potentiel de gravitation qu'une masse détermine en un point du champ de force qu'elle engendre, est la quantité de travail nécessaire pour éloigner jusqu'à l'infini l'unité de matière placée en ce point.

Avec cette seconde définition, le potentiel va en croissant dans la direction de la force, tandis que l'énergie potentielle décroît toujours quand le mobile se meut dans la direction de la force.

V_A et V_B étant les potentiels en deux points voisins A, B, $V_A - V_B$ représente, par définition, le travail nécessaire pour amener l'unité de matière du point A au point B; et l'on sait, d'ailleurs, que ce travail est indépendant du chemin qu'elle a suivi dans ce mouvement.

Supposons les deux points assez voisins pour que les forces exercées sur l'unité de matière placée en ces points, et par suite en un point quelconque de la droite AB, puissent être regardées comme égales et parallèles. Si F représente la composante de la force dans la direction AB, $F \times AB$ est le travail correspondant au transport de l'unité de matière de A en B.

On a donc

$$V_A - V_B = F \times AB$$

d'où

$$F = \frac{V_A - V_B}{AB}.$$

La composante suivant une direction AB de l'action exercée sur l'unité de matière en un point A, est donc mesurée par la variation du potentiel en A par unité de longueur de AB.

Une surface *équipotentielle* (surface d'*équilibre* ou de *niveau* [V. CHAMP DE FORCE]) est une surface en chaque point de laquelle le potentiel a la même valeur; la force en chacun des points de cette surface est dirigée suivant la normale, puisqu'elle a une composante nulle dans toutes les directions prises sur la surface. $V =$ constante est l'équation de ces surfaces. Si on construit une série de ces surfaces pour des valeurs du potentiel croissant par petites quantités égales, le numérateur de l'expression de F sera constant et, par suite, la force en un point sera inversement proportionnelle à la distance qui sépare deux surfaces consécutives voisines de ce point.

La théorie des surfaces équipotentielles et des *lignes de force* (normales aux surfaces équipotentielles) s'applique à toutes les actions dépendant de la distance; d'autres propriétés sont spéciales aux actions qui suivent la loi de l'inverse carré de la distance, entre autres, celles des tubes de force.

Le terme *potentiel* est passé, aujourd'hui, dans le langage des électriciens; nous avons développé, au mot ÉLECTRICITÉ (§ 37 et suivants), les applications de la théorie du potentiel à l'étude des phénomènes et des lois de l'électricité; mais nous avons cru devoir, dans le présent article, rappeler sommairement comment la notion du potentiel se rattache aux principes de la mécanique.— J. R.

On consultera utilement à cet égard les ouvrages suivants : VERDET : *Théorie mécanique de la chaleur*; BRIOT : *Théorie mécanique de la chaleur*; CLAUSIUS : *De la fonction potentielle et du potentiel*; HELMHOLTZ : *Conservation de la force*; THOMSON et TAIT : *Treatise of natural philosophy*, etc.

POTERIE. Terme général sous lequel on désigne l'ensemble des productions céramiques, mais plus particulièrement la vaisselle ou les ustensiles de ménage en terre cuite, émaillée ou non émaillée. La poterie proprement dite comprend les terres cuites sans glaçure (V. BRIQUE, TUILE, etc.), les poteries lustrées (poteries étrusques et grecques) ou émaillées (V. FAÏENCE, MAJOLIQUE), les faïences fines (terre de pipe et grès). — V. GRÈS CÉRAME.

HISTORIQUE. La fabrication des vases et des ustensiles en terre cuite fut un des arts primordiaux créés par l'homme (V. CÉRAMIQUE). Elle marque les premiers pas de l'humanité dans la voie de la civilisation. Déjà, à l'époque extraordinairement lointaine désignée sous le nom d'*âge de la pierre*, nos ancêtres fabriquaient des vases de terre quelquefois munis d'anses et façonnés à la main, sur lesquels on distingue encore l'empreinte des doigts du potier.

A une époque moins éloignée, qui constitue la période dite du *bronze*, la poterie, bien que travaillée encore à la main, se distingue par une bien plus grande variété de formes et de contours. Si la pâte des grands vases est restée grossière, il n'en est pas de même de celle des petits vases qui est fine, et souvent enduite d'un vernis de graphite. On est frappé en même temps de l'élégance des formes et des belles proportions de ces vases. Il n'est pas rare d'y trouver des rudiments de dessins, gravés à la pointe, qui représentent soit des chevrons, soit de petits triangles, quelquefois de simples rangées de points alignés autour du col ou entourant l'anse.

Ce n'est qu'à l'époque du *fer* que le tour à potier est inventé et que l'art de la poterie commence à prendre son essor. On voit apparaître alors la poterie émaillée dans les premières constructions élevées par les hommes. — V. ARCHITECTURE ASSYRIENNE, BRIQUE, NINIVITE (Style).

Tous les peuples de l'antiquité, à l'Orient et à l'Occident, Egyptiens, Chaldéens, Grecs et Romains ont perfectionné d'âge en âge l'art de la poterie ; après les vases poreux viennent les vases glacés et vernis, tels que lampes, jarres, cruches, amphores, affectant des formes d'oiseaux, de reptiles, de monstres, et qui étaient destinés à renfermer de l'huile, du vin, des parfums, etc.

Si maintenant nous quittons e vieux monde oriental

Fig. 293. — *Vase étrusque.*

pour pénétrer dans le vieux monde classique ou gréco-étrusque, on verra du temps d'Homère les potiers formaient en Grèce une corporation importante qui a été chantée par le grand poète lui-même, dans un hymne conservé par Hérodote. « O vous qui travaillez l'argile, et qui m'offrez une récompense, écoutez mes chants ? Minerve, je t'invoque, parais ici et prête ta main habile au travail du fourneau ; que les vases qui vont en sortir

et surtout ceux qui sont destinés aux cérémonies religieuses, noircissent à point ; que tous se cuisent au degré de feu convenable, et que, vendus chèrement, ils se débitent en grand nombre dans les marchés et dans les rues de nos cités ; enfin qu'ils soient pour vous une occasion abondante de profits, et pour moi une occasion de vous chanter. »

Au reste, les poteries de Samos jouissaient déjà d'une grande célébrité dix siècles avant l'ère chrétienne, et le tour à potier, mentionné dans l'*Iliade*, était connu et employé pour faire les vases dès la plus haute antiquité. Il faut dire que les Grecs comblèrent d'honneur les premiers potiers, lesquels cependant avaient borné leurs ouvrages aux ustensiles de la maison et de l'étable. Plus tard, à mesure que le métier, en quelque sorte s'épura, à mesure que la matière, de plus en plus docile aux mains savantes qui la façonnaient, prit des contours élégants et des formes harmonieuses, on mit les potiers au rang des artistes, et leurs œuvres excitèrent l'admiration universelle.

Tout le monde connaît les magnifiques poteries grecques désignées faussement sous le nom de *vases étrusques*. Le Musée Napoléon III, au Louvre, en possède une série à peu près complète. Ce sont des poteries vernissées peintes en noir sur fond jaune ou en jaune sur fond noir, d'une élégance extraordinaire de forme et dont les ornements sont extrêmement variés (fig. 293).

Les Étrusques ont aussi brillé dans la poterie décorative. Leurs vases à pâte noire ou rougeâtre ont été imités par les Romains, principalement les coupes à boire, dont plusieurs étaient très richement décorées. Pour se faire une idée de la consommation faite par les anciens de ces poteries, amphores, lampes ou vases destinés aux sacrifices ou aux usages de la vie domestique, il suffit d'aller voir, près de Rome, le mont *Testaccio*, colline formée uniquement de tessons ou de débris de cette sorte.

Nos ancêtres les Gaulois ne furent pas moins habiles dans la fabrication de la poterie. Leurs vases, leurs urnes et leurs coupes, sur quelques-uns desquels sont

Fig. 294. — *Poteries gauloises et gallo-romaines.*

représentés les traits de la figure humaine, ont un caractère étrange et tout à fait décoratif.

On a trouvé en Auvergne beaucoup de poteries d'origine gallo-romaine, d'un beau rouge de cire à cacheter (V. CÉRAMIQUE). Parmi elles se trouvait un grand nombre de gobelets et d'autres objets servant au service de la table (fig. 294).

La poterie fut très usitée au moyen âge, et c'est pendant cette période, au XIVᵉ siècle, que la glaçure plom-

bifère a été introduite dans la pratique ordinaire de l'industrie européenne, par les potiers de la Toscane et de la Romagne, qui en devaient la connaissance aux Arabes d'Espagne. Toutefois, elle avait déjà été employée par un potier de Schelestadt, mort en 1288. Cette glaçure sert spécialement pour rendre imperméables les poteries communes, mais comme elle possède des propriétés vénéneuses très actives, on a cherché de bonne heure à supprimer le danger. On y était déjà parvenu, en 1690, en vernissant les pièces avec du sel marin. De nos jours, on a obtenu le même résultat en se servant de glaçures exclusivement terreuses. — s. b.

TECHNOLOGIE. Le terme de *poterie* s'applique à des objets généralement grossiers, de fabrication peu soignée, que Brongniard a placé dans les trois premiers ordres de sa classification. Ces objets ont souvent une surface mate; parfois aussi, on les recouvre d'un vernis auquel on communique des colorations diverses, au moyen d'oxydes métalliques.

Bien que constituant une fabrication primitive, la poterie commune est encore actuellement très répandue, surtout dans les campagnes, où elle est employée aux usages domestiques. On y rencontre des marmites, des poêlons, des plats, dont le seul avantage est d'aller assez bien au feu; mais, le vernis qui les recouvre est toujours craquelé, et les *matières grasses* pénétrant par les craquelures dans la pâte extrêmement poreuse de ces poteries, leur communique au bout de peu de temps, une odeur forte et désagréable.

Parmi les poteries mates on compte les fourneaux, les pots à fleurs, les alcarazas; on comprend aussi dans la même catégorie, certains objets destinés à la construction, tels que *briques*, *tuiles*, *carreaux*, *tuyaux de conduite* et de *cheminées*; ces derniers objets forment cependant une classe à part, on les appelle *terres cuites*.

La pâte des poteries communes se prépare d'une manière très simple, en rapport avec le bas prix des produits que l'on doit fabriquer. Les argiles, au sortir de la carrière, sont simplement épluchées à la main, on ne leur fait pas subir de lévigation. Après en avoir retiré les pierres, les pyrites en fragments apparents, ainsi que les débris de racines qui les souillent, on y ajoute une quantité d'eau suffisante pour en former une bouillie épaisse qui est ensuite passée dans un malaxeur en même temps que le sable qui sert de matière dégraissante. On forme la pâte par un mélange dont la composition se rapproche toujours plus ou moins des *proportions suivantes* :

Argile plastique. 80
Sable. 20

En sortant du malaxeur, la pâte est prête à être façonnée; on lui fait quelquefois subir le marchage et le battage, mais dans la fabrication des objets de poterie grossière, on supprime ces opérations.

Quand il s'agit de fabriquer des pièces de petites ou de moyennes dimensions, on se sert du tour français. Cet appareil se compose essentiellement (fig. 295) d'un arbre vertical A reposant sur une crapaudine B. A sa partie supérieure, se trouve vissée une plate-forme en bois C que l'on nomme *tête* ou *girelle*, et qui est destinée à recevoir la pâte. Un volant en bois V, de 1ᵐ,50 de diamètre environ, sert à communiquer le mouvement à l'appareil et à lui donner la volée nécessaire pour qu'il conserve son mouvement de rotation pendant que le tourneur façonne la pâte. L'appareil se trouve placé dans un bâti en bois où se met l'ouvrier. Le tournage se fait

avec une grande rapidité et n'est pas l'objet de tous les soins que demandent les poteries plus fines. Le tournassage n'est pratiqué que rarement et, le plus souvent, à l'intérieur des pièces; la surface extérieure ne reçoit d'autre façon que le tournage. Il y a cependant quelques exceptions à cette règle, et il y a des objets qui, au contraire, sont tournassés seulement à l'extérieur; les alcarazas sont dans ce cas, mais ils constituent déjà une fabrication beaucoup plus soignée que celle des poteries courantes, la pâte qui les forme possède une composition particulière qui leur donne une grande porosité, et il y a lieu d'en former une catégorie spéciale. Ces sortes de vases sont fabriqués depuis des siècles dans toutes les contrées chaudes; Fourmy leur a donné le nom générique d'*hydrocérames*.

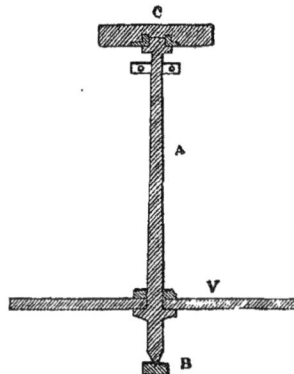

Fig. 295.

Les pièces de grandes dimensions, comme les jarres, les bonbonnes, etc., sont généralement façonnées au colombin; c'est-à-dire que l'ouvrier place les unes sur les autres de longues bandes de pâte ou colombins qu'il arrondit en forme de cerceaux. C'est par la superposition de ces anneaux de pâte, qu'il agrandit ou rétrécit suivant la forme à obtenir, que l'ouvrier arrive à façonner les pièces qui doivent avoir une grande capacité.

Cette manière d'opérer demande beaucoup d'habileté de la part de celui qui la met en pratique. On peut cependant la considérer comme un des procédés les plus anciens. On emploie aussi, pour le même objet, un tour dont la disposition rappelle le tour ordinaire, mais qui est disposé de manière à posséder une force plus grande; en un mot, on donne une masse plus considérable à la partie rotative de l'appareil. Le volant de ce tour rappelle par sa forme, les roues de voiture; l'ouvrier le met en mouvement en poussant les jantes de la roue au moyen d'un bâton, puis, quand il a pu obtenir une vitesse suffisante il travaille sa pâte de la même manière que s'il s'agissait d'une pièce plus petite.

Les poteries destinées aux usages domestiques reçoivent à leur surface un vernis coloré en jaune, en brun ou en vert; ces couleurs sont presque les seules que l'on emploie en raison de la facilité avec laquelle on peut les produire :

Ces vernis sont ainsi composés :

	Jaune	Brun	Vert
Argile plastique de Vanves. . .	16	15	16
Sable siliceux de Belleville. . .	14	15	16
Minium.	70	64	65

	Jaune	Brun	Vert
Peroxyde de manganèse.....	»	6	»
Battitures de cuivre	»	»	3

Les pièces cuites en biscuit sont trempées dans le vernis mis en suspension dans l'eau et sont soumises ensuite à une seconde cuisson. Il arrive fréquemment que l'intérieur seul des pièces est vernissé, alors que la surface extérieure reste dans son état naturel, dans ce cas on procède par arrosement, en versant dans l'intérieur de l'ustensile une quantité de vernis suffisante et on le tourne rapidement de manière à faire couler le vernis uniformément, après quoi on verse ce qui n'a pas été absorbé.

On a employé pendant longtemps pour vernir les poteries, l'alquifoux ou sulfure de plomb, ainsi que le minium ou la litharge employés sans addition de matières siliceuses. Dans quelques localités du Finistère on se servait d'une poudre obtenue de la manière suivante : on faisait fondre du plomb métallique, et on y ajoutait une petite quantité de cendres de bois, puis on remuait le tout avec un bâton jusqu'à refroidissement.

La poudre était appliquée sur les pièces préalablement enduites de bouse de vache ou d'une bouillie de farine d'avoine ; la limaille de cuivre ajoutée à la poudre produisait des jaspures vertes. Cette préparation, de même que l'alquifoux ou galène, a le grave inconvénient de ne laisser sur les pièces, après la cuisson, qu'une couche de protoxyde de plomb fondu, facilement attaquable par le vinaigre et les fruits acides, et on a constaté des cas d'intoxication saturnine grave, provenant de l'usage de ces poteries.

M. Constantin, pharmacien à Brest et membre du conseil d'hygiène de cette ville, est l'inventeur d'un procédé de vernissage qui, tout en écartant les inconvénients des enduits dont nous venons de parler, a, de plus, l'avantage de ne rien changer à la pratique des opérations anciennement en usage.

La formule de M. Constantin est la suivante :

Silicate de soude en solution à 50°..	100
Minium	25
Quartz en poudre.	15

Ce mélange est appliqué à l'aide d'un pinceau sur la pièce dégourdie ou crue ; on en dépose deux couches à un intervalle de douze heures. Cette formule est celle du vernis jaune ; pour obtenir un vernis brun, on ajoute à la préparation 10 0/0 de bioxyde de manganèse en poudre fine. Une petite quantité d'oxyde de cuivre produirait une coloration verte.

L'emploi du pinceau étant insuffisant pour une fabrication importante, M. Constantin recommande le moyen suivant pour vernir les pièces à l'aide du trempage : on se procure du silicate de soude en morceaux et, après l'avoir pulvérisé, on le mélange au minium et au quartz. On fritte le tout, on le réduit ensuite en poudre fine et on en forme une bouillie épaisse avec de l'eau. C'est cette bouillie qui sert à vernir les pièces par les procédés habituels du trempage.

Les poteries obtenues par ces procédés sont inoffensives mais, le même inventeur poussant plus loin ses recherches, a pu préparer un vernis complètement exempt de plomb et donnant de très bons résultats. Ce vernis s'obtient en frittant ensemble :

Silicate de soude..	100
Craie de Meudon.	15
Quartz en poudre .	15
Borax ou acide borique..	10

la fritte est pulvérisée et délayée dans l'eau comme pour le vernis précédent. Ces procédés, qu'il serait désirable de voir employer à l'exclusion complète des anciens, ont valu à leur inventeur le prix Montyon de l'Institut et la croix de la Légion d'honneur.

Fig. 296. — *Four à poteries communes.*

Cuisson. La cuisson des poteries se fait en charge, c'est-à-dire qu'elles sont empilées les unes sur les autres sans être protégées par des cazettes. Elles reçoivent directement l'action du feu, et les pièces recouvertes de vernis adhèrent quelquefois les unes aux autres ; on doit donc, autant que possible, les ranger de manière à diminuer les points de contact surtout dans les endroits recouverts de vernis. Nous donnons (fig. 296) un des types les plus employés des fours à poteries communes. La flamme enveloppe de tous côtés les pièces empilées et traverse les divers canaux que les poteries laissent entre elles puis, passant par l'ouverture inférieure, elle se rend dans la cheminée.

Telle est la fabrication, très simple, des poteries communes; les produits auxquels elle donne naissance sont très imparfaits; les objets destinés aux usages domestiques et, en particulier, à la préparation des aliments, possèdent des inconvénients nombreux que ne compense certainement pas leur bas prix. C'est le premier produit céramique créé par l'industrie humaine, et malgré les perfectionnements, bien faibles il est vrai, que l'on a tenté d'introduire dans les procédés de fabrication, la poterie commune conservera toujours le caractère naïf qu'elle a emprunté aux temps anciens où elle prend son origine. Si l'on pousse à leur dernière limite les perfectionnements dont la poterie commune est susceptible, on arrive à la fabrication, déjà très bornée, de la faïence stannifère. Cette considération seule, peut donner une idée de l'avenir réservé aux produits céramiques dont nous venons de décrire la fabrication. — E. G.

|| Etablissement où l'on fabrique des objets de poterie.

Bibliographie : Sam. BIRCH : *History of ancient pottery*, Londres 1858, 2 vol. in-8°; Louis FIGUIER : *Merveilles de l'industrie*, t. I, *Industrie des poteries, etc.*; BRONGNIART : *Traité des arts céramiques*, 2° édit., 1854. t. I; MARRYAT : *Les poteries, la porcelaine et la faïence*, Paris, 1864; DU CLEUZIOU : *La poterie gauloise*, Paris, 1872.

POTERIE D'ÉTAIN. Industrie consacrée à la fabrication des assiettes, des plats, des cuillères et autres ustensiles en étain. Ce genre de poterie se fait au moyen d'un alliage composé généralement de 90 à 92 parties d'étain et de 8 à 12 parties de plomb. On coule cet alliage dans des moules en bronze préalablement échauffés et recouverts intérieurement d'un enduit de pierre ponce pulvérisée et délayée avec du blanc d'œuf.

HISTORIQUE. La poterie d'étain est fort ancienne. L'étain, en effet, jouait déjà un grand rôle dans l'ornementation des vases fabriqués par les populations préhistoriques des habitations lacustres de la Suisse et de la Savoie. L'artisan réduisait ce métal par le martelage en feuilles excessivement minces, qu'il découpait ensuite en petites lamelles pour les coller sur la poterie avec de la poix liquéfiée. On a même trouvé, dans les lacs, des bracelets d'étain et des anneaux de potin.

Dans l'antiquité, la fonte de l'étain était très répandue (V. ÉTAIN). Homère cite l'étain à propos du bouclier d'Achille. Aristote parle également d'une statue de Dédale en étain.

Au XIV° siècle, l'étain servait principalement à confectionner les écuelles, les vases et les ustensiles de table en usage chez les petits bourgeois. Le luxe de l'orfèvrerie d'or et d'argent était réservé à la noblesse riche. On voit dans le *Ménagier de Paris*, un bourgeois de la fin du XIV° siècle qui parle de son dressoir de salle à manger et de son dressoir de cuisine, mais, sur l'un comme sur l'autre, il n'exposait que de la vaisselle d'étain, et si sa vaisselle était brillante, la propreté en était tout le luxe, comme elle en faisait tous les frais. En somme, la vaisselle de cuisine ou du commun chez les gens riches et la vaisselle la plus générale, même chez les gens aisés, était en étain. On en trouve un exemple dans les 142 écuelles d'étain de la reine Clémence, femme de Louis-le-Hutin, ainsi que dans la vaisselle qui servait à l'archevêque de Reims, au XIV° siècle. La poterie d'étain fabriquée à Tours paraît avoir été très recherchée à cette

époque. C'est dans cette ville que Marie d'Anjou, en 1423, s'approvisionnait pour le service de sa maison.

D'abord grossièrement fabriqués, les ustensiles d'étain furent par la suite mieux confectionnés. Vers la fin du XV° siècle, le goût de la forme était tellement répandu, et il s'établit entre toutes les classes une rivalité de luxe si vive, qu'on voulut en faire parade même avec la vaisselle d'étain, et les artistes habiles se firent une réputation honorable comme *estaimyers*. C'est alors qu'apparaît le rôle de l'étain comme orfèvrerie de luxe, et l'on voit prendre à cette nouvelle orfèvrerie un tour plus particulier et l'étain servir à l'exécution de magnifiques pièces. — V. ORFÈVRERIE D'ÉTAIN.

Pendant la première moitié du XVII° siècle, la vaisselle d'étain passa de la bourgeoisie aux classes moyennes. « L'étain de nos pères, dit La Bruyère, brillait sur les tables et sur les buffets, comme le fer et le cuivre dans les foyers. » Comme au temps jadis, la poterie d'étain consistait dans la fabrication ou la vente de toute sorte de vaisselles, d'ustensiles et d'ouvrages en étain; seulement cette industrie se divisait en trois classes bien distinctes. Il y avait la *poterie ronde*, qui comprenait les pots dont le corps était d'une ou plusieurs pièces; la *menuiserie*, spécialement attachée aux menus ouvrages; la *poterie de forge*, dont les jattes et les plats étaient travaillés au marteau. Les potiers se procuraient l'étain neuf chez les

Fig. 297. — *Bouilloire du XV° siècle.*

merciers et les épiciers, qui faisaient le commerce en gros de ce métal, et qui le tiraient d'Angleterre, de Hambourg par la Hollande, et des Indes espagnoles. Quant à l'étain vieux, ils avaient le droit de l'acheter dans les ventes publiques ou partout ailleurs.

La poterie d'étain comportait différents alliages qui constituaient l'étain fin et l'étain commun. Il y avait l'*étain d'antimoine*, c'est-à-dire allié de 8 onces 4 onces pour 100 de régule d'antimoine, de 1 livre 4 onces de bismuth ou étain de glace, et de 4 à 5 livres de cuivre rouge; l'*étain plané*, composé de 3 livres pour 100 de cuivre rouge et de 1 livre 4 onces de bismuth; l'*étain commun*, mélangé de 6 livres de cuivre jaune ou laiton, et de 15 livres de plomb sur 100; l'*étain sonnant*, vieil étain plusieurs fois refondu et plané; et enfin la *claire étoffe*, alliage égal de plomb et d'étain, qui ne pouvait être utilisée que pour souder les ouvrages d'étain.

Chaque maître était tenu d'avoir sa marque ou son poinçon, dont l'empreinte était conservée au Châtelet, mais les potiers étant libres de mettre leur matière au titre qu'ils voulaient, on dut créer des offices d'essayeurs, contrôleurs et marqueurs d'étain, afin de remédier aux fraudes qui se commettaient dans la profession.

Dans la seconde moitié du XVIII° siècle, il y avait à Paris 150 maîtres potiers d'étain. Ils avaient choisi pour patron saint Mathurin, et, suivant l'*Almanach spirituel de Paris*, pour l'année 1734, ils célébraient leur fête au saint Sépulcre et à sainte Opportune. Le bureau de la communauté était rue des Prêcheurs; bon nombre de potiers s'étaient groupés autour des Halles, dans une rue qui porta longtemps le nom de rue des *Piliers-aux-Potiers-d'étain*.

Aujourd'hui, la vaisselle et les ustensiles d'étain ont entièrement disparu des intérieurs bourgeois, par suite de la concurrence faite à l'étain, non seulement par la faïence et la porcelaine, mais par le fer battu, le maillechort, le plaqué, le ruolz et l'espèce de poterie d'étain fabriquée en Angleterre, sous le nom de *métal anglais*. Toutefois, la poterie d'étain est encore en usage chez les gens de la campagne, dans quelques institutions, les hôpitaux, les établissements religieux, etc. Tous ces objets sont fabriqués avec l'*étain banca* qui vient d'Australie par la Hollande, et l'étain anglais de Cornouailles.

En général, la poterie d'étain comprend les ustensiles de toute forme, les objets pour tous les usages, tels qu'irrigateurs, clysopompes, instruments de chirurgie, siphons et appareils pour eaux gazeuses. Une fabrication toute spéciale est celle des comptoirs pour marchands de vin, limonadiers et liquoristes, ainsi que des ustensiles accessoires, comme mesures à liquides, seaux et brocs. Les ouvrages en étain sont faits par des ouvriers fondeurs, apprêteurs, soudeurs, tourneurs et polisseurs. On entend par *pièces de rapports* les objets pour lesquels on n'a pas de moules et qui sont fabriqués avec des planches d'étain et au marteau, comme les tables, les comptoirs, etc. Les outils dont on se sert dans la poterie d'étain se composent de moules en cuivre, de tours à grande roue, de tours au pied et de mandrins de toute sorte, de fers à souder en cuivre et en fer, de râpes, de grattoirs d'acier et de brunissoirs en agate et en acier.

A la poterie d'étain, qui donne une forme au métal, nous rattacherons la fabrication des feuilles et de potée d'étain. Autrefois, c'étaient les miroitiers qui fabriquaient les feuilles d'étain, comme l'indique le nom de *batteur d'étain en feuilles* qu'ils prenaient dans leurs statuts. Aujourd'hui, cette industrie est exercée par quelques fabricants spéciaux qui fournissent à toute la consommation intérieure, et font de nombreux envois en Europe et en Amérique. — V. Étain.

Bibliographie : Salmon : *Art du potier d'étain*, 1788; Leroux de Lincy : *Paris et ses historiens aux XIVᵉ et XVᵉ siècles*, 1867, t. II, p. 483; *Statistique de l'industrie de Paris*, pour l'année 1860, art. *Potiers d'étain*; T. Gobley : *Recherches sur la poterie d'étain et les étamages*, 1868.

POTERNE. *T. de fortif.* Porte ménagée dans un rempart, ordinairement placée dans l'angle d'une courtine, pour faire des sorties secrètes, et qui communique de l'intérieur d'un ouvrage dans le fossé.

POTIER. On distinguait autrefois trois catégories de potiers, et c'est à la matière travaillée qu'était due cette distinction. Les *potiers de terre* étaient les plus anciens et les plus répandus; partout, en effet, on trouve de l'argile, et partout l'expérience a enseigné à la durcir au soleil ou à la cuire au feu. Les *potiers d'étain* sont venus ensuite; le métal employé exigeait plus de soins et plus de dépense. Quant aux *écuelliers* ou *potiers de bois*, ce n'était pas, avec eux, la matière qui coûtait, mais la main-d'œuvre, et l'on pouvait dire de plus d'un hanap artistement ciselé ce que Virgile dit des portes du palais de Didon : *materiam superabat opus.*

⸺ La poterie de terre se rattachait à l'art et à l'industrie multiples de la céramique, qui ont fleuri chez tous les peuples civilisés et ont laissé des traces dans deux capitales : le *Céramique* était un lieu très fréquenté à

Athènes; à Paris, il y avait plusieurs rues de la Poterie et une région dite des *Tuileries*, où l'on fabriquait des tuiles et des pots.

Nous ne décrirons point les procédés séculaires de fabrication employés par le potier de terre : le pétrissage et le mélange de la glaise, le mouvement de la roue, l'*embousage* ou vernissage, la cuisson, etc., se sont transmis de siècle en siècle, de telle façon que le métier était une sorte de tradition, au moins en France. En Italie, la poterie de terre se perfectionna beaucoup plus tôt; on faisait de belle vaisselle et de magnifiques majoliques, à Faënza, patrie de la *faïence*, bien avant que Bernard Palissy enrichît la France de ses *rustiques figulines*. Le grand artiste saintongeois, qui s'appelait modestement « le potier de terre », a laissé de nombreux chefs-d'œuvre qu'on a réunis au Louvre et qu'on admire toujours.

Si la poterie de terre se rattache à la céramique, la poterie d'étain, la plus ouvragée du moins, a fait, au moyen âge, partie de l'orfèvrerie, et elle a pris, tant dans

Fig. 298. — *Atelier du potier d'étain (XVIᵉ siècle).*

ce métier qu'en dehors, un développement qui avait sa raison d'être dans les mœurs du temps. Les distinctions sociales, les privilèges et les exclusions, sur lesquelles elles se fondaient, interdisaient les métaux précieux aux classes inférieures de la société; l'or et l'argent étaient réservés aux princes, aux seigneurs, aux riches bourgeois et à « Sainte Église ». Le peuple, les hôpitaux, les collèges, les monastères voués à une vie humble et pauvre, n'usaient que de vaisselle d'étain; mais là aussi, la main-d'œuvre surpassait la matière, et la facilité avec laquelle l'orfèvre, pour les belles pièces, le potier d'étain, pour les pièces communes, pouvaient travailler ce métal, leur permettait d'y déployer beaucoup d'art. La plus grande partie des pièces d'orfèvrerie en étain ont péri; mais il en existe encore, dans les musées et les collections privées, on en cite quelques-unes qui sont de véritables chefs-d'œuvre.

De nos jours, la poterie d'étain a beaucoup diminué sa fabrication; les progrès de la céramique (porcelaine, faïence, argile diversement mélangée et émaillée) ont réduit les rares potiers d'étain qui subsistent encore à ne travailler que pour les hôpitaux.

Moins heureux que leurs confrères de terre et d'étain, les *écuelliers*, ou potiers de bois, ont à peu près complètement disparu; le nom même ne s'est pas conservé, et s'il se fabrique encore aujourd'hui des vases à boire ou à manger, et autres récipients dont le bois est la matière, cette fabrication est surtout du domaine des tourneurs, des tabletiers, des coffretiers et autres artisans travaillant les bois précieux ou exotiques. Dans les départements éloignés qui ont conservé les vieilles mœurs et les anciens usages, l'*écuellerie* s'était maintenue jusque dans ces derniers temps; on y faisait des cuillers à potage et à sauce, grandes et petites, des espèces de salières et de saladiers en bois d'assez fortes dimensions, des couverts pour la salade, etc., etc. Le bouleau, le tremble, le charme étaient les essences les plus généralement employées, et les plus grossiers de ces vases se rattachaient à l'industrie du sabotier. La tabletterie commune fabriquait et fabrique encore les couverts de buis.

L'industrie des écuelliers se confondait un peu autrefois avec celle des *barilliers*, ou fabricants de barils; elle rentre aujourd'hui, nous le répétons, dans celle des tourneurs et des tabletiers. La céramique, la verrerie, la cristallerie, l'orfèvrerie ouvragée et galvanoplastique ont réalisé, de nos jours, des progrès tels que la poterie de terre et d'étain ont fini par s'y absorber; il n'est resté, après cette absorption, que le travail commun exécuté au fond de nos provinces et pour les besoins de la consommation locale, par quelques ouvriers *sédentaires* et routiniers.

Les potiers de terre, d'étain et de bois ont eu leurs statuts à l'époque de saint Louis et leurs règlements successifs jusqu'à la suppression du régime des *corporations* (V. ce mot). Nous renvoyons au *Livre des métiers* et à la collection des documents réglementaires, que publie la ville de Paris, le lecteur désireux de connaître les divers régimes sous lesquels ont travaillé ces ouvriers.— L. M. T.

*POTIN (Jean-Louis-Félix). Félix Potin, fabricant de produits alimentaires, naquit en 1820 à Arpajon (Seine-et-Oise). Entré comme clerc, en 1836, chez un notaire de province, il se lassa bientôt de grossoyer des actes et demanda à entrer dans le commerce qui l'attirait; à dix-sept ans, il était placé chez un épicier de Paris. Dans cette profession, alors très discréditée, il devait trouver une des situations industrielles les plus considérables de ce temps-ci. En 1844, il fondait une petite maison rue Neuve-Coquenard; cet établissement fut la première étape de la révolution qu'il devait accomplir dans le commerce qu'il avait choisi. Hardi novateur, il résolut de faire la guerre aux abus sans nombre dont sa profession était la source. Son premier acte fut de réduire considérablement les bénéfices ordinairement prélevés, puis il s'attacha à la qualité des produits vendus et à la livraison du poids exact; il abordait ainsi par les côtés pratiques la solution du problème toujours intéressant de la nourriture saine à bon marché. Ce fut un tolle général parmi ses confrères qui le surnommèrent le *gâcheur*. Potin qui semblait avoir pris pour devise « laisser dire et bien faire » voyait son établissement prospérer lorsqu'il lui fallut subir des perquisitions de la police, obtenues par la rage incessante de ses ennemis qui l'accusaient de falsifier ses produits; il dédaigna ces honteuses dénonciations et démontra victorieusement à l'Administration qu'elle se trouvait au

contraire en présence d'un homme réagissant loyalement mais très fermement contre de véritables abus. Un nouvel établissement repris par lui en 1848, rue du Rocher, 6, accentua plus vivement encore ses tendances progressives. Malgré les clameurs de ses ennemis qui le poursuivaient encore pendant dix années, Potin affirma davantage son système commercial, et l'organisation exceptionnelle de cet établissement fit naître de nouvelles maisons organisées d'après les mêmes principes. Loin d'en être jaloux, Potin aida de sa bourse et de ses conseils ses nouveaux confrères dont beaucoup avaient été ses employés. En 1859, sa maison, transférée au boulevard Sébastopol, prit rapidement de telles proportions qu'il résolut de mettre à exécution le projet qu'il caressait depuis longtemps de fabriquer lui-même les produits alimentaires qu'il devait vendre et de se faire ainsi producteur, en rapport direct avec le consommateur. En 1861, il créa, à la Villette, une usine très remarquable déjà sous le rapport de la division et de la variété des travaux. Ce fut une entreprise hardie qui lui valut longtemps de bien méchantes prophéties. Mais son activité commerciale et son énergie exceptionnelle, jointes aux bienfaits qu'apportaient dans l'alimentation ses améliorations de premier ordre, ne restèrent pas longtemps sans récompense, et le « gâcheur » d'autrefois devint bientôt pour tous, l'industriel habile que quelques-uns seulement avaient deviné.

Toutefois, la page superbe de la vie de Potin fut le siège de Paris. Pendant ce siège mémorable, Félix Potin acquit les plus beaux titres à la reconnaissance des Parisiens. Par son infatigable dévouement, par son activité de chaque jour, il rendit des services inappréciables dans l'alimentation publique, et cela sans aucune préoccupation d'intérêt commercial. Par ses soins, les ambulances publiques et privées furent pourvues de produits introuvables ailleurs, et qu'il réservait spécialement pour elles, les cantines reçurent à titre de don, des milliers de kilogrammes de riz, il eut des ambulances à son compte, et il faisait distribuer chaque jour à la population soixante mille tablettes de chocolat; plus de deux millions de francs de produits alimentaires qu'il avait su ménager furent vendus au rationnement qu'il avait établi dans sa maison, alors qu'il eût pu facilement le vendre en gros, quatre et même cinq millions. Ce noble désintéressement bientôt reconnu fit dire de lui qu'il avait été pendant le siège le ministre de l'alimentation publique.

Félix Potin qui n'était point un rêveur avait compris que les théories sur les rapports du capital et du travail provoqueraient longtemps encore de beaux discours sans amener des résultats pratiques; fils de ses œuvres, il prouvait, avec un légitime orgueil qu'il ne saurait y avoir d'antagonisme entre le capital et le travail et que la possession du premier vient avec l'amour du second. Il avait déjà donné un intérêt dans ses affaires à un tiers de ses employés, lorsque la mort est venue le surprendre au milieu de ses généreux projets. Mais sa famille professait pour le cœur et le caractère de cet homme de bien une vive admiration, et voulut après sa mort obéir aux sentiments élevés du fondateur de la maison.

C'est ainsi que dans l'usine de la Villette est pratiqué un système économique très simple et qui pourrait bien être l'une des meilleures solutions du problème social dont nous parlions plus haut. Par ce système, l'ouvrier devient rentier de l'Etat et propriétaire de son titre sans autre obligation que d'être honnête, laborieux, et de rester à l'usine pendant un temps déterminé ; ce titre de rente est au nom de l'ouvrier et de sa femme, s'il est marié, il ne lui a été fait aucune retenue pour l'acquérir et on lui en paie le revenu. Dans ce système ni le titulaire, ni la maison n'aliènent leur liberté d'action l'un envers l'autre. Et lorsque l'ouvrier quitte l'établissement il reste en pleine possession de son titre de rente et l'emporte avec lui. Félix Potin, qui avait reçu, comme industriel, plusieurs médailles d'or et d'argent à Paris, à Lyon, au Hâvre, est mort à Champigny le 19 juillet 1871, entouré de l'estime de ses concitoyens, laissant par l'exemple de sa carrière laborieuse, honnête et bienfaisante, un enseignement salutaire pour tous.

On peut dire de lui qu'il a trouvé la solution de ce grand problème : rapports directs entre la grande production et le consommateur.

POTIN. Alliage de cuivre jaune et de cuivre rouge ; le potin gris est obtenu avec des lavures de laiton et un mélange de plomb ou d'étain.

POUCE D'EAU. *Pouce des fontainiers. T. d'hydraul.* Unité ancienne qui servait à évaluer la dépense des orifices d'écoulement (V. DÉPENSE). Le pouce d'eau était la quantité de liquide qui s'écoule en une minute par un orifice circulaire d'un pouce de diamètre, percé en mince paroi verticale, sous la charge de une ligne au-dessus de l'orifice. Cette quantité est égale à 14 pintes ou 13^{lit},33 ; ce qui donne à peu près 800 litres par heure et 19^{mc},2 en vingt-quatre heures.

De Prony, pour mettre cette mesure en harmonie avec le système métrique, a donné à l'orifice un diamètre de 2 centimètres ; il l'a garni d'un tube normal de 17 millimètres de longueur et a pris pour charge 2 centimètres au-dessus de la partie supérieure de l'orifice. La quantité d'eau fournie en vingt-quatre heures est alors de 20 mètres cubes. On a conservé à cette quantité le nom de *pouce d'eau*. — c. d.

POUCHET (FÉLIX-ARCHIMÈDE). Docteur en médecine et naturaliste français, né à Rouen le 26 août 1800, mort dans la même ville le 6 décembre 1872 ; il fit ses études dans sa ville natale, puis s'adonna aux sciences naturelles et à la médecine ; il eut pour professeur à Rouen le Dr Flaubert, père du célèbre romancier. Il passa son doctorat à Paris en 1828, et fut nommé professeur d'histoire naturelle au Muséum de Rouen, établissement auquel il sut donner une importance considérable ; dix ans plus tard il devint professeur d'histoire naturelle à l'Ecole de médecine de Rouen. Pouchet était un savant distingué

et un expérimentateur habile qui savait imaginer des instruments nouveaux et commodes, tels que l'*aéroscope Pouchet*. Il eut le tort de se faire le champion de la doctrine dite de l'*hétérogénie* ou *génération spontanée*, et le malheur d'avoir pour adversaire M. Pasteur dont les brillantes découvertes ont définitivement tranché la question en établissant l'existence dans l'atmosphère et dans les eaux, d'une multitude de germes organisés dont le développement donne naissance aux organismes dont l'apparition paraissait spontanée. La doctrine des *microbes* est si solidement établie aujourd'hui qu'on a presque perdu le souvenir des ardents débats des *hétérogénistes* et des *panspermistes*. Mais il ne faut pas oublier que les expériences qu'il fallait instituer pour l'étude de cette difficile question étaient d'une nature particulièrement délicate, et que les résultats pouvaient aisément prêter à l'illusion. Il fallut de longues années avant que ce célèbre débat put être clos par des expériences véritablement décisives. Par sa persistance à défendre la cause qu'il avait embrassée et son ingéniosité à varier les modes d'expérimentation, Pouchet contribua indirectement à rendre plus profondes et plus complètes les recherches de son illustre adversaire. Sa défaite est d'autant plus honorable qu'elle a pour ainsi dire forcé le vainqueur à déployer toutes les ressources de son génie et le nom de Pouchet restera dans l'histoire des sciences forcément associé à celui de Pasteur. Pouchet était correspondant de l'Académie des sciences ; il a laissé 83 ouvrages ou mémoires parmi lesquels nous signalerons : *Théorie positive de l'ovulation spontanée, et de la fécondation des mammifères et de l'espèce humaine, basée sur l'observation de toute la série animale* (1847, in-8°), ouvrage récompensé par le grand prix de physiologie expérimentale de 10,000 francs ; *Albert le grand et son école, considéré comme point de départ de l'école expérimentale* (in-8°, 1853) ; *Hétérogénie ou traité de la génération spontanée* (in-8°, 1859); *Nouvelles expériences sur les animaux pseudo-ressuscités* (in-8°, 1859). — M. F.

POUCHET (LOUIS-EZÉCHIEL), industriel né en 1748, mort à Rouen en 1809, fit faire de grands progrès à l'industrie manufacturière de la Normandie ; il imagina des machines qui introduisirent d'importantes améliorations dans la filature du coton. Il faisait partie de plusieurs sociétés savantes, et il a laissé de nombreux écrits intéressants.

POUDINGUE. *T. de minér.* Roche formée par la réunion de cailloux arrondis, agglutinés avec un ciment naturel, tantôt siliceux, tantôt calcaire ; le galet lui-même présente une foule de modifications qui ne permettent pas d'en indiquer une composition générale ; c'est ainsi que l'on distingue les poudingues granitiques, jaspiques, polygéniques, psammitiques, siliceux, etc. Ces conglomérats plus ou moins cohérents se trouvent en amas, en filons, en blocs dans les terrains neptuniens, et fournissent une excellente pierre à bâtir dont les aspérités font bien adhérer le mortier.

Les poudingues passent aux grès lorsque les

cailloux deviennent de petits grains distincts, et aux argiles ou aux marnes lorsque ces grains sont extrêmement fins ; si les cailloux au lieu d'être arrondis sont anguleux, la roche prend alors e nom de *brèche*.

POUDRE. *T. de techn.* État que prend une matière quelconque qui a été soumise à l'opération qu'on nomme *pulvérisation*, laquelle a pour but de la diviser d'une manière complète. Dans un article spécial, nous étudions les poudres explosives. — V. Poudres et substances explosives.

On donne aussi souvent ce nom à des substances simples ou complexes que l'on désigne alors, soit par l'une de leurs propriétés ou attributions, soit par le nom de la personne qui l'a proposée. Parmi ces dernières, nous pourrons citer les suivantes :

Poudre d'Algaroth, syn. : *Oxychlorure d'antimoine* (V. Antimoine). *Poudre à argenter*, mélanges divers s'employant, soit au pouce, soit au bouchon, pour argenter le cuivre. Il en existe plusieurs sortes. *a* : chlorure d'argent, 3 parties ; carbonate de potasse, 6 parties ; chlorure de sodium, 3 parties ; carbonate de chaux, 2 parties ; *b* : chlorure d'argent, 1 partie ; crème de tartre, 3 parties ; chlorure de sodium, 5 parties ; *c* : azotate d'argent pulvérisé, 1 partie ; carbonate de chaux, 3 parties. *Poudre à blanchir*, mélange servant également pour l'argenture, formé de cyanure d'argent et de craie. *Poudre de blanchiment*, nom sous lequel on importe, en France, le chlorure de chaux, qu'avait découvert le Rouennais Descroizilles, mais qu'on ne prépara, pour la première fois, en grand, qu'en Angleterre ; on l'appelle encore *poudre de Knox, poudre de Tennant*. *Poudre des Chartreux*, syn. : kermès ou *oxysulfure d'antimoine* (V. ce mot). *Poudre clarifiante*, préparation destinée à clarifier les vins ; c'est souvent un mélange de charbon et d'albumine desséchée ; les *poudres de Jullien*, pour vins blancs, vins rouges, et pour la décoloration et clarification des vins rouges, sont à base de sels et de matières animales et végétales. *Poudre coton*, syn. : *cellulose décanitrique, fulmi-coton, pyroxyline* (V. ces mots). *Poudre à dégraisser*, syn. : *magnésite de salinelle* ; c'est un silicate de magnésie naturel et hydraté. *Poudre dentifrice*. — V. Dentifrice.

Poudre désinfectante de Salmon ; sorte de charbon obtenu par la calcination de détritus végétaux et qui servait à la désinfection des fosses d'aisances ; actuellement on emploie certains sels, comme le sulfate ferreux, etc. *Poudre de diamant*, syn. : *Égrisée* (V. ce mot). *Poudre escharotique du frère Côme*, mélange de 1 partie d'acide arsénieux, 5 parties de sulfure rouge d'arsenic, 2 parties d'éponge torréfiée ; employée contre les cancers. *Poudre fumigatoire*, mélange de poudre de benjoin, baies de genièvre, mastic et oliban, fait par parties égales et que l'on répand sur des charbons ardents pour enlever les odeurs désagréables d'un appartement. *Poudre de fusion*, corps constitué de 3 parties de nitrate de potasse, 1 partie de soufre et 1 partie de sciure, et qui, si on le chauffe en présence d'un métal, forme un sulfure soluble très fusible (avec les monnaies en particulier), au point de ne pas attaquer, par sa fusion, une écale de noix, si on s'est servi de ce fruit pour envelopper le mélange ; c'est le *fondant de Baumé*. *Poudre gazogène*, mélange destiné à à faire extemporanément une liqueur mousseuse, au moment où l'on s'en sert ; pour produire le dégagement de gaz dans un verre, on peut ajouter au liquide 2 grammes de bicarbonate de soude et 2 grammes d'acide tartrique ; pour se servir des appareils gazogènes, comme ceux de Briet, par exemple, on introduit dans le vase inférieur, pour un appareil de deux bouteilles, 18 grammes d'acide tartrique et 22 grammes de bicarbonate de soude, on visse la boule contenant l'eau et on renverse. En ajoutant un sirop à l'eau employée, on fait des limonades gazeuzes. *Poudre de guerre*, cette préparation, ainsi que les poudres à canon, de chasse, explosives, fulminantes, de mines, etc., a fait l'objet d'articles spéciaux. *Poudre hémostatique*, préparation destinée à arrêter l'écoulement du sang ; elle se compose de 10 parties de cachou, 40 parties de colophane et 10 parties de gomme arabique. *Poudre de Horsford-Liebig*, mélange très employé, en certains pays, pour faciliter la levée du pain ; il se compose, pour 100 kilogrammes de farine, de 3 kilogrammes de phosphate acide de chaux, 1 kilogramme de bicarbonate de soude et 886 grammes de chlorure de potassium. Si l'emploi de ce produit donne 10 à 12 0/0 de rendement en plus, le pain se trempe fort mal, reste ferme et ne peut servir pour confectionner des potages. *Poudre des jésuites*, syn. : *Poudre de la comtesse*, c'est le quinquina pulvérisé. *Poudre de joie*, préparation pharmaceutique à base d'or, on l'appelait aussi *poudre pannonique*. *Poudre à mouches*, syn. : *arsenic natif noirâtre* qui, pulvérisé et délayé dans l'eau, engendre de l'acide arsénieux, ce qui rend le liquide toxique. *Poudre pyrophorique*, produit résultant de la calcination de l'émétique, avec ou sans noir de fumée ; il détone et s'enflamme quand on le mouille avec quelques gouttes d'eau. *Poudre à rasoir*, mélange de colcothar et d'émeri qui, après porphyrisation, est mêlé à du suif pour faire une pâte destinée à donner du fil aux rasoirs. *Poudre de riz*, syn. : *farine de riz* (V. Riz). *Poudre sternutatoire*, préparation destinée à provoquer l'éternuement : elle est faite avec parties égales de poudre de feuilles d'asarum, de bétoine et de marjolaine, avec de la poudre de fleurs de muguet. *Poudre de succession*, syn. : *bichlorure de mercure* (V. Mercure). *Poudre de Vienne*, mélange de parties égales de chaux vive et de potasse que l'on emploie comme caustique.

POUDRERIE. Établissement où l'on fabrique la poudre.

— Depuis le xive siècle le gouvernement français s'est réservé le monopole de la fabrication et de la vente des poudres de toutes espèces, ainsi que celui de l'exploitation du salpêtre ; l'importation des poudres étrangères est absolument interdite. Ce monopole exclusif qui est encore réglé aujourd'hui par la loi du 13 fructidor an V, s'appliquait également à toutes les autres substances explosibles, toutefois, la loi du 8 mars 1875 autorise, sous certaines conditions, la fabrication et la vente, par l'industrie privée, de certains explosifs employés aux travaux de mine, tels que la dynamite.

La fabrication de la poudre s'opère dans des établissements appelés *Poudreries de l'Etat*; le charbon est préparé au fur et à mesure des besoins dans les poudreries même (V. CHARBON); le salpêtre et le soufre achetés à l'état brut, sont raffinés dans des établissements appelés *raffineries* qui sont également la propriété de l'Etat.

Les poudreries actuellement existantes en France, sont celles d'Angoulême (Charente), Esquerdes (Pas-de-Calais), Saint-Médard (Gironde), Saint-Ponce (Ardennes), Toulouse (Haute-Garonne), Sevran-Livry (Seine-et-Oise), Pont-de-Buis (Finistère) avec une annexe au Moulin-Blanc pour la fabrication du coton-poudre, Vonges (Côte-d'Or), avec fabrique spéciale de dynamite, Saint-Chamas (Bouches-du-Rhône), le Ripault (Indre-et-Loire), Le Bouchet (Seine-et-Oise). Il existe en outre des raffineries de salpêtre à Lille, Bordeaux et Marseille; cette dernière raffinerie est la seule dans laquelle on raffine le soufre.

Tous ces établissements ressortent, depuis le décret du 13 novembre 1873, au ministère de la guerre et sont administrés par le personnel des ingénieurs des poudres et salpêtres, sauf la poudrerie du Bouchet qui fait partie des établissements de l'artillerie et dont la direction est réservée aux officiers de cette arme.

L'Administration des poudres et salpêtres, qui, depuis l'année 1800, était dans les attributions du ministère de la guerre, avait été, en 1865, scindée en deux : un certain nombre de poudreries restèrent au ministère de la guerre et furent confiées exclusivement à l'artillerie; les autres poudreries, ainsi que les raffineries, passèrent au ministère des finances, et ne durent plus fabriquer en temps ordinaire que des poudres de vente; toutefois, en cas de besoin, le ministre de la guerre devait s'entendre avec son collègue pour faire fabriquer de la poudre de guerre dans les poudreries civiles. Après la guerre de 1870, toutes les poudreries et raffineries furent replacées sous l'autorité du ministre de la guerre, et un décret du 13 mars 1875 créa le corps spécial des ingénieurs des *poudres et salpêtres*, se recrutant à l'Ecole polytechnique, en remplacement des anciens commissaires des poudres et salpêtres qui se recrutaient également à l'Ecole. L'artillerie de terre a cependant conservé une poudrerie afin de pouvoir y faire des études et essais de fabrication. La marine n'a pas de poudrerie; autrefois, elle recevait presque tous ses approvisionnements du Ripault; aujourd'hui, la poudrerie de Sevran-Livry est spécialement chargée des essais des poudres destinées au département de la marine. Un laboratoire central de la marine, dont la direction est confiée à des officiers d'artillerie de marine, est établi à Paris dans les mêmes locaux que le dépôt central des poudreries et raffineries, et peut disposer comme lui du champ de tir de Sevran-Livry et des locaux qui en dépendent. Au dépôt central des poudres et salpêtres est annexé l'Ecole d'application des poudres et salpêtres.

Enfin, un comité consultatif des poudres et salpêtres, dans la composition duquel entrent des membres de l'Académie des sciences et des représentants de tous les services intéressés : guerre, marine, finances, travaux publics, est institué près du ministre de la guerre pour donner son avis sur toutes les questions administratives et techniques.

La plupart des poudreries étaient autrefois établies dans l'intérieur des villes; de nos jours, elles doivent être installées à une distance assez considérable des centres de population. Les bâtiments d'habitation et d'administration, les magasins, les ateliers de fabrication doivent former des groupes distincts suffisamment éloignés les uns des autres de façon à éviter, ou tout au moins atténuer les accidents qui peuvent se produire. Les ateliers sont isolés les uns des autres par des merlons en terre et des plantations d'arbres, de façon à limiter autant que possible les effets d'une explosion, au cas où elle viendrait à se produire, au seul local dans lequel elle a pris naissance. Le plus généralement, les poudreries sont installées près d'un cours d'eau dont les ramifications séparent les divers bâtiments et qui fournit la force nécessaire à l'usine; certaines poudreries cependant, celle de Sevran-Livry, par exemple, sont mues par la vapeur.

Les ateliers ou usines de fabrication, qui sont les plus sujets aux explosions, sont en général, formés de trois murs seulement, la quatrième face et la toiture sont faits avec des matériaux légers, de façon à pouvoir céder facilement en cas d'accident, donnant ainsi une large issue aux gaz et projetant leurs débris du côté que l'on a choisi comme le moins dangereux.

La surveillance et la police des ateliers exigent les précautions les plus minutieuses dont on doit exiger la stricte observation, la moindre imprudence ou même négligence pouvant avoir les conséquences les plus graves.

A l'étranger, la fabrication des poudres ne constitue pas, en général, un monopole, toutefois, la plupart des Etats Européens ont conservé une ou plusieurs poudreries dépendant du ministère de la guerre et régies le plus habituellement par l'artillerie, de façon à ne pas se trouver à la merci de l'industrie et pouvoir tout au moins y faire faire les essais et études relatives à la fabrication des poudres nouvelles. C'est ainsi que l'on trouve en Angleterre la poudrerie de Waltham-Abbey; en Allemagne, celles de Spandau et Hanau pour la Prusse, d'Ebenhausen, près Ingolstadt, pour la Bavière; en Autriche-Hongrie, celle de Stein; en Italie, celles de Fossano et Scafati; en Russie, celles d'Okhta, Chostka et Kazan; en Espagne, celles de Murcie et de Grenade; en Portugal, celle de Barcasena, près Lisbonne; en Norvège, la poudrerie de Skars. En Suisse, les poudreries fédérales de Worblaufen, de Kriew près Lucerne, de Coire et Lavaux, relèvent du département des finances.

La Belgique ne possède pas de poudrerie de l'Etat, mais a recours à la poudrerie civile de Wetteren; de même, la Hollande à la poudrerie de Muiden; la Suède a celles d'Aker et de Torsebro. En Allemagne, la fabrique de poudre de Rottweil-Hambourg, s'est acquis depuis quelques années une grande réputation; en Angleterre, l'une des fabriques de poudre les plus renommées est celle de Curtis et Harvey.

POUDRES ET SUBSTANCES EXPLOSIVES. On appelle d'une manière générale *substances explosives* les substances susceptibles de fournir instantanément, sous l'influence d'un choc ou d'une élévation brusque de température, une grande quantité de gaz possédant une forte tension et une température élevée. De là résulte une force expansive plus ou moins violente, capable de produire des effets de rupture ou des effets de projection. L'expansion soudaine des gaz sous un volume beaucoup plus grand que leur volume initial, accompagnée de bruit et d'effets mécaniques violents, constitue l'*explosion*; quand celle-ci atteint son plus haut degré de vitesse et d'énergie, elle prend le nom de *détonation*.

CONSIDÉRATIONS GÉNÉRALES. Au point de vue des effets produits, il existe une grande différence entre les explosifs résultant de combinaisons chimiques, pour lesquels l'explosion est le résultat d'une décomposition en éléments plus simples d'un corps dont chaque molécule constitue à elle seule un explosif complet, et les explosifs, obtenus par des mélanges mécaniques, pour lesquels l'explosion est le résultat de la combinaison de plusieurs éléments, corps oxydants et corps combustibles, qui, pris isolément, sont stables, mais sont susceptibles de réagir les uns sur les autres sous l'action de la chaleur. Pour ces derniers, l'intimité du mélange des éléments constitutifs contribue essentiellement à permettre la déflagration complète; de là la nécessité de pulvériser et triturer avec soin ces divers éléments dont le mélange doit, en outre, être effectué en proportions déterminées, de façon qu'aucun des éléments ne soit en excès ou en trop petite quantité par rapport à l'autre, ce qui entraînerait une diminution dans l'effet total.

On donne généralement le nom de *poudres* aux substances explosives qui se présentent sous forme de poudres fines ou de grains solides, plus ou moins volumineux, susceptibles d'être réduits à l'état de poudre par écrasement.

— La *poudre ordinaire* ou *poudre noire*, mélange de salpêtre, charbon et soufre, est le corps explosif le plus anciennement connu. On attribue la découverte du salpêtre aux Chinois; les premiers, ils ont mélangé ce corps au soufre et au charbon et ont utilisé la force motrice qui pouvait résulter de la combustion de ce mélange, pour la confection de leurs flèches incendiaires qui furent l'origine des fusées. Mais il est à peu près prouvé que ni les Chinois, ni les Indiens n'ont découvert la force balistique de la poudre, qui, pourtant, semble avoir été connue des Arabes dès les premières années du xive siècle. L'histoire des origines de la poudre n'en reste pas moins liée aux noms de Marcus Græcus, Albert le Grand, Roger Bacon et Berthold Schwarz, et on peut admettre, sans invraisemblance, que, indépendamment des Arabes, la poudre fut découverte en Allemagne au commencement du xive siècle; son usage se répandit ensuite peu à peu chez les différentes nations européennes sans qu'on puisse bien préciser les dates. Pendant trois siècles environ, elle fut exclusivement affectée aux usages militaires, et ce n'est que vers la fin du xvie siècle qu'on songea à utiliser sa force explosive dans l'exploitation des mines comme moyen régulier pour abattre les roches et déblayer les obstacles. Depuis lors, jusqu'à ces derniers temps, la poudre a suffi à la plupart des applications dans la guerre et dans l'industrie.

Mais, aujourd'hui, les progrès de la chimie moderne ont amené, depuis une quarantaine d'années surtout, la découverte d'un grand nombre de substances explosives nouvelles, qui sont le résultat de l'action de l'acide nitrique sur des matières organiques et ont une puissance bien supérieure à celle de la poudre ordinaire; tels sont le coton poudre et autres pyroxiles, la nitroglycérine et les dynamites qui en résultent, l'acide picrique et les picrates. Plusieurs de ces substances ont déjà remplacé, avec avantage, la poudre de mine pour le sautage des roches et la destruction des obstacles; mais la question de leur utilisation pour le chargement des armes à feu et même pour le chargement des projectiles creux, est encore à l'étude, et jusqu'ici aucune d'elles ne satisfait aussi bien que la poudre noire à l'ensemble des conditions que doit remplir l'agent moteur employé dans une arme de guerre.

Pour qu'une substance explosive soit susceptible d'être utilisée pratiquement, il faut qu'elle satisfasse à certaines conditions. Avant tout, elle doit pouvoir être maniée avec une certaine sécurité relative et ne pas détoner, surtout, au simple contact; le fulminate de mercure, par exemple, qui détone au moindre choc, ne peut être employé que pour la confection des amorces destinées à produire l'inflammation des charges. Il faut encore que l'inflammation de la substance, tout en étant facile et sûre, ne puisse jamais se produire que dans des circonstances bien déterminées et ne donne lieu qu'à des effets parfaitement connus; enfin, la préparation du produit doit être suffisamment économique, et pas trop dangereuse ; enfin, sa conservation, soit dans les magasins, soit dans les transports, doit être complétement assurée.

Les poudres employées dans les armes à feu doivent laisser le moins possible de résidus, de façon à ne pas encrasser l'arme, et ces résidus ne doivent pas attaquer le métal du canon. Leur explosion ne doit pas produire des effets trop brisants, susceptibles de compromettre la solidité de l'arme. Pour déterminer des ruptures (travaux de mine et de démolitions, torpilles), il y a, au contraire, avantage, le plus généralement, à ce que la décomposition soit aussi rapide que possible; la nature des produits formés est alors presque toujours indifférente; cependant, dans les travaux souterrains, il y a intérêt à ce que l'air soit vicié le moins possible par la fumée et les gaz délétères.

La force d'une matière explosive peut être entendue de deux manières différentes, suivant que l'on envisage la pression développée ou le travail accompli. La pression développée par les gaz détermine, par exemple, la rupture des projectiles creux et l'écartement des parois des trous de mine; elle dépend surtout de la nature des gaz formés, de leur volume et de leur température. Les effets du travail mécanique sont dus à l'acte même de l'explosion et à la détente qu'elle détermine ; une portion de la force vive, inhérente aux molécules gazeuses, se communique alors, soit au projectile, soit aux parois fracturées et aux corps environnants, lesquels se trouvent ébranlés, disloqués et projetés au loin. Ce travail dépend principalement de la chaleur dégagée, laquelle mesure l'énergie développée. La transformation effective de cette énergie en travail dépend du volume des gaz, de leur température et de la loi de la détente ; elle est toujours incomplète et, de plus, dans les applications, une partie seulement du travail est utilisée. Par exemple, dans les armes, le travail qui communique au projectile sa force vive est le seul dont on tire parti, il représente le rendement véritable; tandis que les travaux effectués, tant aux dépens de la masse de l'arme que par les gaz et l'air projetés, sont perdus. Une fraction notable de l'énergie demeure, d'ailleurs, inutile, sous forme de chaleur emmagasinée dans les gaz ou communiquée, soit au projectile, soit à l'arme.

Des considérations qui précèdent, il ressort que le premier élément à considérer, dans l'étude de la puissance d'une substance explosive, est la quantité de chaleur dégagée, puisque c'est de cette quantité de chaleur que dépend le travail maximum que peut fournir un poids donné de la substance. On appelle *potentiel* le travail maximum rapporté à l'unité de poids; c'est le produit de la chaleur absolue de combustion de la substance par l'équivalent mécanique de la chaleur; il est indépendant de la manière dont s'accomplit la réaction, pourvu qu'elle soit complète et que l'état final soit le même. On a déjà vu que, dans la pratique, on ne peut jamais recueillir qu'une partie relativement assez faible de ce travail maximum.

Les effets mécaniques que le corps est susceptible de produire par l'explosion, dépendent non seulement de la quantité maximum de travail réalisable, mais encore de la tension que peut développer la déflagration de la substance dans une capacité donnée, tension qui résulte de la quantité de gaz produits et de la température au moment de l'explosion. La force d'une substance explosive peut être définie : la pression par unité de surface des gaz de l'unité de poids de la substance occupant, à la température de combustion, l'unité de volume; de cette définition, il résulte que le poids spécifique d'une substance explosive a une influence sur la grandeur des effets qu'elle peut produire, puisque l'augmentation de la densité permet d'introduire dans une capacité donnée un plus grand poids de la substance.

On avait autrefois, sur la force de la poudre, les idées les plus vagues et les moins exactes. Au XVII° siècle, on supposait encore que la force de la poudre était due à l'accroissement d'élasticité de l'air contenu dans les grains et dans leurs interstices, la poudre n'exerçant par elle-même que les fonctions d'un agent calorifique; Robins est le premier savant qui ait vu que cette force était due à l'accroissement d'élasticité des gaz produits par l'explosion et portés à une température très élevée. On reconnût, vers la même époque, que la combustion de la poudre engendre un certain volume de gaz permanent.

Les forces relatives des diverses substances explosives ont été déterminées expérimentalement, en 1874, par MM. Roux et Sarrau; quant aux valeurs absolues de ces forces, elles ont été calculées à l'aide de certaines hypothèses. Les chiffres suivants donnent, en nombres ronds, les forces de divers explosifs, celle de la poudre noire, qui est sensiblement la même, aussi bien pour les poudres de guerre que pour la poudre de mine, étant prise pour unité :

Poudre noire	1
Picrate de potasse	5
Coton-poudre.	7.5
Nitroglycérine	10

MM. Roux et Sarrau ont été conduits, par leurs expériences, à reconnaître que toutes les substances ont deux ordres d'explosion se distinguent par leur intensité :

L'*explosion de premier ordre* ou *détonation* provoquée par un choc excessivement violent tel que celui qui est le résultat de la détonation d'une amorce au fulminate de mercure ; ce corps est le détonateur par excellence, on peut en produire facilement la détonation, soit par un choc mécanique, soit par l'électricité.

L'*explosion de deuxième ordre* ou *explosion simple*, produite par l'inflammation ordinaire de la substance se propageant de proche en proche.

Toutefois, la distinction entre ces deux ordres d'explosion ne doit pas être considérée comme absolue; les effets produits dans l'un et l'autre cas sont des limites extrêmes entre lesquelles sont compris les résultats que l'on obtient dans la pratique. Tous les explosifs connus paraissent susceptibles de donner lieu, suivant les circonstances, à des explosions d'ordres différents. Ce phénomène avait été déjà constaté, en 1864, par Nobel, pour la nitroglycérine. Toutefois, la poudre ordinaire, en grains ou à l'état de poussier, ne détone que par l'action de la nitroglycérine amorcée avec le fulminate ; le fulminate de mercure lui, produit l'explosion du premier ordre par simple inflammation.

Pour certaines substances explosives, tels que la nitroglycérine, le coton-poudre, la détonation peut avoir lieu aussi par influence, c'est-à-dire sans que la charge portant l'amorce et les autres charges soient en contact; la distance à laquelle peut se propager l'explosion varie avec la nature du milieu qui sépare les charges. Pour expliquer ce phénomène, M. Abel avait proposé la théorie des *vibrations synchrones*; il supposait que la cause déterminante de la détonation résidait dans le synchronisme entre les vibrations produites par le corps qui provoquait la détonation et celles que produirait en détonant l'autre corps. D'après les expériences de M. Berthelot, cette théorie doit être rejetée ; la matière explosive ne détone pas en pareil cas, parce qu'elle transmet le mouvement, mais au contraire, parce qu'elle l'arrête et qu'elle en transforme sur place l'énergie mécanique en une énergie calorifique capable d'élever subitement la température de la matière jusqu'au degré qui en provoque la décomposition.

La loi suivant laquelle varient les pressions développées par les produits gazeux de la combustion d'une substance explosive dépend de trois éléments principaux: la durée des réactions moléculaires, la propagation successive de la transformation dans toute la masse, et les phénomènes de dissociation qui se produisent pendant la durée entière de la réaction.

Toutes choses égales d'ailleurs (chaleur dégagée, refroidissement par les parois, effets de détente et de dissociation, etc.), les pressions initiales seront d'autant moindres que la transformation d'un poids donné de la matière explosive, durera plus longtemps; avec les explosifs chimiques, tels que le coton-poudre, la nitroglycérine, cette transformation est beaucoup plus rapide que pour un explosif mécanique comme la poudre. Dans le cas d'une explosion de premier ordre, la propagation de la déflagration a lieu avec une vitesse incomparablement plus grande que lorsqu'il s'agit d'une simple explosion de second ordre; en outre, la vitesse de propagation dépend de l'intensité du premier choc puisque la force vive de celui-ci, transformée en chaleur, a déterminé l'intensité de la première explosion et, par suite, celle de la série entière des effets consécutifs. Quant aux phénomènes de *dissociation* que l'on suppose devoir se produire, ils exercent une très grande influence sur le développement successif des pressions ; ils tendent à diminuer la pression maximum des gaz pendant la première période de l'explosion en les faisant passer d'un état composé à un état plus simple avec absorption de chaleur, et tendent, au contraire, pendant la période de détente, à ralentir et à uniformiser la chute de pression, en provoquant une série de recombinaisons qui restituent aux gaz, au fur et à mesure de l'accroissement du volume, une portion de la chaleur perdue. Avec la poudre noire, dont les produits de la décomposition sont assez complexes et, par suite, susceptibles d'être dissociés, le mécanisme de la dissociation joue le rôle d'une sorte de volant destiné à régulariser le fonctionnement de la machine thermique ; avec les explosifs chimiques, dont la réaction donne naissance à des gaz plus simples, en partie non susceptibles de dissociation, la pression devra atteindre presque instantanément son maximum pour retomber presque aussitôt à son point de départ.

De tout ce qui précède, il résulte que, au point de vue de leur mode d'action et, par suite, des travaux auxquels elles sont destinées, les substances explosives peuvent être classées en *poudres brisantes*, rapides ou lentes, *poudres fortes et poudres faibles*.

Les substances dont la transformation chimique est très rapide, telles que le fulminate de mercure, produisent surtout des effets de broiement, l'élasticité de l'ensemble n'ayant pas le temps d'entrer en jeu, elles constituent ce qu'on appelle les *poudres brisantes*. La force vive de translation communiquée aux particules de matières contiguës à la poudre devient prédominante, par suite de la production subite de pressions énormes ; dès lors, les molécules des gaz environnants se trouvent projetées tout d'un coup avec une vitesse bien supérieure à celle de leur translation actuelle et tendent à s'accumuler les unes sur les autres et à produire des effets de choc et même de cisaillement analogues à ceux qui résulteraient du choc ou de la pression d'un corps solide extrêmement dur. On ne peut songer à employer de pareilles substances dans les armes à feu, ni même pour la rupture des projectiles ou le sautage des roches dans l'exploitation des mines, la matière étant alors brisée en une multitude de fragments ; tout au plus peut-on les utiliser pour le broiement sur place des rochers.

Si l'on ralentit un peu la décomposition et si l'énergie potentielle reste considérable, la substance explosive tend à provoquer, même dans les métaux les plus résistants, des déchirements suivant les directions de moindre résistance. Ces effets s'étendent au loin, au sein des matières compactes et médiocrement tenaces, ce sont des effets de dislocation ; ils se manifestent sans pro-

jection, si les masses auxquelles le mouvement est communiqué sont considérables. Avec de pareilles poudres, dites *fortes* et *rapides*, on peut supprimer ou réduire le bourrage ; la communication des pressions se fait au contact et avant que les matières aient eu le temps de fuir devant les gaz. Parmi les poudres de ce genre, le coton-poudre, et surtout la dynamite sont les substances qui, jusqu'ici, ont été les plus employées soit à la guerre pour la destruction des obstacles tels que murs, palissades, rails de chemin de fer, etc., soit dans les mines ou travaux souterrains pour le sautage des roches dures.

La poudre noire est aussi une poudre forte, quoique notablement moins puissante à poids égal que la dynamite, mais c'est en même temps une poudre lente, elle exerce une pression qui croît plus lentement et dure plus longtemps. Elle convient fort bien pour les armes parce qu'elle permet de communiquer progressivement au projectile la plus grande vitesse tout en fatiguant moins l'arme ; de même, employée pour la rupture des projectiles creux, elle les brise en un moins grand nombre de fragments, mais qui sont lancés à une plus grande distance. Enfin, on lui donne encore quelquefois la préférence dans l'exploitation de certaines mines, en particulier de celles de houille, parce qu'elle ne brise pas les matériaux en petits fragments ; en pareil cas, pour que la poudre produise tout son effet, il faut recouvrir la charge d'un bourrage exécuté dans des conditions telles que sa résistance soit supérieure à celle de la direction de la roche qui résiste le moins.

La dynamite, le coton-poudre, ainsi que le fulminate de mercure étant étudiés à leur place, il nous reste à traiter ici la poudre noire ainsi que les autres poudres nitratées ou chloratées qui en dérivent, et les poudres picratées.

POUDRE NOIRE

La poudre est constituée par le mélange intime d'un corps comburant, le salpêtre, et de deux corps combustibles le soufre et le charbon. Elle contient, en outre, une certaine quantité d'eau variant de 1 à 2 0/0 ; cette eau absorbée en vertu de l'hygrométricité de la matière n'est pas un élément constitutif. Chacun des trois éléments joue un rôle particulier dans le phénomène de la déflagration de la poudre : le salpêtre ou azotate de potasse cède l'oxygène indispensable à la combustion en vase clos, le charbon fournit le carbone nécessaire pour produire les gaz, acide carbonique et oxyde de carbone qui, avec l'azote, sont les principaux produits gazeux de la décomposition de la poudre. Le soufre n'est point un élément indispensable, car le mélange binaire, salpêtre et charbon, constitue à lui seul une véritable poudre ; mais il a l'avantage d'augmenter la cohésion du mélange, de le rendre moins hygrométrique et surtout plus facilement inflammable.

Poudres de guerre. Depuis la découverte de la poudre, d'innombrables essais ont été faits dans tous les pays pour arriver empiriquement à la meilleure composition de la poudre ; jusqu'en ces derniers temps on s'était peu écarté du dosage six, as et as, déjà en usage au xvie siècle, et qui correspond aux proportions suivantes : 75 0/0 de salpêtre, 12,5 de charbon et 12,5 de soufre; pour les poudres de nouvelle fabrication on a diminué un peu la proportion du soufre, 10 0/0, et augmenté celle du charbon, 15 0/0. Le dosage n'a d'ailleurs, lorsqu'il ne varie qu'entre certaines limites, que peu d'influence sur les effets de la poudre; c'est surtout par leurs propriétés physiques, telles que la densité, la forme et la grosseur des grains que les différentes espèces de poudre se différencient.

Les poudres fabriquées aux xive et xve siècles, encrassaient beaucoup les armes, cela provenait de ce que, à cette époque, on ne savait point encore purifier et raffiner le salpêtre, et préparer le charbon; de plus, les procédés de fabrication étaient encore fort imparfaits et, par suite, les trois éléments dont le mélange n'était pas assez intime, ne brûlaient qu'incomplètement. La combustion de la poudre donne toujours lieu à la production non seulement de gaz, mais encore de résidus solides, mais actuellement la proportion de ces résidus est aussi faible que possible.

A l'origine, la poudre était employée sous forme de poudre fine ou poussier; elle se prêtait mal au chargement, s'enflammait difficilement, était brisante et donnait des effets fort peu réguliers. On s'aperçut bientôt que la poudre en grains donnait de meilleurs résultats et que la grosseur du grain devait varier, pour les poudres à tirer, avec le calibre de l'arme. Les poudres grenées furent définitivement adoptées à partir du xvie siècle; depuis lors, jusqu'à ces dernières années, on s'est contenté de fabriquer deux espèces de poudre de guerre ne différant entre elles que par la grosseur du grain : la *poudre à mousquet* pour les armes portatives et la *poudre à canon* pour les bouches à feu lisses de toutes espèces et de tous calibres. L'adoption, en 1866, d'un fusil de calibre plus petit se chargeant par la culasse, nécessita la mise en service d'une poudre à fusil nouvelle dite *poudre B*. Quant à la poudre à canon, elle fut encore utilisée avec les premiers canons rayés se chargeant par la bouche, bien qu'on eut déjà constaté qu'elle était trop vive et fort irrégulière; mais on était sûr de sa bonne conservation, qui est pour ainsi dire indéfinie, et on en possédait d'immenses approvisionnements.

Aujourd'hui, avec les bouches à feu rayées des derniers modèles se chargeant par la culasse et tirant à fortes charges de façon à donner de grandes vitesses initiales, on n'emploie plus que des poudres de nouvelle fabrication, dites *poudres à gros grains*, en anglais poudre *pebble* c'est-à-dire poudre caillou, et quelquefois aussi *poudres lentes* ou *progressives*. Le dosage, la densité et la forme des grains restant les mêmes, nous allons voir que les dimensions des grains doivent varier avec le calibre et la longueur d'âme de la bouche à feu.

Dans la déflagration d'une charge de poudre à l'intérieur d'une bouche à feu, la vitesse d'inflammation, c'est-à-dire la rapidité avec laquelle la flamme se propage à la surface de chaque grain et d'un grain à l'autre, est très considérable par rapport à la vitesse de combustion des grains, c'est-à-dire à la rapidité avec laquelle le feu se propage dans l'intérieur même des grains. On peut donc admettre, lorsqu'il s'agit d'une charge, composée de grains de poudre de dimensions suffisantes pour laisser entre eux les interstices nécessaires pour permettre aux premiers gaz enflammés de circuler aisément, que l'inflammation se propage à peu près instantanément à la surface entière de la charge et que les grains brûlent ensuite simultanément, chacun comme s'il était seul. En supposant que la combustion d'un grain de poudre s'effectue par couches sensiblement concentriques, ce qui est le cas lorsque la matière est suffisamment dense et homogène, la quantité de gaz produits en un temps donné est proportionnelle à la vitesse de combustion et à la surface enflammée à chaque instant, surface qui est fonction de la forme du grain. La vitesse de combustion, variable avec la composition et le degré d'intimité du mélange, va en diminuant quand la densité augmente; sensiblement constante à l'air libre, elle croît au contraire très rapidement lorsque la pression s'élève, ce qui a lieu, par exemple, dans le cas de la combustion de la poudre dans une bouche à feu ou en vase clos.

Voyons maintenant comment les gaz vont se développer à l'intérieur d'une bouche à feu depuis le moment où la charge est enflammée jusqu'à celui où le projectile sort de l'âme. Si les grains sont très petits, la somme des surfaces enflammées dès les premiers instants est très grande; la charge donne immédiatement la plus grande partie de sa force, et la pression des gaz atteignant son maximum alors que le projectile est encore immobile ou animé d'une faible vitesse, il en résulte des effets de choc, qui sont une cause de fatigue pour la pièce et l'affût, et de perte de force vive pour le projectile. De plus, par suite des petites dimensions des grains, la durée de la période d'inflammation dans laquelle peuvent se produire de nombreuses irrégularités, est comparable à celle de la combustion même de chaque grain; d'où il peut résulter des variations très sensibles dans les effets produits. Telle est la façon d'être de l'ancienne poudre à canon que nous avons déjà dit être une poudre *vive* et *irrégulière*. Lorsque, au contraire, une charge de poudre ne fournit au début qu'une faible quantité de gaz, juste suffisante pour vaincre l'inertie du projectile, et donne lieu ensuite à un dégagement de gaz croissant aussi régulièrement que possible, la poudre est dite *lente*. Les poudres à gros grains denses et homogènes, telles qu'on les fabrique aujourd'hui, paraissent satisfaire, autant qu'il est possible, à ces conditions. En effet, pour une charge d'un poids donné, plus les dimensions des grains sont considérables, plus la somme des surfaces enflammées et par suite la quantité des gaz produits sont faibles aux premiers instants. D'autre part, la durée de la période d'inflammation est réduite, surtout par la plus grande facilité de circulation des gaz, et devient d'autant plus faible, par rapport à la durée de combustion de chaque grain, que celui-ci a des dimensions plus considérables; les irrégularités qu'elle peut causer n'ont donc plus qu'une influence très restreinte, et la pression croît plus lentement et plus régulièrement que dans le cas précédent.

Pour les grains de forme à peu près sphérique, la surface en ignition va sans cesse en diminuant pour se réduire finalement à un point central; la quantité de gaz dégagée va donc progressivement en diminuant; il est vrai que, d'autre part, la pression allant en augmentant, l'accroissement de la vitesse de combustion peut arriver à compenser la diminution des surfaces d'émission. Avec un grain de forme cubique, la surface enflammée diminue moins rapidement; avec des grains de forme prismatique dont l'épaisseur est faible par rapport aux autres dimensions, la surface enflammée diminue encore moins rapidement et se réduit finalement à un plan au lieu de se réduire à un point. On arrive ainsi à ce que, grâce à l'accroissement de la vitesse de combustion,

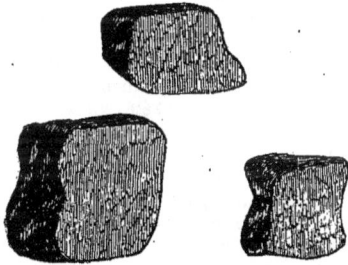

Fig. 299 à 301. — *Poudres à gros grains.*
Grosseur nature SP₁ *et* SP₂.

dû à l'augmentation de pression, la quantité de gaz produit au lieu d'aller en diminuant aille au contraire en croissant. L'amélioration réalisée par l'aplatissement du grain est, à vrai dire, peu considérable; mais, comme pour les poudres à grains plats, la durée de combustion, ne dépend que de la plus petite dimension, c'est-à-dire de l'épaisseur, c'est la seule dimension que dans la fabrication on ait à se préoccuper de régler avec précision, les autres ayant une importance beaucoup moindre. Aussi les poudres de ce genre, actuellement en usage en France, présentent-elles des grains de forme plus ou moins régulière, généralement parallélipipédique, deux des faces sont parallèles et sensiblement lisses, ce sont les faces primitives de la galette dont proviennent les grains, les autres faces sont mamelonnées (fig. 299 à 301). En faisant en sorte par le grenage que le nombre des grains au kilogramme soit toujours sensiblement le même, on arrive à obtenir une constance d'effets comparable à celle que donneraient des grains de forme régulière et rigoureusement égaux. Du reste, les poudres en grains irréguliers, employés à l'étranger, paraissent donner des résultats du même ordre.

Si le grain de poudre, au lieu d'être plein, a la

forme d'un cylindre ou prisme creux et est enflammé sur toute sa surface, il se réduit finalement à un cylindre ou prisme sans épaisseur; avec une pareille forme, on peut arriver à obtenir que l'accroissement des surfaces intérieures soit plus rapide que la diminution des surfaces extérieures. Tel est le principe sur lequel est basé l'emploi de la poudre anglaise *Pellet* à grains cylindriques évidés et des poudres *prismatiques*, à base d'hexagone, en service principalement en Allemagne et en Russie. Les premières poudres prismatiques percées de sept canaux (fig. 302), ne donnaient pas toujours une combustion assez régulière parce que les grains se brisaient avant d'être entièrement brûlés, d'où un fort à coup dans les pressions. On leur substitue aujourd'hui, des poudres prismatiques à un seul canal qui donnent de meilleurs résultats. Les poudres brunes, dites *chocolat*, que l'on fabrique actuellement dans certaines poudreries allemandes et qui sont également en essai dans presque tous les autres pays, sont des poudres excessivement lentes et semblent, jusqu'ici, avoir donné d'excellents résultats à cause de leur grande régularité et des grandes vitesses qu'elles permettent d'obtenir avec une pression relativement faible; ce sont des poudres prismatiques à un seul canal dans lesquelles la proportion du soufre est sensiblement diminuée, celle du salpêtre augmentée;

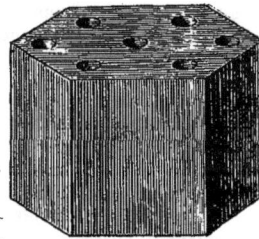

Fig. 302. — *Grain de poudre prismatique.*

au charbon, il semble qu'on ait ajouté des carbures d'hydrogène.

Comme on le voit, on cherche à obtenir, surtout en modifiant la forme des grains, une combustion progressive, c'est-à-dire qui développe des quantités progressivement croissantes de gaz. On a essayé également d'arriver au même résultat avec des grains de poudre composés de couches successives de densités décroissantes et, par suite, de combustibilité de plus en plus grande; mais la fabrication de pareilles poudres, qui a été tentée à plusieurs reprises, présente de grandes difficultés et n'a pas, jusqu'ici, donné de résultats pratiques. Parmi les essais de poudres dites *progressives*, on doit citer les poudres agglomérées, telles que la poudre italienne de Fossano, dont les grains, de forme prismatique, résultent du concassage d'une galette obtenue par la compression d'une poudre à grains fins de grande densité mélangée avec de la composition ternaire; on suppose que, par suite de la combustion rapide de la matière moins dense qui entoure les grains fins, il se produit une sorte d'émiettement successif des gros grains, émiettement qui doit s'accomplir avec une rapidité croissante à mesure que la pression s'élève.

Les rondelles creuses de poudre à canon ordinaire comprimée, employées au chargement des gargousses pour canons du système de Reffye, doivent être rangées dans la même catégorie; ces charges, auxquelles on met le feu à l'intérieur, présentent, au début, une très petite surface d'émission qui va ensuite en augmentant rapidement; en outre, au bout de quelques instants, comme la compression n'a pas détruit les grains primitifs, les gaz pénètrent dans les interstices et amènent la désagrégation des rondelles; la combustion s'accélère alors et la pression s'élève brusquement. Comme il est très difficile de régler la compression de telle sorte que la rupture se produise toujours sensiblement au même moment, il en résulte de grandes variations dans les pressions et les vitesses initiales, variations qui ont obligé à renoncer au principe sur lequel était basé l'emploi de pareilles poudres.

En résumé, c'est surtout en augmentant la grosseur et la densité des grains que l'on cherche à obtenir des poudres ayant les qualités des poudres lentes, auxquelles on donne aussi quelquefois, par extension, la dénomination de *poudres progressives*. En effet, étant donnée une charge de poids déterminé, en augmentant la grosseur du grain, on réduit, d'une part, la surface initiale d'inflammation et on diminue, d'autre part, la rapidité de décroissance de cette même surface. En augmentant la densité des grains, sans changer leur volume, on arrive au même résultat, car on diminue ainsi le nombre de grains contenus dans une charge de poids donné et, par suite, la surface initiale d'inflammation, tout en augmentant la durée de la combustion. On est ainsi conduit à faire le grain d'autant plus gros que le poids total de la charge est plus considérable; toutefois, on ne peut dépasser, pour chaque bouche à feu, une limite déterminée sans s'exposer à voir le projectile sortir de l'âme avant que les grains soient entièrement consumés.

Pour des bouches à feu de même modèle, les dimensions des grains doivent croître avec le calibre; pour un même calibre, elles diminuent avec la longueur d'âme. Les dénominations de *poudre vive* et *poudre lente* ne désignent donc, dans la réalité, aucun caractère propre d'une poudre, et il n'y a lieu de les appliquer, qu'en raison des conditions d'emploi d'une poudre donnée dans une bouche à feu déterminée. Telle poudre qui se comportera comme une poudre lente dans une certaine pièce, pourra avoir, dans une autre, les inconvénients d'une poudre vive. La loi de production des gaz dépend non seulement des vitesses d'inflammation et de combustion des grains de poudre, mais encore du volume laissé libre autour de la charge, dans la chambre à poudre, c'est-à-dire de la densité de chargement (rapport du poids d'une charge au volume de la chambre dans laquelle elle doit faire explosion), et de la rapidité plus ou moins grande avec laquelle le projectile peut se déplacer dans l'âme, eu égard à son poids par unité de surface de la section droite et aux résistances qu'il éprouve par suite de son

forcement dans les rayures. Ces conditions, en influant sur la pression produite par les premiers gaz développés, réagissent par cela même sur la vitesse de combustion qui, constante à l'air libre, augmente, au contraire, très rapidement avec la pression sous laquelle s'effectue la combustion, comme on a déjà eu l'occasion de le faire remarquer.

Des considérations qui précèdent, il résulte que, à chaque bouche à feu, étant donnée une poudre de composition et de fabrication déterminées, correspond une grosseur de grains qui donne de meilleurs résultats que toute autre; dans la pratique, il n'est pas toujours possible d'avoir une aussi grande diversité d'approvisionnements. La même poudre est, d'ordinaire, employée dans plusieurs calibres; on admet, généralement, qu'il y a intérêt à employer dans une bouche à feu la poudre la plus lente. En effet, la théorie et l'expérience démontrent que dans une même pièce, d'une part à charge égale, la poudre la plus lente, si elle donne une vitesse initiale un peu inférieure, donne, en revanche, une pression maximum beaucoup moindre et que, d'autre part, à charge plus forte, elle peut donner, soit la même vitesse avec une pression moindre, soit la même pression avec une vitesse supérieure.

Les principaux renseignements relatifs aux diverses poudres de guerre ont été réunis dans le tableau de la page suivante, on y a ajouté l'indication de leur destination ou emploi. Les nouvelles poudres sont désignées : celles pour fusils, par la lettre F suivie d'un indice; au département de la guerre, celles destinées aux pièces de campagne sont désignées par la lettre C, celles pour les bouches à feu de siège ou place, par les lettres SP suivies également d'un indice. Au département de la marine, la désignation des poudres comprend la lettre initiale de la poudrerie [1], précédée parfois d'une lettre avec ou sans indice qui désigne un mode particulier de fabrication et suivie d'indications relatives aux dimensions des grains. Par exemple : AS 13/21 représente une poudre fabriquée à Sevran-Livry, par le procédé A, et dont les grains ont 13 millimètres d'épaisseur et 21 millimètres comme plus grande dimension.

Poudres de vente. En dehors des poudres de guerre, le Gouvernement, qui s'est réservé, en France, le monopole de la fabrication des poudres, fait encore fabriquer, dans ses poudreries, des poudres dites *de vente* qui se subdivisent en : *poudres de mine, de chasse, de carabine* et *de commerce extérieur*.

Poudres de mine. Les poudres de mine livrées, en France, à la consommation, comprennent des *poudres rondes*, exclusivement employées à l'origine, pour les travaux de sautage et de pétardement; des poudres *anguleuses*, destinées à la confection des cartouches comprimées; des poudres *fin grain*, employées à la fabrication des mèches de sûreté.

La poudre de mine doit surtout être peu coû-

(1) Par exemple : S pour la poudrerie de Sevran-Livry, B pour le Bouchet, W pour la poudrerie belge de Wetteren.

Renseignements sur les poudres en usage en France.

Désignation	Dosage			Densité réelle maximum	Forme et dimensions de grains en millimètres	Nombre maximum de grains au kilogr.	Destination et emploi	Observations
	Salpêtre	Soufre	Charbon					
Poudres de guerre.								
Poudre à mousquet...	75	12.5	12.5	1.550	Anguleux, 0,6 à 1,4...	1.200 à 2.000 au gr.	Est utilisée pour le chargement de certains obus à balles.	Ne se fabriq. plus. était destinée aux anciens fusils.
Poudre B....,...	74	10 5	15.5	1.750	Anguleux, 0,6 à 1,4...	1.700 gr.	Est utilisée pour le chargement de certains obus à balles.	Ne se fabriq. plus, était destinée aux armes mod. 1866.
Poudre F₁.......	75	10	15	1.740	Anguleux, 0,6 à 1,2...	2.060 gr.	Armes modèles 1874.	
Poudre F₂.......	75	10	15	1.740	Anguleux, 1,0 à 1,8...	1.200 gr.	Armes modèles 1874.	Doit remplacer la poudre F₁.
Poudre à canon.....	75	12.5	12.5	1.550	Anguleux, 1,4 à 2,5...	200 à 400 gr.	Canons se chargeant par la bouche et chargement des projectiles creux, rondelles comprim.	Ne se fabr. plus.
Poudre MC₃₀......	75	12.5	12.5	1.650	Anguleux, 1,4 à 2,5...	300 gr.	Canons se chargent par la bouche et chargement des projectiles creux, rondelles comprim.	
Poudre aux tonnes pour projectiles creux....	75	10	15	1.700	Anguleux, 0,4 à 1,6...	2.000 gr.	Chargement des projectiles creux	
Poudre C₁........				1.735	Plats épais. 6,2 à 6,8 autres dimens. 8 à 14,5.	1.900 kil.	Canons de mont. et de camp. de 80, 90 et 95, canon de 155 mm. court.	
Poudre SP₁.......	75	10	15	1.785	Plats, ép. 9,7 à 10,3, autres dim. de 13 à 20..	360 kil.	Canons de siège et place de 120 et 155 long, mortier de 220 mm.	
Poudre SP₂......				1.800	Plats, ép. 12,7 à 13, autres dim. de 17 à 21..	110 kil.	Canon de côte de 24 centimètres.	
Poudre SP₃......				1.815	Plats, ép. 23 à 24, autres dimens. 35......	20 kil.	Canon de côte de 27 cent.	
Poudre F²	75	10	15	1.760	Anguleux........	1.500 gr.	Fusil à répétition mod. 1878.	
Poudre RS....,...	75	10	15	1.780	Anguleux........	800 gr.	Canons-revolvers de 37 et 47 mm.	
Poudre du Ripault...	75	12.5	12.5	1.570	Anguleux 1,4 à 2,5....	400 gr.	Canons rayés mod. 1858-60 et 1864	
Poudre C₂........	75	10	15	1.770	Plats, épais. 8......	650 kil.	Can. de 65 et 90 mm., mortiers rayé.	
Poudres A₃ de 13ᵐ....	75	10	15	1.810	Plats, ép. 12,8, autres dimens. 21......	110 kil.	Canon de 10 c. mod. 1875, canons de 14, 19 et 24 cent. mod. 1870.	Ne se fabr. plus.
Poudres AS { de 13 à 20					Plats, ép. 13,5, autres dimens. 20......	110 kil.	Canons de 10 et 14 cent.	
de 26 à 34	75	10	15	1.800	Plats, épais. 26, autres dimens. 34......	20 kil.	Canons de 16, 19 et 24 cent.	
de 30 à 40					Plats, épais. 30, autres dimens. 40......	14 kil.	Canons de 27, 32 et 34 c.	
Poudre W de 10 à 13. .				1.780	Irrégul., épais. 8....		Canon de 10 cent.	Ne se fabr. plus.
Poudre A W de 13 à 16.				1.794	Irrégul., épais. 10....		Canons de 10 et 14 cent.	Ne se fabr. plus.
Poudres W { de 20 à 25	75.5	12	12.5	1.787	Irrégul., épais. 16....		Canons de 24 et 27 cent.	Ne se fabr. plus.
de 25 à 30				1.809	Irrégul., épais. 20....		Canons de 16, 19 et 24 cent.	
de 30 à 38				1.800	Irrégul., épais. 30....		Canons de 27 et 32 cent.	
Poudres de vente.								
Ronde { ordinaire	62	20	18		Ronds, 3 à 4......			
forte .⁣.⁣.	72	13	15		Ronds, 2 à 4......		Travaux de sautage et de pétardement.	
lente...	40	30	30		Ronds, 4 à 8......			
Anguleuse { ordinaire	62	20	18	1.550	Anguleux, 1,4 à 0,6.	1.700 gr.	Confection de cartouches comprimées.	
forte...	72	13	15					
Fin grain { ordinaire	62	20	18	1.560	Ang., au-dessous de 0,65		Fabrication des mèches de sûreté.	
forte...	72	13	15					
Poudr. de commerce extér { forte...	72	13	15	1.600		2.500 gr.		
ordinaire	62	15	23	1.500		2.500 gr.		
Poudre de chasse { fine.					Anguleux, 0,5 à 1....	30.000 gr.		
superfine	78	10	12		Ang., au-dessous de 0,65	60.000 gr.		
extrafine					Ang., au-dessous de 0,50	80.000 gr.		
Poudre de carabine.....	78	10	12		Ang., 0,6 à 1,4......	2.300 gr.		

teuse et développer la plus grande quantité possible de gaz, conditions que l'on a cherché à réaliser en diminuant la quantité de salpêtre et en augmentant la proportion du soufre et du charbon. Ce dosage, qui date de 1822, a, en outre, pour but d'en empêcher l'emploi comme poudre à tirer, dans les fusils de guerre ou de chasse, en raison de l'impôt plus élevé auquel les poudres de chasse sont soumises. Depuis une vingtaine d'années, on a eu une tendance à augmenter la proportion de salpêtre dans les poudres de mine, et on a fabriqué un nouveau type de poudre de mine, dite *forte*; on a fabriqué également des poudres de mine, dites *lentes*, dans lesquelles on avait encore réduit la proportion de salpêtre. La fabrication de ces dernières poudres est aujour-

d'hui complètement abandonnée, leur combustion était accompagnée d'un dégagement trop considérable de fumée dû à l'excès de soufre et au manque de salpêtre. — V. plus loin *Mode d'emploi*.

Poudres de chasse. Les poudres de chasse se distinguent principalement des poudres de guerre par le surdosage en salpêtre et par le choix d'un charbon plus léger; ce sont des poudres à grains fins et, par suite, des poudres vives. On leur reproche d'avoir des grains trop fins et d'être, par suite, trop vives et pas assez régulières, surtout avec les nouvelles armes perfectionnées.

Il en existe actuellement de trois sortes, dites *fine*, *superfine* et *extra-fine*; cette dernière n'est presque plus employée. Il est question de remplacer ces poudres par de nouveaux types classés en deux groupes, l'un dit *poudre de chasse ordinaire*, l'autre dit *poudre de chasse forte* ou *de luxe*, de fabrication plus soignée, comprenant chacun plusieurs numéros ne différant entre eux que par la grosseur des grains. Ces nouvelles poudres seraient comparables aux poudres anglaises, Curtis et Harvey, qui ont une grande réputation. Les poudres de chasse belges et allemandes qui sont des imitations de la poudre anglaise, ne possèdent pas cependant la même valeur balistique. L'introduction des poudres de chasse étrangères n'est pas autorisée en France.

Poudres de carabine. Cette poudre est fabriquée depuis quelques années seulement. Les grains ont la même dimension que ceux de la poudre à fusil F, mais le dosage est le même que celui des poudres de chasse. Ces poudres peuvent être employées avec les armes de chasse aussi bien qu'avec les carabines de tir.

Poudres de commerce extérieur. Ces poudres, destinées à l'exportation, se rapprochent, comme

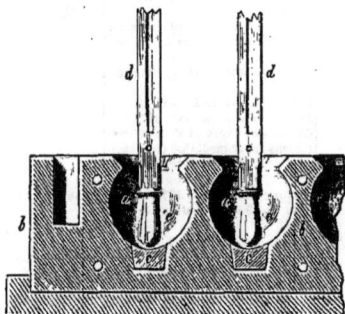

Fig. 303. — *Batterie de pilons.*
a Mortiers. — *b* Pièce de bois en chêne. — *cc* Billes de bois de cormier placées debout. — *d d* Tiges en hêtre. — *e e* Pilons en bronze.

dimensions, des grains des poudres à mousquet et à canon; leur dosage est le même que celui des poudres de mine dites *fortes*. Le gouvernement cède également des poudres de guerre aux armateurs pour l'armement de leurs navires.

FABRICATION DE LA POUDRE. La fabrication d'une poudre quelconque peut se ramener à un certain nombre d'opérations principales qui sont les suivantes :

1° La *préparation des matières premières*. Le charbon est fabriqué dans les poudreries au fur et à mesure des besoins (V. CHARBON). Le soufre, qui vient surtout de Sicile, est raffiné à Marseille (V. SOUFRE); le salpêtre est également raffiné dans les raffineries de l'État (V. SALPÊTRE).

2° La *pulvérisation des matières premières*. Le soufre et le charbon sont pulvérisés, le plus généralement dans des tonnes en bois et cuir ou en tôle, tournant autour de leur axe placé horizontalement et renfermant avec la matière à pulvériser des gobilles en bronze. Le salpêtre, envoyé des raffineries en petits cristaux, est employé tel quel. Les mêmes tonnes servent, dans certains cas, à opérer le mélange préalable des matières deux à deux ou mélange binaire.

3° Le *mélange* (et *incorporation des substances*

pulvérisées. Cette opération, qui est la plus importante, se fait par le procédé des pilons, meules ou tonnes dont le nom sert, dans la plupart des cas, à caractériser le mode de fabrication.

Dans le procédé des *pilons*, le seul qui ait été réglementaire, en France, pour les poudres de guerre, depuis 1540 jusqu'en 1866, le mélange ternaire était battu par petites portions dans des mortiers creusés dans une forte pièce de bois (fig. 303); les pilons en bronze étaient mus au moyen de machines hydrauliques. La durée du battage qui était primitivement de vingt-quatre heures avait pu être réduit à onze heures.

Le procédé des *meules*, employé d'abord uniquement pour les poudres de chasse, est aujourd'hui employé pour toutes les poudres de guerre. Sur une piste circulaire horizontale, en fonte ou en pierre, destinée à recevoir le mélange ternaire, se meuvent deux meules cylindriques également en fonte ou

Fig. 304. — *Usine à meules.*
A A' Meules. — *B B'* Piste. — *C* Axe vertical. — *r* Râclette. *r'* Repoussoir.

en pierre (fig. 304); ces meules verticales tournent autour de leur axe horizontal et sont entraînées dans un mouvement de rotation autour d'un axe vertical correspondant au centre de la piste. Des repoussoirs en bronze, qui suivent les meules dans leur mouvement, ramènent la matière vers le centre. La vitesse de rotation des meules est réglée suivant leur poids et leurs dimensions, et suivant l'effet à produire; l'expérience a montré qu'une trituration de trente minutes, par exemple, sous les meules, donnait une poudre ayant les mêmes qualités que celle battue onze heures sous les pilons; une trop longue trituration, en augmentant l'intimité du mélange, peut rendre la poudre trop vive.

Pour les poudres de mine, on se contente du procédé des *tonnes*; le mélange ternaire est introduit, avec des gobilles en bois ou en bronze, dans des tonnes de bois et cuir appelées *mélangeoirs* (fig. 305 et 306). Le mélange dans les tonnes est fort incomplet et ne donne, après un temps relativement fort long, que des résultats bien inférieurs à ceux que l'on obtient, en quelques minutes, avec les meules. On y a eu cependant recours, dans des cas urgents, pour la fabrication improvisée des poudres de guerre ; par exemple, sous la première révolution, dans le procédé de fabrication dit procédé révolutionnaire, et, en 1870-71, pendant le siège de Paris.

4° Le *galetage*, c'est-à-dire la réduction du mélange ternaire à l'état de galette plus ou moins dure et aussi homogène que possible. Pour les poudres au pilon et certaines poudres aux meules, telles que les poudres de chasse et la poudre B, le galetage se faisait à la fin du mélange, en cessant

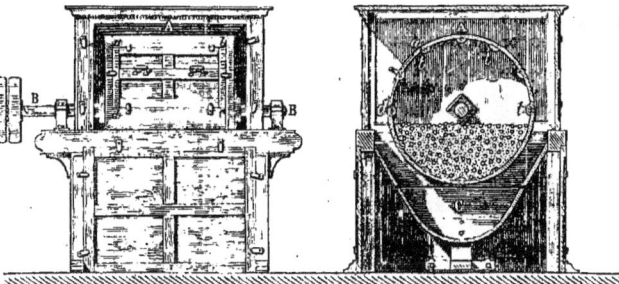

Fig. 305 et 306. — *Tonne mélangeoir.*

A Tonne mélangeoir. — B B Axe de rotation. — a Enveloppe en cuir. — t t Traverses en bois.

d'humecter la matière et en diminuant, pour les meules, la vitesse de rotation Pour les poudres à gros grains, on opère le galetage ou compression de la matière, une fois mélangée, au moyen de presses hydrauliques ; pour cela, on l'étend en couches successives sur des plaques de bronze superposées, introduites entre les plateaux d'une presse hydraulique. Dans certains pays, en Prusse par

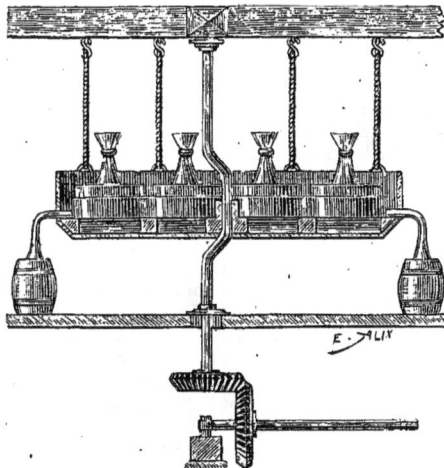

Fig. 307. — *Grenoir à retour.*

exemple, on opère la compression des poudres de guerre qui ont été triturées dans les tonnes, au moyen de laminoirs formés de cylindres en bois ou en bronze. La matière est placée, en couche d'épaisseur convenable, sur une toile sans fin qui passe entre deux cylindres en l'entraînant avec elle.

5° Le *grenage*, concassage ou découpage de la galette en grains, ou la *granulation* qui a pour but d'obtenir directement des grains de grosseur ou de forme convenables.

Pour les poudres à grains fins irréguliers, telles que les poudres de chasse, poudres à fusil et à canon ordinaire, on fait usage de *grenoirs*, espèces de cribles dont le fond est formé d'une peau percée de trous égaux et qui sont animés d'un mouvement de va-et-vient donné soit à bras soit à l'aide d'une machine. La poudre, placée dans ces cribles, est concassée au moyen d'un disque lenticulaire en bois dur appelé *tourteau*.

Le grenage des anciennes poudres de guerre s'est fait pendant longtemps à bras, le grenoir portait le nom de *guillaume* ; on a ensuite employé une tonne-grenoir. Pour les poudres de chasse, on fait usage, actuellement en France, du *grenoir à retour* (fig. 307 et 308), composé d'un certain nombre de cribles perfectionnés, réunis dans un châssis horizontal suspendu à l'aide de cordes, et qui reçoit, au moyen d'un arbre vertical coudé, un mouvement de rotation excentrique. En Angleterre, on fait usage d'un grenoir à cylindres qui a été également essayé dans quelques-unes de nos poudreries ; la galette, concassée à l'avance, est placée dans une trémie puis élevée au moyen d'une toile sans fin garnie de traverses en bois et entraînée successivement entre quatre paires de rouleaux pa-

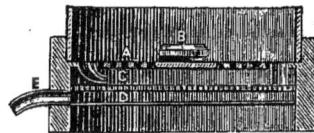

Fig. 308. — *Crible du grenoir à retour.*

A Premier fond en noyer, percé de trous. — B Tourteau. — C Second fond en toile métallique. — D Troisième fond en étamine de soie. — E Tuyau flexible.

rallèles et cannelés, superposés suivant un plan incliné, qui la concassent en grains de plus en plus fins.

Quel que soit le procédé employé, on sépare les grains trop petits et les grains trop gros à l'aide de cribles appelés *égalisoir* et *surégalisoir*. Pour obtenir les poudres à gros grains actuellement réglementaires au département de la guerre, on concasse la galette à l'aide de maillets en bois, garnis de pointes en bronze convenablement espacées, sur des tables en bois percées de trous ; lorsqu'on veut avoir des grains de forme régulière, on se sert de machines à découper, avec lesquelles on découpe la galette en bâtons, puis ensuite en grains à l'aide d'un couteau en bronze.

Lorsqu'on veut avoir des grains moulés de différentes formes, tels que les grains de poudre prismatique ou de poudre Pellet, on a recours à l'emploi de presses au moyen desquelles le mélange ternaire, préalablement versé dans des moules de forme convenable, est soumis, par l'intermédiaire de poinçons, à une compression suffisante ; le moulage et le démoulage se font mécaniquement. On a quelquefois recours aussi au moulage pour la confection des poudres à gros grains prismatiques, mais on a reconnu qu'un pareil travail était inutile.

La granulation ou préparation des grains de la poudre de mine ronde s'effectue dans une tonne en bois animée d'un mouvement de rotation. On y met d'abord une certaine quantité de petits grains destinés à servir de noyaux, on les humecte ; puis on introduit peu à peu du mélange ternaire pulvérisé qui s'ajoute aux noyaux humides. Ce procédé de granulation, connu sous le nom de « procédé Champy », a donné son nom au mode de fabrication des poudres de mine rondes.

6° Le *lissage* a pour but d'effacer les arêtes des grains, d'en durcir la surface qui devient lisse et brillante ; on l'opère en faisant tourner les grains dans les tonnes animées d'une grande vitesse de rotation autour de leur axe horizontal ; on introduit quelquefois dans les tonnes une petite quantité de plombagine qui se fixe à la surface des grains et leur donne un aspect plus brillant.

7° Le *séchage* a pour but de ramener à un degré déterminé la quantité d'eau contenue dans les grains ; autrefois, il s'effectuait en exposant la poudre à l'air libre ; actuellement, on a recours à l'emploi de sécheries artificielles dans lesquelles un courant d'air, produit par un ventilateur, est chauffé à la température voulue à l'aide de tuyaux de vapeur. La poudre doit conserver au moins 0,50 pour 100 d'humidité, car, à l'air libre, elle absorberait de nouveau cette proportion d'eau.

8° L'*époussetage* a pour but d'enlever le poussier adhérent au grain, il se fait habituellement à la main à l'aide de tamis.

Le prix de revient des poudres de guerre varie avec l'espèce de poudre, il est en moyenne de 1 fr. 20 pour les anciennes poudres et de 1 fr. 60 pour les nouvelles. Le prix de vente des poudres de chasse est de 19 fr. 35 le kilogramme pour l'extra-fine, 15 francs la superfine et 11 fr. 85 la fine ; celui des poudres de mine varie de 2 fr. 25 à 2 fr. 60. Les poudres destinées à l'exportation sont livrées à des prix beaucoup moins élevés, ces prix ont été fixés par arrêté du ministre des finances du 26 mai 1886.

Les poudres, une fois fabriquées, sont soumises à des épreuves de recettes ayant pour but de constater qu'elles satisfont aux conditions fixées par les règlements particuliers à chacune d'elles. En cours de service, lorsqu'elles sont en magasin, on leur fait subir, à des époques déterminées, de nouvelles épreuves ayant pour but de s'assurer qu'elles n'ont pas subi d'altération depuis leur fabrication. Ces diverses épreuves ont surtout pour but de constater les qualités balistiques de la poudre en mesurant la vitesse initiale et les pressions qu'elles donnent dans certaines bouches à feu déterminées (V. MORTIER-ÉPROUVETTE, PENDULE BALISTIQUE, CHRONOGRAPHE, MESUREUR DE PRESSIONS) ; au moment de la fabrication, on vérifie également leurs qualités physiques : nombre de grains au kilogramme, densité, réelle, densité graviné brique, c'est-à-dire le rapport du poids d'un certain nombre de grains au volume qu'ils occupent sans être tassés, dureté des grains ; pour cette dernière épreuve, on fait rouler les poudres placées dans un baril sur des plans inclinés garnis de tasseaux ; la quantité de poussier formée ne doit pas dépasser une proportion déterminée.

ENCAISSAGE ET EMBALLAGE. Au département de la guerre, les poudres sont renfermées dans des barils ou dans des caisses dont la contenance varie de 50 à 60 kilogrammes, suivant la densité de la poudre ; ces barils ou caisses sont renfermés eux-mêmes dans un autre récipient de même nature appelé *chape*. Les barils sont en chêne ; les caisses rectangulaires sont en planches de peuplier ou sapin doublées d'une enveloppe étanche en feuilles de zinc soudées à l'étain, elles présentent une ouverture rectangulaire se fermant au moyen d'un tampon en bois, les joints sont bouchés avec du mastic. Toutes les pointes sont en laiton ; pour défoncer les barils on ne doit employer que des marteaux et ciseaux en bronze. Les caisses, par suite de leur forme, tiennent moins de place que les barils et sont plus faciles à engerber dans les magasins.

Les caisses à poudre que la marine emploie à bord, et le plus souvent aussi à terre, sont en cuivre et pourvues de fermetures à vis et charnières qui doivent rester étanches, même quand les caisses se trouvent maintenues sous l'eau pendant quarante-huit heures. Il en existe un grand nombre de modèles.

Tous les barils ou caisses reçoivent une inscription faisant connaître l'époque de la fabrication de la poudre qu'ils contiennent, le lot dont elle fait partie, le nom de la poudrerie où elle a été fabriquée, l'espèce de poudre et les résultats qu'elle a donnés aux épreuves.

Les poudres de chasse sont empaquetées dans des boîtes de fer-blanc minces, de 200 ou 100 grammes. L'un des fonds porte une ouverture circulaire fermée par un bouchon de liège ou une capsule de plomb ; une étiquette indique la quantité de poudre, le prix et le lieu d'origine.

Quant aux poudres de mines ou de commerce extérieur, elles sont renfermées dans des sacs en toile de la contenance de 25 ou 50 kilogrammes, puis embarillées dans des barils non enchapés.

EMMAGASINAGE. La poudre est conservée : à terre, dans des locaux spéciaux, appelés *magasins à poudre* ; à bord, dans des soutes, dites *soutes à poudre*.

Magasins à poudre. Au point de vue de leur installation, ces magasins se divisent en magasins du temps de paix et magasins du temps de guerre. Les premiers, installés dans des lieux peu fréquentés, doivent être avant tout parfaitement secs et aérés, il faut, en outre, qu'on puisse les évacuer facilement en cas de guerre ou de danger ; ce sont des bâtiments ordinaires, non voûtés, dont la contenance peut varier de 40,000 à 250,000 kilogrammes de poudre. Les magasins du temps de guerre sont des abris voûtés, recouverts d'une épaisse couche de terre, à l'épreuve de la bombe, faisant partie ou non de la fortification et défilés le plus possible des vues du dehors ; leur contenance maximum est de 100,000 kilogrammes (fig. 309 à 311). Ces magasins sont établis sur cave, la chambre à poudre communique avec l'extérieur par un vestibule et une galerie d'accès, une gaine d'assainissement l'enveloppe de chaque côté et permet de pénétrer dans la chambre d'éclairage qui se trouve le long du pignon opposé à l'entrée. Dans ce pignon, sont percées des baies fermées par des vitres épaisses derrière lesquelles on place des lampes à réflecteur lorsqu'on doit pénétrer dans le magasin. L'appel d'air est produit, dans la chambre à poudre, par une large cheminée placée dans l'axe du magasin, au-dessus de la chambre d'éclairage ; cette cheminée doit pouvoir, au besoin, être bouchée en temps de guerre. Certains de ces magasins, dits permanents, sont organisés de façon à pouvoir assurer, dans les meilleures conditions possibles, la conservation des poudres, même en temps de paix.

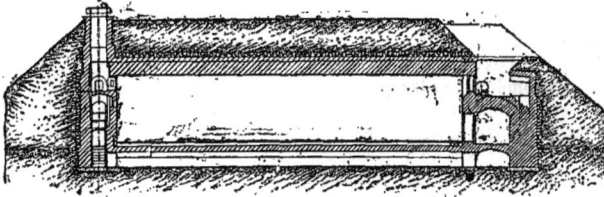

Fig. 309. — *Magasin à poudre du temps de guerre. Coupe suivant CD.*

Fig. 310. — *Plan.*

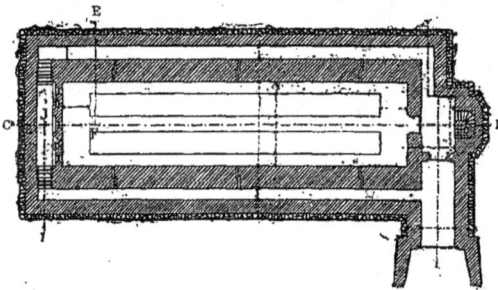

Fig. 311. — *Coupe suivant EF JI.*

Tout magasin à poudre doit être protégé par un système de paratonnerre dont on doit vérifier fréquemment le bon fonctionnement. Les règlements fixent dans les plus grands détails tous les soins et précautions à prendre, non seulement pour la construction et la tenue des magasins à poudre, mais encore pour les manipulations qu'on peut avoir à y faire. Pour combattre l'humidité, on ne doit les aérer que par les temps secs et frais ; de plus, on suspend au plafond des vases contenant du chlorure de calcium calciné et concassé.

Les poudres en caisses ou barils ne doivent jamais être emmagasinées avec des artifices, ni, autant que possible, avec des munitions confectionnées.

Soutes à poudre. Afin de les mettre à l'abri du feu de l'ennemi et de toute autre cause d'accident, les soutes à poudre sont placées, à bord des navires, aussi bas que possible et toujours au-dessous de la flottaison ; elles sont réparties à l'avant, à l'arrière, à bâbord et à tribord, et sont disposées de façon à pouvoir être inondées en cas d'incendie. Le service, dans les soutes à poudre, se fait par un double panneau donnant accès dans un réduit appelé *guérite*, qui communique avec la soute par une porte munie de fenêtres qui, seules restent ouvertes pendant les manipulations. Un homme, placé dans la guérite, reçoit les gargoussiers des mains de celui qui est enfermé dans la soute et les passe aux servants chargés d'approvisionner les pièces.

TRANSPORTS. D'après une circulaire en date du 22 octobre 1882, tout convoi de poudre transporté par roulage pour le compte du gouvernement doit être accompagné d'une escorte lorsque le poids atteint 100 kilogrammes. Le règlement du 24 septembre 1812, fixe les précautions à prendre pour les transports par voitures et bateaux. Les conditions dans lesquelles doivent être transportées les poudres destinées à l'exportation, sont fixées par le règlement du 21 mai 1886. Enfin, le règlement du 30 mars 1877 règle les conditions de transport des poudres et autres explosifs par chemin de fer ; on ne peut les transporter que par des trains de marchandises ne comprenant aucun vagon de voyageurs. Ces prescriptions ne sont naturellement pas applicables en cas de guerre, en particulier aux trains spéciaux mis à la disposition de l'autorité militaire pour le transport des troupes. Si l'envoi est de plus de 200 kilogrammes, il doit être accompagné jusqu'à la gare au départ et de même à l'arrivée.

POUDRES NITRATÉES

On a, à plusieurs reprises, proposé des modifications au dosage de la poudre noire ordinaire, soit pour obtenir des produits moins coûteux, soit pour réaliser des effets plus puissants, telles sont : la poudre de mine Bennet; la poudre Neumeyer; fabriquée à Taucha, près Leipzig; la poudre de mine, dite *haloxyliné*, dans laquelle le soufre fait complètement défaut.

Pour les mines, on emploie aussi des poudres dans lesquelles on a substitué au salpêtre, le nitrate de soude ou salpêtre du Chili qui a l'avantage de coûter moins cher et de renfermer, à égalité de poids, plus d'oxygène; seulement, comme il est plus hygrométrique, les poudres, ainsi fabriquées, se conservent moins bien. Dans les grandes exploitations, tels, par exemple, que les travaux de percement de l'isthme de Suez, de pareilles poudres ont pu être utilisées en grand avec avantage; le prix de revient de cette poudre contenant 70 0/0 d'azotate de soude, n'était que de 0 fr. 60 le kilogramme.

POUDRES CHLORATÉES OU MURIATIQUES

En substituant aux divers nitrates le chlorate de potasse, on a cherché à obtenir des poudres plus puissantes; mais ces poudres sont beaucoup plus dangereuses. En effet, la séparation des éléments chlore et oxygène s'effectue plus facilement à cause de la double affinité du chlore pour les métaux, et de l'oxygène pour les corps combustibles; de là une combustion extrêmement vive, un énorme dégagement de chaleur et des pressions initiales considérables. Les poudres chloratées sont donc brisantes; elles détonent par le choc mais ne peuvent être employées même comme poudres fulminantes d'amorce parce qu'elles attaquent les métaux, surtout le fer.

La *poudre fulminante de Berthollet*, proposée en 1788, ne différait de la poudre noire ordinaire que par la substitution du chlorate de potasse au salpêtre; elle a été complètement abandonnée à la suite d'un terrible accident qui coûta la vie à six personnes à la poudrerie d'Essonnes.

On utilise le mélange de chlorate de potasse et sulfure d'antimoine comme poudre fulminante.

On désigne sous le nom de *poudres blanches*, certaines poudres qui ont pour bases le chlorate de potasse et le cyanoferrure de potassium ou prussiate jaune de potasse, alliés au sucre, à l'amidon ou à un autre corps combustible, telles sont: la poudre Augendre, la poudre Pohl.

POUDRES PICRATÉES

L'acide picrique et la plupart des sels qui en dérivent, surtout ceux de potasse et d'ammoniaque, constituent des substances explosives qui ont été fort étudiées dans ces dernières années et paraissent susceptibles d'être employées non seulement dans les mines, où pour le chargement des projectiles creux, mais encore dans les armes à feu. Bien que ces corps employés seuls détonent avec violence, on y ajoute le plus ordinairement une matière oxydante, telle que le salpêtre ou le chlorate de potasse, destinée à fournir l'oxygène nécessaire pour brûler tout le carbone.

Poudres au picrate de potasse et au salpêtre. La poudre Désignolle, fabriquée au Bouchet en 1869, rentre dans cette catégorie, on en a essayé l'em-

ploi à Brest et à Toulon pour le chargement des torpilles et des projectiles creux. Les poudres de ce genre sont moins hygrométriques que la poudre noire, et se conservent mieux, mais en revanche leur préparation exige plus de précautions. La marine les utilise pour le chargement de ses obus de rupture en acier, à cause de l'énergie de ses effets brisants.

Poudres au picrate et au chlorate de potasse. Les poudres de Fontaine, qui ont occasionné en 1869 une si terrible explosion, étaient composées de picrate et de chlorate de potasse. Les poudres de ce genre ont une force explosive bien supérieure à celle des autres poudres, on a essayé jusqu'ici sans succès de les utiliser pour le chargement des projectiles creux.

Poudres au picrate d'ammoniaque. M. Abel, en Angleterre, le colonel Brugère, en France, ont proposé pour le tir des armes à feu et le chargement des projectiles creux, une poudre composée de picrate d'ammoniaque et de salpêtre.

La poudre Brugère comprend 54 parties de picrate et 46 de salpêtre; elle peut être mise sous la forme de grains jaune brun d'une dureté suffisante. Plus puissante que la poudre ordinaire, à égalité de poids, elle encrasse moins les armes, et donne une fumée plus faible; mais dans certains cas elle s'est montrée susceptible de produire des effets brisants, surtout dans les bouches à feu.

POUDRES FULMINANTES

Les poudres fulminantes sont des compositions qui détonent facilement par le choc ou le frottement; on les emploie dans la confection des amorces pour cartouches ou fusées, et des étoupilles destinées à mettre le feu à la charge des bouches à feu.

Les amorces pour cartouches de fusil, modèle 1874, et de canon-revolver, pour fusées et pour signaux à percussion sont chargées avec une poudre formée par le mélange de 2 parties de fulminate de mercure sec, 1 partie de salpêtre et 1 de sulfure d'antimoine.

Pour le chargement des étoupilles à friction et des amorces à friction employées, avec certaines fusées, on fait usage, au département de la guerre, d'une poudre formée par le mélange de 1 partie de chlorate de potasse et de 2 parties de sulfure d'antimoine. La marine emploie, pour le même usage, un mélange, formé de 5 parties de fulminate de mercure et 2 parties de sulfure d'antimoine, qui se conserve mieux dans les pays chauds que le mélange précédent. Pour l'amorçage des étoupilles obturatrices électriques, la marine fait usage d'une poudre formée de parties égales de chlorate de potasse et de prussiate de potasse, délayées à l'eau gommée.

Les amorces pour cartouches de tube à tir et cartouches de canon à balles, sont comme les amorces Canouil, chargées avec un mélange de 1 partie de phosphore amorphe, 2 parties de sulfure d'antimoine, 3 parties de minium de plomb et 4 parties de chlorate.

La préparation et la manipulation de ces diverses poudres sont excessivement dangereuses et doivent être faites avec de grandes précautions dans des locaux complètement isolés. Pour les poudres contenant du chlorate de potasse ou du fulminate de mercure, les matières sont mélangées avec une spatule en corne, puis broyées avec une molette en bois sur une table en marbre; on arrose avec de l'eau et on forme des briquettes qu'on laisse sécher sur papier buvard. Les briquettes sont ensuite brisées et passées à travers un tamis en crin; les grains ainsi recueillis sont séchés et tamisés à nouveau à travers des tamis de soie. Pour la dernière des poudres fulminantes que nous venons de citer, les matières sont malaxées dans un mortier en porcelaine en se servant d'un gros pinceau en crin, très doux, et ajoutant une dissolution de dextrine. La composition est ensuite déposée par gouttes séparées au moyen d'un peigne en cuivre, sur des rectangles en papier. On laisse essorer la composition, et on place dessus un second rectangle en papier imprégné de colle; on comprime le tout sans à coup entre les tampons élastiques d'une presse à balancier. On laisse sécher, puis on découpe les amorces une à une.

POUDRES PYROXYLÉES. — V. PYROXYLE. — z.

MODE D'EMPLOI DE LA POUDRE DE MINE. La force explosive de la poudre n'a d'abord été utilisée que pour lancer des projectiles de guerre, mais depuis 1613, on l'a employée pour briser les roches, en faisant détoner la poudre au fond d'un trou de mine bourré. Actuellement, on emploie également dans ce but la dynamite.

Choix de l'emplacement. Le choix de l'emplacement d'un trou de mine demande une grande sagacité et doit être guidé par les règles suivantes : 1° disposer autant que possible les trous dans un plan parallèle à une surface libre du rocher ; 2° tenir compte des plans de facile rupture de la roche; 3° éviter que la bourre ne soit chassée; 4° s'arranger pour que la roche se détache en gros fragments sans se pulvériser. Nous allons prendre quelques exemples pour indiquer dans chaque cas où on place les trous de mine: 1° quand on perce une galerie à petite section, on fait généralement l'avancement en gradins. Au front de taille proprement dit, deux ouvriers creusent trois trous de mine horizontaux, et au bord du gradin un ouvrier creuse un trou de mine vertical descendant ; 2° pour foncer un puits circulaire, on perce en général un grand trou de mine central où on fait éclater de la dynamite, de façon à obtenir un trou conique à l'intérieur duquel on se place pour battre au large, par des trous de mine horizontaux; 3° on peut aussi commencer par créer autour du puits un fossé annulaire par de petits coups de mine, et abattre ensuite le stross central où sont de grands coups de mine; 4° pour percer un puits quadrangulaire, on peut d'abord tirer quatre grands coups suivant le petit axe, et de nombreux petits coups sur les longs côtés, puis abattre les deux stross par de grands coups de mine ; 5° dans une exploitation par gradins droits, on tire des coups de mine verticaux dirigés de haut en bas; 6° dans une exploita-

tion par gradins renversés, on tire des coups de mine horizontaux.

Forage. Le forage d'un trou de mine est la reproduction en petit de l'opération décrite à l'article SONDAGE. On frappe, en général, avec une massette sur un fleuret. Si le travail est fait par un homme seul, la massette pèse 2 à 4 kilogrammes; mais s'il est fait par deux hommes qui se reposent alternativement en tenant le fleuret, la massette tenue à deux mains pèse 5 à 10 kilogrammes. Le fleuret est un cylindre à section carrée ou ronde, dont l'extrémité au moins est en acier. Cette extrémité est un tranchant courbe un peu plus grand que le diamètre du fleuret. On obtient un trou rond en faisant tourner successivement le fleuret sur lui-même. Si l'on s'y prend maladroitement, le trou a la forme d'un polygone curviligne dont chaque côté est un arc de cercle décrit du sommet opposé comme centre; mais on peut éviter cet inconvénient par l'emploi du fleuret en Z, dont les extrémités sont munies d'ailettes qui alèsent le trou. On emploie des fleurets de longueurs de plus en plus grandes pour commencer un trou de mine, le continuer et le finir. On cure les trous de mine au fur et à mesure de leur fonçage en y envoyant de l'eau, s'il n'y en a pas assez naturellement, en y introduisant un peu d'argile qui forme une pâte avec l'eau et les matières broyées, et en retirant cette pâte avec la curette, petite tige ronde dont l'extrémité est aplatie et coudée à angle droit.

Quand les roches sont tendres, on fait quelquefois le forage des trous de mine sans massette, en s'adossant au front de taille, et en prenant à deux mains une barre à mine, que l'on passe entre ses jambes, et que l'on enfonce par chocs successifs dans le rocher. Quand les roches sont encore plus tendres on peut percer les trous de mine, avec une *tarière*, qui est une sorte de grosse vrille. Soit d le diamètre du trou de mine, h la hauteur sur laquelle on chargera de la poudre, et h' la hauteur sur laquelle on bourrera. Le rapport de la profondeur totale du trou $h+h'$ à h, varie entre 2 et 4. Le travail développé dans le percement du trou est mesuré par son volume et par conséquent proportionnel à $d^2 (h+h')$. La force de disjonction de la poudre est égale au double de la somme des projections des pressions, qui s'exercent sur la moitié de la surface du trou. Elle est proportionnelle par conséquent à dh. Il en résulte qu'il y a avantage à faire des trous de mine d'un faible diamètre. On augmente encore l'effet utile, si on emploie des trous de mine dont la section est moindre dans la partie où on bourre, que dans celle où on charge la poudre, car on conserve le même effet utile, en remplaçant le travail $d'^2 (h+h')$ par le travail moindre $d^2h + d'^2h'$. On peut y arriver dans les roches calcaires, en attaquant le fond du trou par de l'acide chlorhydrique, et dans les roches quelconques par l'emploi d'élargisseurs, dont le plus simple est un fleuret à crosse muni de deux tranchants.

Quand on veut aller vite, on a intérêt à employer pour forer les trous de mine, des ma-

chines décrites à l'article Perforation mécanique.

Chargement. On commence par sécher le trou
et, si on ne peut pas y arriver, on l'emplit avec
de la terre glaise, à l'intérieur de laquelle on
fore un nouveau trou. Puis on y introduit une
quantité de poudre dont le poids (exprimé en kilogrammes) est environ la moitié du cube de la
distance du trou de mine à la face libre du rocher (exprimée en mètres). Si on se contentait de
verser simplement la poudre dans le trou, il resterait du pulvérin adhérent aux bords du trou.
On a proposé de la verser par un tube, mais c'est
une mauvaise solution, car elle exige un outil de
plus et il reste encore du pulvérin sur les bords.
Le mieux est de charger la poudre sous forme
de cartouches, que l'ouvrier fabrique lui-même,
ou qu'on lui fournit toutes préparées. Les cartouches sont en papier fort, en toile goudronnée
ou en métal, selon la plus ou moins grande abondance de l'eau. L'emploi des cartouches en poudre comprimée est très recommandé; elles ont
l'avantage d'empêcher l'ouvrier de voler la poudre, pour s'en faire des provisions.

On a proposé de charger avec la poudre un tasseau inerte. Ce tasseau peut être un disque en
bois, muni d'une queue centrale, qu'on place au-
dessus ou au-dessous de la charge de poudre. On
obtient le même effet avec une moindre charge
de poudre, mais on a l'inconvénient d'introduire
des surfaces de refroidissement. On arrive au
même résultat avec un demi-cylindre plein,
orienté convenablement par rapport à la surface
dégagée du rocher, ou avec un tasseau cylindrique placé au centre de la cartouche. On a proposé
également de mélanger à la poudre des matières
pulvérulentes diverses, mais cela a l'inconvénient
d'augmenter beaucoup les surfaces de refroidissement et le dégagement des fumées.

Bourrage. Au-dessus de la poudre, on tasse,
avec un bourroir, des matières quelconques
exemptes de quartz (brique pilée, schiste, sel,
gypse, plâtre, sable, etc.). On réserve dans le trou de
mine, au milieu des matières bourrées, la place
de l'épinglette. L'épinglette est une aiguille en
fer, pointue et munie d'un anneau. Si la roche
fait feu contre le fer, on emploie une épinglette
en cuivre ou en laiton. Le bourroir est une tige
de fer dont l'extrémité est renflée de façon à avoir
une section presque égale à celle du trou de mine,
et munie d'une échancrure pour laisser passer
l'épinglette. On a proposé également un bourroir
formé par une plaque munie d'un trou par où
passe l'épinglette. On emploie quelquefois des
bourroirs de laiton, de bronze, de zinc, etc., ou
même des bourroirs en bois.

On pousse d'abord doucement la cartouche au
fond du trou de mine, puis on entre l'épinglette,
on l'enfonce jusqu'à la moitié de la cartouche et
on la laisse appuyée contre les parois. On bourre
des matières diverses, d'abord doucement, puis
durement, avec la massette, en ayant soin de ne
pas frapper sur l'épinglette et de la tourner sur
elle-même, de temps en temps, pour l'empêcher
de se coincer; on fait, au bord du trou, une colle-

rette avec de l'argile humide; on passe le bourroir dans l'anneau de l'épinglette et on la retire;
la collerette empêche la formation de petits éboulements qui combleraient le vide de l'épinglette.

Amorçage. On envoie le feu à la cartouche par
ce petit canal, au moyen d'un fétu de paille empli
de poudre, ou d'une raquette composée de cor-
nets emboîtés les uns dans les autres et formés
avec du papier préalablement trempé dans une
bouillie d'eau gommée et de poudre. On enflamme le fétu ou la raquette au moyen d'une
mèche soufrée ou d'une mèche en amadou qu'on
y attache avec du suif; la poudre brûle et chasse
le fétu ou la raquette au fond du trou.

On peut également employer l'étoupille de sûreté de M. Bickford, qui consiste en une corde
blanche si on veut tirer à sec, et goudronnée si
on veut tirer au sein de l'eau, et dans l'axe de laquelle est une trainée de poudre. L'étoupille dispense de l'emploi de l'épinglette; on l'introduit
en même temps que les cartouches dans le trou,
puis on fait le bourrage et on allume l'extrémité
de l'étoupille dans laquelle le feu se propage avec
une vitesse de 50 centimètres par minute.

Inflammation. Avant de tirer un coup de mine, on
doit pousser un cri pour avertir les ouvriers du voisinage, puis se retirer dans toutes les directions.
Un seul homme reste, allume la mèche ou l'étoupille et se sauve. On revient après avoir entendu
un coup fort; si on entend un coup faible, c'est
que les gaz se sont répandus dans les fissures de
la roche et on peut également revenir, mais si on
n'entend rien, il faut attendre au moins dix fois le
temps normal nécessaire à la propagation du feu,
pour le cas où le coup aurait fait long feu. Il ne
faut jamais débourrer une mine ratée, à moins
de l'avoir préalablement noyée. Quelquefois on
remet une nouvelle amorce, mais ce n'est pas
possible quand on emploie des étoupilles.

On gagne du temps en tirant, d'une façon à peu
près simultanée, des salves de coups de mine, et
on a un effet utile plus considérable si les coups
sont tout à fait simultanés. On ne peut arriver à
ce résultat qu'en employant l'électricité. Le tirage
à l'électricité peut avoir lieu au sein de l'eau et
n'exige pas la présence d'un homme dans le voisinage. On peut employer l'électricité statique, le
courant d'une pile ou d'une bobine Ruhmkorff
pour obtenir une étincelle ou pour chauffer au
rouge blanc un fil de platine, de façon à enflammer une capsule de chlorate de potasse et de sulfure d'antimoine.

Effet de la poudre. Dès que la poudre a écarté
les deux parties de roche, on n'utilise plus son
effet; elle projette des fragments de roche, met
en mouvement une masse d'air considérable, fait
vibrer l'atmosphère et le sol et dégage de la chaleur. Toute cette partie de travail dégagé dans
l'explosion est perdue. Mais la poudre arrive à
briser des roches dures sur lesquelles l'effort de
l'homme serait impuissant.

Diverses variétés de poudre. Nous avons donné
plus haut les différentes compositions de poudre, nous ajouterons seulement ici qu'on a proposé de remplacer le salpêtre par l'azotate de

soude, mais il est trop déliquescent. On peut employer comme corps détonants le *pyroxyle* ou coton-poudre, $C^{12}H^7O^{22}Az^3 = C^6H^7(AzO^2)^3O^5$, ou la *nitroglycérine*, $C^6H^5O^{18}Az^3 = C^3H^5(AzO^2)^3O^3$. L'oxygène, le carbone et l'hydrogène sont contenus simultanément dans ces corps, mais ils sont susceptibles de dégager beaucoup de chaleur en se combinant autrement. En mélangeant la nitroglycérine avec une matière poreuse, on obtient les diverses variétés de *dynamites* à base inerte ou à base active. On fait détoner les cartouches de dynamite par des amorces composées de 80 0/0 de fulminate de mercure et de 20 0/0 de chlorate de potasse. On place cette matière dans des capsules en fer-blanc dans lesquelles on introduit l'extrémité d'une étoupille Bickford. Ainsi que nous le disons à l'article DYNAMITE, cette matière est douée d'une plus grande force explosive que la poudre ordinaire, et elle a l'avantage de pouvoir détoner sous l'eau.

Tirage à la poudre dans le grisou. Le tirage à la poudre dans les mines de houille grisouteuses, constitue un grand danger d'inflammation du grisou et des poussières, tant dans l'opération de l'amorçage que par l'explosion elle-même, surtout quand le coup débourre et quand on tire deux coups de mine consécutifs dont le premier soulève les poussières que le second enflamme (V. GRISOU). Dans la plupart des mines grisouteuses, on ne fait tirer les coups de mine que par des ouvriers spéciaux qui doivent s'assurer d'abord que le grisou ne marque pas à la lampe. M. Tranzl pense que l'on peut autoriser le tirage des coups de mine dans une atmosphère grisouteuse, à la condition qu'on observe les règles suivantes : 1° employer des poudres brisantes, comme la dynamite, qui ne puissent pas projeter de grains enflammés hors du trou ; 2° bourrer énergiquement les trous de mine ; 3° faire l'inflammation par de fortes capsules de fulminate ; 4° allumer les capsules par l'électricité. — A. B.

Bibliographie : Ouvrages consultés : *Sur la force des matières explosives d'après la thermochimie,* par BERTHELOT, 1883 ; *Traité sur la poudre, les corps explosifs et la pyrotechnie,* par UPMANN et von MEYER, ouvrage traduit de l'allemand, revu et considérablement augmenté par DÉSORTIAUX, 1878 ; Cours de l'Ecole d'application de l'artillerie et du génie : *Poudres de guerre et balistique extérieure,* 1884 ; *Aide-mémoire des officiers d'artillerie,* chap. V, 1881 ; *Manuel de pyrotechnie à l'usage de l'artillerie de la marine,* 1879.

POUDRETTE. *T. d'agric.* Sorte d'engrais constitué par la matière fécale que l'on recueille dans les grandes villes, desséché à l'air libre et livré à l'agriculture sous forme d'une poudre noirâtre, ce qui lui fait donner son nom. — V. ENGRAIS.

POUDRIÈRE. On donnait ce nom il y a quelques années encore, à certains magasins destinés à la conservation des poudres, mais ce mot a vieilli, et on n'emploie plus maintenant dans l'artillerie que la désignation *magasin à poudre* ; d'après le dictionnaire de l'Académie, les fabriques de poudre étaient aussi désignées autrefois sous ce nom auquel on a depuis longtemps substitué celui de *poudrerie.* Aujourd'hui, *poudrière* ne s'entend guère que du sac ou boîte qui contient l'approvisionnement de poudre d'un chasseur, ou encore d'une boîte à poudre pour sécher l'écriture.

*POUF. Gros tabouret, ordinairement de forme circulaire, et souvent assez grand pour que plusieurs personnes puissent y prendre place.

*POUILLET (CLAUDE-GERVAIS-MATHIAS). Physicien très distingué, membre de l'Institut, officier de la Légion d'honneur ; né à Cuzance (Doubs), le 16 février 1791, mort à Paris, le 14 juin 1868. Après avoir fait ses études au lycée de Besançon, et professé les mathématiques au collège de Tonnerre, il entra, en 1810, à l'Ecole normale, où il fut bientôt répétiteur, puis maître de conférences, remplissant en même temps les fonctions de professeur de physique au collège Bourbon. En 1818, il suppléa Biot dans le cours de physique de la Faculté des sciences ; en même temps, il fut nommé examinateur d'admission à l'Ecole polytechnique. En 1827, il fut chargé d'enseigner la physique au duc de Chartres et plus tard aux autres fils de Louis-Philippe. Ces relations expliquent comment Pouillet resta attaché à la famille d'Orléans. Pendant qu'il siégea à la Chambre des députés, il vota toujours pour le ministère Guizot. En 1829, il fut nommé sous-directeur du Conservatoire des arts-et-métiers et professeur de physique de cet établissement. En 1831, il succéda à Dulong comme professeur à l'Ecole polytechnique, mais il renonça bientôt, par raison de santé, à cette dernière fonction, et on lui confia celle de directeur du Conservatoire des arts-et-métiers et de professeur à la Faculté des sciences. C'est à la Sorbonne que Pouillet se distingua comme professeur ; il en avait tous les talents : parole vive et animée, élocution facile et élégante, exposition claire et précise ; son enseignement eut le plus vif éclat. En 1848, il quitta la politique pour ne s'occuper que du professorat, et à l'insurrection du 13 juin 1849, lorsque le Conservatoire fut envahi, Pouillet défendit ses collections. A la suite du coup d'Etat du 2 décembre 1851, il refusa le serment et fut considéré comme démissionnaire de toutes ses fonctions. Entré à l'Académie des sciences, le 17 juillet 1837, il en fut un des membres les plus actifs, et parmi les nombreux *Rapports,* on remarque celui qu'il fit des appareils télégraphiques de Siemens, et ses *Notices* sur les paratonnerres, 1855-1867. Indépendamment de deux ouvrages classiques : *Eléments de physique expérimentale et de météorologie,* 2 vol. in-8° avec atlas, 7° éd., 1856, et *Notions générales de physique et de météorologie à l'usage de la jeunesse,* 1 vol. in-12, 1859, Pouillet a laissé d'importants travaux sur diverses parties de la physique : *Nouvelle méthode pour graduer les aréomètres; Expériences sur la détermination des températures très élevées ou très basses* (1837); *Sur les dilatations des fluides élastiques; Sur la chaleur solaire et la température de l'espace; Sur les phénomènes d'interférence et de défraction; Sur les moyens de déterminer la hauteur, la direction et la vitesse des nuages; Sur la loi générale d'inten-*

sité *des courants voltaïques; Sur la mesure relative des sources thermo-électriques et hydro-électriques.* Les résultats qu'il obtint dans ces dernières recherches s'accordent avec ceux que Ohm de Berlin avait obtenu, par une autre voie, dix ans auparavant. — C. D.

POULAILLER. Lorsque les poulaillers prennent une certaine importance dans une exploitation rurale, il faut en faire une construction distincte divisée en plusieurs compartiments et constituant une cour spéciale appelée *basse-cour.* Le plus souvent, les diverses volailles, exigeant des conditions différentes, sont réunies dans un même bâtiment plus ou moins décoré. — V. Construction rurale.

POULAIN. *T. de chem. de fer.* Appareil utilisé à la suite des déraillements de locomotives pour permettre le ripage des machines déjà relevées qu'on veut ramener sur la voie ferrée. Les poulains dont le type a été arrêté d'abord au chemin de fer d'Orléans, se composent de deux rails parallèles maintenus par des entretoises à une distance de 0m,24 environ, et on les utilise en les posant transversalement au nombre de deux, l'un sous les roues d'arrière et l'autre sous les roues d'avant de la locomotive pour soutenir les boudins de ces roues pendant le ripage. L'emploi des deux rails ainsi rapprochés sous chaque essieu, fournit aux roues de la machine une base d'appui élargie et prévient tout renversement. L'extrémité des deux rails du poulain porte un butoir sur lequel s'appuie le cric à crémaillère au moyen duquel la machine est entraînée. Cet appareil a fait depuis son invention l'objet de plusieurs perfectionnements intéressants dus à M. Mathias, ingénieur au chemin de fer du Nord; et on en trouvera la description dans la *Revue générale des chemins de fer,* numéro de juillet 1878.

POULAINE. *T. du cost. anc.* Chaussure à longue pointe recourbée, en usage au XIVe et au XVe siècle. — V. Chaussure. || *T. de mar.* La poulaine était une plate-forme en grillage ou en caillebotis, soutenue sur les écharpes de l'avant des anciens navires; on y installait les lieux d'aisance ou *bouteilles* de l'équipage. Dans les navires actuels, il n'existe plus à l'avant, d'écharpes ni de plates-formes en saillie, mais le nom de *poulaine* est conservé aux installations jouant le même rôle, et toujours disposées à l'avant du navire.

POULIE. Machine simple servant à transformer la direction d'un mouvement continu. Une poulie se compose d'une roue de petit diamètre, en bois ou en métal, dont la circonférence est, en général, creusée suivant un profil qu'on appelle *gorge,* et qui est destinée à recevoir une corde ou une chaîne enroulée; la jante est cylindrique quand la poulie sert à transmettre le mouvement par l'intermédiaire de courroies. L'axe de la poulie repose, par des tourillons, sur des coussinets fixes ou sur les branches d'une *chape* portant un crochet à sa partie supérieure. La poulie simple peut être fixe, c'est-à-dire accrochée en un point invariable; la corde qui s'enroule sur elle est alors sollicitée par une force mouvante et par une force résistante : si l'on néglige les frottements et la roideur des cordes, la puissance est égale à la résistance. Quant à la résultante des réactions exercées par les coussinets sur l'axe, elle est égale à $2P\sin\alpha$, en désignant par P la charge à soulever et par α l'angle que font les deux brins de corde entre eux; si les brins sont parallèles, la réaction est égale à $2P$. L'équation de la poulie est beaucoup moins simple lorsque l'on tient compte des frottements et de la roideur des cordes, elle est de la forme

$$F = \alpha - \beta P ;$$

F étant la force mouvante, α et β des constantes qui dépendent de la nature de la corde employée et de l'angle. Par exemple, pour une corde blanche de 48 fils de caret et pour une charge de 30 kilogrammes, on obtient $F = 34^k,5$.

La poulie peut être employée comme *poulie mobile*: la charge est appliquée à la chape : la poulie repose sur la corde dont une extrémité est attachée à un point fixe et dont l'autre est sollicitée par la force mouvante F. On a, dans ce cas,

$$F = \frac{P}{2\cos\alpha},$$

et si les brins sont parallèles, $F = 1/2 P$, c'est-à-dire que la puissance est égale à la moitié de la résistance, tandis que la quantité dont s'élève le poids est la moitié de la longueur de corde enroulée au point d'application de la force mouvante.

Avec des poulies fixes successives, on peut changer la direction d'un mouvement suivant une ligne brisée polygonale, et en ne plaçant pas parallèlement les axes des poulies, on peut également obtenir des transformations dans des plans différents.

Pour les combinaisons des poulies, telles que les *poulies différentielles* par exemple, nous renvoyons le lecteur aux mots Moufle, Palan.

POULT-DE-SOIE ou **POUT-DE-SOIE.** Étoffe de soie d'un grain très saillant, tissée en armure taffetas. On la fait en chaîne double ou triple, de 120 à 160 fils au centimètre. Comme, le plus ordinairement, elle est destinée à être moirée, elle exige une régularité parfaite dans le battage, pour que le moirage puisse bien réussir.

POUPE. *T. de mar.* On appelait ainsi la partie de la carène située à l'arrière : aujourd'hui ce terme a vieilli, et n'entre guère que dans des mots composés, tels que : *feux de poupe, fanal de poupe,* etc.

I. POUPÉE. *T. de mécan.* Pièce en fonte formant un bâti fixe ou mobile disposé sur le banc des tours pour supporter la pièce à travailler et lui transmettre son mouvement de rotation; dans les autres machines-outils, l'expression de *poupée* s'applique également au bâti disposé sur le banc de ces machines pour recevoir les organes de transmission et quelquefois l'outil, par opposition au chariot qui se déplace en cours de travail. Les tours parallèles comprennent deux poupées dont l'une est généralement fixe et reçoit tous les organes de transmission et de commande du mouvement, l'autre dite de contre-pointe est mobile et peut être arrêtée sur le banc du tour à une distance variable de la poupée fixe suivant la longueur de la pièce à tourner. Celle-ci est soutenue dans ce cas par deux pointes coniques agissant aux extrémités de son axe de rotation, et elle est entraînée par un écrou ou un plateau à toc (V. TOUR). Les tours en l'air n'ont qu'une seule poupée dont le plateau soutient la pièce à tourner par ses mordaches ou quelquefois par un mandrin dans le tournage de certaines pièces creuses.

Les arbres porteurs des pointes forment les parties les plus délicates des poupées, car ils ont besoin d'être montés bien exactement dans l'axe du tour pour prévenir toute déviation des pointes ; de même que la poupée contre-pointe doit être guidée aussi de son côté bien exactement dans cette direction. Les arbres sont munis de coussinets à longue portée, et reçoivent des embases taraudées pour rattraper l'usure. Ces arbres ont à supporter une poussée latérale assez élevée, et ils y résistent ordinairement par un grain de butée en acier placé à l'extrémité ou par une bague ou un collier de butée. Il est préférable toutefois de supprimer ces butées en ménageant aux extrémités de l'arbre deux portées coniques qui le soutiennent avec un frottement doux tout en permettant plus facilement de regagner l'usure au moyen de colliers spéciaux ménagés à cet effet.

Les pointes qui terminent les arbres des deux poupées sont en acier trempé, elles sont coniques avec un angle généralement voisin de 60°. Ces pointes sont fixées dans des trous percés dans les arbres qui les supportent ; l'arbre de la pointe fixe est souvent percé à l'extrémité seulement, et la pointe peut être chassée dans son logement au moyen d'une clavette qu'on enfonce dans un trou transversal. L'arbre de contre-pointe est souvent creusé dans toute sa longueur, et il forme alors écrou pour une vis longitudinale qui avance en chassant le manchon de la contre-pointe. Celle-ci est fixée quelquefois dans son manchon par une simple vis de pression, mais il est préférable d'employer un serrage par cône et écrou qui l'embrasse complètement et la maintient mieux dans l'axe du fourreau sans aucun jeu. La contre-pointe est munie dans certains cas exceptionnels d'une disposition permettant de la déplacer transversalement pour le tournage de certaines pièces coniques.

II. **POUPÉE.** Petite figure humaine en bois, en carton, en porcelaine ou en cire, travaillée avec plus ou moins d'art, et destinée à servir de jouet.

HISTORIQUE. Dans l'antiquité, la poupée était déjà un des plus aimables attributs de l'enfance. Car la poupée est immémoriale ; elle apparaît déjà sous la tente aryenne, à l'aurore du monde. Les *Védas* la citent et lui donnent un nom touchant. En sanscrit primitif, la poupée s'appelle « la petite sœur de bois. »

C'était Diane, chez les Grecs, qui présidait aux jeux de l'enfance. Lorsque l'âge nubile arrivait, la jeune fille lui dédiait sa dernière poupée. En *ex-veto*, à sa statue, elle suspendait l'innocent fétiche, qu'une idole vivante allait bientôt remplacer dans son cœur et entre ses bras. « Timarète, avant son mariage, dit une épigramme de l'*Anthologie*, consacre à Diane son léger ballon, le léger réseau qui enveloppait ses cheveux ; elle consacre encore à la déesse vierge, elle vierge, ses poupées vierges aussi et leurs atours. O fille de Latone ! étends la main sur la jeune Timarète, et que cette pieuse enfant soit par toi pieusement protégée ! »

Il en était de même des jeunes filles romaines, qui, selon Perse, à l'heure de leur nubilité, suspendaient leurs poupées sur les autels de Vénus.

Les jeunes filles de nos jours ne le cèdent point à celles de l'antiquité par le goût qu'elles mettent dans l'habillement de leurs poupées. « L'usage des poupées, disait au siècle dernier le chevalier de Jaucourt, est si bien notre triomphe, qu'il est douteux que les Romains eussent de plus belles poupées que celles dont nos bimbelotiers trafiquent. Ce sont des figures d'enfants si proprement habillées et coiffées, qu'on les envoie dans les pays étrangers pour y répandre nos modes. »

Aujourd'hui la poupée a été remplacée par le *bébé*, poupée articulée en bois ou à corps de peau. La tête est en biscuit de porcelaine ; les yeux d'émail sont faits sur le modèle des yeux artificiels humains, avec l'iris qui leur donne l'éclat et la vivacité de la vie.

Les poupées en bois les plus remarquables sont celles qui sont faites à l'imitation des maquettes dont se servent les peintres, poupées admirablement articulées et pouvant prendre toutes les positions usuelles de la nature humaine. Les poupées à corps de peau sont moins compliquées, mais, dans celles-ci, la tête en porcelaine est creuse et ouverte au sommet pour recevoir un liège sur lequel est fixée la chevelure faite en poil de chèvre teint. Elle est aussi ouverte à la base du cou, pour l'introduction d'un ressort spécial, ingénieuse articulation, qui permet à la tête d'obéir à tous les mouvements naturels, de se dresser, de se pencher, de s'incliner dans tous les sens. Le torse est en peau blanche ou en peau rose (cette dernière pour les articles communs), doublée intérieurement de toile remplie de sciure de bois tamisée et desséchée. Pour toutes les parties du corps, les peaux sont découpées à l'emporte-pièce et cousues ensuite. Au corps sont rattachés les bras et les jambes dont les jointures, à l'épaule et au coude, au fémur et au genou, sont traversées par un fil de recuit qui permet de ployer les organes et de leur conserver les positions voulues.

Cette nouvelle poupée est une invention française, due à un fabricant parisien, M. Jumeau. Inutile d'ajouter que l'Allemagne s'est empressée d'adopter nos modèles, mais les fabricants d'Outre-Rhin n'ont pas pu réussir à reproduire avec la même vérité, le même goût et la même délicatesse, les joues un peu bouffies, la carnation fraîche et les yeux vivants de ces types charmants et gracieux ; aussi sont-ils réduits, pour leurs poupées de valeur, à se fournir de têtes à Paris.

Quant aux poupées parlantes ou à musique et aux poupées nageuses, nous renvoyons le lecteur à JOUET D'ENFANTS, § *Jouets mécaniques.*

POURPOINT T. du cost. anc. Cotte d'armes faite d'étoffe piquée qui couvrait le corps depuis le cou jusqu'aux hanches et terminée par de petites basques. — V. COSTUME.

POURPRE. T. *de teint.* Matière colorante d'un rouge violacé que l'on obtient avec différents produits. Nous commencerons d'abord par étudier la pourpre la plus ancienne, et, en même temps, la plus célèbre :

La *pourpre de Tyr.* Cette matière, qui servait à colorer la laine en rouge violacé dès le principe, puis en rouge de nuances diverses, par la suite, fut découverte à une époque très reculée. Les Phéniciens furent les premiers peuples particulièrement renommés dans l'art d'obtenir cette teinture, et Homère parle des habits colorés des Sidoniens (*Iliade,* VI, 271 ; *Odyssée,* XV, 225) ; les Canadéens disaient tenir des dieux l'art de confectionner la pourpre. La légende veut qu'un pâtre ait trouvé le moyen d'obtenir cette couleur après avoir remarqué comment il se faisait que son chien, ayant cassé une coquille marine, s'était trouvé taché en violet.

On resta jusqu'à nos jours, malgré quelques travaux entrepris à la fin du siècle dernier, et au commencement du nôtre, dans l'incertitude absolue sur l'origine réelle de la pourpre, bien que l'on sut parfaitement qu'elle était fournie par un mollusque, ou plusieurs sortes de mollusques peut-être, qui habitaient les mers européennes. Des travaux de M. Lacaze-Duthiers, entrepris en 1858, il résulte une connaissance parfaite de la question. Les anciens avaient donné le nom de *buccin* à une espèce qui porte aujourd'hui le nom de *pourpre (purpurea),* et ils appelaient pourpre, les coquilles qui constituent actuellement le genre *murex.* Cette détermination a, d'ailleurs, été confirmée par de nombreux faits : M. Boblaye a retrouvé, en Morée, vers les bords de la mer, des vestiges d'établissements ruinés, avec amoncellements considérables de l'espèce appelée *murex brandaris,* L., ou rocher droite-épine ; F. Lenormand a retrouvé les mêmes coquilles sur les côtes de Cérigo et de Gythium ; De Saulcy, sur la côte phénicienne, entre Sour (Tyr) et Saïda (Sion), a rencontré des amas énormes de *murex tronculus,* entamés d'un coup de meule toujours donné à la même place, et qui, évidemment, montrait qu'on avait volontairement attaqué ces coquilles pour en tirer un certain parti ; O. Schmidt, à Aquileja, a rencontré les deux coquilles que nous venons de citer, en quantités innombrables, dans un champ voisin d'une ancienne teinturerie, ce qui confirme l'opinion de de Saulcy, qui croit que le *murex brandaris,* très commun dans l'Adriatique, servait pour faire la pourpre de Cérigo et des côtes de Laconie, et que la pourpre de Tyr ou phénicienne, était obtenue avec le *murex tronculus.* Puis, quand les caprices de la mode exigèrent des nuances nouvelles de pourpre, on mélangea ces deux murex, comme l'indique Pline (*Histoire naturelle,* liv. IX, chap. LX à LXIII). La découverte récente, faite à Pompéï, de *murex brandaris,* amoncelés en tas, près des boutiques de teinturiers, prouve, dans tous les cas, qu'au commencement de notre ère, la matière première qui servait à obtenir la pourpre était bien obtenue avec les murex.

Plusieurs genres de mollusques servaient, ainsi que nous l'avons dit, à obtenir la pourpre ; on les retrouve encore, de nos jours, dans les mers d'Europe, la Méditerranée, l'Océan, la Manche. Parmi les pourpres proprement dits, il faut surtout citer : le *pourpre hémostome (purpura hœmostoma,* L.) ; le *pourpre des teinturiers (purpura lapillus,* Lmk.), ces coquilles sont caractérisées par une forme ovale aiguë, striée verticalement, d'un cendré jaune garni de bandes brunes, à spire aiguë avec tours convexes, à bouche épaisse et dentée dedans. Les *murex* ou *rochers* sont, comme les pourpres, des mollusques gastéropodes pectinibranches, leur coquille est épaisse, à surface couverte d'écailles, de pointes, de piquants diversement disposés et souvent ramifiés.

L'organe qui secrète la pourpre, dans le genre pourpre, est une glande allongée, jaunâtre, placée à la face inférieure du manteau de l'animal, entre l'intestin et la branchie, dans le voisinage de l'anus. La matière colorante y existe alors non formée, car si l'on gratte la glande avec un pinceau un peu dur, et qu'on transporte le liquide sur une étoffe de laine blanche, puis qu'on soumette aux rayons solaires, comme cette matière purpurigène jouit de propriétés photographiques très prononcées, elle se colore d'abord en jaune citron, puis en jaune vert, en vert et enfin en violet, en donnant une nuance d'autant plus foncée que l'action de la lumière se prolonge davantage ; en même temps, il se dégage une odeur vive, pénétrante et alliacée (Lacaze-Duthiers). « D'où il suit, dit M. J. Girardin, que la science nouvelle de la photographie a, comme tant d'autres, ses racines dans l'antiquité ».

A côté de ces mollusques, il faut encore citer l'*aplysie dépilante (aplysia depilans,* L.), gastéropode pleurobranche, vivant sur les côtes de France, long de 15 centimètres environ, et qui, dès qu'il est contrarié ou qu'on le touche, répand un liquide violet foncé qui sert à le cacher à ses ennemis, et qui est excrété chaque fois en grande quantité par les bords du manteau. Cet animal est intéressant à rapprocher des précédents par les études chimiques qui ont été faites sur la nature de sa matière colorante. Ziégler, en effet, après analyse de cette matière spéciale, dit que c'est un mélange de rouge et de violet d'aniline liquides, à un degré de concentration très élevé, et dont toutes les réactions chimiques sont identiques à celles des couleurs artificielles obtenues avec le benzol ; de plus, elles sont toxiques et d'odeur repoussante. Ferrusac, dès 1828, a signalé que, contrairement à la pourpre qui ne se produit que par oxydations successives, la couleur fournie par l'aplysie jaillit toute formée ; il a montré, de plus, qu'elle s'altère à l'air et s'y détruit totalement, à moins qu'on n'y ajoute de l'acide sulfurique qui empêche la décomposition. Il serait peut être encore possible d'utiliser ce produit, car ce mollusque est très abondant sur nos côtes et surtout en Portugal ; chaque année il peut fournir jusqu'à 2 grammes de matière pure et desséchée.

On donne encore le nom de *pourpre* à une série d'autres produits bien différents de ceux que nous venons d'étudier.

La *pourpre d'aniline*, $C^{27}H^{24}Az^4HCl$, est connue sous le nom de *mauvéine* ou d'*indisine*. — V. ce mot.

La *pourpre de cassius* est un sel d'*or*. — V. Or, VI, p. 898.

La *pourpre française* est la *pourpre d'orseille*. — V. Orseille.

La *pourpre d'indigo* est l'acide sulfopurpurique ou plutôt est représentée par les acides mono et disulfoindigotiques, $C^{16}H^9Az^2O^2(SHO^3)$ et

$$C^{16}H^8Az^2O^2(SHO^3)^2.$$

— V. Indigotine.

Pourpre. *Art hérald.* La pourpre désigne le violet.

POURRISSAGE. *T. de céram.* Opération qui consiste à maintenir humides les pâtes céramiques (V. Céramique, § *Pourrissage* et Porcelaine, § *Dosage et fabrication de la pâte*), pour déterminer une fermentation qui les rend plus homogènes, plus pratiques et plus aptes à prendre un retrait régulier pendant la cuisson. ‖ *T. de pap.* Macération que l'on fait subir dans un pourrissoir, aux chiffons, aux cordes, etc., destinés à la fabrication du papier, mais que l'on remplace presque partout maintenant par le *défilage*. — V. ce mot et Papeterie.

POURRISSOIR. *T. de pap.* Lieu où l'on opère le pourrissage des chiffons et qui comprend un premier local dans lequel on les lave et un autre, appelé *pourrissoir* proprement dit, où on leur fait subir la fermentation putride.

POUSSÉE. La *poussée des fluides* se dit de la pression de bas en haut qu'éprouvent les corps plongés dans un liquide ou, généralement, dans un fluide quelconque. C'est ce qu'exprime le principe d'Archimède : *tout corps plongé* dans un liquide pesant éprouve une *poussée* de bas en haut, égale, en grandeur, au poids du liquide déplacé. Ce principe s'applique également aux gaz. Ce qu'on appelle la *force ascensionnelle* d'un aérostat est la *poussée* qu'il éprouve, de bas en haut, de la part de l'air ambiant. C'est la différence entre le poids de l'air déplacé et le poids total de l'aérostat. — V. Hydraulique, § *Hydrostatique, principe d'Archimède*. ‖ On appelle *poussée des terres* la force horizontale qu'exercent les terres d'un rempart, d'un quai ou d'une terrasse contre le revêtement en maçonnerie qui les soutient (V. Mur, Quai, Rempart); *poussée des voûtes*, l'effort horizontal que les voûtes exercent, de dedans en dehors, contre leurs piédroits et qui tend à renverser ces piédroits. — V. Voûte.

POUSSER. En men., *pousser des moulures*, c'est former, sur le bois, des moulures ou des rainures à l'aide d'un rabot dont le fer a le profil de la moulure ou de la feuillure que l'on veut obtenir. ‖ En charp., *pousser les marches*, c'est faire des moulures sur le devant des marches. ‖ On dit encore *pousser à la main*, lorsqu'il s'agit de couper des ouvrages de plâtre faits à la main, ou de tailler des moulures dans la pierre.

***POUSSE-VAGON.** *T. de chem. de fer.* Levier arti-

culé, spécialement disposé pour faciliter l'entraînement longitudinal, sur la voie, des vagons de chemin de fer qu'on veut déplacer à la main. Ces leviers, qui permettent à un homme seul d'entraîner des vagons d'un poids atteignant quelquefois 25 tonnes, rendent des services appréciables dans les petites gares où on ne dispose souvent que d'un ou deux hommes d'équipe, et l'usage tend à s'en généraliser de plus en plus.

Le pousse-vagon de Heshuysen, qui forme l'un des premiers types de ces appareils, comprend un levier d'un mètre environ de longueur, dont la partie articulée, terminée par un crochet, prend son point d'appui sur l'essieu d'arrière du vagon et vient porter, à l'autre extrémité, sur la surface de roulement du bandage de l'une des roues de cet essieu. L'homme d'équipe chargé de la manœuvre agit en soulevant le levier pour forcer la roue à tourner et assurer ainsi l'entraînement du vagon.

Cet appareil, dont on trouvera la description complète dans la *Revue générale des chemins de fer*, n° de juillet 1878, présente l'inconvénient d'obliger l'homme d'équipe à se placer derrière le vagon à manœuvrer, entre les rails de la voie; il ne peut donc, en particulier, rendre aucun service pour déplacer un vagon accolé au suivant, il oblige, en outre, à régler à chaque fois la longueur de la branche articulée pour l'adapter au diamètre de la roue du vagon; il a été généralement remplacé par d'autres types plus simples qui agissent en prenant un point d'appui sur le rail même pour déterminer la rotation de la roue; ce qui permet de les manœuvrer de l'entrevoie sans déplacer les vagons d'arrière. Le pousse-vagon de MM. Bergmuller et Bruckmann comprend une partie articulée présentant le profil d'une came en développante de cercle qu'on pose sur le rail, au contact du bandage, et qui vient s'appliquer sur celui-ci par tous ses points successivement. La Compagnie du Nord a adopté, de son côté, un type de pousse-vagon terminé par une sorte de griffe à trois branches recourbées qui prend aussi son point d'appui sur le rail pour faire avancer la roue sur le bandage de laquelle les dents viennent porter. — V. *Revue générale des chemins de fer*, n° de juillet 1879.

POUSSIER. Etat d'une matière quelconque réduite en débris pulvérulents. Le poussier du charbon ou du mâchefer, par exemple, s'emploie souvent dans les rez-de-chaussée, où on le place entre les lambourdes du parquet pour préserver les frises de l'humidité. On désigne également en construction, sous le nom de *poussier*, des recoupes de pierres passées à la claie et que l'on mêle avec le plâtre pour former l'aire d'un carrelage; on empêche ainsi le plâtre de bouffer.

***POUSSIN** (Nicolas). Peintre, né aux Andelys, en 1594, mort à Rome, en 1665, était membre d'une famille noble, très ancienne, mais réduite à la pauvreté. Il avait fait des études assez incomplètes, lorsque, encouragé par un artiste médiocre, Quentin Varin, dont le principal mérite est d'avoir eu un tel élève, il se consacra à la peinture. Bientôt, n'ayant plus rien à apprendre de ce maître, le jeune homme vint à Paris, et y vécut très difficilement, malgré l'intérêt qu'il sut inspirer à plusieurs personnages. L'un d'eux le décida à le suivre en Poitou, mais là il fut assez mal reçu par la mère du gentilhomme, réduit à des travaux de domesticité, et il s'enfuit précipitamment de cette maison où l'hospitalité était si humiliante. Il revint à Paris à pied, peignant çà et là, pour vivre, de petits tableaux et des décorations à la détrempe dont quelques-unes ont été conservées. L'existence dans ces conditions était si pénible pour Poussin, que sa santé en fut altérée et, pour la rétablir, il dut passer un an dans sa famille, aux Andelys.

Mais une pensée plus haute le soutenait. Dans la galerie d'estampes que le mathématicien Courtois lui avait laissé feuilleter, à Paris, Poussin avait pu admirer les merveilleuses productions des maîtres italiens, et l'artiste brûlait du désir d'étudier ces peintres dans leurs œuvres mêmes; il partit donc, à pied encore, pour l'Italie, peignant toujours en route pour payer ses dépenses. Malheureusement, en Italie, le pays de l'art, ses tableaux n'avaient plus de valeur et il ne put dépasser Florence où, du moins, il étudia Léonard de Vinci, Michel-Ange et Raphaël. Une seconde fois, étant revenu à Paris, il repartit pour Rome, mais il ne dépassa pas Lyon, un créancier l'ayant obligé à lui donner l'argent qu'il destinait au voyage.

Découragé, le jeune artiste était devenu en proie à ces humeurs sombres qui le poursuivirent jusqu'à sa mort et qui influèrent tant sur sa manière. Heureusement, il fit la connaissance, aussitôt après son retour à Paris, de Philippe de Champagne, dont la peinture grave et pure devait si bien convenir à son esprit, et du chevalier Marini, poète joyeux, amoureux de la mythologie antique qui, après avoir remis la confiance et un peu de gaîté dans le cœur de son ami, l'appela enfin à Rome, la ville de ses rêves. A peine Poussin était-il installé dans cette ville, que Marini mourait. Mais déjà le poète lui avait assuré de brillantes protections, celle surtout du cardinal de Barberini, neveu du pape, qui lui ouvrit les portes du célèbre musée de sa famille. Bientôt, à son tour, le cardinal abandonnant Rome pour les Légations, le peintre se trouva encore livré à lui-même, mais déjà il était apprécié et ses toiles se vendaient, bien qu'à vil prix. Ami de Fr. Duquesnoy et de l'Algarde, il comprit qu'il lui restait surtout à étudier et il passa plusieurs années dans un labeur de tous les instants, complétant même son instruction littéraire. Il en tomba de nouveau malade, fut soigné avec dévouement par le médecin français Dughet, dont il épousa la fille; dès lors, grâce à la fortune et aux hautes relations de son beau-père, il parvint en peu de temps à la gloire. Le cardinal Barberini, de retour à Rome, lui commanda la *Mort de Germanicus* et la *Prise de Jérusalem par Titus*, deux de ses meilleures compositions. Il fit encore, à Rome, la *Peste des Philistins* et *Saint-Erasme*. Sa réputation était alors si grande que Louis XIII lui écrivit de sa main pour le rappeler en France. Attaché à Rome par tant de souvenirs, Poussin refusait. Il fallut que M. de Chanteloup, premier maître d'hôtel du roi, vînt le chercher. On lui fit, à la cour, une chaleureuse réception, et le roi le nomma son premier peintre ordinaire (1641), déchaînant ainsi contre lui les colères et les jalousies des artistes alors en vue, dont les plus acharnés furent Simon Vouet et l'architecte Lemercier.

En une année Poussin peignit : *La Cène*, où il rétablit la vraisemblance historique que Léonard de Vinci avait méconnue dans son fameux tableau; *Saint-François Xavier*, qui souleva de violentes critiques, et le *Triomphe de la Vérité*, puissant hommage qu'il se décernait à lui-même; puis, fatigué de ces luttes mesquines contre ses rivaux, il quitta brusquement Paris et retourna dans la ville éternelle. Il ne devait pas revoir la France. La pension que lui faisait le roi lui fut continuée; ce n'était pas payer trop cher les précieuses leçons qu'il donna plus tard à Lesueur, Lebrun, Mignard et à Gaspard Dughet, dit le Guaspre, son beau-frère, qu'il avait adopté. Il a eu ainsi la plus grande influence sur la belle école française de la fin du XVIIe siècle, dont il ne faut pas reporter l'honneur au seul Simon Vouet.

La fécondité du Poussin est comparable à celle de Murillo et de Rubens, nous ne ferons donc pas une nomenclature de ses œuvres dont la plupart sont des tableaux de chevalet. Nous rappellerons les *Sacrements*, suite de toiles très remarquables; *Rebecca*, les *Bergers d'Arcadie*, *Diogène*, qui appartiennent à sa plus belle époque et plus tard, à la fin de sa carrière, dans une gamme de tons plus sourds, plus tristes, mais avec une plus grande science encore de la composition et du dessin, la *Femme adultère*, l'*Adoration des mages*, les *Saisons*, sa dernière œuvre. Dans la plupart de ces tableaux le paysage tient une très grande place, souvent, comme dans *Diogène*, la principale. C'est l'érection, en principe, d'un genre que déjà Philippe de Champagne, Stella et quelques autres avaient tenté. Poussin est donc considéré comme le créateur du paysage historique. Même à la fin de sa vie, il ne peignit plus guère que des paysages, semblable en cela à tous les hommes supérieurs qui gardent pour la nature leur dernière tendresse. « S'il ne restait à Poussin, dit Ch. Blanc, que ses paysages, ce serait encore un des plus grands maîtres de l'art. Quelle richesse de composition, quelle majesté! C'est la nature à son plus haut degré de grandeur et de souvenirs. Il ne laissera pas la campagne parler d'elle-même; il se servira des aspects pour nous rappeler les leçons de l'histoire, les enseignements de la philosophie. Sans doute, chaque détail est étudié dans sa réalité, le terrain est ferme, la feuille est touchée savamment et avec largeur à la manière du Titien; l'air est présent, les eaux sont limpides, les fabriques sont pittoresques, et le fond est bien repoussé par la vigueur du premier plan, mais l'exécution positive de chaque partie n'empêche point que l'ensemble ne soit tout exprès annobli et ne prenne une tournure héroïque. La pensée du peintre se promène dans la campagne, comme ferait une muse sévèrement drapée, toujours imposante, parfois un peu triste».

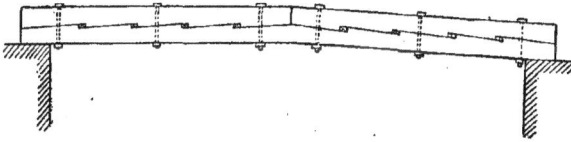

Fig. 312.

Malgré la simplicité de sa vie, le Poussin a joui d'une réputation et d'une popularité enviables. L'Académie de Saint-Luc en corps, les artistes français présents à Rome, d'illustres amateurs de beaux-arts, des princes et des cardinaux assistèrent à ses obsèques. Ce dernier hommage lui était dû pour le labeur acharné de sa vie, sa probité artistique et son attachement pour sa patrie, où cependant il n'avait guère connu que des déboires et de mesquines jalousies.

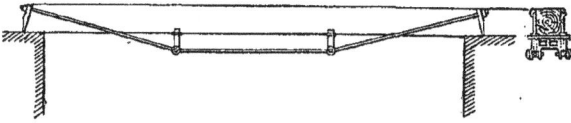

Fig. 313.

POUTRE. *T. de constr.* Pièce de bois ou de fer que l'on emploie, dans les planchers, pour supporter les solives, lorsque la distance des murs sur lesquels repose ce plancher est trop considérable (V. Plancher). Ces pièces sont appelées souvent *poutres-maitresses*, par opposition aux *solives* dites aussi *poutrelles*.

Lorsque, dans un plancher, une poutre doit avoir une grande longueur, ou quand elle est destinée à supporter un poids considérable, on la compose de plusieurs pièces qui présentent, par leur réunion, une grande force de résistance, et on lui donne le nom de *poutre armée*; on la fait en bois, en bois et fer ou en fer.

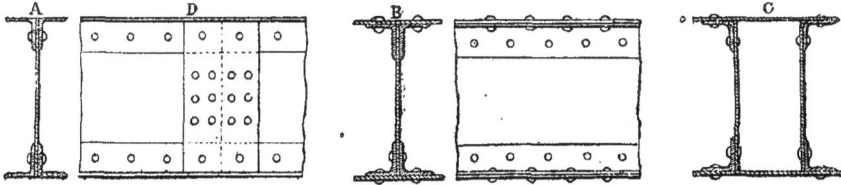

Fig. 314 à 318.

Parmi les nombreuses dispositions adoptées pour les poutres en bois, nous en donnerons seulement quelques-unes assez fréquemment employées. La figure 312 représente une combinaison qu'on nomme *assemblage à crémaillère* et dans laquelle deux pièces de bois sont superposées et maintenues par des crans et des clefs en bois, de telle sorte qu'elles ne puissent glisser l'une sur l'autre; on les relie, soit par des étriers en fer, soit par des boulons.

Dans les poutres en bois et fer, le *métal*

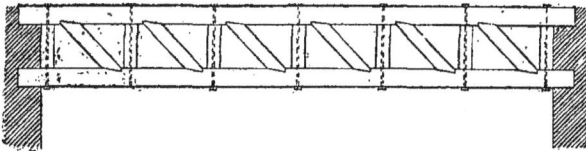

Fig. 319.

constitue l'*armature*. Celle-ci se compose fréquemment (fig. 313) de deux tringles de tirage fixées aux extrémités supérieures de la pièce de bois et s'assemblant à charnière avec un tirant horizontal

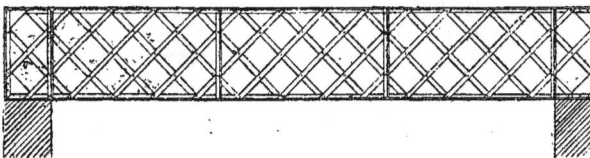

Fig. 320.

placé au-dessous de cette pièce. Des boulons qui traversent les charnières y retiennent deux pièces de fonte évidées comme le montre la coupe et qui supportent la pièce de bois. Les tringles sont tendues au moyen d'écrous dont la pression est répartie sur une certaine portion de l'extrémité de la pièce par des plaques de fonte.

Les *poutres en fer* les plus simples sont celles en fer à double T, semblables aux solives ordinaires qui composent les planchers en fer; mais avec une section qui peut aller jusqu'à 0m,30 de hauteur. Au delà, on forme les poutres au moyen de feuilles de tôle A (fig. 314 à 318) rivées haut et bas sur deux cornières qui, elles-mêmes, peuvent être rivées, comme on le voit en B (fig. 317), sur d'autres feuilles placées horizontalement. D'autres poutres sont composées de feuilles de tôle assujetties entre elles par des cornières et des rivets, ainsi qu'on le voit en C (fig. 318). Les plaques d'assemblage D (fig. 315) servent à la réunion des deux poutres placées bout à bout.

Quelquefois aussi, on associe deux ou trois poutres simples en fer à double T, que l'on rend solidaires à l'aide de brides et de croisillons. — V. POITRAIL.

Pour des portées très considérables et des charges très importantes, on a souvent recours à des dispositions toutes spéciales, dont la figure 319 offre un exemple, appliqué aux poutres en bois. Ce système, qui a reçu un très grand développement pour la construction des ponts et surtout des passerelles en charpente, constitue ce qu'on a appelé les poutres *à treillis*. Il a été également appliqué aux constructions en fer, comme le montre la figure 320. Les poutres métalliques à treillis sont employées, soit pour l'établissement des ponts, soit pour la construction des combles, où elles remplissent notamment la fonction d'arbalétriers. — F. M.

POUTRELLE. Diminutif de *poutre* (V. l'article précédent). Ce mot s'applique particulièrement aux solives des planchers en bois.

POUVOIR. *T. de phys.* Il y a lieu de distinguer les pouvoirs des corps relativement à la chaleur, à la lumière et à l'électricité.

1° *Pouvoirs des corps relativement à la chaleur.* *Pouvoir rayonnant* ou *émissif, pouvoir absorbant* ou *admissif, pouvoir réfléchissant* ou *réflecteur, pouvoir diathermane* (V. à ce sujet CHALEUR). A ces pouvoirs nous ajouterons les suivants : *pouvoir diffusif*, propriété que possèdent les corps de renvoyer, dans toutes les directions, une partie de la chaleur qui arrive à leur surface. La proportion de chaleur réfléchie par diffusion dépend à la fois de la direction des rayons incidents, de leur nature et de l'inclinaison des rayons diffus. La diffusion varie non seulement avec la nature de la substance, mais encore avec son état compact ou pulvérulent, poli ou mat. *Pouvoir refroidissant des gaz*. Il varie peu avec la pression ; il est moindre que le pouvoir rayonnant, si le gaz est en repos ; mais si le gaz est en mouvement, le pouvoir refroidissant est plus considérable. *Pouvoir conducteur* (V. CONDUCTIBILITÉ POUR LA CHALEUR). *Pouvoir calorifique des combustibles*. On nomme ainsi le nombre de calories que dégage, en brûlant, l'unité de poids de ce combustible (V. CALORIMÈTRE). La mesure des quantités de chaleur dégagées par les divers combustibles est très importante dans l'industrie. Voici les résultats obtenus par Berthier sur les principaux combustibles :

Calories pour 1 gramme : charbon de bois 7,624 à 7,670 ; braise 5,972 à 7,670 ; anthracite 6,800, à 7,300 ; houille sèche 6,230 ; lignite 4,830 ; asphalte 7,500 ; bois 4,314 ; tourbe 4,300.

2° *Pouvoirs des corps relativement à la lumière.* *Pouvoir réflecteur*. Propriété que possède un corps de renvoyer une quantité plus ou moins grande de la lumière qui arrive à sa surface. Cette quantité dépend de la nature et de l'état plus ou moins poli de la surface du corps et de l'angle que font les rayons incidents avec la normale. Les glaces étamées au mercure réfléchissent sous l'angle de 15°, environ 63 0/0 de la lumière incidente ; les glaces argentées en réfléchissent davantage ; les métaux en renvoient 56 0/0 dans les mêmes conditions. *Pouvoir absorbant*. La lumière qui n'est pas réfléchie sur les corps opaques est *éteinte* ou absorbée. Elle forme, dans le cas de l'incidence normale, sur le mercure et le métal des miroirs, les 2/3 environ de la lumière incidente. *Pouvoir diffusif*. Propriété des corps à surfaces mates de renvoyer en tous sens les rayons incidents. Ce pouvoir est difficile à mesurer avec précision et l'on trouve là de grandes différences avec les corps de diverse nature. *Pouvoir réfringent*. Il est représenté par la formule $\dfrac{n^2-1}{d}$, dans laquelle n est l'indice de réfraction et d la densité. On le désigne aussi sous le nom de *puissance réfractive*. *Pouvoir rotatoire*. — V. POLARISATION.

3° *Pouvoirs des corps relativement à l'électricité.* *Pouvoir des pointes* (V. ÉLECTRICITÉ). Lorsqu'à une machine électrique en activité on présente une pointe métallique en communication avec le sol, cette pointe a le *pouvoir* d'enlever l'électricité à mesure qu'elle se produit. C'est sur cette propriété des pointes de *soutirer* l'électricité, selon l'expression de Franklin, qu'est fondée la raison du paratonnerre. Une longue tige de fer pointue, en bonne communication avec le sol, laisse échapper vers un nuage orageux l'électricité contraire à celle qu'il possède. C'est l'électricité neutre du sol qui est décomposée par l'influence du nuage ; l'électricité de même nom que celle du nuage est repoussée dans le sol, tandis que celle de nom contraire est attirée ; ne trouvant pas de résistance à l'extrémité de la pointe, elle s'échappe à travers l'air, vers le nuage dont elle neutralise en partie l'influence (V. PARATONNERRE). *Pouvoir conducteur électrique* (V. CONDUCTIBILITÉ POUR L'ÉLECTRICITÉ). *Pouvoir inductif*. Dans le phénomène de l'induction électrique les corps mauvais conducteurs jouent un rôle actif qui varie avec leur nature. On a donc été conduit à comparer les *capacités inductives* ou *pouvoirs inductifs* des diverses substances isolantes. Voici les résultats obtenus à ce sujet par Faraday :

Air sec.	1.00	Poix	1.80
Spermaceti	1.45	Cire d'abeilles.	1.86
Verre	1.76	Gomme laque.	2.01
Résine	1.77	Soufre	2.24

Pouvoir multiplicateur en dérivation (V. t. VI, p. 361). *Pouvoir thermo-électrique*. On nomme *pouvoirs thermo-électriques relatifs* des couples de métaux réunis deux à deux, les intensités relatives des courants qu'ils produisent quand on élève la soudure à une température donnée, tous les autres points du circuit étant maintenus à 0°.

Résultats obtenus par M. Becquerel (la température de la soudure étant à 20°, le reste du circuit à 0°) :

+	Fer.	Cuivre.	Fer.	Argent.	Fer.	Fer.	Cuivre.	Zinc.	Argent.
−	Etain.	Platine.	Cuivre.	Cuivre.	Argent.	Platine.	Etain.	Cuivre.	Or.
Déviation	36°,50	16°	34°,50	4°,	33°	39°	7°	7°	1°
Intensité.	31°,24	8°,55	27°,96	2°	26°,20	30°,07	3°,50	1°,0	0°,50

Si l'on forme un circuit avec un seul métal dont on rapproche les extrémités différemment échauffées, on obtient un courant dont l'intensité varie suivant ce qu'on nomme le *rapport thermo-électrique particulier* de ce métal. M. Becquerel a trouvé que l'intensité des courants produits en chauffant à *t°* le point de réunion de deux métaux, est égale à la différence des intensités des courants qu'ils donneraient séparément si les deux extrémités étaient l'une à 0° et l'autre à *t°*. Ce qui permet de calculer les pouvoirs particuliers, connaissant les pouvoirs relatifs, et réciproquement. — V. THERMO-ÉLECTRICITÉ. — C. D.

POUZZOLANE. Produit naturel ou artificiel pouvant se combiner immédiatement à la chaux, pour lui communiquer les qualités hydrauliques, par le fait d'un mélange établi dans certaines proportions. — V. MATÉRIAUX DE CONSTRUCTION.

Les pouzzolanes naturelles qui se trouvent aux environs de Pouzzoles sont des laves ou déjections volcaniques, modifiées par l'action du temps et composées de silice, d'alumine, de protoxyde de fer et des bases : chaux, soude, potasse, magnésie; la proportion d'argile qu'elles renferment varie presque toujours de 61 à 90 parties d'argile pour 39 à 10 de chaux. Les pouzzolanes non volcaniques ont aussi pour base l'alumine et la silice qui se trouvent mélangées à quelques matières étrangères.

Certains sables, surtout après cuisson, jouissent encore de ces propriétés pouzzolaniques. Quant aux pouzzolanes artificielles, elles s'obtiennent en mélangeant 1 à 3 parties d'argile, de schiste ardoisier, de basalte, de grès ferrugineux, etc., avec 9 à 7 de chaux, dans un manège à deux roues; puis ce mélange terminé, on en fait des pains prismatiques qu'on laisse sécher au soleil et dans des hangars, avant de les faire cuire dans des fours analogues à ceux employés dans la fabrication de la chaux; après cuisson, on pulvérise au moyen d'une meule, et on obtient une pouzzolane donnant plus d'énergie au mortier, que la chaux hydraulique et se conservant mieux que cette dernière.

*PRADIER (JEAN-JACQUES). Sculpteur, né à Genève en 1790, mort à Bougival près Paris, en 1852; fut d'abord dirigé par ses parents vers l'étude de la gravure, mais Denon, ayant remarqué le jeune homme à l'école municipale de Genève, l'emmena à Paris et le fit entrer chez Lemot, alors un des sculpteurs les plus habiles dans la technique de son art et qui était un excellent maître; cependant, il manquait de cette originalité et de ce feu qui font partout les grands artistes. Mais Pradier sut se donner deux autres guides qui, eux, avaient au plus haut degré ce qui manquait à Lemot : la grâce et la forme idéale. Ce fut donc au peintre Prud'hon et au sculpteur Clodion

que Pradier dut le développement achevé des qualités heureuses dont il était doué.

Dès 1812, Pradier obtint au concours de Rome une mention honorable qui vint à point pour l'exempter de la conscription ; l'année suivante, il remporta le premier prix avec *Ulysse et Néoptolème dans l'île de Lemnos*, et partit pour l'Italie, emportant dans son cœur une prédilection pour les œuvres antiques que la vue des merveilles de la patrie des arts ne pouvait qu'accroître ; il ne put comprendre Michel-Ange et les grands artistes de la Renaissance. Seul, Lucca della Robbia trouva grâce à ses yeux, sans doute à cause de son naturel et de son élégance un peu mièvre; il dessina toutes ses terres cuites qu'il pût rencontrer à Florence.

D'ailleurs, tout à l'étude, il n'envoya aucune œuvre importante de Rome, une tête d'Orphée semble être son principal envoi avec l'*Aristée pleurant ses abeilles*, actuellement au musée de Grenoble. Lorsqu'il débuta sérieusement, au salon de 1817, par une *Nymphe* et *Centaure et bacchante*, il avait déjà trouvé sa voie. C'était à la mythologie gracieuse et féminine qu'il voulait se consacrer; il avait, d'ailleurs, l'intelligence de rester ainsi dans le goût de son époque qui s'éprenait de passion pour les ouvrages des Grecs et des Romains, et Pradier avait le genre de talent nécessaire pour se rapprocher des maîtres de l'antiquité: une connaissance assurée de l'anatomie, un grand sentiment de la grâce et de l'élégance, un goût parfait pour l'attitude et pour le drapé, c'était assez pour conquérir et garder le succès qui lui fut toujours fidèle. Pourtant, on lui reproche le défaut d'élévation et de vie intérieure; l'âme ne paraît pas sous ce marbre qui donne si bien l'illusion de la chair. Sa manière, saisissante au premier abord, devient froide si on analyse l'œuvre. Pradier fut un grand artiste, non un artiste de génie.

Dans ses ouvrages les plus connus, ce défaut est frappant. Son *Prométhée*, qui lui ouvrit, en 1827, les portes de l'Institut, n'est, malgré la perfection du ciseau, qu'une figure insignifiante et sans intérêt. Le Titan foudroyé semble regarder le ciel, non pour maudire son juge, mais pour savoir le temps qu'il fait. *Phidias* a, de même, une attitude morne et froide; sans le nom gravé sur le socle, rien ne ferait deviner l'immortel créateur de la Minerve et du Jupiter olympien. La draperie de cette dernière statue a soulevé aussi de vives critiques.

Où il faut chercher la véritable manifestation du talent de Pradier, c'est dans ses statues de femmes. Presque toutes sont des chefs-d'œuvre, et pourtant le nombre en est considérable, car sa fécondité est extraordinaire. Dès 1823, il montrait ce que son talent pouvait produire en ce genre, en taillant dans une colonne de marbre antique, trouvée à Veies, deux ravissantes statuettes, *Vénus* et *Psyché*, qui furent acquises par le gouvernement français. Au salon de 1831, il exposa son groupe fameux des *Trois Grâces*; en 1833, une *Jeune chasseresse*, marbre; puis *Vénus consolant l'amour*, une *Odalisque*, *Cassandre*, *Phryné*, *Nyssia*, *Chloris caressée par Zéphyre*, la *Toilette d'Atalante*, *Médée*, *Pandore*, *Hébé*, statuettes en bronze; *Léda*, figurine en ivoire, et surtout sa célèbre *Sapho* que des reproductions nombreuses ont popularisé principalement en dessus de pendules; elle a figuré au salon de 1848.

Les commandes officielles ne manquèrent pas à Pradier, bien que son genre de talent l'éloignât de la figure froide et correcte exigée par ces travaux; aussi y reste-t-il presque toujours au-dessous de sa réputation. On lui doit un *Saint-Pierre* à l'église Saint-Sulpice, *Saint-André* et *Saint-Augustin*, à l'église Saint-Roch. Le *Duc d'Angoulême congédiant les envoyés des Cortès de Cadix*, bas-relief pour l'arc de triomphe du Carrousel; le *Duc de Berry dans les bras de la religion*, pour l'église Saint-Louis, de Versailles; l'*Industrie*, pour le palais de la Bourse; douze *Victoires* colossales, en marbre, pour le tombeau de Napoléon, aux Invalides; le *Duc de Penthièvre et Mademoiselle de Montpensier*, pour la chapelle funéraire de Dreux; quatre *Renommées* colossales pour l'arc de triomphe de l'Etoile; les figures décoratives de la fontaine Molière à Paris, etc., et un grand nombre de bustes, parmi lesquels on remarque surtout ceux de Louis XVIII, de Charles X, de Louis-Philippe, de Cuvier, de Gérard, de Salvandy, Leverrier, Camille Doucet, Spontini, Auber, Maxime Ducamp, et une quantité énorme de petites figures et de groupes destinés à la reproduction, dans lesquels son genre facile et gracieux excellait, et qui en ont fait l'artiste le plus populaire et le plus accessible à la foule, parmi nos sculpteurs contemporains.

Les récompenses et les honneurs étaient venus de bonne heure consacrer ce talent si prodigieusement fécond. C'est à la suite de l'Exposition de 1819 que Pradier remporta sa première médaille; le salon de 1822, où il avait exposé une *Niobide percée de flèches* lui valut la croix de la Légion d'honneur et, dès 1827, il remplaçait son maître Lemot à l'Institut. Officier de la Légion d'honneur, en 1834, il était professeur à l'Ecole des Beaux-Arts et a compté parmi ses élèves: Simart, Lequesne, E. Thomas, et M. Guillaume qui fut son disciple de prédilection et dans les bras duquel il rendit le dernier soupir.

PRALINE. *T. de confis.* Bonbon qui ne diffère de la dragée qu'en ce que le sucre qui recouvre l'amande douce est légèrement caramélisé et déposé de façon à ne pas offrir une surface lisse. — V. CONFISERIE.

PRASE. *T. de minér.* Syn.: *Chrysoprase.* Variété de quartz agate colorée en vert pomme par de l'oxyde de nickel et qui sert en bijouterie.

PRATICIEN. *T. de sculpt.* On donne ce nom à celui qui est chargé d'ébaucher et de mettre au point un ouvrage de sculpture; l'artiste lui remet ordinairement, avec un modèle en terre de l'œuvre définitive, un bloc de pierre ou de marbre dans lequel cet ouvrage doit être taillé; le praticien, après avoir dégrossi ce bloc de façon à lui donner la forme de l'ensemble, procède à la mise au point, c'est-à-dire qu'il marque de points de repère les parties les plus saillantes et les plus profondes du modèle; puis il exécute l'ébauche en reportant exactement, à l'aide du fil à plomb et d'un compas à trois branches courbes, les points de repère de l'original sur la statue dégrossie. Enfin, il enlève, avec le ciseau, le marbre ou la pierre qui excède les reliefs indiqués par les points et donne ainsi à la figure l'apparence du modèle. C'est alors que la main de l'artiste vient terminer l'ébauche faite par le praticien, ébauche qui n'exige le plus souvent que quelques retouches pour lui donner l'énergie et l'accent qui en font une œuvre d'art.

* **PRÉAULT** (ANTOINE-AUGUSTE). Sculpteur, né à Paris en 1809, mort dans la même ville en 1879, apprit d'abord le dessin industriel, puis, aspirant à l'art plus élevé, entra dans l'atelier de David d'Angers et devint l'élève favori du maître. Il se fit remarquer de bonne heure par des œuvres d'un romantisme exagéré, et ce fut à grand'peine qu'il fit admettre au salon de 1833 ses premières productions de valeur : un groupe représentant *Deux pauvres femmes*, et deux bas-reliefs : *Gilbert mourant* et la *Mendicité*. Elles furent très discutées, et prônées avec enthousiasme par toute la jeune école qui cherchait à révolutionner l'art. *Une tuerie*, fragment de bas-relief, exposé au salon de 1834, ne fit qu'accroître le bruit qu'on faisait autour du jeune artiste. Cependant, après ces débuts éclatants, il comprit qu'il gagnerait à modérer un peu son exubérance d'imagination et, sans cesser d'être originale et moderne, sa manière devint plus sage. Il donna, en peu d'années, un grand nombre de morceaux importants dont plusieurs lui furent même commandés par l'Etat : *Une ondine, La rivière des Amazones* et la *Reine de Saba*, grands bas-reliefs; une statue d'*Hécube couchée* qui fut unanimement appréciée; *Charlemagne*; un *Christ* pour l'église Saint-Gervais; l'*Abbé de l'Epée*, pour la façade de l'Hôtel de Ville de Paris; *Clémence Isaure*, pour le jardin du Luxembourg; *Saint-Gervais et Saint-Protais*, pour l'église Saint-Gervais, en collaboration avec Antonin Moine. Au salon de 1850, un bas-relief, *Ophélie*, lui valut, un peu tard, sa première récompense; son talent si discuté était alors dans toute sa force; il donna ensuite : *Marceau; Un cavalier gaulois*, pour le pont d'Iéna; *Sainte-Valère* (1853), pour l'église Sainte-Clotilde; le *Masque*, statuette en bronze; *Aristide Olivier*, statue avec bas-reliefs; *La Mort cueillant une fleur* (1856), dont le sujet et l'attitude, tout romantiques, parurent étranges après le milieu du siècle; *Mansart et Le Nôtre*, pour les jardins de Versailles. Au nouveau Louvre, Préault a sculpté : *La Paix, La Guerre, André Chénier* et des *Génies ailés*; puis, au salon de 1863, le *Meurtre d'Ibicus*, la *Parque*, bas-relief; à celui de 1865, un *Portrait de femme*; en 1866, l'*Espé-*

rance, buste en plâtre, et la *Vierge aux épines.* Mais où le talent de Préault se montre peut-être le plus original, c'est dans ses médaillons. Ce ne sont plus, comme dans les œuvres de David d'Angers, son maître, de belles figures pures, régulières, d'une expression vraie, touchante, profonde, mais calme; Préault recherchait plutôt le heurté, le violent; il voulait saisir tout [d'abord. Cette préoccupation est visible surtout dans ses deux productions capitales : la *Douleur,* pour la sépulture de l'israélite Jacob Roblès, au Père-Lachaise, et *Adam Mickiewicz* (salon de 1867). La puissance de l'artiste frappe et attire à la fois, et sous l'impression profonde qu'elle produit, on ne songe pas à critiquer l'étrangeté de la conception et souvent même l'incorrection de la forme. Dans ses dernières années, Préault n'a plus guère donné que des médaillons, parmi lesquels nous citerons : *Un portrait de femme* (1865); *Un portrait d'enfant,* en bronze; *Aulus Vitellius; Paul Huet* (1870) et, après la guerre, plusieurs médaillons funéraires très remarquables, un *Portrait de M. Hue,* le buste de *Mademoiselle Didier,* le tombeau de *Rouvière,* etc. Il était chevalier de la Légion d'honneur seulement depuis 1871.

PRÉCEINTE. *T. de constr. nav.* Nom des bordages situés un peu au-dessus de la flottaison, et qui jouent un rôle important dans la solidité de la coque des navires. Dans les navires en bois, les préceintes sont en chêne et de forte épaisseur; dans les navires en fer et en acier, on donne aux préceintes une épaisseur plus grande qu'aux autres tôles du bordé.

* **PRÉLART.** *T. techn.* Sorte de grosse toile de lin, très forte et goudronnée ou non, dont on se sert pour garantir de la pluie les voitures ou vagons chargés de marchandises ou, sur les quais de chemins de fer ou ports, pour couvrir les objets qui doivent y stationner. On dit quelquefois *toile à prélart* et *toile prélart.*

* **PRÊLER.** *T. techn.* Action de frotter avec la *prêle,* plante herbacée, pour obtenir un polissage.

PRÉPARATEUR. On donne ce nom, dans l'enseignement, à celui qui, dans les cours scientifiques, est chargé d'exécuter et de préparer les expériences nécessaires pour expliquer et faire comprendre les théories et les faits pratiques qu'expose et démontre le professeur. Ce mot s'est du reste généralisé et s'applique à tous ceux qui sont chargés d'une préparation quelconque. Dans le haut enseignement, le nom d'*appariteur* est plus spécialement réservé à celui qui est chargé de maintenir le bon ordre pendant les cours.

PRÉPARATION. *T. de filat.* Au pluriel, se dit pour désigner les machines préparatoires de filature qui précèdent le métier à filer; au singulier, s'emploie pour désigner une mèche de banc-à-broches.

PRÉPARATION MÉCANIQUE. Opération capitale de l'exploitation des mines métalliques, consistant à séparer les minerais, sans le concours des agents chimiques ni de la chaleur, de la plus grande partie des gangues, qui les accompagnent dans la nature et avec lesquelles on les extrait.

Elle comprend d'abord les opérations préliminaires suivantes : séparation des menus, concassage des gros, clauhage et scheidage des gros concassés, broyage des morceaux de composition mixte, classement par grosseur des morceaux broyés. Elle consiste principalement en un classement par densité des matières préalablement classées par grosseur. Ce classement s'opère très généralement par un lavage au sein de l'eau, dans des appareils très variés dont nous avons donné la théorie dans les *Annales des mines* de 1885. La préparation mécanique des minerais de fer et des matières aurifères s'appelle *lavage,* et il en est de même de l'opération qui consiste à débarrasser les menus *de houille de la plus grande partie des pierres qui y sont mélangées.* Nous avons décrit toutes les opérations de la préparation mécanique à l'article LAVAGE ET PRÉPARATION MÉCANIQUE DES MATIÈRES MINÉRALES. — A. B.

PRESSAGE. *T. techn.* Opération qui consiste à soumettre à l'action d'une presse, certains produits manufacturés ou non, dans le but de les presser, de les condenser ou de les façonner.

PRESSE. On appelle ainsi les appareils au moyen desquels on exerce sur la matière une compression que l'on peut renouveler, prolonger et régler à volonté. Ces appareils sont nombreux et variés; car la compression est une des principales ressources de l'industrie, et son emploi tend à se généraliser de plus en plus à mesure que les moyens de l'obtenir se perfectionnent. En général, les presses peuvent être classées d'après les organes ou les agents physiques qui servent à la transformation du travail mécanique dépensé; au point de vue des organes, on distingue la *presse à levier, à coin, à vis, à genou,* etc.; comme agent physique, on utilise l'incompressibilité des liquides, parmi lesquels l'eau s'est imposée naturellement et a servi pour créer la presse hydraulique. La façon dont la compression est employée conduit à établir une autre distinction entre les *presses alternatives,* ou *à plateaux,* dans lesquelles toute la matière est comprimée à la fois, et les *presses continues,* ou *à cylindres,* dans lesquelles la matière est comprimée successivement. La fabrication du sucre fournit des exemples de ces deux modes d'opérer. La pulpe de la betterave est traitée par le premier, et la canne à sucre par le second auquel se rattachent un grand nombre d'appareils industriels, comme les laminoirs, les presses à satiner, les rouleaux compresseurs, etc. Quant à la forme des presses, elle se modifie suivant l'état des matières soumises à la compression et suivant les résultats que doit fournir l'opération. Chacune de ces formes entraîne alors une désignation spéciale telle que : *pressoir, presse à huile, presse à pulpes et à écumes, presse à foin et à coton, presse monétaire,* etc.

Le moyen le plus élémentaire de comprimer la matière consiste à la charger d'un poids correspondant à la pression désirée, poids que l'on peut réaliser avec des pierres, du sable ou même de l'eau enfermée dans un vase; mais c'est un procédé peu pratique et qui ne peut s'employer que si ce poids n'a pas besoin d'être déplacé ou modifié ; on l'utilise cependant, à cause de sa simplicité pour les *rouleaux compresseurs* des chaussées. — V. ce mot.

Presses à levier. Pour les opérations qu'il faut renouveler plusieurs fois, on a recours au levier qui permet d'obtenir la compression avec un poids d'autant plus faible que le rapport entre les bras du levier est plus grand (V. LEVIER); seulement, si la matière diminue beaucoup de volume, le poids doit parcourir un chemin considérable, ce qui oblige à limiter l'emploi des presses de ce genre aux petits appareils, comme ceux qui servent à essayer la résistance des matériaux à la traction, sur des échantillons de dimensions réduites.

Parmi les outils, les tenailles et les pinces peuvent être rattachées aux presses à levier; il en est de même des cisailles et des poinçonneuses dans lesquelles le très court chemin parcouru par l'outil a permis de remplacer le poids par un excentrique agissant sur l'extrémité du levier. L'excentrique et la manivelle ou poulie motrice représentent alors une seconde combinaison de leviers grâce à laquelle on obtient une très grande pression avec une force modérée, dont le point d'application décrit un mouvement circulaire continu beaucoup plus avantageux, en pratique, que le mouvement rectiligne alternatif.

Presse à coin. Pour obtenir la pression énergique qu'exige l'écrasement des graines oléagineuses, on a, dans les huileries, remplacé la presse à levier par la presse à coin dont l'action rigide triomphe plus complètement de l'élasticité de la matière (V. COIN). En outre, au lieu d'agir sur la tête du coin d'une façon continue, ce qui exige un poids ou une pression considérable, on peut agir par percussion, ce qui permet d'employer un poids beaucoup plus faible donnant par la hauteur de sa chute le même travail. En effet, si le coin parcourt un chemin e sous l'action d'un poids P, le travail est représenté par $T = Pe$; pour obtenir le même résultat avec un poids plus faible p, il faut que celui-ci tombe d'une hauteur h telle que $T = p(h + e)$; il en résulte que $p = \dfrac{Pe}{h+e}$, ou si p est fixé d'avance, $h = \dfrac{(P-p)e}{p}$. Les valeurs de p et de h sont solidaires et en prenant $h = ne$, on trouve pour $e = 1$, $p = \dfrac{P}{n+e}$. Le raisonnement inverse permettrait de déterminer la pression nécessaire pour remplacer l'action du choc; dans tous les cas, il ne faut pas faire p trop faible, parce que la perte de travail qui résulte de l'emploi du choc, perte déjà plus grande que celle qui résulte d'un effort continu, augmente encore à mesure que la masse du corps choquant diminue. Dans la presse à coin, le travail absorbé par le frottement est égal à une fois et demie le travail utile; l'opération est longue et la décompression difficile; sa grande simplicité est loin de compenser tous ces inconvénients qui font préférer la presse à vis.

Presse à vis. Nous renvoyons au mot VIS, pour l'étude de cet organe dans lequel on peut retrouver, comme éléments, le levier et le coin; mais ce dernier animé d'un mouvement circulaire continu dans un plan perpendiculaire à l'axe de rotation.

Les presses à vis sont de deux sortes : dans les unes, l'écrou est fixé sur le bâti et c'est la vis qui reçoit le mouvement de rotation; dans les autres, c'est l'écrou que l'on fait tourner; dans les deux cas, il est préférable, pour diminuer les frottements latéraux, de partager l'effort également sur deux leviers diamétralement opposés; on donne généralement aux filets une inclinaison très faible pour que l'élasticité du corps pressé ne produise pas le desserrage. Par exception, et lorsque l'on veut obtenir très rapidement une compression très énergique suivie d'une décompression facile, on emploie des vis à filets très inclinés et même à plusieurs filets; les leviers sont alors armés à leur extrémité de boules pesantes qui accroissent leur moment d'inertie. Les presses de ce genre, connues sous le nom de *presses à balancier*, agissent plutôt à la façon d'un marteau dont on alimenterait la force vive jusqu'à la fin de sa course, de façon qu'il ne soit ni arrêté, ni renvoyé en arrière par la réaction due à l'élasticité du corps comprimé.

La théorie de la vis indique que le travail absorbé par les frottements peut varier du double au quadruple du travail utile, suivant l'intensité de la pression, et que la vis à filets triangulaires exige plus de force, à conditions égales; on a cherché à y remédier en faisant agir la vis sur une combinaison de leviers articulés, deux à deux, d'un bout sur un point fixe, et de l'autre sur le plateau compresseur. La vis est alors filetée en sens inverse sur chaque moitié de sa longueur et, en tournant, rapproche deux écrous logés aux deux autres points d'articulation du losange formé par les leviers. L'analogie de ce mouvement avec celui du genou, a fait désigner ce système sous le nom de *presse à genou*. L'une des principales applications de la presse à vis est le *pressoir* (V. ce mot). Les laminoirs peuvent être considérés comme des presses à vis dans lesquelles les deux plateaux sont remplacés par des cylindres dont la rotation, en sens contraire, permet d'exercer d'une façon continue et simultanément les efforts de pression et de traction si précieux pour le travail des métaux. Les laminoirs ne sont, du reste, qu'une variété des *presses* dites *à cylindres* dont on fait usage, soit pour la préparation des matières plastiques, soit pour l'écrasement des matières solides; l'emploi de ces appareils cesse d'être avantageux avec les substances qui possèdent une certaine élasticité, parce que la durée de la compression est extrêmement courte.

Presse à antifriction. Pour éviter les pertes de travail dues aux frottements et aux chocs, M. Dick a imaginé un système de presse dans laquelle un galet moteur entraîne, par roulement, deux excentriques tracés en développante de cercle; les axes de ces excentriques se déplacent dans des guides ménagés dans le bâti et, en tournant font, à leur tour, osciller chacun un secteur, dont l'un s'appuie sur un coussinet fixe, et l'autre, sur la tête mobile du porte-outil. Cette disposition remplace avantageusement le glissement des pièces l'une sur l'autre par le roulement dont le frottement est bien moins considérable ; mais les chemins parcourus étant toujours en raison inverse des efforts exercés, l'appareil n'est vraiment pratique que pour des outils à course très limitée, d'autant que les organes doivent être exécutés avec une grande précision.

Presse hydraulique. Dans toutes les presses précédentes, la compression est limitée par l'énorme disproportion entre le travail dépensé et le travail utilisé ; le problème n'a été vraiment résolu que par la réalisation industrielle du principe de Pascal (V. HYDRAULIQUE) dans l'appareil aujourd'hui bien connu sous le nom de *presse hydraulique*. Sous sa forme la plus élémentaire (fig. 321), cette presse se compose d'un cylindre A dans lequel se meut un piston B du type appelé *plongeur* ; la tête de ce plongeur supporte un plateau mobile P sur lequel se place la matière à comprimer. Le cylindre repose sur un sommier relié par quatre tirants TT avec un second sommier D dont la face inférieure sert de plateau fixe. Les tirants servent en même temps de guides au plateau mobile. On refoule de l'eau dans le cylindre à l'aide d'une pompe dont le tuyau est figuré en x ; cette eau déplace le plongeur et l'oblige à exercer sur la matière une pression égale à l'effort exercé sur le piston de la pompe multiplié par le rapport entre les sections du plongeur et du piston. Les volumes de déplacement devant être les mêmes, il en résulte que les chemins parcourus par les deux organes mobiles sont en raison inverse du même rapport.

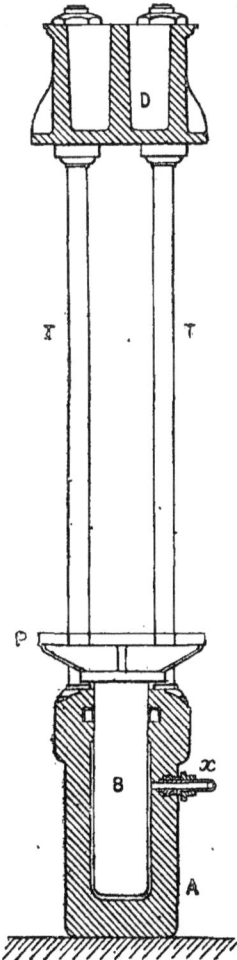

Fig. 321. — *Coupe d'une presse hydraulique.*

Les cylindres de presses sont généralement en fonte ; on peut calculer l'épaisseur de la paroi avec la formule $e = \dfrac{10\,P\,D}{2\,R}$, dans laquelle e représente l'épaisseur cherchée en millimètres ; P la pression en kilogrammes par centimètre carré de surface ; D le diamètre intérieur du cylindre en mètres ; R la résistance à la traction du métal par millimètre carré de section. On doit tenir compte de ce que la résistance d'une paroi cylindrique n'augmente pas régulièrement avec son épaisseur, et on a soin de ne pas faire travailler la fonte à plus de 2 kilogrammes et le fer forgé à plus de 6 kilogrammes. Pour les très grandes pressions, il vaut mieux faire le cylindre en fer forgé, en lui donnant la forme d'un tube ouvert aux extrémités dont l'une est consacrée au passage du plongeur, et dont l'autre est fermée par un tampon muni de la garniture en cuir dont il sera question plus loin (fig. 322) ; le tampon doit avoir un diamètre un peu plus faible que celui du plongeur, pour éviter l'entraînement du cylindre, et la saillie annulaire intérieure doit avoir une surface telle que l'effort total qu'elle supporte soit au moins dou-

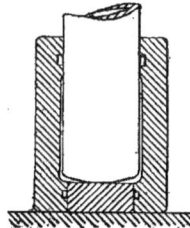

Fig. 322. — *Coupe d'un cylindre de presse en fer forgé.*

ble de la résistance au frottement du plongeur sur sa garniture et ses guides. Les plongeurs de presses sont en fonte, évidés intérieurement lorsque leur diamètre est considérable ; ils doivent être tournés et calibrés parfaitement sur toute leur longueur, afin de diminuer, autant que possible, les frottements. Le cylindre est alésé avec le même soin sur toute la longueur de la saillie intérieure, qui sert de guide au plongeur, et dans laquelle est ménagé l'évidement où se loge la garniture, dite de *Bramah*, du nom de l'ingénieur anglais qui l'a imaginée. Cette garniture est formée par un cuir embouti en forme d'U ; l'eau qui passe autour du plongeur pénètre dans le vide annulaire du cuir et le force à s'appliquer, d'une part, contre la paroi de l'évidement, de l'autre, contre la surface extérieure du plongeur ; la fermeture est automatique et son étanchéité toujours en rapport avec la pression. Pour fabriquer cette garniture, on prend une rondelle de cuir découpée au diamètre convenable, dans une peau saine et d'épaisseur bien égale ; on la trempe dans l'eau un jour avant de l'employer, et on la comprime dans un moule en deux pièces, tournées de façon à laisser entre elles l'espace nécessaire ; on serre ces deux pièces lentement à l'aide d'un boulon ; lorsque le cuir est embouti complètement, on découpe la rondelle intérieure. Le remplacement de la garniture oblige à sortir complètement le plongeur ; on évite quelquefois cet inconvénient en plaçant l'évidement au sommet du cylindre, et en le fermant à l'aide d'un anneau fixé avec de forts boulons.

Les sommiers de presses sont en fonte ; dans les petites presses, le sommier et le cylindre sont souvent fondus en une seule pièce ; les tirants sont en fer ; ils sont assemblés sur le sommier inférieur avec des clavettes et sur l'autre, avec des écrous ; on doit éviter absolument les soudures qui diminuent presque de moitié la résistance du métal, quelque soin qu'on y apporte.

Les pièces de fonte doivent être coulées debout, en métal de seconde fusion, et les essais exécutés avec une pression triple de celle à laquelle la presse doit fonctionner ; on a soin, pour ces essais, de mettre le plongeur dans le cylindre pour éviter de soumettre ce dernier à une fatigue exagérée. Le métal de la paroi est, en effet, soumis à deux efforts distincts, l'un dans le sens perpendiculaire aux génératrices, et l'autre dans le même sens que les génératrices ; le premier est] égal au produit du diamètre intérieur par la longueur du cylindre et par la pression ; le second est égal à la section multipliée par la pression, et l'on conçoit qu'il varie considérablement, suivant que la pression agit sur la section entière ou seulement sur la section annulaire. C'est en raison de l'effort longitudi-

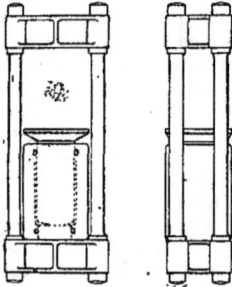

Fig. 323 et 324.

nal qu'il convient de donner au fond du cylindre plus d'épaisseur qu'à la paroi et de tenir compte, pour leur raccordement, de ce que le métal doit, en cet endroit, pouvoir résister à la résultante des deux efforts simultanés. Cette dernière considération conduit, pour les très grandes pressions, à faire appuyer le fond du cylindre sur le sommier, comme l'indiquent les figures 323 et 324 ; on reporte ainsi la réaction du plongeur sur les tirants en fer, qui offrent plus de sécurité que le fond du cylindre, où l'élasticité du métal est toujours altérée par suite de l'inégalité du retrait.

Pompe d'injection. Pour refouler l'eau dans le cylindre de la presse, on emploie une petite pompe aspirante et foulante que l'on nomme *pompe d'injection* ; c'est en quelque sorte une presse à levier dans laquelle l'effort exercé par le piston est représenté par $\frac{pL}{l}$; p étant l'effort exercé sur le levier à la distance L de son point d'articulation, et l la distance de ce dernier point à l'articulation de la tige du piston. En multipliant l'effort ainsi obtenu par le rapport entre les sections du plongeur et du piston, ou, ce qui revient au même, entre les carrés de leurs diamètres, on obtient l'effort total dont la presse est capable, soit :

$$P = p\frac{L}{l}\frac{D^2}{d^2}.$$

Les pertes dues aux frottements peuvent être évaluées à 15 ou 20 0/0.

Dans les pompes d'injection, la résistance du piston augmente au fur et à mesure que la pression s'élève. Avec un piston de petit diamètre, l'opération durerait trop longtemps ; avec un piston plus fort, elle serait bientôt arrêtée parce qu'il faudrait exercer sur le levier de la pompe un effort démesuré. On obvie à cet inconvénient de deux façons : soit en se ménageant le moyen

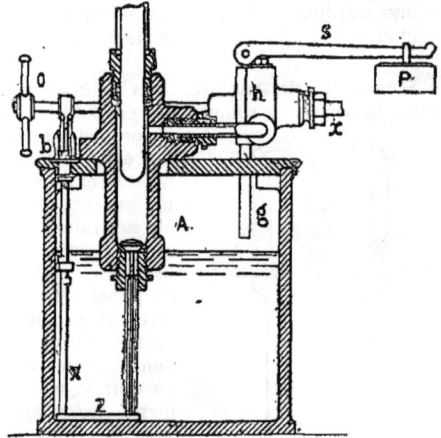

Fig. 325. — *Coupe d'une pompe d'injection avec son désamorceur.*

de diminuer la distance l par le rapprochement de l'articulation du levier, soit en employant des pistons de sections décroissantes. On emploie, dans ce but, deux pompes accolées avec des pistons de diamètres différents ; on commence la compression avec les deux pistons, et on l'achève avec le plus petit, grâce à un dispositif qui permet de désamorcer l'autre pompe, en soulevant

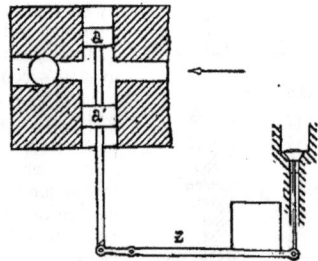

Fig. 326. — *Désamorceur automatique.*

sa soupape d'aspiration (fig. 325) ; ce dispositif se compose d'un balancier Z dont l'une des têtes soutient une tige verticale au-dessous de la soupape ; l'autre tête est actionnée par une seconde tige X terminée par une vis et une petite manivelle *b*. Dans les grands appareils, lorsque les batteries de pompes sont actionnées par un moteur mécanique, on obtient le désamorcement automatique en faisant agir l'eau comprimée sur les désamorceurs ; la figure 326 montre cette disposition réalisée pratiquement à l'aide de deux

petits pistons solidaires *a a'*, de diamètres différents ; l'eau comprimée qui traverse le canal de
communication entre la pompe et la presse, agit
en raison de l'excédent de l'une des sections sur
l'autre ; un poids, mobile sur le balancier, per·
met de régler convenablement le système. Au
lieu de deux pompes séparées, on peut, comme
l'indique la figure 327, réunir les deux pistons en
un seul, dont la longueur est divisée en deux
parties de diamètres inégaux ; on a ainsi deux
pompes superposées *a* et *b* ayant chacune son
désamorceur ; dans ce cas, celui du petit piston a
pour but d'arrêter l'opération, chaque fois que la
pression atteint une intensité déterminée, sauf à
la laisser reprendre si la pression vient à baisser,

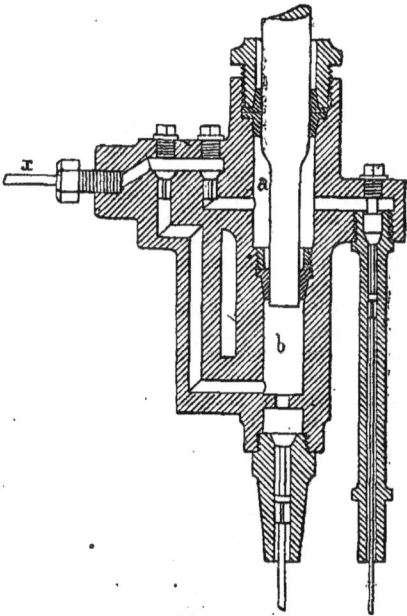

Fig. 327. — *Coupe d'une pompe d'injection à deux
corps avec désamorceur.*

ce qui arrive quand on comprime des substances
pâteuses dont le liquide s'écoule lentement et
difficilement.

La décompression est obtenue à l'aide d'un
obturateur O (fig. 325) qui laisse, lorsqu'il est
ouvert, l'eau enfermée dans le cylindre de la
presse retourner dans la bâche A de la pompe par
le tuyau *g*. Une soupape de sûreté *h*, munie
d'un contrepoids P fixé à l'extrémité du levier S,
est placée sur le tuyau de refoulement *x* ; elle est
nécessaire pour empêcher les accidents, bien que
ceux-ci soient peu dangereux et limités à des
ruptures de pièces, parce qu'il suffit de l'écoulement d'une très petite quantité d'eau pour détruire la pression ; c'est pour cette raison que les
essais de chaudières se font toujours avec l'eau
comprimée. Il est du reste toujours utile d'installer un manomètre sur la pompe d'injection
pour surveiller la marche de l'opération. Rappe-

lons enfin que l'on évite l'usure des pièces en
ayant soin d'employer de l'eau très propre et filtrée au besoin. On l'additionne de glycérine
lorsque l'on craint les effets de la gelée.

Les presses hydrauliques ont reçu de nombreuses applications industrielles, pour la compression des corps solides, liquides et gazeux ;
pour le soulèvement du matériel des chemins de
fer, pour la manœuvre des portes et des vannes
d'écluses, pour celle des ponts tournants que l'on
soulève sur leur centre de gravité de façon que
le mouvement s'effectue sur un pivot hydraulique sans frottement appréciable ; elles ont servi
de point de départ pour la distribution de la
force par l'eau comprimée (V. MOTEUR HYDRAU-
LIQUE), et ont permis de créer un grand nombre
d'outils. — V. POINÇONNEUSE, RIVEUSE, VÉRIN.

On a cherché à simplifier la presse hydraulique en supprimant la pompe d'injection et ses
accessoires ; dans un appareil appelé *sterhydrau-
lique*, la pression est obtenue par l'introduction,
dans un cylindre rempli d'huile, d'une corde qui
s'enroule sur un tambour. Le déplacement du
plongeur varie avec l'espace occupé par la corde.
On a construit, dans le même ordre d'idées, de
petites presses de laboratoire dans lesquelles on
se contente de faire pénétrer dans le cylindre qui
renferme le plongeur un petit piston sur lequel
on agit à l'aide d'une vis.

Presse à vapeur. On utilise quelquefois
l'action de la vapeur sur un piston pour obtenir
des pressions considérables ; mais comme cette
action est très rapide, on doit munir l'appareil d'un
robinet ou plutôt d'un tiroir en coin qui permet de
régler l'admission et l'échappement avec une
grande précision. On a construit de cette façon des
grues à vapeur, sans treuil ni engrenages, dans
lesquelles le piston agit directement sur la chaîne
de levage (V. GRUE). Pour élever les liquides, on
fait agir quelquefois la vapeur directement ; tel
est le cas des monte-jus employés dans les sucreries ; c'est un exemple curieux du principe de
Pascal appliqué en sens inverse. Le fluide moteur agit dans un vase à grande section et refoule le liquide dans un tuyau de section beaucoup plus faible, calculée d'après le poids de la
colonne liquide à soulever, en tenant compte de
la hauteur du soulèvement et, s'il y a lieu, de la
densité du liquide. — J. B.

Presse à fourrage. Machine servant à comprimer les foins et les pailles. Le foin est une
marchandise transportable au loin à la seule condition qu'il soit ramené à une densité telle, qu'on
puisse l'expédier par vagons en pleine charge,
afin de bénéficier des tarifs, ce qui permet de le
faire venir des contrées où il est abondant et peu
cher ; on peut ainsi approvisionner facilement les
grandes villes, les compagnies de voitures et
d'omnibus, l'armée, etc. Par la compression, on
évite, en outre, la perte des graines, l'humidité,
les incendies, enfin les fourrages comprimés
conservent leur arome, leur coloration et leur valeur nutritive. Il faut ramener le foin à une densité de 300 kilogrammes au mètre cube. Les

presses à fourrages sont employées depuis long-temps pour les besoins des colonies; on comprimait les bottes de foin avec une presse hydraulique dont le prix est considérable. Les presses actuelles peuvent se ramener à deux types : celles qui compriment d'un seul coup la masse du foin devant former la botte, et celles qui compriment le fourrage par couches successives de faible épaisseur. C'est dans les premières que se rangent toutes les presses fonctionnant à bras; elles se composent en principe d'une caisse parallélipipédique en bois fortement cerclée, dans laquelle on met toute la charge de foin; un fond mobile ou piston effectue la compression. Le piston est manœuvré de dif-férentes façons : par une sorte de treuil à chaînes et à leviers à rochets; par une crémaillère mise en mouvement par un train d'engrenages ou par une vis et d'une façon analogue aux *pressoirs* (V. ce mot). Lorsque la botte est comprimée, on l'en-toure de liens en fil de fer recuit attaché par des agrafes. On emploie ordinairement du fil n° 16 pour les liens et du n° 23 ou 24 pour les agrafes. Ces machines fonctionnent avec un ou deux hommes; lorsque la presse marche par un mou-vement circulaire, on peut employer un moteur pour la manœuvre. Le piston peut se mouvoir dans le plan vertical comme dans les presses de Guitton, de la Compagnie américaine « Hercules lever Jack », de Wohl, de Millot, etc.; dans ce cas, la manœuvre a lieu le plus ordinairement par leviers. Le mécanisme est à vis ou à crémaillère pour les presses à piston horizontal (Albaret, Guitton, etc.). Cette dernière disposition est la seule recommandable pour les grandes presses. Dans la presse horizontale de Laporte aîné, le piston est poussé par une presse hydraulique mue à bras ou au moteur.

Comme le foin transmet mal la pression, on est conduit à employer des machines plus compli-quées comprimant la botte par couches de 2 à 3 centimètres. On arrive ainsi à obtenir des densités plus considérables. Voici la description d'une machine se rapportant à ce type; elle se com-pose d'une caisse horizontale à section carrée, dans laquelle se meut un piston en bois animé d'un mouvement alternatif, commandé par une manivelle; au-dessus se trouve une trémie d'ali-mentation dans laquelle on met le foin par petites charges; ce dernier passe alors par une cheminée verticale, puis est poussé derrière le piston par une planche fixée à l'extrémité d'un levier oscillant; lorsque le fourrage est enfoncé, le levier se relève et le piston vient agir pour comprimer la portion introduite et la serrer contre la partie déjà pres-sée. C'est la résistance à l'écoulement dans le conduit prismatique qui détermine la compres-sion; des boulons permettent de rétrécir la section à l'extrémité du conduit, et des ressorts retiennent le foin serré pendant le retour du piston. Les bottes sont ainsi composées d'une série de couches comprimées isolément, et des plateaux en bois in-tercalés dans le jeu de la machine suffisent pour limiter la longueur des bottes au moment conve-nable. La ligature se fait avec des fils de fer pen-dant que le foin traverse le conduit, et cela sans

aucun arrêt dans la marche de la presse; les balles atteignent une densité de 0,4, leur forme parallélipipédique permet un magasinage facile et sans aucun espace nuisible, ce qui est un avan-tage pour le chargement des bateaux et des na-vires. Elle est mue par une machine à vapeur ou par un manège. Dans d'autres presses analogues à la précédente (Albaret, Tritschler), le piston est poussé par une flèche à laquelle on attache les chevaux ou les bœufs qui marchent alternative-ment dans un sens et dans l'autre en faisant à chaque fois un peu plus d'un demi-cercle. Lors-que le piston est arrivé à la fin de sa course, il est abandonné par le mécanisme et il revient à son point de départ par la réaction du foin pressé. Avec une paire de bœufs, trois hommes et un enfant comme conducteur, on fait facilement six balles de 50 kilogrammes à l'heure; l'emballage revient à 0 fr. 80 ou 0 fr. 75 les 100 kilogrammes. — M. R.

Presse électrique. *T. de phys.* Petite presse formée de deux planchettes rectangulaires en bois, servant à comprimer, au moyen de deux vis à écrou qui les traversent, une feuille d'or placée sur une découpure en parchemin, munie latéralement de deux lamelles d'étain sur ses côtés opposés. En faisant passer à travers ce système métallique la décharge d'une batterie de Leyde, l'or se vola-tilise, sa vapeur est projetée latéralement, à tra-vers les vides de la découpure, sur un ruban de soie blanche placé en dessous; cette poussière d'or y dessine en brun, l'image de la découpure (ordinairement le portrait de Franklin, avec sa légende : peint par la foudre).

On avait songé, un instant, à utiliser ce moyen pour imprimer sur étoffe.

Presse d'imprimerie. — V. IMPRIMERIE.

PRESSE-ÉTOUPE. *T. de mécan.* Sorte de stuffing-box rempli d'étoupe, dont le but est d'empêcher les fuites des gaz ou des liquides à l'endroit du pas-sage de la tige d'un piston. — V. STUFFING-BOX.

PRESSE-PAPIERS. Objet de bureau, et un peu lourd, que l'on met sur des lettres ou papiers d'af-faires pour les maintenir.

* **PRESSEUR, EUSE.** *T. de mét.* Ouvrier qui des-sert les pinces ou presses des machines à peigner le lin. || Celui qui met les étoffes à la presse. || *Cylindre-presseur*, qui sert à exercer une pression.

PRESSIER. *T. de mét.* Ouvrier qui travaille à la presse d'imprimerie.

* **PRESSIN.** *T. techn.* Produit que donnent le râpage et la pression des betteraves. — V. DISTILLATION.

PRESSION. *T. de phys. et de mécan.* On se repré-sente le plus souvent les corps comme formés d'éléments nommés *atomes* dont les dimensions sont extrêmement petites, et qui exercent les uns sur les autres des actions attractives ou répul-sives nommées *forces moléculaires*. Si l'on venait à supprimer une partie du corps considéré, on supprimerait par cela même les actions que cette partie du corps exerce sur l'autre. Dès lors, les

atomes de la partie restante ne pourraient plus
rester en équilibre dans leurs positions primitives, et si l'on voulait que rien ne fût changé à
l'état de cette portion du corps, il faudrait lui
appliquer des forces équivalentes aux actions
exercées par la partie supprimée. C'est ce système de forces, capable de remplacer l'action
d'une partie d'un corps sur un autre qu'on désigne, en général, *sous le nom de pression*. Mais
on conçoit qu'une pareille notion ait besoin d'être
précisée davantage. Il faut de toute nécessité
définir ce qu'on doit entendre par pression en
un point déterminé. On y arrive de la manière
suivante :

Considérons dans l'intérieur du corps une
tranche élémentaire de surface *ω* et d'épaisseur *ε*,
cette épaisseur étant supposée infiniment petite
par rapport à la surface. Tous les éléments du
corps, situés d'un même côté de cette tranche
exercent sur les différents points de celle-ci des
actions que l'on peut composer en une force
unique P et un couple C. Il est facile de se
rendre compte que, sauf dans quelques cas très
particuliers se rapportant à la torsion des solides, le couple C sera infiniment petit par rapport à la force P, parce qu'en raison de la continuité, les forces qui agissent sur les différents
points de l'élément considéré sont très peu inclinées les unes sur les autres. Cette résultante P
qui reste ainsi seule à examiner est ce qu'on
appelle la *pression totale* supportée par l'élément
de surface *ω*. Il est évident que la même tranche
de surface *ω* et d'épaisseur *ε* supporte sur son
autre face une autre pression P' due aux actions
exercées par les parties du corps situées de
l'autre côté; mais l'épaisseur étant supposée infiniment petite, on voit aisément que les deux
pressions P et P' ne peuvent différer que d'une
quantité infiniment petite. La tranche doit en
effet se trouver en équilibre sous l'action des
forces P et P' et des forces étrangères qui pourraient agir sur elles, parmi lesquelles il faut
compter les forces d'inertie si la tranche est en
mouvement. Or, ces forces étrangères et ces
forces d'inertie dépendent de la masse de la
tranche; on peut donc les réduire autant qu'on
veut en réduisant l'épaisseur *ε* et par suite la
masse. Donc à la limite il ne reste plus que les
pressions P et P' qui doivent se faire équilibre.
Ces deux pressions sont donc égales et directement opposées; il en résulte qu'il n'y a pas lieu
de les distinguer.

Si l'on divise P par *ω*, le quotient $\frac{P}{\omega}$ sera la
pression moyenne supportée par l'élément *ω*, ou
encore la *pression rapportée à l'unité de surface*.
Si, enfin, on imagine que l'élément de surface
plane *ω* entourant un point A tende vers 0, la
direction du plan de cet élément restant constante,
le quotient $\frac{P}{\omega}$ tendra vers une certaine limite *p*,
qu'on appelle la *pression au point* A pour un élément de surface de direction donnée. Ajoutons
qu'on appelle aussi *pression* la résultante des
forces appliquées sur un élément de la surface

libre du corps, ainsi que la résultante des actions
que le corps exerce sur un élément de la surface
du corps qui se trouve en contact avec lui.

Les corps tels que la nature nous les présente
offrent une complexité de structure intime trop
grande pour qu'on puisse en tenir un compte
exact dans les calculs et les spéculations de la
mécanique rationnelle et de la physique mathématique. On peut même dire que cette structure
intime des corps nous est inconnue. Aussi les
remplace-t-on par des êtres idéaux auxquels on
attribue des propriétés bien définies se rapprochant plus ou moins de la réalité, et l'on étudie
les conséquences logiques de ces propriétés hypo-
thétiques. On arrive ainsi à des résultats plus
ou moins conformes aux phénomènes observés.
Mais à mesure que la science se perfectionne,
les écarts entre l'observation et les conclusions
de ces théories nécessairement incomplètes deviennent plus marqués. Il arrive un moment où
les hypothèses primitives deviennent insuffisantes. Il faut alors les remplacer par d'autres
plus complexes, mais se rapprochant davantage
de la réalité. Dans certaines questions, il est
impossible de constituer une théorie suffisante,
même pour les besoins de la pratique, et la
science logique doit laisser la place à l'empi-
risme.

C'est ainsi qu'au début de la mécanique, et
dans un grand nombre de questions, on se contente de la notion du *solide invariable*. Par solide
invariable on entend un système de points matériels assujettis à rester à des distances fixes les
uns des autres. A coup sûr un pareil solide
n'existe pas dans la nature. Tous les corps, si
durs qu'ils paraissent, subissent des déformations, extrêmement faibles sans doute, mais certaines, sous l'influence de la plus légère pression.
Cette manière de concevoir les solides est cependant suffisante dans un très grand nombre de
questions; mais il en est d'autres, notamment
la résistance des matériaux, où elle devient manifestement stérile. Au solide invariable, il faut
substituer alors le *solide élastique*. Nous n'avons
pas à définir ici ce qu'on entend par solide élastique; mais on verra tout à l'heure les différences
dans la manière dont se comportent les pressions
dans les deux catégories de solide. De même
dans l'étude des fluides liquides ou gazeux, on
commence par imaginer un corps dit *fluide parfait* que l'on suppose formé d'un assemblage de
points matériels pouvant glisser les uns sur les
autres sans aucun frottement. Cette conception
répond à l'idée qu'on se fait de l'extrême mobilité des fluides. Il y a cependant bien des questions où il n'est pas permis de négliger la résistance certaine, quoique très faible, que les liquides et les gaz opposent aux déplacements de
leurs molécules respectives, résistance qui constitue la *viscosité* ou le *frottement intérieur* des
fluides.

Les explications qui précèdent étaient nécessaires pour qu'on se rende bien compte de la
véritable portée des développements que nous
allons donner sur les pressions dans les solides

et dans les fluides. Nous commencerons par les fluides.

Pression dans les fluides. Traduite dans le langage précis de la mécanique, l'hypothèse de l'absence de viscosité consiste en ce que la *pression sur un élément de surface d'un fluide est normale à cet élément.* On conçoit, en effet, qu'une pression oblique pourrait se décomposer en une normale, et une tangentielle, et cette dernière constituerait un *frottement.*

De ce que la pression est normale à l'élément sur lequel elle s'exerce, on déduit assez facilement, que : *dans un fluide la pression en un point A est indépendante de la direction de l'élément considéré.*

Avant d'aller plus loin il convient de distinguer le cas où le fluide est en équilibre et celui où il est en mouvement.

1° *Fluide en équilibre.* La plupart des théorèmes concernant la pression sont des conséquences de l'équation fondamentale :

$$dp = \rho (X\,dx + Y\,dy + Z\,dz)$$

qu'on établit aisément et qui exprime que la variation de pression, quand on passe du point xyz au point infiniment voisin $x+dx, y+dy, z+dz$ est égale au produit de la densité ρ du fluide en ce point par le travail que devraient effectuer les forces extérieures XYZ appliquées au même point pour le transporter dans la position infiniment voisine. Il résulte d'abord de là que la pression ne varie pas dans une direction perpendiculaire à la résultante des forces extérieures. Le lieu des points qui supportent une même pression est donc une surface normale en chaque point à la résultante des forces extérieures. Il y a évidemment une de ces surfaces pour chaque valeur de la pression ; elles ont reçu le nom de *surfaces de niveau* ; par chaque point de la masse fluide passe une surface de niveau. La surface libre d'un liquide est une *surface de niveau*, ainsi que la surface de séparation de deux fluides différents.

Le cas le plus utile à considérer dans la pratique est celui d'un fluide dont les différentes parties ne sont soumises qu'à l'action de la pesanteur. On reconnaît alors que les surfaces de niveau sont horizontales, et l'on démontre que la pression sur un élément infiniment petit ω, pris soit dans l'intérieur du fluide, soit sur la paroi, est égale au poids du fluide contenu dans un cylindre vertical qui aurait pour section droite cet élément ω et qui s'élèverait à partir de la position de l'élément considéré jusqu'à la surface libre du fluide. La pression exercée sur une portion de paroi horizontale est égale au poids du fluide compris dans le cylindre vertical qui a cette portion pour base inférieure, et qui s'élève jusqu'à la surface libre. Quant à la pression sur une paroi oblique ou courbe, on peut la calculer à l'aide du calcul intégral en décomposant la paroi en bandes horizontales et en intégrant les pressions exercées sur chaque bande. Comme toutes ces pressions sont parallèles, elles se composent en une seule dont le point d'application s'appelle le *centre de pression* (V. ce mot). Il est évident que le centre

de pression est toujours au-dessous du centre de gravité, puisque les points les plus bas supportent une pression plus grande. Les deux centres ne se confondent que si la paroi est horizontale. La résultante de toutes les pressions que le fluide exerce sur un corps plongé dans son intérieur, est verticale, dirigée vers le haut et égale au poids du fluide dont le corps solide tient la place. Tel est le fameux *principe d'Archimède* qui rend compte des phénomènes que présentent les corps flottants et les aérostats.

Toutes les propositions que nous venons d'établir sont indépendantes de la manière dont la densité varie avec la pression. Elles s'appliquent donc aussi bien aux liquides et aux gaz en équilibre ; mais il importe d'approfondir davantage les propriétés de ces deux espèces de corps. Il devient alors nécessaire de faire une hypothèse sur la loi qui lie la densité et la pression. A vrai dire, cette loi n'est pas connue d'une manière absolue ; mais les liquides se caractérisent par la petitesse des changements de volume qu'ils éprouvent sous des pressions même considérables, tandis que le volume des gaz varie énormément avec la pression qu'ils supportent. On est alors conduit à deux cas limites qui sont très voisins de la réalité.

Le premier est celui où la densité est constante dans toute la masse du fluide, ce qui correspond à un liquide *absolument incompressible.* L'étude complète des propriétés d'un pareil fluide en équilibre constitue l'*hydrostatique*, à laquelle un article spécial a été consacré (V. HYDRAULIQUE). Quoique les hypothèses de la mobilité parfaite et de l'absolue incompressibilité sur lesquelles repose l'hydrostatique ne soient pas absolument exactes, cependant les conclusions de cette partie de la science sont en accord presque complet avec l'observation et, dans tous les cas, suffisent largement aux applications de la pratique ce qui tient, d'une part, à ce que la viscosité des liquides ne se manifeste guère que quand ils sont en mouvement, et d'autre part à ce que la compressibilité de ces corps est extrêmement faible.

Le deuxième cas limite est celui où l'on suppose la densité proportionnelle à la pression. Il correspond à un gaz qui suivrait exactement la loi de Mariotte, et son étude a reçu le nom de *statique des gaz parfaits.* Les conclusions auxquelles on parvient ainsi s'écartent beaucoup plus de la réalité que dans le cas des liquides, ce qui tient d'une part, à l'inexactitude bien connue de la loi de Mariotte, et d'autre part, à la grandeur du coefficient de dilatation des gaz, et à la facilité avec laquelle les changements de pression déterminent dans ces corps des variations de température, d'où il suit qu'une étude théorique où l'on suppose la température constante dans toute la masse n'est guère d'aucune utilité pratique, à moins qu'il ne s'agisse *d'une masse de gaz assez petite.* Aussi dans l'étude des gaz parfaits, faut-il faire intervenir l'influence de la température. On est alors obligé d'introduire de nouvelles hypothèses concernant les effets de ce nouvel élément, et les questions qu'on est amené à traiter rentrent ainsi dans le domaine de la thermodynamique. — V. THERMODYNAMIQUE, CHALEUR, § *Equivalent mécanique de la chaleur*.

Pour nous borner au sujet du présent article, nous dirons seulement quelques mots de la manière différente dont se transmettent les pressions dans les liquides et les gaz parfaits. De l'équation fondamentale

$$dp = \rho(X\,dx + Y\,dy + Z\,dz),$$

on déduit que, ρ étant supposé une fonction de p, $X\,dx + Y\,dy + Z\,dz$ est la différentielle exacte d'une certaine fonction de p et que

$$\int_{p_0}^{p} X\,dx + Y\,dy + Z\,dz = \int_{p_0}^{p} \frac{dp}{\rho}$$

les limites communes des deux intégrales étant les pressions en deux points A_0 et A. Si par l'introduction d'une force étrangère au point A_0, on fait varier la pression en ce point d'une quantité δp_0, le premier membre ne changera pas puisqu'il ne dépend que des forces extérieures qui restent partout les mêmes, excepté au seul point A_0. Mais la pression en A devient $p + \delta p$. Dès lors on a :

$$\int_{p_0}^{p} \frac{dp}{\rho} = \int_{p_0 + \delta p_0}^{p + \delta p} \frac{dp}{\rho}$$

ou

$$\frac{\delta p_0}{\rho_0} = \frac{\delta p}{\rho}.$$

D'où ce théorème important :

Dans un fluide en équilibre, les variations infiniment petites de pression se transmettent proportionnellement aux densités. Dans les liquides, ρ est constant, on a donc

$$\delta p = \delta p_0$$

d'où l'on voit, en intégrant, que toute pression nouvelle exercée en un point de la masse, se transmet sans modification en un point quelconque de celle-ci.

Si donc dans un liquide remplissant un vase clos, on exerce sur une portion de la paroi de surface S une pression totale P, chaque point de la surface du liquide en contact avec S recevra une pression $\frac{P}{S}$ qui se transmettra exactement dans toute la masse, de sorte qu'une portion de paroi de surface S' supportera une pression égale à

$$\frac{P}{S} \times S' = P\frac{S'}{S}.$$

Ainsi, les pressions totales se transmettent proportionnellement aux surfaces sur lesquelles elles s'exercent. Tel est le *principe de Pascal* qui joue un si grand rôle dans l'hydrostatique et qui a reçu une application importante dans la *presse hydraulique*. — V. PRESSE, § *Presse hydraulique*.

Dans les gaz où la densité varie avec la pression, il est impossible que les pressions se transmettent intégralement, à moins que la densité ne soit constante dans toute la masse ; mais cette condition exige que $X\,dx + Y\,dy + Z\,dz$ soit nul en chaque point, c'est-à-dire que la masse gazeuse ne soit soumise à l'action d'aucune force. Ce cas se trouve à très peu près réalisé par une masse gazeuse enfermée dans une enceinte assez petite pour que l'on puisse négliger l'action de la pesanteur. Dans les cours de physique on démontre même l'égale transmission des pressions, dans ce cas, à l'aide d'une expérience fort simple.

Pour ce qui est des lois admises relativement aux pressions dans les mélanges de gaz différents ainsi qu'aux pressions des vapeurs et à la tension maximum de ces corps, nous renverrons le lecteur aux articles EBULLITION, GAZ, VAPEUR.

2° *Fluide en mouvement*. L'étude analytique du mouvement des fluides présente de grandes difficultés, alors même qu'on les suppose dénués de viscosité.

Dans les gaz, les phénomènes thermiques jouent un rôle considérable ; aussi la dynamique des gaz est-elle complètement du ressort de la thermodynamique.

L'étude des mouvements d'un liquide constitue l'*hydrodynamique* à laquelle un article spécial a été consacré. — V. HYDRAULIQUE, § *Hydrodynamique*.

Le seul cas qui intéresse la pratique est celui d'un liquide pesant. Sans revenir ici sur ce sujet, nous rappellerons seulement qu'on dit que le régime est permanent lorsque toutes les molécules liquides qui passent par un point fixe A quelconque ont toujours, au moment de leur passage en ce point, la même vitesse V, et la même pression p. On appelle *charge* au point A, la somme

$$\frac{p}{\rho g} + \frac{V^2}{2g}$$

ρ étant la densité du liquide et g l'intensité de la pesanteur ; le premier terme est la hauteur d'une colonne liquide dont la pression serait égale à p ; le deuxième est la hauteur de chute correspondant à la vitesse V.

Le théorème de Bernoulli consiste en ce que la charge est égale à la distance du point A au-dessous d'un certain plan horizontal dit *plan de charge*. Cette charge doit donc rester la même pour tous les points situés dans un même plan horizontal ; mais le théorème de Bernoulli, qui n'est qu'une conséquence du principe des forces vives ne tient compte ni de la viscosité du liquide ni de son frottement contre les parois. En réalité, il y a dans le mouvement d'un liquide une perte de charge qui se manifeste dans le sens du mouvement suivant des conditions qui ne peuvent être déterminées que par l'expérience. Les coudes, les étranglements des conduits, etc., augmentent la perte de charge.

Pression dans les solides. Il n'y a pas lieu de considérer les pressions dans l'intérieur d'un solide invariable. C'est en effet l'un des premiers théorèmes de la mécanique que dans un pareil corps on peut transporter le point d'application d'une force en un point quelconque de sa direction. A l'aide de ce théorème et des principes de la décomposition des forces on reconnaît que si un solide en touche un autre par deux points ou par trois points non en ligne droite, toute pression exercée sur un point quelconque de la surface du premier dans une direction perpendiculaire à la droite des deux points ou au plan des trois points de contact, se transmettra sur le second en ces deux ou trois points suivant deux ou trois forces parallèles à la première, dont il est facile de déterminer les intensités et dont la somme est égale à la force primitive. Mais, si le contact est établi par plus de trois points ou par trois points en ligne droite, le problème devient indéterminé et ne peut plus être résolu que si l'on introduit des hypothèses sur les déformations du solide et les réactions qui en résultent. On rentre alors dans une tout autre conception des corps solides. Nous avons vu que la pression dans les fluides était normale à l'élément pressé et conservait une même valeur en un même point dans toutes les directions. Ces conclusions cessent d'être exactes quand on s'écarte de l'hypothèse d'une mobilité parfaite qui sert de fondement à la théorie des fluides. Mais on conçoit que la viscosité puisse prendre toutes les valeurs depuis zéro, ce qui correspondrait au cas du fluide parfait, jusqu'à l'infini, ce qui correspondrait au cas du solide invariable, en passant par tous les états intermédiaires correspondant aux corps pâteux. Dans le fluide parfait, la pression se transmet intégralement dans tous les sens ; dans le solide invariable, elle ne se transmet que dans sa propre direction ; dans les corps pâteux, elle se transmettra intégralement dans le sens de la direction, et partiellement dans les autres directions. A cet égard, tous les corps solides sont plus ou moins pâteux, et s'écoulent sous une forte pression, comme une masse de beurre à travers des orifices de formes et de directions quelconques, ainsi que l'ont démontré les célèbres expériences effectuées par Tresca sur ce sujet. En tous cas, la question de la distribution et de la transmission des pressions dans les corps solides déformables, élastiques ou non, est beaucoup trop complexe pour que nous puissions l'aborder ici. Nous dirons seulement qu'on peut être conduit à considérer des pressions négatives ; c'est, par exemple, ce qui arrive dans le cas d'un fil tendu dont les tranches perpendiculaires à l'axe du fil subissent des efforts qui tendent à les écarter les unes des autres ; les pressions négatives reçoivent le nom de *tensions*. Comme du reste la surface latérale du fil subit la pression atmosphérique qui est positive, on voit qu'en un même point la pression peut être positive dans une direction, et négative dans une autre.

VARIATION DES PRESSIONS AVEC LA TEMPÉRATURE. Dans chaque corps les trois éléments *pression, volume* et *température* sont liés par une relation dite *caractéristique* qui diffère d'un corps à un autre. On ignore complètement la nature de cette relation pour les solides et les liquides. On sait seulement que les variations de volume correspondant aux variations de pression ou de température sont extrêmement petites, ce qui permet de les représenter par une fonction linéaire, ou, si l'on veut plus de précision, par une fonction du second degré de la température et de la pression

dont on détermine les coefficients par l'expérience. On a ainsi une équation de la forme :

$$V = V_0(1 + at + \mu p + a't^2 + \mu' p^2 + \lambda tp)$$

V_0 désignant le volume du corps à 0° et sous une pression nulle. Si l'on suppose la pression constante et que la température varie de dt, la variation du volume sera

$$dV = V_0(a + 2a't + \lambda p) dt.$$

Le coefficient

$$a + 2a't + \lambda p$$

est ce qu'on appelle le coefficient de dilatation cubique du corps à la température t et à la pression p ; il varie comme on voit avec la température et la pression. Si, au contraire, on ne fait varier que la pression p, on aura :

$$dV = V_0(\mu + 2\mu' p + \lambda t) dp$$

dV est nécessairement négatif si dp est positif. Le coefficient

$$\mu + 2\mu' p + \lambda t$$

où le terme μ est de beaucoup le plus considérable est donc aussi négatif. La valeur absolue de ce coefficient est ce qu'on nomme le *coefficient de compressibilité du corps*. Il dépend aussi de la pression et de la température.

Pour ce qui est des gaz, on a trouvé deux lois simples et générales qui représentent à peu près les variations de volume sous l'influence des variations de pression et de température. Ce sont : 1° la loi de Mariotte, d'après laquelle le volume est inversement proportionnel à la pression quand la température est constante, et 2° la loi de Gay-Lussac, d'après laquelle le coefficient de dilatation est indépendant de la température et de la pression, et de la nature du gaz, de sorte qu'il est le même pour tous les gaz. En combinant ces deux lois, on trouve pour la relation caractéristique des gaz parfaits, l'équation :

$$\frac{pv}{1 + at} = p_0 v_0$$

dont on fait un grand usage dans la thermodynamique (V. CHALEUR, § *Equivalent mécanique*). Le coefficient a est égal à $\frac{1}{273}$ environ. Il résulte de cette équation que, pour une masse gazeuse enfermée dans une enceinte de volume invariable, la pression est directement proportionnelle au binôme de dilatation $1 + at$; elle varie donc proportionnellement à la température, augmentant de 1/273 de sa valeur à 0° pour chaque élévation de température de 1°. Si l'on part de la température 0, on voit que la pression est devenue double à la température de 273°, triple à la température de $273 \times 2 = 546$, etc. La même équation montre que la pression serait devenue nulle à la température de — 273 qui a reçu, pour cette raison, le nom de *zéro absolu*.

MESURE DES PRESSIONS. La pression telle que nous l'avons définie jusqu'ici est une force qu'on doit évaluer avec l'unité de force habituelle, c'est-à-dire avec le gramme ou le kilogramme. Dans la pratique, on prend pour unité de pression, la pression exercée par une colonne de mercure de

$0^m,01$ de hauteur, sur un point quelconque de sa base inférieure. D'après les principes de l'hydrostatique cette pression est égale au poids d'une colonne de mercure ayant pour hauteur $0^m,01$, et pour base l'unité de surface. Lorsqu'on dit que la pression en un point A d'une masse fluide est égale à $0^m,76$ de mercure par exemple, on entend que la pression moyenne en A est égale à 76 fois l'unité ainsi définie. Un élément de surface ω placé en A, supportera donc une pression totale, égale à cette pression moyenne multipliée par ω, d'où il suit que cet élément de surface subira la même pression que s'il supportait une colonne verticale de mercure de base ω et de hauteur $0^m,76$. Pour convertir cette évaluation en grammes, il suffit de se rappeler que la densité du mercure est 13,59, de sorte que chaque centimètre de mercure correspond à une pression de $13^{gr},59$ sur l'unité de surface si l'on prend le centimètre carré pour unité de surface. Il suffit donc de multiplier la hauteur exprimée en centimètres par 13,59 pour obtenir, en grammes, la pression exercée sur chaque centimètre carré.

Dans l'industrie, on se sert d'une unité de pression appelée *atmosphère* parce qu'elle est à peu près égale à la pression atmosphérique moyenne (V. plus loin). La pression d'une atmosphère est celle d'une colonne de mercure de 76 centimètres. En faisant le calcul indiqué tout à l'heure, on verra que la pression d'une atmosphère représente 1,033 grammes par centimètre carré.

Il existe différents moyens pour mesurer les pressions ; le plus généralement employé consiste à équilibrer la pression à mesurer par une colonne de mercure dont on mesure facilement la hauteur. C'est le principe du *baromètre* (V. ce mot) et du *manomètre* à air libre. On emploie aussi différents appareils plus ou moins précis ou commodes qu'on nomme *manomètres*. Nous n'y reviendrons pas ici, un article spécial leur ayant été consacré. — V. MANOMÈTRE.

Pression atmosphérique. On appelle ainsi la pression du fluide gazeux qui entoure le globe de toute part. Cette pression, qui reconnaît pour origine le poids des couches d'air situées au-dessus du point considéré, diminue avec l'altitude. En un même point, elle n'est pas constante et varie suivant les circonstances météorologiques. On la mesure au moyen du *baromètre* (V. ce mot) et l'on a constaté que dans nos climats les hautes pressions se manifestent généralement pendant les beaux temps, et les basses pressions pendant les perturbations atmosphériques, orages, etc. De là l'usage des baromètres pour obtenir des indications sur le temps probable. A Paris, la moyenne de la pression atmosphérique est de 76° de mercure, ce qui représente 1,033 grammes par centimètre carré ; elle varie depuis 72° jusqu'à 78°. La pression atmosphérique joue un rôle considérable dans tous les phénomènes qui s'accomplissent à la surface de la terre. C'est elle qui détermine l'ascension de l'eau dans les pompes, parce qu'en relevant le piston on diminue la pression au-dessous de celui-ci ; dès lors,

la pression extérieure refoule l'eau du réservoir et la fait monter dans le tuyau d'aspiration ; mais comme la pression atmosphérique équivaut à celle d'une colonne d'eau de 10 mètres environ, l'eau ne saurait s'élever, dans les pompes, au-dessus de cette hauteur. Cette circonstance a été remarquée avant qu'on eût songé aux effets ni même à l'existence de la pression atmosphérique. On attribuait alors l'aspiration de l'eau dans les pompes à une prétendue *horreur du vide* qu'aurait eue la Nature. C'est Pascal qui trouva la véritable cause de ce phénomène. Pour montrer que la pression atmosphérique est bien la force qui refoule l'eau dans les pompes, il eût l'idée de faire l'expérience du baromètre, inventé alors par Toricelli, à différentes hauteurs, pensant avec raison que la pression diminuant quand la hauteur augmente, la colonne de mercure soulevée devait être moins longue au sommet d'une montagne qu'à son pied (V. PASCAL). Cette expérience mémorable est l'une de celles qui ont le plus contribué à établir sur de saines bases l'étude des phénomènes physiques.

La variation de la pression atmosphérique avec l'altitude a été utilisée pour la détermination des hauteurs à l'aide du baromètre. Si l'air suit exactement la loi de Mariotte, on conçoit qu'on puisse déterminer, *à priori*, la loi suivant laquelle la pression varie avec l'altitude et la température. On trouve que les hauteurs augmentant en progression arithmétique, les pressions doivent décroître en progression géométrique. Laplace, en partant de cette donnée, a établi une formule célèbre qui permet de calculer la hauteur quand on connaît : 1° la pression sur le sol ; 2° la pression au lieu d'observation ; 3° la température de l'air. Malheureusement, le second élément est le seul qu'on puisse déterminer avec précision car, pendant le temps qu'on s'est élevé, soit sur une montagne, soit en ballon, la pression sur le sol a pu changer et, d'autre part, il est impossible que toutes les couches d'air comprises entre le sol et la station d'observation aient la même température. Cependant, les aéronautes n'ont pas d'autre moyen à leur disposition pour déterminer la hauteur à laquelle ils se trouvent. Du reste, malgré ses imperfections, la formule de Laplace donne des résultats suffisamment exacts dans les altitudes qu'il est possible d'atteindre. Quant aux altitudes plus élevées, il est permis de supposer que la formule cesse de leur être applicable, ce qui tient, sans doute, à l'insuffisance de la loi de Mariotte. Effectivement, d'après cette formule, à 50 kilomètres de hauteur, l'air atmosphérique devrait être plus raréfié que celui qui reste sous la cloche des meilleures machines pneumatiques, tandis que les observations d'étoiles filantes assignent à notre atmosphère une hauteur beaucoup plus considérable.

Notre organisme est constitué pour supporter la pression atmosphérique moyenne de 76°. Les effets d'une augmentation ou d'une diminution assez forte de pression sont bien connus. Les plongeurs qui, munis d'appareils tels que le scaphandre, pénètrent à de grandes profondeurs sous la mer, ont à subir des inconvénients assez graves à cause de l'augmentation de la pression ; mais, en général, la diminution de la pression est bien plus difficilement supportée que l'augmentation. De là vient le malaise qu'on éprouve dans les ascensions des hautes montagnes et les accidents dont ont été victimes les aéronautes qui ont voulu s'élever trop haut. On se rappelle encore la catastrophe du ballon *Le Zénith*, dans lequel deux voyageurs sur trois ont péri asphyxiés par la raréfaction de l'air respirable, à une hauteur de 7 ou 8,000 mètres. — V. Crocé-Spinelli.

Au fond des rivières et des mers, à la pression atmosphérique s'ajoute celle de la colonne liquide située au-dessus du fond. Il n'est pas rare de trouver, dans l'Océan, des profondeurs de 3,000, 4,000 mètres et même 6,000 mètres qui correspondent à des pressions de 300, 400, 600 atmosphères au moins. Il est bien digne de remarque que ces abîmes, où s'exercent d'aussi énormes pressions, soient habités par des êtres d'une délicatesse de structure prodigieuse.

Pression dans les machines à vapeur. On sait que la vapeur d'un liquide ne peut être comprimée indéfiniment. Dès que la pression atteint une certaine limite qui dépend de la température, et qu'on appelle *tension maximum*, une portion se condense en liquide, de manière que la pression de la vapeur restante ne dépasse jamais cette limite. Inversement, dès que la pression qui s'exerce à la surface d'un liquide descend au-dessous de la tension maximum de sa vapeur, une partie du liquide se transforme tumultueusement en vapeur : c'est le phénomène de l'ébullition.

La tension maximum croît très vite avec la température. Pour l'eau, cette tension, très faible aux températures ordinaires, devient égale à la pression atmosphérique à 100°. De là résulte que de l'eau portée à 100° se met à bouillir, la pression de la vapeur formée devenant alors capable d'équilibrer la pression atmosphérique. Mais, si l'eau est enfermée dans un vase clos, on pourra élever beaucoup plus sa température, parce que la vapeur formée, ne trouvant pas d'issue, s'accumule jusqu'à ce que sa pression devienne égale à la tension maximum, ce qui empêche la vaporisation d'une nouvelle masse de liquide. Cette vapeur ainsi emprisonnée, sous une pression qui peut dépasser de beaucoup la pression atmosphérique, est le siège d'une force que l'on utilise dans les machines à vapeur ; il suffit, en effet, de la mettre en communication avec un cylindre dans lequel peut se mouvoir un piston pour que celui-ci, cédant à la pression, prenne un mouvement facile à transformer et à utiliser. Tel est, en effet, le principe des machines à vapeur dont nous n'avons pas à faire ici l'étude (V. Moteur). Nous nous bornerons à quelques remarques.

On peut augmenter la pression de la vapeur en activant la combustion dans le foyer. Si la production de vapeur excède la dépense, la pression s'élève ; elle s'abaisse dans le cas contraire. La pression et la température sont intimement liées l'une à l'autre, car, dans la chaudière, la vapeur est toujours saturée, c'est-à-dire à sa tension maximum. Pour augmenter la pression, il faut donc augmenter la température afin d'augmenter la tension maximum. Les machines sont construites pour fonctionner à une pression déterminée, et l'on diminuerait le rendement en les faisant marcher à une autre. C'est au mécanicien à conduire son feu de manière que le manomètre lui indique toujours la valeur normale. Les manomètres employés dans l'industrie sont presque toujours métalliques ; ils donnent la pression dans la chaudière et sont gradués en atmosphères de manière à marquer 0° à l'air libre. Le nombre d'atmosphères qu'ils indiquent donne l'excès de la pression intérieure sur la pression atmosphérique ; il faut donc ajouter une unité à leurs indications pour obtenir la véritable pression de la vapeur. La pression dans le cylindre est égale à la pression dans la chaudière tant que les deux enceintes communiquent entre elles, mais dès que le tiroir d'admission est fermé, la vapeur se *détend* dans le cylindre et la pression y diminue. Watt a imaginé un petit appareil enregistreur, qu'il a nommé *indicateur de pression*, et qui fait connaître à la fois la pression à chaque instant et le travail effectué par la vapeur pendant la course du piston (V. Indicateur). Il ne faut pas oublier que la force qui agit réellement est seulement l'excès de la pression de la vapeur qui pousse le piston sur la pression dans le condenseur ; cette dernière est égale à la tension maximum de la vapeur d'eau à la température de l'eau du condenseur ; il y a donc intérêt à diminuer le plus possible la température de cette eau qui est, en moyenne, de 40° à 50°.

Suivant le degré de la pression normale, on classe les machines à vapeur en machines à *basse pression* (jusqu'à 3 atmosphères), à *moyenne pression* (de 3 à 6 atmosphères) et à *haute pression* ; on va quelquefois jusqu'à 12 atmosphères. Les machines à haute pression sont, en général, plus économiques, ce qui est conforme aux théories de la thermodynamique, puisqu'elles fonctionnent entre des limites de température plus étendues. On sait, en effet, que le coefficient économique théorique s'élève avec l'écart des températures (V. Chaleur, § *Équivalent mécanique*, et Moteur). Elles occupent moins de place et sont plus légères que les machines à moyenne et à basse pression ; le mouvement du piston y est aussi plus rapide. Les locomotives, et généralement les machines sans condenseur, sont à haute pression ; en revanche, ces machines qui doivent fonctionner à une allure très rapide sont plus difficiles à établir que les autres, et la grandeur de la pression augmente les chances d'accidents ; aussi les machines fixes des grandes usines sont-elles presque toujours à moyenne pression. Quant aux machines à basse pression, qui se rencontrent et se construisent encore pour certains usages déterminés, elles se font remarquer par leur immense volume et la lenteur de leur allure. L'ancienne machine à balancier de Watt en est le véritable type. — V. Moteur.

Il arrive malheureusement trop souvent que la

pression de la vapeur accumulée dans la chaudière, détermine sous certaines influences, des explosions terribles (V. CHAUDIÈRE). On consultera avec intérêt sur ce sujet une notice d'Arago, imprimée dans le t. II des *Notices scientifiques* de l'illustre physicien. — M. F.

Pression électrique. L'électricité se portant à la surface des corps, chaque point de cette surface subit l'action d'une force normale dirigée vers l'extérieur. La valeur de cette force rapportée à l'unité d'aire est la pression électrique. C'est la résultante des actions qu'exerce, sur la masse d'électricité occupant l'unité d'aire autour du point considéré, la masse électrique répandue sur le reste de la surface du corps. La pression électrique en un point de la surface d'un conducteur est égale au produit du carré de la densité au point considéré par le facteur 2π. — V. DENSITÉ ÉLECTRIQUE, ÉLECTRICITÉ, § 36.

PRESSOIR. Nom donné, d'une façon générale, aux machines destinées à retirer le jus d'un certain nombre de substances animales ou végétales; mais on réserve plus spécialement le nom de *pressoir* aux machines servant, dans la fabrication du vin ou du cidre, à exprimer le marc de raisin ou de pomme. Nous ne nous occuperons que de ces derniers.

— En Égypte, chez les Hébreux, et chez les Perses, on mettait le raisin dans une auge en pierre percée d'un trou à la partie inférieure. Des esclaves rentraient dans l'auge et piétinaient le raisin en mesure au son de la musique. Ce procédé est encore en usage dans certaines parties de la France. En Égypte, on pressurait aussi les raisins en les tordant dans de solides toiles, ou en empilant les uns sur les autres les vases contenant les raisins. Des bas-reliefs grecs représentent des faunes en train de fabriquer le vin : le raisin est placé dans un grand panier; trois faunes soulèvent avec un levier un gros bloc de rocher que deux autres équilibrent et dirigent sur les grappes; c'est le poids de la pierre qui est chargé de la pression. Dans les ruines d'Herculanum, on remarque des fresques représentant des pressoirs à coins que le comte de Lasteyrie décrit ainsi : « On forma avec des madriers un cadre dont la base fixée en terre présenta une grande résistance à l'effort des coins; on ajouta une maie (table) pour recevoir les raisins; on chargea ceux-ci avec des solives et des coins posés alternativement, enfin, on obtint une forte pression en frappant avec le marteau. » Pendant le moyen âge, les pressoirs ne se sont pas très perfectionnés, car leur nombre était restreint; ils appartenaient au seigneur (pressoir banal ou seigneurial), et les habitants étaient obligés d'y aller préparer leur boisson moyennant redevance. Jusqu'à la fin du siècle dernier, la construction des pressoirs laissait à désirer, ce n'est qu'à partir de cette époque que l'on apporta des progrès dans leur construction. On trouve encore, dans certaines contrées, de ces machines, telles que le pressoir à coins, celui à levier et à vis dit à *Pavent* (Bretagne et Normandie). Le pressoir à vis et à cabestan dit *pressoir à étiquet*, les *pressoirs bourguignons* ou *troyens*, de Jaunez (1786), et de Benoît, le *pressoir à vis* en bois et à cage, le *pressoir à percussion*, celui de Lemonier-July, etc.

Le pressoir à coins qui a été très employé pour la fabrication du vin, du cidre et de l'huile, dérive du pressoir antique dont le dessin a été trouvé dans les ruines d'Herculanum. Deux poutres verticales, réunies par une semelle et un chapeau, renfermaient la maie en forme

d'auge dans laquelle on mettait le marc; sur ce dernier était un plateau qui supportait une pièce de bois ou *blain* que l'on faisait descendre avec des coins enfoncés dans une rainure pratiquée dans les poutres verticales. Ces coins étaient chassés avec des maillets ou maillotes. Aujourd'hui, la presse à coins est abandonnée et l'élément de serrage est une vis, qui, en définitive, est dérivée du coin (V. Vis). Le pressoir à levier et à vis dit à *Pavent*, se compose en principe, d'une vis verticale qui agit sur une des extrémités d'une poutre, l'autre étant maintenue et formant axe de rotation. Le marc est, en dessous de la poutre et près de son point d'appui. On fait tourner la vis avec un levier et d'une manœuvre analogue à celle des cabestans. A la fin de la pression, on attache au levier une corde qui s'enroule sur un treuil. Dans le pressoir à étiquet, la vis agit par compression; l'écrou est fixé dans le chapeau d'un solide cadre vertical en fortes pièces de charpente, la vis porte des leviers ou mieux une grande roue horizontale sur laquelle s'enroule une corde tirée par un cabestan. Dans le pressoir Lemonier-July, la vis traverse la maie; elle tourne au moyen d'engrenages et l'écrou descend sur la charge; il en est de même du pressoir Bossu. Le pressoir Benoît dit *pressoir troyen*, se compose d'un coffre rectangulaire à claire-voie, dont un des côtés verticaux est formé par un piston. Le coffre, après l'introduction du marc, est fermé par un couvercle jointif maintenu par des brides. Le piston est poussé par deux crémaillères conduites par des pignons mis en mouvement par un train d'engrenages.

Aujourd'hui, on n'emploie plus guère qu'une vis verticale fixe et un écrou qui, en tournant, descend et s'appuie sur la charge en effectuant la pression. Ces pressoirs sont, en principe, composés des organes essentiels suivants : d'une *maie* sur laquelle on met le marc quelquefois enfermé dans une *cage*. Le marc est recouvert d'un *plateau* qui supporte les *bois de charge* ou *poutres de pression* dont la dernière prend le nom de *blain*, *mouton* ou *solette*; c'est sur cette pièce qu'appuie le *mécanisme de serrage*.

La maie est souvent faite en pierre ou en béton hydraulique ou taillée à même dans le rocher du vendangeoir, mais le plus ordinairement en bois; dans ce dernier cas, elle est composée d'épais madriers de chêne à plats joints encadrés de fortes pièces de bois rainées. Pour rendre la maie étanche, on resserre les madriers par des coins chassés dans le cadre, ou mieux par des boulons. Dans le pressoir Piquet, les madriers de la maie sont séparés par des gros fils de caoutchouc logés dans des rainures spéciales. Lorsqu'un pressoir fuit par les joints, on bouche ceux-ci en les calfatant avec de l'étoupe ou du jonc suiffé; les fentes et les nœuds du bois sont bouchés avec un mastic composé de résine fondue avec un peu de suif et de cendre fine; ce mastic s'emploie à chaud. Au-dessous et en travers des madriers de la maie se trouve une forte poutre appelée *pièce de dessous* ou *sous-marc*, et à laquelle est fixée la tête de la vis. Le trou pratiqué dans la maie est de 12 à 15 millimètres, plus grand que la vis, le vide est rempli par du chanvre enfoncé à force et à sec. La maie est creuse, elle a des rebords de 0,10 de hauteur environ; sur l'un de ses côtés se trouve une ouverture terminée par une goulotte par laquelle s'échappe le jus. On remplace les maies en bois par des maies circulaires en fonte;

PRES

ces dernières ont surtout l'avantage de ne pas avoir de fuites comme celles en bois, mais il faut avoir soin de bien faire le joint de la tête de la vis. Lorsque la maie atteint un grand diamètre, on est obligé de la renforcer par dessous avec des nervures radiales et concentriques. Ces maies sont montées sur des pieds en fonte ou en fer. On emploie aussi des maies en forte tôle maintenue par des fers à double T. Enfin, pour rendre le pressoir locomobile, on le monte sur deux ou quatre roues, mais afin d'éviter la déformation de la maie, celle-ci doit être indépendante du chariot. Dans certains cas et notamment dans la fabrication du cidre, le marc est empilé à même sur la maie dans une sorte de *sac en paille* ; après une légère pression on vient avec une bêche en recouper le pourtour. Cette façon de procéder entraîne des pertes de temps, il est préférable d'avoir recours à des *cages* appelées encore *claies* ou *danaïdes*. La cage est une enveloppe à claire-voie dont on entoure le marc pour l'empêcher de s'étaler sous la pression. La cage est circulaire ou carrée ; cette dernière, employée dans certaines régions, se déforme et cède au milieu de chaque côté. La cage circulaire est beaucoup plus résistante et permet d'obtenir une pression uniforme sur toute la masse. Les cages sont formées par des liteaux verticaux en chêne de 30 millimètres d'épaisseur environ ; leur section est un trapèze dont la grande base, qui a ordinairement 50 millimètres, est tournée du côté de la vis centrale. Les liteaux sont espacés (sur la grande base) de 10 millimètres environ, et sont maintenus extérieurement au moyen de vis par trois ou quatre cercles en fer dont les dimensions dépendent de celles des pressoirs. Afin de faciliter la manœuvre, les cages circulaires se démontent en deux parties qui sont réunies par une fermeture à verrous, à clavettes ou mieux à leviers. Les cages carrées se démontent en quatre parties. Au lieu de mettre le marc directement sur la maie, il est bon d'employer une *claie de fond* formée de liteaux en bois reliés par des traverses ; cette claie sert au drainage de la masse, et assure le rapide écoulement du jus. Pour préparer la charge, on jette le marc dans la cage en le foulant avec la main ou en le faisant piétiner par un homme, il faut éviter de fouler trop énergiquement sur les bords de la cage car on empêcherait ainsi le jus de sortir ; il est même préférable de donner plus de foulée au marc qui entoure immédiatement la vis centrale. Lorsque la charge est préparée, on égalise à la main ou à la taloche sa face supérieure, puis on la recouvre d'un *plateau* fait avec des madriers jointifs de 5 à 6 centimètres d'épaisseur et réunis par des traverses. Sur ce plateau on place perpendiculairement les uns aux autres des petites poutres à section carrée de 0,12 à 0,15 de côté, appelées *bois de charge*. Ces poutres écartées de 0,25 à 0,30 doivent être assez fortes pour ne pas fléchir sous la pression. Enfin, on termine par deux poutres très courtes de 0,25 d'épaisseur qui embrassent la vis et qu'on appelle *blain* ou *mouton*. C'est sur ces poutres qu'agira le mécanisme de serrage.

Le *mécanisme de pression* est la partie la plus importante du pressoir ; en général, dans les systèmes actuels il se compose d'une vis verticale fixée au centre de la maie et d'un écrou tournant dans le plan horizontal. L'écrou descend, frotte sur son *siège* ou *crapaud* placé sur le blain. Le mécanisme de serrage de l'écrou doit multiplier l'effort de l'homme afin d'obtenir une pression suffisante pour extraire du marc la plus grande quantité de jus possible. Il faut éviter une pression trop exagérée qui écraserait les râfles ou les pepins, mélangerait au jus des huiles essentielles qui en abaisseraient la qualité. La pression à donner par l'écrou dépend de la surface pressée ; elle dépasse rarement 4 à 5 kilogrammes par centimètre carré. De ce chiffre et de la surface de la cage on déduit la section du moyeu de la *vis* (V. ce mot). Les vis de pressoir doivent être soumises à un effort ne dépassant pas le 1/4 ou le 1/5 de la charge de rupture. Pour les vis en fer, la charge de sécurité est de 3 kilogrammes par millimètre carré ; elle est de 5^k,500 pour les vis en acier. Dans les vieux pressoirs à vis en bois d'orme ou de chêne, cette résistance est de 0^k,400 par millimètre carré. La saillie du filet ne doit pas excéder le 1/10 du diamètre du moyeu. Dans les vis en fer et en acier le filet est généralement quadrangulaire ; sa section est quelquefois un trapèze, ce qui est plus solide, mais aussi qui augmente le prix de fabrication. L'écrou doit avoir un moyeu épais et doit renfermer 8 filets au moins, sa hauteur sera de 1,6 fois le diamètre ; il ne faut jamais descendre au-dessous de ce chiffre. La longueur de la vis importe peu, car elle agit par extension, et le plus grand effort a lieu à la fin de la pression, c'est-à-dire sur 0,50 environ ; il faut à ce moment éviter que la traction sur la vis ne dépasse pas 16 kilogrammes par millimètre carré, ce qui correspond à un allongement de 0^{mm},86 par mètre linéaire. Le travail moteur est donc employé à resserrer le marc et à allonger la vis ; lorsque la pression sur le marc dépasse une certaine limite, ce dernier ne se resserre plus, et c'est la vis qui s'allonge. On peut ainsi calculer le rapport entre le diamètre de la cage et celui la vis ; il varie ordinairement de 1 à 13 à 1 à 17. La hauteur de la cage ne dépasse pas un mètre pour les grands pressoirs.

Pour calculer l'intensité de la pression donnée par le mécanisme, il faut multiplier l'effort donné par l'homme à l'extrémité du levier par le rapport entre le chemin parcouru par cette extrémité et l'abaissement de l'écrou. Ce rapport varie suivant les mécanismes adoptés par les constructeurs ; il est faible au début de la pression (140 à 200), et maximum à la fin où il atteint 5,000 dans le pressoir Piquet. À la fin de la pression, le rapport précédent est près de 12,000, mais dans ce cas l'allongement de la vis se fait sentir et elle est près de la rupture. L'effort que peut donner un homme à l'extrémité du levier horizontal est d'une trentaine de kilogrammes en pratique. On peut arriver à 50 et 60 kilogrammes dans les coups de collier. En admettant le chiffre de 30 kilogrammes et le rapport de 5,000, on voit qu'à la fin de la pression, l'écrou presse de

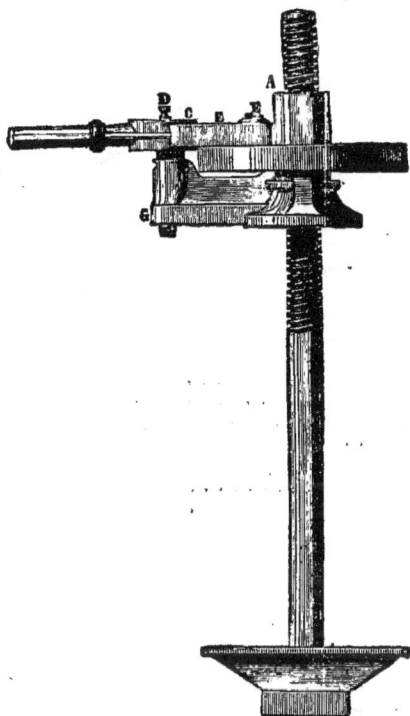

Fig. 328. — *Vis du pressoir Mabille.*

150,000 kilogrammes théoriquement. Le rendement mécanique des pressoirs variant suivant les systèmes de 20 à 30 0/0, la pression réelle est de 37,500 kilogrammes.

Les mécanismes de serrage sont nombreux; nous ne passerons en revue que les principaux. Dans le type ordinaire, l'écrou est à lanternes ou oreilles dans lesquelles on passe un levier plus ou moins long que les hommes poussent en tournant autour du pressoir; la manœuvre est simple, mais ce système a l'inconvénient de ne donner qu'une faible pression et par suite force à opérer sur des charges à faible surface. L'emplacement exigé est considérable, aussi après chaque quart de tour de l'écrou, on enlève le levier pour le replacer

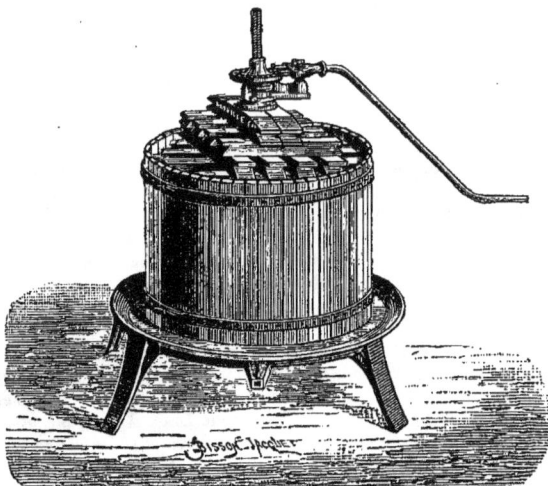

Fig. 330. — *Vue d'un pressoir.*

dans la lanterne suivante. La première et sérieuse modification a été apportée, il y a seize ans, par MM. E. Mabille frères. L'écrou A (fig. 328 et 329) forme un plateau horizontal dont la couronne est percée de trous rectangulaires dans lesquels viennent se prendre des cliquets ou clavettes F en acier, taillés en biseau. Ces cliquets sont alternativement poussés et tirés par des bielles en fer E, reliées au levier moteur B. En donnant à ce levier une oscillation horizontale, les bielles s'animent d'un mouvement alternatif, et à chaque coup les cliquets font

Fig. 329. — *Plan de l'appareil universel perfectionné.*

avancer la couronne d'un trou. Le levier B C est articulé sur une pièce en fonte G formant siège pour l'écrou et appelée *crapaud* : elle appuie directement sur le mouton. Dans le système Mabille de 1886, les axes des bielles peuvent à la fin de la pression se rapprocher de l'axe du levier-moteur, ce qui augmente le rapport entre le chemin parcouru par l'extrémité de ce dernier et l'abaissement de l'écrou. La plupart des autres systèmes sont dérivés du Mabille (fig. 330); on y rencontre presque toujours un écrou à plateau horizontal dont la couronne est percée de trous dans lesquels s'engagent des clavettes en biseau. Dans certains systèmes il y a jusqu'à trois et quatre rangs de trous (système dit Américain, Marmonier, Meunier). Au début de la pression, les clavettes sont placées dans la couronne la plus près du centre, et chaque coup de levier la fait avancer de 2, 3 ou 4 trous; à mesure que la résistance augmente, les clavettes sont engagées dans des couronnes de plus en plus grandes, à la fin de la pression on les place dans la couronne extérieure. Dans d'autres systèmes, le plateau-écrou n'a, comme dans le pressoir Mabille, qu'une seule couronne de trous, seulement les clavettes sont commandées par des leviers différents. Dans le pressoir Chapellier (1886), le début de la pression se fait à commande directe d'une clavette montée sur le levier oscillant autour de la vis. Pour la seconde vitesse, ce levier commande par une bielle un balancier horizontal portant un système identique à celui de Mabille. Dans le pressoir Chapellier de 1882, on se servait en commençant d'un levier à cliquet à ressort agissant sur des dents à rochets garnissant le pourtour du plateau-écrou. Ce système se rencontre dans certains pressoirs, mais semble abandonné par les plus importants constructeurs. Dans le pressoir de Maupu, les clavettes qui commandent le plateau-écrou, sont fixées à une bielle mise en mouvement par un levier oscillant dans le plan vertical ; ce levier peut s'allonger à volonté afin de varier la vitesse et la pression. La disposition d'un semblable levier est très bonne au point de vue de l'utilisation de la force de l'homme : un manœuvre, en poussant horizontalement, peut donner un effort soutenu de 35 à 40 kilogrammes, tandis que cet effort dans le plan vertical peut atteindre son poids, 65 à 70 kilogrammes. On retrouve cette disposition dans certains pressoirs.

D'autres pressoirs n'emploient que des roues dentées commandées par des pignons ; cette disposition est employée depuis longtemps en Bourgogne ; on la rencontre dans les anciens modèles que nous avons décrits plus haut. Dans celui de Dezaunay, l'écrou à poignées porte une couronne inférieure à denture conique menée par deux pignons diamétralement opposés ; chaque pignon monté sur un arbre horizontal est mis en mouvement par une roue à poignées sur lesquelles on fait agir des leviers à la fin de la pression. Le pressoir David est construit d'après le même principe.

La presse de Samain et celle de Boomer et Boschert sont basées sur la déformation d'un losange dont la diagonale verticale s'allonge par le raccourcissement de la diagonale horizontale ; cette dernière est occupée par une vis dont une partie est filetée à droite et l'autre à gauche, de sorte que par son mouvement de rotation, les écrous se rapprochent ou s'éloignent. Au début de l'opération, la vis est tournée par un croisillon ou un volant, à la fin on agit sur un levier vertical à encliquetage. Ces pressoirs nécessitent un point d'appui supérieur monté au-dessus de la maie et supporté par des colonnes. Dans le pressoir Samain, lorsque la pression dépasse une certaine limite, il y a un déclanchement automatique basé sur l'allongement et la déformation des colonnes qui sont légèrement courbes.

Certains pressoirs utilisent la pression hydraulique. Dans celui de Persidat, c'est un vérin hydraulique (appuyé sur une charpente supérieure en fer) dont le piston descend sur le blain. Dans les pressoirs de Marmonier et de Cassan, la vis centrale ne sert qu'à bloquer le piston ; lorsque celui-ci touche le mouton, on fait marcher la pompe avec un levier à longueur variable. Les pompes sont à piston plongeur, et le liquide communément employé est la glycérine. — M. R.

PRÉSURE. T. techn. Nom donné à la membrane qui constitue la quatrième poche stomacale des jeunes bovidés, et au produit qu'elle secrète.

La présure a la propriété de coaguler rapidement le lait, et est par cette cause, indispensable dans la fabrication des fromages ; son action s'exerce sur 30,000 parties de lait pour 1 partie de présure solide.

On connaît deux sortes de présures, une *solide* que l'on obtient en lavant le quatrième estomac du veau, l'étendant sur un châssis, et séchant rapidement, après l'avoir trempé dans du vinaigre ; il suffit pour s'en servir de couper la membrane en bandelettes, de ramollir à l'eau tiède et d'ajouter au lait chauffé à 30-35° centigrades.

La présure *liquide* qui s'emploie plus fréquemment, s'obtient de différentes manières :

Estomac de jeune veau . . .	10 gr.	⎫
Sel marin	3	⎬ Wislin.
Alcool à 80°	1	⎪
Eau	16	⎭
Estomac de veau	15 gr.	⎫
Sel marin	12	⎬ Bougarel.
Vin blanc	1.000	⎭

Ces produits agissent par la pepsine qu'ils contiennent ; 12 grammes de la seconde coagulent 1 litre de lait.

On obtient encore une véritable présure avec le liquide de macération des testicules du veau non sevré. Plusieurs sortes de plantes peuvent aussi servir à coaguler le lait. — J. C.

*PREUX. T. de mét. Nom que l'on donne dans la peinture en bâtiment, à l'ouvrier chargé de la direction du travail et des ouvriers.

*PRÉVOST (ZACHÉE). Graveur, né à Paris, en 1797, mort dans la même ville en 1861, entra très jeune à l'École des beaux-arts. Orphelin à vingt ans, il dut se livrer à un travail opiniâtre pour subvenir, non seulement à ses propres besoins, mais à ceux de ses frères et sœurs, qu'il devait soutenir. Aussi, remarque-t-on souvent dans ses œuvres des négligences, qu'il rachète d'ailleurs par un sentiment artistique très développé. Il avait exposé dès 1822, mais c'est une planche qui lui avait été confiée par Gérard, *Corinne au cap Misène*, qui le mit en relief ; elle eut une médaille au salon de 1827, et lui valut une commande très importante : le *Sacre de Charles X*, que les événements de 1830 l'empêchèrent d'achever. Au nombre de ses ouvrages les plus importants, nous citerons : *Saint-Vincent-de-Paul prêchant devant Louis XIII pour les enfants abandonnés* (1834), d'après P. Delaroche ; *Louis XIV bénissant Louis XV enfant*, d'après Mᵐᵉ Hersent ; *Saint-Jérome*, d'après Ribera ; *Une mendiante à Rome*, d'après Delaroche (1855), et deux grandes planches d'après P. Véronèse : les *Noces de Cana* (1852), et *Jésus chez Simon le Pharisien* (1857). La première est surtout remarquable ; elle lui valut la croix de chevalier de la Légion d'honneur. Prévost a gravé presque continuellement, pour le commerce, des planches à l'*aqua tinta*, d'une valeur artistique beaucoup moindre, mais dont le procédé est bien plus rapide. Il y réussissait d'ailleurs parfaitement, et on cite de lui, en ce genre, quatre reproductions fort belles de tableaux de Léopold Robert : les *Moissonneurs*, le *Retour de la fête de la Madone*, les *Pêcheurs* et l'*Improvisateur* (1835-1842).

PRIE-DIEU. Sorte de chaise, dont le siège très bas sert à s'agenouiller, et dont le dossier très haut sert à s'accouder.

PRIMAGE. T. de mécan. Expression appliquée aux chaudières qui ne donnent pas de la vapeur sèche, mais chargée d'une forte proportion d'eau mélangée. Cet entraînement d'eau ou primage doit être considéré comme un inconvénient à éviter autant que possible, car il en résulte toujours un accroissement inutile de la dépense d'eau de la chaudière, et la présence de l'eau mélangée ne laisse pas que de gêner beaucoup la distribution dans les cylindres de la machine à vapeur, surtout si le primage est très prononcé. Bien que le primage n'ait pas des résultats aussi fâcheux qu'on le croyait autrefois avant d'avoir pu l'étudier par la théorie mécanique de la chaleur, il peut amener cependant dans certaines distributions une perte appréciable de calorique, si la vaporisation de l'eau entraînée dans les cylindres ne peut pas se terminer pendant la période de détente, et doit se continuer pendant l'échappement, puisque dans ce cas la chaleur de vaporisation ainsi absorbée aux dépens des parois du cylindre ne peut plus être récupérée.

Le primage peut varier dans des proportions considérables selon le type de la chaudière, depuis 5 jusqu'à 10 0/0 et même au-dessus : on trouvera par exemple quelques chiffres à ce sujet dans le tableau que nous avons reproduit page 910 du t. II, en donnant les résultats d'essais comparatifs de consommation d'eau et de charbon pratiqués sur divers modèles de chaudières à l'Exposition 1880 à Dusseldorf. Les types sur lesquels le primage est le plus prononcé sont ceux à faisceau tubulaire traversé par le courant gazeux, et surtout ceux à faisceau tubulé dans lesquels l'eau à vaporiser est contenue à l'intérieur des tubes. Dans les chaudières de ce dernier modèle, comme celles de Belleville par exemple, il se produit un entraînement tumultueux d'eau et de vapeur sur toute la hauteur de la chaudière, et il n'y a plus en quelque sorte de plan de séparation bien déterminé entre l'eau et la vapeur. Ces chaudières sont complétées d'ailleurs par un appareil de dessiccation spécial, dit *collecteur épurateur d'eau,* installé à la partie supérieure, et dans lequel la vapeur se dépouille de l'eau entraînée par un frottement continu contre les parois d'un tube en chicane, ménagé à cet effet. Elle arrive à l'extrémité de ce tube suffisamment sèche pour pouvoir être utilisée dans les cylindres de la machine à vapeur.

Malgré cela, il faut reconnaître qu'il est très difficile d'assécher la vapeur au-dessus d'une certaine limite, et la plupart des dispositions essayées jusqu'à présent, notamment sur les chaudières locomotives, pour obtenir de la vapeur sèche et réduire ainsi la dépense d'eau qui présente tant d'importance sur ces machines en particulier, n'ont jamais obtenu un succès bien éclatant. Sur ce type de chaudière, l'entraînement d'eau est beaucoup plus considérable d'ailleurs que sur les chaudières fixes : la vaporisation y est, en effet, fort active par suite de la grande surface de chauffe et du faible volume de l'eau à échauffer, et elle est en même temps fort tumultueuse en raison de tous les obstacles qui gênent le dégagement ; ajoutons enfin que le volume libre au-dessus du bain d'eau est aussi beaucoup trop faible et la vapeur n'a pas le temps de s'y sécher ; on peut y évaluer par suite l'entraînement d'eau à 20 ou 25 0/0 lorsqu'il est seulement sur les chaudières fixes, de 6 à 7 0/0 environ.

On a essayé, en général, de sécher la vapeur en faisant passer le courant aspiré dans les cylindres par une section étranglée ménagée à l'extrémité du tuyau de prise de vapeur aboutissant au régulateur ; nous avons déjà signalé à l'article CHAUDIÈRE le tube Crampton suspendu horizontalement sur toute la longueur de la chaudière, et fendu suivant la génératrice supérieure pour l'introduction du courant de vapeur. Cette rainure recevait même une largeur décroissante d'une extrémité à l'autre de la chaudière, afin d'offrir une section de passage continuellement proportionnelle à l'activité de la vaporisation de l'arrière à l'avant de la chaudière. Cette disposition, fort ingénieuse cependant, paraît avoir été inefficace, et elle est généralement abandonnée maintenant, on se contente souvent d'ouvrir le tuyau de prise de vapeur dans le dôme par une série de fentes longitudinales formant une sorte de lanterne, que le courant de vapeur est obligé de traverser.

Nous pourrions citer aussi dans un autre ordre d'idées les tentatives faites pour assécher la vapeur en la surchauffant ; mais celles-ci ont encore eu moins de succès peut-être, en raison de la difficulté de transmettre la chaleur à travers un milieu aussi peu conducteur que la vapeur pour y vaporiser les gouttelettes d'eau qu'il renferme.

La seule disposition réellement efficace pour réduire l'entraînement d'eau, consiste à augmenter le volume de vapeur, et c'est celle qu'on retrouve en effet sur tous les types de chaudières nouvelles, notamment pour les machines à voyageurs dont le volume de vapeur égale presque le volume d'eau, ainsi que l'a montré le tableau reproduit à l'article CHAUDIÈRE t. II, p. 918. C'est cette même considération qui fait conserver le dôme des chaudières, bien que cet organe ait l'inconvénient d'affaiblir la résistance des parois.

La mesure de la proportion d'eau entraînée dans un courant de vapeur est toujours fort délicate, et les différentes méthodes proposées pour l'apprécier sont généralement d'une application assez difficile, en raison de la nécessité de ne pas troubler le régime du courant sur lequel on veut les appliquer. La méthode calorimétrique due à M. Hirn est fondée sur un principe des plus rationnels qui se comprend immédiatement. En mesurant, en effet, la quantité de calorique contenue dans un poids donné de vapeur humide dont on connaît la pression, on peut en déduire la proportion d'eau avec beaucoup de précision à cause de l'influence prépondérante du calorique latent de la vapeur; cette méthode est un peu longue, et elle demande à être appliquée avec beaucoup de soin, mais elle a donné néanmoins des résultats très remarquables dans les expériences prolongées que la Société industrielle de Mulhouse avait instituées sur ce sujet. On peut également, suivant la méthode indiquée par M. Rolland, dissoudre à l'avance un sel donné, comme le sel de Glauber, dans l'eau de la chaudière, de manière à amener celle-ci à une teneur déterminée, et mesurer ensuite le poids de sel contenu dans le courant de vapeur humide ; comme ce sel est entraîné seulement avec l'eau mélangée, on peut déduire facilement cette proportion du résultat observé. Cette méthode plus simple paraît moins exacte que la méthode calorimétrique, et semble donner en pratique des résultats un peu faibles.

M. Brocq a proposé d'autre part une méthode fort ingénieuse fondée sur une loi connue de la vaporisation. Tant qu'une vapeur reste en contact avec son liquide générateur, elle conserve, comme on sait, une pression bien constante, déterminée pour une température donnée, et par suite absolument indépendante des variations qu'on peut faire subir au volume occupé par le mélange de la vapeur et de son liquide. Une augmentation de volume amène seulement, en effet, la vaporisation d'une certaine quantité de liquide, et si l'agrandissement de volume est assez lent pour que la chaleur de vaporisation ait le temps d'être restituée par les parois du récipient, il ne se produit aucune dépression. Dès qu'on a déterminé ainsi la vaporisation de tout l'excès de liquide, on se trouve alors en présence d'une vapeur sèche, et toute nouvelle augmentation de volume amène au contraire une dépression. Partant de cette idée, on voit qu'on peut évaluer facilement la proportion d'eau entraînée dans un poids donné de vapeur humide ; il suffit, en effet, de laisser dilater lentement celle-ci à pression et température constantes jusqu'au moment où on constate une réduction de pression. L'augmentation de volume ainsi produite représente évidemment le volume de l'eau vaporisée à la pression constante de l'observation, et il suffit par suite d'en prendre le rapport au volume primitif de la vapeur humide, pour en déduire la proportion du poids d'eau au poids de vapeur sèche. Le principe est réalisé au moyen d'un appareil spécial interposé sur le passage du courant : celui-ci comprend une boîte renfermant un piston mobile conduit par une vis qui permet d'en augmenter graduellement le volume. La boîte est munie, en outre, d'une membrane manométrique très sensible avec contact électrique, pour signaler les moindres variations de pression. Dès que l'équilibre de température est bien établi à l'intérieur de la boîte, on isole brusquement celle-ci en fermant simultanément les orifices d'entrée et de sortie de la vapeur pour éviter toute détente ou toute compression dans la boîte. On opère ainsi sur un volume connu du mélange : on agit sur la vis du piston pour augmenter la capacité de la boîte, et on s'arrête au moment où la membrane manométrique signale une dépression. On évalue facilement d'après le nombre de tours de la vis l'augmentation de volume ainsi déterminée, dont le rapport au volume primitif mesure nécessairement la proportion d'eau entraînée. Cette méthode fort ingénieuse, n'a pas encore reçu toutefois la sanction d'une pratique prolongée.

*PRIMATICE (Francesco - Primaticcio dit le). Peintre et architecte né à Bologne en 1490, mort à Paris en 1570, fut élève de Jules Romain, et se consacra surtout à la peinture décorative. Il était déjà en possession d'une réputation méritée, et avait travaillé notamment au palais du T, à Mantoue, lorsque, recommandé par son maître à François Ier, il fut appelé en France et chargé de diriger les constructions importantes que le roi faisait élever à Fontainebleau ; il y exécuta les premiers stucs et les premières fresques un peu importantes qu'on ait vus dans notre pays ; malheureusement la plupart des décorations du Primatice ont été détruites ou dénaturées. Son œuvre principale est la peinture à fresque de la galerie Henri II, comprenant une soixantaine de compositions mythologiques fort belles ; Alaux en a fait, en 1834, une excellente restauration à l'encaustique. Picot a restauré aussi, en 1835, les fresques de la Porte-Dorée, qu'on avaient attribuées longtemps à Rosso, mais qui semblent devoir être rendues à l'œuvre du Primatice. Enfin, dans la galerie François Ier on distingue, parmi les allégories mythologiques de Rosso, une Danaé attribuée également au Primatice, c'est tout ce qui reste de ses œuvres décoratives ; quant à ses tableaux de chevalet, ils sont également très rares. Le Louvre en possède un : La continence de Scipion, et le musée des dessins, quantité d'études de sculpture, d'ornement, de meubles, de pièces d'orfèvrerie, la plupart pour les châteaux de Fontainebleau et de Chambord. On y remarque de l'élégance et de la finesse, mais aussi de la recherche poussée souvent au point de rendre les allégories peu intelligibles, des fautes de goût tout italiennes, parfois même des incorrections de dessin.

D'ailleurs, il avait de nombreux collaborateurs dont plusieurs, artistes de talent, ont leur place dans l'histoire de l'art : Bagnacavallo, Ruggieri de Bologne, Prosper Fontana, Damiano del Barbieri, surtout Nicolas dell' Abate qui fit une grande partie des fresques de la galerie Henri II. Ils formaient avec Rosso, Serlio, Léonard de Vinci, la colonie italienne qui avait alors la faveur de François Ier.

Le Primatice fut, comme tous ses compatriotes, comblé de dons et d'honneurs. Il était prieur de Brétigny et abbé de Saint-Martin de Troyes, bénéfices très avantageux, le dernier rapportait seul plus de 8,000 écus. Il devint surintendant des bâtiments après Philibert De Lorme, et fut chargé par Charles IX de l'ordonnance des fêtes de la Cour, charge considérée comme très lucrative.

Avait-il les qualités solides nécessaires pour

mériter d'être mis à la tête de l'Ecole française de la Renaissance? Nous ne le croyons pas, en présence des défauts que nous avons signalés. On le considère pourtant comme le chef de l'Ecole de Fontainebleau, où se formèrent tous les artistes qui devaient élever sous le règne des Valois de si merveilleuses constructions. Heureusement, des talents comme ceux de Jean Cousin, Jean Goujon, Germain Pilon, avaient en eux assez de qualités naturelles pour résister dans une certaine mesure à cet envahissement officiel, et pour n'emprunter aux italiens que ce qu'ils avaient de bon.

D'ailleurs, le Primatice a rendu l'incomparable service d'introduire en France ce qui manquait le plus à nos Ecoles : les modèles antiques, avec quelques chefs-d'œuvre contemporains. Il fit connaître les plus belles sculptures de Michel-Ange, rapporta la *Charité* d'Andrea del Sarto, cent vingt-cinq statues antiques, un grand nombre de bustes et des moulages d'après lesquels on coula à Fontainebleau, sous la direction de Benvenuto Cellini, les belles reproductions qu'on peut voir au Louvre. Il ne revint en France qu'en 1541, après la mort de Rosso, avec qui il avait eu des différends qui contribuèrent à prolonger sa mission pendant plusieurs années. Il retrouva du reste toute la faveur royale, bien qu'il ait dû la partager, à son grand déplaisir, avec Benvenuto, son rival.

*PRIMEROSE. Matière colorante. — V. Eosine.

*PRINTEMPS. *Iconol.* Chez les anciens, le printemps n'était pas une divinité distincte; ils le confondaient avec Flore, la déesse des fleurs, qui, en cette qualité, présidait au printemps. Les modernes ont symbolisé la plus belle saison de l'année sous une forme analogue, celle d'une jeune fille à peine formée, tenant ou semant des fleurs. C'est ainsi que l'ont représenté les sculpteurs Magnier, d'après les dessin de Lebrun, Jouffroy, P. Legros, Boitel, Truphème, etc. Pradier a exposé au Salon de 1849 une belle statue du *Printemps* ou *Chloris caressée par Zéphir*, qui mérite plutôt cette dernière dénomination par son attitude frileuse et voluptueuse. Les accessoires de cette statue, les fleurs qui justifient son titre de Printemps, sont relevées par une peinture légère et tendre.

Parfois aussi les sculpteurs ont représenté le Printemps sous les traits d'un jeune adolescent, ce qui est plus conforme au sexe masculin de cette saison ; bien qu'il soit plus naturel et plus élégant de représenter sous des traits féminins une allégorie qui se lie étroitement à l'Amour et aux fleurs. M. Mathurin Moreau a exposé, en 1863, une jolie figure en bronze du Printemps, un jeune garçon nouant des fleurs en guirlande.

A côté des figures isolées du Printemps, nous citerons encore le *Retour du printemps*, par Marcellin. E. U. de 1855 ; le *Réveil du printemps*, par Cabet ; le *Printemps des Amours*, par Stenackers (Salon de 1857) ; *Primavera*, par Mathurin Moreau (1872), groupe en bronze.

En peinture. Carle Maratte et Rosalba ont symbolisé le Printemps également sous les traits d'une jeune fille parée de fleurs. Elargissant l'idée même de la personnification de la saison, Boucher, Laurent et les peintres du XVIIIe siècle, nous ont montré des nymphes, des amours, des bergers et des bergères folâtrant dans un frais paysage. Ces scènes seraient mieux nommées : *Au printemps*. D'ailleurs, ce sujet, qui prête beaucoup à la peinture aimable et facile, a tenté souvent les artistes.

Nous rappellerons, parmi les plus connues de ces allégories, les toiles de MM. Bouguereau, Cot, une des plus populaires, représentant deux jeunes gens sur une escarpolette, Feyen-Perrin, etc. Enfin, les paysagistes modernes ont souvent donné ce nom à des vues des champs, des bois, notamment Daubigny, dans un de ses meilleurs tableaux, ou à des natures mortes où sont exposées, sur une table ou sur un banc de pierre, d'amples moissons de fleurs. M. Philippe Rousseau a exposé une belle toile dans ce genre au Salon de 1872.

*PRIS. *T. de tiss.* On désigne ainsi, dans la mise en carte, le point ou petit carré qui ne doit pas être sauté. — V. Laissé.

I. PRISME. *T. de géom.* Considérons une série de plans parallèles à une même droite, ces plans se coupent deux à deux suivant des droites parallèles entre elles. Concevons qu'on limite chacun d'eux à ses deux intersections avec deux plans voisins, il ne restera de chacun des plans qu'une bande plane indéfinie, comprise entre deux droites parallèles. La succession de ces bandes constitue ce qu'on appelle une *surface prismatique*; les bandes successives en sont les faces et les intersections consécutives en sont les *arêtes*. On peut se représenter une pareille surface comme engendrée par le mouvement d'une ligne droite qui se déplace en restant parallèle aux arêtes et en s'appuyant sur une certaine ligne brisée. Ce mode de génération fait rentrer les surfaces prismatiques dans la catégorie des surfaces cylindriques (V. Cylindre). On peut donc dire que la surface prismatique est une surface cylindrique dont la directrice est une ligne brisée. Les sections faites dans une surface prismatique par des plans parallèles sont des lignes brisées égales. Si la surface prismatique est fermée, les sections faites par des plans parallèles seront des polygones fermés égaux. Si l'on coupe une surface prismatique fermée par des plans *quelconques*, tous les polygones ainsi obtenus ont leur centre de gravité sur une même ligne droite parallèle aux arêtes.

On appelle *prisme* le solide limité par une surface prismatique et deux plans parallèles entre eux, mais non parallèles aux arêtes. Ces deux plans déterminent ainsi deux polygones égaux qu'on appelle les *bases* du prisme; les autres faces du solide sont appelées les *faces latérales*. Ce sont toutes des parallélogrammes, et les arêtes latérales sont égales entre elles. On classe les prismes d'après le nombre de leurs faces qui est en même temps celui des côtés de la base. Ainsi, l'on dit *prisme triangulaire, quadrangulaire, pentagonal*, etc., pour désigner des prismes dont les bases sont respectivement un triangle, un quadrilatère, un pentagone, etc. Si la base est un parallélogramme, le prisme est un prisme à six faces qui sont toutes des parallélogrammes et dont chacune peut servir de base. Un pareil prisme s'appelle *parallélipipède* (V. ce mot). On dit qu'un prisme est *droit* quand ses arêtes sont perpendiculaires au plan de la base. Le prisme est dit *oblique* s'il en est autrement. La *hauteur* d'un prisme est la distance qui sépare les deux bases; elle est égale à l'arête si le prisme est droit. Il est évident que deux prismes droits qui ont des bases égales et la même hauteur sont égaux. On appelle *section droite* d'un prisme oblique le polygone déterminé par l'intersection de la surface latérale du prisme avec un plan perpendiculaire aux arêtes. On démontre que tout prisme oblique est équivalent à un prisme droit qui aurait pour base la section droite et pour hauteur la longueur de l'arête du prisme oblique. Ce théorème permet de démontrer que le volume d'un parallélipipède quelconque a pour mesure le produit de sa base par sa hauteur, si l'on prend pour unité de surface le carré construit sur l'unité de longueur, et pour unité de volume le cube construit sur l'unité de longueur. Comme, du reste, tout parallélipipède peut se décomposer en deux prismes triangulaires équivalents qui ont la même hauteur et dont les bases sont la moitié de celle du parallélipipède, il en résulte immédiatement l'expression du volume du prisme triangulaire que l'on étend sans peine à un prisme quelconque : *le volume d'un prisme a pour mesure le produit de sa base par sa hauteur.*

On dit qu'un prisme est *régulier* quand il est droit et que sa base est un polygone régulier. Le prisme régulier hexagonal est une forme importante du quatrième système de *cristallographie.* — V. ce mot.

Le centre de gravité d'un prisme est situé au milieu de la droite qui joint les centres de gravité de deux bases.

On appelle *tronc de prisme* le solide compris entre une surface prismatique et deux plans non parallèles. Le volume d'un tronc de prisme triangulaire est équivalent à la somme de trois pyramides qui ont pour base commune l'une des bases du tronc, et pour sommets respectifs les trois sommets de l'autre base. Ce théorème permet d'évaluer le volume d'un tronc de prisme quelconque en le décomposant en troncs de prisme triangulaires à l'aide de plans menés par les arêtes. — M. F.

II. **PRISME.** *T. de phys.* On appelle *prisme,* en optique, tout milieu réfringent compris entre deux faces planes non parallèles. Pour réaliser un pareil milieu, on construit avec la substance réfringente, si elle est solide, un prisme triangulaire; mais les deux bases et l'une des faces latérales ne servent qu'à limiter le solide et ne sont pas utilisées dans les expériences : on n'emploie que les deux faces restantes. Si la substance avec laquelle on veut construire un prisme est liquide ou gazeuse, on l'enferme dans un vase prismatique ou cylindrique terminé par deux parois en verre faisant entre elles un certain angle; ce sont ces deux parois qui constituent les faces du prisme.

Un rayon venant à pénétrer par la face antérieure du prisme y subit une réfraction qui le rapproche de la normale; en sortant par la face postérieure, il subit une seconde réfraction qui l'éloigne de la normale à cette seconde face. Le rayon sorti du prisme fait alors avec le rayon incident un angle qu'on appelle la *déviation.*

Nous nous bornerons à considérer des rayons situés dans un plan perpendiculaire à l'arête.

Désignons par A l'angle du prisme, par δ la déviation, par i l'angle que fait le rayon incident avec la normale à la face antérieure, par i' l'angle du rayon émergent avec la normale à la face postérieure, par r et r' les angles des rayons réfractés dans l'intérieur du prisme avec ces deux normales, et enfin par n l'indice de réfraction du prisme; on aura les formules suivantes :

$$\sin i = n \sin r$$
$$\sin i' = n \sin r'$$
$$r + r' = A$$
$$\delta = i + i' - A$$

Deux cas particuliers sont intéressants à étudier :

1° Si les rayons incidents tombent normalement sur la face antérieure du prisme,

$$i = r = 0$$
$$r' = A$$

la dernière formule devient :

$$\delta + A = i'$$

et la seconde donne alors :

$$\sin (A + \delta) = n \sin A,$$

d'où l'on peut calculer la déviation δ quand on connaît l'angle du prisme A et l'indice de réfraction n. Réciproquement, on peut calculer n si l'on connaît δ.

De là résulte une méthode, qui a été indiquée par Descartes, pour calculer les indices de réfraction; on construit un prisme avec la substance à examiner; on mesure l'angle A de ce prisme; puis on fait tomber sur l'une des faces des rayons normaux, et l'on mesure la déviation δ des rayons émergents, ce qui est facile. On calcule alors n par la formule :

$$n = \frac{\sin (A + \delta)}{\sin A}$$

2° En différentiant les formules générales, on reconnaît que δ est minimum quand $i = i'$. Alors $r = r' = \dfrac{A}{2}$, et les formules deviennent :

$$\sin i = n \sin \frac{A}{2}$$
$$\delta = 2i - A$$

d'où :

$$\sin \frac{A + \delta}{2} = n \sin \frac{A}{2},$$

formule qui permet de calculer δ quand on connaît n, ou n quand on connaît δ. De là résulte un autre moyen de déterminer les indices de réfraction : après avoir construit un prisme avec la substance à examiner, on le place sur le passage d'un faisceau de rayons parallèles, l'arête étant perpendiculaire à la direction du faisceau, et on le fait tourner autour de son arête jusqu'à ce que la déviation devienne minimum, circonstance facile à observer en recevant les rayons émergents sur un écran. On mesure alors δ, et l'on a n par la formule :

$$n = \frac{\sin \left(A + \dfrac{\delta}{2} \right)}{\sin \dfrac{A}{2}}$$

On sait que pour une même substance, l'indice de réfraction n'est pas le même pour les rayons de diverses couleurs. Ces rayons subiront donc, dans leur passage à travers le prisme, des déviations différentes, et sortiront suivant des directions différentes. Si donc on reçoit sur un prisme des rayons parallèles de lumière blanche, ces rayons seront décomposés par le prisme, en faisceaux diversement colorés. C'est ainsi que Newton a démontré que la lumière blanche était formée par la réunion de lumières diversement colorées, phénomène connu sous le nom de *dispersion* (V. ce mot). Si l'on fait tomber ces rayons émergents sur un écran, ils y dessineront une image continue, appelée *spectre*, dans laquelle on reconnaît les couleurs suivantes, les premières étant les plus déviées : violet, indigo, bleu, vert, jaune, orangé, rouge. On reconstitue la lumière blanche en concentrant sur un même point, à l'aide d'une lentille convergente, tous ces rayons colorés.

Il est clair que les rayons blancs émanés des différents points d'une *ligne droite parallèle à l'arête* du prisme, se transformeront en autant de faisceaux différents qu'il y a de couleurs différentes dans la lumière blanche; ils iront donc former sur l'écran un spectre rectangulaire présentant le *rouge* du côté de l'arête du prisme et le violet à l'extrémité opposée. Si alors, on reçoit sur le prisme un faisceau d'une certaine épaisseur, parallèle à l'arête, on pourra considérer ce faisceau comme émané des différents points d'un rectangle; chaque ligne parallèle à l'arête qu'on pourra tracer à l'intérieur de ce rectangle donnera lieu à un spectre, et tous ces spectres iront se superposer sur l'écran; mais ils y occuperont des positions différentes d'où il suit que les couleurs se mêleront plus ou moins. On voit ainsi que pour observer un spectre avec netteté, il faut opérer de la manière suivante: on doit d'abord rendre les rayons incidents parallèles, à l'aide d'une lentille convergente, puis sur le trajet de ce faisceau parallèle, placer un écran percé d'une fente parallèle à l'arête du prisme, de manière à n'utiliser que les rayons qui ont traversé la fente. Le spectre formé peut être reçu sur un écran ou observé directement avec une lunette. Un appareil ainsi disposé s'appelle un *spectroscope* (V. ce mot). C'est en employant les précautions que nous venons d'indiquer que Frauenhofer a reconnu dans le spectre solaire la présence d'un grand nombre de raies noires indiquant, dans la lumière du soleil, l'absence des rayons qui devraient en occuper la place. On sait que les spectres fournis par les diverses lumières présentent les dispositions les plus diverses de raies noires ou brillantes, et que la nature du spectre donné par un corps en combustion est caractéristique de l'état physique et de la nature chimique du corps. L'observation des spectres fournit ainsi au chimiste un moyen d'analyse d'une délicatesse extrême. — V. ANALYSE SPECTRALE, DISPERSION, LUMIÈRE, OPTIQUE, SPECTRE, etc.

La facilité avec laquelle un prisme d'une certaine substance décompose la lumière blanche dépend du pouvoir *dispersif* de cette substance. Newton croyait que le pouvoir dispersif était proportionnel à l'indice de réfraction. Heureusement il n'en est rien, car si l'opinion de Newton était exacte, il serait impossible d'éviter la dispersion qui, dans les instruments d'optique, accompagne la réfraction de la lumière et produit des irisations autour des images. C'est Dollond qui a trouvé le moyen de supprimer ces irisations par l'emploi d'objectifs dits *achromatiques*. — V. ACHROMATISME, DISPERSION, INSTRUMENTS D'OPTIQUE, LUNETTE, OBJECTIF.

Nous ajouterons que le prisme dévie les rayons calorifiques aussi bien que les rayons lumineux.

Prisme à réflexion totale. On sait qu'un rayon de lumière qui se propage dans l'intérieur d'un corps réfringent, ne peut traverser la surface libre de ce corps s'il fait avec la normale un angle supérieur à celui qui a pour sinus l'inverse de l'indice de réfraction. Le rayon se réfléchit alors complètement sur la surface. On a utilisé cette circonstance pour construire des prismes de verre qui permettent de changer la direction d'un rayon de lumière, remplaçant ainsi les miroirs avec l'avantage d'absorber moins de lumière. Il suffit, en effet, de construire un prisme triangulaire isocèle dont les angles soient tels que les rayons, pénétrant normalement sur l'une des faces égales, arrivent assez obliquement sur la face de base pour s'y réfléchir totalement. A cause de la symétrie, le rayon réfléchi sortira normalement par la face égale à la première. L'indice de réfraction du *flint-glass* est 1,57, celui du *crown-glass* 1,50; ces deux nombres sont supérieurs à $\sqrt{2}$, inverse du sinus de 45°. Un prisme de l'une de ces deux substances ayant pour base un triangle rectangle isocèle sera donc un prisme à réflexion totale, car les rayons pénétrant normalement à l'une des faces du dièdre droit viendront rencontrer la face hypoténuse suivant un angle de 45° et ne pourront émerger. Ils se réfléchiront donc suivant une direction perpendiculaire à leur direction primitive. Le prisme à réflexion totale est souvent employé dans les instruments d'optique: *chambre noire, chambre claire, télescope,* etc. (V. ces mots). Souvent, dans la chambre noire et la chambre claire, les faces d'entrée et de sortie du prisme à réflexion totale sont courbes, de manière qu'un seul bloc de verre remplisse le même rôle qu'une lentille accompagnée d'un miroir.

Prismes de Rochon, de Wollaston, de Nicol, de Sénarmont. Ce sont des appareils destinés à la production et à l'étude de la lumière polarisée. Ils se composent essentiellement de morceaux de spath d'Islande différemment taillés et disposés. On sait que le spath d'Islande possède la propriété de la double réfraction, et que les deux rayons, ordinaire et extraordinaire, sont polarisés à angle droit (V. OPTIQUE, POLARISATION). La lumière qui a traversé l'un de ces appareils sortira donc polarisée si elle ne l'était déjà, et dans tous les cas, ces appareils permettront de reconnaître si un faisceau de lumière donné est polarisée ou non, et de déterminer, s'il y a lieu, le plan de polarisation. Dans les prismes de Rochon et de Wollaston, les rayons, ordinaire et extraordinaire, sortent tous deux de l'appareil, mais en faisant un angle plus ou moins grand, de sorte qu'ils sont nettement séparés. Dans les deux autres, l'un des deux rayons est rejeté de côté, soit par une réflexion totale, soit par une disposition convenable des surfaces de réfraction; l'autre rayon sort avec une faible déviation.—M. F.

PRISON. Etablissement dans lequel on enferme les accusés et les condamnés.

— Les Romains avaient des prisons publiques, *carceres* et des prisons privées, *ergastula*; mais ces lieux de détention étaient plutôt des cachots à un ou plusieurs étages. Il en était de même au moyen âge, époque à laquelle les abbayes, les palais épiscopaux, les beffrois des villes, les chapitres possédaient des prisons dans leur enceinte. D'ailleurs, jusqu'au XVIIe siècle, la prison n'a été considérée que comme un lieu destiné à punir et à séquestrer les individus, et on ne lui demandait que les conditions nécessaires , pour empêcher toute évasion; c'est grâce à l'initiative de Saint-Charles Borromée en Italie, et de Saint-Vincent-de-Paul en France, que l'on commença à rechercher les moyens d'améliorer le sort des prisonniers. Ces sentiments philanthropiques gagnèrent d'autres pays, et l'un des moyens les plus efficaces de régénération parut être l'obligation du travail, imposée aux détenus. De là, la fondation d'établissements tels que la maison pénitentiaire de Saint-Michel, à Rome; les prisons de Milan, et de Gand, où furent réalisés l'isolement des prisonniers pendant la nuit et leur réunion silencieuse pendant le jour pour le travail. Ces tentatives étaient isolées. Howard, en 1777, fit paraître un ouvrage, dans lequel il présenta une étude complète de la question. Quelques années plus tard, en 1791, Bentham recommandait le plan *panoptique* pour la construction des prisons. Enfin, les Etats-Unis, ayant recherché, après leur émancipation, la solution du problème, adoptèrent deux systèmes : le *système d'Auburn*, emprisonnement cellulaire de nuit et réunion des condamnés pendant le jour dans des ateliers; le *système de Philadelphie*, emprisonnement cellulaire de jour et de nuit.

Ces deux systèmes ont leurs avantages et, leurs inconvénients; ils ont donné lieu chacun à de nombreuses critiques. On reproche particulièrement au premier de n'être pas favorable à la moralisation des détenus et de faciliter les évasions; au second, d'être beaucoup plus dispendieux que l'autre. En France, le système de l'emprisonnement cellulaire de jour et de nuit a été appliqué notamment à la prison de Mazas, à Paris, où les bâtiments affectés aux détenus consistent en six longues galeries rayonnantes renfermant les cellules et ayant pour point de départ et de réunion une salle centrale de forme circulaire.

On divise les établissements pénitentiaires en prisons *civiles* et prisons *militaires*. Les premières, qui seules nous occupent ici, comprennent : 1° les *chambres municipales*, établies dans chaque canton et destinées à recevoir, soit les délinquants arrêtés en flagrant délit et qui ne peuvent être immédiatement interrogés, soit les individus arrêtés sur la voie publique pour de légers délits et condamnés à un emprisonnement de quelques jours par les tribunaux de simple police ; 2° les

dépôts de sûreté ou *maisons de dépôt*, établis dans tous les arrondissements pour recevoir momentanément les prisonniers que l'on transfère d'une maison à une autre; 3° les *prisons départementales* qui se divisent en trois classes : *maisons d'arrêt*, établies dans chaque arrondissement pour recevoir les prévenus adultes, les jeunes détenus, les condamnés correctionnellement à plus d'un an en attendant leur transfèrement ; *maisons de justice*, placées au chef-lieu judiciaire du département et qui renferment les accusés, les jeunes détenus et les condamnés jugés par les cours d'assises et qui se sont pourvus en appel ou en cassation, en attendant leur transfèrement ; *maisons de correction*, qui se confondent souvent avec les maisons d'arrêt et qui servent à la détention des condamnés à un an et au-dessous ; 4° les *établissements d'éducation correctionnelle*, dans lesquels sont compris les *colonies agricoles* et les maisons dites de *jeunes détenus* ; 5° les *maisons centrales de force et de correction*, qui servent à la détention des individus des deux sexes condamnés par les tribunaux correctionnels à un emprisonnement de plus d'un an; des individus des deux sexes condamnés à la réclusion ; des forçats âgés de plus de soixante-dix ans ; des femmes condamnées aux travaux forcés.

Les trois catégories formant la classe des prisons départementales peuvent être réunies dans un même établissement; mais chaque catégorie de prévenus doit être séparée et occuper un quartier distinct. C'est là que le classement des moralités offre à l'architecte les difficultés les plus grandes.

La construction des établissements pénitentiaires a donné lieu à des progrès constants, aussi bien au point de vue des dispositions générales du plan que de l'aménagement intérieur. Sous le rapport du plan, des formes très diverses ont été adoptées: les bâtiments affectés à la détention rayonnent, comme aux prisons de Mazas et de la Santé à Paris; forment les côtés d'une cour polygonale, comme à la maison centrale de force et de correction construite à Rennes, par notre confrère M. Normand ; ou sont disposés, comme dans les hôpitaux, perpendiculairement aux longs côtés d'une cour rectangulaire, comme à la maison de répression de Nanterre, édifiée par M. Hermant.

Tous ces établissements exigent, outre les bâtiments spéciaux occupés par les détenus, un grand nombre de locaux affectés à des services multiples : logement de concierge, poste de gardiens, bâtiments d'administration, ateliers, chapelle, infirmerie, réfectoires, cuisines, panneterie, cantine, buanderie, lingerie, château d'eau, bains, soufrerie, etc... Toutes ces constructions sont accompagnées de préaux couverts ou à air libre, de promenoirs, de cours et de plantations. Il faut ajouter à cet ensemble, déjà si complexe, toutes les questions de *chauffage*, d'*éclairage* et de *ventilation* (V. ces mots) que soulève la construction d'établissements de cette importance.

Enfin, nous croyons devoir citer, en terminant cet article, quelques-unes des considérations générales présentées récemment par le docteur Lunier, au Conseil supérieur des prisons, pour la construction ou l'appropriation des prisons départementales en vue de la mise en pratique de la séparation individuelle : convergence des bâtiments vers un point central, afin de faciliter la surveillance; cellules d'au moins 4 mètres de longueur, 2ᵐ,50 de largeur, 3 mètres de hauteur, soit 30 mètres cubes d'air; ventilation, chauffage, éclairage de ces cellules, munies chacune d'un appareil d'aisances; ventilation comprenant à la fois l'introduction de l'air pur et l'extraction de l'air vicié par deux conduits spéciaux; les murs peints à l'huile avec ou sans enduit ou badigeonnés à la chaux; le sol en matière dure ou planchéié, etc. — F. M.

*PRISONNIER. *T. de mécan.* Sorte de tenon en forme de queue d'hironde, ménagé sur une pièce oscillante qu'il guide dans son mouvement de va-et-vient, et qu'il empêche de dévier en glissant à l'intérieur d'une rainure spéciale de même forme, ou glissière ménagée sur une pièce fixe et dont il ne peut se dégager en raison de l'élargissement qu'il présente à la base; les joues obliques de la glissière empêchent, en effet, la sortie du tenon, d'où est venu le nom de *prisonnier.* L'emploi des prisonniers n'est guère admissible que pour guider les petites pièces ayant peu de fatigue, et il doit toujours être évité, autant que possible, car il a l'inconvénient de reporter l'effort en service sur le point d'attache du tenon qui forme la section la plus faible, il entraîne des frottements assez graves et le remplacement en cas de rupture en devient très difficile, puisqu'on ne peut pas le dégager des glissières.

*PROCÉDÉ. 1° Dans les arts graphiques, on applique ce mot aux divers moyens de produire directement avec le concours de la photographie, des planches gravées sans l'intervention du graveur. — V. GRAVURE et PHOTOGRAPHIE. || 2° *Papier à procédé.* — V. PAPIER. || 3° Petit rond de bufle qui termine une queue de billard.

PROFIL. *T. de dess. indust., de topogr. et de fortif.* On appelle *profil* la section d'une surface par un plan présentant une position particulière par rapport à cette surface. Ainsi, dans le dessin de machine et d'architecture, on dit le *profil* d'une *moulure* (V. ce mot) ou d'une corniche pour désigner la section de cette moulure ou de cette corniche par un plan perpendiculaire à sa direction générale. Ce *profil* suffit évidemment à en définir la forme.

En topographie, le profil d'un terrain est la section de la surface du sol par un plan vertical. Il varie évidemment en un même point, suivant la direction du plan sécant, et on le détermine par les opérations du *nivellement.* Pour déterminer le relief du terrain dans le voisinage d'un point, il faut connaître le profil de ce terrain dans un nombre suffisant de directions à partir de la verticale de ce point. Pour représenter le relief d'une route (voie ordinaire ou chemin de fer), ainsi que sa position par rapport aux terrains qui la bordent à droite et à gauche, on en dessine le *profil en long* et des *profils en travers.*

Le profil en long est la section faite par un plan vertical passant par l'axe de la route. Les profils en travers sont les sections faites par des plans verticaux perpendiculaires à cet axe; ils doivent s'étendre à une certaine distance à droite et à gauche de la route, afin de montrer en entier les talus de remblais ou de déblais qui peuvent la border de chaque côté. Lorsqu'on veut représenter le relief de la route sur une grande longueur, celle-ci cesse d'être rectiligne. On imagine alors qu'elle soit redressée, et l'on figure son profil en long comme si elle était droite dans toute sa longueur. On obtient une ligne courbe ou brisée qui s'élève et s'abaisse en même temps que la route qu'elle représente et en figure ainsi les déclivités et les paliers. On voit que dans ces conditions, le profil en long peut être défini de la manière suivante : l'axe de la route est une ligne ondulée à double courbure; par tous les points de cette ligne, concevons qu'on fasse passer des verticales, on obtiendra ainsi un cylindre vertical contenant l'axe. Développons enfin ce cylindre sur un de ses plans tangents; l'axe de la route, transformé par ce développement, deviendra une ligne plane qui constitue le profil en long. Quant au profil en travers, il varie nécessairement d'un point à un autre de la route; il faut donc représenter tous les profils en travers qui correspondent à une série de points échelonnés tout le long de la route. Ces profils peuvent être définis, soit par des cotes indiquant la hauteur de différents points du terrain (V. PLAN, §.*Plan coté),* soit par un dessin qui représente leur véritable forme, réduite à une échelle convenue. Mais, dans ce cas, à cause de la faiblesse des pentes, la ligne qui figure le profil ne serait pas assez inclinée sur l'horizon pour qu'on pût en tirer des indications commodes. On prend alors le parti d'adopter, pour les hauteurs, une échelle différant de celle des longueurs horizontales et notablement plus grande que cette dernière. De cette manière, tous les reliefs se trouvent accentués, et le dessin parle aux yeux d'une manière beaucoup plus nette. Dans l'élaboration d'un projet de route, on doit d'abord arrêter le plan, c'est-à-dire le tracé sur une carte des lieux que traversera la route. Après ce premier travail, il faut étudier le profil en long et déterminer par cela même les pentes et déclivités, puis les profils en travers, c'est-à-dire le relief des talus qui doivent relier le niveau adopté pour la route à celui des terrains qu'elle traverse. Des remarques analogues doivent être faites au sujet du profil des ouvrages de fortification.

|| En *t. de fortif.,* c'est une section verticale faite perpendiculairement à la direction des faces d'un ouvrage de fortification; elle se compose d'une succession de droites représentant les lignes de plus grande pente : du *terre-plein* de l'ouvrage, du *talus de la banquette,* de la *banquette,* du *talus intérieur* du parapet, de la *plongée,* du *talus extérieur* du parapet, de la *berne,* de l'*escarpe,* du fond du fossé et de la *contrescarpe;* quelquefois, on ajoute à la suite un glacis dont la ligne de plus grande pente est le prolongement de celle du plan de feu, c'est-à-dire de la plongée. Le profil

peut être biais, mais alors son plan de section est incliné d'une façon quelconque sur la direction générale des lignes de parapet. — V. FORTIFICATION.

En *t. de géom. descript.*, un *plan de profil* est un plan perpendiculaire à la ligne de terre et, par suite, aux deux plans de projection. Une figure plane située dans un plan de profil est dite de *profil*; elle se projette tout entière sur une ligne perpendiculaire à la ligne de terre. — M. F.

PROFILEMENT. T. de fortif. Opération que l'on fait sur le terrain pour déterminer le profil d'un ouvrage, le plus souvent de construction passagère. On commence par tracer les crêtes et par défiler l'ouvrage (V. DÉFILEMENT), puis on procède au profilement en effectuant sur le terrain, à l'aide de piquets et de lattes, la représentation de deux profils pour chaque face de l'ouvrage; on détermine ensuite les profils en *capitale*, c'est-à-dire ceux suivant lesquels deux faces de l'ouvrage viennent se rencontrer, en prolongeant sur le terrain les projections des arêtes extérieures et intérieures, et élevant une perche verticale à leur intersection; les points de rencontre de cette perche et des arêtes appartiennent au profil cherché. Cette méthode de profilement que nous venons d'indiquer pour les parapets, peut s'appliquer à tous les ouvrages de la fortification passagère et même de la fortification permanente, tels que barbettes, fossés, traverses, embrasures, etc.

PROFILEUR. Instrument de dessin avec lequel on trace sur le papier le profil d'une route.

PROFILOGRAPHE. T. techn. Appareil destiné à relever les profils et à enregistrer graphiquement le résultat de l'opération.

PROJECTILE. *T. d'artill.* Du latin *pro*, en avant, *jectus*, lancé. Tout corps lancé, soit à la main, soit à l'aide d'une machine de jet quelconque, est à proprement parler un projectile : telles sont la pierre ou la grenade qu'on lance à la main ou avec la fronde, la flèche de l'arc ou de l'arbalète, etc. Toutefois, on désigne plus spécialement sous ce nom, certains corps de formes déterminées, appropriés au tir des armes à feu : ceux des plus petits calibres sont appelés *balles* et employés surtout avec les armes à feu portatives; ceux des bouches à feu se distinguent en *boulets*, projectiles pleins, quelquefois même creux mais non explosifs, *bombes* et *obus*, dans lesquels on a ménagé un vide intérieur destiné à recevoir une charge explosive. On fait encore usage, avec les bouches à feu, d'une troisième sorte de projectiles que l'on peut désigner sous le nom général de *mitrailles*, et qui sont formés simplement par la réunion d'un grand nombre de balles ou autres projectiles de petit calibre, destinés à se séparer à la sortie même de la bouche à feu.

Pour l'étude de l'organisation intérieure de ces diverses espèces de projectiles et des effets qu'ils peuvent produire, on se reportera à chacun de ces mots ; il ne sera question ici que de généralités concernant leur forme extérieure et le métal

à employer pour leur fabrication, questions importantes, surtout au point de vue de la régularité de leur mouvement, aussi bien dans l'air qu'à l'intérieur de la bouche à feu, et aussi pour certains projectiles spéciaux, dits de *rupture*, au point de vue de leur pénétration dans les milieux très résistants tels que les revêtements cuirassés.

Forme extérieure. De ce qui a été dit au mot BALISTIQUE, à propos des lois de la résistance de l'air, il résulte que toutes choses égales d'ailleurs, la perte de vitesse que fait éprouver à un projectile la résistance de l'air est en raison inverse de son poids par unité de surface de sa section droite. Pour des projectiles de même calibre et de même matière, le rapport du poids à la section droite est d'autant plus grand que le projectile est plus allongé. Ainsi s'explique la grande supériorité, au point de vue des portées, des projectiles oblongs sur les projectiles sphériques, et la tendance que l'on a à augmenter de plus en plus, la longueur des projectiles oblongs.

Avec les bouches à feu à âme lisse la forme sphérique était la seule qu'il fût possible d'employer, parce que, quel que fût le mouvement du projectile sur lui-même, la surface présentée à l'air restait la même tout le long de la trajectoire. Au contraire, les projectiles allongés, de forme ovoïde ou cylindrique, dont on fit l'essai à plusieurs reprises, culbutaient ou se mettaient en travers dès leur sortie de la bouche à feu. Leur emploi n'est devenu pratique que le jour où l'on a eu l'idée de les obliger à prendre, dans l'âme de la pièce, un mouvement de rotation autour d'un de leurs axes principaux d'inertie, c'est-à-dire lors de l'invention des canons rayés.

Les premiers projectiles oblongs, employés avec les canons rayés, n'avaient que 1 1/2 à 2 calibres de longueur, on leur donne aujourd'hui 3 et même 5 calibres. Il paraît difficile, dans l'état actuel de la question, d'aller au delà sans nuire à la régularité du tir ou compromettre la résistance de la bouche à feu; en effet, plus le projectile est long, plus il faut pour qu'il ne se renverse pas, que sa vitesse de rotation soit grande, nous verrons au mot RAYURE que cette vitesse ne peut dépasser certaines limites. En outre, la vitesse initiale étant supposée rester la même, les pressions et par suite la fatigue de la pièce augmentent rapidement avec l'allongement du projectile.

La forme généralement adoptée pour les projectiles oblongs, est la forme ogivo-cylindrique, qui est celle qui correspond à une moindre résistance de l'air. Le corps du projectile se compose d'une partie cylindrique et d'une tête ogivale, il est terminé à l'arrière par un culot plat. La courbe génératrice de l'ogive est un arc de cercle ou de parabole se raccordant tangentiellement avec la génératrice du cylindre, de façon à n'avoir sur la surface du projectile, que des courbures continues et douces. Le plus généralement, la pointe du projectile est abattue et remplacée par un méplat destiné à servir d'appui à la fusée. On a donné à la tête ogivale une forme de plus en plus effilée, de façon à faciliter l'écoulement des filets aériens;

les obus des canons de Bange sont les plus remarquables à ce point de vue, la longueur de la partie ogivale est la moitié environ de la longueur totale du projectile (fig. 483, vol. VI).

Nous avons vu également en balistique que la forme de la partie arrière du projectile influe elle aussi sur la conservation de la vitesse; il semble donc, théoriquement du moins, qu'il y aurait avantage à remplacer le culot plat par une partie déclive. Jusqu'ici, on a donné la préférence dans la pratique, aux projectiles à culot plat, parce que cette forme est celle qui se prête le mieux à l'emmagasinage et aux manipulations, et est la plus commode pour la fabrication. De plus, avec le culot plat, on a une répartition plus uniforme du choc des gaz contre le projectile au moment du départ, et par suite une plus grande régularité dans le mouvement du projectile à l'intérieur de l'âme.

En terminant ce qui est relatif au tracé extérieur du projectile, disons que pour lui assurer une stabilité suffisante, pendant son trajet dans l'âme, il faut que la partie cylindrique soit assez longue, relativement à la partie ogivale, pour que le centre de gravité se trouve dans la première. Cette condition impose une limite à la tendance que l'on a à d'allonger de plus en plus l'ogive.

La rotation des projectiles est obtenue le plus généralement au moyen de rayures hélicoïdales creusées sur la paroi de l'âme de la bouche à feu; on donne le nom de *montage* au dispositif adopté au projectile pour l'obliger à suivre les rayures. Certains projectiles sont pourvus de saillies conductrices appelées *ailettes* ou *tenons* qui s'engagent dans les rayures, d'autres sont recouverts, sur tout ou partie de leur surface cylindrique, d'un métal plus mou que le métal de la bouche à feu, et, destiné à être entaillé par les cloisons qui séparent les rayures. Dans ce dernier cas, on dit qu'il y a *forcement*, parce qu'il n'existe plus alors le moindre jeu entre la paroi de l'âme et la surface du projectile, et que les battements se trouvent complètement supprimés. — V. RAYURE.

Choix du métal. Pour des projectiles, identiques de formes et de dimensions, le poids par unité de section étant proportionnel à la densité de la matière, il en résulte que l'on doit employer pour la fabrication des projectiles les métaux les plus lourds. De tout temps, à cause de sa grande densité 11,1, et aussi de sa fusibilité, le plomb a été utilisé pour la fabrication des projectiles de petit calibre; l'or et le platine conviendraient encore mieux s'ils n'étaient pas hors prix.

Par suite de son défaut de résistance à l'écrasement, le plomb ne pouvait être utilisé avec les bouches à feu pour le tir contre les obstacles matériels; c'est pourquoi les premiers boulets furent taillés dans des blocs de pierre dont la densité n'est que de 2,5 à 2,7; pour que leur masse fut suffisante on était obligé de leur donner des dimensions exagérées. Le premier emploi de la fonte de fer pour la fabrication des projectiles remonte à la fin du xive siècle, mais elle n'est devenue d'un usage général que dans le siècle suivant. De tous les métaux employés couramment dans l'industrie, c'est celui dont le prix de revient, aussi bien comme matière première que comme mise en œuvre, est le moins élevé et la densité la plus forte 7,032 à 7,22. La fonte se coulant facilement convient aussi bien pour la fabrication des projectiles creux que des projectiles pleins; elle a une ténacité suffisante pour pouvoir pénétrer dans le bois et la maçonnerie et en même temps elle est assez cassante pour que les projectiles creux puissent éclater dans de bonnes conditions. Aussi est-elle encore employée pour la fabrication de presque tous les projectiles, à l'exception toutefois de celle des projectiles de rupture, dont le métal doit satisfaire à des conditions particulières de dureté et de ténacité.

Projectiles de rupture. Les premiers projectiles de rupture que l'on ait employés pour le tir contre les murailles cuirassées des navires sont des projectiles massifs, dits *boulets de rupture*. Il en existe de deux sortes : les uns, dits *boulets cylindriques* ou à tête plate, ont la forme d'un cylindre droit terminé à l'avant par une calotte sphérique très surbaissée; les autres dits, *boulets ogivaux*, se terminent par une partie ogivale dont on a conservé la pointe.

Le projectile à tête plate, agissant comme un emporte-pièce, ne peut passer au travers d'une muraille cuirassée qu'en arrachant une partie de la plaque, qu'on a appelée *ménisque*, généralement plus large que la tête, et la poussant ensuite devant lui à travers la muraille en bois. Sa puissance de pénétration se trouve ainsi beaucoup diminuée; mais s'il possède une force vive suffisante pour traverser, il laisse derrière lui un large trou qu'il est presque impossible de reboucher. En outre, par suite de l'ébranlement, il se produit à l'intérieur du navire une grêle de débris de bois et de fer formant mitraille. Si la force vive est insuffisante, le ménisque s'arrête dans le bois et le boulet dans la plaque; quelquefois même le ménisque lui-même n'est pas détaché.

Le boulet ogival, dont l'avant a une forme aiguë, n'arrache aucun ménisque dans la plaque qu'il rencontre; il agit à la façon d'un coin et pénètre d'autant plus facilement que toute sa force vive se concentre sur une très petite surface d'entrée. Le métal, refoulé autour de la pointe du projectile, s'étire et finit par livrer passage au boulet qui pénètre également beaucoup plus aisément dans la muraille en bois; mais le trou qu'il y fait a des dimensions plus faibles que son diamètre, car, par suite de la réaction du bois, les fibres revenant à leur position première, le trou se rebouche en partie, quelquefois même complètement lorsque le matelas en bois a une épaisseur suffisante. Dans tous les cas, les dégâts sont beaucoup moins considérables que précédemment, et localisés dans la partie atteinte, de telle façon que la voie d'eau, si le trou était à la flottaison, serait peu dangereuse et pourrait facilement être aveuglée. Mais, la chaleur développée par le passage du projectile ogival à travers la plaque peut suffire pour mettre le feu à la muraille en bois; les boulets en acier mettent plus facilement le feu que ceux en fonte, tandis que cela n'arrive jamais avec les boulets cylindriques.

Comme on le voit, les boulets ogivaux exigent, pour la perforation des murailles cuirassées, une force vive moindre que les boulets cylindriques; ils ont en outre, sur ces derniers, le double avantage de conserver mieux leur vitesse dans l'air et d'avoir encore, même aux grandes distances, une plus grande justesse ; en effet, la forme aplatie de l'avant des projectiles cylindriques est très désavantageuse, au point de vue du trajet dans l'air et ne permet de les utiliser qu'aux petites distances. On n'en fabrique plus que pour les canons des plus gros calibres, parce que ceux de petit calibre n'auraient pas une force vive suffisante pour traverser. Enfin, dans le tir oblique, les boulets cylindriques se brisent beaucoup plus facilement que les projectiles ogivaux ; il est vrai, qu'en revanche, on peut reprocher au projectile ogival d'être plus facilement dévié quand l'obliquité du tir devient très grande; en effet, lorsque l'ogive devient tangente à la plaque, la pointe ne peut plus mordre. On a proposé de donner à la partie avant des boulets ogivaux, la forme ogivo-conique, où une partie de l'ogive serait remplacée par le cône circonscrit, ce qui serait plus favorable à la pénétration, surtout pour le tir oblique, mais cette forme serait moins bonne au point de vue de la conservation de la vitesse pendant le trajet dans l'air, et, aux distances ordinaires de combat, l'avantage que l'on gagnerait d'un côté serait plus que perdu de l'autre.

Le métal employé pour la fabrication des boulets de rupture, doit avoir une grande dureté afin que les déformations produites par le choc soient peu considérables. Il faut encore que ce métal possède une grande ténacité, surtout dans le cas des projectiles cylindriques, sans quoi il y aurait rupture. Les déformations se produisent toujours, et les ruptures très souvent, surtout dans le tir oblique; les unes et les autres constituent une perte sèche de force vive qui est dissipée par le projectile en agitations moléculaires stériles et en efforts intestins contre lui-même.

L'acier dur est le seul métal que l'on puisse employer pour la fabrication des boulets cylindriques; non seulement la fonte ordinaire mais encore la fonte durcie, la meilleure, seraient trop cassantes. L'acier est aussi employé pour les boulets ogivaux, mais on peut également employer la fonte durcie. Les essais faits par la marine française, en 1860, pour la confection des boulets de rupture, ont montré que l'acier fondu et martelé présentait la ténacité et la dureté suffisantes. Les essais faits avec des fontes dures d'origine étrangère avaient montré également, qu'on pouvait s'en servir pour les boulets ogivaux; mais l'industrie française n'était pas alors en mesure de les fabriquer, et ce n'est qu'à partir de 1868 qu'on les a introduits dans les approvisionnements.

Pendant longtemps, les projectiles pleins furent les seuls qu'on put fabriquer et les seuls qui fussent assez résistants. Mais, pour qu'un projectile massif agisse efficacement contre une muraille cuirassée, il faut non seulement qu'il perce la plaque, mais encore qu'il traverse la muraille ; lorsqu'il y reste engagé il bouche lui-même le trou qu'il y a fait. Afin d'avoir des effets plus certains on a cherché à fabriquer des obus capables d'agir non seulement par le choc comme les boulets, mais encore par l'éclatement de leur charge; les effets d'explosion s'ajoutent alors à ceux du choc pour ébranler et disloquer la muraille et agrandir le trou. Si même le projectile n'éclate qu'après avoir traversé la muraille, il peut produire des effets terribles aux batteries et y occasionner des incendies. — V. OBUS DE RUPTURE.

FABRICATION DES PROJECTILES. Les projectiles nécessaires aux départements de la guerre et de la marine, pour constituer leurs approvisionnements, sont fabriqués dans l'industrie ; des marchés sont, à cet effet, passés avec les maîtres de forge français. Des officiers et employés de l'artillerie, attachés au service des forges (V. MATÉRIEL DE GUERRE, § *Fabrication*), surveillent les détails de la fabrication dans les établissements mêmes, et procèdent sur place à la vérification et à la réception des projectiles.

Les fontes qui servent à fabriquer les projectiles ordinaires sont, le plus généralement, des fontes au coke de première ou deuxième fusion ; un certain nombre de barreaux d'essai sont soumis à des essais déterminés par le cahier des charges.

Moulage et coulée des projectiles. Les projectiles en fonte ordinaire sont moulés en sable dans des châssis en fonte; le moulage en coquille est utilisé pour les obus de rupture en fonte dure et en acier.

Le moule doit être formé d'au moins deux parties, afin que l'on puisse facilement retirer le modèle qui est en fonte et formé d'un seul morceau pour les projectiles pleins, deux pièces hémisphériques évidées, s'assemblant par emboîtement, pour les projectiles creux sphériques. Les modèles des obus oblongs sont partagés en trois parties par des sections perpendiculaires à l'axe, savoir: l'ogive, la partie cylindrique et le culot s'assemblant au moyen de feuillures; il est interdit de former le modèle de deux parties s'assemblant suivant une méridienne dans le sens de l'axe. Pour le moulage, on dispose le modèle l'ogive en haut; cette ogive est surmontée d'une petite masselotte. Pour les projectiles creux, on forme, autour d'un tube creux en fer, appelé *lanterne* et percé de trous, afin de permettre le dégagement des gaz, un noyau en terre ayant la forme du vide intérieur; ce noyau est suspendu au milieu du moule à l'aide de sa tige qui sert en même temps à ménager l'œil ou lumière. Dans la fabrication de certains projectiles allongés, pour que le vide intérieur soit mieux centré, on a quelquefois fixé la tige à ses deux extrémités, le trou du culot était ensuite bouché avec un bouchon fileté en fer. On ménage dans le moule un canal ou jet qui vient déboucher sur le côté pour les projectiles sphériques, et à la partie inférieure pour les projectiles allongés qui sont coulés à la remonte, c'est-à-dire en faisant arriver la fonte liquide par le culot (fig. 331).

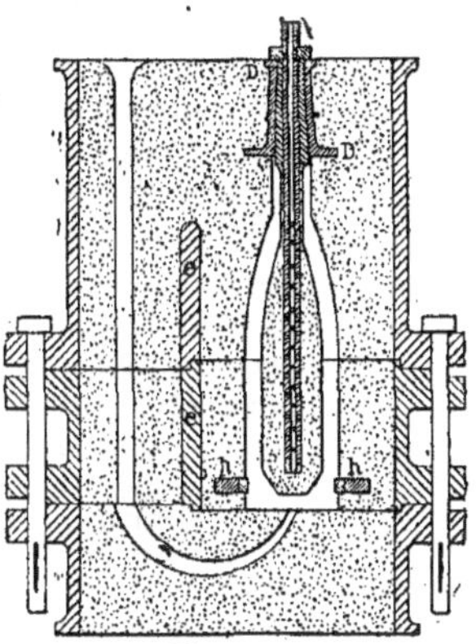

Les modèles ne doivent pas avoir exactement les mêmes dimensions que l'obus qu'on veut obtenir, parce qu'il faut tenir compte du retrait que la fonte éprouve en se solidifiant; ce retrait est très variable et dépend de la forme et des dimensions des projectiles, de la qualité et de la nature de la fonte et même du mode de moulage.

Fig. 331.

Pour les obus oblongs, à ceinture de cuivre, le plus généralement, la ceinture, fabriquée dans l'usine même, est, après avoir été reçue par les agents des forges, mise en place dans le moule lui-même; pour l'empêcher d'être détériorée, ou brûlée pendant la coulée, on l'entoure d'une rondelle métallique, ordinairement en cuivre, dite *rondelle de refroidissement.* Les projectiles à ailettes ou tampons sont coulés avec les alvéoles venues de fonte.

Les procédés de fabrication des projectiles de rupture en fonte dure (sont le secret des industriels qui en ont la propriété); ils sont coulés la pointe en bas, soit dans des moules à parois métalliques pour la partie ogivale seulement, et en sable pour le corps de l'obus et la masselotte, soit dans des moules entièrement métalliques. Les projectiles en acier sont également coulés la pointe en bas, le projectile est ensuite trempé; pour cela, on le chauffe dans un four, jusqu'au rouge cerise clair, puis on fait plonger la pointe pendant une minute dans l'eau froide et immédiatement après, on immerge le projectile dans l'huile. Après complet refroidissement, on recuit le culot au bleu, en abritant la pointe, et on laisse refroidir lentement.

La lumière des projectiles creux est alésée et taraudée dans les forges mêmes.

Réception des projectiles. Tous les projectiles sont soumis, dans l'établissement où ils ont été fabriqués, à une série de vérifications ayant pour but, d'abord de constater s'ils ne présentent pas, après la coulée, quelque cause apparente de rebut et, ensuite, de vérifier la régularité des formes et l'exactitude des dimensions et des poids. Pour ces visites, on fait usage d'instruments vérificateurs spéciaux tels que cylindres-lunettes pour vérifier les diamètres, profils, compas pour vérifier les épaisseurs au culot ou aux parois, etc. Pour les projectiles creux, on vérifie l'épaisseur des parois qui doit être constante; on s'assure ensuite qu'il n'y a pas de fissures en frappant avec un marteau. Les projectiles douteux sont remplis d'eau pendant quarante-huit heures; on peut aussi les soumettre à l'épreuve de vérification par la vapeur, la moindre fissure est alors accusée par un suintement.

USINAGE DANS LES ARSENAUX. A leur arrivée dans les arsenaux, les projectiles sont soumis à une nouvelle vérification de contrôle; on procède ensuite aux opérations du montage, qui ne concernent pas les projectiles sphériques, ceux-ci sont complètement terminés dans les forges.

Pour les obus oblongs, à ailettes ou à tenons, la pose des ailettes ou tenons se fait soit à la main et au marteau, soit à la machine. Le premier procédé est seul praticable avec les obus à parois peu épaisses; avec la machine, on enfonce à la fois les deux ailettes situées aux extrémités d'un même diamètre vertical, le projectile étant disposé horizontalement.

Les arsenaux reçoivent du service des forges, les obus à cordons de plomb simplement bruts de fonte; ils sont chargés de les emplomber et d'amener les cordons aux dimensions prescrites. Pour cela, on commence par placer le projectile sur le tour, en ayant soin de bien le centrer, puis on l'écroûte sur toute la partie qui doit recevoir l'emplombage de façon à mettre la fonte à nu. Aussitôt après cette opération, le projectile essuyé et chauffé, est plongé dans une dissolution ammoniacale destinée à débarrasser la surface écroûtée des oxydes de fer ou crasses qui pourraient y adhérer. On plonge après le projectile bien chaud dans un bain de zinc fondu, puis ensuite dans un bain de soudure, moitié plomb et moitié étain, et enfin, on le place dans un moule qu'on remplit de plomb fondu le plus rapidement possible. On amène ensuite les cordons aux dimensions exactes qu'ils doivent avoir au moyen d'un tour qui enlève le plomb en excès.

Les obus à ceintures de cuivre étant envoyés le plus généralement dans les arsenaux, le corps brut de fonte et la ceinture de cuivre en place, il n'y a plus qu'à amener à leurs dimensions définitives les parties de l'obus qui servent à le guider, c'est-à-dire la ceinture et le renflement de l'ogive, opérations qui se font au tour. Lorsque les ceintures n'ont pas été mises en place pendant la coulée, il faut creuser au tour leurs encastrements, puis ensuite les poser, opération que l'on appelle le *sertissage.* Le sertissage se fait soit à la main et au marteau, soit à la machine; cette opération est très délicate surtout lorsqu'on la fait au marteau.

Les projectiles, une fois terminés, sont vérifiés à nouveau, puis recouverts d'une couche de peinture à la plombagine: les obus ordinaires sont entièrement peints en noir, les obus à balles se distinguent par la couleur rouge de l'ogive (minium); les obus à double paroi par la couleur blanche (céruse). Les ceintures de cuivre ou cordons de plomb ne reçoivent aucune peinture; les ailettes sont peintes comme le corps du projectile.

Les anciens projectiles sphériques sont recouverts d'une couche de coalthar.

Chargement des projectiles creux. On commence par nettoyer à fond l'intérieur, on le flambe, à moins qu'il n'ait déjà servi et que l'on craigne qu'il soit resté, attachée aux parois, de la poudre enrochée. On ajuste ensuite la fusée, puis on remplit le vide intérieur de balles, suivant le cas, et on verse la poudre que l'on tasse en frappant avec un marteau sur les parois. Une fois le chargement terminé, on nettoie l'œil, et on met la fusée en place. Pour décharger un projectile qui n'a pas été tiré et dont la tête de la fusée est en bon état, on dévisse la fusée avec les plus grandes précautions ; quant aux projectiles qui ont été tirés mais n'ont pas éclaté, ou dont la tête de la fusée est en mauvais état, on doit les démolir par la dynamite.

PROJECTION. *T. de géom.* Le mot *projection* s'emploie en géométrie dans des acceptions assez diverses. On peut cependant le définir d'une manière absolument générale, comme il suit : concevons une surface S, dite *surface de projection*, et une série de lignes courbes, appelées *projetantes*, définies de telle sorte que par chaque point de l'espace il en passe une et une seule. Par un point M de l'espace menons la projetante correspondante qui viendra couper la surface de projection S au point *m*. Ce point *m* est appelé la *projection* de M sur la surface S. La projection d'une ligne sera le lieu des projections de ses différents points, et en général, la projection d'une figure quelconque D sera la figure formée sur la surface S par l'ensemble des projections des différents points de D. On conçoit que la forme de la projection dépende essentiellement de la nature de la surface S et de la définition des projetantes, laquelle constitue la *loi du mode de projection*. Le cas le plus intéressant et le plus utile est celui où la surface S est un plan et où les projetantes sont des droites. Mais ici encore, il reste une très grande généralité, puisqu'on peut définir arbitrairement la loi suivant laquelle on fait passer une droite par chaque point de l'espace.

A vrai dire, il n'y a guère que deux modes de projection rectiligne utilisés. Le premier est celui où toutes les projetantes passent par un point fixe, c'est la *projection . centrale, projection conique* ou *perspective*. Le point fixe est appelé le *centre de la projection* ou le *point de vue* et le plan de projection prend le nom de *plan du tableau* (V. Perspective). Le second est celui où les projetantes sont parallèles à une direction fixe. On dit alors que la projection est *oblique* si les projetantes sont obliques sur le plan de projection P, et *orthogonale* si les projetantes sont perpendiculaires sur le plan P. Ainsi la projection orthogonale d'un point M, c'est le pied *m* de la perpendiculaire abaissée du point M sur le plan de projection P. Il est évident que la position d'un point M de l'espace est complètement définie quand on donne ses projections sur deux plans différents P et P'. Un objet quelconque sera donc complètement représenté par ses projections sur deux plans.

Ce mode de représentation est la base de la *géométrie descriptive* (V. ce mot). Au point de vue scientifique, il permet de réaliser, à l'aide d'épures effectuées sur un plan, toutes les constructions géométriques qu'on peut imaginer dans l'espace. Au point de vue industriel, il fournit le moyen de représenter *rigoureusement* par de simples dessins, tous les détails de forme d'une pièce solide, et de résoudre, à l'aide de tracés effectués sur le papier, les problèmes que peut rencontrer l'ingénieur pour établir les formes convenables des différentes pièces d'une machine ou d'une construction. Le plus souvent, on fait usage de la projection orthogonale, et l'on choisit les deux plans de projection, l'un horizontal, l'autre vertical. Quelquefois on est obligé, pour donner plus de clarté au dessin, d'ajouter les projections sur un autre plan vertical, afin de montrer une autre face ou une coupe de l'objet. La projection horizontale reçoit le nom de *plan*, et la projection verticale celui *d'élévation* (V. ces mots). Il nous est impossible d'entrer dans aucun détail sur les propriétés des diverses espèces de projection ; nous serions très vite entraînés fort loin en dehors du plan de ce *Dictionnaire*. Nous renverrons le lecteur à un *Traité de géométrie descriptive*, et notamment au *Traité de géométrie descriptive* de de La Gournerie (Paris, Gauthier-Villars, 1873).

La projection oblique est quelquefois employée dans le dessin industriel parce qu'elle a l'avantage de donner, sur une seule projection, une idée de la forme générale de l'objet représenté. Ce mode de projection s'appelle aussi *perspective cavalière*. — V. Perspective.

On considère souvent en géométrie la projection sur une ligne droite qui reçoit le nom d'*axe de projection*. Dans ce cas, on imagine qu'on mène par chaque point de l'espace des plans parallèles entre eux, mais non parallèles à l'axe, qu'on appelle *plans projetants*. La projection d'un point M est l'intersection *m* du plan projetant mené par M avec l'axe. La projection d'un segment de droite AB est le segment *a b* déterminé sur l'axe par les projections *a* et *b* de l'origine A et de l'extrémité B de AB. Elle est .positive ou négative, suivant le sens du segment *a b*. L'intérêt de cette théorie réside dans le théorème suivant : la projection d'une ligne droite AB est égale à la somme algébrique des projections des divers éléments d'une ligne brisée qui, partant de A aboutirait en B. On remarquera que les coordonnées cartésiennes d'un point M ne sont autre chose que les projections sur les trois axes Ox, Oy, Oz, du segment de droite OM qui joint l'origine au point M, les plans projetant sur Ox, par exemple, étant parallèles au plan des deux autres axes Oy, Oz (V. Coordonnées). La considération des projections sur des droites ou sur des plans, joue un grand rôle dans la mécanique rationnelle. Ainsi, pour n'en citer qu'un exemple, la projection de la résultante de plusieurs forces sur un axe, est égale à la somme algébrique des projections des composantes sur le même axe. — V. Force, Mécanique, Moment, Mouvement.

C'est surtout en géodésie qu'on emploie le mot *projection* dans son sens le plus général, tel que nous l'avons défini au début de cet article. On remarquera que d'après cette définition, projeter une surface R' sur une autre surface S, c'est faire en sorte qu'à chaque point de la surface R, corresponde un point de la surface S, la construction à l'aide des projetantes pouvant évidemment être remplacée par une relation analytique entre les coordonnées du point M de la surface R, et celles du point correspondant m de la surface S. La nature de cette relation définit le mode de projection. Si l'on veut représenter sur un plan la surface de la terre, ou une portion de cette surface, on rencontre une grave difficulté dans ce fait que la surface d'une sphère ne peut pas s'appliquer exactement sur un plan. Il faut alors établir une correspondance entre les points de la sphère et ceux du plan, de manière que chaque point de la sphère soit représenté par un point du plan. C'est effectuer une véritable projection dans le sens le plus général du mot. On peut du reste imaginer une infinité de lois de correspondance, qui constituent autant de *systèmes particuliers de projection*. Ainsi, ce qu'on appellera *système de projection*, en géodésie, c'est une loi suivant laquelle les divers points de la surface terrestre sont représentés sur une *carte plane* par des points correspondants. On emploie, dans la construction des cartes géographiques, différents systèmes de projection qui offrent chacun des avantages et des inconvénients. Chacun d'eux devient préférable suivant les usages auxquels on destine la carte. — V. Cartes et plans, Géodésie, Mappemonde. — M. F.

Projection de la lumière électrique. Dans son acception la plus ordinaire, le mot de *projection* signifie ici la représentation sur un écran, dans l'obscurité, des images d'objets très petits, vivement éclairés et agrandis de manière à être aperçus de tout un auditoire. Ce mode d'enseignement, qui parle aux yeux, est très usité dans les cours publics, dans les conférences scientifiques. On peut employer, à cet effet, selon les cas, soit la lumière d'une lampe (comme dans la lanterne magique), soit celle du gaz, celle de Drummond (gaz oxyhydrique) ou mieux celle du soleil. Mais comme on ne dispose pas de celle-ci à son gré, on la remplace avantageusement par la *lumière électrique*, qui peut être engendrée, soit par une pile ou par des accumulateurs, soit par une machine dynamo-électrique. Pour faire des projections à la lumière électrique, on emploie les appareils suivants :

1° Un *régulateur* ou fixateur dont les deux charbons, en s'usant, ne doivent pas déplacer sensiblement le point lumineux;

2° Une *lanterne*, espèce de boîte cubique, en cuivre bronzé, montée sur quatre colonnes. L'une des faces s'ouvre pour donner passage au régulateur dont les pointes de charbons se trouvent à la hauteur de l'axe de l'ouverture circulaire pratiquée sur la face opposée à la porte. La partie supérieure du régulateur se trouve introduite dans une cheminée qui surmonte la lanterne. En fermant la boîte, toutes les coupures par lesquelles on avait introduit le régulateur, se trouvent fermées en même temps? par de petits volets. En sorte que l'appareil ne laisse échapper au dehors aucun rayon lumineux. Un œil-de-bœuf muni d'un verre violet se trouve sur une des faces de la boîte et à la hauteur du point lumineux, ce qui permet de surveiller et de régler la marche de l'appareil sans ouvrir la boîte;

3° Une *lentille plan-convexe* destinée à rendre parallèles les rayons issus du point lumineux. Cette lentille est fixée à un tube qui glisse dans celui dont la boîte est munie. Un miroir concave, placé sur la face opposée à la lentille, renvoie sur elle les rayons lumineux qui lui arrivent;

4° Une série d'appareils optiques parmi lesquels il faut distinguer : l'*appareil à projection* proprement dit de M. Duboscq. Il se compose d'un miroir à 45° qui renvoie verticalement les rayons lumineux sortant horizontalement de la lanterne. Ces rayons, après avoir traversé une lame de verre disposée sur une plate-forme horizontale sur laquelle on pose les objets en expérience, rencontrent un prisme à réflexion totale qui les renvoie épanouis sur un écran vertical placé à quelques mètres de distance, et sur lequel viennent se peindre les images agrandies des objets. On projette ainsi verticalement des objets situés sur un plan horizontal. L'appareil est monté sur un pied et peut être élevé ou abaissé à hauteur convenable. Le prisme lenticulaire est placé sur une monture circulaire qui lui permet de faire le tour de l'horizon, et une vis de réglage sert à la *mise au point*;

5° L'*écran* sur lequel se fait la projection doit présenter une surface blanche parfaitement plane. Il est ordinairement en calicot bien tendu sur un châssis et peint au blanc de zinc, les coutures étant dissimulées. Il est préférable d'employer le papier tendu dont la surface est plus unie et plus réfléchissante. La distance de l'écran à la source lumineuse doit être proportionnée à l'intensité de celle-ci, par exemple à 5 mètres pour une lumière produite par 50 éléments Bunzen. Quand l'écran doit être placé entre les spectateurs et la source lumineuse, il faut qu'il soit transparent, ce qu'on obtient en mouillant l'étoffe.

Les projections à la lumière électrique ont été appliquées d'abord aux objets microscopiques, aux cristallisations et aux effets produits par la lumière à travers les cristaux; puis on a eu recours aux photographies des corps célestes; on projeta des organes d'animaux, de plantes; on montra la circulation du sang et de la sève. Maintenant on projette, au moyen d'épreuves photographiques, les images des instruments de physique, des objets divers, des animaux, des végétaux, des montagnes, des monuments, etc.

Parmi les expériences de projection, il faut citer d'une manière toute spéciale celle des dépêches microscopiques sur pellicules, envoyées de Tours à Paris par les pigeons voyageurs pendant le siège de Paris. Une de ces dépêches occupait moins d'un millimètre carré et se lisait parfaitement devant les personnes qui avaient intérêt à recevoir des nouvelles de la province.

Dans une autre acception, le mot *projection* de la lumière électrique signifie l'éclairage *direct* par l'électricité, d'une surface donnée. A ce titre, quand, dans l'éclairage électrique ordinaire, on dirige au moyen de réflecteurs sphériques, elliptiques, paraboliques, cylindriques ou coniques, les rayons lumineux sur différents points, on projette alors sur eux la lumière en la dirigeant ou la concentrant.

La lumière des phares est ainsi projetée au loin dans certaines directions au moyen de lentilles dioptriques, de prismes ou de miroirs. On applique la projection de la lumière électrique aux signaux nautiques à grande portée, aux arts militaires, à l'éclairage des travaux de nuit ou souterrains, à la pêche et la télégraphie optique. On emploie, à bord des navires, pour éclairer par l'électricité la marche dans les passages dangereux, ou près des côtes, ou dans la traversée de l'isthme de Suez, etc., des appareils nommés *projecteurs* qui sont composés, soit de puissantes lentilles dioptriques avec miroir parabolique, soit d'une porte à lentille divergente avec miroir aplanétique. Ces derniers appareils, sous un petit volume, ont un grand pouvoir éclairant et une grande étendue de champ éclairé. Ils sont employés sur les cuirassés et les croiseurs, et pour la chasse aux navires, etc.

Dans certaines représentations théâtrales, on fait usage de la lumière électrique par projection, soit pour produire l'arc-en-ciel, les éclairs, une colonne lumineuse, une fontaine lumineuse, un miroir enchanté, soit pour faire apparaître sur la scène des fantômes ou spectres qui, se mêlant au jeu des acteurs, sont d'un effet saisissant. Les images fantasmagoriques s'obtiennent aussi par projection de la lumière électrique. — C. D.

PROJET. *T. d'arch. et de trav. publ.* On donne ce nom, dans l'architecture, au dessin plus ou moins *rendu,* par lequel on représente en plan, en coupe et en élévation, soit le bâtiment qu'il faut exécuter conformément aux intentions de celui qui fait bâtir, soit l'ensemble d'un édifice non commandé, mais offert comme sujet d'étude à des élèves qui, pour s'exercer, doivent en figurer tous les détails d'après un programme donné. Ce dernier genre d'exercice s'applique surtout dans les écoles; il a même lieu fréquemment sur des programmes très compliqués, de monuments publics par exemple. D'après la manière dont chacun rend ces sortes de projets, on peut estimer le degré d'intelligence et d'imagination qu'il déploiera, par la suite, dans la construction des édifices qui pourraient lui être confiés, et l'on considère que l'importance des compositions présentant une plus grande difficulté, celui qui se sera montré habile dans des sujets vastes et compliqués saura se jouer des projets plus simples et mieux assortis aux besoins ordinaires. Nous avons cru devoir signaler cette tendance à demander aux jeunes gens

de prodigieux efforts d'imagination sur des projets qui n'ont aucune destination, parce que nous pensons que le talent de l'architecte devant, selon les temps, se conformer aux besoins résultant des usages et des mœurs, il pourrait convenir de proposer plus souvent aux élèves des projets usuels qui forcent l'artiste à se soumettre aux sujétions si variées que les localités imposent, et dont le talent doit apprendre à triompher.

Quant au projet destiné à être suivi d'exécution et qui s'applique à un ouvrage d'architecture proprement dit ou appartenant plus particulièrement à l'art de l'ingénieur, il doit être la représentation graphique ou écrite de l'œuvre à réaliser; il faut qu'il soit étudié suivant les convenances, les lieux, les conditions d'exécution et la somme à dépenser. Un projet se compose, s'il présente une certaine importance, d'un *avant-projet* et d'un *projet définitif.* Dans l'avant-projet se trouve émise l'idée générale qui devra être développée dans le projet définitif. Celui-ci est l'étude approfondie de cette idée générale et comprend, non seulement la représentation graphique de l'objet à établir, mais encore les dépenses auxquelles il entraîne et les bénéfices qu'il permet de réaliser. Il doit donc être accompagné de *devis* descriptifs et estimatifs et, au besoin, de *marchés* et de *cahiers des charges.*

La représentation graphique d'un projet s'effectue au moyen de *dessins* ou images, à échelle réduite, des objets à réaliser; ces dessins représentent la forme, la position et l'arrangement de parties devant constituer un tout, un ensemble complet, qu'il s'agisse d'un chemin de fer, d'une installation industrielle ou d'un édifice. Dans ce dernier cas particulièrement, les dessins devant représenter la disposition générale, horizontale et verticale du bâtiment, comprennent des *plans,* des *élévations* et des *coupes.* Si la construction a plusieurs étages, il y a plan du sous-sol, plan du rez-de-chaussée, plan des étages, indiquant les dispositions spéciales et relatives des différentes pièces, le nombre et l'emplacement des portes et des cheminées, etc.; les *élévations* sont la projection orthogonale sur un plan vertical des façades du bâtiment, donnant la position des baies, leurs dimensions et la décoration de l'ensemble; les *coupes* sont des sections verticales faites perpendiculairement aux murs de face ou de refend et donnant la profondeur des fondations, l'épaisseur des planchers, la hauteur des étages, la forme du comble, etc. Dans ces divers plans, les dimensions générales des objets sont indiquées par des chiffres ou *cotes.* Les échelles généralement adoptées sont de 0m,005, 0m,01 et de 0m,02 par mètre. Les dimensions particulières des objets sont fournies aux ouvriers par des dessins spéciaux appelés *détails d'exécution,* faits à une autre échelle : au 1/10, au 1/4, ou même grandeur d'exécution.

Des teintes de convention sont généralement employées pour indiquer, dans les plans et les coupes, les parties qui sont coupées par les sections faites horizontalement dans les premiers, verticalement dans les secondes. Le carmin vif est ordinairement choisi pour figurer les murs à construire; l'encre de chine claire ou foncée, les murs déjà construits qui devront être conservés ; le jaune, les parties de murs à démolir — F. M.

*PROMÉTHÉE. *Iconol.* De la race des Titans, fils de Japet et de Clymène, Prométhée représentait avec ses frères Atlas, Hespérus et Epiméthée, les différentes branches de l'humanité dont ils furent les créateurs. Selon les uns, il créa l'homme, selon les autres, il le sauva seulement des fureurs de Jupiter, qui voulait exterminer sa race. Mais, en tous cas, il communiqua à l'homme le feu divin qu'il avait dérobé dans l'Olympe et apporté sur la terre dans un roseau creux. Jupiter s'en vengea en envoyant aux humains, par l'entremise de Pandore, sœur d'Epiméthée, les vices et les maux. Plus tard, Prométhée ayant cherché à tromper Jupiter dans un sacrifice, fut saisi par Mercure et enchaîné sur les flancs de l'Elborus, montagne du Caucase, où un vautour lui déchirait le foie sans cesse renaissant. Hercule le délivra. Comme on le voit, c'est la fable orientale du Messie, sauveur des hommes et souffrant pour eux.

Il y a donc dans l'histoire de Prométhée deux faits distincts pour l'iconographie. *Prométhée créant l'homme et lui donnant le feu*, et le supplice de *Prométhée.* On retrouve le premier sujet sur un sarcophage de Pompéi et sur un grand nombre de pierres gravées. Un très curieux sarcophage du musée du Capitole retrace, dans une suite de bas-reliefs, la légende tout entière jusqu'à la délivrance du Titan. Parmi les sculptures modernes, nous rappellerons un bas-relief de Rude pour la façade de l'Assemblée législative et un groupe de Boizot au Salon de 1875 : *Prométhée qui admire l'homme qu'il a formé, et le génie de Minerve le couvrant de son égide.* Mignard avait peint sur la voûte du premier salon de la petite galerie de Versailles : *Prométhée s'enfuyant avec le feu du ciel.*

Le supplice et la délivrance de Prométhée a été plus fréquemment traité, parce que ce sujet est moins symbolique et plus favorable au pittoresque et au dramatique. Les anciens en ont laissé de bons exemples, notamment un bas-relief du musée Pio Clémentin, et de nombreuses pièces de glyptique. Parmi les modernes, nous citerons Nicolas Adam, dont le *Prométhée enchaîné*, son morceau de réception à l'Académie, est au musée du Louvre. On peut voir, au jardin des Tuileries, un beau Prométhée de Pradier, traité dans une idée naturaliste de parti-pris, et qui n'en n'est pas moins considérée comme une des plus belles œuvres de l'artiste.

Le supplice de Prométhée a été reproduit en peinture par Michel-Ange, le Titien, Salvator Rosa, Ribera, Rubens, d'Alligny (1837), Emile Bin (1869), Gustave Moreau (1869), etc. Lehmann avait peint un beau *Prométhée entouré des Océanides*, suivant la légende qui veut que ces filles de mer soient venues le consoler par leurs chants pour lui faire endurer plus patiemment son supplice.

* PRONY (Gaspard-Clair-François-Marie-Riche, baron de). Illustre ingénieur, mathématicien et physicien, né à Chamelet, près de Lyon, le 28 juillet 1755, mort à Paris, le 31 juillet 1839. Fils d'un conseiller au parlement de Dombes. Admis à l'Ecole des ponts et chaussées, en 1776, nommé sous-ingénieur, en 1780, reçut diverses missions, fut attaché à Perronnet et chargé, en 1787, de suivre la construction du pont de la Concorde. Nommé ingénieur en chef, en 1791, puis directeur du Cadastre, c'est dans ces fonctions qu'il réalisa, en trois ans, les grandes tables trigonométriques adaptées au système décimal. Elles forment 17 volumes grand in-folio qui sont restés en manuscrit à l'Observatoire de Paris. En 1798, Prony fut

nommé directeur de l'Ecole des ponts et chaussées, place qu'il conserva jusqu'à sa mort. Napoléon 1er avait distingué Prony et tenait grand cas de ses avis; il le chargea (après son refus de le suivre en Egypte) de diverses missions en Italie, relatives au desséchement des Marais-Pontins, à la régularisation du cours du Pô, à l'amélioration des ports de Venise, d'Ancône, de Gènes. Lors de la création de l'Ecole polytechnique, il fut nommé professeur de mécanique. A la fondation de l'Institut, il entra dans la section de mécanique. A la Restauration, il devint examinateur à vie des élèves de l'Ecole polytechnique; fut chargé, en 1827, de prévenir les inondations du Rhône. Il reçut, en 1828, le titre de baron. Il était membre des principales académies et sociétés savantes de l'Europe.

La mécanique pratique doit à Prony la remarquable invention du *frein* qui porte son nom.

L'hydraulique lui doit le *flotteur à niveau constant.* Prony a beaucoup écrit sur son art. Le *Journal de l'Ecole polytechnique* renferme de lui différents mémoires. Il a publié un grand nombre d'ouvrages parmi lesquels nous citerons : *Architecture hydraulique*, 1790-96, 2 vol. in-4°; *Mécanique philosophique* ou analyse des diverses parties de la science de l'équilibre et du mouvement, 1800, in-4°; *Analyse de l'exposition du système du monde par Laplace*, 1801, in-8°; *Recherches sur la poussée des terres*, 1802, in-4°; *Recherches physicomécaniques sur la théorie des eaux courantes*, 1804, in-4°; *Leçons de mécanique analytique*, 1810, 2 vol. in-4°; *Mémoire sur un moyen de convertir les mouvements circulaires continus en mouvements rectilignes*, br. in-4°; *Description hydrographique et histoire des Marais-Pontins*, Paris 1813, in-4° et atlas in-folio; *Cours de mécanique concernant les corps solides*, 1815, 2 vol. in-4°; *Nouvelle méthode de nivellement trigonométrique*, 1822, in-4°; *Notice sur les grandes tables logarimétriques et trigonométriques* adaptées au nouveau système métrique et décimal, 1824, in-4°. — C. D.

*PROPARGYLIQUE (acide). *T. de chim.* Corps ayant pour formule $C^6H^2O^4... C^3H^3O^2$, d'odeur forte, liquide, bouillant à 144°, se solidifiant à +4° et qui se forme en chauffant une solution aqueuse d'acide acétylène-dicarbonique,

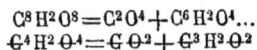

$$C^8H^2O^8 = C^2O^4 + C^6H^2O^4...$$
$$C^4H^2O^4 = C O^2 + C^3H^3O^2$$

Il donne, avec l'azotate d'argent, un précipité blanc, détonant par le choc; mais à chaud, il réduit ce réactif; l'amalgame de sodium le transforme en acide propionique.

*PROPIONIQUE (acide). *T. de chim.* Acide découvert par Gottlieb et qui accompagne toujours l'acide pyroligneux dans sa fabrication (Barré); sa formule est $C^6H^6O^4... C^3H^6O^2$; il est huileux, d'odeur de chou fermenté; sa densité est 1,016 à 0°, il cristallise à —21° et bout à +141°. Il est miscible à l'eau et, en solution concentrée, il précipite le chlorure de calcium. On l'obtient en faisant bouillir quelques heures le nitrite propionique avec de la potasse ou de l'acide chlorhydrique concentré, ou pendant la fermentation du lactate, du malate ou du tartrate de calcium (Fitz, Nicklès).

PROPRIÉTÉ INDUSTRIELLE. Sous la dénomination générale de *propriété industrielle*, on désigne tout un ensemble de droits de propriété que l'homme peut acquérir dans le domaine de l'industrie et du commerce par son intelligence et son travail. Un exemple fera mieux comprendre sous quelles formes diverses cette propriété peut se manifester. Prenons n'importe quel produit, un tissu, un meuble. Si quelqu'un découvre une nouvelle machine pour le fabriquer ou même un perfectionnement dans l'outillage employé à cet effet, il fait une invention ; si, au contraire, sans rien changer à cet outillage, il trouve un nouveau dessin pour le tissu, une forme inédite pour le meuble, il crée un *dessin* ou un *modèle industriel*. Mais supposons que, même sans rien innover, un fabricant, par l'excellence de ses produits, leur ait donné un bon renom qui les fasse rechercher, il a, dans ce cas, intérêt à ce qu'un signe distinctif en indique l'origine et donne ainsi une garantie aux tiers qui les achètent en quelque lieu qu'ils se trouvent ; ce signe, c'est la *marque de fabrique* ; enfin, le commerçant, simple intermédiaire entre le producteur et le consommateur, peut également mettre une indication spéciale sur les marchandises qu'il vend ; c'est la *marque de commerce*. En dehors de sa marque, un industriel ou un commerçant a une raison sociale, un nom sous lequel il est connu de toute sa clientèle ; c'est le *nom commercial* dont l'usurpation peut également lui porter un grave préjudice. La propriété industrielle, on le voit, pourrait, dans certains cas, s'appeler également *propriété commerciale*.

On ne conteste plus guère, aujourd'hui, que les droits de l'inventeur sur son invention, d'un fabricant sur sa marque, etc., constituent une véritable propriété tout aussi légitime que la propriété foncière. Mais cette propriété, à cause du caractère particulier qu'elle revêt, est plus faible contre les usurpations de toute sorte et a besoin d'une protection spéciale. Aussi, dans presque tous les pays civilisés on a établi une législation pour la défendre. Le *Dictionnaire* l'a exposée d'une façon complète en ce qui concerne les *brevets d'invention*, les *marques de fabrique*, les *modèles et dessins industriels* (V. ces mots). Quant au nom commercial, nous en dirons quelques mots plus loin.

Mais il ne suffisait pas, à chaque État, de défendre chez lui la propriété industrielle de ses nationaux. La multiplicité des échanges internationaux rendait nécessaire la protection réciproque, dans chaque pays, des droits des inventeurs, fabricants et commerçants de toutes les nations. A cet effet, des traités isolés avaient été conclus entre la France et diverses puissances ; mais ce n'était là que des conventions séparées et, jusque dans ces derniers temps, on n'était pas parvenu à grouper dans un accord général la plupart des puissances civilisées.

— L'idée d'une entente internationale en matière de pro-

priété industrielle fut affirmée pour la première fois d'une façon précise, à Vienne, lors du Congrès qui eut lieu dans cette ville, en 1873, à l'occasion de l'Exposition.

L'œuvre ébauchée à cette époque et qui ne fut pas continuée, fut reprise, en 1878, par le Congrès qui s'organisa chez nous, au moment de l'Exposition universelle. Au début des travaux de ce Congrès une note fut déposée au nom de plusieurs sociétés industrielles de l'Autriche et de la Bohême, elle comprenait une résolution ainsi conçue : « Vu la grande inégalité des lois de brevets d'invention présentés et le changement de relations commerciales internationales actuelles, il est d'une importance urgente que les gouvernements cherchent le plus tôt possible à amener un accord international sur la protection de la propriété industrielle. »

Puis, venait l'énumération de neuf dispositions que, suivant les auteurs de la note, il était désirable de voir introduire dans la législation des gouvernements qu'ils proposaient de fédérer en une union internationale.

L'unification, au moins partielle, de la législation en matière de propriété industrielle, était, comme on le voit, le but indiqué et poursuivi. L'œuvre présentait certainement des difficultés, ainsi que le reconnaissait, dans une des séances du Congrès, M. Lyon-Caen, professeur à la Faculté de droit de Paris : « Il ne faut pas espérer, disait-il, dans l'état actuel des choses, arriver à avoir des lois communes sur tous les points. Ce qu'on peut espérer, c'est un accord sur les points principaux, et je crois que l'objet essentiel de ce Congrès est de déterminer ces points principaux sur lesquels les nations peuvent s'entendre. Ce qui rend impossible la confection des lois unifiées absolument, dans tous les pays, sur ces matières, c'est qu'elles se rattachent étroitement au droit civil, à la procédure civile, au droit commercial, au droit pénal et à la procédure criminelle. Il faudrait que toutes les branches de la législation fussent uniformisées pour qu'on pût unifier complètement les lois relatives à la propriété industrielle, et ce n'est pas possible. »

Mais on pouvait arriver à un minimum d'unification ; c'est dans ce but que diverses résolutions furent votées dans la séance du 11 septembre 1878.

A la suite de ce Congrès, le gouvernement Français prit l'initiative de réunir à Paris une conférence dont les travaux aboutirent à la convention du 20 mars 1883, entrée en vigueur depuis le 7 juillet 1884. Dix-sept puissances y ont adhéré, ce sont : la France, la Belgique, le Brésil, l'Espagne, le Guatemala, l'Italie, les Pays-Bas, le Portugal, le Salvador, la Serbie, la Suisse, la Tunisie, la République de l'Equateur, celle de Saint-Domingue, la Grande-Bretagne, la Suède et la Norwège.

Nous croyons utile d'en donner le texte :

« Article premier. Les gouvernements de la Belgique, du Brésil, de l'Espagne, de la France, du Guatemala, de l'Italie, des Pays-Bas, du Portugal, du Salvador, de la Serbie et de la Suisse sont constitués à l'état d'Union pour la protection de la propriété industrielle. (1)

« Art. 2. Les sujets ou citoyens de chacun des Etats contractants jouiront, dans tous les autres Etats de l'Union, en ce qui concerne les brevets d'invention, les dessins ou modèles industriels, les marques de fabrique ou de commerce et le non commercial, des avantages que les lois respectives accordent actuellement ou accorderont par la suite aux nationaux.

« En conséquence, ils auront la même protection que ceux-ci et le même recours légal contre toute atteinte portée à leurs droits, sous réserve de l'accomplissement des formalités et des conditions imposées aux nationaux par la législation intérieure de chaque Etat.

« Art. 3. Sont assimilés aux sujets ou citoyens des Etats contractants, les sujets ou citoyens des Etats ne fai-

---

(1) La Grande-Bretagne, la Tunisie, la République de l'Equateur, celle de Saint-Domingue, la Suède et la Norwège y adhérèrent ultérieurement.

sant pas partie de l'Union qui sont domiciliés ou ont des établissements industriels ou commerciaux sur le territoire de l'un des Etats de l'Union.

« Art. 4. Celui qui aura régulièrement fait le dépôt d'une demande de brevet d'invention, d'un dessin ou modèle industriel, d'une marque de fabrique ou de commerce, dans l'un des Etats contractants, jouira, pour effectuer le dépôt dans les autres Etats, et sous réserve des droits des tiers, d'un droit de priorité pendant les délais déterminés ci-après.

« En conséquence, le dépôt ultérieurement opéré dans l'un des autres Etats de l'Union avant l'expiration de ces délais ne pourra être invalidé par des faits accomplis dans l'intervalle, soit, notamment, par un autre dépôt, par la publication de l'invention ou son exploitation par un tiers, par la mise en vente d'exemplaires du dessin ou du modèle, par l'emploi de la marque.

« Les délais de priorité mentionnés ci-dessus seront de six mois pour les brevets d'invention et de trois mois pour les dessins ou modèles industriels, ainsi que pour les marques de fabrique ou de commerce. Ils seront augmentés d'un mois pour les pays d'outre-mer.

« Art. 5. L'introduction, par le breveté, dans le pays où le brevet a été délivré, d'objets fabriqués dans l'un ou l'autre des Etats de l'Union, n'entraînera pas la déchéance.

« Toutefois, le breveté restera soumis à l'obligation d'exploiter son brevet conformément aux lois du pays où il introduit les objets brevetés.

« Art. 6. Toute marque de fabrique ou de commerce régulièrement déposée dans le pays d'origine sera admise au dépôt et protégée telle quelle dans tous les autres pays de l'Union.

« Sera considéré comme pays d'origine le pays où le déposant a son principal établissement.

« Si ce principal établissement n'est point situé dans un des pays de l'Union, sera considéré comme pays d'origine celui auquel appartient le déposant.

« Le dépôt pourra être refusé si l'objet pour lequel il est demandé est considéré comme contraire à la morale ou à l'ordre public.

« Art. 7. La nature du produit sur lequel la marque de fabrique ou de commerce doit être apposée ne peut, dans aucun cas, faire obstacle au dépôt de la marque.

« Art. 8. Le nom commercial sera protégé dans tous les pays de l'Union sans obligation de dépôt, qu'il fasse ou non partie d'une marque de fabrique ou de commerce.

« Art. 9. Tout produit portant illicitement une marque de fabrique ou de commerce, ou un nom commercial, pourra être saisi à l'importation dans ceux des Etats de l'Union dans lesquels cette marque ou ce nom commercial ont droit à la protection légale.

« La saisie aura lieu à la requête soit du ministère public, soit de la partie intéressée, conformément à la législation intérieure de chaque Etat.

« Art 10. Les dispositions de l'article précédent seront applicables à tout produit faussement, comme indication de provenance, le nom d'une localité déterminée, lorsque cette indication sera jointe à un nom commercial fictif ou emprunté dans une intention frauduleuse.

« Est réputée partie intéressée tout fabricant ou commerçant engagé dans la fabrication ou le commerce de ce produit, et établi dans la localité faussement indiquée comme provenance.

« Art. 11. Les hautes parties contractantes s'engagent à accorder une protection temporaire aux inventions brevetables, aux dessins ou modèles industriels, ainsi qu'aux marques de fabrique ou de commerce, pour les produits qui figureront aux expositions internationales officielles ou officiellement reconnues.

« Art. 12. Chacune des hautes parties contractantes s'engage à établir un service spécial de la propriété industrielle et un dépôt central pour la communication au public des brevets d'invention, des dessins ou modèles industriels et des marques de fabrique ou de commerce.

« Art. 13. Un office international sera organisé sous le titre de « bureau international de l'Union pour la protection de la propriété industrielle. »

« Ce bureau, dont les frais seront supportés par les administrations de tous les Etats contractants, sera placé sous la haute autorité de l'administration supérieure de la Confédération suisse et fonctionnera sous sa surveillance. Les attributions en seront déterminées d'un commun accord entre les Etats de l'Union.

« Art. 14. La présente convention sera soumise à des revisions périodiques, en vue d'y introduire les améliorations de nature à perfectionner le système de l'Union.

« A cet effet, des conférences auront lieu successivement, dans l'un des Etats contractants, entre les délégués desdits Etats.

« La prochaine réunion aura lieu, en 1885, à Rome.

« Art. 15. Il est entendu que les hautes parties contractantes se réservent respectivement le droit de prendre séparément entre elles des arrangements particuliers pour la protection de la propriété industrielle, en tant que ces arrangements ne contreviendraient point aux dispositions de la présente convention.

« Art. 16. Les Etats qui n'ont point pris part à la présente convention seront admis à y adhérer sur leur demande.

« Cette adhésion sera notifiée par la voie diplomatique au gouvernement de la Confédération suisse, et par celui-ci à tous les autres.

« Elle emportera, de plein droit, accession à toutes les clauses et admission à tous les avantages stipulés par la présente convention.

« Art. 17. L'exécution des engagements réciproques contenus dans la présente convention est subordonnée, en tant que de besoin, à l'accomplissement des formalités et règles établies par les lois constitutionnelles de celles des hautes parties contractantes qui sont tenues d'en provoquer l'application, ce qu'elles s'obligent à faire dans le plus bref délai possible.

« Art. 18. La présente convention sera mise à exécution dans le délai d'un mois à partir de l'échange des ratifications et demeurera en vigueur, pendant un temps indéterminé, jusqu'à l'expiration d'une année, à partir du jour où la dénonciation en sera faite.

« Cette dénonciation sera adressée au gouvernement chargé de recevoir les adhésions. Elle ne produira son effet qu'à l'égard de l'Etat qui l'aura faite, la convention restant exécutoire pour les autres parties contractantes.

« Art. 19. La présente convention sera ratifiée, et les ratifications seront échangées à Paris, dans le délai d'un an au plus tard.

« En foi de quoi, les plénipotentiaires respectifs l'ont signée et y ont apposé leurs cachets.

« Fait à Paris, le 20 mars 1883. »

Un protocole de clôture accompagne cette convention. En voici les principaux articles :

« 1. Les mots « propriété industrielle » doivent être entendus dans leur acception la plus large, en ce sens qu'ils s'appliquent non seulement aux produits de l'industrie proprement dite, mais également aux produits de l'agriculture (vins, grains, fruits, bestiaux, etc.) et aux produits minéraux livrés au commerce (eaux minérales, etc.).

« 2. Sous le nom de « Brevets d'invention » sont comprises les diverses espèces de brevets industriels admises par les législations des Etats contractants, telles que brevets d'importation, brevets de perfectionnement, etc.

« 3. Il est entendu que la disposition finale de l'article 2 de la convention ne porte aucune atteinte à la législation de chacun des Etats contractants, en ce qui concerne la procédure suivie devant les tribunaux et la compétence de ces tribunaux.

« 4. Le paragraphe 1er de l'article 6 doit être entendu en ce sens qu'aucune marque de fabrique ou de commerce ne pourra être exclue de la protection dans l'un des Etats de l'Union par le fait seul qu'il ne satisferait pas, au point de vue des signes qui la composent, aux conditions de la législation de cet Etat, pourvu qu'elle satisfasse, sur ce point, à la législation du pays d'origine et qu'elle ait été, dans ce dernier pays, l'objet d'un dépôt régulier.

« Sauf cette exception, qui ne concerne que la forme de la marque, et sous réserve des dispositions des autres articles de la convention, la législation intérieure de chacun des Etats recevra son application.

« Pour éviter toute fausse interprétation, il est entendu que l'usage des armoiries publiques et des décorations peut être considéré comme contraire à l'ordre public, dans le sens du paragraphe final de l'article 6.

« Le bureau international centralisera les renseignements de toute nature relatifs à la protection de la propriété industrielle, et les réunira en une statistique générale qui sera distribuée à toutes les administrations. Il procédera aux études d'utilité commune intéressant l'Union et rédigera, à l'aide des documents qui seront mis à sa disposition par les diverses administrations, une feuille périodique, en langue française, sur les questions concernant l'objet de l'Union.

« Les numéros de cette feuille, de même que tous les documents publiés par le bureau international, seront répartis entre les administrations des Etats de l'Union, dans la proportion du nombre des unités contributives ci-dessus mentionnées. Les exemplaires et documents supplémentaires qui seront réclamés, soit par les dites administrations, soit par des sociétés ou des particuliers, seront payés à part.

« Le bureau international devra se tenir en tout temps à la disposition des membres de l'Union, pour leur fournir, sur les questions relatives au service international de la propriété industrielle, les renseignements spéciaux dont ils pourraient avoir besoin.

« L'administration du pays où doit siéger la prochaine conférence préparera, avec le concours du bureau international, les travaux de cette conférence.

« Le directeur du bureau international assistera aux séances des conférences et prendra part aux discussions sans voix délibérative. Il fera, sur sa gestion, un rapport annuel qui sera communiqué à tous les membres de l'Union.

« La langue officielle du bureau international sera la langue française.

« 7. Le présent protocole de clôture, qui sera ratifié en même temps que la convention conclue à la date de ce jour, sera considéré comme faisant partie intégrante de cette convention et aura mêmes force, valeur et durée. »

Les dispositions contenues dans cette convention peuvent être rangées en deux catégories. Les unes ont été universellement bien accueillies en France. D'autres, au contraire, ont été l'objet d'assez vives critiques de la part des Chambres de commerce et des industriels.

Parmi les premières nous citerons notamment les articles 6 et 7 relatifs aux marques de fabrique. L'article 6 déclare d'une façon générale que toute marque régulièrement déposée dans le pays d'origine, c'est-à-dire dans le pays où le déposant a son principal établissement ou dont il est originaire, doit être admise au dépôt et protégée *telle quelle* dans tous les autres pays de l'Union. L'article 7 ajoute que la nature du produit sur lequel la marque doit être apposée ne

peut, dans aucun cas, faire obstacle au dépôt de la marque.

Pour comprendre l'importance de ces articles pour les producteurs et commerçants français, il suffira de rappeler, comme nous l'avons dit plus haut (V. MARQUE DE FABRIQUE), que si la loi française admet comme marque, tous les signes, dénominations, combinaisons de couleurs, et même la simple forme des produits, les lois d'autres pays sont infiniment plus restrictives. C'est ainsi que les marques, exclusivement composées de lettres, de chiffres ou de mots, ne sont pas admises en Allemagne, en Autriche, au Brésil, dans les Républiques Argentine et Orientale : que la loi allemande exclut du droit de déposer une marque tous ceux qui ne sont pas inscrits au registre du commerce ; que les lois de l'Autriche, de l'Espagne, de la Suède et Norwège, des Etats-Unis de Colombie ne protègent que la marque du fabricant et non celle du négociant, et que la loi Brésilienne ne protège pas celle de l'agriculteur.

La convention de 1883 a donc assuré, à ce point de vue dans les pays de l'Union, des avantages sérieux à nos nationaux. Ceux résultant de l'article 8 relatif au nom commercial ne sont pas moindres. Aux termes de cet article, le nom commercial doit être protégé dans tous les pays de l'Union, qu'il fasse ou non partie d'une marque de fabrique ou de commerce.

En France, la propriété du nom commercial est défendue par la loi du 28 juillet 1824 dont l'article 1er est ainsi conçu :

« Quiconque aura soit apposé, soit fait apposer par addition, retranchement ou par une altération quelconque des objets fabriqués, le nom d'un fabricant autre que celui qui en est l'auteur ou la raison commerciale d'une fabrique autre que celle où les dits objets auront été fabriqués, ou enfin le nom d'un lieu autre que celui de la fabrication, sera puni des peines portées en l'article 423 du Code pénal sans préjudice des dommages-intérêts s'il y a lieu. »

Cette protection est particulièrement nécessaire lorsqu'un fabricant ou un négociant n'a pas de marque déposée, et que le nom sous lequel il fait le commerce est le seul signe de ralliement pour sa clientèle. Elle est même utile pour le cas où le nom a été déposé comme marque de fabrique. En effet, la loi de 1857 sur les *marques* (V. ce mot) ne protège le nom servant de marque qu'à raison de la forme distinctive qu'il affecte ; c'est moins le nom qu'elle envisage que la figure sous laquelle il se présente aux yeux, par laquelle il attire les regards et frappe l'attention. Si donc un concurrent usurpe ce nom, mais, en l'apposant sur ses produits lui donne une autre forme, un caractère différent, le commerçant dont le nom est ainsi usurpé ne peut puiser aucune action dans la loi de 1857 ; mais il la trouve dans celle de 1824.

Cette protection de son nom, le négociant français, avant la convention de 1883, ne la rencontrait, dans la plupart des autres pays, qu'en vertu d'une jurisprudence qui pouvait du jour au lendemain faire place à une jurisprudence contraire. La situation est maintenant plus nette et plus sûre.

Nous citerons également parmi les dispositions heureuses, l'article 11 aux termes duquel les inventions brevetables, les dessins ou modèles industriels et les marques de fabrique ou de commerce doivent être temporairement protégées lors des expositions internationales officielles ou officiellement reconnues.

Une pareille mesure avait déjà été prise, en France, lors des expositions de 1855 et de 1867; elle avait ensuite été généralisée·par la loi du 23 mai 1868. La même disposition devra désormais être prise dans tous les pays de l'Union.

A côté de ces parties universellement approuvées, nous avons dit plus haut que la convention de 1883 en renfermait d'autres qui ont fait l'objet de vives critiques; nous ne citerons que les principales.

La plus importante porte sur l'article 5 qui déclare que l'introduction par le breveté dans le pays où le brevet a été déclaré, d'objets fabriqués dans l'un ou l'autre des Etats de l'Union, n'entraînera pas la déchéance. C'est, on le voit, l'abrogation partielle de l'article 32 § 3 de la loi du 5 juillet 1844, qui déclare déchu de tous ses droits, le breveté qui introduit en France des objets fabriqués *en pays étranger*, et semblables à ceux qui sont garantis par son brevet.

Cette disposition avait été introduite dans la loi de 1844, dans un but de protection du travail national.

« La loi ne peut permettre que le brevet ne serve qu'à créer à l'inventeur une monopole à l'aide duquel il pourra, sans concurrence, et, au préjudice du travail national, introduire et débiter en France des produits fabriqués à l'étranger » (exposé des motifs à la Chambre des pairs). « Quant à l'interdiction, pour le breveté, de tirer de l'étranger des produits semblables à ceux dont il a le monopole, elle est également fondée sur l'intérêt du pays qui veut que, en échange du monopole qui lui est conféré, le breveté fasse profiter le travail national de la main-d'œuvre résultant de l'exploitation de son industrie. S'il en était autrement, le brevet délivré à l'inventeur ne serait qu'une prime accordée à l'industrie étrangère » (exposé des motifs à la Chambre des députés).

En revenant sur cette disposition, l'article 5 de la convention de 1883, a permis de faire confectionner à l'étranger certains objets dont la fabrication devait auparavant être nécessairement confiée au travail national. Sans doute le § 2 du même article ajoute que « le breveté restera soumis à l'obligation d'exploiter son brevet conformément aux lois du pays où il introduit les objets brevetés », et le mal ne saurait devenir considérable si par cette obligation d'*exploiter* on doit entendre la nécessité de *fabriquer*. Mais cela est au moins très discutable, et le simple fait de vendre semble constituer également une exploitation.

L'autre critique importante vise l'article 10. Des termes de cet article il résulte que, pour qu'il puisse être interdit de mettre sur un produit le nom d'une localité où il n'a pas été fabriqué, il est nécessaire qu'à cette indication de provenance, soit joint un nom commercial fictif ou emprunté frauduleusement. Cette limitation à deux cas déterminés, laisse le champ libre à de

nombreuses contrefaçons. En France, sans doute, elles peuvent être poursuivies. La jurisprudence de la Cour de cassation, consacrée par un récent arrêt en date du 28 février 1884, permet en effet de saisir, en vertu de l'article 19 de la loi du 23 juin 1857 et de l'article 1er de la loi du 28 juillet 1824, tout produit venant de l'étranger et portant, non seulement la marque ou le nom d'un fabricant français, mais même simplement le nom d'une localité française ou une mention quelconque pouvant faire supposer que ce produit serait de provenance française. Mais il n'en est pas de même dans tous les autres états de l'Union.

Heureusement, l'article 14 de la convention établissait le principe de revisions périodiques permettant de porter remède à cette situation. La première réunion devait se tenir à Rome en 1885; elle fut retardée d'un an et vient d'avoir lieu du 29 avril au 11 mai 1886.

Nous sommes heureux de constater que dans cette seconde conférence, la convention a été sérieusement améliorée sur les points qui avaient fait l'objet des critiques relevées plus haut.

A l'article 5, il a été ajouté une disposition aux termes de laquelle chaque pays aura à déterminer le sens dans lequel il y a lieu d'interpréter le terme *exploiter*. Dans ces conditions, si en France on décide que l'exploitation d'un brevet ne peut résider que dans la fabrication, le danger que pouvait craindre notre industrie sera considérablement diminué.

D'autre part, le sens et la portée de l'article 10 ont été modifiés par la disposition additionnelle suivante : « Tout produit, portant illicitement une indication mensongère de provenance, pourra être saisi à l'importation dans tous les Etats contractants ». Il est vrai que ce paragraphe est suivi d'un autre aux termes duquel « il n'y a pas intention frauduleuse lorsqu'il est prouvé que c'est du consentement du fabricant dont le nom se trouve apposé sur les produits importés que cette apposition a été faite ».

Malgré cette restriction, d'ailleurs très limitée, puisque la faculté qu'elle accorde n'est donnée qu'au *fabricant* et non au commerçant, le nouvel article 10 place le producteur français dans des conditions bien plus avantageuses.

Sans prétendre que la nouvelle convention soit absolument parfaite, nous croyons que dans son ensemble elle est très acceptable pour les industriels français auxquels elle assure la probité et l'honnêteté des transactions commerciales. Nous espérons donc qu'elle sera ratifiée par tous les gouvernements de l'Union, auxquels viendront peu à peu se joindre les états qui n'ont pas encore adhéré à la convention de 1883. C'est ainsi que peu à peu, la propriété industrielle, sous ses diverses formes, sera bientôt universellement et complètement défendue. — L. B.

PROPULSEUR. *T. de mar.* Nom donné à tout engin propre à transmettre le mouvement à un bateau ou à un navire. Il est supposable que le premier mode de propulsion n'était autre chose que la perche à l'aide de laquelle les gabariers des canaux, fleuves ou rivières font avancer leur chaland, en appuyant le gros bout sur le fond, pendant qu'ils exercent un effort à la main, ou à l'épaule, à l'autre extrémité. Ce moyen devenant impraticable lorsqu'on se trouve en eau profonde, on a eu alors recours à la rame simple que l'on nomme *godille*, si elle est manœuvrée à l'arrière d'un canot, et *pagaie*, si on la fait agir alternativement à bâbord et à tribord, vers le milieu d'une embarcation. Pour imprimer une vitesse plus grande au bateau, on a ensuite accouplé et même dans certains cas échelonné les rames, comme dans les anciennes galères, dont quelques-unes, dit-on, avaient quatre rangs de rames de chaque bord. Lorsque la vapeur fut appliquée à la navigation, on fit d'abord usage d'un propulseur palmipède qui fut bientôt remplacé par des roues à aubes fixées à l'extrémité des rayons de ces roues. Pour diminuer l'effet complètement inutile pour la marche qui tend à enfoncer l'eau, lors de l'entrée de la pale et à la relever, lorsqu'elle sort de l'eau, on imagina les roues à aubes articulées dans lesquelles les angles d'entrée et de sortie des pales, sont modifiés par un mécanisme composé d'un collier d'excentrique fixé à l'extrémité des arbres des roues. Ce collier porte autant de bielles qu'il y a d'aubes dans les roues, et l'une d'elles, de plus fortes dimensions, porte le nom de *bielle conductrice*. Cette disposition complique beaucoup l'agencement si simple des roues à aubes fixes, et présente une véritable difficulté lorsque, pour une raison quelconque, on veut passer de la marche à la vapeur à la marche à la voile. On conçoit aisément que dans ce cas, il convient de supprimer la résistance ajoutée à celle propre du navire par la surface des aubes trempantes. Avec les roues à aubes fixes, il suffit d'enlever quelques crochets et quelques taquets, pour opérer le démontage et l'enlèvement des pales; avec celles à aubes articulées, cette opération est longue et difficile. Sur certains petits bateaux, à faible tirant d'eau, on se contente de placer une seule roue sur l'arrière. Pour la facilité des évolutions, on a, sur quelques rares remorqueurs, imaginé de rendre les deux roues indépendantes l'une de l'autre, et sur quelques grands navires, plus rares encore, pour éviter le démontage des aubes, on a essayé d'affoler les roues, celles-ci pouvaient ainsi tourner sans entraîner la machine.

En 1875, M. Bazin proposait de remplacer les roues par d'énormes cylindres roulant sur l'eau, cette idée n'a été reproduite que sur de très petits modèles.

Lorsque les machines à vapeur furent reconnues susceptibles d'être employées sur les plus grands navires de guerre, on reconnut vite les inconvénients des roues, leur grande vulnérabilité, l'obstacle qu'elles présentent pour les manœuvres à cause des tambours en saillie qui les recouvrent, etc. Les roues furent alors remplacées par des hélices; on peut presque dire que c'est l'unique propulseur employé aujourd'hui. L'espace occupé est beaucoup moindre

qu'avec des roues, l'hélice étant plongée dans l'eau n'est plus accessible aux boulets, elle se prête beaucoup mieux que les roues aux grandes vitesses de rotation admises actuellement pour les machines marines, vitesses qui, dans certains cas, dépassent 4 mètres par seconde, enfin elle facilite les évolutions du navire.

Au début des machines marines, on n'avait qu'une confiance très modérée dans le nouveau moteur, et on se préoccupait toujours de la facilité du passage de la marche à la vapeur à celle à la voile. C'est dans ce but que les premiers navires à hélice furent munis d'un puits dans lequel on pouvait hisser le propulseur et débarrasser ainsi le navire de la résistance qu'il offrait pour la marche à la voile. Cette ouverture affaiblissait d'une façon notable la structure de l'arrière du navire, l'opération du hissage et surtout celle de la remise à poste de l'hélice n'étaient pas toujours commodes. C'est pour obvier à cet inconvénient que M. l'ingénieur Mangin disposa des hélices à 4 ou à 6 ailes, placées parallèlement deux à deux ou trois à trois sur le moyeu, de manière à être entièrement masquées par l'étambot, lorsqu'on plaçait l'hélice verticale, dans le cas de marche à la voile. Un autre ingénieur, M. Solliez, conservait l'hélice à 4 ailes déployées, mais à l'aide d'un mécanisme logé dans le moyeu, ces 4 ailes se rangeaient deux à deux l'une sur l'autre et pouvaient ainsi être également masquées par l'étambot. Il surmontait une des causes d'infériorité de l'hélice Mangin, celle d'éprouver des résistances très variables pendant la rotation, selon que les ailes étaient verticales ou horizontales. Tout mécanisme placé dans l'eau de mer n'offre que peu de sécurité pour le fonctionnement et de garantie pour la durée; on reconnut vite cet inconvénient, aujourd'hui on se contente tout simplement d'*affoler* l'hélice, ou les hélices, lorsque l'on veut marcher à la voile.

Contrairement à ce qui avait lieu dans les premiers temps des machines marines, les avaries y sont devenues assez rares pour qu'on y ait une confiance entière, et cela à un tel point que certains bâtiments de la marine militaire n'ont, suivant une expression très usitée en marine, *pas un mouchoir de poche à mettre au vent*.

Les trépidations occasionnées par l'hélice lors des marches à toute vitesse, sont l'un des plus graves inconvénients de son emploi; on a essayé de les combattre par différentes méthodes : ailes contournées, ailes en lames de sabre, à pas croissant, à pas différentiel, etc. Les trépidations proviennent de causes diverses : irrégularités dans le couple de rotation, difficultés du passage de l'eau déplacée par l'hélice dans la cage qui contient le propulseur, ou sous la voûte qui la recouvre, tendance naturelle des molécules d'eau choquées par l'hélice à s'échapper suivant la tangente au disque décrit par l'hélice et par suite à venir heurter les côtés de la cage, dans le cas d'une hélice, ou la carène du bâtiment, lors des deux hélices. C'est pour parer à cette dernière cause qu'en 1857, M. Vergne, alors lieutenant de vaisseau sur le « Mogador », eut l'idée de pourvoir les ailes des hélices de cannelures disposées suivant les intersections de la surface hélicoïdale avec des cylindres de diamètres différents, concentriques à l'axe. L'eau emprisonnée entre ces barrettes était condamnée à suivre le sillon tracé par l'hélice et conséquemment à fuir sur l'arrière, au lieu de s'éparpiller sur les côtés au détriment de la propulsion. C'est, selon nous, l'un des meilleurs moyens à mettre en œuvre pour annihiler les trépidations; l'expérience faite à Toulon, sur le « Vigilant », en 1857, a surabondamment démontré ce fait. Bien que cette question soit assez importante pour mériter des essais sur une grande échelle, elle a été laissée dans l'oubli jusqu'à présent.

Le propulseur hydraulique consiste en une turbine qui prend l'eau soit sur l'avant, soit sur les côtés du navire pour la refouler vers l'arrière. Un essai tenté sur le « Watorwitch », canonnière de la marine anglaise, n'a pas donné de résultats assez satisfaisants pour encourager les recherches dans cette voie.

En Amérique, et ailleurs, on a fait quelques essais de propulsion à l'aide de la déflagration des gaz de la poudre, ou d'autres matières, dans l'eau; ces essais ont été infructueux. Sur le Rhône, on a employé, il y a quelque quarante ans, des roues à grappins mordant sur le sol du fleuve, et plus récemment une roue hélicoïdale placée sur l'arrière, mais comme nous l'avons dit plus haut, le propulseur généralement adopté pour tous les cas, est l'hélice.

PROPULSION. — V. Propulseur et Construction rurale, pour les différents modes de propulsion.

PROSCÉNIUM. *T. de théât.* Partie de la scène comprise entre la rampe et le premier plan de décor.

* **PROSERPINE.** *Iconol.* Fille de Jupiter et de Cérès, que Pluton enleva; mais Cérès cherchant sa fille abandonnait la terre, qui fut alors frappée de stérilité, et Jupiter dut ordonner que Proserpine ne passerait dans les enfers que la moitié de l'année. Proserpine est d'ailleurs considérée très souvent comme la déesse de la nature, et confondue avec sa mère, Cérès, avec Hécate, Pasiphaé et Ariadne. La déesse est représentée sur un trône d'ébène, tenant à la main une torche ou un pavot, avec une couronne d'épis, des flambeaux entourés de serpents et une tête de bœuf placée à côté d'elle.

La figure de Proserpine se rencontre très fréquemment dans les monuments antiques. Elle figure au fronton du Parthénon avec Cérès, et on a trouvé, en 1859, à Eleusis, un admirable bas-relief représentant la déesse au moment où elle quitte les enfers pour revenir aujour; elle est entièrement drapée. Un autre bas-relief du tombeau des Nasons, retrace l'*enlèvement de Proserpine*, que l'on trouve souvent chez les anciens.

Le même sujet a été traité par le Titien, dans une petite composition pleine de feu, par Bon Boulogne, J. Romain, *Rubens*, Le Sueur, de Lafosse, de Troy, Vien; en estampe, par P. Choffard, Gérard Audran, Leroux; en sculpture, par Le Bernin, Girardon, Schiaffino, Ant. Choiselat, etc. Le groupe de Girardon, très remarquable, a été exécuté, dit-on, d'après un dessin de Lebrun. Il est actuellement dans les jardins de Versailles.

Les amours de Pluton et de Proserpine ont été gravées par Caraglio et par Cornélio Cort. Vien a peint *Proser-*

pine ornant de fleurs le buste de Cérès. Le Titien, *Proserpine assise sur Cerbère et caressée par Pluton*; et P. Breughel, *Proserpine arrivant aux enfers.* Ces deux dernières compositions ont été gravées par Réveil.

PROSTYLE. *T. d'arch.* Façade d'un édifice orné de colonnes, sur le devant seulement, comme à Notre-Dame de Lorette, à Paris.

PROTE. *T. de mét.* Contre-maître d'une imprimerie qui est, comme son nom l'indique, le premier des ouvriers, mais auquel le chef de la maison a confié la direction et la conduite du personnel, la distribution des travaux aux compositeurs et la surveillance générale. Les fonctions du prote sont délicates, et pour réussir, dit notre ancien collaborateur M. Alkan aîné, « il faut posséder des connaissances variées, il faut pouvoir être la doublure du patron, son *alter ego...*, il faut être typographe quand le patron ne l'est pas ou ne peut l'être; il faut avoir du goût pour ceux qui n'en ont pas; il faut être correcteur quand celui-ci vient à manquer; il faut avoir l'*œil typographique* et saisir au vol, de ces fautes bizarres, singulières, qui échappent souvent à l'œil exercé, mais fatigué, du correcteur, et qui font le désespoir de l'auteur et la risée du public lettré ».

PROTECTION. — V. Libre échange.

PROTO... Préfixe qui signifie *premier*, et qui entre dans un grand nombre de mots scientifiques.

PROTOTYPE. Outre sa signification de modèle de premier type, ce mot indique un outil de fondeur de caractères d'imprimerie, avec lequel il règle la force de corps des lettres.

PROTOXYDE. *T. de chim.* Le premier terme de l'oxydation d'un corps. — V. Oxyde.

PROUE. Partie avant du navire.

* **PROUST** (Louis-Joseph). Habile chimiste, né à Angers le 26 septembre 1754, mort dans la même ville le 5 juillet 1826. Fils d'un pharmacien, il fut de bonne heure initié aux préparations pharmaceutiques. Après avoir travaillé dans une officine à Paris, et suivi le cours de chimie de Rouelle, il obtint, dans un brillant concours, la place de pharmacien en chef de la Salpêtrière. Il se lia d'amitié avec Pilâtre du Rozier et l'accompagna dans une ascension en ballon à air chaud, qui eut lieu à Versailles en 1784. Proust soutint victorieusement une polémique contre Berthollet, au sujet des lois des combinaisons chimiques. Il démontra, par des expériences exactes, que les combinaisons ne se font pas en toutes proportions, mais par sauts brusques en *proportions définies*. Il démontra que les oxydes de fer et les sulfures sont peu nombreux et qu'ils se combinent entre eux pour former des oxydes et des sulfures *intermédiaires*. Il découvrit les hydrates. Tous ces résultats sont entrés dans le domaine de la science. Il enrichit la chimie de faits nombreux et très exactement observés. Les avantages que lui proposa le roi d'Espagne décidèrent Proust à accepter la place de professeur de chimie à l'école d'artillerie de Ségovie. Peu après, il fut appelé comme professeur à Madrid où il reçut du roi, en propriété, un laboratoire magnifiqué; il y rassembla de riches collections de minéraux et de produits chimiques. C'est pendant son séjour en Espagne qu'il découvrit le sucre de raisin et prépara les voies que suivirent plus tard les chimistes, dans la fabrication du sucre indigène. Pendant que Proust était rappelé en France pour affaire de famille, la guerre éclata, l'Espagne fut envahie, le laboratoire de Proust pillé et détruit; le malheureux chimiste fut réduit à l'indigence. Lors du blocus continental, l'Empereur accorda à Proust une pension de 100,000 francs à la condition qu'il exploiterait sa découverte et établirait une fabrique de sucre de raisin. Il refusa obstinément, il eut raison : excellent chimiste, il pouvait être médiocre ou mauvais manufacturier.

En 1816, il fut nommé membre de l'Académie des sciences, bien qu'il ne résidât pas à Paris (rare et honorable exception). A ses honoraires académiques Louis XVIII joignit une pension de 1,000 francs, ce qui permit à Proust de passer tranquillement ses dernières années dans sa ville natale.

Les Mémoires de Proust n'ont pas été publiés à part. On les trouve presque tous dans le *Journal de physique* de 1798 à 1805 et dans le *Recueil des savants étrangers à l'Académie*. Son buste, dû au ciseau de David, est au musée d'Angers.

*PROUSTITE. *T. de minér.* Variété d'argent sulfuré arsenical, cristallisant en rhomboèdres de couleur rouge, à cassure conchoïdale ou inégale, translucides et à éclat adamantin.

*PROVIDENCE. *Iconol.* Personnification de la sagesse divine qui gouverne l'univers. Son culte était très en honneur à Rome, où on lui donnait pour attributs une colonne sur laquelle elle s'appuyait, une corne d'abondance et une verge étendue sur un globe, en signe de toute puissance et de protection; c'est pour la même cause qu'on mettait encore à ses pieds la foudre et l'aigle de Jupiter. Il nous est parvenu deux belles statues antiques de la Providence, qui sont au musée du Louvre et qui sont accompagnées de ces attributs, conformes, du reste, à ceux qu'on remarque sur les médailles et pierres gravées romaines. Louis Carrache a peint une remarquable figure de la Providence, et nous citerons encore sur le même sujet deux belles peintures allégoriques, de Ad. Roger et de J.-D. de Heem ; celle-ci est plutôt un tableau de fleurs, car elles occupent une place plus importante que la figure qui a donné son nom à l'ensemble de la composition.

PRUD'HOMMES (Conseils de). Les conseils de prud'hommes sont des tribunaux spéciaux institués pour concilier les différends journaliers qui peuvent s'élever à l'occasion du travail entre les patrons et leurs ouvriers. Lorsque la conciliation a été sans effet, ils statuent par voie de jugement. On a appelé assez justement les prud'hommes les juges de paix de l'industrie; nous verrons d'ailleurs plus loin, les mesures prises par le législateur pour en faire une juridiction à la fois compétente, expéditive et peu coûteuse.

— Le premier conseil de prud'hommes fut institué à Lyon par un décret du 18 mars 1806. Ce décret, édicté particulièrement en vue de l'industrie lyonnaise, contenait cependant certaines dispositions générales qui devaient s'appliquer aux autres conseils que le gouvernement jugeait utile de créer ultérieurement. Il était toutefois incomplet sur bien des points, et ce furent les décrets des 11 juin 1809 et 20 février 1810 qui réglèrent d'une façon générale la composition des conseils de prud'hommes, leurs attributions, leur juridiction, le mode de nomination de leurs membres, l'installation et le renouvellement de ceux-ci. Ces actes réglementèrent aussi le fonctionnement des conseils et la procédure à suivre devant eux. On y introduisit d'ailleurs alors un nouvel élément. Le décret de 1806 avait posé le principe de l'élection des prud'hommes, mais il n'avait appelé à y prendre part et admis dans les conseils que les marchands-fabricants et les chefs d'atelier ; par le décret de 1809, les mêmes droits furent accordés, mais dans une limite plus restreinte, aux contre-maîtres et aux ouvriers patentés. C'était un premier pas vers l'égalité absolue entre les deux éléments qui composent actuellement les conseils des prud'hommes. Ces tribunaux fonctionnèrent sous ce régime jusqu'en 1848, époque à laquelle des modifications profondes furent apportées dans leur organisation par les lois du 27 mai et du 6 juin. Plusieurs des dispositions contenues dans ces lois furent maintenues dans celle du 1er juin 1853, qui, sauf quelques modifications ultérieures, règle encore les conseils de prud'hommes. Les lois promulguées depuis cette époque n'ont, en effet, porté que sur des points secondaires. Celle du 4 juin 1864 a institué un régime disciplinaire auquel il n'y a lieu, que très rarement, de recourir; la loi du 7 février 1881 est relative à la présidence des conseils. Elle a conféré à ces tribunaux le droit d'élire leurs présidents, vice-présidents et secrétaires ; enfin, les lois des 23 février 1881, 24 novembre 1883 et 10 décembre 1884, ont trait à des questions spéciales. La première a réglé l'organisation des conseils de prud'hommes en Algérie; la seconde concerne l'inscription des associés secondaires sur les listes électorales; la dernière est destinée à assurer, dans certains cas, le fonctionnement des conseils.

Institution et organisation des conseils de prud'hommes. Des conseils de prud'hommes sont institués, dans les villes où l'importance de l'industrie en justifie la création, par décret rendu en la forme des règlements d'administration publique, sur la proposition du Ministre du commerce et de l'industrie, après avis du Garde des sceaux, Ministre de la justice et de la Chambre de commerce ou de la Chambre consultative des arts et manufactures dans le ressort de laquelle se trouve la localité où le conseil est fondé.

Il existe actuellement, en France et en Algérie, 138 conseils de prud'hommes.

Le décret d'institution détermine la circonscription territoriale du conseil, les industries soumises à sa juridiction, le nombre des catégories dans lesquelles sont réparties ces industries et le nombre des prud'hommes, patrons et ouvriers, affectés à chaque catégorie.

Un conseil de prud'hommes doit, autant que possible, avoir dans sa juridiction toutes les professions ayant quelque importance dans la localité où il est établi ; mais la jurisprudence du Conseil d'État exige que ces professions aient un caractère nettement industriel. Les professions similaires sont groupées dans des catégories distinctes élisant chacune leurs prud'hommes patrons et leurs prud'hommes ouvriers; de cette façon, le conseil présente des garanties de compétence pour les diverses questions spéciales à un métier qui peuvent lui être soumises.

Aux termes de la loi du 1er juin 1853, les conseils de prud'hommes doivent comprendre six membres au moins, non compris le président et le vice-président; il y a toujours autant de prud'hommes ouvriers que de prud'hommes patrons. Ils sont élus pour six ans par un scrutin distinct dans chaque catégorie, pour les ouvriers d'une part et les patrons d'autre part. Le conseil est renouvelable par moitié tous les trois ans. Avant chaque renouvellement partiel, il est procédé à la revision des listes électorales. Sont électeurs : 1° d'une part, les patrons âgés de vingt-cinq ans accomplis, patentés depuis cinq ans au moins et domiciliés depuis trois ans dans la circonscription du conseil, les associés en nom collectif, patentés ou non, âgés de vingt-cinq ans accomplis, exerçant depuis cinq ans une profession assujettie à la contribution des patentes et domiciliés depuis trois ans dans la circonscription du conseil ; 2° d'autre part, les chefs d'ateliers, contremaîtres et ouvriers âgés de vingt-cinq ans accomplis, exerçant leur profession depuis cinq ans au moins et domiciliés depuis trois ans dans la circonscription du conseil.

Sont éligibles, les électeurs âgés de trente ans et sachant lire et écrire.

Les contestations ou protestations qui peuvent s'élever à l'occasion des élections à un conseil de prud'hommes, sont déférées au conseil de préfecture.

Les élections ont lieu au scrutin de liste par catégorie. Au premier tour de scrutin, la majorité absolue des suffrages exprimés est nécessaire, la majorité relative suffit au second tour.

Les prud'hommes élus sont installés par le préfet ou son délégué. Leurs fonctions sont gratuites vis-à-vis des parties. Il peut, néanmoins, leur être alloué des jetons de présence.

Constitution du bureau. Depuis la loi du 7 février 1880, le président et le vice-président des conseils de prud'hommes sont élus par les membres de ces conseils réunis en assemblée générale, à la majorité absolue des membres présents. En cas de partage des voix et après deux tours de scrutin, le conseiller le plus ancien en fonctions est élu. Si les deux candidats ont un temps de service égal, la préférence est accordée au plus âgé. Lorsque le président est choisi parmi les prud'hommes patrons, le vice-président ne peut l'être que parmi les prud'hommes ouvriers, et réciproquement. Le président et le vice-président sont élus pour un an; ils sont rééligibles.

Fonctionnement. Les conseils de prud'hommes peuvent se réunir, soit en bureau particulier, soit en bureau général, soit en assemblée générale.

La mission du bureau particulier est de concilier les parties. Il est composé d'un prud'homme patron et d'un prud'homme ouvrier, et présidé alternativement par le patron et par l'ouvrier, suivant un roulement établi par le règlement particulier de chaque conseil. Le bureau général statue sur les affaires qui n'ont pas pu être conciliées par le bureau particulier. Il est composé,

indépendamment du président et du vice-président, d'un nombre égal de prud'hommes patrons et de prud'hommes ouvriers ; ce nombre doit être au moins de quatre prud'hommes quel que soit celui des membres dont se compose le conseil.

La loi du 10 décembre 1884 a établi une exception à cette règle et a permis aux conseils de siéger, soit en bureau général, soit en bureau particulier, même lorsqu'ils ne sont composés que d'un seul élément, patron ou ouvrier, pour le cas où l'abstention ou la démission collective répétée de l'un des deux éléments mettrait obstacle au fonctionnement du tribunal. Il y a là une dérogation fâcheuse au principe même des prud'hommes, qui veut que les intérêts en présence soient également représentés.

Les audiences des conseils de prud'hommes sont publiques ; le conseil peut, cependant, ordonner le huis clos si les débats sont de nature à produire du scandale, mais le prononcé du jugement doit toujours avoir lieu en séance publique. Une audience au moins par semaine doit être consacrée aux conciliations.

Un secrétaire est attaché à chaque conseil de prud'hommes pour la garde des archives. Il convoque les parties et tient la plume pendant les séances. Il est nommé par les membres du conseil, à la majorité absolue des suffrages exprimés. Il peut également être révoqué par eux, mais, dans ce cas, la délibération devra être signée par les deux tiers des prud'hommes.

Procédure devant les conseils de prud'hommes. Les parties sont appelées en conciliation devant un conseil de prud'hommes par une simple lettre du secrétaire. En cas de non conciliation ou de défaut, elles peuvent être convoquées devant le bureau de jugement par citation d'huissier. Chaque partie doit comparaître en personne sans pouvoir se faire remplacer, hors le cas d'absence ou de maladie; alors seulement, elle peut se faire représenter par un parent, patron ou ouvrier comme elle, et muni de sa procuration. Ici se pose la question de savoir si l'on peut se faire assister d'un avocat ou d'un avoué devant un conseil de prud'hommes. La question est controversée et des difficultés se sont déjà élevées à ce sujet devant plusieurs conseils de prud'hommes. Toutefois, si on se reporte aux travaux préparatoires du décret du 11 juin 1809, qui a fixé la procédure devant ces tribunaux, on voit que le législateur a très nettement exprimé l'intention de ne point permettre aux gens de loi de venir plaider pour les parties. Nous partageons absolument cet avis. Une pareille intervention, en effet, n'est pas de nature à faciliter la solution amiable des différends et à laisser aux conseils de prud'hommes le caractère de juridiction peu coûteuse qui est si appréciée des ouvriers et même des patrons.

Assemblées générales. Nous avons vu plus haut, qu'en outre des séances où ils statuent sur les différends qui leur sont soumis, les conseils de prud'hommes peuvent également se réunir en assemblée générale. C'est dans ces assemblées que les conseils procèdent à l'élaboration de leur règlement intérieur, à l'élection du bureau, au tirage au sort de la série sortante, etc. Ils y traitent, en outre, les questions d'ordre général intéressant les prud'hommes.

A ces assemblées, et dans l'exercice de leurs fonctions, les prud'hommes portent, comme insigne distinctif, une médaille d'argent suspendue à un ruban noir en sautoir. La forme de cette médaille a été fixée par une ordonnance du 12 novembre 1828.

Récusation, signification des jugements. Compétence territoriale, gratuité des fonctions. Les jugements des conseils de prud'hommes sont définitifs et sans appel si la demande n'est pas supérieure à deux cents francs. Passé ce chiffre, ils sont susceptibles d'appel devant les tribunaux de commerce. Ce mode d'appel a été l'objet d'assez vives critiques de la part des prud'hommes ouvriers. Ils voient une anomalie flagrante dans ce fait que dans les tribunaux de commerce, l'élément patron est seul représenté, alors que les décisions prises en première instance sont rendues par un nombre égal de patrons et d'ouvriers. Bien que l'impartialité des membres des tribunaux de commerce ne doive pas être mise en doute, il y aurait pourtant intérêt à modifier cette situation. Un projet de loi général déposé par le Gouvernement, le 2 février 1886, et dont nous parlerons plus loin, stipule que l'appel aura désormais lieu devant l'assemblée générale des conseils de prud'hommes. C'est pour parer au même inconvénient qu'une proposition de loi de M. Félix Faure, député, demande d'instituer des conseils d'appel dans chaque département. Il ne faudrait pas, cependant, donner à cette question plus d'importance qu'elle n'en a réellement. La plupart des affaires soumises aux conseils de prud'hommes sont, en effet, ou conciliées, ou jugées en dernier ressort. La statistique publiée par les soins du Ministre de la justice nous apprend qu'en 1882, sur 44,021 affaires soumises aux prud'hommes, 207 seulement ont été portées en appel; en 1883, il y en a 218 sur 42,478 affaires; en 1884, la proportion a été de 295 sur 41,316.

Frais. Nous avons dit plus haut qu'un des avantages des conseils de prud'hommes était de rendre la justice à bon marché. Les frais, fixés par le décret du 11 juin 1809, sont les suivants :

Pour une lettre de convocation.	» 30
Par rôle d'expédition.	» 40
Pour l'expédition du procès-verbal de non conciliation.	» 80

Les frais de papier, de registre et d'expédition sont à la charge du secrétaire.

Les huissiers touchent :

Pour une citation.	1 25
Pour la signification d'un jugement	1 75

S'il y a une distance de plus d'un demi-myriamètre entre la demeure de l'huissier et le lieu où doivent être remises la citation ou la signification, il est payé par myriamètre, aller et retour :

Pour la citation.	1 75
Pour la signification.	2 »

Les copies de pièces sont payées à 0 fr. 20 le rôle.

Les témoins reçoivent une somme équivalente à une journée de travail ou même à une double journée si le témoin est obligé de se faire remplacer dans sa profession. La taxation est faite par les conseils ou par les maires.

Le témoin qui n'a pas de profession reçoit 2 francs s'il est domicilié à plus de deux myriamètres et demi; et reçoit 4 francs ou une double journée par cinq myriamètres.

Discipline des conseils de prud'hommes. Afin d'empêcher que le mauvais vouloir de certains membres ne vint entraver le fonctionnement régulier des conseils, la loi du 4 juin 1864 institue diverses mesures répressives. C'est ainsi que tout prud'homme qui, sans motif légitime, et après mise en demeure, refuse de remplir le service auquel il est appelé, peut être déclaré démissionnaire. Le refus de service est constaté par un procès-verbal contenant l'avis motivé du conseil, le prud'homme préalablement entendu ou dûment appelé. La démission est déclarée par arrêté préfectoral. En cas de réclamation, c'est le ministre du commerce qui statue, sauf recours au Conseil d'Etat.

Tout prud'homme qui manque gravement à ses devoirs dans l'exercice de ses fonctions, est passible des peines suivantes : la censure, la suspension pour un temps qui ne peut excéder six mois, la déchéance. La censure et la suspension sont prononcées par arrêté ministériel; la déchéance est prononcée par décret. Le prud'homme contre lequel la déchéance a été prononcée, ne peut être réélu pendant six ans.

Nous avons dit plus haut, à l'honneur des conseils de prud'hommes, qu'il n'y avait eu lieu, que très rarement, de recourir à ces mesures de rigueur.

Attributions spéciales des prud'hommes. En outre de leur mission principale, les conseils de prud'hommes ont encore diverses attributions spéciales qui leur ont été données par le décret de 1806. Nous citerons notamment la conservation des *dessins et modèles industriels* (V. ce mot). D'après la proposition adoptée par le Sénat et actuellement devant la Chambre des députés, le dépôt des dessins et modèles aurait lieu, d'ailleurs, désormais, non plus au secrétariat des conseils de prud'hommes, mais au greffe des tribunaux de commerce. L'article 29, du même décret de 1806, les autorise également à inspecter les ateliers. Cette disposition est tombée en désuétude.

On peut se rendre compte, par le court exposé qui précède, que les dispositions réglementant les conseils de prud'hommes sont disséminées dans un grand nombre de lois promulguées à des époques très éloignées l'une de l'autre et inspirées par des tendances gouvernementales souvent différentes. C'est pour réunir en un seul texte toute cette législation qu'un projet de loi d'ensemble a été déposé par le Gouvernement, le 2 février 1886. Ce projet contient également diverses innovations importantes. Nous avons vu plus haut qu'il modifie la juridiction d'appel. En outre, il abaisse l'électorat à vingt-et-un ans et l'éligibilité à vingt-cinq; il supprime l'obligation de la patente, élève de 200 à 500 francs le chiffre de la compétence des prud'hommes en dernier ressort, etc.

La plupart de ces dispositions nouvelles seront, nous en sommes convaincus, parfaitement accueillies. D'autre part, la création de conseils de prud'hommes pour les employés de commerce est également à l'étude. C'est ainsi que peu à peu s'élargit cette juridiction conciliatrice dont l'influence ne peut que faciliter, dans une large mestré, les bons rapports entre le capital et le travail. — V. CORPORATIONS OUVRIÈRES, § *Organisation générale des métiers.* — L. B.

*PRUDHON (PIERRE-PAUL). Peintre, né à Cluny, en 1760, mort à Paris, en 1823; était fils d'un maçon et reçut une instruction primaire assez restreinte chez les Bénédictins du couvent de sa ville; chez eux, l'enfant, à peine âgé de dix ans, montra les plus extraordinaires dispositions pour le dessin. Sans aucun maître, il trouvait sous la plume d'étonnantes créations dont il couvrait ses cahiers et, pour copier les tableaux de sainteté qu'il avait sous les yeux, il se fit un pinceau avec des poils de harnais, et des couleurs avec des jus de plantes. En même temps, il sculptait dans des morceaux de savon des figures naïves, mais pleines d'expression, et c'est sur la présentation d'une de ces sculptures, représentant une scène de la passion de Jésus-Christ que l'évêque de Mâcon consentit à s'intéresser au précoce artiste. Mais celui-ci préférait la peinture, et il entra à l'Ecole des arts du dessin de Lyon, dirigée par Devosge. Presque aussitôt il se maria maladroitement, ayant épousé sa maîtresse, ce qui fit le malheur de sa vie. Il avait à peine dix-sept ans.

Il obtint, à cette époque (1777), le prix de peinture fondé par les Etats de Bourgogne et partit pour Rome, sans pouvoir emmener sa femme, faute de ressources suffisantes. En Italie, où il étudia tous les grands maîtres, il s'attacha surtout à deux artistes; parmi les anciens, le Corrège, dont la manière l'avait séduit, et avec lequel son genre de talent avait plus d'un point commun, et, parmi les vivants, Canova, dont il aimait la grâce un peu efféminée et qui fut son ami. Canova, riche et en pleine possession de sa renommée, voulait retenir Prudhon et lui fournir les ressources nécessaires jusqu'au jour prochain où il se serait fait un nom, mais le jeune artiste avait laissé sa femme en France, il dut revenir, en 1789, à Paris, où il connut bientôt la plus affreuse misère. A cette époque troublée, la peinture trouvait difficilement acquéreur; Prudhon fit du métier pour essayer de vivre avec sa nombreuse famille et n'y parvint même pas. Il produisit une quantité énorme de petits dessins charmants, des miniatures, même des têtes de lettres, des billets de concert, des boîtes de bonbons; forcé par la famine de 1794 de quitter Paris, il se réfugia à Rigny, dans la Franche-Comté, et y trouva enfin un peu de repos et de bien-être, grâce à plusieurs portraits qu'il fit au pastel et qui lui furent bien payés par des amateurs intelligents. En même temps, il achevait, pour l'éditeur Didot, ses admirables dessins de *Daphnis et Chloé* et des œuvres de Gentil Bernard; en revenant à Paris, il illustra Racine, l'*Aminte* du Tasse, et grava *Phrosine et Mélidor*. Puis il exposa sa première œuvre importante, un dessin représentant *La Vérité descendant des cieux guidée par la Sagesse*, et qui reçut un prix de la Société d'encouragement. Le gouvernement lui commanda l'exécution en grand de ce dessin et lui accorda un logement au Louvre. Aussitôt après, il exposa son tableau capital :

Caïn et Abel ou la Justice et la Vengeance poursuivant le crime, qui fut comme une révélation. Il lui valut la croix de la Légion d'honneur (1808). Il donna encore l'*Enlèvement de Psyché par les Zéphyrs*, et de nombreuses compositions allégoriques où apparaissent l'Amour, l'Innocence, la Sagesse, figurés gracieuses et chastes qui convenaient bien à son pinceau léger, mais parfois aussi la Justice, le Crime, l'Avarice, l'Indigence, où se montre la vigueur de l'artiste. Tels sont belles compositions : l'*Avarice foulant aux pieds les sentiments humains*, et *Le Crime traîné devant la Justice*. On cite encore, dans ses allégories, une belle grisaille : *L'âme s'envolant aux cieux*. Le véritable génie de Prudhon, dit Eug. Delacroix, son domaine, son empire, c'est l'allégorie. Ce ton vaporeux, cette espèce de crépuscule dans lequel il enveloppe ses figures, s'empare de l'imagination et la conduit sans effort dans un monde qui est de l'invention du peintre... Les nombreux dessins de Prudhon sont presque tous sur papier bleu, au crayon noir et blanc. Ses premiers traits représentent seulement les masses confuses de son idée; mais l'effet de l'ombre et de la lumière est arrêté tout de suite et, sur ces masses, il achève peu à peu et arrive aux dernières finesses. Ces ravissants dessins donnent peut-être, plus que des tableaux eux-mêmes, une idée complète de la variété et de la richesse de son imagination.

C'est qu'en effet, Prudhon resta plutôt dessinateur que peintre, parce que l'envie qui s'était attaqué aussitôt à sa réputation, publiait partout qu'il avait tort d'abandonner la vignette, où il excellait, pour chercher à peindre de grandes toiles où il était médiocre. Prudhon y crut lui-même; pendant longtemps, il abandonna les pinceaux et il ne les reprit que pour décorer de merveilleuses compositions pour l'hôtel de Landy. D'ailleurs, occupé par ses chagrins domestiques, fort épris de son élève, Mlle Mayer, membre de l'Institut depuis 1816 et parvenu aux honneurs, il se confinait dans le dessin par négligence et par paresse; mais il faut reconnaître que, même dans les plus insignifiantes esquisses faites sous la pression du besoin ou pour satisfaire un caprice, il n'a jamais rien donné de lâché ou d'imparfait. C'est ce qui assure le prestige de son nom dans l'histoire de l'art. Comme tous les artistes qui ont connu longtemps le dur labeur, il n'a jamais eu de faiblesse. Charles Blanc le constate dans une étude sur Prudhon : « Des toiles de dix pieds de haut, dit-il, ne seraient pas plus augustes que ces petites scènes dans leurs cadres de trois pouces. On y trouve, comme en un grand tableau, tout ce qui accompagne les sujets héroïques; des bocages, des fontaines, des statues antiques, des temples pour fermer au loin la perspective, de beaux arbres qui ont de la tournure comme ceux du Guaspre ou de Claude Lorrain; et quant aux personnages, leur attitude est si noble, leur geste si bien calculé et si simple qu'on les dirait de dimensions naturelles. Les vignettes de Prudhon ressemblent à un tableau qui serait vu avec une lorgnette retournée ».

Outre les œuvres que nous avons citées, on doit encore à Prudhon : *Zéphir se balançant au-dessus de l'eau* ; *Portrait du roi de Rome* ; *Vénus et Adonis* (1810) ; *Andromaque* (1817) ; une *Assomption* (1819) ; la *Famille désolée* (1822) ; le *Christ sur la croix* et un plafond représentant *Diane*. Rappelons qu'il dut à son surnom de « Corrège français » d'être chargé de la restauration de la *Léda* du Corrège, dont la tête avait été coupée, mais son pinceau n'avait pas les tons clairs de celui du maître italien, et le tableau, actuellement à Dresde, a subi une nouvelle transformation, d'ailleurs aussi médiocre, mais plus conforme à l'œuvre primitive.

PRUNIER. *T. de bot.* Arbre ou arbuste de la famille des rosacées, série des prunées, habitant les régions tempérées de l'hémisphère boréal et dont le type est le *prunus domestica*, var. *juliana*, D. C.

Les pruniers sont cultivés pour leurs fruits comestibles, dont beaucoup de variétés se mangent fraîches, le *prunier de Sainte-Catherine* (*prunus cerea*, Hort.) ; celui de *mirabelle* (*prunus cereola*, Hort.) ; celui de *reine Claude* (*prunus claudiana*, Hort.) ; celui de *damas* (*prunus damascena*, Hort.,) ; celui de *damas noir*, (*prunus hungarica*, Hort.) ; le *prunier sauvage* (*prunus insititia*, L.), ainsi que le prunellier, peut donner avec ses fruits une liqueur fermentée, se rapprochant du kirsch. De plus, en Alsace, on fait avec son bois des cannes, des dents de rateaux à faner, des haies. Les variétés de prunes noires desséchées au soleil, puis au four, sont très appréciées sous le nom de *pruneaux*. On fait avec le fruit du prunier des confitures, des fruits confits, une sorte de vin qui se conserve assez mal ; son bois donne une teinture brune, il sert pour les tourneurs et les ébénistes, les menuisiers, sous le nom de *satiné bâtard*, ou de *satiné de France* ; il est dur et marqué de veines ; il se coupe assez bien et prend un beau poli. On en fait des chaises, des armoires, des jantes de roues, des vases, des manches à balai ; il sert parfois dans la marine.

Rappelons que dans la série des rosacées-prunées, se rangent aussi le pêcher, le prunellier, le merisier, le cerisier, l'abricotier, l'amandier, le putiet (*prunus padus*, L.) ou *faux bois de Sainte-Lucie*, employé dans l'industrie ; le *laurier-cerise* (*prunus laurus-cerasus*, L.) si utilisé pour l'essence d'amandes amères qu'il fournit, et le *prunier de Virginie* (*prunus serotina*, Ehrh.) dont l'écorce au Canada, à Terre-Neuve, aux Etats-Unis, est recherchée pour l'amygdaline, l'émulsine, l'acide cyanhydrique ainsi que l'essence d'amandes amères, qu'elles peuvent fournir. — J. C.

PRUSSIATE. *T. de chim.* Syn. : *cyanure*. — V. CYANURES SIMPLES ET DOUBLES t. III, p. 1193 et suivantes.

*****PRUSSIENNE.** Sorte de poêle d'appartement, qui est ouvert comme une cheminée.

PRUSSIQUE (Acide). *T. de chim.* Syn. : *cyanhydrique*. — V. CYANOGÈNE, t. III, p. 1192.

*****PSAMMITE. *T. de géolog.* Variété de *grès* (V. ce mot), dans laquelle les grains de quartz sont réunis par un ciment argileux, le plus souvent *micacé* ; cette roche se divise facilement en lames d'épaisseur variable par suite de la concentration du mica sur des surfaces planes.

On retrouve la psammite, en France, surtout dans les Ardennes, où cette roche forme l'extrémité du bassin de Dinan, de ce côté, et se montre de l'autre, à la crête de Condros, qui limite le bassin de Namur ; elle appartient à l'étage famennien, du dévonien supérieur. Dans cette même région française, on retrouve encore la psammite à Évieux, puis à Montfort, où là, elle est assez dure pour être utilisée au pavage.

*****PSATUROSE. *T. de minér.* Argent sulfuré stibio-arsenical. Il est en cristaux tabulaires ou en prismes rhomboïdaux droits et courts, opaques, d'un noir de fer, à cassure conchoïdale ou inégale, fragile et d'éclat métallique ; sa densité est de 6,2 et la dureté 2,5. Sa formule est

$$Ag^6 Sb S^4$$

et sa composition : argent, 68,54 0/0 ; soufre, 26,42 ; antimoine, 14,68, quelquefois avec du cuivre, (0,64), comme dans celle de Schemnitz (Hongrie). On la trouve en cristaux ou en masses disséminées, à Freiberg, à Schneeberg, à Przibram, en Bohême ; à Andreasberg (Harz) ; au Mexique, au Pérou, etc.

*****PSYCHÉ. *Iconol.* La fable de Psyché qui nous a été transmise par Apulée était connue bien auparavant par les anciens, et célèbre dans la mythologie grecque comme le symbole du lien entre l'âme humaine et l'amour divin. Cupidon s'étant épris de Psyché, mais voulant éviter, par une liaison secrète, la jalousie de Vénus, fit ordonner par l'oracle d'Apollon aux parents de la jeune fille, de la conduire sur un rocher où elle deviendrait la proie d'un monstre. Mais là, elle fut enlevée par Zéphyr et emportée dans un mystérieux palais, où chaque nuit, l'Amour venait en secret la visiter. Cependant elle ne devait pas voir son époux, tel était l'ordre de Jupiter. Une nuit, Psyché profitant du sommeil de l'Amour voulut le voir, mais l'émotion faisant trembler sa main, une goutte d'huile tomba de la lampe sur le bras du dieu qui s'éveilla. Le charme était rompu. Cupidon disparut avec le palais, laissant Psyché en butte à la haine de Vénus qui lui imposa mille travaux rebutants ou dangereux, entre autres d'aller demander à Proserpine une boîte pleine de parfums. Mais, cédant encore à la curiosité, Psyché ouvrit la cassette et les vapeurs mortelles qui s'en exhalaient l'avaient fait tomber sans mouvement, lorsque Cupidon la secourut et supplia Jupiter de la sauver. Le maître des dieux admit Psyché dans l'olympe et l'unit enfin à Cupidon, de qui elle eut la Volupté.

Sur les monuments antiques, Psyché est représentée avec des ailes, image de l'immatérialité de l'âme, parfois elle couche dans son sein le papillon qui portait son nom. C'est ainsi qu'elle est représentée sur différentes pierres gravées ; d'ailleurs, on rencontre sur diverses pièces plus ou moins importantes, qui nous sont parvenues, tous les principaux épisodes de l'histoire de Psyché, telle que nous l'avons donnée. Chez les anciens comme chez les modernes, le mythe de Psyché est un des sujets qui ont le plus fréquemment inspiré les artistes par ses côtés gracieux et allégoriques.

Le plus beau groupe antique sur l'*Amour et Psyché* a été trouvé à Capoue et figure actuellement au musée du Capitole. L'Amour, nu, et Psyché à moitié enveloppée dans une draperie légère, se tiennent enlacés, prêts à échanger un baiser. Ce morceau de sculpture, très célèbre, est sans doute la copie d'une œuvre d'art due à un grand maître ; des reproductions analogues se trouvent à Berlin et à Florence, ainsi que sur des pierres gravées.

Le nombre des compositions modernes sur la fable de l'Amour et Psyché est tellement considérable que nous ne pouvons en entreprendre une nomenclature. Nous citerons les principales. Tout d'abord, l'histoire entière, comprenant un ensemble décoratif, a été traitée par Raphaël, au palais de la Farnésine, à Rome. Le plafond représente l'*Assemblée des dieux accueillant Psyché dans son sein*, et le *Mariage de l'Amour et de Psyché*.

Nous rappellerons l'*Amour venant trouver Psyché endormie*, par le Titien ; *Psyché regardant l'Amour endormi*, par Molinari, Coypel, de Troy, Le Guide, Rubens ; *Psyché abandonnée par l'Amour*, par Le Titien, David, A. Glaize ; *les divers travaux de Psyché*, par Nattier, Le Moyne, MM. Hillemacher, de Curzon, etc.; *Cupidon quittant la couche de Psyché*, par Picot ; *Psyché enlevée par Zéphyr*, par Prudhon ; l'*Amour embrassant Psyché*, par Gérard, etc. En sculpture, les figures les plus connues de Psyché sont celles de Canova, Duret, Pradier, Ottin, Matte, Pajou, Carrier-Belleuse. *Psyché contemplant l'Amour endormi* a été sculpté en bas-relief par Triquetti (1842), *Psyché ouvrant la boîte fatale*, par l'artiste anglais Westmacott, *Psyché évanouie*, par V. Huguenin, *Psyché endormie*, par Oudiné, etc. Enfin, une suite très remarquable de trente-deux estampes, dues au maître au dé et à A. Veneziani, retrace l'histoire entière de Psyché, depuis *Vénus commandant à l'Amour de persécuter la jeune fille*, jusqu'aux noces et l'*Amour veillant sur Psyché endormie*. On attribue les dessins originaux de ces belles compositions au peintre flamand Michel Coxcie ; d'autres ont voulu y retrouver le crayon de Raphaël. Quoiqu'il en soit, ces estampes ont eu une grande réputation, d'ailleurs méritée, et une grande influence, en particulier sur les peintres français du xvi° siècle, qui paraissent en avoir fait une étude spéciale.

* **PSYCHROMÈTRE.** *T. de phys.* Instrument destiné à faire connaître le degré d'humidité relative de l'air (ou son état hygrométrique) par la comparaison de deux thermomètres égaux, l'un sec et l'autre mouillé, dont la réunion forme le psychromètre. Le plus usité est celui d'August. M. Regnault a donné, pour calculer la force élastique de la vapeur d'eau contenue dans l'air, au moyen de cet instrument, la formule suivante : .

$$x = F' - A(t - t')H,$$

dans laquelle F' est la tension maximum pour la température *t'* (donnée par les tables de M. Regnault), *t* et *t'* les températures indiquées simultanément par le thermomètre sec et par le thermomètre à boule humide, H la pression atmosphérique au moment de l'observation, A un coefficient qui varie avec le mode d'exposition, depuis 0,0074 jusqu'à 0,00128, et qu'on détermine par une expérience préalable.

PUBLICITÉ. Si l'influence de la publicité sur le mouvement des affaires n'est point douteuse, il ne faut pas cependant lui attribuer le mérite de changer le plomb le plus vil en or le plus pur, car elle est souvent un leurre pour ceux qui en font les frais ; comme le dit Larousse « il faudrait des volumes pour relever les grossières et scandaleuses piperies que, l'une portant l'autre, la presse et l'annonce ont perpétrées sur les trop crédules lecteurs. » Eh bien ! cette crédulité est si grande que nous verrons toujours le bon public se laisser

prendre aux avantages fantastiques que promettent la « Société des carafes frappées du Mont-Blanc », l' « Eau des centenaires » et autres inventions de puffistes habiles. Rien n'y fait, ni les condamnations en police correctionnelle, ni les procès perdus par des commerçants confiants qui signent des engagements sans les lire ; le bon public se laisse toujours duper. Nous ne changerons point cela. Nous dirons toutefois que la publicité doit être étudiée par celui qui veut en obtenir tout l'effet utile, et qu'il ne doit consentir de sacrifices qu'en raison des avantages qu'il en attend ; il vaut mieux, par exemple, une publicité restreinte et souvent répétée dans le public auquel on s'adresse plus spécialement, qu'une large publicité dont le souvenir s'efface rapidement.

PUCE. *T. d'imp. sur ét.* Couleur formée de rouge et de noir, et qui se rapproche de la couleur de l'insecte de ce nom. Le puce sur coton se fait en mélangeant les mordants de fer et d'alumine dans de certaines proportions et teignant en garance ou en garancine, aujourd'hui en alizarine. Le puce s'obtient en vapeur sur coton par l'emploi du mordant de chrome ; sur les autres tissus on se sert de mélanges en proportions voulues des nouvelles couleurs d'aniline.

PUDDLAGE. *T. de métall.* Opération par laquelle, sur la sole d'un four à réverbère, on transforme en fer plus ou moins décarburé, la fonte pâteuse ou liquide. Ce travail se fait à bras d'hommes, au moyen d'outils en fer appelés *crochets*, *ringards*, *palettes*, etc. Nous avons indiqué déjà (V. Fer, § *Fer puddlé*) le *puddlage pour fer*, et nous avons donné les dessins des fours dans lesquels a lieu cet affinage de la fonte.

— Le puddlage a été inventé, à la fin du siècle dernier, par Henry Cort, pour remplacer, en Angleterre, l'affinage au bas foyer devenu coûteux par le renchérissement du charbon de bois.

La sole, dont se servait Cort, était primitivement en sable aggloméré par la chaleur, ce qui augmentait inutilement le déchet, l'oxyde de fer formé se combinant très facilement à la silice. Un premier perfectionnement important fut l'emploi de sole en oxyde de fer obtenu par la combustion de ferrailles minces ou *riblons*. Le four étant en bonne chaleur, on introduit sur la plaque de fonte, qui constitue la sole, une quantité assez grande de rognures de tôles, et on laisse passer de l'air par la porte. Il se forme un oxyde fusible qui recouvre la sole en fonte et remplace avantageusement la garniture siliceuse. L'oxyde de fer, qui constitue cette sole, se réduit, en partie, au contact du carbone de la fonte et donne lieu à la production de fer métallique qui s'ajoute à celui que donne la charge. Le déchet est diminué, du même coup, parce que la quantité de silice du bain se réduit à celle qui provient de l'oxydation du silicium.

Dans le puddlage, le carbone de la fonte se transforme en oxyde de carbone, soit au contact de la sole riche en oxyde de fer, soit par l'action du courant d'air, qui a traversé la grille et qui renferme de l'oxygène libre.

Cet oxyde de carbone amène, par son dégagement, une ébullition ou *montée* de la fonte, et les bulles de ce gaz viennent brûler à la surface du bain en produisant des flammèches bleues et se transforment en acide carbonique. Quand la décarburation, ainsi obtenue et qui est favorisée par l'agitation et le renouvellement des surfaces sous l'action du crochet de fer que manie l'ouvrier, ne permet plus au métal de rester liquide, toute la masse prend l'état solide. Les grumeaux de fer se soudent les uns aux autres et prennent un aspect spongieux, en même temps que la scorie qui imprègne la masse métallique, s'écoule grâce à sa fluidité. C'est ainsi que les sulfures et phosphures de fer, qui n'ont pas subi d'altération pendant la décarburation, se *liquatent* en se séparant du métal, et permettent d'obtenir du fer, relativement pur, avec des fontes qui ne le sont pas. On a comparé, avec raison, l'épuration qui se produit au puddlage, à la congélation de l'eau de mer, qui donne de la glace formée d'eau presque pure, tandis que les sels de soude et de magnésie restent en dissolution dans l'eau mère.

L'ouvrier découpe, avec une palette, la masse de fer pâteuse en *boules* ou *loupes* qu'il comprime et roule dans le bain pour leur donner une plus grande cohésion. Il porte alors chacune de ces boules sous un marteau pilon, qui en exprime les scories, et de là, le *bloom* prismatique obtenu, est laminé entre des cylindres, en une barre plate qui est le *fer brut* ou *puddlé*.

Le puddlage présente des variantes d'allure, suivant la nature de la fonte traitée.

Quand la fonte a été, au préalable, *mazée* ou passée au *feu de finerie* (V. FINAGE, FINE-MÉTAL, MAZÉAGE), ce qui lui enlève la presque totalité de son silicium, la décarburation commence avant la fusion du métal, et il se forme rapidement du fer.

Quand la fonte est *blanche*, c'est-à-dire quand tout le carbone qu'elle contient se trouve à l'état combiné, la décarburation se fait moins rapidement. Dans la pratique, on caractérise la facilité plus ou moins grande avec laquelle la fonte se décarbure, par le nombre de crochets ou ringards que l'on peut passer dans la masse avant qu'elle ne soit d'une consistance trop épaisse. En général, une fonte blanche peut supporter le passage de trois crochets.

Quand la fonte est *grise*, la décarburation est plus lente, parce qu'elle est retardée par la présence du silicium. Il faut, avant que celle-ci ne commence, que la majeure partie du silicium soit oxydée. A mesure que cette élimination du silicium s'opère, le carbone qui se trouvait à l'état de graphite dans la fonte, se dissout et transforme celle-ci en fonte blanche. Il faut donc, dans le puddlage de la fonte grise, le passage de plusieurs crochets, pendant que la masse reste parfaitement liquide; ce n'est que plus tard qu'elle se comporte comme le fait la fonte blanche. Il en résulte que le puddlage de la fonte grise est beaucoup plus long que celui de la fonte blanche. Si le passage des crochets dans la masse liquide est moins pénible que lorsque celle-ci devient

pâteuse, il n'en faut pas moins un plus grand travail et une plus grande consommation de combustible dont la dépense est sensiblement proportionnelle au temps. La plus grande durée du puddlage des fontes grises permet, en même temps, une plus grande épuration du produit, le soufre et le phosphore ayant plus de temps pour passer dans la scorie.

Le travail du puddlage se fait, soit avec deux hommes, soit avec trois hommes sur un même four.

Dans le premier cas, l'ouvrier chef ou *maître puddleur* doit développer un effort physique considérable et qui est d'autant plus pénible que la température à laquelle il est exposé, devant la porte du four, tend à donner de l'atonie à ses muscles. L'aide s'occupe du garnissage de la grille, du passage du premier crochet et du roulage des boules au pilon. C'est l'organisation du travail anglais. Dans le travail à trois hommes, usité en France, et notamment aux forges du Creusot, de Terre-Noire et de Bessèges, la production par four est plus grande et l'utilisation du combustible meilleure, sans que le travail de l'ouvrier y soit plus considérable.

On s'est trouvé bien aussi de l'emploi de deux portes opposées permettant à deux puddleurs associés de travailler ensemble avec le secours de deux aides. Ce système est, de beaucoup, le moins usité.

La grosse question, dans le puddlage, et celle qui domine la quantité produite, c'est le *rendement*. La perte en fer dépend de la nature et de la qualité de la fonte; elle dépend aussi des additions d'oxyde de fer sous forme de battitures, de crasses de laminage et de minerai de fer que l'on fait à la charge. En moyenne, dans les fours à trois hommes, traitant de la fonte blanche, chaude, ordinaire, *prenant nature après 2 1/2 à 3 crochets*, une charge de 225 kilogrammes rend 195 kilogrammes de fer brut en barre, ce qui équivaut à dire que pour obtenir 1,000 kilogrammes de fer brut, il faut 1,150 kilogrammes de fonte et cela, sans additions ferrugineuses riches.

Dans le travail de la fonte grise peu siliceuse, il faut 1,200 kilogrammes de fonte pour une tonne de puddlé.

Le nombre de charges de 225 kilogrammes, que l'on peut traiter par douze heures dans un four à puddler, dépend de la nature de la fonte et du nombre d'ouvriers travaillant sur le four. Dans un four simple, à deux hommes, on fait 6 à 7 charges de fonte blanche, soit 1,250 à 1,300 kilogrammes de fer brut, ou 4 à 5 charges de fonte grise, soit 800 à 900 kilogrammes de puddlé fin. Dans un four à trois hommes, ayant une sole additionnelle chauffant la fonte avant de la traiter sur la sole de travail, on fait 12 charges de fonte blanche correspondant à 2,350 kilogrammes de fer, et 8 à 9 charges de fonte grise donnant, en moyenne, 1,600 kilogrammes de puddlé fin.

La consommation de houille est sensiblement proportionnelle au temps de l'opération, elle est donc constante pour le travail de douze heures. Il en résulte qu'en marche avec fonte blanche, on emploie 800 à 1,000 kilogrammes de houille par tonne de fer, et qu'en marche avec fonte grise, cette quantité s'élève à 1,300 et même 1,500 kilogrammes.

Un des grands progrès réalisé, dans ces dernières années, au puddlage pour fer de qualité, c'est l'introduction en mélange des fontes manganésifères. Cette pratique, originaire de la Prusse rhénane, où les fontes à 5 et 10 0/0 de manganèse sont à un bas prix relatif, s'est répandue, de là, en Belgique et dans l'est de la France.

Des fontes blanches ayant 1,5 0/0 de phosphore, puddlées à la manière ordinaire, donneraient du fer phosphoreux, à gros grain plat, comme le puddlé pour rails, fer mou à chaud, se laminant bien à basse température, mais supportant mal une chaleur un peu forte ; d'ailleurs, fer fragile à froid et sans résistance au choc. En les mélangeant avec une certaine proportion de fonte ayant de 5 à 12 0/0 de manganèse, on obtient, au contraire, avec ces mêmes fontes, du fer à grain fin réellement supérieur, résistant à froid et se laminant bien à toute température, de la nature, en un mot, de l'acier puddlé, dont nous parlerons plus loin.

La teneur en phosphore, dans le fer brut obtenu avec ces fontes blanches phosphoreuses travaillées seules, aurait été de 5 à 6 millièmes, tandis que cette impureté descend aux environs de 1/2 millième quand le puddlage a eu lieu en présence d'une proportion convenable de manganèse. Il suffit, généralement, de 3 0/0 de manganèse pour neutraliser le mauvais effet de 1,5 0/0 de phosphore et obtenir d'excellents produits. On remarque également que, outre la diminution du phosphore dans le fer brut, il y a élimination de la majeure partie de la scorie interposée.

Naturellement, le puddlage d'un mélange de fonte renfermant en moyenne :

Carbone..	3.5
Silicium	1.0
Phosphore..	1.5
Manganèse.	2.5

est plus lent et plus pénible qu'en l'absence du manganèse, car il faut procéder à l'élimination totale de cet élément supplémentaire, mais les résultats sont tellement supérieurs que ce procédé a pris une grande extension.

Il est assez difficile d'expliquer complètement le rôle du manganèse dans cet affinage. Il semble cependant établi que son action est multiple :

1º La présence du manganèse hâte l'oxydation du silicium en fournissant à la silice, qui tend à se produire, une base énergique, le protoxyde de manganèse, tout en retardant la décarburation ;

2º Le manganèse communique, par son oxydation, une grande fluidité à la scorie et celle-ci s'élimine plus facilement de la masse même du fer, comme le montrent les analyses des produits ;

3º Il semble aussi, comme l'a supposé M. Le Chatelier, que l'oxydation du manganèse et du phosphore soit plus facile, quand ces deux corps sont mélangés ensemble et que l'acide phosphorique, qui tend à se produire, trouve à sa portée

une base pour le saturer. De même, le plomb et l'antimoine sont séparément peu oxydables, mais mélangés ensemble, ils se transforment presque instantanément sous une action oxydante à température convenable, en antimoniate de plomb.

Puddlage pour acier. Nous avons vu (V. ACIER) qu'entre la fonte à 3 ou 4 0/0 de carbone et le fer complètement décarburé, il existait tous les intermédiaires, et que l'acier n'était qu'un des termes de cette série. Au four à puddler, on peut aussi, en se plaçant dans certaines conditions, arriver à un produit suffisamment épuré et, cependant, renfermant encore une proportion de carbone assez élevée ; on obtient alors l'*acier puddlé*.

Cort, l'inventeur du four à puddler, avait espéré déjà à la fin du siècle dernier, obtenir, par son procédé d'affinage, un produit beaucoup plus carburé que le fer et de la nature de l'acier ; mais en s'arrêtant avant la fin de l'affinage, l'épuration était insuffisante et l'on n'obtenait qu'un métal de mauvaise qualité. Ces essais de fabrication nouvelle ne devaient être repris qu'un demi-siècle plus tard, en Westphalie, où ils furent favorisés par la nature des fontes assez communément manganésifères. Si des tentatives du même genre furent faites presque simultanément dans la Loire, sur l'initiative de MM. Morel, Petin et Gaudet, vers 1845, le succès de cette fabrication ne commença réellement qu'en Allemagne, et l'acier puddlé ne devint une industrie courante, en France, qu'en l'année 1854.

Le principe du puddlage pour acier réside tout entier dans la conservation du carbone le plus longtemps possible, tout en effectuant l'épuration complète. Le moyen pratique est d'employer des fontes très pures, ce qui simplifie l'élimination des matières étrangères. La fonte doit être, ou très noire et un peu manganésifère, ou tout à fait blanche et de la nature du spiegeleisen dont tout le carbone est combiné grâce à la présence du manganèse à haute dose. Dans les deux cas, il y a beaucoup de carbone, et il est plus facile d'en conserver une proportion notable dans le produit.

Pour empêcher l'élimination trop rapide du carbone, on cherche à obtenir des scories protoxydées. La présence du manganèse, en ramenant le peroxyde de fer à l'état de protoxyde, avec formation d'oxyde de manganèse, permet d'obtenir ce résultat :

$$Mn + Fe^2O^3 = 2FeO + MnO.$$

On y arrive aussi, mais d'une manière moins sûre, en ayant des scories plus chargées en silice, et pour cela, on projette du sable dans le four ; quand le protoxyde de fer est uni à la silice, il a plus de difficulté à se peroxyder, mais, comme le montre la composition des scories de réchauffage très chargées en silice, et qui, cependant, renferment du peroxyde de fer en dissolution, le résultat est moins certain qu'en présence du manganèse.

Naturellement, le travail pour acier, par le retard factice que l'on apporte à la décarburation, est plus lent que le puddlage pour fer. Il demande, de plus, une température élevée pour activer l'oxydation et l'élimination des impuretés.

On charge 150 kilogrammes de fonte à la fois, au lieu de 210 ou 225, comme dans le puddlage ordinaire, et l'on ne fait guère que 5 opérations par douze heures. La consommation de combustible est, par suite, assez élevée ; de plus, il faut des ouvriers soigneux et bien payés. Le foyer doit être bien entretenu pour que peu d'air traverse la grille et ne rende les gaz trop oxydants.

Les boules obtenues sont petites, bien roulées et se prêtent à un meilleur cinglage que nécessite l'abondance de la scorie, dans laquelle elles ont pris naissance, et dont il faut les débarrasser rapidement.

L'aspect des barres d'acier puddlé, au sortir du laminoir, est généralement plus propre, moins craquelé que celui du fer brut ordinaire. Cela tient à ce que l'action oxydante ayant été poussée moins loin, il n'y a pas, entre les particules de métal, de l'oxyde de fer interposé qui empêche la soudure.

Puddlage au gaz. Le chauffage Siemens, avec récupération de chaleur, a été essayé plusieurs fois au puddlage, avec peu de succès cependant. Ce mode rationnel d'utilisation du combustible a rencontré, dans le puddlage, une difficulté toute spéciale dont on n'a trouvé l'explication que dans ces dernières années. Il se forme, dans tout four à puddler, par suite du bouillonnement qui accompagne la décarburation, un entraînement de particules, très ténues d'oxyde de fer qui, s'agglomérant avec les cendres du combustible en suspension dans les gaz du foyer, viennent encombrer plus ou moins les conduits qui mènent à la cheminée ou aux chaudières. Ces dépôts, demi-métalliques, portent le nom de *sarazins* et, dans le cas où l'on emploie le four Siemens, viennent s'accumuler dans les chambres de récupération. On arrive ainsi, peu à peu, à une obstruction complète, et le fonctionnement du four est arrêté.

Un ingénieur français, M. B. de Langlade, à la suite d'essais heureux de puddlage au gaz de haut-fourneau qu'il avait soumis au lavage pour leur enlever la poussière dont ils sont chargés, a résolu, d'une manière entièrement satisfaisante, l'emploi des fours Siemens au puddlage. En sortant du gazogène, les gaz sont lavés et dépouillés des globules de goudron et des poussières qu'ils pouvaient avoir entraînés ; on n'observe plus alors de formation de dépôts dans les chambres de récupération, et le four fonctionne avec tous les avantages du système Siemens. Contrairement à ce que l'on pourrait croire, vu l'élimination des hydrocarbures, qui semble une diminution du pouvoir calorifique des gaz, la chaleur est plus élevée dans le four. Peut-être le lavage, en abaissant la température des gaz, condense-t-il plus de vapeur d'eau qu'il n'introduit d'humidité. Quoiqu'il en soit, il faut en conclure que la formation des sarazins était facilitée par la présence du goudron et des poussières dans les gaz du foyer, puisqu'ils ne se produisent plus.

Puddlage mécanique. Nous avons vu que le puddlage à bras d'homme était une opération pénible, et par l'effort physique qu'il fallait développer pendant un temps assez long, et par la température amollissante à laquelle était soumis l'ouvrier dans le voisinage si immédiat de la porte du four.

Il y a dans le puddlage, quand on en analyse les diverses phases, des conditions physiques et chimiques qui rendent difficiles la réalisation mécanique de ce travail. Il faut un contact intime entre la fonte et les agents oxydants, que ceux-ci proviennent de la sole ou du courant gazeux, et ce contact ne peut avoir lieu que par un renouvellement de surface. Il faut, enfin, que la masse affinée soit mise sous une forme qui facilite le cinglage et l'élimination des scories.

On a cherché une demi-solution dans le passage mécanique des crochets ou ringards, et l'on peut dire que c'est là le seul résultat obtenu ; mais la complication du mécanisme et le résultat imparfait n'ont pas permis au procédé de se répandre d'une manière générale. La solution complète, comprenant l'affinage et la formation d'un bloc de fer à l'état naissant prêt au cinglage, a été entrevue, en Amérique, mais n'est plus appliquée nulle part. Le procédé Danks a eu un tel retentissement que nous devons, cependant, en dire quelques mots.

Le four Danks avait la forme d'un tonneau roulant horizontalement sur des galets au moyen d'une couronne dentée et d'un moteur qu'il est facile d'imaginer. La flamme d'un foyer entrait par une des faces et sortait par l'autre qui était mobile, pour permettre la sortie de la masse de fer quand l'affinage était terminé. Le cinglage d'un pareil bloc nécessitait un outillage spécial et se faisait entre trois cylindres.

La partie délicate était le *garnissage*, sans cesse soumis au contact destructeur de la fonte liquide agissant mécaniquement et chimiquement et qui, d'autre part, ne devait pas fondre sous l'action de la flamme quand il était à découvert. Il fallait d'excellent minerai et arriver à une bonne agglomération. On avait pensé à l'emploi des riblons brûlés, qui rendent de si grands services dans le puddlage ordinaire, mais la température au four Danks n'était pas assez élevée pour bien réussir cette combustion du fer.

Malgré les difficultés inhérentes à la solution mécanique du puddlage : garnissage, volume énorme des boules de fer brut, maintien des organismes au milieu de la poussière, le four Danks présentait sur le travail à la main un avantage important, c'est qu'il *rendait plus de fer que l'on ne chargeait de fonte*, grâce aux impuretés que celle-ci renfermait agissant comme un réducteur énergique sur l'oxyde de fer du garnissage, grâce aussi à une plus faible quantité de silice en présence, le four étant tout entier garni en oxyde de fer.

Quoi qu'il en soit, le puddlage est une opération

qui nous semble condamnée en principe et dont l'existence ne dépend que des progrès plus ou moins rapides que fera la *déphosphoration* (V. ce mot). Tant que la production des aciers communs n'a pu s'appuyer que sur la consommation exclusive des minerais les plus purs et les plus riches, tant que la qualité obtenue n'a pu atteindre la douceur et l'état physique qui permettent une bonne soudure, le fer s'est maintenu comme le produit naturel de la métallurgie des minerais pauvres et impurs, et le puddlage est resté le procédé le plus économique d'obtenir ce mélange de fer métallique et de scories qui suffit aux besoins courants de l'industrie.

Actuellement, avec des fontes plus impures que celles que l'on travaillait autrefois au puddlage, pour les qualités de fer les plus communes, on obtient, par la déphosphoration soit neutre ou basique, des aciers soudants d'une résistance et d'une douceur que les meilleurs produits des fontes pures ne permettaient pas d'espérer. Les tôles minces, la *machine* ou matière première pour tréfilerie, ne se font plus qu'en acier doux obtenu par déphosphoration des fontes impures, et il y a lieu de croire que ce progrès s'accentuera à mesure que les nouvelles méthodes de fabrication d'acier seront plus simplifiées et rendues plus économiques. — F. G.

PUDDLEUR. *T. de mét.* Ouvrier qui travaille au puddlage. — V. l'article précédent.

* **PUGET** (Pierre). Architecte, peintre et sculpteur, né à Marseille, en 1622, mort dans la même ville, en 1694, était issu d'une très ancienne famille noble de Provence. Mais son père, mort jeune, le laissa sans fortune et l'instruction du jeune homme fut très négligée. A peine âgé de quatorze ans, il était placé chez un sculpteur en bois, constructeur de galères et, dès l'année suivante, il dirigeait la construction d'un navire et en exécutait les sculptures qui, comme on sait, étaient très importantes à cette époque. Peu après, il partit pour l'Italie, à pied, et travailla quelque temps, pour se créer des ressources, chez un sculpteur en meubles qui s'attacha à lui et le recommanda, à son départ pour Rome, au célèbre Piétro de Cortone, qui était alors le peintre le plus en renom de la Péninsule. Puget l'aida dans ses travaux, et on désigne même, dans le plafond du palais Barberini, les figures qui sont dues au jeune artiste. Cortone eût désiré garder près de lui un si précieux auxiliaire, mais Puget voulait revoir la France, et il y revint, en 1643, déjà assez connu pour que l'amiral de Brézé l'appelât à Toulon et lui commandât les dessins d'un grand navire. Puget, qui avait alors vingt-et-un ans, exécuta un projet merveilleux dont la poupe colossale ornée de galeries superposées et de sculptures, qui fut imité avec empressement dans toute l'Europe. Pendant plus d'un siècle, l'innovation décorative de Puget resta un modèle invariable pour les vaisseaux de ligne. Néanmoins, Puget était surtout peintre, à cette époque. Un voyage nouveau qu'il fit en Italie, avec un Feuillant chargé par Anne d'Autriche de dessiner les monuments an-

tiques, le porta tout à coup vers l'architecture. Et tout en continuant à peindre pour les couvents de Marseille, d'Aix, de Toulon, de Cuers, des tableaux de sainteté, entre autres l'*Annonciation* et la *Visitation*, à Aix, le *Sauveur du monde*, au musée de Marseille, etc., il exécuta divers travaux d'architecture dont le principal est la porte de l'Hôtel de Ville de Toulon, où il fit œuvre de sculpteur en exécutant lui-même les deux cariatides colossales qui soutiennent le balcon. Cette porte, tout entière, ne fut payée à Puget que 1,500 livres. A Marseille, il travailla aussi à l'hôtel de ville et éleva plusieurs madones sur le cours de Rome, entre autres, la sienne devant laquelle on a érigé, en 1806, une fontaine qui porte son buste. Les halles de Marseille et l'église de l'hospice de la Charité, restée inachevée, ont aussi été élevées sur ses dessins.

Mais ce qui a fait surtout la réputation de Puget, ce sont ses œuvres impérissables de sculpture. Il a mérité, par la vigueur de la conception et l'ampleur de ses formes, d'être surnommé le Michel-Ange français et, en effet, malgré ses défauts, c'est l'artiste qui se rapproche peut-être le plus du grand maître florentin.

Nous avons vu qu'en 1617, il avait sculpté les belles cariatides sur la façade de l'Hôtel de Ville de Toulon. Ce travail remarquable lui valut une commande importante du marquis de Girardin pour lequel il fit, dans sa terre de Vaudreuil, deux grandes statues ou groupe : *Hercule et Janus*, et la *Terre*. Fouquet le chargea ensuite de la décoration du château de Vaux. Mais l'artiste était en Italie, occupé à choisir les marbres, lorsqu'il apprit la disgrâce de Fouquet. Il resta donc à Gênes où il exécuta divers travaux fort beaux, entre autres la statue colossale du bienheureux *Alexandre Sauli*, *Saint-Sébastien* pour l'église de Carignan, et une *Assomption*, grand bas-relief, pour le duc de Mantoue. Le Bernin, alors à Paris, s'étonna de l'éloignement et de l'oubli où on laissait un tel artiste, et c'est à lui que Puget dut son rappel par Colbert, qui le nomma directeur de la décoration des vaisseaux à Toulon, avec trois mille six cents francs d'appointements. Puget n'hésita pas à abandonner, pour ce modeste emploi, la belle situation qu'il s'était faite à Gênes et rentra dans sa patrie. Il donna à Toulon les dessins de plusieurs grands vaisseaux parmi lesquels on remarquait surtout *le Magnifique*, qui fut coulé dans l'expédition où le duc de Beaufort perdit la vie, le 25 juin 1669; l'arsenal de Toulon a conservé plusieurs grandes figures provenant de ses bâtiments et, en même temps, le port de Toulon utilisait une machine à mâter de son invention, qui fut en usage jusqu'au milieu du siècle dernier. On voit que même la gloire de l'ingénieur ne lui a pas manqué. D'ailleurs, à la suite de dissentiments, l'artiste donna sa démission et se consacra surtout à la sculpture. C'est à cette époque qu'il exécuta ses morceaux les plus connus : *Milon de Crotone*, son chef-d'œuvre ; *Persée délivrant Andromède* ; le grand bas-relief représentant *Alexandre et Diogène*. Néanmoins, ces travaux importants ne le conduisirent pas à la fortune, car ils exigeaient de grands frais, et le groupe d'*Andro-mède*, dont le marbre et le transport avaient coûté neuf mille cinq cents francs, ne lui fut payé que quinze mille, et encore avec des récriminations de Louvois.

Le Louvre possède aussi de ce maître deux petits anges sur une console et un groupe : *Alexandre vainqueur* qui paraît être la première pensée du monument à élever en l'honneur de Louis XIV. Son dernier ouvrage fut la *Peste de Milan*, exécutée à Marseille, pour les bâtiments de la Consigne. Nous ajouterons, aux œuvres de peinture que nous avons déjà citées, une *Sainte-Famille* où Puget s'est représenté lui-même sous les traits de Saint-Joseph; une *Annonciation*; *Vocation de Saint-Mathieu*; *Saint-Jean-Baptiste dans le désert*, et surtout *La Vierge regardant l'enfant Jésus couché sur un coussin*, très remarquable; sans compter un grand nombre de dessins au lavis et à l'encre de Chine, où il a retracé surtout des scènes maritimes et des projets de décoration.

Ce qui distingue avant tout le style de Puget, c'est le goût du tragique et du grandiose, servi par des dispositions naturelles qui rapprochent, en effet, son talent de celui de Michel-Ange; comme tous les artistes dont l'imagination est exubérante, il a varié sa manière et son genre, aussi bien en architecture qu'en sculpture et en peinture, de telle sorte qu'il est difficile d'en porter un jugement général; ce qu'on peut dire de lui, c'est qu'il avait un grand et un juste sentiment de l'expression et de la couleur, que l'ensemble de la composition est toujours harmonieux et le mouvement toujours précis; ces qualités suffisent pour faire oublier quelques incorrections qu'un examen attentif peut faire découvrir, et qui sont dues à l'élan passionné de son génie. On a fait remarquer, avec raison, que Puget a devancé son époque, et qu'il eût brillé davantage encore dans notre siècle, où il n'eût pas été obligé de resserrer son talent dans les limites de la mythologie ou de l'histoire.

PUISARD. *T. techn.* Sorte de puits pratiqué pour recevoir et absorber des eaux inutiles.

PUISATIER. *T. de mét.* Ouvrier qui creuse les *puits*. — V. ce mot.

*PUISEUR. *T. de mét.* Ouvrier papetier qui, dans la fabrication à la main, puise la pâte avec la forme. || Ouvrier qui puise l'eau des tourbières.

*PUISEUX (VICTOR-ALEXANDRE). Géomètre français, né à Argenteuil (Seine) le 16 avril 1820, mort à Frontenay (Jura) le 9 septembre 1883, fut une des gloires de l'Université. Il fit ses premières études au collège de Pont-à-Mousson, vint les compléter à Paris à l'âge de quatorze ans, et entra à l'Ecole Normale en 1837, après avoir remporté au concours général le premier prix de physique et le premier prix de mathématiques spéciales. Il fut ensuite maître de conférences à l'Ecole Normale, fit une thèse de doctorat extrêmement remarquable sur la stabilité du système du monde, une des questions les plus difficiles de la

mécanique céleste. Il fut ensuite nommé professeur à la Faculté des sciences de Besançon, où il resta cinq années, et où il se lia avec le célèbre chimiste Sainte-Claire Deville. En 1849, il revint à Paris reprendre sa place de maître de conférences à l'Ecole Normale qu'il ne quitta qu'en 1868 pour devenir membre du Bureau des longitudes. En même temps, il avait rempli de 1855 à 1859 les difficiles fonctions de chef du Bureau des calculs à l'Observatoire de Paris. En 1857, il avait été nommé professeur de mécanique céleste à la Sorbonne en remplacement de Cauchy. Il occupa cette chaire jusqu'en 1882, et ne la quitta que forcé par la maladie. Il fut remplacé par M. Tisserand. Puiseux a laissé un grand nombre de travaux relatifs aux mathématiques pures, à la mécanique rationnelle, à la mécanique céleste et à l'astronomie. En analyse, nous signalerons l'étude si remarquable et si importante qu'il a faite de la manière dont s'échangent les racines multiples d'une équation algébrique dans le voisinage d'un point critique: c'est une théorie capitale qui donne l'explication d'un paradoxe auquel s'était arrêté Cauchy, et qui est devenue la base de l'étude des fonctions dites « abéliennes », sans parler de son application géométrique à la détermination de la forme d'une courbe algébrique dans le voisinage d'un point multiple ou d'une asymptote. En mécanique, l'étude du mouvement du pendule conique, et la théorie des courbes dites « tautochrones » ou d'égale descente sont devenues classiques et font répéter le nom de Puiseux dans les cours de toutes les facultés. Pour la mécanique céleste, il nous suffira de citer les titres de ses principaux Mémoires : *Sur la convergence des séries qui se présentent dans le mouvement elliptique*; *Sur les inégalités à longue période*; *Sur les principales inégalités du mouvement de la lune*; *Sur l'accélération du moyen mouvement de la lune*, travail considérable et d'une importance extrême, qui l'occupa plusieurs années. Puiseux prit une très grande part à la détermination de la distance du soleil par l'observation des passages de Vénus devant cet astre. Il ne fit partie d'aucune mission; mais c'est lui qui a déterminé les stations les plus favorables dans les deux hémisphères, et qui a recueilli, discuté et calculé avec un soin extrême toutes les observations faites en 1874. Il avait même commencé un travail analogue pour les observations de 1882 quand la mort est venue l'arracher à la science. Puiseux avait été nommé membre de l'Académie des sciences en 1871, dans des conditions exceptionnelles : il avait recueilli l'unanimité des suffrages. Comme professeur, Puiseux a laissé à la Sorbonne un souvenir ineffaçable. Ceux qui, comme l'auteur de ses lignes, ont eu le bonheur d'assister à ses leçons, n'oublieront jamais l'admiration qu'ils éprouvaient à voir les théories les plus difficiles présentées si simplement et si clairement, qu'on croyait deviner à l'avance la parole du maître. Ajoutons que le caractère et la bonté de cet excellent savant étaient encore, s'il est possible, supérieurs à son intelligence, et nous aurons rendu un faible hommage à sa mémoire. Puiseux a laissé deux fils qui portent son nom avec honneur ; tous deux sont déjà connus du monde savant. Qu'il nous soit permis d'émettre le vœu qu'ils recueillent et fassent publier les œuvres de leur père. — M. F

PUISSANCE. *T. de mécan.* Toutes les forces qui agissent sur une machine peuvent se répartir en deux groupes distincts : les unes agissent dans le sens même du mouvement, ce sont elles qui déterminent ce mouvement, on les nomme *forces motrices*; les autres agissent en sens inverse du mouvement, et le détruiraient bien vite si les forces motrices cessaient leur action ; on les nomme *résistances*; elles comprennent les *résistances utiles* que la machine a précisément pour but de vaincre, et les *résistances nuisibles* telles que les frottements, etc. Quelquefois la force motrice est appelée la *puissance*. A la vérité ce terme est presque exclusivement réservé à l'étude des machines simples, levier, poulie, treuil, etc., sur lesquelles on suppose que deux forces seulement sont en action : l'une de ces forces s'appelle la *puissance*, l'autre la *résistance*. On dira, par exemple, que la condition d'équilibre du levier, c'est que le bras de levier de la puissance soit égal à celui de la résistance. — V. Levier.

Puissance nominale des machines motrices. On appelle ainsi la quantité de travail que la machine produit par seconde quand elle marche à son allure normale; l'unité de puissance est le *cheval-vapeur* qui correspond à un travail de 75 kilogrammètres par seconde. On dit plus souvent *force nominale* que *puissance*, quoique ce dernier terme réponde bien mieux à l'idée qu'il s'agit d'exprimer. — V. Force, § *Force motrice*, *Force nominale des machines*.

Puissance vive. Expression employée quelquefois à la place du terme de *force vive* consacré par l'usage pour désigner le produit de la masse d'un point matériel par le carré de sa vitesse. — V. Energie, Force, Travail.

PUITS. On donne ce nom aux excavations, généralement garnies d'un revêtement intérieur en maçonnerie, qu'on creuse dans le sol pour y chercher les nappes aquifères formées par des courants ou par des réservoirs naturels d'eaux souterraines. De là, résultent deux distinctions, suivant que le puits rencontre une eau courante, *puits d'eau vive*, ou une nappe d'eau dormant dans une cavité du sol où la retiennent des couches imperméables, *puits d'eau stagnante*.

Le *puisatier* est l'ouvrier qui creuse le puits et qui construit le revêtement en maçonnerie destiné à maintenir les terres. Ce revêtement se fait, tantôt en pierres sèches, tantôt en maçonnerie étanche à bain de mortier hydraulique, selon les circonstances dans lesquelles le puits doit être établi. Les puits d'eau vive creusés jusqu'à la nappe d'eau courante, sont en général alimentés par le fond, comme par une source souterraine ; ceux qui sont creusés dans une nappe d'eau dormante la reçoivent par infiltration, et il peut y avoir intérêt à construire les premières assises du revê-

tement intérieur en maçonnerie de pierres sèches pour faciliter l'accès de l'eau à la base du puits.

— Dès la plus haute antiquité, l'homme a su creuser la terre pour y découvrir les eaux qu'il ne trouvait pas à la surface et qui existaient dans les couches souterraines. En Egypte, le terrain sablonneux se prêtant au creusement des puits, les habitants savaient les construire, en leur donnant la forme circulaire, comme le montre la figure 332, et le mode de puisage consistait en un levier formé d'une longue perche en bois, oscillant dans l'ou-

Fig. 332. — *Puits égyptien à bascule, d'après une peinture de Pompéi.*

verture d'une pierre dressée verticalement; le seau était suspendu à l'extrémité de cette perche par une corde; l'autre extrémité du levier était plus lourde et facilitait l'enlèvement du poids. Ce système de puisage s'est propagé jusqu'à nos jours, non seulement chez les peuples méridionaux, mais en France encore, où certaines contrées présentent comme ceux de l'antiquité, des puits avec de longues perches équilibrées par un contrepoids pour le puisage de l'eau.

Plus tard, l'emploi du treuil fut appliqué au lieu du levier, et le puisage de l'eau s'opéra par l'enroulement de la corde sur le tambour du treuil, moyen qu'on applique aujourd'hui généralement quand on n'a pas recours aux pompes. Le treuil fut imaginé du temps des Romains, ainsi que le montre la figure 333 représentant un puits de cette époque, construit, comme on le voit, d'une façon rudimentaire, mais différant peu, quant au principe, de la disposition qu'on emploie encore maintenant.

Fig. 333. — *Puits de l'époque romaine.*

Le creusement des puits pour la recherche de l'eau présente, d'ailleurs, une grande analogie avec le *fonçage* des puits de mines, et si ce n'est la profondeur beaucoup moindre à laquelle on doit atteindre, qui rend naturellement les difficultés moindres aussi, le mode de travail et les conditions d'exécution se ressemblent nécessairement. Nous n'entrerons donc pas ici dans le détail des dispositions à prendre ; elles seront décrites à l'article spécial consacré aux puits de mines (V. le chapitre *Puits de mine*). Nous nous occuperons seulement des *puits ordinaires* en maçonnerie, des *puits perdus* ou *puits absorbants*, des *puits forés* et en particulier des *puits artésiens*, et enfin, des *puits instantanés*.

Puits ordinaires. Les puits employés ordinairement pour l'approvisionnement des habitations, des établissements industriels, des exploitations agricoles, en un mot pour les besoins usuels, n'offrent généralement pas de grandes différences ; ils sont toujours de forme circulaire, et ne varient guère que dans le diamètre qui leur est donné suivant l'importance du débit qu'on veut obtenir, et suivant les appareils qu'on se propose d'employer pour l'élévation de l'eau. Le creusement s'effectue en général sans difficultés sérieuses, à moins qu'on n'ait à traverser des terrains ébouleux qui nécessitent des boisages très soignés, ou des roches compactes qui exigent l'emploi de la poudre ou de la dynamite pour opérer le fonçage. Dans tous les cas, et plus particulièrement dans ces dernières conditions, l'art du puisatier comporte une grande expérience alliée avec beaucoup de prudence et beaucoup d'habileté de la part des ouvriers spécialistes qui s'occupent de ces travaux.

L'ascension de l'eau dans les puits, se fait sous l'influence de la pression correspondant à la hauteur de la nappe aquifère à l'extérieur de l'enceinte en maçonnerie. Si le puits est *à eau vive*, c'est-à-dire si sa base est placée sur le passage d'un courant souterrain circulant entre des couches de roches, l'eau s'élèvera à un niveau déterminé par l'inclinaison de ces couches et la hauteur d'où part l'écoulement qui se fait jour dans l'orifice inférieur du puits. Si l'eau est *stagnante*, comme cela arrive lorsque le creusement atteint une de ces sortes de poches ou réservoirs naturels formés par une couche imperméable présentant une déclivité où l'eau se rassemble, le niveau auquel la nappe aquifère se maintient en dehors du puits tendra à se rétablir à l'intérieur en vertu du principe des vases communicants.

Le puisage de l'eau s'effectue, soit à bras au moyen de treuils ou de leviers, rappelant les puits de l'antiquité, soit au moyen de pompes à bras, soit enfin au moyen de pompes mues par manèges, par moteurs à vent ou par moteurs à vapeur. Dans les puits profonds, d'où l'on veut extraire une grande quantité d'eau par l'emploi d'une force motrice quelconque, il faut assurer la régularité du débit et se prémunir contre les chocs qui résulteraient des alternatives de l'aspiration et du refoulement. On a recours alors à des pompes à deux ou trois corps avec arbres de commande à manivelles disposées de façon à partager les coups de piston en deux ou trois fractions de chaque tour de l'arbre.

Il existe aussi un autre mode de puisage employé principalement dans nos départements méridionaux, c'est le *puits à roues*, qui n'est d'ailleurs qu'une chaîne à godets, mise en mouvement par une sorte de roue ou treuil que commande un manège au moyen d'une transmission fort simple (V. NORIA). Ce système sert principalement pour l'arrosage des jardins et les irrigations des prairies.

Les eaux de puits sont, en général, moins potables que les eaux de source, ce qui s'explique parce qu'elles séjournent plus longtemps que ces dernières dans le sein de la terre, en contact avec les matières salines minérales qu'elles dissolvent en plus grande proportion ; elles sont aussi moins aérées. On dit qu'elles sont *dures*, *calcaires* et *séléniteuses*, selon qu'elles tiennent en dissolution du carbonate de chaux ou du sulfate de chaux. Il arrive parfois aussi que les infiltrations des eaux pluviales, ou d'autres causes locales, déterminent une altération plus ou moins grande de la pureté des eaux de puits. Le voisinage des cimetières, par exemple, est une cause d'altération qui occasionne la présence de matières organiques provenant de la décomposition des cadavres. Par conséquent, si on rencontre presque partout de l'eau, en creusant des puits à une plus ou moins grande profondeur, tous les terrains sont loin de fournir la même qualité d'eau et la meilleure se rencontre généralement dans les couches sablonneuses ou dans des roches vives qui, formant un filtre naturel, assurent à l'eau une pureté que les terrains tourbeux ou crétacés ne sauraient lui donner.

Puits perdus ou **puits absorbants**. Ces sortes de puits sont destinés à faire écouler dans le sol, de l'eau ou d'autres liquides dont on veut se débarrasser. Leur construction n'offre, d'ailleurs, aucune particularité, elle exige, en général, moins de soins que celle des autres puits ; quelquefois, ils consistent en une simple excavation non murée, qu'on remplit de quartiers de roches, pour rendre le fond plus facilement perméable et le mettre à l'abri des causes d'obstruction qui peuvent résulter de l'accumulation des matières diverses en suspension dans l'eau. Les puits perdus sont utilisés notamment dans un grand nombre d'établissements industriels, où l'on a certaines eaux résiduelles à rejeter, et dont on ne peut se débarrasser dans les cours d'eau du voisinage.

On donne quelquefois à ces puits le nom de *boit-tout*, expression qui caractérise précisément leur emploi pour l'absorption des liquides qu'on y fait écouler. Toutefois, ces puits ne peuvent être employés qu'à la condition de ne pas déterminer dans la nappe souterraine des infiltrations qui corrompent et rendent non potables les eaux des puits du voisinage, si le puits perdu n'est pas à une assez grande distance pour échapper à ce grave inconvénient.

Puits forés et **artésiens**. Ces puits forés sont ainsi nommés parce qu'ils sont creusés avec un outillage spécial pratiquant dans le sol et dans les bancs de roches, un trou d'une petite dimension, atteignant parfois des profondeurs considérables. — V. ARTÉSIEN (Puits).

Comme spécimen d'un des puits artésiens les plus remarquables qui aient été exécutés, nous avons choisi pour le représenter ici (fig. 334), le puits artésien de Grenelle. Ce puits, commencé en février 1833, fut terminé en février 1841 ; sa profondeur est de 550 mètres. L'eau, dont la température est de 28° centigrades, jaillit à une hauteur de 34^m,10 au-dessus du sol. Le tube ascensionnel a été enveloppé d'une gracieuse colonne en fonte qui en fait un monument décoratif d'un aspect agréable. On prétend qu'en poussant le forage à une profondeur plus grande, on eût trouvé une source d'eau thermale à la température ordinaire des bains chauds. Le débit du puits de Grenelle est de 4,600 litres d'eau par minute ; cette eau légèrement sulfureuse, quand elle arrive au jour, n'est pas employée comme eau potable ; elle sert seulement aux services publics et aux arrosages. — V. EAU, § *Eaux des puits artésiens.*

Le puits artésien de Passy, dont le forage a été plus rapide, grâce aux moyens perfectionnés dont on disposait, a atteint l'eau à une profondeur de 570 mètres.

On travaille actuellement à Pesth au forage d'un puits artésien destiné à fournir de l'eau chaude aux bains publics et aux autres établissements qui en désireraient. Ce puits artésien sera probablement le plus profond qui existe. On est maintenant à 951 mètres, et on *obtient* 800 mètres cubes d'eau à 70° par jour, mais la municipalité qui désire plus d'eau et une chaleur de 80° vient de voter les sommes nécessaires pour continuer les travaux. Les puits artésiens sont nombreux aujourd'hui ; ils ont été appliqués

où M. le commandant Landas entreprend, avec le concours de M. Dru, une œuvre semblable de forages artésiens et de mise en valeur de terrains incultes sur le littoral du golfe de Gabès.

Les moyens employés pour le forage des puits artésiens seront détaillés au mot SONDAGE, nous ne nous y arrêterons par conséquent pas ici. Nous reprendrons cette question, avec les développements qu'elle comporte, en décrivant l'outillage spécial employé pour le forage à toutes profondeurs. — V. SONDAGE.

Puits instantanés. Il nous reste à parler d'un genre de puits qui s'emploie depuis un certain nombre d'années avec succès pour trouver de l'eau dans les terrains perméables et sablonneux. En principe, le système consiste simplement à enfoncer, avec une masse ou un mouton, un tube en fer ou en acier, terminé à sa partie inférieure par une pointe très solide, et percé de trous sur la circonférence de sa base comme une sorte de crépine de pompe. Le

Fig. 334. — *Puits artésien de Grenelle, à Paris.*

avec succès dans les pays chauds, notamment dans une partie de l'Afrique, où leur influence salutaire permettra sans doute un jour de faire disparaître les parties incultes qui constituent le vaste Sahara. Déjà dans l'Oued-Rir' et dans la région de Biskra la multiplication des puits artésiens a produit d'excellents résultats, et de nombreuses cultures sont maintenant alimentées par les eaux qui existent en grande abondance sous les sables du désert. Et maintenant, l'exemple de ce qui a été fait avec succès dans l'Oued-Rir' est suivi dans le Sahara tunisien

tube s'enfonce, par parties vissées l'une dans l'autre, jusqu'à ce qu'il ait pénétré à une profondeur convenable dans la nappe aquifère ; et alors en fixant à son extrémité supérieure une pompe d'un système quelconque, ce tube remplit l'office de tuyau d'aspiration et donne un débit correspondant à son diamètre et à l'abondance de la nappe d'eau dans laquelle il plonge. La facilité et la rapidité avec laquelle s'exécutent en général ces sondages, ont fait donner à ces puits le nom de *puits instantanés* qu'ils justifient effectivement dans un grand nombre de cas. Il en a été fait d'intéressantes applications, et leurs résultats sont ordinairement satisfaisants lorsque les terrains présentent les conditions voulues pour appliquer ce système simple de puits forés. — G. J.

Puits de mine. T. d'exploit. des min.

On donne ce nom aux voies percées dans les mines suivant une direction verticale ou voisine de la verticale. On utilise les puits de mine pour faire l'extraction des matières utiles (V. EXTRACTION), pour pomper l'eau qui s'infiltre dans la mine (V. EXHAURE) et pour envoyer de l'air pur dans la mine (V. VENTILATION). On y fait circuler les hommes, sur des échelles fixes verticales, inclinées toutes dans le même sens, ou inclinées alternativement en sens contraire, ou même sur des escaliers en hélice (par exemple à Wieliczka); on peut employer pour le transport des hommes la cage ou la benne qui sert à l'extraction de la matière utile, ou des échelles mues par une machine spéciale (V. FAHRKUNST, MAN-ENGINE et VAROC-QUÈRE). On appelle *faux-puits* ou *beurtias* de petits puits creusés dans l'intérieur d'une mine et ne débouchant pas au jour.

BOISAGE, MURAILLEMENT ET BLINDAGE D'UN PUITS. Quelle que soit la façon dont un puits a été percé (V. plus loin), il importe de le recouvrir intérieurement de bois, de pierre ou de métal, pour éviter la chute des fragments de roche et de l'eau.

On boise les puits, même quand ils sont percés en roche dure, pour éviter la chute d'écailles qui pourraient, en tombant de hauteurs considérables, produire des chocs énormes malgré leur faible masse. On emploie des bois de choix pour n'avoir pas à faire des réparations fréquentes, et on dispose les cadres suivant la section droite du puits s'il est vertical, ou compris entre la section droite et un plan vertical, s'il est incliné. Ces cadres sont généralement jointifs; s'ils ne le sont pas, on maintient leur écartement constant par des longrines d'angle, et on ajoute un garnissage en planches, si le terrain est ébouleux. Chaque cadre est formé, suivant la forme du puits, par un carré en bois, un polygone pouvant avoir jusqu'à vingt-deux côtés, ou un rectangle dont les longs côtés sont reliés par un ou deux bois d'entrefends. Ces bois ont pour mission de maintenir les poussées, et en les reliant par des coulantages en planches, on divise le puits en deux ou trois puits voisins où peuvent circuler des courants d'air différents. On emploie pour faire les cadres, des rondins si on veut utiliser toute la force des bois, ou des bois équarris si on veut avoir une plus grande résistance pour un même espace occupé. On appelle *roues lisses* des cadres de boisage d'une grande solidité et d'une grande importance, comme par exemple celui qu'on place à l'entrée du puits.

Souvent les puits de mine sont muraillés. Le muraillement coûte plus cher que le boisage mais exige moins de réparations. On muraille, en général, les puits avec deux épaisseurs de briques. Les briques doivent être cuites à point; des briques trop crues se délitent et des briques trop cuites prennent mal le mortier. Les briques sableuses sont cassantes, et les briques calcaires contenant de la chaux qui se laisse délaver par l'humidité, deviennent caverneuses. On emploie du mortier moyennement hydraulique faisant prise en quinze à vingt jours et contenant 9 à 10 0/0 d'argile; ce mortier doit être gâché très serré. La maçonnerie d'un puits se compose de travées successives soutenues par des roues lisses.

Quelquefois on garnit les puits, percés dans les terrains aquifères, avec des anneaux en fonte; r étant le rayon du puits et p la pression de l'eau exprimée en kilogrammes par centimètre carré, on admet qu'il faut une épaisseur de fonte égale à $0,02 + \dfrac{pr}{500}$. On donne à chaque anneau une longueur de 1,50 à 2,00. Les collets sont parfaitement dressés; on dispose dans chacun d'eux un grain d'orge, ou rainure circulaire, et dans deux grains d'orge contigus on met un gros fil de plomb qui s'écrase et assure l'étanchéité du joint; quelquefois on emploie des anneaux formés de six ou huit panneaux entre lesquels on enfonce des picots de bois. On peut avoir recours à un double revêtement: le revêtement intérieur est étanche et le revêtement extérieur est formé de panneaux munis de trous qui laissent passer l'eau pendant la pose et qu'on bouche ensuite par des tampons en bois.

FONÇAGE D'UN PUITS. Le fonçage d'un puits ne se fait pas toujours à partir du jour. Quand on veut ravaler, c'est-à-dire approfondir un puits déjà percé, il vaut mieux faire partir du fond une galerie qui revienne ensuite au-dessous du puits, réserver le stot, foncer le puits sous stot, sans cesser d'utiliser pour l'extraction la partie supérieure, de façon à être débarrassé des eaux des niveaux supérieurs, et du danger de la chute du minerai des bennes. Le fonçage sous stot peut se faire en montant, en descendant, simultanément en montant et en descendant, ou enfin, simultanément en montant et en descendant à partir de plusieurs points d'attaque tous situés sur une même verticale.

Mode montant. On cloisonne le puits suivant un diamètre, et on divise l'une des moitiés par le rayon perpendiculaire. Les ouvriers s'élèvent dans la première moitié en entassant le remblai sous leurs pieds, et en jetant l'excédent dans un des quarts. Le dernier quart est réservé aux échelles. Un ventilateur force l'air à monter par le compartiment des échelles et à redescendre par le compartiment du jet. Quand on est arrivé en haut, on défait le cloisonnement en partant du haut, et en jetant les remblais par le compartiment du jet.

Mode descendant. Quand on veut appliquer le mode descendant, on commence par épuiser les eaux et par foncer dans la partie latérale un petit bure de 1m,50 de diamètre jusqu'à 5 mètres de profondeur. A l'extrémité inférieure on établit une roue lisse, sur laquelle on pose un tube de fonte, ouvert aux deux bouts, de 10 mètres de long et 1 mètre de diamètre, et on bétonne le vide compris entre ce tube de fonte et les parois du bure. Puis on établit dans l'ancien puits un mur en briques montant jusqu'à l'extrémité supérieure du tube de fonte, et on laisse revenir les eaux dans la partie du puisard où n'est pas le tuyau.

Un câble qui vient du jour monte une benne dans le tuyau en fonte, et en même temps on a dans le fond une benne de rechange qu'on emplit d'eau ou de terre. Des hommes placés dans une galerie latérale, qui débouche dans le puits un peu au-dessus du tuyau en fonte, poussent un couvercle sur le tuyau en fonte. Si la benne contient de l'eau on la descend jusqu'au couvercle et on la renverse dans le puisard latéral. Si elle contient de la terre, on a placé sur le couvercle un vagonnet, on descend la benne jusqu'à ce vagonnet, on déclavette son fond, elle se vide dans le vagonnet que l'on tire dans la galerie latérale, on remonte la benne, on reclavette son fond, on ôte le couvercle et on redescend la benne.

Fonçage dans un terrain solide. Si le terrain est solide on peut faire de suite une portion du puits sans le boiser. Nous avons décrit aux articles

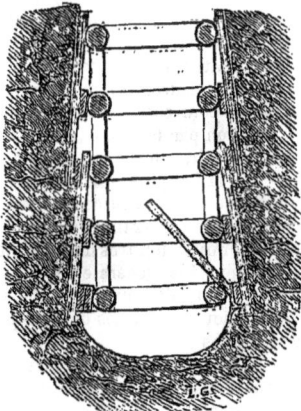

Fig. 335. — *Cuvelage en bois.*

DYNAMITE, EXPLOITATION DES MINES et POUDRE, § *Emploi dans les mines*, les diverses façons dont se fait l'attaque de la roche.

On peut boiser de bas en haut en partant d'un cadre porteur encastré dans la roche ou d'un cadre colleté, formé de voussoirs jointifs serrés contre la roche par des coins, et poser les cadres successivement les uns sur les autres. On peut aussi boiser de haut en bas en partant d'un cadre porteur et rattacher chaque cadre au précédent par des écrous cloués ; mais on ne peut opérer ainsi que pour une travée modérée après laquelle il faut remettre un nouveau cadre porteur.

Fonçage dans un terrain ébouleux. Si le terrain est assez ébouleux pour qu'on ne puisse pas s'enfoncer de la hauteur d'un cadre sans craindre des éboulements, on peut s'enfoncer au poussage par un procédé analogue à celui que nous avons décrit à l'article GALERIE DE MINE. La figure 335 indique de quelle façon on dispose les palplanches jointives qui reposent chacune sur trois cadres de boisage avec ou sans interposition de coins.

CUVELAGE DES PUITS. Quand les terrains sont à

la fois ébouleux et aquifères, comme c'est le cas dans l'exploitation des terrains houillers recouverts de morts terrains, dans le nord de la France, dans la Ruhr, en Silésie, etc., on garnit le puits d'un cuvelage en bois, en fonte ou en maçonnerie.

Cuvelage ordinaire en bois. Le cuvelage a été imaginé dans le bassin de Mons et s'est répandu ensuite vers l'ouest à mesure que s'ouvraient les exploitations du Nord et du Pas-de-Calais. Dans cette région, le terrain houiller est recouvert par une partie du terrain crétacé. Les assises supérieures de la craie sont extrêmement perméables aux eaux, de sorte qu'au moment où on fonce un puits de mine, il se fait un drainage qui assèche les puits domestiques jusqu'à 1 kilomètre de distance. Fort heureusement, à 80 mètres de profondeur environ, il règne au-dessous de ces calcaires une assise de marnes imperméables, appelées

Fig. 336. — *Assise de cuvelage ordinaire.*

dièves, qui protègent le terrain houiller contre l'invasion de l'eau. Quand on veut percer un puits dans ce terrain crétacé, il faut l'entourer d'un revêtement étanche jusqu'à ce qu'il ait pénétré dans les dièves. Le cuvelage peut se mettre par plusieurs assises successives, et chacune d'elles doit se placer de bas en haut. Pendant le fonçage, les eaux n'arrivent plus dans le puits que par la partie inférieure à la dernière assise cuvelée et, dès qu'on aura un peu pénétré dans les dièves, il ne viendra plus d'eau. Une fois le terrain houiller rencontré en dessous des dièves et l'exploitation entreprise, la plasticité des dièves et leur épaisseur leur permettront de suivre les mouvements d'affaissement causés par l'exploitation souterraine, sans se fissurer et sans laisser de passage à l'eau des niveaux supérieurs (fig. 336).

Voyons maintenant comment on procède à la pose d'une tranche de cuvelage. Le fond du puits est un puisard circulaire inscrit dans la précédente tranche de cuvelage. On recommence à le creuser en l'élargissant peu à peu de façon à réserver à la partie supérieure une corniche qui supporte la tranche précédente du cuvelage. Puis on descend avec une largeur constante jusqu'à ce qu'on trouve une base assez solide pour en faire la base de la tranche suivante. Alors on réserve une banquette bien horizontale autour du puits, et on creuse au centre un puisard de 1 mètre à 1m,50 de profondeur. On pose sur la banquette une *trousse colletée* formée de voussoirs en chêne réunis par simple juxtaposition et serrés contre le terrain au moyen de coins. La partie supérieure de cette trousse forme une nouvelle banquette sur laquelle on vient poser la *trousse picotée* (fig. 337) ; quelquefois on supprime la trousse colletée et on pose directement la trousse picotée sur la banquette. La trousse picotée est formée de voussoirs en chêne taillés, on pourrait presque dire sculptés avec le plus grand soin, et dans l'espace de quelques centimètres compris entre cette trousse et la paroi du rocher, on fait un bourrage de la manière suivante ; on place d'abord sur la face extérieure de chaque voussoir une *lambourde* en bois blanc ayant l'étendue du voussoir et 4 centimètres d'épais-

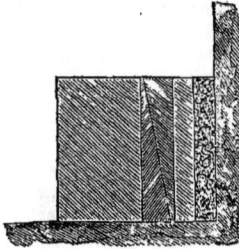

Fig. 337. — *Trousse picotée.*

seur, qui paraît remplir exactement le vide entre le voussoir et la roche. Entre cette lambourde et la roche, on introduit une *agrappe* en fer (coin carré pyramidal), puis on l'arrache de son logement avec un levier fourchu qu'on introduit par des-

sous et, dans le vide, on met de la mousse qu'on bourre avec l'agrappe elle-même ; on procède ainsi par alvéoles contiguës tout le long de la lambourde. On écarte ensuite le voussoir de la lambourde de façon à comprimer la mousse. A cet effet, on enfonce entre ces pièces une agrappe plate en fer qu'on remplace par un plat coin en bois ; on répète cette opération tout le long du pourtour, puis on arrache ces plats coins en faisant entre eux des vides avec une agrappe en fer qu'on enlève à l'aide du levier fourchu. On rentre les plats coins la tête en bas, il reste des vides dans lesquels on fait rentrer d'autres plats coins la tête en haut. Les faces des deux plats coins qui touchent le voussoir et la lambourde sont rigoureusement parallèles, de sorte que les poussées s'exercent bien horizontalement. On frappe sur l'ensemble à coups de masse. Entre deux groupes de plats coins contigus, on enfonce l'agrappe carrée, on la retire avec le levier fourchu, puis on la remplace par un picot carré. On continue à enfoncer, partout où c'est possible, de petites agrappes carrées qu'on remplace par des picots. Les plats coins et les premiers picots étaient en bois blanc, les derniers picots sont en chêne séché au four, la grande humidité les dilatera plus tard. On coupe alors la tête des picots qui dépassent, et on rabote la paroi supérieure des voussoirs de la trousse afin d'établir un niveau bien horizontal. Sur cette première trousse picotée on en pose, par les mêmes moyens, une ou plusieurs autres. Les hommes qui posent les trousses picotées ont généralement de l'eau jusqu'à la ceinture, ils ne peuvent pas travailler plus de quatre heures et on les paie en moyenne 5 francs.

Au-dessus de ces trousses, on pose le cuvelage courant dont chaque assise est formée de voussoirs en chêne analogues à ceux des trousses, mais d'une moindre épaisseur. Si on a dû faire un boisage provisoire, on l'enlève avant de poser le cuvelage définitif ; si on ne peut pas faire autrement, on l'enlève pièce à pièce, ou morceau par morceau, à coups de hache ; si cela même est impossible, on inscrit le cuvelage définitif à l'intérieur

du boisage provisoire que l'on enlève ensuite partiellement lorsqu'on le peut. Entre le cuvelage et la paroi de roche, on coule du béton hydraulique qui protège le cuvelage et permet d'ôter plus tard un voussoir, s'il y a lieu de le remplacer. Pendant qu'on fait ce travail, on laisse de tous de tarière pour permettre à l'eau de venir. Plus tard, quand le béton aura fait prise, on les bouchera par des chevilles de bois enfoncées à la masse.

Il ne reste plus alors qu'à calfater les joints horizontaux et verticaux ; à cet effet, on les ouvre, avec un ciseau, sur 2 ou 3 centimètres de profondeur, et on y introduit de l'étoupe goudronnée. Ce travail, appelé *brondissage*, se fait d'abord du haut en bas de l'assise et on le refait avec plus de soin de bas en haut. On peut, si on veut, clouer sur les joints de petites tringles de bois pour empêcher l'étoupe d'être expulsée par la pression de l'eau.

Un moment délicat dans la pose d'une tranche de cuvelage est celui où on arrive à la corniche qui supporte la tranche supérieure. On enlève cette corniche morceau par morceau en étançonnant la partie de la roche qui est au-dessus. La vraie difficulté est la pose du dernier cadre. On mesure la hauteur qu'il doit avoir pour entrer sans jeu sensible. On introduit le béton par la droite et par la gauche de chaque voussoir. Quand on arrive à la dernière pièce, on la fait plus petite que le logement qu'elle doit occuper ; on l'entre de biais, et on la ramène en avant avec deux tire-fonds, puis on introduit tout autour du béton fin, comme on peut.

Tel est le procédé généralement suivi pour poser une tranche de cuvelage. On y apporte cependant plusieurs variantes dont les principales sont les suivantes :

1° Quelquefois on donne aux diverses pièces du même étage des hauteurs différentes, de sorte que si une pièce éclate, les pièces voisines peuvent être maintenues par les pièces de l'étage supérieur ou de l'étage inférieur, mais cette disposition empêche le libre jeu des voussoirs pour s'appliquer exactement les uns contre les autres, et il en résulte des inégalités de pression très fâcheuses. Dans le Pas-de-Calais, on forme souvent avec les joints des espèces d'hélices polygonales brisées.

2° On peut ménager à travers les trousses picotées d'une reprise une communication avec la reprise inférieure, mais cette manœuvre n'est nullement fondée et plutôt nuisible qu'utile.

3° On peut clouer à la face extérieure de chaque pièce, vers le bas, une bande de toile imperméable ou de caoutchouc qui déborde, forme contrejoint et protège les étoupes du brondissage ou même dispense de leur emploi.

4° On a proposé de réunir les cadres consécutifs au moyen de broches qui entrent dans des trous, mais cette disposition offre l'inconvénient de ne pas permettre le libre jeu des voussoirs.

5° Quelquefois, on termine aussi, à la partie supérieure, le cuvelage par une ou plusieurs trousses picotées, lorsqu'il faut traverser une zone aquifère limitée, de part et d'autre, par des terrains imperméables ou une faille aquifère.

On a fait, jadis, des cuvelages carrés, mais maintenant on emploie des polygones réguliers ayant jusqu'à 22 côtés. La longueur de chaque voussoir ne dépasse pas 1 mètre, et l'épaisseur dépendant du diamètre du puits et de la pression d'eau, varie entre 25 et 30 centimètres. La difficulté de trouver des bois sains de cet équarrissage a conduit à l'emploi de cuvelages en fonte.

Cuvelage ordinaire en fonte. Les cuvelages en fonte peuvent reposer sur des trousses colletées et picotées en bois, mais on peut aussi employer des trousses picotées en fonte. Chaque voussoir est une pièce creuse ouverte du côté de l'extérieur, et l'ensemble présente, à l'intérieur, un contour circulaire, et à l'extérieur, un contour polygonal. Dans la cavité, on bourre des pièces de bois qui débordent vers l'extérieur et contre lesquelles on pose les lambourdes, comme il a été dit plus haut. Le cuvelage courant se compose de voussoirs dont chacun est muni de rebords sur tout son pourtour et de deux nervures diagonales. Au point d'intersection de ces nervures est un trou rond dans lequel on met un boulon qui sert à amener la pièce en place et qu'on remplace ensuite par une broche de bois chassée à la masse. Entre deux voussoirs contigus, soit du même étage, soit de deux étages consécutifs, on interpose une planchette ou lambourde en sapin de quelques centimètres d'épaisseur.

Pour obtenir l'étanchéité, on introduit tout le long des joints des plats coins de 10 centimètres de largeur sur 1 centimètre d'épaisseur et, entre ces coins, des picots à tête carrée de 1 centimètre de côté. Généralement, l'un des bords présente un bourrelet saillant qui ferme le joint et empêche la lambourde d'être chassée au moment où on enfonce les coins et les picots. Les rebords et les nervures se placent, en général, à l'extérieur, de sorte que l'intérieur du puits présente une surface cylindrique régulière, mais rien n'empêche de mettre les rebords et les nervures à l'intérieur, et cette disposition offre même de réels avantages, notamment au point de vue des cloisons à placer dans le puits.

Cuvelage ordinaire en maçonnerie. On a fait aussi des cuvelages en maçonnerie, notamment dans le bassin de la Ruhr. On met à la base une trousse picotée dont les voussoirs sont en pierre ou bien on la remplace par un empâtement de la maçonnerie qui repose sur une banquette, non pas horizontale, mais inclinée vers l'extérieur du puits. Pour le cuvelage courant, on emploie des voussoirs taillés avec soin, dont les joints sont garnis de feuilles de plomb, ou bien des briques disposées en plusieurs rouleaux distincts séparés par du mortier hydraulique. Pendant la pose de la maçonnerie, jusqu'à ce que le mortier ait fait prise, on doit réserver, pour laisser écouler les eaux, de petits tuyaux que l'on bouche plus tard avec des broches en bois.

Discussion. Le cuvelage en maçonnerie est le plus économique, mais le moins parfait. Comme il est très difficile d'établir des reprises, il faut, en général, l'exécuter en une fois, depuis le terrain impérméable jusqu'au-dessus du niveau d'eau, de sorte que ce cuvelage n'offre pas, pendant le fonçage, l'avantage de diminuer le débit des eaux. La pierre n'est pas élastique et, soumise aux fortes pressions, elle se casse et donne des fuites à peu près impossibles à boucher. Le cuvelage en fonte est le plus cher, et il offre aussi l'inconvénient de se fendre par la pression. Il est vrai que ces fissures peuvent se couvrir par des pièces rapportées, mais c'est toujours une opération difficile, et on ne devra recourir à ce mode de cuvelage que lorsqu'il sera impossible de se procurer des pièces de bois sain d'un équarrissage suffisant pour subir les pressions. Le cuvelage en bois avec son élasticité est, en général, la solution préférable. Les réparations s'y font facilement en entrant de nouveaux coins et picots entre les joints qui perdent de l'eau. Quelquefois on peut aussi le réparer en y inscrivant sur une hauteur convenable un cuvelage en fonte.

Tous ces procédés exigent qu'on épuise des quantités d'eau quelquefois considérables, et il peut arriver que la section tout entière du puits soit occupée par des pompes qui n'arrivent pas à faire l'épuisement. Quelquefois on prend le parti de creuser une seconde avaleresse dans le voisinage, de façon à doubler la section sans doubler le débit et à avoir dans chaque puits une quantité moindre d'eau qu'on puisse épuiser. Il y a aussi une autre difficulté qui consiste dans les affouillements. Dans un puits de la Moselle, les affouillements se sont élevés à 3,000 mètres cubes; aux mines de Marles, un puits s'est effondré pendant le fonçage, et un autre, dix ans après. Pour parer à ces inconvénients, on a imaginé les *procédés à niveau plein* qui nous restent à décrire et qui offrent les avantages suivants : 1° économiser la dépense d'épuisement; 2° éviter les affouillements par afflux; 3° éviter aux hommes le travail dans l'eau et le danger d'être noyés si la pompe s'arrête; 4° permettre de faire le cuvelage à l'extérieur avec une grande précision.

Procédé Triger. Le procédé Triger consiste dans l'emploi d'une pression d'air au fond du puits, qui refoule les eaux et permet d'y travailler sans avoir besoin d'épuiser. Si le terrain est ébouleux, il se tient, dans ces conditions, aussi bien que si les eaux avaient, dans le puits, le même niveau qu'à l'extérieur du puits (fig. 338).

Il faut avoir à la partie supérieure un *sas à air*, tour à tour à la pression atmosphérique et à la pression intérieure. Les ouvriers et les matériaux, en entrant et en sortant, s'y arrêtent un moment. Un jeu de robinets sert à régler l'écoulement de l'air de l'intérieur du puits dans le sas ou du sas dans l'atmosphère.

Le sas a deux trous d'homme qui communiquent avec l'extérieur et avec le compartiment inférieur. Ces deux ouvertures sont fermées par des trappes qu'on n'ouvre jamais à la fois. Deux tubes pénètrent de l'extérieur dans le compartiment inférieur, le premier y envoie de l'air comprimé et l'autre plongeant dans un petit puisard, du compartiment inférieur, remplit le rôle de manomètre. L'eau monte par ce tube en aspirant de l'air par un robinet R plus ou moins ouvert et cet air entraîné forme, avec l'eau, une sorte d'émulsion de densité inférieure à celle de l'eau. Les sables fins montent avec l'eau. C'est un mode d'emploi de la force très peu économique, mais commode.

A la partie inférieure est une trousse coupante formée essentiellement d'une pièce en fer circulaire biseautée. A l'intérieur de cette pièce en fer est adaptée une charpente dont la partie inférieure prolonge ce biseau, et qui est reliée à la pièce de fer par des boulons dont la tête est noyée dans la tôle à l'extérieur. Elle porte aussi d'autres boulons verticaux qui vont jusqu'au jour. Sur cette trousse coupante,

Fig. 338. — *Cuvelage Triger.*

repose le cuvelage proprement dit qui est généralement en tôle.

Pour enfoncer un cuvelage Triger, on travaille à la fois à l'extérieur et dans le compartiment inférieur. Au jour, on retient trop les boulons qui s'enfoncent trop, on appuie sur ceux qui ne s'enfoncent pas assez et on y met des surcharges qui vont jusqu'à 500 tonnes. Au fond, les hommes excavent sous la trousse, principalement aux points où elle s'enfonce le moins. Quand elle s'enfonce également partout, deux hommes travaillent simultanément en se tournant le dos, et lorsqu'on arrive au terrain imperméable, on pose une trousse picotée.

Les deux dispositions suivantes peuvent être adoptées pour l'enfoncement du cuvelage. Quelquefois, le sas est placé à une hauteur constante au-dessus du fond et l'on place par dessus un troisième compartiment qui s'allonge au fur et à me-

sure de l'avancement du travail. Quelquefois aussi le sas se trouve à la partie supérieure, coiffant tout le système; alors, du sas descend un gros tuyau fermé par deux trappes à ses extrémités, qui permet qu'on n'évacue qu'un volume d'air très restreint avec les matières que l'on veut faire sortir. L'inconvénient de ce système est la complication de la manœuvre à laquelle il faut avoir recours à mesure qu'on descend, et chaque fois qu'on veut ajouter une couronne.

Les cuvelages doivent être éprouvés à une pression double de celle qu'ils doivent supporter. On doit mettre deux soupapes de sûreté s'ouvrant à cette pression limite, et des manomètres. Malgré ces précautions, ces appareils font quelquefois explosion; une explosion survenue à Douchy a coûté la vie à six ouvriers; la pression n'était que de 2 atmosphères et l'appareil avait été éprouvé, pourtant, à 5 atmosphères. On a constaté que le fer était devenu cristallin et cassant. On attribue ce fait aux changements de pression par lesquels passe le sas à air.

La combustion des lampes et des bougies est fortement activée dans l'air comprimé et cela cause une dépense considérable; aussi a-t-on renoncé à ce genre d'éclairage, et se sert-on maintenant de lentilles de verre analogues à celles en usage sur les vaisseaux, et éclairées, le jour par la lumière solaire, et la nuit par des lampes à réflecteurs.

Si on doit tirer la mine, il faut le faire à l'étoupille et jamais à la mèche soufrée, pour ne pas avoir à respirer d'acide sulfureux.

Le procédé Triger ne permet pas de descendre à de grandes profondeurs. On ne doit jamais dépasser 3 atmosphères, bien qu'on ait pu atteindre, à Douchy, 3 atmosphères 9. Le travail dans la cloche Triger est pénible, et l'ouvrier ne peut pas travailler plus de quatre ou cinq heures par jour. La compression des organes cause une sensation pénible, presque tout le monde ressent des douleurs d'oreilles; la voix devient nasillarde et on ne peut ni chanter, ni siffler; c'est la tension propre à l'oxygène plutôt encore que la pression totale de l'air qui produit ces effets. Il importe de séjourner un moment dans le sas en entrant et en sortant; à Douchy, on mettait vingt minutes, ce qui était exagéré, et causait aux hommes en sueur un refroidissement extrême qui pouvait être dangereux. Il faut exiger que les hommes aient des vêtements chauds qu'ils laissent dans le sas à air.

Procédé Chaudron (fig. 339). Combes a, le premier, émis l'idée, en 1844, de sonder directement des puits de mine, et Kind l'a appliquée en 1849. Chaudron rendit le procédé pratique en imaginant la *boîte à mousse* et le *tube d'équilibre* que nous allons décrire. Il faut d'abord étudier le terrain au moyen d'un sondage et faire le puits dans l'emplacement même du sondage; le puits pourra avoir de 1m,50 à 4m,30 de diamètre. Quelquefois, on fait d'abord un petit puits de 1 mètre à 1m,50 de diamètre, et quand ce petit puits est en avance de 20 ou 30 mètres sur le grand, on bat au large la couronne, de façon à faire tomber les débris dans le petit puits que l'on cure ensuite. Cependant, on tend maintenant à foncer le puits directement sur son grand diamètre. On se sert d'un trépan disposé en double Y, qui pèse jusqu'à 22 tonnes ; il est formé de cinq lames, celle du centre étant plus haute que les quatre autres et courbe. Ce dispositif a l'avantage de battre plus la circonférence que ne le ferait un simple couteau, et de permettre la concentration des déblais au centre. Pour enlever les déblais, on emploie une cloche à soupapes, parallélipipède rectangle, en tôle, avec une tige centrale soulagée par des

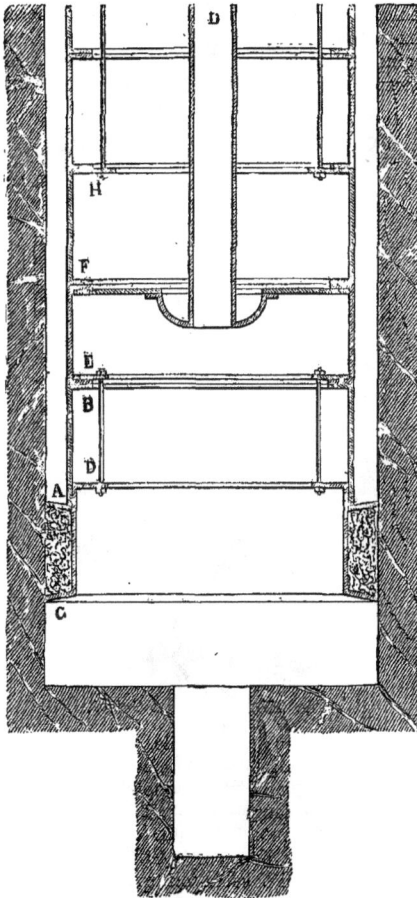

Fig. 839. — *Cuvelage Chaudron.*

tringles. A la partie inférieure se trouvent de nombreuses soupapes constituées par des calottes sphériques munies de tiges, qui traversent la partie supérieure et y sont prises dans des collets ; sur les faces latérales, il y a des portes de vidange. On bat la dernière travée du puits avec un trépan un peu plus petit, et un instant avant d'arriver au fond, on descend un élargisseur qui balaie les matières et les ramène au centre.

On procède alors à la descente du cuvelage. Celui-ci est formé d'une série d'anneaux en fonte de 1m,50 environ de hauteur, tous d'une seule pièce et ayant 15 à 40 millimètres d'épaisseur. Le cu-

velage s'allonge en recevant de nouvelles pièces par le haut, comme il sera dit plus loin, et descend sans couper le terrain, en laissant un certain jeu. Chaque anneau est muni, à sa partie supérieure et à sa partie inférieure, d'un rebord intérieur, et on assemble des rebords au moyen d'une quarantaine de boulons. Les deux rebords qui doivent former le joint ont été rabotés simultanément sur le tour, de façon à ce que le contact soit parfait, et on a taillé dans chacun d'eux un grain d'orge circulaire ; ces deux grains d'orge en présence constituent un canal où on met un gros fil de plomb que l'on comprime ensuite en serrant les boulons. Toutes ces pièces sont essayées à la presse hydraulique, à une pression extérieure de 15 atmosphères au moins. La partie inférieure du cuvelage est munie de deux rebords : un rebord extérieur A, à l'extrémité inférieure, se relevant un peu vers l'extérieur, et un rebord intérieur B, à 1m,50 au-dessus du fond. Sur le rebord B, repose une couronne E. La *boîte à mousse* est un cylindre de tôle inscrit à l'intérieur du cuvelage, et sa partie inférieure se trouve un rebord extérieur C descendant un peu vers l'extérieur, tandis qu'à sa partie supérieure on place un rebord intérieur horizontal D ; ce rebord D et la couronne E sont reliés par des boulons. On met, dans l'espace limité par les deux rebords extérieurs A C et le cylindre de la boîte à mousse, de la mousse bien nettoyée de terre et convenablement tassée, et on l'entoure extérieurement d'un filet solide destiné à la maintenir en place. A une certaine distance au-dessus de la boîte à mousse, règne, à l'intérieur du cuvelage, une couronne F à laquelle est rivé un fond muni d'un *tube d'équilibre* qui monte jusqu'au jour. Ce tube est muni de trous filetés qu'on peut fermer par des vis et par lesquels on laisse entrer dans le cuvelage une quantité d'eau suffisante pour que celui-ci ait un excédent de poids de 20 à 30 tonnes par rapport à l'eau déplacée. On supporte cet excédent de poids au moyen de six tirants passés dans le collet H et qui sont filetés pour passer dans des écrous.

En tournant ces écrous, on fait descendre le tout bien verticalement de la longueur d'une couronne de cuvelage. On soutient alors les tringles au moyen de clés de retenue, on dévisse les tiges, on enlève le cadre de charpente et on amène une couronne de cuvelage que l'on boulonne à la précédente ; on remet les tiges, le cadre de charpente, les boulons, etc., on ôte la clé de retenue et on recommence.

Pendant que l'on descend, comme le diamètre du puits est un peu plus grand que celui de la boîte à mousse, la mousse n'accroche pas aux parois. Quand le rebord extérieur de la boîte à mousse touche le fond, celle-ci s'arrête, la couronne E se détache du rebord intérieur du cuvelage, le cuvelage continue son chemin, et la mousse qui occupait primitivement une hauteur de 1m,60 se trouve comprimée dans 0m,30. La pression y atteint 20 ou 25 kilogrammes par centimètre carré. La mousse est repoussée contre le terrain, grâce à la conicité des brides.

Quand la descente est terminée, on cale le

cuvelage, à la partie supérieure au moyen de coins et on le laisse sur ses tiges. Puis on remplit l'extérieur de béton, afin que les niveaux d'eau soit interrompu et que la boîte à mousse n'ait à résister qu'au dernier niveau. On ne peut pas jeter le béton à la pelle, car la chaux se dissoudrait et le sable seul arriverait au bas, mais on emploie pour le descendre, des cuillers spéciales (fig. 340): ce sont de petits vases cylindriques munis d'un anneau à leur partie inférieure, renfermant un piston et en partie fermés par de petites pattes à la partie supérieure. On y pilonne du béton, et on descend la cuiller retournée, suspendue par une corde passée dans l'anneau. Le béton coincé ne sort pas, mais quand on arrive en bas on sonne avec la corde; le piston tombe et chasse le béton, puis ce même piston est retenu par les pattes de la cuiller.

Fig. 340. — *Cuiller à béton.*

Quand le béton est pris, on fait l'épuisement, et on descend; on dévisse ensuite par portions les pièces provisoires (tiges et tube d'équilibre) et on défait le fond. Tout est alors disposé pour continuer le fonçage. En général, on ne peut pas se fier à la boîte à mousse; on approfondit le puits sans difficulté, puisqu'il n'y a plus d'eau, et on pose deux trousses picotées que l'on relie au cuvelage au moyen d'une couronne de cuvelage posée par segments (fig. 341).

Procédé Guibal. Le procédé Guibal consiste à faire le fonçage dans l'eau, de façon à éviter absolument les affouillements de terrain. On découpe le terrain par un prisme tranchant (fig. 342); celui qui a été employé par M. Guibal découpait un octogone régulier de 1m,80 d'apothème, et était constitué par des pans de bois de 0,10 d'épaisseur blindés sur les deux faces de bandes de tôle de 0,02. La partie supérieure de cette gaine était reliée au cuvelage par un joint étanche formé de bandes de caoutchouc. Cette gaine entourait un bouclier avec lequel elle était solidaire, et sur ce bouclier s'exerçait la pression de 16 presses hydrauliques dont deux étaient placées sous chacune des huit pièces de la dernière assise du cuvelage. Le bouclier avait un trou central, correspondant à un tuyau qui montait jusqu'au jour et par lequel on introduisait dans la cavité inférieure, soit un trépan pour battre un puisard central, soit un élargisseur, soit des cloches à soupape pour enlever les déblais tombés dans le puisard central.

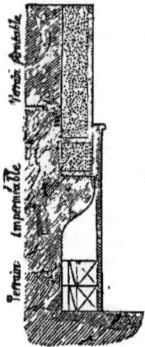
Fig. 341. — *Extrémité inférieure du cuvelage Chaudron.*

Ce procédé très ingénieux n'a été employé qu'une fois pour traverser 25 mètres de sables coulants très aquifères, à 80 mètres de profondeur. Il n'a pas réussi, parce que la surface de jonction du sable mouvant et du terrain houiller était très inclinée, et qu'au moment où le bouclier reposait déjà sur le terrain solide d'un côté, il laissait de l'autre un libre écoulement à l'eau et au sable.

Discussion. Les trois procédés que nous venons de décrire ont l'avantage de s'exécuter comme si on travaillait à niveau plein, et d'éviter par conséquent les dépenses de l'épuisement et les difficultés qu'entraîne cet épuisement quand les terrains sont coulants. Le procédé Triger a l'avantage de permettre aux hommes d'aborder eux-mêmes le fond du puits, et d'enlever de leurs mains l'obstacle qui pourrait s'opposer à l'enfoncement, mais il a l'inconvénient d'être limité

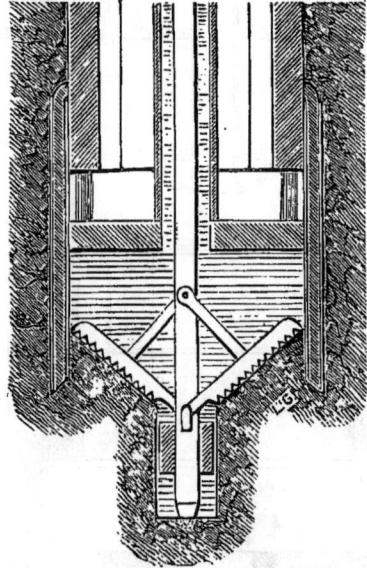
Fig. 342. — *Cuvelage Guibal.*

à une profondeur très faible. C'est plutôt un appareil à l'usage des ingénieurs des ponts et chaussées. Si on voulait l'appliquer à de plus grandes profondeurs, il faudrait épuiser les eaux, et n'en laisser qu'une hauteur de 20 mètres au-dessus du fond. Le procédé Guibal, malgré l'échec qu'il a subi la seule fois qu'on l'a employé, mérite de fixer l'attention des ingénieurs; son inconvénient est l'emploi obligatoire d'élargisseurs, devant passer par le tuyau central. Il exige une installation assez compliquée. La vraie solution est le procédé Chaudron; malheureusement l'usage en est limité, par les sommes considérables qu'exige M. Chaudron pour permettre l'emploi du système. Ce procédé est indiqué toutes les fois qu'on présume devoir rencontrer de la difficulté à franchir les niveaux. — A. B.

*****PUJOL**. — V. Abel de Pujol.

PULPE. Nom dérivé du latin *pulpa* (chair ou partie charnue). D'une façon générale, la pulpe est la partie charnue formée du tissu cellulaire

qui constitue la partie molle des fruits (mésocarpe), des tubercules, des racines fourragères,
des feuilles (parenchyme) et des graines (endo-
sperme). Mais d'une façon industrielle, les pulpes
sont les *résidus alimentaires* provenant de certaines fabrications. Cependant le mot *pulpe* s'applique plus particulièrement aux résidus des sucreries et distilleries ; les résidus de féculeries et
de brasseries portent le nom spécial de *drèche* ;
ceux de la fabrication du vin, du cidre ou du
poiré, celui de *marc* ; enfin ceux des huileries s'appellent *tourteaux*. La pulpe est la partie alimentaire de la betterave, car la fabrication du sucre
ou de l'alcool n'enlève théoriquement que les
matières hydrocarbonées. La pulpe est en grande
partie formée de cellulose faiblement agrégée.
La valeur nutritive des pulpes dépend nécessairement du procédé de fabrication. La proportion
de l'eau varie dans une large mesure : les pulpes
de presse hydraulique en renferment 60 0/0 ;
celles de la presse Lalouette 70 0/0 ; celles des
presses continues 80 à 83 0/0 ; celles des cossettes
85 0/0 ; celles de diffusion et de macération
90 0/0. Les pulpes renferment encore de 3 à 5 0/0
de sucre très difficile à extraire ; sur les 30 0/0 de
matière sèche totale, on peut compter sur 1,9 de
matières protéiques, 0,2 de matières grasses,
18,6 de matières extractives non azotées, 6,3 de
ligneux et 3,0 de cendres. Pour absorber la partie
liquide des pulpes et l'empêcher de se perdre,
on les mélange, à la sortie des appareils, avec
des menues balles ou de la paille hachée ; on constitue ainsi un excellent fourrage. On compte 10 à
12 kilogrammes de menue paille par 100 kilogrammes de pulpe. Le mélange peut être consommé frais ou mieux conservé dans des silos
ou fosses à pulpe, dont on trouvera la description à la fin de l'article Drèche dans lequel on
traite également de la salaison. Par suite de cette
conservation, il s'établit dans la masse une fermentation alcoolique et lactique qui communique
à la pulpe un goût aigrelet dont le bétail est très
friand. Sur les 50 0/0 de matière sèche totale que
l'on trouve dans le marc de raisin, il y a 7,3 de
substances protéiques et 3 de matières grasses.
Le marc de pomme ou de poire n'est pas bien
accepté par le bétail, même lorsqu'il est saupoudré de son ou d'autres matières appétissantes. —
M. R.

* **PULSOMÈTRE**. *T. techn*. Le pulsomètre est une
pompe élévatoire simple, sans piston, fonctionnant par la pression directe de la vapeur. C'est
sous la forme de pompe à vapeur sans piston,
que la machine à vapeur a fait sa première apparition dans le monde. L'invention de Savery vient
de se réveiller d'un sommeil de près de deux
siècles, sa réapparition l'a montrée pour ainsi
dire telle qu'elle était dans l'origine, sauf un
léger perfectionnement qui lui a procuré un succès incontestable.

Cette nouvelle forme de la machine de Savery,
c'est le pulsomètre de l'ingénieur américain Henry
Hall, et le perfectionnement qu'il a apporté, c'est
la distribution automatique, obtenue par un
simple clapet. Si nous citons, ci-dessus, les termes
mêmes du rapport officiel de l'Exposition Universelle de Paris en 1878, c'est que le pulsomètre de Hall, était une des attractions de ce
grand concours industriel, et que le jury a cru
devoir lui attribuer une des plus grandes récompenses, la médaille d'or.

Le brevet du pulsomètre de Hall, est de l'année
1872. Nous n'avons pas l'intention de le contester,
mais nous avons décrit à l'article MONTE-JUS (fig.
228), une pompe élévatoire construite dès 1869,
par l'ingénieur L. Droux, qui était un véritable
pulsomètre à simple effet.

De sérieux
perfectionne-
ments ont été
apportés au
premier pul-
somètre de
Hall, aussi
prenons-nous
pour type de
notre descrip-
tion, le pul-
somètre Kœr-
ting, dans le-
quel la dé-
pense de va-
peur est très
faible, la dé-
tente de la
vapeur s'y
opérant im-
médiatement
et évitant ain-
si toute perte.

Le pulso-
mètre se com-
pose de deux
vases en for-
me de poires,
accolés l'un
à l'autre, ordi-
nairement
en fonte et
moulés d'un
seul jet. Ces
deux poires
sont réunies

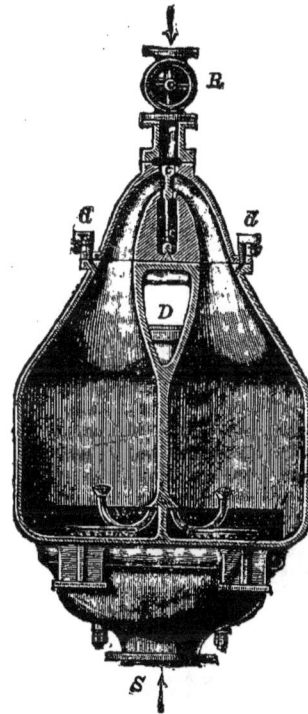

Fig. 343. — *Pulsomètre. Coupe à
travers les deux poires.*

R Entrée de la vapeur. — S Aspiration de l'eau.
— D Refoulement de l'eau. — e Languette distribuant la vapeur. — d Events.

à la partie supérieure par deux canaux verticaux
au centre desquels, et à leur jonction, se meut librement une petite pièce c, ou languette formant
un tiroir, et pouvant alternativement être renvoyée à gauche ou à droite pour laisser pénétrer
dans une des poires, la vapeur arrivant par le robinet R qui surmonte le double canal de jonction
(fig. 343).

Le jeu de cette languette-tiroir peut donc successivement laisser pénétrer la vapeur dans le
vase de droite, ou dans celui de gauche.

La partie inférieure de chaque vase ou poire
se termine par deux plans inclinés qui viennent
se confondre dans une double boîte fermée renfermant les clapets d'aspiration et de refoulement. Les deux clapets d'aspiration sont réunis

en dessous par un canal coudé, au fond duquel se trouve fixé le tuyau d'aspiration S (fig. 344).

Au-dessus des clapets d'aspiration sont des clapets de refoulement surmontés du tuyau d'ascension D non tracé sur la figure. Chacune des deux chambres possède encore à la partie inférieure, un tuyau d'injection communiquant avec la chambre de refoulement, et servant à expulser l'eau froide provenant de la condensation.

Voici comment fonctionne cet instrument: supposons une des poires, celle de droite par exemple, remplie d'eau, c'est-à-dire le pulsomètre amorcé. Le robinet d'introduction de vapeur R étant

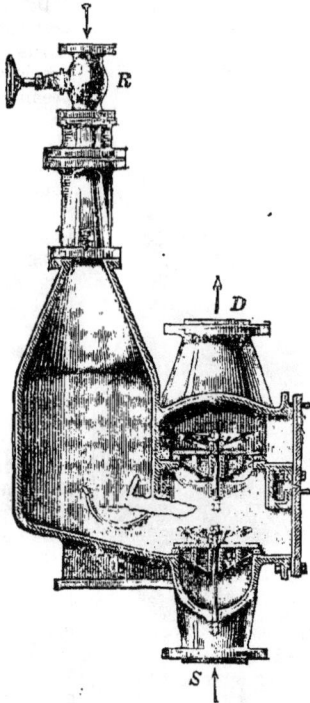

Fig. 344. — *Coupe en travers de la poire de gauche.*

ouvert, et la languette-tiroir c rejetée sur l'entrée de la poire de gauche, la vapeur va agir sur la surface de l'eau contenue dans la poire de droite, et la refouler à travers la soupape de refoulement, dans le tuyau d'ascension D. Au moment où le niveau de l'eau est descendu en dessous de la cloison séparant la poire du canal de la soupape, la vapeur pénètre dans ce canal, il en résulte un mélange d'eau et de vapeur, et une condensation qui, produisant un vide partiel dans la poire, attire la languette-tiroir c sur l'orifice d'entrée de ladite poire, l'action de la vapeur cesse donc de ce côté.

Dans le pulsomètre de Kœrting la formation du vide par la condensation de la vapeur est activée au moyen d'un petit tuyau d'injection muni d'une pomme d'arrosoir dont l'action commence un peu avant la descente de l'eau près de la cloison.

Le vide étant ainsi produit dans la poire de droite, la soupape d'aspiration se soulève pour y laisser pénétrer l'eau par le tuyau d'ascension S, et la poire de droite se remplit. Au moment où la languette-tiroir a été attirée par le vide sur l'orifice de la poire de droite pour le fermer, la vapeur a pénétré dans la poire de gauche, pour y exercer, à son tour, les effets de pression, de condensation et d'aspiration semblables à ceux qui ont eu lieu dans la poire de droite.

Par suite du fonctionnement automatique de la languette-tiroir c les deux chambres ou poires de droite et de gauche, jouent alternativement le rôle de chambre d'aspiration et de chambre de refoulement à chaque pulsation de la vapeur, d'où la dénomination de *pulsomètre*, qui devrait plutôt être celle de *pulsateur*.

Dans l'appareil de Hall, la distribution de la vapeur sur les deux chambres, a lieu au moyen d'une petite boule, renvoyée alternativement sur l'orifice de droite ou de gauche; la languette-tiroir présente une meilleure obturation.

Une disposition ingénieuse a permis de réduire considérablement la consommation de la vapeur. Sur le haut des poires, en d d, sont disposés deux petits évents munis de soupapes microscopiques qui s'ouvrent à l'aspiration en laissant entrer dans les poires, une petite quantité d'air. Cet air, mélangé à la vapeur, suffit pour empêcher la formation trop rapide de la condensation, et sert en outre de matelas pour atténuer les chocs qui existaient dans les premiers pulsomètres. Cet instrument fonctionne donc d'une façon continue, sans aucune surveillance; sa puissance n'a pour ainsi dire pas de limites, et si l'ascension du liquide à l'aspiration ne doit pas dépasser quatre à cinq mètres d'élévation, le refoulement peut au contraire atteindre les plus grandes hauteurs, tout dépend de la pression de la vapeur employée.

Cependant, pour des hauteurs considérables, comme dans les mines par exemple, il est préférable d'employer un ou plusieurs relais de pulsomètres étagés, l'un refoulant dans l'autre.

On construit des pulsomètres de toutes dimensions, depuis 50, jusqu'à 10,000 litres d'eau par minute. La marche moyenne d'un bon appareil est d'environ 60 à 70 pulsations par minute. Employé dans ces conditions à l'ascension de l'eau d'un puits, l'élévation de température due à la condensation de la vapeur, ne dépasse pas un sixième à un cinquième de degré centigrade par mètre de hauteur de refoulement, et la consommation de la vapeur correspond à un kilogramme et demi de vapeur pour élever mille litres d'eau à dix mètres de hauteur.

Le pulsomètre est donc une machine remarquable par sa puissance, par son faible volume, par la simplicité de son fonctionnement, et par son faible prix d'achat comparé à l'installation d'une pompe d'égale puissance.

Il peut être installé partout, et n'importe comment, sur un chevalet, sur une brouette, suspendu au bout d'une chaîne ou fixé dans un puits.

Il a reçu de nombreuses applications dans les chemins de fer, car cet appareil n'exigeant ni courroies, ni transmissions, on a pu refouler directement l'eau dans les tenders, à l'aide de la vapeur empruntée à la locomotive même, ce qui simplifie considérablement l'installation d'une prise d'eau (fig. 345).

Dans la plupart des cas, le pulsomètre est employé à l'élévation de l'eau; il a été également appliqué comme pompe d'alimentation des chaudières à vapeur, il doit être alors placé au-dessus du générateur à desservir, mais il a encore reçu de nombreuses applications dans l'industrie comme machine élévatoire. La possibilité de le construire en fonte, en bronze, et même en plomb régulé, facilite son emploi dans les usines de produits chimiques où il sert à l'élévation des eaux salines ou alcalines, des goudrons, des acides, etc.

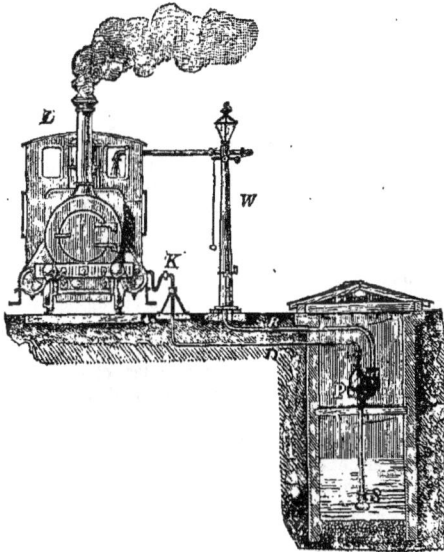

Fig. 345. — *Pulsomètre employé dans les chemins de fer.*
L Locomotive à alimenter. — K Tuyau de vapeur. — P Pulsomètre. — W Colonne d'alimentation.

On a utilisé le pulsomètre même pour l'élévation des pâtes à papiers et des matières terreuses, et pour le dragage du sable fin. — L. D.

PULVÉRIN. Produit de la trituration de la poudre en grains, que l'on emploie dans la fabrication d'un grand nombre d'artifices. Le poussier que l'on obtient en tamisant les poudres ne peut remplacer le pulvérin, parce que l'intimité du mélange et le dosage ne sont plus les mêmes que dans les grains de poudre. Pour préparer le pulvérin en grande quantité, on a recours à l'emploi de tonnes de trituration dans lesquelles on met de la poudre à canon ou à mousquet avec des gobilles en bronze. Lorsqu'on n'a besoin que d'une petite quantité, on bat la poudre dans un sac de cuir avec une batte semblable à celles avec lesquelles on bat le plâtre. On tamise ensuite le poussier ainsi obtenu. Le pulvérin s'enflamme à l'air plus facilement que la poudre en

grains, aussi doit-on le manipuler avec encore plus de précautions.

* **PULVÉRISATEUR. T. techn. et de chirurg.** Appareil propre à pulvériser. Tous les instruments que l'on emploie pour obtenir la pulvérisation d'un corps sont à proprement parler des pulvérisateurs, mais on applique surtout ce nom à des instruments qui servent à réduire en gouttelettes très ténues, des liquides médicamenteux, des eaux minérales, etc., de façon à permettre d'inhaler ces corps comme s'ils étaient réduits en véritable poussière, ou à maintenir une atmosphère spéciale, autour d'une plaie d'un malade atteint de maladie contagieuse, etc. Ces appareils peuvent avoir des dispositions variables; les uns, se composent d'une pompe foulante qui projette un filet d'eau assez mince, sur un disque placé obliquement dans un cylindre ouvert aux deux extrémités. Le choc de l'eau sur ce disque divise celle-ci en particules très ténues, que l'on peut chauffer à volonté et diriger sur les parties à maintenir en contact du liquide.

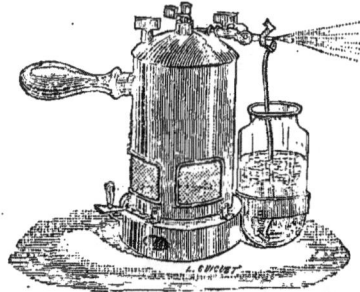

Fig. 346. — *Pulvérisateur de Lister.*

D'autres appareils plus simples, comme ceux qu'emploient les coiffeurs, agissent en faisant pression sur le liquide au moyen d'aspiration d'air obtenue par des boules en caoutchouc. Le liquide refoulé par l'air passe par un tube à l'extrémité effilée duquel il rencontre un fort courant d'air amené sous un angle très aigu, ce qui provoque la pulvérisation du liquide renfermé dans le vase. Pour l'usage médical, on construit sur ce modèle des aspirateurs assez puissants, que l'on manœuvre avec le pied. Enfin, on produit la pulvérisation, quand l'opération doit durer un certain temps, avec des appareils plus compliqués, dans lesquels la pression sur le liquide s'obtient par la vapeur engendrée dans une petite chaudière munie d'une soupape de sûreté. Tels sont notamment les appareils de Lister et de Luca Championnière. Dans le premier, la chaudière est actionnée par une lampe à alcool, dont la mèche circulaire chauffe un tube d'où se dégagent des vapeurs d'alcool qui s'enflamment à son extrémité. La pulvérisation est produite par deux tubes se rencontrant à angle aigu; le supérieur apporte un jet de vapeur qui frappe sur l'inférieur, et le liquide aspiré dans un réservoir se brise sur les lèvres d'un petit ajutage très fin et s'y pulvérise (fig. 346).

PULVÉRISATION. *T. techn.* Opération ayant pour but de diviser les corps en particules plus ou moins ténues. Tous les corps ne peuvent être pulvérisés à l'aide des mêmes procédés; il faut, dans la pulvérisation, tenir compte des propriétés physiques et chimiques de ces corps; il faut en outre, souvent leur faire subir une opération préliminaire permettant de prendre la forme pulvérulente, ou destinée à rendre la masse plus pure; telles sont, pour le premier cas, la dessiccation, l'extinction, la division, et pour le second, la cribration, l'émondation, etc. Il faut toutefois choisir des corps qui puissent bien supporter ces opérations sans se modifier dans leur composition. C'est ainsi que l'extinction ne peut se pratiquer qu'avec des substances minérales de nature argileuse ou siliceuse, c'est-à-dire inaltérables par la chaleur et insolubles dans l'eau. Pour avoir des poudres bien homogènes, on a l'habitude de tamiser la substance, après sa pulvérisation.

Il existe divers modes principaux de pulvérisation :

1° La *contusion*, qui s'exécute au moyen d'un mortier et d'un pilon, en frappant régulièrement.

La contusion se fait à la main ou à l'aide de machines qui soulèvent alternativement le pilon, le mortier étant libre ou recouvert d'une peau lorsque la substance à pulvériser est dangereuse ou très ténue, et pouvant se répandre alors très facilement dans l'atmosphère.

2° La *trituration*, qui consiste à écraser une substance dans un mortier au moyen d'un pilon auquel on donne un mouvement circulaire. Elle s'applique surtout aux matières se ramollissant sous l'influence de chocs nombreux (résines, gommes-résines), lesquelles, du reste, se pulvérisent rarement seules, et souvent après dessiccation préalable (castoreum, scammonée, opium). Dans l'industrie, les manufactures de l'Etat, on pulvérise parfois à l'aide de ce procédé, en mettant le corps à pulvériser dans des tonneaux tournant sur leur axe, et dans l'intérieur desquels circulent des boulets en fonte, ou dans des cylindres en fonte, pour les substances vénéneuses.

3° Par *frottement* (rasion) sur des limes ou des râpes, comme pour le bois, le fer, ou en frottant la substance sur la surface d'un tamis, comme pour le carbonate de magnésie, l'agaric, la céruse.

4° Par *mouture*, à l'aide de moulins à dents de fer ou à noix d'acier; il s'emploie pour les céréales, les bois, les semences (noix-vomique, fève de Saint-Ignace, lin, moutarde, café, poivre, épices, etc.).

5° Par *porphyrisation*. Ce mode de pulvérisation, décrit au mot PORPHYRISATION, est souvent suivi, au moins pour les substances insolubles dans l'eau, d'une autre opération, la *trochiscation*, c'est-à-dire la mise en petits cônes faciles à dessécher, et que l'on obtient en introduisant la masse, encore humide, dans un entonnoir en fer-blanc ou en verre, entrant à frottement dans un manche en bois muni d'un petit pied. En frappant légèrement le pied sur une table recouverte de papier non collé, la masse sortant de l'entonnoir forme un petit cône ou trochisque.

6° Par *efflorescence*. Ce mode s'emploie seulement pour certains sels contenant de l'eau. On les expose au soleil, ou à l'air sec et tiède, dans une étuve un peu chaude; par suite de l'évaporation de l'eau, ils se transforment en une poudre très ténue, donnant un sel moins hydraté (carbonate de soude) ou même un produit anhydre (sulfate de soude).

7° Par *dilution*. Cette méthode s'emploie avec les corps insolubles dans l'eau, après porphyrisation. Elle s'effectue en délayant la matière pulvérisée dans un grand excès d'eau, puis abandonnant un peu au repos pour laisser tomber au fond du vase les parties les plus grossières, et enfin enlevant le liquide trouble duquel se sépare par repos, la poudre la plus fine.

8° Par *intermède*, c'est-à-dire au moyen d'un agent intermédiaire qui restera, ou sera enlevé après l'opération. C'est ainsi que la condensation des vapeurs de soufre ou de calomel, se fait au sein de l'air; que le camphre, trop élastique pour pouvoir se pulvériser seul, a besoin d'être imbibé d'alcool ou d'éther, substances facilement volatiles, pour pouvoir être réduit en poudre; que l'eau permet de ramollir le riz, le salep, etc., avant de les soumettre à la mouture; que l'eau chargée de sels, facilite la division extrême du phosphore (V. PHOSPHORE, § *Propriétés physiques*); que le sucre permet de pulvériser la vanille; que le miel, le sulfate de potasse, le chlorure de sodium, sont les agents facilitant la pulvérisation des métaux ductiles et peu fusibles, comme l'or ou l'argent; on enlève ces intermédiaires avec l'eau bouillante, après pulvérisation; qu'une agitation vive dans une boîte sphérique, enduite de craie, permet d'obtenir la pulvérisation du plomb, de l'étain fondus; on peut obtenir celle du zinc fondu, dans un mortier, en agitant le métal avec le pilon, ou bien à l'aide du disque de Rostaing qui est en fonte ou en terre réfractaire et qui, pouvant faire 2,000 tours à la minute, pulvérise, comme dans les derniers exemples cités, grâce à l'action de la force centrifuge.

9° Par *réaction chimique*; cette sorte de pulvérisation peut s'obtenir au moyen de la précipitation, de l'hydratation, de la réduction.

α) Pour obtenir de la chaux carbonatée dans un grand état de division, on ne pulvérise pas la craie, on décompose une solution de carbonate de soude par une solution de chlorure de calcium, il y a échange de bases et dépôt de carbonate de calcium, d'après l'équation suivante :

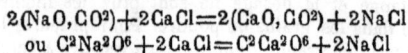

$$2(NaO,CO^2)+2CaCl=2(CaO,CO^2)+2NaCl$$
$$\text{ou } C^2Na^2O^6+2CaCl=C^2Ca^2O^6+2NaCl$$

β) Lorsqu'on veut obtenir de la chaux, la baryte, la magnésie, à l'état pulvérulent, il suffit de prendre ces corps à l'état anhydre et de les humecter d'eau; il y a une combinaison qui s'effectue entre la base et l'eau, grande élévation de température, et le corps se délite en se réduisant en poudre.

γ) Certains métaux se réduisent facilement de leurs combinaisons salines et prennent alors l'état métallique. Tel est l'or que l'on réduit de son trichlorure en chauffant sa solution avec du sulfate ferreux; il est alors tellement divisé qu'il offre une couleur violacée; tel est encore le fer, qui, chauffé à l'état de sesquioxyde et mis en contact de l'hydrogène, donne lieu à la formation d'eau, pendant que l'oxyde privé d'oxygène prend la forme d'une poudre noire due à la séparation du fer métallique. — J. C.

* **PUNAISE**. *T. techn*. Petit clou à pointe courte et à tête large, employé à divers usages, et notamment pour tenir le papier sur la planchette à dessiner.

PUNCH. Composition alcoolique dans laquelle on fait entrer de l'eau-de-vie ou du rhum, du jus de citron et du sucre mélangés, dans une légère infusion de thé.

PUPITRE. Petit meuble présentant une surface plane plus ou moins inclinée et dont l'inclinaison peut être variable; on s'en sert pour poser un livre, un cahier de musique. Le pupitre à écrire se compose, le plus souvent, d'une table recouvrant un coffre dans lequel on serre des papiers.

PUREAU. *T. de couv*. Partie visible des tuiles plates ou des ardoises dans une couverture. Les tuiles plates et les ardoises sont recouvertes en partie par les éléments voisins dans le sens de leur longueur; le *pureau*, ou surface restée apparente, est généralement égal au 1/3 de la surface totale.

* **PURGE** ou **PURGEAGE**. En *t. techn*., ce mot s'emploie dans l'industrie de la soie. Il désigne toute opération destinée à dépouiller le fil de la partie duveteuse dont il peut être plus ou moins recouvert. Pour la soie, en général le gazage suffit; mais lorsqu'il s'agit des produits des douppions (cocons doubles) par exemple, ce moyen est tout à fait inefficace, car il faut alors enlever ici non plus des barbes et fibrilles, mais des paquets formés par des rebouclements pendant le dévidage. On fait alors passer la soie doublée et tordue à deux ou trois bouts, sur un appareil à raser dit *purgeuse* automatique, espèce de dévidoir dont les baguettes ou palettes transversales sont des lames mobiles tournant avec une grande rapidité au contact du produit en dévidage: toutes les parties saillantes du fil sont alors en quelque sorte râclées par le frottement rapide et énergique de ces lames. — V. MouLINAGE.

* **PURGEUR**. *T. de mécan*. Appareil formé généralement d'un robinet ou quelquefois d'une soupape, et qui est destiné à évacuer l'eau de condensation dans les appareils à vapeur, tuyaux de conduite de toute nature, cylindres de machines à vapeur, etc. C'est surtout dans les cylindres que l'emploi des robinets purgeurs s'impose nécessairement, car l'eau de condensation, en s'accumulant devant les pistons, pourrait autrement créer une résistance absolue à leur déplacement, et déterminer ainsi la rupture des pièces; aussi ne doit-on jamais manquer de les ouvrir lorsqu'on met la machine en marche après un arrêt un peu prolongé. Les purgeurs sont toujours au nombre de deux par cylindre sur les machines à double effet, et placés au contact de chacun des fonds; sur les locomotives, où il serait impossible au mécanicien d'aller les atteindre en marche, ils sont commandés au nombre de quatre par une tringle unique que le mécanicien manœuvre de sa plate-forme.

Sur les tuyaux de conduite, on place généralement les purgeurs dans les parties inférieures des coudes, dans les points où l'eau peut se rassembler, et on se contente de les ouvrir de temps à autre s'ils ne sont pas automatiques. Pour l'é.tude de ces derniers nous renverrons aux articles CHAUFFAGE, § *Chauffage par la vapeur*, et MOTEUR, § *Machines marines*. Citons enfin certaines machines de la Cie d'Orléans qui emploient une pompe spéciale dite *pompe de purge* pour enlever l'eau de condensation des enveloppes des cylindres, et la refouler dans la chaudière.

* **PURGEUSE**. *T. de mét*. Ouvrière qui fait le nettoyage des soies. || Appareil employé dans l'industrie de la soie. — V. PURGE.

* **PURPURAMIDE**. Syn. : *purpuréine*. *T. de chim*. Nom donné par Schutzenberger à un dérivé ammoniacal de la purpurine; sa formule est

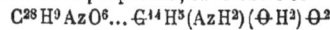

$$C^{28}H^9AzO^6 \ldots C^{14}H^5(AzH^2)(OH^2)O^2$$

et sa composition s'exprime de la manière suivante :

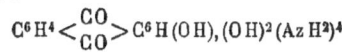

$$C^6H^4 < {CO \atop CO} > C^6H(OH),(OH)^2(AzH^2)^4$$

elle est presque insoluble dans le sulfure de carbone, peu soluble dans l'éther et l'eau froide, plus dans l'eau bouillante, très soluble dans l'alcool et dans l'eau alcaline; chauffée avec la potasse elle dégage de l'ammoniaque. Pour l'obtenir, on chauffe une solution alcoolique ammoniacale de purpurine vers 180°, on filtre, on précipite par un acide et on reprend le précipité par l'eau de baryte; il reste un résidu de purpurine inattaquée. Alors on ajoute de l'acide chlorhydrique au liquide filtré, et on obtient des cristaux qu'on purifie par l'alcool bouillant.

* **PURPURINE**. *T. de chim*. L'une des matières colorantes rouges contenues dans la racine de garance. D'après son rôle chimique, ce corps doit être rangé parmi les quinones à fonction mixte, c'est de la *trioxyanthraquinone*

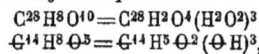

$$C^{28}H^8O^{10} = C^{28}H^2O^4(H^2O^2)^3$$
$$C^{14}H^8O^5 = C^{14}H^5O^2(OH)^3,$$

mais si l'on étudie le groupement atomique des éléments de ce corps, on voit que la composition de la purpurine peut s'exprimer ainsi

ce qui donne pour formule

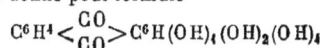

$$C^6H^4 < {CO \atop CO} > C^6H(OH)_4(OH)_2(OH)_4$$

La purpurine est contenue en quantité variable dans l'alizarine (dioxyanthraquinone) commerciale extraite de la garance, à l'état de glucoside de la *pseudopurpurine*, $C^{28}H^8O^{12}\ldots C^{14}H^8O^6$, ou *acide purpurine carbonique*.

Propriétés. C'est un corps qui cristallise en prismes jaune rougeâtre, plus rouges que ceux de l'alizarine, sublimables vers 150°, fondant à 253° mais décomposables à 300° en donnant de la quinizarine; il est peu soluble dans l'eau, mais très soluble dans l'eau alcalinisée à laquelle il communique une belle teinte pourpre; il est soluble dans l'alcool, la benzine, l'éther, l'acide sulfurique, l'acide acétique anhydre ou monohydraté, la glycérine, les carbonates alcalins, l'alun, etc.

PRÉPARATION. Pour l'isoler de la garance, on traite la racine bien divisée par de l'acide sulfurique concentré, sans trop chauffer; puis, on lave avec de l'eau le charbon sulfurique obtenu, on le fait bouillir avec une solution d'alun à 12 0/0, et on filtre bouillant. Le liquide additionné d'acide sulfurique laisse déposer des flocons de purpurine qu'on lave à l'eau pure (Robiquet et Collin). On peut séparer l'alizarine entraînée, en combinant les deux matières à de l'alumine, et en traitant la laque obtenue par le carbonate de soude qui dissout seulement la purpurine, puis précipitant cette dernière; c'est là ce que l'on appelle la *purpurine commerciale*. Les travaux de Schutzenberger et Schiffert, puis ceux de Rosenstiehl ont montré que la purpurine se trouve surtout, dans le produit commercial, à l'état de pseudopurpurine, mais qu'il existe en réalité dans cette matière première divers pigments bien distincts :

De la purpurine ;

De la pseudopurpurine ou acide purpurine carbonique,

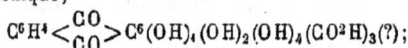

$$C^6H^4 <^{CO}_{CO}> C^6(OH)_4(OH)_2(OH)_4(CO^2H^3)_3(?) ;$$

De l'hydrate de purpurine ;

Et de la xanthopurpurine (une dioxyanthraquinone),

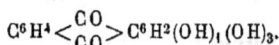

$$C^6H^4 <^{CO}_{CO}> C^6H^2(OH)_4(OH)_3.$$

Pour avoir de la purpurine pure, on l'isole de la purpurine commerciale, en séparant la pseudopurpurine qui est très abondante dans celle-ci, et en la transformant en purpurine; pour cela, on traite par l'alcool bouillant dans lequel elle est insoluble, puis on reprend le résidu par la benzine bouillante d'où elle se précipite en poudre rouge brique, cristalline. En sublimant cette dernière à 200° on obtient la purpurine pure, ou bien on reprend par l'alcool, par l'alun, l'acide sulfurique, l'acide acétique, étendus, en portant à 80°, ou encore on chauffe à l'ébullition pendant trois ou quatre heures dans de l'eau pure; dans ce dernier cas, on obtient la *purpurine hydratée* ou *matière orange*, $C^{28}H^{10}O^{12}\ldots C^{14}H^{10}O^6$. Le produit isolé après ébullition est lavé à l'eau pour séparer la purpuroxanthine, principe colorant jaune, puis traité par l'alcool faible qui enlève la purpurine hydratée, et l'on fait cristalliser la purpurine dans de l'alcool bouillant, à 90°. Quant à la purpurine

hydratée, elle est difficile à isoler pure ; elle est insoluble dans la benzine bouillante, très soluble dans l'alcool tiède, d'où elle se dépose en lamelles orangées ou en petits grumeaux cristallins, un peu solubles dans l'eau bouillante. On peut aussi l'obtenir par précipitation d'une solution de purpurine dans l'alun ou un alcali, au moyen d'un acide.

FABRICATION DE LA PURPURINE ARTIFICIELLE. *Synthèse*. La synthèse de la purpurine a été réalisée, en 1874, par M. de Lalande, au moyen de l'anthraquinone tribromé, $C^{28}H^5Br^3O^4\ldots C^{14}H^3Br^3O^2$. Ce corps fondu avec de l'hydrate de potasse donne de la purpurine,

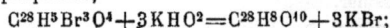

$$C^{28}H^5Br^3O^4 + 3KHO^2 = C^{28}H^8O^{10} + 3KBr;$$

l'oxydation peut encore être obtenue autrement, et si l'on ne fait pas la purpurine artificielle par le procédé que nous venons d'indiquer, on peut se servir d'acide arsénieux ou antimonieux, d'acide stannique, de peroxyde de manganèse, d'alizarine et d'acide sulfurique. Ainsi, avec l'acide arsénieux, on prend pour 110 parties d'alizarine desséchée, 50 à 100 parties d'acide arsénieux, et l'on chauffe avec 800 à 1,000 parties d'acide sulfurique à 66°. On porte jusqu'à 150-160°, et on continue l'action de la chaleur jusqu'à ce qu'une goutte du mélange versée dans de la soude caustique étendue, donne une coloration rouge foncé; après quoi, on reprend la masse liquide par vingt à trente fois son volume d'eau, on chauffe et on filtre; par l'addition d'acide chlorhydrique, on précipite la purpurine.

Isomères. On a signalé qu'il existe dans quelques marques d'alizarine artificielle, des corps isomères à la purpurine, tels sont les corps appelés :

Flavopurpurine,

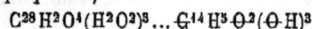

$$C^{28}H^2O^4(H^2O^2)^3\ldots C^{14}H^5O^2(OH)^3$$

Isopurpurine,

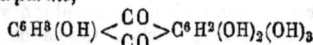

$$C^6H^3(OH) <^{CO}_{CO}> C^6H^2(OH)_2(OH)_3$$

et en plus un autre corps l'oxypurpurine, qui est de la tétraoxyanthraquinone,

$$C^{28}H^8O^{10}\ldots C^{14}H^4O(OH)^4;$$

les deux premiers abondent dans l'alizarine à nuance jaune. On les obtient artificiellement au moyen des isomères α et β de l'acide anthraquinondisulfurique, traités par la soude fondue en excès,

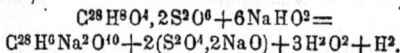

$$C^{28}H^8O^4, 2S^2O^6 + 6NaHO^2 =$$
$$C^{28}H^6Na^2O^{10} + 2(S^2O^4, 2NaO) + 3H^2O^2 + H^2.$$

J. C.

PUTOIS. Fourrure que fournit l'animal carnassier de ce nom. || Sorte de pinceau dont on se sert pour étendre les couleurs sur les poteries.

*PUY (Dentelles du). Ces dentelles se fabriquent au Puy, en Auvergne; on les désigne encore sous le nom de *dentelles d'Auvergne*. C'est là, sans contredit, le pays de la dentelle par excellence; plus de 100,000 ouvrières, répandues dans les montagnes du pays, vivent de cette industrie, laquelle comprend quatre départements : la Loire, le Cantal, le Puy-de-Dôme et la Haute-Loire principalement. En 1820, on ne fabriquait dans ce pays que des dentelles extrêmement grossières qui toutes avaient des dénominations empruntant un caractère religieux, ainsi il y avait les *chapelets*, les *pater*, les *ave*, etc. Aujourd'hui, la fabrique du Puy fait tous les genres, mais particulièrement les variétés ordinaires et communes, soit blanches, soit noires. Ces dentelles sont de soie, de lin ou de laine. Les genres fins, qu'elle réussit moins bien parce qu'ils ne sont pas de sa spécialité, sont cependant très recherchés à cause de leur bon marché relatif. Elle s'est surtout particulièrement attachée aux dentelles de fil blanc, fonds doubles et fonds clairs, et aux dentelles de soie noire. — A. R.

*PYGMALION. *Iconol.* Roi de Chypre et illustre sculpteur, il devint éperdument amoureux d'une statue de Galatée qui était son ouvrage, et Vénus, touchée de sa prière, anima la statue et en fit une femme. Pygmalion eut de Galatée un fils, Paphus, fondateur de la ville de Paphos. Cette fable était pour les anciens le symbole de la puissance de l'art sur la matière. Les peintres et les sculpteurs s'en sont fréquemment inspiré. Parmi les sculpteurs, celui qui a paru le mieux comprendre la fable de Pygmalion, dont le côté symbolique et mystique est difficile à rendre par le ciseau, est Falconnet, qui a fait un chef-d'œuvre avec *Pygmalion aux pieds de sa statue qui s'anime*, groupe en marbre (Salon de 1763). La figure de Galatée surtout est remarquable ; elle exprime avec délicatesse les divers sentiments : la surprise, la pudeur, la confusion de la jeune fille au moment du miracle qui anime le marbre. Diderot a fait de l'œuvre de Falconnet un éloge enthousiaste qui a été confirmé par les modernes, chez qui elle est restée une des plus étonnantes productions de la sculpture.

PYRAMIDE. *T. de géom.* Solide limité par plusieurs plans qui passent par un même point, appelé *sommet* de la pyramide, de manière à former un angle *polyèdre* (V. ce mot) et par un autre plan qui coupe tous ceux-là suivant un polygone fermé, appelé *base*. Les faces de l'angle polyèdre limitées chacune à l'un des côtés de la base sont dites les *faces latérales* ; les intersections de deux faces latérales consécutives sont les *arêtes* de la pyramide. Une pyramide est convexe si l'une quelconque des faces latérales prolongée dans tous les sens laisse toute la pyramide d'un même côté. On remarquera qu'une pyramide est convexe ou non en même temps que le polygone qui lui sert de base. Une pyramide est dite *régulière* si la base est un polygone régulier, et si le sommet se trouve sur une perpendiculaire élevée au plan de la base par le centre de ce polygone régulier. Les faces latérales d'une pyramide régulière sont des triangles isocèles égaux, et les angles dièdres formés par deux faces consécutives sont égaux entre eux. On distingue les pyramides suivant le nombre de leurs faces latérales, qui est le même que celui des côtés de leurs bases. Ainsi, on dit pyramide *triangulaire, quadrangulaire, pentagonale*, etc. La plus simple de toutes les pyramides est la pyramide triangulaire qu'on appelle *tétraèdre*, parce que c'est un polyèdre à quatre faces. C'est aussi le plus simple de tous les polyèdres puisqu'il faut au moins quatre faces pour limiter un so-

lide. Dans une pyramide triangulaire, n'importe laquelle des quatre faces peut servir de base. Une pyramide triangulaire régulière a pour base un triangle équilatéral. On peut placer le sommet de telle sorte que les faces latérales soient aussi des triangles équilatéraux ; on obtient ainsi le *tétraèdre régulier*. — V. Tétraèdre.

On appelle hauteur d'une pyramide la distance du sommet à la base. Les théorèmes suivants résument les principales propriétés de la pyramide ; nous les plaçons dans l'ordre suivant lequel ils se déduisent les uns des autres : 1° les sections faites dans une pyramide par des plans parallèles sont des polygones semblables dont les côtés homologues sont proportionnels aux distances du sommet de la pyramide aux plans sécants correspondants ; 2° deux pyramides triangulaires qui ont des bases équivalentes et la même hauteur, sont équivalentes ; 3° toute pyramide triangulaire est le tiers d'un prisme de même base et de même hauteur. On déduit immédiatement de ce dernier théorème que le volume d'une pyramide triangulaire est égal au tiers du produit de sa base par sa hauteur, et l'on étend cette propriété à une pyramide quelconque en décomposant celle-ci en pyramides triangulaires à l'aide de plans menés par une arête et toutes les arêtes opposées.

Toutes les sections parallèles faites dans une pyramide ont leur centre de gravité sur une même ligne droite passant par le sommet de la pyramide. Le centre de gravité de la pyramide elle-même est sur la droite qui joint le sommet au centre de gravité de la base, et au quart de la longueur de cette droite à partir de la base. — V. Centre de gravité, Tétraèdre.

On appelle *tronc de pyramide à bases parallèles* ou simplement *tronc de pyramide*, le solide limité par la surface latérale d'une pyramide, la base et un plan parallèle à la base ; la section faite par ce second plan dans la pyramide est la seconde base du tronc. On démontre que le volume d'un tronc de pyramide triangulaire est égal à la somme de trois pyramides qui ont toutes trois pour hauteur la hauteur du tronc, c'est-à-dire la distance des deux bases, et pour bases respectives, l'une la grande base du tronc, une autre la petite base, et la troisième une moyenne géométrique entre les deux bases. On étend ensuite ce théorème à un tronc de pyramide quelconque, en remarquant que ce tronc est la différence de deux pyramides, et en remplaçant celles-ci par des pyramides triangulaires équivalentes ayant des bases équivalentes et les mêmes hauteurs. Le tronc proposé est alors équivalent à un tronc de pyramide triangulaire. Si l'on désigne la hauteur par h et les bases par B et b, on a donc la formule :

$$V = \frac{1}{3} h \left(B + b + \sqrt{Bb} \right).$$

La surface latérale d'une pyramide peut être considérée comme une surface conique ayant pour sommet le sommet de la pyramide, et pour directrice un polygone. Le volume d'un cône est la limite du volume d'une pyramide inscrite, dont les faces latérales sont infiniment petites; celle-ci aura pour base un polygone inscrit dans la courbe de base du cône. On en déduit que le volume d'un cône est égal au tiers du produit de sa base par sa hauteur. Des considérations analogues permettent d'étendre au tronc de cône la formule donnée par le tronc de pyramide, et de trouver des formules simples pour la surface latérale d'un cône droit circulaire ou d'un tronc de cône droit circulaire.

On en déduit aussi que toutes les sections faites dans un cône par des plans parallèles ont leurs centres de gravité sur une même droite passant par le sommet du cône, et que le centre de gravité du cône lui-même est sur la droite qui joint le sommet au centre de gravité de la base, et au quart de la longueur de cette droite à partir de la base. — V. Cône. — M. F.

*PYRHÉLIOMÈTRE. Appareil imaginé dans le but de concentrer dans un espace restreint les rayons calorifiques émis par le soleil et tombant sur une large surface, afin de mesurer la quantité de chaleur qui tombe du soleil sur l'unité de surface du sol dans des circonstances d'heure, de saison et d'état météorologique déterminées. Il se compose essentiellement d'une chaudière cylindrique ou tronc-conique dont l'axe est dirigé vers le soleil, et d'un large miroir concave dont le plan général est perpendiculaire à l'axe de la chaudière; celle-ci est placée à peu près au foyer du miroir concave. Tous les rayons de soleil qui viennent frapper le miroir sont ainsi renvoyés sur la chaudière et échauffent l'eau contenue à son intérieur. On mesure la température de cette eau, et la chaudière joue le rôle d'un calorimètre. Quant aux détails de construction, ils varient avec les expérimentateurs. Des appareils de ce genre ont servi aux expériences de Pouillet, et plus récemment à celles de M. Ericson, aux Etats-Unis, qui avaient pour but d'arriver à une détermination approchée de la température de la surface du soleil (consulter l'*Astronomie*, revue mensuelle, Paris, Gauthier-Villars, 1885, n° 11).

Le pyrhéliomètre présente beaucoup d'analogie avec l'appareil imaginé par M. Mouchot pour l'utilisation directe de la chaleur solaire. — V. Chaleur, § *Chaleur solaire*. — M. F.

PYRITE. T. *de minér.* On donne d'ordinaire ce nom au fer bisulfuré FeS^2, contenant 46,67 0/0 de fer et 53,33 de soufre. Il cristallise dans le système cubique, mais on le trouve fréquemment aussi en dodécaèdre pentagonal, en octaèdre, ou en cristaux qui résultent des combinaisons de ces formes principales. Il est de couleur laiton ou jaune d'or, opaque, à éclat métallique; d'une densité de 4,9 à 5,1; d'une dureté de 6 à 6,5.

Il se trouve aussi en masses compactes et globulaires, mais les beaux cristaux viennent de l'île d'Elbe, de Traversella, du Saint-Gothard, de Alston-Moor (Derbyshire), de Fahlun (Suède), Kongsberg (Norwège). Les mines de Chessy, près

Lyon, en fournissent des quantités considérables; il s'en dépose continuellement des eaux de Bourbonne-les-bains.

La pyrite cubique sert pour l'extraction du soufre, la fabrication de l'acide sulfurique, du sulfate de fer, etc.

Pyrite arsenicale. Syn. : *mispickel.* — V. ce mot, t. V, p. 54.

Pyrite blanche. Syn. : *marcasite* ou *pyrite prismatique.* — V. t. V, p. 54.

Pyrite de cuivre. Syn. : *chalcopyrite.* — V. Cuivre pyriteux.

Pyrite magnétique. Syn. : *magnetkise, pyrrhotine.* — V. t. V, p. 54.

Toutes ces diverses sortes de pyrites sont traitées pour l'extraction du sulfate de fer; la pyrite de cuivre donne seule un sulfate double de cuivre et de fer, que l'on désigne dans l'industrie sous le nom de *couperose mixte*.

*PYRO-ÉLECTRICITÉ. T. *de phys.* Propriété dont jouissent certains cristaux hémièdres de s'électriser quand on fait varier leur température. On a donné à ce phénomène le nom de *pyro-électricité polaire* pour le distinguer de la *thermo-électricité* qui se manifeste aussi par la chaleur, mais sur les corps bons conducteurs. Ce qu'il y a de remarquable dans la pyro-électricité, c'est que l'extrémité du cristal qui donne l'électricité positive par échauffement (et qu'on nomme *pôle analogue* ou *homologue*) donne, au contraire, l'électricité négative par refroidissement. L'inverse a lieu pour l'autre extrémité, qu'on nomme *pôle antilogue*. Quand la température reste stationnaire, on ne constate sur le cristal aucun signe d'électricité. Cette propriété a été observée d'abord sur des aiguilles de *tourmaline*, puis sur des prismes de *topaze*. On connaît aujourd'hui un assez grand nombre de cristaux doués de la pyro-électricité : ils sont tous hémièdres à leurs extrémités, et le pôle antilogue est le plus chargé de facettes dissymétriques. Nous citerons parmi ces substances : le quartz, la boracite (à quatre axes polaires), le silicate de zinc (l'une des plus parfaitement électriques). Les fragments d'un cristal pyro-électrique possèdent la propriété de la masse, comme les fragments d'un aimant aimant autant de petits aimants. Le phénomène de la pyro-électricité tient à la disposition dissymétrique des cristaux élémentaires. M. Becquerel explique le développement d'électricité dans ces cristaux, sous l'action de la chaleur, par la dilatation qui sépare les plans de clivage. — C. D.

*PYROGALLIQUE (Acide). T. *de chim.* Au mot Acide, on a indiqué la préparation de ce corps ; il est indispensable d'en donner les propriétés, et de dire quels sont ses usages.

L'acide pyrogallique, improprement désigné sous ce nom, est un phénol triatomique, le *pyrogallol* ou *trioxybenzol*,

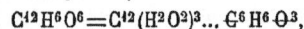

$$C^{12}H^6O^6 = C^{12}(H^2O^2)^3 \dots C^6H^6O^3,$$

il a été découvert par Scheele. Il est en aiguilles ou lamelles minces, blanches, d'odeur astringente, de saveur amère; il fond vers 115° et se sublime à 210, puis bout et se décompose au delà. A la température ordinaire il se dissout dans 2 parties 1/2 d'eau, il est très soluble dans l'alcool et l'éther; il est toxique; il réduit les sels d'or, d'argent et les solutions alcalines de bioxyde de cuivre, ce qui le fait employer en photographie. En solution aqueuse il absorbe l'oxygène de l'air, surtout en solution alcaline, et alors il se colore en noir. Cette propriété le fait utiliser pour doser l'oxygène dans les mélanges gazeux. Avec une solution de sulfate ferreux il se colore en bleu indigo, en rouge avec le perchlorure de fer. L'acide chromique, l'acide permanganique le changent en *purpurogalline*,

$$C^{40} H^{16} O^8 ... C^{20} H^{16} O^4;$$

chauffé avec l'anhydride phtalique, il donne le *pyrogallol-phtaléine* ou *galléine*, laquelle à une haute température, en présence de l'acide sulfurique, il se change en *céruléine*,

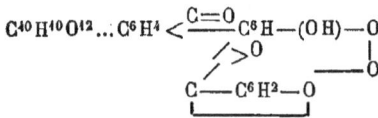

$$C^{40} H^{10} O^{12} ... C^6 H^4 < \begin{matrix} C=O \\ />O \\ C-C^6 H^2-O \end{matrix} \quad \begin{matrix} C^6 H-(OH)-O \\ | \\ O \end{matrix}$$

Le pyrogallol a été obtenu par voie de synthèse par M. Lautemann au moyen de l'acide salicylique biiodé et de l'oxyde d'argent humide,

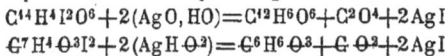

$$C^{14} H^4 I^2 O^6 + 2(AgO, HO) = C^{12} H^6 O^6 + C^2 O^4 + 2 AgI$$
$$C^7 H^4 O^3 I^2 + 2(AgH O^2) = C^6 H^6 O^3 + C O^2 + 2 AgI$$

* **PYROGLYCÉRINE.** *T. de chim.* L'un des noms de la *nitroglycérine*. — V. ce mot.

* **PYROLIGNEUX** (Acide). *T. de chim.* Syn. *:'acide acétique du bois.* — V. t. I, p. 26.

* **PYROLIGNITE.** *T. de chim.* Sel qui résulte de la saturation de l'acide acétique pyroligneux par une base. Ce sont des acétates impurs. L'industrie en emploie un grand nombre, les principaux sont :

Le *pyrolignite d'alumine*, obtenu par double décomposition, en mélangeant une solution de 62 parties d'alun, avec une autre contenant 100 parties de pyrolignite de plomb. Après dépôt du sulfate de plomb, on a un liquide clair qui est un mélange d'acétates impurs d'alumine et de potasse; c'est le mordant ordinaire employé pour l'impression des toiles.

Le *pyrolignite de chaux*, préparé en saturant l'acide par la chaux. Ce corps traité dans des cylindres de fonte par l'acide chlorhydrique et distillé, donne l'acide acétique ordinaire du commerce (*acide acétique mauvais goût*) qui contient encore quelques matières pyrogénées.

Le *pyrolignite de fer*, liquide d'un brun foncé, incristallisable, d'odeur spéciale, marquant de 14 à 16° Baumé, clair et transparent, que l'on obtient en laissant digérer pendant un à deux mois de la vieille ferraille dans de l'acide pyroligneux distillé. Il sert pour colorer les étoffes en jaune plus ou moins foncé, et de mordant de noir.

Le *pyrolignite de plomb*, que l'on prépare en faisant chauffer de l'acide purifié, avec de la litharge, jusqu'à saturation. Lorsque la liqueur marque 50° à l'aréomètre, on met cristalliser. Il est en aiguilles brillantes, satinées, de saveur sucrée, puis astringente, efflorescent et très soluble dans l'eau. Il sert surtout pour obtenir le pyrolignite d'alumine.

Le *pyrolignite de soude*, que l'on produit, soit par saturation de l'acide au moyen de carbonate de soude, soit en mêlant des solutions de quantités équivalentes de pyrolignite de chaux et de sulfate de soude. On sépare le sulfate de chaux précipité et l'on évapore la solution jusqu'à siccité. On obtient ainsi un sel noirâtre qui fond d'abord dans son eau de cristallisation, puis redevient solide et éprouve ensuite la fusion ignée. En le maintenant quelque temps au rouge sombre, on décompose les matières étrangères et on les rend insolubles dans l'eau. Ce *frittage* terminé, on reprend par l'eau, on filtre et on fait cristalliser. Le pyrolignite de soude sert à obtenir l'*acide acétique purifié*, en traitant le sel par un acide minéral. — J. C.

* **PYROLUSITE.** *T. de minér.* Manganèse bioxydé, ordinairement en masses bacillaires, fibreuses, rayonnées, mais se trouvant aussi en petits cristaux aciculaires constitués par des prismes rhomboïdaux droits, à cassure fibreuse et inégale. La pyrolusite est noire et offre l'éclat métallique; sa densité varie de 4,8 à 5; sa dureté de 2 à 2,5. On en trouve en France, à Romanèche (Saône-et-Loire), à Saint-Christophe (Cher); les beaux cristaux viennent de Ilmenau, Elgersberg (Thuringe), Mahrish-Trüban (Moravie); de Saxe, de Bohême, de Westphalie. La pyrolusite qui a pour formule MnO^2, contient 63,22 0/0 de manganèse et 36,78 0/0 d'oxygène; elle sert pour la préparation du chlore, de l'oxygène, et dans la verrerie.

PYROMÈTRE. Nom donné aux instruments qui servent à mesurer les hautes températures, pour lesquelles les thermomètres à mercure ou autres ne sauraient convenir. Il existe divers systèmes de pyromètres, suivant le principe adopté pour leur construction.

Pyromètre à levier. Le type connu sous la dénomination de *pyromètre à levier* est principalement employé dans les cabinets de physique pour démontrer et mesurer la dilatation des métaux par la chaleur. Il se compose d'une tige horizontale placée sur deux supports qui laissent libres ses mouvements de dilatation. La tige est butée d'un côté, tandis que son autre extrémité libre est en contact avec le petit bras de levier d'une aiguille articulée devant un cadran gradué. Quand on chauffe la tige, au moyen d'une lampe à alcool, la dilatation produite par l'échauffement se manifeste par le déplacement de l'aiguille le long du cadran dont les divisions correspondent à l'allongement produit. On a basé sur ce même principe un pyromètre industriel dont une des extrémités de la tige pénètre dans le four et subit une dilatation qui produit le déplacement de l'aiguille mobile sur le cadran de l'instrument.

Pyromètre à bloc d'argile. Un type bien

connu de pyromètre est celui qui porte le nom de Wedgwood, potier anglais qui, le premier, eût l'idée d'appliquer le retrait qu'éprouve l'argile par l'action de la chaleur à la mesure des hautes températures des fours de poterie. L'instrument construit sur le principe établi par Wedgwood se compose d'une plaque rectangulaire en cuivre sur laquelle sont fixées deux règles formant entre elles un certain angle; l'intervalle ménagé entre ces deux règles va, par conséquent, en se rétrécissant d'un côté à l'autre de la plaque. Les petits cylindres d'argile employés pour les épreuves s'engagent dans l'espace angulaire compris entre elles et s'y avancent d'autant plus que le retrait qu'ils ont subi est plus considérable. Une graduation tracée le long d'une des règles indique les températures correspondant au point où vient se placer le cylindre sorti du four dont on veut déterminer le degré de température.

Pyromètre à air. Cet appareil a été imaginé par M. Pouillet qui l'a appliqué à la détermination des températures correspondant aux diverses nuances variant du rouge sombre au blanc. Il a pour principe la dilatation graduelle qu'un volume d'air, emprisonné dans un espace hermétiquement fermé, éprouve quand on le soumet à une chaleur toujours croissante. Il se compose d'un ballon ovoïde ou sphérique en platine fixé à l'extrémité d'un tube métallique allant aboutir à un manomètre à mercure. L'accroissement de pression dû à la dilatation de l'air, quand on expose le ballon à l'action de la chaleur qu'on veut mesurer, donne la température correspondante au moyen d'une relation connue entre cette pression et le degré de chaleur à laquelle l'air est soumis. Ce pyromètre étant décrit dans la plupart des traités de physique, nous n'insisterons pas plus longuement ici sur ses dispositions et son mode d'emploi.

Pyromètre thermo-électrique. Cet instrument, qui s'applique à la mesure des températures les plus élevées et les plus basses est constitué par un couple thermo-électrique fer-platine, relié à un galvanomètre très sensible. Des tables de graduation accompagnent l'instrument. — V. THERMO-ÉLECTRICITÉ.

Pyromètre thermo-électrique de Becquerel. Il est fondé aussi sur la propriété thermo-électrique d'un couple platine-palladium, et fournit des indications plus exactes que le précédent. Cet instrument est destiné plutôt à des expériences scientifiques qu'aux usages industriels. — V. pour la description et les usages, l'ouvrage de M. Becquerel : *La lumière, ses causes et ses effets,* t. I, p. 61.

Pyromètre de Brongniart. Pour régler la cuisson dans les fours à porcelaine, Brongniart avait installé à la Manufacture de Sèvres un pyromètre formé d'une règle en argent (on peut la remplacer par une en fer) placée dans une rainure creusée dans un bloc de porcelaine exposé au feu du four. Cette règle s'appuie d'une part contre le fond de la rainure, et de l'autre

contre une tige de porcelaine qui traverse la paroi du four, et vient butter contre un levier à ressort qui fait mouvoir une aiguille sur un cadran gradué empiriquement. D'ailleurs, la connaissance exacte de la température du four importe moins que la constatation, au moyen du pyromètre, de l'identité de température correspondant à celle d'une cuisson antérieure réputée bonne. C'est le plus pratique des pyromètres métalliques.

Pyromètre à plaques fusibles. Ce type de pyromètre est basé sur la propriété que possèdent certains alliages de fondre à des températures connues et, par conséquent, de permettre d'établir une graduation correspondant aux diverses températures auxquelles ces alliages entrent en fusion. Parmi les types les plus employés, citons seulement les pyromètres construits par M. Ducomet et ceux de MM. Guichard, Bisson et Cie. Ces appareils ont pour principe l'emploi d'une tige métallique creuse ayant à l'une de ses extrémités un cadran gradué analogue à celui des manomètres et, à l'autre extrémité, une petite chambre cylindrique où l'on place un nombre déterminé de rondelles en alliages susceptibles de fondre à des températures graduellement croissantes. En introduisant entre chacune de ces rondelles fusibles de petits disques en fer, pour les rendre complètement indépendantes l'une de l'autre, on compose une sorte de cartouche qu'on introduit dans l'espace ménagé à cet effet à la base de la tige, où cette cartouche, tant qu'elle reste intacte, maintient comprimé un ressort qui repousse une tige passant dans la partie tubulaire et allant aboutir au levier de l'aiguille mobile sur le cadran du manomètre. Une fois que le ressort ainsi tendu a ramené l'aiguille du cadran au zéro, si on expose l'extrémité de la tige dans un four dont on veut mesurer la température, à mesure que chaque rondelle entre successivement en fusion, le ressort se détend d'une quantité correspondant à l'épaisseur que formait la rondelle fondue, et l'aiguille, entraînée par la tige que le ressort ramène avec lui, vient se placer successivement devant les divisions correspondant aux températures de fusion des rondelles. Cette disposition est simple, mais elle exige des soins minutieux dans la préparation des alliages, pour que leur point de fusion soit toujours identique; elle a aussi l'inconvénient de ne pas s'appliquer aux températures très élevées, les alliages fusibles ne permettant pas de dépasser la limite de 700 à 800°. Au delà de cette limite, on est obligé de recourir au pyromètre de Wedgwood, ou bien à celui dont nous allons parler maintenant, qui constitue l'appareil le plus perfectionné qu'on ait imaginé jusqu'à ce jour.

Pyromètre à courant d'eau. Ce système, récemment imaginé par M. Saintignon, est basé sur la mesure de la quantité de calorique absorbée par un courant d'eau circulant avec une vitesse constante dans la partie de l'appareil exposée à l'action du foyer de chaleur dont on veut déterminer le degré. Il suffit, en effet, d'observer la température de l'eau à son entrée dans l'instrument et sa température à la sortie pour connaître la quantité de degrés correspondant à l'échauffement d'un volume déterminé d'eau passant de la température initiale *t* à la température finale T.

Ce principe rationnel a été appliqué d'une façon simple et pratique dans l'appareil de M. Saintignon. Son dispositif n'offre pas de difficultés d'opération ; il faut seulement mesurer avec précision la température d'entrée et de sortie ainsi que le volume d'eau écoulé pendant l'expérience. L'emploi de ce pyromètre convient, d'ailleurs, aussi bien pour des foyers à température modérée que pour des foyers à température élevée comme on en rencontre dans les aciéries, les hauts-fourneaux, les verreries, etc.

Pyromètre à écrans opaques. Cet appareil, bien que paraissant susceptible de ne donner que des résultats empiriques, mérite pourtant d'être signalé ici. Il est basé sur l'action lumineuse des nuances déterminées par les hautes températures ; c'est en quelque sorte un pyromètre photométrique, dont la graduation a pour principe la quantité d'écrans translucides nécessaires pour atténuer l'éclairement d'un disque transparent sur lequel on trace des traits noirs. L'appareil est une petite boîte analogue à un tube de lorgnette, présentant un oculaire auquel s'applique l'œil de l'observateur et portant à son extrémité opposée une série d'écrans en verre dépoli ou opale ; le disque qui sert à la détermination de l'intensité lumineuse est interposé entre l'oculaire et les écrans, dont chacun vient se placer successivement devant le disque, jusqu'à ce qu'il y en ait un nombre suffisant pour intercepter au degré voulu la perception de la nuance lumineuse. Plus il faut mettre d'écrans devant le disque, plus la nuance est éclairante, plus la température est élevée. On arrive ainsi par tâtonnements à une graduation approximative, avec un instrument de très petites dimensions ; il serait d'un emploi très commode, s'il n'avait l'inconvénient de ne donner que des indications trop incertaines. Aussi est-ce plutôt l'originalité du principe que l'efficacité réelle de cet appareil qui nous a engagé à en parler ici. — G. J.

* **PYROPHONE.** *T. de phys.* Instrument à clavier donnant des sons musicaux au moyen de flammes entourées de tubes en verre. Il est construit sur le modèle de l'*harmonica chimique*, qui se produit dans tous les cours de chimie, en introduisant un tube de verre, large et ouvert aux deux bouts, au-dessus d'une flamme d'hydrogène. M. Kastner, l'inventeur du pyrophone, s'est servi de larges tubes cylindriques en verre, et les fait arriver sur deux flammes d'hydrogène dont la hauteur est calculée de façon à ce qu'elles vibrent toutes deux à l'unisson, et qu'à l'aide de pédales on puisse rapprocher les flammes de façon à faire cesser toute espèce de son. Au moyen de un ou plusieurs claviers on peut obtenir toutes les notes de la gamme, par suite de touches qui écartent ou rapprochent les flammes l'une de

l'autre ; mais cet instrument n'est jamais entré dans la voie des applications artistiques, et ne reste qu'un simple appareil curieux. — J. C.

* **PYROSCOPE.** *T. de chim. ind.* On donne le nom de *montres* ou *pyroscopes* à des pièces de porcelaine, faïence ou terre, de formes diverses, qu'on retire de temps à autre d'un four pour juger de l'effet de la chaleur. Ces pyroscopes ne donnent, pas plus que les pyromètres qu'ils sont destinés à remplacer, la température du four de cuisson ; ils indiquent seulement si elle correspond à celle qu'on a jugé bonne pour une opération industrielle. — V. PYROMÈTRE.

On donne quelquefois le nom de *pyroscope* au *thermoscope* qui n'est autre que le thermomètre différentiel.

PYROTECHNIE. La pyrotechnie (du grec πυρ πος, πυρος feu et τεχνη art) est l'art de fabriquer les artifices ; la *pyrotechnie civile* prépare spécialement les artifices employés dans les théâtres ou les réjouissances publiques ou privées ; la *pyrotechnie militaire* fabrique les artifices de guerre et toutes les munitions pour bouches à feu ou armes à feu portatives. Au mot ARTIFICE nous avons donné les prescriptions administratives relatives à cette fabrication et les précautions à prendre dans l'installation des ateliers.

HISTORIQUE. Il est assez difficile de fixer la date de la découverte des pièces d'artifice les plus anciennement connues, de la fusée par exemple, pas plus qu'on ne peut fixer celle de la découverte de la poudre à canon. Néanmoins, de savantes recherches permettent de suivre dans ses grandes lignes l'histoire de ces inventions.

Les Chinois, sous le règne de l'empereur Koüng Ming, 200 ans avant Jésus-Christ, se servaient de matières incendiaires, appelées *ruches d'abeille, feu du ciel*. Les fusées et les feux d'artifice étaient en usage en Chine dans les premiers siècles de notre ère. Les procédés employés par les Chinois furent connus des Tartares, puis des Arabes, et ce sont les Chinois qui, vers l'an 673, apprirent aux Romains, avec lesquels ils avaient de fréquents rapports commerciaux, l'artifice de guerre célèbre que l'on désigna plus tard sous le nom de *feu Grégeois*.

La fusée volante et le pétard sont les plus anciennes pièces pyrotechniques connues. La fusée servait comme arme de guerre ; c'était le tir incertain, qui a été abandonné lors de l'invention du tir certain, c'est-à-dire des bouches à feu. Vers la fin du XVe siècle, lorsque les armes à feu furent suffisamment perfectionnées, l'emploi des fusées fut abandonné en Europe, mais il se maintint cependant en Asie, et les Anglais, lors de la guerre contre Tippo-Saïb, se trouvèrent en présence des Indiens qui se servaient de la fusée avec une grande habileté. — V. FUSÉE DE GUERRE.

Les feux de joie ou feux d'artifice ont commencé par l'incendie de grands bûchers. Lorsque Mardonius eut pris Athènes, lorsque Paul Émile eut conquis la Macédoine, ils allumèrent de grands feux composés de débris de toutes sortes, d'armes et des dépouilles des vaincus. Lorsque Flaminius s'empara des villes grecques, 150 ans avant Jésus-Christ, il y trouva les feux de joie en usage.

Philostrate, et, 200 ans avant lui, Florus, contemporain d'Adrien, nous apprennent que les feux d'artifice servaient en Égypte et dans l'Inde aux réjouissances publiques et à la défense des villes.

Mais, c'est dans une description de Claudien, des fêtes données à Rome sous Théodore, au VIe siècle, qu'apparaissent des pièces d'artifice pouvant se rapprocher de ce qui se fait encore

D'après ce qui précède, on voit que l'on connaissait des mélanges de salpêtre, soufre et charbon capables de mettre des fusées en mouvement, bien avant l'invention du mélange des trois corps qui ont constitué la poudre à canon, qui se trouve mentionnée pour la première fois dans un ouvrage arabe dont l'auteur vivait en Egypte vers 1249.

C'est en Italie, vers le xvi⁰ siècle seulement, que les feux d'artifice se développèrent, et Vanocchio, dans son traité, traduit en français par Jacques Vincent, en 1556, attribue aux Florentins et aux Siennois l'honneur d'être les premiers qui aient fait des feux d'artifice. Ces feux s'exécutaient sur des théâtres où figuraient des statues qui lançaient des gerbes de feu par la bouche et par les yeux.

De Florence et de Sienne, les feux d'artifice passèrent à Rome où ils servaient lors des réjouissances en l'honneur de l'exaltation des papes, et vers la fin du xvi⁰ siècle ils pénétrèrent en Espagne et dans les Flandres. En France, un des premiers feux d'artifice eût lieu à Rennes, en 1559, devant Henri II ; il représentait un combat naval.

En 1606, Sully en fit tirer un devant les murs de Fontainebleau, mais c'est surtout au commencement du xvii⁰ siècle que la pyrotechnie fit de grands progrès, grâce à Morel, à Thoré et aux Ruggieri.

L'un des plus beaux feux d'artifice qu'on ait vus en France, fut celui que Louis XIV fit tirer le soir de la troisième journée des Plaisirs de l'île enchantée (7 mai 1664) à l'occasion de la paix d'Aix-la-Chappelle. Nous en donnons la vue figure 347.

Fig. 347. — *Feu d'artifice de l'île enchantée.*

En 1739, Petronio Ruggieri et ses trois frères, venus avec la comédie italienne qui, à ses spectacles, ajoutait celui des feux d'artifice sur la scène, donnèrent la grande fête de 1739 sur le tapis vert de Versailles, fête dont le succès fut immense.

Cette même année, le 29 août, un feu resté célèbre par sa magnificence fut tiré sur la Seine, en présence du roi et de la reine, à l'occasion du mariage de Madame Louise-Elisabeth de France et de don Philippe infant d'Espagne (fig. 348). — V. RUGGIERI.

Pyrotechnie civile. FABRICATION DES FEUX D'ARTIFICE. Les matières qui servent actuellement à la préparation des feux d'artifice peuvent se diviser en trois classes : 1⁰ les matières comburantes, telles que les nitrates, les chlorates, etc. ; 2⁰ les matières combustibles, telles que le charbon, le soufre, la gomme laque, la colophane ; 3⁰ les matières colorantes, telles que les sels de strontiane, de chaux, de baryte, de cuivre, etc. Cette classification n'est pas ab-

solue, car certains sels, comme le chlorate de baryte, par exemple, sont à la fois comburants et colorants et, mis en présence d'un combustible, tel que la gomme laque, permettent d'obtenir une flamme très belle et très intense. Certains produits sont encore employés, mais leur action n'est que mécanique ; ce sont des produits dits divisants et qui aident, d'une façon plus ou moins déterminée, à la bonne combustion des flammes.

Les principales pièces employées dans les feux d'artifice sont les pièces détonantes dites *pétards, fusées, bombes, chandelles romaines, jets de feux brillants* qui servent à la fabrication des pièces pyriques et, enfin, les *flammes de bengale* et les *lances de couleurs.*

Pièces détonantes. Les pièces détonantes s'appellent *pétards, serpenteaux, lardons, marrons détonants, saucissons,* suivant leur grosseur. Ce sont généralement des cartouches en papier ou carton, plus ou moins épais, contenant une matière fusante, de la poudre comprimée, et fermés, ou mieux, étranglés des deux bouts. Lorsqu'on allume ces artifices, la matière fusante les fait d'abord serpenter (d'où le nom de *serpenteaux*), puis ensuite ils éclatent. Ces pièces servent surtout à égayer un feu d'artifice; en les réunissant en paquet et les lançant dans un mortier, on obtient des effets très curieux; les pièces ainsi fabriquées s'appellent *volcans*, *tourbillons*, *grenades*.

Fusées volantes. La fusée volante est l'artifice le plus beau, mais c'est aussi le plus difficile à exécuter avec une entière perfection. C'est la réunion de cent, mille, vingt mille fusées, partant toutes ensemble, qui permet d'obtenir le plus beau spectacle de la pyrotechnie, c'est-à-dire le bouquet du feu d'artifice.

La fusée doit monter dans les airs par son propre mouvement causé par l'inflammation de matières produisant une grande quantité de gaz dans

Fig. 348. — *Feu d'artifice tiré sur la Seine, le 29 août 1739.*

un temps très court (fig. 349). Pour arriver à ce résultat, on charge la fusée de façon à laisser dans la partie inférieure A B C D un vide *a* appelé *âme* et la partie supérieure B D E F est chargée pleine. Lorsqu'on allume la mèche en M, le feu prend à la fois dans toute l'âme de la fusée, les gaz agissent, d'une part, sur le massif de la fusée qui se consume en même temps que toute la composition contenue en A B C D, et sur l'air ambiant qui fait ressort; la fusée se meut alors en sens contraire de la sortie des gaz. Pour diriger cette fusée pendant son ascension, on y adapte une baguette, en bois ou en osier, qui sert de gouvernail à la fusée. Lorsque celle-ci a terminé sa course, elle doit donner une pluie de feu de toutes couleurs; à cet effet, on la surmonte

d'un fourreau en papier mince F E D G dans lequel on dispose des compositions de couleurs moulées en forme de cylindres ou de cubes que l'on nomme *étoiles*. Ces étoiles, auxquelles on ajoute un peu de poudre appelée *flamboyure*, sont allumées par le massif D E B F, et donnent la pluie de feu dite *garniture de la fusée*. Les fusées employées pour les feux de joie ont un diamètre intérieur de 9, 12 à 30 millimètres; les plus petites, jusqu'à 16 millimètres, sont généralement brûlées en masse pour faire des bouquets; celles d'un plus fort diamètre sont tirées séparément.

Les fusées utilisées pour les signaux ont de 3 centimètres jusqu'à 5 ou 6 centimètres de diamètre; celles d'un diamètre supérieur, qui peut aller jusqu'à 9 et 11 centimètres, sont employées comme fusées de guerre pour porter des projectiles ou des matières incendiaires, ou encore comme fusées porte-amarres qui sont d'un grand secours pour les navires en détresse. Voici quelques compositions de fusées de joie :

	Fusées de 0,009, 0,012 0,014	Fusées de 0,016 et 0,018	Fusées de 0,023, 0,027, 0,030
Salpêtre. . .	2.000	2.000	2.000
Soufre. . . .	500	500	500
Charbon. . .	750	875	500 charb. gros 500 — fin.

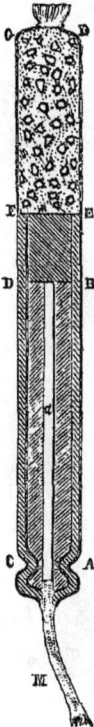

Fig. 349.

Bombes. Les bombes sont des sphères en carton que l'on remplit d'étoiles de compositions de toutes couleurs ou encore d'un mélange d'étoiles et de pétards. Ces bombes sont lancées dans des mortiers à l'aide d'une charge de poudre, variant avec le diamètre de la bombe, qui les projette à une grande hauteur. Ces bombes portent une espolette ou petite fusée chargée avec grand soin de poussier de poudre impalpable que la chasse de poudre allume dans le mortier, qui brûle exactement le temps de l'ascension de la bombe et qui la fait éclater lorsque le feu pénètre au milieu des étoiles. Il faut que ces espolettes soient chargées avec grand soin ; si leur durée était trop courte, la bombe éclaterait avant d'avoir atteint le sommet de sa course ; si cette durée était trop grande, la bombe retomberait et pourrait éclater près de terre ou à terre en blessant les spectateurs du feu d'artifice.

Chandelles romaines. Les chandelles romaines sont des cylindres en carton qui lancent par intervalles réguliers des étoiles de toutes couleurs ; elles peuvent en contenir jusqu'à huit ou dix, et si on réunit plusieurs de ces chandelles, qu'on en forme une galerie, on obtient un très bel effet ; les étoiles paraissent guidées par un habile jongleur.

Jets de feux brillants. Les jets de feu sont destinés à être placés, soit sur des roues dites *soleils* ou *ailes de moulin*, soit sur des espèces d'étoiles en forme de patte d'oie, d'éventails, etc., et la combinaison de ces soleils et des étoiles permet d'obtenir une grande variété de dessins qui constituent les pièces composées et les pièces dites *pyriques*. Ces jets sont des cylindres en carton épais, étranglés d'un bout, dans lesquels on tasse fortement des compositions formées de poussier de poudre et, de charbon, de mica, de limailles de fonte, de fer ou d'acier, suivant que l'on veut obtenir ce qu'on appelle les *feux communs, rayonnants* ou *brillants*.

Les jets qui servent à faire tourner les soleils sont réunis par deux, trois ou quatre, suivant la dimension de la roue qu'ils doivent faire tourner. On obtient les pièces nommées *guillochées* à l'aide de roues tournant en sens contraire.

Les pièces pyriques les plus intéressantes sont celles désignées sous les noms de *brillantes, croisées, mosaïques*, la *grande rosace*, la *majestueuse* et, enfin, le chef-d'œuvre de la pyrotechnie, la *salamandre*, due à Petronio Ruggieri, et qui représente un serpent à la poursuite d'un papillon se mouvant au milieu de roues de feu.

Flammes de bengale. Les flammes de bengale blanches sont connues depuis longtemps, mais c'est seulement depuis la découverte d'un corps très comburant, le chlorate de potasse, préparé par Bertholet en 1787, que l'on a pu obtenir des feux de couleurs, pourpres, bleus, verts, etc. Les flammes de bengale ne sont point des pièces d'artifice proprement dites, ce sont simplement des artifices éclairants. Elles se composent d'un cartonnage cylindrique dans lequel on tasse légèrement une composition de couleur.

Les flammes de bengale sont employées comme signaux dans la marine, on les appelle *moines*. On peut, à l'aide de combinaisons de couleurs et de durée de flammes, constituer une véritable télégraphie ; ce qui a été fait de plus complet jusqu'ici, pour cet usage, sont les feux télégraphiques de nuit **Coston**, employés dans les marines française, italienne et américaine.

Nous indiquons les principales et les plus récentes compositions de feux de couleurs :

Flamme blanche.

Salpêtre	80
Soufre	40
Sulfure d'antimoine. .	25

Flamme jaune.

Chlorate de potasse. .	12
Oxalate de soude . . .	8
Gomme laqué.	3

Flamme rouge.

Chlorate de potasse.	67	12	8
Nitrate de strontiane.	0	4	80
Carbonate de strontiane	20	0	0
Gomme laque.	0	1	0
Colophane.	13	0	0
Soufre.	0	0	26
Noir de fumée.	0	0	5

Flamme verte.

Chlorate de potasse. . . .	0	16	9	0
Nitrate de baryte	0	27	40	0
Chlorate de baryte.	30	0	0	30
Gomme laque.	10	0	8	10
Soufre.	0	8	0	0
Calomel.	0	0	0	5

Flamme bleue.

Chlorate de potasse. .	16
Soufre.	7
Sulfate de baryte . . .	13
Cendre bleue	4

Flamme violette.

Chlorate de potasse. .	30
Nitrate de strontiane.	9
Soufre.	15
Cendre bleue.	8

Ces compositions, légèrement modifiées, servent à faire les étoiles de couleur avec lesquelles on garnit les fusées, les bombes, etc. Il suffit de les mouiller soit avec de l'eau ou de l'esprit de vin à la gomme laque et de les mouler, soit en petits cubes, soit en cylindres, à l'aide d'un moule à pâtissier.

Pièces décoratives. Les pièces décoratives sont de véritables tableaux pouvant représenter, soit des dessins d'architecture, soit même des personnages. Elles peuvent atteindre des dimensions considérables, jusqu'à 100 mètres de largeur sur 30 mètres de hauteur. Telles sont les pièces décoratives exécutées aux feux d'artifice du Champ-de-Mars, par les successeurs de Ruggieri, et qui représentaient, en 1885, l'apothéose de Victor Hugo et, en 1886, une pièce symbolique en l'honneur de l'Exposition universelle de 1889. Ces pièces décoratives sont garnies de lances de couleur qui sont de véritables feux de bengale d'un faible diamètre, 8 à 10 millimètres, sur une longueur de 8 à 12 centimètres.

Pour exécuter une décoration, on la dessine sur un grand plancher et on suit le dessin avec des tringles de bois pour les parties droites, et du jonc pour les parties courbes; une fois les châssis faits, on peint les lignes du dessin suivant les couleurs qu'elles doivent avoir, puis, de 10 centimètres en 10 centimètres, on cloue des pointes sur lesquelles on pique les lances de couleur. On réunit ensuite ensemble toutes les lances à l'aide d'un conduit porte-feu, qui contient de la mèche étoupille. Lorsqu'on met le feu, toute la pièce apparaît presque instantanément. Ces décorations sont accompagnées généralement de batteries de chandelles romaines, de détonations, de batteries de volcans ou de fusées et, enfin, elles sont couronnées par le bouquet.

Feux d'eau. On appelle ainsi des pièces disposées de façon à pouvoir flotter sur l'eau et qui sont garnies de jets de feu brillants, de chandelles romaines, de volcans et de bombes.

On allume ces pièces à la main et on les lance dans l'eau, elles plongent puis reparaissent en faisant leur effet. Les principales pièces d'eau sont les canards, les gerbes, les plongeons, les soleils, caprices et girandoles d'eau.

Feux de théâtre. L'artifice est très employé sur les théâtres pour simuler des incendies, des écroulements, des éruptions volcaniques, des combats et, enfin, pour donner aux apothéoses un éclat resplendissant. On emploie pour ces dernières des flammes blanches, rouges ou vertes qui, faites spécialement pour le théâtre, ne donnent ni odeur ni fumée. Les incendies sont imités à l'aide de flammes rouges accompagnées de coups de pipes au lycopode et de bouffées de feu. On peut aussi, pour imiter un combat, lancer sur le théâtre de petits artifices imitant les bombes qui tombent au milieu des combattants pendant que des batteries de canon placées dans les coulisses simulent une fusillade.

Pyrotechnie militaire. Elle comprend deux parties bien distinctes : 1º la fabrication des artifices de guerre que l'on peut classer en artifices de mise de feu ou de communication du feu, artifices de rupture, artifices éclairants, artifices incendiaires et artifices de signaux; 2º la confection des munitions, c'est-à-dire le chargement des projectiles creux, la préparation et le remplissage des sachets ou gargousses pour bouches à feu; la fabrication des cartouches pour armes à feu portatives.

L'artillerie est chargée de la fabrication de tous les artifices de guerre, à l'exception de ceux qu'emploie le génie et qui sont fabriqués par le génie lui-même; l'artillerie de terre et l'artillerie de marine possèdent chacune, la première à Bourges, la seconde à Toulon, un établissement spécialement affecté à ce service et désigné sous le nom d'*Ecole centrale de pyrotechnie* (V. École). La confection des munitions pour bouches à feu, est effectuée dans les directions d'artillerie de terre ou de marine, et les écoles d'artillerie; il ne sera question ici que des artifices de guerre proprement dits.

Artifices de mise de feu ou de communication du feu. Sous ce nom générique on comprend les artifices destinés à produire l'inflammation soit des charges des bouches à feu ou des armes portatives, soit des charges intérieures des projectiles, soit enfin des fourneaux de mines, artifices de rupture, artifices éclairants incendiaires ou de signaux. Bon nombre de ces artifices ont déjà été étudiés à leur place, aux mots AMORCE, CAPSULE, ÉTOUPILLE, FUSÉE; il ne nous reste plus à parler que des artifices destinés à communiquer le feu à des distances variables au bout d'un temps plus ou moins court. Ces artifices se divisent en artifices à combustion lente, à combustion rapide et artifices de mise de feu instantanés.

Les artifices de communication du feu à combustion lente, les plus usuels sont :

La *mèche à canon* ou *mèche à feu*, corde de chanvre traitée par l'acétate de plomb; elle brûle avec une vitesse d'environ 0^m,13 à l'heure. On ne l'emploie plus guère aujourd'hui que comme artifice de conservation du feu, notamment à bord des navires où l'usage des allumettes est interdit. Fixée à l'extrémité d'une hampe appelée *boute-feu*, elle peut servir à mettre le feu à certains autres artifices et remplit alors l'office d'allumeur.

Le *moine* est un morceau d'amadou en forme de cône que le service du génie, principalement, emploie pour mettre le feu à d'autres artifices; pour se rendre compte de la durée de sa combustion, le mineur emporte avec lui en se retirant, un second cône semblable qu'on appelle *témoin* et auquel on met le feu en même temps.

La *fusée lente* ou *cordeau Bickford*, aussi appelée *mèche de sûreté*, est formée d'une âme en poudre fine fortement tassée, recouverte d'une enveloppe soit en toile goudronnée, soit en toile caoutchoutée pour les travaux sous l'eau ou dans les terrains très humides; elle brûle avec une vitesse de 1 mètre environ en 90 secondes, soit 10 à 11 millimètres par seconde.

La *mèche à étoupilles*, ainsi appelée parce qu'à l'origine, on la confectionnait avec de l'étoupe, est la réunion de plusieurs brins de coton imbibés d'une *composition* formée de pulvérin et d'eau-de-vie gommée; elle est surtout employée pour amorcer certains artifices.

Les principaux artifices de communication du feu à combustion rapide sont :

La *fusée instantanée* ou *cordeau porte-feu* constituée par trois brins de mèche à étoupille renfermés dans une enveloppe en toile cirée, recouverte d'une bande de caoutchouc et d'un tressage en ficelle, pour la rendre imperméable et résistante. Ainsi renfermée, la mèche à étoupille brûle beaucoup plus rapidement qu'à l'air libre, à raison de 100 mètres par seconde.

Les *canettes*, utilisées quelquefois par le génie, sont formées de tubes en papier, enduits entièrement d'une pâte de pulvérin, et eau-de-vie gommée.

Le *saucisson*, également employé par le génie, est une gaine en toile de 15 à 25 millimètres de diamètre remplie de poudre; la vitesse de combustion est de $3^m,50$ par seconde à l'air libre, $8^m,50$ s'il est enfermé dans un auget en bois.

La plupart de ces divers artifices servent à transmettre le feu, mais ne peuvent le produire; pour les enflammer on a recours à l'emploi d'un allumeur: amadou, allumette, mèche à canon ou à briquet, porte-feu Bickford, allumeur Ruggieri, et souvent même, les artifices à combustion lente jouent le rôle d'allumeur par rapport aux artifices à combustion rapide afin de donner à l'artificier le temps de se retirer.

Comme artifices de communication du feu instantanés, on fait usage, en dehors des procédés de mise de feu électriques, de *tubes* ou *cordeaux détonants* au coton-poudre qui ne transmettent plus la combustion mais bien la détonation, et permettent d'obtenir, grâce à leur instantanéité, plusieurs explosions simultanées. Ils sont en plomb ou en étain, chargés de coton-poudre pulvérulent et amenés par étirage à un diamètre extérieur de 4 millimètres. Les cordeaux diffèrent des tubes en ce qu'ils sont recouverts d'une enveloppe en tresse de chanvre; pour provoquer leur détonation, on doit avoir recours à l'emploi d'un détonateur ou amorce au fulminate de mercure. La vitesse de transmission atteint 4,000 mètres par seconde. On les fabrique au Moulin-Blanc.

Artifices de rupture. Les principaux de ces artifices sont les pétards (V. PÉTARD), les cartouches et pétards de dynamite (V. DYNAMITE), les cartouches ou gâteaux de coton-poudre (V. COTON-POUDRE), les *torpilles* (V. ce mot) et enfin les engins spéciaux pour le chargement des fourneaux de mine tels que *boîte d'amorce* et *bouteille à poudre en tôle*.

Artifices éclairants. Ce sont : le *tourteau goudronné*, couronne faite avec de la vieille mèche à canon enduite d'une composition éclairante; on le place sur un lit de copeaux dans des réchauds de rempart; il brûle une heure environ. Les *fascines goudronnées*, petits fagots de branchage enduits de la même composition, qui brûlent environ une demi-heure. Les *compositions Lamarre* qui sont fusantes et brûlent avec un vif éclat; elles sont composées d'un corps combustible, la glu de lin, et d'un corps comburant, le chlorate de potasse; on y ajoute du nitrate de baryte pour les colorer en blanc, du carbonate et de l'oxalate de strontiane pour les colorer en rouge. On s'en sert pour fabriquer les *balles à feu* (V. BALLE) et

les *flambeaux* formés d'une enveloppe cylindrique en tissu caoutchouté remplie d'une des compositions indiquées ci-dessus, et amorcés par quelques brins de mèche à étoupille. La *grenade éclairante et incendiaire* est une petite sphère en caoutchouc vulcanisé, chargée de composition Lamarre.

Artifices incendiaires. Les tourteaux et fascines goudronnées, la grenade éclairante et incendiaire, déjà cités comme artifices éclairants, peuvent également être employés comme artifices incendiaires. Les *cylindres incendiaires*, qui remplacent aujourd'hui la roche à feu, servent à transformer les obus ordinaires en projectiles incendiaires (V. OBUS, § *Obus incendiaires*) ; il en existe de deux espèces, dits n° 1 et nº 2; le n° 1 se compose d'une enveloppe en treillis goudronné dans laquelle on tasse une composition formée de nitrate de baryte, soufre et pulvérin agglomérés avec une dissolution résineuse; le nº 2 est formé d'un faisceau de mèche à étoupille lente.

Artifices de signaux. Les *fusées volantes* (V. FUSÉE) et les *flambeaux* Lamarre peuvent être utilisés comme signaux. Les *feux Coston*, en usage dans la marine, sont des flammes de Bengale (V. § *Pyrotechnie civile*), enfin, les *signaux à percussion* mis à la disposition des vedettes de cavalerie pour appeler à leur secours, sont de petites boîtes en zinc remplies de composition Lamarre et amorcées avec de la mèche à étoupille et une capsule; une poignée en bois permet de les tenir à la main, pour mettre le feu, il suffit de frapper sur une pointe placée en regard de l'amorce.

Artifices divers. Pour déloger l'ennemi de ses galeries de mines, le génie emploie quelquefois des *artifices asphyxiants*, tels que balles à fumée, pots à suffoquer, artifices à fumée qui contiennent, en général, du suif, de la poix, du goudron, du soufre et du salpêtre.

Bibliographie : *La pyrotechnie*, d'HANZELET-LORRAIN, 1630, Pont-à-Mousson ; *Le traité des feux artificiels pour la guerre et la récréation*, de François de MALTHE, Paris 1632 et 1640 ; *La pyrotechnie ou art du feu*, de VANOCCIO BISINGUCCIO, Siennois, traduite de l'italien en français, par maistre Jacques VINCENT, Paris, 1556 ; *Le grand art de l'artillerie*, de Casimir SIEMIENOWICZ, Amsterdam, 1550 ; *Traité des feux d'artifice pour le spectacle*, de FRAIZIER, 1707 et 1747, Paris ; *Essay sur les feux d'artifice pour le spectacle et la guerre*, de PERINET D'ORVAL, Paris, 1745 ; *Les éléments de pyrotechnie*, de Claude-Fortuné RUGGIERI, Paris, 1801 et 1821 ; *Les traités de pyrotechnie militaire*, de RAVICHIO DE PERETSDORFF, de MORITZ MEYER (traduit de l'allemand), de KONSTANTINOFF ; *Les nouvelles recherches sur les feux d'artifice*, de F.-M. CHERTIER ; *Le manuel de l'artificier*, de VERGNAUD ; *Le traité pratique des feux colorés*, de Paul TESSIER, et enfin *Le traité pratique des feux d'artifice*, de M. A. DENISSE. *Traité sur la poudre, les corps explosifs et la pyrotechnie*, par UPMANN et MEYER, ouvrage traduit par DÉSORTIAUX, 1878 ; *Manuel de pyrotechnie*, à l'usage de l'artillerie de la marine, 1879.

*PYROTHÈQUE. On donne ce nom dans l'art du mineur militaire, aux appareils électriques portatifs spécialement employés dans le service du génie pour mettre le feu aux fourneaux de mines. Ces appareils sont de deux espèces, suivant qu'ils fournissent de l'électricité dynamique ou statique.

1° *Pyrothèque à induction.* Machine de Ladd, construite par Ruhmkorff. Cet appareil portatif ne pèse que 31 kilogrammes. Il est contenu dans une boîte plate de 0,37 sur 0,37 et de 0,23 d'épaisseur. Le courant d'induction est produit par la rotation rapide d'une bobine de fer doux recouverte de fil de cuivre, et tournant entre les pôles d'un électro-aimant; les conducteurs du fourneau viennent s'adapter à deux bornes placées à l'extérieur de la boîte. Deux hommes agissant sur les manivelles déterminent un courant équivalent à celui d'une pile de 10 éléments Bunsen.

2° La *machine de Siemens,* fondée sur le même principe que la précédente, occupe moins de volume et ne pèse que 15 kilogrammes; mais elle donne un courant moins intense.

3° La *petite pyrothèque* des écoles régimentaires du génie, se compose d'un aimant en fer à cheval dont les deux branches sont entourées d'un fil de cuivre isolé aboutissant à deux bornes extérieures auxquelles viennent se fixer les conducteurs du fourneau. La rotation rapide du disque de fer doux s'obtient par une seule manivelle et deux roues d'engrenage. Cet appareil donne un fort courant d'induction avec une dépense relativement faible de force musculaire.

4° L'*exploseur Bréguet* est un appareil de poche composé d'un aimant Jamin dont la boucle arrondie fait saillie au dehors de la boîte et sert de poignée pour le transport. Cet instrument met le feu à une amorce Abel.

5° Les *appareils de mineur militaire à électricité statique* se composent essentiellement d'un plateau à frottement et d'une bouteille de Leyde dont la décharge met le feu à l'amorce. Nous citerons principalement dans ce genre, l'appareil d'Ebner, disposé par Ruhmkorff, de manière à être porté sur le dos d'un sapeur-mineur comme havre-sac ordinaire. Il comprend un disque en caoutchouc durci qui, mis en mouvement à l'aide d'une manivelle extérieure à la boîte, frotte entre deux coussins et charge une bouteille de Leyde. Il suffit alors, pour déterminer l'explosion, de tourner un bouton extérieur de manière à mettre en contact un excitateur avec l'armature de la bouteille.

Parmi les appareils étrangers encore employés pour la mise au feu des mines on peut encore citer: la machine Skidmore et l'appareil à choc de Markus.

*PYROXYLE, PYROXYLINE. Ensemble des substances explosives qui résultent de l'action de l'acide azotique concentré sur la cellulose, sous quelque forme qu'elle se présente, coton, papier, paille, sciure de bois, etc. On désigne quelquefois sous ce nom plus particulièrement le *coton-poudre;* le *collodion* est alors appelé *pyroxyle* soluble (V. ces mots); l'un et l'autre sont obtenus par la nitrification du coton, lequel se compose de cellulose presque pure, souillée seulement de matières grasses. Il nous reste à parler de quelques autres pyroxyles moins connus et surtout moins employés jusqu'ici, qui résultent du traitement de substances cellulosiques moins pures : papier, amidon, paille, bois, etc., dont la fabrication est analogue à celle du coton-poudre en floches.

Le *papier fulminant* ou *pyropapier* a été employé comme amorce; on l'obtient en plongeant dans un mélange d'acides azotique et sulfurique du papier végétal non collé.

La *poudre blanche d'Uchatius,* aussi appelée *pyroxylam* ou *xyloïdine,* est le résultat de l'action du mélange des deux acides sur l'amidon; on a obtenu ainsi une poudre qui s'est montrée brisante dans les bouches à feu et à laquelle on semble avoir renoncé.

Le *fulmi-paille* et le *fulmi-son,* proposés par M. Lanfrey, lieutenant au train des équipages, s'obtiennent en soumettant au mélange acide, soit du papier de paille d'avoine préparé spécialement, soit du son de froment parfaitement bluté. Ces produits, d'une fabrication simple, pourraient remplacer, au besoin, le coton-poudre; on s'en est servi avec avantage, comme corps absorbant, dans la préparation de certaines dynamites à base active.

La *poudre blanche de Schultze,* découverte en 1855, est employée couramment depuis une dizaine d'années, à l'étranger, pour les travaux de mine et surtout le tir des armes de chasse, principalement en Angleterre, Allemagne, Russie, Belgique et Amérique. Elle est le résultat de la nitrification du bois desséché; elle a l'apparence de sciure de bois de couleur jaunâtre. Sa combustion est plus rapide et le développement des gaz plus grand qu'avec la poudre noire; elle donne moins de fumée, moins de bruit et produit un recul moindre.

La *poudre pyroxylée* ou *poudre au bois pyroxylé,* fabriquée en France depuis l'année 1882, par le service des poudres et salpêtres, est analogue à la poudre Schultze. Elle est actuellement utilisée surtout dans les établissements de tir au pigeon; mais elle tend à être employée de plus en plus pour la chasse, malgré son prix de revient qui est beaucoup plus élevé que celui de la poudre noire.

Q

QUADRANT. *T. de géom.* Quart d'une circonférence. D'après la théorie de la mesure des angles, le quadrant doit être pris pour unité d'arc quand on prend l'angle droit pour unité d'angle. Dans la pratique, on choisit généralement pour unité d'arc le degré qui est la 360ᵉ partie de la circonférence ou la 90ᵉ partie du quadrant ; il faut alors prendre pour unité d'angle la 90ᵉ partie de l'angle droit qu'on appelle aussi *degré* (V. ce mot). En trigonométrie, on désigne les quatre quadrants de la circonférence par des numéros d'ordre ; le premier quadrant est celui qui part de l'origine des arcs et s'étend dans le sens positif ; le second vient après, et ainsi de suite. La corde d'un quadrant est égale au côté du carré inscrit. Si R est le rayon du cercle, sa longueur est $R\sqrt{2}$.

QUADRATRICE. *T. de géom.* Courbe imaginée par le géomètre grec Dinostrate, dans le but d'arriver à construire un carré équivalent à un cercle donné (V. QUADRATURE) et dont voici la génération : supposons qu'un rayon OA du cercle O tourne uniformément autour du centre O, et qu'en même temps une parallèle BB' à la direction initiale OA se meuve parallèlement à elle-même d'un mouvement uniforme ; supposons enfin, que le rayon mette le même temps à décrire le quadrant AC que la droite BB' en met à parcourir la longueur du rayon OC. Le point de rencontre M du rayon et de la droite mobile décrira la quadratrice (1). Si l'on suppose la courbe tracée, le problème de la division du quadrant en *n* parties égales sera évidemment ramené à celui de la division du rayon OC en autant de parties égales. D'autre part, la distance du point O au point A', origine de la courbe, est une troisième proportionnelle à la longueur du quadrant et au rayon, ce qui permet de construire la longueur du quadrant et, par suite, celle de la circonférence quand on connaît OA' et le rayon. Mais il est bien évident que pour construire la courbe, il faut déjà savoir porter sur une ligne droite des longueurs proportionnelles à des arcs

---

(1) Le lecteur est prié de faire la figure.

de cercle, ce qui est, au fond, un problème identique à celui de la quadrature du cercle. Il n'existe donc aucun moyen mécanique de tracer cette courbe et son souvenir ne figure, dans la géométrie, qu'à titre de curiosité. — M. F.

QUADRATURE. *T. de géom.* Ce mot désigne l'ensemble des opérations nécessaires pour évaluer l'aire d'une surface limitée, plane ou courbe (V. SURFACE). Cette dénomination tire son origine de ce que le problème de la détermination des aires est le même que celui qui consiste à trouver un carré équivalent à une surface donnée. Le fameux problème de la *quadrature du cercle*, qui a tant occupé les géomètres anciens, avait pour objet de trouver un carré équivalent à un cercle donné ; les anciens géomètres grecs, ne pouvant parvenir à le résoudre par des constructions qui n'exigent que le tracé de lignes droites ou de circonférences, avaient imaginé différentes solutions reposant sur l'emploi de courbes qu'ils avaient spécialement inventées dans ce but ; telle est la *quadratrice de Dinostrate* (V. QUADRATRICE). On rencontre encore quelques personnes qui prétendent avoir résolu ce problème par l'emploi de cercles et de lignes droites seulement ; toutes les solutions ainsi proposées sont, ou radicalement fausses, ou simplement approchées. Il est aujourd'hui démontré qu'une pareille recherche est chimérique. Mais, pour prouver qu'il est impossible de construire avec la règle et le compas un carré équivalent à un cercle donné, il ne suffisait pas, comme le croient beaucoup de personnes, de faire voir que le nombre π, rapport de la circonférence au diamètre, et son carré sont incommensurables ; il fallait encore montrer que ce nombre ne pouvait être racine, ni d'une équation du second degré, ni d'une équation réductible au second degré. C'est ce qui n'a été fait qu'assez récemment.

Nous donnerons au mot SURFACE les principales formules qui permettent de calculer les aires des figures les plus simples et les plus usuelles. Pour calculer l'aire d'une portion de plan limitée par des arcs de lignes courbes, considérons d'abord l'aire comprise entre l'axe des x, un arc de courbe AB qui ne traverse pas l'axe des x et les deux ordonnées des points A et B dont nous désignons les abcisses par a et b. Si l'on partage l'intervalle ba en un certain nombre de parties égales, et qu'on élève par les points de division les ordonnées correspondantes, on décomposera l'aire considérée en un nombre égal de trapèzes curvilignes ; si dx désigne la hauteur commune de ces trapèzes, y l'ordonnée moyenne de l'un d'eux, on reconnaît que l'aire du segment, qui est la somme des aires de tous ces trapèzes, a pour expression :

$$\int_a^b y\, dx$$

y étant défini comme fonction de x par l'équation de la courbe. Pour évaluer maintenant l'aire comprise à l'intérieur d'une courbe fermée située, par exemple, tout entière au-dessus de l'axe des x, on mènera les deux ordonnées extrêmes tangentes à la courbe et l'on aura évidemment à faire la différence de deux segments limités à leur partie supérieure, l'un par la partie supérieure, l'autre par la partie inférieure de la courbe. On conçoit, du reste, sans plus d'explications, qu'il soit toujours possible de décomposer une surface quelconque en plusieurs segments analogues à celui que nous venons d'étudier, les uns additifs, les autres soustractifs. En définitive, la mesure d'une aire plane revient donc au calcul de plusieurs intégrales définies. Réciproquement, toute intégrale définie peut être considérée comme représentant l'aire d'un segment ou trapèze curviligne. C'est pourquoi, quand la solution d'un problème se ramène au calcul d'une ou plusieurs intégrales définies, on dit qu'il se ramène aux quadratures. Il existe, pour le calcul des intégrales définies, plusieurs formules que nous ne pourrions donner ici sans entrer dans des développements beaucoup trop longs. Il en est de même pour ce qui concerne la mesure des aires courbes qui dépend du calcul des intégrales doubles. Pour ces questions, nous renverrons le lecteur à un traité de calcul différentiel et intégral. — M. F.

QUADRILATÈRE. *T. de géom.* On appelle *quadrilatère* un polygone qui a quatre côtés. Le quadrilatère a deux diagonales. S'il est convexe, c'est-à-dire si l'un quelconque des côtés, prolongé indéfiniment, laisse toute la figure d'un même côté, la somme de ses angles est égale à quatre angles droits. On distingue parmi les quadrilatères, et par ordre de particularité croissante : le *trapèze* qui a deux côtés parallèles ; le *parallélogramme*, qui a ses côtés opposés parallèles ; le *losange* qui a ses quatre côtés égaux ; le *rectangle* qui a ses quatre angles droits et, enfin, le *carré* qui a ses quatre côtés égaux et ses quatre angles droits : c'est le *quadrilatère régulier*.

En général, le quadrilatère ne peut pas être inscrit dans un cercle, parce qu'on ne peut pas faire passer une circonférence par quatre points quelconques. Il peut cependant arriver que la circonférence qui passe par trois sommets du polygone passe aussi par le quatrième. Dans ce cas, le quadrilatère est dit *inscriptible* ; il jouit alors

de propriétés remarquables. Ainsi, le produit des diagonales d'un quadrilatère inscriptible est égal à la somme des produits des côtés opposés, théorème dû à l'astronome grec Ptolémée. Si a, b, c, d désignent les quatre côtés et $2p$ le périmètre d'un quadrilatère inscriptible, l'aire de ce quadrilatère est exprimée par la formule :

$$S = \sqrt{(p-a)(p-b)(p-c)(p-d)}$$

qui donne comme cas particulier la formule analogue de l'aire du triangle, lorsqu'on suppose que le quatrième côté d se réduit à zéro. Si l'on prolonge les côtés opposés d'un quadrilatère jusqu'à leur point de rencontre, on obtient une figure appelée *quadrilatère complet.* Les points de concours des côtés opposés sont les deux nouveaux sommets, et la droite qui les unit la troisième diagonale du quadrilatère complet. Cette figure jouit de propriétés importantes parmi lesquelles nous signalerons seulement la suivante :

Chaque diagonale d'un quadrilatère complet est divisée harmoniquement par les deux autres.

On appelle *quadrilatère gauche* la figure formée par les droites qui joignent quatre points non situés dans un même plan ; le quadrilatère gauche a quatre côtés et deux diagonales ; mais il est impossible de le *compléter*, car les côtés opposés ne se rencontrent pas. — M. F.

QUAI. On nomme *quai* les parties du rivage qui sont aménagées pour faciliter l'accostage des bateaux ainsi que le chargement et le déchargement des marchandises ; pour cela, les terre-pleins des quais sont soutenus par un revêtement devant lequel les bateaux sont assurés de trouver la profondeur d'eau nécessaire. Dans les ports, le développement des quais dépend à la fois du tonnage et de la nature des marchandises ; d'après les chiffres relevés à Liverpool, on peut compter en moyenne 1 mètre courant de quai pour 300 tonnes. Une largeur de 25 à 30 mètres peut suffire pour des ports secondaires ; le développement de la navigation à vapeur et l'introduction, sur les quais, des vagons de chemins de fer, l'ont fait porter successivement à 80, 100 et même 150 mètres (V. Port). Les premiers ouvrages de soutènement étaient en bois et se composaient de fermes transversales, supportées par deux ou trois files de pieux et noyées dans le remblai ; ces fermes soutenaient un revêtement en madriers horizontaux que l'on reliait en outre par des tirants, en bois ou en fer, avec des pieux battus en arrière dans le terrain solide. Pour obvier à la destruction rapide des bois par la pourriture et par les tarets, on a eu recours à la fonte ; dans quelques-uns des docks de la Tamise, les pieux, les palplanches et les autres pièces de revêtement sont en fonte ; l'élévation de la dépense a fait abandonner ce système et les murs de quai sont, aujourd'hui, exécutés presque exclusivement en maçonnerie. Leur épaisseur moyenne dépend du mode de fondation, de la nature des matériaux et de celle du remblai ; il faut aussi tenir compte des oscillations du niveau de l'eau qui baigne la paroi extérieure. On peut la calculer d'après la formule employée pour les *murs de soutènement* (V. ce mot), en ayant soin, lorsque les remblais sont exposés à être délayés, de considérer la poussée comme exercée par un liquide de densité égale à 1,2 ou 1,4. On est ainsi conduit à une valeur de 0,35 à 0,40 de la hauteur. On donne au parement extérieur un fruit de 1/6 à 1/10, depuis l'arête supérieure, arasée à 1 mètre au-dessus des plus hautes mers de vive eau, jusqu'au niveau le plus bas des oscillations de la mer. Au-dessous de ce niveau, le parement se prolonge avec une forme brisée ou curviligne qui se rapproche de celle des carènes de navire, et qui permet d'augmenter la largeur de l'empattement ; celle-ci est surtout obtenue par l'inclinaison du parement intérieur que l'on appareille souvent par redans, de façon que le poids des terres sur chaque retraite augmente la stabilité du mur. Dans certains cas, il est préférable de faire ce parement vertical avec des contreforts que l'on espace suivant l'énergie de la poussée. Dans les terrains très vaseux, on supprime en partie l'effet de la poussée en construisant les murs de quai sous la forme de voûtes en plein cintre reposant sur des piliers en maçonnerie, de façon qu'ils représentent un pont longitudinal. La poussée ne s'exerce plus que sur les piles, tandis que sous les voûtes, le remblai conserve l'inclinaison qui convient à sa nature et que l'on assure au moyen d'un perré. Ce mode de construction a été employé avec succès à Great Grimsby et à Rochefort.

Le massif des murs s'exécute en maçonnerie ordinaire ; mais le parement doit être fait en pierres dures ; la surface ne doit présenter ni creux, ni saillie capable d'accrocher les œuvres vives saillantes des navires et, par suite, de provoquer des avaries. Les défenses en bois, autrefois employées, sont aujourd'hui supprimées, et on laisse aux navires le soin de se protéger eux-mêmes. La tablette supérieure doit être en granit avec une arête arrondie en quart de cercle de 5 centimètres de rayon.

Les fondations sont la partie la plus difficile des murs de quai ; les plus simples sont établies sur pilotis avec un grillage ou une plate-forme en charpente ; il vaut mieux, quand cela est possible, asseoir le mur sur une fouille en béton coulé, soit dans une fouille blindée, soit à l'abri de bâtardeaux submersibles pour les quais des ports à marée. Lorsque le terrain solide est recouvert par une grande épaisseur de vase compacte ou de sables, on emploie les blocs évidés, foncés par le procédé de hâvage à l'air libre, comme à Saint-Nazaire et à Bordeaux, ou les caissons foncés à air comprimé, comme à Anvers. Dans quelques cas, on a simplement construit les fondations à l'aide de gros blocs artificiels descendus sur le rocher par assises successives. Ce système a été employé au port de commerce de Brest jusqu'à 9 mètres de profondeur et avec des blocs de 45 mètres cubes. Les terre-pleins des quais, formés de remblais pilonnés ou tassés par l'arrosage, sont pavés avec soin en raison des charges considérables qu'ils sont destinés à porter. Une inclinaison de 3 centimètres par mètre est nécessaire pour assurer l'écoulement des eaux pluviales ; la tablette du couronnement du mur forme souvent, au-dessus du pavage, une saillie de 15 à 20 centimètres, très utile pour arrêter tout ce qui pourrait, en roulant, tomber à l'eau.

Pour l'amarrage des bateaux, on s'est contenté, pendant longtemps, de gros pieux en bois battus dans le terre-plein ; dans les ports militaires, on employait de vieux canons, scellés par la culasse, de façon que la partie évasée retenait la chaîne. Actuellement, on installe sur les quais des bornes tubulaires en fonte, espacées de 20 à 25 mètres ; la partie supérieure, en saillie au-dessus du sol, a la forme d'un tronc de cône renversé ; la partie inférieure, de section carrée et renforcée de nervures très saillantes, est noyée dans un massif de béton sur une longueur de 1^m,50 à 2 mètres. Dans les contrées où le granit est abondant, on l'emploie pour faire les bornes d'amarrage. Sur les parements extérieurs des jetées et des quais d'avant-port, on dispose des anneaux d'amarrage appelés *organeaux* ; des refouillements sont pratiqués dans la pierre pour loger ces anneaux, lorsqu'on les rabat, afin de supprimer toute espèce de saillie.

Du côté de l'eau, on accède aux quais par des escaliers ou des échelles, ces dernières sont logées dans un refouillement du mur ; on les compose, soit avec des plaques de fonte percées d'ouvertures pour les pieds et les mains, soit d'échelons en bronze ou en fer galvanisé engagés dans deux montants en bois. On incruste dans la tablette du couronnement une poignée que l'on saisit lorsque l'on arrive aux derniers échelons ; cette poignée doit être disposée de façon qu'il soit impossible d'y passer une amarre. Les escaliers sont établis en retraite sur la ligne des quais, avec une inclinaison de 45° ; ils sont généralement construits en pierres de taille, appareillées avec celles du mur ; les arêtes des marches sont arrondies et les contre-marches refouillées ; on scelle dans la paroi du fond de l'enclave une main courante pleine, en fonte, toujours avec la précaution qu'elle ne permette aucun amarrage. Dans certains cas, les paliers, au lieu d'être reliés par des escaliers, le sont par des plans inclinés du cinquième au huitième, qui engendrent moins de ressac et sont plus commodes pour débarquer rapidement les marchandises, principalement le poisson ; mais on perd alors un espace de quai considérable, et il vaut souvent mieux recourir aux débarcadères flottants. Ceux-ci se composent d'un ponton qui monte et descend avec la mer, et qui supporte un tablier en charpente articulé à charnière, d'un bout sur le mur du quai, de l'autre sur le ponton. Ce système, dans lequel le tablier mobile est perpendiculaire au quai, prenait trop de place ; on a préféré allonger le ponton et le munir, à chaque extrémité, d'un pont mobile articulé, parallèle au mur du quai ; tout l'ensemble est même logé dans une enclave spéciale ; c'est ainsi qu'a été exécuté le débarcadère flottant de Birkenhead, sur la rive gauche de la Mersey, avec un ponton de 316 mètres de longueur sur une largeur de 11 à 14 mètres. Pour plus de sécurité, ce ponton a été formé par un tablier très solide, reposant sur 45 flotteurs ou caissons en tôle, isolés les uns des autres et fermés par des trous d'homme. Les deux ponts mobiles, de 45^m,72 de longueur, sont composés de deux poutres en tôle pleine laissant entre elles une voie de 3 mètres de largeur. Ces ponts sont articulés sur le quai par leur extrémité supérieure; l'autre extrémité roule sur des galets en fer forgé. — J. B.

Quai. *T. de chem. de fer.* Surface appropriée en vue de faciliter l'accès aux voitures d'un train, ou pour permettre les chargements ou déchargements des marchandises transportées sur vagons.

Quais à voyageurs. Les quais à voyageurs sont, en France, surélevés de 0^m,25 à 0^m,35 au-dessus du niveau des rails; en Angleterre et en Hollande, ils sont souvent établis à la hauteur du plancher des voitures, ce qui en facilite l'accès, mais rend difficiles les communications à travers les voies. Les quais élevés sont, d'ailleurs, dangereux pour les agents qui circulent sur les marchepieds des voitures. Leur longueur varie suivant le nombre de voitures que peuvent comporter les trains qui s'arrêtent dans les gares; leur largeur est de 4 mètres à 8 mètres, suivant l'importance de la circulation.

Pour les petites stations, les quais sont formés de surfaces sablées maintenues par des bordures en gazon; mais, d'une manière générale, les bordures sont établies en pierre dure ou en granit; elles sont exceptionnellement en bois ou en fonte.

Les surfaces de quai sont généralement dallées, carrelées ou bitumées; parfois, les parties qui dépassent les bâtiments de voyageurs ou les halles couvertes sont simplement recouvertes de gravier tassé et damé. Les bordures sont généralement à 0^m,80 du rail le plus voisin.

Des passages, d'un quai à l'autre, sont ménagés pour les voyageurs et les brouettes chargées de bagages; ils se composent, le plus souvent, d'un plancher en bois interrompu au passage des rails et raccordé aux trottoirs par une pente douce.

Quais à bestiaux. Ces quais sont destinés au chargement et au déchargement des chevaux, bestiaux, véhicules divers et même des futailles pleines. Leur surface est élevée au niveau de la plate-forme des vagons; les parties qui bordent les voies sont terminées par des surfaces verticales murées et couronnées par des bordures en pierre de taille; les autres côtés se raccordent avec le sol moyennant une pente douce d'environ 1/10, permettant l'accès des bestiaux ou des véhicules à charger.

Les quais à bestiaux sont disposés de manière à permettre le chargement des vagons, soit par côté, soit par bout; dans ce dernier cas, on ménage dans les maçonneries, de véritables heurtoirs contre lesquels viennent buter les tampons des vagons.

Quais à marchandises. Les quais à marchandises ont généralement une hauteur de 0^m,90 au-dessus du niveau des rails; les camions abordent l'une des faces pour déposer ou prendre les colis; sur la voie qui longe l'autre face, s'effectuent les chargements ou déchargements des vagons. On donne à ces quais une largeur de 10 à 15 mètres, quelquefois même 20 mètres pour augmenter la surface de dépôt. S'ils sont destinés à servir au transbordement des marchandises devant passer d'un vagon dans un autre, on réduit leur largeur; les voies reliées par des plaques forment des quadrilatères au milieu desquels se trouvent des quais de 5 mètres de largeur et de 40 mètres à 50 mètres de longueur tout au plus. Les quais découverts sont pavés, les quais couverts sont planchéiés, dallés ou bitumés.

Quais militaires. Quais spéciaux établis dans certaines gares pour l'embarquement des troupes, des chevaux, de l'artillerie et des fourgons. Ils sont élevés au niveau de la plate-forme des vagons et compris entre deux bordures maçonnées. Leur largeur est de 15 mètres environ; leur longueur peut atteindre 300 mètres. On y accède par des rampes ménagées aux extrémités. — H. F.

QUANTITÉ. *T. de phys.* 1° *Quantité de chaleur.* La quantité de chaleur que possède un corps, dans des conditions déterminées, s'estime en *calories*. On donne le nom de *calorie* à la quantité de chaleur nécessaire pour élever d'un degré la température d'un kilogramme d'eau, prise à 0°. Tous les corps, sous le même poids et a la même température, ne possèdent pas la même quantité de chaleur. — V. CHALEUR, § *Chaleur spécifique.*

La quantité de chaleur émise par rayonnement d'un corps est proportionnelle à sa surface. Si cette surface est inclinée, la quantité de chaleur est égale à celle qui serait rayonnée par sa projection normale. — V. CHALEUR, § *Chaleur rayonnante.*

La quantité de chaleur émise par la braise est environ deux fois plus grande que celle qu'envoie la flamme, à surface égale.

Pour les quantités de chaleur dégagées ou absorbées dans les combinaisons chimiques, V. CHIMIE, COMBUSTION, THERMOCHIMIE.

La quantité de chaleur nécessaire à la phase de végétation des céréales est la même pour une même espèce; par conséquent, cette période sera plus courte dans les pays chauds que dans les pays froids. Entre les semailles et les récoltes, il ne s'écoule que trois ou quatre mois dans certaines contrées, tandis que dans d'autres, il faut un intervalle de six à huit mois.

La quantité de chaleur émise par le rayonnement solaire a été évaluée, par Pouillet, au moyen de son pyrhéliomètre; il a trouvé que, si la quantité de chaleur que la terre reçoit du soleil dans le cours d'une année, était uniformément répartie sur tous les points du globe, elle serait capable de fondre une couche de glace qui envelopperait la terre entière et qui aurait une épaisseur de 30^m,89. Cette donnée lui a permis d'évaluer la quantité totale de chaleur qui s'échappe du globe entier du soleil en un temps donné; il en a conclu que chaque centimètre carré de la surface solaire émet en une minute 84,888 unités de chaleur ; d'où il résulte que si la quantité de chaleur émise par le soleil était exclusivement employée à fondre une couche de glace qui serait appliquée sur le globe du soleil et l'envelopperait de toute part, cette quantité de chaleur serait capable de fondre en une minute une couche de 11ᵐ,8 d'épaisseur et en un jour une couche de quatre lieues un quart.

2° *Quantité d'électricité.* Lorsqu'un corps est mis en rapport avec un autre électrisé, il se charge d'une quantité plus ou moins grande d'électricité.

On compare les différentes quantités d'électricité statique au moyen d'*électroscopes*, d'*électromètres* et du *plan d'épreuve*. On nomme *plan d'épreuve* un petit disque de clinquant adapté à un manche isolant (tige de verre, bâton de gomme laque ou de gutta) ; on touche un point du corps électrisé, avec ce plan d'épreuve qui emporte une faible quantité d'électricité. On présente ce disque ainsi chargé à un *électroscope* (V. ÉLECTROMÈTRE) qui, par les déviations de ses fils ou de ses feuilles donne la mesure de l'intensité de l'électricité en ce point. On opère de même sur d'autres points ; et en tenant compte de la déperdition par l'air, on explore ainsi la surface du corps en expérience. C'est ainsi qu'on trouve que sur un ellipsoïde, l'électricité est en plus grande quantité vers les extrémités du grand diamètre et en quantité accumulée vers les pointes.

On mesure par les électromètres la quantité d'électricité répandue dans l'atmosphère soit en temps serein, soit pendant la pluie ou les orages.

La quantité d'électricité dynamique se mesure au moyen du *galvanomètre* (V. ce mot). Une pile électrique, celle de Bunsen, par exemple, est dite montée *en quantité*, quand tous les zincs communiquent entre eux et tous les charbons entre eux, de manière à ne faire pour ainsi dire qu'un seul élément. Cette disposition convient spécialement pour produire des effets physiques, tandis que la disposition *en tension* ou en *série* (le zinc de chaque élément étant mis en contact avec le charbon de l'élément suivant) sert à produire des effets chimiques ou physiologiques.

3° *Quantité de magnétisme.* Les quantités de magnétisme qui se trouvent aux différents points d'un aimant ou d'un électro-aimant, se mesurent par divers moyens : méthode des poids portés, méthode par arrachement, méthode des oscillations de l'aiguille aimantée. C'est ainsi qu'on trouve que le magnétisme est en quantité plus ou moins grande à mesure qu'on va du centre de l'aimant où elle est nulle, à chaque extrémité où elle est à son maximum. — V. AIMANT, MAGNÉTISME.

4° *Quantité de lumière.* Les quantités de lumière émises par deux corps lumineux, bougie, lampe, lumière électrique, etc., s'évaluent comparativement au moyen du *photomètre* (V. ce mot). La quantité de lumière émise par un bec de gaz, de la forme dite *papillon*, est la même quand il éclaire par la tranche ou de face.

5° *Quantité de matière.* Dans la pratique, la quantité de matière que renferme un corps creux ou poreux est proportionnelle au poids de ce corps ou à sa masse.

En théorie, on admet que la quantité de matière répandue dans l'univers est invariable. La matière ne subit que des transformations ; il ne s'en crée pas, il ne s'en détruit pas.

Les quantités de matière (ou plutôt leurs proportions) contenues dans un mélange ou dans une combinaison chimique, se déterminent par l'analyse dite *quantitative*, par opposition à l'analyse *qualitative* qui n'indique que la nature des éléments constitutifs du mélange ou de la combinaison.

6° *Quantité de mouvement.* On nomme ainsi, en mécanique, le produit de la masse d'un corps par sa vitesse ; $Q = m\,v$. Quand la masse est considérable, comme celle d'un train de chemin de fer et la vitesse assez rapide, la quantité de mouvement est énorme et capable de grands effets, par conséquent de terribles catastrophes, ainsi que l'ont prouvé maintes fois les rencontres de deux trains. Il en est de même des collisions de navires dont la quantité de mouvement est aussi très considérable. Avec une petite masse et une grande vitesse, un corps, comme un projectile lancé par une bouche à feu, est capable aussi de grands effets mécaniques. — C. D.

*QUARANTENIER. *T. de cord.* On désigne sous ce nom des cordages employés dans la marine, commis en fils, goudronnés, et qui n'ont point d'usage déterminé. On en fait de différentes grosseurs (de 6 à 18 fils et plus) et de différentes longueurs (40 ou 80 brasses), ce qui fait qu'on distingue, suivant la grosseur, les *quaranteniers de six, neuf, quinze,* etc., *fils*, et, suivant la longueur, les *quaranteniers simples* et les *quaranteniers doubles*. On écrit quelquefois *quarantainier* et *quarantinier*.

QUART. En t. *d'arch.*, on appelle *quart de rond*, une moulure tracée au compas et qui est la quatrième partie de la circonférence d'un cercle ; on l'appelle quelquefois *ove*, et on donne le même nom à l'outil qui sert à pousser cette moulure ; en t. *d'orfèv.*, on désigne ainsi un ornement qui règne au bas du pied d'un flambeau et qui forme une espèce de moulure concave. ‖ *Quart de cercle*, arc de 90°, quatrième partie d'une circonférence. Instrument qui sert à prendre les hauteurs, les distances ; il est formé de la quatrième partie d'un cercle divisée par degrés, minutes et secondes avec une lunette fixe ou mobile ; le *quart de cercle mural* consiste en un grand quart de cercle de cuivre, fixé contre un mur dans le plan du méridien et muni d'une lunette mobile autour de son centre ; il sert à observer le passage des astres à différentes hauteurs — V. CERCLE MÉRIDIEN. ‖ *Quart de pouce.* Instrument de poche, muni d'une lentille grossissante, qui sert à compter le nombre de fils d'une étoffe sur un espace donné, soit le centimètre carré, le quart du pouce anglais.

QUARTIER. En *techn.*, feuille de métal laminé que le batteur d'or soumet à l'action du marteau. — V. BATTEUR D'OR. ‖ La pièce ou les pièces de cuir qui entourent le talon d'une chaussure. ‖ Parties d'une selle sur lesquelles portent et reposent les cuisses du cavalier. ‖ *Quartier tournant*, se dit des marches qui sont dans l'angle d'un escalier et qui tournent autour du noyau. || **Art hérald.** Quatrième partie d'un écusson écartelé. || Se dit des parties d'un grand écusson qui contient des armoiries différentes, quoiqu'il y en ait plus de quatre. || *Franc-quartier*, premier quartier de l'écu qui est à la droite du côté du chef et moins grand qu'un vrai quartier d'écartelure.

QUARTZ. *T. de minér.* Ce corps, qui a pour formule SiO^3... $Si\Theta^2$, contient, quand il est pur et forme la variété désignée sous le nom de *cristal de roche*, 46,67 de silicium et 53,33 d'oxygène. C'est une substance éminemment dure (Dur. $=7$), infusible, si ce n'est au chalumeau oxyhydrique ; rebelle à la décomposition, inattaquable par les divers corps chimiques, excepté l'acide fluorhydrique ou les alcalis comme la soude ou la potasse, à chaud. Sa densité est de 3,65. Il a une cassure conchoïdale ou écailleuse. Lorsqu'il est cristallisé, ses cristaux obéissent à la symétrie ternaire avec prédominance du prisme hexagonal, et il montre souvent alors des stries sur ses faces et parfois aussi des mâcles très régulières ; mais on le trouve encore amorphe, en filons, ou sous la forme plus ou moins pulvérulente.

Dans les variétés de *quartz cristallisé* il faut ranger : le *quartz hyalin*, ou cristal de roche, il réfracte doublement la lumière et positivement ; il a un éclat vitreux, il ne conduit pas l'électricité, mais est électrisable par le frottement de la laine ; il est lumineux dans l'obscurité après frottement réciproque de ses cristaux. Lorsqu'il provient de la destruction de terrains anciens, il peut prendre la forme de cailloux ou de galets roulés ; quelques espèces sont même très connues sous le nom de *cailloux du Rhin*, de Cayenne, du *Médoc* ; lorsque la décomposition a été poussée à l'extrème, c'est le *sable blanc*. L'acide silicique est parfois coloré par des bases métalliques : le *quartz améthyste* doit sa nuance violette à de l'oxyde de manganèse, comme le *quartz rose* ou *rubis de Bohème* ; le *quartz jaune* ou *topaze de l'Inde* contient un peu d'oxyde de fer ; le *quartz enfumé* ou *topaze de Bohème, diamant d'Alençon*, renferme des traces de matières organiques ; le *quartz noir* est coloré par des matières carbonées ; le *quartz laiteux* est du quartz ordinaire mélangé de carbonate de chaux ; le *quartz hématoïde* ou *sinople*, ou *hyacinthe de Compostelle*, remarquable par ses mâcles très fréquentes, est opaque et contient du sesquioxyde de fer ; le *quartz aventuriné* doit les effets de lumière qu'il présente aux fissures qu'offrent ses faces, et le *quartz œil de chat* à la pénétration de cristaux d'amiante.

On connaît, depuis peu, une nouvelle variété de quartz cristallisé, c'est la *tridymite* nommée ainsi parce qu'elle cristallise ordinairement en mâcles de trois individus. Elle est transparente ou translucide, incolore ou blanche, d'une densité de 2,2, infusible, insoluble dans les acides, et se trouve ordinairement dans les roches volcaniques, comme le porphyre du Mexique, celui de Berlenhardt (Siebengebirge) et la roche des capucins, en Auvergne.

Le *quartz amorphe* comprend les variétés dites :

silex pyromaque ou pierre à fusil, de coloration blanche, grise, blonde ou noire ; il abonde dans la craie ; le *silex corné* ou kératite, très répandu à Huelgoët (Finistère), dans le calcaire des environs de Grenoble, dans le calcaire grossier et le calcaire siliceux des environs de Paris ; et le *calcaire molaire* ou *pierre meulière*, fréquent aux environs de Paris (Montmorency, Sannois, Cormeil, Meudon) et surtout remarquable à la Ferté-sous-Jouarre.

Le *quartz amorphe et cristallisé* qui compte de nombreuses variétés, bien connues en bijouterie sous les noms de *calcédoine*, d'*agates ponctuée, enfumée, herborisée, zonée, rubannée*, etc. ; de *saphirine*, de *cornaline*, de *sardoine*, de *prase* ou *chrysoprase* ; de *jaspes vert, sanguin, noir*, etc. ; de bois fossiles silicifiés, etc.

Le *quartz terreux*, qui se trouve à l'état pulvérulent ou sous forme de rognons très légers, comme le *quartz nectique* qui surnage sur l'eau, et que l'on rencontre principalement à Saint-Ouen, près Paris ; et le *quartz thermogène* ou *geysérite* qui, en Islande, se produit sur les parois des sources bouillantes des geysers et, dès lors, se dépose en masses concrétionnées anhydres.

Le *quartz hydraté*, qui est amorphe ; il compte des espèces très précieuses, comme l'*opale noble* et ses variétés le *girasol*, l'*hyalite*, et des espèces plus ordinaires au nombre desquelles se trouvent le *quartz résinite*, la *mesnilite*, de Mesnilmontant, l'*hydrophane*, le *cacholong*, etc. ; et, parmi les sortes terreuses, la *terre pourrie*, le *tripoli*, la *randanite*.

Usages. Le quartz constitue la partie prédominante des roches acides ou légères, et la silice forme à elle seule plus de 28 0/0 de toutes les masses solides, d'origine éruptive ; c'est elle qui a été par excellence l'instrument de consolidation de la croûte terrestre. Aussi trouve-t-on souvent dans le quartz, des inclusions solides, liquides ou gazeuses. Les premières, suivant leur forme, sont désignées sous le nom de *cristallites*, qui comprennent les *longulites*, les *globulites* et les *trichites*, puis on nomme *microlithes*, les inclusions ayant une forme géométrique bien déterminée et souvent une nature particulière. Les *inclusions vitreuses* sont les restes de la matière amorphe au milieu de laquelle les cristaux ont pris naissance ; elles n'ont pas d'action sur la lumière polarisée et, d'ordinaire, sont arrondies. Les *inclusions liquides* sont fréquentes dans le quartz, elles sont irrégulières ou polyédriques, à contours accentués et souvent renferment une bulle de gaz (libelle) ; mais leurs dimensions sont variables, microscopiques dans le quartz granitique, et alors animées du mouvement brownien ; parfois beaucoup plus considérables. Le liquide est de l'eau pure ou une solution saline aqueuse, soit de chlorure de sodium, soit de fluorure alcalin, surtout de calcium. M. Whitmann-Cross a montré que ces inclusions peuvent parfois se faire postérieurement à la consolidation des roches. Quant aux *inclusions gazeuses*, elles sont quelquefois irrégulières, ou concentriques aux zones d'accroissement du cristal ; le gaz qui y est renfermé y est tantôt contenu sous pression faible, c'est alors de l'azote, avec traces d'oxygène ou d'acide carbonique; tantôt sous pression assez élevée, c'est alors de l'acide carbonique avec de l'hydrogène ou des carbures d'hydrogène.

Le quartz hyalin sert, dans la lunetterie, pour faire des instruments d'optique, des objets d'art, des bijoux; désagrégé et sous forme de sable blanc, dans les fabriques de cristal et de verre; celui qui est amorphe, sert dans l'empierrement des routes, dans la construction, le pavage (silex); à la fabrication des meules (pierres meulières), aux constructions exposées à l'eau (pierres meulières); les variétés amorphes et cristallisées, de même que les cristaux teintés, sont réservés à la bijouterie, ainsi que diverses sortes de quartz hydraté; quant au quartz hydraté terreux, il sert pour les nettoyages (terre pourrie, tripoli) ou pour la fabrication de la dynamite (randanite, etc.). — J. C.

* QUEBRACHO (Bois de). Arbre très abondant au Brésil et à la Plata, importé récemment en France; c'est le *quebracho rouge de Tucuman*: Syn. *quebracho colorado* (*laxopterygium lorentzii*, Griseb.) (térébinthacées). On le réduit en poudre, pour être employé au tannage des peaux. Il contient 20 0/0 de tannin, tandis que l'écorce du chêne n'en contient que 5 0/0. On ne l'emploie qu'en mélange (1/3 de quebracho et 2/3 de tan), car, employé pur, il donne un cuir quelque peu cassant et de moindre qualité que le cuir tanné d'après le procédé français. Il n'y a en France qu'une usine, celle de M. Clavé, à Coulommiers, où l'on réduise en poudre le quebracho; mais dans l'Amérique du Sud, on se sert journellement de sa sciure pour le tannage. Le *quebracho blanc* de la République Argentine, Syn.: *quebracho blanco* (*aspidosperma quebracho*, Schlcht.), sert aux mêmes usages, et est encore plus riche en tannin (27,5 0/0).

* QUEMASON. *T. de métall.* Borax brut employé dans l'Amérique Méridionale, pour séparer par fusion quelques métaux de leurs minerais. Ce corps est utilisé dans les fabriques de cuivre.

* QUENOUILLE. *T. de métall.* Dans la coulée de l'acier fondu, on cherche à éviter l'entraînement dans les moules et les lingotiers, de la scorie qui accompagne le métal, en employant une *poche à quenouille*. C'est une poche de fonderie ordinaire, munie d'un orifice au fond. Cet orifice porte un *siège* ou pièce annulaire en brique réfractaire, qui est destiné à limiter l'ouverture par laquelle s'échappera le métal sous la pression de la colonne liquide. Sur ce siège, dont la partie supérieure porte une empreinte creuse ayant la forme d'une demi-sphère, s'appuie l'extrémité d'une tige métallique, garnie de terre réfractaire et portant un bouchon demi-sphérique, de manière à produire l'obturation complète de l'orifice, quand la tige ou *quenouille* appuie le bouchon sur le siège, et à permettre la sortie du métal, en quantité plus ou moins grande, suivant qu'on soulève plus ou moins la quenouille. Celle-ci, pour faciliter la manœuvre, est recourbée en dehors de la poche et vient s'appuyer sur

une glissière que l'on fait mouvoir avec un levier d'une longueur suffisante, pour ne pas exposer les ouvriers au rayonnement de la surface du bain recouvert de scorie.

‖ Petit bâton qui sert à filer soit au fuseau, soit au rouet, que l'on entoure vers l'une de ses extrémités, de soie, de laine, de chanvre, de lin, etc., que la fileuse étire peu à peu avec la main. Pour la laine et la soie, la quenouille se termine ordinairement par un croissant de métal ou de bois, tandis que celle qui sert pour les filasses est simplement enflée à un bout avec de la bourre recouverte de toile, ou encore à l'aide d'un cône de bois ou de liège.

* QUENOUILLON. *T. de mar.* Écheveau de filasse employé pour le calfatage des navires.

QUERCITRON. *T. de teint. et de mat. méd.* Écorce du chêne jaune (*quercus coccinea*, Wangen), famille des amentacées. Nous avons donné au mot Chêne les caractères de cet arbre. Son écorce qui porte le nom de *quercitron* renferme un tannin spécial (acide quercitannique) et des matières colorantes, rouge, brune et jaune, dont la dernière est le *quercitrin*, ou *acide quercitrique* de Bolley, $C^{66}H^{30}O^{34}+H^2O^2...C^{33}H^{30}O^{17}+H^2O$, corps découvert par Chevreul, et qui est la seule matière active. Elle s'oxyde à l'air et jaunit immédiatement, elle brunit par les alcalis, et se colore en vert plus ou moins foncé, par le perchlorure de fer, l'alun, les sels d'étain. Duperray, de Rouen, montra, dès 1849, qu'en présence de l'acide sulfurique faible, elle se dédouble en un glucose (l'*isodulcite*, $C^{12}H^{10}O^{10}...C^6H^{10}O^5$) et en un autre principe colorant le *quercetin* ou *quercetine*, $C^{34}H^{18}O^{24}...C^{27}H^{18}O^{12}$ (Léeshing, 1855), lequel communique aux tissus une couleur plus vive que le quercitrin. Le *flavin* qui nous vient de l'Amérique, est du quercetin presque pur. Les pétales de roses de Provins contiennent également du quercitrin.

Le quercitron arrive en boucauts de 500 à 700 kilogrammes, ou par subdivisions de moitié, du tiers ou du quart. Le plus estimé est le *quercitron de Philadelphie*, qui est en filaments légers, menus et blonds; vient ensuite le *quercitron de New-York*, en filaments plus gros et plus longs, et enfin celui de *Baltimore*, à peu près comparable au précédent, mais qui offre, en outre, des fragments d'écorce, non effilés. On préfère aujourd'hui le quercitron moulu; on emploie beaucoup également l'extrait à 10 et 15°.

Usages. Ce produit sert pour la teinture en coton en jaune, et aussi, ainsi que l'acide picrique, à colorer les lisières des étoffes de laine, dites « nouveautés ». — J. C.

QUEUE. *T. de constr.* Longueur d'une pierre prise dans le sens de l'épaisseur de l'ouvrage dont elle fait partie; partie la plus large du giron d'une marche tournante; *queue en cul-de-lampe*, clef de voûte qui descend en contre-bas; *queue de paon*, disposition d'un compartiment de parquetage ou de carrelage qui, en partant du centre, va en s'élargissant; *queue d'aronde* ou d'*hironde*, sorte de tenon en forme de queue d'hirondelle et qui entre dans une entaille de même forme pour faire un *assemblage.* — V. ce mot. || *Queue de cochon.* Sorte de tarière terminée en vrille. || Anneau ouvert, fixé au bord d'une traverse qui court le long du métier de retordage et qui supporte les broches. || *Queue de rat,* corde beaucoup plus grosse par un bout que par l'autre, en usage lorsque l'on doit se servir d'un cordage qui ne fatigue que d'un seul côté. || Tabatière en écorce de bouleau dont le couvercle se soulève à l'aide d'une petite lanière de cuir. || Lime ronde ayant la forme d'un cône allongé avec laquelle on travaille les trous et les parties rondes. || *Queue de renard,* outil taillé à deux biseaux que l'on emploie pour percer. || *Queue de morue,* nom de certaines brosses des peintres en bâtiment. — V. Pinceau.

*QUEURSE. *T. techn.* Pierre à aiguiser à l'usage des tanneurs, pour dépiler les peaux sans en altérer la fleur; on donne le même nom à un morceau d'ardoise travaillé en forme de couteau pour le même usage.

* QUILLAI. *T. de bot.* Sorte d'arbre de la famille des rosacées, série des quillajées, provenant de l'Amérique méridionale (Pérou, Chili, Brésil), et dont l'écorce, vulgairement employée sous le nom de *bois de Panama,* pulvérisée et mêlée à l'eau, fait mousser celle-ci comme le savon, et lui donne la propriété de dégraisser les étoffes de laine et de soie. Cette écorce, qui provient des *quillaja saponaria,* Mol., *quillaja smegmadermos,* D. C. et *quillaja brasiliensis,* A. S. H., est en larges plaques de 1 mètre de longueur environ, larges de 20 centimètres, avec près d'un centimètre d'épaisseur; sa saveur d'abord peu prononcée, devient âcre; elle est sans odeur, mais provoque l'éternuement quand on la brise, par suite du détachement de fines aiguilles cristallines qui irritent la muqueuse nasale.

QUILLE. *T. de constr. nav.* Dans la charpente des navires, on donne le nom de quille à une sorte de longue poutre, en bois ou en fer, régnant d'une extrémité à l'autre de la coque, à la partie inférieure. On donne une idée exacte de la forme et du rôle de la quille, en la comparant à la colonne vertébrale; les couples ou membres tenant alors lieu de côtes.

Dans les bâtiments en bois, la quille est formée par la juxtaposition de pièces de bois, réunies avec de longs écarts. A l'avant, la quille se joint à l'étrave par l'intermédiaire du brion; à l'arrière, elle se termine directement au pied de l'étambot. Elle reçoit les pieds des divers couples, dont les plans sont sensiblement perpendiculaires à sa direction : les bordages inférieurs, appelés *galbords,* sont au contraire accolés à la quille, sur les faces de laquelle on ménage, dans ce but, des évidements appelés *rablures.* Le plus souvent, dans le sens de la hauteur, la quille se décompose en contre-quille, rablure, tableau de la quille et enfin fausse quille. La quille ayant une importance essentielle dans la charpente, est faite avec des matériaux de choix, chêne ou orme; la fausse quille est en bois léger, en sapin

par exemple. Son rôle est de protéger la quille contre les chocs ou frottements violents dans les échouages. Son arrachement ne doit pas entraîner, autant que possible, d'avarie dans la quille proprement dite.

Dans les navires en fer, la quille est formée de tôles et cornières, ou de fers profilés. Souvent même, elle n'existe pas à l'extérieur, et le bordé de la carène est continu. Dans ce cas, elle subsiste néanmoins, mais se trouve reportée dans l'intérieur du navire.

Lorsque la quille est extérieure, elle contribue dans une large mesure, à constituer le plan de dérive, c'est-à-dire la surface résistante que le navire oppose à l'eau dans le mouvement transversal. Aussi, dans les bâtiments qui doivent naviguer au plus près, et peu *dériver,* on exagère les dimensions du tableau de la quille : malheureusement le tirant d'eau du navire se trouve augmenté d'autant. C'est pour cela que l'on emploie quelquefois des portions de quille mobiles appelées *dériveurs,* et que l'on dispose au large, au moment de louvoyer.

Généralement, les quilles sont droites : pourtant certains petits navires à voiles de course, ont le profil de la quille courbe, convexe vers le bas, c'est dans le but de faciliter la rotation du navire autour d'un axe vertical.

La quille joue aussi un rôle intéressant dans l'amortissement des oscillations du navire, appelées *roulis.* On accroît cet effet en disposant de chaque côté de la coque, et sur une certaine portion de la carène, des *quilles latérales.* — V. Construction navale.

Quille. *T. techn.* Grand coin de bois ou de fer, à l'usage des ardoisiers et que l'on emploie encore pour exploiter certaines roches. || Instrument de bois avec lequel on élargit et on allonge les doigts des gants pour leur donner une forme convenable. || Instrument dont on se sert pour calibrer un tuyau et apprécier la vitesse d'un courant.

QUILLIER. Outre qu'il désigne l'ensemble des quilles composant un jeu, ce mot s'applique à la tarière dont se sert le charron pour ouvrir le moyeu des roues, avant que d'y passer le taraud.

QUINCAILLERIE. Marchandise de toute sorte de quincaille, c'est-à-dire d'ustensiles et d'instruments de fer, d'acier ou de cuivre.

Historique. Les quincailliers formaient antrefois une des classes de marchands dont se composait le corps des merciers. C'est pourquoi, dès le xvi° siècle, comme on le voit par les *Observations sur l'Etat et peuple de France,* par Regnault, ch. XXII, tous les objets de fonte se vendaient chez les quincailliers, avec les objets en corne et en écaille.

Dans la seconde moitié du xviii° siècle, la province vit se fonder les premières fabriques modernes d'objets de quincaillerie; elles furent établies dans les pays où les populations se livraient depuis longtemps à ce genre de fabrication. Ainsi les marchands quincailliers de Paris firent construire à Lamecourt, près de Sedan, des ateliers dans lesquels on terminait les différents ouvrages forgés par les habitants des villages voisins. Il s'était fondé sur plusieurs autres points de la France des fabriques de quincailleries, notamment à Thiers, à Saint-Étienne, à Roanne; mais la Révolution qui survint retarda de quelques années le développement de ce genre d'établissements en France. Liège, Aix-la-Chapelle, Nuremberg, Francfort et l'Angleterre, continuèrent de nous envoyer leurs produits sans rencontrer beaucoup de concurrence jusqu'à la fin des guerres de l'Empire.

Depuis cette époque, la fabrication de la quincaillerie n'a cessé de se développer en France; elle s'est répandue dans les Vosges, dans la Haute-Saône, le Doubs, et dans plusieurs autres départements, où l'on rencontre maintenant de grandes usines dans lesquelles fonctionnent des laminoirs, des cisailles, des machines à découper, à estamper, à emboutir, à planer, à mortaiser; des meules à aiguiser et à polir, des tours à fileter, et tous les engins récemment inventés pour travailler le fer et l'acier.

Grâce aux perfectionnements dans nos fabriques, la quincaillerie de France rivalise avec celle de l'Angleterre et l'emporte incontestablement sur celle de l'Allemagne.

L'armurerie, la coutellerie et la boutonnerie, forment aujourd'hui des industries bien distinctes; mais les ouvrages de serrurerie, de taillanderie, les ustensiles de ménage en fer et en fonte, et beaucoup de menus articles en fer, en acier et en cuivre, se confondent encore sous le nom générique de *quincaillerie*.

Quincaillerie de bâtiment. Dans l'industrie du bâtiment, on distingue trois catégories d'ouvrages de serrurerie : 1º ceux en fer forgé tels que les gros fers et autres façonnés au marteau et qui n'ont pas été travaillés sur l'établi; 2º ceux en fers d'assemblage, comprenant les grilles, balcons, rampes d'escaliers et autres; 3º les ferrures ou *quincailleries*.

Ces derniers objets, qui sont exécutés en fabrique et non sur demande, sont vendus par des commerçants spéciaux appelés *quincailliers*. Le nombre de ces objets est considérable; nous citerons seulement les plus importants et ceux qui sont le plus en usage : les *serrures* de toute espèce; les *gonds* pour volets extérieurs, persiennes et portes; les *loqueteaux* simples, coudés ou à ressorts pour persiennes et châssis vitrés; les *pivots* et *crapaudines* pour portes; les *charnières* pour portes, armoires, etc.; les *paumelles* simples ou doubles pour portes et fenêtres; les *loquets* pour volets et portes; les *espagnolettes* et les *crémones* pour croisées; les *fiches* à gonds, à nœuds et à broche pour portes et guichets; les *équerres* simples ou doubles pour volets, persiennes et croisées; les *targettes*, les *poignées*, les *crochets*, les *pentures*, les *boutons* de porte, etc.

-**QUINCAILLIER.** *T. de mét.* Marchand ou fabricant de quincaillerie.

QUININE. *T. de chim.* L'un des principes actifs es plus importants du quinquina. Elle se trouve urtout abondamment dans les quinquinas jaunes et mélangée avec la cinchonine dans les quinquinas rouges; elle existe alors dans les écorces à l'état de quinate de quinine et dans la propor-

tion de 3 à 4 0/0 d'alcaloïde. Elle a été découverte, en 1820, par Pelletier et Caventou.

Propriétés. La quinine a pour formule

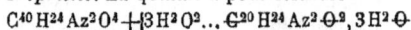

$$C^{40}H^{24}Az^2O^4 + 3H^2O^2\dots C^{20}H^{24}Az^2O^2, 3H^2O$$

Elle est amère, blanche, amorphe; mais, précipitée de son sulfate, par l'action de l'ammoniaque, elle prend la forme d'aiguilles allongées, à 3 molécules d'eau; elle subit la fusion aqueuse à 57º; elle perd 9,5 0/0 d'eau à 100º, et fond à 117º; elle est peu soluble dans l'eau froide (1/1670), mieux dans l'eau bouillante (1/908), elle est assez soluble dans l'éther, le chloroforme, les huiles grasses et volatiles, les carbures d'hydrogène, et très soluble dans l'alcool et les acides dilués. Elle jaunit à la lumière en se transformant en *quinidine*, son isomère, qui en diffère surtout parce qu'il dévie à droite la lumière polarisée alors que la quinine dévie à gauche de 270º,7. Traitée par la potasse, à chaud, elle donne, par distillation, un liquide dense, la *quinoléine*, $C^{26}H^{14}Az^2\dots C^{13}H^{14}Az^2$. Son sulfate, chauffé trois à quatre heures, entre 120 et 130º, donne du sulfate de *quinicine* que l'on sépare par les procédés ordinaires. Cette nouvelle base a pour formule $C^{40}H^{24}Az^2O^4\dots C^{20}H^{24}Az^2O^2$, est isomère de la quinine, mais est fluide et résinoïde et dévie à droite la lumière polarisée. Elle a été isolée par Pasteur.

Caractères spéciaux. L'acide sulfurique dissout à froid la quinine, sans la colorer; cette solution sulfurique est fluorescente et opalescente avec 1/100,000 de base; elle donne, avec la *potasse* et le *carbonate de potasse*, un précipité blanc; avec le *tannin*, un précipité blanc sale; avec l'*eau chlorée et quelques gouttes d'ammoniaque*, une coloration verte; avec l'eau chlorée et un *peu de ferrocyanure de potassium* pulvérisé, la solution devient rose, puis rouge; avec le *cyanure de potassium*, il y a coloration rouge; avec l'*acide iodique*, réduction; avec le *polysulfure de potassium*, on a une coloration rouge; avec le *sulfomolybdate d'ammoniaque*, une coloration bleue; avec le *sucre et l'acide sulfurique*, il y a coloration brune.

PRÉPARATION. Pour préparer la quinine brute, on épuise le quinquina jaune par l'eau acidulée par l'acide chlorhydrique, et on précipite par le carbonate de soude. On lave et on dessèche ce dépôt, on le dissout dans de l'alcool à 80º bouillant, puis on distille pour chasser l'alcool et on évapore à siccité. Elle est alors fortement colorée et contient un mélange de quinine, de quinidine, de cinchonine, de matières colorantes et de résines. Pour l'avoir *pure*, on se sert de son sulfate (100 grammes) que l'on dissout dans de l'eau (2 litres), en y ajoutant de l'acide sulfurique dilué à 1/10 (112 grammes); alors on y verse 120 grammes d'ammoniaque, et on laisse le tout en repos pendant vingt-quatre heures en agitant de temps à autre. La quinine précipitée passe à l'état d'hydrate à 6 équivalents d'eau, on la lave à l'eau distillée jusqu'à ce que l'eau de lavage ne contienne plus de traces d'acide sulfurique ou de sulfate d'ammoniaque; on filtre pour recueillir le précipité et le laisser sécher à l'air libre.

Usages. C'est un modérateur du système nerveux et le meilleur fébrifuge connu, mais la quinine est toxique à dose élevée. Le sulfate est le sel le plus employé. — V. SULFATE.

Nous ne pouvons parler de la quinine sans dire quelques mots de son isomère, la *quinidine*, qui a toujours cinq molécules d'eau ; elle se trouve dans les mêmes écorces. Elle cristallise en prismes rhomboïdaux obliques, efflorescents, fondant à 160°. Elle se dissout dans l'eau froide (1/1500), dans l'eau bouillante (1/750), bien mieux dans l'éther (1/90) et surtout l'alcool (1/45 à froid et 1/3 à chaud). Sa solution dévie la lumière polarisée à droite, de 233°,6 ; elle est comme la quinine diacide.

Elle se distingue de la quinine par le précipité blanc pulvérulent qu'elle donne, en solution neutre, avec l'iodure de potassium.

Pour la préparer, on épuise le quinquina par l'eau acidulée d'acide chlorhydrique, puis on précipite les alcaloïdes par un excès de chaux, on recueille et on lave ce produit à l'eau froide ; on le fait sécher à l'étuve, puis on le pulvérise, et on porte à l'ébullition avec la quantité exacte d'eau distillée représentant le poids du quinquina employé ; enfin, on y ajoute assez d'acide sulfurique pour dissoudre l'alcaloïde. Par refroidissement, le sulfate de quinine cristallise ; alors on décante les eaux mères et on les précipite par le carbonate de soude. Le dépôt renferme de la quinidine, de la cinchonidine, des résines, de la matière colorante. Pour enlever la quinidine, on traite le résidu par l'éther, on filtre et on distille pour séparer le dissolvant. Le résidu, repris par l'acide sulfurique étendu, puis additionné d'ammoniaque, donne la quinidine, que l'on peut avoir bien cristallisée en la reprenant par l'éther additionné de 1/10 d'alcool, et en laissant évaporer spontanément.

Le sulfate de cette base est très souvent mélangé au sulfate de quinine dont il diminue considérablement l'action et la valeur. — J. C.

*QUINOLÉINE. T. de chim.

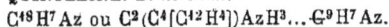

$C^{18}H^7Az$ ou $C^2(C^4[C^{12}H^4])AzH^3 \ldots C^9H^7Az$.

Alcali artificiel découvert, en 1845, par Gerhardt, et surtout étudié par M. Greville Williams ; il a été obtenu par voie de synthèse par M. Kœnigs. C'est un liquide incolore, très réfringent, d'odeur forte, rappelant celle des amandes amères ; bouillant à 238° ; indécomposable au rouge, d'une densité de 1,081 ; presque insoluble dans l'eau, soluble dans l'alcool, l'éther, le sulfure de carbone, les huiles essentielles et grasses, etc. Elle s'unit facilement aux acides et donne des sels cristallisés ; elle forme aussi des combinaisons définies et bien cristallisées avec un grand nombre de sels métalliques. C'est une base ternaire qui donne, avec les éthers iodhydriques, des iodures d'ammonium composés, dont l'un d'eux, l'iodure d'amylquinoléinammonium,

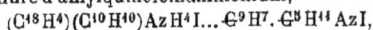

$(C^{18}H^4)(C^{10}H^{10})AzH^4I \ldots C^9H^7 . C^5H^{11}AzI$,

chauffé avec de la potasse, donne le *bleu de quinoléine* ou *cyanine*, $C^{56}H^{35}AzI^2 \ldots C^{28}H^{35}AzI^2$, engendré par condensation de deux molécules d'amylquinoléine. — V. t. I, p. 741.

On obtient la synthèse de la quinoléine en faisant passer des vapeurs d'allylaniline sur de l'oxyde de plomb porté au rouge sombre, il y a fixation d'oxygène et dégagement d'eau ; ou bien, pour la préparer, on se sert d'alcaloïdes naturels comme la quinine, la cinchonine, etc., et on les distille dans une cornue en fer, avec de la potasse caustique, chauffée au rouge sombre. On projette la cinchonine ou l'alcaloïde choisi, par petites portions, et il passe à la distillation de la quinoléine impure mélangée d'autres alcalis homologues, comme la *lépidine*, $C^{20}H^9Az \ldots C^{10}H^9Az$, la *dispoline*, $C^{22}H^{11}Az \ldots C^{11}H^{11}Az$, etc. Par distillation fractionnée, en recueillant seulement ce qui passe entre 235-240°, on sépare la quinoléine impure, que l'on purifie en la transformant en chloroplatinate et en faisant cristalliser plusieurs fois. — J₅ C.

*QUINON. T. de chim. On donne ce nom aux aldéhydes des phénols polyatomiques, mais quelques auteurs les regardent comme des carbures aromatiques dans lesquels l'oxygène se substitue à l'hydrogène à volumes égaux.

Leur type, le quinon proprement dit, a été découvert, en 1838, par Woskresensky ; peu après Wœhler transforma ce corps en hydroquinon, mais ce ne fut qu'en 1868 que Graebe réunit ces produits en un groupe spécial, en y rattachant, avec Liebermann, l'alizarine et la purpurine.

On obtient les quinons de différentes manières :

a) Par oxydation des phénols, puisque, aldéhydes des phénols, il suffit d'enlever à ces derniers de l'hydrogène :

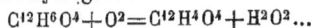

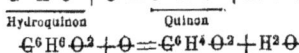

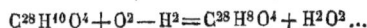

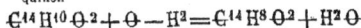

$$\underset{\text{Hydroquinon}}{C^{12}H^6O^4} + O^2 = \underset{\text{Quinon}}{C^{12}H^4O^4} + H^2O^2 \ldots$$

$$C^6H^6O^2 + O = C^6H^4O^2 + H^2O$$

$$\underset{\substack{\text{Anthrahydro-}\\\text{quinon}}}{C^{28}H^{10}O^4} + O^2 - H^2 = \underset{\text{Anthraquinon}}{C^{28}H^8O^4} + H^2O^2 \ldots$$

$$C^{14}H^{10}O^2 + O - H^2 = C^{14}H^8O^2 + H^2O$$

b) Par substitution d'oxygène à son volume d'hydrogène dans les carbures incomplets :

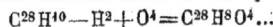

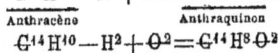

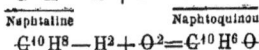

$$\underset{\text{Anthracène}}{C^{28}H^{10}} - H^2 + O^4 = \underset{\text{Anthraquinon}}{C^{28}H^8O^4} \ldots$$

$$C^{14}H^{10} - H^2 + O^2 = C^{14}H^8O^2$$

$$\underset{\text{Naphtaline}}{C^{20}H^8} - H^2 + O^4 = \underset{\text{Naphtoquinon}}{C^{20}H^6O^4} \ldots$$

$$C^{10}H^8 - H^2 + O^2 = C^{10}H^6O^2 ;$$

c) Par oxydation des alcalis organiques, dérivés des carbures incomplets :

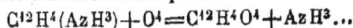

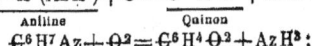

$$\underset{\text{Aniline}}{C^{12}H^4(AzH^3)} + O^4 = \underset{\text{Quinon}}{C^{12}H^4O^4} + AzH^3 \ldots$$

$$C^6H^7Az + O^2 = C^6H^4O^2 + AzH^3 ;$$

d) En traitant les chlorures incomplets par l'acide chlorochromique, puis en décomposant le produit formé par l'eau, ou en oxydant certains dérivés des substitués des carbures aromatiques (les paradérivés) et surtout les dérivés amidés ou sulfuriques.

On connaît diverses sortes de *quinons proprement dits* ; les plus importants sont les suivants :

QUIN

Quinon ordinaire....	$C^{12}H^4O^4$	$\bar{C}^6\bar{H}^4\bar{O}^2$
Toluiquinon......	$C^{14}H^6O^4$	$\bar{C}^7\bar{H}^6\bar{O}^2$
Thymoquinon.....	$C^{20}H^{12}O^4$	$\bar{C}^{10}\bar{H}^{12}\bar{O}^2$
Naphtoquinon.....	$C^{20}H^6O^4$	$\bar{C}^{10}\bar{H}^6\bar{O}^2$
Anthraquinon....	$C^{28}H^8O^4$	$\bar{C}^{14}\bar{H}^8\bar{O}^2$
Phénanthraquinon..	$C^{28}H^8O^4$	$\bar{C}^{14}\bar{H}^8\bar{O}^2$, etc.

puis des *quinons mixtes*, comme les quinons phénols, formés aux dépens des quinons chlorés, par substitution d'eau à l'acide chlorhydrique, ayant lui-même remplacé de l'hydrogène. Parmi ces derniers, nous pouvons citer :

L'oxythymoquinon,

$C^{20}H^{12}O^6$ ou $C^{20}H^{10}O^4(H^2O^2)$ ... $\bar{C}^{10}\bar{H}^{12}\bar{O}^3$

Dioxythymoquinon,

$C^{20}H^{12}O^8$ ou $C^{20}H^8O^4(H^2O^2)^2$ ... $\bar{C}^{10}\bar{H}^{12}\bar{O}^4$

Oxynaphtoquinon,

$C^{20}H^6O^6$ ou $C^{20}H^4O^4(H^2O^2)$ ... $\bar{C}^{10}\bar{H}^6\bar{O}^3$

Dioxynaphtoquinon,

$C^{20}H^6O^8$ ou $C^{20}H^2O^4(H^2O^2)^2$ ... $\bar{C}^{10}\bar{H}^6\bar{O}^4$

Trioxynaphtoquinon,

$C^{20}H^6O^{10}$ ou $C^{20}O^4(H^2O^2)^3$ ... $\bar{C}^{10}\bar{H}^6\bar{O}^5$

Oxyanthraquinon,

$C^{28}H^8O^6$ ou $C^{28}H^6O^4(H^2O^2)$ ... $\bar{C}^{14}\bar{H}^8\bar{O}^3$

Dioxyanthraquinon ou *alizarine*,

$C^{28}H^8O^8$ ou $C^{28}H^4O^4(H^2O^2)^2$ ... $\bar{C}^{14}\bar{H}^8\bar{O}^4$

Trioxyanthraquinon ou *purpurine*,

$C^{28}H^8O^{10}$ ou $C^{28}H^2O^4(H^2O^2)^3$ ... $\bar{C}^{14}\bar{H}^8\bar{O}^5$

Tous ces corps n'offrent pas le même intérêt industriel. Nous étudierons d'abord le *quinon*, type de la fonction. Il a pour formule $C^{12}H^4O^4$... $\bar{C}^6\bar{H}^4\bar{O}^2$, et a été découvert par Woskrezensky; il fut analysé par Laurent et étudié par Wœhler et Graebe.

C'est un corps qui se présente sous forme d'aiguilles jaune d'or, sublimables à la température ordinaire, fondant à 116° et d'odeur iodée; il est peu soluble dans l'eau froide, mais soluble dans l'eau chaude ainsi que dans l'alcool et dans l'éther. L'hydrogène ou les réducteurs puissants, comme le protochlorure d'étain, l'acide sulfureux, le sulfate ferreux, le transforment en *hydroquinon* :

$C^{12}H^4O^4+H^2=C^{12}H^6O^4$... $\bar{C}^6\bar{H}^4\bar{O}^2+\bar{H}^2=\bar{C}^6\bar{H}^6\bar{O}^2$

et si la quantité de réducteur a été insuffisante, en *hydroquinon vert* (Wœhler), qui est un mélange d'hydroquinon et de quinon non décomposé,

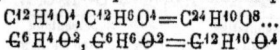

$C^{12}H^4O^4, C^{12}H^6O^4 = C^{24}H^{10}O^8$...
$\bar{C}^6\bar{H}^4\bar{O}^2, \bar{C}^6\bar{H}^6\bar{O}^2 = \bar{C}^{12}\bar{H}^{10}\bar{O}^4$

En fixant de l'oxygène, par l'acide azotique, sur le quinon, on obtient un mélange d'acides picrique et oxalique; avec le chlore ou le brome, on a par substitution des quinons trichlorés ou tribromés, $C^{12}HCl^3O^4$... $\bar{C}^6HCl^3\bar{O}^2$, et $C^{12}HBr^3O^4$... $\bar{C}^6HBr^3\bar{O}^2$; le quinon tétrachloré s'obtient par l'action de l'eau régale ou du chlorate de potasse avec l'acide chlorhydrique; avec l'ammoniaque ou les alcalis organiques, on forme des dérivés amidés.

Formation. a) On peut obtenir le quinon en oxydant la benzine par l'acide chlorochromique,

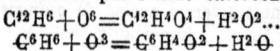

$C^{12}H^6+O^6=C^{12}H^4O^4+H^2O^2$...
$\bar{C}^6\bar{H}^6+\bar{O}^3=\bar{C}^6\bar{H}^4\bar{O}^2+\bar{H}^2\bar{O}$

b) Par oxydation de l'hydroquinon,

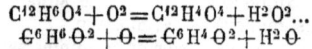

$C^{12}H^6O^4+O^2=C^{12}H^4O^4+H^2O^2$...
$\bar{C}^6\bar{H}^6\bar{O}^2+\bar{O}=\bar{C}^6\bar{H}^4\bar{O}^2+\bar{H}^2\bar{O}$

c) Par oxydation de l'aniline.

d) Par oxydation de l'acide quinique, de l'arbutine, de la quercite, du tannin, du café.

PRÉPARATION. On prépare le quinon de diverses manières :

a) En traitant dans une cornue 1 partie d'acide quinique par 8 parties de bioxyde de manganèse, 2 parties d'acide sulfurique et une partie d'eau; on commence par chauffer doucement et l'on condense les vapeurs dans un ballon refroidi. On obtient des cristaux de quinon qui se forment au milieu d'une solution aqueuse; on recueille ces cristaux, on les essore et on les sèche en vase clos.

b) En traitant 1 partie d'aniline dissoute dans 8 parties d'acide sulfurique et 30 parties d'eau, par 3 parties 1/2 de bichromate de potasse pulvérisé et ajouté par fractions. Après plusieurs heures, on élève la température à 35°, puis on abandonne au refroidissement. On agite le liquide avec de l'éther, qui dissout le quinon, et on laisse évaporer. On peut encore traiter directement une solution d'hydroquinon par une solution sulfurique de bichromate de potasse. On enlève le quinon formé au moyen de l'éther.

QUINQUET. Sorte de lampe à un ou plusieurs becs et à double courant d'air, inventée par Argand, vers 1785, et que Quinquet a perfectionnée en y adaptant un tuyau de verre qui fait l'office de cheminée. — V. LAMPE.

QUINQUINA. T. de bot. Arbres de la famille des rubiacées, série des cinchonées, originaires de l'Amérique du sud, et caractérisés par la présence, dans les feuilles, de stipules plus petites que ces dernières, une corolle valvaire imbriquée ou tordue; un fruit capsulaire, infère ou rarement supère; des graines ailées ou appendiculées. Ces arbres se trouvent dans les Cordillères des Andes, entre le 10° de latitude nord et le 20° au sud, entre 1,200 et 7,300 mètres d'altitude; ils peuvent atteindre jusqu'à 20 mètres d'élévation.

HISTORIQUE ET DISTRIBUTION GÉOGRAPHIQUE. Son nom lui a été donné par Linné en souvenir de la guérison (obtenue en 1638), de la femme du vice-roi du Pérou, Cabrera y Bobadilla, quatrième comte de Cinchon; un an après, des jésuites en apportèrent à Madrid, sous forme de poudre, aussi désigna-t-on fort longtemps le produit pulvérisé sous les noms de *poudre de la comtesse* ou de *poudre des jésuites*. Vers la même époque Lacondamine, envoyé par l'Académie des sciences, pour mesurer au Pérou, quelques degrés du méridien, y découvrit l'arbre à quinquina (Loxa), l'importance des résultats obtenus avec cette poudre, pour la guérison des fièvres, décidèrent, en 1679, Louis XIV à acheter à l'anglais Talbor, le secret de la provenance de la poudre, et depuis cette époque l'écorce du quinquina parvint en France; en 1760, l'espagnol Mutis, en explorant la Nouvelle-Grenade et les environs de Santa-Fé de Bogota, découvrit le quinquina jaune orangé, et un peu plus tard, dans la Colombie, le quinquina Pitayo; en 1792, Ruys, Pavon et Domberg firent la découverte des espèces qui composent le genre de quinquina, dit de *Huanuco*;

Ruys seul, allant vers l'Equateur, trouva le quinquina rouge vrai, et un autre type de quinquina rouge, le quinquina huaranda ; puis au sud, en Bolivie, le quinquina jaune royal ou calysaya. Plus tard, Joseph de Jussieu découvrit une variété nouvelle, peu riche en alcaloïdes, mais vivant dans la plaine, et à laquelle il donna le nom de *cinchona josephiana* ; Humbold, en 1800, vérifia les découvertes faites jusqu'à son époque, et ce ne fut qu'en 1848, qu'une nouvelle trouvaille fut annoncée par Weddel ; il venait de rencontrer dans les montagnes, l'espèce signalée par de Jussieu, mais alors beaucoup plus riche, et renfermant de 25 à 32 00/00 d'alcaloïdes, au lieu de 6 à 8.

Depuis, un grand nombre de variétés ont été créées dans les quinquinas, par suite des essais heureux d'acclimation faits par les Anglais à Ceylan, dans l'Himalaya, les Indes, et par les Hollandais à Java.

Comme distribution on ne retrouve les quinquinas que dans une seule zone. Ils sont tous groupés dans une partie de l'Amérique du Sud qui est voisine de la chaîne des Andes.

On peut diviser les quinquinas en quatre groupes distincts :

Le premier (fig. 350) forme une bande qui part de Vénézuéla pour descendre à la Nouvelle-Grenade (Etats-Unis de Colombie) : elle fournit le quinquina jaune orangé, les espèces dites *cinchona lancifolia*, puis le Macaraïbo ou *cinchona cordifolia*. La seconde chaîne presque parallèle à celle-ci part du milieu de la Nouvelle-Grenade et va jusqu'au mont Chimborazo, en longeant la côte du côté de l'Océan Pacifique. Elle donne le quinquina *Pitayo*, et, à la partie sud, le quinquina rouge (*cinchona succirubra*). Une troisième zone part encore des Etats de Colombie, traverse la République de l'Equateur et pénètre jusque dans le Pérou ; c'est de là que nous viennent les quinquinas gris de Loxa, fournis par le *cinchona condaminea* ou *cinchona officinalis*. Enfin, la quatrième zone traverse tout le Pérou et va jusque vers l'extrémité de la Bolivie, c'est celle qui nous donne le quinquina gris de Huanuco et le quinquina jaune calisaya.

Récolte. Les quinquinas sont des arbres vivant au milieu des forêts viergés, et qu'il est donc difficile d'exploiter, aussi, à mesure que les demandes d'écorces vinrent à affluer, la récolte se fit d'une façon telle, que les arbres étaient voués à une destruction fatale. En les abattant, on obtenait des écorces aplaties sur le tronc et les grosses branches, ou roulées, en prenant les petites branches. Bientôt, la consommation fût telle que les bonnes espèces vinrent à manquer et que l'on chercha à cultiver le quinquina.

Les Hollandais furent les premiers à envoyer des pieds jeunes à Java (1853) pour les transplanter dans leurs possessions ; ces premiers essais ayant été fructueux, les Anglais firent de même à Ceylan, sur la côte de Malabar et au Bengale ; les 35,000 pieds apportés, avaient permis en 1866 d'obtenir un million et demi de jeunes arbres, maintenant il en existe plus de quatre millions, dont un certain nombre sont en bon rapport. On a craint pendant quelque temps que ces espèces fussent moins actives que celles américaines, mais loin de là, par suite des études faites par Mac-Yvor, on obtient maintenant dans l'Inde et à Java, des écorces d'une richesse extrême. Grâce au moussage, c'est-à-dire au dépôt artificiel de mousse que l'on fixe sur les pieds cultivés, le *cinchona officinalis*, qui ne donnait que 37 00/00 d'alcaloïdes peut en fournir jusqu'à 61, et une espèce très pauvre en Amérique, le *cinchona pahudiana*, How., a pu en fournir jusqu'à 20 00/00. La privation de la lumière est la cause de cet accroissement en alcaloïdes utiles.

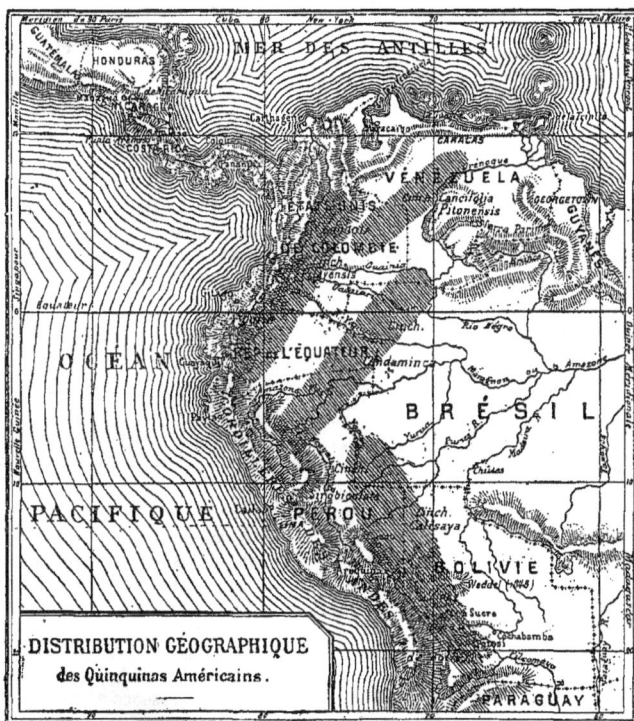

ALCALOÏDES DES QUINQUINAS. Les plus importants des principes existant dans les écorces des quinquinas sont les suivants :

La quinine, la quinidine, la quinicine,

$$C^{40}H^{24}Az^2O^4 ... C^{20}H^{24}Az^2O^2 ;$$

La cinchonine, la cinchonidine, la cinchonicine,

$$C^{40}H^{24}Az^2O^2 ... C^{20}H^{24}Az^2O ;$$

La quininamine et la conquinamine,

$$C^{38}H^{24}Az^2O^4 ... C^{19}H^{24}Az^2O^2 ;$$

DISTRIBUTION GÉOGRAPHIQUE des Quinquinas Américains.

Fig. 350.

L'aricine,

$$C^{46}H^{26}Az^2O^8 ... C^{23}H^{26}Az^2O^4;$$

L'homocinchonidine,

$$C^{38}H^{22}Az^2O^2 ... C^{19}H^{22}Az^2O;$$

La cusconine,

$$C^{46}H^{26}Az^2O^8 ... C^{23}H^{26}Az^2O^4;$$

La paytine,

$$C^{42}H^{20}Az^2O^2 ... C^{21}H^{20}Az^2O;$$

La dicinchonine,

$$C^{80}H^{48}Az^4O^4 ... C^{40}H^{48}Az^4O^2;$$

La dihomocinchonine,

$$C^{76}H^{44}Az^4O^4 ... C^{38}H^{44}Az^4O^2;$$

Il y a des acides quinique, $C^{14}H^{12}O^{12} ... C^7H^{12}O^6$, quinovique. $C^{48}H^{38}O^8 ... C^{24}H^{38}O^4$, cinchotannique, etc.; des matières colorantes jaune, verte et rouge, solubles ou non; et en plus de la cellulose, de la gomme, de la fécule, de l'huile volatile, etc.

La richesse et la valeur de ces écorces se calcule d'après leur teneur en sulfates d'alcaloïdes, par kilogramme d'écorce. Le *cinchona calisaya* donne en moyenne 30 à 32 grammes de sulfate de quinine, et 6 à 8 de sulfate de cinchonine, mais on en a trouvé contenant jusqu'à 60 et 80 grammes de sels. Le *cinchona Pitayo* titre de 25 à 40 grammes de sulfate de quinine. Le *cinchona succirubra* renferme de 20 à 25 grammes de sulfate de quinine et 10 à 12 grammes de sulfate de cinchonine, ceux de l'Inde donnent jusqu'à 40 grammes de sulfates d'alcaloïdes. Le *cinchona officinalis* a 8 0/0 d'alcaloïdes dans les cultures, tandis que le quinquina de Loxa d'Amérique, riche en cinchonine, ne contient parfois pas de sulfate de quinine. Le quinquina Maracaïbo est toujours pauvre en quinine, 2 à 3 grammes 00/00.

Siège des alcaloïdes. Deux opinions différentes ont été émises au sujet de l'endroit dans lequel s'accumulaient les alcaloïdes dans les écorces de quinquina. D'après l'une on admettait qu'ils se trouvaient dans la partie intérieure de l'écorce, mais l'opinion contraire semble prévaloir. En effet, des analyses récentes ont donné les résultats suivants :

	Extérieur	Intérieur
Cinchona lancifolia. Quinine . .	1.12	0.00
Cinchonine.	1.02	0.93
	2.14	0.93 0/0.

et les expériences faites sur des quinquinas à écorces jeunes et roulées ont donné :

	Ecorce de 1/4 de pouce	Ecorce de 1/2 pouce
Quinine	1.00	0.71
Cinchonine	0.90	1.03
	1.90	1.74 0/0

Il résulte donc de ces faits que dans les écorces de quinquina c'est surtout vers la partie extérieure que se concentrent les principes actifs, et qu'en avançant en âge, les alcaloïdes diminuent. Ainsi tombe d'elle-même cette théorie qui voulait que les espèces dites *quinquinas gris, quinquinas jaunes, quinquinas rouges*, ne fussent que les produits d'un seul et même arbre; l'écorce provenant des toutes jeunes branches aurait donné le quinquina gris; celle des branches moyennes, le jaune, et celle du tronc, le rouge.

Lorsqu'on fait l'étude histologique d'un quinquina non privé de son épiderme, on y trouve : tout à fait à l'extérieur, une portion de la couche subéreuse, devenue brun-foncé, constituant ce que dans le commerce on nomme le *cercle résineux*, cette couche disparaît sur les écorces âgées; puis, le parenchyme cortical, formé de deux couches, une extérieure à éléments irréguliers, une intérieure à phytocystes plus ou moins comprimés et se continuant intérieurement avec les rayons médullaires corticaux; parfois dans la couche extérieure il y a des phytocystes contenant des cristaux, et d'autres fois une matière résineuse jaune ou rouge. Ces phytocystes peuvent se réunir pour former, avec l'âge, des zones parallèles qui se détachant, font de cette seconde zone une sorte de faux épiderme. La troisième partie de l'écorce est la zone herbacée, elle est souvent complète dans les écorces; c'est celle-là qui est riche en substances actives, surtout dans sa portion cellulaire. Là se forme la cinchonine et la matière colorante appelée *rouge cinchonique*.

C'est à la réaction de cette substance avec les sels ammoniacaux dissous dans la sève de la plante qu'est due la formation des alcaloïdes, aussi c'est pour cette raison que l'on retrouve dans ces derniers une notable quantité d'azote. La couche intérieure, ou couche libérienne, est formée à la fois par des tissus cellulaires et fibreux : les fibres libériennes constituent un réseau à mailles irrégulières, puis on voit des fibres non parallèles, entremêlées de tissu cellulaire riche en quinine. Entre la zone herbacée et celle libérienne on trouve parfois des fibres parallèles abondant en zone cinchotannique et en principes actifs. La dernière couche est très épaisse.

CLASSIFICATION. Pour faire l'étude des quinquinas, on peut se baser sur différents caractères : 1° la forme des écorces, qui sont ou plates, ou roulées ; 2° la couleur ; on distingue les quinquinas en gris, jaunes, rouges et blancs, ces derniers n'ayant qu'une faible valeur, parce qu'ils sont pauvres en alcaloïdes, et manquent presque de quinine ; 3° l'absence ou non de périderme ; 4° la provenance.

Ces divers moyens de ranger les quinquinas peuvent tous avoir un côté offrant une certaine valeur, mais aucun, pris isolément, ne permet de faire une classification convenable des quinquinas. Nous les classons dans le tableau de la page 687.

Voici l'ordre dans lequel nous présenterons les caractères les plus importants des quinquinas :

1° *quinquinas jaunes : a)* quinquina calisaya, *b)* quinquina calisaya léger ; *c)* quinquina de la Nouvelle-Grenade (*lancifolia* et *Pitayo*) ; *d)* quinquina de Maracaïbo ; 2° *quinquina rouge verruqueux ou vrai* ; 3° *quinquinas gris : a)* quinquina de Loxa ; *b)* de Lima ou de Huanuco ; 4° *quinquinas faux.*

1° QUINQUINAS A ÉCORCES PLATES :

Quinquina calisaya. *Cinchona calisaya,* Wedd. Son écorce se trouve dans le commerce sous deux formes, plate et roulée. Dans la forme

Caractères importants des principaux quinquinas.

Quinquinas à écorce plate.	a) Faces interne et externe fibreuses.	1. Ecorce épaisse. Cassure finement fibreuse, fibres prurientes (Pérou, Bolivie).	*Q. calisaya.*	*Cinchona calisaya.* Wedd.
		2. Ecorce mince. Cassure longuement fibreuse (Pérou).	*Q. rouge de Cuzco.*	*C. scrobiculata.* H. B.
	b) Face externe subéreuse, face interne fibreuse. Plaques micacées jaunes ou rouge orangé.	1. Ecorce tendre. Poussière pruriente (Colombie).	*Q. de Colombie.*	*C. lancifolia.* Mut.
		2. Ecorces lourdes, dures, compactes, poudre inoffensive (Nouvelle-Grenade et Colombie).	*Q. Pitayo.*	*C. pitayensis.* Wedd
		3. Ecorce offrant des plaques obliques, tordues, à surface ridée longitudinalement (Vénézuéla).	*Q. Maracaïbo.*	*C. cordifolia.* Mut.
	c) Face extérieure subéreuse.	Ecorce à cercle résineux, très épais. Fibrés courtes, prurientes. Couleur rouge-brun. Verrues à la surface (Rép. de l'Equateur).	*Q. rouge vrai.*	*C. succirubra.* Pav.
Quinquinas a écorce roulée	a) Ecorce de la grosseur d'une plume à celle du doigt. Fissures transversales régulièrement disposées. Cassure résineuse. Face interne variant du jaune cannelle au brun rougeâtre. Odeur prononcée (Rép. de l'Equateur, Pérou).		*Q. gris de Loxa.*	*C. Condaminea.* II. B. ou *C. officinalis.* L.
	b) Ecorce de même grosseur. Fentes nombreuses, fines, régulièrement espacées sous l'épiderme. Odeur assez faible (Pérou).		*Q. gris pâle* (Huamalies).	*C. crispa.* Tafalla.
	c) Ecorce de 5 à 20 millimètres de grosseur. On distingue : 1° les *minces*, du quinquina Loxa, par les fentes transversales moins régulières ; la structure plus fibreuse, l'odeur plus faible (Pérou) ; 2° les *grosses*, du C. calisaya roulé, par les bords obliquement coupés et les fentes moins profondes (Pérou).		*Q. gris de Huanuco.* et *Q. de Lima.*	*C. nitida.* R. et Pav. *C. Peruviana.* How. *C. micrantha.* R. et Pav.
	d) Ecorce de 2 à 3 centimètres de grosseur. Périderme grisâtre, profondément crevassé (Indes et Java).		*Q. jaune de l'Inde. Q. jaune de Java.*	*C. ledgeriana. C. Javanica.*

plate, la plus importante, le périderme est enlevé ; les parties externes et internes ont une structure essentiellement fibreuse, l'externe, fortement marquée de profondes impressions, de sillons ; l'écorce est de couleur fauve brunâtre ; la surface interne a des fibres très fines, ondulées ; la saveur est amère. Sa cassure laisse échapper de petites fibres prurientes. Richesse : 30 à 32 00/00 en sulfate de quinine, 6 à 8 00/00 de sulfate de cinchonine. Le *quinquina calisaya roulé* n'est différent de l'autre que parce qu'ici, ce sont les jeunes branches que l'on observe ; elles possèdent leur périderme, sont assez épaisses, d'un gris blanc à l'extérieur, et sont recouvertes de lichens rougeâtres ; la face interne est finement fibreuse, la cassure donne des fibres prurientes. Richesse : 15 à 20 00/00 de sulfate de quinine, et 8 à 10 00/00 de sulfate de cinchonine.

Quinquina calisaya léger (*quinquina de Cuzco*). Sa valeur commerciale est beaucoup moindre, son écorce est légère et peu épaisse. Sa couleur tourne au rouge, mais la face interne est jaune orangé foncé. Ses fibres sont droites, longues et flexibles, son aspect ligneux. Il est produit par le *cinchona scrobiculata*, H. B., et ne contient que 4 00/00 de sulfate de quinine, avec 12 00/00 de sulfate de cinchonine.

Les Etats-Unis de Colombie peuvent nous donner deux espèces bien différentes de quinquinas :

Quinquina jaune orangé de Mutis (*cinchona lancifolia*, Mut.); le *quinquina Pitayo* (*cinchona pitayensis*, Wedd.); ces écorces ont des caractères communs qui les différencient de toutes les autres. Ici la surface intérieure est toujours fibreuse ; la face extérieure, subéreuse, rappelle la structure du liège ; de plus il existe des plaques micacées à la partie externe. Le *cinchona lancifolia* est très répandu dans la zone environnant Santa-Fé-de Bogota, c'est l'espèce la plus estimée. Sa surface extérieure est subéreuse, l'épiderme micacé étant plus ou moins abondant, attaquable par l'ongle, tendre, friable ; les fibres fines laissent, par la cassure, sortir une poussière semblable à celle du quinquina calisaya. La couleur, la forme, la grosseur, sont assez variables, l'épaisseur parfois semblable à celle des écorces de cannelle de Chine. Ces écorces, longtemps inappréciées en France, nous arrivent sous deux noms : *quinquina de Colombie*, le meilleur, à fibres fines et flexibles, donnant 35 00/00 de sulfate de quinine ; le *quinquina de Carthagène*, à structure presque ligneuse, et ne donnant que 10 00/00 de sulfate de quinine.

Quinquina Pitayo. Donné par le *cinchona*

pitayensis; il croît sur des terrains plus rapprochés de la mer, et offre les caractères du cinchona lancifolia, mais ses écorces sont plus lourdes, présentent des parties très subéreuses, des cellules plus prononcées, des fibres très serrées et difficiles à rompre, ne donnant pas de poussière comme le précédent. Sa couleur le fait distinguer en *Pitayo jaune*, et *Pitayo rouge brun*; actuellement, il arrive dans le commerce en petits morceaux, ce qui le fait rechercher dans les fabriques de produits chimiques. Il contient souvent jusqu'à 45 00/00 de sulfate de quinine, et en moyenne de 30 à 40 00/00.

A côté de ces deux espèces importantes de la Nouvelle-Grenade, se trouve le *quinquina Maracaibo*, fourni par le *cinchona cordifolia*. Cette espèce, très répandue dans le pays, nous arrive en morceaux plus ou moins tordus et de grandeur variable; généralement minces, d'une teinte jaune particulière. Son écorce est striée longitudinalement; sur la face extérieure, elle offre des fibres assez grosses; l'espèce est pauvre en alcaloïdes, par conséquent mauvaise, elle ne donne que 3 00/00 de sulfate de quinine.

Quinquina rouge vrai ou verruqueux. Cette espèce très riche et rare se vend un prix élevé. Ce sont des botanistes anglais, Sprince surtout, qui l'ont étudiée dans le Chimborazo, et ont montré qu'elle provenait du *cinchona succirubra*. Elle se présente sous les formes les plus variables, que l'on peut toutes cependant rapporter au même type, le *quinquina rouge verruqueux*. Les écorces sont très épaisses, avec épiderme fendillé en tous sens, facilement attaquable par l'ongle et garni de verrues. L'écorce possède une zone de cellules ayant une apparence typique, l'aspect résineux; la texture est très serrée, les fibres fines et prurientes, la couleur rouge brun et la saveur amère. Cette sorte contient beaucoup de rouge cinchotannique; elle donne de 20 à 25 00/00 de sulfate de quinine, et de 10 à 12 00/00 de sulfate de cinchonine.

2° QUINQUINAS EN ÉCORCES ROULÉES.

Quinquina de Loxa. Il est produit par le *cinchona officinalis*, Syn.: *cinchona Condaminea*; c'est la première espèce connue. Ses écorces sont d'ordinaire roulées, mais d'une grosseur un peu variable; comme couleur, l'épiderme varie du gris blanc au gris noirâtre; il a des fissures transversales régulièrement rapprochées les unes des autres; l'aspect en est rugueux; la cassure a une tranche résineuse assez nette; la couleur intérieure varie du jaune cannelle au brun rougeâtre. Son odeur est bien plus agréable que celle de l'espèce suivante.

Quinquina Huanuco. Il nous arrive par la voie de Lima, d'où parfois le nom de *quinquina de Lima* qui lui est appliqué. Les écorces proviennent de différentes espèces, *cinchona nitida*, *micrantha*, *Peruviana*, et cette dernière est celle qui en donne le plus. Il faut distinguer les écorces grosses, des minces. Les écorces minces se distinguent du Loxa, par des fentes transversales plus irrégulières, d'un aspect inégal et rugueux; la structure est fibroso-ligneuse, la cassure fibreuse, l'odeur faible. Les grosses écorces ont une certaine analogie avec le quinquina calisaya roulé, mais elles ont leurs bords obliquement tronqués, et de plus, dans le calisaya, il y a quelquefois des taches rouges, dues à la présence d'un lichen, les fentes de l'écorce sont moins profondes. Richesse en alcaloïdes: de 12 à 30 00/00 de sulfate de cinchonine.

Quinquinas de la Havane. Ils sont roulés, striés dans le sens longitudinal, mauvais et à rejeter.

Quinquinas de l'Inde et de Java. Ils offrent les caractères des cinchona calisaya d'Amérique; leur richesse en alcaloïdes, peut aller jusqu'à 80 00/00 de sulfates d'alcaloïdes.

QUINQUINAS FAUX.

Quinquina nova. Il provient, non d'un cinchona, mais du *cascarilla magnifolia*, Wedd., dont les capsules s'ouvrent de haut en bas, tandis que le dédoublement de la cloison se fait de bas en haut dans les cinchona; les écorces fort épaisses ne peuvent être prises pour celles d'un cinchona, elles sont grosses et roulées, leur périderme est blanchâtre et se détache facilement. Ce tissu très dense est d'un rouge vineux, et une coupe transversale montre des fibres blanches entremêlées. Sa saveur est astringente. Il ne contient pas d'alcaloïdes, mais de l'acide quinovique.

Quinquina Piton, quinquina caraïbe. Ces deux espèces sont fournies par le genre *exostema*: la première par l'*exostema floribondum*, Rœm.; la seconde par l'*exostema caraïbeum*, Rœm.; les écorces de ces arbres sont faciles à reconnaître, elles sont très minces (0.002), offrent des fibres plates agglutinées, et possèdent une saveur très amère et désagréable.

Usages. Les quinquinas sont d'un emploi de plus en plus considérable. Non seulement ils sont à peu près les seuls fébrifuges certains connus, mais ils servent encore journellement comme toniques et amers, et sous cette dernière forme, donnés comme apéritifs. Depuis plusieurs années, par suite des réactions que leurs alcaloïdes donnent en présence de la lumière, de la potasse, et des alcalis, on en a pu tirer des couleurs employées dans la teinture et l'impression. — J. C.

R

*RABAT. 1° *T. de métall.* Pièce de charpente qui, dans l'affinage au bas-foyer, est destinée à recevoir le choc de la queue du marteau à cingler les loupes ou à étirer les barres de fer et d'acier ; par suite de l'élasticité du bois, la queue du marteau est *rabattue* vivement, ce qui augmente l'intensité du choc. ‖ 2° *T. de tiss.* Dans les métiers à tisser, pour livrer passage à la navette, on élève les fils qui doivent recouvrir la trame et souvent aussi l'on abaisse en même temps ceux qui doivent être recouverts par elle, c'est à ce dernier mouvement que l'on donne le nom de *rabat* ; une mécanique d'armure, en particulier, est dite *travailler avec rabat,* ou *par lève et baisse,* lorsqu'elle produit les deux mouvements à la fois. ‖ 3° *T. techn.* Opération qui, dans le polissage des marbres, des granits et des porphyres, succède à l'égrisage, et qui consiste à frotter en substituant au grès un sable très doux. ‖ 4° *T. du cost.* Dans le costume ecclésiastique, morceau d'étoffe qui retombe du col sur la poitrine et qui est divisé en deux parties oblongues bordées d'un liseré blanc. — V. pour le costume civil l'article Costume.

* RABATAGE. Méthode d'exploitation des *mines.* (V. ce mot.) Il vaudrait mieux écrire *rabattage.*

RABATTEMENT. *T. de géom. descript.* On désigne ainsi l'opération qui consiste à faire tourner un plan autour d'une droite parallèle à sa trace, sur l'un des plans de projection, jusqu'à ce qu'il devienne parallèle à ce plan de projection. L'utilité de cette opération réside en ce qu'après le rabattement, les figures tracées sur le plan se projetteront en vraie grandeur. La méthode des rabattements est donc tout indiqué chaque fois qu'on veut obtenir la vraie grandeur des figures tracées sur un plan quelconque, ou qu'on a à effectuer des constructions dans un plan quelconque. Dans ce dernier cas, on commencera par rabattre les données de la question, c'est-à-dire par déterminer les positions que prennent, après le rabattement, les divers éléments du problème. On résout alors celui-ci d'après les principes de la géométrie plane ; puis enfin, on détermine les projections des résultats, c'est-à-dire des lignes ou points trouvés dont on a déjà le rabattement. Cette dernière operation qui constitue le problème inverse du rabattement, et consiste à ramener le plan donné dans sa position primitive, s'appelle *relever* le plan donné. On remarquera que pour effectuer ces diverses opérations, il suffit de savoir : 1° rabattre un point du plan donné par ses projections ; 2° relever un point dont on connaît le rabattement, puisqu'on pourra répéter la construction pour tous les points de la figure dont on aura besoin. La méthode des rabattements sert en particulier à trouver la distance de deux points, la distance d'un point à une droite ou à un plan, l'angle de deux droites ou de deux plans, l'angle d'une droite ou d'un plan avec les plans de projection, à déterminer les projections du cercle inscrit ou circonscrit à un triangle, à résoudre certains problèmes d'ombre, etc.

On peut remarquer que l'opération du rabattement peut se décomposer en deux autres ; elle équivaut : 1° à prendre pour nouveau plan de projection un plan perpendiculaire à la trace autour de laquelle on rabat ; 2° à effectuer une rotation autour de cette trace. La méthode des rabattements est aussi employée en perspective dans des conditions analogues à celles où elle est utile en géométrie descriptive. — M. F.

*RABATTEUR. Organe de la *moissonneuse.* — V. ce mot.

*RABATTOIR. *T. techn.* Outil qui sert à tailler les ardoises ; outil avec lequel on rabat les bords d'une pièce d'ouvrage quelconque.

RABATTRE. 1° *T. techn.* Faire disparaître les inégalités, les aspérités d'un objet, soit en martelant, soit en frottant avec une substance quelconque ; abaisser les reliefs trop accusés. ‖ 2° Mettre les peaux dans un plain mort, pour les ramollir. ‖ 3° *T. de teint.* Rabattre une teinte, c'est la ternir ou la diminuer d'intensité. On dit *une teinte rabattue.* ‖ Rabattre au bain, signifie mettre de nouveau dans un bain les articles que l'on a déjà sortis pour éventer ou recharger le bain.

RÂBLE. 1° *T. techn.* Outil terminé par un crochet à angle droit de la tige et servant au brassage des bains métalliques ; au puddlage le râble porte aussi le nom de *ringard* ou *crochet*. || 2° Instrument à manche de bois, terminé par une sorte de râteau en fer, et qui sert à remuer, dans le four, le charbon et les tisons, à retirer la braise, ainsi que les cendres. || 3° Outil du savonnier pour agiter le mélange. || 4° Long bâton terminé par une planchette ovale, pour pallier une cuve ou un bain. || 5° Outil avec lequel les plombiers étendent le plomb fondu pour lui donner une égale épaisseur.

*RABLURE. *T. de mar.* Rainure pratiquée dans l'étrave et l'étambot pour recevoir les bouts des cordages.

RABOT. 1° *T. techn.* Outil qui sert à dresser et blanchir le bois, et qui comprend deux pièces essentielles : un *fer* ou lame tranchante, et un *fût*, sorte de prisme quadrangulaire en bois qui a pour objet : 1° de maintenir cette lame dans la position inclinée qu'elle doit avoir pour couper le bois ; 2° de permettre de la conduire avec les mains et de régler la quantité de bois à enlever. On distingue plusieurs sortes de *rabots* : la *galère*, grand rabot dont se servent les charpentiers pour planer les bois qui doivent être *refaits* et dressés à arêtes vives ; la *varlope*, rabot de grande dimension et qui est employé, à la fois, par les menuisiers et les charpentiers ; le *guillaume*, qui sert aux menuisiers à atteindre et à polir le fond des arêtes creuses formées par deux plans qui se rencontrent à angle droit ; le *bouvet*, employé en menuiserie pour faire les languettes et creuser des rainures sur l'épaisseur des planches, afin de les unir par leurs tranches ; et, enfin, le *rabot* proprement dit, dont le fût, sorte de bille de bois dur, poirier, cerisier, sorbier ou cormier, est percé d'une entaille inclinée, plus ou moins dégagée qu'on appelle *lumière* ; c'est dans cette entaille que s'engage le fer, qui s'y trouve maintenu par un coin de bois.

Il y a aussi plusieurs sortes de rabots proprement dits : le *rabot ordinaire*, décrit ci-dessus ; le *rabot cintré convexe*, dont la semelle est courbe et qui sert à raboter les surfaces concaves ; le *rabot cintré concave*, qui sert à raboter les surfaces convexes ; le *rabot à contre-fer*, sans vis et à vis ; le *rabot à semelle d'acier* ; le *rabot à élégir* ; le *rabot à dents* ; le *rabot de bout* ; le *rabot râcloir* ; le *rabot à mettre d'épaisseur* ; le *rabot à deux fers* ; etc. || 2° Les maçons donnent le nom de *rabot* ou *broyon* à un instrument qui sert à triturer la chaux et le sable pour faire le mortier. Il est composé d'une lame de fer arrondie formant un angle aigu avec un long manche au moyen duquel on le manœuvre. || 3° Fer tranchant qui fait partie du coupoir au moyen duquel le fondeur en caractères enlève les parties superflues. || 4° Outil qui sert à remuer le minerai dans les eaux de lavage. || 5° Petite lame tranchante assujettie sur une platine et qui coupe la peluche et le velours pendant le tissage. || 6° Instrument à l'usage des vitriers et des miroitiers pour couper le verre ; c'est une monture en acier qui sert de guide à une pointe de diamant, ce qui lui fait donner le nom de *rabot*

de diamant. || 7° Sorte de râteau à l'usage du cirier et de divers métiers. || 8° Outil qui sert à régulariser le fond des tranchées dans les opérations de drainage.

*RABOTAGE. Action de raboter. — V. RABOTEUSE.

RABOTEUR. *T. de mét.* Ouvrier qui pousse les moulures sur les huisseries de portes, les cadres, les marches d'escalier, etc. || Celui qui dresse et nivelle les parquets à l'aide du rabot râcloir.

*RABOTEUSE. *T. de mécan.* Dans son acception la plus générale, cette dénomination comprend toutes les machines dont l'outil, restant le plus fréquemment immobile, agit sur la pièce à travailler en y traçant un sillon rectiligne et ordinairement horizontal ; elle s'applique plus spécialement, toutefois, à celles dont l'outil ou le plateau qui supporte la pièce peuvent recevoir un grand déplacement horizontal, et elle s'étend, d'autre part ; à certains types de machines étudiés pour travailler de grosses pièces, telles que les cylindres de machines marines, et dont l'outil travaille en se déplaçant verticalement, ces pièces étant trop volumineuses pour qu'on puisse les faire mouvoir pendant la passe.

On pourrait distinguer aussi les raboteuses dont le plateau est mobile, l'outil restant fixe pendant la durée de la passe, et celles dites *à fosse*, dont le plateau reste fixe, l'outil se déplaçant au contraire pendant le travail. Cette distinction, toutefois, manquera d'application dans l'avenir, car ce dernier type de raboteuses à outil mobile tend à disparaître des ateliers : il présente, en effet, l'inconvénient d'obliger l'outil à travailler en porte à faux à des distances parfois très considérables du bâti qui le supporte, et les flexions qui en résultent enlèvent toute précision au travail. Ces machines à fosse sont, en outre, plus chères d'installation et d'entretien que les machines à plateau mobile, et on n'hésite plus à y renoncer maintenant. On ne rencontre plus guère d'outil mobile que sur de petites machines dont l'outil n'exécute alors qu'une passe limitée dans le sens transversal au banc et qui constituent ce qu'on appelle les *étaux-limeurs*. L'outil reçoit, d'ailleurs, en même temps, un mouvement de translation longitudinal qui peut s'étendre sur toute la longueur du banc. Le déplacement de l'outil ne présente plus les mêmes inconvénients, en raison de la longueur limitée de la passe, et cette disposition est fréquemment appliquée.

L'outil des raboteuses, analogue d'ailleurs à celui des tours, est formé d'une lame d'acier dont l'arête coupante en *o* est reportée, généralement, dans l'axe *a u* du corps de l'outil pour lui donner plus de résistance, ainsi qu'on en voit un exemple figure 351. L'outil est défini par son angle de coupe *c* qui est toujours aigu et qui doit varier suivant la nature du métal à travailler, et il doit être d'autant moins aigu que ce métal est plus dur. Pour le fer et l'acier, on prend généralement 60 à 70°, et pour le bronze 80 à 85°. Pour les passes fines sur les métaux très durs, l'angle de coupe donné aux outils gratteurs ou à buriner est plutôt obtus et peut même aller jusqu'à 140°.

Le plan de base de l'outil ne doit pas traîner sur la surface à travailler, et il est nécessaire de lui donner une certaine inclinaison par rapport à celle-ci. Cet angle d'inclinaison b (fig. 351) qu'on réduit autant que possible pour ne pas affaiblir l'outil, ne dépasse guère 3° pour le fer, et 4° pour la fonte et le bronze. Il reste enfin à considérer l'angle de dégagement f qui forme le complément de l'angle tranchant augmenté de l'angle d'inclinaison et qui est l'angle de la face tranchante avec la normale passant par l'arête ; il a pour but de ménager le dégagement des copeaux de métal détaché.

La vitesse relative de l'outil par rapport à la surface à travailler, ou vitesse de coupe, varie nécessairement avec la dureté du métal et la disposition même de l'outil plus ou moins exposé à l'air, car il faut éviter de trop l'échauffer par la chaleur même dégagée pendant le travail. Les outils de raboteuses, qui sont généralement plus dégagés que les forets, par exemple, peuvent atteindre 0^m,10 environ de vitesse par seconde en travaillant sur le fer, le bronze ou l'acier, tandis que sur la fonte, il ne convient pas de dépasser 0^m,08. Mais ces chiffres ne sont, d'ailleurs, qu'approximatifs.

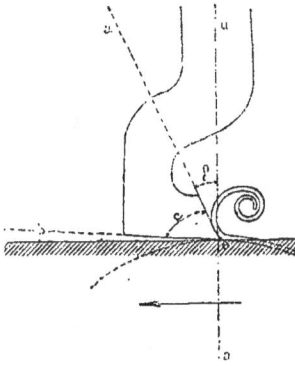

Fig. 351. — *Outil de raboteuse.*

La largeur de la coupe enlevée à chaque passe ou *serrage* de l'outil peut varier dans des limites assez étendues de 0^m,003 à 0^m,04 ; de même que la pénétration ou *prise* de l'outil peut aller jusqu'à 20 millimètres avec de grosses raboteuses travaillant sur du fer ou de l'acier très doux.

L'effort nécessaire pour faire avancer l'outil peut être évalué à 200 kilogrammes environ par millimètre carré de section du copeau, pour le fer et l'acier doux, et à 100 kilogrammes pour la fonte. Le travail développé par la raboteuse peut être évalué de son côté à 6,500 kilogrammètres environ par kilogramme de fer enlevé.

Un autre caractère essentiel des machines raboteuses est formé par le mode de commande et la nature du mouvement du plateau mobile supportant la pièce à travailler. Nous n'insisterons pas sur les différents organes de transmission qui ont été essayés déjà, à cet effet, comme les chaînes, ou même les ressorts, car ils sont abandonnés aujourd'hui, et les seuls qui restent encore appliqués sont la vis et la crémaillère, surtout à plusieurs rangées de dents. La vis a l'avantage de donner un mouvement d'entraînement bien régulier, sans choc ni vibration ; mais, d'autre part, elle entraîne des frottements assez élevés et absorbe ainsi une force motrice plus considérable. La crémaillère à une seule rangée de dents donne un mouvement brusque et saccadé, surtout si le pignon de commande n'a qu'un petit nombre de dents ; celles-ci s'usent rapidement et prennent alors beaucoup de jeu ; mais, par contre, le frottement qu'elle entraîne et, par suite, l'effort moteur qu'elle absorbe sont bien moins élevés. On est arrivé, d'ailleurs, à rendre le mouvement de la crémaillère presque aussi doux que celui de là vis en la munissant de dents inclinées ou en prenant plusieurs rangées de dents parallèles qu'on fait chevaucher les unes sur les autres de manière à ce qu'il y en ait toujours une en contact. L'emploi de la crémaillère ainsi disposée est très fréquent dans les différents types de raboteuses.

Quant au mouvement du plateau, on peut le maintenir uniforme à l'aller et au retour en disposant alors le porte-outil de manière à le faire travailler dans les deux sens pour éviter toute perte de temps ; ou bien on peut adopter le retour à vide, mais en donnant alors au plateau une vitesse accélérée trois ou quatre fois supérieure à sa vitesse d'aller.

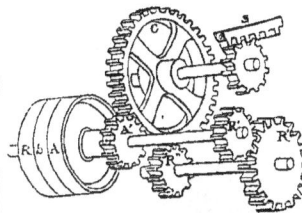

Fig. 352. — *Disposition du mécanisme assurant le retour rapide de l'outil.*

Dans le premier cas, on a évidemment l'avantage d'utiliser plus complètement la force motrice en évitant toute course inutile du plateau ; mais, par contre, la nécessité de faire faire une demi-révolution au porte-outil à chaque passe entraîne une certaine complication qui ne permet pas d'obtenir facilement un encastrement rigide de l'outil. On n'a guère recours à cette disposition que dans les puissantes machines où la course du plateau est fort grande, car le temps perdu dans le retour à vide serait trop considérable. Dans les petites et les moyennes machines, au contraire, où la course du plateau est plus limitée, on adopte le retour à vide avec vitesse accélérée pour éviter les difficultés résultant de la rotation du porte-outil.

Nous représentons, dans la figure 352, l'une des dispositions les plus fréquemment appliquées pour assurer le retour rapide du porte-outil pendant la course à vide ; l'arbre moteur reçoit trois poulies voisines R, b et A, dont une seule R est calée, les deux autres étant des poulies folles. La commande est assurée par deux courroies, l'une ouverte, l'autre croisée. Dans la course active, la courroie ouverte entraîne la poulie R pendant que la courroie croisée agit sur b. L'arbre moteur tourne avec la poulie R ainsi que le pignon denté R' qui entraîne la roue R''. Le mouvement se transmet ainsi par le pignon R'' jusqu'à la roue dentée C qui entraîne la crémaillère S du plateau par le pignon calé sur son arbre. Lorsque la course utile est terminée, un mécanisme à tocs, dans les changements automatiques, vient déplacer les deux courroies motrices pour les reculer vers la droite ; la courroie ouverte passe sur la poulie folle *b*, et la courroie croisée, restée inactive jusque là, passe sur A. Cette poulie se met à tourner en sens inverse de R, et elle entraîne le pignon A', solidaire avec elle, qui commande directement la roue C. Le mouvement de retour se trouve ainsi fortement accéléré puisqu'on n'a plus les engrenages intermédiaires R'R" qui réduisaient la vitesse dans le rapport de leurs rayons respectifs.

Nous représentons, dans les figures 353 et 354, une raboteuse de Bouhey qui présente un mécanisme à tocs d'une disposition analogue, agissant directement toutefois sur la vis de commande pour changer le sens de son mouvement ; les tocs *cc'*,

dont on peut régler la position à volonté d'après la course à donner au plateau, viennent heurter, à chaque fond de course, les saillies *aa'* ménagées à l'extrémité du levier *b* et le font ainsi pivoter ; celui-ci, en se déplaçant, entraîne la crémaillère horizontale et, par son intermédiaire, la coulisse *a"* qui commande la tige *a* et agit par le rochet *t* sur la vis sans fin V qui détermine l'avancement transversal de l'outil.

En dehors du mouvement d'entraînement que reçoit le plateau pour assurer le travail de l'outil, il est toujours susceptible d'être déplacé verticalement et horizontalement dans les deux sens, latéral et longitudinal, afin de permettre d'amener la pièce à travailler dans la position la plus favorable. L'outil, de son côté, peut recevoir également ces trois déplacements pour atteindre cette pièce plus commodément, et, dans les types de

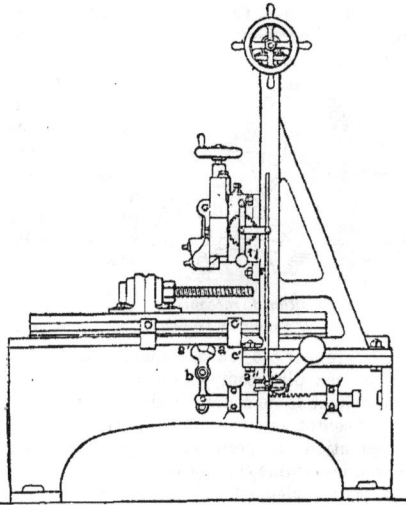

Fig. 353. — *Raboteuse. Vue longitudinale.*

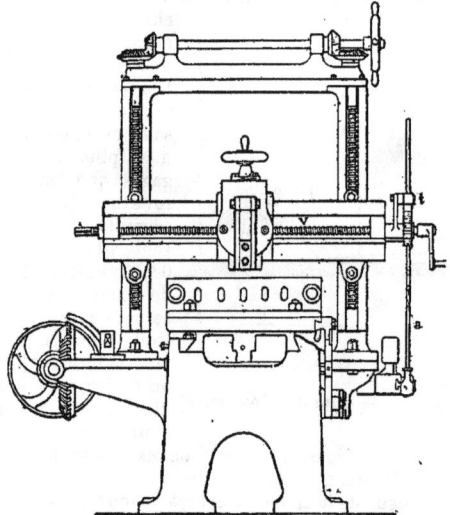

Fig. 354. — *Raboteuse. Vue latérale.*

machines les plus perfectionnés, le porte-outil est disposé de manière à pouvoir prendre, en cas de besoin, une inclinaison latérale sur sa glissière, et tout l'ensemble du chariot peut aussi s'orienter suivant une graduation déterminée.

On rencontre actuellement différents types de raboteuses dont on a augmenté la puissance en les munissant de plusieurs outils qui permettent ainsi d'attaquer la pièce à travailler en différents points à la fois. Nous citerons, par exemple, la machine Fairbairn, qui a figuré à l'Exposition de 1862, elle manœuvre trois outils dont deux agissent longitudinalement, et un troisième sur le côté. M. Zimmermann a construit également des machines raboteuses comprenant quatre outils montés sur deux chariots seulement. Cette dernière disposition entraîne moins de complications puisqu'il n'y a que deux chariots à conduire. On peut faire varier, pendant le travaillant, l'écartement et le serrage des outils montés sur le même chariot.

On rencontre un grand nombre de types de machines à raboter établies en vue de travaux tout

à fait spéciaux qu'on doit répéter fréquemment ; c'est ainsi, par exemple, que dans les grands ateliers de construction du matériel de chemins de fer, comme pour le montage des roues, on est arrivé à disposer des machines spéciales pour tracer les rainures des essieux, pour dresser les rais, pour raboter les jantes des roues, etc. Les machines qui servent à tailler et à découper les écrous, dans les ateliers de boulonnerie, sont aussi des raboteuses spéciales établies toujours d'après un même type général modifié seulement suivant les besoins de l'opération qu'on a en vue.

Les étaux limeurs forment une classe de machines à raboter à laquelle il convient de s'arrêter plus spécialement, car ils sont d'un emploi très fréquent dans tous les ateliers de construction. Dans ce type de machines, la pièce à travailler reste ordinairement immobile, et c'est l'outil qui se déplace en travaillant, avec un mouvement très limité d'ailleurs dans le sens transversal, mais son déplacement longitudinal peut être aussi étendu que le permet la longueur du banc.

Le mouvement longitudinal se produit par fractions, à la fin de chaque passe, et détermine ainsi le serrage de l'outil. La prise résulte d'un troisième mouvement que l'outil peut recevoir; elle se donne généralement au commencement de chaque série de passes, lorsqu'on veut raboter des surfaces planes et horizontales; mais on peut, d'ailleurs, la faire varier suivant les besoins.

L'outil reçoit aussi, ordinairement, les mouvements accessoires donnés aux machines raboteuses effectuant des travaux délicats, comme nous le disons plus haut, et il peut être incliné à volonté, de manière à atteindre la pièce à travailler sous un angle quelconque.

Le plateau peut recevoir, de son côté, trois mouvements perpendiculaires permettant de présenter la pièce à la hauteur qu'on désire par rapport à l'outil. Les plateaux des étaux limeurs portent souvent aussi un étau à mors parallèles pour saisir et placer à volonté les petites pièces; cet étau se fixe dans les rainures des plateaux des grandes machines qui en portent généralement. Les machines complètes portent, en outre, un mandrin, dit *universel*, qui présente la pièce à travailler à l'action de l'outil, ce qui leur a fait donner le nom d'*étaux limeurs universels*. Ce mandrin est disposé, généralement, vers le milieu du banc, dans le sens du

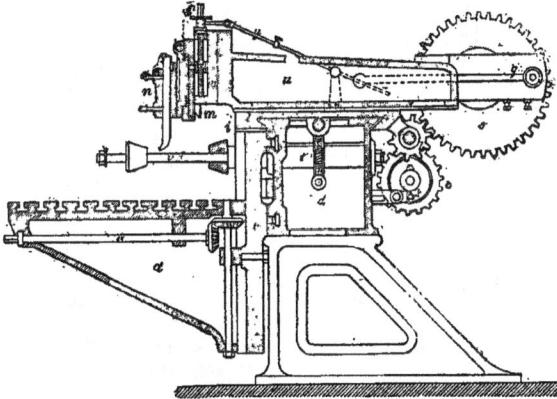

Fig. 355. — *Étau limeur*.

travail de l'outil avec son axe parallèle à la glissière, de sorte que l'outil peut raboter, dans son mouvement de va-et-vient, la pièce qu'il supporte. Le mandrin reçoit, après chaque passe, un mouvement de rotation intermittent qui ramène continuellement la pièce et permet ainsi d'obtenir une forme cylindrique, ou toute autre forme simple en combinant convenablement les mouvements du mandrin avec ceux de l'outil.

Les étaux limeurs sont presque toujours munis de dispositions assurant le retour rapide de l'outil, ce qui a l'avantage d'uniformiser le travail de la machine et de diminuer le temps perdu dans la course en retour. Il ne conviendrait pas d'essayer de faire travailler l'outil à l'aller et au retour, car la course de l'outil est trop faible pour qu'il y ait lieu d'admettre les complications qui en résulteraient. Comme exemple des plus intéressants d'étau limeur universel, nous représentons, dans la figure 355, le type adopté par M. Witworth, sur lequel on retrouve les dispositions que nous avons signalées précédemment et qui permettent d'obtenir toutes les combinaisons de mouvement désirables. Cette ma-

chine se compose d'un banc creux en fonte monté sur deux ou trois pieds suivant les dimensions des différents types; ce banc porte en avant, sur une portée ajustée, deux plaques mobiles verticales *b* sur lesquelles sont fixés les deux plateaux rainés qui supportent les pièces à travailler. L'ensemble du chariot porte-outil *u* est disposé à la partie supérieure du banc qui est dressée avec grand soin; le mandrin universel est au milieu, en *v*.

Les deux plaques mobiles *d* de l'avant sont fixées sur le banc au moyen de quatre boulons qui peuvent glisser dans des rainures longitudinales permettant de déplacer celles-ci sans enlever les boulons; comme elles seraient trop lourdes pour être manœuvrées à la main, elles sont commandées par une crémaillère spéciale régnant sur toute la longueur du banc. Les consoles à rainure *b* peuvent être élevées ou abaissées à volonté à l'aide d'une vis sur laquelle on agit par l'arbre *a* qui la commande par l'intermédiaire de deux roues d'angle.

Le chariot porte-outil est supporté par une plaque en fonte *i* embrassant à queue d'hironde les coulisseaux supérieurs du banc; celle-ci est entraînée dans son mouvement de translation longitudinal par la vis représentée en coupe au-dessous de cette plaque. La glissière *u* qui détermine le déplacement transversal de l'outil dans son travail, est formée d'une pièce creuse en fonte qui reçoit un mouvement de va-et-vient sous l'action de la bielle *q* rattachée à l'arbre moteur par la roue *s* et un pignon spécial *b*. Celui-ci est porté par une chape reliée invariablement au chariot qui le fait glisser sur l'arbre moteur à mesure de l'avancement du chariot. Le pignon reçoit le mouvement de l'arbre moteur par une coulisse longitudinale ménagée sur cet arbre, et il le transmet ainsi à la bielle *q*. Une disposition particulière, que nous ne pouvons décrire ici en détail, donne à la tête de la bielle un mouvement excentrique par rapport au pignon qui la conduit, et elle assure ainsi le mouvement accéléré du chariot dans la période de retour. Le chariot proprement dit *m* est disposé à l'extrémité de la glissière *u* et peut recevoir un mouvement vertical par la vis *p*; il porte des coulisseaux en arc de cercle sur lesquels glisse le porte-outil *n* quand on veut l'incliner. Celui-ci est, d'ailleurs, rattaché au chariot par un axe qui permet à l'outil de reculer un peu, dans le mouvement de retour, pour ménager l'arête de l'outil. Le serrage automatique de l'outil se produit au moyen d'un encliquetage à rochet, non représenté sur la figure, qui vient agir sur la vis p.

Le mandrin universel v est formé d'un arbre en fer qui peut être changé pour s'adapter aux pièces qu'il doit supporter ; il est ajusté dans une douille en fonte traversant le bâti, avec laquelle il tourne solidairement quand il est serré. Cette douille est entraînée par la roue à denture hélicoïdale t commandée elle-même par une vis sans fin calée sur un arbre d parallèle à l'arbre moteur. Celui-ci règne sur la moitié environ de la longueur du banc, et porte à son extrémité l'encliquetage destiné à lui communiquer le mouvement de rotation intermittent qu'il doit prendre après chaque passe de l'outil.

Dans les machines à raboter le bois, l'outil se compose d'une ou plusieurs lames planes boulonnées sur un porte-outil ordinairement carré, animé d'un mouvement de rotation et pouvant se déplacer latéralement ou verticalement à la main. Depuis plusieurs années, les lames hélicoïdales tendent à se substituer aux précédentes ; le porte-outil est alors muni de nervures en forme d'hélice, dans lesquelles on vient boulonner les lames ; elles ont sur les premières l'avantage de trancher le bois en biaisant et de ne travailler constamment que par un point du cylindre qu'elles décrivent. Enfin, on se sert encore de gouge ou de ciseau que l'on monte sur des machines à plateau horizontal ou vertical.

RACCOMMODAGE. *T. techn.* Action de réparer un objet quelconque ; disons à ce sujet que le raccommodage des faïences remonte au xviii° siècle. C'est un nommé Delille qui trouva le moyen de joindre les morceaux de faïence cassée à l'aide du fil d'archal.

RACCORD. Travail qui a pour but de réunir et d'ajuster deux ouvrages différents ou deux parties d'un même ouvrage ; dans les moulures en plâtre, par exemple, les angles et les amortissements faits à la main sont des raccords. Les peintres désignent, par ce mot, un travail qui consiste à associer des peintures neuves à d'anciennes peintures qui peuvent être conservées. || *T. d'imp. s. ét.* — V. CADRAGE. || *Raccord patère, raccord à cuvette.* — V. DISTRIBUTION DU GAZ.

I. RACCORDEMENT. *T. de géom et de dess. ind.* Opération qui consiste à relier deux lignes données par une troisième qui soit tangente aux deux premières. Ainsi énoncé, ce problème présente une très grande indétermination qui ne peut être restreinte que par des conditions imposées à la ligne de raccordement, soit arbitrairement, soit par la nature particulière de la question. Il faut se donner la nature de la courbe de raccordement et des éléments en nombre suffisant pour la construire. Ainsi, si l'on veut raccorder deux lignes droites par un arc de cercle, il faudra imposer à cet arc de cercle une condition de plus, par exemple d'avoir un rayon donné ou de passer par un point donné. Dans certains cas, la courbe de raccordement doit satisfaire à des conditions précises. Ainsi, pour obtenir la plus grande régularité possible dans la forme, il faudrait que

l'arc de raccordement fût non seulement tangent, mais osculateur aux deux courbes données et que la courbure variât le long de cet arc d'une manière continue. Par exemple, dans le cas du raccordement de deux lignes droites, on aurait un arc symétrique par rapport à la bissectrice de l'angle de ces deux droites et le long duquel la courbure varierait depuis 0 jusqu'à un certain maximum correspondant au point situé sur la bissectrice. Telle serait la solution la plus rationnelle pour le raccordement de deux parties droites dans une voie de chemin de fer, mais elle conduirait à une courbe transcendante difficile à tracer. D'autre part, les nécessités de la traction obligent à n'employer que des courbes à faibles courbures. Généralement, la partie moyenne de la courbe est un arc de cercle de grand rayon raccordé aux parties droites par des arcs de parabole. Pour le raccordement de deux voies parallèles de même sens, il faut employer une courbe dont la courbure change de sens et qui présente, par conséquent, un point d'inflexion. — V. COURBE et RACCORDEMENT, II.

Raccordement des surfaces. On dit que deux surfaces *se raccordent* lorsqu'elles ont les mêmes plans tangents en tous les points d'une même ligne qui est appelée *ligne de contact* ou *de raccordement.* Pour prendre des exemples dans la construction, un *congé* est une surface cylindrique qui se raccorde avec deux faces planes généralement perpendiculaires ; les moulures, dans les parties droites, sont souvent formées de deux ou plusieurs cylindres qui se raccordent le long d'une génératrice commune, les concavités étant fréquemment dirigées en sens inverse. Pour raccorder deux moulures de directions différentes, on peut employer une surface de révolution engendrée par la rotation du profil de la moulure et se raccordant avec les deux parties droites, ou même des surfaces qui ne sont pas de révolution, mais dont le mode de génération est facile à comprendre et qu'on appelle *surfaces moulures.* En géométrie pure, le mot *se raccorder* est le plus souvent réservé à deux surfaces réglées qui ont les mêmes plans tangents en tous les points d'une génératrice commune. Deux surfaces qui se touchent le long d'une ligne courbe sont dites plutôt *circonscrites.* Pour que deux surfaces développables se raccordent, il suffit qu'elles aient le même plan tangent en un point d'une génératrice commune. On démontre que le long d'une génératrice d'une surface gauche il existe toujours un paraboloïde qui se raccorde avec la surface gauche et qui est dit *paraboloïde de raccordement.* La considération de ce paraboloïde permet de résoudre, par les procédés de la géométrie descriptive, un grand nombre de problèmes concernant les plans tangents aux surfaces gauches. — M. F.

II. RACCORDEMENT. *T. de chem. de fer.* Voie spéciale reliant un établissement industriel ou de grands magasins à un chemin de fer voisin. Si la voie de raccordement aboutit dans une gare, elle peut simplement se relier à un prolongement de voie de garage ou de traversée pour plaques. Un raccordement en pleine ligne exige des dispositions particulières en vue de faciliter les manœuvres et d'assurer la sécurité de l'exploitation. Il affecte le plus souvent la forme générale indiquée par la figure 356. La voie de l'usine aboutit parallèlement aux voies principales et se termine par un garage limité par un heurtoir.

Deux ramifications partant d'une *traversée-jonction* se relient aux voies de grande ligne par l'intermédiaire de changements et de traversées disposés de telle sorte que les aiguilles soient toujours prises en talon par les trains qui doivent refouler pour passer sur le raccordement. Deux disques avancés, reliés par *enclenchements* (V. ce mot) aux diverses aiguilles que comporte l'ensemble de l'installation, protègent les trains qui effectuent les manœuvres nécessaires pour entrer dans le raccordement ou pour en sortir.

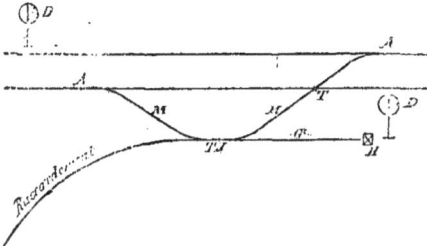

Fig. 356.

A A Changement de voies. — T Traversée. — T J Traversée-jonction. — M M Voies de raccord. — G Garage. — H Heurtoir. — D D Disques avancés.

|| Opération par laquelle on fait un raccord ; en *t. d'arch.*, c'est la réunion et l'ajustement de deux parties de bâtiments non semblables ; en *t. de constr.*, c'est la jonction de deux tuyaux inégaux au moyen d'un tambour en plomb ou d'un collet, l'un des tuyaux devant s'embrancher à l'autre pour une distribution d'eau ou de gaz.

RACCOURCI. *T. d'art.* Procédé qui repose sur les règles de la perspective, et par lequel une figure ou une partie de figure est représentée de manière à n'être pas vue dans tout son développement. || *Art hérald.* Se dit des pièces honorables qui n'atteignent pas le bord de l'écu.

*RACHEVAGE. *T. de céram.* Opération qui exige du goût et du talent et qui consiste à finir, perfectionner, orner une pièce de poterie préparée à cet effet.

*RACINAUX. Nom des pièces de charpente et des madriers qui composent la plate-forme destinée à recevoir la première assise de certaines constructions (V. Fondation). On écrit aussi *racineaux*.

*RÁCLAGE. *T. techn.* Opération qui a pour but, selon les métiers, de râcler, d'aplanir, de gratter, de nettoyer ; on se sert, à cet effet, de râcles que l'on a nommées aussi *râcloirs*.

*RACLETTE. *T. techn.* Outil de ramoneur pour nettoyer les tuyaux de cheminée.

RÂCLOIR. *T. techn.* Outil qui sert à râcler ; on les met souvent au féminin et on écrit *râcloire*.

RADEAU. *T. de mar.* Un radeau est un flotteur formé en assemblant des pièces de bois côte à côte et en recouvrant le tout d'un plancher situé, par la suite, à une petite hauteur au-dessus de l'eau. On appelle souvent, en marine, les radeaux des *ras*. Les radeaux sont fréquemment employés dans les ports pour permettre l'accès d'un navire distant du quai, pour soutenir des échafaudages le long du bord, pour constituer des sortes de quais flottants, passerelles, etc.

En cas de naufrage, on est souvent obligé de construire des radeaux de fortune avec des barriques vides, pièces de mâture, etc.

Sur beaucoup de rivières, on exploite les bois en en formant des radeaux ou trains flottants que le courant entraîne avec lui. Souvent, ces radeaux sont recouverts de quelques cabines et munis d'avirons pour diriger la marche. On voit d'immenses trains flottants sur le Rhin, portant aux grands ports de mer de Belgique et de Hollande les bois de la Forêt-Noire.

*RADIATEUR. *T. de fumist.* Appareil de chauffage composé d'une série de doubles tubes creux et verticaux communiquant par le bas au moyen d'un entablement sur lequel ils sont vissés, et fermés à leur partie supérieure : on y envoie de la vapeur qui s'y détend, et l'eau condensée, recueillie à la base du radiateur, revient directement au générateur par une canalisation de retour.

RADIATION. *T. de phys.* Communication du mouvement vibratoire à l'éther. Il y a des radiations de diverses sortes : les unes, comme les rayons calorifiques, sont impropres à exciter le nerf optique, d'autres ne l'atteignent pas, absorbées qu'elles sont dans les humeurs de l'œil ; d'autres affectent l'organe de la vision. Dans la nature, il n'y a pas de corps absolument froid, et tout corps émet des rayons de chaleur résultant du mouvement incessant des atomes qui le constituent. Mais pour que ces rayons puissent affecter le nerf optique, il faut que le corps qui les émet soit porté à une certaine température suffisamment élevée. Ainsi, une barre froide de fer, mise au feu, reste obscure jusqu'à ce que sa température ait atteint celle des charbons ardents qui l'entourent.

Lorsqu'on promène un thermomètre très sensible (ou mieux une pile thermo-électrique linéaire) dans les différentes couleurs du spectre solaire, on trouve que le pouvoir calorifique des divers rayons va en augmentant du violet au rouge et même bien au delà dans la partie invisible du spectre. D'autre part, au delà du violet, c'est-à-dire au delà de la partie visible la plus réfrangible du spectre, on constate qu'il y a des rayons doués d'une grande puissance chimique.

Il y a donc, dans la lumière solaire, trois sortes de rayons : 1° des *rayons infra-rouges*, les moins réfrangibles, d'une très haute puissance calorifique mais impuissants à exciter la vision ; 2° des *rayons lumineux* de plus en plus réfrangibles et se montrant sous les couleurs rouge, orangé, jaune, vert, bleu, indigo, violet ; 3° des *rayons ultra-violets*, impropres à la vision, d'un pouvoir calorifique très faible, mais doués d'une grande énergie chimique par laquelle ils jouent un rôle très important dans le monde organique.

On avait admis, d'abord, que ces radiations étaient trois entités distinctes, juxtaposées, dans le spectre solaire: mais il est reconnu, aujourd'hui, que ce sont trois effets d'une même cause (V. Lumière), comme le prouve l'analyse prismatique de l'expérience du fil de platine traversé par un courant électrique graduellement croissant. Le Dr Draper a montré, en effet, que « lorsque le fil de platine commence à briller, il émet une lumière rouge pur. A mesure que son éclat augmente, le rouge devient plus vif, mais en même temps des rayons orangés *s'ajoutent* à la première émission de lumière. La température allant encore en augmentant, les rayons jaunes viennent se placer à côté des rayons orangés; plus tard, le vert s'ajoute au jaune, le bleu au vert, l'indigo au bleu, le violet à l'indigo. Pour déployer en même temps toutes les couleurs, le fil de platine doit être *chauffé à blanc*, la sensation de blanc étant produite, de fait, par l'action simultanée de toutes ces couleurs sur le nerf optique ».

Ainsi, les *rayons invisibles* restent dans la radiation totale, mais les mouvements vibratoires qui les déterminent augmentent d'amplitude et de vitesse par l'élévation de température; d'autres mouvements vibratoires, de plus en plus rapides, s'ajoutent et se mêlent aux précédents pour constituer la radiation complexe comprenant à la fois les rayons calorifiques, lumineux et chimiques ou phosphorogéniques. L'agent qui transmet ces rayons de diverses sortes est l'*éther*, fluide répandu dans tout l'espace, dans tous les corps. En transmettant les mouvements vibratoires des corps chauds ou lumineux, il agit à la façon de l'air transmettant les vibrations sonores, mais avec une vitesse incomparablement plus grande (300,000 kilomètres par seconde).

On est parvenu à séparer les radiations invisibles des radiations visibles de la lumière solaire ou de la lumière électrique, en faisant passer un faisceau de cette lumière, dans la chambre obscure, à travers une dissolution d'iode dans le sulfure de carbone, liquide opaque qui arrête complètement les rayons visibles et laisse passer les rayons de chaleur. Dans ces conditions, le faisceau émergent, concentré par une lentille convexe, devient capable d'effets calorifiques très intenses (calorescence).

L'organe de la vue ne peut être excité que par des radiations ayant certaines vitesses; il reste insensible aux radiations dont les vitesses vibratoires sont en dehors de ces limites. Si l'on veut rendre visibles certaines radiations invisibles, c'est par des artifices qui exaltent ou abaissent la réfrangibilité des rayons infra-rouges ou extraviolets. — V. Fluorescence, Phosphorescence. — C. D.

Bibliographie : Sur les radiations, par Tyndall; La lumière, du même; La lumière, ses causes, ses effets, par Becquerel.

RADICAL. *T. de chim.* S'il nous fallait traiter ici du radical, envisagé au point de vue de la chimie organique, c'est l'histoire de l'atomicité qu'il faudrait faire entièrement. Nous nous contenterons donc de donner en quelques mots les points les plus importants, permettant de préciser ce qu'est un radical. On nomme ainsi, tout atome ou tout groupement d'atomes qui, par double décomposition, peut passer d'une molécule dans une autre. Il y a des radicaux simples comme il y a des radicaux composés; exemples :

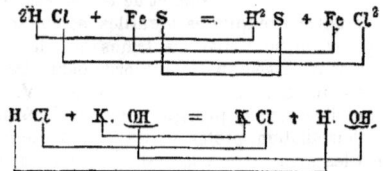

$$2HCl + FeS = H^2S + FeCl^2$$

$$HCl + K.OH = KCl + H.OH$$

Dans ces groupements, OH de la seconde formule est un *radical composé* auquel on donne le nom d'*oxyhydryle*, mais ce dernier, ainsi que le chlore, ne s'unit qu'à un seul atome d'hydrogène, tandis que le soufre, pour être saturé, en exige deux, et l'azote trois. Il suffit, d'ailleurs, de se rappeler certaines formules pour se remémorer les faits :

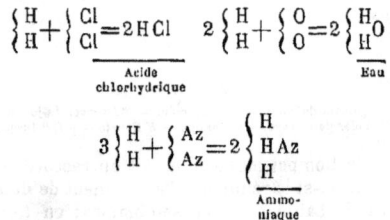

$$\begin{Bmatrix} H \\ H \end{Bmatrix} + \begin{Bmatrix} Cl \\ Cl \end{Bmatrix} = 2\,HCl \qquad 2\begin{Bmatrix} H \\ H \end{Bmatrix} + \begin{Bmatrix} O \\ O \end{Bmatrix} = 2\begin{Bmatrix} H \\ H \end{Bmatrix}O$$

Acide chlorhydrique   Eau

$$3\begin{Bmatrix} H \\ H \end{Bmatrix} + \begin{Bmatrix} Az \\ Az \end{Bmatrix} = 2\begin{Bmatrix} H \\ HAz \\ H \end{Bmatrix}$$

Ammoniaque

Le chlore est donc un radical monoatomique, tandis que l'oxygène, le soufre, sont diatomiques; que l'azote est triatomique et le carbone tétratomique, puisqu'on sait qu'il forme un carbure CH^4, dans lequel deux atomes d'oxygène diatomiques pourront remplacer H, tout en restant saturés, comme dans CO^2, l'acide carbonique anhydre. Parfois, le carbone ne se combine pas à deux atomes d'oxygène, c'est ce qui arrive lorsque la saturation n'a pas lieu, dans la formation de l'oxyde de carbone CO par exemple; aussi pourra-t-on remplacer O, qui manque, par deux atomes de chlore et la formule CCl^2O, qui est celle de l'oxychlorure de carbone, nous montre que le carbone, là, est bivalent. Dans l'oxyde de carbone, l'atome de carbone est tétratomique, mais toutes les affinités ne sont pas satisfaites.

Quant à la quantivalence des radicaux, elle varie dans les composés; on l'exprime en surmontant le symbole du radical d'une, deux, trois, etc., apostrophes, $(OH)'(CO)''$... suivant qu'il est mono ou bivalent; au-dessus de trois, on remplace les apostrophes par des chiffres romains; ainsi, pour l'aluminium dans ses sels, on mettra $(Al^2)^{vi}$.

En chimie organique, certains radicaux fonctionnent comme des métaux, d'autres comme des métalloïdes. Les premiers proviennent des carbures d'hydrogène auxquels on a enlevé un ou plusieurs atomes du dernier corps; ainsi, les corps ayant pour formule C^2H^5... C^4H^5, C^3H^7... C^6H^7, C^4H^9... C^8H^9, etc., sont dits *radicaux alcooliques*, parce que leurs hydrates sont des alcools; C^2H^6O... $C^4H^6O^2$ est l'alcool éthylique; C^3H^8O... $C^6H^8O^2$ est l'alcool propylique; $C^4H^{10}O$... $C^8H^{10}O^2$, l'alcool butylique; etc. Le groupement C^2H^4... C^4H^4, dérivant de C^2H^6 par enlèvement de H^2, est un radical alcoolique diatomique, tandis que celui C^3H^5... C^6H^5, dérivant de C^3H^8... C^6H^8, par enlèvement de H^3, est un radical alcoolique triatomique.

Les radicaux fonctionnant comme des métalloïdes dérivent des radicaux alcooliques par substitution de O à $2H$, ou par O^n à $2H^n$; ils constituent ce que l'on appelle les *radicaux acides*, parce que leurs hydrates sont les acides organiques. Il suffit d'oxyder les alcools pour les avoir:

$$C^2H^5, OH + O^2 = H^2O + C^2H^3O, OH...$$

Hydrate d'éthyle ou alcool ordinaire	Hydrate d'acétyle ou acide acétique

$$C^4H^6. O^2 + O^4 = H^2O^2 + C^4H^4O^4.$$

Avec la théorie atomique, on peut donc considérer l'acide acétique comme l'hydrate d'un radical C^2H^3O, l'acétyle, qui ne diffère du radical alcoolique C^2H^5 l'éthyle, que par l'enlèvement de H^2 remplacé par O.

Ces exemples suffiront pour bien faire comprendre ce qu'en chimie on désigne sous le nom de *radical*. — J. C.

Radicaux métalliques composés. *T. de chim.*

Corps jouant le rôle de métaux composés, ayant, en chimie organique, une fonction spéciale, et résultant de l'union d'un carbure d'hydrogène avec un métal. Si l'on porte de l'étain, par exemple, mélangé à de l'iodure d'éthyle (éther iodhydrique), et enfermé dans un tube scellé, à la température de 170°, après vingt heures de réaction on obtiendra un corps cristallisé, analogue à de l'iodure d'étain, mais dont la formule est $[(C^4H^5)^2Sn)]I^2$, c'est-à-dire de l'iodure de stannéthyle dans lequel l'iode est uni à un radical métallique $(C^4H^5)^2S'$, le stannéthyle.

HISTORIQUE. Cette nouvelle série de corps a été découverte par Bunsen, en 1842, par la formation du cacodyle $(C^2H^3)^2$As, composé capable de se combiner directement à l'oxygène, au brome, au chlore, etc., comme les métaux; puis, en 1849, Frankland donna une méthode générale d'obtention de ces nouveaux corps, et indiqua la préparation de divers d'entre eux. Baeyer (1858), Cahours (1861), les étudièrent; et Berthelot (1866), réunit dans un groupe spécial, les corps qui résultent de l'union des métaux, par substitution directe, à l'acétylène, ou à d'autres carbures incomplets.

Les radicaux métalliques composés peuvent donc former des oxydes, des iodures, chlorures, bromures, etc., assimilables aux dérivés du métal qui est entré en combinaison avec le chlorure d'hydrogène. Tous les métaux peuvent former de ces radicaux; il en est de même de quelques métalloïdes, et à côté de l'arsenic déjà cité, il faut encore mentionner le phosphore, le silicium, le soufre.

Les radicaux métalliques composés sont assez nombreux, on en connaît actuellement au moins une centaine; ils appartiennent tous à deux groupes distincts, selon qu'ils dérivent d'un hydrure métallique envisagé comme type, tel est le tellurréthyle, $(C^2H^5)^2Te^2$... $(C^4H^5)^2Te^2$, venant de l'hydrure H^2Te^2, ou d'un carbure d'hydrogène également envisagé comme type; tel est le chlorure d'argentacétyle,

$$(C^2HAg^2)Cl... (C^4HAg^2)Cl,$$

venant du carbure $(C^2H^3)H$... $(C^4H^3)H$.

L'analogie entre les radicaux métalliques est encore plus complète que nous ne l'avons indiqué, car si les premiers peuvent fournir des oxydes, chlorures, etc., ils peuvent également présenter divers degrés d'oxydation, de chloruration. Dans les chlorures d'étain, par exemple, le bichlorure seul est saturé, nous avons Sn^2Cl^2 et Sn^2Cl^4; l'étain se combinant à un carbure, forme des radicaux corrélatifs, et l'on connaît les corps ayant pour formule $Sn^2(C^2H^5)^2$... $Sn^2(C^4H^5)^2$ et $Sn^2(C^2H^5)^4$... $Sn^2(C^4H^5)^4$.

Quant à leur formation, les radicaux métalliques composés peuvent être obtenus: 1° par la réaction sur un éther iodhydrique ou chlorhydrique (iodures ou chlorures d'éthyle) d'un métal pur ou uni au sodium, c'est ainsi que l'on obtient le stannéthyle,

$$2(C^2H^5)I + 2Sn^2 = ([C^2H^5]Sn)^2 + Sn^2I^2...$$
$$2(C^4H^5I) + 2Sn^2 = (C^4H^5Sn)^2 + Sn^2I^2;$$

2° par l'action du métal sur un radical dérivé d'un autre métal; ainsi, le zinc décompose l'hydrargméthyle, et met du mercure en liberté,

$$([C^2H^3]Hg)^2 + Zn^2 = ([C^2H^3]Zn)^2 + Hg^2...$$
$$(C^4H^5Hg)^2 + Zn^2 = (C^4H^5Zn)^2 + Hg^2;$$

3° par la réaction d'un chlorure sur un radical métallique; c'est ainsi que le zincéthyle est décomposé par l'action du trichlorure d'arsenic, pour faire de l'arséniéthyle et du chlorure de zinc,

$$3([C^2H^3]Zn) + AsCl^3 = (C^2H^5)^3As + 3ZnCl...$$
$$(C^4H^3Zn)^3 + AsCl^3 = (C^4H^5)^3As + 3ZnCl.$$

Propriétés générales. Ce sont, d'ordinaire, des liquides incolores, mobiles, très réfringents, à odeur pénétrante, spontanément inflammables au contact de l'air, en répandant d'épaisses fumées blanches, et brûlant avec flamme; bouillant à une température variable (de 46° pour le zincméthyle, à 170° pour l'arsénidiméthyle, et même 181° pour le stannotétréthyle, le terme de la saturation des radicaux); d'une densité de 0,812 (triéthylphosphine) à 1,386 (zincméthyle); parfois solidifiables par refroidissement (— 60 pour l'arsénidiméthyle); décomposables par la plupart des liquides, excepté les carbures d'hydrogène.

Ces corps n'ont pas d'usages, mais leur formation indique parfois la présence de certains composés; c'est ce qui nous a fait décrire l'un d'eux, l'*arsénidiméthyle* ou *cacodyle*. — V. ce mot et ACÉTATE. — J. C.

RADIER. Plate-forme horizontale en charpente ou en maçonnerie, servant de revêtement aux parties des ouvrages hydrauliques qui sont entièrement sous l'eau ou sur lesquelles l'eau tombe avec force; le fond des écluses, l'intervalle qui sépare les piles d'un barrage sont des radiers; on en établit aussi entre les piédroits d'un ponceau ou d'une arche de pont lorsque le courant est assez violent pour faire craindre des affouillements. Les radiers en bois sont peu employés: on n'en trouve plus que dans quelques écluses de canaux américains ou dans les canaux d'amenée des petites roues hydrauliques. Les radiers en maçonnerie sont établis sur une fondation en béton; pour les barrages, cette fondation doit être descendue jusqu'à ce que l'on trouve un sol imperméable. La maçonnerie des radiers doit être exécutée à sec, avec de la pierre dure et du mortier de chaux très hydraulique. Dans les sas d'écluses, où les radiers doivent presque toujours résister à la sous pression de la nappe d'eau souterraine, on leur donne une forme concave. Ils fonctionnent alors comme une voûte renversée, en arc de très grand rayon, à laquelle les bajoyers servent de piédroits; elle diffère de la voûte ordinaire parce qu'elle est sollicitée de haut en bas par son propre poids et par celui de l'eau contenue dans le sas lorsqu'il est plein. Les radiers sont souvent protégés, à l'amont et à l'aval, par des avant et arrière radiers en enrochements dont les blocs doivent être d'autant plus gros que le courant est plus violent; ceux des arrière radiers d'écluses de chasse atteignent de 4 à 12 mètres cubes. On est quelquefois obligé de les soutenir par un grillage en charpente assemblé sur des files de pieux.

RADIOPHONE. — V. Photophone.

RADOUB. T. de mar. On désigne ainsi l'opération qui consiste à réparer la coque d'un navire: cependant, il faut ajouter que cette dénomination ne s'applique ni aux menues réparations courantes qui constituent l'entretien ordinaire ni au remplacement de la plus grande partie de la charpente. Dans ce dernier cas, on dit que le navire subit une *refonte*. Vu la rapidité avec laquelle les bois sont altérés par les pourritures sèche et humide, la refonte est une opération qui s'impose, pour les constructions en bois, au bout d'une période de quinze ou vingt années suivant les climats, les fatigues essuyées par le navire, la qualité et l'état de sécheresse des matériaux employés. Au temps où les types de navire se modifiaient peu, on prolongeait la durée des coques pendant de longues périodes par des refontes successives, dont l'importance pouvait atteindre jusqu'aux deux tiers de la construction totale. On réalisait presque un navire neuf sur les débris de l'ancien.

Les navires en fer durent beaucoup plus longtemps, et on a eu rarement, jusqu'à ce jour, l'occasion d'exécuter de véritables refontes: en revanche, leur entretien nécessite des soins nombreux, en particulier, l'application de peintures ou enduits, au moins tous les six mois.

Les travaux de réparation à l'intérieur et au dehors au-dessus de la flottaison, c'est-à-dire dans les œuvres mortes, ne présentent aucune difficulté. Au contraire, lorsque le travail doit

être effectué sur la partie de la carène immergée il faut faire usage de procédés variant avec la grandeur des navires, les localités et les moyens dont on peut disposer. Ainsi, les petits bateaux de pêche, les petits caboteurs, profitent du jeu des marées pour s'échouer sur la plage, et l'équipage peut alors effectuer les réparations rapides du bordé, du doublage, du calfatage. Lorsque la marée ne se fait pas sentir ou lorsque l'on veut se soustraire plus longtemps à la présence de la mer, on hâle à terre le petit navire.

Pour des navires un peu plus importants, tels que les trois mâts du commerce, on peut procéder à l'*abattage en carène*, opération qui consiste à coucher le navire, préalablement allégé autant que possible, en exerçant une forte traction sur la tête des bas-mâts. Dans cette nouvelle position, le navire *évente*, ou met au jour les portions de la carène sur lesquelles on veut travailler. Quelquefois on profite d'une grande marée, pour amener le navire allégé, sur un plan incliné en bois appelé *platin de carénage*.

Pour les grands navires, il n'y a guère d'autres ressources que de les introduire dans des bassins que l'on épuise ultérieurement. Ces bassins peuvent être fixes ou mobiles; dans le premier cas, ce sont des excavations ménagées dans le sol avec portes et engins d'épuisement: *bassins, formes ou cales de radoub*. D'autrefois, on les constitue par un immense flotteur, de forme parallélépipédique, susceptible d'être plus ou moins immergé pour permettre l'introduction du navire à réparer. — V. Dock, § Docks flottants; Forme de radoub.

Enfin on fait quelquefois usage, même pour les grands navires, de cales de halage analogues aux cales de construction. Nous citerons comme exemple intéressant, la cale de halage de M. Labat, à Bordeaux, sur laquelle les navires sont halés transversalement.

RAFFERMISSEMENT, T. de céram. Opération par laquelle on enlève aux pâtes céramiques, l'excès d'eau qu'elles contiennent, et qui se pratique surtout dans la fabrication des faïences fines (V. Céramique, § *Technologie*; Faïence); celles-ci nécessitent, en effet, un mélange intime des matériaux que l'on n'obtient qu'en mettant ces derniers sous forme de bouillie.

RAFFET (Denis-Auguste-Marie). Dessinateur et lithographe, né à Paris en 1804, montra de bonne heure un goût très prononcé pour le dessin, et parvint, après une jeunesse très pénible, à se faire admettre dans l'atelier de Charlet. Il suivit en même temps les cours de l'Ecole des Beaux-Arts, mais ses premières études avaient décidé de sa vocation, et il resta avant tout dessinateur militaire. Pendant longtemps même il imita Charlet, au point qu'on attribua au maître bien des compositions dues à l'élève. Il chercha pourtant à aborder la grande peinture, après avoir pris des leçons de Gros, mais il échoua pour le prix de Rome, et dès lors il se consacra à la lithographie. C'était la belle époque pour un dessinateur militaire, car les souvenirs glorieux dé l'Empire étaient encore vibrants dans tous les cœurs; Nous ne pouvons citer ici toutes les scènes qu'il a retracées de main de maître. Nous rappellerons seulement celles qu'on peut qualifier dans leur petit cadre; d'admirables! *La retraite du bataillon sacré à Waterloo* (1835); le *Lendemain de bataille* et la célèbre *Revue nocturne* qui figure dans l'album de 1837; le sujet en est emprunté au poète allemand Zeditz, mais les vers ne pouvaient rendre comme le crayon cette idée saisissante de l'ombre de Napoléon passant en revue une armée de fantômes. Ce sujet était particulièrement cher à l'artiste, car il le traita de nouveau, dix ans après, avec une vigueur plus accentuée encore; et avec une plus grande perfection de dessin. Ce qu'on remarque surtout dans ces petites compositions, c'est l'exactitude des lieux et des accessoires, c'est la parfaite harmonie du paysage, de la lumière, des groupements, qui font de ces dessins une œuvre aussi achevée que le pourrait être un tableau. Il faut aussi louer l'élévation et la justesse de l'idée, c'est ce qui a rendu Raffet populaire; il frappait l'esprit et arrêtait la pensée; à ce point de vue il est au moins égal à Charlet.

Pendant la seconde partie de sa vie, Raffet a surtout travaillé pour l'illustration. Il a d'abord fait un très curieux voyage, en compagnie du comte Demidoff, en Autriche et en Russie, et il en illustra la relation, dont la publication dura dix ans (1838-1848). Il donna 348 dessins pour l'*Histoire de Napoléon* de Norvins; quatre vingt douze compositions pour le *Journal de l'expédition des portes de fer*, rédigé par le duc d'Orléans; il illustra encore l'*Algérie ancienne et moderne* de Galibert, le *Siège de Rome*, le *Voyage archéologique en Russie* d'André Durand; et un grand nombre d'ouvrages pour les éditeurs Furne et Pourrat, notamment l'*Histoire du Consulat et de l'Empire*, de Thiers, et l'*Histoire de la Révolution*, de Louis Blanc. Mais ce labeur exagéré, d'autant plus fatigant que Raffet apportait au moindre dessin le plus grand soin de la forme et de l'exactitude des détails, avait altéré sa santé, et, au cours d'une excursion en Italie où il recueillait des documents sur la guerre récente contre l'Autriche, il dut s'arrêter à Gênes, gravement atteint d'une maladie de cœur qui l'emporta en quelques jours, le 16 février 1860. Il était chevalier de la Légion d'honneur depuis 1849.

I. RAFFINAGE. T. de chim. Méthode employée dans l'industrie pour enlever à un produit les impuretés qui peuvent le souiller. Nous ne pouvons donner ici que des généralités sur les divers moyens employés pour raffiner un corps, certains de ces procédés ont même été déjà décrits en faisant l'histoire de quelques composés, nous nous contenterons donc d'exposer les méthodes générales que l'on suit pour purifier, ou raffinage; ces méthodes variant avec les propriétés physiques et chimiques de la matière première.

1° On raffine par *sublimation* les corps susceptibles de passer facilement de l'état solide à l'état de vapeur. Tel est le *soufre*, que l'on distille en grand dans l'appareil de Michel, et que l'on obtient à volonté sous l'état de soufre en fleur, ou de soufre fondu en canons; tel est encore l'*acide arsénieux*, qui, en Allemagne et en Angleterre, s'obtient raffiné en chauffant le produit impur dans des chaudières en fonte, surmontées de trois cylindres en tôle ou en fonte, servant de condenseur; la fleur d'arsenic fond et forme une masse vitreuse adhérente sur les parois des chambres et que l'on recueille en masses, après refroidissement complet, lorsque le dépôt a cinq centimètres d'épaisseur environ; telles sont encore les sublimations du *camphre*, du *bichlorure de mercure*, du *chlorhydrate d'ammoniaque*, que l'on raffine dans des matras chauffés au bain de sable, et que l'on refroidit peu à peu pour permettre la condensation des vapeurs sur la partie supérieure des vases; en brisant l'appareil auprès du col, on détache les parties raffinées.

2° Par *cristallisation* dans des solutions aqueuses convenablement concentrées; c'est ainsi que l'on raffine l'*alun*; le *borax* qui, en solution à 22° Baumé, cristallise en prismes renfermant 10 équivalents d'eau, après 16 à 28 jours, suivant la température; ou qui, en solution à 30° Baumé, donne par refroidissement à 56° centigrades, des cristaux octaédriques à 5 équivalents d'eau; les *cassonades*, ou le *sucre de betterave* (V. Raffinerie); les *cendres de bois*, ou les *salins de betterave* (V. Potasse); le *salpêtre* (V. Azotate de potasse); le *sel marin* (V. Salines); la *soude artificielle* (V. Soude). La solution aqueuse a parfois besoin, pour donner facilement un produit incolore, d'être mélangée à certaines substances qui retiennent promptement les matières colorantes, c'est ce que l'on fait pour décolorer les sirops de sucre, en y ajoutant du noir animal en grains, ou en tenant les sirops contenant le sucre déjà cristallisé; ou encore dans la fabrication de la *crème de tartre*, car pour l'obtenir on dissout le tartre brut dans l'eau, puis on reprend les cristaux résultant d'une nouvelle saturation par de l'eau bouillante, à laquelle on ajoute de l'argile et du noir, on mélange, on évapore et on laisse refroidir; on obtient ainsi des sels totalement incolores; — pendant le raffinage, on ajoute quelquefois des produits destinés à faire paraître les cristaux plus beaux et plus blancs, c'est le but que l'on se propose en azurant le sucre, avec l'outremer ou les bleus d'aniline.

3° La *distillation* est encore un procédé de raffinage, puisqu'elle ne laisse passer que les parties volatiles et susceptibles de prendre la forme gazeuse pour se reliquéfier par refroidissement. Toutefois, cette opération ne se désigne guère sous le nom de *raffinage*, que lorsqu'on la pratique sur la *glycérine*, le *pétrole*. — V. ces mots.

4° Par *dissolution directe des matières étrangères souillant un corps*. C'est ainsi que l'on purifie la *paraffine* brute, en l'empâtant avec des huiles légères de houille ou du sulfure de carbone, puis soumettant à la presse hydraulique. Les liquides, après avoir dissous les corps colorés souillant la masse solide, sont entraînés avec ceux-ci. C'est de cette manière que l'on agit à Nanterre, dans la maison Cognet et Maréchal.

5º *Par réaction chimique.* La nature du corps doit ici faire choisir le produit qui servira à la purification. Ainsi, par exemple, pour purifier du *blanc de baleine*, on chauffera ce corps pendant quelques minutes avec une solution faible de potasse caustique portée à 100º. Les matières autres que le blanc de baleine étant attaquées, on obtient des écumes savonneuses et noirâtres que l'on enlève, puis lorsque le bain est devenu bien limpide on y fait arriver un courant d'eau bouillante jusqu'à disparition de toute trace d'alcali. Par le refroidissement, on aura un pain compact et pur de blanc de baleine raffiné. Par opposition à ce procédé, nous pouvons citer la méthode que l'on emploie aussi dans quelques maisons pour raffiner la *paraffine.* Après avoir exprimé ce produit brut, pour en faire sortir l'huile minérale impure qu'il peut encore contenir, on le fond, puis on l'agite avec 50 0/0 de son poids, d'acide sulfurique ordinaire ; on laisse pendant deux heures la réaction se faire en portant à 280º, puis on lave à l'eau bouillante pour entraîner toute trace d'acide et de matières colorantes, et enfin on laisse solidifier par refroidissement.

Tels sont les principaux moyens que l'on emploie pour raffiner les ,produits les plus journellement employés. Les méthodes exceptionnellement utilisées seront décrites avec la préparation des corps, pour lesquels on préconise ces procédés. — J. C.

II. **RAFFINAGE**. *T. de métall.* Opération que l'on fait subir à certains bains métalliques, pour en éliminer quelques impuretés spéciales. Elle consiste en une fusion oxydante, dans un four à réverbère, avec brassage et même introduction de vapeur d'eau; les corps les plus oxydables passent à l'état de crasses oxydées solides qui surnagent et que l'on écume (V. Plomb). On appelait aussi *raffinage*, dans l'industrie de l'acier naturel et de l'acier puddlé, le paquetage et le réchauffage de mises d'acier que l'on soumettait à un *étirage* au marteau ou au cylindre, et qui portait aussi le nom de *corroyage*; d'où, *acier raffiné, acier corroyé*. On obtenait ainsi, un métal plus exempt de scories et plus homogène, quand la soudure était parfaite, mais qui donnait naissance à des pailles quand la soudure présentait quelques défauts. — V. aussi Cuivre, Étain, Métaux, § *Raffinage électrolytique.*

¶ *En pap.* C'est le dernier traitement mécanique auquel on soumet la pâte avant de l'envoyer à la machine à papier. — V. Papeterie, § *Raffinage.*

RAFFINERIE. Etablissement qui s'occupe du raffinage de certaines substances, telles que les poudres, les salpêtres, les pétroles et principalement les sucres qui font l'objet d'une grande industrie, que nous étudions plus spécialement ici. Pour les autres opérations de raffinerie, nous renvoyons aux articles Pétrole, Plomb, Poudre, etc.

Raffinage des sucres. Les sucres bruts, quelle que soit leur provenance, participent plus ou moins des matières ayant servi à leur fabrication, et qui contribuent à leur donner des caractères physiques et chimiques pouvant facilement les faire reconnaître. Les sucres bruts provenant de la betterave restent imprégnés de l'odeur, de la saveur et de la composition chimique du sirop ou de la mélasse au milieu de laquelle ils ont cristallisé. Il arrive même qu'ils contiennent des sels tels que sulfate de potasse, chlorure de potassium et nitrate de potasse, qui ont cristallisé en même temps que le sucre.

Les sucres bruts de canne se distinguent des sucres bruts de betterave par leur odeur et leur saveur agréables qui les ont fait pendant longtemps pénétrer directement dans la consommation ; ils ne contiennent que très peu de matières salines, mais ils sont caractérisés par la présence d'une quantité plus ou moins grande de sucre incristallisable (glucose).

Aujourd'hui, le consommateur est devenu plus difficile, le sucre brut, quelle que soit son origine, a disparu à peu près de la consommation, et est remplacé par le sucre raffiné. Cependant il faut faire une exception à cette généralité en faveur des beaux sucres en grain de premier jet, que l'on produit en grande quantité dans la fabrication du sucre de betterave, et en plus petite quantité dans la fabrication des sucres de canne, lesquels ont perdu tous les caractères du sucre brut rappelant leur origine, et qui se rapprochent par leur pureté du sucre raffiné. Ce sucre remplace le sucre raffiné dans beaucoup d'emplois, et il serait entré plus largement dans la consommation sans quelques inconvénients qu'il présente plutôt dans sa forme en gros cristaux durs et compacts que dans sa pureté ; il en sera du reste question plus loin.

Le sucre brut, par suite des impuretés qu'il contient en général, doit donc être raffiné pour passer dans la consommation. Le sucre est livré au commerce sous plusieurs formes; d'abord sous la forme de sucre en pain; celle-ci vieille de près de deux siècles, est encore la forme préférée en France, mais elle tend tous les jours à disparaître ; elle a été longtemps la forme préférée parce qu'elle présentait au consommateur le plus de garantie de pureté, et en effet, la pureté du sucre en pain, sa blancheur éclatante, sont faciles à apprécier par tout observateur.

La beauté et la pureté irréprochables du sucre en pain dans toutes ses parties a été longtemps une grande difficulté dans le raffinage, et certaines raffineries ont dû la supériorité de leur marque à ce degré de perfection, c'est ainsi que la raffinerie française n'a pas de rivale en Europe pour la fabrication du sucre en pain. Mais cette forme se prête mal aux exigences de la consommation ; le pain doit être réduit en petits morceaux pour l'usage domestique, et le cassage entraîne des pertes inévitables.

Pour répondre à ce besoin, il s'est établi une nouvelle industrie : la fabrication du sucre en morceaux par divers moyens mécaniques. Ce sucre en morceaux n'a pas été apprécié dès son début d'une manière générale par le consommateur, mais aujourd'hui il pénètre chaque année en plus grande quantité dans la consommation, et la plupart des raffineries qui lui ont été rebelles au début en ont fait une annexe de leur fabrication du sucre en pain.

Nous allons décrire les moyens employés pour épurer le sucre brut et le mettre à l'état de sucre raffiné sous les formes où il se trouve dans le commerce.

1° *Raffinage de sucre sous la forme de sucre en pain.* Depuis l'introduction de la turbine dans la fabrication du sucre, le raffinage a subi divers perfectionnements successifs importants. Avant cette époque, il y a une trentaine d'années, on prenait le sucre brut tel qu'il était livré par le commerce, on le fondait dans l'eau bouillante pour en faire un sirop à 25° ou 30° Baumé, que l'on clarifiait au moyen du noir neuf en poudre et du sang, et que l'on faisait passer après la clarification dans des filtres à poches en coton, dits *filtres Taylor*, puis sur le noir animal en grain. Le sirop plus ou moins décoloré sortant des filtres à noir, était cuit dans des appareils dans le vide, en cuivre; la masse cuite à la sortie de l'appareil était coulée dans la chaudière à grener dans laquelle se formait le grain sous l'influence d'une agitation continue; cette opération, à laquelle était liée intimement la qualité du pain achevé, demandait une certaine habileté de la part de l'ouvrier qui maniait la palette pour obtenir un grain plus ou moins fin, plus ou moins léger et plus ou moins brillant. Le sirop grené était mis dans des formes, d'où la partie liquide s'égouttait par un trou ménagé à l'extrémité du cône de la forme, et le sucre grené resté dans la forme était ensuite lavé ou, pour employer l'expression consacrée en raffinerie, était *claircé* avec un sirop saturé de sucre pur et parfaitement décoloré; ce sirop, en pénétrant dans le pain de la partie la plus large à la partie la plus étroite, déplaçait le sirop toujours plus ou moins coloré qui imprégnait les cristaux de sucre contenus dans la forme, et ce sucre se trouvait ainsi épuré; mais il arrivait souvent que ce déplacement ne se faisait pas d'une manière régulière et que lorsque le pain était achevé on trouvait qu'il présentait soit à sa surface, soit à l'intérieur, des nuances différentes; alors ce sucre devait rentrer dans le raffinage, être refondu, filtré, recuit de nouveau et mis en forme, etc.; cet inconvénient qui prenait des proportions plus ou moins grandes selon la pureté du sucre brut fondu, et la nécessité d'avoir d'habiles ouvriers, augmentaient les frais de raffinage et rendaient tout à fait incertaine la qualité des pains obtenus.

L'introduction de la cuite en grain vers 1865, c'est-à-dire la formation du grain, la cristallisation du sucre pendant la cuite dans le vide, fut un premier progrès, mais il fut suivi d'un progrès non moins important, l'application de la turbine à l'épuration des sucres bruts préalablement à la fonte en raffiné, c'est-à-dire que au lieu de fondre directement le sucre brut tel qu'il est livré par le commerce avec toutes les impuretés qu'il contient, on le soumet avant la fonte à une épuration qui lui enlève la plus grande partie de la mélasse et des sels qu'il contient, ce qui le rapproche du sucre pur, excepté la couleur que le moyen d'épuration employé ne permet pas de lui enlever complètement.

Ce moyen d'épuration consiste à délayer le sucre brut dans un sirop saturé de sucre, par exemple le premier sirop qui s'écoule de la forme à sucre remplie de la masse cuite en grain, sirop que l'on désigne en raffinerie sous le nom de *sirop vert de pains*. Ce sirop qui, avec ce genre de travail, est peu coloré et se rapproche beaucoup d'une dissolution de sucre pur, dissout la mélasse et les sels contenus dans le sucre brut. Ce mélange pâteux soumis à la turbine, laisse écouler le sirop sans dissoudre de sucre, et l'on achève l'épuration du sucre resté dans la turbine en le clairçant par le deuxième sirop qui s'écoule des pains, sous le nom de *sirop couvert de pains*, provenant du lavage des pains, avec un claircе de sucre pur. Le sucre ainsi épuré ne contient plus qu'une très petite quantité de matières salines, il est dissous dans l'eau pure, et le sirop en résultant est soumis aux opérations ordinaires du raffinage en pain qui n'offre plus les nombreux inconvénients que le raffinage rencontrait avec la fonte des sucres bruts sans épuration préalable.

Les sirops sortant de la turbine sont recuits et mis en cristallisation. Après trois ou quatre cristallisations et turbinages successifs et un séjour en bac de quatre à cinq mois pour la quatrième cristallisation, on obtient un résidu liquide *la mélasse* et des sucres bruts de deuxième, troisième et quatrième jets qui, étant épurés comme les sucres bruts du commerce par le procédé d'épuration qui vient d'être décrit, rentrent en raffinage. Dans ce procédé de raffinage, on n'obtient que deux produits, le sucre en pain parfaitement pur, et la mélasse épuisée de tout sucre par cristallisation et cependant contenant encore 50 0/0 de sucre. L'épuration préalable du sucre brut par la turbine avant la fonte, a été un des grands progrès dans le raffinage des sucres de betterave et dans la qualité du sucre raffiné en pain, mais il avait l'inconvénient d'exiger, pour le délayage du sucre en pâte suffisamment fluide pour être soumise à la turbine, un assez grand volume de sirop vert, et pour le clairçage une assez grande quantité de sirop couvert, de telle sorte que les impuretés du sucre brut se trouvaient ainsi disséminées dans un très grand volume de sirop. L'emploi de la turbine Weinrich, inventée en Autriche il y a une dizaine d'années, fit disparaître ou amoindrir dans de grandes proportions ces divers inconvénients.

La turbine Weinrich, au lieu d'opérer sur un mélange pâteux de sucre et de sirop, opère directement sur le sucre brut sec, tel qu'il est livré par le commerce, et au lieu d'employer à la séparation de la mélasse et des matières salines, des sirops saturés de sucre, on emploie un jet de vapeur détendue mais préalablement surchauffée pour éviter l'entraînement de gouttelettes d'eau; cette vapeur en traversant la couche épaisse de sucre contenue dans la turbine, entraîne la mélasse et dissout les sels. Des dispositions spéciales permettent la séparation dans la turbine même de l'eau mélangée à la vapeur, afin de diminuer la fonte des sucres traités. Ce moyen d'épuration du sucre brut donne un sucre se rapprochant du sucre pur, et un sirop se rapprochant par sa composition de la mélasse ; c'est l'élimination, dès le début du raffinage, sous le plus petit volume possible, des impuretés contenues dans le sucre brut, impuretés dont la présence dans le procédé ordinaire contribue puissamment à l'altération du sucre, et aux difficultés du raffinage.

La figure 357 donne le dessin de la turbine Weinrich employée aujourd'hui dans les raffineries de sucre de betterave et de canne. Pour les sucres de canne qui ne contiennent, il est vrai, que très peu de matières salines, l'emploi de la turbine Weinrich permet de séparer une grande quantité de glucose, il reste un sucre neutre qui peut être soumis au travail alcalin, et l'on évite ainsi une nouvelle formation de glucose aux dépens du sucre cristallisable, pendant les opérations du raffinage. Le glucose se trouve ainsi éliminé et concentré dans la mélasse. La turbine Weinrich a même donné naissance à une nouvelle industrie, le *raffinage du sucre brut sans refonte*. Des établissements se sont montés avec ces turbines pour épurer les sucres bruts de betterave et de canne, de manière à relever la richesse en sucre jusqu'à 97 et 98 0/0, ce qui en permet l'emploi dans les industries où la blancheur du sucre n'est pas une première nécessité.

Le raffinage du sucre brut, non épuré ou préalablement épuré, comporte les opérations suivantes que nous allons sommairement faire con-

naître en indiquant les différents perfectionnements qui leur ont été successivement appliqués ; soit : 1° *fonte*, 2° *clarification* ; 3° *filtration mécanique* ; 4° *filtration décolorante* ; 5° *cuite en grain* ; 6° *mise en forme* ; 7° *travail des greniers*, comprenant A. *l'égouttage* ; B. *clairçage* ; C. *égouttage forcé* ; D. *plamotage* ; E. *lochage* ; F. *étuvage*.

1° *Fonte*. La fonte du sucre brut s'opère dans une chaudière à barboteur ou à serpentin de vapeur ; on fait arriver dans cette chaudière de l'eau chaude ainsi que les lavages des filtres, et l'on y ajoute le sucre à fondre en quantité suffisante pour que la dissolution marque 30° Baumé. Cette chaudière est munie d'un agitateur mécanique, on chauffe jusqu'à 50° environ.

Lorsqu'on opère sur des sucres acides, comme le sont à peu près constamment les sucres de canne, qui contiennent en même temps du glucose ; on ajoute une quantité de lait de chaux suffisante pour saturer l'acide, en ayant soin de ne pas en mettre un excès qui, en réagissant sur le glucose, co-

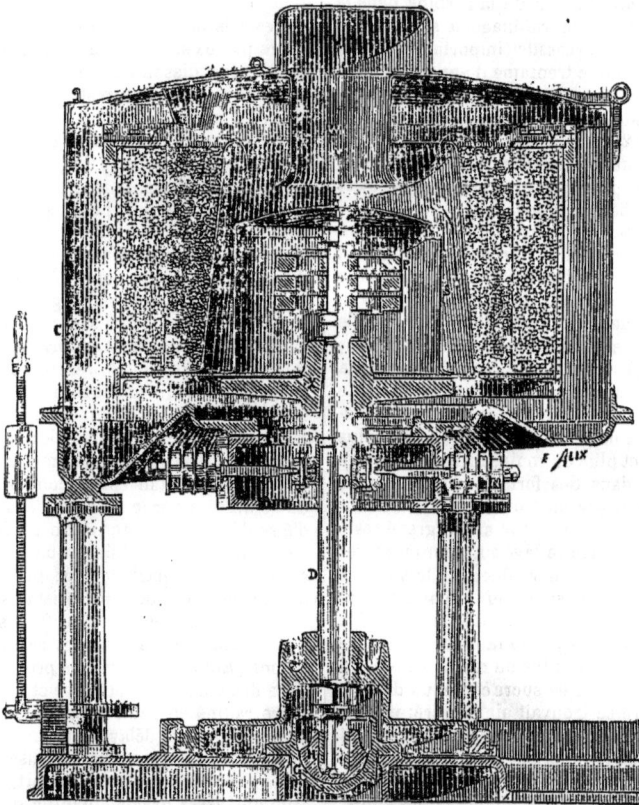

Fig. 357. — *Turbine-essoreuse Weinrich.*

A Panier en tôle perforée, assemblée avec un moyeu X. — B Cave en fonte supportée par trois colonnes E. — C Calandre en tôle. — D Arbre de l'essoreuse. — G Boîte de la crapaudine. — H Pièce pouvant se mouvoir dans G et recevant l'extrémité de la douille en bronze M — K Poulie transmettant le mouvement à l'arbre D et portant le frein O. — M Douille en bronze maintenue par les tirants des ressorts N,N,N. — P Régulateur d'équilibre. — S Boîte du régulateur. — T Tambour en cuivre maintenant la charge de la turbine. — V Verrous fixant le cercle mobile. — W Arrivée de vapeur détendue.

lorerait le sirop. Le sirop ainsi obtenu contient diverses matières insolubles en suspension, et en dissolution des sels de chaux qui constituent des impuretés dont il est utile de débarrasser le sirop.

2° *Clarification*. L'opération de la clarification à pour but d'enlever au sirop ainsi préparé les matières étrangères au sucre, qu'il contient en suspension et en dissolution. L'albumine, provenant du blanc d'œuf ou du sang, a la propriété en se coagulant de réunir et d'agglomérer les matières solides en suspension ; mais pour produire cet effet, il est indispensable que cette albumine soit ajoutée au sirop à une température inférieure à sa coagulation qui a lieu entre 65 et 70°, c'est pour ce motif que l'on ne doit pas chauffer le sirop au-dessus de 50° avant d'y ajouter l'albumine. On prend ordinairement l'albumine du sang défibriné pour clarifier les sirops de raffinerie On ajoute dans la clarification une certaine quantité de noir animal neuf en poudre fine, soit environ 5 0/0 du poids du sucre, qui agit sur certaines impuretés contenues dans le sirop, et principalement sur les sels de chaux.

Il a été proposé divers autres moyens pour clarifier et épurer les sirops de raffinerie.

MM. Boivin et Loiseau emploient un composé gélatineux qu'ils obtiennent en ajoutant de la chaux au sirop et en y faisant passer de l'acide carbonique; avant que la saturation ne soit complète le sirop s'épaissit, il se forme d'après MM. Boivin et Loiseau une combinaison qu'ils ont nommée *sucrate d'hydro-carbonate de chaux*, dont la forme gélatineuse se détruit en portant le sirop à l'ébullition. Cette espèce de coagulation clarifie le sirop d'une manière parfaite; elle produit en même temps une épuration, une décoloration et une élimination des sels de chaux beaucoup plus complète qu'avec l'emploi de l'albumine et du noir animal. Ce procédé est installé dans plusieurs raffineries de France et de l'étranger, et notamment dans les raffineries Sommier et Prévost, à Paris.

M. Lagrange a conseillé dans le même but le phosphate d'ammoniaque tribasique qui élimine la chaux en opérant la clarification, mais qui substitue au sel de chaux un sel ammoniacal présentant l'inconvénient de devenir acide pendant la cuite des sirops, ce qui peut occasionner la transformation d'une certaine quantité de sucre cristallisable en glucose. M. Lagrange a en outre conseillé l'emploi de la baryte dans la clarification. L'emploi de la baryte dans le raffinage a été un véritable progrès, non pas comme clarifiant, mais comme éliminant l'acide sulfurique des sulfates. Il existe dans certains sucres bruts du sulfate de potasse ; ce sulfate cristallise facilement en même temps que le sucre ; il se trouvait éliminé dans les sucres de deuxième et troisième jet, qualifiés *vergeoises* et autres, lorsque la raffinerie livrait ces produits secondaires à la consommation; mais depuis qu'elle ne donne, par le raffinage, que deux produits, le sucre raffiné et la mélasse, il arrive que lorsque la mélasse se trouve saturée de sulfate de potasse, l'excédent se retrouve dans les sucres secondaires qui en rentrant constamment dans le travail du raffinage, s'y accumulent au point que ces sucres peuvent en contenir jusqu'à 5 0/0 et même plus. Lorsque l'on ajoute dans la clarification une quantité de baryte cristallisée correspondant à la quantité de sulfate, il se forme du sulfate de baryte insoluble qui est entraîné dans les écumes, et la potasse devenue libre donne une légère alcalinité au sirop et empêche ainsi dans les opérations suivantes l'action inversive de l'eau sur le sucre. La baryte est employée en clarification dans plusieurs raffineries de sucre de betterave, notamment chez MM. Lebaudy, à Paris.

3° *Filtration mécanique*. Les sirops ainsi clarifiés doivent subir une première filtration mécanique qui retient toutes les écumes et doit donner un sirop parfaitement limpide. Les filtres généralement employés sont connus sous le nom de *filtres Taylor*; ils se composent d'une série de poches de tissus de coton, disposées verticalement dans une caisse en tôle ou en fonte : la filtration s'opère du dedans au dehors, ou de préférence du dehors au dedans selon les dispositions du filtre. Depuis quelques années, on emploie des filtres-presses à lavage absolu pour la filtration des sirops au lieu de filtres Taylor; le nettoyage est plus facile, et la perte en sucre est réduite à son minimum. — V. FILTRE-PRESSE, SUCRERIE.

4° *Filtration décolorante*. Les sirops sortant du filtre Taylor, ou de tout autre, sont parfaitement limpides, mais ils restent plus ou moins colorés, et doivent être passés sur des filtres remplis de noir animal en grains, où ils sont parfaitement décolorés; le noir en grains, indépendamment de la matière colorante, enlève aux sirops diverses matières étrangères au sucre qui, malgré les critiques faites dans ces derniers temps sur l'efficacité du noir au nom de l'analyse, ont pu échapper aux moyens d'analyse employés, mais n'échappent pas à la perspicacité du cuiseur chargé de la cuite des sirops filtrés ; le cuiseur reconnaît bien vite aux caractères de la cuite un sirop qui a été filtré sur une quantité insuffisante de noir. La quantité de noir animal employé dans la filtration des sirops de raffinerie est considérable, surtout à l'étranger. En Angleterre, les raffineries ont pour principe de considérer le noir contenu dans un filtre comme hors de service lorsque le sirop qui s'en écoule commence à être légèrement ambré ; dans ces conditions, les propriétés absorbantes du noir sont bien loin d'être épuisées. En France, on utilise mieux les propriétés décolorantes du noir, en passant sur les filtres ayant servi à la décoloration de la clairce à pains des sirops de bas produits.

La méthode anglaise, pratiquée également en Amérique, entraîne à l'emploi de grandes quantités de *noir* et de filtres de grandes dimensions. M. A. Gouge donne les dimensions suivantes de filtres à noir employés dans une raffinerie de sucre de New-York: hauteur, 10 mètres ; diamètre, 1m,50 ; contenance, environ 105 hectolitres, renfermant à peu près 7,000 kilogrammes de noir; vingt-trois filtres semblables existaient dans la raffinerie contenant ensemble 162,000 kilogrammes de noir en travail journalier pour une fonte de 200,000 kilogrammes de sucre. En France, on emploie généralement le noir animal dans la proportion de 50 0/0 du sucre brut mis en œuvre.

5° *Cuite en grain*. Le sirop à la sortie des filtres à noir, doit être immédiatement cuit; la cuite s'opère dans des appareils désignés sous le nom d'*appareils à cuire dans le vide* (fig. 358). On fait grener la cuite dans l'appareil même. On peut faire avec le même sirop le sucre sous la forme que l'on désire, soit sucre gros grain ou grain fin, sucre léger ou pesant, cela dépend du cuiseur et de son habileté; cependant, avec les sirops provenant de sucres bruts préalablement épurés, la cuite en grain est beaucoup plus facile. La cuite s'opère dans le vide à la température de 67 à 69°.

6° *Mise en forme.* La masse cuite sortant de l'appareil à cuire est coulée dans un réchauffoir à double fond où circule de la vapeur : de cet appareil elle est mise immédiatement dans des formes à sucre, plantées sur la pointe, dont le trou inférieur se trouve bouché par un fosset en bois, ou en métal, et accotées l'une contre l'autre par leur partie évasée. Les formes à sucre sont en tôle galvanisée ou bien enduites à l'intérieur d'un vernis fait, soit à la céruse et à l'huile de lin, soit, ce qui est préférable, à la terre de pipe et à l'huile de lin rendue siccative par le peroxyde de manganèse.

Le local où se trouvent rangées ces formes, qui se nomme l'*empli*, doit être maintenu à la température de 35°; ces formes y font un séjour d'environ douze heures, pendant lequel la masse cristallisée contenue dans chacune d'elles est remuée (mouvée) de temps en temps pour répartir les cristaux

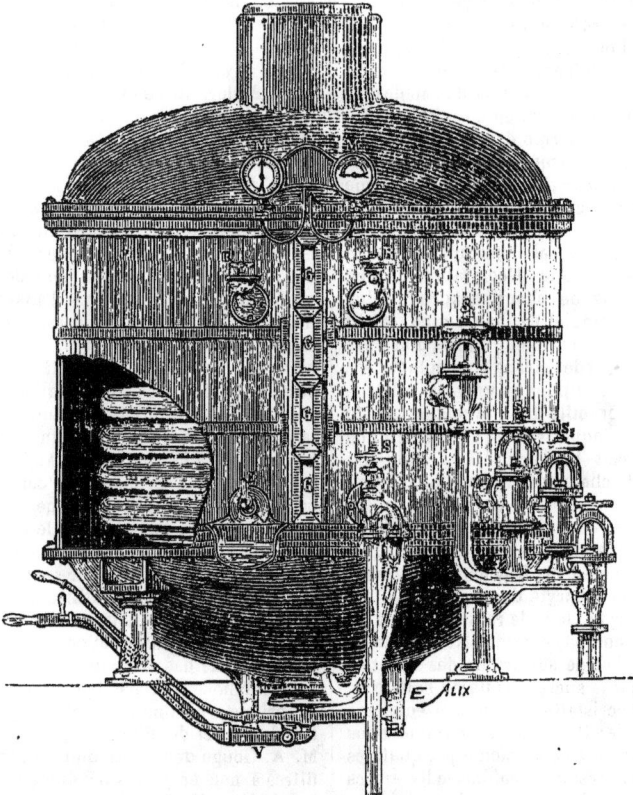

Fig. 358. — *Appareil à cuire dans le vide.*

$S_1 S_2 S_3$ Soupapes d'entrée de la vapeur dans les trois serpentins. — S Soupape d'entrée du sirop dans la chaudière par le tuyau *A*. — *M M* Manomètres pour la tension de la vapeur et le degré de vide. — *G, G* Glaces ou lunettes. — *E* Sonde pour la prise de preuve. — *R* Robinet à air. — *R'* Robinet à graisse — *V* Soupape de vidange de la masse cuite.

également dans toute la masse; cette opération est désignée, en raffinerie, sous le nom d'*opaler*, elle se pratique à l'aide de lames en bois. Ces formes sont ensuite montées dans les étages supérieurs de la raffinerie où s'opère le travail des pains, désigné sous le nom de *travail des greniers*, pendant lequel la température doit être constamment maintenue le jour et la nuit à 28 ou 30°.

7° *Travail des greniers.* A. *Egouttage.* La première opération du travail des pains est l'égouttage; à cet effet, les formes sont placées debout sur un plancher nommé *lit de pain* et qui est percé de trous assez grands pour que la forme puisse s'y enfoncer et s'y maintenir dans la position verticale, ce plancher est

placé au-dessus d'une rigole générale inclinée, en zinc ou mieux en cuivre étamé, destinée à recevoir les sirops qui s'écoulent à la partie inférieure de la forme, dont on a enlevé le fosset en bois, et dégagé le trou à l'aide d'une alène.

B. *Clairçage.* Lorsque le sirop qui imprégnait les cristaux de sucre contenus dans la forme est presque entièrement écoulé, on verse à la partie supérieure de la forme un sirop saturé de sucre pur parfaitement décoloré qui enlève les dernières portions de sirop adhérant aux cristaux de sucre; on emploie successivement plusieurs clairces jusqu'à ce que le sirop qui s'écoule à la partie inférieure de la forme soit aussi pur que la clairce versée au-dessus.

C. *Egouttage forcé.* L'égouttage des pains claircés durant plusieurs jours, on active cette opération en disposant les formes debout sur un tuyau fermé placé horizontalement, muni de tubulures à entonnoir, garnies de caoutchouc, dans lesquelles se place la partie inférieure de la forme; ce tuyau est en communication avec une pompe à faire le vide, et sous l'influence de celui-ci, l'égouttage des pains se fait rapidement; cet appareil se nomme *sucette*. On a même essayé de remplacer le vide, par l'air comprimé, pour diminuer la durée de l'égouttage et du clairçage.

D. *Plamotage.* Lorsque les pains sont complètement égouttés, on égalise leur base par une opération nommée *plamotage*, pratiquée à l'aide d'un instrument qui râcle la base du pain de manière à le rendre parfaitement homogène et horizontal à sa base.

E. *Lochage.* Lorsque le plamotage a été exécuté, on place les formes sur des tables, en les faisant reposer sur leur base ; l'humidité qui se trouvait au maximum à la pointe du pain de sucre, se répartit dans la masse, l'adhérence des grains entre eux se consolide, alors on procède au lochage qui consiste à détacher le pain de la forme. On y arrive en laissant tomber la forme sur un billot en bois de 15 à 20 centimètres de hauteur, de manière à ce qu'une partie de sa base porte seule sur le billot ; cette secousse détache de la forme le pain qui est reçu sur la main du locheur et de là, placé sur une table.

Étuvage. Le sucre ainsi extrait de la forme est encore humide et friable. Il doit être mis à l'étuve pour lui enlever l'excès d'eau qu'il contient et lui donner la consistance nécessaire. L'étuve doit être chauffée graduellement jusqu'à 50° ; cet étuvage dure environ huit jours après lesquels le sucre est sorti de l'étuve et prêt à être livré au commerce, soit tel quel, soit enveloppé, selon l'usage qui doit en être fait.

On estime que les frais de raffinage du sucre en pain s'élèvent, en moyenne, de 6 à 8 francs par 100 kilogrammes. Il existe des raffineries, à Paris, qui produisent jusqu'à 30,000 pains de sucre par jour, soit environ 300,000 kilogrammes de sucre raffiné.

2° *Raffinage du sucre sous la forme de sucre en morceaux.* Le sucre obtenu en pain conique est concassé en morceaux irréguliers, ou bien dé-

bité en rondelles par une scie circulaire ; les rondelles sont divisées en lingots que l'on casse en morceaux réguliers au moyen de machines à casser, système Mathée et Schubler. Les morceaux sont ensuite rangés dans des caisses, soit à la main, soit mécaniquement.

Pour éviter en partie la poudre de sciage, M. Schmalbein découpe le pain de sucre en rondelles avant l'étuvage ; mais l'aspect du sucre est moins agréable.

L'usage du sucre cassé en morceaux réguliers a conduit à rechercher la production du sucre raffiné en formes plus économiques que le pain conique, surtout au point de vue du sciage et du cassage.

On a essayé des formes à section rectangulaire, avec des cloisons les séparant en plusieurs compartiments, ainsi que des formes pyramidales à section carrée terminées par une tête en forme conique ordinaire. Puis on a cherché à substituer au travail si coûteux des greniers, tant par l'outillage compliqué que par la main-d'œuvre et la durée du temps qu'il nécessite, un travail rapide supprimant les formes coniques.

Le centrifuge a été alors disposé pour produire des sucres moulés et claircés dans la turbine même : le passage à l'étuve ne dure plus que douze à quinze heures.

Tout d'abord la masse cuite était versée dans des formes coniques ou parallélipipédiques per-

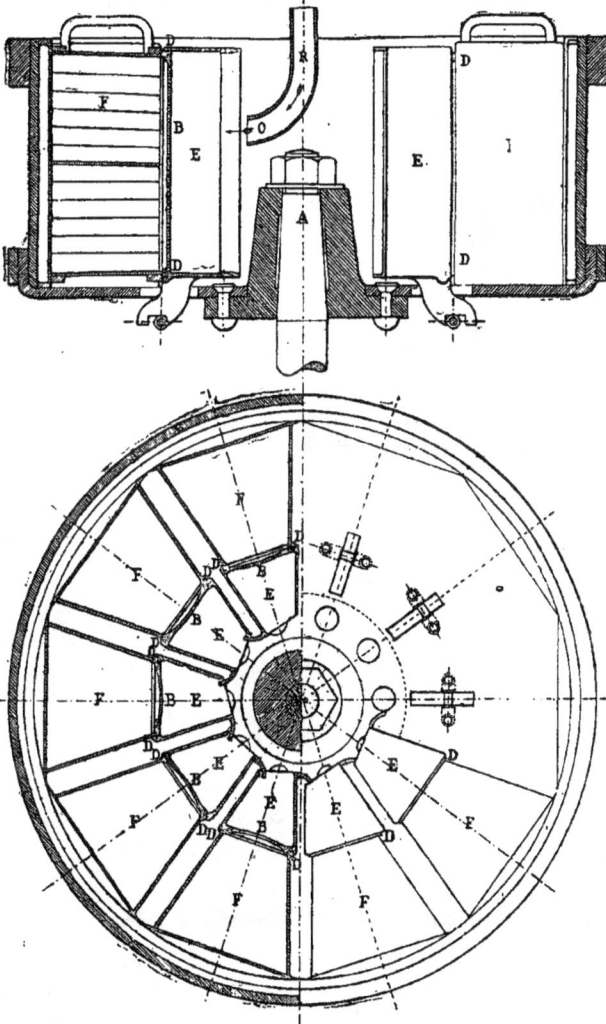

Fig. 359 et 360. — *Coupe et plan de la turbine Langen.*

A Axe de rotation de la turbine. — D B D Plaques perforées laissant passer la clairce des boîtes E dans les formes F. — R O Tuyau d'arrivée de la clairce.

mettant d'obtenir des pains ou des blocs de su-cre : après dix à douze heures, les formes étaient mises dans un centrifuge où s'opérait l'écoulement du sirop vert : on soumettait ensuite le sucre épuré à l'action d'une ou plusieurs claires, avec ou sans emploi préalable du vide, pour faciliter l'action des claires. M. Langen dispose les moules ou formes avec des cloisons mobiles, horizontales ou verticales, de manière à produire directement des tablettes, ce qui permet d'éviter un sciage. Le clairçage se fait soit en plaçant les formes sur une table à claircer spéciale, soit dans la turbine même, comme l'indique les figures 359 et 360. Les tablettes après étuvage sont sciées en lingots que l'on casse ensuite, ou bien sont cassées directement en cubes, au moyen d'une machine à casser, disposée avec deux jeux de couteaux à angle droit. Divers modes de construction et de disposition de formes cloisonnées ont été préconisés depuis par différents inventeurs ; M. Vivien dispose les formes sans cloisons avec l'épaisseur de la tablette à produire.

Fig. 361. — *Machine à mouler le sucre en lingots ou en barres.*

A Trémie d'alimentation. — *B* Bâti. — *C* Cylindre mouleur. — *D* Brosse destinée à nettoyer en marche le cylindre mouleur. *E M* Engrenages. — *I* Moules.

On a cherché également à fabriquer du sucre moulé en tablettes, en lingots ou en cubes, au moyen de moules analogues aux filtres-presses, avec succion par la partie inférieure comme dans les appareils de MM. Lebaudy, ou bien par chocs ou par pression : mais on doit alors tenir compte que le moulage par pression, diminuant la blancheur du sucre, il faut employer plus de claire.

Les machines à mouler par pression en plaquettes ou en blocs, sont analogues aux machines à fabriquer les tuiles ou les briques. Pour les lingots ou les cubes, on emploie des machines à cylindre ou à plateau disposées avec des alvéoles qui viennent se remplir successivement de sucre en poudre légèrement humide ; ces alvéoles reçoivent ensuite l'action d'un piston compresseur puis d'un piston démouleur. Telles sont les machines Reishauer, Rohriz et Pzillas. Pour la fabrication des cubes, la machine Hersey est employée exclusivement en Amérique.

On trouve également dans le commerce, surtout à l'étranger, du sucre raffiné dit « pilé ». Ce sucre est obtenu par le concassage irrégulier de pains ordinaires ou bien de blocs produits dans la turbine Weinrich avec ou sans emploi de formes ; les blocs claircés à la vapeur sont ensuite broyés entre deux cylindres ; les morceaux irréguliers et la poudre constituent le « pilé » dont la consommation est courante en Allemagne, en Espagne et dans l'Amérique du Sud.

3° *Le raffinage en fabrique.* On a également préconisé le raffinage en fabrique. Le raffinage par les moyens ordinaires employés en raffinerie, c'est-à-dire le sucre raffiné sous la forme de sucre en pain n'a jamais économiquement réussi. Aujourd'hui que la consommation du sucre en morceaux prend tous les jours une nouvelle extension, le problème de la production à bas prix du sucre à la consommation doit être résolu dans la fabrication même. On produit déjà un sucre en grain de premier jet qui se rapproche beaucoup de la pureté du sucre raffiné et qui le remplace dans beaucoup d'emplois, tels que la confiserie, la fabrication des liqueurs, des sirops et pâtes de pharmacie, du chocolat ; dans le sucrage des vendanges, des cidres et des poirés, etc., ce sucre serait passé dans la consommation journalière si sa forme n'y faisait obstacle. En effet, il est en cristaux trop volumineux, fondant difficilement, s'accumulant au fond des vases contenant les liquides à sucrer, ayant besoin d'agitations successives pour arriver même dans des liquides chauds, comme le café, à une dissolution complète, enfin, il change l'habitude du consommateur qui tient, avant tout, à son morceau de sucre ; on a fait de nombreuses tentatives pour obtenir le sucre de premier jet dans la fabrication du sucre de betterave, sous une forme qui puisse en permettre le sciage et le cassage, par exemple, en cloisonnant les turbines employées au turbinage des cuites en grain de premier jet ; mais on s'est trouvé en présence d'une difficulté sérieuse : les cristaux se forment au milieu d'un sirop très impur, facile

à séparer de la masse cuite lorsque ces cristaux sont gros comme le sucre en grain ordinaire ; mais comme la consommation exige que les grains soient plus petits, il en résulte que lorsqu'on dirige la cuite dans ce sens, le sirop coloré s'écoule beaucoup plus difficilement et le sucre obtenu n'arrive pas à la blancheur et à la pureté du sucre en grain de plus grande dimension ; il en résulte des inégalités dans la couleur et la pureté des sucres obtenus, la nécessité de faire un triage et de refondre toutes les parties qui ne sont pas suffisamment épurées.

MM. Leplay et Stiévenard ont compris d'une autre manière la solution du problème du sucre en grain de premier jet à la consommation : donner au sucre en grain tel que le produit la fabrication du sucre en premier jet et tel qu'il se trouve dans le commerce désigné sous le n° 3 extra, la forme, la pureté et les propriétés exigées par la consommation :

1° En l'épurant, s'il n'est pas aussi pur que le raffiné, sans le refondre ;

2° En concassant le grain sans détruire sa forme, c'est-à-dire en le clivant ;

3° En moulant le sucre clivé en lingots ayant la longueur et la largeur des morceaux de sucre ordinaires, pour éviter le sciage et le grand déchet qu'il occasionne ;

4° En soumettant les lingots ainsi obtenus au cassage ordinaire qui donne aux morceaux sans déchet la même forme qu'au sucre en morceaux répandu dans la consommation.

Le sucre en morceaux ainsi obtenu peut être emballé et expédié après trois heures de séjour dans une étuve chauffée à 40 ou 50°.

La machine employée au moulage du sucre d'origine américaine perfectionnée par M. Stiévenard, s'applique également au moulage des

Statistique de la raffinerie.

		Douze mois des campagnes	1885-86	1884-85	1883-84
Exportation	Sucres raffinés	Angleterre	17.054	26.768	38.742
		Belgique	278	547	400
		Russie	94	166	123
		Suède	3	52	46
		Italie	157	260	287
		Suisse	10.494	9.106	9.392
		Grèce	60	235	123
		Turquie	11.196	8.022	10.011
		Egypte	816	1.281	1.863
		Tripoli			
		Tunisie	4.703	4.015	4.642
		Maroc			
		Uruguay	1.210	1.735	1.252
		République argentine	5.179	10.291	11.437
		Chili	3.893	2.190	5.300
		Algérie	13.644	8.345	13.210
		Autres pays	5.922	8.077	15.150
		Totaux des sucres raffinés	74.703	81.090	111.998
	Sucres raffinés	Candis	50	39	71
		Autres	2.106	698	493
		Production nette totale en sucre raffiné	265.251	273.031	406.008
Importation	Sucres raffinés	Candis	1.817	1.609	1.747
		Autres	690	6.872	9.107

sucres raffinés sortant du turbinage de la cuite en grain de raffinerie, pour lesquels l'épuration et le clivage deviennent inutiles. On comprend l'importance que doivent prendre ces récents et derniers perfectionnements dans la question de la production économique du sucre à la consommation, dans la fabrication et le raffinage des sucres, soit en évitant tous les frais qu'entraîne le travail des pains et le déchet de leur mise en morceaux, soit en évitant la refonte et le raffinage des sucres en grain de premier jet, obtenus dans la fabrication du sucre, et les pertes et dépenses qu'entraîneraient ces opérations.

Nous donnons (fig. 361) l'appareil employé par MM. Leplay et Stiévenard, pour l'application de leur procédé de fabrication du sucre en morceaux.

Cette machine à mouler le sucre en lingots ou en barres peut être réglée selon les besoins de manière à faire quatre ou huit tours par minute; à la vitesse de huit tours, on peut porter le moulage du sucre en morceaux, en nombre rond, à vingt mille kilogrammes en dix heures et au besoin quarante mille kilogrammes en vingt heures; l'étuvage se fait en trois heures. Le travail complet exige cinq ouvriers. Le moulage du sucre se fait sans déchet (V. le tableau de la page 707 pour la statistique). — V. Sucre, § *Fabrication.* — H. L

RAFFINEUR. *T. de mét.* Celui qui exerce l'industrie du raffinage.

*RAFFINEUSE. *T. de pap.* Pile qui achève la trituration des chiffons ou des succédanés, pour les transformer en pâte propre à la fabrication du papier. — V. Papeterie.

*RAFFÛTER. — V. Affûter.

*RAFRAICHISSOIR. *T. techn.* Vase dans lequel on fait refroidir les sirops de sucre. || Vaisseau rempli d'eau dans lequel passe le serpentin d'un alambic pour refroidir et condenser les vapeurs. || Vase dans lequel on met à rafraîchir les boissons et les aliments. || Dans ces deux derniers cas, on dit aussi *rafraîchisseur.*

RAGRÉAGE. *T. techn.* Action de râcler, de polir, de remettre à neuf, de faire les *ragréures,* c'est-à-dire de faire disparaître les inégalités, les piqûres, les gerces sur une surface.

RAGRÉEMENT. *T. de constr.* Travail qui consiste à faire disparaître les bavures et les joints des assises du parement des murs; le même mot s'applique aux diverses opérations que subit une façade que l'on remet à neuf. — V. Nettoyage des façades.

*RAGRÉEUR ou RAGREYEUR. *T. de mét.* Dans l'industrie du bronze, ouvrier qui fait le ragréage.

*RAIDEUR DES CORDES. — V. Corde, Résistance.

*RAIDISSEUR. *T. techn.* Appareil qui sert à raidir les fils métalliques et en *T. de mar.*, nom des engins disposés dans le gréement des navires et destinés à permettre de tendre, de raidir conve-

nablement les haubans. Anciennement le raidissage et la tenue des haubans s'obtenaient par l'emploi de caps de mouton, sortes de palans dont les poulies sont privées de réas, de telle sorte que les garants éprouvent une résistance considérable à se déplacer; les caps de mouton résistent alors énergiquement à la tension des haubans. Si l'on exerce une traction indirecte sur les haubans à l'aide d'un palan ordinaire, on pourra serrer à la main les caps de mouton et leur donner la longueur convenable. Aujourd'hui, le plus souvent, les raidisseurs sont des engins métalliques composés de vis et d'écrous, à la façon des barres d'attelage des vagons de chemin de fer. Le raidissage se fait alors aisément sans le secours de palans auxiliaires. Les étais des bas-mâts sont également munis de raidisseurs à leur partie inférieure. Les caps de mouton ont l'avantage de présenter une certaine élasticité, précieuse dans les violents coups de roulis, et aussi de pouvoir être facilement coupés à la hache en cas d'accident, par exemple lorsqu'un navire est engagé et qu'il faut à tout prix lui permettre de se redresser.

RAIL. Bandes de fer parallèles qui constituent les chemins de fer. C'est la substitution de cette surface unie de roulement au sol rugueux des routes, qui est la base des progrès accomplis depuis cinquante ans par suite de l'extension qu'ont prise les voies ferrées (V. Chemin de fer). Pour faire ressortir l'économie caractéristique des chemins de fer, comparativement aux autres modes de transport, il suffira de rappeler qu'un cheval peut, sur une route, traîner 1,000, 1,500 ou 2,000 kilogrammes, suivant que la route est en mauvais, en médiocre ou en bon état d'entretien, tandis que sur une voie de fer, il peut traîner jusqu'à douze chariots chargés de 300 kilogrammes de charbon, soit en tout 5,000 kilogrammes (exemple pris dans l'exploitation des mines de Sheffield). Sous une autre forme, on peut dire que, pour un véhicule isolé, suspendu sur ressorts, circulant par un temps calme, la résistance au roulement par tonne de charge brute et pour des vitesses variant de 1 mètre à 3 mètres par seconde, est :

1° Sur une bonne route pavée, 15 à 30 kilogrammes par tonne;

2° Sur une bonne route empierrée, 30 à 45 kilogrammes par tonne;

3° Sur des rails à ornière, 7 à 10 kilogrammes par tonne;

4° Sur des rails saillants, 3 à 4 kilogrammes par tonne.

Malgré la dénomination de *chemin de fer,* les premiers rails ont été construits en bois, puis en fer laminé: aujourd'hui l'acier tend à se substituer complètement au fer, à cause des garanties de durée bien supérieures qu'il donne, comparativement au fer. La section transversale, la longueur et le poids se sont aussi accrus en proportion du poids des locomotives qu'ils avaient à supporter, c'est-à-dire en proportion des déclivités que présentent les lignes plus récemment construites, et du trafic considérable qui circule maintenant sur ces lignes.

Il y a eu et il y a encore actuellement un grand nombre de types de rails; leur forme et leur disposition varient d'abord selon qu'il s'agit de tramways posés sur des routes, ou de chemins de fer proprement dits sur lesquels ne doivent pas circuler les voitures : les premiers sont à ornières, les autres sont, au contraire, à saillie, et se prêtent mieux au roulement des bandages des roues; en second lieu les types de rails sont différents, selon la constitution de la voie elle-même (V. Voie), c'est-à-dire suivant que l'on fait usage de longrines ou de traverses, et même suivant que ces dernières sont en bois ou en métal (*voies métalliques*); enfin, même dans la voie sur traverses, le choix d'un type de rail dépend de tant de considérations, qu'il est aisé de comprendre aujourd'hui, après cinquante ans d'expérience, que les ingénieurs qui construisent des chemins de fer soient très partagés sur les avantages ou inconvénients des trois profils principaux.

Avant d'aborder les conditions qui s'imposent à l'établissement des rails, nous devons tout d'abord étudier le sujet au point de vue métallurgique.

Rails en fer. Jusqu'en 1860, c'est-à-dire avant la merveilleuse invention de Bessemer, tous les rails étaient en fer; actuellement, ils sont tous en acier. Nous passerons donc rapidement sur la fabrication des rails en fer, qui n'a plus qu'un intérêt historique.

Formation du paquet. Le fer puddlé, qui formait les 80 0/0 du paquet destiné à la production d'un rail, était un plat dont la largeur avait, suivant les anciennes mesures, 4 pouces (110 millimètres), 3 pouces (82 millimètres) et 2 pouces (55 millimètres). Ces barres étaient coupées à longueur, au moyen d'une cisaille, et on les assemblait de manière à faire un paquet de 8 pouces de large en général, soit 220 millimètres. On plaçait dessus et dessous une épaisse *couverte* en fer corroyé, dont le poids devait constituer, d'après la plupart des cahiers des charges, le *tiers environ du poids du paquet*, du moins dans les rails à double champignon qui présentaient deux surfaces symétriques à tous les points de vue et pouvant servir au roulement. Lorsque le champignon supérieur était détérioré par l'usage, on *retournait* le rail; il fallait donc que le paquet fut également constitué symétriquement.

Les Compagnies de chemins de fer ayant reconnu, à tort ou à raison, que la présence du *fer corroyé*, ou ayant subi un réchauffage, donnait une meilleure surface de roulement, étaient très strictes sur ce point, et la formation des couvertes en *fer, ballé* était, de la part des agents réceptionnaires, l'objet d'une première surveillance.

L'inconvénient de cet emploi de fer corroyé et de fer brut dans le même paquet, se manifestait quelquefois par la production de *criques* au contact de la couverte et de la première mise de fer brut.

On corrigeait ce défaut par l'interposition, en cet endroit, d'une mise de fer phosphoreux plus soudant que le fer nerveux ordinaire.

Pour les *rails à patin*, la symétrie n'étant plus nécessaire, il n'y avait qu'une seule couverte. Mais le patin étant, par sa plus faible épaisseur, sujet à un refroidissement plus rapide, il arrivait souvent des déchirures en cet endroit. On y obviait par l'emploi d'une *languette de fer corroyé*, que l'on plaçait de chaque côté.

La grande consommation des rails et le bas prix auquel on les livrait, par suite de la concurrence que se faisaient les usines pour un article qui se chiffrait par un aussi fort tonnage, ne permettait d'employer à cette fabrication que des fers communs. Or, ceux-ci se divisent en deux classes : les *fers phosphoreux*, c'est-à-dire d'un laminage facile à toute température et ne criquant pas, mais fragiles à froid; les *fers sulfureux* ne se laminant bien qu'à haute température, sujets aux criques, quand leur *couleur* passait au jaune rougeâtre, mais résistants à froid. Les premiers étaient à gros grain plat, d'une assez grande dureté, tandis que les seconds étaient nerveux et mous. Il aurait donc fallu, pour constituer un bon rail, employer simultanément dans le paquet, ces deux espèces de fer, en réservant le fer phosphoreux à la surface de roulement ou aux parties d'un laminage délicat et constituer le reste avec du fer sulfureux, comme assurance contre la fragilité. Malheureusement, les qualités phosphoreuse ou sulfureuse du fer, dérivent de la nature des minerais, et il arrivait, généralement, que les usines qui produisaient du fer phosphoreux ne pouvaient, en même temps, obtenir économiquement du fer sulfureux, ou inversement. Il en résultait que les rails se divisaient en deux classes, suivant les régions où on les produisait :

1° Les *rails phosphoreux*, bien soudés, à surface de roulement suffisamment dure, mais généralement fragiles;

2° Les *rails sulfureux*, plus ou moins bien soudés, à surface de roulement s'usant facilement, mais ne cassant jamais sur les voies.

Comme remède à cet état de choses, les Compagnies de chemin de fer cherchant à payer le moins cher possible, un produit qu'elles demandaient de qualité de plus en plus soignée, et les usines voulant produire le plus économiquement possible pour y trouver un bénéfice, on avait établi la *garantie*. Les rails n'étaient payés aux usines que pour une partie de leur valeur; le solde ne leur était compté qu'au bout d'un certain nombre d'années, en défalquant les barres que l'on avait été obligé de retirer des voies et que l'on retournait aux usines. Au fond, ce système était parfaitement équitable, mais ce qui ne l'était pas, c'était d'imposer aux usines un cahier des charges de fabrication, qui n'était pas toujours rédigé avec une intelligence suffisante de la métallurgie; du moment que la *garantie* existait, les usines auraient dû rester libres de leur mode de fabrication, et rester soumises simplement à quelques essais de réception sur un certain nombre de barres choisies au hasard, dans les lots présentés.

Réchauffage des paquets. Les paquets étaient placés sur la sole, en sable quartzeux, des fours à réverbère, ou *fours de réchauffage.* Le plus souvent ces fours étaient à tirage libre ; et pour utiliser la chaleur en excès emportée par les gaz du foyer, après le chauffage des paquets, on plaçait à la suite, une chaudière destinée à fournir la vapeur nécessaire au laminage.

Laminage des paquets. Au sortir du four de réchauffage, les paquets étaient portés d'abord, à un *laminoir trio,* à cannelures carrées, destiné à opérer le soudage des mises entre elles et avec la couverte. En général le paquet, ainsi transformé en une barre carrée, de longueur deux fois ou deux fois et demie plus grande ; était transporté dans un four spécial de réchauffage, de dimensions plus grandes où il séjournait une demi-heure à trois quarts d'heure ; il en ressortait pour aller aux cylindres finisseurs qui lui donnaient la forme voulue. La dernière cannelure, portant en creux le nom de l'usine et la plupart du temps l'année et le mois de fabrication, ces marques venaient en relief sur les barres, et servaient ultérieurement de certificat d'origine pour la garantie. — V. LAMINAGE.

Sciage et finissage des rails. Au sortir du laminoir finisseur, les rails étaient tirés devant une scie double, formée de disques d'acier animés d'une grande vitesse et dentelés. L'écartement de ces scies était calculé de manière qu'à froid, en tenant compte de la contraction du métal par le refroidissement, les rails eussent la longueur demandée à deux ou trois millimètres près.

On les étendait ensuite sur des plaques de fonte bien planes et percées de trous pour faciliter leur dressage. Pour les rails à patin, où la différence de volume du boudin et de la patte, aurait donné lieu à une courbure qu'il aurait été difficile de modifier ensuite, la barre prenant la forme d'un arc où le champignon se rapprochait du centre du cercle, tandis que le patin se tournait vers la circonférence, on opérait autrement. Au sortir de la scie, quand le rail était encore malléable, on l'appliquait sur une plaque courbe, en sens inverse, c'est-à-dire le champignon à la circonférence et le patin du côté du centre, et on le forçait d'épouser cette courbure empirique à coups de lourds maillets en bois. Les rails étaient ensuite tirés l'un à côté de l'autre et se trouvaient sensiblement droits, quand le refroidissement était complet.

Un *dressage* à froid était cependant nécessaire, et se faisait au moyen d'une presse à excentrique, le rail étant porté sur deux rouleaux distants d'un mètre environ. L'action de l'excentrique se réglait avec un bloc de fonte placé au milieu et dont on variait l'épaisseur par des coins ou des cales. Avec un œil exercé, on arrivait facilement, en quelques coups de presse, à corriger les défauts qui avaient échappé au dressage à chaud. Puis venait la *mise à longueur,* obtenue au moyen d'une lame à guillotine, qui enlevait aux extrémités du rail des copeaux de métal, jusqu'à ce que le gabarit indiquât que l'on fût dans les limites tolérées, c'est-à-dire, deux à trois milli-

mètres en dessus ou en dessous de la longueur rigoureusement exacte. Le perçage des *trous d'éclissage* se faisait par un poinçonnage à froid.

Pour les rails à patin, il fallait encore un *encochage* au patin, pour livrer passage aux tire-fonds de fixage sur la traverse.

Réception et essai des rails. Les rails, étant disposés par tas, étaient présentés à l'agent réceptionnaire, qui procédait aux *essais* préliminaires de qualité et ensuite à la *réception.*

Pour les *essais de qualité,* on choisissait un certain nombre de barres suivant l'importance du lot à recevoir, et on les soumettait à des épreuves à la pression et au choc. Le rail entier, de 6 mètres de longueur environ, était placé sur les supports, écartés de 1 mètre, d'une presse hydraulique puissante. Un piston placé au milieu de l'intervalle des deux supports, donnait une pression qui produisait sur le rail une dépression ou flèche mesurée sur un cadran. Sous un certain effort, variable avec les Compagnies de chemins de fer et le profil du rail, il ne devait pas se produire de *flexion permanente,* de même que la *rupture* ne devait pas avoir lieu sous un autre effort, généralement deux ou trois fois plus fort que le premier. Le rail était ensuite retiré, entillé à la tranche, cassé en deux parties que l'on soumettait au choc d'un mouton.

En général, ce mouton était un poids de 300 kilogrammes en fonte, pouvant s'élever à des hauteurs allant jusqu'à 5 mètres. Le rail reposait, par l'intermédiaire de deux. coussinets espacés de 1 mètre ou $1^m,10$ sur une chabotte en fonte, du poids de 10 tonnes, et devait recevoir, sans se rompre, le choc du mouton tombant d'une certaine hauteur.

Le lot de rails étant jugé satisfaisant, au point de vue des stipulations de qualité du cahier des charges, l'agent de la Compagnie procédait à la réception. Celle-ci se faisait en plaçant successivement chaque rail sur un banc de fonte, bien dressé, où il subissait l'inspection rapide de l'agent, sur une face, puis sur l'autre. Chaque défaut était l'objet d'une observation attentive, et donnait lieu à un rebut quand son importance était trop grande : criques, pailles sur le roulement, jarrets de dressage imparfait, longueur en dehors des limites de tolérance, occasionnaient des mises de côté, en raison des instructions plus ou moins sévères que l'agent recevait de l'ingénieur du matériel fixe.

Les bons rails étaient marqués d'un poinçon et étaient expédiés, tandis que les rebuts étaient vendus à des Compagnies de mines moins exigentes, ou utilisés par l'usine pour ses voies, ou cassés et repassés dans la fabrication.

Rails d'acier. Les rails d'acier formés d'un bloc métallique homogène et d'une grande dureté relative, doivent convenir, d'une manière toute particulière, aux chemins de fer, puisque les rails en fer périssaient, surtout par des défauts de soudure à la surface de roulement, ce qui occasionnait des écrasements ou l'arrachement de parties du champignon.

Les rails d'acier s'obtiennent au moyen de lingots d'acier fondu, coulés dans des moules en fonte, dits *lingotières*. Dans quelques usines encore, on les place froids dans des fours de réchauffage analogues à ceux qui servaient pour les rails en fer. Dans d'autres, mieux outillées, on les met encore chauds dans un grand four analogue aux *fours dormants* pour le recuit des tôles (V. RECUIT), par une porte située à l'extrémité opposée au foyer. Des ouvertures sont ménagées latéralement, pour permettre de faire cheminer les lingots vers la partie la plus chaude du four, à mesure que par une porte placée près du foyer on extrait ceux qui sont suffisamment chauffés et que l'on passe au laminoir. On obtient ainsi un échauffement progressif, très économique comme consommation de combustible, mais on reste sujet aux coups de feu qui peuvent détériorer le métal par excès de chauffage.

Un perfectionnement important (V. RÉCHAUFFAGE) permet, au moyen des *puits Gjers* (en anglais, *soaking pits*) de se passer complètement de four à réchauffer. Les lingots, au sortir du démoulage sont placés dans des fosses en maçonnerie, déjà échauffées par le passage antérieur d'autres lingots ; là, leur température s'égalise, et au bout d'un certain temps, qui peut s'élever à une heure et plus, on les retire encore assez chauds pour se laminer parfaitement sans réchauffage.

Le laminage des lingots d'acier se fait dans des cylindres analogues à ceux que l'on employait pour les rails en fer. Ils sont, en général, de plus gros diamètre et, pour permettre de passer des barres plus longues, ces laminoirs sont munis d'un *système à renversement* qui évite le passage des barres au-dessus des cylindres, à chaque cannelure. Après avoir marché dans un sens, la machine s'arrête, repart dans le sens contraire et ainsi de suite, pour chaque passe.

On n'arrive à ce résultat qu'au moyen de machines sans volant et de grande puissance.

Au sortir du laminoir, la barre d'acier est entraînée par des rouleaux mus mécaniquement, qui viennent la présenter devant les scies. D'autres rouleaux entraînent la barre sciée jusqu'à l'étendage.

Le *finissage* des rails d'acier se compose du *dressage*, de la *mise à longueur* par *fraisage* et du *perçage*. Le métal étant plus dur que le fer ne se prêterait pas facilement à un découpage par tranches verticales, même minces, comme on faisait pour le fer. On place le rail sur un banc où on le fixe solidement au moyen d'étriers et de vis. Un plateau, tournant dans un plan perpendiculaire à la longueur du rail et armé de lames d'acier bien trempé, vient fraiser les deux extrémités, jusqu'à ce que la dimension soit obtenue. Le *perçage* se fait à la mèche, tant pour les trous d'éclissage que pour les trous d'encochage. L'acier se prêterait mal au poinçonnage, qui écrouit le métal dans une certaine zone autour du trou, ce qui amènerait une partie faible, et même, dans certains cas, la rupture.

Les essais et la réception ont lieu comme pour les rails en fer.

1° PROFIL DES RAILS.

Rails de chemins de fer. La section transversale d'un rail de chemin de fer, est une figure symétrique par rapport à un axe vertical, en général composée d'une table supérieure de roulement, appelée *champignon*, d'un corps plus étroit appelé *âme*, et d'une base d'appui reposant sur la traverse ou sur la longrine. Les rails sur longrines sont aujourd'hui presque partout abandonnés, à cause de l'instabilité de la voie, que l'on ne peut combattre que par une liaison, difficile à réaliser, des deux files parallèles. Sauf quelques exceptions (Dauphiné, Métropolitain de Londres), l'usage des longrines a généralement coïncidé avec l'emploi de rails en ⌂ dérivant du type imaginé par l'ingénieur Brunel (fig. 362), d'une section de 40 à 45 centimètres carrés, et d'un poids de 20 à 30 kilogrammes par mètre courant ; les seuls avantages que l'on puisse invoquer en faveur de ce type de rail, sont la suppression du porte-à-faux du champignon et la compression plus énergique de la surface de roulement par les laminoirs, dans les cannelures finisseuses ; mais la faible hauteur relative du rail en ⌂ est une cause d'infériorité, au point de vue de la résistance transversale, que ne compense pas suffisamment la continuité des supports. On ne voit donc plus maintenant, sur les chemins de fer, que des rails à longrines métalliques, constituant, avec les entretoises, une voie entièrement métallique. — V. VOIE.

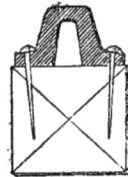

Fig. 362. — *Rail Brunel.*

Les rails ou traverses appartiennent à trois types principaux : le rail à *double champignon symétrique*, le rail à *patin*, le rail à *champignons dissymétriques* ; dans cette énumération, nous avons suivi à la fois l'ordre chronologique et la faveur dont ces types ont été successivement l'objet ; aujourd'hui, le rail à champignons symétriques paraît définitivement condamné, et le rail à patin, excellent pour des voies peu fatiguées et quand on a des essences de bois dur pour les traverses, paraît devoir définitivement céder, sur les grandes artères, la place au rail à champignons dissymétriques ou rail *bullheaded* (tête de bœuf). Examinons sommairement les raisons données à l'appui de ces préférences. Les rails posés sur des appuis discontinus, sont soumis à des efforts qui tendent : 1° à les faire glisser vers l'extérieur de la voie ; 2° à les écraser et à détruire leur surface de roulement ; 3° à les fléchir et à les rompre. La conséquence de ces conditions, c'est que le rail doit avoir une forme qui se rapproche de celle des fers à I, une large base d'appui sur la traverse, et un champignon supérieur, très solide et très gros.

Le rail à double champignon symétrique (fig. 363), d'une hauteur qui varie entre 12 et 13 centimètres, suivant le poids par mètre courant, d'une épaisseur à l'âme de 18 millimètres environ, repose sur les traverses par l'intermédiaire de coussinets en fonte (V. COUSSINET) ; il est symétrique, c'est-à-dire que le champignon qui sert de surface de roulement existe en haut comme en bas et que l'on peut à volonté retourner le rail ; c'est la propriété la plus utile du rail à double champignon, celle que l'on a toujours fait valoir en faveur de son usage, malgré l'inconvénient des coussinets. Mais, comme par le fait du roulement, le champignon supérieur travaille à la compression, il s'y développe, avec le temps, une structure à grain, tandis que le champignon inférieur travaillant à la traction prend une structure à nerf ; il en résulte que, lorsque le rail est en fer, la résistance des deux

Fig. 363. — *Rail à double champignon.*

champignons n'est pas la même et que la faculté de retourner le rail est beaucoup diminuée ; aussi, quand, en 1859, les chiffres fournis par une de nos grandes Compagnies accusaient une proportion de 17 0/0 de rails retournés, doit-on comprendre que la majorité de ces rails à demi hors de service était en usage sur les voies accessoires, telles que des voies de garage. Même avec les rails d'acier, l'empreinte laissée par le coussinet sur le champignon inférieur est une cause d'inégalité de la surface de roulement quand on retourne le rail, et peut, à la rigueur, provoquer la rupture du rail.

L'emploi des coussinets forme, d'autre part, un article de dépense important dans la constitution de la voie, mais ils assurent une plus grande stabilité, et les rails y étant simplement assujettis par des coins en bois, on les remplace aisément, sans altérer les traverses.

Le rail à patin, ou rail Vignole (fig. 364) est dissymétrique : il ne porte qu'un seul champignon à la partie supérieure et à la partie inférieure une large base ou patin qui repose

Fig. 364. *Rail à patin.*

directement sur la traverse et y est fixée à l'aide de crampons ou de vis ; la hauteur varie de 125 à 132 millimètres ; la largeur du champignon, de 56 à 62 millimètres ; la largeur du patin, de 27 à 130 millimètres ; l'épaisseur de l'âme, de 12 à 17 millimètres. A poids égal, le rail Vignole présente moins de stabilité que le rail à double champignon qui est fixé par un coussinet à base plus large que celle du patin ; cependant, le patin s'imprime beaucoup moins dans le bois de la traverse, que ne le fait le coussinet, malgré la plus grande surface d'appui. En résumé, on ne peut contester au rail Vignole une économie considérable d'établissement et d'entretien proprement dit ; une résistance à la rupture au moins égale à celle du rail à double champignon ; mais il a une moindre stabilité et surtout une durée moins grande, si l'on fait entrer en ligne de compte la possibilité du retournement. La réaction qui commence à se faire actuellement contre ce profil de rail, tient, il faut le reconnaître, à ce que le type adopté presque partout a été fait trop fai-

ble ; on a trop compté sur le profil pour réduire le poids, et c'est ainsi que, sur le Nord français, on est arrivé à une limite inférieure de 30 kilogrammes coïncidant avec l'emploi de l'acier. Dès l'instant que le rail à patin atteint un poids de 40 kilogrammes, on ne peut lui refuser d'être l'élément constitutif d'une voie excellente ; mais alors on se demande s'il n'eût pas été plus judicieux de faire une autre répartition du métal dans la section transversale, et d'en revenir au rail à champignons dissymétriques.

Le rail dissymétrique, ou rail bullheaded, date de l'origine des chemins de fer ; mais son application sérieuse, sur des coussinets très pesants, est toute récente et a pris naissance en Angleterre. Avec ce rail, on fait le sacrifice du retournement, et on donne au champignon supérieur (fig. 365) des proportions bien supérieures à celles du champignon inférieur. Ses conditions de résistance à la flexion transversale sont certainement inférieures à celles des deux autres types de rails ; mais l'avantage que l'on poursuit réside dans une augmentation très sensible de la surface de roulement qui, sur les lignes à très fort trafic, s'use avec une grande rapidité. Si l'on admet qu'un rail est hors

Fig. 365. *Rail bullheaded.*

d'usage après une certaine augmentation de la valeur primitive de la résistance par millimètre carré de section transversale, le calcul indique que le rail à champignons dissymétriques a une durée de 50 0/0 supérieure à celle du rail à patin, ou que pendant la même période, il peut supporter le passage d'un nombre de trains bien supérieur.

Avec des coussinets massifs d'un poids de 25 à 30 kilogrammes dont le profil est étudié de manière à épouser exactement le contour du champignon inférieur ; avec des éclisses à profil renforcé

Administration	Type du rail	Poids par mètre courant
		kilogr.
Est français	Vignole	30.0
Nord français	Vignole	30.0
P.-L.-M.	Vignole	38.4
Paris-Orléans.	Double champ. sym. .	38.2
Midi français	Double champ. sym. .	37.6
Ouest français	Double champ. sym. .	38.7
Great western.	Double champ. sym. .	39.7
London North western	Bullheaded	41.6
Great northern	Bullheaded	40.7
Midland	Bullheaded	42.1
Great Eastern.	Bullheaded	39.7
London South western	Double champ. sym. .	40.7
London Brighton . . .	Double champ. sym. .	38.7
South Eastern.	Double champ. sym. .	40.7
Métropolitain	Bullheaded	43.1
London Chatham. . . .	Bullheaded	41.2
North London	Bullheaded	42.1
Calédonian	Bullheaded	39.7
Etat prussien	Vignole	34.0
Saint-Gothard.	Vignole	36.6
Etats-Unis.	Vignole	31.5

d'un poids de 20 kilogrammes par paire (trous déduits); avec des traverses espacées de 80 à 85 centimètres seulement, on arrive, en Angleterre, à obtenir une voie lourde et excellente pour les gros trafics.

De cette comparaison il paraît résulter que c'est moins encore au profil qu'au poids du rail qu'il faut faire attention, quand on veut avoir une bonne voie. A ce point de vue, il nous a paru intéressant de donner la liste comparative des principaux types de rails en service en France, en Allemagne et en Angleterre (renseignements extraits des n^os d'octobre 1882 et juillet 1879 de la *Revue générale des chemins de fer*). — V. le tableau de la page précédente.

Rails de tramways. Les rails de voies de tramways se composent d'une bande de fer laminé, avec une ornière, que l'on pose sur des longrines en bois. D'une manière générale, le rail a une forme qui se rapproche plus ou moins de celle indiquée sur la figure 366; la bande de fer est posée et fixée dans le sens transversal sur la pièce de bois à laquelle elle sert, en quelque sorte d'armature. Le mode de fixation du rail sur la longrine, l'éclissage des longrines entre elles, leur entretoisement, etc., tous ces détails de la pose de la voie des tramways varient, pour ainsi dire, avec chaque réseau. On n'attend pas de nous que nous énumérions ici tous les essais auxquels a donné lieu la solution de ce problème très complexe : obtenir une voie douce, stable, aussi peu gênante que possible pour la circulation des autres véhicules. Voici comment ce problème a été résolu dans les rues de Paris.

Fig. 366. — *Rail à ornière pour tramway.*

La Compagnie des Omnibus a employé, à l'origine, un rail à profil évidé pesant 23 kilogrammes au mètre courant, fixé sur des longrines (fig. 367) à l'aide de boulons verticaux à tête fraisée; les extrémités de deux rails contigus sont réunies au moyen d'une plaque de joint qui est plate à sa partie inférieure et qui, à sa partie supérieure, épouse la forme du dessous du rail; les longrines sont réunies entre elles au moyen d'éclisses en fer boulonnées. La voie ne comporte ni entretoises, ni traverses, on se contente purement et simplement de la butée du pavage pour maintenir les longrines à leur écartement normal. Ce système donne lieu à plus d'une objection : la perforation verticale du bois est une cause d'infiltration des eaux et d'altération des longrines ; l'éclissage des rails est insuffisant, et le manque d'entretoises, acceptable avec le matériel en service, donnerait lieu aux inconvénients les plus sérieux si l'on voulait faire circuler sur ces voies, ce qui peut arriver aux termes des cahiers de charges, des véhicules à essieux

Fig. 367. — *Rail de la Compagnie des Omnibus.*

fixes appartenant à d'autres Compagnies; enfin le passage de camions pesamment chargés, contribue à élargir l'ornière en écrasant les saillies.

Le rail employé sur les lignes de la Compagnie des Tramways sud ressemble à celui de la Compagnie des Omnibus, mais il en diffère par le mode de fixation, qui est beaucoup plus rationnel, ainsi que l'indique la figure 368. Ce rail, qui est en acier et ne pèse que 20 kilogrammes au mètre courant, est fixé sur la longrine, au moyen d'agrafes dont les extrémités recourbées pénètrent dans le bois; l'éclisse est une plaque qui épouse le profil inférieur du rail et qui se retrousse sous les oreillettes du rail pour se terminer dans le plan vertical des faces de la longrine; quatre boulons assurent la fixation du système. Enfin, les longrines sont entretoisées, afin que la voie puisse se prêter à la traction mécanique, et l'entretoise est clavetée à chaque bout. Sur les Tramways nord, le rail est rivé sur une bride enveloppant la face supérieure et une partie des faces latérales des longrines, préalablement entaillées à cet effet. La stabilité est ainsi parfaite, mais le remplacement des rails est beaucoup plus difficile, puisqu'il faut enlever rails et brides ensemble, pour leur substituer d'autres pièces rivées d'avance.

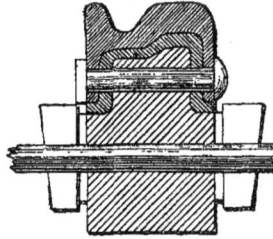

Fig. 368. — *Rail de la Compagnie des Tramways-Sud de Paris.*

A côté de ces voies où l'ornière est tracée dans le rail lui-même, on fait encore usage de véritables rails, avec contre-rails pour former l'ornière, en les posant soit sur des longrines, système Marsillon, soit sur des traverses en bois ou en métal; c'est à ce dernier type qu'il faut rapporter la voie Broca qui commence à se répandre et sur laquelle nous reviendrons en traitant du mot *voie* (V. ce mot). Le grand avantage de cette disposition c'est que la voie de tramway peut, au besoin, se prêter à la circulation des véhicules de chemin de fer qui trouvent ainsi le moyen de raccorder des usines situées hors de portée de leur rayon d'action. D'ailleurs, dans un grand nombre de cas, le tramway se transforme lui-même en un chemin de fer sur route, qui peut, au besoin, quitter la route, traverser les champs et prendre l'allure d'un véritable chemin de fer. Dans ces conditions, l'uniformité de type des rails est une nécessité et presque une économie.

2° NATURE DU MÉTAL ET USURE DES RAILS.

La substitution de l'acier au fer pour la fabrication des rails de chemin de fer est un des progrès les plus importants que l'on ait accompli durant les quinze dernières années. Autrefois, le prix élevé de l'acier ne permettait pas de songer à en faire usage pour la construction de voies ferrées ; la révolution métallurgique qui a été la conséquence de l'invention des procédés Bessemer et Martin, a changé la question de face, et actuellement, dans beaucoup de cas, l'acier coûte aussi bon marché que le fer ; à résistance égale, les rails d'acier ont une durée dont on ne sait pas encore fixer les limites, par rapport à la durée des rails de fer ; cela se conçoit d'ailleurs quand on réfléchit que, malgré les soins apportés à la fabrication, les paquets de fer formés pour le réchauffage finissent par se dessouder, à première vue, au bout d'un certain temps d'usage, on reconnaît le rail en fer à des traces immanquables d'enlèvement de copeaux de métal, dans le sens longitudinal ; souvent c'est tout une moitié de champignon qui a disparu. Avec l'acier, rien de semblable, l'usure se fait régulièrement dans le sens de l'aplatissement du champignon, et le rail ne peut être mis hors de service que quand il a, par le fait de cette usure, subi une diminution de hauteur, qui correspond à une réduction de sa résistance et à une perte de poids de 10 à 11 0/0 du poids de rail neuf. La durée du rail d'acier fondée sur cette seule cause, l'usure régulière du champignon supérieur, paraît être telle, que sur la plupart de leurs lignes, les Compagnies actuelles n'auront pas à se préoccuper, d'ici à la fin de leur concession, des renouvellements pour diminution de résistance au champignon. De toutes les détériorations auxquelles un rail d'acier est exposé, la rupture est la plus importante, puisqu'elle est de nature à compromettre la sécurité ; or, d'après un excellent Mémoire, publié par M. Cotard, dans le n° de mai 1883 de la *Revue générale des chemins de fer*, les rails rompus ne forment guère que le quart des rails retirés pour être remplacés ; la répartition des ruptures dans les différents mois de l'année, dépend des variations de la température, et le maximum coïncide avec les plus fortes gelées, surtout le matin, lorsque la voie commence à recevoir la chaleur des rayons du soleil. Les soufflures contenues dans l'acier sont une autre cause de détérioration rapide des rails, lorsque ceux-ci sont posés sur une rampe ou dans un tunnel où l'on emploie le sable est employé pour augmenter l'adhérence des roues sur le rail ; sur une même section, on a constaté que la proportion de rails remplacés était *quatre* fois plus forte sous le tunnel que hors du tunnel. En général, les rails d'acier le moins flexible, c'est-à-dire les plus durs, donnent des résultats trois fois meilleurs que les rails d'acier doux. M. Dudley, chimiste américain, est arrivé à des conclusions absolument opposées ;

d'après lui, les rails le moins carburés et le plus phosphoreux sont ceux qui résistent le plus longtemps ; M. Dudley a, en outre, observé que, sur des pentes de 12 millimètres d'inclinaison moyenne les rails perdent, pour un million de tonnes qui y circulent, 81 0/0 plus de métal que sur palier ; sur des courbes de 457 mètres de rayon, l'usure par million de tonnes est de 83 0/0 plus grande qu'en alignement droit ; en courbe, les rails surhaussés s'usent un peu plus de deux fois plus vite que les rails intérieurs.

3° RÉSISTANCE ET ÉPREUVE DES RAILS.

Le calcul de la résistance des rails de chemin de fer se fait, quel qu'en soit le type, en les considérant comme des solides reposant sur deux appuis de niveau et encastrés aux extrémités ; on calcule alors la résistance à la flexion, non seulement dans les parties intermédiaires, mais encore dans les parties de joint, ainsi que la résistance dans le sens transversal.

Pour les parties intermédiaires, la résistance maxima a lieu au droit des appuis, lorsque la charge est au tiers de la longueur.

Soient : R la résistance par millimètre carré en kilogrammes ; P la charge maxima en une section déterminée ; a l'espacement entre axes des traverses ; I le

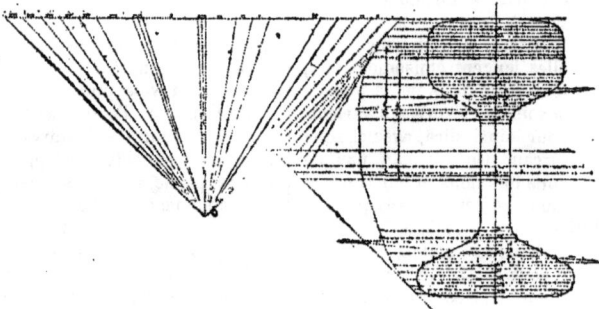

Fig. 369. — *Épure pour le calcul de la résistance d'un rail.*

moment d'inertie du rail par rapport à son centre de gravité ; V la distance entre les fibres extrêmes et la fibre moyenne.

La résistance R est donnée par l'expression générale :

$$R = \mu \frac{V}{I},$$

μ étant le moment fléchissant.

Or, dans le cas actuel,

$$\mu = \frac{4}{27} P a,$$

donc

$$R = \frac{4}{27} P \times \frac{V}{I} \times a.$$

Pour calculer $\frac{V}{I}$, on fait l'épure de la section du rail, en vraie grandeur, et l'on calcule l'aire de cette section en la décomposant en n rectangles ; puis on cherche la portion du centre de gravité, en décomposant le demi-rail en segments à bases parallèles, que l'on peut, sans grande erreur, assimiler soit à des rectangles, soit à des trapèzes ; on détermine ensuite les centres de gravité individuels de ces rectangles. Ces segments faisant partie d'un même corps homogène, on peut appliquer en leur centre de gravité, une ligne proportionnelle à leur surface et parallèle à leur base, au lieu d'y appliquer une ligne proportionnelle à leur poids ; on obtient ainsi une série de faces parallèles que l'on compose sur une épure, en appliquant le principe des polygones funiculaires. Ainsi, pour un rail à champignons dissymétriques (fig. 369), on obtiendrait une épure semblable à celle que nous donnons comme exemple. Le point O, qui est quelconque, est le centre de composition : les lignes I à XIX représentent le polygone des forces, qui se réduit à une seule droite. En traçant le polygone funiculaire correspondant, on obtient à l'intersection des côtés extrêmes du polygone, suffisamment prolongés, un point de la résultante qui est en même temps l'horizontale du centre de gravité.

Quand on a obtenu la valeur de R en fonction de a, on cherche la valeur de R pour des portées variables, et on choisit comme écartement des traverses celui qui donne une résistance compatible avec le travail que l'on exige de l'acier employé.

Pour calculer la résistance du rail dans les portées de joint, quand le joint est en porte à faux, on admet que le joint doit se faire au milieu de l'intervalle qui sépare deux traverses consécutives ; alors chaque about de rail peut être considéré comme un solide encastré à l'une de ses extrémités. Le moment de flexion est évidemment maximum à l'aplomb de chaque traverse et a lieu quand la charge s'applique au-dessus du joint.

Donc :

$$\mu = \frac{P}{4} a \quad \text{et} \quad R = \frac{P}{4} \times \frac{V}{I} \times a.$$

Comme pour les portées intermédiaires, on cherche la valeur de a qui correspond à une résistance donnée du métal.

Pour calculer la résistance dans le sens transversal, on peut encore appliquer la formule :

$$R = \frac{P V}{4 I} \times a.$$

Mais ici, on ne peut déterminer P que d'une façon empirique ; pour un rail à patin, on admet que la section de l'âme, à l'origine du patin, est soumise à une pression 4,000 cos γ (γ étant l'angle d'inclinaison) ; pour un rail dissymétrique, on fait le calcul par comparaison, et l'on trouve que, toutes conditions égales d'ailleurs, ce rail

est, au point de vue de la résistance transversale, plus favorable de 18 à 20 0/0 que le rail à patin.

Enfin, pour calculer la durée de service d'un rail, on admet qu'il est hors d'usage après une augmentation de valeur de R égale à 23 0/0, c'est-à-dire quand la valeur de $\frac{V}{I}$ pour ce rail, est devenue

$$\frac{V}{I} = 1{,}23 \frac{V_0}{I_0}.$$

Pour déterminer l'usure correspondant à cette valeur, on cherche les valeurs de $\frac{V}{I}$ correspondant à des usures du champignon variant de 5 millimètres en 5 millimètres, puis on trace une courbe dont les abscisses OX (fig. 370) représentent les usures, et dont les ordonnées OY représentent les valeurs correspondantes de $\frac{V}{I}$; en coupant cette courbe par une droite

$$y = 1{,}23 \frac{V_0}{I_0}.$$

on voit que cette limite est atteinte pour une usure de $10^{mm},4$, pour l'exemple choisi d'un rail à champignon dissymétrique, soit pour une perte de poids de 16,5 0/0.

En évaluant à 1 millimètre d'épaisseur l'usure produite

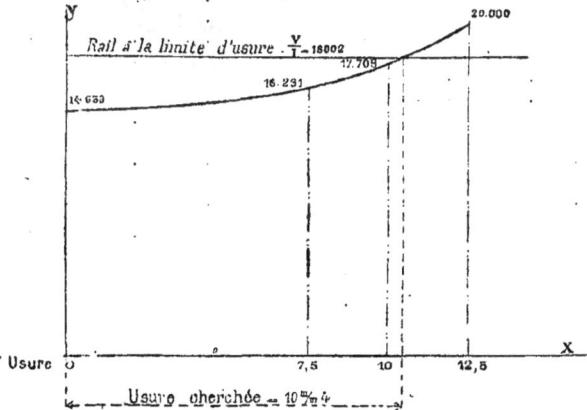

Fig. 370. — *Epreuve de la durée des rails.*

par le passage de 100,000 trains, on voit que le rail serait hors de service quand on y aurait fait circuler plus de 1,000,000 de trains.

Le contrôle par lequel les Compagnies de chemins de fer cherchent à se prémunir contre la livraison de rails défectueux ou contre ses conséquences, s'exerce sous diverses formes : 1° conditions de fabrication et surveillance de cette fabrication par des délégués entretenus en permanence dans les usines ; 2° réception des produits comprenant un examen et des épreuves mécaniques ; 3° délai de garantie qui est de trois ans.

La fabrication des rails ayant été examinée en détail, au point de vue métallurgique, nous ne reprendrons ici que l'étude des épreuves qui ont pour effet de constater si le rail possède les qualités de résistance dont nous avons donné plus haut l'aperçu sommaire. En France, ces épreuves portent sur trois points : 1° résistance à la flexion sous une charge statique ; 2° résistance à la rupture sous une charge statique ; 3° résistance au choc. Pour l'épreuve statique, le rail, posé sur deux appuis, doit supporter, pendant un temps déterminé, une charge en son milieu et ne conserver, après l'enlèvement de cette charge, aucune flèche permanente; en outre, placé dans les mêmes conditions, il doit supporter, pendant le même temps, sans se rompre, une charge environ deux à trois fois plus forte. Pour les épreuves dynamiques, les cahiers des charges français prescrivent de pousser jusqu'à la rupture l'épreuve statique n° 2 et de faire ensuite l'essai au choc par une moitié de la barre rompue, en laissant tomber d'une certaine hauteur un marteau de 300 kilogrammes sur la barre posée sur des appuis espacés; on fixe généralement les hauteurs de chute en tenant compte de la température de l'air. Dans le cas où plus du dixième des barres essayées ne résisterait pas au choc, la fourniture totale est rejetée. Les rails d'acier sont, en outre, essayés à la trempe; on fait casser un morceau de rail qu'on chauffe au rouge cerise et qu'on trempe dans un courant d'eau vive; il doit prendre une trempe ferme, à surfaces blanchies, inattaquables à la lime.

Pour terminer ce qui concerne les rails, nous extrayons de la *Revue générale des chemins de fer*, un tableau donnant, pour les années 1880, 1881, 1882, un état comparatif de la consommation des rails, en fer et en acier, sur les chemins de fer français. — M. C.

Désignation des administrations de chemins de fer	1880			1881			1882		
	Rails en fer	Rails en acier	Total	Rails en fer	Rails en acier	Total	Rails en fer	Rails en acier	Total
	tonnes	tonnes	tonnes	tonnes	tonnes	tonnes	tonnes	tonnes	tonnes
Cie du Nord.....	»	21.495	21.495	»	27.138	27.138(1)	»	16.792	16.792(3)
Cie de l'Est.....	5.179	33.832	39.011	5.601	28.402	34.903	6.930	8.487	15.417
Cie de l'Ouest....	»	16.649	16.649	»	33.741	33.741	»	15.780	15.780
Cie de P.-L.-M....	»	48.515	48.515	»	60.621	60.621	»	79.220	79.220
Cie d'Orléans....	7.868	20.186	28.054	»	23.934	23.934(2)	»	30.633	30.633
Cie du Midi......	2.156	10.341	12.497	1.563	16.411	17.974	»	22.987	22.987
Grande Ceinture...	»	2.298	2.298	»	2.918	2.918	»	2.904	2.904
Réseau des chemins de fer de l'Etat...	1.574	38.460	40.034	»	22.343	22.343	»	22.966	22.966
Chemins de fer construits par l'Etat...	»	»	»	»	15.826	15.826	»	84.280	84.280
Totaux....	16.777	191.776	208.553	8.064	231.334	239.398	6.930	284.049	290.979

(1) Non compris 4.453 tonnes fournies par des usines belges.
(2) Non compris 6.029 tonnes fournies par l'usine de Seraing (Belgique).
(3) Non compris 4.092 tonnes fournies par des usines belges.

Bibliographie : Couche : *Matériel roulant et exploitation des chemins de fer; Revue générale des chemins de fer;* Sonnet : *Dictionnaire de mathématiques appliquées.*

RAILWAY. Syn. : *Chemin de fer.* Ce mot, emprunté de l'anglais, signifie littéralement *route* ou *chemin à rails.*

RAINETTE. T. techn. Outil de charpentier dont la lame d'acier, repliée à son extrémité, sert, par ses coins affilés, à tracer des lignes ou rainures; le manche est terminé par un disque en acier divisé en trois fentes qui servent à donner de la voie aux scies.

RAINURE. *T. techn.* Entaille à section rectangulaire pratiquée sur l'épaisseur d'une planche et destinée à recevoir une saillie ou *languette* ménagée sur l'épaisseur ou la rive d'une autre planche. Dans les panneaux de porte ou de revêtement composés de plusieurs planches, celles-ci sont assemblées à rainure et languette. On appelle *rainure à bois debout*, une rainure faite en travers du fil du bois. || Les plombiers donnent le nom de *rainure*, à une petite cavité triangulaire formée par les chanfreins pratiqués sur les épaisseurs d'une lame de plomb, qu'on a roulée pour en former un tuyau soudé.

RAIS. 1° *T. de charronn.* Se dit des rayons d'une roue, de chacune des pièces qui entrent par un bout dans le moyeu d'une roue et de l'autre dans les jantes. — V. Charronnage. || 2° *T. d'arch. Rais de cœur.* Ornement composé de fleurons et de feuilles d'eau. || 3° *Art hérald.* Se dit des pointes qui sortent d'une étoile, et aussi des bâtons pommelés et fleurdelisés disposés en rayons.

RALINGUE. *T. de mar.* Cordage cousu en ourlet tout autour des voiles de navire, pour les fortifier.

RAMAGE. T. techn. Opération qui a pour but de sécher le drap par la tension, en lui donnant en même temps une largeur déterminée et régulière sur toute sa longueur. On la produit au moyen de *rames* ou de la machine à ramer. — V. Ramer.

RAMASSEUR. T. techn. Partie d'un appareil de broyage qui ramène sous la meule la matière à broyer. || Appareil qui recueille la pâte dans la fabrication du papier. — V. Papeterie. || Organe de la *moissonneuse.* — V. ce mot.

RAME. 1° *T. d'appr.* Nom des forts châssis établis parallèlement, en plein air et du côté du levant autant que possible employés pour le ramage des draps; ces châssis sont disposés verticalement, soit pour qu'ils occupent moins d'espace, soit aussi pour que l'air circule plus librement entre chaque rame et accélère le séchage en agissant d'une manière égale sur les deux surfaces du tissu. Il faut donner aux rames une longueur et une hauteur suffisantes pour qu'elles puissent recevoir les draps de toutes dimensions. — V. Apprêt. || 2° Longue pièce de bois arrondie, qui porte aussi le nom d'*aviron*, et dont l'extrémité (pale) entre dans l'eau pour faire avancer une embarcation. || 3° Vingt mains de papier de 25 feuilles chacune, ou 500 feuilles. || 4° Vingt rouleaux de papier de tenture.

*RAMÉ, ÉE. *Art hérald.* Se dit du cerf, du daim, lorsque le bois est d'un autre émail que le corps.

*RAMÉE (Joseph-Jacques). Architecte, né à Charlemont (Ardennes), en 1764, mort en 1842, érigea, au Champ-de-Mars, le premier autel de la Fédération. Son fils Daniel, architecte et écrivain, né à Hambourg, en 1806, a été membre de la Commission des monuments historiques, travailla à la restauration des cathédrales de Senlis, Noyon, Beauvais ; des églises de Saint-Riquier et de Saint-Wulfrand, à Abbeville. Il a publié, en 1843, un *Manuel général de l'architecture chez tous les peuples*, resté classique, de même que l'*Architecture et la construction pratiques* (1868) et, en outre, un grand nombre d'ouvrages techniques : *Cours de dessin* (1840) ; *Introduction au moyen âge monumental et archéologique* (1843) ; l'*Ornement* (1848) ; *Dictionnaire des termes d'architecture* (1868); *Sculptures décoratives* (1864).

*RAMER. *T. techn.* Effectuer le ramage du drap. La machine à ramer (fig. 371) se compose d'un grand enchambrement en tôle destiné à concentrer l'air atmosphérique qui vient se réchauffer au contact d'un appareil de chauffage en cuivre placé à la partie inférieure. Cet air, saturé

Fig. 371. — *Machine à ramer.*

d'humidité quand il a passé au travers du drap mouillé, s'échappe par deux cheminées d'appel qui surmontent la machine. Plusieurs ventilateurs, disposés horizontalement d'un bout à l'autre de la chambre, en dessus et en dessous, agitent l'air échauffé et, par la grande vitesse qui leur est imprimée, poussent l'air chaud à travers le tissu. Des chaînes sans fin, munies de petits crochets très rapprochés et entraînées par des arbres à rochets, circulent tout le long de la machine, à droite et à gauche ; elles sont maintenues dans des glissières, elles attirent et conduisent l'étoffe à partir de l'entrée jusqu'au bout de la machine (sur une longueur de 10 à 14 mètres) où le tissu tourne pour revenir, en suivant la voie de retour, dans la partie inférieure, vers le point de départ où il arrive complètement sec. — V. aussi Apprêt.

RAMETTE. *T. de typogr.* Châssis qui n'est point divisé par une barre, et qui est propre à contenir un grand format, une affiche, etc. || *Ramette à mouler.* Table munie d'un cadre de fer, destinée à recevoir les formes de caractères mobiles, pour en prendre l'empreinte. || *T. de pap.* Vingt cahiers de papier à lettre.

*RAMEY (Claude). Sculpteur, né à Dijon, en 1754, mort à Paris, en 1858; fut d'abord élève de Devosge, vint à Paris pour perfectionner ses études, entra dans l'atelier de Gois et remporta le prix de Rome, en 1782, avec la *Parabole du Samaritain*. L'empire lui confia de nombreux travaux, notamment les bas-reliefs de l'Arc de triomphe du Carrousel : *Napoléon* en costume impérial et *Eugène de Beauharnais*. On cite de cet artiste le buste de Scipion l'Africain placé au Sénat (1801); *Sapho, Blaise Pascal*, statue érigée à Clermont-Ferrand, une *Naïade*, pour la fontaine de Médicis, la *Prudence*, pour le portail de la Banque de France et une statue colossale de *Richelieu*, en marbre qui, après avoir été érigée sur une des piles du pont de la Concorde, fut ensuite placée dans la cour d'honneur du palais de Versailles. On reproche à Claude Ramey un amour exagéré de l'antique, qui le conduisit trop souvent à la copie servile et lui enleva toute son originalité. Ce défaut était chez lui tellement développé, que dans les bustes qu'il fit de ses contemporains, on croirait reconnaître des Romains de la décadence. Sa grande correction ne compense que difficilement ce qui lui manquait dans l'invention et dans le mouvement. Ramey était membre de l'Institut depuis 1816 et chevalier de la Légion d'honneur depuis 1824.

Son fils Etienne-Jules, né à Paris, en 1796, mort en 1872, a trop suivi peut être la manière de son père dont il était l'élève. En 1814, il remportait le second prix de Rome avec *Achille blessé* et le premier, l'année suivante, avec *Ulysse reconnu par son chien*. Il envoya de Rome *Hector soulevant un rocher qu'il se dispose à envoyer dans les retranchements des Grecs*, bas-relief actuellement au musée de Dijon, et une copie en marbre de *Vénus anadyomène*. En 1822, il exposa l'*Innocence pleurant la mort d'un serpent*, les modèles d'un *Christ à la colonne* et de *Thésée combattant le Minotaure*; en 1824, un grand bas-relief pour la cour du Louvre : la *Tragédie et la Gloire*; en 1827, un autre bas-relief pour le Louvre : la *Gloire et la Paix*, et le marbre de *Thésée combattant le Minotaure*, qui a été placé dans le jardin des Tuileries et qui passe pour son chef-d'œuvre. On remarque aussi de lui le fronton de l'église de Saint-Germain-en-Laye. Il a laissé inachevé un beau groupe colossal : *La Religion soutenant les derniers moments de Richelieu*. Malgré une grande habileté de ciseau, Jules Ramey n'a pu échapper au reproche d'être froid et poncif, surtout au milieu des tentatives hardies de l'école romantique qui causait à cette même époque une révolution dans l'art. Les honneurs ne lui ont pas manqué, d'ailleurs, car, décoré de très bonne heure, il était élu à l'Institut dès 1829, à peine âgé de trente-trois ans. Il occupa le fauteuil de Houdon.

* RAMIE. La ramie (on dit encore *ramieh* ou *ramié*) est une fibre textile extraite de l'écorce de la *bœhmeria utilis* ou de la *bœhmeria nivœa* : la première, dans laquelle les feuilles sont vertes sur les deux faces, fournissant les fibres les plus résistantes et les plus douces ; la seconde, qui porte des feuilles à revers nacré, donnant des filaments moins forts et moins solides (V. Fibres textiles, fig. 97). Nous avons indiqué au mot Chinagrass les lieux d'origine, les usages et l'utilisation de cette plante, nous allons ici compléter ce que nous avons dit, en retraçant en quelques mots l'histoire de la découverte de la ramie, sa culture, sa décortication, son blanchiment, etc.

Historique. Depuis longtemps la ramie est cultivée et utilisée en Chine et dans l'Inde, mais en France, son emploi ne fut signalé pour la première fois qu'en 1844 par M. J. Decaisne, qui, à cette époque, publia dans le *Journal d'agriculture pratique* la première notice sérieuse sur cette plante. Le savant professeur du Muséum en fit alors semer au Jardin d'acclimatation différents plans qui lui avaient été envoyés d'Assam par M. Leclancher, chirurgien de marine; il en étudia la croissance, en détermina les caractères et signala plusieurs espèces différentes nouvelles jusque là inconnues en France. M. Decaisne terminait en indiquant tout le parti que la

France pouvait retirer de cette plante textile, et il engageait plus tard divers filateurs à l'employer dans leurs établissements. Son travail est certainement encore l'un des meilleurs qui aient été publiés jusqu'ici; et nous sommes d'avis que son auteur doit être considéré comme le véritable introducteur de la ramie en France.

Depuis cette époque, un certain nombre de savants, de filateurs, de publicistes, ont fait des essais de culture et de filature de ramie ou bien ont publié sur son utilisation des renseignements précieux. Nous citerons en Espagne, M. Ramond de la Sagra ; en Italie, M. Goncet de Mas ; en Allemagne, M. Herman Grothe ; en Algérie, M. de Bray ; en France, MM. Graugniard, Lombard, A. Favier, etc.

C'est surtout dans ces vingt dernières années qu'on s'est occupé de la ramie en France, à la suite de la vigoureuse vulgarisation qui en avait été faite antérieurement par quelques-unes des personnes que nous venons de citer. Les études qui furent entreprises, à partir de 1870, ont eu comme point de départ une distribution de 10,000 plans de ramie, faite en 1868 dans plusieurs départements et en Algérie par les soins de la maison G. Hugon et Cie, de Londres. La plante, qui n'était guère connue que de nom par un grand nombre de personnes, put être mieux appréciée par le public. Les essais de culture furent poussés d'autant plus activement dans certaines contrées, que les ravages du phylloxera dans les pays vignobles, la ruine de la culture de la garance par la découverte de l'alizarine artificielle dans le Vaucluse, permirent de mettre à la disposition des expérimentateurs bon nombre de terrains inoccupés.

En 1869, alors que M. Louvet était ministre de l'agriculture et du commerce, des savants lui firent apprécier la fortune nationale qui pourrait être attachée à la culture ou au filage de ce textile. Après s'être entouré de tous les renseignements utiles, M. Louvet nomma, en 1870, une Commission administrative chargée de l'étude des questions relatives à l'utilisation de la ramie. La Commission entreprit ses travaux, puis la guerre survint : le gouvernement se trouva sous le coup de préoccupations d'une toute autre nature et les études commencées furent renvoyées à des temps meilleurs.

Aujourd'hui, tous ces efforts ont porté leurs fruits. Le problème de la décortication des tiges, longtemps irrésolu, est aujourd'hui très avancé, et, comme nous le verrons plus loin, de nombreuses machines ont été inventées et fonctionnent spécialement pour la ramie ; des associations ont, en outre, été fondées pour poursuivre l'exploitation et la propagation de cette plante, plusieurs filatures ont été établies en France pour en filer la fibre.

Culture. Les deux espèces de *bœhmeria* peuvent être cultivées en France sous le climat de l'olivier, et en Algérie : l'une, la *bœhmeria utilis*, y donnera toujours une fibre plus fine, mais elle exigera plus de soins ; l'autre, la *bœhmeria nivœa*, poussera avec moins de soins, mais on en obtiendra une filasse plus grosse. Les deux espèces existent au Jardin des Plantes de Paris : la seconde est laissée en pleine terre et à l'air libre pendant tout l'hiver, mais on est toujours obligé de rentrer la première pour la conserver. La ramie a besoin d'une certaine humidité, sa forme est celle d'une touffe, formée de tiges d'environ deux mètres de hauteur, de la grosseur du petit doigt.

On la propage de quatre manières différentes : 1° par semis ; 2° par bouturage ; 3° par marcottage ; 4° par éclats du pied ou des racines. La plantation a lieu au mois d'avril.

La récolte se fait en coupant la plante à la base, à l'aide d'un instrument tranchant, à 5 ou 6 centimètres au-dessus du collet des racines. En France et en Algérie, on ne doit pas compter sur plus de deux coupes par an et sur une seule la première année, à la fin d'août ou au commencement de septembre. Dans les pays chauds, on a obtenu trois, quatre et quelquefois cinq coupes, en Guyane principalement. Pour arriver à une plus grande similitude dans la qualité des fibres, il faut nécessairement couper les tiges à une période identique de maturité. Ordinairement, la première coupe fournit des fibres souvent inférieures à celles de la seconde, parce qu'on a l'habitude une première fois, de récolter les tiges encore vertes, pourvu qu'elles aient 1 mètre de hauteur, et la seconde fois, seulement de les couper bien mûres, c'est-à-dire lorsque le bout est devenu brun.

Décortication. Dans la plupart des pays chauds, en Chine et aux Indes principalement, la décortication de la ramie se fait encore à la main.

Lorsque les tiges viennent d'être coupées, les Chinois en détachent facilement les écorces sous forme de rubans, en les fendant par le bas à l'aide du pouce ; ils râclent ensuite les fibres avec des couteaux de bambou, enlèvent l'épiderme par une sorte de teillage grossier, puis, les réunissant par une extrémité, les plongent dans l'eau bouillante pendant un certain temps. A la suite de ce traitement, les filaments sont blanchis sur pré pour être employés dans la suite. Il paraît que quelquefois, on fait précéder le râclage des fibres par une sorte de rouissage obtenu en laissant l'écorce abandonnée pendant quatre ou cinq jours sur les terrasses des maisons chinoises ; mais cette coutume ne doit exister que dans certaines localités. Enfin, dans d'autres parties de la Chine, la préparation semble plus compliquée. On commence par un premier lavage, à l'eau bouillante et à l'eau froide, puis on fait macérer les rubans d'écorce dans une dissolution de cendres de mûrier, et on les abandonne 24 heures dans un mélange d'eau et de chaux. Ils sont ensuite lavés à grande eau, macérés une seconde fois avec de l'eau et des cendres de mûrier et finalement lavés à l'eau bouillante et séchés. Après une semblable manipulation, les fibres sont blanches et n'ont plus besoin d'être étendues sur pré ; elles peuvent donc être utilisées immédiatement. Aux Indes, d'où s'expédie une certaine quantité de la ramie envoyée en Angleterre, où elle subit une manipulation chimique avant d'être utilisée par la filature sous le nom de *chinagrass*, ce traitement est beaucoup plus simple. On retire l'écorce des tiges en les brisant par le milieu et, séparant l'épiderme du bois proprement dit, on met immédiatement cette écorce dans l'eau pour l'attendrir : on la râcle ensuite des deux côtés et tout est dit : elle peut alors figurer sur le marché de Londres.

Ces procédés tout primitifs, ne pouvant être appliqués en Europe, il a fallu chercher d'autres systèmes ; c'est ce qui a donné lieu à l'invention des machines dites *décortiqueuses*. Ces machines sont nombreuses, et les broyeuses à lin qu'on a appliquées au travail de la ramie ne le sont pas

moins. Elles doivent réaliser un double but : en premier lieu, séparer l'écorce de la tige, ce qui se fait généralement en brisant cette tige entre des rouleaux, puis, enlever l'écorce et la débarrasser de la pellicule mince et colorée qui la recouvre, ce que toutes ne font pas. Elles sont de deux sortes : celles qui décortiquent la ramie verte et celles qui écorcent les tiges lorsqu'elles sont sèches. Le décorticage en vert, qui convient surtout dans les pays chauds à pluies fréquentes où le séchage régulier des tiges est difficile, consiste à opérer, soit immédiatement après la coupe, soit au plus tard dans les 48 heures qui la suivent, alors qu'elle est encore pleine de sève ; le décorticage à sec convient surtout à l'Europe.

Nous ne pouvons ici décrire ces machines qui diffèrent considérablement les unes des autres ; nous nous contenterons de citer parmi les décortiqueuses en vert, celles de J. et D. Craig, Laberie et Berthet, etc. ; parmi les décortiqueuses à sec, celles de Bertin, Rolland, Kaulek fils, A. Favier, Dobson, etc., qui sont les plus connues.

Expériences propres à déterminer la qualité de la ramie. Ce textile possède des qualités remarquables qui, à diverses reprises, ont été mises en évidence par de savants expérimentateurs (Buchanan, Forbes, Royle, F. Watson, G. Aston, Ozanam, etc.) : nous relaterons surtout ici les consciencieuses recherches du Dr Ozanam. Les résultats d'examens exécutés au microscope sous un grossissement de 80 diamètres, comparativement avec le lin, le chanvre, le coton et la soie, ont été les suivants :

	Longueur	Largeur	Epaisseur
	mètres.	millim.	millim.
Ramie.	0,50	6/10	1/100
Lin	0,05	3/10	3/100
Chanvre.	0,06	5/10	3/100
Coton.	0,06	4/10	5/100
Soie.	1	2/10	1/100

En notant ces chiffres, M. Ozanam a constaté que la fibre primitive de la ramie était pour ainsi dire de toute longueur, car il put la suivre sur une étendue de 25 centimètres sur le champ du microscope sans la voir s'interrompre, soit qu'elle fût constituée par une cellule continue, soit que les diverses cellules qui se suivaient eussent perdu leurs cloisons de séparation, par suite d'une fusion plus intime. A priori, il pouvait déjà déduire cette observation, confirmée plus tard par M. Vétillard, que la ramie devait être une fibre d'une extrême solidité.

Les mesures microdynamiques ci-dessous ont

	Résistance à la traction	Allongement avant rupture	Résistance à la torsion
	grammes.	millim.	tours.
Ramie.	24	0,003	180
Lin.	3	0,002	140
Chanvre.	6	0,002 1/2	176
Coton.	2	0,004	696
Soie.	1	0,011	1.038

été obtenues par le même observateur, à l'aide de l'appareil phrosodynamique Alcan, sur des fibres de 5 centimètres de longueur.

Mais ces diverses fibres étant de grosseurs différentes, on jugerait difficilement de leur valeur relative, si on ne les ramenait pas toutes à une donnée commune.

	Grosseur	Fraction	Elasticité	Torsion
Ramie....	1	1	1	1
Liu....	1/2	1/4	2/3	4/5
Chanvre...	2/3	1/3	3/4	19/20
Coton....	1/3	1/6	1	4
Soie....	1/4	1/6	4	6

D'où l'on voit que la fibre de la ramie est plus longue et plus uniforme que toutes les autres après la soie ; qu'elle est plus solide, plus résistante à la traction, à la torsion, plus élastique que le chanvre et le lin, et même que le coton qui est plus souple à la torsion ; qu'enfin, elle le cède seulement à la soie.

Traitement chimique. Le plus souvent, on fait subir à la ramie, avant de l'employer en filature, un traitement chimique spécial. Ce traitement, variable dans les divers établissements où l'on utilise ce textile, est ordinairement tenu secret : on connaît surtout ceux de Jungham Culpan, Wright et C°, Lombard, etc. ; voici ce dernier comme exemple :

Les paquets de filasse sont liés à leurs extrémités pour conserver le parallélisme des fibres et éviter qu'elles ne s'embrouillent les unes avec les autres dans les opérations suivantes. La filasse est ensuite placée dans un bain d'eau bouillante, pour dissoudre les matières solubles dans ce liquide ; après deux heures d'immersion, on la sort, on la rince à l'eau courante et on la remet dans un autre bain d'eau bouillante propre ; on l'y laisse encore deux heures, puis on la sort et on la rince comme précédemment. La filasse est ensuite mise dans une lessive de carbonate de soude à 3° Baumé, contenant 20 grammes de chaux caustique par litre, cette lessive est chauffée à la température de 25 à 30° centigrades ; toutes les heures, on agite avec la main, les paquets de filasse dans le liquide, en les prenant par le milieu et en les tordant comme les lessiveuses font pour leur linge. Après six heures d'immersion, les paquets sont retirés, bien exprimés et jetés dans un bain de chlorure de chaux ; ce bain est préparé en mettant 30 grammes de chlorure de chaux par litre d'eau. On maintient la température à 25 ou 30° centigrades pendant douze heures, pour décomposer et faire dissoudre la gomme qui n'a pas été enlevée et pour blanchir les fibres. On retire ensuite la filasse et on la lave à l'eau bouillante, en dernier lieu dans l'eau tiède en la pressant dans les mains, puis on la met sécher au soleil. Après ces différentes opérations, la filasse est suffisamment préparée pour subir le travail du peigne et pour être soumise aux différentes opérations de la filature.

FILATURE ET TISSAGE. Lorsqu'on veut filer la ramie à l'état écru, c'est-à-dire directement après le décorticage des tiges, les métiers qui semblent convenir le mieux à cette opération, sont les métiers à lin. Lorsqu'au contraire, on doit filer la ramie après lui avoir fait subir un traitement chimique et qu'alors, on a affaire à des fibres d'une longueur de 4 à 9 pouces, on obtient les meilleurs résultats avec les machines employées pour le traitement de la laine longue, ou bien encore, en la mélangeant avec la soie comme on le fait en Angleterre, on la file sur les métiers à bourre de soie. Cependant, on trouve avantage à modifier en certains points les machines classiques ; c'est ainsi que, dans un rapport à la « Société industrielle de la ramie », M. Bailly, filateur de ramie à Nay, disait qu'il était « arrivé à combiner un outillage industriel qui, empruntant ses divers éléments à l'outillage général du lin, du chanvre, de la laine, de la soie, constitue un ensemble nouveau de fabrication. » L'auteur ne donne pas la description des machines qu'il emploie, mais il est facile de voir, au nom des textiles dont il fait la citation, qu'il se sert de métiers à filer continus plus ou moins modifiés.

Une fois la ramie filée, il est facile de la tisser. On sait que, depuis longtemps, on en fait en Chine des étoffes dites *hia-pou* qui réunissent de grandes qualités de fraîcheur et de solidité, étoffes que les Chinois se contentent de laver, lorsqu'ils les ont portées pendant plusieurs *mois*, et qui leur servent durant deux ou trois années successives. Il a été prouvé d'ailleurs, par des expériences nombreuses, que la ramie pouvait entrer avec la soie ou le coton dans la fabrication des articles fantaisie de toutes sortes et des étoffes de luxe avec le lin fin. Tout dépend de la manière dont on a désagrégé la fibre.

Ajoutons que les fils de ramie prennent particulièrement la teinture. Il résulte d'expériences sérieuses faites à Rouen et relatées dans le Bulletin de la Société industrielle de cette ville (1881, p. 457), qu'il est toujours possible dans certaines limites, d'éviter une trop grande modification de ces fibres, et que l'on peut parvenir à rendre, en grande partie au moins, à celles qui auraient été plus ou moins dénaturées par la filature ou la teinture, le brillant et la souplesse qui les caractérisent, et cela, sans avoir recours à des moyens dont la complexité pourrait compromettre, par des opérations trop dispendieuses, le débouché de cette matière. — A. R.

*RAMOLLISSAGE. T. de cord. — V. GOUDRONNAGE.

RAMONAGE. T. techn. Opération qui consiste à détacher la suie des cheminées pour les nettoyer.

Ramonage des chaudières. Pendant la combustion du charbon sur les grilles, les parties fuligineuses et celles formant un poussier, résultant du cassage sur le parquet, ou du choc des morceaux entre eux, sont entraînées par le tirage ; les parties les plus lourdes se déposent dans les courants de flamme, dans les tubes, ou entre les tubes, selon le cas. Elles forment, en s'accumulant, une couche d'une certaine épaisseur qui est nuisible, à deux points de vue, pour le bon fonctionnement de la chaudière : elles restreignent les passages libres pour la flamme, elles isolent les parois du contact du feu. On est donc obligé de débarrasser, de temps à autre, les chaudières de cette obstruction.

Dans les chaudières à larges courants de flamme, on se contente de passer un balai emmanché, à l'aide duquel on retire la suie et le fraisil déposés. On agit de même pour les cheminées, ou l'on y fait descendre un homme qui en nettoie les parois. Dans les chaudières tubulaires, le ramonage s'effectue soit à la brosse, soit à la vapeur. Les brosses sont en crin, en baleine ou en fil métallique; elles sont parfois remplacées par des racloirs placés au bout d'un manche assez long, pour parcourir toute la longueur d'un tube. Le racloir est surtout employé, lorsqu'on veut opérer un nettoyage à fond.

Pour le ramonage à la vapeur, on se sert de l'appareil Rowland, du nom de son inventeur. Il se compose d'un tuyau de caoutchouc assez long pour atteindre les parties à ramoner; l'une des extrémités communique avec une prise de vapeur, l'autre bout est muni d'une poignée commandant une vanne à ressort placée sur l'arrière d'une lance, que l'on introduit successivement dans chacun des tubes, ou dans l'entre-deux des tubes de la chaudière. En appuyant sur la poignée, la vapeur se précipite et chasse devant elle toutes les matières qui tapissent les tubes.

Lorsque l'on a plusieurs chaudières en fonction, on ramone chaque faisceau de tubes, l'un après l'autre, afin de ne pas trop ralentir l'activité de la combustion.

Lorsque le tuyau d'une cheminée est trop petit pour qu'on puisse y faire passer un homme et que son démontage est difficile, on ménage un regard à la base et on tire un coup de pistolet, chargé à poudre, par ce regard. L'ébranlement occasionné par la détonation et la déflagration des gaz de la poudre est assez violent pour déterminer la chute des matières plaquées contre les parois.

I *RAMPANT. T. de métall. Dans les fours métallurgiques, on donne ce nom au conduit qui mène les fumées du four à la cheminée. Etant exposé à s'obstruer par des dépôts de poussières entraînées, il doit avoir une section assez grande pour que le bon fonctionnement du tirage soit toujours assuré. || Art hérald. Se dit des animaux dressés sur leurs pattes de derrière et s'élevant comme le long d'une rampe, ce qui écarte la signification de ramper, puisqu'au contraire l'animal ayant la patte de devant dirigées vers la dextre de l'écu, semble vouloir s'élever; on oppose ce mot à passant.

II. RAMPANT, ANTE. T. d'arch. Qualification que l'on donne à tout objet, tout membre d'architecture qui n'est pas de niveau, qui présente une inclinaison, une pente. Les deux côtés d'un fronton sont les rampants, on emploie même le mot substantivement; on dit : les rampants d'un fronton, d'un toit, le mot étant pris, dans ce dernier cas, pour versant, égout. On appelle voûte rampante une voûte en descente, comme celles que l'on établit fréquemment sous les marches d'un escalier de cave ou autre. Un arc dont les naissances ne sont pas au même niveau, est un arc rampant.

RAMPE. T. techn. On désigne ainsi, d'une manière générale, une portion de chemin incliné droite ou courbe, qu'il s'agisse d'une chaussée pavée, d'une route empierrée, ou d'une voie de chemin de fer. — V. Déclivité.

Les gares peu importantes sont approvisionnées, surtout en vue des embarquements militaires, de rampes mobiles (ou ponts volants) formées soit de parties démontables, soit d'une plate-forme montée sur des roues et facilement transportable; avec ce système de rampes mobiles on peut, en un temps très court, embarquer une batterie et ses chevaux dans un train simplement garé sur une voie en dehors des cours et des quais.

On construit quelquefois des rampes pour permettre aux voitures d'accéder à un porche ou à un vestibule placé à une certaine hauteur au-dessus du sol environnant; nous citerons, comme exemple, les rampes ménagées au pavillon qui donne accès à la loge du chef de l'Etat, à l'Opéra de Paris. On fait même des rampes composées d'une suite de marches larges et très basses pour faciliter aux cavaliers l'arrivée aux divers étages d'un édifice, au sommet d'une éminence quelconque. Dans les marchés aux chevaux, des rampes sont disposées notamment pour les chevaux de trait. Les terrassiers, dans les fouilles importantes, conservent des masses de terre inclinées ou rampes qui leur permettent de monter les déblais à la brouette ou au tombereau.

Rampe d'armement. — V. Batterie, II.

Rampe d'escalier. T. d'arch. 1º Suite de marches ou degrés disposés en ligne droite ou courbe et comprises entre deux paliers. On dit aussi volée. La plupart des grands escaliers que l'on rencontre dans les hôtels qui ont été construits pendant les deux derniers siècles, sont ordinairement établis sur plan rectangulaire et composés de trois rampes séparées par deux paliers carrés. — V. Escalier, Palier. || 2º Balustrade à hauteur d'appui, posée sur le limon d'un escalier, ou sur les extrémités des marches du côté du jour. Les rampes se font en pierre, en marbre, en bois, en fonte, en fer forgé ou étiré, etc. D'une manière générale, si la balustrade doit être appuyée sur les têtes des marches, il faut qu'elle soit traitée avec beaucoup de légèreté pour ne pas paraître écraser l'escalier. D'ailleurs, toutes les fois qu'un des côtés de l'escalier n'est pas directement soutenu, soit par un mur, soit par une suite de points d'appui, la rampe doit être exécutée en métal et non en pierre, sous peine de produire un effet peu satisfaisant. Quoiqu'il en soit, les rampes en pierre sont composées de deux parties principales : la partie ajourée, formée d'entrelacs, de montants espacés ou de balustres, et la main courante, ou pièce d'appui proprement dite. Très fréquemment la main courante et la portion ajourée ne sont pas exécutées en matériaux identiques; dans le cas de balustres, la pierre peut être employée pour ceux-ci, et le marbre pour la main courante. A son départ, la rampe est arrêtée par un *pilastre* décoré de divers motifs de sculpture. Les rampes en pierre sont ordinairement employées dans les constructions très importantes, dans les édifices publics par exemple. Celles en fer forgé étaient fort usitées aux XVIᵉ et XVIIᵉ siècles, dans les hôtels particuliers, pour les escaliers en pierre; cet exemple est suivi, de nos jours, dans des habitations de même importance.

Les rampes des escaliers en bois se font habituellement en fer. Les plus simples sont composées de *barreaux* espacés de 0ᵐ,16 d'axe en axe et d'une *bandelette* ou plate-bande en fer sur laquelle on fixe avec des vis, une main courante en bois de noyer ou d'acajou. Ces barreaux sont pointus par le bas et s'implantent dans le milieu du limon pour les escaliers où cette pièce est apparente, sur les têtes de marches dans les autres. A cause de cette disposition, on donne à ce genre d'ouvrages le nom de *rampes à pointes* ou *à rappointis*. Il y a encore, parmi les rampes en fer pour escaliers en bois, celles dites *à col de cygne*, très usitées, et dont les barreaux sont cintrés par le bas; les *rampes à pitons*, dont les barreaux sont ornés de chapiteaux par le haut et sont supportés dans le bas par des pièces de fonte ornée appelées *pitons*, et qui se vissent dans le limon; les *rampes à panneaux*, qui sont les plus riches, et dans lesquelles les panneaux sont en fonte, montés dans des châssis en fer ou bien en fer forgé comme les châssis eux-mêmes. C'est ce dernier genre de rampes que l'on rencontre dans les anciens hôtels et auxquels nous avons fait allusion ci-dessus. Comme dans les rampes en pierre, il y a au départ un pilastre qui peut être un simple balustre ou une figure d'animal en fonte ciselée. Les rampes en bois ordinairement à balustres, étaient fort employées dans les anciennes constructions; on y revient de nos jours dans certaines habitations particulières. — F. M.

|| *T. de théât.* Rangée de lumières que l'on dispose sur le devant et sur toute la largeur de la scène, et qu'on lève ou baisse à volonté.

*RAMPISTE. *T. de mét.* Ouvrier tourneur qui exécute des rampes d'escalier.

RANCHER. *T. techn.* Pièce de bois carrée, que l'on met sur le devant ou sur le derrière d'une charrette. || Longue pièce de bois traversée perpendiculairement de chevilles ou *ranches*, qui forment échelons pour monter au haut d'une grue.

*RANDANITE. Variété de *silice terreuse*, formée de carapaces de diatomées, et que l'on trouve en divers endroits, notamment à Clermont-Ferrand (bassins du Jardin des plantes); on s'en sert dans la fabrication de la *dynamite* (V. ce mot). On écrit aussi *randannite* et *rhandanite*.

*RANDON (GILBERT). Caricaturiste, né à Lyon en 1814, fit un peu de tous les métiers, y compris celui de lithographe, puis il s'engagea dans un régiment de cavalerie, où il conquit rapidement un grade. Libéré du service, il tenta la photographie à Lyon, fit aussi quelques dessins, et enfin fut appelé à Paris par son cousin Nadar, qui le fit entrer, en 1850, au *Journal pour rire*. Là, Randon s'essaya à la caricature politique, et il avait déjà trouvé un certain succès dans un croquis amusant du nez présidentiel, lorsque le coup d'État et les lois sur la presse vinrent tuer la caricature qui avait été un véritable art sous Louis-Philippe, et qui avait fait la réputation de Daumier, Gavarni, Henri Monnier, Dantan, Grandville, Charlet et Traviès. Il fallut que tous ces dessinateurs de talent et d'esprit cherchassent dans la caricature des personnes des types nouveaux, puisque la critique du gouvernement et des institutions ne leur était plus permise. Randon, lui, s'attacha aux soldats, ses anciens camarades, et il y est resté maître par le dessin et par l'idée; nul comme lui n'a connu le troupier, et dans la charge militaire il fut inimitable, d'autant plus que depuis vingt ans l'armée a changé de physionomie, et qu'elle est devenue la société même habillée de l'uniforme; au point de vue du type, il n'y a plus de troupier.

A l'imitation de Gavarni, Randon a peint les naïvetés de l'enfance dans une collection réunie sous le titre: *Il n'y a plus d'enfants*, et sous celui de l'*Esprit des bêtes*, une suite de morales présentées sous une donnée originale. C'est la bête faisant la leçon à l'homme, point de départ très juste, car bien souvent les animaux qu'on prétend agir sans réflexion ont plus de droiture que l'homme : s'ils ne raisonnent pas, du moins ne raisonnent-ils pas le mal). Par exemple, d'après Randon, boire sans soif est une des nobles facultés qui distinguent l'homme de la bête. Que dire aussi de ce discours d'un lion à un homme tremblant de peur, qu'il tient en son pouvoir : « l'animal ne tue que pour apaiser sa faim, j'ai déjeuné, passe ton chemin ». Pendant près de trente ans, Randon a collaboré au *Journal pour rire* et au *Journal amusant*, ainsi qu'à la plupart des publications de son cousin Nadar; il est mort en 1881.

RÂPE. 1° *T. techn.* On désigne sous le nom général de *râpe*, toute machine ou outil dont l'organe essentiel a la surface garnie d'aspérités et qu'on emploie pour réduire les substances en poudre plus ou moins fine. Les aspérités peuvent être obtenues dans une plaque métallique et par refoulement : telles sont les *râpes de cuisine*, les *râpes à tabac*, dont on se servait autrefois pour réduire soi-même le tabac en poudre. C'est de cette façon qu'on fabrique les plaques de tôle employées dans les *brosses à blé* chargées de râper la surface du grain (V. NETTOYAGE DES GRAINS). La râpe peut être formée d'une ou de plusieurs lames d'acier taillées en dents de scie. Lorsque ces lames sont fixées sur un cylindre, on a les *râpes* employées dans les sucreries et les féculeries pour dépulper les racines et tubercules. Lorsqu'une ou plusieurs de ces lames sont fixées sur une pièce de bois analogue à la monture d'un rabot, on a la *râpe à pierre* qui sert pour gratter la [pierre après le taillage. Enfin, la râpe peut être formée d'une pièce massive dans laquelle on fait des entailles ; celles-ci ont ordinairement la forme d'un triangle rectangle ; cette râpe, terminée par un manche, sert dans une foule de métiers pour dégrossir les pièces : forge, ajustage, tournage, tabletterie, plomberie, sculpture, cordonnerie, menuiserie, etc., etc. C'est d'après ce principe qu'est construit le cône de la *machine à râper* les masses fermentées de tabac pour la fabrication du tabac à priser, ainsi que la partie inférieure de la *marguerite* employée dans le corroyage des peaux (V. CORROIERIE). Si les entailles deviennent plus fines et plus rapprochées, la râpe devient une *lime*. — V. ce mot. || 2° Nom donné à la surface plane en fer, fixée au balancier du *banc à dresser* les fils de fer employés dans la fabrication des aiguilles. — V. AIGUILLE. || 3° Lime dont se servent les menuisiers pour arrondir et dresser le bois debout ; les sculpteurs, les serruriers, etc., se servent aussi de râpes de différentes formes. || 4° Le même nom s'applique à un outil en fer plat avec lequel on gratte la pierre, après l'avoir travaillée, et à un outil qu'on utilise pour enlever le sable attaché aux objets coulés en métal.

*RÂPERIE. Atelier dépendant d'une fabrique de sucre de betterave, dans lequel on extrait le jus des betteraves que l'on travaille ensuite dans la fabrique proprement dite. Le matériel nécessaire comprend les élévateurs, les laveurs, la râpe, les presses hydrauliques ou continues, ou bien, suivant les derniers progrès, un coupe-racine et une batterie de diffuseurs.

En 1867, M. Linard eut l'idée du transport souterrain des jus extraits dans des râperies indépendantes annexées à une usine centrale. Depuis cette époque, on a fait l'application en grand des râperies annexes, ce qui a conduit à monter des fabriques immenses travaillant les jus extraits sur le lieu de production en laissant sur place la pulpe destinée à être rendue au cultivateur. Le grand développement que le système de M. Linard a permis de donner à la puissance de production des usines a eu pour effet d'obliger les constructeurs à augmenter et à perfectionner leur outillage.

L'installation des grandes fabriques permet d'obtenir une réduction très sensible sur les frais généraux de fabrication, et par suite, sur le prix de revient du sucre. Le travail de ces fabriques nécessitant une active surveillance, on a adjoint à chaque usine centrale un chimiste, qui, par des analyses fréquentes, peut se rendre un compte exact des diverses phases du travail des jus et rechercher le remède à chaque difficulté nouvelle. Aussi, peut-on dire que de la création des usines centrales date la plus grande partie des perfectionnements apportés à la fabrication du sucre.

Les jus extraits dans les râperies annexes sont envoyés par des pompes, après addition de chaux, dans des réservoirs disposés à cet effet dans l'usine centrale.

L'application de ce transport souterrain a été faite également pour les jus de canne ; une usine à la Guyane anglaise fonctionne ainsi avec succès.

En quelques années, il fut créé une quinzaine de fabriques de sucre centrales, entourées d'un nombre plus ou moins grand de râperies dans lesquelles il se produisait, chaque année, le quart du sucre fabriqué dans les 500 autres fabriques de sucre ; c'est ainsi qu'ont pris naissance ces belles fabriques centrales où l'on travaille en vingt-quatre heures le jus provenant de 1, 2 et 3,000,000 de kilogrammes de betteraves. Une seule sucrerie centrale possède jusqu'à 21 râperies, d'autres 13 et au-dessous.

En présence de cette vive impulsion, l'exemple de l'ingénieur Linard fut suivi et, aujourd'hui, il existe, en France, 57 fabriques de sucre possédant ensemble 149 râperies représentant environ 1,200 kilomètres de tuyaux souterrains pour le transport des jus. — V. SUCRERIE.

*RAPETISSURE. T. *techn.* Cette opération, qu'on appelle encore *rétrece*, en terme de fabrication du filet de pêche, consiste à prendre une maille de moins dans un rang, en jetant une maille sur deux adjacentes du rang supérieur, afin de diminuer la largeur du filet total. — V. FILET.

*RÂPEUR. T. *de mét.* Ouvrier qui fait le râpage ; s'emploie particulièrement dans les manufactures de tabac.

*RAPHIA. T. *de bot.* Dans ces dernières années, on a importé, en Europe, sous le nom de *rubans de raphia*, des bandelettes minces, flexibles et très tenaces, qui proviennent d'un palmier commun dans les endroits bas et marécageux des forêts de l'Asie, de l'Afrique et de l'Amérique ; le *raphia tœdigera*. Ces bandelettes paraissent détachées des feuilles, elles sont vendues chez les grainetiers, à l'usage des jardiniers pour les ligatures de plantes. On les désigne, en Angleterre, sous le nom de *manilla-bast*. On connaît aussi, à Madagascar, sous le nom de palmier-bambou et, en botanique, *raphia ruffia*, un arbre qui fournit la principale matière textile utilisée par les habitants de cette île. Les femmes malgaches en emploient les frondes avec une rare adresse, elles divisent en fils le derme de la foliole de ces palmiers, les font sécher, puis en tissent des entrelacs fins ou des madras à carreaux très légers pour la coiffure, ou encore des tissus à rayures d'un bel aspect, quelquefois mélangé de coton ou même de soie, avec lesquels les habitants de la contrée font les « pagnes » qui leur servent de vêtement. — A. R.

RAPIÈRE. T. *d'arm. anc.* Epée longue et effilée qui avait pour garde une coquille hémisphérique, ordinairement percée de trous pour arrêter la pointe de l'adversaire ; c'était surtout une arme de duel très en vogue à l'époque de la Renaissance et au XVIIe siècle.

*RAPPOINTIS. T. *de constr.* Se dit des morceaux de fer pointus enfoncés dans le bois qui doit être recouvert d'un enduit, et qui servent à retenir et à lier le plâtre.

*RAPPORT D'ARMURE. *T. de tiss.* Le mot *armure* est employé dans les industries textiles pour indiquer la manière dont doit être monté ou armé le métier à tisser, et aussi pour désigner le mode d'entrelacement des fils qui en résulte. Dans ces entrelacements, il existe] toujours un certain nombre de fils de chaîne qui diffèrent les uns des autres par leur marche à travers les duites, mais dont les mouvements sont ensuite reproduits identiquement et dans le même ordre par les fils suivants. Le même fait se reproduit exactement pour les duites successives que forme la trame. On donne les noms de *rapport chaîne* au nombre des fils de chaîne, et de *rapport trame* au nombre des duites qui composent ces sortes de périodes. Le rapport d'armure est constitué par l'ensemble d'un rapport chaîne et d'un rapport trame. — P. G.

|| *Pièce de rapport.* Pièce d'une matière quelconque que l'on assemble et que l'on arrange sur un fond pour représenter des dessins ou des figures. || Objet fixé sur un autre pour remplir ou dissimuler un vide.

RAPPORTEUR. *T. de géom. et de dess. graph.* Le rapporteur est un demi-cercle de corne ou de cuivre dont la circonférence est divisée en degrés. S'il est en cuivre, il est largement évidé à l'intérieur, afin qu'il ne cache pas le dessin sur lequel on l'applique. Dans tous les cas, le diamètre qui sert de base au rapporteur et le centre du cercle doivent être nettement indiqués. Le rapporteur sert à mesurer des angles tracés sur le papier, à construire des angles donnés en degrés, à tracer des parallèles, etc. Son emploi est tellement facile que nous ne croyons pas devoir insister davantage. Disons seulement que le rapporteur est d'autant plus précis qu'il est plus grand. On construit aussi des rapporteurs de forme quadrangulaire. Dans ce cas, les divisions sont tracées aux points d'intersection des rayons équidistants avec le contour du rectangle. || Outil d'horloger qui sert à prendre les distances et à les comparer. || Appareil enregistreur des compteurs de fabrication. — V. COMPTEUR A GAZ.

RAQUETIER. *T. de mét.* Ouvrier qui fabrique des raquettes. — V. BROSSERIE.

RAQUETTE. *T. techn.* 1° Outre qu'il désigne l'instrument dont on se sert pour jouer à la paume ou au volant, ce mot s'applique au mécanisme qui, dans certains métiers, transmet l'armure à l'étoffe et fait fonctionner les lisses. || 2° Sorte de scie qu'on utilise pour refendre les pièces de bois cintrées. || 3° Pièce qui sert au réglage d'une montre. — V. HORLOGERIE.

RARÉFACTION. *T. de phys.* Opération par laquelle on diminue la pression d'un gaz, soit en offrant à son volume actuel un espace plus grand où il peut se répandre, soit en enlevant, par des procédés mécaniques ou chimiques, une partie plus ou moins grande de sa masse. De là, différents moyens d'opérer la raréfaction. C'est en vertu de sa force élastique que tout gaz peut occuper des volumes différents. La loi de Mariotte

qui exprime la relation entre les volumes d'une même masse de gaz et sa pression, peut être regardée comme exacte pour des pressions voisines d'une atmosphère, mais cette loi cesse d'être applicable, surtout pour les gaz faciles à liquéfier, non seulement pour des pressions élevées, mais encore pour les gaz raréfiés. D'après MM. Mendéleef et Kirpitschoff, les gaz s'éloignent en sens inverse de la loi de Mariotte lorsqu'on les raréfie.

Parmi les procédés employés à la raréfaction des gaz, nous citerons : 1° la machine pneumatique ; 2° la pompe à main de Gay-Lussac ; 3° la pompe à mercure, employée par Geissler, pour faire le vide à 0,001 ; 4° la pompe à mercure de Sprengel (V. MACHINE PNEUMATIQUE), perfectionnée par M. Alvergniat, faisant le vide à $0^{mm},002$, c'est-à-dire à 1/3,000,000 d'atmosphère. Les évaluations de ces basses pressions se font avec la jauge de Leod (de Londres) ; 5° la raréfaction des gaz a encore été poussée plus loin par M. Crookes, pour ses expériences électriques et ce qu'il a nommé la *matière radiante* ; il est allé jusqu'à 1/20,000,000 d'atmosphère ; à cet effet, après avoir extrait la majeure partie du gaz de ses tubes avec la machine pneumatique, la pompe à mercure, la pompe d'Alvergniat, s'il opère sur l'acide carbonique, il fait absorber le résidu du gaz par la potasse qui se trouve sur le trajet du gaz ; s'il s'agit de l'hydrogène, on absorbe le résidu par le palladium ; pour l'air, on a recours au cuivre métallique réduit de son oxyde. Comme il est indispensable d'arrêter complètement la vapeur d'eau, dont la moindre trace altérerait les résultats, on met, dans des tubes que le gaz doit traverser, de l'acide sulfurique ou mieux de l'acide phosphorique anhydre. Les vapeurs mercurielles sont absorbées par un fil de sélénium, et les vapeurs de soufre sont arrêtées par le cuivre métallique.

Parmi les *effets* de la raréfaction des gaz, on peut citer : le refroidissement, de même que leur compression produit de la chaleur ; la condensation de la vapeur d'eau ; le mécanisme de la respiration, etc. — C. D.

RAS. *T. de tiss.* Sorte d'étoffe croisée, très unie, dont le poil ne paraît point.

*RASAGE. *T. de tiss.* Opération propre à la fabrication du velours, et qui consiste à repasser avec de grosses forces la partie d'étoffe fabriquée, par fractions d'environ 30 centimètres, c'est-à-dire à peu près l'étendue de la façure, pour enlever de dessus le tissu toute espèce de duvet ou toute partie de poil inégale.

RASOIR. Sorte de couteau tranchant très affilé, dont on se sert pour raser la barbe.

HISTORIQUE. Comme les sauvages de nos jours, les peuples primitifs ont dû se servir, pour couper leur barbe, d'une simple pierre tranchante, ainsi que les missionnaires le rapportent des insulaires de l'île de Pâques. Les anciens mexicains se servaient également de rasoirs en pierre d'obsidienne.

On a conjecturé que les Hébreux ne connaissaient d'autres rasoirs que ceux de pierre. Ce qui est plus certain, c'est que les barbiers égyptiens rasaient le menton et même la tête de leurs clients à l'aide de véritables rasoirs en métal. Parmi les instruments de bronze exposés au Louvre, *salle civile*, vitrine P, on remarque un *rasoir très curieux par sa forme, qui, sauf la longueur, est exactement celle des rasoirs anglais.*

De l'Orient, les rasoirs de métal passèrent en Grèce. Les barbiers les employaient indifféremment pour couper la barbe et les cheveux, mais ces rasoirs étaient de différentes grandeurs et plus ou moins tranchants.

Chez les Romains, le rasoir était une sorte de lame de fer très tranchante, appelée *Novacula*. Pétrone, dans le *Satyricon*, nomme ainsi, ch. XCIV, « un de ces rasoirs émoussés, que l'on donne aux apprentis barbiers pour corriger leurs maladresses, et pour leur faire la main. »

Les nobles gaulois, dit Diodore de Sicile, se rasent les

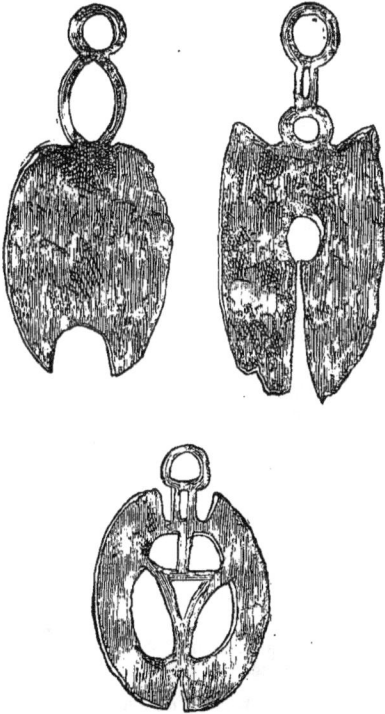

Fig. 372 à 374. — *Rasoirs gaulois.*

joues et laissent pousser les moustaches. » Les rasoirs dont nous donnons la figure appartiennent au musée de Saint-Germain ; ils sont en bronze (fig. 372 à 374).

A l'époque du moyen âge, les *razoers* ou *razouers*, étaient en acier avec manche en bois. D'après les *proverbes et dictons populaires au* XIIIᵉ siècle, les rasoirs les plus renommés se fabriquaient à Guingamp, en Bretagne. Ceux à l'usage des princes et des grands seigneurs avaient des manches en argent doré. — s. b.

FABRICATION. Depuis longtemps la fabrication spéciale des rasoirs n'a pas subi de modifications très sensibles, les opérations que nous allons énumérer seront toujours ce qu'elles étaient autrefois. La condition essentielle est d'avoir un acier très fin; pour le forger, on le chauffe au charbon de bois à la température du rouge cerise clair, limite qu'il ne faut ipas dépasser pour ne point

altérer la nature du métal; après avoir donné au morceau d'acier la forme du rasoir, on procède à la trempe qui exige des soins tout particuliers, car de cette opération dépend en grande partie les qualités de fabrication.

La lame est encore chauffée au rouge cerise clair, puis plongée dans l'eau froide, chauffée de nouveau jusqu'à la couleur paille pour donner le recuit; ces diverses opérations exigent une grande expérience de laquelle dépend l'excellence de la trempe.

L'aiguisage s'obtient au moyen de meules en grès de la Haute-Marne, puis le rasoir est poli à l'aide de polissoires de formes et de dimensions différentes selon que l'on polisse le dos, le talon ou la lame.

La lame du rasoir terminée, on la fixe sur une monture appelée *châsse*, cette monture, en matière quelconque, se compose de deux plaques assez minces, séparées à leur extrémité par une petite pièce d'étain ou d'ivoire, de l'épaisseur du talon du rasoir fixé à l'autre extrémité, de façon que les deux plaques, maintenues à l'écartement voulu, laissent passage à la lame pour la protéger.

L'*affilage* est l'opération la plus importante; on se sert, à cet effet, de pierres calcaires de Belgique, très fines et très dures, longues de 0,33 et d'une largeur de 0,09; on répand sur ces pierres de l'huile d'olive de première qualité, et on passe le rasoir à plat de façon à faire porter ensemble le dos et le tranchant, l'affilage exige une grande habileté de la part de l'ouvrier.

Avec cette sotte manie d'exalter les produits étrangers, on a fait, en France, une grande réputation aux rasoirs anglais, et il fut un temps où toute barbe de quelque respectabilité devait se confier aux rasoirs de Sheffield ou de Birmingham, mais il y a longtemps que les gens sensés ont fait justice de cette renommée si habilement entretenue par nos perfides voisins, les rasoirs fabriqués en France égalent ceux que fabrique l'Angleterre, et ce n'est que pour satisfaire la douce manie des incorrigibles que nos industriels font frapper d'un nom anglais une partie des lames fabriquées à Langres et à Châtellerault.

On a fait dans ces derniers temps, sous le nom de *rasoirs mécaniques*, des lames armées d'un guide en métal, pour permettre aux personnes qui ne peuvent ou ne veulent se servir du rasoir ordinaire, de se raser tant bien que mal, plutôt mal que bien, mais ce petit appareil, assez incommode d'ailleurs, ne peut être à peu près utilisé que par les personnes douées d'une face replète et d'une barbe facile.

— C'est à Thiers, à Sens, à Châtellerault, à Langres, que se fabriquent les rasoirs depuis 6 francs la douzaine jusqu'à 15 et 20 francs la paire ; à Paris, on fait plus spécialement la monture riche, la damasquinure et la dorure des lames.

RATAFIA. — V. LIQUEURS.

RÂTEAU. 1° *Instr. d'agr. et de jard.* Instrument composé de plusieurs dents parallèles en fer ou en bois, et fixées à une traverse à laquelle s'adapte un manche; dans les grandes exploitations agricoles, on emploie un long râteau traîné par un cheval, dont nous allons donner un rapide exposé.

1° Râteau *à cheval.* L'emploi des faucheuses et des faneuses agricoles a amené celui des râteaux à cheval qui permettent de mettre très rapidement les récoltes à l'abri. Les râteaux sont composés de 20 à 30 dents en acier, recourbées en demi-cercle et indépendantes les unes des autres; ces dents sont montées sur un axe commun porté par deux grandes roues reliées à une paire de brancards, auxquels on attèle un cheval qui promène l'instrument dans le champ fauché. Les dents, en rasant la surface du sol, relèvent le fourrage et l'accumulent dans leur courbure; lorsqu'elles en contiennent une certaine quantité, il suffit de faire basculer les dents dans le plan vertical: le foin abandonné à lui-même reste en tas appelés *andains.* Lorsque les dents sont débarrassées, elles retombent sur le sol se recharger de nouveau, sans interruption dans l'allure du cheval.

Les dents des râteaux sont en simple ou double T, ou à nervure centrale; celles des râteaux américains sont en fils ronds d'acier; les pointes des dents doivent être tangentes au sol sans avoir tendance à piquer en terre. La manœuvre des dents peut se commander par un levier que tient le conducteur qui marche en arrière de la machine. Dans les modèles très perfectionnés, le conducteur est assis sur un siège porté par le râteau, et de là manœuvre les dents par un levier ou une pédale. Dans les râteaux à relevage automatique, c'est l'animal qui est chargé du travail de relèvement des dents, qui s'effectue au moyen de rochets ou de freins. Dans le système à rochets, le conducteur laisse tomber, au moment voulu au moyen d'une pédale, un ou deux doigts sur des rochets fixés aux roues porteuses du râteau; ces dernières entraînent alors les doigts qui, dans leur mouvement, soulèvent les dents. Lorsque ces dernières arrivent à une certaine hauteur, les doigts abandonnent automatiquement les rochets, et elles retombent dans leur position primitive. Dans le système à frein, le relevage des dents se fait par entraînement d'un frein à ruban d'acier monté sur un tourteau fixé à chaque roue porteuse et que le conducteur serre à volonté au moyen d'une pédale ou d'un levier. Les roues des râteaux ont 1^m,20 à 1^m,30 de diamètre; ces machines travaillent sur une largeur de 2 mètres environ, et un homme et un cheval peuvent râteler 6 à 8 hectares par journée de travail. — M. R.

‖ 2° Nom de la garniture ou garde de la serrure, dont les pointes passent par les entailles du museau de la clef. ‖ 3° Sorte de gros peigne, garni de fortes broches, et qui sert au montage des chaînes dans le métier à tisser. ‖ 4° Organe de la sonnerie d'une montre ou d'une pendule; nous l'avons décrit à l'article HORLOGERIE.

RATELIER. 1° Sorte d'échelle en bois de char-

pente, fixée horizontalement au-dessus de la mangeoire des animaux pour recevoir les fourrages et dont l'un des montants est appliqué contre le mur à l'aide de crampons, tandis que l'autre en est éloigné de 40 centimètres environ; les barreaux cylindriques qui réunissent ces deux chevrons doivent être écartés d'une dizaine de centimètres et pouvoir tourner sur leur axe lorsque l'animal tire le foin à lui. Aujourd'hui, on construit de nombreux râteliers en fonte ou fer auxquels on donne une forme arrondie, et disposés de façon que chaque animal ait le sien. ‖ 2° *T. de men.* Planche fixée au côté d'un établi pour y suspendre les outils à manche. ‖ 3° Bâti soit vertical, soit horizontal sur lequel on pose les fusils dans une caserne ou un corps de garde. ‖ 4° *T. de filat.* Ensemble des broches fixes qui surmontent les métiers à filer ou à retordre, et sur lesquelles on enfile les grosses bobines provenant du banc à broches pour les premiers, du bobinoir pour les seconds. ‖ 5° Instrument qui supporte, dans la fabrication à la main, le fil de caret au fur et à mesure qu'il est fabriqué.

* **RATIÈRE.** *T. de tiss.* Nom donné dans certaines régions aux mécaniques d'armure, qui ne sont autre chose que des mécaniques Jacquard de construction plus robuste, et munies d'un petit nombre de crochets qui agissent sur les fils de la chaîne par l'intermédiaire de lames. — V. MÉCANIQUE JACQUARD ET TISSAGE.

* **RATINAGE.** *T. techn.* On entend par ce mot une sorte de frisure que l'on fait subir non seulement aux étoffes appelées *ratines,* mais encore à certaines peluches, et aussi à l'envers de quelques draps noirs d'une qualité particulière. Cette opération étant exécutée sur une étoffe, la surface ratinée du tissu forme un frisé, lorsque le ratinage est faible, et de petits boutons, lorsque ce même ratinage a été appliqué fortement. Le travail dont il s'agit s'exécute au moyen d'une machine appelée *ratineuse.* Avant de faire passer l'étoffe à cette machine, on la rend couverte de poils au moyen du *garnissage* (V. ce mot) ou à l'aide d'un procédé de tissage.

RATINE. Le caractère distinctif de cette étoffe de laine, consiste dans la frisure des longs poils qui couvrent une des surfaces du tissu. On en fait des paletots, des pantalons.

RATISSOIRE. *T. d'agric.* Instrument dont la lame tranchante et horizontale sert à couper l'herbe, à ratisser les allées de jardin.

* **RATTACHEUR, EUSE.** *T. de filat.* Nom donné dans les industries de la laine et du coton aux ouvriers qui sont adjoints au fileur, et qui ont pour fonction principale de rattacher les fils qui viennent à se briser pendant le travail des métiers à filer renvideurs.

* **RATTRAPEUR.** *T. de mét.* Ouvrier qui, dans le laminage, reçoit les barres que le lamineur fait passer sous le laminoir.

* **RATURAGE.** *T. techn.* Opération que l'ouvrier *ratureur* fait subir au parchemin en lui enle-

vant les *ratures* ou *cosses*, afin de le rendre plus mince et plus uni, et pour laquelle il se sert d'un fer terminé en biseau, ayant le tranchant un peu arrondi, et fixé à l'extrémité d'un manche de bois.

RAVALE. *Instr. d'agric.* Nom donné à un instrument décrit au mot PELLE A CHEVAL. On ne l'emploie malheureusement pas assez en France. La ravale est indispensable lorsqu'il s'agit de mettre des landes en culture; elle intervient après les labours de défrichement. — M. R.

RAVALEMENT. 1° *T. de constr.* *a*) Dernière façon donnée au parement extérieur ou intérieur d'un mur en pierres de taille; *b*) crépi ou enduit que l'on étend sur la surface d'un mur en moellons, en briques ou en pan de bois. Les ravalements sur pierre se nomment *tapisseries* quand il s'agit de parements intérieurs, et *ragréements* s'il s'agit de parements extérieurs. Ces travaux comprennent: l'abatage de l'excédent de pierre laissé par l'épannelage, la taille des moulures et des ornements, l'égalisation des nus, etc. Les outils employés sont: la *ripe*, le *chemin de fer*, le *marteau bretlelé*, la *boucharde*, etc. On se sert aussi du grès. Les ravalements sur petits matériaux ou enduits comprennent aussi l'exécution des moulures, des chambranles et des tables saillantes. A Paris, on les exécute en plâtre. Dans cette dernière ville, un règlement de police impose aux propriétaires de maisons bordant la voie publique le nettoyage des façades de ces maisons tous les dix ans. Ce nettoyage est la réfection du ravalement pour les façades enduites; c'est tantôt cette même *réfection* pour les façades en pierres de taille, tantôt un simple nettoyage à l'eau avec ou sans silicatisation. — V. NETTOYAGE DES FAÇADES.

|| 2° *T. de men.* On appelle *ravaler* le bois, en diminuer l'épaisseur dans certains endroits pour rendre les moulures plus saillantes. || 3° *T. de serrur.* Les serruriers *ravalent* l'anneau rond d'une clef quand ils le rendent ovale, en faisant entrer de force sur un mandrin appelé *ravaloir.* || 4° *T. de peauss.* Action d'étendre les peaux sur le chevalet, la chair en l'air, après l'avoir laissée tremper dans un vieux coupet, et de passer dessus le couteau rond, pour en ôter le son.

*RAVALOIR. *T. techn.* Outil qui sert à ravaler l'anneau d'une clef.

*RAVE. *T. techn.* Lampe de mineur en usage dans les exploitations des bassins de Saint-Etienne. — LAMPE.

*RAVISSANT, ANTE. *Art héral.* Se dit du loup quand il est dressé sur ses pattes de derrière.

RAVIVER. *T. techn.* Rendre plus vif; donner plus d'éclat à une couleur.

*RAYAGE. Opération qui consiste à pratiquer les rayures sur la paroi de l'âme d'une bouche à feu ou d'une arme à feu. Pour exécuter cette opération, l'outil doit posséder un mouvement de rotation combiné avec son mouvement de trans-

lation de telle sorte qu'il décrive à chaque instant l'hélice à pas voulu.

Dans les premières machines à rayer, qui ne donnaient que la rayure à pas constant, on obtenait ce résultat à l'aide d'un système de vis et d'engrenages analogues aux organes du tour à fileter. Les machines actuellement employées pour le rayage des bouches à feu peuvent donner les rayures à pas variable. La barre de rayage ou barre porte-outil, en même temps qu'elle avance, reçoit à chaque instant le mouvement de rotation convenable par l'intermédiaire d'une directrice qui représente le tracé de la rayure.

Dans les machines anglaises, qui sont aujourd'hui les plus employées, la directrice ou le guide est développé horizontalement sur un banc à côté de celui où coulisse le chariot de rayage; ce guide est embrassé par deux glissières reliées à une crémaillère, laquelle détermine, en se déplaçant latéralement, le mouvement de rotation d'un pignon fixé à la barre de rayage qu'il entraîne dans son mouvement de rotation.

Quelle que soit la machine employée, l'outil travaille en tirant et non en poussant, de façon à éviter toute flexion de la barre; pendant le mouvement qu'exécute la barre pour revenir à sa position primitive, la tête de l'outil s'abaisse automatiquement. La bouche à feu est disposée horizontalement sur le banc à rayer, et immobilisée pendant l'exécution de chaque rayure; pour passer d'une rayure à l'autre, on la fait tourner d'une quantité déterminée. Chaque rayure se fait en plusieurs passes, à chaque passe on augmente la saillie de la tête de l'outil.

Dans les anciennes machines employées dans les manufactures d'armes pour le rayage des canons de fusil, une partie des mouvements était exécutée à la main; actuellement, tout le travail se fait mécaniquement. Le canon est, comme dans les machines précédentes, disposé horizontalement et immobile; le porte-outil est relié par une tige à un chariot animé d'un mouvement de translation. Sur cette tige est calé un pignon engrenant avec une crémaillère portant un téton engagé dans une glissière qui remplit l'office de directrice. Le porte-outil est muni de deux couteaux, de façon à faire en même temps les deux rayures diamétralement opposées; chaque couteau présente deux arêtes tranchantes et travaille en revenant aussi bien qu'en allant; à chaque passe, la saillie des couteaux augmente.

*RAYMOND (JEAN-MICHEL). Chimiste, né en 1766, mort à Saint-Vallier (Drôme) en 1837, est le créateur de la couleur dite *bleu Raymond* ; il a apporté de grands perfectionnements dans le blanchiment et les produits chimiques.

*RAYMOND (PIERRE). Emailleur de Limoges, un des artistes les plus féconds du XVI° siècle, a donné des émaux signés Remmo, Rexmon, Rémon et même Rexman, nom germanisé qui a permis aux Allemands de revendiquer pour eux quelques-unes de ses pièces. Ses émaux, datés de 1534 à 1578, sont dignes de sa haute réputation, tout au moins ceux qu'on peut estimer comme l'œuvre de sa main, car il laissait mettre son nom sur toutes les pièces sorties de son atelier, et il y en a de fort suspectes ou qui, en tout cas, dénotent un art très imparfait, et comme à côté il s'en trouve d'admirables, on doit croire que l'œuvre de Raymond doit être partagée entre lui et ses nombreux élèves, ce qui réduirait beaucoup sa prodigieuse fécondité. Il a surtout fait des grisailles avec des carnations teintées, bien dessinées et pleines de charme. « Pierre Raymond, dit de Laborde, se rapprocha avec succès des maîtres allemands un peu italianisés. Il y a deux hommes en lui, l'artiste et le fabricant. Malheureusement, l'un éclipse l'autre, c'est le fabricant qui domine, et c'est à lui que les grandes familles de Nuremberg et de Würtzbourg adressaient leurs commandes. Cet artiste de talent dans la grisaille teintée, sait disposer son effet, mélanger ses travaux et donner à un dessin supportable un grand charme et beaucoup d'attrait. Homme fécond, plein de ressources et d'imagination, il exécutait vingt plats différents par leurs arabesques et les faisait répéter dix fois par ses élèves ». On cite de cet artiste : la *Cène*, d'après Raphaël; les *Rois de la Bible*; le *Jugement de Salomon*; *Suzanne au bain*; l'*Amour de Cupidon et de Psyché mère de Volupté*, émail décoré des portraits de Henri II et de Diane de Poitiers; les *Premiers âges*; *Joseph fuyant la femme de Putiphar*; *Judith et Holopherne*; *Vénus et Bacchus*, *Enée et Anchise*; douze scènes de la *Passion*, d'après Albert Dürer; etc. et plusieurs belles coupes. Il a aussi enluminé, moyennant 17 sols, prix d'un hectolitre de blé, en 1550, le livre de la confrérie du Saint-Sacrement, à Limoges.

Deux autres émailleurs ont encore illustré le nom de Raymond et appartenaient à la même famille : MARTIAL, qui vivait au commencement du XVIIᵉ siècle, et son fils JOSEPH. Ils ont laissé des œuvres estimées.

RAYON. T. *de géom.* On appelle *rayon d'un cercle* toute ligne droite qui joint le centre à un point quelconque de la circonférence (V. CERCLE). Le rayon d'une sphère se définit de même. — V. SPHÈRE.

Rayon de courbure. On appelle *rayon de courbure* en un point M d'une courbe le rayon du cercle osculateur à la courbe en ce point M. C'est la limite $\dfrac{ds}{d\alpha}$ du rapport de l'élément d'arc à l'angle des deux tangentes à ses extrémités quand l'arc tend vers o. Dans les courbes planes, le rayon de courbure est donné par la formule :

$$\rho = \frac{(dx^2 + dy^2)^{\frac{3}{2}}}{d^2y\,dx - d^2x\,dy}$$

ou encore

$$\rho = \frac{\left[1 + \left(\dfrac{dy}{dx}\right)^2\right]^{\frac{3}{2}}}{\dfrac{d^2y}{dx^2}}$$

V. COURBE, CENTRE DE COURBURE, COURBURE.

Rayon de torsion. Le rayon de torsion en un point M d'une courbe gauche est la limite $\dfrac{ds}{d\beta}$ du rapport d'un élément d'arc compté à partir du point M à l'angle formé par les deux plans osculateurs aux extrémités de cet arc. — V. COURBE, COURBURE.

Rayon vecteur. Dans les sections coniques, on appelle *rayon vecteur* la droite qui joint un point quelconque de la courbe à l'un des foyers. Dans l'ellipse, la somme des deux rayons vecteurs d'un même point est constante et égale au grand axe de la courbe. Dans l'hyperbole, c'est la différence des deux rayons vecteurs qui est constante. Dans les deux courbes, le rayon vecteur d'un point M est proportionnel à la distance de ce point à une certaine droite appelée *directrice*. Il est égal à cette distance dans la parabole. — V. CONIQUE, ELLIPSE, FOYER, HYPERBOLE, PARABOLE.

Quand une courbe est rapportée à des coordonnées polaires, on appelle *rayon vecteur* d'un point M la distance de ce point au pôle. La courbe est alors définie par une équation entre le rayon vecteur ρ et l'angle α que fait ce rayon vecteur avec une direction fixe :

$$f(\rho, \alpha) = o.$$

V. COORDONNÉES.

Rayon de gyration. T. *de mécan.* — V. GYRATION, MOMENT D'INERTIE. — M. F.

*RAYONNANT. Ainsi que nous l'avons dit à l'article OGIVAL (style et art), le qualificatif *rayonnant* s'applique à l'une des phases de l'architecture improprement appelée *gothique*, et il la caractérise par la note dominante. Dans cet harmonieux concert, qui constitue l'art de bâtir au moyen âge, le cercle, image de l'éternité, emblème de l'infini, joue un rôle considérable. Le *rayon*, qui part du centre pour aboutir à la circonférence, représente les rapports du Ciel avec la Terre; c'est l'œuvre de la création, de l'incarnation et de la rédemption, triple mise en relations du Créateur avec la créature, présentée sous une forme symbolique; ce qui est tout à fait dans les idées, dans les mœurs et dans les habitudes des architectes chrétiens.

Le cercle et ses rayons apparaissent tout d'abord dans les roses et dans les rosaces qui décorent la façade principale, ainsi que les portails latéraux des grandes églises. Au-dessus de la tribune de l'orgue, ainsi qu'à l'extrémité du transsept, se montre la grande baie circulaire, au centre de laquelle est la tête du Père éternel, celle du Christ, ou la colombe, emblème du Saint-Esprit. Des meneaux, richement ouvragés, attachent ce centre à la circonférence et encadrent d'éclatantes verrières figurant les splendeurs du paradis.

Il faut croire que la rose rayonnante fut très goûtée des évêques, des abbés et des fidèles, puisqu'elle se répandit très promptement dans le monde chrétien, et arriva à modifier profondément le style ogival primitif. De la façade principale et des portails latéraux, elle passa aux fenêtres du chœur, de la grande nef et des bas-côtés. Une fois introduite dans l'ogive à lancette, elle en élargit la baie par degrés, et en évasa de plus en plus l'amortissement. Au lieu de un ou de deux meneaux divisant verticalement la fenêtre des XII° et XIII° siècles, on en eut trois et même quatre, que surmontèrent des roses toujours plus larges, toujours plus ornementées, toujours étincelantes de vitraux, comme les grandes rosaces du portail principal et du transsept.

Mais la largeur des fenêtres d'un grand édifice ne saurait être sans influence sur ses dimensions. Avec l'étroite ogive à lancette, on pouvait faire petit ; avec la large baie rayonnante, on dut faire grand. Aussi les basiliques du XIV° siècle furent-elles conçues dans de plus vastes proportions ; celles même qui avaient été commencées au siècle précédent, et qui étaient en cours d'exécution, s'élargirent et s'agrandirent sous l'influence du *rayonnement*. La rose rayonnante devint donc le caractéristique d'un nouveau style, ou plutôt d'une variété du même art.

L'art grec et gréco-romain ne doit-il pas ses caractères différentiels à un simple ornement ? La volute, le triglyphe, la feuille d'acanthe n'ont-ils pas créé le style ionique, toscan, corinthien ? Ainsi en a-t-il été de la rose comme caractéristique du style ogive rayonnant.—L. M. T.

RAYONNEMENT. *T. de phys.* Mot employé spécialement pour désigner l'émission de chaleur à distance par les corps (V. CHALEUR RAYONNANTE, § *Pouvoir émissif*). Tout corps, quelle que soit sa température, rayonne de la chaleur dans toutes les directions ; selon qu'il en émet moins ou plus qu'il n'en reçoit, sa température s'élève ou s'abaisse. C'est par le rayonnement que les corps inégalement chauds, mis en présence, finissent par se mettre en équilibre de température. C'est ainsi qu'un corps placé près d'un foyer s'échauffe et que, dans les belles nuits d'automne, la vapeur d'eau atmosphérique se dépose en rosée sur les plantes dont la température, par l'effet du *rayonnement nocturne*, s'est abaissée au-dessous de celle qui correspond à son maximum de tension. C'est encore par le rayonnement nocturne qu'on produit artificiellement de la glace au Bengale, en mettant de l'eau dans des vases en terre, posés sur la paille dans des fossés peu profonds. L'eau rayonne facilement sa chaleur vers les espaces célestes qui ne lui en renvoient pas, en sorte que sa température s'abaisse au point de congeler le liquide. La gelée blanche est la continuation du phénomène de la rosée par suite du rayonnement plus intense.

Le rayonnement de la chaleur se fait à travers le vide et à travers certains corps (diathermanes) sans les échauffer. Pour les lois du rayonnement, V. CHALEUR RAYONNANTE et REFROIDISSEMENT.

Rayonnement des corps froids. — V. CHALEUR, § *Réflexion apparente du froid.*

La chaleur obscure, comme celle qu'émet un vase d'eau bouillante, rayonne comme celle d'un corps chauffé au rouge. Pour la chaleur émise par le rayonnement solaire, V. QUANTITÉ DE CHALEUR.

Les lois du rayonnement de la chaleur sont les mêmes que celles de la lumière ; ces phénomènes sont semblables. — V. LUMIÈRE.

Le mot *rayonnement* s'emploie quelquefois en parlant du magnétisme et aussi, en général, de toute force émanant d'un centre. — C. D.

RAYURE. Nom des rainures creusées en spirale sur la paroi intérieure des armes à feu, dans

le but d'imprimer au projectile, un mouvement de rotation qui assure l'étendue des portées et la justesse du tir ; les portions de l'âme qui subsistent entre les rayures et font saillie sont appelées *cloisons*. Pour une vitesse initiale déterminée, le mouvement de rotation est d'autant plus rapide que les rayures sont plus inclinées sur la génératrice de l'âme, c'est-à-dire que le pas est plus court. Dans le tracé des rayures, on doit considérer non seulement leur pas, mais encore leur nombre et leur profil ; ces divers éléments varient avec le montage du projectile, sa forme et son calibre.

HISTORIQUE DES ARMES RAYÉES. Dans les premières armes rayées ou carabinées, suivant l'expression de l'époque, dont l'apparition remonte à la fin du XV° siècle (V. CARABINE), les rayures n'étaient que de simples petits sillons creusés suivant les génératrices du cylindre ; ces rayures droites, nombreuses et fines, n'avaient d'autre but que de loger l'encrassement et par suite de faciliter le forcement, c'est-à-dire l'introduction par la bouche du canon, à coups de maillet, d'une balle dont le diamètre était légèrement supérieur à celui de l'âme. Afin d'en rendre le tracé plus facile, un arquebusier de Nuremberg imagina, vers 1630, de les enrouler en hélice et réussit ainsi, sans s'en douter, à donner à la balle un mouvement de rotation qui devait en accroître la justesse et la portée.

L'emploi d'un maillet pour forcer la balle étant fort mal commode, on avait renoncé à peu près complètement à l'emploi des rayures, lorsque, en 1826, M. Delvigne présenta une nouvelle arme rayée, dite *carabine à chambre* dont le chargement était aussi simple et aussi facile que celui des armes lisses alors en service ; la balle sphérique à laquelle on ne donnait que très peu de vent, glissait jusqu'à ce qu'elle vînt buter contre les rebords de la chambre, et alors deux ou trois coups donnés simplement avec la baguette ordinaire suffisaient pour l'aplatir et l'engager dans les rayures.

Afin de donner à la balle un point d'appui plus résistant et rendre ainsi le forcement plus régulier, le colonel Pontcharra imagina d'interposer entre la balle et les re-

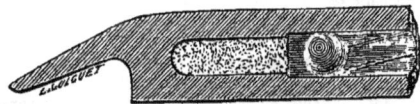

Fig. 375. — *Carabine à chambre.*

bords de la chambre un sabot en bois (fig. 375) qui fut entouré d'un calepin graissé de façon à servir en même temps à nettoyer l'arme à chaque coup.

A partir de 1841 commencèrent les premiers essais avec les balles de forme allongée ; mais celles-ci pre-

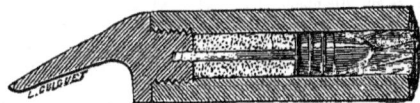

Fig. 376. — *Carabine à tige.*

nant appui sur les rebords de la chambre se déformaient. Le colonel Thouvenin proposa alors la carabine à tige (fig. 376) dans laquelle la balle avait un point d'appui central ; la tête de la baguette était évidée intérieurement de façon à déformer le moins possible la partie antérieure de la balle. Les premières balles allongées, dont on a fait usage, étaient cannelées ; ces cannelures devaient faciliter le forcement et de plus faire naître sur la partie postérieure du projectile, pendant son mouvement dans l'air, des résistances qui ramèneraient l'axe du projectile suivant la tangente à la trajectoire; elles furent supprimées plus tard, et on ne conservas qu'une gorge destinée à recevoir de la graisse.

Avec la carabine à tige, aussi bien qu'avec la carabine à chambre, le forcement de la balle, obtenu par le choc de la baguette était fort irrégulier puisqu'il dépendait de la force déployée par le tireur; en général, il était très faible, aussi ne pouvait-on donner aux rayures qu'une très faible inclinaison dans la crainte que le projectile, à peine engagé dans ces rayures, ne se dégageât. Dans le but de rendre le forcement indépendant du tireur, M. Minié avait proposé, dès 1846, une *balle à culot* (fig. 377); un évidement tronconique était pratiqué dans le culot de la balle, et à l'entrée était placé un petit culot

Fig. 377.
Balle à culot.

en fer. Au moment de l'explosion de la charge, les gaz agissant tout d'abord sur le culot, dont la masse était très faible relativement à celle du projectile, l'enfonçaient comme un coin dans la balle dont les parois en s'épanouissant pénétraient dans les rayures. La balle à culot qui a été employée à l'étranger, ne fut point adoptée en France parce que, par suite du défaut d'ajustage du culot, et de son adhérence

plus ou moins grande aux parois, le forcement était tantôt trop énergique et tantôt incomplet. On avait du reste reconnu que le culot n'était pas indispensable et qu'une balle simplement évidée à l'arrière se forçait dans les rayures par la seule action des gaz se précipitant dans l'évidement. La balle évidée ou expansive réalisait avec les armes se chargeant par la bouche toutes les conditions de simplicité et de bon fonctionnement. Grâce à son adoption, on put enfin décider, en 1854, la transformation de tous les fusils lisses alors en service en fusils rayés. Dans la balle évidée, modèle 1854, l'évidement était tronconique, dans la nouvelle balle adoptée en 1857, on lui donna la forme d'une pyramide à base triangulaire, et dans celle du modèle 1863 celle d'une pyramide à base carrée; les parties faibles étaient destinées à faciliter l'épanouissement de la balle tandis que les parties renforcées servaient à rattacher solidement la partie ogivale à la partie cylindrique et à rendre impossible leur séparation.

Lors des études relatives à la réduction du calibre à 11 millimètres et à la forme à donner à la nouvelle balle, qui précédèrent l'adoption, en 1866, du fusil Chassepot, on constata que, aussi bien dans les armes se chargeant par la bouche que dans celles se chargeant par la culasse, dès que la balle atteignait une hauteur de deux calibres environ (fig. 284, T. II), point n'était besoin d'y pratiquer un évidement, parce qu'elle se forçait d'elle-même par affaissement ou inertie. En effet, les gaz de la charge n'agissent tout d'abord que sur le culot, et la partie antérieure résiste en vertu de son inertie, la balle s'affaisse sur elle-même et augmente de diamètre. Avec les balles en plomb, le forcement deviendrait même trop considérable dès que la hauteur du projectile atteint ou dépasse 2,5 à 3 calibres; on doit alors avoir recours à l'emploi du plomb durci.

Dans les armes de petit calibre, actuellement à l'étude, on a reconnu qu'il était avantageux, pour diminuer la facilité avec laquelle se produit le gonflement de la balle, de l'envelopper d'une chemise de cuivre ou autre métal du même genre.

Pour diminuer le plombage des rayures, on enroule autour de la partie postérieure des balles, en plomb dur ou en plomb durci, un losange de papier appelé *calepin*, et on enduit la pointe d'une certaine quantité de graisse; l'emploi d'une chemise métallique rend inutile le calepin.

L'impossibilité d'employer le plomb pour la fabrication des projectiles des bouches à feu, le peu de dureté du bronze qui était alors, au moins pour l'artillerie de terre, le métal à canon par excellence, rendirent la question de l'adoption des rayures beaucoup plus difficile à résoudre pour les bouches à feu que pour les fusils. Et pourtant, dès 1832, M. Delvigne avait proposé un projectile de forme oblongue destiné à être tiré dans un canon rayé. Les différents dispositifs auxquels il eut recours pour assurer le mouvement de rotation du projectile furent essayés par la marine de 1845 à 1851, mais ne donnèrent pas de résultats satisfaisants. En 1846, Cavalli, officier piémontais, est le premier qui ait présenté un système complet de bouche à feu rayée, susceptible d'être mis en service : la bouche à feu en fonte se chargeait par la culasse, le projectile ogivo-cylindrique était muni de nervures hélicoïdales allongées, venues de fonte, qui avaient même inclinaison que les rayures elles-mêmes Par suite du jeu qu'on était obligé de laisser à ces nervures il y avait non seulement déperdition de gaz mais

encore ballottement du projectile; toutefois, le mouvement de rotation du projectile était enfin assuré d'une façon certaine et régulière. Le système Cavalli fut expérimenté par la marine française en 1851; il lui servit de point de départ pour ses études, et dès 1855 elle adoptait, à titre provisoire, un premier modèle de canons rayés. Dans le modèle 1858 qui lui succéda, les nervures furent remplacées par des tenons directeurs placés sur une même couronne à hauteur du centre de gravité; ces tenons étaient en métal moins dur que celui de la bouche à feu de façon à éviter une usure trop rapide des rayures. A l'arrière du projectile, était disposée une seconde couronne de tenons ou plaques isolantes, destinés soit à s'appuyer sur les cloisons, soit sur le fond des rayures, mais sans jamais en rencontrer les flancs, de façon à empêcher uniquement tout ballottage du

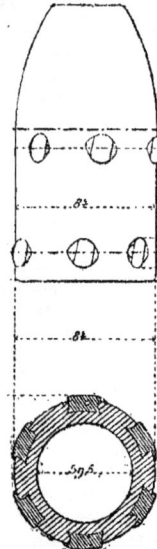

Fig. 378. — *Projectile à ailettes. Obus de 4.*

projectile.

D'un autre côté, dès 1847, le capitaine Tamisier, de l'artillerie de terre, s'était proposé non seulement d'imprimer au projectile un mouvement de rotation au moyen de tenons s'engageant dans les rayures, comme dans le système Cavalli, mais encore de forcer ces tenons dans les rayures de façon à empêcher tout ballottement et de centrer le projectile, c'est-à-dire d'amener son axe à coïncider avec celui de la pièce. Pour arriver à ce résultat il avait recours à l'emploi de tenons mobiles dans leur encastrement, dispositif qui présenta de graves inconvénients dans la pratique. Le capitaine Chanal arriva, du reste, au même résultat avec des tenons fixes ou ailettes, en modifiant la forme donnée au profil de la rayure. Depuis lors, les études de l'artillerie de terre furent dirigées dans ce sens et aboutirent, grâce aux travaux du commandant Treuille de Beaulieu, à la création du système de canons rayés modèle 1858-59, le premier qui ait paru sur les champs de bataille de l'Europe; le projectile était pourvu de deux couronnes d'ailettes en zinc, placées l'une à la naissance de l'ogive, l'autre à l'arrière (fig. 378); destinées l'une et l'autre à s'engager dans les rayures.

Les Prussiens, les premiers ont réalisé dans leurs canons

modèle 1864, se chargeant par la culasse, le forcement complet du projectile que l'on n'avait pu réaliser encore avec les canons se chargeant par la bouche. Le projectile était recouvert sur sa partie cylindrique d'un manchon en plomb d'un diamètre supérieur à celui de l'âme ; les rayures plus étroites et en plus grand nombre que dans les cas précédents étaient séparées par autant de cloisons destinées à entailler le manchon et donner le mouvement de rotation ; les rayures elles-mêmes ne servaient plus qu'à recevoir le métal refoulé. Pour assurer l'adhérence du manchon en plomb, on s'était contenté de ménager des cannelures sur la fonte du projectile. Ces projectiles étaient trop lourds ; afin de les alléger, on imagina de réduire le plus possible l'épaisseur du manchon et de supprimer les cannelures ; on eut alors des projectiles recouverts d'une mince chemise de plomb

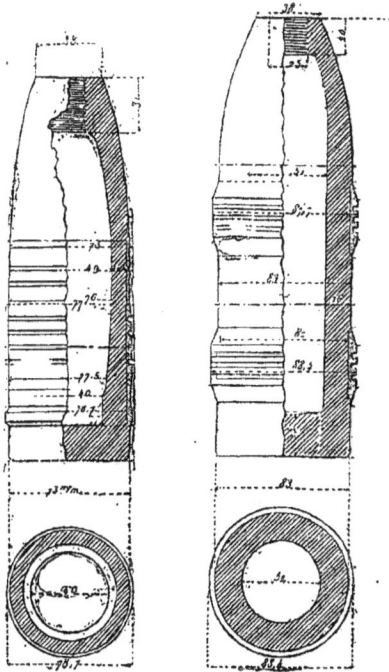

Fig. 379 et 380. — *Projectiles à cordons de plomb.
Obus de 5 et de 7.*

soudée à la fonte préalablement étamée au zinc suivant un procédé, dit « procédé chimique », qui est dû à un anglais. Ce mode de montage du projectile fut adopté par le commandant de Reffye pour ses canons rayés se chargeant par la culasse, construits pendant la guerre de 1870-71. Après la guerre, le montage du projectile fut quelque peu perfectionné, la chemise complète fut remplacée par deux cordons saillants, l'un à l'avant l'autre à l'arrière (fig. 379 et 380).

La marine française, qui tout d'abord, avait eu recours pour ses premiers canons se chargeant par la culasse, modèle 1864, au même mode de montage du projectile et au même système de rayures que pour les canons se chargeant par la bouche, adopta dès 1870 pour le montage des projectiles destinés à ses canons nouveau modèle, au lieu d'une chemise de plomb, deux ceintures, celle de l'avant en zinc devant simplement donner appui à la partie antérieure du projectile, celle de l'arrière en cuivre rouge devant seule être entamée par les cloisons (fig. 484, t. VI)

L'emploi de la ceinture de cuivre a constitué un des plus grands progrès qui ait été réalisé dans l'histoire des canons rayés, il a été l'une des conséquences de l'emploi de l'acier pour la construction des bouches à feu.

En effet, avec les pièces en bronze, le plomb était le seul métal auquel on put avoir recours, sinon les cloisons eussent été trop vite usées. Peu tenace, le plomb exigeait qu'on eut recours à

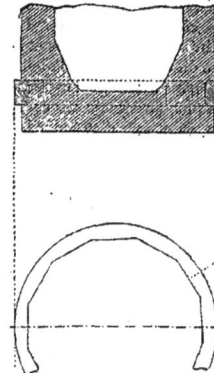

Fig. 381. — *Projectile à
ceinture de cuivre.*

une chemise complète ou tout au moins que l'on donnât aux cordons une assez grande largeur, tandis qu'avec le cuivre dont la ténacité est huit fois plus grande, on peut donner à la ceinture une très faible hauteur. De là, moins de frottements non seulement dans l'âme mais encore dans l'air ; de plus, la chemise de plomb emplombait les rayures, se détériorait facilement dans les transports, nuisait à la pénétration du projectile et à son bon éclatement. Avec la ceinture de cuivre, tous ces inconvénients ont disparu, le cuivre étant homogène et très malléable se laisse entailler facilement et s'use très régulièrement.

Lors des études qui furent entreprises après la guerre de 1870 pour la création, en France, d'un nouveau système d'artillerie, des essais méthodiques furent faits avec des projectiles munis de ceintures en métal différent (plomb, étain, zinc et cuivre), ils conduisirent à l'adoption exclusive du cuivre. L'adoption de ces ceintures permit d'avoir recours à l'emploi de rayures à pas variable, avec lesquelles il fut possible, comme on le verra plus loin, de donner au projectile une accélération de rotation constante. On détermina en même temps, par le calcul, le nombre et la profondeur des rayures ainsi que la hauteur de la ceinture arrière. On fut ainsi conduit à employer des rayures en beaucoup plus grand

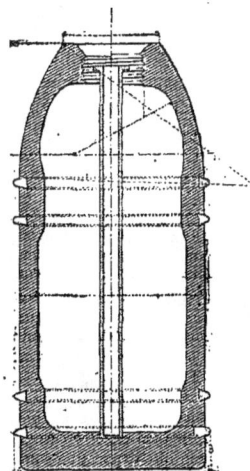

Fig. 382. — *Projectile avec
cordons de cuivre.*

nombre, dites *rayures multiples*, à diminuer leur profondeur et réduire la hauteur de la ceinture arrière. On constata, en outre, qu'on pouvait sans inconvénient supprimer la ceinture avant ou ceinture d'appui, et la remplacer par un bourrelet venu de fonte et ramené sur le tour au diamètre exact de l'âme. Enfin, jusque-là, on avait cru nécessaire de donner au profil de la ceinture une forme un peu compliquée, celle d'un tronc de cône avec une ou plusieurs gorges pour faciliter le forcement, empêcher les déchirements du métal et recevoir de la graisse ;

on reconnut qu'on obtenait d'aussi bons résultats en donnant à la ceinture simplement un profil rectangulaire (fig. 483, t. VI). Enfin, la pose des ceintures, soit au marteau, soit à la machine était une opération assez délicate et compliquée ; le colonel de Bange imagina de faire placer la ceinture dans le moule avant la coulée, elle se trouve ainsi encastrée dans la fonte et fait corps avec l'obus ; la liaison complète est obtenue grâce à la forme polygonale de la surface intérieure de la ceinture (fig. 381). La position de la ceinture arrière influe sur les portées et la justesse du tir ; on crut d'abord qu'il y avait avantage à rapprocher le plus possible cette ceinture du culot afin d'atténuer les actions obliques exercées par les gaz de la poudre qui se répandent autour du culot en arrière de la ceinture ; de diverses expériences qui ont été faites on a conclu, au contraire, qu'il était préférable de reporter cette ceinture un peu plus en avant.

Certains projectiles étrangers, au lieu d'être pourvus d'une ceinture en cuivre, sont munis de cordons en cuivre, généralement deux à l'avant, deux à l'arrière (fig. 382) ; la pose de ces cordons au marteau est plus facile que celui de la ceinture ; chacun d'eux est formé d'un fil de cuivre enroulé dans une rainure plus large au fond que sur les bords, puis soudé ; le glissement dans la rainure est empêché par un ergot qui s'engage dans une petite cavité ménagée au fond de celle-ci.

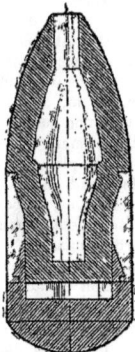

Fig. 383. — *Projectile à expansion, Hotchkiss.*

En Angleterre et en Amérique, on a cherché, tout en conservant le chargement par la bouche, à réaliser le forcement du projectile, et dans ce but, on a imaginé des projectiles à expansion.

Le projectile américain Hotchkiss (fig. 383), l'un des premiers qui ait été proposé, était un projectile à chemise expansive ; le corps du projectile était formé de deux parties s'emboîtant l'une dans l'autre : l'obus proprement dit et le culot ; l'obus n'était pas enfoncé à fond dans le culot et la position relative de ces deux parties était assurée par une chemise de plomb. Au départ du coup, l'obus se trouvant brusquement enfoncé dans le culot, la chemise de plomb se gonflait et pénétrait dans les rayures.

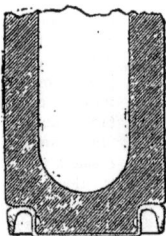

Fig. 384. — *Projectile avec culot obturateur.*

On imagina ensuite le culot expansif ou culot obturateur (*gas-check* en Angleterre), qui, expérimenté pour la première fois en Angleterre en 1878, l'a été également en France par l'artillerie de marine pour les projectiles des mortiers rayés se chargeant par la bouche. Ce culot obturateur (fig. 384) est formé d'une feuille de cuivre convenablement étampée et fixée au culot du projectile, soit par vissage, soit par sertissage ; des saillies ménagées sur sa face intérieure correspondent à des stries pratiquées sur le culot du projectile, et empêchent l'obturateur de tourner sans le projectile.

Pas des rayures. L'élément le plus important dans le tracé des rayures est leur inclinaison finale, car c'est de cette inclinaison que dépend pour une vitesse initiale déterminée, la vitesse de rotation du projectile. La vitesse de rotation est le nombre de tours faits dans l'unité de temps, c'est-à-dire dans la seconde ; on appelle *pas de la rayure*, la longueur dont le projectile doit avancer pour faire un tour complet autour de son axe. Si *p* est le pas exprimé en mètres et V la vitesse initiale, la vitesse de rotation N est donnée par la formule $N = \dfrac{V}{p}$ qui montre que la vitesse de rotation augmente avec la vitesse initiale V, et est d'autant plus grande que le pas est plus court. L'inclinaison est l'angle que fait la rayure avec la génératrice de l'âme, elle varie en sens inverse du pas.

Les rayures sont à *pas constant* ou à *pas variable* ; dans le premier cas, le projectile doit prendre brusquement dès l'origine du mouvement, une vitesse de rotation déterminée ; dans le second cas, au contraire, l'inclinaison des rayures augmentant progressivement en allant de leur origine à la tranche de la bouche, le mouvement de rotation va en s'accentuant petit à petit, de telle façon qu'à la sortie, le mouvement de rotation soit celui que l'on veut obtenir. On appelle *pas initial*, celui qui correspond à l'origine, et *pas final*, celui qui correspond à la sortie de l'âme.

Quand la rayure est à pas constant, le développement de sa directrice sur un plan tangent à la surface de l'âme est une ligne droite, la rayure est alors dite *hélicoïdale* ; quand, au contraire, la rayure est à pas variable, le développement de sa directrice est une ligne courbe. Par le calcul, on peut obtenir une courbe telle que le projectile prenne une accélération de rotation constante. On a reconnu dans la pratique que l'on pouvait, sans changement appréciable, remplacer la courbe ainsi déterminée, par un arc de parabole ou même un simple arc de cercle, pourvu que la tangente soit la même aux deux extrémités ; on donne généralement la préférence à l'arc de cercle ; afin de faciliter et simplifier l'exécution des rayures. On désigne souvent les rayures à pas variable sous le nom de *rayures paraboliques*, même quand leur développement n'est pas un arc de parabole.

Le pas final de la rayure détermine, avec la vitesse initiale, l'énergie de la rotation du projectile et la stabilité de son mouvement sur la trajectoire ; il a la plus grande influence sur la justesse du tir. On ne peut guère le déterminer que par l'expérience ; un pas trop court, comme un pas trop long, serait nuisible au projectile qui, dans les deux cas, peut se renverser sous l'influence de la résistance de l'air. Sa valeur dépend du calibre de la bouche à feu, du tracé du projectile et de la charge employée ; elle est d'autant moins élevée que le calibre est plus petit, le projectile plus allongé ; quand on augmente la vitesse initiale, pour conserver à la balle une stabilité suffisante, on doit accroître la force vive de rotation, c'est-à-dire raccourcir le pas. Toutefois, le pas ne doit pas être abaissé au-dessous d'une certaine valeur, parce qu'alors on s'exposerait à voir le projectile franchir les rayures ; cette limite inférieure varie avec le mode de montage du projectile ; pratiquement d'ailleurs, on a constaté que le pas pouvait varier dans des limites relativement assez étendues, sans que la précision du tir en fut notablement amoindrie.

Dans les armes portatives, on emploie à peu près exclusivement des rayures à pas constant, les rayures à pas variable ne pourraient convenir avec le mode de forcement en usage ; la balle devant se mouler dans les rayures sur une certaine longueur, subirait une déformation progressive, les nervures formées par les rayures s'useraient peu à peu et pourraient finir par ne plus avoir une résistance suffisante ; il y aurait alors franchissement. Pour les mêmes raisons, les rayures à pas constant sont seules possibles avec les projectiles à chemises ou cordons de plomb ou de cuivre, ainsi qu'avec les projectiles à double couronne d'ailettes des canons rayés se chargeant par la bouche modèle 1858-59. Au contraire, la marine la première, a fait usage des rayures paraboliques avec ses bouches à feu du modèle 1858 et 1860, dont les projectiles n'ont qu'une rangée de tenons. Aujourd'hui, avec les projectiles à ceinture de cuivre, l'emploi des rayures à pas variable est devenu à peu près général.

Le pas est généralement exprimé en calibres, c'est-à-dire par le quotient de sa longueur par le diamètre de l'âme. Pour les armes portatives, le pas, qui à l'origine était de 400 calibres environ et avait été réduit à 110 lors de la transformation des fusils lisses en fusils rayés, varie actuellement de 70 à 49 avec le calibre de 11 millimètres ; avec les armes de petit calibre actuellement à l'étude, on le réduira probablement à 30 calibres. Pour les bouches à feu, il semble résulter des expériences qui ont été faites, que pour celles tirant à forte charge les rayures doivent avoir une inclinaison finale de 6 à 7° correspondant à un pas de 30 à 35 calibres ; de 3 à 4°, 45 à 60 calibres, pour celles tirant à faible charge. Les canons de l'artillerie de terre et de l'artillerie de marine des derniers modèles, sont tous rayés à l'angle final de 7°.

Profil. Le profil des rayures s'obtient en coupant l'âme par un plan perpendiculaire à son axe ; il se compose le plus ordinairement d'un fond concentrique à l'âme et de deux flancs. Le flanc contre lequel vient buter la surface conductrice du projectile et qui par suite détermine le mouvement de rotation est dit *flanc de tir*, *flanc directeur* ou *paroi forçante*. L'autre flanc s'appelle dans les canons se chargeant par la bouche, *flanc de chargement*, parce que c'est contre lui que viennent buter les ailettes lorsqu'on pousse le projectile au fond de l'âme ; dans les canons se chargeant par la culasse, on le désigne sous le nom de *contre-flanc*. Dans les canons rayés, se chargeant par la bouche, de l'artillerie de terre, le flanc de tir se compose d'une partie rectiligne faisant avec le rayon un angle de 110° ; le flanc de chargement, également rectiligne, est perpendiculaire au premier (fig. 385). Chaque ailette, dont le profil est semblable à celui de la rayure, monte de plus en plus par l'effet de l'usure sur le plan incliné que forme le flanc de tir, et l'on arrive ainsi à

obtenir le centrage automatique du projectile. Par suite du vent des ailettes qui non seulement est diamétral, mais encore latéral, afin de faciliter l'introduction du projectile dans l'âme, à la position de chargement les ailettes appuyant contre le flanc de chargement se seraient trouvées à une certaine distance du flanc de tir et auraient commencé leur mouvement en ligne droite jusqu'au moment où elles seraient venues heurter le flanc de tir. Pour obvier à cet inconvénient, on a diminué progressivement la largeur d'une des rayures, par une obliquité convenable du flanc de chargement, de façon à obliger les ailettes à venir, à la position de chargement, prendre appui sur le flanc de tir. Cette rayure, dite *rayure rétrécie*, est de préférence celle qui se termine à la partie inférieure de l'âme.

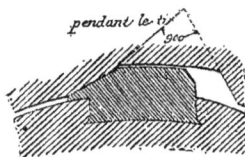

Fig. 385.

Dans les canons de marine lançant des projectiles à tenons, on a donné au profil des rayures, la forme d'une anse de panier très surbaissée, de façon à faire disparaître tous les angles vifs qui, dans les canons en fonte, auraient pu devenir des amorces de rupture.

Le profil des rayures des canons se chargeant par la culasse et tirant des projectiles forcés est plus simple ; la profondeur de ces rayures est relativement très faible. Les flancs sont tracés parallèlement au rayon qui aboutit au milieu de l'entrée ; ils se raccordent avec le fond par des arcs de cercle de très faible rayon (fig. 386). Dans les bouches à feu, dont les projectiles sont à ceinture de cuivre, ces rayures ont une largeur constante depuis l'origine jusqu'à la bouche ; dans les bouches à feu, lançant des projectiles à chemise ou cordons de plomb, on a quelquefois recours à l'emploi des rayures, dites *cunéiformes*, qui vont en se rétrécissant ; l'inclinaison de flanc directeur étant constante, puisque le pas est constant, c'est le contre-flanc qui se rapproche. Il en résulte un élargissement correspondant des cloisons, et bien que les portions de l'enveloppe engagées dans les rayures s'usent par frottement contre le flanc directeur, il ne se produit aucun vide du côté du contre-flanc. Cette disposition a l'inconvénient de créer des frottements considérables.

Fig. 386.

Dans les armes portatives, le profil généralement employé est analogue à celui que nous venons de décrire (fig. 387) ; dans certaines armes, dans la crainte que, vers la fin du trajet, le forcement ne devint insuffisant, on a fait usage de rayures, dont la profondeur allait en diminuant progressivement de la culasse à la bouche ; ces rayures, dites *progressives*, présentaient des inconvénients du même genre que ceux que nous venons de signaler pour les rayures cunéiformes.

Pour les armes de petit calibre, on expérimente actuellement le profil en dent de scie (fig. 388) dans lequel le fond de la rayure et le flanc de tir sont remplacés par une ligne droite, qui forme le flanc de tir.

Nombre. Le nombre des rayures est essentiellement variable, suivant le mode de montage des projectiles. Avec les projectiles à ailettes ou à tenons, le nombre des rayures était fort restreint : il a varié de 2 à 3, 5 et 6.

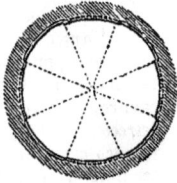

Avec les projectiles forcés, il y a avantage à augmenter le nombre des rayures en diminuant leur profondeur ; les rayures peu profondes sont, il est vrai, plus sujettes à s'encrasser, mais en revanche, elles se nettoient plus aisé-

Fig. 387. — *Rayure du fusil modèle 1874.*

ment. En outre, lorsqu'elles sont trop profondes, elles déterminent des nervures fortement en saillie, qui sont fort nuisibles à la régularité du mouvement du projectile dans l'air. Toutefois, les rayures ne doivent pas être trop étroites pour que les nervures déterminées sur la surface du projectile, soient assez larges pour ne pas s'amincir trop promptement par l'usure et ne pas céder à l'effort d'arrachement.

Dans la plupart des armes portatives, le nombre des rayures varie de 4 à 6, les pleins sont égaux aux vides (fig. 387) ; avec le profil en dent de scie, le nombre de rayures généralement employé est de 8.

Dans les canons tirant des projectiles à ceinture

de cuivre, le nombre des rayures est beaucoup plus grand qu'avec les premiers canons rayés se chargeant par la culasse, dont les projectiles étaient munis d'une chemise de plomb. Le nombre des rayures va en croissant avec le cali-

Fig. 388. — *Rayure en dent de scie.*

bre, le rapport du nombre des rayures au calibre, exprimé en centimètres, est sensiblement constant et égal à 3 ou 3 1/2.

Sens des rayures. Un canon est dit *rayé à droite* ou *à gauche* lorsque, se plaçant derrière la culasse et regardant la bouche, la rayure supérieure tourne de gauche à droite dans le premier cas, de droite à gauche dans le second. Le sens des rayures peut être considéré comme indifférent et, le plus souvent, il a été fixé par des considérations complètement étrangères à l'amélioration du tir, par exemple, par des considérations relatives à l'installation des champs de tir. Toutefois, la plupart des bouches à feu sont maintenant rayées à droite, le guidon et la hausse devant être, de préférence, placés à droite pour la commodité du pointeur. Par exception, le fusil modèle 1874

est rayé à gauche ; de cette façon, la dérivation se produit en sens contraire des écarts latéraux, dus aux vibrations qui sont la conséquence de la dissymétrie de l'arme, dont la fermeture de culasse est à verrou, et la déviation totale de la balle se trouve ainsi beaucoup diminuée.

Systèmes Withworth et Lancastre. Ces deux systèmes forment une classe à part d'armes rayées. Leurs projectiles ne portent ni ailettes, ni enveloppes conductrices, leur mouvement de rotation résulte d'une certaine combinaison entre leur tracé et celui de l'âme.

Dans le système Withworth, la section de l'âme est un hexagone régulier, dont les sommets sont arrondis ; dans le système Lancastre, c'est un ovale. L'âme est engendrée par cet hexagone ou cet ovale, se déplaçant parallèlement à lui-même, tandis que son centre glisse sur l'axe et qu'un des points de son contour décrit une hélice. Pour les bouches à feu de ce système, la surface extérieure du projectile est également décrite de la même manière, on donne à sa section droite, des dimensions telles qu'il puisse parcourir l'âme aisément et y prendre ainsi un mouvement de rotation.

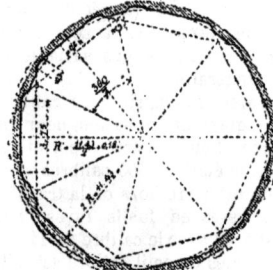

Fig. 389. — *Rayure du fusil Martini-Henry.*

Dans les armes portatives la balle en plomb doit, par suite du tir, prendre la forme de l'âme.

Dans les armes portatives du système Withworth, on peut faciliter le forcement de la balle, en remplaçant l'angle du polygone par une petite cloison faisant saillie à l'intérieur de l'âme, comme dans la rayure Westley-Richard qui dérive de l'octogone. Dans la rayure Henry, adoptée pour les fusils anglais, la figure génératrice dérive d'un polygone étoilé de sept côtés (fig. 389) ; cette rayure donne d'excellents résultats, mais elle est difficile à exécuter, et ses vingt-huit angles saillants s'usent assez rapidement, lorsqu'on emploie pour la fabrication de la balle des alliages durs.

RÉACTIF. *T. de chim.* Corps qui, par sa nature, est susceptible d'en faire déceler un autre, dont la manifestation n'est pas sensible dans les conditions ordinaires. Chaque corps, simple ou composé, pouvant avoir un ou plusieurs réactifs particuliers, ou bien un réactif pouvant simplement indiquer que le corps donné doit être rangé dans une certaine catégorie de produits, nous ne pouvons songer ici à indiquer les réactifs par leurs noms. Tous ceux qui s'occupent de chimie, savent par exemple que l'iode est le réactif par excellence des matières amylacées, comme l'azotate d'argent est celui des chlorures ou de l'acide chlorhydrique ; pour connaître les réactifs particuliers servant uniquement à caractériser un produit spécial, on devra donc lire ce qui a trait à ce corps particulier.

I. RÉACTION. *T. de mécan.* Nous avons expliqué au mot Mécanique comment la notion de force n'est s'est précisée dans la science que dans les temps modernes. Il était réservé au génie de Newton de mettre en lumière une circonstance, dont l'importance est aussi capitale au point de vue de la science et des applications, qu'à celui de la philosophie naturelle. C'est que la force ne se manifeste jamais dans l'univers sous la forme d'une action isolée s'exerçant sur un seul élément de matière. Non seulement toute force est appliquée à un certain élément matériel, ce qui est bien évident, puisqu'on ne saurait concevoir une force n'agissant sur rien; mais encore toute force *émane* d'un élément de matière qui subit à son tour l'action d'une force égale et contraire à la première. En d'autres termes, toutes les forces qu'on peut observer dans l'univers, se présentent par groupes de deux, égales et opposées, agissant sur deux points matériels suivant la droite qui les unit, et en sens inverse. L'une de ces forces s'appelle l'*action*, l'autre la *réaction*, et le principe qui précède est connu sous le nom de principe de l'*égalité de l'action et de la réaction*. Nous avons donné au mot Force, § *Force de réaction,* quelques exemples propres à éclaircir la signification de ce principe; nous n'y reviendrons pas ici, et nous nous bornerons à quelques indications relatives aux corps en mouvement.

Si un corps de masse m est sollicité par une force F, il prendra une accélération égale à $\frac{F}{m}$ dirigée dans le sens même de la force : 1º supposons que ce corps soit tiré par l'intermédiaire d'un fil dont nous négligerons la masse. Le premier effet de la force est d'écarter les molécules du fil; celles-ci tendent à se rapprocher par leur élasticité. Le fil est donc soumis à une tension T qui augmente avec l'écartement des molécules; tant que F sera supérieur à T la partie antérieure du fil s'avancera très rapidement puisque la masse du fil est négligeable; à la partie postérieure au contraire, le corps de masse m est sollicité seulement par la tension T, il ne peut donc s'avancer qu'avec une accélération $\frac{T}{m}$. L'écartement ira donc en augmentant jusqu'à ce que la tension T soit devenue égale à F. Alors la masse m se mouvera comme si la force F lui était directement appliquée, avec une accélération $j = \frac{F}{m}$; seulement le fil sera tendu comme s'il subissait à ses deux extrémités les actions de deux forces opposées égales à F. On peut donc dire, que le mouvement de la masse m agit comme une force égale à F ou à mj, et dirigée en sens inverse. Cette force peut être considérée comme la *réaction* du corps en mouvement; on l'appelle *force d'inertie* (V. Force, § *Force d'inertie*); 2º imaginons qu'un point matériel m soit assujetti à se mouvoir sur une courbe fixe C. Ce point tend à se mouvoir soit en ligne droite, soit sur une trajectoire dépendant des forces qui lui sont appliquées et qui diffère en général de la courbe C. Il exercera donc une action, pression ou tension, sur les pièces matérielles qui l'obligent à décrire la courbe C, c'est-à-dire qu'il dérangera les molécules de ces pièces jusqu'à ce que celles-ci, réagissant par leur élasticité, exercent à leur tour sur la masse m une force qui, composée avec les forces extérieures, donne une résultante capable de faire mouvoir cette masse sur la courbe C. Cette force est la *réaction* de la courbe C; si l'on fait abstraction du frottement elle est normale à cette courbe; 3º si un point matériel m est assujetti à décrire une surface fixe S, il exercera de même sur les pièces qui règlent son mouvement une tension ou une pression; celles-ci *réagiront* à leur tour pour obliger m à rester sur S, donnant ainsi naissance à une force qu'on appelle la *réaction* de la surface fixe et qui est normale à cette surface quand il n'y a pas de frottement.

Ces réactions des lignes et des surfaces fixes équilibrent, comme on le voit, une partie de la force d'inertie; elles augmentent donc avec la vitesse du mobile; si celle-ci devenait trop considérable, la déformation des pièces solides qui est la véritable cause des réactions, dépasserait la limite d'élasticité, et il y aurait rupture. C'est ainsi qu'un fil se casse quand on le fait tourner trop rapidement avec un poids attaché à l'une de ses extrémités. — V. Centrifuge, Force, § *Force d'inertie.* — M. F.

II. RÉACTION. *T. de chim.* Phénomène qui se produit entre deux corps ayant de l'affinité l'un pour l'autre, et par suite duquel, un ou plusieurs corps nouveaux se trouvent engendrés, avec production ou non de phénomènes physiques variables. La chaux vive qui se délite par l'action de l'eau, subit une réaction complexe, non seulement elle s'hydrate, mais elle s'échauffe au point de dégager une forte chaleur et de la vapeur d'eau, puis elle se dessèche et reste pulvérulente; le chlore que l'on met en présence d'antimoine pulvérisé, se combine à celui-ci avec production de lumière et de vapeurs blanches de chlorure d'antimoine; une double décomposition se produit lorsqu'on mélange deux solutions, l'une d'azotate de plomb, l'autre d'iodure de potassium, pour obtenir de l'iodure de plomb et de l'azotate de potasse; tous ces phénomènes sont des réactions chimiques. Il suffit de les avoir cités.

RÉALGAR. *T. de chim. et de minér.* Arsenic sulfuré jaune. On trouvera au mot Arsenic, § *Minerais*, les caractères de ce corps, considéré comme dérivé naturel de l'arsenic, mais on le prépare aussi artificiellement, en fondant du soufre avec un excès d'arsenic ou d'acide arsénieux, ou en distillant la pyrite de fer avec du fer arsenical, ou enfin, en fondant sous pression, comme dans les usines de Freiberg, le sulfure d'arsenic obtenu comme résidu, dans les fabriques d'acide sulfurique, puis sublimant le produit pour le raffiner. Il est alors d'un rouge rubis, sa cassure est conchoïdale; mêlé au nitrate de potasse, il brûle avec une lumière d'une grande blancheur. Outre les usages qui ont été signalés t. I, p. 307, mentionnons encore son emploi en pyrotechnie, et aussi en mégisserie, sous le nom impropre d'*orpin*, pour le débourrage des peaux de mouton, après l'avoir mis en pâte, avec de l'eau et de la chaux vive; depuis 1827, on sait que, combiné à l'oxyde de plomb, il peut servir à obtenir en teinture des couleurs très solides, depuis le jaune jusqu'au rouge brun, et même le noir, avec toutes les nuances intermédiaires.

* **RÉAUMUR** (René-Antoine-Ferchault de). Physicien et naturaliste, né à La Rochelle en 1683, mort en 1757. Arrivé à Paris en 1703, il entra à l'Académie des sciences en 1708, à titre d'élève. Riche, indépendant, fils d'un Conseiller au présidial de sa ville natale, il ne demandait à la science d'autres avantages que le plaisir d'apprendre et la gloire de découvrir. Il se fit connaître d'abord par deux Mémoires de mathématiques. Mais il abandonna bientôt l'étude des sciences exactes pour celle de l'histoire naturelle vers laquelle le portaient ses goûts et ses aptitudes. Curieux de tous les secrets de la nature, il se plut à l'observer, et il apporta dans cette étude une rare sagacité. Il observa les habitudes, les instincts, les métamorphoses des insectes, de tous ces petits êtres que nous rencontrons partout, sur la terre, dans les bois, sous les feuilles, à la surface des eaux, etc.

Il réunit ses observations dans son *Mémoire pour servir à l'histoire des insectes*, magnifique monument, en 6 volumes (1734-1742), élevé en l'honneur de l'Académie des sciences dont il était une des lumières. Cet ouvrage marqua un progrès considérable dans l'étude de la nature. On n'avait jamais pénétré aussi avant dans son secret. « Personne, dit Cuvier, n'avait porté plus loin la sagacité dans l'observation, personne n'avait rendu la nature plus intéressante, par la sagesse et l'esprit de prévoyance des détails dont il avait trouvé la preuve dans l'étude des petits animaux ». Personne n'a mieux compris l'industrie de certains vers et des teignes, les mœurs des mouches et des pucerons, et mieux décrit le cri des cigales, les diverses formes que l'insecte prend en passant de l'état de larve à celui de papillon.

Réaumur s'occupait à la fois de toutes les sciences et faisait application de ses connaissances en mécanique, en physique, au perfectionnement de diverses industries. Il inventa un procédé pour la fabrication du fer-blanc dont l'Allemagne avait alors seule le secret. Il dota la France de l'art de fabriquer l'acier, le verre blanc opaque qui porte encore aujourd'hui le nom de *porcelaine de Réaumur*. Il perfectionna le mode de suspension des voitures et l'emboîtement des essieux; il fournit des indications sur l'organe électrique de la torpille, sur la digestion des oiseaux, sur la conservation des œufs; fit les premiers essais sur l'incubation artificielle. Avant lui, on se servait des thermomètres de Florence qui n'étaient pas comparables. Il remédia à cet

inconvénient en prenant deux *points fixes*: la température de la glace fondante et celle de l'eau bouillante dont il démontra la constance. Ce thermomètre, qui porte son nom, est le plus en usage aujourd'hui, sauf la graduation. — V. Thermomètre.

Réaumur mourut sans avoir pu utiliser toutes ses nombreuses observations qui sont restées en manuscrits et après avoir vu son influence, fort grande d'abord, s'effacer peu à peu devant celle de Buffon. Outre son grand ouvrage sur les insectes, œuvre qui lui a mérité un nom immortel, on a de lui: *Traité sur l'art de convertir le fer en acier et d'adoucir le fer fondu*, 1722; de nombreux Mémoires sur divers sujets dans le *Recueil de l'Académie des sciences*. — c. d.

* **REBATTAGE**. *T. techn*. Opération qui a pour but de donner le fini aux briques, avant de les mettre au séchage; le rebattage se fait à la main à l'aide d'une batte, ou mécaniquement au moyen de machines qui compriment et dressent les briques en tous sens.

* **REBOUCHAGE**. *T. de constr*. Opération qui consiste à boucher avec du mastic les fissures, les gerçures, les pores des surfaces destinées à recevoir une couche de peinture.

* **REBOUISAGE**. *T. de chapell*. Action de nettoyer et de lustrer un chapeau.

* **REBOUTAGE**. *T. de filat*. Opération qui a pour but de faire passer les dents de la carde à travers le cuir qui doit lui servir de soutien. — V. Boutage.

* **REBROUSSEMENT**. *T. de géom*. Un *point de rebroussement* est un point où deux branches d'une même courbe plane viennent se terminer tangentes l'une à l'autre. Il est dit de *première* ou de *seconde espèce* suivant que les deux branches de courbe sont de part et d'autre ou d'un même côté de la tangente commune. Analytiquement, les points de rebroussement des courbes planes sont caractérisés par les circonstances suivantes : 1° les coordonnées du point de rebroussement vérifient l'équation de la courbe et ses deux dérivées partielles; 2° si l'on transporte l'origine en ce point et qu'on ordonne l'équation de la courbe par rapport aux puissances croissantes des coordonnées, l'ensemble des termes du plus bas degré sera le carré d'un binôme du premier degré ou sera divisible par une puissance paire d'un pareil binôme. Il peut cependant arriver, dans certaines circonstances particulières, que les conditions précédentes soient remplies sans que le point considéré soit un point de rebroussement. Nous ne pouvons entrer dans la discussion complète de cette question, d'ailleurs très difficile. Il nous est également impossible d'indiquer les circonstances analytiques qui différencient les deux espèces de point de rebroussement. Disons seulement que le point de rebroussement de seconde espèce constitue une singularité beaucoup plus particulière que l'autre.

Arête de rebroussement. C'est l'enveloppe des

génératrices d'une surface développable. — **V.**
Développable.

Si

$$(1) \begin{cases} x = az + p \\ y = bz + q \end{cases}$$

sont les équations d'une génératrice de la surface développable, a, b, p, q, seront des fonctions
d'un certain paramètre t de manière qu'à chaque
valeur de t corresponde une des génératrices.
Pour que la surface soit développable, il faudra
qu'on ait entre les dérivés a', b', p', q' des quatre
fonctions par rapport à t, la relation :

$$a'q' - b'p' = 0.$$

Cette condition exprime qu'on peut éliminer le
paramètre t entre les équations (1) et leurs dérivées par rapport à t :

$$(2) \begin{cases} o = a'z + p' \\ o = b'z + q' \end{cases}$$

Le résultat de cette élimination donne deux
équations qui définissent une courbe tangente à
toutes les génératrices : c'est l'arête de rebroussement.

Dans les cylindres, l'arête de rebroussement
est rejetée à l'infini ; dans les cônes, elle se réduit
au sommet du cône ; dans l'hélicoïde développable, c'est l'hélice directrice. — M. F.

* **REBROUSSER.** En *t. de peauss.*, on dit *rebrousser une peau*, lorsqu'on passe la paumelle sur sa
fleur, pour abattre le grain et rendre cette peau
plus douce et plus lisse.

* **RECASSER.** C'est passer sur une peau un couteau à tranchants ronds, pour l'assouplir avant
de la chamoiser.

* **RÉCENSE. T. techn.** Nouveau contrôle que
reçoivent les ouvrages de bijouterie et d'orfèvrerie, lorsque le fisc change le poinçon.

RECÉPAGE. T. techn. Outre qu'il s'applique à
l'action de tailler une vigne, un arbre jusqu'au
pied, ce mot désigne un travail qui consiste à
couper les têtes de pieux ou pilotis, après les
avoir enfoncés, à la hauteur qu'on a prise pour
niveau de la fondation. — V. Scie a recéper.

RÉCEPTEUR. T. de mécan. Expression générale
qui désigne en mécanique rationnelle, par opposition à celle de *moteur* (V. ce mot), l'organe, le
mécanisme ou l'outil mis en mouvement par
le moteur pour effectuer un travail déterminé.
C'est la comparaison du travail absorbé par le récepteur au travail utile fourni par lui qui mesure le *rendement* de la machine (V. ce mot). Outre l'outil proprement dit, cette expression peut
s'appliquer même à l'ensemble de la machine
mise en mouvement par un moteur donné, lors
même que celle-ci sert à son tour de moteur à un
autre récepteur ultérieur. Le mécanisme même
d'un moteur comme la machine à vapeur, par
exemple, peut être considéré comme récepteur de
l'énergie de la vapeur qu'il transforme en mouvement mécanique, et il en est de même pour tous
les types de moteurs naturels, hydrauliques ou
aériens. Il est bien évident que l'étude indus-

trielle du rendement de ces moteurs ne peut se
faire sur une machine déterminée qu'en comparant le rendement effectif de celle-ci au rendement
théorique que le moteur de cette catégorie est
susceptible de fournir, rendement qui est, d'ailleurs, très réduit pour la machine à vapeur, ainsi
que nous l'avons exposé à l'article Moteur a vapeur. L'expression de *récepteur* peut même être
étendue à tous les appareils qui, sans être des
moteurs à proprement parler, reçoivent l'énergie
qui leur est confiée pour la restituer sous une
forme utilisable. Une pile électrique, par exemple, est un récepteur d'énergie chimique qui doit
fournir de l'électricité, comme un foyer de chaudière est un récepteur d'énergie calorique qui
doit former de la vapeur ; en cette qualité, tous
ces appareils obéissent aux lois de la mécanique
rationnelle sur la transformation de l'énergie,
c'est-à-dire qu'ils ne peuvent modifier la nature de celle-ci sans la créer jamais, et le travail
utile qu'ils fournissent est toujours nécessairement inférieur à l'énergie absorbée puisqu'il est
presque toujours impossible de transformer intégralement celle-ci sous la forme qu'on a en vue.
L'étude de ces lois nécessaires a été poursuivie
surtout, comme on sait, par la théorie mécanique
de la chaleur pour les récepteurs fondés sur l'application des phénomènes thermiques, mais elle
est appelée, sans aucun doute, à s'étendre également à tous les autres ordres de phénomènes
naturels, et les études si curieuses de M. Berthelot
sur la thermo-chimie, par exemple, ont montré
qu'il était possible d'y faire entrer la chimie à son
tour, et de fonder les bases d'une mécanique de
cette science. En dehors de ces considérations générales, les récepteurs embrassent surtout, dans
l'acception ordinaire de ce mot, l'ensemble des
mécanismes et des machines de toute nature telles
que nous avons défini celles-ci à l'article spécial, et ils constituent alors simplement des appareils transformateurs d'un mouvement moteur,
soit qu'ils le ralentissent ou l'accélèrent pour en
changer la nature ou la direction, pour en augmenter la puissance ou la vitesse, soit qu'ils concentrent leur action sur un outil qu'ils compriment,
déplacent ou soulèvent, soit qu'ils divisent au
contraire la force motrice, sur un grand nombre de
petits outils qui arrivent ainsi à exécuter, par une
concordance de déplacements bien étudiée, des
mouvements qui sembleraient, de prime abord,
irréalisables à une machine. Leur action peut être
occupée également à désorganiser ou façonner une
pièce donnée, en opérant par rabotage ou compression, comme dans les machines-outils, par exemple ; mais, quel que soit d'ailleurs le type de
la machine, si ingénieusement disposée qu'elle
paraisse, il ne faut jamais oublier qu'elle n'est
qu'un récepteur, c'est-à-dire un intermédiaire
coûteux qui opère toujours avec perte la transformation en travail utile de l'énergie qu'on lui
confie, et son effet utile doit se mesurer par le rapport de ces deux quantités.

Dès qu'il a trouvé la combinaison de pièces
permettant de réaliser le travail qu'il a en vue,
tous les efforts du constructeur doivent tendre à

réduire le plus possible le travail absorbé par les organes intérieurs du récepteur qu'il vient d'établir, mais il ne peut jamais espérer l'annuler entièrement, comme nous l'avons montré en parlant des machines. Les progrès réalisés par les études de mécanique théorique et appliquée ont rendu, aujourd'hui, cette notion familière à tous les esprits et, tout en admirant les résultats surprenants parfois que réalisent les machines, on ne manque jamais de s'inquiéter du travail absorbé par ce récepteur, et on en vient alors à étudier les combinaisons cinématiques employées, à discuter les pièces qu'elles exigent, la vitesse de marche, le poids, la forme et les dimensions de chacune d'elles, les frottements qui en résultent; à voir, en un mot, si chacun de ces organes est aussi bien approprié que possible au rôle qu'il doit remplir, de manière à réduire ses frottements et le travail perdu au strict minimum. C'est par cette analyse minutieuse et détaillée qu'on peut seulement apprécier la valeur vraie d'un récepteur qui peut être, comme nous le disions, fort remarquable en tant que machine, et c'est ce qui montre par quelles études complémentaires l'idée la plus ingénieuse a toujours besoin de passer avant d'être réalisée dans la pratique, si on ne veut pas s'exposer à avoir un récepteur consommant inutilement une grande partie du travail moteur dépensé. Il est presque inutile d'ajouter que, dans cette appréciation d'un récepteur, il faut tenir compte avant tout des conditions dans lesquelles s'effectue le travail de la machine; telle combinaison de mouvements, telle forme de pièces entraînant des frottements élevés qui ne serait pas admissible sur une machine fixe, placée par exemple dans un grand atelier où elle est surveillée par des ouvriers compétents, est, au contraire, tout à fait appropriée sur une machine agricole qui peut être exposée à des chocs brusques ou entretenue d'une manière insuffisante et qui a besoin, surtout, d'organes bien solides et résistants, d'un accès et d'un remplacement faciles. Il faut ajouter, d'autre part, que la construction des machines pour toutes les branches de l'industrie réalise des progrès continuels qui ont contribué puissamment au développement même de ces machines. Avec le travail mécanique surtout, on arrive à amener exactement les pièces à leur forme théorique, à obtenir, pour les surfaces en contact, des portées bien ajustées, s'appuyant bien sur toute leur étendue, à supprimer, en un mot, la plus grande partie des frottements inutiles tenant à l'imperfection d'exécution des organes; et on peut dire que si, avec la plupart des moteurs, nous avons encore de grands progrès à réaliser pour utiliser d'une manière satisfaisante l'énergie des forces naturelles, nous pouvons, au contraire, arriver aujourd'hui, avec des récepteurs bien conçus et bien exécutés, à recueillir d'une manière aussi satisfaisante que possible le travail de ces moteurs.

|| T. de télégr. — V. MANIPULATEUR, TÉLÉGRAPHIE.

*RÉCEPTIONNAIRE. Agent désigné aussi par-

fois sous le nom de *contrôleur*, qui est chargé, dans les grandes administrations et particulièrement les Compagnies de chemins de fer, de procéder à l'examen et à la réception des divers produits livrés par les fournisseurs. Ces livraisons sont généralement réglementées par un cahier des charges qui stipule d'une manière aussi précise que possible les diverses conditions d'apparence, de formes, de dimensions, les essais mécaniques, physiques ou chimiques, qu'elles doivent remplir; et la tâche du réceptionnaire est, évidemment, d'en surveiller l'application et de procéder aux essais prescrits pour en constater les résultats et décider du sort de la fourniture. En dehors de ces premiers essais de qualité, qui exigent d'ailleurs souvent chez le réceptionnaire une grande délicatesse d'appréciation, tant dans le choix des pièces à éprouver que dans la discussion des résultats, les cahiers des charges lui donnent souvent le droit de procéder à tels essais qu'il jugera convenable pour se rendre compte de la qualité des pièces présentées en recette, et le contrôleur se trouve alors, avec cette rédaction, armé d'un pouvoir presque discrétionnaire dont il importe qu'il n'abuse pas, soit en multipliant outre mesure les essais qui sont toujours une cause de dépense appréciable pour le fournisseur, soit en refusant une livraison sans motif légitime. Il en est de même lorsque, après avoir terminé ces essais de qualité et décidé la recette du lot entier, d'après les résultats donnés par les pièces éprouvées, il arrive à procéder à l'examen extérieur individuel de chacune des pièces composant ce lot. Il dispose alors du droit de refuser celles-ci en raison des défauts superficiels qu'elles peuvent présenter, et on voit immédiatement combien il importe de confier ces fonctions délicates à des agents tout à fait compétents qui sachent ménager avec équité les deux intérêts en présence pour ne pas apporter un rigorisme exagéré susceptible de ruiner le fournisseur, ni montrer non plus une faiblesse excessive nuisible aux intérêts de la Compagnie qu'ils représentent. Cette dernière éventualité est, d'ailleurs, la plus rare; car, par suite même de l'organisation du service des recettes, les agents du contrôle, qui se sentent surveillés à la fois par des inspecteurs et par les ateliers mêmes chargés d'employer les produits, sont plutôt disposés à la rigueur qu'à l'indulgence. Il est donc nécessaire qu'ils soient bien au courant de la fabrication des pièces qu'ils ont à recevoir, et surtout du service demandé à celles-ci, des causes les plus fréquentes de mise hors de service qu'elles peuvent rencontrer; il faut qu'ils puissent apprécier en toute connaissance de cause les défauts à tolérer qui sont, en quelque sorte, une nécessité de la fabrication ne compromettant pas toutefois la résistance et la durée des pièces. Généralement, surtout pour les produits métalliques qui font l'objet de marchés très importants, le contrôleur est installé à demeure dans l'usine chargée de la fabrication, et il suit celle-ci jusqu'à l'entière exécution du marché, ce qui lui assure, par suite, une certaine compétence au bout d'un séjour un peu prolongé. Il semble, toutefois, qu'on arriverait à perfectionner peut-être encore le service du contrôle, si les Compagnies de chemin de fer pouvaient s'entendre pour adopter une organisation analogue à celle de la marine, par exemple, c'est-à-dire si elles avaient dans chaque région un ingénieur expérimenté, occupant, par suite, une situation importante qui le mettrait en dehors de toute considération personnelle dans la décision à prendre sur les lots présentés; si elles plaçaient sous leurs ordres, dans chaque usine, des agents qui procéderaient à l'examen individuel des pièces et qui pourraient être, par exemple, d'anciens contre-maîtres bien au courant de la fabrication. Ceux-ci mettraient de côté les pièces qui leur paraîtraient douteuses, et l'ingénieur statuerait sur le vu de celles-ci. Cette organisation aurait même l'avantage, en chargeant un même ingénieur de représenter plusieurs Compagnies, de préparer pour l'avenir une certaine unification des cahiers des charges dont les prescriptions sont souvent très différentes d'une Compagnie à l'autre.

* RECERCISSAGE. — V. Resarcissage.

* RECERCISSEUSE. — V. Resarcisseuse.

RECERCLÉ, ÉE. Outre son acception de cercler de nouveau, ce mot s'applique, en *hérald.*, à la croix ancrée dont les pointes sont tournées en cerceau; se dit aussi de la queue de certains animaux lorsqu'elle se termine en boucle.

* RECETTE. T. *d'exploit. des min.* On donne le nom de *recette supérieure* à l'orifice extérieur d'un puits de mine où l'on reçoit les cages ou les bennes envoyées du fond, et le nom de *recette inférieure* ou *d'accrochage*, aux parties du puits d'où partent les galeries intérieures. L'*extraction* a pour objet le transport des matières utiles de l'une des recettes inférieures à la recette supérieure. Ces recettes sont reliées entre elles par des cordes destinées à transmettre des *signaux* divers. Les recettes peuvent être simples ou doubles, de même que les cages d'extraction peuvent avoir un ou plusieurs (en général 2 ou 4) étages. Selon la disposition adoptée, la sortie des vagonnets peut se faire en même temps ou en deux fois, séparées par un petit mouvement donné à la cage.

* RECEVEUR. 1º T. *de mét.* Ouvrier typographe qui reçoit les feuilles au fur et à mesure qu'elles sortent de la presse. || 2º T. *de filat.* Nom donné dans les filatures de lin à un système de leviers et d'excentriques, destiné à soutenir les barrettes des étaleuses dans leur chute.

RÉCHAMPIR. T. *techn.* Dans la peinture en décors, ce mot signifie rehausser des compartiments par l'apposition de couleurs autres que celles des fonds, ou en marquant les contours d'un ornement par un filet de couleur différente; on fait le *réchampissage* d'une dorure en réparant les taches que la couleur jaune a pu laisser sur les fonds destinés à être dorés.

RÉCHAUD. 1º T. *de fumist.* Appareil en fonte encastré dans la partie supérieure d'un fourneau, et dont le fond, fermé par une grille, permet d'y

mettre du charbon qu'on allume pour les usages domestiques. || 2º T. *techn.* Ustensile dans lequel on met de la braise pour chauffer et réchauffer les plats, les assiettes, les mets. || T. *de teint.* Opération qui consiste à passer les étoffes dans la teinture chaude. || 3º T. *techn.* Petit appareil contenant des charbons allumés, que les peintres en bâtiment promènent sur d'anciennes peintures pour les brûler. || 4º T. *d'artill.* Gros chandelier sur lequel on brûle des artifices et que l'on place sur le rempart pour l'éclairer. — V. Pyrotechnie, § *Pyrotechnie militaire.*

RÉCHAUFFAGE. T. *de métall.* Le *réchauffage* a pour but de porter à la chaleur rouge, et le plus souvent même à la chaleur blanche, une ou plusieurs barres métalliques destinées à subir une élaboration qui en modifie la forme ou qui en assure le soudage.

On emploie surtout le réchauffage pour l'étirage des barres et des paquets. Pour cela, on les chauffe dans des fours à réverbère, sur la sole desquels on les place, en produisant la chaleur nécessaire dans un foyer séparé.

Dans ces derniers temps, on a pu supprimer le réchauffage, dans la fabrication des rails d'acier, en opérant de la manière suivante : chaque lingot, au sortir du moule en fonte, où on l'a coulé, est placé, dès que sa solidification est assurée, dans une fosse rectangulaire en briques réfractaires. La température de ce lingot s'égalise en même temps que le rayonnement des parois de la fosse empêche l'action de l'air. Naturellement, ces fosses sont fermées à leur partie supérieure, par un ou mieux par deux obturateurs séparés par une couche d'air. Au bout d'une demi-heure ou de trois quarts d'heure au plus, le lingot est extrait de la fosse et passé au laminoir, sa température étant largement suffisante pour permettre un bon étirage. Avec les *fosses* ou *puits Gjers*, on économise une quantité importante de combustible, et surtout on évite les excès partiels de chauffage ou *coups de feu*, cause si fréquente de rebuts.

RÉCHAUFFEUR. T. *de mécan.* Appareil qu'on dispose sur les générateurs à vapeur, pour réchauffer l'eau d'alimentation en utilisant la chaleur des gaz dégagés ou même une partie du courant de la vapeur d'échappement. Les réchauffeurs employés dans l'industrie étaient disposés généralement de manière à recueillir la chaleur des gaz de la combustion, mais on renonce aujourd'hui à ce type, en raison même des perfectionnements apportés aux générateurs. On arrive actuellement, en effet, à dépouiller les gaz de la plus grande partie de leur chaleur, en les amenant à 200º dans la cheminée; et comme à cette faible température, il se produit peu d'absorption de chaleur si les tôles ne sont pas bien nettoyées, l'emploi des réchauffeurs à gaz perd beaucoup de son intérêt, et on n'emploie guère que les réchauffeurs recueillant la vapeur d'échappement. Cette application présente un intérêt spécial sur les locomotives, car il arrive, fréquemment, surtout sur les machines à marchandises à grande puissance et marche lente, que l'intégralité du courant n'est pas nécessaire au tirage, et on conçoit alors qu'il y ait avantage à en détourner une partie pour récupérer la chaleur qu'elle contient; il ne conviendrait pas, d'ailleurs, bien que cet essai ait été pratiqué, d'essayer d'appliquer, à cet effet, le courant mixte de gaz et de vapeur, en le renvoyant au tender après qu'il s'est formé, car on serait obligé de compliquer la cheminée outre mesure pour amener les gaz dans un bain d'eau auquel ils n'apporteraient alors qu'une quantité de chaleur insignifiante.

Le premier appareil réchauffeur pour locomotives qui ait fait l'objet d'une application un peu prolongée, d'ailleurs couronnée d'un certain succès, est celui de M. Kirchweger qui opérait le mélange direct de la vapeur d'échappement avec l'eau du tender. Le courant d'échappement se bifurquait à la sortie de chacun des cylindres, une partie était dirigée dans le tender, tandis que l'autre arrivait directement dans la tuyère d'échappement, et la répartition des deux courants se réglait, à volonté, au moyen de valves commandées par le mécanicien. Un reniflard placé sur le tuyau communiquant avec le tender prévenait l'appel de l'eau dans les cylindres, qui se produisait autrement pendant la marche à régulateur fermé.

L'appareil Kirchweger fut appliqué, pendant plusieurs années consécutives, sur les lignes du Nord de l'Allemagne, et il y donna généralement des résultats très remarquables. Les essais pratiqués au chemin de fer de Lyon, vers 1854, montrèrent également que son fonctionnement était très régulier et que, dans certains cas spéciaux, surtout entre les mains d'un mécanicien expérimenté, il pouvait réaliser des économies importantes. Ces avantages étaient particulièrement sensibles sur les locomotives à marchandises avec lesquelles on pouvait arriver, sans nuire au tirage, à maintenir l'eau du tender presque continuellement bouillante, et l'économie de combustible pouvait alors dépasser 5 à 8 0/0; elle devenait, toutefois, presque insignifiante sur les trains légers et rapides, pour lesquels les exigences du tirage ne permettaient sans doute pas d'envoyer au tender une proportion suffisante du courant de vapeur d'échappement. On arrivait, en outre, à réaliser certains avantages accessoires résultant, en quelque sorte, de cette haute température; l'eau du tender, notamment, se débarrassait d'une grande partie des sels terreux tenus en dissolution, et elle arrivait ainsi plus pure à la chaudière. Il est probable, par contre, que l'emploi du réchauffeur devait amener une certaine augmentation de la contre pression dans les cylindres, mais cette question n'a jamais pu être établie d'une manière précise malgré les discussions dont elle a été l'objet. Le principal inconvénient qui a amené l'abandon du réchauffeur Kirchweger, tenait surtout à la grande difficulté d'alimenter avec l'injecteur Giffard en employant de l'eau échauffée presque bouillante, ce qui mettait dans l'obligation de conserver les pompes en les munissant, toutefois, d'un réservoir spécial, ainsi que nous l'avons indiqué à cet article. Cette

difficulté a perdu aujourd'hui de sa gravité, car on construit des types d'injecteurs alimentant régulièrement à eau chaude, dont on peut combiner l'emploi avec celui des réchauffeurs; et, comme ces appareils peuvent réaliser ainsi une économie très sensible, il y a lieu de s'étonner que l'emploi n'en ait pas reçu une plus grande extension.

Le principe de l'appareil Kirchweger opérant le réchauffage sur toute la masse de l'eau du tender, a été conservé sur certains types de machines spéciales comme celles du Métropolitain de Londres, qui ont à effectuer en souterrain des parcours prolongés pendant lesquels elles doivent absolument condenser toute leur vapeur d'échappement. Le courant est dirigé dans la caisse du tender par un tuyau horizontal qui s'arrête au couvercle et amène ainsi la vapeur à la surface du bain qu'elle échauffe. Pour assurer, en outre, le renouvellement du bain qui est indispensable à la condensation complète, un second tuyau, plus petit, qui pénètre de quelques centimètres dans l'orifice du premier, amène la vapeur jusqu'au fond de la caisse et produit ainsi la circulation de la masse par l'échauffement déterminé à la partie inférieure du bain.

On peut également opérer le réchauffage sur le parcours même de l'eau d'alimentation allant à la chaudière, au lieu d'agir à la fois sur toute la masse contenue dans le tender, comme dans l'appareil Kirchweger ou dans celui du Métropolitain de Londres. On a ainsi l'avantage d'obtenir une température plus élevée avec un courant qui pourrait être insuffisant pour échauffer de la même manière toute la masse de l'eau du tender, et on peut même arriver à dépasser la température de l'ébullition à l'air libre en donnant à l'appareil d'alimentation des dispositions convenables.

Il est enfin possible d'opérer le réchauffement par mélange intime de la vapeur d'échappement avec l'eau d'alimentation, ou agir seulement par contact en faisant circuler l'eau dans des tubes réchauffés extérieurement par la vapeur. Cette dernière disposition a l'avantage d'écarter absolument les matières grasses amenées avec la vapeur, qui pourraient souiller l'eau d'alimentation; mais elle est certainement moins efficace au point de vue du réchauffement que le mélange direct, et elle ne réalise enfin aucune économie d'eau, considération qui présente cependant une grande importance pour les locomotives. On la rencontre, par exemple, dans le réchauffeur Körting que nous avons signalé déjà à l'article INJECTEUR, en parlant de l'alimentation à eau chaude. Cet appareil, dont la description se trouve dans la *Revue générale des chemins de fer*, n° de mai 1880, forme une sorte de récipient condenseur renfermant un grand nombre de petits tubes (209) multipliés à dessein pour faciliter le réchauffement; il est représenté dans la vue d'ensemble (fig. 390). Ces tubes sont traversés par le courant d'eau qui va d'une extrémité à l'autre du cylindre et sort par le tube d pour se rendre à l'injecteur J alimenté par le courant de vapeur J^1. Ce courant se trouve échauffé au passage au contact des parois baignées par la vapeur d'échappement arrivée par le tuyau *a* V et remplissant le récipient; l'eau de condensation s'écoule en *b*. Cet appareil, qui permet de réaliser une élévation de température de 20 à 25° environ, ainsi que nous avons pu le constater par des expériences directes, reproduit, en les simplifiant, les dispositions du réchauffeur Ehrardt, qui opérait aussi par contact extérieur; l'eau de condensation de la vapeur d'échappement était dirigée, en outre, dans le tender après avoir été débarrassée des matières grasses entraînées, ce qui donnait, comme on voit, une certaine économie dans la dépense d'eau.

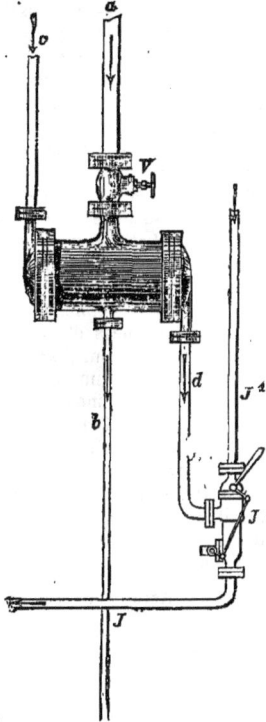

Fig. 390. — *Vue d'ensemble du réchauffeur d'alimentation et de l'injecteur, système Kœrting.*

Comme exemple de réchauffeur opérant par mélange intime de l'eau d'alimentation avec la vapeur d'échappement, on peut citer l'appareil Clark, qui comprend un récipient dans lequel l'eau est amenée par une pompe spéciale et mise en présence de la vapeur; le mélange ainsi formé est ensuite refoulé dans la chaudière par une pompe alimentaire. La Compagnie d'Orléans applique de son côté, sur certains types de machines (V. Pompe), le réchauffeur Lencauchez fondé sur un principe analogue; cet appareil est combiné seulement avec un dégraisseur spécial pour amener la séparation des matières grasses entraînées. On rencontre d'ailleurs aussi cette disposition sur différents types de réchauffeurs appliqués dans l'industrie, et qui sont munis d'une chambre spéciale servant de dégraisseur. Sur la ligne de Stockton Darlington, l'une des plus anciennes, comme on sait, dans l'histoire des voies ferrées, M. Bouch avait essayé d'installer un réchauffeur en boîte annulaire autour de la cheminée même des locomotives, afin de profiter de la chaleur dégagée par les gaz de la combustion; l'eau y était amenée par un tuyau venant du tender, terminé à son orifice par un bord arrondi en forme de tore, percé de trous, qui la distribuait

en forme de jets de pluie, pour assurer le mélange intime avec le courant de vapeur d'échappement.

Parmi les réchauffeurs plus modernes, nous rappellerons, enfin, la pompe injecteur Chiazzari, décrite à l'article Pompe, qui forme un appareil particulièrement simple pouvant alimenter régulièrement avec de l'eau chaude portée à une température de 90° environ. Le premier type d'injecteur, créé par M. Mazza, comprenait aussi un véritable réchauffeur installé sous le tender, tirant de là son nom de *sous-tender*, et dans lequel s'opérait le mélange de l'eau d'alimentation et de la vapeur d'échappement. Cet appareil a été depuis, considérablement simplifié par son auteur, et dans les types les plus récents, le mélange s'opère directement dans l'injecteur lui-même sans réchauffeur spécial.

Les réchauffeurs fondés sur l'emploi de la vapeur d'échappement ou même de la vapeur vive empruntée directement à la chaudière, sont aussi utilisés dans l'industrie, tant pour le réchauffage de l'eau d'alimentation que pour un grand nombre d'autres applications que nous ne pouvons décrire ici; nous citerons seulement, comme exemple, le réchauffage de l'air dans les séchoirs. La vapeur passe alors dans de grands cylindres verticaux formant un réchauffeur en serpentin dont les parois extérieures sont léchées par le courant d'air à échauffer, aspiré lui-même par un ventilateur spécial qui le dirige ensuite dans le séchoir.

* **RÉCHAUSSEUSE.** Sorte de charrue. — V. Déchausseuse.

RECHERCHE. *T. techn.* Opération qui a pour but de découvrir des gisements de matières minérales. — V. Exploitation des mines. ‖ Réparation que l'on fait à une couverture ou à un pavage, en remettant des tuiles, des ardoises ou des pavés.

RÉCIPIENT. De *recipere*, recevoir; ce qui indique suffisamment que ce mot est susceptible d'une foule d'applications; disons ici que dans la chimie de laboratoire, le récipient est une sorte de vase, presque toujours en verre, qui sert à recueillir les liquides provenant d'une distillation ou autre opération quelconque. Si l'on n'a pas placé de *réfrigérant* entre l'appareil distillatoire et le récipient, ce dernier doit toujours être refroidi par de l'eau afin de condenser les vapeurs qu'il reçoit, et pour prévenir les explosions on le munit, en général, d'un tube de verre qui le met en communication avec l'atmosphère.

Le *récipient florentin* permet de séparer les essences de l'eau avec laquelle elles sont mélangées; il se compose d'une carafe dont le fond est mis en communication avec un tube vertical extérieur, recourbé vers la moitié de la hauteur de cette carafe. En versant le mélange par le col du récipient, le liquide huileux reste à la partie supérieure et peut même s'écouler, tandis que l'eau gagnant le fond s'en va par la tubulure qui y est fixée. ‖ *T. de phys.* Cloche de verre que l'on place sur la platine de la machine pneumatique, et destinée à recevoir les corps qui doivent être soumis à l'action du vide.

Récipient de vapeur. *T. de mécan.* La législation des appareils à vapeur (décret du 30 avril 1880) comprend sous le nom de *récipient de vapeur*, tous les appareils, autres que les générateurs, qui contiennent ou peuvent contenir de la vapeur d'eau à une pression nettement appréciable (de 1/10 de kilogramme par exemple), c'est-à-dire dans lesquels les matières à élaborer sont chauffées, non directement à feu nu, mais par de la vapeur empruntée à un générateur distinct, lorsque leur communication avec l'atmosphère n'est point établie par des moyens excluant toute pression effective nettement appréciable. Aux termes de ce décret, les récipients de capacité supérieure à 100 litres sont soumis aux déclarations et aux épreuves prescrites pour les chaudières proprement dites, la surcharge d'épreuve devant être, dans tous les cas, égale à la moitié de la pression maximum à laquelle l'appareil doit fonctionner, sans pouvoir excéder cependant 4 kilogrammes par centimètre carré. Ils doivent être munis, en outre, d'une soupape de sûreté réglée pour la pression indiquée par le timbre. Les cylindres des machines à vapeur, ainsi que leurs enveloppes et les serpentins, de même que les récipients de contenance égale ou inférieure à 100 litres sont exemptés de ces mesures de sûreté. Le volume qui sert de base à l'application du décret se détermine évidemment d'après celui de la partie où la pression de vapeur peut s'exercer, même accidentellement.

On rencontre ces appareils dans les industries les plus diverses : les calorifères à eau chaude, les locomotives sans foyers et surtout les sécheurs, les chaudières à double fond, etc., sont, en effet, des récipients de vapeur.

Les cylindres sécheurs sont généralement timbrés à 2 kilogrammes, et pour prévenir l'écrasement sous l'effort de la pression atmosphérique quand le vide se produit à l'intérieur par la condensation de la vapeur, ils sont généralement pourvus d'un reniflard à côté de la soupape de sûreté prescrite par la loi.

* **RECOUPÉ, ÉE.** *Art hérald.* Se dit d'un écu mi-coupé, c'est-à-dire partagé en deux parties égales par une ligne horizontale.

RECOUPEMENT. 1° *T. de constr.* Nom que l'on donne à des retraites larges que l'on fait à chaque assise de pierre dure, dans les ouvrages construits sur un terrain en pente ou dans ceux qui sont fondés sous l'eau, afin de donner plus de solidité à ces constructions. || 2° *T. d'arp.* Procédé de levé des plans qui consiste à relever la position de chacun des points qu'on veut représenter, en déterminant deux droites qui se croisent au point considéré. La méthode par *recoupement* diffère de la méthode par *intersection* en ce que dans la première, on se transporte successivement en chacun des sommets du polygone à relever, tandis que la seconde n'exige que deux stations. — V. PLANCHETTE.

RECOUVREMENT. 1° *T. de mécan.* Excès d'épaisseur donné aux bords du tiroir de distribution de la vapeur, par rapport à celle des lumières du cylindre où s'opère le travail de la vapeur. Le recouvrement extérieur, qu'on donne toujours aux tiroirs, est appliqué comme l'indique son nom, sur les bords extérieurs de celui-ci ; il maintient la lumière fermée après l'admission pendant la course motrice, et c'est lui qui détermine ainsi la période de détente; le recouvrement intérieur, plus rarement appliqué, prolonge cette période de détente et empêche l'échappement anticipé qui se produit autrement, aussitôt que le tiroir se retrouve à cheval sur les deux lumières. Par contre, il a l'inconvénient, dans la course en retour, de déterminer une période de compression qui crée une résistance appréciable au mouvement du piston. Les recouvrements, intérieur et extérieur, exercent une influence capitale dans la distribution de la *vapeur* (V. ce mot), et les dimensions à leur donner sur les machines, doivent être déterminées d'après des études poursuivies avec grand soin. || 2° *T. de maçonn.* Partie d'une pierre ou d'une dalle qui couvre le joint d'une pierre ou d'une dalle contiguë. || 3° *T. de charp.* Saillie d'une pièce de bois qui recouvre un tenon. || 4° *T. de men.* Partie saillante d'une pièce embrevée dans une autre ; on dit que des panneaux sont à *recouvrement* lorsqu'ils sont en saillie sur leurs bâtis. || 5° *T. d'opt.* Plaque de cuivre qui sert à recouvrir l'objectif d'une lunette d'approche.

RECRÉPIR. *T. de constr.* Action de restaurer.

* **RECROISETÉ, ÉE.** *Art hérald.* Se dit d'une croix dont chaque branche se termine par une autre petite croix.

* **RÉCROUIR.** *T. de métall.* Se dit des métaux que l'on fait recuire. — V. RECUIT.

RECTANGLE. *T. de géom. Triangle rectangle.* C'est un triangle qui a un angle droit. Les deux autres angles sont forcément aigus, puisque la somme des trois angles doit être égale à deux angles droits. Le côté opposé à l'angle droit est le plus grand des trois : on le nomme *hypoténuse* (V. ce mot). Le triangle rectangle est inscrit dans le cercle décrit sur l'hypoténuse comme diamètre, d'où il suit que la médiane issue du sommet de l'angle droit est égale à la moitié de l'hypoténuse. Les principales propriétés du triangle rectangle consistent dans les théorèmes suivants :

1° La hauteur menée du sommet de l'angle droit est une moyenne proportionnelle entre les deux segments qu'elle détermine sur l'hypoténuse ;

2° Chaque côté de l'angle droit est une moyenne proportionnelle entre l'hypoténuse et sa projection sur l'hypoténuse ;

3° Le carré construit sur l'hypoténuse est équivalent à la somme des carrés construits sur les deux autres côtés. Ce théorème est attribué à Pythagore. Réciproquement, si dans un triangle le carré construit sur un des côtés est équivalent à la somme des carrés construits sur les deux autres, l'angle opposé au premier côté est droit ;

4° Les carrés des côtés de l'angle droit sont entre eux comme leurs projections sur l'hypoténuse ;

5° La surface du triangle rectangle a pour mesure la moitié du produit des deux côtés de l'angle droit, ou encore la moitié du produit de l'hypoténuse par la hauteur. Ces deux produits sont donc égaux ;

6° Chaque côté d'un triangle rectangle est égal à l'hypoténuse multipliée par le sinus de l'angle opposé ou le cosinus de l'angle adjacent, ou encore à l'autre côté de l'angle droit multiplié par la tangente de l'angle opposé ou la cotangente de l'angle adjacent.

Rectangle. On désigne ainsi un quadrilatère qui a ses quatre angles droits. C'est un cas particulier du parallélogramme (V. PARALLÉLOGRAMME, QUADRILATÈRE). Les côtés opposés du rectangle sont égaux entre eux. Il n'y a donc, pour les quatre côtés, que deux valeurs qui sont appelées les *dimensions* du rectangle. Un rectangle a deux diagonales qui se coupent en leur milieu, qui sont égales entre elles et dont le carré est égal à la somme des carrés des deux dimensions. Réciproquement, si un parallélogramme a ses deux diagonales égales, c'est un rectangle.

La surface du rectangle a pour mesure le produit de ses deux dimensions.

Trapèze rectangle. C'est un trapèze dont l'un des côtés est perpendiculaire aux deux bases. — V. TRAPÈZE.

Parallélipipède rectangle. C'est un parallélipipède droit dont la base est un rectangle. Les six faces sont des rectangles. Les douze arêtes sont égales quatre à quatre, ce qui fait trois valeurs qu'on appelle les trois dimensions du rectangle. Il y a quatre diagonales qui passent par un même point lequel est le milieu de chacune d'elles, qui sont égales entre elles, et dont le carré est égal à la somme des carrés des trois dimensions. Le volume du parallélipipède rectangle a pour mesure le produit de ses trois dimensions. — M. F.

I. RECTIFICATION. Opération qui consiste à, soumettre à une nouvelle distillation une liqueur déjà distillée, afin de l'obtenir dans un état de pureté plus grand. C'est à l'aide de la rectification, qui est ordinairement effectuée dans des appareils spéciaux, appelés *rectificateurs*, que l'on débarrasse les alcools bruts ou flegmes, provenant de la distillation des moûts fermentés, des différents alcools étrangers, éthers et aldéhydes, qui donnent à ces produits un goût et une odeur si désagréables. — V. DISTILLATION.

On soumet aussi à la rectification des liquides autres que l'alcool brut, tels que, par exemple, l'acide pyroligneux, le sulfure de carbone, l'éther, la benzine. Dans ces cas, la nouvelle distillation est souvent précédée d'un traitement à l'aide de substances destinées à rendre plus facile la séparation des matières étrangères. — Dʳ L. G.

II. RECTIFICATION. *T. de géom.* On désigne ainsi l'opération qui consiste à trouver la longueur d'un arc de courbe (V. LONGUEUR). Ce mot vient de ce que le problème en question se ramène, en définitive, à trouver un segment de droite de même longueur que l'arc de courbe. Un arc de cercle peut se rectifier par l'application des théorèmes de la géométrie élémentaire. Si l'on remarque que la longueur de la circonférence de rayon r est égale à $2\pi r$, et qu'il y a dans la circonférence 360 degrés, ou 21, 600 minutes, ou 1,296,000 secondes, on trouve pour la longueur de l'arc de cercle de rayon r contenant $n°p'q''$:

$$2\pi r \left(\frac{n}{360} + \frac{p}{21600} + \frac{q}{1296000} \right).$$

On peut rectifier un arc de courbe d'une manière approchée, à l'aide de la construction suivante : on prend une ouverture de compas assez petite pour que le petit arc qui sous-tend une corde de cette longueur puisse, sans erreur sensible, être confondu avec sa corde. On porte cette ouverture de compas autant de fois que possible sur l'arc de courbe à rectifier, puis on reporte enfin cette même ouverture le même nombre de fois sur une ligne droite. On obtient de la sorte la longueur d'une ligne polygonale inscrite dans l'arc de courbe, laquelle est une valeur approchée de la longueur de l'arc de courbe.

La rectification analytique d'un arc de courbe plane dépend du calcul intégral. Soit

$$y = f(x)$$

l'équation de la courbe, x_0 et x_1, les abscisses des deux extrémités de l'arc, α, l'angle que fait la tangente en un point quelconque avec l'axe des x. Un élément qui se projettera suivant dx aura pour longueur :

$$\frac{dx}{\cos \alpha}$$

mais

$$tg\,\alpha = y' \quad \cos \alpha = \frac{1}{\sqrt{1+y'^2}}$$

d'où il suit que la longueur de l'arc de courbe est donnée par la formule :

$$l = \int_{x_0}^{x_1} \sqrt{1+y'^2}\, dx.$$

Pour la rectification des arcs de courbe gauche, voir un traité de calcul intégral; disons seulement ici que la longueur d'un arc d'hélice est égale à la projection de cet arc sur la section droite du cylindre divisée par le sinus de l'angle constant que fait la courbe avec les génératrices du cylindre. — V. HÉLICE. — M. F.

I. RECTILIGNE. *T. de géom.* Qui est composé de lignes droites. Le mot *polygone*, dans son acception propre, désigne une portion de plan limitée par des lignes droites qui se coupent deux à deux. On emploie cependant quelquefois le mot *polygone curviligne* pour désigner des figures limitées par des lignes courbes, soit sur un plan, soit sur une surface courbe; tels sont les polygones sphériques. Alors on emploiera, par opposition, l'expression de *polygones rectilignes* pour désigner les polygones ordinaires. C'est ainsi qu'on établit une comparaison entre la théorie des triangles *rectilignes* et celle des triangles *sphériques*.

On appelle *angle rectiligne* d'un angle dièdre, l'angle formé par deux perpendiculaires à l'arête, menées d'un même point de cette arête dans les deux faces du dièdre. La grandeur de cet angle rectiligne est indépendante du point choisi sur l'arête, parce que tous les angles ainsi construits ont leurs côtés respectivement parallèles. On démontre que deux dièdres sont entre eux comme leurs angles rectilignes, d'où il suit qu'un angle dièdre a la même mesure que son rectiligne, si l'on prend pour unité d'angle dièdre l'angle dièdre ayant pour rectiligne l'angle unité. Ce théorème permet de mesurer les angles dièdres en degrés, minutes et secondes, comme les angles plans, et de comparer les angles dièdres avec les angles plans. — M. F.

II. **RECTILIGNE.** *T. de mécan. Mouvement recti ligne.* Mouvement d'un mobile qui se meut suivant une ligne droite (V. Mouvement). Dans les machines, on assure le mouvement rectiligne d'une pièce au moyen de *coulisses*, de *guides*, etc. Les organes employés pour la transformation d'un mouvement rectiligne en un autre rectiligne ou curviligne, ou pour la transformation inverse ont été énumérés au mot Mécanisme.

RECTO. Ce mot désigne la première page d'un feuillet, celle qui se trouve à droite lorsque le livre est ouvert ; la page de gauche se nomme *verso*.

* **RECTOMÈTRE.** *T. d'imp. s. ét.* Appareil destiné à mesurer les étoffes. Il se compose d'un tréteau élevé à peu près à hauteur d'homme, portant à ses deux extrémités, et à une distance intérieure représentant l'unité de longueur adoptée pour le métrage, deux bras munis de tiges carrées, en acier, dans lesquelles glissent de petites plaques rectangulaires en bronze ; à la partie externe de celles-ci se trouve une aiguille destinée à retenir l'étoffe ; ces aiguilles ou picots sont numérotées pour que l'on puisse se rendre compte immédiatement des unités mesurées, et un déclanchement ménagé à l'une des branches facilite, en outre, le décrochage de la pièce. Cet appareil très simple, et qui donne le meilleur crochage, permet à une ouvrière habile d'accrocher, en dix heures de travail, de 4,000 à 5,000 mètres d'étoffe. — J. D.

RECUIT. *T. de métall.* Le *recuit* a pour but de détruire par un réchauffage suivi, en général, d'un refroidissement lent, l'écrouissage ou rupture d'équilibre moléculaire amené dans un métal. Tout métal qui a subi un travail à froid dépassant sa limite d'élasticité, demande un recuit. Nous citerons, par exemple, le *tréfilage*, le *laminage* à mince épaisseur et à basse température, le *cisaillage à froid*, etc., parmi les opérations qui nécessitent un recuit.

Recuit en tréfilerie. Dans la tréfilerie, le recuit est transitoire ou définitif, suivant que le fil doit subir un nouveau tréfilage ou qu'il doit passer aux opérations ultérieures de décapage, de galvanisation, d'étamage, etc. Ces recuits se font en papier, dans des vases en fonte, en acier moulé ou en tôle, et munis de couvercles permettant un lutage hermétique, les fils sortant du tréfilage. On porte ces caisses à recuire au rouge plus ou moins vif, et on les laisse refroidir lentement. Pour éviter la légère oxydation superficielle que subit le métal par ce chauffage au contact de l'air renfermé dans les caisses, on ajoute parfois quelques morceaux de charbon de bois. On a réussi, en Allemagne, le recuit brillant sans ternir l'éclat du métal, en déplaçant l'air des caisses et le remplaçant par de l'azote.

Recuit dans la tôlerie. Dans la tôlerie mince, on emploie des caisses analogues à celles dont on se sert en tréfilerie. Dans la tôlerie forte, où l'on veut surtout détruire l'écrouissage dû au cisaillage à froid, on opère de la manière suivante : on se sert d'un genre de four appelé *four dormant*, ayant une grande ouverture à l'extrémité opposée au foyer. Les gaz de celui-ci viennent déboucher dans une cheminée placée au-dessus de la porte de chargement, ce qui s'oppose aux entrées d'air ; quand les tôles placées l'une au-dessus de l'autre ont atteint la chaleur rouge plus ou moins vif, on les retire en les passant sur un *marbre* ou plaque d'étendage bien dressée, et on les empile l'une sur l'autre pour qu'elles se refroidissent plus lentement. On peut aussi les recouvrir de cendres, ce qui est préférable.

En principe, toute tôle d'acier qui a subi un travail ou une déformation à froid, doit être soumise à un recuit.

Recuit de l'acier trempé. L'acier soumis à un refroidissement rapide par la *trempe* est dit *trempé de toute sa force* ; il est rare qu'on l'utilise sous cette forme, il resterait, en général, trop fragile. On le soumet au recuit, c'est-à-dire qu'on le réchauffe plus ou moins pour détruire partiellement l'effet trop vif de la trempe. Le caractère auquel on reconnaît le degré de recuit que l'on doit donner à l'acier, est tiré de la coloration que prend une lame polie quand on la chauffe au contact de l'air. Cette coloration, qui est due au phénomène des lames minces, analogue à ce que l'on observe dans les bulles de savon, est produite par la formation d'une légère couche d'oxyde de fer. Nous y reviendrons quand nous parlerons de la *trempe*. — V. ce mot.

Recuit du verre. Opération sans laquelle les objets en verre ne seraient propres à aucun usage et qui consiste, soit à les chauffer au rouge sombre dans un four pour les laisser refroidir lentement, soit, lorsqu'ils viennent d'être terminés, à les placer aussitôt sur des chariots auxquels on fait parcourir une longue galerie chauffée par les gaz sortant des fours.

* **RECUITEUR.** *T. de mét.* Ouvrier qui recuit les métaux, le verre.

RECULEMENT. *T. techn.* Pièce du harnais qui entoure le cheval en arrière et sert à le soutenir quand il recule; on dit aussi *avaloire*. || En *constr.*, on dit qu'un mur est *en reculement* lorsqu'il est construit en arrière de l'alignement.

RÉCUPÉRATEUR. Syn. : *Régénérateur.* Cet appareil de récupération a donné lieu à deux genres principaux : 1° ceux à double effet (type Siemens), que les produits de la combustion et les gaz à chauffer traversent successivement ; où l'on intervertit alternativement les courants de flammes et d'air ou de gaz; 2° ceux à simple effet dont les parois ne reçoivent qu'extérieurement l'action des flammes qui traversent des caneaux disposés en chicanes, tandis que l'air ou le gaz passe par les cavités intérieures des briques réfractaires qui constituent l'ensemble du récupérateur. — V. FOUR, GAZOGÈNE, RÉGÉNÉRATEUR.

RÉCUPÉRATION. T. techn. Utilisation de la chaleur perdue d'un foyer industriel pour obtenir le chauffage préalable d'un des éléments, gaz ou air, qui servent à produire la combustion dans ce foyer. — V. FOUR.

RÉCURRENCE. T. de chauff. ind. Dans le chauffage Siemens, les produits de la combustion traversent, avant de se rendre dans la cheminée, des chambres d'empilage de briques où ils abandonnent la majeure partie de la chaleur qu'ils possèdent et qui n'était pas indispensable au tirage. Par un jeu de soupapes ou de vannes, le courant gazeux change de sens, et l'on fait traverser ces chambres chauffées au rouge blanc, par l'air et les gaz qui doivent, en se combinant, constituer la flamme, tandis que les produits de la combustion se rendent dans les autres chambres. C'est ce changement de sens, ce renversement de la direction du courant gazeux, dans le chauffage Siemens, que l'on appelle quelquefois *récurrence.*

REDAN. *T. de fortif.* On nomme *redan* le plus simple des ouvrages de fortification en terre. C'est une petite redoute à deux faces formant entre elles un angle variable de 60 à 100°, que les ingénieurs militaires établissent en avant des débouchés ou des ponts pour les protéger, ou en avant des lignes de défense pour les flanquer par des feux latéraux. Les faces des redans sont précédées de fossés de 4 à 8 mètres de largeur; elles ont une longueur de 50 à 60 mètres et peuvent être armées chacune de 3 ou 4 pièces de canon, sans compter la pièce établie en barbette au saillant. Vauban estime que la meilleure ligne de contrevallation pour protéger une armée qui fait le siège d'une place, doit se composer d'une série de redans espacés de 300 à 400 mètres et réunis par des courtines avec intervalles libres pour permettre d'opérer des sorties ou des retours offensifs. Un redan solidement organisé et fermé à la gorge par une palissade défensive, peut être placé à 7 ou 800 mètres en avant d'une ligne pour en éclairer les abords. Cet ouvrage prend alors la dénomination de *flèche.*

REDENTS. T. d'arch. et de constr. 1° En architecture, on désigne ainsi les découpures de pierre en forme de dents qui garnissent, pendant la période ogivale, l'intérieur des compartiments des fenêtres ou des intrados d'arc, ou des gâbles de pignons. Ces redents sont *simples* quand la courbe qui les forme n'est pas brisée, *redentés* dans le cas contraire. || 2° En maçonnerie, on donne ce nom à des ressauts ménagés de distance en distance sur la fondation ou sur la crête d'un mur pour que les assises soient de niveau dans l'intervalle qui sépare ces ressauts. || 3° En charpente, on dit que deux pièces sont assemblées *à redents* lorsqu'elles sont pourvues de saillies et de creux qui se pénètrent de manière que les deux pièces puissent se juxtaposer et former une poutre *armée.* — V. POUTRE.

REDINGOTE. *T. du cost.* Vêtement des deux sexes qui, croisé sur la poitrine et ajusté à la taille, possède des basques plus ou moins longues qui entourent le corps.

— Ce vêtement d'origine anglaise (*riding-coat,* habit de cheval), remonte à la première moitié du XVIIIe siècle.

REDORTE. *Art héral.* Meuble de l'écu qui représente une branche d'arbre formant des anneaux.

REDOUTE. *T. de fortif.* On appelle *redoute* un ouvrage de fortification passagère, en terre, fermé de toutes parts et disposé pour être solidement défendu par de l'infanterie et de l'artillerie de campagne.

— Les redoutes ont été employées de tout temps pour fortifier les points tactiques des champs de bataille, défendre les défilés de montagne, appuyer les extrémités des lignes de circonvallation. En 1854, en Crimée, les Russes ont fait un grand usage des redoutes avancées pour défendre les abords de Sébastopol. En 1877, les Turcs ont défendu Plevna à l'aide de grandes redoutes carrées dont l'attaque a été extrêmement meurtrière.

Les anciennes redoutes affectaient généralement la forme carrée; cette forme a l'inconvénient grave de laisser en avant, des secteurs privés de feux et d'offrir une trop grande profondeur aux vues et aux coups de l'assaillant.

On a dû y renoncer depuis les grands progrès accomplis dans l'armement et dans la précision du tir. On donne maintenant aux redoutes la forme d'une lunette pentagonale très aplatie, telle que A B C D E, les faces B C et C D ont de 60 à 100 mètres de longueur, les flancs A B et

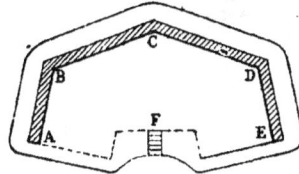

Fig. 391.

DE de 15 à 20 mètres. La gorge A E de l'ouvrage est formée par une forte palissade crénelée à feux de flanquement. Tout l'ouvrage est entouré d'un fossé (fig. 391). Ce genre de redoute doit être défendu par trois ou six pièces d'artillerie établies aux saillants et par des canons-revolvers. L'infanterie qui doit être calculée à raison de deux hommes par mètre courant de crête à défendre, doit être autant que possible composée de bons tireurs, armés de fusils à répétition.

On accroît beaucoup la valeur défensive des redoutes en les disposant par groupes de trois ou quatre se soutenant mutuellement, et en organisant sur le terrain que doit parcourir l'assaillant pour donner l'assaut, des obstacles artificiels tels que des abatis, piquets pointus et réseaux de fil de fer. Les redoutes, comme tous les ouvrages en terre improvisés, reprennent de nos jours une grande importance pour la défense des places. L'adoption des nouveaux *obus-torpilles*, en permettant de détruire à 3,000 mètres les grands ouvrages permanents en maçonnerie, rendra la fortification permanente à peu près inhabitable et par suite inutile. Parmi les nouveaux moyens de défense proposés, celui qui paraît le plus rationnel pour l'avenir, consiste à rendre l'artillerie aussi mobile que possible en la déplaçant sur un réseau de voies ferrées allant d'une position à l'autre, et à faire un usage presque exclusif de la fortification transportable métallique combinée avec des coupoles disposées sur les points tactiques de la région à défendre.

Dans cet ordre d'idées, tous les éléments de charpente métallique destinés à la confection des ouvrages de défense, seraient conservés en magasin, en temps de paix, à proximité des points à fortifier. C'est seulement au moment de la mobilisation que l'on installerait en quelques jours, les abris pour les hommes et les batteries défensives à éclipse sur les points qui semblent devoir être les plus menacés, sans que l'adversaire puisse avoir connaissance des positions occupées par les défenses improvisées.—V. Fort, § *Forts improvisés*.

*REDOUTÉ (Pierre-Joseph). Peintre, né à Saint-Hubert (Belgique), en 1759, mort à Paris en 1840, fut élève de son père et vint à Paris travailler sous la direction de son frère, peintre de décors du Théâtre italien. Mais les fleurs surtout l'attiraient, et il rencontra fort heureusement le botaniste L'Héritier et le peintre Van Spaendonck qui utilisèrent ses dispositions spéciales en lui confiant divers travaux d'illustration pour des ouvrages savants. Redouté employa pour la première fois dans ce genre de peinture le procédé à l'aquarelle, au lieu de la gouache, ce qui lui permettait une transparence et une légèreté de tons bien plus conformes à la nature. C'est ainsi qu'il peignit six mille fleurs pour le *Recueil des vélins du muséum*. En 1832, il remplaça Van Spaendonck comme professeur d'iconographie et ne cessa de publier de magnifiques planches pour la *Flore antique* de Desfontaines; la *Flore de Navarre* de Bonpland; les *Plantes rares du jardin de Cels* de Ventenat; les *Plantes du jardin de la Malmaison*; les *Fleurs et arbustes* de Duhamel; l'*Histoire des arbres forestiers de l'Amérique du Nord*, de Michaud fils, et enfin son chef-d'œuvre, les *Liliacées et les roses* dont les originaux à l'aquarelle ont péri dans l'incendie de la Bibliothèque du Louvre. Il donna aussi plusieurs collections de fleurs et de fruits qui dénotent une prodigieuse activité de travail. Redouté fut professeur de Marie-Antoinette, de Joséphine, de Marie-Louise, de la reine des Belges pour qui i

dessina, en 1836, un *Choix de soixante roses*, avec une introduction de Jules Janin. Il avait été nommé chevalier de la Légion d'honneur, et la Belgique lui a élevé, après sa mort, un superbe monument sur la place de Saint-Hubert. On le comparait souvent à l'Aurore qui sème les roses sur sa route, allégorie facile qui amusait beaucoup Redouté, parce qu'il avait de lourdes mains de travailleur, et la postérité lui a décerné un surnom qui lui restera parce qu'il est mérité, en l'appelant le *Raphaël des fleurs*.

*RÉDUCTEUR. *T. de mécan.* Appareil au moyen duquel on obtient, à des dimensions réduites, ou amplifiées, ou de même surface que celles des modèles, la reproduction exacte, fidèle, d'un objet quelconque, d'une œuvre d'art. L'instrument étant plus souvent employé pour réduire a pris, de cette application plus fréquente, le nom de *réducteur*. Le *réducteur Collas*, dont les produits ont été vulgarisés par la célèbre maison Barbedienne, est un perfectionnement par l'addition de nouveaux engins mécaniques, du tour à portrait, dérivé lui-même du pantographe, et, en premier lieu, de la machine pour exécuter sur le tour toutes sortes de contours réguliers et irréguliers, et de la machine pour tailler toutes sortes de rosettes, toutes deux présentées ou proposées à l'Académie des sciences, au cours de l'année 1729, par La Condamine.

— Le P. Plumier, dans son livre l'*Art de tourner*, publié en 1749, signale cette invention de La Condamine « ayant pour objet, dit-il, de réduire un profil » ; mais il ne dit rien encore du tour à portrait, qui n'est pas indiqué dans son ouvrage, cependant très complet. Bergeron, auteur du *Manuel du tourneur*, dont la première édition parut de 1792 à 1796, et la deuxième en 1816, après avoir cité le passage qu'on vient de lire du P. Plumier, et constaté qu'au cours de ses recherches, La Condamine fut amené à la découverte des rosettes à profil, ajoute que la création des deux machines proposées à l'Académie en 1729 « a vraisemblablement conduit à l'invention du tour à portrait. »

Cette dernière invention est donc certainement postérieure à l'ouvrage du P. Plumier, c'est-à-dire à 1749; mais la date des premiers essais restés anonymes ne peut être fixée avec exactitude. Les premières tentatives furent, du reste, très imparfaites, et la machine resta longtemps sans utilité pratique. « Ce fut seulement après divers changements que le tour à portrait eût subis, dit Bergeron dans le *Manuel du tourneur* déjà cité, que feu Hulot, le fils du célèbre Hulot, auteur de l'*Art du tourneur mécanicien*, de la *Collection de l'Académie des Sciences*, ouvrage dont il n'a paru que la première partie, a changé entièrement la construction du tour à portrait, l'a simplifié dans son exécution et dans les moyens qu'il a employés pour lui faire rendre des effets plus précis et plus sûrs. »

Le tour à portrait d'Hulot fils, servit de point de départ à Achille Collas, dans ses recherches ayant pour but la découverte d'une machine propre à reproduire les reliefs les plus accusés de la sculpture, la ronde bosse, une statue ou un groupe, dans tous leurs détails. Il construisit d'abord un tour à réduire les médailles, son tour à portrait, assez semblable au tour d'Hulot, auquel il avait apporté, cependant, quelques changements et quelques perfectionnements, et dont on peut voir un très beau spécimen, fait de sa main avec un soin extrême, dans les collections du Conservatoire des Arts et Métiers. Ce tour à portrait, signé Achille Collas, est daté de 1847-1848, et peut être considéré par conséquent comme de beaucoup postérieur au brevet de quinze ans pris par le même mécanicien, à la date du 22 mars 1837, « pour les appareils servant à la copie ou à la reproduction mécanique de toute espèce de sculpture sur quelque matière que ce soit ». On retrouve dans le tour à portrait daté de 1848, les améliorations apportées par Achille Collas au tour primitif de Hulot fils, et décrites dans une partie de la notice qui accompagne son brevet de 1837; mais ce n'est pas là la machine brevetée elle-même, c'est-à-dire celle qui fait l'objet du dernier brevet.

Celle-ci, dont nous donnons deux figures différentes, avait pour but de donner la copie non seulement du relief des médailles ou portraits, mais de toute espèce de sculpture. La figure 393 marque le rapprochement du tour à portrait de Collas, avec le pantographe; la figure 392 indique la manière de fonctionner du mécanisme. Le modèle a est placé sur son arbre, vis-à-vis de la copie réduite b, adaptée au sien. La touche maintenue par sa poupée, fonctionne sur le modèle, conduite par la main de l'opérateur, et ses mouvements sont reproduits par un foret également adapté à une poupée, et réduisant dans la proportion fixée suivant la forme exacte du modèle, la matière dont est faite la copie. Achille Collas, à l'aide de ce mécanisme, arrivait, il est vrai, à reproduire un buste et même une statue; il pouvait, à volonté, faire la copie plus petite ou plus grande que le modèle; il reproduisait même la première dans les proportions exactes du second, résultat qui ne pouvait être obtenu par le tour d'Hulot, mais, en réalité, il opérait absolument comme pour la reproduction de bas-reliefs. Pour réduire un buste, par exemple, il traçait des carrés successifs sur le modèle, et carré par carré, arrivait à parcourir toute la surface du

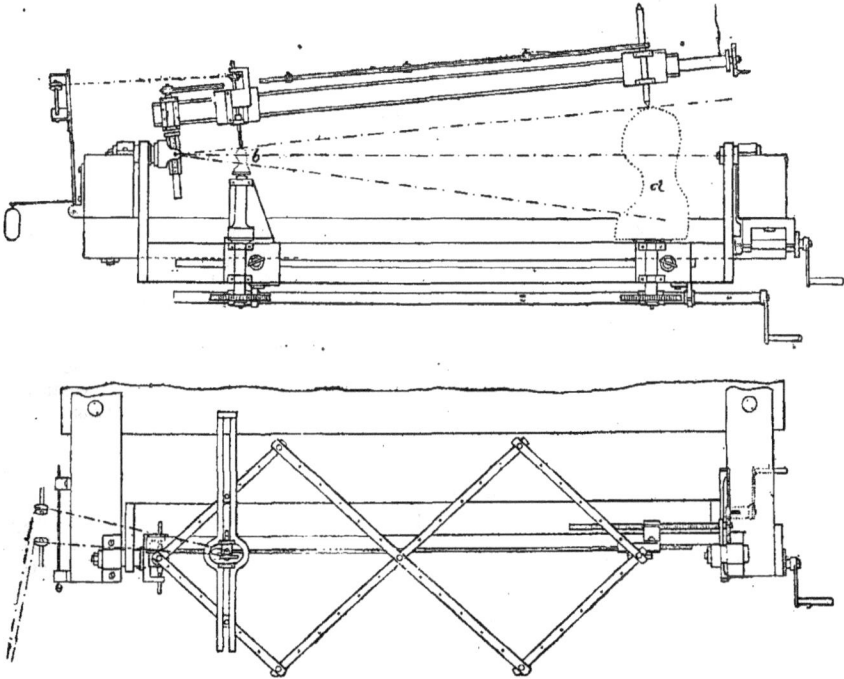

Fig. 392 et 393. — *Réducteur de Collas.*

modèle, reproduit ainsi successivement morceau par morceau par la copie.

Le brevet de 1837 est le dernier qui ait été pris par Achille Collas, et depuis, sa machine a certainement été modifiée et il y a été apporté de nouveaux perfectionnements: mais ceux-ci ne sont pas dans le domaine public. Les admirables réductions que met chaque jour en vente la maison Barbedienne, sont obtenues par un procédé plus parfait, beaucoup plus expéditif et plus sûr que le mécanisme du brevet de 1837, mais qui est tenu secret et sur lequel on n'a que de très vagues renseignements.

Les collections du Conservatoire des Arts et Métiers renferment une très intéressante collection de tours à réduire les médailles ou tours à portrait.

Nous avons cité déjà le tour à portrait d'Achille Collas daté de 1847-48. On y voit encore trois autres tours, plus anciens, très probablement construits au xviiiᵉ siècle et dont l'un est décoré d'ornements en fer forgé et ciselé, de genre Louis XVI, du plus heureux effet. Le fils de M. Wohlgemuth, constructeur distingué, a récemment donné au même établissement, un tour à réduire les médailles, inscrit comme ayant été achevé en 1820, mais qui est peut-être le même qui fut récompensé à l'Exposition de 1819. Le plus curieux de tous ces appareils, si l'attribution qui figure sur la pancarte était exacte, serait le tour inscrit, sous le numéro 53, qui aurait été donné par le Czar Pierre le Grand, à l'Académie des sciences en 1717, lors du voyage du célèbre empereur en France; et, par l'Institut, au Conservatoire, en 1807. Malheureusement, en 1717, le tour à portrait était encore inconnu, et aucune machine de ce genre ne paraît avoir été présentée à l'Académie, d'après ses propres Mémoires, avant la proposition de La Condamine, c'est-à-dire avant 1729. — **FR. F.**

Bibliographie : L'Art de tourner en perfection, par le P. C. Plumier, minime, Paris, Antoine Jombert, 1749, 1 vol. in-folio; L'Art du tourneur mécanicien, première partie (la seule parue), par M. Hulot père, maître tourneur et mécanicien breveté du roi; Histoire et Mémoires de l'Académie royale des sciences 4ᵒ, Paris, par la Compagnie des libraires, de 1666 à la fin du xviii⁰ siècle, et, depuis, jusqu'à nos jours, pour la machine d'Achille Collas, présentée par l'auteur au moment de la prise de son brevet, et sur laquelle la Commission nommée par l'Académie n'a jamais présenté de rapport, malgré les réclamations réitérées de Collas; *Description des machines et procédés consignés dans les brevets d'invention, de perfectionnement et d'importation*, t. LXXIX (ancienne loi 1791-1744), p. 99 et suivantes; *Catalogue des collections du Conservatoire des Arts et Métiers*, 1. vol. in-12, 7ᵉ édition, Paris, Dunod, 1882.

I. RÉDUCTION. *T. de métall.* La réduction est l'extraction d'un métal de l'oxyde qui le renferme. Cette réduction se fait par l'action du carbone à une température plus ou moins élevée. Comme nous l'avons montré déjà (V. MÉTALLURGIE), il y a deux manières de faire intervenir le carbone dans la réduction des oxydes : 1° par l'oxyde de carbone :

$$CO + MO = M + CO^2$$

il y a mise en liberté du métal, libre ou combiné avec le carbone, et formation d'acide carbonique. Cette réaction s'emploie pour les métaux qui ne sont attaquables par l'acide carbonique qu'à une haute température et dont la réduction est facile, tels que le fer, l'étain, etc.; 2° par le carbone,

$$C + MO = CO + M$$

il y a formation d'oxyde de carbone et réduction du métal. Cette réaction correspond aux métaux dont les oxydes sont difficilement réductibles et qui s'attaquent à chaud par l'acide carbonique. Tels sont le manganèse et le zinc.

II. RÉDUCTION. *T. de math.* Ce mot a une signification assez vague qui varie suivant les circonstances où on l'emploie. En arithmétique et en algèbre, il désigne toute transformation qui a pour but de remplacer une expression donnée par une autre équivalente, mais plus simple ou plus commode. C'est ainsi qu'on dit *réduction* d'une fraction à sa plus simple expression; *réduction* de plusieurs fractions au même dénominateur; *réduction* des termes semblables; *réduction* d'une équation ou d'une intégrale à sa forme conique; etc.

En trigonométrie, la *réduction* d'un angle au premier quadrant a pour objet de trouver l'angle compris entre 0 et 90° dont les lignes trigonométriques ont les mêmes valeurs absolues que celles de l'angle donné.

Dans les opérations de mesure, le mot *réduction* désigne l'opération qui consiste à corriger la mesure observée des erreurs qui tiennent au procédé employé et dont on peut déterminer la valeur. Ainsi, en géodésie, la *réduction* d'un angle à l'horizon consiste à déduire de l'angle, tel qu'il a été observé, la projection de cet angle sur l'horizon qui est généralement l'élément utile. En astronomie, la *réduction* des observations consiste à corriger les mesures brutes des erreurs qui tiennent aux imperfections dans la position de l'instrument ou dans la marche de la pendule, à la réfraction atmosphérique, etc. Il est évident que, dans toutes ces opérations, il faut joindre à la mesure de la grandeur principale celles de tous

les éléments nécessaires pour les calculs de réduction. Ces éléments varient, du reste, suivant le genre de mesure que l'on effectue.

Dans le dessin, la *réduction* consiste dans la reproduction de ce dessin à une échelle différente, généralement plus petite.

Compas de réduction. — V. COMPAS. — M. F.

III. RÉDUCTION. *T. de tiss.* On donne le nom de *réduction* au nombre de fils et de duites que contient un tissu dans une certaine largeur ou longueur adoptée comme unité. La réduction des duites, c'est-à-dire la réduction en trame, est rapportée généralement, soit au centimètre ou au demi-centimètre, soit au quart de l'ancien pouce français. La réduction en chaîne peut être évaluée de la même manière ou bien en indiquant le nombre de fils contenus dans la largeur totale du tissu, ou bien le nombre de *portées* (V. ce mot) ou de centaines, ou bien encore le compte, c'est-à-dire le nombre de broches du ros ou peigne qui a servi à la fabrication du tissu. Ces diverses méthodes, équivalentes entre elles, sont usitées les unes ou les autres dans nos différents centres industriels.

‖ En *t. d'art*, c'est reproduire un dessin, un objet d'art quelconque avec des dimensions moindres que l'original, mais avec les mêmes proportions. — V. RÉDUCTEUR.

RÉDUIT. *T. de fortif.* Ouvrage entouré d'autres constructions fortifiées, et destiné à assurer une dernière retraite aux défenseurs. Fort central d'un cuirassé. — V. CUIRASSÉ, FORTIFICATION.

***REECH** (FERDINAND). Savant ingénieur de la marine, né à Lampertsloch (Bas-Rhin), en 1805, mort à Lorient, en 1883; il fut élève à l'Ecole polytechnique, de 1823 à 1825, et à l'Ecole d'application du Génie maritime, de 1825 à 1827. De très bonne heure il manifesta des aptitudes remarquables pour les sciences exactes et pour la mécanique en particulier. A peine sorti de l'Ecole du Génie maritime, il fut nommé professeur à cette école, qu'il dirigea une grande partie de sa carrière. En 1854, il fut nommé directeur des constructions navales, et commandeur de la Légion d'honneur, en 1857. Il fut mis à la retraite en 1870. Ses principaux travaux eurent pour objet la théorie des navires et des machines à vapeur; il créa l'épure de distribution dite *épure en œuf*, qui sert encore aujourd'hui à étudier la régulation dans les ateliers de locomotives. Il publia, en 1832, un mémoire célèbre sur la machine du *Brandon*, un des premiers navires à vapeur possédés par la marine de guerre. En 1834, il inventa une curieuse machine destinée à fabriquer les cordages pour drisses et qui est encore en usage dans les corderies des arsenaux. En 1852, il publia un traité de mécanique rempli de conceptions neuves et originales. En 1865, il partagea avec M. Jordan, le grand prix de mathématiques décerné par l'Institut.

RÉFECTION. *T. de constr.* Action de réparer complètement un ouvrage mal fait ou **détérioré.**

REFEND. *T. de constr.* 1° Au singulier, ce terme s'emploie pour désigner, soit un gros mur, une cloison, un pan de bois formant séparation intérieure dans un bâtiment et qu'on appelle *mur*, *cloison, pan de bois de refend*; soit un bois scié de long et *refendu* dans le sens des fibres; on dit aussi un *bois de refend*. || 2° Au pluriel, le même mot désigne des canaux tracés verticalement et horizontalement sur un mur, de manière à figurer un appareil régulier avec joints en creux.

— Ce procédé d'ornementation, qui permet d'accuser certaines parties de la construction, a été appliqué dans les temps anciens; on en trouve un exemple dans le soubassement du petit monument choragique de Lysicrates, à Athènes. Les Romains traçaient des refends sur les façades de leurs temples, en arrière des colonnes, sur les aqueducs, les portes des villes, les amphithéâtres, les enceintes monumentales, etc., en les accompagnant de *bossages*, ou saillies plus ou moins prononcées sur le parement des pierres. Dans les édifices modernes depuis la Renaissance, les refends et les bossages jouaient un rôle très important; un style particulier d'architecture, le style *florentin*, repose même sur eux d'une manière presque exclusive; nous pouvons citer comme exemples, les décorations extérieures du Palais Vieux et des palais Strozzi, Ricardi et Pitti, à Florence. Au palais du Luxembourg, à Paris, ces ornements se dessinent non seulement sur les murs, mais encore sur les colonnes et les pilastres. Enfin, c'est surtout dans les édifices ou dans les parties d'édifices qui réclament une grande apparence de solidité qu'il convient d'employer les refends ou les bossages.

De nos jours, ce sont surtout les pilastres d'angles et les chaînes verticales intermédiaires, auxquels on applique ce mode d'accentuation des appareils.

* **REFEUILLURE.** *T. de constr.* Double feuillure qui reçoit un vantail de porte ou de croisée, et qu'on pratique pour obtenir une fermeture plus hermétique.

* **REFFYE** (JEAN-BAPTISTE-AUGUSTE-PHILIPPE-DIEUDONNÉ VERCHÈRE DE). Général d'artillerie, né à Strasbourg, le 30 juillet 1821, mort à Versailles le 3 décembre 1880. C'est à lui qu'est due l'invention des mitrailleuses ou canons à balles dont on a fait usage pendant la guerre de 1870, et des premiers canons de campagne à grande portée, se chargeant par la culasse, qui aient été mis en service dans notre pays. Sorti de l'École polytechnique, en 1843, il fut promu capitaine, en 1853, et devint officier d'ordonnance de l'empereur Napoléon III, en 1862, poste qu'il conserva jusqu'à la guerre de 1870. C'est à ce titre qu'il fut chargé par l'empereur, dès 1863, d'organiser les ateliers de Meudon d'où devaient sortir, au moment de la déclaration de guerre, les fameuses mitrailleuses sur lesquelles on fonda alors tant d'espérances. En même temps qu'il construisait les mitrailleuses, le commandant de Reffye avait entrepris l'étude d'un nouveau canon de campagne se chargeant par la culasse, et ses études allaient aboutir lorsque Paris fut investi. Laissant dans la capitale son adjoint, le capitaine Pothier, à qui il confia le soin d'y organiser, avec les ressources de l'industrie parisienne, la fabrication de son canon de

7, le commandant de Reffye fut envoyé en mission, par le Gouvernement de la Défense nationale, pour créer, à Nantes et à Indret, des ateliers de construction pour ses mitrailleuses et ses canons.

La guerre terminée, le colonel de Reffye fut chargé d'installer à Tarbes, au commencement de l'année 1872, un grand atelier de construction dans lequel a été fabriqué et se fabrique encore une grande partie de notre nouveau matériel d'artillerie, bouches à feu, projectiles et affûts.

C'est à Tarbes que le colonel de Reffye a produit le système définitif de canons de 7, de 5 et de 138, auquel la reconnaissance nationale a attaché son nom, car c'est à lui que nous devons d'avoir pu, dans un délai fort restreint, reconstituer notre matériel de guerre qui avait été, soit perdu à la suite de nos désastres, soit reconnu bien inférieur à celui de l'ennemi. On doit encore au colonel de Reffye de nombreuses études sur les affûts de place et de côte, les obus à enveloppe en tôle d'acier et les projectiles à grande charge intérieure.

Nommé général de brigade, en 1878, il fut laissé à Tarbes pour y commander l'artillerie; mais les travaux et les fatigues avaient altéré sa santé, et, à la suite d'une chute de cheval, il dut résigner son commandement. Il était commandeur de la Légion d'honneur depuis 1872.

RÉFLECTEUR. *T. de phys.* On donne généralement ce nom aux miroirs plans ou courbes, employés pour renvoyer, dans une certaine direction, la lumière ou la chaleur issue d'une source quelconque: lampe à huile, bec de gaz, lumière électrique, etc. L'emploi des réflecteurs est fondé sur les lois de la *réflexion* de la lumière. — V. t. VI, p. 195.

Pour les réflecteurs de la chaleur, V. CHALEUR RAYONNANTE, § *Miroirs conjugués*.

Les réflecteurs peuvent être à surfaces planes, simples ou multiples, à surfaces courbes, sphériques, elliptiques, paraboliques, cylindriques, coniques, ou à surfaces mixtes. Toute surface polie, métallique ou non, peut réfléchir la lumière, mais en quantité qui dépend du pouvoir *réflecteur* de la substance. — V. CHALEUR RAYONNANTE ET POUVOIR.

Les applications des réflecteurs, surtout pour la lumière, sont nombreuses; sans parler de celles qui ont trait aux appareils et instruments scientifiques (V. RÉFLEXION), on peut en citer d'autres qui touchent aux usages domestiques et à l'industrie: ainsi, en Belgique, et dans divers pays du Nord, on fait usage de miroirs réflecteurs qu'on dispose extérieurement aux fenêtres et qu'on oriente de manière à renvoyer à l'intérieur, l'image des objets du dehors, particulièrement celle des visiteurs. On nomme ces réflecteurs des *espions* ou des *judas*. Une simple feuille de fer-blanc, convenablement placée, peut servir de réflecteur. M. Troupeau en a fait usage pour éclairer les caves de la Champagne, remplaçant ainsi la lumière des lampes fumeuses par la lumière diffuse du ciel, réfléchie plusieurs fois en diverses directions sur ces miroirs métalliques peu dispendieux. — c. d.

RÉFLEXION. *T. de phys.* 1° *Réflexion de la lumière.* Lorsque la lumière rencontre une surface polie, elle est partiellement renvoyée en avant de cette surface. C'est ce phénomène qui porte le nom de *réflexion.* Pour les lois de la réflexion, V. Lumière: de la réflexion sur les miroirs plans, V. Miroir; de la réflexion sur les miroirs courbes, concaves, convexes, V. Miroir ; de la réflexion multiple, de la réflexion métallique, V. Couleur.

La quantité de lumière réfléchie régulièrement par une surface, dépend de la nature de la surface réfléchissante (V. Pouvoir), du degré de poli de cette surface, de l'angle d'incidence, de l'intensité et de la nature de la source lumineuse. Les résultats numériques suivants donnent une idée de l'intensité de la lumière réfléchie:

Sous une incidence perpendiculaire, l'eau ne réfléchit que 18 rayons sur 1,000; le verre ne réfléchit que 25 rayons sur 1,000; le mercure réfléchit 668 rayons sur 1,000.

Sous une incidence oblique, à 40° l'eau réfléchit 22 rayons sur 1,000; à 60°, 65 rayons sur 1,000; à 80°, 333 rayons sur 1,000; à 89° 1/2, 721 rayons sur 1,000.

1° *Réflexion apparente du froid.* Si l'on met au foyer de l'un des miroirs conjugués, un mélange réfrigérant à la place d'un foyer de chaleur, et si l'on dispose au foyer de l'autre miroir la boule d'un thermomètre différentiel, on voit l'instrument indiquer un abaissement de température. Les choses se passent comme s'il y avait réflexion de *rayons frigorifiques* au lieu de rayons calorifiques. L'explication du phénomène est néanmoins assez simple, d'après l'hypothèse très rationnelle et admise, sur l'*équilibre* mobile de la température; le thermomètre reçoit moins de rayons de chaleur qu'il n'en émet par rayonnement; de là son abaissement de température.

Lorsqu'on regarde l'image d'une bougie par réflexion sur l'eau, on la voit de plus en plus brillante à mesure que la bougie s'abaisse vers la surface de l'eau.

Un miroir argenté (procédé Martin) neuf, réfléchit une proportion de lumière incidente sensiblement constante et égale à 0,935, quelle que soit l'incidence; un miroir ancien n'en réfléchit plus que 0,6 à 0,5.

S'il existait des surfaces réfléchissantes parfaitement polies, l'œil ne pourrait ni les distinguer, ni même en soupçonner l'existence.

On trouve des applications de la réflexion de la lumière *aux sciences* : dans le sextant, le cercle à réflexion, les télescopes, les micromètres, les porte-lumière, héliostats, sidérostats, la chambre claire, les miroirs fixes, miroirs tournants, goniomètres, etc.; *aux arts, à l'industrie* : dans les ophtalmoscopes, laryngoscopes, othoscopes, polémoscopes, kaléidoscopes, miroirs, glaces, miroirs magiques, appareils à décalquer, télégraphie optique, etc. On applique les lois de la réflexion de la lumière à la solution de divers problèmes de géométrie. Les miroirs tournants ont été employés par Léon

Foucault à la détermination de la vitesse de la lumière; on s'en sert pour l'étude des flammes chantantes, etc.

Pour la réflexion irrégulière, ou la diffusion, V. Lumière. Tous les objets non lumineux par eux-mêmes sont vus par réflexion diffuse. L'illumination de l'atmosphère, les effets de crépuscule sont dus à la diffusion de la lumière.

2° *Réflexion de la chaleur.* La chaleur se réfléchit régulièrement ou diffusément, dans les mêmes conditions que la lumière et suit les mêmes lois. — V. Miroirs ardents, § *Pouvoir des corps relativement à la chaleur.*

3° *Réflexion du son.* Pour la démontrer, on se sert des réflecteurs conjugués qu'on emploie pour la chaleur (V. Acoustique). Les échos, l'usage des porte-voix, du cornet acoustique, sont fondés sur la réflexion du son.

Quant aux effets de réflexion mécanique des corps élastiques, V. Choc, § *Réflexion.*

Réflexion totale. Quand un rayon de lumière passe d'un milieu dans un autre moins réfringent et qu'il se présente à la surface de séparation, sous un angle d'incidence tel que le rayon émergent devrait être plus grand que 90°, ce rayon ne peut sortir du premier milieu et il s'y réfléchit complètement, sans déperdition d'intensité, en suivant les lois ordinaires de la réflexion. L'angle limite sous lequel le phénomène a lieu varie selon la nature des deux milieux; il est: de l'eau à l'air égal à 48° 35', du verre à l'air à 41° 48', du diamant à l'air à 23° 53'.

La réflexion totale, découverte par Kepler, est produite expérimentalement par différents procédés, entre autres quand la lumière traverse perpendiculairement une des faces d'un prisme rectangle isocèle. Elle est réfléchie totalement sur l'hypoténuse et sort perpendiculairement par l'autre face. On utilise cette propriété dans différents instruments d'optique, particulièrement dans le microscope horizontal, dans la chambre obscure portative.

Le mirage est encore un effet dû à la réflexion totale. — c. d.

REFOUILLEMENT. *T. de constr.* Evidement que l'on pratique dans la pierre et que l'on exécute soit à la pioche pour les grandes parties, soit au poinçon pour les petites. || *T. d'art.* Action de marquer davantage les creux et les saillies d'une sculpture.

RÉFRACTAIRE. On nomme *réfractaires*, les matériaux qui entrent dans la composition des fours et fourneaux, et qui résistent sans se fondre, à l'action de la chaleur. Quelques substances naturelles, telles que certains grès, certaines roches magnésiennes ont été employées autrefois, comme matières réfractaires; on n'emploie plus que des mélanges artificiels sous forme de *briques.* — V. ce mot.

RÉFRACTION. *T. de phys.* Changement de direction qu'éprouvent les ondes lumineuses, calorifiques ou sonores, en passant obliquement d'un milieu dans un autre.

I. *Réfraction de la lumière.* Pour les définitions des angles d'incidence et de réfraction, ainsi que pour l'énoncé des lois de la réfraction régulière (lois de Descartes), V. LUMIÈRE. La seconde loi est exprimée par la formule : $n = \dfrac{\sin i}{\sin r}$ dans laquelle i est l'angle d'incidence, r l'angle de réfraction, n le rapport des sinus de ces angles (rapport constant pour deux mêmes milieux) ou l'*indice de réfraction*, sorte de coefficient qui caractérise la substance que la lumière traverse après avoir passé dans l'air, car toutes les substances ne réfractent pas également la lumière dans les mêmes conditions. Sans parler ici des divers moyens de déterminer ces indices (V. les *Traités de physique*), nous citerons ceux des substances, les plus usitées ou les plus remarquables :

Chromate de plomb.	2,5 à 3
Diamant.	2,47 à 2,75
Cristal fin.	1,58
Verre ordinaire.	1,5
Alun.	1,4
Glace (eau congelée)	1,31
Sulfure de carbone	1,678
Huile d'olive	1,47
Alcool.	1,37
Ether	1,35
Eau	1,336
Air.	1,000294
Hydrogène.	1,000138
Acide sulfureux.	1,000294

Lorsque l'indice est pris par rapport *au vide*, il porte le nom d'*indice principal*. Il diffère peu de l'indice par rapport à l'air; aussi les nombres précédents, pris de cette dernière manière peuvent-ils être regardés comme les indices principaux des substances. Aux lois de Descartes sur la réfraction, il convient d'ajouter la suivante qu'on nomme : *principe du retour inverse des rayons* et qu'on énonce sous la forme suivante : si, en traversant successivement certains milieux, un rayon suit une route déterminée, il suivra exactement la même route lorsqu'il se propagera en sens inverse. La réfraction peut se faire à travers des milieux de différentes formes :

1º *Réfraction à travers des lames à faces parallèles*. Un rayon de lumière, en traversant une ou plusieurs lames diaphanes à faces parallèles, sort sinon dans le prolongement, du moins *parallèlement* à sa direction primitive, tout en éprouvant un léger déplacement latéral.

Images multiples des miroirs étamés : quand la lumière qui a traversé le verre rencontre la surface postérieure étamée, elle est réfléchie de telle sorte qu'un point lumineux (une bougie) placé devant la face antérieure, donne lieu à des images multiples dont il est facile d'expliquer l'origine d'après les lois de la réflexion et de la réfraction combinées.

Déplacement des objets vus par réfraction. En voici plusieurs exemples : *a*) une pièce de monnaie est mise au fond d'un vase; l'observateur se place de manière à ne plus l'apercevoir à cause de l'opacité des parois. Si, pendant qu'il reste fixe dans cette position, on verse de l'eau dans le vase, la pièce de monnaie redevient visible et paraît relevée. Cet effet est dû à ce que les rayons émanés de l'objet se réfractent à l'œil à la sortie de l'eau de manière à atteindre l'œil dans une direction supérieure à la ligne qui rasait les bords du vase; *b*) un bâton à demi-plongé dans l'eau paraît brisé à la surface du liquide et la partie immergée semble relevée. Cet effet s'explique, pour chaque point de la partie plongée, comme dans l'exemple précédent; *c*) par la même raison, le fond d'un bassin plein de liquide paraît plus haut et semble toujours moins profond; semblable illusion se produit à l'égard du fond d'un ruisseau limpide. Pour la même cause, un poisson dans l'eau paraît plus élevé et plus allongé; *d*) c'est encore par effet de réfraction que les objets, les poissons rouges, par exemple, placés dans un vase cylindrique ou sphérique en verre, semblent grossis et contournés lorsqu'ils sont près des bords.

Réfraction atmosphérique. On ne voit jamais un astre dans la direction où il se trouve réellement, excepté quand il est au zénith ; dans toute autre situation, il paraît à une hauteur plus grande et l'angle de ces deux directions (qu'on nomme réfraction atmosphérique) est d'autant plus sensible que l'astre est plus près de l'horizon. A la hauteur de 15º cet angle est déjà de 3' 34". La *réfraction atmosphérique*, nulle au zénith, varie à peu près comme la tangente de la distance zénithale. Cet effet de déplacement, qui n'affecte pas l'azimuth, est causé par la variation de densité et par suite de la réfrangibilité des couches d'air superposées. La lumière, en traversant ces couches successives, se réfracte, comme en passant dans des milieux différents, mais en lignes courbes; et c'est dans la direction de la tangente à la dernière courbe qui arrive à l'œil, qu'on voit l'astre. La réfraction atmosphérique varie avec la pression barométrique, avec la température et surtout avec l'état hygrométrique de l'air.

On a dressé, pour les observations astronomiques, des tables de réfraction relatives à des pressions, à des températures et à des états hygrométriques déterminés, et c'est d'après ces tables que l'on corrige les observations de hauteur des astres.

2º *Réfraction à travers un prisme.* — V. PRISME.

3º *Réfraction à travers les lentilles.* — V. LENTILLE.

L'emploi des lentilles convexes ou concaves dans les instruments d'optique : loupes, microscopes, télescopes, lunettes, et dans les expériences d'optique, est basé sur la réfraction. La décomposition prismatique de la lumière, d'où l'analyse spectrale, est une des plus remarquables applications de la réfraction. Les phénomènes de l'arc-en-ciel, des halos, etc., ont pour cause la réfraction de la lumière à travers l'eau ou les cristaux de glace.

Double réfraction. Dans certains cristaux, comme le spath, le gypse, le rayon incident donne naissance à deux rayons réfractés : l'un nommé *rayon ordinaire*, qui suit les lois de la réflexion simple, l'autre, appelé *rayon extraordinaire*, qui suit des lois particulières et plus complexes. Il résulte de cette propriété qu'un spath, posé sur une page d'impression, montre les caractères doubles ; et quand on fait tourner le cristal, on reconnaît que le dédoublement atteint un maximum pour une position particulière qui correspond au parallélisme de la grande diagonale avec les lignes d'impression. Dans la direction perpendiculaire, le dédoublement s'annule. Ce phénomène s'observe à des degrés divers dans les cristaux n'appartenant pas au système cubique. Néanmoins, les cristaux qui font partie de ce système régulier, peuvent acquérir la double réfraction par la trempe ou par la compression, ainsi que le verre ordinaire.

II. *Réfraction de la chaleur.* Chacun sait qu'il est possible, au moyen d'une lentille en verre, même de faibles dimensions, d'enflammer au soleil de l'amadou, du papier et même de fondre une feuille d'étain. C'est en vertu de la réfraction, que les rayons de chaleur solaire se concentrent ainsi en un point, nommé pour cette raison *foyer de chaleur*, comme les rayons de lumière se concentrent avec cette même lentille en un point vivement éclairé, qui porte aussi, par analogie, le nom de *foyer de lumière*. La chaleur, en passant à travers les substances diathermanes, se réfracte comme la lumière en traversant un milieu diaphane. Les lois sont les mêmes dans les deux cas. La chaleur se décompose aussi, comme la lumière, en traversant un prisme, par suite de l'inégale réfrangibilité de ses radiations ; le spectre calorifique a ses *bandes froides* comme le spectre lumineux a ses raies obscures. Ces propriétés communes ont beaucoup contribué à l'assimilation de la chaleur à la lumière.

III. *Réfraction du son.* Pour démontrer que le son se réfracte comme la lumière et la chaleur, lorsqu'il pénètre obliquement d'un milieu dans un autre, M. Sondhauss a construit des lentilles en collodion remplies d'acide carbonique, en fixant leurs bords sur un fil de fer circulaire. En disposant une montre sur l'axe d'une lentille de cette nature (ayant 0m,12 d'épaisseur au centre) et en plaçant l'oreille de l'autre côté de la lentille, il a reconnu qu'il fallait placer l'oreille sur l'axe à une certaine distance de la lentille pour percevoir le bruit de la montre ; tandis que pour tout autre point hors de l'axe le tic-tac ne pouvait être entendu. — C. D.

RÉFRANGIBILITÉ. *T. de phys.* Propriété que possèdent à des degrés différents, les rayons lumineux et, en général, les radiations de diverses sortes, de se rapprocher ou de s'éloigner de la normale menée au point d'incidence, lorsqu'ils passent d'un milieu dans un autre, de nature ou de densité différente. C'est en vertu de cette propriété que les rayons solaires se séparent à la sortie d'un prisme, pour constituer ce qu'on nomme le *spectre solaire*, épanouissement des couleurs dans l'ordre suivant de réfrangibilité croissante : rouge, orangé, jaune, vert, bleu, indigo, violet. On sait, par expérience, qu'il existe en deçà du rouge, des rayons invisibles (rayons

caloriques) de réfrangibilité moindre que celle des rayons rouge-extrême, et qu'il y a, au delà du violet, des rayons également invisibles (rayons chimiques et phosphorogéniques), d'une réfrangibilité plus grande que celle des rayons violets extrêmes. C'est à la différence de réfrangibilité de ces diverses radiations qu'est due leur séparation, car elles existent confondues dans la lumière blanche. — C. D.

RÉFRIGÉRANT. *T. de phys.* On donne ce nom à tout moyen par lequel on abaisse la température de l'air ou, en général, d'un corps ou d'un milieu quelconque. Le rôle des réfrigérants, quels que soient leur nature et leur mode d'emploi, repose sur ce double principe : pour qu'un corps passe de l'état solide à l'état liquide, ou de l'état liquide à l'état gazeux, il faut qu'il prenne de la chaleur, soit aux corps qui l'environnent, soit à sa propre substance. Ainsi, quand de la glace est en contact avec un corps dont la température est supérieure à zéro, elle tend à en abaisser la température en absorbant une partie plus ou moins grande de la chaleur de ce corps. La glace joue ici le rôle de réfrigérant. On sait qu'en versant de l'éther sur la main on éprouve une sensation de froid qui est due à la chaleur que lui emprunte l'éther pour se vaporiser. Un des moyens les plus usités et les plus efficaces, comme réfrigérant, est celui des *mélanges frigorifiques*. Un autre consiste dans l'emploi de l'air comprimé qui, par son expansion, produit un abaissement notable de température. — V. GLACE ARTIFICIELLE.

L'évaporation est encore un puissant moyen de réfrigération. Pour les conditions qui influent sur la rapidité de l'évaporation et, par suite, sur l'abaissement de la température (V. ÉVAPORATION). Si, après avoir entouré d'ouate ou de papier spongieux, la boule d'un thermomètre très sensible, on plonge l'instrument dans le sulfure de carbone, qu'on le retire et qu'on l'agite dans l'air, la température pourra descendre à —15 et même à —17°. Si l'on enveloppe d'un linge mouillé une carafe pleine d'eau et qu'on l'expose, en été, à un courant d'air un peu vif, l'eau pourra être rafraîchie d'un certain nombre de degrés par l'effet de l'évaporation. En Orient, on rafraîchit les appartements en mettant aux portes des toiles ou tentures mouillées que l'on agite au besoin : l'eau, pour s'évaporer à leur surface, emprunte de la chaleur à l'air ambiant qui se trouve ainsi rafraîchi.

L'emploi des *alcarazas* est fondé sur la production du froid par évaporation. Ces bouteilles en terre poreuse étant remplies d'eau, le liquide suinte peu à peu à travers les pores et présente à l'air une grande surface d'évaporation, en sorte que, si une de ces bouteilles est placée dans un courant d'air, l'eau qu'elle contient se refroidit, en moins d'une demi-heure, de plusieurs degrés.

On a tenté la réfrigération des édifices et des maisons particulières en arrosant d'eau les murs et surtout les toits, mais l'abaissement de la température produit par ce moyen est trop faible pour qu'il soit d'un emploi avantageux.

La *ventilation* est un procédé réfrigérant plus efficace. En entourant de glace des récipients en bois, sur les navires, on peut conserver aux viandes et aux comestibles ou au gibier qu'on y met, une température qui les garantisse de la fermentation, de la putréfaction. C'est par des réfrigérants qu'on maintient la bière à basse température, et qu'on obtient cette fermentation lente qui donne à certaines bières allemandes leurs qualités si renommées. — V. BRASSERIE. — C. D.

RÉFRIGÉRATION. T. *techn.* Méthode propre à abaisser la température d'un milieu quelconque, liquide ou gazeux, soit pour l'assainir, ou, dans l'industrie, pour empêcher des réactions secondaires (brasseries, par exemple), ou encore pour entraver certaines fermentations (morgues), etc.

La plupart des procédés employés empruntent à l'air leur efficacité; les corps cèdent peu à peu leur chaleur à celui-ci, et, à cette action, se joint celle du rayonnement; mais le résultat est quelquefois lent à se produire à cause de la faible masse de corps gazeux employée et, par suite, de son échauffement aux dépens du corps refroidi. Quelques appareils industriels sont basés sur ce procédé. Tels sont ceux de Geneste et Hercher, qui consistent essentiellement en quatre tubes de 0^m,3 de diamètre, par lesquels l'air traverse une caisse en fonte contenant une solution d'azotate d'ammoniaque; ou celui de Garlandat et Nezériaux, où l'air insufflé par un ventilateur arrive, par 60,000 à 120,000 trous (au mètre carré) et traverse une plaque horizontale sur laquelle circule une mince nappe d'eau.

Dans les laboratoires, on peut volatiliser un liquide au moyen d'un courant d'air, car cette volatilisation produit une absorption constante de chaleur, surtout si l'on choisit un liquide ayant une tension de vapeur considérable, comme l'anhydride sulfureux, qui peut ainsi donner — 63°, ou l'éther méthylchlorhydrique, que l'on préfère souvent comme moins désagréable, bien qu'il n'abaisse pas autant la température. On peut rapidement, par exemple, solidifier du mercure en prenant une éprouvette en verre mince, en y adaptant un bouchon percé de trois trous, un qui reçoit un tube à essai dans lequel on verse 2 à 3 centimètres cubes du métal, un tube recourbé à angle droit pour l'entrée de l'air, et un autre recourbé de même, mais plongeant jusqu'au fond de l'éprouvette et qui pourra être mis en communication avec une trompe à eau. On remplit au tiers l'éprouvette avec de l'éther et on fait le vide avec la trompe; l'air rentre dès lors dans l'appareil, et sous l'influence de ce courant gazeux, l'évaporation a lieu en entraînant un refroidissement assez grand pour solidifier le métal. Il est bon, pour bien voir l'expérience, de placer l'éprouvette dans un flacon contenant du chlorure de calcium, afin d'absorber la vapeur d'eau renfermée dans l'air, car sans cela, celle-ci se déposerait sous forme de givre, et empêcherait de voir l'intérieur du tube à essais.

On refroidit aussi avec l'eau, qui peut emmagasiner bien plus de chaleur; les liquides sont, d'ailleurs, préférables aux solides par leur mobilité et le renouvellement facile des parties qui se sont échauffées par contact. L'eau se recommande par son abondance et sa forte chaleur spécifique. Le refroidissement se fait généralement d'une façon continue, spécialement pour les liquides, gaz, ou vapeurs à refroidir. Le liquide réfrigérant et la substance à refroidir sont séparés par une cloison que la chaleur traverse, et souvent peuvent se mouvoir en sens contraire, d'où il résulte que si l'on a construit un appareil assez long, le corps refroidi possède, à sa sortie, la température que le réfrigérant avait à son entrée. Tel est le réfrigérant de Liebig; tels sont encore les serpentins des appareils distillatoires bien construits.

La réfrigération peut être obtenue par changement d'état physique; ainsi, *par fusion*, au moyen de la glace, qui absorbe pour fondre la chaleur du corps, sans que sa température change, par ce que sa chaleur latente de fusion (79 calories) est considérable; ou bien, par l'action des *mélanges réfrigérants*.

Enfin, on peut encore obtenir une réfrigération très puissante au moyen de la volatilisation directe de certains liquides, c'est ce que l'on fait dans des appareils spéciaux. Avec l'éther ordinaire, on peut abaisser la température de 192°; avec le sulfure de carbone, de 530°; avec l'ammoniaque liquéfiée, de 460°; avec le protoxyde d'azote liquide, de 440° (Berthelot). Ces températures extrêmement basses, ayant rarement besoin d'être obtenues, on peut se contenter d'anhydride sulfureux, d'éther méthylchlorhydrique, d'ammoniaque liquéfiée, qui entrent en ébullition à — 10°, — 23° et — 35°, d'autant mieux que, en diminuant la pression, on peut obtenir, lors de leur volatilisation, une réfrigération plus forte.

Lorsqu'on veut avoir une réfrigération parfaite avec de l'*air constamment pur, sec* et *froid*, nous ne connaissons guère à signaler que l'appareil de M. Fixary, qui comporte une machine à glace à laquelle se trouve annexé un appareil producteur d'air froid; mais la description de cette machine, comportant de trop longs détails, nous nous bornerons à l'indiquer. Cette machine a, du reste, reçu déjà de nombreuses applications, car elle peut servir pour conserver toutes les matières organiques fermentescibles (cacao, lait, raisin, houblon); elle est très utile dans la fabrication et la conservation de la bière (en empêchant les ferments des maladies de se développer); pour la conservation des viandes fraîches qui sont exportées au loin, car dans les appareils parfois employés, comme ceux frigorifiques, on pouvait avoir dans certains cas un froid de —30° (avec l'éther méthylique) et alors cette trop basse température désagrégeait les fibres musculaires, aussi bien que la coction, et lors de la décongélation, la viande perdait consistance et saveur, ce qui n'a pas lieu lorsque l'air sec et froid est maintenu entre +1° et —2°. Ce procédé peut, du reste, encore servir pour abaisser la température de certains lieux de réunion (théâtres, casernes, etc.), pour purifier l'air imprégné de miasmes physiologiques et contagieux (hôpitaux, pont de navires, usines), etc. — J. C.

REFROIDISSEMENT. *T. de phys.* Abaissement de température d'un corps par rayonnement. Une expérience journalière montre qu'un corps fortement chauffé perd d'abord, en fort peu de temps, une très grande quantité de chaleur; que son refroidissement se fait ensuite beaucoup plus lentement. Si, par exemple, dans la première minute sa température a baissé de 40°, il arrive un moment où elle ne descend pas même d'un degré par minute. Les pertes diminuant ainsi continuellement, le corps finit par ne plus donner qu'une quantité de chaleur précisément égale à celle qu'il reçoit des corps environnants; alors sa température est stationnaire, en vertu d'une sorte d'équilibre mobile, car il est évident que le rayonnement continue de part et d'autre. L'échauffement d'un corps présente les mêmes phénomènes en sens inverse.

Bien que le refroidissement d'un corps soit un phénomène assez complexe, car il dépend notamment de la température du corps, de sa chaleur spécifique, de sa conductibilité, de son pouvoir émissif, etc., ainsi que de la nature du milieu ambiant, on peut, néanmoins, le considérer comme s'effectuant sensiblement d'après la loi de Newton qui s'énonce ainsi :

Pour un même corps, et lorsque l'excès de sa température sur celle de l'enceinte ne dépasse pas 20° ou 30°, les abaissements de température correspondant à des intervalles de temps égaux et très courts, sont proportionnels aux excès moyens pendant ces intervalles. La loi générale se formule ainsi :

$$\theta = aq^n$$

Où a représente la différence initiale de température ;

θ la différence après n minutes ;

q la raison de la progression.

Pour la théorie complète du refroidissement, V. le *Cours de physique*, de Jamin et de Bouty, t. II.

Pour garantir les corps contre le refroidissement, on les enveloppe de mauvais conducteurs de la chaleur : ouate, laine, plume, soie, caoutchouc, gutta, etc. C'est ainsi que pour s'opposer au refroidissement de la vapeur, employée comme force motrice ou comme moyen de chauffage, à quelque distance des générateurs, on entoure de laine de chiffons les tuyaux qui conduisent cette vapeur. — V., pour d'autres applications, CHALEUR RAYONNANTE. — C. D.

* **REFROIDISSEUR.** *T. de meun.* Appareil de ventilation composé de plusieurs tubes établis au centre de la meule gisante pour y amener l'air extérieur, afin d'entraîner tous les corps légers qui ont échappé au nettoyage et qui, en s'introduisant avec le blé entre les meules, pourraient échauffer celles-ci.

* **RÉGALAGE, RÉGALÉE.** *T. de p. et chauss.* Travail qui consiste à dresser la surface d'un terrain, à étendre les terres d'un remblai en leur donnant

la saillie, la pente qu'elles doivent avoir ; on dit aussi *régalade* et *régalement*.

* **RÉGALEUR.** *T. de mét.* Ouvrier qui fait le régalage des terres.

* **RÉGALEUSE.** *T. de mét.* Ouvrière qui fait le *régalage* ou réparation des défauts d'une dentelle.

REGARD. 1° *T. de p. et chauss.* Ouverture maçonnée par laquelle on pénètre dans certains ouvrages, soit pour les visiter, soit pour y travailler. Les regards des aqueducs et des égouts ont, en général, la forme de puits rectangulaires fermés par une dalle en pierre ou par une plaque en fonte; ces puits sont établis de deux façons, soit directement au-dessus de l'ouvrage, soit à une certaine distance avec une galerie d'accès latérale ; c'est ainsi que, dans les rues des grandes villes, les regards sont reportés sous les trottoirs afin de ne pas gêner la circulation sur la chaussée. On y descend au moyen d'échelles, en fer galvanisé, scellées dans la maçonnerie. Les regards principaux des égouts de Paris sont pourvus d'escaliers dont l'un des paliers, élargi en forme de chambre souterraine, sert de refuge aux ouvriers en cas d'irruption soudaine des eaux; on établit également des regards au-dessus des robinets et des vannes que l'on doit souvent manœuvrer. On ménage aussi, dans les fours et les fourneaux, des regards pour surveiller les opérations qui s'y exercent ou pour nettoyer les carneaux; ces regards sont horizontaux et fermés à l'aide d'un bouchon en métal ou même simplement de quelques briques garnies d'argile. || 2° *T. de mach.* Ouverture de petite dimension, masquée par une porte que l'on peut facilement démonter, qui sert à s'assurer de l'état intérieur du récipient, — boîte à tiroir, boîte à clapets, chaudières, etc., — sur lequel le trou de regard est pratiqué.

* **REGARDANT, ANTE.** *Art hérald.* Se dit d'un animal dont on ne voit que la tête, et encore de l'animal qui a la tête tournée, comme s'il regardait sa queue.

* **RÉGÉNÉRATEUR.** On donne le nom de *régénérateur* aux appareils qui utilisent la majeure partie de la chaleur perdue des opérations de chauffage industriel. Le mot *récupérateur*, qui est moins employé, vaudrait mieux, car en réalité, on retrouve, par la *récupération*, une partie de la chaleur engendrée par la combustion, on ne la *régénère* pas puisqu'elle n'a pas été détruite. Les régénérateurs, dans le système Siemens, se composent d'un double système de deux chambres accolées placées aux extrémités du four. Quand le courant gazeux marche dans un certain sens, de gauche à droite, par exemple, le gaz et l'air, qui se sont échauffés en passant dans les chambres de gauche préalablement chaudes, se brûlent dans le four et viennent déposer la majeure partie de leur chaleur dans les chambres de droite. Par un renversement, obtenu au moyen d'un système de valves, le courant gazeux passe de droite à gauche, l'air et le gaz traversent les chambres de droite, ils se brûlent dans le four et viennent échauffer les chambres de gauche.

Ce système de chauffage produit des températures très élevées avec des combustibles ordinaires ; car le point de départ du système Siemens est, d'abord, de réduire le combustible à l'état gazeux (oxyde de carbone mélangé d'hydrocarbures, d'acide carbonique et d'azote). La proportion plus ou moins grande des cendres que renferme ce combustible n'intervient donc pas dans la combustion, et si on a eu soin de condenser la vapeur d'eau qui accompagne cette sorte de concentration de la partie utile, on arrive à obtenir un grand effet calorifique avec des combustibles de second ordre. C'est ainsi qu'on a pu chauffer du fer au blanc soudant en employant de la sciure de bois plus ou moins humide. — V. Four, Gazogène.

Régénérateur Bochkoltz. Bras implanté perpendiculairement au-dessous du balancier des machines d'épuisement à simple effet (V. Exhaure). Il est muni, à son extrémité, d'un poids très lourd qui oscille comme un pendule en agissant comme moteur au commencement de chaque course (ascendante ou descendante) des tiges et comme frein à la fin de ces courses.

RÉGIME. T. de mach. Expression que l'on applique surtout à la pression normale de la chaudière à vapeur, et parfois au mode de fonctionnement d'une machine. Tant que la pression est maintenue dans le voisinage de la charge de la soupape de sûreté, elle est qualifiée de *pression de régime.*

I. REGISTRE. Livre spécial employé pour la comptabilité. L'extension des affaires industrielles et commerciales, la création des Compagnies de chemins de fer et celle de nouveaux établissements de banque, d'assurances et de crédit, ont nécessité l'emploi d'un grand nombre de registres beaucoup plus gros que ceux d'autrefois et en même temps beaucoup plus larges, pour contenir les nombreuses colonnes multipliées aujourd'hui presque à l'infini.

— De toutes les fournitures de bureau, le registre est la plus importante comme chiffre de production. La fabrication de cet article était autrefois sujet à de fréquentes contestations entre les relieurs-doreurs et les merciers qui faisaient le commerce de la librairie. Le parlement décida par un arrêt rendu vers la fin du xviie siècle, que les papetiers ne pourraient relier les registres qu'à dos carré, ceux à dos ronds devant être réservés aux maîtres relieurs comme trop semblables à la reliure des livres ordinaires.

Pendant très longtemps, on a exécuté la reliure des registres de la même manière que celle des livres, mais depuis le commencement de ce siècle, les procédés ont été tellement modifiés que leur application a créé un art nouveau. Ce progrès a eu pour point de départ l'adoption des parties doubles qui, en exigeant des livres plus volumineux que les parties simples, ont forcé les papetiers à changer leur fabrication.

Parmi les premiers qui ont le plus contribué à faire progresser la fabrication des registres, on cite le relieur anglais Williams, qui en 1799, inventa les *dos métalliques.* Cette invention fut importée en France, en 1807, par le papetier parisien Delaville, et perfectionnée, une année après par les frères Cabany. Ce

fut alors qu'à l'ancienne reliure à dos fixe, on substitua la reliure à dos brisé. On doit à un autre papetier parisien, Clément, qui la fit breveter en 1812, l'usage général aujourd'hui, de remplacer les nerfs par les rubans. En 1814, un papetier lyonnais, nommé Sastre, obtint un brevet où l'on trouve le principe de plusieurs perfectionnements adoptés depuis, notamment le faux dos avançant sur les cartons qu'il embrasse, et la doublure en carton mince. L'invention de Sastre était réelle, c'était l'ouverture facile du registre, due à la force des ressorts revenant sur eux-mêmes. A la même époque, un autre ouvrier lyonnais, appelé Dareau, imagina d'appliquer les faux dos comme on le fait maintenant, c'est-à-dire au moyen de deux toiles, l'une collée en dehors et l'autre en dedans. En 1825, M. Sat, de Paris, complétant et transformant une idée du lyonnais Sastre, forma chacun des deux plats de ses registres de deux feuilles de carton superposées, ce qui le conduisit à créer le système d'encartage dit *reliure française.* Enfin, l'importation en 1832, par M. Willemsens, du système d'encartage usité à Londre et appelé, pour ce motif, *encartage anglais,* dota notre fabrication d'un nouvel élément de succès. C'est même de l'introduction de cet encartage que date la supériorité de nos registres. Depuis cette époque, une foule de fabricants se sont efforcés d'améliorer encore les inventions de leurs devanciers. A leur tête se placent les parisiens, Sy, Bellanger, Dessaigne, Bruyer, Acker, Gaymard, Géraudet, Néraudeau ; Marie, de Rouen ; Pottin, de Nantes ; Bruneteau, de la Rochelle, etc.

La fabrication des registres se compose des opérations suivantes ; réglure, assemblage ou composition, foliotage, couture, endossage, rognage, marbrure ou jaspage, reliure et garniture s'il y a lieu. Le travail se fait, soit à la main, soit à l'aide de machines, mais les registres soignés se rognent toujours à la presse et à la main.

En général, les papetiers fabriquent entièrement les registres chez eux, moins, cependant, la réglure, le foliotage et la garniture, c'est-à-dire l'application des garnitures métalliques destinées à préserver les gros registres. Ces diverses parties de main-d'œuvre sont confiées le plus souvent à des ouvriers spéciaux qui travaillent au châssis ou à la machine.

Comparés avec les produits anglais, les registres français n'accusent aucune infériorité en ce qui concerne le travail intérieur, tandis que leur aspect extérieur est généralement de meilleur goût. Si les papiers n'ont pas le même poids et si les rubans, les fils et autres fournitures ne sont pas aussi épais et si forts, c'est que les consommateurs auxquels sont destinés les registres français se refusent à payer les prix cotés en Angleterre. Du reste, les produits anglais, fabriqués lourdement et sans art, ne conviennent qu'à l'Angleterre et à ses colonies, tandis que la fabrication française, surtout celle de Paris, alimente les principaux marchés américains : le Mexique, la Havane, l'Amérique centrale, le Chili, le Pérou et les Etats-Unis.

II. REGISTRE. 1° T. de mécan. Plaque en tôle qu'on peut déplacer à volonté pour augmenter ou diminuer la section d'un courant gazeux ou même l'interrompre entièrement. Dans la plupart des cas, cette plaque peut glisser dans une rainure ménagée à cet effet dans les parois du conduit en maçonnerie dirigeant les gaz, comme pour les cheminées ou les fours, par exemple, et on l'entraîne en la commandant par une poignée extérieure. || 2° *T. de mach. Registre de vapeur* ou *valve.* Mécanisme permettant ou interceptant l'arrivée de la vapeur du tuyau de conduite dans les boîtes de distribution, détentes ou tiroirs. Il est composé d'un papillon, d'une vanne ou d'une soupape; on le manœuvre à la main, à l'aide d'une poignée ou au moyen d'une vis. Son degré d'ouverture, marqué à l'extérieur en dixièmes et centièmes, est parfois relié à un *régulateur.*—V. ce mot. || 3° *Instr. de mus.* Appareil formé de règles de bois percées de trous qui servent à ouvrir ou à fermer les tuyaux des jeux différents de l'orgue afin d'y introduire le vent selon les effets à obtenir. || 4° *T. de typogr.* Coïncidence parfaite que l'on doit obtenir, dans le tirage, des lignes des deux pages du même feuillet.

* RÉGITAGE. *T. techn.* Les tissus grattés ou molletonnés que l'on doit apprêter se distinguent des autres en ce qu'ils ne reçoivent l'apprêt que d'un seul côté, celui du dessin, tandis que l'autre, celui du poil, doit rester absolument intact. La machine à apprêter est disposée de telle façon qu'elle ne dépose l'empois que du bon côté sans mouiller celui du poil. L'opération du régitage consiste à faire subir à la pièce, après séchage, un léger regrattage pour relever le poil.

* RÉGLAGE. *T. techn.* Action de tracer des traits sur le papier, de régler la marche d'un mécanisme; c'est ainsi que les horlogers désignent le travail de l'ouvrier qui approprie l'un à l'autre le balancier et le spiral d'une montre, de façon que le premier fasse en une heure un nombre d'oscillations déterminé. *Régler* cette montre consiste ensuite à vérifier sa marche sur un régulateur, et à la rectifier en poussant l'aiguille de la raquette vers A pour faire avancer, ou vers R pour faire retarder.

RÈGLE. Instrument long, droit, plat ou carré, fait de bois ou de métal, et qui sert à tirer des lignes droites sur des surfaces planes; on en distingue de plusieurs sortes : la *règle d'appareil,* longue de 2 mètres, employée par les charpentiers; la *règle à main,* à l'usage des vitriers, très mince et très flexible, munie d'un tenon en son milieu pour l'empêcher de varier sur le verre.

Règle à dessiner. C'est une mince planchette de bois, large de 4 à 8 centimètres et de longueur variable, qui sert à tracer des lignes droites sur le papier en faisant glisser le crayon le long du bord qui doit être parfaitement dressé pour cet objet. La règle est généralement percée d'un trou qui sert à l'accrocher et la rend en même temps plus facile à manier quand elle est posée à plat sur le papier. Avant de se servir d'une règle, il est important de la vérifier. Pour cela, on commence par tirer une ligne sur le papier à l'aide de la règle, puis on la retourne *face pour face* et on la place de manière que le *même bord* se retrouve le long de cette ligne, deux points de ce bord coïncidant avec deux points de la ligne tracée. On trace alors une seconde ligne en suivant ce même bord. Si la règle est bien droite, les deux traits doivent coïncider parfaitement. Il est évident qu'une règle qui n'est pas droite doit être rejetée. Il faut vérifier les deux bords, car il peut se faire que l'un soit droit et l'autre non. On devra alors marquer le bord juste et s'en servir exclusivement. On construit aussi des règles en verre qui ont l'avantage d'être transparentes et de ne pas se déformer par les variations de température et d'humidité.

Règle à calcul. — V. CALCUL.

RÉGLET. *T. d'arch.* Filet, ligne horizontale; petite moulure plate et droite dont on orne les compartiments et les panneaux pour en séparer les parties et former des entrelacs. || Règle qui sert au menuisier et au charpentier au relevé des lignes sur le bois, c'est-à-dire au tracé à l'aide de la rainette.

RÉGLETTE. *T. de typogr.* Petite règle de bois ou de fonte qui, coupée ou marquée aux dimensions voulues, sert au metteur en pages à déterminer la longueur verticale des pages d'un ouvrage. On désigne encore sous le même nom, les petites règles que l'on emploie dans la formation des garnitures. Partie mobile qui constitue la coulisse de la règle à calcul.

* RÉGLURE. *T. techn.* Opération qui consiste à tracer des lignes sur le papier et pour laquelle on emploie des machines nommées *régleuses.* — V. PAPETERIE.

* REGNAULT (HENRI-VICTOR). Physicien, membre de l'Académie des sciences, né à Aix-la-Chapelle, le 21 juillet 1810, mort à Paris, le 19 janvier 1878. Orphelin de père et mère, il fut obligé, à l'âge de douze ans, d'entrer comme commis dans une maison de commerce de Paris. Il consacrait ses heures de loisir à travailler à la bibliothèque de la rue Richelieu, et passait ses nuits à étudier les mathématiques pour lesquelles il avait montré de bonne heure une grande aptitude. Il voulait entrer à l'Ecole polytechnique. Il y fut reçu, en 1830, après un brillant examen; sorti, en 1832, le second de sa promotion, il passa deux ans à l'Ecole des mines où il fut distingué par Berthier qui l'attacha à son laboratoire et le fit nommer, trois ans après, professeur adjoint de docimasie. En 1840, Regnault fut nommé professeur de physique à l'Ecole polytechnique, époque à laquelle il abandonna la chimie pour se consacrer à l'étude expérimentale des questions de physique. La même année, il fut élu membre de l'Académie des sciences. En 1848, il fut chargé par le Ministre des travaux publics de déterminer la relation exacte qu'il y a entre les forces élastiques de la vapeur d'eau (des plus puissantes machines) et les températures correspondantes. Il exécuta, avec une grande sagacité et une rare perfection, les expériences nécessaires à cette détermination, jusqu'aux pressions les plus élevées. Toutes les nations du monde civilisé ont tiré le plus grand parti de ces résultats pour la construction des machines à vapeur. Regnault n'a pas fait de théories, mais seulement des expériences d'une exactitude telle qu'elles défient toute critique; elles resteront dans la science comme autant de jalons pour guider les physiciens et les constructeurs. Ses recherches expérimentales constituent un ensemble qui embrasse les questions les plus importantes relatives à la chaleur. Il en a mesuré avec la plus parfaite exactitude les coefficients numériques.

Avant lui, on croyait à la simplicité des lois physiques, et l'on mettait les irrégularités constatées sur le compte des erreurs d'observations, tant on tenait à cette fâcheuse idée préconçue. Regnault démontra que les lois admises avant lui sur la dilatation des gaz, la compressibilité, la chaleur spécifique, etc., étaient toutes à reprendre. Il prouva expérimentalement que les gaz ne sont pas également compressibles et s'éloignent tous de la loi de Mariotte. Il a démontré, le premier, et fait admettre que l'insuffisance des pressions était le seul obstacle à la liquéfaction de l'oxygène, de l'azote, de l'hydrogène; prédiction qui a été confirmée, en 1878, par les belles expériences de M. Cailletet et de M. Raoul Pictet. Comme professeur au Collège de France (1840), il se montra un maître accompli; on venait de l'étranger pour entendre ses leçons.

En 1852, il fut nommé directeur de la Manufacture de Sèvres où son passage a été marqué par d'importantes créations relatives à la fabrication de la porcelaine par le coulage et l'application du vide au moulage des pièces de grandes dimensions.

La fin de sa vie ne fut pas plus heureuse que le commencement. Il eut, en 1871, la douleur de perdre (à la bataille de Buzenval) son fils, Henri Regnault, peintre déjà célèbre. De plus, la main brutale de l'ennemi détruisit ses précieux instruments ainsi que ses manuscrits où, pendant plusieurs années, il avait consigné de nombreuses expériences délicates de physique et de chimie. En 1873, il fit une chute qui altéra profondément sa santé et, en 1874, il fut frappé d'une attaque de paralysie qui le laissa, jusqu'à la fin de ses jours, dans le plus triste état.

Regnault fut promu officier de la Légion d'honneur en 1850, commandeur en 1863. Il était correspondant des Académies de Berlin, de Saint-Pétersbourg, etc.

Les travaux de Regnault ont été publiés dans les *Annales de chimie et de physique*, et en extraits dans les *Comptes rendus des séances de l'Académie des sciences*. C'est dans les *Mémoires de l'Académie des sciences*, t. XXI, qu'on trouve ses recherches expérimentales sur la chaleur, réunies sous ce titre : *Relation des expériences entreprises par ordre de M. le Ministre des travaux publics et sur la proposition de la Commission centrale des machines à vapeur*, volume de 748 pages, comprenant dix Mémoires relatifs à la chaleur.

Les *Annales de chimie et de physique* contiennent aussi ses autres travaux sur la chaleur spécifique des corps solides et des liquides, sur l'hygrométrie, sur la respiration des animaux, sur le gaz d'éclairage, etc.

Regnault a publié un *Cours élémentaire de chimie* en 2 gros volumes in-12 et un abrégé de ce cours, *Premières notions de chimie*, qui a été reproduit en plusieurs langues de l'Europe. — C. D.

*REGNAULT (Henri). Peintre, fils du précédent, né à Paris, en 1843, mort à Montretout le 19 janvier 1871. Très jeune, il manifesta de grandes dispositions pour le dessin, et il entra, à dix-sept ans, dans l'atelier de Lamothe, puis aux Beaux-Arts avec M. Cabanel. Il remporta en 1863 le prix de Rome avec *Thétis apportant à Achille les armes forgées par Vulcain*; de Rome, il envoya plusieurs œuvres très remarquées : *Les chevaux d'Achille conduits par Automédon* et *Judith*. Après un court séjour à Paris, Régnault partit pour l'Espagne, où il fit son fameux portrait du *général Prim* à cheval, dont la hardiesse provoqua l'admiration, puis passa quelque temps au Maroc, y peignit la *Salomé* qu'il avait d'abord nommée plus justement *Etude de femme africaine*; puis son *Exécution à Tanger*, superbe de vigueur et de touche, et le *Cavalier marocain partant pour la fantasia*. Il fixa ensuite sur la toile plusieurs projets qui sont restés à l'état d'ébauche : un *Intérieur moresque*, *Gynécée moresque* et la *Sortie du pacha de Tanger*.

Il voulait continuer son voyage dans les pays orientaux qui le séduisaient par leur originalité et leur couleur, en visitant l'Inde, lorsque la guerre de 1870 le rappela. Il combattit vaillamment dans Paris, et fut tué aux avant-postes dans le bois qui précède le parc de Buzenval. Avec lui a disparu certainement une des plus belles espérances artistiques de la France. Il cherchait avant tout la grandeur et l'élévation de la pensée, et rêvait le relèvement de la peinture décorative par le mouvement, la couleur, la lumière, la vie. Toutes ces productions admirables que nous venons de rappeler, Regnault ne les considérait que comme des essais d'un artiste qui cherche encore sa voie. Il entrevoyait un idéal plus parfait, et il l'eut saisi sans la mort qui l'a surpris au début de sa carrière.

On lui a dû, outre ses compositions décoratives, plusieurs beaux portraits : ceux de Denis Riocreux, de Madame Duparc, de Madame la comtesse de Bark, et les illustrations d'un livre de M. Francis Wey, *Rome*, qui parut à l'époque où Regnault était encore en Italie. On a élevé, dans la cour de l'Ecole des Beaux-Arts, à la mémoire de ce peintre et des autres élèves de l'Ecole morts à l'ennemi pendant la dernière guerre, un monument commémoratif où M. Chapu a sculpté une de ses plus charmantes figures : la *Jeunesse française*.

*REGNAULT (Jean-Baptiste, Baron). Peintre, né à Paris, en 1754, mort dans la même ville, en 1829; partit tout enfant pour l'Amérique, fut engagé comme mousse, et ayant montré quelques dispositions pour le dessin, il fut placé, à son retour, par M. de Montral, son protecteur, dans l'atelier de Bardin qu'il suivit dans un voyage en Italie. Revenu à Paris, il remporta le second prix de Rome, en 1775, le premier l'année suivante et fit un envoi très remarqué, le *Baptême de Jésus*, qui lui valut aussitôt sa réputation. Aussi était-il agréé de l'Académie, dès 1782, sur la présentation d'*Andromède et Persée*, et admis, en 1783. Son tableau de réception fut l'*Education d'Achille*, une des meilleures toiles de l'école française à cette époque, et que la gravure de Bervic a contribué à populariser ; elle est actuellement au Louvre. Le renom que J.-B. Regnault s'était attiré par ces œuvres excellentes avait amené à son atelier un grand nombre d'élèves dont beaucoup se sont fait un nom à côté du sien. Nous citerons : Hersent, Guérin, Menjaud, Blondel, Richomme et le paysagiste Boisselier. Regnault, professeur aux Beaux Arts, depuis 1795, professeur de dessin à l'Ecole polytechnique depuis 1816, fut de l'Institut à la création de l'Académie de littérature et des beaux arts devenue, en 1813, Académie des beaux arts. Il était, en outre, chevalier de la Légion d'honneur, chevalier de Saint-Louis et fut créé baron en 1819. Outre l'*Education d'Achille*, restée son chef-d'œuvre, nous pouvons citer de lui : *Alexandre et Diogène* ; une *Descente de croix* ; *Jupiter et Io* ; la *Toilette de Vénus* et trois eaux-fortes signées Renaud qui ont figuré aux salons de 1783 et 1785. Elles sont devenues extrêmement rares.

* REGNAULT (EMILE). Ingénieur des tabacs, né le 20 décembre 1835, à Tannay (Nièvre), mort à Paris le 23 octobre 1886. A sa sortie de l'école polytechnique, en octobre 1857, il entra comme ingénieur dans l'administration des Manufactures de l'Etat. Les aptitudes remarquables qu'il possédait comme administrateur le signalèrent, en 1871, à l'attention du gouvernement de la défense nationale. Il fut successivement : préfet des départements du Doubs, de la Marne, de Saône-et-Loire, de la Charente-Inférieure, du Loiret, et, en 1879, directeur général des affaires civiles de l'Algérie. En 1882, il succéda à M. Rolland dans la direction générale des Manufactures de l'Etat, où il put appliquer à la fois ses connaissances techniques et ses talents d'administrateur. On lui doit la création de plusieurs manufactures et de nombreuses améliorations dans l'organisation de son personnel d'employés et d'ouvriers. Esprit fin et cultivé, caractère droit, il était appelé par ses connaissances étendues à occuper de plus hautes situations, si la mort n'était venue le surprendre au milieu de sa carrière administrative.

I. RÉGULATEUR. T. *de mécan.* Appareil destiné à maintenir dans de certaines limites, aussi rapprochées que possible, les variations de la vitesse de marche des machines sur lesquelles il est posé. Parmi ces variations, inévitables en pratique, les unes présentent une certaine périodicité résultant de la marche même de la machine, et elles sont alors réglées au moyen d'un volant, appareil qui agit à ce point de vue comme un régulateur, puisqu'il emmagasine, en quelque sorte, l'effort moteur développé en excès dans la période où celui-ci dépasse la résistance pour le restituer dans la période inverse où l'effort moteur devient trop faible. Il évite ainsi les soubresauts périodiques que la machine éprouverait autrement, et

il assure l'uniformité de la vitesse. Cependant, le volant n'est pas classé habituellement dans la catégorie des régulateurs proprement dits, car ceux-ci ont plutôt pour but de combattre les variations de vitesse résultant des irrégularités du travail résistant, irrégularités qui peuvent atteindre, d'ailleurs, une valeur absolument quelconque, comme, par exemple, sur un moteur actionnant plusieurs machines outils qui est amené à commander une ou plusieurs machines en plus ou en moins. Avec des variations pareilles du travail résistant, on ne peut maintenir le régime de marche qu'en introduisant une cause extérieure capable de rétablir à tout instant le rapport nécessaire entre le travail moteur et le travail résistant, et cette action échappe absolument au rôle du volant.

On peut, à la rigueur, rétablir la constance de ce rapport de deux manières différentes, soit en maintenant le travail résistant toujours constant par l'introduction de résistances additionnelles susceptibles de remplacer celles qui viennent à être supprimées, ou, au contraire, en faisant varier l'effort moteur, l'augmentant ou le diminuant, en un mot, suivant les variations qu'éprouve le travail résistant.

Le premier procédé, qui introduit une résistance extérieure absorbant par là même, sans utilité, une partie du travail moteur, n'est pas susceptible évidemment d'une application générale dans l'industrie ; mais il y a cependant certains cas particuliers, surtout sur les machines de précision, où il est appliqué avec avantage, d'autant plus qu'il a pu recevoir des solutions presque parfaites, assurant une régularité de marche absolue pour ainsi dire. Les différents régulateurs à ailettes qui modèrent la vitesse de marche des machines par la résistance additionnelle de l'air qu'ils mettent en jeu, rentrent évidemment dans cette catégorie, mais nous ne nous y arrêterons pas ici, en raison du peu d'intérêt industriel qu'ils présentent. En dehors de ces types, qui trouvent plutôt leur application dans les instruments de précision tels que les horloges, les lunettes astronomiques, etc.; les régulateurs employés dans l'industrie agissent plutôt en opérant sur l'effort moteur pour le proportionner continuellement aux résistances à vaincre ; ils augmentent ou diminuent, suivant les besoins, la quantité d'eau admise sur les moteurs hydrauliques, le volume de vapeur dans les machines à vapeur, etc. Pour ces dernières, comme pour tous les moteurs actionnés par un fluide, on pourrait agir aussi en diminuant la pression de ce fluide sans modifier le volume ; mais on perdrait alors le bénéfice de la détente, surtout avec la vapeur, et il est préférable, dans ce cas, d'agir sur le volume admis. On rencontre cependant surtout sur les machines à air comprimé munies d'un réservoir d'air, des régulateurs agissant sur la pression de l'air qu'ils ont pour but de maintenir constante à l'arrivée dans les cylindres ; mais on ne cherche pas alors à utiliser en entier le travail de détente qui s'accompagne d'un refroidissement souvent nuisible dans les cylindres. D'autre part, le cas est aussi un peu différent, car on cherche à maintenir la pression constante sans faire intervenir les variations du travail résistant; nous reviendrons, d'ailleurs plus loin sur ces régulateurs qui rentrent dans une catégorie distincte de ceux qui visent surtout les variations de la vitesse résultant de celles de la résistance.

Les différents types de régulateurs inventés jusqu'à présent, en nombre presque illimité pour ainsi dire, reposent généralement sur un principe unique consistant à disposer un organe mobile qui, en se déplaçant sous l'influence des variations de la vitesse, augmente l'ouverture de vapeur ou du fluide moteur quand la vitesse vient à diminuer, et la rétrécit dans le cas contraire, de manière à maintenir un régime toujours sensiblement uniforme.

La plupart des régulateurs agissent directement sur le distributeur pour augmenter ou réduire l'admission; d'autres, au contraire, empruntent l'effort même du moteur pour agir sur le distributeur dont la manœuvre exige quelquefois un effort considérable, et ils se bornent à déterminer le sens dans lequel cette action doit se produire. Cette dernière disposition est évidemment meilleure en théorie, puisqu'elle a l'avantage de réduire au strict minimum les forces étrangères qui gênent l'action du régulateur; mais c'est à condition, toutefois, que cette action ne soit pas trop ralentie, car autrement, surtout avec les machines dont la vitesse de marche peut subir des variations brusques, il peut arriver qu'après que le régulateur a commencé son action, le régime ait subi une nouvelle variation en sens inverse avant que cette action soit effectivement exercée, et on voit ainsi que, par suite de ce retard, le régulateur pourrait agir entièrement à contre sens et augmenter ainsi les variations qu'il a pour mission d'arrêter. On comprend par là combien il est important d'avoir un régulateur dont l'action soit immédiate et rectifie instantanément, pour ainsi dire, toutes les irrégularités de la vitesse. Cette considération est donc plutôt à l'avantage des régulateurs directs qui occupent moins d'organes intermédiaires et peuvent agir, en général, plus rapidement. A ce point de vue, les régulateurs à force centrifuge constituent l'un des types les plus avantageux puisqu'ils sont influencés par une force proportionnelle au carré de la vitesse, et qu'ils ressentent donc immédiatement les moindres variations de celle-ci; c'est, d'ailleurs, le type le plus fréquemment appliqué dans l'industrie, et c'est celui auquel nous nous attacherons plus particulièrement.

Le régulateur primitif de Watt qui a fourni le point de départ des divers types d'appareils à force centrifuge est représenté dans la figure 394, il comprend, comme on le voit, un axe vertical AZ commandé par l'arbre même de la machine, et animé par conséquent d'une vitesse de rotation proportionnelle à la sienne. Cet arbre supporte deux boules pesantes C et C' par l'intermédiaire de deux tiges articulées à leurs extrémités en A. Les boules possèdent la faculté de s'écarter de l'arbre moteur sous l'influence des réactions extérieures; dès que la machine se met en marche, elles prennent une position d'équilibre, déterminée par la composition de la pesanteur et de la force centrifuge qui les sollicite; lorsque la vitesse va en augmentant, elles s'écartent davantage de l'axe, et elles s'en rapprochent dans le cas contraire. Le déplacement des boules est utilisé pour faire monter ou descendre un manchon DD' fou sur l'axe, et celui-ci est entraîné par l'intermédiaire des tiges articulées B D, B'D' qui complètent le parallélogramme. Le manchon s'élève ou s'abaisse suivant que la vitesse augmente ou diminue, et dans son mouvement de déplacement, il entraîne avec lui l'extrémité d'un levier commandant le distributeur, de manière à réduire l'admission de vapeur quand il est en haut, et à l'augmenter quand il arrive en bas de sa course.

Ce régulateur constitue une sorte de pendule

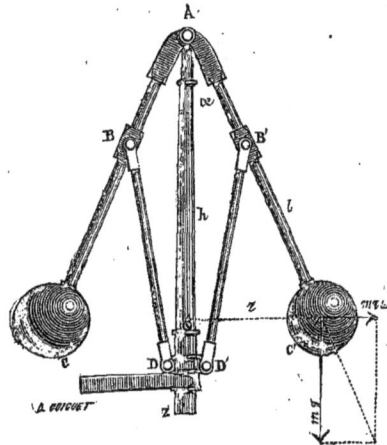

Fig. 394. — *Vue du régulateur de Watt.*

conique, dont le fonctionnement est basé sur l'action de la pesanteur, combinée avec la force centrifuge, et, sous cette forme, il n'est donc applicable que sur des machines fixes, ou animées tout au moins de mouvements qui laissent à tous les points du système la même vitesse verticale. Sur les machines marines, qui sont soumises nécessairement à des mouvements irréguliers, on le remplace par des types spéciaux dits *régulateurs marins*, fondés néanmoins sur le même principe : les boules agissent toujours par leur masse sous l'influence de la force centrifuge, mais sans aucune intervention de la pesanteur. On démontre, en effet, que le mouvement relatif du système ainsi constitué est bien indépendant de la pesanteur, pourvu que le centre de gravité de l'ensemble tombe toujours au même point de l'axe. On peut remplir cette condition, par exemple, en prolongeant les bras de quantités égales, de chaque côté du point d'articulation, et les chargeant de boules égales à chaque extrémité. Il faut alors évidemment contrebalancer l'action de la force centrifuge par celle de ressorts spéciaux convenablement réglés pour empêcher les bras de s'écarter sous le moindre effort de la vitesse. On pourrait arriver au même résultat de différentes manières ; mais nous n'y insisterons pas en raison du caractère spécial de ces régulateurs marins, et nous donnerons seulement la théorie du pendule conique vertical. En négligeant le poids des bras qui soutiennent les boules de masse m, on peut considérer que celles-ci se tiennent en équilibre, sous l'action de la pesanteur et de la force centrifuge $m\alpha^2 r$ due à leur vitesse de rotation α, r étant le rayon de rotation des boules, l la longueur des bras, α l'angle qu'ils font avec l'axe de rotation (la distance verticale h du centre des boules au point d'articulation A des bras est donnée par la relation $h = l \cos \alpha$). La condition d'équilibre s'obtient évidemment en écrivant que la résultante des deux forces considérées doit se confondre avec la direction des bras, et elle devient alors :

$$\frac{m\alpha^2 r}{mg} = \frac{r}{h},$$

d'où :

$$h = \frac{g}{\alpha^2} = l \cos \alpha$$

et on en tire :

$$\cos \alpha = \frac{g}{l\alpha^2}.$$

On remarquera, toutefois, que cette théorie est établie sans tenir compte de la résistance du distributeur qui en pratique devra donc être aussi faible que possible.

On voit par là que la vitesse α n'est pas entièrement arbitraire, car elle doit satisfaire à la relation $l\alpha^2 > g$. L'écart des boules augmente avec α, à partir de la valeur $\alpha = \sqrt{\dfrac{g}{l}}$ et pour $\alpha = \infty$, on a $\cos \alpha = 0$, et les bras se tiendraient horizontaux.

L'inégalité $l\alpha^2 > g$ montre la condition à remplir pour permettre le fonctionnement du pendule ; il faut en effet que l'accélération centrifuge $\alpha^2 l$ déduite de la vitesse angulaire des boules supposées décrire un cercle de longueur l, soit plus grande que l'accélération de la pesanteur.

La relation $h = \dfrac{g}{\omega^2}$ montre comment les boules s'élèvent sous l'influence des variations de vitesse, et par suite aussi le manchon solidaire avec elles qui règle la position du distributeur ; on voit par là que le régulateur ainsi disposé ne peut pas être isochrone, c'est-à-dire qu'il ne peut pas maintenir la vitesse de régime toujours constante, quel que soit le travail transmis, puisque chaque degré d'ouverture de l'appareil distributeur correspond à une vitesse unique et différente.

Cette absence d'isochronisme est devenue de plus en plus sensible à mesure que les progrès de la construction ont permis de disposer de machines plus perfectionnées, exigeant par là même plus de régularité de marche, et tout en conservant la liaison directe du manchon avec le dis-

tributeur, on est arrivé à réaliser un isochronisme indirect, en disposant par exemple, sur le levier coudé opérant cette liaison, un contrepoids qui vient peser sur le manchon pour ramener les boules, suivant la disposition de MM. Charbonnier et Meyer, ou même en rattachant directement ce contrepoids au manchon mobile.

Foucault avait signalé de son côté une autre solution qui consistait à relier les boules entre elles à l'aide d'un ressort à boudin convenablement calculé, mais cette disposition un peu compliquée ne s'est guère répandue en pratique. On réussit aussi à rétablir l'isochronisme en obligeant les boules à se déplacer sur une parabole, dont l'axe est formé par l'axe de rotation même du régulateur, c'était la disposition de l'appareil Francke trop compliqué aussi, toutefois, pour devenir pratique. Elle a été considérablement simplifiée par M. Farcot qui a remplacé la parabole par un arc du cercle osculateur, permettant ainsi de substituer de simples articulations aux glissières précédemment employées. M. Léauté qui a fait l'étude complète de cette question des régulateurs et a publié à ce sujet différents Mémoires très intéressants, a indiqué une disposition plus approchée encore de la solution théorique, et M. Rolland est arrivé à réaliser l'isochronisme complet dans son régulateur à boules conjuguées disposées pour rester en équilibre dans toutes les positions pour une vitesse donnée.

On a réussi également à augmenter dans une large mesure, la sensibilité de ces appareils, surtout en chargeant le manchon mobile, mais on n'a pas tardé à reconnaître d'ailleurs qu'il y avait pour l'isochronisme, comme pour la sensibilité, une certaine limite qu'il était fâcheux de dépasser en pratique, car on arrivait autrement, avec des appareils trop perfectionnés, à déterminer, par suite de l'inertie inévitable des pièces, des variations de vitesse supérieures à celles qu'on voulait éviter. On comprend, en effet, que le régulateur, une fois le déplacement des boules commencé, n'arrête pas immédiatement son action ; mais il se produit autour de la position normale, une série d'oscillations qui durent d'autant plus longtemps que l'isochronisme est plus parfait. On se trouve amené ainsi à munir les régulateurs d'appareils modérateurs formant freins, pour amortir plus rapidement ces vibrations. Ce sont généralement des pistons percés de trous qu'on relie au manchon et qui oscillent dans des cylindres pleins d'huile. La résistance qu'ils éprouvent dans leur déplacement ramène bientôt le manchon au repos. On retrouvera d'ailleurs cette disposition sur un certain nombre de régulateurs figurés dans les vues d'ensemble de différentes machines représentées dans ce *Dictionnaire*. — V. MOTEUR A VAPEUR.

Il est peu rationnel évidemment de rechercher un isochronisme parfait qu'on est ensuite obligé de détruire en partie par l'action d'un frein, et il est préférable d'adopter une solution moyenne en prenant un type de régulateur approprié au travail qu'on a en vue, en déterminant en un mot d'après les conditions de marche de la machine, et surtout d'après la puissance du volant qui règle, comme on sait, les oscillations périodiques de la vitesse, le degré d'isochronisme et de stabilité, c'est-à-dire de résistance au déplacement, dont le régulateur a besoin.

Comme les calculs théoriques ne permettent pas d'établir toujours à l'avance d'une manière bien précise, la meilleure solution à adopter, on se guidera principalement dans cette étude sur l'exemple des machines analogues, ayant un fonctionnement satisfaisant, mais il y a toujours intérêt, surtout si on ne dispose d'aucun exemple dans la pratique, à adopter des régulateurs sur lesquels on puisse faire varier à volonté le degré d'isochronisme et même la vitesse de régime, qu'on ne peut pas toujours non plus fixer à l'avance dans l'étude des machines, le travail à exécuter étant trop variable, ou difficile à apprécier exactement.

M. Léauté a indiqué (V. *Comptes rendus de l'Académie des sciences*, numéros du 25 août et du 1er septembre 1879) un mécanisme simple qu'il est facile d'adapter à un régulateur quelconque pour arriver à ce résultat. Comme c'est là une solution des plus curieuses et intéressantes, nous en donnons ici une description résumée d'après celle qu'il a publiée lui-même.

Ce mécanisme est formé, dit-il, par un contrepoids Q' agissant sur le manchon par l'intermédiaire du levier de manœuvre et susceptible de se déplacer le long d'une droite D'M' mobile elle-même autour d'un point D' fixe par rapport à ce levier.

Le point fixe D' est celui où devait être placé le contrepoids choisi pour maintenir en équilibre le régulateur, supposé au repos, dans les deux positions qu'il occupe, lorsque le manchon est aux 7/10 de sa course comptée à partir du milieu.

Pour chaque position du contrepoids, la vitesse moyenne de régime et le degré d'isochronisme sont fixés. Quand le contrepoids se déplace sur la droite mobile, cette droite restant fixe par rapport au levier de manœuvre, le degré d'isochronisme demeure constant, et la vitesse de régime varie seule. Cette vitesse, nulle quand le contrepoids est placé au point d'articulation D', croît à mesure qu'il s'éloigne de ce point. D'une manière générale, elle est proportionnelle à la racine carrée de la distance du contrepoids à la verticale qui passe par le point d'articulation, le levier de manœuvre étant supposé pour cette mesure, placé dans sa position moyenne. La vitesse moyenne de régime se trouvera donc entièrement déterminée par une seule épreuve. Il est bon de remarquer aussi que, en plaçant le contrepoids sur la verticale même de l'axe de rotation du levier de manœuvre, la vitesse moyenne de régime est la même que si le contrepoids n'existait pas.

Le degré d'isochronisme dépend simplement de la direction de la droite mobile D'M', et peut atteindre toutes les valeurs. Il diminue d'une manière régulière à mesure que cette droite s'éloigne de la position correspondante à l'isochronisme complet. Dans les régulateurs ordinaires, cette position se trouve au-dessus du

levier de manœuvre. Si, en cherchant l'isochronisme, on venait à dépasser la position voulue, le mode d'action du régulateur serait renversé. Il ouvrirait le distributeur quand il faudrait le fermer, et inversement, il serait donc fou. Quand la droite mobile est horizontale, pour la position moyenne du levier de manœuvre, le degré d'isochronisme est le même que si le contrepoids n'existait pas.

On se rend aisément compte du sens dans lequel il faut déplacer la droite mobile pour augmenter le degré d'isochronisme, en remarquant qu'il faut pour cela diminuer l'effort qui s'oppose à l'écartement des boules à mesure qu'elles s'écartent davantage.

Dans les régulateurs isocèles, c'est-à-dire dans

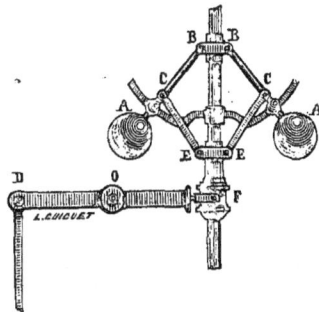

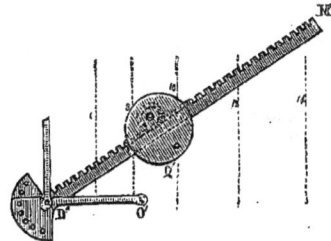

Fig. 395 et 396. — *Vue du dispositif adopté par M. Léauté, à la poudrerie de Pont-de-Buis, pour permettre de faire varier le degré d'isochronisme et la vitesse de régime du régulateur.*

ceux où EC est égal à BC, le point d'articulation D' de la droite mobile D'M' se trouve sur le levier de manœuvre lui-même; il suffit alors d'une seule expérience pour le déterminer, si l'on se donne le contrepoids, ou pour déterminer le contrepoids, si l'on se donne l'articulation.

Enfin, il faut remarquer que le système du contrepoids et de la droite mobile peut très bien ne pas être fixé directement sur le levier de manœuvre ou sur son axe. En vertu du *principe des déplacements virtuels*, il suffit qu'il soit relié à ce levier de telle sorte que les quantités dont le contrepoids s'élève ou s'abaisse dans chacune de ces positions, soient les mêmes dans les deux cas. Cette observation permet, comme on voit, de placer le mécanisme correcteur à la portée de l'ouvrier chargé de le manœuvrer.

Le mécanisme fondé sur ce principe est représenté (fig. 395 et 396) sous la forme qui lui a été donnée par M. Léauté, pour l'application au régulateur de la turbine motrice de la poudrerie de Pont-de-Buis qui doit conduire trois tonnes de lissage, ensemble ou séparément, à des vitesses variant de six à quatorze tours par minute, conditions qui ne permettaient pas, comme on voit, de conserver la même régularité de mouvement dans tous les cas.

Pour la facilité d'accès, le mécanisme est reporté à une certaine distance au-dessous de l'extrémité du levier de manœuvre, à laquelle il est rattaché par une articulation DD', on a pris D'O' = OD; ces deux lignes sont horizontales en même temps, et le contrepoids ajouté dans le bas joue par rapport à O'D' le même rôle que par rapport à OE; tout l'ensemble oscille, en effet, autour du point O', comme il ferait autour du point O, si le mécanisme était resté sur le levier de manœuvre.

D'M' est la tige que doit parcourir le contrepoids, elle reçoit la forme d'une crémaillère, ce qui permet de déplacer celui-ci au moyen du pignon denté dont il est muni. Cette droite oscille autour de D', et elle est terminée enfin par une patte d'oie qui permet de lui donner une inclinaison variable en la fixant sur la patte du levier O'D' par une cheville traversant à la fois les deux pattes par l'un des trous ménagés à cet effet.

L'appareil se gradue sans difficulté par l'expérience; on donne d'abord à la tige mobile l'inclinaison répondant au degré d'isochronisme qu'on veut atteindre, et on déplace ensuite le contrepoids suivant la vitesse à obtenir d'après le travail à effectuer.

M. Pichault a fait de son côté sur cette question de l'uniformité de régime que peuvent donner les régulateurs, une étude complète des plus intéressantes, qu'on trouvera dans la première année du *Génie civil*, et, à la suite d'une longue série de calculs théoriques, il est arrivé à disposer un type nouveau de régulateur à isochronisme approprié, pouvant s'adapter aussi sans difficulté à diverses conditions très variables de vitesse de marche ou de puissance du moteur, sans rien changer à la construction et au bon fonctionnement.

Ce type très intéressant au point de vue théorique et pratique est d'une construction très simple et d'une vérification relativement facile, il présente en outre l'avantage d'employer peu d'espace et de matière, et d'entraîner par suite la moindre usure pour une puissance et une stabilité données. Cet appareil est représenté dans la figure 397 qui donne un exemple appliqué à la commande des tiroirs d'une machine Meyer. Il comprend, comme on voit, un arbre vertical A N, entraîné avec l'arbre moteur par une commande d'engrenages, celui-ci reçoit un manchon mobile U en forme de cylindre qui peut osciller verticalement le long du piston P calé sur l'arbre. Ce manchon porte à sa base inférieure un plateau D sur le contour duquel sont suspendues les boules du régulateur. Celles-ci, en nombre nécessairement pair et supérieur à deux, sont attachées chacune, comme l'indique la figure 397, à l'extrémité d'un levier coudé OBD, oscillant autour de l'axe B solidaire avec le manchon, et terminé à son autre extrémité par un galet qui frotte au contact du plateau. On voit immédiatement que le point d'oscillation de ces leviers coudés se déplace verticalement avec le manchon, et le galet extrême D oscille horizontalement de son côté quand les boules se rapprochent ou s'écartent. L'ensemble de deux boules diamétralement opposées forme ainsi un système articulé disposé de manière à en faire correspondre le centre de gra-

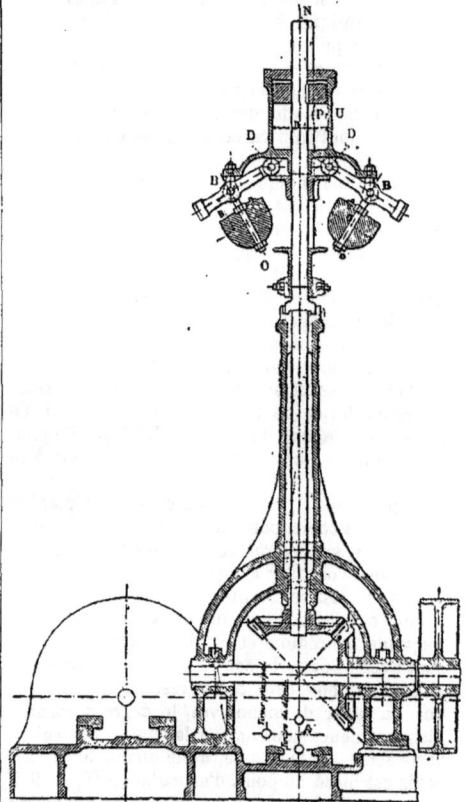

Fig. 397. — *Régulateur Pichault.*

vité avec l'axe de rotation du régulateur, et dans ces conditions, on démontre facilement, comme l'a fait M. Pichault, que même en tenant compte de la masse des bras, ce qu'on ne fait pas habituellement, la résultante des forces centrifuges est la même que si toute la masse était concentrée au centre de gravité du système. M. Pichault démontre, en outre, qu'avec cette disposition, on arrive à rendre les oscillations du manchon les plus petites possibles pour une variation donnée de la vitesse, et qu'il est permis de réaliser ainsi un isochronisme aussi complet que possible. On peut donc arriver avec ce type d'appareil à construire un régulateur ayant une sensibilité et une stabilité données, et même faire varier ultérieurement ces qualités suivant les besoins. Nous ne pourrions pas reproduire ici tous les détails de la démonstration intéressante donnée par M. Pichault, nous devons donc nous contenter de signaler ce beau travail à l'attention de nos lecteurs.

Une des dispositions les plus simples et ingénieuses qu'on ait appliquées pour permettre de conserver une vitesse de marche uniforme tout en modifiant la vitesse du distributeur, est fournie par le compensateur Sarralier qu'on interpose sur les tiges de transmission allant du régulateur au distributeur, pour former une liaison automatiquement variable, grâce à laquelle le régulateur peut revenir à sa position normale sans agir sur le distributeur.

L'appareil se compose d'une boîte solidaire avec le manchon du régulateur, et qui oscille dans un bâti fixe; elle est traversée intérieurement par une tige en crémaillère dont les dents forment deux séries dirigées en sens inverses, et qui commande le distributeur ou le mécanisme de détente. L'entraînement de la crémaillère s'opère par l'intermédiaire de deux linguets qui pénètrent dans les dents. Une pièce fixée au bâti, vient soulever l'un ou l'autre de ces linguets suivant le sens du mouvement de la boîte. Ces linguets n'entrent pas en jeu tant que la boîte reste immobile, mais dès que celle-ci vient à être entraînée dans un sens ou dans l'autre sous l'action du régulateur, celui des deux linguets qui pourrait s'y opposer se trouve soulevé, et l'autre entraîne la crémaillère et par suite tout le système de distribution en même temps que la boîte.

Le mouvement d'entraînement de la crémaillère continue jusqu'à ce que la nouvelle position donnée au système de distribution ait modifié la vitesse de la machine. Lorsque celle-ci vient à se rétablir, le régulateur reprend sa position moyenne, et repousse la boîte en sens inverse; mais cet entraînement s'opère sans affecter le distributeur, car le linguet qui était précédemment moteur, se trouve soulevé par la pièce fixe, et il glisse sur les dents de la crémaillère sans aucun entraînement.

Cet appareil à la fois simple et pratique, peut s'adapter, comme on le voit, sur tous les types de régulateurs, et il a donné d'ailleurs en service, des résultats très satisfaisants.

Régulateurs de pression. En dehors des modérateurs de la vitesse de marche des moteurs, on réunit aussi, comme nous l'avons dit, sous le nom de *régulateurs*, tous les appareils ayant pour but de maintenir, automatiquement ou à la main, dans des limites données, la pression ou le débit variable d'un fluide ou d'un liquide.

C'est ainsi, par exemple, que les moteurs agissant par la pression de l'air sont généralement munis d'un appareil spécial interposé entre le réservoir d'air comprimé et le cylindre où ce fluide se détend, afin de conserver à l'admission une pression sensiblement uniforme, malgré les réductions inévitables que cette pression subit à mesure que se vide le réservoir; et, d'une manière générale, tous les appareils fondés sur l'emploi de l'air ou de la vapeur, et qui doivent fonctionner

toujours à la même pression, sont munis d'une sorte de détendeur ou de régulateur interposé à cet effet sur le passage du courant. Nous avons donné des exemples de ces régulateurs en décrivant les appareils spéciaux sur lesquels ils sont appliqués; on trouvera ainsi à l'article MOTEUR A AIR COMPRIMÉ, la vue et la description d'un type de régulateur approprié à ces moteurs; nous pourrions citer également le frein à air comprimé de Wenger, dont le réservoir d'air, sur la machine, est muni également d'une soupape de détente réglant la pression du courant d'air lancé dans la conduite du frein. Les pompes alimentaires pour chaudières à vapeur sont aussi munies quelquefois, d'un appareil régulateur diminuant ou augmentant le débit de l'eau aspirée suivant les besoins de la chaudière, ce régulateur étant commandé automatiquement ou à la main. Nous en avons donné, à l'article POMPE, un exemple des plus intéressants (régulateur Hiram), en ce que le dispositif adopté permet de faire varier le volume admis dans la chaudière sans modifier la marche ou le débit de la pompe elle-même. La forme et les dispositions de ces régulateurs varient nécessairement suivant les appareils sur lesquels ils sont appliqués, et nous ne pouvons que renvoyer le lecteur aux articles spéciaux déjà signalés sans entreprendre de revenir ici sur cette description. Bornons-nous à dire, qu'en principe, l'organe essentiel de ces régulateurs est formé généralement par une soupape ou un tiroir interposé sur le passage du courant dont on veut ramener le débit à une valeur déterminée; l'effort même de la pression à régler est occupé à déplacer cette soupape pour étrangler le courant de manière à produire la réduction de pression qu'on a en vue, et toute variation de la pression initiale entraîne un déplacement correspondant de la soupape qui corrige celle-ci en la ramenant à la valeur constante qu'on veut rétablir.

II. **RÉGULATEUR.** *T. de chem. de fer.* Appareil obturateur placé sur les chaudières de locomotives à l'orifice du tuyau de prise de vapeur, allant aux boîtes des cylindres qu'il sert à découvrir ou à fermer plus ou moins complètement. Il est toujours manœuvré à la main par le mécanicien à l'aide d'une tige commandée par un levier spécial disposé sur la plate-forme, et il n'a ainsi que le nom de commun avec les régulateurs dont nous venons de nous occuper. Le régulateur des locomotives est formé souvent d'un simple bloc percé d'ouvertures qu'on amène en correspondance ou en opposition avec les lumières du tuyau de prise de vapeur. Comme ce bloc est soumis à la pression de la vapeur, les déplacements qu'il doit prendre exigent un effort appréciable qu'on pourrait réduire sensiblement en équilibrant le régulateur, comme on le fait quelquefois pour les tiroirs, mais cette disposition, un peu compliquée, n'est guère utilisée chez nous. On rencontre cependant, surtout en Amérique, de nombreux types de régulateurs équilibrés généralement à soupapes, et quelquefois à double piston, dont la pression, réglée par la différence de diamètre de leurs faces, peut être réduite à volonté, et qui ont un fonctionnement très satisfaisant. On a essayé également de faciliter la manœuvre du régulateur en assurant par un déplacement très faible l'admission d'un premier filet de vapeur, dont la pression vient s'ajouter à l'effort du mécanicien pour assurer le déplacement complet. Cette disposition est appliquée souvent sur les régulateurs à tiroir, et on la rencontre également sur les régulateurs à papillon du type perfectionné par M. Stroudley. La manœuvre des papillons est déjà d'ailleurs plus douce par elle-même que celle des tiroirs. Les régulateurs sont accompagnés souvent d'appareils sécheurs destinés à prévenir l'entraînement des gouttes d'eau mélangées avec la vapeur; nous n'insisterons pas sur ces dispositions déjà signalées à l'article PRIMAGE; on trouvera d'ailleurs de nouveaux détails à ce sujet dans l'étude de M. Richard (V. *Revue générale des chemins de fer*, juillet 1883).

III. RÉGULATEUR. *T. d'horlog.* En horlogerie, le balancier est considéré comme le *modérateur*, et le spiral, qui règle son mouvement, comme le *régulateur* de la marche du rouage. Plus communément, en terme de métier, ce mot devient un substantif désignant une petite horloge ou forte pendule pourvue d'un échappement de précision et d'un pendule, ou balancier rectiligne, battant la seconde. Cette pièce, dans les observatoires, s'appelle *pendule* ou *régulateur astronomique*, et elle a pour fonction de mesurer avec exactitude la durée des observations astronomiques; chez l'horloger, où elle sert à régler les montres, etc., elle conserve simplement le nom de *régulateur*.

VI. RÉGULATEUR. Ce mot s'applique encore à une foule d'appareils ou d'organes de machine qui sont indiqués à leurs articles respectifs; c'est ainsi qu'en *t. de tiss.* on donne ce nom à l'organe du métier à tisser qui détermine l'enroulement du tissu au fur et à mesure de sa confection, et qui, par conséquent, détermine le degré de rapprochement des duites les unes des autres, c'est-à-dire la réduction en trame. — V. TISSAGE.

V. RÉGULATEUR DE PRESSION DU GAZ. Ces appareils sont destinés à maintenir constante la pression sous laquelle se produit l'écoulement du gaz, soit dans la conduite de sortie de l'usine, soit dans les conduites secondaires de distribution. Depuis le premier régulateur créé par Clegg, en 1815, jusqu'au type perfectionné que nous avons décrit dans l'étude relative au gaz d'éclairage, les divers genres de régulateurs appliqués à l'émission du gaz ont eu pour objet de faire écouler par la conduite de sortie, des volumes variables suivant les besoins de l'alimentation, débités sous une pression déterminée et maintenue aussi constante et aussi indépendante que possible des variations de la consommation.

Les *régulateurs de pression du gaz* peuvent se diviser en plusieurs catégories, suivant leurs applications: nous distinguerons, par exemple: 1° les *régulateurs d'usines*, s'appliquant à la marche des extracteurs, et à l'émission du gaz en ville; 2°

les *régulateurs de distribution*, se plaçant en divers points d'un réseau de canalisation, pour y régulariser la pression; 3° les *régulateurs d'abonnés*, installés à l'origine de la conduite distribuant le gaz dans un établissement particulier; 4° les *régulateurs de becs* et les *rhéomètres*, qui agissent directement et isolément sur chaque brûleur pour en régulariser la consommation.

Régulateurs d'usines. Les divers types d'appareils dérivant du régulateur de Clegg ne diffèrent, en général, que par quelques détails de construction; ils sont tous basés sur l'emploi d'une cloche à flotteur, mue par la pression du gaz, et soulevant ou abaissant, durant ses mouvements d'ascension ou de descente, un clapet conique qui fait varier la section d'écoulement du gaz et par suite la pression correspondant à cet écoulement dans la conduite de sortie de l'usine.

Le type que nous avons décrit en parlant de la fabrication du gaz d'éclairage est l'un des plus complets qui aient été faits jusqu'alors. Nous ne reviendrons donc pas ici sur ce sujet déjà traité. — V. GAZ D'ÉCLAIRAGE.

Régulateurs de distribution. M. Giroud, qui s'est laborieusement appliqué à perfectionner l'emploi des régulateurs, a eu l'idée de modifier leur mode d'action, en produisant l'émission sous une pression variable se modifiant automatiquement, chaque fois qu'il est nécessaire, dans la mesure convenable pour maintenir constante la pression dans le réseau. M. Giroud a imaginé pour cela, des appareils qui, mis en communication au moyen d'un tuyau de retour avec tel ou tel point du réseau, règlent l'émission de façon à en augmenter ou diminuer le volume dans la mesure exacte et au moment précis où se produisent les variations de consommation, dans les parties du réseau avec lesquelles cette communication a été établie. On trouve, dans un petit ouvrage spécial publié par M. Giroud sous le titre de *Traité de la pression*, des renseignements très détaillés sur l'installation et le fonctionnement de ses *régulateurs à tuyau de retour* et ses *régulateurs d'émission* dont la figure 398 représente une coupe verticale.

Pour nous rendre compte de l'effet que doit produire sur un réseau le régulateur d'émission, supposons une conduite d'un diamètre uniforme et d'une longueur quelconque: désignons par P la *pression à l'entrée*, et par p la *pression à la sortie*; la différence P-p sera la *pression d'écoulement*, ou la *perte de charge* déterminant la vitesse d'écoulement du gaz entre l'origine et l'extrémité de cette conduite. Puisque le volume qui s'écoule dans un tuyau pendant l'unité de temps, varie suivant que la vitesse augmente ou diminue, tout changement de débit correspondra nécessairement à un changement de la valeur de P-p.

Le problème à résoudre avec les régulateurs consiste donc à maintenir P-p dans la valeur la plus convenable pour assurer l'écoulement régulier d'un volume déterminé de gaz dans la conduite. Si le volume qui s'écoule doit rester constant, P-p doit être rendu invariable; c'est le cas du *rhéomètre* appliqué à un brûleur, qui, laissant varier P aussi bien que *p*, rend constante la différence de valeur de ces deux termes et rend par suite le débit uniforme. Si, au contraire, le volume qui s'écoule doit varier, et être tantôt faible, tantôt fort, comme cela se produit dans un grand réseau sur lequel la consommation est très variable, les différentes valeurs que devra prendre P-*p* doivent résulter de la variation de P seulement; c'est le but que doit atteindre le régulateur d'émission. C'est, en effet, le résultat obtenu par le type du régulateur Giroud que nous mettons sous les yeux de nos lecteurs.

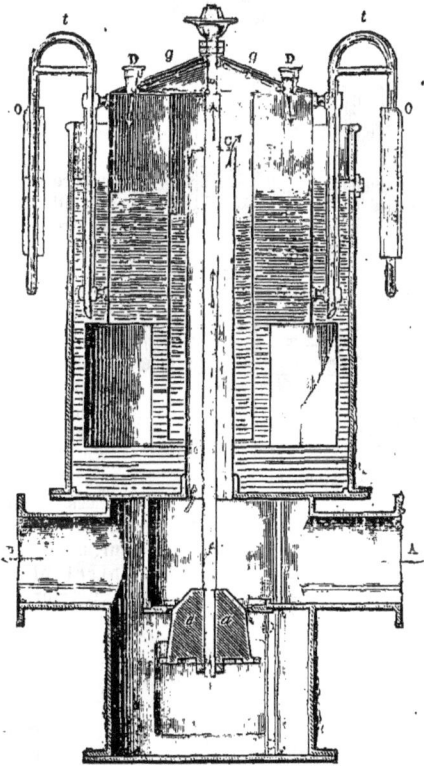

Fig. 398. — *Régulateur d'émission.*

Ce modèle (fig. 398) réunit les divers perfectionnements apportés par M. Giroud au régulateur de Clegg. Les dispositions prises pour annuler rigoureusement la pression d'entrée permettent de donner à l'appareil un volume réduit qui rend facile et moins encombrante son installation. Il se compose d'un bassin en fonte portant la tubulure d'entrée A et celle de sortie B, séparées l'une de l'autre par un diaphragme dans lequel se trouve l'ouverture que le cône *a a* ouvre ou ferme plus ou moins selon les positions qu'il occupe, en suivant les mouvements de la cloche *g g* à laquelle il est relié par la tige tubulaire *f n*. Cette tige met en communication la pression de la sortie avec l'intérieur de la cloche

g g, tandis que la pression d'entrée s'exerce à l'intérieur du cylindre dont la section est de même diamètre que celle de la base du cône. Les compensateurs *o o*, corrigent les effets de l'immersion en reprenant ou restituant par syphonnement, au moyen des branches recourbées *t t*, un volume d'eau exactement égal au volume déplacé par les parois de la cloche. Deux petits orifices DD, mettant en communication l'enveloppe cylindrique avec l'air extérieur, remplissent l'office de freins atmosphériques et annulent les effets des coups brusques de pression.

Régulateurs d'abonnés. Ces appareils, qui se placent à la suite du compteur, ont pour

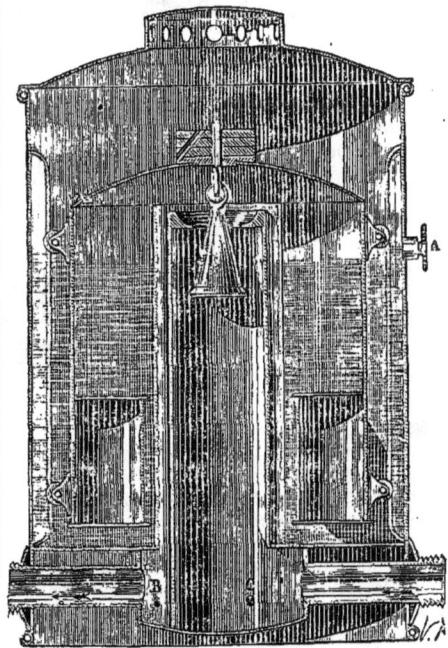

Fig. 399. — *Régulateur d'abonné.*

but de régulariser l'alimentation de l'ensemble des becs installés chez les consommateurs, de façon à rendre constante la pression aux brûleurs, et à maintenir uniforme l'allure des flammes, quelles que soient les variations de la pression d'arrivée au compteur, et quel que soit le nombre de becs allumés ou éteints à diverses heures de la soirée. Les régulateurs destinés à cet usage sont d'ailleurs analogues, comme principe de construction, aux régulateurs d'émission. Le clapet conique est mis en mouvement par la cloche mobile elle-même dans une cuve métallique contenant de l'eau à un niveau fixé par un bouton de réglage A, comme le montre la figure 399 qui représente en coupe verticale un type de régulateur construit par la Cie anonyme Continentale des compteurs à gaz. Le régulateur ·d'abonné, bien installé, rend des services, surtout dans les

Établissements qui ont un grand nombre de becs, dont la consommation est variable, dont l'allumage et l'extinction partiels entraînent des variations fréquentes et sensibles dans l'alimentation.

Nous avons représenté, figure 400, un nouveau type de régulateur créé par MM. Parsy et Derval, dont le principe consiste *à faire varier automatiquement la pression par la seule action du courant de gaz qui traverse le régulateur.* L'appareil satisfait aux deux conditions suivantes : 1° que le volume entrant dans la canalisation soit constamment égal à celui qui en sort ; 2°

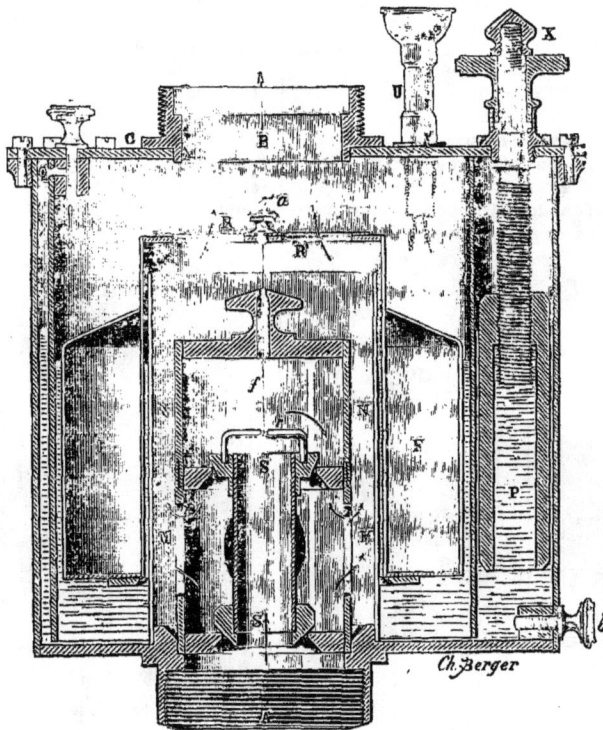

Fig. 400. — *Régulateur d'abonné.*

que la pression du gaz, à l'entrée de la canalisation, augmente avec le volume consommé pour remplacer la pression absorbée par les conduites, c'est-à-dire la perte de charge.

Le fonctionnement de ce régulateur est basé sur le principe des vases communiquants. Il se compose, comme le montre la figure 400, d'un flotteur annulaire FF entouré d'un cylindre métallique II soudé au couvercle C et formant une sorte de cloche renversée qui plonge dans le liquide. Le couvercle C portant la tubulure B de sortie du gaz est vissé directement sur l'enveloppe extérieure, de façon que le cylindre intérieur et l'enveloppe constituent les deux chambres remplissant l'office de vases communiquants, soumis l'un (*l'intérieur*) à la pression du gaz de sortie, et l'autre (*l'extérieur*) à la pression atmosphérique. Un plongeur P, qu'on peut élever ou abaisser dans le liquide par l'action d'une tige filetée et d'un bouton X, permet, suivant qu'on l'immerge plus ou moins, de faire varier le niveau de l'eau et en même temps la pression de sortie, qui se trouve mesurée par la colonne de liquide ayant pour hauteur la différence entre les deux niveaux dans les vases communiquants. Le liquide employé de préférence est l'huile minérale neutre d'environ 0,850 de densité ; l'entonnoir U sert à l'introduction du liquide et met aussi la chambre extérieure en

communication avec l'air extérieur. Le gaz arrive par la tubulure A et vient rencontrer les deux soupapes SS dont les sièges sont fixés au tube MN, percé sur son pourtour de plusieurs orifices donnant issue au gaz. Les deux soupapes rendues solidaires par le tube central qui les traverse sont suspendues à l'aide d'une poignée r par le fil f au plateau supérieur ; l'extrémité supérieure de ce fil est attachée au centre de deux plaques perforées RR' qui sont des *plaques de réglage* mobiles autour de l'axe a et qui peuvent recouvrir par leurs parties pleines, ou découvrir par leurs orifices d'autres orifices de même diamètre percés dans le dessus de la boîte cylindrique du flotteur. Si on a réglé préalablement l'ouverture des plaques de réglage, par tâtonnement, et si on donne à la soupape inférieure S une section convenable par rapport à celle de la soupape supérieure S, on obtient un appareil sur le fonctionnement duquel les variations de pression à l'entrée, ou les variations de volume écoulé n'ont pas d'influence. Ces appareils, d'une grande

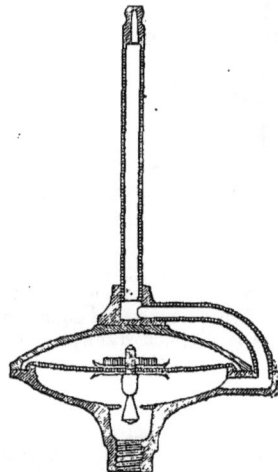

Fig. 401. — *Régulateur de bec, avec membrane souple intérieure.*

sensibilité, fonctionnent d'une manière complètement satisfaisante.

Régulateurs de becs et rhéomètres.

La régularisation du débit des becs est une question d'un intérêt sérieux pour assurer un emploi judicieux et avantageux du gaz, aussi bien que pour éviter les faiblesses ou les excès inutiles de consommation qui sont la conséquence des variations de la pression dans le réseau d'une canalisation. On a créé divers types d'appareils destinés à régler le débit des becs de lanternes publiques; on peut également les appliquer aux brûleurs des appareils installés chez les consommateurs. Parmi les formes diverses de régulateurs de becs nous n'en citerons que quelques-unes, les plus connues, notamment :

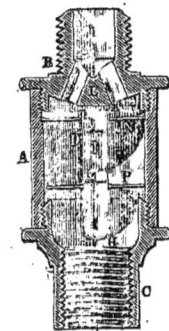

Fig. 402. — *Régulateur Bablon, vu en coupe verticale.*

1° Le *régulateur à membrane de cuir* (fig. 401), formé d'une calotte à peu près hémisphérique, cloisonnée par une membrane en cuir gros portant un petit cône, qui obture plus ou moins l'orifice de sortie du gaz ;

2° Les *régulateurs secs à membrane métallique*, parmi lesquels nous mentionnerons :

Le régulateur Bablon, qui se compose d'une capsule métallique renfermant un disque, également en métal, qui porte le cône obturateur destiné à modifier la section de sortie du gaz, tel que le montre la figure 402, qui représente une coupe verticale suivant l'axe de l'appareil, et les figures 403 à 405 qui montrent séparément les pièces constituant l'ensemble de ce régulateur. Comme on le voit, le cylindre A présente à ses extrémités deux parties filetées, qui reçoivent les couvercles C et B. Le couvercle intérieur C laisse un libre accès au gaz qui arrive en dessous du piston HPI; une rondelle fixe N soudée en place, constitue un fond au cylindre A. Une ouverture centrale pratiquée dans cette rondelle, laisse passer sans frottement le tube I fixé au

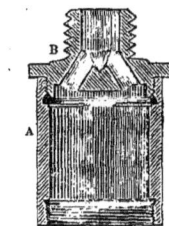

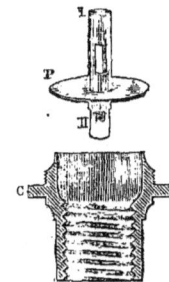

Fig. 403 à 405.—*Pièces détachées du régulateur Bablon.*

piston et constituant la soupape. C'est contre la partie pleine L du couvercle B que vient se faire l'obstruction de cette soupape, lorsque le piston PI se trouve plus ou moins soulevé.

Le gaz qui vient de subir ainsi le réglage de la soupape s'écoule librement par des orifices pratiqués au travers du couvercle supérieur B et

venant se réunir dans le raccord qui le surmonte, puis il se rend de là directement au bec alimenté par l'appareil.

Le régulateur sec Giroud, basé aussi sur l'emploi d'une membrane métallique ou disque se mouvant dans une enveloppe en cuivre, figure 406.

La pièce intérieure fixe est un diaphragme percé de deux orifices par lesquels passe le gaz qui, ensuite, vient se répartir dans l'espace annulaire très petit, restant libre entre l'enveloppe et la membrane horizontale formant piston.

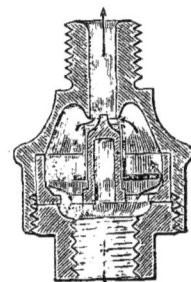

Le tube concentrique au mamelon qui s'élève au centre du diaphragme, sert de guide aux mouvements du piston, et quand la pression du gaz soulève plus ou moins la membrane, le bord supérieur du tube vient obturer plus ou moins l'orifice supérieur d'écoulement du gaz.

Fig. 406. — *Régulateur sec Giroud.*

Ces deux régulateurs, du type Bablon et Giroud, sont, à proprement parler, des *régulateurs de volume* et non de pression ; ils ont pour but de faire écouler un volume constant malgré les variations de la pression. Voici du reste la théorie du fonctionnement de ces régulateurs. Soient P la pression du gaz dans les conduites, P' la pression au-dessus du piston, S la section de ce piston, et p son propre poids. La force qui tend à soulever le piston est celle qui résulte de la pression P s'exerçant sous la section S; c'est la force PS. Les forces qui tendent à le faire descendre proviennent de la pression en dessus de lui $P'S$, et de plus son poids p. Pour qu'il y ait équilibre, il faut qu'on ait l'équation $PS=P'S+p$, d'où on tire $P-P'=\dfrac{p}{S}$. Or, $P-P'$, c'est-à-dire la différence de pression qui produit l'écoulement du gaz, est égale à la constante $\dfrac{p}{S}$, c'est donc également une quantité constante, et par suite le volume de gaz débité est constant aussi, quelles que soient d'ailleurs les variations de la pression.

3° Nous mentionnerons maintenant les *régulateurs humides*, dont deux types principaux :

Fig. 407. — *Régulateur humide.*

a) Le régulateur Parsy et Derval, basé sur l'emploi d'un flotteur p portant le cône d'obturation et sur le principe des vases communicants représentés en PP et CC sur la figure 407 qui donne la coupe verticale de cet appareil ;

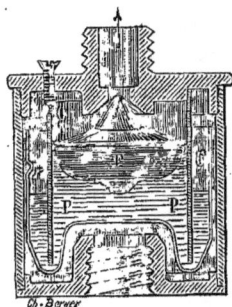

b) Le rhéomètre Giroud, régulateur humide, différant en cela des précédents types qui rentrent dans la catégorie des *régulateurs secs.* La figure 408 en représente une coupe verticale.

La dénomination de *rhéomètre* a été créée par M. Giroud pour désigner un appareil qui a pour but d'assurer *la constance d'écoulement d'un volume déterminé ,* indépendamment des changements de la pression initiale dans la conduite d'alimentation, indépendamment aussi de la forme et de l'augmentation des dimensions du brûleur. C'est, en réalité, la *régulation du courant* que l'instrument réalise; le nom de *rhéomètre* ne répond donc à ce résultat qu'en considérant l'appareil comme un instrument de jaugeage mesurant le débit du brûleur, mais en réalité, c'est plutôt un instrument de réglage que de mesurage. Il permet d'effectuer une dépense *voulue et déterminée d'avance,* indépendamment des causes accidentelles qui tendraient à la modifier durant le fonctionnement du brûleur. L'appareil se compose d'une petite cloche très légère, en métal inoxydable, portant à son sommet un cône obturateur et présentant en un point de sa calotte un petit orifice dont la section est exactement calibrée suivant le débit constant que l'on veut obtenir. Cette cloche se meut dans une gorge annulaire remplie de glycérine ou d'huile d'amandes douces, et se trouve renfermée dans une enveloppe cylindrique en cuivre dont le fond présente un pas de vis qui se monte sur le robinet du brûleur, et le couvercle une autre partie filetée qui reçoit le porte-bec.

Appliqués aux lanternes de ville, les régulateurs, secs ou humides, offrent un moyen avantageux d'assurer la régularité des flammes ainsi que la constance du débit pour lequel ils ont été réglés. Les uns et les autres ont leurs qualités et leurs inconvénients au point de vue de l'entretien; les régulateurs secs sont plus sujets à s'encrasser et, si on n'a pas soin de les nettoyer de temps en temps, on risque de rendre leur marche imparfaite. Les régulateurs humides ne présentent pas cet inconvénient au même degré, mais l'emploi d'un liquide nécessite, pour le remplissage, une certaine attention, et ces appareils ne sont pas, d'ailleurs, exempts d'un nettoyage périodique, toujours nécessaire pour assurer convenablement la continuité de leur bon fonctionnement. — G. J.

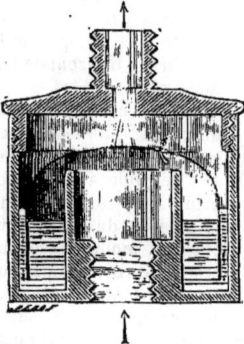

Fig. 408. — *Coupe du rhéomètre Giroud.*

VI. *RÉGULATEUR ÉLECTRIQUE.* Lors des premiers essais d'éclairage par l'arc voltaïque, on a désigné sous le nom de *régulateurs,* les lampes de Foucault, Serrin, Duboscq, etc., parce que leur mécanisme avait pour but de régler la marche des charbons (V. LAMPE ÉLECTRIQUE). Cette appellation est aujourd'hui abandonnée, et l'expression de *régulateur électrique* est consacrée aux appareils employés pour régulariser, à l'aide des actions électro-magnétiques, la marche des moteurs actionnant les dynamos dont la vitesse doit varier de façon à maintenir constante l'intensité du courant, dans le circuit qu'elles alimentent. On a même étendu l'usage de ces régulateurs aux moteurs d'usines et aux machines marines. La plupart d'entre eux sont basés sur des combinaisons d'électro-aimants ou même de petits moteurs électriques, disposés pour commander l'admission de la vapeur, soit directement, soit par l'intermédiaire de servo-moteurs. Les plus intéressants ont été décrits par M. Richard dans la *Lumière électrique* (mai 1884, janvier, avril, mai et novembre 1885, octobre 1886).

RÉGULE. *T. de chim.* Ce mot ne s'applique guère qu'à l'antimoine, et les alchimistes désignaient sous le nom de *régule d'antimoine,* l'antimoine métallique, parce qu'il s'allie facilement à l'or (*regulus* petit roi), qui pour eux était le roi des métaux.

* **REIBELL** (FÉLIX-JEAN-BAPTISTE-JOSEPH). Ingénieur, né à Strasbourg en 1795, mort en 1867; entra à l'École polytechnique en 1812, à l'âge de dix-sept ans, s'y distingua, et fut nommé en 1820 ingénieur des ponts et chaussées. En 1830, il était ingénieur en chef. En cette qualité, il dirigea les travaux du port de Cherbourg, et c'est à lui notamment qu'on doit la digue de 4 kilomètres de longueur qui ferme la rade, et qui est considérée comme un ouvrage merveilleux. Il fit un court passage en 1848 dans la vie politique, mais ne s'y livra pas assez pour se laisser distraire de ses travaux ; il donna sa démission, devint inspecteur général, en 1852, inspecteur des travaux hydrauliques des ports militaires, membre du Conseil général des ponts et chaussées et du Conseil des travaux de la marine, etc. On lui doit de nombreux articles dans divers recueils techniques, notamment dans les *Annales des ponts et chaussées,* et une édition des *Leçons d'un cours de construction,* de Sganzin, qui forme trois volumes in-4°.

REIN. *T. d'arch.* Partie extérieure d'une voûte, d'un cintre, comprise entre la portée et le sommet.

REHAUTS. *T. techn.* Nom que l'on donne aux effets produits par des retouches ou hachures brillantes qui servent à faire ressortir des ornements décoratifs.

* **REJÉTEAU.** *T. de constr.* Moulure que l'on pratique au bas d'une fenêtre pour empêcher les eaux pluviales de pénétrer à l'intérieur d'un appartement.

* **REJOINTOIEMENT.** *T. de maçonn.* Opération qui consiste à remplir de mastic ou de plâtre ou de

ciment les bords des joints d'une maçonnerie, lorsque ces joints doivent rester apparents. Ces joints sont faits en creux, en saillie ou en affleurement de la surface du mur. Souvent on les trace avec une règle qui sert à guider un outil spécial appelé *tire-joints*, lequel est une tige de fer fixée dans un manche en bois. On presse l'extrémité de cette tige contre le mortier, et on frotte jusqu'à ce que le joint soit noirci ; le rejointoiement est alors régulier et très apparent. L'opération du rejointoiement se fait sur les maçonneries anciennes dont les joints ont été primitivement mal exécutés ou dégradés par le temps.

RELAIS. Dans les tapisseries de haute et basse lisse, la disposition des fils rangés les uns au-dessus des autres suivant les nuances, laisse de petits vides aux endroits où changent les couleurs. On nomme ces vides des *relais*, et on les reprend à l'envers lorsque la tapisserie est achevée. Cette couture doit être faite solidement avec une soie de couleur assortie à celle de chaque relais.

* **RELARGAGE.** *T. techn.* Opération qui consiste à verser dans l'huile la lessive destinée à faire le savon, avant d'opérer le brassage.

* **RELEVAGE.** 1° *T. de métall.* Opération qui a pour but, au laminage à deux cylindres, de prendre la barre à sa sortie de la cannelure et de la faire passer au niveau du laminoir supérieur ; elle est alors entraînée par la rotation de ce cylindre dans un sens directement opposé au passage précédent ; elle retombe sur le tablier ou sur les rouleaux d'entraînement, et elle est prête à subir un nouvel étirage.

L'inconvénient du relevage est double. Il demande un temps assez long, qui dépend de la longueur de la barre, et qui amène un refroidissement notable dans le métal, si l'allure du laminoir n'est pas très vive. De plus, quand les pièces sont volumineuses, il faut une disposition spéciale pour empêcher leur chute sur les rouleaux d'entraînement. On remplace le relevage, soit par le laminage à trois cylindres, soit, ce qui est préférable, par un laminage à renversement. || 2° *T. techn.* Action de remettre dans sa position naturelle, de fixer une position, de déplacer pour réparer. || 3° *T. de typogr.* Enlèvement de la forme de dessus le marbre de la presse après le tirage, ou même lorsque ce tirage doit être suspendu. || 4° *Relevage (arbre de).* *T. de mécan.* Arbre intermédiaire, disposé sur les locomotives, qui transmet à la coulisse réglant les oscillations du tiroir, l'action qu'il reçoit du levier de manœuvre commandé à la main par le mécanicien. — V. CHANGEMENT DE MARCHE et COULISSE.

RELEVÉ. En *t. de techn.*, ce mot est quelquefois synonyme de *repousser* et de *rehausser* ; il signifie aussi faire le levé d'un plan, prendre des attachements et dresser sur les lieux le mémoire des ouvrages apparents. || *Relevé à bout.* Réfection complète d'une chaussée pavée.

I. RELIEF. *T. de topogr.* Connaître le *relief* d'un terrain, c'est connaître l'altitude de chacun des points de ce terrain au-dessus d'un certain plan horizontal de comparaison ; en d'autres termes, c'est connaître dans sa forme et sa position, par rapport à l'horizon, la surface même du terrain. On représente généralement le relief d'un terrain par un plan coté sur lequel on joint, par un trait continu, tous les points qui se trouvent à une même altitude. On obtient ainsi des courbes dites *courbes de niveau.* On trace les courbes de niveau correspondant à des altitudes équidistantes, et l'on inscrit le long de chacune d'elles l'altitude qui lui correspond (V. PLAN COTÉ). Quant à la détermination même du relief sur le terrain, elle constitue l'opération du *nivellement.* — V. ce mot.

II. RELIEF. La Fontaine nous apprend que le rat des champs avait été invité par son ami, le rat de ville, à un festin composé de *reliefs* d'ortolans. La racine du mot est donc facile à trouver : ces reliefs étaient des restes, *reliquiæ*, comme les reliques sont elles-mêmes des restes. La même étymologie s'applique aux deux expressions. Quand un sculpteur, un ciseleur, un ornemaniste fouille un bloc de pierre pour y tailler une figure, une tête, un médaillon, parfois une scène entière, le plus souvent des ornements divers empruntés au règne végétal ou animal, il est obligé d'enlever au ciseau tout ce qui ne doit pas saillir, tout ce qui représente le fond et la perspective. Ce qui subsiste, après le travail d'enlèvement, ce qui doit produire l'effet voulu, c'est le *relief*, c'est le *reste.*

Les classiques de l'art définissent le relief : une saillie déterminée, subordonnée et proportionnée à un contour ou profil, à un modèle, à un ensemble de lignes et de plans. Ainsi entendu, le relief est du domaine des architectes, des modeleurs et des sculpteurs. En peinture, il supplée la couleur absente ; il contribue, par son opposition avec le *creux*, à figurer les fuyants et les perspectives. Ce que le peintre obtient par des ombres et des dégradations de teintes, le modeleur et le sculpteur le réalisent en creusant les parties qui doivent s'effacer, en faisant saillir d'autant celles qu'il importe de projeter en avant. C'est donc par le plus ou le moins de profondeur du *creux* qu'on accentue le *relief*, de la même façon qu'on accuse les saillies par les plis, et qu'on fait ressortir les points lumineux au moyen des ombres.

Les esthéticiens et les praticiens s'accordent à dire que le relief, en général, doit, ou former un contour, un profil, ou contribuer à le créer. Il doit, en outre, être toujours subordonné à la nature de la matière sur laquelle travaille l'artiste, et recevoir un développement proportionnel à la densité, à la cohésion, à la solidité de cette matière. Plus elle est tendre, molle, cassante, moins le relief doit être refouillé et saillant ; au contraire, la saillie du relief s'accentuera d'autant plus que le bloc, sur le fond duquel il se détache, est plus rigide et plus compact. La place, la hauteur, l'entourage influent beaucoup aussi sur le développement du relief et sur la saillie qu'il importe de lui donner ; il faut tenir compte de l'effet perspectif, ainsi que du jeu de la lumière et des ombres. Selon que le relief doit être vu de haut, de bas ou de face, de près ou de loin, il faut le grossir ou le diminuer, l'amplifier ou le réduire.

On distingue : le *plein relief* ou *relief entier*, qu'on nomme aussi le *haut-relief*; puis le *demi-relief* et le *bas-relief*. Le premier de ces reliefs peut se définir ainsi : un objet, figure, animal, plante, ornement quelconque, sculpté sur un fond et ressortant dans toute son épaisseur. C'est, proprement, la *ronde-bosse*. Dans ces conditions, l'objet peut tenir encore au fond par quelques points, ou en être presque complètement détaché.

Le demi-relief est un ouvrage de sculpture sur fond-bloc de marbre, de pierre, de bois ou de métal, ouvrage qui ne ressort qu'à moitié de son épaisseur. On l'appelle communément *relief engagé*.

Quant au bas-relief, il a des degrés : les objets y ont, en général, moins de saillie que dans les demi-reliefs; mais cette saillie peut être très légère, comme dans les monuments de l'art égyptien et assyrien, ou un peu plus accentuée, comme dans les Panathénées qui décorent les frises des monuments grecs. Ici encore, la place, l'entourage, l'effet qu'on veut produire influent beaucoup sur la saillie du bas-relief; on place généralement des reliefs entiers dans des niches ou cavités, et des demis, des tiers ou des quarts de reliefs sur les surfaces planes ou saillantes.

Le relief, dans la variété de ses développements, n'est pas seulement du domaine de l'architecture, de la sculpture, du modelage et de l'ornement; il appartient encore, comme nous l'avons dit plus haut, à la géographie, à la topographie, à l'art de l'ingénieur militaire et maritime.

On a établi, non seulement des plans en relief des places fortes et des ports de guerre, mais encore des espèces de jardins et de parcs, où les accidents du sol sont représentés, avec leurs saillies et leurs dépressions, pour rendre l'enseignement géographique plus saisissant. — V. PLAN EN RELIEF.

On grave en creux et en relief sur tous les métaux, sur les diamants et les pierres fines, comme sur le marbre et le bois.

On a fait des caractères en relief bien avant l'invention de l'imprimerie, et l'on sculpte encore aujourd'hui des lettres isolées ou adhérentes, pour apprendre à lire aux enfants et aux aveugles.

Enfin, dans la langue de Vauban et de ses successeurs, les *ouvrages en relief* désignent des saillies fortifiées, des *avances* et *avancées* de diverse nature, qui sont l'œuvre du Génie de terre et de mer.

Telles sont les acceptions propres et réelles du mot relief, les seules qui rentrent dans la spécialité de ce *Dictionnaire*; quant aux sens figurés, ils sont fort nombreux, mais nous n'avons point à nous en occuper. — L. M. T.

RELIEUR. EUSE, *T. de mét.* Celui, celle qui fait la reliure des livres. — V. RELIURE.

RELIQUAIRE. L'étymologie du mot est facile à déduire : pour conserver des *reliques*, *restes* ou *reliefs*, ayant fait partie du corps, des vêtements, des objets usuels d'un personnage vénéré, pour garder ces *souvenirs* d'une existence respectée, il fallait autrefois, et il faut encore aujourd'hui, un meuble, un vase, une boîte, un encadrement, une enveloppe quelconque; le contenu exige un contenant qui soit digne du dépôt à lui confié. Dans sa généralité, cette définition s'applique à tous les genres de *reliquaires* ou *phylactères*, les deux mots tirés, l'un du latin, l'autre du grec, ont été employés concurremment. Pour les monarchistes convaincus, pour les impérialistes dévoués, les vitrines de l'ancien Musée des souverains, par exemple, étaient autant de *reliquaires* ou de *phylactères* laïques. L'expression a pourtant conservé plus particulièrement son sens religieux, et c'est à celui-là que nous nous bornerons. Dans le domaine des choses pieuses, il faut distinguer soigneusement le *reliquaire* de la *châsse* (V. ce mot), quoiqu'on les confonde souvent.

— La *châsse*, *feretrum* en latin, *fierte* dans le vieux langage français, était, à proprement parler, le cercueil même du personnage mort en odeur de sainteté. Les anciens historiens de Paris parlent toujours de la châsse de « Madame Saincte Geneviève et de Monsieur Sainct Germain » dont les corps reposaient, en effet, dans l'une et l'autre abbaye; jamais ils n'ont qualifié ces châsses de *reliquaires*. Ce dernier terme était et est encore réservé aux petits monuments de dimensions variables, aux menus objets en matière précieuse contenant, soit des parties du corps d'un saint ou d'une sainte, soit des objets ou fragments d'objets sanctifiés par l'usage qu'en ont fait des personnages vénérés. Le Saint Graal, vase ayant, croyait-on, servi à la célébration de la Cène, la tunique du Christ, le voile de la Vierge, la couronne d'épines, les saints clous, etc., ont été conservés et offerts à la vénération des fidèles dans des reliquaires, et non dans des châsses.

Pendant tout le moyen âge, les pèlerinages, les croisades ont contribué à donner une grande importance au reliquaire, et par conséquent ont exercé une réelle influence sur la fabrication de ces objets d'art : l'orfèvrerie, la tabletterie, la cristallerie, la ferronnerie, l'industrie des tissus en ont reçu une vive impulsion. Au fur et à mesure que les croisés apportaient d'Orient des objets dignes de vénération, que les canonisations et les béatifications se produisaient en Occident, les pèlerins qui se rendaient en foule aux sanctuaires possesseurs de ces trésors, soit qu'ils en obtinssent quelques parcelles, soit qu'ils en approchassent seulement les objets dont ils étaient porteurs, ne manquaient pas, à leur retour, d'acheter ou de faire exécuter un reliquaire.

On distingue les reliquaires *fixes*, que leur destination et quelquefois leur volume immobilisaient dans les églises; les reliquaires *mobiles*, qui se conservaient dans les *trésors*, ou *revestiaires* des cathédrales, des collégiales, des églises paroissiales ou conventuelles, et qu'on déplaçait pour les montrer aux visiteurs; les reliquaires *portatifs*, qui, étant une propriété privée et ayant un caractère personnel, se conservaient dans les chapelles ou oratoires particuliers, étaient portés comme des objets de toilette ou de voyage : médaillons, colliers, agrafes, sachets, écrins, boîtes à volets, valises, etc., et affectaient par conséquent toutes les formes.

Les reliquaires de cette dernière sorte appartiennent à l'industrie artistique; ceux qu'on admirait dans les églises, les trésors et les revestiaires étaient des produits du grand art décoratif. Ils figuraient tantôt une petite basilique, tantôt une chapelle avec sa voûte portée par quatre piliers, tantôt une arcade avec ses retombées et ses colonnes, tantôt une baie avec son dais et son acrotère, tantôt un entre-colonnement avec sa voussure et son fronton, tantôt un coffre ou coffret; enrichi de pierres précieuses saillantes ou *cabochons*, tantôt un buste, une tête sur un dôme ou sur un piédestal, tantôt une *monstrance*, ou ostensoir, tantôt enfin un cylindre en cristal, décoré de pierreries.

La forme retable, diptyque ou triptyque, était également usitée : les objets offerts à la vénération des fidèles y étaient ou mis en relief sur un petit socle, ou enchâssés dans de petites niches rappelant les *columbaria* des nécropoles romaines. Fermant avec des volets, les reliquaires de cette sorte pouvaient être à la fois fixes et portatifs ; nous en donnons (fig. 409 et 410) deux spécimens : ce sont les deux faces antérieure et postérieure du reliquaire en cuivre ciselé, à panneaux mobiles, travail flamand du XIIIᵉ siècle, conservé au couvent des Dames du Sacré-Cœur, à Mons. Les fameuses chapelles des ducs de Bourgogne, qu'on admire au Musée de Dijon, se rattachent également à ce genre de meubles religieux.

Le reliquaire affectait aussi la forme des animaux symboliques dont il est question dans les livres saints. Un aigle, une colombe en métal précieux contenaient, dans l'intérieur de leur corps, quelques restes d'un saint éminent ou d'une vierge chrétienne; parfois, lorsque la re-

Fig. 409 et 410. — *Reliquaire du XIIIᵉ siècle.*

lique à conserver était de petite dimension, on n'employait que le cou et la tête de l'oiseau ; les yeux et le bec étaient formés par des pierres précieuses.

La fabrication du reliquaire a eu jadis, nous le répétons, une place importante dans l'art décoratif et dans l'industrie artistique; c'est à ce double titre que nous avons dû lui réserver une page dans ce *Dictionnaire*. — L. M. T.

RELIURE. Couverture forte et rigide qui sert à préserver et à conserver intacts les ouvrages imprimés ou manuscrits. On appelle *demi-reliure*, une reliure dans laquelle le dos du livre est couvert de peau et les plats revêtus d'une matière plus faible, telle que le papier.

HISTORIQUE. Les anciens connaissaient deux espèces de reliures, une pour les livres en rouleaux, l'autre pour les livres carrés. La reliure des premiers consistait à fixer à une de leurs extrémités un petit bâton de bois léger, autour duquel la bande de parchemin ou de papyrus s'enroulait, et dont on garnissait les deux bouts de croissants ou de disques d'ivoire pour garantir les tranches. Le titre était écrit à l'encre rouge sur une bandelette de parchemin attachée à l'une des tranches. Valerius Martialis, dans ses poésies, rapporte que ses ouvrages, « roulés sur le cèdre et ornés d'ombilics », étaient à Rome entre les mains de tout le monde. Pour les livres carrés, le *glutinator* (relieur) posait les feuillets les uns sur les autres, comme on le fait aujourd'hui, puis après les avoir cousus, il y attachait deux planchettes de bois, ordinairement de hêtre, auxquelles il adaptait des fermoirs de métal ou de cuir, ou il les enveloppait simplement dans un morceau d'étoffe. Martial dit également à ce sujet : « Clémens porte à Sabina ces chants inédits encore, mais que j'ai fait envelopper d'une couverture de pourpre. Comme on aime les roses fraîchement cueillies, ainsi on recherche le livre que n'a sali aucun contact »

Jusqu'à l'époque de l'imprimerie, les progrès de l'art du relieur furent lents. Le relieur faisait simplement l'office de *liéeur* (lieur) ou de brocheur ; quant au riche vêtement à donner au volume, c'est l'orfèvre ou l'ivoirier qui en prenait soin. Tels ont été ornés et façonnés ces riches manuscrits des premiers siècles, ces merveilleux évangéliaires carolingiens, celui de Charles-le-Chauve, entre autres. Notre éminent collaborateur, M. Darcel, a fort bien fait remarquer de quels prix sont, pour l'histoire de l'art, ces reliures d'or et d'ivoire faites par les moines, dans les couvents, et par les artisans, dans les palais (fig. 411).

Les orfèvres du moyen âge avaient donc seuls le privilège de confectionner l'habillement des livres rares,

Fig. 411. — *Reliure en or, ornée de pierreries, sur un Evangéliaire du XIe siècle. Musée du Louvre.*

soit en métaux précieux, soit en cuir, soit en tissus tels que le *veluyau* (velours), le *camocas* et les autres riches étoffes de soie. Parfois même, les livres étaient recouverts de pierres précieuses. Ainsi, le livre des *Oraisons* qui appartenait au duc de Bourgogne Philippe le Hardi, était recouvert de clous de vermeil et de perles. Il en est où turquoises et rubis se mariaient, sur les plats et sur le fermoir, avec des cornalines, comme ce livre d'heures dont parlent les *Comptes royaux* de 1539.

Tandis que les relieurs privilégiés des cloîtres et des palais habillaient richement les volumes qu'ils couvraient d'or et de pierreries, les simples relieurs des villes comme ceux qui, au nombre de douze, figurent dans le Livre de la Taille de Paris de l'an 1292, travaillaient à *empreintes* et marquetaient de leur mieux le cuir dont ils couvraient leurs livres. On rencontre souvent, dans la description des plus riches librairies de ce temps, de ces livres *tympanisés*, c'est-à-dire *gaufrés* sans dorure.

Les *plats du livre* soutenant l'enveloppe n'étaient alors que des ais de bois plus ou moins amincis, avec des coins et des fermoirs de cuivre. De plus, ces livres portaient souvent des clous ouvrés, « clous d'argent doré, » destinés à empêcher le frottement et l'usure des plats ; cet usage fut abandonné lorsque l'on devint forcé, les bibliothèques s'augmentant de jour en jour, de mettre les volumes en rayons. On prit alors l'habitude de placer le titre sur le dos du livre au lieu de le mettre sur le plat comme on l'avait fait jusqu'alors. Les riches reliures furent les dernières pour lesquelles on adopta le nouvel usage, car en leur qualité d'objets d'art et de luxe, elles étaient exposées à plat sur des tables spéciales.

C'est en Italie que l'art du relieur, lors de ses premiers progrès d'élégance et de luxe, rompit avec les traditions, les grossières pratiques du métier, et fit disparaître l'usage de ces reliures barbares sous tous les rapports, puisqu'un volume de lourd calibre (c'étaient les *Lettres familières*, ouvrage conservé à la Bibliothèque

Fig. 412. — *Reliure de Grolier.*

Laurentienne), étant tombé sur la jambe de Pétrarque, le blessa si grièvement qu'il fallut presque en venir à l'amputation.

Au commencement du xvie siècle, les Italiens trouvèrent une voie nouvelle sous l'influence des Aldes qui avaient probablement joint à leur imprimerie un atelier de reliure. On sait que les Aldes se servirent pour l'ornementation extérieure de motifs typographiques, tels que *l'Ancre aldine*, leur marque.

Venise fut alors pour l'Italie l'école de la reliure, et pour la première fois les motifs en plein or des Aldes servirent de remplissage dans les premières reliures à entrelacs. Les reliures aldines méritent à tous égards la faveur dont elles jouissent auprès des amateurs éclairés. Généralement sobres, elles sont, malgré cela, d'un excellent effet décoratif; les plus simples même, aux doubles filets noirs avec fleurons aux angles et au centre sont d'un goût parfait. Ajoutons que la plupart des ouvriers relieurs employés par les Aldes étaient des ouvriers grecs passés en Italie après la chute de Constantinople ; de là, l'origine de l'expression *brocher à la grecque*. Ce procédé byzantin, auquel nous devons ainsi les premiers livres brochés et même reliés sans nervures apparentes « et s'ouvrant jusqu'au fond » comme dit le Dictionnaire de Furetière, était un progrès pour l'art de la reliure.

Entre autres perfectionnements opérés à l'époque de la Renaissance française, il faut citer la substitution du carton aux ais de bois, dont l'usage désastreux livrait impitoyablement, au bout d'un certain temps, le volume à la voracité des vers. On avait aussi cessé de couvrir les livres avec de la *peau de truie*, comme cela se pratiquait partout au moyen âge. Ce genre de reliure, dont la Bible de Sauvigny, aujourd'hui à la Bibliothèque de Moulins, est le plus ancien spécimen, avait été à peu près laissé aux Allemands qui s'en servirent encore pendant tout le xvie et le xviie siècle, sans y épargner les gaufrures. Au xviiie siècle même, quoique l'emploi du maroquin fut devenu général en Europe, la peau de truie estampée était encore en faveur chez les relieurs d'Allemagne.

La découverte de l'imprimerie popularisa le livre et porta un coup terrible à son luxe ; il devint plus humble d'apparence, plus simple d'habit. Seuls, les grands seigneurs ne changèrent rien à sa magnificence extérieure. Mais, en général, devenus des objets de vulgarisation, les livres se multiplièrent et se présentèrent dorénavant dans un déshabillé plus populaire. De même qu'à l'extérieur du livre, le carton avait remplacé le bois, de même à l'intérieur, le papier remplaça le parchemin, lequel remplaça à son tour sur les couvertures le velours, la soie et les autres étoffes.

Tout en prenant faveur au xvie siècle, la mode des reliures de carton n'avait pas fait disparaître complètement l'usage des reliures en bois, et l'on hésitait souvent à adapter les reliures en veau à la nouvelle façon. Cette perplexité des amateurs se trouve très curieusement indiquée à la première page du *Cymbalum mundi* (1537). On y voit Mercure envoyé en ce monde par Jupiter pour faire relier le *Livre du Destin*. « Il est bien vrai, dit-il, qu'il m'a commandé que je lui fisse relier ce livre tout à neuf, mais je ne sais s'il me le demande en *ais de bois* ou en *ais de papier*. Il ne m'a point dit s'il le veut en veau ou couvert de velours. Je doute aussi s'il entend que je lui fasse dorer ou changer la façon des fers et des clous à la mode qui court... » Après ces questions, Mercure se pose encore celle-ci qui n'est pas la moins importante : « Où est-ce qu'on relie le mieux ? à Athènes, en Germanie, à Venise ou à Rome ? Il me semble que c'est à Athènes. » Il avait raison, remarque Edouard Fournier, car Athènes, c'était Paris, c'était la France, et c'est là en effet qu'on faisait les reliures les plus splendides.

La première grande amélioration qui fasse époque dans l'histoire de la reliure moderne fut l'emploi du maroquin. Les reliures en veau fauve avec dorure sur la tranche et dans tous les ornements, se trouvaient alors, et cela depuis le xvie siècle, les seules qui fussent vraiment recherchées par les amis des livres. La mode s'en était même assez rapidement répandue en Europe. L'Allemagne, encore assez barbare, s'interdisait ce luxe ; mais en Hongrie, on se le permettait. Le roi Mathias Corvin, ce grand bibliophile, exigea cette magnifique parure pour la plupart des cinquante mille volumes qui peuplaient son immense bibliothèque de Bude. Ils étaient reliés, par des ouvriers venus d'Italie, en maroquin de couleur rehaussé de dorures et de peintures, avec des fermoirs en or et en argent.

Quoi qu'il en soit, l'Italie donne alors le ton à l'Europe. Les reliures de François Ier, conservées dans nos bibliothèques publiques, sont presque toutes dans le goût italien. C'était à cette époque une mode, une fureur pour tout ce qui venait de l'autre côté des Alpes. On avait

commencé, il est vrai, par faire un grand nombre de nervures sur les dos, ce qui laissait peu de place pour une décoration quelconque. Mais une réaction ne tarda pas à se faire sentir contre cet abus des nervures. On tomba alors dans l'excès contraire, uniquement pour mettre la richesse du dos en rapport avec celle des plats. A partir de Henri II, les plus importantes reliures du xvie siècle seront sans nerfs apparents.

Les Italiens furent donc nos initiateurs, mais on ne saurait méconnaître toutefois la grande part qu'ont eue, dans l'histoire de l'art et de la reliure en particulier, les artistes français de la Renaissance, notamment Nicolas Eve et son fils Clovis, les célèbres relieurs de Henri III et de Henri IV.

Aucun règne n'a laissé autant de reliures importantes que celui de Henri II. C'est l'époque des « doreurs sur cuir. » Quatre doreurs au moins participent à l'ornementation des six cents volumes qui faisaient partie des collections de Henri II, de Diane de Poitiers et de Catherine

Fig. 413. — *Atelier de reliure, gravé au XVIe siècle, par J. Amman.*

de Médicis. Le plus grand nombre des volumes de Henri II et de Diane appartiennent comme style, aux reliures à entrelacs et à *fers azurés* (à l'imitation de l'*azur* du blason, représenté par des hachures horizontales). Mais le doreur anonyme auquel on doit les magnifiques reliures de Henri II, était un grand artiste dont les ouvrages ne sauraient trop être livrés à l'admiration des amateurs. Outre son habileté de main remarquable, aucun doreur ne s'est élevé si haut. « Comme la terre se transforme sous les doigts d'un sculpteur habile, disent MM. Marius Michel, les arabesques savantes, les gracieuses volutes semblent naître sous son outil ; les parallèles ne sont pas observées, mais les variantes mêmes sont charmantes ; on ne sait à laquelle donner la préférence, et nul n'a poussé à un tel degré le sentiment exquis de la forme. » Quelques-unes des reliures de Henri II sont ornées de larges bandes d'entrelacs puis exécutées à filets, sans autre adjonction de fers que les emblèmes, croissants, carquois, chiffres. Ces bandes brillent par une richesse de composition extrême. Les entrelacs sont en général noirs, le fond fauve, les croissants blancs.

C'est sous les règnes de François I⁰ʳ et de Henri II que fleurit Grolier, le plus célèbre des amateurs de son temps. Les innovations qu'il réalisa à son retour d'Italie dans la décoration des livres firent faire un grand pas à la reliure française. Grolier faisait relier ses beaux livres en excellent maroquin vert, noir ou citron, ou en veau fauve d'une qualité supérieure, très rarement en vélin ; sur les plats, sur le dos, parfois même sur la tranche, sont dessinés, en or et en couleur, de délicieux ornements, des filets, des fers entrelacés avec le goût le plus parfait : les moyens d'exécution n'étaient certes pas alors ce qu'ils sont devenus depuis ; mais si les compartiments ne sont pas toujours dessinés avec régularité, si les fers ne sont pas toujours gravés avec une netteté suffisante, en revanche le goût en est toujours sobre et pur, l'invention charmante ; c'est le style italien de la plus belle époque, et nos artistes modernes sont heureux de se servir de ces types comme des plus excellents modèles.

Les artistes inconnus, auteurs de ces reliures, peuvent être regardés comme les Cellini de la reliure à son aurore et déjà à sa perfection. Les moindres exemples sortis de la bibliothèque de Grolier valent deux et trois mille francs. C'est lui qui, loin de partager l'égoïsme des collectionneurs, mettait sur chacun des joyaux qu'il entassait sur ses rayons, cette touchante devise : *Johanni Grolierii et amicorum*, c'est-à-dire : « A Grolier et à ses amis » (fig. 412).

Ce fut à la fin du règne de Charles IX que l'on employa pour la première fois ces entrelacs géométriques avec compartiments qui différaient si complètement de ce qui s'était fait jusqu'alors. Henri III s'appropria ce genre de décoration. Il fit placer dans les compartiments du dos ses sinistres emblèmes, des têtes de mort, des os, avec la devise : « *Spes mea deus* », et au milieu des plats le Crucifiement. Le fond est souvent rempli par un semis de larmes entremêlées de fleurs de lis. Ces reliures sont des plus rares et des plus recherchées. Un autre genre de reliure qui va bientôt se fondre avec celui-ci et donner des résultats extraordinaires, est celui des reliures à branchages. Une des plus belles de cette époque est aux

armes de France et de Pologne, de Henri III, avec le chiffre et de très riches coins de branches sur un fond de fleurs de lis. Sur ce volume que l'on peut voir à la Bibliothèque Nationale, les fers sont poussés en argent, ce métal fut employé, soit seul, soit avec l'or, sur beaucoup de livres du xvi⁰ siècle.

La décoration froide des entrelacs réguliers, les funèbres emblèmes, pouvaient convenir au caractère étrange de Henri III, mais il fallut autre chose à sa jeune sœur, l'élégante et folle Marguerite. On créa donc pour elle un nouveau genre de reliure, dans les compartiments desquelles entraient des fleurons, des fleurettes, où la marguerite est naturellement répétée sous toutes ses formes, et les fonds furent couverts de branches et de feuillages. « Ce fut là une des plus heureuses inspirations des doreurs français. Ces reliures dites aujourd'hui à la *Fanfare* eurent un succès inouï ; ce fut une mode, une fureur ; les volumes que l'on attribue à Clovis Eve et à ses descendants sont de cette école, et l'on en fit dans les dernières années du xvi⁰ siècle dont la complication est vraiment prodigieuse. Les amateurs du temps raffolèrent de ce genre de dorure, et le plus célèbre de ces délicats, de Thou, en comptait un grand nombre dans sa bibliothèque.

Jacques Auguste de Thou, grand historien et ami de Grolier, possédait d'ailleurs un nombre considérable de beaux livres. Le baron Jérôme Pichon, dans une lettre à Paulin Pâris, a dressé la nomenclature des diverses sortes de parures que de Thou avait adoptées pour les volumes de sa bibliothèque : maroquin rouge, vert, citron, celui-ci pour les ouvrages traitant des sciences exactes, veau fauve avec filets d'or, vélin blanc à la façon des Elzéviers.

Les reliures de cette époque se distinguèrent par une grande solidité. Les gardes sont, en général, de papier blanc, quelquefois de vélin ou de parchemin. Les livres doublés de cuir, veau ou maroquin, sont rarissimes. Les tranches sont souvent fort belles, et la mode de les couvrir de dessins est presque aussi ancienne que la reliure elle-même. Le volume aux armes de Louis XII que l'on

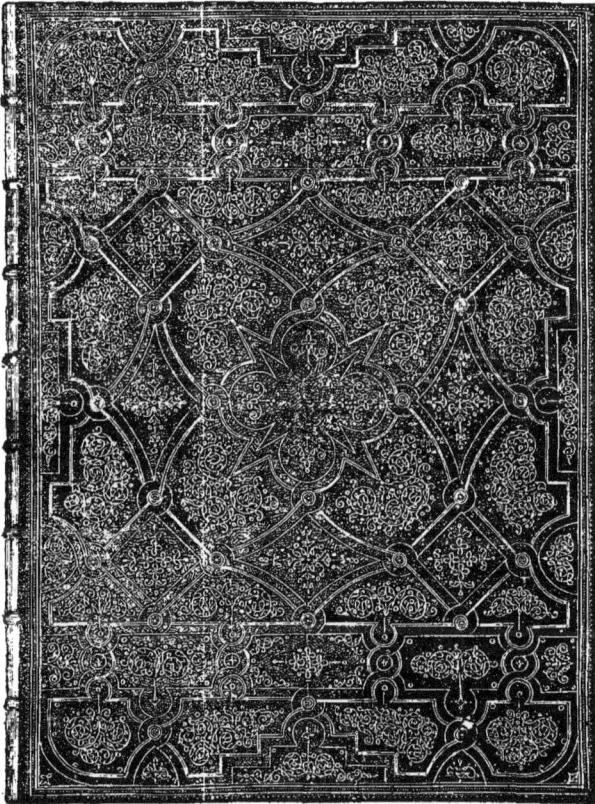

Fig. 414. — *Reliure faite par Le Gascon, pour l'Adonis de La Fontaine. Collection de M. Dutuit.*

peut admirer à la Bibliothèque Mazarine a une tranche ciselée reproduisant un motif gothique.

L'usage de ces riches tranches dorées continua au XVII° siècle, mais on eut la malencontreuse idée de leur donner des colorations variées, et les jolis dessins de guipures Louis XIII que l'on copia prirent un aspect lourd et désagréable.

Les signets furent aussi l'objet d'un luxe tout particulier, on ne reculait devant aucune dépense pour orner un livre ; on les fit des soies les plus riches, et leurs extrémités furent ornées de véritables bijoux, de ciselures, où les métaux les plus précieux, les pierres les plus rares rivalisèrent d'éclat pour enrichir ces rubans que nous regardons aujourd'hui comme les accessoires.

En empruntant à l'industrie de la dentelle, si florissante à cette époque, un grand nombre de dessins, et en les appropriant à la reliure, le XVII° siècle transforma la décoration des livres. Les premières reliures à filets, soit droits, soit courbes, si employés par la suite, appartiennent à cette période. Les doreurs ornèrent ces filets de milieux qui furent le point de départ des reliures *rayonnantes*. L'un d'eux, qui s'appelait Pigorreau, excellait plus qu'aucun autre à toutes ces délicatesses légères de la dentelle et du pointillé. C'est alors que surgit un ouvrier artiste, qui, par la valeur et l'extrême facilité de son talent, mérita d'être comparé aux maîtres du XVI° siècle. Le Gascon, dans la seconde partie du règne de Louis XIII, fut en effet le dernier des grands doreurs anciens. Après avoir révolutionné son art et brillé du plus vif éclat, il a laissé une voie nouvelle et une immense moisson à recueillir. « C'est à lui, disent MM. Marius Michel, que l'on doit ces dorures à filets droits et courbes, aux coins pointillés, avec des milieux simples, trèfles ou étoiles, d'où s'élèvent des globes de fers pointillés. Ses compartiments et ses fonds sont entièrement recouverts de pointillé ; les entrelacs apparaissent rouges, se détachant avec une étonnante vigueur sur ce fond d'étincelles : l'effet est merveilleux. » Après la mort de ce grand artiste, les reliures deviennent très riches, mais pompeuses et lourdes. On y voyait les emblèmes de la royauté sous toutes ses formes, les fleurs de lis, les couronnes de chêne, le chiffre couronné du roi, son soleil, et jusqu'à sa devise : *Nec pluribus impar !* qui attirent le regard par leur masse d'or (fig. 414).

Mais les principes de l'art décoratif trouveront bientôt une plus juste application. Déjà, dans le courant du siècle, la réforme des mœurs que les Jansénistes venaient de tenter, eut dans plusieurs arts son expression, et ils laissèrent leur nom à un genre de reliure particulier qui se reconnaît à l'absence de toute décoration et dont on a si bien retrouvé de nos jours, la sévère élégance.

Dès les premières années du règne de Louis XV, les Padeloup, très célèbres relieurs de l'époque, tentèrent de sortir des sentiers battus en essayant un nouveau genre de décoration, dans lequel leur principale qualité consistait dans le choix heureux des couleurs. La mosaïque fut dès lors appliquée à la reliure, et les livres de prix furent couverts de carrelages imités des vitraux des XV° et XVI° siècles, genre qui décèle peu d'imagination et engendre la monotonie. En dehors de Padeloup, il y avait aussi de Rome et Dubuisson, dont les reliures à mosaïque étaient fort goûtées.

Les doreurs cherchèrent à leur tour dans les faïences de la Régence, l'idée première de leurs dessins. Les entrelacs formèrent alors des compartiments qui rappellent la disposition de certains parterres du siècle précédent ; les fonds sont remplis par des quadrillés dont les ornemanistes contemporains firent un si grand usage.

Une heureuse innovation des relieurs du XVIII° siècle fut l'emploi de l'étoffe en contreplats et aux gardes. L'étoffe préférée était le tabis, sorte de tissu de soie très léger ; malheureusement l'usage n'en fut pas général, et l'on chercha à donner aux gardes une apparence de ri-

chesse par des papiers frappés, gaufrés, repoussés, or et argent, à semis d'or, fleurettes ou étoiles, ou par le papier *peigne*. A la fin du XVIII° siècle, la reliure entre dans une période de décadence qui ne cesse qu'avec la Restauration. Alors on vit briller tour à tour Bozérian, Thouvenin et Simier, auxquels succédèrent brillamment Capé et Bauzonnet, morts, le premier en avril 1867, le second en septembre 1879.

Depuis cette époque, l'art de la reliure n'a pas cessé de progresser en France, et il s'y maintient avec une telle supériorité que nulle autre nation n'a pu parvenir encore à l'égaler. La reliure d'art de la fin du XIX° siècle est supérieure à la reliure ancienne. Soixante ans d'efforts continus ont été nécessaires pour la relever, mais elle est aujourd'hui plus florissante que jamais. Il suffit de citer les noms de Chambolle-Duru, Trautz, Thibaron, Niedrée, Cottin, Keller, Despierres, Lortic, Cuzin, Kœhler, Smeers, Gruel-Engelmann, Hardy-Mennil, Marius Michel. — S. B.

TECHNOLOGIE. Le relieur reçoit les ouvrages, soit en feuilles pliées et classées, soit brochés ; dans ce dernier cas, il commence par enlever la

Fig. 415. — *Machine américaine à endosser.*

couverture et par détacher les cahiers en coupant les fils qui ont servi à assembler les feuilles, afin de faire disparaître toute trace de brochage.

Après avoir revu la pliure pour la perfectionner et s'être assuré que l'impression est suffi-

Fig. 416. — *Presse en bois pour le rognage.*

samment sèche pour qu'on puisse soumettre le livre au *battage* sans risquer de faire décharger l'encre, le relieur prend un certain nombre de cahiers qu'il porte sur la *pierre à battre*, sorte de bloc de marbre ou de bois, et qu'il bat avec un marteau à tête convexe munie d'arêtes arrondies pour ne pas couper le papier. L'ouvrier, en tenant la batte d'une main et le marteau de l'autre, commence par frapper au milieu de la feuille qu'il tire ensuite à lui, mais en ayant soin que chaque coup recouvre de deux tiers le coup précédent, puis, lorsqu'il est arrivé à l'extrémité de cette feuille, il la retourne de haut en bas et opère comme précédemment; ce battage se répète autant de fois qu'il est nécessaire pour soumettre toute la surface du cahier à l'action du marteau, lequel doit toujours tomber bien d'aplomb sur la pierre.

Depuis plusieurs années, on remplace souvent cette opération longue et coûteuse du battage par un simple laminage entre deux cylindres polis, mais le travail n'est jamais aussi bien fait.

S'il existe des vignettes ou des plans séparés du texte, on doit les mettre de côté et ne jamais leur faire subir de battage ou de laminage.

Les cahiers, classés et bien égalisés, sont placés entre deux *ais* plus épais du côté du dos du livre que du côté de la tranche et mis sous presse pendant plusieurs heures, puis ils sont *grecqués*, c'est-à-dire qu'on les serre fortement entre deux petites planches et qu'on fait des entailles sur le dos des volumes, à l'aide d'une scie à main, pour y loger la ficelle qui maintient les coutures des feuilles. Cette scie à main est le plus souvent rem-

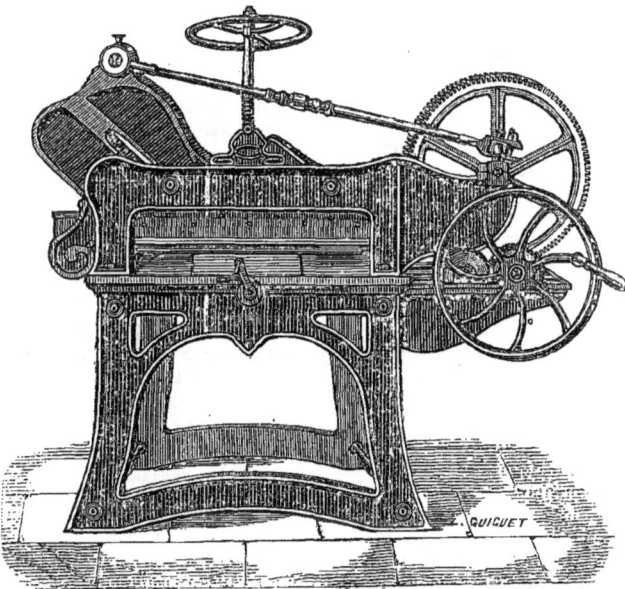

Fig. 417. — *Coupe papier, dit massicot.*

placée, maintenant, par une machine composée d'une plaque de cuivre percée de rainures laissant dépasser de petites scies circulaires, il suffit alors de promener l'ouvrage sur la table pour qu'il soit immédiatement grecqué.

Après le grecquage, on place au commencement et à la fin de chaque volume, des *sauvegardes* qui ont pour but de garantir les *gardes* pendant les opérations suivantes et on passe à la couture des livres.

Le métier à coudre se compose d'une table percée d'une fente aux deux extrémités de laquelle se dressent deux vis verticales que l'on tourne à la main pour fixer à la hauteur voulue, une barre portée par les écrous de ces deux vis. Autour de cette barre, on noue les ficelles à l'écartement des entailles du grecquage, puis on les passe au travers de la fente indiquée plus haut pour les tendre à l'aide de chevilles placées sous la table. On coud alors les cahiers par le dos, en ayant

soin d'entourer les ficelles d'un nombre de points de couture suffisant et, cette opération terminée, on coupe les ficelles en laissant de grands bouts que l'on passe dans des trous pratiqués dans la couverture, de façon à fixer solidement celle-ci au volume. Depuis quelques années, on a introduit dans les grands ateliers, des machines à coudre avec fil de fer galvanisé. Ces machines conviennent parfaitement pour les volumes tirés à grand nombre et avec laquelle elles opèrent en raison de la rapidité. Une ouvrière peut coudre 1,000 cahiers à l'heure.

Le relieur procède ensuite à *l'endossage*, c'est-à-dire qu'il donne au dos du livre une forme déterminée. A cet effet, il porte sous la presse une pile de 8 à 10 volumes entre chacun desquels il place un ais et, la pression exercée, il vient, à l'aide d'un poinçon en forme de *langue de carpe*, tirer plus ou moins les cahiers pour arrondir le dos des livres, puis ceux-ci sont serrés au moyen de cordes et retirés de la presse. On encolle alors le dos, on le gratte pour faire pénétrer la colle, on le lisse à l'aide d'un frottoir de buis, et on le recouvre enfin d'une bande de papier. Ce travail de l'endossage se fait aussi à l'aide d'une machine américaine qui, par l'oscillation circulaire d'un rouleau, forme rapidement le dos du livre pendant que celui-ci est serré à volonté par un mordage mû à l'aide d'une pédale (fig. 415).

Les volumes, endossés et séchés, sont rognés. A l'aide d'une presse en bois (fig. 416) formée de deux jumelles réunies par deux vis, on serre fortement le volume dont on a ramené le dos à la forme plate, puis les tranches sont coupées par une lame d'acier, à pointe triangulaire et très coupante, portée par un petit chariot qui se meut le long de la presse sur laquelle il est guidé par une coulisse; au moyen d'une vis, on peut encore faire prendre à cette lame une direction perpendiculaire à la précédente, en sorte qu'elle atteint successivement toutes les feuilles du livre pour enlever ce qui dépasse le plan qu'on lui fait décrire. Dans les grands ateliers, on se sert souvent maintenant d'une rogneuse mécanique, dite *massicot* (fig. 417), à l'aide de laquelle on peut opérer à la fois sur un grand nombre de feuilles superposées. Enfin, dans ces dernières années on a construit des machines rognant suivant une surface cintrée ; elles se composent d'une lame concave qui se meut sur un axe de rotation mis en mouvement lui-même par une roue dentée. Pour obtenir des courbures différentes, on fait varier les dimensions de cette lame et sa distance au centre, et pour qu'elle puisse couper, on lui donne, en même temps que son mouvement de rotation, un mouvement progressif suivant son axe.

Après le rognage, il ne reste plus qu'à terminer la couverture. On bat les cartons pour faire disparaître les nœuds et on les coupe à la grandeur voulue, puis on colle sur le dos une bande de toile que l'on recouvre de parchemin qui maintient l'ensemble et donne au volume toute sa solidité ; on applique enfin à l'extérieur, avec de la colle de farine, le maroquin, le veau, la toile ou le papier qui doit servir d'ornement.

La reliure proprement dite est alors finie, et le livre est soumis aux manipulations de la décoration, soit de la couverture, soit des tranches. Les dessins à plat se font au moyen de cartes ajourées sur lesquelles on passe une brosse chargée de couleur, tandis que les ornements rapportés sont coupés dans la peau ou le papier pour être ensuite appliqués par un fer sur la couverture ; quant aux parties gaufrées, elles s'obtiennent par une pression à chaud de matrices de cuivre ou d'acier représentant en relief le dessin que l'on veut obtenir en creux sur le volume. La dorure, la dernière de toutes les opérations, se fait enfin en donnant plusieurs couches de colle de parchemin sur toutes les parties qui doivent être dorées, en passant un drap légèrement suiffé et en posant des feuilles d'or que l'on fixe à l'aide d'un fer chaud. Ce travail fort long est remplacé aujourd'hui chez les relieurs industriels par des procédés mécaniques. Les ornements sont gravés sur une planche de cuivre appelée *plaque*, et collée sous une presse dite *balancier*, chauffée au gaz ou à la vapeur. Une pression assez forte donnée au moyen d'une vis mue par un volant, estampe ou fixe les feuilles d'or qui sont appliquées au préalable sur la couverture.

Depuis quelques années, le goût de la décoration polychrome se fait sentir dans l'ornementation des livres.

Bibliographie. Ed. Fournier : *L'art de la reliure en France aux derniers siècles* ; Gabriel Peignot : *Essai historique et archéologique sur la reliure des livres* ; Julien : *Album de reliures historiques* ; Derome : *Le luxe des livres* ; Alb. de la Fizelière : *Des émaux cloisonnés et de leur introduction dans la reliure des livres* ; Exposition de 1867 : *Délégation des ouvriers relieurs* ; Marius Michel : *La reliure française depuis l'invention de l'imprimerie jusqu'à la fin du XVIIIe siècle* ; Lesné : *La Reliure*, poème didactique.

*REMAILLAGE. T. *techn.* Assemblage par entrelacement au métier à tricoter, des bords ou lisières des tissus réticulaires ; on dit aussi *remmaillage*, lorsque l'opération se fait à la main, et ce dernier terme s'applique encore à la confection des coutures des chapeaux de paille. || Travail du chamoiseur, qui consiste à enlever le reste de l'épiderme des peaux préparées. || Boucher les trous d'un mur et le crépir.

*REMAILLEUSE. — V. Mailleuse.

REMANIEMENT. 1° T. *de typogr.* Corrections indiquées sur l'épreuve par suite de changements apportés par l'auteur ou des fautes commises par le compositeur, et qui occasionnent des modifications dans la disposition des lignes, des alinéas, des pages. || 2° T. *de constr.* Refaire un ouvrage, le retoucher, soit en se servant des mêmes matériaux, soit en employant des matériaux neufs que l'on raccorde avec les parties jugées bonnes. || 3° Remuer le papier trempé destiné à l'impression, afin que toutes les feuilles soient bien humectées.

REMBLAI. T. *techn.* Travail qui consiste à rapporter des terres pour élever un terrain ou combler un creux ; c'est la contre partie du *déblai*. — V. Terrassement. || T. *d'exploit. de min.* On nomme *exploitation par remblais*, celle qui consiste à s'élever de bas en haut par des remblais établis sur le sol de la mine. — V. Exploitation des Mines et Mines.

*REMBLAYEUR. T. *de mét.* Ouvrier qui, dans les mines, construit les murs en pierre sèche et entasse les remblais ; on dit aussi *reculeur*.

*REMBOURRAGE. T. *techn.* Opération qui consiste à garnir quelque chose d'une matière plus ou moins élastique. || Apprêt que l'on donne aux laines teintes de diverses couleurs destinées à la fabrication des draps mélangés.

*REMBOURROIR. T. *techn.* Outil qui sert à introduire la *rembourrure*, matière à rembourrer.

*REMETTAGE. T. *de tiss.* Dans les métiers à lames, aussi bien pour tissage à bras que pour tissage mécanique, il faut autant de lames qu'il y a de fils à *évolution spéciale* dans l'armure du tissu qu'il s'agit de fabriquer. Chaque lame contient, pour sa part, un nombre de lisses qui résulte du rôle qu'elle doit remplir et de la réduction ou compte des fils qu'on veut donner à l'étoffe. L'ensemble des lames se nomme *remisse* (V. ce mot). On emploie depuis deux lames au minimum jusqu'à seize et même vingt lames au maximum usuel, suivant la contexture adoptée. Les fils de chaîne ne peuvent être mis en mouvement de *lève* et de *baisse*, que quand ils sont passés chacun dans la maille voulue de l'une des nombreuses lisses que comporte telle ou telle lame du remisse. On appelle *remettage*, l'opération qui consiste à rentrer dans les mailles des lames, et suivant un ordre méthodique, déterminé à l'avance, tous les fils de la chaîne. Bien que les remettages varient à l'infini, comme disposition, on peut les ramener à trois types :

1° Le *remettage suivi* s'exécute sur un nombre de lames égal au nombre de fils compris dans le rapport-chaîne, chacun de ces fils ayant une évolution différente de celle des autres fils. Voici un exemple du symbole de ce genre de rentrage : soit à exécuter le remettage d'un sergé de 4, sur les lames A, B, C, D.

Dans le graphique de la figure 418, chacune des quatre lignes horizontales A, B, C, D, représente conventionnellement une lame. On admet également que chaque point, posé sur une ligne, figure la maille ou le maillon d'une lisse. On convient enfin que le petit trait, *planté* sur un point, simule le fil de chaîne rentré ou remis dans la maille. Si, comme on le voit dans le symbole qui suit, on passe le *premier* fil dans la première maille de la première lame (la plus éloignée du tisserand); le *second* fil dans la première maille de la deuxième lame ; le *troisième* fil dans la première maille de la troisième lame ;

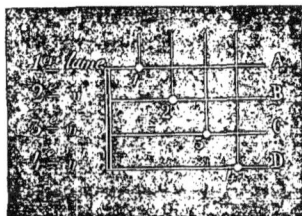

Fig. 418. — *Remettage suivi sur quatre lames.*

le *quatrième* fil dans la première maille de la quatrième lame (la plus rapprochée du tisserand), on aura exécuté un remettage *suivi*, et l'on aura effectué une première course. Pour la deuxième course, les fils 5, 6, 7 et 8 occuperont, dans le même ordre, les quatre mailles des lisses deuxièmes ou du deuxième rang, et ainsi de suite pour toutes les courses de quatre fils à *remettre*, quel que soit le nombre des courses contenues dans la totalité des fils de la chaîne.

2° Le *remettage à pointe et retour*, dont chaque course nécessite deux fils dits de *pointe*, et deux côtés symétriques. Exemple : si l'on veut réaliser, avec 8 fils, un grain d'étoffe faisant, soit un chevron, soit un losange, et qu'on choisisse le nombre minimum de lames qui se prête à ce genre de montage, c'est-à-dire *cinq* lames, on fera ainsi le remettage : on passera le *premier* fil dans la première maille de la première lame ; le *deuxième* fil dans la première maille de la deuxième lame ; le *troisième* dans la première maille de la troisième lame ; le *quatrième* dans la première maille de la quatrième lame ; le *cinquième* dans la première maille de la cinquième lame ; on aura fait ainsi le remettage des cinq premiers fils suivant une direction de l'arrière à l'avant du remisse. Il faut maintenant achever l'opération, en rentrant les fils 6, 7 et 8 de l'avant à l'arrière, et comme le fil 6 aura la même évolution que le fil 4, on remettra ce fil 6 dans la deuxième maille de la quatrième lame. Le fil 7 évoluant comme le troisième, sera remis dans la deuxième maille de la troisième lame, et enfin le fil 8 évoluant comme le deuxième, sera remis dans la deuxième maille de la deuxième lame. Les fils premier et cinquième sont les seuls ici qui n'aient pas de similaires dans le rapport

chaîne de l'armure. Ce sont les deux fils qui feront pointe dans l'effet symétrique qu'accusera le grain du tissu. La course sera donc de 8 fils sur 5 lames.

3° Viennent ensuite les remettages : *sauté, amalgamé, interrompu,* à *simple pointe centrale* (au milieu de la laize), à *plusieurs corps,* à *compartiments combinés* ou à *paquets, sinueux* pour gaze ou tissus à jours, etc. Les ouvrages spéciaux traitent longuement de ces divers modes de rentrages.

*REMETTEUSE. *T. de mét.* Ouvrière qui change la disposition du métier de soierie lorsque le travail doit changer.

REMISE *T. de chem. de fer.* Outre que ce mot s'applique à tout endroit où l'on met à couvert les voitures, on donne ce nom, dans l'industrie des chemins de fer, à un abri sous lequel stationnent les machines locomotives quand elles ne sont pas en service. Dans la pratique, on réserve plus particulièrement le nom de *remise* à ceux de ces abris qui ont une forme rectangulaire, tandis qu'on désigne sous le nom de *rotonde* (V. ce mot) celles qui ont une forme circulaire ou demicirculaire.

Les remises rectangulaires sont surtout applicables aux petits dépôts contenant de une à six machines, dont on ne prévoit pas l'extension ultérieure. La place y est mieux utilisée que dans les rotondes, puisque les machines y sont garées sur des voies parallèles ne laissant pas entre elles des angles *morts.* Lorsqu'il s'agit seulement d'une machine de réserve ou de secours, destinée à être expédiée quand il se produit une détresse en pleine voie, il suffit d'un simple hangar en bois sous lequel pénètre la voie ; à l'extérieur, on dispose près de cette voie un quai à combustible, une grue d'alimentation et, entre les voies, une fosse à piquer le feu, à l'intérieur de laquelle le mécanicien doit descendre pour visiter ou graisser les pièces basses du mécanisme. Dès qu'il y a plus d'une machine à remiser, comme dans les gares de tête de petits embranchements, où les machines passent la nuit, le bâtiment en planches ou en maçonnerie, qui sert d'abri, est desservi par plusieurs voies parallèles et on leur donne une longueur telle qu'on ne puisse pas placer plus de deux machines sur la même voie, quand celle-ci finit en impasse ; plus de trois quand il existe une issue par les deux extrémités ; il faut, en effet, que l'on puisse à tout instant dégager facilement et rapidement la machine qui est au fond ou au milieu de la remise, sans en déplacer plus d'une. Quand ces voies sont reliées par aiguilles, à leurs deux extrémités, des quais à combustibles sont installés près d'elles ; un *pont tournant* (V. ce mot), avec deux dégagements, permet de manœuvrer les machines et leurs tenders ; quelques bouts de voie rayonnent autour de ce pont tournant pour le cas où l'on voudrait garer des tenders isolés ; la partie latérale de la remise est aménagée pour servir de dortoir aux mécaniciens et aux chauffeurs qui ont à passer la nuit hors de leur résidence effective. On compte, en général, 4^m,50 de largeur par machine, et de 8 à 16 mètres de longueur, suivant le type de la locomotive ; des hottes sont ouvertes dans le comble, au-dessus du point de stationnement de chaque machine, afin d'assurer la ventilation de la fumée ; enfin, la couverture est faite en tuiles ou en ardoises, le zinc étant proscrit à cause de l'action nuisible qu'ont les fumées sulfureuses. Quand on veut appliquer le type rectangulaire à des remises destinées à contenir un grand nombre de machines et qu'en même temps la

remise sert d'atelier de montage pour les petites réparations courantes, on lui donne la disposition indiquée sur la figure 419 qui représente une remise A de 30 machines avec une partie ajournée, pour 26 machines. Avec cette disposition, un chariot central dessert deux rangées de bouts de voie, espacés de 3 mètres et ne contenant chacun qu'une machine ; quelques-uns de ces bouts de voie ont un dégagement direct par aiguilles, afin d'obvier au cas où le chariot serait avarié ; en arrière, en E', est une fosse à descendre les roues,

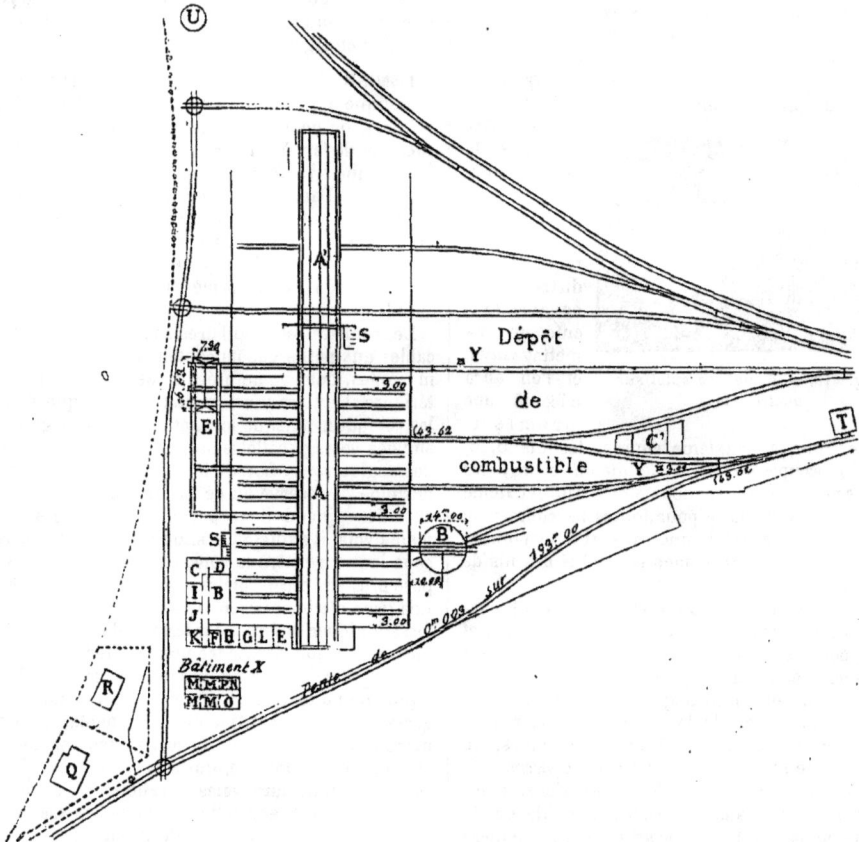

Fig. 419. — *Remise pour locomotives.*

surmontée d'une chèvre qui permet de suspendre le corps et le châssis de la locomotive tandis qu'on change les essieux ; une série de locaux accessoires sont adossés à la remise ; B l'atelier, C l'outillage, D le corps de garde, E la lampisterie, F le service médical, GH le magasin à graisse et autres produits, I le bureau du chef de dépôt, J télégraphe ou téléphone, K surveillant, L économat, MNOP dortoirs avec lavabo et réfectoire, R et Q logements des chef et sous-chef de dépôt, SS cabinets d'aisance, T bâtiment à sable (on sait que les mécaniciens doivent toujours avoir une provision de sable destiné à augmenter l'adhérence lorsque les roues de la machine patinent ; ce sa-

ble, très fin, est séché et chauffé dans les étuves ; une trappe permet de le verser dans une bâche sur le tender), B' pont tournant, U réservoirs d'eau, C' magasin à huile et à bois, YY grues d'alimentation. On voit que cet ensemble d'installations représente, pour ainsi dire, une cité complète. — M. C.

REMISSE. T. de tiss. On appelle *remisse,* l'ensemble des lames nécessaires à la fabrication d'un tissu ; dans certaines régions, on lui donne le nom de *harnais* ou *harnat.* Chacune des lames dont il se compose est constituée par deux règles, ou *liais,* l'un supérieur et l'autre inférieur, entre lesquels sont tendus un nombre plus ou moins grand de *lisses*, composées chacune d'une lissette supérieure, d'une maille, œillet, crochet ou maillon en verre ou en métal, et d'une lissette inférieure.

Le remisse est disposé horizontalement dans le milieu du métier à tisser, les lames faisant face au tisserand. On considère comme première la lame la plus éloignée de l'ouvrier et comme dernière celle qui en est le plus rapprochée.

Chaque liais supérieur est suspendu aux cordes qui provoquent la *levée* de sa lame; chaque liais inférieur se rattache aux cordes qui provoquent le *rabat* de cette même lame. Lorsqu'il y a plusieurs *corps* de lames dans le montage d'un remisse, pour fabriquer un tissu ayant plusieurs chaînes jouant chacune un rôle spécial, il est avantageux de mettre le plus loin de l'ouvrier le corps de la chaîne invisible ou faisant le soubassement, et de placer en avant le corps de la chaîne qui doit faire figure, soit comme satin ou comme grain, soit comme frisé, velours uni ou dessin quelconque.

*REMMAILLAGE. *T. techn.* Action de produire de nouvelles mailles à l'aide d'aiguilles à tricoter pour réparer un ouvrage de tricot.

REMONTAGE. Action de tendre de nouveau le moteur d'un mécanisme. || Opération qui consiste à remettre à leurs places primitives les pièces que l'on a enlevées pour les visiter, les nettoyer on les réparer. Pour ne pas établir de confusion entre les pièces de mêmes formes, on a soin d'observer les repères que portent les différentes pièces, on en établit de nouveaux sur celles qui n'en portent pas.

REMONTOIR. *T. d'horlog.* Se dit de tout appareil à l'aide duquel on peut remonter, sans le secours d'une clef, une pendule, une montre; mais ce mot s'applique plus spécialement aux montres de poche munies d'un petit bouton molette placé dans l'anneau, et qui sert au remontage; on en trouvera la description à l'article Horlogerie.

REMORQUEUR. *T. de mar.* Petit navire à vapeur, muni d'une forte machine et destiné à remorquer d'autres bâtiments. Les remorqueurs sont tantôt à roues, tantôt à hélice, autrefois on donnait la préférence aux premiers, sans que la supériorité de la propulsion à roues au point de vue du remorquage fut bien établie. Aujourd'hui, on fait généralement les remorqueurs à hélice lorsque le tirant d'eau imposé au navire le permet.

Les remorqueurs doivent être courts afin d'évoluer facilement; ils doivent être munis d'un puissant gouvernail et d'une barre ou crochet de remorque placé un peu en arrière du milieu. Lorsque la remorque est placée trop sur l'arrière, il est difficile de manœuvrer le remorqueur.

Les remorqueurs marchent en service courant à une vitesse très réduite à cause de la résistance du navire remorqué: leur propulseur tourne alors bien moins vite qu'en route libre, et l'on doit tenir compte de ce fait dans l'établissement de la machine. L'introduction dans les cylindres doit être assez grande pour que toute la vapeur fournie par les chaudières soit absorbée par la machine, ainsi ralentie par la présence du remorqué.

RÉMOULEUR. Ouvrier, souvent ambulant, qui aiguise les outils et les instruments tranchants, d'acier ou de fer fondu et trempé. La meule dont il se sert est surmontée d'un sabot renfermant l'eau destinée à l'humecter de temps en temps, et reçoit son mouvement de rotation d'une manivelle reliée par une bielle à la pédale sur laquelle vient agir le rémouleur. Souvent celui-ci possède deux meules, l'une à gros grain, l'autre à grain plus fin, et n'utilise cette dernière que pour terminer l'aiguisage qu'il a ébauché sur la première. Il affûte enfin et polit le tranchant en le passant plusieurs fois sur une pierre douce, graissée à l'huile.

On appelle également *rémouleurs* ceux qui se servent de la meule pour tailler le verre et le cristal.

REMOUS. Lorsque l'écoulement de l'eau est arrêté ou diminué par un obstacle, il se produit à la surface un gonflement appelé *remous*, qui se propage vers l'amont, en diminuant progressivement; il finit par se raccorder avec l'ancien niveau, en formant souvent un *ressaut* superficiel. Il importe, dans l'établissement des ponts et des barrages en rivière, de déterminer à l'avance la surélévation produite en amont par les remous, afin de s'assurer qu'elle ne causera pas de dommages aux propriétés riveraines.

Pour les ponts, on peut se contenter de la formule approximative suivante, dérivée de la méthode de Navier:

$$\frac{Q}{m\,\omega}=\sqrt{2g\,(H+z)},$$

dans laquelle Q désigne le débit de la rivière; m, le coefficient de contraction; $\omega=lh$, la section d'écoulement sous le pont;

$$H=\frac{u^2}{2g},$$

la hauteur due à la vitesse moyenne u du courant; z, la hauteur du remous. On vérifie la valeur exacte de z au moyen de la formule donnée dans l'aide-mémoire de Claudel, et déduite du *Traité d'hydraulique* de d'Aubuisson, ou de celle du *Cours d'hydraulique* de Bresse. Pour les barrages en rivière, on peut adopter l'hypothèse de M. Poirée qui assimile la ligne d'eau, dans l'amplitude du remous, à une parabole dont l'axe serait vertical, et dont le sommet serait à l'emplacement du barrage tandis que l'extrémité de la courbe serait tangente à la pente moyenne du cours d'eau. En appelant h, la hauteur du barrage et i la pente du cours d'eau, l'équation de la courbe,

$$x^2=\frac{4\,h}{i^2}\,y,$$

permet d'évaluer le remous en un point quelconque. Mais il résulte de cette hypothèse que le remous ne se ferait plus sentir au delà de la distance $\dfrac{2h}{i}$, tandis qu'il s'étend beaucoup plus loin et que, par conséquent, son action à quelque distance du barrage est plus considérable que ne l'indique la formule. Dans la pratique, on se réserve une revanche à peu près égale à la valeur trouvée, et on ne l'applique qu'en grandes eaux.

REMPAILLAGE. Opération qui consiste à garnir de paille le siège des chaises, fauteuils, tabourets, etc. On se sert pour les meubles communs de jonc grossier, et pour les meubles de bureau de jonc recouvert de paille aplatie : dans ce dernier cas, on emploie le seigle ou le froment, le premier de préférence au second ; de plus, la paille doit être choisie et n'avoir pas été brisée par un passage à la batteuse, elle doit être intacte, en terme technique *viaulée*. Le siège des chaises dites *cannées* est fait avec le produit des palmiers, *calamus draco* et *calamus Roxburghii* ou *rotang*.

REMPAILLEUR, EUSE. *T. de mét.* Celui, celle qui garnit de paille, les chaises, fauteuils, tabourets.

REMPART. *T. de fortif.* On donnait autrefois ce nom à l'épaisse muraille qui entourait les places de guerre et châteaux-forts du moyen âge.

Dans la fortification moderne le rempart est le massif de terre en remblai qui borde le fossé. Tout en servant à renforcer l'obstacle créé par le fossé, le rempart a pour objet principal de relever le parapet, autre massif de terre derrière lequel le défenseur place son artillerie ou ses troupes d'infanterie, et de lui donner le relief nécessaire pour pouvoir dominer le terrain environnant. Le terre-plein du rempart est la plate-forme supérieure, qui forme une sorte de chemin sur lequel le défenseur peut circuler à l'abri du parapet ; il est raccordé avec le sol naturel par des talus aux 4/5 ou à 1/10 que l'on appelle *talus du rempart*. Dans une place forte, tout le long de ce talus, règne une voie de circulation dite *rue du rempart* ; des rampes permettent de passer de la rue du rempart sur le terre-plein. Dans les ouvrages de la fortification moderne, le talus du rempart est souvent remplacé par des locaux voûtés qui sont placés sous le parapet. Du côté du fossé, lorsque l'escarpe n'est pas détachée (V. Fortification), la masse de terre qui constitue le rempart surmonté du parapet, est soutenue par l'escarpe qui est alors dite *attachée* et remplit l'office de *mur de soutènement.* — V. ce mot.

Du temps de Vauban l'escarpe était toujours pleine et renforcée par des contreforts placés en dedans ; aujourd'hui, on a renoncé à peu près complètement à l'emploi des contreforts, et le plus généralement on préfère à l'escarpe pleine les escarpes avec voûtes en décharge. Dans le cas. de l'escarpe pleine et attachée qui est complètement adossée aux terres, on doit avoir recours au calcul pour déterminer l'épaisseur à donner au mur afin qu'il puisse résister à la poussée des terres.

Pendant longtemps la formule la plus employée pour le service du génie a été celle de Poncelet $e = 0,285(\mathrm{H} + h)$, dans laquelle H représente la hauteur de l'escarpe, h celle de la surcharge de terre depuis le sommet du mur jusqu'à l'horizontale passant par le milieu de la plongée, e l'épaisseur du mur mesurée à 1/10 de la hauteur de l'escarpe à partir du pied, le parement intérieur étant supposé vertical et le fruit du parement extérieur compris entre 1/10 et 1/20.

Cette formule ne peut convenir que lorsque h est inférieur à H, et même lorsque h est compris entre $\dfrac{\mathrm{H}}{2}$ et H on préfère quelquefois la formule suivante : $e = 1/3\,\mathrm{H} + 1/5\,h$.

Avec les hauteurs de surcharge en usage actuellement, la hauteur d'escarpe revêtue ayant été réduite le plus possible afin de dérober les maçonneries aux vues et aux coups de l'assiégeant, les formules précédentes ne s'appliquent plus qu'imparfaitement ; on les remplace alors par les formules suivantes :
$e = 1/3\,\mathrm{H} + 1/10\,h$ pour h compris entre H et 2H ;
$e = 1/3\,\mathrm{H} + 1/15\,h$ pour h dépassant 2 H.

REMPLAGE. *T. de constr.* D'une manière générale, on désigne ainsi des matériaux de petite surface ou de petit volume garnissant l'intervalle compris entre des points d'appui formés de matériaux, différents des premiers comme nature, volume et résistance. En *maçonnerie*, on donne ce nom : 1° aux *garnis* ou débris de pierres et de moellons, aux fragments de briques que l'on pose en blocage soit entre deux parements de pierres de taille, système particulièrement employé par les Romains et les architectes du moyen âge, soit entre les reins d'une voûte et une ligne horizontale passant par le sommet de l'extrados ; 2° aux entrevous formés de plâtre et de plâtras dont on garnit les intervalles compris entre les poteaux d'un pan de bois ou les solives d'un plancher ; 3° à la maçonnerie sèche, faite avec des cailloux et qu'on pose quelquefois derrière un mur de revêtement pour le préserver de l'humidité ou faciliter l'écoulement des eaux. ‖ En *charp.*, on appelle *poteaux* ou *solives de remplissage ou de remplage*, les poteaux et solives assemblés avec les pièces principales et qui servent à former un pan de bois ou un plancher. On nomme aussi cloison de *remplissage*, des cloisons faites avec des bois provenant du déchirage des bateaux, ces cloisons étant simplement hourdées en plâtre. Enfin, les treillageurs appellent *remplissage*, toute partie de treillage servant à garnir les vides compris entre les bâtis.

REMPLI. *T. techn.* Travail que fait la dentellière dans l'intérieur du point d'Alençon ; feuilles qui remplissent la dentelle réseau. ‖ *Art hérald.* Se dit de toute pièce honorable dont le fond est d'un autre émail que les bords ; se dit aussi des meubles percés, lorsque le trou est d'un autre émail que le champ.

REMPLISSAGE. Opération qui, dans certains métiers, se fait à l'aide de *remplisseurs* chargés de distribuer le plus souvent automatiquement une matière quelconque nécessaire au travail. — V. aussi REMPLAGE.

*REMPLISSEUSE. T. de mét. Ouvrière qui fait le rempli ou remplissage des points d'Alençon.

I. RENAISSANCE (Art et style). L'Italie, qui avait été, après la Grèce, la patrie de l'art antique, devait être la première à revenir aux principes du beau dont les chefs-d'œuvre anciens étaient l'expression la plus parfaite, et c'est elle qui a donné l'impulsion à ce prodigieux mouvement intellectuel qui modifia en peu de temps toutes les branches des lettres, des sciences et des arts. Avant d'aborder l'étude de la Renaissance française à laquelle nous devons nous attacher surtout, il nous faut donc retracer en peu de mots le développement de la Renaissance italienne.

Architecture. Jamais les Italiens n'avaient renoncé complètement aux traditions de l'art Romain, en ce qui concerne l'architecture. L'ogive ne se montre chez eux qu'à de rares exceptions, et les motifs de cette exclusion sont faciles à saisir. N'avaient-ils pas sur leur sol des exemples et des matériaux excellents, que leurs architectes, très habiles constructeurs, pouvaient mettre en œuvre? D'ailleurs, leur ciel permet les intérieurs aux baies étroites, aux voûtes simples et peu élevées ; il faut fuir le soleil bien plutôt que l'attirer ; et lorsque leurs architectes veulent la grande lumière, ils enlèvent une paroi de l'édifice et font une galerie ouverte ; ce sont des procédés radicaux que le climat du Nord ne permettrait pas. Mais avec ses hésitations, ses tâtonnements, l'architecture italienne végète péniblement pendant tout le moyen âge, et ne construit rien de grand ; elle avait repoussé l'ogive, qui partout ailleurs avait produit des merveilles, elle n'avait pris aux Arabes que des détails d'ornementation, aux Grecs et aux Byzantins que des procédés de construction, excellents en eux-mêmes, mais inféconds ; et lorsqu'elle voulut mêler tous ces éléments disparates aux traditions antiques qu'elle tenait à conserver, elle n'aboutit qu'à des œuvres bâtardes, sans caractère et sans grandeur, certainement de beaucoup inférieures à ce que produisaient à la même époque la France et l'Allemagne. Un franc retour à l'antique pouvait seul la conduire à des résultats meilleurs ; ses artistes l'ont compris, et ils ont, en effet, obtenu en peu de temps un art parfait et achevé.

C'est le xv* siècle qui est fixé comme date à la Renaissance, mais depuis un siècle déjà il était facile de la prévoir. Tout y conduisait, en Italie comme dans le reste de l'Europe : l'art ogival étant parvenu à un tel point de perfection qu'il ne pouvait que déchoir, le déclin de l'influence monastique, la mise au jour de nombreux manuscrits et d'objets d'arts laissés par les Romains, les fondements de la science moderne jetés par Roger Bacon, qui le premier remplaça par l'expérience et l'observation la méthode spéculative, l'affranchissement de la peinture avec Giotto, Orcagna et les peintres du Campo Santo de Pise, sont des efforts qui dénotent dans les esprits une activité toute nouvelle ; elle est partout en même temps ; c'est elle qui conduit Luther à la Réforme, Gutenberg à l'invention de l'imprimerie et Christophe Colomb à la découverte du Nouveau Monde. Le xivᵉ siècle est donc l'époque de la préparation de la Renaissance, le xvᵉ siècle en marque le développement, et le xvıᵉ l'apogée.

En architecture, c'est à Arnolfo di Lapo et à Brunelleschi que l'Italie doit le premier retour à l'art antique, tenté dans la cathédrale de Florence, Ste-Marie-aux Fleurs. Cette difficulté de couvrir en voûtes élevées de vastes espaces, que l'art ogival avait résolue, Brunelleschi sut la vaincre à son tour par l'emploi de la coupole ; et le succès de cette innovation fut si grand qu'on peut la considérer comme le point de départ de la Renaissance

en Italie, qui devait produire de si beaux monuments, avec Bramante, Michel Ange, Raphaël, Vignole, Palladio, et tomber ensuite si rapidement dans des erreurs irréparables.

C'est dans ce milieu lettré et artiste, au moment même où il atteignait son complet épanouissement, que les Français allaient chercher des exemples et des leçons. A vrai dire, il fallait, pour en profiter, posséder soi-même le jugement droit, le culte du beau, la puissance d'imagination, car ces principes soi-disant empruntés aux chefs-d'œuvre antiques, étaient pour la plupart faux et incomplets ; ils étaient pris à la décadence romaine, et au lieu de remonter à la source du beau, on en acceptait déjà une dégénérescence.

Parmi ces savants, ces artistes, ces chercheurs du xvᵉ siècle, si habiles à mettre au jour et à étudier les chefs-d'œuvre qui avaient échappé à la proscription impitoyable d'un moyen âge fanatique, personne ne songea aux productions de l'art grec, dont on pouvait cependant trouver de beaux exemples dans l'Italie méridionale et la Sicile, à défaut de la Grèce même, tombée au pouvoir des Turcs. Il est arrivé alors ce qui se produit toujours dans l'imitation d'un modèle défectueux : les défauts furent exagérés aux dépens de ce qui restait encore de qualités. Ainsi les Grecs, guidés par leur goût parfait et par une longue suite d'expériences, avaient donné à la colonne les proportions les plus élégantes, les formes les plus pures. Ils n'avaient pas oublié qu'elle représentait un arbre, c'est-à-dire un soutien dans leur architecture symbolique qui rappelait les premières constructions en bois, et ils lui faisaient effectivement supporter la plate-bande. Or, les Romains adaptant la voûte aux principes de construction des Grecs, n'avaient plus rien à soutenir ; ils n'en ont pas moins gardé la colonne, mais comme ornement, ce qui est un contre sens évident. De là à lui donner la forme même du mur il n'y a qu'un pas. Bientôt la colonne est aplatie contre la paroi et devient le pilastre cannelé, combinaison nouvelle et bien extraordinaire, car cet arbre aplati, rectangulaire, formé de tiges carrées, n'en est pas moins surmonté du bouquet de fleurs corinthien! Voilà à quoi on est conduit par l'introduction forcée dans l'art d'éléments étrangers et inutiles.

Eh bien, les artistes de la Renaissance, qui avaient le tort de venir après les Romains, n'ont vu dans leur architecture que le pilastre. Ils en ont mis partout, même à l'intérieur des édifices, et ils l'arrêtent avant le plafond, en conservant la corniche, ce qui donne l'idée d'un soutien qui n'a rien à porter. Ils ont traduit aussi maladroitement la plupart des emprunts faits à l'antique, le fronton notamment.

Bien moins que les Italiens, les Français avaient besoin d'un retour à l'antique ; leurs écoles d'architecture et de sculpture, résultat de plusieurs siècles de travail et d'efforts, étaient nombreuses, florissantes, elles avaient produit des chefs-d'œuvre incomparables en Picardie, en Normandie, en Bourgogne, dans l'Ile de France ; ses maîtres des œuvres étaient des chercheurs et des hardis, ses ouvriers avaient une habileté de main dont on ne trouverait en Italie aucun exemple. Malheureusement, l'art ogival avait donné, dans l'architecture religieuse, tout ce qu'il avait en lui ; mais dans les constructions civiles il était tout nouveau, plein d'avenir, convenait parfaitement au ciel, aux mœurs, aux traditions, aux édifices déjà existants, et auxquels il se liait sinon par les grandes lignes, du moins par mille détails intimes qui le désignaient comme faisant partie de la même famille. Cet art se sentait chez lui, né de la terre et du ciel comme le paysan ; il était aimé, il était compris, c'était vraiment un art national.

Or nous allons voir que lorsqu'on a été chercher en Italie des monuments pour les rapporter en France tout d'une pièce, pour ainsi dire, sans s'inquiéter si cette

cette bouture exotique porterait de bons fruits dans un autre terrain, c'est l'architecture civile seule qu'on a importée. La Renaissance, en France, n'a pas plus été un art religieux que l'art ogival en Italie. On en a des exemples, ils ne sont pas bons, à de rares exceptions. Il semble que les architectes ont sauté sans transition de l'église de Brou à Saint-Gervais et à la Sorbonne.

L'introduction brutale, officielle, de la Renaissance italienne en France est donc la ruine de nos écoles, surtout de nos écoles industrielles si remarquables, qui avaient produit tant de jolies choses que nous savons apprécier seulement aujourd'hui, lorsqu'on est arrivé, après de long efforts, à détruire chez nos ouvriers toute originalité et toute initiative. Seuls, les peintres français ont trouvé tout profit au contact des grands maîtres de la péninsule. Mais pour être en retard d'un siècle, ils n'en avaient pas moins en eux une vitalité capable de les porter, par leurs propres efforts, à la perfection. Sait-on ce qu'auraient produit les élèves de Fouquet et de ses

émules? Les études récentes sur nos premiers peintres du moyen âge permettent de s'en rendre compte : suivant en cela les traditions de l'école artistique de leur époque et des époques précédentes, ils s'étaient attachés surtout à reproduire ce qu'ils avaient sous les yeux, ne cherchant pas l'élévation de la pensée, mais prenant l'idée sur le vif, partout où elle était grande ou délicate. Mais c'est le réalisme? Parfaitement! mais non le réalisme des Flamands et des Hollandais, heurté, brutal ; c'est un naturalisme aimable, laissant une certaine place à la composition, à l'idée, à l'imagination de l'artiste et du spectateur ; c'était bien là, entre les écoles flamandes et italiennes, le lien dont l'absence est une lacune grave dans l'histoire, si bien que celui qui a compris une des deux manières se trouve dérouté devant l'autre à laquelle rien ne l'a préparé! Ce lien devait exister, on le devine plutôt qu'on ne le voit, parce que la peinture française était encore dans l'enfance. Il a été volontairement étouffé dans le germe. Qu'est-il arrivé alors? L'esprit français

Fig. 420. — *Portail de Gaillon.*

comprend difficilement le beau et le grand dans l'art, il voit mieux par les petits côtés ; en l'empêchant de suivre sa voie, on a suscité à nos artistes une concurrence invincible. Aussi avons-nous cent peintres excellents ; nous n'en avons pas un immortel, pas un qu'on puisse comparer au vingtième maître de l'École italienne ; celle-ci avait un siècle d'avance. On conçoit qu'un changement, si en opposition avec le caractère et les traditions du pays ne s'est pas produit sans résistance. Aussi, pendant longtemps, n'est-ce que sous la main royale que la Renaissance française se développe, autour de Paris et sur les rives de la Loire. Le roi Charles VIII et la cour, dans leur première promenade triomphale, avaient été éblouis par ces tableaux, ces églises de marbres, ces statues d'autant plus charmantes qu'elles reproduisaient dans toute sa pureté le type des belles filles du pays. C'était nouveau et beau. Revenu à Paris, Charles VIII voulut faire reproduire sous ses yeux une partie des merveilles qu'il avait abandonnées à regret, et il rapporta à grands frais des tableaux, des tapisseries, des marbres antiques, pour orner le château que des ouvriers italiens de Naples allaient construire pour lui sur les bords de la Loire, à Amboise où il était né ; le nom d'un seul de

ces artistes étrangers nous a été conservé, c'est Paganini, qui fit plus tard le tombeau du roi.

Louis XII ramena d'Italie Fra Giocondo qui commença une école ; on voit que déjà le mouvement était avancé. D'ailleurs, le ministre tout puissant qui gouvernait la France, Georges d'Amboise, archevêque de Rouen, avait adopté avec enthousiasme les idées nouvelles, et il avait fait élever à Gaillon une des plus belles constructions, dans le goût nouveau, que possède notre pays. L'architecte était étranger, c'est sans doute Fra Giocondo, mais les ouvriers et les sculpteurs étaient pris dans la province même ; il eût été trop difficile de les faire venir de si loin. Le *compte des dépenses* de Gaillon nous a laissé leurs noms : Guillaume Renault, Pierre Fain, Rolland Leroux, Pierre Delorme, rouennais, Pierre Valence, de Tours, Antoine Juste et Michel Colomb, illustres artistes qui représentaient encore les écoles du moyen âge. Pierre Fain était l'auteur du beau portique qui a été réédifié dans la cour de l'École des Beaux Arts et que nous donnons fig. 420, le reste a été détruit en 1796 par l'administration départementale, parce que c'était d'une *architecture gothique.*

Bien qu'on puisse reconnaître à Gaillon, le mélange

des deux styles, pourtant l'ensemble tranchait résolûment avec l'aspect général des hôtels et châteaux de la fin du moyen âge ; c'est donc le premier essai complet de la Renaissance française. Eh bien, ces mêmes artistes, ce même cardinal d'Amboise élevaient à Rouen, à la même époque, des constructions religieuses absolument ogivales : la tour de la cathédrale et la jolie église Saint-Maclou, pendant que dans la même ville Roger Ango montrait la vitalité des vieilles traditions dans le magnifique palais de justice.

L'œuvre capitale du règne de Louis XII est le château de Blois, qui fut achevé seulement par son successeur. Il porte encore la marque d'une époque de transition, révélée par les lucarnes et les cintres surbaissés, mais l'ensemble de la construction et l'ornementation sont bien inspirés des idées de la Renaissance antique.

Les artistes français étaient déjà en pleine possession des éléments de l'architecture nouvelle, car on avait pris dans le pays même le directeur des travaux de Blois : Colin Biard. Les grands seigneurs et les riches bourgeois suivaient l'exemple royal : le château de Meillant (Cher), construit par Charles d'Amboise, qui fut gouverneur de Milan, ceux d'Azay le Rideau, élevé par Gilles Berthelot, maire de Tours, dans une île de l'Indre, et de Nantouillet, au cardinal Duprat, sont dignes de rivaliser avec les somptueuses résidences de leur souverain ; on y remarque la vitalité de l'esprit français, qui, tout en abandonnant sans retour les formes démodées du moyen âge, savait modifier les importations italiennes pour les rendre plus conformes à ses goûts et à ses besoins.

Mais la direction que François Ier donne aux artistes français est une protestation contre ces tentatives d'affranchissement, et elle en arrête le progrès. Les étrangers redeviennent les maîtres absolus, et le retour à l'antique est désormais un principe acquis, c'est le seul qu'on enseigne dans cette école de Fontainebleau, dirigée par le Primatice, Serlio, Rosso, et d'où devaient sortir la plupart des grands architectes et décorateurs de la période suivante. L'influence de François Ier est donc regrettable au point de vue de l'art français ; c'est lui qui a mis la France à la remorque de l'Italie, ce qui a amené, pour l'architecture surtout, des résultats qu'on ne peut envisager qu'avec regret, à considérer seulement l'avenir de l'art national.

François Ier commence la série de nos rois *grands bâtisseurs*. Il continue le château de Blois dont le ravissant escalier à jour porte ses emblèmes : une salamandre au milieu des flammes ; il commence Chambord, l'édifice le plus merveilleux de cette première période de la Renaissance française ; les étages inférieurs sont d'une grande simplicité, mais les détails se multiplient à mesure qu'on s'élève jusqu'à la terrasse, que surmonte une véritable forêt de constructions à jour, de clochetons, de lucarnes, de cheminées ; cette profusion a été justement critiquée : elle écrase la jolie lanterne (fig. 421) qui couronne l'édifice (V. t. II, p. 998), au-dessus de l'escalier, autre ouvrage extraordinaire auquel on ne peut comparer aucune construction du même genre ; il fait construire aussi Saint-Germain, Madrid au bois de Boulogne, etFontainebleau, la dernière création de son règne et la plus importante par la grandeur de l'édifice ; elle est l'œuvre de la colonie italienne ; mais une si importante entreprise ne pouvait être achevée en quelques années, et si François Ier est considéré comme le créateur du château, celui-ci était loin d'être terminé lors de la mort du roi. On y travaillait encore sous Louis XIII.

De cette première période datent encore : le manoir d'Ango, à Warengeville, près de Dieppe, la maison de Moret transportée à Paris, sur le Cours-la-Reine, et un nombre considérable de châteaux et résidences particulières. Nous donnons, fig. 422, un des jolis spécimens de cette architecture de transition, l'hôtel Bourgtheroulde, à Rouen ; le principal corps de bâtiment avec sa riche tou-

relle hexagonale, date des dernières années du style ogival, de la fin du xve siècle. Cependant, au milieu des lucarnes à ogives et à pinacles aigus, on remarque une ornementation toute différente, promesses discrètes de la Renaissance dont le petit bâtiment en aile est un des plus charmants et des plus purs spécimens. C'est sur cette aile que se trouvent ces fameux bas-reliefs représentant l'entrevue du Camp du Drap d'Or, entre Henri VIII et François Ier, qui ont à la fois l'importance d'un monument historique et la valeur d'une œuvre d'art exquise dans ses détails.

Quatre noms brillent surtout sous les derniers Valois, et éclipsent tous les autres : Jean Bullant, Philibert de Lorme, Pierre Lescot et Jean Goujon. C'est à cette pléiade que la France doit d'avoir pu résister à l'envahissement des étrangers, d'avoir produit des œuvres originales. Jean Bullant se fit très jeune une réputation par la construction du château d'Ecouen, vaste quadrilatère dont les façades sont chacune d'un style différent ;

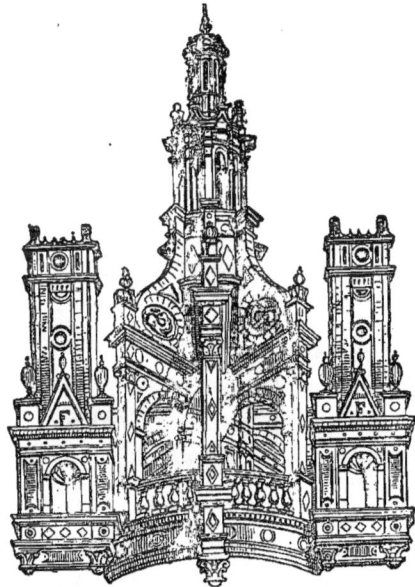

Fig. 421. — *Lanterne du château de Chambord.*

la chapelle est ogivale ; les transitions sont si habilement ménagées que cet assemblage n'a rien de choquant. On doit encore à Bullant l'hôtel de Soissons, à Paris, sur l'emplacement duquel on a construit les Halles centrales, le tombeau du connétable de Montmorency, les plans de l'hôtel Carnavalet. Catherine de Médicis lui avait demandé aussi un projet pour le palais des Tuileries, mais les plans de Ph. de Lorme furent préférés. Celui-ci, introduit à la cour de François Ier, avait joui surtout de la faveur de Henri II. Il travailla à Saint-Germain, à Meudon, à Madrid, au château de Monceaux, à ceux de la Muette, de Follembray, de Saint-Maur-les-Fossés ; mais son œuvre capitale est le château d'Anet, bâti pour Diane de Poitiers. L'architecte lui a donné la forme de deux quadrilatères inscrits l'un dans l'autre, le plus grand formant autour du jardin une galerie à jour. Au milieu de la façade s'élevait ce portique à trois ordres superposés, un des chefs-d'œuvre de la Renaissance, qu'on peut admirer dans la cour de l'École des Beaux Arts à Paris (fig. 423). Il est orné de sculptures, de bas-reliefs et de statues. Les armoiries de la famille de Brézé surmontent le troisième étage, d'une belle ordonnance corinthienne. Toutes les parties intérieures et extérieures du château étaient travaillées avec le plus grand soin. Jean Goujon y avait sculpté des figures merveilleuses, entre autres la Diane de la fontaine, qui passe pour le portrait de la favorite royale, et Benvenuto Cellini y avait placé un fameux bas-relief de bronze qui est maintenant au Louvre, ainsi qu'une horloge où un cerf de bronze marquait les heures en frappant du pied, tandis que la meute, de bronze également, réunie autour de lui, faisait entendre ses aboiements comme dans une chasse fantastique.

Malgré cette réunion si précieuse de l'art et de la richesse, Anet ne fut pas la résidence habituelle de la belle Diane. Elle préférait Chenonceaux, bâti dans une île du Cher par Thomas Bohier et Catherine Briçonnais sa femme (fig. 424). Le château avait excité la convoitise de François Ier, qui s'en rendit maître par une véritable extorsion. Thomas Bohier fut accusé de concussion au sujet de marchés qu'il avait passés lors des guerres d'Italie, et on arracha aux juges une condamnation. Chenonceaux fut saisi comme gage d'une somme de 90.000 livres. Plus tard, il fallut une longue et difficile procédure pour faire sortir le château du domaine royal, qui était inaliénable, afin que la favorite pût l'acheter.

Fig. 422. — Hôtel Bourgtheroulde.

Mais rien ne fut épargné, car la duchesse de Valentinois tenait à Chenonceaux plus qu'à tout au monde. La construction était élégante, le site charmant, et on comprend l'affection de la favorite pour cette demeure qu'elle faisait encore embellir lorsque la mort de Henri II vint la surprendre. Catherine, qui avait la vengeance raffinée, sut frapper sa fière rivale dans ce qu'elle avait de plus cher, et Diane, menacée par Tavannes de se voir couper le nez, dut changer Chenonceaux pour le sombre château de Chaumont-sur-Loire.

Ph. de Lorme commença les Tuileries, mais n'en acheva que le pavillon central, qui plus tard fut dénaturé par les changements successifs que ce palais a subis jusqu'à son incendie. Il fit là une application des co-lonnes à manchons pour cacher les joints, qu'il avait inventées et qui ont joui longtemps d'une grande faveur. Il leur avait donné le nom de colonne française (fig. 425), et elles restèrent en usage jusqu'au règne de Louis XV. Les travaux des Tuileries furent suspendus parce que la reine recula devant une dépense aussi considérable que celle indiquée par les devis, alors surtout que le Louvre devait être continué.

Le Louvre est le monument le plus important et le plus complet de la Renaissance française; il résume l'art du xvie siècle, avec toutes ses beautés et ses défauts, et il a pour nous un intérêt d'autant plus grand qu'il est l'œuvre d'artistes français, si on en excepte quelques détails d'ornementation. Serlio avait d'abord été chargé par François Ier d'établir des plans; mais le roi tenait, par économie, à utiliser les fondations du vieux Louvre. Serlio n'y put parvenir, et retira de lui-même ses dessins. Avec un désintéressement rare, il conseilla par la suite, d'adopter les projets de Pierre Lescot, jeune architecte qui revenait d'Italie avec une solide instruction puisée dans l'étude de l'antique Il avait alors, en 1541, à peine trente ans; cependant on n'hésita pas à lui donner cette construction si importante, et il justifia la confiance du roi.

Tel qu'il l'avait conçu, le Louvre devait former un quadrilatère dont la surface était environ le quart du palais actuel. La façade était reportée du côté de Saint-Germain l'Auxerrois. On a depuis agrandi et complété l'œuvre de Lescot; elle ne comprenait d'abord que ces petits avant-corps surmontés de frontons courbes, qui, au nombre de trois sur chaque côté, constituaient la façade, mais plus tard une autre façade fut placée parallèlement devant celle-là, en formant un nouveau corps de bâtiment. C'est pour l'intérieur de la cour que Lescot avait réservé toutes les ressources de son imagination; on y trouve, du rez-de-chaussée au comble, une gradation de luxe et de sculptures qui arrive même, en ce qui concerne l'étage supérieur, l'étage noble selon l'expression italienne, à la profusion (fig. 426). C'est un défaut qu'on a reproché à l'architecte avec quelque justice au point de vue esthétique. Cependant, il faut tenir compte à Lescot que les splendeurs de l'art ogival flamboyant étaient présentes à tous les yeux, à tous les souvenirs, qu'il importait, pour la foule, de ne pas se montrer inférieur en richesse d'ornementation, qu'enfin, une cour aussi magnifique que celle des Valois exigeait un palais digne d'elle, et que ces pierres incrustées et sculptées, ces menuiseries délicates, ces plafonds à compartiments, ces bronzes ciselés, ces cariatides de Jean Goujon, ces portes de Riccio n'avaient assurément rien de trop somptueux, comparés au luxe d'une époque où les hommes, rivalisant avec les femmes, prodiguaient dans leurs vêtements le velours, le satin, les plumes, l'or et les broderies.

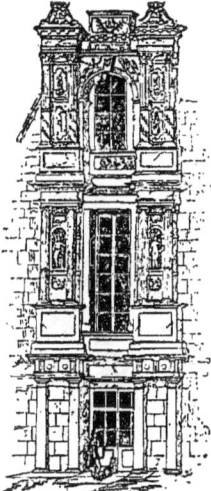

Fig 423. — Façade du château d'Anet.

Jean Goujon fut l'ami fidèle de Lescot avec qui il travailla au Louvre, au jubé de Saint-Germain l'Auxerrois, à la fontaine des Innocents. Son chef-d'œuvre est la salle des cariatides au Louvre, dont nous venons de parler Elle a été transformée en salle du musée des antiques. Il a donné aussi de jolis modèles à Ecouen et à Anet, et a sculpté pour l'église Saint-Maclou, à Rouen, une porte merveilleuse, autant pour le dessin que pour l'exécution.

Ce sont là les grands artistes de la Renaissance. Leurs successeurs, s'ils ne manquent pas de talent, ne sont pas capables néanmoins de supporter leur dangereux héritage. Avec eux, l'art s'alourdit, devient froid et monotone, il nous conduit rapidement au style Louis XIII, bien inférieur assurément. Il convient de citer, dans cette dernière partie de la Renaissance, les Androuet du Cerceau. Jacques, l'auteur des Plus excellents bâtiments de France, recueil précieux qui donne la reproduction exacte de bien des monuments aujourd'hui disparus, ainsi que Jean-Baptiste, son fils, qui succéda à Bullant comme architecte du roi ; et Dupérac, à qui sont dues les principales constructions du règne de Henri IV, notamment à Fontainebleau et au Louvre.

Nous avons laissé de côté, à dessein, l'architecture religieuse qui, nous l'avons dit plus haut, doit former une étude à part. Maintenue dans la direction de l'art ogival par la tradition, par les nécessités du culte, par l'éloignement du clergé catholique pour tout ce qui rappelait l'époque païenne, elle avait à tel point résisté à l'envahissement des idées nouvelles que, en plein xviie siècle, on terminait en style ogival flamboyant des églises commencées ainsi pendant la Renaissance. D'ailleurs, le succès avait peu encouragé ceux qui tentaient une fusion entre ces deux styles si différents, et l'expérience malheureuse de l'église Saint-Eustache, restée bâtarde et sans caractère, malgré les dimensions du plan, ramena les architectes aux traditions du moyen âge.

Cependant er. 1547, on reconstruisit à Paris Saint-Etienne-du-Mont, sur un plan ogival, mais avec des éléments empruntés à l'art antique, surtout dans la nef. Le portail principal date du xviie siècle et en a bien le caractère. A côté de cette tentative, timide encore, on en citerait bien d'autres qui pourraient montrer les efforts de

Fig. 424. — Château de Chenonceaux.

nos artistes cherchant à s'affranchir des liens où ils se trouvaient enserrés par la tradition. Saint-Michel de Dijon, avec sa façade bizarre, est une éloquente plaidoirie en faveur de la réforme dans l'art, due à un élève de Michel-Ange, Hugues Sambin. La jolie église de Gisors, où Jean Goujon a travaillé, celles de Sarcelles et du Mesnil près de Saint-Denis, d'Aumale, d'Epernay, d'Argentan, de Vetheuil, de Saint-Pierre et de Saint-Sauveur, à Caen, nous montrent dans plusieurs détails des essais plus ou moins heureux, mais toujours originaux et variés. Certes, l'art antique renouvelé pouvait se prêter à la décoration chrétienne. Nous n'en voulons d'autre preuve que le char-

mant portail latéral de l'église Sainte-Clotilde, aux Andelys (fig. 427), l'application la plus heureuse peut-être qu'on
ait faite à l'art religieux du style de la Renaissance. Des
colonnes ioniques et corinthiennes ont remplacé les grêles
fuseaux de l'art ogival, un cintre l'ogive profonde du
portail, une colonnette le trumeau central des deux portes, qui était autrefois une figure sculptée, le plus souvent celle de la Vierge portant l'enfant Jésus ; le grand
fronton suraigu qui symbolisait sur la façade la Sainte-
Trinité a disparu ; nous trouvons à la place une corniche
tout à fait antique ; un vestige de la galerie se voit encore
au premier étage, et la grande rose a été conservée, mais
avec des éléments très simplifiés ; enfin, de toute cette
ornementation sculptée du moyen âge, qui était comme
la vie de l'art religieux, il n'est rien resté qu'une dizaine
de statues abritées dans les niches. L'ensemble pourtant
est élégant et rappelle, dans ses grandes lignes, quelques-
unes de ces églises du midi de la France, où les souvenirs païens se mêlaient, en plein moyen âge, aux éléments
de l'art ogival.

Mais en réalité il faut arriver au portail de Saint-Ger-

Fig. 425. — *Colonne française.*

vais et à la Sorbonne, qui appartiennent à une autre
époque, pour trouver une indépendance complète et des
créations fécondes en résultats. Ces résultats furent-ils
bons, surtout en ce qui concerne l'œuvre de Salomon de
Brosse, inspirée d'un antique faux et de mauvais goût ?
Nous ne pouvons ici les discuter, mais il est certain que,
dans l'art religieux, la Renaissance française est une
période toute de transition, d'autant moins brillante que
tous les éléments de succès lui manquaient à la fois :
l'appui venu de haut, l'argent, la ferveur religieuse surtout, tournée tout entière à la guerre civile et battue en
brèche par les progrès de la Réforme.

Tout l'art religieux de la Renaissance se concentre sur
des détails, jubés, escaliers, clefs de voûte, etc., tandis que
le reste de l'édifice conserve une nudité choquante au
voisinage de ces dentelles de pierre. Les tombeaux aussi
prennent une place jusqu'alors inusitée, et on commence
à considérer en eux plutôt la beauté que l'idée qu'ils représentent. Nous avons cité celui du cardinal d'Amboise à
Rouen, nous rappellerons ceux de Louis XII et d'Anne
de Bretagne, de Louis de Brézé, des ducs de Bourgogne,
de François 1er et de Claude de France, par Ph. de
Lorme, et de Henri II et Catherine de Médicis. Ce sont
de véritables monuments.

Pour terminer l'art religieux, disons un mot des vitraux
dont l'usage était tellement dans les mœurs qu'on jugea
à propos de le conserver même avec l'art de la Renaissance, bien qu'il convînt exclusivement à l'art ogival qui
l'avait produit. Aussi, quoique les vitraux soient communs au xvie siècle *comme de la ferraille*, selon l'expression pittoresque de Bernard Palissy, cette industrie est-
elle en pleine décadence. On s'éloigne à tort de la simplicité, de la rudesse de contours, de la crudité de tons du
moyen âge, pour se rapprocher davantage du tableau ;
l'ensemble y perd, d'autant plus qu'au verre teint dans

Fig. 426. — *Pavillon du Louvre par Pierre Lescot.*

la masse, se substitue le verre émaillé qui manque toujours de vigueur, et cependant cette époque possède encore des peintres verriers habiles : Jean de Molles, les Pinaigrier, Jean Cousin, B. Palissy ; mais ils sont engagés dans une mauvaise voie, et leurs efforts ne font que
précipiter la ruine d'un art perdu par sa perfection
même. — V. Vitraux.

Il nous reste à dire quelques mots de l'architecture
privée, qui, arrivée à un grand degré de perfection à la
fin du moyen âge, du moins en ce qui concerne l'ordonnance extérieure, se modifie complètement sous l'influence
des idées nouvelles. Mais la Renaissance française qui
vaut surtout par les détails, excelle dans ces petites constructions, où toute l'élégance est dans l'ornementation.
Il nous est d'autant plus facile d'en suivre les transfor-

mations successives qu'il existe encore beaucoup de maisons de cette époque à Rouen, à Orléans, à Angers, à Blois, à Luxeuil, à Joinville, à Tours, au Mans, à Chartres, etc. Celles d'Orléans sont particulièrement remarquables. La maison de François Ier, avec son ensemble symétrique, ses doubles galeries en arcades, ses toits saillants, sa cour régulière, a bien l'aspect des maisons italiennes du XVIe siècle. Comme dernière concession aux usages français, on aperçoit dans un coin une petite tourelle en encorbellement, qui semble honteuse de cette intrusion. Elle porte la date de 1547, avec une salamandre qui était, comme on sait, l'emblème de François Ier. Une autre encore plus importante dans la même ville est la maison d'Agnès Sorel, qui, malgré cette dénomination vulgaire, date évidemment du milieu du XVIe siècle. Les sculptures en sont très belles. Dans les édifices plus simples, on peut citer pour son élégance, à Orléans encore, la maison dite de la *Coquille*, attribuée à du Cerceau.

Enfin, il faut noter une nouvelle activité dans les travaux de construction des édifices municipaux. Dans beaucoup de grandes villes on remplace les anciens beffrois par des hôtels de ville plus commodes et d'aspect moins belliqueux. Le plus connu parmi ceux qui dataient de cette époque, était certainement l'ancien hôtel de ville de Paris, détruit en 1871. La première pierre en avait été posée en 1533, et les plans entièrement modifiés par Boccardo, architecte italien, avaient été suivis assez fidèlement pour que cet édifice fût un des plus curieux exemples de l'art sous les Valois.

Fig. 427. — *Portail de Sainte-Clotilde aux Andelys.*

Sculpture. En Italie, avec des artistes de génie tels que Ghiberti, Donatello, Jean de Bologne, Verocchio, Michel Ange, laissent aussitôt les sommets les plus élevés de l'art. Après être restée longtemps dans un état d'infériorité manifeste auprès des écoles ogivales de France et d'Allemagne, la statuaire, dès les débuts de la Renaissance, produit là des chefs-d'œuvre incomparables.

En France, la sculpture restant, jusque dans une certaine mesure, fidèle aux traditions léguées par le moyen âge, conserve un rôle purement décoratif. Elle ne remue pas, comme Michel Ange, la pierre et le marbre par grandes masses ; elle ne produit pas de morceaux aussi importants que le *Moïse* ou le *Penseroso*, mais moins ambitieuse elle reste attachée à l'architecture qu'elle doit accompagner et compléter.

La plupart des artistes modestes et inconnus qui composaient les écoles françaises de sculpture de la fin de l'art ogival, ont cédé à l'influence nouvelle, et ont modifié leur manière, en adoptant l'ornementation italienne. Celle-ci n'est pas, comme on pourrait le croire, une réminiscence de l'antique, comme l'architecture ou la statuaire, c'est toute une création ; on y trouve peu de ces acanthes, de ces palmettes, de ces oves régulières, de ces filets horizontaux qui formaient le fond de l'art ornemental chez les Romains ; c'est une heureuse combinaison de rubans, de fleurs, de fruits, de mascarons qui arrêtent l'œil et l'empêchent de s'égarer, ce qui lui arrivait souvent au milieu des exubérances du style flamboyant ; ce sont des bandes plates semblables à des copeaux roulés, qui sont bien propres à la Renaissance, des arabesques empruntées aux mosaïques antiques et des feuillages qui complètent ce système très simple, mais très décoratif, composé, en résumé, d'une pièce centrale, médaillon, figure, mascaron, entourés sobrement de quelques ornements de fantaisie, le tout encadré par de légers pilastres. Tel est l'aspect que présente le plus ordinairement un panneau du XVIe siècle ; ces données permettent, d'ailleurs, des variations à l'infini.

Des éléments nouveaux et très fréquemment employés sont les grandes lettres ornées, les emblèmes et les monogrammes qui contribuent à donner une physionomie particulière à l'ornementation de la Renaissance. Dans tous les édifices élevés par François Ier, on retrouve la salamandre dans les flammes, de même le hérisson de Louis XII, la levrette d'Anne de Bretagne. Henri II mêlait son initiale avec celle de Catherine de Médicis, en ayant soin que ce monogramme rappelât plutôt celui de Diane de Poitiers. On pourrait multiplier ces exemples.

La statuaire tient aussi sa place dans ce système décoratif ; mais elle procède toujours par figures isolées dans des niches, contrairement à celle du moyen âge qui plaçait jusqu'à trois cents statues dans un portail ; et si, dans des morceaux indépendants de l'architecture même, on retrouve un exemple de ces groupes à nombreux personnages si fréquents au moyen âge, c'est tout à fait exceptionnellement ; encore est-on certain qu'il est dû à un artiste bien français et assez éloigné de la cour pour rester indépendant et affirmer son idée artistique en dehors de toute préoccupation étrangère. Tel le fameux sépulcre de Saint Mihiel, par le sculpteur lorrain Ligier Richier.

Cependant, comme toujours en ce qui touche l'art religieux, les tombeaux se rattachent encore par des liens étroits à la période précédente, et quoiqu'il ait pu leur en coûter, les sculpteurs français du xvie siècle ont dû soumettre leurs hardiesses d'imagination aux exigences d'une tradition qui n'admettait que difficilement les idées nouvelles. Les grands maîtres de la Renaissance, Michel Colomb, un vétéran de l'art ogival, Jean Juste de Tours, trop peu populaire encore aujourd'hui parce qu'on a longtemps attribué ses chefs-d'œuvre à des artistes italiens, Jean Cousin, Jean Goujon, Germain Pilon, n'en ont pas moins sculpté des merveilles qui peut-être ont dû à cette dépendance envers l'art du moyen âge, d'être restées françaises et originales (V. Monuments funéraires). Nous citerons, parmi les plus belles, les tombeaux de François II, duc de Bretagne, par Michel Colomb, de Louis XII, par Jean Juste, de l'amiral Chabot, par Jean Cousin, de François Ier, de Henri II et du chancelier de Birague par Germain Pilon, à qui on doit aussi le célèbre groupe des Trois grâces destiné à supporter l'urne contenant le cœur de Henri II. Jean Goujon surtout caractérise l'art de cette époque. Bien qu'il soit mort jeune encore, le jour, dit-on, de la Saint-Barthélemy, son œuvre est importante, surtout en bas-reliefs. Dans la statuaire, sa Diane appuyée sur un cerf et les cariatides du Louvre sont les morceaux les plus connus ; mais ce qui a surtout contribué à rendre son nom populaire, c'est la jolie fontaine des Innocents, qu'il a dessinée tout entière, car il était aussi excellent architecte, et décoré de naiades d'une forme gracieuse, élancée jusqu'à l'exagération, mais qui sont certainement ravissantes, si elles prêtent à la critique au point de vue de la rigueur vraie des proportions. L'élégance de ces figures de femmes est bien particulière à Jean Goujon. « où a-t-il pris, dit Michelet, ces corps charmants, ces nymphes étranges, improbables, infiniment longues et flexibles ? Sont-ce les peupliers de Fontaine-belle-eau, les joncs de son ruisseau, ou les vignes de Thomery dans leurs capricieux rameaux, qui ont pris la figure humaine ? » Quelle que soit la sveltesse de formes des femmes de Jean Goujon, il est regrettable que cette fausse direction ait été donnée au dessin aux dépens de la vérité. L'art s'en est ressenti jusqu'au xviiie siècle.

Peinture. Au contraire de l'Italie, la France ne voit se développer que bien lentement la peinture décorative. C'est que dans notre pays les modèles et les maîtres manquaient ; qu'il ne s'agissait plus, comme en sculpture, d'une transformation plus ou moins complète, plus ou moins rapide, mais d'une création même. Les églises ogivales, si riches en statues, ne laissaient que bien peu d'espace à couvrir de peintures, et l'ornementation, parfois exagérée, des intérieurs, eût écrasé de toute sa splendeur les humbles fresques à la mode italienne. Aussi les artistes français du moyen âge ont-ils préféré couvrir les murailles d'un badigeon simplement décoratif, avec des figures isolées, ou même, le plus souvent, avec des motifs d'ornements, et réserver toutes les richesses de leur palette pour les vitraux. C'était encore leur manière de procéder au milieu du xvie siècle, alors que l'art italien produisait ses chefs-d'œuvre, et Jean Cousin, le grand peintre des débuts de l'école française, est connu surtout comme peintre verrier. On ne sait presque rien sur Jean Cousin, non plus que sur la plupart de ces artistes du xvie siècle, travailleurs modestes qui faisaient alors moins de bruit dans le monde que le dernier des condottières. On ignore leur vie, et leurs œuvres même sont discutées. C'est ainsi qu'on n'est pas certain que Cousin soit l'auteur de la statue de l'amiral Chabot, et que, par contre, on lui attribue de confiance, la plupart des tableaux remarquables de cette époque, parce qu'on ne trouve pas même trace du nom de ses rivaux. Il en avait pourtant, et qui étaient dignes de lui.

Mais Jean Cousin lui-même, le premier en date de nos grands peintres, était incapable d'exécuter une décoration importante, ou du moins il ne l'a pas tenté. La plus vaste entreprise de la Renaissance, la décoration du palais de Fontainebleau, a dû être confiée à Rosso, au Primatice, à Nicolas dell'Abbate, et à leurs élèves. La galerie de Henri II et celle de François Ier donnent bien la physionomie du style nouveau. Tous les sujets mythologiques s'y coudoient avec une fantaisie et une bizarrerie de voisinage qui dénotent un manque de direction supérieure ; on y sent la demeure du parvenu ; et en effet, les Français manquaient alors de cette affinement du goût qui vient de la longue fréquentation des belles choses ; on naît artiste, et on se perfectionne seulement au milieu des œuvres d'art.

Aussi, en ce qui concerne la peinture, la Renaissance est-elle une période de transition, ou, pour mieux dire, de tâtonnements. L'art français cherche sa voie, et il ne paraît pas que l'art italien, si brutalement imposé, doive la lui donner. Jean Cousin procède bien plus du moyen âge, par sa sécheresse et certains côtés mystiques de son esprit, que de l'antiquité traduite au goût du jour ; c'était un grand esprit : il n'a guère laissé d'élèves, et plus que tout autre il mérite le nom de précurseur, c'est-à-dire celui qui fait prévoir une époque, mais qui arrive avant son temps et sert d'initiateur à des chefs d'école qui, sans avoir son talent, peut-être, auront du moins des disciples.

Arts décoratifs. Cette ornementation si élégante et si variée de la Renaissance devait merveilleusement convenir aux productions de l'art décoratif. Aussi pouvons-nous constater, dans toutes les branches de l'industrie : ameublement, tentures, orfèvrerie, ciselure, céramique et émaux, une activité toute nouvelle. Les formes ogivales commençaient à s'épuiser. Ici, au contraire, un champ nouveau et vaste est ouvert à l'imagination, et dans notre pays, si fécond en ouvriers habiles et intelligents, il suffit qu'une voie soit indiquée pour que nous y devancions bientôt nos rivaux. Peut-être, au début surtout de la Renaissance, nos fabriques sont-elles inférieures à celles de l'Italie, mais elles deviennent bientôt capables de lutter, et dès le règne de Henri II, elles les dépassent. Elles ont, en outre, la supériorité d'avoir assuré l'avenir, et de créer l'origine de ces formes originales et variées qu'on a appelées styles Louis treize, Louis quatorze, Louis quinze et Louis seize, tandis que l'industrie italienne, après avoir brillé pendant deux siècles d'un si vif éclat, déchoit rapidement, pour tomber si bas qu'elle ne s'en est jamais relevée.

Ameublement et bois sculpté. La Renaissance est la belle époque du bois sculpté ; avant, le mobilier était trop sommaire ; après, il se complique de marqueteries, d'incrustations, d'applications de cuivre, qui ne laissent plus de place à la sculpture. Au xvie siècle, au contraire, le meuble est un véritable objet d'art ; ses panneaux massifs reçoivent une opulente ornementation, fouillée à plein bois dans le chêne, le noyer et l'ébène, le chêne surtout au Nord, jusqu'à la Loire et jusqu'à la Bourgogne, le noyer, plus poli, plus facile à travailler, plus chaud de contours, dans la région du midi. Mais quel que soit le genre de matière employé, on peut dire que les sculpteurs de la Renaissance ont fait rendre au bois tout ce qu'il pouvait, trop même, si on se place au point de vue si important du confortable. Donc, ce qui caractérise le meuble au xvie siècle, c'est la profusion des colonnettes, des figures et des cariatides, des rinceaux de feuillage et de rubans, agrémentés çà et là de quelque chimère et de quelque mascaron grimaçant. Les fabricants comprenaient que cette exubérance de saillies était nécessaire pour donner quelque variété à des meubles monochromes, et pour faire jouer la lumière sur des bois que la vieillesse rend plus ternes encore.

Le bois sculpté était déjà merveilleusement traité à la fin du xv° siècle, et dans de grands ouvrages tels que des portes, des plafonds, des stalles de chœur, les artistes français montraient toutes les ressources de leur imagination et l'habileté de leur ciseau. L'introduction des premiers éléments de la Renaissance donna une vie nouvelle à cette industrie ; elle y gagna la largeur dans le style, la variété dans l'ornementation. Il eût fallu en rester là. Malheureusement, comme en architecture, comme en orfèvrerie, l'école de Fontainebleau et les étrangers vinrent compromettre une personnalité dont notre art national pouvait se montrer fier. Néanmoins, nos écoles provinciales avaient trop de vitalité pour se laisser annihiler par cet envahissement officiel, et si on regrette qu'elles aient emprunté aux italiens tous leurs éléments, on ne peut qu'admirer l'usage qu'elles en ont fait.

Quoique le meuble tende à s'éloigner de plus en plus de la construction, bien des détails sont encore empruntés à l'architecture, les colonnes et les pilastres, les corniches, les médaillons, les cariatides ; et les grands architectes, Bullant, Lescot, de Lorme, Jean Goujon, du Cerceau, ont eu sur l'ameublement une influence tellement directe qu'on a été tenté d'attribuer quelques pièces à leur propre main. Vers la seconde moitié du xvi° siècle surtout, on reconnaît facilement les constructions contemporaines dans les colonnettes surmontées d'un fronton, dans les cariatides sortant à demi de leur gaîne, qui encadrent les vantaux et ornent les coins, dans les bas-reliefs à faible saillie tels qu'en sculptait Jean Goujon. Et pourtant il paraît certain que cet artiste, si accablé de besognes multiples, n'a pas travaillé pour l'ameublement ; tout au plus a-t-il pu donner des dessins et des conseils. Mais d'ailleurs point n'en était besoin. C'était une tradition que le meuble devait se conformer à l'architecture, et on la suivait encore, pour la dernière fois il est vrai, car au xvii° siècle l'ameublement, tout en gardant une dépendance nécessaire pour la décoration, aura un style et des ornements propres.

Les grands ouvrages de menuiserie sculptée étaient toujours à la mode, et plusieurs sont considérés comme des merveilles. Les écoles normande et picarde ont le plafond du palais de justice de Rouen, les portes de la cathédrale de Beauvais et celles de Saint-Wulfrand à Abbeville, et la Bourgogne est fière à juste titre d'un de ses meilleurs artistes, Hugues Sambin, qui sculpta le plafond de la grande salle de la Cour des Comptes, à Dijon, celui du palais de justice, et de belles portes. On lui attribue aussi, mais à tort, le plafond à caissons dorés qui orne une salle dépendant du Parlement. Il est antérieur d'environ cinquante ans.

Examinons en détail un mobilier de la Renaissance ; il nous initiera à bien des petits côtés de la vie intérieure à cette époque.

Le lit conserve toujours son importance : ses dimensions sont considérables, parce qu'il servait non seulement aux membres de la famille, mais aux hôtes de distinction. Ceux-ci ne pouvaient recevoir un plus grand honneur que celui de prendre place dans le même lit que le châtelain. Les chiens d'ailleurs avaient le même droit et l'on conçoit que l'usage de parfumer les oreillers et les couches n'était pas une précaution inutile.

La richesse des lits va toujours croissant avec le luxe du mobilier. Au musée de Cluny se trouve un des plus beaux spécimens qu'on puisse voir ; il est connu sous le nom de lit de François Ier, bien que d'une date très postérieure, plus voisine plutôt des derniers Valois ; un splendide baldaquin est soutenu par des figures sculptées de Mars et de Bellone ; au chevet une couronne ducale est surmontée d'enroulements et de dauphins, tandis que sur les parois intérieures de la corniche, des couronnes

fleurdelisées alternent avec des écussons royaux. Les sculptures en sont très fines, et l'ensemble est d'une élégance parfaite.

Voici la description d'un autre lit ayant appartenu à Catherine de Médicis. Elle donne une idée de la richesse des garnitures.

« Un lit à doubles pentes avec gros point de tapisserie de soie, rehaussée d'or et d'argent, garnie de six pentes de tapisserie, trois pour le haut et trois pour les soubassements, quatre pentes de damas figuré d'or, sur lesquels il y a des bandes de broderie d'or et d'argent clinquant ; plus, pour servir au dedans du lit, quatre quenouilles du même damas brodé, garni d'une bande d'or tissé de soie pourpre. » Avec cette exagération dans le luxe, les mobiliers pouvaient atteindre des prix exorbitants, surtout lorsqu'ils comprenaient, comme celui de Gabrielle d'Estrées au château de Montceau, jusqu'à 19 lits, dont 14 pour l'hiver et 5 pour l'été. D'une décoration différente comme bois et comme tenture, ils étaient couverts de satin, de damas, de velours, ou de point coupé, et leur couleur correspondait au ton général de la chambre.

Le vieux dressoir des âges précédents est encore employé ; mais il perd peu à peu son caractère primitif ; s'il sert toujours à exposer la vaisselle d'argent et les curiosités de prix, on lui a ajouté des châssis de verre qui le rapprochent de l'armoire, avec laquelle il va se confondre bientôt.

La crédence est devenue le buffet, meuble isolé, destiné à changer de place, souvent même à disparaître en même temps que la table, car il est surtout affecté à recevoir les plats et la vaisselle pendant le repas. Plus tard, remplacé dans le service par une petite table, le buffet prend des dimensions plus grandes et s'immobilise. — V. Ebénisterie.

C'est surtout dans les armoires et dans les cabinets que le luxe de la Renaissance se donne pleine carrière. Au xvi° siècle on comprend sous le nom d'armoire non seulement les meubles rectangulaires, à deux vantaux s'ouvrant dans toute la hauteur de l'armoire, mais encore une forme particulière de meubles à deux corps superposés, dont celui du bas est le plus large ; le tout est supporté par des pieds haut seulement de quelques centimètres. On a ainsi un ensemble de quatre vantaux encadrés dans le sens de la hauteur par trois corniches très saillantes, et dans celui de la largeur par des figures sculptées, au milieu et aux angles. Cette disposition générale est assez habituellement observée ; quant aux détails, ils varient à l'infini. Ces meubles se rencontrent encore très fréquemment (fig. 428).

Le cabinet (V. ce mot), si commun à cette époque, et maintenant considéré seulement comme un objet de curiosité, était une importation italienne, qui ne paraît guère en France avant le milieu du xvi° siècle. C'est un petit bahut dressé sur quatre pieds, à tiroirs multiples masqués par deux grands battants formant armoire. L'intérieur de ces cabinets, comme l'extérieur, est orné à l'excès, émaillé ou couvert de peintures délicates, ou bien encore capitonné d'étoffes précieuses. La forme en est variée à l'infini ; un seul ouvrier donne le dessin de ce meuble, mais pour l'achever il faut le concours du peintre, du sculpteur, de l'orfèvre, du graveur, de l'émailleur, du mosaïste et du marqueteur. De là une grande originalité dans la forme, et une grande habileté dans l'exécution des détails.

L'imagination des fabricants s'est aussi donné carrière dans les petits coffrets et écrins à bijoux, si usités au xvi° siècle, et dont un grand nombre nous sont parvenus. On en rencontre de toute matière et de toutes formes. Ils sont en or, en argent, en cuivre, laiton, fer, bois de toutes provenances, cuir bouilli ou gaufré, marbre ou écaille, ambre, cristal, ivoire ; ils sont incrustés d'émaux, de verroteries ; ils sont damasquinés, ciselés, émaillés ; on en trouve de ronds, de carrés, d'oblongs ou d'hexagonaux ; les uns sont posés à plat, les autres montés sur des pieds, la plupart s'ouvrent en haut, quelques-uns sur le côté, comme les armoires. Il y a là matière à une étude des plus amusantes.

On trouve souvent des meubles intermédiaires entre l'armoire et le cabinet, qui ont une partie inférieure de petites dimensions reliée par des supports isolés à un cabinet qui forme le corps principal ; c'est un meuble de transition, qui tient aussi du dressoir.

Dans les belles tables de la Renaissance, les pieds sont réunis par une traverse reliée au milieu de la table, dans sa longueur, par de légers supports. Cette disposition, d'abord réduite à une simplicité pleine d'élégance, s'alourdit et se complique, à la fin du XVIᵉ siècle, avec le style qu'on attribue à l'école de Du Cerceau. La sculpture y tient toujours une très grande place.

Les sièges sont plus légers, plus mobiles. La grande chaire du moyen âge a fait place à l'escabeau sculpté et à la chaise à dossier garnie de coussins. Néanmoins là, comme dans toutes les autres pièces de l'ameublement, les ouvriers sont plus désireux de faire briller les ressources de leur imagination et de leur habileté que de satisfaire aux exigences du bien-être. Il faudra attendre le siècle de Louis XIV pour trouver enfin une application raisonnée du mobilier aux nécessités de la vie d'intérieur.

Les motifs de décoration sculptée ont subi naturellement des modifications profondes, dues à d'autres mœurs, à d'autres études, à d'autres tendances. On ne voit plus, comme au moyen âge, les figures de la Vierge et des saints,

Fig. 428. — *Armoire en noyer sculpté.*

avec des lobes et des ogives, mais, sous le plein cintre antique, les personnages de l'histoire romaine et de la mythologie : Psyché, Vénus sortant de la mer, Marius Scaevola ou la mort de Lucrèce. Nous avons dit aussi que les cariatides étaient en usage dès l'époque de Jean Goujon.

Il faut remarquer aussi qu'au XVIᵉ siècle, indépendamment du mobilier proprement dit se trouvait, dans l'appartement des seigneurs et des riches bourgeois, une profusion d'objets de luxe qui contribuaient à la décoration, tandis que nous n'avons vu rien d'analogue au moyen âge. Venise fournit ces grandes glaces dont elle a conservé longtemps le monopole, et qui agrandissent les pièces par les perspectives qu'elles offrent à l'œil ; l'Italie et l'Allemagne envoient leurs poteries et leurs faïences que déjà on imite en France d'une manière satisfaisante ; aux murs sont accrochées de grandes plaques émaillées des fabriques de Limoges, célèbres depuis

le XIIIᵉ siècle ; sur les dressoirs, dans les armoires sculptées, on expose les *figulines* de Bernard Palissy, les faïences de Nevers et de Rouen, les poteries d'Avignon, les grès de Flandre. Les bassins, les aiguières, les salières, les horloges et clepsydres, les encriers, les statuettes, même les portraits et tableaux, qui commencent à devenir plus communs, contribuent à l'ensemble décoratif. Qu'on se rappelle encore ces cheminées monumentales dont on peut voir aux musées du Louvre et de Cluny de si beaux modèles. On ne peut se défendre d'une vive admiration pour les artistes qui créaient ces merveilles, et pour les seigneurs qui savaient en user.

La Renaissance marque pour ainsi dire l'apogée du mobilier sculpté, dont nous avons pu suivre les progrès et les transformations depuis ses débuts ; elle réunit les conditions qui font un ameublement commode, durable et décoratif. Tout indique la solidité, la vraie richesse, le goût pur et éclairé, les efforts pour donner l'apparence conforme à la destination. Les meubles seront plus variés, plus confortables, plus agréables à l'œil, ils ne seront jamais plus solides ni plus beaux.

Du mobilier de la Renaissance à celui du moyen âge, il n'y a qu'un échelon, bien que la transition soit brusque. Pourquoi donc cette différence profonde qui frappe tout d'abord entre eux ? Tous deux emploient le bois sculpté, les formes n'ont pas encore changé complètement, la richesse est comparable. Pourquoi une chambre moyen âge, avec ses boiseries et ses meubles, dont les clochetons grêles, les fines colonnettes et les ogives délicates donnent l'idée de la légèreté jointe à une grande originalité, pourquoi cette chambre est-elle froide et triste ? Le motif doit en être cherché, croyons-nous, dans le mode de décoration. Le mobilier de la Renaissance, s'il est moins mouvementé, est aussi moins mystique, et c'est là, sans qu'on s'en rende compte dès l'abord, ce qui lui donne plus de vie et d'agrément à l'œil : le nu est toujours plus animé que les draperies. Ces bonnes figures d'Hercule, qui tendent le ventre, ces femmes aux rondeurs opulentes, ces chevaux marins, ces chimères aux ailes déployées, ces nymphes aux vêtements humides et transparents, ces scènes gracieuses de la mythologie ou ces représentations des faits glorieux de l'histoire romaine donnent aux idées un cours plus libre et plus riant. On néglige souvent l'influence que peut avoir sur l'esprit général d'une époque une circonstance en apparence aussi simple.

C'est encore un fait d'expérience que la symétrie qui

résulte de la prédominance des lignes horizontales, loin de produire la monotonie, repose l'œil et amène à la longue une sensation plus agréable que ces lignes heurtées et variées dont le premier aspect est si original. C'est une critique à laquelle le Louis quinze, si joli, si coquet, n'échappe pas lui-même. Si un ameublement moyen âge plaît davantage peut-être au visiteur, le maître du logis en sera bientôt fatigué. Nous n'avons pas eu occasion de faire cette expérience en architecture ; en effet, un monument qui n'est pas destiné à être constamment sous nos yeux, doit nous arrêter et provoquer notre admiration : le mobilier doit au contraire, éviter la distraction et reposer la vue.

Ce sont là autant de causes qui affirment la supériorité des meubles de la Renaissance sur ceux qui les ont précédés.

S'agit-il maintenant d'appliquer à nos appartements modernes les meubles que nous a laissés cette époque ? Malgré la richesse et la variété de ces objets nous nous trouvons aux prises avec de graves difficultés d'adaptation. Le mobilier de la Renaissance est beau et solide, mais il n'est pas *meublant*. Ces tables massives, ces armoires en noyer, ces cabinets en chêne ou en ébène, sont d'aspect triste, et auraient besoin d'être relevés par des tentures aux brillantes couleurs. Mais on s'expose alors à s'écarter du vrai style du xviᵉ siècle, dont les tentures sont lourdes et de couleurs sombres.

Il faut donc se résoudre à n'introduire les meubles du xviᵉ siècle que dans les parties de l'appartement qui admettent une décoration sans éclat, par exemple un cabinet de travail ou une salle à manger.

Une remarque encore : les mobiliers du xviᵉ siècle s'allient mal ou même ne s'allient pas du tout avec nos plafonds unis et blancs ; ils veulent être encadrés dans une boiserie sculptée. La nécessité d'un plafond à caissons s'impose donc, parce que, nous l'avons dit, l'ameublement de la Renaissance n'est pas suffisant pour donner par lui seul aux appartements une apparence riche et confortable. C'est là son grand défaut.

Tentures et Tapisseries. L'importance que nous avons dû donner à l'étude de la tenture nous dispensera de nous étendre longuement sur les tentures et les tapisseries qui en sont le complément.

Il faudra, dès ce moment, séparer l'idée de tenture décorative de celle de la tapisserie, qui s'était confondue avec elle pendant tout le moyen âge. La décoration au moyen d'étoffes est maintenant un art fondé, indépendant, et les tapissiers décorateurs des xvᵉ et xviᵉ siècles ont une habileté d'autant plus grande qu'il fallait, pour être admis dans la corporation, non seulement des connaissances pratiques, mais des études théoriques très approfondies de la géométrie et de la combinaison des couleurs ; ces principes sont perdus maintenant, et nos artisans demandent plus souvent conseil à leur goût qu'à des données scientifiques. De là une tendance à l'abus des tentures drapées dont l'effet décoratif est très grand dans les styles Louis quinze et Louis seize, mais qui constituent un anachronisme flagrant dans une salle Renaissance. Les décorateurs de cette époque obtenaient beaucoup avec peu d'étoffe, et ils faisaient usage généralement de tissus lourds, brodés d'or et de soie, brocards et damas, ou draperies de laine cramoisie lamées d'argent.

La tapisserie prend une physionomie toute nouvelle par l'importance subite donnée aux bordures par les Italiens, surtout par Raphaël et ses élèves. D'abord étroites et simplement ornées de fleurs et de fruits, les bordures, qui sont à la scène principale de la tapisserie ce que le cadre est au tableau, étaient perdues dans l'ensemble. Au xviᵉ siècle au contraire, elles méritent une attention spéciale du spectateur. Elles s'élargissent, se complètent par l'introduction de guirlandes, d'oiseaux, d'animaux fantastiques, d'amours ; puis avec les cartons de Raphaël pour les *Actes des Apôtres*, elles deviennent tout un monde d'ornements antiques, de figures et d'animaux, se jouant au milieu des guirlandes, des fleurs, des écussons. On donna bientôt une telle importance à la bordure, qu'il fallut la confier à des artistes spéciaux dont plusieurs ont fait preuve d'un véritable talent et d'une prodigieuse fertilité d'imagination.

Les Flamands adoptèrent presqu'aussitôt les bordures historiées mises à la mode par les Italiens, et vers 1535, François Iᵉʳ établit à Fontainebleau des ateliers d'où sortirent de belles pièces dans le goût nouveau, d'après les cartons de Primatice. Sous Henri II, la direction de la fabrication fut confiée à Philibert de Lorme. De ces ateliers sont sorties notamment de belles tapisseries de l'*Histoire de Diane* avec des bordures d'une grande élégance ornées de génies, de mascarons et d'emblèmes divers accompagnés de banderoles et de figures géométriques. Malheureusement, l'atelier de Fontainebleau a disparu de bonne heure. On n'en trouve plus trace après Henri II.

Une autre fabrication de haute-lisse, établie par Henri II à l'hôpital de la Trinité à Paris, sert à relier l'industrie de la Renaissance avec celle si remarquable du xviiᵉ siècle. Il en est sorti la suite bien connue de l'histoire d'Artémise, où on reconnaît l'influence italienne, et celle de Jules Romain, en particulier.

Orfèvrerie. Jusqu'au milieu du xivᵉ siècle, l'orfèvrerie d'or et d'argent est surtout un art religieux ; les châsses et reliquaires, les encensoirs, les tabernacles en sont les principales applications. Mais bientôt la vaisselle d'argent se vulgarise, et malgré les troubles qui agitent la France à cette époque, l'art de l'orfèvre, garanti par la cohésion qui réunissait dans un intérêt commun tous les membres de cette puissante corporation, ne cessa de progresser et de s'étendre, si bien qu'à la découverte de l'Amérique et à l'accalmie qui signale la fin du règne de Louis XII, correspond une prodigieuse activité dans l'industrie de luxe. Claude de Seyssel, dans son histoire de Louis XII, dit qu'on use de vaisselle d'argent en tous états, plus que jamais, à tel point qu'on a dû restreindre cette superfluité par des ordonnances, car il n'y a sorte de gens qui veuillent avoir tables, gobelets, aiguières d'argent au moins. Et à l'imitation des prélats et des seigneurs, ils font dorer jusqu'à la vaisselle de cuisine, si même ils n'en ont pas d'or massif.

Avec de tels encouragements et avec les excellents enseignements laissés par les artistes du moyen âge, l'orfèvrerie française ne pouvait être que très prospère, et elle n'avait pas besoin du secours des étrangers, auxquels elle consentait du reste à emprunter les éléments qui pouvaient lui être utiles, comme l'attestent les rares pièces des débuts de la Renaissance qui nous sont parvenues et dont on a une description détaillée.

Lors donc que François Iᵉʳ crut devoir faire venir d'Italie Benvenuto Cellini, la France avait une excellente école d'orfèvrerie ; Cellini, qui ne pouvait être soupçonné de partialité en faveur des français, le constate lui-même en quelques mots, les seuls ou à peu près qu'il ait consacrés à notre orfèvrerie. Il trouve que chez nous on travaillait plus qu'ailleurs, et que les travaux qu'on y exécutait au marteau avaient atteint un degré de perfection qu'on ne rencontrait dans aucun autre pays.

Benvenuto Cellini travailla beaucoup dans l'hôtel du Petit Nesles que François Iᵉʳ lui avait donné en 1542, peu après son arrivée. Malheureusement, toutes ces pièces en métal précieux ont disparu aux moments difficiles de notre histoire ; c'est la destinée ordinaire de l'orfèvrerie, à peine protégée dans les églises par la vénération des fidèles. Il ne reste que la curieuse salière que tout le monde connaît, et la description pompeuse qu'il fait de quelques autres ouvrages dans ses Mémoires. En tout cas, son influence est prompte et décisive. A l'imitation du goût florentin, les maîtres orfèvres de Paris ne firent plus que de la ronde-bosse et du bas-relief. Il en résulte un art noble et agréable à l'œil, qui prête agréablement au fini de la ciselure, mais qui s'éloigne peut-être du véritable rôle de l'orfèvrerie civile.

Quoiqu'il en soit, jusqu'à Louis XIV, l'orfèvrerie française demeure sous l'influence du maître italien, avec des artistes de valeur tels que : Jean Regnard, qui exécuta la grande pièce d'orfèvrerie offerte par la Ville de Paris à Charles IX en 1571, et dont nous avons la description, Etienne Delaulne, Pasquier Delanoue, orfèvre de la maison de Lorraine, François Dujardin et quelques autres. Avec eux, selon l'expression de Paul Lacroix, l'Olympe sembla redescendre sur la terre, et l'orfèvrerie n'eut pas la moindre répugnance à devenir païenne.

D'ailleurs, la transformation des pièces d'orfèvrerie doit peut-être autant au crayon de Jean Goujon et de Germain Pilon qu'aux modèles de Benvenuto. C'est un point de l'histoire de l'art qu'il n'est point facile d'éclaircir, les traditions comme les documents étant muets sur le rôle exercé par nos artistes, tandis que nous nous sommes peut-être trop laissés entraîner par les éloges que Benvenuto se donne à lui-même dans le prétentieux panégyrique qu'il intitule ses Mémoires.

A l'imitation des riches, les petits bourgeois veulent avoir de l'orfèvrerie, mais la leur est d'étain. Dorée et ornée avec goût, elle a sur les dressoirs l'éclat de la vaisselle de prix; d'abord délaissée comme un métier, l'orfèvrerie d'étain monte tout à coup sous Henri II aux proportions d'un art, et un véritable maître, François Briot, graveur en médailles de Besançon, a laissé dans ce genre d'ouvrages une réputation digne de celle des Delaulne et des Dujardin. Après lui, cette industrie décline rapidement et retombe dans le métier vulgaire d'où elle était un instant sortie. — V. CISELURE.

Emaux. A l'orfèvrerie se rattachent les émaux de Limoges qui eux aussi se modifient profondément avec la Renaissance, et passent brusquement de l'ornementation allemande à l'ornementation italienne.

Fig. 429. — *Aiguière émaillée.*

Les artistes de Limoges créent au XVIᵉ siècle une imitation des émaux de *basse taille,* c'est-à-dire des petits bas-reliefs en cuivre recouverts d'émail transparent qui étaient alors très à la mode. Les tons étaient obtenus par l'épaisseur plus ou moins grande de l'émail. C'était donc avant tout une œuvre de ciselure. On imagina de peindre sur le métal un fond en camaïeu à ombres fortement accentuées, et c'est sur ce fond qu'on appliqua l'émail transparent qui donnait ainsi l'illusion des émaux de *basse taille* (fig. 429).

Les gravures d'après Raphaël et les grands-maîtres de l'école italienne ont la plus grande part dans la nouvelle direction des ateliers de Limoges, qui avaient toujours dû, à quelques exceptions près, celle de Léonard par exemple, recevoir leurs modèles de l'extérieur. D'ailleurs, le Rosso et le Primatice donnèrent des dessins aux émailleurs de Limoges, et c'est sous leur impulsion que se créèrent ces bassins, ces aiguières, ces coupes, ces chandeliers en cuivre recouverts d'émail peint, qui sont la gloire de ces artistes et qu'on retrouve à la place d'honneur dans toutes les collections. Ils peignent encore des plaques, comme autrefois, mais des portraits ou des copies de Raphaël ou du Parmesan. Léonard le Limousin tient

le premier rang dans ces adeptes d'un art spécial, il était aussi bon peintre qu'habile émailleur. Après lui, on peut citer Pierre Raymond, Jean III Penicaud, d'une famille célèbre, Courteys, Jean Limousin et Jean Court, dont une coupe a atteint à la vente Pourtalès le prix de 35,000 francs.

Les fabriques de Limoges tombent bientôt dans une décadence complète, et l'art de l'émail appliqué aux objets usuels ne survit pas aux Valois. Les derniers vestiges peuvent s'en retrouver dans la joaillerie au XVIIᵉ siècle, avec Jean Toutin et ses élèves.

Armes et armures. Jamais le luxe des armes et des armures n'a été poussé aussi loin qu'au XVIᵉ siècle. Avant, en effet, la défense paraît avoir été le principal

Fig. 430 et 431 — *Morion et armure du XVIᵉ siècle.*

souci dans la fabrication des armures, et après, les progrès rapides de l'artillerie ne permettent guère l'usage de ces lourdes pièces de métal, aussi incommodes qu'inutiles.

L'art se montre surtout dans les armes de parade, qu'il était d'usage de porter sur des coussins, devant le seigneur, dans les grandes cérémonies telles qu'un mariage, un enterrement ou l'investiture d'un chevalier. Ces armures et ces armes, n'ayant à craindre aucun horion, peuvent alors recevoir l'ornementation la plus délicate, et on peut dire que jamais les fines arabesques, les chimères et les figures dans le goût antique de la Renaissance n'ont trouvé une application plus favorable. Les Français semblent être restés inférieurs aux Italiens pour ce genre de travail, et les artistes vénitiens, génois, surtout les milanais, en sont demeurés les maîtres inimitables. Ils ont exécuté sur des cuirasses, sur des fourreaux et des poignées d'épées des damasquinures qui sont des merveilles de fini et d'élégance.

On appelait souvent les damasquineurs *Azziministes* du nom d'Azzimino, célèbre artiste vénitien. Il en vint plusieurs en France, entre autres les frères Gamberti, qui semblent avoir joui dans notre pays d'une considération toute particulière. On leur attribue la célèbre armure de Henri II qui appartient actuellement au musée du Louvre.

D'ailleurs, ce n'est pas sur les armures seules que s'exerce leur talent. On damasquine aussi quantité d'objets de luxe en acier, dans lesquels on incruste de l'argent et de l'or : tables et cabinets, coffrets, manches de couteaux, étriers et petits objets de toilette ; c'est toute une industrie importante à laquelle rien ne correspond aujourd'hui.

Les casques, les boucliers, sont le plus souvent er fer forgé et ciselé ; il nous en reste nombre de pièces très belles et d'une élégance de forme inconnue jusque là. Pour les pièces d'apparat, le martelage est abandonné, et le fer se modèle et se contourne sous le ciseau comme l'argent sous la main de l'orfèvre. Les armets, les salades, les bourguignottes sont de véritables objets d'art, qu'on se serait bien gardé d'ailleurs de compromettre dans un combat (fig. 430 et 431). .

Le fer repoussé est employé aussi pour un grand nombre d'objets usuels, auxquels l'habileté incroyable des ouvriers parvient à le plier. Tels sont les heurtoirs de portes, les serrures et les clefs, les cadres, les lanternes, les chenets, etc., qui forment une des branches les plus curieuses et les plus fertiles en surprise de l'art de la Renaissance.

Céramique. Les faïences, majoliques et terres cuites de l'Italie avaient dès le xvᵉ siècle une réputation méritée, pour l'originalité du travail, la franchise et le velouté du ton, la beauté de l'émail. Lucia della Robbia, le chef de toute une famille célèbre de potiers et de sculpteurs, donna à cette industrie un développement extraordinaire en créant véritablement la faïence d'art. La plupart des villes d'Italie, surtout celles de Toscane, virent s'élever des fabriques d'où sortirent des produits estimés. A Pesaro, Lanfranco, des plus illustres émailleurs, inventa l'application de l'or ; Georges Andréoli à Gubbio, Francesco Xanto à Urbino, Salvaggio à Faenza, Flaminio Fontana à Florence se sont illustrés par des chefs-d'œuvre qui ont placé l'Italie bien au-dessus de tous les autres pays de l'Europe pour la beauté de sa céramique d'art. Malheureusement, dès la fin du xvɪᵉ siècle, ses fabriques sont en pleine décadence et ne peuvent plus soutenir la concurrence française et allemande.

En France, c'est un pauvre potier du Périgord, Bernard Palissy, qui réinventa, pour ainsi dire, les majoliques italiennes, dont il ne connaissait pas le secret. On sait à la suite de quels efforts et de quels coûteux tâtonnements Palissy parvint à créer ces rustiques figulines qui, dès le début, captivèrent ses contemporains, et qui font aujourd'hui encore notre admiration. La variété de ses dessins est extraordinaire, il serait presque impossible d'énumérer les formes qu'il a données à la terre émaillée, toujours avec le goût le plus pur et une scrupuleuse exactitude de reproduction. Il est rettable que l'art qu'il avait créé de toute pièce ait disparu avec lui ; car dès la fin du xvɪᵉ siècle, on ne fabrique plus, en France, de faïences à la mode italienne.

De même la faïence fine d'Oiron ou de Thouars (Deux-Sèvres) n'a eu qu'une courte vogue sous les Valois, et après avoir produit de merveilleuses petites pièces, elle disparaît entièrement. Il nous en est parvenu seulement quelques coupes, aiguières, biberons, sucriers, salières et flambeaux, qui dénotent dans la fabrication un degré d'habileté impossible d'acquérir en peu de temps. On peut donc supposer que Thouars et ses environs étaient déjà depuis plusieurs années en possession de ces procédés ; mais on en est réduit aux suppositions, car ces faïences fines, d'une élégance parfaite de formes, relevées de moulures et d'ornements en relief accompagnées d'entrelacs de couleur sur fond blanc jaunâtre, diffèrent tellement de toute la céramique contemporaine qu'elles ont dérouté les connaisseurs. Elles apparaissent sous François Iᵉʳ. On a donné à ces produits le nom de Henri II. En effet, on ne trouve plus trace de la fabrique d'Oiron après la mort de ce prince.

Mais à côté de ces industries toutes spéciales, la céramique française est représentée avec éclat par les faïences sorties des ateliers de Nevers, de Rouen, et un peu plus tard de Moustiers. — V. Céramique et Faïence.

Une industrie bien française, et qui avait été fort en honneur pendant tout le moyen âge, celle des carreaux, survit à la ruine de l'art ogival, et se régénère au contact de l'ornementation de la Renaissance. Le magnifique pavage du château d'Ecouen, exécuté sous Henri II par la fabrique rouennaise, est un des plus remarquables travaux que nous possédions en ce genre.

Imprimerie. Une branche de l'art toute nouvelle trouve également dans l'ornementation si délicate du xvɪᵉ siècle, des éléments précieux qui la portent dès l'abord à un grand degré de perfection ; c'est la gravure des lettres ornées, encadrements, culs-de-lampe, têtes de page, destinés à l'imprimerie. La suppression de la miniature, qui ne pouvait plus être employée dans le texte imprimé, devait conduire nécessairement, pour conserver au livre jusqu'à un certain point sa physionomie, à la lettre ornée (fig. 432). La Renaissance nous a laissé en ce genre des modèles dont l'élégance n'a jamais été dépassée. Le plus ordinairement ces lettres sont blanches sur fond noir, ainsi que les arabesques qui les accompagnent ; les encadrements et culs-de-lampe sont souvent au contraire noirs sur fond blanc. Il est d'ailleurs assez difficile de tracer une classification des lettres ornées de la Renaissance, car la fertilité d'imagination des graveurs est extraordinaire et les conduit aux créations les plus fantaisistes et les plus originales. — C. DE M.

Fig. 432. — *Lettre ornée.*

Bibliographie : P. Lacroix : *Les arts au moyen âge et à l'époque de la Renaissance* ; Léon Palustre : *La Renaissance en France* ; Delaborde : *La Renaissance en France et en Italie* ; G. Cerfberr de Médelsheim : *L'Architecture en France* ; Verdier et Cattois : *Architecture municipale et privée* ; S. Blondel : *L'Art intime et le goût* ; Havard : *L'Art à travers les mœurs* ; René Ménard : *La décoration au XVIᵉ siècle*.

II. *RENAISSANCE. T. techn.* Déchets propres au filage provenant de l'effilochage des vieux chiffons de laine et quelquefois de soie. Pour la laine, il y en a deux qualités distinctes : le *mungo*, produit par les tissus foulés, et le *shoddy*, provenant des tissus peu feutrés. Les fils et tissus fabriqués avec ces déchets portent aussi le même nom (fil renaissance, drap renaissance, etc.).

— C'est la fabrique anglaise qui a créé la renaissance. Jusque 1813, elle abandonnait les effilochages de laine aux tapissiers et aux selliers, pour le garnissage des meubles et objets de harnachement, elle ne songea même pas à les utiliser sérieusement avant 1840. Mais depuis lors, le shoddy et le mungo ont pris une place importante dans l'alimentation de ses filatures, la Prusse et la Belgique suivirent bientôt son exemple, puis la France.

Les procédés et les machines pour le travail de la renaissance sont à peu près les mêmes partout : les chiffons bruts sont préalablement lavés avec ou sans addition de vapeur, puis triés par couleur et par qualité; les neufs, les vieux, les mélangés forment autant de catégories. Pour les tissus composés de fibres hétérogènes, un bain d'acide sulfurique convenablement étendu d'eau attaque la cellulose sans inconvénient pour les filaments d'origine animale. Séchés ensuite, puis battus, ces chiffons passent à la machine *effilocheuse* (V. ce mot). La perfection du travail dépend surtout du mode d'alimentation. — A. R.

RENARD. Ce quadrupède carnassier fournit une fourrure estimée, mais il en est de diverses sortes; celle du renard commun (*canis vulpes*, Lin.) est brune, celle du renard bleu (*canis lagapus*, Lin.), qui vit en Norwège et en Sibérie, et surtout celle du renard argenté (*canis argentatus*, Geoff.) de l'Amérique septentrionale, sont plus belles et plus recherchées. || *T. techn.* Nom que les ouvriers donnent à une fuite d'eau d'une conduite ou d'un réservoir, et qu'ils ont beaucoup de peine à découvrir.

RENCONTRE. *T. d'horlog.* On nomme *roue de rencontre*, celle dont les dents engrènent dans les deux saillies latérales du pivot, et qui servent à mouvoir le balancier d'une montre, d'une pendule. || *Art hérald.* Tête de quadrupède qui se présente de front, ce qui permet de voir ses deux yeux.

RENDEMENT. *T. de mécan.* En mécanique rationnelle, cette expression désigne le rapport de la quantité du travail utile effectué par une machine ou un récepteur quelconque, à la quantité d'énergie absorbée par lui pour exécuter ce travail. Ce rapport, dont nous avons donné l'expression à l'article MACHINE, ne peut pas être supérieur ni même égal à l'unité, car le fonctionnement même du récepteur absorbe toujours une certaine quantité d'énergie qui ne se retrouve pas sous forme de travail utile, et le travail ainsi perdu par suite de frottements ou toute autre cause tenant à la constitution du récepteur, ne peut jamais s'annuler. Un récepteur, si perfectionné qu'il soit, est donc toujours nécessairement un appareil imparfait qui restitue l'énergie sous une forme appropriée à ses besoins, mais jamais intégralement, et c'est le rendement qui donne la mesure de cette perte.

Dans son acception générale, cette loi du rendement s'applique à tous les appareils récepteurs opérant sous une forme quelconque la transformation de l'énergie suivant la définition que nous avons donnée du *récepteur*; un foyer de chaudière, une pile électrique, tout appareil producteur de chaleur, d'électricité, de lumière ou de mouvement, sont, au même titre que les machi-

nes ordinaires, des récepteurs incapables d'un rendement parfait, dont l'efficacité se mesure précisément par l'importance de cette fraction comparée à l'unité et, en dehors de toute considération scientifique, on ne néglige jamais de l'évaluer sur les appareils industriels dont on veut apprécier exactement le mérite. En général, l'étude du rendement s'opère surtout sur les moteurs et les machines proprement dits pour lesquels, d'ailleurs, on possède généralement des données plus précises, nécessaires à cette évaluation, car on peut mesurer sans difficulté l'effort moteur qu'ils développent ou absorbent et leur vitesse de marche, ce qui donne les deux facteurs du travail. Nous avons déjà indiqué, en parlant des moteurs, que le rendement théorique dont ils étaient susceptibles variait dans une large mesure suivant le type de ces moteurs, puisqu'il dépasse 90 0/0 avec certains moteurs hydrauliques, tandis qu'avec les moteurs à vapeur, au contraire, il atteint à peine 25 0/0. A côté de ce rendement théorique, qui est en quelque sorte hors de cause puisqu'il résulte du principe même du moteur, et que nous sommes impuissants, par suite, à y apporter aucune modification, on doit s'attacher plutôt à considérer, sur une machine donnée dont on veut apprécier la valeur, le rendement effectif de celle-ci qui doit se mesurer évidemment par le rapport du travail utile développé par elle, à celui qu'elle devrait fournir si elle atteignait le rendement théorique de son type. On voit par là que l'expression de *rendement* prendrait autrement, avec les moteurs, deux sens différents suivant que la comparaison du travail utile effectif se rapporte à l'énergie dépensée sous forme de chaleur ou autre, au lieu de l'être au travail utile qu'on en pourrait tirer théoriquement.

Le même mode d'appréciation s'applique aussi aux machines, mais il ne saurait entraîner aucune confusion dans ce cas, car pour apprécier le rendement de celles-ci, il faut évidemment rapprocher le travail utile effectué par elles du travail emprunté à l'arbre de transmission qui sert à les actionner.

RÊNE. *T. de sell.* Courroie de la bride d'un cheval, et que le cavalier tient en main pour le diriger. || *T. de mar.* Chaîne de commande du servo-moteur du gouvernail.

RÉNETTE. *T. techn.* Outil de bourrelier et de sellier pour faire des raies sur le cuir.

RENFORMIS. *T. de maçonn.* Surépaisseur ajoutée à un enduit de mortier ou de plâtre exécuté dans les conditions ordinaires, c'est-à-dire ayant une épaisseur d'environ 0m,022 pour un mur, un pan de bois, une cloison ; et de 0m,030 pour un plafond. Cette épaisseur est nécessaire pour redresser, par exemple, la surface d'un mur neuf mal monté ou d'un vieux mur crevassé, bouclé ou rentré. Pour renformer le mur, dans ce dernier cas, on l'humecte avec de l'eau, puis on y applique du gros plâtre brut et par dessus le crépi; on est quelquefois obligé de hacher certaines parties de ce mur, et d'y placer des éclats de briques, des tuileaux, des plâtras, etc., que l'on recouvre ensuite de plâtre ou de mortier.

*RENIFLARD. *T. de mécan.* Soupape s'ouvrant de l'extérieur à l'intérieur, ménagée sur les tuyaux de conduite ou les cylindres de certaines machines, pour assurer automatiquement la rentrée de l'air dans ces appareils quand il y aurait inconvénient à un point de vue quelconque à y laisser maintenir un vide trop prononcé. Aussitôt que la circulation des gaz ou de la vapeur est arrêtée, et que le vide tend à se produire sous l'appel du piston d'une pompe par exemple, le reniflard entre en jeu sous l'influence de la pression atmosphérique, et détruit ainsi la différence de pression que le tube avait à supporter, en assurant l'admission de l'air à l'intérieur. La présence de l'air peut aussi avoir l'avantage de prévenir l'arrivée d'autres liquides ou fluides qui pourraient, autrement, se répandre dans le tube et y devenir une cause d'avarie pour la machine. Les chaudières à vapeur, surtout du type dit à tombeau, sont aussi munies d'un reniflard, que l'on désigne sous le nom de soupape atmosphérique, pour en prévenir l'écrasement sous la pression atmosphérique, si le vide venait à se produire à l'intérieur.

Les condenseurs des machines à basse pression portent aussi un reniflard; celui-ci s'ouvre de l'intérieur à l'extérieur, et permet de *purger* le condenseur, c'est-à-dire de le débarrasser de l'air, de l'eau et de la vapeur qu'il peut contenir, lorsqu'on *balance* la machine, et de créer ainsi un vide qui diminue la contre-pression qu'éprouve la face du piston opposée à celle sur laquelle a lieu l'admission de la vapeur.

* RENOMMÉE. On représente la Renommée sous les traits d'une femme forte, s'élançant les ailes déployées et une trompette aux lèvres, elle tient des palmes à la main, ce qui la fait parfois confondre avec la Victoire; l'art, comme on peut le voir, a renoncé à reproduire de la Renommée les portraits effrayants que nous ont laissé Virgile et Ovide. La représentation la plus connue de la Renommée est celle de Coysevox qui orne une des entrées du jardin des Tuileries, où elle fait pendant à un Mercure monté sur Pégase, ce qui était aussi une personnification de la Renommée chez les anciens. Jetée sur un cheval ailé, cette figure est pleine de mouvement et de vie, c'est une des plus remarquables du célèbre sculpteur. Cavelier a sculpté pour le fronton de la galerie d'Apollon une Renommée assise entre deux génies, et une autre en pierre, de Le Comte, décore la balustrade de la cour de marbre au château de Versailles. Les tympans des arcs de triomphe sont ordinairement ornés d'une allégorie de la Renommée; nous citerons celle de la porte Saint-Denis, par Anguier; du Carrousel, par Dupasquier et Tannay; de l'Etoile, par Pradier; de l'arc de triomphe de Marseille, par David d'Angers. Enfin, nous rappellerons : la figure qui surmonte le pavillon du Trocadéro, par Mercié; en peinture, *La Renommée et le Temps*, par P. Véronèse, et des figures isolées, par Le Brun, Gérard, Baudry, pour le foyer de l'Opéra.

RENTOILAGE DES TABLEAUX. Les tableaux peints sur toile sont sujets à un certain nombre d'avaries. Il suffit, par exemple, de les appuyer sur l'angle d'un meuble pour que cette toile, cédant au poids, éprouve, au point de contact, une dépression qui peut aller jusqu'à faire éclater la pâte de la couleur. Quand la chose n'a pas été jusque-là, il suffit souvent de mouiller la partie déprimée par derrière pour ramener la toile à son état normal. Un léger coup de fer tiède est même quelquefois nécessaire. Mais quand la toile est percée par cet accident ou par tout autre, il faut, de toute nécessité, boucher le trou. On y parvient quelquefois, mais toujours très imparfaitement, en appliquant une pièce par derrière; mais comme la colle dont on imprégnerait cette pièce pourrait, en séchant, faire crisper la toile, on la trempe ordinairement dans de la cire en fusion pour l'appliquer immédiatement, et on peint par dessus, après toutefois avoir nivelé la surface au moyen d'un mastic appliqué avec la légèreté convenable.

Le moyen le plus sûr, selon le Dr Lachaise, pour remédier à une craquelure ou à une véritable déchirure d'un tableau peint sur toile, est de le faire rentoiler, c'est-à-dire de le fixer sur une autre toile.

Pour cela, dit le savant praticien, la toile sur laquelle on veut appliquer celle qui fait défaut étant bien tendue et parfaitement clouée en fil droit sur un chassis à clefs, on détache la mauvaise de son châssis, on en couvre la face peinte d'une couche de colle sur laquelle on applique une ou plusieurs feuilles de papier d'une force suffisante pour la maintenir bien tendue, puis on la fixe solidement sur une table unie et on la ponce soigneusement la face opposée à la peinture pour en enlever les nœuds, les vieilles colles et tout ce qui pourrait rendre cette surface inégale.

Ceci fait, on applique cette toile sur la nouvelle, préparée comme nous l'avons dit sur son châssis à clefs, et on les fixe l'une à l'autre au moyen d'une colle solide. Pendant qu'elles sont encore humides, on les repasse au moyen d'un fer légèrement chaud, autant pour faciliter leur accollement intime que pour faire rentrer les gerçures ou craquelures. Le repassage, comme on le prévoit de suite, est un des temps les plus délicats de l'opération. En effet, employé trop chaud, le fer peut brûler la peinture; trop tiède, il ne dessèche pas assez ; il en est de même pour la pression, si elle est trop forte, elle écrase les empâtements; si elle est trop faible, elle ne fait pas rentrer les craquelures. Quand un tableau est trop dur à rentrer, c'est-à-dire quand les craquelures ou les boursouflures ne disparaissent pas, on rendouble le rentoilage.

Au bout de quelques jours, la toile nouvelle, l'ancienne et le papier qui recouvre cette dernière pour protéger la peinture et la maintenir tendue, forment un tout sec et bien uni. Alors, au moyen d'une éponge mouillée, on ramollit le papier, il tombe en lambeaux et laisse le tableau bien lisse. On garnit les côtés de bandes de papier sous forme de lisérés, et l'opération est terminée. Si la tension n'est pas suffisante, on l'augmente en frappant sur les clefs du châssis, sortes de coins qui tendent à éloigner l'une de l'autre les pièces dont ce châssis est composé et qui sont, non collées, mais très exactement emboîtées l'une dans l'autre de manière à pouvoir s'éloigner un peu sous l'action d'une pression assez forte.

Le rentoilage est suffisant quand le tableau n'est que légèrement endommagé, mais si la pâte se soulève par écailles, ce moyen ne remédie que très imparfaitement au mal. On aurait beau tâcher de fixer les écailles par de la colle introduite sous elles, soit en la faisant suinter à sa surface, soit en en introduisant une petite quantité par des piqûres faites à la toile par derrière, on atteindrait difficilement le but. Le mieux alors est de procéder à l'*enlevage*, c'est-à-dire de substituer complètement une nouvelle toile à l'ancienne.

Quelques ouvriers en ce genre, à Paris surtout, font si habilement cet enlevage sur toile et même sur bois, qu'ils vous remettent parfaitement intacts, c'est-à-dire d'une seule pièce, la toile ou les panneaux des tableaux qu'ils ont ainsi enlevés. La plupart des tableaux des grands maîtres, de nos musées et de nos collections particulières, ont subi cette transposition.

Bibliographie : Dʳ Lachaise : *Manuel pratique et raisonné de l'amateur de tableaux*, 1860 : Bouvier : *Manuel des jeunes artistes et amateurs de peinture*, 2ᵉ édition, 1832 ; F.-X. Burtin : *Traité théorique et pratique des connaissances qui sont nécessaires à tout amateur de tableaux, etc.*, 2ᵉ édit., 1846.

* **RENTRAGE.** 1° *T. techn.* Outre son acception bien connue, ce mot s'applique au travail du corroyeur qui masque les défectuosités d'une peau en rapprochant sur elles-mêmes les parties faibles. ‖ 2° *T. d'imp. s. ét.* Opération qui consiste, dans l'impression à la main, à placer à un endroit déterminé les couleurs d'enluminage. Dans certains genres combinés et produits par l'assemblage de l'impression au rouleau ou à la perrotine, puis de l'impression à la main, on est obligé de procéder à quelques opérations spéciales afin de ramener les fils et le dessin à la grandeur déterminée d'avance ; autrement, les planches formant les rentrures ne cadreraient pas (V. Cadrage), ce qui donnerait un rapport défectueux et même impossible.

RENTRAITURE. 1° *T. de tapiss.* Opération qui consiste à rétablir la chaîne et la trame d'une tapisserie en mauvais état au moyen d'une reprise perdue à l'aiguille ; une bordure tissée à part peut être ajoutée à la tapisserie par une rentraiture. ‖ 2° *T. de sell.* Couture à demi-jonction qui peut se serrer en tirant sur les points de dessus.

* **RENTRAYAGE.** Opération qui a pour but de remédier aux avaries que l'on rencontre dans le drap après le dégraissage, telles que trames manquantes partielles, faux pas, brides de chaîne ou de trame, etc. Elle s'exécute à l'aiguille. Après le foulage, la plupart de ces défectuosités disparaissent.

* **RENTRAYEUR, EUSE.** *T. de mét.* Celui, celle qui fait du rentrayage ou de la rentraiture ; c'est une *rentrayeuse* qui marque au chef du drap le nom du fabricant et le numéro d'ordre de la pièce. Ce sont des *rentrayeurs* qui font la *rentraiture* des vieilles tapisseries, et c'est un travail artistique que l'atelier spécial des Gobelins exécute d'une merveilleuse façon.

* **RENTRURE.** *T. techn.* Point où se rencontrent les parties d'un dessin à transporter sur le papier ou sur la toile. ‖ *Couleur rentrure.* — V. Couleurs pour impression sur étoffes.

* **RENVERSÉ, ÉE.** *Art hérald.* Se dit des meu-

bles qui sont disposés en sens contraire, le haut du meuble se trouvant dans le bas de l'écu.

* **RENVERSEMENT.** *T. de métall.* Quand on veut laminer de très longues barres ou de très gros échantillons, il est préférable de *renverser* le sens du laminoir plutôt que de relever l'échantillon pour le faire entraîner par la surface supérieure du cylindre de dessus. On emploie de fortes machines, sans volant, naturellement, et capables d'imprimer rapidement aux laminoirs la vitesse nécessaire. Le changement de marche se fait, soit au moyen d'une coulisse de Stéphenson, soit par l'adhérence de plateaux d'entraînement que l'on fait mouvoir par une transmission hydraulique. Les *laminoirs à renversement* sont appliqués maintenant à la fabrication des rails sur de grandes longueurs, à celle des blindages et des fers spéciaux.

* **RENVERSOIR.** *T. de céram.* Sorte de support en terre cuite qui présente, en saillie ou en creux, les contours qu'offrent, en creux ou en saillie, les pièces à cuire, et qui agit comme moule en s'opposant à la déformation.

* **RENVIDAGE.** *T. de filat.* Se dit de l'enroulement d'un fil sur une bobine, plus spécialement pendant l'opération du filage. Dans les métiers à filer continus (V. Filer [Métiers à]), il s'effectue d'une manière régulière, au fur et à mesure de la confection du fil, sur des bobines en bois qui font partie du matériel de la filature et dont on est obligé de le dévider ensuite pour le livrer à la vente sous forme d'échevettes. Lorsque l'on fait usage, au contraire, de métiers dits *automates*, ou *renvideurs* ou *self-acting*, on opère d'une manière intermittente en produisant d'abord une certaine longueur de fil, nommée *aiguillée*, que l'on renvide ensuite pendant une période spéciale de l'évolution du métier. Les anciens métiers, qui n'existent plus qu'en très petit nombre, n'opéraient mécaniquement que le filage proprement dit, et l'ouvrier était obligé d'intervenir pour déterminer à la main le renvidage ; des perfectionnements successifs ont réduit de plus en plus le travail à la main et l'ont fait disparaître complètement dans les machines dont on fait généralement usage aujourd'hui.

* **RENVIDEUR, EUSE.** *T. de mét.* Celui, celle qui fait le renvidage. ‖ *Métier renvideur.* — V. Filer (Métier à).

* **RÉOMÈTRE.** — V. Rhéomètre.

* **RÉOPHORE.** — V. Rhéophore.

* **RÉOSTAT.** — V. Rhéostat.

* **RÉPARAGE.** *T. techn.* Opération de rachevage qui consiste à faire disparaître des pièces de poterie ou autres objets moulés, les soufflures, les bavures ou coutures formées par les joints du moule, et encore à pratiquer les jours nécessaires à l'usage ou à l'ornementation d'une pièce de poterie. — V. Céramique.

* **RÉPAREUR, EUSE.** *T. techn.* Celui, celle qui fait la réparation des objets.

* **RÉPARTITION.** *Art hérald.* Se dit des divisions de l'écu résultant de la combinaison en partitions ordinaires.

*RÉPARTONNAGE. T. techn. Opération qui consiste à diviser les gros blocs de schiste ardoisier en morceaux subdivisés eux-mêmes en feuillets nommés *répartons*.

*RÉPARURE. T. techn. Travail que fait le doreur pour faire disparaître, au moyen de petits fers en forme de crochets, l'engorgement des moulures et rendre à la sculpture sa finesse et sa netteté.

REPASSAGE. 1° T. techn. Action de repasser avec un fer chaud le linge, les chapeaux, etc. — V. Blanchissage, Chapellerie. || 2° Le peignage terminal ou repassage du lin est une opération qui se fait ordinairement à la main, elle n'est autre qu'un affinissement sur les pointes les plus fines des peignes, de la filasse peignée, dans le but de débarrasser celle-ci des boutons que le peignage y a accumulés et qui nuiraient ultérieurement à la bonne régularité du fil ; elle constitue, en quelque sorte, un dernier nettoyage du lin qui lui enlève le reste des impuretés qu'il peut encore contenir avant de le faire passer à l'étaleuse. On a souvent essayé de repasser le lin mécaniquement, au moyen de machines dites *repasseuses*, le plus souvent en faisant agir sur la filasse une série de peignes très fins ou de brosses placés à la suite des tabliers sans fin des machines à peigner et en n'introduisant entre ces peignes et ces brosses au moyen du chariot qu'une extrémité de la filasse, mais jamais on n'est arrivé à un résultat suffisamment pratique pour faire abandonner le repassage à la main ; les lins les plus fins notamment, comme ceux de la Lys et de Courtrai, n'ont jamais pu être repassés convenablement à la mécanique. || 3° Sorte de correction que nécessite souvent la fabrication du velours *cannelé*. — V. ce mot. || 4° Faire l'aiguisage sur la meule ou la pierre, des couteaux, des rasoirs, etc. || 5° Action de fouler les cuirs après l'alunage. || 6° Opération de la teinture qui consiste à remettre les étoffes au bain lorsqu'elles n'ont pas bien pris la couleur ou que celle-ci est altérée. || 7° Chez les doreurs, donner une seconde couche de vermillon sur les parties d'un ouvrage vermillonné ; passer une seconde couche de colle chaude sur les mates, dans ce cas ce mot est synonyme de *mater*. || 8° Polissage d'une pièce au marteau. || 9° Action de refondre les scories chez les fondeurs.

REPASSEUR, EUSE. T. de mét. Ouvrier, ouvrière qui repasse du linge, des outils tranchants, qui donne la dernière façon à un ouvrage ; il est bon de faire remarquer ici que la *repasseuse* de linge est une profession bien définie et de laquelle les hommes sont exclus ; dans les autres métiers, il peut y avoir des repasseurs et des repasseuses, dans le blanchissage et ses annexes, il n'y a que des repasseuses.

*REPASSEUSE. T. techn. Machine à repasser mécaniquement les étoffes. On distingue les repasseuses pour tailleurs et les repasseuses pour lingerie. Dans le premier cas, un fer creux en fonte, qu'on peut charger de combustible par le talon, est supporté par une tige mobile autour d'une colonne fixe verticale ; il peut fonctionner facilement et être conduit à la main par une poignée, sur une table horizontale couverte d'un drap épais ; on le soulève à volonté à l'aide d'une double pédale. Dans le second cas, la machine est, le plus souvent, composée d'un rouleau garni de molleton qui fait office de table à repasser, et d'un fer creux suspendu par des tringles correspondant à une pédale ; le chauffage se fait au gaz, les objets se placent sur le cylindre, et en appuyant sur la pédale, munie d'un assez lourd contrepoids, on fait appuyer le fer à repasser qu'on peut incliner à volonté. || Machine à peigner le lin pour l'affiner. — V. Repassage.

*REPASSETTE. T. techn. Carde très fine à la main pour ouvrir la laine à matelas.

*REPÉRAGE. T. techn. Opération qui consiste à mettre au point, à l'aide de *repères*, c'est-à-dire de marques faites à différentes pièces d'un ouvrage, afin d'obtenir, en les ajustant, un assemblage exact.

*REPERÇAGE. T. techn. Travail qui consiste à découper les métaux à la scie. En bijouterie et en orfèvrerie, il se fait toujours à la scie à main pour l'exécution des pièces qui, n'étant pas d'un usage courant, ne peuvent être découpées à la machine au moyen de matrices (V. Bijouterie, fig. 408). Dans l'industrie du bâtiment, au contraire, on ne se sert que de la scie mécanique. La surface du métal à reperçer étant peinte en blanc, on y trace le dessin à obtenir, puis à l'aide d'un foret, toutes les parties qui doivent être ajourées sont percées d'un trou dans lequel on introduit le ruban de la scie ; il suffit alors de présenter à celle-ci toutes les sinuosités du dessin en poussant à la main la plaque de métal pour produire les ajourements. — V. Découpage, § *Découpage des métaux*.

*REPERCEUR, EUSE. T. de mét. Celui, celle qui reperce les ouvrages destinés à être ajourés ou qui doivent être garnis de pierreries.

REPÈRE. On désigne ainsi les marques faites pendant les opérations du nivellement pour retrouver une hauteur ou une distance. Pour les nivellements importants, on assure la fixité des repères en scellant, dans les murs des constructions voisines, des plaques en fonte formant une saillie sur laquelle on peut appuyer la semelle de la mire. Les repères du nivellement de Paris portaient, autour des armes de la ville, trois indications d'altitude ; à gauche, celle du repère au-dessus du niveau moyen de la mer ; à droite, sa hauteur au-dessus de l'étiage de la Seine, pris au niveau des plus basses eaux au pont de la Tournelle ; en bas et au milieu, la distance du repère au plan de comparaison adopté pour le nivellement, plan situé à 50 mètres au-dessus de la surface de l'eau dans le bassin de la Villette. Depuis que l'on a rattaché le nivellement de Paris au nivellement général de la France, les anciennes plaques sont remplacées successivement par des plaques circulaires, à une seule cote, conformes au modèle décrit dans la circulaire du

Ministre des travaux publics, du 15 novembre 1858. Un nouveau modèle vient d'être mis en usage pour le nivellement complémentaire commencé depuis 1882.

Pour le règlement des prises d'eau des usines hydrauliques, l'administration installe également des repères fixes, dits *repères légaux*, qui indiquent le niveau que l'eau ne doit pas dépasser et, lorsqu'il y a lieu, la limite de la tolérance accordée aux usiniers.

|| *T. de mach.* Marque consistant en un ou plusieurs coups de pointeau, en traits de burin, lettres ou chiffres placés en regard les uns des autres, sur les diverses pièces formant un assemblage, afin de pouvoir sans tâtonnement, replacer ces pièces dans leurs positions premières quand on veut les remonter. || Ce mot s'applique encore, chez les paveurs, aux pavés placés de distance en distance pour conserver le niveau ; chez les charpentiers et les menuisiers, aux traits que l'on fait sur une épure pour indiquer la direction à donner dans l'établissement du bois ; chez les opticiens, aux marques faites aux tubes d'une lunette pour les allonger ou les raccourcir au juste point de la vue de celui qui s'en sert.

RÉPÉTITEUR. RÉPÉTITION (V. Cercle répétiteur). *Méthode de la répétition.* C'est une méthode de mesure qui a été imaginée par Borda pour diminuer les erreurs d'observation, et qui consiste à répéter plusieurs fois la mesure de manière à déterminer, en définitive, un certain multiple de la grandeur à calculer sans augmenter l'erreur. Cette méthode se trouve décrite en détail au mot Cercle répétiteur ; mais il y a d'autres instruments qui sont construits de manière à en permettre l'application. || *Fusil à répétition.* — V. Fusil.

*REPIQUAGE. Opération qui consiste à réparer une chaussée, pavée ou empierrée, en enlevant seulement les parties défectueuses pour les refaire. — V. Chaussée, Pavage.

*REPLANISSAGE. *T. techn.* Opération que pratique l'ébéniste après le placage. — V. Ébénisterie.

*REPLANTAGE. — V. Resarcissage.

*REPONCHONNER. *T. de teint.* Dans la teinture des soies, lorsque le bain s'affaiblit trop, on le reponchonne, c'est-à-dire qu'après les avoir relevées, on fait une addition de matière dite *reponchon*.

REPORT. *T. d'imp.* Procédé qui, dans la lithographie, consiste à transporter une matière (pierre ou métal) en un ou plusieurs exemplaires sur une autre pierre ou sur zinc pour en obtenir l'impression.

*REPOSURE. *T. de tiss.* Défaut propre à la fabrication du velours et qui provient de ce que, une partie du poil étant restée longtemps sur les fers, elle en a pris le pli et, une fois coupée, ne se relève pas. Il est facile de faire disparaître cet inconvénient en humectant un ruban de fil que l'on étend sur la reposure.

REPOUSSÉ (Travail au). Sorte de sculpture en métal qui consiste à repousser avec le marteau des feuilles de tôle, de cuivre, d'argent ou d'or, posées sur un mastic résistant, ou lorsqu'il s'agit de grandes pièces de sculpture, sur un moule creux en bois, de manière à leur donner une forme voulue et à représenter à leur surface une figure, un ornement quelconque en relief. Il y a deux sortes de repoussés : le repoussé *en dessus* et le repoussé *en dessous* ou véritable repoussé, où l'on travaille le revers du métal en refoulant les reliefs vers l'extérieur. Le repoussé est distinct de l'estampage qui n'est qu'un repoussé mécanique. — V. Estampage.

L'art du repoussé demande autant de talent que celui de la sculpture, rien ne s'y opérant mécaniquement. A l'inverse du ciseleur-réparateur, qui travaille sur des ouvrages fondus dans un moule, le repousseur doit exécuter son œuvre à main levée, à l'envers de la plaque de métal sur laquelle il repousse après l'avoir fait chaque fois recuire au feu. Les fabricants d'armures, de pièces de dinanderie artistique, les serruriers d'art, les bijoutiers et les orfèvres utilisent beaucoup le repoussé dont on perfectionne le travail en le terminant au ciselet. Nos articles Ciselure, Cuivre, § le *cuivre au point de vue esthétique*, ont exposé les différents genres de repoussé et notamment celui de pièces colossales comme la *Liberté éclairant le monde* que l'on vient d'inaugurer à New-York. Le procédé du repoussé a toujours été usité en *chaudronnerie* (V. ce mot), et il l'est encore.

Historique. Le procédé du repoussé auquel les Grecs donnaient le nom de *Sphyrélaton* (étendu au marteau), remonte à une haute antiquité (V. Orfèvrerie). Dans Homère, les objets métalliques sont toujours travaillés au marteau, et il n'est pas douteux que les statues colossales des anciens avaient été ainsi faites. Pour s'en tenir aux objets de petite dimension, l'agrafe d'or du manteau d'Ulysse, dans l'*Odyssée*, était une œuvre de toreutique évidemment faite au repoussé. On y voyait un faon, qu'un chien va dévorer et qui se débat pour lui échapper. Au reste, Homère fait plusieurs fois mention d'objets d'art qui, comme le sceptre d'Achille ou l'épée d'Agamemnon, étaient ornés de têtes de clous d'or éclatants que, selon Athénée, le poète croyait avoir été rivés. Par la suite, les orfèvres grecs imitèrent sur les vases de métal ce genre de décoration par des bosses en relief.

Si l'on préfère à ces assertions la description d'objets véritablement authentiques, il suffira de mentionner quelques bijoux trouvés à Mégare, dans un tombeau très ancien. « Ce sont, dit François Lenormant, l'auteur de la découverte, trois ornements d'or exécutés au repoussé, qui étaient peut-être des boucles d'oreilles ou d'autres objets de toilette dont l'usage nous échappe, décorés de têtes humaines, de faces coiffées à l'égyptienne et traitées dans ce style égyptien que l'on remarque sur tant de monuments phéniciens. »

L'origine du travail au repoussé est donc éminemment orientale. De l'Orient cet art passa en Grèce avec tous les caractères d'une riche et déjà ancienne civilisation. Chypre et Rhodes ont été le théâtre de semblables trouvailles. On cite, en ce genre, les plaques d'or recueillies par M. Salzmann dans la nécropole de Camiros ; quelques-uns de leurs ornements ont été exécutés au repoussé.

On se disputait à Rome les merveilles des repousseurs grecs, dont quelques reliefs étaient fins et si délicats qu'il était interdit d'en prendre des empreintes; telles étaient, sur des coupes à boire, les scènes de cuisine de Pythéas. Il suffit d'avoir parcouru le *De Signis*, pour se rappeler avec Cicéron, combien Verrès mettait de passion dans la chasse de ces reliefs, qu'il arrachait fiévreusement, lorsqu'ils étaient simplement fixés sur le vase.

Mais ce que les Romains recherchaient le plus dans l'orfèvrerie, c'étaient les reliefs saillants et tout à fait en ronde bosse obtenus par la *cælatura*, car souvent les figures étaient prises dans le métal même du vase, soit que les figures aient été repoussées (*procudere, excidere, exprimere, déprimere*), ce qui est le procédé le plus habituel, soit qu'elles y aient été ciselées en plein et véritablement sculptées; quelquefois ces deux opérations du repoussé et de la ciselure s'ajoutaient l'une à l'autre. On en a des exemples frappants dans la coupe et patère d'argent avec figures repoussées en haut-relief du trésor d'Hildesheim, ainsi que dans les vases d'argent du trésor de Bernay. Ces magnifiques spécimens d'orfèvrerie offrent des sujets en relief qui confirment ce que nous dit Pline relativement à la passion des anciens pour les vases d'argent décorés de sculptures; à l'exception des anses, tout a été fait au marteau par le procédé du repoussé et retouché ensuite au ciselet.

Pendant toute la durée du moyen âge, la plupart des vases d'or et d'argent, ainsi que beaucoup de monuments de bronze, étaient travaillés au repoussé et retouchés ensuite par le ciseleur. « On fait, dit le moine Théophile, dans sa *Diversarum artium Schedula* (xIIᵉ siècle), des fers pour exécuter sur l'or, l'argent et le cuivre, des figures humaines, des oiseaux, des animaux et des fleurs repoussés. Ces fers sont de la longueur d'une palme, larges et garnis d'une tête à la partie supérieure, effilés, ronds, minces, triangulaires, carrés ou recourbés à la partie inférieure, selon l'exigence du travail qu'on se propose de faire. On les frappe avec un marteau. »

Comme dans l'antiquité, le marteau était donc encore le principal instrument des orfèvres. Encore comme dans l'antiquité, étaient seules fondues les anses et quelques pièces accessoires des vases religieux ou servant dans la vie privée.

Parmi les grands ouvrages exécutés au repoussé durant cette période, Viollet-le-Duc signale une porte de bronze qui se trouve sur un des côtés de la cathédrale d'Augsbourg. Les deux vantaux de cette porte sont recouverts de trente-cinq panneaux de bronze, assemblés par des bandes de même métal qui sont clouées et ornées de têtes d'hommes à leur point d'intersection. Une tête de lion occupe un des panneaux du centre. Chacun de ces panneaux ne renferme qu'une seule figure principale.

Des morceaux de sculpture au repoussé, de plus petites proportions, ont été exécutés en grande quantité au moyen âge. Les orfèvres de Limoges ont surtout produit, à l'aide de ce procédé, des statuettes et des figures de haut-relief en cuivre, qui ne sont pas sans mérite. Les têtes sont entièrement repoussées; les corps et les vêtements dans les pièces importantes sont souvent rendus par des feuilles battues, dressées et appliquées sur une forme de bois, toujours comme dans l'antiquité. Il va sans dire que les ouvrages soignés, que l'on faisait ainsi par le procédé du repoussé, étaient retouchés et terminés au ciselet.

Les artistes du xvIᵉ siècle n'employaient pas d'autres moyens pour l'exécution de leurs beaux ouvrages d'orfèvrerie. Cellini nous apprend que ce procédé était universellement en usage de son temps, en France et en Italie, dans la fabrication des bijoux, des vases, des figures d'or et d'argent; on ne fondait que les anses des vases, les becs des aiguières et quelques pièces de rapport.

A l'époque de la Renaissance, les artistes limousins repoussaient également ces belles plaques de cuivre que les émailleurs recouvraient ensuite d'émaux. Telle est l'admirable plaque en cuivre repoussé, décorée d'émaux

coloriés par Jehan Courtois, de Limoges, et appartenant à M. le baron Gustave de Rothschild. On employait encore le repoussé pour obtenir des figures et ornements en relief sur des plaques de fer qui étaient ensuite enrichies de fines incrustations d'or et d'argent (V. DAMASQUINERIE). Outre les deux boucliers en fer repoussé, du *Musée historique* de Dresde, ainsi que le casque en fer repoussé de l'*Armeria reale* de Turin, il faut citer les deux magnifiques pièces qui figurent dans la collection de M. Spitzer et qui ont été reproduites dans la *Gazette des Beaux-Arts*. Ce sont une armure et un bouclier de travail italien du xvIᵉ siècle, en fer repoussé et doré, d'un travail admirable.

Peu à peu, quand on demanda aux artistes plus d'ouvrage qu'ils n'en pouvaient faire eux-mêmes, ils eurent recours à la fonte, et ce procédé expéditif, résultat du développement des arts, finit bientôt par l'emporter. Aujourd'hui, le repoussé n'est plus que d'un emploi exceptionnel.

Quelques artistes fervents ont cependant produit de nos jours des chefs-d'œuvre obtenus par les procédés du repoussé. Vechte, surtout, commença par faire, à l'aide d'anciennes gravures, des pièces imitées de la Renaissance, boucliers, plats d'argent, casques, fragments d'armures, etc., que d'honnêtes marchands lui payaient mal et revendaient fort cher, comme des œuvres authentiques du xvIᵉ siècle. Il finit enfin par avouer ses ouvrages et sa réputation commença. Plusieurs orfèvres en renom, tels que Froment-Meurice, le firent travailler, et dès lors il put exposer au salon de 1847 un grand vase en argent repoussé représentant le *Combat des dieux et des géants*, et en 1848, une coupe d'argent, l'*Harmonie dans l'Olympe*. Une médaille de première classe récompensa le mérite du ciseleur-repousseur.

Viennent ensuite les deux frères Fannière, natures essentiellement artistes par la finesse, le goût et la sûreté pratique. Ils sont les auteurs d'un splendide bouclier en fer repoussé, exécuté pour le duc de Luynes.

Enfin le ciseleur Diomède, dont le talent hors ligne est depuis longtemps fort apprécié des orfèvres parisiens, a produit des œuvres extrêmement remarquables comme hauts-reliefs obtenus à l'aide du repoussé. Nous citerons, entre autres belles pièces, sa coupe du *Réveil de l'Aurore* (collection de M. Teyssier), entièrement travaillée au marteau, et dans l'exécution de laquelle l'artiste semble avoir rendu le fer et l'argent malléables comme de la cire.

TECHNOLOGIE. — V. CISELURE, ⸗ *Ciselure repoussée*
— S. B.

* REPOUSSEUR. *T. de mét.* Ouvrier qui travaille au repoussé des métaux.

REPOUSSOIR. *T. techn.* Ce mot s'applique à divers instruments de chirurgie, d'arts et de métiers, à un ciselet qui sert à pousser les reliefs et les moulures, à une cheville qui sert à chasser une autre cheville d'un trou dans lequel elle est engagée.

REPRISE. *T. de constr.* 1° Réparation que l'on fait à un ouvrage, soit dans la hauteur de sa surface, lorsqu'il s'agit de parties dégradées, soit en sous-œuvre, lorsqu'on doit le réparer en entier. ‖ 2° Réparation que l'on fait à une dentelle déchirée, à un tissu dont les mailles sont usées ou déchirées. ‖ 3° Outil du fabricant de fauteuils de canne. ‖ 4° Portion d'eau qu'un textile soumis au conditionnement doit retenir, suivant sa nature.
— V. CONDITIONNEMENT ET RESARCISSAGE.

REPRODUCTION. On désigne par ce mot toute image fidèle d'un objet d'art, d'un tableau, d'un dessin, etc.; on l'applique particulièrement à la copie de plans ou de lettres que l'on obtient par différents procédés; à l'article CHROMOGRAPHE nous avons donné la description d'un appareil propre à obtenir des reproductions, et nous ne ferons qu'indiquer ici les compositions des pâtes et des encres que l'on emploie avec les appareils du même genre.

	Pâtes transparentes			Pâtes blanches	
	dure	1/2 dure	molle	I	II
Colle de Givet. . . .	38	25	15	»	»
Gélatine blanche.. . .	66	65	55	110	71
Eau.	282	360	310	415	270
Glycérine officinale. .	614	550	620	415	425
Sulfate de baryte.. . .	»	»	»	60	163
Sucre	»	»	»	»	71
	1.000	1.000	1.000	1.000	1.000

Pendant dix à douze heures, on laisse la colle et la gélatine gonfler dans la quantité d'eau indiquée, puis on chauffe au bain-marie, et on ajoute la glycérine ainsi que le sucre et le sulfate de baryte, si ces deux derniers font partie de la composition. Le mélange rendu bien intime est ensuite coulé tiède dans la cuve du chromographe.

La pâte à bon marché se fait en supprimant la glycérine; on fond alors 130 grammes de gélatine et 66 grammes de sucre dans 790 grammes d'eau, puis on porte le tout à l'ébullition pendant deux minutes, on retire du feu, on ajoute 14 grammes d'acide acétique, et après agitation on coule.

Parmi les encres chromographiques, la plus usitée est l'encre violette; elle se prépare en portant à l'ébullition 5 grammes de violet de méthylaniline avec 50 grammes d'eau, 1/2 gramme de gomme ou de dextrine et 2 grammes de glycérine, puis en laissant déposer vingt-quatre heures et décantant. Il suffit de remplacer le violet de méthylaniline par de l'éosine, du bleu à l'eau, du vert, etc., pour obtenir des encres de diverses couleurs.

REPS. *T. de tiss.* Nom donné à un tissu pour ameublement qui se fait en laine ou en soie, au moyen de deux chaînes, l'une pour le fond et l'autre pour le liage, et de deux trames d'inégales grosseurs. Pendant le tissage, les fils de liage sont très fortement tendus, tandis que ceux de la chaîne de fond peuvent se dérouler facilement de leur rouleau d'ensouple. Les deux trames alternent régulièrement, et fournissent une première duite très grosse qui passe sous les fils de fond qu'elle relève et sur les fils de liage par lesquels elle est soutenue, puis une seconde duite en trame fine qui recouvre les fils de fond qu'elle abaisse sous elle, tandis qu'elle est elle-même abaissée au-dessous des fils de liage sous lesquels elle passe. Les grosses duites déterminent ainsi des côtes transversales très saillantes, qui sont séparées les unes des autres par des sillons profonds produits par les duites de fine trame. Pour que le tissu soit bien couvert par la chaîne de fond, on rentre dans chaque dent du peigne un fil de liage entre deux fils de fond.

RÉPULSION. *T. de phys. Répulsion moléculaire.* On admet, pour expliquer les phénomènes physiques, chimiques, mécaniques, que les molécules des corps ne se touchent pas, malgré la force de cohésion qui les sollicite à se rapprocher les unes des autres. Il faut donc qu'il y ait entre elles des forces qui produisent la répulsion. C'est de l'antagonisme de ces forces, les unes attractives, les autres répulsives, que résultent toutes les modifications que les corps éprouvent quand ils sont soumis à l'influence de la chaleur, des actions chimiques ou mécaniques.

La *répulsion capillaire* (V. CAPILLARITÉ) se manifeste entre deux corps très rapprochés flottant sur un liquide et dont l'un est mouillé par ce liquide, tandis que l'autre ne l'est pas. On dit qu'il y a répulsion entre les ménisques de figures inverses, c'est-à-dire l'un concave l'autre convexe. Il y a attraction au contraire quand les ménisques sont de même sens.

Répulsion magnétique, électrique. La répulsion de deux aimants dont les pôles de mêmes noms sont en regard, est un phénomène bien connu, comme l'attraction des pôles de noms contraires. De même, la répulsion se produit entre deux corps chargés d'électricité de même nom et entre deux courants électriques de noms contraires. Quand un corps diamagnétique est placé suivant sa plus grande dimension entre les pôles contraires d'un puissant électro-aimant, il y a répulsion; tandis qu'il y a attraction avec un corps paramagnétique comme le fer. — C. D.

*RESARCELÉ. *Art hérald.* Se dit de toute pièce honorable, particulièrement de la croix, garnie d'un filet ou orle qui règne à une distance du bord, égale à sa propre longueur; on dit aussi *resercelé, ée.*

*RESARCISSAGE. Opération qui consiste à réparer les trous et défauts de fabrication dans les velours de coton. Elle forme une véritable industrie à part, qui occupe un nombre relativement grand d'ouvrières. Une ouvrière habile peut resarcir 40 trous par jour, à raison de 0 fr. 05 le trou d'un maximum de longueur déterminé; mais lorsqu'un trou atteint la longueur de la première phalange du pouce, il compte pour deux trous.

Voici comment on resarcit les trous; l'ouvrière commence par ouvrir le trou et enlever les pompons achevalés sur les fils de chaîne qui ne sont plus retenus au tissu et ne font conséquemment plus corps avec lui. Elle place, ou pour mieux dire reconstitue avec une aiguille fine munie de coton retors, les fils de chaîne qui manquent et les fils cassés qu'elle a dû couper pour bien ouvrir le trou. Elle exécute en allant et en revenant, et en fixant son fil dans le tissu de chaque côté du trou, ce qu'on appelle une *reprise.* La reprise forme avec les fils de chaîne un tissu toile sur lequel il faut ensuite remettre des pompons. L'ouvrière prend alors une aiguille garnie de fil simple dont elle attache les deux extrémités, de manière à le doubler; elle choisit les fils de chaîne sous lesquels elle doit faire passer les pieds des pompons futurs, et elle fait, autour de chacun de ces fils de chaîne, une rangée de boucles plus hautes que le duvet normal de l'étoffe, c'est le *replantage*. Lorsque le replantage est convenablement terminé, l'ouvrière coupe avec des ciseaux très effilés, la partie des boucles qui dépasse le niveau du duvet de la pièce; elle *rase* les pompons.

Le resarcissage a donc : 1° par la reprise, formé un véritable et nouveau tissu de soubassement; 2° par le replantage, garni de pompons les fils de chaîne qui en manquaient; 3° par le rasage, coupé les pompons à une hauteur normale. Cette opération constitue une espèce de tissage et de coupe artificiels produits au moyen de l'aiguille et des ciseaux.

* **RESARCISSEUSE**. T. *de mét*. Ouvrière chargée de resarcir le velours de coton.

I. **RÉSEAU**. Tissu de mailles; fond de la dentelle. || Ensemble des voies ferrées qui mettent en communication les diverses contrées d'un pays. V. Chemin de fer. || T. *d'arch*. Arcatures entrelacées qui décorent le tympan d'une fenêtre ogivale. || *Art héral*. Se dit des lignes diagonales, à dextre et à senestre, qui font des claires-voies en forme de losanges.

II. **RÉSEAU**. T. *de phys*. On nomme ainsi un système d'ouvertures linéaires très étroites et très rapprochées les unes des autres, ayant la propriété, par un effet de *diffraction* (V. ce mot), de décomposer la lumière qui les traverse. Si cette lumière est d'une seule couleur, il en résulte des franges alternativement brillantes et obscures; si c'est de la lumière blanche, il se produit des spectres plus ou moins nombreux, plus ou moins étalés, selon la largeur et la distance des ouvertures.

Si l'on trace sur une lame de verre des traits au diamant, très fins et parallèles entre eux, et qu'on regarde au travers la flamme d'une bougie, on la verra entourée de zones spectrales. En superposant deux systèmes de réseaux et faisant tourner l'un sur l'autre, on obtient des effets d'irisation remarquables. L'expérience qui consiste à *projeter* les réseaux est une des plus belles de l'optique. — V. Diffraction et Interférence.

* **RÉSELEUSE**. T. *de mét*. Dentellière qui fait le réseau destiné à supporter les fleurs, et qui exécute les dessins de la dentelle.

* **RÉSERVE**. Application de substances grasses ou d'une dissolution de matières résineuses sur un objet quelconque que l'on veut préserver, ou protéger, comme par exemple une poterie dont certaines parties ne doivent pas être émaillées, une planche gravée qui, en certains endroits, doit être garantie contre les attaques de la *morsure*. — V. ce mot.

Dans l'impression sur tissus, le procédé le plus usité pour imprimer une couleur, consiste à la déposer sur l'étoffe même; la couleur peut être composée de telle sorte que si le tissu est livré à la teinture, il se colore partout excepté dans les parties imprimées; ce qui a fait donner à cette couleur le nom de *réserve*; on distingue les *réserves blanches* et les *réserves de couleur*. — V. Battik, Couleur pour impression sur étoffes, Indigo.

RÉSERVOIR. D'une façon générale, ce mot s'applique à tout récipient, tout organe de machine, destiné à emmagasiner un liquide, un fluide, un gaz. Nous nous occupons ici plus spécialement des réservoirs d'eau.

L'alimentation des canaux à point de partage et l'aménagement des eaux utiles ou nuisibles exigent la *création de grands réservoirs* que l'on obtient en barrant certaines vallées des régions montagneuses, dont le sol est assez étanche pour y emmagasiner de grandes quantités d'eau. L'établissement de ces réservoirs comporte, outre le barrage (V. Barrage et Digue), un déversoir pour la réglementation du niveau (V. Déversoir), des vannes ou robinets de prise d'eau, et des vannes ou bondes de fond pour la vidange. Le choix de l'emplacement exige toujours une étude approfondie des ressources disponibles en eaux de source et en eaux pluviales, de la qualité des eaux et de la nature des terrains. Les eaux destinées à l'alimentation des villes sont emmagasinées dans des réservoirs en maçonnerie dont la construction doit être très soignée à cause des dangers qui pourraient résulter, en cas de fuite ou de rupture, de l'irruption, dans les quartiers voisins, des masses énormes d'eau qu'ils contiennent. La ville de Paris possède à elle seule 26 de ces bassins contenant ensemble 502,260 mètres cubes d'eau. Les derniers, et en même temps les plus importants, sont ceux de Montrouge qui reçoivent les eaux de la Vanne et occupent une superficie de plus de 3 hectares. Ils se composent de deux étages de bassins pouvant contenir ensemble 275,000 mètres cubes; leur forme est celle d'un rectangle de 265 mètres de long sur 136 mètres de large, divisé à chaque étage en deux parties égales par un mur de séparation. L'étage supérieur peut contenir, sur $3^m,55$ de hauteur, un cube de 110,000 mètres d'eau à l'altitude de 80 mètres; l'étage inférieur peut contenir, sur $5^m,50$ de hauteur, un cube de 165,000 mètres à l'altitude de $74^m,50$. Les fondations, établies sur d'anciennes carrières mal exploitées, ont exigé d'importants travaux de consolidation; les murs d'enceinte reposent, par des voûtes de 10 mètres d'ouverture, sur des piliers en béton, de 2 mètres sur 4, descendus en moyenne à 20 mètres de profondeur. Les réservoirs inférieurs sont construits en meulière et chaux hydraulique. Les murs d'enceinte présentent $1^m,70$ d'épaisseur en couronne et $2^m,90$ à la base; le parement extérieur, incliné au 1/5, est abrité contre les variations de température par un remblai en terre. Les murs de séparation ont 2 mètres d'épaisseur; ils sont renforcés, du côté de l'eau, par des contreforts de $1^m,40$ de largeur, espacés de 4 mètres d'axe en axe, et raccordés avec le radier par des solins en quart de cercle de 2 mètres de rayon. L'épaisseur du radier est de $0^m,40$; un réseau de tuyaux en poterie forme, à 10 centimètres au-dessous, un drainage général aboutissant aux galeries de décharge par deux collecteurs dont l'examen révèle immédiatement les pertes d'eau à travers le radier. Toutes les surfaces sont recouvertes par un enduit en mortier fin de ciment de 3 centimètres d'épaisseur, jusqu'à 0m,10 au-dessus du plan d'eau maximum. Les visites se font sur une galerie en encorbellement d'où partent des escaliers donnant accès au fond des réservoirs.

Les murs des réservoirs supérieurs s'appuient sur les piliers contreforts des murs inférieurs par l'intermédiaire de voûtes en plein cintre de 2m,60 d'ouverture et de 0m,45 d'épaisseur; l'épaisseur de ces murs est de 1m,30 au sommet et de 2m,10 au niveau du radier; leur parement intérieur est vertical, et le parement extérieur présente un fruit de 1/5. Ils sont couronnés par des dalles en pierre. Les radiers des réservoirs supérieurs reposent sur des voûtes d'arête en plein cintre, de 0m,35 d'épaisseur à la clef et de 3m,15 d'ouverture, retombant sur 1,800 piliers espacés de 4 mètres d'axe en axe. Ces piliers ont 0,85 de côté au sommet et un fruit de 1/40; leur pied s'appuie sur l'enduit en ciment du radier inférieur. Le mur de séparation a 1m,90 d'épaisseur au niveau supérieur de l'eau, et un fruit de 1/10 de chaque côté; des contreforts de 0m,60 de largeur, espacés de 4 mètres d'axe en axe, le contrebutent sur ses deux faces; les solins de raccordement sont en quart de cercle de 1 mètre de rayon.

La couverture des bassins présente quatre versants inclinés d'un millimètre par mètre vers les murs d'enceinte; elle est composée de voûtes en berceaux et de voûtes d'arêtes, de 3m,66 d'ouverture, surbaissées au 1/10 et d'une épaisseur totale de 8 centimètres; ces voûtes sont formées par deux rangs de briquettes de 0m,027 d'épaisseur, posées à plat, à joints croisés, avec mortier fin de ciment, et d'une chape de 2 centimètres du même mortier; dans les voûtes d'arêtes, un troisième rang de briquettes consolide les arêtes aux naissances. Ces voûtes, dont les reins sont remplis en béton maigre, portent une couche de terre gazonnée de 0m,50 d'épaisseur. Cette couverture est supportée par des piliers et des murs en briques de 0m,34 d'épaisseur, avec embase de 0m,45 reposant exclusivement sur l'enduit du radier supérieur. Les appuis au pourtour sont isolés des murs d'enceinte sur lesquels la couverture repose à joint sec sans exercer aucune poussée. Elle est, du reste, divisée en 16 rectangles isolés, de 28 à 32 mètres de côté, aux angles desquels sont établis des murs culées de 1 mètre d'épaisseur dans la partie centrale et de 1m,30 le long des pourtours. Une vitre dalle, de 8 centimètres d'épaisseur et de 0m,80 de diamètre, supportée au niveau du gazon par la voûte d'arête centrale, éclaire chaque division. Un escalier tournant, de 1m,80 de diamètre, donne accès, à travers la couverture, dans chacun des deux compartiments du réservoir. Les chambres d'alimentation et de distribution sont établies, l'une au-dessus de l'autre, dans une construction à l'angle sud ouest des réservoirs, construction dont le profil extérieur est identique à celui des réservoirs. L'eau est amenée à l'étage supérieur par deux conduites en fonte, de 1m,10 de diamètre, qui débouchent dans une vasque profonde tapissée de faïence blanche. Des conduites de même diamètre établissent les communications, d'une part entre la chambre d'alimentation et les compartiments des réservoirs et, d'autre part, entre ceux-ci et la chambre de distribution, de façon à faciliter l'aménagement des eaux, ainsi que le nettoyage et la réparation de chaque partie du réservoir et au besoin l'envoi direct des eaux dans la ville. Les radiers sont réglés suivant des surfaces inclinées en moyenne à 5 centimètres par mètre pour assurer l'écoulement des eaux de lavage dans les galeries de décharge aboutissant aux égouts. Toutes les manœuvres des robinets et des bondes de l'étage supérieur se font de la plate-forme, à l'aide de tiges en fer traversant la couverture; à l'étage inférieur, ces manœuvres sont facilitées par des passerelles installées au-dessus de l'eau. La dépense s'est élevée à 7 millions de francs, dont 1,130,000 pour acquisition de terrains, 495,000 pour la construction proprement dite, et 920,000 pour les travaux de consolidation. Le prix d'un mètre cube de capacité revient par conséquent à 25 fr. 45. — J. B.

Réservoir d'eau sur les voies ferrées. On ne peut, en général, assurer le service d'une distribution d'eau qu'en faisant partir cette distribution d'un réservoir dans lequel on recueille, pendant les intermittences du service ou d'une manière permanente, le produit des sources ou des machines. De plus, si l'alimentation du réservoir est faite par des machines, il faut prévoir le chômage en cas de réparation, en donnant au réservoir une capacité suffisante pour contenir le volume d'eau qui peut être débité pendant la durée maximum de ce chômage. Un réservoir ne s'installe presque jamais en pleine terre, parce que l'eau s'y corromprait en s'imprégnant de matières organiques; et se construit généralement en maçonnerie faite à bain de mortier, avec grand soin, pour la rendre imperméable, ou encore sous la forme d'un cylindre en tôle rivée; dans les deux cas, on doit installer le réservoir, autant que possible à couvert, en un point culminant, ou l'exhausser sur une construction en maçonnerie ou en charpente.

Réservoirs en maçonnerie. Quand le sol s'y prête, on dispose le réservoir en déblai, et on en forme le fond avec un enduit d'une très faible épaisseur; les parois sont constituées par des murs de soutènement capables de résister à la poussée des terres, recouverts d'un enduit de ciment de 0m,02 à 0m,03 d'épaisseur. Pour les réservoirs construits hors du sol, le radier est formé d'une couche de béton de 0m,30 à 0m,40, suivant la hauteur de l'eau, quand le sol est solide; si, au contraire, le sol est mobile, on établit le radier sur des voûtes d'arête reposant sur des piliers en maçonnerie pénétrant jusqu'au sol solide; l'épaisseur moyenne des murs d'enceinte doit être à peu près la moitié de la hauteur de la colonne d'eau à soutenir. Il convient de diviser le réservoir en deux parties indépendantes par une cloison transversale, d'une épaisseur égale à celle des murs latéraux, afin que le service ne soit pas interrompu en cas de réparation ou de nettoyage; chaque compartiment doit être percé de trois orifices : un *orifice de décharge*, pour vider les eaux sales; un *orifice d'arrivée*, débouchant généralement près du fond, à 0^m,40 ou 0^m,50 au-dessus de ce fond, pour ne pas donner écoulement aux dépôts solides qui peuvent se former; enfin, un *orifice de trop plein*, que l'on met en communication avec la conduite de décharge. On prend généralement la forme rectangulaire, quelquefois la forme d'un demi-cercle, comme à Ménilmontant, par exemple, pour le réservoir de la dérivation de la Dhuis, qui a coûté 3 millions, non compris l'acquisition du terrain.

Pour couvrir les réservoirs, on emploie avec avantage les voûtes en briquettes et ciment; les murs de tête leur servent souvent de culées; cette couverture doit être percée d'ouvertures suffisantes pour la ventilation; les petits réservoirs peuvent être simplement couverts par des combles ordinaires qui ne les mettent, toutefois, qu'imparfaitement à l'abri des variations de la température, tandis qu'il est important, par crainte de gelée, que l'égalité de température se maintienne, ce qui arrive quand la maçonnerie du réservoir est encastrée en déblai.

Réservoirs en tôle. Les réservoirs d'un volume qui peut aller jusqu'à 500 mètres cubes, se construisent en tôle rivée; ils ont la forme d'un cylindre terminé, à sa partie inférieure, par une calotte formée d'un segment sphérique. L'effort qui tend à rompre un réservoir suivant une génératrice est exprimé par $\frac{p\,D}{2}$, p étant la pression en kilogrammes par millimètre carré, D le diamètre du réservoir; on a :

$$e\,R = \frac{p\,D}{2},$$

e étant l'épaisseur à donner à la tôle, R la résistance à la traction du métal par millimètre carré de section, d'où :

$$e = \frac{p\,D}{2\,R}.$$

Pour la calotte inférieure, l'effort qui tend à la rompre suivant un grand cercle est $\frac{p\,D}{4}$; et l'épaisseur est, par conséquent,

$$e = \frac{p\,D}{4\,R}.$$

La pression p étant variable depuis le niveau supérieur jusqu'à la base du cylindre, l'épaisseur des tôles de fer rivées augmente évidemment du haut vers le bas; quant à la calotte, on la calcule pour le maximum de l'expression $\frac{p\,D}{4\,R}$ qui a lieu au point de soudure de la calotte avec le cylindre.

Nous donnons (fig. 433) la coupe transversale d'une installation de réservoir pour l'alimentation des tenders des locomotives, dans une gare de chemin de fer. Comme l'indique cette figure, le réservoir portait autrefois la grue dont le col, saisi au passage par le mécanicien, pouvait s'enfoncer directement dans la bâche d'eau du tender.

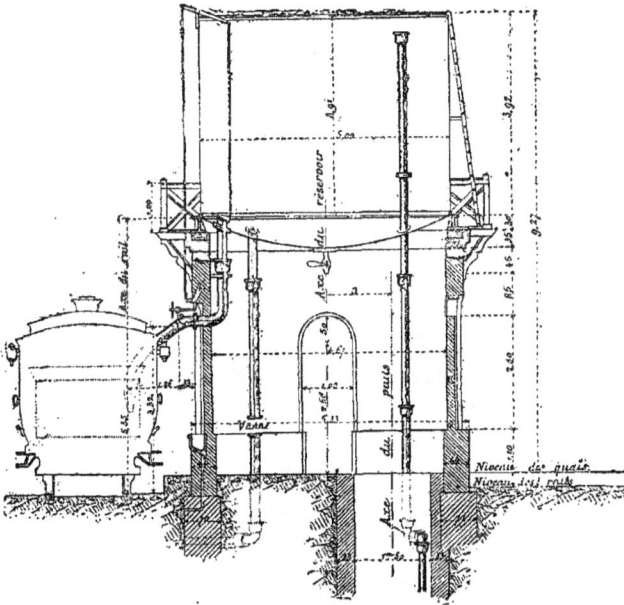

Fig. 433.

Mais on a reconnu que cette disposition présentait plus d'un inconvénient : le réservoir, généralement placé à l'extrémité d'un quai d'embarquement de voyageurs, près du point où stationnent les machines des trains, masque, en effet, la vue de la voie et empêche les agents de la gare d'apercevoir les trains qui arrivent; il gêne la circulation et forme comme un obstacle au milieu d'un espace dont l'accès devrait, au contraire, rester toujours facile et commode. C'est pour cette raison que, dans toutes les nouvelles installations de réservoirs des gares en construction, on place le corps du réservoir et sa machine d'alimentation dans un coin disponible, à une certaine distance du centre du service actif, et l'on n'a plus, sur les quais, que des grues hydrauliques qui ne présentent pas les mêmes inconvénients. — M. C.

*RÉSINE. *T. de techn. et de mat. méd.* On

donne ce nom à des produits obtenus par évaporation, constitués par des mélanges de principes immédiats peu connus encore, et qui sont probablement formés par l'oxydation naturelle de certains carbures hydrogénés.

Les résines sont la plupart du temps amorphes, rarement cristallisées, insolubles dans l'eau (le copal excepté), presque toujours solubles dans l'alcool d'où l'eau les précipite; solubles dans l'éther (hormis celle de jalap), les huiles essentielles, les corps gras fixes; elles fondent à une assez basse température et se décomposent par la distillation; au rouge, elles brûlent avec une flamme fuligineuse. Elles sont, ou solides et dures au toucher, ou plus ou moins molles et alors mélangées à des huiles volatiles, en proportions variables et telles, qu'elles peuvent devenir fluides (térébenthines); elles conduisent mal l'électricité, mais se chargent facilement à leur surface, de fluide négatif, par simple frottement.

Comme composition, ce sont des corps ternaires, riches en carbone et en hydrogène, mais pauvres en oxygène; ce gaz est sans action sur la plupart d'entre elles, mais le chlore les décolore; quelques-unes sont faiblement acides, assez cependant pour être décomposées par les carbonates alcalins et former des résinates ou savons de résine, moussant avec l'eau et décomposables par les acides, comme les savons vrais, mais en différant toutefois, en ce que le chlorure de sodium ne les précipite pas comme les premiers. L'acide sulfurique les dissout, tantôt en restant incolore, souvent en prenant une coloration rouge; si on les chauffe dans une bassine d'argent, avec des alcalis en solution (trois fois leur poids dissous dans un peu d'eau), elles donnent lieu à un dégagement d'hydrogène et de vapeurs aromatiques, et le résidu saturé par l'acide sulfurique, cède à l'éther des acides benzoïque, paraoxybenzoïque, protocatéchique, plus des acides de la série grasse, de la résorcine, de la pyrocatéchine, de la phloroglucine, etc.

Leur origine est variable; elles peuvent découler d'incisions faites à certains arbres, ou de fentes spontanément produites dans l'écorce (térébenthines, sandaraque, mastic), ou sont le produit de certaines manipulations (colophane, poix) ayant pour but de les isoler de quelques autres produits, ou enfin ont été isolées par des préparations chimiques plus ou moins complexes (résines de jalap, de turbith, de scammonée); enfin, quelques-unes se retrouvent à l'état fossile (succin, ozokérite, divers copals d'Amérique). Elles sont presque toutes constituées par plusieurs principes résineux.

Parmi les résines les plus employées, nous avons à citer :

L'ambre jaune ou succin (V. AMBRE), la colophane et les produits analogues, tels que le galipot, les térébenthines, puis tous les corps qui en dérivent, comme la poix résine ou résine jaune, la poix noire, la poix blanche, la poix de Bourgogne; le copal, dont on distingue deux sortes principales, fournies par les hymenea verrucosa, Gœrt. pour le copal dur, et hymenea courbaril, L., pour le

copal tendre, arbres de la famille des légumineuses-cœsalpinées, et dont quelques espèces américaines, aujourd'hui disparues, ont laissé des amas résineux que l'on trouve actuellement à l'état fossile (V. COPAL); la résine élémi ou caraque, fournie par l'icica abilo, Blanco (térébinthacées); elle est jaunâtre, molle, demi-transparente, d'une odeur agréable de fenouil, imparfaitement soluble à froid dans l'alcool, et totalement à chaud. Elle contient 60 0/0 de son poids d'une résine amorphe, ayant pour formule

$$C^{40}H^{30}O^4...C^{20}H^{30}O^2,$$

soluble dans l'alcool, une huile volatile (12,5 0/0) isomère de l'essence de térébenthine, mais lévogyre, puis 24 0/0 d'élémine, principe solide, cristallisé en aiguilles fines, ayant pour formule

$$C^{40}H^{32}O^2...C^{20}H^{32}O.$$

(Johnston) et soluble dans l'éther et dans l'alcool chaud; la résine de Gaïac, fournie par le guajacum officinale, L. (V. GAÏAC); la résine de Jalap, contenue dans les souches de l'ipomea purga (Wend.) (convolvulacées), syn. : exogonium purga, Benth. C'est une matière brune, de saveur âcre et un peu aromatique, formée de deux glucosides, la convolvuline, $C^{62}H^{50}O^{32}...C^{31}H^{30}O^{16}$, principe incolore, inodore, soluble dans l'alcool et insoluble dans l'eau et l'éther, et la jalapine,

$$C^{68}H^{50}O^{16}...C^{34}H^{50}O^8,$$

soluble dans l'eau et dans l'éther, et modifiée par les alcalis, qui la transforment en acide jalapique,

$$C^{136}H^{118}O^{70}...C^{68}H^{118}O^{35}$$

(Mayer); le dernier glucoside est décomposable par la chaleur à 115° et forme les sept dixièmes du poids total de la résine; le labdanum qui exsude des feuilles et des rameaux du cisticus creticus, L. (cisticées); il est solide, de coloration noirâtre, et contient 80 0/0 environ, d'une résine qui, surtout en brûlant, dégage une odeur ambrée, ce qui la fait employer comme parfum, sous forme de clous fumants.

La résine laque (V. LAQUE); la résine mastic (V. MASTIC); la résine sandaraque (V. SANDARAQUE); la résine scammonée, extraite du convolvulus scammonia, L. (convolvulacées). Elle est à peine colorée, un peu odorante, presque insipide, soluble dans l'alcool, l'éther, l'essence de térébenthine; en présence de l'ammoniaque, elle prend une coloration vert foncé. Elle contient de la scammonine,

$$C^{68}H^{56}O^{32}...C^{34}H^{56}O^{16},$$

glucoside isomère de la jalapine, et un acide volatil (butyrique ou valérique, d'après Spirgatis); la résine sang-dragon; la résine de thapsia, fournie par le thapsia garganica, L. (ombellifères), elle est jaune, cassante, peu odorante, très âcre; elle est probablement formée de deux résines, dont l'une est soluble dans l'alcool, et colorée en rouge écarlate par l'action de l'acide sulfurique, et l'autre soluble dans l'éther et colorée en bleu par le même acide (Pressoir); la résine de turbith, découlant des tiges de l'ipomæa turpethum, R. Brown (convolvulacées); elle est sèche, jaunâtre, odorante, de saveur faible, très âcre. C'est un glucoside appelé aussi turpéthine

(Spirgatis), soluble dans l'alcool, insoluble dans l'éther, isomère de la jalapine, fondant à 183° centigrades; avec les bases énergiques il donne l'acide turpéthique, $C^{58}H^{60}O^{36}...C^{34}H^{60}O.^{18}$, et avec les acides dilués, du glucose et de l'acide turpétholique, $C^{32}H^{32}O^8...C^{16}H^{32}O^4$. — V. aussi GOMME, § *Gommes-résines*. — J. C.

RÉSINGLE. *T. techn.* Outil avec lequel l'orfèvre, le ciseleur, redressent les objets bosselés; on dit aussi *ressing*.

RÉSISTANCE. *T. de mécan.* Le mot *résistance* s'emploie, en mécanique, dans deux acceptions différentes. Il désigne : 1° toute force qui a pour effet de retarder ou d'empêcher le mouvement d'une machine; 2° la propriété qu'ont les corps solides de supporter l'action de forces plus ou moins considérables sans en éprouver d'autre effet qu'une déformation accidentelle qui disparaît avec les forces qui lui ont donné naissance. Cette propriété n'est autre chose, au fond, que l'*élasticité* des corps solides; mais les corps de la nature ne sont pas indéfiniment élastiques. Si les forces qui leur sont appliquées deviennent trop considérables, elles produiront, soit des déformations *permanentes*, soit même des *ruptures*. Le mot *élasticité* désigne la propriété qu'a le corps solide de revenir à sa forme et à son volume primitifs après la suppression des forces qui agissent sur lui, tandis que le mot *résistance* implique l'idée d'une faculté plus ou moins grande d'après laquelle le corps peut supporter, sans en subir d'effets destructifs, des efforts plus ou moins considérables. Dans le projet d'établissement d'une machine, il importe évidemment d'étudier avec soin les forces résistantes que le mouvement des pièces devra surmonter; nous allons développer sous le titre *forces résistantes*, les considérations générales qui doivent former la base de cette étude dans chaque cas particulier.

La condition primordiale que doit remplir toute construction, de quelque nature qu'elle soit, c'est la *solidité*. Il est indispensable que l'ingénieur puisse établir les différentes pièces de la construction dans des conditions de sécurité absolue et à l'abri de toute chance de rupture, quels que soient les efforts normaux ou accidentels auxquels elles pourront se trouver soumises. Il importe donc qu'on puisse calculer à l'avance les efforts que pourra supporter sans danger une pièce de formes et de dimensions données. Les principes à l'aide desquels on peut établir de pareils calculs constituent un chapitre important de la mécanique appliquée, qui a reçu le nom de *résistance des matériaux*. Ce sera l'objet de la deuxième partie de cet article.

DES FORCES RÉSISTANTES.

Une machine qui fonctionne dans de bonnes conditions d'économie et de régularité constitue un système matériel animé d'un *mouvement périodique*: les vitesses des différents points du système ne sont pas constantes, mais les variations de ces vitesses se reproduisent identiquement dans le même ordre pendant des intervalles de temps égaux dont la durée s'appelle la *période du mouvement*. Il en résulte qu'aux époques correspondantes de toutes les périodes, les vitesses de tous les points et, par suite, la force vive totale de la machine se retrouve la même. D'après le théorème des forces vives, la somme des travaux de toutes les forces qui agissent sur la machine pendant une période est nulle. Certains de ces travaux sont donc positifs, les autres négatifs. Les forces dont le travail est positif sont les *forces motrices* : ce sont elles qui ont tiré la machine du repos et ont déterminé son mouvement à l'époque de la mise en marche. Celles dont le travail est négatif sont les *résistances* : ce sont elles qui feront rentrer le système dans le repos, lorsqu'à l'époque de l'arrêt, on supprimera l'action des forces motrices. Ces résistances se classent en deux catégories bien distinctes; les unes sont inhérentes au genre de service que doit rendre la machine, ce sont les forces que celle-ci a précisément pour objet de vaincre : ce sera, par exemple, le poids de l'eau qu'on veut élever, la cohésion d'une matière qu'on veut broyer ou couper, etc. Le travail négatif de ces résistances mesure pour ainsi dire le service que la machine a rendu, et constitue le véritable *travail utile* effectué. Les autres résistances, au contraire, tiennent aux circonstances physiques qui accompagnent le fonctionnement des organes. Leur travail est absolument perdu; il n'a d'autre effet que d'obliger à augmenter, sans aucune compensation économique, la grandeur du travail positif ou moteur. Ce sont de véritables *résistances nuisibles*, et c'est sous ce nom qu'on les désigne effectivement; on dit aussi *résistances passives*. Sauf de rares circonstances, la force motrice, ou plutôt le travail moteur, est toujours dispendieux. Il importe donc de diminuer le plus possible les résistances nuisibles, même au prix d'une installation plus coûteuse. Il y a cependant des cas où la force motrice est fournie en abondance par la nature, sous forme de chute d'eau, par exemple; la considération des résistances nuisibles est alors secondaire, on peut la sacrifier à l'économie des frais de premier établissement; mais ce sont des circonstances exceptionnelles, et même il peut arriver, dans ce cas, que l'importance de l'usine allant en augmentant, on finisse par avoir besoin d'utiliser tout le travail moteur dont on peut disposer; on se trouvera ainsi amené à modifier l'installation primitive pour l'établir sur des bases plus rationnelles. Quoiqu'il en soit, l'ingénieur doit déterminer, dans tout projet de machine, la grandeur des résistances nuisibles et la quantité de travail qu'elles absorberont. Ce calcul se fait d'après les principes de la mécanique rationnelle, mais les données numériques sur lesquelles il repose ne peuvent être fournies que par l'expérience. Aussi, chaque espèce de résistance passive doit-elle être étudiée par des procédés spéciaux, afin de fournir à l'industrie mécanique les données qui lui sont indispensables. Cette étude a été faite avec beaucoup de soin par plusieurs savants du siècle dernier et de l'époque actuelle. Nous allons résumer les résultats auxquels ils sont parvenus.

Les résistances passives que l'on rencontre dans la pratique peuvent se classer en quatre groupes principaux : 1° le *frottement* ; 2° la *résistance au roulement* appelée quelquefois improprement *frottement de roulement* ; 3° la *raideur des cordes* ; 4° la *résistance de l'air* ; 5° dans l'application de la mécanique à la navigation fluviale et maritime, il faut ajouter la résistance qu'oppose le liquide au mouvement du bateau ; il est vrai que cette résistance n'est pas, à proprement parler, une résistance passive ; c'est, au contraire, la résistance principale que doit vaincre la force motrice du propulseur. Seulement, comme pour un même tonnage et une même vitesse, elle dépend essentiellement de la forme de la carène, on conçoit qu'elle exige une étude spéciale afin qu'on puisse déterminer les formes qu'il convient d'adopter pour la réduire au minimum. Des considérations analogues sont applicables à la résistance au roulement lorsque celle-ci constitue une partie plus ou moins importante de la résistance principale, comme c'est le cas dans le tirage des voitures ou la traction des trains de chemins de fer ; 6° enfin, les *chocs* qui peuvent se produire entre certaines pièces d'une machine sont encore une cause importante de perte de force vive et, par conséquent, de travail ; ils se comportent, à cet égard, comme une véritable résistance nuisible. On doit, par conséquent, les éviter le plus possible ; mais il y a des cas où il est impossible de les supprimer tout à fait. Certains organes de machines, les cames par exemple, ne fonctionnent que par chocs. Nous avons donc six espèces de résistances passives à examiner :

1° *Frottement*. L'étude du frottement a fait l'objet d'un article spécial, nous n'avons rien à y ajouter ici. — V. FROTTEMENT.

2° *Résistance au roulement*. Cette question sera étudiée en détail au mot ROULEMENT.

3° *Raideur des cordes*. Si flexible qu'on suppose une corde ou une courroie, on conçoit cependant qu'on ne puisse en changer la forme sans une certaine dépense de travail ; les molécules opposent une certaine résistance à toute action qui tend à modifier leurs positions relatives. Tel est le phénomène connu sous le nom de *raideur des cordes*. Il résulte de là que lorsqu'une corde enroulée sur une poulie est sollicitée d'un côté par une force P, elle ne peut se mettre en mouvement qu'autant que la force motrice P dépasse d'une certaine quantité la résistance Q appliquée de l'autre côté. En supposant le mouvement uniforme, la tension sur le brin qui est *en avant* du mouvement est toujours plus grande que la tension sur l'autre brin, et la différence est due à la raideur de la corde. On peut encore se rendre compte de cette circonstance, en remarquant que le brin de la corde qui s'enroule sur la poulie ne vient pas s'appliquer exactement sur la gorge de celle-ci au point où la corde cesse d'être rectiligne ; il en résulte que le bras de levier de la tension Q dépasse le rayon de la poulie d'une petite longueur ε, tandis que celui de la tension P est juste égal au rayon r. Il faut donc, pour l'équilibre, que P soit plus grand que Q et qu'on ait :

$$\frac{P}{Q} = \frac{r + \varepsilon}{r}$$

ou

$$P = Q\left(1 + \frac{\varepsilon}{r}\right)$$

Coulomb a entrepris, autrefois, une série d'expériences pour l'étude de cette question. Le principe de sa méthode consistait à suspendre un rouleau sur deux cordes enroulées tendues par des poids égaux. La raideur des cordes suffisait à soutenir le rouleau dont on déterminait la descente à l'aide d'un poids additionnel agissant sur ce rouleau par l'intermédiaire d'une corde très fine enroulée en sens inverse des premières. L'expérience consistait à déterminer le poids additionnel minimum capable de produire le mouvement. Le travail de ce poids additionnel ajouté à celui du poids du rouleau représentait alors le travail absorbé par la raideur des cordes ; on pouvait en conclure la valeur de cette résistance. Coulomb a trouvé que l'excès P—Q est de la forme :

$$P - Q = \frac{A + BQ}{2r}$$

A et B étant deux coefficients variant avec la corde en expérience. La résistance due à la raideur augmente ainsi avec la charge et est en raison inverse du diamètre de la poulie. Le coefficient A s'appelle quelquefois la *raideur naturelle*, et le coefficient B la *raideur proportionnelle*. On conclut de la formule précédente que :

$$\varepsilon = \frac{A + BQ}{2Q}.$$

Dans les calculs relatifs aux poulies, on tiendra compte de la raideur des cordes, soit en introduisant une force résistante égale à P-Q et appliquée à la circonférence de la poulie, soit en remplaçant le bras de levier de la force Q par $r + \varepsilon$ au lieu de r.

Quant aux coefficients A et B, ils se trouvent déterminés par les expériences mêmes de Cou-

Coefficients A et B de la raideur des cordes.

Cordes blanches			Cordes goudronnées		
Diamètres	Raideur naturelle A	Raideur proportionnelle B	Diamètres	Raideur naturelle A	Raideur proportionnelle B
0m,0089	0.0106038	0.002678	0m,0105	0.021201	0.002512992
0.0110	0.0225207	0.003267	0.0129	0.011143	0.003769488
0.0127	0.0388476	0.004356	0.0149	0.067314	0.005025984
0.0141	0.0595845	0.005445	0.0167	0.097712	0.006282480
0.0155	0.0847314	0.006534	0.0183	0.138339	0.007538976
0.0168	0.1142883	0.007623	0.0198	0.183193	0.008795472
0.0179	0.1482552	0.008712	0.0211	0.234276	0.010051968
0.0190	0.1866321	0.009801	0.0224	0.291586	0.011308464
0.0200	0.2294190	0.010890	0.0236	0.355125	0.012564963
0.0210	0.2766159	0.011979	0.0247	0.424891	0.013821456
0.0220	0.3282228	0.015068	0.0258	0.500886	0.015077952
0.0228	0.4842397	0.014157	0.0268	0.584108	0.016334448
0.0237	0.5446666	0.015216	0.0279	0.675559	0.017590944
0.0246	0.5095035	0.016335	0.0289	0.766237	0.018847440
0.0254	0.5787504	0.017424	0.0298	0.867144	0.020103936
0.0261	0.6524075	0.018513	0.0308	0.974278	0.021360432
0.0268	0.7304742	0.019602	0.0316	1.078641	0.022616928
0.0276	0.8129511	0.020691	0.0326	1.207231	0.023873424
0.0283	0.8998380	0.021780	0.0334	1.333050	0.025129920

lomb pour diverses espèces de cordes; mais il importe de les obtenir pour des cordes quelconques. Navier a indiqué une formule qui les donne en fonction du diamètre et du nombre des fils de caret; le général Morin a repris complètement la discussion des expériences de Coulomb et a construit une table qui donne des résultats préférables à ceux de la formule de Navier. Nous donnons à la page précédente un extrait de cette table.

4° *Résistance de l'air.* Les pièces des machines sont généralement animées de vitesses assez faibles et, de plus, la surface qu'elles opposent à la résistance de l'air est peu étendue. Aussi, cette cause de résistance est le plus souvent négligée. Cependant, la résistance de l'air peut acquérir une certaine importance quand elle s'exerce sur les bras d'un volant animé d'une grande vitesse, ou sur les raies des roues des véhicules de chemins de fer. C'est en partie pour ce motif qu'on remplit quelquefois les intervalles des rais ou qu'on en ferme les ouvertures par un disque de tôle.

Newton a donné, le premier, une expression de la résistance d'un milieu. Admettons que le fluide déplacé par le mobile est animé de la vitesse même de celui-ci, et considérons un cylindre de section s se mouvant dans le sens des génératrices avec une vitesse v; le volume du fluide déplacé pendant le temps dt est $svdt$. La quantité de mouvement sera donc $s\rho v^2 dt$, ρ étant la densité du fluide; elle doit être égale à l'impulsion élémentaire de la pression du mobile sur le fluide, et cette pression est évidemment égale et opposée à la résistance du fluide.

On a donc:

$$R\,dt = s\rho v^2\,dt$$

d'où:

$$R = s\rho v^2.$$

C'est en partant de ce raisonnement qu'on a été conduit à supposer que la résistance d'un fluide sur un élément de surface est proportionnelle au carré de la composante normale de la vitesse, et que, par suite, la résistance totale est aussi proportionnelle au carré de la vitesse. D'après ces considérations, la résistance sur un solide de révolution se mouvant parallèlement à l'axe, sera de la forme

$$R = kAv^2,$$

A étant la surface de l'équateur et k un coefficient qui dépend du milieu et de la forme de la surface.

L'expérience a montré que, pour de très grandes vitesses, la résistance croît plus vite que ne l'indique la formule précédente. Poncelet a pensé que cet effet tenait à la compression du milieu en avant du mobile; en supposant cette compression proportionnelle à la vitesse, il a été conduit à représenter la résistance par une expression de la forme

$$R = kv^2 + k'v^3.$$

Nous donnons ci-dessous un certain nombre de formules empiriques représentant les résultats des expériences. — V. BALISTIQUE.

Résultats de l'expérience sur la résistance de l'air :

a) *Roues à ailettes :*

$$R = A(0,0434 + 0,1002v^2) \text{ (Didion)}$$

A étant la surface des ailettes, v la vitesse de leur centre de gravité.

b) *Plan se mouvant normalement à la direction de la vitesse :*

$$R = A(0,036 + 0,084v^2) \text{ (Didion)}$$

A étant la surface du plan et v sa vitesse; quand le mouvement est varié, il faut ajouter à cette expression le terme $0,164\varphi$, dans lequel φ désigne l'accélération.

c) *Plan incliné sur la direction du mouvement :*

$$R = A\frac{a}{90°}(0,036 + 0,084v^2)$$

A étant la surface du plan incliné à $a°$ sur la direction de la vitesse v dans les limites $a = 90°$, $a = 65°$.

d) *Résistance de l'air sur un train de chemin de fer :*

$$R = A \times 0,0927v^2 \text{ (Harding)}$$

A étant la section maximum du train.

e) *Projectiles sphériques :*

$$R = 0,027\,\pi r^2 v^2 (1 + 0,0023v)$$

entre les limites 300 mètres et 650 mètres de la vitesse v, r étant le rayon du projectile.

A cette formule on peut, dans les mêmes limites, substituer la suivante :

$$R = 0,00014\,\pi r^2 v^3$$

f) *Projectiles oblongs se mouvant parallèlement à leur axe :*

$$R = 0,044\,\pi r^2 v^2 \text{ (Mayewski)}$$

$$\text{entre } v = 360^m \text{ et } v = 510^m$$

$$R = 0,012\,\pi r^2 v^2 \left[1 + \left(\frac{v}{488}\right)^2\right] \text{ (Mayewski)}$$

$$\text{pour } v < 360^m$$

5° *Résistance de l'eau.* Les considérations théoriques que nous venons de développer à propos de la résistance de l'air s'appliquent à la résistance d'un fluide quelconque; mais les bateaux ne sont jamais animés de vitesses considérables. Aussi, on admet généralement que la résistance de l'eau, pour des bateaux de même type, est proportionnelle au carré de la vitesse et à la surface du maître couple. — V. CONSTRUCTION NAVALE.

6° *Des chocs.* Un article spécial a été consacré au mot CHOC. Nous avons développé les principes de la théorie des percussions, et nous avons montré comment on pouvait calculer un maximum du travail absorbé par le choc dans chaque cas particulier. Il est pourtant une considération sur laquelle il nous faut revenir; c'est que, dans cette évaluation de travail perdu, il importe de tenir compte du frottement des pièces qui prennent part au choc sur leurs appuis pendant la durée du choc. Dans l'exemple que nous avons traité et qui comprend, comme cas particulier, le choc d'une came contre un marteau, nous avons supposé, pour simplifier, que les deux pièces étaient mobiles chacune autour d'un axe fixe réduit à une ligne droite. Dans cette hypothèse, il n'y aurait évidemment pas lieu d'introduire le frottement sur les appuis ; mais, dans la réalité, les pièces tournantes des machines sont munies de tourillons qui reposent dans des coussinets. Lorsqu'un choc se produit, les réactions développées pendant le choc au point de contact des deux corps se transmettent au coussinet par l'intermédiaire du corps solide. On peut donc dire qu'il se produit un deuxième choc du tourillon contre son coussinet. Il se développe alors au point de contact de ces deux pièces une deuxième réaction dont le moment serait nul si l'on négligeait les dimensions du tourillon ; mais, en réalité, cette deuxième réaction se décompose en deux autres, l'une normale N' dont le moment est nul, l'autre tangentielle et égale à $N'f'$, si f' est le coefficient de frottement. Le moment de l'impulsion de cette

force est égal au produit de $\int N'f' \, dt$ par le

rayon r du tourillon ; c'est ce moment qu'il faut faire intervenir dans les calculs. La question, quoique plus compliquée, ne présente pas plus de difficultés. Si N désigne la réaction normale au point de contact des deux corps choqués et f leur coefficient de frottement, la réaction totale est $N\sqrt{1+f^2}$. De même, la réaction totale du coussinet contre le tourillon est $N'\sqrt{1+f'^2}$.

Les variations des quantités de mouvements de la pièce tournante se réduisent évidemment à un couple ; il faut donc que les impulsions des deux réactions totales

$$\int N\sqrt{1+f^2} \, dt \text{ et } \int N'\sqrt{1+f'^2} \, dt$$

soient égales. On a donc :

$$\int N' \, dt = \frac{\sqrt{1+f^2}}{\sqrt{1+f'^2}} \int N \, dt$$

et pour le moment de l'impulsion de la réaction tangentielle,

$$rf' \int N' \, dt = \frac{rf'\sqrt{1+f^2}}{\sqrt{1+f'^2}} \int N \, dt$$

Il suffit alors d'ajouter ce terme avec son signe à l'équation des moments de quantité de mouvement relative au premier corps. Pour le second corps, on introduira un terme analogue. Dans le cas de pièces assujetties à se mouvoir en ligne droite, des pilons par exemple, on tiendra compte d'une manière semblable du frottement contre les guides pendant le choc.

RÉSISTANCE DES MATÉRIAUX.

Dans l'antiquité et au moyen âge on ne paraît pas s'être préoccupé des conditions de résistance des constructions qu'on élevait. On en assurait la solidité en donnant aux différentes parties de l'édifice, murs, colonnes, voûtes, etc., des dimensions de beaucoup supérieures à celles qui eussent été suffisantes. De semblables procédés entraînaient nécessairement une prodigalité de matériaux et de main-d'œuvre qui augmentait considérable-

ment le prix de revient des ouvrages, ainsi que la durée de leur exécution ; mais alors les grands édifices étaient élevés la plupart du temps sous l'empire d'idées religieuses ou politiques d'après lesquelles on cherchait à leur assurer une durée pour ainsi dire illimitée. Cette habitude de faire grandiose se conservait jusque dans les ouvrages de travaux publics, et de fait on admire encore aujourd'hui les restes de constructions romaines de toutes sortes qui ont bravé pendant des siècles l'action destructive du temps. Du reste, le bas prix de la main-d'œuvre confiée à des esclaves ou à des prisonniers de guerre rendait la considération d'économie moins importante, en même temps que la très longue durée d'exécution des ouvrages en répartissant le prix sur plusieurs générations. Aujourd'hui, les conditions de la vie sociale sont entièrement modifiées, et continuent à se modifier tous les jours. On ne cherche plus à assurer une aussi longue durée aux édifices ; le développement incessant du commerce et de l'industrie nécessite l'exécution d'un nombre toujours croissant d'ouvrages de travaux publics. Une impérieuse nécessité oblige à les établir le plus économiquement possible, afin qu'on en puisse construire le plus possible, pour donner satisfaction à de légitimes besoins. Les progrès de l'industrie en même temps qu'ils multiplient le nombre des machines, développent parmi les producteurs de tous les pays une concurrence de plus en plus active qui les oblige à réduire leurs frais de fabrication au strict nécessaire. Aussi, toute dépense inutile de matériaux ou de main-d'œuvre doit être sévèrement proscrite. Dans des conditions économiques aussi rigoureuses, il est un problème général qui s'impose pour tous les genres de constructions : qu'il s'agisse d'un édifice, d'une route, d'un pont, d'une machine, ou d'une simple chaîne de treuil, il est indispensable que la construction soit établie de manière à supporter, sans aucun danger d'accidents, tous les efforts qui pourront lui être appliqués, et cela *avec le moins de matière possible*. Tel est le problème général de la résistance des matériaux. Il peut arriver, dans certains cas exceptionnels, que la solution conduise à des dispositions compliquées et qu'on ait avantage à augmenter la masse des matériaux pour économiser la main-d'œuvre ; mais ce sont là des considérations étrangères au sujet qui doit nous occuper.

La partie de la mécanique appliquée qu'on désigne sous le nom de *résistance des matériaux* constitue ainsi une branche de la science dont la connaissance est indispensable à tout ingénieur, de quelque nature que soient ses travaux ordinaires. Le problème général à résoudre se divise naturellement en trois autres. Il faut : 1° déterminer les efforts nécessaires pour produire dans une pièce de forme, de dimensions et de matière données, soit une rupture, soit une déformation inadmissible, et rechercher comment varient ces efforts avec la forme et les dimensions de la pièce ; 2° calculer les efforts qui s'exerceront sur les diverses pièces de la construction supposée établie ; 3° enfin calculer les dimensions minimum à donner aux pièces pour que les efforts capables de les déformer d'une manière inadmissible soient supérieurs à ceux qu'elles auront réellement à subir. Le deuxième problème n'est au fond qu'une question de statique ou de dynamique suivant que les efforts émanent de corps en repos ou en mouvement ; le troisième n'est plus qu'une affaire de calcul quand on suppose les deux premiers résolus. C'est donc le premier dont l'étude constitue à proprement parler la théorie de la résistance des matériaux.

Si l'on connaissait exactement la constitution des corps solides et les lois qui président aux actions moléculaires, on pourrait sans doute établir cette théorie sur des bases scientifiques certaines, et ramener les différentes questions qu'elle comporte à de simples problèmes d'analyse mathématique, par l'application pure et simple des principes de la mécanique. Il s'en faut de beaucoup que la physique moléculaire soit suffisamment avancée pour fournir les bases d'une pareille étude. Sans doute la théorie mathématique de l'élasticité, commencée par Navier, a déjà fait de grands progrès, et les résultats qu'on a obtenus pourraient être introduits avec utilité dans l'étude de la résistance des matériaux ; mais la théorie de l'élasticité conduit le plus souvent à des intégrations compliquées et à des difficultés analytiques inextricables. Avant les travaux de Navier on était arrivé à se rendre compte des phénomènes qui se présentent dans la déformation des corps solides, à l'aide d'hypothèses qui paraissaient suffisamment plausibles à priori. Ces hypothèses seraient manifestement insuffisantes si l'on voulait entreprendre une étude approfondie et très précise du sujet, et il faudrait les remplacer par celles qui servent de base à la théorie de l'élasticité et qui elles-mêmes ne sont pas sans doute l'expression rigoureuse de la réalité. Mais dans l'art de la construction les anciennes hypothèses sont parfaitement suffisantes ; elles ont été conservées parce qu'elles permettent de résoudre un grand nombre de questions qui seraient inabordables dans la théorie plus exacte de l'élasticité, et fournissent ainsi des solutions approchées qui rendent les plus grands services à l'industrie. Il faut remarquer, en effet, que les calculs de la résistance des matériaux ne sauraient prétendre à une exactitude absolue. On ne peut, en aucun cas, déterminer exactement les charges que l'ouvrage aura à supporter ; quelles que soient les hypothèses sur lesquelles on veuille établir la théorie, les matériaux qu'on emploiera dans la pratique ne rempliront jamais exactement les conditions admises. Il faut toujours prévoir des défauts d'homogénéité ou même des solutions de continuité dans la matière, veines, soufflures, etc. Les expériences qui ont servi à établir les coefficients de résistance ont été faites sur des échantillons qui ne sont pas absolument conformes à ceux qu'on emploie. Enfin, il faut prévoir que l'ouvrage pourra subir accidentellement des chocs ou des efforts bien supérieurs aux charges normales. L'installation même de l'ouvrage, sa mise en place, équivaut la plupart du temps à un choc ou à une série de chocs qui développent des réactions supérieures aux efforts prévus. Pour toutes ces raisons, on ne peut assurer la sécurité de la construction qu'en forçant les dimensions des différentes pièces dans des proportions qu'aucun calcul ne saurait donner, et qui ne sont indiquées que par des conventions et des usages arbitraires. On conçoit que, dans ces conditions, toute recherche de précision exagérée serait absolument illusoire. Il ne faudrait pas conclure, avec quelques esprits sceptiques, que la théorie de la résistance des matériaux est elle-même une science illusoire. Malgré l'imperfection des hypothèses sur lesquelles elle repose, cette théorie a rendu, et rend tous les jours d'immenses services. Elle seule permet d'établir à bon marché des constructions légères et solides, et si elle laisse place à l'arbitraire et aux tâtonnements, elle fournit du moins des limites entre lesquelles il convient de restreindre les hésitations et les expériences. Souvent elle permet certaines hardiesses de construction qu'on n'oserait pas se permettre si elle n'en prouvait la parfaite sécurité.

Quoi qu'il en soit, la théorie de la résistance des matériaux est une science mixte, analytique en ce sens qu'elle comporte le développement logique des hypothèses plus ou moins plausibles qui lui servent de base, et expérimentale en ce sens qu'elle fait continuellement appel aux résultats de l'expérience, soit pour la justification des hypothèses admises, soit pour la détermination des coefficients qui doivent entrer dans les formules numériques.

Limite d'élasticité. Lorsqu'un corps solide est soumis à l'action de certaines forces, les molécules sont dérangées de leur position d'équilibre, et si les forces ne dépassent pas certaines limites qui dépendent de la nature du corps, il s'établit un nouvel état d'équilibre entre ces forces extérieures et les actions moléculaires intérieures. Quand on supprime l'action des forces extérieures, les molécules reviennent à leurs positions initiales à la suite d'une série de vibrations : cette propriété qu'ont les corps solides de reprendre exactement leur forme initiale constitue *l'élasticité.* Or l'élasticité n'est pas indéfinie ; elle ne subsiste, en général, que pour de très petits déplacements des molécules ; si les forces sont assez considérables pour en produire de plus grands, le corps solide ne reprendra plus exactement sa forme initiale après la cessation de l'action des forces ; il conservera une *déformation permanente* qui subsistera comme un témoin des efforts qu'il aura subis. On dit alors que les forces dépassent la *limite d'élasticité.* Dans ces conditions, tant que l'action des forces se continue, la déformation va constamment en augmentant ; car tout se passe pendant la seconde moitié du temps, par exemple, comme si le corps préalablement déformé subissait une seconde fois des efforts capables de le déformer de nouveau. L'équilibre entre les forces extérieures et les réactions moléculaires est devenu impossible. Aussi si l'action des forces était indéfiniment prolongée, la déformation augmenterait sans cesse, et la rupture finirait par se produire. On voit ainsi qu'une pièce peut être soumise indéfiniment sans danger, à des charges inférieures à la limite d'élasticité, tandis qu'il faut au contraire éviter de lui faire subir des efforts supérieurs à cette limite.

Les efforts que subit un corps solide peuvent tendre à l'allonger, à le comprimer, à le tordre ou à le fléchir. Nous allons étudier ces quatre sortes de déformation.

De l'extension. Considérons un prisme solide, et supposons le décomposé en files de molécules parallèles aux arêtes que nous nommerons des *fibres*. On admet que la réaction élastique de deux molécules écartées l'une de l'autre par une force extérieure est proportionnelle à l'accroissement de leur distance. Dès lors, si l désigne la longueur d'un prisme, Δl l'allongement de ce prisme quand il est tendu par une charge Q dans le sens de ses génératrices, et Ω la section droite, on reconnaît que l'excès de l'écartement moléculaire est proportionnel à $\dfrac{\Delta l}{l}$, puisque le nombre des molécules de chaque fibre est proportionnel à l, et que l'excès total de leurs écartements est Δl. De plus, le nombre des fibres est proportionnel à Ω. La réaction élastique qui fait équilibre à Q est donc proportionnelle à $\dfrac{\Omega \Delta l}{l}$, et l'on a :

$$(1) \qquad \frac{Q}{\Omega} = E \frac{\Delta l}{l}$$

L'expérience est suffisamment d'accord avec cette formule.

Le quotient $\dfrac{Q}{\Omega}$ s'appelle la *charge par unité de surface*, nous le désignerons par R; $\dfrac{\Delta l}{l}$ est l'*allongement proportionnel*; E est un coefficient qui dépend de la substance du prisme et qu'on nomme le *coefficient* ou *module d'élasticité*; il représente une force qui, appliquée à l'unité de surface doublerait la longueur de la tige si l'élasticité subsistait jusque-là. On appelle *résistance vive d'élasticité* la quantité de travail nécessaire pour amener la tige au degré d'extension qui correspond à la limite d'élasticité, et *résistance vive de rupture*, la quantité de travail nécessaire pour la briser. Aucune formule ne permet de calculer la résistance vive de rupture; au contraire, la résistance vive d'élasticité se calcule facilement. Remarquons d'abord que si l'on applique brusquement la charge Q à l'extrémité de la tige, il se produira un allongement plus grand que celui qu'indique la formule (1), car cette formule représente un état d'équilibre qui est évidemment dépassé en vertu de l'inertie : une fois l'allongement normal obtenu, il faut que la tige s'allonge encore pour détruire la vitesse acquise de la charge. L'état d'équilibre ne s'établit ensuite qu'après une série d'oscillations. Tel est le phénomène de la *mise en charge*. On démontre que l'allongement maximum ainsi obtenu, est le *double* de l'allongement normal. Par suite, la tension devient, pendant la mise en charge, *double* de Q. Si l'on ne veut pas que la limite d'élasticité soit dépas-

sée, il faudra donc que la charge Q soit inférieure à la *moitié* de la charge qui correspond à cette limite. Si la charge Q devait se placer à l'extrémité de la tige avec une certaine vitesse, la tension de la tige deviendrait encore plus considérable parce qu'elle devrait détruire la force vive de Q. Aussi convient-il de déterminer la section de manière que la tension par unité de surface R, ne soit que les 2/5 ou le 1/3 de la charge limite R_1 qui correspond à l'unité de surface. Cette charge Γ qu'on ne doit pas dépasser en pratique, on la nomme la *charge de sécurité*. On doit toujours avoir $R < \Gamma$.

On voit ainsi que pour calculer la résistance vive d'élasticité, il faut supposer qu'on applique à l'extrémité de la tige une force $R\Omega$, croissant progressivement depuis o jusqu'à la limite qui est $R_1 \Omega$; de manière qu'il y ait toujours équilibre entre cette force et la réaction élastique. Le travail est alors, en négligeant la masse de la tige :

$$T = \int_o^{R_1} R \Omega \, d(\Delta l),$$

ou en tenant compte de la formule (1)

$$T = \frac{\Omega l}{E} \int_o^{R_1} R \, dR = R^2_1 \frac{\Omega l}{2E} .$$

Si la tige doit être soumise à des actions dynamiques, il faudra pour que la limite d'élasticité ne soit pas atteinte, que la résistance vive d'élasticité soit toujours supérieure à la demi-force vive des corps en action, augmentée du travail des forces extérieures pendant l'allongement correspondant à la limite d'élasticité.

Le coefficient E, et la charge limite R_1 ne peuvent être obtenus qu'à la suite d'expériences. Le tableau I de la page 813, contient ces quantités pour un petit nombre de substances, ainsi que les valeurs de Γ qu'on admet généralement dans la pratique. On y a ajouté les charges de rupture, et certains éléments qui sont liés à E et R_1 par les formules indiquées ci-dessus, comme l'allongement à la limite d'élasticité, et la force vive d'élasticité. Ce tableau est emprunté au *Cours de mécanique* de Tresca; il a été dressé d'après les expériences faites au Conservatoire des arts et métiers. Les unités adoptées sont le mètre carré et le kilogramme.

L'expérience montre que la charge limite R_1 d'une tige de fer par unité de surface augmente quand le diamètre de la tige diminue. Cet effet tient sans doute à ce que les parties superficielles sont mieux corroyées, ce qui améliore la qualité du métal.

On trouvera à l'article Bourges, quelques renseignements sur les conditions de résistance des barres d'acier employées à la fabrication des canons.

Nous n'avons pas fait figurer les cordes et les câbles dans le tableau I, des tableaux analogues ayant été donnés au mot Câble.

Si l'on n'a pas d'efforts dynamiques à craindre, on calculera la section d'une tige, connaissant la charge Q qu'elle aura à supporter, au moyen du simple quotient :

$$\Omega = \frac{Q}{\Gamma}$$

et l'on dit qu'on fait *travailler* la tige à la charge par unité de surface.

Si l'on considère une tige verticale très longue, il devient nécessaire de tenir compte de son poids, car les parties supérieures supportent une tension plus grande que les parties inférieures. On peut facilement déterminer par le calcul la forme qu'il convient de donner à la tige pour que toutes les sections horizontales supportent la même charge par unité de surface. Une tige qui remplit cette condition s'appelle un *solide d'égale résistance*. On trouve que le profil longitudinal d'un solide d'égale résistance est une courbe logarithmique dont l'équation est de la forme

$$y = k \log \cdot \frac{x}{x_0},$$

et qui diffère assez peu d'une ligne droite. Dans les tiges de sonde, on se conforme à peu près aux indications de la théorie en construisant la tige de plusieurs tronçons cylindriques vissés les uns à la suite des autres, et dont les diamètres vont en diminuant de haut en bas suivant une loi facile à déterminer. La construction des câbles d'extraction des mines se rattache aussi à la même théorie. — V. Extraction.

Compression. L'hypothèse des fibres longitudinales qui a servi de base à l'étude de l'extension conduit à des conclusions analogues pour la compression. L'état d'équilibre sans charge se présente alors comme un état limite entre celui de l'équilibre de la pièce étirée et de la pièce comprimée, et les deux phénomènes ne diffèrent que par le signe des déplacements. La même formule doit donc leur être applicable, et si l'on désigne par Δl la diminution de la longueur, on aura, en conservant du reste les mêmes notations :

$$\Delta l = \frac{lQ}{E\Omega}$$

Le coefficient d'élasticité E devrait être le même que dans le cas de l'extension. L'expérience justifie cette formule d'une manière suffisante; mais, contrairement à la théorie approchée que nous venons d'indiquer, le coefficient E présente souvent des valeurs assez notablement différentes dans les deux cas pour qu'il ne soit pas permis de les confondre. Ce fait tient à ce qu'en réalité, les deux phénomènes ne sont pas aussi analogues qu'on l'a supposé. L'extension s'accompagne toujours d'une diminution de section, tandis que dans la compression, il y a tendance à l'augmentation de la section. On conçoit alors que les actions moléculaires ne se comportent pas de la même manière dans les deux cas. Du reste, les expériences sont beaucoup plus difficiles à établir sur la compression que sur l'extension. Il faudrait, en effet, pour mesurer exactement le raccourcissement de la pièce, que celle-ci fût d'une assez grande longueur; or, dès que la longueur dépasse la plus petite dimension transversale il y a flexion, ce qui rend l'expérience impossible. Quoiqu'il en soit, d'assez nombreuses expériences ont été instituées parmi lesquelles nous citerons celles de M. Hodgkinson sur la fonte, le fer et le bois. L'auteur opérait sur des barres de 3 mètres de longueur et de 6cq,45 de section. Il parvenait à maintenir la flexion entre certaines limites en assujettissant les barres entre de solides gaines de fer. D'autres fois, il opérait sur des solides de 0m,03 à 0m,05 seulement de hauteur afin de déterminer le coefficient de rupture par écrasement. Il résulte de ces expériences, comme on le verra par le tableau II comparé au tableau I, que le coefficient d'élasticité est à peu près le même que pour l'extension, au moins en ce qui concerne le fer et la fonte; la différence est cependant sensible. Mais, tandis que la fonte résiste moins que le fer à l'extension, elle peut supporter à la compression, au contraire, des pressions plus fortes avant

Tableau I. — *Coefficients relatifs à l'extension.*

Eléments à considérer	Fer	Fonte	Acier	Cuivre	Chêne	Sapin
Coefficient d'élasticité E.	20.10^9	10.10^9	20.10^9	10.10^9	$1,2.10^9$	$1,5.10^9$
Charge limite d'élasticité R_1.	12.10^6	8.10^6	30.10^6	20.10^6	2.10^6	2.10^6
Allongement correspondant $\frac{\Delta l}{l}$	$0,0006$	$0,0008$	$0,0015$	$0,002$	$0,00167$	$0,00133$
Charge pratique Γ.	6.10^6	$2,5.10^6$	15.10^6	4.10^6	$0,7.10^6$	$0,8.10^6$
Allongement correspondant.	$0,0003$	$0,00025$	$0,00075$	$0,0004$	$0,00058$	$0,00053$
Charge de rupture.	40.10^6	12.10^6	70.10^6	»	8.10^6	7.10^6
Résistance vive d'élasticité	36.10^{10}	32.10^{10}	225.10^{10}	200.10^{10}	$16,7.10^{10}$	$13,3.10^{10}$

Tableau II. — *Coefficients relatifs à la compression.*

	Fer	Fonte	Chêne	Sapin
Coefficient d'élasticité E.	16.10^9	8.10^9		
Limite d'élasticité. .	18.10^6	23.10^6		
Charge pratique. . .	6.10^6	10.10^6	$0,4.10^6$	$0,4.10^6$
Charge de rupture. .	25.10^6	75.10^6	$4,5.10^6$	$4,5.10^6$

d'atteindre sa limite d'élasticité. Cela ne veut pas

dire qu'elle soit plus avantageuse que le fer dans les pièces qui travaillent par compression, parce qu'elle se déforme plus que le fer sous une même charge. Or, ce qu'on doit rechercher surtout dans les machines, c'est que les pièces ne subissent pas de déformations appréciables. Il convient donc de préférer le fer à la fonte toutes les fois que les considérations d'économie ne s'y opposent pas.

La résistance des maçonneries a été étudiée par de nombreux expérimentateurs parmi lesquels nous citerons M. Michelot, ingénieur des ponts et chaussées, qui a effectué des déterminations sur des cubes de $0^m,05$ de côté, maintenus entre deux plaques. Le tableau III contient quelques-uns des

TABLEAU III. — *Résistance à l'écrasement.*

Matériaux	π = Poids spécifique		Matériaux	R = Résistance maximum par mètre carré en kilogr.	
	π	$\dfrac{R}{10^4}$		π	$\dfrac{R}{10^4}$
Basalte	2,95	20	Brique	2,20	0,6 à 1,6
Lave dure	2,60	5,9	Plâtre	1,57	0,6
Lave tendre	1,97	2,3	Mortier	1,60	0,35
Granit	2,70	7,03	Ciment	2,11	1,55
Grès	2,58	0,04 à 3,8	Béton en mortier de chaux hydraulique	1,85	0,41
Calcaire	2 à 2,6	1 à 3			
Marbre	2,70	3,1 à 7,9			
Porphyre	2,87	2,47			

résultats obtenus. Pour des matériaux de même nature, la résistance est à peu près proportionnelle au poids spécifique. On trouvera à l'article PIERRES À BÂTIR quelques considérations sur les conditions de résistance des pierres.

Lorsque la limite d'élasticité est dépassée, le solide subit une déformation qui augmente avec le temps, et la substance s'écoule sous la pression comme une matière pâteuse. De nombreuses expériences ont été entreprises à ce sujet par Tresca qui a fait une étude complète du phénomène sous le nom d'*écoulement des solides*. Il est arrivé à cette conclusion que la matière s'écoule toujours du côté où la pression est la moindre, et a montré de nombreuses applications de ce principe, particulièrement au poinçonnage, au cisaillement, au forgeage et au rabotage (Consulter à ce sujet le *Cours de mécanique* de Tresca). L'écoulement est surtout manifeste dans les masses métalliques qui présentent toujours un certain degré de malléabilité. Pour d'autres matériaux, la rupture par écrasement se produit plus vite par le glissement de plusieurs parties de la masse les unes sur les autres. — V. RUPTURE.

TORSION. On admet, d'après Coulomb, que dans ce genre de déformation, une section plane reste plane, et que la distance de deux sections planes reste constante. Nous nous bornerons à examiner la torsion d'une tige de forme cylindrique ou prismatique. Il résulte des deux lois énoncées ci-dessus, qu'une fibre longitudinale parallèle aux génératrices, se déforme suivant une hélice; les molécules de cette fibre se sont donc écartées et subissent des efforts de traction. Inversement, on peut considérer une file de molécules qui, après la torsion, est devenue parallèle aux génératrices, celle-là était primitivement hélicoïdale; ses différentes parties se sont donc rapprochées, et subissent de la sorte une compression. On voit déjà que le phénomène de la torsion est beaucoup moins simple que les deux précédents. Mais il y a plus, les efforts d'extension ou de compression dont nous venons de parler peu de chose, comparés aux forces moléculaires qui entrent en jeu dans le glissement des tranches successives les unes sur les autres: ce sont ces forces

de *glissement* qui jouent le principal rôle dans la théorie de la torsion. Si l'on imagine que la tige soit décomposée en tranches d'égale épaisseur, chacune d'elles devra se trouver en équilibre sous l'action des forces de glissement qui émanent de la précédente et de la suivante; ces forces, et par suite leurs moments, sont proportionnels aux glissements correspondants qui sont eux-mêmes proportionnels aux déviations angulaires de chaque tranche par rapport à la tranche voisine. De là résulte que chaque tranche est également déviée par rapport à la précédente; l'angle total de déviation d'une tranche est donc proportionnel à la distance de cette tranche à l'origine de la tige supposée encastrée. On appelle *angle de torsion* θ, l'angle dont a tourné la section située à une distance de l'origine égale à l'unité de longueur. Lorsque la section droite présente une forme régulière, on peut admettre que la fibre moyenne, lieu des centres des sections, ou axe du cylindre ne subit pas de déformation. Si alors on désigne par $d\omega$ un élément de section situé à la distance r de l'axe et par $F d\omega$ la force moléculaire supportée par cette section, le moment total de ces forces moléculaires par rapport à l'axe du cylindre sera :

$$\int F r \, d\omega$$

d'autre part F est proportionnel au glissement :

$$F = G r \theta$$

G étant un coefficient qui dépend de la nature de la substance. En remarquant que la dernière tranche doit être en équilibre sous l'action des forces moléculaires et des forces extérieures dont nous désignons le moment par M, on a :

$$M = G \theta \int r^2 \, d\omega.$$

$\int r^2 d\omega$ est le moment d'inertie de la section par rapport à l'axe du cylindre, qu'on désigne quelquefois par moment d'inertie polaire, parce que les distances r sont les distances de chaque élément au centre de la section; en appelant I ce moment d'inertie polaire, on aura finalement

$$M = G \theta I.$$

La théorie de l'élasticité, établie sur des bases plus rigoureuses, montre que cette formule est exacte dans le cas d'un cylindre circulaire. Cauchy et de Saint Venant ont fait voir que les hypothèses de Coulomb ne pouvaient pas s'appliquer à des prismes de forme quelconque. La formule précédente n'est donc pas rigoureuse ; mais l'expérience a montré qu'elle était suffisante pour la pratique.

Si l'on désigne par α l'angle d'une fibre hélicoïde avec la direction des génératrices, on remarquera que si dz désigne la distance des deux tranches, $d\theta$ l'angle de glissement de ces deux tranches, et r la distance de la fibre considérée à l'axe, on aura :

$$tg\,\alpha = \frac{r\,d\theta}{dz}$$

Mais

$$\frac{d\theta}{dz} = \theta$$

d'où

$$tg\,\alpha = r\theta = \frac{F}{G}$$

La force moléculaire $F = G\theta r$ ne doit jamais dépasser la valeur correspondant à la limite d'élasticité, ni même une valeur bien plus petite admise pour la sécurité. Or la fibre où cette force est la plus grande est celle qui est la plus éloignée de l'axe. Connaissant le moment M des forces qui doivent agir sur le prisme, on aura, en désignant par r_0 la distance à l'axe de la fibre la plus éloignée, et par F_0 la force moléculaire de glissement sur cette fibre :

$$M = G\theta I \quad \text{et} \quad F_0 = G\theta r_0$$

d'où

$$M = F_0 \frac{I}{r_0}.$$

La forme de la section droite du prisme étant connue, on exprimera I au moyen de r_0, et l'équation précédente permettra de déterminer r_0 quand on aura fixé la valeur de F_0 qu'il ne faut pas dépasser.

Cherchons l'expression du travail nécessaire pour produire une torsion θ. Si l est la longueur du prisme, la déviation de la dernière section sera $l\theta$. Le travail sera donc :

$$\int_0^{l\theta} M\,d\theta,$$

ou en remplaçant M par sa valeur :

$$G\,I \int_0^{l\theta} \theta\,d\theta = \frac{1}{2}\,G\,I\,l\theta^2.$$

Telle est l'expression de la *résistance vive d'élasticité de torsion*. θ ne doit jamais atteindre la valeur qui correspond, pour la plus grande distance r_0, au maximum de F, et comme on a $\theta = \frac{F_0}{G r_0}$, on voit que la force vive des corps qui pourront agir sur le prisme, augmentée du travail des forces dans la torsion, ne devra jamais dépasser l'expression :

$$\frac{1}{2}\frac{I}{r_0^2}l\frac{F_0^2}{G} = \frac{1}{2}\frac{I}{r_0^2}F_0\,l\,tg\,\alpha$$

Cette considération donne pour r_0 une limite

supérieure à celle qu'on déduit des simples considérations statiques. Comme dans le cas de l'extension, la mise en charge seule double l'angle de torsion θ à l'état statique, et constitue une des raisons pour lesquelles la limite de sécurité doit être bien inférieure à la limite d'élasticité.

Sur les arbres de couche des machines qui atteignent souvent une grande longueur, la torsion produit un effet particulier qu'il est utile de signaler ; c'est que l'extrémité de l'arbre la plus éloignée du moteur ne commence à exercer tout son effort qu'après que l'arbre tout entier a pris la torsion qui correspond à cet effort. De là un retard qui peut avoir des conséquences très graves quand le mouvement vient à changer brusquement de sens.

Le tableau IV contient, pour quelques substances les valeurs du coefficient G, ainsi que celles de F et de $tg\,\alpha$ qui correspondent à la limite d'élasticité F_e, et à la limite pratique de sécurité F_p.

TABLEAU IV. — *Coefficients relatifs à la torsion.*

	Fer	Acier	Fonte	Cuivre	Bronze	Bois
G	6.10^9	10.10^9	2.10^9	4.10^9	1.10^9	$0,4.10^9$
F_p	4.10^6	»	$1,3.10^6$	»	»	$0,3.10^6$
$tg\,\alpha_p$	$0,00067$	»	$0,00067$	»	»	$0,00075$
F_e	14.10^6	»	»	»	»	»
$tg\,\alpha_e$	$0,0023$	»	»	»	»	»

FLEXION. Les premiers essais d'une théorie de la flexion sont dus à Galilée, Mariotte et Leibnitz ; ces savants supposaient que les fibres allaient en s'allongeant à partir de la fibre la plus concave qui ne subissait aucune variation de longueur. Duhamel du Monceau fit voir que cette hypothèse ne pouvait être acceptée ; mais les premières études vraiment pratiques de cette importante question sont celles de Dupin qui a formulé les quatre lois suivantes à la suite d'expériences faites à Corcyre, en 1811 :

1° La flexion d'un prisme, mesurée par la flèche de la courbe, est proportionnelle à la charge ;

2° La flexion due à une charge uniformément répartie est égale au 5/8 de celle qui aurait lieu si la charge était placée au milieu du prisme ;

3° La flexion d'un prisme est en raison inverse du produit de la base par le cube de la hauteur de la section transversale ;

4° La flexion est proportionnelle au cube des portées.

Voir à l'article Bois, les résultats des expériences de Buffon et Duhamel sur la flexion des bois.

La théorie mathématique de la flexion a été commencée par Navier, comme une des applications les plus importantes de la théorie de l'élasticité ; elle a été perfectionnée par un grand nombre de savants modernes, parmi lesquels nous citerons Bélanger, de Saint-Venant, Morin, etc. Cette théorie joue un rôle capital dans la résistance des matériaux, comme il est facile de s'en rendre compte dès qu'on réfléchit que presque toutes les pièces des constructions ont à supporter des efforts de flexion. Nous ne pouvons avoir la prétention de présenter ici une étude complète sur cette question très complexe et très difficile. Du reste, les principes généraux en ont été exposés au mot FLEXION avec des détails suffisants. Nous devons donc nous borner à en rappeler les principaux résultats, et à en signaler les applications les plus importantes.

On établit les équations de la flexion plane d'un prisme en écrivant les conditions d'équilibre d'une section quelconque sous l'action des forces qui lui sont appliquées. On désigne sous le nom de *fibre neutre*, la fibre qui n'a pas changé de longueur, et sous celui de *fibre moyenne* celle qui est formée par les centres de gravité des sections successives. Enfin, on admet que le coefficient d'élasticité E est le même pour l'extension et la compression. On est alors amené à considérer pour chaque section : 1° la *tension longitudinale* N; c'est la composante suivant la direction des arêtes du prisme de la résultante des forces extérieures qui sont appliquées *d'un côté* de la section considérée; 2° l'*effort tranchant* T; c'est la composante perpendiculaire à toutes les fibres de toutes les forces extérieures qui sont appliquées d'un côté de la section considérée; 3° le *moment fléchissant* μ : c'est le moment par rapport à un axe perpendiculaire au plan de la fibre moyenne et passant par le centre de gravité de la section considérée, de toutes les forces extérieures appliquées d'un côté de cette section. Si l'on désigne par R la tension ou résistance rapportée à l'unité de surface en un point dont la distance à la fibre moyenne est v, par I le moment d'inertie de la section par rapport à un axe perpendiculaire au plan de la flexion, mené par le centre de gravité, et enfin par ω l'aire de la section, on aura :

$$R = \frac{v\mu}{I} + \frac{N}{\omega},$$

La quantité v étant considérée comme positive du côté de la convexité; N est positif si la fibre moyenne est allongée, négatif si elle est raccourcie. Un cas très important et très fréquent est celui où la fibre moyenne se confond avec la fibre neutre; la formule précédente se réduit alors à :

(1) $$R = \frac{v\mu}{I};$$

elle sert à déterminer la section de manière que le maximum de l'expression $\frac{v\mu}{I}$ ne dépasse pas la valeur de la résistance de sécurité. On y arrive facilement, la forme de la section étant connue, en exprimant I au moyen de la plus grande valeur v_0 de v, en remplaçant R par la valeur maximum de sécurité, et en résolvant enfin par rapport à v_0 l'équation ainsi obtenue; μ est connu dès qu'on connaît les forces extérieures. Il faut seulement chercher la section où μ est maximum et faire le calcul pour cette section. Telle est la méthode employée pour la détermination de l'équarrissage des poutres. On remarquera le rôle important que joue le moment d'inertie dans toutes les considérations précédentes. Or, ce moment d'inertie dépend de la forme du *profil* de la poutre. On com-

prend alors que suivant la forme du profil on obtiendra les mêmes conditions de résistance avec plus ou moins de matière. Pour un même moment fléchissant μ, il y a évidemment intérêt à réduire le plus possible la section ω. Le quotient $\frac{\mu}{\omega}$ où μ reçoit sa valeur maximum, représente donc la valeur économique du profil; son inverse $\frac{\omega}{\mu}$ est appelé le *coefficient économique*; il faut le réduire le plus possible. Si on remplace μ par sa valeur $\frac{RI}{v}$ on obtient pour l'expression de ce coefficient :

$$\frac{\omega v}{RI},$$

où v doit représenter la valeur de la distance maximum.

Supposons les forces verticales, comme cela se présente presque toujours en pratique, et désignons par c la hauteur du profil; pour des profils de même forme, ω sera proportionnel à c^2, I à c^3 et v à c; on aura donc, p et n étant deux coefficients qui ne dépendent que de la forme :

$$\omega = nc^2 \qquad \frac{I}{v} = \frac{\mu}{R} = po^3 \qquad \frac{\omega}{\mu} = \frac{n}{pRc} = \frac{n}{p^{\frac{2}{3}}R^{\frac{1}{3}}\mu^{\frac{1}{3}}}$$

Si μ augmente, il faut augmenter ω. Toutes les autres quantités restent constantes. On voit sur la formule que le coefficient économique diminue quand μ augmente. Il y a avantage pour les grands moments fléchissants. Le quotient $\frac{n}{p^{\frac{2}{3}}}$ mesure l'inverse de la véritable valeur économique du profil, puisqu'il ne dépend que de la forme. Or, n désigne le rapport de la largeur moyenne à la hauteur. puisque $\omega = nc^2$. Il y a donc intérêt à diminuer la largeur le plus possible, et à augmenter p. Ainsi, un rectangle de petite largeur et de grande hauteur ·sera plus avantageux qu'un carré; une ellipse dont le grand axe est vertical, plus avantageuse qu'un cercle, etc.; mais parmi toutes les formes qu'on peut imaginer, l'une des plus avantageuses à tous les points de vue est celle du fer à I; la largeur moyenne en est très faible, et la matière étant reportée le plus loin possible du centre de gravité, le moment d'inertie en est très grand, sans que le maximum de v en soit augmenté.

Nous ne nous sommes occupés, jusqu'ici, que de la résistance à la tension longitudinale. La rupture pourrait encore se produire, soit par le glissement transversal de deux tranches consécutives, soit par le glissement longitudinal des fibres les unes sur les autres. De là deux effets à examiner: la force qui tend à produire le glissement transversal, et l'effort tranchant T. Si R_t désigne la résistance au glissement transversal par unité de surface, on aura :

(2) $$R_t = \frac{T}{\omega}.$$

Quant au glissement longitudinal, il demande un peu plus de développements. Il dépend de la courbure du prisme, ce qui nous amène à étudier la forme de la fibre moyenne; cette étude est, du reste, très utile sous d'autres rapports.

Nous supposerons les dimensions transversales de la pièce très petites par rapport à sa longueur, et nous les traiterons comme des infiniment petits de premier ordre.

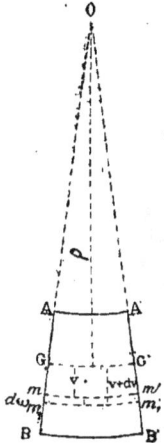

Fig. 434.

Considérons une tranche d'épaisseur ds, et menons par le centre de gravité G (fig. 434) un axe Gz perpendiculaire au plan de la flexion; soit i l'allongement proportionnel de la fibre moyenne, v la distance à l'axe Gz d'un élément de surface $d\omega$, v étant positif du côté de la convexité, et ρ le rayon de courbure de la fibre moyenne après la flexion. La distance GG' des centres de gravité des deux faces de la tranche sera devenue $(1+i)ds$; l'élément $d\omega$ dont la longueur était primitivement ds se trouvera sur une courbe de rayon $\rho+v$; sa longueur sera devenue $d\sigma$ et l'on aura :

$$\frac{d\sigma}{ds(1+i)}=\frac{\rho+v}{\rho}$$

d'où :

$$d\sigma=(1+i)\left(1+\frac{v}{\rho}\right)ds$$

Mais i et $\dfrac{v}{\rho}$ sont des quantités très petites dont on peut négliger les carrés; l'allongement proportionnel de l'élément $d\omega$ est donc :

$$i+\frac{v}{\rho},$$

et la réaction élastique :

$$E\left(i+\frac{v}{\rho}\right)d\omega.$$

Le moment de cette force par rapport à l'axe GZ sera :

$$E\left(i+\frac{v}{\rho}\right)v\,d\omega,$$

et le moment fléchissant ou somme des moments analogues pour toute la tranche :

$$\mu=\int E\left(i+\frac{v}{\rho}\right)v\,d\omega,$$

intégrale qui se décompose en deux autres: la première est nulle à cause de la propriété du centre de gravité, et la seconde donne l'expression du moment fléchissant :

$$\mu=\frac{E}{\rho}\int v^2\,d\omega$$

ou

(3) $$\mu=\frac{EI}{\rho}$$

car le moment d'inertie $I=\int v^2\,d\omega$.

Considérons maintenant deux sections consécutives, AB, A'B' (fig. 434) séparées par une distance ds, et soient GG' leurs centres de gravité. La portion du solide AB, A'B' devant se trouver en équilibre, écrivons que le moment de toutes les forces qui la sollicitent par rapport à l'axe GZ perpendiculaire au plan de la flexion mené par G, est nul. Les forces qui agissent sur la gauche de AB se réduisent à un couple dont le moment par rapport à l'axe GZ est le moment fléchissant μ, et à deux résultantes, la tension longitudinale N, et l'effort T qui, étant appliquées en G ont un moment nul. De même, les forces appliquées à droite de A'B' se réduisent à un couple dont le moment est le moment fléchissant $\mu+\dfrac{d\mu}{ds}ds$ par rapport à l'axe G'Z' parallèle à GZ, à une tension longitudinale qui, étant appliquée en G', passe à une distance de G du second ordre d'infiniment petit, et enfin à un effort tranchant $T+\dfrac{dT}{ds}ds$ dont le moment par rapport à G est :

$$\left(T+\frac{dT}{ds}ds\right)ds$$

ou

$$T\,ds$$

en se bornant aux termes de premier ordre.

Si les forces extérieures qui agissent sur la tranche considérée sont proportionnelles à la masse de la tranche, leur moment sera ainsi du second ordre.

Comme, d'ailleurs, les deux moments fléchissants sont de signe contraire, il reste seulement pour l'équilibre :

$$\mu-\mu-\frac{d\mu}{ds}ds+T\,ds=0$$

ou

$$T\,ds=\frac{d\mu}{ds}ds$$

ou enfin

(4) $$T=\frac{d\mu}{ds}$$

Ainsi, partout où la poutre ne supporte que des charges continues, l'effort tranchant est égal à la dérivée du moment fléchissant par rapport à l'arc.

Nous pouvons maintenant étudier les efforts de glissement longitudinal.

Fig. 435.

Soit en m (fig. 435), à une distance v de la fibre moyenne et entre deux tranches consécutives, une bande de hauteur dv occupant toute la largeur b de la pièce. La section de cette bande est $b\,dv$, et la réaction élastique, sur cette bande est, comme on l'a vu plus haut :

$$E\left(i+\frac{v}{\rho}\right)b\,dv=Eib\,dv+\frac{Ebv\,dv}{\rho}$$

on encore

$$\left(\text{E}ib+\frac{\mu}{\text{I}}bv\right)dv$$

d'après la valeur (3) trouvée tout à l'heure pour μ; mais le premier terme qui contient l'allongement proportionnel i de la fibre moyenne est négligeable (1), vis-à-vis du second, ce qui réduit l'expression précédente à

$$\frac{\mu}{\text{I}}bv\,dv.$$

Sur l'autre face de la tranche, la bande correspondante m' subira la réaction opposée

$$\frac{\mu+d\mu}{\text{I}}bv\,dv.$$

La résultante est donc :

$$\frac{d\mu}{\text{I}}bv\,dv.$$

Cette résultante est équilibrée par la résistance au glissement dont nous désignons par ε la valeur par unité de surface; cette résistance sera donc, sur la face concave de l'élément considéré :

$$\varepsilon\,b\,ds,$$

car l'arc mm' ne diffère de l'arc GG' que d'un infiniment petit, et sur la face convexe :

$$\varepsilon b\,ds+\frac{d.\varepsilon b}{dv}dv\,ds.$$

La force qui s'oppose au glissement de la bande est alors, les deux résistances étant de sens contraire :

$$\frac{d\varepsilon b}{dv}dv\,ds;$$

on a donc pour l'équilibre :

$$\frac{d\varepsilon b}{dv}=\frac{d\mu}{ds}\frac{bv}{\text{I}}dv=\frac{\text{T}}{\text{I}}bv\,dv$$

d'après (4), et en intégrant

$$\varepsilon b=\frac{\text{T}}{\text{I}}\int_0^v bv\,dv-\varepsilon_0\,b_0,$$

$\varepsilon_0 b_0$ étant la valeur de la résistance correspondant à la fibre moyenne. Sur la face libre du prisme, située à une distance v_1 de la fibre moyenne, la résistance au glissement est nulle, ce qui permet de déterminer la constante $\varepsilon_0 b_0$, et l'on trouve, en valeur absolue :

$$\varepsilon b=\frac{\text{T}}{\text{I}}\int_0^{v_1} bv\,dv$$

d'où

$$\varepsilon=\frac{\text{T}}{\text{I}b}\int_0^{v_1} bv\,dv.$$

Il est facile de déterminer le maximum de cette expression quand on connaît la forme du profil et par suite la fonction $\int_0^{v_1} bv\,dv$. Il faudra que ce maximum soit inférieur à la valeur de sécurité R_2 admise par la résistance au glissement longitudinal. Le plus souvent le maximum a lieu pour

la fibre moyenne $v=o$, et l'on a, b_0 désignant la largeur de cette fibre :

$$\text{R}_2=\frac{\text{T}}{\text{I}b_0}\int_0^{v_1} bv\,dv.$$

Ainsi, la section de la pièce doit être déterminée de manière à satisfaire à trois inégalités :

1° Condition de résistance longitudinale (1) :

$$\frac{v_1}{\text{I}}\leqq\frac{\text{R}}{\mu}$$

2° Condition de glissement transversal (2) :

$$\infty\geqq\frac{\text{T}}{\text{R}_1}$$

3° Condition de glissement longitudinal :

$$\frac{1}{\text{I}b_0}\int_0^{v_1} bv\,dv\leqq\frac{\text{R}_2}{\text{T}}.$$

On résoudra ces trois inégalités, et l'on prendra la plus grande des trois valeurs de ∞ qu'elles fournissent.

Généralement, la tendance au glissement longitudinal est supérieure à la tendance au glissement transversal, il n'y a donc pas alors à s'occuper de la seconde condition. Ainsi, dans le cas d'un profil rectangulaire, la 3° condition donne :

$$\infty>\frac{3}{2}\frac{\text{T}}{\text{R}_2},$$

tandis que le glissement transversal donnerait seulement

$$\infty>\frac{\text{T}}{\text{R}_1}.$$

Il est vrai que les valeurs pratiques de $\text{R}, \text{R}_1, \text{R}_2$ ne sont pas toujours les mêmes quoiqu'on les prenne égales pour les corps homogènes.

Nous avons dit que, dans la plupart des cas pratiques, la fibre moyenne se confondait avec la fibre neutre. C'est, en effet, ce qui arrive toutes les fois que le prisme ne subit que des efforts transversaux et que l'on peut négliger les dimensions transversales de la pièce vis-à-vis de sa longueur. Dans ce cas, les ordonnées de la courbe de flexion pourront être aussi négligées, ainsi que l'inclinaison $\frac{dy}{dx}$ des fibres sur leur direction moyenne; le rayon de courbure prendra la forme simple :

$$\frac{1}{\rho}=\frac{d^2y}{dx^2},$$

d'où, en remplaçant $\frac{1}{\rho}$ par sa valeur en fonction de μ (3), on aura l'équation différentielle de la courbe

$$\frac{d^2y}{dx^2}=\frac{\mu}{\text{E}\text{I}}.$$

Cette équation doit être considérée comme l'équation fondamentale de la flexion; elle s'applique encore à la flexion plane d'un solide de forme quelconque dont on peut négliger les dimensions transversales. Si l'on compare les deux équations de la flexion :

$$\frac{1}{\rho}=\frac{\mu}{\text{E}\text{I}}$$

---

(1) On démontre en effet que la fibre moyenne ne subit aucun allongement et se confond avec la fibre neutre si les forces qui agissent sur la poutre sont normales à cette poutre. Cette condition se trouve en général, réalisée avec assez d'approximation dans la pratique pour qu'on puisse traiter comme une quantité du deuxième ordre d'infiniment petit, l'allongement i qui autrement serait du premier ordre.

et

$$\frac{d\mu}{ds} = T$$

avec les équations d'équilibre d'un fil :

$$\frac{1}{\rho} = \frac{U}{p_n}$$

$$\frac{dU}{ds} = p_t,$$

U étant la tension, et p_n et p_t les composantes normale et tangentielle de la force agissant au point considéré et rapportées à l'unité de longueur, on voit que ces deux équations deviennent les mêmes si l'on pose :

$$\mu = U \quad EI = p_n \quad T = p_t$$

Cette remarque permet de ramener un grand nombre de questions concernant la flexion plane, à l'étude de la forme d'équilibre d'un fil qui serait soumis à des forces normales égales à EI et à des forces tangentielles égales aux efforts tranchants. La tension de ce fil donnerait le moment fléchissant. Cette remarque est fort importante, car les problèmes relatifs aux fils flexibles se traitent très aisément par les méthodes graphiques qui sont bien plus expéditives que les calculs numériques. — V. STATIQUE GRAPHIQUE.

La flexion des poutres courbes présente naturellement de plus grandes complications que celle des poutres droites ; on l'étudie d'après les mêmes principes, mais nous ne pouvons aborder ici cette question ; nous dirons seulement quelques mots d'un problème particulier, celui des solides d'égale résistance.

On se propose de déterminer les dimensions de chaque tranche de manière que chacune d'elles supporte une même tension élastique ; cette répartition de la matière est évidemment la plus avantageuse sous le rapport de l'économie. Supposons qu'il s'agisse d'une poutre encastrée à l'une de ses extrémités et supportant une charge uniformément répartie sur sa longueur ; on peut concevoir que le solide soit engendré par une section qui reste semblable à elle-même et se déplace de manière que son centre de gravité décrive une ligne droite. On trouve alors que le profil longitudinal doit être une parabole qui a son axe horizontal et son sommet à l'extrémité libre. Si la poutre devait supporter, en outre, une charge isolée à son extrémité, le profil serait un arc d'hyperbole. De même, une poutre reposant sur deux appuis de niveau et supportant une charge uniformément répartie avec une charge isolée en son milieu, doit avoir un profil longitudinal parabolique.

Applications. Les principes que nous venons d'exposer forment la base de la théorie de la résistance des matériaux ; nous avons indiqué comment, dans les cas les plus simples, on parvient à déterminer les dimensions qu'il faut donner aux pièces quand on connaît les forces qui agissent sur elles. Les cas plus complexes, comme celui d'une flexion à double courbure, demanderaient une analyse plus détaillée. Il peut se faire aussi qu'une pièce ait à subir simultanément

plusieurs genres de déformations ; par exemple, un arbre d'une certaine longueur subit à la fois une flexion et une torsion. Dans ce cas, on calculera, en fonction du rayon inconnu de l'arbre : 1° la composante de glissement F_1 due à la torsion ; 2° la tension élastique F_2 due à la flexion, et l'on écrira que la résultante de ces deux forces

$$\sqrt{F_1{}^2 + F_2{}^2}$$

est partout inférieure à la limite de sécurité. Il faudra aussi s'assurer que nulle part les efforts tranchants ne peuvent déterminer de glissement transversal ou longitudinal.

Dans la pratique, la partie la plus longue et la plus délicate des problèmes de résistance consiste dans la détermination des forces extérieures qui doivent agir sur la pièce, et des éléments qui en dépendent et dont on a besoin, tels que les efforts tranchants, les moments fléchissants, etc. Parmi ces forces extérieures doivent nécessairement figurer les réactions des appuis ; leur détermination ne laisse pas que de présenter certaines difficultés. Elle est pourtant indispensable au calcul de la pièce, sans compter qu'on en a également besoin pour le calcul, des appuis eux-mêmes. Ce problème de la détermination des forces extérieures dépend essentiellement de la nature de la construction et des conditions particulières ; on ne peut donner que des règles applicables aux cas les plus usuels ; ceux-ci mêmes sont trop nombreux pour que nous puissions les passer en revue dans les colonnes de ce *Dictionnaire*. Nous nous bornerons, à titre d'exemple, à dire quelques mots des poutres supportées par des appuis.

Considérons d'abord une poutre horizontale de section constante, reposant sur deux appuis à ses extrémités, et n'ayant à supporter qu'une charge uniformément répartie, égale à p par unité de longueur, les deux réactions des appuis F_1 et F_2 sont égales à $\dfrac{pl}{2}$. L'effort tranchant en une section située à une distance x de l'un des appuis est :

$$T = p(l-x) - \frac{pl}{2} = \frac{p(l-2x)}{2},$$

et le moment fléchissant :

$$\mu = \frac{p(l-x)l}{2} - \frac{p(l-x)^2}{2} = p x (l-x).$$

L'effort tranchant est maximum sur les appuis, le moment fléchissant est maximum au milieu, c'est donc la section du milieu qui travaille le plus, et c'est d'après les conditions de résistance de cette section qu'il faudra calculer les dimensions de la pièce.

Si la poutre doit supporter, en outre, des charges isolées $P_1 P_2$, etc., ou si la charge continue n'est pas uniformément répartie, les principes ordinaires de la statique fourniront toujours le moyen de déterminer facilement les réactions sur les appuis et, par suite, les efforts tranchants et les moments fléchissants en une section quelconque. Les calculs qu'on devra effectuer pour cette détermination seront avantageusement remplacés par des constructions graphiques qui économisent beaucoup de temps et donnent une précision bien suffisante pour les besoins de la pratique. Les règles fort simples qui servent à effectuer ce genre d'épures constituent la *statique graphique*. Un grand nombre de professeurs et de savants, parmi lesquels nous citerons notre collaborateur, M. Maurice Lévy, se sont occupés de cette partie de la mécanique; ils sont arrivés à indiquer des constructions d'une grande simplicité et d'une parfaite élégance, qui reposent sur les principes les plus élémentaires de la statique, et qui permettent de tracer très rapidement une courbe ayant pour abscisses les distances d'une section quelconque à l'un des appuis, et pour ordonnées les efforts tranchants correspondants. L'aire comprise entre cette courbe, l'axe des x, l'ordonnée à l'origine et l'ordonnée correspondant à une section quelconque, donne immédiatement le moment fléchissant en cette section, à cause de la relation établie plus haut :

$$T = \frac{d\mu}{ds}.$$

Il est même digne de remarquer que les procédés mêmes de la statique graphique fournissent une démonstration géométrique de cette équation. — V. STATIQUE GRAPHIQUE.

Lorsque la poutre repose sur plus de deux appuis, les théorèmes ordinaires de la statique ne permettent plus, à eux seuls, de déterminer les réactions sur les appuis. Il faut alors faire intervenir la théorie de la flexion; on divise la poutre en intervalles compris entre deux appuis consécutifs, et l'on forme l'équation différentielle de la courbe affectée par la fibre moyenne entre deux appuis consécutifs A et A'. Cette équation qui est du second ordre, contient nécessairement les réactions aux points A et A', on en déduira $\frac{dy}{dx}$ qui renfermera une constante arbitraire, et y qui en renfermera une autre; ces deux constantes seront déterminées par la condition que y est nul en A et en A'. On opérera de même pour l'intervalle suivant A'A", et en écrivant que l'inclinaison de la tangente $\frac{dy}{dx}$ est la même pour les deux arcs AA' et A'A", on obtiendra une équation de condition entre les trois réactions en A A' A". On aura ainsi autant d'équations qu'il y a d'appuis intermédiaires, c'est-à-dire qu'il y a de réactions moins deux. La projection de toutes les forces sur la verticale et le théorème des moments des forces parallèles fourniront les deux autres équations nécessaires au calcul des réactions. Si la poutre supportait, en outre, des charges isolées $P_1 P_2 P_3$, il faudrait la décomposer en intervalles dans lesquels il n'y aurait que des forces continues, et opérer d'une manière analogue. Une fois les réactions déterminées, le reste du calcul ne présente plus de difficultés. Mais ici encore la statique graphique peut rendre de grands services. Grâce à l'analogie que nous avons signalée entre la courbe de flexion et la courbe funiculaire, des constructions très simples conduisent à la détermination des réactions et, par suite, des efforts tranchants et des moments fléchissants.

Lorsque les pièces sont appelées à supporter des charges variables, il faut toujours supposer qu'elles seront aussi chargées que possible. Tel est le cas des ponts et particulièrement des ponts de chemins de fer. Ces ouvrages se construisent de bien des manières différentes (V. PONT). Un mode de construction très usité aujourd'hui consiste à faire reposer le tablier sur deux ou plusieurs poutres métalliques, horizontales et parallèles, que supportent un certain nombre de piliers. Dans ce cas, les pièces les plus importantes sont ces poutres horizontales qui doivent supporter toute la charge. Le problème de l'établissement d'un pareil pont ne diffère donc pas, au fond, de celui de la flexion plane d'un prisme que nous avons développé plus haut. Il faut seulement établir les calculs dans l'hypothèse de la répartition la plus dangereuse des charges. S'il s'agit, par exemple, d'un pont de chemins de fer, on supposera que deux trains viennent à se croiser sur le pont dans les conditions les plus défavorables. On aura donc à résoudre au préalable le problème suivant : étant donnés deux trains dont la composition est connue, comment faut-il les placer sur le pont pour déterminer dans une section quelconque un moment fléchissant aussi grand que possible. Enfin, le mouvement de la charge a une assez grande importance, surtout si la vitesse est considérable. Le moment fléchissant diffère alors notablement de ce qu'il serait à l'état statique. La question a été étudiée par M. Philips (*Comptes rendus de l'Académie des sciences*, 3 décembre 1866).

Les poutres de pont sont le plus souvent formées de plusieurs longerons réunis par des entretoises; il est bien évident qu'il faudra déterminer les efforts supportés par chaque pièce isolément, et en fixer les dimensions en conséquence. Ces calculs sont longs et pénibles; mais ils peuvent être remplacés par des constructions graphiques.

Le calcul des combles constitue encore une application assez simple des principes précédents; mais nous n'en finirions pas si nous voulions énumérer toutes les applications de la théorie de la résistance : ce serait dresser la liste de toutes les pièces employées dans la construction. Nous signalerons seulement, parmi les questions qui présentent quelques difficultés d'analyse, les conditions de résistance des chaînes, des crochets, et le calcul de l'épaisseur des chaudières, et parmi celles où le mouvement des pièces joue un rôle important, l'étude des roues d'engrenage, des jantes et bandages de roues de véhicules de chemin de fer, des volants et des meules.

Nous terminerons par quelques indications relatives aux pièces chargées debout, cette question n'ayant pu trouver sa place naturelle dans l'exposition qui précède. Une colonne chargée debout subit à la fois une compression et une flexion; mais c'est un genre de flexion particulier qui diffère totalement de la flexion étudiée plus haut. On ne possède guère sur cette sorte de déformation que des résultats empiriques, dont les plus précis sont dus à M. Hodgkinson. Ce physicien a trouvé que les charges de rupture étaient données par les formules suivantes :

1° Poteaux en bois à section carrée :

$$P = 2562^{\text{kilogr.}} \frac{c^4}{l^2}$$

e étant le côté de la section en centimètres, et l la hauteur en décimètres ;

2° Colonnes pleines en fonte :

$$P = 10400^{\text{kilogr.}} \frac{d^{3,6}}{l^{1,7}}$$

d étant le diamètre en centimètres, et l la hauteur en décimètres ;

3° Colonnes creuses en fonte :

$$P = 10400^{\text{kilogr.}} \frac{d^{3,6} - d'^{3,6}}{l^{1,7}}$$

d diamètre extérieur, d' diamètre intérieur.

Le général Morin estime que la prudence exige qu'on ne fasse travailler les poteaux ou colonnes qu'au sixième, ou même au dixième de leur charge de rupture. La charge étant connue, ainsi que la hauteur, les formules précédentes permettent de calculer les dimensions transversales, de manière à satisfaire à cette condition. Il résulte de ces formules précédentes que les colonnes creuses sont plus avantageuses que les colonnes pleines, en ce sens qu'elles permettent d'obtenir la même résistance avec moins de matière. Considérons, en effet, une série de colonnes creuses de même longueur et de même résistance ; d et d' varieront d'une colonne à l'autre, mais la résistance étant constante, on aura :

$$(1) \qquad d^{3,6} - d' = k$$

k est une constante.

D'autre part la surface de la section sera proportionnelle à $d^2 - d'^2$. Cherchons donc comment varie l'expression :

$$(2) \qquad s = d^2 - d'^2 ;$$

pour cela, différencions les équations (1) et (2) :

$$d^{2,6} \delta d - d'^{2,6} \delta d' = o$$
$$\delta s = 2(d \delta d - d' \delta d')$$

d'où l'on déduit :

$$\frac{\delta d}{\delta d'} = \left(\frac{d'}{d}\right)^{2,6} < \frac{d'}{d}$$

et si $\delta d'$ est positif :

$$d \delta d < d' \delta d'.$$

On voit donc que δs est négatif, c'est-à-dire que la surface de la partie pleine augmente quand la partie creuse diminue. C'est donc la colonne pleine pour laquelle $d' = o$ qui, à égalité de résistance, présente la plus grande section. Il y a donc intérêt à augmenter le plus possible le diamètre de la cavité. — V. COLONNE. — M. F.

Bibliographie : Pour les résistances passives, voir les ouvrages indiqués à la suite des articles DYNAMIQUE et MÉCANIQUE. Pour la résistance des matériaux : NAVIER : *Leçons données à l'Ecole des ponts et chaussées sur la mécanique*, in-8°, Paris, 1838 ; A. MORIN : *Aide-mémoire de mécanique pratique*, in-8°, 1847 ; E. WITH : *Manuel aide-mémoire du constructeur de travaux publics et de machines*, in-12°, 1858 ; G. LAMÉ : *Leçons sur la théorie mathématique de l'élasticité des corps solides,* in-8°, Paris, 1866 ; DE MASTANG : *Cours de mécanique appliquée à la résistance des matériaux,* in-8°, Paris, 1874 ; F. LEFORT : *Sur les bases des calculs de stabilité des ponts à tabliers métalliques,* in-4°, Paris, 1876 ; V. CONTAMIN : *Cours de résistance appliquée,* in-8°, Paris, 1878 ; GROS DE PERRODIL : *Résistance des matériaux, Résistance des voûtes et arcs métalliques employés dans la construction des ponts,* in-8°, Paris, 1879 ; COLLIGNON : *Cours de mécanique appliquée aux constructions,* in-8°, Paris, 1880 ; BRESSE : *Cours de mécanique appliquée professé à l'Ecole des ponts et chaussées,* 1re et 3e partie in-8°, 1880 ; RÉSAL : *Traité de mécanique générale,* t. II, V et VI, in-8°, Paris, 1880 ; CH. DUGUET : *Déformation des corps solides, Limites d'élasticité et de résistance à la rupture,* in-8°, Paris, 1881 ; MADAMET : *Résistance des matériaux,* in-8°, Paris, 1881 ; G.-A. HIRN : *Les Pandynamomètres de torsion et de flexion,* in-18 jésus, Paris ; W. CANTHORNE UNWIN : *Eléments de construction de machines,* traduit de l'anglais par BOCQUET, in-18 jésus, Paris, 1882 ; BOURDAIS : *Traité pratique de la résistance des matériaux appliquée à la construction des ponts, des bâtiments et des machines,* in-8°, Paris ; TRESCA : *Cours de mécanique appliquée,* in-4°, Paris, 1884 ; SERGENT : *Traité pratique de la résistance des matériaux,* in-8°, Paris, 1885 ; MAURICE LÉVY : *La statique graphique et ses applications aux constructions,* 2 vol. grand in-8°, Paris 1886 ; MÜLLER-BRESLAU et T. SEYRIG : *Eléments de statique graphique appliquée aux constructions,* in-8°, Paris, 1886 ; RÉSAL : *Ponts métalliques, Calcul des pièces prismatiques,* Paris, 1886 ; A. FLAMANT : *Stabilité des constructions, Résistance des matériaux,* in-8°, Paris, 1886.

RÉSISTANCE ÉLECTRIQUE. C'est l'inverse de la *conductibilité* (V. ce mot). Les définitions et généralités relatives à cette quantité électrique et à sa mesure ont pris place à l'article ÉLECTRICITÉ, § 53 à 57 (V. COURANT ÉLECTRIQUE, ÉLECTROMÉTRIE, OHM, PILE). Ces notions doivent être complétées par quelques développements, qui n'ont pu être donnés dans une étude d'ensemble, et que justifie l'importance du rôle de la *résistance* dans toutes les applications de l'électricité.

Au point de vue de la facilité avec laquelle l'électricité les traverse, les substances peuvent être divisées en trois catégories :

1° Toutes les substances que l'électricité traverse sans les décomposer. Cette catégorie comprend tous les métaux et leurs alliages, quelques sulfures, le charbon des cornues à gaz et le sélénium cristallin. Pour tous les corps de cette catégorie, la *résistance croît à mesure que la température s'élève.*

α étant le taux de l'accroissement, c'est-à-dire l'accroissement par unité de résistance et pour 1 degré de température centigrade, on a entre les résistances à $t°$ et à $o°$ la relation

$$R_t = R_0(1 + \alpha)^t,$$

qui, dans la pratique, peut être remplacée par

$$R_t = R_0(1 + \alpha t),$$

ou par

$$R_0 = R_t(1 - \alpha t).$$

Pour un certain nombre de métaux, le coefficient α a une valeur voisine de 0,00365, c'est-à-dire du coefficient de dilatation attribué aux gaz parfaits (1/273) ;

2° Les substances dites *électrolytes* (V. ÉLECTRICITÉ, § 61), parce que le passage du courant entraîne une décomposition de la substance en deux éléments qui apparaissent aux électrodes.

En règle générale, il n'y a d'électrolytes que sous la forme *liquide* ; l'exception concerne quelques substances *colloïdes* (par exemple le verre à 100° centigrades).

Dans toutes les substances qui conduisent par électrolyse, *la résistance diminue quand la température croît* ;

3° Les substances dites *diélectriques* (V. ce mot), dont la résistance est si grande qu'il faut employer des courants puissants et des instruments très délicats pour constater qu'elles sont traversées par l'électricité.

Cette catégorie comprend un grand nombre de solides, dits *isolants* (verre, caoutchouc, gutta-percha, soufre, résine, gomme-laque, etc.), le charbon sous la forme de diamant, le sélénium fondu, quelques liquides (térébenthine, naphte, paraffine fondue, etc.), tous les gaz et toutes les vapeurs.

La résistance de ces corps est énorme par rapport à celle des métaux : *elle diminue quand la température croît*.

La table suivante donne les résistances spécifiques d'un certain nombre de métaux usuels et d'alliages employés dans la confection des bobines de résistance.

Métaux ou alliages	Résistance spécifique (centim. cube) microhms	Résistance du fil de 1 m. de long et 0,001 de diam. ohms B.-A.	Résistance du fil de 1 m. de long pesant 1 gr.	Variation p. 100 par degré C. à 20° C.
Argent recuit.	1.521	0.01937	0.1544	0.377
Cuivre —	1.616	0.02057	0.1440	0.388
Or —	2.081	0.02650	0.4080	0.365
Aluminium recuit. . .	2.945	0.03751	0.0757	»
Platine recuit. . . .	9.158	0.1166	1.96	»
Fer recuit.	9.825	0.1251	0.7654	0.63
Mercure liquide. . .	96.19	1.2247	13.06	0.072
1 argent, 2 platine. .	24.66	0.3140	2.959	0.031
1 argent, 2 or. . . .	10.99	0.1399	1.668	0.065
Maillechort ou argent allemand	21.17	0.2695	1.85	0.044

Les données ci-dessus sont exprimées en ohms B.-A. ; elles doivent être multipliées par 0,9889 ou diminuées de 1,12 0/0 pour être converties en ohms légaux.

Cependant pour le mercure, le coefficient est de 0,9807, soit une réduction près de 2 0/0.

ρ étant la résistance spécifique rapportée au centimètre cube, r la résistance du fil de 1 mètre pesant un gramme, l la longueur du fil en mètres, s sa section en millimètres carrés, δ sa densité, p son poids en grammes, R sa résistance, on a les relations :

$$R = \frac{\rho l}{s} = \frac{l^2 \delta}{p} \rho, \quad r = \delta_\rho, \quad R = \frac{l^2 r}{p}.$$

Pour les diélectriques employés dans la fabrication des câbles électriques, on déduit la résistance spécifique (rapportée au centimètre cube) de la *résistance d'isolement* R du câble, par la formule :

$$\rho = 2,729 \frac{R l}{\log \frac{D}{d}}.$$

La longueur du câble l, le diamètre de l'âme D et celui du conducteur d sont exprimés en centimètres.

R se mesure soit par la *perte* indiquée par un galvanomètre placé entre la pile et l'origine du câble dont l'autre bout est isolé, soit par la *perte de charge* (V. CHARGE) au bout d'un temps donné.

A 24° centigrades, une âme de gutta-percha met ordinairement *cent* secondes à perdre la moitié de sa charge, ce qui correspond à une résistance spécifique

$$\rho = 389 \times 10^6 \text{ Megohms.}$$

La résistance d'isolement par *mille marin* à 24° centigrades, après une minute d'électrisation est donnée par le produit

$$A \log \frac{D}{d} \text{ Megohms.}$$

Pour la gutta-percha ordinaire, A varie de 500 à 770 ;

Pour la gutta surchauffée de Smith, A = 350 à 390.

Pour le caoutchouc de Hooper, A = 15400.

Entre les résistances R à une certaine température, et r à une température plus élevée de $t°$, on a la relation :

$$R = r a^t$$

ou

$$\log \frac{R}{r} = t \log a.$$

La table ci-dessous donne les valeurs de $\frac{R}{r}$ de 0° à 24° centigrades ($t = 24°$) et de $\log a$ après une minute d'électrisation.

	$\frac{R}{r}$	$\log a$
Ames dont l'épaisseur de la gutta ne dépasse pas 2mm,80	23.62	0.0572
Gutta de Smith.	28.14	0.0604
Caoutchouc Hooper	3.01	0.0199

Comme règle approximative, pour la gutta ordinaire, l'isolement diminue de moitié pour une augmentation de température de 5 à 6° centigrades.

Bobines, étalons, rhéostats, boîtes ou caisses de résistance. Une *bobine de résistance* se compose d'un fil métallique de résistance connue, qu'on peut facilement introduire ou supprimer dans un circuit. Le fil est recouvert de soie, puis enroulé en *double*, c'est-à-dire en commençant par le milieu, afin que les courants induits qui circulent dans une moitié soient détruits par ceux qui circulent dans l'autre moitié.

Les *étalons* ou *copies de l'ohm* consistent aujourd'hui en un tube de verre contenant du mercure ; mais, pour les usages industriels, on fait des étalons spéciaux, le plus souvent en maillechort (argent allemand) ; le fil, dont les extrémités sont soudées à des barres de cuivre, est recouvert de deux couches de soie, noyé dans de la paraffine solide, et enfermé dans une cage de laiton mince, afin de pouvoir être plongé dans l'eau et prendre rapidement la température pour laquelle la résistance est exactement de une unité, température marquée d'ailleurs sur la bobine.

Les séries d'étalons gradués constituent des *rhéostats, boîtes* ou *caisses de résistance*. Les extrémités du fil de chaque bobine sont soudées à des plaques de cuivre séparées les unes des autres par des trous que l'on peut boucher avec des chevilles de laiton à tête isolante. On introduit une bobine dans le circuit en retirant la cheville du trou correspondant; on la supprime du circuit en enfonçant la cheville.

Les boîtes de résistance renferment le plus souvent 16 bobines, dont les résistances combinées donnent tous les nombres de 1 à 10,000. Dans d'autres appareils, on a 4 séries de 9 bobines chacune; les bobines de chaque série sont égales entre elles et représentent les unités, dizaines, centaines et mille. La résistance voulue est alors introduite en enfonçant une cheville dans la série.

On peut encore prendre des bobines représentant l'unité et les puissances successives de 2 (numération binaire): c'est le système qui exige le moins de bobines. Enfin, on obtient des résistances inférieures à l'unité en se servant de bobines disposées en *arcs parallèles* (ou en quantité): l'inverse de la résistance composée ainsi obtenue, est la somme des inverses des résistances individuelles.

D'autres rhéostats ont la forme circulaire, et on fait varier les résistances en déplaçant un bras mobile autour du centre, et dont l'extrémité vient appuyer sur des contacts placés aux points de jonction des bobines consécutives.

Le *rhéostat de Wheatstone*, composé d'un fil de diamètre uniforme, enroulé partie sur une vis en ébonite et partie sur un cylindre métallique, donne une résistance qui peut varier d'une *façon continue*: il est plus simple de se servir d'un fil résistant bien calibré, tendu sur une échelle divisée, et sur lequel glisse un curseur muni d'un contact qui fait varier sa longueur utile (*rhéocorde*); ou bien le fil est enroulé sur une vis en ébonite mobile et frotte contre un contact fixe.

Le *rhéostat à liquide* se compose d'un tube ouvert dont la longueur égale 8 à 10 fois le diamètre, et qui plonge dans une éprouvette remplie du liquide: au-dessous de l'ouverture inférieure du tube est une large plaque métallique munie d'un rhéophore; et à l'intérieur du tube peut glisser une tige métallique isolée, reliée à l'autre rhéophore, et portant à son extrémité inférieure, une plaque métallique ayant presque le diamètre du tube. La colonne liquide dont on mesure la résistance, a alors pour section le diamètre du tube, et pour hauteur la distance variable des deux plaques. Quand on se sert de l'appareil comme résistance variable, les plaques sont en cuivre et le liquide est une solution de sulfate de cuivre.

Mesure des résistances. On applique à la mesure des résistances (V. ELECTRICITÉ) les trois catégories de méthodes dont les principes ont été exposés à l'article ELECTROMÉTRIE:

1° *Méthodes de réduction à zéro* : *a) pont de Wheatstone* (V. ce mot). La forme la plus employée est celle du *pont à résistance de comparaison variable*: la résistance de comparaison est un rhéostat de 1 à 10,000 unités, et comme branches de proportion, on emploie deux séries de trois bobines (10, 100, 1,000); le rapport pouvant être égal à $0.01 - 0.1 - 1 - 10 - 100$, on pourra mesurer des résistances comprises entre 0.01 et 1,000,000 d'unités.

Dans le *pont à curseur* ou à *fil calibré*, on a soin, en général, de placer le contact mobile dans la branche du galvanomètre et non dans celle de la pile, pour éviter l'oxydation du contact par les étincelles de rupture. Cette forme est surtout employée dans le laboratoire pour l'étalonnement des copies de l'unité ou la mesure des très petites résistances (pont de l'association Britannique, double balance de Thomson, balance de Matthiessen et Hockin).

b) Galvanomètre différentiel (V. ce mot). La résistance x à mesurer est placée dans l'un des circuits, et un rhéostat variable dans l'autre. Quand l'équilibre existe, $x = R$ (la résistance introduite).

Si la résistance à mesurer est plus grande ou plus petite que les résistances de comparaison dont on dispose, on introduit une dérivation de pouvoir multiplicateur m dans le circuit galvanométrique relié à la résistance la plus faible. On a alors, $x = mR$ ou $R = mx$, suivant le cas.

On peut faire usage d'un galvanomètre différentiel à *circuits inégaux* (G, g). Alors I et i étant les intensités envoyées par la pile dans les circuits g et G, m et M les actions des circuits sur l'aiguille pour une intensité égale à l'unité, on a, pour l'équilibre, $M i = m I$.

D'où pour la *constante* de l'instrument,

$$ C = \frac{I}{i} = \frac{M}{m}. $$

On mesure C en intercalant des résistances A et a de façon à amener l'aiguille au zéro. Alors :

$$ C = \frac{A + G}{a + g}. $$

On met la résistance inconnue x à la place de A et le rhéostat R à la place de a, et on a :

$$ x = C(R + g) + G. $$

Avec des piles différentes $(ne, nr - n'e, n'r)$, on a :

$$ x = C \frac{n}{n'}(n'r + g + R) - (nr + G). $$

2° *Méthode de substitution* (galvanomètre quelconque): cette méthode, comme la suivante, est surtout employée pour la mesure des très grandes résistances.

La pile ne mise en circuit avec la résistance x et le galvanomètre, donne une déviation δ; on reproduit cette déviation avec la pile $n'e$ dans le circuit d'un rhéostat variable R et du galvanomètre dérivé avec une bobine de pouvoir m. On a :

$$ x = m \frac{n}{n'} \frac{\delta'}{\delta}\left(n'r + \frac{g}{m} + R\right) - (nr + g). $$

3° *Méthode de comparaison* (galvanomètre à déviations proportionnelles). Si la pile $n'e$ donne une déviation δ' dans le second circuit avec une résistance fixe R,

$$x = m\frac{n}{n'}\frac{\delta'}{\delta}\left(n'r + \frac{q}{m} + R\right) - (nr + g).$$

Dans la mesure des résistances des lignes télégraphiques mises à la terre à leur extrémité, l'opération est souvent troublée par les *courants de terre*. On peut tenir compte de ces courants étrangers en faisant la mesure successivement avec le courant positif et le courant négatif de la pile d'essai, et la moyenne des deux résistances ainsi trouvées représente le plus souvent assez fidèlement la résistance vraie; mais on peut opérer aussi par les méthodes servant à la mesure de la résistance intérieure des piles. — V. PILE.

La méthode indiquée à l'article PILE (fig. 142), peut servir à la mesure de la résistance du galvanomètre, en transposant la pile et le galvanomètre.

D'une façon générale, la résistance d'un circuit complexe contenant des forces électro-motrices peut se mesurer comme la résistance d'une pile. Si on relie par un galvanomètre g deux points de ce circuit dont la différence de potentiel primitive soit V-V', R étant la résistance du circuit complexe entre ces deux points, l'intensité i qui traverse le galvanomètre est égale à

$$\frac{V - V'}{R + g},$$

et le système se comporte comme une pile de force E=V-V' et de résistance intérieure R.

Résistance des liquides. La résistance des liquides peut se mesurer par les mêmes méthodes que celle des solides, en plaçant la solution à étudier dans un rhéostat à liquide; mais, pour éviter les causes d'erreur provenant de la polarisation des électrodes, il faut avoir soin que les plaques polaires soient faites du métal qui entre dans la dissolution que l'on étudie.

A défaut, on peut, dans la méthode du galvanomètre différentiel, placer dans l'un des circuits un rhéostat à liquide A, et dans l'autre un rhéostat identique B suivi d'un rhéostat métallique variable; on fera varier la résistance de ce dernier et la longueur de la colonne liquide A, de manière à amener au zéro l'aiguille du galvanomètre.

On se met à l'abri de toute cause d'erreur en faisant pénétrer deux fils de platine a et b dans un tube contenant le liquide, et mesurant la différence de potentiel des points a et b avec un électromètre : r étant la résistance de la colonne liquide comprise entre les deux fils, et i l'intensité du courant, cette différence est égale à ri. On détermine r en comparant cette différence de potentiel à celle de deux autres points pris dans le même circuit, et entre lesquels se trouve une résistance connue. — J. R.

RÉSORCINE. T. de chim. Syn. : *Métadioxybenzol.* Phénol diatomique de la famille benzénique, isomère de l'hydroquinon (série para) et de la pyrocatéchine (série ortho), ayant donc pour formule $C^{12}H^2(H^2O^2)^2$ ou

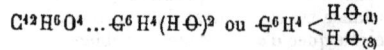

$$C^{12}H^6O^4\ldots C^6H^4(HO)^2 \text{ ou } C^6H^4 < \begin{matrix} HO_{(1)} \\ HO_{(3)} \end{matrix}$$

Il a été découvert par Hlasiwetz et Barth et, d'après Fischli, est de la série *para*. C'est un corps qui se présente sous la forme de cristaux prismatiques rhomboïdaux, neutre aux réactifs colorés, fondant à 104-110° centigrades, bouillant à 271°, mais se sublimant avant cette température. Sa densité est de 1,27 (Calderon). Il est très soluble dans l'eau (147 0/0 à 15°) à laquelle il communique une saveur légèrement sucrée puis amère, dans l'alcool et l'éther; mais il est insoluble dans le chloroforme et le sulfure de carbone. La solution aqueuse de résorcine se colore en violet foncé par le perchlorure de fer, elle donne aussi une teinte violette, mais fugace, avec le chlorure de chaux; elle réduit à chaud la solution ammoniacale d'azotate d'argent. La résorcine se dissout dans l'acide sulfurique (nitreux) fumant, en donnant une couleur jaune orangé qui verdit après quelque temps, puis passe au bleu et enfin au pourpre par la chaleur; cette solution neutralisée par la soude devient rouge carmin et fluorescente (E. Kopp); l'acide pur ne donne pas ce caractère. Oxydée par la potasse, la résorcine se change en phloroglucine, $C^{12}H^6O^6\ldots$ $C^6H^6O^3$; chauffée avec l'anhydride succinique, elle donne la succinéine de la résorcine (Bœyer); avec l'acide azoteux, elle fournit des dérivés magnifiquement colorés (Weselsky) qui auront certainement la vogue des dérivés de la houille, lorsque l'on aura pu produire la résorcine à très bon marché. La résorcine fournit un grand nombre de dérivés par substitution, tels que l'*acide oxypicrique* ou *résorcine trinitrée*, $C^{12}H^3(AzO^4)^3O^4$ qui se forme dans l'action de l'acide azotique sur presque toutes les gommes résines.

SYNTHÈSE ET PRÉPARATION. La résorcine se forme par l'action de la potasse fondante sur certaines gommes-résines, telles que le galbanum, l'assafœtida, la gomme ammoniaque, ainsi que par la distillation sèche de l'extrait de certains bois colorants, comme le bois du Brésil, le bois de sapan; ce n'est là qu'une modification du principe colorant de ces matières, comme le montre la réaction suivante :

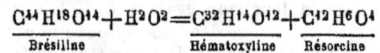

$$\underset{\text{Brésiline}}{C^{14}H^{18}O^{14}} + H^2O^2 = \underset{\text{Hématoxyline}}{C^{32}H^{14}O^{12}} + \underset{\text{Résorcine}}{C^{12}H^6O^4}$$

ou

$$C^{22}H^{18}O^7 + H^2O = C^{16}H^{14}O^6 + C^6H^6O^2;$$

On produit encore la résorcine par l'action de la potasse sur le métaiodophénol

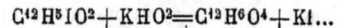

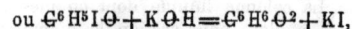

$$C^{12}H^5IO^2 + KHO^2 = C^{12}H^6O^4 + KI\ldots$$

ou $C^6H^5IO + KOH = C^6H^6O^2 + KI,$

ou sur les sels de l'acide chlorobenzinosulfurique, $C^{12}H^5Cl\ldots C^6H^9Cl$ (Oppenheim et Wogt), ou encore avec ceux de l'acide parasulfophénique (Kœrner). On a d'abord préparé la résorcine en épuisant le galbanum par l'alcool, puis en reprenant le résidu par la potasse fondante. La masse refroidie est agitée avec de l'éther qui dissout la résorcine; on fait deux ou trois traitements éthérés, puis on distille les liqueurs pour enlever l'éther. On obtient ainsi des cristaux impurs chargés d'acides volatils gras que l'on enlève en lavant ces cristaux d'abord à l'eau chaude, puis en ajoutant de l'eau de baryte, et en redissolvant la résorcine par l'éther.

Dans l'industrie, on agit en suivant le procédé Oppenheim et Vogt. On traite la benzine chlorée à chaud par l'acide sulfurique, puis on sature par le carbonate de baryte et on transforme le sel barytique en sel de potasse. Alors on fond ce dernier avec deux fois son poids de potasse, on obtient une masse rougeâtre que l'on reprend par l'acide chlorhydrique, enfin on agite avec de l'éther. L'évaporation donne aussitôt des cristaux de résorcine.

Usages. La résorcine sert à faire la *fluorescéine* (phtaléine de résorcine) (V. Eosine), laquelle tétrabromée est l'*éosine*. Ses principaux dérivés sont la *diazorésorcine*, $C^{36} H^{12} Az^2 O^{12}$... $G^{18} H^{12} Az^2 O^6$ et la *tétrazorésorcine*, $C^{36} H^6 Az^7 O^{30}$... $G^{18} H^6 Az^7 O^{15}$.

La résorcine est, depuis peu, employée en médecine, elle sert, à la dose de 1 à 1,5 0/0, comme antiseptique et antiputride ; à l'intérieur, on l'administre comme excitant du système nerveux central, on peut en prendre jusqu'à $2^{gr},5$ à 3 grammes ; elle abaisse très rapidement la température ; à dose plus élevée, elle devient toxique. — J. C.

RESSAUT. *T. d'arch.* Tout corps de bâtiment qui fait saillie en se projetant en dehors d'une ligne ou d'une surface. || *T. de couv.* Nom des bourrelets ménagés à l'extrémité des nappes de plomb ou de zinc qui forment le fond d'un chéneau. || *T. d'hydraul.* — V. Remous.

RESSEMELAGE. *T. techn.* Action de remettre de nouvelles semelles à de vieilles chaussures.

*RESSENCE.** *T. techn.* Pâte de savon. || Usine où l'on traite les marcs d'olives pour en extraire l'huile qu'ils contiennent encore.

*RESSING.** *T. techn.* Instrument d'acier de forme variée, à l'usage de l'orfèvre et du ciseleur. — V. Ciselure, § *Ciselure repoussée.*

RESSORT. En *techn.*, pièce d'acier trempé et recuit, ou d'autre matière, disposée de façon qu'elle peut reprendre sa première situation, quand elle cesse d'être comprimée ; les ressorts servent à une foule d'usages, on en distingue de plusieurs sortes parmi lesquelles sont les *ressorts à boudin* et les *ressorts à lames* plus ordinairement usités.

Le *ressort à boudin* est formé par l'enroulement à chaud en hélice, d'une tige ou lame d'acier. On communique ensuite par la trempe une certaine rigidité à cette hélice ; il en résulte que pour changer le pas de cet enroulement, il faut développer un effort qui varie avec la dimension de la tige et qui peut servir, soit à amortir un choc, soit à le mesurer.

Le *ressort à lames* ou *à feuilles* se compose de lames d'acier d'égale épaisseur, cintrées suivant un certain rayon, et dont la largeur va en décroissant régulièrement. Cette forme a pour but de donner à l'ensemble une *égale résistance à la flexion*, tout en assurant le travail isolé de chacune des lames. Ce ressort a plus de mobilité que

s'il était d'une seule pièce, et sa trempe peut être également plus homogène.

Les lames de ressort sont des plats dont l'épaisseur est en raison de la mobilité que l'on veut obtenir. En les passant de champ au laminage on obtient, sur la tranche, un arrondi qui ne sert que pour l'ornement.

La lame est coupée à longueur voulue et ses extrémités sont arrondies sur les angles. On la chauffe pour lui donner la forme qu'elle doit avoir, ce que l'on obtient en l'appliquant sur une matrice ; elle est ensuite trempée. Par un recuit qui se fait au *bois brûlant*, on enlève ce que la trempe a de trop énergique et on communique plus de résistance à la lame ; on réchauffe cette lame à une température telle qu'un morceau de bois que l'on frotte dessus, commence à s'enflammer ; pour être sûr de ne pas dépasser ce point, on procède par tâtonnements progressifs.

Chacune des lames ayant été ainsi mise de forme, trempée et recuite au point voulu, il faut procéder à l'assemblage. On a disposé, au préalable, au milieu de chaque lame, un orifice que traverse un boulon ; il suffit alors d'enfiler chacune d'elles sur ce boulon pour effectuer le montage.

Ressorts des véhicules. Les ressorts sont l'intermédiaire obligé dans la suspension des véhicules, pour soustraire la caisse proprement dite aux chocs et aux secousses continuelles que la chaussée imprime aux roues ; celles-ci, avec leur essieu, se prêtent alors plus librement aux inégalités de la voie, elles s'élèvent par exemple sous l'influence des dénivellations et peuvent retomber sans se séparer brusquement de la voie, comme elles le feraient nécessairement si la masse choquante était étendue au véhicule entier. Les ressorts se dilatent ou se compriment suivant les besoins, et la caisse prend un mouvement ondulatoire, plus allongé et plus doux, sans ces brusques saccades qui sont fatigantes pour le voyageur et destructrices du matériel.

Malgré le rôle capital que les ressorts jouent ainsi dans la suspension des véhicules et qui en font, pour ainsi dire, un complément absolument indispensable de tout moyen de locomotion, l'humanité a traversé des civilisations même avancées sans y avoir recours, et c'est à une époque relativement récente qu'on est arrivé à les mettre en application (V. Carrosse). Les premiers véhicules suspendus étaient soutenus par des ressorts à lames de cuir assemblées, quelquefois par des lames de fer ou de bois, ou disposés autrement à la façon des palanquins avec la caisse oscillante, rattachée aux brancards par de simples cordes ou des bandes d'étoffe. Un pareil mode de suspension devait rendre les voyages particulièrement pénibles, mais il faut reconnaître, d'ailleurs, que le mauvais état des routes ne permettait guère les déplacements en voiture, si ce n'est avec une marche relativement lente, dans laquelle cette suspension imparfaite était encore supportable. L'usage des ressorts tel que nous les comprenons aujourd'hui, n'est guère entré effectivement dans la pratique générale pour les voitures des particuliers, que lorsque les progrès de la métallurgie et l'invention du laminage réalisés au siècle dernier, permirent de les obtenir entièrement en métal, en préparant des barres plates d'acier suffisamment dur, auxquelles on peut donner facilement les formes nécessaires pour leur assurer la résistance et la flexibilité.

Les véhicules de chemins de fer qui circulent sur une voie mieux unie, dépourvue en quelque sorte de toute dénivellation, ne peuvent cependant pas non plus se passer de ressorts, car l'excès de vitesse compense là les avantages de la régularité de la surface de roulement, et la suspension est d'ailleurs tellement nécessaire à la conservation du matériel roulant et même à celle du matériel fixe, qu'on n'hésite pas à l'appliquer même sur les vagons de marchandises, malgré la faible vitesse de marche de ces derniers. Les ressorts ne sont pas moins indispensables pour l'attelage de ces véhicules, afin de les soustraire aux chocs et aux réactions longitudinales qui se produisent nécessairement dans la marche du train dont ils font partie. Les progrès des chemins de fer ont donc amené, comme on le voit, une transformation considérable dans la suspension et l'attelage des véhicules, et les types de ressorts les plus variés y trouvent en effet leur application, comme les ressorts à lames longitudinales, les ressorts en spirale, les rondelles Belleville, les rondelles et lames de caoutchouc.

Les ressorts de suspension des vagons de chemins de fer sont toujours placés aussi près que possible de la masse choquante, et ils reposent directement sur la boîte à graisse, avec interposition quelquefois de lames en caoutchouc pour adoucir la suspension, surtout dans les pays où le ballast perd son élasticité sous l'influence des gelées fréquentes. Les essais pratiqués dans ce sens en Suède, et en Angleterre sur le réseau du Great-Eastern ont donné des résultats favorables à cette application, qui toutefois ne s'est guère répandue.

La forme théorique à donner aux ressorts est celle d'une lame à profil longitudinal parabolique qui présente l'avantage de réaliser une économie d'un tiers de matière sur la lame à profil constant, tout en doublant la force vive qu'elle peut absorber. On n'emploie plus actuellement de ressorts formés d'une lame unique, dont la trempe présentait d'ailleurs des difficultés excessives en raison de l'inégalité d'épaisseur, et on y a substitué d'abord le ressort formé de lames étagées de même longueur, non jointives. Ce type est luimême aujourd'hui universellement abandonné et remplacé par le ressort à feuilles jointives de longueurs décroissantes, usité d'ailleurs depuis longtemps dans la carrosserie ordinaire. On peut arriver facilement en effet, avec cette disposition, à assurer l'égalité de résistance des éléments qui composent le ressort: chacune de ces lames pouvant fléchir isolément avec son axe neutre particulier, sous une charge donnée, la charge d'aplatissement par exemple, et supportant dans les fibres

extrêmes une tension moléculaire qui varie peu d'une feuille à l'autre.

La théorie des ressorts a été établie d'une manière complète par M. Philipps (V. *Annales des mines* 1852, 5e série, tome I), et nous ne pouvons que renvoyer nos lecteurs à ce travail des plus remarquables, qui a servi de point de départ pour l'établissement des formules pratiques actuellement admises dans la construction des ressorts. On remarquera, d'ailleurs, que la détermination complète de ces éléments ne peut se faire que par l'expérience et par comparaison avec les installations déjà réalisées, suivant le degré de douceur de suspension qu'on veut obtenir. On conçoit, en effet, qu'il y a là une question d'appréciation sur la limite à garder : un ressort de grande masse et de flexibilité réduite donne une suspension trop dure, tandis que par contre, un ressort trop flexible peut déterminer des oscillations continuelles qui deviennent encore plus désagréables aux voyageurs. La flexibilité donnée aux ressorts varie donc évidemment dans des limites très étendues, suivant la nature des véhicules, et même l'état général des chaussées sur lesquelles ils sont appelés à circuler; pour les voitures de chemins de fer elles-mêmes, on rencontre aussi de grandes différences, et d'après M. Personne (V. *Revue générale des chemins de fer*, numéro de juin 1881), la flèche admise varie suivant les Compagnies entre 60 et 145 millimètres par tonne pour les voitures de luxe, et voitures de toutes classes; entre 30 et 40 millimètres par tonne pour les fourgons à bagages; entre 14 et 20 millimètres par tonne pour les vagons à marchandises.

La longueur et le poids des ressorts employés sur les voitures nouvelles de chemins de fer se sont accrus nécessairement en même temps que la longueur même des voitures et le plus grand écartement donné aux roues : la longueur est passée ainsi de 1m,80 ou 2 mètres à 2m,20 sur les voitures de première classe de la Cie d'Orléans, et 2m,30 sur celles de la Cie de l'Est, et le poids a été porté de 70 à 140 kilogrammes. Sur les voitures des autres classes et sur les fourgons à bagages, on est arrivé de 1m,40 à 1m,60 et même 1m,80, tandis que sur les vagons à marchandises on s'en tient toujours à la longueur de 1 mètre avec des poids de 45 à 55 kilogrammes.

Les ressorts de suspension de vagons employés en France sont toujours formés de lames étagées de longueurs inégales et jointives, comme nous l'indiquions plus haut; les extrémités de ces lames sont graduellement amincies, suivant un tracé parabolique qui donne aux ressorts un aspect plus élégant, en complétant la forme du solide d'égale résistance. Ces lames ont généralement une section rectangulaire arrondie dans les angles, elles sont le plus souvent assemblées entre elles au milieu de leur longueur par un boulon ou un rivet, et aux extrémités par des étoquiaux glissant dans des parties évidées, pratiquées à cet effet sur le bout des feuilles. Cette disposition, qui a l'inconvénient d'affaiblir les feuilles et d'entraîner des ruptures assez fréquentes dans les sections ainsi percées, est aujourd'hui remplacée avantageusement par un assemblage comportant au milieu des feuilles des cannelures longitudinales venues au laminage, qui s'emboîtent dans des rainures correspondantes, ménagées en saillie sur la surface opposée des feuilles. Les cannelures glissent ainsi librement dans les mouvements de flexion du ressort, et elles préviennent toute déviation latérale des feuilles.

Les ressorts ont été fabriqués longtemps en acier corroyé, mais ce métal a été remplacé progressivement par l'acier Bessemer ou surtout par l'acier Siemens que les forges arrivent aujourd'hui à fabriquer à bas prix dans toutes les nuances de dureté. Certaines Compagnies de chemins de fer cependant, emploient surtout pour les locomotives des ressorts de qualité supérieure, d'une plus grande flexibilité, exigeant l'emploi de l'acier au creuset. La Compagnie d'Orléans, par exemple, demande des aciers présentant un allongement de 6 à 7 millièmes sous la flexion correspondant à la limite d'élasticité, tandis que les aciers ordinaires donnent seulement 5 millièmes.

Les ressorts sont presque toujours rattachés aux longerons du châssis qui les charge, par l'intermédiaire de menottes articulées qui ont l'avantage de diminuer le frottement et de laisser aux essieux plus de liberté d'oscillation ; dans ce cas, la maîtresse feuille est enroulée à son extrémité pour embrasser la menotte. — V. Vagon.

En dehors des ressorts de suspension proprement dits qui supportent l'ensemble de la caisse et du châssis, on interpose en outre sur les véhicules à grande vitesse qui sont alors dits *à double suspension*, des ressorts spéciaux, soit pour supporter la caisse séparément, ou même pour isoler les sièges proprement dits du plancher des caisses. Ceux qui sont intermédiaires entre la caisse et le châssis sont constitués ordinairement par des rondelles ou de simples plaques de caoutchouc, ou même par de petits ressorts en spirale, montés dans les mêmes conditions. Ceux des sièges sont formés souvent par de simples sommiers élastiques, ou même par des olives de caoutchouc.

Les ressorts jouent enfin un rôle considérable pour les véhicules de chemins de fer comme appareils intermédiaires de choc et de traction, et on ne néglige jamais d'en munir les wagons de toute nature, même ceux de marchandises, car on a reconnu que l'application de ces appareils élastiques était tout aussi indispensable à la conservation du matériel, qu'au seul point de vue des voyageurs.

Les ressorts placés sous chaque voiture sont généralement doubles, les uns étant disposés pour absorber les efforts de choc, et les autres ceux de traction. Il arrive quelquefois cependant qu'ils sont communs pour ces deux actions, mais dans ce cas, ils sont presque toujours conjugués pour la traction au moyen de feuilles additionnelles spéciales réunies par des bielles de connexion.

Les ressorts de choc, généralement indépendants de ceux de traction, sont constitués souvent par des spirales type Brown ou Baillie, ou par des rondelles métalliques type Belleville. Les ressorts en spirale sont constitués par une lame d'acier enroulée en spirale conique, comme nous l'avons indiqué plus haut. La section de la barre est une ellipse dans le premier type (Brown), ou un rectangle arrondi aux angles dans le second (Baillie). Cette dernière forme a l'avantage de guider mieux les spires dans la flexion du ressort, et les ruptures sont par suite moins fréquentes.

Les rondelles Belleville sont formées d'une série de lames d'acier ayant la forme de cônes tronqués très aplatis et sans fond. Deux lames d'acier superposées par leur grande base, forment un couple qui peut s'aplatir et revient ensuite à sa forme initiale ; une réunion de plusieurs couples analogues faite en telle quantité qu'il est nécessaire suivant la longueur à obtenir, constitue un ressort formé, comme on voit, d'éléments indépendants, qui peut continuer de fonctionner malgré la rupture de l'un d'entre eux. On a essayé également les rondelles en caoutchouc auxquelles on paraît renoncer aujourd'hui : celles-ci sont assemblées sur un axe commun pour constituer le ressort, et elles sont isolées par une feuille de tôle, interposée après chaque rondelle qui les empêche ainsi de pénétrer l'une dans l'autre. — V. Rondelle.

Ressorts pour carrosserie. La résistance que le cheval doit vaincre pour traîner une voiture est d'autant plus faible que la suspension est meilleure, car les efforts sans cesse variables qu'il doit exercer sur une voiture non suspendue, sont remplacés, pour une voiture suspendue, par des efforts moindres et plus réguliers.

Le ressort amortit les chocs provenant des inégalités des routes, ménage la voiture, la rend moins fatigante pour le voyageur et facilite le roulement en diminuant le tirage.

D'après le général Morin, sur des routes inégales, la résistance croît moins vite avec la vitesse, pour les voitures suspendues, que pour celles non suspendues ; il faut donc une suspension d'autant plus parfaite que les voitures sont destinées à marcher plus vite, et il faut qu'elle soit proportionnée à la charge de la voiture pour amortir les chocs sans donner des oscillations désagréables. Les ressorts doivent donc s'appliquer à toutes les voitures, non seulement aux voitures de luxe auxquelles ils donnent le confort indispensable, mais aussi aux voitures de transport, pour ménager les chevaux ou leur permettre de traîner, sans plus de fatigue, un poids plus considérable.

Les ressorts de carrosserie sont à lames et sont composés comme il a été indiqué pour les ressorts de chemins de fer. Les étoquiaux au lieu d'être à découvert, dans le bout des feuilles, sont cachés ; ils sont refoulés à chaud dans l'épaisseur de la feuille qu'ils n'affaiblissent pas comme le font les étoquiaux rapportés. Les bouts de feuilles sont limés avec des chanfreins de formes diverses, suivant le goût de chaque constructeur de voitures.

Les ressorts doivent être aussi écartés l'un de l'autre que possible pour donner de la stabilité et une meilleure suspension.

Les principaux types utilisés dans la carrosserie sont : les *ressorts droits*, les *ressorts pincette*, les *ressorts demi-pincette*, les *ressorts en C* et les *ressorts à jambe de force*; ces deux derniers sont employés pour les montages à huit ressorts.

Les *ressorts droits*, ainsi nommés parce qu'ils deviennent presque droits sous la charge, ont en réalité la forme

Fig. 436. — *Ressort droit, à rouleaux hors du cintre.*

représentée par la figure 436; ils sont terminés le plus souvent par des rouleaux dans lesquels passent les boulons qui les fixent aux supports, et dans l'exemple que nous donnons, ces deux rouleaux sont situés hors du cintre; quelquefois le rouleau est remplacé par des glissoirs, parties plates qui portent sur les supports. Dans certains montages, les ressorts sont terminés par des parties demi-cylindriques, auxquelles on donne le nom de *cuiller* et qui reçoivent un anneau en fer, garni de cuir ou de caoutchouc, qui les relie, au moyen d'une menotte, à deux autres ressorts placés en travers; ce montage en châssis laisse à l'ensemble du système la liberté nécessaire pour l'allongement sous la charge.

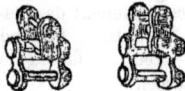

Fig. 437. — *Ressort demi-pincette à main.*

Les *ressorts pincette* sont formés de deux ressorts droits dont les concavités sont tournées l'une vers l'autre. Celui du dessous, que l'on fixe sur le patin de l'essieu, est terminé par deux rouleaux qui sont ajustés dans les deux mains qui terminent celui du dessus. Ces mains sont de formes diverses; deux boulons les réunissent aux rouleaux et constituent ainsi une charnière. La flexibilité de cette disposition est double de celle d'un ressort droit de mêmes dimensions.

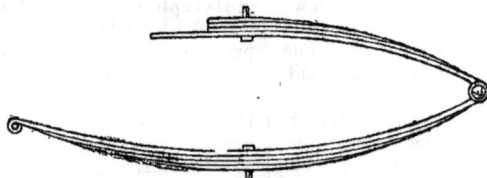

Fig. 438 et 439.

Dans les *ressorts demi-pincette* (fig. 437), le ressort du dessus est coupé, un peu après son milieu, pour être fixé par des boulons aux pièces en fer ou *moutonnets*, qui supportent la voiture; on relie les extrémités libres des deux ressorts inférieurs ou menottes d'essieu, par un ressort de travers et deux menottes (fig. 438 et 439). La demi-pincette, au lieu d'être en pointe comme le représente la figuré 437, est souvent terminée par une crosse et une jumelle (fig. 440), et donne plus de douceur à la suspension, parce que l'allongement

sous la charge se fait plus librement, le ressort d'essieu et le ressort à crosse pouvant, grâce à la jumelle, s'allonger sans être bridés l'un par l'autre.

Les ressorts pincette sont quelquefois remplacés par des *ressorts en C* (fig. 441) faisant ressort d'essieu et fixés sur les patins. L'extrémité supérieure est reliée aux deux moutonnets qui sont ou en fer ou formés de lames de ressorts, par une soupente ou par un cuir, tandis que l'extrémité inférieure est fixée directement à la voiture par deux boulons, ou est reliée par des menottes à un ressort de travers.

Les montages à huit ressorts qui ne s'appliquent qu'aux voitures de grand luxe, sont formés de quatre *ressorts à jambe de force* (fig. 443), surmontés chacun d'un ressort en C (fig. 442) portant un cric pour tendre les soupentes en cuir. Ces ressorts à jambe de force sont composés d'un ressort à rouleaux fixé sur l'essieu et surmonté d'une jambe de force en fer; une jumelle laisse la liberté du mouvement au ressort d'essieu. Ce montage coûte cher, non seulement à cause de sa complication, mais aussi parce qu'il faut relier le train d'avant et le train d'arrière par une flèche en fer forgé; il donne une très grande douceur à la voiture.

Pour éviter le bruit de grincement des boulons, on garnit de bronze les articulations, en entourant le boulon d'un tube et en interposant deux rondelles de même métal sur les côtés de la main. On forme ainsi une bobine qui sépare les deux parties du ressort et en facilite le mouvement. Cette bobine se fait aussi en caoutchouc; il résulte de son élasticité que les chocs produits par les inégalités du sol et qui se transmettent intégralement au ressort d'essieu, ne peuvent se répercuter dans la partie supérieure du ressort pincette que par l'intermédiaire de la bobine élastique, et sont ainsi amortis soit par le tube, soit par les oreilles de cette bobine. Ces

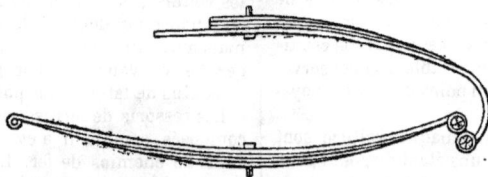

Fig. 440: — *Ressort demi-pincette, à crosse et à jumelle.*

deux modèles ont été créés par M. G. Anthoni. La bobine en caoutchouc a pour but de donner à la voiture des mouvements élastiques dans tous les sens, et d'améliorer ainsi les ressorts qui ne produisent d'effet que dans le sens vertical, tandis qu'ils transmettent dans le sens de la traction et dans le sens transversal, tous les chocs horizontaux produits par les aspérités du sol; la bobine en caoutchouc, en évitant ces chocs horizontaux, produit une suspension très douce, tout en évitant, comme la bobine en bronze, le bruit de grincement des boulons.

Le caoutchouc s'applique encore comme ressort, pour isoler en tous sens et amortir les chocs, dans les montages dits *élastiques* et *isolants*.

Entre le ressort et l'essieu d'une voiture, par exemple, on place une bobine carrée en caoutchouc dont l'isolement complet amortit les chocs et donne aux voitures une grande douceur.

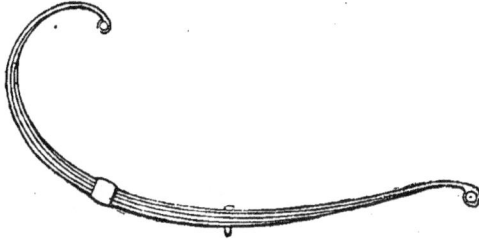

Fig. 441. — *Ressort en C faisant ressort d'essieu.*

Enfin, ce même montage élastique et isolant est applicable à tout ce qui doit être isolé du sol ou des murs, soit pour ne pas transmettre ses vibrations, soit pour n'en pas recevoir. Les principales applications en ont été faites à des machines à vapeur, des marteaux pilons, des transmissions, des essoreuses, des pompes, des voitures, des locomobiles, des presses à imprimer. Cet isolement complet dans tous les sens est obtenu par des pièces en caoutchouc, de qualité, de forme, de surface et d'épaisseur à déterminer dans chaque cas particulier.

En employant une bonne qualité de caoutchouc et en réduisant la pression par centimètre carré à la limite convenable pour éviter l'usure, on peut dire que sa durée est indéfinie et qu'il peut pratiquement rendre d'excellents services comme ressort destiné à amortir les chocs, les trépidations, les vibrations, et à diminuer le bruit.

Fig. 442. — *Ressort en C avec cric.*

Ressorts-moteurs d'horlogerie. Les articles CHRONOMÈTRE et HORLOGERIE ont montré que le moteur des rouages des chronomètres, des montres et de la plupart des pendules, est un ressort formé d'une longue lame, ou plutôt d'un mince ruban d'acier enroulé en spirale sur lui-même et qui, bandé par l'action du remontage, produit, par sa réaction élastique, la mise en mouvement d'un train d'engrenages.

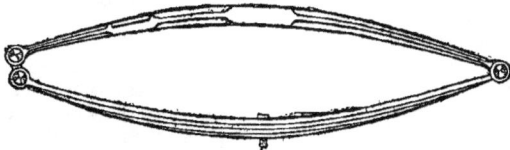

Fig. 443. — *Ressort à jambe de force.*

Le ressort moteur des montres et des pendules ordinaires est d'égale épaisseur sur sa largeur et sur sa longueur. On en obtient un meilleur usage en l'amincissant légèrement du milieu de sa largeur en allant vers les bords, de façon qu'en opérant une section perpendiculaire à sa lar-

geur, le milieu en soit un peu renflé. Cette forme offre l'avantage d'une diminution de la résistance due à l'adhérence entre les surfaces frottantes (qui est en raison de l'étendue des surfaces graissées) et, par un effet de capillarité, elle fait revenir l'huile aux contacts d'où elle a été chassée.

Outre cette forme de ressorts d'une application générale, il en est une autre d'un usage particulier. Nous voulons parler du ressort dit en *fouet*; c'est-à-dire allant en diminuant d'épaisseur sur sa longueur, selon une certaine progression. On en a fait emploi de deux manières : 1° en fixant à l'axe du barillet l'extrémité la plus forte, la plus faible étant accrochée à l'intérieur de la virole du barillet; 2° en disposant en sens inverse ce ressort. Dans le premier cas, les tours du centre du ressort bandé sont violemment poussés de côté et frottent durement les uns sur les autres; il en résulte une perte de force motrice, perte qui va en s'atténuant avec le déroulement. On a cru, par ce moyen, diminuer l'inégalité de l'action du moteur, mais ce procédé est défectueux. En général, mieux vaut un ressort d'égale épaisseur partout, plus fort et plus long, dont on utilise seulement un certain nombre de tours, choisis entre les positions où la différence de tension est la plus faible.

Quant au ressort en fouet disposé en sens inverse, c'est-à-dire l'extrémité la plus épaisse du ressort, accrochée à l'intérieur du tambour du barillet, il donne une inégalité de tension (du haut au bas de sa bande) plus grande, ce qui n'a aucun inconvénient pour les chronomètres munis de la fusée (qui rend égale l'action du moteur sur le rouage), et il offre cet avantage considérable que son déroulement a lieu avec plus de régularité et un moindre frottement entre les spires, celles-ci se détachant facilement les unes des autres dès le début du déroulement.

De grandes usines fabriquent actuellement les ressorts d'horlogerie par des procédés mécaniques qui ont l'inconvénient, par certaines opérations, de brutaliser l'acier ou, si l'on veut, d'en corrompre l'état moléculaire. C'est probablement la raison pour laquelle un grand nombre de nos ressorts actuels, bien faits, beaux à l'œil, n'ont pas le nerf des ressorts faits par les anciens procédés ; il est vrai que les produits de l'industrie moderne reviennent relativement à un extrême bon marché. Consulter : l'*Encyclopédie* ; le *Traité d'horlogerie moderne*, de C. Saunier (article *Moteur-ressort*) ; pour la théorie, *Traité mécanique*, de Résal de l'Institut. — c. s.

Ressort. *Ressort à chien.* Lame en forme de V que l'on place à la réunion des deux branches d'un instrument pour les écarter. || *Ressort de gâchette.* Ressort qui, dans une arme à feu, presse sur la gâchette pour en maintenir le bec dans les crans de la noix. || *Ressort de marteau.* Sorte de pièce de bois ou de métal dont l'une des extrémités est fixe, et qui agit à la façon d'un ressort pour relever le manche d'un marteau de forge. || *Ressort antagoniste.* — V. ANTAGONISTE.

RESSUAGE. T. de métall. Les lingots d'acier portent généralement à leur surface des petites cavités causées par les soufflures, et qui donnent à l'étirage, des fils nuisibles à l'aspect et à la qualité des pièces. Le ressuage a pour but de faire disparaître ces soufflures à la surface des lingots. Dans ce but, on place dans un four chauffé, les lingots préalablement recouverts d'une couche peu épaisse d'argile ordinaire ; on porte la chaleur au point le plus élevé que puisse supporter l'acier et, par un martelage sur toutes les faces, on expulse l'argile fondue. L'oxyde de fer qui tapissait l'intérieur des soufflures, s'est combiné avec le silicate d'alumine qui constitue l'argile, et permet la soudure parfaite des cavités superficielles. || *T. de céram.* Expulsion de l'excès d'eau que contient une pâte, et qui s'obtient par compression, par filtration, par évaporation et par absorption. — V. CÉRAMIQUE, § *Technologie*.

*RESSUI. **T. techn.** Défaut d'une poterie humide.

RESTAURATEUR. T. de mét. Outre son acception bien connue, ce mot désigne encore un artiste dont la profession est de restaurer les vieux tableaux, les œuvres d'art dégradées.

RESTAURATION DES OBJETS D'ART. Depuis près d'un demi-siècle, la restauration des objets d'art est devenue une industrie qui a pris d'assez grandes proportions. Les vieux meubles, les faïences, les tapisseries, les terres cuites, en un mot tout ce qui constitue le monde du bibelot, étant devenu à la mode, chacun a voulu tirer parti des objets qu'il avait mis de côté ou qui offraient des défectuosités leur enlevant une partie de leur valeur. Des réparations adroites ont ainsi rendu à nos jouissances une foule de curiosités, ouvrages charmants pour la plupart, qui demeuraient oubliés où que l'on croyait perdus. Mais, par une déplorable compensation, on a souvent dénaturé des œuvres qu'il eût mieux valu conserver légèrement altérées que d'en détruire le caractère. D'autre part, l'imitation de ces mêmes

objets se fait aujourd'hui avec une telle habileté, que les faussaires n'ont pas tardé à se mettre de la partie, si bien que le mercantilisme des marchands a inventé le *truquage*, c'est-à-dire la contrefaçon qui, comme une végétation parasite, s'étend à toutes les choses d'art en général.

Cette dernière considération mise à part, une question principale divise encore les amateurs. Les uns voudraient qu'on respectât les objets d'art au point de n'y pas toucher, dans quelque état qu'ils fussent, et considèrent la restauration comme un acte de vandalisme et, bien entendu, le restaurateur comme un barbare sur lequel ils jettent l'anathème ; les autres, moins susceptibles, et qui reconnaissent qu'un tableau, une statuette, un bronze ou un meuble sont faits avant tout pour satisfaire l'œil, soutiennent qu'on doit, autant que possible, chercher à leur restituer ce qu'ils ont perdu afin de les mettre à même d'atteindre le but pour lequel ils ont été créés, car, en définitive, ici comme en toute chose, mieux vaut une jouissance imparfaite qu'une privation absolue. Cette dernière opinion prévaut, et ceux qui la combattent jouissent souvent à leur insu du plaisir que procure une œuvre d'art bien restaurée, qu'ils auraient infailliblement mise de côté avant cette restauration, ou dont ils auraient fait l'objet d'un ridicule fétichisme.

Les adversaires de la restauration seraient bien vite gagnés à sa cause s'ils connaissaient l'état de détérioration dans lequel se trouvaient, avant leur entrée dans les plus célèbres collections, bon nombre d'objets qui en font aujourd'hui l'ornement et qui seraient complètement perdus pour nous si on les eut laissés dans cet état. Quant à méconnaître les services que rend, dans bien des cas, la restauration, sous le prétexte que des industriels ont détérioré au lieu d'améliorer ou de rendre à leur état primitif les objets qu'on leur avait confiés, c'est, comme on l'a dit avec raison, rendre la profession tout entière responsable de l'imprévoyance ou de la maladresse de quelques-uns.

Quoi qu'il en soit, certains amateurs préfèrent nettoyer et réparer eux-mêmes les objets qui sont en leur possession, soit qu'ils craignent de les confier à des mains étrangères, ou qu'ils redoutent de les exposer aux dangers des transports. Nous croyons donc utile d'indiquer ici sommairement la manière de restaurer les principaux objets d'art et d'ameublement.

Marbre. Tout marbre cassé, statuette ou buste, doit d'abord être savonné à la brosse ou passé à l'eau seconde. On rince ensuite à grande eau et on laisse sécher. Cette opération exige presque toujours l'emploi de petits tenons de bois ou de cuivre, qui doivent donner plus de solidité à la partie restaurée. On recolle ensuite avec la cire blanche étendue à l'avance, où rejoint, et l'on enlève les bavures avec un couteau bien chauffé. Les éclats et les petits morceaux se font à la cire. Pour les marbres anciens d'une couleur jaunâtre, on ajoute à la cire blanche un peu de cire jaune, et on les fait fondre ensemble. On recolle aussi le marbre blanc avec du silicate de potasse uni au blanc d'Espagne, ou avec de la gomme laque blanche.

Terre cuite. Même nettoyage que pour le marbre. Les morceaux sont ensuite recollés à l'aide de plâtre fin gâché très clair ou, ce qui vaut mieux, avec du silicate de potasse et du blanc d'Espagne. L'objet une fois sec, on gratte les bavures au couteau, puis on termine en usant au papier de verre. On enduit ensuite entièrement la pièce, à l'aide d'un pinceau doux, avec une teinte à la gomme arabique, composée de quatre parties d'ocre jaune, de deux parties de rouge de brique, une partie de noir et quatre parties de blanc, en renouvelant les couches jusqu'à ce que le ton désiré soit obtenu.

Bronze doré. On nettoie les bronzes dorés en les frottant avec un pinceau un peu dur, trempé dans du vin chaud ordinaire ou dans de l'eau de savon chaude. On lave ensuite à grande eau, et on met les objets dans la sciure de bois pour empêcher l'humidité d'oxyder le métal. La sciure est enlevée à la brosse, après quoi on essuie avec un linge ou avec une peau. Si le bronze est oxydé, on fait dissoudre, dans un litre d'eau chaude, 80 grammes de cyanure de potassium ; on verse dans une terrine une quantité suffisante de ce liquide, suivant l'importance de l'objet. A l'aide d'une éponge, on lave vivement la pièce, autrement la dorure noircirait, et on la plonge aussitôt dans l'eau fraîche. L'opération doit être recommencée jusqu'à complet résultat.

Dorure sur bois. Quand cette dorure est ternie par la poussière ou par la fumée, on la lave à l'eau de puits, avec un pinceau en blaireau, puis on laisse sécher ; ensuite, un simple jaune d'œuf étendu légèrement avec un pinceau suffit pour rendre à la dorure sa fraîcheur primitive.

Argenterie. L'exposition prolongée à l'air, l'action des odeurs fortes, celle des gaz acide hydrosulfurique et acide carbonique, le contact de certains sels et bien d'autres causes, font perdre aux ouvrages d'argent le beau blanc qui caractérise ce métal. Lorsque l'éclat et la blancheur de l'argent sont peu altérés, une éponge fine, de l'eau chaude et du savon sont des agents suffisants pour les ramener à leur état primitif ; mais lorsque l'une des causes que nous avons signalées, produit des effets qui résistent à ce premier moyen de restauration, il faut recourir à l'emploi du cyanure de potassium dont la recette est indiquée au *bronze doré* (V. plus haut). Quand l'argent a repris sa blancheur ordinaire, on délaie du blanc d'Espagne dans un peu d'eau, on frotte le métal à plusieurs reprises à l'aide d'un petit tampon de linge fin, et l'on passe à la peau. La pièce a repris son éclat.

Ivoire. Pour blanchir les objets d'un usage usuel, tels que couteaux à papier, éventails, boîtes, etc., qui sont devenus jaunâtres, on les fait tremper pendant une heure au plus dans une dissolution d'eau de pluie et d'alun de roche en complète ébullition. Pendant ce temps, on frotte les objets avec une brosse douce, puis on les retire pour les faire sécher dans un linge mouillé ; une fois sec, l'ivoire reprend sa première couleur. On

polit ensuite à sec avec du blanc d'Espagne étendu sur un morceau de drap.

Fer forgé, acier poli, armes. Le nettoyage du fer et de l'acier s'opère promptement en frottant le métal avec de l'émeri en poudre arrosé de pétrole, de benzine et d'esprit-de-vin. Les armes damasquinées, polies, ciselées ou niellées, sur lesquelles le frottement de l'émeri serait nuisible à la délicatesse du travail, doivent être trempées durant un mois au moins dans un bain de benzine, et frottées après avec des chiffons de laine. Toute pièce nettoyée ainsi doit être séchée au feu et légèrement humectée d'huile. Pour éviter le nettoyage répété d'une arme ou de tout autre objet en fer ou en acier, on étend à la surface une légère couche de vernis copal incolore, délayé dans de l'essence sous laquelle toutes les finesses du travail restent visibles.

Cuivre fondu ou repoussé. Quand on veut nettoyer de vieilles dinanderies, on les trempe d'abord dans une solution composée de trois quarts d'eau et d'un quart de vitriol. On lave ensuite à l'eau pure et l'on passe au rouge. Si, au contraire, on veut oxyder le métal, c'est-à-dire obtenir des fonds noirs, on prépare un mélange d'huile grasse et de noir de fumée, et l'on noircit toute la pièce avec une brosse ronde ; puis, avec une brosse sèche, on enlève ce qu'il y a de trop jusqu'à ce que l'effet désiré soit obtenu.

Quant aux autres objets d'art, tels que les faïences et les porcelaines, les émaux, les laques, les tapisseries et les broderies, les dentelles, les estampes, les reliures et surtout les tableaux (V. Rentoilage de tableaux), il est plus prudent de les confier aux restaurateurs et aux artistes de profession qui joignent à un talent éprouvé, de nombreuses connaissances acquises par la pratique. — S. B.

Bibliographie : F. Thiancourt : *Essai sur l'art de restaurer les faïences, porcelaines, etc.*, 1865 ; S. Blondel : *L'art intime et le goût en France*, ch. *Nettoyage, restauration et conservation des objets d'art*, 1885.

*RESTOUT. Plusieurs peintres remarquables ont fait partie de cette famille d'artistes. Le plus anciennement connu est *Margerin*, qui vécut à Caen au xviiᵉ siècle. Son fils *Marc*, né à Caen, en 1616, mort dans la même ville en 1684, fut élève de Noël Jouvenet, fit le voyage d'Italie avec Poussin et revint se fixer à Caen où il laissa de bons tableaux. Il eût dix fils, tous artistes de valeur, parmi lesquels *Jacques*, à qui on attribue un traité de *l'harmonie des couleurs comparée à l'harmonie des sons* et la *Réforme de la peinture* (Caen, 1681) ; *Eustache* (1655-1743) fut prémontré à l'abbaye de Mondaye où il peignit plusieurs plafonds ; *Jean*, né à Caen en 1663, mort à Rouen en 1702, était gendre de Laurent Jouvenet et décora de tableaux plusieurs églises de Rouen ; *Pierre*, né en 1666, et *Charles*, né en 1668, laissèrent également des œuvres remarquables. Enfin, un autre fils, *Thomas* (1671-1745), se fit une réputation comme peintre de portraits.

Mais les deux plus connus de cette famille sont : *Jean*, fils de Jean Restout et de Madeleine Jouvenet, né à Rouen en 1692, mort à Paris en 1768, et son fils, *Jean-Bernard*, peintre et graveur, né à Paris en 1732, mort en 1795. Le premier, agréé à l'Académie en 1717, pour son tableau de *Vénus demandant à Vulcain des armes pour Enée*, fut reçu en 1720, avec *Aréthuse se dérobant aux poursuites d'Alphée*; il devint successivement professeur (1733), recteur (1752), directeur et chancelier (1761), son influence fut donc grande sur la direction de l'art au XVIIIe siècle; malheureusement il précipita la décadence de la peinture d'histoire par sa touche molle et son dessin lâché. Néanmoins, c'était encore un des meilleurs peintres de son époque; il est l'auteur du plafond de la bibliothèque de Sainte-Geneviève; et le Louvre a de lui deux belles toiles : *Le Christ guérissant le paralytique* et *Ananie imposant les mains à Saint-Paul*. Il était très fécond, et la plupart des grands musées de France et de l'étranger possèdent quelqu'une de ses œuvres. Il avait épousé une fille de Hallé, comme lui professeur à l'Académie.

Son fils, *Jean-Bernard*, remporta le prix de Rome, en 1758, avec *Abraham conduisant Isaac au sacrifice*; agréé de l'Académie en 1765, il fut admis en 1769, sur la présentation du tableau de *Jupiter et Mercure à la table de Philémon et Baucis*, aujourd'hui au musée de Tours. A la suite d'un différend avec ses collègues, il donna sa démission en 1771. Il était alors professeur. On lui doit encore la *Présentation au temple, Saint-Bruno en prière dans le désert* (au Louvre) et cinq planches à l'eau-forte qui l'ont fait placer parmi les graveurs français. Lors des débuts de la Révolution, il se fit remarquer dans les clubs et entra dans la vie politique comme directeur du Garde-Meuble; le fameux vol des bijoux le compromit; il fut enfermé à Saint-Lazare et ne dut la vie qu'au 9 thermidor. Il mourut peu après, ayant abandonné la peinture depuis longtemps. Une de ses filles, religieuse à Caen, se fit aussi une réputation comme peintre et comme musicienne.

RÉSULTANTE. *T. de mécan.* Considérons plusieurs segments de droite donnés en longueur, direction et sens, et portons les à la suite l'un de l'autre, en conservant à chacun sa direction, et de manière que l'origine de chacun d'eux coïncide avec l'extrémité du précédent. Joignons enfin l'origine du *premier* à l'extrémité du *dernier*. Le segment de droite ainsi obtenu, parfaitement défini en grandeur, direction et sens, s'appelle la *résultante* ou la somme géométrique des segments donnés, et la règle qui sert à le construire se nomme règle du polygone. — V. POLYGONE.

En mécanique, on appelle *résultante* de plusieurs forces appliquées à un même point matériel ou à un même corps solide, une force unique qui imprimerait à ce point ou à ce corps partant du repos, le même mouvement que le système des forces données qui reçoivent, par opposition, le nom de *composantes*. Il s'en suit que la résultante est une force égale et directement opposée à celle qui ferait équilibre aux forces composantes. Un système de forces peut toujours être remplacé par sa résultante. Plusieurs forces appli-

quées à un même point matériel admettent toujours une résultante unique, qui est représentée par la résultante géométrique des segments de droite qui représentent chacune d'elles. Plusieurs forces appliquées à un corps solide n'admettent qu'exceptionnellement une résultante unique, mais on peut toujours les remplacer par deux forces seulement, appelées aussi *résultantes*, ou par une *résultante* et un *couple résultant*. Plusieurs couples appliqués à un corps solide peuvent être remplacés par un couple unique dit *couple résultant*. On peut représenter les couples par des segments de droites, et l'on détermine les droites qui représentent le couple résultant par la règle du polygone. Les moments des forces sont aussi susceptibles d'une composition analogue. — V. FORCE, § *Composition des forces*, MÉCANIQUE, MOMENT, STATIQUE.

Quand un corps est animé de plusieurs mouvements simultanés ou *composants*, son mouvement définitif est dit *mouvement résultant*. Chaque point de ce corps possède ainsi, dans le mouvement résultant, une vitesse et une accélération *résultante*, et dans chaque mouvement composant une vitesse et une accélération *composante*.

La vitesse résultante est la résultante géométrique des vitesses composantes. La composition des accélérations est plus compliquée en général; mais, si tous les mouvements donnés sont des mouvements de translation, l'accélération résultante est encore la résultante des accélérations composantes.

Deux mouvements de rotation autour d'axes qui se rencontrent, se composent en un mouvement résultant de rotation. Un mouvement de rotation peut être représenté par un segment de droite dirigé suivant l'axe et proportionnel à la vitesse angulaire. Alors la rotation résultante sera représentée par la résultante géométrique des segments qui représentent les rotations composantes. — V. ROTATION. — M. F.

RETABLE. Etymologiquement, le retable est une seconde table placée verticalement sur l'autel, qui est lui-même une table horizontale rappelant celle autour de laquelle le Christ et les apôtres prirent place pour la célébration de la Cène.

— Dans la primitive église, l'autel affectait toujours cette forme commémorative de l'institution de l'Eucharistie; c'est plus tard seulement, à la suite des persécutions qui firent tant de martyrs, qu'on lui donna l'aspect d'un tombeau, parce qu'il s'élevait sur le corps même du saint, ou renfermait une certaine quantité de ses reliques. Quand il en était ainsi, l'autel pouvait être adossé, mais alors toute commémoration de la Cène devenait impossible; non seulement le diacre, le sous-diacre, les acolytes, ou enfants de chœur, ne pouvaient circuler autour, selon les prescriptions du rituel, mais encore l'évêque dans les cathédrales, l'abbé, dans les églises conventuelles, n'occupaient point la place que leur assignent la tradition et la liturgie.

Le retable ne paraît point avant le XIe siècle : il a fallu, pour le rendre possible, introduire dans les offices et particulièrement dans la célébration de la messe, des modifications d'une certaine importance; il a été nécessaire, en outre, d'isoler en quelque sorte le chœur de la nef. Le chœur constitua donc une sorte d'église à part, par le fait même de l'établissement des retables, et l'on comprend alors que les premiers dûrent se montrer dans les chapelles des monastères, où les fidèles n'étaient admis qu'exceptionnellement et par tolérance. Occupant les stalles du chœur, rangés autour de l'autel et n'ayant point de peuple à surveiller, les religieux purent se donner le luxe d'un retable, pour honorer la mémoire et propager le culte des saints de leur ordre. Aussi est-ce dans les églises conventuelles, riches en reliques de toute nature, qu'on trouve encore aujourd'hui les plus beaux retables.

Il résulte de ce que nous venons d'exposer, que le retable se rattache étroitement au reliquaire, qu'il a été une invention des architectes et des décorateurs, ou imagiers, tant pour permettre la conservation et l'exhibition des reliques, que pour *historier* et *illustrer* plus facilement la paroi extérieure et apparente du coffre où on les gardait. Les retables plus anciens n'ont, en effet, qu'une faible épaisseur; c'est, ou une dalle en pierre très mince, masquant la *capsa*, la *capsula* (coffre ou coffret), ou un ais, un panneau soit de bois, soit de métal, remplissant le même office.

De là deux espèces de retables : les uns *fixes* et se rattachant à l'architecture de l'autel; les autres *mobiles*, faisant partie de la décoration mobilière des églises. Les premiers, généralement plus simples; offrirent aux « tailleurs d'ymaiges », c'est-à-dire aux sculpteurs, une surface sur laquelle ils purent faire du *creux* ou du *relief*, et exécuter, en petit, ces « histoires » ou scènes qu'ils reproduisaient, en grand, autour du chœur, comme à Notre-Dame de Paris et à la cathédrale d'Amiens. Les seconds, véritables meubles, analogues aux chapelles portatives, furent un thème facile pour le symbolisme et l'art décoratif; ils fournirent aux peintres, aux orfèvres, aux émailleurs, aux doreurs, aux ciseleurs, à toute la famille artistique enfin, l'occasion de produire des merveilles.

Le retable mobile, enrichi de niches, d'acrotères, de dais, de clochetons, de pinacles, pour abriter les statuettes, de crosses végétales, de figures d'animaux, de tout ce que donnaient la flore et le bestiaire emblématiques du temps, devint un véritable joyau qu'il fallut protéger contre la dévotion des fidèles et la rapacité des voleurs. On lui adjoignit des volets qu'on fermait en temps ordinaire, qu'on ouvrait au moment des offices, et qui reçurent eux-mêmes une certaine décoration extérieure. Le retable se confondit alors, dans une certaine mesure, avec le triptyque.

Parmi les plus célèbres retables en bois sculpté, peint et doré, en or ou en argent, en cuivre repoussé et émaillé, on cite la *pala d'oro*, de Saint-Marc, à Venise, les retables de Bâle, de Coblentz, de Westminster, de Saint-Denis, de Saint-Germain-des-Prés, de Saint-Germer et plusieurs autres qui sont conservés aujourd'hui soit dans les musées, soit dans les trésors des églises et les collections privées. Le musée de Cluny en possède plusieurs qui font encore l'admiration des connaisseurs.

Quant aux retables fixes, ils ont été malheureusement fort maltraités par des vandales de deux sortes : les destructeurs et les restaurateurs. Quand on ne les a pas mutilés ou détruits pendant la période révolutionnaire, comme les figures ornant les voussures du portail de nos églises, on les a, plus tard, modernisés, arrangés, appropriés, c'est-à-dire gâtés. Il en existe donc bien peu d'intacts aujourd'hui, et nos architectes feraient bien d'y revenir; fixe ou mobile, le retable constitue, en effet, un des plus beaux motifs de décoration offerts aux artistes chrétiens. — L. M. T.

* RÉTALAGE. *T. techn.* Première opération que le chamoiseur fait subir aux peaux et qui consiste, après un trempage dans l'eau, à les assou-

plir en les râclant sur le chevalet avec un couteau qui ne coupe pas.

RÉTAMEUR. *T. de mét.* Ouvrier qui fait du *rétamage*, c'est-à-dire qui soumet les ustensiles de cuisine à l'opération de l'étamage.

RETARD. *T. d'horlog.* Partie du mécanisme d'une montre ou d'une pendule, qui sert, comme l'*avance*, à en régler le mouvement, c'est-à-dire à l'accélérer ou à le ralentir.

RETENUE. *T. d'hydraul.* Hauteur d'eau emmagasinée dans un réservoir, dans un bassin ou dans un bief. La retenue se mesure à partir du seuil de l'ouvrage de fermeture, jusqu'à l'arête du déversoir ou du trop-plein qui règle son niveau.

* RÉTICULAIRE. Qualificatif applicable à tous les tissus à mailles (tricots, filets, etc.). On dit couramment *tissus réticulaires* (du latin *reticulum*, petit filet).

RÉTICULE. *T. d'astr. et de phys.* Le réticule est un petit appareil qu'on place au foyer d'une lunette pour fournir une ligne de visée. Il se compose d'un petit cadre en métal à l'intérieur duquel sont tendus deux ou plusieurs fils très fins d'araignée ou de platine. Le plan de ces fils doit coïncider aussi exactement que possible avec le plan focal de l'objectif. On conçoit alors que si l'on dirige l'instrument de telle sorte que l'image d'un point A vienne se former exactement sur la croisée de deux fils du réticule, la ligne qui joindra ce point A à la croisée des fils passera par le centre optique de l'objectif. La direction suivant laquelle on voit le point A se trouve ainsi déterminée. Le réticule est le complément indispensable de toute lunette qui doit servir à la mesure des angles. Dans les lunettes astronomiques, le réticule se compose de plusieurs fils verticaux et d'un fil horizontal. De plus, afin de pouvoir mesurer de petits angles sans déplacer la lunette, le réticule comprend encore un fil vertical mobile, et un fil horizontal mobile. Ces deux fils peuvent se déplacer chacun à l'aide d'une vis micrométrique munie d'un tambour divisé. Il faut, par des expériences préalables, déterminer l'angle visuel sous-tendu par les positions du fil correspondant aux deux extrémités d'un tour de la vis micrométrique. — M. F.

RÉTICULÉ, ÉE. *T. de constr.* Sorte de maçonnerie fort en usage chez les Romains, et dont la disposition présente à l'œil l'aspect d'un réseau. || *T. de céram.* Genre de porcelaine, au moyen de laquelle on produit des objets ordinaires contenus dans une sorte d'enveloppe extérieure et découpée à jour en forme de réseau.

*RETIERCÉ. *Art hérald.* Se dit d'un écu divisé en trois parties égales, partagées en trois émaux alternés, de façon que les parties correspondent entre elles.

RETIRATION. *T. d'impr.* Opération par laquelle, dans les presses manuelles et les machines en blanc, les feuilles déjà imprimées d'un côté, sont reprises pour être imprimées de l'autre côté, ce qui n'a pas lieu dans les nouvelles presses mécaniques, lesquelles impriment les deux côtés à la fois ; la retiration exige une grande habileté de l'imprimeur qui doit obtenir une parfaite exactitude du registre et éviter le maculage du premier côté. — V. Imprimerie.

*RETIREMENT. T. de céram. Défaut qui provient de ce que la trop grande dureté de la pièce, ou des taches graisseuses produites par les doigts des ouvriers, ne laissent pas pénétrer la glaçure, ce qui occasionne des boursouflures.

*RETIRURE. T. techn. Creux que produit quelquefois le retrait de la matière, pendant le coulage d'une pièce.

RETOMBÉE. T. de constr. Nom que l'on donne à proprement parler, dans une arcade, aux claveaux compris entre la contre-clef et le sommier. Dans une voûte, la retombée est formée par les rangs de voussoirs correspondant aux claveaux que nous venons de citer. On a pris le mot dans un sens moins rigoureux, et on l'emploie souvent comme synonyme de naissance, qu'il s'agisse d'arcades en pierres ou en métal. Par extension aussi, on a appliqué ce nom à la jonction du pied des arbalétriers d'une ferme avec un poteau servant de support à cet arbalétrier.

*RETORDAGE, RETORDERIE. Dans quelques pays, on applique les deux mots à l'industrie qui a pour objet la fabrication du fil retors ; en réalité, c'est dans une retorderie que se pratiquent les opérations du retordage. Cette fabrication se fait surtout en réunissant entre eux deux ou un plus grand nombre de fils simples, et en les croisant ensemble à la manière d'une corde ou d'un grelin pour en fabriquer des fils à coudre, organsins, etc. Les fils simples, déjà tordus une première fois séparément en filature, le sont une seconde fois l'un avec l'autre en retorderie : il est donc juste de dire qu'ils sont retordus. La retorsion qu'on fait subir à ces fils se fait dans un sens différent de celui qui a eu lieu pour le premier travail, de façon qu'il n'y ait pas détorsion des premiers fils suivant le genre de fabrication, car le fil d'Alsace est retordu dans le même sens.

Nous avons déjà indiqué, à l'article Fils a coudre, que le métier à retordre était la base de cette fabrication, mais qu'avant d'arriver à ce métier comme en en sortant, les fils subissaient diverses manipulations qui ne changeaient en rien leur constitution, mais qui n'avaient d'autre but que d'arriver à mieux leur donner l'aspect commercial nécessaire. Nous allons insister ici plus particulièrement sur les opérations générales de la retorderie.

Retorderie de coton. Nous supposons ici qu'il ne s'agit que de fabriquer des fils simplement retors et non pas des fils câblés ni moulinés, le câblage (ou seconde retorsion de fils retors entre eux) et le moulinage (ou torsion légère de fils simples doublés, destinés à donner des retors floches pour le tricot), devant, à notre avis, être considérés comme une manipulation spéciale destinée à former un genre particulier de fils retors, et ne ren-

trant pas, à proprement parler, dans les manipulations ordinaires de retorderie classique.

La seule opération qui précède la retorsion sur le métier à retordre est le « bobinage » du fil au moyen de la machine dite bobinoir que nous connaissons déjà (V. Bobinoir). On enroule alors sur une grosse bobine dite rochet, le fil d'un ou plusieurs fuseaux provenant du métier renvideur (V. Filer [Métier à]). Si l'on n'enroule que le fil d'un seul fuseau, on dit que l'on a bobiné à fil

Fig. 444. — Métier à retordre à anneaux.

simple ; si l'on envide deux ou plusieurs fuseaux, on dit que le fil est « doublé » à deux ou plusieurs fils. Dans le premier cas, il faut porter sur le râtelier du métier à retordre autant de rochets qu'on veut de fils dans la composition du fil retors ; dans le second cas, on n'a besoin que d'un seul rochet portant autant de fils simples doublés que le retors en a besoin.

Les métiers à retordre sont de deux sortes : les métiers à ailettes et les métiers à anneaux ; les premiers dans lesquels la torsion est obtenue par l'intermédiaire d'une ailette fixée sur la broche et qui tourne avec la bobine ; les seconds dans lesquels cette torsion est due à la rotation d'un curseur autour d'une bague ou anneau et autour de la bobine en rotation. Ces deux genres de construction ont été suffisamment expliqués à propos des métiers à filer (V. Filer [Métier à], § *Métiers continus à ailettes* et *Métiers à bagues ou à anneaux*), sans que nous ayons besoin d'y revenir ici. On voit d'ailleurs représentés ci-contre ces deux genres de métier à retordre (fig. 444 et 445) ; employés chez MM. G. Balny et Morot, ils diffèrent surtout des métiers à filer en ce qu'ils ne produisent pas d'étirage ou allongement du fil, et qu'ils se

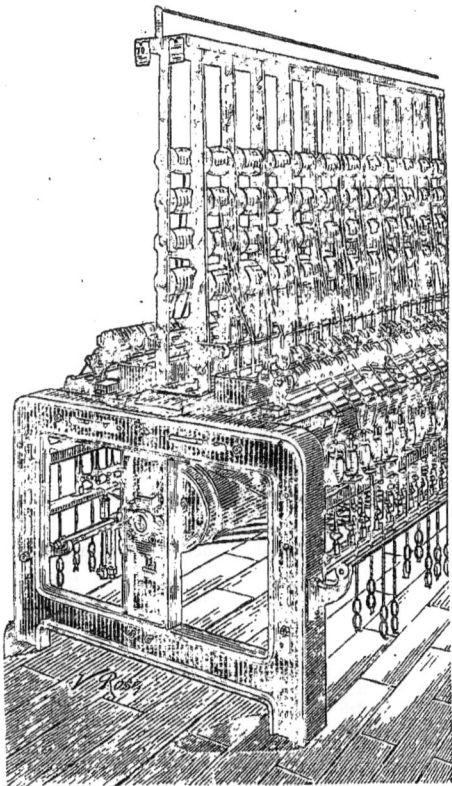

Fig. 445. — *Métier à retorde à ailettes.*

contentent de déposer sur une bobine, en les tordant entre eux, les fils qui se dévident des rochets. On peut voir par ces figures qu'il y a ici quatre rangs de rochets bobinés à fil simple, et que par conséquent le retors produit sera dit à deux bouts, car chaque écartement sert à deux broches. Au lieu de passer par l'étireur et le fournisseur des métiers à filer, les fils qui viennent du râtelier passent dans une auge remplie d'eau qui n'a d'autre but que de maintenir la torsion et de relier tous les filaments entre eux; ils tournent autour d'un cylindre en cuivre qui s'y trouve et qui est animé d'un mouvement de rotation continu, repassent au-dessus d'un second cylindre de moindre diamètre et qui sert de tendeur, et de là descendent sur la bobine après avoir frotté contre une tige

de verre horizontale dont le bord antérieur est dans l'axe de la broche qui supporte ladite bobine.

Les fils de coton retors mis sur bobines au métier à retordre, ont besoin de prendre la forme d'écheveaux pour pouvoir être manipulés. Ils subissent donc une troisième opération, le dévidage ou échevottage, qui se fait à l'aide du dévidoir ordinaire, baptisé communément *échevottoir* dans les retorderies. Une fois dévidé, le fil est séché (quatrième opération), pour se débarrasser de l'humidité qu'il a contractée en passant dans l'auge du métier à retordre, puis blanchi ou teint suivant sa destination. Les opérations du blanchiment et de la teinture se font le plus souvent en dehors de la retorderie par les blanchisseurs ou les teinturiers de pro-

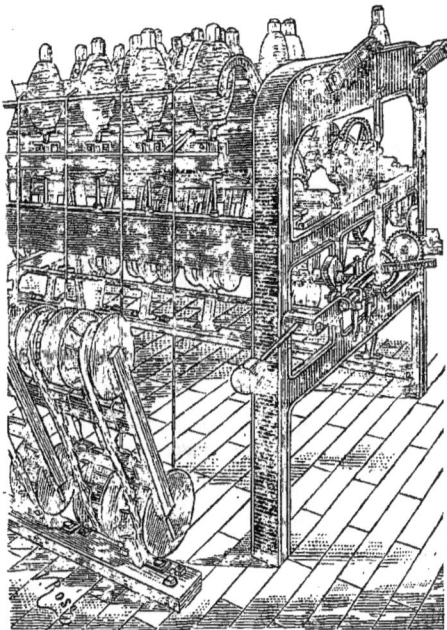

Fig. 446. — *Dévidoir à tournettes.*

fession ; mais les fils reviennent à l'établissement lorsqu'ils ont reçu l'aspect ou la teinte désirables.

Arrivés de nouveau à la retorderie, on les enroule au moyen d'un métier à dévider spécial (fig. 446) sur de petits morceaux de bois, en dévidant les écheveaux enroulés sur des tournettes accouplées qui figurent au bas de ces métiers. Le coton a alors la forme représentée figure 447. Il ne reste plus qu'à le mettre en pelotes, en bobines ou en paquets ou, comme on le fait depuis quelque temps, sur carte en forme de roues à rochet qui permet un dévidage plus facile.

Nous n'avons pas à revenir sur la mise en pelotes, expliquée au mot Peloteuse, non plus que sur la mise en bobines, sur laquelle des détails ont été donnés à l'article Fils a coudre, § *Fils à coudre en coton* ; quant à l'empaquetage du coton retors, il varie suivant la destination du fil. On en fait suivant les cas des écheveaux, pelotes ou bobines. Pour le coton à broder, par exemple, après avoir dévidé sur des bobines les écheveaux blanchis ou teints, on en fait selon le prix de petites échevettes ayant un guindage plus petit, et qu'on ploie à la main par douze à la fois en les réunissant en paquets de douze écheveaux dit « douzaines » pour la vente ; pour le coton à repriser, les poignées, ployées aussi à la main, sont de 25 à 50 grammes chacune ; pour les cotons dits « fils d'Irlande ou d'Ecosse », les paquets sont de 6 écheveaux contenant chacun 12 échevettes, etc. ; le tout est toujours enveloppé de papier glacé ou mat, de couleur différente, suivant la qualité et les conditions de vente, et portant une étiquette avec la marque du fabricant. Quant aux pelotes, leur poids varie suivant leur qualité : elles portent une étiquette qui change avec la sorte du fil, indiquant sa grosseur, son métrage ou son poids. Enfin, les bobines diffèrent aussi de poids et de qualité, il y en a de 25, 50, 100 et 125 grammes, elles portent deux étiquettes

Fig. 447. — *Volant garni de coton retors.*

placées sur les plateaux qui les terminent, l'une indiquant la marque de fabrique et le numéro, l'autre le métrage, ce dernier variant entre 50, 100, 200 et 500 yards.

Pour la vente, les pelotes et les bobines étiquetées sont rangées dans des boîtes : les pelotes par 10 à 60 et plus, suivant la grosseur de celles-ci, généralement disposées pour faire 5, 8, 10, 12 ou 15 boîtes au kilogramme, de façon par exemple qu'un kilogramme de 500 pelotes soit mis par 50 pelotes à la boîte pour faire 10 boîtes ; les bobines de 100 grammes par 5, ce qui donne 500 grammes pour le poids de la boîte garnie, celles de 50, 100, 200 et 500 yards par série de 12, et celles de 25 grammes par série de 10. Tout le monde connaît les boîtes pour fils de coton ; il est certaines usines où on ne les commande pas chez les cartonniers et où elles se font dans l'atelier même : en ce cas, elles sont fabriquées au moyen de machines à pédales, portant un rouleau armé de couteaux circulaires, qui découpent d'un seul coup une feuille de carton à la largeur voulue, pendant que d'autres couteaux placés en dessus entaillent légèrement ledit carton aux distances nécessaires pour le pliage à angles droits : le tout est finalement repassé à des ouvrières spéciales qui plient le carton, le collent, le recouvrent d'un papier de couleur quelconque suivant la qualité de coton et appliquent des étiquettes sur le couvercle et les côtés.

Retorderie du lin. Nous avons suffisamment expliqué à l'article Fils a coudre, § *Fils à coudre en lin*, les diverses opérations nécessaires à cette fabrication ; il nous reste à spécifier les principaux usages de retorderie relatifs au numérotage, à l'empaquetage, etc., généralement peu connus.

Echeveaux. La vente du fil « deux bouts » se fait toujours par paquets de 40 écheveaux ; celle du fil « trois bouts » à la livre, quand le client le demande ou à la grosse. Mais cette livre n'est pas réelle et varie de 350 grammes à 550 et au delà. Le tableau suivant permet de s'en rendre compte avec facilité :

Numéro de fil simple en lin	Numéro de fil à coudre correspondant	Poids d'une livre de fil suivant le numéro						
		gram. 350	gram. 400	gram. 450	gram. 500	gram. 550	gram. 600	gram. 650
		Poids d'une grosse de 24 écheveaux	Poids d'une grosse de 24 écheveaux	Poids d'une grosse de 24 écheveaux	Poids d'une grosse de 24 écheveaux	Poids d'une grosse de 24 écheveaux	Poids d'une grosse de 24 écheveaux	Poids d'une grosse de 24 écheveaux
		gr.	gr.	gr.	gr.	gr.	gr.	gr.
25	24	176	200	225	»	»	190	»
25/30	30	140	160	180	200	»	180	»
35/30	36	116	133	150	166	»	150	»
40/35	42	100	114	130	143	»	137	»
40	48	»	100	114	125	»	125	»
45	54	»	88	100	111	»	112	»
50	60	»	80	90	100	110	97	»
55/60	72	»	66	75	83	91	85	»
70	84	»	57	64	71	78	75	»
80	96	»	50	56	63	68	65	»
90	108	»	44	50	55	61	57	»
90	120	»	40	45	50	55	52	»
100	132	»	36	41	45	50	47	»
110	144	»	33	37	41	46	42	»
140	200	»	»	27	30	33	37	40
150	250	»	»	22	24	26	29	31
160	300	»	»	18	20	22	24	26

Comme on le voit par ce tableau, 176 par exemple, premier chiffre de la deuxième colonne, représente le poids de 24 écheveaux de n° 24, faisant 350 grammes à la livre. On voit aussi que plus on se rapproche du numéro moyen, plus on arrive à la livre réelle ; c'est ainsi que le numéro retors 72, fait avec du 55/60 simple, donne 83 grammes à la grosse, et comme le nombre d'écheveaux est toujours le double du nombre exprimé par le numéro, il y a ici $72 \times 2 = 144$ écheveaux ; ce nombre, divisé par 24, nombre d'écheveaux contenus dans une grosse, nous donne 6 grosses pour ce numéro, et $6 \times 83 = 498$ grammes, soit environ 500 grammes, poids de la livre réelle.

Lorsque, dans le commerce, on demande, par exemple, 6 livres de n° 200, on livre 100 grosses de 24 écheveaux ; car il y a 400 écheveaux dans une livre et $\dfrac{400 \times 6}{24} = 100$ grosses dans 6 livres.

De ce que le nombre d'écheveaux est toujours le double du chiffre exprimé par le numéro, on peut en déduire que, pour connaître le nombre de douzaines contenu dans une livre de fil retors, il faut diviser par 6 le numéro de ce fil.

On ne fait généralement en deux bouts que les numéros retors, 0, 1, 2, 3, 4, 5, 6, 7, 8, 9, 10, 12, 14, 16, 18, 20, 24, 30, 36, 40, 50 et 60. En trois bouts, on distingue les numéros gros, moyens et fins, qui ne sont jamais expédiés que par assortiments de grosseur : les numéros gros comprennent du nº 24 au nº 48, les numéros moyens du nº 54 au nº 120, les numéros fins du 144 au 300. Le prix des fils deux bouts est établi au paquet de 40 écheveaux ; ces écheveaux contiennent selon le genre, 30, 36, 40, 48 ou 96 tours ; il y a deux manières de les plier, désignées sous le nom de « bouton » et « limaçon ». Le prix des fils trois bouts s'établit à la douzaine d'écheveaux ; ce prix est généralement uniforme pour tous les numéros, il ne change que lorsqu'on donne un ordre en gros numéros seuls, qui coûtent beaucoup plus cher. Le pliage des fils trois bouts se fait généralement, du 24 à 60, par livre, c'est-à-dire par deux petits paquets contenant chacun autant d'écheveaux que le numéro, et réunis sous une même enveloppe ; du 72 au 250, par demi-livre, c'est-à-dire que les deux paquets ne contiennent que la moitié du nombre d'écheveaux indiqué par le numéro ; du nº 300, par quart de livre. En dehors de cela, on fait encore des paquets de six douzaines, par douzaine séparée, mais lorsque l'acheteur exige ce genre de pliage, il le paie 2 à 3 centimes la douzaine, en sus du prix exigé.

Pelotes. Les pelotes sont mises en boîtes ou arrangées par paquets. Les boîtes sont de 1, 2 ou 4 douzaines de pelotes ; les paquets sont de 96 pelotes. Le prix est généralement établi à la boîte de 4 douzaines, il est de 10 et 20 centimes plus élevé par 4 douzaines pour les boîtes de 1 et 2 douzaines seulement ; pour les paquets, on compte pour différence du prix de la boîte, 10 centimes de moins par 4 douzaines.

Aujourd'hui, les fils en écheveaux sont surtout vendus aux maisons de confections, les fils en pelotes aux maisons de mercerie pour le détail. Pour l'achat des premiers, l'acheteur se base sur le genre ; pour l'achat des seconds sur la marque. Le fabricant a évidemment plus de profit à vendre en écheveaux, ce qui lui épargne une manipulation, tout en lui permettant à peu de chose près de vendre au même prix.

Bobines. Les bobines de fil à coudre en lin se vendent par boîtes d'une douzaine et en toutes couleurs. L'assortiment de grosseurs comprend, comme pour les pelotes, les numéros 30, 40, 50, 60, 70, 80, 90, 100, 110, 120, 130, 140, 150, 160, 170, 180, 190, 200, 250 et 300, et les boîtes peuvent être d'un seul numéro ou de plusieurs numéros assortis. — A. R.

RETORDEUR, EUSE. T. de mét. Ouvrier, ouvrière qui travaille au retordage.

RETORDOIR ou RETORSOIR. Machine qui sert au retordage des matières filamenteuses. — V. ROUET.

RETOUR. *T. d'arch.* Profil que fait un ouvrage lorsqu'il est en saillie ou qu'il forme un ressaut. || *T. de tiss.* Opération que fait le tisserand en sens inverse de la méthode ordinaire. || Ficelle qui, dans le métier de rubanier, sert à hausser ou à baisser les maillons de la chaîne.

RETOURNAGE. T. techn. Opération de la *boyauderie.* — V. ce mot.

RETOURNEMENT. T. de phys. Méthode du retournement. Il n'est pas rare de rencontrer des aiguilles de boussole dont les pôles sont situés hors de la ligne des pointes, mais symétriquement de part et d'autre de cette ligne. Dans ce cas, lorsqu'on observe un angle avec une aiguille de cette sorte, la ligne des pointes ne se trouve pas dans le méridien magnétique, de là une cause d'erreur dans l'observation.

En dévissant la chappe et retournant l'aiguille sens dessus dessous, on commettra une erreur en sens inverse de la première observation, mais égale à celle-ci. Par conséquent, en désignant par *d* et *d'* les deux angles observés, on aura pour la mesure vraie : $\frac{d+d'}{2}$, puisque les deux erreurs, l'une positive, l'autre négative se détruisent. Si les pôles sont placés irrégulièrement par rapport à la ligne des pointes, ou axe géométrique la correction est plus compliquée.

La même méthode de retournement s'applique aux boussoles d'inclinaison. — C. D.

RETRAIT. *T. de métall.* Le retrait est le résultat de la contraction que prend un métal, quand il se refroidit, depuis la température élevée à laquelle il a été porté, jusqu'à la température ordinaire. Plus particulièrement, le *retrait* se dit, dans le moulage des pièces en métal fondu, de la diminution qui résulte, pour les dimensions, entre le modèle et l'objet moulé. Ainsi, on dira que le retrait de la fonte est de un pour cent, ce qui veut dire qu'il faut un modèle ayant toutes ses dimensions augmentées de cette quantité, pour obtenir une grandeur voulue.

Le retrait de l'acier fondu est de deux pour cent environ. Pour tenir compte du retrait, les modeleurs ont des mètres ayant 101 ou 102 centimètres de longueur, suivant qu'il s'agit de la fonte ou de l'acier, et qui sont divisés en cent parties égales. Il est clair alors, que chaque dimension du modèle se trouve augmentée respectivement de un ou deux pour cent, suivant le mètre employé. || *Art hérald.* Se dit des pièces qui, contre l'ordinaire, n'avancent pas jusqu'au bord inférieur de l'écu.

RETRAIT, RETRAITE. *T. de céram.* Diminution de volume que la pâte céramique prend en séchant ou en cuisant. || *T. de tann.* Opération qui consiste à laisser les peaux au bord du plain pendant un certain temps avant de les abattre, c'est-à-dire les remettre de nouveau dans le plain. || *Retraite,* en *t. de constr.,* désigne le petit espace qui existe entre la ligne verticale et le plan de la construction, lorsqu'il est un peu incliné en arrière ; une partie est *en retraite* d'une autre lorsqu'elle est en dedans du plan de cette dernière.

RÉTREINDRE. T. de mécan. Opération de chaudronnerie qui se pratique dans la préparation des objets en tôle emboutie, lorsqu'on est obligé de diminuer leurs dimensions en certains points, pour les amener à leur forme définitive. Le *retreignage* est un travail très délicat exigeant beaucoup d'habileté de la part de l'ouvrier, et qui se fait surtout dans les travaux de chaudronnerie en cuivre, en raison de la grande malléabilité de ce métal ; mais on prépare aussi actuellement des tôles d'acier très doux qui, dans des mains habiles, peuvent supporter le retreignage avec grand succès, et donner des objets des formes les plus compliquées et les plus élégantes. Nous avons signalé à l'article CHAUDRONNERIE, les précautions à observer dans ce travail, et nous n'y reviendrons pas ici.

* RÉUNISSEUSE. *T. de filat.* Dans certaines filatures d'étoupes, on carde parfois une seconde fois les étoupes cardées une première fois ; en ce cas la table des toiles sans fin de la seconde carde est supprimée, et l'on place au-dessous des étireurs, sur des supports ménagés à cet effet, de grandes bobines composées de dix à douze rubans d'étoupes réunis sur leur fût. Ces bobines sont formées sur une machine dite *réunisseuse*. La réunisseuse la plus employée se compose de deux cylindres tournant dans le même sens, entre lesquels est posée une énorme bobine vide traversée par une broche. On place les pots devant un manteau à dix ou douze passages, et la bobine entraîne dans sa course les rubans qui s'enroulent sur son fuseau. Ceux-ci sont soutenus par deux plaques en forme de rondelles disposées sur les côtés de la machine. Lorsque la bobine est pleine, on fait cesser la pression, et on l'enlève avec facilité. La réunisseuse porte quelquefois le nom de *doubleuse*.

RÉVEILLE-MATIN ou simplement **RÉVEIL**. Sorte d'horloge ou de pendule, munie d'une sonnerie battant l'heure précise sur laquelle on a mis l'aiguille en se couchant. Le mécanisme de cette sonnerie se compose d'un timbre sur lequel vient frapper de coups répétés un marteau dont la queue est soumise à l'action d'une roue à chevilles. Le ressort ou le poids commandant cette roue est maintenu par un encliquetage que débraye, seulement à l'heure marquée, un indexe fixé au rouage de l'horloge.

* RÉVEILLON. Fabricant de papiers peints, qui le premier, à Paris, entra en lutte contre la fabrication anglaise. En raison des progrès qu'il avait réalisés dans son industrie, il fut autorisé à donner le nom de *Manufacture royale* à son établissement qui fut pillé et brûlé, le 29 avril 1789, par la populace à laquelle il avait été signalé, à tort, comme un accapareur et homme hostile aux idées nouvelles. Réveillon, enthousiaste des découvertes aérostatiques, s'était lié avec Pilâtre des Roziers qu'il aida dans ses travaux.

* REVEL (JEAN). Inventeur de la mise en carte pour dessins de fabrique. Né à Paris, en 1684, fils de Gabriel Revel, peintre de talent et membre de l'Académie de peinture en 1685, Jean Revel se livra tout d'abord à l'art de la peinture et vint se fixer à Lyon, en 1710, pour y exercer son art comme portraitiste. Il s'aperçut bientôt qu'il ne pourrait se faire un avenir dans cette branche ingrate et appliqua alors ses talents à l'industrie. Il fit des dessins pour la fabrication des étoffes de soie qui acquirent rapidement une grande réputation.

On lui doit l'invention des *points rentrés* qui consistent dans le mélange et l'enchevêtrement des soies de diverses couleurs, de manière à adoucir le passage d'une nuance à l'autre, et à placer les ombres sur un même côté, ce qui produit sur les étoffes l'effet d'une véritable peinture.

Lorsque sa situation se fut améliorée, il se rendit acquéreur d'une propriété historique, l'île Barbe, à Saint-Rambert. C'est là qu'il inventa la mise en carte. Un beau jour d'hiver, alors que les vitres de son cabinet de travail étaient recouvertes d'arabesques produites par la gelée, il remarqua qu'un léger rideau de mousseline quadrillée recouvrait ces dessins sans les dissimuler ; il saisit alors un crayon, et dès ce moment, grâce à son esprit d'observation, la mise en carte fut créée. Il mourut en décembre 1781. Son portrait, véritable œuvre d'art, peint par lui-même et religieusement conservé par ses descendants, est actuellement dans le musée industriel de Lyon, auquel il a été légué par son arrière-petite-fille, Mme Brunet-Clavière.

* RÉVÉLATEUR. *T. techn.* Appareil qui, comme son nom l'indique suffisamment, a pour fonction d'indiquer, de révéler une fuite sur une conduite de gaz d'éclairage.

I. RÉVERBÈRE. Miroir réflecteur, ordinairement de métal, que l'on adapte à une lampe pour ramener sur un point la portion de lumière qui se perdrait dans l'espace. || Lanterne de verre qui contient une lampe munie d'un ou de plusieurs réflecteurs pour servir à l'éclairage des cours, des passages, des voies publiques, etc. ; ce nom est resté aux lanternes sans réflecteurs qui servent à l'éclairage au gaz. — V. ECLAIRAGE.

II. RÉVERBÈRE. *T. de métall.* Les fours à réverbère ont été imaginés quand on a voulu employer aux chauffages industriels le combustible minéral. Tant que l'on s'est servi du charbon de bois, combustible essentiellement pur et dépourvu de substances nuisibles à la qualité du produit, du fait du contact avec ses cendres, on se contentait de chauffer les corps au sein du combustible végétal. Les combustibles minéraux tels que la houille, avec leurs cendres plus ou moins abondantes et plus ou moins sulfureuses, ont nécessité une disposition qui a donné lieu aux *fours à réverbère.*

En brûlant le combustible sur une chauffe séparée, on l'a recouverte d'une voûte, et c'est le rayonnement, la *réverbération* de la chaleur sur les parois de cette voûte qui ont permis de chauffer sur une sole accolée à la chauffe, les substances que l'on désirait ne pas mettre en contact avec le combustible.

La chauffe et la sole, dans un réverbère, sont séparées par un mur appelé *pont* ou *autel.*

Plus on désire que la température soit élevée sur la sole d'un four à réverbère, plus on agrandit la surface de chauffe comparativement à la sole.

* REVERDISSAGE. *T. techn.* Opération de la

peausserie qui consiste à tremper les peaux pendant un temps plus ou moins long, suivant la température. — V. Chamoisage. || Coloration des légumes conservés. —V. Conserves alimentaires, § *Conserves de légumes.*

REVERS. *T. de constr.* Petite pente ménagée au bas d'un châssis, d'une porte-fenêtre ou de toute autre partie saillante, pour faciliter l'écoulement des eaux; on dit aussi *reverseau.* || Pavé en pente que l'on pose devant les murs des maisons pour rejeter les eaux vers le ruisseau, et empêcher la dégradation de ces murs. || Dans une *médaille,* le côté opposé à celui où se trouve la tête du personnage en l'honneur duquel la médaille a été frappée.

***RÉVERSIBLE.** *T. techn.* Laminoir qui peut, par renversement, marcher alternativement dans un sens et dans l'autre à chaque passe du laminage.

***REVERSOIR.** *T. d'hydraul.* Barrage par dessus lequel l'eau d'une rivière s'écoule en nappe.

I. ***REVÊTEMENT.** D'une manière générale, enveloppe formée d'une matière résistante posée sur un ouvrage; en *t. d'arch.,* le revêtement a pour but d'assurer la conservation ou d'embellir une construction. Un mur en grosse maçonnerie soutenant les terres d'un quai, d'une terrasse, un enduit en plâtre ou en mortier, un lambris en bois appliqué contre un mur sont des revêtements. — V. Enduit, Lambris, Mur.

Les anciens faisaient grand usage des revêtements en dalles de marbre pour recouvrir les parois des monuments. Certains édifices modernes sont décorés de revêtements semblables qui s'exécutent après les maçonneries qu'ils recouvrent, et lorsque les mortiers ont acquis assez de consistance pour qu'on n'ait plus de tassement à craindre. Les dalles sont maintenues par du mortier qui se coule ou se fiche après leur pose, et surtout par de petits crampons en fer ou mieux en cuivre scellés dans la muraille. Les carreaux de faïence, les plaques en terre cuite émaillée formant revêtement, sont maintenus par des moyens analogues.

II. **REVÊTEMENT.** *T. de fortif.* Dispositif destiné à maintenir les terres et à les empêcher de s'ébouler lorsque les talus ont une pente plus forte que celle sous laquelle les terres se tiennent naturellement. Les revêtements peuvent se faire en maçonnerie (V. Mur de soutènement) lorsqu'il s'agit d'ouvrages permanents, mais lorsqu'il s'agit d'ouvrages de fortification passagère, de travaux d'approche ou de batteries de siège, on emploie de préférence les fascinages. Les fascinages sont, en effet, faciles à confectionner sur place, faciles à réparer et, dans le cas où ils seraient atteints par les projectiles ennemis, ne donnent pas d'éclats dangereux.

Les revêtements en gabions (fig. 448) sont les plus faciles à installer et les plus commodes à réparer : les gabions sont placés sur le sol, côte à côte, après avoir été *gauchis,* de manière à leur donner l'inclinaison que doit avoir le talus et à augmenter leur résistance à la poussée des terres; on les remplit ensuite de terre que l'on dame fortement; on a soin également de bien damer les terres du parapet, derrière les gabions. Les gabions restant indépendants les uns des autres, rien de plus facile que de remplacer un gabion démoli. Lorsque le talus à revêtir a une hauteur

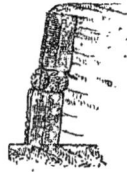

Fig. 448.

supérieure à celle d'un gabion, on établit une seconde rangée au-dessus de la première et un peu en retraite; entre les deux on peut disposer un lit de fascines ou saucissons.

Dans les *revêtements en fascines ou saucissons* (fig. 449), les fascines ou saucissons sont placés par rangées horizontales et maintenus solidement au moyen de piquets qui les traversent. Dans les différentes rangées, on doit avoir soin de ne pas disposer les extrémités les unes au-dessus des autres, mais de les recroiser. Pour empêcher le revêtement d'être renversé par la poussée des terres, on plante à l'intérieur du parapet de forts piquets auxquels on attache des harts, dits « de retraite », qui s'enroulent autour de certaines fascines ou saucissons.

Fig. 449.

Dans certains cas, lorsque le talus est composé de deux parties, l'une creusée dans le sol naturel, l'autre formée de terres rapportées, on fait le revêtement, à la partie inférieure, avec des fascines ou saucissons, à la partie supérieure, avec des gabions (fig. 450).

Les revêtements en claies sont, soit construits sur place en faisant le clayonnage au fur et à mesure que le talus s'élève, soit en mettant en place des claies préparées à l'avance. Comme dans le cas précédent, on a recours à l'emploi des harts et des piquets de retraite pour maintenir le revêtement. Ce revêtement est le moins solide, mais, en revanche, c'est celui qui exige le moins de bois.

A défaut de bois pouvant servir pour faire du fascinage, on peut remplacer les gabions, par exemple, par des tonneaux vides.

On a aussi souvent recours à l'emploi de sacs à terre, gazon, briques crues. Les sacs à terre sont des sacs en toile que l'on remplit de terre et que l'on ferme par une ligature. On les met à plat alternativement en long et en large (en boutisse et panneresse) en ayant soin de recroiser les joints d'un lit à l'autre. Le gazon, les briques sont disposés de la même façon.

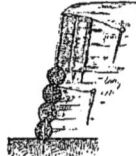

Fig. 450.

Enfin, on peut construire des revêtements en pisé; pour cela, on dispose le long du talus un coffrage en planches, puis on remplit le vide existant entre ce coffrage et l'épaulement avec un mélange de terre glaise et de paille hachée mélangées dans l'eau, qui, en séchant, devient très résistant.

REVISION. *T. de typogr.* Action d'examiner une feuille que l'on met sous presse, pour vérifier si les corrections indiquées sur la tierce ont été bien faites. — V. CORRECTEUR.

REVIVIFICATION. *T. de chim.* Opération qui a pour but de restituer à un corps tout ou partie de ses propriétés primitives.

Il est peu de substances qui se prêtent à pareille opération. Le mercure, par exemple, peut, dans la métallurgie, être obtenu par revivification. Tout le monde connaît d'ailleurs la belle expérience qui servit à Lavoisier à découvrir l'oxygène. En chauffant du mercure au contact de l'air, il le vit se recouvrir d'une couche rouge et constata une augmentation de poids; en chauffant le corps rouge formé, il en sépara un gaz, l'oxygène, et revivifia du mercure métallique.

Le seul corps dont la revivification ait une importance réelle, est le charbon animal, si employé dans les raffineries pour la décoloration des sirops de sucre. Nous avons indiqué, au mot CHARBON ANIMAL, l'importance de cette revivification, et sa nécessité; au mot NOIR ANIMAL, on a décrit l'appareil qui tend de plus en plus à être employé; nous allons indiquer ici les méthodes que l'on peut utiliser pour rendre au charbon animal ses propriétés premières.

On sait qu'il sert spécialement à enlever aux jus sucrés les matières étrangères qui gênent, et souilleraient les cristaux de sucre; ces produits sont surtout les sels de chaux et les matières colorantes, lesquelles se condensant dans les pores du charbon, finissent par les obstruer, et à rendre celui-ci impropre à un plus long usage. Au moyen de la revivification, on peut arriver à faire servir le charbon jusqu'à 25 et 30 fois consécutives.

Parfois, on commence par le laver à grande eau, puis on l'entasse dans des cuves en maçonnerie pour lui laisser une véritable fermentation, qui, grâce à l'élévation de température, détruit ou rend solubles dans l'eau, les matières absorbées par les pores du charbon; on le lave souvent aussi avec de l'eau aiguisée d'acide chlorhydrique (à 1/50e), de façon à transformer en chlorure de calcium soluble le carbonate de calcium condensé. Dans tous les cas, pour régénérer le charbon, on lui fait subir un lavage énergique et une calcination en vase clos.

L'appareil le plus simple employé pour le lavage consiste en une auge demi-cylindrique, dans l'axe de laquelle se meut une tige sur laquelle a été fixée une lame de tôle contournée en hélice. L'auge étant légèrement inclinée, on fait arriver le noir à revivifier par la partie inférieure, alors qu'un courant d'eau claire pénètre supérieurement; pendant la rotation de l'axe, le charbon se lave, en remontant à la portion supérieure de l'appareil, d'où il tombe dans un réservoir destiné à le recevoir. Il existe des laveurs plus compliqués propres aux mêmes usages, et donnant un résultat plus parfait, tel est celui de Schreiber. Il consiste essentiellement en un large cylindre de tôle, disposé horizontalement et animé d'un mouvement rotatoire; il possède à l'intérieur deux lames métalliques, inclinées dans la direction de l'axe et divisant la surface interne en deux parties égales. Dans l'axe de ce cylindre s'en trouve un plus petit, ayant en son centre un tube amenant de l'eau et allant jusqu'à l'extrémité opposée du gros cylindre, et muni à l'intérieur d'une double enveloppe de tôle découpée, de façon à permettre l'essorage du noir qui sera introduit dans l'appareil. Lorsque l'eau traverse d'une façon continue le laveur, on fait mouvoir l'appareil, et on verse du noir dans une trémie placée à l'extrémité opposée de l'arrivée de l'eau; les aubes en tournant enlèvent à la fois le charbon et l'eau, et cela d'une façon continue, la seconde aube relevant toujours la masse retombée au fond du cylindre, il en résulte que lorsque le noir arrive vers l'extrémité antérieure où se trouve l'arrivée du liquide, il est purifié et sort par le petit cylindre, où il s'est essoré, grâce aux trous qui perforent la double enveloppe de ce petit cylindre.

Quant à la calcination, elle s'effectue dans des fours de forme variable. En France, on s'est beaucoup servi à une époque, du four Cail, dont la description peut se résumer en quelques lignes. Après un foyer à grille, fermant par une porte, et construit dans un massif en maçonnerie, se trouvent dans les murs latéraux, trois rangs superposés de neuf ouvertures, laissant arriver la flamme autour de la moitié supérieure de vingt tubes en fonte disposés en deux séries de chaque côté du foyer, et constitués eux-mêmes par trois portions pouvant, par le moyen de registres spéciaux, être isolées les unes des autres suivant le besoin. La chaleur et les produits de combustion circulent autour de tous ces tubes, avant de s'en aller dans la cheminée. Lorsque l'on veut opérer une calcination de charbon, on commence par disposer celui-ci, encore humide, dans une vaste cuvette placée au-dessus de la partie supérieure des tubes, et lorsque le noir est desséché on le pousse vers l'ouverture des tubes, ceux-ci ayant été préalablement obturés par la fermeture du premier registre, puis remplis aux deux tiers environ avec du noir déjà calciné. Après une demi-heure de chauffe, l'opération est terminée, on ouvre alors un second registre placé à la partie moyenne des tubes, et on laisse tomber le charbon dans la portion inférieure de ces appareils. Lorsque la masse sera totalement refroidie, on pourra, en ouvrant le second registre placé à la partie terminale des tubes, recevoir le charbon calciné dans une auge en maçonnerie disposée en contre-bas du foyer; puis, pour économiser le temps, pendant le refroidissement du charbon, on recharge les tubes dans leur portion supérieure, avec de nouvelles quantités de charbon desséché.

En Allemagne, on se sert surtout d'un four également construit par Schreiber, comme le cylindre laveur, mais qui est pourvu supérieurement d'un séchoir automatique. La disposition la plus ingénieuse de cet appareil consiste dans l'emploi de cornues en fonte de forme ondulée, ainsi que de tubes séchoirs également à ondulations. Le noir calciné et chaud tombe, comme dans le système précédent, dans de longs tubes où il se refroidit, mais ceux-ci sont inclinés à 45°, et les cornues sont directement en communication avec les tubes sécheurs pour permettre l'arrivée automatique du noir. Une disposition particulière des tubes est encore à signaler : ils sont munis extérieurement d'ouvertures disposées en forme de persiennes qui permettent à la vapeur d'eau de se dégager dans les conduits qui mènent les gaz à la cheminée, sans que le charbon puisse sortir par ces ouvertures, et lorsque l'on enlève le charbon refroidi dans les tuyaux inférieurs, toute la colonne de charbon tendant, grâce à sa pesanteur, à glisser de haut en bas, les ondulations des tubes sécheurs déversent la poudre tantôt à droite et tantôt à gauche, en mélangeant la masse qui, de l'extérieur, va au centre, ou réciproquement, en même temps que les ondulations des cornues agissent de même, pour faciliter la calcination. D'après des essais comparatifs, un noir revivifié vingt fois avec les appareils Schreiber, serait aussi actif que du charbon n'ayant pas encore servi.

Nous avons encore décrit un autre four à calcination, au mot Noir animal. — J. C.

I.* **RÉVOLUTION.** *T. de mach.* Nom équivalent à celui de *tour* d'une machine. Lorsqu'on dit qu'une machine bat 100 révolutions par minute, cela signifie que l'un des points de la manivelle ou de l'arbre a décrit 100 circonférences par minute ou, ce qui revient au même, qu'il a passé 100 fois par les mêmes positions.

II. **RÉVOLUTION.** *T. de géom. et de mécan.* On dit que le mouvement d'un point matériel est *révolutif* lorsque ce point décrit une courbe fermée, de manière à repasser par son point de départ au bout d'intervalles de temps égaux. La portion du mouvement pendant laquelle le mobile décrit complètement et une seule fois la trajectoire fermée, de manière à revenir au point de départ avec la même vitesse, constitue *une révolution* du mobile. La durée de cette révolution est la période de mouvement. Un exemple important du mouvement révolutif est fourni par les planètes et satellites, pourvu, toutefois, qu'on néglige les perturbations et qu'on suppose ces corps rigoureusement soumis aux lois de Kepler. La durée de la révolution de la terre autour du soleil est l'année sidérale.

En géométrie, on appelle *surface de révolution* une surface engendrée par la rotation d'une ligne quelconque autour d'un axe fixe. Une pareille surface jouit de cette propriété qu'elle peut tourner autour de son axe sans cesser de coïncider avec elle-même. Dans une surface de révolution, toutes les sections faites par des plans passant par l'axe, ou *plans méridiens*, sont des courbes égales appelées *méridiennes*; les sections faites par des plans perpendiculaires à l'axe sont des cercles nommés *parallèles*. Le plan tangent en un point quelconque d'une surface de révolution est perpendiculaire au plan méridien qui passe par ce point. Toutes les normales aux différents points d'un même parallèle concourent en un même point de l'axe; elles forment ainsi un cône droit

circulaire. Pour trouver l'équation générale des surfaces de révolution, on les considère comme engendrées par l'intersection d'une sphère de centre fixe et de rayon variable, avec un plan qui se déplace en restant perpendiculaire à l'axe. Toute relation entre le rayon μ, de cette sphère et la distance λ du plan à un point fixe quelconque définira une surface de révolution. Si, par exemple les équations de l'axe sont :

$$\frac{x-a}{\alpha} = \frac{y-b}{\beta} = \frac{z-c}{\gamma},$$

l'équation d'un plan perpendiculaire sera :

$$\alpha x + \beta y + \gamma z + \lambda = 0$$

et celle d'une sphère ayant son centre sur l'axe :

$$(x-a)^2 + (y-b)^2 + (z-c)^2 + \mu = 0.$$

Si l'on élimine λ et μ entre ces deux équations et la relation

$$f(\lambda, \mu) = 0,$$

on aura l'équation de la surface, lieu de l'intersection du plan et de la sphère :

$$f[(x-a)^2 + (y-b)^2 + (z-c)^2, \alpha x + \beta y + \gamma z] = 0.$$

Les surfaces de révolution sont fréquemment employées dans les arts; on donne facilement à un corps la forme d'un solide de révolution en le taillant à l'aide de l'un des nombreux appareils connus sous le nom de *tours*. — V. ce mot.

Parmi les surfaces de révolution les plus importantes, nous citerons le *plan* engendré par la rotation d'une droite autour d'une droite perpendiculaire, la *sphère*, le *cylindre* et le *cône droit circulaire*; le *paraboloïde de révolution* engendré par la rotation d'une parabole autour de son axe; c'est la forme qu'on donne souvent aux miroirs concaves (V. Miroir); l'*ellipsoïde de révolution* engendré par la rotation d'une ellipse autour d'un de ses axes; il est aplati ou allongé suivant que la rotation s'effectue autour du petit ou du grand axe; l'*hyperboloïde de révolution à deux nappes*, engendré par la rotation d'une hyperbole autour de son axe transverse; et l'*hyperboloïde de révolution à une nappe*, engendré par la rotation d'une hyperbole autour d'un axe non transverse; cette dernière surface est encore engendrée par la rotation d'une droite autour d'un axe qui ne la rencontre pas. C'est la seule surface gauche qui soit de révolution. — M. F.

I. **REVOLVER** ou **PISTOLET-REVOLVER.** Du verbe anglais *to revolve*, retourner, qui vient du latin *revolvere*. Pistolet à plusieurs coups dont le fonctionnement est basé sur le principe suivant : séparer le canon du tonnerre, transformer celui-ci en un cylindre qui peut tourner autour d'un axe parallèle à celui du canon et situé un peu au-dessous; pratiquer dans le cylindre, plus souvent appelé *barillet*, un certain nombre de chambres, 6 le plus habituellement, qui sont destinées à recevoir autant de charges et qui, par suite de la rotation du barillet, viennent se placer successivement dans le prolongement du canon et en face du percuteur qui est mis en mouvement par une platine unique. Il existe également quelques modèles de revolvers à plusieurs canons,

— On retrouve dans les musées et collections d'armes, en particulier au Musée d'artillerie à Paris, plusieurs spécimens d'arquebuses, fusils ou pistolets à culasse tournante datant des xv°, xvi° et xvii° siècles ; la culasse se tournait à la main. Les pistolets tournants étaient oubliés depuis longtemps, lorsque l'invention des platines à percussion permit d'en simplifier le mécanisme. En 1815, Lenormand, armurier à Paris, inventa un pistolet à cinq coups, à culasse tournante ; quelque temps après Devisme, armurier de Paris également, en imagina un autre à sept coups. Prenant le contrepied des systèmes déjà connus, l'armurier Mariette produisit un pistolet composé de canons assemblés formant un faisceau pouvant tourner de façon que chacun d'eux vint tour à tour se placer devant le mécanisme de percussion. Ces divers essais restèrent sans résultat, et ce n'est que beaucoup plus tard que l'usage des pistolets tournants, revenus d'Amérique sous le nom de *revolvers*, s'est propagé en Europe

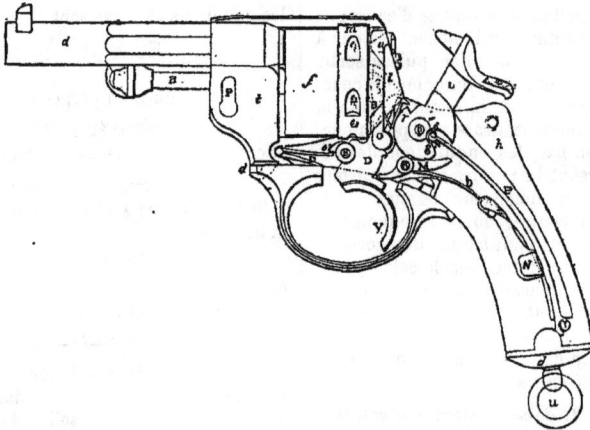

Fig. 451. — *Pistolet-revolver, modèle 1873. Vue de la platine.*

d Canon. — a Guidon. — i Console. — B Baguette. — P Poussoir. — f Barillet. — m Renfort du barillet. — $e_1 e_2 e_3$ Echancrures. — e Rempart ou culasse. — u Porte. — L Chien. — Y Gâchette. — D Détente et son ressort. — R Barrette. — t Mentonnet. — P Grand ressort. — N Clef du grand ressort. — b Ressort de gâchette. — d Calotte. — u Anneau de calotte.

Dès 1829, le colonel américain Colt, sans avoir eu connaissance des essais déjà faits dans l'ancien monde, imagina un pistolet à six ou huit canons ; mais l'inventeur reconnut bientôt qu'il était préférable de n'avoir qu'un seul canon et un cylindre tournant, contenant plusieurs

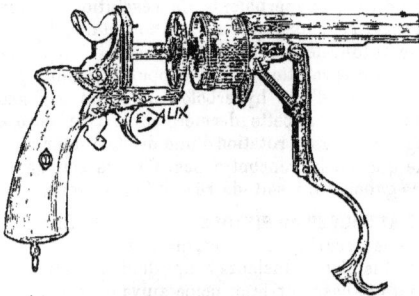

Fig. 452. — *Revolver Galand.*

chambres; en armant le chien, on amenait successivement chacune de ces chambres dans le prolongement du canon. De 1837 à 1851, le revolver système Colt reçut des améliorations successives ; il joua un rôle important dans la Floride, en 1837, dans la guerre contre les Peaux-Rouges; et, en 1847, dans la guerre du Mexique ; il devint bientôt l'arme favorite des pionniers américains toujours en lutte avec les peuplades sauvages. En 1851, Adams et Deane, arquebusiers anglais, construisirent un nouveau revolver dans lequel il suffisait de presser sur la détente pour obtenir la rotation du barillet d'abord et la percussion du chien ensuite, sans qu'il fut nécessaire de l'armer.

Quoi qu'il en soit, le revolver était encore loin d'être une arme parfaite, et son maniement n'était pas sans danger. Le chargement des chambres qui se faisait par l'avant et à l'aide d'une baguette était long et peu commode, la balle mal assujettie était exposée à tomber ; chaque chambre étant pourvue d'une cheminée sur laquelle on plaçait une capsule, le feu se communiquait quelquefois d'une cheminée aux cheminées voisines.

Malgré ces différents défauts, le revolver acquit bientôt une grande vogue en Amérique ; la mode s'en répandit peu après en Europe, et on vit alors surgir un grand nombre de systèmes de tous genres. C'est alors que l'armurier français Lefaucheux eut l'idée de construire un revolver tirant sa cartouche à culot métallique et à broche ; la cartouche étant introduite par l'arrière, il devint facile de forcer la balle dans les rayures ; la baguette de chargement, la cheminée et l'amorce se trouvèrent ainsi supprimées ; la baguette toutefois fut conservée pour servir au déchargement de l'arme et à l'extraction des étuis vides. A partir de ce moment, le chargement devint plus rapide et plus régulier, les chances d'accident plus rares ; la sécurité n'était cependant pas encore complète parce que les broches, maintenues dans les rainures extérieures du barillet le débordaient assez pour faire partir le coup si l'arme venait à tomber sur le sol ou heurter un obstacle quelconque. La marine française qui, dès 1855, s'était préoccupée de l'utilité qu'il y aurait à donner à ses matelots un pistolet à tir rapide adopta, en 1858, le pistolet-revolver Lefaucheux, à tir intermittent et à cartouche à broche, lequel a été la première arme de ce genre qui soit devenue réglementaire dans les armées européennes.

Jusque vers 1868, les modèles les plus répandus en Europe employèrent presque tous la cartouche à broche ; les Américains qui, de leur côté, avaient abandonné le premier modèle de revolver Colt se chargeant à la baguette et pourvu d'une cheminée, utilisèrent d'abord, avec les nouveaux modèles, les cartouches à culot métallique et à percussion périphérique. En Angleterre, on employa de préférence les cartouches à percussion centrale.

En 1869, étant donnés les progrès accomplis depuis 1858 dans la confection des revolvers, la marine française mit à l'étude un nouveau modèle pouvant permettre à volonté le tir intermittent et le tir continu, et tirant une cartouche à percussion centrale; le nouveau modèle, également de M. Lefaucheux, reçut la dénomination de *pistolet-revolver*, modèle 1870.

De son côté, le ministre de la guerre fit mettre en essai dans quelques légions de gendarmerie, à partir de l'année 1868, des revolvers des systèmes Lefaucheux et Perrin. Ces deux armes, de même que les revolvers Delvigne, Lepage et Galand qui furent alors soumis à la Commission de Vincennes, étaient à double mouvement et à percussion centrale. Le Comité de l'artillerie venait de proposer au ministre l'adoption du revolver Perrin pour l'armement des troupes à cheval lorsque la guerre éclata. Pendant la guerre on utilisa surtout des revolvers Lefaucheux, modèle 1858, empruntés à la marine, ainsi qu'un certain nombre de revolvers Galand. Après la guerre, on reprit les expériences, et à la suite d'essais comparatifs entre les systèmes Perrin, Galand, Chamelot-Delvigne, la préférence fut donnée à ce dernier qui, après plusieurs perfectionnements assez importants, est devenu le revolver modèle 1873 (fig. 451), actuellement réglementaire en France pour l'armement des troupes à cheval et des sergents-majors d'infanterie. Un modèle plus soigné et un peu plus léger a été adopté pour l'armement des officiers de toutes armes sous la dénomination de revolver modèle 1874. Les revolvers, modèles 1873 et 1874, qui permettent à volonté le tir continu ou le tir intermittent et tirent une cartouche à percussion centrale, se distinguent surtout par la simplicité du mécanisme et la facilité avec laquelle la platine peut se démonter et se remonter sans le secours d'aucun instrument, ce qui rend très commode le nettoyage et l'entretien de l'arme. En enlevant la plaque de recouvrement ou contre-platine qui est maintenue par une simple vis et la plaquette gauche de la crosse, on met à découvert toutes les pièces de la platine que l'on peut nettoyer et graisser sans les démonter. Dès 1865-66, MM. Drivon et Biron de St-Étienne, firent breveter un modèle de revolver, dans lequel un extracteur permettait d'enlever à la fois toutes les douilles vides, que dans les autres modèles on était obligé d'extraire une à une avec la baguette en faisant tourner le barillet à la main. En 1868, Galand présenta un revolver (fig. 452) dans lequel, en faisant basculer le pontet, on fait glisser le barillet et le canon en avant, la branche postérieure du barillet restant seule en arrière de façon à retenir les étuis vides par leur bourrelet. Dans le même but, les américains Smith et Wesson établirent un revolver (fig. 453) dont le canon en basculant entraîne le barillet, tandis qu'une partie de la branche postérieure de ce barillet se détache et rejette les étuis vides. Ces divers mécanismes, fort ingénieux, sont trop compliqués, surtout pour une arme de guerre dans laquelle il importe qu'aucune pièce ne puisse se détacher, tomber ou se perdre. Plusieurs modèles à bascule analogues au Smith et Wesson ont été imaginés, mais tous ont le grave défaut d'abord de manquer de solidité, et ensuite de laisser le tireur complètement désarmé pendant tout le temps qu'il met à charger son arme.

Les principales qualités que l'on doit exiger d'un revolver bien établi sont, en effet : un cadre fixe et un axe fort et bien assujetti de façon que la rotation du barillet soit facile et bien régulière; une culasse épaisse de façon à bien résister au recul et ne pas s'échauffer trop vite. Les crans ménagés sur la tranche postérieure du barillet, et dans lesquels vient s'engrener la *barrette* ou pièce destinée à déterminer la rotation du barillet, qu'on agisse sur le chien ou sur la détente suivant le cas, doivent être bien accentués, de façon que le barillet tourne à chaque fois d'une quantité parfaitement déterminée, et que la chambre vienne se placer très exactement dans le prolongement du canon. Une saillie de la pièce de détente, qui vient s'engager dans des encoches pratiquées sur le pourtour du barillet, contribue, du reste, à arrêter le barillet à la position voulue. Tout bon revolver doit, en outre, posséder un cran de sûreté; quelques-uns sont à batterie rebondissante, le chien revient alors de lui-même au cran de sûreté lorsque le doigt cesse de presser sur la détente.

Un armurier anglais, Kynock, a présenté, il y a peu de temps, un revolver à extracteur, comme le Smith et Wesson, mais dont la fermeture paraît plus solide. Il n'y a pas de chien, le percuteur est à l'intérieur; pour faire tourner le barillet, il faut agir sur la détente, une seconde détente excessivement douce permet de faire partir le coup en exerçant un effort très faible.

L'usage du revolver, comme arme de défense personnelle, s'est beaucoup répandu dans le public dans ces dernières années; les meilleurs viennent d'Amérique, les autres sont de modèles belges ou anglais, ces derniers étant,

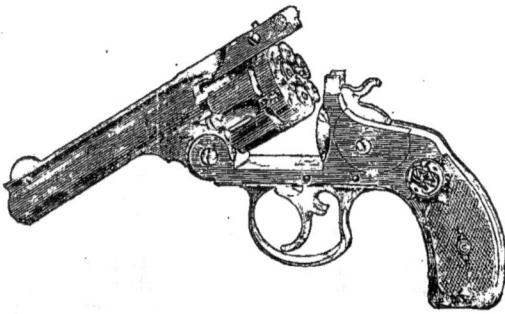

Fig. 453. — *Revolver Smith et Wesson.*

pour la plupart, faits en Belgique. On fabrique fort peu de revolvers en France; en Allemagne, il n'existe pas de modèle digne d'être cité. Les principaux modèles américains sont les revolvers Colt, nouveau modèle, à simple ou à double mouvement et à percussion centrale, qui emploient des cartouches à forte charge et se font remarquer par l'étendue de leur portée et leur force de pénétration, et le revolver Smith et Wesson. Parmi les autres revolvers de modèles anglais ou belges, citons les revolvers de poche *Mignon*, *Baby* et *Bull-dog*, ce dernier peu volumineux, très court et en même temps de fort calibre. Le calibre des revolvers que l'on trouve le plus habituellement dans le commerce est de 12, 9 et 7 millimètres; les revolvers d'ordonnance, actuellement réglementaires dans les armées européennes, ont un calibre variant de 10 à 11 millimètres, comme celui du fusil d'infanterie; toutefois, on a maintenant une tendance à diminuer ce calibre, principalement pour les modèles destinés aux officiers, c'est ainsi qu'en Suisse on a adopté, il y a peu de temps, le calibre de 7 millimètres.

Les modèles actuellement en service sont : en Angleterre, l'*Adams-Deane*; en Autriche-Hongrie, le *Gasser*; en Belgique, le *Chamelot-Delvigne* et le *Nagant*; en Russie, le *Smith et Wesson*; en Suisse, le *Chamelot-Delvigne* modifié par le major

Schmidt. Le major Schmidt a apporté au dernier modèle adopté pour les officiers suisses un perfectionnement important, dû à un fabricant de Saint-Etienne, et consistant dans un arrêt fixé à la porte de charge et ayant pour but de suspendre à volonté le fonctionnement du chien, de manière que, lorsque la porte est ouverte, la pression du doigt sur la détente fasse tourner le barillet tout en laissant le chien au repos.

Certains revolvers sont disposés de façon qu'on puisse y ajuster une crosse d'épaulement lorsqu'on veut avoir un tir plus précis aux grandes distances, pour la chasse aux bêtes fauves, par exemple. Certaines de ces crosses, composées de tringles en fer articulées, peuvent se rabattre contre l'arme ; d'autres sont organisées de façon à servir d'étui pour le transport de l'arme.

Pour terminer ce qui est relatif aux revolvers, il reste à dire un mot d'un revolver à dix coups auquel son inventeur, M. Turbiaux, a donné le nom de *Protector*. Cette arme se compose d'une boîte en acier, de forme circulaire, ayant les dimensions d'une grosse montre ; l'arme se tient entièrement dans la main, le bout du canon dépassant seul les doigts. A l'intérieur se trouve un barillet contenant 10 cartouches sur son pourtour ; on le fait tourner en agissant avec le doigt sur la détente.

Canon-revolver. — V. MITRAILLEUSE.

II. RÉVOLVER. T. de tiss. Nom donné aux métiers à tisser à plusieurs navettes dans lesquels les boîtes changeantes sont disposées autour d'un barillet cylindrique établi, soit à l'une, soit aux deux extrémités du battant. — V. TISSAGE.

III. REVOLVER (Photo-) **ou REVOLVER PHOTOGRAPHIQUE.** On désigne ainsi tout appareil photographique permettant de prendre successivement et par le fait de la rotation d'une sorte de culasse, ou d'un disque, un plus ou moins grand nombre de vues. C'est avec un appareil de ce genre que M. Janssen, lors du passage de Vénus devant le soleil, reproduisit sur une même plaque circulaire, que l'on peut voir au musée de l'observatoire de Meudon, une série d'épreuves donnant la marche du phénomène dans ses phases successives et diverses.

Actuellement, un autre savant, membre de l'Institut, M. Marey, fait usage d'un revolver photographique pour les recherches qu'il a entreprises, au parc des princes (Bois de Boulogne), sur la loi du mouvement des êtres animés, sur la marche de l'homme, sur le vol des oiseaux. Seulement il a modifié le système primitif, et au lieu de recourir à une série de plaques sensibles venant successivement, à des intervalles très courts, se présenter au foyer de l'objectif, il a fait usage d'une plaque sensible unique, le mouvement de révolution (*revolvere*, revolver) étant imprimé, avec une plus ou moins grande vitesse, à un disque métallique percé d'ouvertures ; chacune de ces ouvertures passe dans l'axe de l'objectif et lui permet d'agir alors sur la plaque sensible placée à son foyer.

Si ces ouvertures sont nombreuses, le disque étant animé d'une marche rotative très rapide, on arrive à pouvoir, dans une seconde, reproduire de 2 à 3,000 fois l'être ou l'objet en mouvement. Ces vues successives se superposent, puisque la plaque sensible est immobile, mais si l'on opère sur un fond noir et si, sur l'être ou sur l'objet en mouvement, on a eu soin de marquer en blanc les parties dont on désire connaître le déplacement, il en résulte comme une série de lignes ou mieux de courbes se détachant nettement en noir, sur le fond blanc de la plaque, comme si on les y avait tracées avec un crayon. Ce procédé peut rendre de grands services dans tous les cas où l'on veut étudier les courbes de déplacement que l'œil serait impuissant à saisir pour des mouvements très rapides.

Au point de vue médical, le *revolver photographique* rend aussi de très grands services ; il est employé à la Salpêtrière, dans le service de M. Charcot, pour suivre les diverses modifications de l'attitude, de la physionomie durant les crises d'épilepsie et autres.

Le patient est reproduit à son insu un nombre de fois qui peut aller à 12 dans une seconde.

L'examen comparé de ces vues successives permet d'étudier mieux les effets du *delirium tremens*, par exemple, de classer les divers cas qui se présentent, et d'affecter à chaque cas le traitement qui lui convient le mieux.

La photographie donne ainsi le moyen de faire des recherches et de créer des lois symptomatiques, mieux qu'on ne pourrait le faire par n'importe quel autre mode d'observation et de description.

On a, enfin, créé des photo-revolvers pour les touristes ; ce sont des appareils, dont on ne peut guère tirer un bon parti parce qu'ils donnent des résultats trop réduits. Ils ont l'aspect et la forme du pistolet, et c'est là le principal inconvénient de cet outil qui lorsqu'on s'en sert peut donner l'illusion d'une tentative de meurtre. Les plaques sensibles du photo-revolver n'ont guère que 2 centimètres de côté, c'est dire assez que le négatif ainsi obtenu est fort petit.

On peut, il est vrai, l'agrandir, mais jamais un agrandissement d'une aussi petite vue ne donne rien de bon ; c'est fâcheux, car le mécanisme est des plus ingénieux. Chaque plaque, une fois impressionnée, quitte la place qu'elle occupait au foyer de l'objectif pour la céder à une nouvelle plaque, et elle va se caser dans un compartiment pratiqué tout à côté.

Le simple jeu de la gâchette, comme dans un pistolet-revolver, commande tout le système photographique, c'est-à-dire ouvre l'obturateur, fait disparaître la plaque impressionnée et en ramène une nouvelle. On peut de la sorte faire successivement dix vues de 4 centimètres carrés chacune. Cet appareil ne présente, on le voit, aucune des conditions requises pour les instruments scientifiques. — L. V.

*REYNAUD (LÉONCE-FRANÇOIS). Né à Lyon, le 1er novembre 1803, mort à Paris, le 14 février 1880, fut à la fois un architecte habile, un professeur distingué et l'un des ingénieurs les plus éminents du corps des ponts et chaussées. Il était entré à l'Ecole polytechnique en 1821 ; licencié l'année suivante avec plusieurs de ses camarades pour des raisons politiques, il dirigea ses études vers l'architecture et travailla quelques années dans l'atelier de Huyot. Il parcourut ensuite l'Italie et la Suisse dont il étudia les monuments, et revint en France en 1828. Après la révolution de juillet, à laquelle il prit une part très active, la mesure prise contre lui fut rapportée, et il fut admis à l'Ecole des ponts et chaussées dont il sortit, en 1835, avec le grade d'ingénieur ordinaire. Il signala son début par la construction du phare des Héaux de Bréhat (V. Phare) dont l'achèvement lui valut, en 1839, la croix de la Légion d'honneur.

Attaché, en 1842, à la première section du chemin de fer de Paris à la frontière belge, il construisit la première gare du Nord, à Paris; malheureusement cet édifice, qui fut alors très remarqué et cité comme modèle, devint bientôt trop petit et disparût, en 1862, pour faire place à la grande gare actuelle. Dès l'année 1837, il avait été chargé, à l'Ecole polytechnique, du cours d'architecture qu'il professa avec tant d'éclat pendant trente ans, et auquel il ajouta, en 1842, celui de l'Ecole des ponts et chaussées. Collaborateur de Léonor Fresnel, il lui succéda, en 1846, dans la direction du service central des phares qu'il conserva jusqu'en 1878, et pendant laquelle il éleva de 55 à 116 le nombre des phares, de 67 à 254 celui des fanaux et des feux flottants et créa, par l'installation de près de 3,000 tours, tourelles, bouées, balises et amers de toutes sortes, le balisage de nos côtes qui existait à peine avant son entrée en fonctions. Outre le développement du système lenticulaire inventé par A. Fresnel, on lui doit la substitution de l'huile minérale à l'huile de colza pour l'éclairage des phares, ainsi que les premières applications de la lumière électrique et des signaux sonores. C'est lui qui créa le type élégant de construction en fer adopté pour les phares des Roches-Douvres et de la Nouvelle-Calédonie, et qui fit construire, dans des conditions réputées impossibles, le phare d'Armen, digne couronnement d'une carrière si bien commencée. Il avait été nommé ingénieur en chef en 1843, officier de la Légion d'honneur en 1855, inspecteur divisionnaire en 1856, commandeur de la Légion d'honneur en 1864, inspecteur général en 1867 et Directeur de l'Ecole des ponts et chaussées de 1869 à 1873. Comme architecte, Léonce Reynaud a fait partie du Conseil supérieur de l'Ecole des Beaux Arts et de la Commission supérieure des bâtiments civils et des palais nationaux. On lui doit un excellent traité d'architecture, qui est devenu classique, et un ouvrage magistral intitulé modestement : *Mémoire sur l'éclairage et le balisage des côtes de France.* Les atlas qui accompagnent ces deux ouvrages sont remarquables par leur perfection. Il organisa et dirigea la publication de l'atlas des ports maritimes de la France et celle des travaux publics de la France.

REZ-DE-CHAUSSÉE. Partie d'une maison qui se trouve au niveau du sol extérieur, quelquefois élevée de plusieurs marches, mais toujours au-dessus des caves ou des cuisines pratiquées dans les fondations.

REZ-MUR. Surface du gros mur en dedans de l'œuvre.

RHABILLAGE. T. d'horlog. Travail que fait l'horloger *rhabilleur* pour remettre en bon état une pièce d'horlogerie; c'est un terme impropre, et qui appelle l'idée d'un travail de reboutage, de raccommodage, alors qu'au contraire cette opération exige beaucoup de talent et d'habileté; les améliorations réalisées en horlogerie l'ont été, le plus souvent, sur des observations faites par des horlogers rhabilleurs aux prises avec les difficultés de leur art.

RHABILLAGE DES MEULES ET CYLINDRES. A l'article Meule, nous avons donné des détails suffisants sur ce qu'on peut appeler l'*habillage des meules.* Cette opération très complexe, comprend : 1° l'exécution de la concavité conique dite *entrée,* qui varie suivant les idées du meunier, le genre de mouture et l'espèce de grains à moudre; 2° le *rayonnage* qui décide de la rupture du grain et de ses gruaux, du dégagement du son et de la répartition des divers fragments sur l'ensemble de la surface des meules; 3° enfin, le *ciselage* qui donne aux portants des meules les aspérités et les saillies particulières qui permettent de rompre les plus fins gruaux pour donner la farine, et de bien curer les sons.

Le *rhabillage* a pour but de rétablir ces divers éléments actifs des meules ; mais il se réduit le plus souvent à la *réfection des ciselures* très fines parallèles aux rayons. Toutefois, de temps en temps les rayons doivent être ravivés, élargis ; leur face en pente faible, dont l'action est si importante quoiqu'à peine comprise de quelques personnes, doit être ravivée et même reformée. Enfin, l'*entrée* elle-même peut être refaite en certains cas.

Le rhabillage d'une meule exige donc, de la part du meunier et de l'ouvrier, une parfaite entente du mode d'action des diverses parties; aussi, un parfait rhabilleur est-il très rare. Quelques ouvriers expérimentés arrivent souvent à faire marcher convenablement des meules que d'autres considèrent comme incapables de bien moudre.

Le rhabillage se fait à la main, le plus souvent avec des marteaux spéciaux dont la partie active est un ciseau d'acier. L'ouvrier modère ou force son coup, suivant la dureté variable des diverses parties de la meule. On a imaginé des machines à rhabiller, entre autres celles de M. Golay; nous en avons dit quelques mots à propos de la confection des meules; ces machines sont déjà fort employées.

Les *cylindres* en fonte trempée qui tendent à remplacer les meules doivent aussi être *rhabillés.* Des tours spéciaux permettent de refaire les cannelures avec une précision mathématique. — J. A. G.

*RHANDANITE. — V. Randanite.

*RHÉÉLECTOMÈTRE. *T. d'électr.* Instrument imaginé par Marianini pour étudier l'état magnétique du fer et de l'acier. Il se compose d'une hélice, dans laquelle on introduit le barreau à aimanter, et d'une aiguille de déclinaison suspendue au-dessus de l'hélice, l'axe de l'hélice étant perpendiculaire au méridien magnétique.

Quand le barreau a été aimanté par le passage du courant, la déviation de l'aiguille indique le sens de son aimantation et donne une idée de son intensité. Ce petit appareil peut servir à reconnaître le sens du courant qui a produit l'aimantation, et M. Melsens a proposé de l'adjoindre aux paratonnerres télégraphiques pour reconnaître le sens des décharges atmosphériques.

*RHÉOMÈTRE. *T. d'électr.* Synonyme de galvanomètre ou mesureur des courants électriques. — V. Électricité, § 55; Électrométrie, Galvanomètre et Régulateur de pression du gaz.

*RHÉOPHORE. *T. d'électr.* Fil conducteur que l'on attache aux pôles d'un générateur d'électricité.

*RHÉOSTAT. *T. d'électr.* Appareil permettant d'introduire dans un circuit des résistances graduées. — V. Résistance, § *Bobines et caisses de résistance.*

*RHÉOTOME. *T. d'électr.* Syn. : *Commutateur* (V. ce mot). Appareil automatique interrompant et rétablissant successivement le passage du courant, comme le *trembleur* de Neef, la *sirène* de Froment, etc. — V. Induction, § *Bobine d'induction.*

*RHÉOTROPE. *T. d'électr.* Nom donné à des commutateurs ou interrupteurs à roues, employés dans certains appareils d'induction. — V. Clef et Commutateur.

*RHEXIT. Sorte de *dynamite* (V. ce mot).

*RHODANATE. *T. de chim.* Syn. : *Sulfocyanure.*

RHODIUM. *T. de chim.* Corps simple, métallique, ayant pour symbole Rh, pour équivalent 52,2 et pour poids atomique 103,06. Il a été découvert en 1803, par Wollaston, dans la mine de platine.

Propriétés. Il ne fond qu'au delà de 1,800° et avec les fourneaux employés pour le platine; à cette température il n'éprouve pas de volatilisation sensible et il ne s'oxyde que légèrement, s'il est en masse, en rochant par le refroidissement; mais il s'oxyde complètement, en formant un sesquioxyde Rh^2O^3, s'il est à l'état pulvérulent. Après fusion, c'est un corps ductile, malléable, de couleur blanc bleuâtre, comme l'aluminium; sa densité est de 12,1 et sa chaleur spécifique de 0,058. Il est attaqué au rouge par le chlore, mais tous les acides, sauf l'acide métaphosphorique fondu, sont sans action sur lui; chauffé avec l'azotate de potasse, il donne du sesquioxyde, et avec le bisulfate de potasse, un sulfate double; il est précipité de ses solutions par l'acide formique et par l'alcool, et il s'allie assez bien aux autres métaux.

C'est un métal rare, et qui, par conséquent, n'a pas d'emplois industriels, aussi ne donnerons-nous pas la préparation de ses divers composés; lorsque l'on veut faire l'un quelconque de ses sels, on précipite une solution de rhodium par la potasse, pour faire un hydrate de sesquioxyde, lequel est alors traité par l'acide voulu.

Caractères des sels. Les sels de rhodium sont roses, et leur solution acidulée par l'acide chlorhydrique (pour avoir du sesquichlorure), donne, avec les réactifs, les caractères suivants, (dont quelques-uns sont encore peu certains : avec la *potasse*, décoloration à la longue, puis précipité noir d'hydrate de sesquioxyde, à chaud la liqueur jaunit, le dépôt se fait à l'ébullition; l'alcool amène, à froid, la formation du précipité, à moins qu'il n'y ait un excès de potasse (caract.); avec l'*ammoniaque*, décoloration et formation d'un précipité jaune citron, après quelque temps; avec le *carbonate d'ammoniaque*, même réaction : avec le *carbonate de baryte*, précipité d'hydrate, à froid avec les sels oxygénés, à chaud avec les sels haloïdes; avec le *borate de soude*, précipité; avec l'*acide sulfhydrique* ou le *sulfure d'ammonium*, précipité brun, lent à se former, soluble dans l'acide chlorhydrique, insoluble dans un excès de sulfure d'ammonium; avec l'*iodure de potassium*, coloration foncée et précipité lent à se former, immédiat par la chaleur; avec le *protochlorure d'étain*, coloration brune et précipité jaune brun (liq. concent.); avec l'*acide formique*, réduction à chaud (nié par quelques auteurs); avec les *azotates mercureux, de plomb*, et *d'argent*, précipités roses, de sels doubles (caract.); avec les *sulfites alcalins*, décoloration et précipité presque blanc; avec le *zinc*, précipité métallique, fusible dans le bisulfate de potasse, à chaud.

Dosage. Pour doser le rhodium contenu dans une solution, on évapore celle-ci avec du carbonate de soude, puis on calcine le résidu dans un creuset de platine, on le lave ensuite à l'acide chlorhydrique, puis à l'eau, et on réduit enfin le sesquioxyde formé, par un courant d'hydrogène. On pèse le résidu métallique (Berzélius).

Préparation. Elle est excessivement longue et délicate pour obtenir le métal pur; elle se fait en traitant l'osmiure d'iridium provenant de l'extraction du platine et le précipité produit par le fer dans les eaux-mères d'où l'on a séparé ce même métal. Pour les détails, nous renvoyons aux traités complets de chimie. — J. C.

RHOMBE. *T. de géom.* Synonyme de losange. — V. Losange.

RHOMBOÈDRE. *T. de géom. et de cristall.* Ce mot s'emploie, en cristallographie, pour désigner un parallélipipède dont toutes les faces sont des losanges. Il convient de remarquer qu'étant donné un parallélipipède quelconque, on peut toujours, par des sections parallèles aux faces, le réduire à un rhomboèdre. Le cube est un cas particulier du rhomboèdre.

RHOMBOÏDAL. *T. de cristall.* Qui tient de la nature du rhombe ou losange. Ainsi, le dodécaèdre rhomboïdal est un dodécaèdre dont toutes les faces sont des losanges. *Système rhomboïdal.* — V. Cristallographie.

RHUM. *T. de liquor.* Alcool provenant de la fermentation du vesou ou jus de la canne à sucre, ainsi que de celle des mélasses résultant de la fabrication du sucre de canne.

On trouve; à l'article qui traite de la fabrication du sucre de canne, les diverses opérations que l'on fait subir au jus pour l'amener à laisser séparer la saccharose. Les mélasses qui. résultent de cette opération sont transportées dans les *rhumeries* pour y être travaillées; ce sont là les opérations que nous avons à indiquer ici.

Ces mélasses ayant été obtenues par la concentration des jus dans des appareils perfectionnés, dits *à triple effet*, n'ont subi que l'action d'une température assez basse; elles contiennent parfois encore 50 0/0 de sucre cristallisable, elles peuvent alors donner, pour 100 kilogrammes de sucre contenu, 58 litres d'alcool rectifié; mais souvent on les soumet à de nouvelles opérations pour séparer le plus possible de sucre, et alors on les livre aux distilleries dans lesquelles on ne cherche pas à les rectifier d'une manière complète, mais bien à leur conserver les produits essentiels qui constituent l'arome. Pour obtenir, avec les mélasses, un liquide propre à être distillé, on mélange 52 parties de mélasse avec 24 parties d'eau, on brasse le tout on laisse fermenter directement (avec le vesou, il faut ajouter de la levure pour obtenir cette fermentation), puis après un temps qui varie de sept, à dix, ou même douze jours, suivant la température, on a obtenu une fermentation convenable, on ajoute ensuite au liquide 64 parties de résidus de distillations antérieures. Autrefois, on introduisait le tout dans des alambics en cuivre rouge chauffés à feu nu et d'une contenance de 2,000 à 4,000 litres. Ce mélange fournit, en vesou, 9 0/0 de son poids d'alcool.

. L'alambic employé maintenant dans les colonies, est la colonne à distillation, à jet continu, permettant d'obtenir régulièrement 3,500 litres de rhum par journée de douze heures. Nous n'avons pas à décrire cet appareil, il suffit de rappeler qu'il se compose de tronçons munis d'un regard et reliés les uns aux autres; ses organes importants sont le chauffe-vin et le réfrigérant, lequel on dispose de façon à ce que la circulation n'y soit pas trop rapide; on installe le plus souvent cette partie de l'appareil dans une pièce spéciale. Pour procéder à une distillation, on commence par élever, au moyen d'une pompe foulante, le liquide fermenté ou *grappe*, dans un bac d'alimentation, puis le produit passe de là dans le chauffe-vin et redescend sur les plateaux de la colonne où il rencontre un courant ascendant de vapeurs alcooliques qui devient de plus en plus riche à mesure que la grappe perd son alcool. Les vapeurs traversent le chauffe-vin en perdant de la chaleur, et alors elles se condensent et passent dans le réfrigérant. Ces opérations se font d'une manière absolument continue. Le liquide distillé porte le nom de *tafia*, il est incolore et marque, suivant les divers pays, de 78° à 56° centigrades; les Demerara marquent 78°; les Jamaïque, de 77 à 75 et 70°, suivant l'âge; les Martinique ont

un degré plus faible, 62° au maximum. On reçoit le tafia dans des jarres, puis on l'élève de là dans de grandes cuves en chêne blanc où on le laisse séjourner un certain temps; après quoi, on le met en fûts d'une contenance de 300, 250, 160 et 125 litres, ces derniers portent le nom de *tierçons* ou de *quartants*. Cet alcool n'a pas, à ce moment, le goût et la couleur qu'il prendra par la suite, mais il est cependant très estimé des créoles qui le préfèrent au produit vieilli, et à celui préparé pour être livré à la consommation dans nos pays.

Les tafias, avant d'être vendus sous le nom de *rhums*, sont réduits d'abord au degré alcoolique commercial, qui est de 56° centigrades, remontés en couleur avec des sirops caramélisés, et parfois vanillés quand on ne leur ajoute pas un produit spécial, appelé *sauce*, dont nous allons avoir à parler à propos du rhum factice. Les rhums surfins, qui ne nous parviennent que rarement, parce qu'ils sont préparés par les propriétaires de distillerie pour leur consommation personnelle, n'ont pas subi ces additions, inutiles d'ailleurs dans ce cas, parce qu'ils sont préparés avec le vesou lui-même et non avec les mélasses.

Le rhum ou alcool de canne à sucre est, avec celui du vin, la liqueur alcoolique la plus estimée; c'est un produit coloré en brun plus ou moins foncé, donnant par l'évaporation, un résidu brun noirâtre charbonneux, lequel répand souvent une odeur prononcée de caramel; son goût est fort, rappelant celui du cuir (goût de savate) et parfois celui de pruneaux (on en verra plus loin la cause), mais les tafias offrent toujours une odeur prononcée qu'ils doivent aux acides volatils et aux produits essentiels et résineux existant normalement dans le vesou; ainsi qu'aux éthers qui se sont formés pendant la distillation. La consommation tend à prendre un assez grand développement en Europe, car en nous basant seulement sur la production de notre colonie de la Martinique, dont les produits sont mieux appréciés de jour en jour, nous pouvons constater qu'on en importait en France, en 1877, 3,639,628 litres, et qu'en 1885, cette importation était de 18,180,943 litres; la Guadeloupe et les autres pays envoient environ le quart de la dernière quantité indiquée, mais ces rhums sont inférieurs et cotés très bas sur nos marchés, ainsi que ceux de la Réunion qui, depuis trois ou quatre ans, commencent à nous arriver.

Rhum factice. On trouve, dans le commerce, une grande quantité de rhums qui ne sont que des mélanges d'alcools divers avec des caramels et une proportion variable de mélanges vulgairement appelés *sauces* et dont la composition change avec le pays où se fait la fabrication artificielle. L'un de ces mélanges est constitué par une sorte d'extrait liquide de pruneaux, mêlé à des râpures de cuir tanné, du clou de girofle et un peu de goudron. M. Mulot a jadis indiqué une formule qui donnait, paraît-il, des imitations de rhum, lesquelles étaient fort agréables; on prenait 125 kilogrammes de mélasse de betterave,

50 kilogrammes de farine d'orge, 20 kilogrammes de pruneaux, on ajoutait 200 litres d'eau tiède, puis on délayait dans la masse une quantité convenable de levure, pour obtenir une bonne fermentation. Après la transformation des matières sucrées et amylacées en alcool, on distillait, puis on ajoutait à la liqueur une sauce faite avec 4 kilogrammes de râpure de cuir tanné, 1 kilogramme de truffes écrasées, 120 grammes de girofle, 20 grammes de zestes de citron et 10 litres d'alcool à 85°; on distillait après un certain temps de contact, de façon à recueillir un liquide marquant 56° centigrades, que l'on introduisait alors dans des barils, à l'intérieur desquels on avait fait brûler un peu de paille imprégnée de goudron; quant à la couleur, elle était toujours donnée à l'aide du caramel.

Certains rhums factices allemands sont obtenus plus facilement et surtout plus rapidement; on distille de l'alcool avec de l'acide sulfurique et du bioxyde de manganèse, puis on ajoute au produit rectifié des proportions convenables d'éthers acétique, tannique et butyrique, un peu de teinture d'huile de bouleau, et on colore avec du caramel souvent additionné de teinture de suie et de vanille. Le plus fréquemment, les rhums sont faits avec des alcools inférieurs auxquels on ajoute du formiate d'éthyle et du caramel.

Essai. Les rhums factices sont reconnus facilement par le procédé suivant : on mélange à 10 centimètres cubes de rhum 3 centimètres cubes d'acide sulfurique, on agite et on conserve vingt-quatre heures dans un tube à essais. Le produit naturel ne perd pas son odeur par l'action de l'acide, tandis que le produit artificiel perd son odeur bien avant ce laps de temps (Wiederhld.) — J. C.

* **RIBAGE.** Syn. de *broyage.*—V. Broyage du lin.

* **RIBAUDEQUIN.** *T. d'arm. anc.* Ce mot a désigné deux armes différentes : ce fut d'abord, au moyen âge, une grande arbalète montée sur chariot et dressée sur les murailles d'une ville assiégée, avec laquelle on lançait des javelots; plus tard, au xv° siècle, on donna ce nom à un ensemble de petits canons montés sur un affût muni d'une sorte de manteau qui garantissait les servants contre le tir de l'ennemi ; quelques-uns étaient armés de lances. — V. Artillerie.

RIBLONS. *T. de métall.* Se dit de la ferraille, des rognures de fer.

* **RICARD** (Auguste) dit de Montferrand. Architecte, né à Chaillot près Paris en 1776, mort à Saint-Pétersbourg en 1858, fut élève de Percier et Fontaine, et travailla à l'église de la Madeleine. Une recommandation auprès du ministre de Wolkonsky l'engagea à partir pour la Russie, en 1816, il y fut chargé de quelques travaux importants, notamment du palais où a été installé depuis le ministère de la guerre. Il obtint, en 1817, au concours, la reconstruction de l'église Saint-Isaac, à laquelle il travailla pendant quarante ans. On lui doit aussi la colonne Alexandrine, et il a laissé inachevée une belle statue équestre de Nicolas, commandée par Alexandre II.

* **RICHARD-LENOIR.** — V. Lenoir-Richard.

* **RICHE DE PRONY.** — V. Prony.

* **RICHIER** (Ligier). Sculpteur, né vers 1500 à Saint-Mihiel (Meuse) ou dans les environs, mort vers 1572, était issu d'une pauvre famille lorraine qui avait embrassé, dit-on, le protestantisme. On ne connaît rien de précis sur sa vie; la légende prétend que Michel-Ange, passant en Lorraine, rencontra par hasard le jeune homme, devina son avenir dans ses timides essais, et lui facilita le voyage d'Italie. Cette aventure paraît assez invraisemblable. Toujours est-il que Richier passa plusieurs années en Italie d'où il revint, vers 1521, pour ne plus quitter la Lorraine et fut bientôt en possession d'une enviable célébrité qui, toutefois, ne dépassa pas les limites de sa province. Il décora plusieurs maisons et hôtels, notamment à Dagonville, où on lui attribue une belle cheminée, fit un remarquable calvaire pour l'église de Hattonchâtel et enfin, en 1545, sculpta pour le tombeau de Réné de Nassau, à Bar-le-Duc, son fameux squelette ou plutôt un cadavre en décomposition présentant à Dieu son cœur qu'il tient dans la main. L'effet de ce morceau de sculpture est saisissant. On lui attribue un tombeau plus simple et qui se rapproche davantage des monuments funéraires du moyen âge, c'est celui de Réné de Beauveau, conservé au musée lorrain.

En 1550, il acheva, pour l'église Saint-Étienne, à Saint-Mihiel, son *sépulcre* qui est considéré comme un des plus curieux et des plus beaux monuments de la sculpture française. On y sent l'habileté de l'élève de Michel-Ange en même temps que la naïveté et le réalisme d'expression d'un adepte du moyen âge. Richier est encore un imagier de l'école de Michel Colomb, et il représente dignement l'art véritablement français. Voici la description que M. Réné Ménard donne de ce monument : « Il se compose de treize figures plus grandes que nature, taillées dans une pierre d'un grain très fin et blanc comme du marbre. Le corps affaissé du Christ est soutenu par Nicodème et Joseph d'Arimathie dont les traits sont empreints d'un caractère grave et réfléchi. Sainte-Madeleine, agenouillée, baise les pieds du Christ et les arrose de ses larmes; au second plan, dans un demi-jour qui ajoute encore à la tristesse de la scène, la Vierge défaillante est soutenue par Saint Jean et Marie, sœur de Marthe. C'est peut-être la figure la plus touchante de ce groupe admirable. Sur un des côtés, une sainte femme contemple avec tristesse la couronne d'épines qu'elle tient dans ses mains; du côté opposé, une auge contient des clous et la croix; au fond, des soldats jouent aux dés. La sculpture chrétienne ne s'est jamais élevée plus haut que le sépulcre de Saint-Mihiel, et c'est assurément sous le rapport de l'expression religieuse, le plus grand chef-d'œuvre de l'école française dans la statuaire ».

L'église Saint-Marc, à Bar, a été également décorée de beaux morceaux dus au ciseau de Richier. C'est dans cette ville qu'il fut présenté, en 1559, à François II venu au château pour rendre visite à son beau-frère Charles III, duc de Lorraine. Le roi emmena-t-il Richier? on ne sait; toujours est-il que l'artiste disparaît à cette époque, et qu'on ne trouve plus mention de lui qu'en

1572, année de sa mort. On peut, d'ailleurs, l'avoir confondu parfois avec ses enfants, dont plusieurs firent de la sculpture avec succès.

Nous citerons de Richier, outre les chefs-d'œuvres que nous venons de décrire, un débris du crucifiement : la *Vierge soutenue par Saint-Jean*, à l'église de Saint-Mihiel ; une *Annonciation* ; le *Christ avec la Vierge et Saint-Jean* ; les *Docteurs de l'Eglise* ; les *Douze apôtres*, terre cuite ; la *Crèche*, à l'église Saint-Marc de Bar. La plupart de ces ouvrages ont disparu. Le Louvre possède de lui un *Enfant couché*, dans une pose d'un naturel plein de grâce, et un bas-relief, le *Jugement de Suzanne*, qui comprend, dans un cadre très exigu plus de trente personnages d'une étonnante vérité d'expression. Richier s'est fait connaître aussi comme décorateur remarquable par le jubé de l'église de Saint-Mihiel et le plafond de la maison qu'il habitait, rue des Drapiers.

* RICHOMME (Joseph-Théodore). Graveur, né à Paris en 1785, mort dans la même ville en 1859 ; il étudia d'abord la peinture, puis s'adonna exclusivement à la gravure ; après être entré, à dix-sept ans, dans l'atelier de Coissy, excellent maître, il remporta à vingt ans le prix de Rome. En Italie, il s'attacha surtout à l'œuvre de Raphaël, dont il fit une étude spéciale, et il produisit la *Madone de Lorette* qui le plaça de suite parmi les artistes de talent. L'année suivante, sa planche d'*Adam et Eve*, d'après le maître italien, lui valait la grande médaille d'or. De l'avis de tous les connaisseurs, jamais Raphaël n'avait trouvé un interprète plus remarquable. En 1815, il grava deux planches pour le *Musée français*, et *Thétis couronnant Vasco de Gama et l'encourageant dans ses découvertes*, d'après Gérard, pour la superbe édition des Lusiades publiée par les soins de M. de Souza. Citons encore *Neptune et Amphitrite*, d'après Jules Romain ; le *Triomphe de Galathée* ; les *Cinq Saints* et la *Sainte-Famille*, d'après Raphaël ; *Andromaque aux pieds de Pyrrhus*, d'après Guérin ; *Thétis apportant des armes à son fils Achille*, d'après Gérard. Richomme, habile dessinateur, faisait lui-même le trait de ses planches et était ainsi plus sûr de ses effets. Il excellait surtout dans les finesses et dans le modelé des contours auxquels il savait donner une grâce inexprimable. Il était officier de la Légion d'honneur et membre de l'Institut. Son fils, *Jules*, élève de Drolling, s'est fait un nom dans la peinture. Il a décoré, notamment, une salle du Palais de Justice de Paris, la chapelle de Saint-Vincent de Paul, à l'église Saint-Séverin, et la petite église de Rosheim (Bas-Rhin).

RICIN (Huile de). — V. Huile, § *Huiles médicinales*.

RIDEAU. Pièce d'étoffe qui tombe d'une ouverture pour intercepter la vue ou la fermer, ou pour couvrir, préserver des objets. ‖ Au théâtre, le rideau qu'on appelle aussi *toile*, n'est pas seulement la décoration qui se lève et découvre la scène lorsque le spectacle va commencer, c'est encore le nom des toiles de fond, des nuages, des ciels, etc., que l'on fait descendre du cintre, et celui des toiles que l'on baisse, dans le cours d'un acte, pour masquer à la vue des spectateurs les changements de décors qu'on exécute. — V. Décoration théâtrale. ‖ Assemblage de feuilles de tôle qui glissent l'une sur l'autre et que l'on peut baisser ou lever, dans l'ouverture d'une cheminée, pour régler le tirage. ‖ *Rideau articulé, T. de p. et chauss.* Système de vannage mobile, imaginé par M. Caméré et employé pour la fermeture des barrages mobiles. — V. Rivières canalisées.

RIDELLE. *T. techn.* Nom des deux côtés d'une charrette, que l'on fait pleins ou en forme de râtelier et qui ont pour but d'empêcher la charge de tomber.

* RIESENER (Jean-Henri). Ebéniste du roi, naquit, vers 1735, à Gladbeck, électorat de Cologne, et mourut, le 6 janvier 1806, rue Saint-Honoré, 2, enclos des Jacobins, à l'âge de soixante-et-onze ans. Son acte de décès est le seul document qui permette de fixer approximativement la date de sa naissance. Il était fils de Herman Riesener, huissier de justice de la Chancellerie du diocèse de Cologne. Il fit son apprentissage chez son compatriote Jean-François Oeben, ébéniste du roi, qui jouissait d'une grande réputation dans le métier et avait obtenu un logement et un magasin dans l'enclos de l'Arsenal.

Lors de la mort d'Oeben, survenue en janvier 1763, Riesener, âgé de vingt-sept à vingt-huit ans, avait le titre de premier garçon, c'est-à-dire de premier ouvrier de son patron, ce qui le désignait tout naturellement au choix de la veuve pour la direction de l'atelier. On sait, en effet, tant par l'inventaire encore inédit, dressé après le décès de l'ébéniste du roi, le 27 janvier 1763 et les jours suivants, que par l'état des marchandises qui accompagne le contrat de mariage de la veuve Oeben avec Riesener, que le défunt avait entrepris des ouvrages considérables pour le roi Louis XV et pour les plus grands personnages de la cour. Il s'agissait de les terminer.

Parmi les meubles commencés par Jean-François Oeben et achevés par Riesener, il faut citer en première ligne le magnifique bureau du roi, conservé aujourd'hui au musée du Louvre dans une des salles des pastels. Ce bureau, qui porte la signature de Riesener tracée à la scie et la date de 1769, avait été entrepris par Oeben qui avait déjà dépensé pour son exécution la somme de 5,250 francs. Le détail de cette dépense nous apprend l'auteur des grandes figures de bronze ; elles sont du modeleur Duplessis, à qui elles font grand honneur ; elles avaient été fondues par Hervieux. Pour avoir une idée du mérite de ce meuble unique, chef-d'œuvre de l'art de l'ébéniste, il faut lire l'examen technique qu'en a fait un des meilleurs praticiens modernes, M. Charles Séné, dans les *Nouvelles archives de l'art français* (1878, p. 319 à 339).

Par la mort d'Oeben, Riesener devint donc le chef de son atelier ; il ne tarda pas d'ailleurs à unir plus étroitement sa fortune à celle de la veuve de son patron, Françoise-Marguerite Vandercruce, bien qu'elle eût déjà quatre filles de son premier mariage : Françoise-Mectine, âgée de quinze ans ; Victoire, âgée de sept ans et demi ; Adélaïde, âgée de six ans, et Mecithilde, née après la mort de son père. La deuxième fille d'Oeben, Victoire, devint plus tard, en 1778, la femme de Charles Delacroix, préfet de Bordeaux sous le premier Empire, et fut la mère de l'illustre peintre, Eugène Delacroix.

Pour en finir avec les détails biographiques concernant Riesener, nous savons par son acte de décès qu'il avait épousé en secondes noces Marie-Anne Grezel. Cette union ne fut pas heureuse, car nous voyons les époux réduits à demander le divorce. De son premier mariage avec la veuve Oeben, Riesener avait eu un fils, le peintre Henri-François (1767-1828), élève de Vincent et de David qui, lui-même, laissa un fils, peintre comme son père, Louis-Antoine-Léon Riesener, né en 1808 et mort récemment. Ce dernier, comme on le voit, se trouvait cousin par sa grand'mère, d'Eugène Delacroix.

Jean-Henri Riesener, après son mariage avec la veuve Oeben, conserva le logement et l'atelier que son ancien patron tenait de la libéralité du roi. Les *Tablettes de Renommée* de 1772 ne parlent pas de lui, mais seulement de la veuve Oeben, en ces termes : « Hobenne (veuve), à l'Arsenal, tient magasin considérable d'ébénisterie ». L'omission très vraisemblablement volontaire du nom de Riesener, fait supposer à M. Charles Séné que les successeurs d'Oeben avaient tenu à conserver dans leur raison sociale le souvenir de la réputation du fondateur de l'atelier. L'hypothèse paraît d'autant plus admissible qu'un sieur Oeben, certainement parent du nôtre, ancien élève des Boulle, avait obtenu un logement à la Manufacture des Gobelins, en 1759, et y exerçait encore sa profession en 1772, ainsi que le prouve cet article des *Tablettes de Renommée*, placé immédiatement avant la mention de la veuve Oeben reproduite plus haut : « Hobenne, aux Gobelins, tient fabrique et magasin considérable de meubles en ébénisterie, fait des envois en province et chez l'étranger ».

Cette digression n'était pas tout à fait étrangère à notre sujet, puisqu'elle prouve que Riesener se rattachait par la famille de son maître Oeben à l'école et à la tradition des plus fameux artisans en meubles du temps de Louis XIV.

On a dit plus haut que Riesener, pour ses débuts, après avoir épousé la veuve de son patron, termina et signa, en 1769, le fameux bureau du roi, ce chef-d'œuvre de l'art de l'ébénisterie au XVIIIe siècle.

A partir de cette époque, le successeur d'Oeben ne cesse de travailler pour le roi et pour tous les grands seigneurs de la Cour. Son talent fut fréquemment mis à contribution par la reine Marie-Antoinette. Aussi trouve-t-on dans les grandes administrations publiques, dans les bureaux des ministères, aux Archives nationales, un certain nombre de meubles en marqueterie décorés de bronzes finement ciselés, de pur style Louis XVI, portant en toutes lettres le nom de Riesener ou quelquefois seulement ses initiales. Ces signatures se dissimulent souvent dans des recoins peu accessibles où il est assez difficile de les découvrir. Il serait à souhaiter que ces meubles, exécutés avec un grand soin, fussent soustraits à l'incurie des garçons de bureau chargés de leur entretien, et que les plus beaux types, au moins, fussent déposés dans un musée. Voici longtemps que la proposition en a été faite ; il ne semble pas qu'on ait fait un pas, depuis dix ou quinze ans, pour la réaliser.

Un certain nombre des meubles sauvés de l'incendie du palais de Saint-Cloud, en 1870, et aujourd'hui conservés au musée du Louvre, sortent des ateliers de Riesener. Plusieurs d'entre eux sont signés, nous a-t-il été assuré.

Il semble que la Révolution ait porté une grave atteinte à l'industrie de l'habile artisan. Il ne pouvait en être autrement. L'ancien ébéniste du roi dut s'estimer heureux de ne pas payer de sa tête son ancienne faveur et ses relations avec la Cour. Il ne paraît pas à la première exposition de l'industrie française, ni aux expositions suivantes, bien qu'il ait, ainsi qu'on l'a vu, prolongé sa vie jusqu'en 1806. On ignore à quelle époque il avait quitté son atelier de l'Arsenal pour venir habiter l'enclos des Jacobins.

Jean-Henri Riesener restera comme l'incarnation la plus illustre de l'art du mobilier à une de ses plus brillantes époques. Il continue dignement la tradition des Boulle et des Oeben, et mérite une place d'honneur à côté d'eux dans le Panthéon des célébrités de l'industrie française. — J. G.

RIFLARD. *T. techn.* Grand rabot dont on se sert pour *rifler*, pour dresser et blanchir les bois de charpente et de menuiserie. || Outil formé d'une lame d'acier mince de 0ᵐ,06 de largeur environ, à l'usage des maçons pour couper le plâtre, nettoyer, égaliser les surfaces. || Grosse lime pour dégrossir le métal.

*RIFLOIR. *T. techn.* Lime taillée, douce par le bout, pour dresser le cuivre et dégrossir les ornements en métal.

RIGOLE. Petit canal creusé dans le sol pour réunir les eaux pluviales et faciliter leur écoulement.

Chaque fois que, dans la construction d'une voie de chemin de fer, le ballast n'est pas suffisamment perméable pour laisser écouler rapidement les eaux, on y ménage des rigoles d'assèchement tous les 6 mètres environ. En agriculture, dans les terrains éloignés des courants permanents, on établit souvent des rigoles horizontales à différentes hauteurs, sur les pentes des coteaux ou dans les parties basses des plateaux, pour recueillir les eaux pluviales qui viennent alors irriguer par infiltration. || On appelle encore *rigoles*, par analogie, les petites tranchées destinées à recevoir les fondations d'un mur.

*RIGOLLOT (JEAN-PAUL). Inventeur du papier sinapisme qui porte son nom, naquit à Saint-

Etienne, le 12 mai 1810, et mourut à Paris, le 11 mars 1873. Il suivit avec succès les cours de l'Ecole de pharmacie de Paris et, de retour dans sa ville natale, il s'y établit pharmacien, mais se ruina en quelques années dans la construction de régulateurs à gaz et d'appareils avertisseurs du grisou qui ne furent jamais consacrés par la pratique. Sans ressources, Paul Rigollot entra comme chimiste à l'usine de la Pharmacie centrale à Saint-Denis, où ses travaux le firent bientôt apprécier et lui valurent la place de directeur. Ce n'est qu'en 1867 qu'il arrêta définitivement son procédé de fabrication des sinapismes qui figurèrent, la même année, à l'Exposition universelle.

* RINÇAGE. T. techn. Action de laver à l'eau pure après un nettoyage par un procédé quelconque, et qui laisse un résidu que l'on veut faire disparaître; c'est ainsi que l'on opère après les divers traitements du dégommage et de la teinture des étoffes.

RINCEAU. T. d'arch. Le rinceau est une des plus importantes parties de l'ornement, celle qui emploie les diverses formes des fleurs et des fruits avec leurs tiges; les combinaisons ainsi obtenues sont variables à l'infini, et nous en avons déjà indiqué les grandes lignes en traitant de la flore ornementale. — V. ce mot.

— Bien que les Egyptiens aient placé dans leur ornementation les roseaux, les fleurs de lotus, ils leur ont laissé un naturalisme trop raide, trop vivant, si on peut s'exprimer ainsi, pour qu'ils aient créé un motif ornemental proprement dit; ils ont copié, et non traduit. Les Grecs, au contraire, en courbant les tiges avec grâce, en arrondissant les angles des feuilles, en les disposant avec plus de souci de l'effet décoratif que de la vérité, ont été les véritables créateurs du rinceau. A leur imitation, les Romains et les artistes de la Renaissance en ont adopté les formes souples, les reliefs accentués, et les ont placés dans les frises et dans les chapiteaux.

Le moyen âge, au contraire, se rapproche davantage de la nature, et au lieu de se conformer à quelques types avec des combinaisons diverses, il multiplie les modèles et s'inspire de toutes les fleurs et de toutes les feuilles que produit notre pays; de là plus de variété dans l'ornementation, mais aux dépens de l'unité du style et souvent aussi de la clarté de la conception.

Le style Louis-quinze transforma le rinceau à tel point qu'au milieu des enroulements, des volutes, des rocailles, des exubérances de détail il devient impossible de retrouver la flore, point de départ qu'il eut été nécessaire de remettre en évidence. Cette exagération devait amener une réaction salutaire. En effet, le style Louis-seize nous montre les rinceaux les plus achevés, gardant leur caractère ornemental et restant fidèles à la nature : c'est la grâce et l'art même.

‖ Art hérald. Se dit des branches chargées de feuilles.

* RINGARD. T. techn. Tige de fer terminée en crochet, qui sert à piquer le feu et à lui donner plus d'activité. — V. Râble.

* RIOCREUX (Denis-Désiré). Peintre et céramiste distingué, un des fondateurs du Musée céramique de Sèvres, né en 1791, mort en 1871, était fils d'un aubergiste de Sèvres. Il entra à l'âge de treize ans à la Manufacture, comme élève peintre, et fut inscrit en 1811 sur les contrôles comme peintre de fleurs. Il était déjà très estimé dans l'atelier, lorsqu'en 1814 une pierre lancée par un enfant l'atteignit si malheureusement, qu'il perdit presque la vue et dut renoncer à la peinture. Alexandre Brongniard qui venait de créer le Musée céramique, s'intéressa au jeune homme, lui confia plusieurs classements dont il s'acquitta avec intelligence, et le fit nommer enfin, en 1826, conservateur du musée; depuis, Riocreux a consacré sa vie à ses collections, il a tout créé, pour ainsi dire, avec rien, et on ne peut qu'admirer les résultats qu'il a obtenus avec les faibles ressources mises à sa disposition par l'Etat. Il a laissé la réputation d'un des plus savants amateurs, et tous les ouvrages sur l'histoire de la céramique ont invoqué l'autorité de son nom. Le peintre Henri Regnault, dont le père était son ami, a fait de lui un très remarquable portrait.

RIPAGE. T. de chem. de fer. Travail consistant à déplacer une voie ferrée sans la démonter; les ouvriers armés de leviers exercent une pression latérale sur les rails qu'on a démunis de leurs tirefonds. Le travail ne s'exécute de cette façon sommaire que quand il s'agit d'un très léger déplacement destiné à régler une courbe ou à redresser un alignement. ‖ T. de constr. Action de polir la pierre à l'aide de la ripe. — V. l'article suivant.

RIPE. L'un des outils employés pour le ravalement des façades en pierre de taille et avec lequel on opère le ripage. Il se compose d'une tige en fer terminée par deux extrémités en acier, coudées en sens contraire et dont l'une est dentée tandis que l'autre, unie, sert à terminer la taille commencée par la première.

* RIQUET (Pierre-Paul de). Baron de Bonrepos, et du Bois-la-Ville, ingénieur, né à Béziers en 1604, mort à Toulouse en 1680, était d'origine italienne, florentine ou lucquoise. Il était descendant de Gérard Arrighetti qui, proscrit de Florence en 1268, vint s'établir en Provence, où ses descendants prirent par abréviation le nom de Riquetti, puis de Riquet. C'est à cette même famille qu'appartiennent les Mirabeau et les Caraman.

Pierre-Paul Riquet était propriétaire de vastes terrains, au pied de la montagne Noire, et il eut la pensée de réunir les divers cours d'eau de cette colline sur une des pentes, le point de partage le moins élevé des deux versants de la Méditerranée et de l'Océan; de là, on pourrait conduire ces eaux jusqu'à Naurouse, et là partiraient deux canaux vers chacune de ces mers. L'idée n'était pas nouvelle, car les Romains, Charlemagne, François Ier, Henri IV, en avaient reconnu déjà les avantages, mais sans pouvoir mettre le projet à exécution. Riquet, lui, apportait à Louis XIV un plan tout étudié, avec les tracés, qui fut soumis à Colbert, contrôleur général des finances, par un ingénieur appartenant également à une famille illustre, François Andréossy. Colbert et Louis XIV comprirent aussitôt toute la portée de ce projet, qui servait à la fois les intérêts des populations et des préoccupations politiques. Des commissaires, de concert avec des délégués des Etats du Languedoc, se rendirent sur les lieux mêmes pour étudier les plans, et terminèrent leurs études en 1665 par un mémoire favorable, mais laissant encore subsister un doute sur la possibilité de conduire à Naurouse les eaux de la montagne Noire. Riquet, fort de sa conviction, fit creuser à ses frais une rigole d'essai, et devant le succès de cette expérience, le roi n'hésita plus à rendre un édit autorisant l'ingénieur à commencer les travaux. La première pierre fut posée en 1667. Mais les fonds étaient rares dans les caisses de l'Etat, et plusieurs fois Riquet dut faire des avances à fonds perdus, qui compromirent gravement sa fortune. Du moins eût-il mérité de voir son œuvre achevée. Mais il mourut six mois avant l'ouverture complète, le 1er octobre 1680. Le succès d'ailleurs était certain à cette époque, puisque depuis 1672 on avait ouvert à la navigation la première section de Naurouse à Toulouse. Il laissait à ses deux fils, avec la gloire d'achever cet immense travail, plus de deux millions de dettes que ses descendants n'acquittèrent qu'à grand peine, les frais d'entretien du canal étant très considérables. Riquet était aussi ingénieur du port de Cette, et l'auteur d'un projet de canal pour alimenter la ville de Paris. La mort ne lui a pas permis d'en commencer les travaux. En 1853, la ville de Toulouse a élevé une statue à cet homme de génie qui est le principal auteur de sa fortune actuelle. En effet, ce canal du Languedoc, long de deux cent trente-huit kilomètres, débouche dans la Garonne près de Toulouse, qui est ainsi assimilée à un port méditerranéen, et se trouve par le fleuve en communication avec l'Océan. Cette ville a donc centralisé, avec le commerce de transit des deux mers, toutes les productions du bassin de la Garonne, qui n'avait jusqu'alors aucun débouché.

RIS. *T. de mar.* OEillets qui sont pratiqués dans une voile, au-dessous de la vergue, et dans lesquels on passe les *garcettes* ou petites cordes qui servent à raccourcir la voile quand on a trop de vent.

* **RISBERME.** *T. de constr.* Espace réservé au pied de la jetée d'un port ou d'une construction hydraulique quelconque, pour en assurer les fondations. || *T. de fortif.* Retraite garnie de fascinage, ménagée au pied d'un mur en terre.

* **RIVAGE.** Engin appliqué au bord d'un canal ou d'une rivière, ou sur une jetée en mer, pour charger facilement sur bateaux, du charbon ou du minerai apporté d'une mine par chemin de fer, et présentant l'une des deux dispositions suivantes :

1º Les vagons sont formés de caisses reposant sur le châssis par une charnière, et fermées d'un côté par une porte à articulation libre. Quand on les soulève par un angle supérieur, la matière s'écoule par l'angle inférieur opposé, tombe dans des bouches d'embarquement fixes, dans des premières glissières à charnière, dans des deuxiè-

mes glissières à charnière, et enfin dans le bateau. Les glissières sont plus étroites que les bouches d'embarquement, et on peut les incliner à volonté pour faire convenablement tomber les matières. Ce système est appliqué à Lens pour le charbon, à Marquette pour le fer magnétique, etc.

2º Les vagonnets arrivent sur une plate-forme suspendue à l'extrémité d'un grand bras de levier, auquel est appliquée une chaîne qui porte un contrepoids après avoir passé sur une roue. Le contrepoids fait équilibre au vagon à moitié plein ; par suite, le vagon descend naturellement, on le vide avec soin dans le bateau, et il remonte alors naturellement ; on n'a besoin que d'appliquer un frein sur l'arbre de la roue. Ce système s'applique dans le cas des matières friables.

* **RIVE DE GIER** (Houillères de). Cette Société est l'une des quatre compagnies qui se sont formées en 1854 par le fractionnement de la Compagnie des mines de la Loire. Elle exploite dans diverses concessions dont elle est propriétaire ou locataire, huit couches de charbon dont la principale, la *grande masse*, donne en moyenne 8 mètres d'épaisseur de houille maréchale. La société de Rive de Gier a commencé par extraire près de 500,000 tonnes par an, mais son extraction a beaucoup diminué, et il est probable que dans une trentaine d'années ses gisements seront épuisés. En outre, Rive de Gier est un centre industriel important où se trouvent des fonderies, des fabriques d'acier, de machines à vapeur, de roues et de matériel de chemin de fer, des filatures, des verreries, etc.

RIVELAINE. *T. de min.* Sorte de pic dont on se sert dans l'exploitation des mines pour couper ou entailler les roches tendres.

RIVET. *T. de mécan.* Sorte de goujon en fer ou en cuivre employé pour assurer l'assemblage de deux pièces métalliques. Contrairement au simple goujon, le rivet agit surtout par ses deux têtes qui contribuent à donner un joint étanche en raison de l'effort de compression développé sur les pièces assemblées. Le rivet porte une première tête façonnée d'avance avec le corps du goujon, la seconde tête est forgée sur place, à la main ou à la machine, après que le rivet a été introduit dans la position qu'il doit occuper, et il n'y a plus possibilité de l'enlever sans cisailler l'une des têtes. Le forgeage de la seconde tête du rivet se fait en refoulant sur les bords du trou la partie du corps du rivet qui fait saillie ; cette tête est façonnée à la main, soit au rivoir qui lui donne une forme conique, soit à la bouterolle qui donne la tête en goutte de suif. Cette opération se pratique à chaud, et l'extrémité du rivet est portée au rouge avant d'être introduite dans le joint. Il se développe ainsi par le refroidissement, une tension assez considérable qui maintient les tôles dans un contact hermétique, et assure par là l'étanchéité de l'assemblage. Cette disposition présente, toutefois, l'inconvénient de maintenir le rivet continuellement en tension, et elle contribue, dans une certaine mesure, à affaiblir sa résistance. On peut admettre d'ailleurs que dans une rivure ordinaire il se produit une certaine compensation entre cette diminution de résistance et le supplément de frottement dû au serrage, car en essayant à la traction l assemblage ainsi déterminé, on observe que la résistance à la rupture reste encore limitée à la résistance au cisaillement du rivet sans tension.

Il arrive d'autre part, parfois, surtout avec les rivets un peu longs, que la tête est incapable de supporter la tension ainsi développée, et il se produit alors un cisaillement de la tête, surtout si le martelage a aigri un peu le métal. Quoi qu'il en soit, de pareils accidents restent très rares, et il ne paraît guère possible d'obtenir un assemblage étanche avec des rivets qui ne seraient pas posés à chaud. On a bien fait quelques essais dans les assemblages de pièces de ponts pour poser des rivets forgés à froid, mais cette application ne s'est guère répandue, et il faut bien reconnaître, que, dans ce cas, il paraîtrait aussi avantageux de remplacer le rivet par un boulon.

Le rivet posé à chaud présente encore l'avantage de ne laisser aucun jeu, le métal échauffé se moule plus exactement dans le trou à remplir, qui n'est pas toujours bien régulier, si les vides des deux tôles ne sont pas rigoureusement en concordance, si les diamètres sont un peu différents, etc. Les fibres du métal se courbent mieux sans cisaillement, et, à ce point de vue, on sait qu'il convient toujours d'aléser les trous en enlevant les bavures sur les bords, et même de les fraiser un peu pour faciliter la courbure des fibres qui vont former la tête.

Le métal du rivet doit être aussi malléable que possible, afin de bien assurer le remplissage du trou, et on n'emploie guère que du fer au bois de la meilleure qualité. Les essais pratiqués jusqu'à présent sur les rivets en acier ne paraissent pas avoir donné des résultats entièrement satisfaisants, et on continue encore souvent à employer des rivets en fer même pour l'assemblage des tôles d'acier, malgré la diminution de résistance qui en résulte. Il y a lieu de penser cependant que les aciers doux, tels qu'on les fabrique actuellement, pourraient être employés avantageusement à la préparation des rivets, d'autant plus qu'ils auraient, sans doute, plus d'homogénéité que le fer tout en conservant la même malléabilité, et cette application est appelée à se développer dans un avenir prochain.

On emploie quelquefois les rivets en cuivre pour l'assemblage des tôles en cuivre quand il y aurait inconvénient à conserver le contact de deux métaux différents, et on en trouve un exemple sur les boîtes à feu des chaudières de locomotives qui sont généralement, comme on sait, en tôle de cuivre.

Nous donnons dans un article suivant (V. RIVURE) les dimensions à observer dans la pose des rivets, tant pour le diamètre de ceux-ci que pour le recouvrement des tôles, et nous indiquons en même temps l'affaiblissement que présentent les joints rivés par rapport à la tôle pleine. Si les trous ont été seulement débouchés au poinçon, l'influence du poinçonnage vient s'ajouter d'autre part, comme nous l'avons signalé à ce mot (V. POINÇONNAGE), pour diminuer dans une proportion considérable la résistance de la tôle pleine, et on peut arriver ainsi à une réduction supérieure à 50 0/0.

On a cherché à diminuer l'affaiblissement résultant du percement des trous dans la tôle, en adoptant des trous et des rivets de section non plus circulaire, mais ovale. La plus courte dimension de ces trous formant le petit axe de l'ellipse est dirigée alors suivant la ligne de rivure, afin de ménager la tôle dans cette direction, et le grand axe de l'ellipse est reporté, au contraire, dans le sens du recouvrement auquel il est toujours facile de donner la résistance nécessaire. Cette idée, fort ingénieuse d'ailleurs, n'a guère reçu d'application, car elle complique beaucoup le percement des trous, et comme elle oblige à les poinçonner, on perd par l'influence du poinçonnage le surcroît de résistance que la forme elliptique pourrait donner.

*RIVEUR. T. de mét. On donne ce nom à l'ouvrier qui fait plus spécialement les rivures et à celui qui fabrique des rivets.

RIVEUSE (Machine à river). Appareil refoulant mécaniquement les têtes des rivets employés à l'assemblage des tôles dans les travaux de chaudronnerie. La pose des rivets à été longtemps, et elle est encore aujourd'hui dans beaucoup de petits ateliers, faite à la main, soit au rivoir, soit à la bouterolle, ainsi que nous le signalons à l'article RIVURE; mais les progrès réalisés dans la construction des machines-outils devaient amener nécessairement la création de machines spéciales susceptibles d'exécuter ce travail dans des conditions plus satisfaisantes qu'à la main, car l'ouvrier opérant toujours par chocs donnés à coups de marteau sur la tête du rivet, quelquefois trop refroidie, rend par la même le métal aigre et cassant (V. Note sur les différents systèmes pour river par M. G. Mombro, ingénieur).

La bouterolle employée déjà dans le travail à la main, se prête particulièrement bien au travail mécanique : il suffit, en effet, de l'adapter sur une machine de disposition analogue à celle d'une poinçonneuse pour amener la formation de la tête du rivet, sous l'action du plongeur de celle-ci.

Déjà, en 1844, ainsi que l'indique M. de Nansouty dans la remarquable étude qu'il a consacrée au rivetage hydraulique (V. Génie Civil, année 1881-1882), Cavé pratiquait le rivetage mécanique en adaptant la bouterolle sur une presse à vis ou une machine à excentrique, et Fairbain fit également, vers la même époque, des essais analogues en Angleterre. Ces premières tentatives ne furent pas couronnées de succès, car les machines employées ne résolvaient pas encore le problème d'une manière satisfaisante; la bouterolle commandée par un excentrique avait, en effet, une course invariable, qui ne pouvait guère se modifier suivant les besoins pour s'adapter à l'épaisseur des tôles à réunir. Il se produisait souvent des ruptures lorsque le réglage était insuffisant, et on était même arrivé à disposer sur le mécanisme, des pièces particulièrement faibles, d'un remplacement facile, qui fonctionnaient ainsi, comme de véritables soupapes de sûreté, pour préserver les organes essentiels.

Un grand progrès fut réalisé, lorsqu'on appliqua directement l'effort de la vapeur sur le piston conducteur de la bouterolle pour produire l'effort de compression : on a ainsi le moyen de régler à volonté la course de la bouterolle pour l'adapter à tous les besoins, et même aussi de varier l'effort développé. La machine Gouin (fig. 454) est construite sur ce principe. Un bâti en tôle supporte le mécanisme composé de deux cylindres de diamètres différents dont les pistons, à simple effet, actionnent le fourreau et la bouterolle; chacun de ces cylindres est accompagné d'une distribution de vapeur se manœuvrant à la main, et à l'aide de laquelle on fait d'abord agir la pression sur le petit cylindre pour faire avancer le fourreau, et ensuite, lorsque celui-ci est en contact avec les feuilles de tôle, sur le cylindre de gauche qui opère la rivure au moyen de la bouterolle.

Pour ramener les deux pistons dans leur position primitive, il suffit, par un jeu de tiroirs, de faire arriver la vapeur sur les faces droites des pistons sans modifier la pression sur les faces opposées qui présentent une surface annulaire inférieure à celle des premières, grâce au diamètre des tiges qui a été augmenté de ce côté. Malheureusement, cette application directe de la vapeur dans laquelle il faut amener le fluide par des tuyaux d'un développement parfois considérable, a l'inconvénient d'entraîner une forte condensation, et il en résulte, d'autre part, dans la pression développée, des variations énormes incompatibles avec une bonne rivure. Un simple écart de pression d'une demi-atmosphère peut se traduire par une différence de 1,000 kilogrammes sur la tête du rivet, et il arrive fréquemment que l'effort ainsi développé est insuffisant pour assurer le matage du rivet qu'il faut ensuite reprendre à la main. On se trouva donc amené, tout en conservant les dispositions essentielles des machines riveuses, à remplacer la pression de la vapeur par un effort susceptible d'une transmission plus régulière et bien constante, comme celui de l'eau sous pression, et l'emploi des riveuses hydrauliques se généralisa bientôt, surtout en Amérique. Le développement fut moins rapide en France et en Angleterre, car les premières applications ne fu-

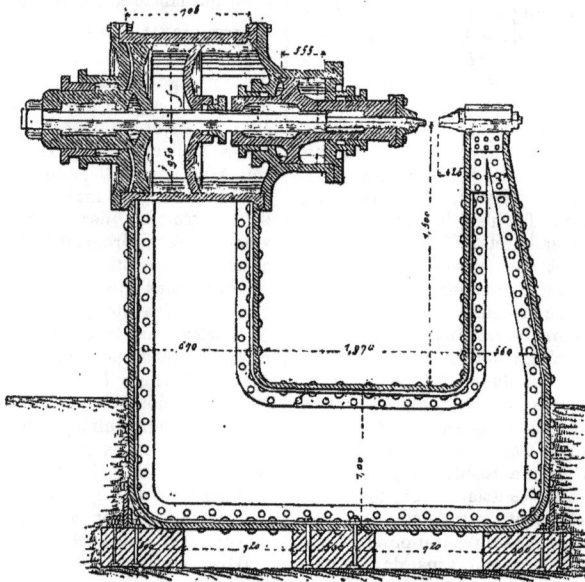

Fig. 454. — *Riveuse à vapeur à action directe.*

rent pas sans entraîner certains mécomptes tenant plutôt à la mauvaise qualité des matériaux employés, qu'à l'imperfection même des machines ; mais on arriva bientôt cependant à reconnaître les avantages des machines hydrauliques comparées à celles à vapeur. La Marine française entra l'une des premières dans cette voie, lorsqu'elle eut à exécuter des chaudières à fortes tôles de 25 à 30 millimètres d'épaisseur pour les machines Compound, en combinant l'emploi des riveuses hydrauliques avec celui des accumulateurs ; les grands ateliers de constructions pouvant aussi disposer d'accumulateurs ne tardèrent pas à suivre cet exemple.

La première application de riveuses hydrauliques, en Angleterre, avait été réalisée, dès 1865, dans les ateliers Thomson Boyde, par M. Tweddell dont le nom est devenu en quelque sorte inséparable de ce type de machine. Dès 1871, M. Tweddell créa ses riveuses portatives employées à l'usine d'Elswick, et bientôt ces machines sortirent des ateliers de construction et purent venir, sur place, effectuer le rivetage des grands ponts; celui de Primrose Street du Great Eastern Railway, fut le premier monté dans ces conditions (1873). L'usage des transmissions hydrauliques actionnant même des outils de toute nature autre que les riveuses, se généralisa partout à mesure qu'on les apprécia mieux ; l'installation en est, en effet, particulièrement facile et peu encombrante, l'accumulateur qui les actionne devient le volant général de l'atelier, capable de fournir un effort réglable à volonté, atteignant, au besoin, une valeur très élevée en recueillant le travail continu, mais relativement faible, des petites pompes qui l'alimentent. Avec les hautes pressions de 100 et 150 atmosphères qu'on atteint maintenant, en employant des accumulateurs à action directe et à faible débit, le rendement est meilleur qu'avec tous les autres types de transmission ; on arrive, en prenant des joints bien étudiés, à empêcher toute fuite, même dans les articulations qu'impose nécessairement l'usage des machines portatives. On a réussi à commander, par des transmissions hydrauliques, jusqu'à des machines rotatives, comme des perceuses, et l'arsenal de Toulon possède, par exemple, une machine hydraulique de Brotherhood, du poids de 16 kilogrammes, marchant à la pression de 100 atmosphères, d'une force d'un demi-cheval et actionnant un arbre flexible de Stowe, qui commande lui-même un foret. C'est surtout, sur les machines à action directe, comme les poinçonneuses, les riveuses, que l'application des transmissions hydrauliques présente le plus d'avantages ; pour le rivetage en particulier, l'action silencieuse de ces machines remplace heureusement le vacarme assourdissant du travail au marteau ; l'effort peut être gradué à volonté, le travail est enfin bien plus rapide, et on admet qu'il peut atteindre même 15 fois le travail à la main. On peut aussi ajouter que les assemblages de chaudronnerie sont plus étanches : les tôles, plus régulièrement serrées entre elles, adhèrent davantage, et le matage n'est plus nécessaire. En dehors des arsenaux de Brest et de Toulon, où elles sont appliquées presque exclusivement, on rencontre également des riveuses hydrauliques dans tous les grands chantiers de constructions navales, servant au rivetage des carènes de navire ; dans les grands ateliers où elles s'appliquent au rivetage des chaudières, à l'assemblage des poutres en fer de toute nature, des ponts, des châssis de vagons, etc. A Crewe, dans les ateliers de construction de matériel de chemins de fer, qui sont dirigés par M. Webb (V. *Revue générale des chemins de fer*, nº de décembre 1883), aucun rivet n'est plus posé autrement qu'avec les machines hydrauliques fixes ou portatives.

Ainsi que le remarque M. l'ingénieur Berrier-Fontaine, qui a fait une étude complète de cette question, l'emploi de la machine hydraulique actionnée par un accumulateur est particulièrement bien approprié au travail de la rivure : si on examine, en effet, la déformation du rivet

sous la pression de la bouterolle, on voit que dans les premiers instants du contact, le métal est refoulé pour ainsi dire sans effort, puis il faut l'obliger, tant qu'il est encore plastique, à se mouler pour ainsi dire dans le trou de manière à en remplir exactement tous les vides. Cette opération exige par suite un effort continuellement croissant, atteignant toute son intensité à la fin de la rivure, et c'est donc celui que la machine doit développer. On y réussit particulièrement bien avec la riveuse hydraulique, car la pression s'établit d'une manière graduée à mesure du refoulement du métal, et lorsque celui-ci arrête la bouterolle, il se produit une sorte de choc qui se répercute par la transmission hydraulique jusque dans l'accumulateur, et il en résulte une élévation subite de pression, dépassant de beaucoup l'effort normal, ce qui achève de mouler le métal du rivet. M. Berrier-Fontaine a pu relever de nombreux diagrammes de pression avec les riveuses hydrauliques, et il a montré ainsi que l'effort en excédent résultant du choc produit à la fin de la rivure, pouvait atteindre 60 0/0 de l'effort normal et porter par suite celui-ci de 112 à 180 kilogrammes par millimètre carré.

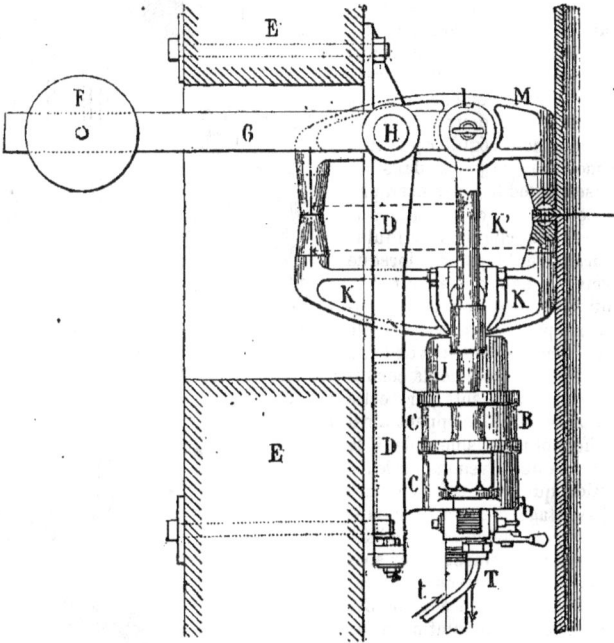

Fig. 455. — *Vue d'ensemble d'une riveuse portative de Tweddell.*

Tous les ingénieurs qui ont étudié le rivetage hydraulique s'accordent à en reconnaître les nombreux avantages, et nous pourrions citer, par exemple, le rapport publié par M. Hallopeau, à l'occasion de l'Exposition de 1878, et constatant que « sous l'énorme pression développée par la riveuse hydraulique, le fer du rivet sous refoulé sur toute sa longueur et vient remplir exactement le vide, quelle qu'en soit la forme, tout en serrant très fortement les tôles à réunir. Ce serrage est tellement énergique que les bavures disparaissent, et que, après l'achèvement de la rivure, toutes les parties assemblées, plates-bandes, cornières et rivets ne semblent faire qu'une seule pièce. »

MM. Greig et Eith, qui ont exécuté de leur côté des expériences comparatives de résistance sur les différents types de riveuses, sont arrivés à des résultats qui montrent bien toute la supériorité des riveuses hydrauliques ainsi qu'on le voit par les chiffres suivants reproduits par M. de Nansouty, d'après la communication qu'ils ont faite, en 1879, à *Institution of Mechanical Engineers.*

Rapport de la résistance des assemblages à celle des plaques.

Rivure à la main.	0.405
— faite à la machine à vapeur. . . .	0.500
— faite par machine hydraulique. . . .	0.539

Les riveuses hydrauliques doivent être actionnées, autant que possible, par des accumulateurs spéciaux présentant une grande course avec des pistons de diamètres aussi réduits que possible, et ceux-ci sont commandés à leur tour par des pompes d'injection appropriées, marchant continuellement pendant toute la durée du travail. Généralement, on emploie simultanément plusieurs corps de pompe, au nombre de deux ou trois, pour obtenir un fonctionnement régulier ; c'est la disposition qu'on rencontre toujours dans les installations de la maison Tweddell, par exemple, qui s'est fait une spécialité de ce travail. Une valve de dérivation propre à chaque accumulateur détourne le courant de la pompe lorsque l'accumulateur est arrivé au haut de sa course.

Grâce à la disposition donnée aux accumulateurs différentiels, il se produit une véritable chute de l'accumulateur par l'écoulement de l'eau sous son piston de faible section; les poids constitutifs de l'accumulateur acquièrent par cette chute une certaine vitesse, et développent ainsi sur la bouterolle un effort plus considérable à la fin de la rivure, ainsi que nous venons de le signaler. Cette disposition qui améliore la rivure présente, en outre, l'avantage d'augmenter dans une proportion importante le rendement de l'accumulateur. Les riveuses proprement dites sont établies généralement comme les riveuses à vapeur, sur une disposition analogue à celle des poinçonneuses ; seulement, l'augmentation de la pression permet de réduire dans une forte mesure les proportions des cylindres et des pistons par rapport à celles des riveuses à vapeur. Ces machines étant reliées par un simple tuyau à l'accumulateur qui les commande, peuvent être installées sans difficulté en un point quelconque, et construites fixes ou mobiles.

La riveuse que nous représentons (fig. 455) donne l'aspect ordinaire des machines de Tweddell : elle est partagée en deux parties, reliées par deux tirants K'; la première comprend : le cylindre de compression B agissant sur la machoire K K articulée sur la tête du piston et portant, venue de fonte, la boîte de distribution b à laquelle aboutissent les tuyaux t et T d'arrivée et de retour d'eau; l'autre partie se compose : de l'axe L reliant la machoire M avec les deux tirants K' et avec un autre levier G articulé en H sur le socle DD et muni d'un contrepoids F pour équilibrer le poids de la riveuse. Pour faciliter l'accès de toutes les parties des tôles qu'on peut avoir à river, on a soin actuellement de dégager les

deux bouterolles, ce qui permet d'amener les pièces dans toutes les positions nécessaires. Les figures 456 et 457 indiquent le fonctionnement de cette riveuse. L'eau arrive dans la chambre de la soupape i par le tuyau tc, et quand cette soupape est poussée par la came h, l'eau pénètre dans la

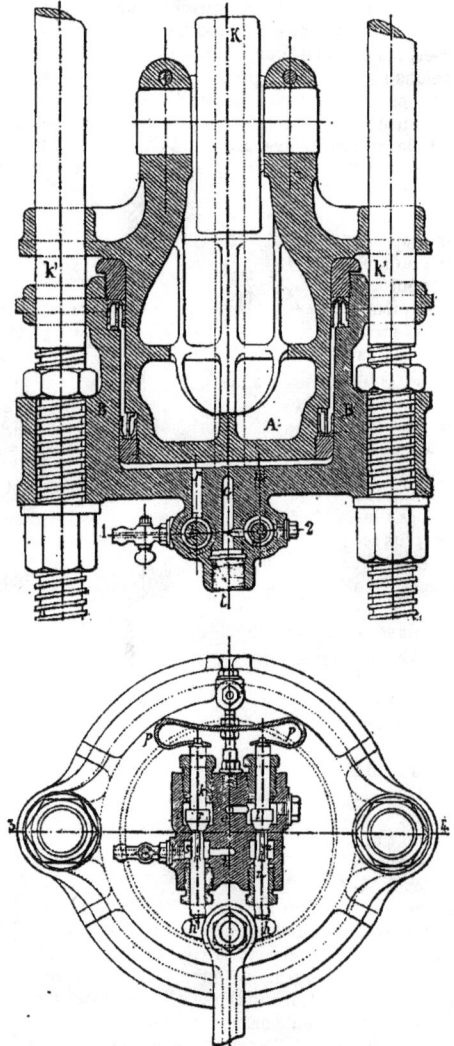

Fig. 456 et 457. — *Coupe verticale de la riveuse Tweddell suivant 3-4 et coupe horizontale de la boîte de distribution suivant 1-2.*

chambre m et de là par la conduite n sur le fond supérieur du piston. On maintient la soupape i ouverte pendant toute la course en avant du piston A qui se meut dans le cylindre alésé B, et pendant ce temps, la soupape K est maintenue fermée par la pression de l'eau dans la chambre o et par l'action du ressort p. Pour faire revenir le piston en arrière, on agit avec la came h' sur la soupape k ; le ressort p ferme la soupape i en même temps que s'ouvre *k*. L'eau qui a travaillé sort du cylindre par le conduit *r*, passe dans la chambre *s*, le conduit *v*, et est évacuée. Le piston A est ramené par la pression de l'accumulateur agissant constamment dans l'espace annulaire.

Nous pourrions encore citer la riveuse de Mac Kay et Mac George, un peu plus compliquée que celle de Tweddell qui a, par contre, l'avantage d'un rendement meilleur, l'eau sous pression n'intervenant que dans la seconde partie de la rivure.

Les riveuses mobiles sont aujourd'hui d'un emploi très avantageux pour le travail des grosses pièces qu'*il* est impossible de déplacer, et c'est surtout sur ces machines qu'on peut admirer l'élasticité merveilleuse des transmissions hydrauliques. Ces riveuses peuvent s'installer, en effet, en un point quelconque, être suspendues souvent aux charpentes de l'atelier, à une grue, à un palan, pour être amenées dans toutes les positions où l'on peut en avoir besoin. L'Exposition de 1878 renfermait un type remarquable de riveuse de ce genre, et M. de Nansouty en donne de son côté plusieurs exemples des plus intéressants dans l'étude déjà citée. Généralement, la riveuse est suspendue par un tube recourbé qui sert souvent aussi à amener l'eau sous pression, l'axe de l'articulation passe par le centre de gravité du système, ce qui permet à un homme seul de tourner la riveuse en tous sens ; on peut même modifier la position des bouterolles en les changeant de place avec le levier de manœuvre, quand on veut augmenter la distance des rivets aux bords de la tôle. On arrive ainsi à réduire au minimum les pertes de travail pendant le repos de l'outil, et les seules pertes un peu importantes qui peuvent se produire, tiennent aux fractions inutiles de la course montante on descendante pour les périodes intermédiaires : on peut d'ailleurs, les rendre aussi faibles que possible, ainsi que le remarque M. Berrier-Fontaine, en réglant bien exactement la course de l'outil au moyen de deux écrous mobiles sur une tige filetée.

A côté des machines hydrauliques dont l'usage est devenu prédominant pour le travail de rivure, il convient de citer les riveuses à air comprimé qui ont reçu certaines applications aux Etats-Unis, mais dont l'emploi ne s'est cependant pas développé en Europe.

Les riveuses d'Allen, dont on trouvera une description complète dans l'intéressante étude déjà citée de M. Richard, fonctionnent à la fois par compression et par percussion.

La machine est munie de mâchoires appliquées par la pression de l'air qui maintiennent les tôles serrées pendant que le rivet est soumis au martelage de la bouterolle fixée à l'extrémité du piston d'un petit cylindre à air comprimé.

La machine fonctionne en donnant une série de petits coups légers, en faisant tourner la bouterolle sur elle-même à chaque coup du piston frappeur ; elle obtient ainsi une rivure bien nette et régulière. La pression de l'air dans le travail ne dépasse pas 1 kilogramme à 1ᵏ,75 d'après M. Richard, et il suffit pour la mettre en marche de raccorder la machine avec la conduite

d'air par un tuyau en caoutchouc. La pression appliquée sur les tôles à réunir est de 500 kilogrammes environ, la machine peut donner 300 à 400 coups à la minute et forger ainsi 8 à 10 rivets de 20 millimètres. Ces riveuses à air comprimé donnent un travail satisfaisant, mais elles sont plus bruyantes que les machines hydrauliques ; elles sont, il est vrai, moins chères d'établissement que celles-ci, mais plus compliquées, et plus onéreuses peut-être d'entretien ; elles paraissent appropriées surtout au travail de frappage des petits pilons.

On rencontre quelques exemples de riveuses actionnées par transmission mécanique, mais ces applications sont trop restreintes aujourd'hui pour que nous nous y arrêtions. Dans les types les plus récents des machines fixes, comme ceux de Mac Coll, on fait intervenir la pression hydraulique pour régler l'effort développé sur la tête du rivet à forger. La tige de la bouterolle est formée à cet effet, de deux pistons indépendants, écartés par une cylindrée d'eau, et qui peuvent se rapprocher en arrêtant le fonctionnement, dès que la pression dépasse celle de la soupape de sûreté. Cette machine qui ne donne d'ailleurs que des efforts relativement limités, présente l'avantage d'éviter l'emploi des accumulateurs, elle peut donc être appliquée utilement dans les petits ateliers ; elle peut aussi servir spécialement à la pose des rivets en cuivre des tôles de foyers des chaudières de locomotives.

RIVIÈRE. En t. de joaill., collier aux chaînons duquel sont enchâssées des pierreries. || *Rivière anglaise.* T. techn. — V. BLANCHIMENT, CLAPOT. || *Art hérald.* Fasce ou pièce ondée du bas de l'écu.

RIVIÈRES CANALISÉES. On dit qu'une rivière est *canalisée* lorsque son régime de basses eaux a été modifié par l'établissement dans son lit, d'ouvrages destinés à améliorer les conditions de navigabilité aux époques d'étiage où le *mouillage* disponible est devenu insuffisant pour le *tirant d'eau* minimum des bateaux qui fréquentent la rivière. La nature, le mode de fonctionnement et surtout l'importance de ces ouvrages varient suivant les besoins à satisfaire.

Pendant longtemps, on s'est borné à utiliser le cours naturel des rivières pour le transport des bois flottés ou en radeaux, et la circulation de bateaux de faibles dimensions ; mais lorsque le débit de la rivière devenait, aux époques d'étiage, insuffisant pour entretenir le mouillage nécessaire à la navigation, celle-ci était complètement interrompue. Cette interruption absolue devint bientôt impossible à admettre par suite du développement des relations commerciales ; on construisit alors, en travers du lit, des barrages fixes formant déversoirs et percés d'une ouverture de 5 à 7 mètres de largeur, appelée *pertuis*. Ces pertuis étaient fermés au moyen d'aiguilles s'appuyant par leur pied à une saillie ménagée dans le radier, et par leur tête à une barre mobile. Lorsque la réserve d'eau retenue par le barrage était pleine, on déclanchait la barre mobile qui retenait la tête des aiguilles du pertuis et l'ouverture de celui-ci se trouvait subitement démasquée, laissant rapidement s'écouler le volume d'eau accumulée, qui formait ainsi à l'aval du barrage une petite crue artificielle. A la faveur de ce flot, appelé *éclusée* (V. ce mot), et en suivant sa marche, les bateaux trouvaient dans leur route le mouillage nécessaire à leur circulation.

Mais les barrages fixes qui constituaient ces retenues avaient forcément peu de relief pour laisser un débouché suffisant en temps de crues, dont il eût été dangereux d'aggraver les effets en en surélevant le niveau par des obstacles élevés. Le volume d'eau emmagasiné, était par suite insuffisant pour alimenter de fréquentes et importantes lâchures; il fallait donc surélever les retenues, mais en employant des engins qui pourraient disparaître complètement en temps de crue. C'est pour résoudre un problème de cette nature que M. Poirée imagina et fit construire en 1834 (1), sur l'Yonne, à Basseville, le premier bar-

rage à fermettes supportant des aiguilles (V. BARRAGE). On était dès lors en possession d'un type de barrage mobile fonctionnant bien et qui pouvait, sans modifier le débouché en temps de crue, former des retenues d'eau assez élevées en temps d'étiage, pour donner sur les hauts fonds situés en amont de l'ouvrage, un mouillage suffisant, et assurer un passage continu aux bateaux circulant dans le bief. Le système des éclusées qui, malgré la discontinuité qu'il impose à la navigation, a rendu et peut rendre encore de grands services sur des lignes secondaires, fut remplacé par un système plus perfectionné, aujourd'hui en usage pour la canalisation des rivières, au moyen de barrages mobiles, et sur lequel nous allons donner quelques détails en prenant un exemple pour faciliter les explications.

Profil en long. L'étude de la canalisation d'une rivière se fait sur un profil en long tel que celui représenté par la figure 458.

Ce profil n'est pas une coupe verticale relevée

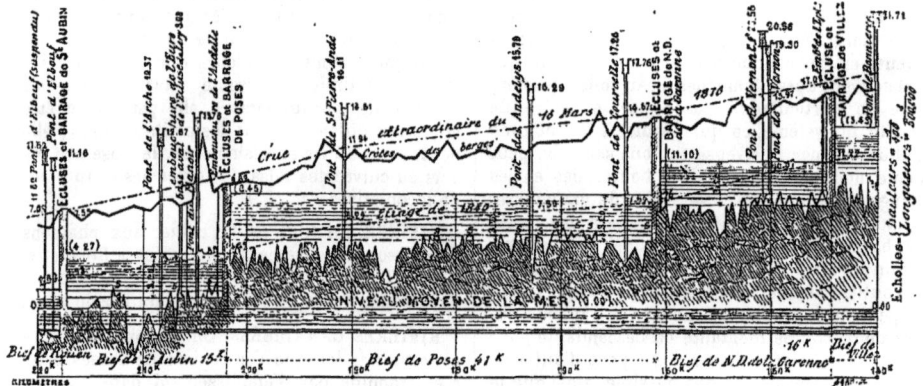

Fig. 458. — *Profil en long d'une rivière canalisée (Partie de la basse-Seine).*

suivant la ligne du thalweg, mais doit représenter au point de vue du fond, la situation du chenal, c'est-à-dire d'une zone large de 25 à 40 mètres, présentant une route facile à suivre par les bateaux. On a de plus rapporté sur ce profil, le niveau des plus basses eaux observées sur chaque point, la crête des berges sur les deux rives, le niveau de l'intrados des ponts existants, la situation des usines établies, des égouts, etc.

Mouillage à adopter. Le mouillage maximum qu'il est possible de réaliser peut alors être déterminé de la manière suivante. En prenant comme exemple la basse Seine, dont la figure 458 représente un extrait du profil en long, on voit que l'étiage de 1840 ne laissait plus disponible qu'un mouillage de 0m,80 environ sur certains points; la hauteur des berges au-dessus du niveau des basses eaux, étant de 5 mètres en moyenne,

on conçoit la possibilité de relever l'eau de cette hauteur, ce qui assurerait à une distance de 15 kilomètres (espacement moyen au-dessous duquel il est difficile de descendre pour les ouvrages sur une ligne fréquentée) un mouillage d'environ 4m,50, étant donnée la pente moyenne du lit. Au-dessous de ce maximum une fois fixé, le choix du mouillage à adopter dépend de l'importance du trafic de la voie considérée, des dimensions des bateaux qui fréquentent cette voie et celles qui y aboutissent, etc. Les dimensions des bateaux dépendent essentiellement de l'importance des relations commerciales qui existent entre les différents centres desservis par la ligne; il faut donc savoir dans le projet d'une canalisation de rivière, apprécier dans une certaine mesure l'avenir du trafic de la ligne et en tenir compte. La basse Seine offre l'exemple d'un accroissement rapide des exigences de la navigation.

(1) Antérieurement à cette date, il faut cependant citer comme canalisation de rivières · 1o la construction d'écluses sur la Vilaine, exécutées de 1538 à 1575; 2o une tentative faite, en 1776, pour prolonger la navigation de la Charente, en amont de Cognac; 3o la construction, en 1813, sur la Seine, à Pont-de-l'Arche, d'une écluse destinée à franchir la chute que produisait sur ce point l'ancien pont; 4o la canalisation de l'Isle, entreprise en 1822, en employant les vannes Thénard pour former les retenues.

— En 1846, un mouillage de 1m,60 paraissait devoir satisfaire pendant longtemps à tous les besoins, et la canalisation de la Seine était entreprise pour le réaliser. En 1866, sous l'influence des récents traités de commerce qui imposaient la nécessité des transports à bon marché, on décrétait de porter le mouillage à 2 mètres. Enfin, en 1878, on a décidé la création du mouillage de 3ᵐ,20 (le plus élevé qui eut été, jusqu'à présent, adopté en France et à l'étranger pour la navigation intérieure) ; et aujourd'hui que les ouvrages viennent d'être terminés, on peut prévoir que l'avenir exigera davantage encore. Nous devons, à ce sujet, indiquer que dans un mémoire imprimé en 1827, M. Frimot, inspecteur des ponts et chaussées, développait un projet tendant à créer dans la Seine, entre Paris et Rouen, un mouillage de 4ᵐ,50 par la construction de barrages ayant des retenues de 7ᵐ,30 de hauteur.

Espacement des barrages. Le mouillage à adop-

ter étant fixé, faut-il établir, pour le réaliser, des barrages élevés, maintenant des biefs très longs, ou bien doit-on préférer diminuer la hauteur des barrages en en multipliant le nombre ? Les bateaux franchissent les chutes créées par les barrages au moyen d'*écluses* (V. ce mot), et le passage de celles-ci est une gêne imposée à leur marche ; il faut donc, à ce point de vue, restreindre le nombre des ouvrages d'autant plus que l'on diminue en même temps les dépenses d'exécution et d'entretien. Mais d'autre part, les manœuvres d'un barrage sont d'autant plus délicates

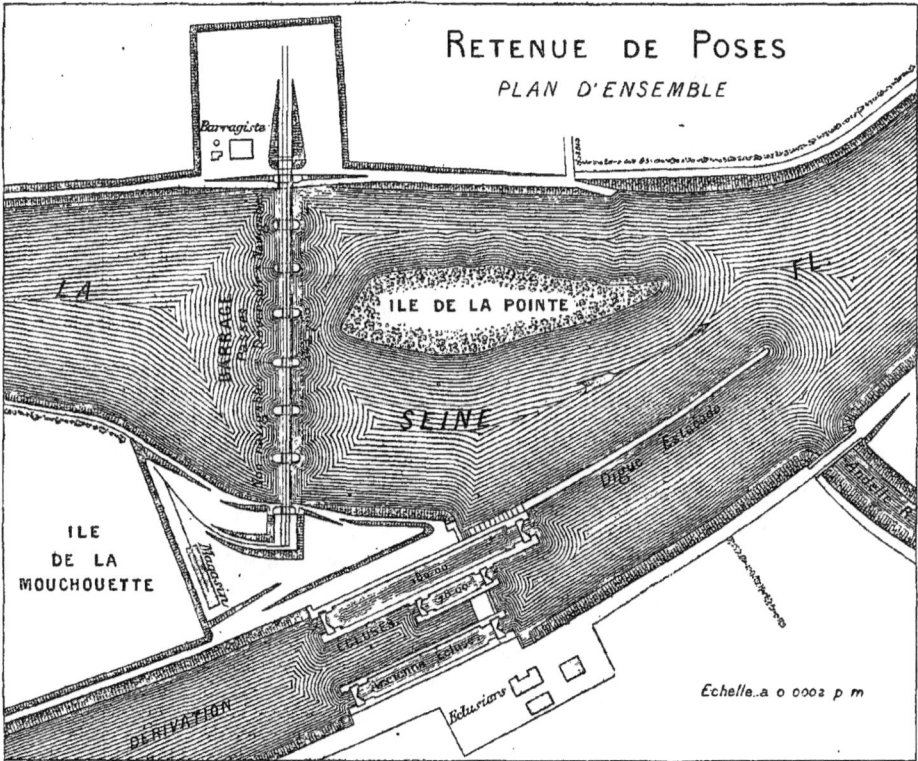

Fig. 459. — *Plan indiquant la composition des ouvrages d'une retenue.*

que la retenue est plus élevée ; les avaries qui peuvent survenir ont des conséquences d'autant plus graves que le bief maintenu est plus long ; enfin l'altération du régime normal de la rivière peut avoir des conséquences d'autant plus fâcheuses que les retenues sont plus hautes.

Néanmoins, on peut dire que lorsqu'il s'agit d'une ligne susceptible de développement, on doit préférer les retenues élevées qui réservent mieux l'avenir en ce sens que, si des besoins nouveaux exigent une augmentation de mouillage, cette augmentation peut être réalisée par l'intercalation de nouveaux barrages entre les ouvrages existants sans avoir à remanier ces derniers.

C'est ainsi que le barrage de Poses (fig. 458),

qui a une retenue de 5 mètres au-dessus du seuil, soutient un bief assez long (41 kilomètres) pour permettre l'installation d'un nouveau barrage dans ce bief, si le mouillage devait être augmenté, tandis que le barrage de la Garenne qui a seulement 4 mètres de retenue devrait, dans le même cas, être remanié pour obtenir une surélévation sur place, parce que le bief qu'il soutient est trop court (15 kilomètres) pour être dédoublé.

Emplacement des barrages. Les barrages sont généralement installés un peu à l'aval d'un haut fond : 1° parce que l'efficacité du relèvement du plan d'eau est d'autant plus sensible que les hauts fonds à couvrir sont plus rapprochés de l'ouvrage ; 2° parce que les hauts fonds correspondent à des épanouissements du lit de la rivière, et que ces épanouissements sont nécessaires pour l'installation des ouvrages, sans restreindre le débouché des crues ; 3° parce que les hauts fonds sont généralement formés de terrains plus résistants qui permettent une fondation plus facile des ouvrages.

Niveau des retenues. Remous. Le niveau de la retenue de chaque ouvrage doit être fixé de façon à fournir sur le seuil d'aval de l'écluse précédente et sur les hauts fonds intermédiaires, le mouillage à réaliser. On doit, dans cette étude, ne pas tenir compte des remous produits par le barrage, et supposer le niveau de la retenue prolongé horizontalement, afin d'éviter des mécomptes. Le remous doit cependant être apprécié au moyen des formules de l'hydraulique, pour se rendre compte des parties de rive qui pourraient être submergées par la retenue. Afin d'éviter une trop grande hauteur de retenue, on peut admettre le dérasement de certains seuils, comme aux points S du profil (fig. 458) mais il faut saisir de cette combinaison avec prudence, car ces dérasements apportent souvent un trouble dans l'équilibre du fond et peuvent, pour cette cause, ne pas se maintenir.

Composition d'une retenue. Les ouvrages d'une retenue se composent du barrage (qui peut être en plusieurs parties, si la rivière a plusieurs bras) destiné à constituer la retenue d'eau, et de l'écluse destinée à fournir le moyen de franchir la chute créée par le barrage. Pour diminuer la hauteur de la retenue du barrage ou en faciliter la construction, on place souvent l'écluse sensiblement à l'aval du barrage, soit en profitant, pour obtenir cette disposition, de la division de la rivière en plusieurs bras, soit en créant une dérivation pour l'installation de l'écluse à l'aval. On peut ainsi obtenir au droit de l'écluse une chute plus grande que celle produite par le barrage, en profitant de la pente naturelle de la rivière. C'est dans ces conditions qu'avaient été établis les anciens ouvrages construits sur la Seine en exécution de la loi de 1846.

Mais cette disposition présente des inconvénients sérieux. La navigation ne s'opère pas de la même manière dans un chenal en dérivation, forcément restreint en largeur, que dans un chenal en rivière, et l'intercalation de longues dérivations dans une canalisation en rivière peut entraîner des retards dans la marche des convois et détruire l'unité d'une grande ligne de navigation. De plus, les barrages ayant leurs seuils plus élevés, on retarde le moment où la navigation peut se faire en rivière libre sans être astreinte au retard causé par le passage dans les écluses au début de la période des hautes eaux. Enfin, la surveillance et la manœuvre des barrages est rendue plus difficile lorsque, par suite de l'éloignement, le barragiste ne peut vérifier constamment l'effet produit à l'écluse par la retenue.

Aussi, dans les nouveaux ouvrages construits sur la Seine pour obtenir le tirant d'eau de 3 mètres (loi de 1878), a-t-on groupé sur un même point tous les ouvrages de la retenue comme l'indique la figure 459, représentant le plan des ou-

vrages de Poses. Ce groupement peut bien présenter l'inconvénient de créer à l'aval de l'écluse des courants difficiles pour la navigation, mais il est toujours possible d'y remédier, soit par un mode de manœuvre du barrage, soit par la construction d'estacades modifiant convenablement la direction des courants produits par le barrage.

Écluse (V. ce mot). Les dimensions à adopter dépendent de celles des bateaux et aussi de la composition habituelle des convois qui fréquentent la voie navigable. C'est ainsi que sur la Seine on a établi à chaque retenue une grande écluse présentant un sas utilisable de 160 mètres de longueur sur 18 mètres de largeur, pouvant contenir un train complet composé d'un *toueur* remorquant sept grands chalands (le convoi ainsi constitué peut porter de 4 à 5,000 tonnes). Il est essentiel, en effet, pour ne pas augmenter les temps perdus aux passages des écluses, d'éviter le dédoublement des trains pour la traversée de celles-ci.

Lorsqu'on est amené à construire de très longues écluses, on peut installer au milieu de celles-ci une paire de portes intermédiaires pour faciliter et rendre plus prompt le passage d'un convoi moins nombreux ou d'un bateau isolé. Les grandes écluses récemment construites sur la Saône, possèdent une paire de portes intermédiaires.

Lorsqu'il s'agit d'une ligne importante de navigation sur laquelle une interruption de la circulation pourrait causer de graves préjudices au commerce, il est indispensable de prévoir le cas où une avarie nécessiterait une réparation à l'écluse, et doubler celle-ci d'une seconde qui assurerait le service pendant le temps nécessaire à la réparation. C'est ce qui a été fait sur la Seine (fig. 459) où l'on a établi à chaque retenue deux écluses accolées ; une grande, dont nous avons donné plus haut les dimensions, et une petite ayant un sas utile de 70 mètres de longueur sur 8 mètres de largeur qui sert en tout temps au passage des bateaux isolés.

Barrage. Avant d'examiner le système à adopter pour les engins mobiles des barrages qui servent à donner en basses eaux les retenues indiquées sur le profil en long, il faut préalablement déterminer les dimensions des parties fixes de l'ouvrage qui subsisteront en temps de crues, lorsque les engins mobiles seront effacés. Il est donc indispensable que la section libre des parties fixes laissent au débit des crues un débouché suffisant. Pour vérifier que cette condition est remplie avec les dimensions adoptées, on opère par le calcul et surtout par la comparaison avec les ouvrages existants (*ponts, barrages, sections du lit en des points observés*) en amont et en aval de l'ouvrage projeté.

On comprend que pour satisfaire à cette condition, le mieux sera toujours, pour troubler le moins possible le régime de la rivière en temps de crues, d'épouser sensiblement pour l'établissement des seuils des barrages, le profil transversal du lit de la rivière dans l'emplacement choisi pour la construction de l'ouvrage. On est ainsi amené à donner à ces seuils des hauteurs différentes, et à subdiviser l'ouvrage en plusieurs parties, appelées *passes*, séparées les unes des autres par des piles. Un barrage se compose donc généralement : de *passes profondes*, de *passes hautes* ou *passes déversoirs*, et de passes intermédiaires désignées quelquefois sous le nom de *passes profondes surélevées*. Enfin, pour faciliter le règlement de la retenue, et éviter des montées d'eau trop rapides au moment de l'arrivée des crues, lorsque le système de vannage mobile ne permet pas le passage d'une lame d'eau déversante, on juxtapose à l'ouvrage un barrage déversoir fixe, dont la crête est réglée à quelques centimètres au-dessous du niveau normal de la retenue.

Une ou plusieurs des passes profondes sont installées de manière à fournir un passage facile et sûr aux bateaux lorsque, par suite de l'arrivée des crues, le mouillage est devenu naturellement suffisant et que les parties mobiles du barrage sont effacées ; ces passes sont signalées à la navigation sous le nom de *passes navigables* ; leur seuil ne doit pas dépasser le niveau des hauts fonds situés en amont.

Lorsque les dimensions des parties fixes de l'ouvrage sont déterminées, il faut choisir le système de barrage mobile à adopter. Pour indiquer les raisons qui peuvent déterminer dans ce choix, nous allons passer rapidement en revue les divers systèmes appliqués, et indiquer leurs limites d'application.

Barrage à fermettes. Les fermettes, imaginées par M. Poirée (V. BARRAGE DE RIVIÈRE) supportent, lorsqu'elles sont debout, une passerelle de service, et reçoivent la poussée qui leur est transmise par le vannage ; après l'enlèvement du vannage, elles sont couchées dans un encuvement, ménagé dans le radier, au moyen d'une rotation autour de l'axe placé à leur base, tournant dans des crapaudines scellées dans le radier. Dans ces conditions, on conçoit que s'il est facile, en donnant à leur base un empâtement suffisant, de réaliser la résistance à la pression transmise par le vannage, il est difficile d'obtenir dans le sens transversal, la raideur nécessaire pour résister, en particulier, à la traction qu'elles ont à supporter pendant le relevage, parce que l'épaisseur des fermettes doit forcément être limitée (0m,06 à 0m,12) pour que dans leur superposition partielle sur le radier elles ne forment pas une trop grande épaisseur totale. Cette superposition a l'inconvénient de rendre solidaire la manœuvre de plusieurs éléments du barrage qui se trouvent immobilisés par l'impossibilité de manœuvrer l'un d'eux. Enfin, l'abattage de ces engins au fond de la rivière rend impossible la visite et l'entretien de leur partie inférieure, et dangereux pour les manœuvres ultérieures, les ensablements qui peuvent se produire pendant les crues. Ces inconvénients ne sont vraiment sérieux que lorsque la hauteur des fermettes dépasse 2m,75 ; néanmoins, on a installé au nouveau barrage de Port-Villez sur la Seine (fig. 464) des fermettes

de 5m,40 de hauteur, cette dimension semble atteindre la limite d'application du système.

Aiguilles. Lorsque la retenue à faire ne dépasse pas 2m,50 au-dessus du seuil, les aiguilles constituent un vannage mobile, facile à installer sur

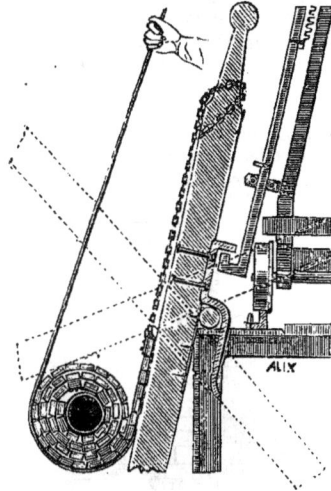

Fig. 460. — *Détail de la partie supérieure et de la manœuvre d'une aiguille à crochet, et coupe d'un rideau d'étanchement placé sur les aiguilles.*

les fermettes, et commode à manœuvrer à la main ; elles présentent cependant l'inconvénient de ne pas donner une grande étanchéité. Pour remédier à cet inconvénient, on déroule sur les aiguilles des rideaux d'étanchement, imaginés par M. Caméré, et constitués au moyen d'une toile imperméable sur laquelle sont cloués de petits liteaux (fig. 460). Le store ainsi formé se manœuvre facilement à la main en lâchant ou en tirant les cordes qui l'enveloppent.

Fig. 461. — *Détails d'un rideau articulé. Coupe et élévation des parties inférieures et supérieures.*

Pour rendre plus facile la manœuvre des aiguilles, lorsque la retenue dépasse 2m,50, on peut employer le système de M. Guillemain (fig. 460). La barre d'appui supérieure est arrondie et l'aiguille est munie d'un crochet sur sa face aval ; pour mettre l'aiguille en place, on engage le crochet dans la barre d'appui et on incline l'aiguille qui, poussée par le courant, vient s'arrêter contre le heurtoir du radier ; pour enlever l'aiguille, on opère une traction vers le haut sur le retour d'équerre du crochet pour lui faire échapper le heurtoir ; elle vient alors flotter dans le courant et on peut l'arracher vers l'amont.

On peut également se servir d'un appareil installé au barrage de Notre-Dame de la Garenne ; sans l'intervention d'aucune pièce fixée à l'aiguille, cet appareil permet, en guidant la tête de celle-ci, de lui faire décrire les mêmes mouvements qu'à l'aiguille à crochet, et de l'enlever par l'amont d'un mouvement continu. Malgré l'adjonction du crochet ou l'usage de l'appareil précédent, on ne peut pratiquement songer à employer des aiguilles d'une ma-

nœuvre facile pour fermer des passes ayant plus de $3^m,50$ de profondeur avec des chutes de plus de 3 mètres. Il faut, au delà de ces limites, recourir à l'emploi d'un système nouveau le *rideau articulé* : cet emploi présente, d'ailleurs, des avantages en deçà de ces limites.

Rideau articulé de M. Caméré. Un rideau articulé se compose d'une série de lames en bois, placées horizontalement l'une au-dessus de l'autre (fig. 461), et s'appuyant vers leurs extrémités sur les supports verticaux du barrage (fermettes, montants, etc.) ; ces lames ont une hauteur constante ($0^m,06$ à $0^m,08$), et une épaisseur proportionnée à la résistance à opposer à la

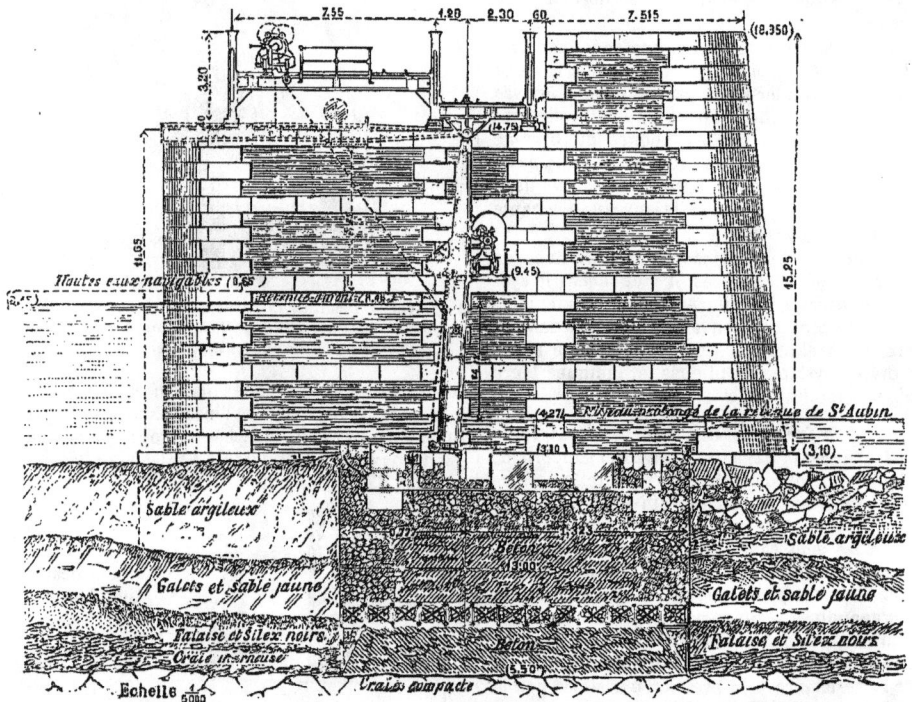

Fig. 462. — *Coupe transversale d'une passe navigable du barrage de Poses avec indication de la position des montants relevés.*

poussée de l'eau, suivant la profondeur à laquelle la lame est placée au-dessous du niveau d'amont. Des articulations constituées au moyen de deux files de charnières en bronze placées sur la face amont du rideau, relient entre elles toutes les lames. A la lame inférieure et au-dessous d'elle, est fixée, par une articulation, une pièce de construction spéciale qui s'appuie sur le radier et prend le nom de *sabot d'enroulement* ; cette pièce a pour section une demi-spire de *spirale d'Archimède* dont le pas est égal à l'épaisseur de la lame inférieure ; elle porte sur la table limitant sa surface supérieure, et en amont du rideau, trois nervures ayant pour section la seconde demi-spire de la spirale. Ce sabot d'enroulement est construit en bois lesté ou plus simplement en fonte évidée. La lame supérieure est suspendue

au moyen de deux chaînes à une traverse placée au-dessus de l'eau. Pour la manœuvre, une chaîne sans fin, placée dans l'axe du rideau, enveloppe celui-ci en passant sous le sabot dans une rainure pratiquée dans ce dernier. Si, dans ces conditions, au moyen d'un treuil spécial, muni d'un mouvement différentiel et circulant sur une passerelle de service, on vient opérer sur le brin d'amont de la chaîne sans fin une traction en laissant filer dans une moindre proportion le brin d'aval, la traction du brin d'amont et le frottement produit par le glissement de la chaîne sous le sabot, par suite du mouvement différentiel, donneront un moment par rapport à l'axe de la charnière inférieure, qui tendra à faire tourner le sabot vers l'amont autour de cet axe. Si la manœuvre du treuil continue après ce premier mouvement, la ame inférieure sera de même sollicitée à tourner, et ainsi de suite pour les lames suivantes. On arrivera par ce moyen à enrouler complètement le rideau. Pour le dérouler, il suffit de laisser filer le brin d'amont de la chaîne de manœuvre, le brin d'aval restant fixe.

Comme dans la manœuvre d'enroulement, on ne met en mouvement qu'un élément à la fois, on conçoit que l'effort à faire est relativement faible. Les rideaux du barrage de Poses (fig. 462 et 463) ont 5^m,30 de hauteur sur 2^m,28 de largeur et se manœuvrent facilement; ce système de vannage pourrait être appliqué pour la fermeture de passes de 6 et 7 mètres de profondeur.

Tous les nouveaux barrages de la basse Seine sont fermés avec des rideaux ; ce système va également être employé sur les portes de garde de la dérivation du Sault du Rhône et sur les montants du barrage en construction à Genève à a sortie du lac.

On peut manœuvrer les rideaux sans les enrouler, en les soulevant au moyen d'une traction opérée de l'amont sur deux chaînes attachées à la lame inférieure. Ainsi manœuvrés, les rideaux sont employés à la fermeture des aqueducs de vidange de certaines écluses de la Seine et du barrage du lac Copaïs, en Grèce.

Les figures 464 et 465 montrent l'application

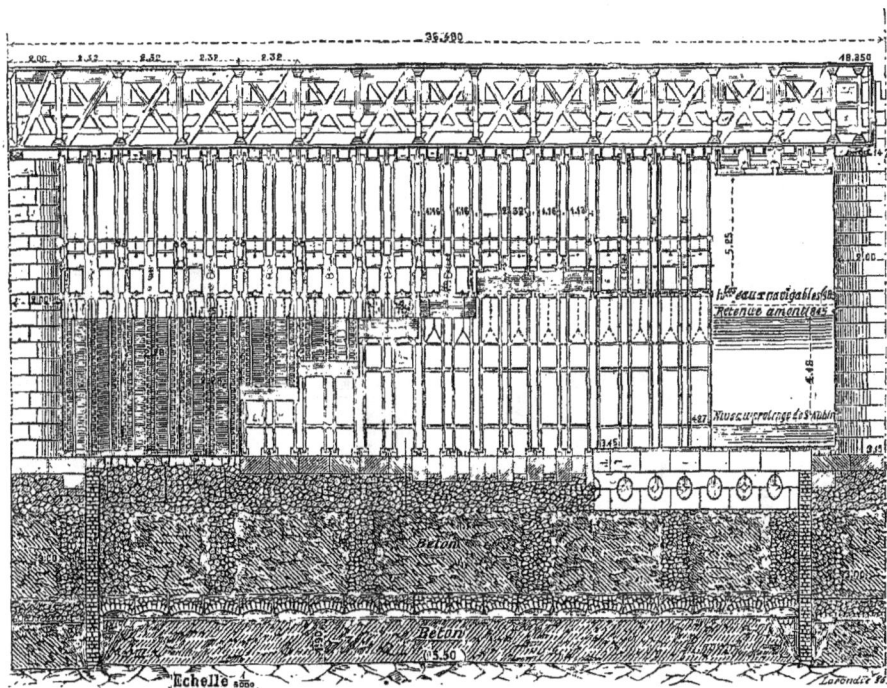

Fig. 463. — *Elévation d'amont d'une passe navigable du barrage de Poses, indiquant diverses situations des rideaux articulés, ainsi que la coupe et les positions des montants debout et relevés.*

du rideau sur les fermettes du barrage de Port Villez sur la Seine. Le rideau est attaché à un châssis porte-rideau placé sur les fermettes et lorsque l'on doit coucher celles-ci, on enlève préalablement, au moyen d'un chariot spécial (fig. 465), le rideau enroulé et le châssis porte-rideaux pour les mettre en magasin.

Barrages à montants mobiles articulés à un pont supérieur. Un projet de barrage de ce système avait été établi, vers 1870, par M. Tavernier pour le barrage de la Mulatière sur la Saône, à Lyon. Mais la première application du système a été faite au barrage de Poses sur la Seine. Les figures 462 et 463 donnent les dessins d'une des sept passes de ce barrage, et nous allons succinctement faire connaître les dispositions appliquées dans la construction de cet ouvrage.

A un plancher supporté par deux poutres à treillis reposant sur les piles séparatives des passes, et établi assez haut pour laisser, dans les passes navigables, une hauteur libre de 5^m,25 au-dessus des plus hautes eaux navigables, sont suspendus par une articulation, des cadres formés de montants verticaux qui, par leur pied, viennent buter contre des bornes isolées, scellées dans le radier. A ces cadres, et à 1 mètre au-dessus du niveau de la retenue, est articulé un élément de la passerelle destinée à la circulation des treuils de manœuvre des rideaux qui sont déroulés sur les montants des cadres pour fermer le barrage.

Pour faire l'ouverture du barrage, on commence par enrouler les rideaux au-dessus de la retenue, et par replier contre les montants les éléments de la petite passerelle, puis, au moyen d'un treuil

circulant sur un plancher installé en amont des
poutres de suspension, on relève les cadres horizontalement sous ce plancher et la passe est complètement libre. La manœuvre de fermeture se
fait par des opérations inverses.

Le plancher auquel sont suspendus des cadres,
fonctionne comme poutre horizontale pour transmettre aux arrière-butées des piles, la partie de
la poussée de l'eau qui est transmise par le cadre
à sa partie supérieure.

Enfin, pour parer à l'impossibilité accidentelle
de relever les montants vers l'amont, on a placé
l'articulation supérieure dans une glissière qui permet de soulever le cadre d'une hauteur suffisante
pour lui faire quitter le heurtoir du radier et le
relever vers l'aval. Avec ce système, la construction des radiers devient simple ; les engins
mobiles, se relevant au-dessus de l'eau, peuvent
facilement être visités et entretenus ; chaque
élément, formé d'un cadre et d'un rideau, est
absolument indépendant des voisins, ce qui permet de commencer la manœuvre en un point
quelconque, de lui donner la rapidité voulue, et de
ne pas l'interrompre en cas d'avarie survenue à
un élément. Enfin, avec ce système, la hauteur des
retenues n'a plus qu'une influence secondaire, et
il faudrait certainement dépasser des limites non
susceptibles d'être rencontrées en pratique, pour
arriver à des impossibilités de construction ou de
manœuvre.

Au barrage de Poses, la retenue est de 5 mètres
au-dessus du seuil, la chute est de 4 mètres, et
chaque rideau ferme une largeur de 2m,32 ; la
longueur du barrage est de 243 mètres.

Barrages à vannes articulées au radier. Les principaux types de ce genre sont : 1° les vannes
Thénard articulées par leur base au radier et employées autrefois à la canalisation de l'Isle pour
des hauteurs de retenue de 1 mètre à 1m,50 ;
2° les hausses Chanoine articulées vers leur
milieu à un chevalet articulé lui-même au radier ; pour obtenir une manœuvre facile, on a
dû installer à l'amont de ces hausses, une passerelle mobile qui complique beaucoup ce système,
dont une application très remarquable a été faite
récemment au barrage de la Mulatière, avec une
hauteur de 4 mètres ; 3° les hausses Desfontaines
appliquées sur les déversoirs de la Marne avec
une hauteur de 1 mètre à 1m,20. — V. Barrage
de rivière.

Barrages étrangers. Les types de barrages mobiles employés à l'étranger ont été empruntés à
ceux imaginés et construits en France. On emploie, en Belgique, le système Poirée avec des
aiguilles ; les Anglais ont construit dans l'Inde
des barrages avec vannes Thénard perfectionnées ;
les Américains ont établi un certain nombre de
barrages avec hausses Chanoine perfectionnées
par M. Pasqueau ; les Suisses vont établir à
Genève un barrage avec montants articulés sur
le radier et manœuvrés du haut d'un pont supérieur avec rideaux articulés de M. Caméré. Enfin,
M. Janicki a établi sur la Moskowa un système
dérivé de la hausse Chanoine.

Cette revue rapide des divers systèmes de bar-

rages mobiles en usage, permet de se rendre
compte des raisons qui peuvent déterminer dans
le choix à faire pour l'établissement d'un ouvrage
neuf ; nous devons ajouter que, lorsqu'on prépare
ce choix, il faut se préoccuper de l'unité qu'il est

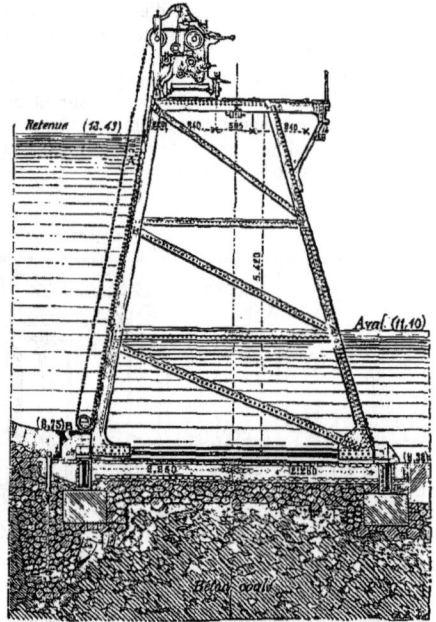

Fig. 464. — *Rideau articulé appliqué sur des fermettes
et treuil de manœuvre.*

désirable d'obtenir dans le type de fermeture
des diverses passes ; cette unité a, en effet, une
grande importance au point de vue de la manœuvre et de l'entretien des ouvrages.

Rectification du chenal. En outre de la construction des barrages, la canalisation d'une rivière

Fig. 465. — *Rideau enroulé et prêt à être emporté avec
le châssis porte-rideau par le chariot d'enlèvement.*

comprend l'écrêtement par voie de dragages de
certains seuils, comme aux points S du profil en
long. Pour que ces écrêtements se maintiennent,
il faut adopter pour le tracé du chenal à ouvrir,
non des alignements droits et des arcs de cercle
qui auraient l'inconvénient de présenter des dis-
continuités brusques dans le rayon de courbure
du tracé, mais des arcs de *sinusoïde.* — V. ce mot.

STATISTIQUE. On trouvera au mot CANAUX des renseignements au point de vue de l'ensemble des voies navigables. Nous nous bornerons, donc à présenter dans le tableau suivant les éléments les plus récents que nous avons trouvés sur la statistique spéciale des rivières canalisées en France. — (J. C. A.) C.

Désignation des voies navigables	Longueur en kilomètres	Conditions techniques d'établissement					Dépenses de premier établissement		Dépenses totales	Mouvement de la navigation en 1883	
		Écluses			Chute moyenne	Mouillage existant ou en cours de réalisation	faites jusqu'au 31 décembre 1878	faites du 1er janv.1879 au 31 déc. 1883		Nombre de bateaux chargés	Tonnage
		Nombre	Longueur	Largeur							
Lignes principales.											
Aa	29	1	38.80	5.20	1.26	2.00	1.186.864	81.240	1.268.104	12.977	1.195.077
Aisne.	50	7	45.00	8.00	1.27	2.00	3.198.811	705.700	3.904.511	2.156	722.290
Charente (de Montagnac à la mer)	169	18	35.00	6.50	1.05	2.00	3.048.843	247.070	3.295.913	»	
Escaut.	63	16	37.80	5 20	1.85	2.00	2.071.528	»	2.071.528	16.204	3.179.623
Lys (d'Aire à la frontière) . . .	53	6	38.50 à 203	5.20	1.36	2.00	866.515	506.720	1.373.235	3.676	384.994
Marne (de Dizy à la Seine) . . .	178	22	33.80 à 45.20	5.20	2.14	2.00	25.533.361	193.000	25.726.361	2.625	429.801
Moselle	39	6	35.35	6.00	»	2.20	5.257.287	»	5.257.287	»	»
Saône { Ray à St-Jean-de-Losne.	109	9	44.00	8.00	»	2.00	9.493.598	»	9.493.598	»	»
St-Jean-de-Losne à Lyon	215	6	160.00	16.00	»	2.00	17.841.912	17.472.000	35.313.912	5.029	522.014
Scarpe inférieure.	36	6	38.70 à 40.70	5 20	»	2.00	2.220.000	»	2.220.000	»	
Seine { 1o de Montereau à Paris	104	12	185	12.00	1.79	2.20	16.023.320	5.204.620	21.227.940	25.746	3.826.178
2o de Paris à Rouen. .	241	9	180	12.00	2.65	3.20	40.598.925	48.827.100	89.426.025	42.094	8 557.413
Sèvre Niortaise	71	8	34	5.20	0.94	2.40	925.520	»	925.520	»	
Yonne (de la Roche à Montereau)	91	17	96 à 181	8.30 à 10.50	1.91	2.20	18.296.356	1.923.100	20.219.456	3.088	401.911
Totaux.	1.457	144					146.562.840	75.160.550	221.723.390		
Lignes secondaires.											
Baïse.	87	17	27.50	4.30	»	1.30	3.022.775	»	3.022.775	»	110.116
Boutonne.	31	3	30.00	5.50	2.37	1.00	602.554	»	602.554	»	3.476
Dordogne (de Bergerac à la Gironde).	133	9	34.00	6.00	1.71	1.00	»	»	»	»	44.630
Dropt.	59	21	34.00	1.70	1.81	1.20	»	»	»	»	6.647
Eure.	14	3	37.75	5.20	»	1.00	197.641	»	197.641	»	348
Isle (de Périgueux à la Dordogne)	143	40	27.00	4.55	2.00	1.25	5.370.151	»	5.370.151	»	68.181
Larve.	18	3	36.00 et 97.00	5.20	»	1.40	»	»	»	»	33.809
Lot.	276	72	30.00	5.10	2.15	1.00	18.688.791	»	18.688.791	»	77.748
Marne (de St-Dizier à Dizy) . .	175	»	»	»	»	»	»	»	»	»	» .
Mayenne.	134	45	33.00	5.20	1.55	1.60	18.207.450	»	18.207.450	»	311.0710
Oudon.	19	3	33.00	5.20	1.20	1.60	»	»	»	»	25.783
Sarthe.	132	20	33.00	5.20	1.41	1.60	7.768.563	37.130	7.805.693	»	»
Scarpe supérieure.	31	9	33.90 à 39.50	4.50 à 5.20	2.26	1.65	2.733.130	»	2.733.139	»	1.225.556
Seille.	39	4	30.00	4.00	1.77	1.80	»	»	»	»	21.108
Seine (de Marcilly à Montereau).	88	7	44.00 à 62.00	7.70 à 8.00	1.94	1.20	3.844.712	2 704.600	6.549.312	»	55.783
Tarn.	147	31	34.00 à 42.50	5.20 à 6.00	2.55	1.20	4.608.737	»	4.608.737	»	18.842
Var.	21	»	»	»	»	»	8.842.331	»	8.842.331	»	»
Vendée.	25	2	29.40 et 34.40	5 20	»	1.60	140.000	»	140.000	»	12.124
Vilaine (de Cesson à Redon). .	95	15	27.10	4.70	1.73	1.30	1.665.266	»	1.665.266	»	94.510
Yonne (d'Auxerre à la Roche) . .	27	9	93.00 à 96.00	8.30 à 10.50	1.91	1.60	3.066.950	»	3.066.950	1.549	161.815
Totaux.	1.694	313					78.759.060	2.741.730	81.500.790		

Bibliographie : *Cours de navigation*, de M. de LAGRENÉ; *Traité de navigation intérieure*, de M. GUILLEMAIN; *La navigation de la Meuse belge*, par M. HANS; *Annales des ponts et chaussées*, Mémoires de MM. CHANOINE, de LAGRENÉ, CAMBUZAT, REMISE, MALÉZIEUX, LAVOLLÉE, etc.

*RIVOIR. T. techn. Sorte de marteau dont la tête est munie d'un tranchant arrondi pour mater les bords des tôles et les têtes des rivets. || On appelle encore *rivoir* une bouterolle spéciale en acier sur laquelle on vient frapper à l'aide d'un marteau pesant pour donner au rivet une tête conique, tandis que avec la bouterolle ordinaire on n'obtient que la tête dite *en boule de suif*.

*RIVURE. T. de mécan. Opération qui consiste à assembler deux ou plusieurs pièces métalliques, généralement des tôles de fer ou de cuivre, en les réunissant par des rivets traversant les trous opposés dont elles sont percées. A la différence du boulon, qui maintient l'assemblage au moyen d'un écrou vissé, le rivet est posé à chaud afin d'obtenir, par le refroidissement, une tension qui assure le serrage et l'étanchéité du joint, ainsi que nous l'indiquons en parlant du *rivet*. La bonne exécution de la rivure présente ainsi une importance capitale dans les constructions métalliques, car c'est elle qui assure la solidité des assemblages et la cohésion de l'ouvrage, c'est elle qui en limite la résistance et la durée, qui garantit l'étanchéité des chaudières, la solidité des ponts métalliques, etc.; il ne servirait à rien, en effet, que les dimensions de ces ouvrages aient été établies avec tout le soin et la précision désirable, que les pièces métalliques présentent individuellement toute la résistance nécessaire, si l'assemblage qui doit maintenir cet ensemble en assurant la collaboration de tous ses éléments, vient à faire défaut, en un mot, si la rivure est insuffisante.

C'est donc un travail dont le tracé, puis l'exécution, doivent être discutés et surveillés avec le plus grand soin, et qu'il faut se garder d'abandonner, comme on le fait trop souvent, à la routine des ouvriers chargés de l'exécuter.

Les rivets se posent ordinairement à la main, et ce mode de travail était le seul adopté jusqu'en ces dernières années; mais l'emploi de plus en plus général des machines à river qui opèrent dans des conditions de rapidité et de précision bien supérieures, permet de penser que la pose à la main est appelée, désormais, à se limiter aux petits ateliers qui n'auront pas l'occupation d'une machine riveuse. On admet souvent que ces machines, tout en obligeant le rivet à remplir le trou plus complètement, présentent, par contre, l'inconvénient de donner parfois au rivet une tête excentrée, le métal ne se refoulant pas toujours bien uniformément dans toutes les directions sous l'action du poinçon de la machine, mais nous croyons qu'il est facile d'y remédier avec des machines bien étudiées, ayant un poinçon bien guidé sans déviation, et, en tous cas, les conditions même du travail à la machine donnent une sécurité plus grande pour la résistance des têtes puisque le métal est simplement comprimé et ne risque pas d'être altéré par le martelage comme dans le travail à la main.

La forme même de la tête du rivet présente une certaine influence sur la résistance de la rivure; les têtes qui sont forgées au rivoir prennent une forme conique qui a souvent l'inconvénient d'être accompagnée de fissures sur les bords quand le métal a été martelé brusquement; la forme arrondie qu'on obtient avec la bouterolle donne une tête moins haute, et elle a l'avantage de reporter le métal sur les bords.

Pour la hauteur de la tête des rivets, dans les travaux de chaudronnerie, on prend habituellement 0,7 à 0,75 d (d étant le diamètre du corps du rivet); pour le diamètre placé à la base de la tête, on prend 2 d; la hauteur du métal ayant servi au refoulement atteint 1,3 d.

Les trous des rivets sont généralement débouchés au poinçon, mais ce mode de procéder, qui a l'avantage d'être rapide et économique, offre, par contre, l'inconvénient de donner des trous souvent irrégulièrement espacés, et d'altérer le métal dans la région voisine du bord, ainsi que nous l'avons signalé à l'article POINÇONNAGE. Il en résulte, comme nous l'avons dit, surtout avec les tôles d'acier un peu dur non recuites, une grande diminution dans la résistance qu'elles peuvent supporter sans altération, et cette réduction peut aller jusqu'à 40 0/0 de la résistance totale. On évite, comme on sait, cette cause de réduction en élargissant le trou au foret jusqu'à son diamètre définitif ou en recuisant la tôle. Quel que soit, d'ailleurs, le procédé employé, il convient toujours d'ébarber soigneusement les bords avant de poser le rivet dont la tête pourrait se trouver cisaillée autrement. Quelquefois même, on donne un certain congé à la fraise sur les bords du trou, et ce procédé, souvent employé dans les constructions usuelles, a l'avantage de donner un surcroît de résistance à la base de la tête du rivet.

Comme les trous poinçonnés présentent toujours une forme un peu conique, il est bon d'introduire le rivet du côté du trou le plus ouvert pour en faciliter l'enlèvement si la tête venait à se briser.

Quand on veut avoir un joint bien étanche, surtout dans la préparation des chaudières, il faut avoir soin de mater les bords, c'est-à-dire de rabattre au marteau une bande étroite de métal sur toute la longueur du joint. Dans la chaudronnerie soignée, du reste, on a toujours soin de rabo-

ter les tôles sur les bords pour en faciliter le matage; on va même quelquefois jusqu'à décaper les bords par un nettoyage à l'acide chlorhydrique, suivant un procédé indiqué par M. Webb, pour éliminer l'oxyde interposé et assurer le contact intime entre les tôles.

Les dimensions principales à observer dans la rivure, comme le diamètre à donner aux rivets par rapport à l'épaisseur des tôles à assembler, l'écartement des bases, leur distance des bords se déterminent par le calcul, en examinant les différents modes de rupture de l'assemblage qui peuvent se produire, et cherchant à obtenir dans les différents cas la résistance nécessaire. On reconnaît ainsi qu'en essayant de briser l'assemblage de deux bandes de tôle réunies par un rivet, la rupture peut se produire de l'une des quatre manières suivantes :

Par déchirure de la bande en travers, de part et d'autre des trous;

Par écartement de la tôle et du rivet amenant l'écrasement du trou et enlevant toute résistance au joint;

Par déchirure de la tôle se fendant depuis le trou jusqu'au bord, devant le rivet;

Ou, enfin, par cisaillement du rivet.

On exprime, par le calcul, la résistance du joint dans chacun de ces différents cas, et on cherche à rendre celle-ci aussi uniforme que possible, de manière à obtenir l'efficacité maximum par rapport à la résistance de la tôle pleine.

Partant de ces données, M. Cauthorn Unwin calcule les différentes dimensions à observer dans la rivure, et il arrive aux formules suivantes pour les rivures simples :

$$d = \frac{1}{2}\sqrt{e}$$

$$E = \frac{d}{2} + 0,92\sqrt{d}$$

$$p = 1,99\frac{d^2}{e} + d$$

pour les tôles en fer;

$$E = \frac{d}{2} + 0,8\sqrt{d}$$

$$p = 1,45\frac{d^2}{e} + d$$

pour les tôles d'acier;

Equations dans lesquelles les diverses quantités sont exprimées en centimètres;

d est le diamètre du rivet;

e l'épaisseur de la tôle exprimée en centimètres;

E la longueur du recouvrement;

p la distance, d'axe en axe, des rivets, ou pas de la rivure.

Habituellement, on se contente d'appliquer les relations suivantes exprimées en millimètres, et qui sont plus simplifiées :

$$d = 4^{mm} + 1,5e$$
$$p = 10^{mm} + 2d$$
$$E = 1,5d.$$

L'efficacité du joint, ou rapport de la résistance

de la partie assemblée à la tôle pleine, est donnée, d'après M. Cauthorn Unwin, par l'expression suivante, pour les rivures simples :

$$\frac{p-d}{p}=\frac{2,87}{d+2,87}$$

pour les tôles de fer;

$$\frac{p-d}{p}=\frac{2,16}{d+1,16}$$

pour les tôles d'acier.

Dans les deux cas, l'efficacité diminue quand l'épaisseur augmente. En faisant ce calcul pour des tôles variant de 8 à 25 millimètres d'épaisseur, on trouve que l'efficacité du joint s'abaisse de 0,621 à 0,445 pour les tôles de fer, et de 0,552 à 0,415 pour les tôles d'acier.

On augmente beaucoup la résistance de la rivure en diminuant le nombre des trous placés sur un même ligne; on reporte, à cet effet, les rivets sur deux lignes parallèles en ayant soin de les placer en quinconce pour mieux assurer l'étanchéité. On n'a plus alors que la moitié du nombre total des rivets sur chacune des deux lignes de rivure, et le seul surcroît de dépense qu'impose la rivure double correspond à l'excédent de largeur donné au recouvrement.

Généralement, on prend pour le pas de la rivure : $p=10^{mm}+2,5\ d$, et on donne à l'écartement des deux lignes de rivets une valeur au moins égale aux 2/3 du pas. L'expérience a montré, d'ailleurs, que cet écartement ne devait pas être trop réduit, surtout lorsque les trous étaient débouchés au poinçon, car l'altération produite dans la région ainsi percée pourrait amener la rupture des joints suivant la ligne sinueuse rejoignant les trous, bien que celle-ci occupe plus de métal que l'une des lignes directes de rivure.

La double rivure augmente beaucoup l'efficacité du joint et, d'après M. Cauthorn Unwin, le rapport de la résistance des joints à celle de la tôle pleine s'élève à 0,75 pour les tôles en fer de $9^{mm},5$, et atteint encore 0,61 pour celles de 25 millimètres d'épaisseur. Pour les tôles d'acier, ce rapport varie, pour les mêmes épaisseurs, de 0,69 à 0,57.

Sur les chaudières cylindriques, les rivures longitudinales sont toujours à double rang, comme elles ont à supporter un effort double de celui des joints transversaux.

On pourrait augmenter encore le nombre des lignes de rivure en le portant à 3, par exemple, mais c'est là une pratique peu employée. Il faut reconnaître, d'ailleurs, qu'à mesure qu'on multiplie les rangs, on a moins de chance d'assurer une répartition uniforme du travail entre les rivets. L'addition d'un troisième rang aurait, toutefois, l'avantage que la ligne du milieu pourrait céder sans compromettre la résistance de la rivure.

Les rivures à couvre-joints rapportés, qui sont peu appliquées en France, ont l'avantage de maintenir les tôles assemblées bien exactement dans l'axe l'une de l'autre, surtout lorsque les couvre-joints sont doubles et placés de chaque côté des tôles, et elles évitent ainsi toute déformation dans les assemblages. On peut disposer les couvre-joints comme dans les assemblages, par simple recouvrement, avec une seule ou une double rivure. On a même essayé aussi de les poser en double rivure en ne mettant, toutefois, que trois rangées de rivets, les deux tôles étant superposées pour deux rangées, et la troisième réunissant seulement la tôle supérieure avec le couvre-joint incliné alors sur le bord de la tôle inférieure pour se placer dans le prolongement de celle-ci.

L'inconvénient principal des couvre-joints, surtout disposés intérieurement, est de former dans la chaudière des saillies qui gênent le nettoyage, amènent l'accumulation des dépôts de tartre et la formation des érosions. Celles-ci se produisent toujours le long des lignes de joint, surtout si les bords des tôles, dans les rivures longitudinales, retiennent l'eau quand on vide la chaudière, et c'est là, évidemment, une disposition d'assemblage à éviter. Il faut préférer aussi, à ce point de vue, sur les chaudières cylindriques, l'assemblage des viroles, dit *télescopique*, donnant un diamètre graduellement croissant depuis la boîte à fumée jusqu'au foyer, et assurant ainsi l'évacuation plus complète de l'eau quand on vide la chaudière.

On voit par là qu'il y aurait un avantage évident à supprimer les rivures, surtout sur les joints longitudinaux les plus fatigués, et il faudrait, à cet effet, pouvoir souder les tôles sur les bords à assembler; mais ce procédé, essayé en Angleterre par M. Bertram, est évidemment d'une application difficile sur les grosses tôles, il peut entraîner une altération de celles-ci en raison de la haute température où on est obligé de les amener pour la soudure, et il ne s'est pas répandu dans la pratique ; il ne serait guère applicable, d'ailleurs, aux tôles d'acier.

On a essayé aussi, tout en conservant la rivure, de donner aux tôles un surcroît d'épaisseur sur les bords, pour conserver à l'assemblage rivé la résistance de la tôle pleine, mais ce procédé, qui entraîne des difficultés de fabrication assez sérieuses et présente, en outre, l'inconvénient d'obliger à cintrer les tôles à contre-sens, relativement au laminage, n'a pas pu entrer davantage dans la pratique.

M. Wright avait proposé, enfin, pour égaliser la résistance des deux lignes de joints circulaires et longitudinaux, de les diriger toutes deux suivant des hélices inclinées à 45°; mais les difficultés d'exécution n'ont jamais permis non plus l'application de cette idée ingénieuse.

RIZ. *T. de bot.* Plante monocotylédone, de la famille des graminées, l'*oryza sativa*, L. Elle est originaire de l'Indo-Chine, où elle a été cultivée de toute antiquité, mais elle a été introduite dans la région méditerranéenne de la France, dans le Piémont, l'Amérique du Nord, la Caroline, etc. Elle s'y développe bien, pourvu que le sol soit marécageux. Elle est cultivée pour son fruit qui est un caryopse alimentaire, dont on connaît plus de 150 variétés différant surtout par la taille du grain, la couleur qui peut être blanche, rouge, noirâtre ou tachetée de brun, et la quantité de poils qui le recouvrent. Il est recherché pour la fécule qu'il contient (82 à 83 0/0), dont les grains polyédriques, très petits, ont un hile subcentral, irrégulier et pâle. A côté de ces principes, il existe encore dans le riz des matières albuminoïdes (3 0/0), une matière huileuse, du sucre incristallisable (0,29 0/0) et des sels parmi lesquels figure une forte proportion de phosphate de chaux.

Le riz forme en grande partie, l'unique nourriture des peuples pauvres de l'extrême Orient; sa décoction est antidiarrhéique; le caryopse du riz étant de nature cornée, il faut, pour pouvoir le réduire en poudre ou en farine, l'humecter préalablement au moyen de vapeur d'eau. C'est ainsi qu'il constitue la *poudre* ou la *crème de riz*. On fabrique dans l'Inde avec ces mêmes semences de la bière, et aussi un alcool que l'on désigne sous le nom d'*arak*. Avec la paille de riz on fait des chapeaux et des paniers; on donne les balles aux chevaux, et le grain de déchet à la volaille.

L'industrie des alcools emploie actuellement de grandes quantités de riz qui, mélangé avec du sorgho, du maïs, servent à obtenir, après rectification convenable, des alcools bon goût. On se sert aussi de l'empois de farine de riz pour faire du parement pour tisserands, pour encoller certains papiers et les blanchir (en Chine). Au Japon, on fait avec la farine, des bijoux imitant la nacre de perle, puis des bustes, des statues, des bas-reliefs. — J. C.

ROBE. Outre le vêtement ordinaire des femmes et des enfants en bas âge, ce mot désigne le vêtement long et flottant que portent les hommes de certaines professions, soit habituellement, comme les ecclésiastiques, soit dans l'exercice de leurs fonctions, comme les magistrats, les avocats, les professeurs, etc. || Se dit aussi de l'enveloppe qui recouvre certaines choses.

*ROBERT (HENRI). Horloger, né à Macon, vers 1794, mort à Paris en 1874, s'est particulièrement distingué dans son art; bien que quelques-unes de ses appréciations soient contestées par d'habiles horlogers, les ouvrages qu'il a publiés sur les progrès à réaliser dans les diverses branches de l'horlogerie peuvent être lus avec fruit.

*ROBERT (HUBERT). Peintre et graveur, né à Paris en 1733, mort dans la même ville en 1808, fut d'abord destiné par sa famille à l'état ecclésiastique, mais il montra si peu de goût pour cette carrière et tant de dispositions pour le dessin, que son père le laissa entrer, après l'achèvement de ses études, dans l'atelier de Slodtz. Là, il ne tarda pas à reconnaître que sa véritable vocation était la peinture, et c'est pour dessiner qu'il se rendit à Rome, en 1753. Hubert Robert resta douze ans en Italie, ne cessant de peindre les beaux paysages et les vues d'après les monuments antiques, étudiant sans relâche et entassant, dans ce labeur très profitable à son talent, les

matériaux dans lesquels il devait puiser pendant toute sa carrière. Sa réputation et l'amitié de Fragonard, avec lequel il avait fait le voyage de Sicile, en 1760, lui valurent d'abord une pension du roi et, aussitôt après son retour à Paris, sa nomination à l'Académie de peinture (1766), sur la présentation de Joseph Vernet. Son tableau de réception, une *Vue du port de Ripetta à Rome*, fut exposé au salon de 1767, et figure au musée du Louvre. Peu après, il était nommé garde des tableaux du cabinet du roi et dessinateur des jardins royaux. C'est en cette dernière qualité qu'on lui doit le bosquet des *bains d'Apollon*, dans le parc de Versailles, et une partie du parc de Trianon. La Révolution le priva de ses places et de ses ressources, et l'artiste, jeté en prison, ne dut la vie qu'au hasard qui fit monter à sa place, sur l'échafaud, un de ses compagnons qui portait le même nom. L'empire lui rendit la direction du musée Napoléon. Hubert Robert était surtout un peintre décorateur, et ses tableaux, si nombreux, en portent bien la physionomie; aussi lui demanda-t-on souvent des panneaux pour des hôtels particuliers, et il avait orné le château de Saint-Cloud de peintures qui ont disparu avec ce monument. On cite, dans son œuvre très considérable, car il avait une fécondité exceptionnelle, plusieurs vues de Nîmes et de ses environs : le *Colisée*; le *Tombeau de Marius*; le *Temple de Vénus*. Le Louvre a de lui : l'*Arc de triomphe d'Orange*; le *Temple de Jupiter*, *à Rome*; *Temple circulaire surmonté d'un pigeonnier*; *Sculptures rassemblées sous un hangar*. Il a gravé une belle suite de dix-huit eaux fortes aujourd'hui presque introuvables.

*ROBERT (LOUIS-VALENTIN-ELIAS). Sculpteur, né à Etampes, en 1815, mort en 1874, fut élève de David d'Angers et de Pradier. Il exposa de nombreux bustes et des morceaux importants parmi lesquels le plus connu est le groupe qui surmonte le fronton du Palais de l'Industrie : *La France couronnant l'Art et l'Industrie*. Son talent dépourvu de grande originalité, mais classique et toujours égal, lui a valu de nombreuses commandes officielles : *Rabelais*; *Jacques Cœur*; *La Science*; *L'Industrie*, pour la décoration du nouveau Louvre (1857); *Geoffroy Saint-Hilaire*, pour la ville d'Etampes (1859); *La Justice*, statue en bronze pour la fontaine Saint-Michel, à Paris; *Jourdan*, pour la ville de Limoges (1861); *Le Drame*, pour le théâtre municipal du Châtelet (1863); *La Loi*, pour le Tribunal de commerce; le fronton de l'Ecole des mines; deux cariatides, pour le grand Opéra : *L'Agriculture et l'Industrie*, pour la gare d'Orléans; deux cariatides et le fronton des Magasins réunis. On cite encore de lui : la *Fortune*, statue en bronze; *Déidamie*, statue en marbre; *Phryné* et, parmi ses bustes, ceux de Houdon, Persigny, Pajol, Bailly, Rouville père et fils, Dr Magne, Delaunay, Laurent Pichat, Mme Madeleine Brohan, etc. Elias Robert était chevalier de la Légion d'honneur depuis 1858.

* ROBERVAL (GILLES-PERSON DE). Géomètre distingué, membre de l'Académie des sciences; né en 1602, à Roberval (Beauvoisis), mort à Paris

en 1675. Il était, en 1631, professeur de philosophie au collège de maître Gervais; en 1682, professeur de mathématiques au Collège de France. Roberval imagina des méthodes ingénieuses pour la résolution des problèmes difficiles. Il est l'inventeur d'une classe de courbes que Torricelli a nommées *robervaliennes*. Ses travaux sur la *cycloïde*, dont il détermina l'aire et le volume engendré par sa rotation autour de son axe, dénotent une grande sagacité, au jugement de Pascal dont il avait acquis l'estime. Sa *Méthode des indivisibles* est une des conceptions les plus originales du XVIIᵉ siècle. Roberval a contribué, par ses travaux, à préparer le calcul différentiel; il était l'émule de Descartes et de Fermat. L'âpreté de sa parole et la rudesse de son caractère lui firent beaucoup d'ennemis. Ses longues discussions avec Descartes, Mariotte et autres étaient très vives et peu courtoises de sa part; on a su, néanmoins, rendre justice à ses talents. On a de lui diverses publications dont plusieurs sont écrites en latin (sur les courbes, la trochoïde, ses lettres à Mersenne, à Torricelli). Nous citerons particulièrement les suivantes: *Observations sur la composition des mouvements et sur les moyens de trouver la tangente des lignes courbes*; *Traité des indivisibles*; ces écrits se trouvent dans les Mémoires de l'Académie des sciences (1690); *Nouvelle manière de balance inventée par M. de Roberval*, dans le *Journal des savants* (1670). — C. D.

ROBINET, ROBINETTERIE. T. techn. On désigne sous la dénomination générale de *robinet*, un organe à l'aide duquel on peut établir ou intercepter, à volonté, l'écoulement d'un fluide quelconque, liquide ou gazeux, renfermé dans un réservoir ou dans une conduite de distribution. En principe, et sous sa forme la plus usuelle, un robinet se compose d'une portion de tuyau présentant un renflement tronconique qu'on appelle *boisseau*, dont la capacité intérieure alésée en cône, reçoit une sorte de bouchon nommé *clef* ou *noix*, percé d'une ouverture qui correspond à celles du boisseau et qui permet de produire ou d'arrêter l'écoulement, suivant qu'on place l'ouverture ou la partie pleine de cette clef en face des orifices du boisseau. Cette donnée générale est réalisée par un grand nombre de formes et de dispositions diverses. On peut établir de plusieurs manières, la classification des robinets, selon que l'on considère:

1° Leur mode de construction: *robinets à boisseau, à clapet, à soupape, à ressort, à boule, à lanterne*;

2° Leur mode d'assemblage avec la tuyauterie: *robinets à douille* qui se soudent sur les tuyaux en plomb, *robinets à brides, à tête, à raccord*, qui se montent avec boulons ou écrou de rappel;

3° Leur mode de fonctionnement: *robinets à deux eaux* ou *deux voies, à trois* ou *à quatre voies*;

4° Leurs divers emplois: *robinets d'arrêt, robinets de puisage, de purge, d'alimentation, robinets de jauge, robinets-graisseurs, robinets de sûreté, d'extraction, de vidange*, etc...

Ces désignations multiples correspondent,

comme on le voit, aux formes et aux applications que peuvent recevoir les nombreux types de robinets employés journellement. Nous allons successivement passer en revue les principaux de ces types, en nous bornant aux dispositions les plus connues et les plus caractéristiques pour l'eau, la vapeur, les gaz, les liquides gras et acides.

La fabrication des robinets ou robinetterie constitue une branche d'industrie importante, à laquelle se consacrent tout spécialement certains ateliers où s'exécutent les diverses opérations de cette fabrication: le moulage, le coulage des pièces brutes, le tournage, l'alésage et le rodage. Les métaux employés pour la *robinetterie* sont: la fonte, le cuivre jaune, le bronze ordinaire et le bronze phosphoreux, le métal blanc, dit *métal anti-friction*, l'étain ou ses alliages, le plomb pour quelques cas particuliers. On emploie aussi le bois, pour les robinets dits *cannelles*, destinés au tirage des boissons; le verre, le caoutchouc durci dans certains appareils de laboratoire et d'usine de produits chimiques.

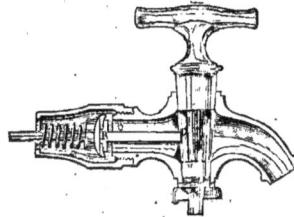

Fig. 466. — *Robinet de puisage à ressort.*

Pour qu'un robinet permette un libre écoulement du liquide, il faut que la section des ouvertures pratiquées dans le boisseau et dans la clef, soit égale à celle du tuyau lui-même, condition à laquelle on n'a pas toujours égard et dont l'inobservance entraîne une contraction des veines liquides et par suite une réduction du débit normal. Le frottement de la clef contre le boisseau amène à la longue une usure que la forme conique a pour but de corriger, parce que la clef s'enfonce d'autant plus que l'usure augmente; on obtient un serrage convenable, dans certains genres de robinets, en mettant en dessous de la clef une tige filetée avec un écrou; dans d'autres genres, c'est en-dessus de la clef que ce serrage s'exerce, au moyen d'un collier ou bride dite *bride de sûreté*, qui sert en même temps à empêcher la clef de se soulever et d'être repoussée en dehors du boisseau par la pression intérieure, lorsque les robinets sont appliqués à des conduites fonctionnant sous de fortes pressions.

Dans la construction des robinets, principalement de ceux à voies multiples, on doit avoir soin de ménager entre les orifices, des parties pleines d'une section suffisante pour qu'elles produisent une fermeture parfaite, une séparation complètement étanche entre les diverses ouvertures. Cette nécessité d'assurer l'étanchéité des robinets est surtout essentielle dans certaines applications, notamment dans les appareils destinés à la marine, et qui, placés parfois au fond des cales de navires, dans des endroits où l'on ne pénètre que rarement, ont plus qu'ailleurs besoin de présenter une sécurité absolue de bon fonctionnement et de fermeture complète. On doit aussi s'attacher à un autre détail de construction qui a son importance au point de vue pratique : c'est de disposer toujours les robinets pour qu'on puisse juger, à leur seule inspection, s'ils sont ouverts ou fermés. On les munit même, dans certains cas, d'index ou repères indiquant sur une portion de cercle gradué leur degré d'ouverture.

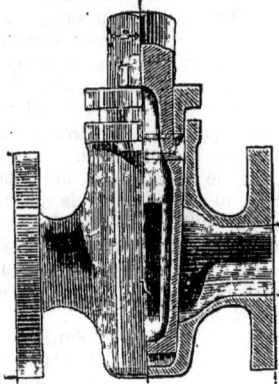

Fig. 467. — *Type de robinet d'arrêt à presse-étoupe avec bride de serrage boulonnée.*

Robinets pour l'eau. Nous citerons d'abord le type ordinaire de robinets d'arrêt et de puisage à boisseau, avec douille ou avec brides; puis les *robinets d'arrêt* et les *robinets de puisage à clapet*; les *robinets à soupape*, avec fermeture de cuir ou de caoutchouc ; les *robinets de puisage, à ressort*, dits aussi *à repoussoir*, ainsi nommés parce que l'action du ressort intérieur s'ajoutant à la poussée de l'eau les fait refermer automatiquement (fig. 466).

Mais la fermeture brusque d'un robinet d'arrêt (fig. 467) déterminant nécessairement des coups de bélier dans les conduites de distribution intérieure, il en résulte un inconvénient grave pour l'emploi de ce genre de robinets dans les maisons d'habitation. Plusieurs fabricants ont réussi à éviter ce défaut par diverses dispositions qui ont pour objet de supprimer le choc violent de l'eau contre le clapet du robinet au moment de la fermeture. C'est ainsi que nous voyons dans la longue liste des différents types de robinets que construisent ces fabricants, les dénominations de *robinets se fermant seuls*, les uns à piston, les autres à soupape (fig. 468) ou à clapet, se manœuvrant avec bouton ou avec volant ou levier.

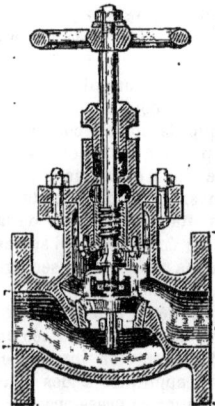

Fig. 468.—*Robinet à soupape; vue en coupe.*

Citons encore le *robinet-bouchon*, de M. Sinson St-Albin, et qui se recommande par sa grande sim-

plicité. Il ne comporte ni ressort, ni presse-étoupe, ni caoutchouc; il ferme d'autant plus hermétiquement que la pression est plus forte et, par ce fait, convient tout spécialement dans le cas où les conduites sont soumises à de fortes pressions. Il est à bouton et à soupape, et se referme seul, sans mouvement brusque et sans déterminer de coup de bélier.

Un autre genre de robinets à signaler encore, porte, à cause de son mode de fonctionnement, le nom de *robinet-flotteur*. Il se compose d'un corps de robinet à boisseau, à une seule voie, dont la clef est manœuvrée par un levier articulé à un petit support vertical, fixé sur la bride du boisseau, et soumis à l'action d'un flotteur formé d'une sphère creuse que l'eau soulève lorsqu'elle atteint le niveau qu'on ne doit pas dépasser. A ce moment, le levier ainsi soulevé fait abaisser la clef, et détermine par conséquent la fermeture du robinet. On applique souvent ce genre de robinets aux réservoirs pour intercepter automatiquement l'arrivée de l'eau quand ils sont remplis au niveau voulu.

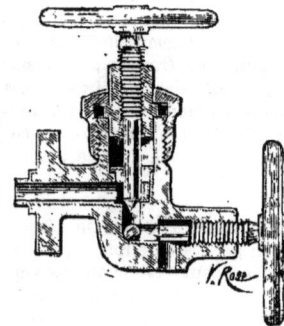

Fig. 469. — *Robinet de pompe hydraulique avec décharge.*

Les *robinets de baignoires* constituent une autre disposition spéciale, dans laquelle l'orifice d'écoulement est directement en dessous de la clef. Pour l'application spéciale aux baignoires, ces robinets portent souvent le nom de *robinets à col de cygne* à cause de la forme qu'ils affectent généralement.

Robinets de jauge. Ce genre de robinets, appliqué pour les distributions d'eau dans les villes, consiste dans la réunion de deux ou trois boisseaux fondus d'une seule pièce, avec trois clefs dont la première fait l'office de robinet d'arrêt, la seconde de jauge, et la troisième d'arrêt. La jauge consiste dans une petite lentille, percée d'un orifice de très petit calibre destiné à régler le débit de l'eau de manière à donner à l'abonné, par écoulement continu, la quantité d'eau à laquelle il a droit par vingt-quatre heures. — V. DISTRIBUTION D'EAU, JAUGEAGE.

Robinets-vannes. On désigne sous ce nom les robinets de forme particulière qui sont appliqués aux conduites souterraines des services de distributions d'eau. Nous avons déjà décrit, en traitant cette question, un des types les plus répandus de robinets-vannes (V. p. 337, t. IV). Dans un des modèles adoptés par la ville de Paris, et connu sous le nom de *robinet-vanne* Herdevin; l'organe obturateur est un coin à double face, que le mouvement de la vis abaisse ou élève pour déterminer la fermeture ou l'ouverture de la vanne. Le coin, le corps du robinet et la collerette sont garnis de rondelles en bronze destinées à supporter le frottement. Ces rondelles sont maintenues au moyen de vis qui leur donnent une fixité et une solidité absolues. Nous citerons encore un autre type de robinet-vanne qui peut fonctionner sous de fortes pressions : l'organe obturateur est, comme précédemment, un coin à deux faces, avec des rondelles en bronze, encastrées dans la surface de ce corps et dans celle des collerettes. Le corps est venu de fonte d'une seule pièce. L'ouverture et la fermeture se produisent en faisant tourner les aiguilles dans le même sens que les aiguilles d'une montre. Le coin est guidé sans frottement, de sorte que l'usure est réduite à la plus petite proportion possible.

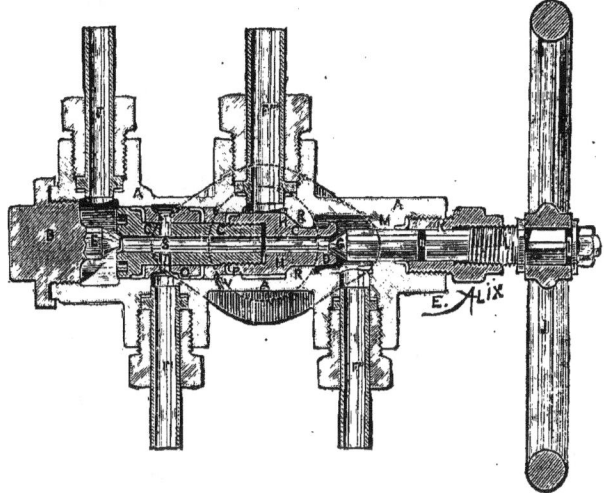

Fig. 470. — *Robinet distributeur pour presses hydrauliques.*

On fait des robinets-vannes, du type adopté par la ville de Paris d'après l'arrêté préfectoral en date du 19 janvier 1861, pour des diamètres intérieurs variant de 0,055 millimètres avec un poids de 40 kilogrammes, jusqu'au diamètre de 1^m,10 avec un poids de 6,450 kilogrammes.

On construit encore des robinets-vannes *à cage méplate*, dits *valves*, dont le corps se compose de deux coquilles qui se réunissent sur des faces plates. Les rondelles peuvent se fixer sur le corps de la valve au moyen de vis. Mais ce type de robinets-vannes ne convient pas pour de fortes pressions.

Robinets de presses hydrauliques. Les applications de la pression hydraulique, aujourd'hui très répandues, ont amené la création d'un certain nombre de types spéciaux de robinets. Les limites très élevées que les pressions atteignent dans ces appareils, nécessitent une perfection d'exécution et des soins que n'exigent pas les autres genres de robinets. La figure 469 représente un robinet de pompe hydraulique avec décharge, soit en bronze ordinaire, soit en bronze phosphoreux.

Nous allons encore signaler, comme appareil particulier s'appliquant à l'eau, le *robinet distributeur pour presses hydrauliques*, que nous

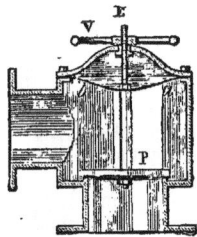

Fig. 471. — *Robinet à clapet pour conduites de distribution du gaz.*

avons dessiné chez M. Piat, et que la figure 470 représente dans son ensemble. Cet appareil est d'une manœuvre facile et rapide, il offre l'avantage d'empêcher d'une manière absolue les contre-pressions qui sont toujours à craindre pour les appareils hydrauliques dans lesquels le piston reçoit la pression alternativement sur chacune de ses faces. Il se compose d'un corps cylindrique AA et d'un piston différentiel CC. L'eau arrive par la tubulure F, et sort par la tubulure F'''; les communications avec les deux faces du piston sont établies par les tubulures F' et F''. Le corps cylindrique est percé dans toute sa longueur d'un orifice central, dont le diamètre est variable. Cet orifice reçoit en B le bouchon à pointeau E, en K le clapet pointeau G, en O et en P le piston différentiel C dont la partie H forme clapet et vient à certains moments de la manœuvre reposer sur le siège R. Le piston CC est lui-même traversé dans toute sa longueur par un trou central S, fraisé à ses deux extrémités de manière à venir s'appliquer exactement sur les clapets pointeaux E et G. Plusieurs trous rayonnants établissent une communication entre le trou central S et l'orifice de la tubulure F'. Un petit orifice V donne issue à l'eau provenant des fuites qui pourraient entraver la marche du piston différentiel.

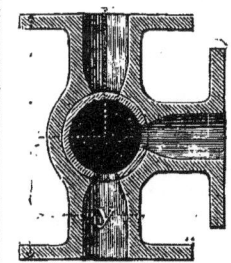

Fig. 472. — *Type de robinet à trois eaux, à brides rondes disposées d'équerre.*

Pour nous rendre compte de la fonction de ce piston, considérons, par exemple, le cas où l'appareil distributeur sert à relier une presse hydraulique ayant un piston à tige, avec un accumulateur. En tournant le volant J, et par conséquent la vis L dans le sens voulu, on amène le pointeau G sur le siège D et le siège C sur le pointeau E; l'appareil est alors au repos. Si maintenant on tourne le volant en sens contraire, l'eau sous pression venant de l'accumulateur par la tubulure F poussera le piston CC en avant, et passant par l'orifice central, par les orifices TT et par la tubulure F', elle viendra agir sur la petite face du piston de la presse. Or, comme à ce moment la partie H formant clapet ne repose pas encore sur le siège R, la grande face du piston communique par la tubulure F'' avec l'évacuation F''', et le piston descend. Ce piston s'arrête dès que le clapet H vient s'appliquer sur son siège R. Si on continue de tourner le volant, le pointeau G, poussé par la pression, abandonne le siège D et l'eau de l'accumulateur s'introduit par la tubulure F''' sous la grande face du piston de la presse. Les différences de pression sur les deux faces du piston produisent un mouvement ascensionnel et un refoulement dans la conduite de l'accumulateur, de l'eau qui se trouvait dans la partie supérieure du cylindre de la presse.

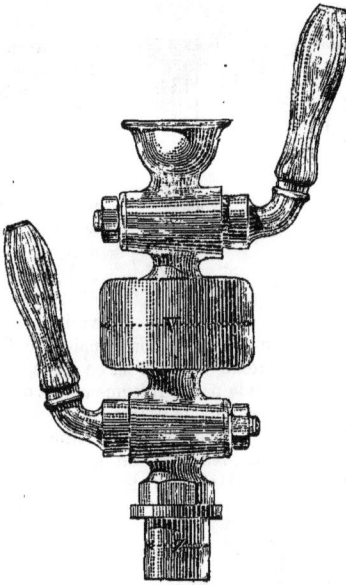

Fig. 473. — *Robinet graisseur double.*

Notre cadre ne nous permet pas d'entrer ici dans de plus longs détails sur le fonctionnement de cet appareil destiné à rendre de réels services dans l'installation des engins travaillant par pression hydraulique.

Robinets pour l'air et le gaz. Indépendamment des formes ordinaires à boisseau, on construit pour certaines destinations spéciales des robinets de types divers appropriés à leur objet. Ainsi, nous signalerons, par exemple, les robinets à air, dits *reniflards* ou *renifleurs*, employés pour les appareils que l'on a besoin de soustraire à l'action de causes susceptibles d'y déterminer un vide plus ou moins complet.

Il y a plusieurs genres de robinets remplissant cet office ; les uns ont pour clapet mobile une petite sphère ou bille que la pression atmosphérique peut déplacer facilement ; d'autres ont un clapet plat qui se soulève de bas en haut pour permettre la rentrée de l'air. Dans les usines à gaz

on emploie des robinets de formes très diverses, les uns à boisseau, les autres à clapet, d'autres à coin comme les robinets-vannes, et qu'on désigne plus particulièrement sous la dénomination de *valves à gaz* (V. ce mot). Nous indiquerons seulement quelques types de robinets pour le gaz, notamment le robinet spécial pour entrée ou sortie des compteurs à gaz, et le robinet à clapet (fig. 471) qui se place sur les conduites de distribution. Ce dernier se compose d'un corps cylindrique à deux orifices dont l'un présente un siège sur lequel repose un clapet P que l'on manœuvre à l'aide d'un volant V monté sur la tige filetée E. La partie inférieure du disque P porte une plaque de cuir gras qui produit par le serrage une fermeture complète. La tige filetée peut passer à travers un presse-étoupe, comme dans les robinets-vannes ; ou bien on peut se dispenser du presse-étoupe en fixant au bord de la partie supérieure du robinet, comme le montre la figure 471, une membrane flexible *a b*, en cuir ou en caoutchouc.

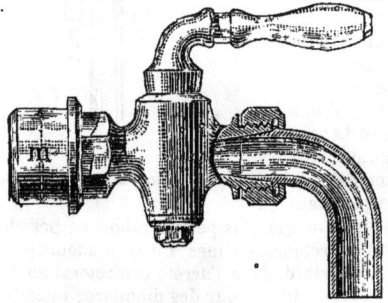

Fig. 474. — *Robinet purgeur à raccord.*

qui suit les mouvements de la tige et assure en même temps une étanchéité parfaite.

Robinets pour vapeur. Cette classe de robinets comprend des types très variés dans l'examen desquels nous ne pouvons entrer ici. Le bronze est, en général, le métal employé pour la fabrication de ces robinets. Il y a des robinets d'arrêt, des robinets de prise de vapeur, d'évacuation, de purge ; les uns sont à brides, les autres à raccord ; il y a des types avec boisseau et clef, d'autres avec soupape. Bornons-nous seulement à indiquer, parmi les nombreux modèles courants, que nous avons été à même d'examiner chez MM. Broquin, Muller et Roger, les robinets à brides à 2 ou 3 eaux (fig. 472) ; les robinets purgeurs ; les robinets de niveau d'eau, etc. Pour les prises de vapeur et d'alimentation des cylindres on emploie de préférence les robinets à soupape, avec tige mue au moyen d'un volant, permettant de mieux graduer le degré d'ouverture suivant les besoins de la consommation.

Citons encore, comme types particuliers s'appliquant à la vapeur, le robinet *à clef segment*, le robinet dit *à clef folle*, et enfin le *peet-valve* (du nom de l'inventeur Peet), que plusieurs fabricants construisent concurremment. Ce dernier appareil, est une sorte de robinet-vanne dont l'organe obturateur est formé de deux disques plans et parallèles, entre lesquels se trouve un coin qui, par l'effet du serrage, force les deux faces planes à s'appuyer très fortement sur deux sièges plans également que leur présente le corps du robinet. On obtient avec ce système une étanchéité parfaite, une grande facilité de manœuvre, sans effort et sans frottement intérieur. Cette disposition, d'abord employée en Angleterre et en Amérique, se répand maintenant en France, et paraît y rencontrer une assez

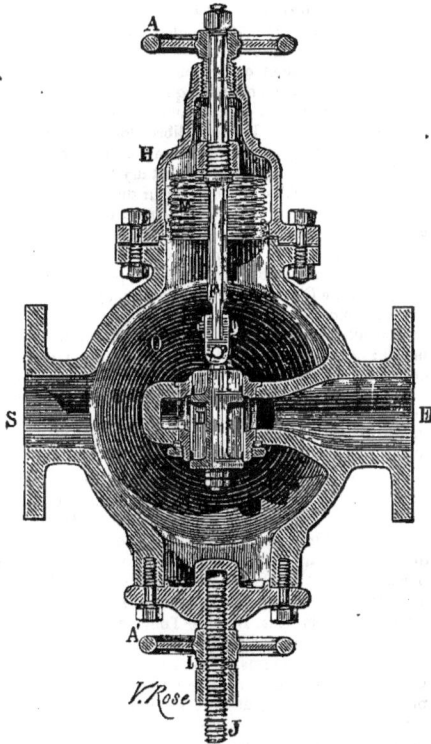

Fig. 475. — *Robinet détendeur.*

O Corps du robinet détendeur. — *E* Tubulure d'entrée de la vapeur à détendre. — *S* Tubulure de sortie du fluide détendu. — *M* Membrane métallique extensible. — *D* Obturateur-soupape équilibré. — *F* Tige centrale reliant l'obturateur à la membrane *M*. — *H* Chapeau recouvrant la membrane et servant à la fixer au corps du robinet *O*. — *G G'* Ressorts-balances équilibrant l'action de la pression intérieure sur la membrane. — *B B'* Leviers-entretoises à l'extrémité desquels agissent les ressorts. — *A'* Volant servant à régler la tension des ressorts suivant la pression à laquelle on veut obtenir la vapeur d'étendue. — *J* Tige filetée portant le volant et fixée au centre du couvercle formant la partie supérieure de l'appareil.

grande faveur auprès des industriels qui en font usage.

Robinets graisseurs. Ces appareils sont spécialement destinés à lubrifier les organes des machines; ils se placent notamment sur les cylindres des moteurs à vapeur et à gaz, sur les corps de pompes, etc.

On emploie généralement le type à double robinet, le premier servant à introduire l'huile dans une capacité d'où on la fait pénétrer ensuite dans l'intérieur du cylindre par l'ouverture du second robinet, comme le montre la figure 473.

Robinets purgeurs. Cette autre forme spéciale de robinets s'applique surtout aux appareils à vapeur pour faire évacuer l'eau de condensation; on l'emploie pour les machines, pour les chaudières, pour les appareils de chauffage. Il existe un certain nombre de types, parmi lesquels celui de la figure 474 est un des plus employés; un autre type qui fonctionne comme un robinet à clapet se manœuvre à l'aide d'une vis et d'un petit volant.

Retour d'eau. On donne ce nom à une sorte d'appareils, à jeu automatique ou non, employés dans les installations de chaudières à vapeur, et consistant ordinairement en un robinet muni d'une boîte à clapet.

Robinet détendeur automatique. Ce robinet détendeur, imaginé par M. Legat, a pour but de prendre automatiquement de la vapeur (ou un autre fluide) à une pression quelconque variable pour la détendre *à une pression fixe* et l'y maintenir régulièrement quelles que soient les différences plus ou moins grandes du débit. La figure 475 représente une coupe verticale de cet ingénieux appareil.

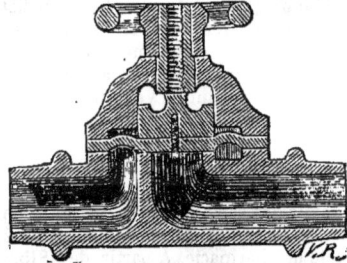

Fig. 476. — *Robinet en plomb durci pour acides.*

pareil. La vapeur arrive par l'orifice E, pénètre dans le corps du robinet O, où elle se détend, puis agissant alors sur la membrane M, elle tend à faire fermer la soupape équilibrée D que la tension de ressorts agissant sur la tige F, maintenait ouverte. Si la pression augmente en E et en O, ou si le débit de la vapeur diminue en S, il en résulte une augmentation de pression qui augmente l'action sur la membrane M; la tension des ressorts est vaincue, et la soupape, tendant dès lors à se refermer, diminue l'arrivée de vapeur et rétablit l'équilibre. De là une série d'oscillations par suite desquelles la vapeur détendue se maintient à une pression absolument *fixe et régulière* correspondant à la tension pour laquelle les ressorts ont été réglés, quelles que soient les variations de pression de la vapeur venant des générateurs.

En raison de ce fonctionnement automatique, le *robinet détendeur Legat* rend de sérieux services dans toutes les installations où l'on a besoin d'utiliser à une pression fixe, de la vapeur prise à une pression supérieure sujette à de plus ou moins grandes variations.

Robinets pour liquides divers. En terminant cette énumération des principaux genres de robinets employés sous des formes et pour des applications si variées, il nous reste à mentionner les robinets en bois ou cannelles servant au tirage des vins, cidres et autres boissons. Sous leur apparence modeste et malgré leur bon marché, ces robinets n'en sont pas moins intéressants à cause des nombreux services qu'ils rendent chaque jour, et leur fabrication occupe, dans quelques centres placés à proximité des exploitations forestières, un assez grand nombre d'ouvriers.

Pour les liquides acides ou alcalins, qui attaquent les métaux et le bois, on fait usage de robinets en verre ou en plomb durci, avec feuille en caoutchouc spécial résistant aux acides (fig. 476). On les emploie aussi dans certains appareils des laboratoires de chimie.

Enfin une dernière forme simple et commode de robinets pour laboratoire consiste dans l'emploi d'une *pince à vis* ou *à ressort* comprimant un tube en caoutchouc. La pince est ordinairement en bois, quelquefois en métal; le serrage peut être gradué à volonté. Ce système est susceptible même de s'appliquer à des tubes d'un assez gros diamètre et constitue assurément le plus simple des robinets. — G. J.

* ROBIQUET (Pierre-Jean). Chimiste distingué, né à Rennes en 1780, mort en 1840. Après avoir travaillé fort jeune dans une pharmacie de Lorient, il alla à Paris et entra au laboratoire de Fourcroy, puis à celui de Vauquelin. La première recherche qui le mit en évidence, en 1805, fut l'analyse du suc d'asperge et, peu après, la découverte, avec Vauquelin, de l'*asparagine*. Divers travaux chimiques lui valurent la protection de l'Académie des sciences qui le présenta, en 1812, pour la chaire de chimie et de matière médicale, à l'École de pharmacie. A partir de 1815, il publia ses recherches sur les matières colorantes de la garance et de l'orseille, sur l'opium, les amandes amères, les eaux thermales de Néris, la composition des matières organiques, etc. Il fut élu membre de l'Académie des sciences, en 1833. Ses travaux, nombreux et variés, se trouvent dans les *Mémoires de l'Académie des sciences*; dans le *Journal de pharmacie*; dans le *Technologiste* et dans les *Annales de chimie et de physique*. Il a publié à part : *De l'emploi du bicarbonate de soude dans le traitement des calculs urinaires* (1826, in-8); *Nouvelles expériences sur les amandes amères* (1830); *Nouvelles expériences sur la semence de moutarde* (1831). — C. D.

ROCAILLAGE, ROCAILLE. Genre de revêtement au moyen duquel on s'efforce de donner à un ouvrage l'aspect de la nature. Ce système est employé particulièrement dans l'architecture dite *rustique*, qui comprend les grottes, les fontaines, les kiosques, etc., établis dans les jardins. La meulière concassée convient parfaitement à ce genre d'ouvrages; on y joint des éclats de marbre de couleur, des coquillages, etc., le tout réuni par du mortier. Le même procédé s'applique souvent à la décoration de soubassements, de trumeaux en élévation; parfois même, dans les constructions exécutées complètement en meulière, tous les parements des murs sont *rocaillés*.

On donne tout spécialement le nom de *rocaillage* à un garnissage fait de petits fragments de meulière posés à bain de mortier sur le parement d'un mur en meulière, avant de le revêtir d'enduit. Ce genre de travail s'exécute sur les murs de bassins, de fosses d'aisances, etc.

ROCAILLE ou ROCOCO (Style). Décoration fantaisiste et capricieuse qui consiste surtout dans l'emploi des vasques, des coquilles, des rochers, mêlés aux végétaux les plus exubérants.

— Cette mode si goûtée en France au XVIIIᵉ siècle, est d'origine italienne et marque dans ce pays la décadence complète de l'art. Elle avait commencé avec Bernini et Maderno, qui avaient encore assez de talent pour l'arrêter dans ses écarts, mais lorsque leur élève Borromini, qui leur succéda dans la confiance du pape, se trouva, par sa rupture avec Bernini, libre de se livrer à son imagination déréglée, il tomba dans les erreurs les plus condamnables, et malheureusement il y trouva le succès et la réputation. C'est lui le créateur du style rococo. Il avait érigé en règle la déformation de toutes les lignes en usage dans l'architecture, et dans les principes d'une décoration gracieuse et originale, il ne trouva que les contre-sens les plus bizarres et les oppositions les plus choquantes. « C'est à lui, dit un de ses biographes, qu'on doit ces colonnes ventrues, torses, entortillées, sur des monceaux de piédestaux, de socles, de plinthes sans motifs; ces chapiteaux fantasques, à volutes à rebours; ces entablements bâtards, interrompus, ondulés, à saillies, à rectangles; ces frontons déplacés, brisés, difformes et même à cornes; ces balustrades à contre-sens, qui déparent tant d'édifices de ce siècle et dont une foule d'églises et de palais offrent des exemples si multipliés. »

C'est ce style de mauvais goût que l'architecte Oppenord introduisit en France dans les premières années du XVIIIᵉ siècle. Avec plus d'indépendance et de talent, il eut été possible à cet artiste de tempérer ce que cette décoration avait d'exagéré, et de la rendre séduisante par la grâce et l'harmonie de ses différents éléments; dans son admiration pour les erreurs borroniniennes, il n'y songea même pas. D'autres l'ont tenté avec bonheur, et grâce à eux le style rocaille assagi a conduit au style Louis-seize, si charmant dans sa simplicité relative. Quoi qu'il en soit, si le rocaille ne peut échapper au reproche de mauvais goût et de surcharge, on doit convenir cependant qu'il s'impose par son absolue unité, et qu'un ensemble décoratif où on reconnaît dans l'architecture, dans le mobilier, dans les tentures, dans l'orfèvrerie, la céramique et les accessoires de tous genres, une idée dominante et observée avec rigueur, acquiert une valeur et force l'attention; et si on regrette que des artistes tels que Meissonnier, Defrance, Germain, Leroux, Lassurance, aient gaspillé un réel talent dans un genre inférieur, on admire souvent le parti ingénieux et original qu'ils en ont su tirer. — V. Louis-quinze.

ROCAILLEUR. *T. de mét.* Ouvrier qui exécute des travaux de rocaillage.

* ROCALLINE. — V. Colorantes (Matières).

* ROCHAGE. *T. de métall.* Quand on fond de l'argent et qu'on le laisse refroidir librement, sa surface se boursoufle, et la solidification se fait subitement avec dégagement de gaz. Ce phénomène, appelé *rochage*, est dû à l'expulsion d'une certaine quantité d'oxygène, absorbée par le métal en fusion, et qui cesse d'être soluble quand a lieu la solidification.

I. ROCHE. *T. de géolog.* Masse minérale de la croûte terrestre, constituée par un petit nombre d'éléments simples, et formant des massifs susceptibles de demeurer homogènes sur une grande étendue; c'est ce qui distingue les roches des gîtes minéraux, lesquels, d'ordinaire, remplissent les fentes des roches, ou y constituent seulement des amas limités.

Les éléments essentiels des roches sont constitués par des minéraux durs, réfractaires et saturés d'oxygène, car ils ont besoin d'avoir épuisé leurs affinités chimiques ; ces propriétés sont indispensables pour avoir pu contribuer à former la première croûte de notre planète ; il leur fallait, en effet, être infusibles, et résistants aux agents de décomposition.

Les roches ont été subdivisées de bien des ma-

1º Roches acides.

Type général	Texture — Type spécial	Mode	Désignation des roches
Granitoïde....	Granitique..........	Granitique...........	Granite.
		Granulitique........	Granite à mica blanc. Hyalomicte. Granulite, protogine. Liparite granitoïde.
		Pegmatoïde..........	Pegmatite. Pegmatite moderne.
	Granito-porphyrique.....	Microgranitique.......	Elvan.
		Micropegmatoïde......	Porphyre granitoïde.
		Microgranulitique.....	Granophyre. Porphyroïdes.
Trachytoïde...	Trachyto-porphyrique	Sphérolithique.........	Porphyre globulaire. Eurite. Rhyolithe sphérolithique.
		Sphéroperlitique.......	Pyroméride. Porphyre pétrosiliceux.
		Pétrosiliceux..........	Felsophyre. Porphyre molaire. Rhyolithe.
Vitreux.....	Vitro-porphyrique......	Fluidal.............	Vitrophyre. Rétinite porphyrique. Pechstein.
	Vitreux............	Felsoperlitique........	Rétinite.
		Perlitique...........	Perlite.
		Cristallitique	Obsidienne et ponce.

2º Roches neutres

Type général	Texture — Type spécial	Mode	Désignation des roches — à orthose avec amphibole ou pyroxène	mica noir	à plagioclose avec amphibole ou pyroxène	mica noir	à néphéline
Granitoïde.	Granitique	Granitique	Syénite amphibolique, syénite pyroxénique, banatite.		Diorite quartzifère.		Syénite éléolithique (siénite zirconienne, foyaïte, miascite, ditroïte). Teschénite.
	Microgranitique.	Micrograitique.	Minette amphibolique.	Minette (ortholithe).		Kersantite.	
	Granito-porphyriq.	Micrograitique.			Porphyrite quartzifère.	Porphyrite micacée.	.
Trachytoïde	Trachyto-porphyriq.	Microlithique.	Orthose quartzifère. Orthose proprement dit. Sanidophyre.		Porphyrite	Amphibolique pyroxénique.	Porphyre à liébénérite.
	Trachytique.	Microlithique.	Domite. Trachyte.		Dacite. Andésite amphibolique. Andésite pyroxénique.	Andésite micacée.	Phonolite à néphéline. Phonolite à leucite. Leucitophyre.
Vitreux..	Vitreux.	Cristallitiq.	Obsidienne et ponce.				

3° Roches basiques.

Texture		Désignation des roches.					
		famille de l'amphibole	famille du pyroxène		famille du péridot		famille de l'enstatite
Type général	Mode		à diallage dominant	à augite dominant	avec feldspath et pyroxène	sans feldspath	
Granitoïde	Granitique.	Diorite	Gabbro. Euphotide ancienne. *Euphotide.*	Diabase. *Dolérite.*	Diabases et gabbros à olivine.	Péridodites. Serpentines. *Lherzolithe. Serpentines.*	Norite. Serpentines. *Hypérite. Serpentines.*
	Ophitique.	Ophites anciennes. *Ophites modernes.*					
Trachytoïde	Trachyto-porphyrique.			Porphyre diabasique, augitophyre, trapp.	Mélaphyre.		
	Sphérolithique.		Variolite.				
		Labradorite.					

	Famille de l'augite et du péridot			
	A plagioclase		Sans plagioclase	
	Sans leucitides	Avec leucitides	Avec leucitides	Sans leucitides
Microlithique.	Basalte.	*Téphrite. Leucito-phyre. Leucoté-phrite.*	*Leucitite. Néphélinite*	*Limburgite*

Type général	Mode	Désignation
Vitreux	Microlithique.	Pechstein mélaphyriq.
	Cristallitique.	*Tachylyte, hyalomélane* (1).

(1) Les mots en italiques compris dans les trois tableaux ci-dessus indiquent les roches modernes.

nières, on les a d'abord partagées en roches *plutoniques* ou d'origine ignée, et *neptuniennes* ou d'origine sédimentaire, c'est-à-dire, dues, les unes à des phénomènes éruptifs, et les autres à l'action d'un dépôt lent, au sein d'un liquide. C'est ainsi que se sont formés les *terrains éruptifs*, qui offrent des masses cristallines, irrégulières, et ne possédant pas de traces d'êtres organisés, puis les *terrains stratifiés*, déposés par lits plus ou moins parallèles, formés au sein des eaux et ayant englobé pendant leur sédimentation des êtres vivants. Ceux de ces derniers terrains qui sont en contact avec les premiers, ont souvent pris une structure cristalline, schisteuse, irrégulière, inclinée ou redressée, par suite de la chaleur et de la pression produites sur ces roches, à un moment donné; ces terrains spéciaux sont dits, *terrains métamorphiques* ou *cristallophylliens*.

On a subdivisé les *roches éruptives* (plutoniques, ignées) en deux groupes:

1° Les *roches granitiques*, ou anciennes, comprenant surtout le granite, la leptynite, la pegmatite, la protogyne, la syénite, la diorite;

2° Les *roches porphyriques*, ou d'origine plus récente. On distingue dans ce groupe plusieurs séries dans lesquelles les éléments cristallins sont toujours noyés dans une pâte amorphe:

a) *Série magnésienne* (euphotide, diallage, serpentines, variolite, etc.);

b) *Série porphyrique* (porphyres granitoïde, quartzifère, euritique);

c) *Série amphibolique* (diorite porphyroïde);

d) *Série trachytique* (trachyte, domite, phonolite, obsidienne, stigmite, perlite, ponce);

e) *Série pyroxénique* (mélaphyres, spilites, basaltes, dolérite, wacke, gallinace, laves, leucitophyres, néphélinophyres, etc.).

Quant aux *roches sédimentaires*, elles sont en stratification concordante ou discordante, suivant que les couches déposées sont parallèles (qu'elles soient inclinées ou non) ou bien manquent de parallélisme. Ces roches dérivent des roches primitives; elles ont été remaniées, triturées, charriées par les eaux, et forment les parties plates de notre planète, c'est-à-dire les 8/10 de la surface solide du globe.

On y distingue: a) les *roches arénacées* ou *siliceuses*, dans lesquelles la silice constitue le seul élément ou domine [jaspes, résinite, silex meulière, silex nectique, silex terreux (tripoli), sables, (sables quartzeux, argileux, ferrugineux, manganésifère, micacé), grès, poudingues, psammite, arkose, etc.];

b) Les *roches calcaires*, comprenant : les calcaires cristallisés ou lamellaires et à grandes facettes; les calcaires saccharoïdes ou marbres; les calcaires compacts ou amorphes; les calcaires pisolithiques, oolithiques, concrétionnés, etc; les travertins, les lumachelles, les calcaires lithographiques; la dolomie, etc. ;

c) Les *roches argileuses* formées par de l'hydrosilicate de magnésie, provenant de la décomposition des feldspaths anciens. Leur type le plus pur est le kaolin; après, viennent les argiles plus ou moins terreuses, cohérentes, dures, odorantes, contenant de l'oxyde de fer, du calcaire, etc.; telles sont les argiles plastiques (terre à porcelaine), les argiles smectiques (terre à foulon), les ocres diverses (colorées par de l'oxyde de fer), les marnes (renfermant du calcaire); puis les schistes ardoisiers, alunifères, les micaschistes, les talcschistes, les gneiss, etc.

De ces roches, les roches éruptives sont les plus intéressantes. Actuellement, en se basant sur la proportion d'oxydes métalliques unis aux silicates qui forment la partie prédominante, on les a subdivisées en *roches légères* ou *acides* (Elie de Beaumont), dans lesquelles l'acide silicique domine (65 à 70 0/0); en *roches lourdes* ou *basiques*, riches en oxydes métalliques (40 à 55 0/0 d'acide silicique), et en *roches neutres* (55 à 65 0/0 du même acide). Les premières sont évidemment celles qui ont dû venir flotter à la surface de la matière cosmique en fusion, leurs éléments constituants sont la silice et l'alumine, avec les oxydes des métaux alcalins et alcalino-terreux et un peu d'oxydes de fer. Les roches basiques comprennent surtout des silicates pauvres en alumine, ou ne l'admettent qu'à l'état de mélange mécanique; elles contiennent une forte proportion d'oxydes de calcium, de magnésium et de fer. Un second caractère permettant de classer les roches, est l'examen de leur âge; la science moderne a reconnu, en effet, que les roches éruptives appartenaient à deux grandes séries, l'une qui va des temps primaires jusqu'au début de la période secondaire est la *série ancienne* ou *antejurassique*, et l'autre, diminutif de la première, commençant à l'ère tertiaire pour se continuer jusqu'à nos jours, est la *série moderne* ou *post-crétacée*. Pendant les périodes jurassiques et crétacées, les éruptions se sont donc arrêtées, et la sédimentation n'a pas été interrompue. On distinguera donc les *roches anciennes* des *roches modernes* dans la classification. Un autre caractère intéressant est celui de l'examen de la texture des roches : elles sont cristallines, amorphes, ou offrent de très petits cristaux dans une pâte amorphe; le type cristallin, bien représenté par les granites, peut être désigné sous le nom de *granitoïde*, le type amorphe est *vitreux*, comme l'obsidienne, les types à petits cristaux (*microlithiques*) se rapprochant des trachytes, portent le nom de *trachytoïdes*, chacun de ces types offrant souvent des subdivisions.

Ne pouvant indiquer les caractères spécifiques des roches, nous donnons seulement dans les tableaux des pages 375 et 376 leur classification d'après la nouvelle méthode, ci-dessus indiquée,

et telle qu'elle se trouve dans le *Traité de géologie* (Paris, 1883), de M. de Lapparent.

II. ROCHE. 1° *T. de constr.* Rocaillage adossé contre un mur, auquel on donne l'aspect d'une cavité naturelle d'où sortent des bouillons et des nappes d'eau; amoncellement de pétrifications et de coquillages, formant un rocher duquel sort un jet d'eau. || 2° On donne le nom de *roches* aux tuiles et briques qui, exposées à un trop grand feu, se vitrifient, se déforment et se collent les unes aux autres. || 3° *Cristal de roche.* — V. cet article.

ROCHET. 1° *T. du cost. ecclés.* Sorte de surplis à manches étroites que portent les évêques et certains dignitaires de l'église; celui des évêques est garni de broderies et de dentelles. || 2° *T. de mécan.* Roue à rochet. Roue d'encliquetage dont les dents sont recourbées de façon à ne pouvoir soulever que dans un sens un déclic fixe qui l'empêche de tourner dans l'autre; les dents de la roue à rochet des horlogers ont une forme qui rappelle celles d'une crémaillère de cheminée. || 3° *T. de filat.* Bobine plus grosse et plus courte que les bobines ordinaires, et sur laquelle on fait le dévidage de la soie, du fil d'or, etc. || 4° Morceau de bois à rebords à l'usage du rubanier, pour mettre la soie.

* **ROCHET** (Louis). Statuaire, né à Paris, le 24 août 1873, mort dans la même ville, le 21 janvier 1878. Il manifesta de bonne heure des goûts très prononcés pour la sculpture et, ses études finies, il entra dans l'atelier de David d'Angers. Ses débuts ont été comme ceux des hommes doués d'une originalité puissante, qui leur permet de chercher leur voie en dehors des sentiers battus ; de là des périodes de succès et de découragement; mais Rochet avait des facultés rares qui éloignaient de son esprit les longs abattements; déçu dans ses rêves d'artiste, il cherchait sa consolation et sa distraction dans la science ; bibliophile distingué, il avait collectionné de véritables richesses en histoire naturelle, en beaux arts et en linguistique. Dans sa première jeunesse, alors qu'il se consacrait à l'étude des sciences naturelles, il s'était aussi occupé de celle des langues et principalement de la langue et de la littérature chinoises; il a publié, en 1846, un *Manuel pratique de la langue chinoise*, contenant une grammaire, divers textes choisis et un dictionnaire, ouvrage fort recherché par les missionnaires et les voyageurs; après avoir étudié la langue mandchoue, il a fait une traduction française du *Lun-Yu*, *livre des entretiens et dialogues de Confucius avec ses disciples*; puis encore le *Hiao-King*, *livre de l'obéissance filiale*, de Confucius, et le *San-Tsen-King*, *livre des trois caractères*. Le trait essentiel de son tempérament d'artiste s'est révélé dans les œuvres historiques, et Louis Rochet peut être considéré comme l'un des maîtres modernes dans la statuaire monumentale. On lui doit, entre autres œuvres importantes : la statue colossale de *José Boniface de Andrada*, promoteur de l'indépendance au Brésil, érigée à Rio-de-Janeiro; le monument en bronze et la statue équestre de *Don Pedro Ier*, dans la même ville; la belle statue équestre de *Guillaume le conquérant* à Falaise; et, enfin, son magnifique groupe de *Charlemagne*, érigé sur la place du parvis de Notre-Dame, à Paris. Louis Rochet eut en son frère *Charles*, un collaborateur dévoué, très artiste lui-même, et qui eut une large part dans l'exécution de ses grands travaux.

Louis Rochet était, à sa mort, chevalier de la Légion d'honneur, commandeur de l'ordre du Christ du Brésil et, dans ses dernières années, il avait été nommé professeur de langues tartares à l'Ecole des langues orientales à Paris.

* ROCHOIR. *T. techn.* Petite boîte cylindrique en cuivre dont le fond est muni d'un tuyau par lequel on fait tomber sur les pièces de fer à souder, quand elles sont chaudes, le borax que renferme la boîte et qui forme une matière vitrifiée avec l'oxyde de la surface.

* ROCHON (MARIE-ALEXIS DE). Astronome, navigateur, physicien, membre de l'Institut, né à Brest le 21 février 1741, mort à Paris le 5 avril 1817. Après s'être fait connaître par ses travaux sur les instruments de dioptrique et par la détermination des longitudes, dans son voyage au Maroc avec l'amiral Beugnon, il fut nommé, en 1764, bibliothécaire de l'Académie royale de marine de Brest, puis, en 1776, astronome de la marine. En 1768, il fut chargé de reconnaître une route plus sûre pour aller des îles de France et de Bourbon aux Indes; en 1774, on le trouve garde du cabinet de physique du roi au château de la Muette. En 1790, il fit partie de la Commission envoyée à Londres pour l'établissement du nouveau système des poids et mesures, puis de la Commission des monnaies. Privé de ses places à la Révolution, il se retira à Brest où il dirigea la construction d'excellentes lunettes pour la marine. Il inventa, pour remplacer les lanternes en corne des fanaux, les gazes métalliques en fils de fer et de laiton, enduites d'une substance solide, transparente et incombustible, qui donnaient une lumière deux fois plus grande. Il appliqua le mica à l'éclairage, etc. Il fut correspondant de l'Académie des sciences en 1771, et membre de l'Institut en 1795. On a de lui : *Opuscules mathématiques*, Brest 1768, in-8°; *Recueil de Mémoires sur la mécanique et la physique*, 1783, in-8°; *Nouveau voyage à la mer du Sud*, 1783, in-8°; *Voyage à Madagascar et aux Indes orientales*, 1791, in-8°; *Essai sur les monnaies anciennes et modernes*, 1792; divers Mémoires lus à l'Institut, sur la *manière de tailler et de polir les verres pour instruments d'optique*, sur l'*achromatisme*, sur les *gazes de fils métalliques*, sur un *moyen de rendre potable l'eau de mer*, sur *l'emploi de la tourbe de Bretagne comme combustible pour la marine*, etc. — G. D.

* ROCKER. — V. LAVAGE et PRÉPARATION MÉCANIQUE DES MINERAIS.

ROCOCO. — V. ROCAILLE.

ROCOU. *T. de teint. et de mat. méd.* Matière tinctoriale se trouvant sous forme d'une pulpe gluante, d'un rouge vermillon, autour des semen-

ces renfermées dans le fruit du *rocouyer*. — V. ce mot.

Le produit commercial nous vient du Mexique, des Antilles, de Cayenne, du Brésil, et aussi des Indes, surtout sous forme de pains ou gâteaux aplatis, du poids de 5 à 8 kilogrammes, enveloppés de feuilles diverses (du balisier, du bananier, de roseaux), ou en barils dans lesquels on a fortement comprimé les pains, ou même (depuis 1857) dans des boîtes en fer-blanc soudées. Cette dernière sorte, mieux préparée que les précédentes, vient exclusivement de Cayenne, et a un pouvoir tinctorial double du produit ordinaire.

Pour préparer le rocou commercial, on cueille les fruits à maturité, on enlève les graines, et on laisse tremper les fruits dans l'eau, pour permettre à la pulpe de se détacher et de tomber au fond du liquide, on tâche d'éviter toute fermentation (pour ne pas modifier la couleur du produit), et l'on jette sur des tamis qui séparent les parties végétales entraînées et laissent passer l'eau avec la matière colorante. On concentre les liqueurs sur le feu, pour les amener en consistance sirupeuse, puis on met dans des caisses, où le produit continue à se dessécher, sans rester exposé aux rayons solaires qui l'altèreraient. Certains rocous, lors de la vente, répandent une odeur désagréable, tout à fait étrangère, ce sont ceux qui viennent de Cayenne, particulièrement; ils ont subi une véritable fermentation acide, par suite de dessiccation incomplète, et de plus ils contiennent souvent jusqu'à 25 0/0 de leur poids de matières étrangères (feuilles, fécules, fibres ligneuses, mucilages). Le produit de bonne qualité doit être homogène, de consistance butyreuse, de toucher gras; il répand parfois une odeur ammoniacale, par suite de l'habitude que l'on a dans le commerce de lui conserver sa consistance pâteuse par l'addition d'urine. Il est soluble dans l'eau, à laquelle il communique une teinte rouge orangé; sa solution est précipitée par les acides, l'alun, le sulfate de fer; avec le sulfate de cuivre, ce précipité, au lieu d'être orangé, comme les précédents, est jaune brun; il est jaune citron avec le protochlorure d'étain.

Le rocou, d'après Chevreul, est constitué par deux principes colorants : 1° un principe jaune, l'*orelline*, encore peu connu, dont on n'a pas fixé la composition et qui est soluble dans l'eau, l'alcool, presque insoluble dans l'éther; il colore la laine alunée, ou la soie, en jaune, et prend une teinte rouge foncé à l'air, ou par l'action de l'ammoniaque. Il serait plus stable que le suivant, car le second, à l'air humide, se transforme en orelline (Kerndt);

2° Un principe rouge, la *bixine*, $C^{56}H^{34}O^{10}$... $C^{28}H^{34}O^{5}$, qui cristallise en lamelles quadrangulaires à éclat métallique violacé, lorsqu'il est pur. Il fond à 175° et se charbonne au delà; il se combine avec les bases, et forme, avec la potasse, la soude, l'ammoniaque, des composés cristallisés; il est fortement attaqué par les agents oxydants, et réduit le tartrate cupro-potassique. Toutes les bixines amorphes et leurs dérivés, qui ont été étudiés par MM. Bolley et Mylius, par M. Stein, ne sont que des mélanges et des produits impurs, qui n'ont pas les caractères de la bixine pure étudiée par M. Etti. Ce produit est insoluble dans l'eau, peu soluble dans l'alcool froid, l'éther, le sulfure de carbone. Il se dissout bien dans les liqueurs alcalines, dans lesquelles il donne une coloration plus foncée. Le produit impur, traité par l'acide sulfurique concentré, devient bleu indigo, et la teinte, à l'air, vire au vert, puis au bleu violet.

FALSIFICATIONS. Lorsque le rocou était très employé, ses falsifications étaient fréquentes; on mêlait à la pâte, du colcothar, de l'ocre rouge, de la brique pilée. Ces fraudes sont faciles à retrouver : tout d'abord, il faut se rappeler que le rocou de bonne qualité, desséché à 100°, laisse un résidu, après calcination, de 8 à 13 0/0 de cendres d'un gris jaunâtre. Dès lors, une première opération à faire est donc de rechercher le poids de cendres fournies par un échantillon quelconque ; on dessèche ce rocou à 100°, puis on en calcine un certain poids et on ramène ce poids à la proportion fournie par 100 grammes. On doit également, pour connaître la valeur réelle d'un rocou, faire un essai, par teinture, comparativement avec un même poids d'un rocou de qualité donnée ; cet essai se pratique avec une échevette de coton ou de soie, et un bain préparé en additionnant le liquide d'un peu de sel de tartre, puis en maintenant à l'ébullition pendant un quart d'heure; on lave à pleine eau, on sèche et on compare les deux nuances. L'essai au colorimètre peut également être indiqué, il se pratique en faisant une teinture alcoolique des deux échantillons, type et produit à vérifier, et examinant dans l'appareil l'intensité obtenue ; on a, enfin, proposé pour juger la valeur d'un rocou commercial, de peser le poids de bixine que cet échantillon pouvait fournir. On opère, comme précédemment, avec un type connu, on épuise les deux produits par une eau alcaline préparée d'avance, puis, après dissolution de la matière colorante, on précipite celle-ci par une sursaturation avec de l'acide chlorhydrique dilué. On recueille sur un filtre la bixine qui se précipite, on la lave, on la dessèche à 100°, puis on pèse ; en comparant les poids obtenus, on connaît la qualité des échantillons essayés.

Usages. Le rocou n'a jamais qu'un emploi relativement restreint par rapport à certaines matières colorantes végétales, comme la garance ou l'indigo, mais son application est encore devenue moins grande depuis l'emploi des nouvelles matières colorantes utilisées par la teinture ou l'impression. Sa nuance orangé rouge est peu solide à l'air ou à la lumière. Dans la teinture, elle servait d'abord pour la soie, puis pour la laine, mais plus rarement pour le coton et surtout pour le lin; en dehors des nuances indiquées, on pouvait, avec le rocou, obtenir des couleurs aurore et chamois, puis aviver certaines nuances, comme les rouges d'Andrinople ; en impression, on l'utilisait pour les genres vapeur ; du reste, le rocou résiste bien aux savonnages et aux acides, et même à l'action du chlore.

La solubilité des principes colorants du rocou dans les corps gras, a fait employer ce produit pour teinter les vernis, les huiles, les graisses, les beurres, les fromages et même le cirage. Vers 1848, un négociant de Cayenne, M. du Montel, a proposé d'employer le rocou, sous forme de *bixine commerciale* ; il se servait seulement de la pulpe extérieure des graines, et, après avoir préparé la masse en évitant les altérations possibles, il desséchait et donnait au produit la forme de petites tablettes ; cette préparation avait un pouvoir tinctorial trois ou quatre fois plus grand que le rocou ordinaire et donnait en même temps des nuances plus vives et plus brillantes, puisque la fermentation n'avait pas altéré le principe colorant; mais tous ces produits ne nous parviennent plus dans le commerce et l'on n'y retrouve guère que le rocou en pâte. —○

J. C.

ROCOUYER. *T. de bot.* Arbuste de la famille des bixacées, série des bixées dont il est le type ; le *bixa orellana*, L., habite les Antilles, le Mexique, Cayenne, le Brésil, etc. Il a des feuilles ovales ou orbiculaires, acuminées, cordées, entières et glabres ; son port est élégant. Il a des fleurs d'un blanc rosé ou plus souvent de couleur rose, son fruit mûr est d'un rouge pourpre et recouvert de poils raides. On le cultive actuellement sous les tropiques à cause de la matière colorante qui existe dans la pulpe entourant ses semences.

*** RODAGE.** *T. techn.* Opération qui consiste à parfaire le portage complet de deux surfaces, préalablement ajustées entre elles au tour ou à la machine, à l'aide de poudre d'émeri, de boue de meule ou de terre pourrie interposée entre les deux surfaces. On fait aller et venir celles-ci, l'une sur l'autre, ou l'une dans l'autre, jusqu'à ce que les traces accusées par le frottement indiquent un contact parfait sur la majeure partie des points des surfaces rodées.

*** RODOIR.** *T. techn.* Outil qui sert au rodage. || Petit tonneau dans lequel on agite les grains de plomb pour les arrondir et les lustrer. || Outil dont on se sert pour polir le dessous de la tête des vis.

ROGNE-PIED. *T. techn.* Outil tranchant avec lequel le maréchal-ferrant rogne les parties inutiles du sabot du cheval.

*** ROGNEUSE.** *T. de rel.* Machine dont on se sert dans divers métiers pour opérer un *rognage* mécanique. Nous en avons donné des exemples aux articles BOUGIE, ENVELOPPE, RELIURE, etc. ; nous rappelons ici les deux types de rogneuses bien distincts et qui jouent un grand rôle chez les relieurs ; l'un coupant suivant des surfaces planes et obligeant avant le rognage à ramener dans le même plan les bords extérieurs des feuilles pour former seulement ensuite cette sorte de gouttière opposée au dos du livre, et l'autre, plus récent, rognant suivant des surfaces courbes.

*** ROGNOIR.** *T. techn.* Instrument à l'aide duquel on peut rogner divers objets en feuilles, comme le papier, le carton, les feuilles d'étain et de plomb, etc. || Outil qui sert à rogner les livres et qu'on appelle aussi *couteau à rogner*. || Plaque de cuivre chauffée, et sur laquelle on rogne les chandelles.

* ROINE. *T. techn.* Chacun des deux gros montants latéraux du châssis, dans un métier de basse-lisse.

* ROLAND (PHILIPPE-LAURENT). Sculpteur, né à Marcq en Barœul (Nord) en 1746, mort à Paris en 1816, fut placé par son père chez un sculpteur sur bois et se distingua, avant l'âge de quinze ans, par des œuvres déjà très remarquables. Des protecteurs l'envoyèrent à Paris avec une recommandation pour le sculpteur Pajou, qui l'employa aux travaux de décoration de Versailles et du Palais-Royal. Satisfait de son jeune élève, Pajou lui confia souvent des marbres à dégrossir et le paya assez bien pour que Roland pût économiser l'argent nécessaire au voyage d'Italie. Il y resta cinq ans, compléta son éducation artistique qui était surtout pratique jusque là, et de retour à Paris, en 1782, il se présenta à l'Académie avec l'appui de son ancien maître. Il fut agréé sur la présentation d'une statue remarquable, *Caton d'Utique*, dont une réduction faite par lui figure au musée de Lille ; les commandes lui vinrent en même temps, il sculpta en quelques années une statue de *Condé* et un bas-relief, *Les Neuf muses*, pour les appartements de la reine, à Fontainebleau. En 1792, il exécuta, pour le Panthéon, une statue colossale de *La Loi* ; en 1799, il remportait un grand prix avec le buste de *Pajou*, puis donna successivement : *Napoléon*, pour l'Institut ; une *Minerve* en pierre ; une *Bacchante* en bronze et *Homère chantant sur sa lyre*, regardé comme son chef-d'œuvre, qui est au Louvre. Membre de l'Institut dès sa création, Roland était chevalier de la Légion d'honneur, professeur à l'Académie, et de son atelier sont sortis d'excellents élèves, notamment David d'Angers.

* ROLLAND (EUGÈNE). Ingénieur des tabacs, né à Metz, en 1812, mort à Paris, le 31 mars 1883. Il entra, en 1832, après sa sortie de l'Ecole polytechnique, dans l'administration des Tabacs ; car, en 1831, il avait été décidé, vu la nécessité d'améliorer une fabrication restée en arrière des progrès récents de la mécanique, de recruter, à l'avenir, les ingénieurs de ce service parmi les élèves de l'Ecole polytechnique. A cette époque, en effet, les Manufactures des tabacs étaient pourvues d'un outillage tout à fait primitif, la plupart des opérations s'y effectuaient encore à bras d'homme. Aujourd'hui, grâce à Rolland, elles ont subi une transformation radicale au point de vue de la disposition d'ensemble, des agencements, des installations mécaniques, des mesures de précaution pour la sécurité du travail et l'hygiène des ateliers, et elles peuvent rivaliser avec les établissements industriels les plus parfaits. Près de trente années de la vie de Rolland furent consacrées à cette œuvre immense et pleine de difficultés. Il fallut tout créer, même le personnel nécessaire

pour l'étude des projets et l'exécution des travaux. Dans ces conditions, Rolland transforma successivement l'outillage mécanique des Manufactures de Lyon, du Hâvre et de Lille, construisit des entrepôts et des ateliers de manutention à Henfeld, Haguenau, Colmar, Faulquemont, etc.; établit enfin les grandes Manufactures de Strasbourg et de Châteauroux. Celles-ci furent munies de l'outillage le plus perfectionné et servirent de type aux usines qui furent créées ou reconstruites ensuite à Nantes, Metz, Nancy, Marseille, Tonneins, Riom, Dijon, etc. Rolland fut longtemps chargé de faire un cours de fabrication et de mécanique appliquée aux élèves sortant de l'Ecole polytechnique. En 1860, il fut choisi comme directeur général des Manufactures de l'Etat. C'est cette haute situation qui l'amena à faire de nombreuses expériences et des études théoriques très variées ainsi qu'à écrire divers Mémoires soumis successivement à l'Académie des sciences, qui lui valurent l'honneur, le 18 mars 1872, d'être élu membre de ce corps savant dans la section de la mécanique, en remplacement du général Piobert. Comme savant, Rolland appartient essentiellement à l'école de son maître et ami Poncelet, le créateur de la mécanique appliquée ; ses travaux, en effet, ont eu pour objet principal de rendre intimes les liens qui unissent la science pure à la pratique des ateliers, de faire disparaître le désaccord que les constructeurs invoquent parfois comme une preuve de l'impuissance de la théorie, enfin, de trouver des solutions et des formules d'une application facile et immédiate.

* RÔLEUR. *T. de mét.* Ouvrier qui exécute le *rôlage*, c'est-à-dire qui fait les rôles ou pelotes de tabac. — V. TABAC.

* ROLLER. *T. de métall.* Cylindre à l'aide duquel on travaille le fer rendu malléable par le recuit. || *Roller-gin.* — V. EGRENEUSE.

* ROMAGNESI (LOUIS-ALEXANDRE). Sculpteur, né à Paris en 1775, mort aux Ternes, près Paris, en 1852, était d'origine italienne. Sa famille étant venue s'établir à Orléans, le jeune artiste suivit les leçons d'un dessinateur de cette ville nommé Bardin, vint à Paris et fut admis au Louvre à l'école de la bosse. Il sculpta peu après un trône en bois pour l'empereur de Russie, et devint, grâce au succès que cette œuvre lui attira, le premier modeleur d'Auguste, orfèvre du premier Consul ; en cette qualité, il travailla à la garniture de l'autel offert au pape par Napoléon, à l'occasion du sacre, et exécuta même seul la partie la plus importante connue sous le nom de *Cadenat*. Une statue de la *Paix* lui valut la protection du sculpteur Cartellier, et peu après, la restauration de la Porte Saint-Martin. On cite parmi ses œuvres les plus remarquables : *Minerve couvrant de son égide un enfant endormi dans les bras de la déesse*, groupe allégorique en marbre, à l'occasion de la naissance du roi de Rome, et qui est aujourd'hui au musée de Toulouse ; l'*Eloquence* et l'*Harmonie*, pour le Louvre ; les bustes d'*Alexandre de Russie*, de *Louis XVIII*, du *Comte d'Artois*, de *Grétry*, de

Fénélon, de Pothier. Il a restauré le mausolée de Louis XI, à Cléry, et la chaire de l'église Sainte-Croix, à Orléans. Il s'essaya aussi dans l'illustration, et exécuta, en 1818, des lithographies à deux teintes pour la Sapho, de Chaussard; enfin, en 1840, il a publié un recueil précieux d'ornements de diverses époques, lithographiés avec beaucoup de soin d'après les monuments eux-mêmes. Il a aussi fait de nombreuses expériences sur le carton-pierre et a contribué à en vulgariser l'emploi dans la sculpture industrielle.

I. ROMAIN (Art). Il n'y a pas, à proprement parler, de style romain, comme il y a un style grec ou étrusque, et il est difficile de comprendre l'art que les conquérants du monde antique portèrent de l'Euphrate à la mer du Nord, sans bien connaître les civilisations qui avaient brillé avant leur époque d'un si vif éclat. Les Egyptiens, les Grecs, avaient fait des œuvres de style, parce qu'ils avaient su conserver à leurs œuvres les proportions logiques, l'adaptation aux besoins, la déduction rigoureuse des détails d'après les principes, leur assurant l'originalité, et c'est à tel point exact qu'au moyen d'une partie empruntée à un monument grec, d'une colonne par exemple, on peut aisément rétablir les dessins de l'édifice. C'est, à l'imitation de la nature, qui ne laisse rien au hasard, la relation parfaite entre les résultats et les moyens, entre l'ensemble et les détails. Nous ne trouvons rien de semblable chez les Romains. Ils n'hésitent pas à appliquer un ordre devant un mur de soutien, à mêler dans le même édifice la voûte et la plate-bande, à mettre entre deux étages la corniche qui n'est destinée qu'à recevoir les eaux du comble, à percer deux étages pour laisser la place d'une porte disproportionnée. Mais à côté de ces erreurs de logique et de goût, les Romains se montrent admirables constructeurs, et dans les édifices qui leur sont propres : théâtres, thermes, aqueducs, basiliques, arcs de triomphe, ils sont véritablement ingénieux et personnels. C'est dans ces monuments grandioses et magnifiques qu'il faut chercher et admirer l'art romain, plutôt que dans les temples et dans les palais, où ils appliquaient sans grand discernement les divers membres d'une architecture qui ne leur convenait en aucune façon.

Peuple avant tout guerrier, occupé davantage des exercices du corps que de ceux de l'esprit, les Romains, un siècle avant notre ère, ne possédaient chez eux aucun ingénieur, aucun artiste. Aussi, toutes les constructions primitives de Rome furent-elles élevées par des Etrusques, chez qui s'étaient concentrés, en Italie, toute la civilisation empruntée elle-même aux autres peuples méditerranéens. Depuis longtemps, ils étaient en possession d'un élément inconnu aux Grecs et aux Egyptiens : la voûte. Ailleurs, on ne construisait qu'en plates-bandes supportées par des piliers ou colonnes; eux appliquèrent la voûte à leur architecture, d'ailleurs simple et restreinte, surtout aux galeries souterraines, aux égouts;

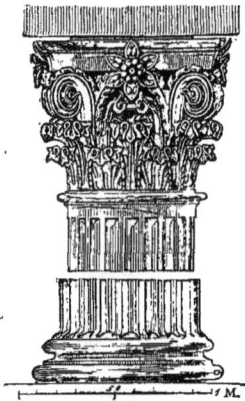

Fig. 477. — *Ordre composite. Temple de Vesta, à Tivoli.*

c'est ainsi que Rome leur dût son grand égout, *cloaca maxima*, dont le prodigieux état de conservation, après plus de deux mille ans, fait encore aujourd'hui l'admiration des constructeurs. Mais lorsque les architectes étrusques vinrent élever à Rome des monuments dignes du grand peuple qui déjà faisait de sa ville la capitale de l'Italie, ils se trouvèrent en présence de vastes espaces à couvrir, et ils donnèrent à leurs voûtes des portées inconnues jusque-là ; on peut dire que seulement alors l'architecture curviligne fut créée, puisque désormais toutes les applications en devenaient possibles ; les piliers et les colonnes n'étant plus suffisants pour soutenir des

Fig. 478. — *Superposition des ordres (théâtre de Marcellus).*

voûtes dont la poussée était énorme, furent remplacés par des massifs de maçonnerie ou pieds-droits. Il résulta de ces modifications un art nouveau, qui exprima plutôt l'idée de force que celle de résistance, mais qui par là même était merveilleusement adapté à l'esprit d'une nation orgueilleuse de sa puissance au delà de toute mesure, et estimant en premier lieu, comme tous les parvenus, les manifestations extérieures de la richesse et de la solidité.

C'est ainsi que furent édifiés tous les monuments primitifs de l'ancienne Rome ; malheureusement il ne nous est rien resté qui permette de se faire une idée exacte de ces constructions : les ruines qui nous sont parvenues attestent toutes l'influence grecque, qui devait donner bientôt à l'art romain son plus fécond développement.

La conquête de la Grande Grèce et celle de la Sicile

avaient fait connaître aux Italiens du Nord les merveilles d'un art plus avancé que le leur, et Claudius Marcellus avait rapporté, après la prise de Syracuse (312 avant Jésus-Christ), des œuvres remarquables qui, entassées dans le temple de l'Honneur et de la Vertu, à Rome, servirent aussitôt de modèles. Mais c'est surtout après l'occupation de la Macédoine que la Grèce prit pied à Rome, y apportant son art, son luxe, sa littérature, sa langue même, car sous les empereurs, l'orateur populaire qui voulait être compris de tous devait parler un grec barbare, devenu le langage du peuple. C'est une absorption qu'on remarque souvent, lorsqu'il y a contact entre un peuple conquérant aux mœurs rudes et un peuple riche, intelligent, instruit, ayant encore en lui quelque vitalité.

Néanmoins, en ce qui concerne l'architecture, cet envahissement ne fut pas aussi complet, parce que, ainsi que nous venons de le dire, la plate-bande ne suffisait pas à l'ambition romaine, non plus qu'aux matériaux de

l'Italie : la pierre de lave et de cendres volcaniques agglomérées, dite *pépérin*, et la pierre de Tivoli ou *travertin*. Le marbre, qu'on tirait de Carrare, n'était pas assez commun pour être employé, comme en Grèce, par grandes masses. La voûte, au contraire, s'accommodait parfaitement du plus petit appareil, même de ces débris de toute nature liés par du ciment, qui offrent une résistance extraordinaire (*opus incertum*). Grâce à ce système très simple, les légions romaines ont pu élever de superbes monuments, au fur et à mesure de leurs conquêtes, avec les matériaux qu'elles trouvaient dans le pays, et que quelques ouvriers expérimentés suffisaient à mettre en œuvre.

Pourtant, par esprit d'imitation, les Romains cherchèrent à appliquer les ordres grecs à leurs édifices, mais en les dénaturant. Sous la base, ils ont placé une plinthe carrée, comme une cale gigantesque destinée à remonter une colonne trop courte ; le chapiteau ionique si élégant est réduit à deux volutes maigres, réunies par

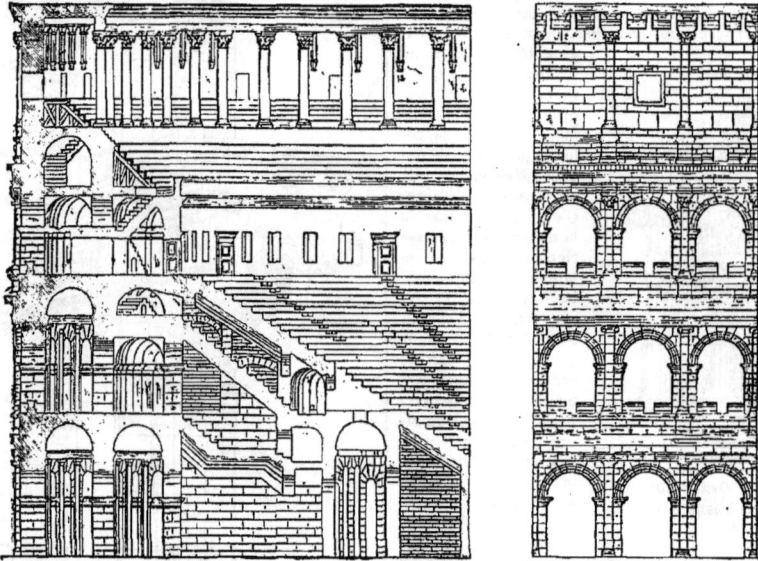

Fig. 479 et 480. — *Coupe et élévation du Colisée, achevé sous Titus, 80 ans après J.-C.*

une ligne droite, au lieu de la bande sinueuse qui assouplissait l'ordre grec. Seul, le corinthien leur plaît par sa magnificence ; ils le développent, ils le surchargent, ils en font presque un ordre à eux par la richesse des chapiteaux, la substitution de l'acanthe molle avec ses bords arrondis et frisés à l'acanthe sauvage sèche et droite, par les marbres de diverses couleurs et la variété de l'ornementation dans l'entablement.

Comme le corinthien ainsi surchargé n'était pas suffisant, les architectes des derniers siècles de l'empire imaginèrent l'ordre composite, réunion dans un même chapiteau de la corbeille corinthienne et des larges volutes de l'ionique (fig. 477). Le plus ancien exemple s'en trouve sur l'arc de Titus ; dès lors, c'est la décadence, car la fantaisie se donne pleine carrière, et les ornements se rapprochent, par l'introduction de figures et d'animaux fantastiques, des erreurs de goût qu'on reproche avec raison aux arts de l'Orient.

La combinaison qui paraît la plus étrange, et qui est la plus éloignée de l'idée qu'on se fait des ordres, c'est leur superposition dans un même édifice. Dans beaucoup de monuments, chaque étage, séparé par une large cor-

niche, se compose d'arcades de même ouverture, encadrées par des colonnes doriques à rez-de-chaussée, ioniques au-dessus et corinthiennes au second étage, s'il y avait lieu (fig. 478). Naturellement il ne peut plus être question ici des proportions fondamentales des ordres. Les colonnes sont de diamètre et de hauteur quelconques, l'écartement est toujours semblable ; le chapiteau seul suit une règle devenue purement arbitraire, puisqu'il s'applique à des éléments étrangers. C'est la négation même des ordres.

Mais comme tout le poids de la construction repose sur les arcades, les colonnes ne sont qu'une décoration appliquée sur un mur, et malgré la précaution de placer au-dessus des corniches qui rappellent la plate-bande, il est visible à l'œil que ces supports ne portent rien. Aussi, plus tard, cette contradiction ayant frappé les architectes de la décadence, ils ont créé au-dessus de la colonne une saillie ou *ressaut* destiné à masquer cette inconséquence, mais cet expédient ne fit qu'ajouter de la lourdeur à un système de construction dont c'était déjà le principal défaut.

Néanmoins, les Romains ont su imprimer à un art fait

d'éléments si différents une physionomie grandiose qui leur appartient bien en propre. Leurs monuments, lorsque nous les mesurons, nous confondent par leur masse; et, médiocres artistes, ils furent certainement les premiers constructeurs du monde. « Ils savent disposer tous les bâtiments d'utilité publique avec une habileté rare, dit Charles Blanc, et l'architecte ne perd pas un pouce de son terrain. Il utilise tous les vides, pour la convenance, en y distribuant les petits services; pour la solidité, en les couvrant par de petits arcs qui, adossés aux grandes voûtes, leur servent de contrefort.

Prenons pour exemple l'amphithéâtre Flavien ou Colisée (fig. 479 et 480), monument colossal resté imposant malgré les outrages du temps, des barbares, des guerres civiles du moyen âge, pendant lesquelles on l'utilisa comme forteresse, et des habitants voisins qui en firent une carrière pendant plusieurs siècles. Commencé par Vespasien et terminé par Titus, cet amphithéâtre est de dimensions extraordinaires: 546 mètres de circonférence, 188 de diamètre dans le grand axe, et 156 dans le petit axe. Il contenait environ cent mille spectateurs, dont 87,000 assis sur des rangées de gradins, séparées par un couloir et un petit mur; les dégagements sont très bien compris, de larges passages voûtés conduisent directement de la porte à la rangée de gradins qu'ils doivent desservir, et tous convergent vers le centre; ils sont reliés entre eux par de grandes galeries circulaires, de manière à éviter les encombrements. Cette masse énorme de spectateurs pouvait s'écouler au dehors presque instantanément. Les dessous de cet immense édifice sont organisés d'une façon aussi simple et aussi pratique, et pourtant ils comprennent avec des logements, des fosses pour les bêtes, des magasins, des aqueducs pour l'eau des naumachies, le tout desservi par des dégagements qui ne laissent pas un centimètre de terrain sans utilisation. Les figures 479 et 480 permettent de se rendre compte de l'habileté de ces dispositions qui étaient communes à tous les édifices de semblable destination.

L'aspect d'une grande ville romaine était d'un grand effet décoratif; on en a tenté souvent des restaurations et nous en donnons un exemple (fig. 481). Le Forum est le centre intellectuel de la cité; c'est le lieu habituel de réunion des citoyens pour tous les actes de la vie politique; c'est aussi une promenade et un marché, car ce n'est que tard qu'on construit pour les marchands des basiliques. Les temples, toujours nombreux, dominent et entourent la place publique, sur laquelle s'ouvrent ordinairement les thermes et les théâtres aux façades plus simples et plus sévères. Dans les villes riches, où l'adulation des citoyens a pu se donner libre carrière, on trouve des arcs de triomphe, des colonnes commémoratives, des statues,

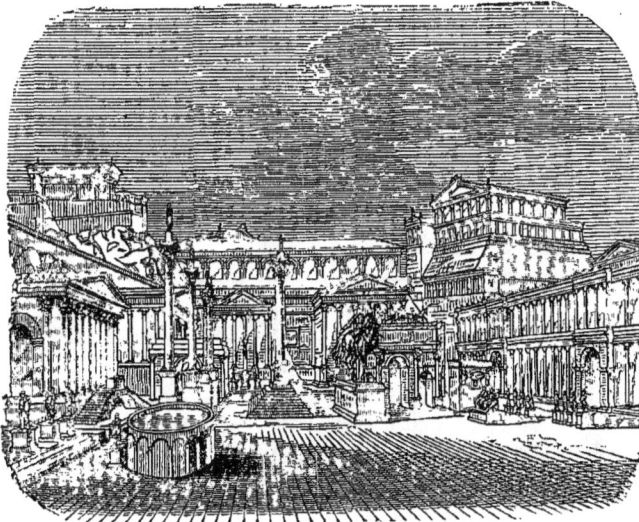

Fig. 481. — *Restauration d'un Forum.*

élevés en honneur du souverain ou des membres de sa famille.

Quatre grandes périodes embrassent l'art romain. La première, des origines au siècle d'Auguste, est surtout marquée par l'influence étrusque, améliorée déjà, vers la fin, par quelques progrès empruntés aux Grecs; la seconde, du Ier siècle avant Jésus-Christ jusqu'à la fin du Ier siècle de notre ère, est la grande époque. Rome se reconstruit entièrement et se couvre de monuments somptueux, tellement qu'Auguste pouvait dire déjà avec un juste orgueil: « J'ai trouvé Rome de brique et je la laisse de marbre. » Mais après les Antonins, l'architecture est en décadence; le faste fait oublier les principes immuables du beau, c'est la troisième période. En vain sous Adrien, sous Septime Sévère, une réforme est-elle tentée par une renaissance archaïque; on étudie avec plus de soin les monuments grecs et égyptiens, on cherche à se rendre compte des règles qui ont présidé à leur construction. Malheureusement, si on doit encore quelques belles choses à ce retour à une antiquité plus sage, c'est le dernier effort d'un art voué à une irrémédiable décadence, qui devient complète avec la quatrième période, aux IIIe et IVe siècles. Les convulsions politiques, les élévations subites et les promptes ruines de guerriers ignorants, qui ne devaient leur fortune qu'au sort des armes et à un hasard heureux, empêchent toute production intellectuelle. On peut dire que lorsque les barbares emportent dans leur course les dernières écoles et les derniers ouvriers, l'art romain était mûr pour la chute.

De la période primitive, il ne reste que quelques ruines de peu d'intérêt, en dehors de leur âge vénérable, ce sont la *Cloaca maxima*, une salle de la prison Mamertine, des vestiges de voies et de sanctuaires. Le petit temple rond de Tivoli, avec sa décoration corinthienne, est le monument le plus ancien qui nous soit parvenu dans un état de conservation satisfaisant. Mais il se rattache déjà à la deuxième période, qui doit sa splendeur à Auguste et à ses successeurs; grâce à la paix intérieure depuis si longtemps désirée, tous les arts reçoivent alors une impulsion merveilleuse. De cette époque datent à Rome le Panthéon d'Agrippa, le théâtre de Marcellus, les beaux débris des temples de Jupiter tonnant, d'Auguste, de la Concorde, reconstruit par Tibère; et dans les provinces, un grand nombre de superbes monuments encore debouts: à Rimini, à Pompéi, à Pola en Styrie, à Lyon, à Nîmes. Claude donna surtout ses soins à des travaux d'utilité publique: le port d'Ostie, le dessèchement du lac Fucin, et de grands aqueducs dont nous avons des vestiges importants. Après une période troublée où l'art fut peu en faveur, Vespasien et son fils Titus couvrirent Rome de merveilles dont il nous reste une partie: l'arc de Titus, le temple de la Paix, le Colisée. Après eux, Trajan et Adrien signalent leur règne par des travaux utiles et de beaux monuments : les ports de Civita-Vecchia et d'Ancône, plusieurs temples en Italie, en Grèce, en Egypte ; à Rome : les colonnes Trajane et Antonine, la basilique Ulpia, le temple de Vénus et de Rome, le mausolée à l'extrémité du pont sur le Tibre, connu sous le nom de môle d'Adrien ou château Saint-Ange. Enfin, à l'époque d'Antonin et de Marc Aurèle, on rapporte la construction du temple de Faustine à Rome, le grand temple du Soleil à Baalbek, et en Gaule la Maison carrée, les arènes et la tour Magne, à Nîmes, le pont du Gard, les arcs de triomphe de Cavaillon, d'Orange, de Saint-Rémy et de Saint-Chamas (V. GAULOIS et GALLO-ROMAIN). Il reste encore du règne de Septime Sévère un arc de triomphe élevé à la mémoire de ses conquêtes sur les Perses, et les ruines du temple de Jupiter tonnant, réédifié sur le Forum.

Voilà les plus remarquables productions de l'art romain. Nous allons donner à quelques-unes une mention spéciale. D'une manière générale, on peut dire que, parfaites pendant environ un siècle, sous Auguste et ses successeurs jusqu'à Trajan, elles montrent aussitôt après une minutie et une confusion dans les détails qui s'éloignent de la pureté ; les grandes lignes et les masses conservent pourtant leur beauté, leur aspect de force et de richesse. Avec les Antonins, la surcharge des ornements s'accentue, les lignes s'altèrent; on cherche toujours à construire grand, mais on ne s'attache plus à la logique, à la conformité des effets et des résultats, qui sont, comme nous l'avons dit, les bases même de l'architecture.

Le Panthéon d'Agrippa (fig. 482) est le plus curieux exemple de ces monuments ronds qui furent si chers aux artistes romains. Il a quarante-quatre mètres de diamètre. Sa couverture en coupole est intacte, et a servi de modèle à Bramante et aux architectes de la Renaissance pour les dômes qu'ils ont élevés au-dessus de leurs églises. Le Panthéon date de la belle époque du siècle d'Auguste.

Nous avons déjà parlé du Colisée. L'arc de Titus arrête l'attention par l'élégance de ses proportions. Il est a une seule porte, et orné sur chacune de ses faces principales de quatre colonnes engagées d'ordre composite. Sur le tympan sont sculptées des Victoires ailées, et sur l'entablement l'inscription dédicatoire qui seule sert d'ornement à une frise imposante par sa noble simplicité. La voussure de l'arcade est, dans son épaisseur, décorée de rosaces en saillie sur les caissons qui leur servent de cadre, et au-dessous se trouvent les deux célèbres bas-reliefs retraçant le triomphe de Titus. Sur l'un, celui de droite, l'empereur s'avance dans son char, couronné par la Victoire et suivi de ses captifs ; sur l'autre, on voit défiler les Juifs vaincus et leurs dépouilles, la table des pains de Proposition, qui était en or,

les trompettes du Jubilé et le fameux chandelier d'or aux sept branches du temple de Salomon, portés par des légionnaires. L'historien Josèphe a laissé de ce triomphe de Titus une description qui atteste la fidélité des sculpteurs.

L'arc de Septime Sévère est à trois ouvertures : une grande au centre et deux plus petites de près de moitié. Quatre colonnes composites les encadrent, et l'entablement, beaucoup moins large que celui de l'arc de Titus, est décoré de deux pilastres. On trouve des sculptures jusque sur le soubassement des colonnes, mais elles sont bien inférieures, comme travail, à celles du monument précédent; il est facile de voir que l'art marche à grands pas vers la ruine, et que, comme dans toutes les décadences, il devient d'autant plus abondant qu'il est moins parfait.

Sous les derniers empereurs, on détruit presque autant de constructions qu'on en élève. Les plus importants parmi les édifices nouveaux sont : les thermes de Caracalla, à Rome, qui contenaient seize cents sièges en marbre et dont la figure 483 peut donner une idée de la magnificence ; les temples du Soleil à Rome et à Ephèse, bâtis par Héliogabale, ainsi que celui de Palmyre, achevé par Aurélien. Par un phénomène assez curieux, les ruines qui subsistent des monuments d'Asie indiquent une décadence moins grande que ceux de l'Italie à la même époque. Au règne de Constantin se rattachent l'énorme basilique où on a voulu voir, mais à tort, les restes d'un temple de la Paix, et un arc

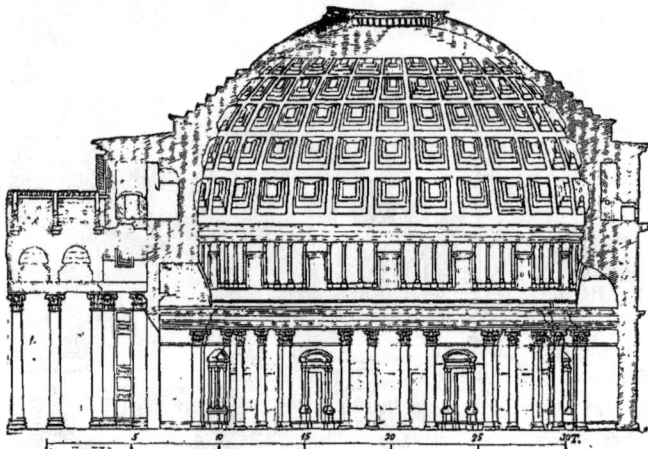

Fig. 482. — *Coupe du Panthéon d'Agrippa.*

de triomphe élevé en commémoration de sa victoire sur Maxence. L'ensemble ne manque pas d'élégance, mais l'abus de l'ornementation et la pauvreté artistique de cet amas de bas-reliefs, de figures et de statues dénotent la décadence. Une partie cependant de ces sculptures est fort belle, c'est celle qui a été empruntée à un arc de Trajan, érigé environ deux siècles auparavant. On peut observer dans ce monument les ressauts destinés à supporter les statues : c'était, comme nous l'avons dit, une conséquence logique de l'application inutile de la colonne à l'arcade.

Dans cette dernière période de l'art romain, tout annonce la fin : la fantaisie apportée dans les ordonnances, une surcharge de mauvais goût, et même la construction pendant longtemps si parfaite; on ne taille plus les matériaux avec autant de régularité, les principes les plus élémentaires sont méconnus, et il n'est pas rare de trouver dans la maçonnerie d'un édifice des matériaux arrachés à un monument plus ancien. C'est ainsi qu'une partie des constructions de la belle époque a été détruite au profit d'un art tout à fait inférieur.

Bien que les maisons romaines ne soient pas parvenues jusqu'à nous, car celles de Pompéi appartiennent à l'art néo-grec, nous devons en dire quelques mots. Jusque vers la fin de la République, elles reproduisent assez exactement les maisons étrusques. Au centre se trouve une cour ou *atrium*, entourée de chambres plus ou moins nombreuses, et, dans les maisons de quelque importance, suivie d'une annexe où étaient placés les portraits des ancêtres. Mais après les conquêtes en Grèce, la maison romaine s'étend et devient somptueuse. Lucullus est le premier qui ait fait usage de marbre dans les constructions privées, et son exemple est promptement suivi. A l'intérieur des bâtiments, les chambres s'ouvrent sur un péristyle soutenu par des colonnes de prix, au milieu duquel une fontaine jaillissante donnait de la gaieté et de la fraîcheur. Des statues décoraient habituellement le péristyle, et il n'était pas rare de trouver, s'ouvrant sur cette cour intérieure, une bibliothèque et une galerie de tableaux. Dans les chambres, le pavé était parfois en mosaïque, et sur les murs se voyaient des peintures ou des marbres appliqués. Ainsi, les Romains étaient déjà en possession de bien des coutumes luxueuses et confortables, et c'est dans ces maisons que s'accumulaient toutes les productions de l'art décoratif que nous allons maintenant passer en revue.

Sculpture. Quand on jette un coup d'œil d'ensemble sur la sculpture romaine, il s'en dégage aussitôt que l'on se trouve en présence d'une industrie bien plutôt que d'un art. En effet, et dès la belle époque de l'ère républicaine, Rome se couvre de statues, mais ce sont des portraits, des effigies élevées en honneur d'un citoyen. Il fallait sans doute fort peu pour mériter un tel honneur, car nous voyons qu'au IIe siècle avant J.-C., les statues étaient si nombreuses sur le Forum que, par une loi, on en fit enlever et fondre une partie. Ces œuvres qui, d'ailleurs, étaient dues à des Grecs ou à des Etrusques établis à Rome, n'avaient sans doute qu'une valeur artistique restreinte; les conditions mêmes où elles étaient établies nous l'indiquent; faites sur un modèle à peu près uniforme, avec précipitation, avec plus de souci de l'exactitude du vêtement que de la beauté de la forme. elles convenaient néanmoins à un peuple très peu ar-

Fig. 483. — *Salle des thermes de Caracalla.*

tiste, mettant l'esthétique dans les représentations extérieures de la force et de la richesse.

Les merveilles rapportées de Sicile et de Grèce par Marcellus, par Flaminius, par Paul Emile, furent pour les Romains une révélation, et ils eurent un véritable engouement pour les sculptures grecques. Non contents d'acheter à grand prix les œuvres d'art anciennes, on fit venir des artistes en Italie; c'est à eux que sont dues ces statues dans le style grec, qu'on a souvent classées à tort dans la sculpture romaine et qui sont, à proprement parler, une importation. Elles tranchent tellement, par l'emploi du nu, par la perfection et la grâce du modelé, par les sujets même, avec ce que nous connaissons de l'art romain qu'il est impossible de les confondre. Telles sont, pour ne citer que les plus connues, le *Gladiateur combattant*, par Agasias d'Ephèse; le torse du Belvédère, par Apollonius, malheureusement très mutilé; l'*Hercule Farnès*, par Glycon d'Athènes, et la *Vénus* de Médicis, par Cléomènes.

Les Romains, au contraire, s'attachent à des sujets plus pratiques, moins élevés. Ce sont des allégories : *La Paix*, *La Concorde*, *La Félicité*, d'expressions et de costumes peu variés; des représentations de peuples vaincus ou de villes de l'Empire, et surtout, avec les empe-

reurs, des portraits du prince et des membres de sa famille, que la flatterie était prompte à élever partout, tantôt sous les traits d'un dieu, qui était ordinairement Jupiter pour l'empereur, tantôt sous le costume romain, comme on peut le voir dans la statue d'Auguste au Vatican (fig. 484). Revêtu d'une superbe cuirasse et tenant à la main le bâton de commandement, l'empereur semble prononcer une harangue; c'est une des plus belles statues de cette époque, et une de celles où se révèle le mieux le caractère national. Les statues de femmes sont entièrement habillées et les draperies aux plis multiples sont traitées avec beaucoup de science et de goût.

Les bustes, en toutes matières, sont très communs et sculptés avec soin. Ils ont surtout le grand mérite de s'attacher scrupuleusement à la ressemblance; on n'en peut pas douter en considérant l'habileté des praticiens et la variété des physionomies; aussi sont-ils d'un puissant intérêt archéologique.

Sur les arcs de triomphe, sur les colonnes triomphales, sur les monuments funéraires, on trouve de nombreux bas-reliefs retraçant des combats, des triomphes, des sacrifices ou des scènes empruntées à la vie intérieure. Parmi ces sculptures, il y en a de fort belles, il y en a aussi de fort négligées, surtout sur les tombeaux où elles étaient l'objet d'une industrie semblable à celle de nos marbriers. Le sujet était dégrossi, et on le finissait sur place suivant les intentions et la générosité de la famille; aussi ne doit-on pas être étonné qu'un si grand nombre soient restés à l'état d'ébauche!

L'art romain a fait un usage fréquent du bronze, surtout pour les statuettes représentant des dieux protecteurs du foyer ou des personnages de fantaisie. On possède nombre de Silènes, Bacchus, Faunes, Tritons et Nymphes folâtres, sans compter ce genre de figures auxquelles nous avons donné dans notre industrie moderne, le nom de *sujets de pendules* et dont beaucoup sont fort curieuses.

Peinture. Nous dirons peu de chose de la peinture dont il ne subsiste guère que les fresques découvertes à Pompéi et à Herculanum et appartenant au style gréco-romain. Comme la sculpture, la peinture à Rome adopte pour sujets les épisodes commémoratifs de batailles et d'événements importants, ou les scènes familières. Plus tard, sous les empereurs, se crée une peinture toute décorative, où de rares figures sont encadrées par des motifs empruntés à l'architecture, des guirlandes de fleurs, rubans, bandelettes et imitation d'étoffes. Tout cet art, quelque curieux qu'il soit, est assez pauvre, et bien inférieur, à ce qu'il semble, non seulement aux peintures grecques qui lui servaient de modèle, mais à toutes les applications décoratives qu'il accompagnait.

Mosaïque. La mosaïque, au contraire, est arrivée à Rome, dès la fin de l'ère républicaine, à un grand degré de perfection, et elle est préférée souvent à la peinture pour les décorations murales. Mais c'est surtout dans les pavements que son usage est commun et non seulement nous en avons de nombreux spécimens, mais on en met encore à jour fréquemment. Les plus anciennes sont à deux couleurs seulement, blanc et noir, et ne comportent qu'un petit nombre de personnages et peu d'action; néanmoins, l'artiste a su tirer presque toujours de ces éléments simples des effets heureux. C'est vers l'époque d'Adrien qu'on multiplie les couleurs par l'emploi des marbres précieux et du verre coloré; dès lors, le champ est ouvert à l'imagination du créateur qu'aucune difficulté n'arrête plus, pour ainsi dire. Tantôt ce sont des dispositions géométriques ou des imitations de tapis, tantôt des reproductions de scènes pittoresques traitées comme un tableau peint, c'est-à-dire avec de la perspective et des ombres. C'était bien dans l'esprit romain de confier au mosaïste des sujets qui, par complication et l'intervention mouvementée de la nature, eussent uniquement convenu au peintre. — V. MOSAÏQUE.

Fig. 484. — *Statue d'Auguste.*

Céramique. Les céramistes aussi sont d'une habileté et d'une science remarquables; cet art était, du reste, un des plus anciens à Rome, car on sait combien il était avancé déjà chez les Étrusques, et de bonne heure les produits romains ont pu soutenir, dans le bassin de la Méditerranée, une concurrence, pourtant bien difficile contre ceux de la Toscane, de la Grèce et de l'Asie Mineure. Cette industrie était si florissante que les grandes familles, même les empereurs, ne rougissaient pas de posséder des fabriques de poteries qui devaient être pour eux une source importante de revenus.

Industrieux beaucoup plus qu'artistes, comme nous avons eu souvent déjà à en faire la remarque, les Romains avaient imaginé une application curieuse de la céramique à l'architecture en revêtant d'argile leur appareil de briques ou de débris agglomérés par du ciment, très communément employé pour les constructions, même importantes. Là où on ne voulait pas employer le marbre ou le stuc, par économie, on modelait les corniches, les panneaux sculptés, même les chapiteaux et les bases des colonnes, en terre cuite. Ce genre de décoration était si bien dans les mœurs, qu'on vendait, tout prêts à être posés, des bas-reliefs de fabrication courante qu'on appliquait dans les intérieurs ou sur les tombeaux, au moyen de quelques clous.

De même, les *ex voto* et les dieux lares se vendaient à la douzaine, comme de nos jours les statuettes de piété; aussi doit-on rarement chercher quelques traces d'art proprement dit dans ces objets industriels; ils ont plus d'intérêt pour le curieux que pour l'homme de goût.

L'objet en terre cuite qu'on retrouve le plus fréquemment dans les ruines romaines, c'est la lampe à un ou plusieurs becs, dont la forme est si connue. A part une décoration très simple sur les bords, tout l'intérêt réside dans le sujet du médaillon central qui, malgré le peu d'espace laissé à l'artiste, prend souvent une importance extraordinaire; on y voit jusqu'à des jeux de cirque figurés avec une vérité et un luxe de détail vraiment amusant. On trouve beaucoup de ces lampes en bronze; nous en donnons une à deux becs (fig. 485).

A part ces produits tout à fait particuliers à l'Italie, la céramique romaine n'est qu'une copie des œuvres grecques importées.

Glyptique. Les camées et les pierres gravées dont les Grecs avaient fait usage déjà, furent l'objet, à Rome, d'une grande mode qui dura jusqu'à l'invasion des barbares; la plupart des riches citoyens, ainsi que les empereurs, se livrèrent à de véritables folies pour des pierres et les enchâssaient. dans des bijoux, dans des armes, dans des vases. Lucullus en avait de très belles, y compris l'émeraude qui lui avait été donnée par Ptolémée et où ce prince avait fait graver son portrait. Héliogabale en mettait jusque sur sa chaussure, et comme il ne s'en parait qu'une fois, le nombre de ses bijoux devait être considérable. Il y avait à Rome une école célèbre, et nous possédons le nom de beaucoup de ses graveurs: on a donc pu faire de la glyptique romaine une étude très approfondie et très complète. Au point de vue de l'art, les pierres dures gravées en creux ou intailles, étant toujours de très petites dimensions, offrent moins d'intérêt que les camées. Trois de ceux-ci méritent surtout d'être signalés : *Auguste couronné par la Terre, l'Océan et l'Abondance, et entouré de sa famille*, onyx à trois couches, actuellement à Vienne; *Apothéose d'Auguste*, sardonyx à cinq couches, rapporté de Constantinople par Saint-Louis; le *Triomphe de Claude*, sardonyx qui appartient à la Hollande. Souvent des blocs entiers d'agathe et d'onyx étaient taillés en forme de coupes et ornés des plus délicates figures, d'un travail d'exécution merveilleux. Mais là encore l'habileté du praticien l'emporte sur le bon goût de l'artiste, et malgré leurs dimensions et le fini de leur gravure, les pierres romaines ne sont pas comparables à celles qu'ont laissées les Grecs.

Fig. 485. — *Lampe chrétienne antique.*

Numismatique. Jusqu'aux derniers jours de la République, Rome a conservé sur la face de ses monnaies la figure casquée de la ville éternelle, le revers seul recevait un sujet variable, allégorique ou se rapportant à un événement contemporain. Plus tard, et à partir de César auquel le Sénat accorda l'honneur suprême de faire graver son portrait sur la monnaie frappée dans la cité, les empereurs font de leur effigie le symbole de la souveraineté et le revers est consacré uniquement à célébrer leur gloire. On y place les monuments élevés par le prince, les allégories de la Victoire, les divinités protectrices ou des allusions aux événements les plus récents. Toutes ces monnaies sont frappées avec soin, mais gravées beaucoup moins finement que celles des Grecs dont la plupart, celles de Syracuse surtout, provoquent aujourd'hui encore notre admiration la plus vive.

Aux Romains, on doit la médaille, inconnue avant eux, et le jeton.

« Les médailles, dit M. F. Lenormant, se distinguent par un travail plus soigné, plus précieux, par une supériorité marquée de fabrication et de type. Les coins ont été gravés avec moins de hâte et plus de recherche; la frappe en est plus régulière, plus attentive et toujours mieux réussie. Ce sont des produits plus parfaits de l'industrie du monnayeur qui a pu y consacrer plus de temps et de soins, travailler à tête reposée sans

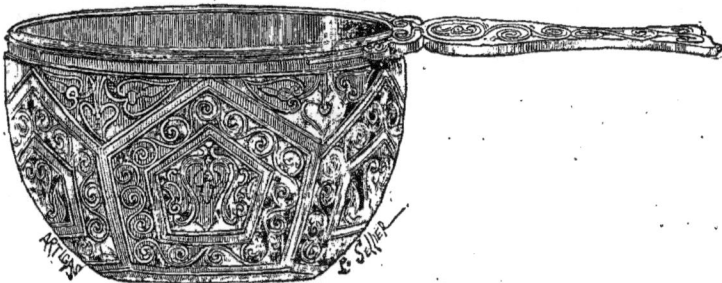

Fig. 486. — *Vase romain émaillé.*

être pressé par les besoins de l'usage public et, par suite, y donner davantage le caractère d'une véritable œuvre d'art ».

Orfèvrerie et ciselure. Les artistes de l'antiquité se sont toujours montrés habiles dans le travail des métaux précieux, parce que les souverains et les riches faisaient souvent autant de cas de la matière que de la ciselure. Les Romains aimaient trop la richesse et ses manifestations extérieures pour négliger une branche de l'art si

flatteuse pour leur amour propre. Aussi l'orfèvrerie semble-t-elle avoir brillé chez eux d'un vif éclat. Par un heureux hasard, on est relativement riche en objets précieux de l'antiquité, et dans des cachettes, pratiquées sans doute au moment des invasions barbares, on a trouvé de beaux spécimens de l'industrie romaine; en France, à Brissac (Maine-et-Loire) et à Hildesheim, en Hanovre. Ce dernier trésor se compose de soixante pièces environ, toutes d'une grande valeur. Une des plus curieuses est une patère dont la figure centrale, en haut-relief, représente Hercule enfant étouffant deux serpents. On pratiquait aussi l'émaillage, car nous donnons (fig. 486) un joli vase émaillé destiné à puiser le vin des libations dans les cratères, trouvé en 1863, au fond d'un bassin des eaux minérales de Pyrmont; les ornements sont cloisonnés et émaillés d'un vert clair pour les feuillages et d'un bleu lapis partout ailleurs. Cette décoration unie au fond doré du bronze est élégante et harmonieuse. — C. DE M.

Bibliographie : Jules MARTHA : *L'archéologie étrusque et romaine;* DURUY : *Histoire des Romains;* BATISSIER : *Histoire de l'art monumental;* O. RAYET : *Monuments de l'art antique;* CHOISY : *L'art de bâtir chez les Romains;* Ch. BLANC : *Grammaire des arts du dessin;* GERSPACH : *La Mosaïque;* F. LENORMANT : *Monnaies et médailles.*

II. ROMAIN. T. *d'impr*. Ce nom s'applique à divers caractères typographiques importés d'Italie; on s'en sert aujourd'hui pour composer toute la partie courante d'un ouvrage; quand on veut faire remarquer un mot, une phrase, on les compose en italique dont les traits sont inclinés, alors que ceux du romain sont perpendiculaires; *le gros romain* est d'une dimension intermédiaire entre le petit parangon et le gros texte; il vaut seize points; *le petit romain* est de la force de neuf points et se trouve compris entre la philosophie et la gaillarde. || On appelle *chiffres romains* les lettres majuscules auxquelles on a donné des valeurs déterminées, soit qu'on les prenne isolément, soit qu'on les considère relativement à la place qu'elles occupent avant ou après d'autres lettres; ces lettres sont : C, D, I, L, M, V, X.

ROMAINE. T. de phys. L'avantage de la romaine, c'est que le contrepoids tient lieu d'une série de poids, et que le point d'appui est deux fois moins chargé. En effet, si le corps pèse 100 kilogrammes, par exemple, et le contrepoids 5 kilogrammes, le couteau n'est pressé que par 105 kilogrammes, tandis qu'il le serait par 200 dans la balance ordinaire. Certaines romaines portent deux crochets à chacun desquels répond une division particulière sur le grand bras du levier. On distingue alors le *côté fort* et le *côté faible*. La vérification de la romaine se fait en plaçant dans le bassin ou au crochet, des poids connus : la position du contrepoids doit, lors de l'équilibre, donner les indications correspondantes. La romaine n'est pas un instrument de précision. — V. BALANCE, § *Balance romaine.* || *Chandelle romaine.* Sorte de fusée qui produit de petites explosions et lance des étoiles lumineuses. — V. PYROTECHNIE.

ROMAN (Art et style). Les barbares qui ont fait la conquête de l'empire Romain n'avaient aucune idée de constructions artistiques et durables. Lorsque, établis dans leurs nouveaux domaines, ils voulurent élever à leur tour des palais, des églises, tout ayant disparu, traditions, sciences, artistes, il leur fallut copier les monuments anciens qu'ils avaient encore sous les yeux, et cela sans matériaux et sans architectes. Aussi, le peu qui nous est parvenu ne nous semble-t-il que la caricature de l'art gallo-romain; on y voit des colonnes de formes, de styles, souvent même de longueur différente, employés sans discernement; ce sont des chapiteaux encastrés dans la maçonnerie, des morceaux de

corniche posés à ras du sol et, dans la forme générale, comme un vague souvenir des lignes horizontales, des ouvertures cintrées qui étaient les principaux éléments de l'architecture antique. Ces constructions, mal faites, mêlées de parties en charpente, durent peu; quand elles n'ont pas été incendiées, elles tombent en ruines avant un siècle. Et ce n'est que bien lentement que l'art se reforme; quand un progrès est accompli, une catastrophe ou une suite de mauvais jours fait reperdre le terrain gagné. Ainsi, Charlemagne avait fait emprunter quelques bons principes aux Byzantins, les seuls qui sussent alors construire, et ses efforts avaient amené déjà de bons résultats, mais les ravages des Normands et les terribles compétitions qui agitèrent le pays sous ses successeurs arrêtèrent aussitôt cet essor. Cependant, il paraît certain que c'est à cet empereur, bien supérieur à son époque, qu'est dû le grand mouvement artistique qui se produisit près de deux siècles plus tard; la semence qu'il avait jetée ne fut pas détruite en même temps que les monuments, et dans les cloîtres se continua, sans doute, l'enseignement théorique patiemment complété, perfectionné par les méditations de ceux qui se transmettaient ainsi d'âge en âge, si bien que les applications s'en trouvèrent prêtes lorsque la stabilité relative du pays et la toute puissance du clergé leur permirent de se montrer.

Comment, en effet, sans ce travail latent dont il nous est impossible de suivre les développements, comment expliquer qu'au commencement du XIe siècle l'architecture se soit trouvée partout, et dans l'espace de quelques années, en possession des éléments complets d'un style nouveau et achevé? Il semble évident que des écoles s'étaient déjà formées à l'intérieur surtout des monastères; là, on étudiait les rares lambeaux de science et d'art importés de Byzance, d'Italie où les conquérants lombards avaient recueilli les derniers ouvriers romains, d'Espagne, où le moine Gerbert, qui depuis fut pape, avait été arracher aux Arabes quelques-uns de leurs secrets qu'ils tenaient des Grecs, des Perses et des Egyptiens; et de tous ces fragments si disparates, les Francs carlovingiens ont composé un tout qui fut bien à eux, et à qui il n'a fallu que cinquante ans de tâtonnements pour arriver à la perfection.

L'art a été prodigieusement aidé, au XIe siècle, par la ferveur religieuse. On connaît les causes de la panique qui s'empara du monde chrétien à l'approche de l'an 1000. Un passage mal interprété des Ecritures avait fait croire à la fin du monde, à l'arrivée de l'Antéchrist et, comme pour confirmer ces prévisions, des maladies étranges, la peste, la famine dévastaient l'Europe. Aussi, pour expier ses péchés, chacun s'empresse-t-il de se dépouiller en faveur du clergé, avec d'autant plus de désintéressement que les richesses allaient être inutiles, et ce sont surtout les couvents qui recueillent les dons, car les moines, par les travaux de défrichement qu'ils accomplissaient, par le bien qu'ils répandaient et par les écoles qu'ils avaient formées chez eux, avaient bien plus de prestige et d'influence que le clergé séculier, ignorant, grossier et signalé par toutes les débauches.

L'an 1000 se passa, le monde sembla renaître et, comme après toutes les défaillances, reprendre une activité incomparable. Dans toutes les applications de l'intelligence, c'est véritablement une autre ère qui s'ouvre; l'argent qui avait été reçu avec tant d'abondance va servir aux prêtres et aux moines à élever de nouveaux temples, qui deviendront eux-mêmes la source de revenus considérables. On peut dire que c'est de ce moment que date la puissance matérielle du clergé, puissance qui avait été jusque-là seulement morale. L'élan est le même dans toute l'Europe; en France, on n'avait pas construit, pendant huit siècles, 1100 édifices religieux. On en élève 325 au XIe siècle, 802 au XIIe. Selon la belle expression d'un chroniqueur, on eût dit que le monde entier, d'un commun accord, avait secoué ses antiques haillons pour revêtir une blanche robe d'églises.

C'est donc dans les couvents que nous voyons naître ce grand mouvement artistique qui commence avec le xiᵉ siècle ; deux ordres monastiques, ceux de Cluny et de Citeaux, ont surtout part à cette renaissance de l'architecture.

Fondé vers 909, l'ordre de Cluny avait vu bientôt les plus antiques abbayes reconnaître sa suprématie. Dans toutes les parties de la France il avait des établissements, et on trouvait de ses dépendances jusque sur le Rhin et en Italie.

Lorsqu'une église devait être édifiée, on s'adressait à la maison mère de Cluny, en Bourgogne, ou au couvent le plus voisin, car on avait, pour se conformer à cet usage, la nécessité jointe à l'autorité de la tradition. L'architecte clunisien appliquait à l'édifice nouveau les principes qu'il tenait de l'école monastique, construisant d'après un plan uniforme, conservant les proportions, les grandes lignes, mais libre, cependant, de modifier les détails d'après son génie propre, d'après les habitudes des populations et la nature des matériaux. C'est ainsi qu'on a pu obtenir l'unité de style, sans monotonie, qui caractérise l'art roman.

Il importe de remarquer, cependant, que les églises construites par les Clunisiens pour le service de l'ordre lui-même, et non pour le compte des évêques, ne s'écartent pas d'un type consacré et scrupuleusement gardé contre la fantaisie des architectes. Telles les églises abbatiales de Cluny, construites vers

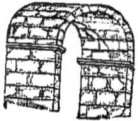

Fig. 487. — Voûte en berceau.

la fin du xiᵉ siècle ; de Jumièges ; de Morienval (Oise) ; de Laach ; d'Andernach, sur le Rhin ; etc. Avec celles-là les principaux centres des Clunisiens étaient les abbayes de Vézelay, de Saint-Gilles, de Moissac, de Saint-Martial, à Limoges ; de Saint-Germain, à Auxerre ; de Saint-Bertin, à Lille. On voit que leur action s'étendait sur toute la France, et elle fut si féconde que la plupart de nos vieilles églises de village sont de l'époque romane primitive ; il en est relativement très peu qui datent de la période ogivale.

Bientôt, et c'est peut-être ce qui contribua à donner une activité plus grande aux constructeurs sortis des cloîtres, un ordre nouveau, issu de Cluny, s'élève à ses côtés et provoque une rivalité ; c'est l'ordre de Citeaux, fondé par Robert de Molesmes. Ce n'était d'abord qu'une succursale de peu d'importance, mais dans les premières années du xiiᵉ siècle, Saint-Bernard, une des plus grandes figures du moyen âge, lui donna un développement surprenant, à tel point qu'il put envoyer plus de soixante-mille religieux dans toute l'Europe et fonder les ordres militaires d'Espagne et celui du Temple, qui jouèrent bientôt un rôle politique digne d'attention. Il y a donc là encore un centre précieux de propagande pour les sciences architecturales qui étaient restées une de leurs préoccupations les plus vives.

Ainsi, Clunisiens ou Cisterciens, voilà les architectes désignés de toute église nouvelle ; quant aux moyens, outre les premiers fonds provenant, comme nous l'avons dit, des dons de l'an 1000, ils consistaient en indulgences accordées à ceux qui contribuaient d'une façon quelconque, soit par leur argent, soit par leur travail désintéressé, à l'édification du sanctuaire. Cette distribution d'indulgences dégénéra même en abus, et attira souvent les reproches du clergé sage et éclairé. C'est sur cette question, soulevée de nouveau par le pape Jules II au sujet de la construction de l'église Saint-Pierre-de-Rome, que s'est faite la Réforme en Allemagne.

Aux ressources provenant des indulgences, il faut ajouter celle des pèlerinages. Ou bien on promenait par

toute la France une relique vénérée pour provoquer les offrandes, ou bien on l'exposait dans le chœur de l'édifice à peine commencé, et les travaux étaient continués au fur et à mesure. La cathédrale de Cologne a été bâtie avec le produit des offrandes des pèlerins qui étaient venus adorer, pendant un siècle, les ossements des trois mages rapportés de Milan par Frédéric Iᵉʳ ; la magnifique abbaye de Vézelay a dû ses richesses au corps de Sainte-Madeleine, une des reliques les plus fameuses au moyen âge ; elle était d'ailleurs apocryphe, mais l'architecture romane n'y a pas moins gagné un de ses plus beaux monuments.

Les seigneurs aussi donnent beaucoup, par vanité et par intérêt, pour se faire pardonner bien des spoliations. La Normandie, qui était une des contrées les plus riches de la France, voit s'élever, par ce moyen, de superbes monuments. Enrichis par la conquête de l'Angleterre, les Normands fondent ou réédifient, en quelques années,

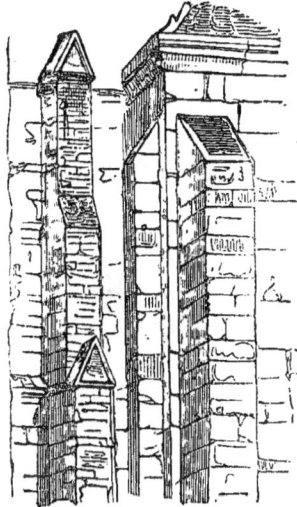

Fig. 488. — Contreforts.

les abbayes de Jumièges, de Saint-Wandrille, du Bec, les monastères de Caen, de Rouen, d'Avranches, de Bayeux et du Mont Saint-Michel.

Le développement de cet art nouveau ne se fit pas sans coûter à ses créateurs bien des efforts et aussi de cruelles déceptions. Les vieilles chroniques sont pleines de ces accidents qui ruinaient les églises neuves, mal construites et mal entretenues. Dans les constructions des siècles précédents, les couvertures et une partie des combles étaient en charpente ; aussi les incendies qui

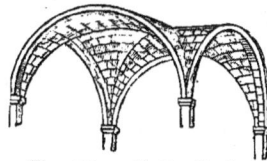

Fig. 489. — Voûte d'arête.

signalèrent le passage des Normands furent-ils toujours irréparables ; il fallait raser et reprendre entièrement l'édifice. Instruits par ces désastres, les architectes romans eurent pour préoccupation constante de construire solidement, en sacrifiant au besoin la richesse de l'ornementation. Il fallait, pour cela, restreindre l'usage du bois et trouver un système nouveau de couverture en pierre ; les matériaux qu'ils pouvaient employer ne permettant pas l'usage de la plate-bande, ils devaient chercher dans la voûte le progrès qu'ils reconnaissaient nécessaire.

Mais, lorsque les moines du Cluny commencèrent à voûter les nefs et les bas-côtés de leurs églises, comme, par exemple, à Vignory (Haute-Marne), ils rencontrèrent des difficultés inattendues. Ils avaient emprunté à l'architecture romaine la voûte en berceau (fig. 487) s'appuyant à la base sur des piliers ; pour en augmenter la solidité ils la renforçaient, entre les piliers, par des *arcs doubleaux*, grands cintres saillants en maçonnerie qui suivent la même courbure, et dont la forme est généralement rectangulaire dans l'architecture romane. Mais si les parties inférieures de leurs constructions étaient suffisamment garanties contre le poids des matériaux, elles ne l'étaient pas contre la poussée des voûtes, sur laquelle on n'avait alors aucune notion, et dès qu'on ôtait le moule en charpente qui soutenait les pierres, la voûte s'effondrait par l'écartement des murs; souvent même, ce qui était plus grave encore, cet accident arrivait lorsque le gros œuvre était achevé. Ce dût être une rude école pour les constructeurs du moyen âge, obligés de reprendre sans cesse en sous œuvre des monuments qui dataient à peine de quelques années. Ayant enfin déterminé exactement la cause de cet insuccès, ils imaginèrent, après de longs tâtonnements, de consolider leurs murs, de distance en distance, par des contreforts extérieurs qui sont un des caractères les plus frappants du style roman (fig. 488).

Cependant, la difficulté ne fut réellement résolue que par l'emploi de la *voûte d'arête* (fig. 489), qui dénote un progrès réel dans la connaissance des sciences mathématiques. Cette voûte est formée par la pénétration sous un angle variable, de deux voûtes en berceau; ces deux arcs de cercle, se croisant au centre, donnent naissance à quatre arêtes qui reportent la poussée sur leur extrémité inférieure, appuyée sur un pilier ou sur le mur extérieur. Dans ce dernier cas, les culées de la voûte indiquent le point exact où doit être appliqué le contrefort. Dès lors, plus de tâtonnements,

Fig. 490. — *Intérieur de Notre-Dame du Port de Clermont.*

plus d'erreurs; la construction est soumise à des règles fixes et excellentes, sans doute, puisque les églises romanes nous sont parvenues, après huit siècles, dans un bel état de conservation.

Néanmoins, on continue à couvrir, à l'aide de voûtes en berceau, la nef centrale qui a pour appuis les bas-côtés, et on réserve pour ceux-ci la voûte d'arête qui porte directement sur le mur extérieur. On observe, en Auvergne, à Notre-Dame du Port à Clermont (fig. 490), une disposition ingénieuse qui consiste à élever d'un étage les bas-côtés, de façon que les voûtes de cet étage servent à contrebuter celle de la nef.

En même temps que les piliers, l'art roman admet les colonnes, généralement un peu courtes et épaisses, bien que leur fût soit toujours droit. Les chapiteaux sont extrêmement variés et curieux; nous sommes loin du dessin parfait, mais uniforme, des ordres grecs et romains; cependant, deux types particuliers se rencontrent très

fréquemment, surtout au Nord et dans les édifices peu luxueux, ce sont les chapiteaux cubiques et *godronnés*. Quand ils sont ornés davantage, les chapiteaux sont composés de plantes larges et peu recourbées, ou bien ils portent des animaux réels ou fantastiques, des allégories, des personnages, même des scènes religieuses tout entières. On comprend l'intérêt qui s'attache à l'étude de ces chapiteaux, dits *historiés*, et portant chacun un sujet différent. A Vézelay, on en compte encore 94. Dans le midi, au voisinage des ruines romaines, on trouve fréquemment une imitation plus ou moins dégénérée des modèles antiques.

Le peu de largeur entre les piliers ne permettait pas encore l'ouverture de grandes baies, aussi les fenêtres, les portes sont-elles rares et étroites, et l'épaisseur des murs est encore un obstacle à la diffusion de la lumière qui serait pourtant bien nécessaire à ces intérieurs froids et tristes; toutes les arcatures romanes sont à plein cintre, aussi bien les voûtes que les arcades qui donnent accès dans les bas-côtés, celles qui forment la galerie supérieure ou *triforium*, les portes, les fenêtres et l'entrée du chœur. Sur la façade, on peut trouver déjà, dans la partie centrale, une ouverture circulaire ou *œil de bœuf*, réminiscence des basiliques latines, et dont l'idée symbolique nous échappe; elle est décorée et ornée d'une archivolte. C'est l'origine des grandes roses du style ogival.

Les arcades des fenêtres et du *triforium* sont souvent géminées, c'est-à-dire qu'elles se composent de deux arcades dont la retombée s'appuie sur une même colonne centrale, et qu'une arcade plus grande semble envelopper. Les archivoltes autour des fenêtres sont ordinairement très simples, formées de bandeaux plats et rectangulaires; elles s'appuient sur de petits piliers ou sur des colonnettes. D'ailleurs, il n'est pas rare de rencontrer, dans les édifices de peu d'importance et dans les constructions privées, des fenêtres franchement rectangulaires; parfois, pour simuler l'arcature géminée, une mince colonnette partage la baie en deux parties égales.

Les portes sont la reproduction en grand des fenêtres, mais leur archivolte est plus ornée, et on trouve souvent plusieurs colonnes juxtaposées. Un trumeau les sépare déjà en deux parties, disposition qui deviendra plus fréquente avec l'époque ogivale. Un porche en bois ou en pierre précède l'entrée, et on le voit prendre, dans les grandes églises, les proportions d'un petit monument formant avant-corps et percé d'arcades en plein cintre. Ce porche est parfois fortifié et crénelé. Les cathédrales d'Autun, du Mans, du Puy; les églises de Saint-Savin (Vienne), d'Airvault (Deux-Sèvres), de Saint-Benoit-sur-Loire, de Vézelay, ont conservé les beaux porches des xi° et xii° siècles. En Provence, en Dauphiné, en Bourgogne surtout, les portes se font remarquer par la richesse de leur décoration et sont beaucoup plus élégantes qu'en Auvergne, et dans l'Ouest, où le fond de leur ornementation consiste en billettes, tores ou frettes.

Le clocher, qui s'élève au-dessus de la porte, donne à la façade son caractère. Il se compose, dans les églises importantes, de deux parties distinctes : une tour carrée et une flèche pyramidale, encore de peu d'élévation. Parfois, on trouve deux clochers sur la façade et même un sur chacun des transepts et sur l'intersection des transepts et de la nef ce qu'on appelle la croisée. L'église abbatiale de Cluny en avait six et la cathédrale de Tournay sept.

Les absides romanes sont presque toutes dignes d'attention; les architectes, en adoptant le plan de la croix latine au lieu du rectangle de la basilique romaine, avaient avancé le chœur et remplacé la partie demi-circulaire où il se trouvait placé, dans les édifices latins, par une suite de chapelles, qui donne une importance très grande à l'abside autrefois négligée ; ces chapelles, avec leurs toits et leurs contreforts, au-dessus, le chevet plus élevé de la nef et, dominant le tout, la tour et la flèche pyramidale, forment un ensemble assez pittoresque. Nous citerons les belles absides circulaires de l'église d'Auray, à Lyon ; de la Trinité, à Caen ; de Notre-Dame du Port, à Clermont - Ferrand ; de Saint-Sernin, à Toulouse (fig. 492) ; de l'église de Brioude. A la cathédrale de Laon et à l'église de Dol, le chevet est carré, disposition assez rare dans les églises importantes, bien que commune dans les églises rurales.

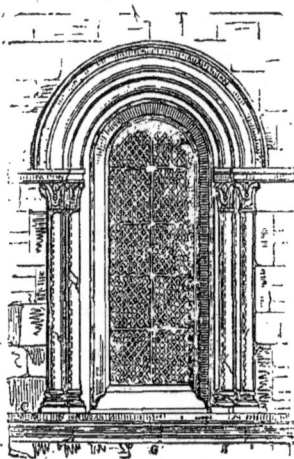

Fig. 491. — Fenêtre à Notre-Dame de Châlons.

Quant à la physionomie générale des constructions romanes, elle se distingue absolument de celle des églises de style latin par la prédominance de la ligne verticale. Dès cette époque, la scission est complète : en France, en Allemagne, en Espagne, la ligne verticale; en Italie et chez les Byzantins, la ligne horizontale; plus nous avancerons dans l'histoire de l'art au moyen âge, plus cette différence s'accentuera; c'est ainsi que, au xi° siècle, l'architecture est encore écrasée, lourde, massive, mais au xii° siècle, dit Daniel Ramée dans son Histoire de l'architecture, elle se développe et elle devient plus majestueuse et plus élancée, plus élégante, plus proportionnée dans les diverses parties qui la composent, plus harmonieuse dans son ensemble. Le plan des monuments offre moins de massifs de maçonnerie, les vides se multiplient et s'agrandissent. Dans les élévations, les parties horizontales telles que les soubassements, les corniches, les cordons, les frises, diminuent et disparaissent de plus en plus. Elles commencent à être coupées par des avant-corps peu saillants et des retraites peu profondes. La ligne perpendiculaire, la plus noble de toutes celles employées dans l'architecture, commence à prédominer et à attirer l'attention. Les portes se haussent, les nefs s'élèvent, les fenêtres, encore sans meneaux ou subdivisions géométriques, s'élancent; nous voyons apparaître des clochers d'une grande hauteur, bien que la pyramide polygonale qui les surmonte reste encore peu élevée.

Il nous reste à mentionner, dans les grandes églises romanes, l'existence d'une crypte au-dessous du chœur. Ce n'est pas une disposition nouvelle, car ce symbole des catacombes se retrouve dans les basiliques des premiers siècles de l'ère chrétienne. Mais elles sont, maintenant, fort spacieuses, élevées, et forment comme un sanctuaire distinct. Telles sont les cryptes des cathédrales de Bayeux, de Poitiers, d'Angoulême, d'Auxerre, surtout celles de la cathédrale de Chartres et de l'église Saint-Eutrope, à Saintes, qui ont des proportions tout à fait exceptionnelles. La plupart des grandes églises romanes d'Allemagne en possèdent de fort belles, notamment la cathédrale de Spire.

Passons maintenant aux détails et à l'ornementation. Les architectes romans ont su tirer un heureux parti de la diversité des matériaux qu'ils avaient à employer; ils disposaient les pierres de couleur et les briques en dessins géométriques, en arêtes de poissons, en losange ; le roman auvergnat doit son caractère particulier à ce genre de décoration. Indépendamment de l'appareil des pierres, on ne trouve guère d'ornementation proprement dite en dehors des chapiteaux et des archivoltes de portes et de fenêtres. Là, on retrouve l'influence déjà considérable des premières croisades qui avaient fait connaître aux chrétiens les richesses de l'art byzantin. Dans le midi surtout, les ornements sculptés, les habits sacerdotaux, les vases sacrés rappellent dans leurs détails les arabesques de l'Orient, imitées souvent d'une manière si servile, qu'on a pu, de nos jours, reconnaître des fragments du Coran sur des vêtements fabriqués pour les prêtres chrétiens. Dans le Nord, les ornements plus sobres, plus éloignés de ce faste oriental, ont un caractère plus original quoique tout aussi varié. Voici, d'après Léon Château, comment sont conçus ces ornements, et comment ils se répartissent sur notre sol :

Dans le Poitou et la Saintonge, on trouve des enchevêtrements de tiges et de feuilles, les palmettes perlées, des figures bizarres, des animaux monstrueux de formes et d'allures, et une foule d'autres ornements se distinguant par une valeur d'ornementation tout à fait caractéristique. En Bourgogne, ce sont les rosaces, les guirlandes de feuillage fortement refouillées, les personnages symboliques, l'imitation de pierreries enchâssées. L'Auvergne et le centre de la France nous présentent la marqueterie la plus complète de pierres de couleur, évidemment imitée des mosaïques gallo-romaines. Dans la Provence, l'ornementation se sent du voisinage des édifices romains; elle se distingue par des moulures fines et des ornements sculptés avec délicatesse. Le Languedoc et la Guyenne adoptent à peu près ce système sobre de décoration et préfèrent les moulures multiples.

Les ornements géométriques dominent en Normandie. Enfin, l'Ile de France est avare d'ornement et prodigue de moulures; elle se distingue et tranche vivement avec l'ornementation des provinces.

Nous donnons (fig. 493) une série des ornements romans les plus usités; elle suffira pour faire saisir à première vue la différence qui sépare l'ornementation romane, toute géométrique ou toute conventionnelle, de l'ornementation ogivale empruntée directement à la nature et surtout à la flore. — V. FLORE ORNEMENTALE.

La décoration historiée des chapiteaux est aussi particulière à l'architecture des xi° et xii° siècles. Déjà, vers le milieu du xii°, on ne voit plus de ces représentations empruntées à l'art oriental, scènes grotesques, défilés sompueux ou animaux fantastiques, qui indiquaient une tendance aussi nuisible à l'art qu'à l'esprit religieux. C'est à ce dernier point de vue que se plaçait Saint-Bernard lorsqu'il s'élevait contre cet usage qui florissait surtout dans le centre de la France, en Bourgogne, en Berry, en Poitou : « Dans les cloîtres, disait-il en 1125, à quoi servent, devant des frères occupés à lire, ces monstruosités ridicules, ces méprisables difformités? Que font ici ces singes immondes, ces lions farouches, ces créatures, ces moitiés d'hommes, ces tigres tachetés, ces soldats combattant, ces chasseurs sonnant de la trompe? Vous pouvez voir plusieurs corps réunis sous une seule tête ou plusieurs têtes sur un seul corps; un quadrupède à queue de serpent à côté d'un poisson à tête de quadrupède; un monstre, cheval par devant et chèvre par derrière; un animal à cornes traînant la croupe d'un cheval; enfin, de toutes parts, une variété de formes si étonnantes qu'il est plus attrayant de lire les marbres que les livres ». A cette voie écoutée, les sculpteurs revinrent à une décoration non moins riche, mais plus conforme à l'esprit chrétien, et qui dégage l'art ogival de toute attache avec l'art étranger qui lui avait servi sans doute de modèle.

La polychromie joue déjà un rôle important dans les églises du XIᵉ siècle. Beaucoup de chapiteaux étaient peints, de même que les portes; les porches semblent même avoir eu pour principal objet la préservation de ces portes peintes; quelques-uns sont de dimensions trop restreintes pour avoir jamais eu une autre destination.

Fig. 492. — *Abside de Saint-Sernin à Toulouse.*

Dans le sanctuaire se voyait souvent une grande figure du Christ accompagnée des quatre animaux symboliques ou la Vierge et les apôtres. On peut voir de ces peintures à Saint-Julien de Brioude, à la cathédrale du Puy, à Jumièges. Parfois même on retrouve trace de véritables peintures murales, comme à l'église d'Issoire, où on a découvert un Saint-Michel pesant les âmes dans une balance, représentation figurée du Jugement dernier. — V. POLYCHROMIE.

De ce que la plupart des petites églises rurales appartiennent au style roman, qu'elles soient ou non, du reste, antérieures au XIIᵉ siècle, il ne faudrait pas croire, comme on est souvent porté à le faire, que c'est seulement pendant la période ogivale qu'on a construit des églises de grandes dimensions. L'église de Cluny, démolie en 1789, était énorme; elle avait 183 mètres de longueur; l'église de Vézelay, qui existe encore, mesure 158 mètres; cette dernière proportion est celle de nos belles cathédrales. Nous citerons encore, parmi les beaux édifices romans qui nous restent : Saint-Etienne et la Trinité, à Caen; les cathédrales de Poitiers, d'Autun, d'Angoulême, du Puy; Notre-Dame du Port, à Clermont-Ferrand; Saint-Sernin, à Toulouse; Saint-Rémi, à Reims; Saint-Georges de Boscherville (Seine-Inférieure); Saint-Benoît, à la Charité-sur-Loire (Loiret); Saint-Trophyme d'Arles avec son cloître, un des plus beaux de France, et l'église voisine de Montmajour; Saint-Germain-des-Prés, à Paris, celle-ci offrant déjà quelques essais de l'ogive et faisant prévoir un style de transition.

La belle église de Sainte-Madeleine, à Vézelay, en Bourgogne, une des plus riches et des plus vastes, qui appartenait au couvent le plus célèbre, en France, par son pèlerinage, date du XIᵉ siècle, au moins par la nef et la crypte, car l'ogive se montre dans quelques parties postérieures, les transepts et le chœur; les portes, à plein cintre, sont superbes; on y remarque le contraste que présente la sculpture d'ornement, si parfaite, avec la sculpture historiée : les ornemanistes, surtout ceux de la Bourgogne, étaient très habiles, tandis que les tailleurs d'images restaient inexpérimentés. Ils savaient pourtant racheter bien des défauts de dessin et de composition par deux qualités maîtresses, la vigueur et l'expression. La tour carrée du transept, avec deux étages de fenêtres accouplées à 34 mètres de hauteur; un porche très vaste, un peu postérieur à la dédicace du sanctuaire, n'a pas moins de 21 mètres d'étendue; c'était une véritable chapelle à l'usage des catéchumènes.

La Normandie est riche en églises romanes du XIᵉ siècle; la plus belle, sans doute, et la plus complète, est Saint-Etienne ou l'Abbaye aux hommes, à Caen, qui date de 1077; la façade, très simple, est ornée de deux grandes tours carrées surmontées d'un toit pyramidal élancé; toutes les ouvertures sont à plein cintre et encadrées de colonnettes à demi engagées; les fenêtres de la façade sont trigéminées.

La partie ancienne de Saint-Germain-des-Prés consiste en une superbe tour carrée que couronne un toit bas avec quatre clochetons; au sommet se trouve une double croisée à plein cintre. L'ensemble de cette façade est massif, mais les proportions n'en manquent pas d'élégance. Le portail, avec ses huit colonnettes à chapiteaux variés, est un curieux spécimen du style roman. Dans le chœur de cette église se rencontrent des arcades ogivales qui peuvent être considérées comme tout à fait primitives. La cause de cette modification est ici facile à reconnaître ; l'architecte, trouvant un espace circulaire très resserré, a brisé l'arc pour élever cette partie du chœur à la hauteur des bas-côtés. C'est à des circonstances semblables, toutes fortuites sans doute, qu'est due l'introduction de l'ogive dans l'architecture chrétienne. Parfois encore, les compartiments d'une nef ayant été mal divisés, il s'est trouvé un espace trop étroit, et le constructeur a cherché à regagner la différence de hauteur en brisant l'arc, comme à Saint-Étienne de Beauvais, par exemple ; on peut encore voir l'origine de l'arc en tiers points dans les cintres très entrelacés, si fréquents dans l'architecture romane (fig. 494) et qui forment une ogive à leur intersection.

Nous ne pensons pas qu'on puisse voir dans ces premiers essais, si timides, une idée préconçue et raisonnée ; nous n'y voyons pas non plus une imitation orientale qui n'aurait emprunté qu'un seul élément sans l'accompagner des détails d'ornementation et des moulures auxquels il semble étroitement lié chez les Arabes. Donc, il paraît certain que, jusqu'après les premières années du xiiᵉ siècle, l'emploi de l'ogive n'est qu'une trace de maladresse ou de fantaisie sans but précis. Ce n'est que peu à peu qu'on reconnut à ce genre de construction des avantages de solidité et de légèreté tellement importants, qu'à la fin de ce siècle l'ogive était en usage dans tout le nord de la France, principalement pour la construction des voûtes, et que le midi lui-même se laissait entraîner dans cette voie où, cependant, il n'entra franchement que tard, puisqu'on en trouve des exemples à Saint-Trophyme d'Arles et à Moissac (Tarn-et-Garonne).

Nous avons cru devoir rattacher au style roman le style de transition, parce que, en réalité, il s'agit là d'églises romanes plus ou moins modifiées, mais restant intimement unies à celles de l'époque précédente par toutes les grandes lignes et par le plan. Ce n'est, en effet, qu'au xiiiᵉ siècle et au début de l'art ogival même que l'architecture se modifie à la fois dans ses principes fondamentaux, dans son ornementation et dans la disposition symbolique de ses différentes parties. C'est ce qui a été développé au mot OGIVAL. — V. ce mot.

STYLE DE TRANSITION. Des voûtes généralement peu élevées, des murs épais, des piliers énormes, une ma-

Fig. 493. — *Ornements romans.*

a Diamants. — *b* Têtes plates. — *c* Frette crénelée. — *d* Étoiles et perles. — *e* Galons perlés. — *f* Câble tordu. — *g* Besans. — *h* Zigzags. — *j* Tore guivré ou chevrons. — *k* Damier. — *l* Câble ondulé. — *m* Violettes. — *n* Contre chevrons. — *o* Torsades. — *p* Losanges.

çonnerie pesante et encombrante, des ouvertures rares et étroites, donnant le jour sur les bas-côtés, voilà ce qui caractérise l'architecture romane. La seule introduction de l'ogive dans la construction va permettre de remédier à tous ces inconvénients ; c'est donc un progrès fécond en résultats d'autant plus précieux qu'ils sont immédiats

Fig. 494. — *Cintres entrelacés.*

grâce à l'association étroite des francs-maçons. C'est, en effet, plutôt favorisée par esprit de rivalité que par ses avantages, d'ailleurs très réels, que l'ogive prend une place si absorbante dans l'architecture du xiiᵉ siècle ; elle *représente les règles données par la franc-maçonnerie*, en opposition avec celles données par les moines ; et comme le clergé est par nature attaché à la tradition et rebelle aux progrès trop brusques, les architectes clunisiens ou cisterciens restent fidèles au style roman et disparaissent avec lui, d'autant plus vite que le clergé séculier, devenu chaque jour plus puissant, favorise par jalousie les maçons libres. — V. MAÇON.

L'architecture s'étend, se vulgarise. Si on construit moins d'abbayes, on élève beaucoup d'églises, de palais, et les communes affranchies, devenues riches et indépendantes par leurs privilèges, demandent aux artistes laïques de belles maisons, des beffrois, des hôpitaux, tous les édifices conservant, grâce à l'union des francs-maçons, cette unité qui fait les grands styles.

Fig. 495. — *Contrefort à Chartres.*

Nous avons dit que l'ogive donnait à la construction la légèreté et la lumière. En effet, l'arc en tiers-point permet de reporter la poussée des voûtes, non plus sur une ligne verticale, mais sur un point unique, la base de l'arc, et la voûte devient alors à la fois plus simple et plus solide ; quatre piliers minces reliés par six arcs, constituent une carcasse dont il ne reste plus qu'à remplir les triangles vides au moyen d'une maçonnerie légère. La poussée est donc très réduite puisque le poids de la voûte est beaucoup moindre, mais en outre, ainsi que nous l'avons dit, l'effort se produisant sur la naissance de l'ogive, il suffit d'appliquer à ce point une force suffisante pour le soutenir. C'est ce qu'on obtint au moyen de l'arc-boutant rejoignant par une courbe un contre-fort solide placé en dehors de l'édifice, et rendu plus résistant encore par une masse de pierre appelée *pinacle*. Les murailles n'ayant plus rien à soutenir ne servent plus que comme clôtures, et peu à peu on les remplace par des fenêtres qui éclairent largement les intérieurs; en même temps, les voûtes s'élèvent, puisque les arcs-boutants peuvent les suivre à toutes les hauteurs, les vides prédominent sur les pleins; les arcades et les fenêtres prenant un aspect plus léger, appellent le même mouvement dans les colonnes, qui deviennent de fines colonnettes s'élançant vers la voûte. L'édifice ainsi allégé et aminci devient comme une cage de pierre et de verre.

Pourtant l'église reste toujours romane par le plan, par les cintres des baies, par les ornements; et si parfois l'ogive paraît dans la décoration et sans résultat utile, c'est timidement et comme par tolérance; le plein cintre la domine encore et semble assuré de garder la suprématie. C'est ainsi qu'on la trouve dans tous les monuments du milieu du XII° siècle; Notre-Dame de Noyon, l'église de Civray, la cathédrale de Chartres, Vézelay, St-Rémi à Reims, la cathédrale de Senlis, Notre-Dame la Grande à Poitiers, la cathédrale de Saint-Denis. Mais, dans les dernières années du siècle, l'ogive triomphe partout, et dès lors le plein cintre disparaît pour plusieurs siècles.

La façade de l'église de Saint-Denis, qui date de 1140, nous montre un des premiers exemples de l'ogive employée comme décoration. Le portail a déjà la forme ogivale parfaite. Au-dessus de chaque porte se trouvent trois croisées, celles de gauche sont ogivales; des trois de droite, deux consécutives sont à plein cintre, la troisième est en tiers point, et celles qui surmontent le grand portail offrent la disposition plus symétrique d'un cintre flanqué de deux ogives; la rose centrale est aussi très remarquable, elle est d'un dessin correct et se rapproche des grandes rosaces du XIII° siècle.

On peut encore observer une légère brisure de l'arc au portail de l'église de Moissac (Tarn-et-Garonne), qui est un des plus riches monuments de l'ère romane. L'église de Civray (Vienne) et Saint-Maurice, à Angers, montrent encore l'ogive dominée par le plein cintre; mais c'est surtout au nord, dans l'ancien domaine royal, que se trouvent les plus beaux exemples du style de transition. Ce sont, outre les églises que nous avons citées déjà, celles d'Etampes, de Poissy, de Saint-Pierre, à Soissons; de Morienval (Oise) et les belles églises du Mans, Notre-Dame de la Couture et la cathédrale, dont le portail occidental est du roman le plus pur.

De toutes, la plus curieuse peut-être, est l'ancienne

cathédrale de Noyon (Oise), qui date de 1150 environ. L'ogive s'y trouve mêlée au plein cintre de la façon la plus extraordinaire, la plus fantaisiste pour ainsi dire. A part les voûtes, on ne voit aucune nécessité dans l'emploi de l'arc à tiers-point qui se trouve jeté çà et là comme au hasard; il faudrait admettre que la construction a été confiée successivement, et à des intervalles très rapprochés, tantôt à des architectes ecclésiastiques, tantôt à des laïques, et que chacun d'eux a tenu à affirmer son indépendance vis-à-vis d'une pensée rivale. La cathédrale de Noyon occupe une place importante dans l'histoire de l'architecture parce que cette construction très parfaite a servi de modèles à un grand nombre d'églises rurales construites dans cette région à la même époque. Nous citerons notamment, à peu de distance de Noyon, Saint-Eloi de Tracy-le-Val et l'église de Berneuil-sur-Aisne, qui sont des copies évidentes de leur métropole.

Ainsi, ce qui distingue le style de transition, c'est, à l'extérieur, la prédominance de la ligne verticale, devenue plus accentuée par une maçonnerie moins massive, c'est l'apparition des arcs-boutants, encore un peu lourds, un peu compliqués de dessin (fig. 495), tel qu'on peut le voir, par cet exemple emprunté à la cathédrale de Chartres, mais qui deviennent bientôt fins et élancés, les pinacles sculptés, les grandes roses sur la façade avec leurs compartiments à *lobes*, et la disparition des porches devenus inutiles au point de vue canonique puisque le sanctuaire était maintenant ouvert à tous. A l'intérieur, les voûtes s'élèvent, la lumière et l'air entrent à profusion, les colonnes s'amincissent, les trèfles et les quatre-feuilles sont employés, au lieu des

Fig. 496. — *Détails d'ornementation au cloître d'Elne, Pyrénées-Orientales.*

arcades, pour décorer les galeries et le triforium; enfin, on voit paraître déjà cette ornementation empruntée à la nature (fig. 496) et qui deviendra si belle avec le style ogival; les plantes à feuilles simples et larges en forment le fond.

Nous ne pouvons nous étendre plus longuement sur les édifices de la transition qui mériteraient, par leur originalité, une étude spéciale. Leur nombre, dit Vitet, est immense, et on ne peut affirmer qu'il n'en est pas deux où le plein-cintre et l'ogive occupent les mêmes places, et soient distribuées dans la même ordre et les mêmes proportions; ici, l'ogive domine dans l'intérieur, tandis que toutes les ouvertures extérieures sont à plein cintre; là les deux formes sont entremêlées aussi bien au dedans qu'au dehors; quelquefois, c'est dans les ouvertures extérieures du chœur que l'ogive apparaît timidement; ailleurs, c'est uniquement dans la façade qu'on peut en apercevoir quelques indices. L'énumération de toutes ces variétés serait interminable et sans profit. Notons qu'il y a des édifices où on ne trouve pas un seul plein cintre, mais qui conservent, malgré leurs ogives, tous les caractères du style roman, c'est-à-dire le plan en croix latine, les mêmes moulures, les mêmes chapiteaux, la même ornementation; dans d'autres, au contraire, vous chercheriez vainement l'ogive, même dans les voûtes, mais les pleins cintres sont si élancés, si svelte, bordés de moulures si fines, qu'ils semblent renier leur origine. Ces deux sortes de monuments appartiennent, en réalité, à l'époque de transition.

Au XIIe siècle, l'art ogival s'épanouit dans toute sa splendeur, mais s'il règne sans conteste dans la région du Nord et de l'Ouest, dans le domaine royal et les communes nouvellement affranchies, le Midi lui échappe quelque temps encore. La Guyenne par exemple, n'a que des imitations incomplètes et sans style des belles églises du Nord; la Bourgogne qui avait été le berceau du style roman, et qui était couverte de ses plus belles productions, n'adopte l'ogive qu'au milieu du XIIIe siècle; quant à l'Auvergne, qui avait porté l'art roman à sa perfection, du moins dans la construction, et qui avait de grandes églises voûtées en plein cintre, d'une soli-

dité éprouvée, elle ne quitte les traditions de ce style que pour passer à l'architecture de la Renaissance. Ce sont des considérations dont il importe de tenir compte lorsque l'on veut évaluer l'âge de nos monuments. — C. DE M.

* ROMANO-BYZANTIN. Nous avons déjà dit, au sujet de l'architecture romane, quelques mots de l'art byzantin dans l'ornementation et dans la décoration des chapiteaux. Les palmettes, les entrelacs, les réseaux, les plantes exotiques, les personnages couverts de riches étoffes et de vêtements à petits plis sont évidemment d'origine orientale, mais ils se sont acclimatés, pour ainsi dire, dans notre art national, et ne peuvent en être sépa-

Fig. 497. — *Eglise Saint-Front, à Périgueux.*

rés. Il n'en est pas de même de quelques monuments du centre de la France dont la construction même est byzantine et ne ressemble plus aux productions du style roman; on en a donc fait une classification séparée sous le nom de *style romano-byzantin.*

Ce qui caractérise surtout les constructions religieuses des Grecs du moyen âge, c'est l'emploi de la coupole en pendentifs sur un plan en forme de croix grecque, c'est-à-dire constitué par deux nefs se coupant par le milieu. Cette coupole est élevée au-dessus de quatre grands arcs disposés en carrés; mais, l'adaptation d'une coupole sur un plan quadrangulaire laissait quatre angles; pour les remplir, les architectes byzantins imaginèrent quatre petites voûtes en forme de niche en encorbellement. C'est ainsi que fut construit la célèbre église Sainte-Sophie, à Constantinople, et elle devint un modèle pour toutes les autres constructions analogues en Orient.

Mais en Occident, les imitations de l'architecture by-

zantine furent assez rares, et elles sont ordinairement si éloignées du style de tout ce qui les entoure, qu'on est fondé à les attribuer à quelque cause fortuite, telle, par exemple, que le passage, dans la contrée, d'un architecte grec.

Ainsi, il est certain qu'au Xe siècle les Vénitiens, alors les seuls commerçants organisés de l'Europe, avaient établi un comptoir à Limoges et, sans doute, ils avaient apporté des dessins représentant l'église Saint-Marc qui, à Venise, reproduisait les principales dispositions de Sainte-Sophie; peut-être aussi quelqu'un d'entre eux put-il servir de guide aux architectes francs; toujours est-il que, vers 984, une église remplaçait, à l'abbaye de Saint-Front, à Périgueux, une ancienne basilique latine qui tombait en ruines. C'est un monument en forme de croix grecque et des plus remarquables. Cinq coupoles à ogive servent de couverture et sont supportées par douze gros piliers ornés à leur milieu d'un simple cordon. Chacun des douze pans de la croix est percé de grandes fenêtres trigéminées. Comme on le verra plus tard dans l'architecture ogivale, les murs sont devenus inutiles ici à la solidité de l'édifice, dont la carcasse se compose des piliers et des coupoles : on les a découpés à plaisir, et l'intérieur est inondé de lumière ; il y avait donc dans ce style un progrès très réel sur l'art roman qui éprouvait toujours de grosses difficultés à voûter de grands espaces. L'ensemble extérieur est assez original et ne ressemble en rien à ce que nous montrent les autres églises françaises ; il était, autrefois, complété par des lanternes et des pyramides aujourd'hui disparues. Saint-Front est actuellement la cathédrale de Périgueux.

Les autres édifices qui appartiennent au romano-byzantin n'ont pas cet extérieur franchement oriental, mais néanmoins ils témoignent de leur origine par leurs coupoles. D'ailleurs, ils se trouvent tous dans la région du centre de la France et sont imités de Saint-Front qui leur a servi de modèle. Ce sont : à Périgueux même, l'église Saint-Étienne de la Cité, la cathédrale d'Angoulême, celle de Cahors, les églises de Souillac (Lot), de Cognac et de Saintes, Saint-Astier, l'église de Loches. La cathédrale du Puy, Saint-Hilaire de Poitiers et la célèbre abbaye de Fontenault se rattachent encore à ce style qui eut, dans le pays situé au sud de la Loire, une influence qui ne cessera qu'au xiiie siècle et sur les causes de laquelle on n'a rien pu découvrir de certain.

Au surplus, Saint-Front, dont on verra bientôt une imitation au sommet de la butte Montmartre, à Paris, dans l'église du Sacré-Cœur, est seule véritablement byzantine et à plan en forme de croix grecque ; les architectes de la cathédrale d'Angoulême, de Notre-Dame du Puy, de Saint-Hilaire de Poitiers, par exemple, ont surtout cherché à utiliser les avantages de solidité et de légèreté qu'offraient la coupole, mais ils sont restés romans. En ce qui concerne Saint-Front, l'ornementation est, non pas byzantine, mais bien plutôt romane.

Le clocher carré de Saint-Front, l'un des plus anciens de France, car avant la fin du ixe siècle on n'en construisait pas, a eu aussi sa part d'influence sur les édifices voisins, car on trouve, dans l'ouest de la France, beaucoup de tours carrées, avec étages en retraite, percées de fenêtres cintrées et couronnées par une coupole conique, qui sont des réminiscences de ce clocher. Au contraire de la coupole, une tour carrée n'était pas un bon exemple à suivre, car elle ne s'élève, en diminuant de largeur jusqu'au sommet, que par une succession de porte-à-faux, si bien que les piliers d'angle d'un étage pèsent sur les voussoirs des cintres de l'étage inférieur et exercent une action énorme sur les pieds droits. Aussi a-t-on dû, à Saint-Front, boucher les cintres inférieurs et doubler en maçonnerie les pieds droits des autres ouvertures. C'est sans doute parce qu'ils avaient reconnu ces inconvénients que les architectes de la période suivante ont adopté la forme carrée surmontée d'une haute flèche pyramidale. On a ainsi obtenu l'impression cherchée de légèreté sans nuire à la solidité de la construction. — C. DE M.

Bibliographie : D. RAMÉE : *Histoire de l'architecture* ; G. CERFBERR DE MÉDELSHEIM : *L'architecture en France* ; TAYLOR et NODIER : *Voyages dans l'ancienne France* ; Prosper MÉRIMÉE : *Notes d'un voyage dans le midi de la France* ; De CAUMONT : *Cours d'antiquités monumentales* ; Alexandre de LABORDE : *Les monuments de France* ; Prosper MÉRIMÉE : *Essai sur l'architecture du moyen âge*, dans l'*Annuaire de la Société de l'histoire de France*, année 1839.

ROMARIN. Arbuste très rameux qui peut atteindre 1 mètre, et dont toutes les parties répandent une odeur aromatique assez forte ; on en extrait une essence très employée en parfumerie.

Cette essence s'extrait plus particulièrement du *rosmarinus officinalis* (de la famille des labiées). On l'obtient en distillant la plante avec de l'eau dans un alambic à tête de « Maure », on recueille dans un récipient florentin. Le rendement en essence pour une même quantité de plante est très variable, aussi ne peut-on fixer de chiffre. Elle marque depuis 0,880 jusqu'à 0,910 au densimètre, et bout à 163°. Elle est dextrogyre.

L'essence de romarin est constituée par un hydrocarbure ($C^{10} H^{16}$) déviant à gauche, et une grande quantité de camphre du Japon, mais possédant un pouvoir dextrogyre inférieur à celui du camphre ordinaire. L'hydrocarbure qui bout entre 160 et 170° est remarquable par sa propriété d'absorber (comme l'essence de térébenthine) l'oxygène humide sous l'influence de la lumière solaire, en donnant des cristaux d'hydrate. Le camphre se sépare, en soumettant au froid les portions de l'essence qui distillent entre 200 et 210°.

On distingue l'essence de romarin par ce fait qu'elle noircit au contact de l'acide sulfurique, et que le mélange distillé fournit un liquide oléagineux d'odeur alliacée bouillant à 173°, d'une densité de 0,807, et possédant la même composition que l'essence de térébenthine.

*ROMPERIE. *T. de fond.* Opération qui consiste à détacher du pied de la lettre, l'excédent de matière nécessaire pour la fonte du caractère ; on dit aussi *rompure.* — V. CARACTÈRES D'IMPRIMERIE.

ROND, RONDE. Qui a tous les points de sa circonférence à égale distance d'un point central. || *Ronde bosse.* Figure dont certaines parties ont tout leur contour, au lieu d'être engagées comme la demi-bosse ou aplaties comme le bas-relief. — V. RELIEF. || *Lettres rondes.* Caractères plus arrondis que les caractères ordinaires. || Petit cercle de bois de fente à l'usage du treillageur. || *Demi-rond.* Couteau demi-circulaire à l'usage du corroyeur. || Outil à fût qui sert à faire une moulure en forme de quart de rond ou d'ovale.

RONDACHE. *T. d'arm. anc.* Grand bouclier rond en usage au temps de la chevalerie, et que portaient aussi bien les fantassins que les cavaliers.

*RONDEAU. *T. techn.* 1° Disque de bois ou de plâtre qui sert à l'ébauchage des pièces. || Disque de terre réfractaire qui sert de support pendant la cuisson des pièces de poterie. || 2° Peau préparée pour garnir un crible. || 3° Plaque métallique ronde sur laquelle l'opticien façonne les verres plans. || 4° Meule à l'usage de l'horloger, pour user ses verres de montre. || 5° Disque de bois sur lequel le pâtissier dresse le pain à bénir. || Sorte de pelle à enfourner le pain.

*RONDELET (JEAN). Architecte, né à Lyon en 1734, mort à Paris en 1829, vint jeune à Paris, fut élève de Soufflot, et dirigea sous les ordres de son maître les travaux du Panthéon ; lui seul connaissait bien, à l'époque de la mort de Soufflot en 1781, les conditions où avait été commencé le gigantesque monument, aussi est-ce à lui qu'on confia l'achèvement de la construction ;

il restait à élever la partie la plus difficile, la grande coupole qui couronne l'édifice. Les plans donnés par Rondelet furent excellents, mais la mauvaise qualité des matériaux qui entrèrent dans les pendentifs compromirent la solidité de ce dôme, et malgré la précaution qu'on eut de substituer des massifs de construction aux colonnes et aux piliers qui devaient le supporter, dans le projet primitif, il s'est produit à diverses époques des tassements qui ont failli compromettre l'œuvre tout entière. C'est d'ailleurs le même accident qu'on a eu à regretter à la coupole de Saint-Pierre de Rome. En 1783, Rondelet fit le voyage d'Italie, recueillit un grand nombre de documents dont il se servit ensuite dans ses ouvrages, fit partie, après la Révolution, de la Commission exécutive des travaux publics, organisa dès la fondation de l'Ecole polytechnique, des cours de génie civil, fut professeur de stéréotomie à l'Ecole des Beaux-Arts, et membre de l'Institut. Il avait gravé sur un marbre une carte géographique de l'Europe sur la projection d'un cadran solaire, de telle sorte qu'en même temps que l'heure, l'ombre du gnomon indiquait tous les pays où il était midi. Rondelet est surtout connu par ses ouvrages, dont le plus remarquable est le *Traité théorique et pratique de l'art de bâtir*, qui fut pendant longtemps le guide de tous les architectes. Les dernières années de sa vie furent attristées par une cécité devenue peu à peu complète.

*RONDELETTE. T. *de tiss.* Grenadine produite avec des fils inférieurs de douppions. || Grosse toile de lin de 0,35 à 0,65 de largeur destinée à faire des essuie-mains.

RONDELLE. T. *de mécan.* On désigne sous ce nom différentes pièces plates de forme généralement ronde, qui peuvent recevoir des applications très variées : elles ont une faible épaisseur par rapport à leur diamètre, et comme dans la plupart des cas, elles sont destinées à être enfilées sur une tige ou un boulon ; elles sont alors percées d'un trou en leur milieu pour livrer passage à cette tige.

Les assemblages par boulons et écrous, par exemple, sont souvent munis d'une rondelle mince en cuir ou quelquefois en métal sur laquelle l'écrou vient porter, et qui permet ainsi d'obtenir un serrage plus parfait. On emploie aussi ces rondelles métalliques en les disposant de manière à empêcher le desserrage de l'écrou ; tel est le cas, par exemple, de la rondelle Grover qui est constituée par une lame plate et élastique formant ressort, enroulée autour du boulon ; la réaction de cette lame une fois serrée par l'écrou maintient celui-ci immobile. Cette rondelle est fort employée dans la pose des voies ferrées pour prévenir le desserrage des boulons d'attache des éclisses servant à relier les rails.

Les rondelles en caoutchouc sont souvent employées comme ressorts, surtout dans l'industrie des chemins de fer ; on les rencontre sur les vagons, servant tantôt de ressorts de choc ou de ressorts de suspension.

Les ressorts de choc comprennent alors un certain nombre de rondelles alignées sur un axe commun, avec interposition toutefois d'une feuille de métal entre deux rondelles voisines, pour prévenir la pénétration du caoutchouc. Comme ressorts de suspension, elles sont interposées entre la caisse et le châssis, dans les voitures qui comportent une double suspension. — V. RESSORT.

Les rondelles métalliques Belleville sont aussi des ressorts constitués seulement par un assemblage convenable de feuilles de tôle d'acier spécialement embouties en forme de tronc de cône.

Ces troncs de cône sont assemblés deux à deux par leurs grandes bases, et donnent ainsi des couples de rondelles qui forment ressort en s'aplatissant et revenant à leur forme initiale ; ces rondelles sont fort employées comme ressorts de choc sur les vagons de chemin de fer.

|| Petite rondache à l'usage des gens de pied du moyen âge, armés à la légère. || Nom des pièces de cuivre rondes que le plombier place à chaque bout du moule à fondre les tuyaux sans soudure. || Large rebord mobile qui, à chacune des extrémités de l'ensouple, retient les bords des chaînes.

Rondelle fusible. Disposition anciennement employée sur quelques chaudières à vapeur, et qui consistait en une plaque fusible de forme circulaire, adaptée au moyen d'un joint sur ou contre le ciel des fourneaux. Elle avait pour but de s'opposer à toute surélévation de la pression de la vapeur ; à cet effet, le point de fusion de la rondelle était déterminé par la température correspondant au maximum de pression choisi. L'alliage de ces rondelles était composé de 8 parties de bismuth, auxquelles on ajoutait d'autant plus de plomb et d'étain que la température était plus élevée. Elles offraient le grave inconvénient de condamner les machines au stoppage, jusqu'à ce que l'on put remplacer les rondelles fondues et refaire le plein de la chaudière ; aussi les a-t-on complètement abandonnées depuis longtemps. Les soupapes de sûreté actuelles remplissent beaucoup mieux ce rôle, et se prêtent à des modifications dans le régime de la pression, faculté que l'on ne pouvait obtenir avec les rondelles.

Aujourd'hui, on ne fait usage d'une disposition analogue que dans les chaudières sectionnelles, c'est-à-dire dans les chaudières formées d'un certain nombre de groupes de tubes dans lesquels l'eau se trouve contenue. Pour éviter les coups de feu qui pourraient résulter d'un manque de circulation de l'eau dans les tubes supérieurs, on perce dans les tampons de quelques-uns de ces tubes, un trou de quelques millimètres de diamètre, dans lequel on chasse une *cheville fusible*. Le sifflement de la vapeur à haute tension s'échappant par ce petit orifice, lorsqu'une cheville vient à fondre, prévient le surveillant qu'il se passe quelque chose d'anormal. Mais, dans ce cas, on n'est pas condamné à l'arrêt, les feux ne sont pas éteints comme avec les anciennes rondelles ; on met en place une nouvelle cheville, ou à la rigueur on marche avec cette fuite de vapeur dans la boîte à fumée.

RONDIN. Outre qu'il désigne un morceau de bois rond et court, ce mot s'applique à un cylindre de bois sur lequel le plombier arrondit les tables de plomb destinées à faire des tuyaux.

*__RONGEANT.__ *T. d'imp. s. ét.* Couleur déposée sur une étoffe déjà préalablement mordancée. La composition du rongeant doit être telle qu'il enlève tout le mordant déposé sur l'étoffe, de sorte qu'après teinture, les parties imprimées deviennent blanches. Quelquefois on produit des rongeants colorés ; ceux-ci enlèvent la couleur primitive déposée sur le tissu et en déposent une autre. Quand une couleur en modifie une autre, c'est quelquefois par l'action d'un rongeant, mais comme le fond n'est pas coloré, on appelle alors ce mode d'action de la couleur d'un autre nom, c'est une *conversion*. Dans ce cas, le rongeant n'ayant pas à agir sur le fond de l'étoffe, laisse celui-ci intact, et la couleur propre de la conversion se développe, tandis que sur la partie superposée il y a modification ou conversion. — J. D.

*__RONGEURE.__ *T. de drap.* On désigne sous ce nom un grave défaut qui se produit dans le drap après son entrée dans la tondeuse, lorsque l'étoffe a été préalablement mal nettoyée à l'envers avant d'être soumise au tondage. A la partie du drap où sont fixés les nœuds ou ordures mal enlevés, toute la laine, lors du passage entre la lame et la table de la tondeuse, est rasée jusqu'au tissu, dont on peut compter les fils.

ROQUEFORT. Sorte de fromage qui tire son nom d'un village de l'Aveyron, où il se fabrique. — V. Fromage.

*__ROQUET__ ou **ROQUETIN.** *T. de tiss.* Nom donné dans le rayon industriel de Lyon, aux bobines sur lesquelles on renvide les fils de soie pendant le moulinage ou lors des opérations du tissage. Les roquets sont constitués par des tubes cylindriques en bois garnis à leurs deux extrémités de plateaux destinés à contenir latéralement le fil. || Petite bobine creusée d'une moulure à deux bords pour recevoir le fil que l'on dévide.

*__RORAGE.__ *T. techn.* Blanchiment des toiles par leur exposition à la rosée. — V. Rouissage, § *Rouissage sur pré.*

*__RORET__ (Nicolas-Edme). Éditeur célèbre par la publication des *Manuels* qui portent son nom ; né à Vendeuvre-sur-Barre (Aube) en 1797, mort à Paris en 1860. Il commença son apprentissage de la librairie à Paris et fut, jusqu'en 1821, commis chez le libraire Arthur Bertrand. Il fonda, avec Bach, la maison dont il demeura seul directeur après la mort de son associé, en 1825. C'est alors qu'il commença la publication des *Manuels Roret*, riche actuellement de plus de 400 volumes, formant une véritable encyclopédie des sciences, des arts et des métiers, laquelle a contribué pour une bonne part à la vulgarisation des connaissances techniques et pratiques.

*__ROS.__ *T. de tiss.* Nom donné dans le Nord et certaines autres régions industrielles, aux peignes que l'on adapte aux battants des métiers à tisser *pour serrer les duites les unes contre les autres.* — V. Peigne.

*__ROSACE.__ *T. d'arch.* Ornement en forme de rose, d'étoile à plusieurs branches ou de feuillages inscrits dans un cercle, et qui se place dans les compartiments en caissons des voûtes et des plafonds, dans les intervalles qui séparent les modillons d'une corniche, etc. || Baie circulaire qui se trouve au-dessus du portail des églises et des cathédrales, on dit mieux *rose.* — V. ce mot.

*__ROSAGE.__ *T. de teint.* Une des opérations finales de l'avivage des rouges d'Andrinople (V. Avivage) ; le rosage est généralement un des derniers passages que l'on fait subir aux rouges et aux roses garancés pour leur donner le fini, l'éclat, la fleur.

*__ROSANILINE.__ *T. de chim.* Base triacide, pouvant théoriquement former avec les acides monobasiques, trois séries de sels, dont les monoacides sont les seuls qui soient stables. Ils constituent les *fuchsines* (rouge magenta, azaléine, etc.) du commerce.

On admet aujourd'hui qu'il existe toute une série de rosanilines, dérivant du triphénylméthane ou de ses homologues ; il y en a six homologues et trois isomères. La *pararosaniline* dont la formule est $C^{38} H^{19} Az^3 O^2 ... C^{19} H^{19} Az^3 O$, peut encore être représentée de la manière suivante :

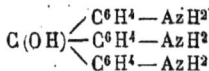

$$C(OH)\begin{cases} C^6 H^4 - Az H^2 \\ C^6 H^4 - Az H^2 \\ C^6 H^4 - Az H^2 \end{cases}$$

et sa constitution par

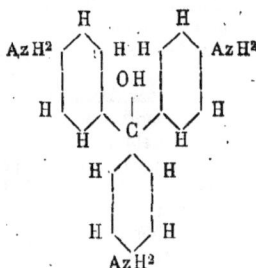

V. Couleurs d'aniline et Fuchsine.

I. **ROSE.** 1° Couleur d'un rouge pâle, semblable à celle de la rose commune. || 2° *Bois de rose.* On en connaît plusieurs espèces qui croissent en diverses contrées, aux Antilles, à Cayenne, en Chine, etc. ; le bois de rose du commerce qui nous arrive en bûches de 10 à 15 centimètres n'a point d'aubier apparent, il est serré, pesant, d'un grain fin et d'une couleur rouge pâle, veiné de rouge vif ou de noir ; son odeur rappelle le parfum de la rose ; il est recherché dans l'ébénisterie de luxe, pour les meubles qui doivent être incrustés de mosaïques, de marqueterie et ornés de bronze doré. || 3° *Eau de rose*. Essence qu'on tire des roses par distillation, et qu'on dilue dans une certaine quantité d'eau. || 4° *Rose des vents*. Figure circulaire marquée de trente-deux rayons par lesquels on partage la circonférence de l'horizon, afin de pouvoir se rendre compte en mer de la direction du vent. — V. Boussole. || 5° *Roses du gouvernail*. Sorte de pentures que reçoivent les aiguillots du gouvernail. || 6° *Diamant en rose* ou simplement *rose*. T. *de lapid*. Taille qui convient au diamant mince, et dans laquelle la table du brillant est remplacée par une pyramide à plusieurs facettes. — V. Diamant, § Rose. || 7° T. *d'arch*. — V. Rosace.

II. ROSE. T. *d'arch*. Baie circulaire ouverte sur la paroi d'une église.

— Dans les premières basiliques chrétiennes, on trouve au-dessus de l'entrée principale une ouverture ronde de peu de diamètre, appelée *oculus* et ornée d'une *archivolte*; c'est déjà la rose, mais sans les divisions intérieures en pierre qui lui donnent, plus tard, une physionomie originale. Cet œil-de-bœuf est découpé, au XIIᵉ siècle, en trois, quatre et même en un plus grand nombre de contre-lobes formant un trèfle, un quatre-feuilles, etc; plus tard, des contre-arcatures se détachent de l'archivolte. Au début du XIIᵉ siècle, la rose garde cette disposition très simple, mais elle s'élargit toujours de plus en plus, bien qu'elle atteigne rarement un mètre de dimension. C'est surtout dans la région du centre et de l'ouest, dans l'Ile-de-France, qu'on trouve ce genre de fenêtres; le Nord et le Midi l'emploient peu, et il en sera de même pendant tout le moyen âge; on ne trouve guère de grandes roses, même dans l'architecture ogivale, qu'autour de Paris, à Saint-Denis, à Rouen, à Chartres (fig. 497), à Reims. La Bourgogne n'a accepté ce système que tard et avec défiance dans ses conditions de solidité; la Normandie en a fait aussi un usager°treint; quant à l'école des bords du Rhin et à celles du Midi, elles

Fig. 497. — *Rose de la cathédrale de Chartres, XIIᵉ siècle.*

y sont réfractaires, et c'est avec bien de la peine qu'on peut se résoudre à donner le nom de *rose* aux œils de petit diamètre qu'on remarque dans plusieurs églises de la France méridionale.

Les architectes méridionaux ne trouvaient, d'ailleurs, aucun avantage réel à l'emploi des roses, et s'ils subissent parfois l'influence des églises du Nord, c'est plutôt par entraînement que par besoin. En effet, ces grands espaces ajourés ne conviennent nullement à un ciel lumineux et chaud, et les constructeurs se sont montrés effrayés de percer aussi largement les parois de leurs édifices. Quand ils l'ont fait, c'est le plus simplement possible, comme dans la jolie église de Royat (Puy-de-Dôme), dans l'abside de laquelle on remarque une jolie rose du XIIᵉ siècle sans réseau intérieur.

Dans les régions de l'Ile-de-France et de la Champagne, où l'usage des roses est très fréquent, il convient de distinguer les grandes ouvertures qui s'ouvrent sur la façade principale ou sur celles des transsepts, des ouvertures rondes destinées à fournir le jour à l'intérieur et à alléger la construction au-dessus de la galerie du triforium. Un grand espace plein eut été disgracieux au-dessus des légères arcatures de cette galerie; d'autre part, de petites fenêtres placées si près des grandes eussent produit mauvais effet; pour toutes ces raisons, on a donc été amené à donner à ces baies la forme circulaire.

Les grandes roses de la façade, au contraire, sont, comme nous l'avons vu, une tradition, et avec le système des architectes du XIIIᵉ siècle, de réduire la maçonnerie dans la limite du possible, elles prennent en peu de temps une importance considérable, au point d'atteindre quatre mètres et plus d'ouverture. Mais alors une difficulté se présente. Ces grands espaces évidés étaient d'aspect triste; de plus, on ne pouvait les laisser ouverts, dans notre climat froid, sans inconvénient; il fallut donc les diviser par des découpures en pierre semblables aux meneaux des fenêtres, mais qui eurent, naturellement, une légèreté plus grande encore. Sur ces découpures on adapta des vitraux qui, soutenus par ce châssis, pouvaient résister à la pression du vent.

L'imagination si fertile des artistes du moyen‑âge, qui cherchait toujours les applications les plus hardies et les plus élégantes de la décoration, a trouvé dans ces roses un merveilleux sujet de fines colonnettes et de dentelures. Le plus souvent le réseau intérieur figure les rayons d'une roue, disposition qui était appelée tout naturellement par la forme circulaire de l'ouverture; mais dans les détails, quelle variété! ogives, trèfles et quatrefeuilles, ou roses plus petites disposées sur plusieurs rangées concentriques à l'intérieur de la grande, plus tard, avec le style flamboyant, ramifications et enchevêtrements en forme de flammes. L'habileté des ouvriers qui ont découpé ces fins ornements est au-dessus de toute admiration; les différentes parties sont combinées de façon à se soutenir mutuellement, à se décharger du poids commun, et à l'équilibrer tout en conservant à l'œil du spectateur la netteté et la légèreté d'un réseau destiné à être vu de loin et où les effets d'optique viennent contrarier les plans du constructeur. Tout est prévu de la façon la plus heureuse, et c'est ainsi que les jolies roses du XIVᵉ siècle ont pu supporter des tassements considérables sans se déformer et sans se briser. Cette résistance est remarquable notamment dans la rose du transsept de Notre-Dame de Paris qui, par suite d'un écartement survenu entre les deux contreforts du pignon, avait subi une déformation complète sans que pour cela une catastrophe se soit produite; c'est que les constructeurs du moyen âge étaient parvenus à faire de ces grandes roses un tout homogène, en s'appuyant pas sur les contreforts plus à un point qu'à un autre, et que chaque élément, rendu indépendant par un système d'équilibre, exerçait isolément une pression très faible, si bien que des morceaux pouvaient être enlevés sans que l'ensemble en souffrît.

La grande rose de la façade de Notre-Dame de Paris, restaurée par Viollet-le-Duc, peut être citée comme un des modèles du genre, aussi bien pour l'élégance et la simplicité du dessin que pour la perfection matérielle de l'exécution. La sculpture en est finement traitée dans une pierre dure qui permettait toute la pureté désirable dans le tracé des ornements et des moulures. Ces dentelures de pierre étaient, autrefois, peintes en bleu et dorées; le diamètre est de près de 10 mètres. Les roses des transsepts ont 13 mètres.

Les ouvertures circulaires de la cathédrale de Chartres sont aussi fort belles, bien que la nature de la pierre n'ait pas permis de les dessiner avec autant de délicatesse; celle de la façade, notamment, est considérée comme un chef-d'œuvre de construction. A Laon, à Soissons, à Mantes, à Braisne, à Saint-Denis, à la Sainte-Chapelle du Palais à Paris, se trouvent encore de belles roses conçues dans le même style du XIIIᵉ siècle.

Mais c'est surtout en Champagne, où les architectes avaient à leur disposition la belle pierre de Tonnerre, que les roses atteignent une ténuité inimitable. La cathédrale de Reims en offre les exemples les plus remarquables (fig. 498), et on regrette la perte d'une autre merveille en ce genre, celle de l'église Saint-Nicaise, à Reims, détruite au commencement de ce siècle. La plupart des roses

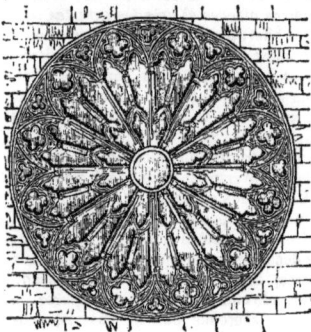

Fig. 498. — *Rose de la cathédrale de Reims, XIIIᵉ siècle.*

de l'école Champenoise offrent cette particularité qu'elles se trouvent inscrites dans une grande fenêtre, laissant ainsi à l'extrémité supérieure de l'ogive une portion difficile à décorer. C'est une difficulté de plus dont les artistes du moyen âge se sont tirés à leur honneur.

Parmi les roses du XIVᵉ siècle, nous rappellerons celles

Fig. 499. — *Rose de la cathédrale de Rouen, XIVᵉ siècle.*

de la cathédrale de Clermont et du transsept de la cathédrale de Rouen (fig. 499), et, parmi les plus sobres du style ogival flamboyant, celle du transsept de la cathédrale de Strasbourg. La Renaissance en a fait rarement usage, et elle n'a cessé, en tous cas, d'en restreindre les dimensions. On peut voir une belle rose de cette époque sur la façade du transsept de Sainte Clotilde, aux Andelys. — C. DE M.

ROSEAU. *T. de bot.* On désigne sous ce nom diverses plantes appartenant à des familles très différentes. Telles sont : le *roseau odorant* ou *acore aromatique (acorus calamus*, L.), aroïdées ; le *roseau des étangs* ou *de la passion* (V. MASSETTE), *typha latifolia*, L. (typhacées) ; le *roseau alpiste, phlaris arundinacea*, L., et le *roseau panaché* ou *à feuilles rayées, phlaris picta*, L., de la famille des graminées, puis, toujours dans cette même famille, le *grand roseau* ou *roseau des jardins, canne de Provence (arundo donax*, L.) qui est utilisé en médecine à cause de sa racine donnée comme antilaiteuse ; le *roseau aquatique, roseau des marais* ou *petit roseau (arundo phragmitis*, L.) dont la racine a les mêmes propriétés, qui sert à faire des haies, et que l'on utilise pour faire, avec la tige, des flûtes de pan, des bobèches pour le coton, des peignes de tisserands, des liens, des nattes, des paillassons, et dont la panicule sert à faire des balais ; enfin le *roseau des Indes* ou *bambou (bambusa arundinaria*, Retz) qui a de très nombreux usages : des nœuds de sa canne on retire un sucre brut (le *tabaxir*) qui donne une liqueur fermentée appelée *arak* ; on en confit les jeunes pousses dans le vinaigre (c'est l'*achiar* de l'Inde) ; on fait une sorte de papier de Chine avec l'écorce ; ses feuilles enveloppent les boîtes de thé nous arrivant de Chine ; la tige est employée à la confection de vases, cannes, conduits, bois de lances, flèches, charrettes, brouettes, montants d'échelles, meubles, écrans, guimbardes (instruments de musique divers), jalousies, poires à poudre ; et fendue en lanières, des nattes, corbeilles, boîtes, sacs à grains, voiles, câbles, vergues, etc.

Une dernière sorte de plantes appartenant à la famille des palmiers, porte encore le nom de *roseau*, c'est le genre *calamus*. Le *dragon (calamus draco*, Willd) fournit le *sang dragon*, suc astringent employé aussi pour faire des vernis, et dont les jets des tiges servent à faire de belles cannes ; le *roseau très dur (calamus petræus*, Wild) donne des tiges avec lesquelles on fait des fouets ; le *roseau vrai* est employé sous le nom de *rotin* pour faire des cannes (*calamus verus*, Lour.), on l'utilise aussi, fendu en lanières, pour faire des chaises, fauteuils, cordes, cordages, paniers, brosses, badines pour battre les habits. — J. C.

*ROSETIER. *T. techn.* Sorte d'outil, composé d'un cylindre d'acier trempé, dont l'extrémité inférieure est à bords coupants, et sur la tête duquel on frappe à l'aide d'un marteau pour découper dans une feuille métallique les *rosettes* qui servent à river les deux bouts d'une goupille.

ROSETTE. 1° *T. de métall.* Cuivre rouge que l'on obtient par la dernière fusion du cuivre noir. ‖ 2° Ornement de métal percé d'un trou au centre pour laisser passer la tige d'un bouton de porte. ‖ 3° Petite plaque de métal traversée par une goupille dont elle sert à river les bouts. ‖ 4° Petit disque muni d'encoches qui servent à donner de la voie aux scies. ‖ *T. d'horlog.* Petit cadran sur lequel se trouve l'aiguille de l'avance et du retard.

*ROSIER ou **ROSETIER.** *T. de mét.* Fabricant de ros ou peignes à tisser.

* ROSOLANE. *T. de chim.* Syn. : *mauvéine.* Matière colorante violette, offrant de nombreuses analogies avec la safranine, et dont la formule est

$$C^{34}H^{24}AzH^4.HCl...C^{27}H^{24}AzH^4.HCl.$$

V. Mauvéine.

* ROSOLIQUE (Acide). *T. de chim.* Corps que l'on a quelque temps considéré comme identique à la coralline, mais que Frésénius en a séparé. C'est l'homologue supérieur de l'aurine,

$$C^{38}H^{14}O^6...C^{49}H^{14}O^3,$$

il a pour formule $C^{40}H^{16}O^6...C^{20}H^{16}O^3$. Il cristallise dans l'alcool dilué, en cristaux rouges, que l'eau bouillante fait transformer en lamelles vertes à reflets métalliques; il est soluble dans l'alcool (surtout à chaud), l'éther, l'acide acétique, les bisulfites alcalins, peu dans l'eau et non dans la benzine et le sulfure de carbone. Il ne s'altère pas lorsqu'on le chauffe à 260°, mais au delà, il dégage de l'eau et du phénol; les substances réductrices le transforment en *acide leucorosolique*, les corps oxydants (perchlorure de fer, acide chromique, permanganate de potasse) en des corps plus oxygénés que lui, et solubles dans les alcalis avec la même coloration.

Pour le préparer d'après Caro et Graebe, on dissout 500 grammes de rosaniline ou de l'un de ses sels, dans 3,000 centimètres cubes d'un mélange fait à parties égales d'acide chlorhydrique et d'eau, puis on verse la solution dans 150 litres d'eau froide. On y ajoute peu à peu de l'azotite de soude, jusqu'à ce qu'il ne reste plus qu'une faible quantité de rosaniline en solution, ce qui se reconnaît à ce que la solution donne encore une teinte rouge sur du papier à filtrer. Alors on porte la liqueur à l'ébullition, il se dégage de l'azote, puis après disparition du gaz, on filtre, et, par refroidissement, on obtient des cristaux d'acide rosolique impur; on les redissout dans la soude, et on sature par l'acide sulfureux; il se forme un dépôt d'impuretés constitué par des flocons bruns, et la liqueur se décolore totalement; on ajoute alors un acide minéral, on chauffe et l'on obtient le dépôt d'acide rosolique que l'on fait cristalliser en le reprenant par de l'alcool dilué. — J. C.

*ROSOTOLUIDINE. *T. de chim.* Syn. : *rouge de toluidine, rouge de xylidine,* matière colorante rouge que Coupier a obtenue avec le nitrotoluène et la toluidine, ou avec le nitroxylène et la xylidine, le perchlorure de fer et l'acide chlorhydrique. — V. Rouge.

ROSSIGNOL. *T. techn.* 1° Crochet de fer qui sert à ouvrir les serrures dont on n'a pas la clef. || 2° Coin de bois qu'on met dans une mortaise trop longue pour la diminuer, et qui s'emploie, en général, pour serrer des pièces de charpente.

*ROSSO ou **Maître ROUX.** Peintre, architecte et décorateur, né à Florence en 1496, mort en 1541, se fit connaître dans sa ville natale par son seul talent, car il n'avait voulu s'attacher à aucune école. Il donna de bons tableaux dans la manière de Mi-

chel-Ange et du Parmesan : une *Assomption de la vierge* dans le couvent de la *Nunziata,* qui fut très remarquée par sa couleur brillante et son dessin hardi; la *Vierge entourée de saints* ; la *Transfiguration* à Civita di Castello, et une belle *Descente de croix* à Borgno san Sepulcro. Sa renommée était déjà grande lorsqu'il fut appelé en France par François Ier, avec le titre de surintendant des bâtiments, et il fut aussitôt chargé de continuer les constructions de Fontainebleau, et de les décorer. Mais peu après, Le Primatice ayant été appelé à Fontainebleau, une rivalité regrettable s'éleva entre les deux artistes, et le roi dut donner au Primatice une mission en Italie pour l'éloigner de son adversaire, qui menaçait de se porter aux plus fâcheuses extrémités. En 1541, Rosso accusa de vol son ami Pellegrino, le fit mettre à la torture, puis ayant trop tard reconnu son innocence, il s'empoisonna; quoique âgé à peine de quarante cinq ans, il avait déjà beaucoup produit, notamment à Fontainebleau où il avait élevé la galerie François Ier et l'avait décorée de belles peintures, ainsi que la Porte-Dorée. Mais Le Primatice, revenu d'Italie à la nouvelle de la mort de son rival, s'empressa de modifier les plans et de détruire une partie des peintures de Rosso. Le reste a été à peu près perdu depuis par l'humidité.

On remarquait surtout dans cette suite de peintures : *Vénus et Bacchus, Vénus et l'Amour,* et *La Sibylle de Tibur montrant à Auguste la Vierge et son fils,* où l'on pouvait retrouver les portraits du roi, de la reine et des principaux personnages de la Cour. Rosso fut avec le Primatice, Serlio, Nicolas dell' Abate, un des maîtres de l'École de Fontainebleau, dont l'influence fut si grande en France sous les Valois, et parmi ses élèves on cite Louis Dubreuil qui exécuta pour Fontainebleau, d'après les cartons de Rosso, treize peintures en camaïeu représentant les actions mémorables de François Ier. Le Louvre possède de ce peintre : un *Christ au tombeau,* la *Vierge recevant les hommages de Sainte-Elisabeth, Le défi des Piérides,* et un dessin à la plume rehaussé de gouache; *Mars et Vénus servis par l'Amour et les Grâces.* Outre sa charge de surintendant, il avait celles de valet de chambre du roi et de chanoine de la Sainte-Chapelle. Selon l'expression d'un de ses biographes, c'était un talent vigoureux et tourmenté, une sorte de Michel-Ange avorté, d'autant plus dangereux pour une école naissante que ce génie de décadence était grand encore et qu'il exerçait un attrait singulier par l'énergie même de ses erreurs.

ROSTRE. *T. d'art.* Ornement qui a la forme d'un éperon de navire antique, ce qui fait donner le nom de *colonne rostrale* à une colonne ornée de proues de navires.

* ROTA ou **ROTA-FROTTEUR.** *T. de filat.* Nom donné à des machines dont on fait quelquefois usage dans les filatures de coton pour produire les amincissements des mèches qui précèdent le filage. Elles se composent d'un banc d'étirage suivi de frottoirs qui consolident les mèches en les condensant et en les roulant sur elles-mêmes; c'est-à-dire en agissant de la même manière que les étirages ou *bobinoirs à frottoirs* que l'on emploie dans le travail de la laine. Les rotas sont à peu près universellement remplacés actuellement par des bancs à broches que l'on arrive à établir dans des conditions de précision telles, que la torsion des mèches s'y produit avec une régularité parfaite et à un degré où elle n'est pas nuisible au travail ultérieur.

*ROTARY-GILLS. Petite machine à étirer. — V. ÉTOUPE.

*ROTATIF, IVE. T. *techn.* Qualificatif appliqué à une machine dans laquelle le mouvement circulaire continu est transmis à l'arbre par le piston, sans intermédiaire de bielle ou de balancier. D'après Louis Figuier, la première idée des machines rotatives appartient à Watt. La citation seule des inventeurs qui ont poursuivi la réalisation de ce type de machines, nous conduirait à une liste trop longue. Le piston des rotatives est composé d'auges, de palettes, de portions de sphères creuses, de turbines, de disques, etc., agencés autour d'un arbre, de manière à permettre l'action de poussée de la vapeur, ou du fluide employé, toujours dans le même sens, sur la face qui se présente devant l'orifice d'arrivée. La forme du cylindre varie avec celle du piston. Ces machines n'ont jamais été produites sur une grande échelle, elles exigent sur tout le contour du piston, une perfection d'ajustage bien difficile à atteindre et à peu près impossible à conserver. Leur usage est subordonné à des considérations spéciales d'encombrement ou à des essais particuliers; en résumé, aucune d'elles, jusqu'ici, n'a pu supporter la comparaison, au point de vue économique, avec une machine ordinaire de même puissance.

Le but que se proposent les inventeurs des rotatives est l'affranchissement des *points morts*, que l'on rencontre dans les machines dont le piston est animé d'un mouvement rectiligne alternatif. On observe pourtant des points morts dans certaines rotatives, et peut-être quelques chercheurs ont-ils oublié : que s'il n'y a pas de travail produit lorsque le piston est au bout de sa course, comme compensation, il n'y a pas de vapeur dépensée à ce moment; qu'en outre, en conjuguant deux ou plusieurs machines ensemble, on surmonte très facilement cette difficulté des points morts, et on assure un couple de rotation aussi régulier qu'avec n'importe quelle rotative. Il est cependant incontestable que la création d'une machine rotative, de durée, constituerait une simplification très appréciable sur les machines actuelles, par la suppression des manivelles, des bielles, etc. — V. MOTEUR.

La pompe rotative est celle dans laquelle le piston est assujetti à un mouvement circulaire continu. — V. POMPE.

ROTATION. T. *de mécan.* ROTATION AUTOUR D'UN AXE. C'est le mouvement d'un corps solide, dans lequel une ligne droite invariablement fixée au corps reste immobile; cette droite fixe est l'*axe de rotation.* Dans un pareil mouvement, tous les points du corps décrivent des circonférences ayant leurs centres sur l'axe et leurs plans perpendiculaires à l'axe. Si l'on projette tous les points du corps sur un plan perpendiculaire à l'axe, chaque point décrit une ligne égale à celle que décrit sa projection, et avec la même vitesse. Cette remarque permet de remplacer l'étude de la rotation d'un corps solide autour d'un axe fixe, par celle de la rotation d'une figure plane autour d'un de ses points. Le point fixe s'appelle alors le *centre* de rotation. Le mouvement de rotation est *uniforme* si la figure tourne d'angles égaux pendant des temps égaux. Dans ce cas, l'angle décrit par un rayon quelconque tiré à partir du centre de rotation est proportionnel au temps employé à le décrire, et l'on appelle *vitesse angulaire* l'angle décrit pendant l'unité de temps, ou, ce qui revient au même, le rapport constant de l'angle décrit au temps employé à le décrire; cette vitesse angulaire peut être exprimée en degrés, minutes et secondes; on peut aussi indiquer le nombre de tours décrits en une minute ou une seconde. C'est généralement ainsi que les vitesses de rotation sont indiquées dans la pratique; mais, pour les formules de mécanique, il est préférable de prendre pour unité d'angle, l'angle qui, placé au centre d'un cercle, intercepte un arc égal au rayon; alors la vitesse angulaire représente l'arc décrit pendant l'unité de temps par un point situé à une distance du centre égale à l'unité de longueur. Lorsque la rotation n'est pas uniforme, elle est dite *variée*; alors on appelle *vitesse angulaire moyenne* le

rapport $\frac{\alpha}{t}$ de l'angle α décrit pendant le temps t au

temps t employé à le décrire. La vitesse angulaire à un instant déterminé est la limite de la vitesse

moyenne $\frac{\Delta \alpha}{\Delta t}$, pendant un intervalle compté à

partir de l'instant considéré, lorsque cet intervalle diminue indéfiniment. Cette limite est, comme on le voit, la dérivée de l'angle α par rapport au temps. Nous la désignerons par ω :

$$\omega = \frac{d\alpha}{dt}.$$

De même, la limite du rapport $\frac{\Delta \omega}{\Delta t}$ de la varia-

tion de la vitesse à l'accroissement du temps s'appelle l'*accélération angulaire*; nous la désignerons par φ; elle est égale à la dérivée de la vitesse angulaire ω par rapport au temps :

$$\varphi = \frac{d\omega}{dt}.$$

Pendant le même temps, les différents points de la figure décrivent des arcs proportionnels à leur distance au centre O. La vitesse linéaire v d'un point M est donc proportionnelle au rayon OM que nous désignerons par r. Si OM était égal à l'unité de longueur, on aurait $v = \omega$, d'après une remarque faite plus haut. On a donc, en général,

$$v = \omega r.$$

Si l'on considère un corps solide tournant autour d'un axe fixe, m désignant la masse d'un élément de ce corps, et r sa distance à l'axe, la force vive de cet élément sera :

$$m v^2 = m \omega^2 r^2,$$

et la force vive totale du corps solide

$$U = \omega^2 \int m r^2.$$

La quantité $\int m r^2$ ne dépend que de la forme et des dimensions du corps et de la position de l'axe; on l'appelle le *moment d'inertie*, et on la désigne généralement par I. — V. Inertie, § *Moment d'inertie*.

Alors même que le mouvement de rotation serait uniforme, le point M aurait une accélération due au changement continuel dans la direction de la vitesse. On reconnaît facilement que cette accélération est dirigée vers le centre, et qu'elle a pour expression :

$$\omega^2 r = \frac{v^2}{r}.$$

Quand la rotation est variée, on démontre que l'accélération est la résultante de deux composantes rectangulaires, dont l'une γ_n, l'accélération normale ou centrale est la même que si le mouvement était uniforme :

$$\gamma_n = \omega^2 r$$

et dont l'autre γ_t, dirigée suivant la tangente, et nommée *accélération tangentielle*, dépend de la variation de la vitesse et a pour valeur :

$$\gamma_t = r \frac{d \omega}{dt}.$$

L'accélération résultante γ est alors égale à

$$\gamma = \sqrt{\gamma^2{}_n + \gamma^2{}_t} = r \sqrt{\omega^4 + \left(\frac{d \omega}{dt}\right)^2}.$$

Les deux composantes de l'accélération donnent naissance à deux *composantes de la force d'inertie* dirigées : l'une suivant le prolongement du rayon ; c'est la force d'inertie normale, ou force centrifuge,

$$f_n = m \omega^2 r;$$

l'autre suivant la tangente, c'est la force d'inertie tangentielle,

$$f_t = m r \frac{d \omega}{dt}.$$

V. Centrifuge, Force.

Si l'on veut faire pour tout un corps solide, la somme des moments des forces d'inertie par rapport à l'axe, on remarquera que les forces centrifuges ne donnent aucun moment, puisqu'elles rencontrent toutes l'axe, tandis que la force d'inertie tangentielle a pour moment :

$$m r^2 \frac{d \omega}{dt}.$$

La somme est donc pour tout le corps :

$$\frac{d \omega}{dt} \int m r^2 = I \frac{d \omega}{dt}.$$

De là le nom de moment d'inertie donné à la quantité

$$I = \int m r^2.$$

V. Inertie, § *Moment d'inertie*.

Pour déterminer le mouvement d'un corps solide assujetti à tourner autour d'un axe fixe, on écrira, d'après les principes de la mécanique rationnelle, que la somme M des moments de toutes les forces qui agissent sur le corps est égale et opposée à la somme des moments des forces d'inertie, ce qui donnera l'équation différentielle du mouvement :

$$M = I \frac{d \omega}{dt}.$$

En intégrant, on aura ω en fonction du temps. Si M est constant, $\frac{d \omega}{dt}$ sera aussi constant, et la rotation sera *uniformément variée*, la vitesse variant proportionnellement au temps. Si M dépend de la position de la figure, M sera fonction de l'angle α que fait un certain rayon avec sa position initiale. Du reste

$$\frac{d \omega}{dt} = \frac{d^2 \alpha}{dt^2},$$

on aura donc une équation différentielle du second ordre :

$$\frac{d^2 \alpha}{dt^2} = f(\alpha).$$

Mais le plus souvent il sera plus simple d'appliquer le théorème des forces vives qui fournira immédiatement une intégrale première de cette équation. C'est ainsi qu'on traite le problème du pendule, c'est-à-dire d'un corps assujetti à tourner autour d'un axe horizontal et soumis à la seule action de la pesanteur. — V. Pendule.

Pour que le solide soit en équilibre, il faut et il suffit que la somme M des moments de toutes les forces qui agissent sur lui soit nulle. Alors l'équation précédente donne :

$$\frac{d \omega}{dt} = 0$$

d'où

$$\omega = \text{const.}$$

c'est-à-dire que la rotation est uniforme. Tel est le cas d'un corps pesant assujetti à tourner autour d'un axe *passant par son centre de gravité*, puisqu'alors la seule force est le poids du corps qui rencontre l'axe. La rotation doit être uniforme, si toutefois on néglige le frottement.

On démontre que le mouvement le plus général d'une figure plane dans son plan peut être considéré comme formé d'une succession de rotations de durées infiniment petites et s'effectuant autour de centres différents. Le centre de chacune de ces rotations s'appelle le *centre instantané*. C'est le point de la figure dont la vitesse est *nulle* à l'instant considéré. — V. Centre instantané, Roulement, § II.

Composition des rotations. 1° *Composition d'une rotation et d'une translation suivant une direction perpendiculaire à l'axe*. Imaginons qu'un solide tourne autour d'un axe OX avec une vitesse ω, un point M de ce solide sera animé d'une vitesse ωr. Supposons maintenant que le même solide soit animé d'un mouvement de translation dans un plan perpendiculaire à l'axe, tous les points de ce solide seront animés d'une vitesse v. On démontre que la résultante des deux vitesses v et ωr d'un point M a la même grandeur et la même direction que la vitesse qu'aurait le point M, si le solide tournait autour d'un certain axe O'Y indépendant du point M. C'est ce qui fait dire que la résultante d'une rotation et d'une translation perpendiculaire à l'axe, est une rotation autour d'un axe parallèle au premier. Pour trouver l'axe O'Y de cette rotation résultante, il suffit de remarquer que cet axe est le lieu des points dont la vitesse résultante est nulle, c'est-à-dire des points dont la vitesse dans la rotation autour de OX est égale et opposée à la vitesse v de la translation. On l'obtiendra donc, en menant par OX un plan perpendiculaire à v, et en prenant dans ce plan une parallèle O'Y à OX, du côté convenable et à une distance ρ telle que :

$$\rho\,\omega = v \quad \text{ou} \quad \rho = \frac{v}{\omega}.$$

Quant à la vitesse ω' de la rotation résultante, elle est égale à ω, car les points de l'ancien axe OX sont animés de la seule vitesse v, et l'on doit avoir :

$$v = \rho\,\omega' \quad \text{d'où} \quad \omega' = \omega.$$

Inversement, on peut toujours décomposer une rotation en une autre rotation égale autour d'un axe parallèle quelconque et une translation dont il est facile de déterminer la vitesse par les considérations précédentes, en remarquant qu'elle est justement égale à la vitesse de tous les points du nouvel axe.

· 2° *Composition de deux rotations autour d'axes parallèles.*

Considérons deux rotations d'un corps solide autour de deux axes parallèles OX, O'X'. Un point M de ce corps sera animé dans chaque rotation de deux vitesses $\omega r, \omega' r'$. On démontre que la résultante de ces deux vitesses a la même grandeur et la même direction que la vitesse qu'aurait le point M dans une rotation autour d'un axe O"Y, parallèle aux deux premiers, et situé dans leur plan à des distances de ceux-ci inversement proportionnelles aux vitesses angulaires correspondantes ω et ω'. Cet axe O"Y est entre les deux premiers, si les deux rotations sont de même sens, et en dehors si elles sont de sens inverse. Quant à la vitesse angulaire de la rotation résultante autour de O"Y, elle est égale à la somme algébrique $\omega + \omega'$, ω et ω' étant pris avec des signes contraires si les deux rotations sont de sens inverse. Ainsi, la résultante de deux rotations autour d'axes parallèles est une rotation égale à la somme des deux autres autour d'un certain axe parallèle aux deux premiers. Inversement, on peut décomposer une rotation en deux autres autour d'axes parallèles, et l'on peut se donner arbitrairement la vitesse angulaire et l'axe d'une des deux composantes. On peut aussi,

d'après les principes précédents, composer un nombre quelconque de rotations autour d'axes parallèles et de translations dans des directions perpendiculaires à ces axes.

3° *Composition de deux rotations autour d'axes concourants.* Deux rotations, autour de deux axes concourants se composent en une seule d'après la règle suivante :

On peut représenter complètement une rotation en portant sur son axe, à partir d'une origine fixe O, un segment proportionnel à la vitesse angulaire dans un sens tel que, pour un observateur couché le long de ce segment, les pieds en O et la tête du côté de l'autre extrémité, le mouvement s'effectue toujours dans un sens convenu à l'avance, par exemple dans le sens des aiguilles d'une montre. Portons alors, sur les deux axes concourants OX et OY, à partir de leur point de concours O, les segments représentatifs OA et OB ; la diagonale OC du parallélogramme construit sur OA et OB représentera complètement la rotation résultante ; c'est-à-dire qu'un point M du solide aura la même vitesse, soit qu'on considère la seule rotation OC, soit qu'on considère la résultante des vitesses qu'il possède dans les rotations OA et OB. On voit ainsi qu'on peut composer un nombre quelconque de rotations autour d'axes concourants, en composant, d'après la règle du polygone, les segments qui représentent chacune d'elles. Inversement, on peut décomposer une rotation quelconque en trois autres autour de trois droites données, menées à partir d'un même point de la première. Il suffit de construire un parallélipipède ayant les trois droites données pour côtés, et l'axe de la rotation donnée pour diagonale. Si, en particulier, les trois droites données OX, OY, OZ sont rectangulaires, les trois rotations composantes seront représentées par les simples projections de l'axe OR de la rotation donnée sur chacune des trois droites. Ce mode de décomposition des rotations est très fréquemment employé en mécanique.

Rotation d'un corps solide autour d'un point. On démontre, en cinématique, que quand un corps solide est assujetti à tourner autour d'un point fixe O, on peut toujours l'amener d'une de ses positions à une autre par une simple rotation autour d'un certain axe OX. Il résulte de là que le mouvement le plus général d'un corps solide autour d'un point fixe peut être considéré comme composé d'une succession de rotations de durées infiniment petites, dont l'axe et la vitesse angulaire changent constamment d'un instant à un autre. A un instant donné, cette vitesse angulaire et cet axe de rotation sont appelés *axe et vitesse angulaire instantanés de rotation.* L'axe instantané est le lieu des points du solide dont la vitesse est nulle à l'instant considéré ; il passe évidemment par le point fixe O. Le lieu des axes instantanés dans le solide est un cône C, de sommet O, et dans l'espace un autre cône D également de sommet O. Les deux cônes sont constamment tangents l'un à l'autre, et le mouvement du solide peut être conçu comme produit par le roulement sur le cône fixe D, du cône C invariablement relié au mobile (V. Roulement). Lorsque l'axe instantané est fixe dans le corps mobile, il est aussi fixe dans l'espace absolu, et prend le nom d'*axe permanent de rotation*.

Pour étudier le mouvement d'un corps solide autour d'un point fixe O, on suppose la rotation instantanée décomposée en trois autres autour de trois axes rectangulaires fixes dans l'espace, ou mieux encore, invariablement liés au solide lui-même, et l'on cherche à déterminer les trois composantes en fonction du temps. On peut employer pour cet objet, les équations suivantes qui ont été données par Euler : prenons pour axes les trois axes principaux d'inertie du solide à partir du point O. Soit A, B, C les moments d'inertie du solide, p, q, r les composantes de la rotation, et enfin M_x, M_y, M_z les sommes des moments des forces extérieures par rapport à chacun des axes OX, OY, OZ respectivement. Les équations d'Euler sont :

$$A\frac{dp}{dt}+(C-B)qr=M_x$$

$$B\frac{dg}{dt}+(A-C)rp=M_y$$

$$C\frac{dr}{dt}+(B-A)pq=M_z$$

Si l'on désigne par xyz les coordonnées d'un point quelconque du solide, les composantes de sa vitesse sont données par les formules :

$$v_x=qz-ry$$
$$v_y=rx-pz$$
$$v_z=py-qz.$$

Le cas d'un corps solide assujetti à tourner autour d'un point fixe, et abandonné à lui-même

sans l'intervention d'aucune force extérieure a été étudié géométriquement par Poinsot qui est parvenu à donner une interprétation fort remarquable des résultats analytiques obtenus autrefois par Lagrange. Le mouvement du solide peut alors être conçu comme produit par le roulement sur un plan fixe, de son ellipsoïde d'inertie dont le centre resterait invariable au point fixe. La ligne qui joint le point fixe au point de contact de l'ellipsoïde et du plan fixe, représente en grandeur et en direction l'axe instantané. La rotation ne peut se maintenir autour d'un axe permanent que si le corps tournait primitivement autour de son plus petit ou de son plus grand axe d'inertie. Ce mouvement serait celui d'un corps solide suspendu par son centre de gravité. — M. F.

ROTATOIRE. *T. de phys.* Ce mot est employé spécialement dans l'expression *pouvoir rotatoire*, propriété que possèdent certains corps diaphanes (organiques ou inorganiques, cristallisés ou amorphes, solides ou en dissolution et même en vapeur), de faire tourner le plan de polarisation de la lumière d'un certain angle, plus ou moins grand, à droite ou à gauche de sa position première. — V. Polarisation, Polarimètre.

'ROTHINE. *T. de chim.* Syn. : *brun de phényle.* — V. Brun et Phénicienne.

RÔTISSOIRE. Syn. : *Cuisinière*. Ustensile de cuisine qui sert à rôtir les viandes et qui tend à remplacer presque partout l'ancien tourne-broche mis en mouvement, comme une horloge, par des poids qu'on remonte de temps en temps.

ROTONDE. Edifice circulaire à l'intérieur comme à l'extérieur, surmonté d'une couverture également circulaire ou sphérique ; dans l'architecture

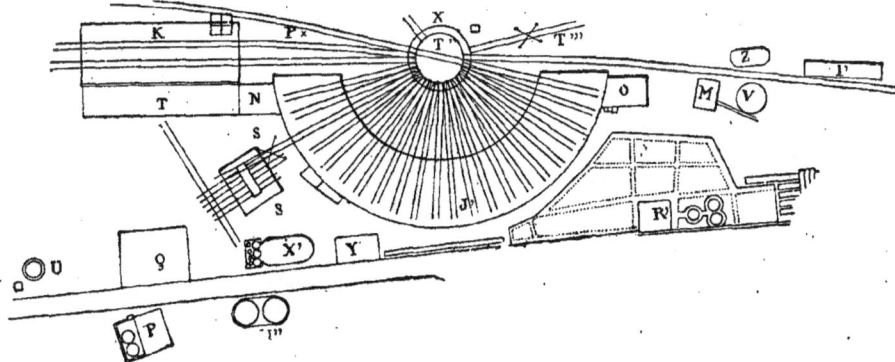

Fig. 500. — *Rotonde pour locomotives.*

des *chemins de fer*, c'est un abri circulaire ou demi-circulaire destiné à remiser les machines locomotives (V. Remise). Le bâtiment de la rotonde se compose, en général, d'un segment de cercle évidé au centre, où se trouve une plaque vers laquelle viennent converger toutes les voies de stationnement des machines. Pour un même nombre de machines à abriter, il est préférable, au point de vue de la surface, de construire une demi-rotonde d'un diamètre plus considérable,

qu'une rotonde complète, dans laquelle l'angle occupé par chaque machine est double de celui qu'elle occuperait dans une demi-rotonde de même capacité ; mais on ne dispose pas toujours d'un espace suffisant pour construire des demi-rotondes à grand diamètre, et l'on s'explique qu'il faille avoir recours à des rotondes circulaires qui sont, d'ailleurs, d'une construction plus facile et plus économique. L'inconvénient des rotondes, par rapport aux remises rectangulaires, c'est que le dégagement des machines est absolument subordonné à l'état de la plaque centrale : quand celle-ci est avariée, tout le dépôt est bloqué, et aucune machine ne peut plus sortir. Cette plaque centrale est souvent mue par une petite machine à vapeur installée sur sa plate-forme. Nous donnons (figure 500) le type d'une demi-rotonde pour 20 machines ; on y reconnaîtra la plupart des installations dont nous avons donné le détail et le but au mot Remise : O dortoir, Q, R', Y logements, S appareils à descendre les machines, U U" réservoirs d'eau, M bâtiment à sable, etc.

Les nouvelles rotondes pour 48 machines construites par la Compagnie P.-L.-M., ont, d'après M. Dujour, un diamètre de 80 mètres et une coupole centrale abritant la plaque, de sorte que l'ensemble forme une vaste salle où l'on peut voir, d'un seul coup d'œil, toutes les machines. On arrive ainsi à un rendement de 100 mètres carrés par machine. Pour la disposition et le montage des fermes de ces rotondes, voir la *Revue générale des chemins de fer*, janvier et septembre 1885.

*ROTULE (Assemblage à). *T. de mécan.* Type d'assemblage comportant une pièce pleine ou percée intérieurement d'un tube, arrondie en forme généralement sphérique et emboîtée dans une pièce creuse de même forme, qui lui laisse toute liberté de s'incliner dans une direction quelconque sur une zone très étendue. Les rotules forment le meilleur assemblage qu'on puisse employer pour réunir deux pièces rigides, tiges ou tuyaux, qui ont besoin de pouvoir prendre entre elles une inclinaison quelconque. C'est le cas qu'on rencontre, par exemple, sur les tuyaux de conduite allant de la locomotive au tender lorsqu'ils sont complètement métalliques, sans interposition d'une partie en caoutchouc pour leur permettre d'obéir aux oscillations des deux véhicules, l'un par rapport à l'autre. On est obligé en effet de renoncer au caoutchouc pour les tuyaux qui sont parcourus par la vapeur ou l'eau chaude ; et on a même essayé également de supprimer les accouplements en caoutchouc qui se détériorent trop facilement sur les conduites des freins à air comprimé, pour relier les tronçons allant d'un vagon au suivant.

ROUAGE. Ensemble des roues qui font partie d'un mécanisme.

*ROUANNE. *T. techn.* Grande tarière qui sert à percer les corps de pompe en bois ; on dit aussi *roanne.* || Sorte de compas à l'usage des charpentiers, et dont l'une des extrémités, moins longue que l'autre, est munie d'un tranchant qui permet de tracer des cercles sur le bois ; si la rouanne est de petite dimension, elle s'appelle *rouannette.*

*ROUANT. *Art hérald.* Se dit du paon lorsqu'il déploie sa queue.

*ROUBO (Jacques-André). Menuisier et écrivain, né à Paris en 1739, mort dans la même ville en 1791, était fils d'un pauvre menuisier, qui fit pourtant des sacrifices pour lui faire donner une grande instruction. Distingué de bonne heure par

l'architecte Blondel, avec qui il avait travaillé, il se perfectionna dans le dessin et les mathématiques sans songer pour cela à quitter sa sphère modeste où, grâce à ses dispositions et à son travail, il se trouva rapidement bien au-dessus de tous ses confrères. Aussi, lorsqu'après avoir présenté, en 1769, la première partie de son ouvrage, l'*Art du menuisier*, à l'Académie des sciences, il demanda la maîtrise, elle lui fut accordée spécialement par arrêté du Conseil d'État, avec dispense de tous les droits d'usage, en considération de ses talents. Sa réputation lui fit confier à diverses reprises des travaux difficiles et hardis où il réussit pleinement. Entre autres la belle coupole de la halle au blé, dont il donna tous les modèles, et, dans le même genre, la couverture de la halle aux draps, dont la largeur surpassait tout ce qu'on avait osé jusque-là. Son dernier ouvrage remarquable fut l'escalier en acajou de l'hôtel de Marbœuf. On doit à Roubo, outre l'*Art du menuisier* en 4 volumes in-folio, un *Traité de la construction des théâtres* et l'*Art du layetier* avec sept planches dessinées et gravées par lui.

ROUCOU, ROUCOUYER. — V. Rocou, Rocouyer.

ROUE. Organe de forme circulaire, destiné à prendre un mouvement de rotation autour d'un axe passant par son centre et perpendiculaire à son plan, et qui s'emploie, en mécanique, pour la transformation ou la transmission des mouvements.

**Roue d'angle. *T. de mécan.* Roue dentée servant à assurer la transmission du mouvement entre deux axes concourant, généralement perpendiculaires. Le profil des dents de ces roues, qui peut être épicycloïdal ou à développante, comme pour les roues droites, se trace de la même manière que le profil de celles-ci, en opérant, toutefois, sur le développement des surfaces coniques qui limitent leur longueur. Nous avons indiqué ce tracé à l'article Engrenage.

**Roue d'engrenage. *T. de mécan.* Roue dont le contour extérieur est muni de dents destinées à transmettre ou à recevoir un mouvement de rotation entre deux axes tournant. Nous avons étudié à l'article Engrenage, le tracé usuel des dents et nous n'y reviendrons pas ; nous donnerons seulement quelques indications sur les roues elles-mêmes.

Les engrenages ordinaires sont obtenus par moulage de fonte ou quelquefois d'acier ; on emploie également la fonte malléable ou même le bronze pour les pièces soumises à des vibrations particulières. Pour cette opération, on prend souvent un moule en bois de la roue entière, soigneusement construit, qui peut d'ailleurs servir pour obtenir plusieurs roues semblables ; mais on peut obtenir aussi les moules à la machine en prenant un modèle comprenant deux ou trois dents rapportées à l'extrémité d'un bras, qui peut tourner bien rond et bien plan pour former la couronne de la roue. L'emploi de la machine assure mieux, d'ailleurs, la forme des roues et des dents, car les modèles en bois se voilent facilement.

Les dents doivent toujours recevoir, en outre,

une certaine obliquité pour faciliter le démoulage; et il arrive souvent que les dents de roues conjuguées ne se trouvent en contact que sur un seul point si on ne s'est pas attaché, en les rapprochant, à mettre la partie mince de chacune d'elles en présence de la partie épaisse de l'autre. On taille quelquefois les dents à la machine sur la couronne coulée pleine, mais ce procédé est coûteux et ne donne pas, d'ailleurs, aux dents une forme plus exacte que le moulage, aussi ne l'emploie-t-on que pour les petits pignons.

Les bras sont coulés ordinairement en sable dans une boîte à noyaux. On emploie quelquefois des dents en bois ou *alluchons* sur des engrenages marchant à grande vitesse: les dents sont alors montées dans les mortaises de la couronne en fonte de la roue, et taillées ensuite à la main. Il est nécessaire, dans ce cas, de limer et même souvent de buriner soigneusement les dents en fonte de la roue conjuguée avec celle-ci pour leur donner exactement la forme nécessaire et éviter l'usure du bois par la croûte du moulage.

L'épaisseur à donner aux dents des roues peut se déterminer par le calcul d'après la théorie de la résistance des matériaux; mais on est obligé d'ailleurs de donner un surcroît de résistance considérable pour tenir compte de l'imperfection de la forme des dents et du montage des roues. Nous reproduisons ici quelques-unes des formules les plus généralement adoptées :

L'épaisseur e, qui est toujours peu différente de la moitié du pas p, est donnée pour les dents en fonte par la relation : $e = 0,48\ p$; pour celles en bois, par $e = 0,595\ p$ et, avec une inévitable, elle peut s'abaisser jusqu'à $0,36\ p$ dans le premier cas, et à $0,45\ p$ dans le second. On détermine p lui-même en prenant $p = K\sqrt{P}$, K étant un coefficient numérique variable suivant l'effort qu'on veut imposer, et P la pression totale transmise par la roue. Celle-ci est égale, comme on sait, à $\dfrac{75N}{V}$, N étant le nombre de chevaux et V la vitesse en mètres par seconde. Ordinairement, il y a au moins deux dents en prise, et si la pression de la roue est uniformément répartie, elle ne porte pas uniquement sur une dent, on pourrait donc calculer p en prenant seulement $\dfrac{P}{2}$ au lieu de P dans la formule donnant p; toutefois, comme les engrenages ne sont pas toujours construits avec une précision suffisante, il est préférable d'adopter un coefficient de réduction supérieur à $1/2$, et on prend souvent $2/3$ P pour la pression qui supporte une dent unique. Quant au coefficient K, sa valeur peut varier de 0,04 à 0,06 suivant qu'il s'agit d'engrenages tournant lentement ou à grande vitesse, ou encore soumis à des chocs et des vibrations considérables. **Pour les engrenages à alluchons**, on prend aussi, en général, K = 0,06. En admettant que la pression supportée par chaque dent puisse atteindre les 2/3 de la pression totale transmise, on reconnaît, d'après M. Cauthorn Unwin (*Éléments de construction de machines*), que l'effort maximum supporté atteint

675,429 ou 302 kilogrammes par centimètre carré pour les dents en fonte, suivant qu'on prend K égal à 0,04, 0,05 ou 0,06. Avec les dents en bois, on arrive à 193 kilogrammes en prenant K = 0,06.

On détermine souvent la hauteur h des dents d'après la longueur du pas, en prenant, pour la fonte, $h = 0,7p$ et, pour le bois, $h = 0,6p$; quant à la largeur b, elle atteint et dépasse souvent le double du pas. Si on tient compte de la largeur de la denture, la formule donnant l'épaisseur des dents se présente sous la forme suivante :

$$p = k_1 \sqrt{\frac{h}{b}} \sqrt{P}$$

et avec les valeurs numériques indiquées, k_1 atteint 0,0707 pour les engrenages en fonte correspondant à un effort maximum de 309 kil. par centimètre carré, et 0,0848 pour les roues à alluchons, correspondant à un effort de 116 kilogrammes pour le bois. On trouvera d'ailleurs, dans l'ouvrage déjà cité de M. Cauthorn Unwin, des tableaux calculés d'après ces formules et donnant les pressions qui en résultent d'après les dimensions des engrenages.

Les dents en fonte sont ordinairement venues de fonte avec la couronne ou, quelquefois, rapportées sur celles-ci et maintenues intérieurement par des tenons. Les dents en bois rapportées sont aussi maintenues par des broches ou par des clefs en bois.

Le nombre des bras se détermine sans règle précise et varie avec le diamètre des roues; il est souvent de 4 pour les roues de diamètre inférieur à $1^m,10$, de 6 pour celles de $1^m,20$ à $1^m,50$, et de 8 au-dessus de $1^m,50$.

La section des bras présente souvent une forme de croix dans les roues droites, de simple T dans les roues d'angle, ou même de double I dans les roues moulées à la machine. Les dimensions de ceux-ci peuvent se déterminer également par le calcul, et nos lecteurs trouveront, dans l'ouvrage de M. Unwin, les formules les plus généralement employées à cet effet. On s'attache souvent à leur donner une épaisseur égale à celle des dents afin d'assurer l'égalité du retrait. Quant aux moyeux, M. Unwin détermine leur épaisseur en centimètres, dans le sens radial, en prenant

$$e = 1,016 \sqrt[3]{p^2 R} + 1,27,$$

l'épaisseur transversale étant le triple de celle-ci. Cette épaisseur est, d'ailleurs, généralement supérieure à celle b de la jante, afin que le moyeu déborde un peu, et elle atteint souvent $b + 0,06 R$ pour les roues à dents en fonte, et $b + p + 0,06 R$ pour les roues à dents en bois. Sur les grosses roues, le moyeu est toujours fendu afin de prévenir la rupture des bras par suite du retrait de la fonte, et il est ensuite fortement fretté avec des cercles en fer.

ROUE A CHEVILLE ou **ROUE DE CARRIÈRE.** C'est une machine très simple qui utilise le poids de l'homme comme moteur ; elle est formée d'une roue dont la couronne est traversée par des chevilles parallèles à l'axe, formant une espèce d'échelle circulaire que l'ouvrier fait tourner en gravissant les échelons. Le rayon moyen de la roue varie de 4 à 6 mètres, et les chevilles sont espacées de 30 à 35 centimètres. On l'emploie le plus souvent pour actionner directement le treuil avec lequel les carriers élèvent des blocs de 4 à 5 tonnes. Lorsque l'ouvrier agit à la hauteur de l'axe, il peut exercer un effort moyen de 60 kilogrammes avec une vitesse de 0,12 à 0,20 par seconde, et le travail moyen s'élève à 9 kilogrammètres par seconde; lorsqu'il agit vers le bas de la roue, l'effort est réduit à 12 kilogrammes; mais la vitesse peut s'élever à 0,70; le travail par seconde, est encore d'environ 8 kilogrammètres et demi; ce mode d'emploi de l'homme comme moteur est par conséquent celui qui lui permet de produire le maximum de travail mécanique; mais il est dangereux parce qu'en cas de rupture de la corde qui soutient le fardeau, les ouvriers sont projetés au loin par la rotation rapide de la roue. On ne devrait jamais négliger de munir l'appareil d'un rochet de sûreté disposé pour arrêter le mouvement, si cet accident vient à se produire.

Lorsque l'effort exige l'emploi de plusieurs ouvriers, on remplace la roue à chevilles par un large tambour garni extérieurement de marches légèrement inclinées sur le rayon, et que l'on appelle *roue à marcher*. Dans ce cas, les hommes appuient les mains sur une barre ou filière indépendante de la roue. Cette barre sert à la fois pour assurer leur stabilité et pour leur permettre d'ajouter à l'effort que produit leur poids, celui qu'ils peuvent développer avec leurs bras. Ces roues sont souvent employées pour mettre en mouvement des tympans ou des roues à augets dans les épuisements de courte durée. Comme il s'agit alors d'une résistance constante et uniforme, le travail ne présente aucun danger, et l'effet utile est aussi grand qu'avec les roues à chevilles. Ce n'est pas moins un procédé barbare dont l'emploi ne pourrait être aujourd'hui justifié que par des circonstances exceptionnelles.

ROUE A LAVER. — V. Dash-Wheel.

ROUE DE NAVIRE (V. Bateau a vapeur, Navire, Propulsion). Les roues employées pour la propulsion des navires sont composées d'un moyeu ou disque en fonte, solidement maintenu sur les bouts des arbres qui traversent, de chaque bord, la muraille du navire.

Des rayons en nombre suffisant sont clavetés dans ces moyeux, ou logés dans des rainures venues de fonte et retenues par des boulons. Un cercle extérieur relie ces rayons entre eux, pour assurer leur rigidité; lorsque les roues ont un grand diamètre, on place un second cercle intérieur concentrique au premier. Les aubes ou pales sont généralement en orme ou en chêne; elles sont fixées au-dessous des rayons, dans le sens de la marche avant, pour que l'effort qu'elles ont à supporter ne s'exerce pas seulement sur leurs points d'attache. On les fait fréquemment en plusieurs morceaux, on a ainsi plus de facilité pour les rapprocher du centre de la roue lorsque l'on veut diminuer le diamètre, à cause d'une trop grande immersion, ou pour tout

autre motif. Les saillies occasionnées par les roues, sur les côtés du navire, se nomment les *tambours*; deux baux, dits *baux de force*, reliés entre eux par un *élongis* extérieur, forment le contour inférieur de ces tambours, une construction légère les surmonte, afin d'empêcher l'eau entraînée par les pales d'être projetée à tous les vents et permettre l'établissement d'une passerelle. Sur quelques navires transports, le dessus des roues est fermé par une embarcation en tôle à laquelle on donne le nom de *canot tambour*. On dit qu'une roue est en *porte à faux*, lorsque l'arbre extérieur de la machine n'est supporté que par un palier ajusté sur une *chaise* en bois ou en tôle, appliquée contre la muraille du navire. La somme de la surface des aubes doit être comprise entre 1/2 et 1/2,5 de la section immergée du plus large couple, ce que l'on désigne sous le nom de *maîtresse section*. Par suite de l'obliquité des pales, pendant leur passage dans l'eau, on conçoit que leur effet pour la propulsion varie avec leur inclinaison, cet effet est maximum lorsque la pale est verticale, il est nuisible lorsque la pale sort de l'eau et tend à soulever le navire lorsqu'elle y entre. L'angle d'entrée que l'on choisit généralement est compris entre 40 et 50°. On appelle *centre d'action*, le point situé à 0,4 ou 0,5 du bord intérieur de la pale. De même qu'avec les hélices, on observe que le chemin parcouru par les pales est plus grand que celui du navire, pendant le même temps; la différence entre ces deux chemins est connue sous le nom de *recul*, il est compris entre 0,20 et 0,25 pour les roues. Le *cercle roulant* est celui dont la circonférence développée est égale au chemin parcouru par le navire pendant un tour de la machine. Dans l'établissement des pales, on doit donc les disposer de telle sorte que leur bord intérieur ne se trouve pas en dedans de ce cercle, puisque cette partie de l'aube *scierait*, tendrait à ralentir la marche du navire.

Pour certains petits bateaux, à très faible tirant d'eau, on fait usage d'une seule roue placée à l'extrême arrière.

Roue de gouvernail. — V. Gouvernail.

ROUE DES VÉHICULES. *T. de mécan.* Disque circulaire, généralement évidé, monté sur un essieu, et qui, en tournant autour de celui-ci, sert à faire avancer le véhicule qu'il supporte. La roue forme l'organe essentiel des véhicules, et son invention, qui remonte au delà des temps historiques, a réalisé un progrès capital dans l'histoire de l'humanité. Auparavant, en effet, on ne connaissait que le transport à dos de bêtes de somme ou le traineau dont l'usage était forcément limité à certains cas particuliers, tandis que la roue a permis de réaliser le chariot qui est devenu l'auxiliaire presque indispensable des grandes migrations des peuples. L'emploi du chariot a décuplé, en quelque sorte, la puissance de transport des animaux qui trainaient les fardeaux; un cheval ne peut guère porter, à dos, plus de 150 kilogrammes de charge, tandis que, avec un chariot, il peut trainer de 1,000 à 2,000 kilogrammes, suivant l'état de la chaussée; l'installation de la charge sur un chariot présente, en outre, des facilités qu'on ne peut pas rencontrer sur le dos d'une bête de somme.

La roue s'est transmise ainsi sans modification depuis les premiers âges de l'histoire jusqu'à nous, malgré les changements que subissaient les véhicules eux-mêmes. C'est de nos jours seulement qu'on a songé à améliorer le type consacré en quelque sorte par la tradition, qu'on en a fait l'étude complète, qu'on a cherché à adoucir les frottements, à en assurer le parfait équilibrage, la facilité de rotation autour de son essieu, à lui donner plus de solidité et de durée en modifiant la matière constitutive. L'invention des chemins de fer a exercé, de son côté, une grande influence sur les transformations que la roue a subies ; pour ces lourds véhicules, plus rapides que ceux qu'on ait jamais vus, il fallait un type de roues spécial, bien solidaire avec son essieu, plus robuste et mieux équilibré que les roues des véhicules ordinaires, et on est arrivé ainsi à créer les roues calées sur leurs essieux, munies d'épais bandages en fer, puis en acier, et dans lesquelles la fonte, puis le fer et l'acier remplacent définitivement le bois. On a créé même des roues complètement pleines, et on étudie actuellement des roues en carton comprimé qui paraissent convenir plus spécialement aux véhicules rapides en ce qu'elles donnent un mouvement beaucoup plus doux, soulèvent moins de poussière et font moins de bruit. Les roues des véhicules ordinaires circulant sur les chaussées ont suivi, elles aussi, ce mouvement de transformation, d'une manière moins accentuée il est vrai, mais on est arrivé à adopter des roues à moyeux en métal, munies de boîtes de graissage spéciales diminuant le frottement de rotation de l'essieu, et même de rais métalliques. Il faut reconnaître, toutefois, que ces modifications ont toujours conservé le type traditionnel dans ses caractères essentiels, et il paraît difficile, en effet, d'imaginer autre chose que le disque classique mobile autour de son essieu ou l'entraînant avec lui dans sa rotation. Il est intéressant de signaler, à ce point de vue, le type de roue sans essieu, mais avec un grand nombre de galets, imaginé par M. Suc, qui figurait à l'Exposition des machines agricoles, en 1885, et nous en donnons la description plus loin.

On peut se rendre compte des avantages de la roue sur le traîneau et du progrès qu'elle a permis de réaliser dans la traction des fardeaux, en songeant qu'elle substitue au frottement de glissement du fardeau sur le sol dont la valeur atteint toujours une fraction importante du poids de la charge entraînée, quelquefois même la moitié, un effort réduit comprenant seulement, outre le coefficient de roulement qui devient presque insensible avec une chaussée en bon état pour s'abaisser même à 0,001 sur les voies ferrées un frottement de l'essieu dans sa boîte qui consomme aussi un travail bien moindre ne dépassant pas 0,05 à 0,08 avec un graissage bien entretenu. Si on appelle R, le rayon de la roue, r celui de l'essieu, ω l'angle de rotation, f le frottement sur l'essieu, F la force horizontale, parallèle au sol, qui détermine

l'entraînement de la roue, le travail exécuté par celle-ci pour la rotation ω sera F R ω ; en négligeant le frottement de roulement, on peut écrire que ce travail sera égal à celui fr ω de frottement de l'essieu, et on a donc F R = fr, d'où :

$$F = f\frac{r}{R}$$

On voit par là que, grâce à l'emploi de la roue, l'effort de traction F comparé au frottement de glissement f se trouve réduit dans le rapport du rayon de la fusée de l'essieu à celui de la roue ; il importe donc de donner à ce rapport une valeur aussi réduite que possible. On diminue, à cet effet, le diamètre de la fusée en employant un métal résistant, fer ou acier, qui a remplacé aujourd'hui le bois primitivement employé, et on augmente par contre R, mais sans qu'on puisse dépasser cependant pour le rapport $\frac{r}{R}$ une certaine limite de 1/20 à 1/25 pour ne pas compromettre la stabilité de la voiture et ne pas gêner l'attelage. On doit enfin chercher à réduire le frottement de la fusée en entretenant un graissage soigné ; sur les chemins de fer, par exemple, on atteint régulièrement en prenant les précautions nécessaires, une valeur de 0,05 pour le coefficient de frottement des fusées dans leurs boîtes, et avec un graissage continu parfait, ce chiffre pourrait même s'abaisser à 0,02 et au-dessous.

L'emploi de la roue permet ainsi d'entraîner une charge de 1,000 kilogrammes avec un effort total qui ne dépasse pas 30 à 40 kilogrammes sur une route empierrée, et qui s'abaisse à 15 à 30 kilogrammes sur une route pavée, et 4 à 6 kilogrammes sur les voies ferrées.

Roues de voitures. La roue ordinaire comprend trois parties distinctes : le *moyeu*, les *rais* et la *jante*. Le moyeu *e* est une forte pièce généralement en bois d'orme, évidée suivant son axe pour recevoir la boîte de l'essieu, et qui porte dans une partie appelée *bouge* les mortaises destinées à recevoir les pattes des rais. L'extrémité du moyeu tournée du côté de la voiture est le *gros bout*, percé du trou de diamètre *f* (fig. 504) pour le passage de l'essieu, par opposition à l'extrémité extérieure qui forme le *petit bout*, percé du trou *g*. Ces bouts sont maintenus dans les moyeux en bois par deux cercles en fer, celui de l'extérieur reçoit spécialement le nom de *frette*, et celui de l'intérieur, voisin du bouge, s'appelle le *cordon*. Les rais sont formés par des pièces de bois de section ovale rayonnant autour du moyeu sur lequel elles sont fixées par leurs pattes ; elles sont terminées à l'autre extrémité par une *broche* qui s'assemble dans la jante où elle est forcée par un coin. Dans les roues de carrosserie, les rais sont en acacia, au nombre de douze pour la roue de devant et de quatorze pour celle de derrière ; dans les roues de charronnage, ils sont en chêne. La jante ou couronne circulaire qui complète la roue, est formée elle-même de morceaux arrondis débités dans du frêne ou dans du chêne, et assemblés entre eux par des goujons en chêne. La jante est garnie extérieurement d'un cercle en fer *b*, de diamètre a d'épaisseur c qui assure la cohésion des différentes parties de la roue, et garantit la jante contre l'usure. A l'article Charronnage, en traitant en détail la fabrication des roues, nous avons indiqué la manière de cintrer les bandages (V. fig. 625, t. II) : une fois le diamètre obtenu, on les soude. M. Ollagnier, directeur des forges d'Épinay, obtient directement par un laminage circulaire des cercles sans soudure, qui offrent sur les cercles ordinaires une sécurité absolue; la soudure en ruban étant corroyée ne produit nulle part l'affaiblissement que peut entraîner la soudure pratiquée avant l'emploi de ces bandages circulaires. Le cercle dont le diamètre à froid est légèrement inférieur à celui a de la roue, est posé à chaud sur la jante, et il prend sa tension par le refroidissement; il est maintenu en outre par des boulons avec écrous intérieurs. Cette opération de l'embattage avec un cercle d'une seule pièce entourant la roue, si simple cependant, ne se pratique d'ailleurs que depuis une époque tout à fait récente, car autrefois le cercle en fer des roues était formé, comme la jante, de morceaux en bandes rapportées bout à bout et non d'une pièce unique. Chaque bande, dont la longueur ne dépassait guère celle d'un morceau de la jante, était cintrée à chaud et fixée sur la jante au moyen de clous, la roue étant, à cet effet, posée verticalement sur son moyeu, la partie inférieure baignant dans une sorte d'auge pleine d'eau qui servait à refroidir la bande posée chaude. Le serrage était donné au moment de poser la dernière bande au moyen d'une chaîne munie d'un tendeur qui prenait son appui sur les clous saillants des bandes extrêmes déjà posées et sur les deux rais embrassant entre eux le vide restant à recouvrir.

Les rais de la roue ne forment jamais une surface plane par leur ensemble, mais ils sont tous également inclinés extérieurement à la voiture, de manière à former une sorte de nappe conique dont l'axe est celui de l'essieu, comme on en voit un exemple figure 504 et la face de la jante, opposée à la voiture, dépasse le cercle de bouge marquant l'alignement d'une certaine quantité appelée l'*écuanteur* de la roue. Cette disposition a pour but d'empêcher que les rais aient à supporter continuellement des pressions de sens variables qui fatigueraient beaucoup la roue, lorsque celle-ci tourne sur un terrain un peu irrégulier; toutefois, l'axe de la fusée de l'essieu est légèrement incliné pour que le rais, au-dessous du moyeu, dirigé suivant le rayon de contact de la roue avec le sol, se trouve toujours à peu près vertical, c'est ce qu'on appelle le *carrossage* de l'essieu.

On comprend immédiatement combien il est essentiel, dans l'installation de la voiture, en posant la roue sur l'essieu, de l'empêcher de quitter celui-ci en aucun cas. Sur les grosses charrettes, on se contentait souvent de chasser une cheville à l'extrémité de l'essieu percé à cet effet, et le moyeu était retenu par une rondelle en fer interposée derrière la cheville. L'essieu était souvent en bois, mais pour diminuer la fatigue des fusées imparfaitement graissées, et augmenter

la stabilité de la voiture, on donnait dans ce cas aux moyeux une saillie exagérée. Cette disposition gênait beaucoup la circulation en entraînant des chocs dans les rencontres de véhicules sur les routes étroites, et l'Administration a dû réglementer la saillie des moyeux.

Ces saillies de moyeux, très générales il y a une cinquantaine d'années environ, sont abandonnées aujourd'hui. L'essieu est presque toujours en métal, et placé dans un moyeu en bois de faible épaisseur, ou même obtenu lui aussi en métal; il est maintenu au moyen d'un chapeau vissé sur un filet de vis ménagé à cet effet sur l'essieu, et retenu lui-même par une goupille qui l'empêche de tomber; les pas de vis des deux fusées d'essieu sont toujours dirigés en sens inverses pour assurer le serrage pendant la marche des roues. Cette disposition constitue l'essieu ordinaire à graisse est encore fort imparfaite, et sur les voitures un peu soignées on n'emploie plus aujourd'hui que l'*essieu patent*.

L'essieu patent à huile, inventé par John Collinge, en 1787, se compose d'une fusée cylindrique avec un renflement ou collet, et d'une boîte géné-

ralement en fonte (fig. 501). La fusée et la boîte sont cémentées. Du côté de la tête, la boîte frotte

Fig. 501. — *Essieu patent.*

sur un cuir qui s'appuie sur une rondelle en fer, soudée ou rapportée à l'essieu; l'autre extrémité de la boîte est maintenue par une bague en bronze qui s'emmanche, à frottement doux, sur un emplacement cylindrique, sauf une partie plate en contrebas qui empêche la rotation. La bague est maintenue par deux écrous se vissant l'un à droite et l'autre à gauche; une goupille fendue est placée devant le second écrou, et un chapeau en cuivre jaune recouvre le tout. La boîte à rainure elliptique de M. G. Anthoni fait circuler l'huile par son poids d'une manière continue, et régulière pendant le mouvement de la roue et par le moyen même de ce mouvement. La

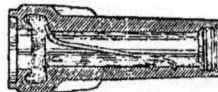

figure 502 représente la moitié de la boîte, l'autre moitié a une rainure disposée symétriquement. Quand les roues tournent,

Fig. 502. — *Boîte à rainure.*

l'extrémité de la rainure puise à chaque tour un peu d'huile dans le réservoir; le point le plus bas de la rainure changeant à chaque instant, l'huile qui y est engagée, a, par son poids, toujours tendance à descendre pour se remettre en équilibre, elle circule donc constamment. Ce graissage régulier et abondant abaisse le coefficient de frottement à son minimum.

On commence aujourd'hui à remplacer les moyeux en bois par des moyeux entièrement métalliques, en fonte ou en bronze, pour adoucir les frottements, et on rencontre un exemple de cette substitution dans les voitures d'artillerie ; sur les roues de certains affûts de canons, le moyeu est formé d'un disque mobile fixé sur un second disque saillant ménagé sur la boîte, par des bou-

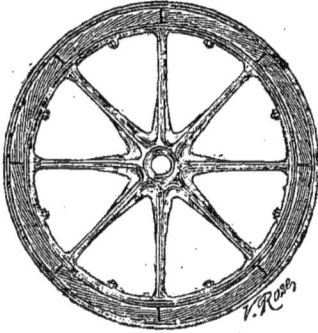

Fig. 503. — *Roue mixte, système Arbel, avec moyeu et rais en fer et jante en bois.*

Ions maintenant les rais à l'intérieur de l'assemblage ainsi formé.

On peut dire d'une manière générale, que, dans cette fabrication comme pour un grand nombre d'autres applications industrielles, l'emploi du métal, qui présente une résistance et une durée

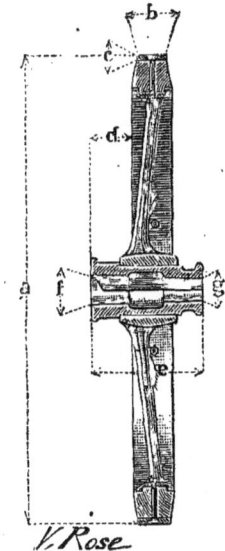

Fig. 504. — *Coupe de la roue mixte Arbel.*

bien supérieures à celles du bois, tend à se substituer à celui-ci, et on rencontre actuellement de nombreux types de roues, en métal et bois, ou même construites entièrement en métal. Les roues mixtes du type Arbel, par exemple, reproduisent les dispositions essentielles des roues en fer à rais connues sous le nom de ce constructeur, dont les chemins de fer font un usage si général ; on a conservé seulement, pour leur donner plus d'élasticité, la jante en bois interposée entre la couronne et les rais en fer. Le moyeu est fabriqué d'une seule pièce avec les rais, et un cercle intérieur formant une sorte de

jante en fer (fig. 503 à 506) ; la jante en bois est maintenue entre les deux cercles en fer auxquels elle est reliée par des boulons. Cette roue, formée ainsi en quelque sorte d'une seule pièce métallique, présente une grande solidité tout en restant fort légère.

Pour que les bandages, qui sont cylindriques,

portent sur toute leur largeur en roulant sur le sol, il faut que leurs bords lui soient perpendiculaires, et pour cela que les plans passant par les bords des bandages se rencontrent au centre du profil en travers de la route. L'écuanteur de la roue, de même que le devers de l'essieu qui doit lui correspondre exactement, doivent donc varier suivant la distance entre les deux roues et être égaux à la moitié de l'angle formé par les plans des deux roues.

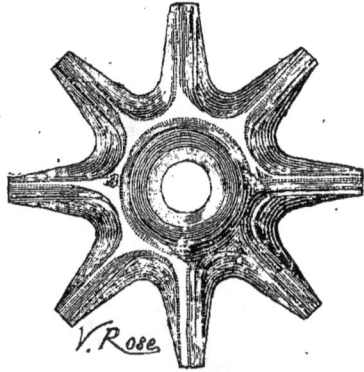

Fig. 505. — *Coupe du moyeu en fer formant une pièce unique avec les rais de la roue mixte.*

La roue est la partie de la voiture qui fatigue le plus, car elle reçoit sans intermédiaire tous les chocs provenant des aspérités du sol. On a cherché à amortir ces chocs et surtout à donner à la voiture une grande douceur en employant le caoutchouc, soit autour des cercles, soit entre la boîte et le moyeu. Dans les roues de vélocipèdes, le caoutchouc est appliqué sous la forme d'un tube dont l'ouverture, très petite, est remplie par un fil de fer ; les extrémités taraudées en sens inverse sont

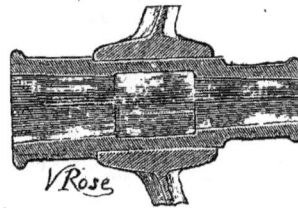

Fig. 506. — *Coupe de la boîte du moyeu.*

réunies par un écrou qui donne le serrage nécessaire. Le même montage est employé sur les roues en bois ; dans ce cas, le bandage est en fer en ⊔.

Dans ces systèmes, le caoutchouc se lamine entre le sol et le fer de la roue sous le poids de la voiture et il tend à se produire un mouvement d'avancement du cercle en caoutchouc par rapport au bandage. Pour éviter ces inconvénients, on a employé des bandages en caoutchouc mou soudé à un caoutchouc durci, fixé lui-même sur une forte toile ; ce système empêche complètement le mouvement d'avancement et rend inutile l'emploi du fil de fer intérieur, mais il faut mouler le bandage en caoutchouc dans un fer en ⊔ préparé d'avance et ajusté à la roue, puis les mettre au four pour vulcaniser le caoutchouc, il faut donc supprimer la jante en bois.

L'emploi du caoutchouc autour des roues augmente leur durée, diminue les secousses provenant du sol, donne beaucoup de douceur à la voiture et la rend très silencieuse, le bruit de roulement sur le pavé n'existant plus et les autres bruits étant bien amortis ; ces avantages sont fort appréciés, mais le prix élevé de ces roues en restreint forcément l'usage.

Pour isoler complètement la boîte et le moyeu, M. G. Anthoni interpose des bagues coniques de caoutchouc.

Les vibrations ne pouvant plus être transmises de la roue à la voiture que par l'intermédiaire du caoutchouc, sont ainsi considérablement amorties de même que le bruit de bourdonnement des caisses qui est le résultat de ces vibrations.

En terminant ce qui a rapport aux roues des

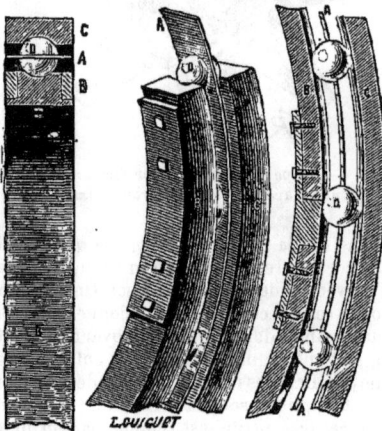

Fig. 507 à 509. — *Roue sans essieu type Suc. 1. Vue longitudinale de la jante et du bandage extérieur. 2. Vue extérieure. 3. Coupe de la jante et du bandage.*

véhicules ordinaires, nous donnerons la description de la roue à centre fixe, montée sans essieu, type Suc, qui présente un intérêt de curiosité tout spécial, puisqu'elle est, comme nous le disions plus haut, la seule tentative qui ait été faite jusqu'à présent pour modifier dans ses dispositions essentielles le type de roue consacré depuis l'origine. Cette roue constitue, en effet, un disque immobile invariablement relié au châssis qu'elle entraîne ; elle est entourée seulement d'un bandage mobile formant une sorte de rail circulaire replié autour de la jante. La roue avance en communiquant à celui-ci un mouvement de rotation par l'intermédiaire de galets interposés sur lesquels le roulement s'effectue, et elle substitue ainsi un frottement de roulement à la circonférence au frottement de la fusée dans les coussinets du type de roue ordinaire, si les galets conservent dans la pratique leur forme sphérique.

On se représentera cette disposition en se figurant un rail à gorge C posé sur le sol, et sur lequel le mouvement s'effectuerait. Dans cette gorge,

sont logées en effet, des boules en acier D (fig. 507 à 509) servant à assurer la rotation, et qui sont retenues à distance constante les unes des autres par un guide A percé d'alvéoles du diamètre des billes. Sur celles-ci on vient poser un second rail B à gorge renversée disposée de manière à embrasser les billes, et si l'on fait glisser celui-ci sur le rail inférieur restant fixe, le déplacement s'opérera par une simple rotation des billes. Si on recourbe le tout pour constituer la roue, les rôles des deux rails se trouvent renversés, mais le mouvement relatif reste le même ; le rail supérieur tout à l'heure mobile, forme la jante fixe de la roue, et le rail inférieur qui était fixe, forme maintenant le bandage mobile qui doit se déplacer pour assurer la rotation de celle-ci. Cette disposition, fort ingénieuse, présente l'avantage évident de permettre de descendre la voiture supportée avec de pareilles roues aussi près du sol qu'on peut le désirer sans avoir à se préoccuper de l'installation de l'essieu qui se trouve ainsi complètement supprimé ; elle assure donc aux véhicules une stabilité qu'il serait impossible de réaliser autrement, mais on ne saurait nier qu'elle n'entraîne de grosses complications dans l'installation des surfaces roulantes ainsi reportées à la circonférence, presque au contact du sol, et il paraît bien difficile d'éviter les boues qui ne manqueront pas de s'accumuler à l'intérieur des gorges, et empêcheront toute rotation des billes ; il ne semble donc pas que cette roue puisse guère recevoir d'application importante en pratique.

Roues de vagons. Les roues des véhicules de chemins de fer ont un diamètre généralement inférieur à celui des véhicules de chemins ordinaires ; on ne dépasse guère, en effet, pour les vagons $0^m,80$ à 1 mètre, et pour les machines rapides seulement, on arrive jusqu'à 2 mètres et même $2^m,30$. Ces roues, même celles des vagons, ont toujours une charge considérable à supporter, atteignant souvent 2 à 3 tonnes, et elles sont toujours métalliques, le bois n'étant employé, dans certains types de roues à rais, que pour servir de garnissage entre les rais, afin de former une roue pleine. Outre la nature du métal, ces roues sont caractérisées, comme on sait, par leur mode d'attache spécial qui les rend solidaires de leur essieu sur lequel elles sont calées à demeure, tandis que les roues ordinaires en sont indépendantes, et le frottement de rotation s'opère sur une fusée extérieure au moyeu. Elles sont munies, d'autre part, au lieu d'une couronne en fer plat, d'un bandage relativement épais portant une partie en saillie nommée *mentonnet* ou *boudin*, qui est destinée à guider la roue en s'appuyant contre le rail. Le bandage lui-même présente aussi sur la surface de roulement une certaine conicité ménagée à cet effet.

Le centre, qui forme la partie principale de la roue, présentait autrefois exclusivement la forme à rais, mais on emploie de préférence actuellement les centres à toile métallique pleine, surtout sur les voitures à voyageurs. Le moyeu des premiers centres à rais était coulé en fonte, en embrassant les extrémités des barres en fer recourbées destinées à former les rais, et ce type de centre se rencontre encore aujourd'hui sur la plus grande partie du matériel à marchandises; mais on a créé depuis, des types de centres plus résistants fabriqués entièrement en fer. Le procédé Arbel-Deflassieux, par exemple, a permis d'obtenir des centres en fer soudé, fabriqués au pilon d'une seule pièce, rais, jante et moyeu.

On a imaginé également, pour la fabrication des centres à toile pleine, différents procédés sur lesquels nous ne nous étendrons pas ici en raison des détails que nous avons donnés à ce sujet à l'article Centre; mentionnons seulement le type du centre à rais avec toile pleine imaginé récemment par M. Arbel, et mis à l'essai sur la Compagnie d'Orléans.

Rappelons aussi les centres de roues en carton comprimé, étudiés également à l'article Centre, dont l'application s'est beaucoup répandue en Amérique surtout pour les vagons-lits; on en a fait aussi quelques essais en Europe, notamment en Allemagne, et aussi en France sur le réseau des chemins de fer de l'Etat. Disons enfin qu'on a essayé aussi en Amérique des roues en fonte coulées d'une seule pièce comprenant le centre à toile pleine et le bandage, mais cette disposition ne se rencontre plus aujourd'hui que sur les petits vagonnets qui ont peu de chocs à supporter.

Le bandage qui entoure la jante du centre est destiné à supporter l'usure due au roulement; il est formé d'une couronne, pièce préparée autrefois en fer, mais ce métal est remplacé presque exclusivement, aujourd'hui, par l'acier fondu Bessemer ou Siemens, ou même obtenu en creuset.

Les anciens bandages en fer étaient fabriqués par l'enroulement d'une barre soudée plusieurs fois sur elle-même, mais pour ceux en acier, on les obtient toujours actuellement d'une seule pièce au moyen d'un lingot qu'on étampe d'abord au pilon pour y enlever une débouchure intérieure : on forme ainsi une rondelle qui est ensuite bigornée, puis étirée dans un laminoir circulaire ébaucheur, et elle passe enfin au laminoir finisseur qui l'amène au diamètre et à la section demandés. Le bandage encore chaud est souvent posé sur un mandrin pour y éviter tout faux rond et lui donner un diamètre exact.

La plupart des Compagnies de chemins de fer exigent, en outre, que les bandages soient recuits ou quelquefois simplement refroidis à l'abri de l'air pour éviter la production de tout effort intérieur caché qui pourrait occasioner ultérieurement une rupture prématurée de la pièce.

Les conditions de réception imposées pour les bandages varient avec les différentes Compagnies suivant qu'elles recherchent davantage la douceur ou la dureté du métal, pour éviter, soit la rupture, soit l'usure trop rapide; mais les différences qu'elles présentent sont cependant bien moins sensibles que pour les rails. Les conditions généralement demandées pour les bandages de vagons de marchandises comprennent un essai au choc

dans lequel le bandage essayé doit supporter un certain nombre de coups d'un mouton, de 600 à 1,000 kilogrammes, tombant d'une hauteur déterminée (4 à 6 mètres), et, à l'essai à la traction, le métal doit présenter une résistance moyenne de 44 à 50 kilogrammes par millimètre carré, avec un allongement de 15 à 18 0/0 sur 200 millimètres. Pour les bandages de voitures, les conditions de résistance sont souvent un peu plus rigoureuses; et, pour les bandages de machines qui sont exposés à une usure particulière, la plupart des Compagnies sont arrivées à employer un métal tout spécial, particulièrement résistant, connu longtemps sous le nom de *métal Wickers*, parce que cet industriel anglais s'était fait, en quelque sorte, une spécialité de cette fabrication; mais actuellement nos grandes forges françaises arrivent à obtenir ce produit dans des conditions de qualité au moins aussi satisfaisantes. Ces bandages en acier supérieur peuvent supporter 6 coups, au moins, du mouton de 1,000 kilogram., tombant d'une hauteur de 10 mètres, et le métal présente, à la traction, une résistance minimum de 65 kilogrammes avec un allongement de 18 0/0 sur 200 millimètres. Les Compagnies qui préfèrent le métal dur vont même jusqu'à demander une résistance de 70 à 75, l'allongement étant abaissé à 13 ou 15 0/0.

La Compagnie du Midi emploie de son côté un mode d'essai tout spécial pour la réception des bandages de toute qualité : ceux-ci sont comprimés à la presse et déformés sous une pression qui doit atteindre une valeur déterminée d'après leur diamètre, de manière à leur donner la forme d'une ellipse dont le petit axe a une longueur égale aux 83 centièmes du diamètre primitif. Ils sont ensuite soumis à l'essai au choc, en plaçant verticalement le grand axe de l'ellipse ainsi obtenue : celui-ci doit être ramené à son tour à une valeur égale aux 83 centièmes du diamètre primitif, sous un nombre déterminé de coups de mouton, sans que le bandage se brise ou présente aucune crique.

Le bandage est fixé sur la jante du centre par un simple *embattage* à chaud (V. ce mot), et il est retenu par des vis ou des rivets qui traversent la jante et pénètrent tout ou partie de la section du bandage. Ce mode d'attache est assez défectueux, car les trous de vis qu'on est obligé de pratiquer dans le bandage, amènent souvent la rupture dans la section ainsi percée; en outre, il ne prévient aucunement la projection des morceaux détachés du bandage qui peuvent, en cas de rupture, causer des accidents de toute nature. Cette question de l'attache des bandages fait l'objet des préoccupations de toutes les Administrations de chemins de fer, mais elle n'a pas encore été résolue jusqu'à présent d'une manière satisfaisante, bien que le nombre des dispositions proposées atteigne aujourd'hui un chiffre très considérable. On trouvera d'ailleurs des renseignements détaillés à ce sujet dans la *Revue générale des chemins de fer*, nos de septembre 1878, mars et mai 1880, janvier 1883. Plusieurs Compagnies de chemins de fer n'hésitent pas, malgré les frais de finissage élevés qu'entraîne ce tracé, à maintenir le bandage par deux agrafes circulaires latérales formées par deux anneaux d'acier portant chacun deux saillies, dont l'une retient la jante, et l'autre pénètre dans un sillon circulaire pratiqué sur les faces latérales du bandage. Certaines Compagnies se contentent d'une seule agrafe, mais elles ménagent à l'autre extrémité de la section du bandage un talon qui retient la jante et prévient ainsi toute projection.

M. Kasclowski avait enfin imaginé un mode d'attache employant l'intermédiaire d'une couronne fusible, qui a été appliqué avec un certain succès sur différentes lignes allemandes, mais qui s'est peu répandu toutefois chez nous. Ce procédé comporte deux rainures en queue d'aronde creusées au tour, l'une sur la face intérieure du bandage, et l'autre sur la face extérieure de la jante; on obtient ainsi, après l'embattage, un canal circulaire formé par le rapprochement des deux rainures qu'on doit avoir soin de mettre bien en face, et on y fait couler un métal fusible, généralement du zinc qui, en se refroidissant, établit la liaison du bandage avec le centre.

ROUE ÉLÉVATOIRE.

On emploie depuis très longtemps pour élever les eaux, des roues du même genre que celles qui servent de moteurs (V. ROUE HYDRAULIQUE); leur construction comporte cependant les différences qu'exige le renversement de leur mode de fonctionnement.

Roue à pots ou à godets. La plus ancienne paraît être la roue dite *à pots* ou *à godets* parce qu'elle porte à la circonférence des espèces de seaux articulés de façon qu'ils conservent la position verticale, tout en tournant avec la roue. En passant au-dessous de l'axe, ils plongent dans l'eau, s'emplissent, puis continuant leur mouvement, s'élèvent au sommet, où ils rencontrent un arrêt qui les force à basculer et à déverser l'eau qu'ils contiennent dans une auge d'évacuation. Ce genre de roue ne peut être employé que pour élever l'eau à 3 ou 4 mètres de hauteur; ses inconvénients sont: la résistance provenant de la circulation des pots dans le bassin inférieur et la perte ou baquetage, produite par leur balancement; leur usure est assez rapide et le rendement le plus élevé atteint à peine 0,65.

Roue chinoise. C'est un appareil très ancien, dont l'invention est attribuée aux Chinois; il se compose d'un tambour en bois dont les couronnes portent, à la circonférence extérieure, des augets en bois, fermés par un bout et ouverts par l'autre. Ces augets ont la forme d'une pyramide tronquée, à base rectangulaire et sont inclinés à 65° sur le plan des couronnes; leur contenance est ordinairement de 2 litres et demi chacun. On les fait plonger d'environ 12 centimètres et ils s'emplissent facilement parce que leur forme se prête à l'échappement de l'air; lorsqu'ils arrivent au sommet, c'est l'extrémité ouverte qui se présente la première, de sorte que l'eau se déverse dans une rigole en bois inclinée au-dessus du bassin supérieur; il y a du fait de cette surélévation

une petite perte de travail; cependant le rendement est de 0,55 pour une élévation de 5 à 6 mètres; le volume d'eau élevé dans chaque auget est environ 0,8 de sa capacité. Ces chiffres diminuent rapidement à mesure que la vitesse à la circonférence augmente. On pourrait améliorer cet appareil en faisant les augets jointifs ou en les garnissant extérieurement d'une enveloppe pour diminuer la résistance au passage dans l'eau du bassin inférieur.

Il en existe un modèle dans les galeries du Conservatoire des Arts et Métiers, à Paris.

Roue à augets fixes. C'est une roue garnie d'augets, ordinairement en tôle, emboîtés entre deux couronnes et chevauchant les uns sur les autres (fig. 510); ils se remplissent par le bord extérieur et se vident par le bord intérieur dans une auge placée en dedans de la roue. Pour que les augets prennent le plus d'eau possible, même quand le niveau s'abaisse dans le bassin inférieur, il faut que leur contour extérieur se rapproche autant que possible de celui de la roue; d'un autre côté, il faut

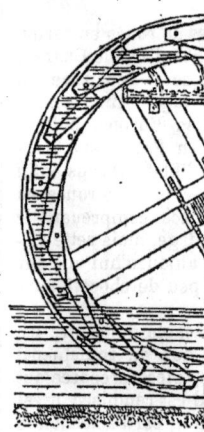

Fig. 510. — *Demi-coupe verticale d'une roue élévatoire à augets fixes.*

rétrécir l'entrée de façon qu'ils n'en prennent pas trop, quand le niveau est élevé, parce qu'il en résulterait trop de variations dans l'effort à produire pour entretenir le mouvement. La paroi intérieure des augets doit être prolongée de façon que le déversement ne commence pas avant qu'ils n'arrivent au-dessus de l'auge. Le fond de chaque auget doit être muni d'un petit clapet automatique pour l'entrée et la sortie de l'air. La vitesse peut varier de 0,80 à 0,60 par seconde, et l'effet utile, de 0,65 à 0,80.

Roue à aubes planes ou roue hollandaise. Ces roues, très simples et très rustiques (fig. 511), conviennent surtout pour élever l'eau à des hauteurs qui n'excèdent pas 3 ou 4 mètres. Le rayon est un peu supérieur à la hauteur maximum de l'élévation: la hauteur des aubes est égale à la profondeur d'eau au-dessus du fond du coursier qui les emboîte le plus exactement possible; leur écartement à la circonférence extérieure varie entre 0,30 et 0,40. La vitesse à la circonférence extérieure ne doit pas dépasser un mètre, afin d'éviter les pertes de travail à l'entrée et à la sortie. Le rendement peut atteindre 0,75 à condition que le niveau de l'eau dans le bassin inférieur ne subisse pas de fortes variations. Ces roues sont employées dans les polders de la Hollande pour relever l'eau des canaux de ceinture ; elles sont, en général, actionnées par des machines à vapeur. — J. B.

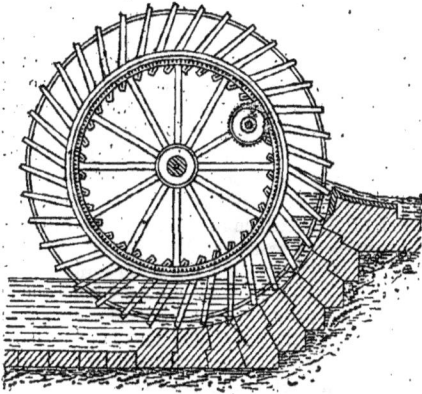

Fig. 511. — *Roue hollandaise.*

ROUES HYDRAULIQUES. Les roues hydrauliques appartiennent à la première catégorie des moteurs hydrauliques à mouvement continu (V. HYDRAULIQUE, § *Applications*). Ce sont des roues, en bois ou en métal, munies à leur circonférence de palettes, d'aubes ou d'augets disposés pour utiliser soit le poids, soit la puissance vive (mv^2) de l'eau en mouvement. Pour que cette utilisation soit complète, il faut que toute la masse d'eau disponible passe dans le moteur et y travaille utilement, c'est-à-dire que tous ses mouvements aient lieu sans chocs ni remous, et que sa vitesse soit amortie à la sortie aussi complètement que possible. On est parvenu depuis longtemps à remplir ces conditions d'une façon très satisfaisante, et certains types de roues atteignent un rendement de 90 0/0.

Cependant, ce genre de moteurs est loin d'être aussi répandu que pourrait le faire supposer la modicité du prix de revient de la force motrice ainsi obtenue ; on leur reproche d'abord la nécessité d'installer les usines dans des emplacements défavorables à l'industrie ; la transmission par câble télé-dynamique n'a pas remédié à cet inconvénient comme on l'avait espéré ; on compte actuellement sur la transmission par l'électricité, quoique la médiocrité du rendement (40 à 50 0/0) détruise en partie l'économie que procure l'emploi des forces hydrauliques ; mais il faut encore tenir compte de ce que les crues, les sécheresses et les glaces rendent le régime des cours d'eau très irrégulier et causent même des chômages auxquels la plupart des industries modernes ne peuvent se soumettre, surtout depuis l'invention de la machine à vapeur. On doit y ajouter les formalités inextricables et l'incertitude d'une législation surannée qui exigerait de profondes modifications si l'on voulait tirer parti des trésors de force motrice que les cours d'eau emportent à la mer et dont, en France surtout, on n'utilise qu'une fraction imperceptible.

Les roues hydrauliques sont quelquefois établies en travers des cours d'eau, lorsque ceux-ci ne sont ni navigables, ni flottables ; mais en général on les installe sur une dérivation composée, à l'amont, d'un canal d'amenée, et à l'aval, d'un canal de fuite ou de décharge qui doit ramener dans le cours d'eau toute l'eau qu'on lui a empruntée. Le canal d'amenée doit avoir une largeur moyenne d'environ douze fois celle de l'ouverture des vannes pour que l'eau y circule lentement, et une pente superficielle très faible, afin de perdre le moins possible de la hauteur de la chute. Les parois sont élevées au-dessus des plus hautes eaux ; l'entrée est munie d'une vanne de garde pour prévenir l'introduction des eaux de crue et pour fermer complètement le canal, en cas de réparations ; cette vanne est, au besoin, protégée contre les corps flottants par une estacade en charpente. Un déversoir de surface est établi pour maintenir le niveau de l'eau au *point d'eau*, c'est-à-dire à la limite fixée par l'Administration, après enquête et sur les conclusions de l'ingénieur ; le point d'eau est indiqué d'une façon invariable par un repère. Une vanne de fond permet, pendant les crues, de suppléer à l'insuffisance du déversoir ; elle sert également pour vider le canal, en cas de travaux et pour y produire les chasses nécessaires au dévasement.

Le travail par éclusées, c'est-à-dire, par emmagasinement intermittent de l'eau dans le bief d'amont, n'est plus autorisé que dans des cas tout à fait exceptionnels, et lorsqu'il n'apporte aucun préjudice aux droits des autres riverains. Il est bon d'abriter les roues dans des chambres en maçonnerie, fermées et couvertes, pour les préserver de l'action du soleil et des dégâts causés par les gelées.

Suivant la façon dont l'eau arrive sur les roues, on divise celles-ci en roues en dessus, roues de côté, roues en dessous et roues pendantes.

Roues en dessus ou à augets. Ce sont celles qui reçoivent l'eau au sommet ou en un point peu éloigné du sommet ; elles se composent de deux couronnes circulaires réunies par une fonçure cylindrique et entre lesquelles des cloisons étanches constituent les augets (fig. 512). Théoriquement le maximum de travail moteur est obtenu lorsque la vitesse à la circonférence de la roue est égale à la moitié de la vitesse d'arrivée de l'eau dans les augets ; dans la pratique, le rapport entre ces deux vitesses peut varier de 0,3 à 0,8 ; pour les petites roues, il convient de le maintenir entre 0,4 et 0,6. Il en résulte que le diamètre de la roue doit être égal à la chute totale, moins la hauteur génératrice de la vitesse adoptée pour l'arrivée de l'eau. La vitesse à la circonférence doit être comprise entre 1 et 2 mètres ; elle peut s'élever à $2^m,50$ pour les grandes roues ; l'effet utile peut atteindre 70 à 80 0/0 ; il est beaucoup plus faible lorsque la vitesse dépasse 3 mètres, parce que les augets commencent à verser l'eau qu'ils contiennent avant d'être arrivés au bas de la roue ; si la vitesse est faible, la surface de l'eau dans les augets reste à peu près horizontale. et le déversement est retardé; mais si la vitesse augmente, cette surface affecte, sous l'influence de la force centrifuge, une forme cylindrique relevée du côté extérieur de l'auget, et le déversement commence beaucoup plus tôt; il en résulte une perte d'effet utile d'autant plus importante que la hauteur du versement et la quantité d'eau versée sont plus grandes. On y remédie quelquefois en enveloppant la roue d'un manteau depuis le point où commence le déversement jusqu'à celui où les augets sortent de l'eau.

Les augets représentent, comme capacité, à peu près les 3/4 de la couronne, et comme, pour éviter le déversement, ils ne doivent être remplis qu'à moitié, l'eau n'occupe que les 3/8 de la couronne. Le nombre des augets doit toujours être divisible par celui des bras; il est ordinairement de 24, 36, 44, 56, 76, 96, 108 augets pour des dia-

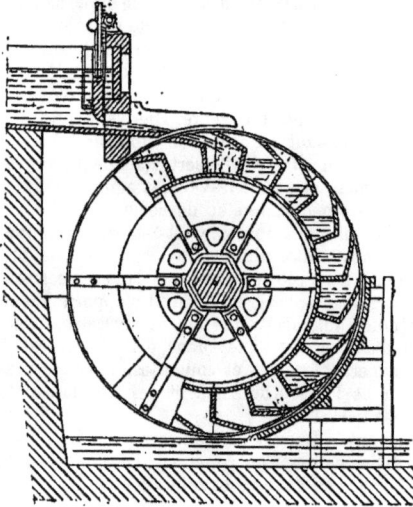

Fig. 512. — *Roue à augets.*

mètres de 3, 4, 5, 6, 8, 10, 12 mètres. La distance entre les cloisons, mesurée sur la circonférence extérieure de la roue, est égale à la hauteur de la couronne, et l'ouverture des augets à l'épaisseur de la veine fluide augmentée d'un centième.

La longueur des augets ou la distance entre les couronnes, est d'un dixième plus grande que la longueur d'ouverture de la vanne. La forme des augets est variable; généralement les cloisons sont brisées en deux parties; l'une, formant le fond, est dirigée suivant le rayon de la roue, jusqu'au milieu de la hauteur de la couronne; l'autre est inclinée sur la précédente de 110 à 118°, de manière que son arête supérieure atteigne ou même dépasse légèrement le prolongement du rayon mené par le fond de l'auget suivant. Lorsque les cloisons sont en tôle, on leur donne la forme d'une courbe continue dont le dernier élément fait un angle très faible avec la tangente à la circonférence extérieure; cette forme présente le double avantage d'augmenter la capacité des augets et de retarder le déversement.

Lorsque le niveau de l'eau dans le canal d'amenée est constant, on fait arriver l'eau sur la roue par un coursier en métal, dont le fond, incliné pour assurer la vitesse d'arrivée de l'eau, s'arrête à 10 centimètres environ en amont du sommet, et dont les (parois sont prolongées sur la longueur de deux ou trois augets pour empêcher l'eau de rejaillir sur les côtés. Dans ce cas, la roue tourne en sens contraire du mouvement de l'eau dans le canal de fuite et ne doit jamais être noyée. Lorsque le niveau d'amont est très variable, on fait arriver l'eau sur la roue à une certaine distance du sommet, du côté d'amont; cette distance doit être telle que la vanne ne soit pas trop inclinée, sans entraîner un diamètre de roue trop grand qui augmenterait le déversement des augets. Dans les bonnes constructions de ce genre, on emploie pour distribuer l'eau, le vannage dit *à persiennes*, avec des ajutages directeurs et une vanne mobile dans les deux sens, permettant de démasquer à volonté les orifices supérieurs ou inférieurs, suivant que les eaux sont hautes ou basses. Les roues qui reçoivent l'eau en dessous du sommet, marchant dans le même sens que l'eau du canal de fuite, peuvent être noyées sans inconvénient de la moitié de la hauteur de la couronne; cette disposition est même avantageuse lorsque la roue est emboîtée dans un coursier circulaire qui empêche le déversement. Les roues en dessus conviennent pour des chutes comprises entre 3 et 12 mètres; avec des chutes plus grandes, elles deviennent d'une construction difficile et on leur préfère les *turbines*. — V. ce mot.

Roues de côté. Lorsque la chute n'est pas assez haute pour permettre l'emploi d'une roue à augets, on emploie la roue dite *de côté*, parce qu'elle reçoit l'eau sur le côté et un peu en dessous de l'axe (fig. 513). Cette roue, garnie d'aubes plates rayonnantes, est emboîtée le plus exactement possible, sur une partie de sa circonférence, dans un coursier circulaire partant du canal d'amenée, d'où l'eau s'échappe en dessus d'une vanne formant déversoir mobile. L'eau communique à la roue un peu de la vitesse dont elle est animée; mais en outre elle est enfermée entre les aubes et les parois du coursier, s'accumule et agit par son poids sur les aubes comme dans les roues précédentes, avec cet avantage qu'elle ne cesse d'agir que lorsqu'elle arrive dans le canal de fuite; cette roue est cependant inférieure à la roue à augets à cause de la perte due à l'écoulement de l'eau entre les aubes et le coursier; on diminue bien un peu cette perte en augmentant la vitesse à la circonférence; mais alors l'eau quitte la roue en conservant une vitesse notable, et cette nouvelle perte compense presque ce que l'on a regagné. Par contre, comme les parois du coursier supportent en partie le poids de l'eau, la roue est moins chargée et n'exige pas une construction aussi solide; les frottements sur les supports sont moindres et le rendement peut atteindre 0,70 quand la chute approche de 2m,50, et 0,50 seulement pour les chutes de 1m,20. La théorie indique que la vitesse à la circonférence doit être égale à la moitié de la vitesse d'arrivée de l'eau, multipliée par le cosinus de l'angle que font entre elles les directions de ces deux vitesses, au point de rencontre du filet moyen avec la roue. La vitesse pratique est comprise entre 1 mètre au minimum, et 2 mètres au maximum; la plus convenable est de 1m,30 par seconde. La vanne doit pouvoir s'abaisser de 0,20 à 0,25 au-dessous du niveau de l'eau dans le canal d'amenée; sa largeur est, par conséquent, déterminée par le volume d'eau qu'elle doit écouler; sa direction doit être perpendiculaire au rayon de la roue mené un peu au-dessus du filet moyen de la lame déversante, filet qui se trouve aux 3/5 environ de la hauteur. Cette vanne glisse derrière une plaque de fonte appelée *col de cygne*, qui forme le sommet du coursier; elle est protégée en arrière par une grille, à barreaux mobiles, qui arrête les corps flottants, et par une fosse qui retient les corps lourds charriés par les eaux.

Le diamètre de ces roues varie de 4 à 7 mètres; les bras, au nombre de 6 à 8 par couronne, sont

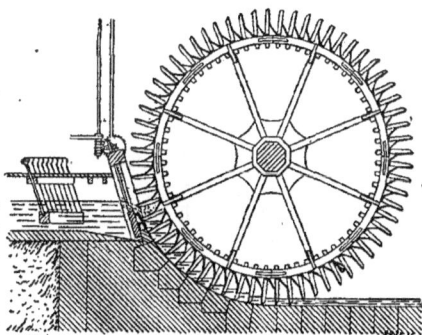

Fig. 513. — *Roue de côté, à double vannage.*

en chêne, boulonnés d'un bout sur des tourteaux en fonte servant de moyeu pour le passage de l'arbre et assemblés, de l'autre bout, à tenons et à mortaises dans les couronnes; celles-ci sont également en chêne et formées de plusieurs segments réunis par des plates-bandes et des équerres en fer. Les aubes, en orme ou en chêne, sont boulonnées sur des coyaux en chêne ajustés dans les couronnes et fixés à l'aide de clefs en bois, très serrées. Au lieu de les faire simplement planes, on les brise en deux parties: l'une dirigée suivant la direction de la vitesse relative de l'eau par rapport à la roue, et à peu près égale aux 2/3 de la profondeur de l'auget; l'autre inclinée à 45° sur le rayon et raccordant la première avec la fonçure, dans laquelle on ménage de petites ouvertures pour l'entrée et la sortie de l'air. La capacité des augets formés par les aubes et les parois du coursier doit être égale au triple ou au moins au double de l'eau qu'elle reçoit, et en tous cas assez grande pour débiter les plus grandes eaux. La largeur de la roue est égale à celle de la vanne, et le centre doit être placé à 50 centimètres environ au-dessous du niveau de l'eau dans le canal d'amenée. Les parois verticales du cour-

sier sont prolongées sur une longueur de 4 à 5 mètres, et le fond est suivi d'un plan incliné au 1/12 jusqu'à 3 ou 4 mètres de l'aplomb de la roue. La vitesse que l'eau conserve sur ce plan incliné lui permet de refouler l'eau d'aval et facilite le dégagement des aubes que l'on peut faire plonger dans le canal de fuite de toute l'épaisseur de la lame qu'elles reçoivent. Cette disposition est préférable au ressaut brusque que l'on emploie encore souvent, et augmente de 5 à 6 0/0 l'effet utile.

Les chutes pour lesquelles il convient d'employer ce genre de roues ne doivent pas être inférieures à 1m,20, ni supérieures à 2m,50. Il arrive quelquefois que le niveau de l'eau, dans le canal d'amenée, est trop mobile pour permettre l'écoulement en déversoir par dessus la vanne, ou bien que la roue doit avoir une vitesse à la circonférence trop grande pour que l'on puisse, avec ce mode d'écoulement, obtenir une vitesse d'arrivée de l'eau suffisante. On dispose alors la vanne avec charge sur le sommet; seulement l'effet utile diminue d'autant plus que la vanne est placée plus bas par rapport à la chute totale; on ne peut y remédier en partie qu'en se servant d'un double vannage disposé pour dépenser l'eau en déversoir ou par orifice chargé, suivant le volume d'eau et la hauteur de chute disponibles.

Roue vanne ou roue Sagebien. L'effet utile des meilleures roues de côté, recevant l'eau

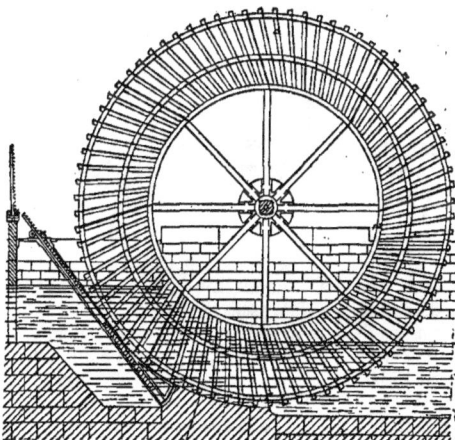

Fig. 514. — *Roue Sagebien.*

en déversoir, ne dépasse guère 0,70; on perd un tiers au moins, et souvent plus, du travail de la chute, par suite des chocs et des remous que l'eau éprouve en traversant la roue. M. Sagebien a construit, pour y remédier, une roue dite *roue vanne* (fig. 514), caractérisée par une grande lenteur de marche. La vitesse à la circonférence ne dépasse pas 60 à 70 centimètres; les aubes, très nombreuses et très hautes, plongent en grande partie dans le canal de fuite; au lieu d'être dirigées suivant le rayon de la roue, elles le sont suivant un plan tangent à un cylindre concentrique à la roue elle-même, cylindre dont le diamètre est déterminé de façon qu'elles se présentent au débouché de l'eau sous un angle d'environ 45°; l'extrémité se relève, sur une longueur de 15 à 20 centimètres, suivant les plans diamétraux. L'eau arrive du canal d'amenée avec une vitesse très faible, à peu près la même que celle de la roue, s'étale tranquillement entre les aubes sur lesquelles elle agit de tout son poids, et se trouve en quelque sorte déposée sans remous dans le canal de fuite. Cette faible vitesse de rotation exige naturellement que le coursier emboîte parfaitement la roue, pour ne pas exagérer les pertes. La roue est alimentée en déversoir par une lame très haute, ce qui permet, malgré la faible vitesse du liquide, de dépenser un volume considérable, pouvant s'élever à 1,500 litres par seconde et par mètre de largeur. On obtient ainsi de grandes puissances avec des roues relativement étroites. On a constaté, au frein, un rendement de 90 0/0 de l'effet théorique de la chute; c'est un résultat d'autant plus remarquable qu'il se maintient même avec des chutes très faibles, et qu'il

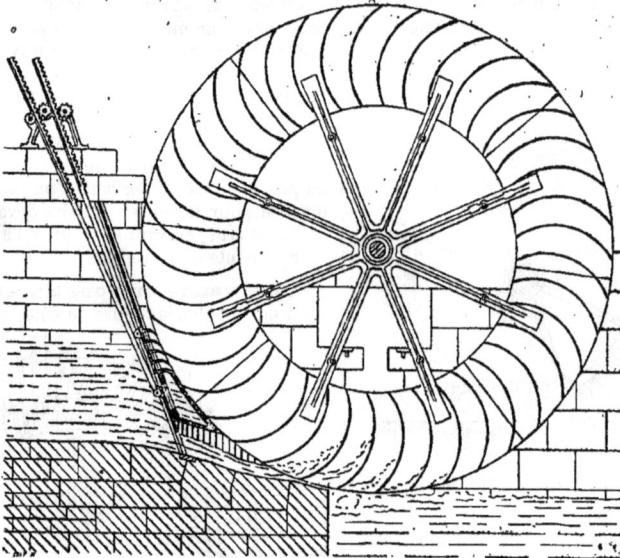

Fig. 515. — Roue Poncelet.

diminue très peu quand la roue est noyée à l'aval, même sur une assez grande hauteur. La lenteur de leur mouvement complique souvent les transmissions. Pour des chutes de 5 à 6 mètres qui conduisaient à des diamètres de roue excessifs, M. Sagebien a modifié son système en faisant arriver l'eau par l'une des faces latérales, ou même par les deux, si le volume d'eau est considérable. Les aubes forment alors un angle de 45° avec les plans diamétraux, et c'est sur le plan vertical de l'une des faces ou de la cloison du milieu, qu'elles présentent l'inclinaison caractéristique du système. Le fonctionnement est le même que pour les roues qui reçoivent l'eau en avant.

Roues en dessous ou **roues à choc.** Ce système, probablement le plus ancien de tous, consiste à laisser couler un courant d'eau très rapide en dessous d'une roue à palettes planes rayonnantes; l'eau frappe ces palettes avec un

vitesse dépendant de la hauteur du niveau dans le canal d'amenée au-dessus de l'orifice ouvert par une vanne inclinée; il n'y a par conséquent que la puissance vive de l'eau qui est utilisée, et l'effet maximum a lieu quand la vitesse de la roue est comprise entre la moitié et les deux tiers de celle du liquide. Le rendement théorique ne peut donc pas dépasser la moitié du travail dépensé; dans la pratique, il n'est guère que de 0,25 à 0,30; il est indépendant du diamètre de la roue, qui peut varier de 2 à 8 mètres. Ce genre de roues convient quand on a besoin d'une grande vitesse de rotation variant dans des limites assez étendues, sans toutefois descendre au-dessous d'un mètre; au-dessus de 1m,30, le rendement diminue notablement. Aussi, malgré leur simplicité et la facilité qu'elles présentent pour dépenser de grands volumes d'eau, avec une largeur assez faible, elles sont aujourd'hui abandonnées.

Roues en dessous à aubes courbes ou **roues Poncelet.** C'est dans le but d'obtenir le rendement considérable des roues lentes avec la légèreté et le grand débit des roues rapides que le général Poncelet a créé le type de roues en dessous à aubes courbes qui portent son nom (fig. 515); quoique ce système puisse s'appliquer à des chutes de 2 mètres, il convient pour celles de 0,80 à 1 mètre, et donne alors environ 0,65 d'effet utile, c'est-à-dire plus du double des roues à palettes planes. On peut également l'employer pour des chutes très faibles, et on a obtenu de bons résultats d'une roue de 2 mètres de diamètre et 1m,60 de largeur, établie sur une chute de 0,22, débitant de 2 à 300 litres par seconde. La vitesse à la circonférence est un peu supérieure à la moitié de la vitesse du filet moyen de la lame qui s'écoule sous la roue et dont l'épaisseur varie de 20 à 40 centimètres. La quantité d'eau disponible et le nombre de tours étant fixés d'avance, on en déduit la largeur et le diamètre de la roue. L'inclinaison de la vanne varie de un à deux de base pour deux de hauteur. La courbure des aubes est simplement un arc de cercle tracé de façon qu'une extrémité rencontre normalement la circonférence intérieure et que l'autre fasse avec la circonférence extérieure un angle de 25 à 30°. Les aubes sont montées entre deux couronnes dont la hauteur est égale au 1/3 de la chute, plus l'épaisseur de la lame d'eau ; lorsque la roue est exposée à marcher noyée, on augmente cette hauteur jusqu'aux 2/3 et même aux 3/4 de la chute. Du reste, les aubes peuvent être noyées d'une hauteur égale à l'épaisseur de la lame fluide sans que l'effet utile soit sensiblement diminué. Les aubes sont écartées de façon que leur plus courte distance soit un peu moindre que la levée minimum de la vanne. Dans les premières roues de ce genre, Poncelet avait conservé le fond du coursier en plan incliné terminé par un arc de cercle concentrique à la roue et l'embrassant sur une longueur à peu près égale à l'écartement des aubes. Il y apporta par la suite une nouvelle amélioration en lui donnant la forme d'une développante de cercle raccordée par un arc de grand rayon avec le fond du canal d'amenée. Le sommet du ressaut est placé en amont de la verticale passant par le centre de la roue, à une distance telle que l'eau quitte les aubes librement au moment où elle commence à subir l'influence de la force centrifuge. Le général Morin a substitué à la développante une spirale tracée de façon que le fond du coursier se rapproche de la circonférence extérieure de la roue, de quantités égales pour des angles égaux décrits autour du centre ; cette disposition, qui convient pour des levées de vanne supérieures à 0,15, maintient l'épaisseur de la lame à peu près uniforme, de sorte que l'eau entre dans la roue presque sans choc. La théorie des roues Poncelet a été donnée par le capitaine de Lacolonge dans un mémoire publié dans le *Génie industriel* (t. VII, 1854), à propos d'une roue qu'il a fait construire à Angoulême sur les indications de Poncelet.

Roues pendantes. Sur le bord des grands cours d'eau, principalement de ceux dont le courant est assez rapide, on emploie depuis longtemps des roues à pales portées sur des bateaux, ou *roues pendantes* ; leur diamètre ne dépasse pas 4 à 5 mètres, et leur longueur, 2 à 5 mètres. Les palettes ont de 1/5 à 1/4 du rayon de la roue, et leur écartement sur la circonférence extérieure est égal à leur hauteur. A leur passage dans le plan vertical, leur bord intérieur enfonce dans l'eau de 5 à 20 centimètres ; il convient de les incliner sur le rayon, du côté d'amont, sous un angle d'environ 30° ; si le courant est profond, on pousse l'immersion jusqu'à 50 centimètres ; mais on réduit l'inclinaison à 15°. La vitesse de la circonférence décrite par le centre de gravité des aubes est réglée à 0,4 de la vitesse du courant ; le travail par seconde peut être évalué à 20 fois le produit de la surface de l'aube par le cube de la vitesse du courant.

Roue flottante. M. Colladon a eu l'idée de faire flotter la roue elle-même, au lieu de la faire porter par des bateaux qui tiennent beaucoup de place et sont coûteux à entretenir. La *roue flottante* de cet ingénieur se compose (fig. 516) d'un cylindre en tôle mince, étanche, autour duquel sont fixées des palettes minces, également en

tôle, et inclinées sur la génératrice de l'amont à l'aval, pour faciliter la sortie de l'eau. Les tourillons de l'axe de la roue sont maintenus entre les extrémités de deux bras en fonte, mobiles à l'autre extrémité autour d'un axe horizontal fixe ; la distance entre ce dernier et l'axe de la roue étant invariable et limitée à la longueur des bras de suspension, l'appareil peut s'élever et s'abaisser avec

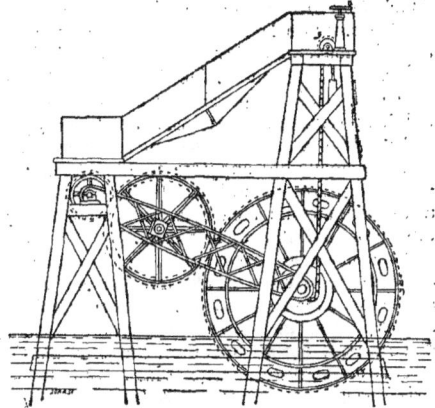

Fig. 516. — *Roue flottante de M. Colladon.*

le niveau de la surface de l'eau, sans que la communication entre les engrenages qui transmettent le mouvement de la roue à l'axe fixe soit interrompue. Un treuil, placé au sommet de l'échafaudage qui entoure la roue, commande un arbre horizontal et deux chaînes reliées aux extrémités des bras mobiles ; il sert à relever la roue pour arrêter le mouvement ou pour faire les réparations. — J. B.

ROUENNERIE. Dénomination générique d'une assez grande variété de tissus dans la contexture desquels des fils teints avant le tissage entrent pour une certaine quantité, quelquefois même pour la totalité. Dans ces étoffes, tous les dessins ou effets résultent uniquement de l'agencement ou de la disposition symétrique entre eux des fils de chaîne et des fils de trame qui composent le tissu.

ROUET. T. téchn. 1° Machine à filer qui se meut à l'aide du pied, tord le textile sortant des doigts de la fileuse et l'enroule sur une bobine. Les fils qui en sont fabriqués sont dits *filés à la main* par opposition à ceux *filés à la mécanique* au moyen de métiers mus à l'aide de machines à vapeur ou hydrauliques.

— Longtemps on ne connut que le fuseau et la quenouille comme instruments propres à filer. Le rouet a été inventé en 1530 par un bourgeois de Brunswick, nommé Gurgen ; il est resté tel que l'a construit son inventeur jusqu'en 1777, époque où l'intendant De Bernières le perfectionna en y ajoutant une seconde bobine, ce qui permit de filer des deux mains à la fois ; puis, peu à peu, on en revint aux premiers rouets, qui détournent moins l'attention de la fileuse et donnent des fils plus égaux et plus réguliers. Aujourd'hui, le rouet n'est plus guère en usage qu'à la campagne, où il sert surtout à filer le lin et le chanvre ; en lin notamment on en fait les plus fins numéros destinés à la fabrication de certaines dentelles, ou les fils d'étoupe les plus gros pour le tissage des toiles d'emballage : chose remarquable, ce sont là deux points extrêmes que la broche mécanique peut difficilement atteindre pour ces matières.

Le rouet classique se compose d'une roue (qui a donné son nom à la machine) rattachée par une bielle à une pédale sur laquelle agit le pied de la fileuse, et supportée par un axe maintenu entre deux barres transversales qui tiennent lieu de bâtis (c'est un mécanisme que lui ont emprunté les constructeurs de la machine à vapeur pour produire le mouvement circulaire continu à l'aide de mouvements alternatifs). Une vis, pouvant manœuvrer dans un écrou percé dans une traverse fixe qui à une extrémité réunit ces deux barres, permet de faire glisser en avant ou en arrière, une traverse mobile qui supporte une broche sur laquelle sont fixées des ailettes (à l'instar de ce qui a été pratiqué plus tard dans de grands tours) ; une bobine est folle sur la broche.

Pour manœuvrer cet appareil, on fait passer une cordelette dans une rainure pratiquée sur la circonférence de la roue qui sert de volant, ainsi que sur les gorges des poulies que portent la bobine d'une part, la broche de l'autre. Ces deux poulies étant de diamètres différents et les deux branches de la cordelette étant inégales, il s'ensuit que, lorsqu'on fait tourner la roue, il y a entre les vitesses absolues de la bobine et de la broche (6 à 800 tours par minute), une différence qui crée une vitesse relative des ailettes par rapport à la bobine. La torsion est suffisamment rapide et l'enroulement assez lent pour que la fileuse ait le temps de bien former son fil, et cette torsion est réglée par la vitesse rotative de la broche qui porte des épingliers ou crochets servant à diriger le fil sur la bobine ; celui-ci, passant par un trou pratiqué sur l'axe de la broche, est guidé par les ailettes qui l'enroulent sur le fût. Une vis qui sert de tendeur permet toujours de maintenir bien raide la cordelette du volant, d'après l'état hygrométrique de l'atmosphère et le grossissement progressif de la bobine, grossissement qui tend à produire un surcroît correspondant du tirage du fil, en partie corrigé, cependant, par le glissement relatif des cordons sur leurs poulies motrices respectives. — A. R.

|| 2° Assemblage circulaire de pièces de charpente bien chevillées, qui sert à la première assise de matériaux dans la fondation d'un puits ou d'un bassin de fontaine. || 3° Roue d'entrée placée sur l'arbre d'un moulin à vent ou à eau, et qui engrène avec les fuseaux de la lanterne. || 4° Garniture de serrure qui consiste en un morceau de tôle en arc de cercle entrant dans une fente ménagée sur le panneton d'une clef. || 5° Petite roue d'acier qui, étant appliquée sur la platine d'une arquebuse ou d'un pistolet, recevait un rapide mouvement de rotation par l'action d'un ressort, et frottait sur un silex dont les étincelles déterminaient l'inflammation de la charge. — V. ARQUEBUSE.

*ROUF ou ROOF. T. de mar. Petit réduit en forme de cabane pour abriter les cuisines, la roue du gouvernail, etc.

ROUGE. Le rouge est l'une des couleurs fondamentales de la lumière blanche et celle qui est la moins réfrangible des couleurs du spectre. Bien des matières peuvent servir à obtenir la nuance rouge, et en suivant l'ordre primitivement adopté dans l'exposé que nous faisons des matières colorantes, nous étudierons d'abord les matières d'origine animale, végétale ou minérale, pour passer ensuite à celles dérivées des goudrons de houille.

COULEURS ROUGES D'ORIGINE ANIMALE

Elles ont été connues presque de tout temps, car les anciens se servaient déjà du *jola* dès l'époque mosaïque, ainsi que tous les autres peuples de l'Inde et du Levant ; c'est notre *kermès animal* (*coccus ilicis*, L.) (V. KERMÈS). Ils l'employaient pour donner du pied aux laines destinées à être teintes en *pourpre* (V. ce mot). Ils connaissaient aussi la *cochenille* (*coccus cacti*, L.) (V. COCHENILLE). Le nombre de ces matières colorantes s'est d'ailleurs peu augmenté, et nous n'avons plus qu'à signaler les produits fournis par un autre coccus (le *coccus lacca*, L.) dont nous avons déjà étudié la production sous les noms de résine laque, lac-lake, lac-dye. — V. LAQUE.

COULEURS ROUGES D'ORIGINE VÉGÉTALE

Les Indiens, les Perses, les Chinois, les Egyptiens, employaient surtout, dans l'antiquité, les racines de deux espèces de garances ; les *rubia peregrina*, Murr., et *rubia mungista*, Roxb., ainsi que celles de plantes très voisines, le *chaya-weer* (*oldenlandia umbellata*, L.), le *noona* ou *weer puttay* (*morinda citrifolia*, L., et *morinda umbellata*, L.) appartenant toutes à la famille des rubiacées. Ils se servaient encore de l'orcanette (*anchusa tinctoria*, L.) (V. t. VI, p. 902), du *lithospermum erythroxylon*, L., borraginées ; des fleurs de carthame (*carthamus tinctorius*, L.) (V. CARTHAME), et de certains bois rouges, notamment du santal (*pterocarpus santalinus*, L. fils), ainsi que du sapan et du bois d'Inde. Au commencement de ce siècle on avait ajouté à la *garance* ordinaire (V. ce mot) (*rubia tinctorium*, L.), et à la variété *lucida*, Roxb., un certain nombre de bois, appartenant à la famille des légumineuses, comme les *bois de Caliatour* et *de Madagascar*, qui sont des variétés de santal rouge, puis le *bois de campêche* (*hematoxylum campechianum*, L.) (V. CAMPÊCHE), les *bois du Brésil*, *de Fernambouc*, *de Sainte-Marthe*, *des Antilles*, *de Nicaraque*, qui proviennent tous du *cœsalpinia echinata*, Lamk. ; le *bois de sapan* ou *brésillet des Indes*, *bois de lima*, fourni par le *cœsalpinia sapan*, L. (V. SAPAN) ; le *bois rouge de la Jamaïque*, *bois de Bahama*, *brasiletto*, tronc de *cœsalpinia brasiliensis*, L., synonyme : *cœsalpinia bahamensis*, Lamk. ; le *bresillot* également appelé *bois du Brésil*, dû au *cœsalpinia crista*, L., ainsi qu'une autre variété aussi désignée sous le nom de *bois du Brésil* et attribuée au *cœsalpinia tinctoria*, Cav., synonyme : *cœsalpinia vesicaria*, Lamk. ; puis le *bois de baphia brillant* (*baphia nitida*, D. C.) fournissant les *bois de bar-wood*, synonyme : *cam-wood*. A la suite de ces matières colorantes rouges, nous citerons encore l'*orseille* et ses dérivés. — V. ce mot.

COULEURS ROUGES D'ORIGINE MINÉRALE

Parmi les couleurs rouges d'origine minérale, il en est un certain nombre qui sont employées industriellement, mais presque toutes ont déjà été étudiées dans ce *Dictionnaire*. Nous rappellerons seulement leurs noms : le *minium*, mélange d'oxydes de plomb [3 (PbO), PbO²] (V. MINIUM) ; le *vermillon*, ou sulfure de mercure, HgS (V. CINABRE et MERCURE, § *Sulfure*) ; le *rouge de pourpre*, ou chromate de mercure basique,

$$HgCrO^4, HgO$$

(V. CHROMATE) ; l'*écarlate d'iode*, ou iodure de mercure HgI² (V. IODURE) ; le *réalgar*, ou sulfure d'arsenic, As²S² (V. ARSENIC et RÉALGAR) ; puis les divers corps désignés sous les noms de *rouge anglais, colcothar*, qui sont du sesquioxyde de fer, Fe²O³ (V. FER, § *Oxydes*) et sous ceux d'*ocre rouge*, de *rouge de Mars*, de *rouge de Venise*, de *rouge indien*, constitués par des argiles contenant une forte proportion de sesquioxyde de fer. — V. COULEUR ET OCRE.

COULEURS ROUGES DÉRIVÉES DU GOUDRON DE HOUILLE

Ces couleurs, qui aujourd'hui ont souvent remplacé, comme d'ailleurs pour toutes les autres nuances, celles que nous avons précédemment citées, sont tellement nombreuses, que nous nous contenterons d'en donner seulement la composition, et autant que possible la formule. Telles sont : la *fuchsine*, la *rubine*, le *rouge Magenta*, la *roséine*, qui sont, la première, du chlorhydrate de pararosaniline méthylée, ou des sels du triamidodiphényletolyle carbinol, pour les autres, et dont la composition peut s'exprimer de la manière suivante :

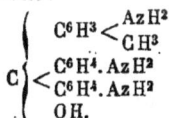

$$C \begin{cases} C^6H^3 < {}^{AzH^2}_{CH^3} \\ C^6H^4.AzH^2 \\ C^6H^4.AzH^2 \\ OH. \end{cases}$$

la *safranine*, qui doit être un dérivé de la triamidotriphényleamine, et dont la formule est

$$C^{24}H^{21}Az^3H^2O. HCl.$$

Le *Bordeaux R* (*claret red*) qui est de l'alphanaphtalineazobétanaphtol disulfonate de soude ou d'ammoniaque, ayant pour composition :

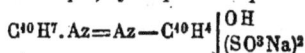

$$C^{10}H^7.Az{=}Az{-}C^{10}H^4 \Big|{}^{OH}_{(SO^3Na)^2}$$

La *coccine* ou phénétolazobétanaphtol-α-disulfonate de sodium,

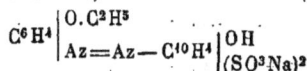

$$C^6H^4 \Big|{}^{O.C^2H^5}_{Az{=}Az{-}C^{10}H^4|{}^{OH}_{(SO^3Na)^2}}$$

Le *rouge de crésol* formé par de l'éthylecrésolazobétanaphtol-α-disulfonate de sodium,

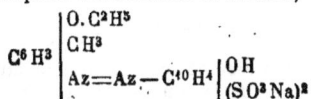

$$C^6H^3 \Big|{}^{O.C^2H^5}_{CH^3}_{Az{=}Az{-}C^{10}H^4|{}^{OH}_{(SO^3Na)^2}}$$

Les divers *rouges solides* :

Le *rouge solide A* ou bétanaphtolazonaphtaline sulfonate de sodium,

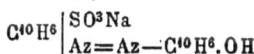

$$C^{10}H^6 \Big|{}^{SO^3Na}_{Az{=}Az{-}C^{10}H^6.OH}$$

Le *rouge solide B* ou bétanaphtolazonitronaphtaline sulfonate de sodium,

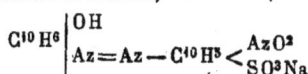

$$C^{10}H^6 \Big|{}^{OH}_{Az{=}Az{-}C^{10}H^5 < {}^{AzO^2}_{SO^3Na}}$$

Le *rouge solide C* ou naphtalineazo-α-naphtaline sulfonate de sodium,

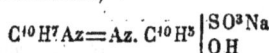

$$C^{10}H^7Az{=}Az. C^{10}H^5 \Big|{}^{SO^3Na}_{OH}$$

Le *rouge solide D* ou naphtaline sulfonate de sodium azo-β-naphtol disulfonate de sodium,

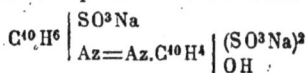

$$C^{10}H^6 \Big|{}^{SO^3Na}_{Az{=}Az.C^{10}H^4|{}^{(SO^3Na)^2}_{OH}}$$

L'*azarine* (Meister, Lucius et Bruning) composé bisulfitique du dioxysulfobenzidetétrazobétanaphtol. D'après Spiegel, ce corps a la composition suivante :

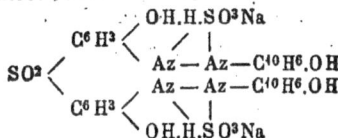

$$SO^2 < \begin{array}{l} C^6H^3 < {}^{OH.H.SO^3Na}_{Az{-}Az{-}C^{10}H^6.OH} \\ C^6H^3 < {}^{Az{-}Az{-}C^{10}H^6.OH}_{OH.H.SO^3Na} \end{array}$$

L'*écarlate de crocéine*, ou azobenzine sulfonate de sodium azobétanaphtol sulfonate de sodium,

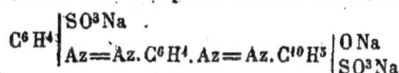

$$C^6H^4 \Big|{}^{SO^3Na}_{Az{=}Az. C^6H^4. Az{=}Az. C^{10}H^5|{}^{ONa}_{SO^3Na}}$$

L'*éosine B*, l'*érythrosine*, la *pyrosine*, la *primerose soluble*, sels de sodium de la tétraiodofluorescéine, ayant pour composition :

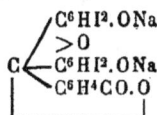

$$C < \begin{array}{l} C^6HI^2.ONa \\ {>}O \\ C^6HI^2.ONa \\ C^6H^4CO.O \end{array}$$

La *primerose insoluble dans l'eau*, sel potassique de l'éosine, traitée par le bromure ou l'iodure d'éthyle,

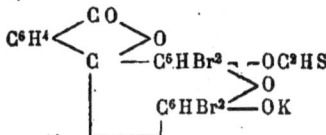

$$C^6H^4 < \begin{array}{l} CO \\ {>}O \\ C {-}C^5HBr^2 {-} {\sim} OC^2HS \\ {>}O \\ C^6HBr^2 {-} OK \end{array}$$

L'*éosine J*, sel de sodium de la tétrabromofluorescéine, dont la composition peut s'exprimer par les deux formules suivantes :

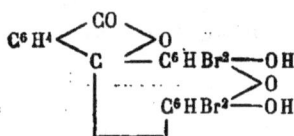

$$C^6H^4 < \begin{array}{l} CO \\ {>}O \\ C {-}C^6HBr^2 {-}OH \\ {>}O \\ C^6HBr^2 {-}OH \end{array}$$

ou

$$C\!\!\left\{\begin{array}{l}C^6HBr^2.ONa\\>0\\C^6HBr^2.ONa\\C^6H^4CO.O\end{array}\right.$$

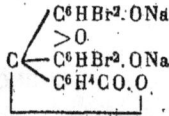

L'*éosine B. W.*, la *safrosine*, sels de sodium de la dibromodinitrofluorescéine,

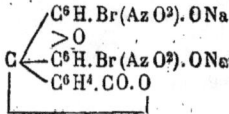

$$C\!\!\left\{\begin{array}{l}C^6H.Br(AzO^2).ONa\\>0\\C^6H.Br(AzO^2).ONa\\C^6H^4.CO.O\end{array}\right.$$

La *lutécienne*, mélange du précédent avec de la dinitro et de la tétranitrofluorescéine.

L'*erythrine*, l'*éosine à l'alcool*, sels de sodium de la monométhyletétrabromofluorescéine,

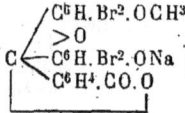

$$C\!\!\left\{\begin{array}{l}C^6H.Br^2.OCH^3\\>0\\C^6H.Br^2.ONa\\C^6H^4.CO.O\end{array}\right.$$

L'*éthyléosine* (Rose J. B.) ou sel de sodium de l'éthyletétrabromofluorescéine,

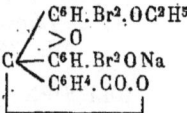

$$C\!\!\left\{\begin{array}{l}C^6H.Br^2.OC^2H^5\\>0\\C^6H.Br^2ONa\\C^6H^4.CO.O\end{array}\right.$$

Le *rose Bengale*, sel de sodium ou de potassium de la tétraiododichlorofluorescéine,

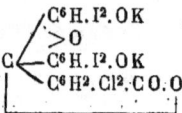

$$C\!\!\left\{\begin{array}{l}C^6H.I^2.OK\\>0\\C^6H.I^2.OK\\C^6H^2.Cl^2.CO.O\end{array}\right.$$

La *phloxine*, sel de sodium de la tétrabromochlorofluorescéine,

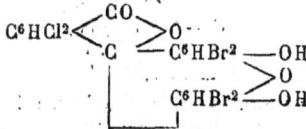

$$C^6HCl^2\!\!<\!\!\begin{array}{l}CO\\C\end{array}\!\!\begin{array}{l}>0\\C^6HBr^2-OH\\>0\\C^6HBr^2-OH\end{array}$$

ou

$$G\!\!\left\{\begin{array}{l}C^6H.Br^2.ONa\\>0\\C^6H.Br^2.ONa\\C^6H^2.Cl^2.CO.O\end{array}\right.$$

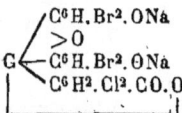

La *cyanosine*, sel e potassium de l'éther monométhylique du précédent,

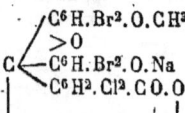

$$C\!\!\left\{\begin{array}{l}C^6H.Br^2.O.CH^3\\>0\\C^6H.Br^2.O.Na\\C^6H^2.Cl^2.CO.O\end{array}\right.$$

La *nopaline*, ou *écarlate impériale*, mélange d'éosines et de jaune de naphtal;

La *péonine*, ou rosolate de rosaniline. — V. Coralline.

La *coccine*, mélange de fluorescéines nitrobromées et d'aurantia;

Les *alizarines B et V* constituant la plus grande partie de l'alizarine ordinaire et dites alizarines pour violet (dioxyanthraquinone),

$$C^{14}H^6O^2(OH)^2$$

ou

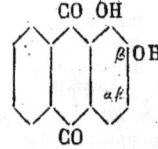

L'*alizarine J*, ou anthrapurpurine avec flavopurpurine, mélange constituant l'alizarine pour rouge, et formé de trioxyanthraquinones isomères,

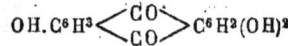

$$OH.C^6H^3\!\!<\!\!\begin{array}{l}CO\\CO\end{array}\!\!>\!\!C^6H^2(OH)^2$$

ou

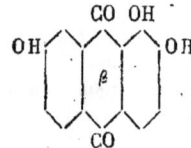

La *purpurine* ou trioxyanthraquinone,

$$C^{14}H^6O^2(OH)^3$$

ou

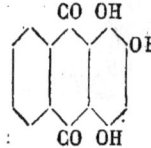

La *benzopurpurine*, ou acide tétrazoditolyledinaphtilaminedisulphonique,

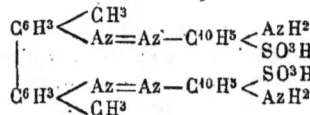

$$C^6H^3\!\!<\!\!\begin{array}{l}CH^3\\Az=Az-C^{10}H^5\!\!<\!\!\begin{array}{l}AzH^2\\SO^3H\end{array}\end{array}$$
$$C^6H^3\!\!<\!\!\begin{array}{l}Az=Az-C^{10}H^5\!\!<\!\!\begin{array}{l}SO^3H\\AzH^2\end{array}\\CH^3\end{array}$$

La *rubéosine*, produit de la nitration de la fluorescéine.

Enfin le *rouge Congo*, une des dernières couleurs rouges trouvées, et qui résulte de la copulation du chlorure de tétrazodiphényle, avec l'acide sulfonique de l'α-naphtyleamine (acide naphtionique),

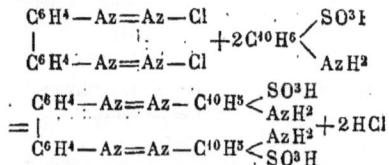

$$\begin{array}{l}C^6H^4-Az=Az-Cl\\|\\C^6H^4-Az=Az-Cl\end{array}+2C^{10}H^6\!\!<\!\!\begin{array}{l}SO^3H\\AzH^2\end{array}$$

$$=\begin{array}{l}C^6H^4-Az=Az-C^{10}H^5\!\!<\!\!\begin{array}{l}SO^3H\\AzH^2\end{array}\\|\\C^6H^4-Az=Az-C^{10}H^5\!\!<\!\!\begin{array}{l}AzH^2\\SO^3H\end{array}\end{array}+2HCl$$

Nous avons résumé sous la dénomination de rouge (dérivés de la houille), la liste et la composition des principaux corps les plus employés, quelques noms n'y figurent pas comme la *rhodindine* (induline de la série naphtalique), l'*azorubine* acide, soluble dans l'eau bouillante, etc., la composition de ces corps étant encore mal connue. — J. C.

Rouge. Certains produits étant encore désignés dans l'industrie sous le nom de *rouges*, mais n'étant plus employés comme matières colorantes ou n'étant que le résultat de la fixation de certaines couleurs sur des tissus, nous ferons suivre l'étude faite sur les matières tinctoriales de quelques renseignements.

Ainsi l'on désigne sous le nom de *rouge de Nuremberg*, de *rouge indien*, de *rouge d'Angleterre*, de *rouge de Prusse*, de *rouge de Venise*, de *rouge d'Anvers*, des ocres jaunes qui, chauffées au rouge sur des plaques métalliques, ont changé de couleur par peroxydation de l'oxyde de fer ou déshydratation. Lorsque la chaleur les a réduites en petits fragments, leur a donné la teinte voulue, on les refroidit brusquement en les jetant dans l'eau froide, lévigeant à diverses reprises et faisant sécher la poudre à l'air. Elles servent surtout pour polir les métaux.

Le *rouge d'Almagra* ou d'*Almagué*, qui contient de l'oxyde de fer anhydre, et d'après Proust, provient de l'altération des pyrites de fer, au contact de l'air, et dans lesquelles l'oxygène s'est substitué au soufre sans hydratation, est très employé dans les environs de Murcie ; il sert pour polir les glaces, les grosses pièces de fer, colorer le tabac et divers mets, peindre les maisons, marquer les moutons, etc.

Quelques produits peuvent momentanément colorer en rouge, sans être des matières tinctoriales, tels sont l'*anchusine* de la racine d'orcanette, la *carotine* des carottes, la racine de grémil (*lithospermum officinale*, L., borraginées), le *chica*, des feuilles du *bignonia chica*, Bonp. (bignogniacées), les acides rheadinique et erratique, des fleurs du coquelicot (*papaver rhœas*, L., papavéracées); l'hypéricine, retirée des fleurs et des fruits du millepertuis (*hypericum perforatum*, Lin., hypericinées); l'inocarpine provenant de l'écorce et du péricarpe du mapé (*inocarpus edulis*, Forskal, sapotées); la ligniline, des baies du troène (*ligustrum vulgare*, Lin., jasminées); la purpurholcine, isolée des glumes du sorgho sucré (*sorghum saccharatum*, Willd., graminées); la porphyrharmine ou rouge de harmala, extraite des graines du *peganum harmala*, Lin. (rutacées).

Enfin, le mot *rouge* s'emploie encore pour désigner certaines nuances obtenues d'une manière spéciale; c'est ainsi que les étoffes teintes en colorées en *rouge turc* ou *rouge d'Andrinople*, *rouge des Indes*, sont connues par la beauté et la fixité de leur nuance, célèbre du temps d'Alexandre, et que les teinturiers du Levant surent faire seuls, jusque vers la moitié du XVIII° siècle. C'est un rouge de garance, obtenu maintenant avec rapidité au moyen des dérivés quinoniques, l'alizarine et la purpurine artificielles.

ROUILLE. T. de techn. et de chim. Enduit brun

rougeâtre qui se produit sur le fer, lorsque ce métal est abandonné à l'air humide. C'est un hydrate de sésquioxyde, qui a pour formule $2Fe^2O^3, 3H^2O^2$, et retient toujours un peu d'ammoniaque formée pendant la décomposition de l'eau, par suite de l'oxydation du fer, et que l'on peut chasser en chauffant la rouille dans un tube à essais, avec un peu de soude caustique.

La rouille, dont on tâche le plus souvent d'éviter la production en enduisant le fer de divers produits (huiles et corps gras, vaseline, sels d'antimoine, antirouille, etc.), a reçu, dans l'industrie des toiles peintes, une application. On s'en sert, en teinture, pour obtenir des tons jaunes et chamois solides, et en impression, en appliquant sur les tissus, surtout sur ceux de coton, un sel soluble de fer que l'on rend insoluble par l'action oxydante de l'air ou d'autres corps. C'est, d'ordinaire, en faisant un acétate de protoxyde de fer, au moyen d'une solution de sulfate ferreux et d'acétate de plomb, de soude ou de chaux, que l'on obtient ce résultat; on tire le liquide à clair et on l'étend de plus ou moins d'eau, suivant la nuance que l'on veut obtenir; on épaissit à la gomme, ou même à la dextrine pour les nuances claires, puis on imprime et on abandonne le tissu à l'air. De l'hydrate de peroxyde de fer se produit, et l'on achève la suroxydation par un passage en bain alcalin, lavant au large dans un courant d'eau, et, enfin, passant en bain faible d'hypochlorite alcalin. Les nuances rouille et chamois sont très solides et se rongent très facilement avec un épaississant au protochlorure d'étain, qui rend le sesquioxyde soluble.

|| Nom également donné à un mordant employé dans la teinture en noir de la soie, et qui est constitué par de l'azotate de fer impur. — J. C.

ROUISSAGE. T. techn. Ce mot vient, suivant les uns, du latin barbare *rossiare*, dérivé de *rivus*, ruisseau, ou de *ros*, rosée; selon d'autres, du haut allemand *rozzen*, qui signifie *pourrir* ou *faire pourrir*. Il exprime l'opération que l'on fait subir aux plantes textiles dans le but de dégager les fibres du liber de la substance gommo-résineuse qui les agglutine et les tient attachées à la tige ligneuse du végétal. Les lieux destinés à cette opération portent généralement le nom de *routoirs*, quelquefois aussi *roussoirs*, *roteurs*, *roussières*. D'une manière générale, on distingue deux genres de rouissages à la campagne : le *rouissage à l'eau* et le *rouissage sur pré*; mais, suivant les localités, la pratique diffère considérablement. Entre ces deux méthodes, l'une peut être regardée comme préférable à l'autre, mais elles ne peuvent être employées partout indifféremment, car la situation du pays où l'on rouit, la qualité, l'état du lin sec ou vert, déterminent ou même imposent aux cultivateurs tel ou tel genre de rouissage.

Rouissage à l'eau. On en distingue deux sortes : le rouissage à l'eau courante et le rouissage à l'eau dormante.

Rouissage à l'eau courante. Le rouissage à l'eau courante est celui qui se pratique dans les ruisseaux et les rivières. Nous prendrons comme type celui qui se fait chaque année dans la rivière la Lys, en France et en Belgique. Cette opération est alors confiée à des hommes spéciaux, faisant leur état de cette occupation et possédant sur le bord de la rivière, en propriété ou en location, un certain nombre de prairies pour le séchage du lin. Ils se servent de grandes caisses à jour, dites *ballons*, ordinairement en bois de sapin, semblables aux caisses d'emballage pour meubles.

La première opération que le rouisseur ait à faire est l'emballonnage ou emmagasinage sur la rive du lin dans les ballons. Pour cela, il en forme des *bonjeaux* (V. ce mot), et chaque bonjeau est placé verticalement dans la caisse. On entoure les tiges d'une couche de paille au-dessus et sur les côtés, pour les préserver des souillures dont elles sont susceptibles de se charger et tempérer la vivacité du courant. Un ballon peut contenir en moyenne 250 bonjeaux de 6 kilogrammes et demi à 7 kilogrammes. Quand le lin est emballonné, on ferme la caisse, on l'incline un peu sur le bord de la rivière et trois ou six hommes munis de tampons de paille la poussent vigoureusement à l'eau. Dans la rivière, le ballon ne s'enfonce pas, il flotte; comme il tend toujours à s'éloigner suivant le courant, on le ramène doucement sur le bord de la rivière au moyen de piques à crochet, et on le relie au bord par une corde. Quand la caisse est bien en place, on la fait enfoncer à l'aide de grosses pierres dont on la surcharge, jusqu'à ce qu'elle arrive au niveau de l'eau. Au fur et à mesure de la progression de la fermentation, pendant la durée du rouissage, on diminue, petit à petit, la charge de pierres. Généralement, les rouisseurs font 3 à 5 ballons à la fois, les uns à la suite des autres; ils relient ces ballons entre eux au moyen de planches qui leur servent à passer de l'un à l'autre sans danger, et ils établissent sur le côté du premier un barrage en planches qui fait dériver le courant.

La durée du rouissage dépend de la température. En juillet, il suffit souvent de cinq jours pour un bon rouissage, tandis qu'en octobre on dépasse dix jours. Pour se rendre compte des résultats, les rouisseurs retirent de temps en temps du ballon quelques échantillons. En outre, on a remarqué que, pendant les premiers jours de l'opération, alors que des bulles d'air d'abord, d'acide carbonique et d'ammoniaque dans la suite, viennent crever à la surface de l'eau, les ballons tendent à s'élever, tandis qu'à la fin du rouissage, non seulement il n'y a plus de bulles, mais les ballons retombent; c'est ce moment que choisit le rouisseur pour procéder au « déballonnage », c'est-à-dire pour retirer le lin de la rivière.

Pour « déballonner », un ouvrier monte sur le ballon, fait disparaître les quelques pierres qui restent, ouvre la caisse, puis débarrasse la paille qui se trouve au-dessus et sur le côté faisant face à la rive. Les bonjeaux, n'étant plus soutenus, se détachent alors d'eux-mêmes. Au moyen d'une pique il les fait alors glisser un à un à la surface de l'eau jusqu'au bord où deux autres

ouvriers s'en emparent en les saisissant avec les mains, l'un à la tête l'autre aux racines, les laissent égoutter un moment et vont les placer debout sur terre un peu plus loin. De la rive à l'endroit de séchage, les bonjeaux perdent une grande partie de leur eau, ensuite ils finissent par s'égoutter à la surface. Lorsqu'un ballon est complètement vide, on le ramène facilement sur le bord, puis on procède à l'égouttage proprement dit des tiges. Dans ce but, on délie les bonjeaux et on forme de petits cônes, dits « cahots » ou « cahoutes » où l'on ménage des espaces libres pour la circulation de l'air. Ces cônes se touchent tous par la base, ce qui permet, sur un espace relativement restreint, de mettre au séchage une grande quantité de lin.

Lorsque le lin est bien sec, il ne reste plus alors qu'à en faire des bottes et à l'emmeuler jusqu'au teillage; le rouissage est terminé. Nous n'entrerons pas ici dans les détails des opérations spéciales aux divers pays, relatifs au mode de traitement, tels que le rouissage en deux fois, les rouissages dits à la minute, au grand tour, etc.; ce que nous avons dit suffit pour donner une idée des opérations générales qui constituent le rouissage à l'eau courante proprement dit.

Rouissage à l'eau dormante. Nous prendrons ici comme type le mode de rouissage à l'eau dormante tel qu'il est pratiqué en Belgique et notamment dans la majorité des districts du pays de Waës, principalement dans ceux de Saint-Nicolas, Lokeren et Bruges.

Le lin, entouré d'un seul lien de fibres vertes, est disposé en bottes d'environ 20 centimètres de diamètre et placé dans des fossés ou *puits*, selon l'expression du pays, disposés d'avance à cet effet. Ces fossés, qui peuvent être longs et dont la largeur varie de 3 à 5 mètres, ont leurs parois nettoyées d'avance et sont divisés en plusieurs *routoirs* au moyen de cloisons en planches ou en terre. Les dimensions de ces routoirs sont tout à fait inégales; un fossé de 100 mètres peut en contenir 4, 5, 8, à volonté. Dans le pays de Waës, on en distingue deux genres : le routoir bleu et le routoir jaune; le premier, plus recherché, dû à la boue naturelle du pays, le second provenant d'un fond argileux. Aussi, pour donner au lin une nuance quelque peu bleutée, jette-t-on dans les fosses un certain nombre de branches d'aulnes avec leurs feuilles, ou quelques coquelicots.

Pour faire un routoir à eau dormante, il est préférable de se placer, quand on le peut, à proximité d'une rivière ou d'un ruisseau, et de le remplir avec de l'eau du courant; on obtient ainsi un meilleur résultat qu'en attendant l'arrivée d'eau de pluie ou d'infiltration. Pour bien disposer le lin dans les fosses, un ou deux ouvriers sont obligés de se mettre à l'eau et de placer les bottes au fur et à mesure qu'un aide les leur avance, comme on arrange les gerbes de blé dans une aire. Lorsque trois ou quatre rangs de bottes de lin garnissent la largeur du routoir, l'ouvrier, armé d'une pelle, prend la boue qui se trouve au fond du routoir et en recouvre le lin déjà placé; la couche peut avoir 8 à 10 centimètres d'épaissour, elle repose directement sur le lin et est bien étendue sur le tout, moins la partie qui doit servir d'appui au rang suivant. On continue ainsi l'opération en recouvrant de boue à mesure de la mise à l'eau, jusqu'à ce que le routoir soit rempli.

Comme dans le rouissage à l'eau courante, le rouisseur doit aussi, autant que possible, visiter souvent son lin lorsqu'il juge que l'opération tire à sa fin. Ce point a surtout ici une extrême importance, la matière gommo-résineuse et les débris du lin n'étant plus, comme dans l'autre méthode, entraînés, par un courant, fermentent autour des tiges et y entretiennent constamment une température élevée. On juge que le rouissage est presque terminé lorsque le nombre des bulles qui viennent crever à la surface a beaucoup diminué, ou lorsque les filaments se détachent facilement de la tige sur une longueur de 12 à 16 centimètres. Généralement, la durée de l'immersion varie de cinq à dix jours et ne dépasse jamais quinze. Un ouvrier descend alors dans l'eau croupie de la fosse pour ramener à lui les faisceaux de lin, et il retire les bottes de l'eau en commençant par celles qui ont été placées les dernières. Il agite toujours un peu celles-ci dans l'eau, afin de les débarrasser de la boue qui les recouvre, et il les jette sur les bords de la fosse où d'autres ouvriers viennent les prendre. Les bottes ne sont pas déliées immédiatement, on les place ensemble, verticalement, sur le sol pour laisser écouler la majeure partie de l'eau dont elles sont chargées et afin de pouvoir ensuite les transporter plus facilement, cette opération constitue « l'égouttage ». Ce n'est qu'après une demi-journée, un jour au plus, qu'on transporte les bottes sur le terrain où on doit les étendre pour les blanchir. L' « étendage » se fait en déliant les bottes et en étendant le lin par petites parties, en lignes droites et en couches peu épaisses, sur pré ou sur la terre nue. Au bout d'un certain temps, on le relève et on le met en meules pour le teiller ensuite.

Rouissage sur pré.

Ce mode de procéder, que l'on appelle encore *rosage, rorage* ou *sereinage*, se pratique en étendant, après la récolte, le lin bien sec sur les prairies, en couches, autant que possible, minces et égales. S'il ne pleut pas le jour de l'étendage, on arrose souvent le lin soi-même d'une manière uniforme. La fermentation continuant les jours suivants, si l'un des côtés de la couche est suffisamment roui, on le relève doucement au moyen de longues gaules passées à fleur de terre sous les couches alignées, on le fait pivoter sur la racine, et on présente à la pluie et à la rosée le côté non roui. Au bout de trois semaines environ, on profite d'un temps sec pour mettre le lin en «cahoutes» comme pour le rouissage à eau courante; séchées sur le pré lui-même, ces gerbes sont ensuite réunies en bottes et déposées sous un hangar en attendant le teillage.

Théorie du rouissage. Au point de vue théorique, rappelons sommairement qu'on n'a d'autre but, en rouissant le lin, que de transformer la pectose qui enveloppe les fibres de cellulose dans la plante à l'état vert, en acide pectique, qui, dans le roui, donne à la fibre le brillant qui lui est nécessaire. Dans le rouissage rural que nous venons de décrire, soit à l'eau, soit sur pré, la transformation de la pectose en pectine puis en acide pectique se fait grâce à la pectase qui joue près de la pectose un rôle analogue à la diastase, dans les grains, pendant la germination. Cette transformation se fait à la température de 30° environ et est désignée sous le nom de *fermentation pectique.*

Quant à la couleur des lins, qui est généralement ou bleuâtre ou jaunâtre, elle est due, la première, à l'action sur la chlorophylle de l'acidité de l'eau provenant de la dissolution des acides organiques de la plante elle-même, la seconde, à l'action sur cette même chlorophylle des matières alcalines de l'eau et notamment du bicarbonate de chaux que l'eau contient presque toujours.

Rouissage industriel.

Comme il est prouvé que la transformation de la pectose peut se faire, non pas seulement par la fermentation, mais encore par la chaleur dans certaines conditions, en présence de l'eau, nombre d'industriels ont essayé de rouir le lin manufacturièrement, afin d'échapper aux ennuis que cause le rouissage rural usuel (dépendance absolue de la température, mauvaise odeur, coups de vent pendant l'étendage, etc.). Nous citerons, entre autres, l'américain Schenck, qui faisait macérer le lin dans une eau dont il élevait peu à peu la température au moyen de la vapeur, et qu'on maintenait quelque temps au même degré; l'anglais Watt, qui rouissait à la vapeur en soumettant ensuite les tiges à une pression énergique; etc., etc. Tous ces procédés n'ont jamais donné de résultats désirables. Seul, dans ces derniers temps, un ingénieur de Lille, M. Parsy, est arrivé à un résultat sérieux en soumettant le lin à l'action de l'eau chaude sous une pression de 125°, environ trente minutes dans des chaudières autoclaves, et en envoyant ensuite, une fois la vidange faite, sur le lin ainsi roui un jet de vapeur à 5 atmosphères de pression pendant une heure. M. Parsy a séparé, en somme, deux éléments, l'eau et la vapeur, dont ses prédécesseurs avaient usé en même temps; par l'eau chaude, il prépare la transformation de la pectose et enlève les matières nuisibles au rouissage; par l'action de la vapeur, il termine la formation de l'acide pectique sans en entraîner en dissolution, et dessèche quelque peu les tiges; un séchage industriel termine les opérations de mise en meule. Ce procédé est absolument logique.

Le figure 517 représente une coupe de la chaudière à rouir de M. Parsy, telle qu'elle est actuellement agencée par M. Dujardin, constructeur à Lille, et telle qu'elle fonctionne dans l'important établissement de M. Agache fils, à Pérenchies (Nord).

Mais il ne suffisait pas de rouir, il fallait encore sécher, ce qu'on est obligé de faire à la campagne en plein air, en se voyant forcé de s'abstenir de cette opération pendant la mauvaise saison. Le même ingénieur est arrivé à surmonter cette difficulté en employant des fours à sécher dont nous avons représenté la coupe figure 518. L'appareil se compose d'une série de chambres en maçonnerie ABCDE laissant entre chacune d'elles un espace FGHI compris entre les parois et destiné à servir de communication entre deux chambres consécutives. Les murs de ces chambres portent à leur partie supérieure des rigoles en bois R remplies de sable et dans lesquelles les couvercles de chaque chambre viennent reposer. Ces couvercles LMNO sont disposés de façon à couvrir à la fois une chambre et le carneau qui la

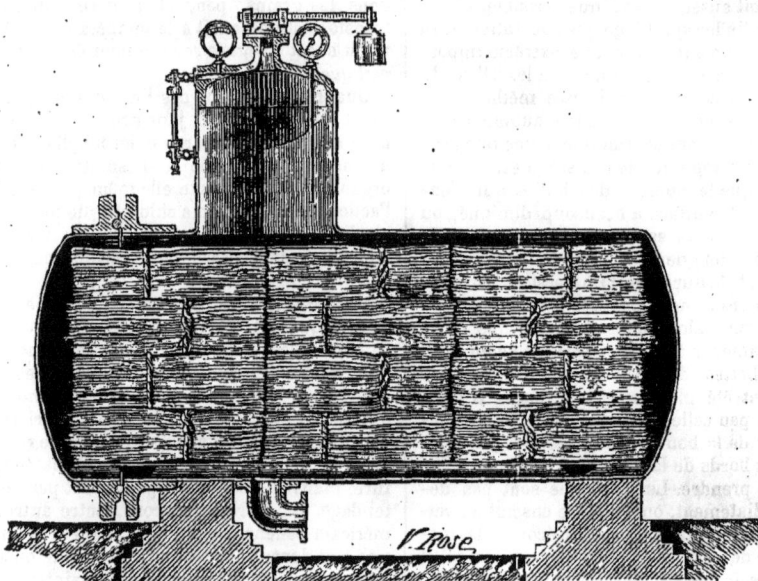

Fig. 517. — *Chaudière à rouir le lin de M. Parsy.*

suit; soit la chambre A et le carneau F, la chambre B et le carneau G, etc. Un petit couvercle P sert à obstruer le carneau qui suit la chambre dont on a enlevé le couvercle pour en retirer le lin séché et le remplir de lin à sécher. Dans la figure 518, le petit couvercle P recouvre le carneau I qui suit la chambre ouverte D. Le lin est placé verticalement à l'intérieur des chambres sur des claies qui reposent sur une saillie de la maçonnerie. A la partie inférieure de la chambre, sous les claies, sont placés des tuyaux de chauffage T. Le dernier carneau vertical J est mis en communication avec la première chambre A par un carneau horizontal Z qui passe sous le séchoir et vient déboucher

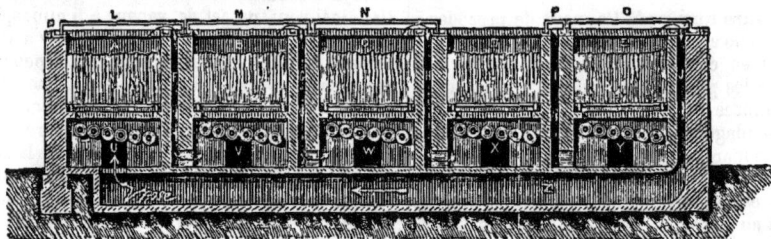

Fig. 518. — *Séchoir pour le lin roui, système Parsy.*

dans la chambre A en dessous des tuyaux T. Un ventilateur refoule de l'air dans un carneau qui peut être mis en communication avec chacune des chambres par les registres UVWXY. Au moment du travail où le dessin représente le séchoir, tous les registres sont fermés sauf le registre Y. L'air refoulé par le ventilateur pénètre dans la chambre E, traverse le lin qu'elle renferme en remontant verticalement, se charge d'humidité qu'il emprunte au lin, puis redescend par le carneau J; il passe par le conduit Z et arrive dans la partie inférieure de la chambre A où il se réchauffe au contact des tuyaux T, s'élève au travers du lin renfermé dans la chambre A, descend par F pour pénétrer dans la chambre B, et circule ainsi de chambre en chambre s'échauffant au contact des tuyaux et enlevant l'humidité du lin renfermé dans les chambres qu'il traverse, jusqu'au moment où il s'échappe dans l'atmosphère par la chambre D dans laquelle on a placé le lin à sécher.

Quand le lin contenu dans la chambre E est sec, on enlève le couvercle O; on pose le petit couvercle P sur le carneau J, puis on ferme le registre Y et on ouvre le registre U; la chambre E est ainsi isolée des autres. On retire le lin sec de cette chambre et on le remplace par du lin humide; on remet ensuite un couvercle sur la chambre D et le carneau I, de sorte que l'air qui s'échappait dans l'atmosphère par D, se trouve conduit dans la partie inférieure de la chambre E qui devient la dernière du circuit, celle par laquelle l'air s'échappe dans l'atmosphère. On fait la même manœuvre pour la chambre A quand le lin qu'elle renferme est séché, et ainsi de suite pour les autres.

Le principe de ce mode de séchage consiste, comme on le voit, à faire circuler un courant d'air dans une série de chambres dans lesquelles on place le lin qu'on veut sécher, cette circulation étant établie de telle façon que l'air entre froid ou à température peu élevée dans la première chambre et est réchauffé au sortir de chaque chambre pour retrouver la chaleur qu'il a perdue au contact du lin renfermé dans la chambre d'où il sort. La première chambre du circuit étant celle qui a été remplie la première, le lin le plus sec reçoit ainsi l'air à la température la plus basse, tandis que le lin le plus humide reçoit l'air porté à une température plus élevée.

Par les temps froids et humides, on chauffe à la vapeur les tuyaux de la chambre par laquelle l'air entre en premier, afin de dessécher cet air et lui donner une moyenne de 15 à 20° centigrades de chaleur. — A. R.

ROUISSEUR. *T. de mét.* Ouvrier qui travaille au rouissage.

ROULAGE. *T. d'exploit. des min.* Opération consistant dans le transport des vagonnets chargés de matière à extraire, de matière à remblayer, de bois, etc., sur les voies à peu près horizontales de l'intérieur des mines. — V. TRACTION DANS LES MINES. || *T. techn.* Dans les fabriques de pipes, action de rouler la pâte, c'est-à-dire d'en former des cylindres ayant à peu près les dimensions et la forme des pipes à fabriquer.

ROULEAU. *T. techn.* Cylindre en bois ou en fonte tournant sur lui-même, à l'aide d'un axe et de deux coussinets, et qui a pour fonction de maintenir une courroie dans une certaine direction. || Cylindre de bois, de pierre, de métal, qui sert à divers usages, et notamment, cylindre de bois, qu'on nomme aussi *roule*, que les maçons et les tailleurs de pierre emploient pour diriger un bloc d'un point à un autre; les charpentiers se servent également de rouleaux de bois pour transporter les pièces de longueur. || Nom que les serruriers donnent au fer contourné en volute. || Table de plomb roulée qu'on enlève au moule à l'aide d'un bâton. || Papier de tenture formant une bande de 8 mètres de longueur et qui se vend roulé sur lui-même.

ROULEAU AGRICOLE. L'étude des rouleaux de ferme nous a conduit depuis longtemps à faire la théorie du *roulement*. La formule de Coulomb, confirmée en apparence par les expériences du général Morin, est inapplicable aux rouleaux agricoles. La formule générale à laquelle notre théorie nous a conduit, s'applique, au contraire, aux sols les plus compressibles comme aux chemins les plus indéformables, à la seule condition qu'ils soient homogènes.

Roulage. Le roulage est une opération secondaire de culture, comparativement aux *hersages* et surtout aux *labours*; mais elle n'en n'est pas, pour cela, moins nécessaire. Le rouleau n'a paru dans l'outillage agricole que plusieurs siècles après la charrue. Nombre de contrées même n'en sont pas encore pourvues. Il est un des caractères de l'amélioration culturale et ne peut, par suite, que prendre plus d'importance, à l'avenir, dans les pays bien cultivés.

Le roulage, quoique très simple en apparence, a des effets très divers. Il contribue à l'émiettement du sol destiné au semis; il raffermit un sol trop léger, ferme un sol trop ouvert, régularise sa surface, tue ou arrête le développement des insectes, protège les jeunes plantes, etc.

Ameublissement. La terre, après avoir été découpée en mottes régulièrement renversées par la charrue, s'ameublit plus ou moins rapidement par l'action des agents atmosphériques et par les alternatives de gels et dégels; mais, à moins de circonstances particulièrement favorables, une portion des bandes ou des mottes, leurs noyaux surtout, résistent à ces agents naturels et gratuits d'ameublissement. Dans cet état incomplet d'ameublissement, de mottes dures dispersées en une couche meuble, une terre ne pourrait être ensemencée avec un plein succès, les semences se réuniraient en paquets dans les vides que laissent entre elles les mottes, une partie de ces graines pourrait se trouver à une profondeur trop grande pour lever et vivre dans de bonnes conditions et surtout en temps opportun lorsque, par la suite, les mottes auraient été enfin émiettées naturellement ou artificiellement.

Rouleaux lisses. Pour compléter l'action de la charrue et même celle des herses, on se sert depuis longtemps de *rouleaux unis*, non partout, mais dans nombre de localités.

Le rouleau uni est un énergique outil d'émiettement du sol lorsqu'il est, en temps favorable, employé alternativement avec la herse. Des roulages et des hersages alternés rompent et émiettent les mottes les plus tenaces, surtout si l'on a soin de saisir le fugitif moment favorable à ces travaux.

Rouleaux armés. L'observation a fait reconnaître qu'un rouleau composé de disques à bords tranchants divise plus facilement les mottes qu'un rouleau uni. Bien avant même, on armait des troncs d'arbres de pointes de fer ou de chevilles de bois dans le même but. On a roulé les champs avec des colonnes cannelées en marbre.

Le rouleau à disques tranchants, dit de *Dombasle*, celui à disques en tore, dit de *Cambridge*, peuvent, certes, briser les mottes en les tranchant, l'un longitudinalement, et l'autre transversalement; mais le véritable rouleau brise-mottes c'est le *Crosskill*. Ses disques portent des saillies remplaçant les bords des disques Dombasle et d'autres saillies coupant transversalement la motte; ils portent, en outre, des pointes saillantes faisant l'effet de dents ou de coins qui, en s'enfonçant dans les mottes, les font éclater. On pourra varier les formes, le diamètre et le poids de ces rouleaux brise-mottes, mais il fut, dès son invention par le célèbre constructeur Crosskill, en 1841, le rouleau brise-mottes par excellence et on ne peut aller au delà. Les cultivateurs de terres tenaces sont donc éminemment redevables à cet inventeur, et c'est avec justice que ce rouleau porte son nom.

Régalage, nivellement ou aplanissement du sol. Bien que les bons semoirs mécaniques à coutres-rayonneurs indépendants puissent marcher convenablement en terres motteuses ou à surface irrégulière, il est hors de doute que la réussite des semis est plus certaine lorsque la terre, suffisamment ameublie à la profondeur voulue, présente, en outre, une surface régulière et lisse.

On fait donc parfois passer le rouleau sur un sol à ensemencer, non seulement pour rompre les mottes et ameublir la terre, mais encore pour la *régaler*, la *niveler* et l'*aplanir*. Le rouleau uni, qui est le plus souvent et le plus naturellement employé dans ce but, nivelle de deux façons : en comprimant et émiettant les parties saillantes, et en les rabattant, les râclant. Le premier effet est d'autant plus sensible que le rouleau lisse est plus pesant, et le second, que le diamètre est plus faible. Pour niveler et aplanir le sol, il faut donc un rouleau lourd et d'un petit diamètre. L'alternance de hersages et de roulages, pour le régalage du sol, est un moyen certain de succès, comme pour l'émiettement simple.

Pour se dispenser du travail de nivellement même et du complet émiettement de la couche de terre à ensemencer, on a souvent dit que la présence des mottes dans un semis de blé protège les jeunes plantes contre la gelée (nous dirons plutôt contre un dégel subit du côté exposé au soleil). Cela peut être! Mais si, dans cette espérance, le complet ameublissement et le régalage ne sont pas désirables et sont négligés, le semis pourra laisser à désirer. A notre avis, il conviendrait mieux de ne semer le blé que sur une terre parfaitement ameublie et nivelée, sauf à rouler ensuite avec un rouleau *annelé* ou *cannelé*, pour former des saillies capables d'abriter les très jeunes plantes contre les dégels subits. On aurait, en outre, un très bon effet : la tendance de ces jeunes plantes à *taller* plus promptement et plus fortement. Dans tous les cas, l'aplanissement du sol favorise singulièrement le passage des semoirs et de tous les instruments agricoles modernes devant passer sur le sol postérieurement aux semis : les houes, les faucheuses, les moissonneuses, les rateaux, etc.

Glacement du sol. Nous désignerons par ce mot l'effet d'un roulage dont l'action se fait sentir surtout à la surface, en resserrant les molécules, en fermant la surface qui, ainsi *glacée*, met un sérieux obstacle à l'évaporation de l'humidité intérieure normale du sol. Unir par un roulage moyennement énergique une terre profondément ameublie et qui a pu s'imprégner d'une certaine quantité d'eau, par capillarité et par adhérence ou attraction, c'est la fermer à la superficie et concentrer à l'intérieur l'humidité nécessaire au développement des radicelles. On empêche ainsi que la couche de terre végétale ne devienne sèche et brûlante, ce qui nuirait singulièrement à la germination et au développement de l'embryon et de la jeune plante. Si le roulage, en ce cas, était un plombage par trop énergique, on pourrait craindre (pas nous) d'augmenter la conductibilité de la terre pour la chaleur. Un sol régulièrement et profondément ameubli est un milieu tel qu'il faudrait une pression énorme (par centimètre carré d'appui) pour transformer cette éponge terreuse, saturée de gaz, en un corps assez solide pour être bon conducteur.

Plombage. Après les labours, hersages et roulages faits par des instruments médiocres, les plus généralement employés encore, il n'est pas rare de trouver le sol très irrégulier dans sa résistance et dans son ameublissement. Par places, le pied enfonce tandis que, à côté, des mottes dures résistent énergiquement. L'ensemencement, dans une terre aussi mal préparée, ne peut être bon : les graines n'y sont pas également enterrées et ne lèveront pas, par suite, en même temps; si de fortes pluies surviennent, l'eau glisse sur les mottes dures sans les pénétrer et s'accumule en quelques points en y délayant la terre meuble. Si, plus tard, arrivent des gelées, les racines dénudées souffrent du froid et une partie des plantes périt. On évite autant que possible ces inconvénients par le passage d'un rouleau assez lourd et convenablement fait pour rompre les mottes sur toute la surface et égaliser partout la résistance du sol. Si celui-ci est de consistance régulière, mais trop meuble, ce qui est rare ou même impossible pour peu qu'il contienne une proportion sensible d'alumine et de calcaire, un roulage énergique, un plombage lui donne la consistance nécessaire pour que les plantes s'y maintiennent solidement ancrées par leurs racines et radicelles. Les sols trop meubles, de par leur constitution même, comme les sables grossiers purs, ne peuvent être plombés.

Le roulage après le semis est utile à plusieurs points de vue, mais surtout à celui de la conservation de l'humidité autour des semences. En dehors des pluies, cette humidité a sa principale source dans le sous-sol, et la terre tend à se dessécher par sa surface. Si la surface du sol est inégale, comme après les labours et les hersages, elle présente une étendue considérable à l'évaporation et la terre étant creuse, faute de plombage, elle a une tendance à se dessécher assez profondément pour que la germination en souffre ainsi que les radicelles. Le plombage, dans une certaine mesure, provoque même l'ascension de l'humidité souterraine; en effet, les molécules de terre sont ainsi rapprochées et les interstices qui restent forcément entre elles sont plus réguliers, plus fins, plus capillaires. L'eau du sous-sol est ainsi comme aspirée.

Il peut en résulter un mauvais effet apparent, l'accroissement du poids d'eau évaporé par mètre carré de sol. Si ce fait a pu être observé, il n'en est pas moins acquis que la terre reste plus fraîche autour des semences et des radicelles, parce qu'elle conserve par adhérence une plus forte proportion d'humidité qu'avant le plombage. Si on perd plus d'eau dans l'air qu'auparavant, c'est qu'on a provoqué l'ascension de l'humidité souterraine et donné à la masse terreuse plus d'aptitude à conserver cette bienfaisante fraîcheur. Dès que les plantes ont quelques feuilles, elles provoquent elles-mêmes cette ascension de l'humidité souterraine; les racines, en se développant dans un sol régulièrement ameubli, vont chercher l'eau de plus en plus profondément, et on peut même avoir bientôt besoin d'arrêter cette ascension ou plutôt cette fermeture superficielle du sol. On veut donner dans le sol, accès à l'air extérieur : c'est un des buts du binage.

Roulage des blés. Comme le plombage des terres, avant ou après l'ensemencement, le roulage des jeunes blés après l'hiver est recommandé depuis fort longtemps par les agronomes. Tous les rouleaux lourds conviennent et suffisent pour le roulage des blés; mais les rouleaux annelés, à arêtes circonférencielles arrondies, dits *de Cambridge*; les rouleaux cannelés, pleins ou squelettes, les rouleaux à rubans saillants et même les crosskills à dents arrondies, doivent être employés de préférence aux rouleaux unis ordinaires. Ils raffermissent mieux les blés déchaussés par les gelées.

Une règle qu'il ne faut jamais enfreindre, c'est qu'une terre ensemencée en grains de toute espèce ne doit jamais être roulée lorsqu'elle est humide ou même moite, ou lorsqu'il y a beaucoup de rosée sur les feuilles des jeunes plantes, parce qu'alors la surface du sol est sujette à se durcir dès que la chaleur se fait sentir.

Roulage des prés. Le plombage des prés fatigués par le piétinement du bétail ou autrement, est aussi une excellente opération qui assainit la prairie, pousse au tallage des graminées et facilite le fauchage, le fanage et le sarclage mécaniques. Ce roulage ne produit tous ses bons effets que s'il est très énergique.

Nettoyage. Le roulage contribue indirectement à l'efficacité du nettoyage des terres par la herse : il raffermit les touffes de chiendent qui sont ainsi plus sûrement arrachées entières et débarrassées de la terre adhérant à leurs racines.

Destruction des insectes. Un rouleau capable d'exercer en chaque point de son passage une énorme pression peut détruire nombre de larves ou d'insectes et même d'autres animaux nuisibles : non pas seulement en les écrasant, mais aussi en durcissant assez la terre pour rendre leur développement lent, difficile ou impossible.

Recouvrement des graines. Le rouleau sert parfois à recouvrir les graines très fines. Il forme, en effet, en avant, une espèce de remous ou de bourrelet de terre meuble qui se renouvelle constamment et recouvre les graines répandues préalablement à la surface. En même temps, le rouleau enfonce les graines qui se trouvent ainsi enfouies à une très faible profondeur, condition essentielle pour la réussite des semis de graines très petites.

Roulage des chemins ruraux. On trouve encore, malheureusement, nombre de chemins d'exploitation non macadamisés et mal entretenus. Un rouleau très énergique est nécessaire pour la confection et l'entretien de ces chemins. Les transports agricoles, parfois si coûteux par le seul fait de l'existence de chemins défoncés, seraient plus rapides et exigeraient moins de forces d'attelage si de tels rouleaux étaient un peu répandus dans les campagnes.

D'après ce qui précède, la classification des rouleaux agricoles est très simple. Le caractère le plus important étant l'état de la jante travaillante, il décide de la classe. Toutefois, comme on peut accoupler deux rouleaux de deux façons différentes, et que l'on en peut même réunir, dans un ensemble commun, un plus grand nombre, nous aurons deux grandes divisions : les rouleaux *simples* et les rouleaux *multiples* ou composés. Le caractère secondaire est l'état du cylindre roulant qui peut être : 1° d'*une seule pièce*, c'est-à-dire absolument rigide; ou 2° *tronçonné*, ce qui laisse l'indépendance du sens de rotation à chaque tronçon; ou, enfin, *souple*, ce qui permet aux disques ou tronçons une complète indépendance de rotation et de translation. Le tableau ci-dessous résume notre classification :

Rouleaux simples.	A jante unie ou lisse dits *compresseurs*	Pleins ou creux	A poids constant	Rigides. Tronçonnés. Souples.
			A poids variable	Rigides. Tronçonnés.
	A jante accidentée ou armée dits *brise-mottes*	Annelés		Rigides. Tronçonnés. Souples.
		Cannelés		Rigides. Tronçonnés. Souples.
		Dentés, rubanés ou combinés		Rigides. Tronçonnés. Souples.
Rouleaux multiples.	Axes parallèles	Bâtis		Rigides. Articulés.
	Axes en prolongement			Solidaires. Articulés.

Rouleaux à jante lisse, dits *compresseurs ou plombeurs. Pièces travaillantes.* Que le rouleau soit simple ou double, la pièce travaillante est un *cylindre pesant,* libre de rouler. Que personne jusqu'à nous n'ait tenté de rechercher s'il ne doit pas y avoir pour les rouleaux agricoles *une relation entre le poids par mètre et le diamètre,* cela semblera étrange. C'est pourtant la vérité. Il nous serait facile de faire connaître les raisons de cette indifférence si les principales n'entraînaient des questions de personnes que nous avons toujours évitées, quelque instructives qu'elles puissent être pour l'histoire de l'enseignement agricole en France, histoire qui reste à faire par une plume indépendante.

Nous avons donc dû faire la théorie mécanique du *roulement* (V. ce mot) pour faire disparaître les idées erronées qui avaient cours. Nous revendiquons la détermination des principes suivants :

1° La *compressibilité* d'un sol varie avec sa nature et son état hygrométrique;

2° La *dépression* que subit un sol, par unité de surface, est liée à la pression qui produit cette dépression et, par suite, à la réaction moléculaire par une équation du genre $p = r = u e^m$;

p représente la pression par millimètre carré et r la réaction moléculaire qui l'équilibre; e est la dépression que subit une file de molécules terreuses d'un millimètre carré de section; u est un coefficient numérique dépendant de la nature et de l'état du sol; m un exposant entier ou fractionnaire dépendant des mêmes circonstances que le coefficient u;

3° Pour un sol donné, l'énergie du roulage est mesurée par la dépression e que produit le rouleau par son poids accru ou diminué d'une composante de la traction;

4° Deux rouleaux agricoles sont équivalents, c'est-à-dire opèrent des roulages identiques, s'ils produisent sur le même sol une dépression identique. Nous démontrons, à l'article ROULEMENT, qu'il suffit pour cela que *les poids par mètre des deux rouleaux soient entre eux comme les racines carrées de leur diamètre.* Cette condition suffit, quels que soient la nature et l'état du sol;

5° Nous démontrons le théorème suivant : *deux rouleaux équivalents, c'est-à-dire effectuant le même travail agricole, exigent la même traction.* L'équation du travail dans les machines aurait dû faire prévoir ceci à ceux qui ont écrit sur les machines agricoles. Pour un même travail résistant, il faut une même somme de travail moteur; c'est élémentaire.

6° La traction exigée par un rouleau, de quelque nature que soit le plan d'appui, a pour expression l'équation suivante :

$$(a)\ t = \left(\frac{2}{u}\right)^{\frac{1}{2m+1}} \times \left(\frac{2m+1}{3m+1}\right)^{\frac{2(m+1)}{2m+1}} \times \frac{p^{\frac{2(m+1)}{2m+1}}}{d^{\frac{m+1}{2m+1}}}$$
$$\times \frac{1}{\frac{\ell}{r} + \cos(\beta \mp 0,375\,\alpha)}$$

Cette équation suppose connue celle qui lie la réaction du sol à la dépression ou $r = u e^m$.

L'équation (a) ne tient pas compte du frottement de glissement sur le tourillon qui est à peu près négligeable, si le cadre qui sert à appliquer l'attelage au rouleau n'a qu'un poids très faible par rapport au poids p (par mètre) du rouleau. Mais il n'en est plus de même si le rouleau est chargé par une caisse reposant sur les tourillons.

Nous avons dit ce qu'étaient u et m déterminables par quelques expériences : α est, en degrés, l'arc de contact du rouleau avec le sol pendant la marche, β l'inclinaison de la traction sur l'horizon, r le rayon du rouleau et d son diamètre; ρ est le rayon du tourillon.

Cette équation, dont l'aspect peut effrayer, se simplifie beaucoup pour la plupart des cas de la pratique. Lorsque le tourillon est très petit, et il devrait toujours l'être; lorsque la traction est sensiblement horizontale ($\beta = 0$), et enfin lorsque α est petit, ce qui est à peu près général, on a :

$$t = K.\frac{p^{\frac{2(m+1)}{2m+1}}}{d^{\frac{m+1}{2m+1}}}$$

K est alors un coefficient dépendant de la nature du sol, et que l'on détermine par quelques essais dynamométriques, comme u et m qui suffisent à le calculer. Cette équation générale simplifiée se réduit encore lorsqu'il s'agit d'une terre propre à la culture : l'exposant m est sensiblement égal à l'unité. On a alors :

$$(b)\ t = K \times \frac{p^{\frac{4}{3}}}{d^{\frac{2}{3}}}.$$

Si le sol à rouler est compact et durci à l'égal d'un sous-sol non labouré depuis longtemps, l'exposant est à peu près égal à 2, et alors :

$$(c)\ t = K \times \frac{p^{\frac{6}{5}}}{d^{\frac{3}{5}}}.$$

La première équation $t = K.\dfrac{p^{\frac{4}{3}}}{d^{\frac{2}{3}}}$ est celle qui s'applique le plus souvent aux terres hersées, aux sols faciles, avant hersage, et même aux gazons. C'est celle que nous proposons d'appliquer aux problèmes de roulages agricoles.

Nos essais nous ont donné pour **coefficient**

$$K. = 0,0175$$

environ pour sol argilo-calcaire labouré et hersé, 0,011 pour chaumes en terre assez ouverte, 0,009 à 0,010 sur gazons.

Quelques essais du général Morin faits sur des sols compressibles, confirment notre théorie, comme le montre le tableau de la page 931.

Les écarts moyens du coefficient pour cent de la moyenne sont, en effet, de 5,19 0/0 avec notre formule, et de 13,36 0/0 avec la formule de Coulomb.

Si l'on connaît un rouleau qui, dans des circonstances données, effectue le roulage désirable, il est facile de déterminer la compression spécifique exercée. En effet, on a :

Nature et état du sol	Numéros des expériences d'après le mémoire de A. Morin	Coefficient K de la formule Grandvoinnet $T = K.\dfrac{P\,4/3}{D\,2/3}$	Ecarts p. 100 de la moyenne	Coefficient A de la formule de Coulomb $T = A\dfrac{P}{D}$	Ecarts p. 100 de la moyenne
1° Sol d'une salle de manœuvres d'artillerie récemment chargé de sable et gravier sur 0,12 à 0,15 d'épaisseur	Expériences 1 à 4 inclus. .	0.009093	2.424 en +	0.1900	27.586 en +
	— 5 à 7 — . .	0.008756	1.372 en —	0.1582	6.231 en +
	— 8 à 12 — . .	0.009167	3.257 en +	0.1480	0.619 en —
	— 13 à 18 — . .	0.008768	1.237 en +	0.1260	15.390 en —
	— 19 à 24 — . .	0.008605	3.073 en —	0.1224	17.808 en —
	Moyennes.	0.0088778		0.14892	
2° Sol gazonné, humide et un peu mou.	Expériences 25 à 30 inclus. .	0.005753	3.099 en —	0.1206	14.748 en +
	— 31 à 35 — . .	0.006852	15.411 en +	0.1232	17.222 en +
	— 36 à 40 — . .	0.006080	2.408 en +	0.0956	9.040 en —
	— 41 à 43 — . .	0.005063	14.721 en —	0.0810	22.930 en —
	Moyennes.	0.005937		0.1051	
3° Sol gazonné, sec.	Expériences 44 à 45 inclus. .	0.003817	0.500 en +	0.0636	10.672 en +
	— 46 à 47 — . .	0.004070	7.161 en +	0.0596	3.712 en +
	— 48 à 49 — . .	0.003507	7.661 en —	0.0492	14.385 en —
	Moyennes.	0.003798		0.0574 2/3	

$$\frac{p}{\pi} = \frac{d^{\frac{1}{2}}}{1} \quad \text{d'où} \quad \pi = \frac{p}{d^{\frac{1}{2}}} \ldots,$$

Connaissant ainsi, par une seule bonne observation, la compression spécifique π nécessaire, on peut fabriquer autant de rouleaux équivalents que l'on voudra. Soit, par exemple, $\pi = 500$ kilogrammes; ce qui veut dire qu'un rouleau d'un mètre de diamètre et de 500 kilogrammes par mètre de longueur, fait le travail désirable. On peut, d'après notre premier théorème, dire : un rouleau de 0m,5 de diamètre sera aussi efficace avec un poids de 353k,5 seulement; et un rouleau de deux mètres de diamètre ne pourra faire le même travail qu'avec un poids de 707 kilogrammes. D'après notre second théorème, ces trois rouleaux si différents de diamètre et de poids, exigent la même traction, par cela seul qu'ils exécutent un même travail utile, sans intermédiaire.

Les roulages agricoles ne demandent pas tous la même compression spécifique ; il faudrait donc dans une ferme, des rouleaux d'énergies graduées. C'est possible dans les grandes exploitations. Pourtant, il est facile de comprendre combien un rouleau pouvant varier de poids serait désirable. On peut faire varier ce poids de deux façons très distinctes. En faisant reposer sur les tourillons une caisse ou une plate-forme sur laquelle on place des pierres, de la terre ou des gueuses de fonte. Ce moyen accroît beaucoup la traction. En effet, toute cette surcharge presse sur les tourillons qui glissent contre les coussinets. En les supposant graissés à la manière ordinaire, le coefficient de frottement de glissement sera au moins 8 0/0. La traction étant peu inclinée sur l'horizon et forcément appliquée tangentiellement aux tourillons, chaque cent kilogrammes de surcharge l'accroîtra de 8 kilogrammes.

Soit, par exemple, un rouleau d'un mètre de diamètre pesant 500 kilogrammes par mètre de longueur. Si le coefficient de roulement est 0,0175 comme nous l'avons trouvé, ce rouleau non chargé n'exigera que 69k,449, par mètre de largeur. Si un rouleau de même diamètre ne pèse que 250 kilogrammes et que, pour lui donner la même énergie que le précédent, on le surcharge de 250 kilogrammes, la traction ne sera plus la même. En effet, pour le roulement ce sera bien encore 69k,449, mais il faudra y ajouter 0,08 × 250 ou 20 kilogrammes, et la traction totale sera 89k,449, accrue ainsi de 28,8 0/0.

On peut employer ce mode de variation de l'énergie, mais avec modération.

La seconde manière de faire varier le poids d'un rouleau, c'est de le faire creux et fermé des deux bouts : un orifice facile à fermer hermétiquement permet de remplir plus ou moins complètement le cylindre de sable ou d'eau. Un rouleau d'un mètre de diamètre peut recevoir environ 3/4 de mètre cube de sable pesant 1,350 kilogrammes qui s'ajoutent au poids même du rouleau. Si au lieu de sable, on emploie de l'eau, la surcharge n'est plus que de 750 kilogrammes. Enfin, si on remplit de sable puis d'eau, on obtient une surcharge de 1,350 kilogrammes accrue de 225 kilogrammes d'eau remplissant les vides du sable. Le poids du rouleau par mètre pouvant être de 200 kilogrammes avec son appareil de traction, en le remplissant d'eau à moitié, il pèsera 575 kilogrammes. Entièrement plein d'eau ce serait 950 kilogrammes; au tiers plein de sable, son poids serait de 658 kilogrammes; aux deux tiers, 1,100 kilogrammes ; plein de sable, 1,550 kilogrammes, et si le sable est saturé d'eau, 1,775 kilogrammes.

Malheureusement, ces rouleaux présentent quelques inconvénients, on ne peut les recommander franchement que pour les petites exploitations.

Les matières employées pour faire les rouleaux agricoles sont peu nombreuses : le bois, la pierre, la fonte et la tôle.

Les rouleaux de bois sont généralement pleins : et leur énergie augmente par suite avec leur diamètre. Il serait puéril de faire des rouleaux creux en bois ; même à charge variable de sable.

Les rouleaux de granit, pleins, sont très énergiques dès que leur diamètre est un peu considérable.

Les rouleaux de fonte sont généralement creux ; mais pour les roulages très énergiques, comme ceux des routes, on aurait avantage à les faire pleins. Ainsi, pour avoir une compression spécifique de 4,000 kilogrammes, qui est la plus petite nécessitée par l'établissement d'une route, il faudrait un rouleau plein d'un diamètre de $0^m,794$ en fonte, de $1^m,524$, en marbre ou en granit, de $3^m,107$ en chêne. Pour une compression spécifique de 2,000 kilogrammes seulement, convenant aux rouleaux pour *prés*, ce serait $0^m,500$ en fonte ; 0,962 en marbre ou en granit et $1^m,957$, en chêne. Pour une compression spécifique de 1,000 kilogrammes seulement, moyenne pour les champs, ce serait, en fonte, 0,315 de diamètre ; en granit 0,606 et 1,233 en chêne.

Si l'on prend pour unité le diamètre du rouleau plein, le plus petit d'une série de rouleaux équivalents, en fonte, il est facile de déterminer l'épaisseur qui convient :

Pour un diamètre 1,5 fois celui du rouleau plein, l'épaisseur devra être le 1/6 du diamètre.

—	2,0	—	—	—	1/10	—
—	2,5	—	—	—	1/15	—
—	3,0	—	—	—	1/20	—
—	3,5	—	—	—	1/25	—
—	4,0	—	—	—	1/32	—
—	4,5	—	—	—	1/37	—
—	5,0	—	—	—	1/44	—

Rouleaux rigides. Le rouleau primitif fut un tronc d'arbre à peu près cylindrique, d'une longueur d'environ deux mètres. Il est resté tel quel jusqu'à la fin du XVIIIe siècle. Ce rouleau rigide a l'inconvénient de ne comprimer que les parties saillantes du champ et d'arracher la surface du sol en y formant un trou, lorsque l'on veut tourner court au bout du champ. En le tronçonnant en deux parties égales, il présente moins d'inconvénients dans les tournées, car chacun des tronçons peut alors tourner en sens contraire sur l'axe. Si l'on divise en deux chacun des tronçons, l'avantage est encore plus marqué, les deux tronçons de droite, pendant les tournées de l'attelage tournent tous deux en sens contraire des deux autres, et de plus, le plus extérieur peut tourner plus vite que l'autre, la terre est moins arrachée, grâce à cette indépendance dans la rotation des quatre tronçons. En continuant la division indéfiniment, il est évident qu'on arrive à un rouleau en minces disques indépendants dans leur rotation, ce qui permet de tourner court sans arracher le sol.

Rouleaux tronçonnés. C'est la nécessité qui a

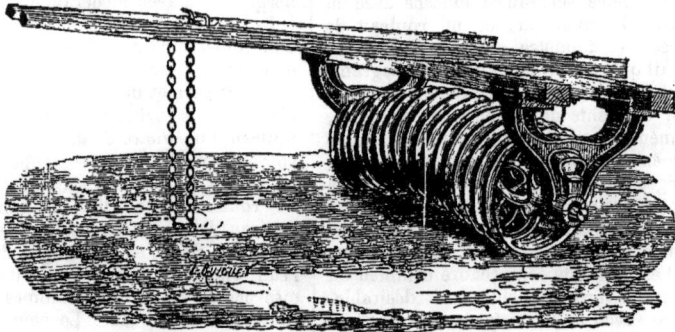

Fig. 519. — *Rouleau absolument souple par articulations de M. Michel.*

conduit à faire des rouleaux en 2, 4, 6, 8 tronçons. En Angleterre, les rouleaux à jante lisse n'ont pas de tronçons moindres d'un demi-pied d'épaisseur ($0^m,152$). Nous conseillons aux constructeurs français, une épaisseur de $0^m,125$.

Rouleaux souples. Quelque minces que soient les tronçons d'un rouleau, si l'arbre ou essieu qui les traverse a exactement le diamètre même du trou percé dans le moyeu de chaque disque, il est clair que le rouleau est encore rigide dans sa longueur. Si le sol présente des saillies, tout le poids du rouleau peut être supporté par une ou deux de ces saillies. Le roulage, la compression n'est plus générale et régulière ; ce qui ne peut être accepté pour le roulage des semis, des jeunes blés, etc. On a donc donné à chaque disque, déjà indépendant dans sa rotation, une certaine indépendance de translation. Il suffit pour cela que l'œil du moyeu de chaque disque soit un peu plus grand que la section de l'arbre cylindrique qui sert d'essieu commun.

Le rouleau est alors souple : il épouse la forme même de la surface du champ, puisque chaque disque peut s'abaisser ou s'élever indépendamment de ses voisins.

Ainsi, des disques cylindriques de $0^m,125$ d'épaisséur, à grand œil, constituent les rouleaux compresseurs modernes. On peut aller plus loin dans le progrès en perçant les disques de rangs pairs d'un trou plus grand que celui des disques de rangs impairs, mais toujours plus grand que la grosseur de l'arbre essieu, afin de laisser l'indépendance de translation en direction longitudinale et horizontale comme eh direction verticale. Le rouleau est alors absolument souple, les disques voisins ont l'un par rapport à l'autre des mouvements orbiculaires qui empêchent la terre d'adhérer (fig. 519).

Notre théorie du roulement montre qu'il ne convient pas de faire des disques de diamètres extérieurs différents alternant. En effet, à moins que de proportionner les poids aux racines carrées des diamètres, les effets de ces disques, de rayons différents, ne seraient pas identiques.

Rouleaux brise-mottes. Annelés. Supposons que les disques à jante unie des rouleaux souples précédents soient remplacés par d'autres ayant une jante tranchante, ou à section transversale en demi-cercle ou en ogive, on a le rouleau annelé de Dombasle ou de Cambridge adopté dans un certain nombre de fermes comme brise-mottes, ou plombeur de jeunes blés, de prés, etc.

Rouleaux cannelés. Ces rouleaux pleins brisent les mottes assez bien dans les terrains secs non trop compacts, mais pour peu que la terre soit collante et moite, les creux ou cannelures sont promptement remplis de terre, et le rouleau n'est plus qu'un plombeur à jante unie mais irrégulière et d'un emploi désavantageux dans les terres compactes.

Pour éviter ce grave inconvénient, on a fait des rouleaux squelettes en forme de cages cylindriques

Fig. 520. — *Rouleau Crosskill de De Marly et Fouquart, pour pays de plaine, avec petit avant-train. Les disques ont alternativement des diamètres extérieurs différents, ainsi que leurs œils. Ils sont souples et se nettoient d'eux-mêmes.*

dont les barreaux sont des barres de fer carré présentant au sol une de leurs arêtes. Ils peuvent s'encrasser comme les précédents. En outre, on ne peut sans difficultés, faire un rouleau de plus de deux tronçons. On n'a donc pas les avantages de l'indépendance de rotation et de translation que nous avons signalées comme indispensables à un roulage uniforme et propre. Ces rouleaux doivent être abandonnés.

Rouleaux Crosskill. Supposez que la jante tranchante d'un disque soit découpée en dents de scie isocèles, et qu'au creux de chaque dent et de chaque côté on fixe une lame tranchante normale au disque et saillante sur la couronne de ce disque. On s'assure ainsi que les mottes seront coupées en croix et piquées entre les deux coupures ; elles doivent donc éclater pour peu que chaque disque ait un poids notable. Un certain nombre de ces disques doublement dentés constitue l'invention si précieuse faite par M. Crosskill vers 1841. Les disques ont d'abord été solidaires et fermes sur un essieu commun, puis indépendants dans leur

rotation autour de leur arbre cylindrique, puis les trous des moyeux ont été faits assez grands pour laisser aux disques la liberté de suivre les ondulations du terrain, puis l'alternance de grands et petits œils, a donné la souplesse absolue à l'ensemble des disques qui se nettoient réciproquement (fig. 520).

Pièces de conduite. Lorsque les terres et les chemins de la localité présentent des pentes sensibles, le cylindre a les paliers ou chaises de son essieu fixés sur un cadre supérieur portant la limonière ou la flèche suivant que l'attelage doit être d'un ou deux chevaux. Dans les pays de plaines, les tourillons des rouleaux rigides reposent dans les longrines d'un cadre en fer ou en bois, de forme variée. Au milieu de la traverse antérieure de ce cadre s'accroche le palonnier de traction d'un cheval. S'il s'agit de rouleaux dentés, qui ne peuvent rouler sur les routes sans inconvénients pour celles-ci et sans risquer de se rompre, le cadre est muni de roues porteuses, au nombre de deux si le cadre est à flèche ou limons, au nombre de trois ou quatre, si le cadre reçoit la traction par une chaîne seulement. Des mécanismes équivalents à des *crics* permettent de soulever le rouleau pour placer les roues, ou de faire basculer le bâti afin que l'ensemble repose tantôt sur les roues porteuses, tantôt sur les disques dentés (fig. 521).

Rouleaux multiples. Deux ou trois rouleaux à essieux parallèles reposant sur les longrines rigides ou articulées d'un cadre, peuvent être employés pour l'ameublissement d'une terre motteuse. Ces appareils rentrent dans une catégorie d'instruments connus sous le nom de *herses norvégiennes, rouleaux piocheurs* qu'on appelle parfois

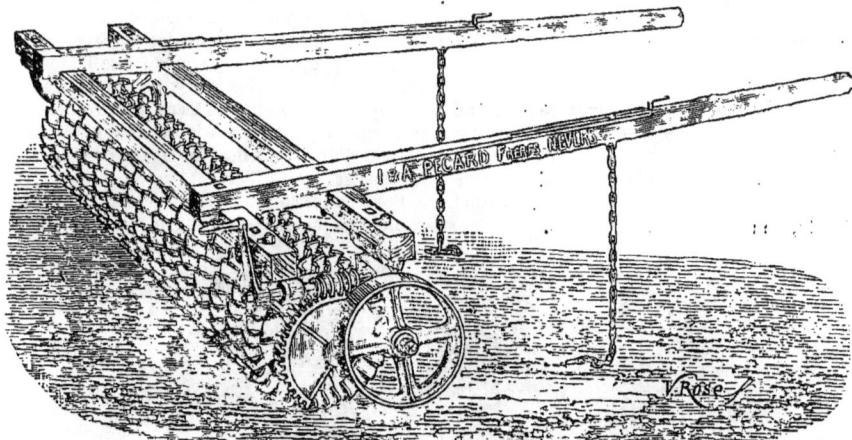

Fig. 521. — *Rouleau Crosskill à dents accrochantes de Pécard. Une vis commandant un engrenage permet de faire à volonté reposer le rouleau sur ses deux roues porteuses, ou de le faire tomber sur le sol.*

herses roulantes. Si l'on veut rouler d'un coup une grande largeur, une planche ou un billon, on peut articuler bout à bout les essieux de deux ou trois rouleaux, que l'on maintient par un bâti ou palonnier gigantesque spécial. — J. A. G.

ROULEAU COMPRESSEUR. On emploie pour le cylindrage des chaussées empierrées (V. Chaussée et Empierrement) deux sortes de rouleaux compresseurs : les uns traînés par des chevaux ; les autres actionnés par une machine à vapeur. Le rouleau compresseur à traction de chevaux se compose d'un cylindre, en fonte très dure, dont l'axe tourne dans des paliers fixés sur un châssis. A ce châssis sont adaptées des caisses que l'on remplit plus ou moins de gravier ou de grosses pierres pour augmenter le poids de l'appareil. Le diamètre du cylindre varie de 1^m,20 à 1^m,30 ; il semble que l'on aurait intérêt à l'augmenter pour diminuer la résistance au roulement ; mais la construction devient trop coûteuse et le relèvement du centre de gravité du système en diminue la stabilité. La largeur varie de 1^m,10 à 1^m,30 ; les rouleaux trop larges travaillent d'autant plus mal que la chaussée est plus bombée. L'appareil pèse ordinairement 3,200 kilogrammes à vide, et 6,400 avec la surcharge, de sorte que la compression, par centimètre de largeur, peut varier entre 29 et 58 kilogrammes. Lorsque l'on a besoin d'une pression plus considérable, on loge à l'intérieur du rouleau un cylindre en tôle, étanche, muni d'un trou d'homme ; en le remplissant d'eau, on peut obtenir jusqu'à 80 kilogrammes de pression par centimètre de largeur. Chaque rouleau est muni d'une râclette pour déta-

cher la boue, et d'un frein que l'on serre à la descente des routes accidentées. Il faut de 4 à 8 chevaux pour tirer un rouleau ; on a soin de maintenir l'effort de traction à peu près constant en réglant la surcharge progressivement, à mesure que le cylindrage avance. Les rouleaux, ne tournant pas, sont munis de brancards à chaque bout du châssis, ce qui oblige à dételer les chevaux chaque fois qu'il faut changer le sens de la marche. Pour éviter la perte de temps et l'embarras qui en résultent, on n'emploie qu'un seul brancard adapté à un cercle en fer qui tourne sur une couronne en fonte placée au-dessus du cylindre. Un atelier de cylindrage exige un à deux conducteurs pour les chevaux, suivant leur nombre ; de quatre à huit manœuvres pour régaler les pierres sous le passage du rouleau, pour répandre le sable, pour ôter ou remettre la surcharge des caisses ; enfin deux tonneaux attelés pour l'arrosage et un manœuvre pour aider à les remplir. Il en résulte que le prix du cylindrage à traction de chevaux est assez élevé, surtout sur les chaussées fortement inclinées, sans compter la gêne qu'occasionnent dans les passages fréquentés, les manœuvres d'attelages aussi nombreux. C'est ce qui a conduit à substituer la vapeur aux chevaux.

Rouleaux compresseurs à vapeur. Après quelques essais infructueux, on est parvenu à réaliser deux types un peu différents, qui donnent d'excellents résultats. Le premier est le type créé en 1860 par M. Ballaison et adopté par la ville de Paris ; il se compose de deux rouleaux en fonte, de même diamètre, supportant un bâti sur lequel est installée une machine à vapeur avec sa chaudière. La charge est répartie à peu près également sur les deux rouleaux, et comme celui d'avant prépare le passage de celui d'arrière, la résistance est assez régulière. La machine est munie d'un changement de marche qui permet de faire circuler l'appareil dans les deux sens, sans le retourner ; les axes des rouleaux sont disposés de façon à converger au moyen d'une crémaillère à la portée du mécanicien, ce qui permet de faire décrire à l'appareil des courbes, même d'un très petit rayon. L'emploi de la vapeur permet d'augmenter beaucoup le poids des rouleaux, parce que l'on n'est plus limité par le nombre des chevaux, par l'encombrement qui en résulte et par les dérangements qu'ils produisent en marchant sur la chaussée en cours d'exécution ;

il permet en outre de cylindrer des rampes beaucoup plus fortes ; les rouleaux de la ville de Paris travaillent sans inconvénient sur les rampes du Jardin du Trocadéro. Toutefois, le bruit de la machine et son aspect effraient souvent les chevaux, ce qui oblige à interrompre la circulation ou à faire exécuter le cylindrage pendant une partie de la nuit. La Ville de Paris emploie trois types de rouleaux à vapeur, pesant respectivement 30, 24 et 18 tonnes. Le cylindrage est payé en raison composée du poids de l'appareil et de la distance utile parcourue, distance qui est déterminée au moyen d'un compteur indiquant le nombre de tours des rouleaux. A Paris, la tonne kilométrique est payée 0 fr. 50 pour les 400,000

Fig. 522. — *Rouleau à vapeur pour le cylindrage des chaussées.*

premières tonnes, et 0 fr. 35 pour les suivantes, exécutées dans une même année. Les comparaisons faites avec soin sur un grand nombre d'opérations ont fait ressortir que les machines les plus légères étaient les plus avantageuses.

Le deuxième type de rouleau à vapeur (fig. 522) n'est autre chose qu'une locomotive routière, d'environ 6 chevaux de force, transformée pour l'adapter au cylindrage, mais conservant, malgré cette transformation, la faculté de servir au remorquage sur route. La machine est montée sur quatre roues ; les deux roues d'arrière, de 0,44 de largeur et de 1m,48 de diamètre, servent de roues motrices ; les roues d'avant tournent autour d'une cheville ouvrière et servent à diriger l'appareil ; elles ont 0,55 de diamètre et sont folles sur leur axe commun, séparées seulement d'un centimètre. Les pistes des roues se recouvrent légèrement, de sorte que le cylindrage se trouve réparti sur quatre petits rouleaux indépendants qui s'adaptent mieux au bombement des chaussées, tout en permettant d'adopter une

largeur de voie plus grande, 1m,975, ce qui diminue le nombre des passages. Ce modèle, créé par MM. Aveling et Porter, est construit en France par M. Albaret, qui l'a perfectionné. Son poids moyen, avec chargement complet, est d'environ 12,200 kilogrammes, dont 4,400 sur les roues directrices et 7,800 sur les roues motrices. On évalue le prix de l'heure de travail de l'appareil à 3 fr. 90 et celui de la tonne kilométrique à 0 fr. 23, à raison de 17 tonnes par heure ; ces chiffres sont, il est vrai, établis pour un minimum annuel de 225 journées de travail et de huit heures de cylindrage effectif par journée. Comme pour toutes les machines du même genre, l'usage des rouleaux à vapeur n'est avantageux que si l'appareil trouve un emploi presque ininterrompu. — J. B.

ROULEAU D'IMPRESSION. *T. d'impr. s. et.* Tube métallique qui sert pour l'impression. La machine avec laquelle on imprime au rouleau s'appelle aussi *rouleau*, d'où vient que, suivant le nombre de cylindres de cuivre imprimants, on dit un rouleau à *tant de couleurs*. Aujourd'hui, le rouleau pour impression se fait en cuivre rouge ou en alliage, on le spécifie sous le nom de *rouleau rouge, rouleau jaune*; il s'en est fait, mais sans avantages, en fer recouvert de cuivre, en alliages meilleur marché que le cuivre. Des tentatives assez réussies furent faites avec le caoutchouc, mais, en somme, c'est en cuivre et en alliage que sont la plupart de ceux employés dans l'industrie.

Primitivement, les rouleaux étaient faits d'une plaque de cuivre roulée et fixée autour d'un cylindre de bois. Vers 1800, on commença à couler des rouleaux sous forme de barre rectangulaire, que l'on alésait, puis que l'on tournait. C'étaient des cylindres en alliage.

Les rouleaux se font de diverses formes et de diverses grandeurs, suivant leur destination. Le rouleau ordinaire a de 84 à 90 centimètres de longueur, son diamètre est de 17, 18 à 19. centimètres, sur lesquels il y a 2 centimètres 1/2 d'épaisseur de métal; le creux du cylindre est donc d'environ 14 à 16 centimètres 1/2. Il s'en fait de plus petits, comme aussi de plus grands, le tout dépend des genres. Les rouleaux pour calicots ou marchandise longue (celle qui reste en pièces) sont munis pour l'impression d'axes métalliques.

Il y a plusieurs modes d'axage des rouleaux. Le mode le plus simple est le suivant; le rouleau est absolument cylindrique extérieurement, mais un peu conique d'une extrémité interne à l'autre. Le *mandrin* ou axe qui passe d'outre en outre, est forcé dessus au moyen de la machine à axer. Dans le deuxième système, dit *rouleau à clavette*, le rouleau est muni à l'intérieur du cylindre, d'une rainure en relief; le mandrin a une rainure ou clavette correspondante, de sorte qu'il n'y a qu'à faire pénétrer par la machine à axer. Dans ces deux genres de rouleaux qui sont les plus usités, il faut nécessairement des axes de rechange, car les mandrins s'usent et les ouvertures des rouleaux augmentent. On a ordinairement un jeu de mandrins pour une certaine quantité de cylindres. Dans le *rouleau à pioches*, on introduit de force, à chaque ouverture, un morceau d'axe qui est ensuite fixé par des goupilles. Enfin, on se sert encore de rouleaux dits *axés*: le cylindre de cuivre est traversé par un mandrin qui y est forcé et qui reste à demeure.

Quand les rouleaux sont d'un diamètre très élevé, on ne fait pas toute la partie métallique en cuivre, mais simplement une chemise, c'est-à-dire un rouleau ayant 2 à 3 centimètres d'épaisseur, que l'on force ensuite sur un autre rouleau en fonte, dit *manchon*, lequel seulement est fixé sur l'axe. Cette garniture est la plus employée pour les impressions de foulards, cravates, meubles, etc. On est arrivé à produire des rouleaux imprimant des rapports de 3 mètres de long, mais ils nécessitent pour leur maniement des installations toutes spéciales.

Un des grands *désiderata* de l'industrie des toiles peintes est de trouver un métal ou un alliage peu coûteux, car le capital immobilisé par les rouleaux représente des sommes immenses, un rouleau ordinaire pour calicot pèse de 60 à 80 kilogrammes et vaut environ 200 francs. On peut se faire une idée des sommes immobilisées en songeant que la plus petite usine, qui n'a qu'une ou deux machines à imprimer, doit avoir de 3 à 400 rouleaux. Certaines usines anglaises en ont jusqu'à 10,000.

Les meilleurs rouleaux sont ceux en cuivre rouge; mais ils ne peuvent servir à tous les genres de gravure, on a recours alors aux rouleaux d'alliage.

Pour plus amples détails sur la composition des rouleaux, voir *Moniteur scientifique*, 495ᵉ livraison; *Bulletin de la Société industrielle de Mulhouse*, 1883 et 1886. — J. D.

Bibliographie : Persoz : *Traité de l'impression des tissus*, Paris, 1846, p. 366, vol. 2; O. Neill : *Textile colourist*, p. 102; *Moniteur scientifique (loco citato)*.

ROULEAU D'IMPRIMERIE. Cylindre élastique monté sur un axe en fer garni d'un bois creux à l'intérieur, appelé *mandrin*, sur lequel est coulée une matière composée, en principe, de colle et de mélasse. Le rouleau sert à distribuer l'encre sur les lettres, soit dans les presses à bras, soit dans les presses mécaniques. Pour les presses mécaniques, trois genres de rouleaux différents sont nécessaires pour chaque système de touche sur la même presse : le *preneur*, qui transmet l'encre de l'encrier à la table; les *distributeurs*, qui divisent et égalisent cette encre sur cette table; et les *toucheurs*, qui l'étendent sur la forme après s'en être chargés sur la table.

Historique. L'invention des rouleaux à encrer, qui remonte à une date assez récente (1814), est une de celles qui ont donné le plus d'essor à l'imprimerie; car cette invention a permis d'appliquer la vapeur à l'industrie typographique. Avant les rouleaux, on employait, pour encrer le caractère, des balles, composées d'une monture en bois de forme conique, bourrée de laine et recouverte d'une peau d'agneau ou de chien. La préparation de ces balles, leur mode d'emploi, offraient les plus grandes difficultés pour l'égale distribution de l'encre sur la forme, et, par conséquent, pour obtenir une bonne impression, dont la couleur doit être égale et uniforme sur toutes les pages d'une feuille imprimée, soit en blanc, soit en retiration. Nous ne croyons pas devoir faire connaître ici en détail de quelle manière se préparaient les balles, qui, depuis plus de cinquante ans, ont été remplacées dans tous les ateliers typographiques par les rouleaux, dont nous allons seulement nous occuper dans cet article.

Nous ne parlerons que des rouleaux pour presses mécaniques, les rouleaux pour presses à bras ne sont aujourd'hui qu'une exception et comme des diminutifs des premiers.

En 1819, Gannal, savant chimiste français, est le premier qui, à la sollicitation du correcteur d'imprimerie Chegaray, eut l'idée de composer, avec de la colle gélatineuse et de la mélasse, une matière élastique très flexible, permettant la fabrication de rouleaux, et, par suite, l'encrage au moyen d'un cylindre à la place de la sphère de l'ancienne balle.

De cette façon, la touche était de beaucoup plus régulière, le rouleau pouvait embrasser toute la forme et le travail était abrégé d'une façon considérable.

L'invention de Gannal permit de tenter les premiers essais d'impression mécanique. Le succès fut complet, et le cuir fut abandonné dans toutes les imprimeries. Mais lorsque, par une splendide poussée d'inventions successives, on fut arrivé à exiger des tirages réguliers de 1,000 à 1,200 exemplaires à l'heure, on s'aperçut que la pâte de Gannal présentait de graves inconvénients. Elle se desséchait à l'air, se recouvrait d'une pellicule qui ne retenait plus l'encre, et, par suite, les impressions manquaient absolument de netteté.

La chimie devait, là comme partout, faire son entrée. Les travaux de notre illustre doyen Chevreul avaient amené la découverte de la glycérine, qui est un corps complètement antisiccatif, et qui, se trouvant placée par sa nature même entre les corps gras et les corps aqueux, participe d'un certain nombre de propriétés de l'une et de l'autre classe.

En associant la glycérine à la colle et au sucre, on parvient à composer des matières élastiques, ne se desséchant pas, conservant indéfiniment le *preneur*, si recherché par les bonnes impressions.

Puis, lorsque, par une nouvelle et puissante impulsion, il fallut, pour satisfaire aux exigences nouvelles de nombreux journaux, arriver à faire du tirage de dix à douze mille à l'heure, la matière à rouleaux dut encore subir une nouvelle transformation, à ce point que des tirages de 100,000 exemplaires de journaux s'effectuent facilement en cinq ou six heures avec les mêmes rouleaux de gélatine.

Tout ce que nous venons d'exposer en quelques lignes s'est fait progressivement. Et cependant, quand on compare la date du point de départ avec le résultat obtenu aujourd'hui, on peut se rendre compte de la somme d'activité et de travail dépensée dans un si court espace de temps.

FABRICATION. La fusion des diverses matières composant la pâte à rouleaux doit toujours se faire au bain-marie, un excès de chaleur ayant l'inconvénient d'agir sur la gélatine et de la coaguler. Le rouleau est coulé sur un axe en fer garni de bois portant le nom de *mandrin*, placé verticalement dans l'intérieur d'un cylindre en fonte qui sert de moule. Le mandrin doit être très exactement centré; il est bon de préparer d'abord la matière, puis de la refondre ensuite pour couler les rouleaux.

On place donc dans le bain-marie la glycérine et les autres matières liquides, on y fait fondre le sucre ou la glucose. La veille, on a eu soin de faire tremper la colle quelques instants dans l'eau, de façon à la rendre flexible et plus facilement fusible. On ajoute alors au sirop la quantité nécessaire de cette colle trempée. Par une agitation lente on incorpore les divers composants, et, quand le tout est bien amalgamé et homogène, on verse lentement la matière sans secousse ni interruption dans les moules préparés d'avance.

En faisant varier la quantité de glucose, on obtient des pâtes fortes, moyennes ou faibles, qui répondent aux divers besoins des saisons ou des ateliers.

Lorsque le rouleau a servi un certain temps, il doit être refondu. On coupe la matière usée en petits fragments, et le tout est fondu au bain-marie avec adjonction de matière neuve. Par un tamisage soigné, on sépare les parties devenues insolubles, le liquide est coulé dans les moules et donne encore de très bons rouleaux.

Les rouleaux doivent être lavés le moins souvent possible. On peut se contenter d'enlever l'encre en les faisant rouler sur du papier. S'il est in-dispensable de les nettoyer, on doit le faire avec de l'essence ou de l'huile de pétrole. Ils doivent toujours être tenus à l'abri de l'humidité et des courants d'air, on a donc tout avantage à les tenir recouverts d'un corps gras, huile, graisse ou encre d'imprimerie, quand ils ne sont pas en service.

I. ROULEMENT. *T. de mécan. Problème à résoudre.*
Lorsqu'un cylindre roule sans glisser sur un plan d'appui, une résistance particulière tend à diminuer constamment la vitesse imprimée, de sorte que ce mobile, mis en roulement par une impulsion s'arrêterait bientôt, si on ne lui appliquait, d'une manière quelconque, une force motrice capable de vaincre la *résistance au roulement*.

Quelle est l'origine de cette résistance et comment varie-t-elle avec la nature du cylindre et du plan d'appui, avec la pression au contact, etc.

La solution de ce problème est nécessaire pour l'étude mécanique du tirage des véhicules divers à roues, des rouleaux agricoles et même de certains appareils industriels.

Phénomènes divers du roulement. La cause de la résistance présentée par un plan d'appui horizontal doit être cherchée dans les phénomènes que l'on peut observer pendant le roulement.

Lorsqu'on fait reposer ou rouler un cylindre lisse pesant sur un plan d'appui horizontal, on peut observer, suivant la constitution moléculaire des deux corps en contact, l'un des deux phénomènes suivants nettement caractérisés sinon opposés :

1º Le cylindre ne subit aucune déformation, tandis que le plan d'appui est *déprimé*;

2º Le plan d'appui, absolument incompressible, n'est aucunement déprimé, tandis que le cylindre circulaire subit une *déformation*.

Dans le cas le plus général, le cylindre se *déforme* tout en *déprimant* le plan d'appui.

Enfin, dans ces trois cas, le cylindre et l'appui peuvent être élastiques ou plastiques à divers degrés.

Au lieu de soumettre à l'analyse le cas le plus complexe, nous avons cru devoir borner notre étude au cas d'un cylindre *indéformable* roulant sur un plan d'appui *compressible, sans élasticité* sensible. C'est le cas des rouleaux ordinaires des *champs*, des *prés* et même des *chemins ruraux*. Toutefois, la marche que nous allons suivre pour la solution du cas le plus simple, peut s'appliquer à tous les autres avec de légères modifications.

État actuel de la question du roulement. Plusieurs savants se sont occupés du roulement, et quelques-uns ont proposé des formules ou relations entre la traction, le poids et le diamètre du cylindre roulant. Ces formules diffèrent beaucoup les unes des autres, et sont absolument délaissées, sauf celle de Coulomb, qui doit probablement cet heureux privilège aux essais dynamométriques du général Morin qui, suivant ce dernier, l'auraient confirmée. Cette confirmation laisse fort à désirer, toutes les fois que le plan d'appui est sensiblement compressible, et le général Morin lui-même, implicitement, constate des exceptions. Voyons si le raisonnement conduit à l'acceptation de cette formule, ou à son rejet.

Les essais de Coulomb furent faits avec des rouleaux en bois de diverses essences roulant sur des longrines aussi en bois. La force motrice était un poids fixé à une ficelle passant sur le cylindre et l'entraînant. Le cylindre était ainsi soumis à deux forces verticales, connues ou mesurables : le poids moteur T, et le poids du cylindre avec sa charge.

Le roulement étant uniforme, il est évident qu'une troisième force, verticale aussi, équilibrait les deux précédentes et était égale à leur somme. C'est la réaction Q du plan d'appui agissant sur le cylindre en avant de la génératrice de contact et à une distance δ. Pour l'équilibre de translation et de rotation du rouleau, on avait donc les deux équations :

$$(1) \quad Q = P + T$$

et, par rapport à un axe de rotation passant par le point de tangence de la section circulaire moyenne :

$$(2) \quad Q, \delta = T.r$$

d'où, en éliminant Q :

$$(3) \quad (P+T)\delta = T.r, \text{ c'est-à-dire } \frac{T}{P+T} = \frac{\delta}{r}.$$

Des résultats de ses essais, Coulomb conclut que le rapport $\frac{T}{P+T}$ reste constant tant que le rayon ne varie pas, et que la nature et l'état du rouleau et du plan d'appui ne changent pas. S'il en est ainsi, $\frac{\delta}{r}$ est constant aussi. C'est-à-dire que δ, distance horizontale entre la réaction et le centre, serait une même fraction du rayon, quel que soit le poids P. Or, il est impossible de nier que, si la charge P augmente indéfiniment, le plan d'appui finira par se déformer sensiblement et de plus en plus. L'empreinte étant de plus en plus profonde et large, il est difficile de ne pas en conclure que δ variera avec le poids : et évidemment il croîtra si le poids augmente, car l'empreinte sera plus profonde et plus large. Les chiffres des essais de Coulomb, donnés dans le tableau ci-dessous, montrent que si P croît comme 1, 5 et 10, δ devient 0,01575, 0,01845 et 0,01768. Ces différences ne sont pas insignifiantes, puisque le second coefficient est plus grand que le premier de 17 0/0.

Tableau résumant les essais de Coulomb en mesures métriques.

Nature du chemin horizontal	Nature des rouleaux	Pression P	Diamètres 25	Résistance au râclement R ou traction nécessaire	Coefficient A de la formule $R = A \frac{P}{2r}$	Valeur de δ $\delta = \frac{T}{P+T} \times 2r$
Chêne plané. . . .	Gaïac, ...	48,9506	0.162419	0.293704	0,0009745154	0.000968703
— . . .	—	48.9506	0.05414	0.783210	0,0008662408	0:000852599
— . . .	—	244.753	0.162419	1.46852	0,0009745154	0.000968703
— . . .	—	244.753	0.05414	4.601352	0.00101783105	0.000909049
— . . .	—	489.506	0.161419	2.93704	0,0009745151	0.000968703
— . . .	—	489.506	0.05414	8.81111	0,0009745205	0.000957289
					Moyenne, , ,	0.000952508
— . . .	Orme.	489.506	0.324838	2.44753	0.00162419	0.001616110
— . . .	—	489.506	0.162419	4.89506	0.00162419	0.001608110
					Moyenne. . .	

Coulomb avait aussi déduit de ses essais que le rapport $\frac{T}{P+T}$ varie en raison inverse du rayon r; de sorte que δ serait constant pour un poids donné quel que soit le rayon. Cette conséquence semble inadmissible, bien que les nombres ronds des essais de Coulomb la vérifient. En effet, si pour un poids donné, on suppose que le rayon diminue indéfiniment, il peut devenir plus petit que la distance δ si elle est constante, de sorte qu'alors la réaction Q ne serait pas appliquée contre la surface du rouleau, mais en avant et en dehors de ce rouleau, ce qui est absurde.

En négligeant, dans la formule (3), T, à côté de P au dénominateur du premier membre, parce que T est ordinairement très petit par rapport au poids, on a :

$$\frac{T}{P} = \frac{\delta}{r} \quad \text{d'où} \quad (4) \quad T = \delta. \frac{P}{r}.$$

C'est la formule généralement adoptée pour les problèmes sur le roulement. Elle est aussi simple qu'on peut le désirer et peut se traduire ainsi :

« *La résistance qu'éprouve un rouleau en roulement uniforme est en raison directe du poids de ce rouleau et en raison inverse de son diamètre* ». On ne tient pas compte de la longueur du rouleau : bien que ce soit le poids par mètre qui décide de l'enfoncement d'un cylindre de diamètre donné.

Le bras de levier δ de la réaction du sol ou plan d'appui, est considéré comme un *coefficient du frottement de roulement*, variable avec la nature et l'état du sol.

Poncelet, d'après ses observations, donne pour δ en diverses circonstances, les valeurs que nous reproduisons au haut de la page 939.

Bien que les résistances, comme les pressions, aient été estimées en nombres entiers de livres par Coulomb, ce qui n'implique pas une grande précision, il est visible que le coefficient de roulement du gaïac sur le chêne n'est pas le même lorsque, pour la même pression, les diamètres sont entre eux comme 3 est à 1. On peut signaler aussi un accroissement du coefficient lorsque le diamètre, sous la moyenne pression, est réduit au tiers. Mais une autre observation ne permet pas de

	en sable ou cailloutis nouvellement placés.		0.0834
	en empierrement à l'état ordinaire d'entretien.		0.0414
Roues de voitures garnies de bandes de fer et roulant sur une chaussée horizontale.	pavée dans le même état } vitesse de 0m,8 à 1 mètre par seconde.		0.0298
	pavée en carreaux		0.0185
	en terre ferme et unie		0.0185
	en empierrement et aussi parfaitement roulante que les routes anglaises.		0.0160
	en madriers de chêne bruts.		0.0102
Roues de fonte sur ornières en fer, horizontales.	plates et dans l'état habituel.		0.0035
	étroites et saillantes et dans l'état habituel.		0.0012
	étroites et saillantes parfaitement entretenues et époussetées.		0.0007
Rouleaux en bois d'orme ou de chêne sur un pavé uni.			0.0074
Rouleaux d'orme sur un sol horizontal en bois de chêne (d'après essais de Coulomb).			0.0017
Rouleaux de galet — = —			0.0010

considérer ces chiffres comme confirmatifs de la formule admise. En effet, si la seconde expérience s'est faite sur les mêmes madriers de chêne qui venaient d'être comprimés par le roulage du rouleau de six pouces, on peut dire que le chemin ayant été raffermi exigeait relativement moins de traction ou présentait moins de résistance. De même, la troisième expérience, si elle a été faite sur ces madriers roulés deux fois, bien que la pression spécifique ait quintuplé, le coefficient a pu rester le même pour le rouleau de 6 pouces; mais il a augmenté pour celui de 2½ pouces.

C'est ainsi que dans la confection d'une route, le premier roulage des cailloux exige plus de traction que le deuxième, et celui-ci plus que le troisième, bien que le rouleau reste le même ainsi que sa charge.

La même explication s'applique a fortiori aux deux derniers essais. On peut donc dire avec quelque probabilité que le coefficient de roulement se conservait à peu près dans ces expériences, parce que, si la compression spécifique augmentait, la résistance moléculaire des madriers de chêne allait en croissant aussi par suite du corroyage qu'ils subissaient par le fait même des essais.

Des expériences analogues à celles de Coulomb, mais plus précises, ont été faites à Vincennes et au Conservatoire. Le général Morin, qui en a donné les résultats, en conclut que, si la loi de Coulomb s'y vérifie suffisamment, cependant le coefficient de roulement augmente quand la largeur des parties en contact diminue. Ce tableau ne donne malheureusement pas les résultats des essais lorsque le plan roulé était en plâtre et en cuir. Nous avons encore à faire la même observation que pour les essais de Coulomb. Les barres de peuplier comprimées par le roulage de cylindres en chêne de petits diamètres très chargés pouvaient, après un, deux ou trois roulages avoir acquis une plus grande résistance moléculaire. Cependant, même pour de faibles différences de compression, la variation du rayon des rouleaux entraîne quelques variations dans le coefficient de roulement qui est de 6,4 0/0 en plus de la moyenne en un cas, et 7,2 0/0 en moins en un autre. En outre, on voit qu'en réduisant la largeur comprimée au quart de ce qu'elle était, on double au moins le coefficient. Pour les quatre premiers essais, la formule

$$R = K\frac{P^2}{d}$$

est mieux d'accord avec les chiffres que celle de Coulomb. Les plus grands écarts du coefficient sont de +3,9 et de −6,7 0/0 de la moyenne, quand la formule de Coulomb donne −7,2 et +6,4; mais nulle de nos formules ne s'accorde bien avec les chiffres des trois derniers essais.

Si l'on étudie les différents essais de Morin sur le tirage des voitures, et qu'on prenne les chiffres qu'il a lui-même donnés comme représentant la résistance du roulement, on est forcé de s'avouer qu'ils ne confirment pas plus la formule de Coulomb que d'autres formules très différentes. Il est vrai que pour les chemins compressibles tels que le sol d'une salle de manœuvre, chargé d'une couche de sable, un gazon sec et un gazon humide, le célèbre expérimentateur indique que le coefficient numérique (dit coefficient de roulement) change lorsque la largeur des jantes augmente ou diminue. C'est donc une formule exigeant un coefficient particulier pour chaque largeur de bande. Morin donne la loi de variation de ce coefficient en fonction de la largeur des jantes; c'est reconnaître implicitement que la formule de Coulomb ne donne pas la véritable relation entre les divers éléments du problème du roulement, et que le coefficient varie avec la pression par mètre.

Notre solution. Pour déterminer la formule exprimant la résistance au roulement, nous commençons par rechercher quel peut être le mode de réaction du plan d'appui contre le cylindre en repos et en roulement.

Réaction d'un plan d'appui contre un cylindre pesant en repos. Lorsque le cylindre est seul indéformable, il s'enfonce dans le plan d'appui, jusqu'à ce que la résultante Q des réactions de ce plan aux divers points de l'arc de contact, soit égale au poids P du rouleau. S'il n'y avait pas enfoncement, c'est-à-dire rapprochement des molécules du solide d'appui, il n'y aurait pas de réaction contre le cylindre. La force P agissant constamment resterait donc sans effet. Dire simplement que le chemin réagit avec une énergie égale au poids P qui le presse, c'est pour ainsi dire admettre une génération spontanée de la force. La notion de *solidité absolue* ne doit être considérée en mécanique que comme la limite d'un état moléculaire de la matière qui ne peut jamais se manifester.

Il est donc absolument démontré que lorsque l'on admet que le cylindre est indéformable, c'est que le chemin se déforme. La réciproque est aussi vraie (fig. 523).

Soit donc 2α l'arc de contact du cylindre enfoncé dans l'appui. Cet arc sera généralement très petit, mais jamais nul. Sa flèche E. sera la même sur toute la longueur du cylindre si l'appui est un corps absolument homogène. Le cylindre pesant, au repos, a donc fait dans l'appui une empreinte qui est un segment de cylindre. N'est-on pas forcé de reconnaître que cette dépression constitue le *travail du poids P du cylindre*, comme la dépression que subit une barre de fer frappée par le forgeron, représente le travail résistant égal au travail du poids du marteau. Il y a donc une relation entre le volume ou plutôt le poids du segment cylindrique de dépression et le poids du cylindre. Or, le volume de la dépression ne peut s'exprimer qu'en fonction de la longueur L et du diamètre d du cylindre; et son poids suppose une densité de réaction.

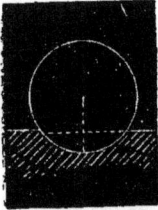

Fig. 523. — *Dépression produite par un cylindre au repos.*

Donc on peut dire de suite que la formule exprimant la grandeur de la réaction de l'appui contre un cylindre au repos, doit renfermer la longueur L du cylindre, son diamètre d, l'angle 2α de contact ou sa flèche, une densité ou coefficient de compression et le poids P.

Si donc on représente par R cette réaction, et par q la densité de compression, on aura :

R= fonction de (P, d, α ou E et q).

Lorsqu'on suppose le cylindre indéformable en roulement uniforme, sur un plan d'appui compressible et non élastique, la dépression totale E (fig. 524) (plus grande qu'au repos) persiste après le passage du rouleau laissant une ornière, de sorte que le contact du cylindre avec l'appui n'a lieu que suivant un arc α situé tout entier en avant du plan vertical passant par l'axe. Cet arc est la moitié d'un arc qui aurait pour flèche verticale la dépression E. Le volume permanent de dépression caractérisant la réaction constante de l'appui contre le cylindre est donc celui du demi-segment cylindrique d'un angle 2α ayant pour flèche la profondeur E de l'ornière.

Fig. 524. — *Dépression d'un cylindre roulant.*

L'équilibre du cylindre roulant, d'un poids total P, aura donc lieu entre les trois forces P, Q et T; le poids du cylindre, la réaction Q de l'appui et la traction nécessaire T. Celle-ci peut être verticale, horizontale ou inclinée, appliquée tangentiellement au rouleau, ou à son axe prolongé par des tourillons linéaires, ou tangentiellement à des tourillons de diamètres divers (fig. 525).

Si la réaction Q était connue, les formules de l'équilibre de translation et de rotation simultanées du cylindre pourraient être immédiatement

posées. Or, la réaction totale Q du plan d'appui par l'arc de contact α, ne peut être déterminée que par expérience, et elle dépend essentiellement de la manière dont réagissent les molécules du corps limité par le plan d'appui, lorsque le cylindre comprime ce corps. Nous supposerons d'abord un corps absolument homogène, c'est-à-dire dont toutes les molécules sont identiques, et uniformément réparties dans toutes les directions. Chaque élément de la surface cylindrique de contact compris entre deux génératrices infiniment voisines, a sa part d'action comprimante sur l'appui. La

Fig. 525.

première génératrice en avant n'ayant pas produit encore de *déformation*, n'éprouve aucune réaction de la part de l'appui. La génératrice suivante, ayant déjà déprimé d'une quantité *de* cet appui, subit une réaction; la troisième, déprimant d'une quantité supérieure à *de*, la réaction qu'elle subit est plus forte; et ainsi de suite jusqu'à la dernière génératrice située dans le plan vertical passant par l'axe et qui seule, déprime l'appui de toute la profondeur E de l'ornière. On peut donc dire que la réaction de l'appui va en croissant de l'avant à l'arrière sur toute l'étendue de l'arc de contact, parce que les dépressions actuelles, à l'instant considéré, vont en croissant de l'avant à l'arrière et sont égales aux petites perpendiculaires comprises entre le plan d'appui et l'arc de compression. Mais quelle loi lie les réactions aux dépressions ? Cela dépend de la nature du plan d'appui. Faisons une première hypothèse, la plus simple : *le corps servant d'appui à une constitution moléculaire telle que, lorsqu'on comprime une colonne verticale indéfinie de ses molécules, les dépressions sont exactement proportionnelles aux pressions qui les produisent.*

Dans ce cas, si l'on appelle S les pressions (égales aux réactions) qui causent les dépressions, on a la loi très simple (1) $S=ue'$; *e* est la dépression exprimée en millimètres, S la réaction moléculaire due à cette dépression et *u* un coefficient numérique dépendant de la nature du corps et qu'une série d'expériences permettrait de déterminer.

Pour ce cas très simple : *les réactions du sol sont en raison directe des dépressions e e' e'' e'''...E.* Or, sur les génératrices successives de la surface cylindrique de contact, les dépressions vont en croissant de 0 à E, et sont représentées par la série de verticales comprises entre l'arc α de contact et l'horizontale du plan d'appui avant sa déformation. A une certaine échelle, le volume du demi-segment cylindrique de dépression permanente, pendant le roulement, représente donc *exactement* la réaction totale sur le cylindre de longueur L.

On a donc Q=L× (aire du demi-segment 2α) ×u; u est ici la pression nécessaire pour déprimer d'un millimètre une colonne moléculaire d'un millimètre carré de section normale. C'est un coefficient de compression spécial au corps d'appui et ici une espèce de densité.

L'arc permanent de contact pendant le roulement étant α et la dépression définitive, ou la profondeur de l'ornière, étant E, la flèche d'un arc 2α de même rayon que l'arc α, on a, pour la section du segment circulaire 2α dans un cercle de diamètre d, l'expression connue :

$$\frac{1}{8} d^2 \left(\frac{\pi . 2\alpha}{180^\circ} - \sin 2\alpha\right)$$

et pour le demi-segment :

$$\frac{1}{16} d^2 \left(\frac{\pi 2\alpha}{180^\circ} - \sin 2\alpha\right).$$

Et, par suite, la réaction totale Q sera donnée par l'équation :

$$(1) \quad Q = L \times \frac{d^2}{16} \left(\frac{\pi 2\alpha}{180^\circ} - \sin 2\alpha\right) u.$$

La fraction $\frac{\pi . 2\alpha}{180^\circ}$ représente le développement d'un arc 2α sur une circonférence d'un mètre de rayon. Or on sait que, pour exprimer la véritable grandeur de ce développement, il faut la série indéfinie des termes suivants :

$$\frac{\pi . 2\alpha}{180^\circ} = \sin 2\alpha + \frac{1 \times \sin^3 2\alpha}{2 \times 3} + \frac{1 \times 3 \times \sin^5 2\alpha}{2 \times 4 \times 5}$$
$$+ \frac{1 \times 3 \times 5 \times \sin^7 2\alpha}{2 \times 4 \times 6 \times 7} + \text{etc.}$$

En raison de la petitesse habituelle de l'angle 2α on peut négliger tous les termes de cette série, sauf les deux premiers. En effet, à chaque terme, l'exposant de la petite fraction $\sin 2\alpha$ augmente de deux unités, et le coefficient numérique décroît assez rapidement. Il y a donc ainsi deux causes de rapide diminution de grandeur pour les termes successifs de la série. Il faudrait, par exemple, que 2α atteignit 20° ou que la profondeur de l'ornière fût les $\frac{3}{100}$ du diamètre pour que la simplification que nous proposons diminuât la valeur du développement d'un pour mille de sa vraie grandeur. On a donc après réduction, grâce à cette simplification :

$$(2) \quad Q = L \frac{1}{96} d^2 u \sin^3 (2\alpha).$$

Ainsi, quand les réactions du sol sont en raison directe des dépressions, ou que $S = ue$, on a, par mètre :

$$q = \frac{1}{96} d^2 u \sin^3 (2\alpha)$$

Bien qu'elle soit suffisamment précise pour tous les cas de la pratique, il convient de faire remarquer que cette équation donne une valeur un peu trop faible pour la réaction résultante Q.

On peut arriver à une autre expression très approchée de la réaction en suivant une autre marche. On est assez porté dans la méthode des infiniment petits, à considérer qu'un segment de cercle d'un arc 2α très petit peut être remplacé par le triangle isocèle qui s'y peut inscrire, ayant la corde pour base; mais cette égalité n'est vraie

que si l'arc 2α est trop petit pour être exprimable par une fraction finie.

Lorsque l'arc 2α est petit sans l'être infiniment, le triangle inscrit dans le segment a une aire plus petite que celle du segment; mais toutefois le rapport entre les deux aires reste à très peu près constant et égal à $\frac{4}{3}$ tant que l'angle 2α ne dépasse pas 15° et même 20°. En effet, l'aire du segment 2α est égale à l'aire du triangle augmentée de celles de deux segments d'angle α. De là on conclut que le rapport de l'aire du segment à celle du triangle a pour expression :

$$1 + \frac{1}{3} \cos^2 \left(\frac{1}{2} \alpha\right);$$

c'est donc bien $\frac{4}{3}$ si α est très petit.

Or, l'aire du triangle isocèle inscrit dans le segment, dont l'arc est 2α est égale à

$$0,5 d \sin\alpha \times d \sin^2 \left(\frac{1}{2} \alpha\right)$$

ou à $d^2 . \sin^3 \left(\frac{1}{2} \alpha\right) \cos \left(\frac{1}{2} \alpha\right)$

Par suite, l'aire du demi-segment sera égale à

$$\frac{1}{2} . \text{de} \frac{4}{3} d^2 \sin^3 \left(\frac{1}{2} \alpha\right) \cos \left(\frac{1}{2} \alpha\right)$$

et par suite, la valeur de la réaction sera exprimée par la formule

$$(3) \quad Q = L \times \frac{2}{3} d^2 \sin^3 \left(\frac{1}{2} \alpha\right) \cos \left(\frac{1}{2} \alpha\right) u.$$

Pour comparer plus facilement les deux expressions de la réaction résultante Q, remplaçons, dans l'équation (2). $\sin (2\alpha)$ par $2 \sin\alpha \cos\alpha$, puis $\sin\alpha$ par $2 \sin\frac{1}{2} \alpha \cos\frac{1}{2} \alpha$, nous aurons transformé ainsi l'équation (2) :

$$Q = L \times \frac{1}{96} d^2 u . \times 64 . \sin^3 \frac{1}{2} \alpha \cos^3 \frac{1}{2} \alpha \cos^3 \alpha$$

ou

$$(4) \quad Q = L \times \frac{2}{3} d^2 u . \sin^3 \left(\frac{1}{2} \alpha\right) \cos^3 \left(\frac{1}{2} \alpha\right) \cos^3 (\alpha)$$

Comparant les deux expressions (3) et (4) de la réaction, on voit que la seconde est égale à la première multipliée par le facteur $\cos^2 \frac{1}{2} \alpha \cos^3 \alpha$. Ce facteur est plus petit que l'unité, mais s'en approche d'autant plus que α est plus petit. Suivant la grandeur de α, l'une de ces formules donne une valeur un peu trop grande et l'autre une valeur un peu trop petite. Il conviendrait donc de prendre la moyenne. On trouve facilement que c'est alors :

$$(4^{bis}) \quad Q = L \times \frac{2}{3} d^2 u \sin^3 \left(\frac{1}{2} \alpha\right) \cos^4 \left(\frac{1}{4} \alpha\right)$$

Lors donc que l'angle α sera connu, cette formule pourra être employée; elle donnera des résultats très précis jusqu'à α égal à 10°.

Comme le mesurage de l'angle permanent α de contact n'est pas des plus faciles, on peut désirer que l'expression de la valeur de la réaction soit faite en fonction de la profondeur de l'ornière E. Or, la demi-corde de l'arc 2α a son carré égal au produit du diamètre diminué de E, par cette dépression E. L'aire du triangle isocèle, inscrit dans l'arc 2α, est donc égale à $E\sqrt{(d-E)E}$, et par suite l'aire du demi-segment permanent de compression à $\frac{4}{3} \times 0,5. E\sqrt{(d-E)E}$.

Et enfin, la réaction aura pour expression

$$(5) \quad Lu\frac{2}{3}E\sqrt{(d-E)E}$$

En raison de la petitesse habituelle de l'angle 2α, la dépression E est une très faible fraction du diamètre : soit au plus 2 à 3 centièmes. On peut donc, sous le radical, négliger E^2 à côté de dE. Alors l'expression (5) se simplifie beaucoup et devient :

$$(6) \quad Q = L \times \frac{2}{3} d^{\frac{1}{2}} u E^{\frac{3}{2}}.$$

Cette équation donne pour la réaction résultante Q une valeur un peu trop forte, puisque l'on a négligé sous le radical une fraction à retrancher de dE.

Lorsque E n'est que le centième du rayon, l'erreur, en plus, est d'environ 1/4 0/0, ce qui est insignifiant.

Ainsi, lorsque les dépressions e que subit un sol ou un plan d'appui sont en raison directe des pressions S qui les provoquent, ou que les réactions S de cet appui sont en raison directe des *dépressions* qui engendrent ces réactions, la réaction résultante contre un cylindre roulant a pour expression

$$(7) \quad Q = \frac{2}{3}L. u d^{\frac{1}{2}} E^{\frac{3}{2}}.$$

Cette expression suppose la loi $S = ue^t$ caractérisant la constitution moléculaire d'un plan d'appui particulier.

Si, pour éviter d'avoir à tenir compte de la longueur du cylindre roulant, on appelle q, la réaction par mètre de longueur du cylindre, on a évidemment $\frac{Q}{L} = q$ et par suite :

$$(8) \quad q = \frac{2}{3} u d^{\frac{1}{2}} E^{\frac{3}{2}}.$$

Lorsque la traction est, comme dans les expériences de Coulomb, verticale et tangentielle au cylindre lui-même, l'équilibre de translation et de rotation entre la traction T, le poids p du rouleau par mètre et la réaction q, exige les deux équations :

$$(9) \quad q = P \pm T$$

et

$$(10) \quad q. \delta = T \times 0,5 d$$

δ est la distance à laquelle la réaction Q ou q passe du plan vertical de l'axe. Or, puisque la résultante Q ou q est le poids d'un demi-segment cylindrique d'un petit angle 2α, cette distance δ du centre de gravité du demi-segment au plan vertical est à très peu près égale à $\frac{3}{8} r \sin\alpha$ ou $\frac{3}{16} d \sin\alpha$.

Mettant cette valeur dans l'équation (10), on a :

$$q \times \frac{3}{16} d \sin\alpha = T \times 0,5. d$$

ou

$$(11) \quad T = q \times \frac{3}{8} \sin\alpha.$$

Pour éviter d'avoir à déterminer ou l'arc α, de contact ou de compression, ou la profondeur E de l'ornière, on peut approximativement admettre que Q est sensiblement égal à P. En réalité, Q est plus grand ou plus petit que P de toute la traction, si celle-ci est verticale plongeante ou ascendante; ou égale à $\sqrt{P^2 + T^2}$ si elle agit horizontalement; mais la traction nécessaire pour entretenir le mouvement uniforme d'un rouleau est toujours une assez faible fraction du poids pour que, si elle est verticale, on puisse la négliger à côté de P. Si elle est horizontale, on peut sous le radical (*a fortiori*) négliger T^2 à côté de P^2. En adoptant cette simplification, après Coulomb, nous avons donc $T = P \times \frac{3}{8} \sin\alpha$ au lieu de $T = A. \frac{P}{d}$ de Coulomb, $\frac{3}{8} \sin\alpha$ remplace donc $\frac{A}{d}$. Notre formule peut aussi s'écrire :

$$(12) \quad T = P \times \frac{3}{8} \times 2 \sin\frac{1}{2}\alpha \cos\frac{1}{2}\alpha.$$

En mettant P au lieu de $R = P + T$ ou $\sqrt{P^2 + T^2}$, on a une expression un peu trop faible de la traction T.

Or, en négligeant dans l'équation (4bis)

$$\cos^4\left(\frac{1}{4}\alpha\right)$$

sensiblement égal à l'unité, on fait une erreur contraire compensant en partie la première. En outre, en y remplaçant $\frac{Q}{L}$ par p, sensiblement égal à q, on a :

$$\sin^3\left(\frac{1}{2}\alpha\right) = p \times \frac{3}{2} : \frac{d^2 u}{1}$$

d'où

$$\sin\frac{1}{2} = \frac{p^{\frac{1}{3}} k^{\frac{1}{3}}}{d^{\frac{2}{3}}}$$

k représentant $\frac{1,5}{u}$. Si l'on met cette valeur de $\sin\frac{1}{2}\alpha$ dans l'expression (12) de la traction verticale, ou horizontale, on a :

$$t = p \times \frac{3}{8} \times 2. \frac{p^{\frac{1}{3}} k^{\frac{1}{3}}}{d^{\frac{2}{3}}},$$

ou en remplaçant

$$\frac{3}{4} k^{\frac{1}{3}} \quad \text{ou} \quad \frac{0,8585358}{u^{\frac{1}{3}}}$$

par K

$$t = p \times K \times \frac{p^{\frac{1}{3}}}{d^{\frac{2}{3}}}$$

ou, enfin :

$$(13)\quad t = K \cdot \frac{p^{\frac{4}{3}}}{d^{\frac{2}{3}}}$$

Pour l'appui particulier caractérisé par la proportionnalité des réactions aux dépressions, on aurait donc $t = K \cdot \dfrac{p^{\frac{4}{3}}}{d^{\frac{2}{3}}}$ au lieu de la formule universelle de Coulomb $T = A \cdot \dfrac{P^1}{d^1}$. Autrement dit, pour le cas particulier que nous avons choisi : *la traction par mètre de longueur du rouleau est en raison directe de la puissance $\frac{4}{3}$ du poids par mètre, et en raison inverse de la puissance $\frac{2}{3}$ du diamètre.*

Dans la formule universelle de Coulomb, P (total) et d ont l'unité pour exposant.

Mais la relation entre les dépressions et les réactions qu'elles provoquent ne peut être la même dans tous les sols, ou appuis : durs ou mous, élastiques ou plastiques. En supposant que cette relation est la plus simple possible, c'est-à-dire $S = u e^1$, nous en avons déduit $t = K \dfrac{p^{\frac{4}{3}}}{d^{\frac{2}{3}}}$.

Supposons une autre relation telle que $S = u e^2$, par exemple. En procédant comme précédemment, on voit que la réaction résultante Q sera représentée par le volume d'un prisme dont la base serait une figure particulière, obtenue en conservant la demi-corde et remplaçant les verticales, comprises entre cette demi-corde et l'arc, par d'autres verticales proportionnelles aux carrés des précédentes.

Or, ce faux segment, dont les éléments verticaux sont les secondes puissances des verticales du vrai segment, a une aire qui reste dans un rapport constant N avec le triangle parabolique du second degré inscrit, ayant la demi-corde pour base et E², le carré de la profondeur de l'ornière, pour hauteur, tant que l'angle α ne dépasse guère 10 degrés. On voit de suite que l'on aura alors par mètre :

$$(14)\quad q = p = \frac{2}{3} N u d^3 \sin^5\left(\frac{1}{2}\alpha\right) \cos\left(\frac{1}{2}\alpha\right);$$

et, comme $\frac{1}{2}\alpha$ est très petit, on peut réduire l'équation à :

$$q = p = k\, d^3 \sin^5\left(\frac{1}{2}\alpha\right).$$

Tirant de cette équation la valeur de

$$\sin\frac{1}{2}\alpha \quad\left(\text{égale à } K \frac{p^{\frac{1}{5}}}{d^{\frac{3}{5}}}\right)$$

et la mettant dans l'expression de la traction

$$t = p \times \frac{3}{8} \sin\left(\frac{1}{2}\alpha\right),$$

on a :

$$t = K \cdot \frac{p^{\frac{6}{5}}}{d^{\frac{3}{5}}}.$$

Il est bien entendu que K, ici, comme précédemment, est une fonction de u. Mais au lieu que cette densité de compression y soit à la puissance 1/3, elle y est ici à la puissance 1/5.

Enfin, si la relation caractérisant la constitution moléculaire de l'appui, est de la forme générale $S = u e^m$, on trouve, en suivant la même marche, que l'expression de la traction par mètre de longueur de rouleau est

$$(15)\quad t = K \cdot \frac{p^{2\left(\frac{m+1}{2m+1}\right)}}{d^{\frac{m+1}{2m+1}}}$$

Cette expression générale de la traction suppose connue la loi qui lie les réactions de l'appui aux dépressions correspondantes : $S = u e^m$.

L'exposant m peut avoir toutes les valeurs : une valeur très petite 1/100, par exemple, pour des sols spongieux, mous, assimilables pour ainsi dire à de l'ouate ; ou une valeur très grande, 100 par exemple, pour des appuis presqu'incompressibles ; tels que des rails d'acier, des dalles de porphyre, etc.

Si l'on met ces valeurs extrêmes de m dans l'équation (15), on voit aisément que notre formule générale a deux limites. Lorsque m est très petit, on a sensiblement :

$$(16)\quad t = K \cdot \frac{p^2}{d}$$

Si au contraire m est très grand, on a :

$$t = k\, \frac{p}{d^{\frac{1}{2}}}.$$

Cette dernière forme est celle proposée par M. Dupuit.

Ainsi, loin de donner, comme Coulomb, une équation propre à tous les sols, durs ou mous, et plus ou moins compressibles, nous donnons une série indéfinie de formules. Elles sont toutes coulées, il est vrai, dans un même moule dont voici les caractères :

1° Le poids p par mètre dans ces formules, a toujours un exposant double de celui du diamètre ;

2° L'exposant de p est toujours plus petit que 2 et plus grand que l'unité, quelque compressible que soit le sol ou quelque réfractaire qu'il puisse être à la compression.

Par suite, l'exposant du diamètre est toujours inférieur à l'unité et supérieur à 0,5 (1).

Deux rouleaux de poids P_1 et P_2 et de diamètre d_1 et d_2 sont équivalents s'ils font, dans le même sol, une ornière de même profondeur. Il est facile de prouver, en appliquant nos formules, que pour qu'il en soit ainsi, il faut que *les poids par mètre de ces deux rouleaux soient entre eux comme les racines carrées de leurs diamètres.* Pour un dia-

(1) Si Coulomb et Morin admettent que la résistance au roulement est directement proportionnelle au poids et inversement au diamètre, M. Dupuit admet que cette résistance est en raison directe du poids, mais en raison inverse de la racine carrée du diamètre. M. Piobert a trouvé la même chose $\left(d^{\frac{1}{2}}\right)$ sur un chemin de halage très ferme ; et, en d'autres cas, d^1 comme Coulomb. Enfin, Coriolis, pour le cas particulier où $m = 1$, a trouvé une formule particulière identique avec notre formule générale ou y faisant $m = 1$. Ces divergences des auteurs et expérimentateurs prouvent bien qu'une formule réellement unique ne convient pas à tous les cas.

mètre quadruple, il faut un poids double pour produire le même effet sur le sol. Comme corrolaire : deux rouleaux équivalents exigent absolument la même traction. Ce qui est presque évident puisque le même travail résistant doit exiger un même travail moteur, lorsqu'il n'y a pas d'intermédiaire consommant du travail moteur, ce qui est le cas pour des rouleaux traînés par des tourillons infiniment petits. Mais notre formule générale permet seule de tirer ces conséquences d'un si grand intérêt dans l'emploi des rouleaux.

Lorsqu'on veut répartir la charge sur les deux trains d'un chariot, on sait qu'en adoptant la loi de Coulomb, on conclut qu'il faut que les charges partielles soient proportionnelles aux diamètres des roues. D'après notre formule, ces charges doivent être proportionnelles aux racines carrées des diamètres seulement, en leur supposant des jantes d'égales largeurs, bien entendu ; car dans nos formules, les résistances, comme les poids, sont rapportées au mètre de largeur du rouleau, mesuré sur la génératrice du cylindre.

Nous n'avons pas besoin de dire que le coefficient K de nos formules varie quand m varie. Il se compose de la compression spécifique u en dénominateur à la puissance $\frac{1}{2m+1}$, et d'une fonction de la distance d'application de la résultante des réactions sur l'arc de compression permanent. Mais si l'on peut déterminer le bras de levier de la résultante des réactions en fonction de m, il est toujours nécessaire de faire des expériences dynamométriques pour déterminer u. Il est donc aussi simple de déterminer le coefficient K par quelques essais spéciaux. — J.-A. G.

II *ROULEMENT. T. de géom. Etant donné, dans un plan, deux courbes R et R' tangentes l'une à l'autre au point A, imaginons qu'on inscrive dans chacune d'elles, les lignes polygonales ABCD..... A'B'C'D'....., telles que les côtés correspondants soient égaux entre eux :

AB=AB', BC=B'C', CD=CD'....., etc.

Faisons maintenant tourner la courbe R' autour du point A jusqu'à ce que le côté AB' coïncide avec AB, puis autour de B jusqu'à ce que B'C' coïncide avec BC, et ainsi de suite ; le mouvement de la courbe R' se composera d'une série de rotations autour des points A, B, C, D, etc.

Supposons, enfin, que l'on diminue indéfiniment les côtés des deux lignes polygonales inscrites, les centres de rotation ABC, etc. se rapprochent indéfiniment et, à la limite, le mouvement devient continue et prend le nom de *roulement* de la courbe R' sur la courbe R. Il est visible que dans un pareil mouvement : 1º la courbe mobile est toujours tangente à la courbe fixe ; 2º le déplacement de la courbe mobile peut être considéré comme formé d'une suite de rotations infiniment petites autour des différents points de la courbe fixe ; 3º le centre de chaque rotation infiniment petite est à chaque instant le point de contact des deux courbes ; 4º si A et M sont deux points de la courbe fixe R, et A' et M' les deux points de la courbe mobile qui viennent coïncider respectivement avec A et M, les arcs AM et A'M' sont égaux.

Le roulement diffère ainsi du glissement en ce que, dans le roulement, la vitesse du point de la courbe mobile qui se trouve sur la courbe fixe est constamment nulle, tandis que, dans le glissement, c'est le *même point* de la courbe mobile qui parcourt la courbe fixe de manière que les deux courbes soient constamment tangentes (V. GLISSEMENT). On démontre aisément, à l'aide des propositions les plus élémentaires de la géométrie, que l'on peut amener une figure plane d'une position quelconque à une autre également quelconque, mais située dans le même plan, en la faisant simplement tourner autour d'un certain point du plan. Il en résulte que le mouvement le plus général d'une figure plane dans son plan se compose d'une succession de rotations de durées infiniment petites, s'effectuant autour de centres différents qui se succèdent d'une manière continue. Pendant un temps infiniment petit, le mouvement peut être considéré comme une rotation autour d'un point qu'on nomme le *centre instantané de rotation* (V. CENTRE, ROTATION). Dans le plan fixe, le lieu des centres instantanés est une courbe fixe C, et dans le plan de la figure mobile, les centres instantanés forment une courbe C' qui roule sur la première, le centre instantané se trouvant à chaque instant au point de contact des deux courbes. Ainsi, le mouvement le plus général d'une figure plane dans son plan peut être considéré comme produit par le roulement d'une courbe invariablement reliée à la figure mobile, sur une courbe fixe.

On démontre, en cinématique, d'importants théorèmes sur ce genre de mouvement, mais pour nous borner aux applications purement géométriques, nous remarquerons que si l'on n'envisage que le simple déplacement d'une figure, on peut toujours supposer que la vitesse de rotation autour du centre instantané est constante. Dans cette hypothèse, on démontre que l'accélération d'un point quelconque M de la figure mobile passe par un point C indépendant du point M considéré, est dirigée vers le point C et égale à MC multiplié par le carré de la vitesse angulaire. Le point C s'appelle le *centre géométrique des accélérations*.

Les considérations précédentes permettent de déterminer facilement la tangente et le centre de courbure de toute courbe que l'on peut considérer comme engendrée par le déplacement d'une figure, quand on sait déterminer les deux courbes C et C'. La courbe mobile s'appelle la *roulette*, et la courbe fixe C la *base de la roulette*. Pour construire la tangente à la trajectoire d'un point relié à la roulette, il suffit de remarquer que la droite MO qui joint le point M au point de contact O des deux courbes C et C', est normale à cette trajectoire puisqu'elle passe par le centre instantané O ; la tangente est donc la perpendiculaire à MO. Cette construction est due à Roberval. Par exemple, la normale en un point M d'une épicycloïde est la droite qui joint le point M au point de contact des deux cercles C' et C qui, en roulant l'une sur l'autre, déterminent l'épicycloïde. (V. Cycloïde, Épicycloïde). Quand on connaît la trajectoire de deux points de la figure mobile, on aura le centre instantané par l'intersection des normales à ces deux trajectoires, et la normale à la courbe considérée en joignant ce centre au point M. Cette construction donne aisément la tangente à l'ellipse en considérant cette courbe comme engendrée par un point d'une droite dont deux autres points décrivent deux droites fixes. Elle s'applique aussi à toutes les courbes dites *conchoïdes*. Quant à la construction du centre de courbure, elle est due à Savary, et repose sur la considération du centre des accélérations; mais le défaut d'espace ne nous permet pas de l'expliquer.

Quand la roulette est une droite, la trajectoire d'un point de cette droite prend le nom de *développante*. La droite mobile est elle-même la normale, et le centre de courbure de la développante est le point de contact de cette droite avec la base. — V. Développante.

Roulement d'une surface sur une autre surface. Deux cônes de même sommet peuvent rouler l'un sur l'autre, le cône mobile restant toujours en contact avec le cône fixe et tournant à chaque instant autour de la génératrice de contact qui est *l'axe instantané de rotation* (V. Rotation). On démontre que le mouvement le plus général d'un corps solide autour d'un point fixe peut être considéré comme produit par le roulement sur un cône fixe d'un cône invariablement relié au corps mobile (V. Rotation). On peut utiliser, dans ce genre de mouvement, des considérations analogues à celles que nous avons indiquées tout à l'heure pour déterminer la tangente et le centre de courbure des courbes sphériques.

En général, on dit qu'une surface mobile S' roule sur une surface fixe S quand la surface S' est toujours en contact avec la surface S et que le point A où S' touche S ne possède aucune vitesse. Il existe alors sur S et S' respectivement deux courbes C et C', lieu des points A qui sont constamment en contact; les différents points de C' viennent successivement se placer sur C, et l'arc A'B' compris entre deux points de C' est égal à l'arc AB de la courbe C compris entre les deux points avec lesquels viennent respectivement coïncider A et B. Le mouvement de S' se compose d'une série de rotations infiniment petites autour d'un axe instantané mobile qui passe à chaque instant par le point de contact des deux surfaces.

On démontre que le mouvement le plus général d'un corps solide peut être considéré, pendant un temps infiniment petit, comme résultant : 1° d'une rotation autour d'un axe passant par un point arbitraire A, et d'une translation égale à la vitesse du point A. La direction de l'axe de rotation et la vitesse angulaire sont indépendantes du choix du point A; on peut alors choisir ce point A de manière que la translation soit dirigée précisément suivant l'axe de rotation. Le mouvement élémentaire du solide devient un mouvement hélicoïdal autour de l'axe ainsi déterminé, lequel a reçu le nom d'*axe instantané de rotation et de*

glissement. Le lieu des axes instantanés de rotation et de glissement, est dans l'espace absolu une surface réglée H, et dans le solide mobile une autre surface réglée H'; ces deux surfaces ont constamment une génératrice commune, et l'on voit que le mouvement le plus général d'un corps solide peut être considéré comme produit par le déplacement d'une surface réglée H', ayant toujours une génératrice commune avec une surface réglée fixe H, et roulant sur cette surface H en même temps qu'elle glisse le long de la génératrice commune. — M. F.

ROULE-TA-BOSSE. T. techn. Rouleau garni de fortes dents, placé dans les cardes à coton, entre l'appareil alimentaire et le gros tambour, et destiné, d'une part, à ouvrir les filaments, de l'autre, à garantir la machine contre toute une série d'accidents provenant ordinairement de la négligence.

ROULETTE. Petite roue montée dans une chape, et que l'on fixe sous les meubles ou les appareils pour les déplacer sans les soulever. || Instrument de mesure composé d'une boîte cylindrique renfermant un petit cylindre sur lequel s'enroule un long ruban divisé en mètres et centimètres, et que l'on tire par un anneau fixé à son extrémité libre pour le faire sortir, à la longueur voulue, par une ouverture étroite ménagée sur la tranche de la boîte. — V. Chaîne d'arpenteur. || Petit disque en fer monté sur un manche, et qui sert aux reliurs à pousser les filets. || Instrument de fer en forme de roue à l'usage des ciriers et des pâtissiers.

ROULEUR. T. de mét. Manœuvre chargé de transporter des matériaux à la brouette; dans *l'exploit. des mines*, celui qui pousse ou traîne de petits chariots, soit sur le sol de la galerie, soit sur des rails pour transporter des minerais; on dit aussi *herscheur* dans quelques endroits.

ROULOIR. *T. techn.* Outil de cirier pour rouler les bougies et les cierges. || Rouleau d'un métier à bas sur lequel l'ouvrage s'enroule.

ROULON. T. techn. Chacun des barreaux tournés d'un râtelier. || Barre de bois placée verticalement le long et au-dessus des limons d'une charrette.

ROULURE. Défaut du *bois*. — V. ce mot.

*ROUND-BUDDLE. Cet engin, décrit à l'article Lavage et Préparation mécanique des matières minérales (fig. 45) sert au classement par densité des minerais métalliques; il est surtout usité en Angleterre.

*ROUSSI. — V. Grillage, § III.

ROUSSISSAGE. T. de teint. Action de teindre avec une couleur rousse. || *T. d'appr.* Syn. : de *grillage.* — V. ce mot.

ROUSTURE. T. de mar. Corde d'amarrage d'un navire sur son berceau.

*ROUTE. Les routes sont des voies de communication artificielles, créées pour faciliter la circulation et les transports au moyen de voitures traînées par des animaux. Le nom de *route* s'applique plus spécialement aux *routes nationales* et aux *routes départementales* dont l'ensemble constitue la *grande voirie*. Les premières sont construites, réparées, entretenues et administrées par l'Etat; les secondes sont, en général, construites et entretenues par le service des ponts et chaussées, pour le compte des départements intéressés. Les autres voies de terre, désignées sous le nom général de *chemins vicinaux*, comprennent : les *chemins de grande communication*, les *chemins d'intérêt commun* et les *chemins vicinaux ordinaires*; elles constituent un service distinct, dit de la *petite voirie*, et confié, dans chaque département, à des agents voyers nommés par le préfet. Il existe cependant 27 départements où ce service est confié aux ponts et chaussées et 3 où les agents voyers sont placés sous les ordres de l'ingénieur en chef des ponts et chaussées (V. CHEMINS VICINAUX). Les *routes stratégiques*, destinées uniquement au transport des troupes et des munitions, ou à relier entre eux des points fortifiés, sont construites par les officiers du génie. Enfin, on nomme *routes forestières*, celles que construit l'Administration des forêts pour l'exploitation des bois.

La création des chemins de fer et l'amélioration des voies navigables n'ont pas amoindri l'importance des routes, elles n'ont fait que déplacer la circulation; le parcours moyen a diminué, mais la masse des produits transportés s'est accrue; la circulation actuelle sur l'ensemble des routes et des chemins vicinaux dépasse 5 milliards et demi de tonnes kilométriques; c'est presque la moitié de celle des chemins de fer et plus de deux fois et demie celle des rivières et des canaux. Quant au prix moyen de transport de la tonne kilométrique, on peut l'évaluer à 2 ou 3 centimes pour les voies navigables, à 5 ou 6 centimes pour les voies ferrées et à 20 ou 25 centimes pour les voies de terre. Pour achever de donner une idée de l'importance de ces dernières, il suffit de résumer approximativement leurs dépenses de construction et d'entretien.

	Longueurs en kilomèt.	Dépenses de construction		Frais annuels d'entretien	
		par kilomèt.	Totaux en millions	par kilomèt.	Totaux en millions
Routes nationales....	38.000	30.000	1.140	700	27
Routes départementales..	38 000	20.000	760	500	19
Chemins vicinaux....	586.000	8.000	4.688	250	115
Totaux..	662.000		6.588		161

Quant aux progrès accomplis dans la construction des routes, on peut les apprécier en comparant la vitesse moyenne des voitures à voyageurs sur les lignes principales allant de Paris aux grandes villes de la province. Cette vitesse, y compris le temps d'arrêt, était de 2^k,2 à la fin du XVIIIe siè-

cle, de 3^k,4 à la fin du XVIIIe, de 4^k,3 en 1814, de 6^k,5 en 1830, de 9^k,5 en 1847, et atteignait, en dernier lieu 12 kilomètres à l'heure.

Une route se compose d'une chaussée qui doit être assez dure pour résister à la circulation des voitures pesamment chargées, et de deux accotements ou trottoirs latéraux (V. CHAUSSÉE). On appelle *route en remblai* ou *en levée*, celle dont la chaussée est plus élevée que le terrain qu'elle traverse, et *route en déblai* ou *en tranchée*, celle dont la chaussée est à un niveau inférieur. L'étude des routes et du terrain sur lequel elles sont établies, se fait à l'aide d'un *profil en long* et d'un nombre suffisant de *profils en travers*.

Le profil en long est fourni par l'intersection de la surface du terrain ou de la chaussée avec un plan vertical suivant l'axe de la route; les profils en travers sont donnés par les intersections de ces mêmes surfaces avec des plans verticaux perpendiculaires à l'axe. Lorsque le profil en long est horizontal, la route est dite en *palier*; elle est en *rampe* lorsqu'il monte, ou en *pente* lorsqu'il descend; ces deux expressions changent naturellement suivant la direction adoptée. Les déclivités se mesurent par le rapport de leur hauteur totale à leur longueur (1/20) ou par celui de la hauteur correspondant à l'unité de longueur (5 centimètres pour 1 mètre). Les routes en palier ou en tranchée sont bordées de chaque côté par un fossé continu qui sert en même temps de limite entre la route et les terrains des riverains; ces fossés ont, en général, 50 centimètres de profondeur et autant de largeur au plafond; le talus intérieur est à 45°; le talus extérieur est réglé d'après la nature des terrains. La pente doit être suffisante pour assurer un prompt écoulement des eaux; si elle est assez forte pour faire craindre que les fossés soient ravinés par les pluies d'orage, on découpe le fond en gradins garnis de murettes en pierres ou de traverses en bois avec un enrochement à leur pied. Dans la traversée des villes, les eaux s'écoulent le long des bordures en pierres des trottoirs, et on évite le ravinement en établissant un caniveau plus ou moins large en blocage ou en pavés. Ces dispositions sont celles que représentent les figures 526 à 528. La figure 526 donne le profil d'une route nationale dans la traversée d'une grande ville; la figure 527, celui d'une route départementale dans la traversée d'une ville moins importante. Enfin, le profil de la figure 528 est celui d'une traverse avec chaussée pavée. Dans ce dernier exemple, les caniveaux d'écoulement sont placés sous les bordures des trottoirs afin d'empêcher l'eau d'éclabousser les passants lorsque les roues suivent la bordure; cette disposition est rarement employée parce qu'elle est coûteuse et rend le nettoyage difficile.

La plupart des routes sont actuellement ornées de rangées d'arbres qui donnent, en été, l'ombre nécessaire pour empêcher la chaussée de dessécher trop à fond, et qui servent, en hiver, à jalonner la voie lorsqu'elle est couverte de neige. Ces plantations représentent, en outre, un capital important, puisqu'en évaluant à 250,000 kilomètres la longueur des parties de routes, chemins et canaux susceptible d'être plantée, on trouverait, à raison de 200 pieds par kilomètre, 50,000,000 de pieds, c'est-à-dire la valeur d'au moins 120,000 hectares de forêt de haute futaie. Quant à la chute des feuilles à l'automne, c'est une question de balayage que les conditions actuelles d'entretien rendent assez facile. Du reste, la plantation des routes date d'assez loin ; elle a été réglementée successivement par les ordonnances de Henri II (1552) et de Henri III (1579) ; par un arrêt du Conseil royal de 1720 ; par une loi du 9 ventôse an XII (28 février 1805) et par un décret du 16 décembre 1811. Elle est fixée aujourd'hui par une circulaire ministérielle du 9 août 1850 et une instruction du 17 juin 1851.

Les routes de 10 à 16 mètres reçoivent une rangée d'arbres de chaque côté, placée à 4m,50 au moins de l'axe de la route et à 0m,50 de l'arête inférieure des fossés ou des talus de remblai. La

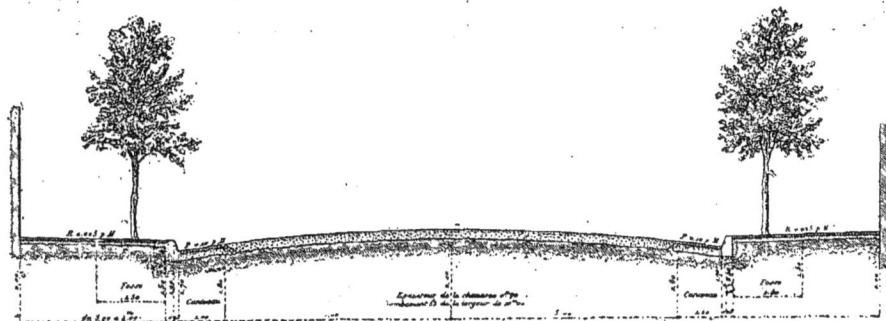

Fig. 526. — *Profil d'une route nationale dans la traversée d'une grande ville.*

distance d'un arbre à l'autre varie de 5 à 10 mètres. Les routes de plus de 16 mètres reçoivent deux rangées d'arbres, espacées d'au moins 3 mètres et plantées en quinconce. Dans la traversée des bourgs et des villes, les lignes d'arbres sont interrompues, à moins que la route ne soit assez large pour former un boulevard ; dans ce cas, les arbres sont placés à 3 mètres de distance de la façade des maisons. Les essences les plus employées sont : l'orme, le frêne, le hêtre, le chêne, le peuplier, le platane, le sycomore, l'érable, l'acacia, l'ailante ou vernis du Japon et, par exception, le bouleau, le cyprès, très usité dans le midi pour former des rideaux contre le vent, et l'eucalyptus dans les pays très

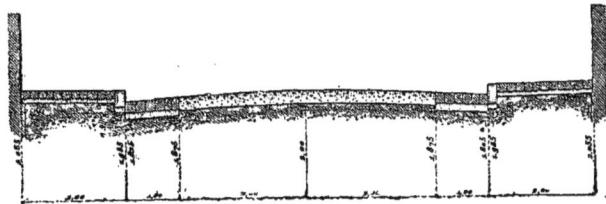

.g. 527. — *Profil d'une route départementale dans la traversée d'une petite ville.*

chauds. Les sujets à planter doivent avoir de trois à cinq ans pour les bois tendres, et de cinq à sept ans pour les autres. Lorsque la terre des fosses est de mauvaise qualité, on doit la remplacer par de la bonne terre végétale. Le prix d'un pied varie de 2 à 3 francs, toutes dépenses comprises, et la responsabilité de l'entrepreneur est prolongée pendant deux années. La mortalité des plantations nouvelles est, en moyenne, d'un cinquième.

Les routes établies sur des remblais très élevés ou sur le flanc des coteaux sont munies de banquettes de sûreté destinées à empêcher les voitures d'arriver sur le bord. Ce sont de simples bourrelets en terre de 0m,50 de hauteur et de 0m,20 de largeur en couronne, avec deux talus inclinés à 3 de base pour 2 de hauteur. Ces banquettes peuvent être supprimées s'il existe sur l'accotement une ligne d'arbres assez rapprochés, qui constitue une protection encore plus efficace.

Dans les pays montueux, où les routes circulent sur le flanc des coteaux, on emploie souvent des murs de soutènement pour maintenir en partie les talus des déblais ou ceux des remblais. La figure 529 représente un profil de route départementale construite dans ces conditions, avec un ruisseau au pied du mur et une banquette de sûreté du coté opposé. Cette banquette est coupée, de distance en distance, par des caniveaux pour l'écoulement des eaux. Lorsque les murs de soutènement s'élèvent jusqu'au niveau de la plate-forme, la banquette est remplacée par un parapet en maçonnerie ; les figures 530 et 531 montrent deux profils ainsi établis, la figure 530 pour une route nationale, la figure 531 pour une route départementale, sur la rive escarpée d'un cours d'eau (V. Mur de soutènement). Quant aux talus eux-mêmes, on les protège, soit en les gazonnant, soit en les recouvrant d'un *perré* (V. ce mot).

Les souterrains sont rarement employés pour le passage des routes ; leur obscurité expose à des dangers que l'éclairage artificiel est à peu près impuissant à éviter ; leur prix est très élevé, et l'entretien y est difficile à cause de l'humidité permanente de la chaussée.

Le tracé des routes est étudié d'abord au point de vue économique, en appréciant les services qu'elles pourront rendre, soit pour le transport des produits, soit pour les déplacements de personnes. On se rend compte de l'importance de la circulation entre les points extrêmes et les divers points intermédiaires que la route peut être appelée à desservir, non seulement en se basant sur les données existantes, mais en cherchant à prévoir l'augmentation qui pourra résulter de la créa-

tion d'une meilleure voie. Près des frontières et des places fortifiées, il faut prendre en considération les facilités qu'exigent les transports de troupes et de matériel nécessaires pour la défense, et aussi les difficultés à opposer en cas d'envahissement. Du reste, la loi du 7 avril 1851 et le décret du 16 août 1853 ont institué une Commission mixte des travaux publics, comprenant des représentants des services de l'artillerie, du génie et des ponts et chaussées; cette Commission est chargée d'examiner toutes les questions relatives aux travaux projetés dans les zones frontières. Quant aux con-

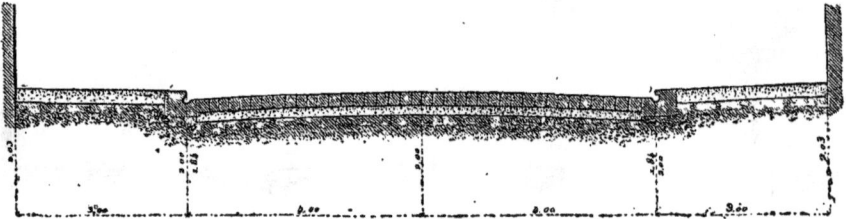

Fig. 528. — *Profil d'une route nationale avec chaussée pavée dans une traversée.*

ditions techniques, on peut les résumer dans la facilité de circulation, la sécurité, la commodité et l'économie des transports et, enfin, dans l'économie de construction et la facilité d'entretien; il en résulte que l'on doit chercher à raccourcir le tracé autant que possible, à éviter les pentes, les courbes, les tranchées profondes, les remblais élevés et les ouvrages d'art trop coûteux.

Les pentes augmentent les frais de traction presque autant à la montée qu'à la descente; car, dans ce dernier cas, l'action des freins et des sabots n'est jamais assez efficace pour supprimer l'effort des chevaux, qui doivent tirer si le frein est trop serré, ou agir par recul s'il ne l'est pas assez. La déclivité moyenne doit être maintenue entre 25 et 30 millimètres par mètre; elle ne doit

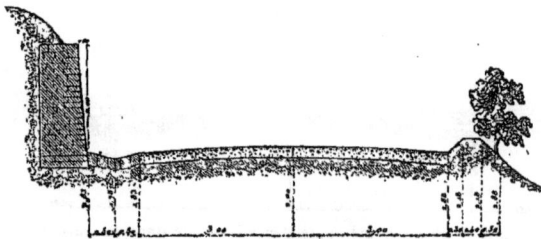

Fig. 529. — *Profil d'une route départementale à flanc de coteau.*

jamais dépasser, même dans les cas exceptionnels, 6 centimètres par mètre. Lorsque les rampes sont très longues, il est préférable, pour diminuer la fatigue des attelages, de les composer de plusieurs sections interrompues par des paliers ou même présentant, de l'une à l'autre, des inclinaisons différentes; on doit, cependant, éviter d'introduire dans le tracé, une rampe isolée avec une déclivité exceptionnelle, car cette seule partie de la route limiterait le chargement pour toute sa longueur ou exigerait l'emploi de chevaux de renfort.

Pour les courbes, il faut tenir compte : de l'augmentation de résistance à la traction due au

glissement des roues sur des courbes de rayons différents, augmentation qui coïncide avec la diminution de l'effet utile qui résulte de ce que les chevaux ne tirent pas en ligne droite; de la difficulté des croisements et surtout des effets de la force centrifuge sur les voitures rapides, effets qui peuvent les exposer à verser ou, tout au moins, les font glisser obliquement sur la chaussée et augmentent la fatigue des chevaux. On remédie autant que possible à ces inconvénients en adoptant de grands rayons limités seulement par la dépense de construction. En pratique, on leur donne de 30 à 50 mètres, ce qui correspond à des vitesses maxima de 15 à 16 kilomètres. Dans les montagnes, où l'on est quelquefois obligé d'adopter des rayons de 20 à 25 mètres, les voitures doivent ralentir leur allure; en outre, on remplace la chaussée bombée une par une chaussée inclinée transversalement, de façon à rejeter les voitures vers le centre de la courbe.

Il est utile d'étudier d'abord les pays que la route doit traverser, au moyen d'une bonne carte à grande échelle, comme en possèdent aujourd'hui presque tous les pays civilisés. Une carte dressée avec des courbes de niveau est préférable parce que, tout en montrant bien les ondulations du sol, elle permet, grâce aux cotes des courbes et à leur distance horizontale projetée sur la carte, de déterminer à chaque instant la pente du terrain et l'importance des terrassements. On procède ensuite à la reconnaissance directe pendant laquelle on arrête, à l'aide de jalons, une ligne d'opérations représentant à peu près l'axe futur de la route. C'est alors que l'on se trouve en face d'éléments contradictoires dont l'appréciation exige beaucoup d'attention. Les difficultés paraissent diminuer à mesure que l'on s'élève vers les lignes de faîtes; mais celles-ci traversent des contrées peu habitées, de culture pauvre, et la route ne desservirait que les parties les moins riches de la contrée. D'autre part, dans le fond des vallées on est exposé à traverser des terrains de grande valeur dont l'expropriation coûterait cher.

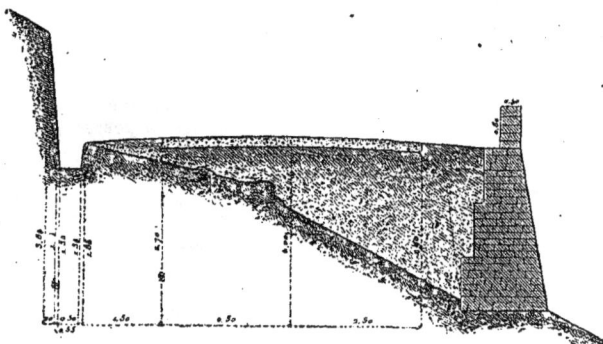

Fig. 530. — Profil d'une route nationale à flanc de coteau.

En outre, les travaux d'art sur les cours d'eau deviennent plus difficiles et plus importants; l'emplacement des ponts peut devenir une des conditions principales du tracé; on y est, de plus, obligé de relever le niveau de la route au-dessus des inondations. Pour passer d'un bassin dans un autre, on doit rechercher les points où les faîtes qui les séparent seront franchis. Avec

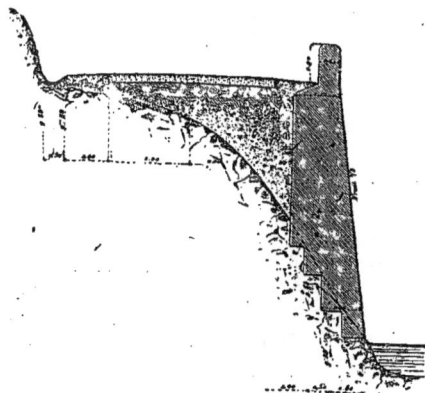

Fig. 531. — Profil d'une route départementale à flanc de coteau.

un plan à courbes de niveau, ces points ou cols sont faciles à déterminer parce qu'ils sont caractérisés par deux systèmes de courbes dont les convexités sont tournées vers le même point et dont les cotes vont en augmentant de chaque côté du col pour l'un des systèmes et en diminuant pour l'autre. Quand il y en a plusieurs, un nivellement barométrique suffit pour donner les altitudes approximatives des cols, et pour faire reconnaître ceux qu'il faut choisir. On tient compte également de la proximité des carrières

de matériaux propres à la construction et à l'entretien de la chaussée, ainsi que de l'exposition la plus favorable, suivant le climat et la nature des terrains. Les mouvements de terre exigés par l'établissement d'une route, soit en déblai, soit en remblai, sont d'abord calculés approximativement de façon à permettre d'évaluer la dépense et surtout de comparer les tracés entre eux sous ce point de vue. Plus tard, lorsque le projet est adopté, on refait les calculs plus exactement en tenant compte de toutes les conditions du travail, afin de pouvoir établir les prix d'adjudications et surveiller les décomptes des entrepreneurs. Pour les calculs rapides, on opère simplement sur les intervalles consécutifs entre les profils, intervalles qui peuvent présenter les trois cas suivants : 1° les deux profils sont entièrement en déblai ou en remblai; le volume de l'entreprofil est alors celui d'un prisme droit ayant pour hauteur la distance des profils et pour base la moyenne de leurs surfaces; 2° l'un des profils est complètement en déblai et l'autre complètement en remblai; on calcule la surface de chaque profil et on la multiplie par la demi distance de ce profil au point où la ligne du projet coupe la ligne de terre sur le profil en long ou point de passage. Les résultats sont un peu exagérés, ce qui est toujours préférable; 3° les profils extrêmes ont tous deux des parties en déblai et en remblai; on combine ensemble par la méthode précédente, dite de la moyenne des aires, les surfaces de même nature en multipliant par la distance des profils, d'abord la demi-somme des deux surfaces de déblai, puis celle des surfaces de remblai.

On compare également les tracés entre eux en les ramenant à une longueur équivalente par des calculs basés sur la facilité et l'économie procurées aux transports et sur l'utilisation de la force des chevaux. MM. Léchalas et L. Durand Claye ont indiqué d'excellentes méthodes pour ce genre de comparaison, facilitées par des tables toutes préparées. (Durand Claye, Routes et chemins vicinaux, Baudry, 1885). Le tracé une fois arrêté, on procède : au piquetage définitif, à raison d'un piquet par hectomètre; au tracé des courbes de raccordement des parties brisées; au chaînage exact et au lever du profil en long; enfin, aux nivellements nécessaires pour dresser les profils en travers sur 10 mètres environ de largeur de chaque côté de l'axe, et vis-à-vis chacun des piquets. On prépare en même temps les pièces du projet définitif qui doivent comprendre : un extrait de la carte du pays où la nouvelle route est indiquée en couleur spéciale, avec les renseignements complémentaires; un plan général et un profil en long. On adopte, pour le plan et pour les longueurs du profil, une même échelle, 1/10,000 ou 1/5,000; mais pour les hauteurs du profil, on prend une échelle dix fois plus grande. Les profils en travers forment un cahier à part dessiné au 1/200 ou au 1/100. Sur tous ces dessins, les indications relatives au terrain naturel sont figurées et cotées en noir; celles du tracé, en rouge. Les déblais sont teintés en jaune et les remblais en rose pâle. Les ouvrages d'art, ponceaux, ponts, etc., sont dessinés sur des feuilles spéciales, à des échelles suffisantes. Les quantités d'ouvrages de diverses natures sont indiquées dans un avant métré comprenant les terrassements, la chaussée et les ouvrages d'art. L'avant métré des terrassements comprend le volume ou, comme on l'appelle, la *cubature des terrasses* et le *mouvement des terres.*

Le calcul exact des terrassements ne présente pas de difficultés; il exige seulement beaucoup d'ordre et de méthode; il est basé généralement sur la division des entreprofils en solides de formes diverses, au moyen de plans verticaux parallèles à l'axe de la route et passant par les angles saillants et rentrants que présentent les profils de la route et du terrain; on détermine, chaque fois qu'il s'en présente, les points de passage, et on fait passer par tous ces points, une ligne, dite *ligne de passage,* qui représente l'intersection de la surface projetée avec celle du terrain naturel. Mais l'évaluation de toutes ces surfaces et de ces volumes exige des calculs nombreux qui prennent beaucoup de temps et demandent une attention soutenue; aussi n'est-il guère de sujet pour lequel on n'ait plus cherché les procédés d'abréviation, tels que l'emploi de l'arithmomètre, de la règle à calcul, de la roulette, du planimètre, même des pesées; on a préparé des tableaux graphiques pour différents types de profils; tous ces procédés sont également bons lorsqu'ils sont bien employés, et donnent une approximation suffisante, même en ne conservant que deux décimales pour les longueurs et les surfaces, et en exprimant toujours les cubes par des nombres entiers.

Le *mouvement des terres* a pour but de fixer les distances de transport des déblais et des remblais, distances qui servent à établir les dépenses de terrassements. Pour plus de simplicité, on suppose tous les transports faits à une distance moyenne générale, appropriée au procédé employé, brouette, tombereau, vagon, etc.; et on n'applique alors qu'un seul prix. En général, on divise les déblais et les remblais en masses équivalentes dont on cherche la distance moyenne, soit sur une épure, soit dans un tableau de calculs, soit par la combinaison de ces deux procédés. L'épure du mouvement des terres, indiquée par M. Lalanne, et le tableau rédigé à l'appui permettent de réunir sous une forme concise et d'une vérification facile tous les renseignements cherchés. Pour les transports en rampe, on les fait

rentrer dans les précédents en ajoutant à la distance réelle 10 fois la hauteur à laquelle il faut élever les terres, ce qui donne une distance horizontale fictive très suffisante.

Il s'écoule souvent un temps très long entre la préparation d'un projet de route, son adoption, la création des ressources nécessaires et, enfin, l'exécution des travaux; en tout cas, nous n'avons pas à nous occuper de ces derniers, qui sont décrits dans le *Dictionnaire*, soit à propos des termes qui les caractérisent; soit à propos des appareils employés, tels que chaussées, empierrement, pavages, perrés, ponceau, pont, rouleau compresseur, terrassement, etc. Ces travaux sont exécutés à l'entreprise, d'après le devis et le cahier des charges préparés par l'ingénieur qui reste chargé du contrôle et de la réception des ouvrages; ce n'est qu'exceptionnellement que l'on est obligé d'exécuter certains travaux en régie ou d'achever ceux qu'un entrepreneur aurait abandonnés.

L'entretien des routes est un travail, en apparence, des plus simples et que l'on n'est cependant parvenu à réaliser que depuis cinquante ans au plus, grâce à une étude attentive des travaux, à une bonne répartition des ressources, et surtout à une organisation spéciale qui permet de prévenir ou d'arrêter à leur début toutes les dégradations. C'est pour mieux assurer la continuité de la surveillance et la perfection du travail que l'entretien n'est plus confié à des entrepreneurs, mais à des cantonniers nommés officiellement et mis à la disposition des conducteurs et des ingénieurs des ponts et chaussées. Il faut en excepter les chaussées pavées dont l'entretien est quelquefois donné à l'entreprise, ce dont il est facile, du reste, de s'apercevoir. C'est aux ingénieurs qu'il appartient de fournir les chiffres nécessaires pour la fixation et la répartition des sommes demandées chaque année aux chambres et aux conseils généraux; ce sont eux qui doivent, ensuite, s'occuper de l'emploi judicieux, en matériaux et en main-d'œuvre, de ces crédits, qui atteignent 46 millions de francs pour 76,000 kilomètres de routes nationales et départementales, et auxquels il convient d'ajouter 115 millions pour l'entretien des 586,000 kilomètres de chemins vicinaux. — J. B.

ROUTOIR. T. techn. Lieu où l'on rouit le lin, le chanvre et autres plantes textiles similaires; on dit aussi *roussoir, roussière.* — V. ROUISSAGE.

ROUVERIN. T. de métall. Se dit d'un fer qui est cassant lorsqu'on le travaille à une température particulière indiquée par la couleur de ce fer, d'où vient l'appellation usitée de *fers de couleur.*

I. RUBAN. Tissu de peu de largeur en soie, laine, coton, velours, employé à divers usages et notamment comme accessoire de la toilette des femmes.

HISTORIQUE. La rubanerie française en soie pure ou mélangée, s'établit d'abord à Saint-Chamond, vers le xi° siècle; de la cité a rayonné jusqu'à Saint-Étienne, où elle brille aujourd'hui. Mais la fabrication ne prit une importance vraiment considérable que lors de l'importation de Suisse en France du métier à la barre, dit à *la zurichoise*, au XIII° siècle. Depuis longtemps, à Saint-Étienne, on était habitué à travailler le bois et le fer pour les fabriques d'armes et de quincaillerie, qui étaient nombreuses, aussi, lorsqu'il fallut se procurer sur place les nouveaux métiers, trouva-t-on sur les lieux une quantité d'ouvriers tout prêts à les fournir. Le tissage des rubans donna immédiatement des résultats fructueux et se décupla bientôt en attirant à lui le capital déjà amassé dans le pays par les autres industries. Ces commencements expliquent pourquoi à Saint-Etienne, comme nous le dirons tout à l'heure, le travail est divisé en petits ateliers de famille, au lieu d'être groupé en totalité dans les grandes usines ou entre les mains de maisons puissantes qui en auraient le monopole; si d'une manière générale cet état de choses se modifie avec le temps, il ne saurait jamais changer pour ce qui concerne le ruban haute nouveauté; qu'il est beaucoup plus fructueux de fabriquer à la main, car il exige non seulement l'application constante d'ouvriers habiles et ayant déjà le goût exercé, mais surtout de fréquents renouvellements de montage de métiers; montages qui sont souvent difficiles et sont d'ailleurs exécutés par les ouvriers eux-mêmes. Par ce régime, les ouvriers se trouvent ainsi intéressés au succès de la fabrique, ils perfectionnent sans cesse leur métier, et à ce propos il est remarquable de constater que, dans cette fabrication, il n'y a pas une seule découverte qui soit due à un ingénieur ou à un mécanicien de profession.

Statistique. Il est difficile d'évaluer d'une façon précise le nombre de métiers dépendant actuellement de la fabrique de Saint-Etienne; on peut dire cependant qu'il doit avoisiner 25,000. Chacun de ces métiers exigeant trois personnes pour sa manœuvre, soit un ouvrier principal et deux aides qui sont ordinairement des femmes, cela implique par conséquent 75,000 ouvriers et ouvrières.

Le tiers de ces métiers, 7 à 8,000, est disséminé chez les montagnards des départements de la Loire et de la Haute-Loire; ce sont de petits métiers tissant une seule pièce à la fois, et qui jouent un rôle très précieux dans l'industrie stéphanoise, car ils permettent la fabrication économique des rubans à grande largeur, les écharpes par exemple; un millier environ seulement sont montés pour le velours. Les deux autres tiers, 17,000 métiers, sont à Saint-Etienne même; ceux-là, au contraire, sont tous à plusieurs pièces, c'est-à-dire tissent parallèlement un certain nombre de rubans, depuis quatre jusqu'à trente-deux, et atteignent par suite plusieurs mètres de largeur; 8,000 de ces métiers fabriquent des rubans unis, 5,000 sont construits à la Jacquard pour les rubans brochés ou façonnés, 4,000 sont consacrés à la fabrication des rubans de velours.

Organisation économique. Des 17,000 métiers de Saint-Etienne, 1,500 seulement marchent à l'aide de moteurs mécaniques : plus des deux tiers sont mus par des moteurs hydrauliques, 400 tout au plus marchent à l'aide de la vapeur. Sur ces 1,500, les rubans de taffetas en occupent plus de 900, les rubans de velours 600. Les onze douzièmes des métiers marchent donc à la main.

Ces métiers disséminés, comme nous l'avons déjà dit, dans de petits ateliers qui, généralement, en contiennent trois: l'un d'eux est occupé par le chef d'atelier, qu'on appelle aussi ouvrier passementier en souvenir de la première industrie du pays, et qui est propriétaire des métiers; les deux autres sont manœuvrés soit par des membres de sa famille, soit par des jeunes gens qui ne possèdent pas encore de métiers. Le prix d'un métier varie entre 800 et 3,000 francs; ces jeunes gens économisent rapidement 200 francs dans les années ordinaires, ils versent alors cette somme en acompte pour se procurer un métier de 800 francs, et on leur fait crédit du reste; petit à petit ils arrivent chefs d'atelier, c'est-à-dire ouvriers passementiers à leur tour.

Ce sont les chefs d'atelier qui discutent le prix de façon, pour chaque travail avec les fabricants; en raison de la variété des genres qui chaque année changent avec la mode, il n'y a pas de tarif. Le chef d'atelier donne toujours à ses compagnons la moitié du prix qu'il reçoit lui-même, l'autre moitié lui reste pour le loyer des métiers et du local, certains faux frais et son bénéfice.

Production. On peut évaluer pour l'Europe entière la production de la rubanerie à environ trois cents millions de francs, en y comprenant non seulement les rubans de soie et de velours, mais aussi certaines passementeries et notamment le lacet, qui, depuis quelques années, joue un grand rôle dans l'ornementation des robes. Dans cet ensemble, un gros tiers appartient à la France; la Suisse et l'Allemagne ont chacune à peu près un quart; l'Autriche le quatorzième ou le quinzième, l'Angleterre presque la même quantité; l'Italie, l'Espagne, le Portugal, la Belgique, la Russie et la Turquie, se partagent le reste, à peine quelques millions, mais avec tendance à une augmentation notable. Quant à la France, l'industrie du ruban est restée longtemps centralisée chez elle, à Saint-Etienne, et à son annexe de Saint-Chamond.

Mentionnons encore que de nos jours, et notamment depuis dix ans, l'industrie rubanière française tend à se disperser un peu chez nous. Saint-Etienne, entre autres, a baissé sensiblement, tandis que Lyon a triplé sa production et Paris a presque doublé la sienne. Les fabricants de rubans à Paris, ne se trouvent que dans les 2e, 4e, 10e et 20e arrondissements. La morte saison est en janvier, février, juillet et août.

Fabrication. Si, à Saint-Etienne, le tissage se fait en grande partie chez l'ouvrier seul, ainsi que nous l'avons expliqué, les préparations qui le précèdent ainsi que celles qui le suivent se pratiquent dans l'établissement central des fabricants et sous les yeux de leurs directeurs. De ce nombre sont l'ourdissage, commun à tous les tissages, ainsi que le canetage. Les « billots » sous lesquels sont ourdis les organsins appartiennent au maître passementier qui doit faire le ruban; on lui livre aussi les canettes qui supportent les trames, le tout constituant ce qu'on appelle un chargement, c'est-à-dire tout ce qui est nécessaire pour l'exécution du nombre de pièces de ruban que commande le fabricant. Des registres très bien tenus et d'une comptabilité assez compliquée indiquent le poids et la nature de ces matières premières, ainsi que les conditions que le passementier doit remplir.

Le métier à ruban n'est autre que le métier dit à la barre, ou encore à la zurichoise, avec mécanique Jacquard pour les façonnés. La carcasse de ce métier se compose de fortes poutres à angle droit supportant une mécanique Jacquart qui doit conduire les lisses, ainsi que les leviers qui font monter plus ou moins le battant porteur des navettes et qui meuvent l'appareil formant chasse-navettes. A l'arrière du métier se dressent des chevilles horizontalement superposées, sur lesquelles sont placées les grosses bobines portant les chaînes; les fils de ces chaînes se dirigent verticalement en haut pour aller passer sur une série de poulies d'où ils redescendent verticalement, pour s'infléchir à angle droit sous des baguettes en verre, et se diriger horizontalement vers le devant du métier. Dans cette direction horizontale, ils traversent d'abord un peigne en bois nommé grand peigne, puis les maillons des lisses, et de là s'engrgent entre les fils d'acier du peigne porté par le battant, et, après avoir subi l'action de la navette et le choc du battant, ils vont s'infléchir à nouveau à angle droit pour descendre verticalement et s'enrouler sur une ensouple, le ruban une fois fait. Afin de maintenir ces fils à un degré de tension convenable, chaque fragment de chaîne passant sur les poulies supérieures est forcé de porter, au moyen d'une troisième poulie intermédiaire, un poids variable suivant sa résistance présumée; mais alors, pendant le cours du tissage, chaque fois que les poids des tendeurs de la chaîne, semblables à ceux d'une horloge, sont arrivés au sommet du métier, le maître passementier est forcé d'arrêter le travail, de retirer la bobine de la cheville qui la porte, et de livrer au poids une nouvelle longueur de fils de chaîne; cette combinaison si compliquée, remplacée dans les autres fabrications par une ensouple se déroulant pendant la fabrication, est nécessitée par la différence de grosseur que les diverses teintures donnent à la soie, ce qui oblige l'ouvrier à une surveillance constante de ses fils pour obtenir partout la même largeur dans son tissu. L'ensemble du métier reçoit le mouvement d'une longue barre horizontale à main placée en avant, et à laquelle le rubanier imprime le va-et-vient que des bielles extérieures transmettent par articulation à tout le reste de l'appareil. On fait sur ce métier de véritables chefs-d'œuvre, mais quoique le travail se répète toujours sur plusieurs pièces à la fois, le produit effectué semble bien lent aux personnes habituées à voir travailler les métiers mécaniques qui tissent le calicot, le drap lisse ou la toile de lin : soixante coups de barre à la minute sont un maximum que l'on atteint bien rarement en pleine activité de travail, et si l'on comprend le changement des navettes, le rattachage des fils de chaîne et les différentes manutentions accessoires, c'est à peine si le métier marche trois heures franches par jour, ce qui, bien évidemment, augmente de beaucoup le prix de façon. Des ateliers d'apprêt, communs à tous les fabricants de Saint-Etienne, se chargent de donner les dernières façons (cylindrages, amidonnages, gommages, moirages, etc.) aux variétés de rubans qui doivent les recevoir.

Les rubans de velours sont d'une fabrication toute autre. Ils sont à double pièce, c'est-à-dire qu'on en fabrique en même temps deux rubans semblables placés l'un au-dessus de l'autre : le tissu est formé d'ordinaire par une chaîne et une trame, mais un autre fil monte et descend perpendiculairement d'un ruban à l'autre pour former le poil qui les réunit, et un rasoir le coupe au fur et à mesure que le tissage avance. Sur le métier, qui fabrique en même temps un grand nombre de pièces doubles, tout aussi bien que les métiers à rubans de taffetas, on voit chacune des deux pièces se dérouler de leur côté en séparant leurs deux faces velues. Pour cette fabrication, la soie est en grande partie remplacée par e coton, le poil seul et les lisières sont en soie : on emploie presque toujours le fil retors n° 143 métrique. Les teinturiers de Saint-Etienne excellent à donner à ces matières le toucher moelleux et le brillant de la soie. — A. R.

II. RUBAN. 1° *T. de métall.* Les plats minces qui se font au laminoir portent le nom de *feuillards* d'une manière générale, et celui de *rubans*, dans les largeurs les plus étroites. Les rubans, comme les feuillards, sont passés aux *spatards* pour leur donner du poli. Ce sont deux cylindres, dont l'inférieur seul est animé d'un mouvement de rotation; le cylindre supérieur est entraîné par le frottement, ce qui chasse la couche d'oxyde de fer adhérant imparfaitement aux barres que l'on passe à ce laminoir. || 2° *T. d'arch.* Ornement de sculpture à l'imitation d'un ruban enroulé autour d'une baguette, et qui peut recevoir différents genres de décoration. || 3° Instrument d'arpenteur. — V. Chaîne d'arpenteur.

RUBANIER. *T. de mét.* Celui qui s'occupe de l'industrie de la *rubanerie*, qui vend ou fabrique des rubans.

— Les maîtres *tissutiers-rubaniers*, que l'on appelait *ouvriers de la petite navette*, formaient une corporation dont les statuts, donnés en 1403, sous Charles VI, furent confirmés sous Louis XII en 1514. Vers cette époque, ils commencèrent à joindre à leur fabrication primitive, celle des étoffes d'or, d'argent et de soie; mais ils n'obtinrent droit de facture de ces articles qu'en 1685, époque à laquelle de nouveaux règlements, confirmés sous Henri IV, leur donnèrent la qualité d'ouvriers de drap d'or, et d'argent, de soie, fleuret, filoselle, fil, laine et coton, tant de la grande que de la petite navette.

Peu d'années après, en 1603, Henri IV établit à la place Royale, à Paris, une manufacture de drap d'or, d'argent et de soie, dont les ouvriers formèrent une communauté spéciale. Mais, les statuts des tissutiers-rubaniers ayant été confirmés par Louis XIII, en 1611, il s'en suivit de nombreuses contestations jusqu'en 1644, où les deux corps rivaux se réunirent par une transaction que le Parlement confirma en 1648.

En 1754, il y avait à Paris, 754 maîtres-rubaniers divisés en plusieurs classes. Les uns ne fabriquaient que des galons d'or et d'argent ; les autres des rubans de soie, des galons de livrée, des garnitures de carrosse et des harnais de chevaux ; d'autres enfin des ouvrages de modes, comme agréments, parures et tout ce qui se faisait au petit métier. Au moment de la réorganisation des communautés, en 1776, les tissutiers-rubaniers furent réunis aux fabricants d'étoffes et de gazes, et formèrent avec eux le cinquième des six corps de marchands de la ville de Paris.

*RUBELLITE. *T. de minér.* Nom des variétés de tourmalines rouges manganésiennes, auxquelles M. Rammelsberg attribue la formule générale

$$12\,R\,O^3,\,Si\,O^3 + R^3\,O,\,B^3\,O^3 ;$$

leur cassure est inégale, elles sont transparentes, et à éclat vitreux ; $D = 3,1$; dureté 7 à 7,5 ; chauffées, elles sont infusibles, mais s'exfolient et deviennent blanches. On en trouve de fort belles à l'Ile d'Elbe et dans l'Oural. Elles servent en bijouterie.

*RUBIAN. — V. Garance.

*RUBIDIUM. *T. de chim.* Corps simple, métallique, ayant pour symbole Rb, pour équivalent et pour poids atomique 85,5 (Godefroy). Il a été découvert en 1860, par MM. Kirchhoff et Bunsen, dans l'eau minérale de Dürkheim, et dans les résidus de la lépidolithe de Saxe, traités pour l'extraction de la lithine.

C'est un métal alcalin, monoatomique, de coloration rougeâtre (de *rubidus*, rouge), d'une densité de 1,516; il est mou à — 10°, et fond à 38°,5. Il a beaucoup d'analogie avec le potassium, et ses sels sont d'ailleurs isomorphes avec ceux du dernier métal, mais il est plus électro-positif que le potassium. Il décompose l'eau à 0°, et enflamme également l'hydrogène en s'oxydant; il brûle à l'air, et au rouge émet des vapeurs bleues tirant sur le vert. Il est assez altérable pour avoir besoin d'être conservé dans des vases scellés remplis d'hydrogène, ou sous l'huile de naphte.

Etat naturel. Il se rencontre presque toujours uni au césium dans les minerais de lithine (lépidolithe, triphylline, orthoclase, carnallite), puis dans le mélaphyre, le basalte, la pétalite d'Uto, le mica de Zinnwald. Il existe encore dans les cendres de quelques végétaux (betterave, tabac, vigne, café, thé, etc.) avec le lithium, d'après Grandeau, et même dans celles du chêne, mais sans lithine (C. Than), ainsi que dans les eaux-mères du raffinage du salpêtre (Grandeau, Lefèbre).

EXTRACTION. On le retire d'ordinaire des résidus de l'extraction de la lithine des lépidolithes, lesquels contiennent des traces de chlorure de césium, et 20 0/0 de chlorure de rubidium. On dissout 1,000 grammes de résidu dans 2,500 grammes d'eau, et l'on précipite par l'addition de chlorure de platine, en quantité telle que ce sel renferme 30 grammes de platine. On reprend le précipité par l'eau bouillante, 1,500 grammes environ, de façon à épuiser le sel en 25 à 30 fois. Le précipité est ensuite séché, puis réduit par l'hydrogène au-dessous du rouge, l'on enlève le platine qui y est mélangé, au moyen de l'eau régale, et la liqueur de platine est réunie aux premières eaux-mères. Le chlorure de rubidium qui reste avec le platine, après décomposition du chloroplatinate, est repris par l'eau, de façon à faire une solution à 36 grammes 00/00; on y ajoute une quantité de chlorure de platine représentant 30 grammes de métal, et dissoute dans 1,000 grammes d'eau, après avoir porté les deux liqueurs à l'ébullition. En se refroidissant, le liquide laisse déposer vers 40° centigrades, un précipité grenu que l'on lave et réduit par l'hydrogène. Enfin, pour lui enlever toute trace de césium, on fait un chlorure que l'on transforme en carbonate et que l'on traite par l'alcool absolu lequel ne dissout que le carbonate de césium (Bunsen).

On peut encore le séparer par électrolyse d'un mélange de chlorure de rubidium et de calcium, mais il faut le recevoir dans le naphte, puisqu'il brûle à l'air et décompose l'eau; on peut aussi l'amalgamer en décomposant le sel au pôle négatif d'une pile, en y plaçant du mercure, puis fermant le courant par un fil de platine positif. Cet amalgame est blanc et cristallin. Bunsen a obtenu le rubidium comme le potassium, en se servant du nouveau four légèrement modifié, et calcinant 89g,55 de tartrate acide de rubidium, mélangé à 8g,16 de tartrate neutre de chaux et 1gr,99 de suie de térébenthine; Setteberg remplace ce mélange par

1,500 grammes de bitartrate acide de rubidium et 150 grammes de craie et sucre pulvérisés.

Caractères des sels de rubidium. Ils sont incolores, non vénéneux, isomorphes des sels de potassium et de césium, desquels on ne peut réellement les distinguer que par l'examen spectroscopique. Ils ne précipitent ni par les *sulfures*, ni par les *carbonates alcalins*; ils donnent un précipité cristallin avec l'*acide tartrique*; un précipité transparent avec l'*acide fluosilicique*; un précipité grenu, cristallin, avec l'*acide perchlorique*. Ils colorent la flamme du chalumeau en violet. Au spectroscope, les sels de rubidium (chlorure surtout) donnent deux raies rouges caractéristiques, étroites, situées dans le voisinage de la raie A, en K α, puis deux raies étroites dans l'orangé, deux dans le jaune vert, plus larges que les précédentes, ainsi que les deux qui existent également dans le vert, enfin deux raies étroites dans le violet, en β α. — J. C.

* RUBINE. T. *de chim.* Variété de fuchsine préparée avec l'azotate de mercure, et très employée pour la teinture de la soie et la coloration de quelques liqueurs de table, ainsi que par les confiseurs.

* RUBINIQUE (Acide). T. *de chim.* Acide qui se dépose lorsqu'on précipite par l'acide chlorhydrique une solution de catéchine dans le carbonate de soude. Cet acide, de coloration rouge, forme des sels de même teinte, qui brunissent lorsqu'on évapore leur solution à l'air; ils sont précipités par les sels métalliques. — V. CATÉCHINE.

I. RUBIS. T. *de minér.* Pierre précieuse dont on connaît plusieurs sortes de valeur bien différente.

Rubis oriental. Variété de corindon cristallisant en rhomboèdres de 86°4', et qui diffère du corindon ordinaire par sa coloration rouge pur. C'est une pierre des plus rares, qui, lorsqu'elle a une belle eau et est bien taillée, vaut beaucoup plus cher que le diamant; elle est transparente, d'éclat vitreux, sa dureté est de 9 et sa densité de 3,93 à 4,08. C'est de l'alumine native presque pure, renfermant 53,46 0/0 d'aluminium et 46,6 d'oxygène, elle est infusible et insoluble dans les acides. Comme valeur, le rubis parfait de 10 carats, peut aller jusqu'à 20 à 25,000 francs; mais il faut pour cela que sa couleur soit nettement accusée, que sa limpidité soit parfaite, son poli vif et velouté, et que de plus sa forme soit pure.

— Les anciens connaissaient cette gemme à laquelle ils avaient donné les noms d'*anthrax*, de *carbunculus*, que le moyen âge avait traduits par celui d'*escarboucle*, à cause de la vivacité de son éclat qu'ils comparaient à un charbon ardent.

Les rubis nous viennent de Ceylan, de l'Inde, de la Chine, de l'île de Bornéo, surtout de Pégu. Le plus gros rubis connu est celui dont parle Chardin, sur lequel était gravé le nom de Scheik-Sephy; un autre, cité par Tavernier, du poids de 175 carats, et également irrégulier, appartient encore au roi de Perse, comme le premier. Le roi de Visapour en possédait un, taillé en cabochon, qui avait été payé 74,550 francs, en 1653; Gustave-Adolphe fit présent, en 1777, à la czarine, d'un rubis de la grosseur d'un petit œuf de poule. La couronne d'Angleterre est surmontée par un très beau rubis; enfin, la France possède parmi ses joyaux nationaux un rubis qui a été taillé en dragon et a été placé dans l'ordre de la Toison d'or; il a les ailes déployées, tient le briquet entre ses griffes et vomit la flamme par la gueule.

Les anciens ont peu gravé sur rubis, à cause de sa dureté, de son prix élevé et de la difficulté de polir les cavités faites dans cette pierre.

Rubis spinelle. Il diffère essentiellement par sa nature du rubis précédent; comme espèce minéralogique, c'est un aluminate de magnésie; il cristallise en octaèdres ou en cubes, a une cassure inégale, un éclat vitreux, une couleur rouge-ponceau assez vive; sa dureté est de 7,5 à 8, et sa densité de 3,5 à 3,9. Il est attaquable par les acides, après fusion avec du bisulfate de potasse.

Le spinelle rouge de Ceylan a donné à Abich, la composition suivante: alumine 69,01, magnésie 26,21, protoxyde de fer 0,71 et silice 2,02. Il contient des traces d'oxyde de chrome qui lui donnent sa coloration.

— Sa valeur est bien moindre que celle du rubis oriental, quoique encore assez élevée. On connaît deux spécimens de gravure ancienne sur rubis spinelle : l'une figure dans le Muséum d'Odescalque, et représente Cérès debout tenant un épi; l'autre rubis taillé en cœur, et faisant partie de la collection du duc d'Orléans, montrait une tête d'homme barbu à cheveux crépés.

Rubis-balais. Il a absolument la même composition chimique que le précédent, mais commercialement parlant il s'en distingue par sa teinte rose violacée ou rose vinaigre, et son prix fort moindre. C'est en bijouterie celui qui se vend le plus communément, il sert aussi pour l'horlogerie.

A l'article PIERRES PRÉCIEUSES, § *Pierres artificielles*, il a été dit que l'on a pu, en 1877, réussir à préparer le corindon cristallisé et coloré. En agissant sur 25 à 30 kilogrammes d'un mélange d'aluminate de plomb et de silice, et y ajoutant 2 à 3 0/0 de bichromate de potasse, MM. Fremy et Feil ont réussi à obtenir des rubis roses, cristallisés dans le silicate de plomb formé. — J. C.

II. **RUBIS.** *T. de chim.* *Rubis d'antimoine.* Oxysulfure d'antimoine obtenu par grillage du sulfure d'antimoine, de coloration rouge brun, et encore usité dans la médecine vétérinaire. || *Rubis d'arsenic.* Syn.: *sulfure rouge d'arsenic.* — V. RÉALGAR.

RUBRIQUE. *T. techn.* Sorte de craie rouge à l'usage des charpentiers pour frotter la corde avec laquelle ils font des marques sur le bois à équarrir.

* **RUDE** (FRANÇOIS). Sculpteur, né à Dijon en 1784, mort à Paris en 1855, était fils d'un forgeron, et dut embrasser la carrière paternelle. Cependant, à seize ans, il demanda à son père de suivre des cours de dessin, et il entra à l'école des Beaux-Arts, dirigée par Devosges, artiste de valeur qui a fait de bons élèves. Devosges s'intéressa au jeune ouvrier, qui ne pouvait étudier que le soir; il l'encouragea, lui fit donner plusieurs commandes, le retira de la forge et l'envoya à Paris avec des lettres de

recommandation pour Denon. Rude avait déjà un réel talent, et sur la présentation d'une statuette : *Thésée ramassant un palet*, le tout puissant ministre des Beaux-Arts lui commanda un bas-relief pour le piédestal de la colonne Vendôme. Le jeune homme entra en même temps dans l'atelier de Cartelier, et deux ans après il remportait le prix de Rome. C'était en 1812. Denon lui conseilla de travailler encore un peu et d'amasser quelque argent pour visiter longuement l'Italie; mais 1814 survint, Rude, mêlé à des intrigues bonapartistes, perdit ses droits à la pension, et fut même obligé de se réfugier en Belgique.

C'était pour le jeune homme la pauvreté et l'oubli. Heureusement l'exil le rapprocha du peintre David, réfugié lui-même à Bruxelles, et qui avait conservé encore de brillantes relations. Par son entremise, Rude obtint quelques commandes de l'architecte Vanderstrœten, qui lui confia l'exécution de deux cariatides pour la loge royale du grand théâtre, et de deux autres pour une salle de bal; enfin le même architecte ayant à construire le palais de Tervueren, offert par la nation au prince d'Orange, il donna à Rude tous les travaux de sculpture. Dès lors, le jeune artiste put travailler à l'aise, et la réputation lui vint en même temps que le bien-être. Une vingtaine d'élèves furent installés dans une ancienne chapelle du couvent, et là Rude commença cet enseignement fondé sur l'observation de la nature, qu'il allait reprendre plus tard à Paris, et qui devait être une des gloires de sa carrière artistique. Un peu après, Rude fut logé au palais du roi. Il exécuta en Belgique plusieurs travaux fort importants: les bas-reliefs de la rotonde de Tervueren, représentant la *Vie d'Achille* et *La chasse de Méléagre* pour le portique du palais, la plupart des bustes et attributs au Palais-Royal, le fronton de l'Hôtel des Monnaies et plusieurs figures pour le palais des Etats généraux.

Depuis longtemps Rude pouvait rentrer en France, mais il était retenu par tous ses travaux. En 1827 cependant, il consentit à se laisser ramener par son ami Roman, le sculpteur. A son arrivée il trouva la commande d'une *Vierge* pour l'église Saint-Gervais, qui lui avait été ménagée par son maître Cartelier. Il l'exposa en 1828 avec le modèle de *Mercure rattachant ses talonnières*, qui, exécuté plus tard en bronze, a été placé au Louvre. En 1833, il donna le *Pêcheur napolitain jouant avec une tortue*, qui fut considéré comme un chef-d'œuvre, et qui réunissait dans les deux écoles des romantiques et des classiques, alors au plus fort de leur querelle, ce qu'elles avaient de sensé et de vrai, en réduisant à leur juste valeur les exagérations et les partis pris. Ce beau morceau, aujourd'hui au Louvre, lui valut la croix de chevalier de la Légion d'honneur.

A ce moment M. Thiers, alors ministre, résolut de confier à Rude tous les grands groupes de sculpture de l'Arc-de-Triomphe de l'Etoile. Rude, après avoir soumis au ministre un grand nombre d'esquisses et de modèles, ne resta chargé que de deux trophées des pieds-droits, et plus tard il en céda encore un autre, si bien qu'il ne termina en somme que son célèbre groupe du *Départ des volontaires de* 1792, qui se signale par des qualités de vigueur et de mouvement toutes nouvelles chez un artiste connu jusque là par des œuvres gracieuses. Le *Départ* fut découvert en 1836. Rude avait déjà exécuté une partie de la frise du même monument : *L'armée française revenant d'Egypte,* et vers la même époque il terminait pour la façade de la Chambre des députés un beau bas-relief : *Prométhée animant les arts.*

En 1842, il acheva, pour le duc de Luynes, une statue de *Louis XIII,* fondue en argent, qui orne maintenant le château de Dampierre, et le groupe en marbre du *Baptême de Jésus-Christ* pour l'église de la Madeleine. On lui doit encore : *Jeanne-d'Arc,* au jardin du Luxembourg; un calvaire pour l'église Saint-Vincent de Paul ; *Hébé et l'aigle de Jupiter* et l'*Amour dominateur du monde* ; les statues du *général Bertrand* et du *maréchal Ney,* celle-ci d'ailleurs jugée assez défavorablement et l'objet de vives critiques ; les bustes de *La Pérouse* pour le Musée de la marine, de *Devosges,* son ami, pour le Musée de Dijon, de *David* pour le musée du Louvre. On voit que cet artiste fut fécond en même temps que consciencieux, car tous ces ouvrages sont célèbres, et le moindre suffirait pour assurer sa réputation.

Un des moins connus, et des plus dignes de l'être, est certainement son monument élevé à la mémoire de *Napoléon Ier,* à Fixin (Côte-d'Or) par les soins pieux d'un ancien grenadier de l'île d'Elbe, nommé Noisot. L'Empereur, à demi-couché sur le rocher de Sainte-Hélène, et roulé dans le manteau qu'il portait à Marengo, semble se dresser vers l'immortalité qui l'attend ; l'idée est belle, et fort bien rendue. Rude était d'ailleurs républicain sincère et militant, et c'est en cette qualité qu'il fut désigné pour l'exécution du tombeau de Godefroy Cavaignac, au cimetière Montmartre, qui restera comme une des expressions les plus belles, dans sa simplicité, de la statuaire appliquée aux monuments funèbres.

RUDENTURE. *T. d'arch.* Sorte de baguette unie ou sculptée, qui remplit souvent, jusqu'au tiers de la hauteur du fût, les cannelures d'une colonne. Celle-ci prend de là le nom de *colonne rudentée.*

*RUELLE (Fonderie de canons de).** C'est le seul établissement de ce genre que possède actuellement la marine; non seulement on y coule des bouches à feu en fonte et en bronze, mais encore on y usine les canons en fonte tubée et frettée, ainsi que les pièces en acier des derniers modèles et des plus gros calibres.

— C'est de 1750 à 1752 que le marquis de Montalembert créa à Ruelle, sur les bords de la Touvre, une fonderie de canons en fonte de fer, à proximité de forêts telles que la Braconne, offrant en abondance le charbon de bois destiné à servir de combustible, et des minerais qui jouissaient, à cette époque, d'une grande réputation. En 1757, le gouvernement en prit possession d'autorité, et depuis lors, la fonderie de Ruelle n'a plus cessé de relever du ministère de la marine. Confiée d'abord à un entrepreneur, sous la surveillance des officiers de l'artil-

lerie de marine, elle fut mise directement en régie, à partir de 1803, sous la direction de ces officiers.

Jusqu'en 1840, on n'a coulé à Ruelle que des pièces en fonte; à cette époque, on y transporta les ateliers pour la fabrication des bouches à feu en bronze destinées à la marine, installés jusque là dans les arsenaux des ports de Rochefort et de Toulon.

Il y a vingt ans, à peine, la marine possédait encore deux autres fonderies : celles de Saint-Gervais et de Nevers, aujourd'hui disparues.

La fonderie de Ruelle est située sur la grande route d'Angoulême à Limoges, à cinq ou six kilomètres seulement d'Angoulême ; obligée de se maintenir au niveau des perfectionnements accomplis par l'industrie d'une part et par l'artillerie d'autre part, elle a pris, depuis quelques années surtout, une grande extension.

Les moteurs employés à Ruelle sont exclusivement hydrauliques, toute la force motrice est fournie par la Touvre, dont les eaux ne tarissent, ne débordent et ne gèlent jamais.

Il n'y a pas longtemps, la fonderie de Ruelle possédait encore des hauts-fourneaux pour la fonte en première fusion; actuellement, on n'y utilise plus que des fontes de deuxième fusion provenant presque exclusivement des hauts-fourneaux de La Chapelle (Charente) et de Labouheyer (Landes). L'atelier de fonderie en deuxième fusion comprend dix fours à réverbère adossés extérieurement à l'un des côtés du bâtiment qui est arrondi en demi-circonférence ; les cheminées de ces fours sont accolées deux par deux. Les trous de coulée débouchent dans l'intérieur de l'atelier ; en avant de ces trous se trouve disposée la fosse à écouler, grande fosse étanche et maçonnée ; des plates-formes disposées à différentes hauteurs, permettent d'installer les moules de manière que leur partie supérieure arrive toujours au niveau du sol, quel que soit le calibre de la pièce. La fosse est desservie par une grue de 40 tonnes ; de l'autre côté de l'atelier se trouvent deux couples de fosses à mouler desservies également par des grues. Une petite voie ferrée fait communiquer l'atelier avec deux étuves fermées par une porte en tôle mobile entre deux glissières. A proximité se trouve la sablière où l'on prépare les mélanges de sable pour la confection des moules. Avec les dix fours à réverbère réunis, on peut fondre à la fois jusqu'à 38 tonnes.

Les ateliers où se finissent et s'ajustent les différentes parties d'une bouche à feu sont les ateliers de forerie et d'ajustage ; la pièce en sort prête à être mise en service. Ces ateliers sont installés dans des halles rectangulaires bien éclairées ; les bancs de forage, tours et autres machines sont placés parallèlement au petit côté et disposés, autant que possible, suivant l'ordre des opérations, de manière à éviter le transport des bouches à feu d'un bout de l'atelier à l'autre. Une voie de fer aérienne règne dans toute la longueur des ateliers au-dessus des diverses machines ; sur cette voie se meut un chariot-treuil de 40 tonnes qui sert aux transports.

La direction de l'établissement est confiée à un officier supérieur d'artillerie de marine, qui a, pour l'aider dans la surveillance des ateliers, d'autres officiers également d'artillerie de marine, ainsi que des gardes et ouvriers d'état; les ouvriers sont pris pour la plupart dans la population civile.

FABRICATION DES BOUCHES A FEU DE LA MARINE. Toutes les bouches à feu en fonte ou corps de canon, pour pièces tubées et frettées, sont coulées à la fonderie même avec des fontes de deuxième fusion comme nous venons de le dire. Parmi ces fontes on distingue deux espèces principales: celles dites *du Bandiat*, du type de celles que fabriquaient autrefois les hauts-fourneaux de la fonderie de Ruelle et provenant des minerais du Périgord et de la vallée du Bandiat, traités au charbon de bois de chêne; celles dites *des Landes* provenant des minerais de Bilbao (Espagne) traités au charbon de bois de pin. Les fontes de première fusion nécessaires à la fabrication étaient reçues autrefois à la suite d'épreuves de tir; on en fabriquait des canons d'ancien modèle qu'on soumettait à des tirs à outrance. En 1876, on a reconnu que les épreuves de tir étaient impuissantes à donner une idée exacte de la façon dont les fontes se comportaient dans les bouches à feu des différents calibres, et depuis lors on a recours aux essais mécaniques comme pour les aciers. Les alliages de fonte employés pour chaque coulée sont fixés avec le plus grand soin et soumis à de nombreuses épreuves; si, dans les proportions des fontes de diverses nuances ne sont pas les mêmes pour les différents calibres, la fonte doit être d'autant plus avancée que la masse à couler est plus considérable, autrement dit, que le calibre est plus grand.

Le moule est formé de sable tassé entre un châssis métallique et un modèle en fonte; tous les canons sont coulés maintenant la culasse en haut et à la remonte, il y a deux siphons dont l'un débouche au bas et l'autre à mi-hauteur environ. Au centre du moule est disposé un noyau en terre moulé sur un arbre plein en fer forgé, dispositif qui a l'avantage de donner plus de dureté à la fonte près des parois de l'âme; autrefois, tous les canons en fonte étaient coulés pleins. Le moule et son noyau, une fois terminés, sont séchés à l'étuve, puis disposés dans la fosse, opération que l'on appelle le *remmoulage*. Une fois la coulée faite, le moule n'est enlevé de la fosse qu'après qu'il s'est refroidi; afin de pouvoir retirer l'arbre à noyau plus facilement on l'enlève avant que le canon soit complètement froid; on sort ensuite la pièce du moule.

De même que l'artillerie de terre, l'artillerie de marine est forcée de demander à l'industrie les frettes, tubes et corps de canon en acier dont elle a besoin; les conditions imposées par les cahiers des charges et les épreuves de réception sont seulement un peu différentes. Comme pour l'artillerie de terre, ces différentes pièces sont livrées, forées et trempées (V. BOURGES). A leur arrivée à la fonderie, on enlève des rondelles dans lesquelles on découpe des barreaux dont les uns sont soumis aux essais à la traction et les autres à des essais au choc. Pour les essais à la traction, la fonderie de Ruelle em-

ploie une machine due à MM. Tangye frères, constructeurs à Birmingham. L'épreuve au choc consiste à faire tomber de hauteurs régulièrement croissantes, un boulet sphérique en fonte de 18 kilogrammes sur le milieu d'un barreau reposant par ses extrémités sur les arêtes de deux couteaux. Les résultats minima que doivent donner ces essais sont, pour chaque fourniture, fixés par le marché; ces conditions varient dans une certaine mesure avec le calibre. L'admission des tubes et corps de canon n'est du reste jamais que conditionnelle; si, dans la suite du travail, on découvre un défaut quelconque de fabrication susceptible de compromettre leur solidité, ils peuvent être rebutés. Les fontes sont non seulement essayées à la traction et au choc, mais encore à la flexion, on se sert pour cela d'appareils spéciaux tels que le flectomètre ou la balance Jœssel.

La fabrication des frettes et leur mise en place ont été traitées au mot FRETTAGE. A sa sortie des ateliers de la fonderie, la première opération que l'on fait subir à un corps de canon en fonte c'est le *décapitage*, qui consiste à couper la masselotte par tranche, le canon tournant en face d'un couteau qui est fixe; vient ensuite [le *débourrage*, qui consiste à passer dans l'âme un foret pour le débarrasser de la première couche de fonte plus ou moins adhérente au sable du noyau. On procède après à l'*alésage* pendant lequel on ébauche à l'extérieur le *tournage* du renfort; on prépare en même temps, s'il y a lieu, le logement du tube que l'on filete ensuite. Le tube en acier est de son côté tourné à la demande du canon auquel il est destiné, puis mis en place. — V. TUBAGE.

La bouche à feu, une fois tubée et frettée, est réalésée intérieurement et tournée extérieurement; après, on procède à l'alésage des chambres et au dressage de la tranche de culasse, au filetage du logement de culasse, au sectionnement des filets, etc.

La pièce est ensuite placée sur le banc de rayage (V. RAYAGE); on termine enfin par la pose du grain de lumière, s'il y a lieu, le montage de la culasse et l'ajustage de l'obturateur et de la couronne d'appui.

Chaque bouche à feu, une fois terminée, est soumise à une première visite qui a pour but de s'assurer que les dimensions sont bien conformes au tracé réglementaire; on lui fait ensuite subir un tir d'épreuve après lequel on repasse une nouvelle visite, afin de constater si le tir n'a pas dérangé l'ajustage ou amené quelque accident.

* **RUELLÉE** ou **RUILÉE**. *T. de constr.* Bordure de plâtre ou de mortier que le couvreur met sur une rangée de tuiles ou d'ardoises pour les raccorder avec les murs ou avec les jouées de lucarnes.

* **RUFICOCCINE**. *T. de chim.* Matière colorante rouge dérivant du carmin et ayant pour formule $C^{32}H^{10}O^{12}...C^{16}H^{10}O^6$. Elle est insoluble dans l'eau froide et légèrement soluble à chaud, peu soluble dans l'éther et donnant à ce dernier une fluorescence vert jaunâtre; plus soluble dans l'alcool; soluble dans les alcalis, d'où les acides la précipitent en flocons jaunes ; soluble dans l'acide sulfurique avec coloration violette. Par la chaleur, ce corps répand des vapeurs rouges qui se subliment en partie, mais en vase scellé et à 200°, on obtient de longues aiguilles rouges par refroidissement, et à 245°, des aiguilles jaunes orangé bien plus grosses. Avec la poudre de zinc, la ruficoccine se dédouble en donnant un carbure $C^{32}H^{12}...C^{16}H^{12}$, analogue à l'anthracène et se transformant en quinone.

D'après Liebermann et Van Dorp, comme il faut traiter le carmin par l'acide sulfurique pour obtenir la ruficoccine, dans ce cas, l'acide agit comme oxydant, il se forme de l'acide oxycréosotique, dont deux molécules en se soudant, avec perte d'eau, engendrent un composé qui ne diffère de la ruficoccine que par deux H en plus :

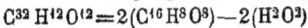

$$C^{32}H^{12}O^{12} = 2(C^{16}H^8O^3) - 2(H^2O^2)$$

ou

$$C^{16}H^{12}O^6 = 2(C^8H^8O^4) - 2(H^2O).$$

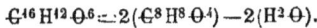

Pour obtenir la ruficoccine, on dissout à froid du carmin dans l'acide sulfurique, puis on porte la solution, pendant deux à trois heures, à 130-140°. Par dilution, il se fait un précipité, on le lave, sèche et épuise plusieurs fois par l'alcool bouillant. Cette solution de couleur brune et à fluorescence jaune, laisse après évaporation, de la ruficoccine brute qu'on purifie par lavage à l'eau et cristallisation dans l'alcool. Le carmin en donne environ 10 0/0 de son poids. — J. C.

* **RUGGIERI.** Les Ruggieri sont originaires de Florence, patrie des grands artificiers du XVIe siècle. En 1739, les cinq frères Ruggieri vinrent s'établir en France. L'aîné s'appelait *Pietro-Antonio-Marie* ; le second *François* ; le troisième *Antoine* ; le quatrième *Pétronio-Sauveur-Balthasar*, le seul qui ait eu des enfants, deux fils et quatre filles ; et, enfin, le cinquième se nommait *Gaëtan*.

En 1785, Petronio Ruggieri restait seul en France, trois de ses frères étaient morts, le plus jeune, Gaëtan Ruggieri, avait passé en Angleterre et était devenu artificier du roi Georges II et de l'arsenal de Woolwich.

Petronio Ruggieri a exécuté seul un grand nombre de feux d'artifice très remarqués ; il était artificier du roi et de Monsieur, frère du roi. C'est lui qui, le 31 mai 1770, exécuta sur la place Louis XV, le feu d'artifice donné par la ville de Paris en l'honneur du mariage du Dauphin et de Marie-Antoinette. Il mourut le 10 février 1794, laissant deux fils, *Michel* et *Claude*.

Michel Ruggieri, qui fut successivement artificier de Napoléon Ier et de Louis XVIII, est mort en 1849 ; son fils, *François* Ruggieri, né en 1796, élève de Saint-Cyr, fut un officier distingué. Lorsqu'il quitta le service, il s'occupa de pyrotechnie, devint artificier du vice-roi d'Egypte, en 1856 et mourut à Paris, en 1862. Son petit-fils est actuellement un des chefs de la maison Ruggieri.

Claude Ruggieri, second fils de Petronio, fut, avec son frère Michel, artificier de Napoléon, de Louis XVIII, de Louis-Philippe. Il a laissé un *Traité sur les éléments des feux d'artifice* (éditions de 1802 et 1821) et un *Précis historique des fêtes et*

réjouissances publiques (1830) ; il est mort en 1841, laissant un fils, *Désiré-Eugène-François* Ruggieri, né le 29 décembre 1817.

Désiré Ruggieri a porté très haut le nom de sa famille. Il exécuta, de 1841 à 1852, tous les feux d'artifice tirés sur la Place du Trône lors de la fête de Louis-Philippe, mais c'est de l'Empire que date sa réputation. Le 15 août 1852, l'empereur lui confia l'exécution du feu d'artifice dont le principal sujet représentait Napoléon Ier au passage du Mont Saint-Bernard ; la réussite et le succès de ce feu établirent sa réputation. Dès ce moment, Désiré Ruggieri fut reconnu pour le maître des artificiers ; il a exécuté tous les feux d'artifice officiels qui ont été tirés, de 1852 à 1870, à l'occasion de la fête de l'empereur ; celui qui fut tiré à l'occasion du baptême du prince impérial et dont la pièce décorative représentait un grand baptistère d'un très beau dessin ; celui qui fut donné, en 1855, à Versailles, lors du voyage de S. M. la reine d'Angleterre ; et celui de 1864, en l'honneur du roi d'Espagne, etc. Ses feux les plus brillants depuis 1870, sont ceux qu'il composa en l'honneur du Shah de Perse en 1873, lors de l'Exposition universelle de 1878 et aux fêtes nationales du 14 juillet.

Désiré Ruggieri a été aussi un bibliophile distingué ; sa bibliothèque se composait surtout de tous les ouvrages connus sur la pyrotechnie et des documents les plus intéressants sur toutes les fêtes données en l'honneur des souverains, soit en France, soit en Allemagne, dans les Flandres ou en Italie. Il est mort le 26 mars 1885.

* **RUHMKORF** (HENRY-DANIEL). Célèbre constructeur d'instruments de physique, inventeur de la grande bobine d'induction qui porte son nom. Né en Allemagne, vers 1805, il mourut à Paris, le 19 décembre 1877, naturalisé Français. Il vint à Paris où il travailla comme ouvrier chez les meilleurs constructeurs d'instruments de précision, notamment chez Charles Chevalier. Avec de grandes dispositions pour la mécanique, il devint bientôt un très habile ajusteur ; il travailla d'abord en chambre, puis fonda un établissement important qui fournissait au monde entier des machines électro-magnétiques. A l'Exposition universelle de 1855, il obtint une médaille de première classe et la croix de la Légion d'honneur pour sa bobine d'induction. En 1858, au concours du grand prix de 50,000 francs pour les applications pratiques de l'électricité, il reçut une médaille ; le prix ne fut pas décerné. En 1864, il obtint ce prix, digne récompense des services qu'il avait rendus aux sciences et à l'industrie. M. Dumas, dans son rapport sur ce prix, déclara que « l'appareil de Ruhmkorff réunit des conditions rares qui en font un instrument fécond en découvertes de tout genre, ouvrant à l'industrie une voie nouvelle et inattendue, et marquant déjà par d'incontestables services, sa place dans les travaux journaliers de l'industrie ou de l'art militaire ». Il ajoute, en parlant de Ruhmkorff, « son éducation s'est faite peu à peu, par l'étude de quelques livres sans cesse médités, par les leçons de quelques professeurs entendues comme à la dérobée, aux heures bien rares du loisir. Modeste dans sa vie, d'une persévérance que rien ne distrait, d'une abnégation qui lui a mérité les plus illustres témoignages d'estime, Ruhmkorff restera comme un type digne de servir de modèle à ces nombreux et intelligents ouvriers qui peuplent les ateliers de précision de la capitale ». — C. D.

*RUINURE. *T. de charp.* Entaille faite avec le ciseau ou la cognée sur les côtés des solives et des poteaux, pour donner prise à la maçonnerie.

*RUOLZ (François-Albert-Henri-Ferdinand, Comte de). Chimiste, l'un des inventeurs de la dorure et de l'argenture [électro-chimique, né en 1810. Entré à l'Ecole polytechnique en 1827, il sortit dans le corps du génie et fut nommé, en 1835, capitaine de cette arme. En 1848, il donna sa démission pour se livrer à l'étude des sciences et particulièrement aux expériences de chimie. (V. Argenture). Le nom de Ruolz reste attaché à ses procédés et même aux produits manufacturés si variés et si répandus que l'on fabrique actuellement pour les usages domestiques et pour la bijouterie ou l'orfèvrerie. Les travaux de Ruolz, par leur nouveauté et leur originalité lui ont mérité une place honorable parmi les créateurs de l'électro-chimie. Le comte de Ruolz a été nommé chevalier de la Légion d'honneur, en 1836, et promu officier en 1857. — C. D.

RUPTURE. La rupture d'une pièce solide peut se produire sous l'influence d'une extension, d'une compression, d'une torsion ou d'une flexion. Dans tous les cas, la rupture est précédée d'une déformation souvent considérable, dont l'étendue varie avec la substance du solide, et dont la nature dépend du genre d'effort qui a déterminé la rupture. La charge qui produit la rupture est toujours supérieure à celle qui suffit à produire une déformation permanente ; néanmoins, si l'on maintenait un solide sous l'action d'une charge supérieure à celle qui correspond à la limite d'élasticité, la déformation permanente irait en augmentant, et le solide finirait par se rompre.

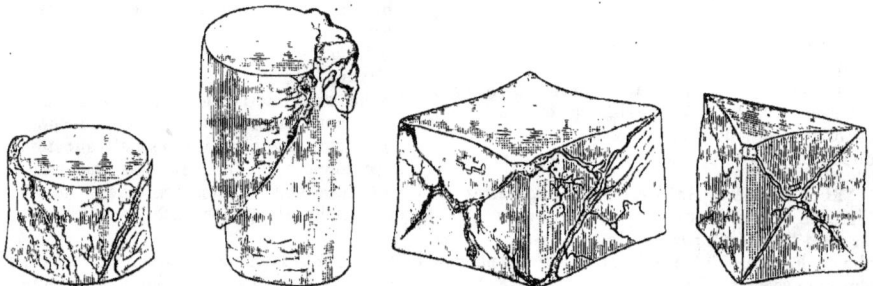

Fig. 532 à 535.

Aussi, dans la pratique, ne doit-on jamais dépasser la limite d'élasticité (V. Elasticité, Résistance des matériaux). La rupture doit toujours se produire dans la section du solide où l'effort moyen par unité de surface est le plus considérable. Si l'on connaît la forme du solide et les forces qui agissent sur lui, on peut, d'après les principes de la résistance des matériaux, déterminer cette section qui a reçu le nom de *section dangereuse* ou *section de moindre résistance* ; on dit aussi que c'est la section qui *travaille le plus*. On peut également, connaissant les forces qui agissent sur une pièce solide, donner à cette pièce une forme telle que toutes les sections subissent le même effort par unité de surface ; on obtient ainsi ce qu'on appelle un solide d'*égale résistance*. Il est bien évident que dans un pareil solide il n'y a pas de raison pour que la rupture se produise à un endroit plutôt qu'à un autre ; mais comme, en pratique, les matériaux employés ne présentent pas une parfaite homogénéité, il y a toujours une région de moindre résistance, et c'est là que se produira la rupture. Pour des raisons analogues, la rupture d'une pièce quelconque peut avoir lieu suivant une autre section que celle qui a été déterminée par le calcul. Comme on ne peut connaître, à *priori*, les irrégularités de matière qui diminuent ainsi le coefficient de résistance, il n'y a pas d'autre moyen d'établir les calculs des dimensions à donner aux pièces de constructions, que de déterminer ces dimensions de manière que l'effort moyen dans la section dangereuse soit inférieur à celui qui correspond à la limite d'élasticité. Mais, en prévision des défauts d'homogénéité, il convient de s'arranger pour que cette limite d'élasticité reste loin d'être atteinte ; la charge pratique ne doit jamais dépasser la moitié ou même le tiers de celle qui correspond à la limite d'élasticité. — V. Résistance des matériaux.

Nous ne dirons rien de la rupture par torsion ou par flexion, la question étant trop délicate pour être traitée sommairement. Les développements donnés à propos de la résistance des matériaux suffisent du reste pour faire comprendre comment on peut se mettre à l'abri d'accidents de ce genre. La rupture par extension a été étudiée par plusieurs expérimentateurs. Dès que la limite d'élasticité est dépassée en l'une des sections d'une tige métallique soumise à l'extension, il se produit une déformation permanente dans le voisinage de cette section. Comme cette déformation consiste dans un allongement des fibres longitudinales et dans une *diminution de la sec-*

tion, la résistance de celle-ci se trouve diminuée, de sorte que la déformation ne peut qu'augmenter. Lorsque la rupture se produit, les parties voisines de la section de séparation ont un diamètre notablement moindre que le reste de la tige; sur une certaine longueur la tige est étirée et rétrécie, comme si on l'avait passée à la filière, et suivant la nature du métal, cette diminution de section peut aller jusqu'à la moitié et même plus, de la section primitive.

Dans le cas de la compression, la rupture d'une masse métallique est beaucoup plus difficile à produire : sous des pressions considérables, le métal s'écoule comme une matière pâteuse suivant les directions où la pression est la moindre. Ce phénomène a été étudié avec soin par Tresca, qui a institué à ce sujet de très belles expériences dont on trouvera le résumé dans son *Cours de mécanique*. Lorsque la rupture se produit, c'est que la cohésion se trouve vaincue suivant certaines surfaces intérieures, le long desquelles glissent les différents fragments du solide. Les figures 532 à 535, empruntées au *Traité de mécanique générale de M. Résal*, montrent les résultats d'une série d'expériences entreprises à ce sujet par MM. Hodgkinson et Fairbairn; elles représentent, après la rupture, des prismes de fonte qui avaient été placés sur un plan horizontal et soumis à leur face supérieure à une pression suffisante. Les surfaces de rupture sont des plans dont l'inclinaison varie de 48 à 58°. La théorie faisait prévoir un angle de 45°; mais il faut remarquer que la fonte n'étant pas un corps essentiellement homogène, il se peut que la résistance au glissement soit supérieure à la résistance à l'écrasement et que dès lors, l'écrasement ayant précédé le glissement, la constitution de la matière se soit trouvée modifiée.

Les matériaux de maçonnerie étant loin d'être homogènes, leur rupture se produit d'une manière irrégulière qui se prête difficilement à une étude minutieuse. — M. F.

*RUSSE (Art). Placés entre l'Europe et l'Asie, éloignés et séparés par d'égales difficultés des centres artistiques de leur époque, les Russes, au moyen âge, pouvaient, en l'absence de tout art national, s'adresser soit à la civilisation romane, soit aux Byzantins, soit à l'Orient; ils n'hésitèrent pas; des affinités de race, des relations commerciales plus vite établies, et le goût de tous les peuples enfants pour la décoration voyante et compliquée les portèrent vers Byzance et l'Orient; vers Byzance pour l'architecture, la construction; vers l'Orient, dont l'art byzantin dérivait, d'ailleurs, pour l'ornementation. Joignez à ces emprunts quelques traditions locales, naïves et timides, mais dont on a tiré parti, des éléments finnois et scandinaves, en petit nombre, et vous aurez les origines de l'art russe qui n'a terminé l'amalgamation et l'assimilation de tant de principes différents que vers le xv° siècle. Au xiii° et au xiv°, sous la domination tartare, on distingue nettement l'influence hindoue, riche en ornements et en moulures. Antérieurement, la direction est byzantine et syriaque. L'église de l'Intercession de la Vierge, bâtie en 1165 par André Bogolobsky dans le gouvernement de Vladimir, et la cathédrale de Saint-Dimitri, à Vladimir, construite en 1194, en font foi. Elles dénotent un art avancé et le cèdent peu à ce qui se faisait à cette même époque dans le reste de l'Europe, aussi

les architectes russes étaient-ils célèbres dans toute l'Asie, sans doute aussi à cause de la proximité. On y trouve d'ailleurs des artistes français.

Donc le byzantin est l'origine du russe. Dès le début, cependant, des différences profondes s'établissent, qui ne permettront pas longtemps une imitation étroite. Le byzantin est iconoclaste, le russe, au contraire, a le culte de l'image ; circonstance plus grave encore, car elle atteint la construction même, le byzantin, habitant un pays accidenté, affectionne les édifices massifs et bas, le russe veut dans ses grandes plaines des formes élancées, des silhouettes découpées sur le ciel. Il faut que l'église ou le palais se voient de loin et rompent joyeusement la monotonie de ce pays plat. Mais l'architecte du Nord a pris à celui de l'Asie mineure la coupole sur pendentifs, et cet emprunt les lie l'un à l'autre d'une façon indissoluble.

Malheureusement le climat extrêmement rude et à transitions brusques n'a pas permis l'emploi d'autres matériaux que la pierre de taille dure, qui est très rare, le granit qu'on ne peut faire venir de loin, et la brique; celle-ci est donc très usitée, et les décorateurs en ont tiré un heureux parti à l'extérieur pour une éclatante polychromie composée de briques, émaux et dorures ou peintures. A l'intérieur, l'œil est ébloui également par les peintures, les iconostases dorés, les coupoles élevées et étroites qui semblent élever la pensée vers un ciel mystérieux. Les tons dominants sont le blanc, le rouge et le vert associés avec assez de goût, car le sentiment de l'harmonie des couleurs est un don que les Russes possèdent inné, comme tous les peuples d'origine orientale.

Aux xv° et xvi° siècles les églises russes ont plusieurs coupoles établies autour d'un clocher central. Elevées en forme de tour, elles sont surmontées d'un couronnement bulbeux bien particulier, et sur l'origine duquel on se perd en conjectures. Peut-être y verrait-on avec assez de raisons une influence éloignée des coupoles persanes avec les modifications que réclamait un climat où la neige est la grande préoccupation des constructeurs. Quoi qu'il en soit, c'est au premier abord ce qui caractérise le plus étrangement l'architecture russe.

Novgorod avait été pendant longtemps la capitale du pays. Mais lorsque Iwan III eut chassé les conquérants tartares, il se fixa à Moscou et s'occupa d'embellir sa nouvelle résidence. Sa femme Sophie Paléologne amena avec elle des artistes italiens qui conservèrent pendant plusieurs siècles la direction de l'art en Russie. On doit reconnaître qu'ils ne cherchèrent pas à détruire les tendances nationales, mais bien à les affirmer. C'est ainsi que Fioravanti construisit l'église de l'Assomption, Aleviso les cathédrales de l'Annonciation et de Saint-Michel, les églises de Saint-Jean, de Saint-Anasthase et Saint-Cyrille, de Saint-Sauveur. La cathédrale de l'Intercession de la Vierge ou de Saint-Vasili peut servir de type à tous ces édifices religieux. L'italien qui l'a construite a cherché à faire une œuvre russe dans son étrangeté, « ses clochers, tous différents les uns des autres, dit M. Reclus, s'élancent chacun d'un fouillis de sculptures ressemblant à des feuilles imbriquées, à des écailles de pommes de pin, à des graines de fleurs naissantes. Les bulbes des coupoles, surmontées de croix aux chaînettes dorées, se distinguent toutes par les dimensions, le profil, la guillochure, les couleurs ; l'une est découpée en côtes saillantes, une autre semble bordée d'arabesques et de losanges, une troisième est taillée en pointes de diamants, une quatrième ressemble à un fruit écailleux, d'autres encore sont striées de lignes tremblotantes; puis, au sommet, la grande tour à forme pyramidale et jaillissant d'un entassement de petites coupoles engagées se termine par une sorte de lampadaire. Et le tout est orné de faïences, barioié de couleurs. A première vue, il est impossible de reconnaître les lignes maîtresses dans cet entrecroisement de saillies et de peintures; on se demande si on est en présence d'un édifice ou d'un produit végétal monstrueux. » Comme disait si bien Théophile Gauthier, cette impossible église fait douter la raison du témoignage des yeux. Elle se trouve sur la place Rouge (*Krasnaïa*) à l'entrée du Kremlin (fig. 536). Sur cette place se dresse le monument élevé à la mémoire du boucher Minin et du boyard Pajearski libérateurs de la patrie, ainsi que la *Porte sainte*, dont la tour à plusieurs étages est de style gothique allemand.

Avec tous ses défauts, cette architecture est originale et elle plaît; ce sont des qualités maîtresses. On se demande donc par quelle raison les Russes se sont engoués plus récemment de pastiches grecs et romains qui ne conviennent en aucune façon à leur climat et à leurs mœurs; par les temps de neige, ils sont grotesques et semblent grelotter avec leurs colonnes isolées et leurs murs légers sous une couverture peu inclinée. Le csar Nicolas avait mieux compris les nécessités de l'art national russe, et sous son impulsion on est revenu à des projets plus logiques et plus originaux. Non seulement l'architecture religieuse, mais l'architecture civile se sont modifiées dans ce sens et ont su trouver des combinaisons nouvelles et heureuses en se retrempant dans l'archaïsme. Quant à l'architecture civile nationale, nous ne pouvons mieux montrer son caractère qu'en reproduisant ici (fig. 537) la restitution qu'on avait tentée à l'Exposition de 1878, du palais de Kolomenskoe près de Moscou, détruit sous Catherine II. Il avait été élevé vers 1670 par le czar Alexis, et fut célèbre pour sa richesse et son élégance. C'était le dernier spécimen de l'ancienne architecture russe.

Sculpture. La sculpture décorative est une façon de passementerie destinée à orner les murs; on doit voir là une tradition byzantine. Mais ce qui distingue l'ornementation russe de l'ornementation grecque, c'est la place réservée à la flore et à la faune, pour lesquelles les byzantins semblent avoir éprouvé une vive antipathie. On

Fig. 536. — *Eglise de Saint-Vasili, à Moscou.*

peut observer le mélange des deux systèmes dans l'église cathédrale de Saint-Dimitri à Vladimir. Parfois aussi on trouve une imitation du style hindou avec ses arabesques et ses entrelacs qui s'efforcent de ne laisser, en aucun endroit, apparaître le fond. On peut citer comme un merveilleux exemple la porte de l'église Saint-Jean le Théologue, à Rostow, qui date du xvi° siècle. Il y a là des détails d'une délicatesse achevée.

Quant à la statuaire, elle a toujours été sacrifiée par suite de la proscription que la religion grecque en a faite, n'admettant dans les églises que les images. Aussi les Russes ont-ils été obligés de réclamer pour leurs statues, d'ailleurs très rares, le secours d'artistes étrangers. Encore maintenant les quelques sculpteurs de talent que possède l'empire sont Polonais, et leurs œuvres n'offrent pas de caractère particulier.

Peinture. La peinture a peu d'importance en dehors des vignettes de manuscrits et des images saintes. Dans la décoration elle est remplacée le plus souvent par les étoffes brodées, dont l'usage est très répandu. Quand on en trouve de rares exemples, on remarque au premier aspect une raideur toute hiératique des personnages, dans les attitudes, dans les gestes, dans les plis des vêtements. Les fonds sont lourds, habituellement dorés, damasquinés, niellés. Par suite de l'intervention du clergé dans la direction de la peinture, chaque fois que cet art a voulu chercher son indépendance dans l'imitation de la nature, il a été ramené à sa tradition étroite par un retour à l'étude des œuvres sorties des couvents du mont Athos, refuge de l'art grec dégénéré. Aussi ne doit-on pas s'étonner que l'art russe n'ait pas tiré de la peinture le parti auquel son entente de la couleur semblait le prédisposer.

On a fait de grands efforts officiels pour créer une école russe de peinture. Mais les élèves sortis de l'Académie des beaux-arts de Saint-Pétersbourg ont eu besoin des leçons de maîtres étrangers pour obtenir des résultats remarquables. Donc leur école n'est pas fondée. Encore sont-ils portés davantage vers la peinture de paysage, qui seule offre chez eux un intérêt et dans laquelle quelques-uns se sont fait un nom.

* **RUSSIE** ([La] à l'Exposition de 1878) (1). Au point

(1) V. la note, p. 117, t. I.

de vue industriel et artistique, la Russie est un pays nouveau en plein travail d'expansion. Il faut chercher les raisons de l'état d'infériorité dans lequel il se trouve vis-à-vis des autres nations, dans la densité de sa population, dans la rareté des modèles et des maîtres, dans l'insuffisance des débouchés et la difficulté des communications. Bien que l'empire vienne en quatrième rang parmi les états de l'Europe, pour l'importance de ses voies ferrées, il est dans les derniers si on considère le rapport entre la longueur de ses chemins de fer et la superficie de son immense territoire. Néanmoins, l'achèvement du réseau russe est conduit avec une grande activité, et c'est aux efforts déjà faits qu'on doit attribuer les progrès très réels accomplis en quelques années par le commerce et l'industrie.

Le gouvernement russe s'est rendu compte, avec une rare justesse de vues, que le meilleur encouragement qu'il pouvait donner à l'industrie nationale consistait dans la création d'écoles pour l'enseignement à tous les degrés; il y a consacré toutes ses ressources disponibles. En quelques années, dès 1870, le budget de l'instruction publique s'est accru de 40 0/0. En 1878, on comptait 8 universités, 5 lycées d'enseignement secondaire supérieur, 125 gymnases, 69 progymnases et environ 34,000 écoles primaires. N'étaient pas compris dans ces chiffres un nombre important d'écoles spéciales, notamment celles d'instruction supérieure pour les femmes et les séminaires. Depuis 1878, ce système d'instruction a encore été complété.

Aussi le groupe de l'éducation et l'enseignement avait-il, à l'Exposition de 1878, une importance très grande. Ayant créé tard ses écoles supérieures civiles et militaires, la Russie n'a pas eu à perfectionner en luttant contre la routine, et elle a choisi dès le début la meilleure méthode et le meilleur matériel, en se servant de l'expérience des autres nations. L'enfant reçoit très jeune des leçons

Fig. 537. — *Façade de la section russe à l'Exposition de 1878.*

de choses, et sous ses yeux sont mis des tableaux explicatifs qui remplacent des descriptions arides apprises avec difficulté. Les albums, les tableaux, les alphabets illustrés, les plans en relief et coloriés, les modèles anatomiques exposés par les diverses sociétés, par les ministères de l'instruction publique et de la guerre, et par quelques éditeurs, dénotent dans l'organisation de cet enseignement de l'intelligence et de la méthode. Une excellente et ancienne publication pédagogique : la *Revue du ministère de l'instruction publique*, sert de lien et donne la direction,

La papeterie, représentée par les maisons Koumanine de Moscou, Lyra de Riga, et par la fabrique de Mirkow; la photographie qui nous montrait quelques épreuves d'un fini remarquable ; les instruments de musique des maisons Krall et Sedler de Varsovie, Malecki de Varsovie également, Becker de Saint-Pétersbourg, n'ont encore qu'un développement restreint. Seuls les appareils et cartes géographiques ont attiré notre attention. La maison Iline de St-Pétersbourg est un des établissements spéciaux les plus prospères, elle imprime par an 600,000 cartes.

En ce qui concerne l'ameublement et ses accessoires, la Russie est encore tributaire de l'étranger. Les quelques meubles sortis de ses ateliers sont des imitations plus ou moins parfaites des ameublements occidentaux. Pourtant, la maison Levitt de Moscou avait envoyé un meuble de salle à manger en style russe; mais c'était plutôt un objet de curiosité qu'un modèle d'usage courant; la mode n'est plus à l'art national, qui pourtant avait son originalité. Seule l'orfèvrerie qui, dès le XVIᵉ siècle, était pour Moscou un article d'exportation, a maintenu son antique renommée. Les maisons Adler, Sazikov, Chlebnikov, Ovtchinnikov, de Moscou, ont exposé des pièces d'un fini achevé, et curieuses autant par la forme que par l'ornementation ; l'horlogerie, au contraire, n'existe pour ainsi dire pas, l'importation française et suisse a empêché jusqu'ici toute concurrence. Le fameux samovar ou bouilloire à thé, dont aucun intérieur russe ne saurait se passer, peut se rattacher à ce groupe ; c'était une des curiosités de la section russe.

Les matières premières tenaient la première place dans les produits de la section russe. Les fils et tissus de coton, de lin, de laine peignée et cardée, de soie, sont une des principales richesses de la Russie centrale. Moscou et ses environs paraissent avoir le monopole du tissage (V. FILATURE). Nous avons remarqué une florissante maison française dirigée par un alsacien, M. Hubner, qui fabrique une bonne partie des indiennes dont les paysans et les petits bourgeois font un si grand usage. On rencontrait du reste plusieurs autres noms français dans ce groupe des tissus : M. Goujon occupe un rang honorable dans l'industrie de la soierie, M. Lafont dans celle des dentelles. Ce qu'il y a de plus remarquable dans les vêtements, la bonneterie, la lingerie, c'est le dessin des bordures et broderies. On se plaît à observer la légèreté et le goût de ces garnitures qui courent sur les serviettes, les nappes, les chemises; elles sont dues souvent à l'imagination véritablement artiste des villageois chez qui se fabriquaient autrefois tous ces objets usuels.

Les fourrures et les cuirs sont toujours parmi les articles les plus importants du commerce; à ce sujet il n'est pas inutile de remarquer que c'est dans la section autrichienne qu'il faut chercher les fameux cuirs russes, attendu que c'est une fabrication viennoise. Les tanneries sont importantes. La tannerie Kourikov, à Saint-Pétersbourg, occupe 2,500 ouvriers. La maison Savine, à Ostachkov, fournit annuellement 250,000 peaux.

Les produits de l'exploitation minière et forestière tiennent aussi un rang exceptionnel. Bien qu'il y ait encore beaucoup à faire, par suite du manque de bras et de moyens de communication, pour mettre en œuvre toutes les richesses métalliques de ce pays, qui recèle l'or, le fer, le platine, dans les monts Ourals; le plomb, le cuivre à Arkhangelsk et en Sibérie; le graphite, près d'Irkoust; l'or dans la vallée de l'Amour, les chiffres qu'il donne de ses exploitations le mettent, pour les métaux, à la tête des états de l'ancien monde. Les mines les plus connues et les mieux dirigées semblent être celles de M. Paul Demidoff, prince de San-Donato, dont un des ancêtres, simple forgeron, a créé dans l'Oural l'industrie métallurgique. Des usines bien outillées mettent en œuvre ce minerai : la maison Goujon, de Moscou, l'usine de Kniaz Mikhaïlovsk, à Islatoust, celle de Satkinsk et plusieurs autres dans le gouvernement de Viatka. A côté de ces grands centres miniers se trouvent d'autres vitrines de moindre importance : la Finlande a ses granits, la Pologne des zincs et des fers, le Caucase son pétrole, et Olonetz, près de Saint-Pétersbourg, des ardoises et des marbres.

La Russie est un pays de forêts. Après plusieurs siècles de défrichement insouciant et brutal, sans reboisement et sans souci de l'avenir, les forêts occupent encore sur le territoire une superficie égale à la moitié de la Russie d'Europe; près de 200 millions d'hectares. Aussi toutes les industries du bois sont-elles fort prospères : coffres, sébiles et plats peints en rouge, qui sont en France un article d'importation, cuillers, dont la fabrication est évaluée annuellement à 30 millions de pièces, tonneaux et seaux, sans oublier les sandales en écorce de tilleul, la partie du costume national qui a le plus résisté à l'invasion des modes étrangères.

La Russie consomme et exporte beaucoup de tabac; ses provinces méridionales fournissent aussi en grandes quantités une laine excellente, du lin et du chanvre, néanmoins pas assez pour une exportation notable.

Des grandes usines de produits chimiques se sont créées récemment et tendent à affranchir la Russie du monopole étranger.

L'outillage et le matériel n'ont guère d'importance qu'en ce qui concerne les mines, et encore les modèles et dessins envoyés à l'Exposition n'en pouvaient-ils donner qu'une idée incomplète; pour le matériel des exploitations rurales et forestières, l'industrie nationale a entrepris la lutte; pour toutes les autres machines elle s'adresse à l'étranger. Cependant, les efforts et les sacrifices faits

pour l'établissement de l'école impériale technique de Moscou, et l'institut technologique de Saint-Pétersbourg, permettent de supposer que les excellents élèves ingénieurs et ajusteurs qu'ils forment, provoqueront avant peu une amélioration.

Le matériel des chemins de fer est excellent et très confortable. On sait qu'il est construit sur un modèle tout spécial, le gouvernement russe ayant imposé, dans un but militaire, une largeur entre rails supérieure à celle adoptée par tous les autres Etats européens.

Enfin, c'est dans le groupe des produits alimentaires que nous avons trouvé la principale source de richesses du pays. Les céréales russes s'exportent dans toute l'Europe, et ne craignent pas d'autre concurrence que celle des céréales américaines. Astrakhan et Odessa sont les principaux ports de transit pour le blé et le seigle, il en sort aussi par les ports de la Baltique. Cinq cent mille quintaux de beurre sont fournis par la Finlande à la Russie, à la Suède et à l'Allemagne. La région de la mer Noire et du Caucase commence à produire d'excellents vins qui pourraient dans un délai plus ou moins éloigné nous fermer un marché qui nous appartient, comme les bières de Pologne et de Finlande ont supplanté les produits allemands qui étaient autrefois importés en quantités considérables.

Arts décoratifs. Nous assistons à une inquiétante évolution de l'art en Russie. Ce n'est pas que la peinture russe jusqu'à présent occupât une place importante en Europe, mais elle avait au moins un mérite qu'il faut priser très haut : paysagistes, peintres de genre et peintres d'histoire concouraient tous sans exception à nous faire connaître la nature, les mœurs et l'histoire de leur patrie. A défaut de qualités exceptionnelles, l'art russe avait donc cette vertu d'être absolument national. Mais voici que la tarentule romaine, ce phylloxera de l'esthétique, a piqué les artistes du Nord, voici qu'en ces pays d'origine asiatique on rougit de ses origines, on a la naïveté de se considérer comme des barbares, on emprunte à l'occident ses goûts pseudo-classiques réprouvés en occident même par les esprits libres; on y fonde des académies, et de jeunes russes vont désormais à Rome et y apprennent à peindre des sujets antiques. Tel est le cas de M. Siemiradski, un jeune homme auteur d'une vaste composition intitulée : les *Torches vivantes de Néron.* Etre peintre et être russe; être peintre, c'est-à-dire posséder les procédés techniques de peinture inventés par la vieille Europe; être russe, c'est-à-dire avoir cette inappréciable fortune d'appartenir à un peuple sans traditions d'école, à un empire immense placé aux confins de deux civilisations, à tout un monde d'éléments pittoresques, vierge encore d'aucune interprétation par les moyens de l'art : lignes du sol, phénomènes de l'atmosphère, classes sociales, chroniques et légendes, et s'imaginer de peindre Néron !.. il faut être abandonné des dieux. Comment, par où Néron, intéressera-t-il jamais un moujik et mieux qu'un moujik ? M. Siemiradski et les jeunes gens qui abandonnent leurs neiges, leurs forêts, leurs fleuves, leurs lacs, leurs mers et leurs cités pour aller étudier à Rome, sont à coup sûr animés d'une belle ambition. Mais on ne leur dit donc pas que tout ce que Rome peut leur apprendre et leur inspirer, d'autres peuples depuis de longues générations l'ont appris, en ont été inspirés et l'ont célébré à satiété et beaucoup mieux assurément que jamais ils ne le feront, tandis que personne ne connaît la Russie comme eux, parce que personne n'y vit comme ils y ont vécu, ne l'aiment comme ils l'ont aimée. A cette exception près, qui est capitale, grave, dangereuse, parce qu'elle a été l'objet d'une haute récompense, c'est le principal intérêt de la peinture russe qu'elle se renferme dans ces sujets russes. Les peintres de motifs historiques ont bien des efforts à faire pour ajouter aux drames de la monarchie impériale la valeur spéciale de l'œuvre d'art; mais l'école peut à juste titre s'enorgueillir de compter des portraitistes comme MM. Harlamoff et Kramskoï, un peintre de caractère comme M. Répine, un peintre de genre comme M. Peroff et des paysagistes aussi sincères que MM. Aivasovski, Mechtcherski, Konindji et Clever.

Dans les autres sections, si l'on comparait les produits russes à ceux des nations avoisinantes, qui se présentent avec toutes les séductions d'une main-d'œuvre artistique, on éprouverait une subite impression de sévérité. Peu ou point de fantaisie ici, nulle futilité. Tout y revêt une apparence confortable et positive. Tout est calculé en vue de combattre le grand ennemi, le froid. Aussi l'Exposition russe multipliait-elle les produits de ses mines, de ses forêts et surtout ses admirables fourrures, ses peaux velues, épaisses, chaudes et légères, qui semblent symboliser cet ours énorme qui se tenait immobile au seuil de la galerie. Mais ces fourrures ne s'offrent pas d'elles-mêmes à l'usage de l'homme des contrées septentrionales. Il les faut conquérir et au péril de la vie. De là toutes ces panoplies où se rangeaient les armes les plus riches, carabines, couteaux, épieux de toute sorte, décorés avec une grande somptuosité. Voici parmi les objets de luxe des mobiliers entiers en malachite et en porphyre dans leurs montures de bronze doré. Nous avouons que le ton vert aigre de la malachite nous paraît d'un emploi difficile au point de vue de l'harmonie dans la construction des objets de grande surface, et que même dans les ouvrages de petite dimension il ne peut être appliqué qu'avec une mesure et un tact extrêmes. Ces deux conditions du goût font trop souvent défaut aux artistes industriels russes. Le style byzantin se perpétue avec les enrichissements de la main-d'œuvre moderne dans la fabrication des ornements du culte grec. Il y avait dans cette classe des brocards spécialement tissés pour cette destination et qui étaient d'un très grand effet. En somme, l'art russe, dans le petit nombre de formes sous lesquelles il se produit, a le très précieux mérite d'être essentiellement original, c'est-à-dire national.

Comme on le voit, la Russie a tenu une place importante à l'Exposition de 1878, et depuis, ses progrès ont été rapides; elle possède dans son sol, dans ses forêts, dans ses prairies, des ressources merveilleuses qui n'attendent que l'instruction dans les classes dirigeantes, et des bras ou des machines. Les machines, elle commence à les avoir, sinon encore à les fabriquer, et son outillage est excellent; si elle ne possède pas la petite industrie, qui fait la prospérité des autres états occidentaux, elle a créé déjà quelques grands centres industriels qui lui permettent de lutter contre l'envahissement étranger. Ses importations ont diminué dans une proportion très grande, et il faut prévoir l'avenir peu éloigné, où elle prendra sa place sur les marchés européens, comme elle la prend déjà sur les marchés asiatiques à l'exclusion de tout autre.

* RUSTICAGE. *T. de constr.* Opération de la taille de pierres qui suit l'ébauchage et qui précède l'emploi de la ripe. Ce travail s'exécute avec la bouacharde ou avec un marteau bretté nommé *rustique*, dont la bretture est à grosses dents séparées entre elles de 5 à 6 millimètres.

* RUSTINE. *T. de métall.* La *rustine* est la partie d'un haut-fourneau ou d'un four à manche, qui est opposée au côté de la coulée, appelé *tympe*, tandis que les parties latérales portent quelquefois le nom de *costières*.

RUSTIQUE. *T. techn.* 1° Outil de tailleur de pierre. — V. RUSTICAGE. ‖ 2° Qualification qu'on donne à un ouvrage de maçonnerie dans lequel les pierres sont laissées brutes, naturelles ou imitées. Les *bossages* (V. ce mot) dressés ou taillés de manière à imiter les aspérités d'une pierre brute appartiennent au genre rustique.

Parmi les autres variétés de cette sorte d'ouvrages on peut citer : 1° le genre d'appareil réel ou imité que l'on applique souvent aux soubassements et dans lequel les pierres taillées à joints irréguliers s'assemblent au hasard ; 2° les incrustations de matières diverses laissées apparentes, qui sont employées dans les ouvrages appartenant au genre *rocaille* (V. ce mot). De là le nom d'*architecture rustique* donné à l'architecture du jardin où ce système est fréquemment appliqué. ‖ 3° *Rustiques figulines.* Nom que Bernard Palissy donna à ses poteries émaillées. — V. CÉRAMIQUE.

* RUSTRE. *Art hérald.* Losange percé en rond.

* RUTHÉNIUM. *T. de chim.* L'un des métaux existant dans la mine de platine. Il a pour symbole Ru, pour équivalent 52, et pour poids atomique 104 ; il a été entrevu par Osann, en 1828, mais isolé et réellement découvert par Claus, en 1846.

C'est un corps qui ne fond qu'à la plus haute température que peut fournir le chalumeau oxyhydrique ; sous l'influence de cette chaleur, il s'oxyde, roche et se sublime partiellement. Fondu, il est dur et cassant, sa densité est de 12,261 (Deville) ; il est à peine attaqué par l'eau régale, mais l'est par là potasse en fusion, surtout si on y ajoute un peu d'azotate ou de chlorate de potasse. Divisé, il décompose l'acide formique en donnant de l'acide carbonique et de l'hydrogène. Il a beaucoup d'analogie avec l'osmium ; il s'allie aux métaux assez facilement ; en se combinant au chlore et à l'oxygène, il forme divers composés, comme des protoxyde, sesquioxyde, bioxyde, trioxyde, un oxyde intermédiaire Ru^2O^7, et un tétraoxyde, les chlorures correspondants, etc.

Extraction. Pour l'obtenir, M. Fremy a indiqué le procédé suivant :

On grille l'osmiure d'iridium ; pendant cette opération une partie du bioxyde de ruthénium formé est entraînée avec le peroxyde d'osmium, mais on peut retenir le premier en dirigeant les vapeurs sur des fragments de porcelaine placés à l'extrémité d'un tube de même substance. Cet oxyde constitue de belles aiguilles violacées, très dures, à reflet métallique, d'une densité de 7,2 ; une autre quantité d'oxyde se dépose sur le résidu métallique. On sépare les premières, on les pulvérise et on les réduit par l'hydrogène ; pour enlever le ruthénium qui reste dans le résidu, on fond celui-ci avec de la potasse, et on reprend le produit par l'eau. On obtient ainsi une solution de coloration brune, d'où l'on précipite facilement l'oxyde de ruthénium par l'action des acides ; on réduit ensuite l'oxyde à l'état métallique par le même procédé indiqué.

MM. Deville et Debray, Claus, ont aussi indiqué d'autres procédés d'extraction.

Caractères des sels. Les sels de ruthénium (sesquioxyde) donnent avec les réactifs les caractères suivants :

Avec la *potasse*, précipité brun noir d'hydrate,

insoluble dans un excès de réactif; avec les *carbonates* et *phosphates* alcalins, précipité incomplet d'hydrate de sesquioxyde; avec le *borate de soude* à chaud, même réaction; avec l'*ammoniaque*, même précipité, soluble dans un grand excès, avec couleur brun-verdâtre; avec un courant d'*hydrogène sulfuré*, coloration bleu d'azur (caract.), et léger précipité de sulfure, avec la solution de sesquichlorure de ruthénium; avec le *sulfure d'ammonium*, précipité brun noir, insoluble dans un excès; avec le *chlorure de potassium*, *d'ammonium*, précipité brun cristallin, violacé (dans les liqueurs concentrées); avec l'*acide formique*, décoloration de la liqueur; avec l'*acide sulfureux*, décoloration; avec l'*azotate d'argent*, précipité noir, blanchissant par le temps, ou par l'acide azotique; avec l'*azotate mercureux*, précipité rose, avec coloration brune de la liqueur; avec l'*iodure de potassium*, précipité noir, en chauffant; avec l'*acétate de plomb*, précipité pourpre, noircissant, et coloration rose du liquide; par le *ferrocyanure de potassium*, décoloration, puis teinte bleue de la liqueur; avec le *ferricyanure*, coloration rouge brun; avec le *sulfocyanate de potassium*, coloration pourpre, devenant violette à chaud; avec le *zinc*, coloration bleue, décoloration, puis précipité noir. — J. C.

*RUTYLÈNE. *T. de chim.* Carbure d'hydrogène liquide, ayant pour formule $C^{20}H^{18}...C^{10}H^{18}$, et préparé pour la première fois par M. Bauer. Il est incolore, son odeur rappelle celle du térébenthène, dont il ne diffère que par H^2 en plus; il bout à 150°, est insoluble dans l'eau et se mélange bien à l'alcool et à l'éther. Il s'altère à l'air en s'oxydant, et s'unit très facilement au brome, en donnant un bibromure,

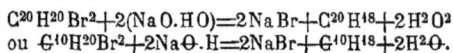

$$C^{20}H^{18}Br^2...C^{10}H^{18}Br^2.$$

Il diffère du diamylène par H^2 en moins.

Il a été préparé en traitant le bromure de diamylène par la soude pure, à chaud:

$$C^{20}H^{20}Br^2 + 2(NaO.HO) = 2NaBr + C^{20}H^{18} + 2H^2O^2$$
$$\text{ou } C^{10}H^{20}Br^2 + 2NaO.H = 2NaBr + C^{10}H^{18} + 2H^2O.$$

— J. C.